第三届
中国智能化油气管道与智慧管网技术交流大会 论文集

中国石油学会石油储运专业委员会 编

中国石化出版社
HTTP://WWW.SINOPEC-PRESS.COM

图书在版编目(CIP)数据

第三届中国智能化油气管道与智慧管网技术交流大会论文集 / 中国石油学会石油储运专业委员会编. — 北京：中国石化出版社，2024. 5
ISBN 978-7-5114-7497-1

Ⅰ. ①第… Ⅱ. ①中… Ⅲ. ①智能技术-应用-石油管道-学术会议-文集②智能技术-应用-天然气管道-学术会议-文集 Ⅳ. ①TE973-39

中国国家版本馆 CIP 数据核字(2024)第 081345 号

中国石化出版社出版发行

地址：北京市东城区安定门外大街 58 号
邮编：100011 电话：(010)57512500
发行部电话：(010)57512575
http://www.sinopec-press.com
E-mail：press@sinopec.com
北京鑫益晖印刷有限公司印刷
全国各地新华书店经销

*

880 毫米×1230 毫米 16 开本 56 印张 1683 千字
2024 年 5 月第 1 版 2024 年 5 月第 1 次印刷
定价：280.00 元

序

当今世界，新一轮科技革命和产业变革持续深化，推动着油气等众多领域飞速发展。油气产业发展呈现低碳化、智能化趋势，大数据、人工智能等新技术融合应用促进了油气管道智能化建设，实现了油气管道智能化运营管理和大数据挖掘应用与智能辅助决策，确保了油气管道安全、平稳、高效运行。“十三五”以来，“智能管道、智慧管网”概念的提出以及国家管网集团提出“打造智慧互联大管网”的发展战略，标志着我国从数字管道逐步迈进智慧管网建设新阶段。习近平总书记强调，要把能源技术及其关联产业培育成带动我国产业升级的新增长点，促进新质生产力发展。这为推动我国油气产业在新时代高质量发展提出了要求、指明了方向。

当前，我国面临着油气管网规模更加庞大、运行环境更加复杂、本质安全更加严苛、输送介质更加多样等诸多挑战。需要融合数智化技术推进油气管网设施、工艺过程控制等方面的智能化升级，形成具备泛在感知、自适应优化能力的智慧管网基础设施，方能实现智能运行。

为进一步促进我国智能化油气管道产业高质量发展，形成科技创新和产业之间的良性互动，《第三届中国智能化油气管道与智慧管网技术交流大会论文集》较为系统地介绍了我国智慧管网建设现状、技术瓶颈、成果总结和发展需求。内容涉及油气管道智能化建设、油气管道智能化运维、智慧生产与调控等方面的关键技术与管理实践，对推动我国智慧管网建设具有十分重要的意义。

本论文集系统、全面，注重多学科交叉，理论联系实际，内容丰富，图文并茂。特向参与论文撰写和为编辑出版做出积极贡献的同志们表示衷心的感谢！并愿意将本论文集推荐给广大从事油气管道与站库业务的技术与管理人员。同时它也是从事数字化、智能化等相关领域科技人员的有益参考文献，对持续推动我国油气储运行业数字化转型和油气产业高质量发展具有十分重要的意义。

中国工程院院士

2024年5月10日

前　言

当前，随着新一代人工智能以及大数据、云计算等现代数字技术突飞猛进的发展，催生了各行各业的众多新业态与新模式。而对于我国能源行业，通过广泛应用工业物联网以及5G移动宽带等多项新技术，实现了这些新技术与现代工业体系的深度有机融合，有效推动了传统产业技术变革与转型升级，为我国能源行业在新质生产力构建中提供了重大的发展机遇。

为更有效贯彻落实习近平总书记关于保障国家能源安全、推动能源生产和消费革命的要求，充分发挥油气管网作为国家重要基础设施的作用，抓住双碳目标下油气管道行业的变革机会，推进以油气智能管道、智慧管网建设为核心的管道行业数字化转型和高质量发展，创新驱动我国油气管道行业在管道设计、工程建设、调控运行、完整性运维、管输开放服务等多个领域的拓展性新技术应用，由中国石油学会石油储运专业委员会、石油工业标准化技术委员会油气储运专标委、国家石油天然气管网集团有限公司数字化部、国家石油天然气管网集团有限公司科技部、中国石油天然气股份有限公司油气和新能源分公司、中国石油化工股份有限公司油田勘探开发事业部等单位，于2024年5月在杭州市组织召开了“第三届中国智能化油气管道与智慧管网技术交流大会”。

大会聚焦“深化油气管道行业智能技术变革，支撑企业数字化转型”为主题，重点围绕我国油气管道行业在企业数字化转型、管道数字化协同设计及智能工地建设、管道资产完整性管理及物联网技术、油气管网智能调控技术、油气管道行业大模型落地实践、新能源与管道行业技术探索与实践等多方面开展专业技术研讨与经验交流。旨在有效建立供需双方共同参与的联合创新生态、强化沟通平台及深度合作机制，实现共赢发展。

在国家管网、中国石油、中国石化、中国海油、延长石油、中国石油大学(北京)、中国石油大学(华东)、西南石油大学等多家集团企业与行业高校的大力支持下，行业内各企事业单位、科研院所踊跃授稿，大会共征集论文300余篇，经专家评审择优收录130篇辑册成集并公开出版发行。全集共分三篇，分别为油气管道智能化建设篇，油气管道完整性、数字化、网络化、智能化管理篇，智慧生产与调控篇。内容涵盖智能化建设、生产与调控、完整性、数字化、网络化、智能化管理。总体反映了我国油气管输行业智能化发展现状与数字技术应用水平，在此深表感谢。期望通过分享经验和最佳实践，探索创新的技术应用，对行业数字化转型、智能化发展方面发挥促进作用，为我国能源行业新质生产力发展及推进技术进步作出积极贡献。

由于时间仓促及编者水平有限，论文集中难免存在不妥之处，恳请读者批评指正。

本书编委会

2024年5月

目　录

第一篇　油气智能化建设篇

第二篇　油气管道完整性、数字化、网络化、智能化管理篇

第三篇　智慧生产与调控

第一篇　油气智能化建设篇

国家管网集团构建现代智慧供应链的创新与实践

李志勇[1] 王铁旭[2] 王兴济[2] 种浩辰[3]

(1. 国家石油天然气管网集团有限公司工程部(供应链部); 2. 中油管道物资装备有限公司;
3. 中石油昆仑燃气有限公司液化气分公司)

摘 要 习近平总书记指出，要“维护全球产业链供应链稳定畅通”，“要围绕产业链部署创新链、围绕创新链布局产业链，推动经济高质量发展迈出更大步伐”，“产业链、供应链在关键时刻不能掉链子，这是大国经济必须具备的重要特征”。随着经济全球化的持续深化，现代供应链蓬勃发展，在整个经济体系中的地位和作用日益凸显。国家管网集团作为央企“新国家队”，在构建现代智慧供应链的道路上，做了有效的创新与实践，在分析全球供应链新发展趋势的基础上结合国家管网集团企业类型、业务特点、管理架构，提出构建现代供应链的总体方案，实现供应链体系数字化智慧运营。

关键词 供应链；物流；采购；智慧；创新

供应链(supply chain)的思想来源于物流(logistics)，原指军方的后勤补给活动。随着商业的发展，便逐渐推广应用到商业活动上。物流系统的最终目的在于满足消费者，将物流所讨论的范围扩大，把企业上下游成员纳入整合范围，发展出供应链。通俗地讲，供应链就是把上下游企业贯穿和连通起来，加强信息交流，建立链条上不同企业、不同节点的协同关系，利用信息系统和网络技术，全面掌握、控制、调整运营情况。

供应链管理作为企业资源管理的思想于20世纪80年代被提出，它反映的是一种集成，协同的管理理念和方法。GB/T 18354—2001《物流术语》对供应链管理的定义是：供应链管理，即利用计算机网络技术全面规划供应链中的商流、物流、信息流、资金流等，并进行计划、组织、协调与控制。

1 国际国内供应链创新发展新趋势

目前，基于全球经济产能出现全面过剩、以数字化为核心的第四次工业革命全面来临、全球化浪潮出现碎片化、区域化逆潮的背景，现代供应链概念应运而生。现代供应链成为培育新增长点、形成新动能的重要领域，成为供给侧结构性改革的重要抓手，成为"一带一路”建设和形成全面开放新格局的重要载体。

1.1 全球供应链发展走向与价值重构

1.1.1 全球供应链进入变革和重构新阶段

一是供应链管理由“一个重心”向“双重心”变革。全球供应链由原先关注“成本与效率”一个重心，转向既关注“成本与效率”，又关注“安全与稳定”的双重心模式。

二是供应链重构形成“三化”趋势。即数字化、区域化、短链化。新一轮科技革命正在成为推动全球供应链生产网络重构的核心因素，全球供应链网络逐步形成了亚、美、欧三大区域中心，疫情使得跨国公司通过推动供应链“短链化”提升供应链快速响应能力。

1.1.2 疫情对供应链发展影响深远

新冠肺炎疫情证明供应链安全稳定具有不可替代的价值，供应链联系要更加紧密、反应要更加敏捷、承受危机和恢复运转能力要更强。

一是创新能力成为供应链的核心竞争力和驱动力。供应链要实现全产业链升级，必须把握创新在现代化建设全局中的核心地位，从规模驱动转变为效率驱动，在技术、科技、供应链组织模式、政府管理模式等方面不断创新，以创新驱动供应链发展。

二是数字供应链迅猛发展。新冠肺炎疫情造成传统供应链大规模中断，但也创造了大量非接触的应用场景，疫情显著加快供应链的数字化进程。数字供应链将成为今后重要的经济驱动力。

三是供应链开放是应对未来全球竞争的重要

方向。要保持产业链供应链稳定、高效和安全，必须继续坚持开放合作、互利共赢的原则。协同是供应链的本质，只有通过全球协同才能最大程度发挥供应链的潜力。

1.1.3 全球供应链发展具有典型的时代特征

一是数字化。通过区块链、虚拟现实、云计算、物联网、大数据、5G 等数字化技术广泛应用，供应链数字化应用场景更加多元，供应链全链条分析、预警、预测、交互能力明显增强。

二是智能化。通过智慧、无人智能技术装备的应用，提高供应链运作效率，推动供应链全过程自动化、可视化。

三是标准化。通过统一供应链产品信息、数据采集、指标口径、交换接口、数据交易等关键共性标准，实现供应链上下游顺畅衔接。

四是协同化。产业链上下游、不同产业间融合发展不断深化，通过供应链高效串接，充分整合产业链上下游资源，提升产业价值创造能力。

五是国际化。通过深化开放合作发展，高水平利用全球资源要素，深度融入全球供应链网络，提升对全球资源要素控制力。

1.2 创新与应用成为我国供应链发展新趋势

供应链创新的目标是互利共赢，即建立“利益共同体”，站在全球的角度就是“命运共同体”。供应链创新与实践不仅是着眼于自己的利益，最终目标是要实现供应链所有参与者互利共赢。

供应链创新的核心是协同，一是运行层面的协同，二是管理层面的协同，三是战略层面的协同，供应链的协同发展使得互联互通更加有序高效。

供应链创新的本质特征是价值创造。供应链创新不是现有利润和资源的重新分配，而是价值创造。通过创新驱动，把科技创新和供应链创新相融合，通过融合形成新的产业、新的业态、新的资源，创造新的价值。

1.2.1 我国企业供应链发展面临新挑战

我国是供应链大国，但不是供应链强国。我国供应链发展虽然有贸易规模大、配套体系完整、自主可控能力增强、核心企业迅速成长和发展环境持续改善等五大优势，但同时也面临着以下四个方面的挑战。

一是处于价值链的中低端。我国在链条短、劳动密集、技术低、资本低的低端供应链中占据主导地位，而在链条长、技术密集、资本密集的高端供应链中还处于中下游位置，受国际资本支配，缺乏主导权，甚至经常被上游企业卡脖子打压。

二是关键产业存在安全风险。中国先进材料等领域关键零部件主要依赖进口，部分领域存在“断供”“断链”风险。600 多项“卡脖子”技术中，约有 18%受制于美国；10 大类终端产品进口零部件存在 500 多个风险点。

三是对国际市场依存度高。在出口方面，计算机、通信和其他电子设备制造业出口依存度 49.3%；设备制造业进口依存 20.5%；大豆 80%多依赖进口；6500 亿美元的高科技产品出口中有 60%是利用外国核心部件再加工组装，以代工贴牌的方式在海外市场销售。

四是金融、物流等系统支撑不足。跨境金融服务保障不足，国际运输自主保障能力不强，海运大部分运力被外籍船队控制，在国际贸易规则方面缺乏主导力。

1.2.2 我国企业供应链发展趋势

供应链管理突破了传统采购管理的局限性，很多典型企业通过实施采购管理向供应链管理转型，在实践中取得了显著成效。对供应链的不断实践和探索，将为企业构筑供应链时代的核心竞争力发挥不可替代的重要作用。总结起来，我国当前供应链发展呈现出以下五个方面趋势。

1）领先企业更关注采购的价值创造

随着供应链意识的增强和采购管理水平的提高，价值创造占企业全部支出的优化比例逐年提高，据有关供应链研究机构分析，领先企业可达到 15%以上的水平。但与此形成鲜明对照的是，我国依然有很多企业仍停留在常规的操作性采购和议价采购阶段(图 1)。

2）采购部门转变为战略性角色，更重视内外协作

面对快速的技术突破和激烈竞争，企业要求采购部门担当更具战略性的角色，以保证公司的利润和供应链竞争力，这就需要采购部门不仅仅满足于运营性采购的执行，而是更重视内外协作与价值创造(图 2)。

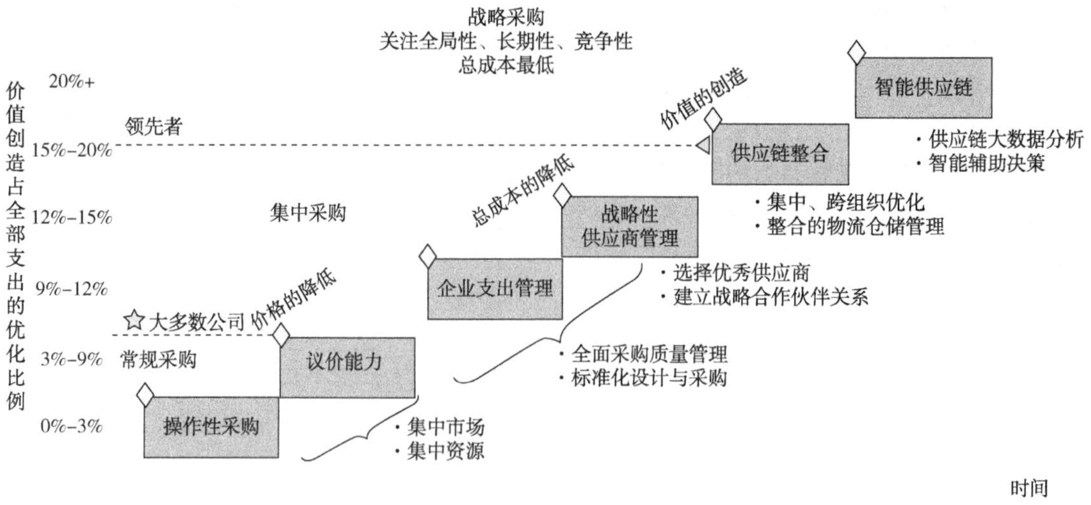

图 1　企业采购价值创造阶段图

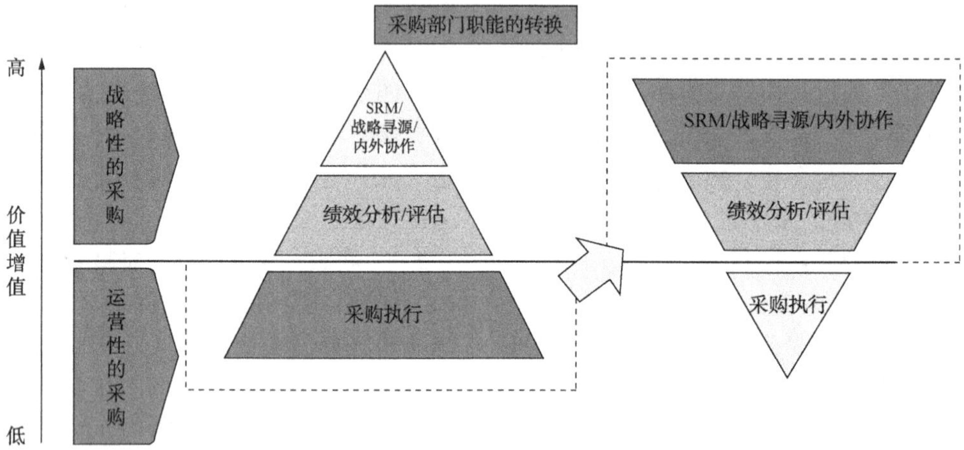

图 2　采购部门职能转换图

3）集中采购已成为集团型企业供应链的主流模式

美国供应管理协会(ISM)和美国战略供应研究中心(CAPS)将企业物资供应管理体制分为高度集中型、中央领导型、分散型 3 种类型。高度集中型体制，总部层面设立全球采购部门，对所有生产建设所需物资和服务实行集中采购，二级经营单位不设采购部门。中央领导型体制，总部层面物资供应部门主要负责全球物资供应归口管理和战略采购，区域或企业层面物资供应部门在总部的统一领导下实施具体采购。分散型体制，二级经营单位各自设有采购机构，对本企业物资实施分散采购(图 3)。

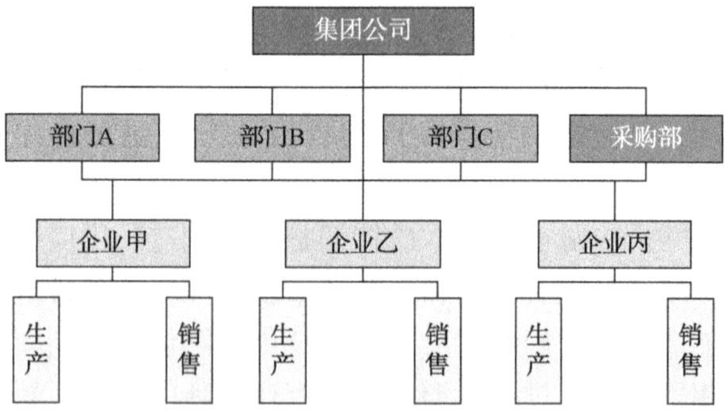

图 3　高度集中型管理体制

管理体制直接决定供应链管理资源的配置方式和运行效率。世界领先的集团化企业供应链管理总体发展趋势是从分散管理向集中管理快速演变。CAPS 对国际大型企业采购管理体制情况进行了长期跟踪和调查研究，90%以上国际化大公司均采用高度集中型和中央领导型采购管理体制，并且呈集中化趋势(图 4)。

4）由业务操作型向管理控制型转变，实现供应链战略功能定位

传统采购管理着力于具体的业务操作功能。采购部门将主要精力放在了年复一年、日复一日地招投标、询比价、谈判和合同签订上，缺乏对

采购业务全流程的管理和控制，缺乏对供应链全局性和战略性统筹，忽视了管理控制功能对改善供应链绩效、降低供应风险的重要作用。

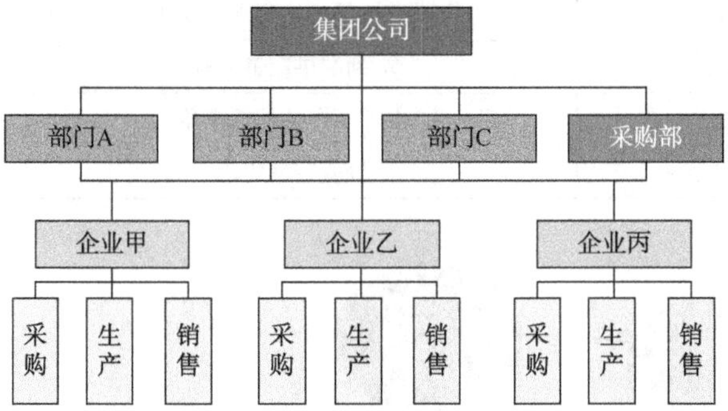

图4　中央领导型管理体制

在供应链环境下，采购管理将致力于企业内外部资源和流程的整合，采购部门的工作重心将由过于注重日常业务操作功能转移到需求消耗规律研究、供应市场分析、供应商管理等策略性管理控制活动，实现供应链管理的战略功能定位。采购管理由业务操作型向管理控制型转变将成为大势所趋。

5）实施专业化管理，向专业化采购、专家采购转变

随着市场竞争的不断升级，需求和服务日益个性化，产品功能日益复杂化和差别化，采购的难度不断增加。企业将采购供应链管理定位为整合内外部资源的战略业务单元，也对采购工作提出了更高的要求。采购不是简单的持币购物，照方抓药，而演变成一项策略性技术经济工作，采购人员既要具有生产、工程、技术、设备等专业技术背景，又要具备经济学、市场营销等方面专业知识，还要有很强的组织协调和沟通能力，才能胜任供应链环境下的采购管理工作。选择既懂生产技术或工程建设、熟悉物资需求、又懂管理、熟悉市场的专家型人才从事采购工作已成为大势所趋。

国际化公司普遍将采购管理定位为公司内部采购流程整合、外部供应资源整合和采购价值链整合功能，由中央采购部统筹协调各专业技术部门实施专业化管理和专业化采购。

6）“一张网、一平台”，构建数字化采购新生态

供应链管理由分散化向集中化转变。各中央企业推进“一张网、一平台”建设，持续提升采购管理能力，推动供应链的数字化变革，链接行业上下游，共同构建采购行业数字化发展的新生态（图5）。

图5　数字化采购新生态

2　国家管网集团供应链管理对标分析

2.1　DDVN 模型简介

DDVN 模型（供应链需求驱动的价值网络成熟度模型）由 Gartner 开发，是一个全局设计的商业网络，通过一系列延伸的供应链流程和技术来捕捉和整合近乎零延迟的需求信息。这些信息是通过整合公司的利益相关者及贸易伙伴错综复杂的供应链网络来实现。依托其 DDVN Cost Target Service DDVN 模型将供应链成熟度分为五个阶段（表1）：

五阶段模型的演变路径遵循 C 型轨迹，如图6所示：

表 1　DDVN 模型将供应链成熟度五个阶段

阶段	阶段类型	里程碑特征
第一阶段	React 反应型	部门间的目标是孤立的
第二阶段	Anticipate 期望型	供应链部门能实现规模化
第三阶段	Integrate 初步整合型	端到端供应链流程
第四阶段	Collaborate 深度整合型	由外而内的外部视角
第五阶段	Orchestrate 完美合作型	价值共享优化

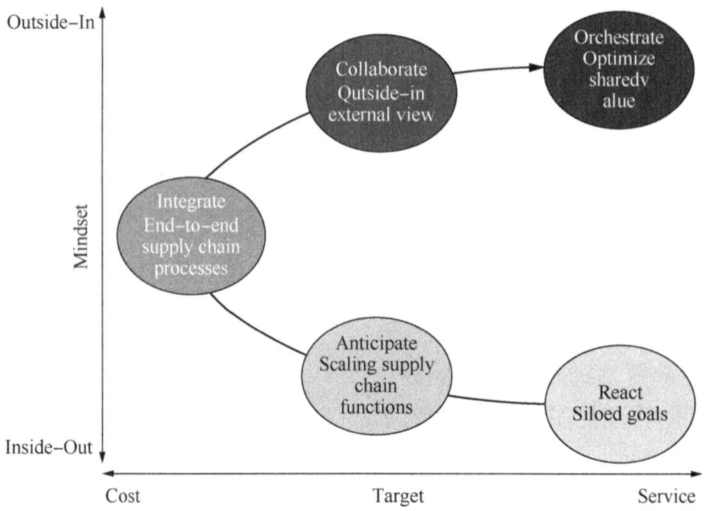

图 6　五阶段模型的演变路径

DDVN 模型分为七个评估维度，每个维度下设置 4~6 个指标，七个维度见表 2。

表 2　DDVN 模型七个评估维度

(1) strategyandorganization：战略治理	
(2) supplychaingovernance：供应链管理	
(3) supplynetworkdesign：供应网络设计	
(4) supplyoperations：供应链运营	
(5) customerfulfillment：顾客满意度	
(6) demandmanagement：需求管理	
(7) productlifecyclemanagement：产品生命周期管理	

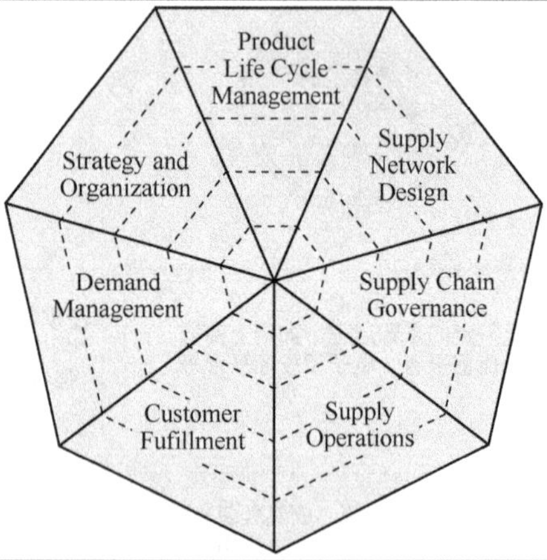

2.2　国家管网集团 DDVN 评测

七个维度中，得分最高的是战略治理 2.4 分，得分最低的是需求管理 1.75 分，管网集团供应链建设的各个维度得分比较平均，没有明显的优势(表 3)。

国家管网集团供应链成熟度处于 2+水平，第 2 阶段期望型—第 3 阶段初步整合型之间，从阶段 2 到阶段 3，迫切需要总部采购管理部门发挥统御作用，DDVN 模型具体改进建议如下：

一是随着成本降低工作的逐渐深入，需开始在库存、需求准确率上建立跨部门标准来促进协作。

二是努力建立提升流程顺畅、统一标准和各部门利益兼顾的决策机制。

三是从设计和规划供应网络开始进行供应链部门整合。

四是关注整个工作流，减少分割各部门的行为，增加团结各部门的行为。

最终，从成本和库存改善的各自为政状态，向供应链和合作伙伴的联合行动发展，供应链各部门通过标准化来实现规模效应。

表 3　国家管网 DDVN 各维度得分

维度	得分
战略治理	2.4
供应链管理	2.2
供应网络设计	2.33
供应链运营	2.33
顾客满意度	-
需求管理	1.75
产品生命周期管理	2
模型得分	2.17

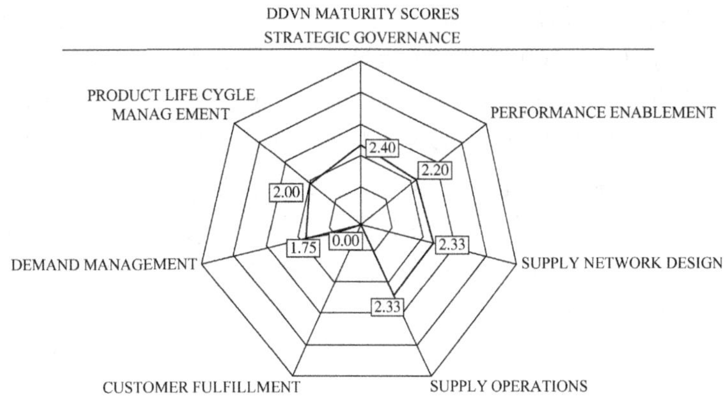

2.3　供应链管理总体状况分析研判

国家管网供应链管理处于分散采购、成本采购阶段，由于缺乏必要的数字化管控手段，现代供应链管理水平较低，管理基础薄弱，亟待整体设计、综合完善、全面创新提升，以便向价值采购的高级阶段迈进(图 7)。

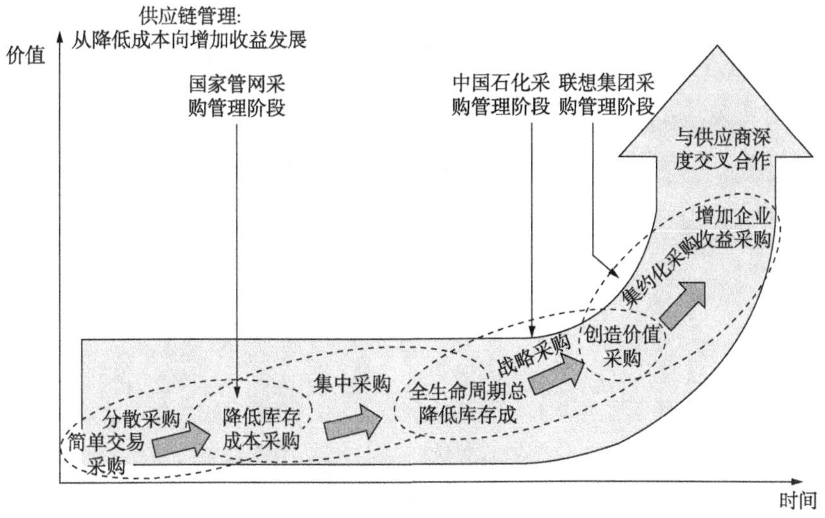

图 7　管理采购阶段图

3　国家管网集团现代智慧供应链管理体系总体方案

理念决定行为，有什么样的理念，就有什么样的行为，就会产生什么样的结果。基于管家管网的价值追求和企业愿景，建议国家管网确立和遵循“互利共赢、全链协同、流程驱动、数字使能”的供应链建设理念。

互利共赢：构建开放供应链，将供应商作为企业不可或缺的外部资源，与其建立长期、稳固和价值共创的合作关系，追求供应链整体利益最大化。

全链协同：打通内外部围墙和壁垒，实现跨组织、跨职能部门、跨越企业的横向与纵向信息共享、资源整合和深度融合，促进供应链全链条高度协同，提升价值创造能力。

流程驱动：以精敏、集约端到端的8.0管理供应链全业务流程为牵引，通过流程落地驱动供应链管理体制、运行机制优化完善，促进制度建设、组织适配，实现供应链统一管控，业务、党建、监督深度融合。

数字使能：全面应用移动互联、云计算、大数据分析、物联网、区块链、5G通信、数字孪生、人工智能等现代数字技术，打造一体化供应链管理平台和数字化运营体系，全线贯通业务流、数据流、资金流，深化供应链数据与业务场景联动，深度挖掘数据价值，强化数据资产管理，实现供应链自动化操作、智能化决策、智慧化运营。

3.1 发展思路

紧紧围绕国家管网“两大一新”战略目标，以建成中国特色世界一流能源基础设施运营商为愿景，以高质量发展为统领，以保障服务、创造价值为主线，对标对表先进企业，持续建设统一的供应链管理体制和运行机制，规范管理制度和流程，提升集中采购规模和质量，依法合规推进招标采购、绿色采购，建立健全风险管控体系，建设数字化供应链运营体系，推进供应链资源共享高效协同，实现流程数字化、管理信息化、业务平台化，运营智慧化，全面构建安全稳定、绿色高效、价值引领，具有管网特色的世界一流现代数字供应链，提升采购价值创造、风险防控、绿色发展能力，为国家管网“建、运、维、研”四大业务提供坚实供应保障(图8)。

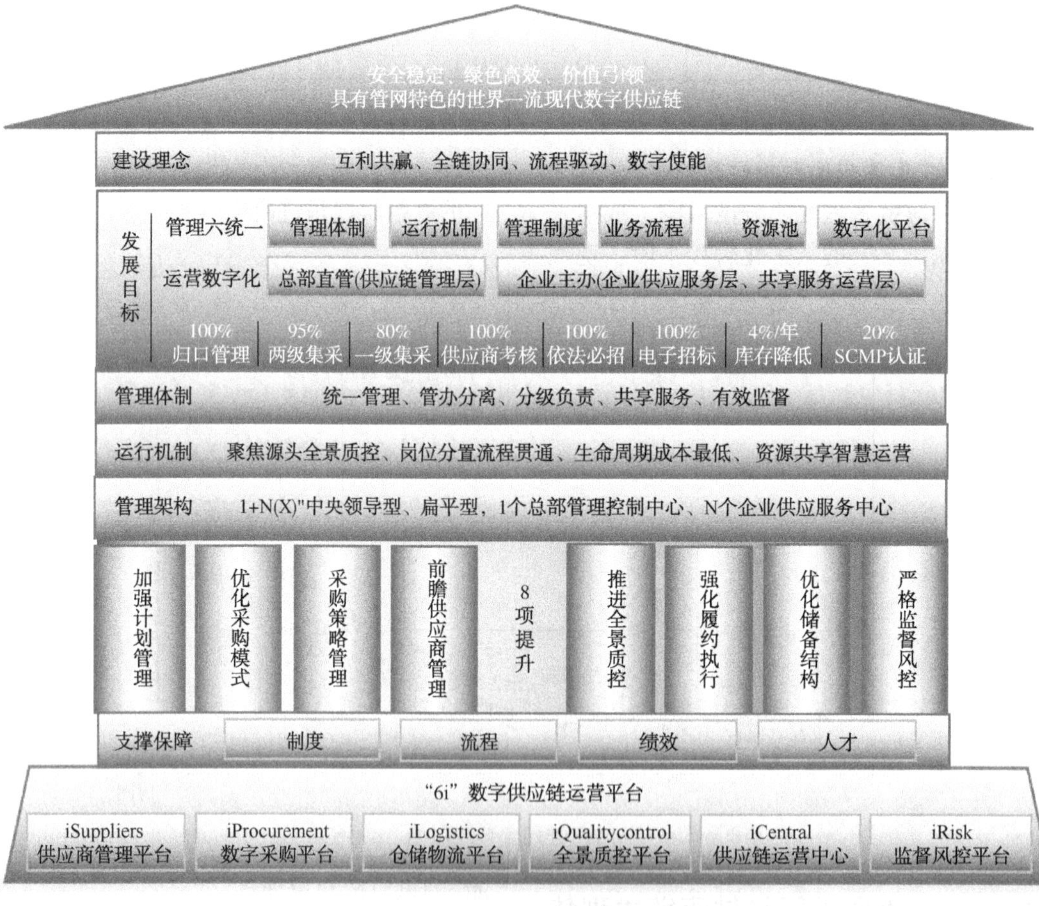

图8　国家管网现代供应链管理体系

3.2 发展目标

全面构建安全稳定、绿色高效、价值引领，具有管网特色的世界一流现代数字供应链，提升采购价值创造、风险防控、绿色发展能力，为国家管网“建、运、维、研”四大业务提供坚实供应保障。

全面实现国家管网供应链管理“六统一”。即，建立统一的管理体制、统一的运行机制、统一的管理制度、统一的业务流程、统一的供应商资源池和专家资源库、统一的数字化供应链管理平台。

全面构建"扁平型"上下两层、总部直管数字化智慧供应链管理运营体系。即，依托统一的数字化供应链管理平台，搭建供应链管理层、企业供应服务层(共享服务运营层)管理运营体系，充分利用现代数字技术实现供应链智能化决策、智慧化运营。

3.3 管理体制

国家管网执行"统一管理、管办分离、分级负责、共享服务、有效监督"的供应链管理体制。

强化统一管理。按照国务院国资委采购管理对标要求，成立集团公司领导任组长，市场部、生产部、工程部(工程质量监督总站)、数字化部、科技部、财务部等部门负责人为成员的国家管网供应链管理委员会，统筹集团供应链管理工作。

集团层面实行统一归口管理，即由一位集团领导分管国家管网整体供应链管理工作，一个部门总体负责供应链管理工作。

下属企业层面实现归口管理，即由一位企业领导分管采购供应链工作，一个部门归口负责专业化采购供应服务。

做实管办分离、分级负责。强化总部的"六统一"管理权和企业层面作为采购人、招标人的决策、执行权，做到管办上、下分离。实施总部层面和企业层面两级集中采购，总部层面集合大宗物资、重要设备以及通用性强、标准化程度高、需重点加强质量管控的物资，授权实施一级集中采购，获取规模化采购效益。下属企业层面负责实施地域性强、非标准化物资企业集中采购，信息共享，统一对外，上下一体。

推进共享服务。授权若干个具备条件的企业层面供应链管理机构承担国家管网共享服务职能，为集团层面供应链管理赋能，包括三个方面：一是负责实施集团一级集中采购及区域储备共享服务；二是负责提供统一招标服务；三是负责承接集团统一的数字化供应链平台运营、运维工作，供应商管理、物资编码管理维护等专业化供应链管理工作。

实现有效监督。落实"大监督"要求，将党建要求纳入业务流程，严格落地"五分离"机制，固化业务流程角色，建立统一的供应链全流程监管平台，按照内部制衡与外部监督相结合、过程监督与事后追责相结合的原则，实施全过程管控和关键环节重点监督。

聚焦供应链服务保障和价值创造定位，对齐国家管网市场开发、工程建设、生产运维等价值流程，推动供应链从单一专业服务功能转变为整合企业内外部资源的战略功能、控制风险的管理功能和保供降本的经营功能，建议国家管网构建"1+N(X)"中央领导型、扁平型供应链管理架构，即1个总部管理控制中心、N个企业供应服务中心。其中在N个企业供应服务中心中授权X个具备条件的承担供应链共享服务职能。

基于减压波预测模型的超临界 CO_2 管道韧性止裂方法研究

殷布泽[1] 张对红[2] 胡其会[1] 闫 峰[2] 黄维和[3] 李玉星[1] 鞠世雄[4]

[1. 中国石油大学(华东)储运与建筑工程学院·山东省油气储运安全重点实验室;
2. 国家石油天然气管网集团有限公司科学技术研究总院分公司; 3. 中国石油天然气股份有限公司;
4. 国家石油天然气管网集团有限公司油气调控中心]

摘　要　管道运输是碳捕集、封存与利用(Carbon Capture Utilization and Storage, CCUS)的重要环节, CO_2管道可能因为腐蚀穿孔或第三方破坏导致泄漏。由于CO_2的特殊物性,在泄漏发生后产生相变使泄漏口附近形成较高的压力平台,这会导致CO_2管道的裂纹持续扩展问题。所以本文基于等熵假设结合均相流模型和GERG2008状态方程建立了减压波模型,结合采用BTC和DNV止裂模型,开展了不同管径、管材等级的CO_2管道止裂韧性计算评估。结果表明:同一压力下,裂纹扩展速度随着管材等级升高逐渐变大,管道韧性止裂所需的夏比能提高。在同一管径下,管材等级越高,DNV模型与BTC模型设计的管道最小壁厚的差值越小。韧性止裂所需最小夏比能的差值随着管材等级的升高而升高,即随着管材等级的升高,两种模型在管道韧性止裂所需的最小夏比能预测结果偏差越来越大。仅靠壁厚设计准则在大管径下止裂效果表现较好,小管径难以止裂。基于此,本文结合两种止裂韧性评估模型的优缺点和适用性,建立了一种CO_2管道韧性止裂参数计算和优化方法,此方法可以直接为CO_2管道设计的壁厚计算、管材选择和安全维护提供建议。同时也为管材的研发和压力、温度及杂质含量等工艺参数的优化提供参考。

关键词　超临界CO_2管道;减压波预测;韧性止裂;止裂方法

在全球变暖的严峻形势下,世界主要各国均制定了碳减排计划。在众多碳减排技术中,碳捕集、封存与利用(Carbon Capture Utilization and Storage, CCUS)是目前能够最大程度减少碳排放并合理利用捕集碳的重要技术手段。管道运输是工业规模、长距离输送CO_2的最安全和最经济的方式。CO_2管道输送可以采用气态、液态、密相和超临界态等不同相态,其中超临界态/密相CO_2具有密度高类似液体,黏度低类似气体的物理性质,因此超临界/密相是CO_2管道运输的首选状态。

超临界/密相CO_2管道为维持单一相态,管道持续高压运行,使得管材对缺陷敏感,一旦发生腐蚀壁面减薄、穿孔或第三方破坏过程引起泄漏乃至断裂。与天然气不同,CO_2的焦汤效应较强,发生泄漏之后在泄漏口周围会产生低温,最低温度可达-78℃,远低于常见碳钢管道的韧脆转变温度,造成管道脆断。除此之外,CO_2的减压特性与天然气也大不相同,超临界CO_2减压至临界点后会持续相变,导致其减压曲线产生平台,为裂纹扩展持续提供能量导致管道无法依靠自身韧性止裂。目前我国CCUS行业发展迅速,国内多条工业规模CO_2管道正在设计建设,亟需明确CO_2减压特性和裂纹扩展机理,建立CO_2减压波预测模型和管道韧性止裂模型,为CO_2管道设计提供理论支撑。

国外的CCS起步较早,针对CO_2管道泄漏及止裂已开展一定的研究。挪威、英国、意大利等国家都开展过工业规模的全尺寸CO_2爆破实验,主要有:COOLTRANS项目、CO_2QUEST项目、CO_2PipeHaz项目、挪威船级社(DNV)项目,掌握了大量的大规模CO_2全尺寸爆破实验数据,建立了《DNVGL-RP-F104》和《BS EN 14161》等行业标准。理论方面,Maxey在Battelle实验室取得的管道延性断裂试验数据基础上,拟合出了断裂扩展速度计算公式,与减压波速度计算公式构成Battelle双曲线法,但BTC双曲线模型预测高压CO_2管道韧性止裂时存在一定不确定性且不保守。为此,DNV基于BTC双曲线模型和对多次大规模全尺寸CO_2管道爆破试验进行观察和研究,建立了一套经验止裂评估方法,并在DNV GL-RP-F104 2021版本中进行了公布。但由于现有全尺寸爆破试验数据有限，DNV 方法的适用范围有限，具有一定的局限性。

相较于国外，国内的 CO_2 研究起步较晚，尤其全尺寸爆破试验较为缺乏。大连理工大学喻健良团队依托欧盟第七框架国际合作项目支持，在 2015 年建立了 Φ273mm×20mm、管长 258m 的大型工业规模实验管道，开展了不同相态 CO_2 泄漏减压特性、垂直放空特性实验。实现了针对管内同一位置、不同径向高度的温度测量，发现了泄漏过程中 CO_2 减曲线存在复杂阶跃变化和管内同一截面上 CO_2 流体保持“上热下冷”温度规律。中国石油大学(华东)李玉星团队建立了两套 CO_2 管道实验装置，其规格分别为：DN250 壁厚、12mm 管长 12m 和 Φ21 × 3mm、管长 14.85m，开展了不同相态 CO_2 泄漏减压波、泄漏扩散规律、节流特性等方面的实验研究，建立了泄漏减压模型和减压波预测模型，计算结果与实验吻合较好。

总的来看，国内外虽然开展了一定量的大规模试验，理论方面关于 CO_2 物性相特性和减压特性等也有了一定研究基础，但由于含杂质后的 CO_2 的物性和相特性更加复杂，关于 CO_2 管道减压波特性和发生泄漏后的裂纹止裂的研究仍然不足，且目前并没有一个体系完整的 CO_2 管道韧性止裂计算评价方法。有鉴于此，本文建立了一种基于减压波预测的管材韧性止裂计算和优化方法，可以为 CO_2 管道壁厚设计、管材选择等提供技术支持。

1 CO_2 减压波预测模型

1.1 状态方程及热物性计算

CO_2 流体状态及相关热物理性质计算是减压波传播速度预测的基础。根据文献调研，目前的减压波预测模型采用的状态方程有 BWRS、PR、SRK、SW 和 GERG－2008 等状态方程。其中 Botros 等人针对不同状态方程对于 CO_2 管道减压波特性计算的适用性开展了实验研究，结果表明在不同相态下 GERG—2008 状态方程较其他状态方程对于减压波特性的预测与实验值更为接近，精度更为准确。Elshahomi 等人的研究表明 GERG—2008 状态方程能够准确计算 CO_2 混合物流体的相关热物理性质，并且满足工程应用的需求。

GERG—2008 状态方程是基于多流体近似显式的约化亥姆霍兹自由能，通过将大量实验得到的不同组分之间的回归系数拟合到立方型方程中，通过混合物的衍生关联式来计算含杂质 CO_2 流体的物理性质：

$$\alpha(\delta,\ \tau,\ \bar{x})=\alpha^{o}(\rho,\ T,\ \bar{x})+\alpha^{r}(\delta,\ \tau,\ \bar{x}) \tag{1}$$

其中：α 为真实气体的约化吉布斯自由能；α^{o} 为理想气体的约化吉布斯自由能；α^{r} 为残余的约化吉布斯自由能；$\bar{x}$ 为摩尔组分,%；T 为温度，K；ρ 为密度，kg/m³。

理想的混合气体部分的约化吉布斯自由能为：

$$\alpha^{o}(\rho,\ T,\ \bar{x})=\sum_{i=1}^{N}x_i\alpha_{oi}^{r}(\delta,\ \tau)\left[\alpha_{oi}^{o}(\rho,\ T)+\mathrm{In}x_i\right] \tag{2}$$

真实的混合气体残余部分的约化吉布斯自由能为：

$$\alpha^{r}(\delta,\ \tau,\ \bar{x})=\sum_{i=1}^{N}x_i\alpha_{oi}^{r}(\delta,\ \tau)+\sum_{i=1}^{N-1}\sum_{j=i+1}^{N}x_ix_jF_{ij}\alpha_{ij}^{r}(\delta,\ \tau) \tag{3}$$

其中：$\delta=\dfrac{\rho}{\rho_r(\bar{x})}$ 为无量纲的混合密度；$\tau=\dfrac{T_r(\bar{x})}{T}$ 为无量纲的混合温度。

1.2 声速计算模型

流体的当地声速取决于流体的物理性质和其所处的状态。当管道发生泄漏时，由于 CO_2 具备可压缩流体特性，此时管道内持续保持较高压力，管道内流体为超临界相、密相或液相等单一相态流动，当地声速的计算公式(4)。

$$a=\left(\frac{\partial P}{\partial\rho}\right)_S^{0.5} \tag{4}$$

式中，a 为流体的当地声速，m/s；P 为流体压力，MPa；ρ 为流体密度，kg/m³。

因为 CO_2 具有极强的焦－汤效应，所以随着管道泄漏管道内的温度压力逐渐降低，直到 CO_2 的温度压力接近临界点或相包线附近，此时 CO_2 可能从超临界相、密相或液相等单相区进入到气液共存的两相区。Flatten 等提出了气液两相区流体当地声速计算模型可用来进行两相区的 CO_2 流体声速计算公式(5)、式(6)。

$$a^{-2}=a_p^{-2}+\frac{\rho}{T}\frac{C_{p,g}C_{p,l}(\zeta_g+\zeta_l)^2}{C_{p,g}+C_{p,l}} \tag{5}$$

$$a_p^{-2}=\rho\left(\frac{\varphi_g}{\rho_g a_g^2}+\frac{\varphi_l}{\rho_l a_l^2}\right) \tag{6}$$

其中，a 为气液两相区流体的当地声速，m/s；a_g 为气液两相区中气相流体的当地声速，m/s；a_l 为气液两相区中液相流体的声速，m/s；a_p 为压力平衡状态流体的当地声速，m/s；ρ 为流体平均密度，kg/m^3；ρ_g 为气相密度，kg/m^3；ρ_l 为液相密度，kg/m；T 为流体温度，K；$C_{p,g}$ 为气相定压比热容，kJ/(kg·K)；$C_{p,l}$ 为液相定压比热容，kJ/(kg·K)；φ_g 为气相体积分数；φ_l 为液相体积分数。

其中，ζ_g、ζ_l 分别由式(7)和式(8)确定。

$$\zeta_g = \left(\frac{\partial T}{\partial P}\right)_{sg} \tag{7}$$

$$\zeta_g = \left(\frac{\partial T}{\partial P}\right)_{sl} \tag{8}$$

1.3 减压波传播速度计算

减压波传播速度主要由管道内流体的当地声速和泄漏口流体流速决定，减压波传播速度通常由式(9)确定：

$$w = a - u \tag{9}$$

其中，w 为减压波传播速度，m/s；a 为流体的当地声速，m/s；u 为泄漏口流体流速，m/s；

当管道断裂后，管道内的 CO_2 流体从泄漏口流向大气。在管道发生断裂的瞬间，泄漏口的流体出流速度为 0。随着泄漏过程的进行，CO_2 流体的出流速度由式(10)确定。

$$u = \left[\int_{pi}^{p} \frac{a}{p} \mathrm{d}\rho\right]_s \tag{10}$$

为进行数值计算，需将式(10)转换为微分方程并进行离散，得到管道泄漏处流体流速的表达式，见式(11)。

$$u_i = u_{i-1} + \frac{p_{i-1} - p_i}{a_i \rho_i} \tag{11}$$

1.4 模型计算方法

综合式(5)、式(9)和(11)，当管道泄漏口处 CO_2 流体处于不同相态时，当地声速的计算方式也不同，因此需要先对相态进行判断，采用合适的求解方法。本文采用 MATLAB 软件对含杂质 CO_2 管道减压波传播特性预测模型进行编程计算求解。模型计算求解思路：首先根据管道断裂时的初始温度 T_0、初始压力 P_0，计算熵值 $s_0(T_0、P_0)$、初始声速 a_0；其次，选择合适的温度梯度 ΔT，每下降 ΔT，对此温度 T_1 下的压力 P_1 进行试算，保证此状态下的熵值 $s_1(T_1、P_1)$ 与初始熵值 $s_0(T_0、P_0)$ 相等，则输出压力 P_1 及泄漏口流速 u_1。每进行一次温度、压力输出，进行一次 CO_2 流体相态判断，根据相态选择合适的公式对当地声速 a_1 进行计算。根据式(9)计算出减压波传播速度 w_1，当计算的减压波传播速度小于等于零时，程序终止。模型计算框图如图 1 所示。

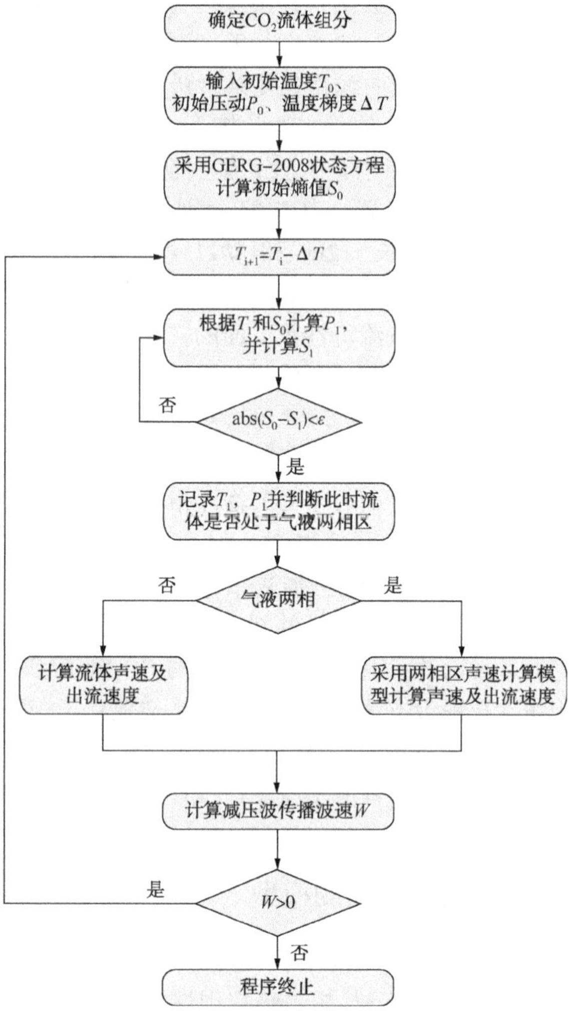

图 1　减压波预测模型计算流程图

2 韧性止裂模型

2.1 BTC 双曲线止裂模型

Battelle 双曲线止裂模型是由 Maxey 在 Battelle 实验室取得的管道延性断裂试验数据基础上拟合出的断裂扩展速度计算公式，并与减压波速度计算公式构成，其原理如图 2 所示。当减压波速大于裂纹扩展速度时，裂纹尖端压力下降迅速，驱动裂纹扩展的能量迅速降低，管道可以韧性止裂。反之，管道裂纹会持续扩展。

根据 BTC 双曲线模型，当管道内压力降至止裂压力时，裂纹停止扩展，止裂压力由式(12)确定：

$$P_a = -\frac{2\sigma_a t}{D_w} \tag{12}$$

式中，P_a 为止裂压力，MPa；σ_a 为止裂应力，MPa；t 为管道壁厚，mm；D_w 为管道外径，mm。

式(12)中止裂应力 σ_a 的计算方法认为止裂是静态行为，将开裂过程进行反推，通过开裂方程和裂纹有效长度的一半计算得出，止裂应力由式(13)确定。

$$-\sigma_a = \frac{2\bar{\sigma}}{M_T\pi} arccos\left(exp\frac{-12.5\pi CVNE}{24\bar{\sigma}^{-2}a_{eq}}\right) \tag{13}$$

式中，$\bar{\sigma}$ 为流动应力，MPa；M_T 为 Folias 因子，通常取 3.3；CVN 为夏比冲击功，J；E 为材料弹性模量，GPa；a_{eq} 为裂纹有效长度的一半，mm。

根据多次全尺寸实验结果，裂纹有效长度的一半可是使用 $3\sqrt{RT}$ 来表示。根据管道裂纹止裂压力和稳态管道韧性断裂扩展可得出裂纹扩展速度计算公式，见式(14)：

$$V_f = C\frac{\bar{\sigma}}{\sqrt{CV}}\left(\frac{P_d}{P_a}-1\right)^{\frac{1}{6}} \tag{14}$$

式中，C 为经验长度，通常回填管道取 0.275，无回填管道取 0.379；CV 为单位面积夏比冲击功，J/mm^2；P_d 为裂纹尖端压力，MPa。

由 BTC 双曲线止裂模型，将管道泄漏后不同压力下的减压波传播速度和裂纹扩展速度进行对比，在管道泄压到止裂压力之前，减压波波速一直大于裂纹扩展速度，管道的韧性才能满足止裂要求。当减压波传播特性曲线与裂纹扩展曲线相切时，管道止裂韧性或壁厚为管道依靠自身韧性止裂的最小夏比能或最小壁厚。目前 BTC 双曲线模型在天然气管道以及低压 CO_2 管道韧性止裂预测方面表现较好，可以为止裂设计提供参考，但是在高压 CO_2 管道韧性止裂预测方面偏差较大。

2.2 DNV 评估模型

针对未修正的 BTC 双曲线模型预测高压 CO_2 管道韧性止裂时存在一定不确定性且不保守，挪威船级社(DNV)基于 BTC 双曲线模型和多次全尺寸 CO_2 管道爆破试验结果，建立了一套经验止裂模型的评估方法如图 3 所示。

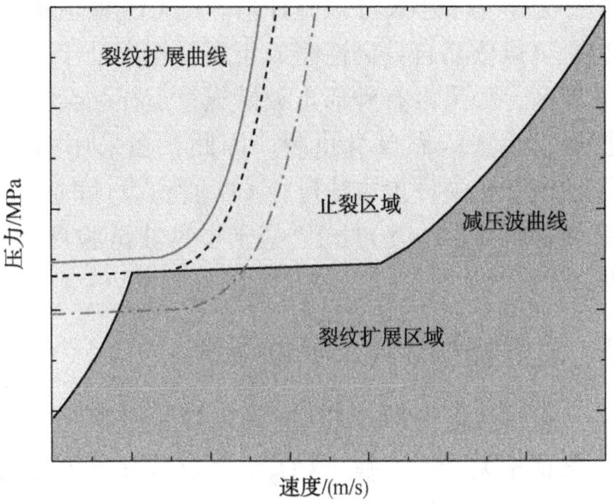

图 2　BTC 模型示意图

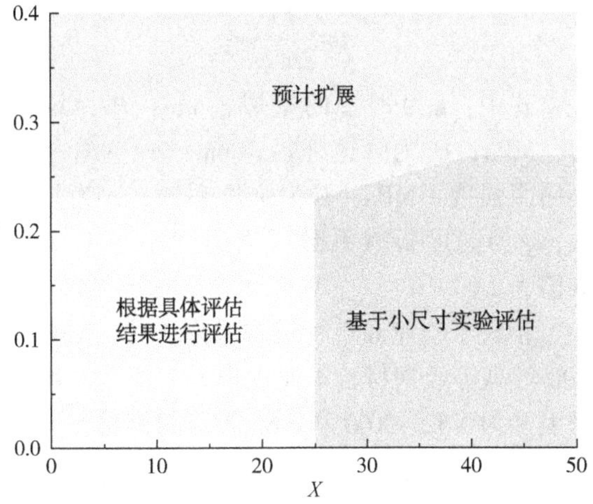

图 3　DNV 评估模型

由图 3 可知，DNV 评估模型通过评价点(X，Y)的位置对管道韧性止裂能力进行预测，X 和 Y 由式(18)和(19)确定：

$$X = \frac{1000CV\times E}{\sigma^{-2}\times\sqrt{R\times t}} \tag{18}$$

$$Y = \frac{P\times D}{2t\times\bar{\sigma}} \tag{19}$$

式中，R 为管道外半径，mm；P 为裂纹尖端压力，可以确定为 CO_2 管道组分与运行条件相对应的饱和压力，MPa；$\bar{\sigma}$ 为流动应力，MPa；CV 为单位面积夏比冲击功，J/mm^2；E 为材料弹性模量，GPa；t 为管道壁厚，mm。

根据评价点(X，Y)所在位置的区域来对管道韧性止裂进行评估。由图 3 可知，DNV 评估模型主要分为三个区域分别为：“预计扩展”、“基于具体评价结果进行评估”和“基于小尺寸试验评估”区域。其中处于基于具体评价结果评估区的需要针对不同管道进行具体评价来证明止裂；处于基于小尺寸试验评估区的CO_2管道被认为是可以依靠自身韧性完成止裂；相反处于预计扩展区，如果没有外部止裂措施管道往往会持续扩展，无法依靠自身止裂。因此，在采用DNV评估模型止裂评价方法进行CO_2管道设计时，应该使评价点(X，Y)处于“基于小尺寸试验评估”区域。

3　止裂韧性计算及模型评价

裂纹扩展过程与CO_2管道设计管材和尺寸参数息息相关。为了确定CO_2管道依靠自身止裂的韧性参数，首先需要按照强度设计准则对管道壁厚进行计算：

$$t=\frac{PD_w}{2\sigma_s\varphi F\zeta} \tag{20}$$

式中：t为钢管的壁厚，mm；P为设计压力，MPa；D_w为管道外径，mm；σ_s为管材的最小屈服强度，MPa；F为强度系数；φ为焊缝系数；ζ为温度折减系数。当温度小于120℃时，取值为1。

相较于工业油气管道常采用X70、X80甚至X90等高等级钢材，工业规模CO_2管道常用的管材大多为X52、X60和X65等级的钢材，原因在于其最低屈服强度较小在低温情况下止裂性能更好。因此以X52、X60和X65钢材为例，管道设计压力为14 MPa，计算不同管道直径的CO_2管道依靠自身止裂的止裂韧性，CO_2流体组分及初始状态见表1，按照强度设计准则计算一级地区的CO_2管道最小壁厚见表2。

表1　CO_2流体组分及初始条件参数

名称	参数
组分	96%CO_2+2%N_2+2%H_2
初始温度/℃	50
初始压力/MPa	14

表2　不同管道的最小壁厚

编号	管材	管道外径/mm	强度设计最小壁厚/mm
1	X52	426	11.5
2	X60		9.98
3	X65		9.2
4	X52	508	13.72
5	X60		11.9
6	X65		10.98

续表

编号	管材	管道外径/mm	强度设计最小壁厚/mm
7	X52	610	16.47
8	X60		14.29
9	X65		13.18

图4所示为表1中CO_2流体组分的减压波传播特性曲线，由图可知，由于氢气的存在，含杂质CO_2流体的减压波平台较高，平台压力为8.53MPa，初始减压波波速为298.28m/s。

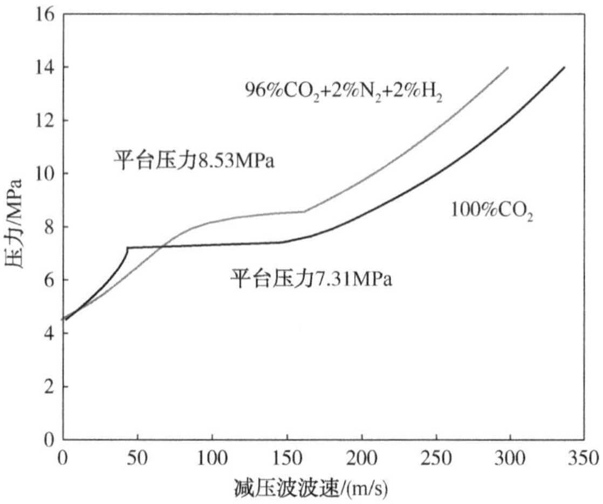

图4　减压波传播特性曲线

3.1　BTC双曲线模型止裂韧性计算

根据CO_2流体的减压波传播特性曲线，在不改变管道韧性的情况下，将不同等级钢材管道依据强度设计计算的最小壁厚采用BTC双曲线模型判断其能否依靠自身的韧性完成止裂。由图4所示，以减压波平台压力8.53MPa，作为BTC双曲线模型饱和压力来对CO_2管道止裂韧性进行预测。图5~图7为BTC双曲线模型预测的三种管道直径和不同等级管材的止裂韧性。由图5可以看到，管道外径426mm条件下，X60和X65等级管道的裂纹扩展曲线均与减压波传播曲线有交点，不能依靠自身止裂，而X52管道可以依靠自身韧性止裂；由图6可知，管道外径508mm条件下，管材为X65等级的管道不能依靠自身止裂，X52和X60等级可以依靠自身止裂；由图7可知，管道外径610mm条件下，三种管道的裂纹扩展速度曲线与减压波传播特性曲线没有交点，均可以依靠自身韧性止裂。

通过对图5~图7进行综合分析发现，在同一管道直径和依据强度设计最小壁厚的情况下，不同等级管材的裂纹扩展曲线相互接近；同一压力下，裂纹扩展速度随着管材等级升高逐渐变大，裂纹扩展曲线向减压波传播特性曲线靠近，且管道依靠自身止裂所需的止裂夏比能逐渐提高。这是因为钢材的屈服强度与韧性是呈对立关系，管材的等级越高，管材的最低屈服强度越高，管道的韧性就越差，管道裂纹扩展的风险就越大。通过对三个管径进行对比，可以发现在采用强度设计的最小壁厚和止裂夏比能时，管道直径越大，裂纹扩展曲线离减压波传播曲线越远，管道止裂性能表现越好。

综上分析可知，当管道直径一致且采用强度设计最小壁厚的情况下，管材等级越高，管道依靠自身韧性止裂越困难，管材所需的止裂夏比能越高。按CO_2管道强度设计准则计算的止裂性能在大管径情况下表现较好，在小管径条件下，如果不进行优化很难止裂。

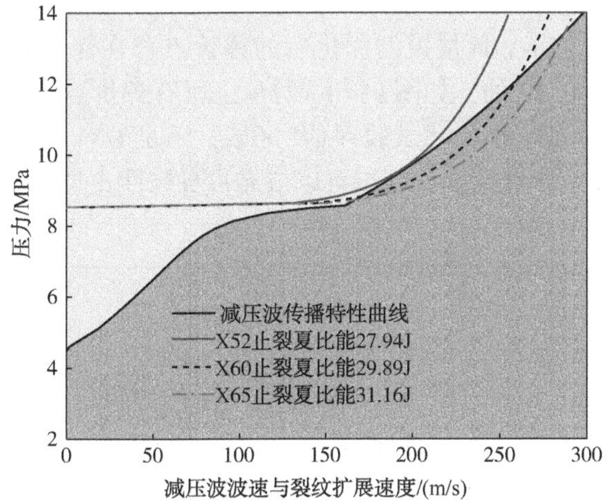

图5　管道外径426mm的BTC模型计算结果

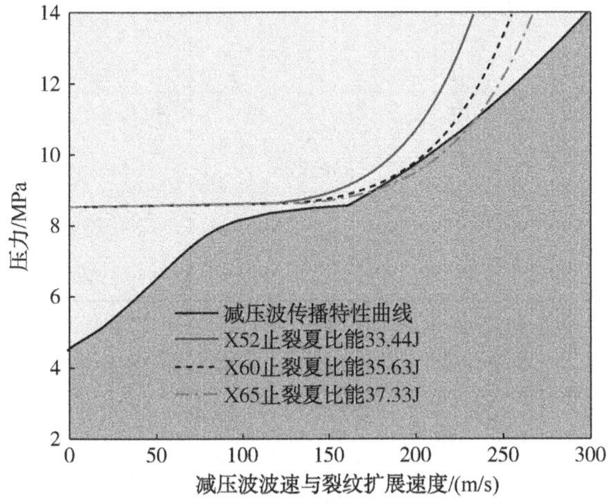

图6　管道外径508mm的BTC模型计算结果

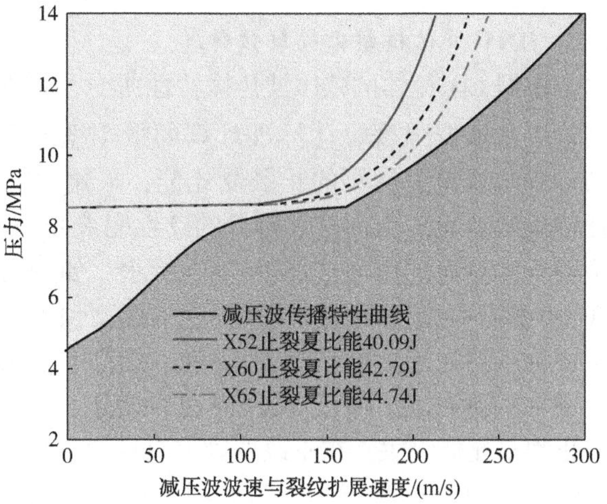

图7　管道外径610mm的BTC模型计算结果

针对表2中编号为2、3和5的不能依靠自身韧性进行止裂的管道进行优化。在确定最小壁厚的前提下，通过增大管材止裂所需止裂韧性，来使其裂纹扩展曲线与减压波传播曲线不相交，如图8所示。不同管道的强度设计最小壁厚和采用BTC模型优化后的止裂夏比能见表3。

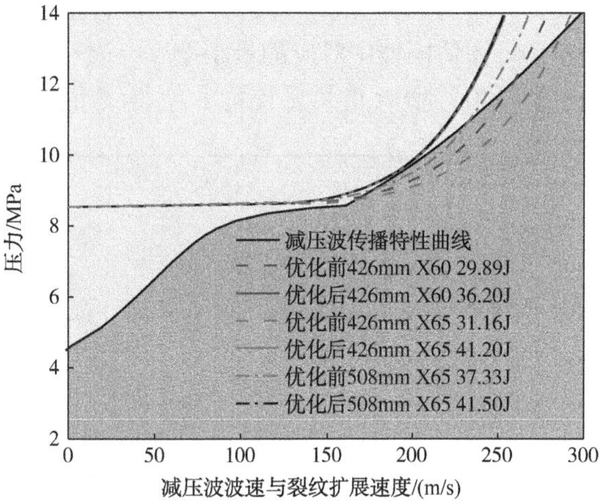

图8　优化后的BTC双曲线与止裂夏比能

表3　采用强度设计准则和BTC模型优化后的最小壁厚和止裂夏比能

编号	管材	管道直径/mm	强度设计最小壁厚/mm	BTC模型优化后止裂夏比能/J
1	X52		11.5	27.94
2	X60	426	9.98	36.2
3	X65		9.2	41.2
4	X52		13.72	33.44
5	X60	508	11.9	35.63
6	X65		10.98	37.33
7	X52		16.47	41.5
8	X60	610	14.29	42.79
9	X65		13.18	44.74

3.2 DNV 评估模型止裂韧性计算

根据 CO_2 流体的减压波传播特性曲线，将不同管道在依据强度设计标准计算的最小壁厚和 BTC 双曲线模型计算的止裂夏比能，采用 DNV 评估模型判断其能否依靠自身的韧性完成止裂，不同条件对应的编号如图 9-(a) 所示。如图可知，9 种不同管道对应的 DNV 评估模型预测结果评价点均处于“预计扩展”区域，且其 Y 值大于 0.27。通过式(18)、式(19)可以知道，Y 值与止裂夏比能无关，在不改变管道直径 D、管材和输送压力 P 的情况下，只有通过增大管道壁厚 t 来降低 Y 值；X 值与管材的止裂夏比能 CV 和管道壁 t 有关，通过增大止裂夏比能和壁厚可以降低 X 值，使其评价点达到“基于小尺寸试验评估”的依靠自身韧性止裂的区域。

通过对 9 种不同管道的壁厚和止裂夏比能进行优化，使其达到满足 DNV 评估模型的止裂评价条件的临界值。为了使 Y 值降低至“基于小尺寸试验评估”区的上限为 0.27，即提高管道壁厚 t 为 DNV 评估模型中对应的最小壁厚。通过固定最小壁厚值，增大止裂夏比能，使得 X 值平移至“基于小尺寸试验评估”区域边界，此时为 DNV 评估模型中对应的最小止裂夏比能，优化后的管道最小壁厚及止裂韧性见表 4。由表可知，DNV 评估模型优化后的壁厚与止裂夏比能较 BTC 双曲线模型均有提高，止裂夏比能有较大提高。

通过对 BTC 与 DNV 模型所需止裂参数进行对比，呈现出如下规律：在同一管径下，DNV 与 BTC 模型止裂所需管道最小壁厚的差值随着管材等级的升高而降低，即管材等级越高，两种模型预测的止裂所需最小壁厚越接近；在同一管径下，DNV 与 BTC 模型止裂所需最小夏比能的差值随着管材等级的升高而升高，即随着管材等级越高，两种模型在针对管道止裂最小夏比能预测方面的偏差越来越大。BTC 模型的止裂最小夏比能预测值大多集中在 100 J 以下、DNV 大多集中在 150 J 以上甚至更高。

DNV 评估模型优化后的评价点都在 $X=40$、$Y=0.27$ 处，如图 9-(b) 所示，所有评价点均处于“基于小尺寸试验评估”区域，满足 DNV 评估模型评价标准，管道可以依靠自身韧性止裂。

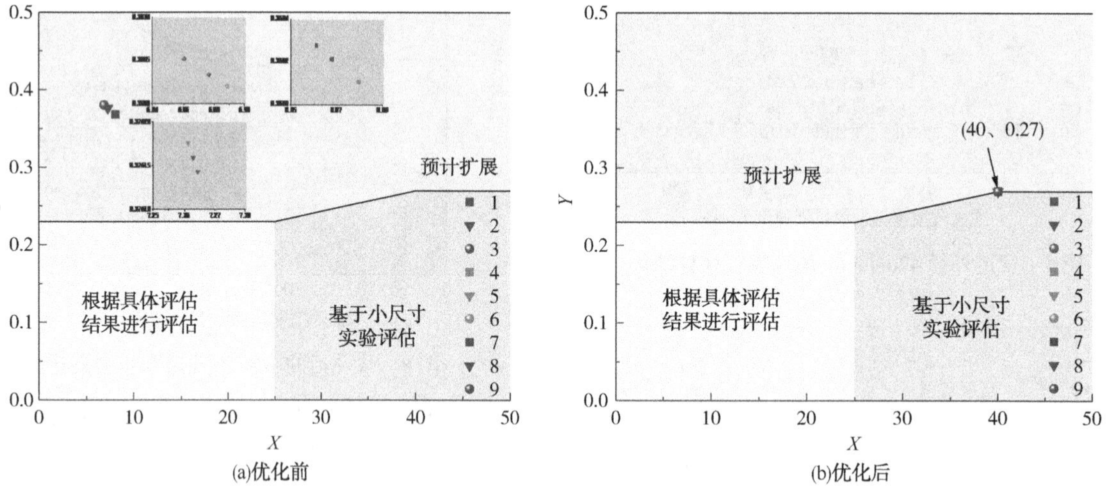

(a)优化前　　(b)优化后

图 9　不同管道的 DNV 评估模型预测

表 4　DNV 模型优化后的最小壁厚和止裂夏比能

编号	强度设计最小壁厚/mm	BTC 模型止裂夏比能/J	DNV 设计壁厚/mm	DNV 模型止裂夏比能/J
1	11.5	27.94	15.69	162.1
2	9.98	36.2	13.9	194.25
3	9.2	41.2	12.97	215.7
4	13.72	33.44	18.57	193.3
5	11.9	35.63	16.58	231.65
6	10.98	37.33	15.46	257.22
7	16.47	41.5	22.46	232.12
8	14.29	42.79	19.91	278.16
9	13.18	44.74	18.57	308.87

3.3 模型对比

将满足 DNV 评估模型止裂预测条件的管道最小壁厚和止裂夏比能代入 BTC 双曲线模型中，对比两个模型在预测管道韧性止裂方面的不同，如图 10 所示。由图可知，采用 DNV 评估模型参数的裂纹扩展曲线比 BTC 模型的扩展曲线更远离减压波传播曲线，止裂压力更高，裂纹扩展速度更低，设计更为安全。由于 DNV 评估模型是基于 BTC 双曲线模型和多次大规模全尺寸 CO_2 管道爆破试验经验建立的，所以采用 DNV 评估模型设计的管道止裂性能比采用 BTC 双曲线模型的设计更保守，管道设计的止裂性能表现更好。所以在满足 DNV 评估模型适用范围内，建议用 DNV 评估模型对管道韧性止裂进行设计。

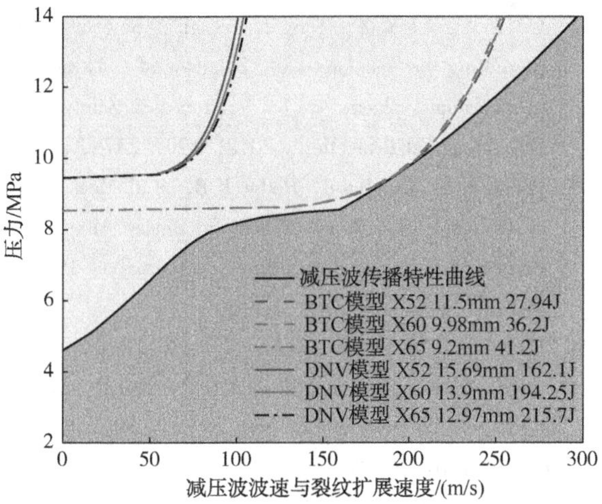

图 10　426 mm 管径 BTC 和 DNV 模型止裂预测表现对比

基于以上分析，形成了一种 CO_2 管道管材止裂韧性计算评价及优化方法。首先根据组分和初始温度、压力通过含杂质 CO_2 管道减压波传播特性预测模型进行减压波传播特性预测，提取减压波曲线的平台压力作为优化条件；根据管道设计参数进行以强度设计标准的最小壁厚计算；将减压波平台压力作为饱和压力和最小壁厚代入 BTC 双曲线模型进行止裂评估，计算满足管道依靠自身韧性止裂条件的最小壁厚和最小止裂夏比能；将 BTC 双曲线止裂模型计算的最小壁厚和最小止裂夏比能参数代入 DNV 评估模型中重新进行止裂评价，得出满足 DNV 韧性止裂条件的最小壁厚和最小止裂夏比能。

4　结论

本文基于含杂质 CO_2 流体减压波预测模型，并结合 BTC 双曲线模型和 DNV 评估模型，建立了一种含杂质 CO_2 管道止裂韧性计算优化方法，得到的主要结论如下：

（1）在采用强度设计最小壁厚的情况下，同一管道直径不同等级管材的裂纹扩展曲线相互接近；同一压力下，裂纹扩展速度随着管材等级升高逐渐变大，裂纹扩展曲线逐渐向减压波传播特性曲线靠近，且管道韧性止裂所需的夏比能提高。

（2）在采用强度设计准则和止裂夏比能的情况下，管道直径越大，裂纹扩展曲线离减压波传播特性曲线越远，管道止裂性能表现越好；采用 CO_2 管道强度准则进行设计的管道止裂性在大管径情况下表现较好，但在小管径条件下如果不进行优化很难止裂。

（3）在同一管径下，DNV 模型与 BTC 模型设计的管道最小壁厚的差值随着管材等级升高而降低，即管材等级越高，两种模型预测的止裂所需最小壁厚越接近；而 DNV 模型与 BTC 模型止裂所需最小夏比能的差值随着管材等级的升高而升高，即随着管材等级的升高，两种模型在针对管道止裂最小夏比能预测方面的偏差越来越大；

（4）BTC 模型的止裂最小夏比能预测值大多集中在 100 J 以下、而 DNV 模型大多集中在 150 J 以上甚至更高。DNV 评估模型设计的管道止裂性能比采用 BTC 双曲线模型的设计更为安全保守，管道设计的止裂性能表现更好。进行 CO_2 管道止裂韧性计算时，可先采用强度设计计算壁厚，利用 BTC 模型评价并优化得到韧性止裂所需最小夏比能，然后利用 DNV 模型进一步评价并优化管材的止裂韧性，最终得到满足 DNV 韧性止裂条件的最小壁厚和最小止裂夏比能。

参 考 文 献

[1] 邹才能，薛华庆，熊波，等．“碳中和”的内涵、创新与愿景[J]．天然气工业，2021，41(08)：46-57.

[2] 胡其会，李玉星，张建，俞欣然，王辉，王武昌，等．“双碳”战略下中国 CCUS 技术现状及发展建议[J]．油气储运，2022，41(04)：361-371.

[3] Wang D，Zhang Y D，Adu E，et al. Influence of dense phase CO_2 pipeline transportation parameters [J]. International Journal of Heat and Technology，2016，34(3)：479-484.

[4] 黄维和，宫敬，王军．碳中和愿景下油气储运学科的任务[J]．油气储运，2022，41(06)：607-613.

[5] 黄维和，李玉星，陈朋超．碳中和愿景下中国二氧化碳管道发展战略[J]．天然气工业，2023，43(7)：1-9.

[6] 李玉星，滕霖，王武昌，等．不同相态管输 CO_2 的节流放空实验[J]．天然气工业，2016，36(10)：126-136.

[7] 李顺丽，李玉星，赵青，等．纯 CO_2 的节流特性[J]．天然气工业，2015，35(08)：93-98.

[8] 赵亮，邹鹏，王飞宇，等．回火对42CrNiMo6钢韧脆转变温度的影响[J]．热处理技术与装备，2021，42(02)：17-20.

[9] 李玉星，王财林，胡其会，等．含杂质超临界 CO_2 管道减压波波速的预测模型[J]．油气储运，2021，40(09)：1027-1032.

[10] 陈磊，闫兴清，胡延伟，等，等．二氧化碳管道意外泄漏减压过程的断裂控制研究进展[J]．化工进展，2022，41(03)：1241-1255.

[11] Barnett J, Cooper R. An operator's erspective on fracture control in dense phase CO_2 pipelines[C]. Calgary: Proceedings of 2016 11th International Pipeline Conference, 2016.

[12] Porter R T J, et al. Techno-economic assessment of CO_2 quality effect on its storage and transport: CO2QUEST: An overview of aims, objectives and main findings[J]. International Journal of Greenhouse Gas Control, 2016, 54: 662-681.

[13] Woolley R M, Fairweather M, Wareing C J, et al. CO2PipeHaz: quantitative hazard assessment for next generation CO_2 pipelines[J]. Energy Procedia, 2014, 63: 2510-2529.

[14] Cosham A, Jones D G, Armstrong K, et al. Ruptures in Gas Pipelines, Liquid Pipelines and Dense Phase Carbon Dioxide Pipelines[C] 2012 9th International Pipeline Conference. 2012.

[15] Ahmad M, Lowesmith B, Koeijer G D, et al. COSHER joint industry project: large scale pipeline rupture tests to studyCO_2 release and dispersion[J]. Int. J. Greenh. Gas con, 2015, 37: 340-353.

[16] Maxey W A. Long shear fractures in CO_2 lines controlled by regulating saturation, arrest pressures[J]. Oil & Gas Journal, 1986, 84(31): 558-583.

[17] 喻健良，朱海龙，郭晓璐，等．超临界 CO_2 管道减压过程中的热力学特性[J]．化工学报，2017，68(09)：3350-3357+3645.

[18] 喻健良，刘长远，闫兴清，等．高压超临界 CO_2 管道泄漏扩散灾害模拟[J]．安全与环境学报，2022，22(03)：1495-1502.

[19] Cao Q, Yan X Q, Liu S R, et al. Temperature and phase evolution and density distribution in cross section and sound evolution during the release of dense CO_2 from a large-scale pipeline[J]. International Journal of Greenhouse Gas Control, 2020(96): 103011.

[20] 赵青．含杂质 CO_2 不同相态管输节流及减压特性研究[D]．青岛：中国石油大学(华东)，2015.

[21] 顾帅威，滕霖，李玉星，等．含杂质气态 CO_2 管道减压波传播特性[J]．石油化工，2018，47(07)：689-695.

[22] Gu S W, Li Y X, Teng L, et al. A new model for predicting the decompression behavior of CO_2 mixtures in various phases [J]. Process Safety and Environmental Protection, 2018, 120: 237-247.

[23] Botros K K, Geerligs J, Rothwell B, et al. Measurements of Decompression Wave Speed in Binary Mixtures of Carbon Dioxide and Impurities[J]. Journal of Pressure Vessel Technology, 2016, 139(2).

[24] Elshahomi A, Lu C, Michal G, et al. Decompression wave speed in CO2 mixtures: CFD modelling with the GERG-2008 equation of state[J]. Applied Energy, 2015, 140: 20-32.

[25] Kunz O, Wagner W. The GERG—2008 Wide-Range Equation of State for Natural Gases and Other Mixtures: An Expansion of GERG—2004[J]. Journal of Chemical & Engineering Data, 2012, 57(11): 3032-3091.

[26] Flatten T, Lund H. Relaxation two-phase flow models and the subcharacteristic condition[J]. Mathematical Models & Methods in Applied Sciences, 2011, 21(12): 2379-2407.

[27] Maxey W A. Long shear fractures in CO2 lines controlled by regulating saturation, arrest pressures[J]. Oil & Gas Journal, 1986, 84(31): 558-583.

天然气长输管道智能工地管理体系建设与应用

薛纪新 柳志伟 张 晨 邵 岩

（中国石化皖能天然气有限公司）

摘 要 在数智能化大发展背景下，为有效提升工程建设管理力度，降低人员投入及管控风险，将互联网、大数据、人工智能等与天然气管道工程建设的有机融合，依托X天然气长输管道项目，从基础网络建设、焊接工况管理、视频监控、AI行为识别、人车管理5个方面出发，逐步探索、搭建普适于长输管道施工现场的智能工地管理体系并成功应用，实现对施工现场的数字化、智能化、远程化、统一化的有效监管，线路焊接质量得到了有效提升，及时发现安全隐患，降低事故发生概率，应用效果良好。驱动长输管道工程建设管理从传统管理模式向现代化、数字化、智能化跨越，对类似管道项目建设具有一定借鉴意义。

关键词 天然气长输管道；智能工地；人工智能；智能化；数字化；大数据

为全面贯彻落实党的二十大精神和中央经济工作会议精神，加快科技创新、数字化转型、智能化发展，是石油石化能源行业加快形成新质生产力，增强发展新功能、实现绿色低碳发展的重要举措。智能工地作为新一代信息技术和传统能源行业结合的“衍生品”，具有传统管理方式无法实现的优势功能，通过数字孪生体构建技术、泛在感知技术、人工智能技术及行业相关先进技术汇集而成的针对油气管道应用的智能集成，可实现远程可视化控制，现场信息收集和数据回流，并且在某些关键部位能进行智能预判和决策辅助，可以提供更加安全可靠、优化高效、环境友好的油气资源长距离输送服务。

本文结合天然气长输管道工程施工现场实际情况，从焊接工况管理、视频监控、AI行为识别和人车管理5个方面出发，对智能工地管理体系进行了多次探索与创新，研发多项适用于长输管道智能工地应用的技术和系统，成功应用于现场，实现了规范焊接作业行为提高焊接质量、人员车辆高效管理、违规行为智能识别的目的，达到提升现场管理力度，减少管理人员投入的目的，满足行业发展要求，对保障生命安全、财产安全有重要意义。

1 项目概况

Y天然气长输管道工程地处安徽滁州，是安徽省重点工程和中石化集团公司重点项目，线路全长185.3km，建设站场4座、RUT阀室7座，途径多个市县区。长输管道“点多、线长、面广”的特点，施工跨度大，施工点分散，建设规模和数量增长迅速，现场安全生行为监管亟待加强；工地施工人员组成复杂，流动频繁，安全意识有待提升，违章行为有禁不止；施工机具、机械、设备作业占比较高，管理难度较大等。

近几年数字化、智能化、人工智能等相关技术在国内呈现井喷式爆发，大量的项目开始应用数字化和智能化的信息平台及相关产品，技术已经趋于稳定，诸如APP的人脸识别，城市道路超速识别等。为了实现长输管道智能工地体系建设的完备性，具备能够采集记录分析焊接数据、监控人员车辆进出场和识别施工现场违规行为的成熟体系，严格监管施工行为规范。此次研制从基础网络建设、焊接工况管理、视频监控、AI行为识别、人车管理5个方面出发，实现对施工现场的数字化、智能化、远程化、统一化的安全监控，并支持信号上传调控中心、移动终端实施监控等功能(图1)。

2 智能工地系统

2.1 基础网络建设

2.1.1 机房部署

机房部署专属机柜，内置路由器、交换机、视频服务器、存储服务器等相关设备。智能工地机房搭建宜采用双电源线路部署，机房原有电源线路保持机房内部照明等常规设备使用，对服务器等相关电源线路进行重新部署，电线规格使用$10m^2$，保证服务器等大功率设备的用电安全。GPU服务器备用电源支持待机时间≥15min。机房内部部署立式空调进行24h降温，配置温度、湿度、烟雾等相关监控装置和七氟丙烷灭火器等机房专用消防应急装置。机房应配置专业人员每天定时巡检，记录参数数据。

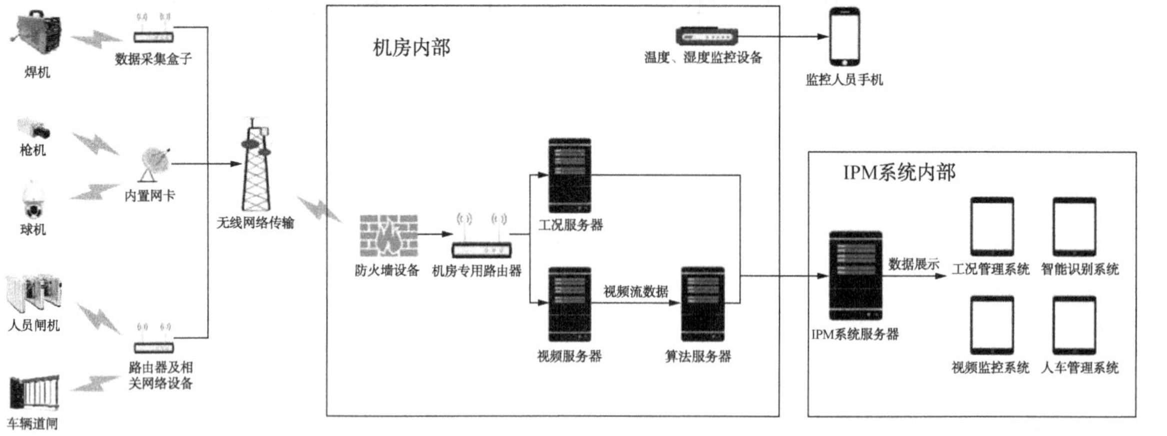

图1　智能工地规划图

2.1.2　网络传输

施工现场相关设备宜采用无线传输模式，内置网络运营商定制流量池策略的无线网卡，搭建专属网络通道定向传输数据至机房网络。定向网络通道能够有效保证网络安全防止他人对相关数据进行窃取。长输管道施工点经常变换，施工现场焊机、摄像头设备非长期稳定开机，而站场、阀室和穿跨越等相关施工场景虽施工点稳定但电线和网线架设困难，前期开工时无法保障电力和网络的稳定提供，相关的摄像头、焊机、闸机道闸等无法保证正常传输数据。因此采取流量池策略，所有无线网卡同属一个卡组，共用一个流量池中的流量。焊机改造数据采集盒子应内置4G/5G通信模块，采用边缘计算，再向外传输数据。闸机道闸部署专用无线路由器，使用隧道通信技术向机房传输数据(图2)。

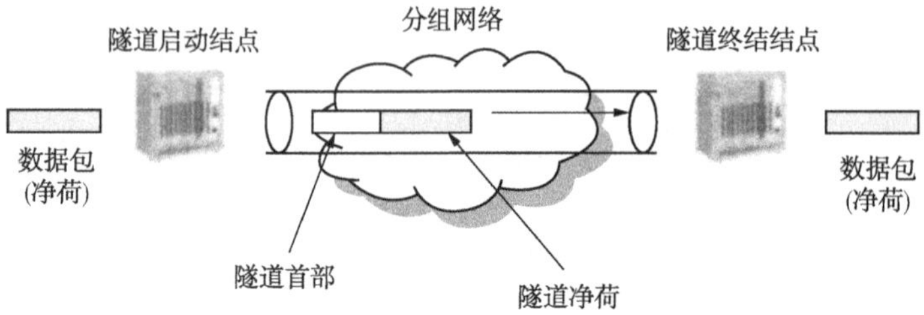

图2　隧道通信

2.2　焊接工况管理

规范半自动焊改造工况数据自动采集现场作业流程，确保半自动焊工况数据采集的及时性、数据完整性及准确性，规范现场实施流程，对焊机进行智能化改造。针对不同焊接工艺规程设置焊接温度、送丝速度、电流等不同的阈值，改造完成的焊机配置专属数据盒子，使用边缘计算收集并分析焊接数据，并通过现场声光报警提醒作业人员焊接规范。不同报警类型应通过不同种类的可见光和长短波区分。

对于焊接温度采集，当前主要使用磁吸式温度传感器进行采集，该温度采集方式存在较大误差。为实现温度精确测量，可使用非制冷红外温度采集技术代替目前的磁吸式方案，安装便携式工作导轨，采用4点测温法，对管道相互成90°的4个点进行测温，用以提高温度采集的准确性。测温设备主要用于半自动手工焊。焊接前安装导轨，导轨设计有快速拆装机构，操作简单快捷。工作台有阻尼装置，既可以轻松移动，也可以在任意位置停止。可通过在焊枪和工作台之间安装牵引索，实现测温仪与焊枪同步移动，每台测温仪自带显示屏和声光报警器，可以实时检测和显示温度，并对不达标的温度值进行报警，并将检测到的温度数据同步通过通讯模块以4G方式无线传输至数据后台(图3)。

表 1　巡检模板表格

机房巡查记录表

日期，2023 年 10 月、11 月、12 月

序号	条目	内容	单位状态	周一()月()日		周二()月()日		周三()月()日		周四()月()日		周五()月()日		周六()月()日		周日()月()日	
				上午[ ]点	上午[ ]点	上午[ ]点	上午[ ]点	上午[ ]点	上午[ ]点	上午[ ]点	上午[ ]点	上午[ ]点	上午[ ]点	上午[ ]点	上午[ ]点	上午[ ]点	上午[ ]点
1	机房及相关设施	机房视频监控	在线状态				在线										
2		空调限定设定温度	18°-20°				今日 23 度										
3		照明	正常				正常										
4		灭火器(机房专用气体)	1.2MPa				1.2MPa 绿										
5		室内 WIFI(1 个)	正常				正常										
6		两个报警器	功能正常				正常										
7		机房环境布局及卫生	整洁				正常										
	算法服务器机群(含 UPS 控制服务器和电池组各一台、含算法服务器 1 台、PDU 两个及 WIFI 专线路由器 1 台)	机房专线供电空气开关	正常				无发热电流无异响										
8		温度(18-21)	℃				实时 24 度										
9		湿度(30-70)	%				实时 39.3										
10		机柜供电线路感知	正常				无发热电流无异响										
11		电源出风口异味	无异常				无										
12		异响(风扇或报警)	无异常				无										
13		网络指示灯	正常				正常										
14		指示灯(电源及运行)	正常				正常										
15	海康视频服务器机群(含交换机一台、防火墙 1 台、海康应用服务器1台、海康日志服务器1台、海康存储服务器 1 台、PDU 两个及站场道闸远端联网专线路由1台)	温度(18-21)	℃														
16		湿度(30-70)	%														
17		机柜供电线路感知	正常				无发热电流无响										
18		电源出风口异味	无异常				无										
19		异响(风扇或报警)	无异常				无										
20		网络指示灯	正常				正常										
21		指示灯(电源及运行)	正常				正常										
	检查人																

备注：

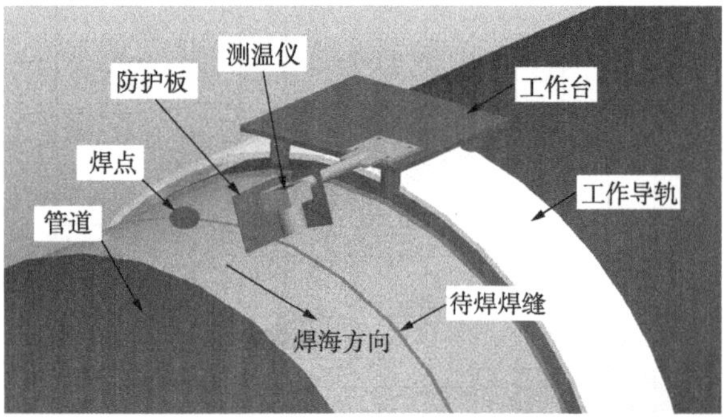

图 3　便携式非制冷红外温度采集器导轨测温

通过对施工地区极端环境考察，最高温度为 40.4℃，最低温度为 -19.6℃下，满足该设备进行温度采集的正常运行条件(表 2)。

表 2　便携式非制冷红外温度采集器环境参数

工作温度	-40～+65℃
存储温度	-40～+70℃
抗温度冲击	5℃/min(-40～+60℃)
抗振性	4.3g，x、y、z 轴每轴 2h
抗冲击	加速度 30g，半正弦波，脉冲宽度 6ms，安装使用方向冲击 3 次
湿度	≤95%(非冷凝)

异常工况报警系统硬件部分主要完成现场的显示界面提示，声音报警提示，灯光报警提示，三项主要功能。其中声音报警模块完成现场的声音报警功能，显示模块完成作业规范指导，违规详细信息，人员信息等具体细节的交互展示功能，提示灯模块完成现场的灯光辅助提醒功能，核心处理器完成整个模块的控制和逻辑处理功能，4G 路由模块完成对外的数据交互功能，电源控制模块完成对焊机电源的供/断电功能。控制器应有自身的电源，具备外接供电和电池独立供电能力。针对视觉、听觉设备在现场应用过程中的复杂环境，充分考虑现场使用及时性、长久性、稳定性、安全性，选用满足工业使用要求的设备，同时保证异常工况数据到反馈设备的实时通信(图 4)。

2.3　视频监控

建设期施工现场安装的摄像头主要分为两类：一类为能够 360°旋转且能够上下调整角度的球机；另一类为固定拍摄偏转角度有限能够兼顾长时间恶劣环境工作的枪机。球机一般自带支架可携带电池进行灵活移动部署工作，枪机固定机位安装需要通过电源线连接电源，一般用于长时间监控。除站场阀室和穿跨越外，线路上的摄像头一般均需要频繁移动。每个线路施工机组配置少量球机，每个焊棚内均配置一个枪机在棚顶。站场则在出入口、预制区、作业处、高危区等配置摄像头(图 5)。

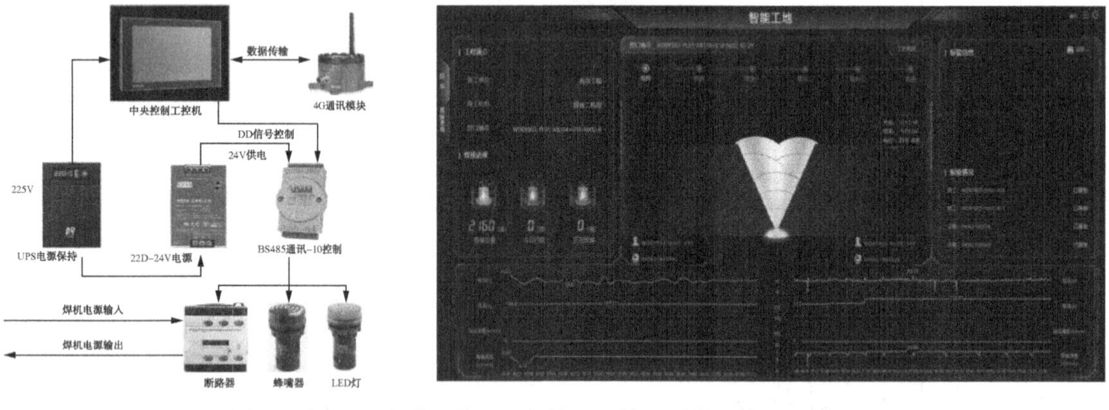

图 4　异常工况报警系统图和焊接工况管理系统整体呈现效果图

图 5　摄像头部署方案及视频监控系统示例图

2.4 AI 行为识别

管道施工具有流动作业特点，管道沿线施工环境复杂多变，在选定不安全隐患行为素材收集时要考虑周围施工环境变化因素。施工现场不安全隐患行为的发生存在很大的不确定性，发生地点与现场摄像头之间距离位置不确定、角度不确定且之间还可能存在部分遮挡。对比 TensorFlow、PaddlePaddle、PyTorch 等市面主流人工智能深度学习框架的优点，结合业务识别需求，最终选定适合油气储运建设行业安全监管业务智能识别需求的框架。最终选定了 pytorch 深度学习框架，其主要有三大特点：简洁、速度和易用。在收集样本素材时要采集到从不同角度、不同方向拍摄的不安全隐患行为，训练出来的算法才能应对复杂多变的施工现场。同时还要考虑时间、光线对样本素材的影响，尽可能收集不同时间段的样本素材。

综合上述影响因素，每种不安全隐患场景的素材背景要并不低于 40 个背景场地、不少于 30 个时间段、素材拍摄角度 720 全景采集，初步预估每种场景所需素材量在 8000-10000 张，素材正负样本比例保持在 1：1 左右，并需要根据现场实际测试情况不断添加素材量，以优化算法识别的准确度。对现场实时视频流进行截图，每周持续利用图片自动抓取软件，从实时/历史视频中定时抓取样本素材，总计获取素材图片 12 万余张，进行筛选分类后作为优化算法的素材支撑(图 6)。

图 6　视频流截取程序和关键点 AI 训练示意图

经过对长输管道施工工程业务安全隐患场景进行梳理，根据现场摄像头内可监控识别到、现场此类事件高频发生、事件涉及高危险行为安全隐患、业务判断逻辑复杂程度、正负样本素材收集难易程度等，经过工程实际多方面研究与实际验证，研究场景的更替，最终确定了 3 大类 14 种业务场景：

(1) 安全着装识别：未按规定正确佩戴安全帽、未按规定正确穿戴反光衣、未按规定正确穿戴工服、未按规定正确佩戴安全带。

(2) 人员行为识别：吊物下或机械周边停留、铲斗载人、现场吸烟、施工现场摔倒、施工现场人员聚集、施工时打电话、警戒区域闯入、离岗识别。

(3) 环境风险识别：烟雾识别、明火识别(图 7)。

AI 识别、焊接工况数据采集、视频监控等各子系统应进行体系化建设，所建成的各个子系统均统一部署于统一平台中，数据互通并集中展示。同时部署手机端 APP 功能，实时调取平台数据，随时随地掌握工程施工现场情况(图 8)。

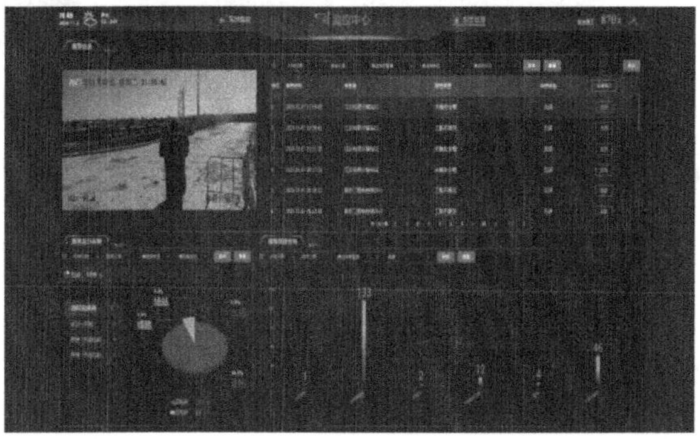

图 7　AI 识别

2.5 人车管理

站场阀室等施工出入口安装人员闸机和车辆道闸对人员和车辆进行进出限制，经过对站场施工现场实地检查，结合施工现场进出口宽度限制、电力及网络搭建不便等因素，采用人员闸机双通道一进一出、车辆道闸单通道进出共用的方案，搭配现场临电及 4G 无线网络传输机制搭建人员车辆进出场管理硬件设备。现场安装两个人员闸机，一个车辆道闸及传输数据的 4G 无线传输设备组群，使用隧道通信技术定向传输数据，保证数据安全。人员和车辆在系统中报验完成后，报验数据同步至闸机道闸系统，相关人员车辆方可进入站场内。此举有效限制未报验人员车辆自由进出施工现场的事情发生，保证施工现场的安全，减少了风险因素和降低了发生意外情况的概率(图 9)。

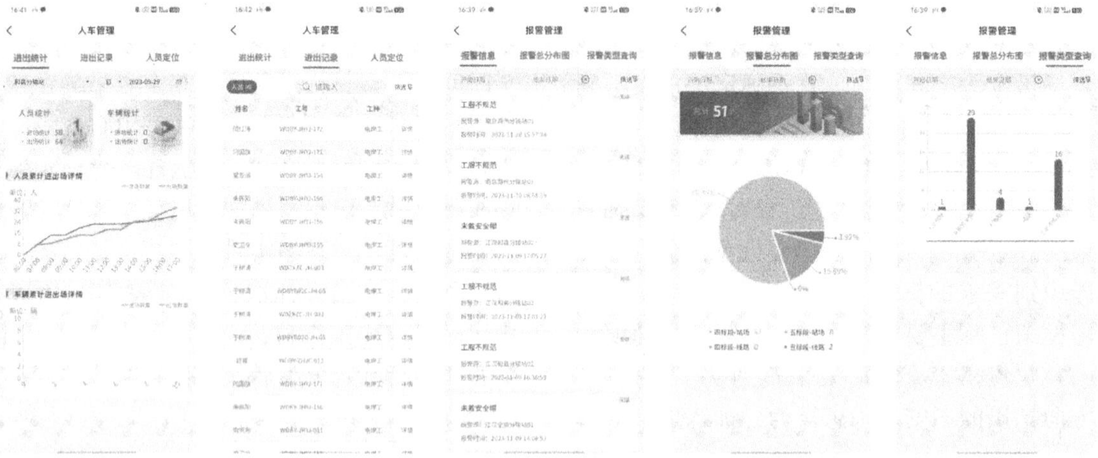

图 8　移动端

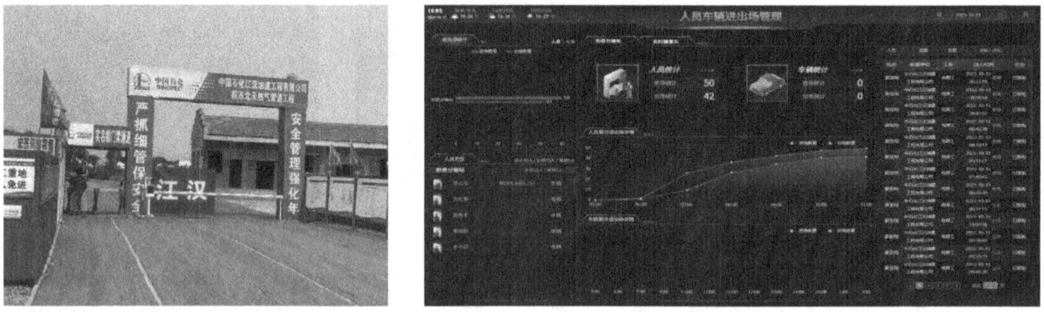

图 9　闸机道闸系统及人员车辆进出场管理功能效果图

3　应用效果分析

Y 项目建设完整的智能工地体系，秉承“看得见现场、管得住过程、查得到源头”的原则，分别采用了中国石化系统内供货服务商和系统外集成服务商产品，克服项目工程施工难点，在施工施工过程中逐步探索完善，先后完成工况管理、视频监控、人车管理、智能识别等四个大类的部署应用，在完善的过程中进行了焊接温度采集和异常工况报警系统等产品的研制。各个功能模块已经统一整合进去 IPM 系统，形成统一整体，对现场焊接及施工规范起到了有效的监督，提高了施工质量，保证了施工安全。

智能工地管理体系的搭建投入使用至今稳定运行，累计当前已对 40 台焊机进行改造，系统已记录 20480 条焊接数据。已部署 51 个摄像头于施工现场进行监督作业。人员车辆管理累计记录 5779 次人员和车辆进出情况，相关报警 56 次，其中接近 93%为“未佩戴安全帽”和“未穿工服”。当前累计配置 212 路算法，将视频流接入算法服务器进行分析处理，根据站场、阀室、线路等不同场景配置合适算法，如线路焊接焊棚内不添加“未佩戴安全帽”算法识别、非高空作业不添加“未佩戴安全带”等。

通过智能工地管理体系的搭建，将所有硬件设备和软件平台最终汇聚成为一个整体，达到一加一大于二的效果，监督工程质量、线上保存数据、监管施工安全、统一平台指挥、高效智能化建设。一方面焊接质量得到了有效提升，有效指导现场作业，规范焊接人员操作，提升焊接质量，同时结合数据分析，对工况数据不符合工艺规程较多的焊口，提醒焊口质量检测人员进行重点检测，能够有效发现焊口缺陷，提升检测质量，减少了后期管道运维的风险及返工情况。焊接质量提升 10%，返修、割口等成本下降 10%。另一方面，通过视频监控、AI 识别和人车管理功能，提升现场安全管理力度，实现对施工现场的有效约束，降低事故发生的概率，同时减少对人的依托，对保障生命安全、财产安全有重要意义。

4 结语

本文依托 Y 天然气长输管道项目建设，通过对天然气长输管道项目智能工地建设需求论证、硬件评估、功能研发和测试部署，探索搭建天然气长输管道智能工地管理体系，并成功应用，取得预期目标。

一方面，通过计算机精密计算替代人工，提升现场管理力度。实现焊接质量的有效提升和事故发生概率的有效降低。将原依托人脑进行的识别与判定优化为科学与工程计算，同时减少人为因素影响，提升现场管理的客观性和管理力度，是时代发展的必然选项。另一方面实现了互联网、大数据、人工智能等与天然气管道工程建设的有机融合，形成纵向管控和横向协同融合的矩阵模式，实现了信息化从分散向集中、从集中向集成的两次阶段性跨越，推动流程升级、技术升级、管理升级，提升智能化水平，驱动长输管道工程建设管理从传统管理模式向现代化、数字化、智能化跨越，具有一定借鉴意义。

参 考 文 献

[1] 罗志刚，钱同惠，王嘉前，等．人工智能在智慧城市建设中的应用浅谈——以武汉市为例[J]．智能建筑与智慧城市，2021，(01)：50-52.

[2] 丁伟伟．人工智能技术在智慧城市建设中的应用[J]．信息记录材料，2020，21(04)：230-231.

[3] 姚琦．基于场景理解田间导航技术的研究[D]．安徽农业大学，2020.

[4] 杨连平，孙玉波，张红良，等．基于编解码残差的人体关键点匹配网络[J]．计算机科学，2020，47(06)：114-120.

[5] 王晓娟，王永生．人工智能：赋能千行百业驱动未来[J]．中关村，2022，(08)：43-45.

[6] 陈志远，黄少滨，韩丽丽．现代模态逻辑在计算机科学中的应用研究[J]．计算机科学，2013，40(S1)：70-76.

[7] 王忠军．浅谈人工智能在智慧城市建设中的应用和意义[J]．城市建设理论研究(电子版)，2019，(18)：191.

[8] 周国琼，吴丹琴．人工智能在智慧城市建设中的应用研究与展望[J]．广西城镇建设，2023，(02)：61-65.

智能阴极保护系统在长输油气管道中的发展及应用

张红兵[1]　于立军[2]　张本革[2]　鲍　洁[3]

［1. 国家石油天然气管网集团有限公司工程部；2. 国家管网集团工程技术创新有限公司；
3. 辽河油田(盘锦)储气库有限公司］

摘　要　随着全球物联网、5G移动网络、云计算、大数据等新兴技术的快速发展，长输油气管道的智能化建设和运行已成为不可阻挡的历史潮流；智慧管网成为长输油气管道的发展方向。智能阴极保护系统作为智慧管网建设的重要一环，对降低管道腐蚀风险，保证管道安全运行具有重要意义。国家管网集团已初步建成了以智能阴极保护管理平台为主体的阴极保护数据自动化采集、传输、存储、智能化分析及辅助决策系统，为管道的腐蚀防护决策起到了重要的技术支撑作用。

关键词　智慧管网；智能阴极保护系统；智能测试桩；ER腐蚀速率探头

1　前言

进入21世纪以来，我国长输管道迎来了战略发展机遇期；截至2022年底，全国长输天然气管道总里程已超过11.8km。国家管网集团“十四五”规划新建油气管道里程约2.5万km，其中西气东输三线中段(中卫—吉安)、西气东输四线天然气管道工程(吐鲁番—中卫段)等重大工程建设已接近尾声，虎林—长春天然气管道、川气东送二线天然气管道工程等项目已开工建设。目前，长输管道的建设和管理正在向智能化方向发展，管道的焊接和防腐补口等已经实现了自动化和智能化施工，智慧工地建设成绩斐然；同时智慧无人站的建设也取得了较大进展，在齐齐哈尔支线天然气管道工程等项目中率先应用。总之，随着全球物联网、5G移动网络、云计算、大数据等新兴技术的快速发展，长输油气管道的智能化建设和运行已成为不可阻挡的历史潮流。

2　智慧管网

智慧管网是在标准统一和管道数字化的基础上，以数据全面统一、感知交互可视、系统融合互联、供应精准匹配、运行智能高效、预测预警可控为目标，通过“端+云+大数据”的体系架构集成管道全生命周期数据，提供智能分析和决策支持，用信息化手段大幅提升质量、进度、安全管控能力，实现管道的可视化、

网络化、智能化管理，最终形成具有全面感知、自动预判、智能优化和自我调整能力，且安全、高效运行的智慧油气管网。

智能阴极保护系统作为智慧管网建设的重要一环，对降低管道腐蚀风险，保证管道安全运行具有重要意义。目前，国家管网集团形成了以智能阴极保护管理平台为主体的阴极保护数据自动化采集、传输、存储、智能化分析及辅助决策系统，为管道的腐蚀防护决策起到了重要的技术支撑作用。

3　智能阴极保护管理平台

3.1　概述

智能阴极保护管理平台包括数据感知、数据传输、数据存储、智能分析及辅助决策等系统，可实现阴极保护数据的远程监测与控制，提高阴极保护数据采集的准确性，大大降低现场管理人员的工作量；智能阴极保护管理平台能够通过数据感知系统提供的数据及时发现管道沿线的交/直流干扰源，为交/直流干扰防护决策提供数据支持，也可以根据相关数据判断交/直流干扰防护措施的有效性。

近年来，随着大数据和物联网技术的发展，智能阴极保护管理平台已经具备以下功能：

(1) 根据智能终端系统的运行参数和状态，通过算法控制，自动调整终端设备的运行参数，保证阴极保护效果。

(2) 根据智能终端系统上传的阴极保护数据，结合相关数据的阈值设定，通过数据汇总和智能算法分析，自动判断阴极保护系统的运行状况。

(3) 将阴极保护的数据分析结果及系统的运行状态发送给终端用户，用户可以随时掌握相关状况及信息。

(4) 通过设备的运行参数和运行状况，智能判断设备是否运行正常。

(5) 根据智能诊断评估结果，给出建议措施，辅助用户进行故障和异常分析决策。

(6) 智能提醒用户处理工作任务，对日常工作任务执行情况进行汇总统计。

3.2 数据感知

数据感知系统主要包括智能测试桩、RE 腐蚀速率探头、电位传送器、恒电位仪等数据采集设备。

3.2.1 智能测试桩

智能测试桩是应用最为广泛的阴极保护数据采集工具，它由参比电极+试片(或极化探头)、数据采集仪、数据传输模块及桩体构成。智能测试桩能够采集管道的自然电位、通电电位、断电电位、交流电压、交流电流及直流电流等阴极保护参数，并通过数据传输模块传输到智能阴极保护管理平台。同时，可以通过管理平台对数据采集频率、触发电压等进行远程控制。对于存在直流干扰影响的区域，可以通过设置触发电压，从而实现阴极保护数据的自动、实时记录，及时发现直流干扰对管道的影响，从而为直流排流提供技术支持。

3.2.2 ER 腐蚀速率探头

ER 腐蚀速率探头主要应用于交/直流干扰区管道腐蚀速率的测量，同时也可以测量通电电位、断电电位、交流电压、交流电流密度、直流电流密度及防腐层破损点扩散电阻等数据。ER 腐蚀速率探头主要由 ER 腐蚀探头、参比电极+试片(或极化探头)、数据采集仪、数据传输模块及桩体构成。

3.2.3 电位传送器

电位传送器主要应用于阀室处阴极保护电位的测量。传统的电位传送器只能采集管道的阴极保护电位，通过点对点或 Rs485 接口将数据传入站控系统。近年来，随着技术的不断发展；将检测试片、无线数据传输等集成到电位传送器中，形成了智能型电位传送器，具有智能测试桩的全部功能，同时能够实现数据的有线和无线传输。

工艺站场区域阴极保护系统通常为多回路保护系统，每个回路相对独立，存在多回路数据采集、上传的需求，为满足工程需要，研发出了多路数据采集和多路数据传输为一体的多路型智能电位传送器，已经开始在部分项目中成功应用。

3.2.4 智能型恒电位仪

恒电位仪是阴极保护系统的核心设备。传统的恒电位仪通过恒电位(或恒电流)模式控制管道的阴极保护电位，通过汇流点处参比电极反馈的通电电位对恒电位仪进行手动调节控制。智能型恒电位仪通过极化探头(或参比管组合)能够实现管道阴极保护断电电位的测量，并且根据预设的阴极保护范围阈值进行自动调节，确保管道上的阴极保护电位始终在设置的区间内。

3.3 数据传输

目前，智能恒电位仪和电位传送器的数据传输方式主要包括 Rs485、点对点、RJ45 及无线传输等；其中点对点和 Rs485 传输方式只能将数据传输到站控系统，后续可以通过公网将数据传到智能阴极保护管理平台，RJ45 和无线传输方式可以通过公网系统直接将数据传到智能阴极保护管理平台。

智能测试桩和 ER 腐蚀速率探头通过无线传输方式直接将数据传到阴极保护管理平台。

3.4 阴极保护管理系统

阴极保护管理系统软件为 B/S 架构，能够将系统的客户端管理软件和服务程序软件分离，便于管理和维护；以地理信息系统(GIS)作为管理平台，更直接、形象的反映被保护管道的运行状况，方便查看管道的走向、设备的位置以及环境地貌的情况，更准确的定位设备；特别是存在报警信息时，能及时准确的反映报警设备所在的位置。

用户通过电子地图可以直接查看管道全线阴极保护状况，在地图上对阴极保护设备进行远程监控和管理。阴极保护管理系统能够自动存储阴极保护数据，提供数据人工录入和自动统计分析功能，通过数据智能分析和大数据计算，辅助用户进行故障和异常分析决策。

4 智能阴极保护管理平台的应用

目前，国家管网集团大部分长输管道线路阴极保护数据已经接入智能阴极保护管理平台，形成了以地区公司为中心的管理架构体系，具体如图 1 所示。同时，国家管网集团在高压直流接地极干扰区安装了 ER 腐蚀速率探头，实现了对直流杂散电流干扰影响进行实时在线监控；在部分站场实施了智能区域阴极保护，实现了区域阴极保护的远程监测与管理。

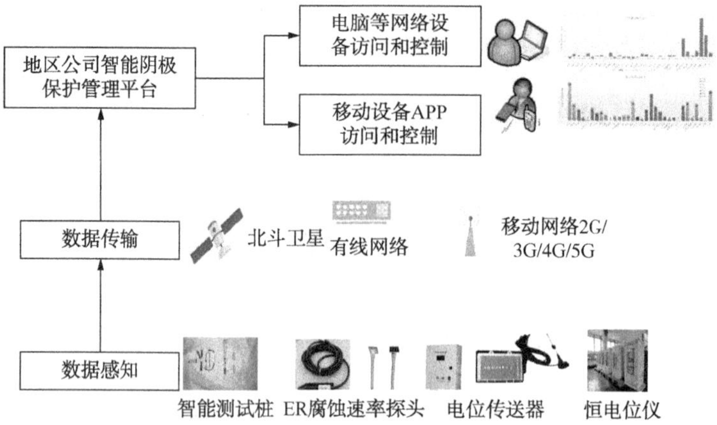

图 1　智能阴极保护管理平台架构

4.1　高压直流接地极干扰防护

随着我国西电东送和特高压直流输电技术的发展，长输管道和输电线路不可避免的出现在同一路由走廊中。高压直流输电线路在故障或检修状态下，会有大量的电流通过换流站接地极流入大地中，导致接地极附近埋地管道和大地之间产生很高的电位差，造成直流杂散电流腐蚀；同时，也会在阀室内的绝缘卡套、引压管部位容易形成近距离放电，严重威胁设备和现场操作人员的安全。对于高压直流接地极干扰的防护，长输管道主要采用分段绝缘、恒电位仪强制纠偏、牺牲阳极排流和极性排流器排流等多种方式进行防护。

同时，采用 ER 腐蚀速率探头和智能测试桩对直流干扰区进行动态实时监控，将数据传输至智能阴极保护管理平台。根据阴极保护数据的变化，评估直流防护措施的有效性、确定接地极的放电时间。

4.2　智能区域阴极保护

区域阴极保护是目前公认的减缓站内埋地管道腐蚀的有效措施。国家管网大部分站场都采取了区域阴极保护，但运行中存在电流分配不均、相互干扰、屏蔽及调节困难等问题。同时，还需定期对阴极保护设施的状态进行人工测试，根据测试结果手动调节恒电位仪输出参数。随着智慧无人站的建设，亟需解决站内区域阴极保护测试、运行及维护问题。

智能区域阴极保护采用“检测—分析—调整—再检测—再分析—再调整”的 PID 循环控制方法，由点到面、由局部到全局的控制策略，持续动态调整，均衡优化阴极保护效果，降低区域阴极保护管控的复杂度以及人力成本，提升阴极保护运行效果，助力管道安全高效运行。目前，已经在西部管道少数站场进行了试点应用，并取得了良好的效果。正在建设中的西气东输四线天然气管道工程(吐鲁番—中卫段)站场内采用了智能恒电位仪和智能电位传送器相结合的方法，实现了全部区域阴极保护数据的自动化采集、上传及阴极保护智能化调整，能够实现区域阴极保护远程实时监测和管理，大大降低现场人员的工程量。

5　结论与建议

智能阴极保护系统的建设与应用实现了线路阴极保护数据的实时传输、在线监测和故障诊断，大大提高了长输管道的阴极保护管理水平，降低了现场工作人员的工程量；同时，根据上传的交流电压、直流电流等数据能够及时识别管道沿线的交/直流干扰情况，记录高压直流接地极放电、直流轨道交通系统的干扰情况，为交/直流干扰防护设计提供技术支持。

随着物联网技术、5G 移动网络、大数据及人工智能技术的发展，智能阴极保护技术将迎来更广阔的发展，建议在以下领域进行应用和研究：

（1）进一步推动智能区域阴极保护技术的发展，实现区域阴极保护系统在线监测、管理及智能化控制，助力智慧无人站建设。

（2）智能阴极保护的数据传输通过公网传输，应更加重视数据传输和终端软件的安全。

（3）加强智能阴极保护管理平台数据接口标准管理，加快建设管网集团统一的智能阴极保管理平台，尽快实现阴极保护成果和数据共享。

参 考 文 献

[1] 国家能源局．中国天然气发展报告[M]．北京：石油工业出版社．2023：6-7.

[2] 王振声，陈朋超，王巨洪．中俄东线天然气管道智能化关键技术创新与思考[J]．油气储运，2020，39(7)：730-739.

[3] 姜昌亮．中俄东线天然气管道工程管理与技术创新[J]．油气储运，2020，39(2)：121-129.

[4] 董绍华，张轶男，左丽丽．中外智慧管网发展现状与对策方案[J]．油气储运，2021，40(3)：249-255.

[5] 张来斌，胡瑾秋，肖尚蕊．油气智慧管道"端+云+大数据"跨域"信息-物理"安全保障技术现状及发展趋势[J]．安全与环境学报，2023，23(6)：1825-1836.

[6] 马贵利，刘海峰，彭 磊，等．长输油气管道智慧化管理的应用及发展趋势[J] 天然气技术与经济，2022，16(5)：45-49.

[7] 程万洲，王巨洪，王学力，等．我国智慧管道建设现状及关键技术探讨[J]．石油科技论坛，2018，(3)：34-40.

[8] 李锴，李江，顾清林，等．西气东输智慧管网建设实践[J]．油气储运，2021，40(3)：241-248.

[9] 徐建辉，聂中文，蔡珂．基于物联网和大数据的全生命周期智慧管道实施构想[J]．油气田地面工程，2018，37(12)：6-13.

[10] 郑安升，黄留群，范安强，等．智能管道技术在长输管道防腐领域的应用[J]．焊接，2023，46(1)：24-30.

[11] 李春雨，何鹏程，耿立娟，等．智能阴极保护系统在青海油田的应用与评价[J]．石油化工腐蚀与防护，2022，39(6)：60-64.

天然气地下储气库智能化建设关键技术

糜利栋[1]　曾大乾[1]　刘　华[1]　郭艳东[1]　李彦峰[2]　李遵照[3]　孙旭东[4]

（1. 中国石化石油勘探开发研究院；2. 山西能源学院；3. 中国石化大连石油化工研究院；
4. 中国石化石油工程技术研究院）

摘　要　面对新一轮科技革命和产业变革加速演进，能源行业数字化智能化转型升级是落实“四个革命、一个合作”能源安全新战略和建设新型能源体系的有效举措，通过数字赋能、协同高效、融合创新助力天然气地下储气库（下称“储气库”）智能化建设，推动储气库高质量发展。本文系统介绍了国内储气库在数字化转型、智能化建设方面取得的成果，搭建了基于云平台的智能储气库技术框架。目前智能储气库建设在工业互联网平台、信息管理系统、决策优化系统、地理信息系统、协同研究以及数字化孪生方面等取得了一定进展，地质体数字孪生、高精度建模、可视化动态展示、智能运营、实时智能风险预警、工业软件国产化以及北斗、卫星互联网等新技术将是未来智能储气库建设的重点方向。

关键词　智能储气库；工业互联网；地理信息系统；数字孪生；协同优化

国家能源局2023年发布的《关于加快推进能源数字化智能化发展的若干意见》中针对油气行业提出了以数字化智能化技术助力油气绿色低碳开发利用，推动油气管网的信息化改造和数字化升级，推进智能管道、智能储气库建设，提升油气管网设施安全高效运行水平和储气调峰能力的意见。

中国石化积极应对数字革命挑战、加快数字化转型，全面推进智能油气田、智能工厂、智能加油站、智能研究院等一系列智能化建设。在智能油气田方面超前布局，2013年编制完成智能油气田整体规划和总体设计；2015年开展油气生产信息化、勘探开发业务协同系统（EPBP）建设，提升了油气田开发生产的数字化、自动化程度；2017年提出“一切系统皆上云，一切开发上平台”的工作思路，构建了基础是数据，核心是平台，应用是轻量化APP的“数据+平台+应用”云服务建设新模式；2018年在西北油田，采用该模式开展首个智能油气田试点建设；2020年胜利油田基于石化智云，构建平台服务体系和数据治理体系，应用数据湖技术提供统一的数据服务，共同打造企业APP应用集群，实现了由传统的“竖井式单体模式”向“数据+平台+应用”的云服务建设模式的转变，智能油气田试点建设已初见成效。

国内储气库建设晚，信息化、自动化程度较高，基本实现了自动化远程监测、控制和管理，但储气库数字化转型基础薄弱，升级难度大。国内数字化储气库建设尚处于起步阶段，目前实现了注采气量、温度、压力等常规生产动态数据采集与传输，但储气库作为系统工程，涉及数据类型多，信息采集难，现有数据分散在不同专业系统中，无法有效整合共享，仍存在核心网络、数据库、数据分析不完善，数据使用率低等问题，与数字化、智能化仍存在巨大差距。储气库“地质体-井筒-地面设备-管网-市场”一体化孪生技术尚未形成，全流程数字化模拟、多方联动优化运行、安全预警等系统及库群优化智能注采等软件平台仍处于空白。现有系统不能满足智能化、智慧化储气库的发展要求，储气库智能化建设任重而道远。本文系统介绍了国内储气库智能化建设现状，展望了未来储气库智能化建设的发展方向。

1　储气库智能化建设现状

1.1　智能化建设现状

1.1.1　油气藏-井筒-管网一体化耦合模拟

全生产流程模拟分析、可视化再现技术是建设智能油气田生产一体化的重要内容。中国石油耦合油气藏数值模型、井筒模型以及地面管网模型，建立了油气藏-井筒-管网一体化耦合模拟方法，通过不同专业模拟器的无缝耦合，实现油藏、采油、储运3个不同专业学科模型之间的数据流转和联动计算，形成了同时满足地下产能、井筒及地面设备等约束的全生产流程一体化模拟技术，模拟油气藏生产全过程。使不同专业的工程师紧密合作，打破专业壁垒，从一体化的角度剖析3个专业环节对整体生产流程的制约和影响，统一地下地面认识，为制定合理的生产运营方案提供一致的理论根据，达到降本增效的目的，形成更真实、更自动化、更智能的智慧油气田解决方案。

1.1.2 数字孪生技术

数字孪生作为前沿关键的智能技术，在油气行业的发展中具有广阔的前景。数字孪生技术指利用多源、多时空、多尺度、多概率动态数据，构建虚拟空间模型，模拟刻画真实油气物理世界，实现从物探、测井、钻井、油气开采、管道、炼化和销售等领域全生命周期映射，实现降本增效，提高运营安全水平。数字孪生贯穿了油气行业全生命周期中的不同阶段，目前通过构建数字孪生体收集站场各类数据，实现了油气田的智能化管理。国内油气行业数字孪生的实践应用主要体现在勘探开发数字化、石油工程装备数字化、地质工程一体化，以及钻完井数字孪生体和管道数字孪生体建设等方面。建立基于web分布和应用的数字化盆地综合管理平台，对不同探区数据进行统一描述和网页管理，形成数字盆地可视化，支持web 3D调用，实现盆地结构整体剖析。

1.2 储气库智能化建设现状

1.2.1 中国石化储气库智能化建设进展

中国石化在储气库智能化建设方面开展了大量工作。研发了储气库信息化管理平台、综合管理平台、数字孪生系统和全生命周期数字化平台。

1.2.1.1 储气库信息化管理平台

储气库信息化管理平台是建立在SCADA系统之上的综合性解决方案，运用了多协议工业物联网技术，实现了储气库实时运行数据的集成与可视化展示，从而确保了对储气库运行状态的实时感知与动态分析。结合注采站的关键运行参数，平台构建了异常诊断模型，识别关键设备参数的异常情况，并实现自动报警功能。通过SCADA系统，平台对集注站及井场的注采全过程进行数据采集、集中管理、远程监视与控制，实现了网络通信的智能化集中管理。这使得管理人员能够及时了解生产状态和设备运行状况，为制定合理的注采方案提供指导，从而保障安全生产。此外，该平台充分利用工业物联网技术，实现了储气库现场设备实时数据的全面接入。为此，研发了数据接入中间件、规则引擎与数据库，确保实时数据的高吞吐桥接，为储气库的动态模拟提供及时、高精度的数据支撑。基于对储气库重点设备运行参数及工况的相关性分析，平台还构建了温度、压力等参数的动态变化模型。应用多参数异常诊断分析技术，并结合现场实时数据采集成果，建立了用户可配置、可优化的设备异常诊断模型。同时，研发了重点设备异常工况诊断系统，进一步增强了诊断分析能力。该平台还深入研究了储气库在不同工况场景下的感知、监控、诊断技术，旨在提升储气库生产运行的实时感知能力、监控能力和诊断分析能力。基于储气库实时数据的集成及可视化展示成果，结合石化智云和SpringBoot技术，研发了储气库信息化管理平台。这一平台不仅实现了储气库运行的优化，还实现了一体化模拟的信息化管理和可视化展示，为储气库的高效、安全运行提供了强有力的技术支持。

1.2.1.2 储气库一体化综合管理平台

地下储气库综合管理平台面向中石化生产管控和协同研究，服务于总部决策层、储气库运营公司、科研院所以及生产单位，满足储气库选址优化、方案设计跟踪、生产运行管理及动态跟踪分析全流程一体化管理与研究，实现了管控实时化、研究模型化、设计联动化、运行可视化、运营智能化、操控自动化。平台总体功能架构如图1所示。登录界面如图2所示。目前综合平台已集成储气库总览、选址优化、方案设计、生产运行、动态分析及数据管理六大子系统。

1）储气库总览

储气库总览(图3)以地理信息系统(GIS)为指引，通过一张图的形式展示储气库关键信息，包括储气库类型、状态、位置分布、设计指标、实时运行指标以及资源市场流向等参数，管理者可以一目了然获取到储气库从选址优化-方案设计-调峰管理-注采运行等的相关信息。

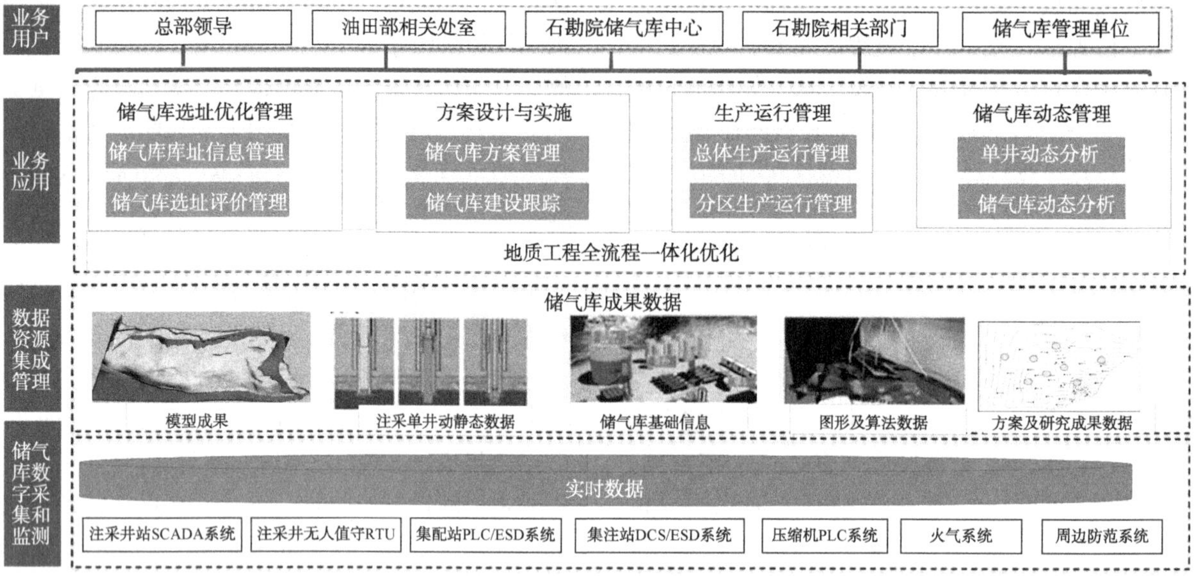

图1　平台功能设计

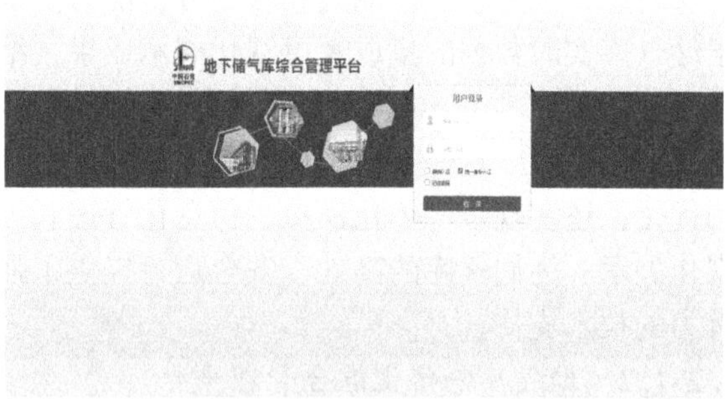

图2　中国石化地下储气库综合管理平台

图3　储气库总览

2）选址优化子系统

选址优化子系统（图5）是在升级原来“储气库选址综合筛选信息平台 V1.0”（图4）的基础上，增加了库址信息导航、库址资源潜力管理以及库址评价成果管理3个功能，升级完善后的选址优化子系统共有4个模块。库址信息导航模块基于地理信息系统，建立储气库与油田企业关联信息，通过一张图的形式显示所有运行、备选、在建储气库类型、位置分布、以及库容参数等信息；库址资源潜力管理模块对所有储气库从状态、类型以及分区三个维度进行数据分析；库址筛选评价模块把原来基于C/S架构开发的“地储气库选址综合筛选信息平台V1.0”升级成基于B/S架构的版本，并对根据需要将原来库址筛选评价功能进行优化，其中优化后的库址筛选评价模块界面简介，操作更加便捷，方便用户用户快速入手，升级后的库址筛选评价模块可以对油气藏型、盐穴型以及含水层储气库等开展库址优选评价，优选建库目标；库址评价成果管理实现了不同类型储气库库址评价指标体系、标准、方法以及评价成果的综合管理与应用。选址优化子系统全面支撑了中石化“十四五”地下储气库规划，2021年、2022年、2023年地下储气库规划部署工作，助力了中国石化储气能力建设。

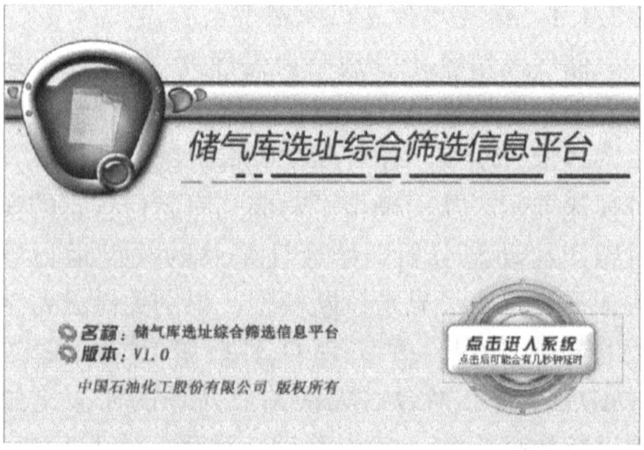

图4　储气库选址综合筛选信息平台 V1.0

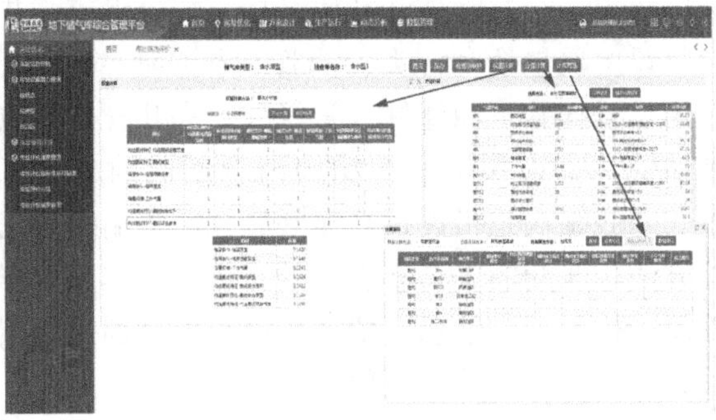

图 5　选址优化子系统

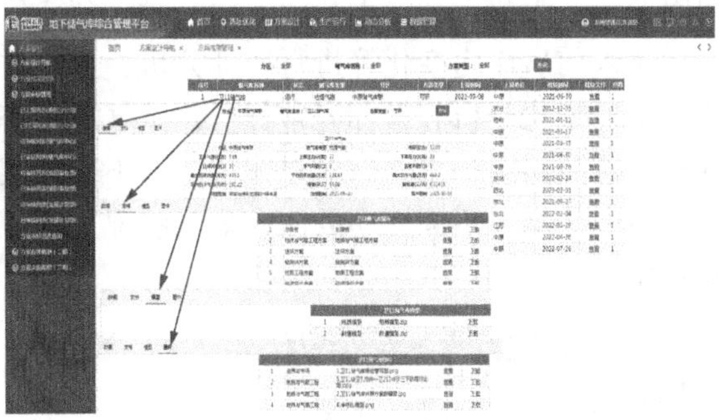

图 6　方案设计子系统

3）方案设计子系统

方案设计子系统(图 6)实现了储气库方案设计导航、方案审核、方案成果管理，可同时满足管理、科研及现场生产人员使用需求，基于地质模型和数值模型，建立储气库案例成果为主的知识库，实现方案成果的统一、集中、标准化管理和在线共享，为储气库方案编制和动态管理提供支撑。方案设计导航以一张图的形式展示所有通过总部审查的方案信息，对储气库方案设计情况进行索引管理，建立储气库方案文档、关键参数信息台账，能够直观的以图表形式分类型展示不同储气库方案设计情况及关键参数，全方位跟踪储气库不同阶段的方案设计情况，同时可以查询在审储气库方案审查进度及审查意见；方案成果管理子系统集成了所有储气库已审核可研、变更以及调整方案信息，对不同专业方向的储气库方案文档、关键参数、数据体及图件进行管理，不同专业方向方案编制单位上传文档、关键参数，并经过审核单位完成审核形成储气库方案案例库，为不同用户提供不同维度储气库方案的检索查询及应用；方案审核管理按照审核节点面向不同层级用户开放对应界面，包括油田分公司上报管理、储气库中心审核管理、油田事业部审核管理以及发展计划部审核管理等节点，不同层级用户可随时查询了解方案审核流程进度及审核意见，实现了方案审核一体化管理和方案编制审核进度在线跟踪。

4）生产运行子系统

生产运行子系统全面监控储气库生产运行动态，通过实时数据对储气库井场、管道、设备等运行动态进行监控，统计分析采气量、注气量、日度调峰情况等运行指标，通过柱状图、曲线图及数据表格等形式，对储气库运行动态跟踪展示，分析运行趋势，实现储气库平稳安全运行。生产运行导航通过一张图的形式展示所有运行储气库实时生产运行指标，对不同地区储气库群、储气库生产运行信息进行全面集成展示，面向管理层面能够依托 GIS 导航图，了解储气库的生产状态、调峰以及注入情况；储气库运行管理分析储气库开井数、日注采气量、日注采气压力变化规律及阶段生产指标对比；调峰优化管理子系统跟踪储气库资产情况、调峰情况、注采井运行情况，分析储气库每日入库气量计划、实际入库量，展示阶段气量变化情况，汇总不同储气库的注采峰谷运行动态，依托 GIS 展示各储气库气源及市场流向；单井生产运行子系统跟踪分析储气库不同注采井单井日注采数据，对比单井阶段运行情况，分析监测井单井日监测数据及阶段变化规律(图 7)。

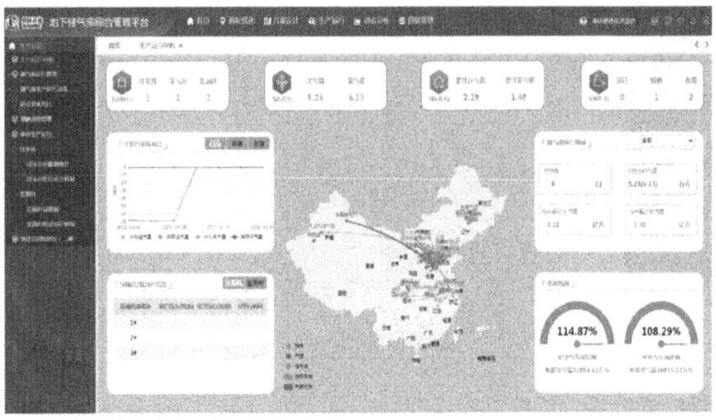

图 7　生产运行子系统

5）动态分析子系统

动态分析子系统(图 8)从单井注入、采出交变分析到储气库库容变化分析，建立具有储气库业务特点的动态分析业务模型，对储气库单井、储气库动态变化进行对比分析和决策优化。动态分析导航全面展示储气库动态分析成果及动态分析需求；单井信息集成按不同维度提供单井资料检索查阅功能，能够调用单井钻完井、监测、生产等数据，将多井单一指标同时间、同生产天数等维度的数据对比等；单井动态分析对注采井不同周期采气天数、注气天数、采出气量、注入气量、注入前后压力变化等进行统计分析，监测井监测指标变化分析和指标异常分析；储气库动态分析：按照不同的维度，对总体情况、不同储气库、不同井型、不同周期的注入采气状况进行跟踪对比分析。

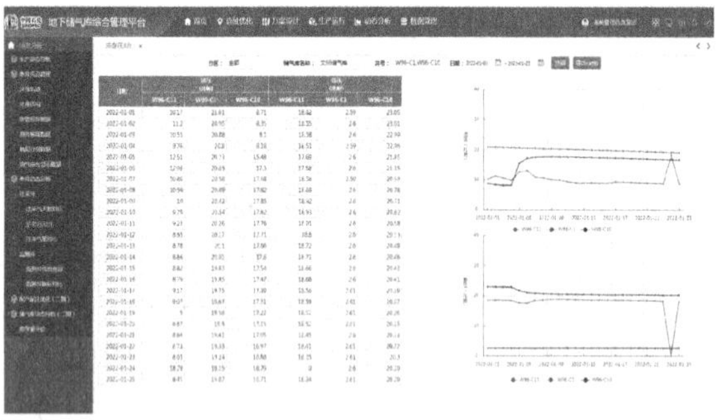

图 8　动态分析子系统

6）数据管理子系统

数据管理子系统(图 9)主要用于数据采集，服务于总览、选址优化、方案设计、生产运行及动态分析五大子系统的数据展示和研究分析，是储气库一体化综合平台的基础。包括基础数据、选址优化、方案设计、生产运行及动态分析 5 个数据管理子系统，是系统管理的基础。

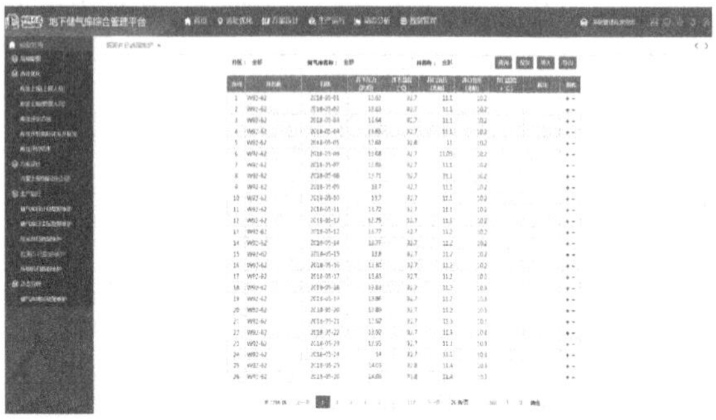

图 9　数据管理子系统

1.2.1.3　基于数字孪生一体化仿真的决策系统

储气库数字孪生一体化仿真及辅助生产决策系统建立“气藏+井筒+注采管线+地面工艺”全流程、全工艺的一体化工艺仿真模型，1∶1 数字化还原现场工艺流程，支撑储气库全系统和各工艺单元的高精度模拟。以一体化高精度工艺仿真模型为核心，开发辅助生产决策系统智能化应用平台，实现实时模拟计算与虚拟计量、注采气产能规划分析、生产工艺优化及风险监测预警等，提供储气库全生命周期的动态模拟解决方案。

1）一体化工艺仿真建模

(1) 注采井工艺模型。注采井从上到下是由井口装置、完井管柱和井底结构三部分组成。井口装置主要包括套管头、油管头和采油(气)树，作用是悬挂井下油管柱、套管柱。完井管柱则包括油管、套管和按一定功用组合而成的井下工具。井底结构是指连接在完井管柱最下端的与完井方法相匹配的工具和管柱的有机组合体。根据井筒结构与基础信息，依据建模流程分别提取相关数据，将注采井建模数据分类整理如见 1。

表 1　注采井建模数据分类

序号	具体参数
高程	管道沿线高程、井眼轨迹
构造	管道内径、粗糙度、管壁设置
流体物性	流体组分、流量、入口温度、GOR、WC、各相比重
设备参数	阀门、温压计、节流喷嘴等
环境	沿线温度、传热系数、风速

基于井筒的 TVD、MD 数据(TVD-垂直深度，MD-测量深度)，构建井筒的物理结构。基于注采井表层套管、技术套管、油层套管和油管尺寸数据，构建注采井物理模型。经生产数据校核与验证，确定井筒管壁粗糙度、井筒总传热系数、流体物性数据等，并确定环境温度与压力。注采井工艺模型如图 10 所示。

(2) 注采站工艺模型。注气工艺模型如图 11 所示。其主要包括来气计量工艺模型、生产分离/计量分离工艺模型、过滤分离工艺模型、注气增压工艺模型、注气阀组工艺模型、井口/管线工艺模型。

来气计量工艺模型包括计量阀组、流量计、压力计、温度计，流量计进行温度、压力补偿，流量、压力、温度由实际生产数据校核。分离器模型包括生产分离器、计量分离器与过滤分离器。根据分离器外形尺寸、气液进出口数量、喷嘴尺寸、溢流隔板尺寸、捕雾网、液位高低报警等建立工艺模型。注气增压工艺模型主要是完成压缩机模型的构建，包括气缸容积、余隙容积、压缩等级、外形尺寸等。注采阀组工艺模型包括单井计量流量计模型、气动调节阀和流量调节阀模型等。井口/管线工艺模型包括注气管线，并与注采井模型进行关联(图 11)。

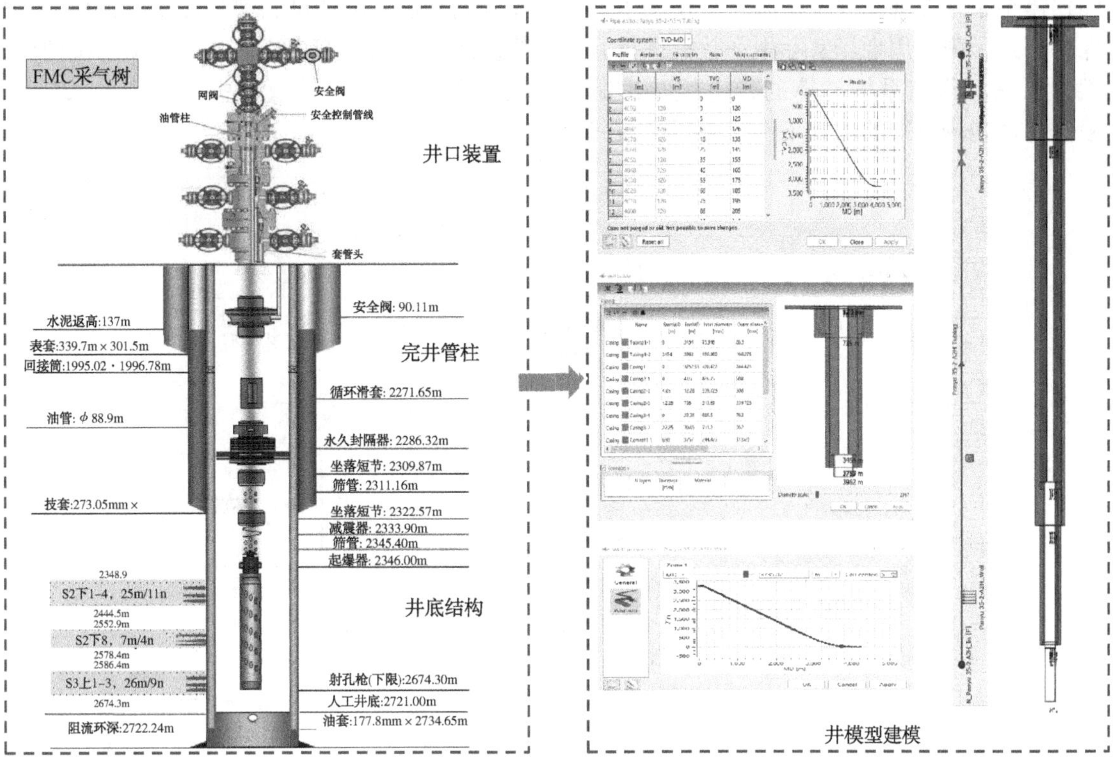

图 10　注采井工艺仿真模型

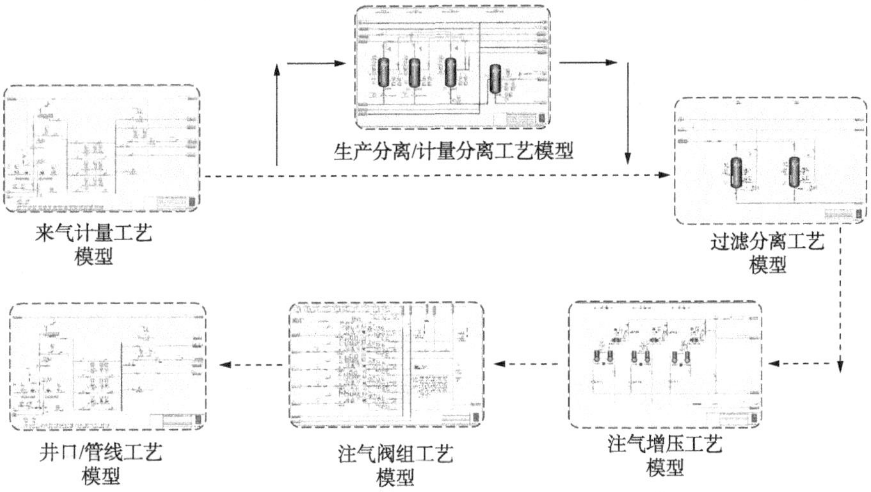

图 11　注气工艺仿真模型

采气工艺模型如图 12 所示。其主要包括井口/管线工艺模型、采气阀组工艺模型、采气分离/计量分离工艺模型、脱水脱烃工艺模型、TEG 再生工艺模型、外输计量工艺模型。

井口/管线工艺模型包括井口装置、采气气管线，并与注采井工艺模型关联。采气阀组工艺模型同样包括流量计、气动调节阀和流量调节阀工艺模型。根据分离器外形尺寸及内部结构，构建采气分离器、计量分离器工艺模型。脱水脱烃工艺模型、TEG 再生工艺模型包括吸收塔、重沸器、再生器、换热器、循环泵等设备，根据吸收塔外形尺寸、塔板数量、塔板结构尺寸、塔板间距与高度、气液出口高度与尺寸、溢流隔板位置尺寸构建吸收塔工艺模型，根据换热系数、换热面积、流体性质等构建换热器工艺模型，在循环泵模型中设置泵工作效率曲线。外输计量工艺模型包括计量阀组、流量计、压力计、温度计等模型。

（3）一体化模型集成与校调。将注采井模型、注采管线及注采工艺模型一体化集成。为确保一体化模型系统在动态模拟状态下与现场生产工况保持一致，需采用现场实际生产数据进行系统调试，以确保模型系统计算的稳定性与准确性。根据生产现场已知的数据条件，进行注采气流程调节逻辑的调试，实现注采井模型、注采管线及注采工艺模型集成的一体化动态机理模型模拟计算。

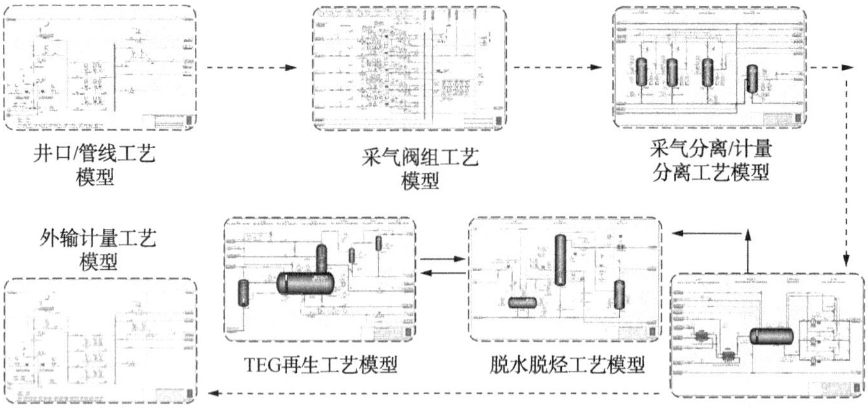

图 12　采气工艺仿真模型

采气工艺一体化模型校调，一般以采气总流量、井口压力、管汇压力为约束条件，调节迷宫阀开度、采气指数、场站稳压阀，计算和测量采气总流量、单井井口压力，管汇压力。采气指数和场站稳压阀开度为正反馈调节，迷宫阀开度为负反馈调节。注气工艺一体化模型校调，一般根据井口压力参考值和模拟值的对比，如果模拟值低于参考值，注气指数会在合理范围内增加；同理，如果模拟值高于参考值，注气指数会在合理范围内降低，来匹配单井井口压力。根据注气总流量参考值和模拟值的对比，如果模拟值低于参考值，压缩机功率会在合理范围内增加；同理，如果模拟值高于参考值，压缩机功率会在合理范围内降低。

2）储气库辅助生产决策系统

以生产数据为基础，以一体化模型为核心，开发储气库辅助生产决策系统，实现储气库的实时生产监控、工艺操作优化、注采气方案规划研究、压缩机能耗分析、水合物监测、虚拟计量等综合管理，有效解决地下储气库复杂多变的注采切换操作流程及生产工艺优化。储气库辅助生产决策系统如图 13 所示。

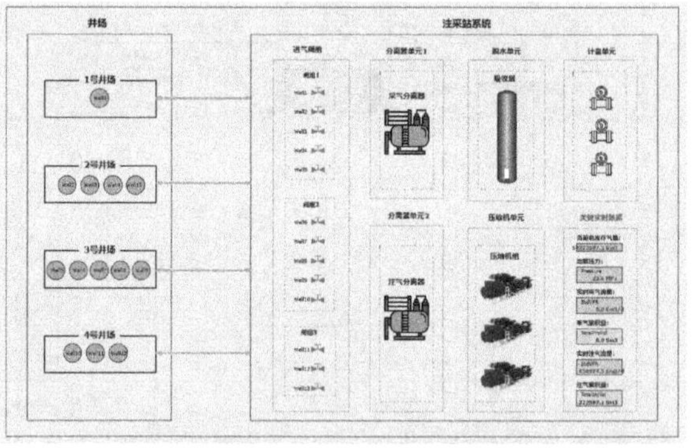

图 13　储气库辅助生产决策系统

储气库辅助生产决策系统集成单井、脱水、过滤分离等全工艺流程以及单井监测、虚拟计量、水合物风险监控、关键设备及工艺监测等功能于一体，可以点击模块跳转到相应子系统界面，并且在右下角设置关键实时数据显示，例如当前总库存气量、地层压力、实时采气流量、采气累积量、实时注气流量和注气累积量等关键数据，实现储气库全流程、全工艺的数字化再现。

（1）注采井与注采管线虚拟计量。注采井功能界面实时模拟及展示井筒关键参数和注采管道的关键参数变化。单井虚拟计量功能主要实时显示单井实时采气、注气流量，井筒沿线温度、井底温度、井口温度、井筒沿线压力、井底压力、井口压力、单井产液量、井筒沿线含水分布等关键参数。管道虚拟计量功能主要实时显示注采管道水力学计量参数，如沿线温度、压力分布、流量等，注采管道沿线含水分数以及注采管道水合物风险实时监测等关键参数。如图 14 所示。

（2）水合物风险监测及抑制剂量优化。储气库进入采气期时，利用井口喷嘴进行一级降压，利用进站迷宫阀进行二级降压。巨大的降压温降，造成管线中生成水合物风险提高。在辅助生产决策系统中，分别在喷嘴后的注采管道和迷宫阀后的管道配置水合物风险监测模块以及配置用

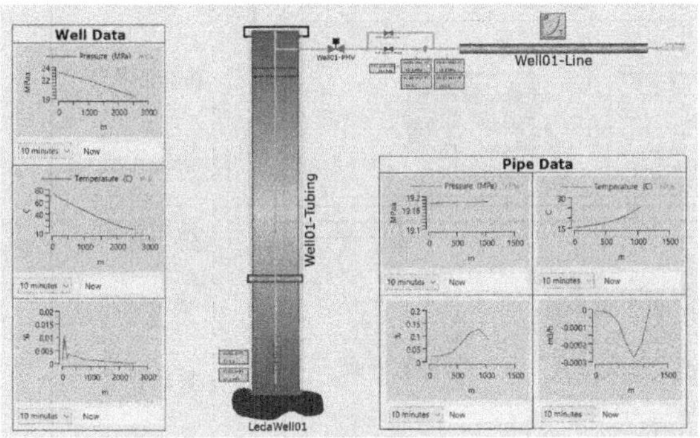

图 14　注采井功能界面

户界面，在实现注采管道和迷宫阀后关键位置的水合物最大风险点追踪的同时，实时输出水合物风险温度、风险压力、风险位置以及抑制剂浓度等。此外，在系统中设置甲醇抑制剂注入界面，控制不同井场各井筒的甲醇注入量和注入方案。通过相同采气方案下，不同抑制剂量的模拟对比，在经济性和安全性上获得最优抑制剂注入方案。如图 15 所示。

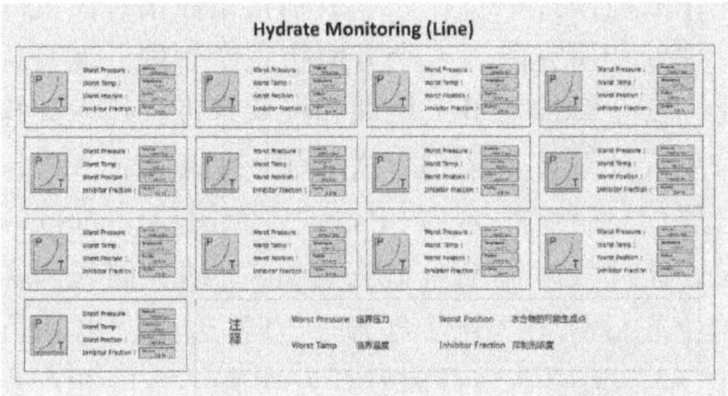

图 15　水合物风险监测界面

(3) 关键设备实时监测与预警。在辅助生产决策系统中设置关键设备实时监测与预警界面，监测压缩机、循环泵等关键设备运行情况。压缩机组工况监测关键参数主要有：入口温度压力、出口温度压力、压缩机功率、电机转速、效率、工况运行区间等参数，循环泵组工况监测关键参数主要有：入口压力、出口压力、体积流量、转速、效率、扭矩、电机转速、效率、工况运行区间等参数，换热器组工况监测关键参数主要有：入口温度、出口温度、流体温度沿线变化、管壁温度沿线变化、对流换热入口、出口流量等参数。如图 16 所示。

(4) 注采气产能规划分析。注采气产能规划分析界面中输入不同的储气库初始运行状态，如初始地层压力、初始井口压力、不同规划注采气量。利用模型系统进行长周期模拟，期间可进行

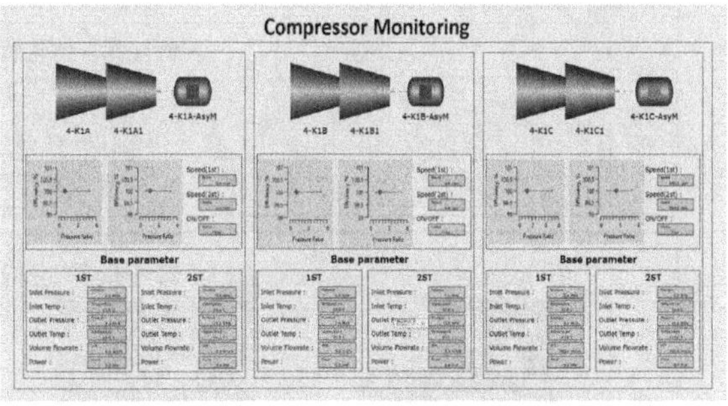

图 16　设备关键参数监测界面

不同注采气开关井操作，观察注采气方案规划过程中的关键参数变化，例如地层压力随注采气累积量的变化规律，井口压力、井口温度、单井采气量、迷宫阀前后温度压力、管汇压力、管汇温度、吸收塔出口干气露点、三甘醇循环量随注采气量的变化规律等，对注采气方案进行分析优化。如图 17 所示。

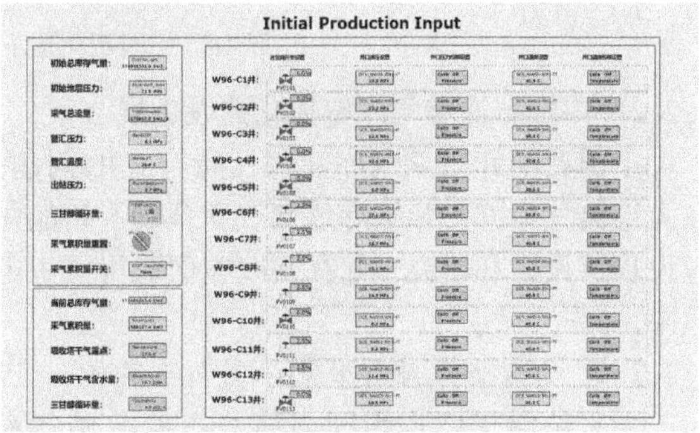

图 17　采气产能规划分析界面

3）储气库全生命周期数字化平台

储气库全生命周期数字化平台按照“全球视野、国际标准、石化特色、高点定位”的要求，围绕储气库地质、工程、设计“一体化”的总体目标，形成从选址、设计、施工、生产等全方位储气库建设运营软件群，固化建设与生产程序，推进地下储气库建设的数字化转型。在统一数据模型、统一云平台、统一三维场景的基础上，将现有的专业软件群与储气库管控工作流软件群进行连接，提出了地下储气库全生命周期数字化平台的总体架构和关键技术，构建了地下储气库全生命周期业务平台。通过储气库一体化数据汇聚，形成了储气库储备、协同设计、规范建设、智能运行的全流程一体化管控平台，实现储气库的流程管控、协同设计、检测优化、运行调控功能，支撑储气库多部门、多专业的一体化协同研究与管控(图 18)。

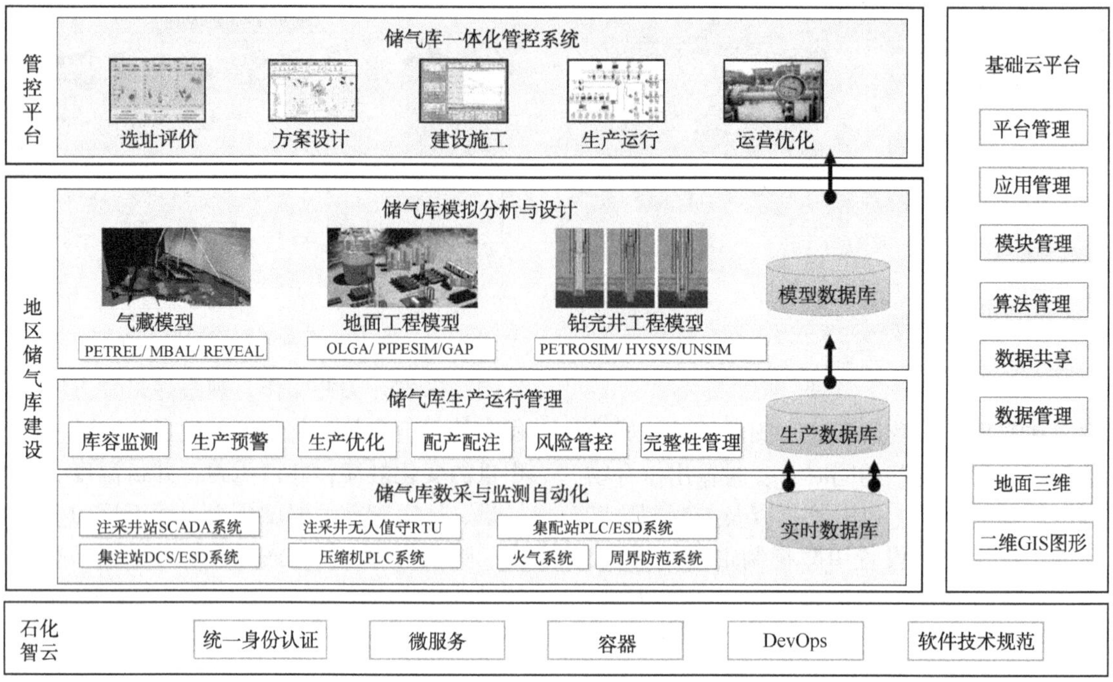

图 18　中国石化地下储气库数字化平台总体架构

1.2.2　中国石油储气库智能化建设进展

中国石油针对储气库建设运行存在的问题，在大港储气库群、相国寺等储气库开展了智能化建设顶层设计和研究，并在实践方面取得了一定成果。

1.2.2.1　大港储气库群数智化创新与实践

大张坨储气库作为国内第一座商业储气库(2000 年投产)属于大港储气库群，已安全运行 24 年，目前大储气库群包含大张坨、板南、驴驹河等 11 座储气库，峰值日采气量达 3050 万 m^3。大港储气库群在推动储气库业务数智化创新和实践方面取得一定成果。开展数智储气库顶层设计，搭建了数据综合管理平台，形成了多专业、多维度、全范围的信息化数据环境；基于云平台创建了方案设计、工程施工、注采方案设计等业务环节一体化协同研究环境；依托数智决策中心软件平台，实施数智决策与应急响应，实现储气库运行、钻井现场、管道及站场完整性管理的实时跟踪决策；基于物联网技术，开展无人值守的数智储气库建设，实现自动化操控；基于数字化交付平台，提升建库效率与建库质量，为储气库研究、设计、生产、运营及维护提供保障。

1.2.2.2　相国寺储气库智能化探索与实践

相国寺储气库论证完成了智能储气库总体架构体系。业务架构概括为“一个平台、三个级别、五个方面”，一个平台指气藏-井筒-地面一体化数值模拟平台，三个级别指集注站、储气库管理处和研究院，五个方面指生产管理、运行优化、安全管控、员工培训和经营管理；技术架构采用云计算技术架构，搭建了“边缘层、基础设施层(IaaS)、平台层(PaaS)、应用层(SaaS)”4 层智能储气库云平台 UGS-PaaS。结合储气库关键业务目标和“分步实施、边建边用、以用促建”的实施原则，目前已开发实施了智能配产配注系统，主要包括基础数据管理、生产数据管理、模型管理、方案设计、生产运行 5 大功能模块。

1.2.2.3　基于一体化平台的数智化建设策略

大庆油田在围绕储气库生产运行成本高、工作效率低、数据共享难、数据价值难以有效发挥、控制系统分散且相互独立、业务覆盖不全、新增功能需求扩展困难等难题，提出了储气库一体化平台的数智化建设策略。以“数据全采集、管线防泄漏、集注站自动化、注采井智能化、气藏智能化、地面智能化”为目标，通过优化提升基础设施夯实数智化储气库建设基础，按照“一体化模型→生产与科研双向协同工作流→可视化系统→智能应用”的逐级递进方式，构建统一的在线协同环境，实现以一体化专业模型为核心、以工作流为支撑，将各个专业专家基于同一平台、同一数据、同一工作流，实现储气库安全运营的实施监测，高效研究与快速决策，建设数智化储气库。储气库一体化平台包括一体化仿真模型、一体化数智管理系统、可视化管理系统和数智化应用建设。

1.2.3　存在的问题

目前不同储气库公司都在布局储气库智能化工作，但没有统一标准规范可遵循，且智能化建设均处在起步阶段，重复性工作较严重，实质性进展缓慢，整体顶层设计有待完善。

单元高精度模拟。

2　储气库智能化建设发展趋势

2.1　建设思路

按照“整体规划，分步实施，以点带面，统筹推进”的策略，基于工业互联网平台，采用“数据+平台+应用”的云服务模式构建智能储气库技术架构。基于物联网技术，实现多维度数据资料标准化、数字化统一管理，攻关地质体数字孪生技术和储气库“地质体-井筒-地面”高精度动态建模技术，深化应用大数据、人工智能、卫星互联网等新兴信息技术，构建全面感知、自动操控、趋势预测、智能优化、协同运营以及可视化动态展示的智能化储气库，提高储气库建设管理水平和生产运营效益，推动智慧储气库建设。

2.2　预期效果

形成储气库智能化建设信息技术标准体系。实现多源数据数字化、标准化统一管理；以工业互联网平台为基础，实现“工业互联网+注采运行”、“工业互联网+安全检测”等“工业互联网+”应用，建设成选址云、方案云、建设云、运营云等专业云平台，实现多专业一体化协同办公；基于数字孪生技术，建成“地质体-井筒-地面设备-管网-市场”一体化数字孪生体，通过GIS将数据和信息转化为地图可视化，实现储气库全系统一体化动态仿真模拟和虚拟化展示；结合大数据和人工智能技术，建成基于数据驱动的管理决策平台，实现储气库运营、决策智能化，推动储气库智能化关键技术、产品国产化。

参考文献

[1] 关于加快推进能源数字化智能化发展的若干意见[J]. 大众用电，2023，38(04)：11-14.

[2] 张玉卓．以数字化转型促进能源化工产业高质量发展[J]. 中国产经，2021，(02)：58-60.

[3] 马承杰．胜利油田“数据+平台+应用”信息化建设新模式构建与应用[J]. 石油科技论坛，2021，40(02)：73-80.

[4] 乔泉熙，蒋勇，徐建军．平台模式的智能气油田试点建设实践与成效[J]. 中国石油和化工标准与质量，2022，42(01)：137-139.

[5] 叶康林．地下天然气储气库信息化建设现状与探讨[J]. 信息系统工程，2019(07)：124-126.

[6] 丁国生，王云，完颜祺琪等．不同类型复杂地下储气库建库难点与攻关方向[J]. 天然气工业，2023，43(10)：14-23.

[7] 万旸．地下天然气储气库数字化建设现状[J]. 化学工程与装备，2021(10)：216-217+220.

[8] 糜利栋，顾少华，薛亮，等．基于数据驱动技术的智能试井解释方法——以有水气藏产水气井为例[J]. 天然气工业，2021，41(02)：119-124.

[9] 刘烨，何刚，杨莉娜，等．“十四五”期间我国储气库建设面临的挑战及对策建议[J]. 石油规划设计，2020，31(06)：9-13+62.

[10] 马新华，郑得文，魏国齐，等．中国天然气地下储气库重大科学理论技术发展方向[J]. 天然气工业，2022，42(05)：93-99.

[11] 张刚雄，郑得文，张春江，等．地下储气库信息数据管理平台开发及应用[J]. 油气储运，2015，34(12)：1284-1287.

[12] 石海磊，赵迎，杨勇，等．油气藏-井筒-管网一体化耦合模拟方法研究[J]. 中国石油和化工标准与质量，2023，43(10)：92-94+97.

[13] 金镭，秦雪伦，江如意等．油气行业数字孪生研究述评与展望[J]. 世界石油工业，2022，29(05)：17-25.

[14] 赵汩凡，孙键．综合应用数字孪生技术助力油气上游转型[J]. 中国石化，2019(10)：36-38.

[15] 张晓冉，薛辉，张磊，等．文96地下储气库SCADA系统[J]. 油气田地面工程，2014，33(10)：90-91.

[16] 孙迪．文96地下储气库SCADA系统应用探究[J]. 中国石油和化工标准与质量，2013，33(07)：101.

[17] 糜利栋，曾大乾，李遵照，等．中国石化地下储气库智能化建设进展及展望[J]. 世界石油工业，2023，30(06)：88-95.

[18] 糜利栋，曾大乾，张广权，等．地下储气库智能化平台开发及应用[C]. 第三届中国储气库科技创新与产业发展国际高峰论坛论文集，120-128.

[19] 糜利栋，曾大乾，刘华，等．中国石化地下储气库一体化综合平台研发与应用[J]. 油气藏评价与开发，2023，13(06)：781-788.

[20] 曾大乾，胡宗全，糜利栋，等．不同类型地下储气库库址评价标准体系及筛选平台[J]. 天然气工业，

2022，42(S1)：117-124.
[21] 孙伟，孙旭东，杨传书，等．中国石化地下储气库全生命周期数字化平台建设[C]. 第三届中国储气库科技创新与产业发展国际高峰论坛论文集，3-9.
[22] 殷美惠，李炳辉，王权国，等．大港储气库数智化创新与时间[C]. 第三届中国储气库科技创新与产业发展国际高峰论坛论文集，23-28.
[23] 廖浩然，任科，禹贵成，等．相国寺储气库智能化建设探索与实践[C]//中国石油学会天然气专业委员会．第32届全国天然气学术年会(2020)论文集．西南油气田储气库管理处；2020：10.
[24] 孙瑨．基于储气库一体化平台的数智化建设策略研究[C]. 第三届中国储气库科技创新与产业发展国际高峰论坛论文集，81-85.
[25] 李剑峰，肖波，肖莉，等．智能油田[M]. 北京：中国石化出版社，2020.
[26] 彭博，杨辉廷，彭云晖．油气藏三维地质建模研究进展[J]. 石化技术，2023，30(12)：175-177.
[27] 完颜祺琪，王云，李东旭，等．复杂地质条件下储气库建设安全运行技术进展[J]. 油气储运，2023，42(10)：1092-1099.

CO_2输送管道智能化技术现状及展望浅析

马　赟　马俊章　卜馨宇

（中国石油新疆油田公司工程技术研究院）

摘　要　在全球积极应对气候变化和国内“双碳”战略目标的导向下，CCUS被广泛认为是实现全球温控目标和我国碳中和远景不可或缺的关键性技术之一，而CO_2从起源地输送到利用地，是实现CCUS产业技术目标的关键环节。CO_2的输送方式主要分为管道输送、汽车输送和船舶输送几种方式，本文主要以管道输送方式为主，概述了CO_2输送管道相态分类及存在的相关问题，结合国内外管道智能化技术发展现状梳理了人工神经网络技术、分布式光纤技术、特征波谱技术等在CO_2管道腐蚀速率预测及泄漏监测中应用；在此基础上，探索了CO_2输送管道在智能化建设的发展方向，为智能管道的持续发展提供参考。

关键词　CO_2输送管道；智能化；腐蚀速率预测；泄漏监测

在众多温室气体减排技术中，碳捕集、封存与利用(CCUS)技术是指将工业生产或其他排放源中的CO_2分离出来，直接储存或者经过加工后注入新的生产过程中来达到减少CO_2排放的技术，是未来极具潜力、有效的温室效应解决方案，对于减缓全球气候变化、推进低碳发展也具有重要的意义。其中，管道在输送CO_2时具有较高的经济性。国外已建成CO_2管道约6000km，主要分布在美国、加拿大、挪威、土耳其等。国内CO_2管道发展相对缓慢。2023年，齐鲁石化~胜利油田CCUS示范项目CO_2输送管道全线贯通，未来CO_2运输管道将在我国逐步实现规模化应用。随着物联网、云计算、大数据等新一轮信息技术的快速发展和深入应用，工业制造逐步向智能化发展。CO_2输送管道作为CCUS的重要组成部分，正积极探索发展智能管道，全力打造智慧CCUS。

1　CO_2管道输送相态及面临问题

1.1　CO_2管道输送相态分类

CO_2在常温常压下为气态，密度为1.977g/L(标况)。根据温度、压力的不同，CO_2管道输送可分为五种相态区(图1、表1)。

当CO_2以气相输送时，需在管道入口及沿线设置增压设备以减少输送过程中的压降，控制压力应小于临界点压力(7.38MPa)；还需通过热力计算公式确定沿线温降，必要时还需敷设管道保温层防止CO_2液化。气相输送对管材和耐压等级要求不高，但由于气相CO_2密度较低，同一输量条件下所需管道尺寸较大，该方法适用于短距离、小输量CO_2输送。

当CO_2以液相输送时，需要在管道入口及沿线设置增压设备克服沿程摩阻损失和地形高差；需在增压后对CO_2进行冷却防止输送过程中发生气化；还需通过热力计算公式确定沿线温降变化，确定管道是否需要敷设保温层防止CO_2气化(出现气液两相流)或者固化(出现干冰)。该方法适用于小输量、短距离CO_2输送。

当CO_2以密相输送时，管道压力应高于临界压力(7.38 MPa)，温度应低于临界温度(31.4℃)，密度高于同温度下的液态CO_2，输送过程中当管道温度升至环境温度后，不会发生相态变化，对管道入口温度要求不高。因此，密相输送时管道压降比超临界输送和液相输送低，建设成本远低于气相输送和液相输送。

当CO_2以超临界态输送时，管道压力及温度应始终高于临界压力(7.38MPa)和临界温度(31.4℃)。CO_2经增压及加热，将温度提升至临界温度以上，为防止在输送过程中因温降而发生相变，对于长距离输送管道需在沿线部署相应加热装置。由于CO_2在超临界状态下具有低黏度、高密度的特点，且杂质对温降和压降的影响较小，在实际应用中长距离CO_2输送管道多采用该方法，但建设成本高于密相输送(图1、表1)。

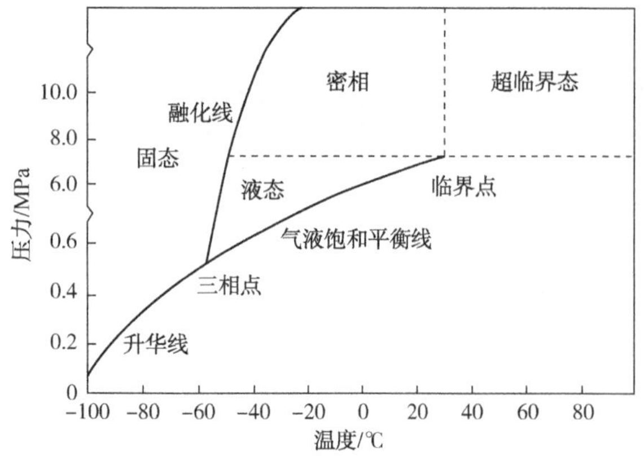

图 1　CO_2管道输送相态图

表 1　CO_2管道相态分类表

分类	压力，P/MPa	温度，T/℃
超临界区	$P \geqslant 7.38$	$T \geqslant 31.4$
密相区	$P \geqslant 7.38$	$-56 \leqslant T \leqslant 31.4$
液相区	$P \leqslant 7.38$	$-56 \leqslant T \leqslant 31.4$
气相区	$P \leqslant 7.38$	$T \geqslant -56$
固相区	—	$T \leqslant -56$

注：临界点压力为 7.38MPa，温度为 31.4℃。

1.2　CO_2管道输送面临的问题

由于CO_2的相态特性复杂，较易出现物性参数变化，影响管道安全运行。例如：CO_2管输中存在的游离水会对管道和设备造成严重腐蚀，而且介质中含有多类杂质，也会对管输最低含水量产生影响。大量资料中发现已有的腐蚀速率预测模型未考虑复杂组分腐蚀产物沉积影响，缺乏含杂质CO_2腐蚀速率预测模型和腐蚀产物膜内部孔隙结构的定量化验证。

CO_2管道泄漏也会影响管道安全运行。泄漏分为近场射流和远场扩散两个过程，目前缺乏关于超临界CO_2泄漏近场水力热力特性的研究。对于CO_2管道泄漏远程扩散特性，国外对CO_2泄漏扩散的实验研究较多，国内CO_2泄漏扩散特性实验的报道较少。

此外，若CO_2输送过程中进行放空作业或发生泄漏，还会因CO_2强节流效应，使管道局部低温而产生干冰，也会诱发管道脆性断裂；泄压时在管道内产生减压波可能引发管道裂纹扩展，增大管道破坏程度。

2　智能化技术在CO_2管道中的应用

针对CO_2管道输送面临的主要问题(腐蚀、泄漏、断裂等)，查阅相关资料未找到断裂方面的相关智能化应用技术，以下主要介绍解决腐蚀、泄漏等问题的相关智能化技术。

2.1　人工神经网络技术

由于CO_2腐蚀速率受温度、压力、流速等多因素的相互影响，属于复杂的非线性问题，可通过人工神经网络(ANN)预测CO_2腐蚀速率，并根据腐蚀程度采取相应的防腐措施。以下为几种常用的人工神经网络技术。

2.1.1　BP 神经网络(BPNN)

BPNN 是通过自学习及自适应，将计算误差反向传播来不断调整权值和阈值的数值大小，使总体预测结果的误差达到理想情况，从而实现对任意非线性函数的无穷逼近，是最常用的人工神经网络技术之一。通常是与智能算法相结合进行CO_2腐蚀速率预测来解决预测精度较低、收敛速度慢、易出现局部极值点等问题。例如：万里平等利用遗传算法(GA)+BPNN 使平均相对误差由10.00%降到 8.60%；刘钊等利用小生境遗传算法(Niche GA)+BPNN 使相对误差小于 2.00%。

2.1.2　小波神经网络(WNN)

WNN 是在 BPNN 的结构基础上结合 Morlet 小波基函数，将 ANN 的强鲁棒性和小波变换相结合，通过时频局部性和多分辨率功能，降低模型出现局部极值的概率，实现较好的逼近和容错能力。WNN 也与智能算法相结合对模型中的未知参数进行优化来进一步降低陷入极值的概率和提高预测的精度。陈柚州等建立了人工蜂群算法(ABC)+WNN、郑俊褒等建立蛙跳算法(SFLA)+WNN 模型，其预测结果都更加接近真实值。

2.1.3　径向神经网络(RBFNN)

RBFNN 相对于 BPNN 计算过程简单、时间较短、无反向计算。陈翀等采用主成分分析法(PCA)+RBFNN 进行非线性数据处理，得出平均相对误差由 14.33%减少到 9.27%；此外，在 RBFNN 网络结构上改造提出了广义回归神经网络(GRNN)。骆正山等先后提出了粗糙集算法(RS)+粒子群算法(PSO)+GRNN 及天牛须搜索算法(KPCA-BAS)+GRNN 来处理非线性问题，均体现出较高的预测精度。

2.1.4　人工神经网络技术对比

综上所述，4 种 ANN 在解决非线性问题中在网络结构、隐含层函数等方面存在差异，导致所需的预测条件和预测结果等方面各不相同。将其特点及缺点进行对比分析见表 2。

表2 人神经网络对比表

名称	分类	缺点
BPNN	隐含层采用 logsig 、tansig 函数函数；可通过反复学习降低预测误差，解决任意多自变量与多因变量的非线性关系	收敛速度慢、预测精度较低、易陷入局部极值点，需结合智能算法实现优化
WNN	隐含层采用小波函数；更快的收敛速度和更强的泛化能力；可通过反复学习降低预测误差	预测结果的精确性依赖于输入样本的有效性；当关联度较低时，训练时间长、易陷入局部极值和震荡性强
RBFNN	隐含层采用高斯函数；没有反向传播过程；计算过程简单、训练时间短，小样本预测精度较高	函数中心值及宽度值较难确定
GRNN	计算过程简单、学习速度快、调整参数少、全局收敛性好；易于与智能算法结合；在小样本预测精度较高	由于将学习样本当作函数中心，并且取消了权值，只保留了未知变量函数宽度，因此，较难确定函数宽度值

2.2 分布式光纤定位技术

光纤传感技术是以光波为载体，光纤为媒介，利用光纤光栅响应周围环境以获得光散射信号的变化，进而准确定位信号突变部位的一种监测技术。在光纤传感系统中，光源为光纤传感器提供载波，光源发出的光在光纤中进行传输，由于光纤本身存在的非线性效应，在光传输的光纤路径上产生背向散射光(图2)，在光纤的某位置处，光纤受到外界物理量(温度、应变、振动等)的影响，内部的背向散射光波参数(光强、波长、相位等)被调制，成为被调制的光信号，通过光探测器检测出被调制的光波参数，从而获得被测的外界物理量。该技术在长输油气管道等工程中已有应用。

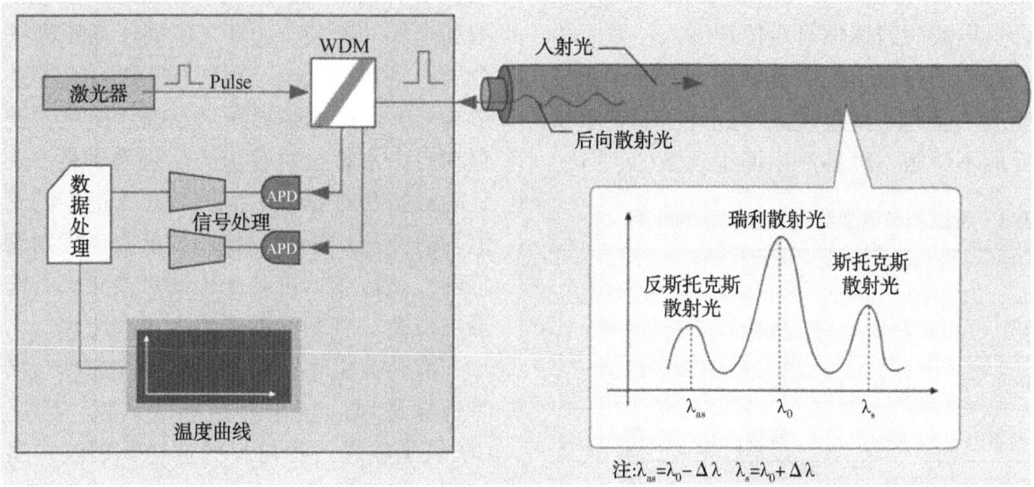

图2 分布式光纤定位技术

当CO_2管道输送过程发生局部泄漏时，释放的高压CO_2对局部环境产生温降、振动等多重作用，会在光纤传感信号中得以体现。与油气长输管道相比，CO_2泄漏导致的温度场分布变化更为明显，沿管道外壁铺设的分布式光纤温度传感器可以连续监测温度的变化，当温度变化超过阈值范围时，可判断管道发生了泄漏，有利于泄漏点的精准定位。此外，利用分布式光纤传感技术，通过设置相应的阈值信号，可判断出管道内水游离水、段塞流、水合物等的发生部位，进而获得管道外壁的热流、微振动等信号，为现场管理及安全预警提供可靠依据。

2.3 特征波谱定位技术

当CO_2管道发生泄漏时，泄漏点处的CO_2流体在管道内外压差作用下形成湍流并产生喷流声。泄漏声信号是由流体激发的连续信号，包含泄漏孔径大小、破损形状以及位置等泄漏特征信息。根据声波的性质不同，泄漏声波监测方法主要分为超声波法与次声波法。

超声波法是指通过寻找泄漏声波中的超声波强度最大点进行泄漏定位，灵敏度较高，但传播过程信号衰减较快，需在管线中放置多个超声波传感器进行泄漏监测，主要应用于短距离的泄漏监测；

次声波法时指通过测量泄漏时产生的次生信号到达管道两端传感器的时间差，并配合波速来估算泄漏点的位置；由于次声波频率较低，在传播过程中不易衰减，但易受到环境噪声影响，主要应用于长距离的管道泄漏监测(图 3)。

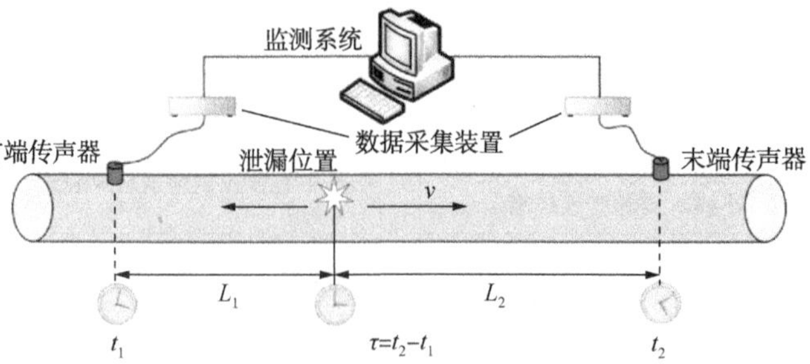

图 3　次声波管道泄漏监测示意图

除声波法之外，负压波法也是管道泄漏监测与定位的常用方法。当管道发生泄漏时，由于管内压力大于管外压力，管内介质由于压差作用快速向外喷涌，泄漏点附近的局部压力会瞬间降低，产生瞬时压降，这种压力波动即为负压波。负压波会从泄漏点向管道两端传播，利用安装在管道两端的高频动态压力传感器监测到的时间差，结合负压波的波速估算定位泄漏点位置。由于管输过程中的停泵、关阀等操作会形成压力波动，负压波法会产生误报现象；此外，对管道微小泄漏反应不灵敏，较易产生漏报现象(表 3)。

表 3　特征波谱泄漏监测定位技术对比表

	次生波法	超声波法	负压波法
灵敏度	较高	较高	中等
定位精度	较高	较高	中等
误报率/漏报率	较低	较低	较高
成本费用	低	高	低

2.4　机器人巡检技术

目前，机器人巡检技术主要应用在海底 CO_2 管道泄漏监测定位。通过光谱/波谱法采集管道泄漏事件的定性数据，需要机器人对可疑区段进行沿线巡检；利用机器人配置的传感器(声学、光学、温度等)，获得管道泄漏的定量数据。机器人在海底工作时，还需要潜航器或维修船等配合，联合完成海底管道的巡检和维修工作。相关资料显示，机器人可与人工智能技术结合，适时自主开展常规巡检任务，获取信息并同步传输至终端控制平台。

3　关于 CO_2 管道智能化发展的探索

3.1　加强单项关键技术攻关，夯实 CO_2 管道智能化建设根基

智能管道建设不但需要有信息技术、数字技术的助力加持，而且还需要管道专业领域单项关键技术的创新突破。例如：管道泄漏包括小孔泄漏和全尺寸断裂，由于 CO_2 属于高压高浓度输送介质，且包含 CO，SO_x，NO_x 和 H_2S 等杂质，会影响 CO_2 输送的临界压力和临界温度；此外，若存在自由水相会对管道产生强腐蚀性。学者 Yan Y et al 提出根据 CO_2 泄漏后在管道中的不同流量值，研究出用于泄漏检测的低频声发射智能化传感器，该传感器可基于不同声波频率智能定位泄漏点位置，判断泄漏点的大小和距离。

此外，由于目前国内对由相态变化所造成的管道输送风险还未有足够的认识。因此，围绕 CO_2 管道输送过程材料的选择和裂纹扩展的安全控制、风险预警、应急管理以及投运和故障停输再启动等相关智能化技术，还需有待进一步研究完善。

3.2　深度融合数据与模型，协同构建 CO_2 管道数字孪生体

CO_2 管道数字孪生体分为构建、应用两个阶段，与实体 CO_2 管道资产的设计、施工、运行维护、退役封存的全过程保持同步。在系统平台实现孪生体构建，通过物联网采集运行参数实现数字孪生体的数据实时更新，并支持分析、仿真、优化、预测等功能。

CO_2 管道数字孪生体构建主要包含新建管道的数字化移交和在役管道的数据逆向建模，通过

对实体管道在可研、设计、采购、施工各阶段进行全面连续地数字化三维建模，实现数字孪生体的数据模型初始构建。利用数字化交付资产静态数据及管道动态数据等，并综合应用多种机理模型和人工智能算法，精确预测多因素共同作用下的 CO_2管道输送过程、管体及设备风险的变化趋势，快速诊断引发事故事件主要原因，为 CO_2管网运行优化和可靠度动态平衡提供"数据+算法"基础。

在标准统一和数字化的基础上，构建 CO_2管道数字化云设计平台，通过"端+云"的体系架构，满足不同设计单位、业主单位的异地协同设计、审查及设计管理需求，大幅提高项目设计质量、效率，便于业主高效的进行设计管。

3.3 缔造智慧管网中枢，推动 CO_2管道智能化向更高层次发展

通过传感测量、遥感技术、无人机、物联网等先进方法积累 CO_2管道海量多维数据，结合人工神经网络、支持向量机、深度学习等智能算法，重点分析与挖掘数据价值，制定科学判断及最优决策，与管道专业理论、技术有机结合，实现 CO_2智慧管网具备自主判断、自适应学习与智能决策能力。

在 CO_2管道安全方面，基于先进算法，通过视频画面智能识别捕获现场的不安全行为；通过对光纤振动信号的智能分析及时预警外部干扰；通过对管道内外检测信号的大数据分析准确定位与评估焊缝缺陷的位置及风险等级；在 CO_2管道关键设备管理方面，根据不同故障类型建立失效数据库，通过对现场多源监测数据进行挖掘分析，给出设备健康评估结果及潜在故障诊断说明，降低运行风险。

4 结论

（1）人工神经网络是目前对 CO_2长输管道腐蚀速率进行预测最理想的方法，并且与多种智能算法相互结合可以有效解决长输管道 CO_2腐蚀带来的安全问题。

（2）光纤传感、特征波谱等技术属于事故感知型监测手段，用于实时或在短时间内判断泄漏发生位置，在实施过程中，还需结合多种技术手段或者智能算法联合运用才能准确定位事故。

（3）加快 CO_2管道业务与数字孪生体、大数据、人工智能等新技术的融合发展，实现管道智能化运营和全生命周期管理，提升 CO_2长输管道的安全运行。

（4）CO_2长输智能管道建设工作应循序渐进，做好需求分析，稳步推进，逐步实现智能应用；此外，应加强人员队伍建设，打破固有思维定式，完善现有管理模式，适应未来 CO_2智能管道、智慧管网发展需求。

参 考 文 献

[1] 陆诗建，等．CO_2管道输送技术进展与未来发展浅析[J]．南京大学学报（自然科学）2022，58（6）：944-952.

[2] 胡其会，等．"双碳"战略下中国 CCUS 技术现状及发展建议[J]．油气储运 2022，41(4)：361-371.

[3] 丛轶颖．CO_2管道输送技术研究[J]．当代石油化工 2023，31(10)：35-39.

[4] 胡永乐，等．CCUS 产业发展特点及成本界限研究[J]．油气藏评价与开发 2020，10(3)：15-22.

[5] 米剑锋，等．中国 CCUS 技术发展趋势分析[J]．中国电机工程学报 2019，39(9)：2537-2543.

[6] 郭晓璐，等．超临界 CO_2管道泄漏特性研究进展[J]．化工学报 2020，71(12)：5340-5442.

[7] 殷布泽，等．CO_2管道泄漏减压特性与裂纹扩展研究现状及发展趋势[J]油气储运 2023，42（9）：1042-1054.

[8] 万里平，等．基于遗传算法优化 BP 神经网络预测 CO_2/H_2S 环境中套管钢的腐蚀速率[J]．腐蚀与防护 2017，38(9)：727-736.

[9] 刘钊，等．基于 Niche GA 的 BP 神经网络评价天然气集输管道腐蚀[J]．化学工程与装备 2011，(9)：28-30.

[10] 陈哲，冯天瑾．小波分析与神经网络结合的研究进展[J]．电子与信息学报，2000，22(3)：496-504.

[11] 陈柚州，等．基于人工蜂群优化小波神经网络的隧道沉降预测[J]．现代隧道技术，2019，56(4)：56-61.

[12] 郑俊褒，饶珊珊．改进蛙跳算法的小波神经网络短时交通流预测[J]．软件导刊，2019，19(4)：16-21.

[13] 陈翀．智能建模方法在埋地油气管道腐蚀速率预测中的应用[D]．福州：福州大学，2016.

[14] 骆正山，等．基于 RS-PSO-GRNN 的埋地管道土壤腐蚀预测[J]．材料保护，2018，51(8)：47-53.

[15] 韩立锋，等．混合干涉型分布式光纤天然气管道泄漏检测及定位对策分析[J]．中国石油和化工标准与质量，2022，42(24)：44-46.

[16] HO M，El-BORGI S，Patil D，SONG G. Inspection

and monitoring sys－tems subsea pipelines：A review paper［J］. Structural Health Moni－toring，2020，19（2）：606–645.

［17］LANG X，et al. A small leak localization method for oil pipelines based on information fusion［J］. IEEE Sensors Journal，2018，18（15）：6115–6122.

［18］王阳．基于次声波的供热管道泄漏监测方法研究及应用［D］．青岛：青岛大学，2023.

［19］HEN Q，et al. Effect of rubber washers on leak location for assembled pressurized liquid pipeline based on negative pressure wave method［J］. Process Safety and Environmental Protection. 2018，119：181–190.

［20］王子明，李清平，李姜辉，等．海洋 CO_2 管道输送技术现状与展望［J］．中国工程科学，2023，25（6）：1–18.

［21］熊明，等．在役油气管道数字孪生体的构建及应用［J］．油气储运，2019，38（5）：503–509.

［22］沈沉，等．能源互联网数字孪生及其应用［J］．全球能源互联网 2020，3（1）：1–13.

［23］蔡永军，等．智慧管道总体架构设计及关键技术［J］．油气储运 2019，38（2）：121–129.

［24］钱建华，等．管道智能化管理的发展趋势及展望［J］．油气储运 2021，40（2）：121–130.

［25］王振声，等．中俄东线天然气管道智能化关键技术创新与思考［J］．油气储运 2020，39（7）：730–739.

［26］熊小琴，杨君，程猛猛，等．原油输配系统优化及应用［J］．新疆石油天然气 2021，17（3）：74–78.

［27］李骆灵，李义常，魏立尧．元宇宙技术群与量子计算赋能 CCUS 研究现状及趋势［J］．新疆石油天然气，2023，19（3）：86–93.

［28］樊玉新，李泓洲，段胜男，等．太阳能高温光热技术赋能浅层超稠油低碳开发［J］．新疆石油天然气，2023，19（4）：82–87.

［29］祝守丽，祁明业，黄波，等．克—独反输管线运行优化研究［J］．新疆石油天然气，2021，17（2）：82–87.

［30］李宏波，罗平亚，白杨，等．机器学习算法概述及其在钻井工程中的应用［J］．新疆石油天然气，2022，18（1）：1–13.

超临界 CO_2 管道安全放空影响因素分析

张海帆[1] 刘 阳[1] 王梓丞[1] 张永虎[1] 刘 涛[2] 张文辉[3]

[1. 中国石油新疆油田公司工程技术研究院(监理公司); 2. 中国石油新疆油田公司基建工程部;
3. 中国石油大学(北京)克拉玛依校区]

摘 要 基于超临界 CO_2 节流放空时存在多相态变化的特性，由于当前超临界 CO_2 管道放空工艺研究较少，没有形成完整理论研究体系，缺少相应的安全操作规范和行业标准。为避免放空过程生成干冰，保障系统安全，使用 OLGA 软件建立超临界 CO_2 管道放空瞬态模型，对不同节流方式、多点放空等工况进行模拟研究。通过间歇放空控制放空点温度始终保持在一定值，使放空过程不会生成干冰，同时实现放空时长最小。分析了不同因素对放空时长的影响，结合相关影响因素给出了放空时长预测的理论公式。研究结果表明：放空时长与出站压力、输量呈正相关，与出站温度呈负相关；首站和阀室中点放空相比末站放空时长更短，实际操作中采取多点放空结合的方式可有效提高放空速率；单级节流与多级节流达到的最低温度相同，单级节流比多级节流放空时长更短，管道设计放空系统时考虑单级节流即可；间歇放空时，放空点回温是多种传热共同作用的，占主导的是来源于管存流体的热量，而不是环境温度，但管道在不采取保温措施的情况下，间歇放空回温速率也受到不同季节土壤温度的影响；放空系统若采用加热等措施，需沿线各放空点均配备节流阀及加热设备及供配电系统，投资及运行维护成本高，加热设备运行时率低，宜采取不加热的间歇放空方式。

关键词 超临界 CO_2；CO_2 管道；CO_2 放空；动态模拟

放空是指在遇到检修或事故时将管线或站内封闭系统内的气体介质安全排入大气中，以便下一步措施顺利进行而采取的一种手段。超临界 CO_2 管道在运行过程中，可能会遇到停输检修、超压或泄漏事故需要放空等工况。由于超临界 CO_2 管道输送过程存在多相态变化，其管输特性和 CH_4 存在差异，不能直接套用天然气管输运行技术。超临界 CO_2 放空节流时低温可能导致管道破裂，生成干冰堵塞管道，需制定安全放空操作准则及参数控制指标。

本文通过对不同节流方式、放空位置下干线温度、压力、相态变化规律及放空速率进行分析研究。通过量纲分析及模拟结果数据回归，得出放空时长预测公式，为下一步计划放空程序设计提供参考。

1 超临界 CO_2 管道放空研究现状及问题

1.1 CO_2 放空研究现状

目前全球已建成超一万公里的 CO_2 输送管道，美国有 40 多年的 CO_2 管道输送经验，其理论研究比较完善，我国 CCUS 技术起步较晚，目前已出版 CO_2 管道设计标准，已建成投产一条百万吨级密相输送管道，但仍未有行业内相关的安全运行规范，主要表现在：

(1) 在理论研究方面，李顺丽等借助 OLGA 软件对超临界 CO_2 管道放空进行了动态和稳态模拟。滕霖等研究提出放空速率对放空管内 CO_2 流体温度变化的影响不大，但是对管内温降速率影响很大，放空速度越慢，温降速度越慢。

(2) 在实验研究方面，工业规模的 CO_2 放空实验所做的研究较少。欧盟 COSHER 项目中，搭建了长 139m，内径 219.1mm 的大规模实验环道，在 204s 内泄放 136t 的 CO_2，该研究测量了低风速下的泄漏扩散系数，包括泄放速率、温度、压力、CO_2 浓度。胡其会等研制了 CO_2 管内节流实验装置环道系统，完成了不同压力及温度的超临界放空实验，在放空过程中，管段内压力的变化主要取决于放空初始压力和放空管形态两个因素。

(3) 在技术规范方面，国外的 CO_2 管道设计标准如 DNV-RP-J202《CO_2 管道设计及操作规程建议》只是定性地指出，在放空管的设计时应重点考虑放空管的放空能力、控制温降、防止干冰堵塞和噪音等问题，缺乏对放空管设计的定量分析。

1.2　CO_2放空存在的问题

超临界 CO_2放空的物理过程如图 1 所示，依次为管嘴出流、多相节流、气体膨胀射流。

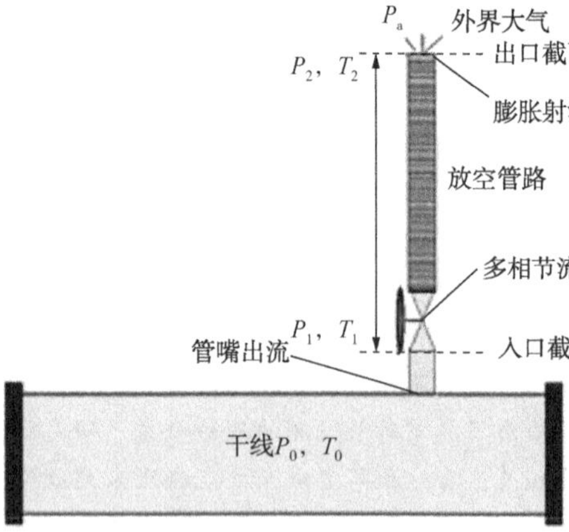

图 1　超临界 CO_2管道放空物理过程

上述问题反映到放空过程中表现为扩散、噪声、激振、低温冻堵等问题。对于扩散、噪声问题可以通过合理设置放空立管的尺寸和高度以及放空立管到高后果区的间距来解决，激振问题可以通过增加放空系统的约束阻尼来解决，节流带来的低温效应的影响和冻堵的风险，可以在放空操作中合理确定放空程序来解决。

在超临界 CO_2放空过程中，调节放空阀开度从而控制泄放速率，进而控制主管放空点温度始终保持在最低耐温极限以上，在保证放空安全的基础上实现放空时长最小。不论是设计或优化放空程序前，需要对放空时长/速率的影响因素进行分析，从中找到规律以指导计划放空程序的设计及优化，为此，需要开展不同工况条件下超临界 CO_2管道安全放空的影响因素分析。

2　放空模型的建立

利用行业公认的多相流瞬态模拟仿真软件 OLGA，针对超临界 CO_2管道输送设计工况，结合管输 CO_2气体组分要求，建立典型管道节流放空特性计算模型。设计放空系统，要考虑的选型模块归纳起来有 4 个：阀门选型、孔板选型、水平放空管选型、放空立管选型。设计放空系统，要考虑的水力计算参数归纳起来有 4 个：流量 Q、压力 P、温度 T、速度 V。当设计温度 <-20℃，同时不属低温低应力时，为低温工况。设计放空系统，要考虑的后果归纳起来有五个方面：扩散后果、是否会产生噪声、材料的低温性能、是否会产生冰堵以及由于放空是否会产生系统的激振。

以一段超临界 CO_2管道为例，设计输量 100×10^4t/a，管线长度 50km，设计压力 12MPa，管径 *DN*250。线路用管 L415M 高频电阻焊钢管，耐温范围 $-20\sim40$℃，管道总传热系数取 1.2W/($m^2\cdot$℃)。为保证 CO_2输送过程中维持超临界/密相状态，沿线管道运行压力 $\geq$9.0MPa。管道环境条件、运行参数见表 1、表 2，管道沿线共设置首末站各一座及监控阀室一座，首末站具备放空功能。首末站放空管规格见表 3。

表 1　环境参数

管道	冬季平均/℃	夏季平均/℃	年平均/℃
地温	0.6	23	13.5
气温	-18.9	26.7	7.7

表 2　运行参数

站场	压力/MPa	流量/(kg/h)	温度/℃
首站	10.24	125000	50
末站	9	125000	32.7

表 3　放空管规格

站场	放空立管直径	放空立管高度/m
首站	*DN*300	25
末站	*DN*250	15
阀室	*DN*250	15

利用 OLGA 软件对上述管道进行初步的放空过程建模，放空位置为首站单点放空，放空模拟简单模型如图 2 所示。

根据 CO_2管道输送设计标准，管道不超过 15km 需设置阀室，因此管道首末站、阀室等均需设置放空点。在放空系统不设置加热设备的情况下，对节流方式、放空位置、放空时长等影响因素通过单因素分析法建立模型进行分析。

3　节流方式对放空过程的影响分析

针对上述模拟管道分别采用单级节流和两级节流的方式进行放空，采取不同的阀门动作时间时的模拟结果见表 4。

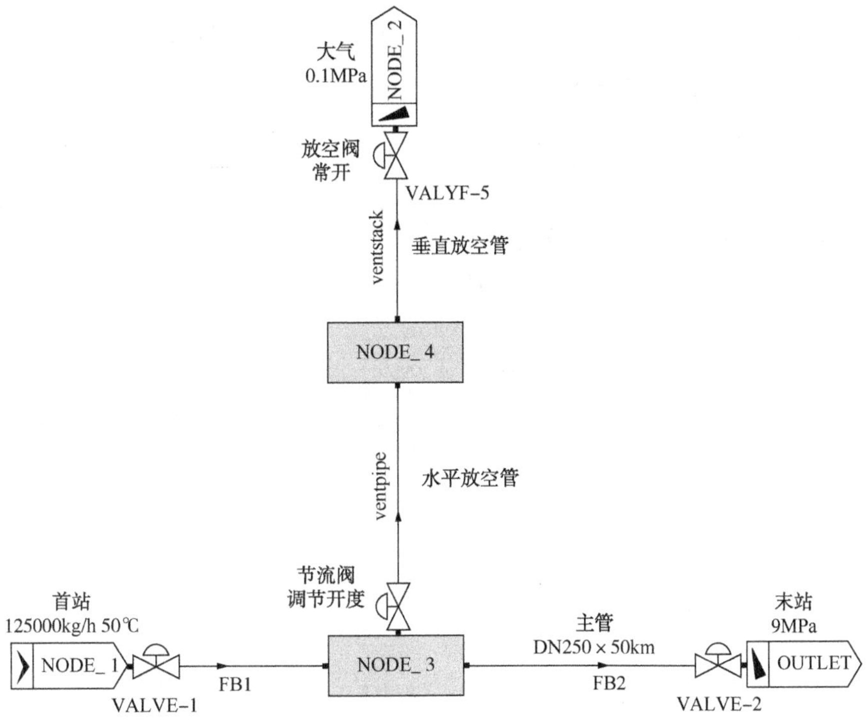

图 2　超临界 CO_2 管道放空模型

表 4　不同节流方案对放空过程的影响

序号	节流方案	放空时间/h	干线最低温度/℃	阀门出口最低温度/℃	立管入口最低温度/℃	立管出口最低温度/℃	立管出口最低持液率/%	立管出口最大流量/(kg/s)	是否形成干冰
1	单级，10min 阀门线性全开	7.03	-66	-68	-75	-78	1.8	66	是
2	单级，10min 阀门线性开 50%	7.17	-66	-68	-75	-78	1.6	61	是
3	单级，20min 阀门线性全开	6.99	-66	-68	-75	-78	1.6	61	是
4	单级，20min 阀门线性开 50%	7.2	-66	-68	-75	-78	1.4	56	是
5	两级，10min 阀门线性全开	7.33	-66	-68	-75	-78	1.5	59	是
6	两级，20min 阀门线性开 50%	7.42	-66	-68	-75	-78	1.45	54	是

以方案 1 为例，放空过程干线和放空系统压力变化情况如图 3 所示，温度的变化情况如图 4 所示。放空开始前，放空系统压力为大气压，放空开始后，放空系统压力由大气压力迅速攀升，存在巨大压降。此节流方案下，节流压降约为 4MPa，节流阀后的减压靠气体流动过程中产生的膨胀波实现。放空刚开始阶段，由于巨大压降的作用，流体温度迅速从-80℃攀升。随着放空过程的持续，冷量的累计，各关键节点的温度将先后达到最低值，然后逐渐恢复至环境温度。短距离内的气体膨胀减压行为将会导致比节流过程更大的温降。多级节流方案中，若后续阀门开度过大，对放空过程的温降没有影响。

从表中可以看出：不同节流方案下，各关键节点所能达到的最低温度相同，达到最低温度的时间略有不同；不同节流方案下，立管出口最大流量不同，导致放空时间的差异；不同节流方案下，立管出口的最大持液率不同。

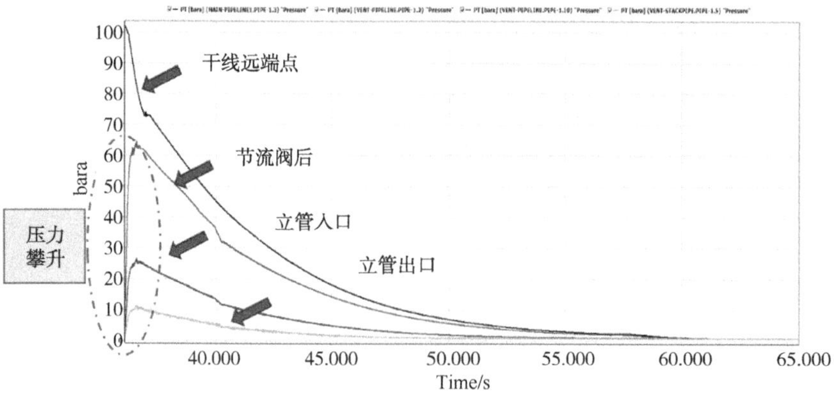

图 3　方案 1 系统压力变化规律

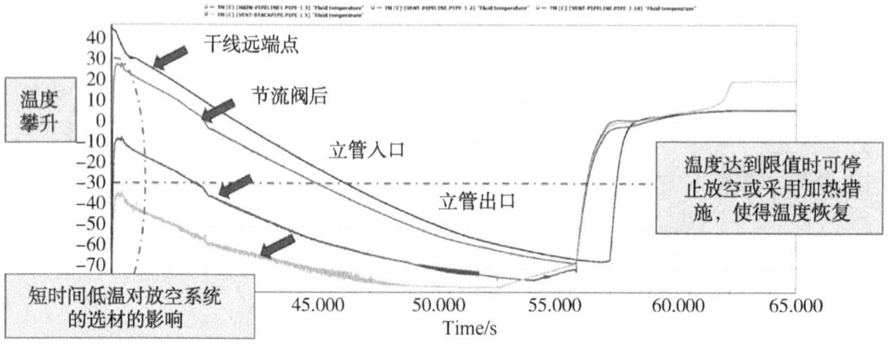

图 4　方案 1 温度变化规律

4　放空位置对放空过程的影响分析

4.1　末站单点放空

纯 CO_2 单点放空模型采用末点放空流程：先进行正常管输稳态计算，待参数稳定后关闭主管截断阀，再次等待参数稳定后开启节流阀开始放空。放空阀在放空全过程保持开启，节流阀在 3h 时刻开启，开度 100%，30s 完成开启动作。模型参数及模拟结果如图 5～图 7 所示。

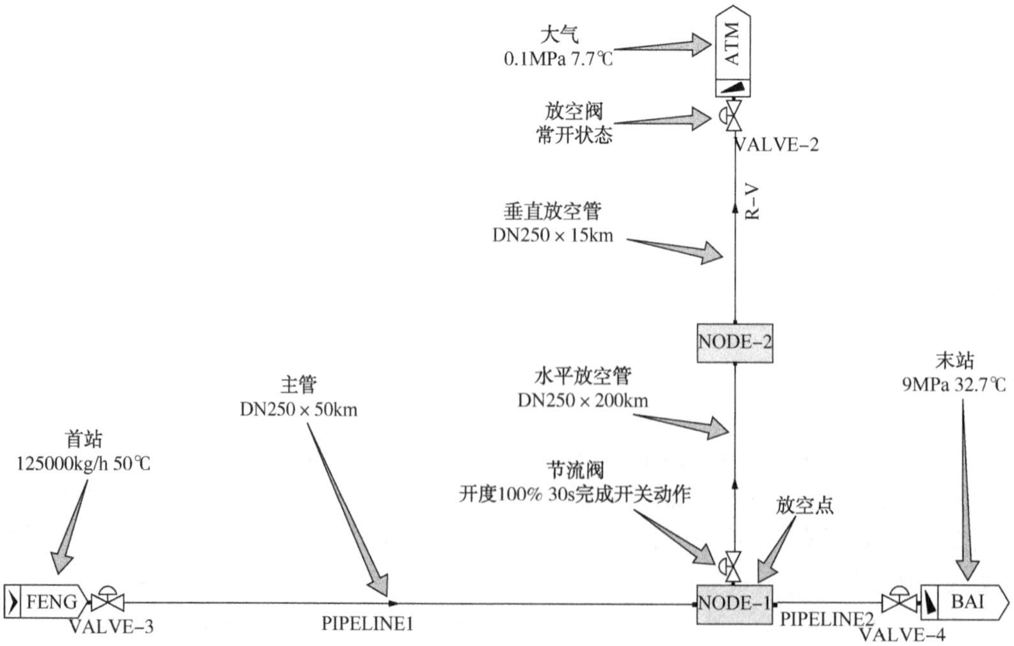

图 5　末站单点放空模型

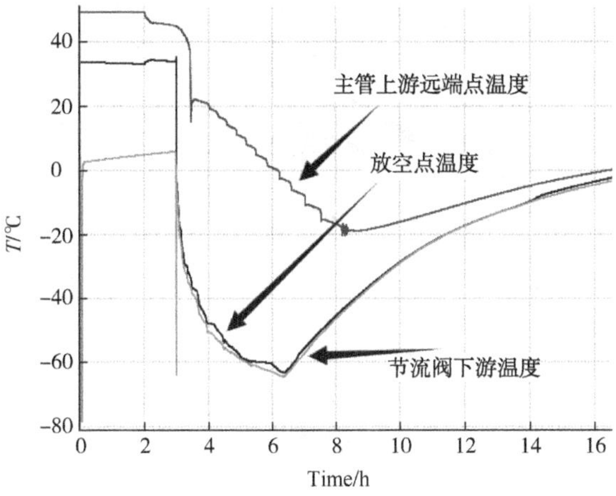

图 6　末站单点放空温度趋势图

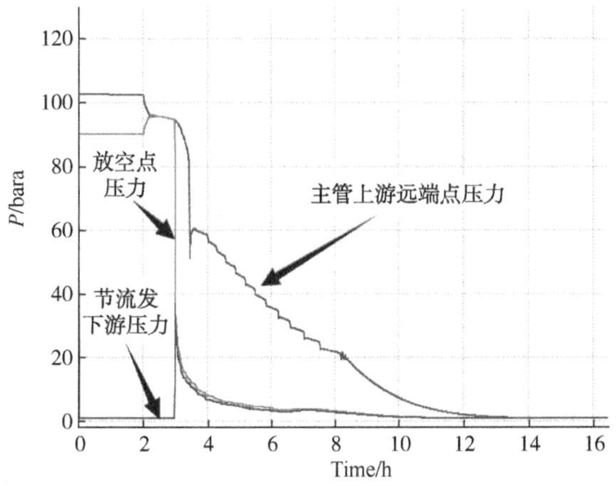

图 7　末站单点放空压力趋势图

从模拟结果可以看出，末站单点紧急放空流程下，节流阀开启前，阀下游压力为大气压，开阀瞬间由于巨大压差导致节流阀下游温度迅速降至-64℃；随即阀下游开始建立压力后，阀下游温度又迅速上升，此后节流阀上下游温差即为节流阀节流温降。放空 11.4h 后，主管压力降至近大气压力，压力变化缓慢，可认为放空完毕。

4.2　首末站两点放空

纯 CO_2 两点放空模型采用首末站放空流程：先进行正常管输稳态计算，待参数稳定后关闭主管截断阀，再次等待参数稳定后开启节流阀开始放空。放空阀在放空全过程保持开启，节流阀在 3h 时刻开启，开度 100%，30s 完成开启动作。模型参数及模拟结果如图 8～图 10 所示。

从模拟结果可以看出，首末站两点紧急放空流程下，在 4.22h 时刻，即放空 1.22h 后主管放空点到达最低温度-63℃。放空 4.5h 后，主管压力降至近大气压力，压力变化缓慢，可认为放空完毕。与末站单点放空过程相比，两点放空放空时长更短，放空速率更大，但主管温降速率同样增大。

4.3　阀室中点放空

管道中点放空（阀室放空）模型流程：先进行正常管输稳态计算，待参数稳定后关闭主管截断阀，再次等待参数稳定后开启节流阀开始放空。放空阀在放空全过程保持开启，节流阀在 3h 时刻开启，开度 100%，30s 完成开启动作。模型参数及模拟结果如图 11～图 13 所示

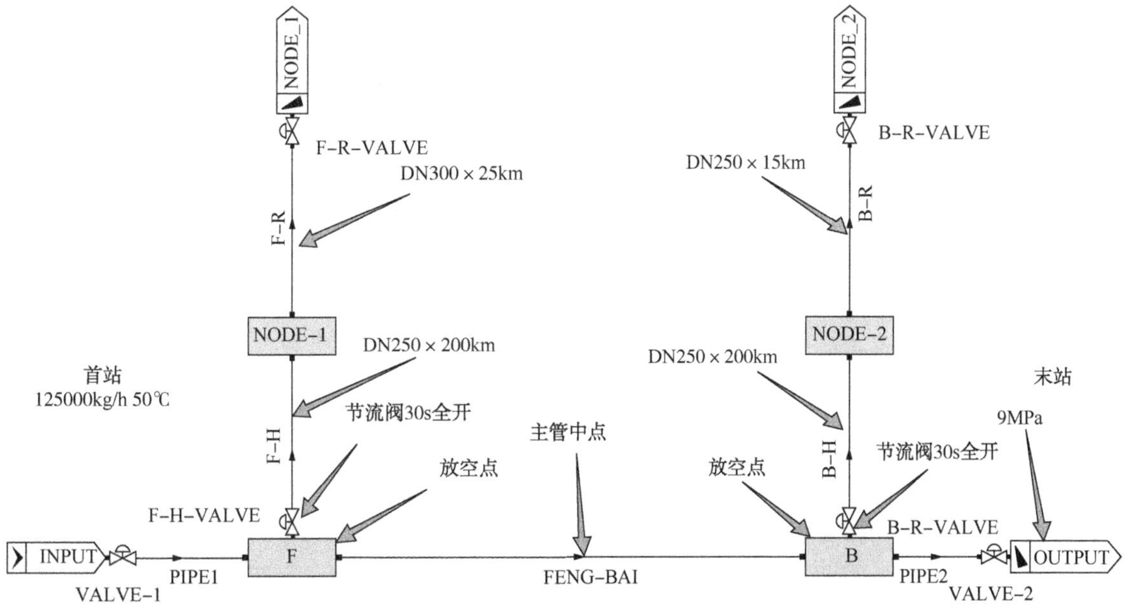

图 8　首末站两点放空模型

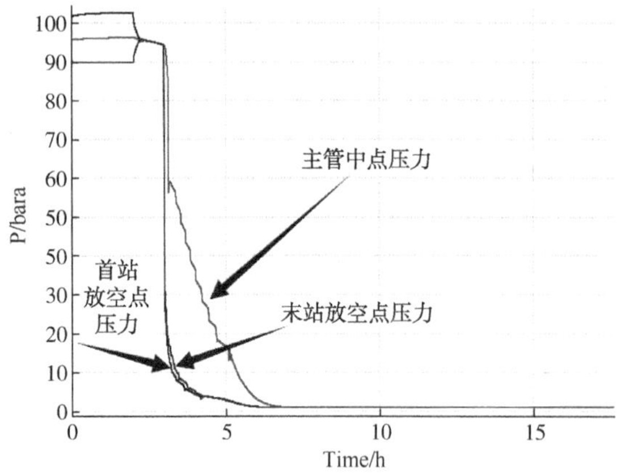

图 9　首末站两点放空压力趋势图

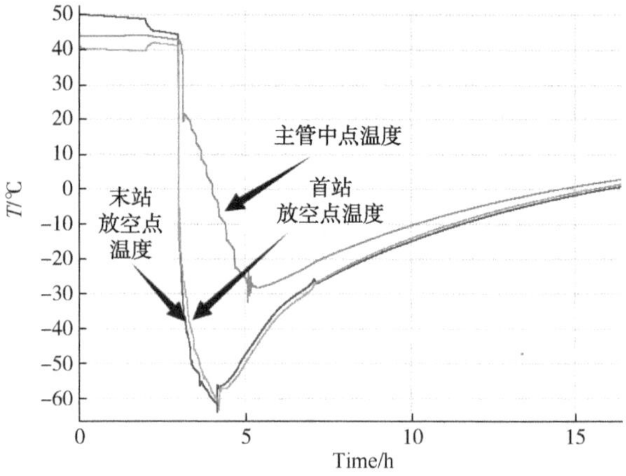

图 10　首末站两点放空温度趋势图

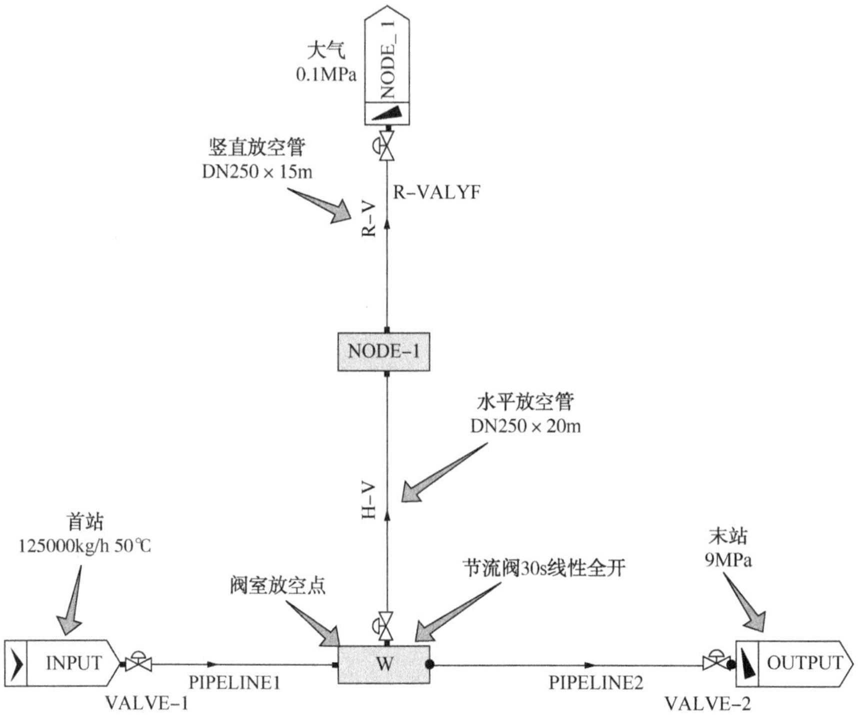

图 11　阀室中点放空模型

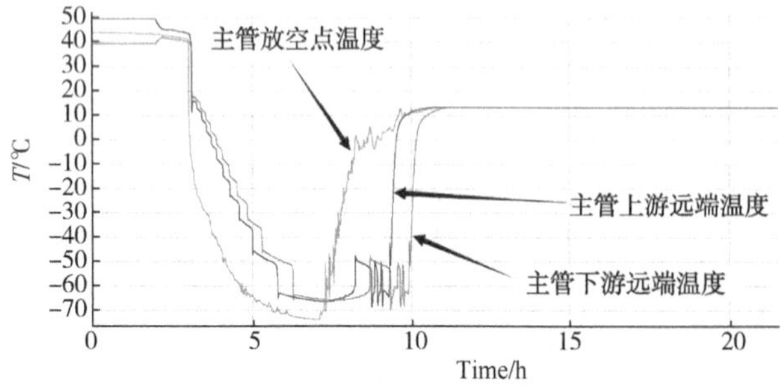

图 12　阀室中点放空温度趋势图

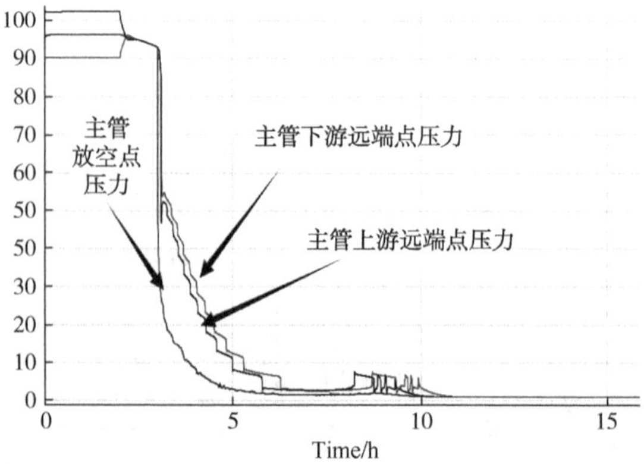

图 13　阀室中点放空压力趋势图

主管放空点温度在 7.22h 时刻，即放空 4.22h 后主管放空点到达最低温度-73℃；主管上游远端点温度在 7.38h 时刻，即放空 4.38h 后到达最低温度-66℃。7.6h 时刻，即放空 4.6h 后，主管压力降至近大气压力，压力变化缓慢，可认为放空完毕。与末站单点放空过程相比，中点放空时长更短，放空速率更大，但主管温降速率同样增大。

5 放空时长的影响因素分析

利用 OLGA 软件模拟了节流阀阀门开度、首站出站温度、出站压力、输量对放空时长的影响。为保证 CO_2 输送过程中维持超临界/密相状态，沿线管道最小运行压力≥9.0MPa，对放空时长进行单因素分析。模拟结果如图 14～图 17 所示。

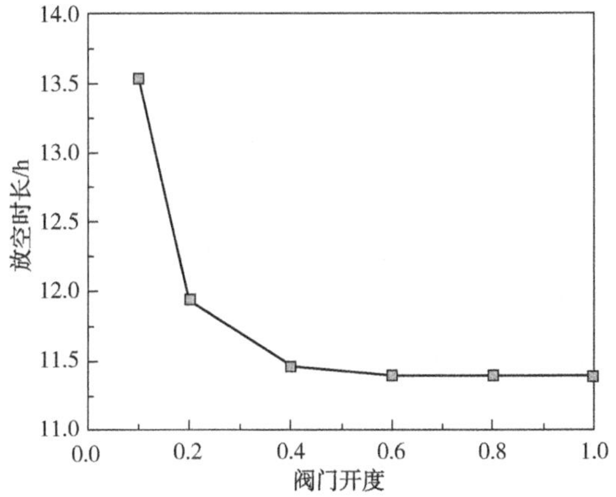

图 14 阀门开度对放空时长的影响

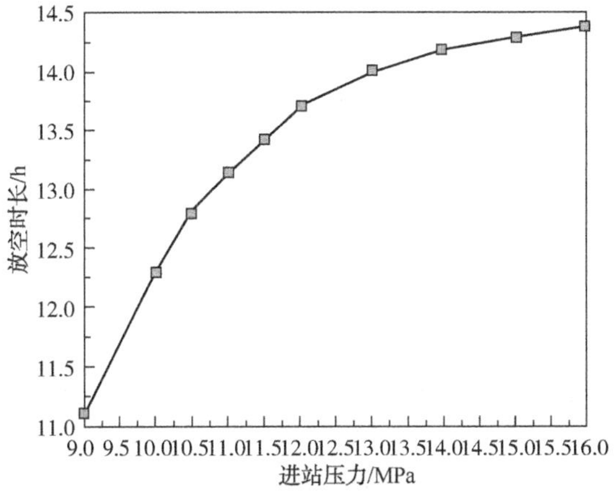

图 15 出站压力对放空时长的影响

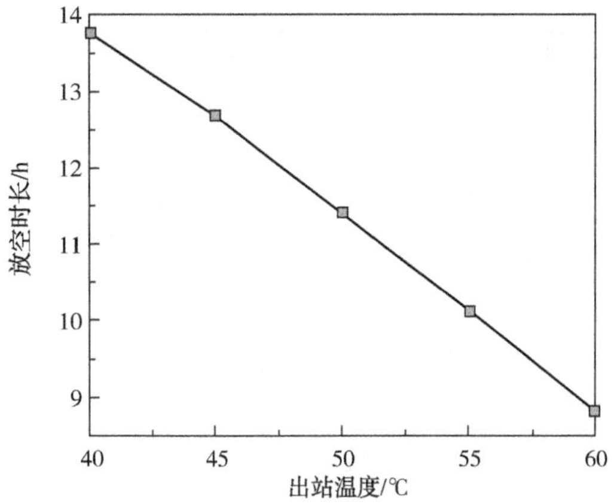

图 16 出站温度对放空时长的影响

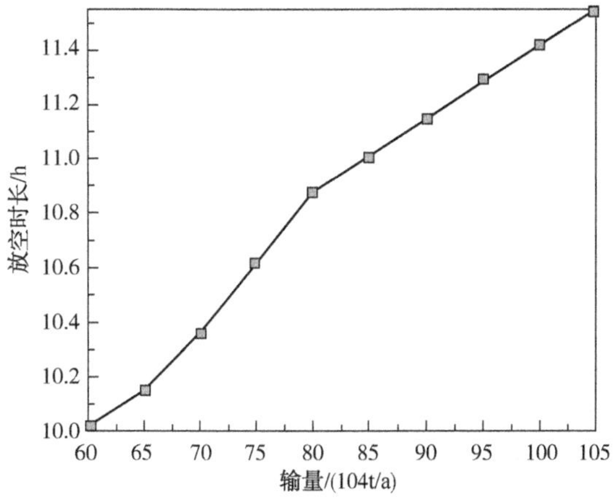

图 17 输量对放空时长的影响

阀门开度大于 0.4 后，其对放空总时长的几乎没有影响；随着出站压力的增加，放空总时长近似呈二次函数关系增加。随着出站温度的增加，放空时间呈线性减小趋势；保证终点压力和起点温度不变的情况下，随着输量的增加放空时长呈线性增加趋势。

6 放空时长预测

为方便分析，本报告采用末站单点放空流程，单因素分析阀门开度、首站出站温度、末站进站压力、输量对放空时长的影响，并基于量纲分析 π 定理法及及数据回归拟合得到末站单点紧急放空时长预测公式，为计划放空流程设计提供参考。

放空时长的主要影响因素有：输量 Q、出站温度 T、进站压力 P、放空管段长度 L、阀门过流面积 μA、大气温度 T_q、管道传热系数 K。基于 π 定理量纲分析法，从上述因素中选取四个基本变量，并通过基本变量将剩余变量无量纲化。各变量量纲及无量纲变量见表 5。

表 5　变量及对应量纲

基本变量	量纲	剩余变量	量纲	无量纲变量
Q	$[MT^{-1}]$	t	[T]	$\frac{tPL}{Q}$
T	[θ]	μA	$[L^2]$	$\frac{L^2}{\mu A}$
P	$[ML^{-1}T^{-1}]$	T_q	[θ]	$\frac{T_q}{T}$
L	[L]	K	$[M\theta T^{-3}]$	$\frac{QKT}{P^2L^2}$

根据 π 定理量纲分析法，即可得到放空时长计算表达式如下：

$$t=\frac{Q}{PL}F\left(\frac{QKT}{P^2L^2},\ \frac{T_q}{T},\ \frac{L^2}{\mu A}\right) \tag{1}$$

通过 python 多项式拟合工具对函数 F 进行拟合，得到放空时长预测公式如下：

$$t=\frac{Q}{PL}(1380.25a-1.66\times10^{-6}b-1.43\times10^{-3}c-21396.78ab+1.23\times10^{-3}ac+9.18bc+112.21) \tag{2}$$

式中 $a=\frac{QKT}{P^2L^2}$，$b=\frac{T_q}{T}$，$c=\frac{L^2}{\mu A}$。

7　间歇放空优化方法

通过上述分析最终确定超临界 CO_2 管道间歇放空方案优化方法如图 18 所示。

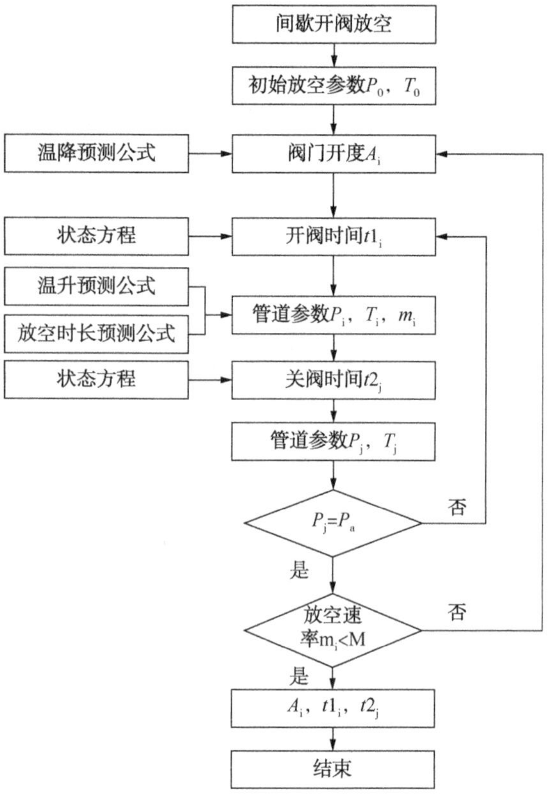

图 18　间歇放空优化方法

以前述模拟管道为例，采用上述思路对其间歇放空方案进行优化，放空模型选用末站单点放空。模拟结果见表 6，放空点与干线对应位置处的温度变化情况如图 19 所示。

表 6　间歇放空优化结果

时间	动作	效果	备注
0~2	稳态运行	正常输送	节流阀开度为 100%时放空用时 25h，共需进行九次放空、八次回温
2~2.01	关闭主管截断阀	事故停输阶段	
2.01~2.99		事故停输	
2.99~3	节流阀开启	温度趋于稳定时开始第一次放空	
3~3.64		放空	
3.64~3.65	节流阀关闭	末点温度降至-18℃左右时第一次关阀	
3.65~4.99		管道回温	
…		放空、回温交替	
17.99~18	节流阀开启	第九次放空	
18~25		放空完毕	

从曲线趋势可以看出，在计划节流过程中，主管起点温度持续下降至第六次放空时开始回温；末点温度在放空过程中具有较大温降，关阀后有明显回升，但回升峰值持续下降；而且第一至五次关阀回温过程中，首末点温度趋于同一温度。

放空点回温是多种传热共同作用的，而在前五次回温过程中，占主导的不是环境温度，而是来源于管存流体的热量。管道末站放空点流量如图 20 所示。

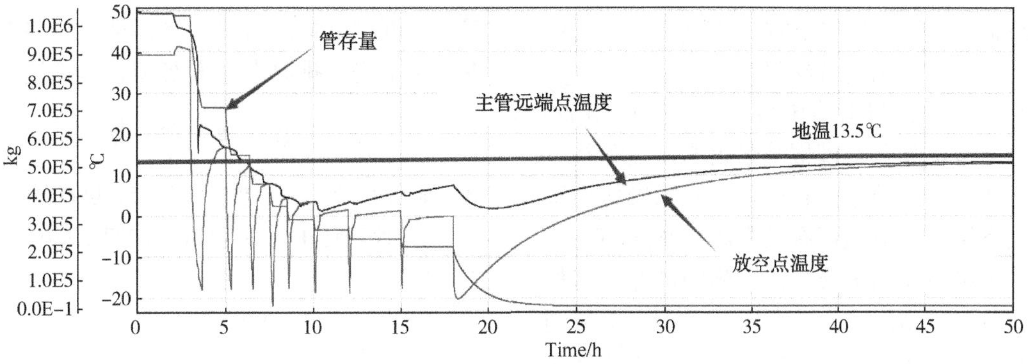

图19　干线放空点温度变化情况

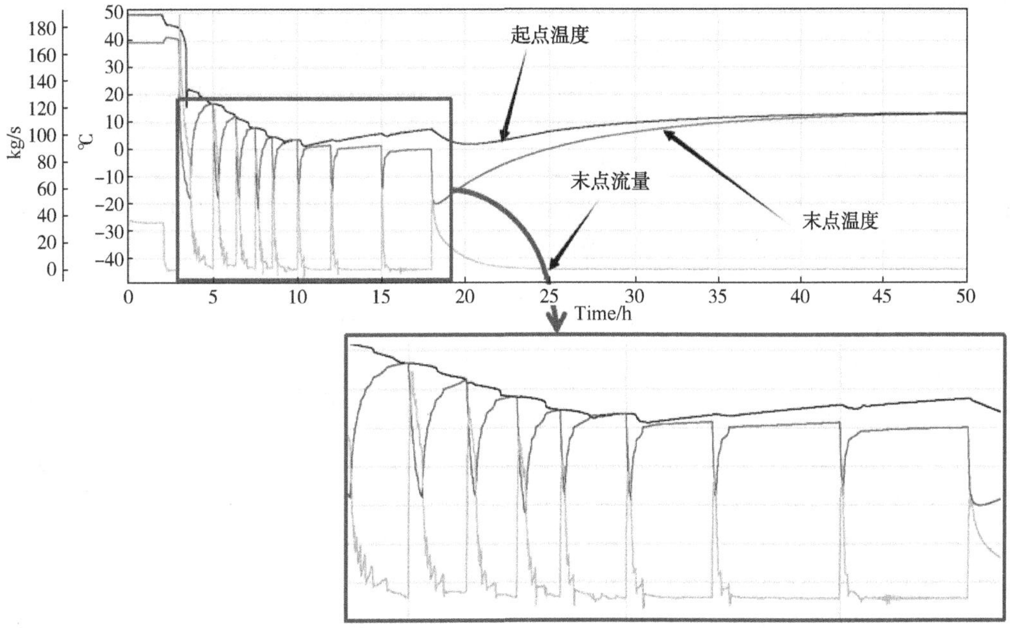

图20　管道末站放空点流量趋势图

从末点流量可以看出，虽然管内流体传热较为明显，但土壤对管道的传热持续存在。管内温度低于地温时，土壤起升温作用，反之，则起到降温作用。但可以看到在放空前期，即使管内温度低于地温，地温对于管内温度的影响似乎并不明显。

我们可以从轴向温降公式中定性分析原因，公式见式(3)。一条管道K和管道D是确定的，对于一个微元dl，与土壤的换热主要影响因素为：土壤与管内流体温差($T-T_0$)；流体介质热容量GC。

$$K\pi D(T-T_0)\mathrm{d}l=-GCdT \tag{3}$$

对于温差而言，在整个节流过程中，管内温度与土壤温差时刻变化，但在第四次、第五次关阀回温过程中，管内温度与土壤温差较大，但回温效果依旧不明显，因此温差不是主要影响因素；

模拟介质为纯CO_2，20℃、4MPa(气态)时比热容为1.9kJ/kg·K；20℃、10MPa(密相)时比热容为3.0 kJ/kg·K，可以看出CO_2的比热容较大，且不同状态热容变化较大；从模拟数据看出，在整个放空流程中，大多数时间管存CO_2质量保持在106~105kg范围，管存量较大；因此流体介质热容量GC为主要影响因素。放空前期管内压力较高，流体介质比热容C较大，且管存量较大，因此地温对于管内温度的影响似乎并不明显；随着放空过程中压力和管存量下降，流体介质热容量GC减小，地温对于管内温度的影响逐渐增大。

8　结论及建议

针对超临界CO_2管道放空过程中可能出现的

低温冻堵问题，借助 OLGA 软件对不同工况条件下影响超临界 CO_2 管道放空时长的因素进行了模拟分析，得出以下结论及建议：

（1）放空时长与出站压力、输量呈正相关，与出站温度呈负相关。模拟结果表明首站和阀室中点放空相比末站放空时长更短，实际操作中采取多点放空结合的方式可有效提高放空速率。

（2）单级节流与多级节流达到的最低温度相同，单级节流比多级节流放空时长更短，节流阀阀门开度大于 0.4 后，其对放空总时长的几乎没有影响，因此超临界 CO_2 管道设计放空系统时考虑单级节流即可。

（3）间歇放空时，放空点回温是多种传热共同作用的，占主导的是来源于管存流体的热量，而不是环境温度。但由于超临界 CO_2 管道在设计时一般不考虑保温措施，介质流体出站后通过管壁与土壤换热，最终温度与土壤相同，因此间歇放空回温速率也受到不同季节土壤温度的影响，夏季地温高更有利于放空操作。

（4）超临界 CO_2 管道放空系统若采用加热等措施，可使管内流体保持气态泄放，提高放空效率，但管道沿线各放空点均配备节流加热设备及供配电系统，不仅极大增加了工程投资，而且加热设备运行时率低，操作维护成本高。实际设计运行更适宜采取不加热的间歇放空方式，放空系统采用耐低温材质，配备精密的温度测量仪表和阀门控制系统，通过控制最低温度始终在一定值以上，确保放空过程中不会生成干冰，保障系统安全。

管道放空的气体需要安全排入大气，这与放空系统的工艺设计、材料选用、系统结构、排放量、排放时间、排放点周围的环境条件、排放时采取的安全管理措施等诸多因素有关。安全排放需要根据项目具体情况，将各种影响因素综合考虑后制定安全排放设计方案和管理措施。

参考文献

[1] 李顺丽，潘红宇，李玉星，等．超临界 CO_2 管道放空特性研究[J]．油气田地面工程，2016，35(05)：19-21.

[2] 李玉星，滕霖，王武昌，等．不同相态管输 CO_2 的节流放空实验[J]．天然气工业，2016，36(10)：126-136.

[3] 滕霖，李玉星，刘敏，等．CO_2 管道泄压过程流动特性及参数影响[J]．油气储运，2016，35(11)：1179-1186.

[4] Ahmad M et al. COSHER joint industry project：Large scale pipeline rupture tests to study CO_2 release and dispersion[J]. International Journal of Greenhouse Gas Control，2015，37：340-353.

[5] 胡其会，滕霖，王财林，等．CO_2 管内节流实验装置设计及实验研究[J]．实验技术与管理，2018，35(05)：84-88.

[6] 张大同，滕霖，李玉星，等．不同相态 CO_2 管内稳态节流实验[J]．油气储运，2019，38(01)：66-70.

[7] 熊小琴，廖涛，邢晓凯，等．二氧化碳驱采出流体特性及其分离研究进展[J]．新疆石油天然气，2022，18(2)：33-39.

[8] 孔令聪，孙雅榕，谢雨，等．金属有机框架材料捕集二氧化碳技术进展及应用[J]．新疆石油天然气，2022，18(2)：78-83.

[9] 吴昊，荣少杰，王燕芬，等．高 CO_2 天然气脱碳设备材质选择[J]．新疆石油天然气，2019，15(1)：93-96.

[10] 祝守丽，祁明业，黄波，等．克—独反输管线运行优化研究[J]．新疆石油天然气，2021，17(2)：82-87.

大数据、物联网与人工智能技术在管道工程勘察中的应用

黄　琳　史少泽　雷中华　宋敬泰　左　勖

（国家管网集团工程技术创新有限公司）

摘　要　伴随着社会经济不断发展，生产技术水平不断提高，特别是近年来大数据、物联网以及人工智能的快速发展和不断成熟，使得石油气产业的“数智化”得以实现，并有了一定的技术积累和应用经验。油气长输管道工程是油气行业的重要基础设施，对于保障能源供应、促进经济发展具有重要意义。工程勘察是油气长输管道工程建设的首要环节，受传统作业模式、行业技术发展滞后影响，数字化等先进技术引进晚、发展慢，成了石油气产业的“数智化”的拖油瓶。本文通过调研对标行业内外先进企业，论述了大数据、物联网以及人工智能的技术背景和应用途径，结合油气长输管道工程现状和特点，梳理了管道工程勘察的关键环节与先进技术融合点；讨论了油气长输管道工程勘察大数据存储、挖掘、集成和应用的实现途径，搭建了管道工程数字基础平台建设整体功能框架；结合管道业务实际和物联网技术特点，分析了物联网技术在管道工程中的应用场景；着眼长输管道发展前景，设计了人工智能的应用场景。抛砖引玉，以求将管道工程建设与以AI、物联网、大数据为代表的新一代信息技术进行深度融合和创新，真正实现“全国一张网”，带动我国油气管道建设和运行向更加安全、智能、高效的方向发展。

关键词　大数据；物联网；人工智能；长输管道工程；数智技术；工程勘察

1　引言

国家石油天然气管网集团有限公司（简称国家管网集团）成立于2019年12月9日，是国务院国有资产监督管理委员会监管的国有重要骨干企业，也是行业中具备先进生产力和现代化管理能力的代表企业与领军企业。

截至2022年底，中国油气管道总里程累计达到18万km，输送了陆上85%的原油和99%的天然气。随着整体长输管道和各地方管网不断加快建设和完善，企业在勘察与设计、施工与监测、运维与检修等传统业务管理模式方面，在面对如此规模的存量业务和高速发展的增量业务时明显感到“力不从心”。伴随着近年来“互联网+”技术的提出，越来越多的管道建设从业者开始追求将管道工程建设与以AI、物联网、大数据为代表的新一代信息技术进行深度融合和创新，从而带动我国油气管道建设和运行向更加安全、智能、高效的方向发展。

2　大数据技术

2.1　大数据技术概述

美国麦肯锡公司是最早提出大数据概念并进行大数据技术研究的先驱，其对大数据的定义是：大小超出常规数据库工具获取、存储、管理和分析能力的数据集。同时，强调大数据不仅反映在数据量大，还反映在数据类型的复杂性上。大数据具备4V特征，即：海量数据量（Volume）、快速数据流转和动态数据体系（Velocity）、多样数据类型（Varicty）、巨大数据价值（Value）。当从“数据”走向“大数据”，不仅是数据的量变，而且是数据的质变。大数据技术在数据储存、并行计算、线性扩展、各类数据的支持和数据挖掘分析等方面具有优势，从而能够实现流域全量数据的接入应用，包括数据资源的统一采集、统一存储和数据分析应用，具有良好的应用价值。

2.2　大数据技术应用

管道工程背景下的大数据技术不仅仅是单纯的数据叠加和存储，更重要的是数据价值的深度挖掘、有效集成和智能应用。同时，需要完成人力资源、业务流程和软硬件设备的整合与集成，从而实现基于大数据云计算的贯穿勘察与设计、施工与监测、运维与检修的全流程精细化智慧管道工程。

高效率和标准化的数据采集与数据管理是实

现上述目标的基础工作，重点体现在管道工程的勘察设计阶段也就是勘察设计的数字化。目前行业内勘察设计的业务模式相对传统（图 1、图 2），具体体现在：外业采集所涉及的信息种类繁杂，数据高频、分散、标准不一，未形成数据链和互相关联的数据关系，无法做到及时统计上报、数据归集分析和追溯问题，且数据采集主要依靠手工纸质记录完成，工作低质低效、数据流转缓慢、共享不及时、外业难监管、外业质量与安全风险难管控、专家对现场缺少及时有效的技术指导等问题；内业数据核查低效滞后，分层不合理、标贯击数不合理、原位测试与取样组数不合理导致违反规范强条等现象频繁发生，设计软件数据由人工录入工作量较大且易出错，由于后续人工处理图件导致地质图件信息与原始数据库表信息不一致而存在质量责任隐患，与土工试验脱节导致后期人工比对土工的工作量较大且容易漏项，取样、送样、开土、试验、出报告全过程难监管；数据管理粗放，文字报告和图件的格式标准不一，非格式化数据难以转化成格式化数据，无法快速搭建企业数字资产，大多数项目成果归档后便“束之高阁”，数据发掘程度较低，数据价值未能体现，造成企业既有数字资产的严重浪费，企业内外部数字平台与业务应用软件五花八门，互相之间业务数据难对接、基础数据难流转，难以形成大数据效应。

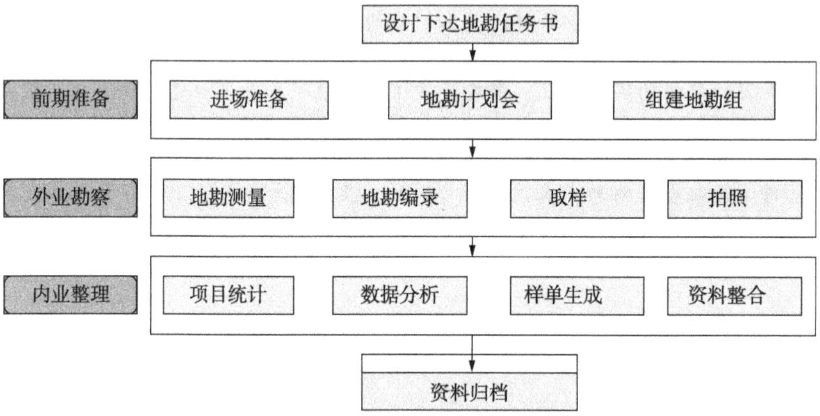

图 1　管道工程地勘业务流程图

图 2　管道工程地勘内外业工作衔接流程图

近年来许多勘察设计院也开始逐步研发私有化数字业务平台构建标准化业务数据库，比如中交公路规划设计院有限公司立体勘测平台、中国石油工程建设有限公司西南分公司西南智勘、中国建筑西南勘察设计研究院勘察大数据三维可视化智能管理平台、上海市地质调查研究院地质信息系统、中航勘察设计研究院有限公司工程信息管理系统等。

通过长期的市场观察和深入的市场调研，可总结出符合管道工程行业特性的数字化基础平台建设方案。首先是建立一站式综合管理平台(图3)，无论是生产、管理还是技术应用，相关功能都可以通过角色权限分配的方式快速便捷的从综合管理平台获得；其次是建立全局统一的数据中心，制定标准数据结构，做到各类业务数据的统一汇交、统一存储并能及时共享；最后是建立标准化的数据传输接口，便于和企业内外其他信息化系统、软件进行数据对接。

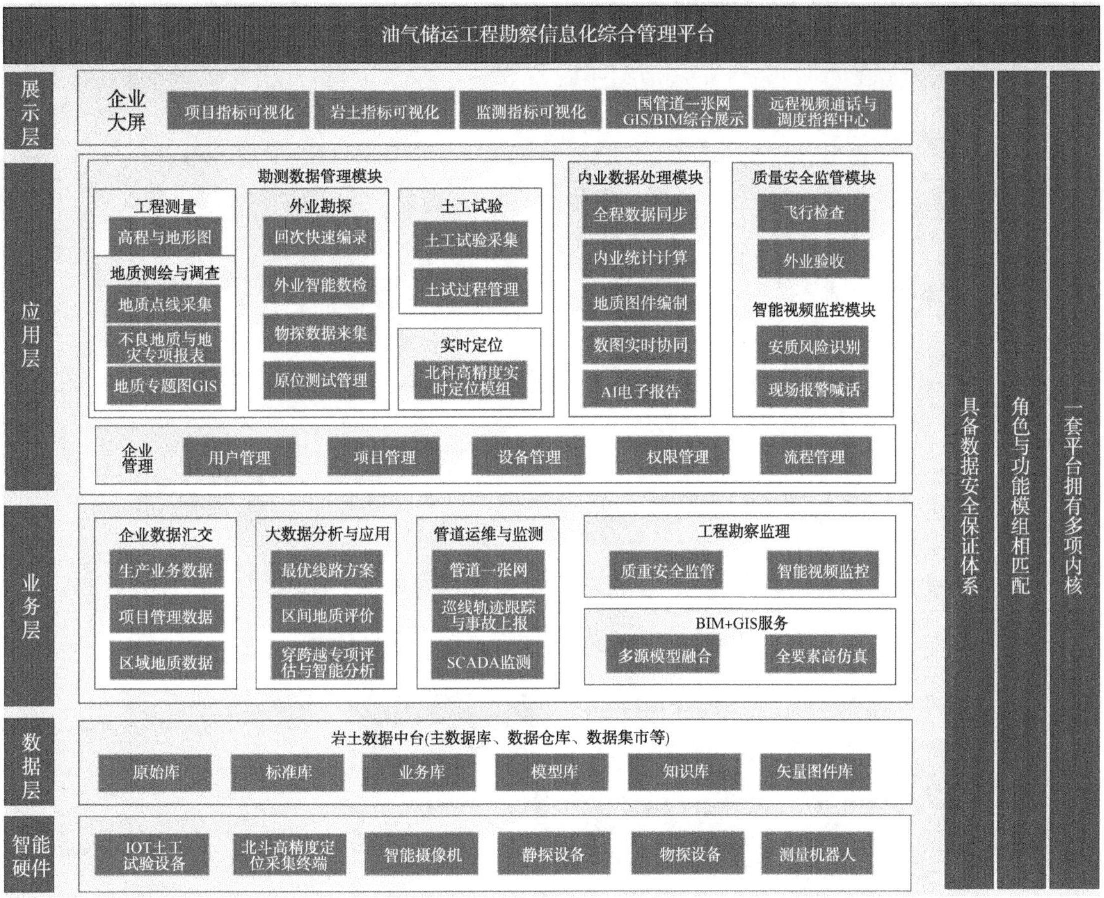

图3　管道工程数字基础平台建设整体功能框架图

技术路线为运用GIS/BIM、三维仿真、数字孪生、IOT、数据库、网络技术，实现基于网络的业务数字化综合管理服务；整体架构采用B/S设计，基于微服务架构模式；移动APP基于Android SDK、IOS SDK和互联网地图API进行开发；数据存储基于MD5与3DES加密算法保证安全，网站基于SSL协议保证数据传输安全，如图4所示。

大数据技术的实际工程应用场景除了构建统一宏观的数字基础工程项目协同管理平台之外，满足各种工况环境特别是能够进行离线数据采集的终端应用软件以及基于GIS+BIM的全要素可视化分析与数字交付也是当下大数据应用的热点领域(图5、图6、图7)，最终的目的还是要实现管道工程项目建设全生命周期的数字化管理。

2015年9月2日8时许，哈尔滨—沈阳输气管道长春至沈阳段(简称哈沈线)的天然气气头顺利到达长春分输清管站。至此，由管道局设计院设计，历时3年建设的中国石油首条数字化设计长输管道--哈沈线全线贯通，正式进入投产运行阶段。哈沈线是集团公司首个采用全生命周期数字化设计技术手段开展的工程建设项目。哈沈线的投产标志着中石油长输管道设计实现了从传统二维到三维、从纸质到电子、从传统手段到数字化手段的转变，实现了管道设计院数字化设计能力从技术创新到生产力的全面转化(图8)。

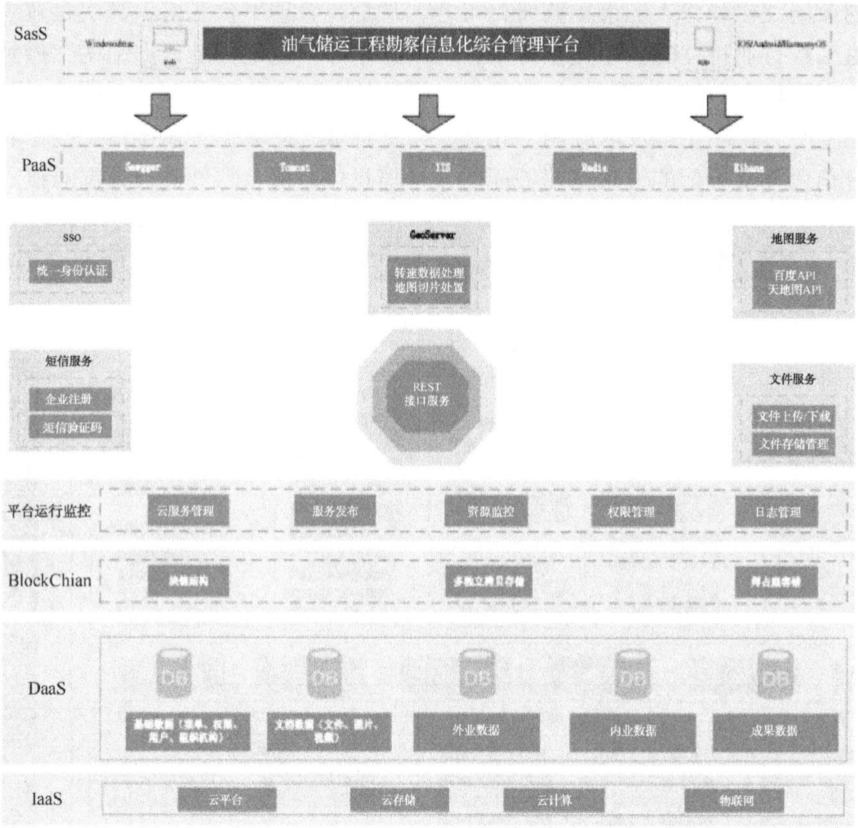

图 4　管道工程数字基础平台建设整体技术架构图

地质专题图　　地灾点信息　　地质点线信息采集　　专业工具(地质罗盘等)

图 5　地质随身行移动端应用软件操作界面

编录智能纠错　　模板一键编录　　自动岩芯拼接　　实时生成图件

图 6　勘设外业电子编录移动端应用软件操作界面

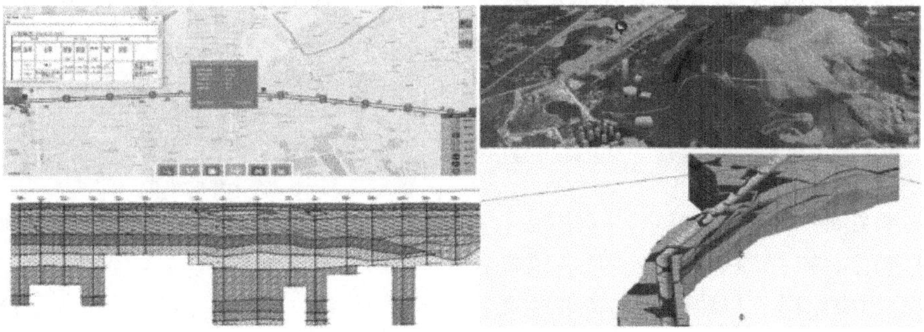

图 7　基于地质大数据二、三维交互与管道空间数据融合分析，辅助优化选线方案

序号	图层分类	图层
1	管点	站场
2		阀室
3		测试桩
4		标志桩
5		转角桩
6		穿越点
7		焊接点
8		输油站
9		监测点
10		附属设施
11	站外管线	区间管道层
12	站内管线	站内管道层
13	地形图	地名图层
14		道路图层
15		水系图层
16		高程点、房屋、植被
17		电力线
18		电信线
19		1：2000正射影像

图 8　基于 GIS 的管网运维一张图

2.3　技术应用的意义

大数据是实现智能化的重要前提，数字化又是大数据的重要技术基础。对于传统业务本身而言，数字化建设可以有效集成集团各子公司数十年来积累的海量业务数据和信息，从而充分挖掘这一宝贵资源的潜在价值，推动数据共享和在线服务，不仅可以改变过去低效、分散式的服务，实现高端、远程、集成、一站式零时差服务能力，也可以实现从野外调查到室内研究以及业务管理的全流程数据化，同时通过大数据分析优化设计与施工方案，避免不必要的工程变更，减小工程造价，加快勘察、设计与施工的进度，缩短工程建设周期，提前完工和投入运营，加快企业资金的流转，整合社会资源，倡导共享机制，减少重复性工作和资源浪费，产生显著的经济效益，作为用户的各类企业其原有产能越高，在应用该技术后其产能增加的幅度及随之带来的经济效益将也越大。运用大数据技术手段实现管道工程建设的科学高效管理，大幅提高工作效率与成果质量，为宏观建设行业提供优质的数字化业务服务，包括为建筑设计、城市规划、抗震规划、管网布局、地下水位分析、地质灾害评估等各分支行业提供高质量的数据分析与支撑，具有重要的社会效益，基于大数据技术建成运行的数字业务平台将为集团传统管道工程业务在生产、安全、经营、决策过程中提供重要数据支持，提高决策科学化水平，为传统行业向智能化转变奠定基础。

3　物联网技术

3.1　物联网技术概述

物联网概念最早于 1955 年由比尔盖茨提出，只是当时受限于无线网络、硬件及传感设备相对原始的发展水平并未引起世人重视。美国 Auto-ID 在 1999 年进一步阐述了物联网的概念，主要是建立在物品编码、RFID 技术和互联网基础上的一种信息交互技术。我国工信部总工程师朱宏任在中国工业运行 2009 年夏季报告会上表示物联网是指各类传感器和现有的“互联网”相互衔接的新技术。2021 年 9 月，工信部等八部门印发《物联网新型基础设施建设三年行动计划(2021—2023 年)》，明确到 2023 年底在国内主要城市初步建成物联网新型基础设施。笔者认为管道工程背景下的物联网

(IoT)是指通过信息传感设备、射频识别技术、红外感应等各种装置与技术，采集需要监控、连接和互动的工程信息，通过约定的协议实现物与物、物与人的泛在连接，以实现识别、定位、跟踪、监管等功能。

3.2　物联网技术应用

在物联网应用中有三项关键，分别是感知层、网络传输层和应用层。目前国内各行业物联网技术的发展大多聚集在感知层和网络传输层，物联网技术则更多是以作为大数据的高效数据采集工具的角色得以体现，当然这也是物联网技术发展的必由之路。所以本文开篇先着重介绍了大数据技术作为基础进而引出物联网技术的发展和应用。在管道工程背景下，物联网技术未来的发展和应用方向不仅要满足高效的感知和传输，更要能够结合业务实际，开发多元化和个性化的终端应用功能才是关键。随着时代的发展，大数据技术和硬件研发技术水平不断提升，基于神经网络、视觉学习以及基于 AI 的人机交互技术日渐成熟，泛物联网时代即将到来。关于人工智能技术的应用会在本文第四节进行详细阐述，本节暂不展开。

在管道工程监测与运维环节中所使用的各种类型传感器频次较多，物联网技术普及程度相对较高，比如环境温度、湿度、地下水、水土腐蚀、管压、地基变形、地质灾害或管道破坏等因素均会影响油气管网的正常运行，企业需要获取到实时有效且全面的数据才能进行精准科学的预判和决策。过去通过人工巡检记录无法做到险情的及时预警，且巡检盲区较多，往往是被动的险后抢修，无法有效的进行主动避险。现在依托 5G 通信技术和物联网技术完全可以实现 24h 全天候全要素不间断的实时监测进而保障全域油气管网的健康良好运行(图 9、图 10、图 11)。

在前期选线勘察阶段，物联网技术也同样可以发挥出较大应用价值。比如利用高精度定位采集终端精准测放和导航勘探点位，实时上传作业机组位置，为荒野作业人员提供线上远程定位跟踪的安全保障。利用摄像头监控设备，直播现场钻探作业过程，工程师可以在关键环节远程指导和监督多个现场作业画面，保障勘察质量的同时提高管理效率(图 12、图 13、图 14)。

图 9　环境监测无人机巡航设备

图 10　管道 SCADA(数据采集与监测控制)集控中心

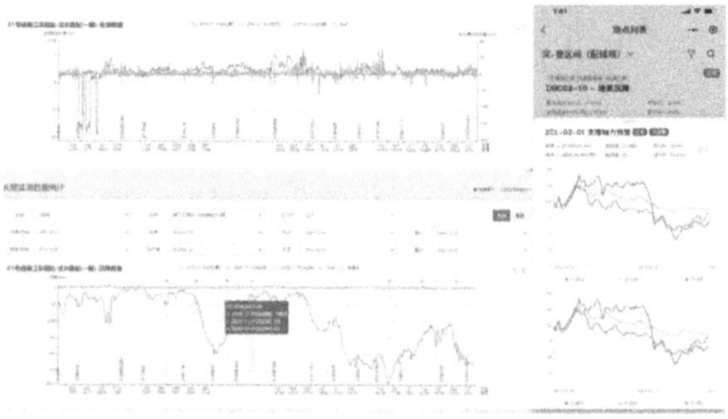

图 11　基于物联网传输的工程监测可视化数据分析及预警平台和移动应用终端

图 12　北斗高精度实时定位野外数据采集终端

图 13　勘探外业远程视频线上质量检查

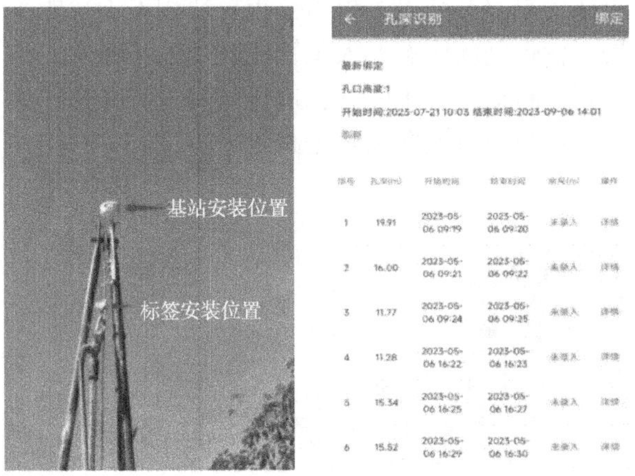

图 14　基于 UWB 技术的勘探孔深随钻自动测深仪

3.3　技术应用的意义

物联网作为十四五规划倡导的新型技术，是数字化转型的重要手段。物联网在管道工程中的应用具有显著优势，能够提高工地的安全性、效率和可靠性，减少人力资源成本，降低安全风险，保证工程品质。通过设置合理密度的巡查设施、管理站等，在每个管理站配置信息化管理室、巡查车及无人机系统，由管理站中继处理采集的数据、图像等信息，保证油气管道信息高质、高效、安全的传输；通过配备车载应急系统和北斗导航系统，时刻监测巡检车巡查路线，制定合理的巡检路线，保证突发情况下的人车安全；通过集成数字基础工程项目协同管理平台，融合勘测、设计、施工、运维各业务数据，整合全要素监测信息，极大拓展完善管道数据库，可时刻提取地质信息、管道信息、环境信息等多元数字化可视化数据，为未来智慧化管道工程奠定数字基础、软件应用基础和硬件设施基础。

4　人工智能技术(AI)

4.1　人工智能技术(AI)概述

人工智能是一种模仿人类认知的技术，旨在研究和开发能够模拟、延伸和扩展人类智能的系统和功能应用。它涵盖了机器学习、自然语言处理、计算机视觉、专家系统等多个领域，通过模拟人类思维过程，使硬件设备和计算机软件系统具备感知、学习、理解、推理和决策能力，以辅助解决复杂问题。在科技飞速发展的今天，人工智能技术迅猛发展，渗透于各行各业，带动了第四次工业革命，也将对油气管道行业产生深远影响。人工智能技术的发展得益于大数据技术和物联网技术的日益成熟和完善，这也正是本文首先介绍大数据技术和物联网技术的原因，为后续深入阐述人工智能在管道工程中的应用进行技术铺垫，有助于读者理解，并引出文章对未来建设智慧化管道工程的预期展望。

4.2　人工智能(AI)技术应用

管道工程背景下的人工智能技术主要体现在专家系统、模式识别、语音识别、图像识别、自然语言处理、智能决策以及神经网络等领域的应用，特别是在岩土工程勘测设计环节，人工智能技术的应用价值尤为突出。

我们所面对和处理的岩土是天然材料和结构组成的工程岩土体，岩土体具有很大的随机性、模糊性、不确定性和信息不完整性，因而岩土工程不可能是“精确解”工程。在这种情况下，专家判断对工程效果起重大作用，也因此使得经验设计方法得以广泛应用。由于人工智能(AI)技术同样也不是谋求“精确解”的技术，它能通过经验(大数据)启发对各种信息类型的智能识别，因此从理念上来讲，笔者认为 AI 技术更适合于管道工程岩土勘测领域。

在管道选线阶段采用概率分析方法搭建专家知识库用以辅助工程师进行场地决策，对目标区域岩土的规则沉积层、活动断裂、地震效应、软土和穿跨越区作出预先判断，并在选择最合理路线时使用概率分析；在岩层解释方面，利用高清图像识别技术智能描绘岩土体性状，同步生成二维剖面和三维地质模型，辅助工程师对沿线地层构造进行高效率的可视化分析与研判，在一定程度上可替代繁杂低效的人工数据采集、处理与统计、绘图等工作；在现场安全管控方面，通过摄像机识别安全生产要素进行智能报警和喊话，降低野外作业安全风险；在详细设计和成果分析方面，利用 AI 语言模型和人机交互技术，智能生成图文报告(图 15、图 16、图 17、图 18)。

4.3　技术应用的意义

推动人工智能(AI)落地应用是深刻领会习近平总书记网络强国重要思想，准确把握数字经济发展趋势规律的重要举措。2018 年 10 月 31 日，习总书记在第九次中共中央政治局集体学习时强调，加快发展新一代人工智能是事关我国能否抓住新一轮科技革命和产业变革机遇的战略问题。2021 年 10 月 18 日，习总书记在主持中央政治局第三十四次集体学习时强调，支持人工智能和实体经济深度融合，建设数字中国、智慧社会。2022 年 10 月 16 日，习总书记在党的二十大报告中指出，推动战略性新兴产业融合集群发展，构建新一代人工智能、新能源、绿色环保等一批新的增长引擎。2023 年 4 月 28 日，中共中央政治局召开会议，提出要重视通用人工智能发展，营造创新生态。人工智能技术的不断发展和创新，将促使我国油气管道行业实现智能化，从而推动整个行业向国际更高水平迈进。

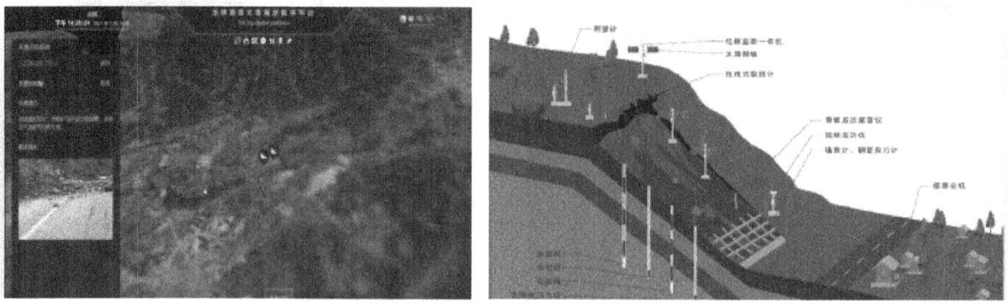

图 15　基于图像识别的地质灾害预警分析系统

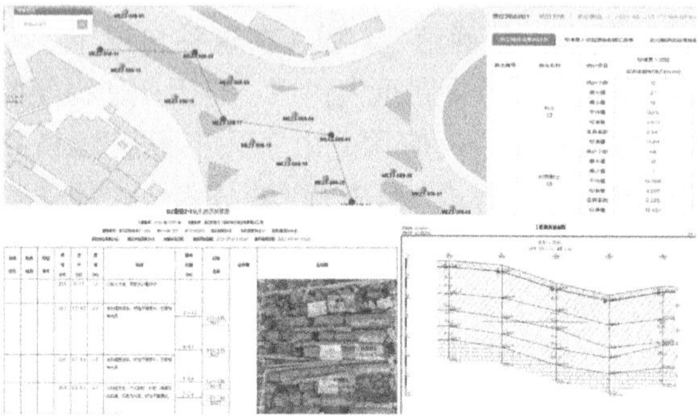

图 16　基于专家知识库的区域岩土层智慧分析系统

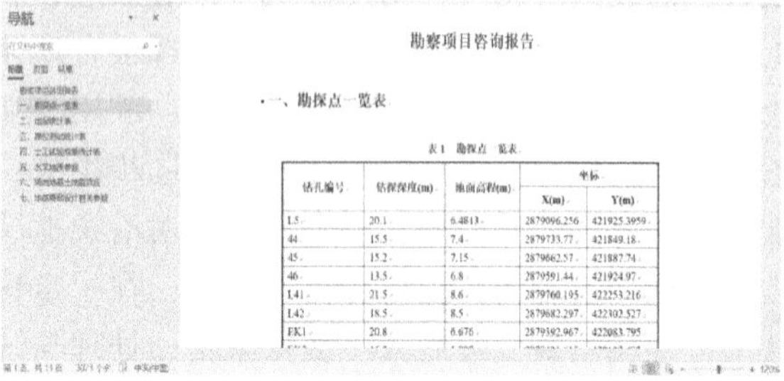

图 17　基于 AI 语言模型和人机交互技术的自动化成果报告应用软件

图 18　基于图像识别的野外安全作业智能报警摄像机

5　结语

人工智能与大数据、物联网技术的应用应紧密结合行业发展时代背景，为实现更加安全、更加智能、更加高效的全国管网建设、互联、运维持续赋能。作为新时代下的管道工程建设者应以习近平新时代中国特色社会主义思想为指导，深入贯彻落实习近平总书记“四个革命、一个合作”的能源安全新战略和重要指示批示精神，坚持新发展理念，坚持服务国家战略、服务人民需要、服务行业发展，大力实施市场化、平台化、科技数字化和管理创新“四大战略”，为加快建设“全国一张网”，着力打造智慧互联大管网、构建公平开放大平台、培育创新成长新生态，为建设中国特色世界一流能源基础设施作出新的贡献！

参　考　文　献

[1] 易爱华．岩土工程数字化整体解决方案[R]．上海城勘信息科技有限公司官网(https：//cityk.net/)，2023-11-30.

[2] 周利剑，李振宇，贾韶辉，等，信息化在美国国家油气管道监管体系中的作用[J]．油气储运，2016，35(6)：6.

[3] 杨柳，李猛，秦龙龙，等，山地油气管道环境保护与污染管控的发展现状及思考[J]．现代化工，2021，41(S01)：3.

[4] 中国互联网发展报告．我国移动通信基站总数达 931 万个[R]．人民网，2021-7-14.

[5] 韵力宇．物联网及应用探讨[J]．信息与电脑，2017(3).

[6] 刘合．油气勘探开发数字化转型人工智能应用大势所趋[J]．石油科技论坛，2023，42(3)：1-9.

基于 BN-FCEM 的燃气管道风险评估

潘李冬[1]　郑建勇[1]　古玉祺[1]　周忠贺[1]　许皆乐[1]　夏　立[1,2]

(1. 浙江省特种设备科学研究院；2. 浙江省特种设备安全检测技术研究重点实验室)

摘　要　近年来，燃气管网工程建设发展迅速，然而燃气管道事故频发，一旦燃气管道发生泄漏，极易造成风险难以预测和控制的复合型灾害，存在巨大隐患。为分析燃气管道风险水平，识别泄漏重要风险源，预防和减少燃气管道事故发生，本文结合燃气管道现场检验情况，建立包含风险概率和风险后果的燃气管道风险评估指标体系，提出基于贝叶斯网络和模糊综合评价法的燃气管道风险评估模型。首先，利用故障树模型分析燃气管道泄漏及衍生事故的相关因素。其次，依据故障树模型映射贝叶斯网络模型规则，引入模糊集理论和 Noise-OR 模型，建立燃气管道泄漏贝叶斯网络模型评估燃气管道泄漏概率并通过模型反向推理功能识别燃气管道泄漏重要风险源。然后，基于模糊综合评价，综合考虑，选取 3 个一级指标、10 个二级指标，得出燃气管道泄漏风险后果级别，再综合风险概率确定燃气管道风险水平。最后，以某工业园区内单项燃气管道工程为例验证模型的有效性，结果表明该模型能够较好反映工程运行过程中存在的问题，为管道风险管控提供决策支持。

关键词　燃气管道风险评估；贝叶斯网络；模糊综合评价法；关键致因

我国城市燃气管网工程体量巨大，且逐年快速增加。为居民生活及工业生产提供便利性的同时，带来了诸多安全隐患问题。一旦发生泄漏，极易造成风险难以预测和控制的复合型灾害，使灾害范围扩大，风险上升。如 2021 年发生的湖北十堰“6. 13”燃气重大爆炸事故，事故共造成 25 人死亡、138 人受伤，直接经济损失达 5395. 41 万元。因此，为了加强燃气管道安全管理工作，预防和减少燃气管道事故，保障人民群众生命和财产安全，促进经济社会发展，研究有效的燃气管道风险评估方法具有重要的现实意义。

依据油气输送管道风险评价导则 SY/T 6859—2020，风险表示失效可能性与后果的乘积，即 R=P×C。常用的油气管道风险评估方法主要分为定性、半定量以及定量分析法。定性分析法有：风险矩阵法、层次分析法（Analytic Hierarchy Process，AHP）、模糊综合评价法（Fuzzy Comprehensive Evaluation Method，FCEM）等。半定量分析法有：危险和可操作性分析法（Hazard and Operability Analysis，HAZOP）、保护层分析法（Layer of Protection Analysis，LOPA）、物元可拓理论（Matter-element Extension Theory，MET）。定量分析方法有：故障树分析法（Fault Tree Analysis，FTA）、事件树分析法（Event Tree Analysis，ETA）、贝叶斯网络（Bayesian Network，BN）等。

风险识别方面，孙逸林等集成事故地图和贝叶斯网络，结合 2014—2022 年间发生的 322 起典型城镇燃气管网事故，对城镇燃气管网事故关键致因和最大致因链进行了识别并针对分析结果提出相应风险防控对策。Deng 等基于解释性结构模型和贝叶斯网络模型，结合 89 起历史城市燃气管道事故案例，对燃气管道泄漏的主要风险源和风险因素之间的耦合关系进行了分析。於孝春等为全面分析燃气管道泄漏的因果关系，引入 BT 模型构建城市燃气管道泄漏的网络关系图，基于模糊集理论，对各事件进行模糊失效概率分析。结合模糊层次分析法，对事件树的顶点事件后果严重性进行计算，得到燃气管道泄漏后果值。风险分析方面，吕海良等为有效分析并评估室内燃气泄漏风险，引入时间参数，对室内燃气事故概率进行预测。杜雨霁等为了准确评估燃气管网的风险等级，选取管道自身因素、外界环境、巡检养护 3 个一级指标以及压力等 9 个二级指标，基于模糊层析分析和改进变异系数建立了燃气管网风险等级评估模型，实现燃气管网的量化风险评估。张继信等为解决综合管廊燃气管网系统风险因素多、风险状态随时间动态变化等问题，在传统故障树和静态贝叶斯网络等方法的基础上提出了基于动态贝叶斯网络的城市综合管廊燃气泄漏动态风险评价方法。

目前，现有研究成果缺乏对于风险的综合分析或者对于风险后果的分析局限于针对安全屏障的二元变量，且没有研究深入挖掘关键风险源并加以管控对于燃气管道泄漏事件预防和减少的重要性。此外，检验检测方面，常用的燃气管道风险评估方法为模糊综合评价法，然而，模糊综合评价无法进行模型推理，识别燃气管道泄漏事故发生的重要风险因素。

基于此，本文针对燃气管道泄漏风险问题，提出了基于贝叶斯网络和模糊综合评价法的城市燃气管道风险评估方法。首先，基于贝叶斯网络进行燃气管道风险概率分析；其次，在贝叶斯网络模型的基础上进行反向推理，识别燃气管道泄漏的重要风险因素；最后，基于模糊综合法评估燃气管道泄漏的风险后果，结合风险概率分析结果，评估城市燃气管道风险水平，为燃气管道安全管理提供决策辅助。

1　风险评估理论

1.1　贝叶斯网络

BN 模型又称有向无环图(Directed Acyclic Graphical, DAG)模型或信念网络，是美国著名学者 Pearl 在 1988 年提出的一种基于贝叶斯理论的概率模型。贝叶斯网络以图论和概率论为基础，模型由有向无环图和条件概率表组成，有向无环图以代表随机变量的节点和表示节点间因果关系的有向弧构成，节点由父节点指向子节点，其中无父节点的节点称为根节点，无子节点的节点称为叶节点。贝叶斯网络结构示意图见图 1，其中，B 为 C 的子节点，D、E、F 为根节点，T 为叶节点(图 1)。

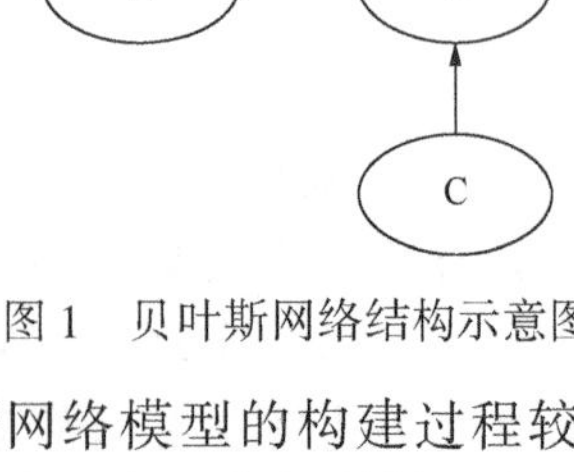

图 1　贝叶斯网络结构示意图

贝叶斯网络模型的构建过程较为繁琐。首先，需要确定研究对象的关键节点；其次，分析各变量之间的因果关系，构建研究对象拓扑图；最后，确定各节点的网络参数即相应各节点的概率：节点概率主要包含先验概率、条件概率；具体流程图图 2 所示。

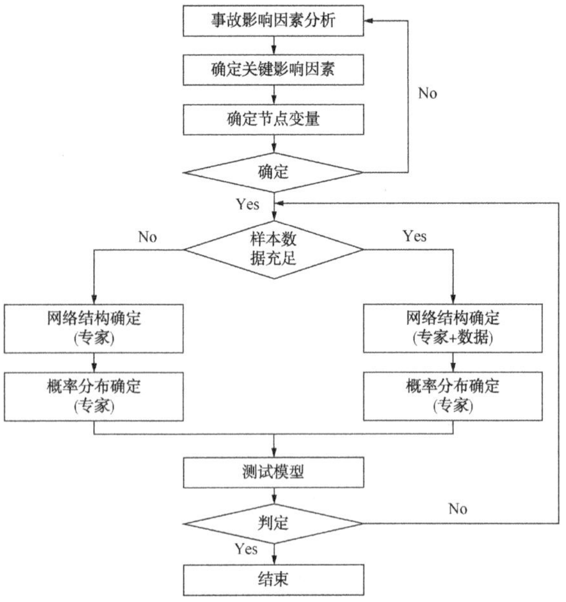

图 2　贝叶斯网络模型构建流程图

1.2　模糊综合评价法

模糊综合评价法(Fuzzy comprehensive evaluation method, FCEM)是 L. AZdah 在 1995 年提出的一种基于模糊数学的综合评价方法。FCEM 该方法分析风险后果主要分为以下 5 个步骤：

(1) 建立风险评价指标集 $Q=[Q_1, Q_2, \cdots, Q_n]$；

(2) 建立风险后果等级集 $B=[B_{j1}, B_{j2}, \cdots, B_{jn}]$；

(3) 确定隶属度向量 $W=[W_1, W_2, \cdots, W_n]$；

(4) 确定指标权重 $W=[W_1, W_2, \cdots, W_n]$；

(5) 模糊综合评价，$V=W\times B$。

1.3　改进层次分析法

采取改进层次分析法得到初始判断矩阵，计算相对重要性的方法如下所示。

$$r_{ij}=\sum_{j=1}^{n} a_{ij} \tag{1}$$

式中，i, j 表示自然数。

p_{ij}表示元素指标 b_i 和 b_j 之间的重要性比例标度，比例标度见表 1。

表 1　指标重要性比例标度

比例标度	定义
1.0	b_i 和 b_j 重要程度相同
1.1	b_i 和 b_j 之比介于同等重要和稍微重要之间
1.2	b_i 比 b_j 稍微重要
1.3	b_i 和 b_j 之比介于稍微重要和明显重要之间
1.4	b_i 比 b_j 明显重要
1.5	b_i 和 b_j 之比介于明显重要和强烈重要之间
1.6	b_i 比 b_j 强烈重要
1.7	b_i 和 b_j 之比介于强烈重要和极端重要之间
1.8	b_i 比 b_j 极端重要

初始判断矩阵 $p=(p_{ij})_{n\times n}$ 的构建如公式(2)所示。

$$\begin{cases} a_{ij}=r_i-r_j+1 & r_i \geqslant r_j \\ a_{ij}=(r_j-r_i+1)^{-1} & r_i \leqslant r_j \end{cases} \tag{2}$$

其次计算权重

$$w_i=\frac{\overline{w_i}}{\sum_{i=1}^{n}\overline{w_i}} \tag{3}$$

用上式计算出近似权重，其中 $\overline{w_i}=\sqrt[n]{\prod_{j=1}^{n}a_{ij}}$。

2　风险评价方法

提出的燃气管道风险评估方法框架如图 3 所示。评估流程主要分为六个步骤：

（1）确定风险评价准则。

（2）FTA 识别燃气管道泄漏事故的风险因素及泄漏事故衍生灾害严重程度致因。

（3）燃气管道泄漏事故 FTA 映射到 BN。

（4）依据现场检测，结合模糊集理论、Noise-OR 逻辑门获得 BN 模型网络参数，评估风险概率并进行 BN 模型推理，识别燃气管道泄漏重要风险因素。

（5）FCEM 模型燃气管道泄漏后果严重性分析。

（6）确定燃气管道综合风险。

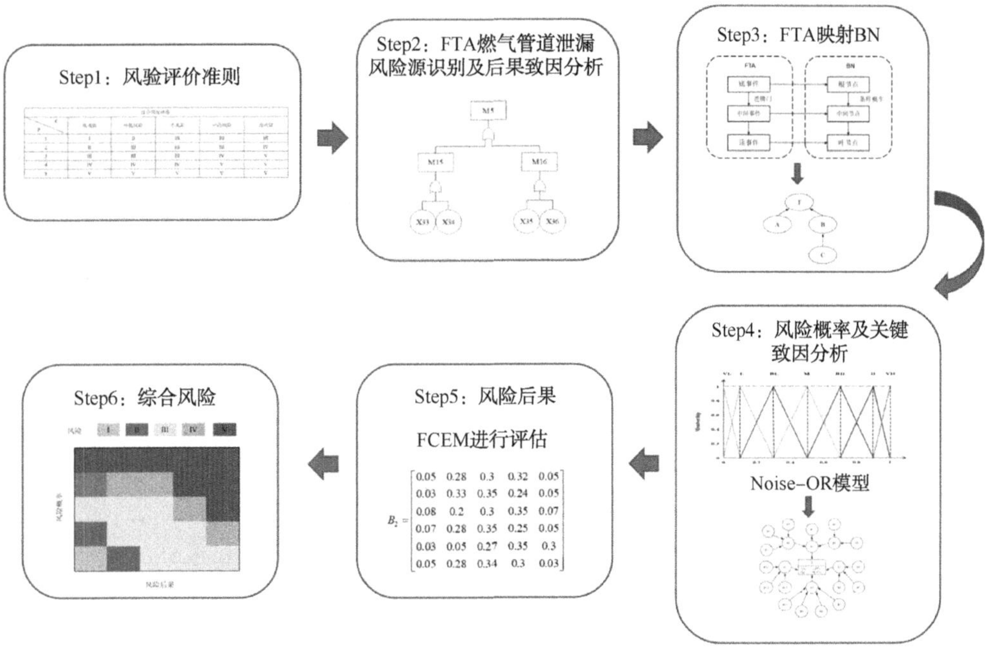

图 3　燃气管道风险评估流程图

2.1　风险评价准则

结合燃气管道风险评价相关法规、定期检验内容及相关文献，对燃气管道的泄漏风险等级进行量化。风险共分为 5 级，见表 2。风险概率的分界点为：0.0003、0.003、0.03、0.3、1。不同风险等级的含义为，Ⅰ级：不需要监督检查；Ⅱ级：需要遵守安全操作规程；Ⅲ级：需要定期监督检查整改；Ⅴ级：需要采取措施降低风险；Ⅴ级：需要实时监督检查，以防事故发生。

表 2　燃气管道综合风险评定

P	低风险	中低风险	中风险	中高风险	高风险
1	I	II	III	III	III
2	II	III	III	III	IV
3	III	III	III	IV	V
4	IV	IV	IV	V	V
5	V	V	V	V	V

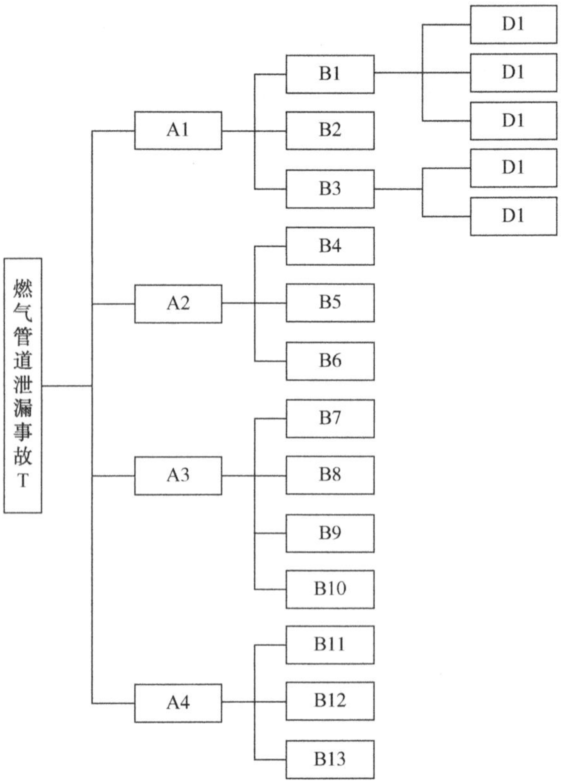

图 4　燃气管道泄漏事故拓扑网络

2.2　燃气管道泄漏风险别及模型构建

将燃气管道泄漏作为顶事件，通过燃气管道事故报告、参考燃气管道泄漏相关文献及专家咨询来确定燃气管道泄漏的中间事件及底事件，再结合燃气管道全面检验项目，将 FTA 模型转换为图 4 所示的 BN 模型拓扑网络图，表 3 为 Bayesian 网络结构节点的详细信息。

表 3　燃气管道风险评价指标体系

目标层	一级指标	二级指标	三级指标
燃气管道泄漏事故 T	管道腐蚀 A1	土壤腐蚀 B1	土壤 PH 值 D1
			土壤电阻率 D2
			土壤质地 D3
		服役时间 B2	
		阴极保护情况 B3	阴极保护电位 D4
			杂散电流情况 D5
	第三方破坏 A2	沿线标志完好情况 B4	
		第三方施工监控 B5	
		管道上方人员活动量 B6	
	管道设计 A3	管材选择不到位 B7	
		压力 B8	
		管道穿越情况 B9	
		管道净距控制情况 B10	
	管理因素 A4	安全教育培训情况 B11	
		人员巡线频率 B12	
		报警系统可靠性 B13	

2.3　参数信息

贝叶斯网络模型构建主要包含两个部分：网络结构构建和网络参数确定。

网络结构可以通过蕴含因果关系的模型转换形成，也可通过大量的案例数据进行网络结构学习建立。为使网络结构更加符合实际，本文通过 FTA 模型转换建立贝叶斯网络结构。

网络参数可由燃气管道泄漏事故统计数据和

专家评估方法确定，由于不具备大量的燃气管道泄漏事故分析报告来获取数据，本文的网络参数用专家评价和现场检验来确定。通常情况下，专家难以给出事件发生概率的精准值，因此，专家评估具有一定的不确定性，模糊集理论的出现较好的弥补了缺陷，利用自然语言对事件的发生概率进行描述。

2.3.1　专家意见聚合

专家职位、学历、工作经验等因素对专家评估结果的可靠性存在差异，为减少专家个体差异对评估结果的影响，使评估结果相对精确，将权重分配到专家个体。权重说明见表 4。

表 4　专家权重说明

分类	说明	得分 ω	人数
I	正高级工程师/教授/高检师	1	3
II	高级工程师/副教授/检验师	0.9	7
III	工程师/讲师/检验员	0.7	7
IV	初级工程师/辅助人员	0.5	1

二元变量采用 Noise-OR 模型确定条件概率，条件概率由式(4)计算，概率分布按式(5)进行计算。

$$p(Y \mid X_1, X_2, \cdots, X_n) = 1 - \prod_{i:\ X_i \in X_T} (1 - p_i^*) \tag{4}$$

$$p_i^* = \sum_{k}^{N} \omega_{ik} / \sum_{k}^{N} \omega_k \tag{5}$$

式中，X_n 为指标变量；p_i^* 为仅风险指标的失效导致上一级指标失效的概率；N 为专家人数。

以第三方破坏为例，本文邀请 18 名燃气管道检验检测人员，咨询仅第三方施工无监控时，导致第三方破坏事件发生的概率。其中，有 1 名 I 类、3 名 II 类以及 3 名 III 类专家认为会发生。则该失效概率为 0.39。同理可得，风险指标 B4、B6 的失效概率为 0.34、0.32。根据式(4)计算节点 A2 条件概率，结果见表 5。其中，1 表示该节点失效，0 表示正常。

表 5　节点 A2 条件概率

B4	B5	B6	A2 发生第三方破坏	A2 不发生第三方破坏
0	0	0	0	1
1	0	0	0.34	0.66
0	1	0	0.39	0.61
0	0	1	0.32	0.68
1	1	0	0.60	0.40
1	0	1	0.55	0.45
0	1	1	0.59	0.41
1	1	1	0.73	0.27

采用七级自然语言获取专家的评估信息后，需进行评估语言聚合，本文利用三角模糊函数对专家语言进行聚合评估语言对应的模糊数见表 6。

表 6　评价语言对应模糊数

语言评价	模糊数
非常低(VL)	(0, 0, 0.1)
低(L)	(0, 0.1, 0.3)
较低(RL)	(0.1, 0.3, 0.5)
中等(M)	(0.3, 0.5, 0.7)
较高(RH)	(0.5, 0.7, 0.9)
高(H)	(0.7, 0.9, 1)
非常高(VH)	(0.9, 1, 1)

2.3.2　参数计算

获取根节点失效概率的步骤如下：

(1) 建立失效概率评估语言；

(2) 模糊数转化：利用三角模糊数来进行专家评估语言的转换，图 5 给出评估语言的模糊隶属函数，获得三角模糊概率 $p_i^k = (a_i^k, b_i^k, c_i^k)$；

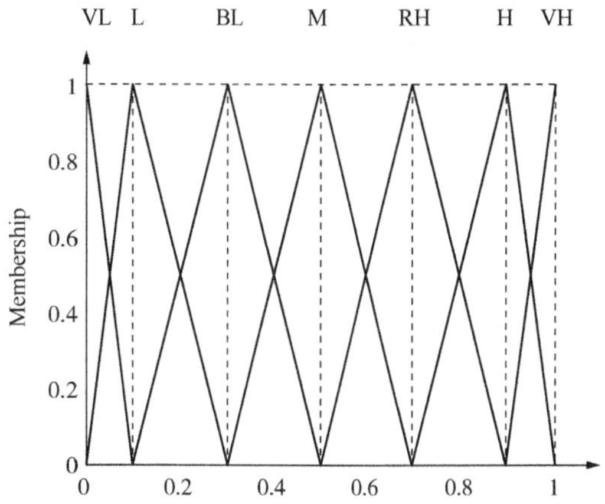

图 5　模糊隶属函数

(3) 解模糊：$FPS = p_i^* = \dfrac{a_i^* + 2b_i^* + c_i^*}{4}$；

(4) 概率计算：$\mathrm{FP} = \left\{ \dfrac{1}{10^k},\ \mathrm{FPS} \neq 0 \right.$。

其中，$K=2.301\times\left(\frac{1-FPS}{FPS}\right)^{1/3}$。

以人员巡线频率为例，七级自然语言对应的描述为：每日巡线、每两天巡线、每三天巡线、每周巡线、每两周巡线、每月巡线、无巡线。工业园区内巡线人员两天巡线一次，因此，该管道人员巡线指标失效的专家评估语言为 L，该风险指标失效概率为：0.004。

2.3.3　重要风险源识别

识别燃气管道泄漏重要风险源并进行重点管控对燃气管道安全运行具有重要意义。本文引入关键重要度概率对泄漏风险因素进行分析。

$$I_i^{Cr}(x_i)=p(X=1)-p(X=1\mid x_i=0)=\frac{p(X=1,\ x_i=1)}{p(x_i=1)}-\frac{p(X=1,\ x_i=0)}{p(x_i=0)}\times\frac{p(A_i=A_p\mid U=U_p}{p(U)}$$

式中，$p(X=1\mid x_i=0)$ 为 x_i 发生时 X 发生的概率；$p(X=1\mid x_i=0)$ 为 x_i 不发生时 X 发生的概率；$p(X=1\mid x_i=1)$ 为 x_i 和 X 同时发生的概率；$p(X=1\mid x_i=0)$ 为 x_i 不发生与 X 发生的概率；$p(x_i=1)$ 为 x_i 发生的概率；$p(x_i=0)$ 为 x_i 不发生的概率；x_i 泛指指标变量。

2.4　基于 FCEM 的燃气管道泄漏后果分析

依据油气输送管道风险评价导则，管道失效后果应在了解管道输送介质的危险性、介质的泄漏量、泄漏点周围环境、应急响应措施等四个方面的基础上进行评估，结合现场检验，确定燃气管道泄漏后果影响因素，见表 7。

表 7　燃气管道泄漏后果严重性指标

目标	一级指标	二级指标
燃气管道泄漏后果 R	泄漏量 $a1$	泄漏速度 $a11$
		泄漏时间 $a12$
	泄漏点周围环境 $a2$	点火源状况 $a21$
		气体扩散情况 $a22$
		周围易燃易爆物情况 $a23$
		道路通畅情况 $a24$
		人员密度 $a25$
		周围建筑情况 $a26$
	应急响应措施 $a3$	应急救援站点密度 $a31$
		应急演练情况 $a32$

依据改进层次分析法，结合相关文献和专家经验分析，各指标权重结果见表 8。

表 8　失效后果指标权重

一级指标	权重	二级指标	权重
泄漏量 $a1$	0.3784	泄漏速度 $a11$	0.5238
		泄漏时间 $a12$	0.4762
泄漏点周围环境 $a2$	0.3243	点火源状况 $a21$	0.3102
		气体扩散情况 $a22$	0.2658
		周围易燃易爆物情况 $a23$	0.1611
		道路通畅情况 $a24$	0.1072
		人员密度 $a25$	0.0905
		周围建筑情况 $a26$	0.0651
应急响应措施 $a3$	0.2973	应急救援站点密度 $a31$	0.4545
		应急演练情况 $a32$	0.5455

3　实例分析

3.1　项目背景

该工业园区为浙江省省级开发区，成立于2006年。占地面积 2.22km^2，以发展塑料制品、黑色金属冶炼压延加工、茶产品为主。园区融合了发达地区城市发展的先进经验，工业交通、人口、生活、商贸的协调发展。选取工业园区某一部分燃气管道工程进行风险评估，如图 6 所示。

图 6　某燃气管道工程图

3.2　结果分析

3.2.1　风险概率

风险概率分析结果如图 7 所示。该燃气管道工程风险发生概率为 0.0158，处于风险概率等级的第 3 个级别。

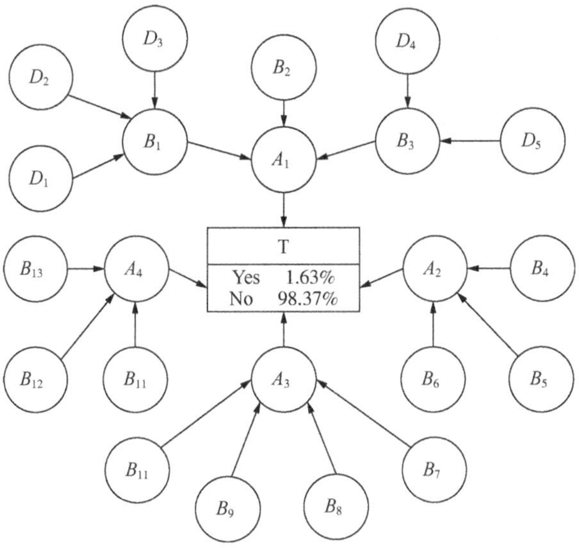

图 7　燃气管道风险概率

3.2.2　关键重要度

关键重要度分析结果如图 8 所示。

该燃气管道工程关键是因为：B_6、B_{10}、B_{11}、B_{13}和该段燃气工程实际情况相符。该工程位于居民场所和市场交汇处，地面人流量和车流量大，容易引发地面沉降，造成燃气管道泄漏，在检测过程中发现两处路面沉降；管道存在污水管、通信井、绿化带等净距不足现象，增加了管道腐蚀、植被外力破坏、泄漏燃气爆炸的隐患，对于高危工程的燃气管道而言是不合理的。此外，近期发生的燃气管道事故凸显了安全管理对于燃气管道安全科学运行的重要性，其中，加强员工安全教育培训有助于其正常工作的科学性，理解自身的工作职责，在发生意外突发事件时，能够提升其解决事件的概率。而作为燃气管道最后一道防线的报警系统，企业应给予相应的重视，不能忽视。

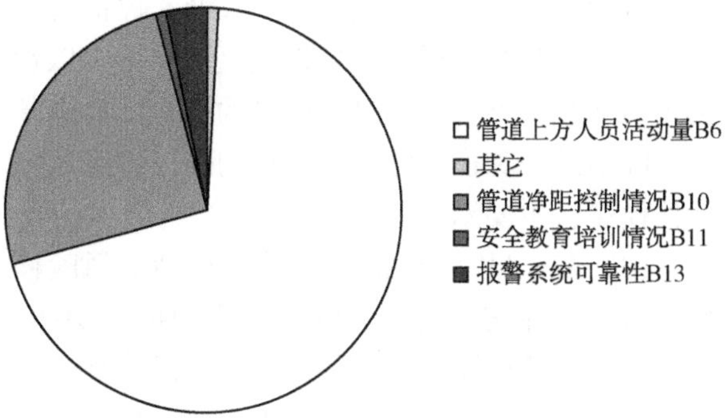

图 8　燃气管道风险因素关键重要度

3.2.3　风险后果

通过专家调查法确定隶属度向量，得到结果如下：

$$B_1\begin{bmatrix}0.1 & 0.24 & 0.28 & 0.33 & 0.05\\ 0.1 & 0.25 & 0.35 & 0.17 & 0.13\end{bmatrix}$$

$$B_2\begin{bmatrix}0.05 & 0.28 & 0.3 & 0.32 & 0.05\\ 0.03 & 0.33 & 0.35 & 0.24 & 0.05\\ 0.08 & 0.2 & 0.3 & 0.35 & 0.07\\ 0.07 & 0.28 & 0.35 & 0.25 & 0.05\\ 0.03 & 0.05 & 0.27 & 0.35 & 0.3\\ 0.05 & 0.28 & 0.34 & 0.3 & 0.03\end{bmatrix}$$

$$B_3\begin{bmatrix}0.14 & 0.19 & 0.32 & 0.3 & 0.05\\ 0.3 & 0.35 & 0.21 & 0.11 & 0.03\end{bmatrix}$$

$\boldsymbol{V} = \boldsymbol{W} \times \boldsymbol{B} = [0.1216, 0.2592, 0.2992, 0.2509, 0.0691]$。

依据模糊综合评价原则，该燃气管道风险后果造成中风险的可能性最大。

3.2.4　综合风险

依据风险的定义，该燃气管道工程风险水平处于 III 级，需要定期监督检查整改。结果与该燃气管道段定期检验风险评估相符，该风险评估模型能够有效对燃气管道进行分析，为燃气管道风险管控提供决策支持。

4　结论

燃气管道具有易燃易爆特性，属于高风险工

程。为识别燃气管道泄漏重要风险源，评估管道风险水平，为管道风险管控提供决策支持，以达到预防和减少燃气管道事故的目的，本文提出基于贝叶斯网络和模糊综合评价法的燃气管道风险评估模型，主要结论如下：

（1）基于贝叶斯网络，对燃气管道的风险概率进行评估并充分运用贝叶斯网络的推理功能，分析了燃气管道泄漏事故的重要风险源；基于模糊综合评价法，综合考虑燃气管道泄漏量、泄漏点周围环境、应急响应措施等方面的因素，得到燃气管道泄漏的风险后果；

（2）结合某工业园区部分燃气管道工程验证了燃气管网风险评估模型的有效性，能为燃气管道风险管控提供决策支持；

（3）由于缺乏必要的历史数据，本文风险评估中的指标和参数在参考现场检验检测外主要依赖主观经验。下一步将整理历史燃气管道事故，通过统计数据获取指标及参数，对模型进行修正。

参考文献

[1] 中华人民共和国住房和城乡建设部．中国城乡建设统计年鉴：2022［M］．北京：中国统计出版社，2023.

[2] 孙逸林，郑小强，刘险峰，等．重大城市燃气管道泄漏爆炸事故定量分析方法研究——以湖北十堰“6·13”事故为例［J］．安全与环境学报，2022，22（06）：3312-3320.

[3] 孙逸林，郑小强，刘丹秀，等．基于AcciMap-BN的城镇燃气管网生产安全事故致因分析［J/OL］．油气储运．

[4] Deng Q，Wang K，Wu J H，et al. An integrated model for evaluating the leakage risk of urban gas pipe：a case study based on Chinese real accident data［J］. Natural Hazards，2022，116(1)：319-340.

[5] 於孝春，贾朋美，张兴．基于模糊Bow-tie模型的城镇燃气管道泄漏定量风险评价［J］．天然气工业，2013，33（07）：134-139.

[6] 吕良海，梁艺苑，张淏彬，等．模糊DBN的室内燃气泄漏动态风险评估方法研究［J/OL］．安全与环境学报．

[7] 杜雨霁，付明，端木维可，等．基于FAHP-ICV的燃气管网风险评估方法［J］．清华大学学报（自然科学版），2023，63（06）：941-950.

[8] 张继信，黄东阳，尤秋菊，等．基于动态贝叶斯网络的城市综合管廊燃气泄漏动态风险评价［J］．安全与环境学报，2023，23（10）：3455-3464.

[9] 潘李冬，郑宇，郑娟，等．基于BN-FCEM的化工企业安全风险分析方法［J］．安全与环境工程，2023，30（05）：1-10+18.

[10] 春波，王新华，何仁洋，等．埋地钢质管道腐蚀防护综合评价技术研究［J］．压力容器，2007，（06）：10-16.

[11] 左军．层次分析法中判断矩阵的间接给出法［J］．系统工程，1988（06）：56-63.

[12] 卢鑫月，许成顺，侯本伟，等．基于动态贝叶斯网络的地铁隧道施工风险评估［J］．岩土工程学报，2022，44（03）：492-501.

储气库数智化建设难点及对策

熊昊天　冷绪林　陈　伟　周练武　王文权

（国家管网集团工程技术创新有限公司）

摘　要　我国储气库建设起步较晚，基础建设相对完善，数据自动化采集程度较高，然而各专业系统数据标准不一，难达到互联互通标准。近年储气库建设进入高速发展期，现有数字化建设无法满足储气库智能、智慧化发展需求。总结国内储气库数字化建设取得的成果，分析储气库智能化建设难点并提出建议，有助于推动储气库数智化建设进程。基于一体化模拟、智能化应用平台研究思路，提出制定数据采集传输标准观念，对高强度交变注采过程，切入实时数据监测全流程风险管控技术，构建气藏-井筒-地面一体化模型。对新建储气库分级建设，逐步实现远程决策自动管理，对已建储气库，构建地质体至地面工艺设备集成统一生产管理系统，实现储气库智能化。

关键词　地下储气库；数智化；一体化决策；管理系统

近年中国储气库建设进入高速发展阶段，储气库业务数字化基本实现自控系统管理、控制，但缺乏自有数据管理和智能应用分析系统。中国石油相国寺储气库围绕“生产运行、安全管控、经营管理、科研协同”核心业务开展数字化建设，采用Browser/Server结构的3层体系结构初步实现生产一体化管理，“气藏-井筒-地面”一体化智能化建设尚处于起步阶段。呼图壁储气库针对采气井开展“一井一策”管理，集成数据采集、状态监控、风险预测集中控制功能，实现“无人值守中心控制”模式。实际国内储气库调峰生产方式主要以单库运行为主，多库联动调峰协同性差，库群联动优化实现困难。自动监控、安全预警、联动决策平台和“地下-井筒-地面”一体化实时监测技术尚未成熟，数据互通效率低现象极大影响了储气库经济性，与数字化转型高质量发展理念相违背。本文主要对国内地下储气库数字化智能化现状进行分析，给出现有地下储气库数字化建设对策，具有一定指导意义。

1　国内储气库数字化建设现状

国内储气库建设起步较晚，2000年我国首座配套输气管道大张坨储气库投运。目前各储气库数字化采集系统完善，数据自动化采集程度较高，通过SCADA系统对集注站及井场全生产过程进行数据采集，但信息化、数字化应用程度和数智化建设程度差别较大，其中呼图壁、苏桥、板南和相国寺4家有自建储气库生产信息和数据管理系统（表1）。

表1　国内各储气库数据自动采集信息化统计表

序号	储气库	数据自动采集	自建系统名称	上报数据	数据实施传输	工业视频监控
1	呼图壁	是	储气库数据库管理系统	系统推送	已实现	有
2	陕224	是	数字化生产指挥系统	人工录入	已实现	有
3	相国寺	是	储气库数字化管理平台	系统推送	已实现	有
4	京58	是	无	人工录入	未实现	有
5	苏桥	是	储气库生产远程监控系统 地质信息管理平台	系统推送	未实现	有
6	大港	是	油田生产运行信息系统	人工录入	未实现	有
7	板南	是	储气库生产信息管理系统	人工录入	未实现	有

1.1 储气库信息管理平台建设

以中国石油总平台和地区平台为例，构建了“中国石油地下储气库信息管理平台”、地区储气库相国寺“储气库数字化管理平台”。总平台围绕日常管理开展相关数字化建设，初步实现了基础数据、生产运行、钻完井和地面工程数据管理，提供数据查询等功能，但信息化覆盖不全面，缺乏动态数据、生产监控和 GIS 应用等功能；地区平台实现数据资产化、共享化，业务应用可视化，然而围绕“气藏-井筒-地面”一体化为代表的智能化建设尚处于起步阶段。

1.2 数据采集和数字化管理系统

国内储气库信息化基于油田标准逐步建立自控系统以及生产数据管理类相关信息化系统，实现了生产数据的采集与储存，现有专业系统融合性，数据流转性不足。

1.3 监测管理平台和注采调控系统

地面注采工艺由注采井站 SCADA 系统、集注站 DCS/ESD 系统、集配站 PLC/ESD 系统等组成，通过负责站内管道温度、压力等参数控制，实现站内设备集中控制和调度管理，确保安全生产和自动连锁保护。基于高低压交变同管注采、注采双向调节与计量装置，通过井口采气树、采气处理装置、注气压缩机等设备数据调控，研发了智能控制系统(图 1)，可实现地面注采自动调节与计量。国内储气库建设采用自控管理系统，实现了生产数据的采集与储存，然而自动化数据流、自动检测优化、流程一体化和远程优化自动化作业实际应用过程仍存在不足。

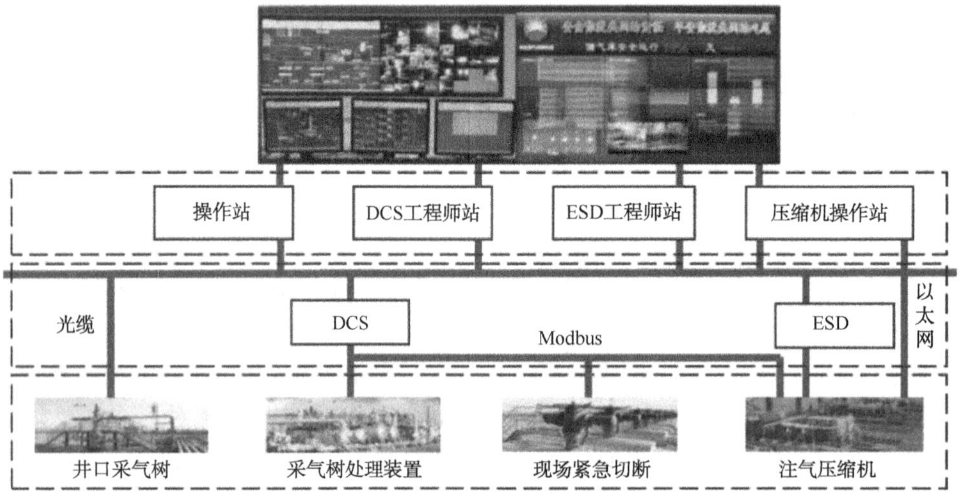

图 1　地下储气库地面注采调控系统

2 储气库数智化建设难点

2.1 数据标准不统一，缺乏三位一体实时监测能力

储气库涉及地质、井筒、地面、管道及市场诸多领域，自动化系统、服务器、控制站、工控平台分属不同厂商和型号，各系统互联性不高。涉及数据类型多，信息采集难，地下储气库建设生产全流程数据分散在不同专业系统中，无法有效整合共享。储气库选址评价、方案设计、运行管理、科学研究不同于常规气田，参考常规气田相关软件方法仅能实现局部适用，全系统数字化模拟、智能注采预测、库群协同优化运行及安全监测等软件平台处于空白。地下储气库注采交变风险高，强注强采监测系统创新力、储气库三位一体风险管控不足，地质体四维监测、注采井完整性评价与风险预警、地面设备设施诊断故障等系统，大部分针对问题进行点状研究，并未形成三位一体实体监测和风险管控能力。

2.2 缺乏数字化运营、智能化运营全局管控能力

缺乏及时精准的油气生产监测和智能化调控手段，无法实时准确预测注采生产趋势；生产运行管理目前仍缺乏有效大数据分析模型，无法提供相应的预警、预测决策支持，无法适应智能化调度灵活多变的需求和对时效性的要求。未实现天然气生产全过程畅通的智能协同能力，部门间、业务间和系统间存在隔阂。问题诊断及生产优化缺少实时管控手段。亟待建设建立在一体化模型之上的各类工作流，实时监测及诊断生产过

程中问题，优化相关生产制度，确保问题及时发现解决，促进长期稳注稳产，延长“地质体、井筒、地面”的生命周期。

3 储气库数智化建设对策

3.1 建设思路

构建以多元数据采集、传输、融合共享为基础、以一体化模拟为核心的数字化、智能化应用平台，分为现场操作层、现场管理层、技术管理层和决策管理层4层级基础，核心实现设备自动化与数据流转自动化。实现实时模拟计算、在线监测及风险预警、智能生产运营和现场全面互联；安全运维管理，生产全面感知；产供促销协调，资源全面共享(图2)。在现有储气库管理平台基础上，建立并形成统一的大数据云平台海量信息系统，构建以一体化模拟为核心的数字化应用平台。

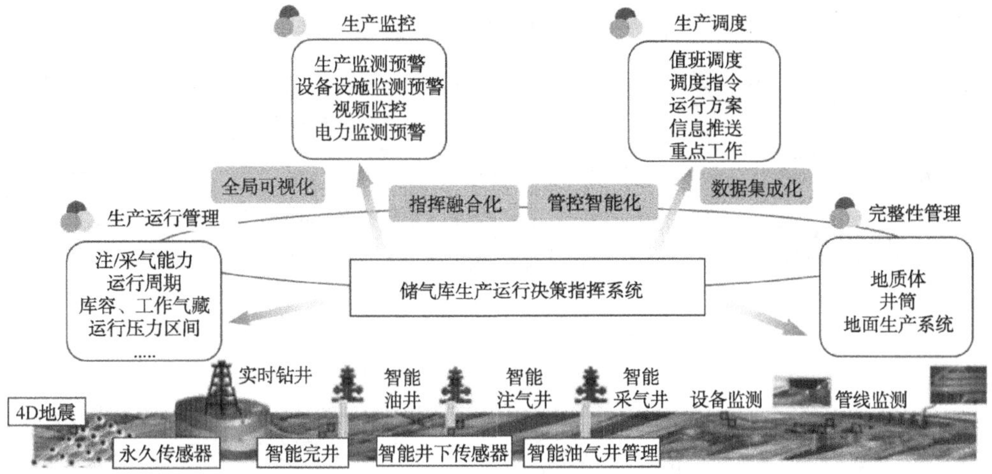

图2 储气库生产运行指挥全过程数字化、自动化、智慧化

3.2 数据统一、同其他信息化平台无缝对接

开展数据采集、传输与共享标准的制定，实现储气库数据唯一性、一致性、完整性、准确性、可控性，并能够创建和维护储气库领域各业务及系统数据的相关性，确保数据逻辑统一、互联互通。

3.3 生产安全管控、数据分析与决策

针对储气库高强度交变注采过程中面临的气藏、井筒、地面风险问题，进行气藏微地震实时监测数据接入，结合趋势预测，实现对气藏储集体、流体稳定性预测。面向井筒全生命周期管理、环空压力，地面场站与管道泄漏等核心问题，采用红外光谱监测、甲烷激光遥感等实时监测与智能预警，保障安全运营。基于气藏-井筒-地面一体化模型(图3)，有效评估库容，在不同工况下，充分考虑调峰能力要求及安全生产保障，实现智能化配产配注，自动评估储气库调峰，形成单个储气库最优调峰解决方案。建立库群协同调峰优化模型，考虑“储气库-管网-市场”的耦合关系，制定满足库群注采气量计划的最优注采运行方案，实现储气库群系统可靠性最优。建立一体储气库生产运行管控模式，提升储气库生产运行管理全过程实时智能管控、注采输一体化管控的智能调峰优化决策能力。

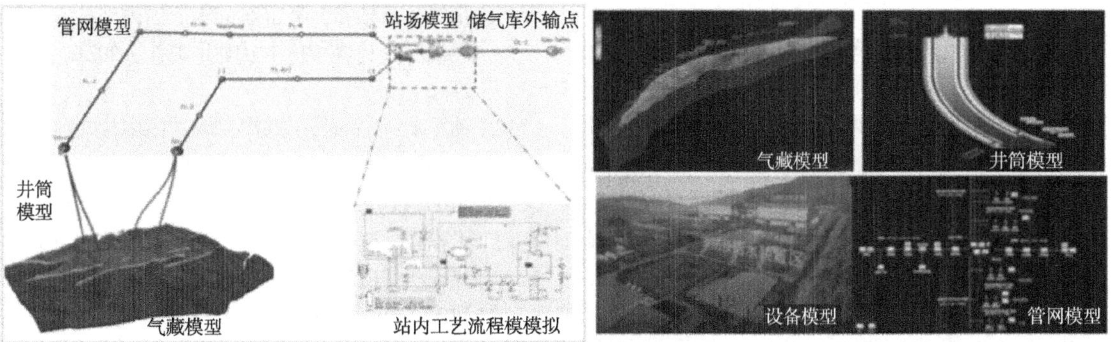

图3 储气库一体化资产模型图

3.4 新建、已建储气库针对性建设

新建储气库按照智能储气库要求分为3级建设，第1级实现自动化数据采集，第2级实现监测、分析与优化，第3级实现远程决策与自动管理。对于已建储气库，选取试点库为剖析对象开展智能储气库建设工作。优化提升自动化及物联网设施设备集注站、生产现场数据采集完善，无人值守控制升级，双向输气管线运行状况监控。建立数值模拟平台，开发各类智能应用，实现智能配产配注、生产趋势预测、全生命周期评价等工作流系统。最终建立一体化数值模拟平台，将地质体、井筒、地面管网、地面工艺设备集成到统一的生产管理环境之中，充分考虑生产系统各环节的变化影响，实现储气库智能化(图4)。

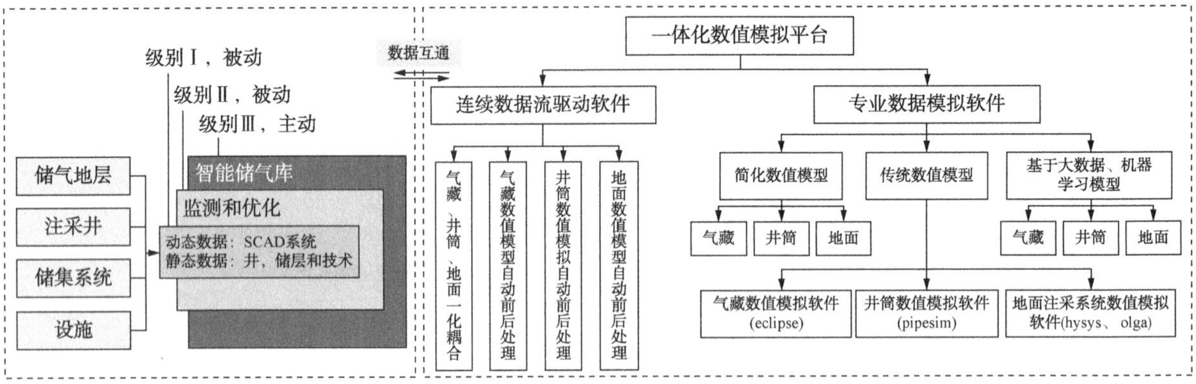

图4　新建、已建储气库一体化数值模拟平台

4 结论

本文基于储气库“应急保供、战略储备”定位和长周期、高频次注采的特点，围绕国内现有储气库数字、数智化建设现状，分析储气库数智化建设过程难点。认为储气库数智化过程中涉及诸多领域，数据类型多，采集复杂，标准不统一，并未形成三位一体实体监测和风险管控能力，生产过程中缺少智能化运营全局管控能力，实时监测及诊断生产过程力度不足。提出一体化模拟为核心的智能化应用平台，确保储气库数据互联互通；针对储气库高强度交变注采过程，接入生产数据监测系统；对已建储气库构建一体化数值模拟平台，新建储气库划分3级建设，最终实现远程决策与自动管理目标。

参 考 文 献

[1] 万旸．地下天然气储气库数字化建设现状［J］．化学工程与装备，2021，(10)：216-217+220.

[2] 糜利栋，曾大乾，李遵照，等．中国石化地下储气库智能化建设进展及展望［J］．世界石油工业，2023，30 (06)：88-95.

[3] 刘烨，巴玺立，王念榕，等．中国储气库地面工程技术现状及优化建议［J］．油气与新能源，2021，33 (06)：19-26.

[4] 张刚雄，李彬，郑得文，等．中国地下储气库业务面临的挑战及对策建议［J］．天然气工业，2017，37 (01)：153-159.

[5] 叶康林．地下天然气储气库信息化建设现状与探讨［J］．信息系统工程，2019，(07)：124-126.

[6] 张刚雄，郑得文，张春江，等．地下储气库信息数据管理平台开发及应用［J］．油气储运，2015，34 (12)：1284-1287.

[7] 刘烨，何刚，杨莉娜，等．“十四五”期间我国储气库建设面临的挑战及对策建议［J］．石油规划设计，2020，31 (06)：9-13+62.

[8] 李清辉，文必龙，曾颖，等．数字油田信息平台构架[M]．北京：石油工业出版社，2008：110-115.

[9] 张晓冉，薛辉，张磊，等．文96地下储气库SCADA系统［J］．油气田地面工程，2014，33 (10)：90-91.

[10] 廖浩然，任科，禹贵成，等．相国寺储气库智能化建设探索与实践[C]//中国石油学会天然气专业委员会．第32届全国天然气学术年会(2020)论文集．西南油气田储气库管理处;，2020：10.

[11] 张博，吕柏霖，吴宇航，等．国内外盐穴储气库发展概况及趋势［J］．中国井矿盐，2021，52 (01)：21-24.

[12] 孙军治，陈加松，井岗，等．国内盐穴储气库建库关键技术研究进展［J］．盐科学与化工，2022，51 (10)：1-7.

[13] 张福强，曾平，周立坚，等．国内外地下储气库研究现状与应用展望［J］．中国煤炭地质，2021，33 (10)：39-42+52.

[14] 丁国生，李春，王皆明，等．中国地下储气库现状及技术发展方向［J］．天然气工业，2015，35

(11)：107-112.
[15] 李清辉，支志英．智能油田的实现技术与实施策略[C]//中国科协学会学术部，新疆维吾尔自治区科学技术协会，工业和信息化部信息化推进司，住房和城乡建设部城市建设司，中国科学院院士工作局．第二届信息化创新克拉玛依国际学术论坛论文集．中国石油新疆油田分公司;，2012：6.
[16] 李建君．中国地下储气库发展现状及展望[J]．油气储运，2022，41(07)：780-786.
[17] 文韵豪，王秋晨，巴玺立，等．国内外智能化储气库现状及展望[J]．油气与新能源，2022，34(06)：60-64.
[18] 丁国生，王云，完颜祺琪，等．不同类型复杂地下储气库建库难点与攻关方向[J]．天然气工业，2023，43(10)：14-23.
[19] 张刚雄，郑得文，张春江，等．地下储气库信息数据管理平台开发及应用[J]．油气储运，2015，34(12)：1284-1287.
[20] 糜利栋，曾大乾，刘华，等．中国石化地下储气库一体化综合平台研发与应用[J]．油气藏评价与开发，2023，13(06)：781-788.
[21] 朱喜平，张平，王多才，等．基于价值链分析的智慧储气库顶层设计[J]．油气储运，2023，42(04)：361-374.
[22] 曾大乾，胡宗全，糜利栋，等．不同类型地下储气库库址评价标准体系及筛选平台[J]．天然气工业，2022，42(S1)：117-124.
[23] 张光华．中国石化地下储气库建设现状及发展建议[J]．天然气工业，2018，38(08)：112-118.

长庆油田氢气管道长距离输送技术研究

樊国涛　张　蕊　胡　涛　张祥光

（长庆工程设计有限公司）

摘　要　随着全球清洁能源转型的加速，氢气作为一种高效、环保的能源载体，其长距离输送技术成为研究的热点。长庆油田作为中国重要的油气生产基地，积极探索氢气管道输送技术，本文总结了长庆油田在氢气管道长距离输送设计方面的最新成果。在选线方面，通过综合评估地形、地质、气象等因素，优选出一条适合氢气输送的管道线路，全长约100km，具有高度的复杂性和挑战性。在工艺技术方面，通过压力系统比选，站场工艺优选，确保管输工艺合理性。在材料选择上，采用L245NS级无缝钢管，确保管道的抗氢脆、安全性和运行效率。安全设计方面，通过多重安全措施如泄漏检测、紧急切断和防爆设施等，确保氢气输送过程的安全可靠。此外，结合模拟计算和实地测试数据，验证设计的可行性和可靠性。这些成果为长庆油田及国内外同行在氢气管道长距离输送领域的研究和实践提供了有益的参考。未来，长庆油田将继续加大研发投入，推动氢气管道输送技术的进一步发展，为清洁能源的推广和应用做出更大贡献。

关键词　氢气管道；长距离输送；管道设计；钢管

2022年国家发改委发布的《氢气产业发展中长期规划(2021—2035年)》中要求到2030年形成较完备氢能产业技术创新体系、清洁能源制氢及供应体系，产业布局合理有序，可再生能源制氢广泛应用，支撑碳达峰目标实现。长庆油田积极响应国家清洁能源战略，致力于推动氢气管道的长距离输送技术的研发和应用。通过资源市场分析、优化管输工艺及强化安全设计等措施，为氢气管道输送项目安全平稳运行提供技术理论支撑。

目前氢气的输送方式主要有管道输送、长管拖车和高压气瓶等方式，相比较高压长管拖车、高压气瓶等常规运氢方式，管道运输的运输成本在所有储运方式中是最低的，适用于大规模、长距离的氢气运输。当前，氢能储运成本约占到“制储输用”全产业链总成本的30%~40%，发展氢气管道输送技术能够大规模利用可再生能源制取的绿氢，实现大规模氢储能，有效解决可再生能源消纳难题。

1　氢气管道建设现状

1.1　国外氢气输送管道

氢气输送管道在国外发展较早，也比较成熟，相关历史可追溯到20世纪30年代末。1938年，德国建设了一条长约215km，管径168~273mm，输送压力2.5MPa的纯氢管道，其它典型纯氢管道见表1。目前，全球氢气管道总里程已经超过4600km，其中美国氢气管道规模最大，总里程超过了2600km，在其墨西哥湾沿岸建有超过900km、全球最大的氢气供应管网，该管网连接了22个化工企业，氢气输量达到了150万Nm^3/h。欧洲也已建成了超过1770km的氢气长输管道，法国液化空气集团拥有欧洲最长的氢气管道，该管道全长约402km，从法国北部地区一直延伸到比利时。全球其它地区包括日本、澳大利亚、荷兰、南非、巴西、泰国等国家的氢气管道系统总长度约为190km。全球范围内的氢气管道基本由法国Air Liquide、美国Praxair、美国Air Products和英国Linde4大公司建设及运营。

欧洲及美国等国外纯氢管道应用的材料主要包括碳钢及API 5L X系列管线钢，主要有ASTM A53、ASTM 106、X42/X52/X60管线钢等，国外主要采用小口径无缝钢管和中口径HFW焊管及直缝埋弧焊管，最高钢级是X60。美国纯氢管道一般以低于6.9MPa压力运行，最大运行压力为10.3MPa(表1)。

表 1 国外典型纯氢管道工程概况

序号	位置	材质	管径/mm	长度/km	设计压力/MPa 氢气比例/%	备注
1	AGEC, Alberta, Canda	X42	273	3.7	3.8MPa (纯氢)	Since1987
2	Air Liquide, Texas/Louisiana, USA	X42/X52/X60	76~355	390	5.1MPa (纯氢)	—
3	Air Liquide, France, Belgium, Netherlands	X42/X52/X60	304.8	879	6.5~10MPa (纯氢)	Since1966
4	Air Products, Louisiana	ASTM 106	101.3~304.8	48.3	3.447MPa (纯氢)	—
5	Air Products, Texas	API 5L 系列	114.3	8	5.5MPa (纯氢)	>11 年
6	Air Products, Texas	ASTM A53	219	19	1.4MPa (纯氢)	>9 年
7	Chemische Werke Huis AG, Ruhr, Germany	/	168~273	215	2.5MPa (纯氢)	Since1938
8	Gulf Petroleum Cnd, Petromont-Varmes	ASTM A53	168	16	/ (93.5%)	—
9	Philips Petroleum	ASTM A524	203	20.9	12.1~12.8	5

1.2 国内氢气输送管道

国内已建成的氢气输送管道工程包括金陵-扬子氢气管道工程、巴陵-长岭氢气提纯以及输送管线工程、济源-洛阳氢气管道工程等，管道里程数约为 100km，详细情况见表 2。其中济源-洛阳氢气管道工程于 2015 年建成，是目前已建管径最大、压力最高、输量最高的氢气管道，该氢气管道设计压力 4MPa，管径为 Φ508mm，总里程 25km，设计输量 10 万 t/a。另外，国内正拟建乌兰察布-燕山石化纯氢管线，是目前国内拟建设的距离最长、压力最高、管径最大的氢气管道项目，线路管道全长 362.6km，管径 610mm，设计压力 6.3MPa，材质为 L245，管型为 HFW 焊管，正处于焊管试制及评价阶段。

表 2 国内纯氢管道工程概况

序号	管道名称	长度/km	最大输送能力/t/a	设计压力/MPa	最大管径/mm	材质及管型	氢气比例/%	备注
1	巴陵-长岭氢气提纯及输送管线工程	42	3 万吨/年	3.0	457	裂化碳素 无缝管	99.9	2014 年
2	金陵-扬子氢气 管道	32	10	4.0	323	20# 无缝钢管	99.9	2007 年
3	济源至洛阳氢气输送管道	25	10	4.0	508	L245NS 无缝管	99.9	2015 年
4	玉门油田输氢管道	5.7	0.7	2.5	219	L245NS 无缝管	99.9	2022 年
5	定州-高碑店氢气长输管道	164.7	10	4.0	508	L245N 无缝管	99.9	2021 年 6 月 可研
6	通辽纯氢示范应用 试验线项目	7.8	10	/	406	/	99.9	/
7	乌兰察布-燕山石化输氢管线	362.6	10 50 万吨/年 (远期)	6.3	610	L245 HFW 焊管	99.9	可研

1.3 标准体系建设对比

目前国内外氢气输送管道标准规范现状呈现出一定的差异和发展趋势。国内方面，随着氢能产业的快速发展，氢气输送管道的建设和运营逐渐受到重视。然而，相较于发达国家，国内在氢气输送管道标准规范方面尚存在较大的差距。目前，国内主要依据的氢气输送管道标准包括 GB 50177 和 GB 4962 等，这些标准主要涉及氢气站的建设和氢气储存等方面，对于氢气长输管道的标准体系尚属空白。为了推动氢能产业的发展，国内正在加快制定和完善氢气输送管道的相关标准规范，以满足行业的需求和保障安全运营。国际方面，北美和欧洲等地区在氢气输送管道标准规范方面起步较早，已经形成了较为完善的标准体系。例如，ASME B31.12 和 CGA G-5.6 等标准被广泛应用于氢气长输管道的设计、建设和运营中。这些标准规范不仅涉及管道的材料选择、设计建造、运行维护等方面，还注重管道的安全性和环保性。同时，国际上也在积极推动氢气输送管道标准规范的国际化和统一化，以促进全球氢能产业的发展(表 3)。

表 3　国内外输氢管道相关标准

序号	标准编号	标准名称	主要编制单位	适用范围
1	AME B3S1. 12-2019	Hydrogen Piping and Pipe-lines	美国机械工程师协会	氢气长输管道
2	CGA G-5. 6—2005(R2013)	Hydrogen Pipeline Systems	欧洲压缩气体协会	氢气长输管道
3	AIGA 033/14-2006	Hydrogen Pipeline System	亚洲工业气体协会	氢气长输管道
4	GB 50177—2005	氢气站设计规范	中国电子工程设计院	氢气站、供氢站及厂区和车间的氢气管道设计
5	GB 50516-2010	加氢站设计规范	中国电子工程设计院	加氢站工程的设计、施工和建造
6	GB 4962—2008	氢气使用安全技术规程	上海市安全生产科学研究所	气态氢生产后的地面作业场所
7	T/CSPSTC 103—2022	氢气管道工程设计规范	中国石油天然气管道工程有限公司	氢含量大于 10%的氢气输送管道
8	GB/T 34542. 5	氢气输送系统技术要求	正在编制	—

2 整体布局

本条管道主要紧扣氢气供-需关系，统筹考虑长庆油田风光制氢、乙烷制乙烯副产氢等氢源，PEM 电堆应用、天然气管道掺氢、燃机掺氢、交通用氢、化工用氢等下游市场，合理规划氢气管道，打造氢气储运系统。

本条规划管道输送气源为化工副产粗氢，目标市场为气田钻井压裂氢电堆、管道掺氢及燃气电厂用氢等。线路长度约 100km，管径 406.4mm，设计压力 4.0MPa，设计输量 5 万 t/a。根据 ASME B 31.12 要求，氢气管道阀室间距与输送天然气工程一致，沿线设 4 座 RTU 阀室。管道采取首站增压的形式，管输至末站后在站内经计量、提纯、增压、充装后，分成三路去往下游用户，整体流程如图 1 所示。

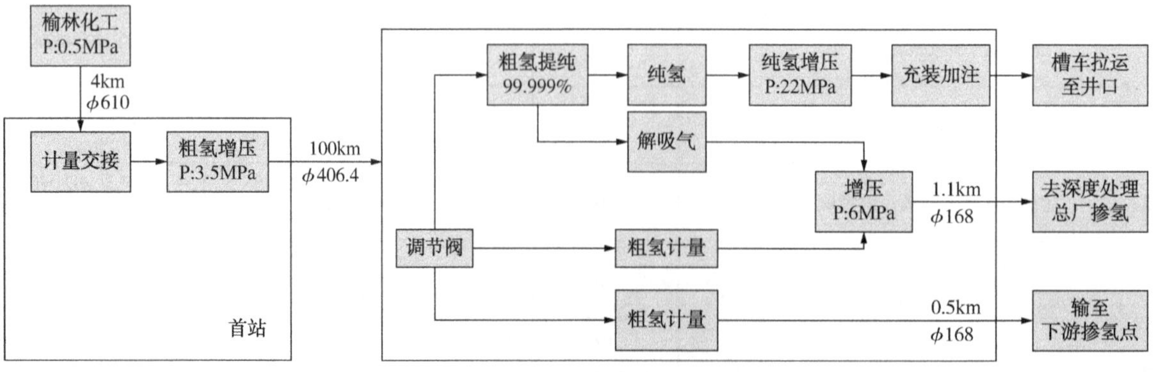

图 1　整体布局流程示意图

2.1 线路走向

线路走向根据沿线地形、交通、工程地质等条件，结合气源点位置，选择合理走向，力求线路顺直，缩短线路长度，节省钢材和投资。在选择路由的同时要分析管道的高后果区并开展风险评估，同时采取相应的保护和预警措施。根据 ASME B 31.12 要求，氢气管道高后果区识别可采用 ASME B 31.8S《输气管道系统完整性管理》规定进行高后果区识别，其中特定场所以及识别项与输气管道一致(图 2)。

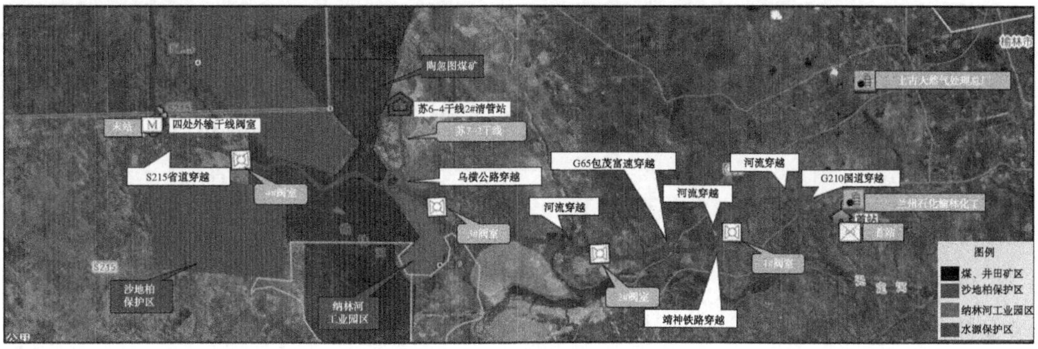

图 2　线路走向示意图

2.2 压力系统比选

化工副产粗氢出口余压为 0.5MPa，经 4km 供氢管道输至首站，进站压力 0.49MPa；经对接，管道掺氢进气压力需求(按 3.0MPa 计算)，末站出站压力 3.1MPa，末站进站压力为 3.2MPa，通过末站进站压力反算出首站出站压力，进而对首站压缩机选型，最终确定压力系统(图 3)。

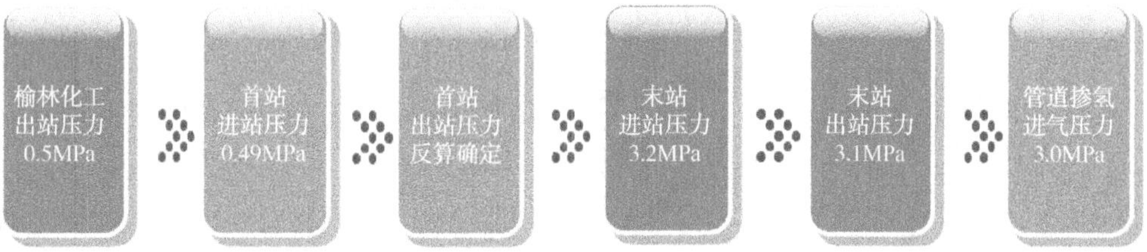

图 3　压力系统比选示意图

压缩机选型同时结合管径比选，通过工艺软件模拟试算，初步选择 Φ355.6、Φ406.4、Φ457 三种管径进行经济比选。经综合对比推荐管道设计压力 4.0MPa 时，选择管径 406.4mm(表 4)。

表 4　管径比选

管径/mm	设计压力/MPa	管长/km	首站进站压力/MPa	首站出站压力/MPa	计算设计压力/MPa	末站进站压力/MPa	管道流速/(m/s)	备注
355.6	4.0	100	0.49	3.77	≥4.15	3.2	5.70~6.66	
406.4				3.49	≥3.84		4.70~5.11	
457				3.36	≥3.69		3.86~4.04	

2.3 线路用管

《氢气管道工程设计规范》中规定输氢管道用管制造应执行 GB/T 9711 的规定，等级为 PSL2。线路用管可采用无缝钢管、埋弧焊钢管、高频电阻焊钢管。当管径小于或等于 *DN*500 时，宜用无缝钢管。线路用管钢级不宜大于 L360。根据上述规范要求以及国内钢管厂输氢管道供货情况调研，本工程供氢管道推荐选用无缝钢管，结合国内已建输氢管道成功经验钢级选型为 L245NS。

3 输氢站场

输氢站场是氢气输送管道的重要组成部分，主要用于氢气的接收、储存、增压、提纯、充装和输送等功能。在输氢站场中，氢气通过专门的设备接收并储存在特制的储罐中。这些储罐通常采用高强度、耐腐蚀的材料制成，以确保氢气的安全储存。当需要输送氢气时，通过加压设备将氢气加压到适当的压力，然后通过输送管道输送到目的地。

3.1 站场工艺

首站接收化工厂副产粗氢，来气经贸易交接计量后进入过滤分离器，去掉粗氢中杂质后，进入粗氢压缩机增压，后出站进入管线输至下游，首站工艺流程如图4所示。

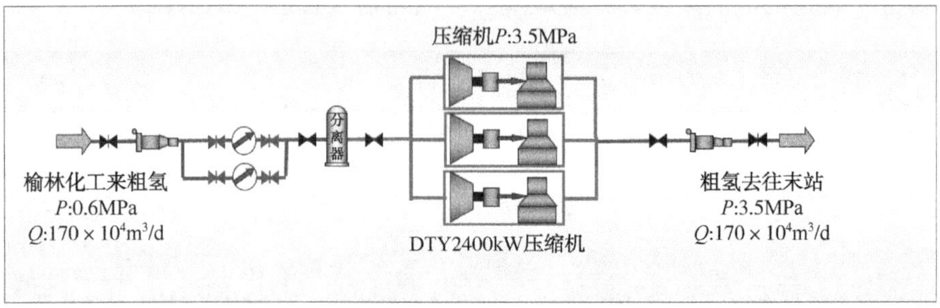

图4　首站工艺示意图

末站接收上游来气，粗氢输至末站后分三路，一路经PSA装置提纯得纯氢和解吸气（主要组分为H_2和CH_4）通过槽车拉运至井口氢电堆，一路和解吸气汇合增压后输送至燃气发电厂掺氢，一路去往下游天然气长输管道掺氢输送，，首站工艺流程如图5所示。

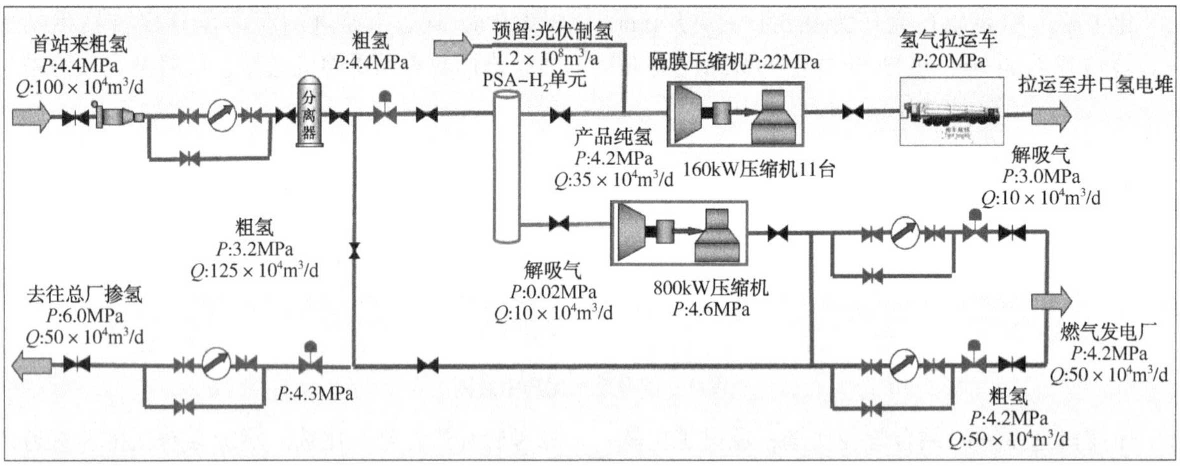

图5　末站工艺示意图

3.2 压缩机选型

目前氢气压缩主要有活塞式压缩机和隔膜式压缩机，同属于往复式压缩机。活塞式压缩通过气缸内活塞的往复运动使气缸容积周期变化，实现气体的增压。隔膜式压缩与活塞机类似，但缸体是由油缸和气缸两部分组成，油缸和气缸之间用金属隔膜隔开，活塞往复运动使液压油压力升高，推动膜片做往复运动使气缸内的气体增压。压缩介质不与任何润滑剂接触，因此隔膜式压缩机可以压缩纯度高达99.999%的气体。经综合比选采用隔膜式压缩机（表5）。

表5　活塞式和隔膜式压缩机对比

序号	项目	活塞式压缩机	隔膜式压缩机
1	适应性	适用压力范围广，压缩效率高、适应性强。排量量较膜式压缩机大	结构紧凑，占地面积小，运行平稳可靠，维护费用及人员少
2	负荷调节	通常采用余隙调节或回流调节，调节范围宽	新型膜腔曲线提高了容积效率
3	维护性	易损件多，噪音较大，维护工作量大	易损件很少，主要是膜片。后续维护运行成本低
4	运行功率	排气量大，功率最高为5000kW	排气量小，最高为200kW
5	占地面积	较大	较小
6	对介质影响	气体易被活塞环、支撑环、填料等磨损颗粒污染	气体不与传动部件接触，不会被污染

3.3　提纯工艺

目前国内氢气提纯的主要工艺有三种：变压吸附、膜分离及深冷分离。这三种工艺技术基于不同的分离原理，其工艺技术特性各不相同。变压吸附工艺有着投资少、运行费用低、产品纯度高、操作简单、灵活、环境污染小、气源适应范围宽等特点。氢电堆需要氢气纯度99.999%，选用变压吸附作为本方案中气体分离工艺路线(表6)。

表6　三种氢气提纯工艺的比较

序号	项目	变压吸附	膜分离	深冷分离
1	预净化	不需要	需要	需要
2	适用工作压力/MPag	0.02~5	2~10	2~4
3	原料中最低氢含量/%	30	30	15
4	氢气纯度/%	99~99.999	85~90	90~99
5	氢气回收率/%	75~85	80~90	95~98
6	操作弹性/%	30~110	30~110	50~100

3.4　焊接、吹扫及干燥

钢管焊接及焊缝质量检验应符合GB 50236的规定。焊接施工前，应按GB/T 31032编制焊接工艺评定指导书并进行焊接工艺评定，根据评定合格的焊接工艺，编制焊接工艺规程。焊缝的最大硬度不超过22HRC(等同于248HV或250HB)。

管道清管应符合CGA G-5.6有关规定。管道清管应在试压前进行，清管介质应用压缩空气。清管次数不应少于4次，以开口端不再排出杂物为合格。清管设临时清管器收发装置，清管器接收装置应选择在地势较高且50m内没有建筑物和人口的区域内，并应设置警示标志。

输氢管线强度试验应在回填后进行，压力为管道最大设计压力的1.5倍，持续时间不少于4h；严密性试验压力为设计压力，持续时间不少于24h。管道清管、试压结束后按CGA G-5.6有关规定进行管道干燥。

3.5　管道管材抗氢设计方案

(1)选材建议：建议选择X52钢级及以下无缝钢管。

(2)管道热处理及微观组织调控：进行高温调质(索氏体)、正火回火(珠光体)，控制合适的C、S、P、Mn含量；(建议考虑给出硬度指标，目前抗硫的是22HRC)

(3)焊接及后处理：建议采用碱性焊条，焊缝进行消氢热处理。

(4)重点部位监测：在焊口和弯头等重点部位，设计氢通量测试仪、氢探针等监测措施。

3.6　氢气计量

根据调研，目前氢气计量普遍采用科氏力气体质量流量计，其特点是受流体物理参数变化影响小、性能稳定，而天然气计量常用的超声流量计、旋进旋涡流量计由于氢气相对分子质量过小，导致传感器不能精确检测到被测变量差值，故本次选用高精度贸易级气体质量流量计作为外输计量，流量计设置1用1备。同时根据需要配套设置气相色谱分析仪(图6)。

图6　气体质量流量计

4　结论与展望

随着技术的不断进步，输氢站场的设计和建设已经取得了显著的进展。在材料选择、设备研发、工艺流程优化等方面，都展现出了明显的创新趋势。同时，国内外在氢气输送管道的标准规范方面也取得了重要的成果，为输氢站场的安全、高效运营提供了有力保障。未来，随着氢能产业的不断发展，输氢站场和氢气输送管道的技术创新和研发将更加深入。在材料科学、设备研发、工艺流程优化等方面，有望取得更多的突破和进展，为氢能产业的快速发展提供有力支撑。

参 考 文 献

[1] 李敬法，李建立，王玉生，等. 氢能储运关键技术研究进展及发展趋势探讨[J/OL]. 油气储运：1-19[2023-08-24]. http://kns.cnki.net/kcms/detail/13.1093.TE.20230711.2125.006.html.

[2] 刘超广，马贵阳，孙东旭. 氢气管输技术研究进展[J]. 太阳能学报，2023，44 (01)：451-458.

[3] 钟桂香，郗祥远. 输氢管道工程设计要点[J]. 焊管，2023，46(3)：59-64.

[4] 刘翠伟，裴业斌，韩辉，等. 氢能产业链及储运技术研究现状与发展趋势[J]. 油气储运，2022，41 (5)：498-514.

[5] 孔莹莹，崔继彤，韩辉，等. 国内外氢气管道长距离输送技术标准对比与探讨 [J/OL]. 油气储运，1-13[2024-03-03]. http://kns.cnki.net/kcms/detail/13.1093.TE.20230626.1434.002.html.

[6] 宋海辉，毕宗岳，祝少华，等. 国内外输氢管道相关标准及技术要求分析 [J]. 焊管，2024，47 (01)：58-63.

[7] 张家俊，国丽萍. 氢能管道输送技术最新进展[J/OL]. 化工进展，1-9[2024-03-03]. https://doi.org/10.16085/j.issn.1000-6613.2023-2164.

[8] 李玉星，周慧，朱建鲁，等. 纯氢/掺氢天然气管道的减压与调压[J]. 油气储运，2024，43(01)：21-31.

[9] 于子龙，张立业，宁晨，等. 天然气掺氢管道输运及终端应用[J]. 力学与实践，2022，44(03)：491-502.

[10] 周函，黄芳渔. 天然气长输管道调压系统控制优化探讨[J]. 中国石油和化工标准与质量，2020，40 (10)：30-31.

[11] 朱珠，廖绮，邱睿，等. 长距离氢气管道运输的技术经济分析 [J]. 石油科学通报，2023，8 (01)：112-124.

盐穴储气库造腔模拟与评价一体化平台
——CavBen系统的研发与应用

肖罗坤　程　林　陈加松　王成林　范丽林　王桂九　刘浩生

（国家石油天然气管网集团有限公司储能技术有限公司）

摘　要　盐穴储气库业务涉及地质、钻井、地面工程、经济评价以及生产运行等领域，其数据信息量庞大且复杂，数据间调用及数据分析需求量大，建立一套集数据管理、地质建模、造腔模拟及管理和生产运行为一体的综合性数字化管理平台十分重要。基于国家管网金坛储气库生产需求，设计研发了盐穴储气库造腔模拟与评价一体化CavBen平台。该平台主要包括数据中心、地质建模、造腔模拟、造腔管理、稳定性评价、注气排卤、注采运行、动态监测、经济评价和用户管理模块，可实现对盐穴储气库在可行性研究、工程建设、造腔模拟与管理、生产运行阶段的数据进行存储、计算、统计和分析等，能够保证盐穴储气库业务信息管理的规范性、系统性及科学性，同时可为盐穴储气库的设计、评价和运营管理提供有力的技术支持，是智能化、数字化储气库在我国发展的进一步拓展。

关键词　盐穴储气库；造腔模拟；一体化平台；CavBen系统；数字化储气库

天然气的整体产业链包括产、供、储、销、运5个环节，其中"储"指天然气储存，对于保障天然气管网高效平稳运行、平衡用气峰谷差异、应对长输管道突发事故以及保障国家能源安全具有重要意义。当今世界，地下储气库是天然气储存的主要方式，是天然气注入到地下构造空间形成的储气场所，按地下空间的不同可分为五种类型：枯竭气藏型，枯竭油藏型、含水层型、盐穴型和其他类型（岩洞、废弃矿坑等）。其中，盐穴型地下储气库（下文简称"盐穴储气库"）采用溶盐采矿的方式，即在地下盐层或盐丘中通过水溶盐岩形成腔体来储存天然气，因其密封性好、采气比高、注采频率高等优点受到越来越多国家的青睐，逐渐成为应急调峰、保障能源供应的重要基础设施。

在盐穴储气库工程设计与建设、周期性注采运行、以及运营管理过程中会产生海量基础地质和生产运行数据，然而，当前我国盐穴储气库建设及运行各阶段的业务数据结合还不够紧密，在指导今后的工作方面发挥的作用不够明显，方案设计优化、监检测数据、故障分析和预警等仍需要人为分析，由于人的主观因素往往导致工作效率低下，影响着盐穴储气库的高效发展和安全运行。基于此背景，数字化盐穴储气库是下一步发展的必要趋势。数字化储气库将地质，钻井、地面、管网一体化结合，共同发挥储配职能，对于提高储气库建设质量、管控水平，保障储气库安全运行，提升储气库运营效益和储气库高质量发展具有重要作用。

1　需求分析

国外储气库一体化研究起步较早，较为成熟。捷克天然气公司RWE-Transgas联合斯伦贝谢和ESK公司在2004年开始了数字储气库项目（Smart UGS），提出了数字化储气库的概念；意大利储气库公司Stogit Spa采用一体化管理系统PERSEO（Performance Reservoir Storage Optimization气藏储气库优化系统）协助8个枯竭型储气库的管理，目标是通过数字化油田的技术提高系统效率，该系统与数据库实时动态连接，包含油藏、单井模拟器和可视化的工具。

十四五以来，中国储气库建设进入高速发展期。经过几十年的发展，在地下储气库尤其是盐穴储气库建设的各个阶段积累了一定的经验，如在地震、测井地质资料处理以及精细解释方面，利用比较专业的地质研究软件，包括地震资料解释软件Landmark，测井解释处理系统GeoFrame、三维地质建模软件Petrel和地震反演软件Jason等；在造腔研究方面，利用一大批商用造腔模拟软件，如荷兰CHEMKOP公司的WinUbro，美国Sandia国家实验室的SANSMIC等，可根据前期的地质资料研究分析，设计造腔施工方案，模拟盐穴形状和体积、并根据实际溶腔施工数据模拟多口溶腔井的溶腔情况，分析溶腔是否正常；在稳定性评价方面，应用到 Abaqus、Flac3D 等相关专业软件，能计算满足指标要求的运行压力范围和注采频率等；但在注气排卤和经济性评价方面，目前还没有开发出比较专业的软件。

在储气库数字化建设和一体化管理方面，我国进行了一些实践。如我国建立的自控与信息化系统，能够基于 SCADA 系统对集注站、井场注采气的全过程数据进行自动采集、监控和实时分析，但对采集后的数据利用率低，在运行动态智能预测、分析和控制方面的水平较低；中国石化搭建了储气库选址综合筛选信息平台，实现了储气库分区优化布局，已建储气库综合管理，未建储气库智能化评价和筛选，大大提高了选址效率；中国石油搭建了储气库信息数据管理平台，建立了多平台大数据一体化智能储气库运行管理系统，对智能储气库的整体架构、技术架构及业务架构设计进行了论证，开发了智能配产配注应用系统。但当前阶段，我国储气库的智能化、数字化建设仍处于探索阶段，全系统数字化模拟、多方联动优化运行、安全预警等系统平台仍需进一步发展。在盐穴储气库方面，当前尚未实现工程建设、造腔管理以及投产运行的全过程一体化管理，基于地质、井筒和地面三位一体的完整性管理还处于初级阶段，地质与腔体工程、注采气工程、地面工程基本上处于各自为政、各自背靠背建模分析计算的状态，一体化进程较为缓慢。因此，实现盐穴储气库工程建设管理、造腔模拟与管理以及生产运行的快速响应对储气库全流程一体化高效运行具有重要意义。本研究围绕盐穴储气库智能化、数字化建设及一体化管理，设计并研发了盐穴储气库造腔模拟与评价一体化平台—CavBen 系统。

2　功能设计与数据架构

2.1　总体架构设计

盐穴储气库造腔模拟与评价的基本流程如图 1所示。

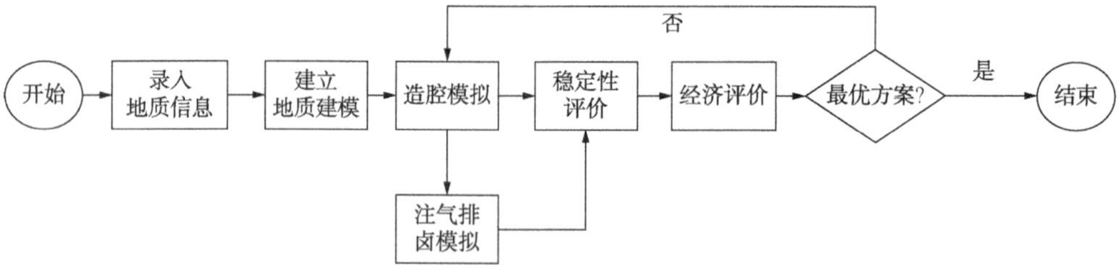

图 1　盐穴储气库造腔模拟与评价基本流程

按照盐穴储气库建设运行要求以及结合造腔模拟工作流程，将 CavBen 系统划分为数据中心、地质建模、造腔模拟、造腔管理、稳定性评价、注气排卤、注采运行、动态监测、经济评价以及用户管理十大模块，功能框架如图 2 所示。

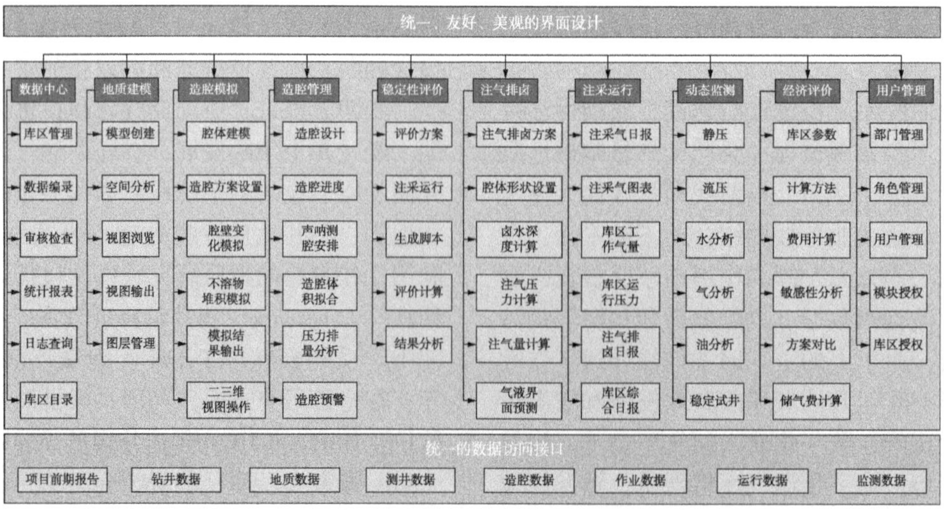

图 2　功能架构图

2.2 应用功能设计

2.2.1 数据中心模块

数据中心是 CavBen 系统的数据应用管理平台，该模块能够实现数据的存储、查询与管理，可对盐穴储气库工程建设全过程的数据流进行分析，通过历史数据导入、实时数据录入等方式构建共享数据库，为后续的盐穴储气库地质建模、造腔模拟、注气排卤等模块提供数据支持。本模块提供了各类数据的查询检索、编辑、统计分析以及深度利用的工具。

库区管理的数据包含项目前期报告、钻井数据、地质数据、测井数据、造腔数据、作业数据、运行数据、监测数据。其中每个数据类别又进行了细分。

2.2.2 地质建模模块

地质建模模块主要包括模型图层管理、三维模型创建、视图浏览、空间分析等功能内容，能够基于数据中心录入的数据进行三维建模、数据分析，包括井模型、盐穴模型、地层模型等的创建，是造腔模拟、稳定性评价等业务功能的基础。

本模块界面可划分为四个区域，包括菜单区、图层区、视图区和属性区。其中，菜单区是地质建模模块所有功能菜单的集合，图层区可以树形结构组织和管理视图区中加载的所有模型数据，视图区可用于浏览三维模型，模拟真实三维场景的主窗口，属性区用于调整场景各项显示参数。

2.2.3 造腔模拟模块

造腔模拟模块基于盐岩溶腔机理，建立盐穴储气库水溶造腔的数学模型，通过计算、分析、模拟，给出不溶物沉降、夹层、盐岩品位、循环方式、管柱组合等参数对腔体形态和溶腔速度的影响，实现盐穴储气库造腔的全过程模拟，并将模拟结果存入数据中心。

本模块主要包括腔体建模、腔壁溶蚀速率计算、腔壁变化模拟、不溶物堆积模拟和浓度变化分析。

2.2.4 造腔管理模块

盐穴储气库的建设时间很大一部分用于造腔，造腔工程主要包括造腔管柱阶段下入深度设计、油水或气水界面位置设计及控制、造腔循环方式选择、腔体形态发展跟踪等。

本模块主要对造腔工程提供辅助分析、管理功能，提供造腔设计、造腔进度监控、声呐测腔曲线观察、声呐测腔安排、压力排量分析、造腔体积拟合、造腔预警、卤水综合浓度分析、单井日报报表查询、声呐文件管理、造腔日报管理、测试分析管理、注退油管理等功能。

2.2.5 稳定性评价模块

稳定性评价模块集成了 Abaqus 软件，可基于数值模拟方法，通过静力稳定性评价、长期稳定性评价、蠕变等分析盐岩蠕变、溶腔形态(高径比、矿柱密度、矿柱尺寸)、夹层等参数对溶腔稳定性的影响，运行压力及周期性注采对腔体形态和溶腔稳定性的影响，实现对储气库的稳定性评价。

本模块整体上分成评价方案设置、腔体形状设置、注采运行制度设置、生成 loft 脚本、进行稳定性评价计算，以及稳定性评价结果分析六个模块。评价分析过程中，遵循 Abaqus 提供的 Python 扩展接口规范，进行二次开发，编写执行过程准确可靠、稳定性好、健壮性强的脚本，实现脚本化快速建模；同时需要开发 Abaqus 后台进程监控管理器，实现进程全面监控。

2.2.6 注气排卤模块

注气排卤模块根据室内试验得到的参数对注气排卤工艺进行模拟，并结合现场实际施工数据研究注气量、注气时间、注气管柱组合等参数对注气排卤的效率、结盐堵塞、气液界面移动的影响，模拟实际的注气排卤过程，优化注气排卤方案。

本模块的主要功能包括卤水深度计算、注气压力计算、每天注气量和累积注气量的计算等。

2.2.7 注采运行模块

注采运行模块为注采运行提供辅助决策功能。注采运行需要根据储气库的运行压力、流量、组分等参数设置合理的工艺流程和设备配置，保证注采过程中天然气的质量和数量；同时，需要根据市场需求、管网压力、储量水平等因素制定合理的运行策略，实现储气库的最大效益；另外，需要根据实际运行情况进行数据分析和模型建立，优化储气库的运行参数和方案，提高储气库的运行水平。

2.2.8 动态监测模块

动态监测模块支持多种监测数据，并提供监测查询功能。监测技术对于保障储气库服役安全意义重大。地下储气库的监测内容主要包括动态参数的实时监测、密封性监测、油水界面监测、腔体监测、井筒完整性及储层监测等。

2.2.9 经济评价模块

经济评价模块可对盐穴储气库工程的各方案进行计算、分析、对比等，从而对造腔设计的经济合理性提出全面的评价，计算储气库在独立运营条件下的合理储气费，确定对储气费有重要影响的因素。根据经济评价的实际需求，经济评价模块整体上分成经济评价和储气费计算两大分类。其中，经济评价模块是通过经济评价参数设置、费用计算、敏感性分析、多方案对比等，对造腔设计的经济合理性提出全面的评价；储气费计算模块通过研究储气库在独立运营，提供有偿储气服务时的储气费定价方法，对影响储气费的主要因素进行分析，确定出对储气费有重要影响的因素。

2.2.10 用户管理模块

用户管理是 CavBen 系统的用户、角色、权限的管理平台，本模块采用“用户-角色-权限”的授权模型，用户可通过角色与权限进行关联，即一个用户拥有一个角色，每一个角色拥有若干权限。在这种模型中，用户与角色之间是一对一关系，角色与权限之间，是多对多的关系。

用户管理通过建立用户唯一识别标识，实现系统电子身份的统一管理，为系统用户身份识别提供基础，确保用户电子身份的安全，提高用户访问系统的便捷性和安全性；同时，通过分级授权、多级权限控制等，实现系统的权限管理体系。

3 实施应用

当前，本系统主要应用于国家管网金坛盐穴储气库中，其中的数据中心模块实现了金坛储气库项目前期、钻井数据、地质数据、测井数据、造腔数据、作业数据、运行数据和监测数据等 50 项数据的整理入库和管理。

在地质建模模块，主要利用数据中心的数据或者导入本地数据来创建三维地质模型，包括井模型、不溶物模型、地层模型、盐穴模型、井眼模型、地面模型、网络模型。图 3 为加载金坛储气库井模型、不溶物模型、地层模型、盐穴模型和井眼模型后的局部视图，可对此模型进行测量、剖切、查询、模拟、导出等三维交互操作，为后续造腔模拟等工作提供基础依据。

图 3 金坛储气库加载各模型后的局部视图

造腔模拟模块可根据金坛储气库腔体现有声呐数据、岩性参数以及偏溶系数，创建腔体模型及不溶物分布模型。在腔体模型创建好后，模拟计算模块可根据设置的造腔方案和造腔阶段，模拟未来一段时间腔体形态和不溶物堆积形状的变化，图 4 为对金坛储气库 JK4-1 井模拟的造腔前后腔壁形状的变化。本模块还可提供腔体二维和三维效果的显示，以及动态演示腔体和不溶物形态的变化过程，同时提供二三维视图的操作功能。

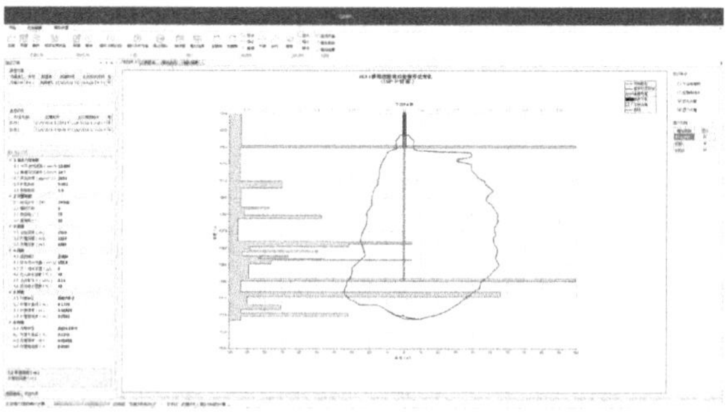

图 4 JK4-1 井造腔前后腔壁形状变化

造腔管理模块可对造腔工程提供辅助分析、管理功能。其中，造腔进度是本模块的重点，可对数据中心上传的造腔日报进行统计分析，并将数据信息以表格形式展示，实现对造腔进度的监控，主要包含井号、循环方式、当前造腔阶段/总造腔阶段、上阶段声呐体积、阶段进度、当前阶段体积/阶段设计体积、工程进度、单腔总造腔体积/总设计体积、负责人、最新导入单井日报。图 5 为金坛储气库造腔井的造腔进度，均以进度条的形式进行显示。

稳定性评价模块通过设置稳定性评价方案模块，导入腔体形状并设置注采运行制度，最后生成 loft 脚本，并基于 Abaqus 进行稳定性计算，分析计算结果，生成云图显示。图 6 所示为金坛储气库某腔体在造腔阶段稳定性评价的结果图，展示了腔体围岩应变情况。

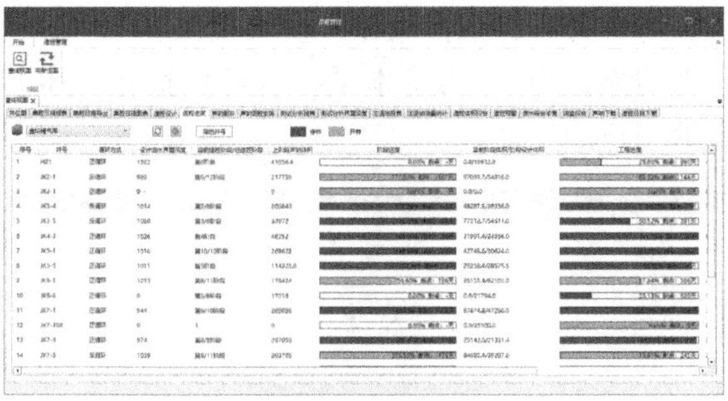

图 5　金坛储气库造腔进度

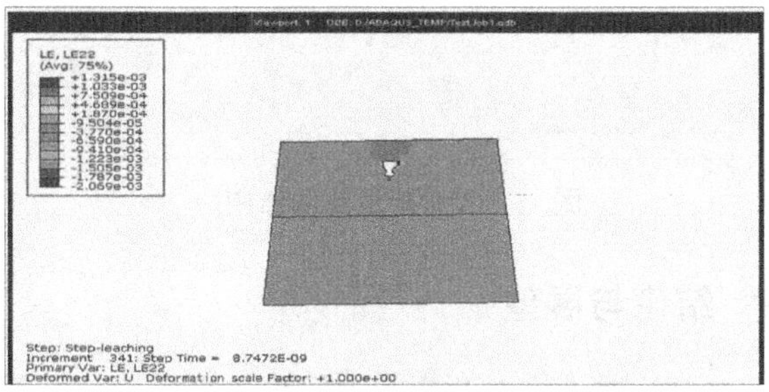

图 6　金坛储气库某腔体造腔阶段稳定性评价云图

注气排卤模块可加载或新建一个注气排卤方案，然后通过载入声呐或载入造腔方案的方式设定注气排卤模拟的腔体形状，最后根据输入的注气压力、腔体井深、腔体形状参数、排卤量、测试气液界面深度等参数，输出腔体气体储存压力、气液界面位置及动态显示、排卤速率、调节排卤速率建议、终止排卤建议等结果，生成模拟曲线和模拟结果表，系统将实时显示注气排卤过程，并对气液界面进行预测，预测结果以曲线形式展示，包括累计排卤量、气体体积、计算气水界面位置。图 7 为对金坛储气库 JK3-4 井在 2023 年 5 月 1 日至 5 月 20 日期间的气水界面位置预测曲线图。

注采运行模块可统计数据中心上传的注采气日报，查询并导出某一时间段内的单井和库区的注采气日报数据，查看日期、井号、油压、套压、日采气量等参数，并以曲线的形式进行展示，图 8 为金坛储气库 JK5-3 井在 2020—2021 年期间的注采气情况统计。另外，本模块可根据每口井最新的注采气日报提供的注气温度、注气压力等参数，计算出工作气量、垫底气量，进而计算出库区的工作气量。本模块还可查询并导出造腔站和作业区的注气排卤日报。

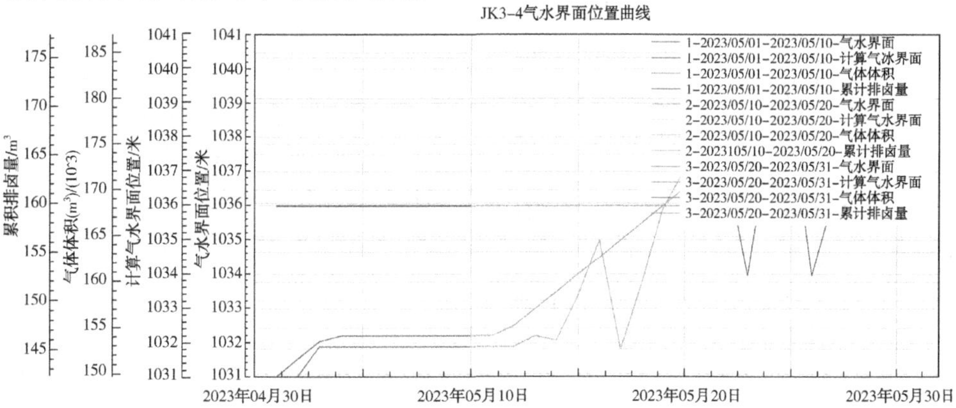

图 7　JK3-4 井气水界面位置预测曲线图

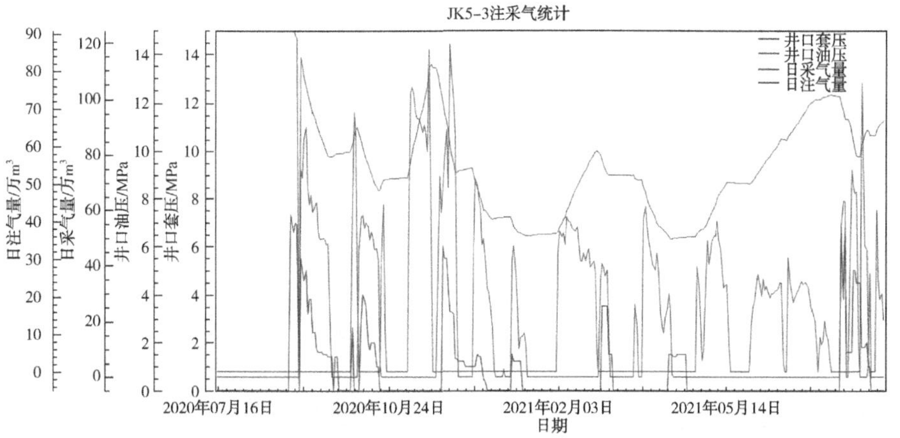

图 8　JK5-3 井 2020—2021 年期间的注采气情况统计

动态监测模块可根据数据中心上传的储气库运行过程的动态监测数据，对各井的静压数据、流压数据、产气剖面数据、吸气剖面数据、稳定试井数据、不稳定试井数据、油分析数据、气分析数据、水分析数据等进行查询和导出，其中，部分参数可用于油气藏储气库动态监测数据的展示，如图9为国家管网所辖刘庄储气库JH-2井于2019年1月18日的产气剖面数据。

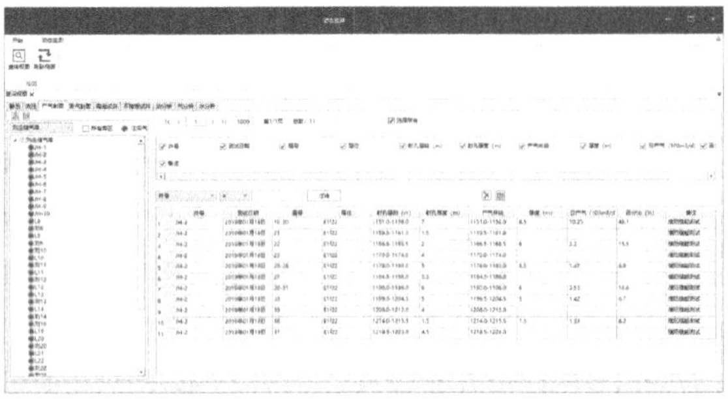

图9　刘庄储气库JH-2井在2019年1月18日的产气剖面数据

经济评价模块根据经济评价的实际需求，分成经济评价和储气费计算两大部分。其中，经济评价模块的库区参数，可实现查询不同的定额方案的参数，具体项目包括钻井费用、造腔费用、注采完井费用等，计算方法部分能够实现查询不同模块下的定额计算方法，包括钻井费用、造腔费用等。费用计算部分能够实现在不同的定额方案下，计算单个经济评价方案的具体费用，具体项目包括钻井费用、造腔费用等，其中，一键生成储气费可自动跑完所有流程，直接计算出合理的储气费用，并把数值显示在界面左上角，如图10所示(示例)。敏感性分析部分能够实现在一个经济评价方案里找从多个不确定性因素中逐一找出对经济效益指标有重要影响的敏感性因素，比分析其对经济效益指标的影响程度和敏感性程度；方案对比部分实现对比各个经济评价方案的参数，分为总体对比和对比明细，总体对比包括盐穴有效体积、工作气量等。

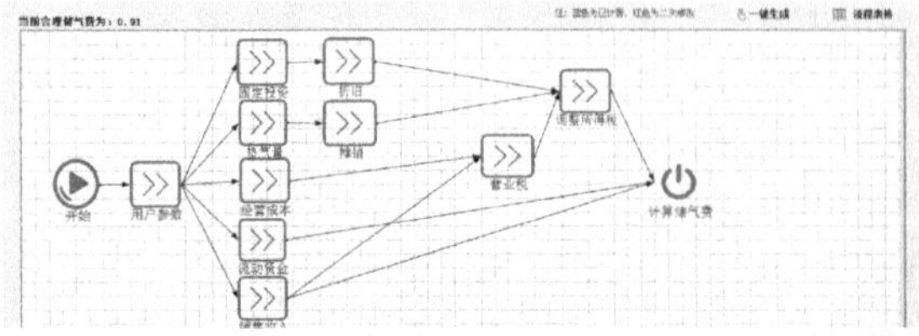

图10　一键生成储气费

用户管理模块主要提供部门管理、角色管理、用户管理、数据审核、模块授权、库区授权六大功能，图11为将本系统各模块操作权限授权给用户的界面。

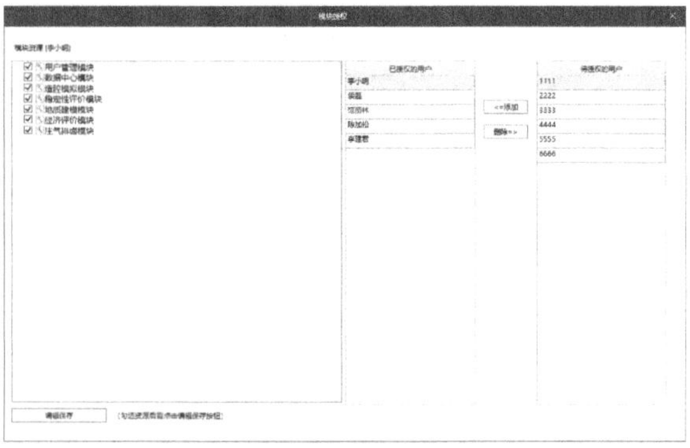

图11　授权模块权限给用户

4　结论与展望

（1）建立了一套集数据管理、地质建模、造腔模拟与管理、稳定性评价、注气排卤、注采运行、动态监测和经济评价为一体的盐穴储气库造腔模拟与评价一体化平台—CavBen系统，能够满足盐穴储气库地质工程、钻井工程、造腔工程、经济评价以及生产运行等业务方面的需求，此系统已成功应用于国家管网金坛储气库，后续将推广至淮安、云应等在建盐穴储气库中。

（2）当前，本系统还存在一些不足，包括：①基础数据依然需要人为录入，动态监测数据与数据管理的实时交互还不够成熟，智能化程度还需加强；②本系统尚未对盐穴储气库注采过程中的地面工艺参数进行集成和管理，对生产运行阶段的管理还不够充分，一体化管理有待提高。

（3）本系统对实现盐穴储气库全流程一体化高效管理运行具有重要的推进作用，加快了我国智能化、数字化储气库概念的发展与落地，对于提高储气库建设质量、管控水平，保障储气库安全运行，提升储气库运营效益和储气库高质量发展具有重要作用。

参考文献

[1] 郭洁琼，周韬，李刚，等．传统管理背景下中国地下储气库经营模式[J]．油气储运，2022，41(09)：1004-1013.

[2] 阳小平，王同涛，孙博，等．中国地下储气库建设需求和关键技术发展方向[J/OL]．油气储运，2023，1-8.

[3] 郑得文，王皆明，丁国生，等．气藏型储气库注采

运行优化技术[M]. 北京：石油工业出版社，2018：1-10.

[4] 黄涛．测井地质解释软件的发展与相关软件特征[J]. 计算机光盘软件与应用，2012，15(15)：96-97.

[5] 宫臣．云技术在地震解释软件中的应用研究[J]. 中国管理信息化，2021，24(06)：199-200.

[6] Tiani A , Bartolotto G , Strippoli P , et al. From Real Time Data to Updated Models: The Challenge of Intelligent Fields Applied to Gas Storage Business[J]. 2008. DOI: 10.2118/113171-MS.

[7] Petrel Geology and Modeling[EB/OL]. https://www.software.slb.com/products/petrel/-petrel-geology-and-modeling.

[8] 石磊，王昌景．常用的几种反演软件的比较[J]. 西南石油学院学报，2004，(03)：16-19+86.

[9] 李康，完颜祺琪，王立献，等．盐穴储气库水溶造腔数值模拟技术研究进展[J]. 盐科学与化工，2017，46(12)：1-5.

[10] 赵爱国，尹文斌，李红军，等．中控自动化控制系统在驴驹河储气库中的应用[J]. 中国仪器仪表，2021，41(6)：23-27.

[11] 张晓冉，薛辉，张磊，等．文96地下储气库SCADA系统[J]. 油气田地面工程，2014，33(10)：90-91.

[12] 游赟，禹贵成，周博涵，等．相国寺储气库压缩机活塞杆断裂故障分析研究[J]. 油气田地面工程，2020，39(12)：30-34.

[13] 廖浩然，任科，禹贵成，等．相国寺储气库智能化建设探索与实践[C]//第32届全国天然气学术年会(2020)论文集．北京：中国石油学会，2020：3005-3014.

[14] 曾大乾，胡宗全，糜利栋，等．不同类型地下储气库库址评价标准体系及筛选平台[J]. 天然气工业，2022，42(增刊1)：117-124.

[15] 叶康林．地下天然气储气库信息化建设现状与探讨[J]. 信息系统工程，2019，32(7)：124-126.

[16] 马新华，郑得文，魏国齐，等．中国天然气地下储气库重大科学理论技术发展方向[J]. 天然气工业，2022，42(5)：93-99.

[17] 张刚雄，郑得文，张春江，等．地下储气库信息数据管理平台开发及应用[J]. 油气储运，2015，34(12)：1284-1287.

[18] 万旸．地下天然气储气库数字化建设现状[J]. 化学工程与装备，2021，50(10)：216-217.

[19] 糜利栋，顾少华，薛亮，等．基于数据驱动技术的智能试井解释方法——以有水气藏产水气井为例[J]. 天然气工业，2021，41(2)：119-124.

[20] 糜利栋，顾少华，薛亮，等．基于人工智能技术的试井解释方法研究[C]//第32届全国天然气学术年会(2020)论文集．北京：中国石油学会，2020：1177-1185.

自主开发造腔设计软件 CavSimu 在金坛储气库的应用

王桂九　赵廉斌　陈加松　冯庶珂　赵海彬　赵余乐

（国家石油天然气管网集团有限公司储能技术有限公司）

摘　要　中国适合盐穴储气库建库的地质条件为层状盐岩，造腔盐层段具有厚度小、夹层多、含盐品位低等特点，其地质结构决定了中国盐穴储气库造腔设计不能完全借鉴国外设计经验。国家管网集团储能技术公司立足国内造腔模拟设计难点，研发了适合国内高不溶物层状盐岩的造腔模拟软件 CavSimu。该软件集井腔管理、盐穴建模、造腔设计、注采模拟功能为一体，能够进行单管、双管和气体阻溶等工况下的造腔模拟，符合国内高不溶物层状盐岩条件。经过现场长期实践验证，稳定可靠，造腔匹配度高，已经在金坛储气库全面推广该造腔软件的应用。

关键词　盐穴储气库；层状盐岩；造腔模拟；造腔设计

地下储气库具有储量大、经济成本低、隐蔽性和安全性好等优势，已被世界上绝大部分的国家用于战略和应急储备。据统计，截至 2020 年，我国建成了 27 座储气库，已建天然气储气库调峰能力约 145 亿 m^3，天然气工作气量仅占总消费量的 4%，远低于欧美等发达国家。盐穴是天然气储存的主要方式之一。盐穴储气库具有密封性好、注采效率高、垫底气少等优点，被广泛用于储存天然气、石油等化石能源。为了增强天然气储能力，加快盐穴储气库的建设越来越受到天然气行业的重视。

虽然国内盐矿资源丰富、分布范围广泛，但是我国盐矿多为湖相沉积形成，地质条件复杂。这类盐矿地层具有盐层数量多、厚度薄、高杂质、难溶夹层多等特点，属于典型的层状盐岩结构。相比较国外在巨厚的盐丘中造腔建库，我国层状盐岩结构建库条件差、造腔设计难度大。

此外，国内目前在建和拟建储气库的盐矿不溶物含量都很高，金坛地区平均不溶物含量在 10%左右，其他拟建储气库的地区如楚州、淮安等地区平均不溶物含量更会达到 40%以上。对于高不溶物层状盐岩需要加强造腔设计，通过多方案对比，寻求最优化设计。

1　国内造腔模拟难点

金坛储气库建库初期，使用波兰进口软件 WinUbro。该软件适用于盐岩品味较高的巨厚盐丘，对于层状盐层存在劣势，如无法模拟底坑形态模拟等，导致造腔参数设置不合理。造腔模拟设计缺失或造腔方案设计不合理易导致如下 5 方面问题：

（1）盐层未充分溶蚀，导致造腔体积损失：金坛储气库某井为早期造腔先导井，初始造腔设计经验不足。可造腔盐层厚度 116m，实际造腔高度 51m，由于造腔设计不科学，底部沉积物上升过快，导致盐岩无法充分溶蚀，造腔体积大量损失，初步设计 25 万 m^3，最终完腔体积 11 万 m^3。

（2）腔体形状严重偏离盐穴储气库标准，影响安全运行（形成大平顶或者安全距离不足）：不进行精确的造腔设计导致出现大平顶影响后期运行安全。

（3）容易形成 W 型（或 A 型）底坑，导致体积损失（图 1）：由于 W 型底坑两侧深部位卤水无法排出，造成腔体有效体积损失。

（4）容易损坏造腔管柱：由于无法准确预测腔底深度，下入管柱过深会引起管柱与腔底碰撞，造成管柱损坏。

（5）反循环容易堵管：反循环时卤水从内管排出，若管口离腔底不溶物过近或埋入不溶物中，不溶物可能会被吸入管中，产生堵管风险。

综上，为了克服层状盐岩建库及选址遇到的困难，迫切需要一款符合国内高不溶物层状盐岩造腔模拟软件。

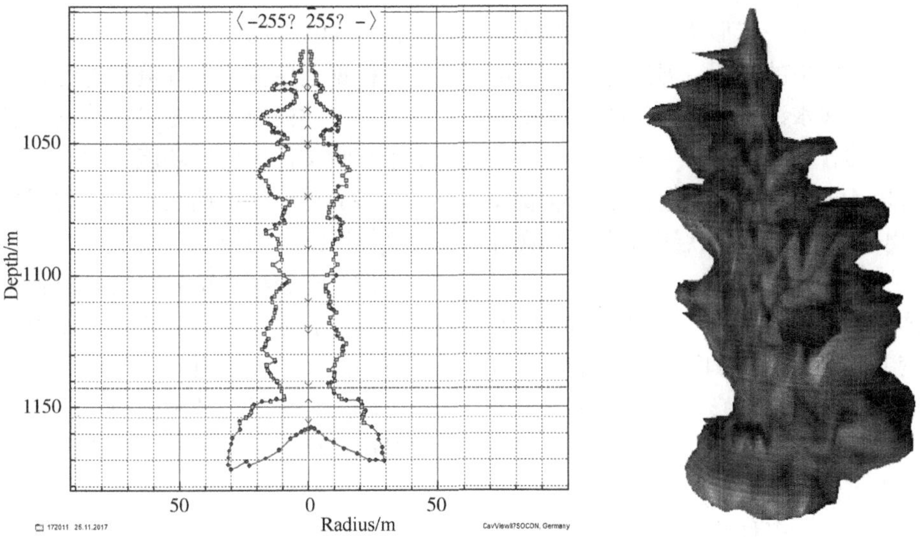

图 1　金坛某腔“A”底坑形状和畸形盐穴

2　造腔软件研发

为了解决制约国内层状盐岩层建设盐穴储气库的痛点问题，国家管网储能技术有限公司江苏储气库分公司结合多年的造腔经验，立足现场大量的历史数据，开发了盐穴储气库造腔模拟软件 CavSimu。

2.1　控制方程

2.1.1　壁面溶蚀方程

根据大量溶盐试验，盐穴壁面溶蚀速率 K 的拟合计算公式为：

$$K=k(1+0.0262\cdot(T-20))\cdot\left(\frac{C_s^T-C}{C_s^{20}}\right)^{\frac{3}{2}}\cdot\sqrt{\frac{C_s^T}{C_s^{20}}} \tag{1}$$

$$k=\begin{cases}0,\ 0\leqslant\alpha\leqslant\alpha_{\min}\\ k_h\cdot\dfrac{\sin^2\alpha-\sin^2\alpha_{\min}}{},\ \alpha_{\min}<\alpha<90^\circ\\ k_h\sin^2\alpha+k_v\cos^2\alpha,\ 90^\circ\leqslant\alpha\leqslant180^\circ\end{cases} \tag{2}$$

式中，K 为盐穴壁面溶蚀速率，m/h；T 为盐穴内的卤水温度,℃；C 为环境卤水浓度，g/L；C_S^T 为温度 T 下的卤水饱和浓度，g/L；C_S^{20}即 20℃下的卤水饱和浓度；

k_h 为盐穴壁面水平溶解速率，$2.22\times10^{-11\,\mathrm{m/[s\cdot(g/L)2]}}$；$k_v$ 为盐穴壁面垂直溶解速率，$3.89\times10^{-11\,\mathrm{m/[s\cdot(g/L)2]}}$；$\alpha$ 为盐穴壁面与水平面的夹角；$\alpha_{\min}$：盐穴壁面测溶角，小于这个角度的壁面将不溶，15°-30°；k_h、k_v 和 $\alpha_{\min}$ 为要根据实际情况进行调节，不同库区可能有差别。

2.1.2　对流扩散方程

2.1.2.1　扩散

水分子是一个偶极分子，在与盐岩接触时会将晶格离子破坏，离子进入边界层。边界层中浓度逐渐增大，远离盐岩壁面溶液浓度较低，根据溶质扩散机理，分子依靠本身的热运动，由高浓度向低浓度区域扩散，扩散还可以不依靠宏观的流动。扩散作用可以用 Fick 第一扩散定律来描述：扩散速度与浓度梯度呈正比，扩散通量是单位时间内通过单位面积参考曲面的量，表述如下：

$$J=-D\frac{\partial C}{\partial n} \tag{3}$$

式中，J 为表示扩散能量，mol·cm^{-2}·s^{-1}；C 为表示扩散能量，mol·L^{-1}；D 为表示扩散系数，cm^2·s^{-1}。

2.1.2.2　对流

在盐岩溶蚀造腔过程中，溶质除了在浓度差作用下的扩散，还有水流作用影响溶质的运移，重力作用是自然对流的主要因素之一，溶腔内盐岩水溶液密度分布将会表现出分层现象，水溶液密度随着深度增大而增大，上层盐水密度小，下层盐水密度大。不同深度的溶液密度连续变化，并且呈平衡分布特征。对流作用溶液带走的盐的量可表示为

$$J_v=C\cdot V \tag{4}$$

式中，J_v 为表示溶液中盐对流速率，g/(cm^2·s)；C 为表示溶液浓度，g/cm^3；V 为表示溶液运动速度，cm/s。

2.1.3　质量守恒方程

将整个腔体划分成一定形状的网格，根据质量守恒方程，每个网格的体积、温度等参数在 dt 时间内保持不变。卤水浓度因层内盐的含量发生变化而变化，盐的含量变化为：

层内盐增量 Δm = 层内的溶盐量 +(流体带入的盐 - 流体带出的盐) +(扩散入层内的盐 - 扩散出层外的盐)

即，腔体任何一个网格第 $T+1$ 时刻的总体平均卤水浓度 s^{T+1} 受到扩散浓度 d^T、T 时刻平均溶盐浓度 s^T 和对流浓度 c^T 的影响，计算如下：

$$s^{T+1}=S^T+d^T+c^T \tag{5}$$

盐穴储气库水溶造腔数值模拟需要实现在正循环和反循环方式下、多种参数组合、多个造腔阶段下对新井或老井的较精确的溶腔模拟，得到接近真实溶腔的腔壁变化结果，并能实时显示模拟过程的中间结果和腔壁变化情况。

2.2　软件开发

2.2.1　模块划分

根据造腔模拟设计流程进行模块划分：

(1) 建模模块：主要进行基于新井建模以及基于声呐文件建模等功能。

(2) 造腔模拟模块：主要包括常规造腔模拟及气体阻溶造腔模拟等功能。

(3) 造腔模拟结果分析模块：主要包括形状对比；造腔体积、卤水浓度、压力和流量等参数分析；能量消耗分析等功能。

(4) 注采运行结果模块：主要包括多注采方案对比；模拟注采工况下腔内温度、压力；计算库存气量等功能。

2.2.2　模拟计算流程

按照常规造腔模拟和气体阻溶造腔模拟设置计算流程(图 2)。

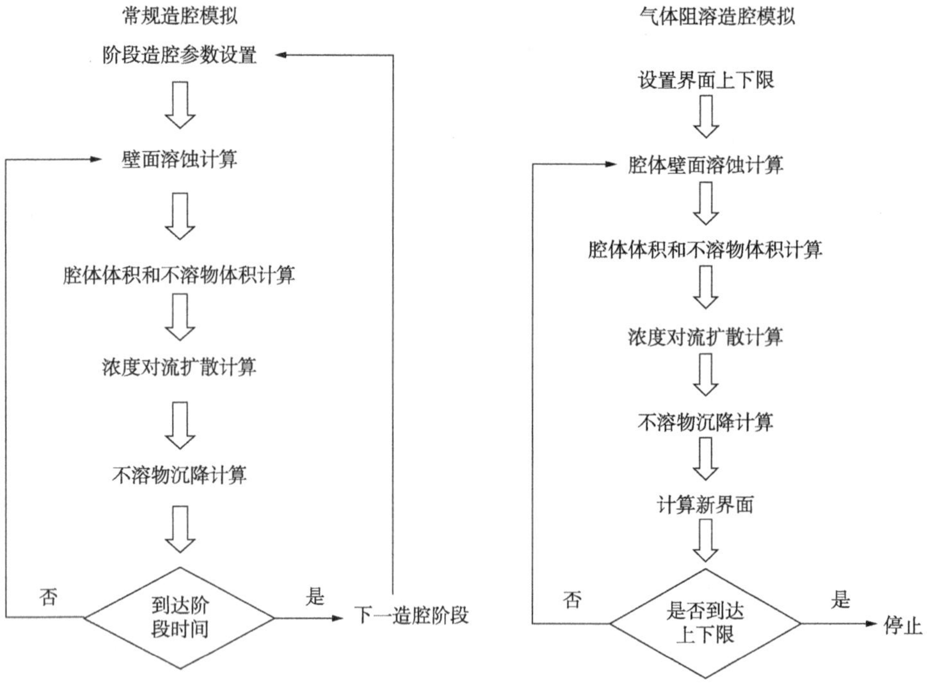

图 2　两种造腔方式计算流程图

2.2.3　设计 CavSimu 软件界面

根据造腔设计实际流程设计 4 个软件工作界面，分别为 Well Map [图 3*a*]、Cavern Modeling [图 3*b*]、Cavern Leaching [图 3*c*] 和 Gas Operation [图 3*d*] 界面

(1) Well Map 界面：主要为井位图，通过加载地图数据、声呐数据，客观展示建库区井位置、形态、矿柱比等。

(2) Cavern Modeling 界面：建立模型，通过建立模型参数和腔体形态设定两方面实现模型的搭建。

(3) Cavern Leaching 界面：造腔模拟，通过设定造腔阶段，2D 与 3D 实时监控，确保模拟数值的准确。

(4) Gas Operation 界面：注采运行，实现注采全周期的实时监控。

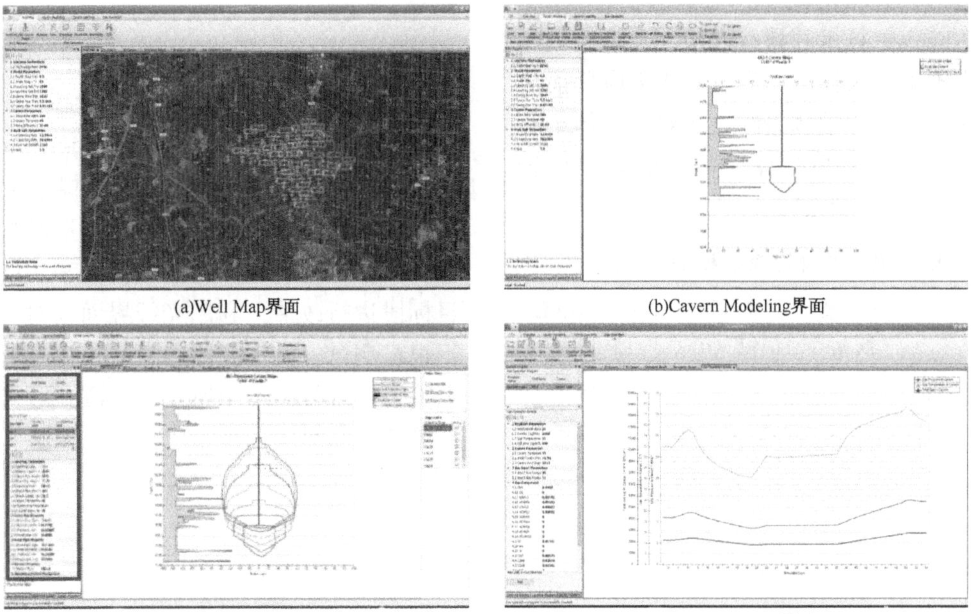

(a)Well Map界面　(b)Cavern Modeling界面

(c)Cavern Leaching界面　(d)Gas Operation界面

图 3　CavSimu 软件界面设置

3　现场实践应用

CavSimu 软件采用两种造腔技术：常规造腔技术、气体阻溶造腔造腔技术，用户可以在两种造腔技术中选择最适用的一种造腔方式进行造腔设计。软件在金坛储气库现场经过长期实践验证，稳定可靠。

3.1　常规造腔技术

已使用于编制金坛储气库 40 余口井次造腔设计。CavSimu 模拟腔体的底部残渣深度/形态吻合度高，对造腔管柱损坏、反循环堵管的问题得到了较好的解决。A 型底坑基本消失、腔体体积吻合度 95%以上、造腔工程平稳(表 1)。

表 1　造腔实际参数与设计参数比较

井号	设计体积	声呐实测体积	体积误差	腔体形态比对
JK8-X	232693m^3	232642m^3	51m^3	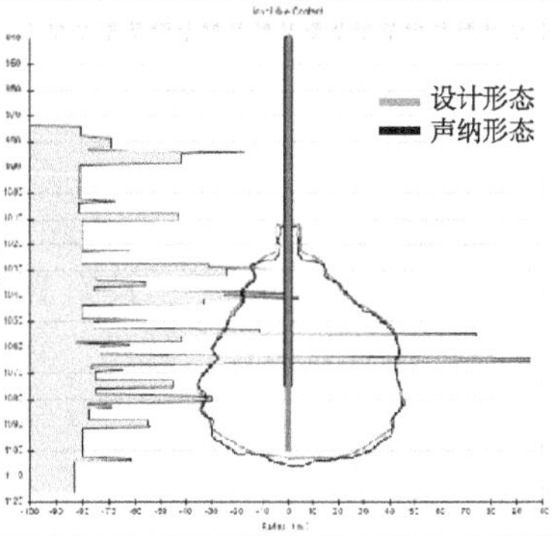
JK4-X	47041m^3	48252m^3	1211m^3	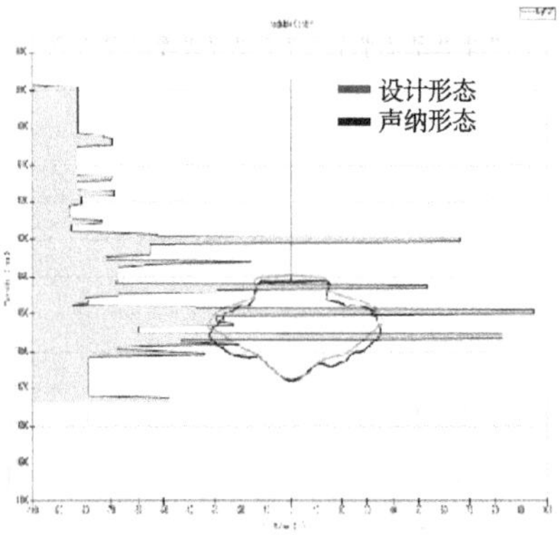

同时造腔跟踪技术的持续进步，金坛储气库造腔效率实现了较大提升。通过对成果应用前后的效果对比，根据声呐测量结果比对，腔体单腔体积提升了 37.2%，单位厚度盐层溶腔体积较之前提高了 27.9%（表 2）。

表 2　库区整体造腔效果对比

成效对比	投产腔体数量/个	腔体平均体积/万 m^3	单位盐厚造腔体积 m^3
应用 WinUbro 软件	23	20.7	1486.7
应用 CavSimu 软件	13	28.4	1902.1
提升效果	/	37.2%	27.9%

3.2　气体阻溶造腔技术

气体阻溶造腔试验采用单管造腔模式，对腔体进行修复和扩容。在金坛储气库选取某井，试验目标溶蚀段为 1034~1050m 的畸形部位，成功开展了国内首次天然气阻溶回溶造腔盐腔修复试验，试验通过多轮次的注气排卤和注淡水排气对目标段进行改造，利用光纤界面仪对气水界面进行跟踪测量。实现腔体修复并扩容超过 1 万 m^3，消除了注气排卤安全风险（图 4），形成了一套完整的盐腔修复工艺技术。

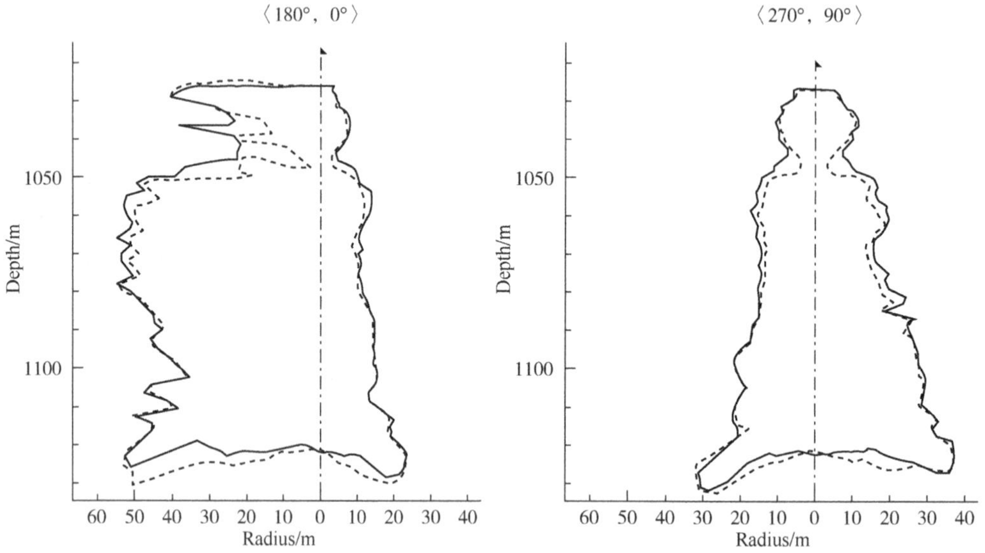

图 4　腔体修复前后声纳检测形状对比（红色虚线-修复前形状；蓝色实线—修复后形状）

4　结束语

CavSimu 软件是一款国内第一个、具有自主知识产权的盐穴储气库造腔模拟设计软件，集井腔管理、盐穴建模、造腔设计、注采模拟功能为一体，能够进行单管、双管和气体阻溶等工况下的造腔模拟。经过现场长期实践验证，稳定可靠，金坛储气库已全面推广该造腔软件的应用，造腔匹配度达 95% 以上，可以在国内其他盐穴储气库进行大规模推广应用，能够有效提高盐穴储气库造腔设计水平。

参　考　文　献

[1] 国家能源局石油天然气司，国务院发展研究中心资源与环境政策研究所，自然资源部油气资源战略研究中心．中国天然气发展报告-2021[M]．北京：石油工业出版社，2021：1-9.

[2] 丁国生，魏欢．中国地下储气库建设 20 年回顾与展望[J]．油气储运，2020，39(1)：35-31.

[3] 完颜祺琪，安国印，李康，等．盐穴储气库技术现状及发展方向[J]．石油钻采工艺，2020，42(4)：444-448.

[4] 郑雅丽，完颜祺琪，邱小松，等．盐穴地下储气库选址与评价技术[J]．天然气工业，2019，39(6)：123-130.

[5] 完颜祺琪，丁国生，赵岩，等．盐穴型地下储气库建库评价关键技术及其应用[J]．天然气工业，2018，38(5)：111-117.

[6] 薛倩倩，罗琳，张召朋．关于我国盐穴储气库建设的思考与建议[J]．中国石油和化工标准与质量，2019，39(21)：93-96.

[7] 刘春，高云杰，何邦玉，等．盐穴储气库造腔设计与跟踪[J]．油气储运，2019，38(02)：220-227.

[8] 李建君，巴金红，刘春，等．金坛盐穴储气库现场

问题及应对措施[J]. 油气储运，2017，36(8)：982-986.
[9] 王元刚，高寒，薛雨. 盐穴储气库水溶造腔的影响因素[J]. 油气储运，2020，39(06)：662-667.
[10] 杨海军，李龙，李建君. 盐穴储气库造腔工程[M]. 南京：南京大学出版社，2018：20-22.
[11] 何俊，井岗，陈加松，等. 盐穴储气库天然气阻溶恒压运行技术[J]. 油气储运，2020，39(11)：1298-1303.
[12] 何俊，井岗，赵岩，等. 盐穴储气库快速造腔方案[J]. 油气储运，2020，39(12)：1435-1440.

油气管道智能工地建设的典型问题分析及质量监督策略

郭　旭[1]　刘海春[1]　苏维刚[1]　程庆功[1]　张汉蒸[2]　于鲁宁[1]　冯录刚[1]　张　晓[1]　陈浪波[1]

（1. 国家管网集团工程质量监督检验有限公司；2. 国家石油天然气管网集团有限公司工程部）

摘　要　数字化转型工作是落实油气管道“全国一张网”建设要求的有效保障，优质的智能工地建设体系对管网全生命周期运营效率具有重要的支撑作用，加强智能工地关键工序和部位的质量监督至关重要。油气管道施工现场智能工地建设常见问题主要包括数据丢失、数据乱码、数据失真等，监督策略应从人、机、环等角度出发，设置自动焊焊接数据核查、数据一致性核查、数据真实性核查等质监点，最终实现智能工地系统安全平稳运行的目的。

关键词　油气管道工程建设；智能工地；质量监督；质监点

1　前言

在加快构建“全国一张网”的背景下，随着现阶段长输管道工程建设中自动化焊接技术推广、施工质量和效率要求提升、数字化移交、智慧化管理、建管融合等行业需求导向的不断变革，管道工程建设业务领域积极推广实施“互联网+智能监督”方式，创新利用互联网+、工程建设数字化管理系统开展智能工地建设，大力拓展管道工程建设数字化应用场景，提升数字化应用能力，强化对工程核心业务的监督流程控制和监督数据整理，建立监督数据标准、数据应用与管理机制，全面推进工程建设与物联网、云计算、大数据融合发展，实现行业形态和量级跃迁。

长输管道工程建设应围绕智慧管网建设目标，有序突破管网全方位感知、数据挖掘利用、数字孪生体、管网智能综合决策等技术，加快构建智慧互联大管网。智能工地建设质量是影响整个管道系统管理质效的关键控制因素之一，优质的智能工地建设体系对管道工程建设水平乃至整个管网的全生命周期运营效率均具有重要的支撑保障作用。为确保落实长输管道工程建设智能工地项目的各项质量方针政策，应抓好关键业务流程梳理，结合国企改革三年行动方案、数字化速赢项目开展智能工地系统搭建，将智能工地建设质量管控纳入工程建设管控一体化体系中，用质量责任制明确责任，健全工作机制，为将来运用信息技术解决工程建设实际问题打好基础。

2　智能工地质量监督现状

2.1　数字化质量监督概况

工程质量监督是指质量监督机构依据《中华人民共和国建筑法》《建设工程质量管理条例》等国家法律法规和规章制度，以及相关标准规范、管网公司工程建设有关体系文件等的规定，对工程建设各方责任主体质量行为及实体质量实施的监督。工程质量监督作为我国工程建设程序中的一项基本制度，在工程质量保证体系中发挥了重要作用。质量监督的内容分为质量行为监督和实体质量监督两个方面，实施基本流程是通过设置质量控制点（简称“质监点”）的组织形式实现质量监督内容的逐项落实和全面覆盖。质监点是质量监督工作开展的主要依据，针对结构安全及使用功能有重要影响的关键工序和部位、或可能对后续工程质量造成严重影响的工序交接点和重要部位而设置的，需要作业方停止作业进程，经监督人员检查确认后才能继续作业的质量控制点。

智能工地质量监督方面，以管道智能工地建设的数字化质量管控为中心支点，工程质量监督的工作重点聚焦在积极拓展数字化应用场景方向上，充分利用智能工地控制中心、视频监控、数据管理三大模块，以信息化手段对现场开展远程质量监督，探索形成具有关键工序全覆盖、历史数据可追溯、四不两直监督方式，实现监督工作被动呈现到主动掌控的转变。针对山区段、农田段、穿越段管道等不易到达的区域，充分发挥无人机优势，重点对管道下沟、管沟回填、地貌恢复等进行空中航拍，保证监督视角全面覆盖，不留死角。组织开发机组定位程序、机组移动端软件联调测试、数字化底片在线查看、焊口数据自动筛查等应用工具，进一步保障焊口管控效能。

2.2 智能工地检查概况

2023 年，国家管网集团公司开展质量监督检查、质量安全检查、设计督查、专项检查、物资督查共计 766 次，发现问题 17530 项。其中智能工地抽测 3415 个作业点，不合格 177 点，抽检合格率 94.81%。测点位置主要包括摄像头、一体机、现场组网、焊接参数实时上传系统、焊口二维码、设备二维码、人员入场二维码等。智能工地业务域累计下发质量监督问题 378 项，在整个年度质量监督问题分类中占比为 2.16%。2023 年整体质量监督问题统计与分析如图 1 所示。

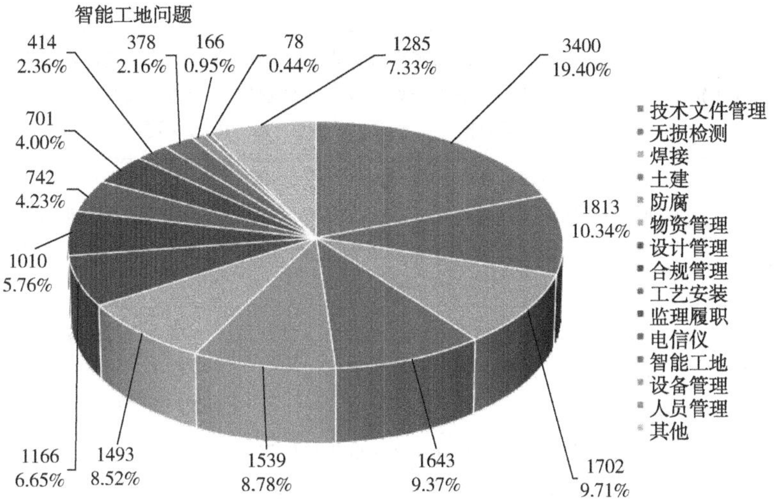

图 1　2023 年度国家管网质量监督问题统计与分析

3　质量问题分析

对 378 项智能工地进行综合分析，发现问题多集中在数据丢失、数据乱码、数据失真等方面。其中数据丢失问题数量 199 项，占比 52.65%；数据乱码问题数量 87 项，占比 23.02%；数据失真问题数量 51 项，占比 13.49%。其余 41 项问题为偏远地区网络不稳定导致的数据传输延迟、数据采集设备精度不符合要求、数据录入不及时等。智能工地建设问题分类分析及建议措施见表 1。

表 1　管道施工现场智能工地建设问题汇总

序号	类型	问题	描述	建议
1	数据丢失	焊层数据错乱	填充焊和盖面焊工艺中，同一台焊机两把焊枪应为不同焊层，但部分厂家的焊机反馈的数据出现两把焊枪传回同一焊层数据，严重影响使用效果。	焊机厂商需要加强焊机采集设备的软件稳定性，及时升级焊机设备，保证现场数据的真实可靠。
2		线缆受干扰	部分厂家的焊机设备数据传输线缆采用非屏蔽的普通线缆，使用一段时间后，存在线缆被干扰的问题，导致数据在线缆传输过程中丢失，严重影响使用效果。	焊机厂商需要加强焊机采集设备传输线缆的品质，保证现场数据传输过程中的稳定性。
3		USB 口松动或接触不良	部分厂家的外焊机仅有 1 个无固定措施的 USB 口做为数据传输口，在现场施工作业过程中，常因 USB 线松动或脱落，造成数据无法正常传输，严重影响使用效果。	焊机厂商需要加强焊机采集设备传输接口的稳固性，尽量使用带有自锁功能的工业级接口，保证现场数据传输过程中的稳定性。
4		不能读取历史数据	目前的焊机厂家只提供了实时数据采集的接口，未扩展出历史数据采集接口。	焊机或焊机改造厂家需要支持实时数据传输和历史数据读取。

续表

序号	类型	问题	描述	建议
5	数据丢失	未做线缆检查	现场进行焊接作业前，相关人员没有对焊机和焊机盒子的线缆连通情况做确认。	现场进行焊接作业前，相关人员需要按照检查表进行各设备情况的确认。
6		未做供电检查	现场进行焊接作业前，相关人员没有对焊机采集盒和焊机采集智能网关的供电情况进行检查。	现场进行焊接作业前，相关人员需要按照检查表进行各设备情况的确认。
7		未做扫码检查	现场进行焊接作业前，相关人员进行扫码工作的时候忽略了二次确认，导致二维码未成功扫入到设备中。	现场进行焊接作业前，相关人员需要按照检查表进行各设备情况的确认。
8	数据乱码	焊机程序出错	焊机作业一段时间内出现部分数据显示为乱码的情况，经过排查发现是焊机设备编译程序出错，传输了乱码数据。	焊机厂商需要加强焊机采集设备的软件稳定性，及时升级焊机设备，保证现场数据的真实可靠。
9		线缆受干扰	部分厂家的焊机在一段时间内的数据会出现随机乱码现象，经过排查，存在线缆被干扰的问题，导致数据在线缆传输过程中出现乱码，更换线缆后可以正常稳定传输。	焊机厂商需要加强焊机采集设备传输线缆的品质，保证现场数据传输过程中的稳定性。
10		扫码枪损坏	现场人员使用的扫码枪出现问题后，没有及时的去维修扫码枪，导致二维码扫码出现乱码现象。	现场进行焊接作业前，相关人员需要按照检查表进行各设备情况的确认，并且及时的维护维修设备。
11	数据失真	人工补录数据	现场人员通过一体机确认今天的焊机数据量是否完整，如果不完整，现场人员会补录数据，补录数据采用手工电脑补录方式，这种方式存在假数据补录。	现场采集数据尽量通过一体机和智能网关之间的无人值守数据采集和数据补传，避免人工填写。
12		现场修改数据	现场有权限的人员可以进行数据库的登入操作，登入后可以对一些数据进行修改。	现场数字化管理人员加强密码安全意识。
13		焊机程序出现异常卡顿	部分厂家的焊机发现采集过程中的数据一直未出现正常变动，一直是同样的一条数据，之后又恢复正常，经排查发现，是焊机采集程序出现 bug，修复后正常。	焊机厂商需要加强焊机采集设备的软件稳定性，及时升级焊机设备，保证现场数据的真实可靠。
14		部分数据依赖人工填写	现场人员还有很多设备需要进行手工填写或者 APP 录入，如焊层温度，预热温度等，这个填写过程容易出现假数据。	现场关键性的数据尽量升级成自动采集，避免人为因素干扰，以便有效地、真实地记录。

4 质量监督策略

结合智能工地发现的质量问题，制定专项质量监督策略，以智能工地专项质监点为抓手，强化智能工地应用管理，确保数字化转型有效运行。质量监督机构应严格按照设计要求、现场实际情况开展智能工地检查，彻底督查已建成的智能工地设备设施的使用效能，将智能工地应用落到实处。各参建单位自上而下层层把关、层层负责，严格落实智能工地全过程应用管理，全面提高工程建设数字化工作质量和水平，推进各级各部门认真履职、担当负责。智能工地的质监点设置建议见表 2。

表 2 智能工地的质监点设置建议

序号	质监点名称	涉及单位	质监点性质	检查内容
1	自动焊焊接数据核查	施工单位 监理单位 建设单位	必监点	根焊与热焊间隔时间、焊接电流、焊接电压、层间温度、焊接速度、层道数等关键参数抽查。

续表

序号	质监点名称	涉及单位	质监点性质	检查内容
2	视频监控影像质量核查	施工单位	巡监点	开机率抽查、图像角度、图像清晰度、视频传输可靠性、视频影像链路稳定性等。
3	数据一致性核查	施工单位	巡监点	现场数据与智能工地采集系统数据一致性核对。
4	数据真实性核查	施工单位 技术服务商	巡监点	施工现场抽查人工补录数据、现场修改数据、部分数据依赖人工填写、现场违规操作导致的施工数据失真等。
5	智能工地数据审核核查	施工单位 监理单位	巡监点	检查施工单位、监理单位对智能工地数据审核履职情况。
6	人员设备入场报验核查	监理单位	巡监点	检查各参建单位智能工地相关的人员、设备入场报验情况。
7	现场人员不安全行为和物的不安全状态核查	施工单位 监理单位 建设单位	巡监点	通过智能工地视频影像监控系统检查现场人员不安全行为和物的不安全状态。

5 智能工地质量提升建议

长输油气管道智能工地的建设问题主要集中在自动焊焊接参数数据失真或丢失、视频影像监控系统开机率不足、数据审核履职不到位、数据实时上传不执行、现场组网可靠度不高，以及焊口二维码、设备二维码、人员入场二维码的张贴落实不到位等问题。针对上述问题，初步提出设置智能工地专项质量监督点的应对策略，建议设置自动焊焊接数据核查、视频监控影像质量核查、数据一致性核查、数据真实性核查等 7 项智能工地质监点。针对智能工地质量提升提出 6 点工作建议：

（1）各责任主体应坚决落实数字化转型要求，按照智能管道设计文件执行智能工地建设规定，建设单位督促检查各参建单位智能工地建设情况，主动运用工程建设管理系统开展质量管控。

（2）建设单位牵头，监理单位组织，按照标准规范、设计文件要求，督促施工单位对设备加强智能化改造。

（3）加强参建单位 PIM 系统应用情况的监督管理和培训，督促参建单位安排专人进行智能工地管理和维护，确保现场视频系统的监控质量，及时更新项目信息。

（4）监理单位应及时审核系统数据录入，跟踪系统预警处置情况。

（5）施工单位应严格按照设计要求开展智能工地建设，落实已建成的智能工地设备设施的使用效能，将智能工地应用落到实处（设计文件应具体详实，条款应明确细化，实施阶段应加强管控）。

（6）对擅自停用现场数据采集、视频监控的单位进行严格处理。

参 考 文 献

[1] 李彦杰．我国能源市场发展现状及前景分析[N]．期货日报，2021-11-15(003)．DOI：10.28619/n.cnki.nqhbr.2021.003699.）

[2] 王乐乐，李莉，张斌，等．中国油气储运技术现状及发展趋势[J]．油气储运，2021，40(09)：961-972.）

[3] 刘定智，张元涛，梁严，等．基于“全国一张网”的天然气管输优化模型构建及应用[J]．油气与新能源，2021，33(05)：64-70.）

[4] 杨旸，王海洋，彭睿，等．国家管网智慧管网标准体系三维业务框架设计[J/OL]．油气储运，1-9[2024-02-24]．http：//kns.cnki.net/kcms/detail/13.1093.te.20240202.1526.003.html.

[5] 薛鲁宁，李莉，张栩赫，等．智慧管网技术标准体系架构探索[J]．中国标准化，2023，(06)：50-57.

[6] 刘国强，赵国正，王博，等．全面质量管理在某工程管网施工中的应用[J]．内江科技，2019，40(05)：22-23.

[7] 刘洋．天然气管道工程监督智能化研究与探索[J]．工程质量，2023，41(S1)：197-200.

[8] 王红彦．管道安装中的质量控制措施研究[J]．中国设备工程，2022，(05)：248-249.

[9] 夏继庆．压力管道焊接质量控制与监督探讨[J]．全面腐蚀控制，2021，35(12)：91-93.

采空区埋地油气管道力学行为有限元模拟

方迎潮[1]　李　虎[2]　席国仕[1]　杨　川[1]　唐文锋[1]

（1. 国家管网集团西南管道有限责任公司；2. 四川省时空纵横信息科技有限公司）

摘　要　针对煤层工作面不断开采对埋地油气管道产生的严重影响，结合工程实际，采用 ABAQUS 有限元软件建立三维管-土有限元模型，并与实际检测值相对比，分析了工作面不断开采对埋地管道力学行为的影响规律。结果表明：开采 90 天达到 180m 以后管道达到屈服点；管道达到屈服点后随着开采的增加管道最大应力增长缓慢，但其应变增长速度逐渐增加；基于应变的屈服准则更加有利于发挥管道的性能。

关键词　油气管道；力学行为；有限元模拟；应变准则

随着我国煤矿资源的不断开发以及我国油气管线的快速建设，越来越多的油气管道不可避免的穿越采空沉陷区。煤矿资源是我国重要能源资源之一，管道更是我国的生命线工程，两者都在我们的生活生产中起到至关重要的作用。地下矿产资源的开采会破坏上覆岩层的原始应力状态，使得岩体发生位移变形，当变形延伸至地表时则会对地表各种建筑物、构筑物造成不同程度的破坏。目前，采空区地表沉降预测方法包括有剖面函数法、影响函数法、经验公式发、理论模拟法等。而我国采用的规范方法是概率积分法，概率积分法作为影响函数法的延伸，是随机介质理论的一种运用。长输油气管道作为我国重要的能源运输装置，具有敷设距离长、穿越地形复杂等特点，其中不可避免的穿越采空沉陷区。采空沉陷区的地表位移使得管道发生变形甚至破坏，造成巨大的经济损失。

地下采矿引起的地表及岩体移动研究起源于欧洲。M. I. Álvarez－Fernández，和 C. González－Nicieza 等人在 n－k－g 影响函数法的基础上建立了考虑时间和随机性因素的综合影响函数来预测采空区地表下沉。Wood，Sirivardane 和 Amanda，X. L. Yao 等学者相继将数值计算方法逐步引入采空区稳定性评价中，采用边界元法和有限元法对采空区覆岩产生垮落的地质采矿条件、覆岩产生离层裂缝的地质条件及离层裂缝发育的发育位置、规模和高度等进行研究。国内学者针对穿越采空沉陷区的埋地油气管道做了相应的研究，研究主要基于解析与数值的计算方法对管道的应力应变进行分析。王金东等人分析了地表移动破坏的主要因素并建立了采空区埋地管道的危险性评价体系。韩冰等人运用应变理论对采空区管道进行了失效分析得知采用应变屈服准则作为失效判据可以更大的发挥管道的性能。王晓霖等人通过分析采空沉陷区埋地管道的应力应变分布提出了沉陷区埋地管道最大应力与应变的简化评定公式。蒋宏业等采用管-土相互作用单元分析了不同因素下管道的应力应变。夏梦莹等运用非线性有限元法对管道进行分析，得出了多种参数对于管道轴向应变的关系。

本文结合实例工程案例，通过有限元数值模拟软件建立本次案例的管-土三维有限元模型，将有限元结果与实际地表检测位移数据进行对比，分析管道在煤层工作面不断采空过程中受到的力学行为变化规律，以期为油气管道的安全运行以及煤层工作面开采提供依据。

1　工程实例

该油气管道穿越的矿区位于我国西南某矿区，矿权范围为南以洼子地垭口－冬瓜滩为界，北以磨盘山－范家弯子－小白岩连线为界，西以含煤地层龙潭组底界为界，东以冬瓜滩－岩脚连线为界，南北长 9km，东西宽平均 2.5km，面积 21.67km^2。部分煤矿开采区域仍然处于开采阶段，如图 1 所示。测得此煤矿采空区下沉系数为 $q=0.75$，水平移动系数为 $b=0.25$，开采影响传播角为 79°，主要影响角正切值为 $\tan\beta=1.8$。顶板管理方法为全部垮落法，煤层开采速度约为 2m/d。穿越该矿区的管道材质为 x80 管道，直径为 1016mm，壁厚为 15.7mm，设计输送压力为 10MPa，管道埋深约 2m，目前管道受采空区影响已经采取多次抬管措施。

以该矿区14243开采工作面作为本次模型参数基础，工作面埋深约260m，煤层厚约5m，形成的采空区工作面开采进深长约400m，宽约160m。经综合物探和钻探查明，矿区开采工作面上覆岩层分布简图如图2所示，其岩层各层参数与管道参数见表1。为了获取该段采空区地表位移数据，在管道上方布设位移监测点位，每个监测点位间隔20m，选取其中一段作为本次数据，记录得到管道穿越区域上方的地表位移。根据管道取材进行管道实验得到管道应力应变曲线如图3所示。

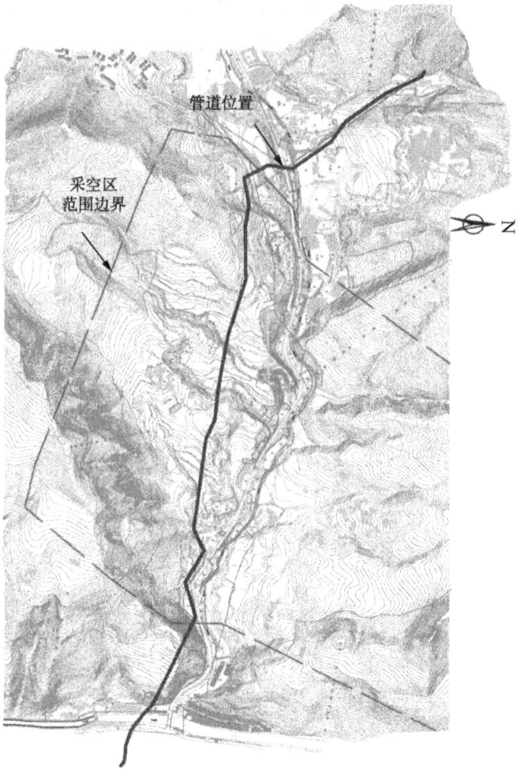

图1　煤矿采空区与管线位置关系图

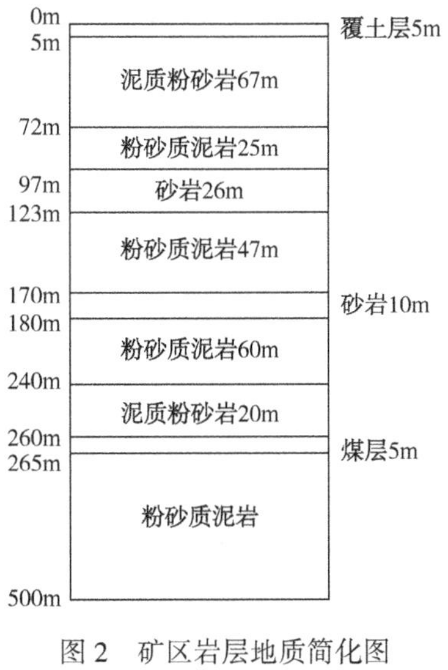

图2　矿区岩层地质简化图

表1　不同材料参数

	密度/(kg/m^3)	弹性模量	泊松比	黏聚力/Pa	内摩擦角/(°)	膨胀角/(°)
覆土	1960	1.1e8	0.3	50000	30	15
泥质粉砂岩	2500	1.4e9	0.25	1109440	40	15
粉砂质泥岩	2474.7	7e8	0.25	1106620	38	15
砂岩	2548	7.5e8	0.25	1630640	39.4	15
煤	1500	2e9	0.25	1e6	30	15
管道	7833	2.1e11	0.3			

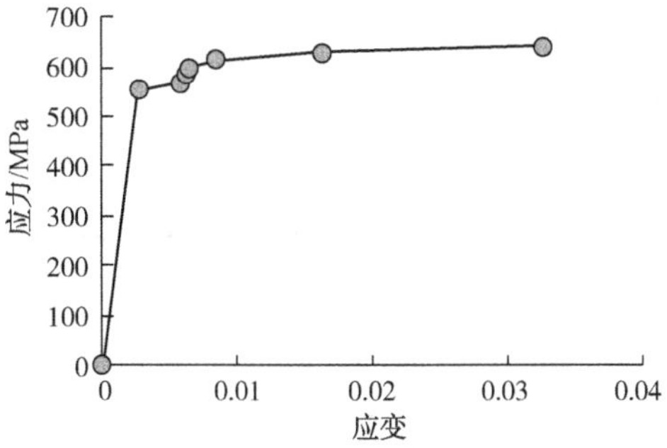

图3　x80管材应力应变曲线

2　有限元模型确定及验证

2.1　有限元模型确定

本次有限元模型采用对非线性计算性能较好的ABAQUS有限元软件模拟采空区管道的力学行为。由于煤矿工作面开采区域大小为400m×160m×5m，埋深260m，且已知开采影响角正切值。根据概率积分初步计算模型的大小尺寸，为了不考虑宽度的影响，将模型的长宽做相等处理，即需要模型最小长宽为：

$$长=400+2\times\frac{采深}{主要影响角正切值}$$

$$=400+2\times\frac{300}{1.8}=733.33\text{m} \quad (1)$$

根据概率积分法计算得到的模型最小长宽为740m×740m×500m。在采空区模型中仅考虑整个模型在重力下所引起的岩层的变化以及管道力学行为变化。由于整个模型重力作用会引起模型岩层应力不平衡，为了平衡模型的地应力，在模型的一般分析步中设置地应力分析步以平衡由于重力引起的地应力。整个土体模型均采用摩尔库伦模型（M-C模型），根据实际工程中管道的破坏状况，考虑管道的弹塑性变形。

模型的边界条件根据实际情况设置为模型下表面为完全固定，模型上表面为自由面，模型管道走向方向上与垂直管道走向方向上的边界条件设置为约束相应的水平位移，如图4所示。管道与管周土间摩擦系数为0.5。

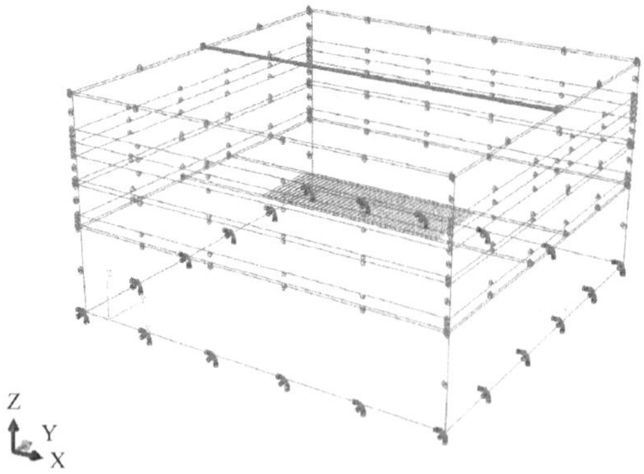

图4　模型边界条件

由于煤层开采区域为400m×160m，煤矿开采进度约为2m/d，以5天为一个步长，将煤矿开采区域分为40份，开采推进方向以10m为一个分析步，共设置40个分析步，在每一步中运用ABAQUS有限元软件中的生死单元功能，即在相互作用里设置相应的型号改变功能，使得对应的区域在分析步中对其相应的消失，达到模拟逐步开采的过程。为了提高精度将管道周围网格进行部分加密。

2.2　模型验证

由于运用有限元建立管-土耦合三维模型较为复杂，故选取模型长与宽为720m、740m、760m、780m、800、820、840m作为模型长宽敏感性分析。分析结果如图5所示。

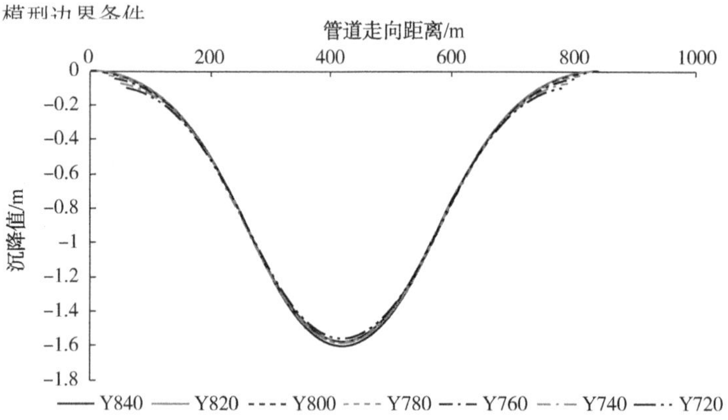

图5　不同模型长度沉降值对比

由上图可以看出，在模型尺寸为720m、740m、760m、780m时，管道两端仍然有些许的沉降值，分别为0.009m、0.006m、0.004m、0.002m，在模型长度达到800m时模型两端沉降值接近于0，且在820m和840m的模型长度时两端长度也接近于0。故选取模型长度为800m作为本次研究的模型长度，且取模型为正方形，模型全部尺寸确定为800m×800m×500m。

以最新模型尺寸计算得到的管道上下沉值与实际检测下沉值相对比，对比结果如图6所示。从对比图上可知由有限元计算得到的管道下沉值与实际监测得到的下沉值十分接近，则可以认为在此模型的基础上分析管道力学行为受煤层工作面不断开采的影响是可信的。

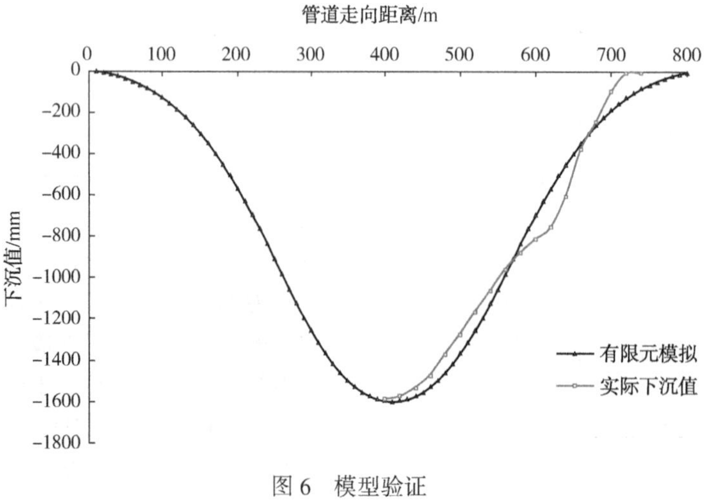

图6　模型验证

3 采空区模拟结果分析

根据有限元数值模拟结果，得到了在开采时间不断变化的情况下管道受到采空沉陷的影响。其开采 100m、200m、300m、400m 时土体的位移云图如图 7～图 10 所示。根据地表管-土位移得到在工作面开采 100m、200m、300m、400m 时的管道的下沉位移和管道应力曲线及不断开采时管道最大下沉值和管道最大应力值如图 11～图 14 所示。根据工作面不断开采过程整理得到管道上最大对数应变曲线如图 15 所示。

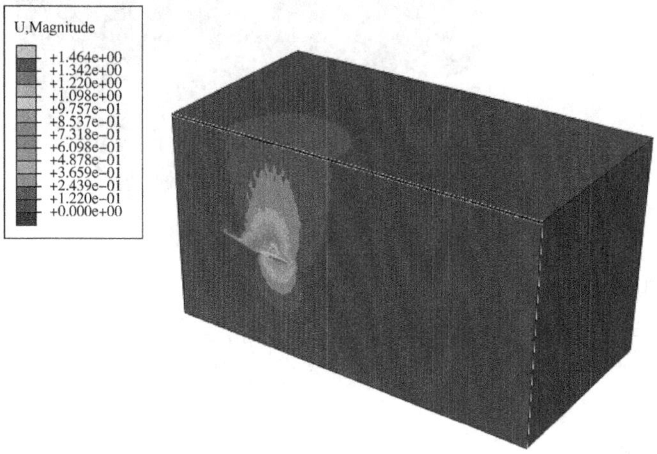

图 7　开采 100m 时土体位移云图

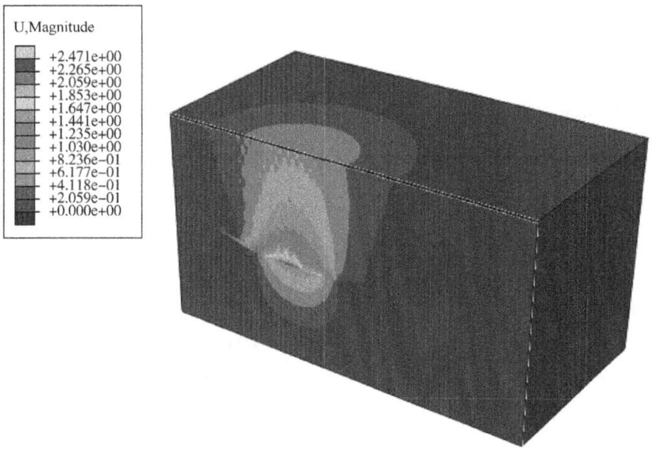

图 8　开采 200m 时土体位移云图

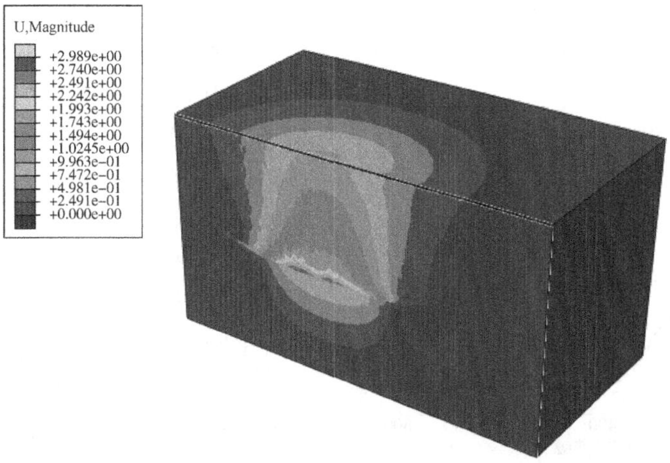

图 9　开采 300m 时土体位移云图

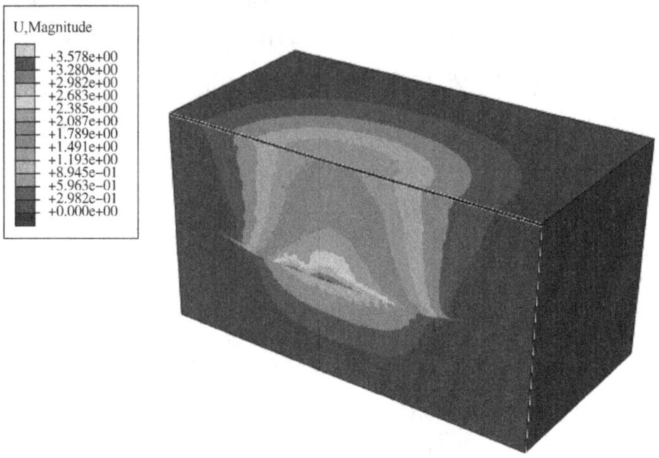

图 10　开采 400m 时土体位移云图

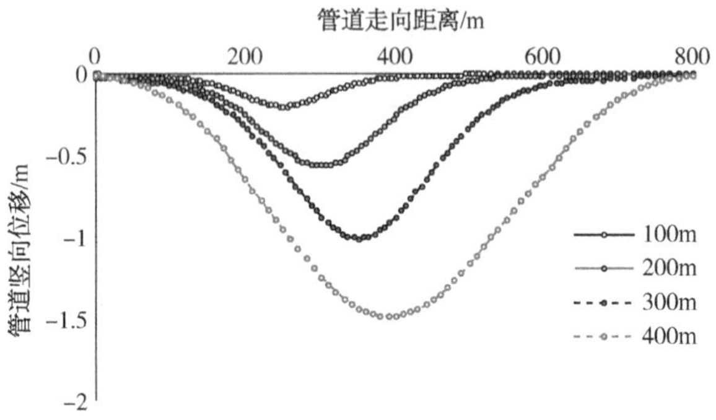

图 11　管道下沉位移曲线

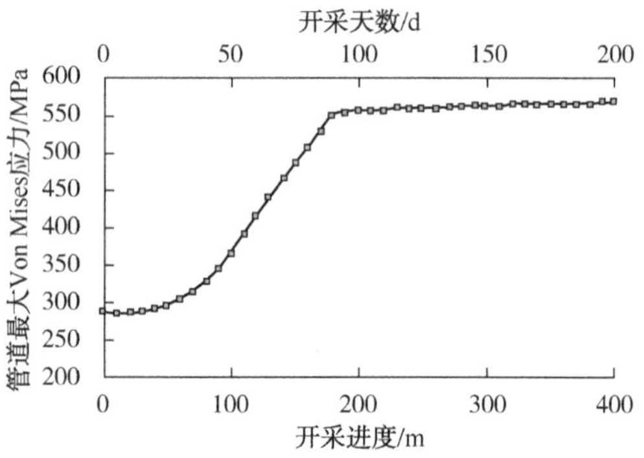

图 14　管道最大应力曲线

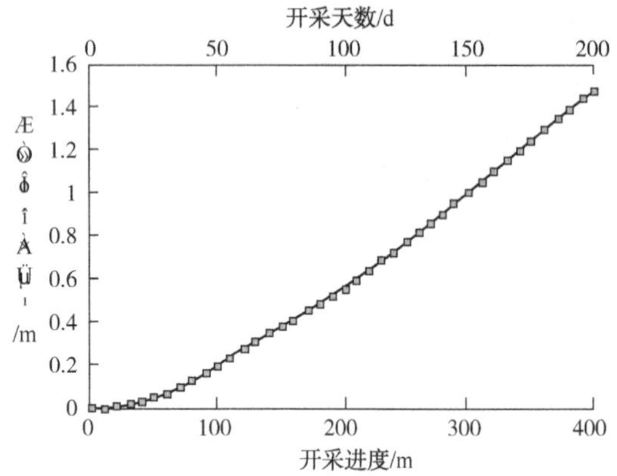

图 12　管道最大位移曲线

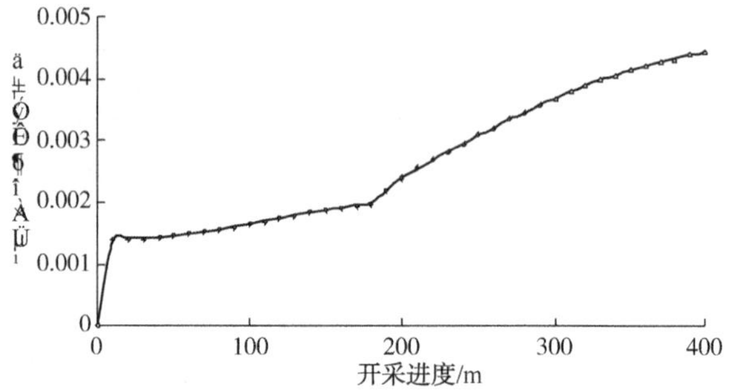

图 15　管道最大对数应变曲线

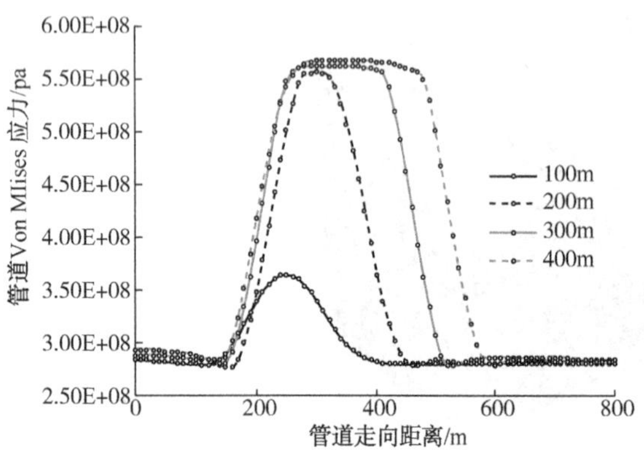

图 13　管道 Von Mises 应力曲线

由图 7~图 10 可知，随着开采的不断进行其由采空引起地表的位移逐渐加大，逐渐成漏斗状。其中开采 100m 时土体最大位移值为 1.464m，开采 200m 时土体最大位移值为 2.471m，开采 300m 时土体最大位移值为 2.989m，开采完成时土体最大位移值为 3.578m。且最大位移位置都位于煤层工作面相应开采距离的顶板位置。

由图 11~图 12 可知，工作面开采 50 天达到 100m 时管道的最大下沉位移为 0.196m；开采 100 天达到 200m 时管道的最大下沉位移为

0.560m，开采达到300m时管道的最大下沉位移为1.006m，开采200天完成后管道的最大下沉位移为1.481m。最大下沉点分别位于管道走向250m、300m、350m、400m处，且管道位移量关于最大下沉点所在的轴对称。由开采完成后地表的位移曲线可知该工作面并未达到充分开采条件。

根据图13~图14可知，随着开采的不断进行，管道上的应力也不断增大，由图可知开采90天到达180m时管道上已有一点达到屈服应力555MPa，从此时开始管道进入塑性变形阶段。当开采达到200m时管道已经有一定区域超过屈服应力，最大应力达到555.68MPa。随着开采的进一步增加，管道上达到屈服应力的范围也逐渐增加，但增加幅值较小，开采完成后管道最大应力为567.97MPa，未达到管道的极限应力650MPa。

由图15可知，在开采90天达到180m时，管道进行的弹性变形，其管道上的对数应变量呈直线变化。而当达到管道屈服应力后，管道上的最大对数应变开始急剧上升。由应变失效准则计算得到的管道极限拉应变不超过2.5%，换算为对数应变则为0.0247，即煤层工作面开采105天达到210m时达到管道极限拉应变，即在此往后开采管道则会发生破坏。

4 结论

针对该实际采空区案例，通过有限元软件对采空区工作面上覆油气管道进行模拟分析，得到以下结论。

（1）即使煤层工作面开采未达到充分开采条件，其地表下沉也会引起管道的破坏。

（2）管道在运行过程可采用基于应变准则作为管道失效的判据，这有利于进一步发挥管道的性能。

（3）对于即将开采的煤层工作面根据上覆管道的应力应变状态预测工作面开采面积。

参考文献

[1] Cui X M, Li C Y, Hu Q F, et al. Prediction of surface subsidence due to underground mining based on the zenith angle [J]. International Journal of Rock Mechanics & Mining Sciences, 2013, 60 (6): 246-252.

[2] 吴韶艳，文宝萍．采空区埋地油气管道变形数值模拟分析[J]．安全与环境学报，2014，14(04)：87-91.

[3] 吴韶艳．不同地质环境中煤层采空对油气管道安全的影响研究[D]．中国地质大学(北京)，2014.

[4] 徐平．采动沉陷影响下埋地管道与土相互作用及力学响应研究[D]．中国矿业大学，2015.

[5] 何国清，杨伦，等．矿山开采沉陷学[M]．徐州：中国矿业大学出版社，1991：125-127.

[6] 蒋宏业，王惠，徐涛龙．采空塌陷区埋地输气管道的变形及受力分析[J]．中国安全生产科学技术，2016，12(02)：45-51.

[7] 赵晓东，陈阳，蒋建．任意形状工作面沉陷预测的概率积分法及其应用[J]．岩土力学，2016，37(12)：3387-3392+3400.

[8] Allen C W. Subsidence resulting from the Athen system of mining at Negaunee, Michigan[C] Proceedings of America Institute Mining and Metallurgical Engineering, 1934, 109: 195-202.

[9] Rice G S. Ground movement from mining in Brier Hill mine , Norway, Michigan[C] Proceedings of America Institute Mining and Metallurgical Engineering, 1934, 109: 118-152.

[10] Baryakh A A, Telegina E A, Samodelkina N A, et al. Devyatkov. Prediction of the Intensive Surface Subsidences in Mining Potash Series [J]. Journal of Mining Science, 2005, 41(4).

[11] Álvarez - Fernńndez M I, Gonzúlez - Nicieza C, Menéndez-Díaz A, et al. Generalization of the n-k influence function to predict mining subsidence [J]. Engineering Geology, 2005, 80(1).

[12] Gonzalez-Nicieza C, Alvarez- Fernandez M I, Menendez-Diaz A, et al. The influence of time on subsidence in the CentralAsturian Coalfield[J]. Bulletin of Engineering Geology and the Environment, 2007, 66 (3).

[13] Wood. Larnaeh Drum constitutive Modeling and Finite Element Analysis of Ground Subsidence due to Mining [J]. University of Oklahoma, 1990.

[14] Sirivardane and Amanda. Displacement Based Approach for Prediction of Subsidence Caused by Long wall Mining Numerical Method, Proc, Thi, ntc, onf on computer. Method, 1991.

[15] Yao. X. L and Reddish D. J. Nonlinear finite Element Analysis of Surface Subsidence Arising From Indined Sean Entraction, INT. 1. RODK, Mech. &. mining SCL1993 (4).

[16] 王金东．采空沉陷区天然气管道的危险性评价

[D]. 西安科技大学，2013.
[17] 韩冰，王芝银，吴张中，等. 基于应变理论在采空区管道失效分析中的应用[J]. 中国石油大学学报(自然科学板)，2012 36(4)：134-138.
[18] 王晓霖，帅健，张建强. 开采沉陷区埋地管道力学反应分析[J]. 岩土力学，2011，32(11)：3373-3378+3386.
[19] 蒋宏业，王惠，徐涛龙. 采空塌陷区埋地输气管道的变形及受力分析[J]. 中国安全生产科学技术，2016，12(02)：45-51.
[20] 夏梦莹，张宏，王宝栋，等. 基于壳单元的连续型采空区埋地管道应变分析[J]. 油气储运，2018，37(03)：256-262.
[21] 中华人民共和国煤炭工业局. 建筑物、水体、铁路及主要井巷煤柱留设与压煤开采规程[M]. 北京煤炭工业出版社，2000.
[22] 房茂立，刘建武，郑伟. 湿陷性黄土地区管道基于应变的设计方法[J]. 油气储运，2016，35(08)：888-892.

信息化技术在中缅油气管道第三方施工现场布控中探索与应用

邱光友　朱彦祥　吕正龙　刘　陇　段继敏

（国家石油天然气管网集团有限公司云南分公司）

摘　要　随着我国城市建设、乡村经济的蓬勃发展，各类施工项目对长输油气管道的威胁也越来越大。尤其是处于经济快速发展地区的管道，人口稠密、社会敏感度高、规划建设与管道安全矛盾较为突出，管道周边地方生产建设活动频繁，第三方施工以每年15%增长率呈线性递增趋势，违章占压、第三方施工伤害等因素时刻威胁管道本体安全，因此防止第三方施工破坏成为了保障管道安全运行的重中之重。现基于《陆上油气管道第三方施工管理技术规范（试行）》要求和现场实际风险优化现阶段施工管控管理模式，总结提出在现有管控措施基础上增加断线报警器+声光报警装置+视频监控等信息化布控技术防范措施，实现全天候、线上线下相结合的监督管理与全方位防控第三方施工作业损伤管道、光缆风险，加强第三方交叉施工风险防控，在现场标准化安全管控基础上向数字化管理水平提升，实现管道安全保护范围内施工作业信息化管控。

关键词　信息化技术；油气管道；第三方施工现场布控；探索与应用

1　第三方施工管控现状

1.1　第三方施工损坏案例原因分析

为总结有效经验，全面梳理管道第三方施工防控失效原因，本次共梳理了6起近年来油气管道沿线的第三方施工伤管、伤缆事件（表1），经过分析，发生第三方伤管、伤缆事件的主要原因有第三方施工单位违法在管道保护范围内进行机械钻孔施工、风险区域布控措施不到位、施工信息收集不到位、桩牌设置不到位及防控措施单一等。

表1　油气管道沿线的第三方施工伤管、伤缆事件

序号	案例	事件经过	原因分析
1	xx线“5.2”管道泄漏事故	2020年5月2日，××公司××处位于××线桩号JWX44+78m处泄漏，泄漏点呈20mm×10mm圆孔状。	地勘施工人员在现场存在警示桩和河流浆砌石护底等保护标识的情况下，在未了解掌握地下天然气管道相关信息的情况下直接在管道上方违法野蛮施工作业，地勘钻孔机打孔损伤管道是造成天然气管道泄漏的直接原因。
2	xx线“4.9”管道泄漏事故	2020年4月9日19时50分，××公司××管道，XB-0129#桩+220m处，管顶埋深约1.5m，机械挖掘管道泄漏事故，泄漏尺寸约7cm×14cm，5处本体损伤，损伤管道长度约1.8m。	中电建公司机械操作手不清楚管道位置，夜间机械挖掘施工，导致管道天然气泄漏。
3	××支线“4·10”管道泄漏事故	2020年4月10日14时29分，××线K41+400m处，装载机平整农田道路，造成管道破裂。	××有限责任公司装载机司机未掌握施工现场地下管道具体位置和埋深的情况下，擅自在管道附近平整农田道路，导致装载机铲斗上的一个铲齿插入正在运行的天然气管道，造成管道破裂，引发泄漏。

续表

序号	案例	事件经过	原因分析
4	XX 支线第三方施工损伤管道泄漏事故	2022 年 12 月 15 日 10 时零分，XX 项目部在临时便道施工时，挖掘机铲齿将 XX 支线天然气 K35+900 处管道刺破直径约 8 厘米孔洞，造成形成天然气泄漏。	××铁路八标段项目部在临时便道施工时，挖掘机铲齿将苍贺支线天然气 K35+900 处管道刺破直径约 8 厘米孔洞，造成形成天然气泄漏。
5	XX 支线第三方施工伤缆事件	2018 年 3 月 9 日 14 时，XX 支线阀室间光缆通信中断。xx 输气管道工程项目在与管道桩号 185m+300m 处交叉施工时将光缆挖断。	施工单位破坏隔离设施，采用机械方法野蛮施工导致断缆。管道管理单位第三施工监护不到位。
6	xx 线第三方施工伤缆事件	2020 年 8 月 20 日 17 点 00 分，xx 线阀室间光缆通讯中断。江苏润豪电力工程有限公司在编号 O：3157~20m 光缆桩位置使用机械钻孔安装电力设施，导致光缆损坏。该处断缆处管道埋深约 2.2m，光缆埋深约 1.6m，管道与光缆水平偏移 1.5m。	施工单位违法在管道保护范围内进行机械钻孔施工。风险区域布控措施不到位。施工信息收集不到位。桩牌设置不到位。

1.2　第三方施工过程管控现状

目前第三方施工过程管理严格执行《陆上油气管道第三方施工管理技术规范》进行现场告知，布控警戒管理，已采取安全管控措施主要有：聘请专人监护、现场设置硬隔离、增设警示牌及架设视频监控系统等措施进行安全防控，同时增加巡检关键点，区段长、管道保护人员每日现场巡检。对于一些间歇性第三方施工及大型交叉第三方施工，存在临时复工、野蛮施工等造成通讯中断、管道损伤不安全行为，需强化现场安全布控措施，实时监控作业现场，强化风险安全监督管控管理。

2　第三方施工管控方式选择

2.1　小型第三方施工

在小型第三方施工管理方面，实行“三步法”安全管理(图 1)，按照“快速服务，快速通过”原则，基于《第三方施工管控标准化手册》小型第三方施工过程管控要求，结合现场实际，落实联合勘察、开挖探坑、联合验收等现场标准化、流程化管理(表 2)。

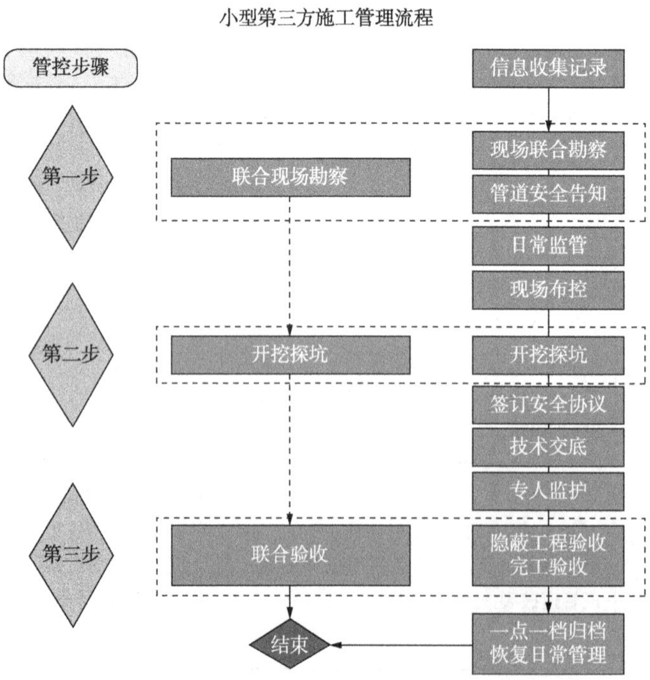

图 1　小型交叉第三方施工管理“三步法”

表 2　小型第三方施工管控方式选择

序号	小型第三方施工类型	快速通过管道保护方案	是否开挖探坑
1	自来水管、线缆等与管道交叉，因特殊原因无法下穿的情况，采取在上方穿越管道(水平定向钻、顶管等隐蔽施工工艺除外)。	在满足安全间距、交叉角度和区段长现场监护的条件下，管道交叉点两侧 7m 范围内人工开挖至第三方所需深度，区段长现场监护，快速通过。	是
2	自来水管、线缆等与管道距离 7 米外伴行。(水平定向钻、顶管等隐蔽施工除外)。	准确测定管道及光缆走向、埋深，在管道中心线两侧 7 米范围外的情况下，区段长现场监护，快速通过。	否
3	农耕路、乡间道路与管道交叉(不开挖)。	在满足管道最小覆土的前提下，区段长现场监护，快速通过。	否
4	对已建道路进行修复(不开挖原道路基础)。	区段长现场监护，快速通过。	否
5	修建小型构建筑物(管道及光缆中心线两侧各 7 米范围外，不形成高后果区)。	在符合国家法律及强制规范的情况下，做好现场布控，区段长现场监护，快速通过。	否
6	种植树木。	准确测定管道及光缆走向，确保管道两侧 5m 不种植，区段长现场监护，快速通过。	否
7	挖排水沟、灌溉渠等(交叉范围内管道上方剩余覆土均超过 0.8m)。	管道两侧 5m 范围内人工开挖，区段长现场监护，快速通过。	否
8	挖排水沟、灌溉渠等(交叉范围内管道上方剩余覆土小于 0.8m)。	管道两侧 5m 范围内人工开挖，增加钢筋混凝土盖板，区段长现场监护，快速通过。	是
9	土地平整(只填不挖，但非高填方)。	区段长现场监护，快速通过。	否

2.2　中、大型第三方施工

在中、大型交叉第三方施工管理方面，实行“六步法”管理，围绕管道、光缆保护原则，从现场联合勘察、开挖探坑、审查施工方案、签订保护协议、施工过程监督及联合验收等六个管理步骤强化施工现场风险管控，同时辅助现场物体、技术安全防范措施强化过程安全管控图 2。

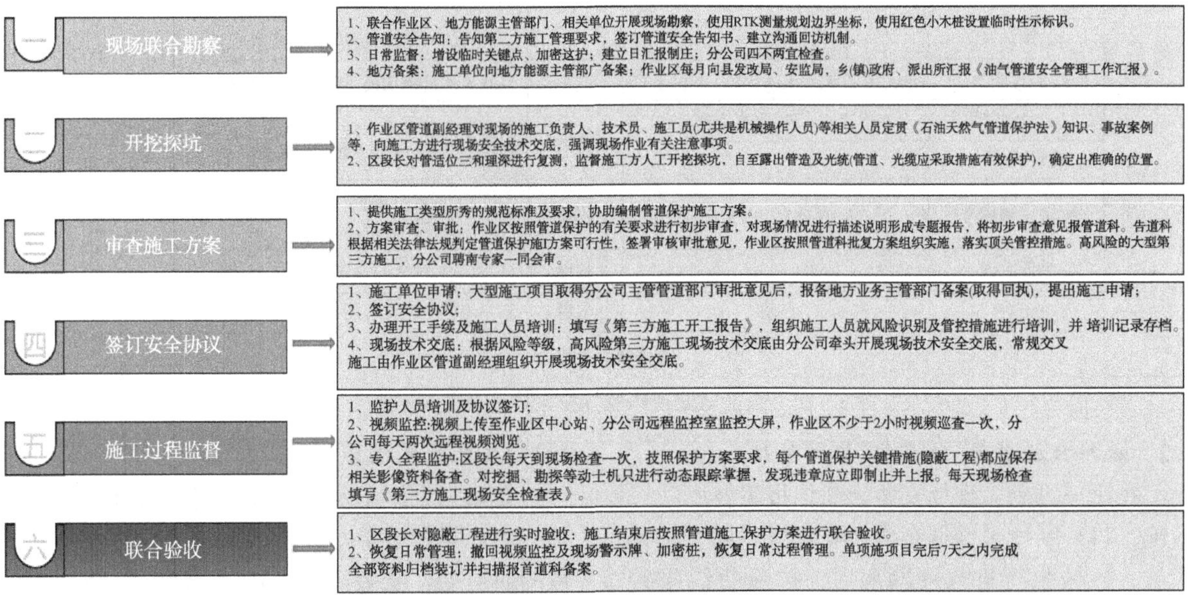

图 2　中、大型交叉第三方施工管理“六步法”

3　第三方施工信息化布控技术要点

3.1　视频监控“信息化”应用管理

在第三方施工现场安装视频监控技术防控措施，通过现场安装太阳能视频监控器，实现第三方施工点全天候可视化监控，避免巡检盲区和时间空档期(图 3)。通过现场实践比选，现场设备选取情况见表 2。

表 2　安装视频监控现场施工选取方案

序号	项目	实践选取方案	选取特点
1	监控立杆选取	采用直径为 8cm 的薄镀锌管(重量轻，方便移动)、刷漆；立杆底座使用尺寸为 15cm×15cm、厚 3cm 铁板。铁板与混泥土基础通过螺栓连接，为便于后期拆卸重复使用，成本 300 元。	该套设备价格便宜，使用方便(白天太阳能供电，晚上自带蓄电池供电，经使用观察，自带蓄电池能满足 2 天使用)。
2	前端监控	采用双光源低功耗太阳能 4G 球机(xiao vv)；价格 599 元，包括太阳能板、4G 卡；像素 200W。 具备实时监视、远程喊话、红外夜视等功能，经济适用。	
3	布控位置	覆盖全部硬隔离区域；安装高度 3m(根据现场调整)。	

前端监控　　自制监控立杆　　视频监控器

像索	200W	红外灯	2颗红外点阵灯+2颗白光LED灯
sensor分辨率	1/2.9"CMOS 1920*1080	网络	LTE4G网络-SIM流量卡(支持移动、联通、电信)
			LTE-FDD:B1/3/5/8
镜头	3.6MM		LTE-TDD:B38/39/40/41
视场角	最大视场角D:110° ± 5° H : 90° ± 5°	夜视	双滤光片自动切换, 10-15米(因环境而异)
PTZ云台调整角度	水平方向: 270°垂直方向:90°	音频	内置全向降噪麦克风和扬声器，支持双向实时音频传输，ADPCM音频压缩标准，自适应码流
可设预置位	6		
视频压缩标准	H.265/15FPS	报警	①PIR人体红外检测，支持图片推送;②人形入侵检测，支持图片推送;
最低照度	0.01 Lux	存储	TF卡(最大128G);云存储/云盘(可选)
电子快门	自动	电源	5V/2A(供电或太阳能+18650电池包供电

摄像头参数

图 3　交叉施工区域视频监控全天候现场监视系统参数

3.2　云断线报警器“信息化”应用管理

在第三方施工现场安装云断线报警技术防控措施，将云断线报警器布设于硬隔离四周，具备人员、机械强行进入硬隔离后，拉断断线报警器，断线报警器后台将自动拨打电话至区段长、作业区经理手机，与视频监控系统联动，提醒用户及时查看，及时掌握是否有人员或机械进入隔离区域，做的全方位安全防范管控。通过现场实践比选，现场设备选取见表 3 及图 4。

3.3　安装声光报警“信息化”应用管理

在第三方施工现场安装声光报警技术防控措施，声光报警装置布控于人员进入管道硬隔离区域的通道处，安装高度 2m。结合施工类型，提前转换、录入报警提示语音，实现进入施工保护区域后，自动语音提醒，通过声光报警语音警示周边人员，防止破坏管道。通过现场实践比选，现场设备选取见表 4 及图 5。

表 3　现场施工选取方案安装云断线报警

序号	项目	实践选取方案	主要功能
1	工作原理	报警器引出两根金属线(原配电线很短，需要自行使用电线接长，一卷配线为 250m)，将引出线穿过物品、空间、场地后将端点闭合，一旦断线报警器立即鸣笛报警，电话告警提醒。	1、第一时间告知区段长，作业区经理等相关管理人员 2、及时掌握是否有人员或机械进入隔离区域
2	布控位置	布控于硬隔离区域	
3	报警电话设置	通过 APP 设置报警联系人(最多设置 4 名紧急联系人)	
4	供电方式	采用 9#电池供电，正常情况工作时长为 3 个月，同时具备电池电压低报警功能	

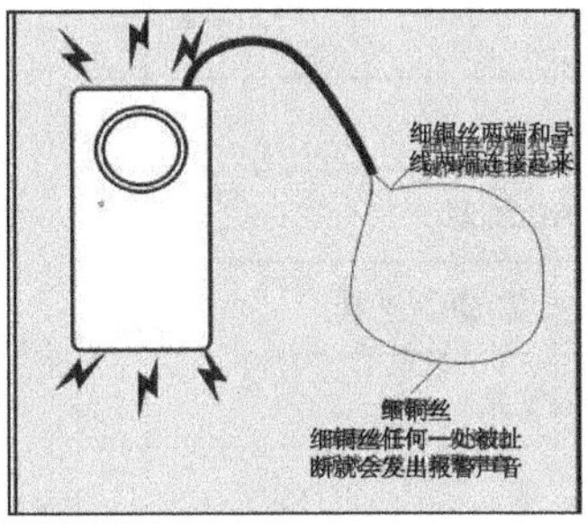

原理图

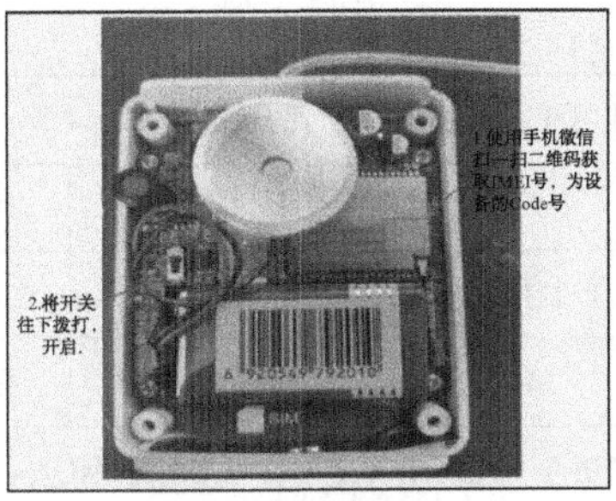

内部结构

断线报警器

第三方施工现场布控航拍图

图 4　交叉施工区域云断线报警装置布设

表 4　现场施工选取方案安装声光报警

序号	项目	实践选取方案	主要功能
1	立杆	选用材质、安装方法和太阳能视频监控器一致	提前录入报警提示语音，实现进入施工保护区域后，自动语音提醒，通过声光报警警示周边人员，防止破坏管道。
2	布控位置	布控于人员进入管道硬隔离区域的通道，安装高度 2~2.5m	
3	语音设置	通过连接电脑即可进行语音设置，实现多语音提示(边疆少数民族人员活动施工区域多语音安全提醒告知)	
4	供电方式	采取太阳能板供电方式，连续阴雨天能正常工作 7 天左右	
5	语音内容	您已进入中缅油气管道施工保护区域，为保护你的人身安全请勿靠近。中缅油气管道属于国家能源动脉，受法律保护，严禁在管道中心线两侧各五 m 范围内机械施工，严禁占压管道，严禁损坏、破坏管道附属设施，损坏管道标识，否则将承担相应的法律责任，油气管道报警电话：0692-5107306。	

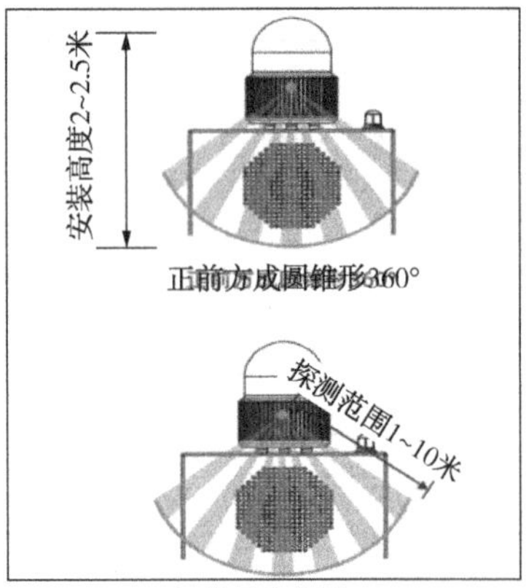

红外感应范围

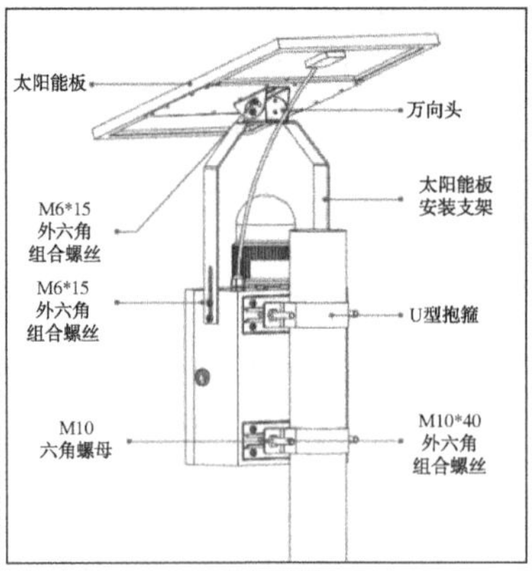

安装示意图

声光报警器

工作环境	在光照环境下或内置锂电池存在电量的状态下		
额定功率	15W	声级	120dB(可调)
示警方式	微波或红外感应控制报警	发光颜色	红/黄/蓝/绿(可选择)
光源类型	LED发光	发光方式	频闪发光
音调	默认十七种报警语音(特殊语音可定制，可自主更换语音)		
材质	壳体：冷轧板；灯罩：PS	防护等级	IP65
工作温度	-20℃~60℃	工作湿度	≤95%
安装方式	U型抱箍固定	参考重量	5.0Kg
感应方式	红外感应、微波感应、红外微波同时感应三种感应模式		

声光报警器参数

图5　交叉施工区域自助识别语音提示声光报警装置参数

3.4　其他辅助“信息化”应用管理

通过信息收集、责任落实、日常监督、现场布控及资料归档等其他辅助手段，进一步夯实第三方施工现场信息化布控、安全监督管理成效，进而提升第三方施工现场风险管控水平。

3.4.1　信息收集“网格化”管理

强化信息收集是坚实迈出防范第三方施工损伤风险第一步。一方面从岗位、区域及时间段等方面拓宽信息收集渠道，另一方面与政府治安联防建立“网格化”联络机制，壮大信息员队伍，将沿线村组街道干部、水/土管员、厂区门卫等关键人群发展为信息员，发挥村组关键少数的作用，并建立信息奖励制度。

3.4.2　责任落实“系统化”管理

（1）组织河流沟渠专项排查：组织对辖区管道与河流、沟渠交叉点进行了地毯式摸排，统计与管道交叉信息，建立沟通联系机制，逐一对权属单位开展宣传并签定管道保护安全告知书，防止清淤、修渠损伤管道和光缆。

（2）大型线性第三方施工提前介入管理：在规划阶段提前介入获取信息，协调工程项目调规避让管道等相关事宜；可研、初步设计阶段主动协调，告知管道保护相关法律法规、标准规范要求，对接优化交叉施工管道保护方案。

（3）强化移民搬迁和工业园区沟通协调：通过开展多渠道信息收集，与地方发改、住建、自然资源局等部门建立有效沟通机制，将管道沿线安全距离不足的地方规划项目调规至200m以外，对于无法调规的组织安全评估并立即纳入到第三方施工进行管控。

3.4.3　日常监督“痕迹化”管理

按照对管道的风险和应对措施的不同，划分为大、中型第三方施工与小型第三方施工进行精细化安全管控，建立“专职看护人员、专职区段长、工程师、作业区经理或书记”四层级监督管理模式，一方面通过巡护工每天巡检2次，区段长每天现场巡查1次，作业区每周巡查2次，强化巡检监督管理，另一方面严格执行各层级

“4321”视频检查频次监督管理模式，并建立施工点微信群，专职看护人员每 2h 图片+视频按时汇报工作群，及时规避现场视频监控出现“网络信号不稳定和设备缺陷故障”等问题，促进“四防”建设有效落地、落实。

3.4.4　现场布控“标准化”管理

（1）“通视化”管道标识管理：按照《陆上油气管道第三方施工管理技术规范》，第三方施工现场采用三角旗标识管道、光缆位置，红色矩形旗布设于硬隔离围栏上，实现管道、光缆位置、走向及布控施工安全区域清晰、通视。

（2）“标准化”现场隔离布控：于施工现场载设管控信息牌及安全警示标牌，用于施工现场警示提示，实现第三方施工信息可视化管理。并在交叉施工安全管控区域，采用带立柱的网格铁丝网进行硬隔离安全布控，做到安装牢固、整齐、美观，对布控区域进行封闭围挡和上锁管理。

3.4.5　过程资料“完整性”管理

第三方施工全部结束后，立即组织双方现场查验，严格按照管道施工保护方案进行验收（必要时由上级管道保护主管部门组织现场验收），留存影像资料，填写《第三方施工现场验收记录表》，经验收合格并收到完整的存档资料且双方确认签字后，施工方可办理退还施工安全保证金。同时应用 IMS 系统施工作业信息化管控平台，从信息收集、过程管控步骤监督提醒、管道保护措施落实到全过程资料整理形成闭环管理。

4　实际案例

4.1　中缅油气管道 K014+980m 处水渠交叉第三方施工现场信息化布控管理

（1）施工内容：瑞丽市水利局瑞丽市芒约村南约河河道水利工程与管道交叉施工，采取机械清沟、开挖挡墙基础施工作业。

（2）施工过程风险：河道与管道交叉，修建河道使用机械开挖基础、清淤河道，可能造成管道光缆损坏，同时施工过程中可能通行重车，形成重车碾压。

（3）采取管控措施：采用硬隔离（彩钢板）+摄像头+断线报警器+管道旗、光缆旗和三角旗+警示牌+自动语音提示装置等信息化、智能化管控措施，全方位落实第三方施工过程安全管控管理（表 5、图 6）。

表 5　施工现场相关防护措施

序号	防护措施	内容	备注
1	人防措施	现场设置专人全程看护，区段长每日现场巡检，拍摄水印相机进行安全监督管理。	
2	物防措施	现场设置管道、光缆“三角旗”标识，安装施工信息牌、安全提示牌等目视化标牌，同时施工作业安全防护区域设置硬隔离安全防护措施，硬隔离四周插上印有安全提示标语的红色矩形旗。	
3	技防措施	在硬隔离网四周安装云断线报警装置，及时预警施工进入安全防护区域；于进出入口处安装 1 台声光报警装置，开展自主识别安全提示预警管理；同时安装 1 台视频监控系统，具备热成像及远程语音对话功能，24h 实时监护作业现场。	
4	信息防范措施	建立企地联防机制，每月定制走访属地政府管理部门，及时了解规划建设施工信息；同时拓宽信息收集渠道，发展信息员，定期组织管道保护宣传活动。	

图 6　施工现场布控示意图

4.2 中缅油气管道 K109+370m-K110+250m 处芒

4.2.1 施工内容

中冶交通建设集团有限公司在中缅油气管道 K109+370m-K110+250m 处修建芒梁高速公路与管道 9 处交叉，涉及管道长度 880m。

4.2.2 施工过程风险

主要风险有：施工路面无保护，重车碾压；施工人员不按施工工序进行施工或机械挖掘作业，破坏管道及光缆；同时存在重物堆放在管道上方，形成占压；且施工周期长，过程安全管理难度大。

4.2.3 采取管控措施

采用硬隔离(彩钢板)+摄像头+断线报警器+管道旗、光缆旗和三角旗+警示牌+自动语音提示装置等信息化、智能化管控措施，全方位落实第三方施工过程安全管控管理(表 6)。

表 6 施工现场相关防护措施

序号	防护措施	内容	备注
1	人防措施	现场设置专人全程看护，区段长每日现场巡检，拍摄水印相机进行安全监督管理	
2	物防措施	现场设置管道、光缆“三角旗”标识，安装施工信息牌 2 块、安全提示牌等目视化标牌 16 块，同时交叉施工作业安全防护区域 880m 设置硬隔离安全防护措施，硬隔离四周插上印有安全提示标语的红色矩形旗；并在施工便道区域设置双层钢筋混泥土盖板保护措施。	
3	技防措施	在硬隔离网四周安装云断线报警装置，及时预警施工进入安全防护区域；于进出入口处安装 3 台声光报警装置，开展自主识别安全提示预警管理；同时安装 3 台视频监控系统，具备热成像及远程语音对话功能，24h 实时监护作业现场。	
4	信息防范措施	建立企地联防机制，每月定制走访属地政府管理部门，及时了解规划建设施工信息；同时拓宽信息收集渠道，发展信息员，定期组织管道保护宣传活动。	

图 7 施工现场布控示意图

4.3 中缅油气管道 K019+690m 处新建瑞丽弄岛

4.3.1 施工内容

云南交投集团云岭建设有限公司在中缅油气管道 K019+690m 处新建瑞丽至弄岛高速公路与管道交叉，涉及管道长度 160m。

4.3.2 施工过程风险

主要风险有：施工路面无保护，重车碾压；施工人员不按施工工序进行施工或机械挖掘作业，破坏管道及光缆；同时存在重物堆放在管道上方，形成占压。

4.3.3 采取管控措施

采用硬隔离(彩钢板)+摄像头+断线报警器+管道旗、光缆旗和三角旗+警示牌+自动语音提示装置等信息化、智能化管控措施，全方位落实第三方施工过程安全管控管理(表 7)。

表 7　施工现场相关防护措施

序号	防护措施	内容	备注
1	人防措施	现场设置专人全程看护，区段长每日现场巡检，拍摄水印相机进行安全监督管理	
2	物防措施	现场设置管道、光缆“三角旗”标识，安装施工信息牌 1 块、安全提示牌等目视化标牌 8 块，同时交叉施工作业安全防护区域 80m 设置硬隔离安全防护措施，硬隔离四周插上印有安全提示标语的红色矩形旗。	
3	技防措施	在硬隔离网四周安装云断线报警装置，及时预警施工进入安全防护区域；于进出入口处安装 1 台声光报警装置，开展自主识别安全提示预警管理；同时安装 2 台视频监控系统，具备热成像及远程语音对话功能，24h 实时监护作业现场。	
4	信息防范措施	建立企地联防机制，每月定制走访属地政府管理部门，及时了解规划建设施工信息；同时拓宽信息收集渠道，发展信息员，定期组织管道保护宣传活动。	

图 8　施工现场布控示意图

5　结论

针对中缅油气管道线路管道点多线长面广，临时复工、野蛮施工等不安全行为无法实时监视和监管及第三方施工信息收集不及时、不准确等难题，通过不断探索新方法、新措施、新布控管理措施，为严防死守第三方施工损伤管道风险，深刻吸取“12・15”事故教训，从严从实做好施工全过程管控，在第三方施工安全管控和动态监督管理上狠下功夫，聚焦管道本体风险管控，筑牢管道安全防范措施，从适用性、经济性出发，通过现场实践应用，总结出了采用硬隔离+摄像头+断线报警器(自动拨打语音电话至区段长)+管道旗、光缆旗和三角旗+警示牌+自动语音提示装置(非法人员进入后自动驱离喊话)等信息化管控措施，有效应对不同类型第三方施工过程安全布控管理，全方位落实第三方施工过程安全管控管理，并实现以下工作目标：

(1) 弥补区段长巡检、看护工巡检盲区，做到全天候在线监督管理。

(2) 压实区段长岗位责任制，实现多层级同步监督管理。

(3) 落实交叉施工作业现场在线告警管理，实现语音、电话、信息多重告警预警管理。

(4) 落实第三方施工现场标准化、目视化、信息化管理。

(5) 利用 IMS 系统施工作业信息化管控平台，从信息收集，过程管控步骤监督提醒、管道保护措施落实、全过程资料整理，在现场标准化安全管控基础上向数字化管理水平提升，实现管道安全保护范围内施工作业信息化管控及闭环管理。

参 考 文 献

[1] 吕宏庆、李均．管道第三方破坏的原因及预防措施[J]．天然气工业，2005，25(12)：118-120.

[2] 彭知军．关于预防第三方施工工地燃气管道及设施破坏对策的探讨[J]．煤气与热力，2010 年第 6 期．
[3] 刘伟，赵云，等．关于第三方施工管理存在的问题及对策[J]．管道保护，2012 年第 5 期(总第 6 期)．
[4] 陈添森．加强第三方施工监管确保管道安全运行[J]．管道保护，2013 年第 3 期(总第 10 期)．
[5] 温帅．第三方施工破坏燃气管道原因分析及标准化管控措施探讨[J]．工程科技Ⅱ辑・建筑科学与工程・《城市燃气》，2021 年．07 期 4 页，第 22-25 页．
[6] 魏蕾郦．城镇燃气管道如何结合人工智能有效防范第三方施工破坏[J]．中国会议>・工程科技Ⅱ辑・建筑科学与工程；第 33 届全国天然气学术年会(2023)论文集(06 综合) 2023，3 页(第 1271-1273 页)．
[7] 陈华．智慧助力，严防燃气管道第三方施工破坏——智慧燃气的研究和应用[J]．中国会议・工程科技Ⅱ辑・建筑科学与工程．2021 第五届燃气安全交流研讨会论文集(下册) 2023，6 页(第 64-69 页)．
[8] 李博．基于 SWOT 分析的第三方施工质量安全巡查监管模式初探[J]．工程科技Ⅱ辑・建筑科学与工程・《居舍》，2023 年．33 期．
[9] 单珍珍 段威等．小型第三方施工风险管控实践[J]．管道保护．2024 年第 1 期．国家管网，陆上油气管道第三方施工管理技术规范（试行）．

浅析井工程区域数据湖设计与实践

杨克龙　庞　淼　冯思思　钟佳男　谈锦锋　马旌伦

（中国石油西南油气田分公司工程技术研究院）

摘　要　公司信息化历经十余年探索发展，历经分散建设、集中建设、集成应用三个阶段，正在迈向协同共享新阶段，努力建成“智能气田”。公司以“两统一、一通用”勘探开发梦想云为蓝图，实现上游全业务链数据互联、技术互通、业务协同与智能化发展，构建共创、共建、共享、共赢的信息化新生态为目标，借鉴数字化转型发展的技术趋势，结合公司上游数据库多、平台多、孤立应用多的“三多”现象，公司统建、自建系统多达上百个，接口上千个，数据无法共享、业务难以协同的信息化建设现状和数据应用时效，系统地研究了数据汇聚、存储和应用的层次划分，提出了逻辑统一、互联互通的公司区域数据湖方案，成功完成了试点验证，有效支撑了上游业务数据新生态的建设。

关键词　区域数据湖；数据生态；数据存储；建设应用；气田

1　引言

随着全球能源供求趋势的变化，能源价值链正在被颠覆，油气行业结构也正在发生着改变。同时，伴随着人工智能、物联网、云计算、大数据等智能技术的逐步发展，包括油气行业在内的传统制造业正走向新的数字化时代。近年来公司信息化建设取得快速发展，成效显著，信息化建设由原来的集中建设、集成应用阶段逐步迈进共享智能新阶段。2018 年，中国石油集团公司在年度工作会上提出“推进工业化与信息化深度融合，积极采用物联网、大数据、云计算、人工智能等先进技术，在建设数字化油田、智能炼厂、智慧加油站、智慧管道等方面取得新突破”的信息化建设要求。集团公司提出了“两统一，一通用”的建设蓝图，核心是建设统一数据湖和统一技术平台，搭建油气勘探、油气开发、协同研究、生产运行、经营管理和安全环保通用业务应用，实现上游业务“一朵云、一个湖、一个平台、一个门户”，提高公司的采收生产率，降低生产成本。区域湖和公司的融合，有效推进两化融合，提升数据质量、增强数据共享，提高后端大数据分析应用水平，为智能化气田奠定坚实基础。

2　区域数据湖

2.1　建设目标

以“标准规范先行、数据资产集中、数据应用共享”为目标，构建井工程全业务链条的，集地质设计、工程设计、钻前、钻井、录井、试油、完井储层改造、测井、微地震监测、实验检测、工程监督等 11 项数据类别于一体的多专业融合集成的井工程数据标准与存储结构，搭建各专业数据规范接入、质量严格控制、服务授权共享的数据资产化管控平台，推动建立源头清晰、接入规范、入湖及时、管控有力、应用便捷的井工程数据治理体系，打造井工程全业务链一体化协同的数据支撑能力，助力分公司实现勘探开发工程技术一体化协同研究模式。

2.2　总体架构

区域数据湖解决数据分散、交叉管理以及交换共享能力弱问题，提供数据从采集、治理到分析全生命周期的数据管理架构和治理体系，实现数据的统一集中化管理，保证了数据在采集、治理、存储、分析应用整个过程中的及时性、准确性、完整性和一致性。数据经过治理后，可以推送到共享存储层、分析层以满足公司数据共享和上层数据分析与应用的需求。同时，提供统一、安全、标准化的数据服务，为企业的生产开发，经营分析，项目研究提供数据的快速获取服务，让各个组织机构间的研究成果数据可以继承和共享。数据湖系统从数据建设、集成、治理、服务等方面提供全方位服务，帮助企业打造全面、良性的数据生态。

按照顶层设计要求，根据区域数据湖建设思路，细化公司数据存储及数据流向，形成油田区域数据湖架构(图1)。整个数据湖系统由5层结构组成，分别是数据源层、贴源层、中间治理层、共享存储层和分析层。历史数据在数据源层经过ETL工具采集到贴源层，经过初步转换后进入中间治理层；对于系统新产生的数据按照共享存储层的数据标准进行设计，通过入湖API直接进入中间治理环境。数据在中间治理层进行数据质量扫描和统一治理，满足共享层数据标准的数据可以推送到共享存储层实现区域湖、主湖数据共享，在分析层通过ElasticSearch来满足高速索引的需求，通过kylin实现OLAP查询，通过统一数据服务供上层应用调取数据或访问分析层。数据湖系统提供入湖数据的全生命周期管理。在数据源层，提供对各类数据源(Oracle、MySQL、PostgreSQL等)的接入。集成ETL工具和数据入湖API，实现数据在区域湖各层之间的流转。整个数据治理体系纵向贯通数据源、贴源层、中间治理层和共享存储层，持续开展标准规范建设，提供元数据管理、主数据管理、数据标准、数据质量监控等能力，并建立数据安全保障体系，提高数据湖的整体能力。

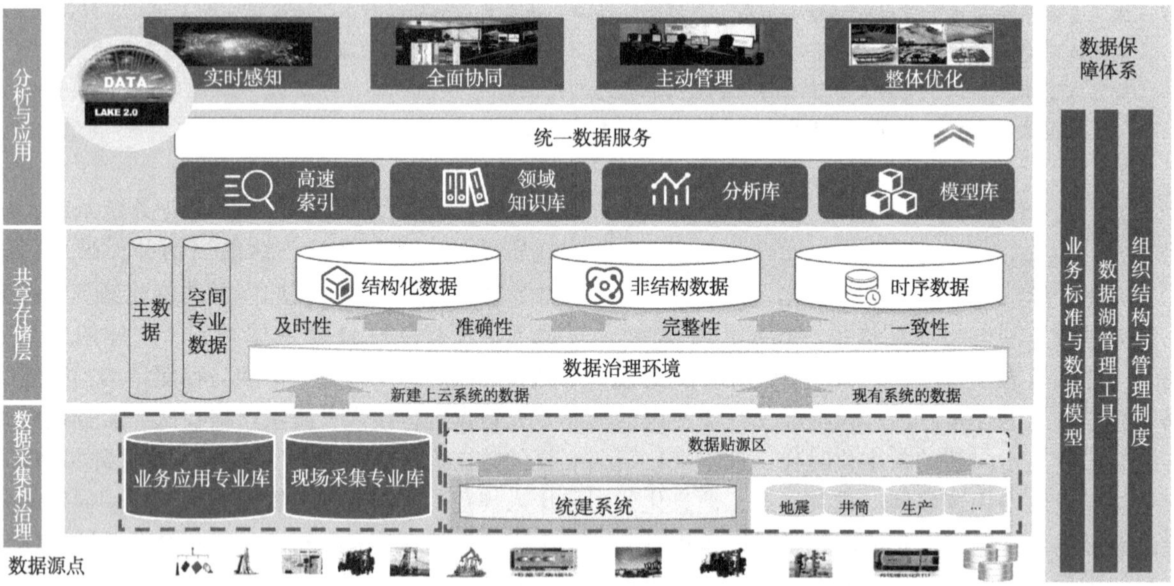

图1　区域湖总体架构图

整体来说，通过部署数据湖系统，实现数据的统一管理与治理，提高数据质量及数据应用价值。具体来说有如下几点：

(1) 数据湖采集企业众多系统中的数据，并进行统一、集中化的管理，解决信息孤岛问题。

(2) 通过主数据建立企业内各业务系统中数据的关联，打破数据壁垒，实现油气田业务数据全联接。

(3) 挖掘隐藏的数据关系网络，从而快速了解业务相关内容，提升效率。

(4) 建立企业级数据标准及业务规则，规范数据治理体系，全面提升数据质量。

(5) 提供统一、标准、安全的企业级数据服务，支助力企业快速、零成本搭建数据服务。

2.3　逻辑架构

区域湖由专业数据库层、共享存储层和数据分析层三部分构成，具体架构如图2所示。

(1) 专业数据库层：实现采集和业务应用专业库的统一管理，保证数据一致性与溯源能力；

(2) 共享存储层：围绕EPDM模型标准，按照业务覆盖范围持续扩展完善，建立完整的数据共享逻辑层，进一步强化逻辑统一、互联互通；同时按照非结构化数据、结构化数据和时序数据的不同的IT类型特点，选择有针对性的技术管理方案，支持对象存储和运算，更好的满足共享应用的需求；

(3) 数据分析层：在高速索引基础上，通过新建领域知识库，在实现数据检索的同时满足知识检索应用；基于共享数据层建立能够支撑六大业务领域通用分析应用的分析库环境，通过大数据环境下的数据建模和并行计算能力建设，大幅提高运算与分析效率；基于知识检索和数据充实等智能化应用的需要，建设知识检索和数据充实相关的知识图谱，建立人工智能模型库，发布智能算法服务 API。

图 2　数据湖逻辑架构图

2.4　技术架构

区域湖技术架构包括六大部分组成，分别是数据处理、数据存储、数据分析、数据安全、数据服务、管理控制台(图 3)。

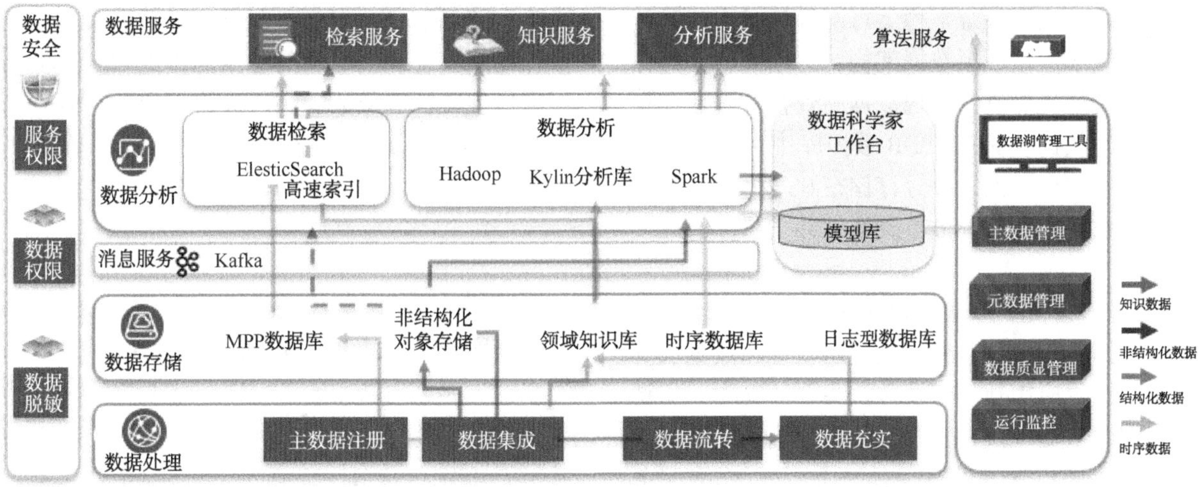

图 3　技术架构图

(1) 数据处理：包括主数据注册、数据集成，数据充实和数据流转模块。

(2) 数据存储：按照应用需引入对象存储、图数据库和时序数据库技术，时序数据存储能力升级。

(3) 数据分析：包括消息总线、数据检索(ES)引擎，数据分析功能模块，满足数据分析和可视化展示需求，其中部分采用 E4 项目中间件功能；建立人工智能应用支持能力。

(4) 数据安全：包括数据服务授权，增加数据脱敏模块，进一步强化敏感数据安全功能。

(5) 数据服务：包括数据检索服务模块，知识检索服务、数据分析服务，并基于智能模型增加算法服务模块。

(6) 管理控制台：提升管理控制台整体性，强化数据治理功能，实现应用 APP 数据库元数据纳管，满足主数据、元数据等功能流程化运行管理。

3　井工程区域数据湖部署与实践

3.1　数据入湖架构设计与环境部署

基于总部顶层设计，按照统一数据湖 2.0 设计冀东油田区域湖整体架构。在数据采集和治理的基础上，依托数据保障体系，建立了冀东油田数据生态整体架构。集团公司连环湖总体架构包括数据治理环境、共享存储层和分析层等，合理规划设计了区域湖生产数据环境，并部署了配套数据集成和区域湖管理工具。

3.2　结构化数据入湖流程

结构化数据入湖流程包括数据映射、数据开发和数据服务调用三个阶段。首先，根据需求梳理入湖数据、确定权威源系统，进行数据映射、数据开发和接口开发，并最终发布服务 API。在数据治理层，根据业务制定的质量控制规则对数据进行质量控制和治理，通过质量控制系统将数据传输至分析层，为下游系统使用进行配置。

3.3 非结构化数据入湖流程

非结构化数据基于对象存储，采用文档中心进行数据管理，主要存储方式包括文件索引和文件体管理。业务人员确认范围，梳理目录和属性映射关系，由实施人员通过 ETL 工具进行数据入湖工作，实现非结构化数据的统一管理和共享，为各应用系统提供支持。

3.4 时序数据入湖流程

时序数据入湖部署可透传转换更先进的 OPCUA 协议的单向网关，实现数据入湖。根据应用需求实现被动轮询和订阅发布两种模式的数据推送，既满足应用需求，又降低数据库和带宽资源占用，确保系统平稳运行。设计了采集、传输、存储和应用四层数据架构，运用大数据存储及数据流处理机制，实现数据高效存储和快速检索。实时数据存储在 TSDB 数据库中，提供时序数据实时查询；离线部分存储在 S3 对象存储中，使用大数据查询引擎进行查询，并支持并行处理任务。

3.5 数据应用管理服务与质量监控

数据应用管理服务包括应用管理和数据服务发布，提供应用数据库及数据集合的管理，支持快速创建数据库结构，为油田搭建统一的数据服务总线，提供快速生成 API 的能力。数据服务总线能够帮助油田统一管理对内对外的 API 服务，满足业务研究统一入口获取多业务系统数据的需求，降低开发成本。数据质量监控部分对治理环境中的各专业结构化数据或主数据创建对应的业务规则和质量控制模型，根据业务场景基于“五性”原则创建不同的质控方案及质控任务。质控任务以人工、自动方式触发执行，对治理环境中的数据进行数据质量扫描，并产生对应的质控日志及报告，协助数据人员或业务人员了解数据质量情况并对问题数据进行治理，确保数据的质量和规范可靠。

4 结论

区域数据湖在多年来的勘探开发信息化建设成果积累的基础上，建成了“两统一、一通用”的平台，突破了以往存在的“数据难以共享、业务难以协同”的瓶颈，区域数据湖在标准统一的基础上，解决了跨地域、跨专业的数据入湖、大块数据调用的效率问题，同时有效的调动了各单位主动性。数字化转型之路任重而道远，区域数据湖方案仅是围绕目前天然气上游信息化发展现状和对未来发展的愿景进行了有益的探索和实践，最终对应用的支撑效果还需接受实践的深度检验。随着信息技术的不断进步，数据采集与汇聚、存储与管理、治理与应用的方式和方法将会不断地创新，区域数据湖建设将更快地适应时代的要求，更好的服务石油工业的高效高质量发展。

参 考 文 献

[1] 国家标准 GB/T 36073—2018 数据管理能力成熟度评估模型[S]. 北京：中国标准出版社 . 2018.

[2] 中国信息通信研究院云计算与大数据研究所 CCSA TC601 大数据技术标准推进委员会 . 数据资产管理实践白皮书(4.0)[J].

[3] 高伟 . 数据资产管理[M]. 北京：机械工业出版社 .

[4] 李静雯 . 输油气站场完整性管理与关键技术应用研究[A].《决策与信息》杂志社、北京大学经济管理学院 .“决策论坛——管理决策模式应用与分析学术研讨会”论文集(下)[C].《决策与信息》杂志社、北京大学经济管理学院：, 2016：1.

[5] 李遵照，王剑波，王晓霖，等 . 智慧能源时代的智能化管道系统建设[J]. 油气储运，2017，36(11)：1243-1250.

中小型城燃企业智慧化场站建设研究

杨　坤　张安磊　戴智夫　刘平涛

（武汉城市天然气高压管网有限公司）

摘　要　随着我国经济水平的不断提升，天然气行业得到了长足的发展，由于危险系数相对较高的行业特点，智慧场站开始被推广，其可以对整个场站环境状况进行动态化和实时性监督，从而及时对存在的风险问题进行报警处理，这样能有效提高整个场站运行的安全性和稳定性。除此之外，也能确保设备的正常运行，防止和避免员工长期处于高风险的工作状态下，从而真正确保天然气企业高效管理。

关键词　中小型城燃企业；智慧场站；高效管理

1　引言

近年来，国家陆续出台了《全国安全生产专项整治三年行动计划》、《全国城镇燃气安全排查整治工作方案》等政策文件，对高速发展的城镇燃气行业的市场监管和安全管控提出更高的质量要求，而天然气资源季节性与地域性不均衡的问题也已成为困扰城燃企业拓展经营规模的主要问题之一。随着燃气安全和燃气经营的双向变化，与国家政策的鲜明导向，为城镇燃气行业提供了一个新的发展方向，那就是融入数字经济时代，充分利用数字化技术赋能燃气行业，进行智慧燃气建设，从本质上提升燃气安全水平。此外，燃气企业通过智慧燃气建设，实现数智化转型发展。

场站作为管线的附属设施，具有设备种类多、工艺复杂的特点，其是智慧燃气建设核心，应利用有效的技术手段代替现场人员操作，同时实现对智慧化场站信息进行记录与分析。

2　国内智慧化场站研究及建设现状

国内主要天然气供应商均对进行了一定程度的研究，在标准化建设的基础上，也存在不同的技术特色。以某大型国有企业为例，其通过建设智能视频监控、实时甲烷监测、PLC 与计量设备远程诊断、泄露检测等系统，实现了是场站主要设备运行状态远程监视与快速故障诊断。

3　中小型城燃企业场站建设现状分析

3.1　管网控制系统功能有待完善

由于中小型城燃企业规模有限，其场站大小、功能常根据实际需求有所调整，同时各场站间建设时间间隔较长，场站控制逻辑标准不易，因此，需建立标准化、规范化站场控制逻辑，并进一步完善站控系统功能和 SCADA 控制系统的联锁保护程序，实现天然气自动输配。

3.2　站场设备设施远程监测和故障诊断预警能力仍需提高

场站设备主要以现场巡检方式进行设备监测，通过定期测试排查故障问题。调压器、流量计、PLC/RTU、安全仪表等设备以故障维修为主，不满足预防性维护要求。需通过技术手段提高设备远程监测和故障诊断能力。

3.3　场站安全防护能力有限

场站主要使用视频监控以及红外对射报警器等设备对站内以及周界防护，同时配置安保人员进行辅助防护，现场采用人工实时监测方式，缺乏自动识别并预警非法闯入破坏行为发生的方法。

3.4　能耗监测水平有待加强

场站员工通过手动计算每月能耗及碳排放量，缺少能效水平纵向对比分析，运行效率分析、能耗指标异常判断与分析，未能实现输气管线设备用气、用电的消耗量预测。

3.5　应急决策水平不高

现场视频监控、SCADA 等系统还未集成整合。地理信息、场站周边环境信息、设备运行监测诊断信息、交通及人文活动信息未全面集成。当发生故障、事件、应急情况时，事故现场与指挥中心应急数据通过人工及传统通信方式报送，应急响应能力和决策支持力度仍需提高。

4 中小型城燃企业智慧化场站建设

中小型城燃企业的技术实力、管理水平与大型企业尚有差距，建议优先提升场站智能控制、生产安全、绿色低碳水平，同时优化日常管理模式，实现场站管理数字化、生产智能化、安全信息化。

4.1 完善需求，明确场站智慧化建设目标

中小型城燃企业各场站建站时间不统一、工艺设备型号与种类区别较大，需利用 HAZOP 结构化分析方法，对各场站通讯、仪表、安防、工艺设备以及流程等进行梳理，明确场站智能化运行标准，同时提升调度中心对现场的感知能力，实现数据的智能化处理。为了便于推广，降低初期投入，建议选取设备种类少，工艺单一场站进行试点。

4.2 起步阶段，实现现场数据数字化展示

4.2.1 完善感知平台，提升数据远传能力

中小型城燃企业场站一般配有较为完备的自控系统。其能对现场温度、压力、流量等数据进行实时监控。但发电机、锅炉等工艺辅助以及空调、加湿器、UPS 等配套设备一般未接入自控进行。因此，首先评估 SCADA 控制器及配套设备通道及点数，按照上阶段运行标准(如实现自动分输、计量回路切换、旁路远程控制等功能)进行扩容。同时为 PLC/RTU 系统增加带冗余设计以提升场站自控系统稳定性。其次实现 UPS 并机，降低 UPS 主机故障带来的风险，提升自动化仪表设备用电保障系数。再次对场站数据通信专线扩容，满足远程数据传输质量要求，同时实现网络链路的自诊断和自切换功能。最后增加机房、配电房空调、加湿器、UPS 及发电机、锅炉与调度中心远程联动功能。其中发电机主要展示展示发电机运行状态，增加自动启停及手动远程启停功能。锅炉实时运行状态、出水温度及水泵工作时长等，同时实现智能控制功能，即根据下游出口温度及锅炉功耗算法，实现锅炉自动启停、自动调节出水温度，提高锅炉的运行效率，降低天然气能耗。

4.2.2 增加技防手段，健全场站运行安全

（1）建立视频监控图像 AI 识别系统。视频监控主要负责对全站重要设备、安装地点及周界环境进行全天候的监视，并与周界防护、门禁等系统进行无缝集成，其与视频监控图像 AI 识别系统，联动云台摄像机预置位瞬间定位到报警现场、联动摄像机抓拍报警画面，联动摄像机对报警现场进行实时录像，方便进行事后查询取证。建立 AI 视频分析系统，结合摄像头对视频监控图像人员统计、人员着装、行为规范检测、异常行为报警、明火检测以及巡检到位情况等。数据传输至调度中心进行统一输出管理，后期通过视频图像全覆盖以及算法模型训练可实现自动巡检等功能。

（2）门禁管理。在场站进站处设置人脸识别门禁系统。记录人员出入情况，对非本站人员进行入站安全须知教育。数据传输至调度中心统一管理。同时实现浏览各场站门禁记录，查询门禁事件，并通过设置实现门禁联动集中布撤防功能表，软件远程开、关门。

（3）周界报警。以张力围栏+红外感应装置+监控探头的形式组成场站周界报警系统，对场站进行 360°无死角监控，减少甚至杜绝人为因素引起的安全事故，全面保护值守场站运行的安全。并增加智能识别功能，能够提前发现危险进行预警，保障场站生产运行安全。

（4）泄露检测。增加激光燃气泄露监视仪，辅助可燃气体泄漏检测，其与自控系统联动及统一展示。

（5）远程对讲。增加远程对讲系统实现调度中心与场站现场远程通话，在场区设置扩音对讲设备实现区域内实时语音通讯。

4.3 全面建设阶段，完成工艺智能化改造及绿色低碳建设

4.3.1 工艺智能化改造

（1）实现远程气路切换。在输气线路出口实现电动阀门控制功能，同时在自控系统中增加控制联动功能，实现调度中心远程输气线路切换。

（2）在自控系统中增加绝缘接头状态，消防水池液位监测点位。实现实时监测、智能报警、危险预警等功能。

（3）充分评估使用年限较长的设备，进行预防性维修或更换，降低场站工艺设备故障率。

4.3.2 绿色低碳建设

（1）环境监测。根据场站的实际需求，配置温湿度传感器、烟雾传感器、水浸探头等环境监测设备，并配置响应的调节设备，如：空调、加湿器、风机等，这些环境信息通过信号处理单元实现数据集中上传，并分析其是否处在正常范围

内，当出现异常时，联锁调节设备自动调节。场站现场安装电子风力、温湿度显示器，通过视频显示的方式直接展示环境特点，为施工监测及质量管控提供保障。

（2）能耗监测。设置智慧用电、用水系统，实现能耗计量数据自动采集，包括天然气管道基本用能单元的气、电、水等总耗能数据。目前不具备主辅一体化系统采集功能的辅助能耗数据（生活和生产辅助系统的耗气、耗油和耗电量，场站自动仪表将各能耗数据上传至 PLC 进行能耗数据分析。能耗数据远期应实现自动采集的要求。

（3）节能减排。对场站水电气进行历史数据监控，通过增加相关监测设备设施来记录能源消耗情况，动态监控能耗指标，及时调整相关操作及规章制度。对场站灯具及电器设备进行相关的评定，采用节能环保的相关器具。开展场站冷凝、低碳锅炉的可行性研究及评估，积极降低锅炉用气能耗。后期应在试点场站开展绿色能源建设，如进行光伏、余热等新能源提档升级。

4.4 不断完善阶段，实现天然气场站智慧化

4.4.1 实现设备智能诊断

加强场站设备的远程诊断及运维，更换相应设备、配套软件，具备远程诊断功能，采取预防性维护的方式。对 PLC/RTU，计量设备（超声流量计、流量计算机、温度压力变送器、差压变送器），根据实时、历史数据库实现远程诊断、趋势分析、报警提示等功能。

4.4.2 建设天然气场站智慧化平台

利用 3D 数字孪生、模拟仿真技术，建设天然气场站智慧化平台，展示工艺运行，场站外输气量等数据，实现智慧化站工艺参数如阀门状态、压力、温度，各系统如流量计、UPS 系统、低压配电等可视化监视和预警。对天然气泄漏、火灾、ESD 系统触发、关键阀门动作等异常状态进行监视，同时实时联动站内警铃、声光报警设备进行提示。该平台应预留接口，为后期生产经营需要加入新功能，新数据做准备。

4.5 改进管理模式，促进智慧化场站提档升级

城燃企业天然气场站一般设置在城市内，站与站间距离相对长输管线短。场站智慧化升级后管理效能提高，站内一般是无人或少人值守，企业可按独立区域划分一个或数个管理片区，并在核心区域设立中心站（作业区）管理区域范围内的智慧化场站，同时承担如下职责：

（1）维护维修管理。管理片区内成立维修巡检班，将原有站内值守人员并入设备组管理，进驻区域中心站，承担场站设备日常维护、保养、管理和应急等工作（从原则上来看，维修组距智慧化场站需要在 50km 或者是 90min 的车程以内）。由专业设备厂商定期开展周期性维保及大修。智慧化场站建成后，区域中心站承担日常巡检、维护、检维修、设备防腐等工作。管线所增加管线及所辖场站生产数据监视与报警处置，与调度中心相互配合，缓解了智慧管网建设后公司调度中心压力，并发挥双重保险作用。

（2）巡检管理。智慧化场站按照有人监视远程操作—无人监视现场备勤—无人值守远程控制 3 个阶段分步实施，建议设置长中短三个阶段优化管理架构，逐步减少场站运行人员。初期采取有人监视无人操作的方式备勤；中期采取无人监视，有人值班的方式；远期无人值守、调度控制、周巡检的方式。设备方面，控制室、控制柜等关键设施应上锁，解锁钥匙应封存管理并放置在固定地点，经片区管理人员批准后方可开封使用。计量方面，实现贸易计量远程交接。智慧化场站应由中心站代为实现远程计量电子化交接，计量交接双方通过系统远程在线签章，完成计量交接凭证和气质分析报告的填报。

5 总结

中小型城燃企业实现场站智慧化需要完成大量的工作。技术上，需分步骤完成数据整合搜集、智能化工艺改造以及数字化平台的建设；人员上，应按照智慧场站的模式对人员职责的重新划分，需要对现场管理、调度以及相关技术人员进行业务提升；管理上，场站应按少人标准重新制度操作规程，同时设备维修工作比重将极大提升。这需要该类企业下定决心，明确目标，推进场站智慧化建设有效落地。

“双碳”目标下 X 公司终端燃气与新能源业务融合发展策略研究

胡仲可　黄　浩　朱　倩　代　梅　郭　丹

（四川华油集团有限责任公司）

摘　要　常规油气能源供能稳定但环保性低，风光水电等新能源绿色低碳但稳定性不足，新时期以来随着“双碳”战略的实施和建设能源强国的需要，我国陆续出台多项政策推动油气能源与新能源融合发展。其中，天然气由于清洁、高效的特质，是实现碳中和过程中，弥补可再生能源和新能源短板的重要过渡性燃料，由此如何推动终端燃气与新能源业务融合发展也成为当前重要的课题。本文通过调研分析融合发展政策基础、资源条件、国内外典型案例，总结其中的共性特征和启示，并对 X 公司终端燃气与新能源业务融合发展策略探讨进行分析，梳理其面临的问题与挑战，且结合终端燃气实际，提出了六个方面的战略转型策略：①进一步壮大终端燃气市场；②因地制宜发展新能源项目；③同步开发新能源项目；④采取“先行试点、分步推进”的科学融合发展策略；⑤共建联合综合能源服务新主体。

关键词　川渝地区；终端燃气；新能源；融合；策略

1　融合发展政策基础与资源条件

1.1　国家政策

2020 年 9 月 22 日，中国在第 75 届联合国大会上提出，力争二氧化碳排放 2030 年前达到峰值，2060 年前实现“碳中和”。化石能源排放是中国二氧化碳排放的重要来源，为实现“碳中和”目标，化石能源的成长空间无疑将受到限制。天然气是碳排放强度最低的化石能源之一，是我国新型能源体系建设中不可或缺的重要组成部分，当前及未来较长时间内仍将保持稳步增长，随着碳中和以及能源转型研究的深入，其桥梁作用和替代能源定位日益增强。

“十四五”以来，国家陆续出台《关于完善能源绿色低碳转型体制机制和政策措施的意见》《“十四五”可再生能源发展规划》《加快油气勘探开发与新能源融合发展行动方案（2023—2025年）》等指导意见和行动方案，为推进油气行业与新能源融合发展指明了方向。2023 年政府进一步加强顶层设计，将油气与新能源融合发展纳入《2023 年能源工作指导意见》，并作为年度重点工作任务之一。同时，2023 年 9 月国家能源局网站发布《天然气利用政策（征求意见稿）》，明确提出加快推进天然气与新能源融合发展，构建多能互补的格局。

1.2　地方政策

2022 年四川和重庆两地政府川渝两省市根据区域能源发展现状、资源禀赋、发展需求，以及成渝地区双城经济圈建设战略定位，联合制定出台《推动川渝能源绿色低碳高质量发展协同行动方案》，明确提出共同建设优质清洁能源基地和推动能源消费清洁转型的任务，主要内容为稳步推进四川“三江”水电基地开发，建设四川凉山州风电基地、“三州一市”光伏基地以及渝东北、渝东南新能源基地。依托天然气（页岩气）资源优势，加快毗邻地区天然气勘探开发，共建川渝千亿立方米天然气产能基地；围绕能源碳达峰目标，积极打造成渝绿色交通走廊，推动化石能源清洁利用，加快实施电能替代，推动天然气高效利用，减少能源生产碳足迹，加快构建节约高效、清洁低碳的能源消费新模式。旨在基本建成清洁低碳、安全高效的现代能源体系，实现能源综合生产能力、清洁能源装机占比、清洁能源消费比重进一步提高，能源绿色低碳转型实现新突破。

1.3　川渝地区天然气和新能源资源条件

从天然气行业发展来看，依托川渝地区的丰富的天然气资源，在国家的支持下，两地正在联手打造“川渝气大庆”千亿产能基地。目前川渝两地已有数千家企业不同程度地利用天然气，而重庆则成为全国用气范围最广、用户最多、工业用气比例最高的城市之一，总体来讲，川渝地区已经形成成熟的天然气生产消费市场。从水电发展来看，虽然四川水电资源丰富，但具有季及以上调节能力的水库电站装机不足水电总装机的40%，调节能力不足，丰枯矛盾突出，煤炭储备调节能力弱，储气调峰能力不足，迎峰度冬天然气供应存在阶段性短缺。从风光资源禀赋看，川渝地区风光资源总量不足，且多位于远离经济中心的偏远山区，相对于内蒙古、新疆等省份来说开发价值不高，因此近年来川渝地区的风光电建设较为落后。但是，风光能源是未来能源转型过程中的重要部分，所以四川可以根据自身资源禀赋和地域特色，通过集中建设水风光和燃气互补大基地、加快分散式风电发展等方式和支持分布式光伏系统，小型光伏系统，风光储联动应用系统、屋顶光伏发电系统等应用，开发多样化的风光产品，以此来提高风电和光伏装机量。

总体来讲，川渝地区能源资源丰富，多种多样，四川省呈现"少煤、缺油、多气、丰水以及新能源相对集中"的特点，重庆市为"贫煤、少水、无油、富气"的特点。因此，依托川渝地区丰富的天然气资源支持、带动风光水等新能源发展，共同打造川渝地区现代化能源体系，支持川渝双城高质量发展，打造西部发展新高地具有现实的可行性和必要性。

2 终端燃气与新能源业务融合发展的典型案例

2.1 国内主要终端燃气与新能源业务融合发展现状

港华智慧能源、华润燃气、新奥能源、中国燃气以及昆仑能源等国内五大城燃企业是跨区域的全国性城市燃气运营商，早期借助资本、技术、资源等优势在国内燃气市场"跑马圈地"，获得了大量优质城燃项目。这类企业总的年销气量占据了国内市场的近半壁江山，每家企业的燃气用户数均达千万级、年销气量基本处于330亿~420亿m^3、大型城燃项目数在230~400个左右，具备庞大的终端市场基础。面对燃气业务增长放缓，利润率降低的经营情况和国家"双碳"目标实施的宏观环境，纷纷寻求转型，努力探索燃气终端与新能源业务融合发展的新业务新市场。

2.1.1 港华综合智慧能源解决方案

港华的综合能源解决方案致力于零碳场景的构建与运营管理，按照零碳园区内不同场景的需求，以及通过多种不同方式投资营运分布式光伏、多能联供、能效管理、用户侧储能以及充换电站等业务，为客户提供综合智慧能源解决方案。在数字化发展战略方面，港华智慧能源利用其自主打造的智慧能源生态云平台，为零碳园区和客户提供能源数字化解决方案，协助客户实现能源资产的智慧运维、监控和分析用户的能源使用，以及优化节能方案。

"双碳"目标下，碳审计、碳资产管理、碳交易等服务市场会越来越大，港华智慧能源"去碳化"战略是在与客户稳定合作关系的基础上，将向零碳园区内的客户提供碳管理、绿电交易等服务，协助客户减碳并实现绿色低碳运营。

2.1.2 华润燃气综合能源业务模式

截至2022年底，华润燃气注册城市燃气项目数达273个，遍布全国25个省份，拥有居民用户5392.5万户，商业用户40.5万户，工业用户3.7万户，为探索新业务模式提供了广阔的市场。

华润燃气在"十四五"战略规划中提出"1+2+N"业务模式(1：以城市燃气为引擎；2：以综合能源、综合服务为双驱；N：多种可能性下的新的转型业务)，致力于成为综合能源服务新兴市场主体。华润燃气正式探索综合能源业务是在2016年，当年在分布式能源领域展开了项目试点，并跟随新能源汽车市场的发展进入了充电桩行业，后来又涉足加氢站业务。在综合能源业务发展方面，2022年，华润燃气新签约项目58个，累计项目数达202个。同时，华润燃气积极拓展清洁交通能源市场，年内新投运充电站39座，累计投运充电站171座，全年售电达2.7亿度，同比增长20.6%；全年累计投运加氢站7座，累计批准建设及投运加氢站15座。同时，华润燃气积极推动ESG可持续发展管理体系全面落实。2022全年，华润燃气的万元人民币产值可比价二氧化碳排放下降32.2%，万元人民币营业收入可比价综合能耗下降23.6%。年内，华润燃气荣获香港绿色企业大奖2022超卓环保安全健康奖金奖，MSCI维持ESG评级为A。

2.1.3 新奥能源转型清洁能源整体解决方案提供商

新奥能源在上游产业链布局较早，气源优势强于同类其他燃气民企，工程服务能力较强，在综合能源方面很早就推出了泛能业务。新奥燃气2010年就更名为新奥能源，开始由城市燃气分销商向清洁能源整体解决方案提供商战略转型。2019年新奥能源提出了“双轮驱动”发展战略。一方面大力发展天然气分销业务；另一方面大力拓展以清洁能源优先、因地制宜、多能互补为核心的综合能源业务。公司把握碳中和、产业转移、清洁供热、能源体制改革推进等多重机遇，充分运用数智技术，强化泛能理念牵引，紧抓政府、客户绿色低碳需求，聚焦低碳园区、低碳工厂、低碳建筑、低碳交通四大类客户，迭代升级光伏、售电、配网、燃气蒸汽锅炉运营等泛能产品，实现快速落地，有力支撑综合能源业务大幅增长。2022年，公司共有60个综合能源项目完成建设并投入运营，累计已投运综合能源项目达210个，为公司带来冷、热、电等总共222.4亿kW·h的综合能源销售量，同比增长16.6%。另有在建综合能源项目54个，当在建及已投运项目全部达产后，综合能源需求量可达417亿kW·h。全年签约客户项目年用能规模180亿kW·h，

2020年新奥能源明确提出数智化转型，在提供综合能源服务的基础上，提供能碳一体化综合解决方案，利用数智技术进一步提高能源利用效率，并帮助用户建立碳管理能力。截至2023年上半年，新奥给76个园区、2503个工业客户、619个公建客户提供清洁能源和服务，给1360万m^2居民用户提供清洁供暖服务，其中含有可再生能源项目占比达46.8%。已实现年供能量320亿kW·h，年降低能源消耗量254万t标煤，每年可助力社会及客户碳减排980余万吨。

2.1.4 中国燃气“源—网—荷—储”多领域布局

中国燃气坚持国企功能作用，积极推动落实国家现代能源体系建设和“双碳”目标实施，在“源—网—荷—储”等诸多领域进行系统布局，深入推进以绿色城市运营商为核心的商业模式，实现气、热、电系统之间的协同供应和闭合管理。

针对南方非传统采暖区日益迫切的冬季采暖需求，创新推出分布式集中供暖综合解决方案，通过多能耦合和多种节能控制手段，降低热能损耗，以单个小区、学校、医院、商场、办公楼为单位进行分布式能源站集中供暖，以先进的能源转换设备提高能源综合利用效率，并通过智慧供热云管理系统进行全系统智能化管理，成功研发出适合在南方推广使用的综合能源供应。依托集团庞大的客户基础和不断丰富的用能场景，大力发展综合能效业务，投资建设优质工商业屋顶分布式光伏，并积极寻求业务合作方，推进EPC+运维服务，同时加大售电业务电力运维等新模式探索，加强绿色交通业务布局，增加盈利贡献。2022年在首批6个重点城市南京、杭州、芜湖、武汉、南宁和广州签约优质工商业分布式光伏自投项目。在广东、广西、海南、福建、浙江、江苏、安徽、山东等省积极布局充电站业务和燃气掺氢业务，构建气电氢一体化能源服务体系，助力打造低碳交通和氢能循环经济体系。

在智慧园区及建筑能效方面，采用BOT、能源托管、EMC等多种商业模式开展了广州联合利华“碳中和”能源示范基地、深圳市罗湖区中医院近零碳改造和中国燃气大厦多联机空调蒸发冷凝节能改造等10个综合能效示范性项目，实现资源整合优化与控制，减少能源浪费，降低碳排放。

另外，中国燃气与上海环交所合作成立零碳环境能源研究院，摸索碳金融、碳资信等业务建设，在长三角重点城市选择目标企业开展碳资产管理和碳足迹业务试点，建立售电交易平台，为客户提供绿电交易，实现燃气终端与新能源业务融合发展的金融化，进一步提升服务能力，开辟新的盈利点。

2.1.5 昆仑能源绿色转型

昆仑能源是中国石油唯一从事天然气终端销售、综合利用及投融资业务的平台企业。背靠中石油的气源优势，公司充分发挥主观能动性，加快综合能源一体化业务布局，牢牢把握行业转型发展主动权。在传统能源与新能源产业的协调上，公司坚持天然气与新能源一体推进、主营业务与增值业务共同开发，构建天然气和新能源两大业务链和价值链。公司聚焦业务绿色转型，依托现有城燃使用者规模，以分散式多能融合项目为切入点，重点在新兴城镇、新建园区、新式建筑打造碳中和示范样板，成都、澄迈等一批分散式能源项目有序推进，综合能源业务实现了多情景、全覆盖。依托发电企业客户产业优势，加快推动气电与新能源融合，全力拓展调峰气电和光伏、风电业务，推动业务发展加速向绿色能源综

合供应商的转型，同时全面推进“零碳场站”建设，积极参与CCUS、碳汇等负碳项目。

共性特征：一是坚持天然气主业。现阶段，天然气仍然是并且将长期是各大燃气终端企业的核心业务。当前特许经营的制度依然是天然气企业重要的护城河，且历经多年发展，庞大的市场规模和客户群体能够为企业推进与新能源的融合发展提供长期充足的资金，是企业转型发展的重要支撑。《中国天然气发展报告2021》预测“2025年，国内天然气消费规模达到4300亿~4500亿m^3；2030年达到5500亿~6000亿m^3，其后天然气消费稳步可持续增长；2040年前后进入发展平台期。”《报告》称，天然气是实现“双碳”目标的重要力量。当前及未来较长时期，包括天然气在内的化石能源，既是保障能源安全的“压舱石”，又是高比例新能源接入的新型电力系统下电力安全的“稳定器”。天然气是国家“双碳”目标实现的过渡能源种类，其重要性不言而喻，现阶段及未来仍处于重要的战略机遇发展期。

二是普遍转型为综合能源供应商。《新时代中国能源发展白皮书》4次提到综合能源业务，并强调“积极培育售配电、储能、综合能源服务等新兴市场主体”。国家能源局多次明确表示，大力支持发展综合能源服务，积极培育综合能源服务相关的新兴市场主体。在此宏观政策背景下，多数燃气终端企业将综合能源业务作为转型发展的首要选项，纷纷加大在风、光、地热以及分布式能源等领域的投资，形成越发庞大的经营体系。

三是探索数智化应用。在现代物联网技术和大数据、智能化发展的新形势下，各大燃气终端企业在综合能源服务领域，探索把技术与服务有机结合起来，运用大数据、5G、物联网等技术，为客户提供数据驱动和智能管理的节能分析、能效诊断与提升以及智慧零碳解决方案等各类服务，进一步扩大经营领域，开发新的业务增长曲线。

2.2 欧美领先燃气终端与新能源融合发展策略

“双碳”压力下，欧美领先燃气终端纷纷结合自身战略和业务定位开展前瞻性研究，并着手进行商业模式、技术储备和市场布局等方面的调整。欧美等国的天然气运营商分别采取了不同的发展战略以求实现能源转型，大致可分成观望、适应和探索、资产剥离出售、主动电气化四种模式见表1。

表1　欧美天然气运营商发展战略

模式	观望	适应与探索	资产剥离出售	主动电气化
典型运营商代表	GRDF（法国）Gasunie（荷兰）E. on（德国）	Cadent（英国）Reganosa（西班牙）Italgas（意大利）Snam（意大利）Puget-SoundEnergy（美国）TCEnergy（加拿大）GalpGND（葡萄牙）MadrilenaReddeGas（西班牙）	NationalGrid（英国）	NationalGrid（英国）PG&E（美国）
战略	保持正常经营，不做调整，满足于稳定和可预测的现金流；只在理论上讨论脱碳，等待政策/监管变化，没有紧迫性；会考虑减少资产，然后退役。	主动进行天然气管网脱碳（例如，测试氢气和沼气的混合，升级管道以备输氢）；对核心天然气业务的稳定、可预测的现金流进行再投资。	将输配气业务全部或部分出售给有兴趣的市政当局或其他买家；将股息返还给股东，或将收益用于分散投资。	在监管支持下，主动将天然气客户转化为电力客户。
驱动因素	有相对宽松的监管和支付环境国内能源转型意愿不够强烈；风险偏好保守，认为能源转型不确定性因素太多，当前没有充分合理的理由改变。	区域性的纯天然气输配气运营商，非天然气业务发展有限；积极探索能源转型，以避免资产减值风险和应对碳税的压力。	天然气业务稳定但回报低、增速慢，决心退出天然气市场；或对大规模能源变革感兴趣、改变投资方向；或ESG投资者以及有意愿的买家高价求购。	同时经营电力和天然气两个业务领域，未来战略定位为清洁能源；有良好的能源转型政策扶持。

具有极高的垄断地位的天然气运营商持观望态度。比如GRDF在法国占有96%的配气市场

份额；Gasunie 是荷兰唯一的输气运营商，这类运营商基本属于国有运营，因此不急于能源转型。但对于纯天然气运营商(如 Snam、Italgas、Puget Sound Energy 等)来说，非天然气领域发展空间有限，只能在能源转型中积极“适应和探索”，保证天然气核心业务地位的同时，努力向其他气体能源业务领域扩张，实现天然气管网的脱碳和降低资产减值风险，促进天然气与可再生能源的协同发展。对于电力天然气能源一体化运营商(如英国 National Grid)来说，发展战略比较灵活，可以选择出售剥离天然气资产来实现能源转型和碳减排目标；也可以利用监管政策的推动主动发展电气化，逐步取代天然气。

一是坚持发展天然气业务。世界能源转型过程中，天然气产业发展前景仍然广阔，应保持天然气业务可持续性增长。尽管当前面临诸多挑战和压力，化石能源在未来较长一段时间内仍将是世界能源结构中的主力，而天然气是其中增长最快的化石能源，将与非化石能源一同成为能源消费增量的主体。

二是推动天然气与氢气、生物甲烷等协同发展。随着可再生能源制氢技术的迅猛发展，未来氢将作为一种洁净可再生的能源载体。在商业模式可行、业务能力达标的前提下，境外企业应加快布局氢气与天然气的结合，利用其持有的大量管道基础设施、丰富的输配气技术和管理经验以及成熟的营销网络等有利条件，发展天然气掺氢技术、输氢技术，升级改造管道输送设施，为规模化氢能利用提供技术储备和设施保障；同时积极发展生物甲烷、合成甲烷等低碳气体，保障气源供应，以应对能源转型下的资产减值问题。

三是融合发展，共同打造安全可靠低碳的新型能源生态系统。以新能源为主的新型电力系统离不开大型储能和灵活调峰设施，风、光、气、电等多种能源优势互补、智能综合利用，是构建安全可靠低碳能源生态系统的最佳途径。世界天然气资源丰富，可满足以新能源为主体的新型电力系统的灵活性资源需求，成为电力调峰或者应对极端天气的必需能源。天然气企业应延伸布局，加快构建多元能源供应体系，实现由单一化石能源供应商向综合能源服务商转型。

3 X 公司终端燃气与新能源业务融合发展策略探讨

X 公司深耕川渝地区 60 余年，建立了我国第一个完整的天然气工业体系，是中国石油唯一的天然气全产业链地区公司，是我国西南地区最大的天然气生产和供应企业，其终端燃气单位有华油公司、川港公司和燃气分公司下属子公司等三大部分。9 近年来，X 公司把新能源业务作为公司主营业务来抓，构建“规划牵头、业务主导、院所支撑”的新能源业务管理新模式，持续完善新能源业务发展规划，重点突出多元化发展、多维推动，聚焦清洁电力、伴生资源、氢能和负碳等领域，打造“天然气+风光电、余压发电、伴生资源、氢能、CCS/CCUS”五大业务链，全力推进“气、电、热、氢”深度融合发展，构建新能源与油气业务全面融合、协同发展新格局。

3.1 分布式光伏发电项目

X 公司终端燃气全力推进风光指标获取和项目建设，加强与地方政府和合作企业的沟通衔接，充分发挥天然气资源优势，积极获取川渝地区和川渝周边省市新能源资源开发指标。以“立足区内、拓展区外、合作开发、规模发展”为原则，重点推进公司首个川渝地区分布式光伏示范工程，在川渝地区外与宁夏和宁化学公司合作开展分布式光伏工程项目建设。

2021 年 9 月，公司终端燃气与攀枝花川港燃气有限公司采取共同建设、节能分享的合作模式共同投建西南油气田首个分布式光伏示范项目——攀枝花钒钛园区配气站分布式光伏项目成功投运。该项目总装机规模为 12.96kW，项目预计年可节约标煤 5.19t，减排二氧化碳 13.49t。项目采用“自发自用、余电上网”模式，并通过低压并网接入公共电网。该项目充分发挥分公司配气站的新能源资源与空间可利用优势，探索天然气+光伏发电项目的开发模式、运营模式等，具有一定的示范性。

3.2 余压发电项目

X 公司终端燃气加速推进余压发电产业化发展，全面总结余压发电设计、建设和运营经验，进一步扩大应用场景，推动余压发电规模化、产业化发展。公司率先实施集团公司首个规模化天然气余压发电示范工程，截至目前，已累计建成 15 套余压发电装置。

公司终端燃气与四川新奥、博赛集团三方共同合作建设博赛氧化铝压差发电项目。其中四川新奥出资建设主体设备和后期运维，博赛集团以自发自用名义负责项目申报，川港公司提供天然气压能。项目所产生的电能和冷能全部由博赛集团消纳，项目产生的碳指标由川港公司与博赛集团各占50%，计划总投资1450万元。项目建设调压发电一体机替代调压站调压功能，与原来调压站并列运行。来自上游管网的天然气(操作温度：约25℃，操作压力：1.3MPa)，经过滤稳压后直接进入膨胀机，将气体膨胀至0.035MPa、-50℃左右，气体膨胀输出的功用于发电。膨胀后的低温气体经换热后接入博赛厂区空调系统(或与厂区来的35℃/45℃循环回水进行换热)，复热后的天然气体进入下游管网为用户供气。

3.3 燃气分布式能源项目

X公司终端燃气为成都高新西区分布式能源站工程提供气源保障，该项目是面向高新西区进行汽、电、气“三联供”的民生工程，一期建设两套“一拖一”燃机联合循环机组，两套机组出力13.5MW，每小时蒸汽最大供应52t。能源站向高新西区提供蒸汽、生活热水、采暖热水、电力等数种主要能源，项目投产后，将有效缓解高新区迎峰度夏的电力缺口，实现优质能源的梯级利用，促进区域经济绿色发展。所供气源来自X公司终端燃气郫县输气站，一期建设2套燃气轮机组，用气量1.22×亿 m^3/a(64.32×万 m^3/d)；远期2025年，用气量约1.84×亿 m^3/a(96.48×万 m^3/d)。该项目二期，华油公司向成都综能以现金增资方式，通过交易所挂牌交易，使交易后华油公司持有中电成都部分股权，由新合资公司负责整体开发成都高新西区分布式能源合同管理市场。

3.4 地热利用项目

在地热方面，X公司终端燃气统筹推进区内地热资源开发和区外地热市场开拓，大力开拓区外地热市场，充分利用天然气终端市场优势主动开发用热场景，确保完成地热供暖指标。

2021年启动的独角兽岛区域供冷供热能源站项目，供应的建筑业态为住宅、酒店、办公及商业，供能总建筑面积94.74m^2，能源中心站设计制冷量72.41MW，制热量29.79MW。技术形式采用以冷热电三联供、地源热泵、为基础负荷，利用燃气锅炉、冷水机组调峰按多能互补、集成优化原则建设多源协调、多网融合的独角兽智慧能源微网，实现多能互补、智慧化运行。主要开发模式为与行业技术水平领先的公司进行合资合作，以参股的方式参与项目建设，获取新能源资源及相关技术。该项目的实施涉及到供能技术方案选择、能源中心站设计、浅层地能热泵系统设计、供能管网设计、换热站设计及系统运行等技术，为后续地热利用项目开发提供实践和技术支撑。

3.5 综合能源服务

X公司终端燃气持续加强与地方政府合作，通过签订战略合作协议、投资合作协议等方式加强区域内市场开发，在模式上采取新设、增资等方式与地方政府国资平台公司开展合作，如华油公司与成都经开区管委会签订《华油集团成都经开区综合能源项目投资合作协议》。将在成都经开区共同建设综合能源项目，为区域内企业提供电力、蒸汽、冷、热等能源，以及提供合同能源管理、建筑节能、节能技术咨询、智慧能源管理系统等服务。

此外，川渝地区的最大氢气来源是天然气制氢。在氢能发展方面，X公司终端燃气正在推进“天然气+氢能”业务，发挥氢能在综合能源服务转型中的支撑作用。终端燃气利用公司每年2.5万t的制氢潜力，借助天然气管网发达，加油加气站多的优势，不断提升制氢、输氢和用氢全产业链综合竞争力，凭借氢能方面的条件优势，X公司联合中国石油川渝企业组建“川渝氢能产业发展联盟”，着力打造氢能全产业链协同发展一体化平台，实现绿氢、氢化工业务起步。

4 融合发展面临的问题和挑战

一是风光等新能源分布不足。X公司终端燃气虽然市场区域广阔，但其区域市场主要分布在四川和重庆，四川风光资源较为丰富区域主要集中在“三州一市”，均不在市场区域范围内；重庆风光资源一般，风能资源较为匮乏，主要市场区域内风光资源较弱。同时，根据终端燃气公司特点、新能源技术和人才情况，风光发电项目中适宜建设的仅有分布式光伏项目，建设项目类型受限。结合区域市场资源情况和项目类型情况，仅能从有限的区外市场开发分布式光伏项目。

二是新能源项目挤占终端燃气业务发展资金。从世界范围和我国发展实情，以及各大终端燃气企业转型的路径来看，当前以及未来很长一段时期内，天然气业务依然是终端燃气的主营业务，是其现金流的来源，是公司赖以生存发展以及实现转型的基础。但是，燃气与新能源的融合往往需要巨额资本投入，会在一定程度上挤占原本用于发展燃气终端的资金。还有部分英国企业将输配气业务全部或部分出售，全部转型新能源业务，或是用于其他投资，这与当前的中国发展情况是不符的，也不适合中国终端燃气企业。川渝地区是我国天然气的主产区和主要消费区，并且是西气东输气源地之一，承担保证川渝地区能源安全和保证上海等地区稳定用气的重大作用，不可以也不允许因为发展新能源而影响天然气业务。

三是尚未具备综合能源服务能力。虽然 X 公司终端燃气与新能源融合已经实现多项成果，但由于新能源本身分散的特征和经营体制的影响，以及针对新能源投资求大求全的发展模式影响，目前融合发展的项目呈点状分散状态，属于“打一枪换一个地方”，既没有规模化效果，也没有形成持续性带动效应，距离转型为成熟可靠稳定的综合能源服务商还有很大差距。

四是核心技术和人才缺乏。当前风光等新能源处于快速发展阶段，各项技术路线繁多且尚未形成固定技术模型，加之 X 公司终端燃气新进入新能源领域，发展起步较晚，技术人才严重缺乏，技术积累严重不足，相较于国际国内深耕新能源业务的专业公司竞争力严重不足。

五是下游新能源消纳市场需求不足。新能源发电项目受上网限制，加氢站需要所在城市规划配套加氢燃料车，地热需要下游用户市场，下游消纳市场是新能源产业能否大规模发展的核心问题。电、氢、地热等新能源产业做大做强后，除实现终端燃气公司自身的清洁替代外，未培育起来的下游消纳市场将会限制其发展。

5　加快融合发展的建议

5.1　进一步壮大终端燃气市场

终端燃气公司赖以生存发展的基础是天然气业务以及庞大的终端消费市场，且根据国家和川渝地区发展情况，在未来的三十年中川渝地区还具有巨大的天然气消费市场潜力可挖。因此，建议终端燃气公司一是坚持终端燃气主业不动摇，保持对燃气终端市场开拓、安全管理以及智慧服务的投入；二是不断强化天然气合同制度，用长短结合的合同组合，获得更多市场资源；三是重点拓展工业用户以及气代煤发电项目，锁定终端大客户。多措并举努力建设更加广泛和强大的市场，有力配合公司增储上产和川渝地区“中国气大庆”建设，为发展新能源业务提供更加坚实的终端支持。

5.2　因地制宜发展新能源项目

一是依托天然气资源优势重点发展“纵向类”项目。川渝地区为重要的天然气生产区域，储量产量都极为丰富，且运输距离短、成本低，终端燃气可以利用这一优势重点发展“天然气+压差发电”项目、“天然气+氢能”项目以及天然气分布式能源项目和天然气发电项目。

二是大力推进“天然气+水电”项目。根据川渝地区新能源资源分布情况，重点发展“天然气+水电”项目，发挥储气库强大的季节性储采调峰的功能，充分利用气电的优越调峰性能解决四川水电存在的“丰多枯少”、川电外输线路季节性闲置问题，实现水电丰枯两季发电量的均衡，保障川渝地区电网稳定和用电所需，进一步推动水电与气电的“气水打捆外送”。

三是加快推进现有加气站转型升级。终端燃气公司可充分发挥在天然气资源、管网、终端站点和技术的协同优势，结合光伏发电、余压发电、地热、充电桩、加氢等新能源业务，将现有加气站升级为集气、氢、电等一体的综合能源站，改变现有 CNG 站点的运营局面，为后续中石油系统其他 CNG 站点转型升级提供借鉴。

四是快速进入川渝地区之外的新能源市场。在公司燃气终端所覆盖的陕西、贵州、云南、广西等区域，风光等资源丰富，具备连片集中开发条件，终端燃气要积极与当地政府企业合作，采用“项目合作、公司合资、利益共享”的策略快速进入当地新能源市场。

5.3　同步开发新能源项目

坚持前端市场开发与新能源开发同进退，综合西南油气田终端燃气发展优势、新能源市场开发的市场竞争态势以及当前融合发展的技术要素等，为在转型发展中能够抢占市场，建议终端燃气公司在开发新区域以及工业用户的过程中，坚持前端市场开发与新能源开发同进退，尤其需要紧抓特许经营、直供政策的窗口，在工业用户开发过程中，同步推进分布式光伏、天然气分布式能源等项目。

5.4　采取“先行试点、分步推进”的科学融合发展策略

新能源项目具有风险高、投入大等特点，考

虑到新能源发展的风险及不确定性，应采取“先行试点、分步推进”的发展策略。综合公司终端燃气单位权属场所的风光资源开发利用条件，所在地的新能源规划及政策条件，在条件适宜地区先期推动各融合路径下的试点项目，在试点项目成功的基础上，积累经验，复制扩大示范试点项目以培育市场。

5.5 共建联合综合能源服务新主体

在“双碳”目标下，电力行业、油气行业、科技企业、政府及地方性国资平台、投融资机构等对新能源项目均比较感兴趣，新能源项目的发展也需要持续的资金和技术投入，各方合作开展新能源的意愿较强。因此终端燃气与新能源融合发展中，要抓住相关机遇，创新合作模式与商业模式，积极主动与具有优势、有合作潜力的油气公司、新能源技术公司、新能源开发企业及当地企业开展多方位的合资合作和收并购，通过合资合作或资本运作等方式，实现优势互补、风险共担和利益共享，推动跨行业融合发展，在特定区域和市场共同建设联合综合能源服务新主体，由传统的单一供能模式转为电、气、冷、热等的多元化能源供应和多样化增值服务模式，实现为某一工业园区和城市提供综合能源服务的目标。

6 总结

“双碳”目标下我国天然气行业处于重要战略机遇期，作为主体能源之一以及新能源的优良辅助能源，其在现代能源体系中发挥着关键支撑的作用，川渝地区更是我国重要的天然气生产消费区，该地区终端燃气要抓住这一重要战略机遇期，借鉴国内外先进案例，坚定壮大终端燃气市场，因地制宜发展新能源项目，同步开发新能源项目，

采取“先试点后分步”的策略科学有序推进终端燃气和新能源融合发展，并积极与外部单位共建联合综合能源服务新主体，不断加快终端燃气和新能源的融合发展，助力“双碳”目标实现。

参 考 文 献

[1] 王炜玮，孙慧，杨雷．大力推动燃气与多种能源融合发展——双碳目标下燃气行业发展战略探讨[J]．城市燃气，2022(7)：1-5.

[2] 张道伟．四川盆地未来十年天然气工业发展展望[J]．天然气工业，2021，41(8)：34-35.

[3] 董万青．国内跨区域大型城燃企业经营战略转型及对H燃气公司发展的启发[J]．城市燃气，2022(7)：42-46.

[4] 北京大学能源研究院，中国城市燃气协会等．天然气在改善中国大气环境中的作用研究[R]．北京，2021.

[5] 杨永明．全球天然气行业发展现状与趋势分析(2021)[EB/OL]．2021[2022-5-25]．https：//mp. weixin. qq. com/s/PpUDecFtP4V705q9Rs7Fyg.

[6] 黄维和，王军，黄龑，等．“碳中和”下我国油气行业转型对策研究[J]．油气与新能源，2021，33(02)：1-5.

[7] 周淑慧，王军，梁严．碳中和背景下中国“十四五”天然气行业发展[J]．天然气工业，2021，41(02)：171-182.

[8] 段言志，郭焦锋，李森圣，等．天然气与其他绿色能源高质量融合发展的预期实现途径[J]．国际石油经济，2021，29(01)：64-71.

[9] 四川省人民政府．四川省国民经济和社会发展第十四个五年规划和二•三五年远景目标纲要[EB/OL]．(2021-03-17)[2023-08-25]．https：//www. sc. gov. cn/10462/c108548/2021/3/17/f4f228aa75b64a879a0c8671a06dcc18. shtml.

[10] 重庆市人民政府．重庆市国民经济和社会发展第十四个五年规划和二•三五年远景目标纲要[EB/OL]．(2021-02-10)[2023-08-25]．http://www. cq. gov. cn/zwgk/zfxxgkml/szfwj/qtgw/202103/t20210301_8953012. html.

[11] 中国石油国家高端智库研究中心等．中国天然气发展报告(2023)[M]．北京：石油工业出版社，2023.

第二篇　油气管道完整性、数字化、网络化、智能化管理篇

管道多模态数据融合与大数据分析技术研究

贾韶辉　李亚平

（国家石油天然气管网集团有限公司科学技术研究总院分公司）

摘　要　随着大数据与人工智能时代到来，管道企业积累的数据日益丰富。但目前在管道行业领域，存在着以下问题严重制约了大数据技术的发展与应用，一是管道数据质量有待进一步提高，进一步夯实数据基础；二是传统的管道数据处理与融合技术已无法满足人工智能技术对于数据的需求，需要进一步开展面向管道业务场景下的多模态数据融合技术；三是需要结合新一代人工智能技术深化管道大数据技术研究，增强管道海量数据的挖掘与分析力度。针对以上问题，本文首先分析了国内外管道数据融合技术和大数据分析技术现状，研究构建了管道大数据技术架构，系统性阐述了面向结构化数据、非结构化数据的管道多模态数据融合技术，包括基于管道数据模型的数据融合方法，以及管道逻辑关联融合技术、叠加分析融合技术、语义特征融合技术。然后，本文描述了管道大数据分析方法，并具体做了分类，包括监督学习方法、无监督学习方法、深度神经网络方法。其次，本文以管道环焊缝缺陷智能识别应用场景为例，阐述了管道数据融合技术、管道大数据分析技术的应用。最后，针对传统管道数据融合技术已无法满足人工智能技术对于数据的需求及未来管道大数据技术深化应用的需求，文章提出了需要系统性研究面向语义特征的新一代管道多模态数据融合技术，以及“行业大模型+专业小模型”协同融合的发展思路。

关键词　大数据；多模态数据融合；管道大数据分析；行业大模型

随着大数据与人工智能时代到来，数据已经成为一种基础性战略资源，并对社会生活、经济运行和工业领域产生深远影响。2021 年 11 月，国务院印发《“十四五”大数据产业发展规划》作为未来五年大数据产业发展工作的行动纲领。大数据带动的新一代信息技术总体从“前沿技术”正在变为“重要应用”，发挥的价值愈益明显。大数据因而被视为重要的生产要素，成为驱动智能制造，助力产业转型升级的关键。很多企业和组织经过多年的信息化发展，已经积累了各种类型的海量数据。目前，企业所拥有的数据日益丰富，并涌现出 3V 特性：规模性(volume)、多样性(variety)和高速性(velocity)等典型的大数据特性。但在管道行业领域，存在着以下问题严重制约了大数据技术的发展与应用。

第一，虽然管道企业积累了大量数据，但普遍存在着数据负样本少，数据质量有待进一步提高，管道企业需要进一步夯实数据基础。

第二，随着感知技术的快速发展，管道数据的来源与种类越来越多样化，传统的针对单一类型数据或结构化数据的处理技术也无法适应新的业务需求，目前尚未形成面向多模态的管道数据处理与数据融合技术，无法有效支撑智慧管网场景下的大数据分析与挖掘。

第三，目前管道海量数据价值尚未完全体现，需要进一步深化大数据分析技术的研究与应用，增强数据挖掘与分析力度，促进由传统“基于机理模型”的分析向基于“机理模型+数据模型”的分析的转变。

本文立足于目前管道行业大数据分析方面的现状及存在的问题，阐述了管道多模态数据融合技术，并结合管道业务场景阐述了管道大数据分析技术。

1　国内外研究现状

1.1　数据处理与融合技术研究现状

在数据处理与融合领域，20 世纪 80 年代诞生的多传感器数据融合技术，研究人员通过管道漏磁检测对轴向和径向两个传感器信号进行数据融合，进而分析漏磁信号与缺陷几何参数的关系，也通过多传感器信息融合于提高泄漏故障检测的有效性，基于多地震波传感器数据融合，解决管道安全监测预警系统中目标特征提取及识别问题。孙晁等通过冻土区埋地管道长周期多元监测数据，对漠大一线融沉风险段开展分析及安全评价。张景雄等国内外研究人员采用基于色彩模型的IHS变换的影像融合、基于多分辨率分析的融合方法等数据集成方法，实现多元空间影像数据的融合集成。贾韶辉等研究建立了管道数据模型，并重点针对管道结构化数据，制定了数十种数据质量校验规则，以及管道建设期与运营期的数据整合及对齐规则，开发了数据接口并在中俄东线进行了实践应用，实现了管道结构化数据从建设期到运营期的数字化在线移交。张新生等提出一种现场数据与试验退化数据结合的方法来预测腐蚀油气管道的剩余寿命。李慧颖等构建了注水系统数据的融合模型，实现了注水系统生产数据和监测数据的融合分析。

但随着AI技术的快速发展，近年来数据处理与融合技术出现了变革性的进步。国内外研究人员从多模态组织架构、跨模态融合方法等角度进行分析，总结比较不同处理策略的共性和差异性，研究基于CNN、RNN的特征提取方法，以及图像-文本对比学习(Image-Text Contrastive Learning，ITC)，并提出了单流结构模型、双流结构模型、单双流混合结构等多模态交互架构，实现了多模态信息融合，并在此基础上进行AI训练与推理。

1.2 大数据分析技术研究现状

大数据分析方法包括监督学习、非监督学习、自监督学习等，聚类、支持向量机、马尔科夫链等相关模型算法也较多。随着AI技术的发展，相关机器学习方法由基于浅层机器学习的模型变为了基于深度学习的模型，涌现出了CNN、RNN、对抗式生成网络、基于Transformer架构的ChatGPT等一批与AI技术紧密结合的大数据分析方法。根据驱动方法与特点，可将大数据分析方法划分为三代见表1。

表1 大数据分析方法的发展历程

	第一代大数据分析方法	第二代大数据分析方法	第三代大数据分析方法
方法驱动	数据驱动	数据驱动	机理+海量数据+强大算力+复杂算法
方法特点	海量数据+简单算法	海量数据+强大算力+复杂算法	数据+机理+算力+复杂算法
支撑技术	并行计算、统计学、机器学习	深度学习、并行计算	因果推断、深度学习、并行计算
适用问题的复杂度	低	高	高
分析精度	高	高	高
鲁棒性	高	低	高

第一代大数据分析方法得益于感知技术的发展，研究人员通过统计方法、传统的机器学习方法来对大数据开展分析。

第二代大数据分析方法得益于算力和算法的进步，研究人员采用的是数据驱动下“海量数据+复杂算法”的模式，在数据、算法、算力的基础上，分析方法通过海量数据的训练拥有数以亿计参数的复杂模型，从而逼近复杂问题的运行规律，在高维问题中取得良好效果。

第三代大数据分析方法为了提升大数据分析方法的可解释性、通用性、鲁棒性，通常采用数据与机理融合的数据智能方法。

2 管道大数据技术架构

大数据技术架构主要有针对传统BI分析的大数据架构、流式架构、Lambda架构、Kappa架构、Unifield架构等。本文主要采用Lambda架构构建管道大数据技术体系(图1)，主要环节包括多源多模态数据接入、多模态数据融合、数据存储、大数据分析与场景应用。本文主要针对较为重要的多模态数据融合、大数据分析与场景应用两个环节中相关的技术方法进行阐述。

3 管道多模态数据融合

多模态用于表征不同形态的数据存在形式，或者同种形态的不同格式，一般包括数据库表、文本、图片、视频、音频等，多来源和多模态之间没有绝对关系，即多来源不等价于多模态。管道多模态数据主要包括管道中心线、附属设施GIS空间数据和属性数据，无人机卫星遥感、航空摄影及无人机影像数据，建设期施竣工资料，运营期巡检记录、风险评价等业务表单，内外检测、光纤预警、泄漏监测、地灾监测、视频监控等感知类数据，具有明显的多源多模态数据特征。

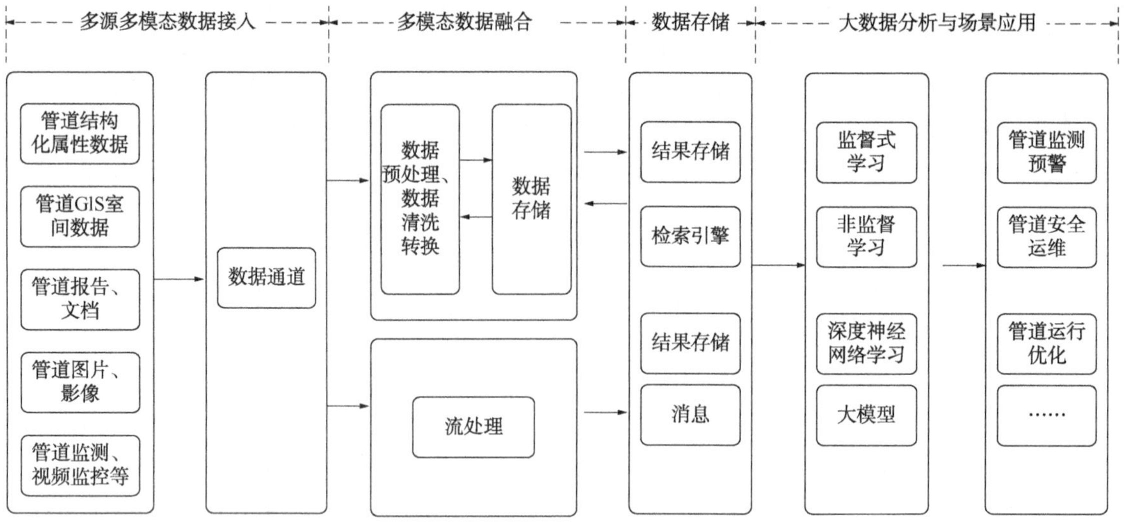

图 1　基于 Lambda 架构的管道大数据技术框架

3.1　管道结构化数据融合技术

传统的管道多模态数据融合方法是先将非结构化数据转换为结构化数据，通过统一的数据模型或数据标准，与其他结构化数据进行融合。例如，在管道建设期阶段形成了大量的施竣工资料，在管道数字化移交过程中，需要将管道建设期的大量非结构化数据按照一定的数据标准转换成结构化数据，如弯头、阀门、防腐层等附属设施数据，并在管道运营期与新产生的业务数据进行融合，实现管道全生命周期数据管理与分析的目的(图 2)。在这一数据融合过程中，需要开展数据转换、数据质量校验、数据清洗等一系列数据处理工作，保证数据的完整性、准确性。

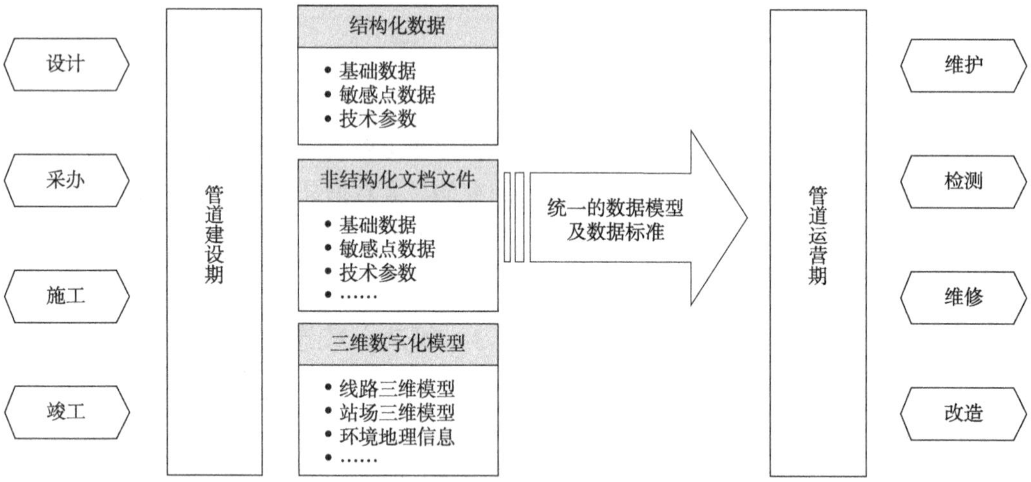

图 2　管道建设期与运营期数据融合流程图

不同于一般的结构化数据融合，由于长输管道特殊的线性空间特征，普遍采用线性参考模式进行管道结构化数据的管理与融合，线性参考模式是由管道数据模型来定义的。除此之外，管道数据模型还定义了一系列管道数据结构、数据操作、数据约束，例如管道中心线与管道附属设施的空间拓扑联动、管道数据属性的域值约束等，保证管道数据的空间关系的准确以及属性数据的质量。国际上，针对管道数据模型的研究已十分成熟，PODS(Pipeline Open Data Standard，管道开放数据标准)模型、APDM(ArcGIS Pipeline Data Model，ArcGIS 管道数据模型)及升级版 UPDM(Utility and Pipeline Data Model)的使用最为广泛(图 3)，已在国际上多家管道运营公司使用。国家管网集团研究总院也开展了管道数据模型的研究工作，并形成了具有自主知识产权的管道基础地理空间数据模型，可以实现管道全生命周期空间数据的融合管理。

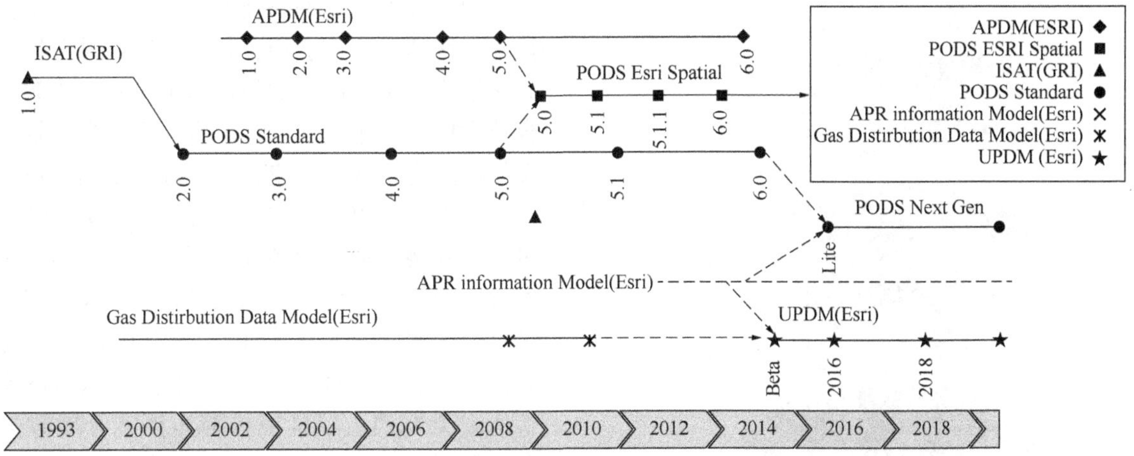

图 3　国际主流数据模型发展历程图

以管道数据模型为基础，面向结构化数据的融合技术主要包括管道数据采集与校验技术、管道结构化数据清洗转换技术、管道数据对齐技术、空间数据编辑与集成技术等。其中，管道数据对齐是重要的一种数据集成与融合技术，它是通过阀门、短节、环焊缝等易于识别的特征将多来源或多批次管道数据按照线性参考模式进行位置校准，从而实现施竣工、内外检测、外业测绘等多源数据融合的目的(图 4)。

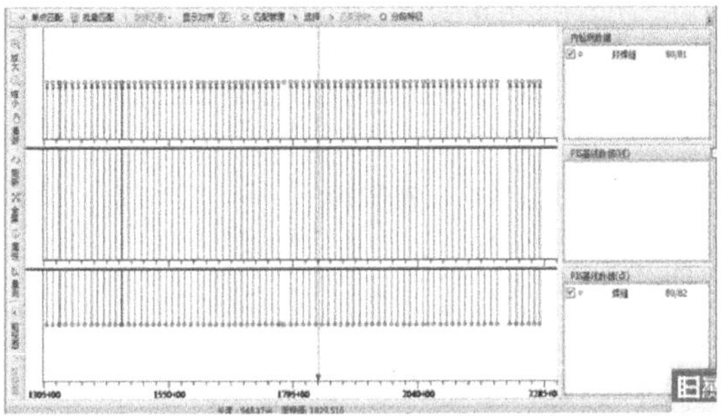

图 4　管道环焊缝数据对齐示例图

3.2　管道非结构化数据融合技术

面向非结构化数据，管道多模态数据融合主要包括逻辑关联融合、叠加分析融合、语义特征融合。

逻辑关联融合技术是基于一定的逻辑关系，将相关联的管道结构化、非结构化数据进行集成融合。例如，通过环焊缝编号将处理后的管道环焊缝射线底片影像、施工图与环焊缝位置信息、属性信息进行关联，实现环焊缝数据的多维度查询与分析(图 5)。

叠加分析融合技术是将多模态的管道各类数据通过直接叠加分析进行融合，形成分析决策结果。例如，通过将同一区域的管道周边地质情况、植被情况、坡度坡向、水文交通、人工活动等各类数据进行处理转换后，采用加权叠加技术分析得到管道地质灾害易发性结果、管道地质灾害区域预警结果(图 6)。

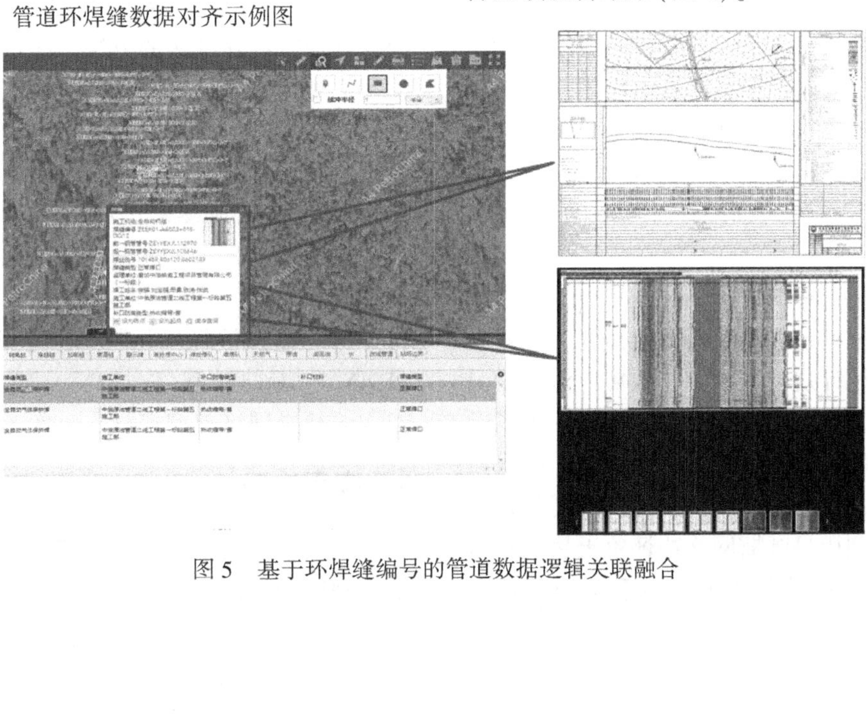

图 5　基于环焊缝编号的管道数据逻辑关联融合

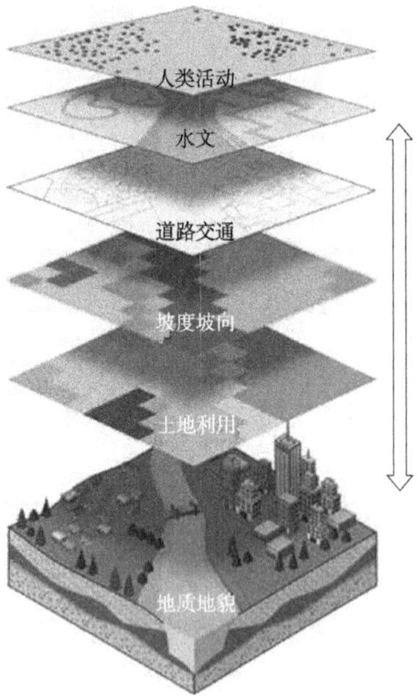

图 6　同一区域管道地质灾害数据叠加分析融合

随着深度神经网络技术、大模型等人工智能技术的快速发展与应用，传统的数据融合技术已无法适应人工智能新的发展需求，新一代数据融合技术应运而生。面向管道多模态数据，管道语义特征融合技术是先将各个来源的多模态数据进行特征提取，再将这些特征分类、聚集、综合的过程，并融合多个模型或采用统一的模型满足数据融合的需要。例如，未来可以利用人工智能技术对管道沿线风险自动化、动态化识别风险隐患，这就需要针对管道遥感影像、无人机图像和管道竣工文档、巡检报告等多模态开展数据融合，数据融合的结果为人工智能大模型提供输入。在这一数据融合过程中，通常采用单流模型结构、双流模型结构、混合模型结构三种多模态数据融合架构(图 7)。

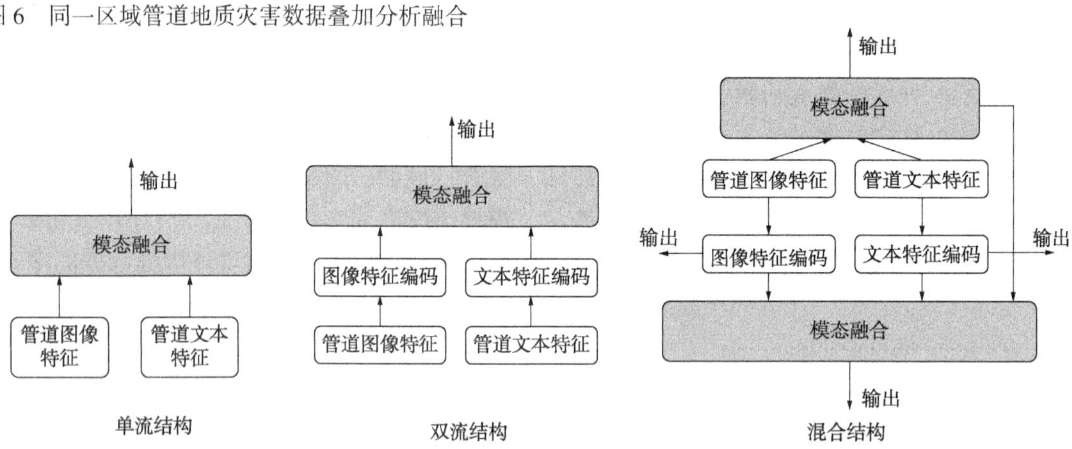

图 7　管道语义特征融合结构图

4　管道大数据分析方法

大数据分析技术主要采用“数据驱动”模型或“数据+机理”模型，可具体分类为监督学习、无监督学习，深度神经网络学习。使用何种大数据分析方法，需要根据具体的应用场景确定。本文依据分类形式，简要介绍一些常用的大数据分析方法。

4.1　监督学习方法

监督学习(Supervised learning)是指从标注数据中学习预测模型的方法，其本质是学习输入到输出的映射的统计规律。在管道领域，监督学习主要应用在管道数据的分类、回归、标注等场景下。面向管道领域，常用的方法主要包括逻辑回归、贝叶斯法、决策树、支持向量机、马尔科夫链等。例如，利用贝叶斯网络法评价天然气管道腐蚀失效情况，指导天然气管道系统的维护和维修。

4.2　无监督学习方法

无监督学习是从无标注的数据中学习数据的统计规律或内在结构的方法。在管道领域，监督学习主要应用在管道数据的聚类、降维等场景下。常用的方法包括 k－聚类、主成分分析(PCA)等。

4.3　深度神经网络学习方法

深度学习是指以复杂神经网络为模型的学习方法。目前流行的方法包括前馈神经网络(FNN)、卷积神经网络(CNN)、循环神经网络(RNN)、图神经网络(GNN)、基于 Transformer 架构的神经网络模型等。

5　应用实践

本文限于篇幅，仅以管道环焊缝缺陷智能识别为例进行阐述。

5.1 管道环焊缝图像处理与融合

X 射线焊缝图像中的噪声包括高斯噪声、高斯白噪声和椒盐噪声，这些噪声会影响到缺陷的检测。本文分别采用均值、方框、高斯平滑、中值和双边滤波等多种滤波技术对 X 射线环焊缝局部切片图像进行处理。通过结果分析，中值滤波具有均方误差极低、峰值信噪比极高的特点，该特点使得其失真率极低，进而达到出色的滤波性能。因此本文选定中值滤波算法对焊缝切片图像进行处理。运用直方图均衡增强、CLAHE、对数变换和伽马变换增强算法进行处理。通过对比发现，伽马变换在增强缺陷周围对比度的基础上，并未太大程度改变缺陷部分的对比度。综上所述，选取伽马变换算法对焊缝切片图像作增强处理。

5.2 管道环焊缝缺陷智能识别

5.2.1 面积较大缺陷智能识别

采用深度卷积神经网络(DCNN)对管道内凹、未焊透以及未熔合三类较大面积类型的缺陷进行识别。图 8 为面向管道缺陷识别的 DCNN 神经网络结构，图 9 表示训练样本示例。

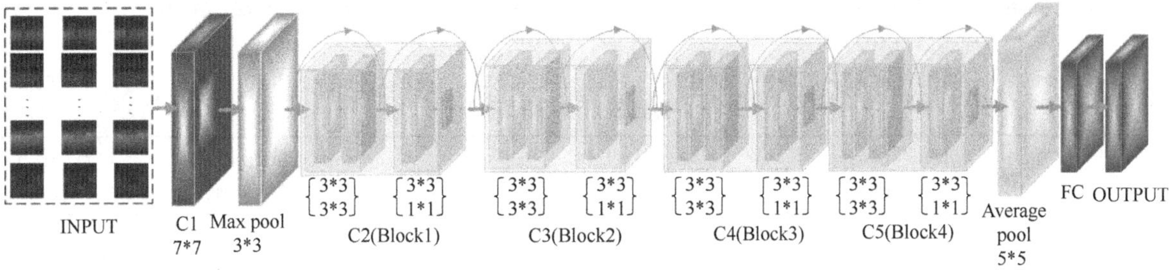

图 8　面向管道缺陷识别的 DCNN 神经网络结构

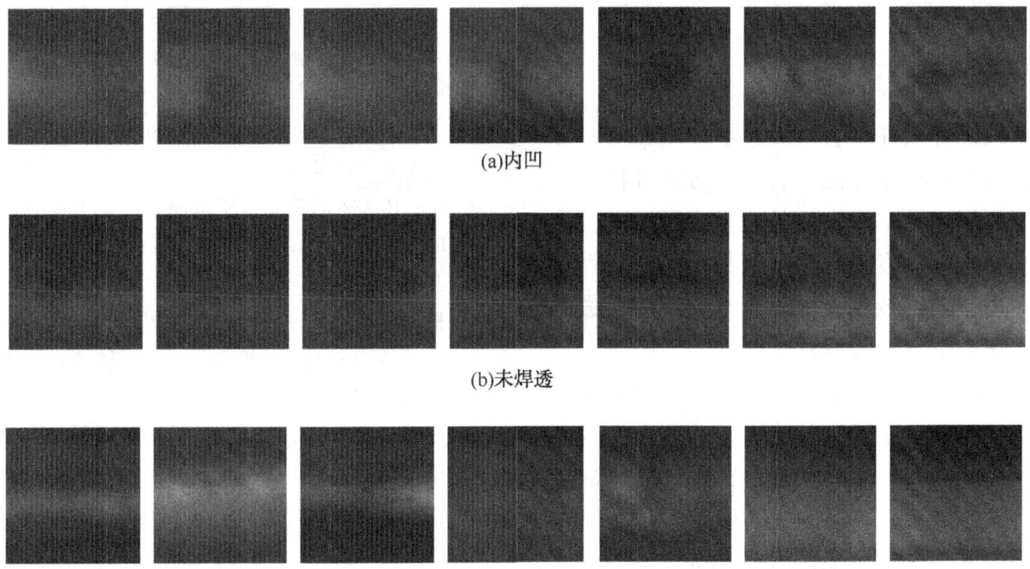

(a)内凹

(b)未焊透

(c)未熔合

图 9　训练样本示例

5.2.2 面积较小缺陷智能识别

采用基于稀疏字典矩阵对管道环焊缝较小缺陷进行识别。图 10 为字典矩阵原理图，图 11 为训练样本示例。

5.3 管道环焊缝缺陷智能识别结果

运用 X 射线环焊缝图像缺陷自动识别系统对数据库中所有焊缝图像进行扫描，并对缺陷检出率以及噪声误报率进行统计汇总；实测结果表明，采用该技术管道环焊缝缺陷整体检出率在 93%左右。具体实测数据见表 2。

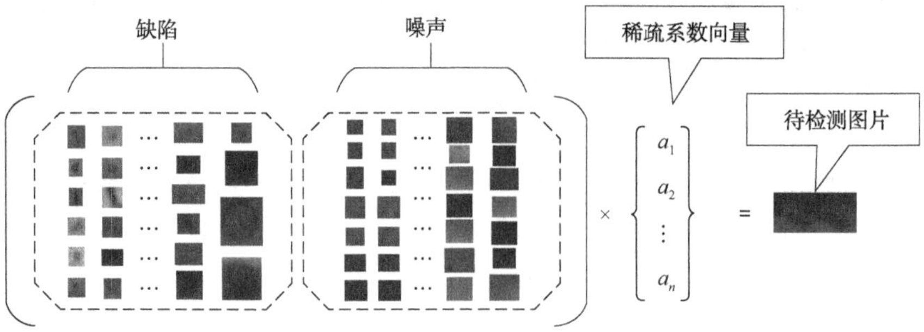

图 10　字典矩阵原理图

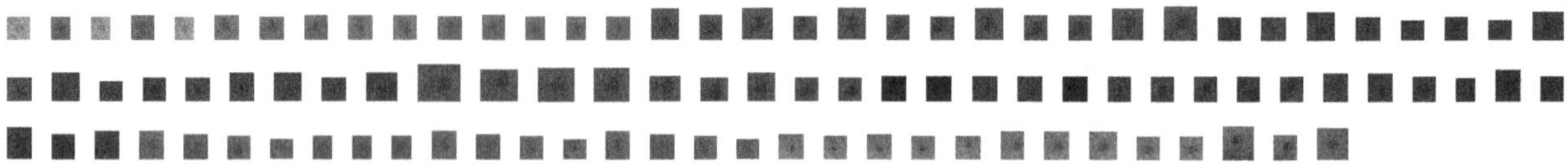

图 11　圆形缺陷样本示例

表 2　实测数据准确率汇总表

线路	ROI 高度（像素点/实际物理距离/mm）	底片尺寸（像素点/实际物理距离/mm）	缺陷类型	缺陷尺寸（像素点/实际物理距离/mm）	缺陷检出率/%
A 管道（1127 张）	160(19.19)	2376＊667（284.98＊80.00）	圆形缺陷	>3＊3(0.36＊0.36)	94
			条形缺陷	宽度>4(0.48)	93.7
B 管道（1900 张）	160(19.19)	2428＊667（291.21＊80.00）	圆形缺陷	>3＊3(0.36＊0.36)	95
			条形缺陷	宽度>4(0.48)	90.5

6　结论与展望

本文系统性论述了管道大数据技术架构、多模态数据融合的技术方法、管道大数据分析方法及在管道环焊缝缺陷识别上的典型应用。随着大数据技术的应用与发展，大数据技术为智慧管网建设提供强有力的技术支持。未来，管道大数据技术需要在以下方面持续攻关研究：

（1）传统的管道数据融合技术已不能满足人工智能技术发展对于数据的需求，需要进一步结合管道业务场景，系统性的开展面向语义特征等新一代管道多模态数据融合技术，为人工智能在管道行业的应用奠定坚实的数据基础。

（2）通用大模型技术的快速发展，需要进一步研究行业大模型及其在管道领域的落地应用，并与现有的“机理+数据”专业小模型协同融合发展，打造管道行业“一站式”AI 分析平台，为智慧管网提供核心技术支撑。

参 考 文 献

[1] 工业和信息化部．“十四五”大数据产业发展规划［C］. 2021 年 11 月．

[2] Zhang Z, Chen P, Mcgough M, et al. Pathologist-level interpretable whole-slide cancer diagnosis with deep learning[J]. Nature Machine Intelligence, 2019, 1(5): 236-245.

[3] Gao R X, Wang L, Helu M, et al. Big data analytics for smart factories of the future [J]. CIRP Annals, 2020, 69(2): 668-692.

[4] 杨理践，马凤铭，高松巍．基于神经网络及数据融合的管道缺陷定量识别[J]. 无损检测，2006，工程科技Ⅱ辑：4-7.

[5] 姜春雷，郭远博，付兴涛，等．基于多传感器数据融合的供热管网泄漏检测技术[J]. 大庆石油学院学报，2011，35(3)：13+105-108+122.

[6] 孙洁娣，靳世久，孙健．基于多地震波传感器数据融合的管道安全监测预警系统[J]. 石油学报，2009，30(3)：153-156.

[7] 孙晁，黄微，燕冰川，等．基于多元数据融合的漠大一线高风险融沉管段安全状态分析[J]. 山东化工，2023，工程科技Ⅰ辑：239-242.

[8] 张景雄，刘凤珠，梅莹莹，等．空间数据融合的研究进展：从经典方法到扩展方法[J]. 武汉大学学报，2017，42(11)：1616-1628.

[9] Carper W J. The Use of Intensity-Hue-Saturation Transformation for Merging SPOT Panchromatic and Multi-

spectral Image Data[J]. Photogrammetric Engineering and Remote Sensing, 1990, 56(4): 459-467.

[10] 贾韶辉，张新建，李妍，等. 油气管道全生命周期数据管理及其在中俄东线的应用[J]. 油气储运，2020，39(7)：756-762.

[11] 张新生，吕品品，王明虎，等. 数据融合下的腐蚀油气管道剩余寿命预测[J]. 材料保护，2018，工程科技Ⅰ辑：66-72.

[12] 李慧颖，薛娟，王美，等. 注水管网监测数据与生产数据的融合分析技术应用[J]. 油气田地面工程，2019，工程科技Ⅰ辑：171-173.

[13] 姜丽梅，李秉龙. 面向图像文本的多模态处理方法综述[J/OL]. 计算机应用研究. https://doi.org/10.19734/j.issn.1001-3695.2023.08.0398.

[14] He K, Fan H, Wu Y, et al. Momentum contrast for unsupervised visual representation learning [C]//Proceedings of the IEEE/CVF conference on computer vision and pattern recognition. 2020: 9729-9738.

[15] Kiela D, Bhooshan S, Firooz H, et al. Supervised multimodal bitransformers for classifying images and text [J]. arXiv preprint arXiv: 1909.02950, 2019.

[16] Li G, Duan N, Fang Y, et al. Unicoder-vl: A universal encoder for vision and language by cross-modal pre-training [C]//Proceedings of the AAAI Conference on Artificial Intelligence. 2020, 34 (07): 11336-11344.

[17] Li X, Yin X, Li C, et al. Oscar: Object-semantics aligned pre-training for vision-language tasks [C]//Computer Vision-ECCV 2020: 16th European Conference, Glasgow, UK, August 23-28, 2020, Proceedings, Part XXX 16. Springer International Publishing, 2020: 121-137.

[18] Radford A, Wu J, Child R, et al. Language models are unsupervised multitask learners [J]. OpenAI blog, 2019, 1 (8): 9.

[19] He K, Fan H, Wu Y, et al. Momentum contrast for unsupervised visual representation learning [C]//Proceedings of the IEEE/CVF conference on computer vision and pattern recognition. 2020: 9729-9738.

[20] Miyawaki S, Hasegawa T, Nishida K, et al. Scene-text aware image and text retrieval with dual-encoder [C]//Proceedings of the 60th Annual Meeting of the Association for Computational Linguistics: Student Research Workshop. 2022: 422-433.

[21] Li L, Chen Y C, Cheng Y, et al. HERO: Hierarchical Encoder for Video+Language Omni-representation Pre-training [C]//Proceedings of the 2020 Conference on Empirical Methods in Natural Language Processing (EMNLP). 2020: 2046-2065.

[22] Bao H, Wang W, Dong L, et al. VLMo: Unified Vision-Language Pre-Training with Mixture-of-Modality-Experts [C]//Advances in Neural Information Processing Systems.

[23] WANG L. From intelligence science to intelligent manufacturing[J]. Engineering, 2019, 5(4): 615-618.

[24] Mikolov T, Chen K, Corrado G, et al. Efficient estimation of word representations in vector space [J]. arXiv preprint arXiv: 1301.3781, 2013.

[25] Vaswani A, Shazeer N, Parmar N, et al. Attention is all you need[J]. Advances in neural information processing systems, 2017, 30.

[26] Radford A, Narasimhan K, Salimans T, et al. Improving language understanding by generative pre-training[J]. 2018.

[27] Devlin J, Chang M W, Lee K, et al. Bert: Pre-training of deep bidirectional transformers for language understanding [J]. arXiv preprint arXiv: 1810.04805, 2018.

[28] 汪俊亮，高鹏捷，张洁，等. 制造大数据分析综述：内涵、方法、应用和趋势[J]. 机械工程学报，2023，59(12)：1-16.

[29] Zhang B, Zhu J, Su H. Toward the third generation of artificial intelligence[J]. SCIENTIA SINICA Informationis, 2020, 50(9): 1281.

[30] 闫佳和，李红辉，马英，等. 多源异构数据融合关键技术与政务大数据治理体系[J/OL]. 计算机科学. https://link.cnki.net/urlid/50.1075.TP.20231010.0923.002.

[31] 胡明，高冀，谭力文. 贝叶斯网络分析在管道腐蚀失效概率计算中的运用[J]. 化工设备与管道，2009，46(5)：52-56.

基于隐私计算的数字管网数据安全共享平台

张　珂　任　武　吴志强　张正雄　苑浩鹏　莫琳琳

（国家管网集团科学技术研究总院分公司）

摘　要　为切实保障国家油气管道行业数据资源安全，设计验证了基于隐私计算的数字管网数据安全共享平台。首先，从行业和技术层面进行了数据安全共享的需求现状分析，对数据安全共享平台进行平台架构功能设计；之后，结合业务需求，以优化上下游客户管理场景为例，设计客户评分卡模型，基于数据安全共享平台实现对新用户和现有用户的动态定级，为识别潜力高价值客户，抵制不良用户，实现客户全生命周期管理提供动态风险监测进行了实践验证。结果表明该平台能在实现保护数据安全的同时，进一步释放数据使用价值，促进数据的分析和使用，实现数据资源资产化转变，并能根据业务场景进行算法的定制扩展和灵活切换。

关键词　数据安全；数据共享；数字化管道；隐私保护

1　引言

随着各种数据源的不断涌现，数据量呈指数级增长，数据被广泛应用于各行各业，从传统互联网应用到智能制造、医疗健康等领域，数据始终担任着关键角色，为模型的性能和应用质量奠定坚实基础。各国针对数据安全制定了一系列安全法律和法规，对企业数据安全提出了更高的要求。同时数据泄露、黑客攻击和网络犯罪等事件屡屡发生，给个人、企业和政府带来了极大的损失和风险。

近年来，国家高度重视数据安全和隐私保护，先后颁布了《中华人民共和国数据安全法》《中华人民共和国个人信息保护法》，完善了数据治理体系的顶层设计，提供了解决数据安全问题的具体思路。由于数字经济的发展要求数据共享和自由流通，特别是人工智能技术的发展对大数据的广泛运用提出新的需求。为应对这些需求，需要企业和组织不断完善数据安全体系，利用新技术和工具对数据进行有效保护，加强数据安全意识和技能培训。

为保障数据的快速流通、融合应用，解决管网内部数据交换、外部数据共享的安全流通需求，我们设计开发了基于隐私计算的数字管网数据安全共享平台。在保障国家能源安全的前提下，进一步挖掘数据价值，让数据资产价值最大化，提升油气管道安全管控水平。

2　现状分析

2.1　行业现状

目前，国内外管道行业正面临数字化转型，全球领先油气公司已将数字技术布局到油气产业链的各个环节，“数字化管道”正在为管道建设与管理提供一个新的途径和手段，使其达到一个真实体现管道在建设中的信息可视化的程度。“数字化管道”以信息基础设施为基础，以多尺度和多种类的空间基础地理信息为支撑，充分利用计算机、数字通信等数字技术帮助进行高级决策。因此，在油气管道行业内积累沉淀大量数据资源，未能在社会生活和经济生活中充分发挥价值，研究调查发现有以下原因：

2.1.1　数据碎片化分散化

各部门已有大量业务信息系统呈烟囱式建设，各类系统普遍存在建设标准不统一、数据标准不一致，业务难互联、数据难互通等问题，形成大量信息孤岛，导致数据高度碎片化分散化，无法有效融合，发挥出信息效用的协同互补。

2.1.2　数据合规监管要求高

各部门的数据大多关系到国家机密和安全，保密要求高，由于缺乏有效的跨域数据融合计算安全保障技术，当前的数据安全管理非常严格，保管责任要求高，对于数据跨域分享和融合需求，即使是上级要求，由于权、责、利难以厘清，实现起来难度大。

2.1.3　数据融合应用水平亟待提高

由于跨域数据无法有效融合，基于跨域数据的人工智能、机器学习应用无法进行，大大限制了大数据的落地。当前跨域数据共享融合要求基本是上级要求，数据提供方较为被动，没法从跨域数据共享融合获得益处，缺乏分享的积极性和主动性。

2.2　技术现状

随着“数字化管道”的建设，数据安全对于企业发展愈加重要，特别是大数据时代的来临，数据安全成为大数据分析的基础，数据安全共享技术成为企业构建信息化、工业化两化融合的瓶颈问题。业界对数据安全共享技术的归类方法各有不同。安全性是第一属性，以安全信任基础为切入点对，对数据安全共享技术进行归类，将其划分为基于密码学的数据安全共享方法、基于统计学的数据安全共享方法、基于硬件安全的数据安全共享方法、其它支撑技术等四类，如图1所示。

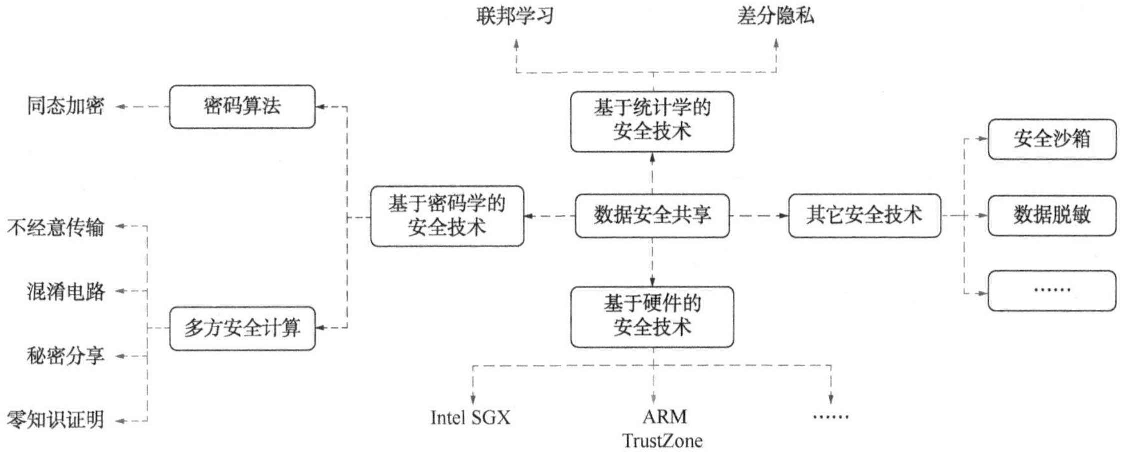

图1　数据安全共享技术分类

基于密码学的安全技术使用密码来辅助完成传递敏感信息，保证信息的机密性和完整性，防止信息被篡改、伪造和假冒。该技术能够实现行业数据要素流通“可用不可见”，并辅以计算合约精确控制数据的具体用途和用量。具体可细分为密码算法技术和多方安全计算技术。

基于统计学的安全技术通过统计学方法将原始数据进行转化，仅流通转化后的数据达到保护原始数据隐私的目的。此类代表性技术为差分隐私技术和联邦学习技术。前者通过增加噪声隐藏原始数据，后者通过将原始数据转化为基于统计信息的中间参数，并交换该中间参数迭代模型实现多方联合建模。

基于硬件的安全技术通过硬件方法在中央处理器中构建一个安全的区域，保证其内部加载的程序和数据在机密性和完整性上得到保护。典型代表是可信执行环境（Trusted Execution Environment，TEE），通常也叫机密计算，目前主要的通用计算芯片厂商发布的TEE技术方案包括X86指令集架构的Intel SGX技术、AMD SEV技术以及ARM指令集架构的TrustZone技术。

其它传统技术有安全沙箱、数据脱敏等。数据沙箱通过在云环境中创建出一个隔离的安全工作环境，用户工作在逻辑隔离的安全环境内，明确数据使用范围，进行主动保护，一切数据和系统都受保护。数据脱敏一般常用于敏感数据的处理，将某些敏感信息通过脱敏规则进行数据的变形，从而降低数据敏感度，减少敏感数据被精确识别的风险，从而实现对敏感数据的保护。

3　算法原理

基于行业现状和技术现状进行分析，仅对后文涉及到的安全求交和联合建模算法原理进行介绍。具体算法设计如下。

3.1　安全求交

安全求交（Private Set Intersection，PSI）是基于密码学的安全技术之一，在不泄露数据提供方和数据使用方用户名单的前提下协同计算并输出交集用户，但是各自无法获知交集以外的对方集合的任何信息。

目前业界有几种常用的PSI实现技术，其中基于DH密钥交换协议的PSI方案适用于小数据集的场景，基于 OT 的 PSI 方案适用于大数据集的场景，但其系统的通信开销较大，而基于 OPRF 的 PSI 方案，在计算开销和通信开销方面均具有良好的表现。

OPRF 通常指两方——Client 端向 Server 端获取由 Client 端的数据和 Server 端的种子生成的伪随机数结果。一个最简单的 OPRF 协议指的是，Client 端和 Server 端提前协商好一个伪随机数生成函数 F(x，s)，其中 x 是用于生成伪随机数的原始数据，s 是种子；Client 拥有一条原始数据 F(x，s)，当 Client 和 Server 执行 OPRF 协议后，Server 生成了一个种子 s，Client 在未知种子 s 的情况下得到了伪随机数结果 F(x，s)，并且 Server 未得到关于 Client 的数据 m 的任何信息，如图 2 所示。类似 OT 协议，OPRF 协议也是利用公钥密码体系来构造，批量的 OPRF 协议可由批量 OT 实现的 OT 扩展协议来构造。类似 OT 扩展协议利用少量 OT 实现大量 OT 而减轻计算开销，批量的 OPRF 协议中，Client 端可以利用少量的公钥复杂度计算和大量开销很小的对称密钥计算，得到大量的 OPRF 结果，其安全性仍然基于 OT 协议和伪随机数生成函数的对称密钥级别的安全性。

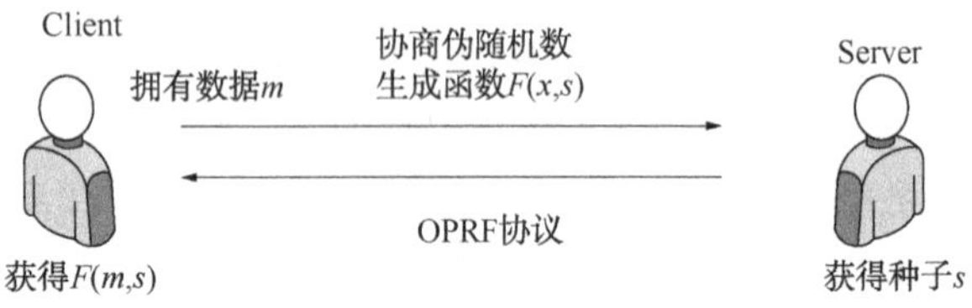

图 2　基于 OPRF 的 PSI 方案

PSI 方案利用 Cuckoo Hash 和批量 OPRF 协议，将 Client 端和 Server 端的所有数据均映射为若干 PRF 结果，最终由 Client 对比 Server 发送过来的 PRF 结果确定哪些元素在两方的交集中，保护两方交集外的数据不泄露。

3.2　联合建模

联邦学习是联合建模的一种高效方式，通过数据切分和模型迁移实现数据不共享前提下协作构建机器学习模型，训练过程中的模型梯度等中间结果加密处理，保护数据和模型的隐私，同时满足高效率要求。从算法构造来说，常应用同态加密、差分隐私以及包括基于秘密分享、不经意传输、混淆电路等密码学原理的各类多方安全计算协议和其它用于保证数据安全共享的密码学技术来提升安全性。从算法应用来说，联邦学习是基于人工智能的技术工具，为提升用户隐私和数据安全而提出，因此广泛应用于联合建模、联合预测等场景中。

本文采用基于同态的纵向逻辑回归联邦学习算法，其基础算法为纵向联邦学习算法，假设训练的全量数据集为 X，标签为 Y，其中 X 含 M 条样本，N 维特征。两个数据源分别拥有数据集的一部分特征，其数据集为 $X=\{x_1, x_2, \cdots, x_n\}$，其中一方，也叫主动方或应用方，拥有标签 Y。基于半同态加密的纵向逻辑回归训练算法流程如图 3 所示。

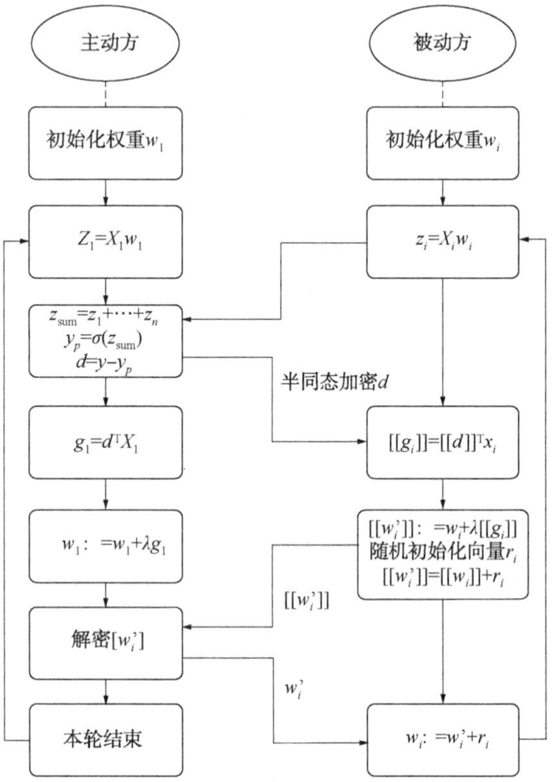

图 3　纵向逻辑回归算法流程

其中，主动方在本地进行明文部分的计算，并持有公钥和私钥，可以在本地将向量进行加密与解密。被动方只持有公钥，可以在本地进行密文向量的加法与数乘，但不能将密文向量进行解密。

对于训练的任何轮次，持有数据的双方均不暴露自身的特征数据；主动方不暴露标签数据；双方不暴露和自身特征数据对应的模型参数；双方不暴露和自身特征数据对应的模型参数的梯度。具体论证如下：任何参与方在训练过程中，未将自身特征数据明文发送给任何其他方，而主动方得到 w 和 X 的内积，无法反推出对方的 X_k，所以任何方不暴露自身的特征数据 $X_i(i=1, 2, \cdots, n)$。

4　平台设计

4.1　功能架构

建立在企业的基础设施(数据、网络、存储)之上的基于隐私计算的数字管网数据安全共享平台，不仅提供隐匿查询、安全求交、联合统计、联合建模等场景服务，还提供保护用户隐私的工程设计、智能调度、安全运维等业务应用。平台基于多方安全计算等数据安全共享技术实现既分享数据，又保证分享的数据明文不出本企业，从而实现数据的“原始数据不出域，可用不可见”，并且可以规定数据的用途和用量“可控可计量”，解决数据共享融合与数据安全合规的核心矛盾。如图4所示，为基于隐私计算的数字管网数据安全共享平台的功能架构。

图4　平台功能架构

4.2　功能模块

基于隐私计算的数字管网数据安全共享平台主要包括6大功能模块，分别是业务应用模块、服务模块、计算引擎模块、数据接入模块、系统管理模块、基础设施模块，以下分别对6个模块进行介绍。

4.2.1　业务应用模块

将企业内部以及外部业务合作方的多种类型数据进行安全融合，提供工程设计、智能调度、安全运维、数据交易等业务。

4.2.2　服务模块

从多个业务中抽象出来的多种服务能力，包括基于多方数据的基础计算、联合统计、隐踪查询、隐私求交、联合建模、SQL查询等。

4.2.3　计算引擎模块

计算引擎包括若干个通过网络互连的计算节点，各个计算节点之间通过安全通信方式实现互联互通，对外提供密文计算接口，按照多方安全加密协议在计算节点之间实现密文计算。

加密协议：负责密文计算任务的执行；提供多方安全计算协议，包括秘密分享、混淆电路、同态加密、不经意传输等。

密文算法：平台提供多方计算的密文函数库和算法库，支持编写类Python代码，实现类Python的科学计算函数库Numpy，深度学习函数库Pytorch，机器学习算法库Pai等函数库。上层应用可基于多方计算密文函数库和算法库灵活定义应用算法，满足不同应用场景的多方数据计算需求。

4.2.4　数据接入模块

负责对接用户的数据源和明文计算服务，通过数据接入模块对收到的数据进行加密后发送给计算集群进行计算，计算完成后通过数据输出模块对计算结果解密；该接入模块应跟数据提供方或算法提供方部署于同一安全域中。

支持接入多种数据源、多种数据类型，并与本地明文计算服务对接进行预处理和本地计算；数据接入后形成数据目录根据权限进行发布和管理，负责发起任务，对数据使用授权，并且计算过程中对数据进行加解密。

同时对数据、计算过程和计算结果进行存证，存证结果安全存储，同时不被篡改，做到全程留痕，可追溯可证明。

4.2.5　系统管理模块

该模块包括用户管理、角色管理、算力管理、业务监控和日志管理等。该模块为系统提供多方安全计算相关基础服务功能，负责整体计算资源的管理、计算任务管理和调度功能，驱动数据接入和计算引擎进行相应工作。

根据数据的隐私性要求以及任务的实际情况灵活进行明文计算以及密文计算，对计算任务和计算资源进行有效组织、划分和调度，在保证数据隐私性的前提下最大限度的提升计算效率。

4.2.6　基础设施模块

基于企业已建立的基础设施提供计算、存储、网络、区块链等基础设施服务。

4.3　主要参与方

基于隐私计算的数字管网数据安全共享平台主要有6个参与角色，如图5所示，分别是数据提供方、结果使用方、算法提供方、计算方、任务发起方、调度方。

4.3.1　数据提供方

为多方计算任务提供数据，通过数据输入处理将需保护的数据加密转化为计算因子并发送给计算方。一个多方计算任务中数据提供方的数量大于等于2。

4.3.2　结果使用方

接收多方计算平台的密文计算结果，将密文结果解密成明文。一个多方计算任务的结果使用方可以有1个或多个。

4.3.3　算法提供方

为多方计算任务提供计算逻辑和算法参数。当算法参数有保护要求时，该算法参数视为被保护数据，该算法提供方视为数据提供方。

4.3.4　计算方

为基于隐私计算的数字管网数据安全共享平台提供算力支持。计算方接收数据提供方的计算因子并进行密文计算，计算结束后将输出因子发送给结果使用方。一个数据安全共享任务中计算方的数量应大于等于2，并不能由同一实体承担多个计算方角色。

4.3.5　任务发起方

触发数据安全共享任务。在任务执行前完成任务资源配置，并对资源到位情况进行核实。

4.3.6　调度方

配置计算任务，管理和协调其他参与方执行任务。

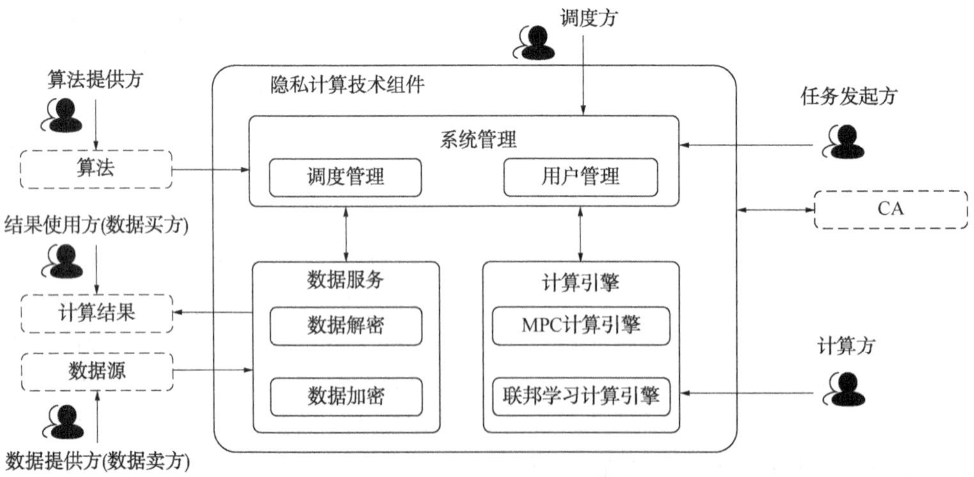

图5　通用数据安全共享系统架构

4.4　关键流程

基于隐私计算的数字管网数据安全共享平台工作时序如图6所示，共包括5个关键步骤分别是任务创建、任务分配、数据接入、任务计算、结果解析，以下分别对5个关键步骤的详细操作内容展开介绍。

4.4.1 任务创建

首先，任务发起方配置、核实数据安全共享任务计算所需资源，发起计算任务；其次，数据提供方对所有的数据使用进行授权，任务发起方和数据提供方为同一实体的情况除外。数据提供方可委托调度方对数据进行使用授权，也可在任务创建前对数据进行预授权。数据使用授权和后续任务分配阶段可合并执行。

4.4.2 任务分配

首先，调度方验证任务请求信息的合法性，包括身份验证和数据授权的合法性，验证通过后生成任务配置信息，发送给数据提供方、计算方和结果使用方；其次，数据提供方、计算方和结果使用方收到任务配置信息后进行验证；最后，各参与方保存收发的任务配置信息。

4.4.3 数据输入

首先，数据提供方从数据源读取数据并生成输入因子，通过安全通道发送给指定计算方；其次，数据提供方保存任务配置信息，并对发送的输入因子进行存证。

4.4.4 任务计算

计算节点接收各数据提供方的输入因子，按照多方计算协议进行协同计算生成输出因子，将输出因子发送至结果使用方。

4.4.5 结果解析

结果使用方对输出因子进行解析得到计算结果，对结果进行存证。

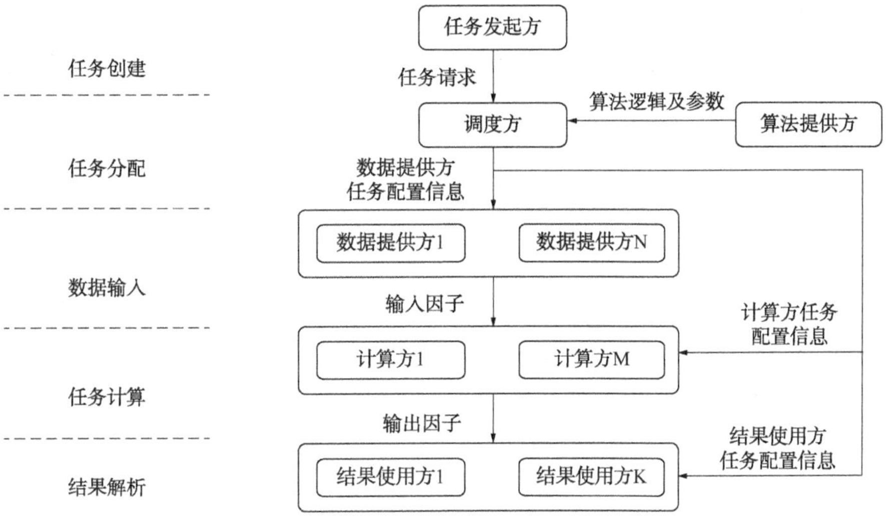

图6 数据安全共享工作时序图

5 实验与分析

本文选用三个具有代表性的场景进行验证，包括智能调度的冬季保供，管道安全运维的管道周边信号监测、以及市场综合评级的客户定级评估。受限于时间、资源等因素，此次验证对实际业务场景做了简化，只抽取最核心的算法流程进行开发测试。虽然做了简化，但验证方案考虑了通用的做法，仍然可以扩展到多个类似场景并指导实际业务场景的实验。下文将针对客户定级评估进行思路设计、算法开发和结果评估。

5.1 系统环境

平台能够适应国家管网提供的基础环境、PaaS 服务并满足应用标准规范，支持基于容器云的部署，支持 CentOS、红旗 Linux、Red hat、Ubuntu、SUSE Linux 等操作系统，支持数据库包括 MySQL、PgSQL、Hive 等，平台客户端支持 IE、Chrome、火狐等主流浏览器，同时平台支持适配国产操作系统、数据库、中间件、国产化开源 JDK 软件以及国产硬件服务器，满足国产化配置要求。

通常密文数据膨胀为明文的 3~4 倍，为提升密文计算的性能，减少数据传输的时延，设置局域网速率为 1000Mbps，设置广域网速率 100Mbps 以上，保证网络传输质量。

5.2 实验思路

市场客户应进行系统化管理，构筑全面的、立体的客户关系。对于现有的多家托运商客户，管网运营商应通过调研客户的基本情况、财务情况，对客户进行级别评定，但企业的这些数据多为人工收集和申报，无法保证真实性和准确性。对于新引入的客户，由于缺乏历史合同业务数据，无法对客户进行评级，丧失对潜在高价值客户的关注机会。基于平台针对管网这一典型业务场景进行实验设计和验证。

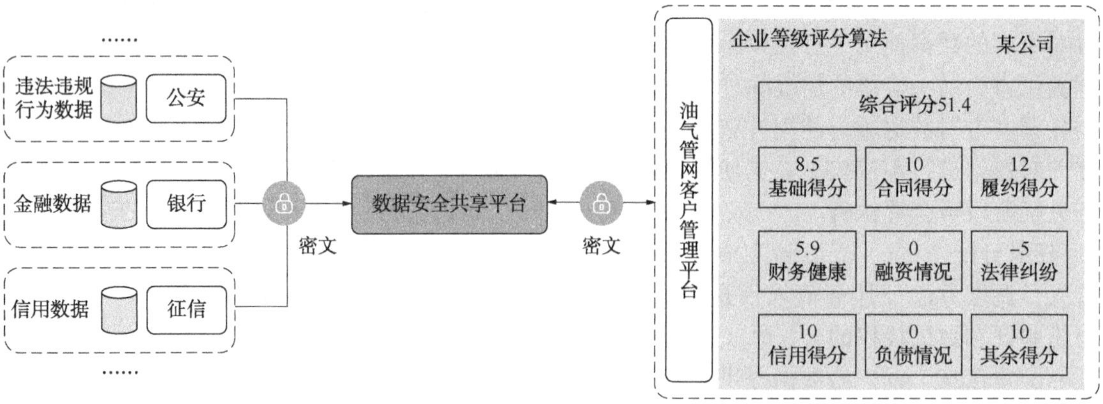

图 7　客户定级评估

如图 7 所示，运用数据安全共享技术，引入银行、征信机构、公安部门、政府等多方信息，在不收集、不存储原始数据的前提下，进行定级的模型训练，获得准确的客户评分。实验将针对这一典型场景进行模拟和验证，该场景用到的核心算法为安全求交和联合建模。

5.3　数据设计

实验方案的输入数据包含客户历史合同特征和评分，以及银行提供的企业最新金融特征，见表 1、表 2。两方联合客户的不同特征维度训练出客户评分卡模型，输出结果为客户评分卡模型，以及对新客户的信用评分值，评分越高代表风险(违约率)越低。

表 1　管网节点建模数据

字段标识	字段名称	类型
contracted_amount	签约金额	Double
execution_rate	签约执行率	Double
payback_period	回款周期	Double
compliance	合同履约情况	Double
state	状态	Double
state2	合作多样性	Double
ID	企业信用唯一标识	Double
y	评分	Double

表 2　银行企业节点建模数据

字段标识	字段名称	类型
capital	企业注册资本	Double
asset	企业资产	Double
income	年收	Double
debet	贷款	Double
tax_arrears_record	欠税记录	Double
defaulters	管理层失信人员	Double
ID	企业信用唯一标识	Double

设定 gw_ds01 和 gw_ds02 作为数据提供方参与训练，其中 gw_ds01 作为管网节点，提供训练所需的部分特征值及数据标签；gw_ds02 作为银行节点，提供部分特征值，其中数据包括 9000 条训练数据、1000 条验证数据、100 条预测数据。表 3 是对数据节点的描述，表 4 是对数据信息的描述。

表 3　数据节点描述

数据节点标识	数据节点名称	节点说明
gw_ds01	管网节点	提供所需训练特征数据、预测特征数据
gw_ds02	银行节点	提供所需训练特征数据、预测特征数据

表 4　数据信息描述

	训练数据	验证数据	预测数据	数据类型	数据源类型
管网客户历史数据	9000(8 列含 y 值)	1000(8 列含 y 值)	100(7 列含 ID 列)	Double	CSV 文件
银行企业征信数据	9000(7 列)	1000(7 列)	100(7 列含 ID 列)	Double	CSV 文件

5.4　实验步骤

验证方案模拟两方场景，其中管网为应用方(A 方)，另一方为银行(B 方)，如图 8 所示。在不泄露各方原始数据、模型梯度的前提下，进行评分卡模型的联合训练和预测。

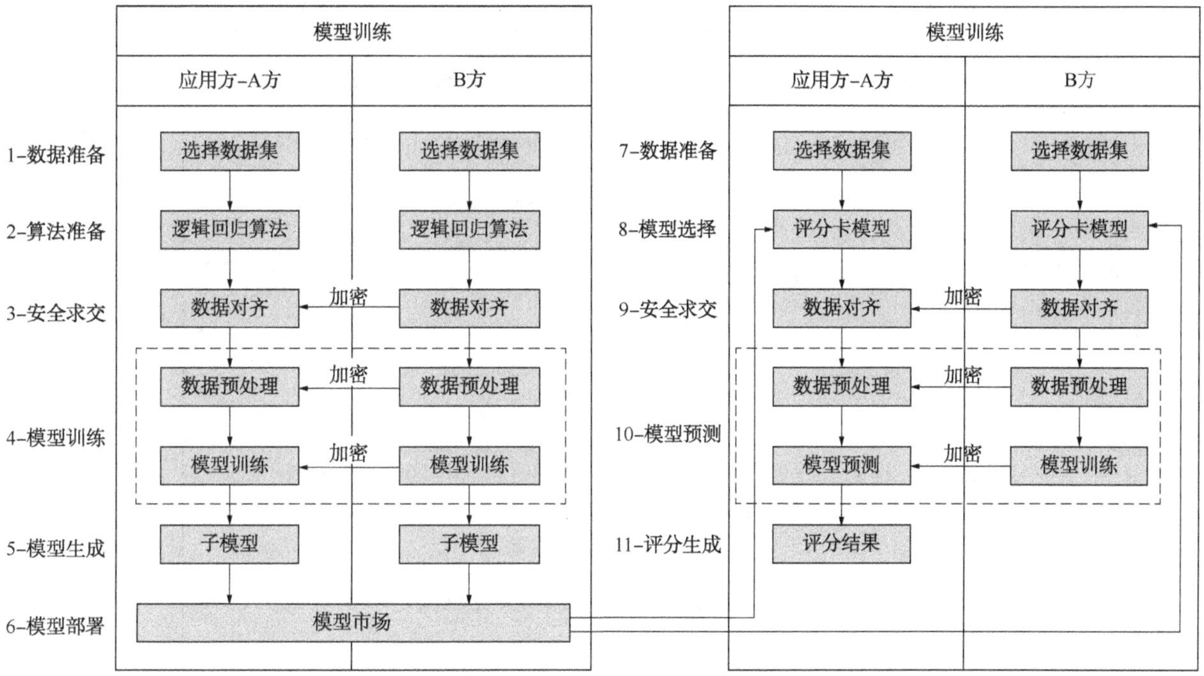

图 8　两方评分卡联合建模数据流程

客户评分卡模型训练的关键流程如下：

(1) 数据准备：应用方作为模型发起方创建项目，选择数据集，A 方提供特征+标签，B 方提供特征。

(2) 算法准备：构建评分卡模型最常见的算法是逻辑回归，它的优点是原理简单、调参简单，且模型结果的可解释性很强，可以很好地转化为量化的分数。此处选择逻辑回归算法。

(3) 安全求交：两方的数据应用验证通过后，采用基于 OPRF 的 PSI 算法进行安全求交。

(4) 模型训练：在对齐的数据上设置数据预处理规则，包括数据分箱和 WOE 编码等。数据预处理完成后，采用联合建模进行模型训练，设置逻辑回归模型训练参数包括迭代轮数、学习率等。模型训练完成后，进行模型评估。用户可以根据评估指标如准确率、精准率、AUC 等判断模型是否合理，对不合理的模型调整数据配置和算法后，重新训练。

(5) 模型生成：模型训练完后，每方得到相应的子模型。

(6) 模型部署：已训练完成的模型可以再导出，或发布至模型市场。

客户评分预测的关键步骤如下：

(1) 数据准备：应用方在预测时，选择预测数据集(不含标签)。

(2) 模型选择：选择模型训练生成的模型。

(3) 安全求交：两方采用基于 OPRF 的 PSI 算法进行安全求交。(与训练过程一致)。

(4) 模型预测：数据对齐后可以设置数据预处理规则，包括数据分箱和 WOE 编码。(该部分与训练过程一致)，两方数据在模型下进行计算。

(5) 结果生成：计算完成后生成预测结果评分，评分越高代表客户违约率越低，客户风险越低。

5.5　实验结果

在基于隐私计算的数字管网数据安全共享平台中，本文按照 5.4 的实验步骤进行实验，设置模型训练轮次为 10 轮，学习率设置为 0.1，训练集与测试集划分比例为 9∶1，图 9 为模型的训练结果。

模型指标

模型指标　　评估数据集信息

	准确率Accuracy	精准率	AUC	KS	F1
训练集	0.90011	0.98641	0.9732	0.8715	0.88979
测试集	0.90800	0.99282	0.9786	0.8825	0.90022
评估集	0.90090	0.98706	0.9737	0.8722	0.89085

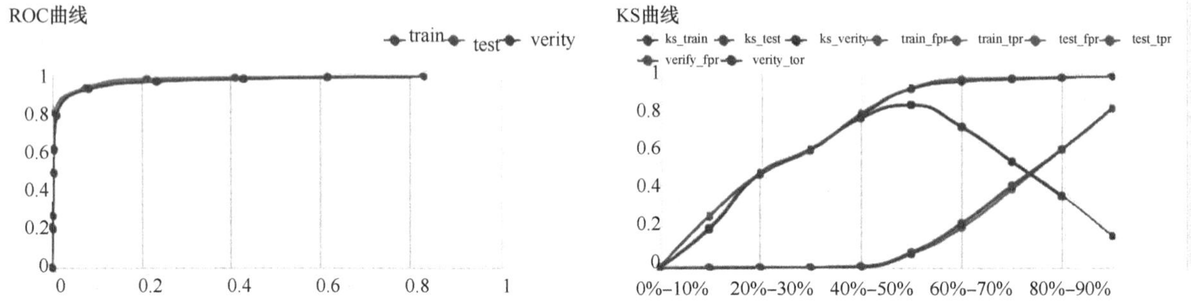

图 9　模型训练结果

由图 9 可知，客户定级评估的模型训练准确率约为 0.90，精准率约为 0.99，验证了基于隐私计算的数字管网数据安全共享平台能够精准地识别出客户的类别，其中训练集指标 AUC 为 0.97，训练集指标 KS 为 0.87，再次验证平台识别的准确性。为客户全生命周期管理提供动态风险监测，进一步丰富客户画像，解决对客户认识不全面、经营异常情况预警能力不足的问题。

表 5　模型预测结果

	准确率	精准率	AUC	KS	F1
明文训练结果	0.93	0.98	0.97	0.86	0.92

通过对客户评分卡模型进行训练得到最终的逻辑回归模型，将该模型作为客户评分预测模型。如表 5 所示，模型预测结果显示准确率、精准率、AUC、F1 指标预测结果均在 0.92 及以上，进一步证实基于隐私计算的数字管网数据安全共享平台的有效性。

以上为定量研究得到的结果，为更加直观地评价客户的可信任度高低，本文将模型输出结果映射为可解释的信用分数，通常在 300~850，将模型输出映射到具体分数范围内，评分越高代表违约风险越低，可信度越高，如图 10 所示。

1	ID	score
2	5feceb66ffc86f38d952786c6d696c79c2	407
3	6b86b273ff34fce19d6b804eff5a3f5747	361
4	d4735e3a265e16eee03f59718b9b5d03	719
5	4e07408562bedb8b60ce05c1decfe3ad	593
6	4b227777d4dd1fc61c6f884f48641d02	361
7	ef2d127de37b942baad06145e54b0c61	407
8	e7f6c011776e8db7cd330b54174fd76f7	407
9	7902699be42c8a8e46fbbb450172651	719
10	2c624232cdd221771294dfbb310aca00	407
11	19581e27de7ced00ff1ce50b2047e7a56	407
12	4a44dc15364204a80fe80e9039455cc16	719
13	4fc82b26aecb47d2868c4efbe3581732a	407
14	6b51d431df5d7f141cbececcf79edf3dd	593
15	3fdba35f04dc8c462986c992bcf875546	361
16	8527a891e224136950ff32ca212b45bc9	743
17	e629fa6598d732768f7c726b4b621285f	407
18	b17ef6d19c7a5b1ee83b907c595526dc	743
19	4523540f1504cd17100c4835e85b7eefd	407
20	4ec9599fc203d176a301536c2e091a19b	593
21	9400f1b21cb527d7fa3d3eabba93557a	719
22	f5ca38f748a1d6eaf726b8a42fb575c3c	719
23	6f4b6612125fb3a0daecd2799dfd6c9c2	719
24	785f3ec7eb32f30b90cd0fcf3657d388b	407
25	535fa30d7e25dd8a49f1536779734ec8	719
26	c2356069e9d1e79ca924378153cfbbfb4	743
27	b7a56873cd771f2c446d369b649430b6	361
28	5f9c4ab08cac7457e9111a30e46649206	743
29	670671cd97404156226e507973f2ab83	743
30	59e19706d51d39f66711c2653cd7eb12	593
31	35135aaa6cc23891b40cb3f378c53a17a	593
32	624b60c58c9d8bfb6ff1886c2fd605d2a	743
33	eb1e33e8a81b697b75855af6bfcdbcbf	407
34	e29c9c180c6279b0b02abd6a1801c7c0	593
35	c6f3ac57944a531490cd39902d0f77771	593
36	86e50149658661312a9e0b35558d84f6	361

图 10　客户评分结果

5.6　实验扩展

基于隐私计算的数字管网数据安全共享平台可以扩充到类似的多方联合风控、联合营销等业务，算法不限于逻辑回归，可根据实际进行扩展，如线性回归、决策树、神经网络等。平台具有灵活地算法开发能力，提供了丰富的保护隐私的机器学习算子，并在短时间内根据业务需要将算子进行组装，开发出适合的行业算法。

6 结束语

基于隐私计算的数字管网数据安全共享平台实验和验证表明，该平台既保护了管网客户信息不泄露，又为客户全生命周期管理提供动态风险监测，对新用户和现有用户进行动态定级，识别潜力高价值客户，更好的服务客户，提高客户满意度。进一步丰富客户画像，解决对客户认识不全面、经营异常情况预警能力不足的问题。

同时，该场景同样也适用于供应商的准入/风险管理，国家管网引入税务机关、公安部门、征信机构等多方信息，在保障数据不可见、安全合规的基础上，训练准入模型，或根据业务规则，准确评估供应商的风险。既保护了供应商的隐私，又能及时、全面了解相关风险。帮助国家管网建立完整的供应商风险评估体系，保障有一批可靠的供应商提供物资供应。

进一步地，将来可以应用到国家管网供应链金融业务中，国家管网将管网金融机构、管道企业、托运商和供应商融资企业等联系起来。企业在进行融资的时候无需将订单、发票、物流等数据提交给金融机构，而是利用多方安全计算等技术进行风险的评估，以及单据信息的证明，从而解决信息输出时可能带来的数据隐私泄露问题，保护了供应链上各企业的数据隐私，促进管网供应链金融业务的发展，为中小企业提供广泛的金融服务，也可以发现一批优质的中小企业供应商。

在未来的工作中，将进一步完善本平台的设计和实验。通过结合真实场景数据来增强平台性能和功能的健壮性，后续将结合区块链、人工智能等先进技术，完善数字管网数据安全共享流通服务，并研发数据资产确权评估功能，为管网复杂数据安全共享流通业务场景的权责利分配，数据要素化和资产化奠定技术基础。

参 考 文 献

[1] 牛耕．基于模糊匹配的蜂窝形光纤传感网络信息安全检测方法[J]．激光杂志，2022，43(06)：206-210.

[2] 王厚奎．数据加密机制下的船舶网络信息安全管理系统[J]．舰船科学技术，2021，43(24)：154-156.

[3] 钱力，刘熠，张智雄等．ChatGPT 的技术基础分析[J]．数据分析与知识发现，2023，7(3)：6-15.

[4] Kolias C，Kambourakis G，Stavrou A，et al. DDoS in the IoT：Mirai and other botnets[J]. Computer，2017，50(7)：80-84.

[5] 张维真，任爽．铁路数据安全与隐私保护技术体系研究[J]．铁路计算机应用，2023，32(11)：45-50.

[6] 翟志勇．论数据信托：一种数据治理的新方案[J]．东方法学，2021(04)：61-76.

[7] 帅健，王俊强．管道数字化与完整性管理[C]．克拉玛依：首届信息化创新克拉玛依国际学术论坛论文集．2010：206-211.

[8] 周长李，于海安，付文静，等．数字化管道建设项目风险评价应用研究[C]．乌鲁木齐：2016 中国油气储运技术交流大会，2016.

[9] 刘少杰,文斌,王泽旭．基于联邦学习的多技术融合数据交易方法[J/OL]．计算机工程:1-11[2024-01-05]．https://doi.org/10.19678/j.issn.1000-3428.0067954.

[10] 李城．浅谈管道完整性数据安全保护技术[C]．长沙：第九届全国煤炭工业生产一线青年技术创新大会，2014：552-556.

[11] 张文旭，杨毅，沈珂，等．基于虚拟化与灾备系统集成的管道数据安全保障技术研究[C]．哈尔滨：第四届全国油气储运科技创新与信息化技术交流大会，2015.

[12] Gentry C. Fully homomorphic encryption using ideal lattices[C]//Proceedings of the forty-first annual ACM symposium on Theory of computing. 2009：169-178.

[13] Yao A C. Protocols for secure computations[C]. Proceeding of the 23rd Annual IEEE Symposium on Foundations of Computer Science,Los Angeles,1982:160-164.

[14] Dwork, Cynthia. " Differential privacy. " International Colloquium on Automata, Languages, and Programming Springer, Berlin, Heidelberg, 2006: 1-12.

[15] Q. Yang，Liu Y，Chen T，et al. Federated Machine Learning：Concept and Applications. ACM Transactions on Intelligent Systems and Technology (TIST)，2019，10(2)：1-19．

[16] Sabt M ,Achemlal M ,Bouabdallah A . Trusted Execution Environment: What It is, and What It is Not[C]//2015 IEEE Trustcom/BigDataSE/ISPA. IEEE,2015.

[17] 童伟，解欢，徐丹萍．基于区块链技术和安全沙箱机制实现数据安全交换的研究[J]．信息与电脑(理论版)，2023，35(08)：185-188.

[18] 刘文斌，李佳龙，徐双，等．大数据背景下的数据

安全治理研究进展[J/OL]. 太原理工大学学报: 1-21[2024-01-05]. http://kns.cnki.net/kcms/detail/14.1220.N.20230726.1542.002.html.

[19] Casacuberta S, Hesse and J Lehmann A, "SoK: Oblivious Pseudorandom Functions," 2022 IEEE 7th European Symposium on Security and Privacy (EuroS&P), Genoa, Italy, 2022, pp. 625-646, doi: 10.1109/EuroSP53844.2022.00045.

[20] Liu Yang, Kang Yan, Zou Tianyuan, et al. Vertical Federated Learning: Concepts, Advances and Challenges[J]. arXiv preprint arXiv: 2211.12814, 2022.

视频智能识别技术在油气管道行业中的应用

姜有文[1]　赵云峰[2]　王巨洪[2]　燕冰川[1]　王　路[2]　亓立鹏[1]

（1. 国家管网集团储运技术发展有限公司，2. 国家管网集团北方管道有限责任公司）

摘　要　随着人工智能、大数据、云计算等技术的快速发展，智能化技术在各行各业中也得到了快速的落地应用。对于油气管道行业，安全风险的有效及时监管是保障管道安全平稳运行的重中之重，然而传统的安全风险监管主要是依靠人员来进行，难以做到对风险进行实时监管。本文基于管道行业的安全风险监管现状，研发了具有管道行业特色的视频智能识别技术，形成了以智能识别算法为核心、流媒体平台、智能识别分析平台、管理平台及可自主训练优化算法的视频智能识别训练平台为一体的视频智能识别系统。该技术可应用于管道的建设期施工现场、运行期站场和线路以及运行期的特殊作业安全风险的智能化监管。通过该项技术的应用，有效的提升管道行业的安全风险监管智能化水平，实现人工智能技术在管道行业的落地应用。

关键词　管道；视频；智能识别；安全风险；人工智能

随着国民经济的快速发展，国家对能源的需求越来越大，油气管道是我国能源稳定供应的重要基础设施，其具有点多线长、沿线地理环境和社会环境复杂多变等特征。随着城镇化的快速发展，管道所受到的外部风险也越来越高，国家对管道的安全监管力度也越来越大，管道运行单位所面临的管道安全监管压力也与日俱增。

油气管道行业的安全风险主要可以分为站场内的安全风险、线路安全风险以及施工作业安全风险三大类。从人的不安全行为以及物的不安全状态来进行分析，站场内的安全风险主要有未正确穿戴安全服/帽、油品泄漏、人员意外倒地等；线路上的安全风险主要有大型机械施工、人员长时间聚集以及烟火等；施工作业(包括动火作业、受限空间作业、挖掘作业等)安全风险主要有施工机具的不规范摆放、人员的不规范劳保着装以及不规范的施工操作等。针对站场内的安全风险主要是依靠现有的工业电视摄像机并以人工查询为主，基本处于“有人看在用、没人看无用、事后追溯”的状态。管道线路上“两高”地区管理主要是以人员巡线为主，不能实现全时段覆盖，不能及时发现管道上发生的不安全事件，同时需要耗费较多的人力、物力和财力；油气管道作业现场安全监管主要是以人为主，通过现场监管人员进行安全风险管控，但在实际管理中存在管理人员因疲劳而导致的不能及时发现安全风险，不能实现对安全风险的实时监管。

随着人工智能、云计算等技术的快速发展，可视化的安全风险监管逐步从人工识别发展为基于人工智能技术的智能识别，可以降低工作人员的工作强度并提高实时监管的智能化水平。

1　视频智能识别技术

视频智能识别技术就是利用计算机图像视觉分析技术，通过将场景中的背景和目标分离，进而分析并追踪在摄像机场景内出现的目标。通过在摄像机场景中预设不同的报警规则，当目标在场景中出现了违反预定义规则的行为，系统会自动发出报警，实现智能化的监管。

按照智能分析算法实现的方式进行区分，可以概括为以下几种类型的智能分析：①识别类分析：该项技术偏向于对静态场景的分析处理，通过图像识别、图像比对及模式匹配等核心技术，实现对人、车、物等相关特征信息的提取与分析。如人脸识别技术、车牌识别技术及照片比对技术等。②行为类分析：该项技术侧重于对动态场景的分析处理，典型的功能有区域入侵检测、围墙翻越检测、绊线穿越检测、客流统计等。③图像检索类分析：该技术能按照所定义的规则或要求，对历史存储视频数据进行快速比对，把符合规则或要求的视频浓缩、集中或剪切到一起，这样就能快速检索到目标视频。④图像处理类分析：主要是对图像整体进行分析判断及优化处理以达到更好的效果或者将不清楚的内容通过算法计算处理达到看得清的效果。如视频增强技术(去噪、去雾、锐化、加亮等)和视频复原技术(去模糊、畸变矫正等)等。

视频智能识别算法训练的主要流程有采集目标“正、负”样本，建立样本库；通过专用工具对样本库的样本进行标注和预处理，使得样本符合算法训练的要求；结合算法的应用场景，构建相应的算法模型，进行算法的训练。算法的训练流程如图1和图2所示。

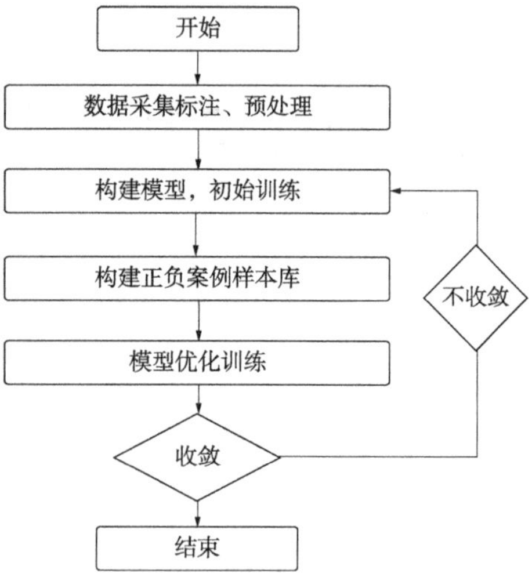

图1　视频智能识别算法训练流程逻辑图

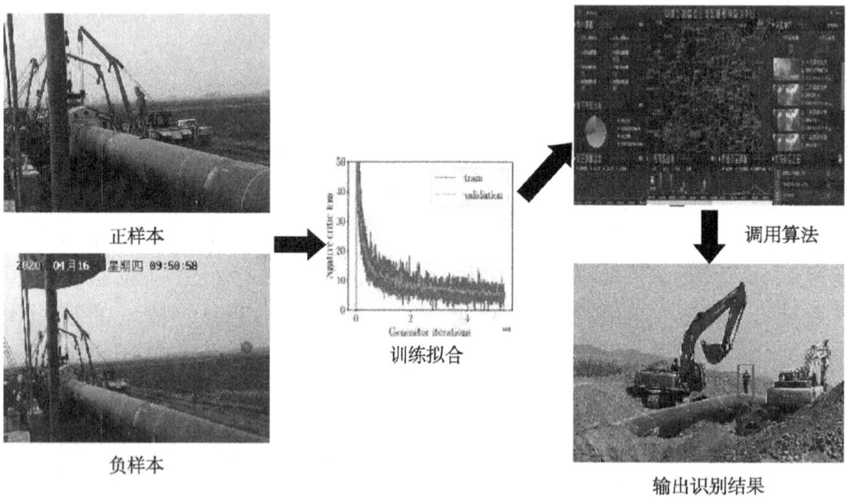

图2　视频智能识别算法训练及调用示意图

视频智能识别技术的实现主要有三种方式，第一种是在摄像头前端实现智能识别(端的形式)；第二种是将视频信号采集传输到区域服务器集中进行识别(边的形式)；第三种是将采集到的视频信号集中传输至后端，通过后端的识别分析服务器实现智能识别(云的形式)。

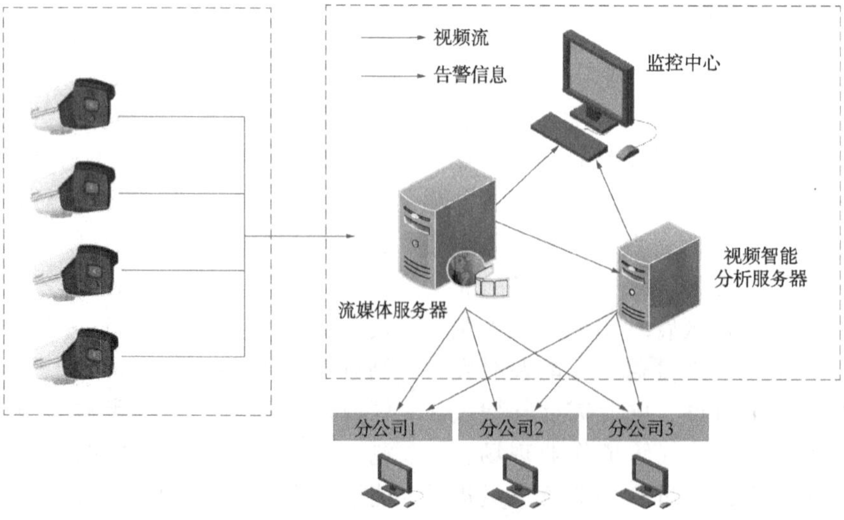

图3　“云”识别示意图

2 视频智能识别系统设计与实现

2.1 架构设计

视频智能识别系统以油气管道行业实际应用为出发点，结合数字化、智能化和网络化的技术要求，建立以智能识别算法为核心、流媒体平台、智能分析平台、智能管理平台和训练平台为一体的安全风险视频智能识别管理系统，开展油气管道全生命周期的安全风险智能识别分析和安全监管。

视频智能识别系统主要包括前端摄像机、流媒体平台、智能识别分析平台以及智能管理平台。其中智能识别分析平台是整个系统的核心，承载着整个系统的智能分析工作；前端摄像机主要是采集现场的视频信号，并通过网络回传至流媒体平台；流媒体平台负责对接收到的视频信号进行分发处理，可以提供给用户观看实时视频以及将视频流推送到智能识别分析平台进行智能识别分析；智能管理平台主要是将报警信息呈现给管理者，管理者通过智能管理平台对报警信息的处理与查看。

视频智能识别系统以目前工业电视系统为基础，通过人工智能技术的应用进行油气管道行业典型安全风险场景的智能识别分析和管理，重点研发典型安全风险智能识别算法。系统采用分布式架构进行部署，在前端部署摄像机，在分公司机房部署智能识别分析服务器，在中心机房部署视频智能管理平台，架构如图 4 所示。

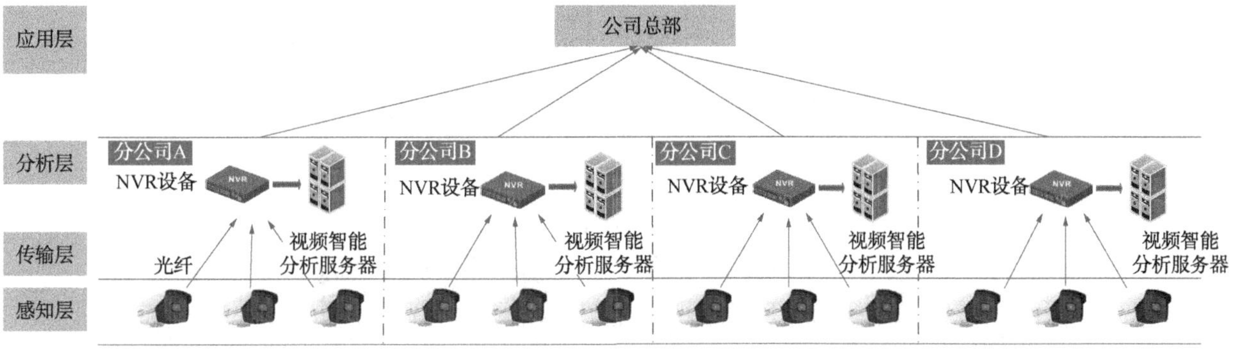

图 4　视频智能识别系统架构示意图

2.2 系统功能

视频智能识别系统在现有工业电视系统基础上，增加 AI 分析服务器和管理软件，实现油气管道安全风险智能化监管和业务流程优化，达到安全高效平稳运行的管理目标。系统主要功能如下：

（1）视频智能分析平台实现标准化配置，有效降低建设和维护的成本，降低系统维护的复杂度。当有新的分公司摄像头接入系统时，只需要按照系统制定的设备标准，采购符合条件的硬件设备和系统软件，然后加装系统相应的算法分析软件和管理软件，即可完成分公司视频业务的接入。

（2）算法管理与训练平台、算法分析平台、告警事件传输通道这三大部分可以同步发展，异步实施，具备“高内聚、低耦合”的特点。当接入分公司数量较多导致上送的告警事件多而需要更多的存储时，可以快速扩容算法管理与训练平台，快速满足业务扩展需要。

（3）上层管控平台通过物联网技术对各分公司的摄像头状态实现实时感知，同时借助统一的网络和统一的设备 IP 编址实现“千里眼”能力，有效提升业务指挥的实时性。当某分公司上报一个紧急告警事件时，上级业务管理人员可以通过系统立即调取该分公司相关点位的实时视频，为事件处置提供第一手数据，降低了复核的难度，缩短了确认的时长，有效提升处理效率。

（4）算法分发、算法使用、算法更新、算法训练自成一体，人工干预少，部署和更新效率高。通过上级管理平台，可以快速完成算法的远程自动分发，实时获取分发的进度。通过平台的管理能力，可以实时看到各种算法在全部摄像头上的使用情况，包括每种场景下算法的运行时长，根据这个时长可以针对性改善算法对特定场景的适应能力。每个事件通过该架构自动上传到训练平台，为算法的优化提供了丰富的业务数据，加快算法升级换代。

2.3 云/边协同智能识别

目前，视频的智能识别主要是基于服务器运算来实现，此种方式给网络传输带来了极大的压力。随着人工智能技术以及硬件产品的不断发展，边缘计算逐渐发展起来，使得通过在前端写入较为复杂的识别算法进行安全风险智能识别成为了可能。但由于边缘计算所采用的芯片算力有限，所能实现的智能识别项受到限制，同时算法的识别准确率较低，仍未能有效的解决管理者的痛点。同时算法的优化提升也多是通过线下的方式进行，这样需要消耗大量的时间和人力，因此，云/边协同的智能识别以及算法的自主优化训练就变得尤为重要。

通过自主研发边缘计算端软硬件以及云端智能识别系统，搭建起油气管道安全风险目标自学习系统。形成的云/边智能识别系统架构如图5所示。云/边智能识别系统以边缘计算端和云端计算处理为核心，通过4G/5G无线网络或有线网络实现边端与云端的数据传输。

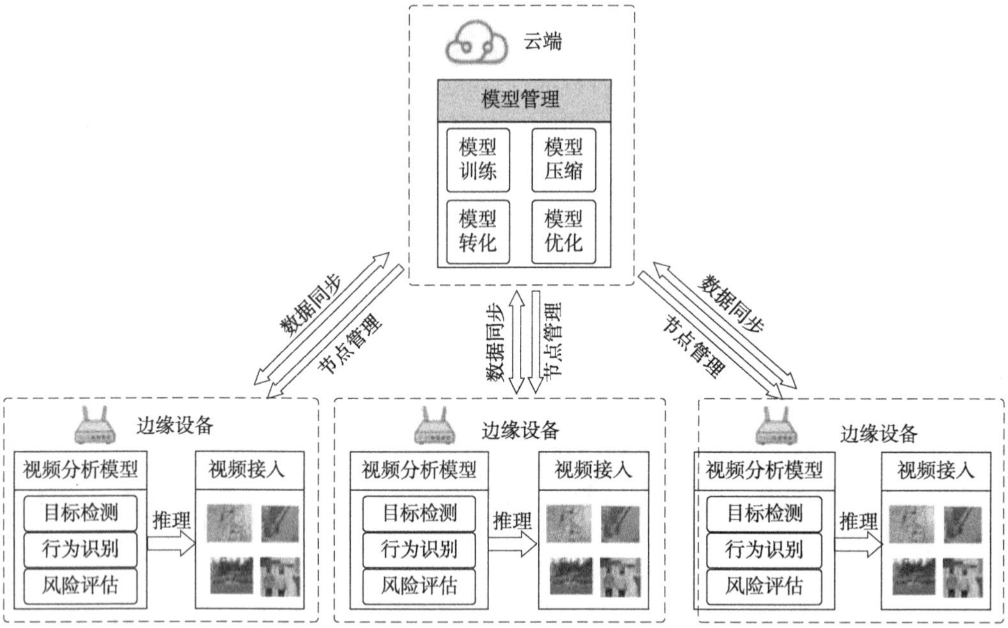

图5　云/边协同智能识别架构示意图

云/边协同智能识别充分发挥了云端计算和边缘计算的能力，两者也得到了有效的互相补充。在云/边协同的架构下，通过将算法训练平台加入其中，实现了从边缘端识别、云端识别、报警信息处理、算法自主训练优化以及算法的自主下发全流程的闭环，无需人工进行模型算法的优化，系统自身具有不断迭代和自主优化提升的能力，不仅降低了人力物力，还进一步提升了算法的识别准确率和识别的效果。云边协同工作流程如图6所示。

具体流程如下：

(1) 模型训练：将标好的“正、负”样本输入到算法训练平台中进行算法训练。

(2) 算法发布：将训练好的算法打包发至视频分析平台。

(3) 算法下发：将训练好的算法通过分析平台中的算法管理功能下发至各节点计算服务器。

(4) 算法识别：通过摄像机将采集到的视频信号传输至分析平台，分析平台进行智能识别分析。

(5) 结果上传：节点分析平台将识别结果上传至智能管理平台和视频分析平台，进行报警信息的处理。

(6) 数据回传与算法优化：将智能管理平台和分析平台的数据回传至算法训练平台，训练平台自主进行样本的标注与算法的训练优化。

3　应用效果

视频智能识别系统是基于油气管道行业特点，进行的针对性研发与部署，可应用于管道的建设期施工现场、运行期站场和线路以及运行期的特殊作业安全风险的智能化监管。视频智能识别系统在管道行业进行了推广应用，系统共接入了2000余路摄像机进行智能识别分析，包括站场、线路以及作业现场等应用场景。通过视频智能识别实现了安全风险的主动预防，事前预警，避免不安全事件的发生，显著的提升了安全风险监管的智能化水平。典型的应用场景识别效果如图7~图9所示。

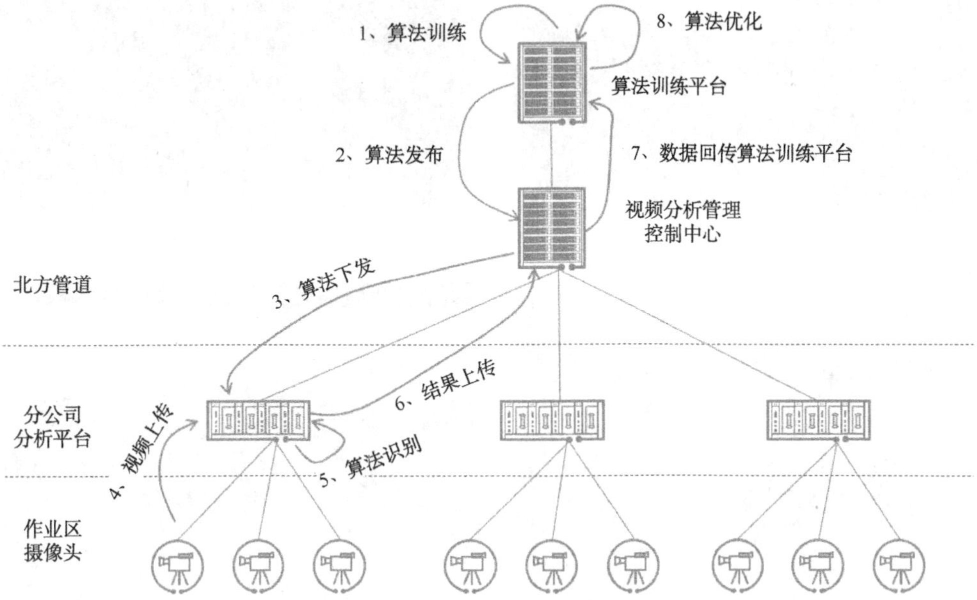

图6　云边协同工作流程

(a)未戴安全帽识别

(b)打电话识别

(c)烟雾识别

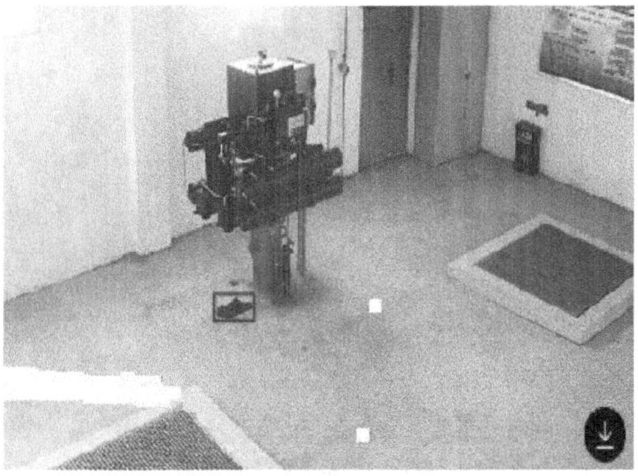

(d)漏油识别

图7　站场安全风险智能识别结果

(a)挖掘机械识别

(b)挖掘机械及车辆识别

(c)烟火识别

(d)车辆长时间停留识别

图 8　线路安全风险智能识别结果

(a)气瓶不规范摆放识别

(b)管道上方站人识别

(c)旋转半径范围内人员识别

(d)挖掘机吊装识别

图 9　作业现场安全风险智能识别结果

4 结束语

视频智能识别技术在油气管道行业中的应用，为管道行业安全风险的智能化监管提供了重要的支撑和保障。通过智能识别算法的研发与应用，解决了以往工业电视系统“有人看在用、没人看无用、事后追溯“的现状，真正实现 7×24h 实时监控，实现了“黑屏”管理，是管道行业无人站运行和管道“天空地”一体化管理模式的技术手段之一。

然而，随着管道所面临的安全风险不断变化，视频智能识别技术仍面临着挑战与改进空间。系统需要适应新的应用场景以及研发新的安全风险智能识别算法，进一步提升智能识别的准确率、稳定性及应用范围。

总之，视频智能识别技术的应用，为企业提供了一种高效、智能的安全管理手段，有效的提升了油气管道安全风险智能化监管的技术水平，实现了人工智能技术在管道行业的落地应用，助力企业数字化转型。

参考文献

[1] 田欣，张晓刚，刘建，等. 基于工业互联网的石化企业视频 AI 隐患智能识别管理系统的应用研究与建设[J]. 工业安全与环保，2023，49(S2)：12-16.

[2] 姜有文，王巨洪，赵云峰，等. 油气管道智能视频监控技术原理与实现. 油气储运.（http：//kns. cnki. net/kcms/detail/13. 1093. TE. 20200526. 1702. 008. html）.

[3] 夏博强. 智能视频识别技术在石油石化行业中的应用研究[J]. 中国新通信，2023，25(08)：62-64.

[4] 曹闯明. 油气长输管道巡检中的智能视频监控技术[J]. 油气储运，2018，37(10)：1192-1195.

[5] 赵云峰，姜有文，王巨洪. 基于卷积神经网络的油气管道智能工地监控实现[J]. 管道技术与设备，2021，(06)：23-26.

[6] 张凡忠. 智能视频分析技术在视频监控中的应用[J]. 中国安防，2013(12)：56-61.

[7] 裴斌，赵淼. 智能视频分析在油气管道安全监控中的应用[J]. 中国石油和化工标准与质量，2018，38(12)：97-98.

基于肯特法的油气管道风险评价研究与系统应用

李　扬　梁爱国　刘冬冬　郭　娟　于　倩

（克拉玛依红山油田有限责任公司）

摘　要　随着石油天然气能源的开发利用，管道在石油工业中承担的任务越来越重，管道腐蚀、施工不当等原因造成的泄漏事件时有发生，油气管道一旦发生事故，轻则造成经济损失，重则污染环境，引起人、畜中毒死亡等恶性事件，严重阻碍了社会经济建设的发展。自2013年起至2018年底红山油田共进行管道应急补漏500余次，管道补强200余处，合计应急费用1000余万元。为提高红山油田应对突发管道事故的能力，迅速、妥善地处理好管道事故，防止和避免管道泄漏以及其他管道事故的扩大化，本文依据近10年来红山油田油气管道突发事件的历史案例，对事件类型、事件级别、事故原因、不同环境受体类型的影响、事故空间分布等进行统计分析，建立管道失效因素评价指标体系。并采用层次分析法确定失效因素的权重，使用肯特打分法划分各失效因素取值大小，建立综合、全面的肯特法风险评价体系。从而确定油气管道环境风险等级，快速有效辨识油田管道现场存在的较大泄漏风险的管段。此外，运用所搭建的管道云监测平台，采集数据后结合风险评价体系实时计算管道风险，为管道的安全运行提供了重要的技术支撑，近五年来共减少动火焊接维修600余次，减少原油停产损失2万t，减少蒸汽泄露损失25万m^3，大大节约了运行成本，取得了显著的经济和社会效益。

关键词　风险识别；失效可能性；失效后果；风险评价

1　前言

管道的风险评价技术是安全管理中的主要内容。对管道进行风险评价，可以摸清事故原因中可变因素与不可变因素的组成，对于同一管道系统的不同管段的风险评价，可以明确薄弱环节，区别轻重缓急，掌握减少风险工作的最佳时机。本文通过对肯特风险评价体系的研究与应用，分析管道系统中存在的危险源及其分布部位、数目，预测事故的概率、事故严重度，提出应采取的安全对策措施等，使决策者可以根据评价结果选择管道系统安全最优方案和管理决策。

2　管道风险评价方法

风险评价是指识别对设施运行有不利影响的潜在危险因素、估计潜在不利事件发生的可能性和后果，综合得到风险减缓措施的一个系统过程。风险评价可采用一种或多种管道风险评价方法来实现评价目标。常用的风险评价方法及用途见表1。

表1　管道风险评价方法及用途

方法名称	方法类别	主要用途
风险矩阵图	定性方法	风险分级
安全检查表	定性方法	合规性审查
肯特打分法	半定量方法	系统的风险评价
概率风险评价	定量方法	系统的风险评价
故障树分析	定性方法或定量方法	危害因素识别、失效可能性分析
事件树分析	定性方法或定量方法	失效后果分析
数值模拟	定量方法	失效后果分析

本次风险评价采用了风险矩阵法、肯特打分法以及指标体系法相结合的方法。

3 管道风险评价模型

管道风险评价模型如图 1 所示。

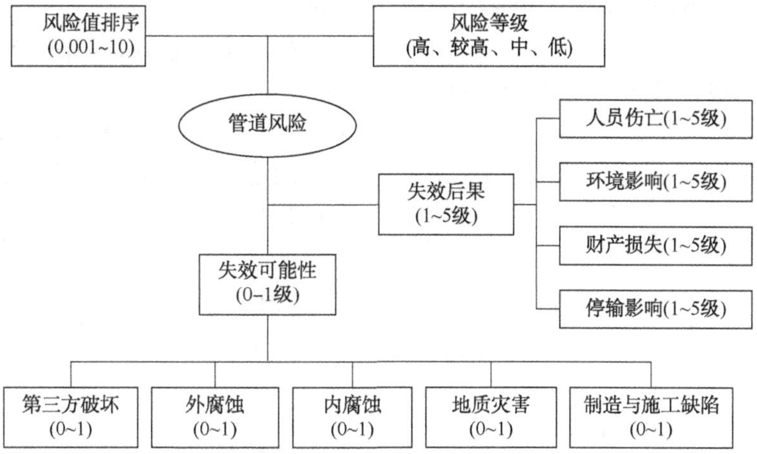

图 1 管道风险评价模型

当第三方破坏、外腐蚀、内腐蚀、制作与施工缺陷和地质灾害这五类任一风险发生时都可能导致管道失效，只有全部不发生时管道处于安全运行状态。

3.1 第三方破坏因素失效可能性计算

以红山油田新区集油干线为例，第三方损坏威胁因素 T 主要有地表开挖、打孔盗油气、碾压、挖沙清淤等。

其中，T_1 损坏活动发生概率(0～1)，由于第三方破坏活动发生概率低，故取值 0.2。

T_2 损坏活动导致管道泄漏概率(0～1)= 1+民众态度分值+政府态度分值=0.9

防护有效性=1-exp(-1/(巡线频次分值+巡线效果分值+警示带分值+地面标识分值+技防措施分值+管道保护宣传分值+2×埋深分值))

$P_{第三方破坏失效可能性}=T_1T_2(1-E)=0.2\times0.9\times(1-\exp(-1/(1.5+1+0.5+0+0+1.2)))=0.038$

3.2 腐蚀失效可能性计算

腐蚀是红山油田管道失效的最主要因素，新建污水外输管线也是唯一安装了恒电位仪的管线，数据采集见表 2。

表 2 腐蚀因素评分表

	影响因素	评价指标	指标得分
腐蚀	介质腐蚀性	中等	10
	内腐蚀防护	内涂层	0.4
	土壤腐蚀性	高	10
	阴保电位水平	-0.85v～-1.2v	0.9
	阴保电位检测	每年一次	0.9
	杂散电流干扰	无	0
	防腐层质量	一般	0.8
	防腐层检漏	没有按期	0.7
	保护工—培训	每年一次	2
	外检测	距今小于 5 年	0.8

外腐蚀综合：

外腐蚀速率=0.0254×土壤腐蚀性×(1-外防腐层检测时间×外防腐层检测结果)×(1-阴保电位×阴保电位检测)

污水外输外腐蚀速率=0.0254×20×(1-0.8×0.8)×(1-0.9×0.9)=0.0347472

剩余外腐蚀寿命=(当年壁厚-最小允许壁厚)/外腐蚀速率=6.33 年

$P_{外腐蚀失效可能性}$ = 1 − e(−5/剩余外腐蚀寿命) = 0.546

内腐蚀综合：

内腐蚀速率 = 0.00254×介质腐蚀性×(1−内腐蚀防护)

污水外输管线内腐蚀速率 = 0.0254×6×(1−0.4) = 0.0914

剩余内腐蚀寿命 = (原始壁厚−内腐蚀速率×(2×(当前年份−投产年份)/3+1.5)−最小允许壁厚)/内腐蚀速率

剩余内腐蚀寿命 = (8−0.0914×3.5−7.2)/0.0914 = 5.25 年

$P_{内腐蚀失效可能性}$ = 1−exp(−5/剩余内腐蚀寿命) = 0.614

3.3　制造与施工因素失效可能性计算

制造与施工缺陷数据采集见表 3。

表 3　制造与施工缺陷因素评分表

	影响因素	评价指标	指标得分
制造与施工缺陷	超压	可能性较小	0.05
	附加应力	无	0.01
	疲劳	—	0.1
	输送工艺变化	无变化	0.01
	压力试验压力系数	无	1
	轴向焊缝缺陷	未知(2019 年运营至今无破损)	0.1
	环向焊缝缺陷	未知(2019 年运营至今无破损)	0.1
	返修口	及时修复	0.4

威胁因素(T)：制造与施工缺陷：环焊缝缺陷、螺旋焊缝缺陷等确定。

诱发因素(E)：输送工艺变化、附加应力、疲劳、超压等确定

制造与施工缺陷失效可能性 = 制造与施工缺陷情况×压力试验系数×(1−(1−输送工艺变化)×(1−附加应力)×(1−疲劳)×(1−超压))×最大操作压力/设计压力

最终结果 = 1×1×(1−(1−0.01)×(1−0.01)×(1−0.1)×(1−0.05))×10/11 = 0.147

3.4　地质灾害因素失效可能性计算

地质灾害影响因素评分见表 4：

表 4　地质灾害评分表

	影响因素	评价指标	指标得分
地质灾害	已识别灾害点易发性	无地质灾害点	
	已识别灾害点管道失效可能性	无地质灾害点	
	已识别灾害点治理情况	无地质灾害点	100%
	地形地貌	戈壁	0.1
	降雨敏感性	低	0.1
	土体类型	荒漠(角砾、碎石地段)	0.6
	管道敷设方式	无特殊敷设	
	人类工程活动	无	
	管道保护状况	有覆盖层	

威胁因素(T)：地质灾害，如滑坡、泥石流、崩塌、水毁、采空区等，其中，

T_1：灾害发生概率(0～1)，可能性低，取值 0.2

T_2：灾害发生后导致管道泄漏概率(0～1)，可能性中，取值 0.6

防护措施(E)：地质灾害，监测、治理工程等(0～100%)，

最终结果：地质灾害 = $T_1T_2(1-E)$ = 0.2×0.6×1 = 0.12

3.5　后果分值计算

后果指标影响因素及分值见表 5。

表 5　后果指标评分表

	影响因素	评价指标	指标得分
后果指标	介质种类	污水	8
	财产损失	直接经济损失 10~100 万元	2
	人口密度	荒无人烟	1
	环境污染	轻微影响	1
	停输影响	一般影响	2
	液体最大泄露量	2019 年运营至今无破损	0.4

由于该管段位于人烟稀少的戈壁上，因此人员伤亡概率较小，环境影响轻微，除污染周围土壤外，无其他特别的影响。停输影响一般，抢修恢复时间可能超过允许时间，供应中断影响较小。

某个管段的失效后果 = MAX（人口、环境、财产、停输）×修正因子 = 1.8

3.6　管段风险值计算

某个管段的风险值 = 失效可能性×失效后果

式中：失效可能性 = 1-(1-P 第三方损坏)×(1-P 外腐蚀)×(1-P 内腐蚀)×(1-P 制造与施工缺陷)×(1-P 地质灾害) = 0.86

失效后果 = Max（人口、环境、财产、停输）*修正因子 = 1.98

综上所述，该目标管道的风险值 = 1.7

失效可能性与失效后果关系如图 2 所示。

失效可能性	E	中	较高	较高	高	高
	D	低	中	较高	较高	高
	C	较高	中	中	较高	较高
	B	低	低	中	中	较高
	A	低	低	低	低	中
管道风险		1	2	3	4	5
		失效后果				

图 2　管道失效后果与失效可能性关系

由以上计算可知，新建污水外输管线的后果等级为 2，失效后果等级为中，失效可能性等级为 C。

4　肯特法风险评估

在 W Kent Muhlbauer 提出的基本模型中，其首先将管道的危害因素化分为四个一级因素：第三方损坏、腐蚀、设计、误操作。每个一级因素再细化为二级、三级因素，按规定对细化的各级因素逐项评分，其总和为危害因素总分，得分与危险性成反比，分值高则表明危险小。其次，根据管道运输介质的特性及管道周围的环境、人员的情况来评估管道泄漏后的影响程度，进而求得泄漏冲击指数。泄漏冲击指数的大小表明了管道发生事故后的危害程度大小，两者成正比关系，泄漏冲击指数大，危害大。最后，结合危害因素总分和泄漏冲击指数求得相对风险数，计算过程如下所示。当管道的风险较低，处于安全状态时，其对应的相对风险分值则较大。管道风险评分法风险评价的系统流程如图 3 所示：

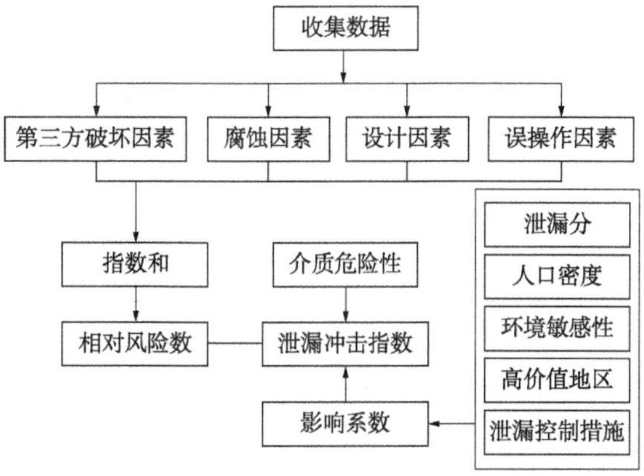

图 3　肯特评分法的系统流程

4.1 层次分析法确定权重

首先利用层次分析法根据公司管道历年失效实际。对腐蚀因素指数、误操作因素指数、第三方破坏因素指数及设计因素指数对各指数权重重新确定。

表 6　各因素 9 标度取值

	腐蚀因素指数	误操作因素指数	第三方破坏因素指数	设计因素指数
腐蚀因素指数	1	3	4	4
误操作因素指数	1/3	1	3	2
第三方破坏因素指数	1/4	1/3	1	2
设计因素指数	1/4	1/2	1/2	1

由次可得判断矩阵如下：

$$T=\begin{pmatrix} 1 & 3 & 4 & 4 \\ 1/3 & 1 & 3 & 2 \\ 1/4 & 1/3 & 1 & 2 \\ 1/4 & 1/2 & 1/2 & 1 \end{pmatrix}$$

计算最大特征根及特征向量(即权重)，最大特征值为 4.159，归一化特征向量(0.531，0.240，0.129，0.101)。

一致性检验：判断矩阵阶数 $n=4$，查表得到 $RI=0.900$，$CI=(\lambda_{max}-n)/(n-1)=0.053$。

$C/R=0.059<0.1$，故矩阵满足一致性检验，权重分配合理。故具体指数指标权重为腐蚀因素指数 0.531，误操作因素指数 0.240，第三方破坏因素指数 0.129，设计因素指数 0.101。

4.2 风险评估值的计算

肯特打分法的主要计算公式如下：

4.2.1　相对风险指数

相对风险评估值=(指数和)/(泄漏影响系数)=(第三方破坏指数+腐蚀指数+设计指数+误操作指数)/(泄漏影响系数)=0~2000 分

根据上述计算出的权重，可得每一指数所占分数，具体为：第三方破坏(0~52)，腐蚀(0~212)，设计(0~40)，误操作(96 分)，具体风险指数分值如图 4 所示。

指数类别	影响因素		分值范围	分值 污水外输	分值 集油干线	分值 天然气干线
第三方破坏(0~52)	最小覆盖埋深		0~9	4	6	6
	活动水平		0~11	7	8	8
	地面设施		0~5	2	2	2
	公众教育		0~5	3	3	3
	管道位置		0~8	5	5	6
	巡线频率		0~8	7	7	7
	通行带状况		0~6	4	4	4
腐蚀(0~212)	管道内腐蚀(0~106)	介质腐蚀	0~50	15	15	33
		内腐蚀防护	0~56	16	16	16
	地下腐蚀(0~106)	地下环境	0~36	10	10	10
		阴极保护	0~35	15	0	0
		涂层	0~35	15	20	28
设计(0~40)	安全系数		0~14	6.5	7.5	8
	地层移动		0~6	2.7	3.3	4
	疲劳		0~6	3.3	4	4
	系统水压试验		0~10	8	7	7
	水击潜在危险		0~4	2.7	3.2	3.8
误操作(96分)	设计		0~29	22	22	22
	施工		0~19	12	12	12
	运行		0~34	20	20	20
	维护		0~14	8	8	8
				188.2	192	212.8

图 4　指数评分表

4.2.2 产品危害性评分

产品危害性按当前危害与长期危害大小分别评定，并按管输的液体或气体得到泄漏分，除以管段的人口分即可得到扩散系数。

泄漏影响系数=(介质危害)/(扩散系数)

管道泄漏系数影响因素具体分值见表 7 所示。

表 7 泄漏影响系数分值表

	影响因素	分值范围	分值		
			污水外输	集油干线	天然气干线
介质危害(PH)	可燃性	0~4	3	3	3
	反应性	0~4	0	0	0
	毒性	0~4	3	2.5	1
	长期危害	0~10	3	3	3
扩散系数	液体或其他泄漏	0~6	3	3	3
	人口密度	0~4	1	1	1
泄漏影响系数			3	2.833	2.33

4.2.3 计算相对风险评估值

相对风险评估值=(危害因素指数总和)/(泄漏影响系数)

以上表的数据计算管道的相对风险值，其中新建污水外输管线：188.2/3=62.73；一区新区集油干线：192/2.833=67.76；一区新区天然气干线：212.8/2.33=91.20。

研究证明，如果相对风险值大于 47.5，风险是可以接受的。如果相对风险值小于 47.5，认为是不可以接受的。

根据上式计算出的各管道风险值可知三条管道的相对风险值都大于 47.5，且天然气干线>集油干线>污水外输，由此可以得出，当前管道的风险是可以接受的，且天然气管线安全性>集油干线安全性>污水外输安全性。

根据计算得到的可知，相对风险数中可变因素如：涂层、阴极保护、疲劳、水击、公众教育、设计、施工、运营、维护等所占比例较高。可以采取有关措施，在不增加项目投资成本的基础上，通过加强管理等措施，提高事故因子中可变因素的指数分值，从而实现提高管道的相对风险值的目的。

5 管道动态监测系统构建与应用

红山油田管道动态监测系统系统以管道风险评价出发，根据对系统业务流程与系统总统架构的陈述，对系统功能进行分解，主要得到风险评价模块、地理信息模块、风险评价模块。管道动态监测系统结构如图 5 所示。

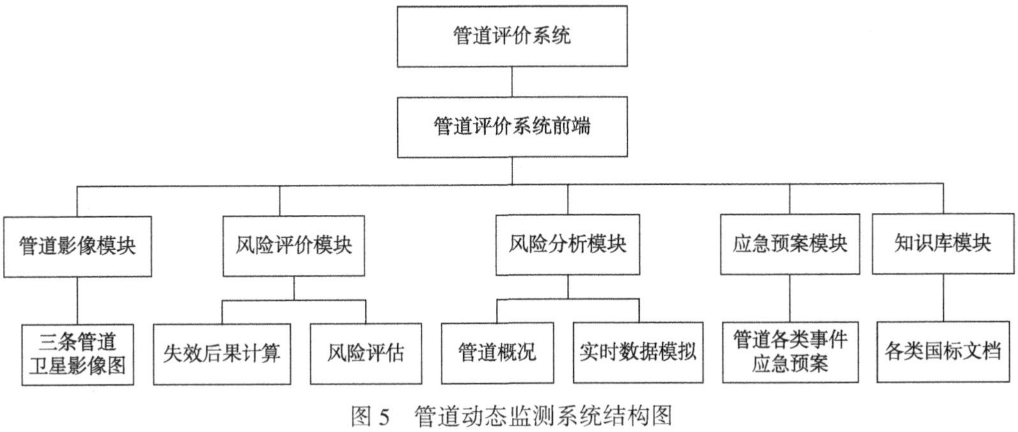

图 5 管道动态监测系统结构图

由于管道运行情况不断变化，随着管道生产时间的增加，危险管段、特殊区域日益增多，因此，必须对管道分段。随着管道服役年限的增长，管道分段逐渐增多，数据库信息逐步丰富，也更加真实地反映出管道状况。管线分段的依据原则为站场、截断阀门、钢材等级、沿线的腐蚀程度，人口等级、敏感地区等。该分别对影响管线管道风险的第三方破坏、腐蚀、设计、误操作四个模块进行评分，并计算管段风险。可以对截面的每个模块进行评估，而最终风险为最后一次的评估值。

该系统在红山油田应用之后，加强了管道的安全运行管理，提高公司管道的完整性管理水平，降低管道失效率；提高油田应对突发管道事故的能力，能够及时发现运行风险点，降低事故存在的风险，减少事故的发生，可出色地预防并快速制止运行风险点，最大限度地减少人员伤亡和经济损失，可提高应急抢修工作的效率，为管道的安全运行提供保障。

6　结论

（1）本文从风险评价模型出发对管道失效可能性计算进行相应的研究，给出了管道失效可能性的计算公式。并采集了管道风险评价影响因素的相关数据，并给每一个数据赋值，根据管道风险评价技术模型的失效可能性计算公式计算每一个风险的失效可能性，最终对整条管道进行风险值的计算。

（2）肯特评分法对管道进行风险评估，利用层次分析法根据公司管道实际确定了第三方破坏、腐蚀、误操作、设计这四部分的权重。通过查阅各管道的完整性监测报告以及公司历年失效数据确定了每项影响因素的分值，计算出各管道的风险值。

（3）完成了系统软件的设计和实现，主要包括了系统登录、数据动态监测、应急预案、管道风险计算以及风险评估等核心功能。用户可以通过底层硬件上传的数据信息进行石油管道动态监测，根据监测的结果对突发应急事件进行指挥调度，完成抢险救灾相关任务。

参考文献

[1] 亓东民．灰色理论在长输油气管道定量风险评价中的应用[D]．兰州理工大学，2007.

[2] 侯向秦．油气长输管线典型管段及其附属设施的风险评价[D]．西南石油学院，2003.

[3] 马立平．基于 GIS 技术的油气储运生产管理信息系统研究[D]．西南石油学院，2005.

[4] 孙长友．石油管道风险管理技术的研究及应用[J]．科技资讯，2007(34)：247.

[5] 张鹏，段永红．长输管线风险技术的研究[J]．天然气工业，1998(05)：3-5.

[6] 刘显德．油气管道失效模式智能诊断技术研究[D]．东北石油大学，2010.

[7] 周廷鹤．城市燃气管道的完整性管理[D]．重庆大学，2009.

[8] 吴雪．油气长输管道失效的非线性模糊综合评价方法研究[D]．成都：西南石油大学，2011.

[9] 赵新伟，张华，罗金恒．油气管道可接受风险准则研究[J]．油气储运，2016. 35(1)：1-6.

[10] 王文和，黄传富，刘林精，等，基纡贝叶斯网络的城市地下燃气管网动态风险分析[J]．中国安全生产科学技术，2019，15(5)；55-62.

输气管道河沟道水毁变形监测综合技术初步构想

符珉瑜[1,2]　彭星煜[1]

（1. 西南石油大学；2. 中国石油西南油气田分公司输气管理处）

摘　要　西南地区丘陵地区、中低山区较多，输气管道穿越河沟道时，极易发生水毁灾害，河沟道水毁通常是在汛期雨水导致河流暴涨，或山区雨水汇集径流的冲刷、侵蚀作用下，造成包括侧向和垂向的河床冲刷，引起管道露管、悬管或漂移，当悬管长度达到极限值时，在洪水的冲击、涡击振动作用下致使管道发生疲劳断裂。文章通过调研大量文献，总结目前管道应力监测技术和水下地形监测技术的优缺点，为进一步研究水毁灾害对水下输气管道的影响，对水毁变形监测综合技术提出初步构想。基于现阶段河沟道水毁监测技术不够成熟，收集的数据不够全面，无法从管道本质和水下地形综合分析水毁灾害对管道的影响，因此提出利用超声波检测管道中缺陷或损伤的声波信号，并通过分析声波数据得出管道应力大小，同时利用超声脉冲回波法，发射和接收所需的时间以及液位或距离的转换对液位实现监测，根据系统收集的数据，形成水毁灾害演化阶段中管道应力变化分析，后台系统提供数据过程线、数据对比、相关性分析、特征值分析。为贴合实际应用，考虑系统具备远程预警功能，提前设置安全阈值，一旦超过该值系统会发出报警，及早发现并提前采取预防措施达到风险预防的目的。最后，建议后期对实现该构想的可能性进行分析，并对技术优化研究，以达到最终可实际应用的目标。

关键词　输气管道；水毁变形；管道应力；水下地形

1　引言

在西南地区，长输输气管道沿线地质灾害类型多、成因复杂，且危及范围广。与滑坡、崩塌、泥石流等地质灾害相比，水毁灾害数量最多，是威胁长输输气管道安全运行最主要的地质灾害类型。长输输气管道不可避免地要穿越不同规模的河沟，河床和岸坡常处在不断变动的情况之中，尤其在洪水作用下，河床和岸坡变动加剧，对长输管道安全运行的影响不可忽视。水毁灾害类型中，河沟道水毁灾害对长输油气管道安全运行的影响最为严重，近些年国内外发生的管道漂浮甚至断裂事故，已引起人们对长输油气管道河沟道水毁灾害问题的高度重视。管道河沟道水毁灾害主要发育在穿越河沟或顺河沟管道敷设段的河沟床及岸坡地带。管道及其附属水工保护构筑物受到暴雨洪水的影响，根据破坏机理的不同，可能产生的管道河沟道水毁灾害破坏形式主要表现为下蚀作用、侧蚀作用和侧蚀下蚀作用。

2　管道应力监测技术调研

位移法是一种常用的管道应力检测方法。它利用测量管道的位移来计算管道的应力大小。通常，将测量仪器固定在管道上，并记录水压试验时管道的变形情况，然后用位移传感器测量管道在应力作用下的变形。

应变法另外一种常用的管道应力检测方法。它利用测量管道材料应变情况来确定管道应力大小。通常，应变计会被安装在管道的表面或内部，然后通过分析应变数据，可以计算出管道的应力大小。常用的应变传感器主要有电阻式、振弦式和光纤式三种。电阻式应变传感器输出信号弱、抗干扰能力差、极端环境下寿命短；光纤式应变传感器需要光纤保持连续性，抗破坏能力较差，且造价高；振弦式应变传感器具有结构简单、准确性高、可靠性高、稳定性高等优势，更适用于应力应变监测系统。

超声监测法是一种新型的管道应力检测方法，超声波对于大多数介质而言穿透能力比较强，在一些金属材料中穿透能力可达数米，并且超声检测仪器可便携到室外或现场使用，利用超声波检测管道中缺陷或损伤的声波信号，并通过分析声波数据得出管道应力大小。该方法适用于需要检测小口径管道或长距离管道的工程项目。

磁测法基于电磁感应原理，测量钢质构件内部的磁场强度的变化，根据磁场参数与应力之间的耦合关系，获取构件应力的大小和方向。以电磁感应原理为基础，本次试验所使用的的磁测法基于金属磁记忆效应和逆磁致伸缩效应，检测过程中，导体接近通有交流电的线圈，线圈内部及周围产生交变磁场，磁场与导体之间产生电磁感应现象。磁测法监测应力的精度较高，测量速度快，易于安装和测试，对复杂环境的适应性良好，且可通过数据传导的方式对构件进行在线监测，方便管理人员实时查看设备的应力信息，在现场工程中，常用于钢制设备的内应力实时在线监测。

3　水下地形监测技术调研

点式冲刷监测技术方法多样、发展成熟，固定安装于结构物测量单点水下地形的冲淤测变化。浮力驱动式、压力水深式、电导率式、声呐监测装置、光纤布拉格光栅(FBG)传感器等较为常用。如 Brauid 开发了浮力式驱动监测装置，应用于美国 Guadalupe River Bridge；压力水深式监测技术应用于苏通大桥、台湾双园大桥等。

无人机遥感技术即利用先进的无人驾驶飞行器技术、遥感传感器技术、遥测遥控技术、通讯技术、GNSS 差分定位技术和遥感应用技术，实现自动化、智能化、专用化快速获取周边环境空间遥感信息，且完成遥感数据处理、建模和应用分析的应用技术。卫星遥感具有非接触、高效的优点，但在监测精度、监测频率以及对细小尺度湿地的监测中存在不足。近年来，快速发展的无人机技术在一定程度上弥补了上述缺陷，由于具有操作简便、机动性强、成像高度低、受天气环境影响小的特点，无人机监测在数据获取的精度和频率上具有突出优势。

多波束测深系统作为一种高效的水下地形测量手段，已得到广泛应用，可获取条带水深数据，通过走航的方式实现面状全覆盖测量。通过伺服云台的旋转带动多波束声呐探头旋转，实现局部区域水下地形的冲刷实时监测，所构建的基于多波束测深仪的定点实时监测系统，能较好完成指定范围的冲刷实时水下地形监测工作，获取的时间序列地形数据测量精度符合水深测量规范要求，且满足冲刷监测需要。多波束定点实时监测设备当前需要固定场所如码头、桥墩等涉水建筑物才能安装，作业要求较高。

基于声呐图像的局部冲刷监测技术是一种可靠而常用的研究手段，冲刷坑形态呈双向水流冲刷形式，其分布与涨落潮流相对强弱密切相关，冲刷坑形态、深度与桩基尺度和布置有关，冲刷范围和深度随水流强度的增大而增大。扫描声呐具有两个特点：一体化和旋转扫描。一体化可保障扫描声呐不会受外力和外部环境影响，全套声呐系统自成体系，而且通过水密透声罩与外界隔离。为了保证监测系统的安全稳定，在风电场的定期运维期间对监测系统进行维护，主要包括声呐探头透声橡胶罩的更换、声呐探头安装高程的基面校准、系统升级、监测数据备份、备用蓄电池更换等。此技术和传统水下地形测量手段相比，该系统的最大优越性在于能够长期、实时、连续监测，实现实时显示冲刷坑监测断面的高程和形态变化情况，且不受恶劣天气的影响，能够监测极端天气影响下周围地形突变情况，以便及时采取维护措施。

超声波传感器通过发射和接收所需的时间以及液位或距离的转换对液位实现监测，由于其简单易用、稳定可靠，在液位测量领域得到广泛应用。目前，超声波物位测量比较常见的方法主要有共振法、频差法、超声衰减法、超声脉冲回波法等多种。频差法要求频率调制器产生调制频率，衰减法需要测量超声波的衰减量，共振法检测液位受某些特定条件的限制，需要与液体表面建立驻波关系，属于接触测量方法。相比之下，超声脉冲回波法不需要与液面建立驻波，并且可以实现非接触检测。因此，超声波脉冲回波法水位监测是几种测量方法中最合适的一种。

4　河沟道水毁变形监测综合技术初步构想

西南地区丘陵地区、中低山区较多，输气管道穿越河沟道时，极易发生水毁灾害，河沟道水毁通常是在汛期雨水导致河流暴涨，或山区雨水汇集径流的冲刷、侵蚀作用下，造成包括侧向和垂向的河床冲刷，引起管道露管、悬管或漂移，当悬管长度达到极限值时，在洪水的冲击、涡击振动作用下致使管道发生疲劳断裂。河沟道水毁灾害对管道的危害主要表现在两个方面：一方面是对管道穿越河沟道的管段，主要表现为河床下切、岸坡侧蚀作用，导致管道上方覆盖层变薄、岸坡垮塌，造成露管或悬管，同时受流水及所夹杂的浮木、树枝和漂石冲(撞)击下导致管道防腐层破损，甚至管道本体破裂；另一方面是对沿沟道布设的管段，河沟道的侧蚀、冲刷导致水工保护工程冲毁，管道出现裸露、悬空或受侧向挤压发生弯曲，可能导致管道发生泄漏事故。

4.1 基本思路

管道局部形变及位移应力随时间累积且不易被发现，严重时将导致管道断裂、天然气泄漏事故，因此管道应力实时监测至关重要，通过后台数据可以了解管道应力峰值和谷值，同时分析管道应力变化趋势。其次，水下地形的变化也是研究输气管道河沟道水毁变形监测的重要信息，获取不同时期的水下地形数据，包括河床、河岸的水位面、流速(流量)、冲刷面位置等，通过后台收集的数据形成演化阶段。通过大量文献调研，提出河沟道水毁变形监测综合技术初步构想，利用超声波技术同时实现管道应力监测和水下地形监测功能，根据应力数据和水下地形数据综合分析水毁灾害对水下输气管道的影响。

4.2 数据收集及分析处理

利用超声波检测管道中缺陷或损伤的声波信号，并通过分析声波数据得出管道应力大小，利用超声脉冲回波法，发射和接收所需的时间以及液位或距离的转换对液位实现监测，根据系统收集的数据，形成水毁灾害演化阶段中管道应力变化分析，后台系统提供数据过程线(图1)、数据对比(图2)、相关性分析(图3)、特征值分析(图4)。同时系统设置安全阈值，一旦超过该值系统会发出报警，及早发现并提前采取预防措施达到远程预警的目的。

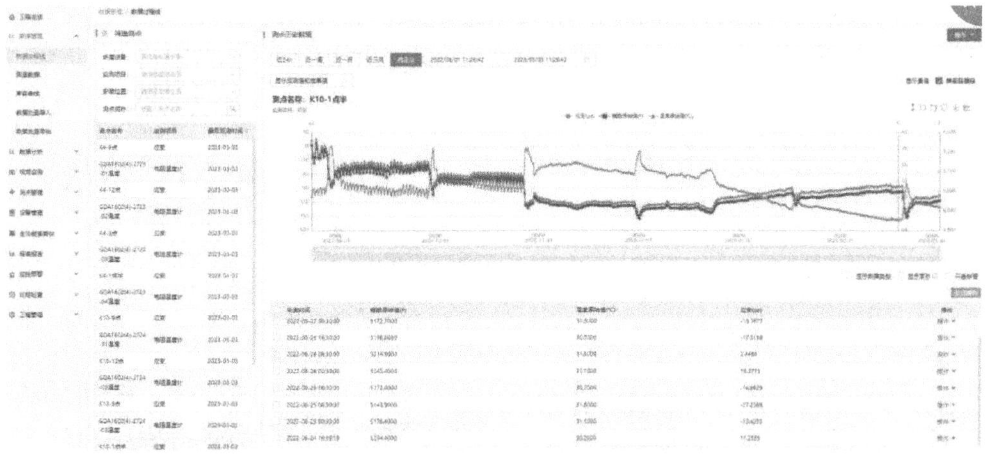

图1　数据过程图(构想图)

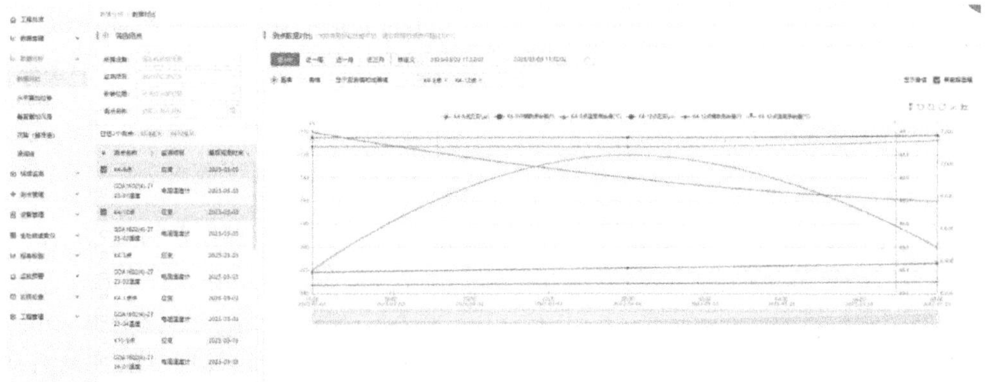

图2　数据对比图(构想图)

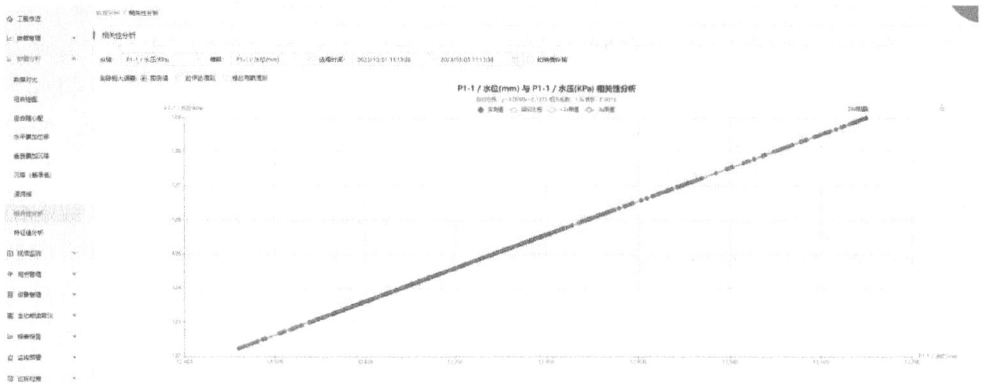

图 3　相关性分析图(构想图)

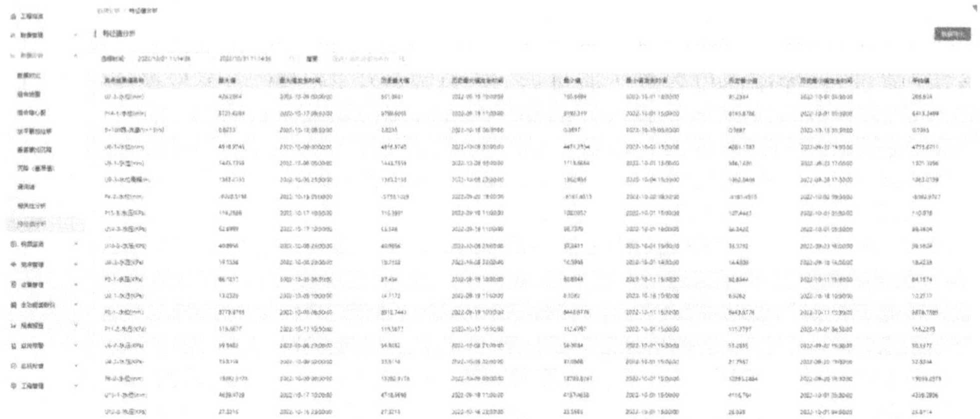

图 4　特征值分析图(构想图)

7　结束语

本次综合技术初步构想是基于现阶段河沟道水毁监测技术不够成熟，收集的数据不够全面，无法从管道本质和水下地形综合分析水毁灾害对管道的影响。提出利用超声波技术，同时实现管道应力监测和水下地形监测功能。后期建议对实现该构想的可能性进行分析，并对技术优化研究，以达到最终可实际应用的目标。

参　考　文　献

[1] 王婷，刘阳，王巨洪，等．中俄东线管道地质灾害监测技术应用与建议[J/OL]．油气储运：1-8[2023-10-09]．

[2] 谭超，肖海艳，张秀梅，等．某管道沿线重大地质灾害类型与空间分布特征[J]．四川地质学报，2016，36(02)：293-295+300.

[3] 狄彦,帅健,王晓霖,等．油气管道事故原因分析及分类方法研究[J]．中国安全科学学报,2013,23(07)：109-115. DOI:10. 16265/j. cnki. issn1003-3033. 2013. 07. 017.

[4] 么惠全，毛建，吴志平，等．西气东输管道完整性管理实践及效能分析[J]．天然气工业，2013，33(12)：124-130.

[5] 廖柯熹，王亮，何腾蛟等．管道应力长期监测与报警系统[J]．智能制造，2021，(S1)：53-61.

[6] 刘伟．应力应变监测系统在输气管道工程中的应用[J]．石油化工自动化，2021，57(04)：86-89.

[7] BOARDTR. Monitoring scour critical bridges[M]. Washington DC：Transportation Research Board，2009.

[8] 宋刚，梁杨，黄建云．桥梁基础冲刷监测技术综述[J]．工程技术研究，2021，6(6)：104-105.

[9] 陈志坚，唐勇，陈松．苏通大桥河床冲刷多尺度监测系统的构建[J]．西南交通大学学报，2012，47(1)：63-67，77.

[10] 毕娜，罗伟国，薛国建．无人机遥感在油气管道地质灾害调查中的应用[C]//中国建筑学会工程勘察分会．2022 年石油天然气勘查技术中心站第 29 次技术交流研讨会论文集．2022：191-194.

[11] 李最森，章琪，魏荣灏，等．多波束定点实时冲刷监测系统构建及应用[J/OL]．水利水运工程学报 1-7[2023-10-08]．

[12] 王振双，郁彩云，陈露露．基于声呐图像的海上风电桩基局部冲刷实时监测研究[J]．海洋技术学报，2023，42(04)：91-99.

基于高轨 Ku 频段卫星物联网终端的油气管道物联网系统及应用

赵云峰[1] 姜有文[1] 陈 牧[2] 冯建元[3] 张保祥[2] 张 祥[2] 杨 浩[2]

(1. 国家管网集团北方管道有限责任公司；2. 北京华镁钛科技有限公司；3. 亚太卫星宽带通信(深圳)有限公司)

摘 要 数据在油气行业管道完整性管理、智慧管网建设中发挥着举足轻重的核心作用，目前的数据采集方式往往存在效率低下、数据准确性不高、数据不完整、数据时效性差等问题，难以满足管道全生命周期管理中对数据多方面的要求。管道物联网技术的引入，为这一难题提供了有效的解决方案，特别是基于高轨 Ku 频段卫星通信技术的管道物联网系统，可解决无地面网络覆盖、恶劣天气环境以及跨国家地区等复杂条件下的管道数据可靠稳定传输问题，真正实现了管道完整性管理数据的全面感知、互联互通。针对这些应用背景，本文设计了基于高轨 Ku 卫星物联网终端的管道物联网系统的通用实用架构，并从应用的角度全面详细地分析了系统中关键组成部分的设计要点，特别是卫星通信物联网系统与管道管理业务的融合应用关键要点，对管道物联网的系统设计具有重要指导价值和借鉴意义。最后针对油气管道的管道完整性管理数据提升项目的建设需求，结合本文提出的系统架构，利用技术先进、有成熟应用的星通卫星物联网系列终端，快速搭建并配置出一套适配业务需求的管道物联网系统。经过现场测试验证，这套基于高轨 Ku 频段卫星物联网终端的管道物联网系统运行稳定可靠、数据完整性高、数据实时性好。本文案例中采用的星通卫星物联网终端，有着广泛的应用空间，在智慧油气行业，除了管道输送环节外，还可以进一步拓展到油气开采、储存、长停井监控等环节上。

关键词 油气管道；管道完整性；星通卫星物联网；卫星物联网终端；管道物联网

管道完整性管理是全球管道业界普遍认可的管道管理模式。与传统的运维管理方式相比，管道完整性管理是一种以预防为主的管道全生命周期管理模式，可以有效地预防和减少管道事故的发生。国家标准《油气输送管道完整性管理规范(GB 32167—2015)》中，规定了管道完整性管理从时间上贯穿管道设计、采购、施工、投产、运营和废弃等全生命周期，从流程上包括数据采集与整合、高后果区识别、风险评价、完整性评价、风险消减与维修维护、效能评价等环节。

管道完整性管理的发展，先后经历了信息化、数字化、智能化阶段。其中的智能化管道是以数字化管道为基础，通过与物联网、云计算、大数据、数字孪生、人工智能等技术进行融合，实现管道的全面感知、精准监测和智能控制，满足管道全生命周期智能化运行管理。未来的管道完整性管理还将进入智慧化发展阶段(即智慧管网)，智慧化管道将涵盖自适应、自学习、全面感知、精准预判等特点和优势，以智能化手段进一步支撑和满足管道全生命周期管理需要。

从管道完整性管理的核心要求以及智能化管道的发展趋势中可以看出，数据是管道管理工作的重要前提和基础，数据采集与整合也是管道管理的核心环节，其重要性愈发突显。传统的数据采集方式往往存在效率低下、数据准确性不高等问题，难以满足管道全生命周期管理的需求，管道物联网技术的引入，为这一难题提供了有效的解决方案。

1 管道物联网技术

油气行业中的管道物联网技术，是指利用传感器、通信网络、数据存储和分析处理等物联网核心技术，对油气管道进行全面的监测和管理。将大量分布式传感器安装在管道系统及周边环境的各个关键采集点上，实时采集管道及周围环境重要的物理和化学参数数据。通过无线或有线的通信网络，将信息传输到中央处理系统或者云平台。在数据中心，利用先进的数据处理技术和大数据分析工具，对收集到的海量数据进行整合、分析和处理，实现对管道健康状况的实时监控和评估。

管道物联网技术的核心价值，在于能够实现

对油气管道的实时感知和智能控制，优化运维决策，降低人为巡检的成本和风险，同时提高管道运营的安全性、可靠性和经济性。管道物联网技术的应用，不仅提升了管道系统的智能化水平，还为管道完整性管理和全生命周期管理提供了强有力的技术支持，是油气管道完整性管理向智慧化方向发展的重要基石。

管道物联网技术可广泛应用于管道全生命周期完整性管理的多个管理阶段。在建设阶段，构建智能工地管理，利用传感器及摄像头实现对施工设备、车辆、人员及环境数据的实时智能采集和监控，结合 AI 技术，自动识别出施工过程中的违规行为并提示管理人员，在实现人力、物力的合理调配同时，确保了施工质量和施工安全的智能化管理。在运营阶段，构建智能巡检、监控及指挥调度系统，包括设备巡检、智能监控、设备远程诊断、智能阴极保护、智能指挥调度等，结合 AI 技术，构建数据一体化、场景可视化、分析智能化的管道运营管理体系。

管道物联网技术具体的应用场景丰富。管道本体状态感知场景，包括管道内检测、管道腐蚀与控制、管道应力监测等。管道线路及环境感知场景，包括地质灾害监测预警、管道智能阴保、管道泄漏监测、管道光纤预警、无人机、智能视频监控等。管道站场感知场景，包括站场关键设备智能诊断、压缩机组/泵机组故障诊断、站场泄漏监测、站场机器人巡检等。

在构建管道物联网系统时，稳定可靠的数据通信网络至关重要。然而受到地理、气候条件等的限制，油气行业物联网数据在传输过程中会面临网络信号覆盖不全甚至缺失问题。而作为实现全球万物互联的关键一环，卫星通信具备“广覆盖、大容量、全天候”等特点，通过卫星通信，可在无地面网络覆盖、恶劣天气环境以及跨国家地区等复杂条件下实现管道数据的可靠稳定通信连接。

2　卫星通信及星通卫星物联网系统

2.1　卫星通信技术

卫星通信是一种基于卫星技术的通信类应用，借助卫星的广覆盖能力，弥补地面通信系统的不足，实现更广阔的连接，它是地面通信系统的重要补充和辅助。相较于传统地面通信网络（如 2G/4G/5G），卫星通信具有覆盖面大、部署快、不受地理环境/气候环境的影响，并具备全天候的通信服务能力等特点。因此，卫星通信一直被视为特殊地理位置和特殊场合的唯一通信手段，解决了无信号地区的数据采集和回传问题。

卫星通信系统按照承载的业务量可分为卫星宽带卫星互联网和卫星窄带卫星物联网。卫星宽带卫星互联网是以互联网应用为服务对象，以统一的网络层为承载平台，可作为互联网系统有效组成、可独立工作的网络系统。宽带卫星互联网的占用带宽大、传输速率高，主要用在没有地面网络覆盖区域的高速传输需求，如邮轮、科考站、航空、偏远地区上网、应急通信等场景。宽带卫星互联网系统应用比较广泛，方案比较成熟，国外的 Starlink、OneWeb、Kuiper 等卫星系统，国内中星 18、中星 26、亚太 6D 高通量卫星通信系统都属于此类。

卫星窄带卫星物联网是以低速物联数据的采集和传输为服务对象，所占带宽较窄、传输速率较低，主要用在无地面网络覆盖区域的数据采集、远程控制、应急通信等行业应用。窄带物联网系统具有网络容量大，终端体积较小、发射功率低、成本低、安装使用方便等特点，在水利、气象、管网、环境等行业监控中的应用越来越普遍。国外窄带卫星物联网主要采用低轨星座方式实现，主要的低轨卫星物联网系统包括铱星星座 Iridium、轨道通信 Orbcomm、全球星系统等，其面向全球的窄带物联网已有数十万用户，应用于能源、安全、监测、物流的多个领域。由于国外低轨窄带卫星系统存在安全问题，很难在国内涉及国家安全、国计民生的行业开展相关应用。而国内低轨卫星星座建设进展缓慢、网络覆盖范围有限、重访时间间隔长等限制因素，目前国内的窄带卫星物联网主要采用北斗、天通和 Ku 频段 GEO 高轨卫星进行通信。

在油气行业，基于卫星通信的物联网系统可广泛应用在油气的开采、储存、管道输送、长停井监控等环节上。在开采环节，通过卫星物联网实时监测采油机/采气机的运行状态和井口生产数据，可及时发现设备故障并自动报警，可实现采油机/采气机的远程启、停控制。在储存环节，通过卫星物联网对油罐液位、温度在线监测，改变了传统采用人工检尺和化验分析的方法，实现了油液的实时动态监测，为生产操作和管理决策提供了准确的数据依据，大大避免了安全事故的发生。在管道输送环节，通过卫星物联网定时采集输送管道的电位信号及环境状况，为油气输送管道的防腐监测及隐患处理提供了重要的参考依据与安全保障。在长停井监控环节，通过卫星物联网对油田内长停井的井口压力实施远程监测，可大大减轻了人工巡井的劳动强度，实现了长停井的常态化监测，为地质部门长期跟踪长停井动态、及时排除隐患提供了大量的真实数据。

在管道完整性管理、智能管道、智慧管网建设过程中，当开展管道及周围环境等数据实时采集、实时传输的管道物联网系统设计时，采用基于卫星通信技术的卫星物联网系统是一种必然的趋势。

2.2 基于高轨 Ku 频段通信的星通卫星物联网系统

在卫星物联网系统的设计及应用方面，国内某公司率先推出了自主研发的星通卫星物联网系统及产品服务。该系统采用 Ku 频段通信，基于超表面阵列天线核心技术研发出的全球最小尺寸的星通卫星物联网终端核心产品，可对接多种国产高通量高轨卫星，最终实现完全国产自主可控的卫星物联网系统，是国内卫星物联网系统研发及应用的领先者。星通卫星物联网系统主要由高轨 Ku 频段卫星、卫星窄带/宽带物联网终端、卫星地面站、云数据服务中心(包括数据中心、网管平台、行业应用平台、开放 API 接口)、用户侧的各类数据业务智能终端组成，系统所支持的业务如图 1 所示。

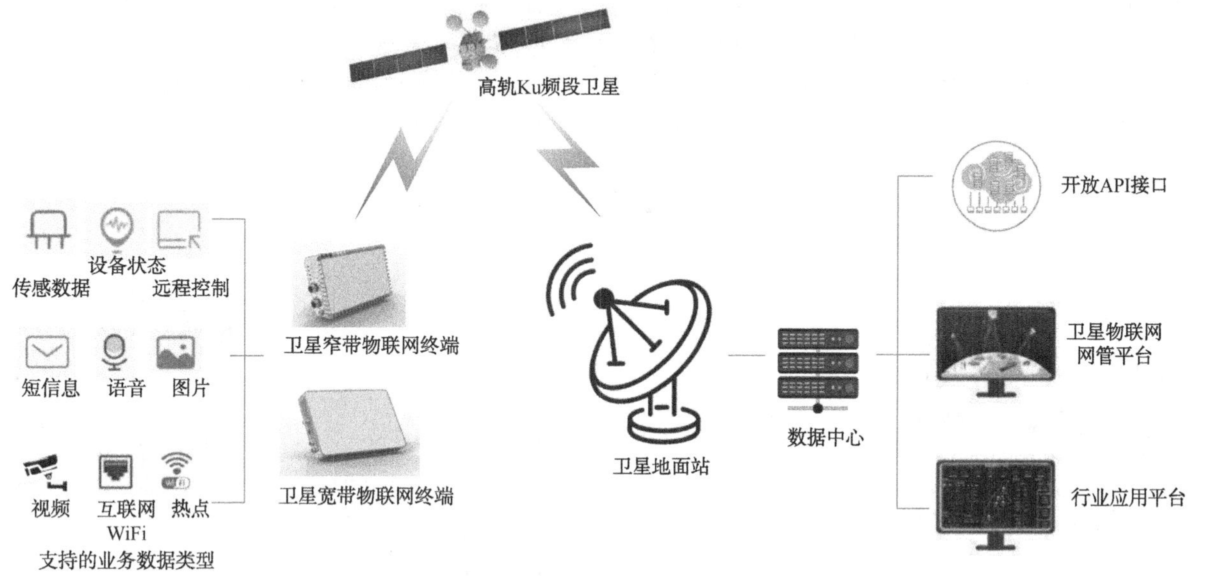

图 1 星通卫星物联网系统业务架构图

相较于其他卫星通信系统，基于高轨 Ku 频段通信的星通卫星物联网系统，具有显著的技术先进性和应用领先优势。星通卫星物联网系统采用国内首颗 Ku 频段高通量卫星，具有先进的卫星通信技术和性能指标，提供最优一体化卫星物联网终端。高轨卫星提供以中国为核心、面向亚太地区、东印度洋到西太平洋、一带一路地区广域和时域全覆盖。采用天地一体融合系统设计构架、提供星地完全自主可控、信息安全、高可靠物联网应用解决方案。极高性价比的高通量卫星通信资源，国产一体化、低功耗、低成本终端产品，降低项目建设及运营成本。

基于高轨 Ku 频段通信的星通卫星物联网系统可承载的业务类型包括各类数据、语音、图片、视频等，系统已经在智慧水利、智能电网、智慧气象、森林防火、海洋生态监测、高精度定位等行业及场景中成功应用。基于星通卫星物联网技术的管道物联网系统，其前瞻性的设计及成功应用，将为油气行业管道完整性管理的智能化升级、数字化转型提供一套兼顾安全、稳定、可靠的全新解决方案。

3 基于高轨 Ku 频段卫星物联网终端的管道物联网系统设计

3.1 设计理念

基于高轨 Ku 频段卫星物联网终端的管道物

联网系统设计，是一个综合性的工程，涉及多个技术领域。其系统设计理念主要考虑以下几个方面：

（1）整体性设计：将卫星物联网技术与管道物联网系统作为一个整体进行设计，确保各个组成部分之间的协调性和一致性。这包括硬件设备的选择、网络架构的搭建、数据传输协议的制定等。

（2）可靠性设计：考虑到管道物联网系统的重要性，系统设计必须保证高可靠性。这要求在设计过程中充分考虑各种可能出现的故障和异常情况，并采取相应的容错措施和备份方案，确保系统的稳定运行。

（3）安全性设计：基于卫星物联网系统的管道物联网系统涉及大量的数据传输和交换，因此安全性是系统设计的重要考虑因素。需要采取加密技术、身份认证、访问控制等手段来保障数据的安全性和完整性，防止数据泄露和非法访问。

（4）可扩展性设计：随着物联网技术的发展和应用场景的不断扩大，管道物联网系统可能需要不断扩展和升级。因此，系统设计应具备可扩展性，能够方便地添加新的设备和功能，满足未来发展的需要。

（5）智能化设计：通过引入人工智能技术，实现对管道物联网系统的智能化管理和控制。这包括对数据的智能分析、对设备的智能调度、对故障的智能诊断等，提高系统的运行效率和维护便利性。

（6）绿色环保设计：在系统设计过程中，需要充分考虑环保因素，选择环保材料和低能耗设备，降低系统的能耗和排放，实现绿色可持续发展。

这些设计理念共同构成了管道物联网系统设计的基础和指导原则，有助于确保系统的性能、可靠性和安全性，满足实际应用的需求。

3.2 系统架构图

基于高轨 Ku 频段卫星物联网终端的管道物联网系统架构如图 2 所示。

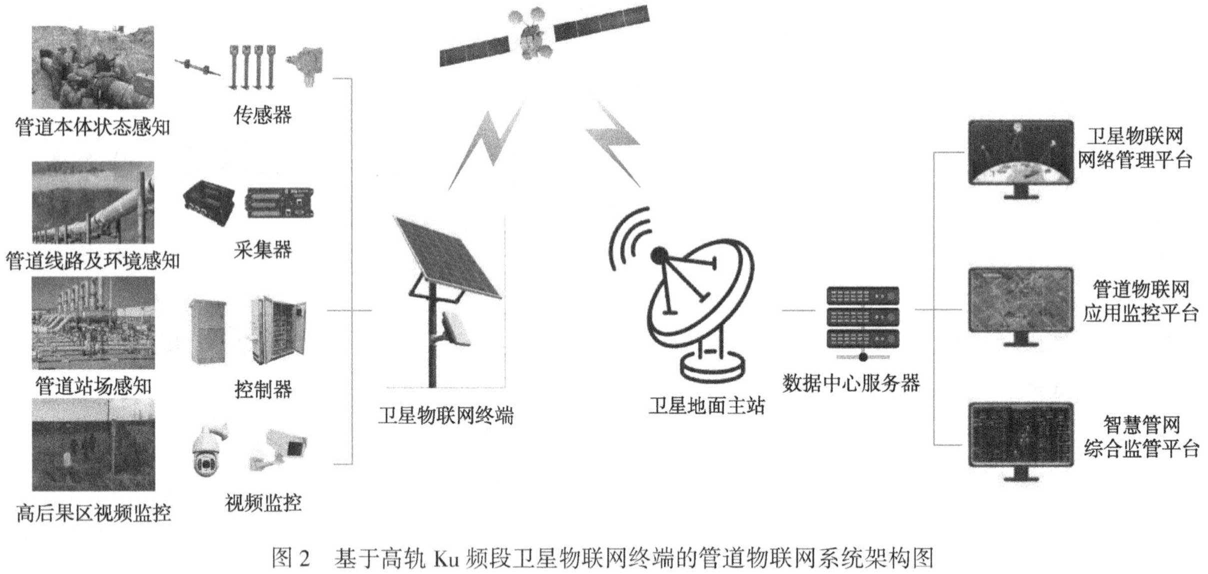

图 2　基于高轨 Ku 频段卫星物联网终端的管道物联网系统架构图

系统主要由现场智能设备、卫星物联网终端、通信卫星、卫星主站、云端数据中心、管道完整性管理平台等组成。

3.3 系统组成设计

（1）现场智能设备。主要包括各类管道状态监测传感器、环境监测传感器、数据一体化采集器、视频监控摄像头、管道及场站的控制器/控制柜/控制站等与管道完整性管理相关的一切智能设备。现场智能设备可通过标准常用接口，与卫星通信终端进行有线或无线连接。

（2）卫星物联网终端。卫星物联网终端是整个系统的核心硬件产品。可设计成一体化集成终端，将卫星天线与卫星终端一体化集成，使得整机体积小巧、质量轻，安装维护简单。配置多种数据接口，根据油气管道监测对象的不同，可接不同类型、不同接口的传感器/控制器等现场设备。支持多种数据传输模式，根据油气管道监测参数的变化特性，可设置多种监测频率、上报周期、告警模式等。具备双向通信功能，既可实时上报监测数据，也可接收远程监控调度中心下发的控制指令，用于控制设备开/关、下发远程调度指挥信息等。支持多种业务数据类型，既支持传感器数据采集，也支持语音对讲通话、图片及视频传输等业务数据。供电支持风光供电系统，现场配备高性能太阳能板、风力发电装置，内置大容量锂电池，超低功耗工作模式，可满足阴雨天环境下持续稳定工作。符合能源行业标准要求，支持能源行业系统/设备/终端及数据通信传输规约。多种终端类型可选，根据不同的业务数据量特点，可灵活选择搭配高速卫星互联网通信终端或低速卫星物联网通信终端。

（3）通信卫星。考虑因素包括覆盖范围、先进性、可靠性、可操作性、使用成本等方面。尽可能选用近年来发射的、采用先进的卫星通信技术和性能指标的高通量卫星。要求覆盖范围广、具有高可靠性、建设及使用低成本，配套低成本卫星物联网终端、高性价比的卫星通信资源和收费标准，大大降低项目建设和运营成本。主要从国产通信卫星中选择，如亚太 6C/6D 等国产卫星。

（4）卫星主站。卫星主站系统负责实现卫星通信网络与地面通信网络之间的转换，主要包括卫星天线、上下变频器、调制解调器及网络设备等。考虑到建设成本及后期的运维，优先选用卫星通信运营商的主站系统。对于有场地条件及运维能力的行业用户，当对数据通道保密性要求极高的情况下，也可以考虑自建卫星主站系统。

（5）云端数据中心。考虑到物联网系统的海量设备接入，可采用分布式架构、负载均衡，千万级网络容量设计，支持超大批量数据处理。数据安全性要高，信息传输全流程加密、认证，确保油气管道数据的安全。支持一站式大数据分析、处理、定制开发服务。支持第三方平台对接，接口符合油气行业标准，可对接国家/省/市及企业的智慧管网监管平台。

（6）管道完整性管理平台。面向不同类型的行业用户，需要提供丰富的功能，包括卫星通信网络管理、物联网设备管理、数据管理、运营管理、数据分析处理、数据可视化、远程交互控制、报警、日志等。同时平台可自定义监控模块，根据不同的应用场景和需求，自定义油气管道的监测对象和数据模板，接入不同的数据，展示不同的数据格式、内容、场景等。

4 基于高轨 Ku 频段卫星物联网终端的管道物联网系统应用关键

基于高轨 Ku 频段的星通卫星物联网系统，在与管道监控业务融合应用时，主要涉及到两个方面，即现场端的融合、云端的融合，这些融合方式也是设计并实施管道物联网系统时需要明确并重点考虑的约束条件。

现场端的融合，从卫星物联网终端的视角来看，主要涉及到卫星物联网终端如何与现场的设备对接方式、数据获取方式、采用何种通信协议、传输的数据有什么特征、数据处理模式是否有要求、数据传输模式是怎样的、双向通信要求、通信速率带宽等。设备对接方式包括有线和无线两种方式，有线方式常见的有 RS485 总线、CAN 总线、以太网、IO 口开关量等，无线方式常见的有 WiFi、蓝牙、ISM 频段等。数据获取方式包括双向交互主动查询获取、单向被动接收获取。通信协议常见的有基于 ModBus/RTU 及 ModBus/TCP 报文传输协议的行业标准规范协议、自定义协议，基于 HTTP 的互联网传输协议。数据的特征指数据的类型为数据包、文件还是其他形式。数据处理模式可分透明传输、解析后提取关键参数值传输。数据传输模式具体有实时传输、定时传输等，对于定时传输，需要进一步确定数据的发送频次、每次传输的数据包大小等要求。双向传输要求包括单纯发送、收发一体等应用需求。通信速率及带宽，涉及到选择窄带通信或宽带通信。其他还包括每台卫星物联网终端所需要对接的现场设备数量、是否有本地网关组网需求、电源供电条件等。

云端的融合，从云端数据中心的视角来看，主要涉及到卫星网络传输的管道数据如何进一步传输至行业用户的监控平台，涉及到通信网络、数据安全性、数据传输方式、数据接口类型等。通信网络有公网和专线两种，公网采用近乎免费的公共互联网通道传输，专线可为云专线，成本较高。数据安全性涉及到 VPN 隧道技术、鉴权认证、数据加密等不同层次的安全性。数据传输方式为数据接口方式、文件方式、邮件方式等。数据接口类型分为 API 调用、消息推送两种。

5 基于高轨 Ku 频段卫星物联网终端的管道物联网系统应用案例

针对通过卫星物联网系统传输阴保数据、动火现场视频、高后果区现场视频的业务需求，采用基于高轨 Ku 频段卫星物联网终端的管道物联网系统开展卫星通信现场测试，并将卫星传输回来的数据接入到公司现有管道监控管理平台中。

在本应用案例中，针对具体的应用场景及需求，对星通卫星物联网系统进行了裁剪设计及适配性选型配置，具体如下：

选用的星通卫星物联网终端为天地一体多模融合通信终端，除了支持高轨 Ku 频段卫星通信外，还内置了北斗短报文通信模块、4G/5G 地面蜂窝通信模块，一台终端可以适配物联网系统的多种应用场景。星通卫星物联网终端支持多种应用模式，针对能源电力、农林牧业、水利水文、资源监测等物联网数据信号广域传输设计，具有功能齐全、集成化、小型化、操作简单、安装快捷方便等特点。采用 Ku 频段卫星通信超表面阵列天线，模块化高效集成射频单元，实现了高增益低损耗的天线射频一体化，有效减少了整机尺寸、重量和热耗。终端内置高性能、低功耗的卫星物联网模组，并集成网络模块、终端控制单元、支持自动唤醒控制。支持各类地面物联网数据、语音、图像、视频等业务的卫星传输，并能实现与地面互联网络、企业办公网、数据专网等网络的接入功能。终端有固定型、移动型，窄带低速、宽带高速等多种类型，内置北斗、GPS 定位模块，支持 WiFi 路由器，支持手机 APP 或 PC 网页无线连接，实现数据、语音、图片、视频等多种从窄带到宽带的卫星物联网连接功能。根据传输业务需求，实际测试采用了低成本的卫星窄带物联网终端(型号 ST-U100)、高性能的卫星宽带物联网终端(型号 ST-U200)两款产品，它们分别支持低速数据传输、高速视频传输(图 3)。

图 3 星通卫星窄带/宽带物联网终端
(左：ST-U100、右：ST-U200)

采用亚太 6D 高通量卫星，覆盖范围广、实时性高。

阴保数据采用 RS485 总线接口、摄像头采用以太网接口与星通卫星物联网终端互联。

阴保数据以数据包的形式每 1~5min 传输一次，每次传输 300 个以上字节。动火现场和高后果区现场视频数据以视频推流的方式实时传输。

管道监控管理平台以公网 VPN 方式，通过 API 接口，定时主动向卫星物联网云端数据中心拉取数据。现场视频数据通过卫星通道以公网方式接入到视频监控服务器中。

经过在近两个月的运行测试，系统运行稳定可靠、数据完整性高、数据实时性好。通过星通卫星物联网终端(ST-U100)，实现了阴保智能桩数据实时采集和传输，双向收发速率达到 20kbps。通过星通卫星物联网终端(ST-U200)，实现了视频信号的传输并上传到流媒体平台，上行速率达到 4Mbps、下行速率达到 10Mbps。卫星通信系统的性能满足管道完整性管理业务对通信网络的需求(图 4~图 6)。

图 4 阴保桩(左)及星通卫星物联网终端 ST-U100(右)应用场景

图 5　数据监控平台阴保数据传输日志(传输间隔：1min/次，数据包大小：378 Bytes)

图 6　现场星通卫星物联网终端 ST-U200 测试场景(左)、视频监控平台高后果区视频 800 万像素画面(右)

6　总结及展望

基于高轨 Ku 频段卫星物联网终端的管道物联网系统，因其具有广覆盖、大容量、全天候的特点，能够有效解决管道数据在传输过程中面临的网络信号覆盖不全甚至缺失问题，将在管道完整性管理、智慧管网建设中扮演极其重要角色，价值也会越来越大。

本文给出了基于星通卫星物联网技术的管道物联网系统的关键设计要点及应用案例。随着卫星通信技术的进一步发展，星通卫星物联网的应用空间将进一步打开。在智慧油气行业，除了应用在管道完整性管理外，还可以进一步拓展到油气开采、储存、长停井监控等产业链环节上。

参 考 文 献

[1] 国家标准 . GB32167-2015 油气输送管道完整性管理规范[S]. 北京：中国标准出版社，2015.

[2] 赵媛 . 输气管道完整性管理实践与思考[J]. 石化技术，2023，30(08)：77-79.

[3] 赵林，刘佳，王晓静 . 浅析物联网技术在长输天然气管道全生命周期管理中的应用[J]. 产业创新研究，2021. 10(20)：118-120.

[4] 余淑凤，邱庆举，丁晟 . 天基物联网在油气行业数字化转型中的应用[J]. 数字通信世界，2022(07)：11-16.

大数据背景下企业数据治理技术探讨

孙国强

（国家管网集团西部管道有限责任公司）

摘　要　随着云计算、大数据、物联网、移动应用、人工智能等IT技术的快速发展和应用，企业信息数据逐渐被定义为企业的重要资源。数据资产管理作为企业内部一项重要的基础性工作，逐渐受到国内外各行各业的高度重视。结合企业数据资产管理面临的挑战，阐述了基于数据中台技术的数据资产管理相关理论和技术路线。

关键词　数字资产；数据中台；数字化转型

1　前言

在数据爆炸的时代，企业信息数据呈指数级增长。然而信息数据越多，并不意味着其产生的价值越大，数据如果不能发挥价值，反而会成为企业的负担，因此必须对企业信息数据采取有效的管理措施，减少冗余数据，提高数据质量，促进数据流通，才能最大化地发挥数据的价值，从而推进企业数字化转型。

数据资产管理就是管理数据资产的全生命周期，贯穿数据采集、存储、计算、加工、应用和销毁整个生命周期全过程，需要充分融入业务、技术和管理要素，其核心要素包含数据资产的治理、应用和运营。数据资产管理从时间的角度管理数据从规划到消亡全过程中被各类人员的行为带来的影响和改变，从空间的角度管理数据从产生到流转途径的全过程被各业务、各系统的影响和改变。

2　相关理论

围绕数据资产管理，国际上有国际数据管理协会(DAMA)编制的数据管理知识体系DMBOK、美国卡耐基梅隆大学软件工程研究所编制的数据管理成熟度模型CMMI-DMM、ISO38505数据治理标准，中国则有信标委制定的数据管理能力成熟度模型DCMM、数据治理规范和信通院发布的数据资产管理白皮书。

我国于2018年10月发布了《数据管理能力成熟度模型》(GB/T 36073—2018)，该模型定义了数据能力成熟度评价的八大能力域，细分为28个子项，涵盖数据资产的全生命周期，为企业数据管理体系的建立提供了评价标准。目前国内不少行业已开始利用该模型评估企业数据资产管理能力，提升数据资产管理水平，图1是《数据管理能力成熟度模型》包含的主要评价内容。

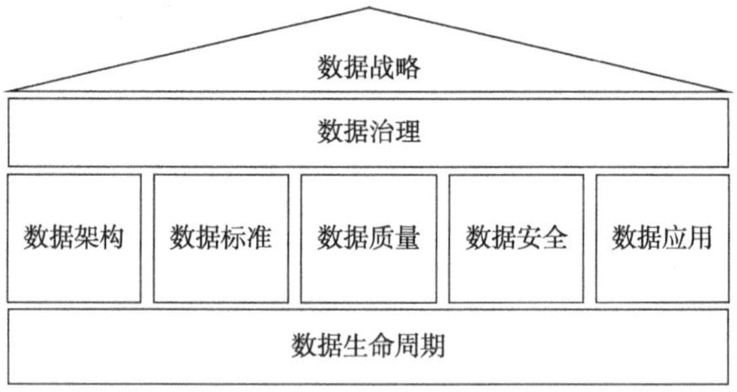

图1　数据管理能力成熟度模型

3　企业数据资产管理面临的挑战

随着信息技术的快速发展，企业信息系统实现了数据填报、流转、审批和统计报表等功能，有效支撑了企业内部的生产运行及日常运营管理工作，随着时间的推移，信息系统中积累了大量的信息数据，这些数据是企业的核心资产和宝贵资源，好像一座待开发的“金矿”。

然而，由于多数企业信息化建设初期未进行统一规划，同时缺少统一的流程与规范，企业内部各业务部门都建立自己的“烟囱式” IT系统，并一味地追求本部门业务功能的实现，未系统性的对数据进行规划和管理落实，数据资源分散在多个业务系统中，存在数据质量不高、管理难度大、数据冗余、共享不足、应用较少等多种问题，数据价值难以发挥。数据管理和数据应用过程中存在的典型问题如下：

（1）主数据方面：由于未制定主数据标准或

主数据标准不统一，主数据在企业各信息系统内部自行管理。由于主数据无统一维护源头，导致公共基础数据不一致、数据重复维护、数据管理效率低、数据管理难度大等问题，急需开展主数据治理工作，提高主数据质量。

（2）数据标准方面：由于未建立数据标准体系或数据标准体系不完善，缺少企业级数据标准，各部门业务系统之间数据标准不统一，数据存储结构不一致，数据存在同义异名现象，跨业务系统数据传递不通畅，数据整合难度较大。

（3）数据质量方面：由于数据标准不一致、数据管理制度不健全等问题，数据的及时性、完整性、准确性、一致性等问题突出，数据质量参差不齐，同时部分业务系统存在录入校验规则及关联性检查功能不足，数据的完整性、及时性和准确性缺乏监管，数据可信度难以甄别。

（4）数据集成方面："烟囱式"IT 系统建设模式造成大量信息孤岛，系统之间互通性不足，部分业务流程未完全打通，没有发布统一的数据服务，不同系统之间数据转换要设计不同接口来解决应用集成问题，数据管理维护难度大。

（5）数据应用方面：一方面信息数据存多用少，业务部门和 IT 部门信息不对称，缺少明确的数据应用需求；另一方面，由于数据质量参差不齐，也影响了数据应用，数据价值难以有效发挥，企业数字化转型难度加大。

（6）数据安全方面：数据的快速增长带来了更多的数据安全问题，根据我国信息安全等级保护基本要求，目前很多企业在数据访问控制、身份认证、安全审计等方面需进一步加强，需要进一步提升企业数据安全水平。

如何结合科学的数据管理方法和数据管理技术，从完善数据采集、存储、管理、数据质量提升、数据应用整合等角度出发，开展企业数据治理，将分散管理、存储和使用的多数据源、多结构、多主题的海量数据进行科学有效的管理，改变企业内部数据存多用少的现状，发挥数据潜在的价值，已成为当前企业数字化转型过程中的迫切任务。

4　数据治理

针对企业在数据资产管理过程中面临的各种问题，首先要开展的工作就是数据治理。数据治理是技术与管理相结合的一套持续改善的管理机制，贯穿在数据资产管理的整个过程中，通常包括组织机构、政策制度、技术工具、流程规范、监督考核等方方面面。近年来，数据治理工作已在银行、保险、电信、能源等以数据为核心业务的行业中得到了高度重视，并逐渐取得了数据治理成效。

数据治理工作以数据架构管理为核心，以数据管理控制为抓手，以数据治理服务为驱动，通过数据治理的组织、制度、流程及工具对数据治理工作给予支撑和保障，数据治理总体架构如图 2。

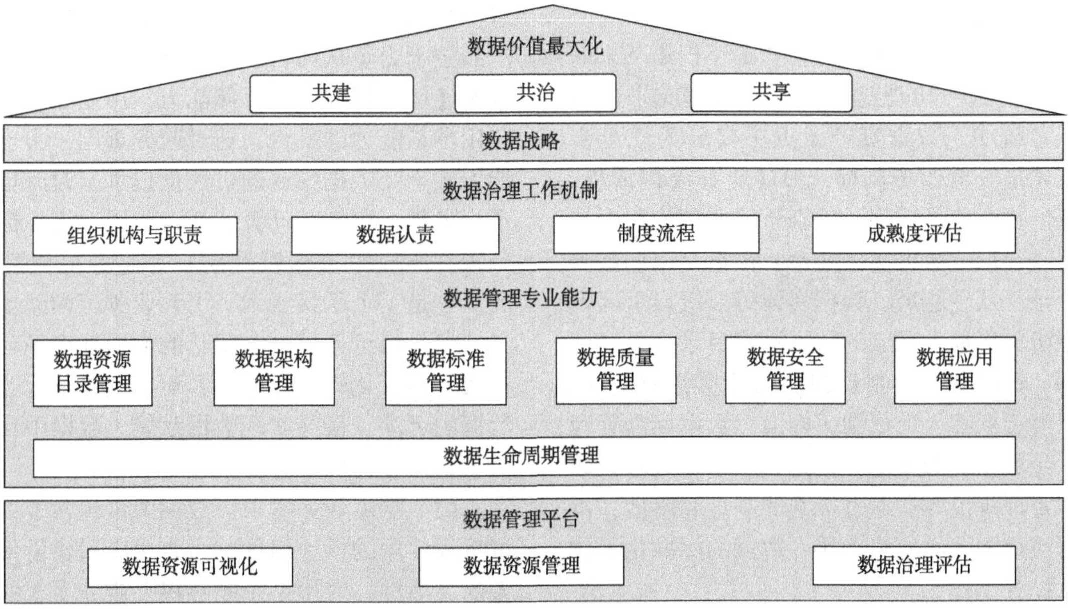

图 2　数据治理总体架构

（1）组织机构建设：数据治理组织机构的构建旨在通过建立数据治理组织架构明确各级角色和职责，保障数据治理的各项管理办法、工作流程的实施，推动数据治理工作的有序开展。需构建主要由数据治理委员会、数据治理中心和各业务部门构成的数据治理组织架构，建立数据管理制度。明确数据的责任部门和管理部门，负责数据的全生命周期管理，负责受理数据使用方的使用申请和授权访问等工作，典型的数据治理组织机构如图3所示。

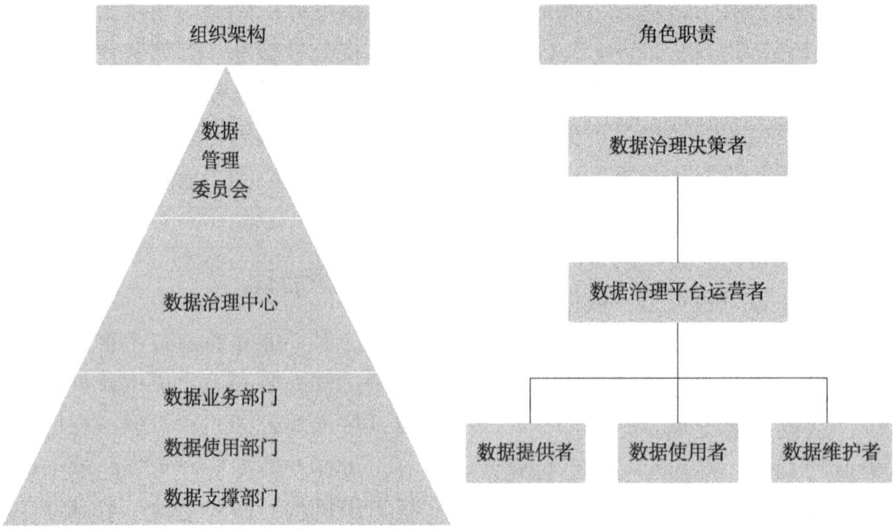

图3　典型数据治理组织结构

（2）数据管理制度：从数据资产管生命周期管理工作着手，完成数据资产管理制度的设计，主要包括数据管控流程设计、评价与考核流程设计。数据管控流程对数据标准、数据质量和数据授权所包含的管理任务提供支撑，约定了管理内容中各参与方的工作职责和需提交成果的模板，使管理过程标准化和规范化。评价与考核流程通过建立定性和定量的评价指标，可以评估及考核数据相关责任人职责履行情况、数据管控标准及政策的执行情况。

（3）数据资产盘点：对企业多年积累下来的“数据家底”进行梳理盘点，并将梳理成果落地到信息系统中。数据资产盘点主要分为三个步骤，首先是分析业务流程，形成业务流程清单；其次是依托各业务流程，识别所属业务流程下的数据实体，形成数据实体清单；最后是编制数据资产目录，从主题域、数据实体等层级自上而下关联分析，形成主题域的数据资产目录。

（4）标准制定：制定相关的数据标准规范，如数据模型标准、数据编码标准、数据标准管理规范、元数据管理规范、数据质量管理规范、数据模型管理规范等。通过标准的制定和落地，指导数据治理平台的实施工作、数据的标准化工作和质量提升工作。

（5）数据治理平台：构建了统一的数据治理平台，并导入数据盘点成果，利用自动化的工具支撑对数据的全生命周期治理。数据治理平台提供面向企业的数据资产查询门户，包含多维度的分类查询、数据注册与采集、数据接入、变更管理、版本管理等功能。

5　基于数据中台的数据资产管理方法

中台的概念是由互联网企业阿里巴巴提出，数据中台是数据服务工厂，即通过数据的分层与水平解耦，沉淀公共的数据能力，将数据运营和产品技术力量从前台剥离，成立独立的中台，用技术连接大数据计算存储能力，用业务连接数据应用场景能力的平台。通过服务重用，实现业务能力共享。数据中台通过数据技术，对海量数据进行采集、存储、计算、加工，同时统一标准和口径，形成大数据资产层，为业务提供高效服务。它是一个承接技术，引领业务，构建规范定义的、全域可连接的、智慧的数据处理平台，是在政企数字化转型过程中，对各业务单元业务与数据的沉淀，最终实现数据赋能。数据中台的价值主要体现在以下方面：

（1）响应业务需求：数据中台包含了大量的可重复使用的模块组件，为企业应用建设带来极大的灵活性，应用系统能够跟上业务需求的快速变化，及时响应业务需求，从而提高客户服务水平，促进企业数字化转型。

（2）发挥数据价值：提升对数据的管理利用能力是企业数字化转型的重要目标，数据中台能够面向全量数据、数据全生命周期进行数据管理和数据价值挖掘，并不断沉淀企业最佳实践的数据模型，为企业数字化转型夯实数据基础，发挥数据价值。

（3）优化业务流程：随着数据中台在整个业务链条中的部署和应用，企业的业务流程也逐渐快速、扁平化，由依赖业务人员的流程驱动逐步转向为数据驱动，大幅提升工作效率，进而优化现有业务流程。数据中台总体架构如图 4 所示。

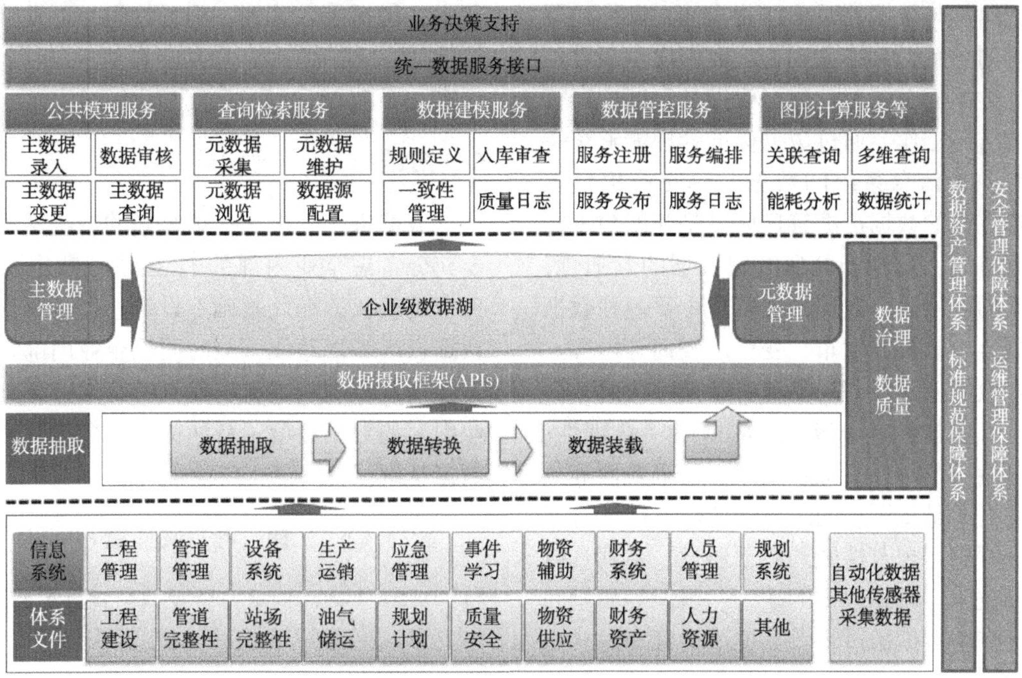

图 4　数据中台总体架构

连接能力是数据中台的关键所在，数据中台在企业 IT 架构中，连接数据前台和后台，贯穿了平台层和应用层，支持上层业务应用的运行。数据中台从功能上分为数据集成、数据管理、数据服务 3 层，以及配套的数据治理体系和平台管理工具。以云计算、大数据、人工智能技术为基础平台，搭建全域、实时、智能的数据中台。数据的集成、存储和计算需要应用多种大数据技术，数据服务需要应用数据分析、挖掘、AI 等算法和技术。数据中台技术架构如图 5 所示。

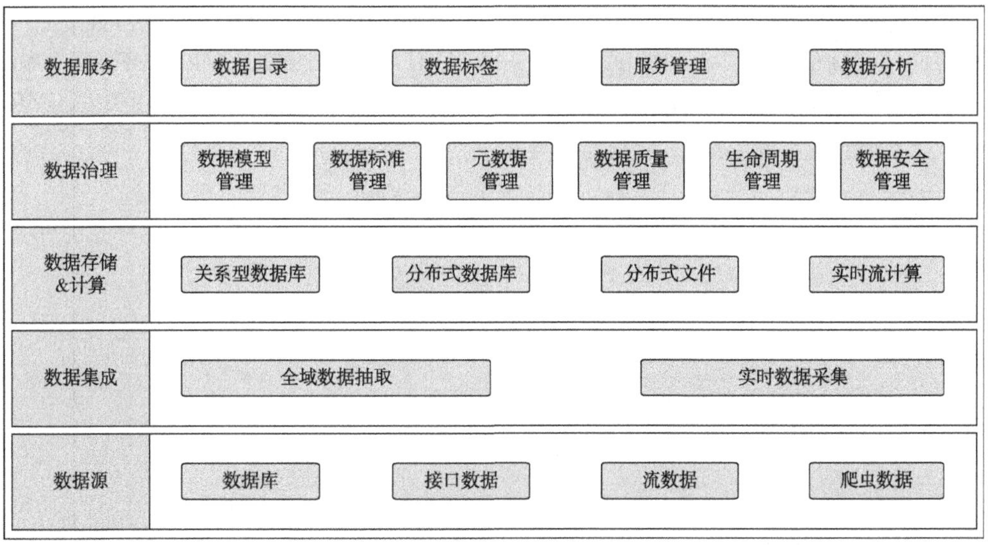

图 5　数据中台技术架构

（1）数据模型管理：以企业数据资产为基础，采用基于面向对象的设计方法，参考行业内成熟的数据模型设计方法，明确企业内各专业数据应包含的属性，规范数据命名、格式和类型，合理确定数据粒度划分原则，建立概念和逻辑数据模型，在此基础上进一步补充完善逻辑数据模型的数据属性与数据关系，细化实体、实体的属性和实体的关系，最终完成物理数据模型设计。

（2）数据标准管理：数据标准是数据资产管理的一项重要工作，通过数据标准管理能够统一数据语言，为信息系统间数据共享交换提供保障。构建完整的数据标准管理体系是开展数据标准管理的基础，有利于打通数据底层的互通性，提升数据的可用性。数据标准管理主要包括数据标准的制定、审核、发布、变更、查询等内容。

（3）数据质量管理：数据中台建设过程中，从准确性、完整性、一致性、时效性、合理性、参照完整性、及时性、唯一性、以及有效性等方面制定数据质量规则。同时，参考数据标准对数据质量规则进行规范性的约束，通过一系列具体的流程和技术，识别数据的缺失、错误等质量问题，进而完善数据的过程。数据质量管理的核心是基于数据质量管理体系，对各信息系统中的数据实体（属性）进行质量持续评估及优化改善工作。

（4）元数据管理：元数据是描述数据的数据，按照用途不同分为技术元数据和业务元数据。元数据是数据资产管理的基础，以元数据为抓手进行数据治理，帮助企业更好地对数据资产进行管理，理清数据之间的关系，帮助开发人员和系统用户方便地找到他们所关心的数据。元数据管理主要包括元数据的采集、应用和展示等内容，提供企业数据地图、血缘关系、影响分析等功能。

（5）主数据管理：主数据是企业内部重复使用的数据，具有高价值、高共享、相对稳定的特征。主数据管理即对主数据进行统一的管理及存储，在统一的管理界面维护完成之后，再推送到相关业务系统，从而实现主数据的一次维护，多系统共享使用的目标，提升工作效率。主数据管理主要包括录入管理、配置管理、下发管理、审核管理、变更管理、质量管理、查询管理等内容。

6　结语

数据资产管理是一项复杂的系统性工程，需要充分考虑企业内部的 IT 系统、数据资源和业务应用现状，在此基础上设计一套具有针对性的数据资产管理路线，同时明确企业内部各部门的责权利，合理引进新一代 ICT 技术，充分发挥企业内部的数据价值，从而为企业数字化转型夯实数据基础。

参考文献

[1] DAMA International. DAMA 数据管理知识体系指南[M]. 马欢，刘晨，等译．北京：清华大学出版社，2012.

[2] 党洪莉，谭海兵．基于 DMM 的数据管理成熟度模型及在服务评估中的应用[J]. 现代情报，2017，37(9)：118-121.

[3] 纪春华，石浩瀚，王艳磊．基于 Oracle 数据库整合技术的研究[J]. 信息技术与信息化，2018(11)：95-101.

[4] 朱红甫．打造企业数据中台推进企业智慧运营[J]. 通信企业管理，2018(2)：32-33.

[5] 江旭东，周晓峥，方翎．基于数据仓库的供电企业客户综合分析系统[J]. 广东电力，2007，20(12)：30-33.

稠油现场管道腐蚀与防护

谢　强　李　建　丁万成　向　涛　吴秀全　杨　阳　韩　涛　吴　军

（中国石油新疆油田重油开发公司）

摘　要　随着新疆油气资源的开发和利用，油气采输过程中的埋地管线建设日益增多。目前有些管线已不同程度地出现了问题或已进入中后期使用阶段，其损坏率逐年增大，埋地管线出现泄漏和断裂破坏的事故正在逐渐增多，结合现场埋地管线的损伤机理与诊断技术研究、油气管线的破坏机理、安全对策及防灾对策研究为依托对腐蚀管线的破坏机理和失效压力进行研究，为管道腐蚀、维护、维修提供一定的理论依据。

关键词　埋地管线；腐蚀缺陷；破坏机理；对策和措施

1　前言

随着稠油净化污水回用注汽锅炉技术的广泛普及，稠油污水具有含有机物浓度高、矿化度高、氯离子含量高等特点腐蚀性强，回用污水经水处理系统处理过程中，回用水中的离子以及温度、pH 值、溶解氧等因素都会造成造成供水埋地管线腐蚀、破损，根据管道完整性的需求研究，以采取必要的提升地面处理的措施，来防止和减少锅炉供水系统管网腐蚀，也造成管网吸震能力差连接部位破损，因此迫切需要对管网防护进行研究。

2　管线腐蚀机理研究

2.1　管线腐蚀机理研究

油田采油和注水容器及管道、外排污水池、罐、管道等均受到含硫污水的严重腐蚀。由于污水中含有大量的 H_2S、NH_3、HCN、CO_2，同时又含有大量的 Cl^-、SO_4^{2-} 等有害离子和大量细菌，温度高达 70~80℃，有的还含有酚类腐蚀介质，所以，如不采取的效防腐措施，这些设备的腐蚀会相当严重，易造成碳钢厚度减薄、局部穿孔、起泡、开裂、焊缝应力腐蚀开裂等现象，很快造成设备报废。

2.2　腐蚀原因分析

不同原油及不同生产工艺决定了污水中的腐蚀介质不一样，因此腐蚀原因和机理有一些差异，但总的来说有以下几点：含硫污水中的 H_2S、NH_3、HCN 等腐蚀介质，由于电化学反应生成 H_2S 而引起的腐蚀；氢原子渗透引起的氢脆腐蚀；污水中含有大量的 NH_3、CN－、Cl^-，它们与 H_2S 反应生成的 NH_4HS、$(NH_4)_2S$，是腐蚀性较强的物质；酚类腐蚀介质能破坏涂层，使腐蚀加剧。

3　稠油管线现场系统的腐蚀评价

3.1　现场腐蚀调查

按照 SY/T 0087.2—2020《钢质管道及储罐腐蚀评价标准　第 2 部分：埋地钢质管道内腐蚀直接评价》进行，也可按土壤电阻率的评价方法进行。土壤电阻率：是土壤岩性、干湿度和含盐量等参数的综合反映，是判断土壤腐蚀性的主要依据（表 1）。

表 1　土壤腐蚀性与土壤电阻率

电阻率/Ω·m	<20	20~50	>50
腐蚀性	强腐蚀	中等强腐蚀	弱腐蚀

公司分别于 2019 年、2020 年、2021 年，对六区、九区进行了现场调查，共调查了单井线和污水线 77 条，并进行现场测试。调查结果如下：

（1）由土壤电阻率分布情况知道，强腐蚀性土壤区域面积所占比率较大约为 90%，埋地管线 75%都有腐蚀发生，重腐蚀以上等级发生率有 19.6%，最大腐蚀速度为 2.25mm/a。

（2）大部份管线所处土壤电阻率<20Ω·m，呈强腐蚀性。部份管线投产于 1996 年以后，运行时间短，腐蚀较轻。九 8 区、九 9 区大部份地区所处土壤电阻率较高，管线腐蚀较小。

（3）管线防腐绝缘层遭到不同程度的破坏；六区、九区的管线防腐绝缘层大部份脱落；早期投产的607站单井管线，防腐层大面积脱落，管线表面呈密集型坑蚀，最大腐蚀达2.0mm。

(4) 腐蚀主要发生在单井管线上，集油管线腐蚀相对较少，这与管线运行温度有关，单井管线运行温度高(通常为250℃以上)，高、低温交替，加上土壤中各种腐蚀因素的影响，使管线易遭受腐蚀。

3.2 化学分析与腐蚀测试

按照SY/T 0087.2—2020《钢质管道及储罐腐蚀评价标准　第2部分：埋地钢质管道内腐蚀直接评价》的要求，分析土壤的主要理化指标：含水量(%)、Cl^-、SO_4^{2-}、pH值、SRB(硫酸盐还原菌)含量、TGB(腐生菌)含量。表2为理化分析指标。

表2　理化分析指标

分析指标	含水量/%			$[Cl^-]+[SO_4^{2-}]$				pH值	
	<10%	10%~90%	>90%	<0.05%	0.05%~0.2%	0.2%~1.2%	>1.2%	<7	>7
腐蚀性	弱	强	弱	低	中	高	极高	渐强	渐弱

经理化分析后，结果如下：

(1) 部分发生严重腐蚀的管线周围土壤含水率高于20%；含水率低于6%少部分出现。

(2) 六区为0.09%~1.45%；而九区土壤的$[Cl^-]+[SO_4^{2-}]$最高达1.4%~2.55%。

(3) 六区、九区、一致的特点是受硫酸盐还原菌的影响较小，但受腐生菌的影响较大。

4　影响稠油管网系统的腐蚀因素及腐蚀机理研究

金属腐蚀是个电化学过程。如把金属材料浸入水溶液中，因不同部位电极电位不同，形成阴极区和阳极区，在局部电池作用下便发生腐蚀。如图1所示。

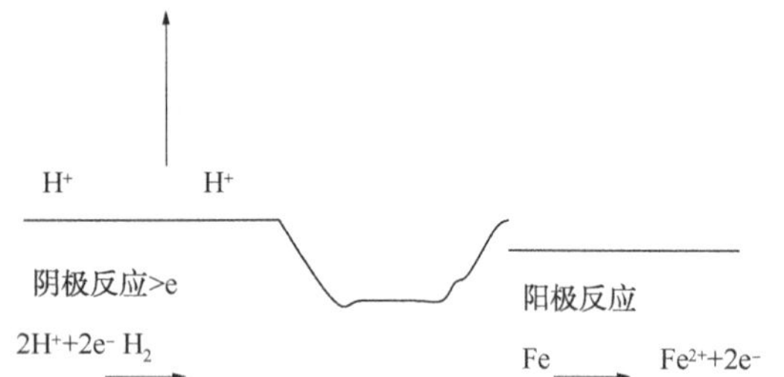

图1

稠油管线的腐蚀存在内、外腐蚀，但主要以单井管线、单井伴热管线及埋地管线的外腐蚀为主。稠油开采进入中、高含水期后，集油支、干线就表现出内、外腐蚀，腐蚀机理及表现不同。因为稠油管网管线多为埋地管线，沿线土壤的腐蚀性及管线防腐保温质量较差、老化破损等均导致管线外腐蚀严重。

4.1 土壤腐蚀性

影响土壤腐蚀性的因素很多，针对新疆油田公司稠油区的特点，现就土壤电阻率、pH值、土壤含水量等做一机理研究。

(1) 土壤电阻率是表征土壤导电能力的一项技术指标。是腐蚀速度的主要控制因素。土壤电阻率低，腐蚀速度就越快，腐蚀程度也越严重。通过对现场调查，验证了这一规律，重油危险腐蚀的发生率有17.6%在强腐蚀区，如图2所示。

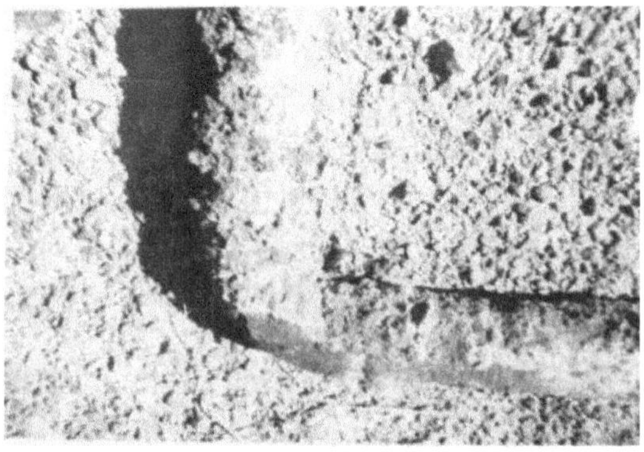

图2　现场土壤腐蚀程度

(2) 土壤pH值可判断土壤的酸碱度。土壤中，氢离子的活度和总含量会影响埋地管线的电极电位，从而影响阳极极化。通过前面对土壤的理化分析，六区、九区土壤的pH值在7.85~10.21，重油的在7.12~8.55，通常认为，这种低碱性土壤对管线的腐蚀有一定的扼制作用，经现场测试，也证明了这一点。

(3) 土壤含水量对腐蚀的影响很大，随着土壤含水量的增加腐蚀速率增加，增加到很高时，氧的扩散渗透受到阻碍，腐蚀减轻；另一方面，随着含水量增加，土壤电阻率减小，氧浓差电池的作用也增加，从而加剧了局部管线上的腐蚀。新疆地区四季温差变化很大，土壤中含水量随着季节的变化而改变，这种变化对管线的危害更大。因当含水量减小时，土壤中的盐份及其他有害物质会聚集在钢管表面，而当含水量又增大时，这些盐份又会溶解，在局部形成大浓度电解液加速腐蚀。重油发生严重腐蚀的管线周围土壤含水量高于 20%。

为了验证土壤含水量对钢铁在土壤的电极电位影响很大。新疆新时代公司曾做了室内试验，选定现场土样，测定碳钢试片在不同含水土壤条件下的自腐蚀电位。利用金属的自腐蚀电位，来预测管线的腐蚀趋势(表 3)。

表 3　碳钢在不同含水土壤条件下的自腐蚀电位

指标	条件 1	条件 2	条件 3	条件 4	条件 5	条件 6	条件 7
含水率/%	3.9	7.2	10	15	20	30	40
$\varphi_{自}$/mV	-540	-600	-660	-720	-720	-700	-700

可以看出，随着土壤含水率的增加，金属的自腐蚀电位升高，金属的腐蚀趋势增强；当土壤含水率大于 20% 后，金属的自腐蚀电位下降。这是因为含水量增高，使得氧气的扩散困难，腐蚀产物阻碍了阳极反应所致。

4.2　保温层破损

保温层进水会造成保温材料中可溶盐溶解，使管线周围局部电解质浓度增大，促进了氧浓差腐蚀电池的形成，使局部腐蚀速度大大加快。因水进入保温层内无法自行排除。注汽开采时，管线表面温度高达 250℃以上，水形成高温、高压水蒸汽，会对管线表面涂层产生剥离作用，使部份涂层破坏，加剧管线的腐蚀。根据现场调查情况看，新疆油田公司稠油生产所使用的保温材料有五种之多，其中微孔硅酸钙所包覆的管线的腐蚀最严重，说明这种材料不适合用于稠油埋地管线保温。

4.3　特殊开采工艺的影响

稠油采用吞吐方式开采，加快了稠油单井管线的腐蚀速度。管线表面经常处于高、低温交替，产生的热、冷应力较大，造成涂层的负荷较大，容易龟裂、脱落，保护能力下降。温度对腐蚀速度有很大影响，研究表明，温度每升高 20℃，腐蚀速度就加快一倍。从稠油生产实际情况看，单井管线和伴热管线的外腐蚀发生率高。

5　稠油管网腐蚀的防护措施研究及应用

在稠油管网系统中，由于不同环境引起金属腐蚀的原因不同，而且影响因素也非常复杂，当有阳极、阴极、电解质和外部连接线就会发生腐蚀；除去四项中的任何一项，腐蚀就会停止，这就是减缓腐蚀的机理。稠油管网系统的内腐蚀主要由储存和输送介质各方面特性决定，而外腐蚀主要由土壤、工艺设计等外部因素引起。所以，稠油管网系统的防护措施是在现场调查的基础上，针对其腐蚀机理采取相应、有效、经济的保护方法。

5.1　阴极保护

阴极保护技术是一项通过对金属进行外加阴极极化来减少或防止腐蚀的技术方法。一般有两种形式，即牺牲阳极法和外加电流法。

其工作原理如图 3 所示。

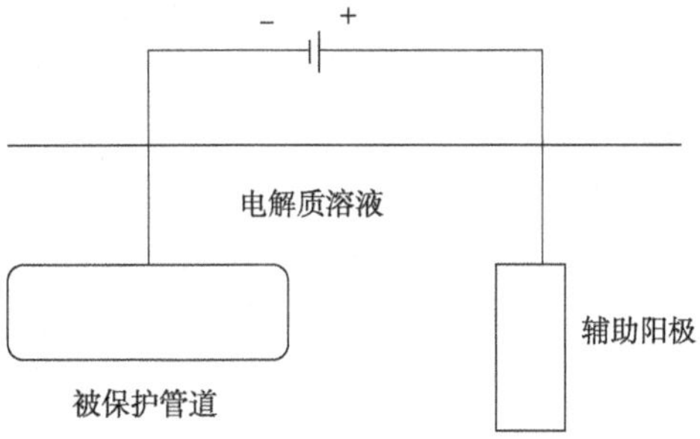

图 3　阴极保护原理

牺牲阳极阴极保护法是用一根导线连接到一条管道即电位更负的金属上，同时在两者之间存在土壤或含水电解质，这样，就有一股直流电电流从阳极通过土壤流到管子，然后再离开管子，沿着导线返回阳极。当电流流进管子时，它抑制了从管子排出的腐蚀电流，管子变成了阴极，因而实现了保护，如图 4 所示。若牺牲阳极常与涂层保护方式结合相使用后，效果会更好。涂层做得越好，牺牲阳极保护效果越好，保护所需电流就越小。

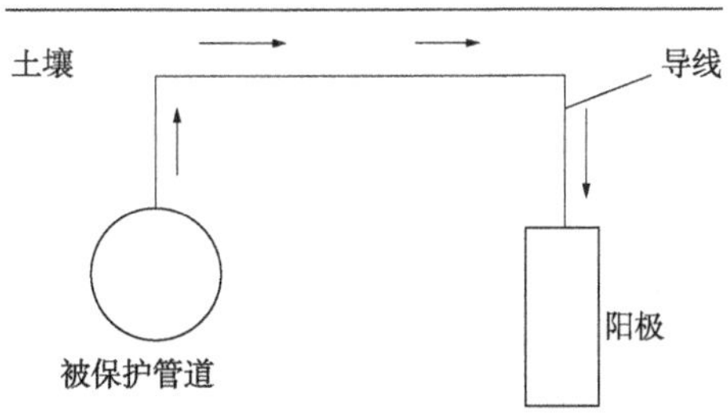

图 4　牺牲阳极阴极保护原理

这是一项有效而又经济的腐蚀控制方法。用此方法后，管道、储罐、处理设备等都可延长它们的有效使用期，具有设备投入少、施工方便，不需要经常维护、检修和管理方便等特点。

5.2 合理设计

埋地管道的防腐是一个系统性、综合性问题。要求设计的每个环节都应给予足够重视，在满足生产工艺及强度要求的同时，必须考虑在特定的工况条件及腐蚀环境中的管材的耐蚀性及结构的合理性，尽可能避免腐蚀因素。应针对特定的工况条件及腐蚀环境来筛选防腐绝缘材料，保温材料及保护结构。

调查发现，大部份单井管线的腐蚀是由于保温层吸水导致。因此，选择正确的保温材料非常重要，过去常用的微孔硅酸钙保温材料吸水率极高，不易采纳。现在稠油管网管线上已普遍采用复合硅酸盐保温材料，在防水层的表面，再缠以聚乙烯胶带，形成保温层—防水层—聚乙烯胶带的防护体系，这是一种比较科学的防护方法。

5.3 涂层保护

现场调查表明，伴随着管线腐蚀的常是该管线的表面涂层已脱落，说明这种涂层不适合该管线的工况和工作环境。用于稠油管网中的涂层保护有多种，见表4。

从表4中可看出，环氧类和聚氨酯类的防腐涂层在碱性土壤条件下的防护最好。

5.4 选择有效的耐高温防腐涂料

现场中使用的几种耐用高温涂料有些具有较好的耐高温性能，但在高、低温条件下运行效果差，大多数管线表面涂层已脱落或龟裂。因此，根据稠油生产的特点，必须选择有效的耐高温防腐涂料，才能缓解稠油管网单井管线的腐蚀。新疆新时代公司经过长期的研究，成功研制出了一种水性耐高温防腐涂料，经实验测试，其耐温变性能，基本满足稠油生产要求，见表5。

表4　几种涂层性能对比

性能	煤焦油瓷漆	冷缠胶带	环氧类	聚氨酯类
电绝缘强度	中	优	良	良
耐水性	中	优	良	优
阴极剥离	差	差	优	优
黏结性能	中	中	优	优
耐老化	中	中	良	优
抗穿透	差	中	优	优
抗土壤应力	差	差	优	优
耐温/℃	80	70	100	70

从表5中的测试结果可以看出，开发出的耐高温水性防腐涂料已经达到了预期要求。该涂料已在新疆油田公司进行了现场试验，试验结果表明：用水性防腐涂料防腐过的稠油管线，运行半年后，管体保护得较好，管线表面没有腐蚀现象发生，起到了较好的防腐效果(图5)。

表5　水性防腐涂料综合性能测试结果表

性　能		预定指标		测试结果		执行标准
		底漆	面漆	底漆	面漆	
外观		粗质、平整	平整	粗质、平整	平整	GB 1729—1979
黏度(涂-4杯)/s		20~45	15~35	45	25	GB 1723—1979
细度/μm		粗质	50~90	粗质	75~85	GB 1724—1979
干燥时间	表干/h	30~50min	50min	30~50min	30~50min	GB 1728—1979(1989)
	实干/h	24~48	24-48	24	24	
附着力/级		1	1	1	1	GB 1720—1979(1989)
柔韧性/mm		3	3	1	1	GB/T 1731—1993
冲击性能/cm		50	50	50	50	GB/T 1732—1993
耐热性	350℃/h	>8	>8	>16	>16	GB/T 1735—1979(1989)
耐温变性 * (350℃室温)		3个循环	3个循环	3个循环	3个循环	自定
耐化学性能	10% H_2SO_4/h	72	72	72	72	GB 1763—1979(1989)
	10%NaOH/h	72	72	148	148	
	3%NaCl/h	72	72	172	148	

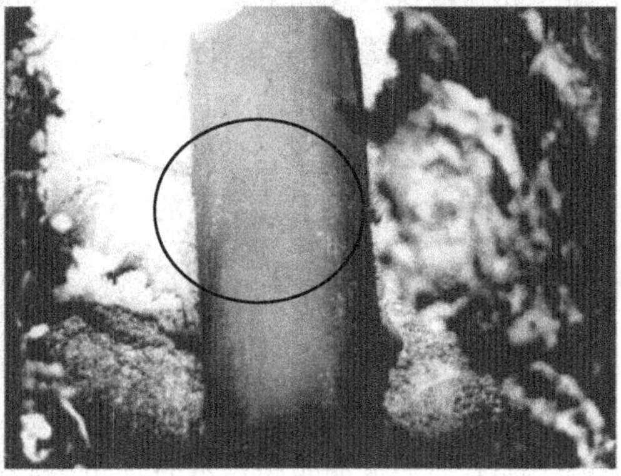
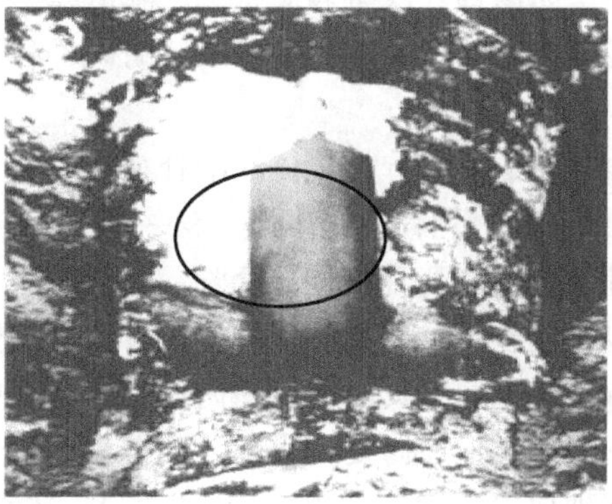

图5　管线表面现象

6　稠油管线修复的措施及应用

6.1　管道修复技术方法及适用性比较

国内外油气管道目前采用的维护维修技术发展是不均衡的，采取的方法可归纳为以下几类。

（1）夹具注环氧：为英国TRANSCO专利技术，夹具内部填充环氧树脂剂。

（2）夹具。适合于石油、天然气管道的临时抢修，由于造价较高，主要是针对管道发生了泄漏，针对天然气管道抢修时必须考虑将管道内的气压降到管道设计压力的1/3以下，可以考虑：①管道机械损伤，出现凹坑，在确认没有裂纹产生的情况下使用；②管道单点腐蚀严重，超过管道壁厚2/3以上；③管道的临时维修和抢修。

主要应用于腐蚀管道中，适合于单点金属损失，包括机械损伤和腐蚀损伤。

（3）打补丁。按照补片修理的要求，输油管道可以应用该方法，适合于小面积多点腐蚀的维修，维修时需降低压力为设计压力的1/3，对于天然气管道必须停气泄压进行，由于天然气管道气体中酸性气体的存在，在焊接热影响区内容易产生氢脆。

（4）打套袖。主要用于输油管道的维修，适合于大面积腐蚀，需要降压至管道设计压力的1/3后焊接。对于天然气管道必须停气泄压后进行，管道中存在酸性物质和焊接热影响区，有产生氢脆的潜在危险。

（5）炭纤维、PE涂层修复对于炭纤维涂层和CLOCK SPRING方法，碳纤维片材修复补强钢质管道结构是20世纪90年代发展起来的一种结构修复补强技术，该项技术在国际上深受重视，已广泛应用于化工厂、民用建筑、桥梁等特种结构，成为钢质管道结构修复补强的发展新趋势。

通过对几种管道维修技术的性能对比，炭纤维增强复合材料具有轻质高强、抗腐蚀、耐久性好、施工简便、不影响结构的外观等优异特性，因此，较之于传统的焊接补疤方法具有明显的优越性(克服了焊接补疤过程中会产生焊穿和产生氢脆的危险)。随着复合材料补强技术的不断应用，这一技术已逐渐趋于成熟。

6.2　管道内修复技术的应用

目前，国内采用的内修复方法主要包括塑膜管内衬修复技术、玻璃钢内衬修复技术、聚合物水泥砂浆涂敷内衬修复技术等。内修复方法一般适用于低压天然气管道、煤气管道、自来水管道或污水管道等民用设施管道的修复。而针对高、中压油气管道，则多采用外修复法。

6.2.1　塑膜管内衬修复技术应用

穿插衬塑修复管道技术是在不开挖请况下，指将具有形状记忆特性的热缩性聚合物材料制成特定形状的管材，该技术对环境有利，费用可节约管线重建费用40%以上，可靠性高，其使用寿命长达50年以上。

6.2.2　玻璃钢内衬修复技术应用

预成型软管内衬玻璃钢技术是以防护膜、无纺布、浸渍树脂组成的复合软管，用水牙或压缩空气压力将其翻转内衬在待修复管内，经加温固化，与旧管内壁紧密黏接在一起，属管中管修复，防腐、防渗漏整体效果好。

6.2.3　聚合物水泥砂浆涂敷内衬修复技术应用

聚合物水泥砂浆涂敷内衬修复技术是用风送挤涂法(即管道内挤涂)将聚合物水泥砂浆—环氧胶泥—环氧钢鳞片复合涂层涂敷于无油、无垢清洁的钢管内壁，形成厚约4~6mm的复合衬层，三层之间黏结强度高，结构一体化程度好，具有防腐、防渗透、改善表面状态、降低摩阻和扩大使用范围的特点，能提高耐酸、耐碱等各种介质的腐蚀能力。

外修复方法可细分为管体缺陷补强修复和管道防腐层修复。管体缺陷补强方法一般采用补焊、打补丁、半圆套管、整圆套管、环氧填充套筒修复以及复合材料修复等多种方式。其中换管法、打补丁、金属卡具法等在国内的管道修复中已被广泛采用，但在修复工程中，还需考虑管道所处的地理位置环境、管道原有涂层类型、管道运行条件、重新涂敷方法、涂层的适用条件、涂层材料成本以及管体表面预处理条件、重敷周期/回填时间、应用装置的复杂性、新老涂层材料的化学兼容性等因素。

7　结论与认识

经过对稠油现场管网系统腐蚀因素的调查和防护方法的研究和评价，得出以下结论：

（1）因各种区块土壤性质不同，造成对管线的腐蚀影响因素不同。

（2）管线腐蚀是由于土壤中电阻率、含水量等多种因素所致。稠油单井管线的腐蚀主要是高、低温特殊工况和土壤共同所致；而集油管线的腐蚀则主要是氧浓差腐蚀和土壤共同所致。

（3）腐蚀是可控制的，针对腐蚀原因，采取相应措施，能够有效、经济地控制腐蚀。牺牲阳极阴极保护法，用于计量站的区域保护是可行和有效的。

（4）加强施工管理。施工质量的好坏直接影响到管线的使用寿命，调查中发现有些管线在刷涂层前未做好防锈工作，造成涂层很快脱落。

（5）加强稠油防腐技术的研究，总结原有防腐方法，找出不适用原因，在原有腐蚀控制方式的基础上，采用新的方式进行以后的防腐工作。

参　考　文　献

[1] 沙风生．埋地金属管道腐蚀防护分析及建议[J]．前面腐蚀控制，2018(08)：32-08.

[2] 于敏，邵守斌．埋地金属管道腐蚀防护技术[J]．油气田地面工程，2021，41(3)：79-80.

[3] 余健星，雷威．埋地输油管道腐蚀风险分析方法研究[J]．油气储运，2001，20(2)：5-12.

[4] 陈明，王婷．油气储运工程中地面管道施工管理[J]．中国石油和化工标准与质量，2021，41(4)：79-80.

基于大数据的油田管道业务数字化转型应用研究与探索

陆　兴　兰明菊　胡潇文

（中国石油新疆油田分公司）

摘　要　随着国家、中国石油集团公司对油气管道精细化管理要求的不断提高，各类标准与规范也相继出台，对管道业务管理提出了更高的要求。在数字化、智能化大发展背景下，为有效解决油田管道业务中“点多、现长、面广”的精细化管理困难，本文通过构建管道建设运营一体化的管理平台，对大数据分析模型进行研究，实现管道业务全生命周期管理，为油田管道业务数字化转型管理创新贡献数字化手段与工具，有效提高管道运行本质安全，降低生产安全风险，助力油田生产高质量发展。

关键词　管道完整性管理；一体化平台；大数据；应用研究

近年来，以物联网、大数据、云计算、人工智能和5G移动通信技术为代表的新一代信息技术日趋成熟并得到广泛应用，推动油气田企业在各方面的运营方式发生变化，进入数字化转型智能化发展的新阶段。因此，探索先进的数字化技术在管道业务管理中的应用，推动管道业务数字化转型已成为当前亟待解决的问题，从而为油田企业管道的建设和运行奠定坚实的技术基础。

同时，随着管道业务数据来源的不断增多，数据种类的不断增加，数据格式的日趋复杂，数据处理量级的快速攀升，大数据技术在管道行业未来发展中将具有广泛的前景。从技术和效益角度看，大数据技术将通过数据采集、数据管理、数据挖掘和数据呈现四个技术维度，给管道业务带来全面感知、集成协同、预警预测、分析优化四个方面的能力，实现对管道全生命周期、全业务环境的全面数据感知能力，实现跨部门、跨专业的业务贯通、快速响应及协作联动的集成协同，实现以管道业务管控模型、专家经验、案例库、知识域构成的闭环预警预测，实现对管道规划设计、运行维护及资产价值全过程的分析优化，因此未来大数据分析将是管道行业发展的重要趋势之一。

1　油田管道业务管理面临的挑战

1.1　管道运行中的风险与影响

油田管道所处区域内地质环境复杂，管线搭接错综复杂，管道建设初期受成本控制影响缺少阴极保护，开发运行后期管道内结垢情况严重，导致管线由于不同因素导致的内外腐蚀问题日趋严重，油、气、净化污水等介质的管道泄漏风险逐年加大，对地面系统“零泄漏、零事故、零污染”的风险防控能力提出了更高要求。一是管道泄漏后往往会引发严重的人员伤亡事故。在油田管道泄漏引发的事故中，参与建设、运维的人员会因爆炸、火灾、能量非正常释放等原因死亡或者受伤，如何及时发现和解决潜在的安全隐患至关重要。二是管道泄漏后会对环境造成污染。在油田管道穿越的居民生活区、生产区，管道泄漏后的采出液、伴生气、净化污水等，会对土壤和空气造成严重污染，如何预防和降低潜在的环境风险势在必行。三是管道泄漏后会对油田正常的生产运行带来损失。主要包括管道泄漏引发的停工停产损失，管道泄漏的维修维护费用，以及因管道泄漏造成的系统运行调整损失，如何避免因维护不当或发现不及时因素引发的管道损坏，增强管道的完整性和可靠性迫在眉睫。

1.2　管道业务完整性管理的困难

管道完整性管理要求对管道实施全寿命周期的完整性管理，包括策划、设计、施工、运行、报废的各个阶段，并对管道在各个阶段面临的风险因素不断进行识别和评价，持续消除识别到的不利影响因素，采取各种风险消减措施，将风险控制在合理、可接受的范围内，最终实现安全、可靠、经济地运行管道的目的。管道完整性管理需要大量数据的支持，然而传统管道业务存在一定的局限性，主要表现在以下几个方面：

一是缺少自动化技术的广泛应用，早期建设的管道上往往缺乏自动化监测方式，难以实现监测、预警；二是缺少数据实时监控，传统管道完整性管理缺乏实时监控和预警机制，无法及时发现和排除潜在的隐患，在管道出现异常情况时，往往存在滞后性，可能错过了最佳的处理时机，导致处理不及时、效率不高；三是管道故障检测不准确，高成本、低效率、覆盖率不足，传统管道故障检测方法难以准确检测出细小故障，且实施成本高、工作量巨大，这可能导致故障的扩大和恶化，难以实现大规模的推广和应用；四是缺乏管道完整性数据评估模型，传统的管道完整性管理评估主要基于经验模型，无法借助于同类管道经验案例、故障管道实例数据和当前管道检测数据，进行相关知识挖掘、建立业务模型；五是管道预防性维护缺失，传统管道完整性管理缺乏基于数据的科学的预防性维护计划和策略，难以制定有效的预防性维护措施，降低维修成本和处置成本及停产影响。

1.3　管道业务数字化转型的问题

随着信息化技术的不断应用，油气生产企业在管道完整性管理数字化转型方面开展了大量工作，一定程度上提高了企业生产管理效率，但同时也存在不少问题。管道完整性管理数据主要来源于管道历史数据恢复、建设期数据及运行期数据，数据种类繁多，数量庞大，数据质量难以保证。具体问题如下：

（1）标准化规范不统一，数据冗余严重，共享度低，维护难度大。各软件间的数据维护缺少协调，数据之间未建立共享机制，导致同一类数据重复采集、存储，不断冗余，且不一致。

（2）数据质量问题突出，缺乏统一的数据审核机制，数据质量难以保证。各系统中的数据缺少统一的审核机制，导致不同系统中的数据质量参差不齐，存在误差、缺失、异常值等，从而影响管道数据的可信度、完整性和准确性。

（3）数据利用率低。作为完整性管理过程中的一项重要资产，未能充分发挥数据的价值。虽然建立了各种专业化的系统，搜集和整理了各种专业数据，但在采集输入后，仅限于查询，较少参与决策和高级计算。同时，由于数据量大、复杂性高，以及算法和模型的选择等问题，数据分析和决策支持应用场景建立困难，需要建立适应管道特点的数据分析模型和算法。

（4）软件应用效果不理想。由于各软件间缺乏有机整合，未能充分发挥系统的效用，造成各软件独立分割，集成效用低下，用户使用不方便等问题。

（5）数据安全和隐私保护。管道完整性管理涉及大量敏感数据，如管线分布、管输能力、管输介质、地理信息和生产数据等，这些数据的安全性和隐私保护尤为重要，以防止数据泄漏、篡改或未经授权的访问。

为解决上述问题，可对管道完整性数据实施集中存储和维护，建立统一的审核机制，确保数据的准确性和完整性。同时建设统一管理平台，提供业务数据填报、查询、统计、维护、审核等一系列功能，专业系统可通过该平台实现与其他专业系统的数据交换和共享。

2　研究思路

围绕管道管理数字化转型创新要求，以《Q/SY 01015 油气田地面建设工程信息数字化交付规范》、《地面工程空间数据采集提交技术规范》、《Q/SY 01039.2—2020 油气田管道和站场完整性管理规范　第2部分：管道数据》为规范指引和数据标准，基于某油田云平台资源和技术架构体系，建立统一的管道一体化管理数据库，并采用云原生技术，微服务技术体系，构建业务管理、数据查询、统计分析和一张图功能，实现管道工程建设运营一体化管理，服务于业务管理部门、油田作业区及基层人员。下文重点介绍油气行业管道管理一体化运营平台的设计与实现、成果及应用效果（图1）。

3　数据体系建设

3.1　统一数据标准

管道完整性数据模型是实现数据集中存储维护的前提，通过对不同数据源的抽取、转换、对齐后，按照模型要求录入管道数据库中，结合EPDM2.0模型要求，建立管道建设运营一体化数据标准规范，利用PostgreSQL数据库软件进行建库，实现管道数据统一向数据中台汇聚管理，并通过数据中台的共享服务对外提供数据服务，实现数据一次采集，共享使用（图2）。

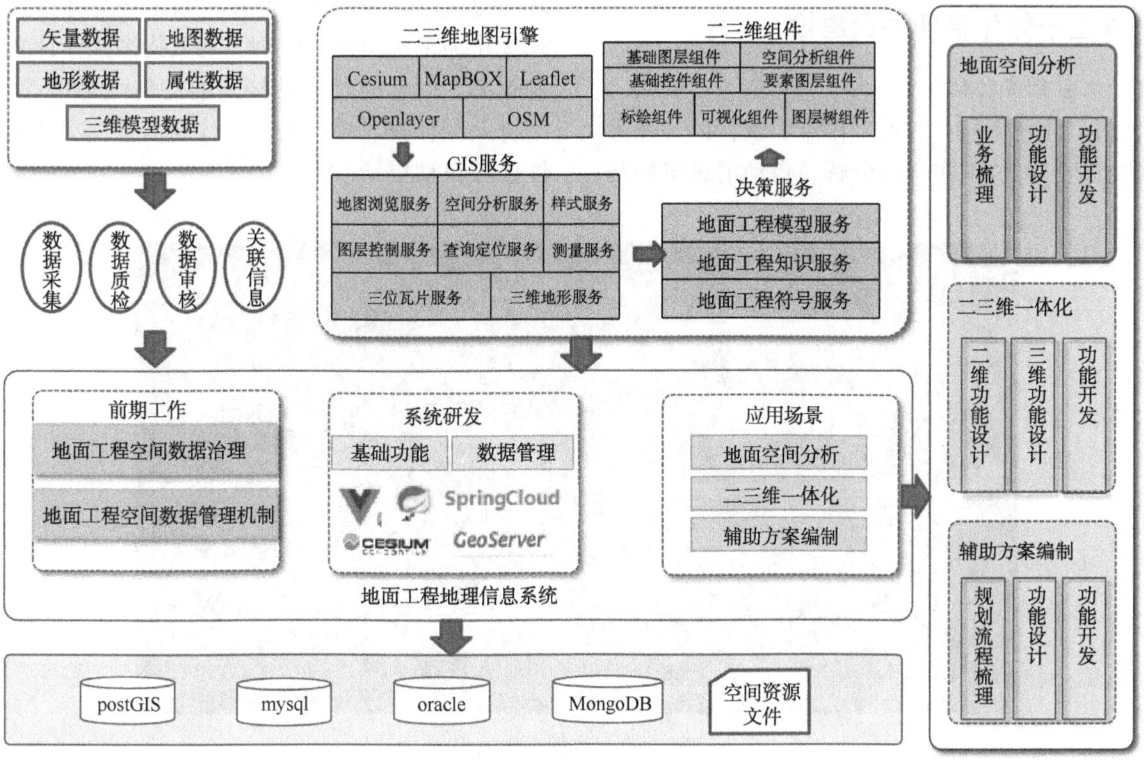

图 1　研究思路

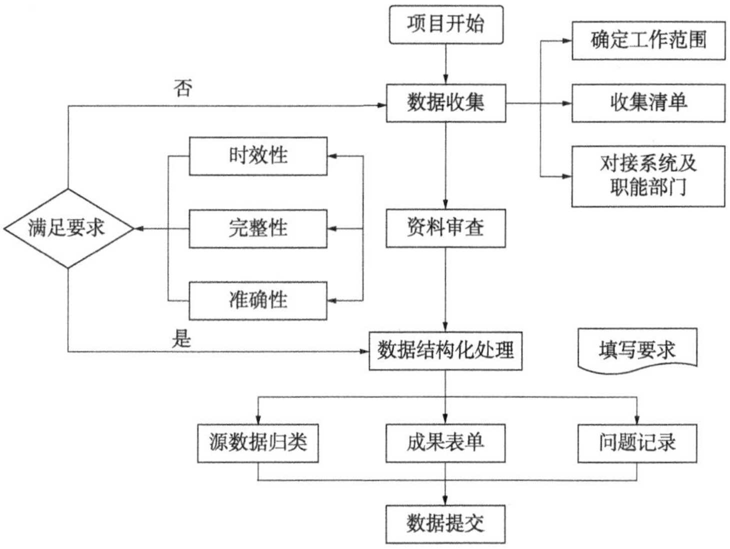

图 2　数据标准化流程

3.2　数据建设内容

(1) 空间数据：基于中国石油地理信息系统(A4)的数据标准，结合数字化移交平台，将油田公司建设期的电子地图、高清影像、管道(站库)等空间实体数据延伸到运营期，形成空间数据库，并通过业务管理过程数据采集功能实现对管道附属设施、周边人居的动态更新，为管道运营一体化平台提供空间数据服务(图 3)。

(2) 实时数据：结合油田生产现场管道业务管理要求，梳理管道实时数据标准，包括管道运行数据、腐蚀监测数、人员定位、巡护轨迹等。

(3) 管道业务数据：围绕基层管道管理和管道保护工作的工作质量标准、任务调度、管道巡检、第三方施工、问题隐患处置、阀室井维护保养、清管作业、阴极保护等共计 17 类数据。

4　管道一体化管理平台建设

4.1　业务管理功能

（1）计划管理：引入工作流引擎，扩展任务自动下达、岗位工作自动分解、自动汇总审核与统计分析查询等功能，将单人线下填写并上报模式优化为多岗位协同管理，有效提高工作计划编制效率。同时通过自动接入的完整性工作计划，结合人工补充和导入的月度计划信息，实现周期性任务自动更新(图4)。

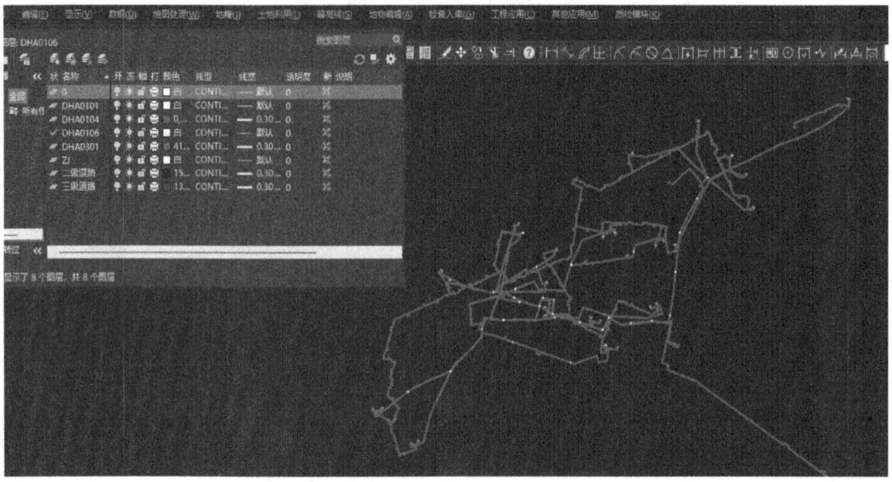

图3　空间数据采集入库

工作质量标准化管理 / 操作单元及标准配置

操作单元

序号	操作单元名称	别名	操作级别	风险等级	管道附属设施设备类型	状态	操作
1	阀室井_干线球阀活动	阀室井_干线球阀活动	一般操作	A	阀室井	在用	操作
2	阀室井_干线球阀压降速率...	阀室井_干线球阀压降速率...	一般操作	A	阀室井	在用	操作
3	第三方施工_识别核实	第三方施工识别核实	关键操作	A	第三方施工	在用	操作
4	第三方施工_周期监控管理	第三方施工周期性管理	一般操作	A	第三方施工	在用	操作
5	阀室井_日常巡护	阀室井日常巡护	关键操作	B	阀室井	未用	操作
6	管道_日常巡护	管道日常巡护	一般操作	A	管道	在用	操作
7	测试桩_日常巡护	测试桩日常巡护	关键操作	A	测试桩	在用	操作
8	测试桩_通断电电位测试	测试桩_通断电电位测试	一般操作	A	测试桩	在用	操作
9	测试桩_通电（闭路）电位...	测试桩_通电（闭路）电位...	一般操作	A	测试桩	在用	操作
10	[illegible]	[illegible]	[illegible]	[illegible]	[illegible]	[illegible]	[illegible]

共45条　15条/页　1 2 3　前往 1 页

图4　计划管理

（2）任务调度：正式月度计划发布后，其中的任务型计划系统将自动生成工单，并自动下发到对应管护工和责任人，同时支持临时任务的创建和下发，工单信息自动与实体对象相关联。管理人员可通过工作质量标准配置实现对管护工的操作规范、数据采集要求进行规范化，并通过任务监控实现对任务执行过程的动态跟踪(图5)。

（3）完整性管理：集成集团公司完整性管理共建共享模块的管道风险评价、管道检测评价、管道维修维护模块，并完成阴极保护管理、高后果区识别和地灾敏感点识别管理任务的自动接收与分解，实现基层人员数据采集后的结果推送完整性管理模块。

（4）巡护管理：通过地理信息技术和移动App技术，实时掌握巡检人员的位置并对巡线工发现的事件进行采集，通过巡检轨迹监控、统计报表及绩效考核，实现对巡线人员的远程管理，并以规范和量化的工作质量标准，有效指导基层单位管道保护基础工作，最大限度地减少基层岗位工作量，促进和推动基层生产单位质量和效益的提升。

（5）清管作业：集成管输效率分析成果，实现对低效运行管道清管提醒，自动生成清管任务，收发球负责人按照工作质量标准分别完成收

图 5　任务调度管理

发球操作，记录收发球过程数据并进行结果反馈，提交管道技术管理人员进行清管过程分析。

（6）阀室（井）维护管理：系统自动下发阀室阀井维护测试工单后，管道保护人员收到系统自动提醒，针对旁路阀门活动、干线阀门活动、干线球阀全行程活动、干线球阀压降速率设置检查、关断动作及性能测试等工作重点和要求的不同执行任务，同时接入生产动态数据，可通过手持终端查看阀室动态运行数据。

（7）阴极保护管理：阴极保护是防止管道在电解质中发生腐蚀的电化学保护技术，主要分为牺牲阳极阴极保护和强制电流阴极保护，牺牲阳极阴极保护输出电流较小，只适用于保护电流在 1A 以下、土壤电阻率小于 100Ω · m 的埋地管道；强制电流阴极保护输出电流可调，有效保护范围大，保护装置寿命长，是油田管线和长输干线电化学保护的主要选择，管道的阴极保护系统还能有效弥补防腐层存在的缺陷。

系统按照阴保工作计划自动下发任务工单，管护工通过管道巡护任务，同步完成通电电位、断电电位等共计 9 类阴保管理数据的采集，并实现向完整性共建共享管理模块和管道管理平台阴极保护管理模块的数据推送，实现数据一次采集，重复利用。

（8）地面集输报表：通过引入流程引擎，实现管道业务相关的地面工程月报/地面集输周报任务自主驱动、定期下发与数据自动获取，并通过生产管理岗人员进行数据的补充完善与审核，系统自动汇总生成周报/月报，有效提高数据利用率，减少数据重复录入工作量与错报、漏报情况。

（9）第三方迁改管理：提供管道第三方迁改全过程管理功能，包括迁改事项申请、迁改方案审批、迁改过程监控、管道信息变更管理、停气连头数据集成等功能。

（10）管道停运管理：提供停运管道台账管理功能，支持按照单位、管线名称、管道名称、日期、申请人等为条件，对管道停运数据的查服务，支持通过关键字的快速检索，查询结果以列表形式展示，支持结果的导出功能。

4.2　数据查询功能

（1）基础查询：基于管道建设期数字化移交数据成果，结合完整性管理数据，从详、人、财、物、事、表、策、警 8 个维度实现管道、站场实体对象数据关联，在一张图中间件的基础上，扩展形成管道与站场详情数据可视化中间件。

（2）多维查询：利用全文检索技术构建数据动态查询功能，实现对搜索关键字的精准匹配，并提供用户对查询对象、查询维度、结果呈现方式等多种查询要素的自定义设置，满足公司领导、业务部门以及基层班组的多层次数据应用需求，实现数据可见即可查，数据获取便捷化、智能化。

（3）场景查询：通过梳理日常工作中常用的管道巡护执行情况、完整性管理滚动计划、低效运行管道、下一年度开展检测评价的管道、地灾敏感点识别、当年管道高后果区识别情况、阴极保护等场景，提供一键式出结果的场景查询功能，同时支持将查询结果与工单关联，一键生成工单并下发。

4.3　统计分析功能

（1）共享指标库：按照管道完整性管理要求，结合数据体系建立的管道数据标准，利用现有指标成果，构建集生产销售、技术管理、设备状态、完整性管理等为一体的管道业务共享指标库。

（2）分析工具：结合实际需求，引入水容积、管存、管道流速等管道采输算法，为管道生产运行提供辅助决策支撑。提供管输效率分析、管道水容积计算、管存计算、管道流速计算、清管计算、过盈量计算、起终点压力、管道输气量等分析工具。

4.4 看板展示功能

（1）地图中间件：利用中石油地理信息平台（A4）空间数据服务，结合数据体系建设中的空间数据成果，构建一张图中间件，提供二三位漫游、数据查询、数据图层和工具箱等地图应用组件，实现一张图中间件的共建共享。

（2）工作台配置：按照油田公司、二级单位等各级业务管理实际需求，建设指标/功能注册、指标/功能检索、指标/功能选择、指标/功能预览查看等功能，实现用户根据岗位属性和管理重点自定义配置工作台，一套软件，千人千面。

5 成果及效果

5.1 通过业务管理模块，实现业务一体化协同，一竿到底

通过对建设期的管道数据进行整合加工、标准化处理、对接集成及入库，将管道建设期数据延伸到运营期管理，实现管道建设期与运营期一体化协同管理，同时，围绕管道运营期业务实际需求，提供管道巡护、阴极保护、清管作业、问题处理等管道功能，实现从油田公司到基层作业单位的一竿子到底的管道业务管理。

5.2 通过数据查询模块，实现让数据多跑路，一穿到底

基于管道建设运营一体化数据库，以井、管道、站场、净化厂、阀室为对象，构建数据查询功能，用户可通过基础查询、多维查询和场景查询的不同方式，快速生成想要的查询结果，并能够与工单产生联动，成果进行共享，实现管道站场业务数据从宏观、中观、微观一穿到底的数据查询应用。

5.3 通过统计分析模块，实现指标可视化呈现，一览无余

融合完整性管理业务指标和管道操作指标，建立共享指标库，用户可根据岗位需要和工作关注重点，进行指标选择和个性化配置，实现业务指标的可视化呈现。同时提供 12 个管道业务分析算法，实现管网运行动态的预测预警。

5.4 通过一张图模块，实现一套平台、千人千面的创新应用模式

基于业务管理、数据查询、统计分析等功能模块及数据体建设成果，建立工作台配置功能，可实现对首页、功能、报表、查询功能、分析算法等的配置，为不同层级用户提供个性化工作界面，满足不同岗位应用与管理需求。

6 结论及建议

通过开展管道业务数据体系建设，搭建管道建设运营一体化应用平台，实现管道建设期设计数据、施工伴随式采集数据、物资数据与竣工交付数据与运营期的生产数据、实时数据、管道保护数据和完整性管理数据的建管一体化管理与应用，提升大数据的应用价值，降低管理成本，提高使用效率。

基于大数据分析的管道完整性管理是目前国际管道公司实施的先进管理模式，实现管道本质安全是目前的一项紧迫任务。针对未来的管道大数据分析，提出如下建议：一是应尽快建立管道系统数据库，并整理恢复管道从规划设计、建造施工到生产运营的基础数据，为管道精细化管理奠定基础；二是利用管道惯性测绘数据和精确参考点，确定管道的精确位置，力争使其定位精度达到亚米级别，同时做好相关数据的保密工作。

参 考 文 献

[1] 周利剑，贾韶辉．管道完整性管理信息化研究进展与发展方向[J]．油气储运，2014，33(6)：571-576.

[2] 关中原，高辉，贾秋菊．油气管道安全管理及相关技术现状[J]．油气储运，2015，34(5)：457-463.

[3] 董绍华，安宇．基于大数据的管道系统数据分析模型及应用[J]．油气储运，2015，34(10)：1027-1032.

[4] 刘强，许德昌．移动巡检大数据在智慧管道管理中的研究与应用[J]．化工管理．2018(23)：255-256.

[5] 王维斌．长输油气管道大数据管理架构及应用[J]．油气储运．2015，34(03)：229-232.

[6] 周利剑，李振宇．管道完整性数据技术发展现状与展望[J]．油气储运．2016，35(07)：691-697.

[7] 李志国．埋地管道阴极保护的施工与管理探讨[J]．全面腐蚀控制．2023，37(04)：89-92.

[8] 郭磊，许芳霞，周利剑，等．管道完整性系统数据集成与应用[J]．油气储运，2014，(6)：593-598.

[9] 么惠全，毛建，吴志平，等．西气东输管道完整性管理实践及效能分析[J]．天然气工业，2013，(12)：124-130.

[10] 董春娟．油气管道大数据应用浅析[J]．石油和化工设备，2018，(21)：57-59.

植入式智能传感器应用现状及在油气管道中的应用展望

宋　晗[1]　马云宾[1]　李秋娟[1]　王心玉[2]　王亚楠[1]

（1. 国家管网集团科学技术研究总院；2. 北京智网数科技术有限公司）

摘　要　油气管网覆盖地域广、公众关注度高、社会影响面大，长期赋存于复杂的社会与自然环境之中，时刻受到第三方事件、人员入侵、地质灾害等外界因素的影响；此外，高后果区密集，管输介质泄漏后果严重、危及周边公共安全。国家管网集团管理着 9 万 km 以上油气管道，有着数量庞大的安全风险点和各类隐患，稍有不慎就可能带来严重后果。因此油气管网的安全工作先于一切、高于一切、重于一切。针对油气管网安全，目前对管道安全监测的技术手段多是被动监测，缺少主动、全生命周期监测方法，需从源头对管道安全状态的变化与发展进行监测。植入式智能传感器是一种能够直接植入监测对象内部的传感设备，用于监测多种参数并将其转换为电信号进行传输，为待监测体提供了实时监测维护与安全保障，在生物、汽车和航天等领域得到了广泛的应用。本文概述了植入式智能传感器的发展历程与技术优势，介绍了植入式智能传感器的基本原理和技术特点，展示了其在航空与医疗领域的创新应用与实验室研究成果。在油气管道领域，该传感器同样发挥着重要作用，应用场景覆盖管道状态监测、泄漏预警及综合感知等多个方面。针对全数字化移交、全智能化运营、全生命周期管理为目标的智慧管道建设需求，提出了一系列关于油气管道植入式智能传感器的开发与应用建议。最后，对植入式智能传感器在油气管网中的未来发展进行了展望，认为随着技术的不断进步，该传感器将在提升管道运行效率、保障能源安全等方面发挥更加重要的作用。

关键词　植入式智能传感器

1　引言

植入式智能传感器是一种能够直接植入待监测物体内部的传感器，用于监测多项参数并将其转换为电信号进行传输，对待监测体进行实时监测维护。植入式智能传感器的主要优势在于其能够连续测定待监测体内部随时间变化的重要参数，从而获得更直接、更准确的诊断或预警效果。植入式智能传感器的应用领域非常广泛，在医学、农业、食品安全、国土安全、生物加工、环境监测和工业监测等行业中发挥着重要作用。油气管道作为能源的大型储运设备，覆盖地域广，运行环境复杂，时刻受到第三方事件、人员入侵、地质灾害等外界因素的影响。油气管道的高后果区密集，管输介质泄漏后果严重，危及公共安全。因此，有必要在管道建设和生产过程中提前铺设植入式智能传感器，进而实现对管道的制管-运行-报废的全生命周期安全监测。

植入式智能传感器的普及应用是大势所趋，可以为油气领域的安全、高效等工作需求做出巨大贡献。本文调研了不同领域植入式智能传感器的研究与应用现状，针对油气管网中多场景、多类型的智能传感器开展相关研究，对油气管网中所用智能传感器及关键技术进行系统性梳理和汇总，并展望未来植入式智能传感器在油气管道中的应用前景。

2　植入式智能传感器的应用

2.1　航空器植入式智能传感器

在航天航空领域，传感器是智能控制系统的基础。不同传感器在智能控制中根据需求感知和传输不同数据。

2.1.1　航空油气氧浓度传感器

航空器在空中飞行时，随着油箱内燃油的消耗，会发生氧气聚集现象。当氧气的聚集能量到达一定程度时，会引起油箱起火甚至爆炸。因此，航空器燃油箱氧浓度的测量对飞行安全至关重要。目前常用的油箱惰化技术涉及的部件多、体积大、耗电量大，无法适用于空间狭小的战斗机。因此研发植入式航空油气氧浓度传感器，实现航空器油箱内氧浓度的植入式测量具有重要意义。

植入式航空油气氧浓度传感器具备体积小、质量轻、精度高等优点，能实现油气中氧浓度的精确测量，可以作为空间狭小的战斗机燃油箱氧浓度的一种测量手段。

氧浓度是通过测量探头上荧光强度的衰减来得到的，工作原理如图。光源发射出具有特定调制光强的荧光，通过碰撞使激发的络合物回到基态而使荧光强度减弱，减弱后的荧光信号再到分析转换单元的信号光探测器，根据算法实时解调出氧气浓度。

图 1　氧浓度传感器工作原理

2.1.2　固体火箭发动机埋入式光纤传感器健康监测系统

固体火箭发动机埋入式光纤传感器健康监测系统，可以为固体火箭发动机提供稳定的健康检测。其中固体火箭发动机的火药柱是由火药和黏合剂分层浇铸而成。由于复合材料的工艺稳定性相对较差，这些复合材料的黏合剂在生产、存储和运输过程中容易出现夹杂、孔隙、裂纹等缺陷和损伤。虽然目前有很多种能够用于应变监测的传感器，例如电阻应变片、光纤光栅应变传感器以及其他的一些应变传感器，但是这些传感器几乎都不能用于固体火箭发动机火药层间的应变监测。因此，研究人员研发固体火箭发动机埋入式光纤传感器健康监测系统，实现了对试件应变和断裂行为过程的实时监测。

结构健康监测技术是通过探测结构主体在超负荷状态前后的响应变化或者通过对结构主体长期的数据监测，来实现对工程结构健康状况信息的读取。通过将测得的信号进行量化和评估，进一步判断主体结构性能的变化状况，为管理者或者智能系统提供结构健康的评判依据。航空器结构健康监测技术是一项通过传感器等硬件获取结构或系统数据信息为核心的创新性技术，能够在航空器的设计、制造、运营和维护等各个过程中发挥重要作用，是未来智能航空的关键组成部分。航空器结构健康监测技术已经在实验室实验及飞行试验中得到了成功验证，具备极大的装机应用可能性。

固体火箭发动机具有结构简单，安全性、机动性好，贮存时间长、具有高比强度等优点，在航天航空以及军事领域已得到了广泛地应用。其主要结构如图所示包括喷管、燃烧室、点火装置和火药柱(固体推进剂)四大部分，火药柱是固体火箭发动机健康监测的主要部位(图 2)。

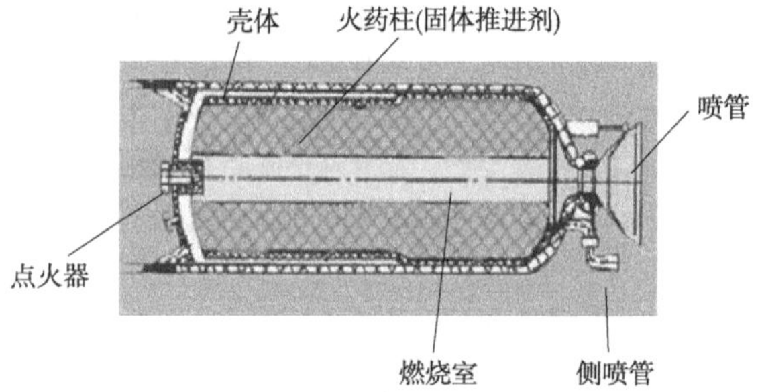

图 2　固体火箭发动机示意图

构建测试系统如图所示，待测试件如图 3 所示。

(a)测试系统实物图

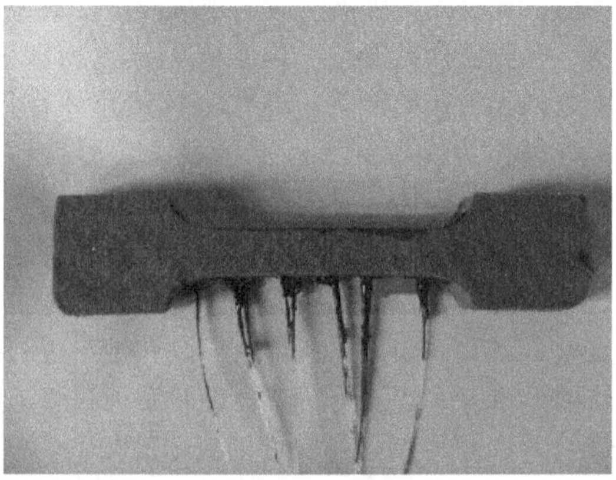

(b)待测试件实物图

图 3　待测试件测试实物图

监测试件的动态拉伸过程如图4所示。

图4　拉伸测试实验图

利用聚合物光纤弯曲损耗的单调性，克服了现有传感器杨氏模量与固体火箭发动机的火药层及黏合剂模量间的巨大差异所引起的应力场分布干扰缺陷，与固体发动机具有很好的相容性，能够应用于火药层间的应变监测。实现了对试件应变和断裂行为过程的实时监测，可望在固体火箭发动机实时维护中发挥重要作用。

2.2　医疗植入式智能传感器

在医疗领域，植入式智能传感器的主要应用是远程患者监测(疾病监测、药物开发和临床操作)、家庭保健和健康监测。根据应用方式的不同，最终用户分为医疗保健提供商、参与者(医生、医院人员、制药公司)与患者。医疗传感设备包括可穿戴生理信号监测设备、可植入传感器和分子诊断传感器，其技术解决方案、要求和挑战取决于传感器的应用和类别。

2.2.1　颅内压力监测传感器

颅内压在神经外科的临床和科研中是一项十分重要的观察指标，对颅内压力进行动态监测并根据监测结果采取针对性措施对避免脑损害至关重要。颅内压监测根据传感器与颅腔的关系分为植入法和导管法；根据传感器和导管的安置部位分脑室法、硬膜下法、蛛网膜下法、硬膜外法、腰穿法、无创性前自门监测法等；根据传感器的种类分为液压传感式监测、非液压传感式监测及光纤传感颅内压监测。王新波提出一种颅内压长期植入式监测的传感器装置，通过硬脑膜外间隙与脑皮层的差压来调节一个调谐电路的谐振频率，通过外部设备访问调谐电路便可得到颅内压力值，适用于对颅脑病人颅内压力进行长期实时监测，结构包括微型化低量程的压阻式压力感应芯片、钛合金封装外壳、小尺寸薄厚度的转接电路板以及适用于长期植入的传感器外接延伸导线等。下图是此传感装置的X-射线照片(图5)。

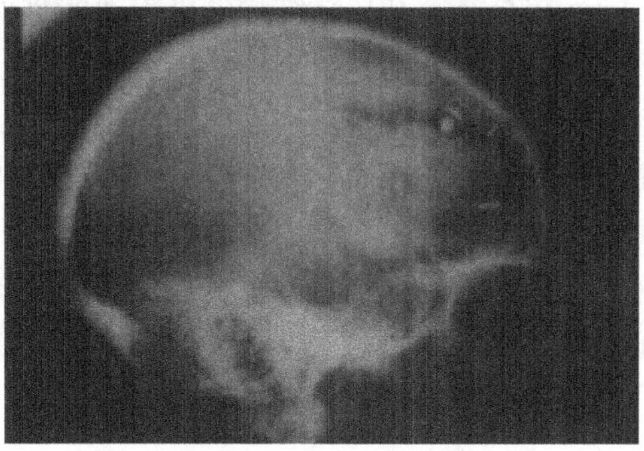

图5　传感器安装位置X-射线照片

植入式颅内压力监测传感器在设计过程中考虑病人长期使用以及穿刺开口尺寸对病人恢复的影响采用可长期植入式的医用材料，并实现传感器总装尺寸底面的圆面直径为11mm，高度为3mm，结构如图6所示。通过对植入式颅内压力监测传感器的压阻式压力感应芯片、转接电路、钛合金封装外壳以及信息传输方式进行分析研究，实现性能稳定、精度高、误差小的植入式颅内压力监测传感器。

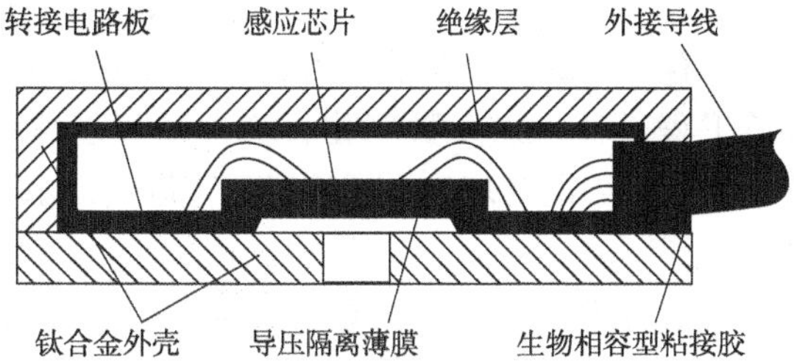

图6　传感器封装后总装结构示意图

2.2.2　植入式葡萄糖传感器

在植入式医疗传感器的开发中，传感器在体内使用的长期稳定性是最重要的性能指标之一。植入式传感器在体内复杂生理条件下工作，受排异反应(foreign body reaction，FBR)等诸多因素影响。其中非特异性蛋白质吸附，又称生物污染是最早发生的关键反应。研究人员针对抗污材料的开发以及如何应用到生物传感器，以两性离子材料硫代甜菜碱丙烯酸甲酯为主要对象，通过电聚合、电化学诱发的原子转移自由基聚合等方法。研究了pSBMA包被在植入式传感器上的性质、表征、抗蛋白吸附特性，实现了可长期使用的植入式葡萄糖传感器。实现了循环伏安法将SBMA聚合到传感器电极表面，有效提高电极抗蛋白效果，并证明pSBMA涂层可以延长植入式电极寿命。将SBMA通过eATRP聚合，通过实验证明pSBMA涂层可以降低电极阻抗，提高电极性能。在具有复杂拓扑结构电极表面实现两性离子的高效聚合，建立了整体二次溴化技术，有效地提高了聚合物层在基底表面的覆盖率，从而保证涂层的超低吸附能力。同时在进行溴化和ATRP过程中，改进了前人的实验方法，将酶的底物葡萄糖作为保护剂加入反应体系，在ATRP过程中有效保存了酶的活性；在体外实验提高了传感器稳定性、延长了传感器寿命。

3　油气管道植入式智能传感器的应用前景

3.1　油气管道植入式智能传感器应用必要性

管道植入式智能传感器作为一种新型的可以直接植入到管道内部或不侵入管道，实时监测管道内部的物理、化学和生物等多种参数的传感器，能够连续测定管道内部某些随时间变化的重要参数，例如温度、压力、流量等，从而获得更直接、更准确的诊断或预测效果。由于其输出的是数字信号，方便后续计算处理，所以大大简化了数据处理流程，提高效率。管道植入式智能传感器具有广泛的应用前景，例如中俄东线天然气管道工程，就是以全数字化移交、全智能化运营、全生命周期管理为目标的智慧管道建设示范工程。

综上所述，管道植入式植入传感器应用前景广阔、开发潜力巨大，可以作为油气管道智能监测领域未来发展的重大突破点进行研发应用。

3.2　油气管道植入式智能传感器应用场景和需求

3.2.1　介质

1）应用场景

油气管道工作工程中主要传输介质为油气产品，主要分为：原油、成品油、天然气、油田伴生气等，以及一定的矿浆和煤浆。这些介质在管道中进行远距离输送的工作过程中，由于介质本身性质的原因，极有可能由于环境因素影响导致燃烧、爆炸等安全隐患。同时，这类传输介质在与外界接触过程中，会对环境、空气、水质乃至人员生命财产安全产生严重影响。因此，工作人员需要对传输介质的相关状态具有高效、准确的认知。同时，需要尽可能避免状态信息采集设备对管道本身造成的安全性、稳定性的影响。在这一基础上，运用管道植入式智能传感器对管道运输工作介质状态进行全方位、无损性密切检测就显得尤为重要。

2）应用需求

在管道介质运输过程中，主要需要检测参数包括：管道内压力、流量、温度等参数以及泄漏情况检测等。

参数监控传感器：实现具备数据存储、判断、通信等功能的管道植入式传感器。针对所需参数，完成实时数据检测，通过离线或在线运行程序对运行进行检测评估，可以实现多数据联合工作并具备报警功能。主要包括三种传感器：植入式管道压力智能传感器、植入式管道温度智能传感器、植入式管道流量智能传感器。

状态检测传感器：主要用于管道介质泄漏监测以及泄漏点查询工作，主要包括两类：植入式管道泄漏监测智能传感器和植入式非侵入管道泄漏监测智能传感器。其中，植入式管道泄漏监测智能传感器通过智能压力变送器与数字信号处理技术和通信技术相结合，设计开放的输油管道泄漏实时检测及定位系统。主要利用负压波法，当管线中介质发生泄漏引起物质损失时，两端流体不断向泄漏点处补充，形成了由泄漏点向两端发送的负压波，采用小波变换法滤波，然后进行奇异性分析即可完成监测。植入式非侵入管道泄漏监测智能传感器通过对管道周边土体温度、振动、声音等进行实时监测，实现介质(主要是天然气)的泄漏报警与定位。

3.2.2　管体

1）应用场景

管体作为油气管道传输工作的主要工作核心，是油气管道中最为基础也最为重要的一个组成部分。在管体工作过程中，需要对管体状态进行测量，并实现振动监测以及管体的腐蚀、缺陷、变形等状态监测和感知。同时需要避免管体状态监测设备对管体造成一定的破坏或部分削弱，从而导致相较于未装配监测设备的管体更易发生腐蚀、形变等问题。而这也就是管道植入式智能传感器的开发主要原因(图7)。

2）应用需求

(1) 植入式管体应变智能传感器：实现管道

图7　油气管道管体

应力应变变化检测，获取管道本体应力状态，结合管道初始应力情况，综合环境感知结果，针对管道应变的安全情况进行判别和预估。在实现功能的基础上，通过植入式传感器设计方法，降低应变智能传感器装配对管体的影响，提高管体抗应变能力。

（2）植入式管体振动智能传感器：结合激光光学检测载体振动情况的技术手段，通过非侵入式装配手段，实现对管体振动的预警监测及报警功能。

（3）植入式管体检测技术：结合管道内外检测技术、信号识别分析技术、缺陷特征图像的机器评判等关键技术，通过侵入式和非侵入式的管壁检测传感器，利用电磁探测或超声探测手段，实现管道内外检测的缺陷智能评判，实现智能化管道检测评价的目标的同时，降低检测过程中对管道的磨损、电化学腐蚀等影响。

3.2.3　线路

1）应用场景

宏观的对多组管体的组成的介质传输线的检测即为管道线路检测。线路通常由金属管路、连接件(法兰、弯头、缩节、三通等)和阀门等共同组成。而线路在铺设和投入使用的阶段，常受到区域入侵、越界、移动、地表变化、气候变化、特殊情况对线路状态的影响。因此，为了保证线路正常工作，也为了提高线路抗损耗的能力，需要结合植入式智能传感器对线路的传感器网络进行架设(图8)。

2）应用需求

由于管道线路传感器多用于对管道外部环境进行检测，因此基本采用植入式非侵入管道智能传感器。

图8　油气管道管线

（1）植入式非侵入线路温度智能传感器：形成线路区域温度监控网络，实时监测管道所处空间温度场数据，实现线路泄漏的报警与定位，并通过智能算法评估泄漏危险等级。

（2）植入式非侵入图像智能传感器：利用图像识别技术，针对管道附近区域内的视觉可识别安全隐患进行排查。包括但不限于：人员聚集、车辆逗留徘徊、烟火、未戴安全帽、未穿工服、翻越作业坑围栏、进入吊车危险区域、气瓶摆放不规范、吊装未系牵引绳、用电接地等不安全状态或行为。并对管道管体进行实时监控，包括但不限于：管体破损、外漆脱落、电火花等未遭成损害但存在安全隐患的情况。需要结合高度智能化的图像识别处理算法。

（3）植入式非侵入位移智能传感器：通过管体及所处区域载体的位移及压力变化，结合神经网络算法，针对管道周边地质灾害隐患早期识别，实时掌握管道周边的环境变化和灾害体的动态变化情况，分析灾害体对管道的危害程度，实现管道安全状态的判定。

3.2.4　站场

1）应用场景

油气站场主要包括油气收集、输送的各类井场和各种功能站。具有工艺复杂、压力容器集中、生产持续性强、高温高压、易燃易爆、火灾危险大等特点。因此需要植入式智能传感器在对油气站场改造力度最小的情况下实现对运行状态、泄漏、风险事件、系统防护漏洞、违规行为等进行检测，保证站场安全和高效运行，提高油气储运系统的工作能力与稳定性(图9)。

2）应用需求

（1）植入式储罐状态智能监测：结合植入式

图 9　油气管道站场

传感器设计理念，实现对储罐内外的温度、压力、液位、密度等相关参数进行监测。同时，针对运行状态参数进行实时评估和预计以及限锁反馈。

（2）植入式油气泄漏智能传感器：结合激光光学技术手段，实现油气泄漏的智能监测，针对天然气及油品的泄漏情况，实时监测并报警，反馈泄漏位置及安全隐患等。

3.2.5　设备

1）应用场景

油气储运工作过程中，主要设备包括：输油泵、加热炉或加热系统、抽油机、计量器、分离器、脱水器、调压设备、阀门等。在设备运行过程中，设备的运行状态需要进行实时感知、设备的运转参数需要实时监测，诸如输油泵的压力、加热炉的温度、分离器的转速、调压设备是否正常工作、阀门能否完全开关等。这就需要智能传感器的架设，而如何在不影响设备工作状态、不会造成额外的工作负担就是植入式智能传感器的研究意义(图 10)。

图 10　油气管网设备

2）应用需求

（1）植入式压缩机组智能监测：结合智能决策算法与实时采集的压缩机组内部参数(包括温度、压强、流量、振动等)，对压缩机组运行状态进行实时分析和预估。对比于原始数据库内压缩机组正常运行状态参数，对压缩机组运行状态进行诊断，评估故障概率以及故障成因和故障点。在对压缩机组进行实时数据采集时，采用植入式智能传感器，实现无损性、高稳定的监测工作。

（2）植入式阀门智能监控：结合植入式智能传感技术手段实现阀门状态远程监控目标，对阀门开关与内漏状态进行实时监测与数据上报，并通过与原始数据库比对，利用智能检测算法完成阀门状态的预警及警报工作，上报异常状态点位。

3.2.6　LNG 接收站

1）应用场景

LNG 接收站，作为液化天然气储存和后续运输的中转设备，由 LNG 码头和 LNG 储罐区等组成。由于 LNG 近年来在能源领域的重要性逐步增加，已成为世界油气工业新的热点。因此，如何利用植入式智能传感器对 LNG 接收站的安全及性能进行监测成为了一项十分重要的工作(图 11)。

图 11　LNG 接收站

2）应用需求

（1）植入式非侵入智能安防设备：针对 LNG 接收站在工作过程中，收外界干扰等原因，可能产生的安全隐患问题进行防护性保险手段研究。诸如：现场作业规范性问题；现场人员流动及行为；作业设备工作状态及安全隐患等。通过光学、图像处理技术结合智能分析算法模型等技术手段，进行干扰判别和评估预警，提高 LNG 接收站工作安全稳定性。

（2）植入式燃气泄漏智能传感器：结合植入式智能传感技术方案，利用智能红外传感器(点式红外双光束和双波长红外吸收式两种）实现对天然气泄漏状态的判断和预警，降低 LNG 接收站燃气泄漏的安全隐患。

3.2.7　储气库

1）应用场景

作为针对天然气产片进行长期储存的设备，储气库再油气储运系统中，重要性显而易见。其主要具备功能包括：调峰、应急安全供气、优化管道运行、战略储备等。由此可以看出，储气库所具备的民生和战略意义。在一些重要时刻，储气库需要提供必要的能源，维护系统正常运转。而将植入式智能传感器与储气库相结合后，可以为储气库提供工作状态下所必须的，周界安防、泄漏监测、储罐监测、排放监测、储罐状态预测等功能的基础上，为储气库的安全、高效、稳定等方面做出杰出贡献（图 12）。

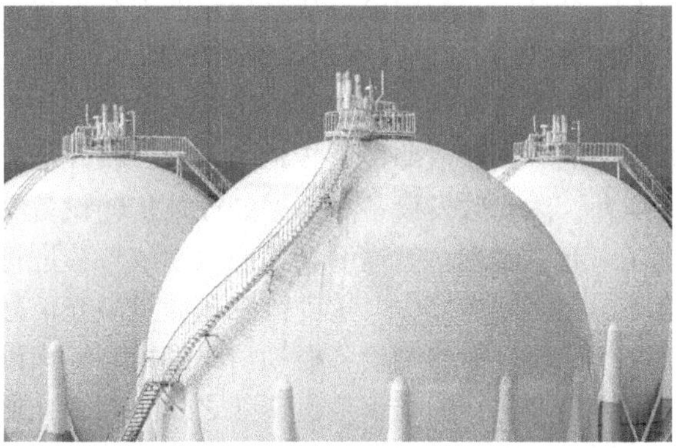

图 12　储气库

2）应用需求

结合介质、管体、线路、站场、设备和 LNG 接收站的植入式传感器需求与储气库工作状态和安保需求，需要对储气库架设如下植入式智能传感器：、植入式非侵入智能安防设备、植入式燃气泄漏智能传感器、植入式储罐监测智能传感器。

3.3　油气管道植入式智能传感器关键技术

3.3.1　管道微弯变形检测技术

基于布里渊散射原理的分布式光纤传感技术，使长距离埋地管道的全线结构监测变成可能，这种传感技术拥有更高的测量精度和空间分辨率。同时，此技术在应用过程中，无需对管道进行改造，符合植入式管道智能传感器设计理念。

可以预见，在油气管道中采用植入式布里渊频谱测量设备来检测管道表面弯曲产生的应变量，从而计算得到管道变形方向和挠度是可行的方案。

3.3.2　金属管道缺陷检测技术

FSM 技术又叫电指纹技术，其原理是将恒定电流导入被监测对象中，恒定电流在被监测对象中形成电场，通过在被检测区域布置合理的电极矩阵，可以测量每对电极之间的电压值。在被监测对象投入使用之前，将恒定电流通入被测对象，并记录每对电极对之间的初始测量电压，作为参考电压。因被测对象的几何形状、壁厚等因素的影响，所产生的初始测量电压会有所不同。在监测对象投入使用后，当电极对之间的区域出现裂缝或者腐蚀时，所对应区域两侧的电极对所测量的电压便会发生变化。因为需要将被监测对象的电压值与初始电压值进行比较，而这些初始测得的电压值代表被监测对象的原始几何形状。由于其不需要进行内置检测的优势，在植入式管道智能传感器设计中，具有十分明显的优势。

3.3.3　流体射频微波传感技术

由电磁腔作为主体组成的传感器，让待测的流体流过传感器完成检测过程。在电磁腔中，在某些特殊的频率中会发生谐振，这个谐振的频率与腔体的大小和介质介电常数有关。水，作为一个两级性液体，比其他物质有更高的介电常数，所以水成份有一个小变化将会产生一个相对比较大的频率偏移。这样，就可以通过电磁波的谐振频率变化来监控管道中一种液体介电常数的变化情况。可以通过植入式的设计理念将传感器植入管道等待测设备中，实现对管道无损化检测的目标。

3.3.4　无线传输及云平台技术

1）无线传输技术

在植入式管道智能传感器设计及应用过程中，如何将管道内封闭的传感器采集数据进行传输成为了一项关键目标，如果必须在管道内进行线缆布设，则失去植入式设计理念对管道参数无损性检测的意义。因此，植入式管道智能传感器在设计过程中多需要集成无线传输技术。

远距离无线传输技术主要有 GPRS/CDMA、数传电台、扩频微波、无线网桥及卫星通信、短波通信技术等。它主要使用在较为偏远或不宜铺设线路的地区，如：煤矿、海上、有污染或环境较为恶劣地区等。

短（近）距离无线通信技术是指通信双方通

过无线电波传输数据，并且传输距离在较近的范围内，其应用范围非常广泛。近年来，应用较为广泛及具有较好发展前景的短距离无线通信标准有：Zig-Bee、蓝牙(Bluetooth)、无线宽带(Wi-Fi)、超宽带(UWB)和近场通信(NFC)。

2) 云平台技术

云平台，也叫云计算平台，是基于硬件资源和软件资源的服务，提供计算、网络和存储能力。云平台根据功能可以划分为三类：以数据存储为主的存储型云平台，以数据处理为主的计算型云平台以及计算和数据存储处理兼顾的综合云平台。云计算系统的组建运用了许多技术，其中最为重要的是编程模型、数据分布存储技术、数据管理技术、虚拟化技术和云计算平台管理技术。

3.4 管道植入式智能传感器开发及应用建议

管道植入式智能传感器作为一种新型的可以直接植入到管道内部或不侵入管道，实时监测管道内部的物理、化学和生物等多种参数的传感器。采用多种技术，包括无线通信技术、微电子技术、材料科学技术以及多种检测技术。其中，无线通信技术可以实现远程监测和数据传输，微电子技术可以实现小型化和低功耗，材料科学技术可以提供对管道环境的适应性，检测技术可以针对不同的监测参数实现高效、准确的检测。管道植入式智能传感器具有广泛的应用前景，例如中俄东线天然气管道工程，就是以全数字化移交、全智能化运营、全生命周期管理为目标的智慧管道建设示范工程。

管道植入式智能传感器能够连续测定管道内部某些随时间变化的重要参数，例如温度、压力、流量等，从而获得更直接、更准确的诊断或预测效果。此外，由于其输出的是数字信号，方便后续计算处理，所以大大简化了数据处理流程，提高了效率。同时，管道植入式智能传感器目前还存在一些不足之处。首先，植入到管道内部的植入式智能传感器安装和维护成本较高、在管道外进行非进行非侵入式搭载的传感器监察成本较高；其次，由于其工作环境复杂且恶劣，所以对其性能和稳定性要求较高；最后，由于其涉及到管道健康和安全问题，所以对其安全性和可靠性要求也较高。

综上所述，管道植入式植入传感器应用前景广阔、开发潜力巨大，可以作为油气管道智能监测领域未来发展的重大突破点进行研发应用。

在植入式管道智能传感器的研究及开发生产时，综合上述需求、方案分析以及关键技术可以从以下几个角度出发：

3.4.1 基于FSM的植入式管道缺陷智能检测传感器

利用电指纹技术，可以设计一种植入式管道缺陷智能检测传感器。主要工作原理是通过对比检测对象投入使用前所记录的初始数据与投入使用后的测量数据，然后对这两个数据进行深入的分析对比。通过这种方式，可以对检测对象的形变或损耗等缺陷进行详细的分析。这种传感器的应用范围非常广泛，可以应用于油气传输及存储的全部设备。无论是管体、线路、接收站还是储气库，都可以使用这种传感器进行缺陷检测。不仅可以提高设备的运行效率，还可以大大提高设备的安全性，避免因设备缺陷导致的安全事故。

3.4.2 非侵入式管道振动智能传感器

非侵入式管道振动智能传感器是一种利用光纤外覆的方式完成非侵入传感的设备，将外覆光纤阵列、激光收发设备、数据处理及传输设备集成在一起，实现对管道等设备的振动或位移进行检测。在实际应用中，这种传感器通过激光信号的畸变来实现对待测设备振动情况的检测。当设备发生振动时，激光信号也会随之发生畸变，通过检测这种畸变，就可以准确地知道设备的振动情况。这种非侵入式的检测方式，不会对设备造成任何损伤，也不会影响设备的正常运行。同时，由于采用了光纤技术，使得传感器具有很高的灵敏度和响应速度，能够实时、准确地监测设备的振动情况。

3.4.3 基于MEMS工艺的振动传感器植入

MEMS(Micro-ElectroMechanical System)芯片简而言之，就是用半导体技术在硅片上制造电子机械系统，再形象一点说就是做一个微米纳米级的机械系统，MEMS传感器就是把一颗MEMS芯片和一颗专用集成电路芯片(ASIC芯片)封装在一块后形成的器件。其中MEMS加速度传感器可用在管道领域加速度传感器可以布设在管道外部，监测管道的振动状态。包括压阻式、电容式、压电式、谐振式等，常用的电容式加速度传感器是基于电容原理的极距变化型的电容传感器，其中一个电极是固定的，另一变化电极是弹性膜片，弹性膜片在外力作用下发生位移，使电容量发生变化，达到检测效果。MEMS传感器具有微型化、集成化、智能化、成本低、效能高、可大批量生产等特点。

MEMS传感器在各方向受到电磁干扰时，均比压电式传感器输出加速度值更低，抗干扰能力远远优于压电式传感器，具备出色的稳定性。相较压电式传感器普遍测算结论为1~10s的预热时间，MEMS加速度传感器的预热时间可达1s以内，在测量过程中上电时间更短、能量消耗更少。

针对管道本体检测监测的需求，可以将基于MEMS工艺的加速度传感器植入在管道上，实现对管道振动的测量。

3.4.4　柔性传感器植入

柔性传感器则是指采用柔性材料制成的传感器，具有良好的柔韧性、延展性、甚至可自由弯曲甚至折叠，而且结构形式灵活多样，可根据测量条件的要求任意布置，能够非常方便地对复杂被测量进行检测。新型柔性传感器在电子皮肤、医疗保健、电子、电工、运动器材、纺织品、航天航空、环境监测等领域受到广泛应用。

按照用途分类，柔性传感器包括柔性压力传感器、柔性气体传感器、柔性湿度传感器、柔性温度传感器、柔性应变传感器、柔性磁阻抗传感器和柔性热流量传感器等。

其中柔性压力传感器作为一种能够测量和检测物体或介质施加的压力的传感器，它具有柔性和可变形的特点。与传统的刚性压力传感器不同，柔性压力传感器可以弯曲、拉伸和扭曲，适应不同形状和表面的应力变化，在管道领域具有较为优秀的应用前景。

目前，柔性压力传感器已被应用于人工电子皮肤、智能服装、运动防护、可穿戴设备等领域。由于其具有曲面适配、易于安装和集成、体积小、质量轻、耐用等优点，可以预见的，柔性压力传感器在植入式管道智能传感器领域同样具有广阔的应用前景。

除柔性压力传感器外，柔性应变传感器也可以应用于管道领域，传统的应变传感器不能很好的贴合弯曲的管体，尤其是小口径的管体。而柔性传感器可以缠绕在管体外部，与管体紧密贴合，从而更精确的检测管体应变情况。

为了满足柔性电子器件的要求，轻薄、透明、柔性和拉伸性好、绝缘耐腐蚀等性质成为了柔性基底的关键指标。图13为柔性有机场效应传感器结构示意图，其基底材料具有高柔韧性和相对低的粗糙度。

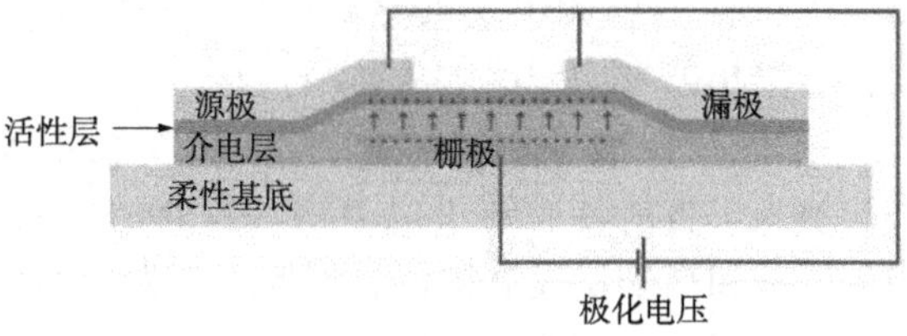

图13　柔性有机场效应传感器结构示意图

基于柔性应力传感器特点，可以将传感器制作成柔性传感器阵列，更好的贴合管道，植入到管道中，实现对管体应力的测量。

3.4.5　光纤布拉格光栅传感器的管道植入

光纤布拉格光规传感器由光纤制备而成，来自同一激光器的两束紫外光在光纤纤芯处产生干涉，形成明暗相间干涉条纹。当一束宽带入射光经光纤传输到光纤布拉格光栅时，在周期性变化的折射率作用下，只有特定波长附近的光被反射，其余光则不受影响继续传播。

当光纤光栅受外力影响时，会产生形变并引起弹光效应，光栅周期和纤芯等效折射率因此改变。这将导致光纤光栅中心波长的改变。通过检测光栅反射光中心波长的波长漂移量，就可以得到光纤光栅的形变量。

光纤布拉格光栅主要应用于被测物体的形变检测。光纤布拉格光栅传感器在植入式管道传感器领域可用于油气管道管线流量、油气管道管体温度压力检测及油气管道管体泄漏检测。

4　结论与展望

本文介绍了管道智能传感器的种类、应用现状，并针对管道智能传感器的新技术、应用方向以及发展趋势展开了详细的分析论述。在此基础上引申到植入式管道智能传感器，针对管道智能传感器的植入式设计理念进行分析，研究了植入式管道智能传感器的开发必要性。本文从植入式管道智能传感器的内涵角度分析了相较于管道传统智能传感器的优势，阐述了植入式管道智能传感器对油气产业发展的重要意义。

针对油气产业植入式传感器的应用场景及类型进行研究，并结合其他领域植入式智能传感器的研究基础，对管道植入式智能传感器开发技术进行深入探讨。立足于现有管道传感器的布局方案，聚焦于植入式智能传感器的开发需求，详细阐述了管道智能传感器的应用方案并对传感器布局进行分析。基于管道智能传感器应用设计，提出应用过程中可能出现的重要问题，并针对于此，给出相关发展建议。

伴随着科技创新与油气行业的不断交汇发展，植入式智能传感器可以为油气行业的增效、绿色低碳和高质量发展提供有利保障。为确切落实植入式智能传感器对油气行业的有效支撑，推动数字技术与能源产业发展深度融合，加强传统能源与数字化智能化技术相融合的新型基础设施建设，促进能源数字经济和绿色低碳循环经济发展，油气管网植入式智能传感器也将向着智能化、微型化的方向不断演进。随着技术的不断进步，植入式智能传感器将在提升管道运行效率、保障能源安全等方面发挥更加重要的作用。

参考文献

[1] 翟旭升，杨仕美，段朋振，等．基于数据融合的航空发动机多余度智能传感器故障诊断[J]．燃气涡轮试验与研究，2020，33(03)：23-27.

[2] 宋振龙，孙凤伟，陈锋，等．网络化智能传感器及其在航空航天领域中的应用[J]．电子测试，2009，(09)：10-13+53.

[3] 陈涛．基于埋入式光纤传感器的固体火箭发动机健康监测系统[D]．湖南大学，2015.

[4] 青刚．人体动能驱动的可植入医疗传感器[C]//四川省通信学会 2014 年学术年会．0[2024-02-26].

[5] 王新波，赵玉龙，蒋庄德，等．基于 MEMS 技术的植入式颅内压力监测传感器的研究[C]//中国康复研究中心．第三届北京国际康复论坛论文集．[出版者不详]，2008：6.

[6] 胡一川．两性离子生物相容性材料的制备及其在植入式葡萄糖传感器中的应用研究[D]．浙江大学，2017.

[7] 孙凯．用于体内血糖监测的可植入型荧光聚合物点传感器的研究[D]．吉林大学[2024-02-26].

[8] 陶新鹏．基于 FSM 的金属管道缺陷检测及应用研究[D]．中国石油大学(华东)，2018. DOI：10. 27644/d. cnki. gsydu. 2018. 001001.

[9] 马建兵．场图像技术 FSM 在气田输气管道上的应用[J]．化工管理，2016，(12)：62.

[10] 邵娜．可植入式柔性眼压传感器及其测控技术研究[D]．南昌航空大学[2024-02-26]．DOI：CNKI：CDMD：2. 1017. 711554.

[11] 余梦珂，张国军．柔性可穿戴传感器在汗液监测中的应用综述[J]．医疗卫生装备，2020，41(12)：7. DOI：10. 19745/j. 1003-8868. 2020283.

基于灰色关联有限元-TOPSIS模型的地震作用下输气管道易损性评价

董虓鸣　伍　颖

（西南石油大学土木工程与测绘学院）

摘　要　为实现更加高效客观地评价输气管道地震作用下的管道易损性，保证管道在地震频发区域的安全运行，提出一种基于灰色关联度和有限元模拟改进权重的TOPSIS模型，进行地震作用下管道易损性的评价。首先，考虑地震灾害的危险性以及管道基础条件两方面，选取了12个典型影响因素，构建了地震作用下输气管道易损性评价指标体系；其次，通过灰色关联度建立有限元模拟结果与指标之间的关系，确定指标权重并对权重的计算结果进行优化改进，得到最终的指标权重；最后，运用逼近理想点解法(TOPSIS)合理确定各指标的正负理想解，对输气管道易损性进行定量评价。将该方法应用于工程实例，计算结果发现管道沿线断层、地震动衰减规律以及管材的最终权重分别为0.184、0.144、0.118，是对管道地震易损性影响最大的三个因素；所评价的管道中管段4为最危险管段。评价结果反映了研究地区的管道易损性状态；评价结果有助于准确判断地震最危险管段，方便运营单位重点管理；能为地震频发区输气管道的风险预防以及抗震设计提供指导，有助于震害作用下输气管道的防灾减灾管理。

关键词　安全工程；地震；有限元；灰色关联度；逼近理想点解法；管道易损性评估

《“十四五”现代能源体系规划》以及2023年发布的《世界能源蓝皮书：世界能源发展报告(2023)》中指出，加大天然气开发，实现天然气产量快速增长，仍然是我国现代能源体系建设的主要目标之一。随着天然气行业的快速发展，输气管道里程逐年增长，但管道安全问题也日益紧张。在快速发展天然气供应能力的同时保障输气管道的运行安全也是能源发展的重要环节之一。我国属于地震频发的国家，地震灾害对天然气管道的运行存在着巨大的威胁。一方面地震灾害本身具有极强的破坏能力，另一方面我国大部分油气管道已经投入使用数十年之久，管道自身基础条件存在一定的脆弱性，一旦发生地震，管道将极易受损，会出现破裂、泄漏、爆炸等一系列严重后果，造成财产、人员、环境等方面的巨大损失。因此，开展地震作用下的管道易损性评价对途径地震频发区输气管道的安全运营及协助相关部门防灾减灾工作有着重要的指导意义。

20世纪80年代，Westgate等在地震灾害风险研究过程中提出了“易损性”这一概念。随着研究的不断深入，易损性目前已经成为一个涉及灾害学、社会学、可持续性学科等多领域的综合性概念。近年来，国内外学者在易损性评估方面进行了大量研究，Ye等通过ArcGIS和熵权法对海岛的社会易损性进行了研究，计算不同区域的易损性程度并进行排序加强了岛屿地震的风险管理；梁宇等通过贝叶斯网络对城市地下隧道中可能出现的地震、火灾及其诱发的灾害进行建模和评估；王志远等以骨架拱桥为例建立数值模型，分析了串联函数模型下桥梁的地震易损性；蒋家卫等采用云图法对地铁车站结构进行非线性时程动力分析，得到地下结构的失效概率，从而评估地震作用下的结构易损性；Nguyen等采用回归树和XGBoost等机器学习的方法结合概率需求模型通过建模分析了钢结构在地震作用下的易损性；韩俊艳等采用概率需求模型分析研究了含腐蚀钢制管道在不同场地下的地震易损性。

从易损性的整体研究现状分析发现，目前针对于地震易损性评估主要存在以下问题：一是在役输气管道的易损性研究相对较少。大部分研究集中于城市、建筑、公路、桥梁、水管等方面，缺少对于在役输气管道的易损性研究；二是现有易损性评估方法实现过程复杂化。大部分研究是通过计算结构在给定地震动下的损伤超越概率得到地震易损性概率从而进行风险评估，但需要指出的是这种方式需要选取大量的地震动数据进行多次增量动力分析才能够得到有效的结果，建模操作和分析成本相对较高。在复杂管道的风险预测上，应用该方法无法方便快捷地帮助运营商实现风险管理，因此不适用于输气管道的易损性评估。三是现有研究在易损性评价的模型选取上，常采用专家评分法、逻辑回归法、层次分析法等，但这些方法大多未考虑指标间的差异性，权重的确定对专家的经验依赖性较强，评价结果较为主观。因此，需要提出一种方便可行适用于在役输气管道的易损性评价新方法。

鉴于此，考虑管道地震易损性评估的复杂性和不确定性以及权重确定的主观性等特点，本文提出一种应用有限元改进权重后的 TOPSIS 地震易损性评价模型，借鉴道风险评价的思想，从风险中的失效可能性方面进行管道地震易损性的研究，以期解决管道地震易损性评价中的复杂性和主观性问题。逼近理想解（Technique for Sequencing by Approximate Ideal Solution or Technique for Oder Preference by Similarity to Ideal Solution，TOPSIS）是一种多属性决策的理想模型，能够将定性概念进行量化分析，实现待评对象的优劣性评价，计算结果可以结合 MATLAB 软件进行快速求解，具有计算简便化、可操作性强等优势。本文将结合地震潜在灾害、管道本体条件两方面因素建立易损性评价指标体系，借助有限元和灰色关联度方法改进权重计算结果，基于逼近理想点解法建立管道易损性定量评价模型，完成地震作用下的输气管道易损性评价，并根据易损性等级提出相应管理建议，以期为长输天然气管道的安全运营提供指导。

1　研究方法

1.1　有限元结合灰色关联度改进权重计算

目前，指标权重的计算方法主要分为两大类，即主观赋权法和客观赋权法。其中主观赋权法主要依据专家经验，权重结果较为符合工程实际但具有随意性较大和主观性过强的缺点；客观赋权法权重分配客观性强，但权重结果可能会与实际工程情况出现冲突。本节创新性地提出借助数值模拟和灰色关联度的方法改进三标度层次分析法从而确定指标的权重，使得指标的权重更加准确客观。通过进行管道地震动力响应分析并结合灰色关联分析，建立起指标与应力之间的关系，计算求取各定量因素与应力间的灰色关联度，将其转化为定量指标权重，用权重计算结果对改进 AHP 所得指标权重结果进行改进，以实现指标的权重优化。

根据能否采用数值模拟分析的判断原则将指标分为定量和定性指标两类，每一类指标采用不同的方法计算权重。其中，定量指标采用数值模拟与灰色关联分析相结合的方式进行权重确定；定性指标采用改进 AHP 进行权重确定，定性定量指标划分见表 1。

表 1　定性、定量指标划分

定性指标	定量指标
震级频率系数、地震动衰减规率、断层、地质灾害、管材、管道节点、服役年限	抗震设防烈度、外径、壁厚、内压、埋深

1.1.1　三标度分析法计算权重

层次分析法是一种将定量分析和定性分析相结合的层次权重决策分析方法。本文采用改进的三标度分析法进行定性指标权重确定。改进的层次分析法体现在用更简便的方法构造判断矩阵，并且不需要对判断矩阵进行一致性检验。具体步骤如下：

1）建立比较矩阵 A_{ij}

采用三标度法对各层因素的重要性两两比较，构造相应的比较判断矩阵 A_{ij}，用“0”“1”“2”三个值表示“不重要”“同等重要”“重要”模糊概念，A_{ij}表示第 i 元素和 j 元素相比较的重要程度，$A_{ii}=1$。

$$A=\begin{pmatrix} a_{11} & a_{12} & \cdots & a_{1n} \\ a_{21} & a_{22} & \cdots & a_{2n} \\ \vdots & \vdots & \ddots & \vdots \\ a_{n1} & a_{n2} & \cdots & a_{nn} \end{pmatrix} \tag{1}$$

2）构建判断矩阵 B

根据比较矩阵 A，计算各因素的重要性排序指数 r_i，$r_{\max}$表示最大排序指数对应的元素；$r_{\min}$表示最小排序指数对应的元素；k_m 表示 $r_{\max}$与 $r_{\min}$比较时的重要性程度。构造判断矩阵 B_{ij}，元素 b_{ij}满足条件：

$$B=\begin{pmatrix} b_{11} & b_{12} & \cdots & b_{1n} \\ b_{21} & b_{22} & \cdots & b_{2n} \\ \vdots & \vdots & \ddots & \vdots \\ b_{n1} & b_{n2} & \cdots & b_{nn} \end{pmatrix} \tag{2}$$

$$b_{ij}=\begin{cases}\dfrac{(r_i-r_j)(k_m-1)}{r_{\max}-r_{\min}}+1 & r_i \geqslant r_j\\ \left(\dfrac{(r_j-r_i)(k_m-1)}{r_{\max}-r_{\min}}+1\right)^{-1} & r_i<r_j\end{cases} \tag{3}$$

3）计算传递矩阵 C

$$C=\begin{pmatrix}c_{11} & c_{12} & \cdots & c_{1n}\\ c_{21} & c_{22} & \cdots & c_{2n}\\ \vdots & \vdots & \ddots & \vdots\\ c_{n1} & c_{n2} & \cdots & c_{nn}\end{pmatrix} \tag{4}$$

4）最优传递矩阵 D

$$D=\begin{pmatrix}d_{11} & d_{12} & \cdots & d_{1n}\\ d_{21} & d_{22} & \cdots & d_{2n}\\ \vdots & \vdots & \ddots & \vdots\\ d_{n1} & d_{n2} & \cdots & d_{nn}\end{pmatrix} \tag{5}$$

$$d_{ij}=\frac{1}{n}\sum_{k=1}^{n}(c_{ik}-c_{jk})$$

5）拟最优一致矩阵 B'

$$B'=\begin{pmatrix}b'_{11} & b'_{12} & \cdots & b'_{1n}\\ b'_{21} & b'_{22} & \cdots & b'_{2n}\\ \vdots & \vdots & \ddots & \vdots\\ b'_{21} & b'_{22} & \cdots & b'_{nn}\end{pmatrix} \tag{6}$$

$$b'_{ij}=10^{d_{ij}}$$

6）计算权重

在改进层次分析法中可以求出拟优一致矩阵 B' 的特征值作为权重值不用进行一致性检验，最终指标 i 的权重为 w，求解方法如下：

$$N_i=\prod_{j=1}^{n}b'_{ij} \tag{7}$$

$$\overline{W}_i=\sqrt[n]{N_i} \tag{8}$$

$$W_i=\frac{\overline{W}_i}{\sum_{i=1}^{n}\overline{W}_i} \tag{9}$$

$$w=\frac{1}{f}\sum_{i=1}^{f}W_i \tag{10}$$

式中，f 代表专家总数。

1.1.2 灰色关联度确定权重

灰色关联度是一种用于分析数据之间相关性和趋势的方法，尤其适用于样本数据较少或者数据质量较差的情况。它是由灰色系统理论演化而来的一种数据分析技术，主要用于确定多个时间序列数据之间的相关性，揭示它们之间的联系和变化规律。通过灰色关联度建立起不同因素影响下的应力关系，将不同因素对管道应力的影响占比转化为易损性评价中指标之间的权重关系，实现权重指标的客观定量化。灰色关联度确定指标权重的主要步骤如下：

1）确定参考序列和比较序列

首先确定参考序列和比较序列，设参考序列为 $X_0=\{x_0(t),\ t=1,\ 2,\ \cdots,\ n\}$，比较序列为 $X_i=\{x_i(t),\ t=1,\ 2,\ \cdots,\ n;\ i=1,\ 2,\ \cdots,\ m\}$。其中，$t$ 表示不同时刻，在本文研究系统中为试验次数。

2）计算相对变化率 k

$$y_i(t+1)=x_i(t+1)-x_i(t) \tag{11}$$

$$y_0(t+1)=x_0(t+1)-x_0(t)\cdots\cdot(t=1,\ 2,\ \cdots,\ n) \tag{12}$$

$$k_i(t+1)=\frac{y_i(t+1)}{\bar{x}_i},\quad \bar{x}_i=\frac{\sum_{t=1}^{n}x_i(t)}{n} \tag{13}$$

$$k_0(t+1)=\frac{y_0(t+1)}{\overline{x_0}},\quad \overline{x_0}=\frac{\sum_{t=1}^{n}x_0(t)}{n} \tag{14}$$

3）计算灰色关联系数 $\zeta_i(t)$

$$\zeta_i(t)=\frac{\pm1}{1+\|k_i(t)|-|k_0(t)\|} \tag{15}$$

式中，当 $y_i(t)$ 与 $y_0(t)$ 符号相同或均为 0 时取正号，否则取负号。

4）计算灰色关联度 γ_i

$$\gamma_i=\frac{\sum_{y=2}^{n}\zeta_i(t)}{n-1} \tag{16}$$

式中，γ_i 表示参考序列 X_0 与比较序列 X_i 间的灰色关联度；γ_i 具有唯一性，取值范围为[−1，1]，大小表征影响因素(比较序列)与参考指标(参考序列)之间相关重要性。

5）确定指标权重 w_i

灰色关联度是[−1，1]的数值，且和并不总是为 1，为得到定量指标的权重结果，需要对其求取的灰色关联度进行转换。因此，提出如下计算公式实现灰色关联度与权重间转换。

$$w_i=\frac{|\gamma_i|}{\sum_{i=1}^{n}|\gamma_i|} \tag{17}$$

1.2 TOPSIS管道易损性评判模型

逼近理想点法(TOPSIS)是解决多属性决策的一种方法，能够综合考虑多个目标与指标，综合分析各个目标的重要程度，从而为决策提供全面的参考。目前已被学者们应用在多领域的易损性评价中，Yi 等应用 TOPSIS 模型实现了滑坡灾害社会易损性的评价；郭超等应用相对熵改进了 TOPSIS 模型，并对矿区的工业环境易损性进行了评价。管道易损性分析主要考虑的是一定范围内的在役管道在运行中遭受地震作用而偏离可靠、正常工作状态的概率，是对承灾体在灾害作用下遭受各种破坏的可能性的评价。同时，输气管道的易损性评估受多种因素共同影响，是典型的多属性决策问题。以上特点，与 TOPSIS 方法十分契合，因此可以采用逼近理想点法（TOPSIS）实现管道地震易损性的快速评价。

相较其他单一评价方法，该方法得出的结果是所评价目标之间的相对值，能够直观地体现出各个目标间的相对重要程度，适合用于多评价目标的择优分析。根据 TOPSIS 模型，将多个管段指标参数同时输入，对比各个指标属性，得到每一个指标对应的正负理想解，通过管道的输入参数与正负理想解之间的欧式距离，计算出相对的贴近度，贴近度代表了输气管道的易损性程度，贴近度越高的管段，易损性越高，模型具体步骤如下。

（1）构建初始评判矩阵 P。

假设存在 i 个决策单元，j 个评价指标，p_{ij} 表示 i 决策单元的 j 评价指标值；ω_j 表示 j 评价指标的权重值。根据这个假设，构建初始评判矩阵 P。

（2）构建规范化决策矩阵 N，规范值 n_{ij} 的计算如公式(18)所示：

$$n_{ij}=\frac{p_{ij}}{\sqrt{\sum_{i=1}^{m}p_{ij}^{2}}} \tag{18}$$

式中，n_{ij} 为 i 决策单元的 j 评价指标的规范化值，p_{ij} 表示 i 决策单元的 j 评价指标的初始值。

（3）构建加权规范化决策矩阵 V，如公式(19)所示：

$$V=N\cdot W \tag{19}$$

式中，V 是加权规范化决策矩阵；N 是规范化决策矩阵；W 是 ω_j 构成的权重矩阵。

（4）计算正理想解和负理想解，如公式(20)所示：

$$\begin{cases}V^{+}=\{v_1^{+},\ v_2^{+},\ \cdots,\ v_n^{+}\}=\{(\max v_{ij}\mid j\in I),\ (\min v_{ij}\mid j\in I^{*})\}\\ V^{-}=\{v_1^{-},\ v_2^{-},\ \cdots,\ v_n^{-}\}=\{(\min v_{ij}\mid j\in I),\ (\max v_{ij}\mid j\in I^{*})\}\end{cases} \tag{20}$$

式中，V^{+} 为正理想解，V^{-} 为负理想解；v_{ij} 为 i 决策单元的 j 评价指标规范值；I 为效益型指标；I^{*} 为成本型指标。

（5）计算目标值与正理想解和负理想解的欧氏距离，如公式(21)所示：

$$\begin{cases}d_i^{+}=\sqrt{\sum_{j=1}^{n}(v_{ij}-v_j^{+})^2}\\ d_i^{-}=\sqrt{\sum_{j=1}^{n}(v_{ij}-v_j^{-})^2}\end{cases} \tag{21}$$

式中，d_i^{+}、d_i^{-} 分别为目标值与正、负理想解的欧氏距离；v_{ij} 为 i 决策单元的 j 评价指标加权规范化值；v_i^{+}、v_i^{-} 分别为 j 评价指标的正理想解和负理想解。

（6）计算各管段的贴近度，如公式(22)所示：

$$r_i^{*}=\frac{d_i^{-}}{(d_i^{+}+d_i^{-})} \tag{22}$$

式中，r_i^{*} 为各管段的易损性贴近度。

2　输气管道易损性评价指标体系

途径地震区域的埋地输气管道与一般输气管道的易损性指标有较大的差异，由于管道受外部土体的包裹，地震并不直接作用于管道，而是先作用于土体再由土体传播到管道上，管土耦合产生的相互作用力会对管道的力学性能产生更大的影响。因此在建立评价体系时必须要考虑管道所处环境下的地质条件可能带来的地震危险性以及管-土地震动力响应中的重要影响因素。

为建立系统完善的地震作用下埋地输气管道易损性评价指标体系，同时保证在指标选取时，总体上遵循科学性、系统性、可获得性、典型性等原则。检索国内外有关地震灾害以及管道动力响应的相关研究成果，结合 GB 17741—2005《工程场地地震安全性评价》、GB 18306—2015《中国地震动参数区划图》、GB/T 51336—2018《地下结构抗震设计标准》、《建筑抗震设计规范》（GB 50011—2010）、GB/T 50470—2017《油气输送管道线路工程抗震技术规范》等国家法律法规及行业标准，本文从管道沿线地震特征和管道本身两方面出发，综合考虑指标选取的可获得性、系统性和客观性等原则，建立地震危险性和管道基础条件两个一级指标，选取震级-频率系数、地震动衰减规律、断层、地震地质灾害、外径、壁厚、运行压力、埋深、管材、服役年限、管道节点、及抗震设防烈度共12个二级指标建立易损性评价指标体系。最终构建的地震作用下输气管道易损性评价指标体系图如图1所示。

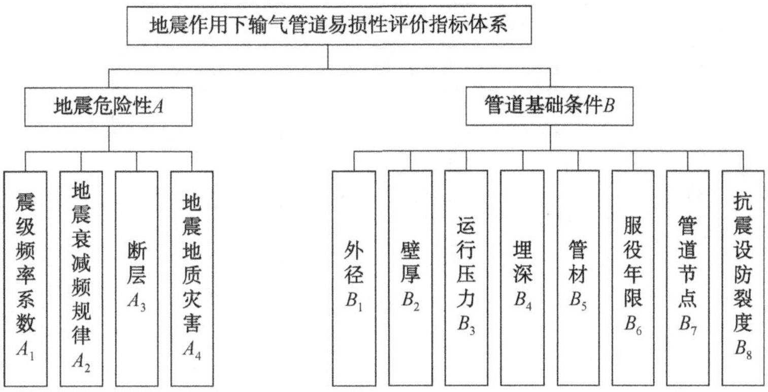

图1　输气管道易损性指标体系图

3　地震作用下管道易损性分析

根据建立的灰色关联权重-TOPSIS模型对实例管道进行地震易损性分析。本文实例来源于四川省某天然气有限责任公司所管辖的输气管道(气源部分)，总长超300km，约50%管线处于抗震设防烈度为6烈度及以上的山区，地质条件复杂，断裂构造活跃(图2)。该案例中输气管道长29.179km，根据管道及其沿线特征(管径、壁厚、管材、服役年限、人口密度、抗震设防烈度、站场等)，将其划分为6个管段。6个管段的基础指标展示在表2中。为使评价结果更加直观，本文采用等间距法将评价结果分为四类：低易损区[0，0.25)、中易损区[0.25，0.5)、高易损区[0.5，0.75)和极高易损区[0.75，1)。

图2　管线走向示意图

3.1　有限元模型建立

地震动力响应分析中，输气管道管材为L245钢管，为提高计算效率又保证不受边界效应的影响，管道长度取20m。管道其他参数见表3，土体尺寸为20m×4m×4m，土体采用Drucker-Prager模型，具体参数汇总见表4。管土之间的相互作用采用面面接触，法向采用“硬”接触，切向采用“罚函数”，罚函数中管道与土体之间的摩擦系数取0.5。对管土模型侧面设置沿法向的位移约束，模型底面以地震动幅值加速度形式施加地震波，采用ABAQUS软件的C3D8R单元对计算模型进行离散网格划分，划分后的模型示意图如图3所示。

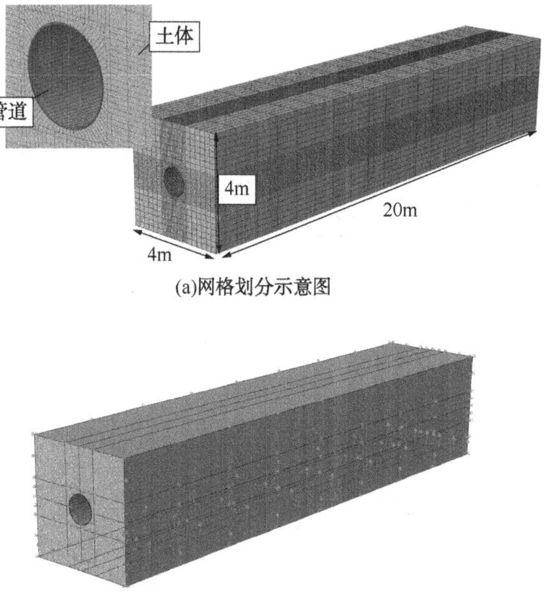

(a)网格划分示意图

(b)约束与荷载设置

图3　有限元模型示意图

表 2　实例管段指标取值结果汇总

指标层	管段 1	管段 2	管段 3	管段 4	管段 5	管段 6
震级-频率系数	0. 828	0. 828	0. 828	0. 828	0. 828	0. 828
地震动衰减规律	0. 14g	0. 145g	0. 15g	0. 16g	0. 17g	0. 17g
断层	4	3	3	4	4	3
地震地质灾害	1	1	3	5	1	1
外径/mm	159	159	168. 3	114. 3	114. 3	114. 3
壁厚/mm	6	6	4. 3	4	4	4
运行压力/MPa	1. 5	1. 5	2. 5	2. 5	2. 5	2. 5
埋深/m	0. 6	0. 7	0. 7	0. 7	0. 8	0. 9
管材	3	3	3	3	3	3
服役年限/年	20	20	6	6	6	6
管道节点	3	4	5	5	3	3
抗震设防烈度	7	7	7	7	7	7

表 3　管道参数

管道外径/mm	管道壁厚/mm	管道埋深/m	管道内压/MPa	弹性模量/GPa	泊松比	密度/(kg/m^3)
114. 3	5. 6	2	2	203	0. 3	7850

表 4　土 体 参 数

弹性模量/MPa	泊松比	密度/(kg/m^3)	摩擦角/(°)
8	0. 38	1800	15. 8

选择典型的汶川波作为输入的地震动，通过 Seismosignal 软件处理后截取部分地震时程曲线如图 4 所示。对烈度、外径、壁厚、内压、埋深 5 个参数采用正交试验后得到总计 25 组工况组合，将 25 组工况下的管道有限元地震动力响应计算结果汇总在表 5 中，作为灰色关联度分析的基础数据。

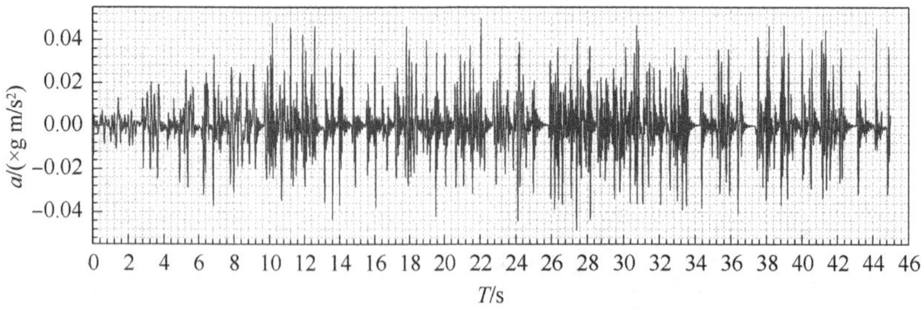

图 4　地震时程曲线图

表 5　地震动力响应计算结果

编号	烈度	外径/mm	壁厚/mm	内压/MPa	埋深/mm	von Mises 应力/×10^{7}Pa
1	6	89	4	0. 6	0. 4	1. 264
2	6	159	6	1. 2	1. 6	2. 382
3	6	273	8	2	0. 8	3. 999
4	6	355	10	3. 2	2	6. 422
5	6	457	12	5	1. 2	9. 941
6	7	89	10	5	1. 6	2. 556

续表

编号	烈度	外径/mm	壁厚/mm	内压/MPa	埋深/mm	von Mises 应力/$\times 10^7$Pa
7	7	159	12	0.6	0.8	1.201
8	7	273	4	1.2	2	8.158
9	7	355	6	2	1.2	7.065
10	7	457	8	3.2	0.4	9.497
11	8	89	6	3.2	0.8	4.484
12	8	159	8	5	2	6.16
13	8	273	10	0.6	1.2	1.687
14	8	355	12	1.2	0.4	3.315
15	8	457	4	2	1.6	15.52
16	9	89	12	2	2	3.378
17	9	159	4	3.2	1.2	9.871
18	9	273	6	5	0.4	14.04
19	9	355	8	0.6	1.6	3.307
20	9	457	10	1.2	0.8	4.131
21	10	89	8	1.2	1.2	12.09
22	10	159	10	2	0.4	11.21
23	10	273	12	3.2	1.6	12.53
24	10	355	4	5	0.8	13.47
25	10	457	6	0.6	2	14.31

3.2 指标权重确定

首先采用层次分析法计算了所有指标的初始权重，然后采用表5中的有限元计算结果和灰色关联度相结合的方法利用公式(11)到式(17)计算定量指标的权重，灰色关联度计算结果见表6，最终对整体指标权重进行优化后的计算结果见表7。

表6　灰色关联度计算结果

灰色关联度	抗震设防烈度	外径	壁厚	内压/MPa	埋深
r_i	0.266	0.401	0.132	0.389	0.045

表7　指标权重计算结果

目标层	一级指标	二级指标	初始权重	定量权重	最终权重
输气管道地震易损性	地震危险性 A	震级-频率系数 A_1	0.15172		0.076
		地震动衰减规律 A_2	0.28714		0.144
		断层 A_3	0.36794		0.184
		地震地质灾害 A_4	0.1932		0.097
	管道基础条件 B	外径 B_1	0.13228	0.3252	0.065
		壁厚 B_2	0.05516	0.1071	0.021
		内压 B_3	0.09322	0.3154	0.064
		埋深 B_4	0.0223	0.0365	0.008
		管材 B_5	0.23636		0.118
		服役年限 B_6	0.16654		0.083
		管道节点 B_7	0.19732		0.097
		抗震设防烈度 B_8	0.09682	0.2157	0.043

3.3 管道易损性评估

基于表2中汇总的指标数据，将6个管段所有指标构建为一个初始评判矩阵，按照公式(18)进行规范化，对得到的规范化矩阵按照公式(19)进行加权化，其中权重矩阵来自于表7计算的最终指标权重。参照公式(20)~式(22)计算得到指标的正负理想解、每个管段的欧式距离以及易损性贴近度。指标正负理想解计算结果见表8，管段与正负理想解的欧氏距离结果见表9，6个管段的易损性贴近度结果绘制在图5中。

规范化决策矩阵 N

$$N=\begin{pmatrix} 0.4082 & 0.3657 & 0.4619 & 0.1622 & 0.4627 & 0.5098 & 0.2762 & 0.3313 & 0.3841 & 0.6509 & 0.3235 & 0.4082 \\ 0.4082 & 0.3788 & 0.3464 & 0.1622 & 0.4627 & 0.5098 & 0.2762 & 0.3865 & 0.5121 & 0.6509 & 0.3235 & 0.4082 \\ 0.4082 & 0.3919 & 0.3464 & 0.4867 & 0.4898 & 0.3654 & 0.4603 & 0.3865 & 0.3841 & 0.1953 & 0.5392 & 0.4082 \\ 0.4082 & 0.4180 & 0.4619 & 0.8111 & 0.3326 & 0.3399 & 0.4603 & 0.3865 & 0.3841 & 0.1953 & 0.5392 & 0.4082 \\ 0.4082 & 0.4441 & 0.4619 & 0.1622 & 0.3326 & 0.3399 & 0.4603 & 0.4417 & 0.3841 & 0.1953 & 0.3235 & 0.4082 \\ 0.4082 & 0.4441 & 0.3464 & 0.1622 & 0.3326 & 0.3399 & 0.4603 & 0.4969 & 0.3841 & 0.1953 & 0.3235 & 0.4082 \end{pmatrix}$$

加权规范化矩阵 V

$$V=\begin{pmatrix} 0.0310 & 0.0527 & 0.0850 & 0.0157 & 0.0301 & 0.0107 & 0.0177 & 0.0027 & 0.0453 & 0.0540 & 0.0314 & 0.0176 \\ 0.0310 & 0.0545 & 0.0637 & 0.0157 & 0.0301 & 0.0107 & 0.0177 & 0.0031 & 0.0604 & 0.0540 & 0.0314 & 0.0176 \\ 0.0310 & 0.0564 & 0.0637 & 0.0472 & 0.0318 & 0.0077 & 0.0295 & 0.0031 & 0.0453 & 0.0162 & 0.0523 & 0.0176 \\ 0.0310 & 0.0602 & 0.0850 & 0.0787 & 0.0216 & 0.0071 & 0.0295 & 0.0031 & 0.0453 & 0.0162 & 0.0523 & 0.0176 \\ 0.0310 & 0.0640 & 0.0850 & 0.0157 & 0.0216 & 0.0071 & 0.0295 & 0.0035 & 0.0453 & 0.0162 & 0.0314 & 0.0176 \\ 0.0310 & 0.0640 & 0.0637 & 0.0157 & 0.0216 & 0.0071 & 0.0295 & 0.0040 & 0.0453 & 0.0162 & 0.0314 & 0.0176 \end{pmatrix}$$

表8　指标正负理想解计算结果

指标	A_1	A_2	A_3	A_4	B_1	B_2	B_3	B_4	B_5	B_6	B_7	B_8
V^+	0.031	0.064	0.085	0.079	0.022	0.007	0.030	0.004	0.060	0.054	0.052	0.018
V^-	0.031	0.053	0.064	0.0157	0.0318	0.011	0.018	0.003	0.045	0.016	0.031	0.018

表9　各管段与正负理想解的欧氏距离

管段	d_i^+	d_i^-
P1	0.140682	0.087227
P2	0.143269	0.082041
P3	0.114352	0.079748
P4	0.082235	0.143279
P5	0.155541	0.057648
P6	0.161239	0.039

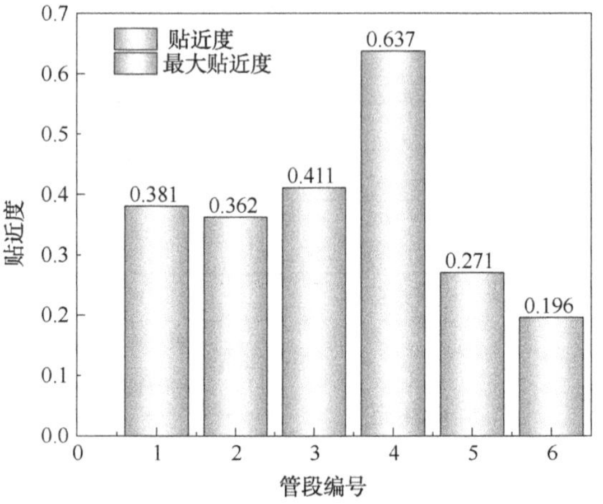

图5　管道易损性的贴近度计算结果

由图5可知，管段4的易损性贴近度远高于其他管段，表明管段4的管道易损性程度最高，为综合最危险管段，在地震灾害作用下更容易发生失效破坏。分析原因可以发现，管段4近场范围内有近断层，并且有高危险性地质灾害，同时，管道的壁厚相对较小，管道节点处管件材质较差，因此导致了管段4的易损性最高。管段1至管段6的易损性贴近度分别为0.381、0.362、0.411、0.637、0.271、0.196，根据本文采用的易损性分级方法其中管段1至管段5的管道易损性状态为中易损性，管段6为低易损性。经易损性贴近度排序可知，管段4的管道易损性最高，需要重点关注。应采取适当措施手段提高管段4的抗震性能，降低风险，在满足工程要求和经济条件的基础下可以通过更换管材质量更高的管道，选择更大管径、增加壁厚、处理好管段连接质量、在危险管段设置截止阀、对抗震性能较差的管段重点监测等手段降低管段的易损性。

4 结论

（1）本文采用了有限元结合灰色关联度的方法对地震作用下输气管道的易损性评估指标进行权重改进与计算，对三标度AHP法得到的权重进行了优化，提高了评价的准确性与客观性。从最终权重计算结果来看，断层、地震动衰减规律以及管材三项指标的权重最大，说明这三个因素对管道易损性影响最大。对新建管道选线要重点关注场地周围的断层分布情况以及场地地震动衰减规律，选择更高级别的管材可以降低管道的地震易损性。

（2）为了实现简单高效的的输气管道的地震易损性评价，从地震危险性和管道基础条件两个方面，建立了管道易损性评估指标体系，提出了灰色关联有限元-TOPSIS评价模型。基于该模型对实例进行了评价，从评价结果来看，相关管理部门应该重点关注管段4，及早采取措施排除地震安全隐患，避免损失。研究结果显示所建立的基于灰色关联有限元-TOPSIS模型在输气管道的易损性评价方面具有适用性，能够综合考虑各因素之间的相互影响关系，得到各个管段之间的相对易损性程度，帮助运营商优先管理易损性程度的危险管段，提高了决策的科学性和可靠性。

（3）管道地震易损性是一个受多种因素影响的综合性评价过程，本文由于实际评价区域以及数据资料的可获得性限制，考虑的指标仍不够全面，未来的研究可添加更多详细的指标因子进行分析探讨，使得管道易损性研究更加深入准确。

参 考 文 献

[1] 郭锦辉．我国天然气消费快速增长的红利或将持续到2035年[N]．中国经济时报，2023-10-16(002).DOI：10.28427/n.cnki.njjsb.2023.002357.

[2] Wang J，Lin G，Zhang Z. Methodology to determine the parameters of historical earthquakes in China[J]. Geoscience Letters，2017，4：1-12.

[3] Men K P，Zhao K. The 2015 Nepal M 8.1 earthquake and the prediction for M≥ 8 earthquakes in West China[J]. Natural Hazards，2016，82：1767-1777.

[4] 董晋琦，郑山锁，谢孝奎，等．考虑近断层脉冲型地震动影响的埋地管道地震易损性分析[J]．工程力学，2023，40(05)：104-116.

[5] 吕大刚，周洲，王丛，等．考虑巨震的四级地震设防水平一致风险导向定义与决策分析[J]．土木工程学报，2018，51(11)：41-52.

[6] Maskrey A. Disaster mitigation：a community based approach[M]. Oxfam International，1989.

[7] 周姝天，翟国方，施益军，等．城市自然灾害风险评估研究综述[J]．灾害学，2020，35(04)：180-186.

[8] Lakshminarayanan B，Ramasamy S，Yadav B. Assessing the future groundwater vulnerability of an urban region under variable climatic and land use conditions[J]. Urban Climate，2023，52：101691.

[9] Ye W，Jia J. Assessment and analysis of social vulnerability to island seismic disasters [J]. International Journal of Disaster Risk Reduction，2023，96：104008.

[10] 梁宇，吕大刚，孟建宇．基于贝叶斯网络的地下隧道多灾害风险评估[J]．地下空间与工程学报，2023，19(S1)：368-380.

[11] 王志远，赵人达，吴鑫睿，等．大跨度钢管混凝土劲性骨架拱桥地震易损性分析[J]．振动与冲击，2023，42(16)：72-81. DOI：10.13465/j.cnki.jvs.2023.16.009.

[12] 蒋家卫，程祖俊，许成顺，等．基于云图法地下结构易损性分析的地震动记录规模选取[J]．建筑结构学报，2023，44(11)：208-215. DOI：10.14006/j.jzjgxb.2022.0304.

[13] Nguyen H D，Lee Y J，LaFave J M，et al. Seismic fragility analysis of steel moment frames using machine learning models[J]. Engineering Applications of Artificial Intelligence，2023，126：106976.

[14] 韩俊艳，李玉凤，钟紫蓝，等．不同场地条件下埋地腐蚀钢管地震易损性评价[J/OL]．岩土工程学报：1-10[2023-11-04]. http：//kns.cnki.net/kcms/detail/32.1124.TU.20230625.1734.002.html.

[15] 苏琪，范进．考虑双参数的公路隧道易损性及概率地震损失[J]．振动与冲击，2023，42(13)：235-241. DOI：10.13465/j.cnki.jvs.2023.13.028.

[16] Szymula C，Bešinović N. Passenger-centered vulnerability assessment of railway networks[J]. Transportation Research Part B：Methodological，2020，136：30-61.

[17] Ge B，Yang Y，Kim S. Time-dependent multi-hazard seismic vulnerability and risk assessment of deteriorating reinforced concrete bridges considering climate change [C]//Structures. Elsevier，2023，55：995-1010.

[18] 蔺娅，李爱春，温海燕．基于变权-靶心贴近度模型的泥石流灾害影响下桥梁工程易损性评价[J]．安全与环境工程，2022，29(02)：95-101+110. DOI：10.13578/j.cnki.issn.1671-1556.20210449.

[19] 成蕾，李碧雄．基于指标法的建筑物理脆弱性评估研究进展[J]．震灾防御技术，2020，15(02)：260-273.

[20] Qin Y，Rong L，Qie Z，et al. Refined Urban Disaster Vulnerability Assessment Based on Elements at Risk：A Case Study of Dalian，China[J]. Sustainable Cities and Society，2023：104978.

[21] Tsinidis G，Di Sarno L，Sextos A，et al. A critical review on the vulnerability assessment of natural gas pipelines subjected to seismic wave propagation. Part 2：Pipe analysis aspects[J]. Tunnelling and Underground Space Technology，2019，92：103056.

[22] 王雯悦，伍颖，尤潇，等．基于改进 Borda 法与属性识别的山区输气管道地震易损性评价[J]．油气储运，2021，40(11)：1265-1271.

[23] 郑明新，杨婧雯．基于 AHP-CRITIC 与 TOPSIS 的路基下穿高铁桥梁施工工法评价[J]．安全与环境学报，2023，23(08)：2563-2571. DOI：10.13637/j.issn.1009-6094.2022.0871.

[24] 张指辉，张毅，李健宁．基于改进层次分析法与熵权法的目标选择模型[J]．探测与控制学报，2022，44(06)：117-121.

[25] Tüysüz N，Kahraman C. An Integrated Picture Fuzzy Z-AHP & TOPSIS Methodology：Application to Solar Panel Selection [J]. Applied Soft Computing，2023：110951.

[26] * * ao Y，Tang X，Li Y，et al. Social vulnerability assessment of landslide disaster based on improved TOPSIS method：Case study of eleven small towns in China[J]. 2022.

[27] 郭超，陈蓥．基于相对熵的 KL-TOPSIS 体系对矿区工业环境易损性的综合评判[J]．安全与环境学报，2016，16(06)：14-18. DOI：10.13637/j.issn.1009-6094.2016.06.003.

[28] 辛酉阳，杨德磊，方前程．改进 GRA-TOPSIS 模型在装配式建筑施工风险评估中的应用[J]．安全与环境学报，2023，23(07)：2212-2222. DOI：10.13637/j.issn.1009-6094.2022.0718.

[29] 苏晓波，纪洪广，权道路，等．劈裂条件下岩石应变空间变异性与 b 值关系[J]．煤炭学报，2020，45(S1)：239-246. DOI：10.13225/j.cnki.jccs.2019.1320.

[30] Hu J，Xu B，Chen Z，et al. Hazard and risk assessment for hydraulic fracturing induced seismicity based on the Entropy-Fuzzy-AHP method in Southern Sichuan Basin，China[J]. Journal of Natural Gas Science and Engineering，2021，90：103908.

[31] 吕大刚，王丛，伊广丽．基于我国地震区设定谱的标准地震动记录集研究[J]．地震工程与工程振动，2022，42(06)：67-75. DOI：10.13197/j.eeed.2022.0607.

[32] Zygouri V，Koukouvelas I，Ganas A，et al. Clustering of earthquakes along the Pidima-Anthia normal fault：New data from palaeoseismology and tectonic geomorphology and their significance on the earthquake's regularity and recurrence across southern Greece [J]. Journal of Structural Geology，2023：104974.

[33] 甄纪亮，刘晓然，刘朝峰，等．分类分级视角下供水管网地震韧性评估研究[J]．安全与环境学报，2023，23(08)：2630-2636. DOI：10.13637/j.issn.1009-6094.2022.2047.

[34] Wu Y，Meng B，Wang L，et al. Seismic vulnerability analysis of buried polyethylene pipeline based on finite element method[J]. International Journal of Pressure Vessels and Pi * *，2020，187：104167.

[35] 陈勇，杨庆华．埋地管道在地震波作用下的变形分析[J]．世界地震工程，2015，31(04)：275-279.

[36] Pan H，Li H N，Li C. Seismic fragility analysis of free-spanning submarine pipelines incorporating soil spatial variability in soil-pipe interaction and offshore motion propagation[J]. Engineering Structures，2023，280：115639.

[37] 杜雨霁，付明，端木维可，等．基于 FAHP-ICV 的燃气管网风险评估方法[J]．清华大学学报(自然科学版)，2023，63(06)：941-950. DOI：10.16511/j.cnki.qhdxxb.2023.22.010.

[38] 孟晓静，陈鑫，陈佳静，等．组合赋权-TOPSIS 在洪涝灾害下城市区域韧性评估中的应用[J]．安全与环境学报，2023，23(05)：1465-1473. DOI：10.13637/j.issn.1009-6094.2022.2000.

[39] 贺金川，韩峰，郑山锁，等．酸性土壤环境中多龄期埋地钢管地震易损性分析[J]．天津大学学报(自然科学与工程技术版)，2020，53(09)：881-889.

[40] 高向玲，王冰珂，贾洁．基于管土耦合的埋地平行双钢管受力规律研究[J]．华中科技大学学报(自然科学版)，2023，51(07)：18-26. DOI：10.13245/j.hust.239246.

基于数据驱动的油气管道腐蚀预测方法研究进展

雷鹏正　蒋宏业　徐涛龙

（西南石油大学）

摘　要　油气管道的腐蚀问题一直是油气工业中的一大严峻挑战，其危害不仅限于管道的泄漏和损坏，更有可能引发严重的事故，对生产安全和环境保护带来巨大威胁。为了最大程度降低腐蚀所带来的潜在风险，因此需要对管道腐蚀情况进行预测。这种预测不仅可以发现潜在问题，还能为管道维护和修复计划提供重要参考，从而保障管道系统的可靠性和安全性。因此，管道腐蚀预测技术的研究对油气管道实现更加持久、安稳、高效的建设与运营有着重大的意义。本文综述了基于数据驱动的管道腐蚀预测的关键方法和技术，包括确定性模型，概率模型与机器学习模型。确定性模型通过考虑腐蚀过程的基本原理和影响因素，对腐蚀速率进行建模，而概率模型则利用历史数据和统计方法来预测未来腐蚀发展的可能性。本文还探讨了机器学习技术在管道腐蚀预测领域的应用。机器学习作为一种强大的数据分析工具，能够从大量的腐蚀数据中学习模式和规律，进而建立高效准确的预测模型。通过利用机器学习算法，可以更精准地预测管道腐蚀的发展趋势，提前识别潜在的问题，有助于及时采取措施进行管道维护和管理。此外，本文还对混合方法模型的发展趋势进行了讨论。混合方法模型将不同类型的预测模型进行整合和优化，充分利用各自模型的优势，提高了预测的准确性和可靠性。这一发展趋势为未来管道腐蚀预测提供了更为灵活和多样化的选择，有望为解决复杂问题提供更有效的解决方案。最后，本文讨论了当前管道腐蚀预测面临的挑战，并提出了未来研究方向和改进建议，旨在提高管道腐蚀预测的准确性和可靠性，为管道安全管理提供更有效的支持。

关键词　管道腐蚀；数据驱动；机器学习；发展趋势

在当前的局势下，油气输送的能力象征着国家发展的能力。而管道运输作为一种被广泛采用且常见的输送方式，在这一背景下就显得尤为重要。相对于其他的运输方式，如公路、铁路和空运等，管道的成本是最低的，因此被认为是最为理想的运输方式。

然而，尽管油气管道本身具备一定的防腐性能，但随着管道长时间的运行，在这些管道的敷设与使用过程中，无论是从管道内部还是外部，油气管道的腐蚀现象都会无可避免地出现。这些缺陷会逐渐扩大，从而导致了管道本身的承载压力逐渐减弱，从而极大地缩短了管道的使用寿命。在极端情况下，甚至可能导致管道发生严重事故，如穿孔、泄漏和开裂，造成不可估量的经济损失和环境污染。有资料显示，导致油气管道腐蚀的主要原因有两方面，分别是外部环境和内部输送介质。在外部环境方面管道受到大气中的湿气、氧气等物质的侵蚀，导致表面腐蚀。同时会引发电化学反应，造成电化学腐蚀，特别是在高湿度和盐分环境下最为严重。而另一方面，管道内部也容易受到油气中的腐蚀性成分的影响，如硫化氢（H_2S）、二氧化碳（CO_2）等。如今，许多管道随着国家工业的不断发展已经投入使用多年，伴随着时间的推移，这些管道的腐蚀问题也越来越严重，因此也带来了一系列潜在的腐蚀安全隐患。

近年来，由腐蚀所引发的管道安全事故在全球范围内屡次上演，美国在2011—2015年间的管道事故，其中因腐蚀导致的失效破坏占据21%；加拿大阿尔伯特能源与公用事业委员会（AER）统计的2004—2013年间的管道事故数据显示，腐蚀导致的管道事故达到了42%。而我国也面临着极其严峻的管道腐蚀问题，据统计因腐蚀引起的管道事故已经占到总事故数量的超过25%。2013年11月22日，山东青岛东黄输油管道的爆炸事故共造成62人身亡和136人受伤，事故是由输油管道与排水暗渠交汇，发生了管道外腐蚀，导致管道破裂，进而引发了爆炸。2014年8月1日，高雄前镇区燃气管道发生爆炸事故，事故是由管道腐蚀引发丙烯外泄导致的，造成25死亡，300多人受伤，经济损失100万美元。2021年6月，湖北省十堰市某燃气管道受河道内长期潮湿环境影响，潮湿气体在事故管道外表面形成电化学腐蚀，导致管道壁厚逐步减薄造成部分穿孔，进而引发了爆炸。在这场事故中伤亡 26 人，受伤 138 人，造成的经济损失达 5395.41 万元。

综上所述，管道的腐蚀会对石油与天然气运输系统造成巨大的危害。为了保证管道可以安全运行，减小管道腐蚀事故的发生率，就需要找到能够及时获取管道运行状况的方法。但是，油气管道输送的距离过长，频繁的检测会耗费大量人力、物力及时间，如果能找到可靠的预测方法，在前几年获取数据的基础上建立函数关系式预测未来多年的腐蚀发展趋势，就可以解决面临的难题。系统性的研究管道腐蚀的趋势并进行腐蚀管道剩余强度评价，可以为管道的维护提供理论基础，让在役管道能够得到有计划、有针对性的保养与维修。因此，管道腐蚀预测技术的研究对我国油气管道实现更加持久、安稳、高效的建设与运营有着重大的意义。

1　文献选择与处理

采用文献计量学方法研究的文献选自中国知网，使用高级搜索，搜索条件为主题，内容为“腐蚀预测”然后在“腐蚀预测”的搜索结果中输入“管道”，进行二次搜索。选择发表时间范围为 2013 年 1 月至 2023 年 12 月，检索范围为总库。同时根据以下规则细化列表：(1) 删除与内容无关的文章；(2) 文献类型仅限学术期刊、学位论文、会议；(3) 去除发表在不同期刊的同一文献(4) 去掉短讯、通知、致辞等非研究性论文。基于上述规则共筛选出了 413 篇相关文献。运用统计学方法对发文量趋势、文献类型分布、主要主题分布进行定量分析，并通过文献可视化分析软件 VOSiewer 进行关键词共现。由基于数据驱动的管道腐蚀预测技术文献发文量趋势图(图 1)可见，2013-2023 年发文量呈波动上升趋势，并在 2021 年达到峰值；整体来看，近 10 年此类文章热度呈现上升趋势。

图 2 为近年来管道腐蚀预测文章主要研究方向，可知管道腐蚀预测技术的主要研究方向为腐蚀速率、剩余强度与寿命预测等。其中针对腐蚀预测的对象主要是埋地管道，海底管道与集输管道。对于腐蚀的预测，其内腐蚀与外腐蚀都是研究的热点。对于腐蚀预测的着手点主要有管道腐蚀速率，管道剩余强度，管道剩余寿命的预测。

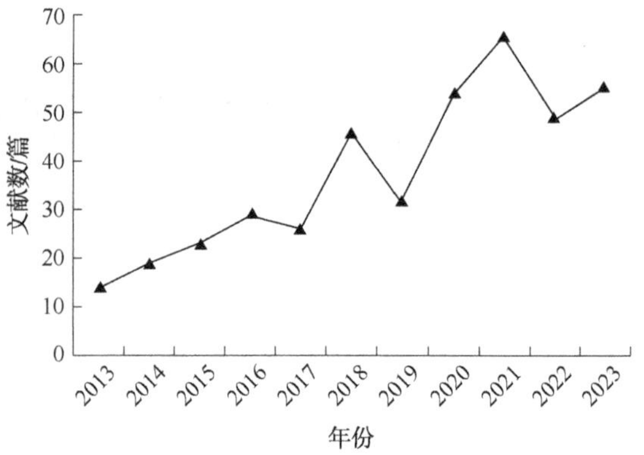

图 1　2013—2023 年管道腐蚀预测发文量趋势图

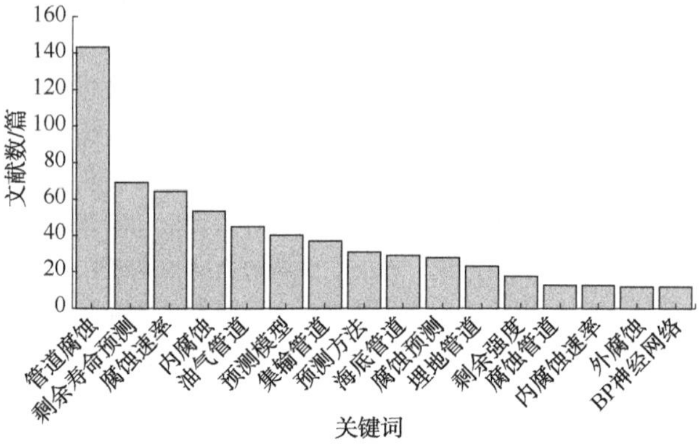

图 2　2013—2023 管道腐蚀预测文章主要研究方向

通过 VOSviewer 绘制基于数据驱动的管道腐蚀预测技术关键词气泡云图(图 3)，所选检索库的局限性(CNKI 为中文检索库)以及关键词的最小出现数设定为 7 气泡的大小反映对应关键词出现的频次及研究热度，气泡之间的连接线反映关键词之间联系的紧密程度。其中腐蚀预测相关方法中，BP 神经网络是最热门的方法。另外，SVM 算法、遗传算法也是常用的腐蚀分析方法。

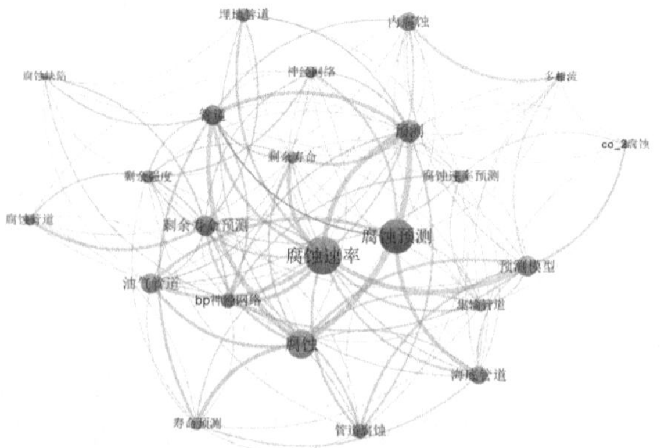

图 3　基于 VOSviewer 的管道腐蚀预测关键词气泡云图

综上所述，针对基于数据驱动的管道腐蚀预

测技术，国内外学者主要关注的是腐蚀速率、管道剩余寿命与管道剩余强度这 3 个方面。数据预测方法中研究中 BP 神经网络算法最受关注。为此，针对这些主要研究方向及其热门技术相关的文献进行具体分析，明确其研究现状，进而展望其发展趋势。

2 腐蚀预测模型介绍

2.1 确定性模型

腐蚀预测中的确定性模型是一种基于已知的数据和数学方程来预测腐蚀的发展情况的一种模型，优点在于它简单易用，尤其在已知条件下。然而，这种模型通常忽略了一些随机性因素，因此预测的准确度往往不高。

2.1.1 单值腐蚀速率模型(SVCR)

单值腐蚀速率(SVCR)模型因为其简单易用，可以快速的得出腐蚀速率的特点，被业内广泛的使用。该模型所预测的腐蚀速率与腐蚀缺陷与不随时间变化，只与其所处的环境有关。

以 ISO 9223 标准为例，其是一个基于大气环境对金属腐蚀性的标准。该标准考虑了湿度、温度、污染水平和大气中腐蚀性物质的存在等因素。它可以用于评估不同环境下金属腐蚀的速率。其定义的分类系统包括 6 个腐蚀等级，其分别是 C1，C2，C3，C4，C5 与 CX 其分别代表不同腐蚀性水平。具体分类见表 1。

表 1　ISO 9223 的 6 个腐蚀等级

腐蚀等级	描述	环境特征	腐蚀速率和行为
C1	腐蚀性非常低	室内环境，低污染水平，低湿度，无腐蚀性物质	腐蚀速率非常缓慢，小于 0.0013mm/年，可以不需要防护
C2	低腐蚀性	城市和工业环境，低污染水平，适中湿度，偶尔接触腐蚀性物质	腐蚀速率较慢，在 0.0013mm/年到 0.025mm/年之间，需要防护
C3	中等腐蚀性	城市和工业环境，中等污染水平，高湿度，偶尔接触腐蚀性物质	腐蚀速率较高，在 0.025mm/年到 0.050mm/年需要防护
C4	高腐蚀性	高度污染的工业环境，高污染水平，高湿度，频繁接触腐蚀性物质	腐蚀速率快，在 0.05mm/年到 0.08mm/年，需要有效防护
C5	腐蚀性非常高	极度污染的工业环境，极高污染水平，极高湿度，金属持续接触腐蚀性物质	腐蚀速率非常快，在 0.08mm/年到 0.2mm/年，需要更高级的防护
CX	特殊腐蚀性分类	高度污染的海洋环境，污染严重的工业区，高海拔区域等	腐蚀速率非常快，在 0.2mm/年到 0.7mm/年，专业人士应当根据实际情况制定适当的腐蚀保护计划

2.1.2 线性腐蚀速率模型

线性腐蚀速率模型是一个确定性模型，它假设腐蚀速率随时间线性增长，因此形式也相对简单，如方程(1)所示。

$$D(t)=D_0+\dot{D}t \tag{1}$$

其中，$D(t)$是随时间推移的腐蚀深度；t 是时间间隔；D_0 是初始时的腐蚀深度；$\dot{D}$ 是腐蚀速率。当在线检测只有一个在线检测所获得的数据时，初始时间可以被视为涂层开始脱落的时刻，当管道在不同时间收集至少两个在线检测所获得的数据时，可以使用公式(2)计算腐蚀速率

$$\dot{D}=\frac{dT_2-dT_1}{t_2-t_1} \tag{2}$$

其中，dT_1 和 dT_2 是第一次和第二次检查的缺陷深度；t_2-t_1 是两次检查之间的时间间隔。

2.1.3 非线性腐蚀增长率模型

如果要引入管道材料与管道所处的环境对管道腐蚀的影响，那么需要使用非线性腐蚀增长率模型来预测管道各种形式的腐蚀，公式如(3)所示：

$$D=kt^n \tag{3}$$

该模型也可以通过取对数转换为对数方程，如方程(4)所示：

$$\log D=\log k+n\log t \tag{4}$$

如果需要考虑到初始腐蚀时间 t_0，腐蚀深度可以的结果计算可以用公式(5)所示：

$$D=k(t-t_0)^n \tag{5}$$

其中，k 是管道材料系数；n 是环境系数。这两个数据是通过现场实验的方法得到的。只要知道上述参数，就可以使用非线性腐蚀增长率模型计算出未来时间任何给定时间的腐蚀深度。

Mahmoodian 等人的非线性腐蚀增长率模型是一个广泛应用于不同腐蚀情况下的成功经验模型。这个模型可以被运用于各种形式的腐蚀，包括均匀腐蚀、点蚀、腐蚀疲劳等。并且相较于其他的确定性模型准确性较高。

2.2 概率模型

管道的腐蚀是一种非常复杂的现象，影响腐蚀的参数是非常多的，因此腐蚀速率和最大腐蚀深度都有很大的随机性。然而，确定性模型无法考虑到腐蚀的随机性，只能计算出特定时间的与特定点估计值。因此在这种情况下，基于随机过程的概率模型会比确定性模型预测的更为精确。

2.2.1 马尔可夫模型

马尔可夫模型是一种描述随机过程的数学工具，基本思想是当前状态只与前一状态相关，而与更早的状态无关。其在腐蚀预测中的应用是通过建立一种基于状态转移的概率模型，来预测管道材料在不同时间点下可能的腐蚀状态。应用此模型只需要知道初始坑深分布和土管参数就可以得到最后的结果。该模型的关键点是假设马尔可夫过程得出的点蚀的随机均值等于过程的确定性均值，这样就可以从开始腐蚀的初始时间和土管的指数来得出转移概率函数，如方程(6)所示：

$$p_n(t)=\sum_{m=1}^{n}p_m(t_0)\binom{n-1}{n-m}\left(\frac{t_0-t_{ini}}{t-t_{ini}}\right)^{vm}\left[1-\left(\frac{t_0-t_{ini}}{t-t_{ini}}\right)^{v}\right]^{n-m} \tag{6}$$

其中 t_{ini} 和 v 是描述埋地管道中腐蚀深度的非线性时间演变的参数，$p_m(t_0)$ 是初次检查的时间。v 的值随土壤结构的类型而变化，其是取决土壤含水量，土壤容重和管道涂层类型等特征。

俞树荣等人在 2016 年将灰色理论与马尔可夫链理论结合，组合成灰色绝对马尔可夫链模型（GMCAD）和灰色叠加马尔可夫链模型（GMCPS），使用两种模型分别对油气管道的腐蚀寿命进行预测。发现两种模型都能对严重腐蚀状态做出精确预测，但是灰色叠加马尔可夫链模型的预测结果更为精准。

郑宇佳等人在 2023 年提出了基于概率权重的灰色马尔可夫模型，并将其用于油气管道腐蚀深度预测。实验表明该模型可以达到自动地对误差数据进行状态划分的目的，并且马尔可夫模型有良好的修正误差数据的效果，可进一步提高油气管道腐蚀深度的预测准确度。

2.2.2 广义极值分布模型(GEVD)

广义极值分布模型是基于一定样本集的极值概率模型。极值统计理论现已成为预测局部腐蚀深度的常用方法。广义极值分布模型经常用于对腐蚀数据的极值进行建模和分析。通过将腐蚀率的最大值或最小值建立成 GEVD 模型，可以估计系统中出现极端腐蚀事件的概率，这对于管道的安全评估和管理至关重要。管道的腐蚀速率的方程如(7)所示：

$$G(x)=\exp\left\{-\left[1+\xi\left(\frac{x-\mu}{\sigma}\right)^{-1/\xi}\right]\right\} \tag{7}$$

其中，$\sigma>0$，μ，$\xi\in R$. 参数 μ 表示的分布的是位置参数，通常表示分布的中心 σ 代表分布的尺度，ξ 决定了分布的形状。

最终的腐蚀深度可以通过腐蚀速率分布和初始时间 t_0 的深度分布来计算，如方程(8)所示：

$$f_t(x)=\int_0^{\infty}G(v)f_{t_0}(x-v\delta t)\,dv \tag{8}$$

其中，$\delta t=t-t_0$ 是测量时间的间隔。

广义极值分布模型可以用统一的形式表达三个分布（Gumbel，Frechet 和 Weibull）。对于相对较短的暴露期，Gumbel 和 Weibull 分布最有可能适用于腐蚀深度和速率。在关于点蚀的文献中，通常使用两个形式的分布 Gumbel 和 Weibull 分布。在大多数情况下，代入位置参数 μ 与尺度参数 σ 就可以很好地拟合出管道腐蚀数据。

周国强等人，于 2013 年针对管道腐蚀的环境复杂性和过程随机性问题以及极值分布模型选择不当所引起的拟合误差问题，采用广义极值分布模型预测管道腐蚀深度的发展规律，他们对管道进行取样，并且对腐蚀深度进行统计分析，计算相应的累计概率；研究结果表明：改进后的广义极值分布模型不会受限于样本极值数据的具体分布，具有较好的通用性，且模型参数寻优过程收敛速度快，拟合效果较理想。

张新生等人，于 2018 年为了预测在役油气管道腐蚀剩余寿命，基于广义极值模型建立了基于改进 GEV 分布的腐蚀油气管道剩余寿命预测模型。首先，利用马尔科夫链蒙特卡罗方法估计 GEV 分布函数的参数并由此确定极值分布类型，若图形检验合理，则采用该分布预测其最大腐蚀深度；其次，基于管道的可靠度及安全性建立腐蚀裕量预测模型；最后；根据管道最大腐蚀深度、腐蚀裕量及管道使用年限等数据，建立三者关系指数模型，以此预测管道剩余寿命。结果表明：模型的预测精度较高且不受限于数据的具体分布，作为管道剩余寿命的预测模型通用性较好。

2.3 机器学习

腐蚀预测中的机器学习是一种基于数据和算法的方法，用于预测物体表面或结构受腐蚀的可能性和程度。与传统的模型不同，机器学习模型依赖于大量的数据，通过分析大量的历史数据来学习并建立腐蚀预测模型。

2.3.1 人工神经网络(ANN)

ANN是一种模拟人类神经系统对外信息处理机制的数学工具。凭借其出色的学习和容错能力，被广泛应用于各个行业。前馈神经网络是ANN的典型分层结构。在多层前馈神经网络中，神经元被排列成层，包括一个输入层、一到三个隐藏层和一个输出层。神经网络是由连接许多神经元形成的，每个连接都有一定的权重。W_{ij}是神经元i和j之间的连接权重，X_i是神经网络的输入向量，神经元j具有两个连续层($k-1$，k)，最终结果的输出值由方程(9)所示：

$$Y_j = \Theta(b_j + \sum_{i=1}^{m} W_{i,\,i}X_i) \quad i \in [1,\ m] \quad j \in [1,\ n] \tag{9}$$

其中，b_j是阈值系数；θ是激活函数；m是$k-1$层的神经元数；n是k层的神经元数。

Lunde等人的实验研究数据集被用于模型的训练。ANN预测的结果显示出与实验预测结果非常接近的模式。因此得出结论，在现场的管道腐蚀预测中可以使用该模型来预测腐蚀速率，但是同时需要考虑模型的局限性。

Masi等人，2014年使用ANN预测了20km海底油气管道沿管道内部腐蚀速率长度，金属损失和缺陷区域的腐蚀剖面，并突出显示了具有高风险腐蚀的管道部分。该模型结合了真实管道的几何轮廓、流动模拟和基于物理的腐蚀模型。该模型的性能虽然较好，但是该模型有一个明显的缺点，油气管道需要停止运作才能对管道的数据进行收集，以此来进行预测。此外，Masi等人所采用的数据集较小，因此模型的准确性也会随之降低。

Gabetta等人，在2014年使用ANN预测了埋地天然气管道的内部腐蚀速率，金属损失缺陷和管道缺陷区域。本研究中输入数据是管道的几何特征如高程，倾角等和流体动力学参数如温度、压力、速度、流态等。但是该模型同样也有数据集较小的缺点。

Din等人，于2015年应用ANN来预测碳钢油气管道中的腐蚀速率，其模型的输入数据是腐蚀缺陷的方向、深度、长度和宽度。其创新点是引入了在线检测的数据已用于模型的开发。就理论上来说可以实时的于预测管道腐蚀的速率。虽然ANN模型的预测结果具有可接受的精度，但是测试设备所得出的数据和真实数据有一定的测量偏差，因此输入数据的偏差可能会导致最后所得出的模型结果与真实情况有一定的区别。

凌晓等人，于2019年采用BPNN神经网络预测输油管内腐蚀速率，通过改进粒子群算法扩展了全局搜索能力，为BPNN提供更加优质的初始值，结果表明改进算法后的BPNN预测精度较为改进的BPNN大幅提升。

Nayak、Anarghya等人在2020年使用ANN预测了CO_2管道的腐蚀速率。其模型的输入数据是pH值，CO_2分压与流体的速度和温度。其输入的数据集是使用实验设置生成的。因此输入的数据与真实的情况有一定的偏差，导致最后所得出结果与真实情况也有一定的区别。

2.3.2 支持向量机模型(SVM)

SVM是一种用于分类和回归任务的机器学习算法，是一种适用于小样本、贫信息的学习训练算法，对于埋地管道的腐蚀问题，由于腐蚀的研究具有长期、连续等特点，获取全面的第一手资料较为困难，符合SVM模型的预测条件。SVM通过寻求结构风险最小化来提高模型的泛化能力，从而在小样本条件下，实现数据的分类和回归。拟合函数为：

$$f(x) = w\varphi(x) + b \tag{10}$$

其中，x为样本的输入向量；w为样本的权值向量；b为样本的拟合误差。

对式(10)的w、b进行反复训练，采用拉格朗日乘子法将函数凸二次优化问题转化为解决对偶问题，得到超平面的决策函数(11)：

$$f(x) = \sum_{i=1}^{n} (a_{-}\ a_i^*)K(x_i,\ x_j) + b \tag{11}$$

式中，$ai*$为拉格朗日乘子；$K(x_j,\ x_j)$为核函数。

Luo等人在2013年使用支持向量机来预测海上天然气管道的腐蚀速率。研究中考虑的输入变量包括角度、压力、沉积速率、液体密度、气体密度、液体速度、液体停留时间、pH 值、表面张力、流动状态、流体温度、气体的表面速度、管道内壁对流传热、内壁表面温度、内壁的对流传热系数、气相的热导率、气体最大壁面剪切应力、液体最大壁面剪切应力。支持向量机相比于神经网络对腐蚀速率预测结果在这个实验中表现的更好。

Lee 等人在 2013 年使用了欧氏距离支持向量机分类方法，借用 MATLAB 工具来预测油气管道的故障。其中改进后的欧氏距离支持向量机在分类腐蚀缺陷方面表现比传统支持向量机更好。

2.3.3 混合机器学习模型

混合模型已被广泛用于机器学习模型的开发，混合机器学习是一种强大的方法，旨在通过结合多个不同的机器学习模型，以改善预测性能、泛化能力。这种方法通过充分利用不同模型的优点，同时减少各个模型的弱点，从而在复杂问题中取得更好的结果。

Hatami 等人在 2016 年应用最小二乘支持向量机(LSSVM)来预测含有 CO_2 的石油和天然气管道中的腐蚀速率。其使用了三种核函数分别是高斯函数、多项式函数和线性函数来开发模型。在使用核函数中，高斯被认为是最好的函数。为了优化模型参数，使用了耦合模拟退火算法(CSA)来优化最小二乘支持向量机中的核参数。

Ossai 等人在 2019 年基于不同机器学习模型预测老化管道腐蚀缺陷深度(CDD)使用粒子群优化(PSO)、梯度提升机(GBM)、随机森林(RF)和深度神经网络(DNN)模型前馈人工神经网络(FFANN)，以建立腐蚀缺陷深度的鲁棒算法。首先使用主成分分析(PCA)处理的数据对模型进行训练。该模型包括分压、pH 值、硫酸根离子浓度、氯离子含量、铁含量、工作压力、钙浓度、水沉积物。输入在此模型中给出。该模型估计的缺陷深度用于预测管道坍塌的可能性。

Aslam 等人在 2018 年采用人工智能模型，结合 ANN，GA 和 FL 三种算法进行碳氢化合物和天然气管道泄漏和腐蚀速率预测。其模型的输入参数有两类，分别为管道外部的参数与管道内部的参数，外部参数有海拔、天气模式、外部温度等和管道内部的参数有气体成分、压力、流速、流态等。其预测过程首先使用 ANN 来处理数据，从中提取出重要的特征，减少输入空间的维度。利用 GA 算法对超参数进行优化；而后 ANN-GA 模型的输出，输入到 FL 中，以此来处理不确定性和模糊性信息。这个模型之所以更加实用，是因为它结合了 ANN，GA 和 FL 三种算法的优势，使其在预测管道长度上的泄漏和腐蚀问题方面具备更高的实用性。

Y. Shuai 等人在 2019 年的研究中，使用 MATLAB 进行了一项针对在役 X80 天然气管道的腐蚀预测的案例研究，结合 BP 神经网络，退火算法(SA)与遗传算法(GA)。为了解决训练数据状态问题，本模型利用模拟退火(SA)对训练样本进行了重新排列，并使用遗传算法(GA)来优化模型权重。在模型的开发过程中，模型的输入参数是在进行数据灵敏度分析后获取的，这些参数包括内部压力、腐蚀速率和初始缺陷深度。

Seghier 等人在 2020 年开展了一项研究，其目的是开发混合支持向量机(SVM)来预测最大腐蚀深度。这项工作在 SVM 建模中首次尝试预测最大深度。在此研究中，他们采用粒子群算法(PSO)、遗传算法(GA)和萤火虫算法(FFA)对超参数进行了优化。实验中考虑的输入参数包括最大坑深、暴露时间、流体的电阻率、流体的硫酸盐含量、流体的氯化物含量、流体的 pH 值和涂层类型。而模型验证，是使用 Velazquez 等人和 Alamilla 等人的经验模型，他们发现在此情况下，混合支持向量机模型的性能优于其他所有模型。

Wang 等人在 2019 年使用 SVM 和免疫算法(IA)来预测海上石油和天然气管道的腐蚀增长。实验中考虑的输入参数包括温度、氧气分子的浓度、盐度、pH 值和海水流速。该数据集是从中国的海上管道中收集的。该模型以最小的误差预测了海上石油和天然气管道的腐蚀增长率。

Peng 等人在 2021 年开发了，PCA-CSPO-SVR 混合模型，其被用于预测多相流管道中的内腐蚀速率。该预测模型的输入参数有温度、pH 值、流速、压力、壁剪切应变。其预测过程首先使用 SVR 来对模型进行训练，随后利用通过 CSPO 对模型的参数进行优化，并利用主成分分析法(PCA)突出最重要的参数，最后利用 SVR 进行预测。

Mazumder 等人在 2021 年使用了不同的机器学习模型来对管道进行预测，以对受到外部腐蚀的石油和天然气管道进行风险评估。该研究首先从各种文献来源收集数据集，然后使用梯度提升决策树，随机森林，贝叶斯提升算法和朴素贝叶斯算法这几种机器学习模式进行数据集实验。研究结果表明，梯度提升决策树优于其他几种机器学习模式。

综上所述，在管道腐蚀预测的研究（表 2）中，确定性模型计算最为简单易用，但是预测的结果误差较大。概率模型能够考虑温度、湿度、管道材料等多个因素，预测结果较为精准，但对数据质量要求较高。机器学习预测结果较为精准，而且可以考虑各种因素的影响且具有泛用性，但是学习过程具有黑匣子的特征，缺乏可解释性。混合学习模型预测结果精准性最高，但是需要大量计算资源和存储空间，且和机器学习一样，学习过程具有黑匣子的特征，缺乏可解释性。

表 2 腐蚀预测模型的优点与缺点

腐蚀预测模型		优点	缺点
确定性模型	单值腐蚀速率模型	易于使用，数据清晰	预测的结果误差较大
	线性腐蚀速率模型	模型简单，显示了与时间的关系	腐蚀深度数据及其分布高度依赖于检测工具的精度
	非线性腐蚀增长率模型	该模型易于在实践中应用	模型参数需要根据实际工作环境确定，增加了模型的不确定性
概率模型	马尔可夫模型	不仅可以获得坑深随时间的变化，还可以获得每个时间的坑深和坑密度分布	模型精度对数据的稳定性要求较高
	广义极值分布模型	考虑了温度、湿度、管道材料等多个因素，其预测结果较为精准	模型精度对数据的稳定性要求较高，且数据量要求较高
机器学习	人工神经网络	预测结果较为精准，而且可以考虑各种因素的影响，且泛用性	学习过程具有黑匣子的特征，缺乏可解释性，可能在训练数据时过度拟合，且需要大量的有效数据
	支持向量机	预测结果较为精准，能够处理复杂的非线性关系和多变量之间的关系	学习过程具有黑匣子的特征，可能在训练数据时过度拟合
	混合学习模型	预测结果精准性最高，能够解决数据质量不够高的情况	需要大量计算资源和存储空间，且学习过程具有黑匣子的特征，缺乏可解释性

3 结论与展望

油气管道腐蚀预测技术可为管道平稳安全的运行提供保障，具有广阔的应用前景。从中国知网检索基于管道腐蚀预测的文献，采用文献计量学方法对近年该领域的发文量、关键词进行统计分析，并详细阐述管道腐蚀预测的研究进展，得到以下结论：

（1）确定性模型提供确定性的结果，即在给定条件下，腐蚀速率或腐蚀深度的值是确定的。虽然简单易用，但它们未考虑不确定因素的影响，如测量误差等。而且所考虑的因素较少，因此所得出的结论误差较大。

（2）概率模型能够生成腐蚀速率或腐蚀深度的概率分布，提供了对不同情况下的不确定性的量化估计。概率模型考虑时间和空间的变化，与确定性模型相比其更具综合性。

（3）机器学习模型是通过管道历史数据集所构建的数据驱动模型，其可以结合管道的实际运行数据来实现。数据驱动模型可以相对简单地量化各个因素与腐蚀损害之间的关系，而无需腐蚀领域的专业知识，就可以提高模型的性能。然而，人工智能算法的学习过程具有“黑匣子”的特征，预测精度在很大程度上取决于管道系统数据集的数量和质量。

而机器学习中的混合学习模型是将多个不同类型的模型结合在一起，充分利用各个模型的优点，以提高整体性能。与其他的模型相比，它们不仅可以利用不同模型之间的多样性，减少单一模型的过拟合风险，提高模型的泛化能力。还可以对数据进行拓展与筛选，可以根据不同数据和问题的要求灵活调整各个组件。这使得它们适用于各种管道腐蚀预测场景。但是其需要大量计算资源和存储空间，而且学习过程也具有黑匣子的特征，缺乏可解释性。

多年来，油气管道的腐蚀预测在不断的进步与完善，但仍然存在一些问题和挑战，这些问题在未来需要重点关注和解决。以下是一些可能需要特别注意的问题：

（1）虽然一些算法可以剔除部分异常数据，但是管道的腐蚀预测还是非常依赖于数据的准确性，不准确的数据可能导致错误的预测和维护决策。因此确保数据的质量和可靠性至关重要，在发展预测模型“软实力”的同时，也应该发展传感器系统这类“硬实力”。让测量的数据更加精确，完善与可靠，以此来进一步的提高预测的准确性。

（2）针对影响管道腐蚀的原因复杂，现场识别难度大的问题，应该加强管道的腐蚀的数据共享和合作，建立管道腐蚀的数据库，为腐蚀研究和预测提供更多的数据支持。使腐蚀数据标准化，降低数据收集的成本。同时应当建立管道腐蚀数据管理平台，形成智慧防腐体系，实现腐蚀情况可监测，腐蚀数据可追溯。

参考文献

[1] 汪江伟，严俊伟，王亚东，等．管道内、外腐蚀的直接评估在输气管道完整性评价中的联合应用[J]. 腐蚀与防护，2021，42(12)：68-72.

[2] 顾晨晨．某长输管道输油站场安全风险管控研究[D]. 中国矿业大学，2021. DOI：10.27623/d.cnki.gzkyu.2021.003333.

[3] 赵建涛．石油天然气长输管道安全风险识别及管控[D]. 山东科技大学，2020. DOI：10.27275/d.cnki.gsdku.2020.000170.

[4] 赵延平．长输天然气管道腐蚀与防腐措施探讨[J]. 石化技术，2023，30(07)：104-106.

[5] 栾毅．含腐蚀缺陷埋地管道安全性评价研究[D]. 中国石油大学(华东)，2020. DOI：10.27644/d.cnki.gsydu.2020.000692.

[6] 毕傲睿．内腐蚀缺陷海底管道失效评估关键技术及风险评价方法研究[D]. 西安建筑科技大学，2021. DOI：10.27393/d.cnki.gxazu.2021.001357.

[7] 凌晓，徐鲁帅，余建平，等．基于改进的 BP 神经网络的输油管道内腐蚀速率预测[J]. 传感器与微系统，2021，40(02)：124-127. DOI：10.13873/J.1000-9787(2021)02-0124-04.

[8] 李易安．海底油气管线腐蚀评价及失效预测模型研究[D]. 西安建筑科技大学，2020. DOI：10.27393/d.cnki.gxazu.2020.000367.

[9] 付安庆，袁军涛，李轩鹏，等．油气田地面管道内腐蚀现状及防腐技术研究进展[J]. 石油管材与仪器，2021，7(06)：14-25+32. DOI：10.19459/j.cnki.61-1500/te.2021.06.002.

[10] 姚培芬．油气管道 CO_2 与 H_2S 腐蚀与防护研究进展[J]. 腐蚀与防护，2019，40(05)：327-331+369.

[11] 廖宇斌，刘国文．油气管道 CO_2-H_2S/SRB 腐蚀机理及预测模型研究进展[J]. 化工设备与管道，2023，60(04)：97-104.

[12] 田源，肖杰，李珊，等．含硫气田集输管道腐蚀预测软件应用[J]. 石油与天然气化工，2021，50(01)：83-86.

[13] 王战辉，张智芳，李瑞瑞．腐蚀缺陷对高压管道剩余强度和剩余寿命的影响[J]. 河南科学，2020，38(11)：1742-1746.

[14] 王格莉．埋地腐蚀缺陷管道的剩余强度预测研究[D]. 西安建筑科技大学，2023. DOI：10.27393/d.cnki.gxazu.2022.000988.

[15] 姚梦月．埋地油气管道外腐蚀速率及剩余寿命预测模型优化研究[D]. 西安建筑科技大学，2020. DOI：10.27393/d.cnki.gxazu.2020.000576.

[16] 程兴．基于综合检测的埋地燃气管道腐蚀剩余寿命预测[D]. 广州：华南理工大学，2016.

[17] 王文辉．埋地油气管道腐蚀速率预测及剩余寿命研究[D]. 西安建筑科技大学，2019. DOI：10.27393/d.cnki.gxazu.2019.001301.

[18] 吴庆伟．埋地管道腐蚀与防护技术一般问题[J]. 全面腐蚀控制，2016，30(09)：34-36.

[19] 余波，范进，丁建国．气云爆燃和爆轰的数值模拟[J]. 建筑安全，2015，30(5)：72-74.

[20] Mikhailov A A，Tidblad J，Kucera V. The classification system of ISO 9223 standard and the dose-response functions assessing the corrosivity of outdoor atmospheres[J]. Protection of metals，2004，40：541-550.

[21] Valor A，Caleyo F，Hallen J M，et al. Reliability assessment of buried pipelines based on different corrosion rate models[J]. Corrosion Science，2013，66：78-87.

[22] Velázquez J C，Cruz-Ramirez J C，Valor A，et al. Modeling localized corrosion of pipeline steels in oilfield produced water environments[J]. Engineering failure analysis，2017，79：216-231.

[23] Li C Q，Mahmoodian M. Risk based service life pre-

diction of underground cast iron pipes subjected to corrosion[J]. Reliability Engineering & System Safety, 2013, 119: 102-108.

[24] Velázquez J C, Cruz-Ramirez J C, Valor A, et al. Modeling localized corrosion of pipeline steels in oilfield produced water environments[J]. Engineering failure analysis, 2017, 79: 216-231.

[25] 李西洋. 埋地油气管道的内腐蚀速率预测及剩余强度研究[D]. 西安建筑科技大学, 2022. I: 10. 27393/d. cnki. gxazu. 2022. 000962.

[26] Abbas M H, Norman R, Charles A. Neural network modelling of high pressure CO_2 corrosion in pipeline steels[J]. Process Safety and Environmental Protection, 2018, 119: 36-45.

[27] Shekari E, Khan F, Ahmed S. A predictive approach to fitness-for-service assessment of pitting corrosion [J]. International Journal of Pressure Vessels and Piping, 2016, 137: 13-21.

[28] Romanova A, Faramarzi A, Mahmoodian M, et al. An evolutionary polynomial regression (EPR) model for prediction of H_2S induced corrosion in concrete sewer pipes[J]. 2014.

[29] Caleyo F, Velázquez J C, Valor A, et al. Markov chain modelling of pitting corrosion in underground pipelines[J]. Corrosion Science, 2009, 51(9): 2197-2207.

[30] 俞树荣, 韩竣羽, 李淑欣. 利用灰色马尔可夫模型预测腐蚀管道寿命[J]. 机械强度, 2016, 38(04): 850-856. DOI: 10. 16579/j. issn. 1001. 9669. 2016. 04. 033.

[31] 郑宇佳, 董增寿, 张晓红, 等. 基于概率权重灰色马尔可夫模型的腐蚀预测[J/OL]. 计算机仿真: 1-8[2023-09-22]. http: //kns. cnki. net/kcms/detail/11. 3724. TP. 20230714. 1432. 002. html.

[32] Yarveisy R, Khan F, Abbassi R. Data-driven predictive corrosion failure model for maintenance planning of process systems[J]. Computers & Chemical Engineering, 2022, 157: 107612.

[33] Fougères A L, Holm S, Rootzén H. Pitting Corrosion: Comparison of Treatments With Extreme-Value-Distributed Responses[J]. Technometrics, 2006, 48(2): 262-272.

[34] Bhandari J, Lau S, Abbassi R, et al. Accelerated pitting corrosion test of 304 stainless steel using ASTM G48; Experimental investigation and concomitant challenges[J]. Journal of Loss Prevention in the Process Industries, 2017, 47: 10-21.

[35] Ossai C I, Boswell B, Davies I J. Predictive modelling of internal pitting corrosion of aged non-piggable pipelines[J]. Journal of The Electrochemical Society, 2015, 162(6): C251.

[36] 周国强, 王雪青, 刘锐. 基于改进广义极值分布的核管道最大腐蚀深度预测[J]. 中南大学学报(自然科学版), 2013, 44(05): 1926-1931.

[37] 张新生, 西忠山, 王金友, 等. 基于改进 GEV 分布的腐蚀油气管道剩余寿命预测[J]. 油气储运, 2019, 38(06): 635-641.

[38] 陈君, 赵晓云, 蔡乐乐, 等. BP 神经网络在管道内腐蚀直接评价中的应用[J]. 全面腐蚀控制, 2023, 37(06): 97-102. DOI: 10. 13726/j. cnki. 11-2706/tq. 2023. 06. 097. 06.

[39] 邓霄, 白天阳, 崔宇翔, 等. 含腐蚀缺陷管道剩余寿命预测方法评述[J]. 油气与新能源, 2021, 33(05): 28-32.

[40] 胡永碧. 天然气管道内腐蚀速率的预测方法[J]. 石油与天然气化工, 2020, 49(05): 75.

[41] Zhan-Feng C, Xuyao L, Zhiqian S, et al. A novel dynamic parameter method (DPM) based on ANN for safety assessment of corroded pipelines[J]. Ocean Engineering, 2023, 280.

[42] Ren C, Qiao W, Tian X. Natural gas pipeline corrosion rate prediction model based on BP neural network[C]//Fuzzy Engineering and Operations Research. Springer Berlin Heidelberg, 2012: 449-455.

[43] Chamkalani A, Nareh'ei M A, Chamkalani R, et al. Soft computing method for prediction of CO_2 corrosion in flow lines based on neural network approach[J]. Chemical engineering communications, 2013, 200(6): 731-747.

[44] De Masi G, Vichi R, Gentile M, et al. A neural network predictive model of pipeline internal corrosion profile[C]//Proceedings of the 1st International Conference on Systems Informatics, Modeling and Simulation. 2014: 18-23.

[45] Gabetta G, De Masi G, Gentile M, et al. Pipeline Internal Damage Prediction by Deterministic Models and Neural Networks[C]//Abu Dhabi International Petroleum Exhibition and Conference. OnePetro, 2014.

[46] Din M M, Ithnin N, Zain A M, et al. An artificial neural network modeling for pipeline corrosion growth prediction[J]. ARPN Journal of Engineering and Applied Sciences, 2015, 10(2): 512-519.

[47] 凌晓, 徐鲁帅, 梁瑞, 等. 基于改进 PSO-BPNN 的输油管道内蚀速率研究[J], 中国安全生产科学技术, 2019, 15(10): 63-68.

[48] Nayak N, Anarghya A, Al Adhoubi M. A study on the

behavior of CO_2 corrosion on pipeline using computational fluid dynamics, experimental and artificial neural network approach[J]. Engineering Research Express, 2020, 2(2): 025012.

[49] 凌晓，徐鲁帅，高甲程，等. 基于大数据的金属管道腐蚀状态分析模型与应用[J]. 热加工工艺，2021, 50(12): 34-38. DOI: 10.14158/j.cnki.1001-3814.20201562.

[50] 李响，余建星，苗春生，等. 基于遗传算法SVM的海洋环境腐蚀速率预测[J]. 中国海洋平台，2018, 33(05): 56-62.

[51] 吴庆伟，王金龙，张平. 基于FOA-SVM模型的输油管道内腐蚀速率预测[J]. 腐蚀与防护，2017, 38(09): 732-736.

[52] 马钢. 基于相关性分析和SVM算法的单缺陷管道剩余强度预测[D]. 西安石油大学，2020. DOI: 10.27400/d.cnki.gxasc.2020.000786.

[53] Luo Z, Hu X, Gao Y. Corrosion research of wet natural gathering and transportati on pipeline based on SVM [M]//ICPTT 2013: Trenchless Technology. 2013: 964-972.

[54] Lee L H, Rajkumar R, Lo L H, et al. Oil and gas pipeline failure prediction system using long range ultrasonic transducers and Euclidean-Support Vector Machines classification approach[J]. Expert Systems with Applications, 2013, 40(6): 1925-1934.

[55] Otchere D A, Ganat T O A, Gholami R, et al. Application of supervised machine learning paradigms in the prediction of petroleum reservoir properties: Comparative analysis of ANN and SVM models[J]. Journal of Petroleum Science and Engineering, 2021, 200: 108182.

[56] Cai R, Han T, Liao W, et al. Prediction of surface chloride concentration of marine concrete using ensemble machine learning[J]. Cement and Concrete Research, 2020, 136: 106164.

[57] De Masi G, Gentile M, Vichi R, et al. Machine learning approach to corrosion assessment in subsea pipelines[C]//OCEANS 2015-Genova. IEEE, 2015: 1-6.

[58] Hatami S, Ghaderi-Ardakani A, Niknejad-Khomami M, et al. On the prediction of CO_2 corrosion in petroleum industry[J]. The Journal of Supercritical Fluids, 2016, 117: 108-112.

[59] Ossai C I. A data-driven machine learning approach for corrosion risk assessment—a comparative study [J]. Big Data and Cognitive Computing, 2019, 3(2): 28.

[60] Aslam N. Artificial intelligence based algorithm for predicting pipeline leak and corrosion detection: U. S. Patent Application 15/840, 535 [P]. 2018-12-20.

[61] Shuai Y, Shuai J, Liu C Y. Research on the reliability methods of corroded pipeline[J]. Petroleum Science Bulletin, 2017, 2(2): 288-297.

[62] Seghier M E A B, Keshtegar B, Tee K F, et al. Prediction of maximum pitting corrosion depth in oil and gas pipelines[J]. Engineering Failure Analysis, 2020, 112: 104505.

[63] Wang C, Ma G, Li J, et al. Prediction of corrosion rate of submarine oil and gas pipelines based on ia-svm model[C]//IOP Conference Series: Earth and Environmental Science. IOP Publishing, 2019, 242(2): 022023.

[64] Peng S, Zhang Z, Liu E, et al. A new hybrid algorithm model for prediction of internal corrosion rate of multiphase pipeline[J]. Journal of Natural Gas Science and Engineering, 2021, 85: 103716.

[65] Mazumder R K, Salman A M, Li Y. Failure risk analysis of pipelines using data-driven machine learning algorithms[J]. Structural safety, 2021, 89: 102047.

基于循环神经网络的管道弯曲应变变化段识别方法研究

谢　婷[1]　刘啸奔[1]　邓丽阳[1]　石　彤[1]　王　昊[1]　李　睿[2]　张　宏[1]

(1. 中国石油大学(北京)·油气管道输送安全国家工程研究中心·石油工程教育部重点实验室·北京城市油气输送技术重点实验室；2. 国家石油天然气管网集团有限公司)

摘　要　在役管道易受到服役环境、地形地貌、灾害气候以及第三方破坏等多方面影响，导致埋地管道产生较大的变形，对管道安全构成威胁。基于高精度惯性测量单元(IMU)实现的在线检测方法已成为管道弯曲应变检测的主要手段。经过多年的IMU检测实践，已获得了大量的应变数据，但对于数据的利用仍不够充分。目前，对于管道应变变化风险段的识别主要依靠传统的人工方法，判别标准不一致、识别效率低、误判率高。因此，本文采用机器学习方法建立了管道弯曲应变变化段的识别模型。该方法利用小波变换消除IMU应变数据中的噪声干扰；结合几何/漏磁检测数据精确定位IMU应变检测数据中的几何特征，排除几何特征点对于应变变化管段识别的干扰；基于多轮次IMU检测数据建立弯曲应变变化管段数据库，提取样本的13个典型数据特征，使用决策树进行特征选择实现数据特征降维。最后建立机器学习模型进行识别分类。基于训练样本数据开展模型超参数调整优化研究，基于测试集数据对模型的综合性能进行评估。结果表明，基于所建立的数据库的循环神经网络模型的识别准确率超过90%，显著提高了识别的效率。本文提出的识别方法为管道完整性评价中大于0.02%的弯曲应变变化的识别提供了有效的技术手段，保证了油气管道的长期使用安全。

关键词　IMU；应变变化；机器学习；智能识别；循环神经网络

随着中国油气管道网络的不断扩展和运输量的增加，管道的安全性和稳定性成为关键问题。应变变化段的及时识别能够帮助管道运营管理者有效监测管道的变形情况，尤其是对于可能导致管道损坏或泄漏的应变变化段，及时发现并处理至关重要。通过IMU检测技术，可以实现对管道应变变化段的高精度识别，为管道运行状态的监测和评估提供了可靠的数据支持。不仅有助于减少管道事故的发生，保障了油气运输的安全性，也为管道维护和管理提供了有效的指导，促进了油气管道行业的健康发展。

通过多年的管道IMU检测实践，已获得大量管道弯曲应变数据，对于IMU检测数据已形成了初步的分析方法，但对于多轮次IMU检测数据仍缺少相应的处理手段与评价方法。刘燊等基于单次IMU检测数据利用机器学习方法对管线中异常管段进行智能识别，形成了一套完整的IMU检测数据分析流程；赵晓明等将IMU检测数据与几何/漏磁结合，在排除弯头、阀门等引起的超阈值弯曲应变变化点后采用人工逐段识别的方法对弯曲应变变化值进行分析。该方法有效的排除了特征点对于应变变化段识别的干扰，但采用人工识别效率较低。用机器学习方法对弯曲应变变化段进行识别分类可以有效的解决这个问题，同时，随着多年弯曲应变数据的增加，识别模型的精确性随之提高，并且模型依照算法进行判别，很好的解决了人工识别存在判别标准差异与难以实现自动化的问题，并且节省了大量的人力资源与时间成本。

因此本文以多轮次的IMU应变检测数据为基础，利用机器学习方法建立一套弯曲应变变化段智能识别方法。该方法通过小波分解与重构减少IMU应变数据中的噪声干扰，利用几何/漏磁检测数据定位IMU应变检测数据中的几何特征，基于环焊缝数据对齐多轮应变数据得到应变变化段识别样本，提取样本的数据特征，利用决策树实现特征选取，基于循环神经网络建立分类模型，实现对弯曲应变变化段的智能识别。

1　多轮IMU检测数据预处理

1.1　多轮IMU应变检测数据降噪处理

IMU内检测器在运行过程中，由于管道内

结构多变、检测装置自身的性能限制以及管道外部的第三方干扰等，检测器会产生抖动导致采集信号中含有大量噪声和干扰信号。因此采用科学合理的方法对应变数据进行降噪处理是非常有必要的。

本文选用小波变换对IMU应变数据进行降噪。利用小波变换实现对IMU应变数据的降噪主要包括三部分，即选择合适的小波基、阈值的比选以及阈值函数的选择。为了保证在消除噪声的同时保留IMU应变数据的应变特征，在小波变换函数的选择上，选用“Daubechies4”小波基对IMU应变数据进行一层小波分解，从而得到第一层的小波分解系数。基于无偏风险估计准则设定阈值，并选用软阈值函数对高频系数进行阈值处理，最后将处理后的小波分解系数进行小波重构得到降噪后的IMU应变数据，如图1所示。

1.2　多轮IMU应变检测数据对齐处理

在对管道应变变化数据进行对比分析之前，需要先将多轮IMU应变检测数据进行对齐处理，以确保数据的准确性与可靠性。

IMU内检测器通过里程轮测量行驶的绝对里程，在通过环焊缝处位置时内检测器记录此时的绝对里程位置，将相邻环焊缝处的绝对里程相减可以计算得到每根管道的长度，但由于里程轮测量精度有限，使得计算得到的管道长度与真实管道长度之间时出现偏差，每根管道的偏差随着绝对里程的增长而累积，如图2所示。

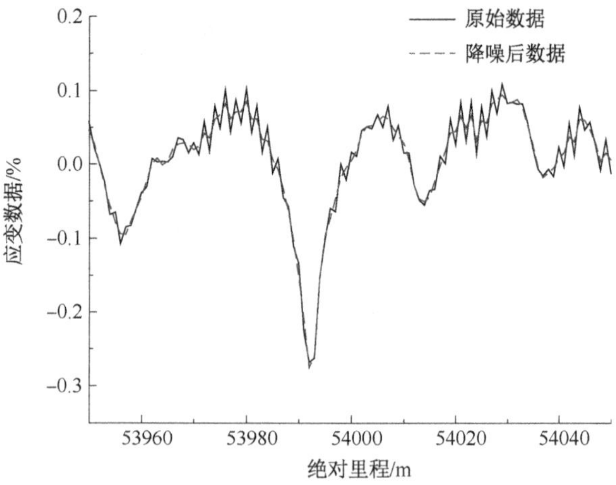

图1　小波降噪前后对比

IMU内检测器上安装的焊缝检测器，能够准确地检测到环焊缝的绝对里程位置，并且精确到毫秒级别记录捷联式IMU内检测器在环焊缝处的运行时间。管道内检测机构在检测完成后下载储存单元中的检测器运行基础信息表，根据整条管线中的环焊缝编号制作了环焊缝对齐列表，其中的主要信息包括了管线的环焊缝编号、环焊缝所在的绝对里程、时间信息、对照管长等，见表1。

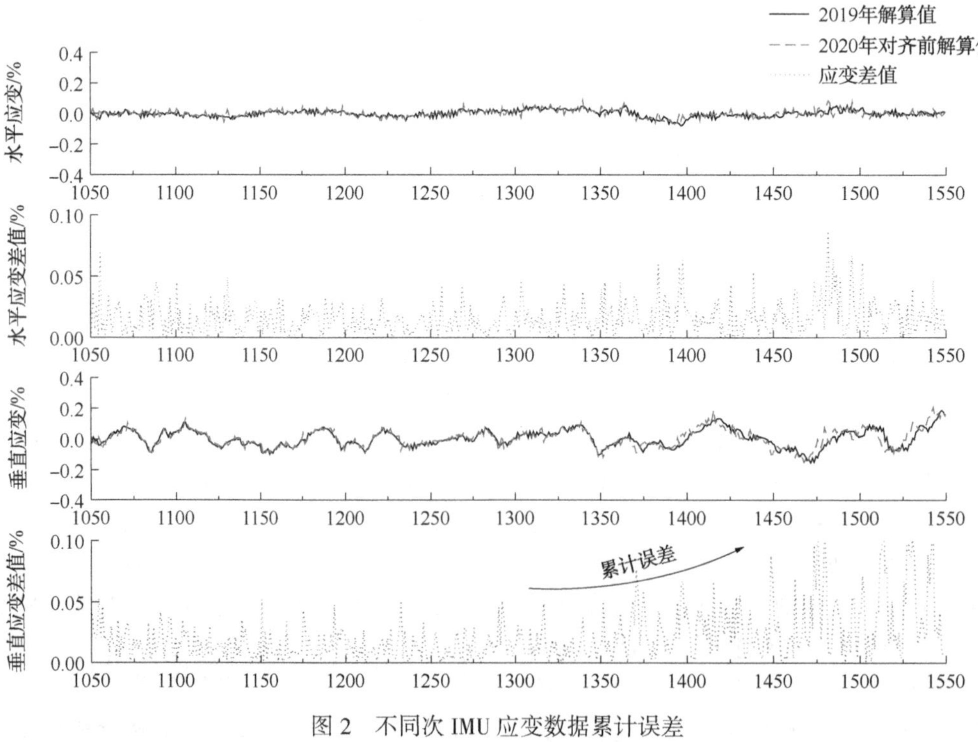

图2　不同次IMU应变数据累计误差

表 1　环焊缝对齐列表

编号	里程/m	年	月	日	时	分	秒	毫秒	对照管长/m
—	10.88667	2020	11	28	11	25	38	415	0.86853
—	12.17	2020	11	28	11	25	39	469	0.72322
—	15.22667	2020	11	28	11	25	41	635	3.06185
—	24.46667	2020	11	28	11	47	38	645	8.18183
80	26.24667	2020	11	28	11	48	38	910	1.80467
90	29.85333	2020	11	28	11	51	38	410	3.58568

在表 1 的最后一列中给出了钢管的对照长度，即焊缝检测装置测得的真实管道长度，里程轮测得相邻焊缝之间绝对里程的差值也表示单根钢管的长度，但里程轮测量无法达到焊缝检测器测量的精度。以上表中的对照管长作为相邻环焊缝间的真实长度，将环焊缝对齐列表中的时间与姿态数据记录的时间相对应，对姿态数据中相邻环焊缝之间的采样点根据上表中的对照长度进行均匀间隔重新取值，生成新的姿态数据，求出应变值与管道完整性中心解算值作对比，如图 3 所示。

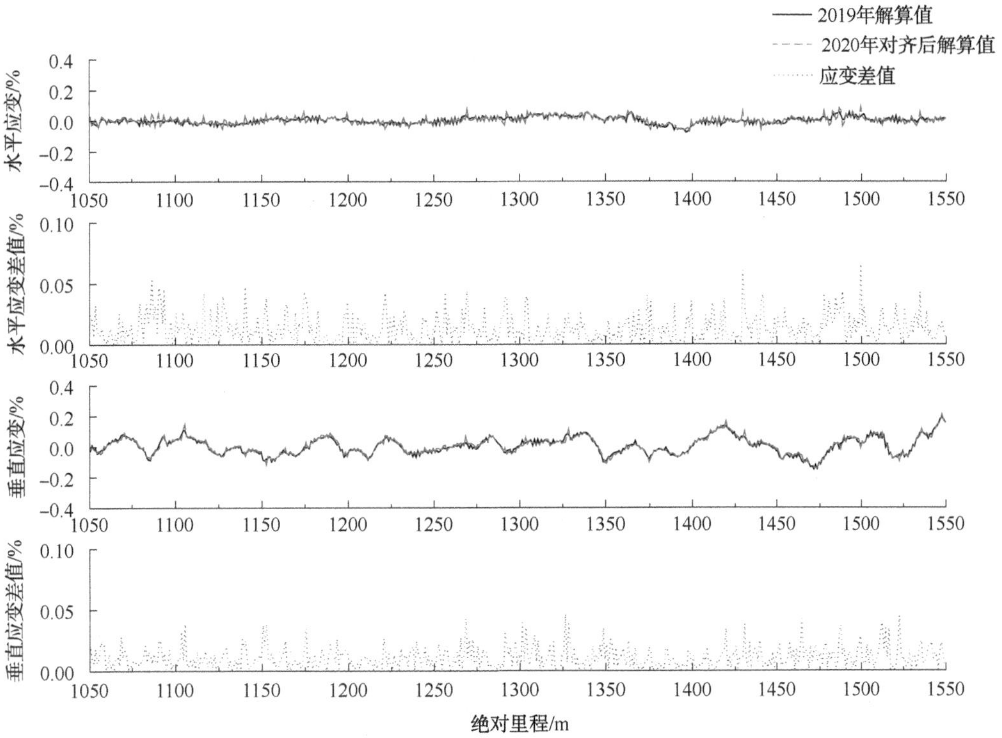

图 3　不同次 IMU 数据消除累计误差

可以看出，本方法解算得到的应变值与管道完整性中心解算的应变值基本符合，不同年份的应变曲线在非地质灾害区域略有不同，总体来说两年的 IMU 应变数据基本对齐。

2　IMU 应变变化段特征分析

2.1　数据分析及数据库建立

根据 GB 32167—2015《油气输送管道完整性管理规范》，管道弯曲应变变化选取的管段条件为：重复检测报告中弯曲变形曲率变化率大于 1/2500D（对应弯曲应变变化量大于 0.02%；长度大于 12m 的管段（典型管道接头的长度）。

如上所述，通过计算应变变化段前后应变差值，并与识别阈值进行比较可以对发生应变变化较大的区域进行定位，计算管体位移的绝对变化量公式（1）如下。

$$\Delta\varepsilon = |\varepsilon_b - \varepsilon_a| \tag{1}$$

其中，ε_b 为后一次应变检测值；ε_a 为前一

次应变检测值。

通过对 IMU 应变差值数据进行分析发现，超出应变变化量识别阈值的管段不只有地质灾害造成的应变变化风险管段，还有几何特征点所在管段，如图 4(a)所示。几何特征点处的弯曲应变值较大，且在较短的绝对里程内有较大突变，极易超出阈值造成较大的应变变化，故一条管线的弯曲应变变化数据可大致分为三类：几何特征点导致的应变变化管段、应变变化风险管段以及正常管段(即应变变化量总体小于阈值的管段)。

为了便于后续提取数据特征属性作为应变变化识别算法研究的数据样本，本节对三类应变变化数据进行截取和分析。三类应变变化管段如图 4 所示。

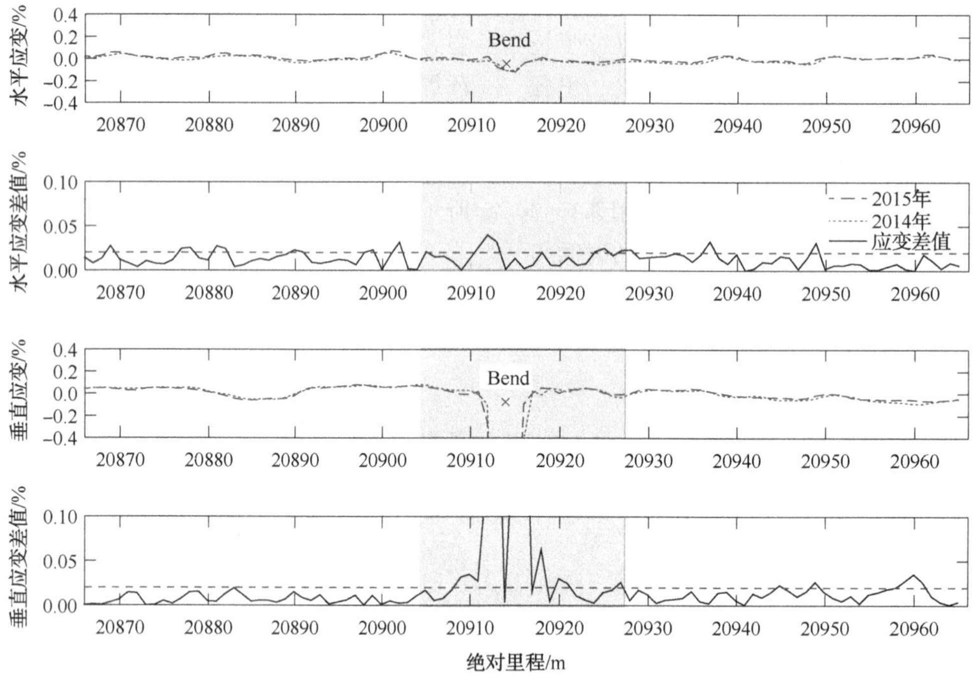

(a)几何特征管段样本示例

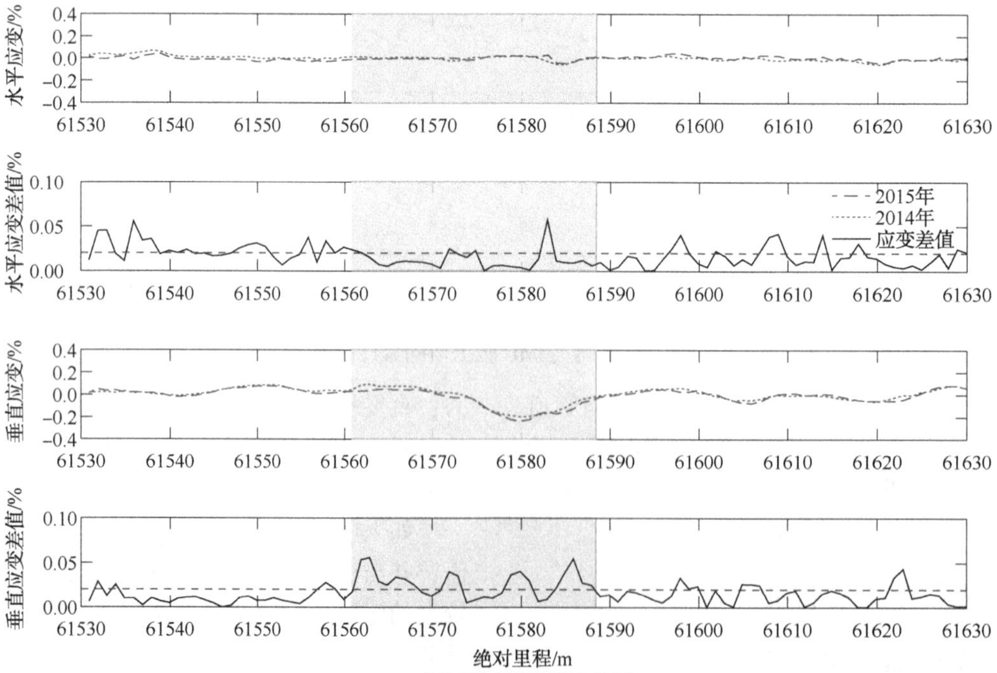

(b)应变变化风险段样本示例

图 4　三类应变变化管段样本示例

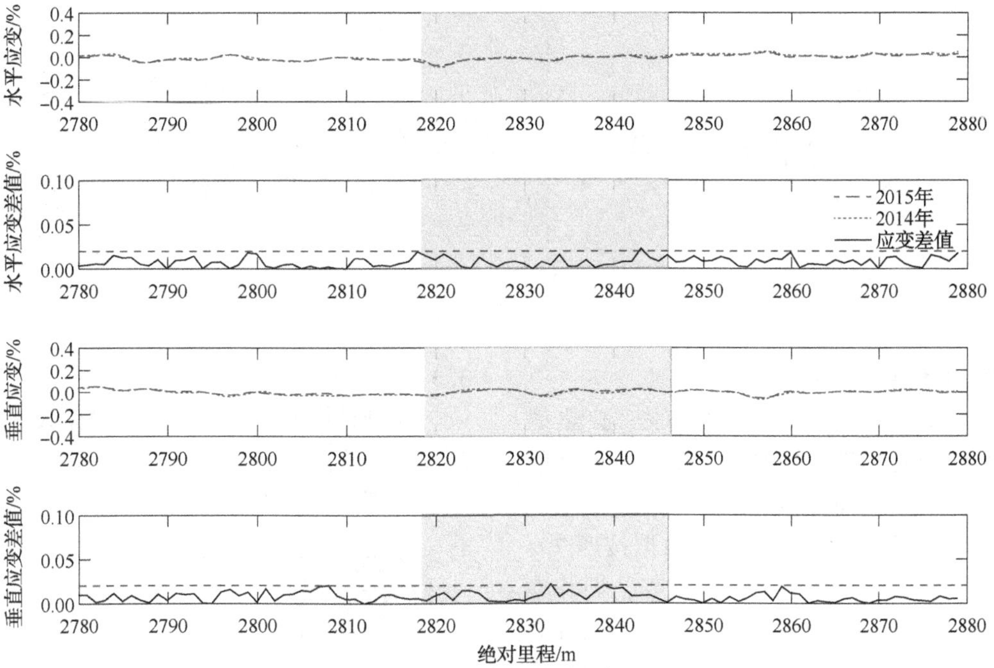

(c)正常管段样本示例

图4　三类应变变化管段样本示例(续)

本研究以某冻土区管段2014年至2023年的IMU应变数据为基础，基于环焊缝对齐几何检测或漏磁检测数据中的几何特征点(弯头、凹陷)，获得多轮几何特征点对应的弯曲应变数据，基于降噪、对齐后的多轮IMU检测数据得到应变变化风险段以及正常管段的弯曲应变数据，通过python编程结合人工识别，按照上述方法截取样本数据，从多年的IMU应变数据中总共截取了1811份样本，样本中包括595份几何特征管段样本数据、590份变化风险段样本数据、626份正常管段样本数据。

2.2　特征值处理

在进行管道应变变化数据分析时，对水平与垂直两个方向应变变化值同时进行提取分析。根据IMU数据的物理意义并结合上述分析提取了13个属性，分别为均值、标准差、最大值、最小值、偏度、峭度、均方根、方根幅值、峰值因子、裕度因子、脉冲因子、波形因子、信息熵。在对应变差值数据提取完样本数据特征属性之后，需要进行特征选择，以选择贡献率较大的特征输入机器学习模型中进行模型训练。

由于高维数据具有特征数量多、包含大量无关信息和冗余特征等问题，会极大干扰对数据蕴含信息的挖掘和分析过程，因此，本文采用决策树对特征进行选择。将1811份样本数据运用shuffle方法随机打乱样本顺序，将基尼指数(CART)作为特征选择的准则，随机森林最大深度为默认值，最大叶节点数设置为50个，得到各特征值在分类模型中的权重。由于前5个特征(应变变化段垂直方向的方根幅值、信息熵、标准差、波形因子以应变变化段水平方向的信息熵)的累计权重已达到了95.44%，随后的特征权重占比不超过1%，故选择前5个特征作为应变变化段识别的特征输入。

3　管道弯曲应变变化段识别模型

3.1　RNN原理

传统的神经网络模型是从输入层到隐含层再到输出层的全连接，且同层的节点之间是无连接，网络的传播也是顺序的，而RNN(Recurrent Neural Network)是一种较为特殊的神经网络，循环神经网络在隐含层会对之前的信息进行存储记忆，然后输入到当前计算的隐含层单元中，隐含层的内部节点不是相互独立的，而是互相有消息传递。隐含层的输入不仅可以由两部分组成，输入层的输出和隐含层上一时刻的输出，即隐含层内的节点自连；隐含层的输入还可以由三部分组成，输入层的输出、隐含层上一时刻的输出、上一隐含层的状态，即隐含层内的节点不仅自连还互连，具体网络结构如图5所示。RNN能够构造出一个存储器，从而实现对输出数据的计算。

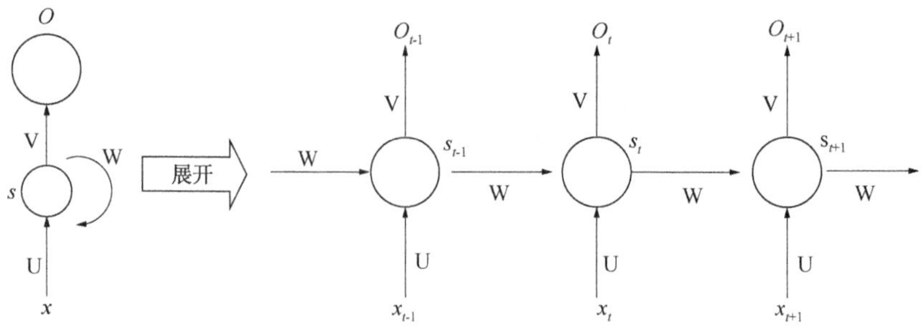

图 5　循环神经网络示意图

3.2　RNN 模型构建与训练

本研究采用 One-hot 编码也称为“独热编码”对三类样本的标签进行编码，在模型训练前对样本数据序进行 shuffle 打乱处理，防止输入顺序对模型训练造成影响，将样本数据按照 7∶3 的比例分为训练数据集与测试数据集，训练集用于训练网络模型，测试集用于检验模型的分类性能。通过多次实验确定循环神经网络模型的输入维度为 2，输出维度是 3，三层的单向网络。具体的参数设置见表 2。

表 2　神经网络参数表

参　数	数　值
激活函数	tahn
学习率	0.01
优化器	Adam
损失函数	BCELoss

基于上述的超参数设置，正式训练 RNN 模型，为了得到模型的最终分类性能，设置训练集输入批次为 64，测试集的输入批次为 32，迭代 200 次，得到 RNN 模型的训练集的损失值随迭代次数的变化曲线如图 6 所示。

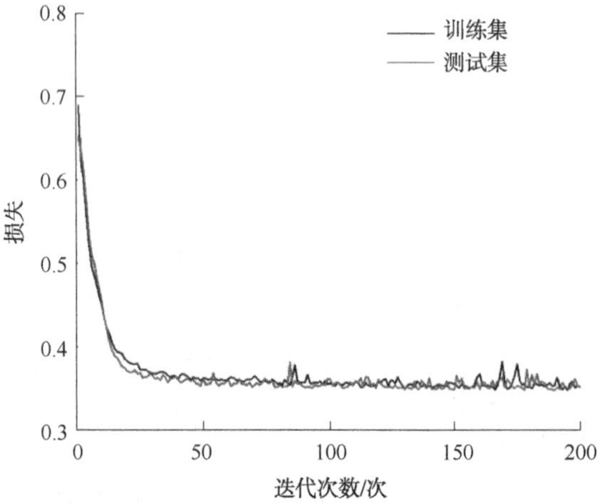

图 6　训练集损失值

3.3　结果分析

为测试模型的泛化效果，对比数据集标签与测试集预测点标签画出混淆矩阵如图 7 所示，通过混淆矩阵计算出 RNN 模型的评估指标见表 3。

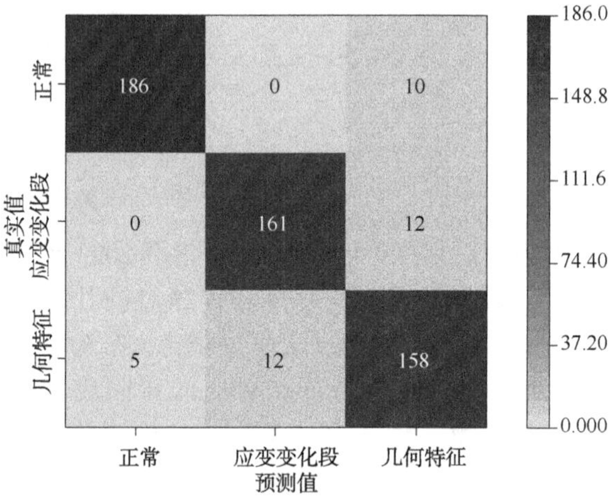

图 7　RNN 模型混淆矩阵

表 3　RNN 模型评价指标

评估指标	百分比/%
准确率	92.83
精确率	90.28
召回率	87.78
F_1 值	89.01

通过图 7 可以看 RNN 模型对弯曲应变变化段与正常段有较好的分类效果，在对弯曲应变变化段的分类识别中有 12 份曲应变变化段数据被识别为几何特征管段，说明弯曲应变变化段与几何特征管段具有一定的相似性。通过表 3 可知 RNN 模型的识别准确率为 92.83%，精确率为 90.28%，召回率为 87.78%，F_1 值 89.01%，可得知 RNN 模型对于管道弯曲应变变化段有较好的识别效果，表明了本文方法开展管道弯曲应变变化段识别的可行性和准确性。

4 结论

（1）本文采用基于环焊缝结合互相关法对齐多轮次 IMU 应变数据，为管道弯曲应变变化提供数据支持。

（2）通过对管道弯曲应变变化类型和特征进行分析，发现应变变化数据大致可分为三类，分别是几何特征导致的应变变化管段、弯曲应变变化风险管段以及正常管段。

（3）相比人工逐段识别应变变化管段，采用神经网络对多轮次应变检测数据进行深入挖掘有重要作用。本文基于循环神经网络建立管道弯曲应变变化段识别模型，其识别准确率达到 90% 以上，可较好的实现对管道弯曲应变变化管段的识别，对管道安全状态的识别有着重要意义。

参 考 文 献

[1] 沈博．惯性导航技术在管道内检测中的应用[D]．沈阳工业大学，2013.

[2] 高宁，张宏，刘高灵，等．连续地表位移作用下埋地管道应变计算模型[J]．油气储运，2021，40(07)：809-815.

[3] 张宏，季蓓蕾，刘燊，等．地质灾害段管道结构安全数字孪生机理模型[J]．油气储运，2021，40(10)：1099-1104+1130.

[4]刘啸奔，刘燊，季蓓蕾，等．基于 IMU 数据的管道弯曲变形段智能识别方法[J]．油气储运，2021，40(11)：1228-1235.

[5]刘燊，刘啸奔，李睿，等．基于机器学习的冻土区融沉变形管段识别方法[J]．石油机械，2022，50(03)：106-114.

[6] 赵晓明，李睿，陈朋超，等．中俄东线天然气管道弯曲变形识别与评价[J]．油气储运，2020，39(07)：763-768.

[7] 于吉洋．石油管道测绘的数据处理及融合方法研究[D]．南京航空航天大学，2017.

[8] 邵兴臣，段发阶，蒋佳佳，等．基于自适应滑动均值和小波阈值的叶尖间隙信号降噪方法[J]．传感技术学报，2021，34(01)：34-40.

[9] 孙炯宁，傅德胜，徐永华．无偏风险阈值及其在语音去噪中的应用[J]．微计算机应用，2004，(06)：688-691.

[10] 李维松，许伟杰，张涛．基于小波变换阈值去噪算法的改进[J]．计算机仿真，2021，38(06)：348-351+356.

[11] 廖科．基于小波变换的机械振动信号消噪研究及其 DSP 实现[D]．南京航空航天大学，2010.

[12] Hart J D，Zulfiqar N，Mcclarty E. Recommended Procedures for Evaluation and Synthesis of Pipelines Subject to Multiple IMU Tool Surveys[C]. 2020 13th International Pipeline Conference. American Society of Mechanical Engineers，2020.

[13] Hart J D，Czyz J A，Zulfiqar N. Review Of Pipeline Inertial Surveying For Ground Movement-Induced Deformations[M]. 2020.

[14] Vavilova N B，Golovan A A，Kozlov A V，et al. A navigation system of a pipeline inspection system for oil and gas pipelines：the results of the development and testing[C]. 22nd Saint Petersburg International Conference on Integrated Navigation Systems，Petersburg：CSRI Elektropribor，2005：357-362.

[15] 林靖怡，武建文，李奎，等．基于主成分分析和决策树的故障电弧识别方法[J]．电器与能效管理技术，2023，(04)：1-7.

[16] 张静，李化奇，陈玲艳．基于决策树算法的生理特征数据分析方法研究[J]．电子设计工程，2021，29(02)：20-24.

[17] 郎涛，赵佳伟，陈刻强，等．基于 CEEMDAN 与 RNN 算法的离心泵空化状态识别研究[J]．水动力学研究与进展 A 辑，2023，38(04)：629-636.

[18] 马景奕，王帅，闫文君，等．基于 RNN 的短期太阳辐照度预测算法研究[J]．科技通报，2022，38(05)：16-22.

洪水冲刷管道智能化监测研究

王炎兵　王　昊　谢　婷　张　宏　刘啸奔

（中国石油大学(北京)·油气管道输送安全国家工程研究中心·
石油工程教育部重点实验室·北京城市油气输送技术重点实验室）

摘　要　管道穿越河流等洪水多发地区时，在洪水的冲刷下发生露管、悬空，在受到动水作用力、浮力、重力等载荷的组合作用下发生弯曲变形、应力状态复杂。介绍了洪水冲击下管道载荷的计算方法，基于 ABAQUS 建立了考虑管道-土壤相互作用的洪水冲刷管道数值计算模型，分析了管道悬空长度和洪水流速对管道应力的影响。基于机器学习算法拟合可变参数与管道全线应力应变的非线性关系，建立洪水冲刷管道应力应变预测模型，采用优化算法多次寻优，求解最优载荷参数，进一步实时地重构管道全线应力状态。针对某洪水冲刷管道案例开展了数值计算，得到了管道沿线的应力分布曲线，确定了洪水管道的管体监测位置。考虑现实状况中可能出现的冲刷长度和洪水流速，采用 ABAQUS-Python 联合仿真，批量生成、批量计算、批量提取管道沿线应力数据，建立了包含 144 组工况的管道应力应变数据库。采用 GBDT 算法对应力应变数据库中海量数据训练，形成了针对此案例的管道应力应变预测模型，实现了对管道应力的准确预测，预测结果的相对误差小于 5%。基于管道应力应变预测模型，采用粒子群优化算法反演了管道载荷情况，得到了最优的悬空长度为 69.37m、洪水流速为 3.51m/s，快速准确地重构了管道全线应力，重构结果与监测截面的最大平均误差为 1.47MPa(图 5，图 8，图 9)。

关键词　洪水管道；动水作用力；数值计算；智能化监测

油气长输管线常途经复杂地质环境，在穿越河流、湖泊等区域时，管道覆土在水流的冲刷下，土壤不断流失，最终可能造成露管、悬空。管道在洪水的冲击下发生变形，可能造成破管、断管等重大不可控险情，不但造成严重的经济损失，还会造成环境污染，产生严重恶劣影响。2021 年北方管道公司所辖兰郑长、榆济等管道承受了千年一遇洪水的考验，管道大范围露管并遭受洪水冲刷，运营商为防止管道破裂及时采取了一些应急抢险措施，但事后总结发现在露管、悬空此类灾害发生时，由于管段整体应力状态未知，应急抢险人员缺乏定量的数据支撑，导致抢险措施缺乏针对性和完备性，浪费了部分人力物力。

在洪水的冲击作用下，管道的应力状态复杂，有学者针对洪水管道做了大量工作。詹婷雯等人基于 Morison 方程建立了简化的力学仿真模型，分析了洪水管道的应力分布特点。王晓霖推导了洪水管道空间变形曲线方程和变形协调方程，采用迭代方法求解管道的应力应变。杨毅在分析水流作用下管道的受力情况基础上，对某条管道进行了可靠性分析。HE 采用有限元模型分析了海底管道各段跨长对管道固有频率的影响。Wu 定义了悬挂系数表征管道悬空长度与洪水流速的关系，分析了管道力学性能随洪水各个阶段时间的变化。朱汪友针对榆济管道漂管险情的致灾机理、主控因素进行了分析，制定了科学的抢险方案。

目前针对洪水冲刷管道的研究主要集中在管道的力学响应方面，形成了理论计算和数值计算方法，但是管道在洪水的作用下，应力不断变化，为掌握管道的安全状况，应对管道全线的应力状态进行实时监控。因此针对这一工程问题，有必要开展洪水冲刷管道安全状态分析方法研究，揭示洪水作用下管道的应力分布规律，提出抢险过程中管道应力状态实时准确反演的分析方法，基于监测数据的管道安全状态预测预警技术，为管道应急抢修及事后维护提供支撑。

1　洪水冲击作用下管道载荷计算方法

洪水中管道的受力形式相对复杂，参照海底管道的设计与分析方法，将洪水对管道的冲刷视为圆柱扰流问题，分析水中管道的荷载特性。假设洪水水流均匀、流速固定，洪水中的管道受到水流横向的拖曳力和惯性力 2 种动水作用力，以及竖向动水升力、重力和浮力的组合作用(图 1)。图中 W 为管道及内部介质的总质量；F_D 为水流对管道的横向拖曳力；F_I 为水流惯性力；F_L 流对管道产生的升力；F_f 到的浮力；v_e 为平均水流速度。

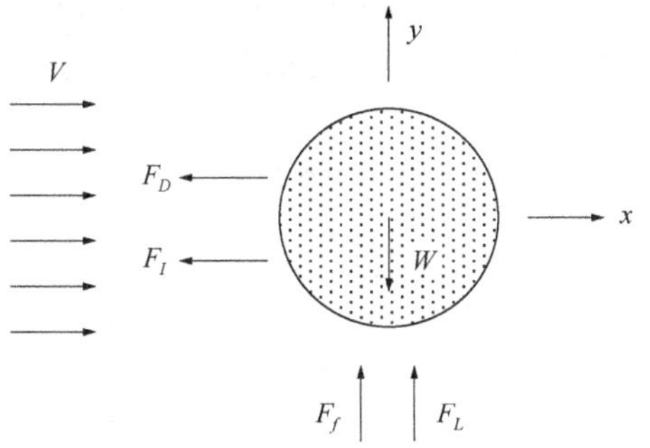

图 1　洪水中管道受力示意图

根据 Morison 方程，单位长度管道受到的动水作用力计算如下：

$$F_D = 0.5\rho_w D C_D v_e^2$$

$$F_L = 0.5\rho_w D C_L v_e^2$$

$$F_I = \frac{1}{4}\rho_w \pi D^2 C_M \left(\frac{dv}{dT}\right)$$

式中，ρ_w：水流密度，kg/m^3；D：管道外径，m；v_e：平均水流速度，m/s；C_D：动水阻力系数；C_L：动水升力系数；C_M 动水惯性系数。

根据 DNV RP C205 规范，水动力系数 C_D、C_L、C_M 的取值与雷诺数、柯立根-卡本特数、管子的粗糙度、间隙比和管沟深度等因素有关。有学者综合分析前三者因素的影响，提出了工程适用的水动力系数推荐值(表 1)。

表 1　水动力系数参考值

$Re(\times10^5)$	<0.5	0.5~1	1~2.5	2.5~5	>5
C_D	1.3	1.2	$1.53-Re/(3\times10^5)$	0.7	0.7
C_L	1.5	1.0	$1.2-Re/(3\times10^5)$	0.7	0.7
C_M	2	2	2	$2.5-Re/(5\times10^5)$	1.5

表中，Re 为水流的雷诺数。对于稳流情况，Re 由下式定义：

$$Re = v_e D/\upsilon$$

式中，υ：流体运动黏度(常温下水为 1×10^{-6} m^2/s)。

单位长度管道受到的浮力和重力如下：

$$F_f = \rho_w g\frac{\pi D^2}{4}$$

$$W = \pi\left[\rho_p D t + \rho_o\left(\frac{(D-t)}{2}\right)^2\right]g$$

式中，ρ_p：管道密度；D：管径；t：管道壁厚；ρ_o：管内介质密度；g：重力加速度。

2　洪水冲刷管道力学分析模型

管道在洪水的冲击下受到水平方向和竖直方向的动水作用力，同时还受到管道及管内介质的重力、水的浮力的作用，管道的空间受力复杂，为了便于管道受力分析，在水平方向和竖直方向分别进行(图 2)。模型基于以下假设：①冲刷段两端埋地管道足够长，远端管道不受洪水作用力的影响；②管道冲刷段在洪水的影响下处于完全悬空状态，不包含任何保护措施；③模型未考虑温度应力的影响。

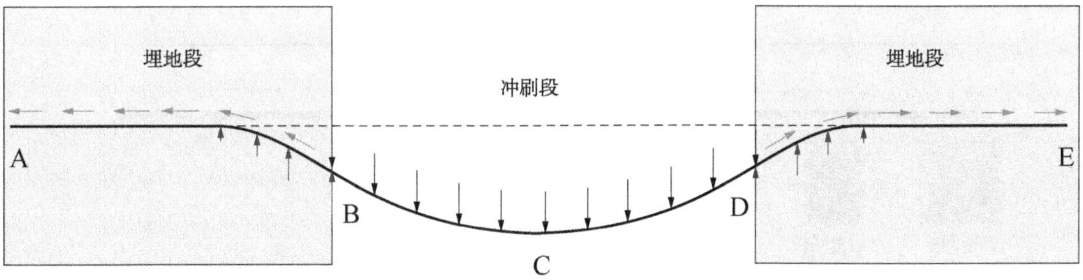

图 2　水平方向洪水管道力学分析模型

模型中 BD 段为洪水冲刷段，受到动水作用力的作用，管道在水流冲击作用下发生弯曲变形。冲刷段两侧 AB 段和 DE 段为管道埋地段，管道变形受到了土壤的限制，在反方向产生了土的抗力以及沿管道轴向的摩擦力。在竖直方向，管道整体受力形式与水平方向类似，冲刷段受到动水作用力、重力和浮力的组合作用，两侧埋地段受到土壤的抗力和管土之间摩擦力作用。

3　洪水冲刷管道数值计算模型

从上文的管道受力分析可知，洪水发生时，水流冲击河床泥沙，导致水下穿越管道裸露、漂浮。冲刷段管道受组合载荷的联合作用发生弯曲变形，两侧堤岸内的管道则会受到相反方向土的抗力作用。因此，有限元模型既要考虑水中管道的受力形式，也要考虑两侧堤岸内的管-土相互作用。

采用 ABAQUS 建立洪水作用下管道应力分析的有限元模型，模型中使用 ELBOW31 单元模拟管道，ELBOW31 弯管单元环向默认有 20 个积分点，其中积分点 11、1、6、16 分别对应管顶、管底和管两侧。默认情况下，每个积分点都有五个厚度方向积分点，其中厚度方向积分点 1、5 分别位于管道内表面、管道外表面，所以采用 ELBOW31 单元能够准确的描述管道的横截面应力分布情况。

为了便于求解管-土相互作用问题，采用 ABAQUS 软件中类似于土弹簧的特殊单元 PSI 来模拟埋地管道与土壤间的相互作用(图 3)。PSI 是一种虚拟单元，由 4 个节点组成，单元上端两个节点(3 和 4)与地表面相连反映地面运动与位移，下端两个节点(1 和 2)与管道单元相连，相互作用关系以非线性单元刚度表示，单元刚度可采用 ASCE《埋地钢制管道设计指南》方法计算得到。应用 PSI 单元可以避免对管道区域周围的土体剖分单元，尤其当管线较长时，其优点更加明显，既能保证计算模型集中反映管道本体及土对管道的作用，又能大大减少单元的数量。

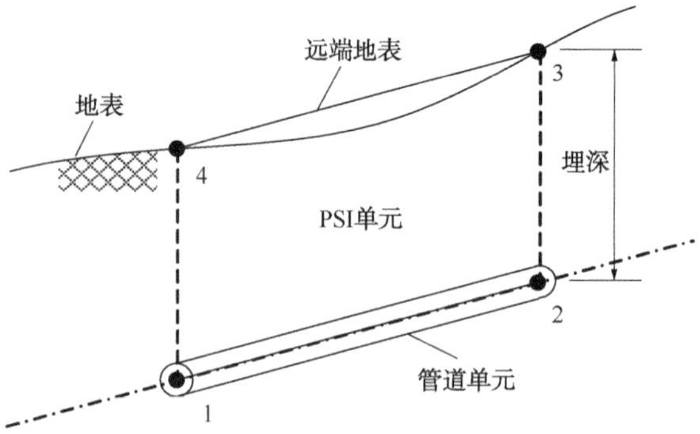

图 3　PSI 单元示意图

管材采用弹塑性模型，通过 R-O 模型计算得到管道材料的应力应变曲线。为保证计算精度，悬空段管道及其两侧 50m 内管道单元长度为 0.1m，同时两侧各向远端延伸足够长，管道单位长度为 1m(图 4)。有限元模型分两步加载，第一步为内压载荷步，第二步为冲刷段管道受力载荷步。通过该模型可以准确得到管道轴向应力应变的大小。

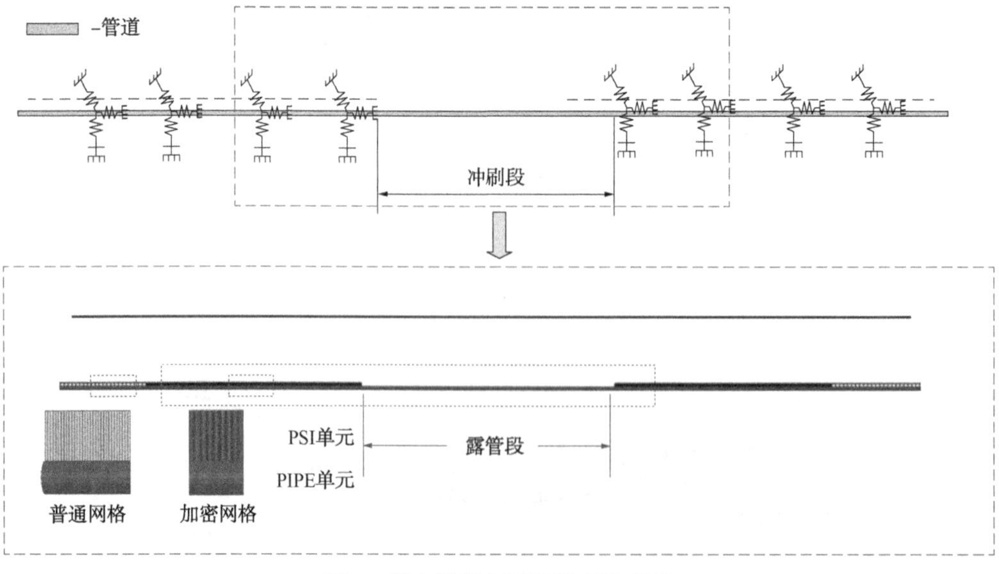

图 4　洪水漂管有限元模型示意图

4 洪水漂管案例计算

某X70天然气管道在洪水冲刷下发生了管线裸露，管道规格 Φ1016×26.62mm，管道运行压力9MPa，管道在洪水作用下发生漂管，总长约70m。洪水流速为2m/s，管道所处地质情况为中砂，中心线埋深2m。

根据工程常见取值方法，对动水作用计算需要的相关参数取值如下：洪水密度1180kg/m^3，水流雷诺数 $Re=2.032\times10^6$（流速2m/s时），动水阻力系数 $C_D=0.7$、动水升力系数 $C_L=0.7$，动水惯性系数 $C_M=1.5$，管道上的水平水粒子加速度 dv/dT 取保守值1。通过计算管道沉浸在2m/s的水流中时，单位长度管道受到的水平作用力为3113.43N；垂向作用力为4517.20N。根据漂管位置土壤参数，计算得到土弹簧参数（表2）。

表2 土弹簧参数表

土弹簧类型	极限抗力/(kN/m)	屈服位移/mm
轴向土弹簧	100.02	3
侧向土弹簧	1303.30	152.4
垂直向上土弹簧	292.73	52.5
垂直向下土弹簧	6465.76	101.6

将管道参数、载荷参数和土弹簧参数代入到限元仿真模型生成计算文件，开展数值计算，提取应力最大处管道沿线的轴向应力曲线（图5），管道的最大应力168.2MPa，位于两侧管道出土端，X70管道材料的屈服应力为485MPa，管道最大应力占比管材屈服应力的34.7%，处于低应力状态。

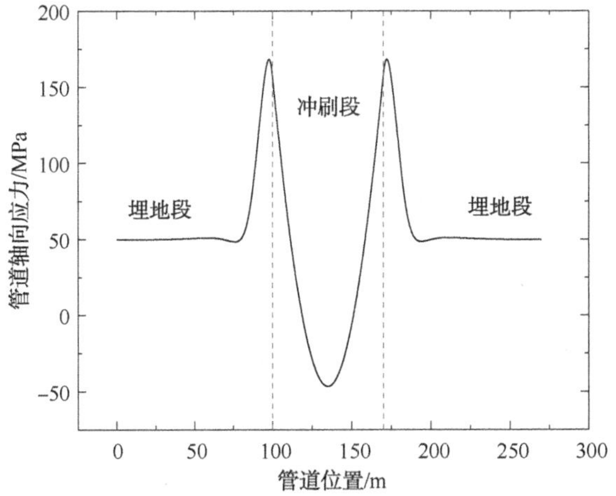

图5 管道沿线应力分布

4.1 管道应力影响因素

对管道应力影响因素进行单因素分析，在洪水流速2m/s下，计算管道最大应力与管道冲刷长度的关系（图6）。可以看出，管道的应力随着冲刷长度的增加而增加，且冲刷长度在50~110m之间变化时，管道的最大应力快速增加。当悬空长度在150m时，管道最大应力为383.1MPa，占比管道屈服应力超过80%，管道处于危险状态。

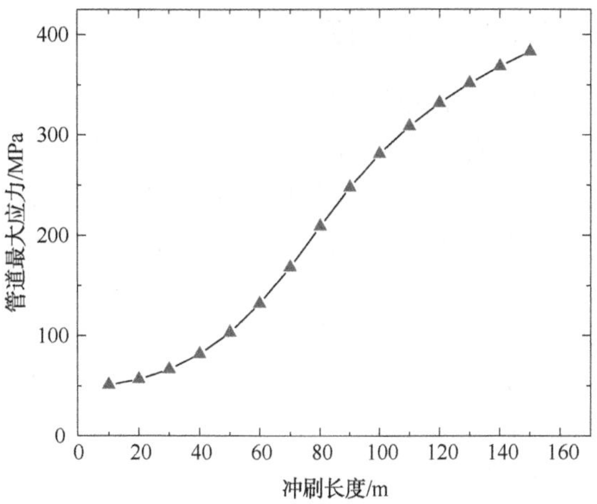

图6 悬空长度对管道最大应力的影响

在悬空长度为70m时，计算管道最大应力与洪水流速的关系（图7），洪水的流速越大，作用在管道水平方向和竖直方向上的动水作用力越大，从图中可以看出，随着洪水流速的增加，管道的最大应力快速增加。

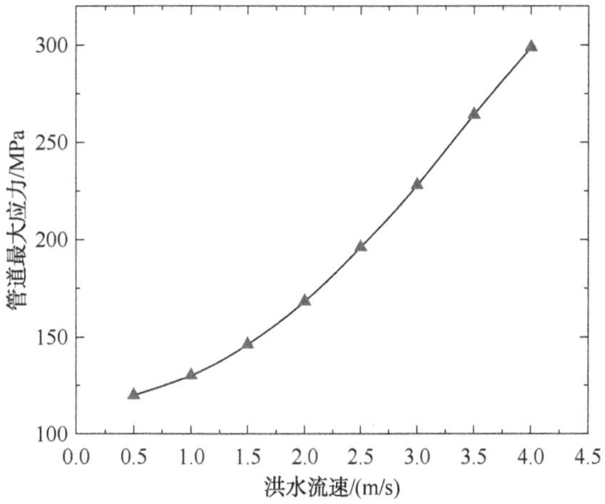

图7 洪水流速对管道最大应力的影响

4.2 管道应力状态正演

经分析可知，管道发生裸露的冲刷长度以及洪水流速为影响管道应力状态的最主要因素，对于上文漂管案例，预计管道的冲刷长度在50~90m，洪水流速的变化范围在1.0~4.0m/s。利用Python语言编程采用因素轮换法实现影响参数的循环，建立包含工程可能工况参数的参数矩阵，批量生成模型计算文件，并采用 ABAQUS 实现文件的批量计算，其中悬空长度间隔 5m 取值，洪水流速间隔 0.2m/s 取值，对计算结果文件批量提取管道沿线应力应变数据，建立包含 144(9×16)组数据的洪水冲刷管道轴向应力应变数据库。

5　管道智能化监测

管道智能化监测是指利用传感器、数据分析和人工智能等技术手段，对管道的安全状态进行实时、自动的监测和管理，实现管道安全状态的预测预警。其本质上就是从监测数据到管道全线应力状态的快速求解，关键在于对实时采集的监测数据进行快速、即时的处理和分析。

对于洪水冲刷管道，管体的应力应变与冲刷长度和洪水流速等影响因素是高度的非线性关系，采用机器学习算法对管道正演得到的应力应变海量数据进行学习，可以有效地拟合这种非线性关系，建立出管道应力应变预测模型，快速获得任意载荷参数组合下的管体应力应变分布。

基于管道应力应变预测模型，利用优化算法，以管道监测点位置的应力应变计算结果与监测结果之间的平均绝对误差 *MAE* 和应力较大监测点的相对误差最小 δ 作为优化目标，寻找最优载荷参数组合。对于洪水冲刷管道，洪水流速不断变化，管道的应力状态在短时间内可能快速变化，若对管道全线应力进行实时的数值计算求解，不能满足现场要求，使用管道应力应变模型可实现全线应力的快速重构。

$$MAE = \frac{1}{n}\sum_{i=1}^{n} |(f_i - y_i)|$$

$$\delta = \frac{|(f_i - y_i)|}{y_i}$$

5.1　管体应变监测布设

管体的应力应变监测应该体现出管道整体的应力状态，一般在管道应力较大截面或应力变化较大处安装监测设备，对于洪水漂管情况，从数值计算结果可知，在洪水的冲刷作用下，管道的应力最大位置位于管道出土处，需要在此处进行监测布设。此外管道冲刷段的中部也是应力集中位置，在不同洪水流速下应力位置变化较大，应该进行监测布设，但是此处受到洪水的冲刷，在施工角度和监测设备运行环境上无法进行监测布设。此外，管道的最大应力位置位于冲刷段边缘，如果冲刷段的长度增加，则管道最大应力位置也会发生变化，因此在露管段边缘处附近管道截面需要增加监测的布设。

5.2　管道应力应变预测

GBDT(Gradient Boosting Decision Tree)是一种迭代的决策树算法，通过构造一组弱的学习器(树)，把多棵决策树的结果累加起来作为最终的预测输出。该算法将决策树与集成思想进行了有效的结合。GBDT 算法预测精度高、可以灵活处理各种类型的数据，包括连续值和离散值，适用于洪水管道拟合可变参数与管道应力响应的非线性映射关系。利用 GBDT 算法训练洪水管道应力应变数据库，预测结果的相关系数在 0.99 以上，模型预测结果的相对误差小于 5%，预测准确，效果较好(图 8)。

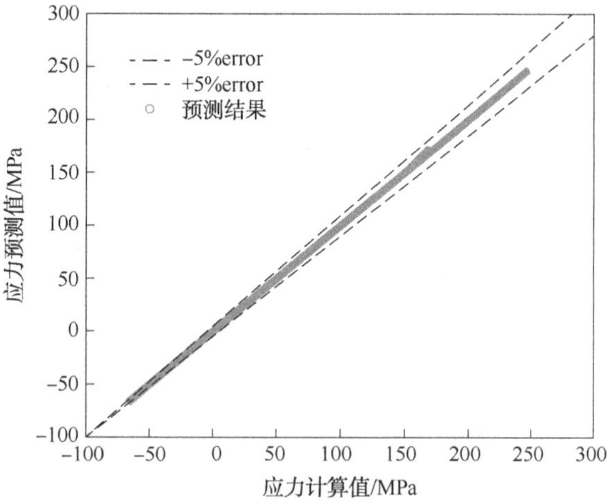

图 8　GBDT 算法预测效果

5.3　管道全线应力重构反演

以某时刻管体监测数据为例，基于各监测点的应力应变数值，采用粒子群优化算法求解洪水管道最优参数组合，经过 4 此算法寻优得到冲刷段管道长度为 69.37m，洪水流速为 3.51m/s，管道应力应变预测模型的预测结果与监测截面的最大平均误差为 1.47MPa，优化误差较小(图 9)，因此计算结果与监测值吻合较好，重构仿真模型计算结果可直接反映管道沿线的真实应力应变分布。

6　结论

(1) 给出了洪水冲刷管道的作用载荷计算方法，建立了考虑管道土壤相互作用的洪水管道应力计算模型，计算得到了管道的应力分布曲线。

(2) 分析了管道冲刷长度和洪水流速对管道

应力的影响，确定冲刷长度和洪水流速为管道应力的主要影响因素，针对案例中可能出现的参数变化范围进行管道应力状态正演，建立了 144 组工况数据的洪水冲刷管道轴向应力应变数据库。

（3）利用机器学习算法建立管道轴向应力应变预测模型，确定了洪水管道监测布设位置，通过寻优算法实现了基于管体监测数据的管道全线应力快速准确重构。

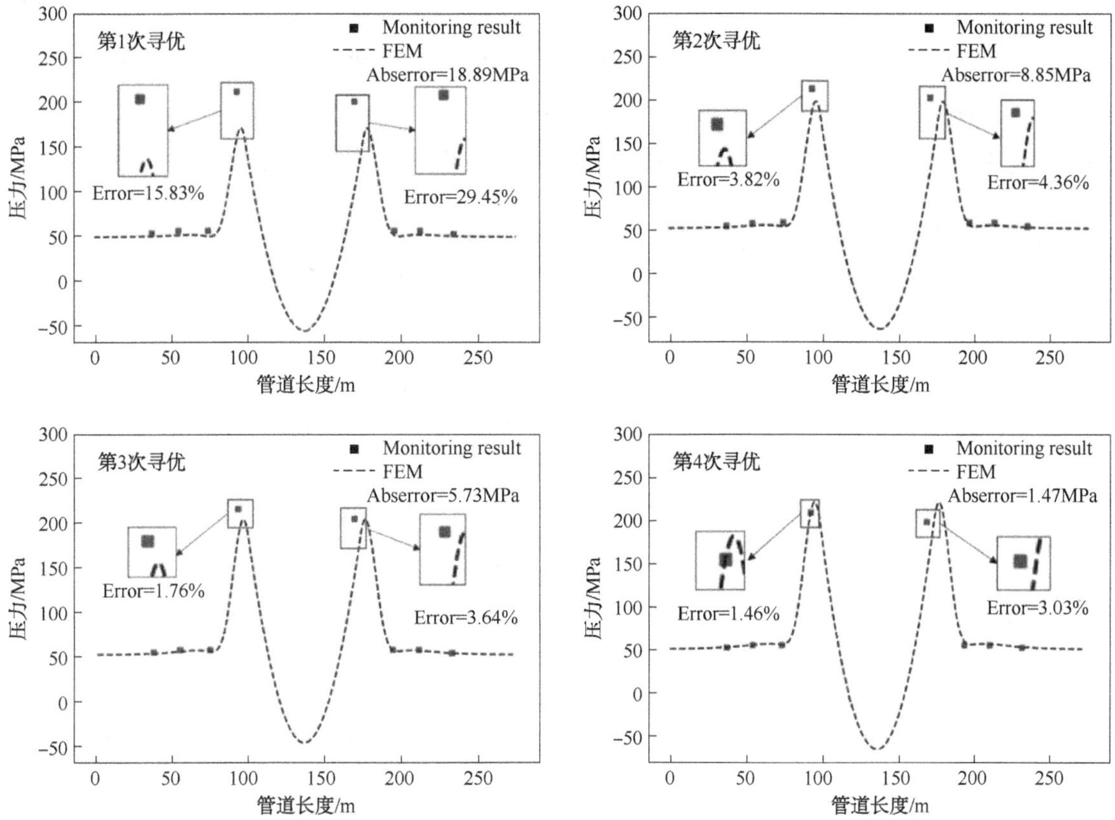

图 9　粒子群寻优过程

参 考 文 献

[1] 张力佳，王鸿，郭君，等．兰成管道石亭江穿越管段水毁事故原因[J]．油气储运，2015，34(12)：1351-1354.

[2] 吴夏，王保民，李家叶，等．地下埋设管道穿河段的洪水危险度评价[J]．南水北调与水利科技，2016，14（04）：185 - 191. DOI：10.13476/j.cnki.nsbdqk.2016.04.031.

[3] 詹婷雯，陈利琼，徐佳，等．洪水作用下马惠宁穿越管道的应力分析[J]．应用力学学报，2019，36(03)：625-630+761.

[4] 王晓霖，帅健．洪水中漂浮管道的应力分析[J]．工程力学，2011，28(02)：212-216.

[5] 杨毅，闫宝东，廖柯熹．输油管道悬空管段应力计算[J]．石油学报，2011，32(05)：911-914.

[6] Zhang-feng H，Yuan W，Shu-lin L．Analysis of Safe Span Length and Fatigue Life of Submarine Pipelines[J]. China Ocean Engineering，2020，34(01)：119-130.

[7] Ying W，Du L，Jiacheng L．Study on the time-varying law of mechanics of the crossing suspended pipeline under flood action[J]. International Journal of Pressure Vessels and Piping，2022，200.

[8] 朱汪友，荆宏远，李永宏，等．榆济管道浊漳河穿越段漂管险情成因及抢险方案[J]．油气储运，2023，42(01)：105-112.

[9] 李德源，刘胜祥，张湘伟．海上风力机塔架在风波联合作用下的动力响应数值分析[J]．机械工程学报，2009，45(12)：46-52.

[10] 张宏，刘啸奔，戴联双，等．地质灾害作用下油气管道环焊缝适用性实时评价方法[J]．油气储运，2023，42(09)：1055-1063.

[11] 张宏，季蓓蕾，刘渠，等．地质灾害段管道结构安全数字孪生机理模型[J]．油气储运，2021，40(10)：1099-1104+1130.

[12] 曾思睿，孔明．基于 GBDT 的气液两相流相分布测量模型[J/OL]．化工进展，1-11[2024-03-03]. https://doi.org/10.16085/j.issn.1000-6613.2023-1385.

基于全尺寸牵拉试验的管道IMU弯曲应变计算方法研究

石　彤[1]　张昊宁[1]　谢　婷[1]　刘啸奔[1]　李　睿[2]　宁方伟[1]　黄启玉[1]　冯庆善[3]

(1. 中国石油大学(北京)油气管道输送安全国家工程研究中心/石油工程教育部重点试验室/城市油气输配技术北京市重点试验室；2. 国家管网集团科学技术研究总院分公司；3. 国家管网集团有限公司)

摘　要　惯性导航(Inertial Mapping Unit，IMU)内检测器通过检测的中心线坐标数据从而计算管道全线弯曲应变。由于惯导内检测器实际运行时存在异常振动等噪声及检测器运行存在轨迹偏差等问题，导致IMU检测应变与管道真实应变之间存在一定偏差。本文进行IMU检测弯曲应变误差分析与弯曲应变解算算法研究。最终基于全尺寸管道弯曲应变牵拉试验，验证解算优化算法可行性、准确性。研究结论表明：随着管道弯曲应变增大，惯导内检测器检测应变与管道真实应变之间的误差随之增大。提出基于深度学习模型的解算优化算法，利用弯曲应变数据库作为测试集、训练集，验证所提出算法可行性。采用全尺寸牵拉试验验证所提出算法，得到解算优化算法修正后弯曲应变与应变片检测真应变之间误差分别降低了79.6%、79.4%、76.0%，验证了所提出解算优化算法的可行性与准确性。

关键词　惯性导航；真实应变；全尺寸试验；误差分析；解算算法；

油气管道由于各种自然不可抗力因素的干扰，如地震区、冻土区的地质不稳定、或者管道掩埋后发生沉降、周围土壤以及岩石的压力等对管道造成局部的形变及位移，进而产生弯曲应变。为应对各种危险因素及保障管道的安全运行，检测管道的应力应变状态是一项十分重要的工作。

由于管道深埋于地下，开挖成本较高，如果采取人工测绘的方式，只能给出基础的路由信息，而管道内部的路程地理信息不能被准确获取。基于此，内检测技术被广泛的应用于管道检测当中。现阶段随着惯性导航技术的逐渐成熟，惯导内检测(IMU)被逐渐利用检测管道弯曲应变。IMU通过测量管道三维坐标并得到管道的中心线，从而获得管道各位置应变情况。中国石油管道公司自主研发高精度IMU惯导测绘系统，计算管道弯曲应变。但由于IMU惯导系统在检测过程中存在异常振动等影响，与真实结果存在一定的差异。Zihui Wang等人通过摄像头与IMU组成的单目视觉惯导系统(VINS)来进行机器导航，提出了一种IMU自标定方法。李睿等人将IMU惯导系统用于冻土区管道检测，提出基于IMU数据的弯曲应变及位移的方法，并对位移发散问题进行了修正。冯庆善等人利用GPS已经里程轮数据对管道位置进行了修正，提高了检测准确性。

当前研究人员对IMU检测数据进行了解算分析，但没有进行IMU内检测数据与管道真实应变之间的误差分析，更没有开展映射算法研究。为此，本文分析内检测数据与真应变数据之间的误差并采用机器学习算法开展映射关系研究，验证所提出基于智能算法的管道弯曲应变解算优化算法合理与准确性。

1　惯性测绘(IMU)原理

惯性数据由三个正交陀螺仪与三个加速度计测量得到，陀螺仪和加速计相互垂直安装，形成一个三轴坐标参考系统，惯性测量系统以一定的采样周期获取内检测器的角速率与加速度信息，相互正交安装的三个方向上的陀螺仪所测得的角速率经过一次积分运算后，得到内检测器在管道中的运动姿态数据，包括俯仰角、航向角、滚动角，加速度计测量得到的加速度数据对时间进行两次积分后得到内检测器的运动距离。

同时，在弹性变形范围内，管道的弯曲应变与管道的曲率成正比，通过IMU单元记录的姿态数据对里程进行微分可以求得管线的曲率，结合曲率与管径可以求得管道的弯曲应变，计算弯曲应变的公式(1)如下。

$$\begin{cases}\varepsilon_v=\dfrac{dP}{ds}\dfrac{D}{2}\times100\\ \varepsilon_h=-\cos P\left(\dfrac{dA}{ds}\right)\dfrac{D}{2}\times100\\ \varepsilon=\sqrt{\varepsilon_v{}^2+\varepsilon_h{}^2}\times100\end{cases}\qquad(1)$$

式中，ε 为管道的总弯曲应变；ε_v 为垂直应变；ε_h 为水平应变；D 为管道的公称直径，m。根据图 1 中 IMU 在管道中的检测轨迹，若要计算 s 点处的垂直应变与水平应变，可以由 $s+L/2$ 点处与 $s+L/2$ 处的俯仰角差值 dP、航向角差值 dA、绝对里程差值 ds 得出，ds 也是计算窗口，

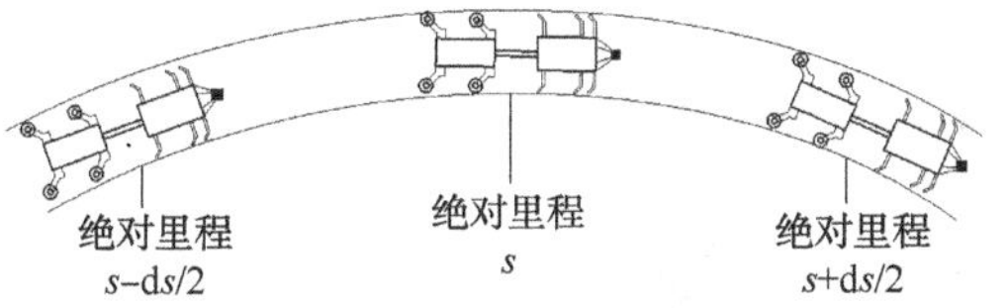

图 1　IMU 内检测器检测轨迹图

2　解算算法研究

2.1　ANN-ExtraTree 深度学习模型搭建

ANN -ExtraTree 模型是包含多个隐藏层的混合深度网络学习模型。ANN 深度网络学习模型可以自动自主计算各特征量权值，结合 ExtraTree 模型选取最优特征，将 2 者优势组合可用于管道真应变值映射。构建的 ANN -ExtraTree 深度学习模型如图 3 所示。3 个隐藏层用于计算各体征量权值，加入激活函数解决梯度消失的问题，隐藏层中选择的激活函数位 relu，其函数表达式为：

$$f(zi)=\max(0,\ zi)\qquad(2)$$

式中，zi 为第 i 各节点输出值。

非输出层的全连接层采用 L2 正则化（L2 Regularization）技术，正则化因子均设置为 0.005，通过在这些层的权重上施加惩罚，达到权重衰减(Weight Decay)的目的，降低模型复杂度，削弱噪声的影响，从而有效防止过拟合。特征提取后数据输入 ExtraTree 模型进行训练，根据训练结果得到模型。

通常随着管径的增大而逐步取大值，也要考虑计算的得到的应变值的实际情况，过小时会使得 IMU 应变数据存在较为密集的噪声，过大时则会使得应变曲线变得过于平滑，从而使得弯曲变形段的应变值降低。

在姿态数据中通常存在负值航向角度，若直接用姿态数据中的下游航向角减去上游航向角得到的角度差值不是真实的航向角变化量，实际航向角度变化量为沿 0°线顺时针方向和下游航向角的夹角与沿 0°线顺时针方向和上游航向角度的夹角的差值，即负值的航向角需要进行一个 2π 的转换，如图 2 所示。

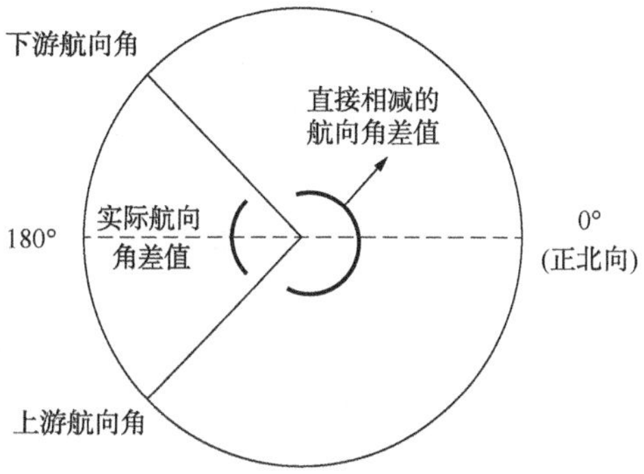

图 2　航向角俯仰示意图

管道弯曲应变解算优化方法流程如图 4 所示，由于 IMU 测量得到的为姿态数据，根据弯曲应变计算公式计算管道应变值。将变形段偏移量、坐标、管道弯曲应变作为输入值，但输入数据范围较大。为提高深度学习效率，对数据进行归一化处理。之后将归一化后的数值作为输入值输入 ANN-ExtraTree 模型中得到管道真应变映射值。

2.2　模型评估

基于 508mm 管道 20m、25m、30m 长变形段时 0~300mm 偏移量的弯曲应变数据库，开展算法训练，训练后利用弯曲应变样本数据库中剩余 40%样本作为测试集开展测试。

计算使用改进算法后弯曲应变与真应变的误差标准差(STD)、误差协方差(COV)、均方误差(MSE)、决定系数(R^2)四种评价指标(同一工况对比如图 5 所示)，其中误差标准差、误差协方差、均方误差三种代表误差减小的指标分别由 0.0702、0.0049、0.00703 分别降低至 0.0126、0.0016、0.0012；表示与真应变相关性的决定系数由 0.443 升高至 0.981；计算结果验证了该算法适用性。

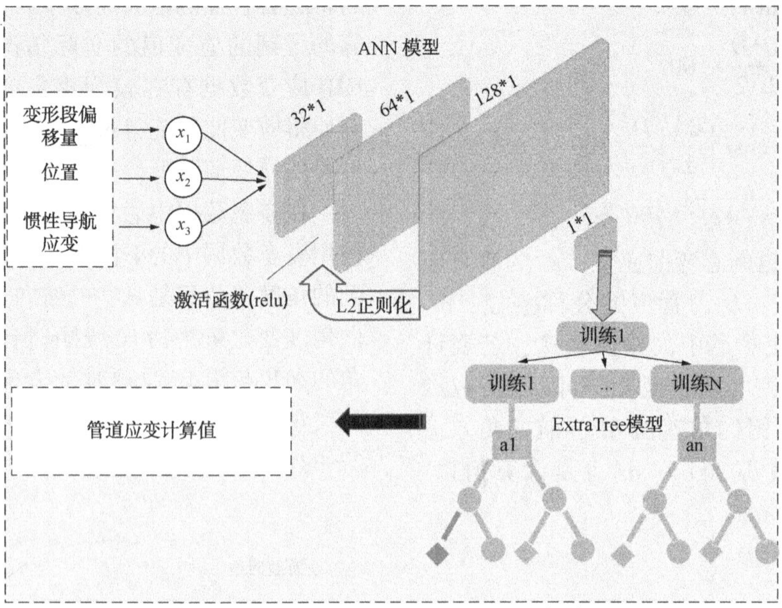

图 3　神经网络-决策树(ANN-ExtraTree)映射算法流程图

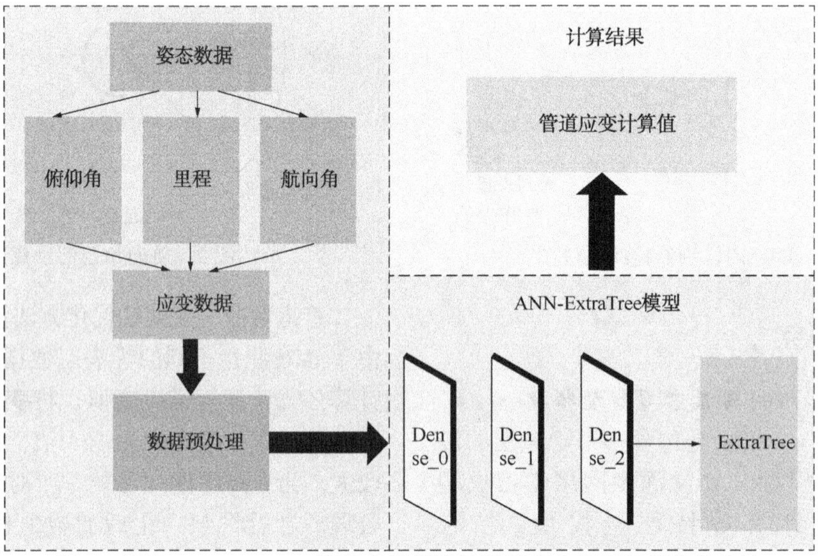

图 4　基于 ANN-Extratree 深度学习模型的管道弯曲应变解算优化方法

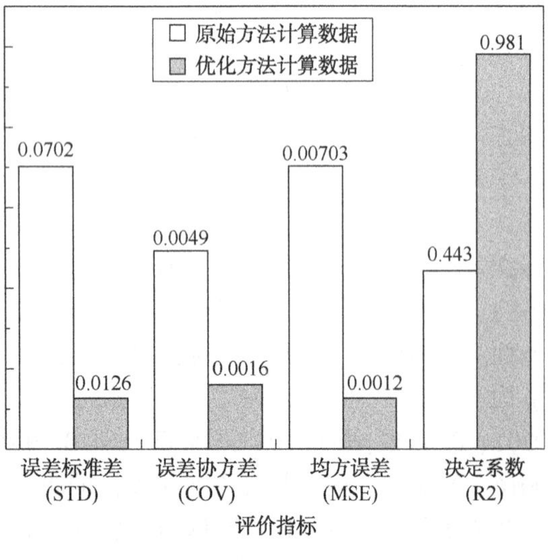

图 5　IMU 实际检测数据与优化算法计算数据评价指标对比

3　牵拉试验与优化算法应用

3.1　试验装置及方案

IMU 全尺寸管道牵拉试验应用 508mm × 10mm 全尺寸管道、支墩、应变仪及 IMU 惯导内检测器进行，牵拉试验示意图如图 6 所示。设计并使用全尺寸管道弯曲应变加载装置加载弯曲载荷至预设工况，通过牵引装置牵拉 IMU 内检测器，获取内检测器采集到的 IMU 惯导检测数据，进而开展全尺寸管道 IMU 试验检测数据与管道真实应变数据之间的误差分析与解算优化算法验证研究。牵拉试验管道直径 508mm、厚度 10mm、长度 100m，其中弯曲变形段管道长 20m。

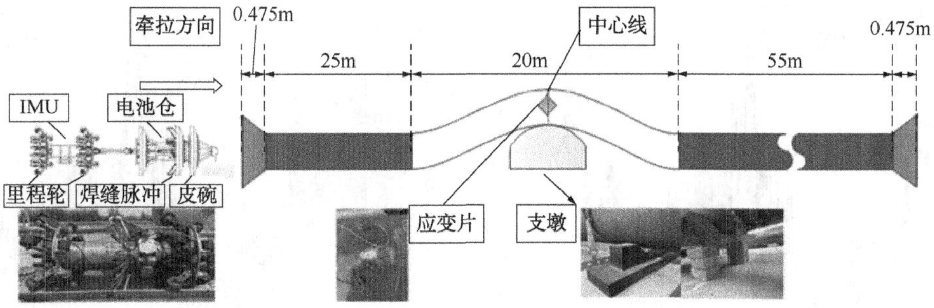

图6 牵拉试验位置示意图

试验共设置4组不同的管道弯曲应变工况，首先在管道为直线时进行基础工况测试，第2至第4工况的管道应变段设计应变分别为0.1%、0.2%、0.3%。考虑现场实际试验过程及装置加载等误差，测定现场管道实际偏移量为IMU检测应变与真应变之间对比依据，现场试验每组工况实际管道偏移量为68mm、124mm、180mm，不同工况实际偏移量见表1。

表1 牵拉试验不同预设工况与实际偏移量

工况	设计弯曲应变/%	实际偏移量/mm
工况一	0	0
工况二	0.1	68
工况三	0.2	124
工况四	0.3	180

3.2 试验结果

每组牵拉试验开展2次，利用IMU测得的姿态信息对管道弯曲应变进行解算，分析IMU惯导内检测器在不同工况下管道弯曲应变数据。水平放置的管道弯曲应变应为0，但由于试验管段本身存在弯曲情况且检测器在行进过程中不断受到各种因素干扰，使得实际检测结果显示在不同位置的均存在应变。因此，选用工况一为基础工况，排除相关客观因素干扰。

由于每轮试验数据起始与结束绝对里程不同，通过人工将8轮数据首尾对齐。将对齐之后的数据选取小波函数“db4”进行降噪，设置阈值为无偏风险估计阈值，阈值函数设置为软函数，小波分解层数为1层，进行数据降噪，减少检测结果中波动锯齿状噪声的干扰。

由牵拉试验检测结果可知，针对应变变形段相同工况条件下惯导内检测器检测弯曲应变基本一致。计算得到工况二两组IMU牵拉试验IMU内检测降噪前后数据(图7)，不同试验工况IMU内检测应变结果见表2，由检测数据可知，同一工况下两组惯导内检测器检测数据基本一致。

表2 不同试验工况IMU内检测应变结果

工况	不同组别	设计弯曲应变/%	偏移量/mm	IMU检测最大应变/%
1	A	0	0	0
	B			0
2	A	0.1	68	0.140
	B			0.139
3	A	0.2	124	0.265
	B			0.264
4	A	0.3	180	0.409
	B			0.411

3.3 优化算法验证

利用所提出解算优化算法进行相应工况真应变计算。当508mm管道、20m长中间变形段偏移量分别为68mm、124mm、180mm时，各工况弯曲应变修正前后与应变片检测结果对比如图8所示。

基于ANN-ExtraTree的解算优化算法计算最大段弯曲应变结果分别为0.127%、0.127%；0.241%、0.238%；0.380%、0.381%。将计算结果与管道最大弯曲变形处张贴应变片数据对比(表3)。三组试验工况下解算优化算法计算后应变与真应变误差分别平均由0.0245%、0.0315%、0.039%降为0.005%、0.0065%、0.0095%，平均误差缩小比为79.6%、79.4%、76.0%，验证了本文所提出解算优化算法的适用性。

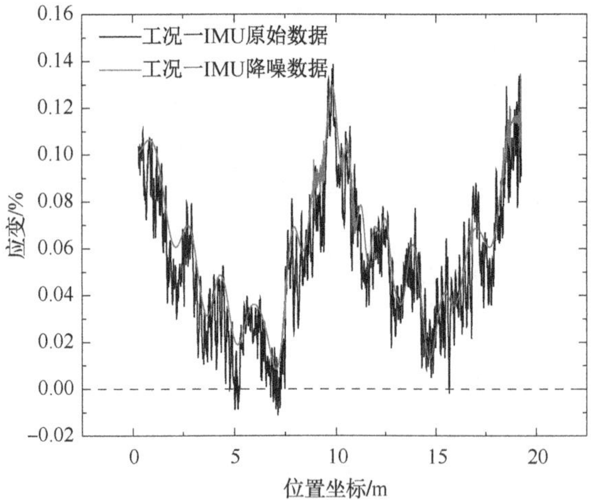

(a)工况二第一次牵拉IMU检测降噪前后数据

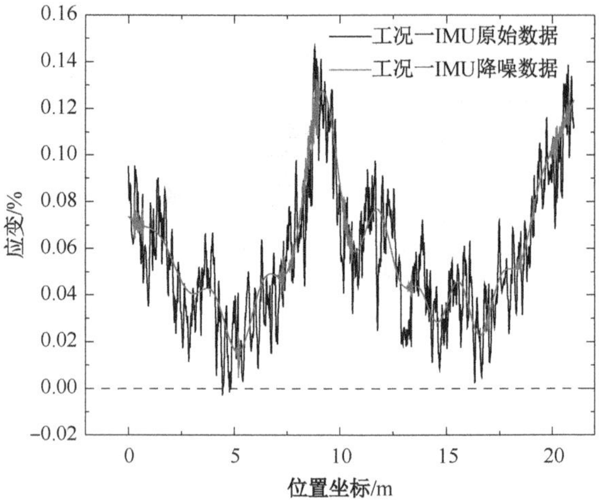

(b)工况二第二次牵拉IMU检测降噪前后数据

图 7　工况二两组 IMU 牵拉试验 IMU 内检测降噪前后数据

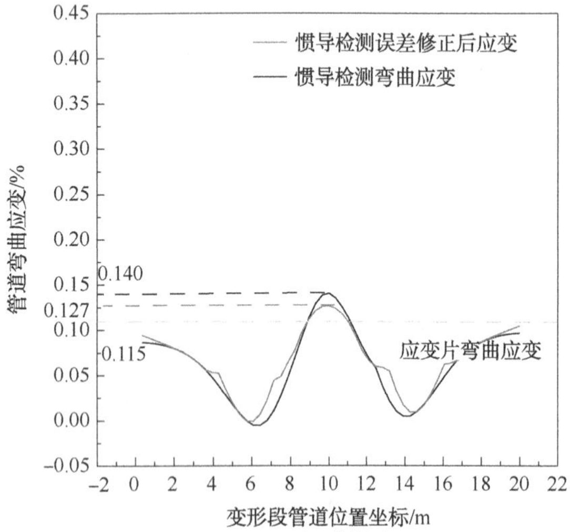

(a)工况二数据对比

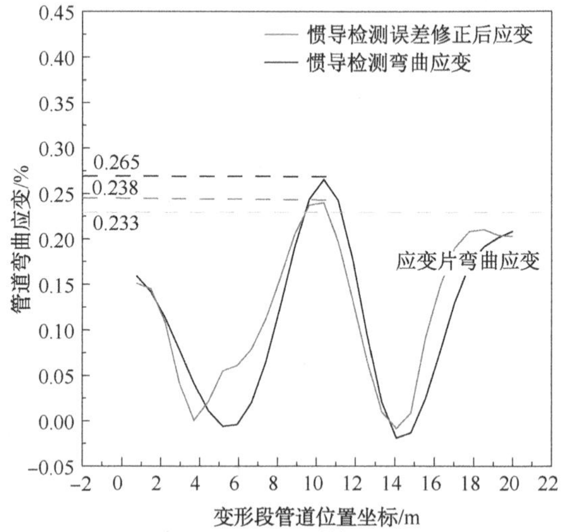

(b)工况三数据对比

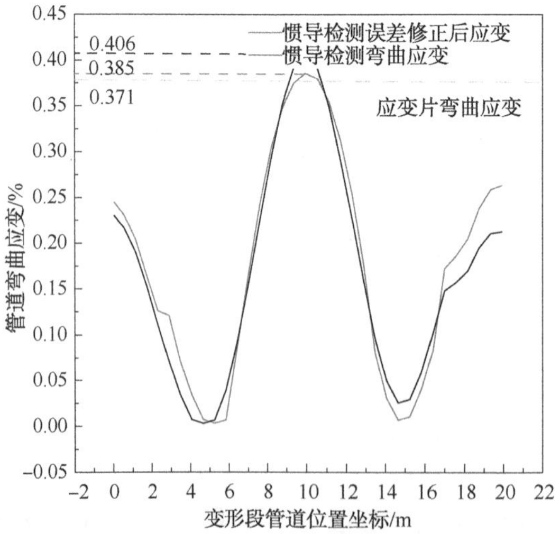

(c)工况四数据对比

图 8　工况二 IMU 牵拉试验、映射后应变与应变检测数据对比

表 3　试验 IMU 内检测解算优化应变最大值与应变片检测对比结果

工况	不同组别	IMU 检测最大应变/%	修正后应变/%	应变片检测数据/%	平均误差缩小比/%
1	—	0	0	0	0
2	A	0.140	0.127	0.115	79.6
	B	0.139	0.127		
3	A	0.265	0.241	0.233	79.4
	B	0.264	0.238		
4	A	0.406	0.380	0.371	76.0
	B	0.411	0.381		

4　结论

本文提出基于 ANN-ExtraTree 的弯曲应变解算优化算法。最终开展全尺寸管道弯曲应变牵拉试验，验证解算优化算法可行性、准确性。研究结论表明：

（1）随着弯曲偏移量即管道弯曲应变增大，惯导内检测器检测应变与管道真实应变之间的误差随之增大；搭建基于深度学习模型的管道弯曲应变解算优化算法，经测试集验证得到优化算法计算数据的误差标准差、误差协方差、均方误差三种代表误差减小的指标分别由 0.0702、0.0049、0.00703 分别降低至 0.0126、0.0016、0.0012；表示与真应变相关性的决定系数由 0.443 升高至 0.981。

（2）采用全尺寸牵拉试验进行解算优化算法验证，三组工况修正后检测弯曲应变与应变片检测真应变之间误差分别降低了 79.6%、79.4%、76.0%，全尺寸牵拉验证了所提出弯曲应变解算优化方法的可行性与准确性。

参 考 文 献

[1] 刘鹏，李玉星，张宇，等．典型地质灾害下埋地管道的应力计算[J]．油气储运，2021，40(02)：157-165.

[2] 方威伦，刘啸奔，张宏，等．基于 IMU 数据的冻土区管道融沉风险段识别方法[J]．油气储运，2022，41(03)：288-294.

[3] 刘燊，刘啸奔，李睿，等．基于机器学习的冻土区融沉变形管段识别方法[J]．石油机械，2022，50(03)：106-114. DOI：10.16082/j. cnki. issn. 1001-4578. 2022. 03. 015.

[4] Wang F, Li G Y, Ma W, et al. Permafrost thawing along the China-Russia Crude Oil Pipeline and countermeasures: a case study in Jiagedaqi, northeast China [J]. Cold Regions Science and Technology, 2018, 155: 308-313.

[5] 苏林，马雪莉，薛鹏．管道惯性测绘系统研制及应用[J]．管道技术与设备，2020，No.162(02)：22-24.

[6] Jaejong Yu. An off-line navigation of a geometry PIG using a modified nonlinear fixed-interval smoothing filter. Control Engineering Practice, 13 (2005): 1403~1411.

[7] 王良军，李强，梁菁嬿．长输管道内检测数据比对国内外现状及发展趋势[J]．油气储运，2015，34(03)：233-236.

[8] Weston J L, Titterton D H. Modern inertial navigation technology and its application[J]. Electronics & Communication Engineering Journal, 2000, 12(2): 49-64. DOI: 1000-8241(2015)03-0233-04.

[9] 李睿，赵晓明，赵连玉，等．长输管道中心线及应变位移检测系统[J]．石油科技论坛，2016，35(S1)：197-200+256-257. DOI：10.3969/j. issn. 1002-302x. 2016. z1. 065.

[10] 栾野．基于惯性导航的管道与特征位置检测方法研究[D]．沈阳工业大学，2021. DOI：10.27322/d. cnki. gsgyu. 2021. 000672.

[11] 丁楠，陈浩，孙静，等．智能管道建设数据整合方法及问题探讨[J]．石油工业技术监督，2021，37(07)：45-48.

[12] Chen P, Wang T, Dong P, et al. Research on Strain and Displacement ILI Technology for Oil & Gas Pipeline [J]. DEStech Transactions on Computer Science and Engineering, 2018(iceiti).

[13] Zhang P H, Hancock C M, Lau L, et al. Low-cost IMU and odometer tightly coupled integration with Robust Kalman filter for underground 3-D pipeline mapping[J]. Measurement, 2019, 137: 454-463.

[14] Adaptive optimization online IMU self-calibration method for visual-inertial navigation systems[J]. Wang Zihui; Cheng Xianghong. Measurement.

[15] 李睿，刘贺子，陈朋超，等．冻土区管道弯曲应变

及位移监测方法[J]. 油气储运，2017，36(04)：393-397+408.

[16] 李睿，冯庆善，张军政，等. 基于惯性导航的管道中心线测量方法[J]. 油气储运，2013，32(09)：979-981.

[17] 孙鹏，谢裕喜，张勇，等. 管道内检测数据对齐方法与应用[J]. 油气储运，2021，40(02)：151-156.

[18] 刘伟. 管道本体数据与内检测数据的对齐方法研究[D]. 西安科技大学，2018.

[19] Qingshan F, Rui L, Hong Z. Modeling and Calculation of Dent Based on Pipeline Bending Strain[J]. Journal of Sensors, 2016, 2016: 1-8.

[20] Czyz J A, Fraccaroli C, Sergeant A P. Measuring pipeline movement in geotechnically unstable areas using an inertial geometry pipeline inspection pig[J]. 1996.

人体姿态估计算法在天然气站场图像的应用研究

易　欣　薛鲁宁　杨宇坚　陈利平　陈　钻　刘　翔

（国家管网集团浙江省天然气管网有限公司）

摘　要　在现代社会工业化发展的过程中，天然气已逐渐成为社会发展必不可少的资源。天然气站场作为重要的能源基础设施，每天会发生大量的人员活动，为了保障安全和监管管理，对于人员的行为监控非常有必要。本文通过分析传统方法和基于深度学习的人体姿态估计方法的特点，再重点对基于深度学习的二维多人姿态估计算法进行介绍，最后结合深度学习技术和实际场景的特点，提出将基于YOLO-Pose算法的人体关键点检测方法应用于天然气站场图像，旨在实现对天然气站场中人员行为情况实现自动化检测分析，并为人员行为判断提供更为合理的决策条件。最后开展人体关键点检测实验，本文基于COCO数据集训练得到的算法模型，以天然气站场下的图像数据为输入并进行了数据处理和预处理，然后利用深度学习YOLO-Pose算法模型对数据进行推理运算识别出人体关键点，以及数据后结果获得相应关键点的像素坐标信息。同时，本文也后续如需要进一步获得人员具体行为信息，可通过计算关键点之间的几何位置关系，识别目标的特定行为。实验结果表明，本文提出的人体姿态检测方法在天然气站场中可以有效地检测人员的人体关键点，为天然气站场人员行为智能分析提供一种新思路，也为天然气站场的安全监管和管理提供了一种有效的技术手段。

关键词　天然气站场；深度学习；人体姿态估计；YOLO-Pose算法

随着能源需求的不断增长，天然气作为一种清洁、高效的能源正在全球范围内得到广泛应用。作为一种重要的能源资源，天然气对社会经济发展和生活质量提升起着关键作用。在天然气运输过程中，天然气站场作为关键节点，其规模不断扩大，天然气站场的运营安全问题备受关注，尤其是对于人员行为事件的及时监测和预警。因此，实时监测和分析站场人员行为具有重要意义。

传统的人员行为识别方法主要依赖于人工巡逻和视频监控。然而，面对海量的视频图像序列，工作人员必须长时间且精神高度集中地观察视频监控画面并对异常事件作出处理，这种方式存在许多局限性。近年来，深度学习作为人工智能的重要分支在目标检测领域取得了显著进展，特别是基于卷积神经网络（CNN）的目标检测方法，如YOLO（You Only Look Once）系列。这些方法具有高效、准确的特点，并已广泛应用于各个领域。在本研究中，我们将探索YOLO-Pose算法在天然气站场人员行为状态分析中的应用。通过结合深度学习模型，构建一个更高效、精确的人员行为检测系统。该系统将能够自动分析天然气站场的视频数据，实现对人员行为的实时监测和识别。相比传统的人工巡逻和视频监控方法，这种基于人体姿态估计算法将大大提高检测效率，并减轻工作人员的负担。

本文旨在对YOLO-Pose算法在实际天然气站场的应用开展研究。通过进行天然气站场下的数据实验，我们将验证所提方法的有效性和可行性。最终，希望该研究能够为天然气站场的安全监控和管理提供有力支持，为保障能源供应安全和生产运营提供可靠的技术手段。通过准确检测人员的关键点并分析其行为状态，可以及时发现异常事件并采取相应措施，提高天然气站场的安全性和效率。这项研究的成果将为实际应用提供重要的技术支持，为相关领域的决策者和从业人员提供有益的参考。

1　研究方法

1.1　相关技术

人体姿态估计（Human Pose Estimation，HPE）是指从给定的图像或视频中检测与定位人体各个关节和关键部位（如肩膀、手臂、手腕等）的位置和方向等，通过关键点描述人体骨骼信息，进而判断给定场景中的人体状态，是人体姿态跟踪等计算机视觉应用的核心技术。传统方法一般是基于图结构和形变部件模型，设计 2D 人体部件检测器，使用图模型建立各部件的连通性，并结合人体运动学的相关约束不断优化图结构模型来估计人体姿态。传统方法虽然拥有较高的时间效率，但是由于其提取的特征主要是人工设定的 HOG 和 SHIFT 特征，无法充分利用图像信息，导致算法受制于图像中的不同外观、视角、遮挡和固有的几何模糊性。同时，由于部件模型的结构单一，当人体姿态变化较大时，部件模型不能精确地刻画和表达这种形变，同一数据存在多个可行的解，即姿态估计的结果不唯一，导致传统方法适用范围受到很大限制。

随着大数据时代的到来，深度学习在计算机视觉领域得到了成功的应用。通过深度学习的方法，一定程度上降低了人体姿态估计的研究门槛。人体姿态可以利用 CNN 提取更加准确的特征，人体关节点之间的联系也更容易获取，整体上提高人体姿态估计的准确率。由此，人体姿态估计也得到快速的发展。以输出结果的表达方式进行分类，人体姿态估计可分为二维人体姿态估计和三维人体姿态估计；以图像中人数进行分类，人体姿态估计可分为单人人体姿态估计和多人人体姿态估计。本文主要针对天然气场景下的二维的多人人体姿态估计方法开展相关研究。

目前二维多人姿态估计主要有两种思路，一种是基于自顶向下的算法，另一种是基于自底向上的算法。自顶而下的范式是从图像中检测出所有人，随后利用单人姿态估计的方法对所有人进行姿态估计。Alexander Toshev 和 Christian Szegedy 提出的 DeepPose 最早将 CNN 应用于人体关节点检测，将人体姿态估计转换为关节点回归问题，并提出了将 CNN 应用于人体关节点回归的方法，使用整幅图像输入到 7 层 CNN 来做关节点回归，更进一步，使用级联的 CNN 检测器来增加关节点定位的精确度。Debapriya Maji 等人提出了一种基于流行的 YOLOv5 目标检测框架的二维多人姿态估计算法 YOLO-Pose，该算法使用了一种新型的无热力图联合检测方法，能够实现端到端的的训练并且优化目标关键点相似度 OKS 指标，该方法不需要对自底向上进行后处理，该方法不需要对自底向上进行后处理，通过将检测到的关键点分组到一个框架中，每个包围框都包含一个相关联的姿态，从而实现了关键点的固有分组。

自底而上的范式是先检测出或回归出所有人的骨点，再将骨点进行连接形成图，最后通过图优化的方法剔除错误的连接，实现多人姿态估计。Zhe Cao 和 Tomas Simon 提出的 OpenPose 通过部分亲和场 PAFs 的非参数表示，首次提出了关联分数，用学习的方法将身体部位与图像中的个体关联起来。Cheng 等人提出的 Higher HRNet，通过提高输出分辨率从而大幅度提升预测精度。

1.2 YOLO-Pose 算法

YOLO-Pose 是以 YOLO 目标检测网络模型为基础实现的端到端人体姿态估计算法。YOLO 是一类端到端目标检测模型，基本原理是通过回归待检测目标的位置和分类概率实现对图像目标的定位与识别。YOLO-Pose 在 YOLO 目标检测模型的基础上添加了新的人体关键点检测头用于回归，其网络结构如图 1 所示。

输入的图像通过 darknet53 骨干网络，产生 4 种不同尺度的特征图，相比于原始的 YOLOv5 目标检测算法多添加了一个尺寸的特征图，通过在更多尺度上采集特征信息，能够实现更好的检测效果。使用 PANet 来融合不同尺度的特征图，将 PANet 的输出作为 4 个尺度检测头输入，传入到每个检测头中的 box 候选框检测器和关键点检测器中。再分别使用不同的损失函数分别计算不同关键点的 loss，如针对特定部位的关键点倾斜重要性，使用 OKS 作为关键点的 IoU，比如在耳朵、鼻子、眼睛会比肩膀、膝盖、臀部等在像素级别上受到更多的错误惩罚。

对于 YOLO-Pose 算法而言，检测到一个人的锚框 anchor 会存储整个二维姿态信息和边界框信息，而它需要检测的只有人体这一种类别，COCO keypoints 人体关键点数据集中每个人体信息使用 17 个关节点表示，并且每个关节点使用坐标和置信度$\{x, y, conf\}$确定，也就是对于每个检测到人的 anchor，关键点头预测 $3\times17=51$ 个元素，候选框头预测 6 个元素$\{C_x、C_y、W、H、Bconf、Sconf\}$，其中 $Bconf$、$Sconf$ 表示为候选框和类别的置信度。

与自上而下的方法相比，YOLO-Pose 对于关键点没有限制约束必须在检测的边界框内，因此，如果关键点由于遮挡或位于边界框外，也有较好效果。

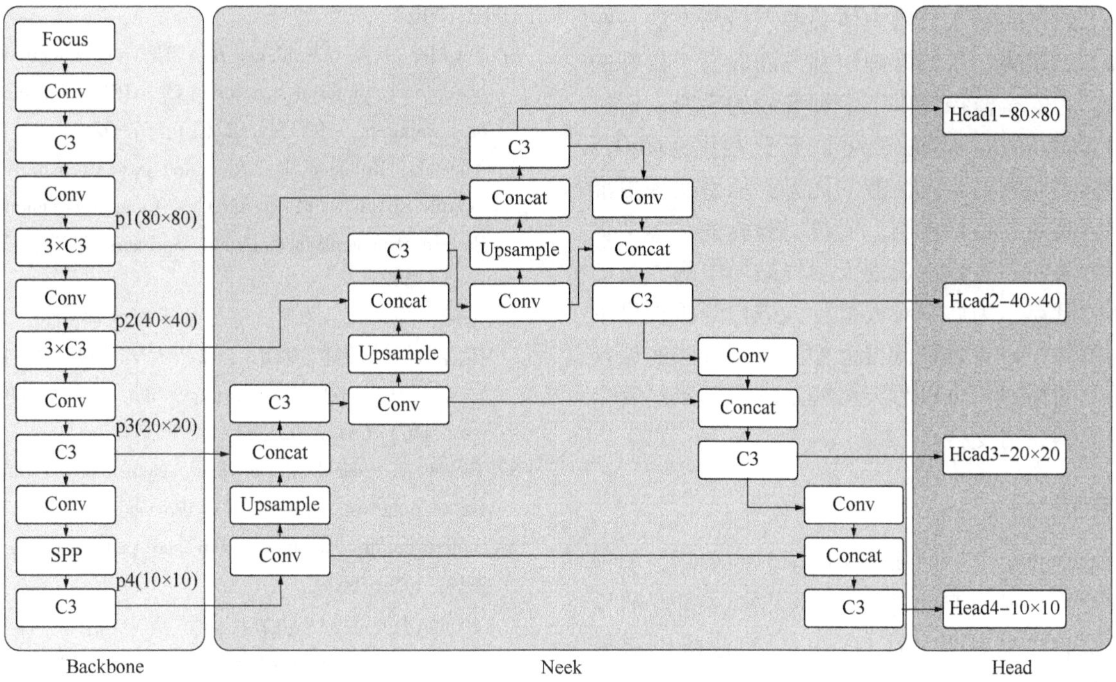

图 1　YOLO-Pose 算法网络结构图

2　实验结果与分析

2.1　实验环境与准备

本文训练环境与测试环境同为 Ubuntu18.04 操作系统，处理器为 Intel Xeon 系列，显卡为 2 组 NVIDIA GeForce GTX 3080，显存为 48GB，运行内存为 128GB。

人员检测是目标检测领域中的一个重要任务，本文采用的数据集为 COCO 数据集。其中 COCO 数据集是目前计算机视觉领域中最具代表性的数据集之一，包含超过 330K 张图片，涵盖 80 个常见物体类别，其中包括人员类别。COCO 数据集的注释非常丰富，不仅标注了物体位置和类别，还标注了物体的遮挡、截断等信息。在训练模型时，一般将数据集分为训练集和测试集。常用的训练验证测试比例是 8：1：1。

2.2　结果分析

在本文中，我们采用了 YOLO-Pose 人体姿态估计模型，实现了对天然气站场中出现的人员的人体关键点的检测。

图 2 中所示为摄像头视角对不同人员的人体关键点检测结果图。另外，可根据人体关键点之间的位置关系并结合相应的业务逻辑判断人员是否出现诸如打电话、抽烟等行为。

图 2　天然气站场人体关键点检测结果图

综上所述，本文提出的基于 YOLO-Pose 算法的天然气站场人员的人体关键点检测方法，在实现人员聚集场景的准确识别方面取得了良好的效果，为安全监控提供了一种有效的手段。通过采用 YOLO-Pose 算法，可以充分利用 YOLOv5 目标检测模型的高效性能的优势，从而实现更准确、更高效的目标检测。通过实验验证，本文提出的方法能够有效地识别天然气站场中的人员的人体关键点，为后续对人员行人进行分析提供了有利条件，可有效降低目标检测识别方法的误判和漏判的情况，可以为天然气站场等场景的安全监控提供有力支持。

3　结语

本文介绍了一种基于深度学习的算法，实现了对天然气站场环境下人员的人体关键点的检测。实验结果表明，YOLO-Pose 算法能够有效地识别出人体关键点，可以为天然气站场等场景的安全监控提供有力的支持。通过算法融合，基于 YOLO-Pose 算法的天然气站场监控系统在提高检测精度、适应复杂场景等方面具有明显优势，有望在工业安全和运营管理中发挥重要作用。

参　考　文　献

[1] 谢和平，吴立新，郑德志 . 2025 年中国能源消费及煤炭需求预测[J/OL]. 煤炭学报，2019，44(7)：1949-1960.

[2] 卢官明，卢峻禾，陈晨 . 基于深度学习的二维人体姿态估计研究进展[J/OL]. 南京邮电大学学报(自然科学版)，2024(01)：1-12[2024-02-26]. https：//doi. org/10. 14132/j. cnki. 1673 - 5439. 2024. 01. 006.

[3] Fischler M A，Elschlager R A. The representation and matching of pictorial structures[C]//IEEE Transactions on Computers，1973，C-22(1)：67-92.

[4] Yang Y，Ramanan D. Articulated pose estimation with flexible mixtures-of-parts[C]//Computer Vision and Pattern Recognition. Colorado Springs：IEEE，2011. 1385-1392.

[5] 王珂，陈启腾，陈伟，等 . 基于深度学习的二维人体姿态估计综述[J/OL]. 郑州大学学报(理学版)：1-10[2024-02-26]. https：//doi. org/10. 13705/j. issn. 1671-6841. 2022334.

[6] Toshev A，Szegedy C. Deeppose：Human pose estimation via deep neural networks[C]//Proceedings of the IEEE conference on computer vision and pattern recognition. 2014：1653-1660.

[7] Jocher Glenn. YOLOv5 release v6. 1. https：//github. com/ultralytics/yolov5/releases/tag/v6. 1，2022. 2，7.

[8] Maji D，Nagori S，Mathew M，et al. Yolo-pose：Enhancing yolo for multi person pose estimation using object keypoint similarity loss[C]//Proceedings of the IEEE/CVF Conference on Computer Vision and Pattern Recognition. 2022：2637-2646.

[9] Cao Z，Simon T，Wei S E，et al. Realtime multi-person 2d pose estimation using part affinity fields[C]//Proceedings of the IEEE conference on computer vision and pattern recognition. 2017：7291-7299.

[10] Cheng B，Xiao B，Wang J，et al. Higherhrnet：Scale-aware representation learning for bottom-up human pose estimation [C]//Proceedings of the IEEE/CVF conference on computer vision and pattern recognition. 2020：5386-5395.

注水泵振动设备一体化隔振撬座研发

张明俊　郭　明　朱利捷　李　喆　卢朝辉　陈　磊

（长庆工程设计有限公司）

摘　要　在石油工业中，为弥补原油采出后所造成的地下亏空，以保持和提高油层压力，实现油田高产稳产，必须对油田进行注水。但注水泵在运行中易产生冲击和振动，导致设备和基础损坏，对周边设施产生不利影响。

为改善油田注水泵运行过程中产生的振动问题，对注水泵房内振动设备进行现场检测，得到注水泵基础及地面位置振动频谱，结果表明：设备基础及地面测点的铅垂方向振动幅值明显大于水平方向，起主要控制作用；泵机基础的频率主要分布在20~40Hz，地面振动的频率主要分布在85Hz左右；设备基础及地面的振动数据均超出了规范中的要求，容易引发工作人员的舒适度问题，并造成设备及基础损坏，因此需要采取合理的治理措施。

本文利用ANSYS有限元软件进行振动模拟，建立了一体化注水泵振动模型，模拟数据提取固有频率与实测值吻合较好，验证了该建模方法在注水泵振动过程中的有效性。通过现场实测与有限元模拟，采用设备基础隔振方案进行振动控制，并建立了注水泵隔振理论计算方法，结合计算机模拟创新研发了带有隔振阻尼器的一体化隔振撬座。该撬座利用混凝土材料刚度大的特点，有效减少一体化撬座的位移响应；利用钢结构加工便捷，连接方便的特点，设计钢结构撬座；增加弹簧隔振阻尼器，有效减小设备基础振动。经过实际应用，该一体化隔振撬座的现场检测表明，有效隔振率达60%以上，振动治理效果显著。

关键词　振动检测；有限元分析；理论推导；隔振设计；一体化隔振撬座

在石油工业中，油田投入开发后，随着开采时间的增长，油层本身能量将不断地被消耗，致使油层压力不断下降，地下原油大量脱气，黏度增加，油井产量大大减少，甚至会停喷停产，造成地下残留大量死油无法开采。为弥补原油采出后所造成的地下亏空，保持、提高油层压力，实现油田高产稳产，并获得较高的采收率，必须对油田进行注水。

长庆油田属于典型的超低渗透油藏，具有单井配注量低、注水压力高等特点，因而对油田注水提出了更高的要求。往复式柱塞泵以其小排量、高出口压力的特点可很好地适应超低渗透油藏的注水要求，但该泵周期性地排出液体过程中流量不均匀，排出压力不均衡，在运行中易产生冲击和振动，造成设备、基础损坏，对周边设施产生影响。

目前，针对大型振动设备的基础设计要求为基础自重≥3~5倍设备自重以忽略基础设计中的动力计算，且要求基础重心与设备重心竖向重合，以最大限度减少振动。但该方法混凝土用量较大，且对设备减振作用有限，设备运行过程中产生的噪音仍未得到有效控制。

为改善油田注水泵运行过程中产生的振动问题，本文对注水泵房内振动设备进行现场测试，得到注水泵基础及地面位置振动频谱。利用ANSYS有限元软件进行振动模拟，建立一体化注水泵振动模型。依据现场实测与模拟结果，采用设备基础隔振技术振动控制方案，建立注水泵隔振理论计算方法，结合计算机模拟创新研发了带有隔振阻尼器的一体化隔振撬座。

1　测试概况

1.1　现场测试

对具有代表性的油田在用注水泵一体化集成装置进行振动测试，共设置四个测点，测点布置如图1所示。

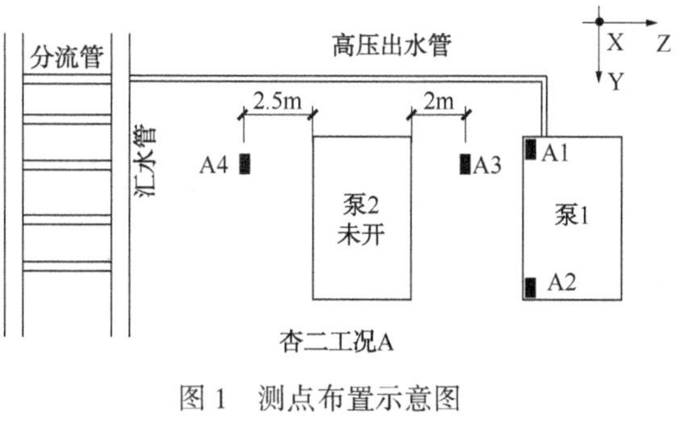

图1　测点布置示意图

测试设备采用无线三向加速度传感器，该设备宽频带范围内具备优异的高灵敏度、高稳定性、高线性度和高精度性能，采样率为200sps，如图2所示。

图2　测试设备示意图

1.2　数据分析

各测点加速度测试数据见表1，可以看出，泵机基础振动以X(铅垂)向振动为主，其振动数值的均方根值约为10gal，振动最大值在30~35gal；地面振动以X(铅垂)向振动为主，其振动数值的均方根值约为30gal，振动最大值在72gal。

利用式(1)，将振动数据转换为振动加速度级处理：

$$VAL = 20\lg\left(\frac{a}{a_0}\right) \tag{1}$$

式中，VAL为振动加速度级(dB)；a_0为基准加速度，取$a_0 = 10^{-6}\mathrm{m/s^2}$；$a$为实测振动加速度有效值。

表1　各测点加速度测试数据

测点编号	均方根值/gal			峰值/gal		
	铅垂(X向)	水平(Y向)	水平(Z向)	铅垂(X向)	水平(Y向)	水平(Z向)
A1	10.60	6.66	7.75	31.30	25.40	30.40
A2	10.30	7.01	14.30	36.70	26.20	56.60
A3	30.00	5.04	5.86	72.20	18.00	19.50
A4	19.90	2.05	2.83	20.60	6.31	10.50

注：$1\mathrm{gal} = 1\mathrm{cm/s^2}$。

计算得设备基础X向振动峰值为106~114dB，均方根值为94~106dB；临近泵机的地面X向振动峰值为117dB，均方根值为110dB。

对比《建筑工程容许振动标准》GB 50868—2013第6.0.2条生产操作区的容许振动计权加速度级，可以发现，设备基础及地面的振动数据均超出了规范中的要求，容易引发工作人员的舒适度问题，需要采取合理的治理措施。

对A1、A4测点铅垂向振动傅里叶谱分析，如图3所示，可以发现，泵机基础的振动频率主要分布在20~40Hz，地面的振动频率主要分布在85Hz左右。

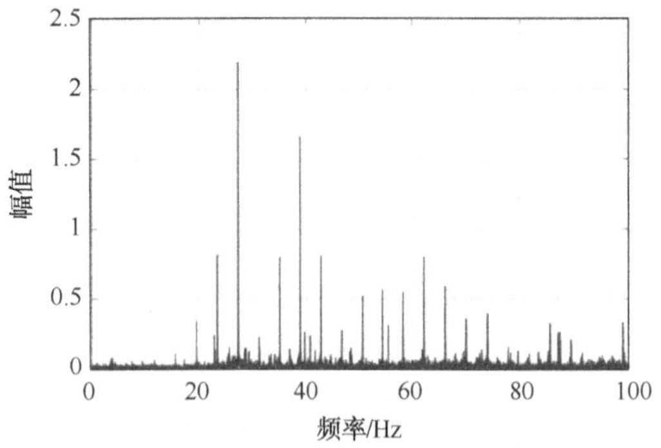

(a)A1测点铅垂向振动傅里叶谱

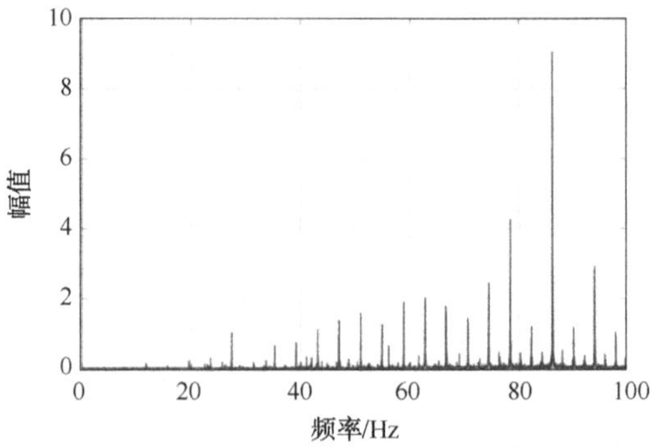

(b)A4测点铅垂向振动傅里叶谱

图3　测点铅垂向振动傅里叶谱

对布置在泵机处的测点进行时频分析，图4为泵机铅垂向振动时频图，图5为地面铅垂向振动时频图。可以看出，泵机振动能量分布主要在20~40Hz。地面振动能量分布主要在80~90Hz。

对泵机振动过程中前八阶振型的实测频率进行记录，结果见表2。

表2　各阶振型下泵机频率

振型	1	2	3	4	5	6	7	8
频率/Hz	27	31	34	36	43	45	47	58

2　有限元分析

2.1　模型建立

利用ANSYS Workbench软件对注水泵集成

装置进行振动模拟分析。在模型中，网格划分物理场类型为 Mechanical，尺寸函数选择 Adaptive。撬体和混凝土之间的界面相互作用，法向定义为硬接触，切向定义为库伦摩擦模型，螺栓连接采用 Tie(绑定)连接。网格划分后注水泵集成装置的有限元模型如图 6 所示。

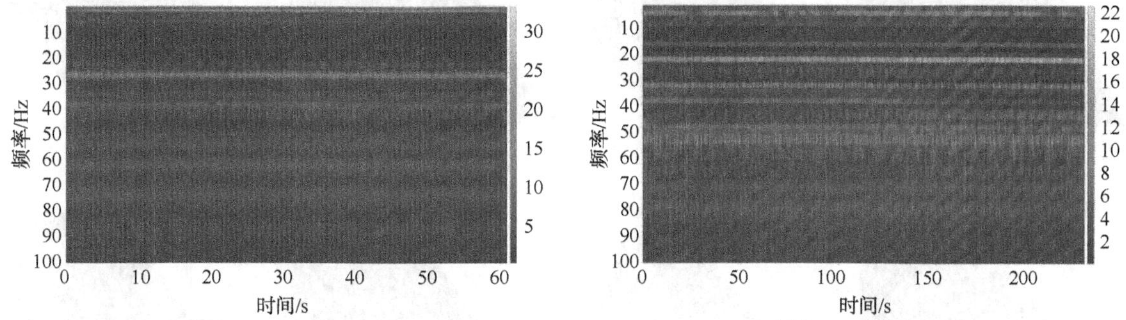

(a)测点A1 X向振动时频图　　(b)测点A2 X向振动时频图

图 4　泵机 X 向振动时频图

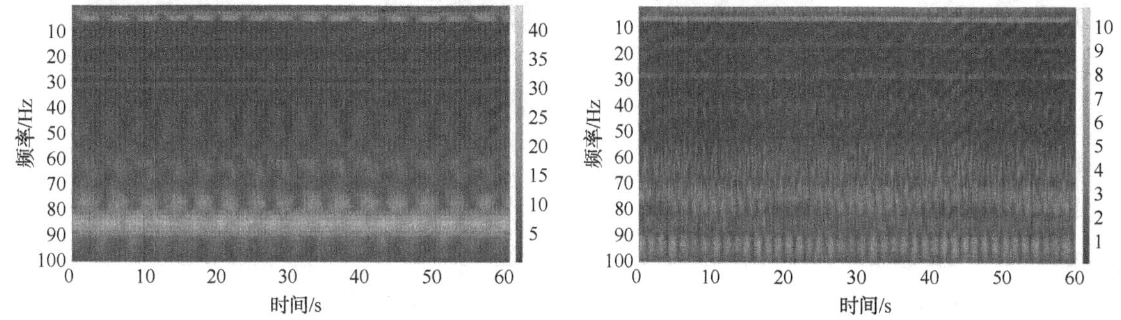

(a)测点A3 X向振动时频图　　(b)测点A4 X向振动时频图

图 5　地面 X 向振动时频图

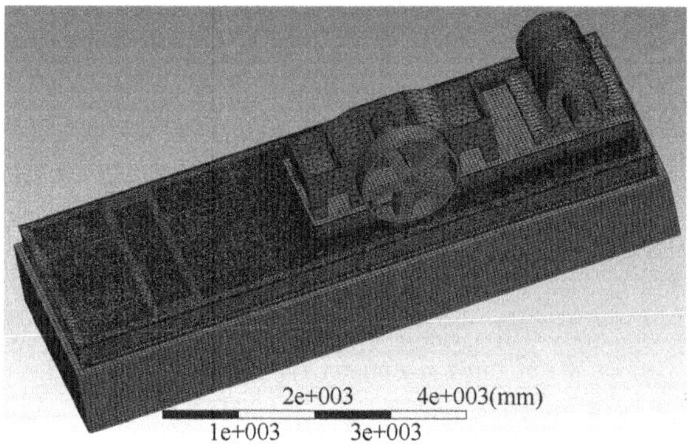

图 6　注水泵集成装置有限元模型

2.2　模型验证

对模型振动模态求解，图 7 为前 8 阶模态振型图。

对注水泵曲柄活塞机构的激振频率进行计算，取激振频率 $f_1 = nZ/60$，其中 n 为转速；Z 为柱塞数。该型号装置采用的注水泵最大转速为 267r/min，计算得 $f_1 = nZ/60 = 5 \times 370 \div 60 = 30.83$Hz。

将模型各阶故有频率提取，与实测频率对比见表 3。可以看出，模拟值与实测值、计算值误差在 5%以内，数据吻合较好，所建模型能够模拟此注水泵集成装置的振动。

3　隔振撬座研发

对柱塞泵运行过程中产生的不平衡振动，通过现场实测及有限元模拟分析，拟采用隔振技术，利用一体化隔振撬座降低系统对外加激励的响应，将振动源与地基的刚性连接改为弹性连接，以隔绝或减弱振动能量的传递，实现振动控制。

表 3　模拟频率与实测频率对比表

振型	1	2	3	4	5	6	7	8
实测频率/Hz	27	31	34	36	43	45	47	58
模拟频率/Hz	27.87	31.65	33.46	34.35	43.50	44.59	45.85	57.84
模拟/实测	1.03	1.02	0.98	0.95	1.01	0.99	0.98	0.99

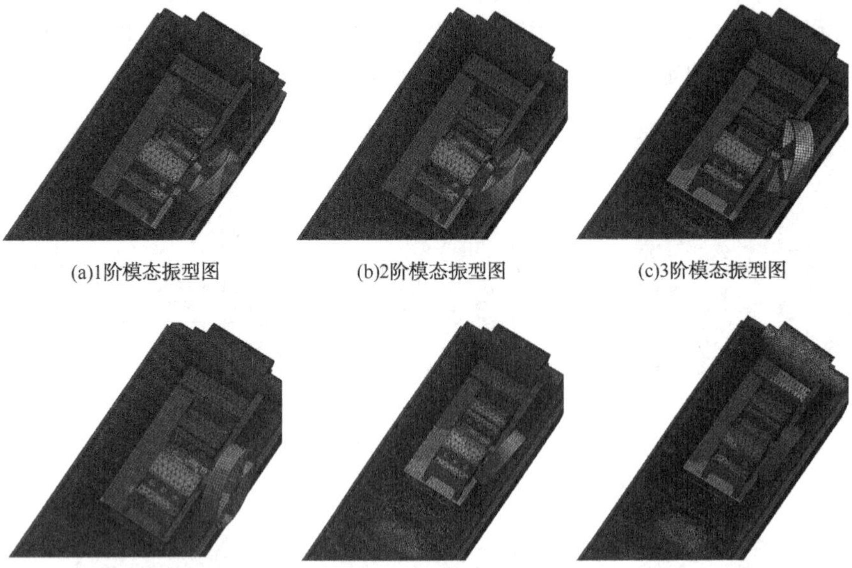

(a)1阶模态振型图　(b)2阶模态振型图　(c)3阶模态振型图　(d)4阶模态振型图

(e)5阶模态振型图　(f)6阶模态振型图　(g)7阶模态振型图　(h)8阶模态振型图

图 7　前 8 阶模态振型图

3.1　理论计算

隔振泵机简化模型如图 8 所示。

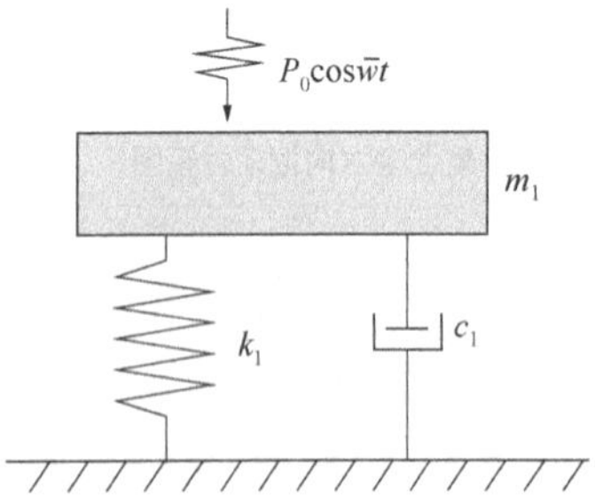

图 8　隔振泵机简化模型

隔振泵机在简谐荷载作用下的运动方程：

$$m_1\ddot{u}+c_1\dot{u}+k_1u=p_0\cos\bar{w}t \tag{2}$$

式中，m_1 为上部结构质量；u、$\dot{u}$、$\ddot{u}$ 分别为上部结构的位移、速度、加速度；c_1 为隔振系统阻尼；k_1 为隔振系统总刚度；$\bar{w}$ 为激励频率；p_0 为激励幅值。

运动方程稳态响应为：

$$U_{p1}=U_1\cos(\bar{w}t-\alpha) \tag{3}$$

求导得：

$$\dot{U}_{p1}=-\bar{w}U_1\sin(\bar{w}t-\alpha) \tag{4}$$

$$\ddot{U}_{p1}=-\bar{w}^2U_1\cos(\bar{w}t-\alpha) \tag{5}$$

将上式代入动力方程(2)：

$$-m_1\bar{w}^2U_1\cos(\bar{w}t-\alpha)-c_1\bar{w}U_1\sin(\bar{w}t-\alpha)+k_1U_1\cos(\bar{w}t-\alpha)=p_0\cos\bar{w}t \tag{6}$$

则

$$p_0{}^2=(k_1U_1-m_1\bar{w}^2U_1)^2+(c_1\bar{w}U_1)^2 \tag{7}$$

即：

$$U_1=\frac{P_0}{\sqrt{(k_1-m_1\bar{w}^2)^2+c_1{}^2\bar{w}^2}} \tag{8}$$

其传递力为：

$$F_1=\frac{\sqrt{k^2+c^2\bar{w}^2}\,P_0}{\sqrt{(k-\overline{mw}^2)^2+c^2\bar{w}^2}} \tag{9}$$

对隔振支座刚度进行计算，设定目标减振率 η，以位移作为其控制效果。

$$\eta=\frac{U_0-U_1}{U_0}=1-\frac{U_1}{U_0} \tag{10}$$

则

$$1-\frac{\dfrac{P_0}{\sqrt{(k_1-m_1\bar{w}^2)^2+c_1{}^2\bar{w}^2}}}{\dfrac{P_0}{\sqrt{(k-\overline{mw}^2)^2+c^2\bar{w}^2}}}=\eta \tag{11}$$

即：

$$\frac{\sqrt{(mw_n{}^2-\overline{mw}^2)^2+4m^2\zeta_n{}^2w_n{}^2\bar{w}^2}}{\sqrt{[k-(m+m_1)\bar{w}^2]^2+4m_2\zeta_1{}^2\overline{kw}^2}}=1-\eta \tag{12}$$

3.2　隔振弹簧设计

依据上述理论计算开展泵机基础的隔振设计，本文泵机相关参数如下：

泵机质量 $m=9900kg$；激励频率 $\bar{w}=17\times2\pi=106.76\text{r/s}$；泵机固有频率 $w_n=2\pi f=2\pi nZ/60=2\pi\times5\times260/60=136.07\text{r/s}$，式中，$n$ 为柱塞泵转速；Z 为柱塞泵的柱塞数；泵机阻尼比 $\zeta_n=$

0.01；减振器阻尼比 $\zeta_1=0.02$。

根据注水泵机的质量、撬座及基础的尺寸，预设减振平台及减振器的质量。初步设计减振平台尺寸为2700mm×4300mm，其灌注混凝土后质量约为 $m_1=11500$kg，初设减振器质量为45kg，减振器个数设为6个，减振器总质量为 $m_2=270$kg。设计目标减振率为0.7。

将以上参数带入式(12)，解得所需减振器刚度为6992N/mm。本文选用1000N/mm的弹簧6个，设计弹簧总刚度为6000N/mm。代公式(12)，解得减振率为68%。

3.3　一体化隔振橇座研发

通过3.2节隔振弹簧刚度计算，使用既有典型激励数据，运用MATLAB编程对该振动控制方案进行数值模拟，图9(a)为模拟有无隔振泵机加速度对比图，可以看出增加隔振泵机后加速度减小明显。隔振支座的主要力学参数为支座刚度，通过小幅度的改变支座刚度进行敏感性分析，以剪力减振比(13)为减振效果表征。如图9(b)所示，模拟结果表明随支座刚度变化，剪力减振效果在0.68至0.77之间波动，隔振支座鲁棒性较好，满足施工要求。

$$\beta=\frac{F_{v,smax}-F_{v,tmax}}{F_{v,smax}} \tag{13}$$

式中，$F_{v,smax}$ 为减振前结构剪力峰值；$F_{v,tmax}$ 为减振后结构剪力峰值。

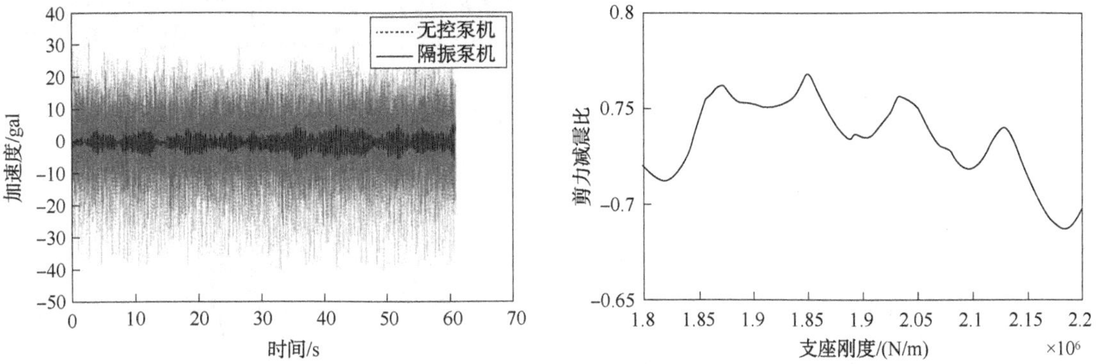

(a)有无隔振泵机加速度对比图　　(b)剪力减震比随支座刚度对比图

图9　减振效果图

基于上述分析，本文提出一种钢结构一体式隔振橇座，下部安装弹簧隔振器的方式进行隔振设计，如图10所示，其中弹簧减振器的技术要求如表4所示。

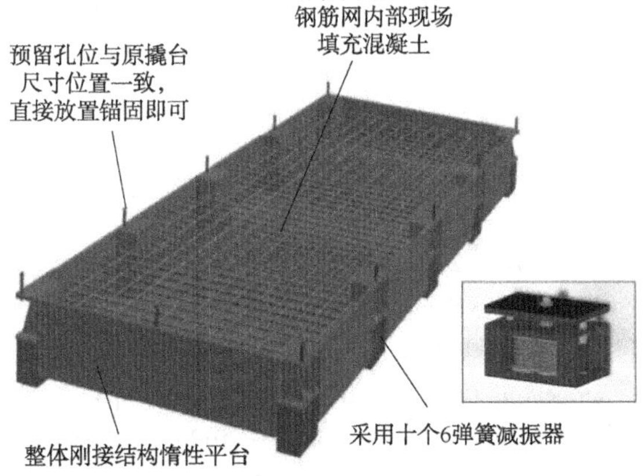

图10　一体式橇座平台示意图

撬座基础采用混凝土材料时，振动传递效率的最小值在0.15~0.35，对中低频的振动具有很好的减振效果，从整体的加速度有效值来看，基础在三个方向上都能够起到很好的减振效果。

表4　弹簧减振器技术参数要求

弹簧减振器	技术要求
防腐要求	外框喷塑表面处理，弹簧表面粉体烤漆处理
刚度要求	弹簧直径大于额定挠度80%，弹簧下压量大于额定挠度50%
抗疲劳要求	弹簧经热处理及应力消除制程，回复率达99%以上
固定件要求	反掣螺栓设计与外框维持12mm间隙，避免振动传递
减振要求	底部6mm合成胶垫，吸音止滑
压垫	压垫设计，可固定使用高度

综上所述对原注水泵基础重新设计，研发注水泵一体化隔振橇座惰性平台，如图11所示，利用混凝土材料刚度大的特点，有效减少一体化橇座的位移响应；利用钢结构加工便捷，连接简

便的特点，设计钢结构撬座，方便后期混凝土浇筑及养护，免去混凝土模板支模拆模过程；增加弹簧隔振阻尼器，有效减小设备基础振动。

3.4　后期检测

本项目在一体化隔振撬座安装完毕后，对设备振动进行检测，检测结果如图 12 所示。对安装隔振橇座前后时域频率进行对比，可以发现铅垂向测试周期内频率可减小 60%左右；柱塞运动方向的振动控制(有效加速度)可减少 40%左右，减振效果明显。

(a)三维示意图

(b)实体图

图 11　注水泵一体式隔振橇座惰性平台

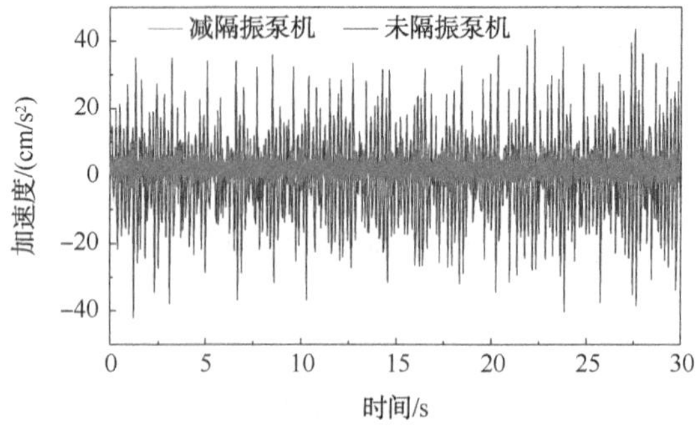

(a)时域频率对比图

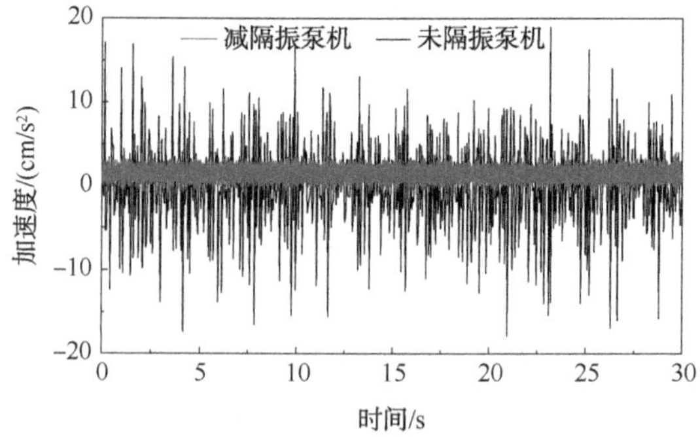

(b)柱塞运动方向振动控制对比图

图 12　注水泵一体式隔振橇座惰性平台

4　结论

(1) 现场检测结果表明，设备基础及地面测点的铅垂向振动幅值大于水平向，起主要控制作用；泵机基础的频率主要分布在 20~40Hz，地面振动的频率主要分布在 85Hz 左右。

(2) 采用 ANSYS 有限元软件对一体化注水泵进行建模分析，模拟数据提取固有频率与实测值吻合较好，表明该建模方法可以有效分析注水泵振动过程。

(3) 建立了注水泵隔振理论计算方法，创新研发了带有隔振阻尼器的一体化隔振撬座，现场检测有效隔振率达 60%以上，振动治理效果显著。

参 考 文 献

[1] 李忠兴，李松泉，廖广志，等．长庆油田超低渗透油藏持续有效开发重大试验攻关探索与实践[J]．石油科技论坛，2021，40(04)：1-11.

[2] 杨秀峰，何立东，吕江，等．往复压缩机管线的阻尼减振应用[J]．噪声与振动控制，2016，36(01)：183-186.

[3] 商永滨，邱筱琳，李言，等．往复式柱塞泵振动原因分析[J]．内蒙古石油化工，2013，39(01)：45-46.

[4] GB 50040—2020，动力机器基础设计标准[S]．北京：中国标准出版社，2020.

[5] N. A. Veklich. Equation of small transverse vibrations of an elastic pipeline filled with a transported fluid. Mechanics of Solids，48(6)(2013)：673-681.

[6] GB 50868—2013，建筑工程容许振动标准[S]．北京：中国标准出版社，2012.

浅谈长庆气田智慧管道建设

刘　军[1]　李　琳[2]　张祥光[1]　郝　洁[1]　李　丹[1]

(1. 长庆工程设计有限公司；2. 中国石油长庆油田分公司勘探开发研究院)

摘　要　长庆气田数字化建设起步于2007年苏里格气田开发建设，攻关形成了数据自动采集、远程开关井、电子巡井、异常自动报警等数字化管理技术系列，实现了8000人高水平管理500亿方大气田。但是气田智慧管道的建设尚处于探索阶段，面对地面集输系统日益庞大、管道腐蚀泄漏风险高、监管难度大等难题，通过构建全方位在线监测体系、腐蚀监测体系以及一体化的管理平台等手段，逐步探索适用于长庆气田集输管道的智能化及智慧化转型发展之路，为下一阶段构建具有气田特色的智慧输气管网和能源物联网提供基础。

关键词　气田管道；在线监测；腐蚀监测；一体化平台

2017年，中国石油提出管道“全数字化移交、全智能化运营、全生命周期管理”的智能化发展理念，并对智慧管道定义为利用信息化手段实现管道的可视化、网络化、智能化管理，具有全方位感知、综合性预判、一体化管控、自适应优化的能力。长庆气田管道智慧化建设起步较晚，目前主要采取管网运行参数监控、分析、警告及紧急情况下的联动关断技术，来保障气田管网的安全运行。但是长庆气田管辖范围大，北部是荒原大漠，南部是黄土高原，生产环境恶劣，社会环境复杂，各类管道已达4万km，其中服役时间超过10年以上的占比47%，管道建设、维护、运行面临的风险、隐患众多，容易诱发安全事件和事故的各类作业非常庞杂。因此，亟需开展气田智慧管道研究，逐步构建具有全方位感知、综合性预判、一体化管控、自适应优化的智慧管网。

1　智慧管道建设对气田高质量发展具有重要的战略意义

1.1　开展智慧管道建设是确保气田安全生产的现实需要

长庆气田地跨陕、甘、宁、蒙多省区，分布区域广，北部是荒原大漠，南部是黄土高原，生产环境恶劣，社会环境复杂，气区地域广阔，生产站点分散、作业类型繁多，生产设施风险源点种类多、数量大，气田建设、维护、运行面临的风险、隐患众多，容易诱发安全事件和事故的各类作业非常庞杂。神木气田与多个煤田共采共建，煤矿采空区存在地面沉降、塌陷，对天然气集输管道造成应力损坏，存在极大的泄漏安全风险。随着气田的不断开发，地面集输系统日益庞大，苏里格气田地层水矿化度高，管道腐蚀风险逐年增加，腐蚀监测难度大。2015年以来，气田集输管线因第三方破坏导致的管线泄漏事件占比50%以上，是气田管道失效的主要因素。目前，高后果区等第三方破坏频发区域的管道主要以加密人工巡护为主，无法实现实时监控。气田稳产、上产面临着较大的安全环保压力。

1.2　智慧管道建设时长庆气田高质量发展的必由之路

气田建设智能管道时构成领先智能气田的重要单元、是增产增输控减用工的关键措施、是追求质量效益发展的必然选择，是提高核心竞争优势的大势所趋。以信息化和自动化技术为支撑，加快自主创新，建设智慧管网，是国有油气生产企业提高核心竞争力的有效途径，也是企业发展过程中遇到突出矛盾最直接，最有效的破解手段。面对长庆气田智能化转型发展要求，长庆气田要构建适用于沙漠及黄土塬地区的输气管道监测防护系统、衔接上游压气站、中油处理净化厂及下游井站的自适应管网调节系统。在充分借鉴吸收行业先进经验的基础上，突出长庆气田管道运行特点，坚持低成本、节用工、重安全、重效益的导向，按照“统筹规划、试点先行、分布推广、持续优化”的原则推进智能管道建设。

2　气田智慧管道建设取得的主要成果

近年来，长庆气田积极探索智慧管网建设，以失效分析与风险防控为核心，以无泄漏示范区建设为引领，以技术创新为手段，以三年管道治理提升工程为抓手，逐步探索和健全适合黄河流域管道全生命周期管控模式，不断提升油气田地面管理本质安全水平。

2.1　形成气田管道群全方位在线监测安全系列预警技术

结合气田管道运行现状，按照管理、技术、维护需求，采取“状态感知、流动保障、应急保护”原则，针对性采用闯入、应力、振动等检测技术，重点区域告警联动视频监控等管理措施，提高管道在线管理水平。

2.1.1　管道高后果区等动环境下的AI视频智能分析技术

在气田高后果区、第三方施工破坏频发区域，以现有视频监控体系为基础，模拟神经网络建立数据计算模型，将已标注的目标物送入数据模型进行训练，生成目标物模型，采集图像与目标物模型对比分析，实现对生产现场人员、车量、烟火、动物、设备、动作状态等六大类异常状态的准确识别与报警自动推送。通过建立气田监控视频大数据智能分析模型与平台，实现系统误报警精确智能筛查、人员车辆动物精准识别，系统误报警率减少98%、人员车辆动物精准识别95%(图1)。

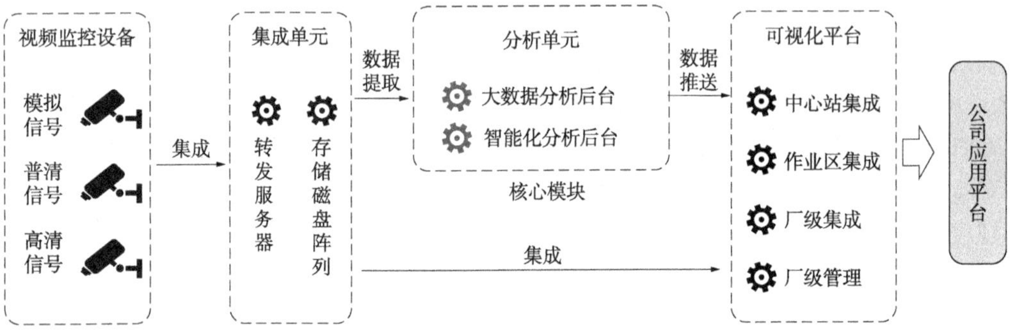

图1　AI视频智能分析技术架构

2.1.2　区域性集群式管道泄漏监测技术

对气田煤矿采空区等特殊地段，通过采用管道应力监测技术，实时监测管道位移、形变等关键参数，实现管道应力水平在线监控，及时的发布预警信息；针对集气支干线等重要集输管道，利用管道同沟光缆作为传感器，实时感应管道沿线的土壤振动信号，通过智能识别分析，对威胁管道安全的机械施工、人工挖掘和自然灾害等危险事件进行预警和定位；针对非金属管道无法有效监测手段的现状，采用“负压波+流量平衡法”监测技术，对采出液管道设置集群化泄漏检测系统，实现集中监视、报警，提高在线监测水平(图2、图3)。

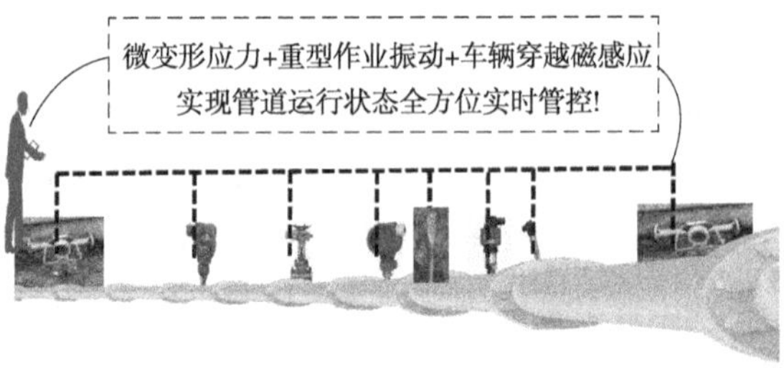

图2　应力监测预警系统示意图

2.1.3　建立气田管道腐蚀监测网

针对气田管道腐蚀监测技术手段单一、人工检测工作量大、及时性差的现状，采用以非插入式超声在线监测为主、失重挂片+电感探针为辅的监测技术，建立全覆盖、全方位、全过程的腐蚀监测体系，监测数据纳入公司统一监控平台管理(表1)。

2.2　形成气田管道智能一体化监管平台

针对长庆气田区域广阔、生产节点分散、作业类型繁多等现实状况，为适应长庆油田“十四五”高质量发展安全环保管理需求，以安全生产业务应用为导向，以科技兴安为手段，基于以减员增效、风险防范、隐患削减、主动安防为核心的智能安全技术研究，借助数字化、信息化、大数据分析等前沿技术及已有科研成果，切实挖掘并高效应用油气生产安全信息资源，集成创新开发了长庆气田五大管道管理平台，主要包括完整性管理平台、腐蚀监测网平台、集群化泄漏监测平台、可视化监控平台以及智能阴保平台，实现“事后处置、被动治理”转变为“事前预防、主动控制”，长庆气田管道实现连续三年零失效(图4)。

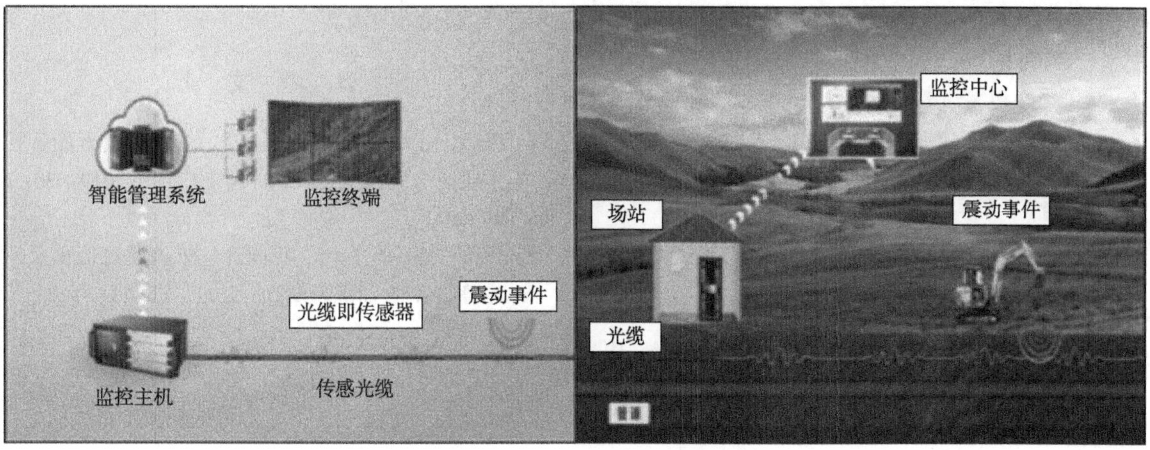

图3　光纤振动预警系统示意图

表1　气田管道腐蚀监测网

节点名称	单井	集气支线	集气干线	回注水管线
位置	进站总机关前	站内外输区计量后	沿程腐蚀风险点或严重点	站内注水泵出口
安装方式	集成电阻探针+失重挂片旁通阀组	集成电阻探针+失重挂片旁通阀组	在线超声波测厚	集成电阻探针+失重挂片旁通阀组

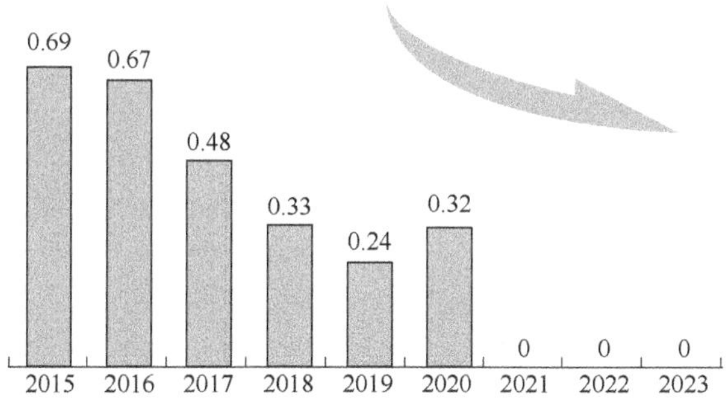

图4　长庆气田管道失效率柱状图

2.3　形成多重管道风险防控的管道完整性管理体系

围绕高后果与风险评价、检测评价、监测预警、腐蚀控制及维修维护、智能化管理等方面，形成油气田五类49项技术，形成长庆油气田特色完整性管理配套技术体系。通过组织建设管道失效管理平台，积极开展历史失效数据录入，筹建失效样品库，为管道科学分析失效原因提供依据。通过无泄漏示范区建设，形成了“前端技术提升，强化设施本质安全；过程数智监控，确保设施运行受控；末端应急抢险，降低设施失效影响”为思路的黄河高后果区泄漏防控体系。

3　气田智慧管道重点研究方向

3.1　持续升级智管道系统，实现气田智能生产与节能控制

随气田大井组、井场串接及新井延长干管接入工艺规模应用，井、线、站生产矛盾逐步显现。井场内气井措施相互干扰、管线插输节点压力影响及区域压力、气量峰谷波动，不仅影响生产效率，而且导致压缩机能耗浪费。充分依托智能气井以及现有智能化管道监测体系，创新研发“措施运行优化、插输压力控制、措施轮巡间开、压缩机节能运行”等智能化算法，建立可推广应用的大数据分析模型，提高“井场稳压生产、措施井轮巡间开、管网均衡流动、压缩机节能运行”水平，解决“措施井间干扰、插输节点影响、压缩机能耗高”等问题，达到高效生产与节能运行目标。

3.2　开展气田集输管网仿真优化运行示范工程

气田集输管网模拟仿真优化运行示范工程是贯彻落实数字化转型、智能化发展，高质量建设智能化油气田的重要一环，通过集输管网模拟仿真优化，提高对管网生产运行状态的感知能力、气田集输管网的调度能力、管网动态运行的智能化以及管网效率的综合评价水平，对集输管网科

学调度、节能降耗、安全平稳运行以及生产管理模式优化具有重要意义。通过集成现有运行监控系统，建立数据集中存储数据湖，利用大数据处理技术，对数据进行深度挖掘，利用管网仿真模拟技术，实现外输管网全方位感知、综合性预判，提升气田保供能力。

4　结束语

长庆油田以油气田总体规划为统领，通过在油田试点建成庆咸智能管道示范区，引领带动了长庆气田管网系统智能化运营。要实现长庆气田高质量发展，地面工程需进一步开展智慧管网建设，构建具备气田特色的智慧管网，不断提升气田开发安全水平。

参　考　文　献

[1] 张昀，张向京，李娟娟，等．气田管道智能管控技术研究与应用[J]．石油化工应用，2019，38(2)：93-94.

[2] 田英，甄建超，等．我国油气管道建设历程及发展趋势[J]．石油规划设计，2011，22(4)：4-8.

数字孪生技术在油气管道中的应用场景探索

陆洋帆[1]　郭雨茜[1]　连江桥[2]　宫　敬[1]　洪炳沅[3]　温　凯[1]

(1. 中国石油大学(北京)油气管道输送安全国家工程研究中心；
2. 国家管网集团西南管道有限责任公司；3. 浙江海洋大学)

摘　要　随着天然气智慧管网的深入研究，海量数据、功能的动态关联导致的“信息孤岛”现象成为制约管网系统化应用的主要因素。为此，本文提出管道智能数字孪生体(Pipeline Intelligent Digital Twin, PIDT)的概念，在数字孪生技术的基础上增加智能控制、智能优化等智能算法，使系统之间增加互联机制。并讨论了PIDT在油气管道生产运行中的应用场景，提出了从规范化建模与标准化应用两个方面建立PIDT的模型框架以及工业应用的信息闭环、控制闭环和决策闭环方案架构。最后，以天然气长输管道管存分析和天然气流量计检定站智能控制作为两个场景，具体阐述了PIDT的应用架构和落地实施方案。智慧管网是管网市场化改革的技术需求，将智能算法与数字孪生技术相结合应用在油气管道生产上，可以有效提升储运行业运行管理效率与安全管理质量。

关键词　管道智能数字孪生体；PIDT应用架构；管存分析；天然气流量计检定站控制

1　引言

国家管网集团的成立与“全国一张网”的推行有利于油气产供储销体系建设，进一步实现公平开放、运销分离的市场模式。管理方式的转变对技术提出新的要求，智能化、大数据、深度学习等新IT技术给予了油气管网管控能力提升外部支持，基于“端+云+大数据”的体系架构和“互联网+”的储运智能化技术快速发展，并初步提出了“全数字化交付、全智能化经营、全生命周期管理”的智能化理念。在生产运行层面，以SCADA系统为基础，通过GIS技术、流动仿真、调度优化等算法实现对管道运营业务的支撑还处于起步阶段。设计数据、建设数据、运行数据与维护数据等还未完成形成动态关联，存在大量“信息孤岛现象”。

数字孪生作为数据、模型、管理的集成，因其能够实现真实物理实体与虚拟空间信息的交互融合而受到广泛关注。对于油气行业，数字孪生技术发展迅速，国内外大型能源企业和科研人员也在积极寻找应用场景。挪威康世伯公司将数字孪生技术用于油气生产业务的多个阶段，通过动态模拟技术手段，获得油气管道系统中无法直接采集的生产运行信息，实现对油气生产及运输过程的实时监控、状态诊断、预测工况和操作优化。德国西门子公司开发的Pipelines 4.0实现了对电机、燃气轮机、泵、压缩机等管道设备的运行管理及全生命周期优化。加拿大Enbridge公司开发了管道完整性管理管道数字孪生技术，将管道数据以3D形式呈现，实现管道及周边环境发生变化的实时监测。美国哥伦比亚管道集团基于PredixTM预测性管理平台推出了智能管道解决方案，帮助管道运营商实现资产完整性管理、运营效率及业务优化。国内相关石油公司在生产管理展示及过程监测方面也开发了相应的系统。中石油的管道生产管理系统(Pipeline Production System, PPS)包括管道调度、运销管理、计量管理、能耗管理等几大类，基本涵盖了管道运行阶段的主要管理业务。中国石化的原油管理信息系统除日常业务管理功能外，还具有泄漏自动报警、地质灾害预警、可视应急救援等安全保障方面的功能。石化盈科基于石化工业生产过程“三传一反”的特性，提出了石化工业数字孪生创新应用解决方案，该方案旨在通过机理模型与数据模型的融合，实现工程设计、生产过程工艺诊断与优化。2019年12月2日正式运行通车的中俄东线是目前我国唯一全面应用了数字管道技术的油气长输管道，并通过逐步引入数字孪生技术，打造中国首个数字管道向智能管道过渡的样板工程。自“全数字化交付、全智能化经营、全生命周期管理”的理念提出以来，智慧管道的研究和应用着重于对管道的调度管理、运行管理和信息管理，实现对管道状态的监测与管控。

智能数字孪生体(Intelligent Digital Twin，IDT)是数字孪生体概念的升级，将数字孪生体在虚拟空间中进行的模拟可视化展示，耦合智能算法，使其拥有智能控制、智能优化、智慧决策的能力，使数据支撑的模型能够在工业生产中创造价值。相对于油气行业中分立进行的生产管理，智能数字孪生体在整合数据的直观性、数据处理的高效性、运行控制的准确性等方面表现出强大优势，能够实现在生产运行过程尤为重要的状态评估、预测预警、调运优化、智能控制和辅助决策等功能，将广泛的数据源闭环化，实现对行业内各类系统直接或辅助性的运维管理。因此，结合具体的生产运行场景，我们从储运专业自身工艺特点出发提出要建设管道智能数字孪生体(Pipeline Intelligent Digital Twin，PIDT)系统，建立油气行业内海量多源异构数据的作用挖掘和对数字孪生体与实体端、客户端交互关系，结合油气行业内的业务功能需求构建设计了以数据为支撑，模型为核心，应用为导向的通用化 PIDT 框架。针对管道行业的模型架构、信息连接建设和具体案例应用做了详细阐述，对油气管道智能数字孪生体在生产运行中的不同应用场景进行探索。

2 PIDT 两端两平台框架设计

PIDT(Pipeline Intelligent Digital Twin)是指充分利用现有或将有的油气管道系统设计、施工、运维过程相关的物理驱模型和数据驱模型，通过各类传感器、管道系统运行历史、采购建设施工等数据，进行集成多学科、多物理量、多尺度的同步仿真，从而在数字虚拟空间中对管道系统实体、工艺逻辑过程及其相互影响进行映射，并在虚拟空间中经过智能算法的预测验证，可通过虚拟实体对物理实体实现智能控制的油气管道数字孪生系统。相比于数字管道强调可视化，PIDT 更加注重对管道生产运行过程中的状态评估、预测预警、调运优化、决策支持等混合人工智能的能力。结合生产运行中的功能需求，油气管道智能数字孪生体框架分为物理实体端、智能孪生端、数据服务平台、PIDT 运行控制平台部分，如图 1 所示。

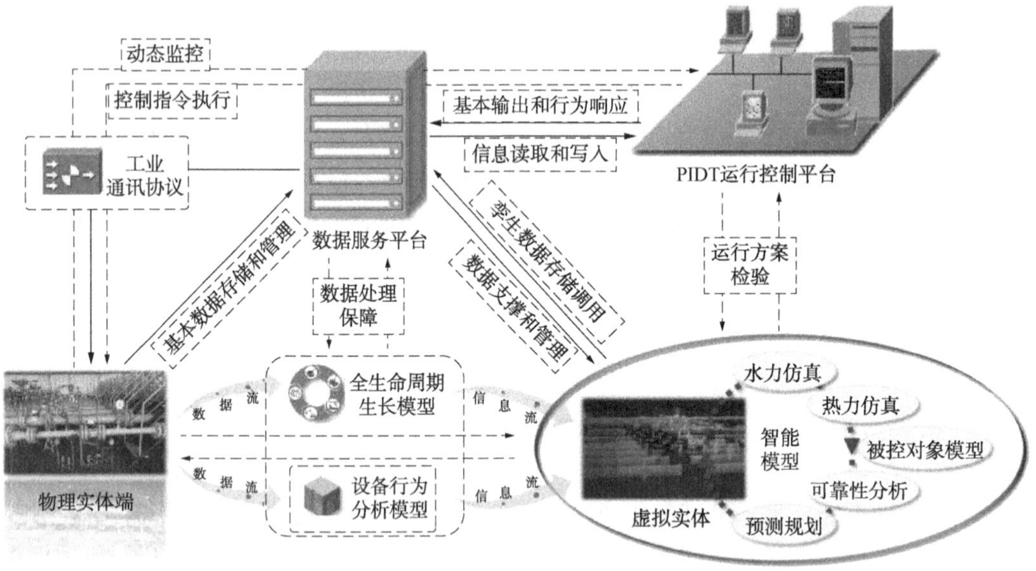

图 1　PIDT 两端两平台框架图

2.1　物理实体端

物理实体端是油气管道智能数字孪生体框架的基础，是对油气管道系统运行状态进行高度相似的数字化表征及预测，从而实现正确的推理、精准的操作和优化的控制是建立 PIDT 的前提。油气管道系统十分庞大复杂，从上游到下游可跨越长达上千公里，设备繁多、拓扑关系冗杂，不同于其他物理空间集中的系统，油气管道具有大时滞、多尺度等特点。物理实体维度需要按照功能和结构划分为单元级、系统级和复杂系统级三层：

2.1.1　单元级

单元级物理实体是油气管道系统功能实现的基本物理单元，包括介质、管体、阀门、仪表、设备等。作为油气管道系统中最底层也是最重要的部分，单元级物理实体的数字孪生体是构成系统级、复杂系统级数字孪生体的基石。单元级数字孪生体可以实现单个设备监测、故障诊断、状态预警、可靠性分析等功能。

2.1.2　系统级

系统级物理实体与油气管道系统的站场对应，将某阀室、某几段管道和某些设备等若干个单元级物理实体本身及之间的相互作用统筹考虑，进而得到系统级物理实体。对于系统级物理实体内部的各个单元级物理实体之间的耦合关系进行数字化表征，可实现对整个系统的仿真预测分析和闭环优化控制。系统级分为站场、阀室和外管道。

2.1.3　复杂系统级

复杂系统级物理实体的对象是整个油气管道系统，是将各系统级物理实体内的设备、管道、站场，以及上下游之间的联系和影响统筹考虑，进而反映出整个管网系统对象的运行状态。复杂系统对各个系统级物理实体的统筹，其空间尺度和系统级是统一的，但是更加注重宏观整体。

2.2　智能孪生端

智能孪生端旨在实现对油气管道系统的全面监测、数据分析和模拟仿真，以反映整体系统的运行状态和控制逻辑。通过智能孪生端可以实现对物理实体的全面数字化表征，进行智能优化、主动控制和可靠性分析等功能。智能孪生端包括虚拟实体和智能模型两个核心组成部分。

2.2.1　虚拟实体

虚拟实体是对物理实体的虚拟映射，通过等比例、高精度的三维建模全局展示了管道系统的形态和结构。利用地理信息、几何参数、材料属性以及管道系统的布局和组建配置，在虚拟空间中重现管道系统的地理分布、结构布局和连接方式，使得虚拟实体能够准确反映物理实体的外观结构。虚拟实体支持用户在虚拟空间中进行操作和控制，通过连接物理实体的参数信息和工况数据等，为操作人员提供了管道系统的可视化呈现和直观的操作交互。

2.2.2　智能模型

智能模型是数字孪生体的分析驱动后台，主要包括实时仿真模型、智能控制模型、预测模型和全要素模型。实时仿真模型涵盖模拟仿真和数据分析，包括被控对象模型、水力仿真模型、热力仿真模型、可靠性分析模型、智能优化模型等，这些机理模型将已知边界和智能算法耦合快速求解不可测量和参数，以实现对管道系统内部进行跟踪计算和优化分析，模拟仿真服务于智能控制方案的实时生成。智能控制模型是基于实时仿真模型、神经网络方案库、专家经验数据库和闭环控制算法开发的方案生成模型，在智能控制器中部署。预测模型是基于状态空间模型和现场实际关联参数的仿真边界预测模型，服务于各设备的状态预测和仿真模型边界水热力参数的预测。全要素模型是在对仿真模型进行优化修正后，补充全站管道设备元件后形成的具有一比一数据点位的孪生体，大致分为机理模型和行为模型，并根据修正算法实现模型的同生共长，在全要素模型中可以实现实时数据连续性查询和方案超前验证。

上述模型在运行过程中交互分析，输出精确的、多层级的控制方案，为操作人员和决策者提供重要的智能化管理和决策依据，并可以进一步直接实现某些管道系统运行的智能控制。

2.3　数据服务平台

油气管道数据包括物理静态数据、运行数据和知识数据三类。静态数据作为整个油气管道系统的基础，可以表征油气管道大概形貌和行为特点；动态数据是由设备采集的连续工艺运行参数，可以用于驱动和修正机理模型；知识数据是如专家经验、行业标准、规则约束等更为广泛的数据，对决策形成支撑。

数据服务平台的数据重点是对三类数据的全覆盖、全要素和可预测：对于物理实体端的数据可以进行 1：1 还原，做到全覆盖的监控模拟；对采集到的数据信息进行深度挖掘，做到全要素的仿真分析；不仅是对物理实体的实时感知和同生共长，还可以对智能模型预测出的方案数据进行测试修正，以保证智能孪生体每个输出方案都精准无误。

数据服务平台和智能孪生端之间双向交互：一方面智能孪生端将仿真模拟的数据传输给数据服务平台进行仿真结果的保存；另一方面智能模型会实时读取数据数据服务平台的基础数据、关联数据、生命周期数据等驱动动态仿真，支撑智能模型的运行优化。

2.4 PIDT运行控制平台

PIDT运行控制平台负责实现数据服务台与其他的信息互联互通。物理实体端与孪生端之间通过设备行为分析模型和全生命周期生长模型等数据分析模型进行交互：即经过传感器、变送器和计量设备等数据采集设备收集的数据传输至上述的数据分析模型中，进行数据处理和分析，通过这些数据分析模型将物理实体端采集到的数据流转化为信息流，辅助孪生端的模型搭建，传输过来的实时信息流给控制模型来校正仿真模型并进行可视化交互。另外，PIDT运行控制平台借助管道虚拟实体实现智能算法的训练与验证，控制方案经虚拟实体验证后作用在物理实体上。运行控制平台通过相邻层级之间的数据互通和信息共享，实现油气管道行业内应用的信息闭环、控制闭环，如图2所示。

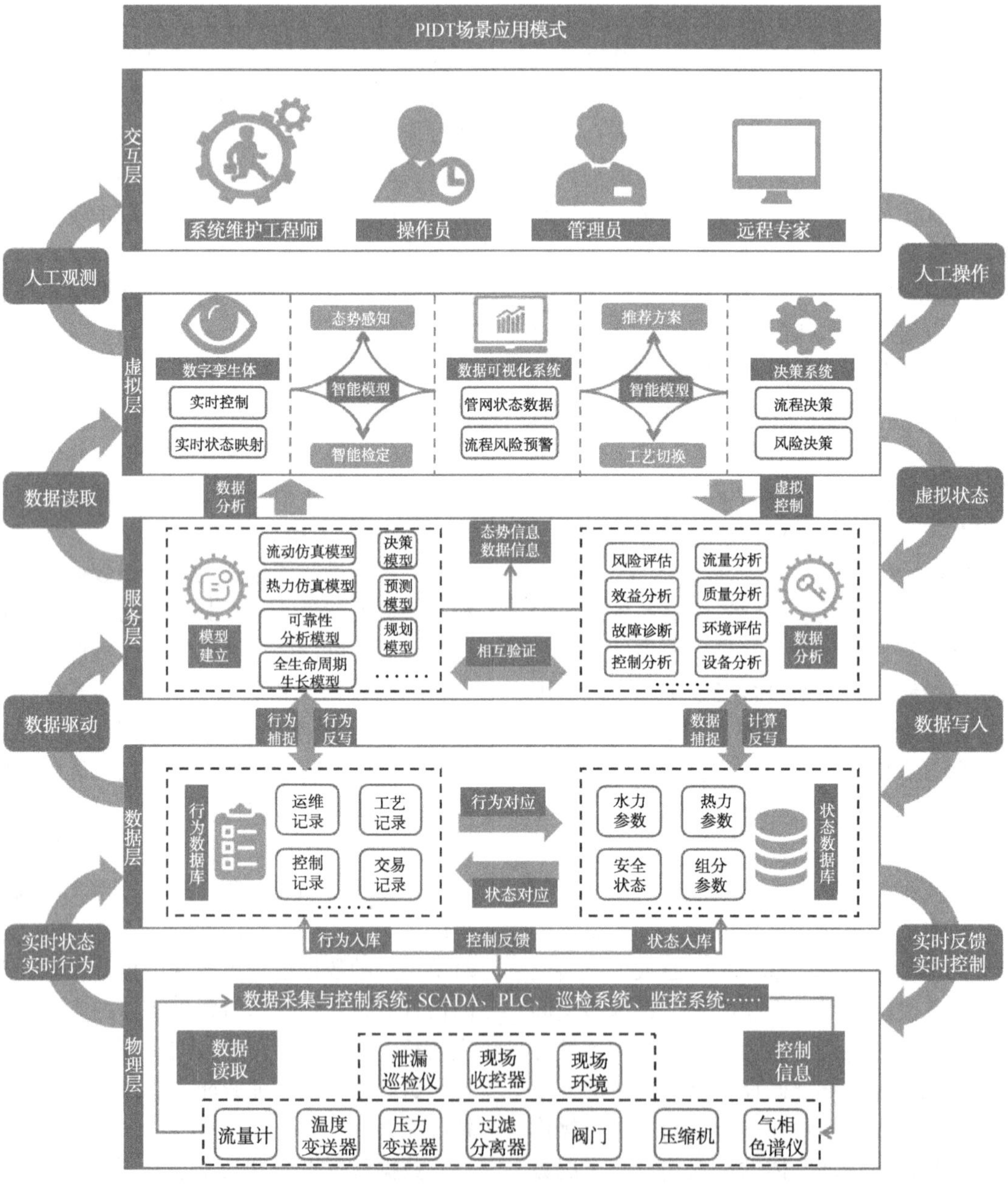

图2　油气管道智能数字孪生体场景应用模式

PIDT场景应用模式分物理层、数据层、服务层、虚拟层和交互层五个层级，内部的信息交互与闭环控制过程如图3所示。物理层由反映油气管道行业运行特点的动态数据和静态数据等部分构成；虚拟层由各种机理模型、数据模型等智能模型构成，在为状态监测及控制逻辑实现提供仿真模型和数据支撑；物理层的实时数据经过数据处理和行为辩识后完成机理模型的同生共长，同时对物理层的真实实体进行智能控制；主动控制方案、模型仿真预测等信息在交互层实现分析评价，以实现数据分析评价。PIDT 可对应油气管道行业中各类应用进行功能升级和智能应用。由于行业应用场景复杂、功能多样，所以在应用本文提出的 PIDT 场景应用模式时可根据不同的应用场景和需求进行删减或增加模型或层级以适应具体的应用方案。

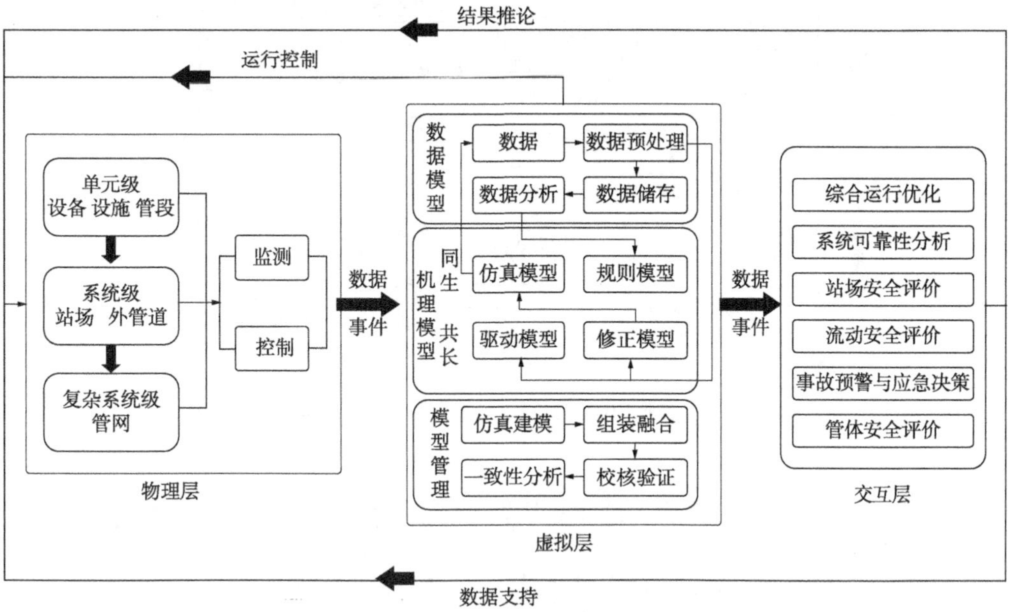

图 3　油气管道智能数字孪生体内部动联图

3　PIDT 应用场景设计

PIDT 通过数字技术建立物理实体与虚拟实体之间的映射关系，对管道系统运行状态进行高度相似的行为数字化表征，在不同的应用场景中应该根据需求和特征搭建不同的应用方案来实现相应功能。本文以长输管道管存分析和天然气流量计检定站控制系统两个生产运行中的具体应用为例展示 PIDT 的场景方案。

3.1　基于 PIDT 的长输管道管存分析

天然气长输管道管存的精确计算，不仅可以有效改进天然气输差计算、提高经济效益，还可以保障天然气管网的高效运行。天然气管道的运行常常发生工况调整，比如进气量变化、压缩机启停、调节阀动作、沿线下载气量变化等，这些都会导致管道处于非稳态，沿线压力变动较大，因而不能用平均压力代替管内压力分布的传统方法计算管存。本文提出一种基于 PIDT 的长输管道管存分析方法，在非稳态流动状态下实现天然气长输管道动态管存的实时精确计算，具体应用架构如图 4 所示。

本系统部署直接与生产系统相联，收集 SCADA 系统上管道运行的实时数据以供数据模型使用；同时对采集到的实时数据进行参数识别，用于驱动数据模型和智能仿真模型；用户需求预测作为仿真边界，预测水力状态与压缩机运行状态；数据模型由孪生端修正模型和代理模型两部分组成，孪生端修正模型进行仿真模型的在线实时修正、测试，确保仿真结果的正确性，代理模型计算跨接阀流量，通过跨接阀流量优化并行管网运行方案；最终各段管存结果实时传输至 SCADA 系统界面，同时在界面还可设定报警值来辅助数据处理。

基于 PIDT 的长输管道管存分析可以实现以下功能①对各线动态管存进行实时可视化监控；②对采集数据进行智能化处理，以确保智能模型的计算精度；③在非稳态工况下可进行天然气管道管存实时计算，同时可以进行天然气物性和压力分布的原理分析和计算；④预测动态管存发展趋势，进行超前展示和预测报警。本文提出的基于 PIDT 的长输管道管存分析方案自 2021 年 4 月已经在现场 SCADA 系统上成功部署，并稳定运行至今(图 5)。

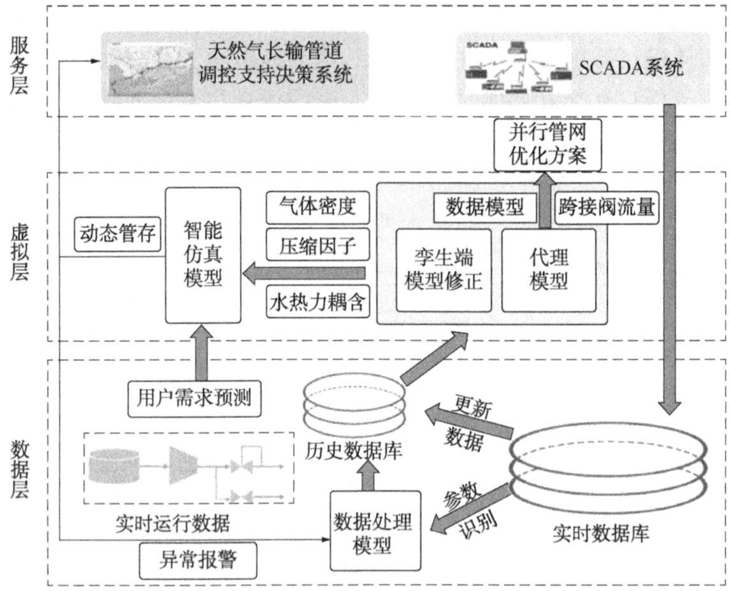

图 4　基于 PIDT 的长输管道管存分析应用架构

图 5　PIDT 长输管道管存分析系统现场部署

3.2　基于 PIDT 的天然气流量计检定站控制系统

随着我国天然气管道建设的快速发展，天然气天然气流量计的检定校准越来越重要。在流量计检定过程中需要对工作人员、设备设施、运行状态等多源信息进行管理、分析和控制，传统检定站对人工操作依赖程度较高，易受历史经验、主观判断等人为因素的影响，在检定过程中工作效率不足且对海量数据的处理分析有滞后性，存在潜在风险。本文提出基于 PIDT 的天然气流量计检定站智能控制系统应用方案，能够对站内综合信息进行提取、管理、抽象和分析，形成一种智能、最优、可持续的检定站控制系统。根据检定任务和检定规程，使用智能控制系统对运行状态数据进行分析，以检定点位目标，形成检定方案，减少现场人员的工作量，降低人工操作风险率，增加流量计检定效率，提升检定站运行安全。具体应用架构如图 6 所示。

由于天然气天然气流量计检定站的工艺特性，首先需要在物理实体几何数据的基础上，抽象出检定站整体的拓扑结构关系，并建立流程辨识模型。结合上下游水力数据和设备运行边界数据在数字孪生体中建立相对应的仿真模型对检定站进行实时仿真；系统产生的历史数据会进入数据库中统一管理并支撑虚拟层调用；智能控制器调用仿真数据对当前工况输出控制策略，并注入耦合机理模型和数据驱模型智能仿真体进行验证；同时流程辨识模型可以对设备状态进行状态分析，在有设备故障的情况下，对控制方案进行自适应优化，避开故障设备；通过可视化监控系统对检定站运行状态参数、设备出入库情况、人员到岗情况、外部环境等多类型信息要素进行展示和查看。

本文提出的基于 PIDT 的天然气流量计检定站控制系统自 2022 年 12 月 19 日已经在现场 SCADA 系统上成功部署，并稳定运行至今。可以实现：①天然气检定站的实时状态分析和可视化监控；②对检定站的运行流程做到精确建模和实时仿真，能够确保控制控制器的边界准确无误；③闭环输出智能控制策略，经过孪生体的反馈验证后实施在物理检定站中，提升检定站运行的安全性；④能够对检定站的运行超前预测，确保检定站的安全和效率(图 7)。

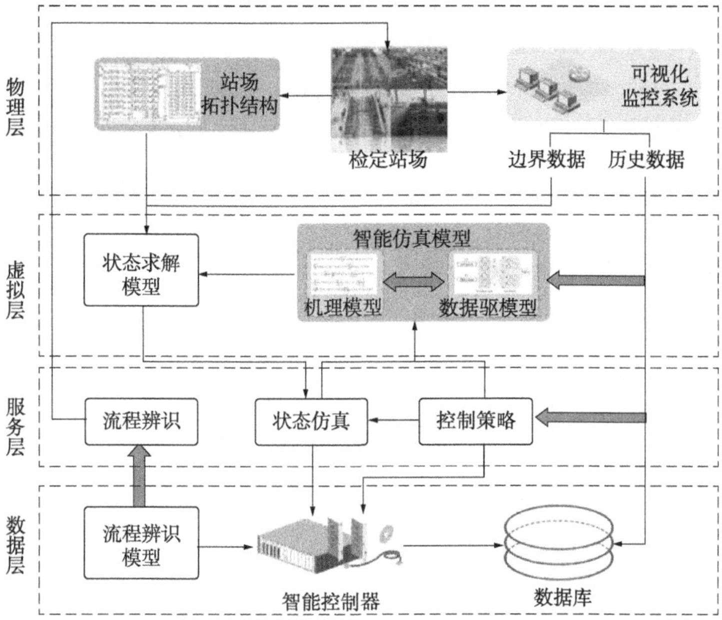

图 6　基于 PIDT 的天然气流量计检定站智能控制系统应用架构

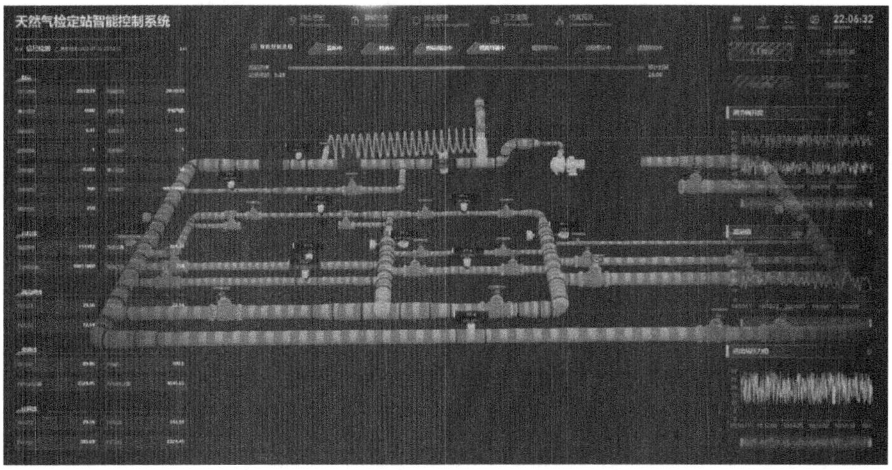

图 7　PIDT 天然气流量计检定站控制系统现场部署

4　结论

本文通过分析油气管道行业中的生产运行需求，从同步仿真、实时映射、主动运维和辅助决策等功能角度定义管道智能数字孪生体 PIDT；构建了基于 PIDT 的油气管道行业模型框架与应用框架；在天然气长输管道管存分析和天然气流量计检定站控制两个场景中进行应用探索和设计。通过 PIDT 对两个应用场景内海量的多源异构数据进行采集、抽象、管理、分析和呈现，形成闭环管理与控制，实现对油气管道应用场景效率、安全性、经济性的提升，对油气管道行业全面推进 PIDT 的使用和智能化建设具有借鉴意义。

参 考 文 献

[1] 段卫东，胡永泉．智慧管道关键技术研究[J]．科技资讯，2019，17(07)：27-28. DOI：10.16661/j.cnki.1672-3791.2019.07.027.

[2] Orooji Y，Khojasteh H，Amiri O，et al. A combination of hydrothermal，intercalation and electrochemical methods for the preparation of high-quality graphene：Characterization and using to prepare graphene-polyurethane nanocomposite[J]. Journal of Alloys and Compounds：An Interdisciplinary Journal of Materials Science and Solid-state Chemistry and Physics，2020(848-)：848.

[3] 马梦桐．天然气管理系统应用技术研究[D]．西安石油大学，2021. DOI：10.27400/d.cnki.gxasc.2021.000107.

[4] 李柏松，王学力，王巨洪．数字孪生体及其在智慧管网应用的可行性[J]．油气储运，2018，37(10)：1081-1087.

[5] 吴长春，左丽丽．关于中国智慧管道发展的认识与思考[J]．油气储运，2020，39(04)：361-370.

[6] McArdle S，Meløe L. Go Digital Oil & Gas about the Digital Twin. 14/09/2020 ed. 2020.

[7] 陈钢．西门子借助"数字化双胞胎"推进"工业 4.0"之路[J]．制造技术与机床，2017(06)：34.

[8] 崔新华，任磊．国际油气管道运输企业环境管理的先进经验及启示 以加拿大 Enbridge 公司为例(一)[J]．油气田环境保护，2007(04)：1-4+55.

[9] 吴长春，左丽丽．关于中国智慧管道发展的认识与思考[J]．油气储运，2020，39(04)：361-370.

[10] 骆科东，邓辉，林杨等．管道生产管理系统升版建设要点及其成效[J]．油气储运，2016，35(07)：768-772+778.

[11] 周志霞．华为携手石化盈科助力中国石化智能工厂 2.0[J]．中国石油石化，2017，0(9)：15.

[12] 王振声，陈朋超，王巨洪．中俄东线天然气管道智能化关键技术创新与思考[J]．油气储运，2020，39(07)：730-739.

[13] 汪月圆，刘小慷．智慧管道国内外发展现状及前景分析简述[J]．山东化工，2022，51(08)：90-91+94. DOI：10.19319/j.cnki.issn.1008-021x.2022.08.027.

[14] 张来斌，王金江．油气生产智能安全运维：内涵及关键技术[J]．天然气工业，2023，43(02)：15-23.

[15] Li B，Gai J，Xue X. The Digital Twin of Oil and Gas Pipeline System[J]. IFAC PapersOnLine，2020，53(5).

基于漏磁内检测数据的管道仿真评价模型应用研究

张　妮　张建昌　张　泰

（中国石油长庆油田分公司第三输油处）

摘　要　为明确现场输油管道运行工况、安全运行界限和不同运行工况下的能耗，充分利用漏磁内检测数据和SCADA系统数据，准确预测不同运行方案的工况和能耗，提出开展管网仿真技术应用研究，并进行管道仿真实践检验。首先，建立5条管线的精确仿真模型，经过调试校验能够精确反映各管线的水力热力情况；其次，模拟分析各管线的运行规律和安全运行界限；最后，实践检验管道模型的仿真精度和应用效果。结果表明：5条管线的仿真模型精度达到95%以上，能够反应现场实际运行情况；该模型可对我处新建靖-姬联络线安全运行工况结果作出预测，有效提升了管网本质安全水平。节约姬塬外输总站不加剂运行（可节约加剂费180万元/年）为降本增效提供有力的技术支撑；通过管网仿真模拟制定出不同季节最优运行方案，节约加热炉、外输泵能耗，提供自主清管周期（姬塬外输总站、姬塬联络线首站）为我处节能降耗、低碳运行提供可靠依据；管网仿真的初应用为日后管道数字孪生、智能决策打下良好基础。

关键词　安全运行界限；蜡沉积；管网仿真；运行方案

1　引言

长庆油田第三输油处管辖着靖惠、姬惠、吴定、姬塬联络线、刘吴等7条共468.77km的输油管线，总外输能力1300万t/a，管道运行年限长，运行工况复杂。

（1）管线建设投产20年，设计物性数据与当前物性不符，无法准确模拟预测当前工况。

（2）蜡沉积、管道腐蚀、管道不满流等生产运行风险掌握不清。制定清管周期依据不明确。

（3）南油北调红井子运行模式在多种运行工况下的工艺运行方案参数制定及风险控制亟需解决。

基于以上现状，开展管道仿真系统的应用研究。

2　技术基础

2.1　漏磁内检测技术应用

2020—2022年完成5条427.17km在用管道内检测作业，按计划完成管道内检测三年规划，在役管道内检测率达到100%。建立管道漏磁内检测作业规范，形成了3大环节7个步骤的标准作业程序，规模化应用漏磁内检测技术。

2.2　漏磁内检测技术（MFL）

通过强磁对管道壁厚进行磁化，利用磁传感器接收管道金属损失处产生的漏磁场，对管道特征点和金属损失的长度、宽度、深度进行识别。首轮全面应用形成如下认识。

优点：识别各类缺陷点精准到厘米，量化腐蚀程度为预防性维修提供科学依据，精准的检测数据支撑了管道数字孪生体的建立。

与管道外接物（涡流）检测对比：对管体裂纹缺陷敏感度不高。

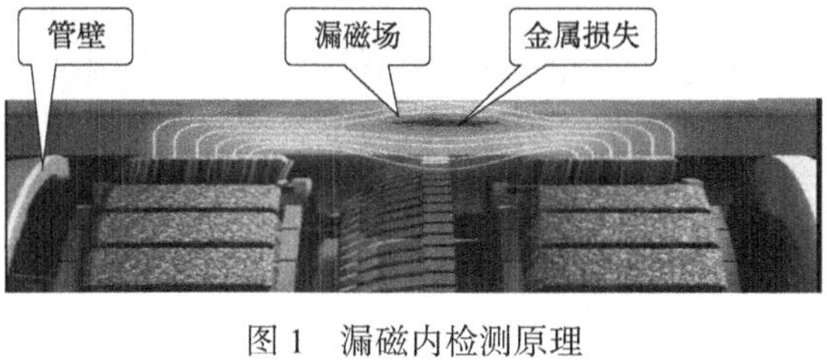

图1　漏磁内检测原理

2.3　漏磁内检测清管数据

2020年5月12日至今，收集整理清管数据，为仿真蜡沉积研究积累了原始数据，清管记录见表1。

2.4　自主清管数据

自2022年开展自主清管工作，记录清管前后运行参数对比，为合理制定管道清管周期和仿真精度提供支撑（表2）。

表1　15次清管数据记录

序号	检测设备	发球时间	收球时间	运行时间/h	油泥清理量/kg	均速/(m/s)
1	Φ370泡沫清管器	2020.5.12，16：58	2020.5.14，12：56	41.54	120	1.34
2	Φ370泡沫清管器	2020.5.17，15：52	2020.5.19，11：08	43.3	20	0.74
3	Φ370泡沫清管器	2020.5.20，15：31	2020.5.22，9：22	41.9	80	0.76
4	Φ380泡沫清管器	2020.5.24，15：45	2020.5.26，12：10	44.4	—	0.72
5	Φ377四碟清管器	2020.5.28，15：43	2020.5.30，11：45	44	80	0.72
6	Φ377两直四碟清管器	2020.6.1，15：34	2020.6.3，7：24	39.8	40	0.8
7	Φ377两直四碟测径清管器	2020.6.4，16：45	2020.6.6，8：49	40.1	18	0.79
8	Φ377两直两碟两钢刷清管器	2020.6.7，16：35	2020.6.9，9：05	40.5	85	0.79
9	Φ377两直两碟两钢刷清管器	2020.6.11，17：04	2020.6.13，8：57	39.9	55	0.8
10	Φ377两直两碟两钢刷清管器	2020.6.14，16：52	2020.6.16，8：46	39.9	45	0.8
11	Φ377双节磁力清管器	2020.6.18，17：10	2020.6.20，9：14	40.1	30	0.79
12	Φ377双节磁力清管器	2020.6.22，16：37	2020.6.24，9：01	40.4	45	0.79
13	Φ377双节磁力清管器	2020.6.25，16：50	2020.6.27，9：18	40.5	20	0.79
14	Φ377多通道变形检测器	2020.6.30，5：22	2020.7.1，21：25	40.1	—	0.79
15	Φ377高清晰度漏磁检测器+MAPIING	2020.7.14，21：05	2020.7.16，9：03	36	—	0.88

表2　清管前后管道运行参数对比

管道名称	管径/mm	管道长度/km	清管前		清管后	
			外输压力/MPa	外输排量/(m^3/h)	外输压力/MPa	外输排量/(m^3/h)
吴定管道	323.9	82.74	4.41	240	3.5	244
靖惠管道(首油段)	377	115	1.9	230	1.26	230

2.5　仿真技术现状

西南分公司购入了德国软件TGNET(离线)，开展5600km以上净化气骨干管网稳态仿真分析。长庆分公司购入了英国软件SPS(离线)，开展部分油管道稳态仿真分析。华北分公司暂未购买商业或自主研发输油管道仿真软件，未建立管网仿真模型，无法模拟预测管道结蜡、结垢和清管等运行工况。现有管网稳态仿真每次均需依靠人工手动输入参数进行计算，且每次仅能得到一个定工况下的运行参数，无法将管网变化过程及时传递至上游生产组织，无法及时有效反应预测管网运行波动对上游产能发挥、炼厂运行的影响情况。需要开展管网仿真技术研究，通过管道水力和热力仿真，分析管道结蜡、结垢情况，明确管网不同运行工况下的上游生产组织与能耗、下游市场供应，这是实现智能辅助决策的基本工具。

3　管道仿真模拟研究

3.1　建立5条管线的精确仿真模型

基于油品物性化验、中心线坐标、内检测数据等建立了第三输油处长输管线的仿真模型(依托高校联合开展)，根据近2年的生产运行数据(1659组数据)对5条管线的仿真模型进行了调试与校验，能够精确反映各管线的水力热力情况。基于仿真模型，能够模拟各种运行工况，进行管线的各项研究。

3.2　历史回放挖掘运行规律

基于仿真模型，模拟5条管线近2年的历史运行工况，明确5条管线的运行现状，包括流态、压降、输送效率。

3.2.1　明确各条管线流态

我国《输油管道工程设计规范》规定的流态划分标准见表3。

表3　流态划分标准

流态	层流	紊流光滑区	紊流混合摩擦区	紊流粗糙区
判定标准	$Re \leq 2000$	$2000 \leq Re \leq Re1$	$Re1 \leq Re \leq Re2$	$Re > Re2$

$$Re=\frac{\rho vd}{\mu}$$

$$Re_1=\frac{59.7}{\varepsilon^{ah}}$$

$$Re_2=\frac{665-765\lg\varepsilon}{\varepsilon}$$

$$\varepsilon=\frac{2e}{d}$$

式中，v 为流体的流速，m/s；ρ 为流体的密度，kg/m^3；μ 为流体的黏度，Pa·s；d 为管道的直径，m；e 为管道的粗糙度，mm。

由关系式可知，在确定管径的条件下，流态与流速、密度、黏度有关，对同一种油品，影响密度和黏度的是温度，即流态与流速和温度有关。

因此，通过分别模拟管道在最大、最小流量和最低、最高油温下的工况，分析沿程雷诺数，以此来判断各管线沿程流态。

以靖惠线靖油段为例，图 2 为 4 个工况对应的沿程雷诺数分布图；输油三处长输管线状态见表 4。

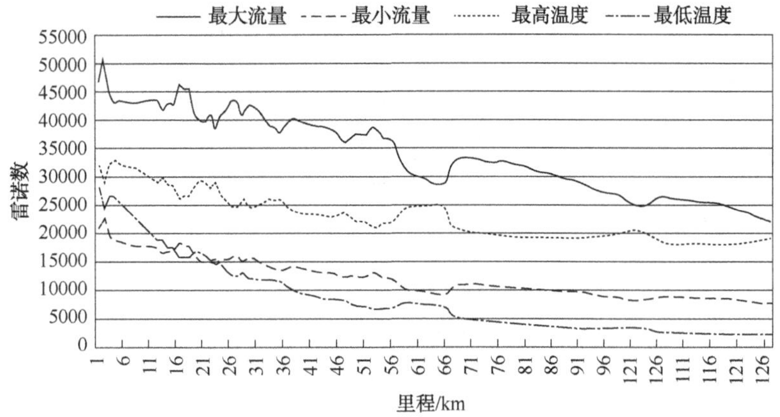

图 2　靖惠线(靖安-油坊庄)沿程雷诺数

表 4　输油三处长输管线流态

管线名称	Re 区间	$Re1$	流态
靖惠线 1 段	2137~50894	793342	紊流光滑区
靖惠线 2 段	4761~27345	793342	紊流光滑区
刘吴线	24556~48748	2304288	紊流光滑区
吴定线	27946~81743	3687083	紊流光滑区
姬塬联络线	23777~46993	3687083	紊流光滑区

3.2.2　确定各条管线管路特性和泵的工作点

通过模拟不同流量下的水头损失，绘制管路特性曲线，通过模拟泵不同转速和流量下的扬程，绘制泵特性曲线，确定泵的工作点。以靖惠线靖油段为例，图 3 为靖惠线(靖安-油房庄)泵特性曲线-管路特性曲线图。

3.2.3　明确各条管线沿线压力分布情况

模拟现场最大流量和最小流量，分析管道沿程压力分布，确定各管线沿线压力最高点和最低点。以靖惠线靖油段为例，图 4 为靖惠线(靖安-油房庄)管道沿线压力分布图。

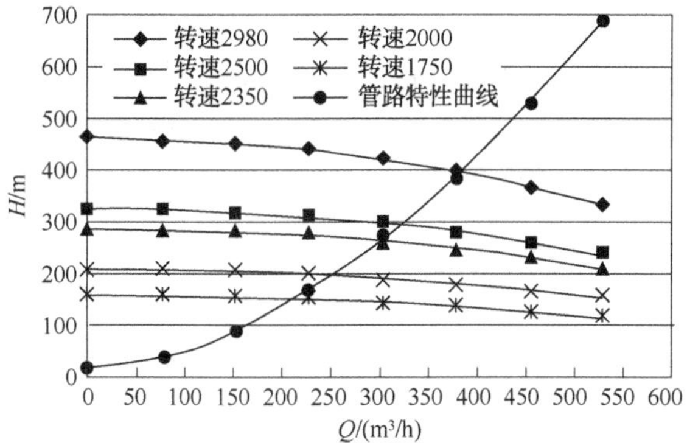

图 3　靖惠线(靖安-油房庄)泵特性曲线-管路特性曲线图

3.2.4　明确各条管线输送效率

管道的输送效率定义为管道实际输量与同一工况下计算出的管道理论输量之比。因此，管道的输送效率按如下公式进行计算：

$$\eta=\frac{Q_{实际}}{Q_{理论}}\times100\%$$

式中，η 为管道输送效率；$Q_{实际}$ 为管道实际瞬时流量，m^3/h；$Q_{理论}$ 为管道理论瞬时流量，m^3/h。

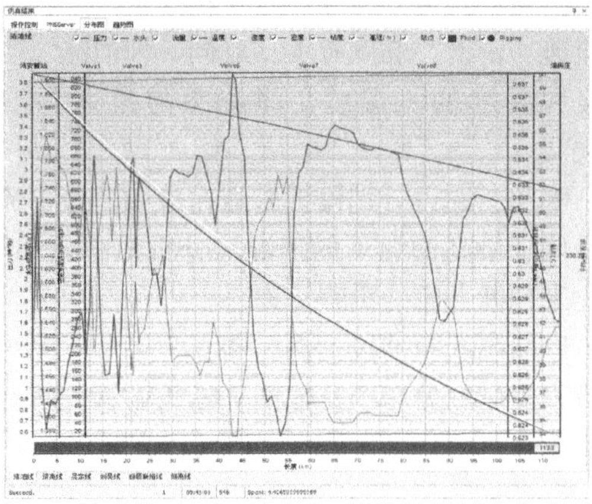

图4　靖惠线(靖安-油房庄)管道沿线压力分布图

在仿真模型中，通过控制上下游进出站压力和温度与现场实际一致，模拟运行，计算出同一工况下的理论流量，再结合实际流量计算得到管道的运行输送效率。

3.3　风险分析确定安全运行界限

3.3.1　明确各条管线蜡沉积情况，提出蜡沉积清理与防治措施

清管周期：通过蜡沉积恢复曲线，清管后5~8月沉积厚度保持较低水平，8月后蜡沉积过程持续进行，并逐渐恢复至清管作业前的水平。建议自主清管开展周期为一季度一次(图5)。

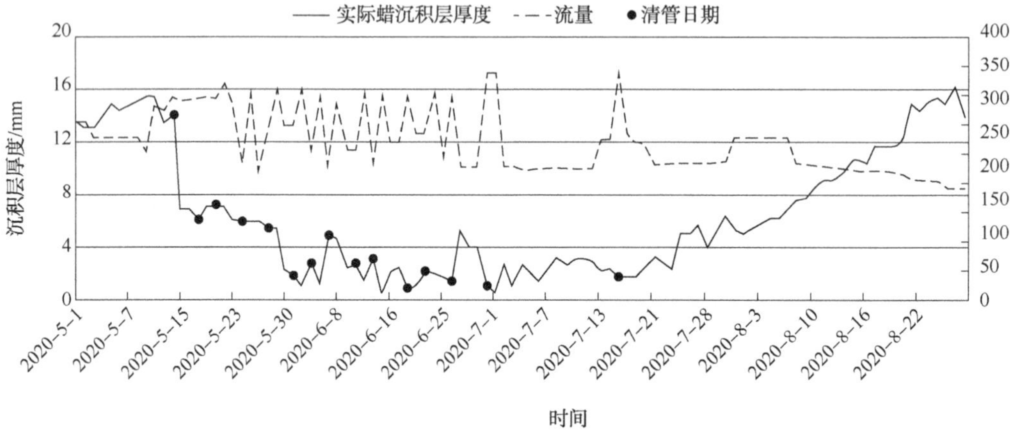

图5　靖惠线靖油段清管前后蜡沉积厚度与流量变化图

通过仿真研究，各条管线蜡沉积理论值见右表，通过清管前后数据对比，靖惠线、吴定线、刘吴线同等输量下外输压力值下降明显，姬惠线、姬塬联络线外输压力几乎无变化。与表中结论基本一致(表5)。

表5　输油三处长输管线蜡沉积情况

管线名称	蜡沉积情况	蜡沉积厚度/mm
靖惠线(靖安-油房庄)	常年蜡沉积	2~28
靖惠线(油房庄-惠安堡)	常年蜡沉积	2~22
刘吴线	少量蜡沉积	2~11
吴定线	常年蜡沉积	2~28
姬塬联络线	无	—
姬惠线	无	—

4　管道仿真实践检验

4.1　改线工况水力校核

PNS管网仿真系统被应用于我处《管道三年隐患治理》砖井、安边、中山涧的改线数据计算中，模拟了靖惠管道改线后的水力、热力校核计算，为设计方案的可行性提供数据支撑。

改线段带压封堵处运行压力校核，以中山涧段为例，运用4#阀室与5#阀室作为起终点，运用仿真模型计算改线处运行压力2.67MPa，现场封堵压力表显示值2.69MPa。从而可指导封堵压力、管道吹扫氮气量等参数。

4.2　复杂工况下的工艺运行参数计算

红井子改造：在姬惠管线与靖惠管线(油惠段)之间搭建靖-姬联络线，实现管线密闭运行，实现姬惠线不加减阻剂、靖惠线不加降凝剂运行。同时实现油田公司“南油北调”原油反输油房庄的功能。

针对联络线建成后的复杂运行工况运用仿真模型制定并管输送工艺参数。

靖-姬联络线红井子插输站3类工况：

4.2.1　分输正输

姬塬外输总站出站原油(690m^3/h)经红井子联络线分输280m^3/h，经靖惠线流向惠安堡末站。

4.2.2　分输反输

姬塬外输总站原油(690m³/h)经红井子联络线分输 280m³/h，经靖惠线反向输送至油房庄。

4.2.3　分输混输

姬塬外输总站原油(690m³/h)经红井子联络线分输 280m³/h，其中 150m³/h 经靖惠线流向油房庄，130m³/h 经靖惠线留向惠安堡。

经模拟确定，分输量范围在 130~340m³。

以反输方案为例：制定减阻剂加注 12 组、不加 12 组的运行参数模拟值，并给出最优分输量。经投产运行后，管网达到输差平衡且满流状态，红井子进站 SCADA 压力值显示在 0.9MPa，计算结果得到进一步验证。

4.3　不同地温下工艺运行参数参考控制值计算

在往年工艺参数制定的基础上，应用仿真系统增加了不同地温 7~19℃ 参考控制表，增加了下站控制压力。实现了水力、热力双控制(表 6)。

表 6　第三输油处长输管线工艺运行参数参考控制值(地温 7℃)

编制：技术管理部　　编制日期：2023年

(1) 靖惠线

ID	输送模式	管段	平均地温(℃)	上站规定输量(m³/h)	规定输量下：上站最低出站温度(℃)	规定输量下：下站最低进站温度(℃)	规定输量下：下站控制压力(MPa)	规定输量下：推荐安全停输时长(h)	原油凝点(℃)	具体要求
1	正输	靖安首站-油房庄段	7	160	61	22	1.32	30（加剂）	加剂14 不加剂18	1. 冬季运行工况下不应开展全越站输送，油房庄接收靖安来油需二次加热或旁接罐输送至下游；2. 因原油外输温度高低与加热费用没有直接关系，建议靖安首站将外输温度控制在较高范围(58-63℃)；3. 进入冬季生产运行模式后，靖安首站原则上采取加剂输送，确保在冬季地温较低、排量较小或越站期间，原油凝点进一步降低，保证安全停
2				180	60	22	1.21			
3				200	58	22	1.11			
4				220	55	22	1.00			
6		油房庄-惠安堡段	7	130	60	22	1.07	24	18	1. 考虑了红井子插输站、马坊插输站正常插输的加温加压加量影响；2. 根据外输排量变化情况，将10#阀室温度维持在30℃以上，保证安全停输时长，同时红井子和马坊插输排量和温度应保持稳定，确保油惠满管状态。
7				160	58	22	0.83			
8				190	56	22	0.59			
9				220	55	22	0.49			
1	姬惠线分输 260m³/h 油惠段正输	油房庄-红井子段	7	100	60	22	用红井子站进站阀门控制进站压力达到0.6及以上；	24	18	本工况考虑了马坊来油插输加温加压加量的影响。
2				130	57	22				
3				160	55	22				
4				190	51	22				
5				220	47	22				
6		红井子-惠安堡段	7	360	38	22	1.04	24	18	1. 考虑了红井子插输站正常插输的加温加压加量影响；2. 姬惠线来油稳定分输260m³/h插输正输至油惠段。
7				390	37	22	0.88			
8				420	36	22	0.85			
9				450	35	22	0.83			
10				480	34	22	0.79			
11				500	34	22	0.75			
1	姬惠线分输 240-280m³/h 油惠段反输	红井子-油房庄段	7	240	45	23	0.81	24	19	1. 本工况考虑了马坊来油插输加温加压加量加量的影响；2. 姬惠线来油稳定分输240-280m³/h插输至油惠段。3. 本工况考虑了姬塬外输总站加剂影响；
2				280	42	23	0.63			
3				330	40	23	0.46			

地温7℃　地温10℃　地温13℃　地温16℃　地温19℃　…　+

4.4　在长庆油田其他长输管道的应用

于 2021.10 在第二输油处进行模型验证推广，建立了庆咸线长输管道的仿真模型，根据现场近 1 年 360 组生产运行数据，对模型进行了调试与校验，模拟情况及所得数据能够进行庆咸线的相关研究。

2023 年第一输油处按照本论文技术路线，开展了一输全处管网仿真模型建立，开展精益化运行科研项目研究。

5　结论

本文采用压差法计算现场管道当量蜡沉积厚度，建立了蜡沉积动力学预测模型，结论如下：

(1) 通过现场验证，该模型可对我处新建靖-姬联络线安全运行工况结果作出预测，有效提升了管网本质安全水平。节约姬塬外输总站不加剂运行(可节约加剂费 180 万元/a)为降本增效提供有力的技术支撑。

(2) 通过管网仿真模拟制定出不同季节最优运行方案，节约加热炉、外输泵能耗，提供自主清管周期(姬塬外输总站、姬塬联络线首站)为我处节能降耗、低碳运行提供可靠依据。

(3) 管网仿真的初应用为日后管道数字孪生、智能决策打下良好基础。

基于低功耗物联技术的管道水毁定点监测报警装置应用研究

杨璟辰　宋祎昕　何国军　薛鲁宁　赵俊丞　田明亮

（国家管网集团浙江省天然气管网有限公司）

摘　要　随着国家对能源安全的重视，作为国家重要基础设施的天然气管，对其安全问题的关注也愈发凸显。本文首先分析了天然气管道面临的水毁类地灾风险的成因和威胁，指出在江浙等沿海地区对其预防监测的重要性和紧迫性。针对这一问题，本文指出，通过对管道水毁类地灾的机理研究并建立一套基于斜坡单元的预警模型，能够分析找出水毁类地灾发生概率较高的地点，这一模型可为后续的报警装置研发提供数据及样本支持。本文还阐述了低功耗普适化智能物联技术的概念、原理及现阶段的应用现状。进一步地，本文对一种基于低功耗物联技术的天然气管道水毁定点监测报警装置的研发与应用进行了介绍。针对管道行业尚无成熟技术的现状，引入低功耗普适化智能物联技术，研发了一种集感知、控制、连接和集成为一体的管道水毁定点监测报警装置，从实际问题出发讨论了装置的研发目标和技术原理。该装置具有轻量化、独立供电、整体造价适中等特点，能够适应恶劣的山区、野外等环境，实现长时间的稳定监测。通过实验室测试验证了该装置的可行性、可靠性，装置单次充电理论续航可达 12 个月，为管道水毁灾害的监测和预警提供了一种有效的技术手段。该装置的研发和应用，不仅提高了管道水毁监测的效率和准确性，也为保障油气管道的安全生产运行提供有力保障。

关键词　天然气管道；水毁；斜坡单元；低功耗；物联技术；监测报警装置

1　引言

天然气管道作为国家能源传输的主要传输介质，是国家重要的基础设施，有关管道本体和其周边环境防护的研究和应用十分重要。特别是在江浙等沿海地区，受台风、雨季等影响，水毁类灾害在山区地段频发，因而衍生的管道相关事故常有发生，给管道本体及周边环境和设施安全带来严重的威胁。管道周边的水毁类地灾具有隐蔽性、突发性等特点，往往无法通过人工巡线的方式提前预防或第一时间发现，为此，本文建立了一套基于斜坡单元的水毁类地灾预警模型，可以分析找出水毁类地灾发生概率较高的地点，这些地点是一些为进一步验证模型准确性，同时降低人工核查成本和风险，研发了一种监测埋地管道水毁、暴露、掏空等事故发生的报警装置，实现了水毁类地灾风险准确报警。

2　基于斜坡单元的区域管道地质灾害易发性评价算法

2.1　划分斜坡单元及汇水径流计算

基于 DEM 的地表水文分析，包括正反地形无洼地 DEM 的生成、水流方向的提取、汇流累积量的计算、河网的生成、集水流域的生成等关键步骤，其基本原理是利用正反地形分别提取山谷线和山脊线（分别对应于汇水线和分水线），把生成的集水流域与反向集水流域融合，再经后期处理人工修改不合理的单元，最终得到的由汇水线与分水线所组成的区域即为斜坡单元。图 1 灰色是激光雷达形成的数字高程，红线是计算后的斜坡单元。

通过无洼地 DEM 直接提取水流方向，并在 DEM 的每个网格节点处赋予不同深度的水位，按照水流从高处流往低处的自然规律，根据区域地形和水流方向计算每个节点处流过的水量，从而得到该区域的汇流累积量。基于出水口数据和无洼地水流方向数据生成集水流域。

2.2　地灾易发性及管道易损性计算

易发性评价应结合滑坡形成条件与诱发因素，确定不同斜坡单元内滑坡的易发程度。选择斜坡坡度、地形起伏度、地层岩性、多年平均降雨量、植被指数等作为评价因子。在滑坡形成条件分析的基础上，参考前人项目研究成果，确定研究区滑坡易发程度中各个因子的权重，根据斜

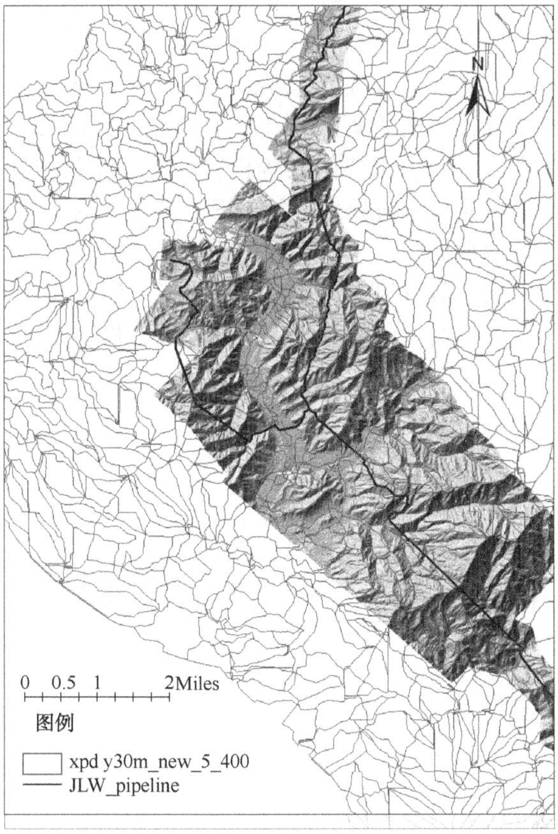

图 1 斜坡单元划分模型

坡易发性评价打分表，对每一个评价因子进行打分，采用综合评价模型，计算每个斜坡单元的综合得分。

根据天然气输气管道的特点，将管道易损性影响因素包括斜坡单元与管道距离及管道铺设关系，从而建立了输气管道易损性评价指标体系，并利用熵权赋值理论建立了适用于输气管道的易损性评价模型。

3 低功耗普适化智能物联技术应用现状

低功耗普适化智能物联技术是集感知、控制、连接和集成为一体的创新技术，旨在实现管道检测联网设备的智能化、低功耗和普适性。该技术借助物联网通信技术实现设备之间的互联互通和数据传输。通过无线通信技术（如 Wi-Fi、蓝牙、ZigBee、2.4G、4G 等）或有线通信技术（如以太网、CAN 总线等），可以实现物物之间的联系，同时有利于进行信息交换，完成通讯，设备可以将采集到的数据传输到云端服务器或本地数据处理中心，实现远程监控、数据分析和智能控制等功能。

低功耗普适化智能物联技术国内外都在积极研究应用，如欧洲的物联网研究项目 IoT-hub 和 IoT-Lab 正在推动智能家居、智能城市和智能工业等领域的应用。美国的 LoRaWAN 网络在全球范围内得到了广泛应用，为物联网设备提供了低功耗、远距离和低成本的连接解决方案。日韩在智能家居和智能城市方面进行大量研究和探索。国内华为、阿里巴巴、腾讯等公司再物联网设备、传感器和云计算等方面也在进行大量投入。但目前在管道行业，国内外尚无成熟化的技术及产品。

目前，我国的天然气管网建设和后期的运营管理越来越复杂，更加需要将物联网技术引入到天然气的管网建设和运行中，随着技术的发展未来的智慧管道则将涵盖自适应、自学习、全面感知、预判等特点和优势。

在油气管道领域，该技术能够帮助企业实现智能化转型，以更高效的手段降低生产成本、保障生产安全，在管道本体感知、管道线路及环境感知、管道站场感知等方面都有着很大的应用前景。目前，该技术已写入 2023 年度《国家管网集团技术图谱》中，编码 SZD2-T1S1-C04，技术成熟度 4 级。

4 管道水毁定点监测报警装置介绍

4.1 技术路线

本文介绍的管道水毁定点监测报警装置面对的工作环境有以下几个特点：①装置部署区域多为山区、野外等环境，周边缺乏基础供能设施和维护人员；②装置埋入地下，本体可能会持续受水流土壤等侵蚀；③事故发生时可能会对装置及周边环境带来严重的破坏。

针对这些特点对装置的研发明确了以下几个目标：①轻量化、独立供电、整体造价适中，以便于使用投放、降低成本；②采用非接触式传感器触发作为监测手段，以保证稳定性和使用寿命；③利用物联网和单片机技术作主体，以保证低功耗、长续航、远距离数据传输需求；④采用封闭式非金属外壳，在不干扰通讯的前提下，以保证关键元件的密封、防水、防护要求。

4.2 部署及原理

装置部署时将主体同基座浅埋于管道上方，在发生水毁地灾时设备会随上方土层被冲出，此时装置主体与磁性基座脱离，触发传感器电路，由物联网模块向服务器发送报警消息(包含触发点位置、触发时间、设备电量以及其他包含装置和管道编号等可自定义的信息)。装置部署示意，如图2所示。在研发初期，曾尝试多种传感器作为报警触发的监测源，选定光敏和磁接近两种方案进行测试。考虑到实际应用环境下存在夜间或设备被土壤覆盖的场景，排除了光敏传感器，以低功耗霍尔传感器模块作为报警触发的监测源。

如图3所示管道水毁定点监测报警装置主要由传感器模块、MCU数据处理模块、通信模块和电源模块和串口模块组成。采用霍尔传感器对报警信息进行触发动作；MCU数据处理模块对传感器触发信号进行处理，判断管道是否发生水毁事故，同时管理不同工作模式之间(低功耗、监测、报警、深度休眠等模式)的运行和切换；通信模块负责将处理后的数据上传至云端服务器或本地数据中心，实现远程监控和数据分析；电源模块为装置提供持续稳定的供能；串口模块提供装置相关参数的自定义配置管理、程序本体更新等功能。

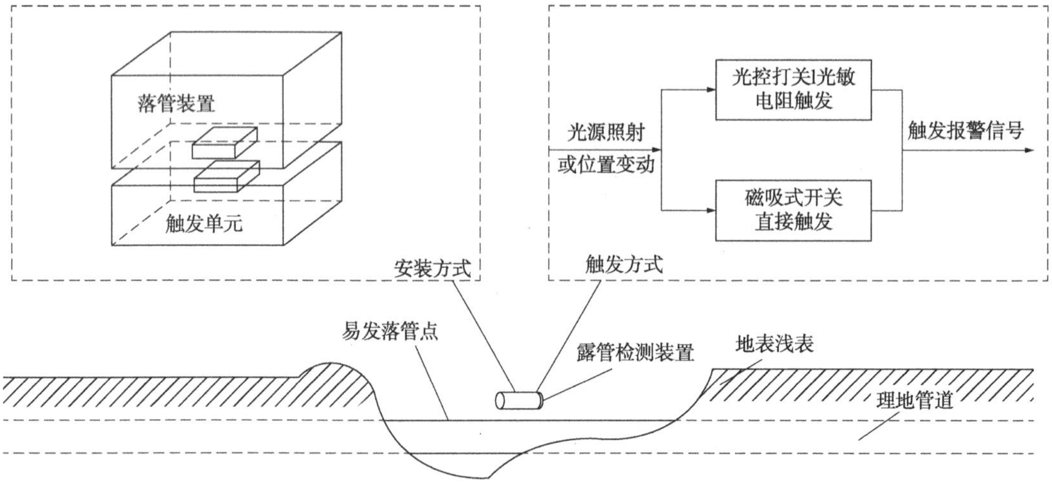

图2　装置部署示意图

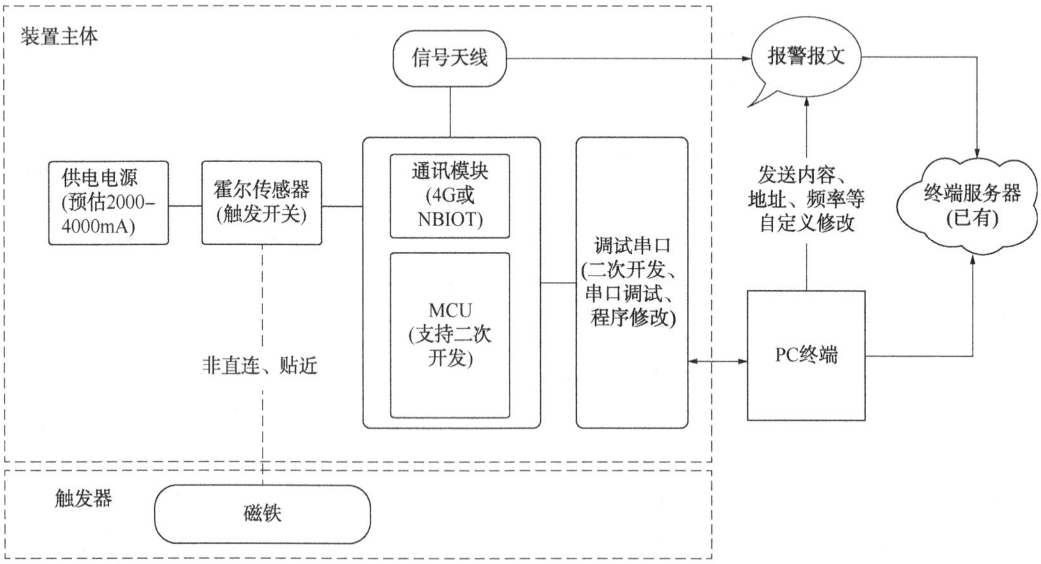

图3　技术原理图

5　研发及应用特色

5.1　低功耗设计及国产化芯片

为了降低装置整体的功耗、提高续航能力。硬件层面，通过采用国产超低功耗MCU芯片、NB-IoT模块，深度睡眠最低功耗可达0.5uA，以更低能耗提供更长久的续航，理论计算单次充满可续航12个月以上，该续航数据目前正通过实验室测试进行持续更新。软件层面，大部分传感装置往往要持续运行主程序来监测传感器反馈的信号进而判断装置状态，本装置则将主程序定义为低功耗休眠程序，芯片以超低功耗运行，只有在装置受到外力干扰脱离底座后，底部的常闭霍尔元件和底座安装的磁铁分离导致电位信号改变，装置才会切换到报警程序连续运行。这样利用常闭霍尔传感器靠近磁场断开的机制，将其作为一个切换开关，结合程序上的逻辑改变，减少监测时程序运行的功耗提高装置整体的续航能力。触发原理如图 4 所示。

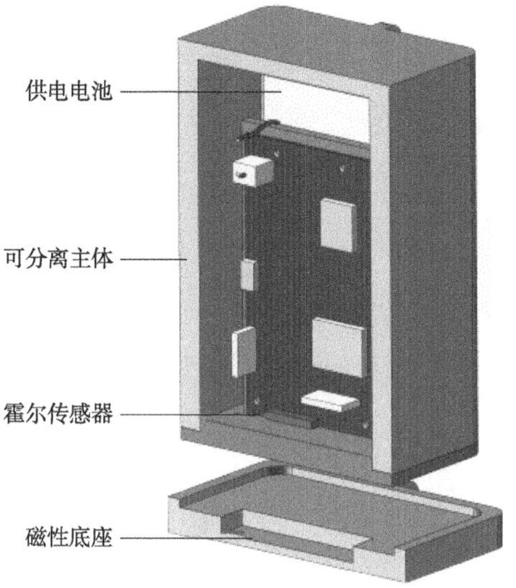

图 4　装置触发结构示意

5.2　自动化加工制造与 3D 打印技术的结合

在硬件产品的研发过程中，对原理样机及实验样机的外壳设计需要一定成本，特别是非标设计和模具开模等工作，直接交由工厂加工往往是一笔不小的预算。因此团队利用 3D 打印技术，在研发前期自主设计验证外壳结构的可行性和适配性，确定方案后再委托 CNC 工厂进行加工，大大缩短了该部分工作的研发周期和投入成本，也更加适配迭代型的产品开发生命周期。

最终装置外壳采用 ABS 塑料材质，利用数控技术加工，整体为 72mm×58mm×104mm 的矩形结构，体积小、质量轻、结构紧凑坚固，配合胶圈密封，防水及密封性能良好。图 5 为装置结构展示，图 6 为装置实物。

6　总结

本文介绍的管道水毁定点监测报警装置具有低功耗、高灵敏度、高可靠性等特点，对于提高管道水毁监测的效率和准确性，保障油气管道的

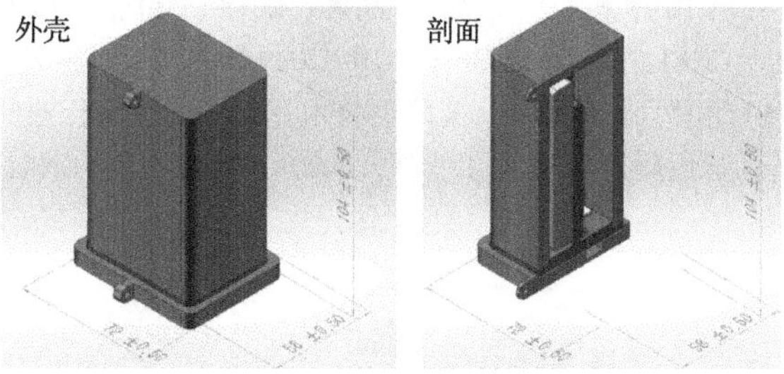

图 5　装置结构图

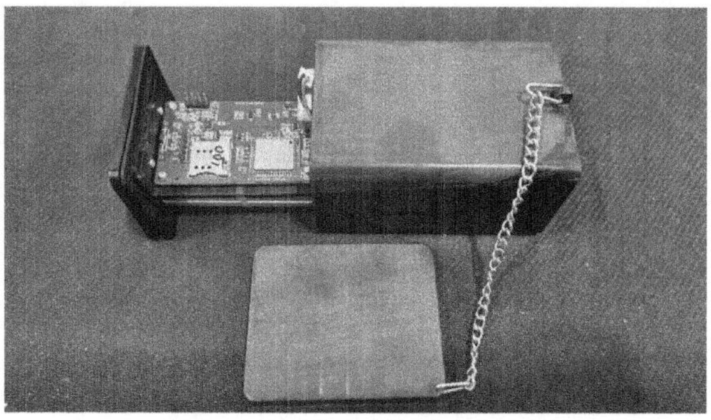

图 6　装置实物图

安全生产运行具有一定意义。该装置对于山区段管道地质灾害检测具有良好的应用前景，未来还可在石油、石化、公路、铁路等其他行业进行推广。装置硬件研发和管道地质灾害易发性评价算法结合紧密，通过斜坡单元易发性网格计算，回答装置安装在哪里合适，能够以高概率监测到管道周边可能发生的水毁灾害，同事通过现场应用还可进一步验证和改进算法，形成良好的循环和反馈。目前该装置已经完成原理样机和实验样机在实验室环境下的测试验证，取得了一定的进展，同时也发现了一些问题。下一步我们将开展现场环境下的应用测试以及数据积累工作，进一步优化该装置的性能和功能，在程序稳定性、交互便捷性、投放环保性等方面持续进行研发探索，在油气管道数字化智能化领域上继续投入和研究。

参　考　文　献

[1] 马振涛．基于物联网的激光甲烷遥测云平台的设计与实现[D]．北华航天工业学院，2024-02-23.

[2] 郭锦，张斌．茶陵县高精度调查斜坡单元及重点调查区划分研究[J]．2020. DOI：10. 12230/j. 2095-6657. 2020. 48. 098.

[3] 许晓露，刘汉湖，蒋川东．基于斜坡单元的滑坡易发性评价——以易贡地区为例．河南科学 37. 11 (2019)：8.

[4] 王文鑫，张泽华．物联网技术在天然气产业链中的

作用分析[J]. 化工管理, 2018(20): 1. DOI: CNKI: SUN: FGGL. 0. 2018-20-121.

[5] 韩林元, 姜慧春. 物联网技术在天然气管道行业的运用研究[J]. 化工管理, 2020(1): 2. DOI: CNKI: SUN: FGGL. 0. 2020-01-095.

[6] 赵林, 刘佳, 王晓静. 浅析物联网技术在长输天然气管道全生命周期管理中的应用[J]. 产业创新研究, 2021, 000(020): P. 118-120.

油气管道综合智能预警平台建设

张华兵　高佳兴　刘文豪

（河北大学）

摘　要　当前，管道监测与安全预警技术日趋成熟，应用也较为广泛，这些系统包括视频智能监控预警系统、管道地质灾害监测预警系统、管道智能阴极保护系统、管道智能巡检系统、基于光纤的管道安全预警系统等。但目前这些系统存在相关孤立使用不便、数据不互通、预警和处置无法联动等问题，有必要整合各监测系统，建立更加智能化的综合预警平台。介绍了平台的技术架构、数据架构和功能架构，分享了典型的应用场景，并对平台的应用效果进行了分享。系统可以支撑管道安全风险预警和防范能力提升，具有良好的应用前景。

关键词　油气管道；监测；安全预警；系统建设

1　引言

2023年3月国家能源局发布《关于加快推进能源数字化智能化发展的若干意见》的通知，鼓励智能管道的建设，从而提升油气管网设施安全高效运行水平，提升能源产业核心竞争力、推动能源高质量发展。

智能管道提升油气管网设施安全高新运行的核心手段之一是通过智能感知实现管道状态的监测与预警。当前，部分管道监测技术已经较为成熟，应用也较为广泛，但存在各系统相关孤立使用不便、数据不互通、预警和处置无法联动等问题，有必要整合各监测系统，建立更加智能化的综合预警平台，并实现1+1>2的效果，支撑油气管网设施安全高效运行。

2　管道监测预警现状分析

传统的管道管理模式中，除采用SCADA系统对管道阀室、站场的压力、温度和流量等数据进行实时监测预警外，很少采用其他监测手段对管道进行监测。2008年前后，国内最大的管道企业中石油开始实施管道完整性管理，大量检测技术开始在管道上全面应用。相比监测技术，检测技术虽有准确性高、涵盖面广等优点，但其及时性较差。以内检测为例，由于5~8年才开展一次，无法实现及时的安全预警，因此随后大量监测手段逐步被用在管道上。特别是2017年前后，中俄天然气管道东线开始在国内系统、全面的建设智能管道，大量监测技术的应用是其重要亮点。当前，管道监测技术已经应用非常普遍，监测对象逐步扩大，监测及时性和预警准确性等指标也逐步提高。管道上典型的监测系统如下。

2.1　管道视频智能监控预警系统

管道的视频智能监控预警系统通过集成视频监控技术、图像处理技术和人工智能等技术，实现对管道的实时监测和预警。

该系统通过在管道现场安装高清摄像头对管道周围的环境进行实时监控，并将视频信号传输到视频监控中心。视频监控中心通过图像处理技术对视频信号进行分析和处理。通过图像识别技术，系统可以自动识别管道周围的异常情况，如挖掘、车辆停放、人员徘徊等。一旦发现异常情况，系统会自动触发报警机制，并向相关人员发送预警信息。当前也有采用边缘计算的视频监控系统，对前端摄像头集成了图像识别功能，能更加高效的实现安全预警。

目前视频监控预警系统在施工作业现场、高后果区管段、第三方施工段、油气站场等位置应用广泛。

2.2　管道地质灾害监测预警系统

管道地质灾害监测预警系统指灾害体监测和管道本体监测。灾害体监测根据不同的地质灾害类型通过不同的传感器如测斜仪、土压计、水压计、GNNS等监测一体化对灾害体进行监测。以滑坡为例：对滑坡体（深部土体位移、后缘开裂、坡表变形等），支护结构（抗滑桩内力、锚杆内力、挡土墙倾斜等）及各类环境参量（地下水位、雨量、温度、风速等）进行综合监测，最终实现滑坡区安全实时监测与预警。目前对滑坡、采空区段管道，GNNS 监测应用最为广泛。

管道本体监测是指通过光纤、振弦等传感器监测管道本体的应力应变情况，分为点式监测和分布式监测。点式监测传感器分为振弦应变计、光纤光栅应变计、电阻应变片三种。分布式监测传感器分为分布式光纤传感器、分布式同轴电缆电栅传感器、阵列式光纤光栅(密集光纤光栅)传感器三种。目前在管道穿过不稳定斜坡段的监测中，应用最为广泛的是振弦应变计。

2.3 管道智能阴极保护系统

智能阴极保护系统具备阴极保护参数自动采集、分析、传输和处理等功能，能实现对整个管道阴极保护系统运行状况的智能化监测和管理。系统能根据预设采集频率，自动采集阴保相关数据，并传输至手持或监控终端，具体功能通常包括：通电/断电/自腐蚀电位测量、极化电位(试片瞬间断电位)测量、试片保护电流测量、干扰电压测量、试片电流测量、电池电量测量、测试点空气温度、湿度测量等，并重点对阴保电位异常进行预警。目前智能阴极保护系统在阴保电位人工测试不便段、杂散电流干扰段普遍应用。

2.4 管道智能巡检系统

管道的巡护监控系统通过集成多项技术，包括 GPS 技术、GPRS 网络技术、GIS 技术等，主要实现对管道巡线员的实时定位、巡线质量的智能考核及管道线路事件的实时上报等功能，是目前管道线路上最有效的安全监测系统之一。目前管道智能巡检系统主要以手机 APP+服务器端的方式运行，巡线员在智能手机上安装巡检 APP，现场巡检时数据上传服务器端进行保存和分析。管道智能巡检系统当前在各管道企业普遍应用。

2.5 其他监测预警系统

在管道上进行应用的还有以下监测预警系统：

(1) 基于光纤的管道安全预警系统，主要通过管道同沟敷设的光纤，采集声音、振动、温度等信号，实现对管道泄漏、线路第三方施工活动、管道清管器位置等进行监测和安全预警。

(2) 管道气象预警系统，主要通过气象部门发布的气象预警矢量数据与管道矢量数据进行空间分析，监测管道沿线的气象要素，如温度、湿度、风速、降水量等，并实现预警。

(3) 管道巡线车辆监测系统，主要通过 3S 技术对管道巡线车辆的位置和速度进行监测，并对超速情况进行安全预警。

(4) 管廊带入侵报警系统，主要通过探测引线、二极管和集成电路构成，可在探测引线被人剪断、拉断、扯断时鸣笛报警，目前常用在管道旁第三方施工场所的管道安全防护隔离。

3 管道综合预警平台建设

3.1 技术架构

管道综合预警平台以完整的管道基础数据为数字底座(静态数据)，整合现有的各个管道监测系统(动态数据)，整体掌控管道的实时状况，实现管道监测数据和预警信息处置的统一管理，实现管道的风险受控。

平台的技术架构主要分为四层，分别是资源层、数据源、服务层与应用层。资源层介绍了平台数据来源，主要包括网络资源、对象存储等等。数据源是根据资源层提取出的、直接应用于平台的数据，主要包括油气长输管道基本信息、管道巡检监控等。服务层是平台搭建过程中需要使用的技术，主要包括开发的框架与平台管理基础两大部分。应用层则是在以上三种技术架构的搭建下，最终面向用户的部分，主要包括无人机管理模块、阴保检测管理模块等。如图 1 所示。

3.2 数据架构

平台的最终展示需要依靠数据来进行实现，数据的处理尤为重要。数据的架构主要分为两部分，分别是数据集成与数据源。数据的集成又三部分，包括数据存储、数据集成与数据标准。数据源主要包括油气长输管道基本信息、管道巡护监控等等。

对前述管道监测预警系统梳理后，分析了监测对象和预警场景，见表 1。

根据上述分析，搭建了平台数据架构，如图 2 所示。

3.3 功能架构

按照用户实际需求，设计功能架构图，主要为管道监测预警功能、后台应用，平台基础管理等部分。其中管道监测预警部分详细展示了各个监测功能比如管道基础信息管理、高后果区管理、管道巡护监控、地灾监测预警、断线报警监控。如图 3 所示。

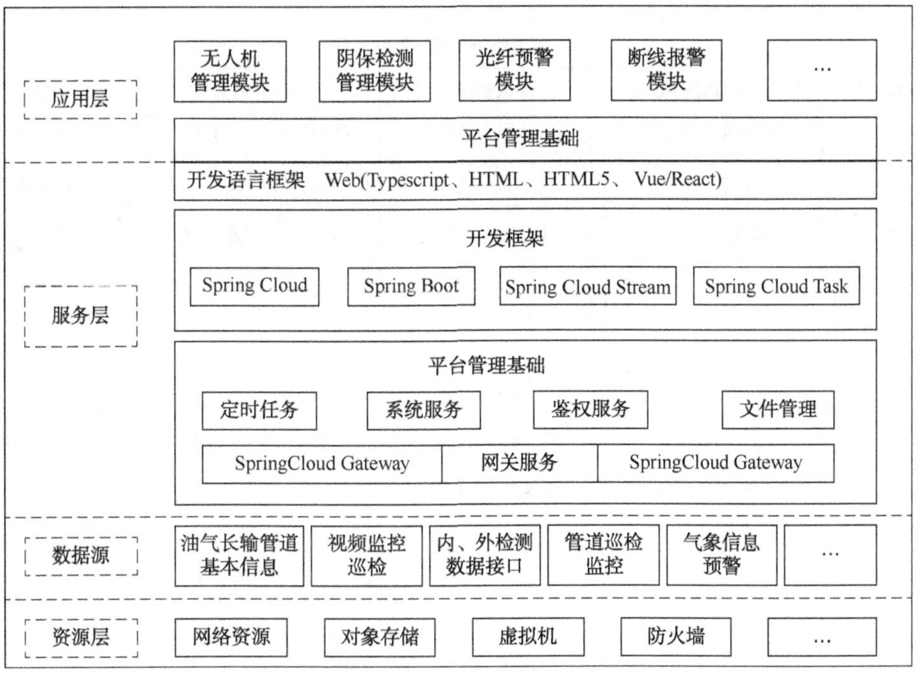

图1　技术架构

表1　管道监测系统数据一览表

序号	系统名	监测数据	安全预警功能
1	视频智能监控预警系统	现场实时画面	管道泄漏、火灾、潜在的第三方施工活动、违章活动等
2	管道地质灾害监测预警系统	管体应力应变、土体位移等	管体应力超限、土体移动
3	管道智能阴极保护系统	管道阴保电位、阴保电流等	管道阴保参数异常
4	管道智能巡检系统	巡线人员实时位置、现场异常事件	管道沿线异常事件
5	基于光纤的管道安全预警系统	管道沿线声音、振动、温度	管道泄漏、管道沿线第三方施工活动等
6	管道气象预警系统	管道沿线温度、湿度、风速、降水量	暴雨、低温、高温、狂风等异常天气及影响管段
7	管道巡线车辆监测系统	车辆实时位置、车速	超速
8	管廊带入侵报警系统	探测引线通断信号	管廊带入侵活动

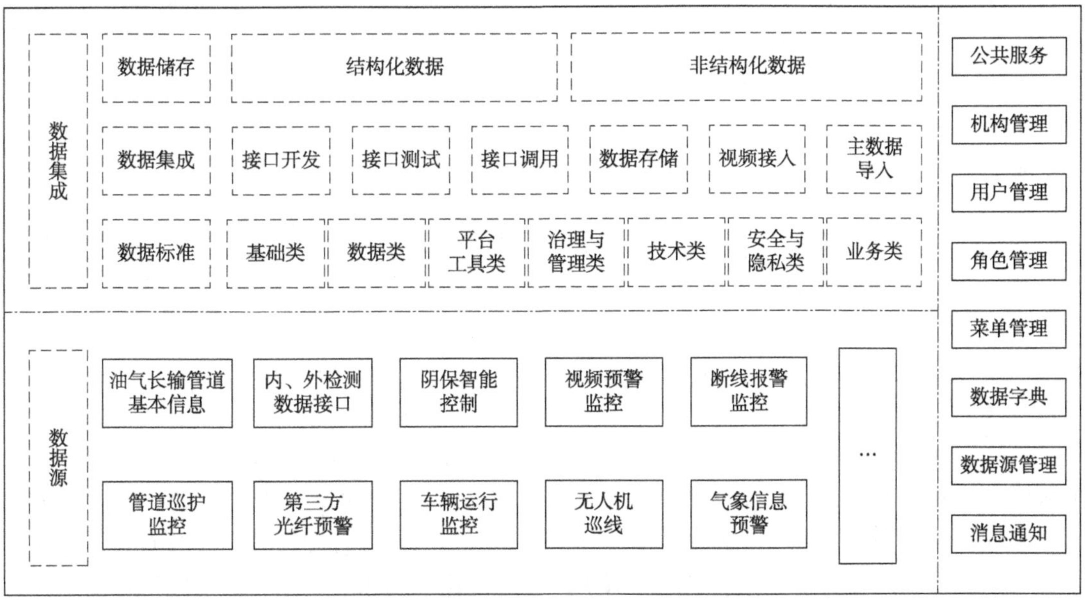

图2　数据架构

图 3　功能架构

系统包含如下优势功能：

3.3.1　报警信息统一管理

集成多个系统的报警信息，实现报警信息的统一管理：支持报警数据的集中管理和实时接入，并确保报警数据的完整性和准确性。

3.3.2　报警信息联动确认与辅助处置决策

报警发生后，相关监控平台自动、半自动弹出相关数据和信息，辅助管理人员进一步了解现场情况，确认报警信息的真实性，降低误报率。

某典型场景如图 4 所示，当管道光纤安全预警系统报警管道旁存在第三方施工活动时，自动弹出了预警点基本信息和附近的视频监控探头信号，并搜索附近的巡线人员，点击后可直接派发赶赴报警现场的紧急巡检任务。

3.3.3　报警信息分级分类及推送

平台应支持对报警信息进行分级分类，便于用户根据不同报警级别采取相应的响应措施。分为紧急、重要、一般等，并采用差异化的可视手段推送。

图 4　典型应用场景

3.3.4　报警数据一张图

平台应具备数字孪生驾驶舱功能，实现线路、场站等管道资产的可视化展示和报警实时监控。支持报警点位可视化，在场景界面展示线路走向、场站位置和报警点位分布；支持报警态势可视化，利用热力图、散点图等地图功能，反映当前报警总体态势；支持报警信息实时展示与互动，在页面数据面板区域按需求展示报警信息，包括报警系统的类型、数量、位置、等级以及关键指标等信息，并可与场景交互联动。

4 应用效果

通过系统的应用，达到了以下效果：

（1）整合了管道针对管道预警信息的响应处置业务，不再需要管道管理人员登录多个系统，方便管道管理人员的应用。

（2）消除了信息孤岛，将各个系统之间的数据进行了集成，增加了数据交互，提高了数据利用价值。

（3）增加了各预警系统之间的交互和相互验证及联动，提高管理人员决策科学水平。由于技术的局限性，目前部分系统存在一定的误报率和漏报率，通过系统联动和信息整合，可以进行信息相互校核，并辅助决策，提升对预警信息的响应效率，提高单个系统的应用效果，实现 1+1>2 的效果。

5 结论

对现有管道监测与预警系统进行全面梳理，对监测对象和预警功能进行了分析。整合现有管道监测与预警系统，形成油气管道综合预警平台。介绍了平台技术架构、数据架构和功能架构，系统可以支撑管道安全风险预警和防范能力提升。随着技术的不断进步和发展，管道综合预警平台的使用将会越来越广泛。

参 考 文 献

[1] 孟韩 . SCADA 系统在油气管道中的发展与应用研究[J]. 化工管理 . 2017(28).
[2] 张华兵，周利剑，杨祖佩，等 . 中石油管道完整性管理标准体系建设与应用[J]. 石油管材与仪器，2017，3(06).
[3] 王振声，陈朋超，王巨洪 . 中俄东线天然气管道智能化关键技术创新与思考[J]. 油气储运 . 2020，39(07).

长庆油田场站及管道完整性管理技术研究与实践

王军锋　李　楠　石　琳　王　楠　刁海胜　杜宁波　李　峰　李录兵

（中国石油长庆油田分公司）

摘　要　长庆油田以黄土高原、丘陵沟壑为主，土壤呈湿陷性，自然环境复杂，地质灾害频发，生态环境脆弱。油田地处黄河流域生态环境保护区域，区域内42条主要河流，52个水源保护区、16个水库、6个自然保护区，管道泄漏后易造成环保事件。针对长庆油田的自然环境、工况特点建立适用于区域性特点的完整性系统，建立完整性算法体系，建立管道风险评估算法体系，高效支撑管道完整性管理工作。长庆油田管道完整性平台的建设和运行，从管理和运行两个方面确保管道运行管理风险得到有效管控。对管道面临的风险因素不断进行识别和评价，持续消减识别到的不利影响因素，采取各种风险消减措施，将风险控制在合理、可接受范围内，最终实现安全、可靠、经济地运行管道的目的。以“数据统一规范、算法精准可靠、数据共建共享、运行智能高效”为目标，基于管道全生命周期数据，通过综合技术手段及核心算法，实现高后果区自动识别、失效分析、失效后果评估、风险评价、完整性评价、运维管理、效能评价等功能，包含完整性数据中台：建立公司级完整性数据中台，标准化接口服务，打通数据链，实现多源、全要素的数据汇聚与应用；高效的数据存储计算：采用分布式存储模式，建立数据分析引擎，满足多源数据融合，高性能查询与长期大数据量的存储需求；微服务+容器化设计：满足后期系统跨平台应用和多系统融合；机器学习：建立管道风险评估算法体系，自动对各类评价因子筛选、分类、赋值、评价系数等的修正，通过机器学习实现评价模型的持续优化；可视化智能应用：深度融合GIS、IOT(物联网)、大数据等先进技术，构建可视化智慧应用，实现对管道风险的全面感知与监测预警等多项优势，为各层级管理者提供可靠的技术支撑。长庆油田管道完整性管理平台已应用22家油气田单位，管理12万km管线，2356座站点生产运行。达到了动态结合静态，监控实时化、平台代替人工，评判智能化、数据服务生产，管理高效化、数据驱动业务，数据标准化、应用匹配需求，服务定制化、技术支撑业务，管理一体化、风险动态评价，决策智能化等效果实现管道完整性数字化、智能化管理。

关键词　油气管道；管道完整性管理；风险管控；智能化；平台

长庆油田管道完整性平台的建设和运行，从管理和运行两个方面确保管道运行管理风险得到有效管控。一是通过对存在风险的科学动态识别，提高了风险治理的针对性，避免了全面治理导致的工作量大、费用高的问题，降低了运行维护和治理费用；二是通过对识别高等级风险进行及时有效管控，降低了运行风险，从而实现了降低管道失效率、延长管道使用寿命的目的。

1　管道完整性管理现状

1.1　管道完整性管理定义

对管道面临的风险因素不断进行识别和评价，持续消减识别到的不利影响因素，采取各种风险消减措施，将风险控制在合理、可接受范围内，最终实现安全、可靠、经济地运行管道的目的。

管道完整性管理已经成为当前国际上广泛认可的最佳管道安全管理模式，实施完整性管理是当前国内外各大管道公司的主要安全管理内容。

1.2　国内外发展历程

国外油气管道安全评价与完整性管理始于20世纪70年代的美国，至90年代期，美国的许多油气管道都已应用了完整性评价与完整性管理技术来指导管道的维护作用，随后加拿大、墨西哥等国家也先后于90年代加入了管道风险管理技术的开发和应用行列；欧洲管道工业发达国家从80年代开始制定和完善管道风险评价的标准，建立油气管道风险评价的信息数据库，深入研究各种故障因素的全概率模型，研制开发实用的评价软件程序，使管道的风险评价技术向着定量化、精确化和智能化的方向发展，至今为止均取得了丰硕的成果，出台了如ASME B31.8 S《输气管道系统完整性管理》、API 579《适应性评价推荐做法》、API RP1129：《保证危险液体输送管道完整性的推荐做法》、API RP1160《管理危险液体输送管道完整性管理推荐做法》等相关技术标准。

我国管道完整性管理这块起步较晚，2016年颁布GB 32167—2015《油气输送管道完整性管理规范》，国家及中国石油股份公司出台了一系列加强管道完整性管理的相关规定，2016年五部委联合发布《关于贯彻落实国务院安委会工作要求全面推行油气输送管道完整性管理的通知》，2017年国家能源局发布《关于开展油气输送管道完整性管理先进企业建设推广工作的通知》(国能综通综合〔2017〕66号)八部委联合发布《关于加强油气输送管道途径人员密集场所高后果区安全管理工作的通知》(安监总管三〔2017〕138号)，2018年《石油天然气管道保护法》启动修订，中国石油股份公司发布了《中国石油天然气股份有限公司油田管道完整性管理手册》，管道完整性管理实施迫在眉睫。

1.3　长庆油田管道完整性管理现状

长庆油田以黄土高原、丘陵沟壑为主，土壤呈湿陷性，自然环境复杂，地质灾害频发，生态环境脆弱。油田地处黄河流域生态环境保护区域，区域内42条主要河流，52个水源保护区、16个水库、6个自然保护区，管道泄漏后易造成环保事件。

2015年长庆油田启动"风险管控"为核心的完整性试点工程。2022年基本实现油田管道类别全覆盖。建成股份级无泄漏示范区1个、在建2个；建成公司级15个，在建16个。逐步形成完成性管理6大类39项关键技术体系(图1)。

实施管道完整性管理需要强大的信息系统的支撑。管道建设同时，涉及建设标准、技术规范、法律规范多，精准掌握难度大；管道建设的路由选择、数据采集、高后果区识别、风险评价等核心内容，人工操作工作量大、准确性受限、辨识难度大，亟须开展平台化建设(图2、图3)。

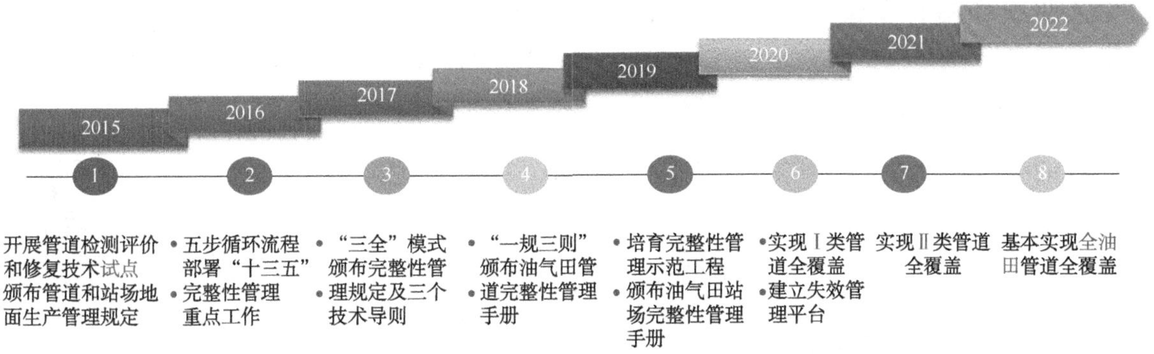

图1　2015—2022年以"风险管控"为核心的完整性试点工程

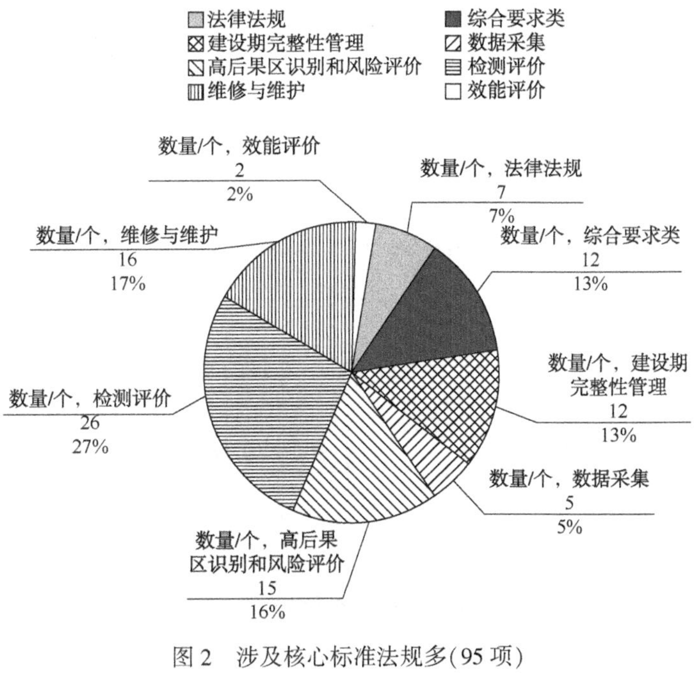

图2　涉及核心标准法规多(95项)

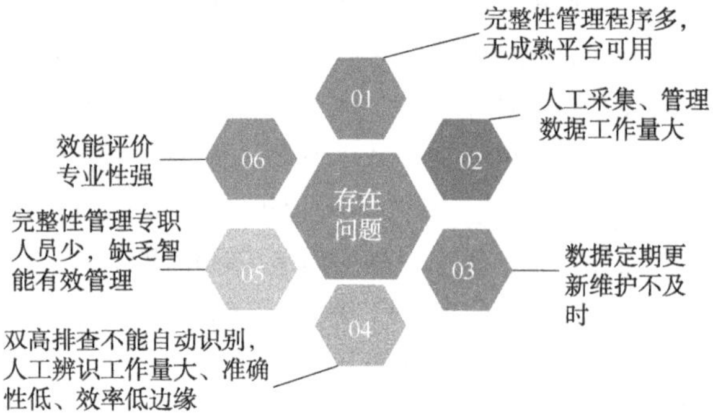

图3　管道完整性亟须平台化管理

因此急需建设符合长庆油田生产现场特点及运行管理需求的完整性管理平台，加快推行管道的完整性管理实施，提升管道的安全管理水平。并结合数字化油田建设，进一步扩展静态、动态、综合数据集成应用，逐步实现完整性管理业务流清晰、数据流规范、集成应用可行，可视化效果佳的美好愿景。

2　长庆油田场站和管道完整性管理平台体系架构

以“数据统一规范、算法精准可靠、数据共建共享、运行智能高效”为目标，基于管道全生命周期数据，通过综合技术手段及核心算法，实现高后果区自动识别、失效分析、失效后果评估、风险评价、完整性评价、运维管理、效能评价等功能，为各层级管理者提供可靠的技术支撑。

2.1　技术体系构成

2.1.1　建立标准数据体系

建立管道完整性标准数据体系，数据字典统一规范与标准、统一编码与设计，各生产单位已建系统的数据调用接口、数据推送标准制定，整合已有数据资源，建立“集中、统一、规范、标准、开放”的完整性数据管理系统，“一套标准、一套数据、一个平台”，实现数据的共建、共享。

2.1.2　建立完整性算法体系

建立完整性算法体系，针对长庆油田的自然环境、工况特点建立适用于区域性特点的完整性系统，建立管道风险评估算法体系，高效支撑管道完整性管理工作(图4)。

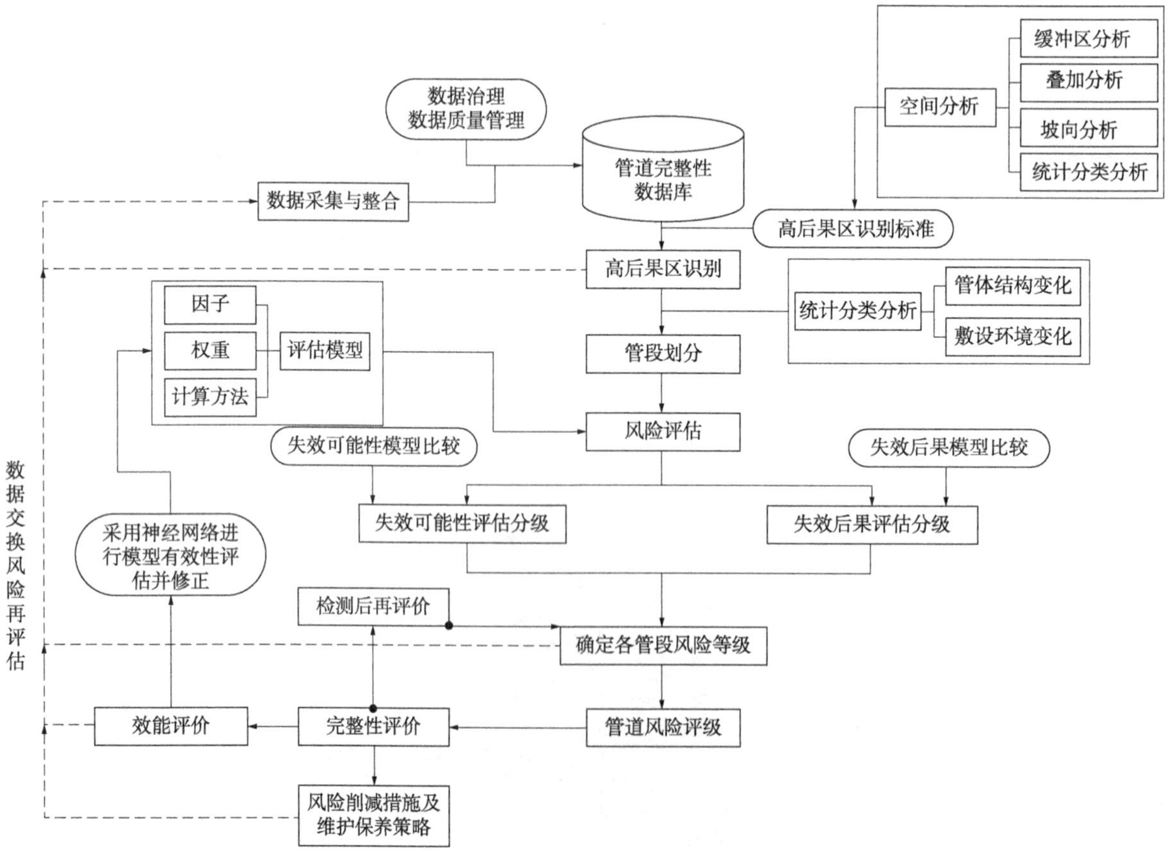

图4　技术体系结构图

2.1.3　建立机器学习系统

开发管道风险评价模型机器学习功能，基于管道检测评价数据及结论不断优化管道风险评估模型，完整性是一个动态的循环闭合过程，伴随着完整性管理工作的运行，系统自动对各类评价因子筛选、分类、赋值、评价系数等的修正，通过机器学习实现评价模型的持续优化。

2.1.4　建立完整性管理信息平台

建设“端+云+大数据”架构的公司级管道完整性管理系统，满足油田公司、厂级、作业区不同层级用户的需求，以“数据统一规范、算法精准可靠、数据共建共享、运行智能高效”为目标，基于管道全生命周期数据，通过综合技术手段及核心算法，实现高后果区自动识别、失效分析、失效后果评估、风险评价、完整性评价、运维管理、效能评价等功能，为各层级管理者提供可靠的技术支撑。

2.2　系统架构设计

遵循智能油气田建设思路，依托公司云平台及勘探开发梦想云等基础设施。采用微服务+容器化的方式构建云端开发和部署方案，实现业务应用全面上云。采用中台化设计思路，实现新增业务需求便捷扩展、独立运行、无缝接入。采用标准化建设思路，实现开发、交付、运维、发布流程化管理(图5)。

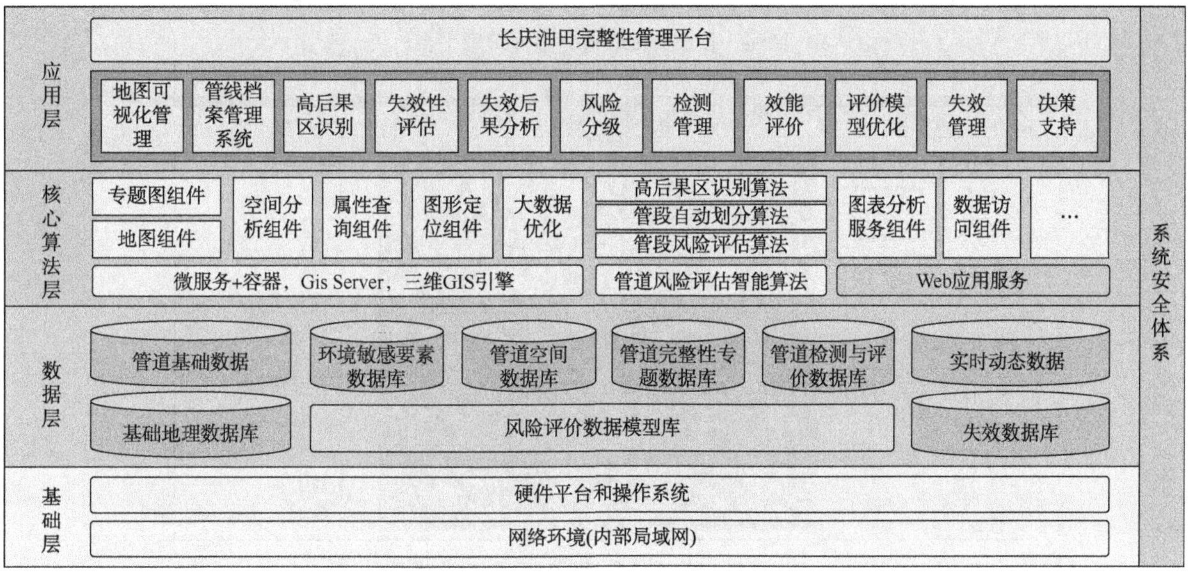

图5　管道完整性管理平台架构设计图

2.3　技术优势

(1) 完整性数据中台：建立公司级完整性数据中台，标准化接口服务，打通数据链，实现多源、全要素的数据汇聚与应用。

(2) 高效的数据存储计算：采用分布式存储模式，建立数据分析引擎，满足多源数据融合，高性能查询与长期大数据量的存储需求。

(3) 微服务+容器化设计：满足后期系统跨平台应用和多系统融合。

(4) 机器学习：建立管道风险评估算法体系，自动对各类评价因子筛选、分类、赋值、评价系数等的修正，通过机器学习实现评价模型的持续优化。

(5) 可视化智能应用：深度融合GIS、IOT(物联网)、大数据等先进技术，构建可视化智慧应用，实现对管道风险的全面感知与监测预警。

3　长庆油田管道完整性管理平台主要功能

3.1　完整性管理数据中台

依托数据添加、数据维护、数据审核等环节，实现基础信息、空间信息、风险评价、检验检测、维修维护等流程数据标准化采集与完整入库，同时通过数据同步接口满足不同平台系统数据需求(图6)。

3.2　管理驾驶舱

三维地图综合展示管道路由走向、高后果区、高风险管道分布，可视化图表显示管线数量类型、不同运行年限的管道分布等，方便各管理层级掌握管道运行状况(图 7)。

3.3 全生命周期可视化

三维地图综合管道各类动静态运行监测数据为支撑的可视化应用，实现对管道从规划设计、工程建设、生产运营、退役报废的整个过程的可视化展示和监控，以提高管道的安全性能、运行效率、管理水平(图 8)。

图 6　长庆油田管道完整性管理平台

图 7　油田管道完整性管理平台三维地图

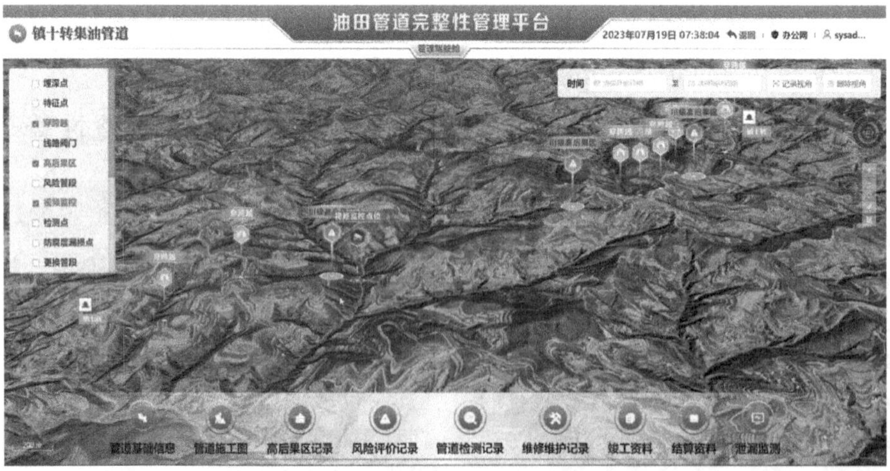

图 8　油田管道完整性管理平台动静运行监测

3.4 高后果区智能识别

基于管道空间数据及环境敏感区要素(居民地、湿地、林地、水系、水源保护区、道路等)，依据高后果区分级规则和评价模型，结合生产运行监控数据、季节变化、特殊敏感时期等因素，实现高后果区智能自动识别(图9)。

3.5　动态风险评价

基于管道空间分布、地质工程、集输工艺等静态数据，结合生产管理、季节变化等动态数据建立动态分析算法模型，实现动态风险评价，全面掌握管道风险高低和分布情况，有效指导管道缺陷修复、腐蚀防护等，保障管道安全运行(图10)。

图9　长庆油田完整性管理平台智能自动识别

图10　管道完整性管理平台动态风险评价

3.6　检测评价

对各类内、外检测评价、试压及开挖检测等评价结果数据统一存储与管理应用，为管道安全态势分析和运行维护提供科学指导，保障管道本质安全(图11)。

3.7　维修维护

根据风险评价与检测评价结果制定运行维护计划，系统建立以厂(处)为单位，建立作业区—厂(处)级的管理模式，作业区管理员负责上报管线运维信息，其中包括管线改线、清管信息、维修维护、管道修复的记录(图12)。

4　长庆油田管道完整性管理平台应用效果

4.1　动态结合静态，实现监控实时化

基于空间信息、地质工程、管道分布、集输工艺以及历史资料等静态数据，结合生产管理、季节变化等动态数据建立分析算法模型，实现对管道场站状态进行实时性监控与跟踪评价，做到风险提前预控(图13)。

4.2　平台代替人工，实现评判智能化

与油田自然环境、工况特点结合，建立管道风险评价、高后果区自动识别和风险评价等智能

算法体系，实现了系统自动识别与评价。与人工识别相比，效率性提高 30 倍以上(图 14)。

图 11　长庆油田完整性管理平台检测评价

图 12　长庆油田完整性管理平台维修维护

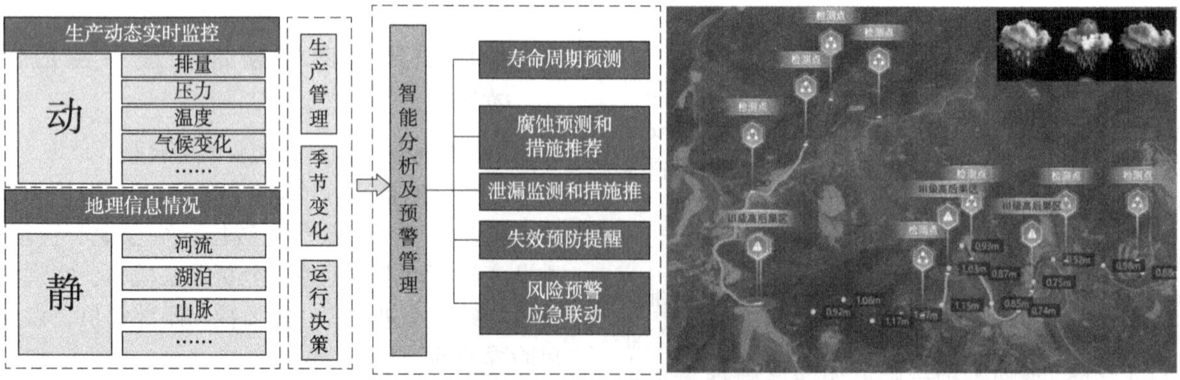

图 13　管道场站状态实现监控实时化

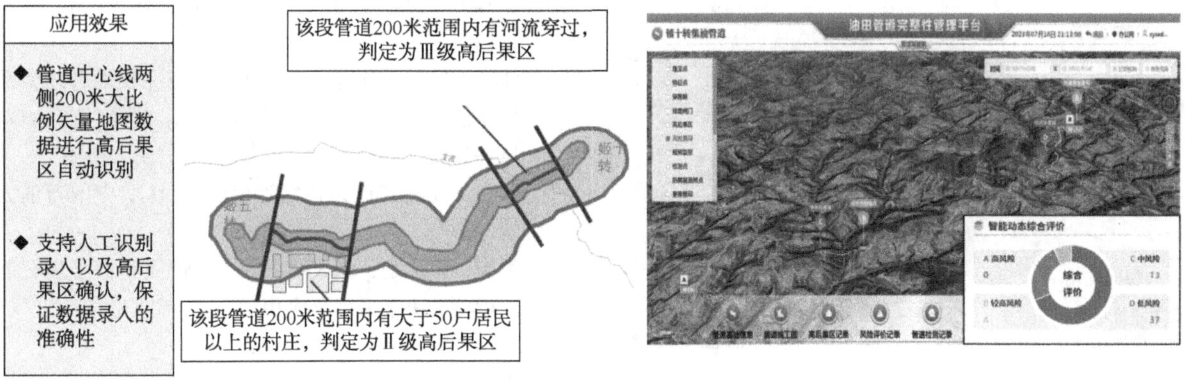

图 14　智能化平台

4.3　数据服务生产，实现管理高效化

依托完整性管理平台，在设计上基于 GIS 三维地图实现线上路由选择；在管理上实现全生命周期管理及完整性闭环管理，极大减轻技术人员工作量；在生产运行上，充分与集群泄漏监测平台及 SCADA 平台结合，实现风险的动态实时管控。

4.4　数据驱动业务，实现数据标准化

根据《中国石油天然气股份有限公司油田管道完整性管理手册》、《油气集输管道和场站完整性管理规范》，结合管道场站现状及区域特点，建立了长庆油田 32 位编码规则及数据采集标准，实现数据标准化，为平台间数据互通共享提供基础依据。

4.5　应用匹配需求，实现服务定制化

整合公司已建系统，开发近百个功能模块，促进系统平台与油田生产协同，满足各层级用户一站式及定制化服务需求。

4.6　技术支撑业务，实现管理一体化

以油气田管道完整性业务为主线，依托长庆油田数字化建设成果，通过梳理地面系统各类源头数据，建立数据中台，利用风险评估等分析模型，通过数据流服务业务流、业务流支撑管理流，达到业务流、管理流、数据流充分融合，实现管理一体化(图 15)。

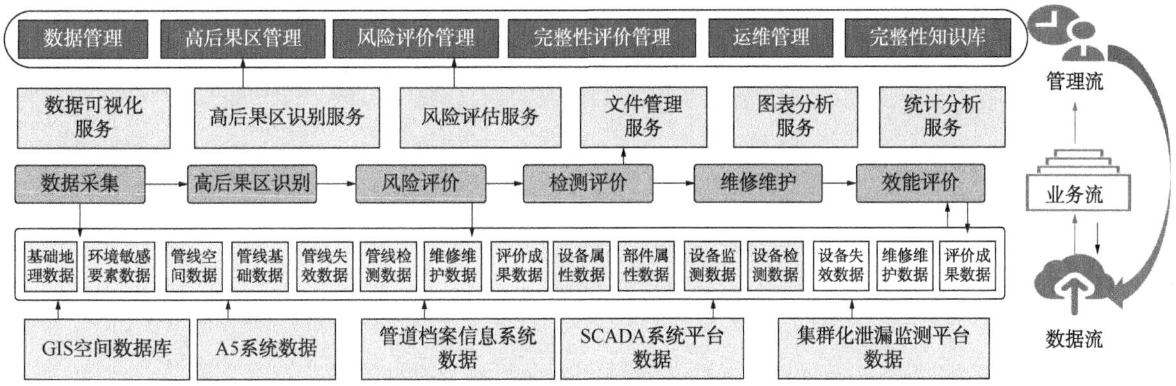

图 15　管理一体化平台

4.7　风险动态评价，实现决策智能化

对管道空间分布、地质工程、集输工艺、生产管理、季节变化等数据进行融合、挖掘、分析和应用，实现动态风险评价，构建决策支持应用，提供针对不同级别风险情景的决策指导和优化方案(图 16)。

5　认识及下一步发展方向

数字化转型、智能化发展作为油田公司的“企之大者”、高质量发展的重要手段，长庆油田数字化转型 2.0 蓝图通过新一代信息技术创新应用，建成油田数字神经与智慧大脑系统。

以“完整性管理智能化”为目标，进一步深化数智融合，与工艺运行决策支持和风险管控系统深度融合，拓展完整性智能化应用场景，提升智能感知、智能管控、智能预判能力，建立管道站场数字关联、实现高精度虚拟仿真，推进完整性管理智能化。

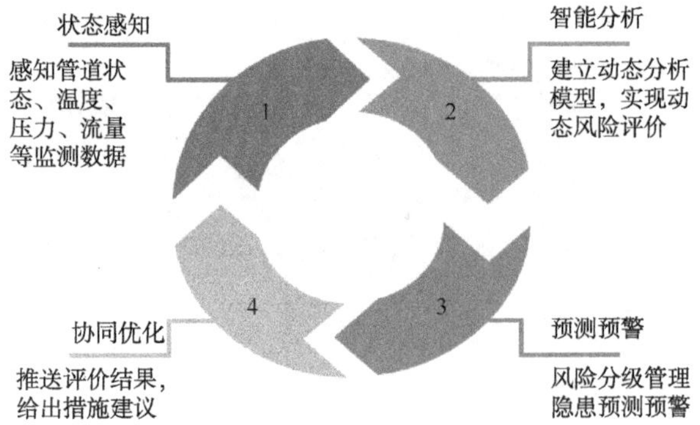

图 16　风险动态评价

参　考　文　献

[1] 董绍华，张河苇．基于大数据的全生命周期智能管网解决方案[J]．油气储运，2017，36(01)：28-36.

[2] 张鹏．油气管道完整性管理体系研究进展[J]．化工管理，2017(15)：9+11.

[3] 欧新伟，周利剑，李洋．可视化技术在油气管道完整性管理中的应用[J]．现代化工，2017，37(08)：214-216.

[4] 帅义，帅健，苏丹丹．企业级管道完整性管理体系构建模式[J]．中国安全科学学报，2016，26(07)：147-151.

[5] 狄彦．在役管道完整性管理研究[D]．中国石油大学(北京)，2016.

[6] 温庆，张文娟，张大双，等．管道完整性管理智能分析辅助决策模型及应用[J]．天然气勘探与开发，2022，45(02)：63-70.

[7] 张川，李文忠，李宝军．智能化技术在管道完整性管理中的研究与应用[J]．化工安全与环境，2022，35(28)：5-9.

[8] 张浩．基于管道完整性管理的数据融合[J]．煤气与热力，2022，42(07)：40-42.

[9] 陈渝，胡耀义，曹宏艳．一种基于数字孪生体的油气输送管道完整性管理方法[J]．油气与新能源，2022，34(05)：84-88.

基于激光甲烷泄漏监测与图像识别一体化智能系统应用与研究

刘 翔 薛鲁宁 何国军 易 欣 詹佳琪 陈 钻

（国家管网集团浙江省天然气管网有限公司）

摘 要 在当前全球致力于实现低碳经济的大背景下，减少温室气体排放已成为各国共同的目标。天然气作为一种相对清洁的化石燃料，其使用在能源结构转型中扮演着重要角色。天然气站场中甲烷泄漏的准确性和实时性监测已经成为了一个广泛关注和研究的课题。传统的可燃气体传感器无法满足对甲烷泄漏的精确检测要求，容易产生误报和漏报的问题。本文提出了一种基于激光甲烷泄漏监测与图像识别一体化智能系统的方法。该系统旨在提高甲烷泄漏检测的效率和准确性，并为站场提供更可靠的安全保障。该系统的设计原理基于可调谐激光吸收光谱技术(TDLAS)，能够实现高精度的甲烷浓度测量。此外，系统结合了数字孪生技术，通过将监测数据与站场的三维模型进行匹配，系统可以快速、准确地定位泄漏源，使人员能够及时采取应对措施。该系统还采用图像识别技术来实时监测工作人员的异常行为。通过摄像头识别工作人员的目标图像，并利用图像识别算法进行分析识别，系统能够检测人员是否佩戴安全帽等危险行为。经实验结果表明，该系统能够准确地监测到站场中的甲烷泄漏情况，并及时发出警报，证明了系统的可行性与鲁棒性。该系统具有广泛的应用前景，特别是在工业安全、环境监测和公共安全等领域，有助于减少事故风险，提高工作场所的安全性，为相关领域提供更高水平的安全防护和监测能力。

关键词 智能系统；吸收光谱；数字孪生；图像识别；环境监测

随着工业化进程的不断推进，天然气作为一种清洁能源在工业生产和日常生活中的应用越发广泛。首先，甲烷是一种高效的温室气体，其排放对全球气候变化产生负面影响。因此，及时发现和修复甲烷泄漏源有助于减少温室气体的排放，进而减缓气候变化的进程。其次，甲烷泄漏在易燃易爆的危险场所可能引发火灾和爆炸，给人们的生命财产安全带来严重威胁。因此，及时监测和定位甲烷泄漏源，能够帮助预防事故的发生，保障人员的安全。

为了实现甲烷泄漏的快速监测和定位，科学家和工程师们开展了大量的研究工作。传统的甲烷检测方法主要依靠可燃气体传感器，但这些传感器在准确性和实时性方面存在一定的局限性。因此，新兴的技术被引入，例如激光吸收光谱技术(TDLAS)，以提高甲烷泄漏监测的效率和精确度。激光吸收光谱技术利用激光的特定波长与甲烷分子的吸收光谱特征相匹配，通过测量吸收光的强度来确定甲烷浓度。这种技术具有高灵敏度、强选择性和抗干扰能力等优点，能够实时监测环境中甲烷的浓度，并及时报警。并且它在气体检测和测量领域得到广泛应用，并且不断有新的研究和发展推动其性能和应用范围的提升。

另外，深度学习在图像识别领域取得了显著的突破。卷积神经网络(CNN)作为最常用的深度学习模型，在图像识别任务中表现出卓越性能。通过使用大规模的标注图像数据集进行训练，CNN能够学习到图像中的特征和模式，从而实现准确的图像分类和目标检测。

一体化智能系统是一种将多种技术和组件整合在一起，实现多功能、全方位的智能化解决方案的系统。在过去几年中，一体化智能系统的研究和应用取得了显著的进展，涉及多个领域和应用场景。一体化智能系统的关键组成部分是感知和传感技术，通过数据融合和处理技术，将来自不同传感器的数据进行整合和分析，能够基于感知数据和分析结果做出智能决策和控制。随着技术的不断发展和应用需求的增加，预计一体化智能系统将在各个领域发挥越来越重要的作用，为解决复杂问题和提高系统的智能化水平提供强大支持。未来，预计会出现更多创新的监测技术和系统，以满足不同领域对甲烷泄漏监测的需求。

综上所述，快速、准确地监测和定位甲烷泄漏源，对于防范环境和人员安全风险具有重要意义。本文基于这些技术，开发了一种基于激光甲烷泄漏监测与图像识别一体化智能监测系统。该系统能够高效、便捷、安全地监测甲烷泄漏并进行预警，以实现对工业场所中潜在的甲烷泄漏进行实时监测和预警，还能够检测特定环境下是否有人员未佩戴安全帽等不安全行为，为工业安全、环境保护和公共安全等领域提供更可靠的保障。

1　基于激光甲烷泄漏监测与图像识别一体化智能系统

本论文设计的激光甲烷泄漏监测与图像识别一体化智能系统包括多个关键模块，以实现高效的监测和定位功能。这些模块包括激光甲烷传感器模块、图像采集模块、图像处理模块、泄漏源定位模块和用户界面模块，每个模块都具有独特的任务和功能。借助互联网信息化技术，探索全新的甲烷泄漏监测模式和信息资源整合，提升易燃易爆场所的安全管理水平，实现集泄漏监测、图像识别、三维模型于一体多功能智能化系统。本系统主要从硬件设备、系统框架、系统功能三部分来进行介绍。

1.1　硬件设备

基于激光甲烷泄漏监测与图像识别一体化智能设备主要由：防爆双目云台、升降立杆、防爆控制箱三部分组成，智能设备整体结构安装图，如图1所示。

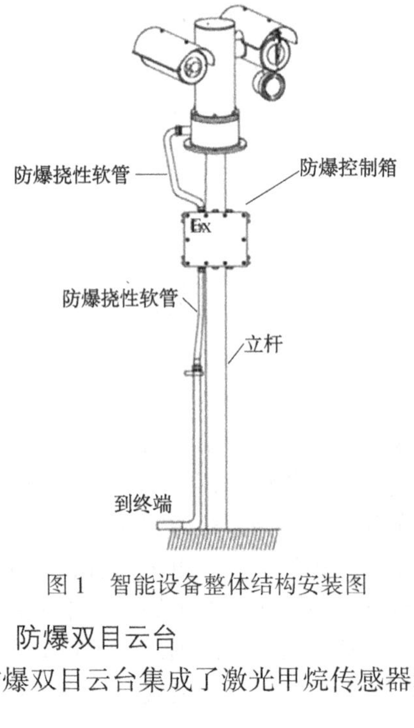

图1　智能设备整体结构安装图

1.1.1　防爆双目云台

防爆双目云台集成了激光甲烷传感器和高清网络摄像头，旨在提供全面而可靠的监测功能，适用于在危险环境中安装和运行。信号通过云台控制板将甲烷泄漏的信号和视频信号集成并输出，这种集成化的设计使得甲烷泄漏监测更加高效和可靠，为危险环境下的安全管理提供了有力支持，云台示意图如图2所示。

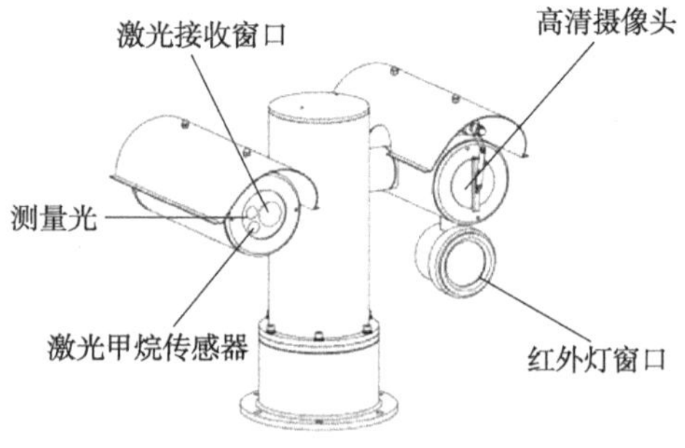

图2　云台示意图

激光甲烷传感器模块是系统的核心部分，负责实时监测环境中甲烷浓度的变化。通过采用可调谐激光吸收光谱技术，该模块能够准确地检测到甲烷分子的吸光特性，并将测量结果传输给其他模块进行处理和分析。

高清摄像机为图像采集模块，负责获取监测区域的图像数据。该模块能够捕捉到泄漏事件发生区域的图像信息，并将其传送到图像处理模块进行后续的处理和分析。

1.1.2　升降立杆

升降立杆为防爆云台设备载体，采用高强度铝合金制造，具有耐腐蚀、重量轻、负载大、便于携带等特点；为便于安装与维护采用气动推杆原理，可以快速地将云台设备上升到预定高度，并设计了自锁卡扣，防止掉高，增加了使用的安全性，为设备的稳定性和可靠性提供了保障。

1.1.3　防爆控制箱

防爆控制箱是一个关键的组成部分，它主要包含电源模块、边缘计算模块和网络模块，每个模块都发挥着重要的作用。

首先，电源模块是控制箱的核心组件之一。它负责为整个系统提供稳定可靠的电力供应，还配备了各种保护机制，如过载保护、过压保护和短路保护等，以确保系统的安全运行。

其次，边缘计算模块是控制箱的重要组成部分之一。它具备强大的计算能力和数据处理能力，能够在本地进行实时数据分析和边缘计算。将采集到的原始数据进行处理和筛选，提取关键信息，并进行一些基本的数据分析和处理，从而减轻后端服务器的负担，并实现更快速的响应和决策。

最后，网络模块在控制箱中起到连接各个组件和设备的桥梁作用。它支持多种网络协议和通信方式，如以太网、无线网络等，以确保控制箱与其他设备之间的无缝通信。网络模块能够实现设备之间的数据传输和共享，使得整个系统能够高效地协同工作。

综上所述，控制箱中的电源模块、边缘计算模块和网络模块各具特色，共同构成了一个完整的控制系统。它们的协同工作使得系统能够稳定、高效地运行，并实现数据的采集、处理和传输。这些模块的综合应用，为控制箱提供了强大的功能，为各类应用场景提供了可靠的解决方案。

1.2 系统框架

系统框架是一个综合性的架构，主要包括数据感知层、数据存储层、数据处理层、计算与服务以及数据应用这五大模块。每个模块在整个系统中扮演着重要的角色，共同构建起一个完整的数据流处理和应用环境。

首先，数据感知层是系统的基础模块，由防爆双目云台搭载激光甲烷传感器和高清网络摄像头组成，它负责数据的实时采集和感知。

其次，数据存储层是系统中的重要组成部分，用于存储和管理采集到的数据。这一层通常包括数据库系统、分布式存储系统、MQTT 消息队列，用于高效地存储和检索大量的数据。数据存储层的设计需要考虑数据的安全性、可靠性和扩展性，以满足系统对大数据处理和长期存储的需求。

数据处理层主要负责对采集到的数据进行预处理和管理。这一层通常包括数据资产管理，分为数据周期、数据质量、数据安全；还包括平台运维管理，分为监控告警、安全管理、日志管理，以提高数据的质量和可用性。数据处理层还可以应用机器学习和数据挖掘算法，进行数据分析和模式识别，从而提取有用的信息和知识。

计算与服务是系统框架中的关键模块，它提供了计算和服务的基础设施。这一层包括数据分析、图像智能识别、AI 边缘计算等。计算与服务模块能够根据系统需求，动态地分配和调整计算资源，保证系统的高效运行和响应能力。

最后，数据应用模块是系统框架的最上层，它将经过处理和分析的数据应用于具体的业务场景。这一层涵盖了各种数据应用，如大屏展示、数据可视化、实时监测与预警等。数据应用模块可以根据不同的业务需求，将数据可视化呈现、生成报告、提供推荐等，为用户提供有价值的信息和服务。

综上所述，系统框架的数据感知层、数据存储层、数据处理层、计算与服务以及数据应用这五大模块相互配合，共同构建起一个完整的数据处理和应用环境。这个框架能够实现数据的采集、存储、处理和应用，并为各类应用场景提供了强大的功能和灵活性。系统架构图如图 3 所示。

1.3 系统功能

1.3.1 系统界面

采用了创新的设计理念，将传统的二维界面升级为立体的、交互式的三维界面，提供了更丰富、直观的数据展示和操作方式，为用户带来了更高效、更便捷的使用体验。这一升级主要涵盖了以下模块：交互面板、格网显示、告警点显示、告警热力图、云台状态、视频信息、告警消息等模块。

首先，引入了交互面板模块，它为用户提供了直观、友好的界面，使得用户能够轻松地与系统进行互动和操作。通过交互面板，用户可以选择云台工作模式：TDLAS 模式和 Camera 模式。交互面板还包括巡检执行、巡检结束、绘制区域、区域巡检、清楚轨迹等模块，用户可以快速访问和控制系统的各项功能，实现更高效的操作体验。

其次，采用了格网显示模块，通过将三维模型以网格的形式进行展示，使得用户能够更清晰地观察和分析数据的分布情况。

告警点显示模块是一个重要的功能模块，它能够将系统中的告警点以直观的方式显示在三维界面上。用户可以通过观察告警点的位置、颜色和形状等特征，快速了解系统中的异常情况，并及时采取相应的措施。

告警热力图模块进一步增强了告警信息的可视化效果。通过使用颜色渐变的方式，将告警密集程度以热力图的形式展示在界面上，用户可以一目了然地了解系统中的告警分布情况，从而更好地进行应对和处理。

云台状态栏提供了云台设备的实时状态功能，用户可以通过三维界面观察云台的当前状态。

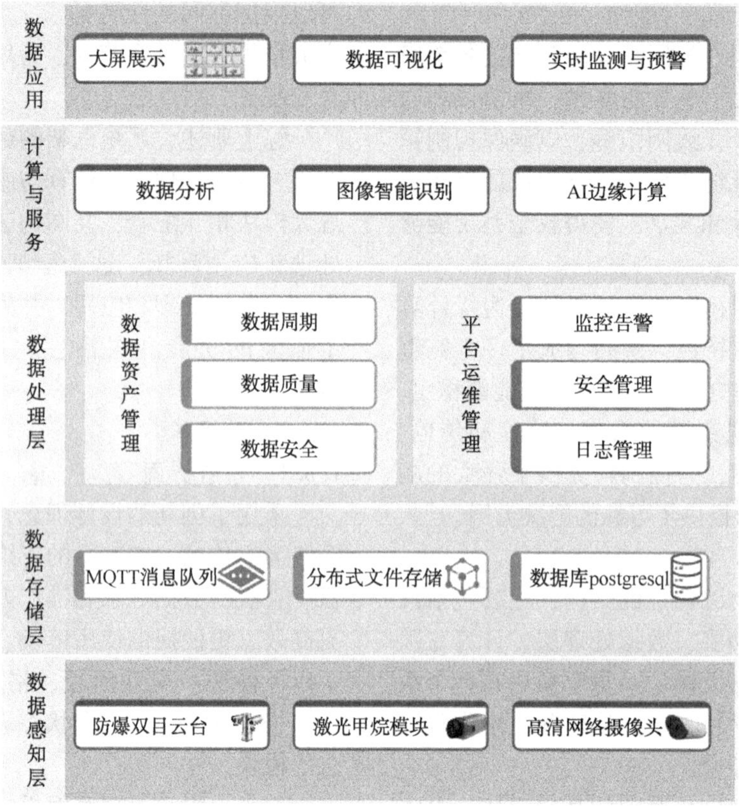

图 3　系统架构图

视频信息模块允许用户在三维界面上查看和管理与系统相关的视频信息。用户可以通过视频窗口观看实时视频流或回放录像，以获取更直观的视觉信息，并进行必要的分析和判断。

最后，告警消息模块将系统中的告警信息以文字或图形的形式展示在界面上，为用户提供及时的告警通知和相关信息。用户可以通过该模块快速了解告警的类型、级别和相关细节，以便及时采取适当的措施。

1.3.2　泄漏监测预警

为了定位设备现实的安装位置和计算泄漏源坐标，采用了以下方法。利用激光扫描技术获取相关的三维模型，这种方法可以高精度地还原现实场景，并为后续计算提供准确的数据基础。在三维模型中，确定云台安装位置作为坐标原点，并建立了坐标系。读取云台的水平和俯仰角度信息，在已知升降杆的高度的前提下，通过使用三角函数的相关公式，结合设备的角度信息和升降杆的高度，准确地计算出泄漏源的坐标。这些优化方法使得定位和计算过程更准确、高效，为相关应用提供了可靠的数据基础。

系统支持 24h 扫描检测天然气管道的泄漏，并确保对潜在泄漏情况的即时感知和迅速定位。一旦检测到泄漏，系统将自动触发警报，并及时通知相关人员。为了提供更直观、易于理解的信息呈现，通过三维模型热力图标记泄漏点的位置，并提供相关细节和警告级别，用户可以快速了解泄漏的位置和严重程度。

1.3.3　实时视频嵌入

实时视频嵌入功能作为一种前沿技术，代表了数字媒体领域内的一项创新突破。这项功能的核心在于将传统的云台摄像机捕捉的实时视频流与高精度的三维模型无缝融合，从而打破了以往视频内容的平面限制，带来了立体的视觉呈现。通过这种技术的运用，用户能够体验到一种全新的交互方式。这种交互性大大增强了用户的参与感和控制感，使得观看体验更加个性化和主动。同时，实时视频嵌入功能还提供了视觉增强效果。这不仅有助于用户更好地理解和分析视频内容，还能增加视觉上的吸引力，使得整个观看过程更加生动和有趣。此外，这种功能的引入，为用户提供了一种更加丰富和沉浸式的观看体验。总之，实时视频嵌入功能不仅是一种技术上的创新，更是一种提升用户体验的有效手段。它通过结合实时视频和三维模型，实现了真实场景的交互性和视觉增强，为用户打开了一扇通往虚拟与现实融合世界的大门，让观看体验变得更加丰富和引人入胜。

1.3.4　视频行为分析

在现代的站场安全和施工现场管理中，安全帽识别技术的应用已经成为了一种创新的安全监管手段。通过利用云台的视频信息，这项技术能够实时监控工作区域，准确地检测和识别出那些未按照规定佩戴安全帽的人员。这种实时监测系统不仅能够及时发出警报，提醒工作人员改正不安全的行为，而且还能够帮助监管人员迅速掌握现场的安全状况。

具体来说，当云台摄像头捕捉到站场或施工现场的视频图像时，安全帽识别技术会立即对这些图像进行分析。如果系统检测到有人员未佩戴安全帽，它会立即触发报警机制，向监管人员发送警报信号。这样的即时反馈机制，使得监管人员可以迅速采取措施，纠正不安全行为，从而有效地预防了可能发生的安全事故。

此外，这种技术的引入，还有助于提高安全管理的整体效率和水平。监管人员不再需要亲临现场进行人工巡查，而是可以通过远程监控系统，实时了解每个角落的安全状况。这不仅节省了大量的人力和时间资源，还提高了安全管理的准确性和响应速度。

总之，通过将安全帽识别技术与云台视频信息相结合，能够更加有效地管理站场和施工现场的安全。这种技术的实施，不仅能够及时发现潜在的安全隐患，还能够提升整体的安全管理水平，确保工作人员的生命安全，为安全生产提供了坚实的技术支持。

2　激光甲烷泄漏监测与图像识别一体化智能系统应用

为了验证基于激光甲烷泄漏监测与图像识别一体化智能系统的性能和实际使用效果，对设备进行实地安装测试。

2.1　安装部署

2.1.1　硬件部署

首先，需要进行现场评估和规划。包括对天然气站场进行详细的调查和分析，了解站场的布局、管道网络和设备分布等关键信息。通过评估站场的特点和潜在风险，确定最佳的设备安装位置，以确保系统能够有效地监测甲烷泄漏。按照数据流示意图安装好设备，如图 4 所示。

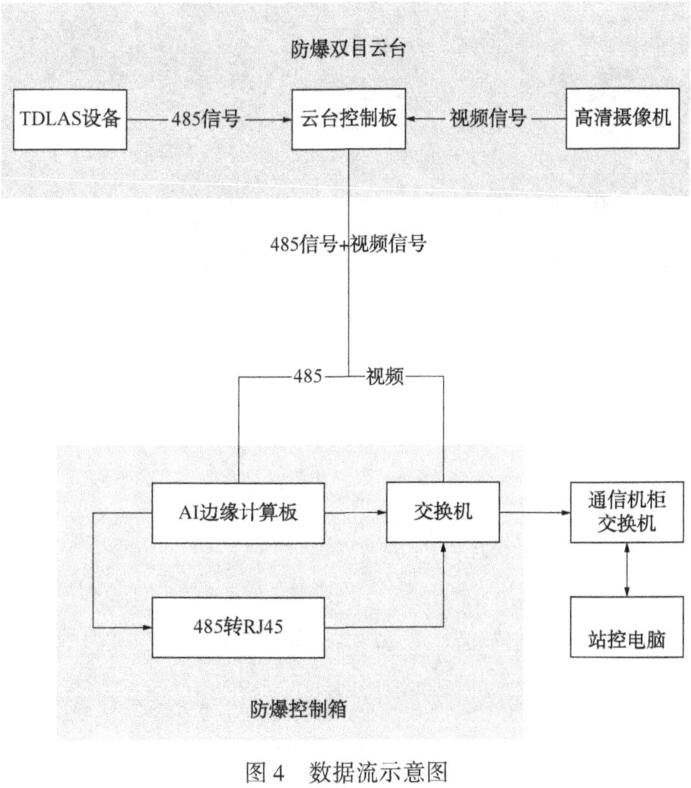

图 4　数据流示示意图

接下来，进行设备的安装和调试工作，设备的安装应符合相关的安全标准和规定，并确保设备的稳定性和可靠性。在安装完成后，进行设备的调试和校准，以确保其正常运行。

2.1.2　软件部署

为了提高安全帽识别的准确性，使用了YOLOv5目标检测算法进行安全帽检测研究。收集了13426张站场数据及网络的安全帽图像数据，在Linux平台下对YOLOv5网络模型进行训练，通过调整加权系数以最小化模型损失函数值。最终，成功将训练好的模型应用于激光甲烷泄漏监测与图像识别一体化智能系统，实现了对相关环境下对安全帽的识别检测。

将开发好的激光甲烷泄漏监测与图像识别一体化智能系统部署到站控电脑，安装和配置PostgreSQL数据库，并创建必要的表和数据模型，以存储和管理应用程序的数据。在部署之后，进行全面的测试和调试，验证界面的功能和性能，确保它在不同的浏览器和设备上正常工作。检查后端逻辑的正确性，并处理任何错误或异常情况。

2.2　现场测试

当系统部署调试好后，测试系统的相关功能：系统界面、泄漏监测预警、实时视频嵌入、视频行为分析等功能；另外，还需验证测试泄漏源坐标误差。

（1）系统界面：首先，测试系统的用户界面，确保它具备良好的用户体验和易用性。验证界面的布局、样式和交互元素是否符合预期，并确保用户能够轻松地进行操作和导航。系统界面展示图如图5所示。

（2）泄漏监测预警：测试系统的泄漏监测功能，确保它能准确地检测和识别甲烷泄漏。通过模拟泄漏情况，观察系统是否能够及时发出预警信号，并提供必要的警报通知。系统检测到甲烷泄漏的热力告警图如图6所示。

（3）实时视频嵌入：测试系统的实时视频嵌入功能，确保它能够接收和显示来自监控摄像头的视频流。验证视频嵌入是否实时、稳定，并且能够正确显示在系统界面上。实时视频嵌入的实际测试效果图如图7所示。

图5　系统界面展示图

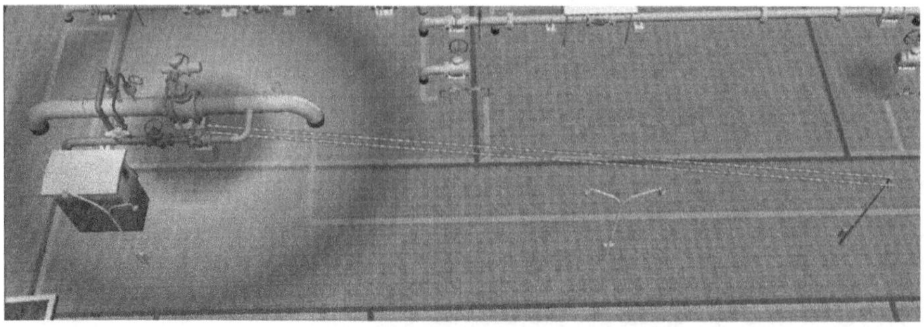

图6　热力告警图

图 7　实时视频嵌入效果图

（4）视频行为分析：进行视频行为分析功能的测试，以确保系统能够分析视频中的行为模式和动作。测试系统是否能够准确地识别和分类不同的行为，并根据预设规则进行相应的预警或警报。实际测试中，在 20~70m 距离时，可检测出未佩戴安全帽的人员，极限检测距离约在 75 米左右，距离太远像素点模糊，存在漏检，检测效果如图 8 中红框所示。

图 8　安全帽佩戴检测效果图

（5）验证测试泄漏源坐标误差：物理世界与理论模型之间存在一定误差，选取云台的水平和俯仰角度，分别计算理论模型中的(x，y)坐标并记录；然后，给云台输入特定的水平角与俯仰角指令，在现场找到对应点，使用皮尺量出坐标点(x，y)，与理论模型计算出的坐标进行对比，计算误差。现场测试结果见表 1、表 2。

表 1　理论坐标表

水平角	30°	45°	60°
0°	(0，203cm)	(0，352cm)	(0，610cm)
45°	(144cm，144cm)	(249cm，249cm)	(431cm，431cm)
90°	(203cm，0)	(352cm，0)	(610cm，0)

表 2　实际坐标表

水平角	30°	45°	60°
0°	(0，207cm)	(0，352cm)	(0，612cm)
45°	(146cm，146cm)	(245cm，251cm)	(421cm，433cm)
90°	(207cm，0)	(352cm，0)	(612cm，0)

根据测试结果，实际坐标与理论坐标的最大误差为 10.2cm，且随着俯仰角增大，误差逐渐增大。为了改进云台扫描算法，我们决定在监测到甲烷泄漏时，在泄漏点附近 50cm 范围内进行重复扫描。现场工作人员可以根据反馈坐标，在 50cm 的圆形区域内追踪泄漏点，从而提高甲烷泄漏检测的效率。

3　结束语

为了进一步提升甲烷泄漏检测的效率和准确性，确保工业和环境安全，我们采用了先进的技术手段，包括可调谐激光甲烷泄漏监测技术（TDLAS）、图像识别、数字孪生技术以及互联网等新一代信息技术。基于这些技术，提出了一种创新的智能系统建设方案，该方案将激光甲烷泄漏监测与图像识别技术相结合，形成一个一体化的智能检测系统。在系统建设方面，对以下几个关键领域进行了深入分析和研究：硬件设备、系统框架、系统功能、安装部署、现场应用测试等方面进行分析。

随着 TDLAS 技术和互联网等相关技术的快速进步，甲烷泄漏检测方法也必须不断创新和发展。激光甲烷泄漏监测与图像识别一体化智能系统正是在这样的背景下应运而生，它不仅能够提供更高水平的安全防护，还能够提升监测能力，有助于减少因甲烷泄漏引发的事故风险，为企业和社会的可持续发展贡献力量，实现绿色低碳的环保目标。

参 考 文 献

[1] 李海芹．可燃气体检测报警系统的设计与应用[J]．石油化工自动化，2021，57(03)：57-60.

[2] 徐汉斌，迟杨，尤军杰，等．基于 OneNET 云平台的天然气泄漏监测系统[J]．数字制造科学，2019，17(03)：236-240.

[3] 马振涛．基于物联网的激光甲烷遥测云平台的设计与实现[D]．北华航天工业学院，2020. DOI：10.27836/d.cnki.gbhht.2020.000057.

[4] 闫格，张磊，于玲，等．面向天然气泄漏检测的中

红外甲烷传感系统与应用[J]. 中国激光, 2022, 49(18): 118-126.

[5] 高敏杰. 基于TDLAS的甲烷浓度检测系统关键技术研究[D]. 南京理工大学, 2019. DOI: 10.27241/d.cnki.gnjgu.2019.000421.

[6] 李正友, 袁明君, 徐洋, 等. 基于TDLAS技术的甲烷气体泄漏成像检测[J/OL]. 激光杂志, 1-9[2024-02-26].

[7] 陈新玉, 陈红岩. 改善的LMS自适应算法在TDLAS甲烷检测的降噪研究[J/OL]. 激光杂志, 1-10[2024-02-26].

[8] 陈光, 乔梁, 黄晓明, 等. 基于目标跟踪的行为识别方法研究——以安全帽佩戴识别检测为例[J]. 黑龙江科学, 2023, 14(08): 50-52.

[9] 刘见中, 张建中, 任怀伟, 等. 智能煤矿建设一体化解决方案及关键技术与成套装备[J]. 智能矿山, 2022, 3(07): 2-26.

[10] 王典, 毕林, 朱木子, 等. 浅谈数字孪生平台三维底座的自主建设关键技术与应用[J]. 智能建筑与智慧城市, 2024, (01): 60-62. DOI: 10.13655/j.cnki.ibci.2024.01.017.

[11] 张靖. 智能矿山综合管控平台的三维模型界面设计及应用[J]. 煤田地质与勘探, 2023, 51(06): 85-91.

[12] 徐元晓, 娄欢, 陈殊. 数字孪生技术在智慧园区中的实践[J]. 通信与信息技术, 2023, (06): 41-44.

[13] 王向前, 史策. 基于改进YOLOV5s的安全帽佩戴检测算法[J]. 山西电子技术, 2023, (06): 11-13+38.

[14] 李奇泽, 杨泽鹏. 基于YOLOv5的施工人员和安全帽检测方法研究[J]. 信息技术与信息化, 2023, (11): 121-124.

掺氢天然气管道定量风险评价方法分析与探讨

孔莹莹　李玉星　韩　辉　胡若炜　秦子康

(中国石油大学(华东)储运与建筑工程学院　山东省油气储运安全重点实验室)

摘　要　氢能是我国实现“碳中和”战略目标的重要能源载体。通过将氢气掺混到现有的天然气管道中，可有效地实现大规模氢气运输。[目的]氢气与天然气在物化性质上存在差异，建立适用于掺氢天然气管道的风险评估方法对于掺氢天然气安全运输具有重要意义。[方法]本文从风险评价的主要流程分析了掺氢对于风险评价方法的影响。[结果]首先，氢气引入天然气管道会对管道工作压力及管材力学性能产生影响，合理选择管材和工作压力的组合，可有效实现安全输送。氢气管道建设时间较短，缺乏失效数据，使用贝叶斯网络可有效计算失效概率。其次，掺氢天然气泄漏后的事故后果演化规律复杂，氢气的扩散速率大，可燃范围广，掺混氢气的混合气体在泄漏后的危险范围更大。掺氢后的射流火焰长度随掺氢量增大而减小，火灾影响范围变小，然而氢气的点火能低，立即点火概率大，更易被点燃形成喷射火或在受限空间内发生爆燃爆轰，且产生的的爆炸超压更大，天然气管道掺氢后的安全性仍有待进一步评估。[结论]研究指出了掺氢对管道风险评估方法应用的影响，未来仍需对不同掺氢比的掺氢天然气管道安全问题进行深入研究，揭示氢气混合天然气管道泄漏、积聚、燃烧、爆炸等事故特征和演化规律，为掺氢天然气管道的风险评估及应急抢修提供强有力的技术支撑。

关键词　氢气；风险评价；失效概率；后果预测

在气候变化和脱碳需求日益增加的背景下，能源转型步伐逐渐加快，氢能被视为关键的推动因素。氢能应用已被评估多年，如今正采取坚定的措施使之成为现实。从氢能规模化长期发展的角度来看，管道掺氢输送将成为未来发展的必然趋势，尽管纯氢管道输送已在一些国家应用，但因其成本较高，无法满足氢能发展的需求。利用现有的天然气输配管网和基础设施进行掺氢输送是未来高效、规模化及可持续化氢能供应最合理的解决方案。然而引入氢气作为替代燃料，通过管道输送纯氢或氢气/天然气混合物，需要重新评估管道输送的安全性。与天然气管道输送相比，人们对氢气管道输送的了解甚少，随着氢能研究的进一步发展，对掺氢/纯氢管道运输的理解进一步成熟，都将对氢气管道的风险评价方法产生影响。鉴于此，本文将从风险评价的主要流程分析掺氢对于风险评价方法的影响，同时将分享笔者所在研究团队对于掺氢燃气管道事故后果演化规律的一系列研究，以期为掺氢天然气管道安全输送、风险评估以及管道完整性管理提供参考。

1　输氢管道风险评价流程

管道定量风险评估的目的是为系统决策提供信息，其流程如图1所示，主要为3个步骤：①前期数据准备，即完成数据的收集和整理工作，并根据风险因素识别情况进行管段划分；②风险计算，即分别通过失效概率、失效后果计算得到风险度的计算结果；③综合评价，即根据风险度的总和对比，对风险等级进行划分，并给出相应的评价报告和防控措施及应急预案。

2　数据准备

一般来说，无论输送介质是否变化，风险评估所需大部分参数可直接使用，如管道尺寸、涂层、地理环境等。但是存在一些参数受氢气引入的影响会发生变化，如气体物性、管道工作压力及管材性能等。

2.1　气体物性

天然气主要成分为甲烷，氢气与甲烷的关键参数对比见表1。值得注意的是，氢气的可燃范围更大，点火能量更低，燃烧热值更高。更宽的可燃范围和显著降低的最小点火能相结合，增加了氢气的风险。此外，研究发现氢气在可燃下限的点火能与甲烷相似，但随着氢气浓度的增加，点火能迅速降低，即使是意外的微弱放电也可点燃氢气，影响管输安全性。

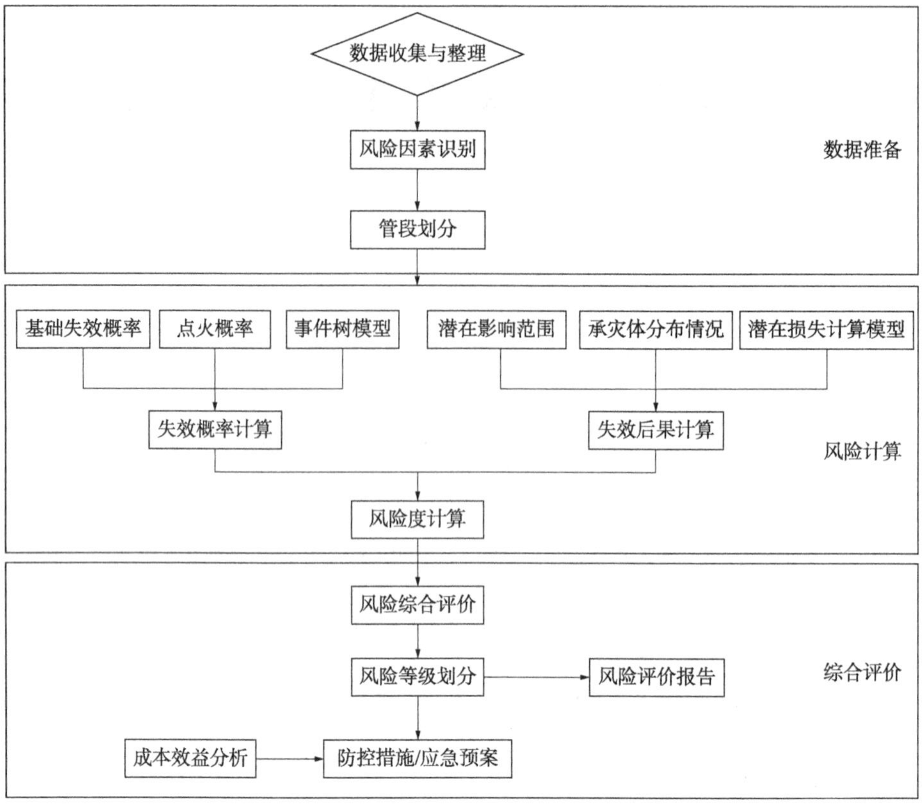

图 1　定量风险评价流程

表 1　氢气与甲烷关键物性

性质	氢气(H_2)	甲烷(CH_4)
相对分子质量	2.016	16.043
密度(15℃)/(kg/m^3)	0.0852	0.6801
燃烧热/(MJ/kg)	119.96	50
高热值/(MJ/m^3)	12.09	37.77
空气中扩散系数(0℃)/($10^4m^2/s$)	0.611	0.196
最低点火温度/℃	400	540
最小点火能/mJ	0.019	0.29
燃烧浓度范围/%(v)	4.0~75.0	5.3~15.0
爆炸浓度范围/%(v)	18.3~59.0	6.3~13.5

2.2　管道工作压力

管道工作压力是风险评价的关键输入参数。氢气体积能量密度约为天然气的 1/3，而密度仅为天然气的 1/8，这意味着相同压降下，氢气的体积流量更大，质量流量更小，天然气管道进行掺氢输送后其输送功率略有降低。因此，从能量输送的角度来讲，应增加管道工作压力以确保掺氢后管道输气功率不变。然而，考虑到天然气管道掺氢输送的过程中，由于供应端及需求端存在季节性和高峰时段需求变化，管网输配系统会存在压力波动。这种压力波动可能破坏输配官网，正如 Yu 等人的研究所述，在空气及近中性条件下，压力循环可以使 X60 钢管的腐蚀裂纹扩展速度分别加快 2.7 和 5.3 倍。而氢气会进一步劣化管材性能。合理确定掺氢天然气管道工作压力对于管道安全输送至关重要。

2.3　管材性能

在管材相容性方面，天然气管道掺氢输送的主要问题是氢脆。氢脆的发生与管道材质和操作条件相关，包括氢气浓度。由于氢气分子扩散到表面缺陷而导致管材韧性损失，从而增加了管道疲劳敏感性。事实上，氢脆在高强度钢种更为明显，现有氢气管道均基于低屈服强度和低碳、低锰钢进行设计。ASME B31.12 标准在管道设计压力的计算中增加了“材料性能系数”以折算氢气对金属材料力学性能的不利影响，如表 2 所示，X42、X52 钢在压力较小时，材料性能系数为 1，是较为理想进行掺氢/纯氢输送的管道类型。较高的工作压力会增加氢脆风险，因此可适当选择管材和工作压力的组合，以实现安全输送。

表 2　材料性能系数 H_f

设计压力/MPa	<6.985	13.79	15.169	16.548	17.927	19.306	20.685
X42，X52	1.000	1.000	0.954	0.910	0.880	0.840	0.780
X56，X60	0.874	0.874	0.834	0.796	0.770	0.734	0.682
X65，X70	0.776	0.776	0.742	0.706	0.684	0.652	0.606
X80	0.694	0.694	0.662	0.632	0.610	0.584	0.542

3　失效概率

3.1　基础失效概率

管道基础失效概率指的是管道每千米每年发生的事故次数，其反映的是管道在平均状况下的失效概率。天然气管道的安全管理方面的工作开展较早，有较为完善的管道失效数据存储。而当前世界上仅有少量氢气管道存在，氢气管道的总长度不到天然气管道总长度的 0.1%，现有数据不足以直接使用。尽管存在一些氢事故案例，但大多存在于加工厂，不适用于长输管道。因此定量评估氢系统管道的风险仍困难重重。

Zhiyong L 等人及 Jafari MJ 等人采用对通用数据进行假设和估计的方法对氢系统进行了定量风险评估。但因缺乏数据使得结果存在不确定性。风险评估和可靠性研究越来越倾向于使用贝叶斯网络(BN)。Pasman 等人在已定义的管网结构上应用离散、混合离散-连续贝叶斯网络来提高风险分析的准确性，研究结果表明贝叶斯网络有可能取代故障树、事件树和 Bow-Tie 方法。就氢系统而言，使用 BN 方法的研究并不多。Cui 等人在对天然气管道历史故障数据进行分析的基础上，采用模糊数学理论和分层分析，对掺氢管道的失效概率进行量化，并将其作为先验概率输入贝叶斯网络进行定量计算。结果表明，贝叶斯网络能够更准确地量化掺氢管道的失效概率。尽管贝叶斯网络可以成为风险分析的强大工具，但由于计算的复杂性使其在大型系统中的应用仍受到限制。Tien 曾试图通过引入压缩矩阵算法来解决这个问题。未来如何更好的使用贝叶斯网络对大型氢系统进行风险分析，仍是一个重点研究方向。

3.2　点火概率

点火过程可分为立即点火与延迟点火。区分两种点火过程的依据是可燃气体泄漏后是否存在扩散过程，若经扩散后才接触点火源发生点火，则为延迟点火，否则视为立即点火。点火概率主要受介质泄漏量及其易燃性影响，在不同泄漏情况下，天然气与氢气的点火概率取值参考见表 3。紫皮书中依据介质的反应性分别给出了天然气和氢气的立即点火概率，认为相同泄漏量下，氢气的立即点火概率为天然气的 10 倍以上。当前有关氢气点火概率的文献较少，是一个正在进行的研究领域。

表 3　天然气与氢气点火概率取值参考

气体	数据来源	连续泄漏	瞬时泄漏	立即点火概率	延迟点火概率
		<10kg/s	<1000kg	0.02	
天然气	紫皮书	10kg/s~100kg/s	1000kg~10000kg	0.04	$P(t)=P_{present}(1-e^{-\omega t})$[13]
		>100kg/s	>10000kg	0.09	
		<10kg/s	<1000kg	0.2	—
	紫皮书	10kg/s~100kg/s	1000kg~10000kg	0.5	0.004
氢气		>100kg/s	>10000kg	0.7	0.027
		<0.125kg/s		0.008	
	HyRAM	0.125kg/s~6.25kg/s	—	0.053	0.12
		>6.25kg/s		0.23	

4　失效后果

氢气与天然气及其混合气体在事故特性和演化规律上有显著差异。氢气点火能低、可燃浓度范围广、扩散系数大等特点，决定了氢气混合物在运输过程中必须特别注意泄漏积聚、燃烧、爆炸等安全事故的发生。随着氢含量的增加，这些事故的发生概率也会发生变化。既往研究表明，氢气混合气体的火焰传播速度和火焰温度高于常规天然气，可能导致更强烈的燃烧或爆炸，从而极大地影响安全距离的确定。因此，研究氢气管道泄漏积聚、燃烧、爆炸等安全事故尤为重要。当前并无完善的针对掺氢管道的失效后果评价模型，笔者所在的中国石油大学(华东)李玉星教授研究团队针对掺氢/纯氢燃气管道的事故后果演化规律进行了一系列研究，本节将介绍相关研究成果，以期为掺氢天然气管道失效后果研究提供参考。

4.1　掺氢天然气泄漏扩散研究

氢气的扩散速率一般比甲烷快四到五倍。在相同条件下，管道中的氢气泄漏量约为甲烷的1.3~2.8倍。在相同的压力和泄漏量下，氢气与天然气混合可以形成较轻的气体混合物，同时具有更高的扩散系数。在氢掺和天然气的运输过程中，泄漏通常会导致气体扩散/积聚，甚至发生爆炸危险。因此，有必要对混合气体的泄漏积聚行为进行深入研究，以确保安全。

基于流体力学中的相似理论，李玉星教授研究团队搭建了相似缩比为1∶2的管廊内掺氢天然气泄漏的相似实验平台，实时监测不同工况下测点处的气体浓度。同时建立了实际尺寸下管廊内掺氢天然气泄漏的数值模型。在验证模型的准确性后，利用该数值模型研究了管廊内甲烷和氢气的泄漏扩散差异。以泄漏孔径为10mm，泄漏方向竖直向上，管道内压为1.6MPa，通风频率为12次/h工况为例，分析比较泄漏源在管道中心时，氢气和甲烷在管廊内泄漏扩散中的浓度与流动分布差异。

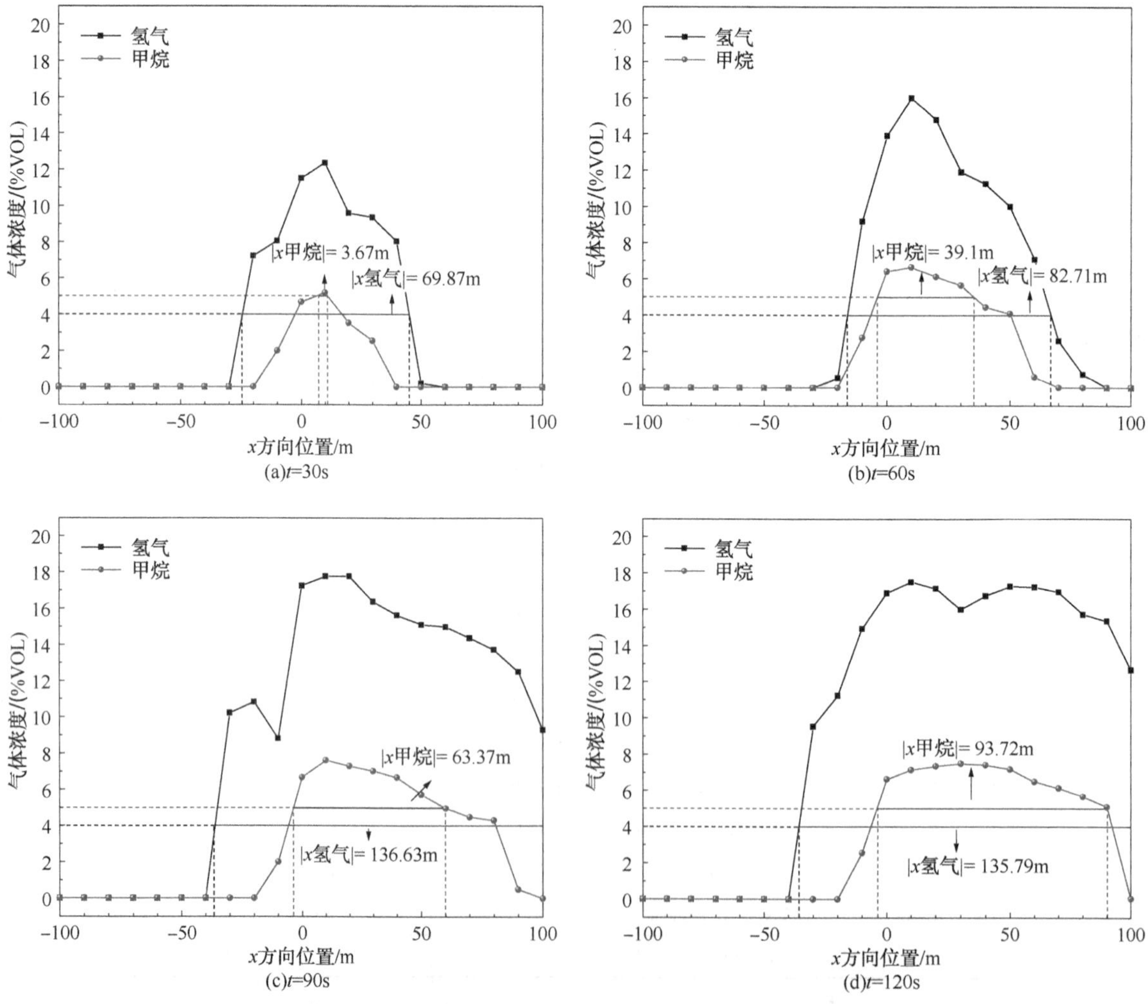

图2　不同时间下管廊顶部甲烷/氢气浓度随坐标位置x的变化规律

从图2可以看出，由于受到气体射流和来流空气的直接作用，泄漏孔下风侧附近10m区域的探测器最先探测到泄漏气体，并且浓度较高。危险区域 | x | 为气体浓度高于爆炸下限的区域，

泄漏初期氢气的危险区域分布在泄漏口两侧，甲烷则集中在中下游部分。随着泄漏的进行，气体继续向下风侧横向扩散，与甲烷相比，氢气的扩散速度明显更快。泄漏到120s时，在$x=20$m处气体浓度达到峰值，氢气峰值浓度为18.3%，高于爆炸下限14.3%，甲烷浓度为7.4%，高于爆炸下限2.4%，说明氢气在管廊中泄漏后比甲烷泄漏造成的危险性大，事故风险更难消除。部分气体还会向逆风侧扩散，30s时，甲烷扩散至$x=-20$m处，向逆风侧的扩散距离未随泄漏时间增加而增加，氢气在30s时扩散至$x=-30$m处，随着泄漏进行还在不断向逆风侧扩散。该研究表明，气体泄漏后，氢气在管廊内的分布范围更广，危险性更大，泄漏气体在管廊内的输运过程主要受气体本身扩散特性的影响。此外，机械通风在一定程度上可阻碍氢气的逆风扩散。

与架空环境的泄漏扩散不同，埋地管道发生泄漏后，气体的扩散过程受土壤孔隙度等影响，气体演化过程与架空管道泄漏不同。为此研究团队设计并搭建掺氢天然气埋地管道泄漏实验装置，在管道压力4MPa，掺氢比10%条件下进行了竖直向上泄漏实验，在距泄漏口垂直方向0.5m，水平方向分别为1m、2m、3m和4m的4个监测点处监测了掺氢天然气浓度随泄漏时间的变化，如图3所示。在泄漏初期掺氢天然气浓度快速上升，泄漏一定时间后，掺氢天然气达到饱和，掺氢天然气浓度不随时间的变化而变化。距泄漏口越近，掺氢天然气扩散速率越快，距泄漏口越远，掺氢天然气扩散速率越慢。这表明泄漏口附近，掺氢天然气在初始动量和浓度差作用下快速扩散，而在距泄漏口较远处，掺氢天然气仅在浓度差作用下扩散，泄漏一定时间后，掺氢天然气达到饱和。

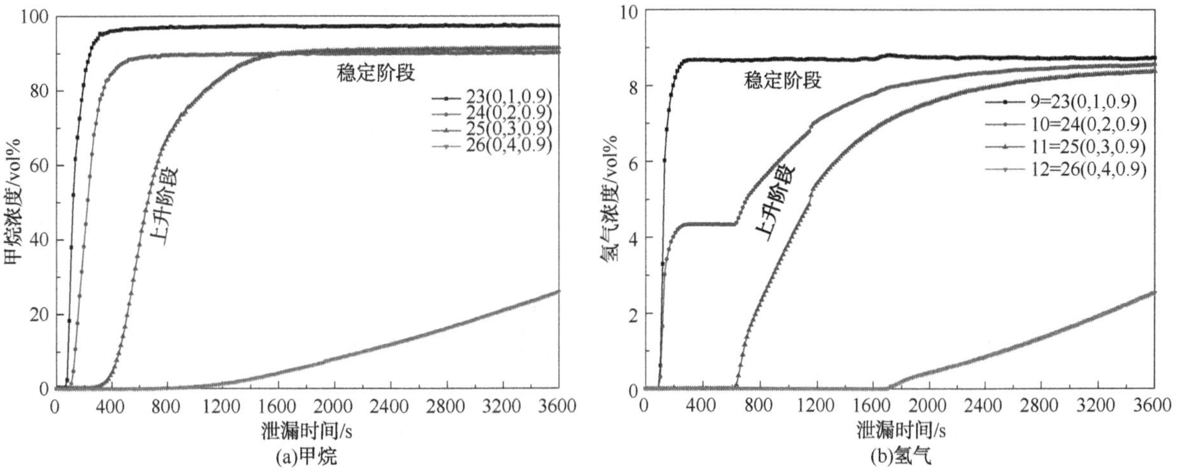

图3　掺氢天然气浓度随泄漏时间的变化

4.2　掺氢天然气燃烧特性研究

掺氢天然气管道发生泄漏时通常会在泄漏口形成欠膨胀射流，若被意外点燃，引发的喷射火可延伸数米甚至超过十米，危害周边设备及人员安全。为研究掺氢对混合气体射流火焰燃烧特性的影响，搭建纯氢/掺氢天然气喷射火实验平台，在压力为200~800Pa和掺氢比0~50%条件下开展了掺氢天然气水平喷射火实验研究，以预测和评估其潜在的火灾风险。研究发现，掺氢后火焰温度升高，最大温差为113℃。在高压下当掺氢比大于10%时，火焰温度分布发生明显变化。火焰的推举距离随压力增加而增大，随掺氢比增加而减小。当掺氢比小于10%时，掺氢对火焰尺寸影响较小，而当掺氢比增加到50%时，火焰长度的最大降幅为13.7%(图4)。

射流火焰燃烧特性的研究可为火灾潜在影响范围的计算提供基础。ASME B31.12标准给出了天然气与氢气潜在影响半径计算公式。经单位换算后的天然气管道潜在影响半径为：

$$r=0.099\sqrt{pd^2} \quad (1)$$

氢气管道的潜在影响半径为：

$$r=0.069\sqrt{pd^2} \quad (2)$$

其中，r为潜在影响半径，m；p为道最大允许工作压力，MPa；d为管道外径，mm。

对比计算系数可知，相同工况下，氢气管道的潜在影响范围约为天然气管道的70%，这与氢气火焰的火焰长度更短有关。尽管氢气管道发生喷射火的影响范围更小，但由于氢气极易泄漏和点火能低，事故发生概率更大，氢气的安全性需要更多的研究。

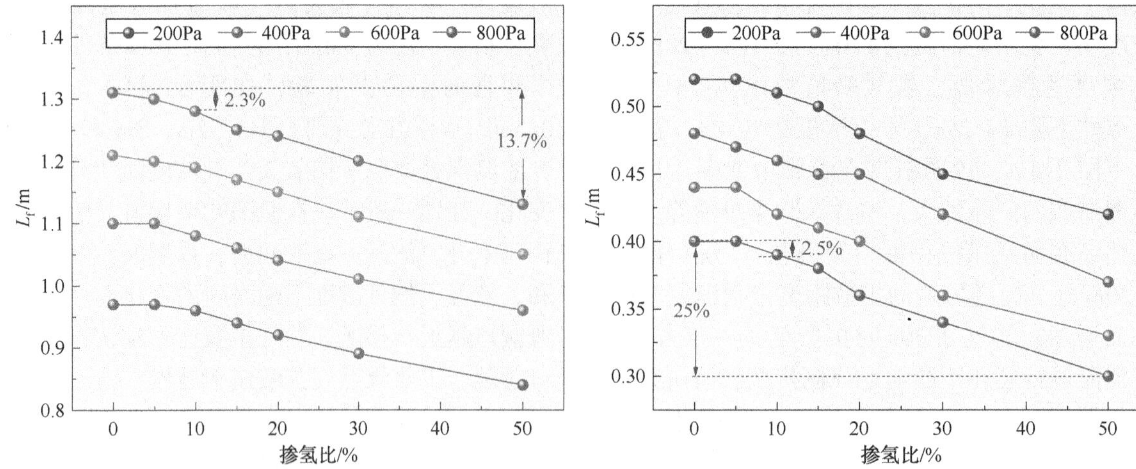

(a)火焰长度　　(b)火焰高度

图 4　喷射火长度和高度随掺氢比的变化

4.3　掺氢天然气燃爆特性研究

在天然气中混合氢气会大大提高火焰速度和温度，在受限空间内积聚的可燃气体经意外点燃后会导致剧烈燃烧甚至爆炸，产生较大的超压，对氢气混合天然气燃爆特性研究可为确定管网系统安装过程中的安全距离提供重要参考。

李玉星教授研究团队设计并搭建了可视化纯氢/掺氢燃气爆燃爆轰及防护研究实验系统，研究了掺入不同比例的氢气对不同当量比的甲烷/空气预混气中的火焰轮廓、火焰传播速度和爆炸超压等特性参数的影响。研究发现，随着掺氢比的增大，湍流程度和火焰温度得到提升，火焰变得更加明亮，爆炸产生的超压逐渐增加。不同量比(Φ=0.8、1.0与1.2)下管道内部的最大爆炸超压随掺氢比的变化如图 5 所示。随着掺氢比增加，不同当量下的最大超压均有所增加。掺氢比从 0 增加到 50%时，化学当量比(Φ=1.0)下的超压增加最大。当量比 0.8 和 1.2 时，掺氢比不超过 20%时，爆炸超压对掺氢比较为敏感，增加掺氢比，爆炸超压接近线性增加，掺氢比高于 20%时，爆炸超压对掺氢比不敏感，增加掺氢比爆炸超压变化较小。当量比为 1 时，掺入 20%的氢气，爆炸压力仅增加 11.1%；而掺氢比高于 20%，爆炸超压随掺氢比显著增大，当掺入 50%氢气时，最大爆炸超压为 925.3kPa，与甲烷相比增大 105.6%。此外，当掺氢比一定时，对于不同当量比的混合气体，其爆炸超压最大值出现在 Φ=1.0 时，其次为 Φ=1.2，而当 Φ=0.8 时最小。

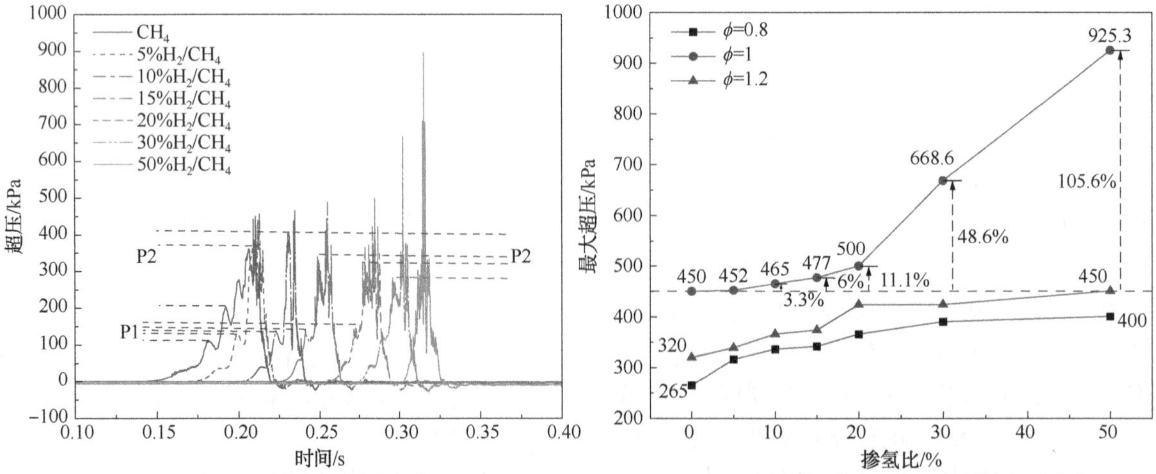

(a)ϕ=1时管内超压变化规律　　(b)不同当量下管内最大超压随掺氢比的变化

图 5

5 结论

氢能是我国实现“碳中和”战略目标的重要能源载体。通过将氢气掺混到现有的天然气管道中，可有效地实现大规模氢气运输。氢气与天然气在物化性质上的差异使得掺氢天然气的风险评估方法的应用上存在不同，建立适用于掺氢天然气的风险评估方法对于掺氢天然气安全运输具有重要意义。本文从风险评价的主要流程分析了掺氢对于风险评价方法的影响，并分享了笔者所在研究团队对于掺氢燃气管道事故后果演化规律的一系列研究，以期为掺氢天然气管道失效后果研究提供参考。

氢气引入天然气管道会对管道工作压力及管材力学性能产生影响，合理选择管材和工作压力的组合，可有效实现安全输送。氢气管道建设时间较短，缺乏失效数据，贝叶斯网络可有效计算失效概率，但对于大型复杂系统的失效概率预测，如何简化计算仍有待研究。尽管一些报告给出了氢气与天然气的点火概率参考取值，但点火概率相关研究较少，点火概率的合理取值有助于准确的进行风险计算。此外，掺氢天然气泄漏后的事故后果演化规律复杂，氢气的扩散速率大，可燃范围广，掺混氢气的混合气体在泄漏后的危险范围更大。尽管掺氢后的射流火焰长度随掺氢量增大而减小，火灾影响范围变小，但是氢气的点火能低，立即点火概率大，更易被点燃形成喷射火或在受限空间内发生爆燃爆轰，且产生的的爆炸超压更大，因此，天然气管道掺氢后的安全性仍有待进一步评估。未来仍需对不同掺氢比的掺氢天然气管道安全问题进行深入研究，揭示氢气混合天然气管道泄漏、积聚、燃烧、爆炸等事故特征和演化规律，建立后果预测模型，为掺氢天然气管道的风险评估及应急抢修提供强有力的技术支撑。

参 考 文 献

[1] 张智，赵苑瑾，蔡楠．中国氢能产业技术发展现状及未来展望[J]．天然气工业，2022，42(05)：156-165.

[2] 李茜璐，唐柳怡．混氢天然气在终端管网中应用的研究进展[J]．油气储运，2022，41(04)：381-390.

[3] 邱玥，周苏洋，顾伟，等．“碳达峰、碳中和”目标下混氢天然气技术应用前景分析[J]．中国电机工程学报，2022，42(04)：1301-1321. DOI：10.13334/j.0258-8013.pcsee.211614.

[4] European Commission-Institute for Energy, Techno-Economic Assessment of Hydrogen Transmission & Distribution Systems in Europe in the Mediums & Long Term (2006).

[5] 崔兆雪，田磊，段鹏飞，等．掺氢天然气管道输送工艺特性[J]．石油化工高等学校学报，2021，34(06)：81-88.

[6] Yu M, Chen W, Kania R, et al. Crack propagation of pipeline steel exposed to a near-neutral pH environment under variable pressure fluctuations. Int J Fatigue 2016; 82: 658e66. https://doi.org/10.1016/j.ijfatigue.2015.09.024.

[7] Zhiyong L, Xiangmin P, Jianxin M. Quantitative risk assessment on a gaseous hydrogen refueling station in shanghai. Int J Hydrogen Energy 2010; 35(13): 6822-9.

[8] Jafari M J, Zarei E, Badri N. The quantitative risk assessment of a hydrogen generation unit. Int J Hydrogen Energy 2012; 37(24): 19241-9.

[9] Pasman H, Rogers W. Bayesian networks make lopa more effective, qra more transparent and flexible, and thus safety more definable! J Loss Prev Process Ind 2013; 26(3): 434-42.

[10] Cui J, Kong Y, Liu C, et al. Failure probability analysis of hydrogen doped pipelines based on the Bayesian network[J]. Engineering Failure Analysis, 2024, 156: 107806.

[11] Tien I, Der Kiureghian A. Algorithms for Bayesian network modeling and reliability assessment of infrastructure systems. Reliab Eng Syst Saf 2016; 156: 134-47.

[12] TNO. Guidelines for Quantitative Risk Assessment Purple Book[M]. The Hague: Committee for the Prevention of Disasters, 1999.

[13] 袁雄军，朱常龙，葛秀坤，等．危险化学品泄漏事故点火概率取值研究[J]．中国安全科学学报，2011(9)：39-45.

[14] Groth K M, Hecht E S. HyRAM: A methodology and toolkit for quantitative risk assessment of hydrogen systems[J]. International Journal of Hydrogen Energy, 2017, 42(11): 7485-7493.

[15] 许未晴，鲁仰辉，孙晨，等．天然气掺氢输送系统氢脆研究进展[J]．油气储运，2022，41(10)：1130-1140.

[16] Han H, Chang X, Duan P, et al. Study on the leakage and diffusion behavior of hydrogen-blended natural gas in utility tunnels[J]. Journal of Loss Prevention in the

Process Industries, 2023, 85: 105151.

[17] Zhu J, Wang S, Pan J, et al. Experimental study on leakage temperature field of hydrogen blending into natural gas buried pipeline[J]. Applied Energy, 2024, 359: 122656.

[18] Zhu J, Pan J, Zhang Y, et al. Leakage and diffusion behavior of a buried pipeline of hydrogen-blended natural gas[J]. International Journal of Hydrogen Energy, 2023, 48(30): 11592-11610.

[19] Kong Y, Li Y, Wang S, et al. Experimental study on jet fire characteristics of hydrogen-blended natural gas [J]. International Journal of Hydrogen Energy, 2024, 49: 1250-1260.

[20] Han H, Ma Q, Qin Z, et al. Experimental study on combustion and explosion characteristics of hydrogen-air premixed gas in rectangular channels with large aspect ratio [J]. International Journal of Hydrogen Energy, 2024, 57: 1041-1050.

滑坡作用下管道应力应变安全状态分析

宋　凯[1]　张瑞毅[2]　汪耀林[1]　李景顺[1]　刘伟妍[1]　李世涛[1]

(1. 国家管网集团北京管道有限公司山西输油气分公司；2. 国家管网集团北京管道有限公司石家庄输油气分公司)

摘　要　长输管道敷设过程中不可避免的穿越地质灾害频发区域，沿途存在的滑坡等地质灾害给我国油气资源输送带来不安全影响。埋地管道在滑坡的推拉作用下发生大位移变形，进而导致管道发生塑性变形失效。针对埋地管道在横向滑坡作用下发生大位移变形，建立基于管道轴向变形与滑坡体外土弹簧剪切作用的力学模型，研究了滑坡体外管道变形的解析计算方法，分析了轴向应力及土弹簧在不同弹塑性阶段对滑坡体外管道变形的影响，通过滑坡体边界处变形协调方程，采用迭代计算的方法得到管道的轴向应变及弯曲应变。通过与有限元等方法进行对比，验证了该方法具有较好的准确性以及工程适用性。

关键词　滑坡；埋地管道；安全分析；应力应变

近年来我国能源需求不断上涨，由于油气资源地理位置的不均匀分布，油气管道作为能源输送调配最高效经济的手段得到了迅猛发展，有效缓解地区能源压力，推动区域经济共同持续向好发展。而在管道实际建设过程中，管道穿越地区地质条件错综复杂，难以避免的穿越滑坡等地质灾害频发区，这些不安全环境因素必然会给我国能源输送带来安全运营风险。滑坡作为常见的自然地质灾害，一旦发生将对滑坡体内管线造成巨大的作用力，导致管线破裂发生泄漏进而引发爆炸事故的发生，对我国无论是居民财产安全还是生活环境都带来严重影响。

以陕京线为例，陕京输气管道自陕西出发，沿线穿越山西、内蒙古、河北，至北京、天津地区，沿线地质条件复杂，差异较大，其中山西段由于处于鄂尔多斯高原东部，地面海拔较高，地质结构疏松，缺乏植被覆盖，汛期降雨容易形成地下水活跃带，致使滑坡面抗剪强度降低，时常诱发水毁、滑坡、崩塌等地质灾害的发生。因此有必要对滑坡区埋地管道展开力学分析，研究不同因素下管道的变形行为，建立滑坡地质灾害管道监测系统，对滑坡区管道开展进行具有长期监测、低成本特点的技术手段，为滑坡区管道安全运营提供决策支持，防止滑坡区管道发生破损泄漏等事故，实现管道变形的早期预警，保障我国油气资源输送安全平稳运营。

埋地管道力学解析方法相较于其他方法具有方便计算的特点，因此最早得到发展应用，Rajani 等人根据土壤阻力在管土之间发生相对位移时的变化规律，采用基于无量纲分析法对横纵向管道的解析解进行了计算，但忽略了管土之间的相互作用，因此结果误差较高。邓道明等人将管道进行简化，设为半无限长的梁模型，对管道轴力分类进行讨论，推导出管道轴力分别为拉力和压力时，滑坡体内管道在考虑内压等因素的影响下的弯矩及挠度计算方程，但未考虑滑坡段外的管道变形情况。有限元数值分析相较于解析法，对管土相互作用有多种施加方式，因而计算结果更加精确。刘啸奔等人在刘爱文等人研究基础上，针对走滑断层作用下 X80 管道采用弯管单元模型，通过影响因素分析及大量的有限元计算，给出了管道设计应变的半经验预测公式，通过与有限元结果对比验证了公式的准确性。

因此，本文以滑坡作用下埋地管道为研究对象，针对滑坡管道受力特点，基于弹性地基梁理论给出一种考虑管材非线性，同时考虑滑坡体外垂直方向土弹簧之间的剪切作用的管道应变解析计算方法。

1　滑坡埋地管道应变解析计算

通过将管道假设为梁结构进行受力分析，忽略管道在滑坡变形过程中可能存在的截面变形问题，同时不考虑管道发生局部屈曲等，采用管材双线性本构模型对滑坡作用下埋地管道的应变响应进行分析计算(图 1)。

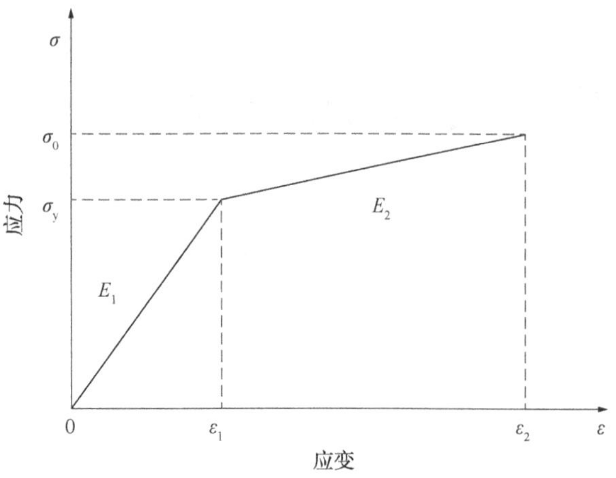

图 1　双线性本构模型

2　滑坡体内管道力学分析

2.1　管道弯曲应变分析

基于弹性地基梁理论，将滑坡体外管道视为半无限长梁模型。由于滑坡体内管道在滑坡的冲击作用下会产生较大变形，管土之间发生相对滑动，滑坡体上部土壤发生屈服，此时管道承受的作用力包括土壤对管道的极限抗力 q，以及轴向土壤约束力，因此本节主要对管道承受来自滑坡外土壤的轴向拉伸，以及由于弯矩引起的侧向弯曲的组合作用进行力学响应讨论。如图 2 给出滑坡段管道的受力示意图。

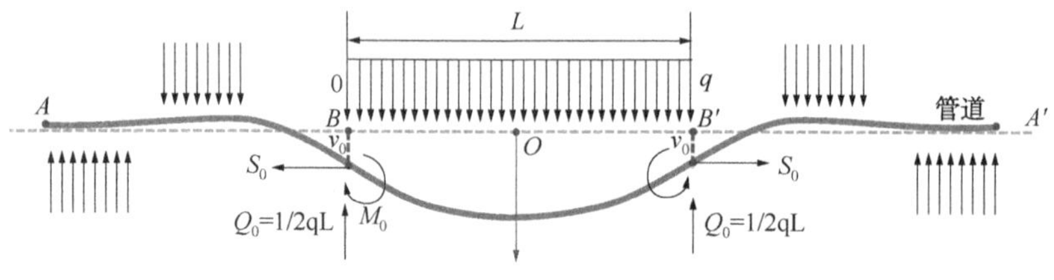

图 2　横向滑坡管道受力分析图

假设管道当量轴力为 S_0，在无内压及温度作用下，轴力 S_0 为拉应力，实际工程中输油管道内压力为正值，因此管道在内压及温差、滑坡对管道的推力作用下，管道当量轴力可能为负值，需要分别讨论。

$$EI\frac{d^2y}{dx^2}=M_0+S_0(y-v_0)+\frac{qx^2}{2}-\frac{qLx}{2} \tag{1}$$

式中，E 为管道的弹性模量，Pa；I 为管道的截面惯性矩，m4；y 为管道的挠度，m；M_0 为管道在 x=0 截面的弯矩，N/m；v_0 为管道在 $x=0$ 截面处挠度，m；q 为滑坡体对管道的推力，N/m；L 为滑坡体宽度，m；S_0 为滑坡体中管道的当量轴向拉力，N。

（1）S_0 轴力为拉力时，

$$S_0=N_0-p\frac{\pi d^2}{4} \tag{2}$$

式中，N_0 为 $x=0$ 截面处的轴力，N；p 为管道的内压，Pa；d 为管道的内径，m。

参考邓道明等人的推导，根据边界条件 $y|_{x=0}=v_0$，得到微分方程的挠度解：

$$y=\frac{1}{S_0}\left(M_0+\frac{q}{k^2}\right)\left[ch(kx)-th\left(\frac{kL}{2}\right)sh(kx)\right]-\frac{1}{S_0}\left(M_0+\frac{q}{k^2}\right)-\frac{qx}{2S_0}(x-L)+v_0 \tag{3}$$

（2）当滑坡体内当量轴力 S_0 为压力，滑坡体内变形段管道受力微分方程为：

$$EI\frac{d^2y}{dx^2}=M_0-S_0(y-v_0)+\frac{qx^2}{2}-\frac{qLx}{2} \tag{4}$$

$$S_0=p\frac{\pi d^2}{4}-N_0 \tag{5}$$

根据边界条件 $y|_{x=0}=v_0$，得到微分方程的挠度解：

$$y=\frac{1}{S_0}\left(\frac{q}{k^2}-M_0\right)\left[\cos(kx)+tg\left(\frac{kL}{2}\right)\sin(kx)\right]+\frac{1}{S_0}\left(\frac{q}{k^2}-M_0\right)+\frac{qx}{2S_0}(x-L)+v_0 \tag{6}$$

对滑坡段内管道变形进行研究，根据管道应变的定义，可以得到由于弯矩引起的管道弯曲应变 ε_M 为：

$$\rho=\frac{EI}{M} \tag{7}$$

$$\varepsilon_M=\frac{D}{2\rho}=\frac{MD}{2EI} \tag{8}$$

BB′段管道的几何伸长量为：

$$\Delta L_g=\int_0^B\left[\sqrt{1+(y'x)^2}-1\right]dx+\int_0^{B'}\left[\sqrt{1+(y'x)^2}-1\right]dx \tag{9}$$

2.2　管道轴向应变分析

管道发生最大变形的方向为轴向，基于几何

非线性对管道轴向应变求解，考虑管道工作温差以及环向应力带来的轴向变形作用，得出关于管道轴向应变 ε_x 的以下关系：

$$u(x)=\left(\frac{N_0}{EA}+\alpha\Delta T-\mu\frac{\sigma_h}{E}-\frac{f^2\pi^2}{4l^2}\right)x-\frac{f^2\pi}{8l}\sin\left(\frac{2\pi x}{l}\right) \tag{10}$$

式中，u 为轴向位移，m；α为管道的线性膨胀系数，m/(m·℃)；Δt 为管道温差，℃；μ为泊松比；σ_h为管道内压导致的环向应力，Pa。

最终求出滑坡内管段的最大应变量为：

$$\varepsilon=\varepsilon_M+\varepsilon_x \tag{11}$$

3 滑坡体外管道力学分析

3.1 管道弯曲应变分析

对于滑坡体外管道，将滑坡体外管道视为半无限长梁模型，分别对管道弯曲应变及轴向应变进行分析。当BB′滑坡段发生较大变形时，会导致滑坡体外侧管道下方土体AB段发生屈服(图3)。

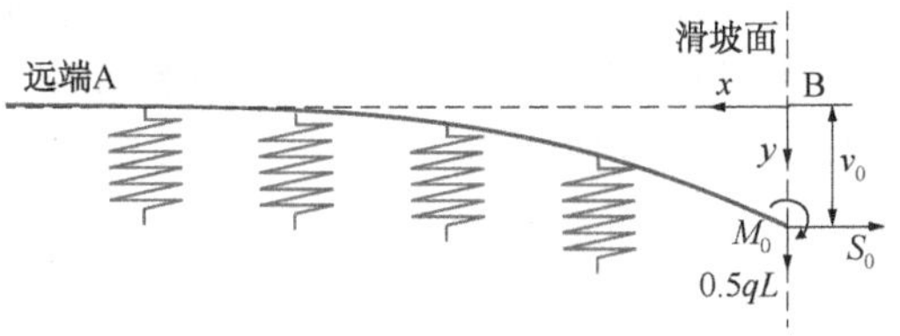

图3　滑坡体外管道受力分析

管道主要承受轴向拉压以及垂向土弹簧极限抗力的作用，同时引入 Pasternak 双参数弹性模型，考虑管道地基土弹簧之间存在的剪切作用，建立该管段的挠曲线微分方程如下：

$$EI\frac{d^4y}{dx^4}+kDy-G_pD\frac{d^2y}{dx^2}=q \tag{12}$$

式中：$p(x)$为地基土弹簧对管道的反力，kN/m^2；k 为地基土弹簧反力系数，kN/m^3；$v(x)$为管道挠度，m；G_p 为地基土弹簧的剪切刚度，kN/m。

3.2 管道轴向应变分析

滑坡体外管道承受来自土体的轴向约束力大小等于滑坡区管道发生大变形产生的轴向拉力，当管道与土体之间的轴向相对位移小于土壤的轴向屈服位移 Δt 时，土体对管道的轴向土壤约束力与管土之间的相当位移大小成正比关系，当管道与土体之间的轴向相对位移大于等于土壤的轴向屈服位移时，轴向土壤约束力将达到最大值 T_M。弹性阶段内，土壤轴向土弹簧刚度 k_T 为 $T_u/\Delta t$。

$$T(x)=\begin{cases}k_Tu(x) & u(x)<\Delta t\\ T_u & u(x)\geqslant\Delta t\end{cases} \tag{13}$$

根据轴向土弹簧与管道所处的力学状态不同，可以将其分为三种阶段进行分析。

(1) 当滑坡体发生小位移，管土之间发生相对滑动的轴向位移距离较小，此时管道和土壤在轴向方向上的土弹簧同时都处于弹性阶段。

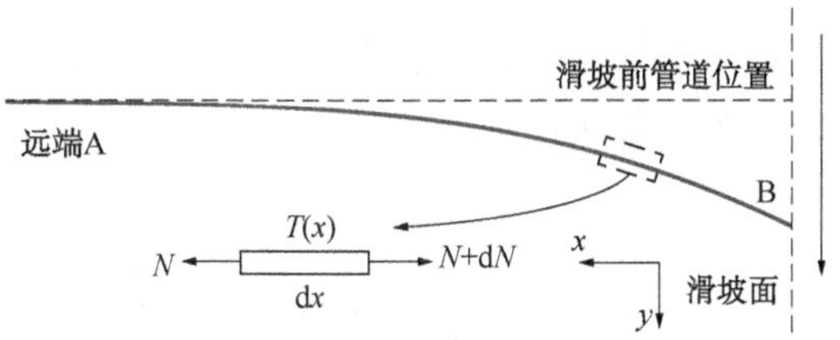

图4　管道轴向微元受力平衡图

针对滑坡体外埋地管道，受到来自土壤的轴向摩擦力以平衡来自滑坡体内管道的轴向力的作用，因此得到滑坡体外管道小位移变形段的状态方程：

$$EA\frac{d^2u}{dx^2}-k_Tu=0 \tag{14}$$

对上式方程进行求解，得到关于管道的轴向位移：

$$u=C_1e^{\lambda x}+C_2e^{-\lambda x} \tag{15}$$

式中，$\lambda=\sqrt{k_T/EA}$，C_1、C_2 为待定系数。

得到弹性状态下管道的物理伸长量：

$$\Delta L_p=\int_0^A\frac{du_x}{dx}=N_0/EA\lambda \tag{16}$$

此时管道轴向应变随着距离的增加逐渐衰减至0。

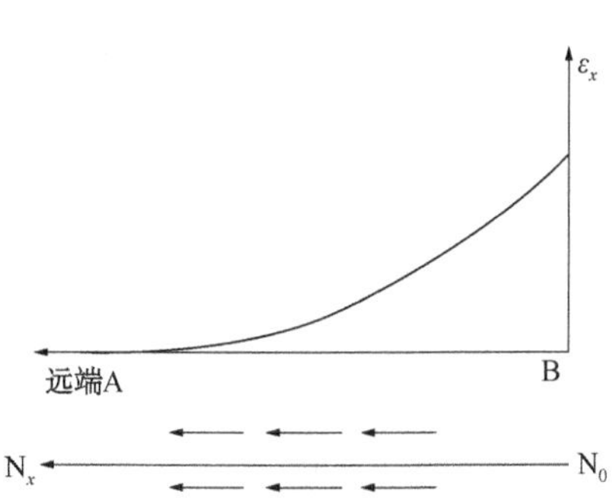

图5　第一阶段管道轴向应变分布图

(2) 随着管土之间相对位移的逐渐增加，管道仍处于弹性阶段时，管周土壤弹簧发生轴向屈服。

在 $u_B=\Delta t$ 时，B点滑坡边界处土壤的轴向土弹簧增长到弹性阶段的最大值。此时 B 点处管道的临界轴力 $N_0^{crit}=EA\lambda\Delta t$。

在 $u_B>\Delta t$ 时，B 点滑坡边界处土壤的轴向土弹簧进入塑性段，此时根据管道应力状态可以分为轴向土弹簧塑性段和轴向土弹簧弹性段。此时，管道在进入轴向土弹簧塑性段后的轴向长度 $L_{BB'}$ 为：

$$L_{BB'}=\frac{1}{T_u}(N-N_0^{crit}) \tag{17}$$

对于滑坡边界土壤塑性变形段的管道应力状态，有如下微分方程：

$$EA\frac{d^2u}{dx^2}-T_u=0 \tag{18}$$

对上式进行求解可得塑性段管道任意截面处的轴向位移为：

$$u=\frac{T_u}{2EA}x^2+C_1x+C_2 \tag{19}$$

进而得出该阶段下管道的物理伸长量：

$$\Delta L_p=\int_0^A\varepsilon_{x2}=\int_0^A du_x/dx=\frac{T_u}{2E_1A}L_{BB'}{}^2+\frac{N_0-T_uN_0-T_uL_{BB'}}{E_1A}L_{BB'}+\Delta t \tag{20}$$

在该阶段管道的轴向应变从 B 点开始随着距离的不断增加呈线性状态逐渐减至弹性状态临界点 N_0^{crit}/A，随后随着距离的不断增加呈指数形式递减至 0(图 6)。

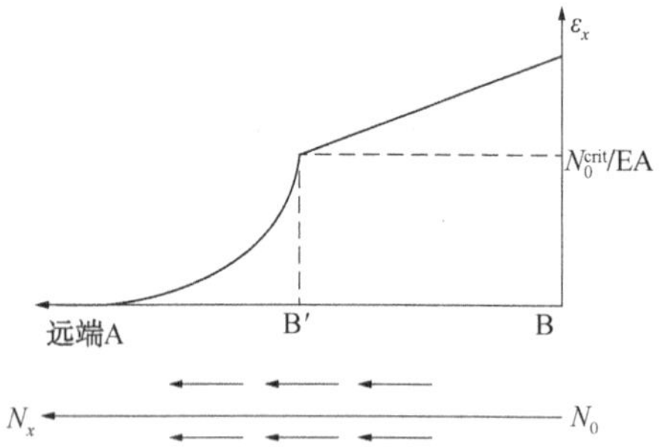

图 6　第二阶段管道轴向应变分布图

(3) 当滑坡位移进一步增加，管道及周围土壤之间的相对位移越来越大，最终滑坡边界处的管道、土壤均达到塑性状态。

当管道的轴向应变随着距离的不断增加时，先是线性快速降低至 B‴，随后线性缓慢降低至 B″，最后指数形式衰减至远端 A 点。

当管道轴力 $N_0=\sigma_sA$ 时，管道在 B 点处达到弹性变形最大值，此时管道临界轴力 $N_0^{crit2}=\sigma_sA$，随着距离的不断增加，之后 B 点将处于塑性

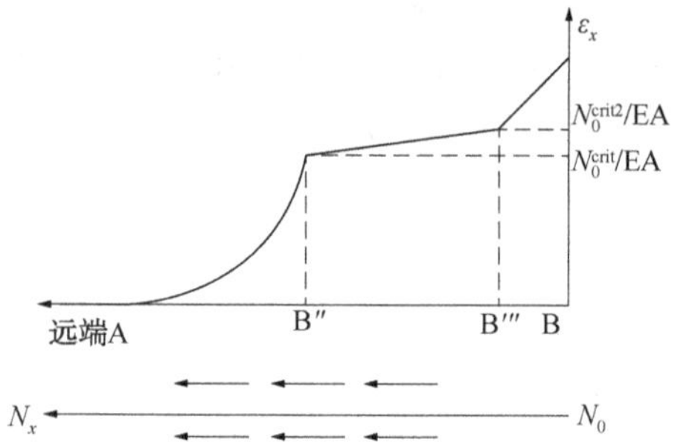

图 7　第三阶段下管道轴向应变分布图

状态。

在 LB‴B″段，管道处于弹性阶段，周围土壤则处于塑性阶段，可以用下式表示：

$$L_{C''C''}=\frac{1}{T_u}(N_0^{crit2}-N_0^{crit}) \tag{21}$$

在 B'''处的管道轴向位移可由下式进行计算：

$$u_{B'''}=\frac{T_u}{2EA}(L_{B'''B''})^2+\frac{N_0^{cirt2}-T_uL_{B'''B''}}{EA}L_{B'''B''}+\Delta t \tag{22}$$

当管道发生塑性变形，管道位移-轴向应变分布可以划分为三部分，基于上一节内容增加土壤土弹簧以及管道同时塑性段，假设管道发生屈服变形后的管道塑性模量为 E_2，那么可以得到关于塑性段管道的微分方程：

$$E_2A\frac{d^2u}{dx^2}-T_u=0 \tag{23}$$

进而求出管道在该段上任意截面处的轴向位移：

$$u=\frac{T_u}{2E_2A}x^2+C_1x+C_2 \tag{24}$$

土弹簧以及管道同时发生屈服段的长度为 $L_{BB'''}=(N_0-\sigma_sA)/T_u$。

进而得出管道在此阶段的物理伸长量：

$$\Delta L_p=\int_0^A\varepsilon_{x3}=\frac{1}{E_2A}\left[-T_uL_{BB'''}+N_0+E_2A\left(\frac{\sigma_s}{E}-\frac{\sigma_s}{E_2}\right)\right]+\frac{T_u}{2E_2A}L_{BB'''}^2+L_{BB'''}+u_{B'''} \tag{25}$$

3.3　滑坡体外管道变形协调条件

由于滑坡边界处 B 点的轴向应力大小未知，因此在对方程进行轴向应变求解时，需要引入包含管道几何伸长量 ΔL_g 以及物理伸长量 ΔL_p 的变形协调方程。对于几何伸长量有：

$$\Delta L_g=\int_0^{L_{AB}}\left[\sqrt{1+(y'x)^2}-1\right]dx \tag{26}$$

通过对管道 AB 段应变进行积分得到管道的

物理变形量：

$$\Delta L_p = \int_B^A \varepsilon \mathrm{d}x \tag{27}$$

进而得出管道几何伸长量 ΔL_g 以及物理伸长量 ΔL_p 的变形协调方程：

$$|\Delta L_p - \Delta L_g| / \Delta L_g < e_1 \tag{28}$$

管道的最大应变是将轴向应变和弯曲应变进行结合得到的，管道任一截面处的弯曲应变可由挠曲线方程计算得到：

$$\varepsilon_b = \frac{D}{2\rho} = \frac{Dy''(x)}{2(1+y'(x)^2)^{3/2}} \tag{29}$$

通过对管道轴向力求解得到轴向应变：

$$\varepsilon_a = \begin{cases} N_0/EA & N_0 \leqslant \sigma_s A \\ \varepsilon_1 + \dfrac{N_0 - \sigma_s A}{E_2 A} & N_0 > \sigma_s A \end{cases} \tag{30}$$

式中，ε_1 为弹性阶段的轴向应变，通过对管道轴向应变及弯曲应变的叠加，进而得到管道内最大应变：

$$\varepsilon_{max} = \varepsilon_a + \varepsilon_b \tag{31}$$

4 滑坡管道整体应变分析求解

4.1 滑坡区管道应变计算流程

通过将埋地管道根据滑坡变形特点进行区段划分，针对不同区段采用以上方法进行分析计算，得到横、纵向滑坡作用下，考虑管道材料及土壤力学非线性的滑坡体内、外段变形与应变解析计算方程。对于横向滑坡作用下管道变形分析，根据两段端点处的边界条件将管道受力特征进行连接，通过迭代计算完成整段管道的力学变形计算。具体计算流程如下：

（1）确定滑坡参数，包括滑坡宽度 L 及滑坡边界处管道变形挠度 v_0；确定管道材质的双线性模型，具体参数包括管道的弹性模量 E_1、屈服强度 σ_s、塑性模量 E_2；同时，根据 ALA 中的计算方法，确定管道轴向、侧向以及垂直方向，4 个方向上的土弹簧参数 Tu、Δt、Tp、Δp、Td、Δd、Tq、Δq；同时代入滑坡界面处的轴力 N_0，初始轴力假设为 $\sigma_s A$。

（2）根据步骤一中的计算参数，计算滑坡体内、外管道 AB、BB′、B′A′段的挠曲线微分方程。通过挠曲线微分方程可以确定由于管道弯曲变形引起的管道几何伸长量，通过轴向应变方程可以确定由于轴向拉压力作用引起的管道几何伸长量，对求得的几何伸长量进行叠加。

（3）对物理伸长量进行计算，并根据协调方程判断是否收敛，进入下一步，否则需对轴力进行更新计算，直至满足协调方程。

（4）根据轴力及滑坡宽度，确定滑坡段内管道挠曲线方程的结果，代入滑坡体外管道变形方程，得到更新后的 AB、$A'B'$段挠曲线方程。

（5）依据求得的待定系数，管道弯矩及轴向变形位移量，计算得出最大弯矩及应变。

基于 MATLAB 软件对上述计算公式进行编程，按照设置的初始量以及协调条件，通过迭代得到管道应变计算结果。

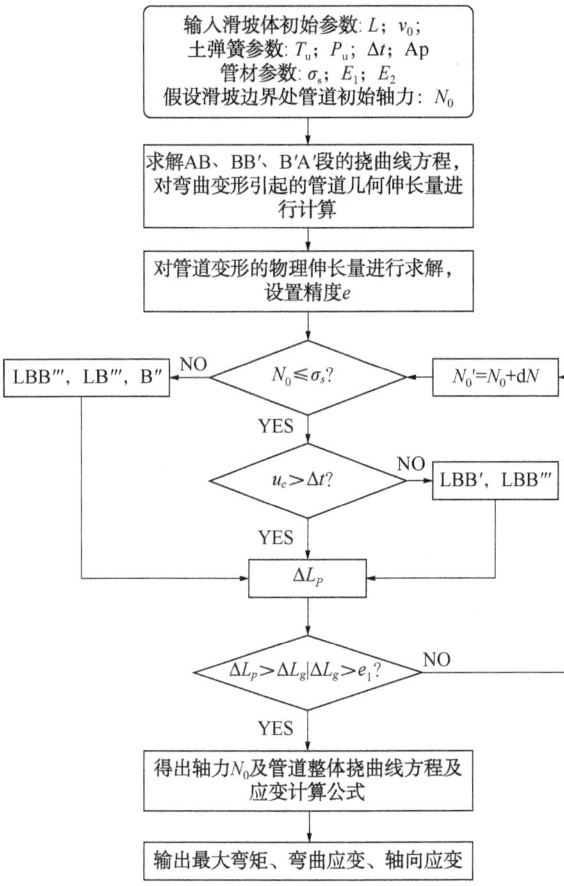

图 8　管道应变整体计算流程图

4.2 滑坡区管道应变计算结果验证分析

为了能够有效验证本文提出的滑坡下埋地管道的应变解析方法的正确性，本节通过采用不同方法对相同工况参数下的管道轴向应变、弯曲应变、最大位移进行求解，并对结果进行对比分析。计算方法包括 Chaudhuri 提出的四次多项式解析方法，以及有限元数值模拟方法。

Chaudhuri 等人提出一种基于欧拉-伯努利梁理论的地震滑坡作用下管道解析计算方法，通过采用四次多项式模拟地震滑坡引起的非均匀地面变形，研究了地震滑坡对埋地管道的影响(图 9)。

$$EI\frac{d^4w_1}{dx^4}-T\frac{d^2w_1}{dx^2}+K_1w_1=K_1\left(\frac{2\delta}{x_1^2}(x-x_1)^2-\frac{\delta}{x_1^4}(x-x_1)^4\right) \tag{32}$$

式中，K_1 为土壤刚度。

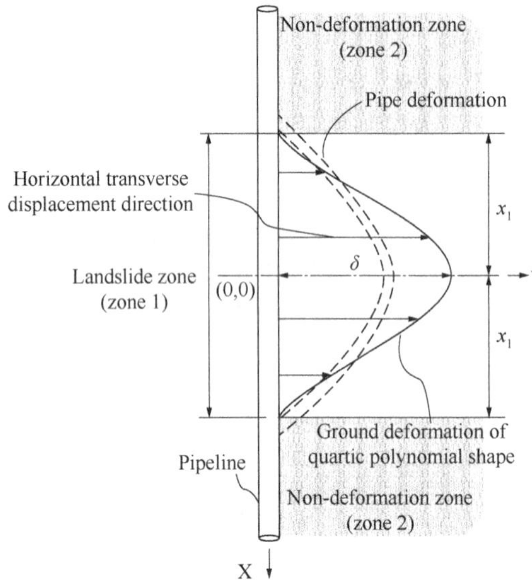

图 9　地震滑坡作用下埋地管道的横向变形

算例采用 ABAQUS 有限元软件进行模拟计算，采用 PIPE31 管单元模拟管道变形，管道长度设置为 500m，对滑坡内管段网格大小设置为 0.1m，滑坡体外管道网格大小设置为 1m，采用非线性连接器模拟周围土体对管道的力学作用，并在轴向、侧向、垂向，四个方向对管道变形进行非线性约束。

对算例中的管道材质及土壤参数进行设计，管材选用 X65 钢制管道，管道埋深 1.8m，管道其他参数见表 1。土壤类型为密砂，土壤容重 $21kN/m^3$，土弹簧参数依据 ALA《埋地钢制管道设计规范》进行计算，得到土壤极限抗力以及屈服位移见表 2。分别取滑坡宽度为 60m 的情况下，滑坡位移从 0.5m 开始，以 0.5m 为间隔，逐渐递增至 5m，通过有限元及解析方法分别求出滑坡管道的最大垂向位移、最大弯曲应变以及轴向应变，并将分析结果进行对比。

表 1　管道材料力学性能参数

管径/m	壁厚/m	屈服强度/MPa	弹性模量/GPa	泊松比
0.813	0.0142	450	205	0.3

表 2　土弹簧参数取值

土弹簧方向	土壤屈服位移/m	土壤极限抗力/(kN/m)
轴向	0.003	20.40
侧向	0.088	147.70
垂直向上	0.027	38.70
垂直向下	0.088	378.94

图 10、图 11 以及图 12 对比了滑坡宽度为 60m 时的管道应变计算结果。根据图中对比的数据计算结果可以发现，三种方法的计算结果整体趋势趋于相同，随着滑坡位移的增加，管道最大轴向应变、弯曲应变、垂向位移也随之增加，结果之间相差较小。滑坡位移小于 3.5m 时，不同计算方法得出的管道应变、位移结果相差较小，当滑坡位移大于 3.5m 时，随着滑坡位移的增加，不同方法之间的计算结果相差较大，本文提出的方法相对于有限元方法更为接近，但随着滑坡位移增加差值呈递增趋势，原因主要在于有限元方法中垂直方向上土弹簧采用了两种弹簧刚度参数进行计算，而解析方法中假定土弹簧为理想刚塑性模型，因此计算结果会有微小差异，但整体变化趋势趋于一致(表 3)。

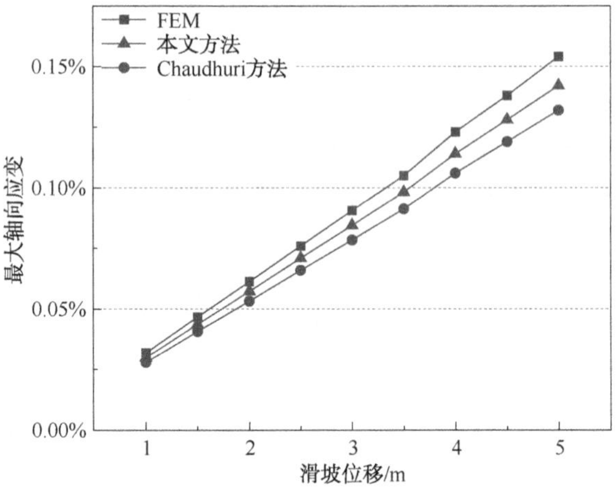

图 10　不同解析方法下管道最大轴向应变计算结果对比图

表 3　不同解析方法下计算结果对比

计算方法	最大轴向应变	最大弯曲应变	最大垂向位移/m
有限元方法	0.154%	0.0956%	4.50
本文解析方法	0.142%	0.0873%	4.11
误差分析	7.74%	8.51%	8.69%

5　结论

针对滑坡管道受力特点，基于弹性地基梁理

论给出了一种考虑管材非线性，同时考虑垂直方向土弹簧之间的剪切作用的管道应变解析计算方法，将管道分为滑坡体内、外两个部分，提出了针对于滑坡体外管段变形的计算方法，通过滑坡体边界处变形协调方程，对管道整体进行了分析，迭代计算得到管道的应变结果。将本文解析方法与有限元及现有其他方法进行对比，该方法具有较好的准确性，适用于工程现场的应用计算。

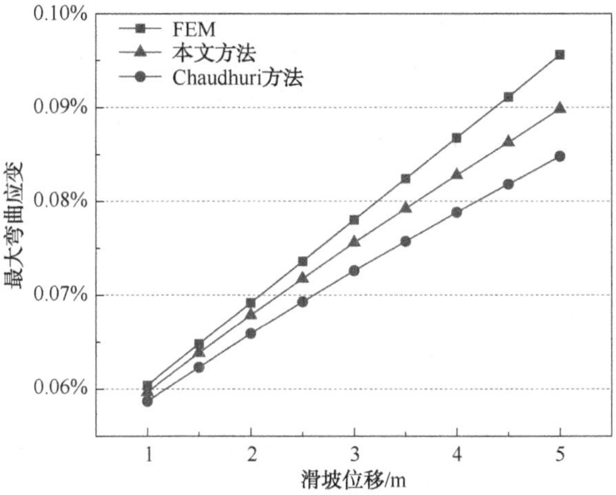

图 11　不同解析方法下管道最大弯曲应变计算结果对比图

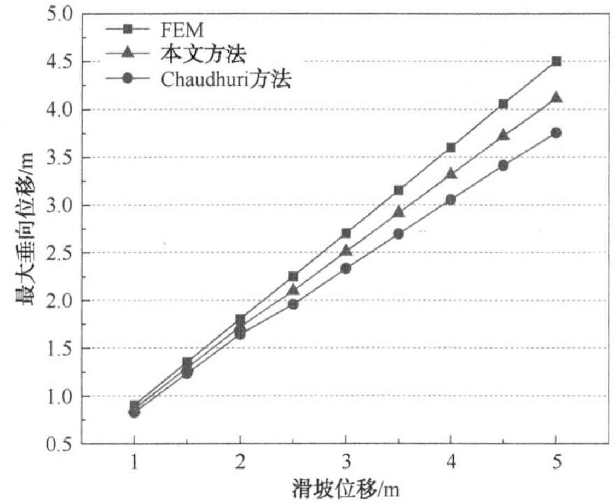

图 12　不同解析方法下管道最大垂向位移计算结果对比图

参考文献

[1] 陈情来，李成．长输油气管道运营的安全管理[J]．安全，2016，37(07)：53-54+56.

[2] 杨一帆，任彦斌，马新茸．天然气长输管道运行危害分析及管理措施[J]．安全，2017，38(S1)：18-20.

[3] B. Rajani B., K. Robertson P., R. Morgenstern N. Simplified design methods for pipelines subject to transverse and longitudinal soil movements: Reply [J]. Canadian Geotechnical Journal, 1995, 32(6):

[4] 邓道明，周新海，申玉平．横向滑坡过程中管道的内力和变形计算[J]．油气储运，1998，(07)：18-22+4.

[5] Liu X B, Zhang H, Han Y S, et al. A semi-empirical model for peak strain prediction of buried X80 steel pipelines under compression and bending at strike-slip fault crossings[J]. Journal of Natural Gas Science and Engineering, 2016, 32: 465-475.

[6] 刘爱文，胡聿贤，李小军，等．大口径埋地钢管在地震断层作用下破坏模式的研究[J]．工程力学．2005(03)：82-87.

[7] 郝建斌，刘建平，荆宏远，等．横穿状态下滑坡对管道推力的计算[J]．石油学报．2012，33(06)：1093-1097.

[8] 张家铭，尚玉杰，王荣有，等．基于 Pasternak 双参数模型的滑坡段埋地管道受力分析方法[J]．中南大学学报(自然科学版)．2020，51(05)：1328-1336.

[9] 刘啸奔．位移突变型地质灾害作用下长输管道设计应变研究[D]．北京：中国石油大学(北京)，2018.

[10] Chaudhuri C H, Choudhury D. Buried pipeline subjected to seismic landslide: A simplified analytical solution[J]. Soil Dynamics and Earthquake Engineering. 2020, 134: 106155.

基于模拟仿真和深度学习的天然气管网泄漏识别技术研究

朱玉奎　邵　培　王玮玮　凌　志　马呈鹏　李　伟

（昆仑数智科技有限责任公司智慧天然气与管道事业部）

摘　要　本文讨论天然气管网泄漏识别问题，建立了基于天然气管网瞬态仿真和深度学习的泄漏识别模型，并选取三处真实管网对建模过程进行示范。建模步骤如下：首先，基于目标管网一年工艺运行数据，使用高斯混合模型聚类得到若干“典型用气日”；其次，基于“典型用气日”、泄漏位置和泄漏孔径设计三因素正交试验表；再次，分别以正交试验表中各条记录为边界条件建立目标管网瞬态仿真模型，生成泄漏工况和正常工况下工艺运行数据；最后，基于上述数据，使用深度学习技术训练后得到泄漏工况识别模型。

关键词　天然气管网；泄漏；仿真；深度学习

泄漏分析是天然气管网仿真技术的一项重要应用，借助仿真技术可以评估泄漏对全网运行的影响，作为制定应急预案的参考。但是，通过管网仿真技术只能计算泄漏发生后系统的水力和热力参数变化趋势，不能基于现场的工艺运行数据反推是否有泄漏发生。这启示我们在仿真模拟的基础上引入其他的一些技术有可能成为解决天然气管网泄漏识别问题的有效途径。

近年来，人工智能开启了以高性能计算、大数据和深度学习为特征的新一轮技术革命。新一代人工智能在机器视觉、自然语言处理和语音识别等诸多领域取得了突破性进展，有效降低了人力投入，弱化了专家依赖，减少了错误决策。若将人工智能中的先进思路和技术引入到天然气管网仿真数据分析工作中，代替人工分析，有望实现泄漏工况识别的自动化和智能化。

管网运行过程中，泄漏工况的表征和用气负荷的波动经常耦合交织在一起，用气负荷的波动会引起输量及沿线压力的变化，而泄漏工况也会引起类似的变化，二者在表象上有时候较为相似，没有明确的规则进行区分，判别方法主要依赖经验。基于上述原因，本文引入机器学习技术建立天然气管网泄漏工况识别模型，应用机器学习技术可以绕开复杂物理机理，挖掘从仿真数据到泄漏发生与否的映射关系。特征提取是应用机器学习技术的关键步骤，传统机器学习算法需要手工完成特征提取过程，所提取特征的质量依赖于工程师的专业知识和经验。对于大量的机器学习任务，手工特征提取方法显得无能为力，这时候需要使用深度学习技术解决手工特征提取困难的问题。深度学习技术通过多层神经网络模拟人脑学习过程，从输入层到输出层逐层提取和抽象特征信息，应用时只需根据任务特点选择合适的数据集训练，网络会自动学习特征表示方法。基于上述原因，本文选择深度卷积网络开展天然气管网泄漏工况识别研究。

本文以山东某燃气公司下属三处管网作为研究对象，分别建立天然气管网瞬态仿真模型，模拟正常和泄漏工况，生成样本数据；选取挤压激励卷积神经网络（SE-CNN）作为泄漏识别模型训练，并在仿真数据集上验证识别效果。

1　数据生成方案设计

使用机器学习方法建模需要提供用于模型训练和测试的数据，生成数据的基本思想是：通过改变边界条件、泄漏位置和泄漏孔径模拟不同泄漏工况开展瞬态仿真计算，从仿真结果中提取泄漏初始时刻前后特定时间段内关键网络节点处的压力和流量数据按照固定顺序排列成向量后作为样本集。

表 1　训练样本生成方案

参数	设置方式
边界条件	目标管网一年内具有代表性的若干天的气源及负荷处的压力、流量数据
泄漏位置	分别在不同管段的不同位置设置泄漏点，例如每隔 1km 设置一个泄漏点
泄漏孔径	在固定区间内等间隔设置，例如从 5~50mm 范围内间隔 5mm 选取

表2给出了国内某长输支线管道某日部分场站不同时刻压力流量瞬时数据。

表2　某长输支线管道现场数据

场站	00:00		04:00		08:00		12:00		16:00		20:00	
	压力/MPa	流量/(m^3/h)	压力/MPa	流量/(m^3/h)	压力/MPa	流量/(m^3/h)	压力/MPa	流量/(m^3/h)	压力/MPa	流量/(m^3/h)	压力/MPa	流量/(m^3/h)
站1	2.73	54605	2.76	56010	2.78	57103	2.46	40333	2.56	50600	2.61	49458
站2	2.57	0	2.6	0	2.6	0	2.32	2741	2.41	3052	2.47	3438
站3	2.54	1202	2.58	1539	2.58	1443	2.3	2099	2.38	2113	2.44	1179

对于表2中的长输支线管道，假设其长度为100km，对泄漏位置的取样按照5km为间隔进行，泄漏孔径在5~50mm范围内间隔5mm选取，仿真周期设置为2h，每分钟采样一次，假设对管道一年内的运行工况进行仿真，则生成的

总样本数量=20×10×120×6×365=52560000

由于样本数量过于庞大，所以需要在保证不丢失样本信息的前提下，设计合理的试验方法以减少样本的规模。我们的方法是：以天为单位，使用高斯混合模型对历史生产数据进行聚类分析，每一类可看作一个典型用气日。聚类结束后，将同一类中的数据进行平均，即可得到典型日的用气模型。典型日的用气模型包含了气源和负荷点处压力、流量和温度随时间变化趋势，这些参数将在后期模拟泄漏工况时用于设定管网瞬态仿真模型的边界条件。

1.1　基于GMM聚类的典型用气日生成

高斯混合模型（Gaussian mixture model，GMM），用于描述一个随机向量X的联合概率分布，它被定义为多个高斯分布函数的凸组合。记符号$\Omega=\{\omega_m, \mu_m, \sigma_m \mid m=1, 2, \cdots M\}$为GMM的可调参数集。GMM的数学表达式如下：

$$f_X(x)=\sum_{m=1}^{M}\omega_m N_m(x, \mu_m, \sigma_m)$$

$$\sum_{m=1}^{M}\omega_m=1,\ \omega_m>0$$

$$N_m=(x, \mu_m, \sigma_m)=\frac{\exp\left(-\frac{1}{2}(x-\mu_m)^T\sigma_m^{-1}(x-\mu_m)\right)}{(2\pi)^{\frac{w}{2}}\mid\sigma_m\mid^{\frac{1}{2}}}$$

其中，$f_X(x)$表示X的联合概率密度函数；ω_m是权重系数；w表示X的维数；$N_m(\cdot)$表示多维正态分布，它被称为GMM的第m个高斯分量，$\mid\cdot\mid$表示矩阵行列式；M表示高斯分量的总数；μ_m和σ_m分别表示第m个高斯分量的均值向量与协方差矩阵。

确定GMM的参数集Ω是一个参数估计问题。基于X的历史数据，可以采用极大似然估计法获得GMM的参数集，例如期望最大化算法（Expectation Maximization，EM）。GMM的主要思想是假设数据由若干个高斯分布生成，这些高斯分布的均值向量代表了每个簇的中心。每一个高斯分布可看作是产生一类数据的概率生成模型，这些高斯分布的权重之和等于1。使用GMM模型进行聚类的过程就是寻找最优均值向量μ_m、协方差矩阵$\sum$以及混合系数π使得混合模型对数据真实分布达到最佳逼近效果的过程。通常采用期望最大化方法进行参数估计和簇划分，即通过计算所有数据点的后验概率，给每个数据点赋予一个标签，反映它可能属于每个簇的概率。

基于GMM的“典型用气日”生成过程大致可分为以下几步：

（1）获取目标管网一年历史用气数据。

（2）对历史数据进行预处理。

（3）使用GMM进行聚类，得到每一类的高斯分布参数。

（4）将同一类中的数据进行平均，生成“典型用气日”模型。

在实际操作中，我们使用EM方法来估计GMM的参数。EM算法主要包括以下两步：

E步：根据当前参数计算每个样本属于每个高斯成分z_i的后验概率

$$\gamma_{i,j}=P(z_i\mid x_j)=\frac{\omega_i N(x_j\mid\mu_i, \sigma_i)}{\sum_{m=1}^{M}\omega_m N(x_j\mid\mu_m, \sigma_m)}$$

M步：计算新的均值

$$\mu_i=\frac{\sum_{j=1}^{m}\gamma_{i,j}x_j}{\sum_{j=1}^{m}\gamma_{i,j}}$$

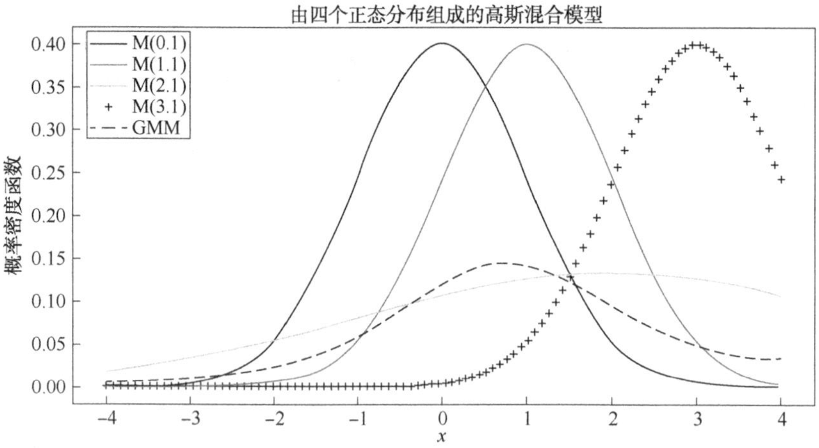

图 1　由四个正态分布组成的高斯混合模型

其中，m 表示样本容量。

计算新的协方差矩阵

$$\sum_i = \frac{\sum_{j=1}^{m}(\gamma_{i,j}(x_j-\mu_i)(x_j-\mu_i)^T)}{\sum_{j=1}^{m}\gamma_{i,j}}$$

计算新的混合系数

$$\omega_k = \frac{1}{m}\sum_{j=1}^{m}\gamma_{i,j}$$

1.2　混合水平正交试验设计

虽然通过生成“典型用气日”的方法大幅度减少了样本容量，不过由于实验因素具有多种组合，当管网规模很大时针对所有组合安排全面试验得到的数据量无疑是巨大的，所以还需要采用其他方法进一步缩减数据规模。

本项目采用正交试验方法进一步缩小样本规模。正交试验设计（Orthogonal Experiment Design）是一种统计试验设计方法，其精髓在于通过选择一部分有代表性的水平组合进行试验来大幅度减少试验次数。

对于多因素多水平试验，可以利用正交表选择一部分因素、水平的组合进行试验，这样试验次数不多，也能得到比较满意的效果。用正交表安排试验时，根据因素和水平的多少以及试验工作量的大小来考虑选用哪张正交表。

本项目中，由于“典型用气日”、泄漏位置和泄漏孔径三因素相互独立，所以不需要考虑因素之间的交互作用。由于三个因素的水平数不同，因此需要进行混合水平的正交试验设计。

假设因素的水平见表 3，那么如果安排全面试验，总共需要进行

表 3

因素	水平
典型用气日	典型用气日 1、典型用气日 2
泄漏位置	5km、10km、15km
泄漏孔径	5mm、10mm、15mm

$$总试验次数 = 2\times3\times3 = 18\ 次$$

采用混合水平正交试验法后，只需进行 8 次试验即可见表 4。

表 4　泄漏工况模拟混合水平正交试验方案设计

试验号	典型用气日	泄漏位置	泄漏孔径
0	典型用气日 1	5	5
1	典型用气日 1	10	5
2	典型用气日 2	15	10
3	典型用气日 1	15	15
4	典型用气日 1	10	10
5	典型用气日 2	5	15
6	典型用气日 2	5	10
7	典型用气日 2	10	15
8	典型用气日 2	15	5

2　泄漏工况识别

仿真数据在本质上属于多元时间序列，可排列成矩阵形状，适合使用具有强大学习能力的卷积神经网络（Convolutional Neural Networks，CNN）处理。在网络中引入 SENet 模块可进一步提升 CNN 的性能，而不显著增加模型复杂性和计算负担，因而采用 SE-CNN 模型实现泄漏工况识别。

建模思想是：通过 SE-CNN 网络建立泄漏

前后及正常工况观测窗口内的瞬态仿真时间序列数据到系统泄漏状态的函数关系。具体地，从仿真数据中提取观测窗口内的压力和流量，排列成矩阵形式，方便 CNN 处理。

$$Q=\begin{bmatrix} q_{1,1} & q_{1,2} & \cdots & q_{1,N} \\ q_{2,1} & q_{2,2} & \cdots & q_{2,N} \\ \vdots & \vdots & \ddots & \vdots \\ q_{T,1} & q_{T,2} & \cdots & q_{T,N} \end{bmatrix}$$

$$P=\begin{bmatrix} p_{1,1} & p_{1,2} & \cdots & p_{1,N} \\ p_{2,1} & p_{2,2} & \cdots & p_{2,N} \\ \vdots & \vdots & \ddots & \vdots \\ p_{T,1} & p_{T,2} & \cdots & p_{T,N} \end{bmatrix}$$

式中，$p_{i,j}$ 和 $q_{i,j}$ ($i=1$, 2, …, T, $j=1$, 2, …, N)分别为第 i 个采样时刻第 j 个气源/负荷的压力和流量数值；T 为观测窗口长度对应的采样点数；N 为系统内气源/负荷数量。

如图 2 所示，模型采用双输入结构，分别对应压力和流量。两支路基本对称，各自经过 SE-CNN 单元、全连接层、Dropout 层处理，最后拼接形成低维稠密向量，将样本从原始高维空间压缩到低维空间，得到了融合压力信息和流量信息的低维表征，有助于提高后续分类任务的效果。

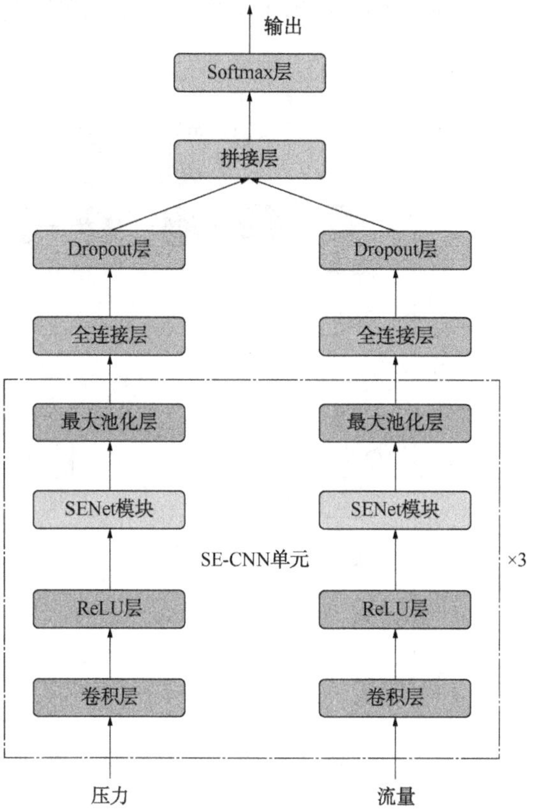

图 2　模型输入结构

模型训练的流程如图 3 所示。

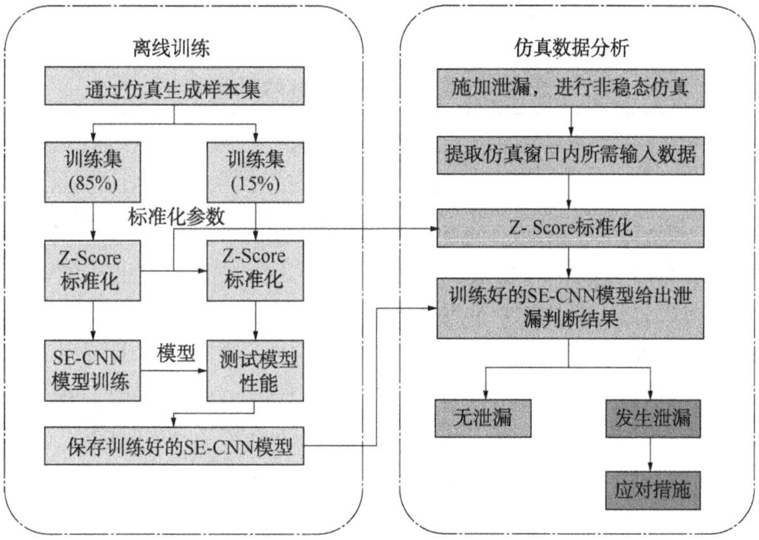

图 3　模型训练流程示意图

采用 Adam 优化算法，并以最小方差损失作为目标函数，进行监督学习。训练过程中，若 50 个 epoch 内验证集损失没有下降，则将学习率减小后重新训练。

模型训练完毕即可用于泄漏状态识别，将观测窗口内气源及负荷的压力、流量数据进行标准化处理后输入模型，即可得到泄漏工况发生的概率，模型的分析结果将为后续制定应对措施提供指导。

2.1 管网一

管网一走向如图 4 所示，管网一全场 260 余公里，主干线有 2 个源点，11 个汇点，其中两个源点的输量随时间发生变化，建模时将源点设置为压力边界条件，汇点设置为流量边界条件。

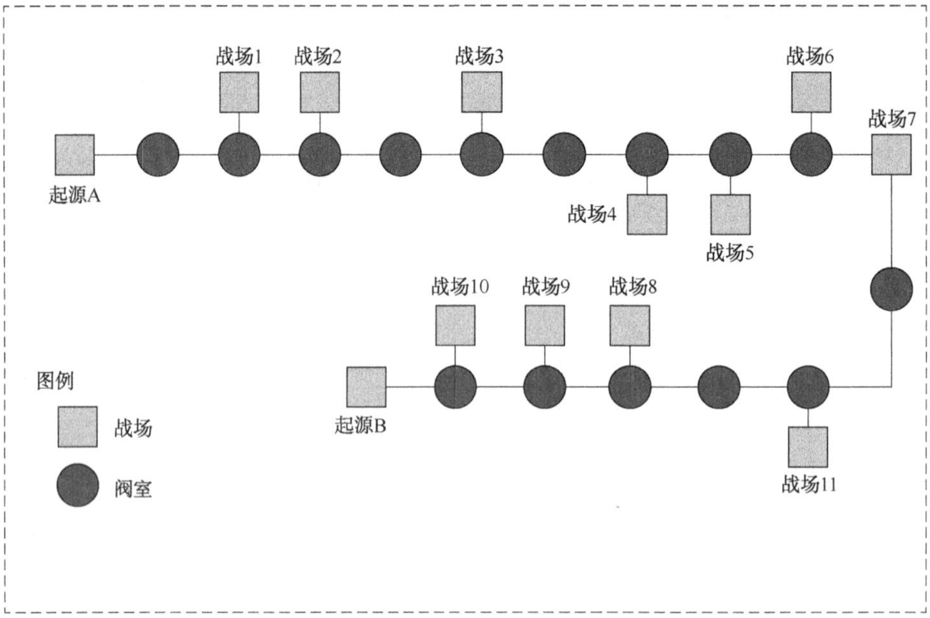

图 4　管网一示意图

首先，从 SCADA 系统中下载现场一年的运行数据，使用 GMM 方法进行聚类分析，得到 48 个用气典型日；其次，对于泄漏位置，每隔 1km 设置一个泄漏点；最后，在 5 ~ 50mm 范围内，每隔 5mm 设置一种泄漏孔径。借助软件，由以上因素和水平总共可生成 2064 组正交试验组合。利用仿真软件分别以各个试验组合中的工况作为边界条件进行工艺仿真计算，每个工况仿真时长设定为 2h，前 1h 为正常瞬态工况，后 1h 为泄漏工况(表 5)。

以每次仿真开始时间作为 0 时刻，按照下表对仿真结果进行采样。

表 5　正常/泄漏工况采样时刻表

类型	采样时刻																
正常工况	0s	10s	20s	30s	40s	50s	1min	2min	3min	4min	5min	6min	10min	20min	30min	40min	50min
泄漏工况	1h	1h10s	1h20s	1h30s	1h40s	1h50s	1h1min	1h2min	1h3min	1h4min	1h5min	1h6min	1h10min	1h20min	1h30min	1h40min	1h50min

由表 5 可以看出：随着时间推移，相邻两点间时间跨度逐渐增大，原因是：对于每个工况下的仿真计算，系统只有在前期的调整阶段流动参数变化幅度较大，运行一段时间后流量和压力逐渐趋于平衡。因此根据仿真计算时，系统工艺参数变化的剧烈程度选择以上时刻作为采样时间点。

图 5 和图 6 分别给出了正常瞬态工况和泄漏工况仿真时，所有元件流量经过 Z-Score 标准化处理后的结果，纵坐标表示 17 个采样时间点，横坐标表示 140 个元件(端点)的起(终)点。

观察图 5 和图 6，得到下述结论：

(1) 由于仿真开始后管网很快达到稳态，所以大多数节点的流量随时间变化幅度较小

(2) 图中第 90、240 及第 280 个节点的值随时间有较大波动，这从侧面表明此仿真为瞬态工况仿真。

(3) 对比两幅图可以看出：节点 241 差异明显，其他节点(如 30、90、280)也有细微差异。这说明正常工况和瞬态工况的变化过程是不相同的，从直观上感觉这两种工况是可以通过算法区分开的。

对于 SE-CNN 网络，选取三层 SE-CNN 单元串联并与一个全连接层组成最终的 SE-CNN 网络。SE-CNN 单元由一个二维卷积层、ReLU 激活函数、SENet 模块及最大池化层组成。这三层 SE-CNN 单元的神经元个数分别设置为 6、12、24，最大池化层尺寸选取为 2×2，随机种子设置为 42。SENet 模块中有一个超参数是缩放比例，经过对比试验，确定此超参数取值 0.5，优

化器采用 Adam，损失函数采用均方误差，学习速率设置为 0.001，批次尺寸为 32，并对数据进行打乱。

图 7 给出了模型准确率随训练次数变化的过程。整体上，准确率随训练次数的增加呈上升趋势，最后趋于稳定，收敛时的正确率大约为 88%。

图 8 为模型的预测结果统计，其中输出结果落在[0，0.4]内为正常工况，落在[0.6，1]之间为泄漏工况，落在[0.4，0.6]时为不确定工况。从整体上看，图形呈中间低，两头高的形状，这表明绝大多数的泄漏工况都可识别，符合预期。

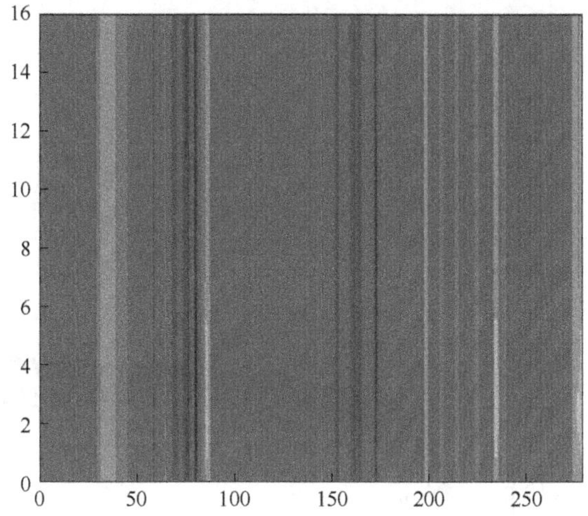

图 5 正常工况各元件随时间变化过程

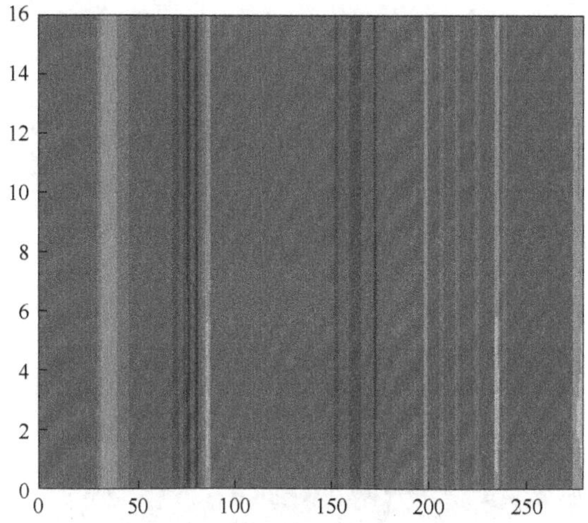

图 6 泄漏工况各元件随时间变化过程

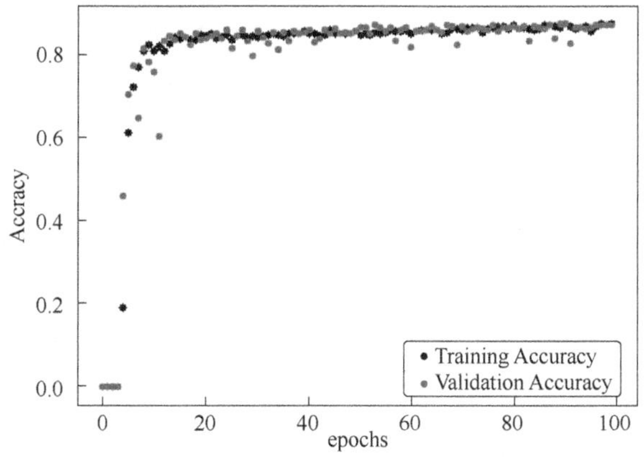

图 7 准确率随训练次数变化趋势图

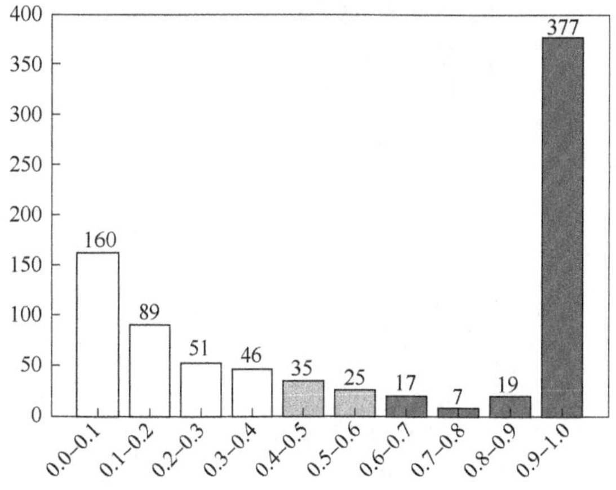

图 8 预测结果统计

2.2 管网二

图 9 给出了管网二走向示意图，参与建模的管段全长 140km 以上，其中包括 3 个气源和一个环线。

采用与管网一同样的处理方式，可生成 1487 组正交工况，每个工况仿真时长设定为 2h，前 1h 为正常瞬态工况，后 1h 为泄漏工况。

采用如表 5 的抽样方案采集数据，然后按照 Z-Score 方法使其标准化。

图 10 和图 11 分别为某时间段正常和泄漏工况仿真时流经所有元件的流量经 Z-Score 方法处理后的结果。图中纵坐标表示 17 个时间点，横坐标表示 44 个元件的起点和终点。

图 10 与图 11 差异较大，从直观上感觉采用 SE-CNN 网络进行泄漏工况识别的准确率较高。

采用 2.1 节建立的 SE-CNN 网格，使用金捷算例仿真数据训练，所有超参数均采用相同设置。其中随机种子设置为 123。

图 12 描绘了模型准确率与训练次数的关系。整体上，准确率随训练次数的增加呈上升趋势；训练次数超过 1000 后，准确率增速放缓，此时迭代已达收敛状态，分类正确率约为 91%。

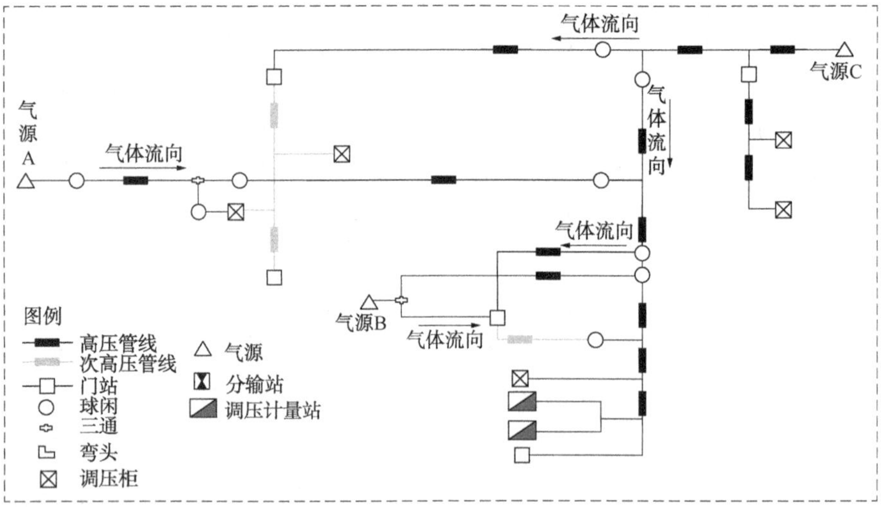

图9　管网二示意图

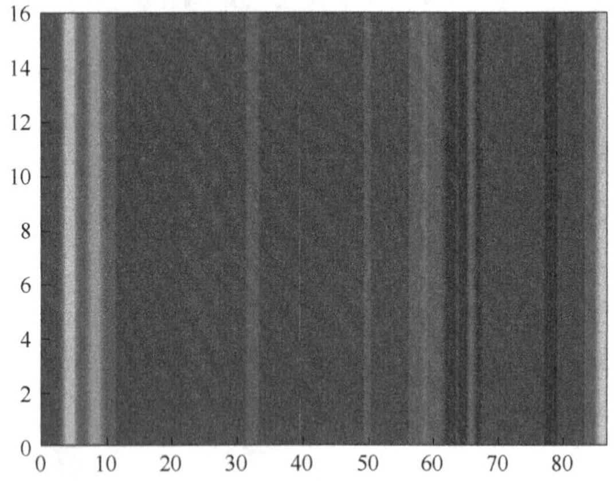

图10　正常工况各节点流量随时间变化过程

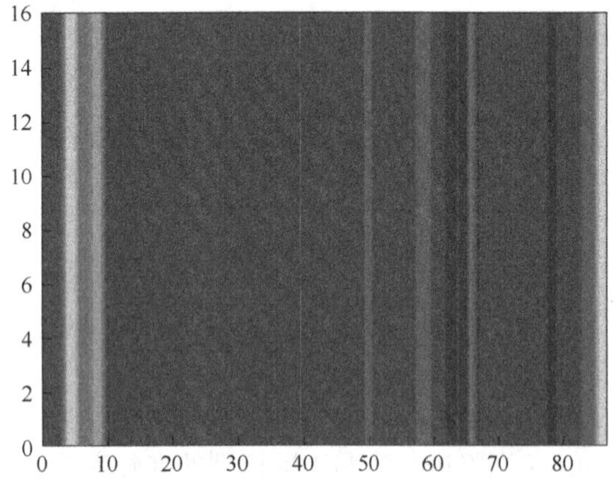

图11　泄漏工况各节点流量随时间变化过程

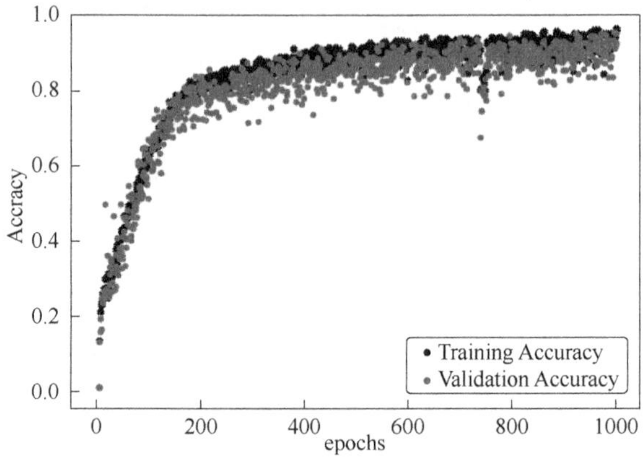

图12　准确率随训练次数变化趋势

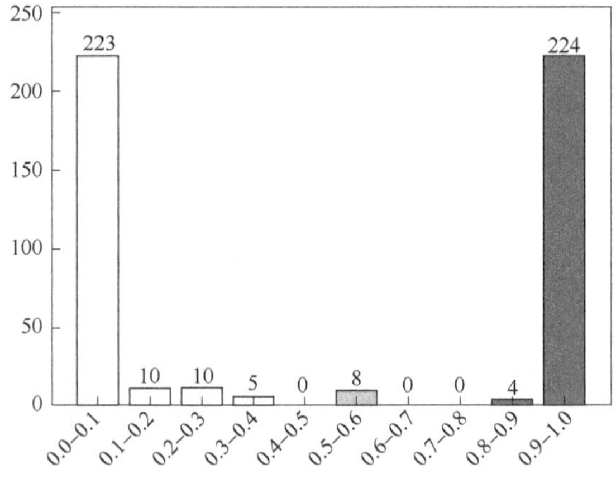

图13　预测结果频数统计

图13为模型输出结果的频数统计，图形呈现出“两头高，中间低”的形状，符合预期。

2.3　管网三

下图给出了管网三拓扑示意图，管网三参与建模的管道总里程逾30km，包括一条长输支线管道和一条城燃次高压A管道。

采用与管网一同样的处理方式，可生成229组正交工况，各工况仿真时长设定为2h，前1h为正常瞬态工况，后1h为泄漏工况。

图15给出了正常瞬态工况下，所有元件流量经归一化步骤处理后的结果，纵坐标表示时间，横坐标表示网络节点。

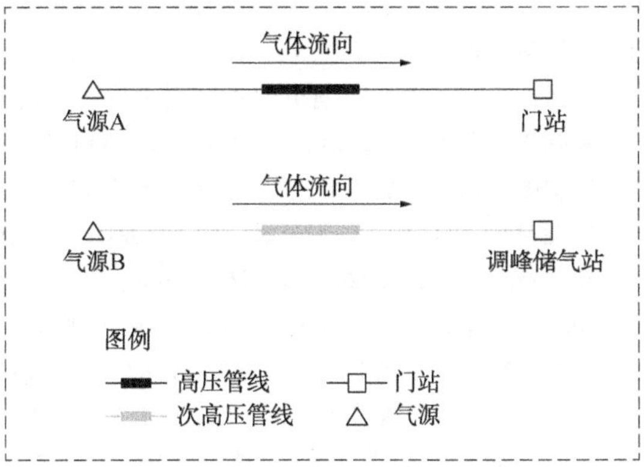

图 14 管网三示意图

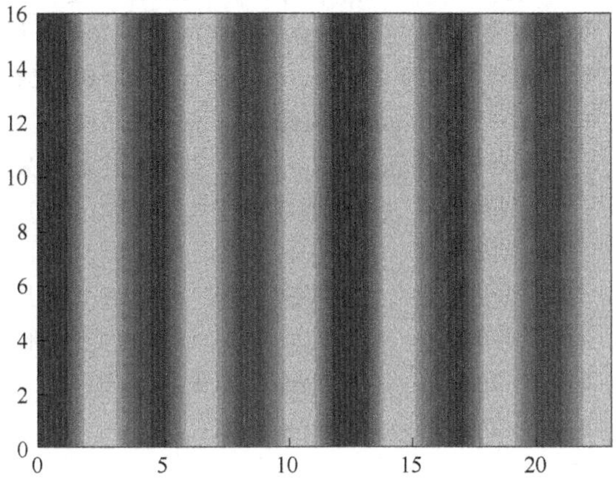

图 15 正常工况各节点流量随时间变化过程

图 16 给出了泄漏工况下流经各元件节点的流量随时间的变化过程，可以看出该算例泄漏工况与正常工况差异较大。

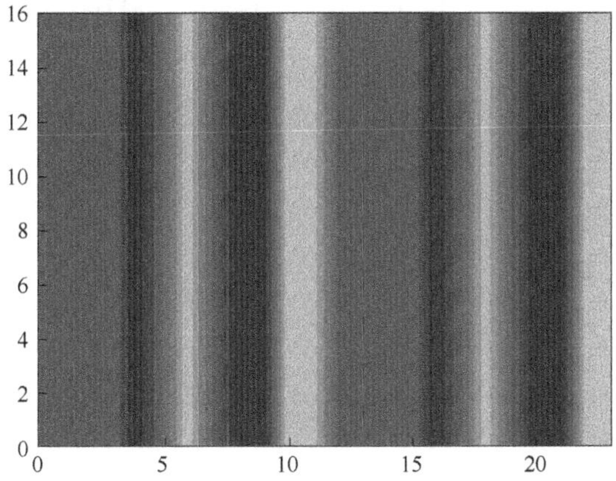

图 16 泄漏工况各节点流量随时间变化过程

采用 2.1 节建立的 SE-CNN 网格，重新对该算例数据进行训练，所有超参数均采用相同的设置，其中随机种子设置为 42。

图 17 描绘了模型分类准确率随训练次数变化的过程，迭代收敛时的分类正确率约为 93%。图 18 为模型分类预测结果。

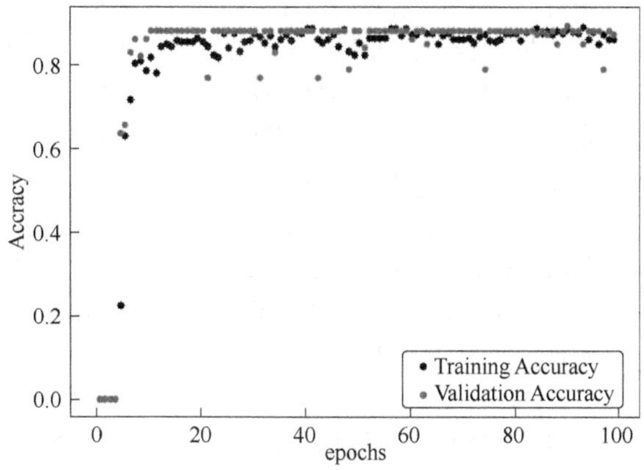

图 17 准确率随训练次数变化

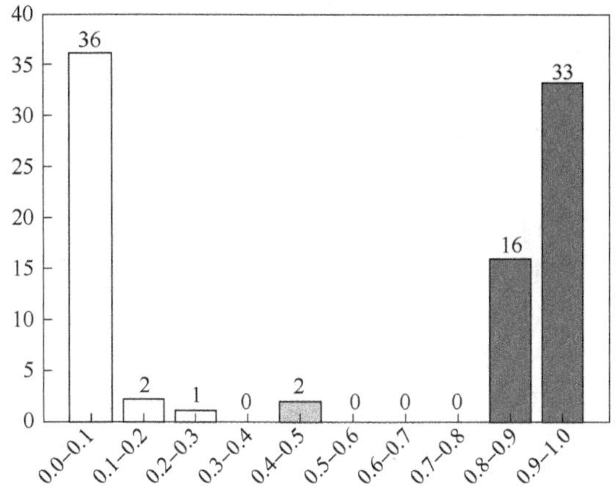

图 18 预测结果分布直方图

3 结语

可用数据量少是制约人工智能技术在天然气管网泄漏检测领域应用的瓶颈。本文利用天然气管网仿真技术生成泄漏工况下的工艺运行数据，采用 SE-CNN 神经网络进行泄漏工况识别研究。数据分析的过程(图 15、图 16)表明正常工况和瞬态工况的变化过程是不同的，泄漏工况识别和图像识别具有相似性，启示我们可以通过深度神经网络技术开展天然气管网泄漏工况识别研究，这为天然气管网的泄漏检测提供了新方法和新思路。

参 考 文 献

[1] 马祥跃，杜晓婷，采青，等. 深度学习框架测试研究综述[J/OL]. 软件学报，1-33[2024-01-26]. https://doi.org/10.13328/j.cnki.jos.007059.

[2] 杨永平，王思婷. 基于 CNN 结合 BiGRU 的恶意流量分类算法研究[J/OL]. 计算机科学，1-9[2024-01-26]. http://kns.cnki.net/kcms/detail/50.1075.TP.20240124.1838.002.html.

[3] 杨杨，李晓琴，韩振波，等. 基于三维多视角挤压激励卷积神经网络的肺结节良恶性分类研究[J]. 生物医学工程学杂志，2022，39(03)：452-461.
[4] 张宸嘉，朱磊，俞璐. 卷积神经网络中的注意力机制综述[J]. 计算机工程与应用，2021，57(20)：64-72.
[5] 蔡佩. 基于卷积神经网络的人脸活体检测方法研究[D]. 湖南大学，2020. DOI：10.27135/d.cnki.ghudu.2020.004329.
[6] 严涛，江开忠，姜新盈，等. 基于高斯混合聚类采样的不平衡数据处理方法[J]. 计算机应用与软件，2023，40(12)：305-311.
[7] 雷晓虹，尹太举，赵红静，等. 基于高斯混合模型的粒度数据分析新方法及沉积相应用[J]. 科学技术与工程，2023，23(34)：14516-14524.
[8] 徐杰，韩雪晴，廖庆洲，等. 基于 GMM 的听障儿童听觉辨识能力机器检测研究[J]. 华中师范大学学报(自然科学版)，2023，57(06)：807-812. DOI：10.19603/j.cnki.1000-1190.2023.06.006.
[9] 商婧，王佳宁，刘旭，等. 基于 GMM 聚类的铁路网络数据风险等级分类方法[J]. 铁路计算机应用，2023，32(11)：39-44.
[10] 赵杰. 基于正交试验的水工混凝土抗冻性研究[J]. 黑龙江水利科技，2024，52(01)：1-5. DOI：10.14122/j.cnki.hskj.2024.01.001.
[11] 张乐怡，张晓芹，王慧玉，等. 基于层次分析法及多指标正交试验优选消痞健胃合剂水提工艺[J]. 中国中医药科技，2024，31(01)：41-45+133.
[12] 潘慧敏，张昊，李梦谊，等. 钢纤维喷射砂浆力学性能与流动度多因素正交试验分析[J/OL]. 硅酸盐通报，1-12[2024-01-26]. https：//doi.org/10.16552/j.cnki.issn1001-1625.20240011.001.
[13] 程博，薛茹惠，杨航，等. DPN-SENet：一种检测 COVID-19 胸部 X 射线的自注意力机制网络结构[J]. 西南民族大学学报(自然科学版)，2022，48(04)：454-461.
[14] 刘程毅，王凯，陈雷，等. 基于 Adam 梯度下降的 GNSS 载波多路径建模方法研究[J/OL]. 武汉大学学报(信息科学版)，1-18[2024-01-26]. https：//doi.org/10.13203/j.whugis20230171.
[15] 王昊天，姬梓程. 基于 SCADA 数据风电机组发电性能评价研究[J]. 机电工程技术，2023，52(11)：209-212.
[16] 刘乔寿，皮胜文，原炜锡. 基于 Z-Score 动态压缩的高效联邦学习算法[J/OL]. 计算机应用研究，1-6[2024-01-26]. https：//doi.org/10.19734/j.issn.1001-3695.2023.11.0540.

基于感知数据的油气管道动态风险评价技术研究

王　新[1]　王　婷[1]　李荣光[2]　陈鹏坤[1]　王　路[2]　谢凯鑫[1]

(1. 北京智网数科技术有限公司；2. 国家管网集团北方管道有限责任公司)

摘　要　油气管道风险评价技术可以有效识别并评价对管道安全运行有不利影响的危害因素，近年来在国内外得到广泛应用。然而随着应用的深入，以半定量风险评价为代表的传统管道风险评价方法存在的问题不断暴露：一是录入数据准确性不足，评价结果过于主观；二是评价周期长，每开展一次人工评价需要数天甚至几周的时间，难以满足管道风险管控精细化的需求。随着光纤预警、视频智能识别、地质灾害监测、智能阴保等智能感知技术在油气管道的不断应用，反映管道风险实时变化的数据逐渐增多，使得油气管道动态风险评价成为可能。基于事故致因理论，梳理分析油气管道可能发生事故的致因因素，并对致因因素进行逻辑关系分析，建立管道风险评价模型。在融合建设期数据、管道基础数据、周边环境数据的基础上，集成光纤预警、视频智能识别、地质灾害监测等管道感知数据，开发了油气管道动态风险评价软件，实现了基于感知数据的管道动态风险评价，使风险评价的关键信息数据采集更加真实、准确、实时和可追溯，风险评价结果更具预测性、前瞻性，具有广阔的推广应用前景。

关键词　感知数据；油气管道；动态；风险评价

油气管道风险评价技术可以有效识别并评价对管道安全运行有不利影响的危害因素，近年来在国内外得到广泛应用。然而随着应用的深入，以半定量风险评价为代表的传统管道风险评价方法存在的问题不断暴露：一是录入数据准确性不足，评价结果过于主观；二是评价周期长，每开展一次人工评价需要数天甚至几周的时间，难以满足管道风险管控精细化的需求。

目前油气管道建设步入智能管道建设阶段，通过光纤预警技术、智能阴极保护技术、视频智能识别技术、地质灾害监测技术等感知技术在管道上进行应用，将风险因素置于检测、监测、监控之下，可以实时动态掌握管道风险变化。本文开展了基于感知数据的油气管道动态风险评价技术研究。

1　管道风险评价技术研究进展

目前，国内外应用较多的是以肯特法为代表的半定量风险评价方法。1992 年，由 W. K. Muhlbauer 编撰的《管道风险管理手册》一书中提出完善的评价方法与体系，目前已更新至第四版。2010 年，原中石油管道公司基于肯特法第三版，并对肯特法评价指标进行修改和完善，开发了具有自主知识产权的风险评价软件 RiskScore，每年在近 3 万 km 管道应用，并颁布国内第一部油气管道半定量风险评价行业标准 SY/T 6891. 1—2012《油气管道风险评价方法　第 1 部分半定量评价法》，在国内得到广泛应用。随着人们对管道风险认知水平的提高，风险评价指标的细致性、层次性以及权值分配的合理性存在的问题不断暴露。经过多年风险评价经验的积累，2015 年中国石油构建了基于威胁与防护的管道风险评价方法，并开发了 RiskScoreTP 半定量风险评价软件，通过引入逻辑运算模型，解决了原方法存在的风险遮蔽、各因素独立性不合理假设及风险分级困难等问题，大大提高了评价的准确度和精细度。

近年来，随着管道感知技术的不断应用，基于动态感知数据，欧美国家开始了动态风险评价的研发。其中以美国的哥伦比亚管道集团的动态风险评价软件 PVi 最为知名。PVi 软件基于 GE 公司的 Predix 平台，通过对管道内检测、SCADA 系统、泄漏监测、第三方数据等各类数据信息的集成、跟踪、分析，实现管道风险的实时动态评价。

2　油气管道风险评价计算模型

通过对油气脆弱性进行分析，找出了油气管道本体及管理的薄弱环节，针对这些薄弱环节，梳理出可能发生事故的致因因素，并对这些致因因素进行逻辑关系分析，建立了风险评价模型（图1）。

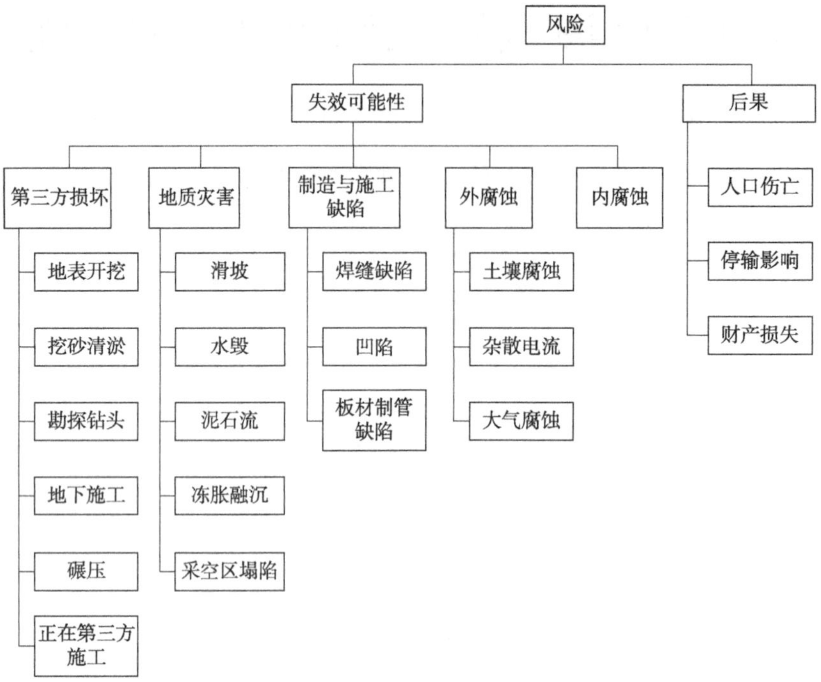

图1　风险评价模型框架

风险计算主要分为以下三个步骤：

2.1　失效可能性计算

如图1所示，失效可能性计算分为第三方损坏、外腐蚀、内腐蚀、制造与施工缺陷及地质灾害，每个风险因素单独计算失效可能性，管段失效可能性的布尔代数集合，分值区间为0~1，计算公式如下式所示：

$$P=1-(1-P_{第三方损坏})\times(1-P_{外腐蚀})\times(1-P_{内腐蚀})\times(1-P_{制造与施工缺陷})\times(1-P_{地质灾害}) \quad (1)$$

式中，P为管段失效可能性；$P_{第三方损坏}$第三方损坏失效可能性；$P_{外腐蚀}$外腐蚀失效可能性；$P_{内腐蚀}$内腐蚀失效可能性，分值区间0~1；$P_{制造与施工缺陷}$制造与施工缺陷失效可能性；$P_{地质灾害}$地质灾害失效可能性。

风险因素的失效可能性分值区间也为0~1，以地质灾害中滑坡为例对其计算模型进行说明，如图2所示，滑坡失效可能性分为滑坡发生可能性、管道易损性及管道防治计算公式为

$$P_{滑坡}=T\times V\times(1-E) \quad (2)$$

式中，$P_{滑坡}$为滑坡失效可能性，0~1；T滑坡发生可能性0~1；V管道易损性，0~1；E滑坡防护措施有效性，%。

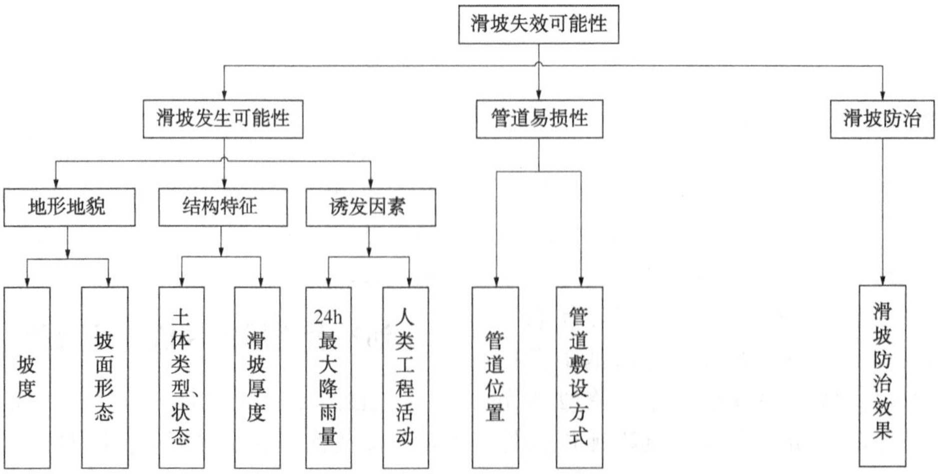

图2　滑坡失效可能性架构

2.2 失效后果计算

管道发生泄漏可能造成后果，主要分为人员伤亡、财产和停输影响，计算公式如(3)所示：

$$C = Max(C_{人口}, C_{停输}, C_{财产}) \times f \qquad (3)$$

式中，C 为管段后果；$C_{人口}$ 为人口伤亡后果；$C_{停输}$ 为停输影响后果；$C_{财产}$ 为财产损失后果；f 为修正因子后果。

2.3 管段风险计算

根据各个管段的失效可能性计算结果与失效后果计算结果，可以得到各个管段的风险值，如(4)：

$$R = P \times C \qquad (4)$$

3 动态监测数据与风险评价模型集成

通过视频智能识别、无人机巡线、光纤预警、智能阴保桩、地质灾害监测、泄漏监测等技术应用，将智能识别和监测技术相结合，建立管道天空地、全方位、立体的感知与预警体系，实现线路异常事件智能识别、分析及报警。通过对风险评价指标及感知数据进行梳理，实现了动态监测与风险评价模型集成。

3.1 风险评价指标分析

根据指标更新频率，对管道风险评价指标进行梳理分析，将指标分为4类，确定了需要集成感知数据的风险评价指标见表1。

3.2 感知数据与风险评价指标集成

感知数据与风险评价指标集成，主要分为两个层次进行集成：

（1）第一层次集成是风险评价指标与感知数据类型的集成，比如光纤振动数据与第三方损坏风险指标对应，也就是说光纤振动报警数据对接进入第三方损坏(图3)。

表1　风险评价指标分析

数据分类	举例	动静态分析	备注
基础数据指标	管径、设计压力、投产时间等	静态	不需要实时更新
检测数据指标	内外检测	半动态	有变化时更新
管道周边环境指标	管道周边地形地貌、人口分布等	半动态	有变化时更新
监测数据指标	第三方施工、地质灾害等	动态	实时变化

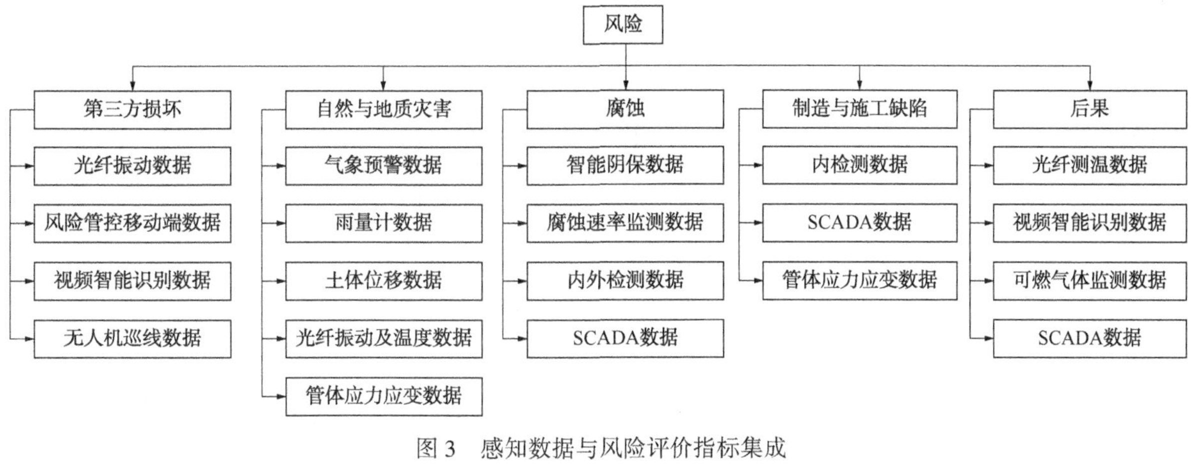

图3　感知数据与风险评价指标集成

（2）第二层次集成是感知数据报警分级与风险评价指标分级集成，比如光纤振动报警数据中的红色报警，对应第三方损坏失效可能性中的“高”(表2)。

表2　光纤预警报警类别与第三方损坏失效可能性级别集成

序号	光纤预警报警类别	风险评价指标	第三方损坏失效可能性级别
1	橙色	第三方损坏	较高
2	红色	第三方损坏	高

4 油气管道动态风险评价软件开发及应用

基于油气管道动态风险评价模型，开发了管道动态风险评价软件，并在实际管道进行了现场应用，为管道风险评价工作提供有效的工具。通过应用，与传统风险评价软件对比，基于感知数据的管道动态风险评价软件主要有以下特点：

4.1 数据录入方式

管道动态风险评价软件数据主要来源于管道

实时监测数据，同时将部分建设期数据、管道日常管理数据、社会环境数据等风险评价所需数据的进行固化。风险评价数据采集录入模式包括：在线填报上传；业务系统数据提取；智能监测系统采集上传。这些采集录入方式将一些数据由原来的人工采集录入升级为设备自动采集和传输，使风险评价的关键信息数据采集更加真实、准确、实时和可追溯。

4.2 评价周期

风险评价工作往往由专业技术人员或专业团队按照评价流程采集数据、收集资料、分析计算风险。作业所需时间长，一次完整的风险识别评价要用至少两、三个月时间完成，评价周期长，使得风险评价工作的时效性大大降低。管道动态风险评价软件基于物联网、智能移动终端的应用及信息系统互通互联，可以实时调取监测数据作为风险评价数据的输入，使得风险评价可以实现实时动态。用户可以根据管理需要，自动设置评价周期，也可以点击风险计算按钮进行风险评价。

4.3 软件架构

对软件架构进行优化，将传统 C/S 架构更改为 B/S 架构，实现软件自动更新，使用户持续体验最新功能；软件界面操作优化，提升了用户体验。评价数据统一存储与服务器，便于评价数据管理与评价结果统计分析。

4.4 风险分级

采用风险矩阵法，根据失效可能性及后果，将风险等级分为高风险、较高风险、中风险和低风险。在软件中内置不同风险等级分级阈值，用户也可根据实际情况，对分级阈值进行更改。当软件计算完管段失效可能性及后果后，自动确定管段的风险等级。

4.5 结果展示

软件配置多种评价结果展示界面，包括折线图、矩阵图、饼状图等。另外软件中配置地图展示模块，可以分析风险管段分布情况、风险点位置、风险等级、风险点周边环境等情况，实现风险评价结果的直观展示和详细分析(图 4~图 6)。

4.6 风险评价结果变化分析

软件保存历次评价结果，可实现评价结果的对比分析，便于查找风险变化原因(图 7、表 4)。

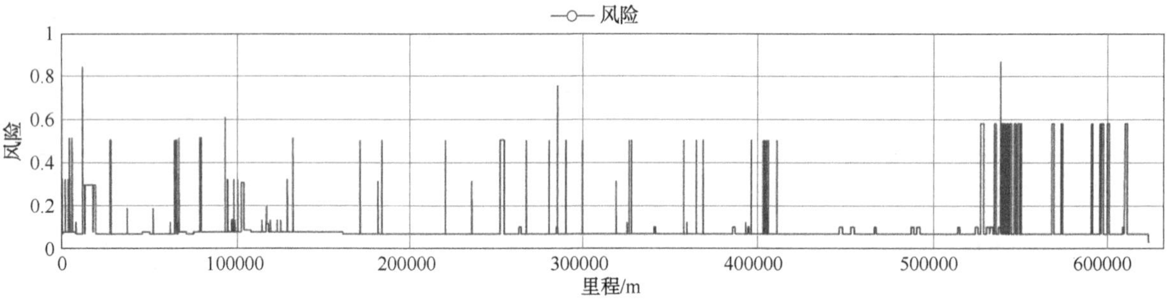

图 4　风险折线图

后果	可能性 A	B	C	D	E
5					
4	2,75, 76,77,102,110,112126,136,140,154,156, 158,160,162,164,166,170,172,176,178,206	3,111,177			
3	1,4,5,6,7,8,9,10,11,12,14,16,17,18,19,21,22,23, 24,25,26,27,28,29,31,32,33,34,35,36,37,38,39, 41,44,45,46,47,49,50,51,53,55,56,57,58,59,60, 61,62,63,64,65,66,67,68,69,70,71,72,73,74,78, 79,80,81,82,83,84,85,86,88,89,91,92,93,95,97, 98,99,101,103,105,107,109,113,115,117,118, 119,120,121,123,125,127,129,130,131,133,135, 137,138,139,141,143,145,147,149,151,153,155, 157,159,161,163, 165,167,169,171,173,175,179, 181,183,185,187,189,191,193,195,197,199,201, 203,205,207,209,210	13,15,30,4042,43,48,52,54,87,90,94,96,100, 104,106,108,114,116,122,124,128,132,134,142, 144,146,148,150,152,168,174,180,182,184, 186,188,190,192,194,196,198,200,202,204,208	20		
2					
1					

图 5　风险矩阵图(其中数字为管段编号)

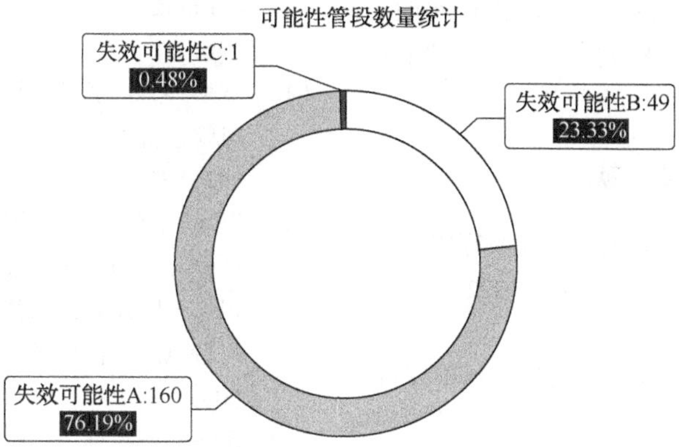

图 6　失效可能性饼状统计图

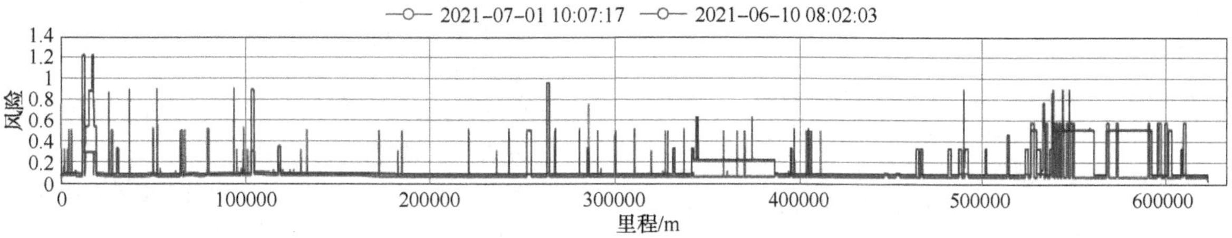

图 7　不同时间风险评价计算结果折线对比图

表 4　部分评价结果对比

序号	起始位置/m	结束位置/m	失效可能性		失效后果		风险值		风险变化	风险描述
			7月1日	6月10日	7月1日	6月10日	7月1日	6月10日		
1	11987.917	13316.614	0.179	0.378	3.241	3.241	0.580	1.224	-0.643	坡面水毁点，采取风险削减措施后风险降低
2	17258.943	17988.943	0.179	0.378	3.241	3.241	0.580	1.224	-0.643	坡面水毁点，采取风险削减措施后风险降低
3	286049.06	286099.06	0.156	0.069	4.861	4.861	0.757	0.335	0.421	新增高后果内第三方施工
4	133317.39	133517.39	0.159	0.027	3.241	3.241	0.514	0.088	0.426	新增河沟道水毁点
5	286049.06	286099.06	0.156	0.069	4.861	4.861	0.757	0.335	0.421	新增高后果内第三方施工

4.7　评价报告编写

油气管道动态风险评价软件中内置风险评价报告模板，并且可以自动调取风险评价结果数据，同时软件中内置风险库，不断累积不同风险因素对应的风险管控措施，风险库通过自我学习优化，在风险因素和风险管控措施之间建立合理的关联度，当用户确定了管段主导风险因素及风险等级后，可以自动关联风险管控措施。软件可以自动出具风险评价报告，在减轻基层工作负担、提高工作效率的同时，保证了报告科学性。

5　结束语

针对管道风险特点，建立管道风险评价模型，在融合建设期数据、管道本体数据、管道日常管理数据、周边环境数据的基础上，集成智能视频识别、智能阴保、光纤预警、气象预警、地质灾害监测、泄漏监测等感知数据，开发基于感知数据的管道动态风险评价软件。通过现场应用，管道动态风险评价软件使风险评价的关键信息数据采集更加真实、准确、实时和可追溯，风险评价的周期极大缩短，风险评价结果更具预测性、前瞻性。在动态掌握风险评价结果的同时，减轻基层工作负担，提高工作效率，具有广阔的推广应用前景。

参　考　文　献

[1] 王新，刘建平，王巨洪．智能管道时代的管道风险评价技术展望[J]．工业安全与环保，2020(02)：67-70.

[2] 王新，刘建平，张强，等．油气管道定量风险评价技术发展现状及对策[J]．油气储运，2020，39(11)：1238-1243.

[3] 王振声，陈朋超，王巨洪．中俄东线天然气管道智能化关键技术创新与思考[J]．油气储运，2020，39(7)：0730-0739.

[4] 姜昌亮．中俄东线天然气管道工程管理与技术创新[J]．油气储运，2020，39(2)：0121-0129.

[5] 张栋，闫锋，欧阳欣．中俄东线天然气管道运行保障关键技术[J]．油气储运，2020，39(8)：0861-0870.

[6] 马云宾，董红军，孙万磊，等．新冠肺炎疫情下管道线路智能感知技术的思考与探索[J]．油气储运，2020，39(4)：0389-0394，0424.

[7] 杨涛，崔伟，方卫林，等．阴极保护电位智能采集系统应用现状与展望[J]．油气储运，2021，40(2)：0146-0150.

[8] 王新，王巨洪，王中华，等．分布式光纤测温技术在中俄东线天然气管道的可行性[J]．油气储运，2020，39(06)：1-5.

[9] 张华兵．基于失效库的在役天然气长输管道定量风险评价技术研究[D]．北京：中国地质大学，2013：5-16.

[10] 贺焕婷，惠贤斌，吴东容，等．涩北气田集输管道风险评价方法修正[J]．油气储运，2020，39(08)：892-897.

[11] 冯斌，李大全，廖国威．改进的油气管道风险专家评分方法[J]．油气储运，2008，27(11)：4-8.

[12] 田娜，陈保东，陈其胜．灰色关联分析在长输管道肯特风险评价中的应用[J]．油气储运，2006，25(04)：7-10.

[13] 张华兵，程五一，周利剑，等．管道公司管道风险评价实践[J]．油气储运，2012，31(2)：96-98.

[14] 戴联双，张俊义，张鑫，等．RiskScore管道风险评价方法与应用[J]．油气储运，2010，29(11)：818-820.

[15] 张华兵，王新．基于风险评价的管道安全距离确定方法[J]．油气储运，2018，37(11)20-23.

[16] 林冬，王毅辉，秦林，等．当前管道风险评价中存在的问题及对策[J]．油气储运，2014，33(9)：963-966.

[18] 周利剑，李振宇．管道完整性数据技术发展现状与展望[J]．油气储运，2016，35(7)：691-697.

[19] 董绍华，张轶男，左丽丽．中外智慧管网发展现状与对策方案[J]．油气储运，2021，40(03)：249-255.

[20] 郭文朋，周亚薇．基于改进风险矩阵法的中俄东线高后果区风险评估[J]．油气储运，2019，38(03)：273-278+284.

集输联合站与管线运行效率分析及评价

邢武林[1]　王　强[1]　王玉江[2]　张春伟[2]　郝佳佳[3]　郝恒泽[4]　孙振华[5]　张　腾[6]

(1. 胜利油田分公司河口采油厂；2. 胜利油田分公司工程技术管理中心；
3. 胜利油田分公司工程技术管理中心，胜利油田分公司纯梁采油厂；4. 胜利油田分公司东辛采油厂；
5. 胜利油田分公司技术检测中心；6. 胜利油田分公司鲁胜石油开发有限责任公司)

摘　要　油气集输是油田地面工程的主体，油气集输处理水平对油田的开发和建设起着十分重要的作用，降低系统能耗是地面集输系统设计最主要的任务之一。本文旨在以油田某站及外输油管线为例，对集输系统效率测算，并对系统效率低的环节进行分析并提出改进建议。

关键词　油气集输；系统效率

目前，全国陆上大多数主力油田，如胜利、大庆、中原等，都已经到达高采出程度、高含水率的开发后期阶段，油田的产液、产油结构较开采初期发生了很大变化，这一变化导致油田生产能耗大幅增加。集输系统作为油田整个生产系统的重要组成部分，同时也是油田生产中的耗能大户，系统效率低、原油处理成本高等问题也日渐突出。本文通过对油气集输系统联合站的站效和管线的管效计算，对集输系统效率进行评价，找出用能薄弱环节，并提出能耗优化建议。

1　集输系统简介

1.1　联合站工艺现状

该站采用“热化学+一级沉降”原油脱水工艺，设计处理液量 $1.2\times10^4m^3/d$，设计处理油量 $0.8\times10^4m^3/d$。主要接收方向一来液方向一 $1500m^3/d$、方向二来液 $2400m^3/d$、方向三来液方向三 $570m^3/d$、方向四来液 $2750m^3/d$，处理后原油加压通过管线外输(图 1)。

该站制订了经济运行图版，分节点、设备按实际生产情况设定了具体的操作参数。参数的制定原则：以长期以来的生产操作经验数据为基础，辅以工艺仿真用能评价系统做出的局部调整。由于集输站库具体处理工艺不同，并没有统一的评价集输系统的标准。

1.2　管线运行现状

集输系统主要构成为联合站和管线，从表 1 里看出，外输线在满足生产要求条件下，并不能直观看出管线运行存在的问题。

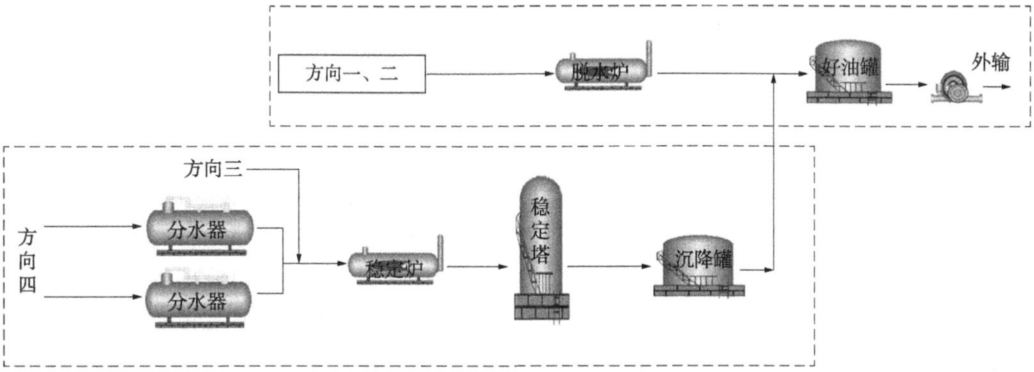

图 1　联合站管线处输流程

表 1　输油管线运行数据表

名称	起始温度/℃	起始压力/MPa	终点温度/℃	终点压力/MPa	流量/(m^3/h)	密度/(t/m^3)
外输线	73	0.8	57	0.2	220	0.9167

2　集输系统效率分析

2.1　集输系统效率定义提出

集输系统效率由中国石油天然气集团公司石油工程节能技术研究中心提出。并于 2012 年写入了《原油集输系统效率测试和单耗测算方法 SY/T 5264—2012》，通过对“集输工艺、输油动力设备、热能损耗、输油温度、原油黏度”等因素分析，发现效率低点，提出解决方案。受近几年油田生产形势影响，集输系统效率再度被加以重视。

2.2　测算公式

（1）系统总效率：（《原油集输系统效率测试和单耗测算方法 SY/T 5264—2012》）

$$\eta_{sy} = [\sum_{i=1}^{n} \eta_{si} \cdot \eta^{li} \cdot (B_i \cdot Q_{DWi}^{y} + w_i \times R) / \sum_{i=1}^{n} (B_i \cdot Q_{DWi}^{y} + w_i \times R)] \times 100\%$$

式中，B_i 为某站的耗气（油）量，m^3/h 或 kg/h；η_{sy}为原油集输系统效率，%；η^{li}为某站管道管效，%；Q_{DWi}^{y}为某燃料基低位发热量，kJ/m^3 或 kJ/kg；η_{si}为某站站效，%；R 为电能的折算系数，$R=3600kJ/kW \cdot h$；w_i 为站耗电量，单位为 kW·h；

（2）站效率：

$$\eta_s = \frac{Q'_{sb} - Q_{sa}}{Q_{sb}}$$

式中，Q'_{sb}为介质从该站带出的能量，kJ；Q_{sb}为该站供给介质的能量，kJ；Q_{sa}为介质带入该站的能量，kJ。

（3）管效：

$$\eta = \frac{G_i C_i t'_i + \frac{G_i p'_i}{\rho_i}}{G_i C_i t_i + \frac{G_i p_i}{\rho_i}}$$

式中，G_i 为流量，kg/h；C_i 为比热；kJ/kg·℃；t'_i、t_i 为为出口、入口温度，℃；p'_i、p_i 为为出口、入口压力，MPa；ρ_i 为对应液体的密度，kg/m^3。

集输系统效率的计算公式中包括管道效率、站场效率，只有每个环节的高效运行才能保证整个集输系统的高效运行。

2.3　管道实际效率计算

根据统计的管线数据，列出该管线的管道效率（表 2）。

表 2　外输线管线效率计算表

管效	$\eta_l=(G_1Ct_1+G_1P_1/\rho_1)/(G_2Ct_2+G_2P_2/\rho_2)$
管线末端流量 G_1/（kg/h）	20.2×10^4
管线首端流量 G_2/（kg/h）	20.2×10^4
管线末端温度 t_1/℃	57
管线首端温度 t_2/℃	73
介质比热 C/（kJ/kg·℃）	2.1
介质密度 ρ/（kg/m^3）	916.7
管线末端压力 P_1/MPa	0.2
管线首端压力 P_2/MPa	0.8
管效/%	78.08

从计算表来看，外输线于 2016 年 6 月新投，保温较好，管道内部摩阻较小，效率较高，按照《原油集输系统效率测试和单耗测算方法 SY/T 5264—2012》中定义来看，$\eta_{sy} = [\sum_{i=1}^{n} \eta_{si} \cdot \eta^{li} \cdot (B_i \cdot Q_{DWi}^{y} + w_i \times R) / \sum_{i=1}^{n} (B_i \cdot Q_{DWi}^{y} + w_i \times R)] \times 100\%$，提高部分管线的运行效率对于提高集输系统效率十分重要。

2.4　代表性联合站站效效率测算

本文所有测算是以 SY/T 5264—2012 为依据，因油田集输系统效率涵盖各类型站库和管线，复杂性高、差异性大，为简化计算模型，选择了具有代表性的 1 个站作为联合站单元以及该站外输管线作为管线单元为研究对象进行集输系统效率测算。

2.4.1　站效测算

站效测算主要包含以下 4 个方面。

（1）联合站进站介质带入热能按下式计算：

$$E_{ch} = \sum_{i=1} G_i C_i t_i$$

式中，E_{ch}为联合站进站介质带入热能，kJ/h；G_i 为联合站进站的第 i 种介质质量，kg/h；C_i 为对应介质比热容，kJ/kg·℃；t_i 为联合站进站的第 i 种介质的进站温度，℃。

（2）联合站进站介质带入的压力能按下式计算：

$$E_{cp} = \sum_{i=1} G_i P_i / \rho_i * 10^3$$

式中，E_{cp}为联合站进站介质带入的压力能，kJ/h；G_i 为联合站进站的第 i 种介质质量，kg/h；

p_i 为联合站进站的第 i 种介质的进站压力，MPa；ρ_i 为对应介质的密度，kg/m^3。

（3）电能计算

$$E=3600\times N_{ce}$$

式中，N_{ce}为联合站耗电量，（kW·h）/h。

（4）热能计算

$$E=B_i\times Q$$

式中，Q 为燃料基低位发热量，kJ/m^3 或 kJ/kg；B 为耗气（油）量，m^3/h 或 kg/h。

该站共有 6 台水套加热炉，3 台用于原油稳定升温，并给沉降罐原油提供脱水沉降温度，2 台用于来油加温，1 台用于外输加温。日均天然气耗气量 9000m^3。详细生产参数统计见表 3～表 5。

表 3　该站能耗参数表

水比热(kJ/kg·℃)	4.2	日均耗电量/kW·h	4000
油比热(kJ/kg·℃)	2.1	日均耗气量/m^3	9000
天然气热值/(kJ/Nm^3)	35584		

表 4　进站介质参数表

方向二密度/(kg/m^3)	916	方向二压力/MPa	0.06		
方向一密度/(kg/m^3)	944	方向一压力/MPa	0.2		
方向三密度/(kg/m^3)	873	方向三压力/MPa	0.2		
方向二温度/℃	52	方向二流量/(t/h)	86		
方向一温度/℃	48	方向一流量/(t/h)	57		
方向三温度/℃	50	方向三流量/(t/h)	35		
方向四流量/(t/h)	122.58	方向四温度/℃	45	方向四压力/MPa	0.3

表 5　出站介质参数表

外输水流量/(m^3/h)	100	外输原油流量/(m^3/h)	220
外输水温度/℃	38	外输原油温度/℃	73
外输水压力/MPa	0.26	外输原油压力/MPa	0.8

根据生产实际数据，按照 SY/T 5264—2012，就可以测算出该站的效率情况，见表 6～表 10。

表 6　该站集输系统效率计算表

1、热能计算	$E_{Ch}=\sum_{i=1}G_iC_it_i$							
介质类别(1、2、3)	1(方向一水)	1(方向一油)	2(方向二水)	2(方向二油)	3(方向三水)	3(方向三油)	5(方向四水)	5(方向四油)
G_i：第 i 种进站介质质量/(kg/h)	283.2	56356.8	258.312	85845.688	3492	31428	107526.8817	15055.10753
C_i：第 i 种介质比热/(kJ/kg·℃)	4.2	2.1	4.2	2.1	4.2	2.1	4.2	2.1
t_i：第 i 种进站介质温度/℃	48	48	52	52	50	50	45	45
Ech_{in}：进站介质带入总热能/(kJ/h)	57093.12	5680765.44	56415	9374349.13	733320	3299940	20322580.64	1422707.66
Ech_{in}：进站介质带入总热能/(kJ/h)	40947171.33							

表 7　该站集输系统效率计算表

介质类别(1、2)	1(水)	2(油)
G_i：第 i 种出站介质质量/(kg/h)	101000	202400
C_i：第 i 种介质比热/(kJ/kg·℃)	4.2	2.1
t_i：第 i 种出站介质温度/℃	38	73
Ech_{out}：出站介质带入总热能/(kJ/h)	16119600	31027920
Ech_{out}：出站介质带入总热能/(kJ/h)	47147520	

表 8　该站集输系统效率计算表

2、压能计算	$E_{Cp} = \sum_{i=1} G_iP_i/\rho_i \times 10^3$			
介质类别(1、2、3)	1 方向一	2 方向二	3 方向三	4 方向四
G_i：第 i 种进站介质质量/(kg/h)	56640	86104	34920	122582
P_i：第 i 种进站介质压力/MPa	0.2	0.06	0.2	0.3
ρ_i：第 i 种进站介质密度/(kg/m^3)	944	916	873	991
Ep_{in}：进站介质带入总压能/(kJ/h)	12000	5640	8000	37109
Ep_{in}：进站介质带入总压能/(kJ/h)	62749			

表 9　该站集输系统效率计算表

介质类别(1、2)	1(水)	2(油)
G_i：第 i 种出站介质质量/(kg/h)	101000	202400
P_i：第 i 种出站介质压力/MPa	0.26	0.8
ρ_i：第 i 种出站介质密度/(kg/m^3)	1000	920
Ep_{out}：出站介质带入总压能/(kJ/h)	26260	176000
Ep_{out}：出站介质带入总压能/(kJ/h)	202260	

表 10　该站集输系统效率计算表

3、电能计算	$E=3600\times N_{ce}$
N_{ce}：联合站耗电量/(kW·h)/h	164.7083333
Ece：KJ	592950

表 11　该站集输系统效率计算表

4、供给热能计算	$E=B_iQ$
B：燃料基低位发热量，kJ/m^3 或 kJ/kg	35584
Q：耗气(油)量，m^3/h 或 kg/h	375
E_{ch}：kJ	13344000

2.4.2　效率评价

表 12　该站集输系统效率计算表

热能利用率	$\eta_{ch}=(Ech_{out}-Ech_{in})/Ech\times100$
结论/%	46.47

表 13　该站集输系统效率计算表

电能利用率	$\eta_{ce}=(Ep_{out}-Ep_{in})/Ece\times100$
结论/%	34.11

表 14　该站集输系统效率计算表

站效计算	$\eta_c=(Ech_{out}+Ep_{out}-Ech_{in}-Ep_{in})/(Ece+Ech)\times100$
结论/%	45.49

表 15　该站集输系统效率计算表

集输系统效率	$\eta_s=(\eta c\times\eta_1\times(Ece+Ech))/(Ece+Ech)\times100$
结论/%	35.52

上述测算完全按照《原油集输系统效率测试和单耗测算方法 SY/T 5264—2012》，得出的数据可以让大家有一个更直观的印象，经过笔者测算，该站的站效仅为 45.49%，该站集输系统效率为 35.52%。热能利用率为 46.47%。电能利用率 34.11%，数值普遍偏低。

2.5　集输系统效率重要性因素分析

经查阅各方文献资料，目前国内外先进联合站集输系统效率普遍在 60%~70%，根据《原油集输系统效率测试和单耗测算方法 SY/T 5264—2012》，分析集输系统效率运行过程中的各个集输能耗节点，针对提高集输系统效率、热能利用率及减少集输系统效率电能耗量，以提高集输系统整体效率，进行敏感性分析如下：

2.5.1　集输工艺对集输系统效率影响

集输工艺是集输系统的技术核心，是影响集输系统效率高低的决定性因素。一个区块或联合站的地面工程建设，开发前期应多方论证，合理设计步站模式和站内工艺布局，在低投资高受益前提下，尽量减少中间耗能环节，提高集输系统效率。

2.5.2　输油泵对集输系统效率的影响

一般油田输油泵运行效率指标不低于 65%，目前国内外先进水平的输油泵效率在 70% 以上。泵效的提高在整个集输系统效率中有着举足轻重的作用。

该采油厂已经开发 40 余年，建设初期和后期的原油产量及含水波动比较大，尤其最近 2 年，该站输油泵大部分时间存在输送能力与实际输送量不匹配的现象。输油泵大部分时间在低效率工况下运行。因此，在集输系统输油泵方面还有较大的节能空间。

2.5.3　热损耗对集输系统效率的影响

（1）加热炉效率低下。如果加热炉供气量过大或者引风不足都会引起天然气燃烧效率低，这些情况都会浪费大量能量。

（2）输油干线保温差，散热系数过高会引起过量散热进而影响整个系统效率。

长输管线运行中，热损耗可以通过上下站的发收油温度体现出来。但在整个集输系统能量损耗中不直观，尤其在站库中，由于工艺流程复杂，设备繁多，而且受长期以来主观操作经验影响，热损耗不容易被发现。

3　提高集输系统效率建议

3.1　电能利用率

3.1.1　提高泵效

（1）机泵有效功率计算公式：

$$N_{有}=\Delta p\times Q/1000$$

式中，Δp 为泵进出口压差，Pa；Q 为外输泵排量，m^3/s；$N_{有}$为泵有效功率，kW。

（2）机泵轴功率计算公式：

$$N_{轴}=1.732\times I\times U\times\cos\varphi\times\eta/1000$$

式中，I 为电流，A；U 为线电压，V；$\cos\varphi$ 为电机功率因数，0.9；η 为电机效率，0.955。

（3）泵效率

$$\eta=N_{有}/N_{轴}$$

以该站外输油泵为例计算(表 16、图 2)。

表 16　机泵效率计算表

序列	Q/(m³/h)	I/A	U/V	P/MPa	U 线/V	N 有效	N 轴	η 泵
1	200	95	227	0.73	380	40.56	53.74	75.47
2	210	102	227	0.766	380	44.68	57.70	77.44
3	220	111	227	0.808	380	49.38	62.79	78.64
4	230	119	227	0.831	380	53.09	67.32	78.87

续表

序列	Q/(m^3/h)	I/A	U/V	P/MPa	U 线/V	N 有效	N 轴	η 泵
5	240	128	227	0.8597	380	57.31	72.41	79.15
6	250	135	227	0.8953	380	62.17	76.37	81.41
7	260	144	227	0.922	380	66.59	81.46	81.75
8	270	153	227	0.9661	380	72.46	86.55	83.72
9	280	163	227	0.991	380	77.08	92.21	83.59
10	290	170	227	1.023	380	82.41	96.17	85.69
11	300	214	227	1.164	380	97.00	121.06	80.13
12	350	294	227	1.225	380	119.10	166.31	71.61

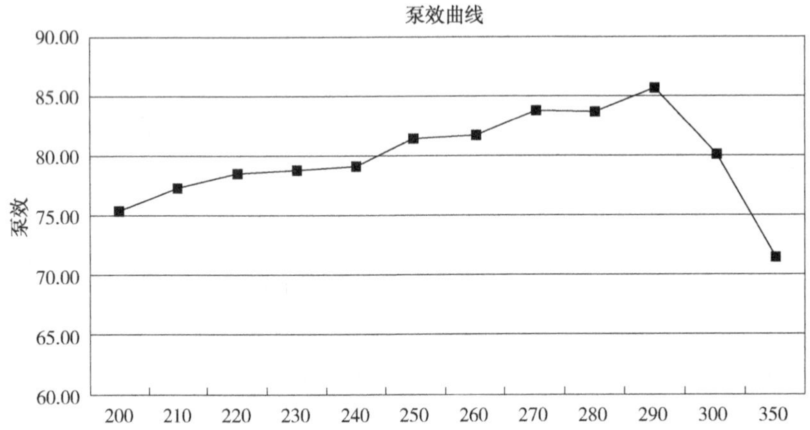

图 2　机泵效率图

从实验来看，机泵至少在 80% 额定排量以上运行才能发挥机泵最大效率。双泵补量这种做法在节能方面更是不可取。目前该站的机泵长期处于 200~230m^3/h 区间运行，远达不到理论计算的最佳输量节点，可以考虑换型以匹配目前的生产能力。

3.1.2　减小系统无功消耗

从《原油集输系统效率测试和单耗测算方法 SY/T 5264—2012》中，电能利用率 $\eta_{ce}=(E_{pout}-E_{pin})/E_{ce}\times100$ 可以看出，评价联合站电能利用率受进站介质能量、出站介质能量、联合站消耗电能有关，该站测算出 $\eta_{ce}=34.11\%$，除了外输泵可能处于低效区外，说明该站存在大量的无用电能消耗，这部分电能没有直接作用于出站介质。

1）减小伴热系统用电

冬季生产大部分区域需要集中供暖以保证生产正常运行，该站热水泵用来提升加热炉水套内热水给全站各部位循环使用。热水泵采用 22kW 电机驱动，每小时耗电约为 14kW · h，占到了全站供给电能的 8%。建议考虑提高联合站局部的保温能力，采用更高效的保温材料，缩小热水集中供暖范围和负荷，减少无功电能损耗。

2）减小站内循环液量提升用电

冬季为防止管线冻凝，污油泵、采出水回收泵均 24h 运行，实际上提升的液量在油站、采出水站之间来回循环，污油泵、采出水回收泵每小时耗电 21kW · h，占到了全站供给电能的 13%。

因此，继续优化工艺，降低站内循环液量，缩减站内提升泵的开机时间，可以节约大量的电能。

3.2　热能利用率

3.2.1　提高炉效

集输系统中的加热设备是必不可少的，通过本文前面的计算，该站热能供给量 1334.4×10^4kJ/h，占到了全站能量的 95.75%，而有效利用率仅为 46.47%，如何提高加热炉效率将在提高整个集输系统效率中起到关键作用。

提高加热炉效率的主要途径有：

（1）在加热炉选型问题上要根据实际负荷状况进行合理选择，防止额定功率与实际负荷偏差较大，造成"大马拉小车"现象发生，造成效率低下。

（2）加强管理工作和技术培训。对操作工人从理论基础和操作技能进行全方位培训，保证加热炉正确维护保养和在较好的状况下运行。

（3）安装仪器对空气过剩系数及时监测，对燃气量大小及时进行调整以提高效率。

3.2.2　采用换热系数更低的保温材料

输油管线沿程温度分布计算公式为

$$T_L = T_0 + (T_R - T_0) e^{aL}$$

其中 $a = \dfrac{k\pi D}{Gc}$

末端温度 T_L 为管线长度 L 的函数，温度变化函数曲线如图 3 所示。

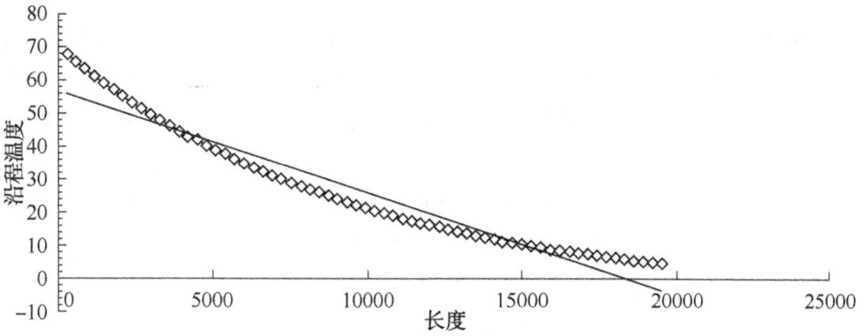

图 3　热油管道温降曲线

上图为环境温度为 5℃，起始温度 70℃，管线温度变化情况。

从图可知，油流的温度沿管道长度呈负指数形式减小，在出站附近温降较快，温降曲线较陡；在进站附近温降较慢，温降曲线较平。因而，单纯靠提高出站温度的方式来提高末端进站温度，效果往往是不明显的。有数据记载，输油站起始油温提高 10℃，末端收油温度仅能提高 3℃。减少输油管线热能损耗，提高管效最有效的办法是采用良好的保温材料。

例：美国阿拉斯加原油管道，长 1288km，管径 1220mm，其中 687km 架空管段，保温材料为聚氨酯泡沫，厚 95mm，冬季平均气温-43℃，管线起始温度 59℃，全程无加温，末端在北极圈内，收油温度可保持在 27-32℃。

4　结论

提高效率是油田开发建设的永恒主题。我们要通过优化集输工艺、合理设计、推广应用高效率动力设备、加强管理、增加综合利用等一系列提高集输系统效率的措施，进一步降低生产成本，为企业的生存发展创造有利条件。

本文通过理论测算，有以下几点认识：

（1）本文以油田某站为例进行效率测算，得出的数据表明，该站集输站效和系统效率很低，本文中夹杂了大量计算，基础数据来自生产实际，但由于工业运行数据参数变化频繁，结果可能存在偏差。

（2）按照规范计算集输系统效率，有助于我们宏观、客观、量化集输系统水平以及能源利用状况，通过计算结果找到系统内的能量损失节点，制定合理的改造节能计划。

（3）规范中的计算公式基于能量守恒定律，具有普遍适用性，适合每个联合站来测算实际的站效及集输效率。表中的公式不仅适用于整个站库，也同样能用于站库某一个单元生产环节，例如单独的加热系统、外输系统、原油处理或采出水处理环节。

参考文献

[1] SY/T 5264—2012. 原油集输系统效率测试和单耗测算方法[S]. 北京．石油工业出版社．2012，11-18.

[2] 孙世海，魏开华，刘田．提高原油集输系统效率技术研究[J]．油气田地面工程，2003，22(6)：26-27.

[3] 张兰双，魏立新，王文秀，等．原油集输系统效率计算与能耗分析软件开发[J]．油气田地面工程，2005，24(11)：14-15.

[4] 张倩，王林平，刘一山，等．陇东油田提高集输系统效率技术研究与应用[J]．石油石化节能，2011，1(10)：13-15.

原油埋地管道泄漏监检测技术在胜利油田的应用实践

郝恒泽[1]　孙振华[2]　王玉江[3]　张春伟[3]　郝佳佳[4]　谢海斌[5]　邢武林[6]

（1. 中国石化胜利油田分公司东辛采油厂；2. 中国石化胜利油田分公司技术检测中心；
3. 中国石化胜利油田分公司工程技术管理中心；4. 中国石化胜利油田分公司纯梁采油厂；
5. 中国石化胜利油田分公司现河采油厂；6. 中国石化胜利油田分公司河口采油厂）

摘　要　本文主要介绍了胜利油田在原油埋地管道泄漏监检测技术方面的综合应用，主要包括基于管道外检测法、管道内检测法、光纤泄漏监测法、基于动态质量平衡监测技术、压波泄漏监测技术、管壁参数检测法等技术手段或组合技术，开展埋地管道泄漏监测预警。通过实际应用案例，验证了多种监检测技术组合在油田原油埋地管道泄漏监检测中的有效性和准确性。

关键词　埋地管道；泄漏；监检测技术；组合技术

1　前言

胜利油田开发建设年限逐渐增长，运行规模不断扩大，埋设在油区内部的油气集输管道已达12000km以上，其中80%以上管道已连续运行超十年以上，为满足管道承压能力要求，埋地管道材质以钢制管道为主。随着埋地金属管道腐蚀问题的持续加剧，越来越多的金属管线正逐步被玻璃钢、PE管等非金属管道替代。由于埋地管道敷设距离长，穿越地域广，环境地形复杂，敷设土壤差异性大，输送介质性质各异，敷设方式复杂，给管道的日常管理与巡视维护带来较大挑战。一方面，部分管道服役时间已接近设计年限，其设计、制造、安装及运行维护管理中存在的突出问题逐渐显现，另一方面随着地方经济的不断发展，管道占压、第三方施工破坏事件时有发生。原油管道泄漏引发的安全环保事件及带来的影响愈加突出，严重威胁到管道敷设周边安全与环境，同时埋地管道发生泄漏存在应急处置的滞后性。因此，在役油气管道的安全运行便成为管道的使用者与管理部门亟待解决的重要问题之一，其中管道泄漏监测预警是保障管道安全运行的重点技术手段之一。

本文总结了胜利油田利用多种泄漏监检测组合技术在油区开展原油埋地管道泄漏检测工作的实践经验，针对原油埋地管道筛选出了适宜的组合泄漏监检测技术，并取得了一定的泄漏监测及预警效果，对油田原油埋地管道泄漏事故的快速抢险工作具有重要的指导意义。

2　埋地管道泄漏监检测技术简介

目前国内外可用于埋地管道泄漏检测的常用方法、检测原理及设备见表1。

表1　国内外常用埋地管道泄漏检测技术

检测方法	基本工作原理	主要仪器设备
直接观察法	通过看、闻、听或者其他方式发现一些较大规模的泄漏	红外测温枪、电子听音杆等
空气取样法	示踪气体检测	燃气泄漏检测仪
质量平衡法	根据进出口管道流体的流量差来判断是否发生泄漏	—
压力分布法	根据上下两站压力下降的时间差即可计算出泄漏点位置	—
负压波法	根据压力信号的变化和泄漏产生的负压波传播到上下游的时间传感器差，确定泄漏位置	泄漏监控系统及传感器

续表

检测方法	基本工作原理	主要仪器设备
声波法	将泄漏时产生的噪声作为信号源，通过拾取并分析沿管道向两端传播的声波，确定是否发生泄漏并进行定位	管道泄漏检测仪，声发射传感器
电流(或电位)梯度法	利用电流(电位)的突变来查找防腐层的破损点	RD-PCM(+)、DM 等
管道 PIG 检测法	在传统清管器的基础上，搭载了磁力检测工具和超声波检测工具等，通过管内检测，发现管体腐蚀缺陷	管道 PIG
导波技术检测法	通过检测并分析沿管道向两端传播的低频超声导波，普查管体焊缝、蚀坑或蚀孔、裂纹、变形、积垢等缺陷	TELETEST、Wavemaker 等

随着科技创新发展与技术迭代升级，原油埋地管道泄漏监检测技术也在不断增多增强，其监测能力与精度在不断完善提升，在整个原油管道泄漏检测中，由于检测环境较为复杂，管内原油性质等各种因素，单一监检测技术无法满足现场需求，因此通常基于多种监检测技术方法的组合，综合成一套泄漏监检测系统来使用。

2.1　管道外检测法

管道外检测法一般指人工检测，根据检测对象不同可分为巡线观察法和电缆检漏法。①巡线观察法。这是一种较为原始的检测方法，操作起来较简单，一般由有经验的工人或经过特殊训练的动物来进行原油管道沿线检查，主要发现具备明显痕迹的管道泄漏，但很多原油管道分布在人迹罕至的地方，人员巡线检测的难度增大，且时效性较低，正逐步被自动化智能化的监检测技术替代。②电缆检漏法。在铺设原油管道过程中平行铺设对应的电缆，如果原油管道发生泄漏，则相邻电缆的性质也会发生相应变化，通过对电缆进行检测可以快速确定是否发生泄漏事故，还可以根据电路的异常情况确认泄漏的范围和位置。因此，在铺设电缆时可以选取对原油介质灵敏度高的电缆线，增强检测的灵敏度，但这种电缆线的造价一般比较高，且电缆一经原油污染必须及时更换，所以其维护成本较高，同时电缆法极易收到第三方施工破坏的影响。

2.2　压差泄漏监测技术

当原油管道某一部位发生泄漏时，泄漏点处的原油压力也会发生变化，因此可以通过检测压差来进行泄漏监测。具体方法是沿着管道分段关闭阶段运输阀门，然后对管道内的压力下降情况进行观察，根据压差变化来判断泄漏的程度和位置。但这种检测方法有一定局限性，只能检测压力相对稳定的介质，而且需要停运进行检查，会影响原油管道运输的连续性，且只能检测出泄漏发生在某一段管道，无法精确定位具体泄漏点。

2.3　光纤泄漏检测法

光纤检漏法是依靠光纤传感器来进行检测，一般是根据光纤探头接收的光强来确定管道是否泄漏，也有通过监测温度变化来确定是否泄漏的传感器。这种检测方法可以快速检测出泄漏事故，其准确率比较高，但缺点是前期建设成本和后期运行维护成本都比较高，且极易受到第三方施工的破坏。

2.4　基于动态质量平衡的检测技术

该检测方法主要是通过流体瞬间动态方程组来对管内剩余物质的量进行计算，以此来确定管道是否发生泄漏，但这种检测方法有一定局限性，需要将管道的温度、流速、进出口流量等多个因素考虑进去，一旦缺少对某个因素的考虑，其计算结果的准确性就无法得到保障。因此，运用该方法对管道泄漏进行检测必须在管内建立动态的质量平衡关系，即进口流量与出口流量相等，在这个前提下才能确保检测结果的准确性和精度。

2.5　压波传播速度检测技术

压波传递速度检测技术是原油管道泄漏检测的关键技术，这个技术主要是利用原油在管道中的压波传播速度来对泄漏点进行定位，当某个位置的波速增加，且原油的流速明显增强，则表示这个位置的原油压力减小了，很大可能发生了泄漏事故。在应用中可以将现代化网络技术与压波传播速度检测技术结合起来，利用计算机技术来记录原油管道内的压波速度变化数值，找到压波速度最快的点，该点一般为原油管道的泄漏点。

2.6　超声波检测技术

超声波检测技术的应用领域和范围越来越广，将其应用在原油管道的检测中，主要是通过超声波的微弱信号来检测是否有泄漏事故。超声波检测技术相对比较成熟，应用在泄漏事故中的准确率比较高，可以有效降低泄漏事故的发生率。

2.7 实时模型法

实时模型法在应用时将整个原油管道看作一个复杂的热力系统，利用相关技术建立管道实时模型，通过对原油管道内实际数据的测量记录，作为原油管道各项数据的实际值，将其作为参照，同时依据动态模型对管内压力、流量等数据进行估计，并将估算值与实际值相对应，差异过大则表示发生了泄漏，该方法的限制因素较多，都会影响到模型的准确度，因此实施难度也比较大。

2.8 管壁参数检测法

原油管道发生泄漏多与管道腐蚀、老化等因素息息相关，因此可以通过检测管壁的参数来检测是否发生泄漏。检测方法是将管内探测球从管道一端放入，随着原油的流动方向游走，同时对原油管道内壁的腐蚀、缺陷等情况进行检测。这种检测方法可以比较详细检测到管内的实际情况，为管道的维修提供实际参考，但是检测成本相对较高、检测周期也比较长，需要对管内进行连续检测才能达到理想的检测效果。

3 原油埋地管道组合泄漏检测技术应用实例

（1）某采油厂某联合站——东营原油库外输管线盗漏点检测。检测步骤方法如下：利用负压波法对原油埋地管线进行精确定位，确定盗漏点的具体位置(图1、图2)。

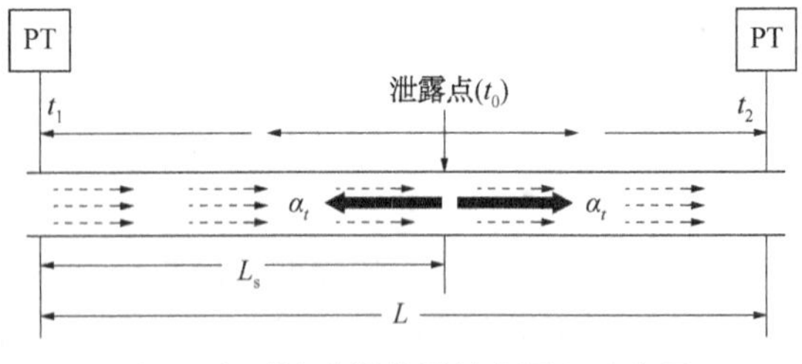

图1　负压波泄漏检测技术原理示意图

系统主要由压力传感器、数据采集单元、服务器以及通信设备组成。在管道的入口和出口，分别安装2台高灵敏度的压力传感器，用于检测负压波。为了减少检测盲区，增加泄漏检测定位的精度，在管道出入口可以考虑安装流量仪表。同时在管道入口和出口分别安装1套数据采集单元，可以快速采集压力/流量数据，减少信号噪声，具有短期数据存储功能。数据采集单元配备

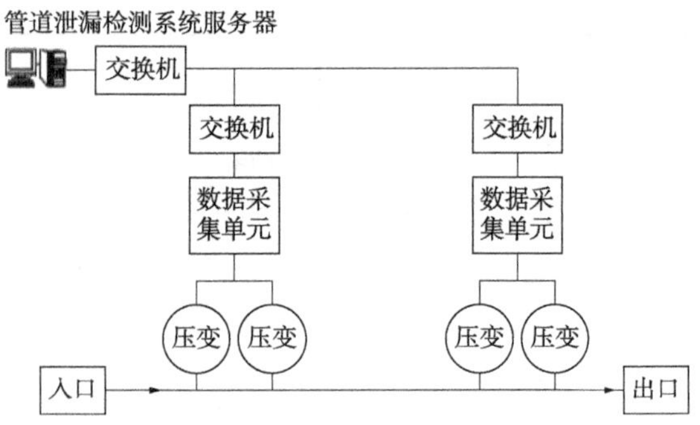

图2　泄漏检测系统结构示意

GPS接收装置，能够实现高精度的时钟同步，保证负压波采集时间基准的统一，提高泄漏检测与定位的准确度。数据采集单元将数据处理后通过以太网传输到泄漏检测系统服务器，服务器中安装泄漏检测系统软件，软件包含分析压力/流量数据的多种算法，该类算法的应用，大幅降低了误报警的概率。服务器收到所有数据后，泄漏检测系统软件将会分析这些数据，并检查负压波波阵面及其在整个管道中的传播情况。利用算法滤除噪声后，将真正的泄漏与正常运行引起的瞬态压力变化区分开来，同时产生1个时间、距离和压力的强度的三维图形。如果系统确认发生泄漏，将触发泄漏报警并计算泄漏位置、泄漏大小等泄漏信息，并将其显示在用户界面上，或通过OPC协议将其传输到SCADA系统，所有这些功能都由硬件和软件自动处理。

通过负压波检测技术的应用，准确定位管道盗漏点为出站5.4管理处，具体发现位置如图3、图4所示。

图3　输油管线泄漏系统现场安装照片

（2）某采油厂标定站——东营原油库外输管线腐蚀穿孔事故泄漏检测。检测步骤方法如图5所示。

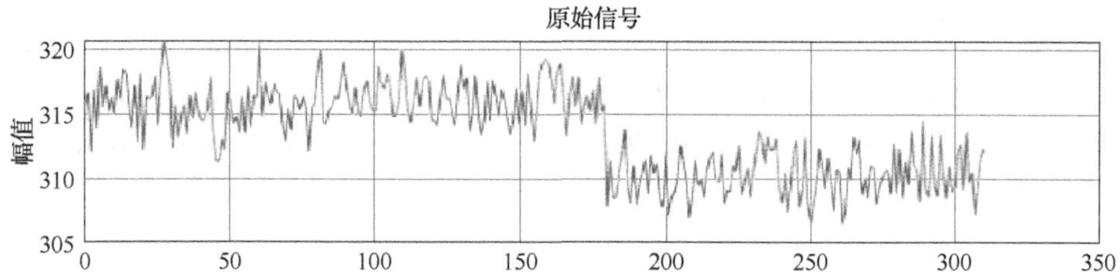

图 4　输油管线泄漏系统波形照片

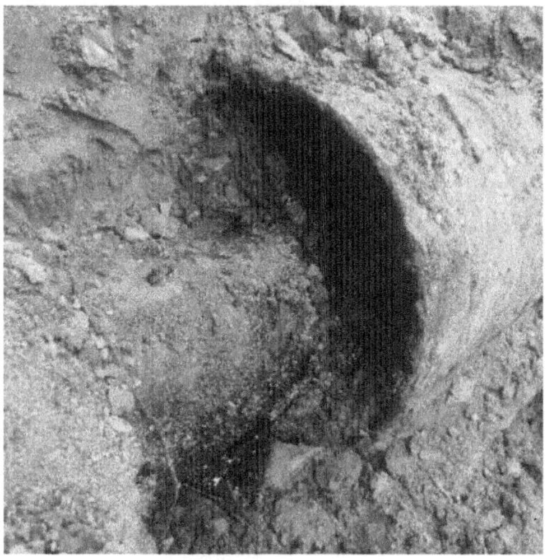

图 5　输油管线泄漏部位检出照片

① 利用 RD4000 峰值法对埋地输油管线进行精确定位，确定管线的具体位置，并探测分支金属管线。

② 利用探地雷达探测分支非金属管线。

③ 利用电流梯度法和电位梯度法在原油泄漏点前后检测管道防腐层破损点。

通过多种检测技术的综合应用，在内检测出了管道泄漏点为一直角弯头处，因年久腐蚀严重以及弯头处介质流态变化引起的冲刷腐蚀，造成管线穿孔泄漏。

4　埋地管道泄漏监检测技术应用总结

埋地管道输送介质的不同决定了其泄漏原因及泄漏特点的不同，进而决定了各种泄漏检测方法的针对性和适应性，总结胜利油田利用多种组合泄漏检测技术开展埋地管道泄漏检测工作的实践经验，针对原油埋地管道泄漏检测提出如下组合检测方法及步骤，以供参考：

（1）对于埋地输油管道泄漏检测，由于原油对管道内壁的保护作用，外腐蚀及人为破坏通常为引起埋地输油管道泄漏的主要原因，利用“电流梯度法和电位梯度法”查找以上的防腐层破损点可初步确定管道泄漏异常部位。由于泄漏原油对防腐层破损点的屏蔽作用，易导致防腐层破损点的漏检，因此，对于含水量<40%的输油管线，应预先进行全线防腐层破损点检测，进行风险点布控，以便管线泄漏事故发生时，通过对分布在泄漏点附近的防腐层破损点进行综合分析，或利用其他泄漏检测技术对局部异常泄漏部位进行精确定位。

（2）针对埋地输油管道泄漏检测更多采用负压波泄漏系统，其具有检测迅速、定位准确、误报警少、易于安装等优点。人机界面友好、分析图形丰富、报警与定位直观，有利于减少操作人员工作量，满足日常泄漏检测的要求。目前采用负压波泄漏系统基于 SCADA 系统进行设计，分别进行了输油管道检测系统的硬件设计和软件设计，硬件设计参照传感器选择标准进行了压力传感器的选择，对负压波数据采集系统进行了设计，同时采用了 GPS 授时方式对数据采集系统进行授时，整体负压波检测系统采用工控机方式进行组装；软件设计进行数据采集模块、数据监控模块、泄漏点分析模块、数据传输模块、GPS 授时模块和文件服务模块等模块设计。

传统埋地管道泄漏监检测技术多基于金属管道的外检测或内检测技术，多采用电磁、声波等技术原理，对金属管道监检测技术相对成熟，随着越来越多的非金属管道的应用，基于激光、声、波等非电磁原理的检测技术将持续取得突破，埋地非金属管道泄漏监检测及预警能力将持续提升。同时埋地管道泄漏抢险时间是避免泄漏损失扩大的决定性因素，针对管道输送介质的不同，综合利用多种泄漏检测技术进行泄漏检测的目的在于快速检出泄漏点，避免泄漏损失扩大，目前，胜利油田综合利用多种泄漏检测技术可基本将城区环境泄漏抢险时间控制在 24h 内；野外环境泄漏抢险时间控制在 12h 内。

参 考 文 献

[1] 柳言国，龙媛媛，等，埋地管道泄漏检测技术在胜

利油田的综合应用[J]，石油化工腐蚀与防护，2009，02：47-49.

[2] 吕孝波，杨斌，原油输送管道泄漏检测技术及应用[J]，中国石油和化工标准与质量，2020，05：56-57.

[3] 申成华，等，原油长输管道泄漏定位关键技术研究[J]，当代化工，2019，10：2346-2348+2352.

[4] 陆地，等，基于负压波原理的原油管道泄漏检测系统应用[J]，石油化工自动化，2018，02：69-70+74.

大模型在油气管网行业机器视觉相关应用探索

陈炳宇　李　晨　赵杰鹏　王洪旭　李　涵　齐海乐　谷晨霞

（北京智网数科技术有限公司）

摘　要　探讨了行业目前CV相关的大模型技术，例如大模型在CV领域的开山之作VIT(Vision Transformers)，最新的CLIP(Contrastive Language-Image Pre-Training)、LATENT DIFFUSION、SAM(SEGMENTANYTHINGMODEL)等，探索其对管网CV场景的指导与启发，同时对管网目前已有的CV模型的存在的痛点进行分析，这些痛点可能包括已有机器学习模型的准确性、实时性、资源消耗、以及泛化性等方面。为了克服这些挑战，我们开始研究如何将大模型与现有的CV模型相结合，以期在大模型中融入管网特定的视觉识别需求和场景特点。研究了针对主流的以AGENT方式，进行大模型与CV模型相结合的方法，我们旨在为大模型在管网机器视觉相关场景中的应用提供有力的技术支撑和应用依据，并在未来致力于实现一套适合管网业务的大模型CV场景落地流程指导。这意味着大模型能够在处理管网相关的视觉数据时，展现出更高的识别精度、更好的泛化性和更好的资源利用率。同时，结合了管网特点的大模型也将能够更好地适应各种复杂多变的现场环境，提高模型的稳定性和可靠性。此外，这种结合方法还将有助于推动大模型在管网CV领域的技术创新和应用拓展，为管网的智能化、自动化发展提供强有力的技术支持。通过不断的优化和迭代，我们有理由相信，这种大模型与CV模型相结合的方法将在管网机器视觉相关场景中发挥越来越重要的作用，并为相关领域的技术进步做出重要贡献。

关键词　大模型；LLM；机器视觉；CV；向量库；AGENT；云边协同

1　前言

AIGC(AI Generated Content)是人工智能生成内容的缩写，它是自然语言处理和计算机视觉领域的前沿技术。AIGC可以应用于多个领域，包括商业、教育、医疗和游戏等，能够提供智能客服、舆情监测、写作辅助、阅读理解、医学文献分析、游戏素材创作等服务。AIGC的优势在于提高计算机处理自然语言和图像的能力，从而提升工作效率和准确度。尽管AIGC具有巨大潜力，但仍需解决语义理解和信息安全等问题。

在自然语言处理领域，大型语言模型(LLM)如GPT系列、BERT、RoBERTa等，能够处理多种自然语言任务，如文本分类、文本生成、机器翻译等，推动了自然语言处理技术的发展。

计算机视觉(CV)的大模型技术主要包括卷积神经网络(CNN)、循环神经网络(RNN)和注意力机制(Attention)。CNN主要用于图像分类、目标检测和图像分割，RNN用于序列建模，如视频分析，而Attention机制可以提高模型对关键信息的关注。此外，基于Transformer结构的模型正在成为研究热点，它们能够提升模型的深度和任务精度。当前的研究趋势还包括多模态技术，即如何将图像与其他模态(如文本、语音)关联起来。

2　CV相关的大模型技术

在人工智能迅速发展的背景下，大模型技术已成为AI领域的核心议题及未来发展方向。

2017年，谷歌推出了Transformer架构，这一创新颠覆了传统的神经网络结构。该架构利用注意力机制提高了模型训练速度和语义理解能力，因此在多个任务上表现出色，例如机器翻译和问答系统。此后，大规模预训练语言模型开始受到广泛关注。2018年，谷歌进一步提出了大规模预训练语言模型BERT。这是一个基于Transformer的双向深层预训练模型，其参数规模首次超过了3亿。BERT具有卓越的上下文理解和记忆能力，成为了自然语言处理领域的一项重要突破。同时，OpenAI也提出了生成式预训练Transformer模型GPT。GPT实现了阅读理解机器翻译功能，极大地推动了自然语言处理领域的发展。GPT模型的提出，标志着自然语言处理技术又向前迈进了一大步。

Transformer 颠覆了传统深度学习模型，但仅限于文本序列建模，之后 ViT 打通了 Transformer 与 CV 领域的壁垒，BEiT 模型将生成式预训练引入 CV 领域，基于 CLIP 的多模态模型打通了图文空间的界限，扩散模型与多模态大模型结合等等一系列研究成果，大大推动了文生成图领域的发展。

ViT(Vision Transformers) 是 2020 年 Google 团队提出的将 Transformer 应用在图像分类的模型，但是因为其模型简单高效，可扩展性强，成为了 transformer 在 CV 领域应用的里程碑著作，打通了 Transformer 与 CV 领域的壁垒，从此图文可以统一建模。

ViT 将输入图片分为多个 patch(16x16)，再将每个 patch 投影为固定长度的向量送入 Transformer，后续 encoder 的操作和原始 Transformer 中完全相同。但是因为对图片分类，因此在输入序列中加入一个特殊的 token，该 token 对应的输出即为最后的类别预测(图 1) 。

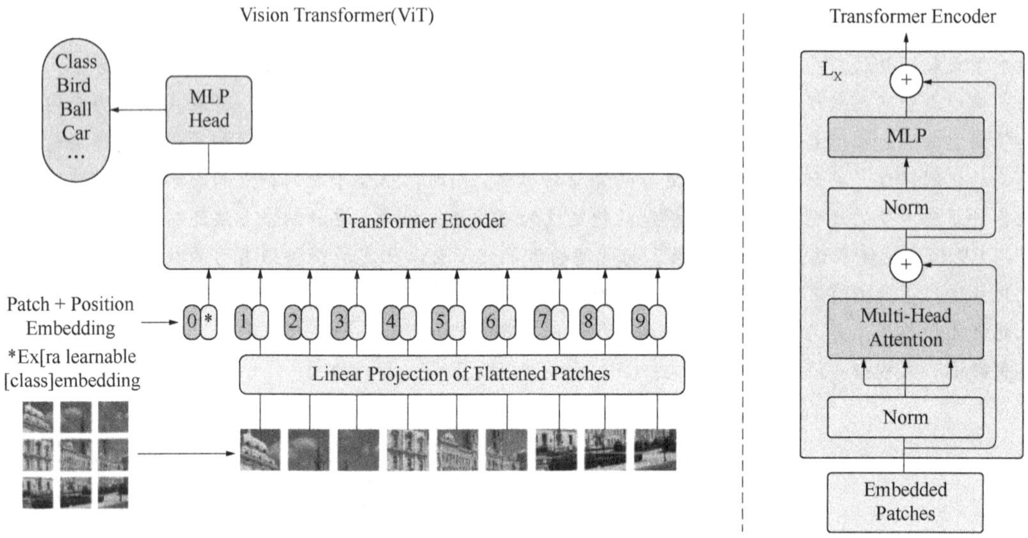

图 1　ViT 架构

相比语言模型动辄成千上万亿的参数量，计算机视觉领域吃到 Transformer 的红利较少，谷歌研究人员提出的这种能够高效且稳定训练大规模 ViT 模型的方法，成功将 ViT 的参数量提升到 220 亿，通过利用 Transformer 架构大大提升了 CV 模型的视觉感知力。

以此为基础，大模型在 CV 领域展现出越来越多的技术优势，以下介绍几种 CV 大模型的技术方向。

2.1　CLIP

CLIP 技术可以将图像和自然语言联系起来，从而实现更加智能化的图像处理和语言理解。它的全称是 Contrastive Language - Image Pre-Training，主要是指利用对比学习的方法，通过大规模(互联网收集的 4 亿量级) 的“图像文本对”数据集的预训练，使得模型能够理解图像和语言之间的关联性，从而在面对新的图像和文本时能够更加准确地进行推断和预测，训练和推理结构见下图所示，通过对比学习的方式，开创了一次全新的分类模式，后续还有比如 FLIP 等改进性工作值得细读，同时还降低了训练门槛(图 2) 。

2.2　Latent Diffusion

Latent Diffusion 是一种基于潜在扩散模型(LDMs) 算法而研发的一款用于 AI 作画的开源训练框架，该框架可用于文图生成、无条件图像生成、图像修复、布局图像生成、语义图像生成和图像超分等多种图像合成任务。LDMs 是先通过在一个潜在表示空间中逐级去噪来得到中间表示结果，然后再将其解码为完整的生成图像。潜在表示空间相比之前的基于像素空间的扩散模型来说(典型代表为 DDPM) ，显著的降低了计算量，使得 AI 作画能够在消费级 GPU 上使用，而且在几秒时间内生成图像，极大地降低了落地门槛，其中 Github 上火爆开源的 Stable Diffusion 便是基于 LDMs 开发的(图 3) 。

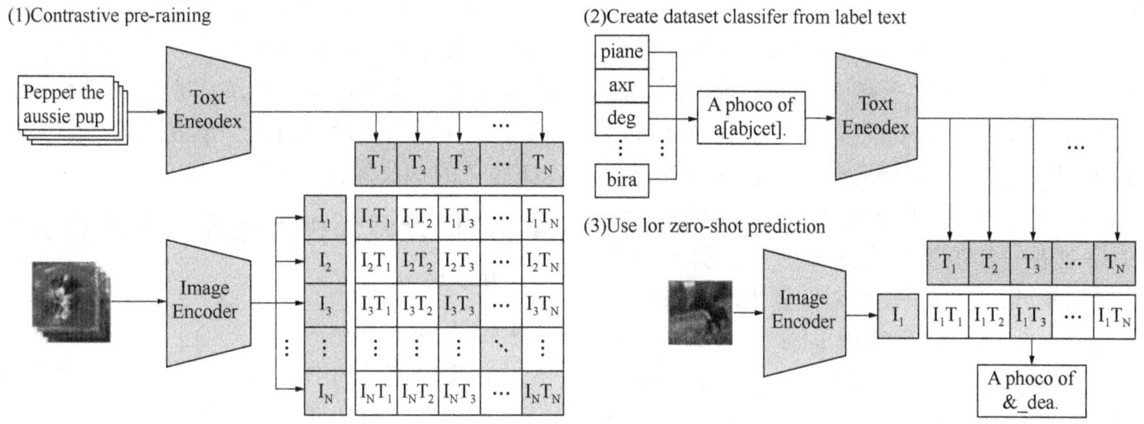

图 2　CLIP 模型方法

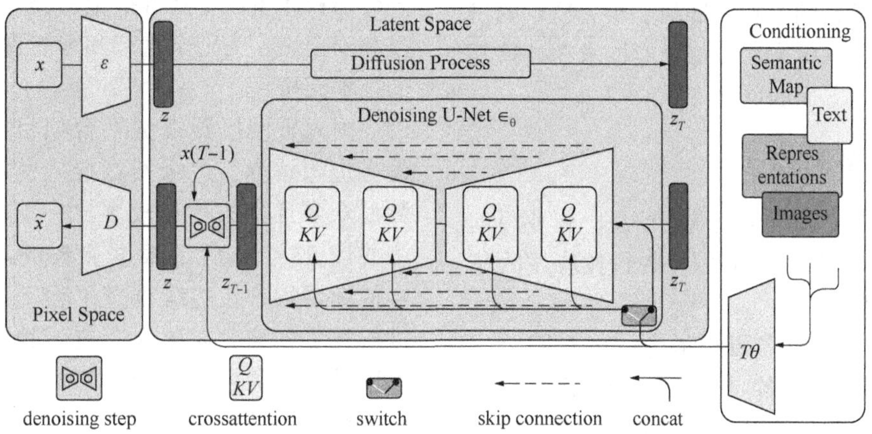

图 3　Latent Diffusion 模型架构

2.3　SAM

SAM 是一个新的用于图像分割的任务、模型和数据集。使用数据收集循环中的高效模型，作者构建了最大的迄今为止(到目前为止)的分割数据集，在 1100 万张得到许可和隐私尊重的图像数据上生成超过 10 亿级不带类别的 mask 标签。这模型被设计和训练为可提示(prompts)的，因此它可以迁移 zero-short 至新的图像分布和任务上。通过评估其在众多任务上的能力，并发现它的 zero-short 性能令人印象深刻——通常具有竞争力具有甚至优于之前完全监督的结果(图 4)。

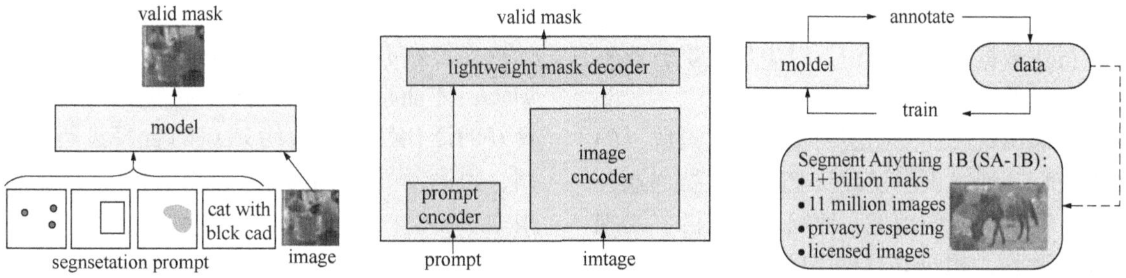

图 4　SAM 工作原理

不过总的看来与其说它是一个算法，倒不如说是一个数据工程，其在没有提示的开放集中执行任何分割任务的能力，在减少大量的图像标注工作上成果显著，整数智能已经通过将 SAM 集成进 ABAVA 标注平台，为用户提供了更好的标注体验。在使用 SAM 模型时，用户可以轻松、高效地完成数据标注任务，并且基于 SAM 的特点为数据场景做了专项优化，使标注结果更加准确。

总而言之，Transformer 模型的出现彻底改变了深度学习在文本序列建模方面的传统方法。随后，Vision Transformer（ViT）扩展了 Transformer 的应用范围，使其也能够有效地处理计算机视觉任务，打破了文本和视觉处理之间的壁垒。BEiT 模型进一步将生成式预训练方法引入到计算机视觉领域，增强了模型对图像内容的理解和生成能力。此外，基于 CLIP 的多模态模型实现了文本和图像数据之间的紧密融合，极大地拓宽了人工智能在理解图文关联性方面的应用。扩散模型与多模态大模型的结合，则为文本到图像的生成领域带来了新的突破，推动了相关技术的发展。这些进展共同标志着人工智能技术在处理复杂、多模态数据方面的巨大飞跃。

3　行业应用案例

根据我们前期调研所获取的信息，行业目前最具代表性的大模型在 CV 领域的行业应用为华为的矿山大模型。

2022 年山东能源集团与华为技术有限公司（以下简称华为）立足各自产业和技术优势，建立全面战略合作伙伴关系，深度融合工业场景与数字技术，重点围绕煤矿智能化“少人、无人、安全、绿色、高效”的目标，开展 20 个课题的联合创新，积极探索人工智能、大数据、物联网、5G、F5G 等新一代信息技术在煤炭产业的应用。

针对单场景小模型方案的问题，山东能源集团推出矿山大模型解决方案，采用“1+4+N”总体架构，以分层解耦架构为特点，结合数据安全和隐私保护技术，利用无监督或自监督学习方法，从行业数据中提取知识，以满足煤炭行业不同业务场景的智能化需求。

山东能源集团在集团层面集约化建设统一的矿山大模型，通过顶层设计从全局视角拉通业务与技术，明确目标与措施，协同内部资源，实现多元知识融合，构筑共享的 AI 能力，支持集团决策和运营，促进集团业务转型和创新发展。云边协同是其显著特点，云边协同是规划的显著特点，在中心实现统一的人工智能开发、训练和运维，训练获得的推理模型被分发部署到位于生产单位的边缘节点，以支撑业务场景应用。在 AI 服务推理过程中，在边缘节点完成视频数据获取、推理识别、告警处置的业务闭环，并可通过接口将异常样本回传到中心云，中心接收、存储异常样本，定期启动再训练，生成新版本的推理模型，并重新分发到边缘，形成飞轮效应，实现 AI 服务的迭代优化。

4　建设管网大模型底座，支撑高级 CV 能力

4.1　CV 建设现状

国家管网公司的机器视觉建设是一个全面而深入的项目，旨在通过建立视频云平台、统一特征库、人工智能服务平台、加强视频云平台安全和构建视频承载专网等措施，提升视频监控的效率和安全性，为安全生产和智能管理提供强有力的技术支持。

国家管网机器视觉平台项目在下级单位建设有边缘站点，边缘站点接入的视频监控终端数量众多且算法种类较多，一期项目建设的算法共计 53 个，后续根据业务的需求算法种类会持续增加。在边缘推理平台上对每路摄像头进行算法加载，需要人工查看视频监控画面做出场景判断和算法选择，工作量大且容易出现人为错误。且目前机器视觉算法模型都为小模型，模型的泛化性较低，一种模型难以应用到多个场景中，因此需要一种模型和工具可结合摄像头监控范围和对象自动进行推荐，解决算法场景筛选的工作量，使整个系统更加智能化、自动化。

4.2　业务需求

4.2.1　算法告警智能二次研判

传统小模型算法泛化性比较差，对不同边缘站点的相同应用场景进行告警，可能效果不一致。针对有些边缘站点的算法需要进行重新训练，才能很好的准确度。需要一种工具具有良好的泛化性，对边缘站点的告警进行二次研判，提高算法告警的准确率、降低算法的误报率。

4.2.2　数据批量自动智能标注

传统算法生产的方式是收集大量的正样本数据和负样本数据，通过人工标注的方式进行算法场景化适配和参数调优，以达到可用的效果，但这样的实现方式会耗费大量的人力、时间去收集可用训练数据并从事大量的定向训练工作，对算法标注工作的要求相对较高，对于单一算法来

看，其开发效率偏低。需要一种工具实现对多个算法应用场景的数据进行自动化标注，并提升算法训练的效率和缩短单一算法的交付周期，类似上文介绍的 SAM 等 CV 大模型可能会在该领域提供能力支持。

4.2.3　视频图像内容检索

视频图像数据是重要的数据资产，可以用于事件监控、事件回溯和过程管理。但是，视频图像数据属于非结构化数据，传统的标签管理和分类管理无法实现对视频图像资产的精准盘点和精准检索。需要一种工具对视频图像进行有效的特征表示，从而实现更加灵活和精准的视频图像检索。

4.2.4　场站不规范行为

日常作业过程中，有遵循的操作规范，有规定每一步需要做什么操作，并且每个操作的标准是什么。传统算法服务对视频流直接进行识别，且一段连续性的动作进行识别难度比较大。需要一种工具能实现对视频流的识别，并能确定一段连续性操作的规范性。类似 Track Anything（将 SAM 扩展到视频）相关的 CV 大模型，实现了交互式视频目标跟踪和分割，对于视频流的实时监测目前已具备技术基础，为我们大模型应用提供了技术指导。

4.2.5　智能算法模型编排

传统算法的推理和应用需要人工基于算法已有推理能力和输入输出进行任务配置；对于复杂场景，还需要代码开发和数据预处理，对系统开发设计和算法应用提出较高的要求。需要一种工具能零样本任务构建能力可零代码或低代码开发实现算法的智能编排，降低算法模型的应用开发难度，使算法模型利用场景更加丰富。

4.3　基于管网大模型底座，CV 类型模型应用场景方案设计

4.3.1　模型建设方案设计

行业内的大模型场景快速落地一般采用整体框架去进行大模型开发，一般采用特定数据库+Prompt + 通用大模型的架构，主流的有 LangChain、AutoChain、EmbedChain 等框架。

以 LangChain 为例，LangChain 提供了灵活的抽象和 AI 优先的工具，可帮助开发人员将 LLM 应用程序从原型转化为生产环境。

大模型开发框架提供一套工具，可帮助开发人员构建上下文感知、推理应用程序，框架的工具包括 Agent、管理向量数据库、Prompt 管理、LLM 调用、文档分析、摘要、代码分析、工作流自动化、自定义搜索等，可帮助开发人员大大加快大模型应用开发流程，并固化一套标准化模型训练使用流程，巩固化模型迭代过程，提高模型更新效率（图 5）。

其中有两种关键技术对于解决目前机器视觉的痛点问题至关重要，该技术为 Agent 和向量库挂载：

（1）Agent：在 LangChain 等框架中，Agent 可以动态的帮我们选择和调用 chain 或者已有的工具，可通过 API 调用外部工具和模型对大模型做前置或后置处理，实现大小模型结合，在特定专业领域快速形成能力，同时帮助已有小模型提升泛化能力（图 6）。

（2）向量库：工作原理是把文本、图像、视频等数据源，分成块，通过向量化转换，然后把它们嵌入到一个向量存储（Vector Store）里。大模型通过挂载向量库，能够帮助降低训练和推理成本，减少对模型的训练，在一定程度上帮助缓解专精导致的能力退化，同时可缓解幻觉问题，补充模型的长期记忆，更快地更新知识库（图 7）。

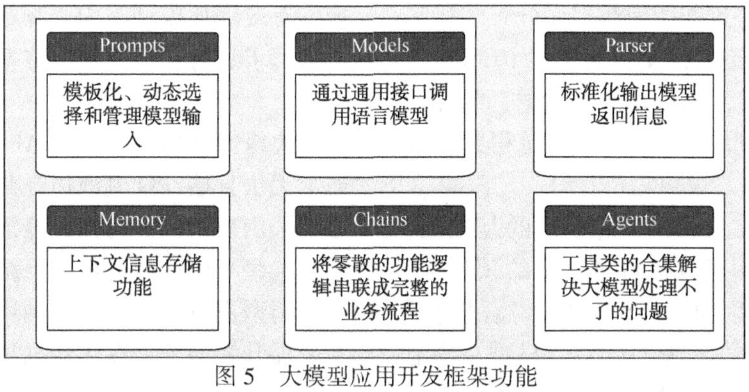

图 5　大模型应用开发框架功能

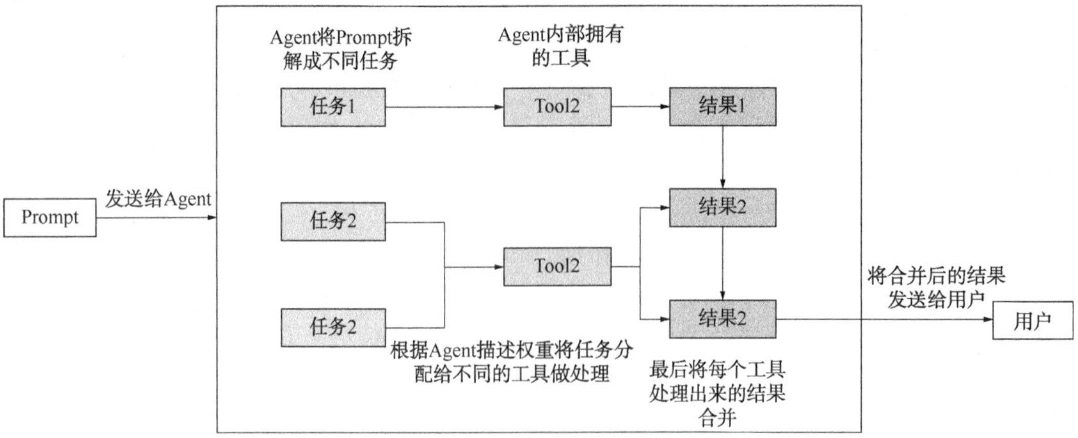

图 6　Agent 工作流程

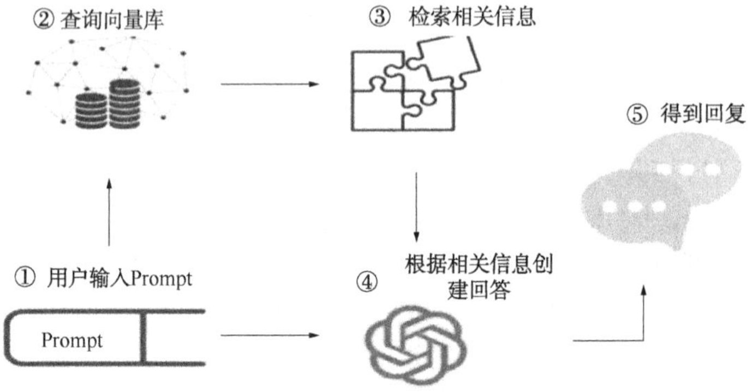

图 7　大模型结合向量库的工作原理

可通过以上技术自定义一套模型选择逻辑，基于模型大小、功能要求和运行速度需求，自适应抽取不同规模模型，快速构建 CV 类型 AI 应用，帮助应用系统内嵌人工智能 APP 开发快速落地。使用层次化语义对齐和语义调整算法，在浅层特征上获得了更好的可分离性，可使小样本学习的能力获得显著提升。

4.3.2　训练方案设计

在第一阶段，以收集数据为核心工作内容。通过收集关联应用场景的边缘侧视频数据及通用图像数据，涵盖广泛主题和场景，其中应包括大量异常样本数据，将这些图像数据以分布式存储在云服务器对象存储上，支持高效的访问和存储。通过使用这些亿级的通用图像数据，结合大模型底座研发的预训练工具，可以训练得到场景预训练大模型。

第二阶段则是在通用预训练模型的基础上，针对特定行业或应用场景进行进一步的预训练。这一阶段涉及到大量的无标注数据，通过向量库、有监督学习等技术，进一步提升模型在特定场景的性能。通过这种方式，可以开发出与特定行业高度适配的场景应用大模型，从而在实际应用中实现更精准的视觉识别和分析。

这两个阶段的预训练策略，通过不断的测试集进行模型功能检测，通过有监督训练和强化学习，调整向量库，提高模型的泛化能力和场景适应性，尽量减少人工标注数据的需求，降低数据预处理的工作量。

4.3.3　模型部署与迭代

中心测模型部署通过训练生成推理模型，使用独立的云平台 AI 计算节点，通过集群方式部署推理模型，通过弹性扩容方式针对模型进行部署，有效增加模型在中心测的应用能力，针对大批量请求进行快速的扩容方案，使推理服务高效可用。

边缘侧部署由于大型 AI 模型部署成本较高，通常无法直接在端侧或边缘侧部署。实践过程中考虑采用模型抽取与知识蒸馏的技术来部署小模型。这些小模型通过使用下游任务的小数据集对大型模型进行微调，同时利用重采样等小样本技术来提升大型模型在小数据集上的表现。

为了提升大型模型的表现，模型需要不断迭

代和优化。这些模型具备数据挖掘、增量训练和模型进化功能，为开发者提供长期、稳定的后续服务，使得模型能够在更长的时间内发挥更大的价值。对于特定的下游任务数据集，需要不断提升数据集的质量。例如，在电力巡检案例中，预训练的大型模型可以通过从海量电力无标注样本数据中挖掘数量少、性能差的故障样本，然后返回人工修正后加入模型训练以提升识别性能，从而实现模型的持续优化。

5 结束语

目前CV大模型的行业应用，还处于探索阶段，CLIP、SAM、Latent Diffusion等模型的提出，为行业场景应用提供了更多可能，例如更加智能且准确的图像分割、对视频的处理能力、更大参数规模带来的更强泛化性。如何利用好CV大模型的技术特点，并将其融合在管网具体场景、具体业务中，为企业提质增效发挥作用，任重而道远。

通过我们前期的需求调研和技术可行性分析等工作，我们确定了大模型与传统CV模型融合、视频和图像数据辅助标注、视频流检测等场景应用，这些应用通过自动化的图像识别和分析技术，理论上可较大提高工作效率、准确性和安全性，展现了对管网业务的巨大的价值和潜力。

随着技术的不断发展，CV大模型将在更多行业中发挥重要作用，成为推动行业发展的关键力量，我们需对其持续关注和发展，确保管网在CV大模型油气行业应用领域的技术领先。

参 考 文 献

[1] Dosovitskiy A, Beyer L, Kolesnikov A, et al. An image is worth 16x16 words: transformers for image recognition at scale, 2020.

[2] Radford A, Kim J W, Hallacy C, et al. Learning transferable visual models from natural language supervision, 2021.

[3] Rombach R, Blattmann A, Lorenz D, et al. High-resolution image synthesis with latent diffusion models, 2021.

[4] Kirillov A, Mintun E, Ravi N, et al. Segment Anything. 2023 IEEE/CVF International Conference on Computer Vision(ICCV). IEEE.

[5] Tao, Wu, Huang, Wen, Wang, & Liu 等 .（2023）. 2023 中国人工智能系列白皮书–大模型技术 .

数字孪生技术在地下储气库的应用

李玉泽[1]　腰世哲[1]　郑晓远[1]　乔千哲[2]　牛雅娜[1]

（1. 中国石油化工股份有限公司储气库分公司；2. 中国石油化工股份有限公司天然气分公司）

摘　要　随着国内储气库建设规模日益增大，对地下储气库生产运行管理及安全监测提出了更高的要求。目前的地下储气库缺乏动态监测预测手段，虚实交互能力差，存在数据呈现方式单一，生产统计分析及注采规划手段滞后等问题。为此，提出一种基于数字孪生的地下储气库生产运行智能化技术。设计了地下储气库数字孪生应用框架，通过三维几何建模和机理建模融合驱动的多领域联合建模构建了地下储气库数字孪生模型，开发了面向数字孪生的地下储气库生产运行管理系统。实现了储气库的虚拟计量、水合物监测、抑制剂注入、注采方案优化和地下储气库动态监测预测等功能。开发的地下储气库生产运行管理系统预留了模型和数据的更新矫正空间，新型模型与算法的扩展窗口，设计构建了数字孪生地下储气库“伴随成长”体系，为系统提供了高度延展性与成长性。分析表明：开发数字孪生的生产运行综合管理系统有效提高了地下储气库虚实交互能力、数据可视化程度和状态监控效率，可为地下储气库建设、地下储气库的数字孪生建模和运行管理提供借鉴和参考。

关键词　地下储气库；数字孪生；生产运行管理系统；三维可视化；伴随成长

近年来，我国地下储气库的建设飞速发展，规模日益扩大，但同时也给储气库的生产运行、动态监测、设备运维方面带来了新的问题与挑战。我国地下储气库虽然在日常动态监测、评价优化、安全管理等方面积累了一定的运行经验，但由于储气库建设起步晚，发展时间较短，目前主要存在以下几个方面的突出问题：首先，地下储气库注采运行动态监测预测手段不足。国内地下储气库已生产运行多个周期，积累了大量生产数据，但是针对地下储气库注采指标监测预测和动态分析存在技术手段不足，精细度不够等问题，由此导致储气库生产运行过程中无法准确评价动态库容及工作气量，影响了地下储气库评价的准确性。其次，地下储气库在“储层-井筒-地面”一体化运行管理能力不足。一体化的模型是地下储气库数字化、智能化的基础，对于国内的地下储气库来说，目前储层、井筒、地面工艺场景的数字化运营管理相对割离，一体化模型建立技术不成熟，无法实现全系统、全工艺的精细化、高精度动态仿真，不能有效实施“储层-井筒-地面”的一体化结合。最后，地下地面工艺设备运行优化依赖人工的操作经验。我国地下储气库的运行优化大多依赖人工经验，比如注采气产能规划，水合物监测，注采气计量与压缩机工况诊断等均为传统人工优化方式，因此，亟需一套数字化方法来解决上述问题。

近年来，国内外专家学者在油气生产、储存和集输的数字化研究中取得了许多成果。例如：王金江等以数字孪生为基础，提出了数字孪生的智慧油气站场。将爱国等运用数字孪生将海上钻井平台的实体映射为数字孪生模型，构建了海上钻井平台的五维数字孪生系统。熊明等构建了中缅油气管道的数字孪生体，实现管道可视化运行、设备拆解培训、指导维检修作业及应急抢险作业等。陈斯迅等基于数字孪生理论和数字孪生五维模型构建了，构建了包含实体管道、虚拟管道、管道服务系统、管道孪生数据的管道数字孪生体模型，在管道的全生命周期中应用管道数字孪生体，优化了资源配置，增强了安全预警水平，提升了决策能力。张建采用模块化技术对地下储气库工程进行模块单元拆分、道路运输方案比选、模块三维设计及结构稳定性分析，实现了地下储气库快速建成投产。王尚刚等将数字孪生技术与燃气供给侧、输配侧和需求侧的关键场景、关键对象、关键服务紧密结合，提出了数字孪生智慧燃气系统，从物理实体、虚拟模型、数据中心、信息系统及应用服务 5 个方面阐述其体系架构和共性关键技术。

数字孪生技术可以准确、真实地模拟物理实体的实际运行状况，并且在物理实体运行过程中，采集的实时数据映射至数字孪生模型，更直观、有效地反映物理实体运行状态，已经在油气生产领域取得广泛应用。国内储气库建设起步较晚，正处在发展的初级阶段，储气库数字化与智能技术鲜有研究，同时，储气库生产运行过程中产生的数字化问题亟待解决。本文运用"数字孪生"技术，以注采井、注采管道及管汇、注采站的高精度一体化地下储气库动态模型为底层基础，开发适合我国国情的地下储气库生产运行管理系统，实现地下储气库地下-井筒-地面一体化运行管理，提高地下储气库的运行效率，促进我国地下储气库的数字化、智能化升级。

1　数字孪生地下储气库模型的建立

1.1　系统架构

数字孪生储气库系统架构以数字孪生的五维通用框架为基础，设计开发多层级的地下储气库数字孪生体，包括物理地下储气库(PUGS)、虚拟地下储气库(VUGS)、孪生数据(DD)、连接(CN)、服务(Ss)，实现地下储气库的数字化、智能化升级，开发了基于"数字孪生"的地下储气库生产运行管理系统。实现地下储气库全生命周期高精度的动态仿真模拟的同时，完成数据的入库、查询、统计、分析，以及三维展示、数据集成等功能。系统架构如图1所示。

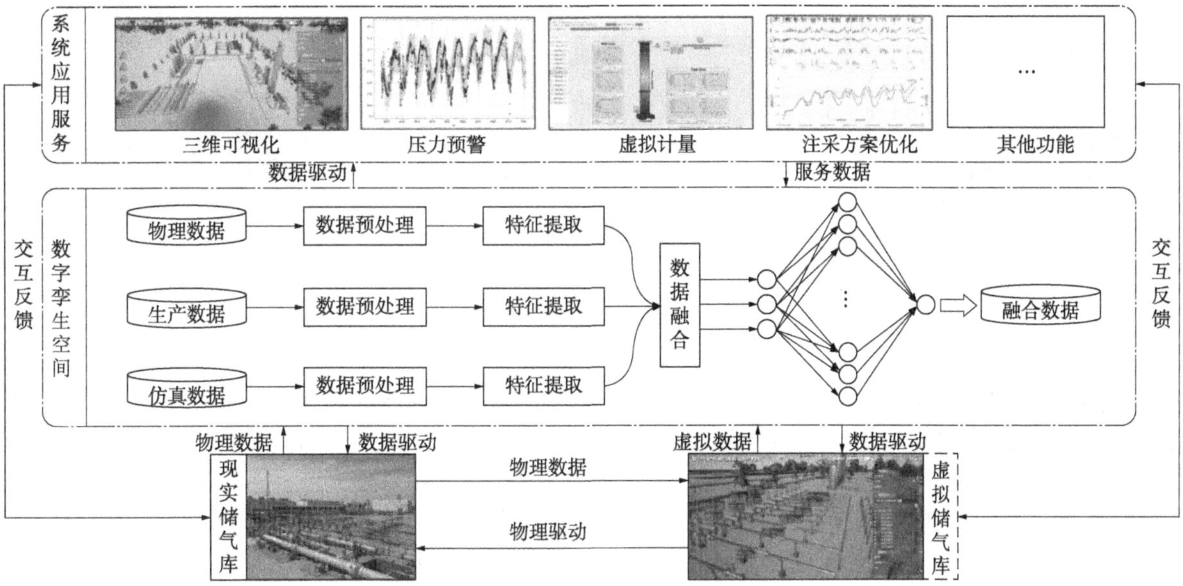

图1　数字孪生地下储气库生产运行管理系统架构

数字孪生框架主要包含物理地下储气库和虚拟地下储气库两个集合框架以及数据层和机理模型完成映射和驱动，最终通过系统实现交互。物理地下储气库基于激光点云扫描、倾斜摄影进行全方位扫描，辅助Smart 3D和3DS Max实现地下储气库一比一还原；虚拟地下储气库涵盖气藏或边界、井筒、地面一体化工艺仿真；数据层包括生产数据、SCADA数据、设备检测数据、GIS数据等。机理模型将数据层所存储的数据信息作为输入端，通过编程语言或算法驱动动态仿真模型将工艺流程或风险评价方法化、程序化。终端服务是系统的可视化窗口，实现数据的可视化及场景化交互。所开发的系统以地下储气库数字孪生为基础，实现整个地下储气库的数字化、智能化管理提升。

1.2　孪生模型

孪生模型是地下储气库数字孪生技术架构的核心，利用仪器设备辅助三维建模软件完成地下储气库三维场景的构建，用以搭建对地下储气库系统超现实状态的表征，通过对注采气过程的压力系统、传热系统、流体系统、机械系统以及测控系统等多领域系统全面、综合、真实描述的基础上进行各子系统的多领域联合建模，使虚拟地下储气库具备串联从地层到注采站构成的地下储气库全生命周期的映射能力。其孪生模型开发的技术路线如图2所示。孪生模型主要由三维模型和仿真模型构成。利用仪器设备，比如激光点云和倾斜摄影，辅助三维建模软件如Smart 3d、

3DS max、CADworx、Maya 完成储气库三维场景的构建。利用多相流瞬态模拟流动软件，如 LedaFlow、OLGA 等完成储气库管道仿真模型的构建，利用动态工艺模拟软件，如 K - spice、Hysys 等完成储气库站场、井场中设备仿真模型的构建。孪生模型是三维模型与实时动态数据集成展示，利用历史静态数据设置环境参数、初始条件和边界参数，仿真数据又与三维模型实时交互，实现对储气库系统超现实状态的表征。

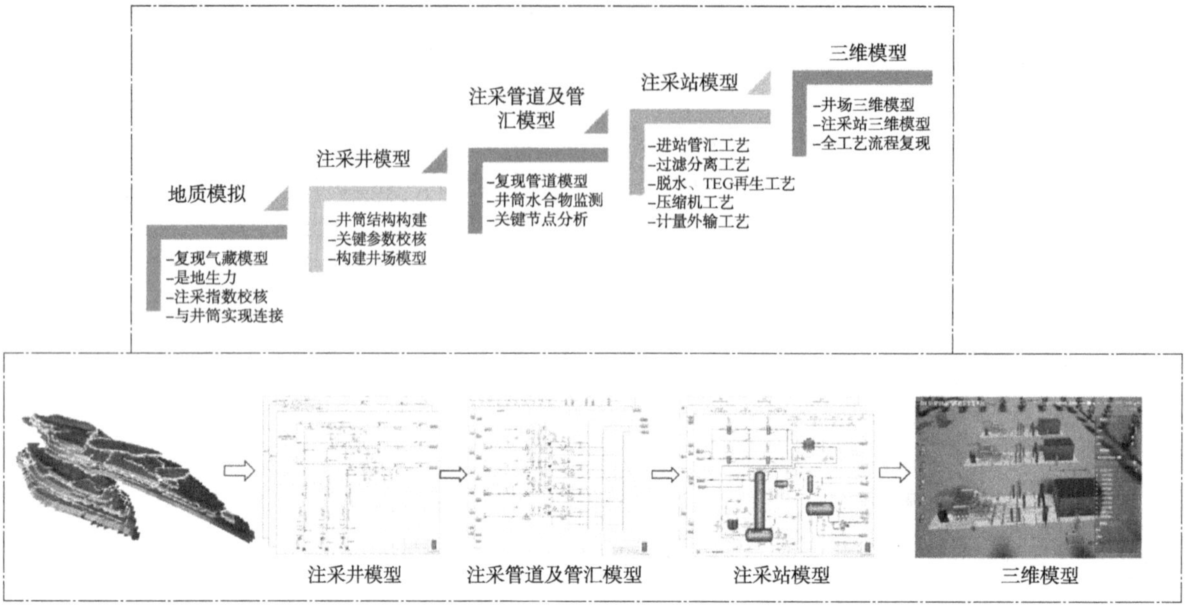

图 2　孪生模型开发技术路线

2　孪生数据映射

物理注地下储气库(PUGS)到虚拟地下储气库(VUGS)的实时映射是实现地下储气库三维可视化的重要过程。在地下储气库生产运行过程中，外界环境和内部设备在不断发生变化，针对地下储气库，从地质储层、注采单井、注采井场、注采站建立基于孪生数据驱动的地下储气库四层映射体系，融合工艺模型与机理模型，准确地描述下储气库动态行为，完成整个数字孪生映射，映射框架如图 3 所示。

模型连接搭建完成后，需完善详细的参数配置，完整的工艺控制逻辑，热力学文件，数据记录等核心元素以实现孪生数据的映射。地下储气库孪生映射的核心元素见表 1。

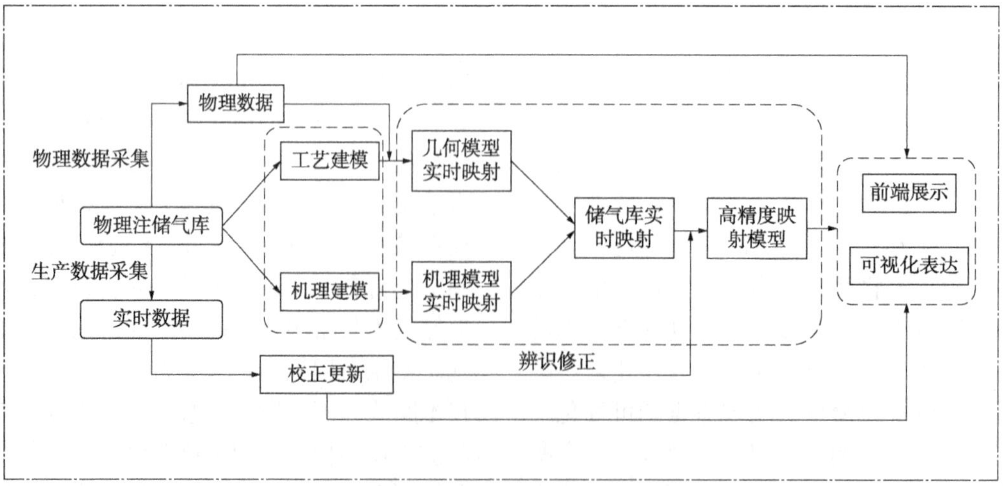

图 3　数字孪生地下储气库映射体系

表 1　地下储气库孪生映射核心元素

元素名称	模型名称	作　　用
各注采井物理构型	Well Builder	井 TVD-MD、油管/套管/水泥层、材料导热
各注采管道物理构型	Pipe editor	路由、尺寸、敷设层、材料导热、粗糙度、管道埋深
环境数据	Pipe editor-Ambient	空气温度、风速、地温梯度
PVT 数据	PVTData	表征组分信息、水合物曲线 GOR\ \ WC 等流体物性数据
生产数据	Well-Well properities	各井 PI 数据、三相产量等

以孪生模型为基础，融合地下储气库孪生数据实现映射，其中主要包括：①孪生地层，在三维地质模型的基础上，实现地层注采气的虚实映射，基于数据融合来分析储层的敏感性、气水相渗变化规律、流体边界移动、储气层系压力变化以及各类措施及调整效果，找出最大地下储气库工作气量。②孪生注采井，以事件触发为启、停、调信号，通过采集物理注采井节点的实时动作数据，驱动虚拟注采井模型动态映射。③孪生井场，在注采井的基础上进行集成，通过串联协调各注采井的参数实现注采井场的动态映射。④孪生注采站，以天然气流动为媒介触发站内注采管线、过滤设备、连通管线和压缩机的节点的多级联动，由此实现注采站的虚拟映射，如图 4 所示。数字孪生储气库经过数据映射后即可实现以数据驱动的储气库动态交互功能，可以进一步搭建数字孪生平台，开发用户系统。

图 4　储气库注采阀组区映射效果图

3　系统开发与实现

用户系统是地下储气库数字孪生技术架构的应用终端。它主要是实现数据的可视化及场景化交互，使用户能快速了解和掌握地下储气库复杂的系统特性。该系统主要将地下储气库关键设备的技术参数、生产数据、运行动态和监控数据集成到智能云平台，形成全流程生产模拟数据的动态展示，及基于可视化系统场景的交互展示，进而可以实现实时监测、预警、预测、计划分析等。此外，用户系统还包括地表显隐、组分跟踪、模型结构树、场景导览等定制化功能，为下一步数字孪生地下储气库的“伴随成长”打下基础。

3.1　三维可视化

基于数字孪生技术开发了地下储气库三维可视化子系统，将实时动态模拟数据与实时生产数据同步展示在传感器三维模型上，实现虚拟与真实数据的完全对映。三维可视化平台对接生产管理信息数据库、实时数据采集系统、一体化仿真模型及生产运行管理系统，提供地下储气库设施和关键设备的主数据、技术参数、生产数据、运行动态和监控数据。效果图如图 5 所示。

通过三维可视化可以实现：

（1）地下储气库设施分布情况高精度仿真，能够真实反映出现场设备管道运行动态，帮助工作人员快速、全面掌握现场情况。

（2）对关键设备和关键零部件进行内部结构

精细建模，为设备检维修及应急工作提供支撑。可以针对不同层级的设备、零部件进行数字资产的管理。

（3）通过三维建模手段，真实反映现场建设维护项目改造进度和情况，提交模型、矢量等各类非结构化过程数据，留存完整的现场改造项目的档案，供技术人员全周期运维参考。

（4）远程巡检，通过平台三维模型与实时数据、视频监控系统联动，实现远程巡检。在制定好巡检路线的基础上，可以实时查看流程数据，视频监控画面，做到虚实结合，实现全天候巡检。减少人员暴露风险，解决恶劣天气无法巡检的问题。

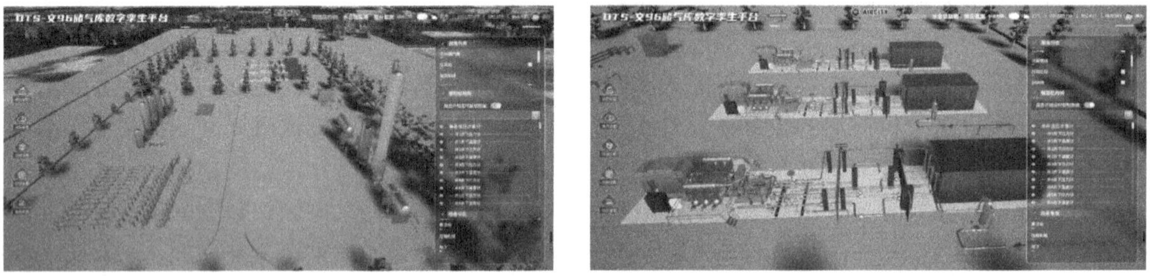

图 5　地下储气库三维可视化展示

3.2　生产运行管理系统

地下储气库基于数字孪生技术开发了生产运行管理系统，该系统包括多项用户界面，涵盖井筒、注采管线、集输管汇、采气分离器、三甘醇脱水吸收塔、三甘醇再生塔、计量外输流量计、压缩机组和注气分离器等工艺设备及特殊功能，可以实现虚拟计量、水合物监测和抑制剂注入、注采方案优化等。

3.2.1　虚拟计量

地下储气库的注采气计量包括单井计量和进出站总计量，地下储气库经过多个周期的注采运行，存在流量计出现故障或失效的情况，导致计量数据失真，严重影响地下储气库的计量工作以及正常的生产运行。基于数字孪生的生产运行管理系统通过模拟数据对上述不足做出很好的补充。通过仿真模拟及系统运行，可以监控到井筒、管道沿线任意节点的工艺参数及其变化情况，通过机理模型的计算，并结合温度压力的实测数据对计量结果进行校正，提供了高精度的计量结果。

3.2.2　水合物监测和抑制剂注入

水合物的生成会造成管道、阀门等设备堵塞，加速盐类物质析出并加快管道电化学腐蚀。地下储气库的采出气一般含有水分，因此管内流体处于一定的温压工况时，将存在水合物生成的风险。由此，在数字孪生储气库的框架上开发了水合物监测和抑制剂注入子系统，该系统可精确计算与显示全工艺链各点的流体温压数据，并判断各点是否进入水合物生成区间。对于水合物生成风险高的阀门或管线，采取注抑制剂的手段抑制水合物的生成。该模块可以实时追踪抑制剂沿管线分布及抑制剂浓度是否达到抑制水合物生成的效果，协助制定优化全面的水合物风险控制方案。水合物监测与抑制剂量优化可以实现水合物最大风险点追踪，并实时监测水合物的生成情况，并在综合考虑经济性和安全性的基础上，确定水合物抑制剂最佳注入方案。

3.2.3　注采方案优化

地下储气库注气和采气计划的制定、调整与整个地下储气库的安全平稳运行、保障供需平衡、经济效益均息息相关。制定的注采计划是否可以按时按质量完成，以及在计划无法完成时如何确定最大产能，这些问题都将直接影响地下储气库生产运行。地下储气库生产运行管理系统设计开发了生产预测子系统，对不同的采气方案和注气方案进行在线模拟研究，分析规划期内的关键参数变化，不同注采周期内，各井在不同地层压力工况下的注采能力，寻找最优方案并通过计算验证注采计划的可行性。

3.2.4　地下储气库动态监测预测

针对地下储气库兼具采气和注气过程的特点，基于数字孪生储气库模型，分别研究储层物性、注采气量等相关参数对注采过程的影响，模拟注采循环下的地下储气库压力和注采量的变化规律，分析气藏流体温度、压力及相态变化，从不同角度研判地下储气库的动态变化趋势，预测气藏地层压力和地下储气库动态库容，评价气水界面。

3.3 系统延展性与“伴随成长”

随着时代的发展，诸如机器学习、深度学习、强化学习等人工智能技术在工业中的应用日渐成熟，为其在地下储气库的应用提供了可能。本文基于数字孪生开发的生产运行管理系统为地下储气库搭建了良好的数字化框架。未来现实地下储气库生产运行情况的变化和新兴技术的融合可以直接在原有数字化框架上继续补充和完善，由此实现数字孪生地下储气库技术“伴随成长”，设计的数字孪生输气库“伴随成长”体系如图6所示。

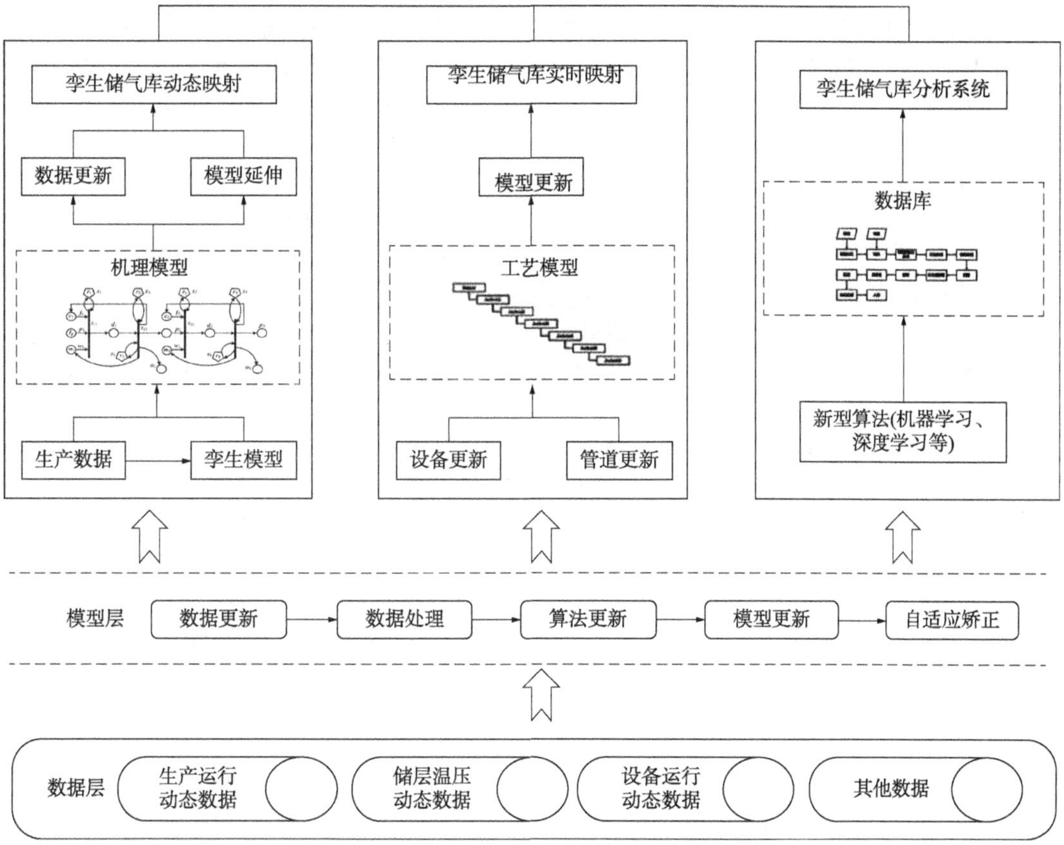

图6　数字孪生输气库“伴随成长”体系

4　结论

针对地下储气库生产状态监控过程中一体化运行管理不够完善、虚实交互能力差、数据呈现方式单一且异常处理滞后等问题，本文在地下储气库数字孪生应用领域取得了以下成果：

（1）提出了数字孪生驱动的地下储气库生产运行综合管理技术，通过三维几何建模和机理建模融合驱动的多领域联合建模，建立了地下储气库数字孪生模型。

（2）针对储层、井筒、地面工艺场景割离现状，建立全流程、全工艺的一体化模型，实现全工艺链的三维建模展示和地下储气库设施分布情况高精度仿真。

（3）针对注采井产能规划、水合物监测、脱水等难点，开发了生产决策系统，利用高精度地下储气库数字孪生模型，开发了基于现场生产数据的地下储气库工艺实时动态仿真优化技术，进行全系统和各工艺单元的运行优化，实现注采气产能规划分析、水合物监测与抑制剂量优化、虚拟计量与实时监测等功能。

（4）建了数字孪生地下储气库模型架构，预留了模型和数据的更新矫正，新型模型与算法的扩展窗口，设计构建了数字孪生地下储气库“伴随成长”体系，为开发的数字孪生系统提供了高度延展性与成长性。

参考文献

［1］刘建勋，刘岩．中国地下储气库建设的发展现状及展望［J］．应用化工，2022，51（04）：1136－1140＋

1145. DOI：10. 16581/j. cnki. issn1671 - 3206. 20220325. 004.

[2] 李建君．中国地下储气库发展现状及展望[J]．油气储运，2022，41(07)：780-786.

[3] 龙一慧，张霞，刘敬，等．气藏型储气库注采能力影响因素分析——以文 96 储气库为例[J]．化学工程与装备，2022(05)：110 - 112. DOI：10. 19566/j. cnki. cn35-1285/tq. 2022. 05. 033.

[4] 腰世哲，熊万里，雷俊杰．文 96 地下储气库结盐机理及防治措施[J]．天然气技术与经济，2021，15(01)：32-37+67.

[5] Mayani M G，Svendsen M，Oedegaard S I. Drilling digital twin success stories the last 10 years[C]//SPE Norway One Day Seminar. Society of Petroleum Engineers，2018.

[6] Føllesdal Tjønn A. Digital twin through the life of a field [C]//Abu Dhabi International Petroleum Exhibition & Conference. Society of Petroleum Engineers，2018.

[7] Podskarbi M，Knezevic D J. Digital Twin for Operations - Present Applications and Future Digital Thread[C]//Offshore Technology Conference. Offshore Technology Conference，2020.

[8] 王金江，于昊天，张凤丽，等．基于数字孪生的智慧油气站场设计与开发[J]．油气储运，2022，41(04)：391-396.

[9] 蒋爱国，王金江，谷明，等．数字孪生驱动半潜式钻井平台智能技术应用[J]．船海工程，2019，48(05)：49-52+55.

[10] 熊明，古丽，吴志锋，等．在役油气管道数字孪生体的构建及应用[J]．油气储运，2019，38(05)：503-509.

[11] 陈斯迅，李在蓉，王禹钦，等．管道数字孪生体模型的构建及应用[J]．油气储运，2021，40(06)：643-650.

[12] 张建．储气库设计与建设中的模块化技术应用[J]．油气储运，2022，41(09)：1044-1051.

[13] 王尚刚，程江峰，高顺利，等．数字孪生智慧燃气系统：概念、架构与应用[J]．计算机集成制造系统，2022，28(08)：2302 - 2317. DOI：10. 13196/j. cims. 2022. 08. 003.

[14] 阴艳超，李旺，唐军，等．数据-模型融合驱动的流程制造车间数字孪生系统研发[J/OL]．计算机集成制造系统：1 - 20[2022 - 10 - 20]. http：//kns. cnki. net/kcms/detail/11. 5946. TP. 20221017. 1709. 004. html.

[15] 陶飞，张辰源，戚庆林，等．数字孪生成熟度模型[J]．计算机集成制造系统，2022，28(05)：1267-1281. DOI：10. 13196/j. cims. 2022. 05. 001.

[16] 陶飞，张贺，戚庆林，等．数字孪生十问：分析与思考[J]．计算机集成制造系统，2020，26(01)：1-17. DOI：10. 13196/j. cims. 2020. 01. 001.

[17] 陶飞，马昕，戚庆林，等．数字孪生连接交互理论与关键技术[J/OL]．计算机集成制造系统：1-15[2022-10-20]. http：//kns. cnki. net/kcms/detail/11. 5946. TP. 20220811. 1238. 002. html.

[18] 陶飞，戚庆林，王力翚，A. Y. C. Nee. 数字孪生与信息物理系统——比较与联系[J]. Engineering，2019，5(04)：132-149.

[19] 郭东升，鲍劲松，史恭威，等．基于数字孪生的航天结构件制造车间建模研究[J]．东华大学学报(自然科学版)，2018，44(04)：578-585+607.

[20] 李长俊，张员瑞，贾文龙，等．大型天然气管网系统在线仿真方法及软件开发[J]．油气储运，2022，41(06)：723-731.

[21] 尤波，张海涛，贾德利．油田注水井区块网络监控系统设计[J]．西安石油大学学报(自然科学版)，2016，31(05)：114-120.

[22] 杨剑锋，杜金虎，杨勇，等．油气行业数字化转型研究与实践[J]．石油学报，2021，42(02)：248-258.

[23] 窦宏恩，张蕾，米兰，等．人工智能在全球油气工业领域的应用现状与前景展望[J]．石油钻采工艺，2021，43(04)：405 - 419 + 441. DOI：10. 13639/j. odpt. 2021. 04. 001.

油气管网工业互联网体系架构研究与设计

王学力[1]　王　婷[2]　宗振宁[2]　于　康[1]　王　新[2]　徐彬彬[2]　陈鹏坤[2]　孙若宇[2]　谢凯鑫[2]　赵　鑫[2]

(1. 国家石油天然气管网集团有限公司数字化部；2. 国家管网集团北京智网数科技术有限公司)

摘　要　本文以安全生产为目标，在油气管网已有信息化、数字化基础上，建立工业互联网与安全生产协同推进发展格局，通过物联网、大数据、人工智能、数字孪生、边缘计算等技术手段，实现人员、介质、管道、站场、LNG接收站、储气库、网络等全方位关键要素的数字化管理、平台化协同、智能化管控，具备安全生产的快速感知、实时监测、超前预警、应急处置、系统评估等新型能力，促进油气管网安全生产由静态分析向动态感知、事后应急向事前预防、单点防控向全局联动转变，提升油气管网本质安全水平及综合竞争力。结合我国油气管网行业发展趋势，围绕油气管网快速感知、实时监测、超前预警、联动处置及系统评估等五种新型能力，构建覆盖全管网业务流程、全链条业务范围、全产业业务对象的一体化工业互联网体系架构。提出油气管网工业互联网体系架构的关键技术，制定网络体系部署方式、硬件基础设施部署方式、数据接入协议标准规范，以及研究原有信息系统接入工业互联网平台的统一标准。

关键词　油气管网；工业互联网；智慧管网；物联网；云计算；人工智能

1　管网企业建设现状

1.1　建设单位现状

管网企业主要职责是负责全国油气干线管道、部分储气调峰设施的投资建设；负责干线管道互联互通及与社会管道联通，形成“全国一张网”；负责全国原油、成品油、天然气的油气干线管网运行调度，定期向社会公开剩余管输和储存能力，实现基础设施向所有符合条件的用户公平开放。

1.2　信息系统现状

管网企业信息化规划建设目标：以数字化技术为主要手段，构建与物理世界相对应的虚拟数字空间，形成“一张物联管网、一个数字平台、一体化全融合应用、一个能源生态”的“1111”体系框架，基于“数据+算法+场景”的模型驱动，精准赋能“大业务、大党建、大监督”，优化产业链资源配置，最终实现业务创新发展、重塑商业模式、营造良性生态，形成价值持续增长能力。根据数字化体系“1111”工程，基于“平台+数据+应用”信息化模式，在数字化治理体系、网络安全体系保障下，打造物联管网、数字平台，构建一体化全融合应用、能源生态应用，对内赋能，对外增值，发展能源平台经济，促进数字化转型(图1)。

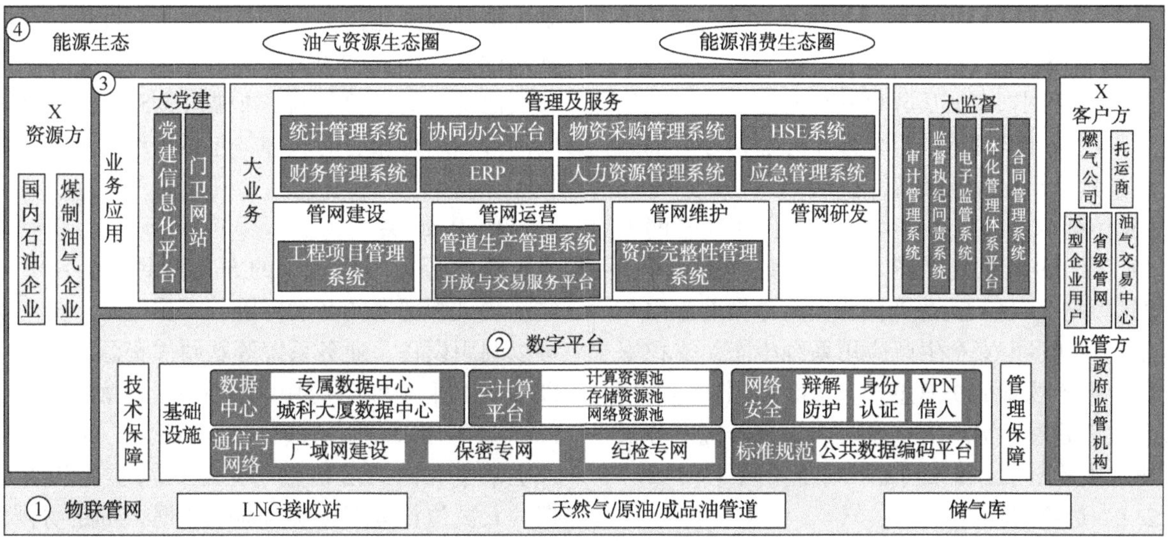

图1　油气管网信息化总体架构图

油气管网规划建设的相关统建信息系统主要包括：工程项目管理系统、生产运行管理系统、资产完整性管理系统、HSE管控一体化平台、数字化协同设计平台和ERP系统(图2)。

图2　油气管网统建信息系统总体架构

2　油气管网体系架构

2.1　总体架构

为推进工业互联网与安全生产协同发展，建设油气储运行业工业互联网安全生产监管支撑平台，聚焦工业互联网网络、标识、平台、数据、安全五大要素，油气管网“工业互联网+安全生产”总体实施架构如图3所示。

通过“1个平台、1个数据体系、8+11个应用场景”的建设，实现“1张网、5种能力、4个体系、3个转变、2个提升”的目标，助力国家管网数字化管理、网络化协同、智能化管控水平提升。

2.2　平台架构

油气管网“工业互联网+安全生产”体系建设，采用基于工业互联网平台的边缘层、IaaS层、平台层(工业PaaS层)、应用层(工业SaaS层)总体架构，通过工业互联网融合油气管网现有IT架构的信息化系统，打破“数据孤岛”和“信息孤岛”，实现全生产流程安全数据的汇聚与应用，实现多个安全生产应用系统生态，支撑安全生产各个场景的快速感知、实时监测、超前预警和应急处置，实现信息及时、灾情准确、分析实时、决策科学、推演可靠、练战协同(图4)。

2.2.1　边缘层

边缘层通过协议转换、边缘计算等构建精准、实时、高效的数据采集体系，本质上是实现物理空间隐性数据在赛博空间的显性化。通过对生产设备、运输设备、终端设备等的网络化改造，或者加装多种状态的监控设备，如震动传感器、RFID传感器等，可实时获知生产设备的运行状况和环境的准确变化，并通过与中心云平台工业智能应用的云边协同实现对生产设备、辅助生产设备以及安全设施的远程控制，提高企业安全生产的保障水平。

2.2.2　IaaS层

IaaS层作为工业互联网平台的最低层，通过计算、网络、存储等资源的虚拟化，实现信息基础设施的资源池化。IaaS层提供所有计算需要的基础设施，包括处理CPU、内存、存储、网络和其他基本的计算资源，根据PaaS层的运算需要部署和运行相应的软件，包括操作系统和应用程序等。

2.2.3　PaaS层

PaaS层以“搭积木”的方式提供工业APP创建、测试和部署的开发环境，本质上是一个向下可以调用设备、业务系统等软硬件资源，向上可以承载工业APP等应用服务的“工业操作系统”。PaaS层利用IaaS层的数据处理能力，对通过边缘层采集和网络层传输与汇聚的海量的设备数据、人员位置数据、实时通讯数据、备品物料数据、标识数据、各系统产生的数据等统一汇总、

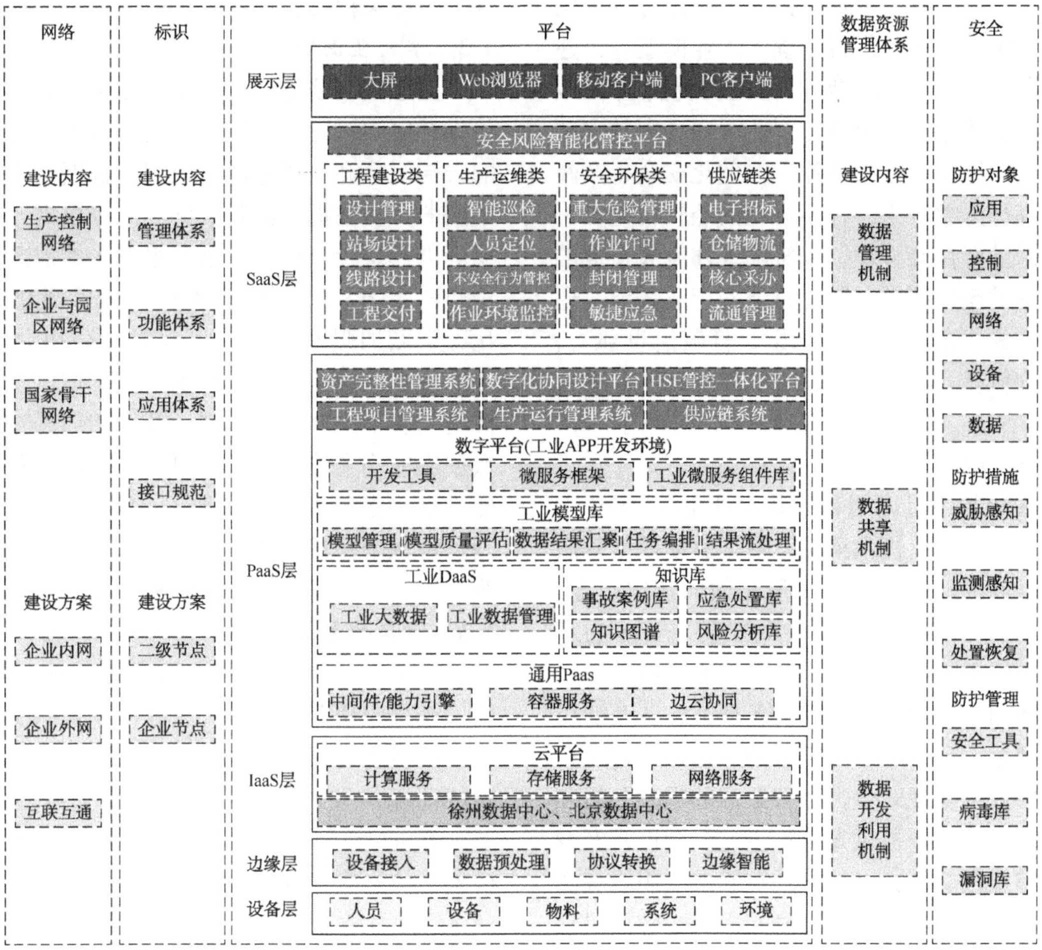

图3　油气管网“工业互联网+安全生产”总体架构

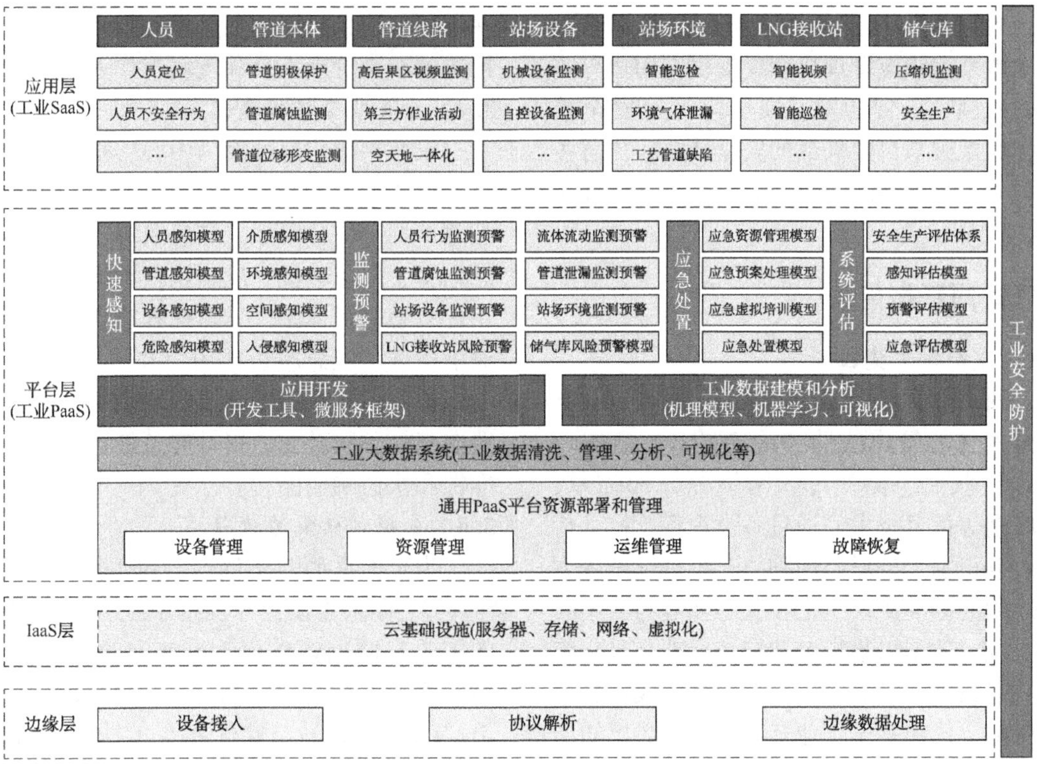

图4　油气管网“工业互联网+安全生产”总体架构图

统一存储。将生产、运输、销售、使用过程中的实际数据结合各环节运行流程，工业模型等，建立数据模型库。通过“数据+模型”优化管控策略，构建企业微服务组件、行业微服务组件、智能服务组件等微服务组件池，对危化安全生产经验知识进行持续积累，将不可见的经验转化为可见的数据进行存储管理，以解决人才流失造成的经验、技术流失问题。同时打通各产业环节，通过各系统的集成、数据的汇聚，打破信息孤岛，形成以价值挖掘提升为核心的工业互联网平台生态。

2.2.4　SaaS 层

SaaS 层是通过调用和封装工业 PaaS 平台上的开发工具、行业机理模型、数据驱动模型等服务开发形成的应用服务，本质是面向特定行业、特定场景的一个个数字化解决方案。SaaS 层利用平台层积累沉淀的各类型数据模型，以工业微服务为基础，危化品产业链的各环节、各企业可打造定制化、高可靠、可扩展的应用。通过工业互联网平台可实现对生产经营数据的实时分析和实时决策，为企业提供安全、生产、管理及经营方面的智慧化应用，以此方式在确保应用服务的个性化基础上，提升工业互联网平台的应用灵活性，保证平台的整体技术敏感性。

工业互联网安全体系是整个工业互联网安全可信运行的基本保障，通过打造满足工业需求的安全技术体系和相应管理机制，提供应用边界防护、访问控制、入侵防范、安全审计等安全技术，识别和抵御来自内外部的安全威胁，化解各种安全风险，实现网络安全与物理安全的真正融合。

3　油气管网新型能力

3.1　快速感知能力建设

针对油气管网安全生产需求，围绕人员、介质、管道本体、管道线路、站场设备、站场环境、LNG 接收站、储气库、网络等方面需求，利用物联网等信息技术，通过各类视频监控、传感器、射频识别、条形码识别、二维码识别等方式，按通用的标准协议，把相关感知端与云中心相连接，统一数据采集规范和接口标准，采集管道当前状态数据，进而基于采集数据形成对管道现状的理解，构建基于工业互联网的态势感知能力，实现智能化识别、定位、跟踪、监控和管理，为相关信息化应用提供前端基础数据支撑。

3.2　实时监测能力建设

基于对线路、站场、LNG 接收站、储气库等作业区实时感知数据，实现安全生产关键数据的云端汇聚和在线监测，应用大数据能力，对采集到的环境数据、设备数据、用户数据、应用数据等进行统计分析。通过云组态、虚拟现实、电子地图等方式，实现监测对象的可视化和情景化，重点加强对风险隐患双重预防机制运行感知。建立人员行为智能识别模型、重点设备机理模型和安全生产监测模型，开发和部署安全生产数据实时分析软件、工具集，实现系统自动监测、联动报警并逐步加强对前端设备的自动控制。将现场监督检查为主的安全生产管控模式，改变为远程监督、自动控制为主的模式。

3.3　超前预警能力建设

基于工业互联网平台的泛在连接和海量数据，综合应用深度学习、大数据、知识图谱等技术，围绕管道线路、站场、人员等方面，基于风险特征库、失效数据库，建立安全风险机理模型，开发针对油气管网不同场景的安全生产风险模型、仿真模拟模型，推进边缘云和“5G+边缘计算”能力建设，下沉计算能力，实现精准预测、智能预警和超前预警，重点加强对重大危险源、危险化学品、环境风险和高危作业的预警，并将预警信息按照潜在严重程度和发生概率自动推送到相关管理人员和现场工作人员。

3.4　应急处置能力建设

以数字化应急预案为中心，基于工业互联网平台形成涵盖应急专家、救援队伍、应急物资、应急培训、应急模拟、应急演练、应急上报、应急调度、应急救援、应急恢复和评估全过程的数字化应急管理体系，重点提升应急模拟、音视频通信指挥、应急救援能力，并形成和地方政府、本地救生医疗资源的在线联动能力，推动应急处置向事前预防转变，提升应急处置的科学性、精准性和快速响应能力。

3.5　系统评估能力建设

为全面贯彻落实油气管网“工业互联网+安全生产”体系建设，开发基于统一业务管控模式的工业互联网评估模型和工具集，从人员、介质、管道本体、管道线路、站场设备、站场环境、LNG 接收站、储气库、工控网络等多个维度，对快速感知能力、实时监测能力、超前预警能力以及应急处置能力建设过程及效果进行科学、客观的分析、验证、检测和评价。

评价内容包括目标完成情况、成果的产出效益，评价指标的权重根据各项指标在评价体系中的重要程度确定，同一评价对象处于不同阶段时指标分值不同。

4 关键核心技术应用

工业互联网技术体系是支撑功能架构实现、实施架构落地的整体技术结构，其超出了单一学科和工程的范围，需要将独立技术联系起来构建成相互关联、各有侧重的新技术体系，在此基础上考虑功能实现或系统建设所需重点技术集合。同时，以人工智能、5G 为代表的新技术加速融入工业互联网，不断拓展工业互联网的能力内涵和作用边界。

工业互联网技术体系由制造技术、信息技术以及两大技术交织形成的融合性技术组成。制造技术支撑构建了工业互联网的物理系统，信息技术勾勒了工业互联网的数字空间，融合性技术驱动了工业互联网物理系统与数字空间全面互联与深度协同(图 5)。

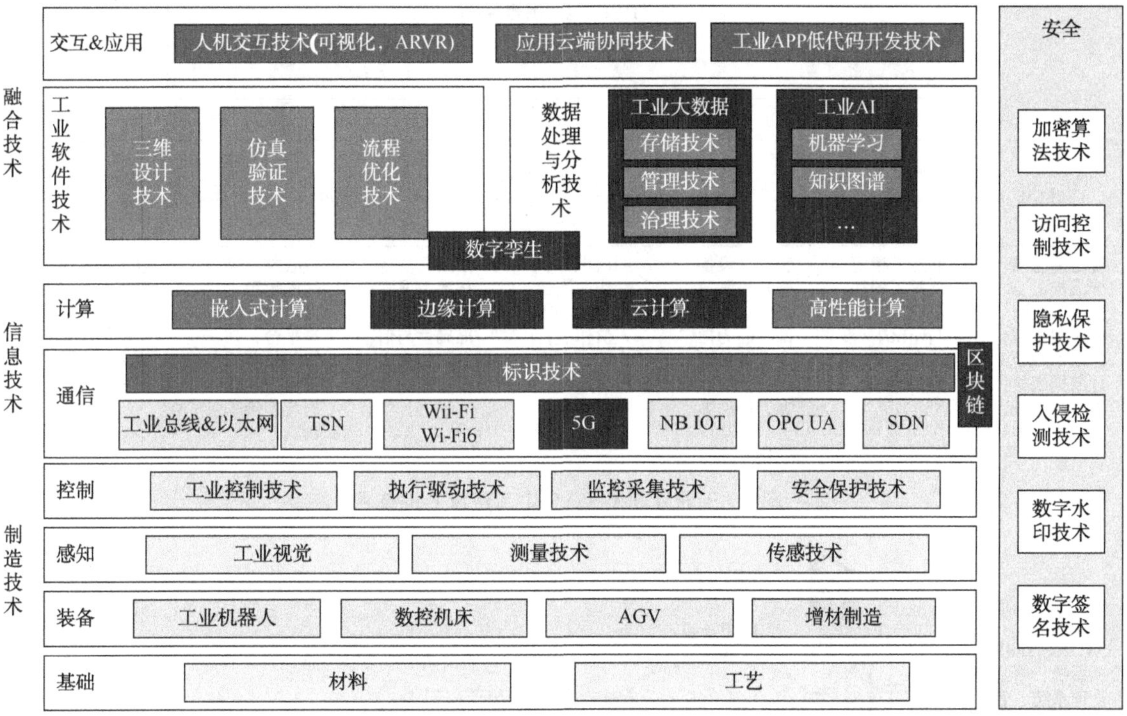

图 5 “工业互联网+安全生产”技术体系

油气管网在数字化、智能化升级过程中，“工业互联网+安全生产”体系的构建和有效利用，需要改进原有的科技研发模式和油气储运技术体系，注重先进技术等数字技术与传统油气储运技术融合。其中以 5IABCDE(5G，IoT，AI，Blockchain，Cloud，Big Data，Edge computing)为代表的新一代信息技术，对智慧管网后续发展至关重要(图 6)。

4.1 5G

5G 技术是网络连接技术的典型代表，推动无线连接向多元化、宽带化、综合化、智能化的方向发展，其低延时、高通量、高可靠技术、网络切片技术等弥补了通用网络技术难以完全满足工业性能和可靠性要求的技术短板，并通过灵活部署方式，改变现有网络落地难的问题。

油气管网“工业互联网+安全生产”体系建设中，5G 技术对提高生产效率、降低能耗、提升安全管理水平、数字化转型、安全生产预测预警等方面具有重要支持作用，能够促进生产单元模拟、远程设备操控、生产现场监测、生产能耗管控、设备预测维护、全域物流监测等典型场景普及应用。

4.2 物联网

在工业领域，物联网是通过工业资源的网络互联、数据互通和系统互操作，实现制造原料的灵活配置、制造过程的按需执行、制造工艺的合理优化和制造环境的快速适应，达到资源的高效利用，从而构建服务驱动型的新工业生态体系。

油气管网“工业互联网+安全生产”体系建设中，物联网技术使丰富的生产、机器、人、流程数据进行互联，数据达到前所未有的深度和广度的集成，建立物理世界与信息世界的映射关系。而结合工业人工智能、大数据、边缘计算等技术对数据的处理和智能分析，对油气储运领域所有过程得出科学合理的决策，促进服务升级（图7）。

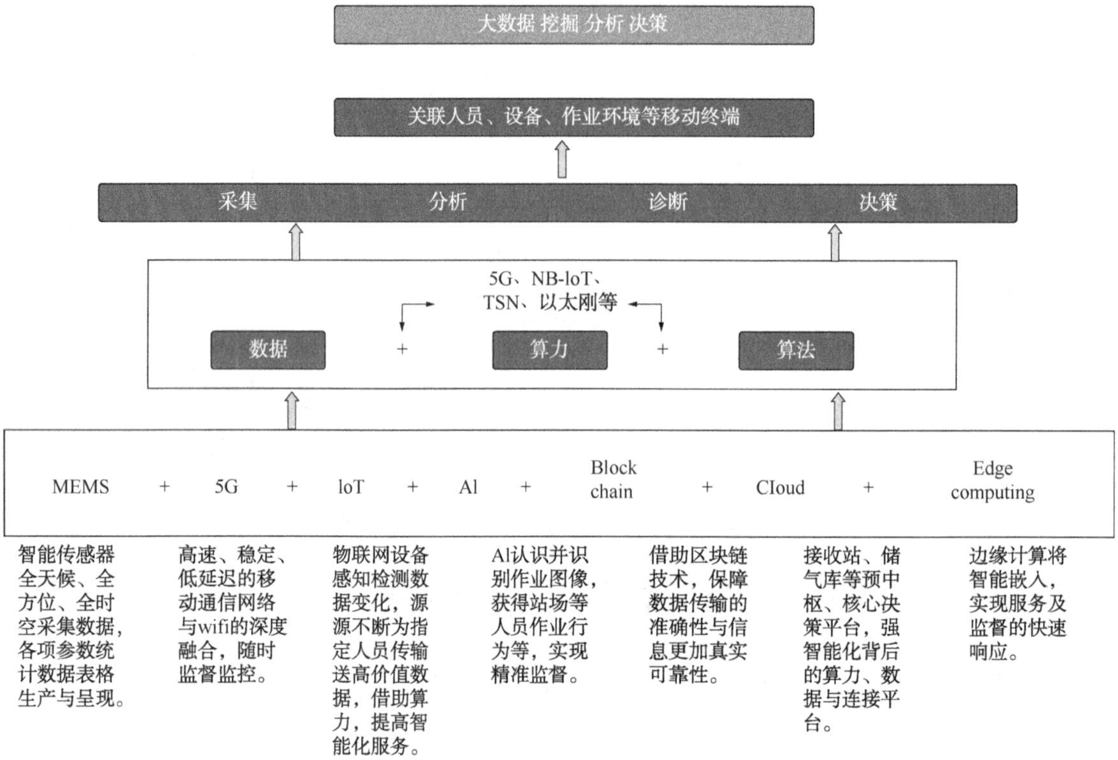

图6　工业互联网+安全生产建设先进技术

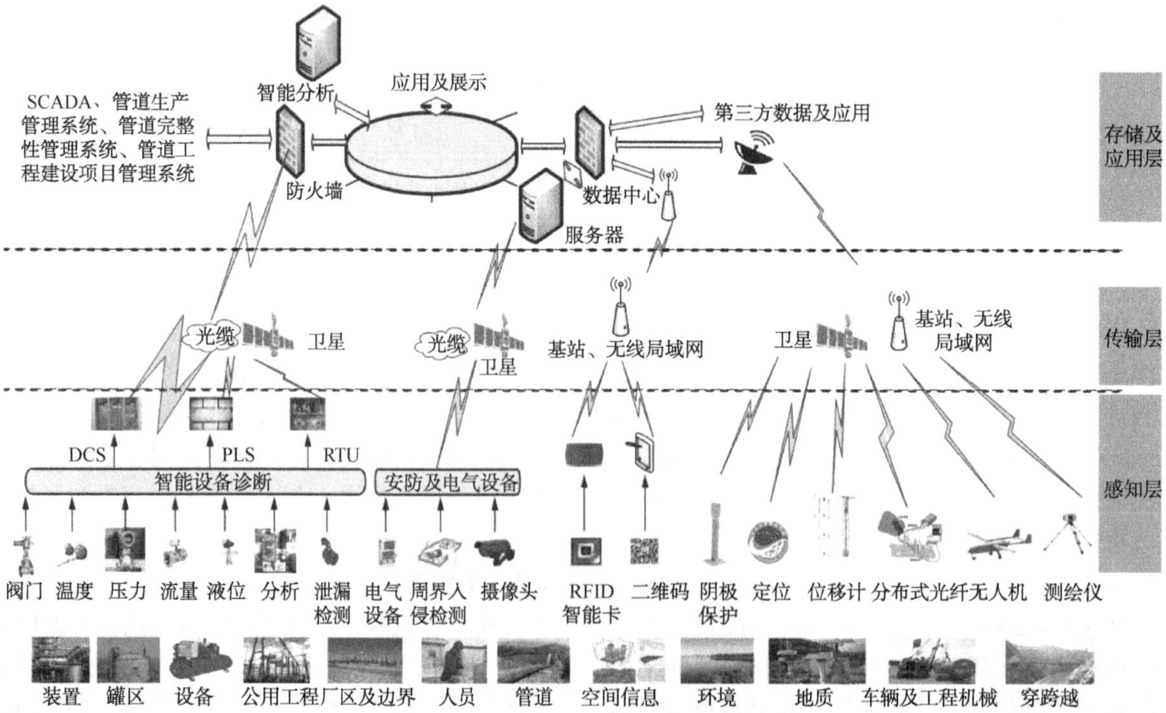

图7　油气管网物联网技术应用示意

4.3 人工智能

工业人工智能是通用人工智能的技术与工业场景、机理、知识结合，实现设计模式创新、生产智能决策、资源优化配置等创新应用，能够对高度复杂的工业数据进行计算、分析，提炼出相应的工业规律和知识，有效提升工业问题的决策水平。需要具备自感知、自学习、自执行、自决策、自适用的能力，在全面感知、泛在连接、深度集成和高效处理的基础上，实现精准决策和动态优化，最终达到提升企业洞察力，提高生产效率和设备产品性能的目的。

4.4 云计算

云计算通过网络统一管理和调度计算、存储、网络、软件等资源，实现资源整合与配置优化，并以服务的方式提供，满足不同用户需求，突破了传统的 IT 架构和技术瓶颈，实现容量随时扩展，大幅度提升了网络服务所需的计算能力(图 8)。

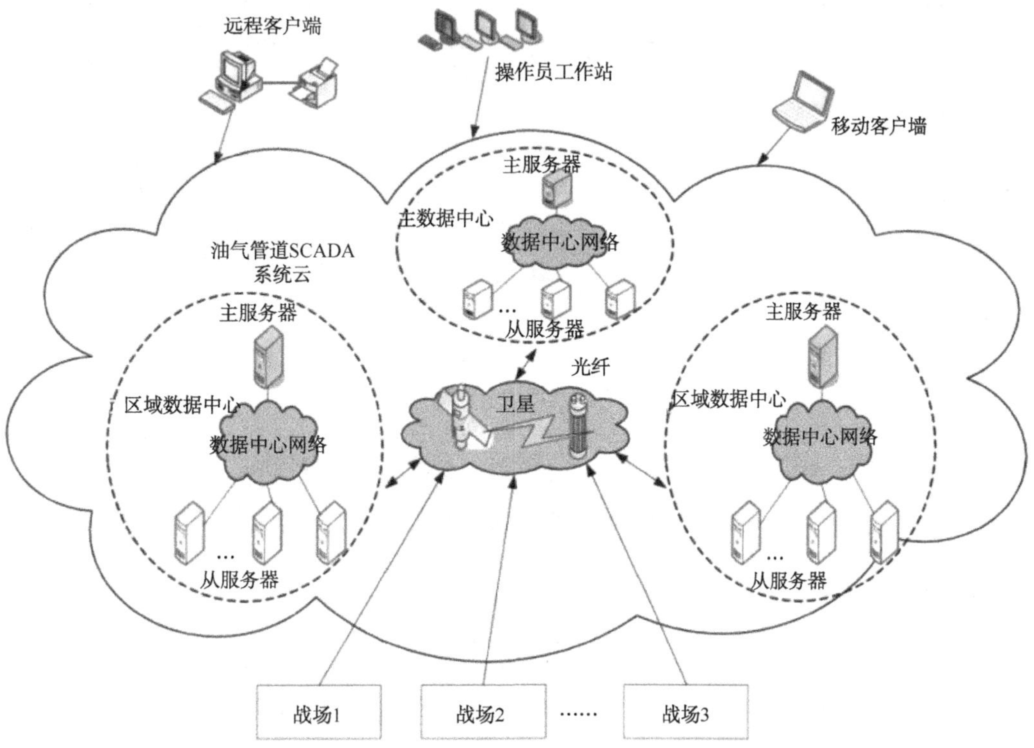

图 8 基于云计算的油气管网 SCADA 系统

当前油气管网总部有 2 个数据中心，北京未来科学城数据中心和徐州数据中心。其中，北京未来科学城数据中心部署了 IaaS 平台，徐州云数据中心部署了 IaaS 和部分 PaaS 以及高阶服务组件。云平台提供云管理、IaaS 服务(云计算、云存储、网络及安全)、通用 PaaS 基础能力服务，其中 PaaS 基础能力服务包括容器运行环境管理、容器镜像管理、应用生命周期管理、配置管理及统一系统运维，运营管理(图 9)。

4.5 大数据

工业大数据是指在工业领域中，围绕典型智能制造模式，从客户需求到销售、订单、计划、研发、设计、工艺、制造、采购、供应、库存、发货和交付、售后服务、运维、报废或回收再制造等整个产品全生命周期各个环节所产生的各类数据及相关技术和应用的总称。工业大数据以产品数据为核心，极大延展了传统工业数据范围，同时还包括工业大数据相关技术和应用(图 10)。

4.6 边缘计算

边缘计算技术是计算技术发展的焦点，通过在靠近工业现场的网络边缘侧运行处理、分析等操作，就近提供边缘计算服务，能够更好满足制造业敏捷连接、实时优化、安全可靠等方面的关键需求，改变传统制造控制系统和数据分析系统的部署运行方式。

4.7 数字孪生

数字孪生是制造技术、信息技术、融合性技术等交织融合的产物，其将不同数据源进行实时

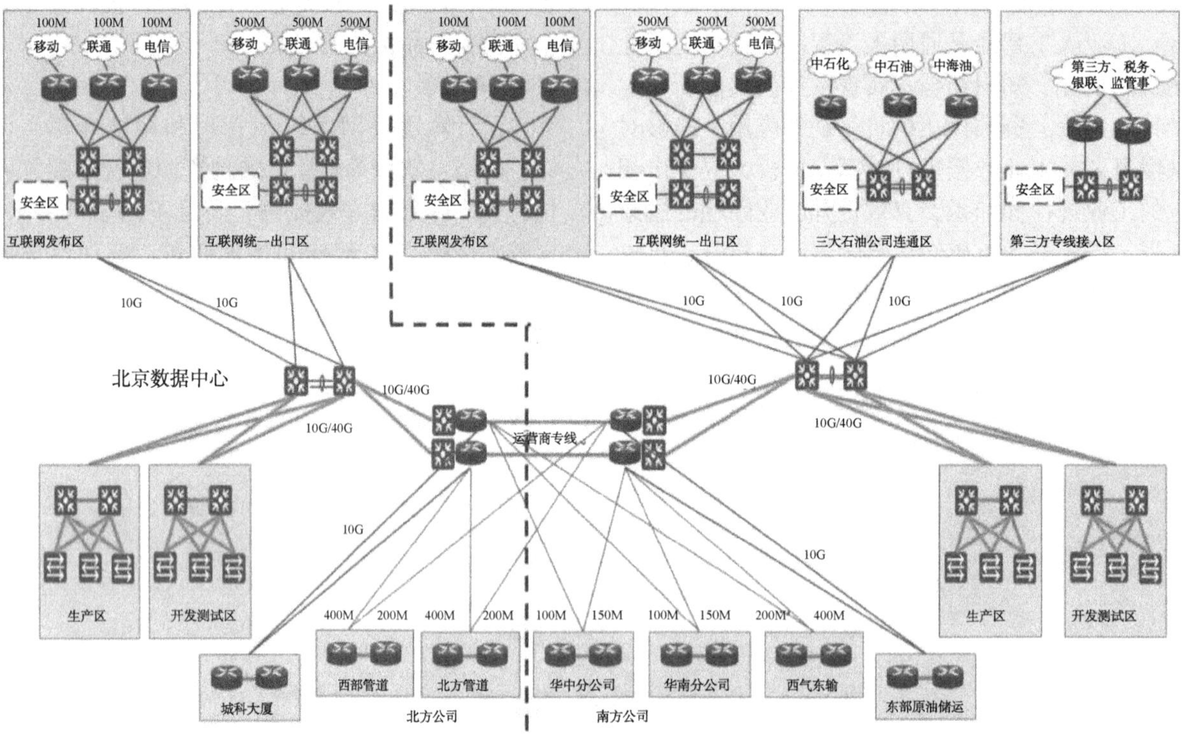

图 9　油气管网数据中心网络连接示意图

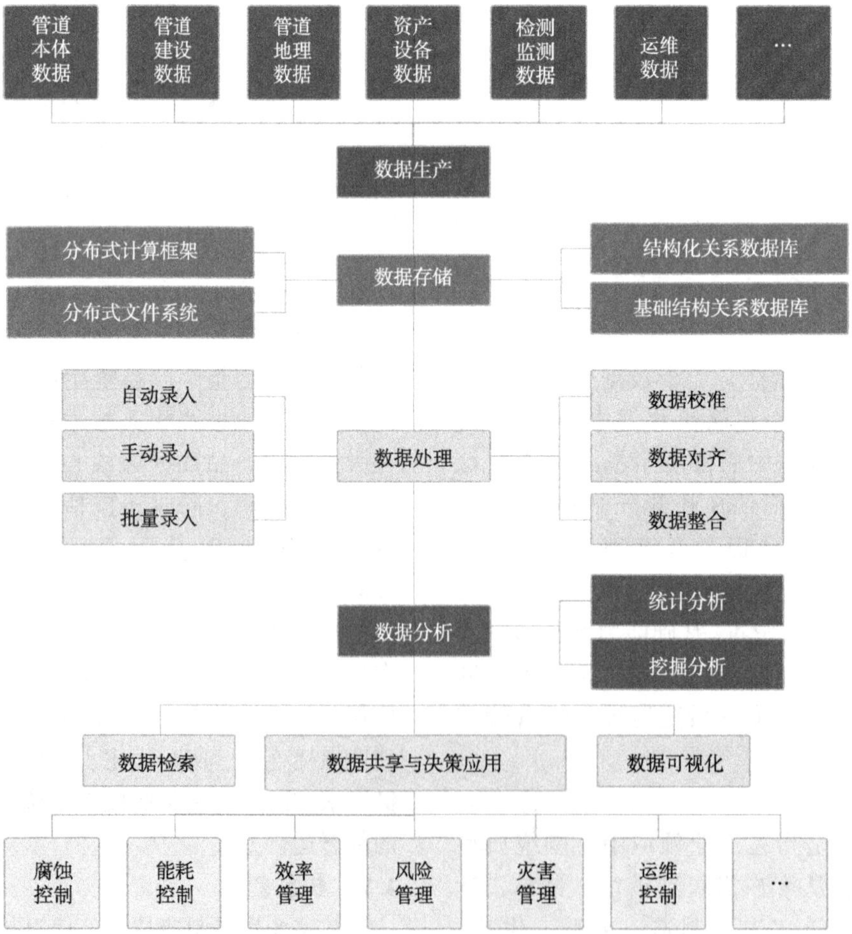

图 10　大数据技术在油气管网行业的应用示意图

同步，并高效整合多类建模方法和工具，实现多学科、多维度、多环境的统一建模和分析，是工业互联网技术发展的集大成者。

建立管道数字孪生体模型，作为智慧管网建设的理论基础，管道数字孪生体模型的组成部分包含实体管道、虚拟管道、管道服务系统以及管道孪生数据。通过实体管道与虚拟管道之间数据与操作的实时交互，提升管道全生命周期中的数据集成和业务融合，实现设计、施工、运行、维护等过程在实体管道、虚拟管道、管道服务系统的迭代运行，实现信息化、智能化融合(图 11)。

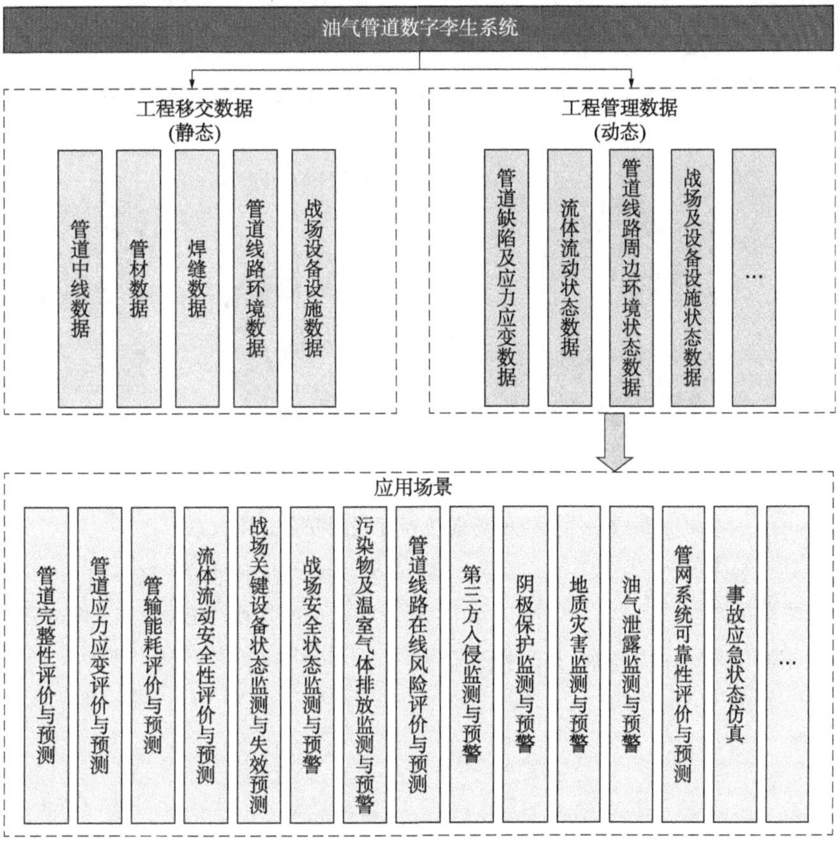

图 11　油气管网数字孪生系统数据及应用场景

5　安全保障措施

油气管网行业工业互联网将通过构建三大体系形成安全能力，即通过构建安全技术支撑体系、安全管理体系的基础上，建立油气管网行业工业互联网安全服务体系。为油气管网行业工业互联网平台提供事前预防、检测，事中防护和事后响应安全能力，建设一个安全合规的油气管网行业工业互联网。

油气管网行业工业互联网安全总体方案逻辑构架如图 12 所示。

6　结论及建议

(1) 充分借鉴国内外最佳实践，结合油气管网“工业互联网+安全生产”总体规划以及安全生产业务需求，采用先进成熟的解决方案和软硬件产品，保持对新技术、新设备的开放性、先进性，确保技术持续创新。

(2) 研究符合根据国家法律规范和标准规范，依据国家管网“十四五”规划和相关要求进行项目建设，提供符合国家、集团公司安全管理规范的解决方案，确保物理环境、计算环境、网络、边界、及数据等满足安全要求。

(3) 遵循经济实用的原则，坚持在先进、高效的前提下，充分利用现有设备和资源，采用新兴技术手段和成熟产品，力求以较少的投资获得较高的效益。

(4) 按照油气管网“工业互联网+安全生产”顶层规划及统一部署，满足各层级业务及应用需求，采用统一规划、试点单位分步实施、统建系统与速赢项目同步建设的方式。

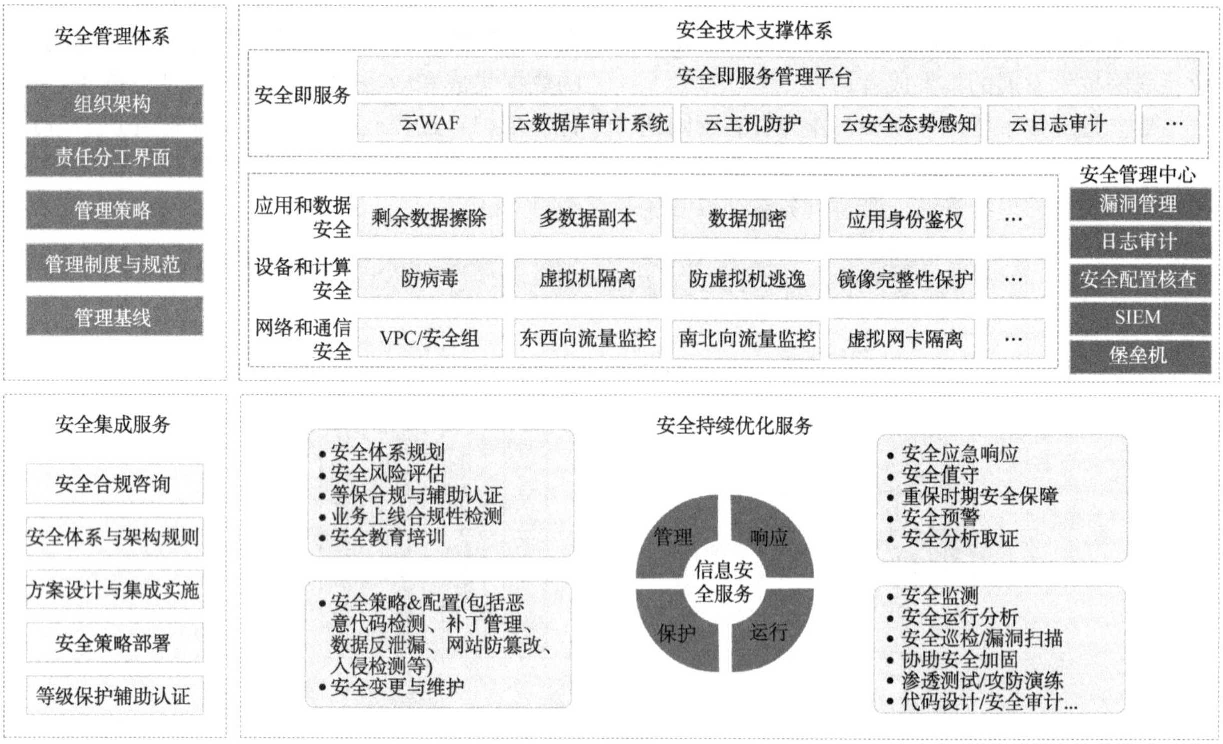

图 12　油气管网行业工业互联网安全总体方案

参 考 文 献

[1] 高鹏. 2021 年中国油气管道建设新进展[J]. 国际石油经济, 2022(3).

[2] 张小俊, 滕学睿, 杨全博, 等. 基于工业互联网构架的油气管网能源管控系统的开发与应用[J]. 化工自动化及仪表, 2022(06).

基于微服务技术驱动的组织变革实践研究

靳思雨　胥　锟　卢文奇　冯广玉　王子卿　李　东　张　翀　刘进轩

（北京智网数科技术有限公司）

摘　要　随着新一轮科技革命的深入和数字技术的不断发展，企业数字化转型成为适应数字经济时代发展，提升企业核心竞争力的重要举措。组织变革是企业数字化转型成功的必由之路，企业组织变革受到技术因素和非技术因素的双重驱动。其中，软件产品开发领域，微服务架构技术是当前最主流的数字技术，对组织发展提出了一定的挑战，微服务架构技术具有需求产品化、研发平台化、保障体系化的特点。在以客户为中心的质量体系中，产品研发逐步向自我生长迭代模式发展，与传统门径项目管理模式存在本质矛盾。微服务架构模式下，对数字化人才的形象思维、创造思维、合作交往也提出了更高的要求。本文以开放服务交易平台为案例，系统的从组织维度、技术维度、项目管理维度、人员维度提出了解决面向微服务架构驱动的组织变革最佳实践路径。其中，组织维度探索多角色主体的联合创新、联合编队的合作模式，打造对内高度协同、对外多主体合作的组织架构；技术维度提出分层型的技术架构，积极推进可复用技术组件沉淀和技术标准化建设工作；项目管理维度应用“门径-敏捷”的混合项目管理模式，确保项目全生命周期管理质量和面向客户的敏捷响应；人员维度从项目层级探索复合型数字化人才梯队建设的路径。

关键词　数字化转型；微服务架构；组织结构变革

随着新一轮信息技术革命不断发展，以海量数据为关键生产要素，以核心技术为主要驱动力，正在推动数字时代企业数字化转型。企业数字化转型是企业对数字化技术应用、企业战略、组织、业务模式等要素全方位、全链条、全过程的深度变革。其中，数字技术在企业数字化转型中扮演着至关重要的角色，是企业数字化转型的核心驱动力和基础支撑，数字化技术在特定的组织条件下具备颠覆性潜力，不仅影响企业的内部运作和组织形态，还影响企业与外部世界的互动方式。

2020 年 9 月，国资委发布了《关于加快推进国有企业数字化转型工作的通知》。指出需要通过推进产品创新数字化、生产运营智能化、用户服务敏捷化、产业体系生态化等举措加快推进产业数字化创新，探索构建适应企业业务特点和发展需求的“业务中台”“数据中台”等新型 IT 架构模式，加快形成集团级数字技术平台。产品、运营、用户、中台等发展战略的引入及落地，在软件产品领域均导向基于微服务架构构建系统的发展方向。微服务架构的研发模式需要相匹配的组织架构优化及研发模式变革。

诸多国有企业深入贯彻落实数字化转型举措，已形成了一系列数字化转型的优秀案例成果。如：中国航发的基于大数据的产品全生命周期性能管理平台，是以数字样机和虚拟仿真为代表的产品设计赋能平台，提升航空发动机产品设计效率和准确率，加快产品设计迭代过程；中国石油发布了基于数字孪生的设备智能化管理，通过自动感知实时采集油气产业链运行数据，并利用全面互联广泛获取内外部数据，构建物理中国石油与数字孪生体融合交互的闭环系统，推进实体业务与数字世界的双向连接运行，持续优化业务运营效率。中国石化的石化 e 贸电商平台，以供应链核心企业需求为基础，实现石油产业链产品采购、销售线上化，当前已成为业内石化产品成交量最大的电商平台。

以上案例均从实践角度验证了“数字技术技术推动-组织方式变革-生产方式与商业模式变革-企业边界的模糊化”是当前主流的企业数字化转型模式之一。在当今这个快速变化的数字时代，数字技术已经成为推动组织变革的核心力量，这种变革不仅能够优化现有的业务流程，还能够开辟新的商业模式，创造新的增长点。要实现这一目标，组织必须主动拥抱变革，利用数字技术反向推动自身发展。这意味着，组织需要不断地探索和实践，将数字技术融入到组织活动中，以确保技术的价值得到最大化的发挥。

1　理论阐述

1.1　数字技术理论

1.1.1　微服务架构

微服务架构是相对于单体架构而言的，它围绕业务领域来创建应用，将功能分解到离散的各个服务中，这些服务可独立地进行开发、管理和迭代，使产品交付变得更简单，并使用云架构和平台式部署、管理，从而降低系统模块间的耦合性，提供更加灵活的服务支持。

单体架构是将彼此紧密耦合的应用程序和业务逻辑封装在一个可部署的二进制文件中，并由用户界面、服务器端应用程序和数据库三层架构支撑业务需求实现。单体架构的应用系统具有易于开发部署、运行效率高的特点，但是服务模块之间紧耦合，导致代码库庞大，影响应用程序的开发测试速度，导致缓慢的构建和发布周期。

相较于传统的单体架构，微服务架构将整个代码库分解为更小的服务，每个微服务聚焦特定的业务领域并提供独立的服务。一方面只要设计合理、拆分有度，即可实现微服务的“高内聚、低耦合”，为业务数字化建设提供切实的好处，一是研发过程个人可以独立处理单个模块；二是运行过程可以实现独立部署、定向扩缩、优雅发布；三是开源组件生态友好，可得到丰富的技术支持及灵活的定制能力。另一方面，体系和规模庞大的微服务架构系统，需要 Iaas+Paas+APaas+Saas 层协同工作，这也造成了研发管理、运行管理更加复杂的局面，带来新的挑战(图 1)。

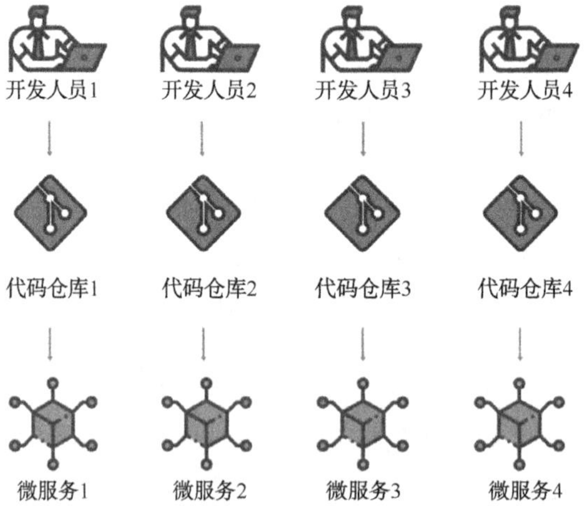

图 1　微服务开发过程示意

注：由于所有元素彼此松散耦合，开发人员都可以自由地开发独立的模块，代码存储库、构建和部署相互独立的，大大增加了整个软件开发生命周期(SDLC)的敏捷性。

1.1.2　数据中台

数据中台是企业级数据能力共享平台，是企业各类数据资源的汇聚中心、数据资产转化中心、数据价值发掘中心，有助于打破数据孤岛，提高数据的利用效率，降低数据管理成本，同时为企业的长期发展提供数据支撑。数据中台的建设旨在支持企业的业务创新，通过数据分析和洞察驱动业务增长，帮助企业实现数字化转型。

1.2　组织变革理论

1.2.1　组织结构

现代企业常见的组织结构有四种：U 型、H 型、M 型、矩阵型。

(1) U 型结构包括直线制结构、职能制结构和直线职能制结构。直线制结构的部门化程度较低，行政范围广，权利集中，规范化低。职能制结构按照部门职能划分，解决直线型结构的管理规范化程度低的问题。直线职能制结构结合了直线制和职能制的特点，既有直线的指挥链，也有职能部门提供专业支持。

(2) H 型结构是控股公司的组织结构形式，本质上是集团型企业的组织形式。H 型组织下，附属组织具有独立的法律地位，具有更大的独立性。

(3) M 型结构即事业部制结构。根据产品、市场或地理区域划分为多个相对独立的事业部，每个事业部都有自己的管理团队，负责其业务单元的全面运营。这种结构有助于提高对市场变化的响应速度，但可能导致资源重复和总部控制力下降。

矩阵型结构强调跨职能的协作，员工由职能部门和产品部门管理者共同领导，适用于需要高度协调和创新的项目导向型企业，可以提高资源利用率，但可能导致管理复杂性和员工角色冲突（表1）。

表1　常见组织结构的优缺点

组织结构	优　　势	劣　　势
U型	有助于集中优势力量攻克重大事项	领导人长时间花费在事务性工作上，不能思考企业发展战略
	有助于各部门紧密配合	行政机关规模大，经营成本高
		机构僵硬，易导致官僚主义
H型	高低压权，在公司具有法律独立性	管理上较难确保整个集团的战略性和协同性
	风险分散	信息不对称，关机成本增加
	资本运作灵活，存在一定税收优势	各子公司易形成自己的文化和价值差异，难以与集团保持一致
M型	领导人的精力重点放在整体运作的问题上	功能结构错综复杂，易导致资源重复
	便于专业生产，快速响应市场需求	总体战略的执行难度较大
矩阵型	易于复杂工作的开展 易于建立健全的沟通管理制度 精简官僚作风 优化资源分配	管理口径不清晰，易于产生矛盾 员工的工作缺少保障，增加工作紧张性 员工之间易导致角色冲突

1.2.2　组织结构变革

组织变革是为适应组织内外部环境和战略目标变化，由变革型领导引领、全员广泛参与，运用组织行为科学和管理科学方法，对组织规模、结构、文化、权利等方面进行系统性调整和创新，其目的在于激发全员生产力来改善组织业绩。在企业数字化转型过程中，企业组织变革受到两方面的影响，一是战略响应带来的组织调整，二是数字化技术应用带来的组织应用。刘柏建(2022)认为数字化转型下企业组织变革包括组织结构、人才结构、组织文化、组织流程、领导方式五个维度的变革，组织变革是企业数字化转型的关键步骤、成功保障和新形势下的必然选择，必须重视和积极有序推进组织变革，助力企业数字化转型的成功推进。

随着数字技术的不断革新，现有组织能力与数字技术不匹配导致企业数字化转型未达预期的情况愈发明显。埃森哲发布的《2023中国企业数字转型指数》显示，约53%大力投入数字化转型的国内企业中，2%的企业进阶为开创新前沿、行动有力、价值多维的“重塑者”，较低于全球“重塑者”8%的比例。为了应对企业数字化转型持续迭代，国内学者对企业数字化转型进行了全方面的探索研究，其中一部分学者将目光放在了企业未来组织架构上，比如：冯蛟(2019)等人指出企业组织发展逐步呈现出平台化、生态化、无界化、自组织化的发展态势。吴勤(2019)对无边界组织的优势进行了研究，提出无边界组织有利于提高组织内部消息传递效率、提升资源整合能力、激发成员创新能力、快速获取客户需求等。

2　微服务架构下组织管理面临的挑战

2.1　微服务技术方面的挑战

微服务架构下一个功能界面，可能需要对多个微服务进行N次不同的API调用才能完成加载，调用过程可能涉及流程、服务、界面、规则解析引擎、redis、MQ、GTS等多种APaas层及Paas层组件支撑，错综复杂的调用关系为系统设计、研发测试及后期运维都带来了新的挑战(图2)。主要体现在以下几个方面：

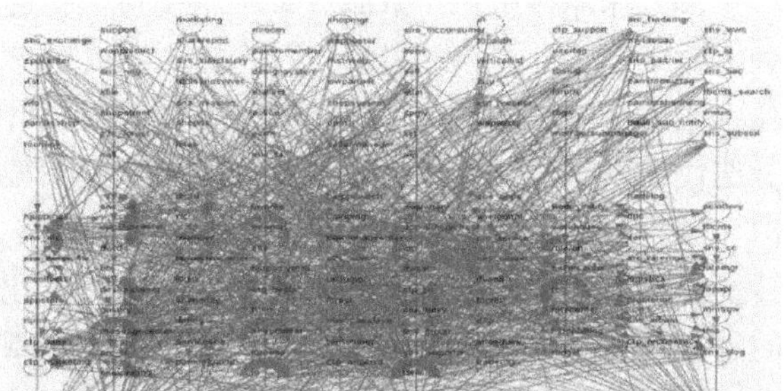

图2　微服务调用示意图

(1)需求产品化。微服务架构下，需求可以在限定的业务领域内独立实现，但需求不仅指需求本身，也需要其他业务领域、组件、平台甚至配套组织协同支撑。一是需求多元化，客户对产品、服务、体验等方面的需求逐步多样化、个性化。以开放服务及交易平台项目为例，自2023年9月起，Erda平台累计登记需求项266个，服务20余类客户角色，涵盖用户体验、业务升级、技术优化、新业务拓展、报表统计等多个方面；二是需求融合化，用户需求转化为产品需求，再进一步转化为系统需求，整个需求实现设计过程是"以一转多"的过程，并且需要业务、产品、系统设计等多角色人员共同参与，从功能、非功能两个维度共同完善产品设计，迭代升级系统的业务架构、系统架构、应用架构、数据架构；三是需求敏捷化，开放服务及交易平台项目自2023年9月起共规划5个常规迭代，以小步快跑的形式累计上线93次，平均1.83天发生一次上线动作。

（2）研发平台化。微服务架构是用分布式、彼此隔离的微服务解决更庞大、更复杂的业务问题，超万个需求研发、超十万问题解决、百人级以上团队管理、以天为单位的版本发布需要打造全方位的平台型、赋能型研发模式。一是融合、集成公司各项业务、技术能力，打造贯通技术中台、数据中台的底座框架，借助组织力量实现数据贯通、能力共享，赋能业务创新、技术创新。二是在高内聚低耦合的微服务拆分基础上，构建业务与平台融合的APaas层服务，支撑组件化、插件化、共享化的代码框架，统一规范、降低研发难度，提升交付质量。三是提升微服务架构自身的管理能力，构建微服务、版本、规约、规则、编码、日志等的管理功能和产品，实现运行系统的数据化、运维管理的产品化。

（3）保障体系化。微服务架构系统重视构建有生命的产品而不是项目，需要建设与运行并存、业务与技术融合、稳态与敏态共振，持续开展迭代建设、运营工作，系统建设需要从组织架构、过程管理、度量考核等多个维度转变观念、转变模式，形成业务、产品、研发、实施一体化的支撑体系，需要充分考虑系统运维的便捷举措。微服务架构的稳步落地，一是要规范3个核心过程，即运营管理过程、设计研发过程、推广实施过程；二是要关注业务流程遵从度，确保业务的合法性和合规性，降低业务风险；三是打造3个支撑能力，即组织支撑、制度支撑、工具支撑。微服务架构落地要在组织运转、系统运营过程中，以PDCA为主要抓手，适度裁剪、合理优化，形成全过程质量监督改进保障能力，从深度到广度，抓重点、攻难点地落实保障工作。

2.2　项目管理方面的挑战

传统的项目管理多采用门径模式进行管理，包括规划可研、招标、立项、可研评审、详设评审、开发测试、上线运行、项目验收等多个环节。当前，国家管网集团从规划可研到完成项目立项的平均耗时周期为3~6个月。而微服务架构下需求来源的多元化以及交付的敏捷化，打破了传统的门径管理模式，其背后的本质矛盾是传统机械思维指导的项目管理模式、商务模式难以适应数字时代生物学思维的系统自我生长迭代模式，现有的项目管理、商务模式不能适应交付物从项目、系统到产品、服务的转型，往往导致项目管理周期滞后于项目建设周期。

2.3　人才结构方面的挑战

复杂微服务架构下，项目中的数字化人员要具有应对复杂性和动态性问题的能力，总体来讲，要求数字化人员具有复合型、学习型、创新型、合作型的特点。技术要求方面，数字化人才要具有深厚的技术背景，包括但不限于编程语言、微服务架构、容器化技术、服务网格、API设计和开发、以及云平台等；系统设计和业务理解方面，微服务架构中，服务设计和拆分至关重要，这要求数字化人才有较强的业务能力，能根据业务需求合理划分服务边界，设计高内聚、低耦合的服务架构，处理服务的相互通信；数据管理方面，微服务架构下数据一致性和事务管理是关键挑战，这要求数字化人才对分布式数据库、缓存策略、数据同步和冲突解决等方面有一定的理解；安全意识方面，微服务数量与系统安全风险正相关，数字化人才对网络安全、数据保护和合规性等方面要有一定的造诣；问题解决和团队协作方面，在复杂系统中，问题往往十分隐蔽和复杂，通常需要跨团队合作，推动定位和解决问题。学习能力方面，数字化技术发展日新月异，要求数字化人才具备持续学习的能力，不断更新知识库，跟上技术发展的步伐。复合型、创新型的数字化人才是企业数字化转型过程中的中流砥柱，企业要加大对数字化人才的引进和培育。

3　微服务架构下组织变革解决方案

3.1　组织维度

组织设计包括组织结构设计、组织流程设计、决策程序设计等内容，组织设计与微服务技术应用的实际情况应该相匹配。开放服务及交易平台对微服务架构下的组织设计进行了积极探索。在组织结构方面，着力打造协同性、合作型的组织架构，成立项目管理部，项目建设和运维分阶段独立开展，多家企业主体联合开展项目建设工作，其他企业主体负责项目运营工作。在这种跨企业主体的项目活动中，工作协同尤为重要。主要依靠合同限定合作范畴和责任底线，依靠项目管理部的管理权限约束企业主体间的柔性合作，这对项目管理者的领导力、协作与沟通能力也提出了较高的要求。项目建设过程中，积极探索联合编队、联合创新等形式的组织模式，以产品为维度构建扁平化的虚拟组织共同承担产品设计、开发、质量保障工作。组织流程设计方面，设定独立的架构看护者角色，依据国家管网集团的4A架构规范看护项目架构(图3)。

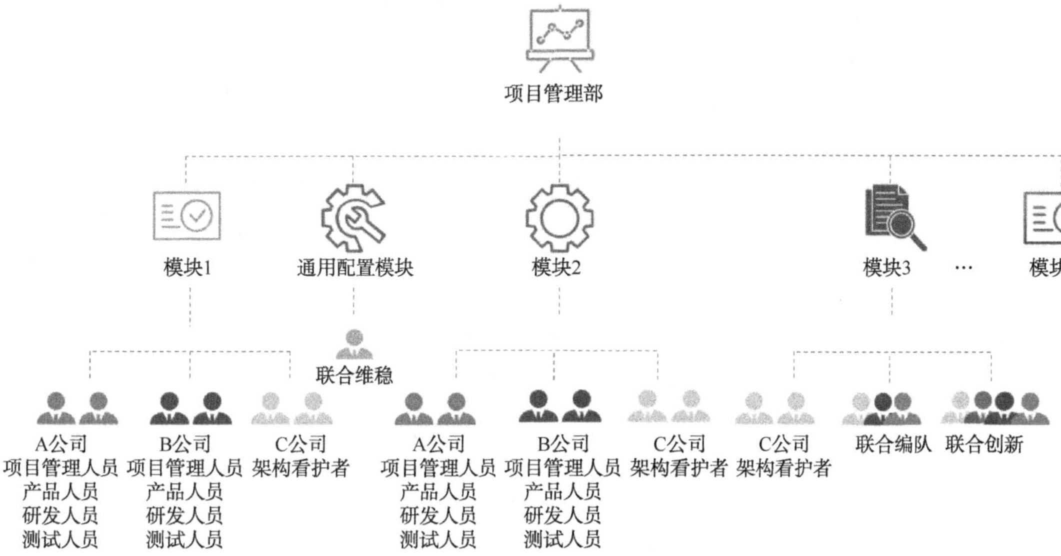

图3　开放交易及服务平台项目组织结构图

3.2　技术维度

一是打造分层型的技术架构。微服务架构是一把双刃剑，缺少合理规划导致的微服务无序调用极易造成热点服务、雪崩效应，为确保微服务间、研发组织间高效协同。开放服务及交易平台设计了前端应用、聚合微服务、子域微服务的三层微服务架构，前端应用按照买家端、卖家端、平台端分角色部署，其中开放买家端、买家端的APP应用，便捷客户业务处置。聚合微服务负责整合和协调底层微服务之间的交互，处理数据聚合、业务流程管理等任务。可将多个微服务组合成一个更大、功能更丰富的服务，有助于降低系统复杂性，提高可扩展性和灵活性，并实现业务逻辑的复用和高效的系统交互。子域微服务以业务数据划分作为划分依据，共设计合同、客户、营销结算、商品、库存、交易等13个子域服务，使系统按照业务领域实现水平维度的切分。

二是沉淀可复用技术组件。开放服务及交易平台构建了管输路径规划算法模型、价格中心，赋能管输路径快速运算和管输业务价格管理，提高业务处理效率和灵活性。并沉淀了审批流、通知、电子签章等公共业务组件，赋能研发人员敏捷拓展研发，支撑业务人员灵活开展业务。

三是支撑标准化需求建设。标准化业务需求包括：标准化的业务流程、标准化的系统接口以及标准化的数据编码等。开放服务及交易平台支撑国家管网集团标准统一的业务流程落地，并构建了统一的集成数据接口规范，非主数据的标准编码规则(图4)。

3.3　项目管理维度

项目采用“门径-敏捷”的混合管理模式进行项目管理。门径管理模式具有稳定、可预测的特点，便于项目关键里程碑、成本、质量、风险管理。敏捷管理模式具有快速迭代、高度动态性的特点，便于满足不断变化的客户需求，同时也降

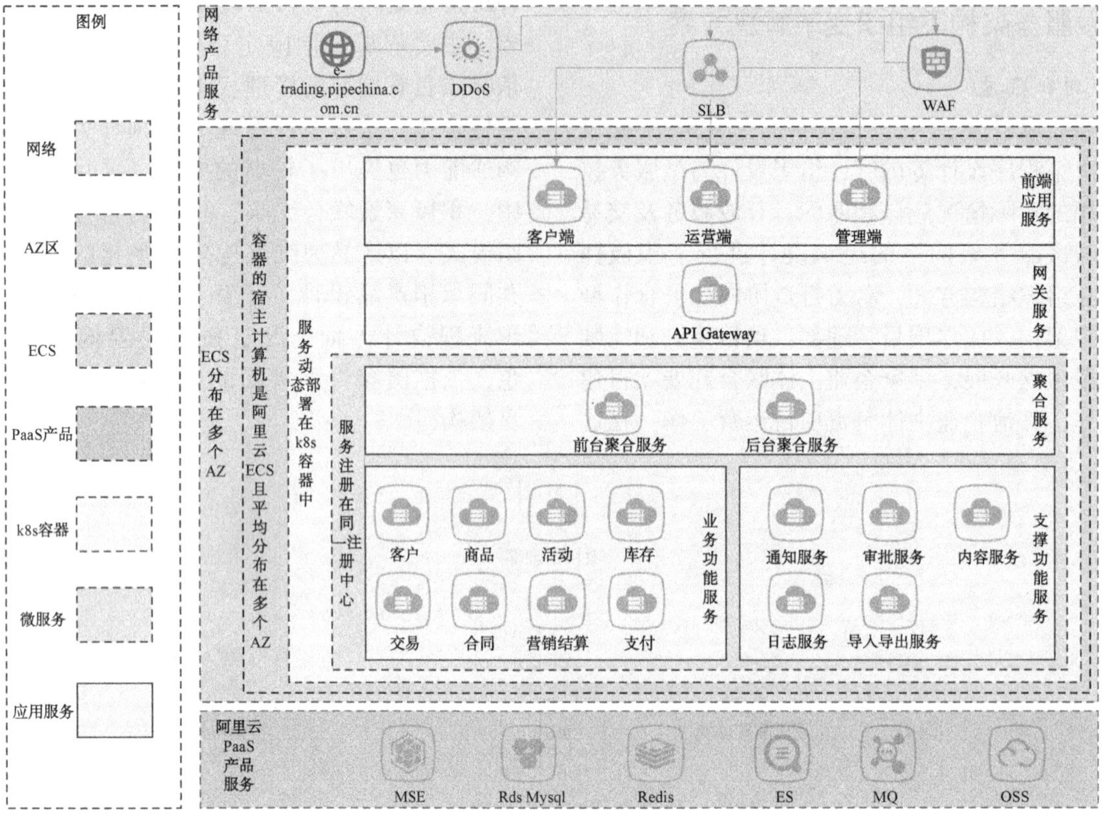

图4　开放交易及服务平台技术架构分层示意图

低软件工程开发风险。开放服务及交易平台遵循国家管网集团的项目管理制度，项目进行关键里程碑有项目申报、可研阶段、详设阶段、研发阶段、上线试运行与项目验收阶段、项目运维阶段。在每一个里程碑阶段中，项目工作采用敏捷模式，使用 Erda 管理平台对功能需求进行颗粒度拆分和项目全生命周期管理，确保产品需求的持续改进和每一阶段的工作质量都能达到客户预期。

3.4　人员维度

采用内部培育和外部引进的方式逐步建立一支复合型的数字化人才梯队。内部培训方面，提供标准化培训课程，加强项目人员的数字技能培训；鼓励跨角色的技术、业务知识分享，创造全员学习的团队文化；通过知识库管理实现知识沉淀，通过解决实际问题，沉淀问题解决方案，当前累计沉淀组织过程资产愈 227.8 万字；外部引进方面，制定明确的人才引进计划，针对关键岗位和技能缺口，通过多种渠道吸引具有丰富经验和专业技能的数字化人才。为了确保人才的持续成长和团队的动态优化，实施定期的绩效评估和职业发展规划，为员工提供晋升通道和个人发展机会。通过建立激励机制，激发员工的积极性和忠诚度，促进人才的长期留存。重视数字化领导力的培养，选拔和培养可以引领团队发展和推动数字化转型的领导者。通过以上多种举措为企业的数字化转型和持续发展提供坚实的人才支持。

4　结论

企业数字化转型的成功与否受到技术因素和非技术因素（如战略、流程、组织、文化、人才）的制约。其中，组织变革是企业数字化转型的关键步骤，组织变革需要全方位落实组织结构、人才结构、组织文化、组织流程、领导力等维度的变革，以适应企业数字化转型的动态发展。组织变革要求全员积极参与的同时，重点强调组织设计要与数字化技术相匹配，才能内化为组织的数字化能力。微服务技术是当前最广泛应用的软件产品开发技术，在微服务架构开发模式下，组织若要与之匹配，面临来自微服务技术本身、项目管理、人才要求等多方面的挑战。本文以开放服务及交易平台项目作为最佳实践案例，分析了当前面对这些挑战，采取的组织、技术、项目管理、人员管理等方面的解决方式，为理解数字技术如何驱动组织变革提供了深入的分析，并为面临数字化转型挑战的企业提供了实用的策略和建议。

参考文献

[1] 奚家亮，刘力锐. 边界重塑：数字技术何以驱动科层组织变革？——基于浙江“一网协同”实践的分析[J]. 中共天津市委党校学报，2023，25(06)：84-95. DOI:10.16029/j.cnki.1008-410X.2023.06.009.

[2] 邢悦. 企业数字化转型中的组织变革和管理创新——以国际石油公司数字化实践为例[J]. 中国石油企业，2022(05)：54-58+127.

[3] 安家骥，狄鹤，刘国亮. 组织变革视角下制造业企业数字化转型的典型模式及路径[J]. 经济纵横，2022(02)：54-59. DOI:10.16528/j.cnki.22-1054/f.202202054.

[4] 国务院国有资产监督管理委员会.（2020）. 关于加快推进国有企业数字化转型工作的通知. Retrieved from http://www.sasac.gov.cn/n2588020/n2588072/n2591148/n2591150/c15517908/content.html.

[5] 蒋楠，卢亚茹. 构建石化 e 贸平台　打造数字经济新引擎[J]. 石油化工管理干部学院学报，2021，23(04)：7-10+23.

[6] 林琳，吕文栋. 数字化转型对制造业企业管理变革的影响——基于酷特智能与海尔的案例研究[J]. 科学决策，2019(01)：85-98.

[7] 张宏亮，楚胜日，何华生. 企业数字化转型实践与管理创新案例研究[J]. 商业会计，2021(06)：4-8.

[8] Newman, Sam. (2015). Microservices Architecture Design Patterns. Sebastopol, CA: O'Reilly Media.

[9] 倪小璐，王旭英，边俊凯，等. 微服务软件架构设计模式及其应用[J]. 杭州师范大学学报(自然科学版)，2021，20(04)：442-448. DOI:10.19926/j.cnki.issn.1674-232X.2021.04.016.

[10] 王昀，杜志双，田康，等. 数字政府时空数据中台设计与实践[J/OL]. 大数据：1-13[2024-02-17]. http://kns.cnki.net/kcms/detail/10.1321.g2.20231012.1645.012.html.

[11] 刘淑梅，杜彬，云桂桂，等. 基于数据中台和流程平台的业务中台建设与实践[J]. 现代电子技术，2022，45(20)：65-68. DOI:10.16652/j.issn.1004-373x.2022.20.014.

[12] 刘柏建，刘孔玲. 数字化转型下的企业组织变革：逻辑、维度与路径[J]. 北京经济管理职业学院学报，2022，37(03)：63-70.

[13] 埃森哲. 2023 中国企业数字转型指数[R]. 上海：埃森哲(中国)有限公司，2023.

[14] 冯蛟，张利国，樊潮，等. 组织结构变革背景下赋能型员工管理模式构建[J]. 中国人力资源开发，2019，36(05)：157-169. DOI:10.16471/j.cnki.11-2822/c.2019.05.012.

[15] 吴琴，张骁，王乾，等. 创业导向、战略柔性及国际化程度影响企业绩效的组态分析[J]. 管理学报，2019，16(11)：1632-1639.

[16] 王媛，王玉. 企业新产品开发管理：模式比较、案例及启示[J]. 科技管理研究，2020，40(18)：134-140.

智慧安全的协同办公平台建设：流程 IT 一体化支撑企业决策支持与综合服务

李　慧　王心玉　袁钱燕

（北京智网数科技术有限公司）

摘　要　本文重点探讨协同办公平台建设实践和应用。集团在建设初期急用先行迅速搭建了协同办公平台，但随着公司改革推进与数字化转型工作，原系统已无法满足业务需求，系统亟待升级，以适应改革发展要求。本文通过分析用户需求和痛点，提出了系统功能模块设计、IT 系统与业务流程的适配承载、系统改进等解决方案，总结了系统实施后的成果和亮点。

关键词　协同办公；业务流程；功能模块设计；信息安全

进入 21 世纪以来，我国企业的分工与协作方式逐渐朝着多元化的方式发展到全球化的今天，移动远程办公已经是现代化企业工作的常态，企业在进行转型过程中要着重进行云计算和数字化的互通有无。疫情期间，许多员工被迫离开办公室，完全以数字化方式工作。在这一背景下，每个企业都需要灵活的工作模式以打破传统时间和空间的隔阂，将客户、员工及供应商有效地相连，让人们随时随地都能够有效办公，做出适合的决策。

如何解决现代化企业改革转型过程中面临的沟通不足、渠道不畅带来的困难，建立一套在企业内部具有强大凝聚力并且蓬勃发展的数字化生态系统，是企业数字化转型的必答题。通过数字化协同办公的应用，鼓励组织内部员工加强数字交互行为，统一工作模式和交互方式解决沟通不足所带来的供应链挑战，承载和打通企业决策支持和综合服务工作流，对于企业转型数字化协同办公是一种行之有效的方式。

1　研究背景

2019 年 12 月国家石油天然气管网集团有限公司（简称国家管网集团）挂牌成立，为满足国家管网筹备期及成立初期总部办公基本需要，启动了协同办公平台一期项目的实施工作，实现了公文、协同、邮件、即时消息、日程等常用办公功能。一期项目上线运行以来，大量办公业务实现了线上处理，并全面支持移动化，基本满足了总部员工日常办公需要，尤其在新冠疫情期间有效支撑了员工的异地办公和在家办公需求，各业务管理为集团公司各级部门的日常办公提供有力支撑。

随着国家管网集团业务的不断开展完善以及重组工作的快速推进，三家石油公司待划转企事业单位逐步明确划转时间，一期项目建设成果难以满足越来越多会议、督办、档案、外事等办公业务需求，已有功能也不具备承载划转企事业单位办公接入的能力。另一方面，国家管网集团在成立之初就将科技数字化作为“四大战略”之一，通过流程一体贯通“四大体系”，实现了“制度流程数据 IT”一体化运行，形成了具有国家管网特色的“管理基本法”。随着国家管网集团流程建设、试运行、发布和迭代完善，业务流程高度标准化规范化，管理人员对流程在各 IT 系统的准确承载有了更高要求。

因此，协同办公平台作为承载企业决策支持与综合服务的系统，迫切需要在一期项目建设成果基础上从系统功能、技术架构、用户范围等方面做进一步扩展提升。

2　需求与痛点分析

2.1　新增功能

2019 年 12 月国家石油天然气管网集团有限公司（简称国家管网集团）挂牌成立，为满足国家管网筹备期及成立初期总部日常办公需要，办公业务管理系统以急用先行为建设目的，迅速相应并保证了集团成立初期各项办公类业务的有序开展。长远来看，平台还需实现公文、会议、督办、档案、外事、值班等全部文、事、会业务流程的线上运转，基本承载集团办公室所有业务流程，打破企业传统的各业务单建信息系统建设模式，构建统一、整体、科学的信息工作平台，提高工作效率。

2.2 全面扩容

随着国家管网集团业务的深入开展和重组工作的快速推进，一期项目已建设的业务成果难以满足越来越多的办公需求，已建设的认证安全、通信安全、数据安全、管理安全等认证及密码安全基础设施已无法承载用户访问量和接入认证量的激增，迫切需要在项目一期建设成果基础上从系统功能、架构、用户范围做进一步扩展提升，增强商业秘密防护，进一步提升认证及密码基础安全设施服务能力(图 1)。

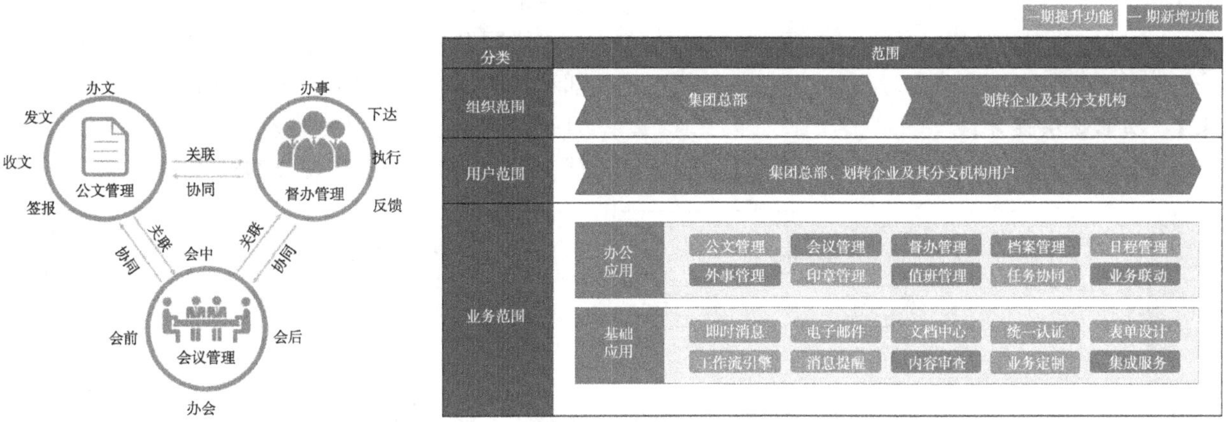

图 1　提升安全设施服务能力

2.3 信息安全要求

国家管网集团负责原油、成品油、天然气的管道输送，并统一负责全国油气干线管网运行调度，属于国家重要基础设施的管理和运营，而协同办公平台作为企业核心业务系统，关系着企业政令畅通、商业秘密流转、生产经营数据处理、政策要求等多种核心敏感业务，其网络安全、数据安全已经不是单纯的对企业经营造成影响的问题，故需要高度重视和考虑系统的安全问题，一切工作均需以 GB/T 22239—2019《信息安全技术—网络安全等级保护基本要求》、GB/T 39786—2021《信息安全技术 信息系统密码应用基本要求》、《中央企业商业秘密安全保护技术指引》等相关安全建设法规政策为前提进行统筹规划。

3 设计原则

3.1 通用性及有效性

协同办公平台的建设旨在构建、丰富完善和推广国家管网集团统一的办公平台，从业务功能到技术架构支撑涉及面广，知识体系庞大，满足集团公司日常办公需要，通过协同办公平台将集团公司总部公文、档案业务贯通至基层单位，实现协同办公平台业务全覆盖，流程一通到底，为用户提供便捷的办公统一平台及文件办理入口，提高工作效率，便于数据收集、分析和利用；协同办公平台建设的统一工作桌面支持灵活的系统建设，打通各业务管理部门之间业务联系，贯通集团总部、企事业单位，可以为每个用户提供 PC+移动的工作界面，通过单点登录、统一待办、统一消息、统一展示以及统一的界面风格，为用户提供统一的工作桌面。

3.2 安全性

协同办公平台按照等保 2.0 三级安全防护要求采取有效技术和管理措施确保系统信息安全保密，并通过了等保 2.0 三级测评、商业秘密安全保护测评、商用密码测评。

3.3 创新性

通常情况下，企业协同办公平台中的办文(如电子公文系统)、办事(如督查督办系统)、办会(会议管理系统)相互独立，各系统中所流转的业务数据之间也相互隔离。但从实际的业务场景来看，很多工作的办理过程是存在紧密的相互关联，例如根据领导的一个来电指示，组织召开一次会议(使用会议管理系统)，会议召开后，形成会议纪要(使用电子公文系统)，根据会议形成的决议，要向上级机构上报请示(使用电子公文系统)，同时，对于会议的决议事项进行督办(使用督办管理系统)等。协同办公平台平台实现了文、事、会一体化业务联动，可看到完整的事件主线，整个事情的办理过程也一目了然。另外，事后可以通过上述办理过程中的任意一点，直接查找并浏览整个事件办理的来龙去脉，对领导决策意义重大；协同办公平台初步尝试了智能化AI辅助办公功能，实现了文控检查、语音转换、OCR识别和敏感词检查功能，提升了协同办公平台在智能办公方面的体验，提高了工作效率。

4　解决方案

4.1　功能模块设计

一体化智慧安全协同办公平台是一套以“智慧、快捷、安全”为核心，以高效办文、办会、办事能力于一体的综合性协同办公平台。平台全面实现公文管理、会议管理、督办管理、档案管理、外事管理、值班管理、印章管理、日程管理、工作协同、即时消息、电子邮件、统一身份认证、密码安全基础设施、统一工作桌面、移动办公等系统功能，帮助企业建立完善高效的业务支撑平台(图2)。

协同办公平台运转四年多来，满足了集团总部和各所属企业的办公业务，构建了可承载10万+用户，1万+流程，档案、公文等非结构化数据1千万+的能力，实现“8348”工程。

图2　智慧安全协同办公平台

八大办公业务全面覆盖：公文管理、会议管理、督查督办、档案管理、外事管理、印章管理、值班管理、日程管理；

三项协同功能高效联动：工作桌面、业务联动、任务协同；

四种智能工具便捷应用：文控检查、工作提醒、图文转换、语音转换；

八类平台服务开放共享：办公业务服务、业务定制服务、消息推送服务、文档分享服务、应用安全服务、系统管理服务、应用集成服务、基础能力服务。

4.2　业务流程承载

协同办公平台实现了对集团11.1决策支持与综合服务流程的全面IT承载。公文、会议、督办、档案、外事、值班等文、事、会业务流程实现线上运转，其中，公文、档案、外事等流程已穿透到基层岗位，会议、督办、值班等流程穿透到各所属企业本部，大大提高了综合办公效率和质量。对标11.1业务域中公文业务流程，并根据协同办公平台运行三年以来的使用情况分析，对协同办公平台各所属企业发文和收文进行了梳理分析和整理，总结流程推广工作成效，得到收发公文流程最佳实践，不断优化公文处理流程，减少非必要的审核、送转环节，制定了一套标准化的收发文流程(图3)。

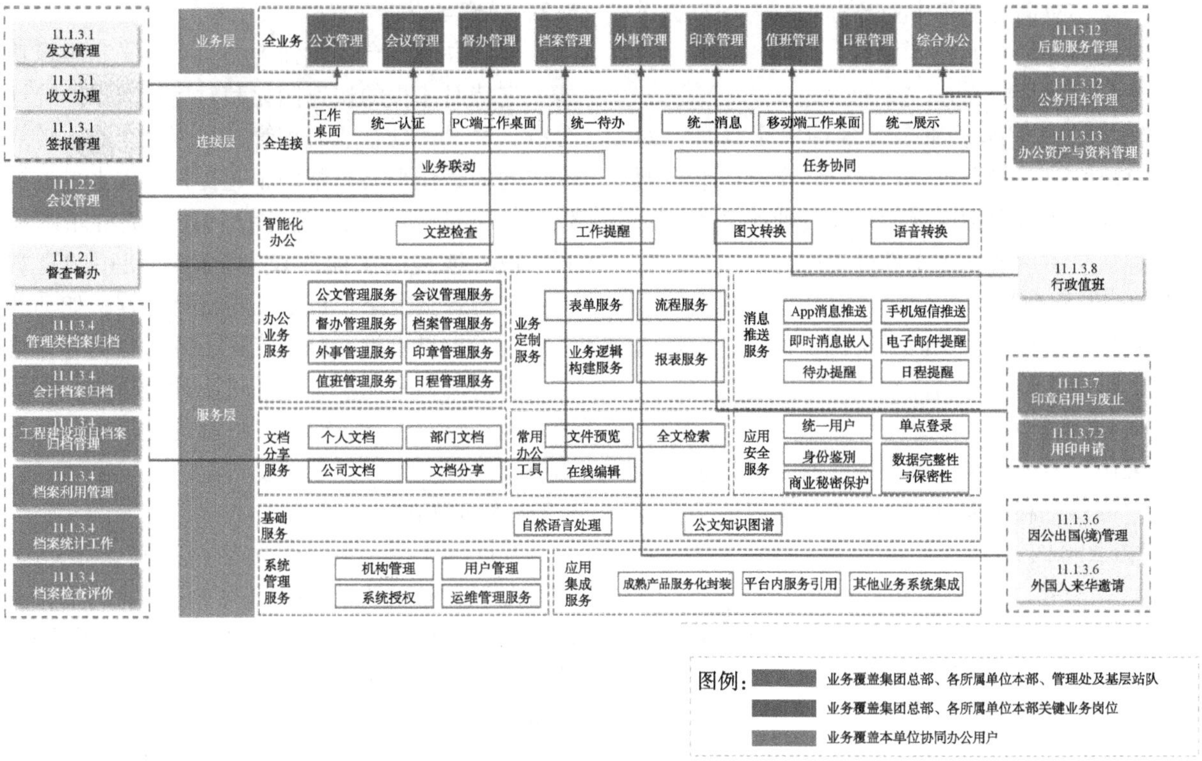

图3 对标11.1业务域中公文业务流程

4.3 系统改进要点

完善产品性能，提升协同办公软件的稳定性。一是鼓励协同办公产品研发企业以需求为导向，持续完善即时沟通、日历、音视频会议、在线文档、云盘、工作台，以及协作office、移动办公平台等主要功能模块，不断丰富在线办公、诊断、教育等应用场景。二是做好产品容量规划，提升产品承载和抗压能力，保障产品使用连接的稳定性。三是搭建友好的用户界面，不断降低用户使用门槛。

加强数据保护，为远程办公提供安全保障。一是倡导协同办公软件产品与国产密码进行深度融合和整体应用，打造包括登录、身份认证、链路传输、数据存储等全流程端到端的加密移动工作平台。二是鼓励在数据传输过程中使用VPN与安全桌面结合的形式，杜绝终端数据泄密问题。三是通过数据本地化部署、管理端操作系统加固和数据通信加密等方式，加大数据安全保护力度。

加强平台监管，推动协同办公健康有序发展。一是在疫情期间，有关部门应针对协同办公软件的广泛使用，进一步加大对协同办公平台存储数据的安全监管力度和数据泄露风险的防范力度。二是应立足“网络强国”建设的战略要求，强化“网络安全法”和“个人信息安全规范”在数据监管与安保方面的权威性，进一步规范法律和政策的适用场景，细化相应处罚、赔偿以及纠纷等判决条例，防范可能出现的数据安全监管漏洞和大规模数据隐私泄露风险。

加大信创力度，加快推进国产化研发及替代工作。国有企业的办公系统国产化替代工作尤为重要，因此，作为能源央企需践行的社会责任，要加快推进数据库、中间件国产化研发和替代工作，进一步强化国产化的应用力度。我方已于2023年启动协同平台全面信创改造工作，在综合考虑国家信创要求、集团公司数字化建设、现有资源、公共应用、业务流程和数据架构的基础上，考虑采用一系列安全、可信、先进技术构建软件能力，以实现平台的软硬件国产化要求，在能替尽替的前提下完成整个平台的信创适配、迁移。

4.4 方案优势

4.4.1 高效便捷

全面覆盖协同办公全业务场景，各业务系统通过统一身份认证系统进行一次性认证登录，通过统一工作桌面进行集中业务办理，为用户提供高效便捷的一站式办公体验。

4.4.2 高安全性

完善的安全体系和多级多种安全管理，对PC和移动应用进行全方位的安全管控；平台通过网络安全等级保护三级测评及商业秘密安全防护测评，具备承载商密文件处理能力。

4.4.3 高可靠性

支持平滑扩容，保证系统提供长期、可靠的服务，提高系统的可用性和可伸缩性。

4.4.4 高稳定性

采用一系列的组件和技术，有效保证了系统的稳定可靠，利用索引、缓存等技术保证平台运行性能(图4)。

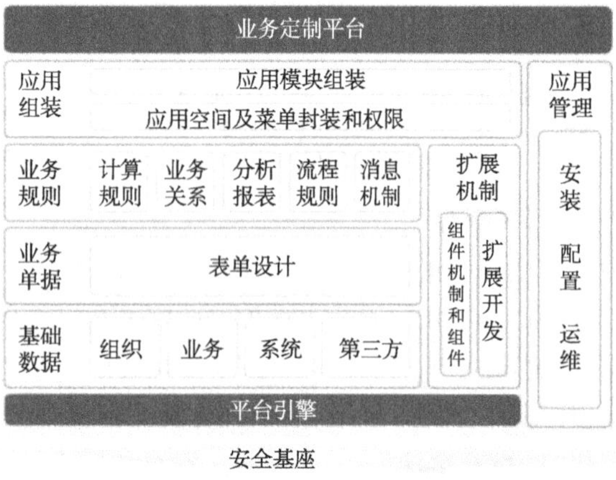

图4　业务定制平台

4.4.5 高兼容性

平台开放二次开发规范和接口，支持与异构系统信息的全面集成，提供高效的安全保障机制。

5 平台管控

5.1 分级管控

协同办公平台在产品架构设计上既考虑了集团统一需求，又兼顾在统一平台下，各所属企业由于管理差异导致的个性需求，而且易于分级维护。同时，系统支持集团企业建立统一的共性应用模版，提供数据交互标准和高性能的应用服务；支持成员企业建立独立应用单元和授权体系，实现应用节点的快速部署和推广；支持分级管控，明确集权与分权的边界，固化不同层次的管控要求，避免“一刀切”，真正支持各级企业管控效能的提升，进而提升整个集团的管控效能。

5.2 流程支撑

协同办公平台提供强大的流程定义和跟踪功能，支持对流程的快速固化和对运行数据的统计分析，尽量达到企业流程管理规范与企业运转效率之间的最佳平衡，帮助企业提升管理水平；提供基于Web图形化的流程设计器和流程跟踪动画，极大地提高了流程设计效率和使用的直观性；支持各类复杂、灵活的本土化流程，如动态子流程、批量审批、触发流程、并行分支等；提供丰富的流程效能统计，通过统计分析流程审批的时间、数量、流转效率、办理情况等运行数据为企业流程优化提供数据支持。

5.3 界面特色

互联网应用正在逐渐改变企业用户的使用习惯。美观、易用的企业应用系统是企业的重要需求之一。协同办公平台提供良好的用户操作体验，进而助力企业扩大系统应用的广度；互联网风格的UI、UE设计；提供分角色的、直观、易用的操作界面，以最少的点击次数完成操作，突出页面上的关键信息。

5.4 移动管理

协同办公平台提供移动应用开发、应用管理和安全管理等能力，支持对主流的移动设备的访问，帮助企业快速实现协同办公应用的移动化；通过配置快速实现移动化，极大节约成本，缩短实施周期；移动框架自动适配协同办公系统表单和流程，满足随时随地的移动办公需求；最大程度接近互联网应用的用户体验，符合大多数用户的使用习惯；支持多种访问方式，如浏览器、App、移动门户；安全性高，采用国产商用密码和综合性安全技术实现了认证的真实性，数据的机密性和完整性以及操作的不可否认性；所有文件均通过远程访问服务器阅读，本地不保留副本，避免文件信息泄露。

6 结论

助力数字化转型：协同办公平台与国家管网集团管理体系和业务流程紧密结合，助力集团科技数字化战略落实，以信息安全为基础，逐步实现工作与管理在线化、移动化和智能化，以安全能力赋能国家管网集团科技数字化战略，助力其提高工作效率和工作质量。

（1）业务变革创新：协同办公平台实现以客户为中心的业务标准化、流程标准化，穿透最基层的协同办公岗位，有效支撑公司数字化转型、业务流程变革要求，体现了数字化技术与业务流程的深度融合。

（2）资源集约共享：推动信息系统整合共享，统一国家管网集团及所属企业的协同办公系统，在统一平台基础上实现业务高效办理和数据充分共享。加强业务联动，统一全公司员工工作模式和交互方式，打通数据孤岛，实现纵向贯通、横向协同，深度挖掘各业务间关联关系，实现多业务流程的优化和融合，最大程度提高处理效率，实现集团文件、信息、报表等各类数据在统一平台的交互流转与适度共享，为大数据应用奠定基础。

（3）信息安全保密：构建了合规的认证及密码安全基础设施，平台安全性得到整体提升，保障企业信息安全的同时为企业数字化转型保驾护航。

天然气超声流量计送检流程优化方法

黄永飞[1]　郑洪龙[2]　郑　策[1]　张宜林[1]　李　想[1]　雷　雨[1]　王明强[1]

(1. 国家管网集团西气东输公司；2. 国家管网集团科学技术研究总院分公司)

摘　要　[目的]天然气超声流量计送检在“送”的流程上未定量，对上检验台前的排产排序过程也暂无相关规定，“送”的计划与“检”的排产存在矛盾，亟需统筹解决“送”与“检”的动态协同规划问题。[方法]基于“送检使管网价值最大化，检定后管网风险最小化”的衡量准则，选取国家管网西气东输管道为例，提出了送检检定优化与排产智能决策的方法：通过数字化转型，统计分析了对传统管理产生干扰的计划标准、不确定性、检定优先级3种影响因素；结合超声流量计运行、维修及检定检修(简称运检维)的特点，以流程为驱动，开展数据挖掘、柔性管理及运维生效模式分析，划分流量计服役生命周期，优化主、备用流量计的匹配性，并给出年度送检计划时间确认方法；基于生命周期模式，在检定排产环节进行动态规划。[结果]结果表明：检定优先级可由输气收益价值与证书超期风险进行重塑，对于互为主、备的流量计，待检流量计的检定价值与风险成本分别由正在使用的流量计在一定周期内的输气收益价值、证书超期风险确定，约束条件则根据检定中心能力进行调整。[结论]以检定排产的天然气超声流量计动态规划统筹运检维优化方法，有助于抵御不确定风险、降低检定负荷、提高计量安全，为天然气贸易计量与管网输损管控提供可靠性保障。

关键词　天然气管网；超声流量计；量值溯源；数字化转型；送检流程；一体化；动态规划

天然气计量的准确度是直接影响贸易计量与管网输损管控的重要因素，准确度则受一套完整的计量体系所影响，其中量值溯源是关键。超声计量系统包括超声流量计、流量计算机、温度压力单元、色谱及配套管件、整流器等。目前，贸易配套仪表、分析仪的现场校准已普及，但核心部件流量计在使用过程中进行检定、评价或串检技术仍不成熟或难以推广，量值溯源主要仍是依靠送检来实现，可见送检工作的重要性。

超声流量计送检即根据溯源需求，将超声流量计从生产现场拆卸，通过物流运送至检定中心进行实流检定，出具合格证书后返送至现场装配使用的流程。可将送检流程视为矛盾的供需关系，现有的研究主要集中于“检”方面，即流量计运行过程检查发现设备故障、上检验台后的优化检定流程，如国家管网集团的西气东输分公司建立了超声流量计远程诊断系统(Condition - Based Maintenance，CBM)、南京计量中心提出的智能检定技术。但在天然气超声流量计“送”的流程上未定量，对上检验台前的排产排序过程也暂无相关统一规定，导致“送”的计划与“检”的排产排序难以匹配。

传统的超声流量计送检过程存在计划标准未统一、执行易受不确定性因素影响、检定优先级难以适用等问题，造成送检困难，降低了天然气管网运行的可靠性。随着管网建设的迅速发展、流量计应用的不断增多，流量计证书超期风险骤增，亟需统筹解决“送”与“检”的动态协同规划问题。动态规划是求解决策过程最优化的方法之一，适合对流量计检定排产排序进行优化。选取国家管网集团某管道分公司为研究对象，以“送检使管网价值最大化，检定后管网风险最小化”为衡量准则，通过数据挖掘，借助数字化转型获取数据价值，利用动态规划建立最优送检策略，以此实现天然气超声流量计“送”与“检”的全局优化。

1　超声流量计送检的影响因素

天然气超声流量计送检流程涉及生产调度、现场用户、检定中心、维修工厂等多个环节及部门，对实际生产中的数据进行统计分析，发现超声流量计送检主要受以下3个方面影响。

1.1　计划标准未统一

由于天然气超声流量计的送检是一个多单位协同的过程，如果不能在年初排产计划阶段形成统一标准，将会造成成本增加。

（1）信息孤岛的存在。各部门价值目标难以协同，如在制定与优化送检计划的环节，检定中心会优先依据待检定流量计证书到期时间发布检定计划；设备属地管理公司则会更多考虑主、备用流量计的相互影响，并对检定时间进行调整以适配现场的使用需求。当输气任务较重、送检截止日期较短时，流量计管理者会趋向于提前送检，争取优先检定，易造成检定中心的资源挤占。同时，不同归属地流量计的检定点调整也因信息不畅导致集中调配性差，进一步增加了送检成本、延长了检定时间。

（2）主、备用流量计送检的匹配性不强。将主、备用超声流量计证书有效截止期的时间差定义为匹配时间差 Δt，由于送检的周期性，匹配时间差过大会增加检定成本（频次）与检定中心负荷；匹配时间差过小，则易造成在用流量计证书超期或产生故障无法切换，增大计量纠纷风险。在检定中心地理位置、送检管理模式不变情况下，高效送检的匹配时间差应符合正态分布。根据国家管网集团某管道分公司 297 对超声流量计样本统计结果（表 1）可见，各分公司主、备用流量计匹配时间差的中位数为 94 天、平均数为 150 天、大于 200 天的占 28.28%、小于 50 天的占 16.84%（不含未投产、新投产流量计），呈现较为严重的偏态分布。

表 1　国家管网集团某管道分公司超声流量计样本证书有效期匹配时间差统计表

匹配时间差/d	流量计对数	占比/%
365>Δt≥300	39	13.13
Δt≥200	45	15.15
Δt≥90	69	23.23
Δt≥50	50	16.84
Δt≥30	22	7.41
Δt≥10	28	9.43
Δt<10	44	14.81

1.2　执行过程的不确定

超声流量计送检的执行过程包含从送检计划制定、现场操作、设备流转（物流）到量值溯源等环节，主要受以下 5 个方面的影响。

（1）设备状态。超声流量计在设备属地、检定中心、维修工厂间流转，流向包括送检、检返、返厂、出厂再检、检定点调整。根据流量计健康度与所需流量的不同，产生不同流向组合，导致耗时差异。

（2）管理模式。管理模式主要指流量计数量、场站分布、工作机制、用户情况、领导重视度等，各个分公司的管理模式差异较大，直接影响流量计送检计划的执行力。

（3）检定中心配置。检定中心的配置通常包括检定流程的智能化水平、检定优先级的适用性、检定资源配给、中心生产或科研型区别、是否具有稳定检定能力。

（4）管网特性。天然气管网自身的特性影响管理行为，如冬季保供的多路计量需求与春秋送检等工作重叠、用户是否可中断分输、检定中心的气源压力波动等，都可以影响流量计的送检工作。

（5）社会依托。这主要包括物流拆装、交通等社会状况的影响。

1.3　检定优先级是否适用

目前，超声流量计检定优先级基本采用证书截止最早最优先法，即根据计算日至待检流量计证书到期时间来决定检定顺序。该方法存在以下不足：①价值导向实用性不大。在流量计离开计量撬后的超期已不会额外产生现场计量风险，利用已拆卸流量计的证书超期值来排序对使用中的流量计无意义。②失效概率高。优先级在流量计超期数量增多时失效，需由检定中心根据检定资源来决定优先级，但很难减少证书超期数量。③抗干扰性不强。由于流量计送检执行的不确定性，导致提前、滞后送达的流量计挤占按时送达流量计的资源，同时存在投产、维修后再检、外部委托、盈利性检定等其他情况，致使检定中心形成高工作负荷，执行紧迫性被打乱，即出现流量计检定插队的问题。

对流量计在送检流程中的时间节点进行分析发现，计划检定时间与证书到期时间差值为充裕时间，若充裕时间不足，则易发生超期未检。该管道分公司某天然气计量中心的数据统计（图 1）表明：用户侧根据分公司需求，部分流量计（3#、4#、5#、8#、14#、20#、21#）提前送检，但在检定侧依然发生超期未完成检定的情况；部分后调流量计（2#、11#、12#）因仍按证书截止日期最早最优先法排序，却得到优先检定，最终造成供需不平衡（图 1）。

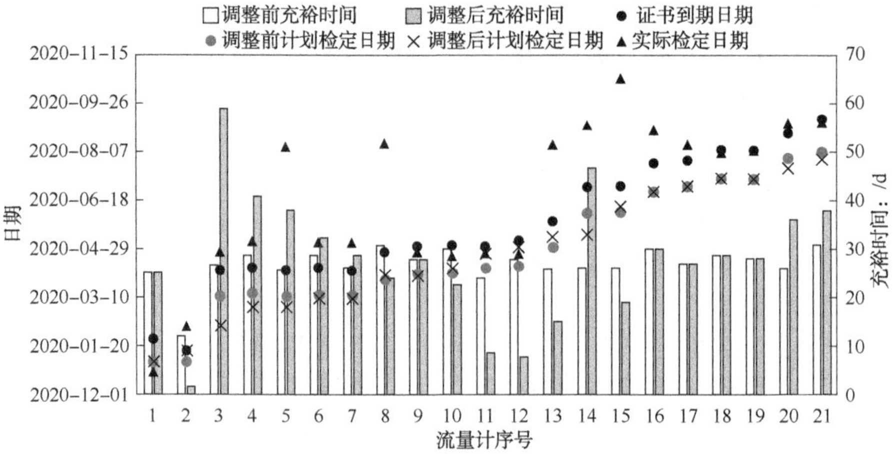

图 1　某天然气计量中心超声流量计检定计划落实情况图

可见，确切的超声流量计检定时间会受全流程在执行过程中不确定因素变化的影响，导致传统的送检管理模式难以见效。据调研，部分计量中心反馈年度检定任务量超负荷，一些地区流量计送检工作也占据基层维修队高达 1/3 的工作时间，因此改进需求与优化空间较大。

2　优化方案

在传统的超声流量计送检管理中，“送”与“检”之间的协同关系难以建立，本质是现场与检定侧供需关系(相对)的不平衡。在上述 3 类影响因素中，计划标准的不同与执行过程的不确定均难以完全消除，应根据其不同的特点制定具体措施，分别降低影响或控制风险；同时，通过检定优先级的重塑来建立送与检的内在联系。

2.1　超声流量计流程解构

运检维是超声流量计现场管理的主要内容，通过流程驱动，分析其关联性并挖掘有效数据，统筹优化超声流量计送检与成本弹性、维修策略之间的约束条件，划分运检维一体化的流量计服役周期，以此实现“送”与“检”的定量分析。

2.1.1　送检流程与柔性管理

超声流量计送检流程的不确定性导致送检存在耗时差异(表 2)与经济成本弹性，在不确定性因素的干扰下，应在保障在用流量计证书有效、符合计量法规定的基础上，尽量优化送检计划，避免增加此类管理成本。

表 2　国家管网集团某管道分公司单台流量计送检全流程耗时统计表

流程类型	序号	作业步骤	耗时/d		弹性时间影响因素
			最短	最长	
作业计划	1	流量计拆卸周作业计划	4	7	作业人员就绪情况；与流量计拆装互斥的其他管网作业，如同场站内的动火、阀门维修等
拆卸	2	安全分析	1	7	场站分布，流量计尺寸，人员设备配置，作业时间分配，同批次拆卸数量
	3	主备用流程切换			
	4	流量计断电、能量隔离			
	5	计量撬氮气置换、气体检测			
	6	流量计拆除，短节安装			
	7	流量计内壁与换能器清洁			
物流	8	物流配送	1	3	物流距离，检定点调整
量值溯源	9	到达检定中心开始进行流量计检定	1	7	按计划检定一次
物流	10	物流运返+安装计划	4	10	与步骤 1、步骤 8 的影响因素相同，再加上计量中心的拆卸时间
安装	11	参考拆卸步骤	1	7	影响因素与步骤 2~步骤 7 相同
验证	12	开展流量计功能验证、确保支持现场输气计量			

（1）送检耗时差异。受各类不确定性因素的影响，送检流程在计划、执行等环节存在耗时差异，即最短耗时到最长耗时的范围（表2）。在不同天然气分公司，送检流程耗时范围差异较大。

（2）经济成本弹性。①送检组合方式。单台流量计的送检流程耗时、管网成本分别与同批次内送检流量计的数量成正、负相关。②拆除、装配作业模式。与国家管网集团的维修队作业相比，通过外委作业的方式受不确定性影响稍低，但维护成本显著增大，一台流量计单次维护费用达（0.3～2.0）万元（其费用与流量计口径、场所等相关）。

（3）检定期与最晚检定期。拆卸送走的流量计是否过期均不再影响现场计量，将送检耗时分为检定期与最晚检定期，便于柔性管理并参与计算。检定期 t_j（步骤1～步骤11）是指在证书有效期间内，从制定检定计划到流量计首次检定即合格、在现场可开展计量的耗时。最晚检定期 t_{min}（步骤1～步骤9）是指在证书有效期间内，从制定检定计划到流量计首次检定完成，无论是否合格的耗时。t_{min} 相比 t_j 少了首次检定合格到返装的时间，此处 $t_{min} \in (7, 24)$、$t_j \in (12, 41)$。

2.1.2　故障维修与不合格返修

故障维修指流量计发生故障后，切换至备用路运行后进行的现场维修或返厂维修，其维修周期为 T_g；不合格返修指流量计检定不合格后返厂进行处理，流量计从检定不合格至返厂维修完成，再次检定合格的用时为检定期内的一个不合格返修周期 T_c；T_g 与 T_c 的计算取值应具有代表性，便于反映真实的维修水平。

2.1.3　维修耗时

以国家管网集团某管道分公司2017—2020年超声流量计故障情况（图2）为例，故障维修主要分为现场维修与返厂维修两大类，其中现场维修又包括探头更换、上下游直管段清理、流量计清洁、板卡维修等。现场维修的各类维修用时多在20天内完成，但板卡维修受备件影响，导致其维修耗时大幅增加；在返厂维修类型中，耗时超过30天的占88%、超过50天的占56%。可见，返厂维修、板卡维修的耗时对现场计量的影响最大，同时影响 T_g、T_c 的取值。

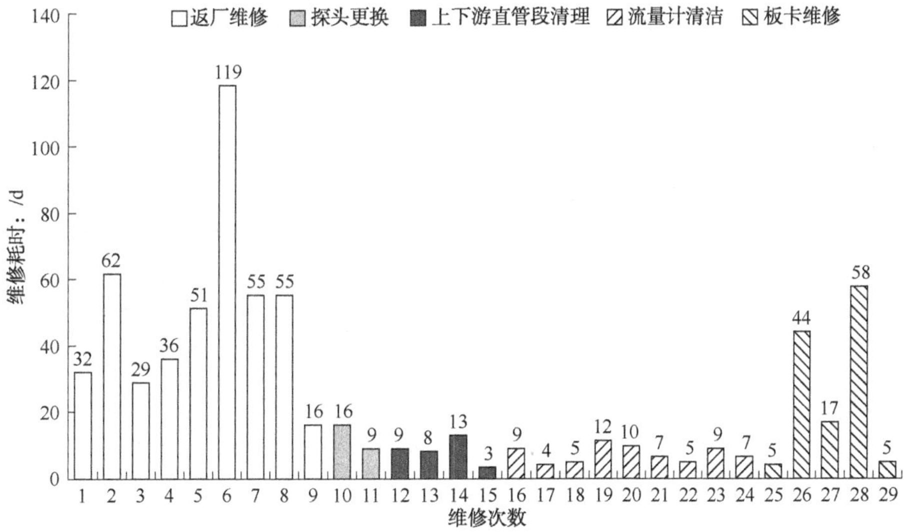

图2　国家管网集团某管道分公司2017—2020年超声流量计各类故障维修耗时图

2.1.4　维修生效

超声流量计故障率或偏差量不仅仅是运行时长的增加函数，为了发挥远程诊断或周期性检定功能对天然气管网安全可靠运行的支撑作用，还需确保主、备用流量计的及时切换。若备用流量计正在维修或送检未完成时，主路发生故障也将无法切换，存在影响计量工作的风险。主、备用流量计检定时间的匹配时间差能影响可维修概率，将维修生效定义为“当在用超声流量计处于异常状态时，能切换至备用路正常输气，并对原在用路进行维护”。维修生效的时期为贸易计量期，反之即指流量计在持续故障或证书超期状态下计量，无法有效切换备用路，导致计量输差与贸易纠纷风险持续累加（图3）。根据表1可见，各地区送检的匹配时间差为偏态分布，导致在用流量计证书超期或产生故障无法切换的概率增大，易对天然气管网输气造成影响，因此应尽可能缩短现场无正常备用流量计的天数。

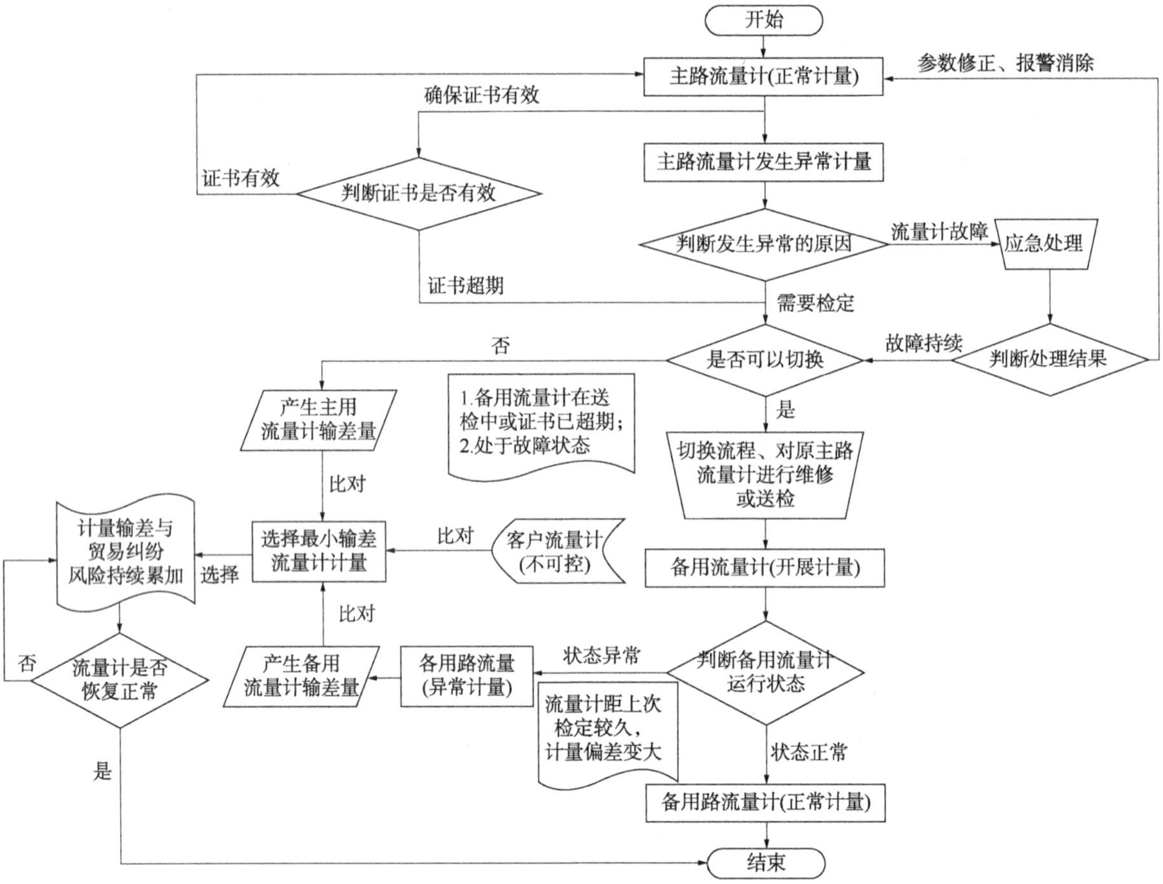

图 3　天然气现场贸易计量维修生效流程图

2.2　流量计服役周期划分

为降低维修与流量计检定期冲突带来的维修失效风险，将具有代表性的不合格返修耗时与故障维修耗时的最大值作为检定间隔期 $T_f = \max(T_c, T_g)$，T_f为优化主、备用流量计匹配时间差的目标值。

将超声流量计服役周期定为 T_z，其可划分为贸易计量期 T_m（维修生效策略）、检定期 T_j；因此，双路流量计的服役周期优化为贸易计量期 T_m、备用路流量计检定期 T_b、检定间隔期 T_f、主路流量计检定期，则双路流量计 1 个服役周期的 4 个阶段可表示为：

$$T_z = T_m + T_j + T_f + T_b \tag{1}$$

多路流量计的服役周期参照双路流量计，只需将备用路流量计检定期、检定间隔期依次增加。通过周期划分，便于统计、收敛合适的送检匹配时间差，增加主、备用流量计的可切换概率。

2.3　超声流量计年度检定计划优化

假定分输支路流量计数量为 n，按流量计证书到期时间的先后进行排序，以所有流量计都按时检定为目标，默认按证书到期时间升序排列送检，至少有一路流量计在撬上，则第 i 路流量计年度计划送检理论时间应为 t_{ji}：

$$t_{ji} = T - T_j - (i-1)(T_b + T_f) \tag{2}$$

式中，t_h 为最后一路超声流量计到期的时间，天。

在实际工作中，匹配时间差易受不确定性因素影响，应调整排序使其重归维修策略。由此，得到超声流量计年度计划送检时间 t_s，是周期性的排序，可通过改变 T_b来调节，其表达式为：

$$t_s = \begin{cases} t_{ji} & (t_{i-1} - t_i) = (T_b + T_f) \\ t_{ji} - \sum\limits_{2\leqslant i\leqslant n} [(T_b + T_f) - (t_{i-1} - t_i)] & (t_{i-1} - t_i) < (T_b + T_f) \\ t_{ji} + (T_b - T_{\min}) & (t_{i-1} - t_i) > (T_b + T_f) \end{cases} \tag{3}$$

根据柔性管理最低要求，需确保现场在用流量计不产生证书超期计量，通过流量计最晚检定期 $T_{\min}$ 和年度计划送检时间 t_s 得到近似的年度计划检定时间 t_y，$t_y = t_s + T_{\min}$，将 t_y 作为确定检定数量全年分布的参数，可通过调整部分流量计的 T_b 来实现优化。同时，将 t_y 应用于实际检定环节，用于判断在用流量计证书超期程度。

2.4 流量计检定排序动态规划

基于流量计服役周期的划分，在检定排产(排序)环节实施动态规划。由于流量计到达检定中心的顺序不同，且在检定侧按截止最早日期最优先法确定检定次序存在价值导向低、失效概率高、抗干扰性不强等缺陷，根据 0~1 背包问题原理，采用动态规划判断流量计是否应该检定。并基于射频识别(Radio Frequency Identification，RFID)等技术获取流量计检定排序所需数据。

2.4.1 检定价值重塑

对单台流量计的检定优先级进行重塑，目标价值与风险成本由待检定流量计对在用流量计的作用确定。

在超声流量计检定中心，待检定流量计的检定价值 V_i 用分输支路的流量计运行价值来衡量。流量计运行价值是指该分输支路的运行流量计在规定周期内给管网带来的管输收益。其中，管输收益与运价率挂钩，即管输收益等于规定周期内天然气管输商品计划量与管输运价率的乘积，周期输气量建议按年计划输气量确定。

检定的风险成本 W_i 是指流量计证书超期使用或发生故障时存在贸易纠纷、计量偏差的风险。目前，CBM 系统按照影响天然气管网输气量的程度来报警定量赋值的方式尚不成熟，因此将同分输支路、运行流量计的最大证书超期风险天数 R 赋值给待检定流量计的检定超期风险天数，即 $W_i = R$。如果待检流量计检定风险增大，将会使其优先检定成本降低。

2.4.2 超期风险量化

超声流量计超期检定风险 R 是基于维修策略模型进行判断，以天数表示(证书有效时间精确到天)。通过对比待检流量计能否在现场流量计超期前完成送检流程，即可判断在用流量计的超期使用风险。具体判断说明及赋值如下：R 的数值越小，则优先检定的风险成本越低，若在用流量计的证书已超期，极大地增大了风险权重，将 R 设定为 1；若在用流量计的证书在待检定流量计返装前可能超期，则 R 设定为运返安装时间 $T_j - T_{\min}$；若返装时间足够保证在用流量计证书有效，则 $R = t_s - t_d$。为避免增加检定中心工作负荷，R 最大不超过一个主、备用流量计计划检定时间间隔 $T_b + T_f$。因此，超声流量计超期检定风险 R 的计算式为：

$$R = \begin{cases} 1 & t_i < t_d \\ T_j - T_{\min} & |t_d - t_y| + (T_j - T_{\min}) > t_s - t_d \\ t_s - t_d & |t_d - t_y| + (T_j - T_{\min}) \leqslant t_s - t_d \end{cases} \tag{4}$$

2.4.3 检定排序动态规划

假定检定中心有 m 件待检流量计，已知检定的风险成本与检定价值分别为 W_i、V_i，且最大约束成本为 C，此刻需判断检定哪件流量计，使本轮检定对天然气管网计量的价值最大，检定后管网剩余流量计未检定风险最小。

因此，约束条件为目标流量计组合的检定成本不超过最大约束成本，其表达式为：

$$\sum_{i=1}^{m} W_i \leqslant C \tag{5}$$

在约束条件下，筛选出的待检流量计组合的最大价值 V_i 为：

$$\max \sum_{i=1}^{m} V_i \tag{6}$$

需要注意的是，约束条件受限于执行算法时检定中心的当日剩余计划检定台数，需通过预估并调整约束条件，直到筛选的流量计数量匹配检定中心当日剩余计划检定台数，因此存在相邻数值约束条件效果等同的情况。

3 实例应用

国家管网集团某管道分公司有 36 台相同口径($DN200$)的待检超声流量计，流量计工况范围为 30~3000m^3/h，分输支路用户年计划输气量(30~1500)万 m^3，管输费取 0.2386~0.6000 元/m^3，按流量计到达检定中心时间的先后顺序进行编号(表 3)。可见，由于 36 台流量计安装在不同用户的分输支路，因输量不同，设备产生的收益价值从最小值 7 万元(1#流量计)到最大价值 9103 万元(21#流量计)。

在超声流量计实际送检过程中，根据检定中心检定能力调整风险约束条件，通过背包问题的算法，输入样本中的收益价值、风险成本，输出目标价值、风险成本与检定组合。可得到风险约束下的最优检定组合(表4)。如当检定中心日检定能力为5台时，选择检定方案A，调整风险约束为50天，优先检定流量计14#、16#、22#、27#、33#；当日检定能力为16台时，则需选择检定方案D，而传统检定方法则无法制定出该方案。可见，动态规划有利于优化天然气超声流量计的检定工作，即在同等证书风险下，现场流量计贡献的输气量越大，越能得到优先检定；同时，也提高了对现场流量计证书超期使用的风险防控。

表3　国家管网集团某管道分公司待检定流量计收益价值与风险成本统计表

流量计编号	收益价值/万元	风险成本/d	流量计编号	收益价值/万元	风险成本/d
1	7	1	19	1370	38
2	7	17	20	294	77
3	3579	30	21	9103	68
4	2386	45	22	8589	17
5	75	60	23	6133	82
6	641	61	24	1653	17
7	94	90	25	2829	17
8	1489	33	26	3561	68
9	375	39	27	14	1
10	375	17	28	5657	40
11	750	34	29	170	31
12	1376	35	30	3811	62
13	1414	17	31	4351	17
14	2465	1	32	294	30
15	3641	41	33	6822	17
16	4041	1	34	2087	71
17	170	46	35	2809	57
18	211	53	36	3531	43

表4　国家管网集团某管道分公司超声流量计检定的动态规划结果统计表

检定方案	优先检定流量计组合	目标价值/万元	风险成本/天	约束条件/天	检定能力/(台/天)
A	14、16、22、27、33	21945	38	50	5
B	14、16、22、25、27、28、31、33	34782	112	120	8
C	14、15、16、21、22、24、25、27、28、31、33	49179	238	240	11
D	3、4、14、15、16、21、22、23、24、25、27、28、30、31、33、36	68598	500	500	16
E	3、4、8、10、11、12、13、14、15、16、19、21、22、23、24、25、26、27、28、30、31、33、35、36	81756	799	800	24

4　结论

通过“送”的迭代与“检”的动态规划协同应对，建立了一种适用于超声流量计送检的新方法，满足“管网价值最大化、风险最小化”的要求，有助于提高计量工作的安全性与管网运行的可靠性。新建方法的核心是基于服务市场理念的价值重塑与风险量化，由此提出以下建议。

(1) 流量计检定中心通过动态规划释放年最大检定数量的内在潜力，规避基础设施后期建设投入的边际效益递减风险。通过算法实现流量计集群的价值排序，即使发生突发情况导致某一检定中心无法开展检定工作，也能够科学转移待检流量计，确保送检工作的经济性、可靠性。

(2) 在计量管理工作中，应充分考虑超声流量计送检过程中的不确定因素对检定中心、现场运维、贸易结算造成的影响，如通过优化供应链以缩短流量计返厂维修与无备用时长、开展CBM远程诊断的定量分析以细化风险识别颗粒度、提高流量计拆装的机械化数字化水平、加强各计量中心全尺寸流量计稳定实流检定能力的建设等。

（3）以市场为导向，在流程运营与数字化转型中发挥多主体协同能力，系统性提升天然气超声流量计运检维研一体化水平，用价值重塑来应对送检流程中的不确定性，为实现天然气管网的安全运行提供技术支撑。

参 考 文 献

[1] 孙慧，杨雷，李雷，等. 深化中国天然气市场改革的思考与建议[J]. 天然气工业，2023，43(2)：139-145.

[2] 黄维和，段继芹，常宏岗，等. 中国天然气能量计量体系建设探讨[J]. 天然气工业，2021，41(08)：186-193.

[3] 黄维和，常宏岗，李姗姗，等. 基于运行仿真的多气源环状管网能量计量方法研究[J]. 石油与天然气化工，2022，51(5)：117-123.

[4] 李锴，李江，顾清林，等. 西气东输智慧管网建设实践[J]. 油气储运，2021，40(03)：241-248.

[5] 黄和，徐刚，余汉成，等. 国内外天然气流量计量检测技术现状及进展[J]. 天然气与石油，2009，27(02)：42-47.

[6] 任佳，段继芹，何敏. 天然气能量计量系统分级与不确定度评定[J]. 天然气工业，2022，42(10)：115-122.

[7] 常宏岗，段继芹. 中国天然气计量技术及展望[J]. 天然气工业，2020，40(01)：110-118.

[8] 吴兆鹏，邓东花，柯琳，等. 气体超声流量计远程诊断功能在中亚管道的应用[J]. 油气储运，2013，32(04)：454-459.

[9] 刘浩然，孙美婷，王海羽，等. 基于分类优化贝叶斯结构算法的篦冷机参数状态分析及其算法收敛性分析[J]. 计量学报，2019，40(4)：662-669.

[10] 吴岩，宋超凡，刘喆，等. 天然气流量计检定过程智能化质量控制技术实践[J]. 油气储运，2021，40(06)：637-642.

[11] 郑宏伟，刘喆，吴岩. 天然气计量检定智能化技术探索与展望[J]. 油气储运，2021，40(03)：287-292.

[12] 郑必鸣，史彬，鄢烈祥. 多因素不确定条件下的间歇生产调度优化[J]. 化工学报，2020，71(03)：1246-1253.

[13] Andrew J Yu，Brett A Shields，Janice Tolk，et al. Risk-Based Prioritization of Maintenance Tasks[J]. IIE Annual Conference. Proceedings，2017：794-799.

[14] 吴长春，左丽丽. 关于中国智慧管道发展的认识与思考[J]. 油气储运，2020，39(04)：361-370.

[15] 宫敬，徐波，张微波. 中俄东线智能化工艺运行基础与实现的思考[J]. 油气储运，2020，39(2)：130-139.

[16] Lipovetsky Stan. Statistical and Machine-Learning Data Mining：Techniques for Better Predictive Modeling and Analysis of Big Data[J]. Technometrics，2022，64(1)：145-148.

[17] 肖旭，戚聿东. 产业数字化转型的价值维度与理论逻辑[J]. 改革，2019(08)：61-70.

[18] 李军亮，陈跃良，张勇，等. 基于可用度的预防性维修间隔优化综述[J]. 系统工程理论与实践，2021，41(06)：1611-1624.

[19] Cormen T H，Leiserson C E，Rivest R L，et al. 算法导论(第3版)[M]. 殷建平，徐云，王刚，刘晓光，苏明，邹恒明，等，译. 北京：机械工业出版社，2013：204-236.

[20] 李川，王荣海，赵红军. 基于标签虚拟化的RFID室内RSSI无线定位算法[J]. 电子器件，2020，43(6)：1403-1410.

[21] 芮旭涛，冯连勇，张珊，等. 天然气管输定价新机制对管输企业的影响[J]. 天然气工业，2018，38(03)：121-129.

智能视频巡检在LNG接收站中的应用研究

刘思勤[1]　付嘉俊[2]

（1. 国家管网集团海南天然气有限公司；2. 安徽省川佰科技科技有限公司）

摘　要　现阶段LNG接收站的安全管理手段，主要依赖人工巡检与监控技术相结合的方式，其中人工巡检仍然是最主要的巡检方式。但随着巡检要求的提升和巡检技术的进步，减少人工巡检频次、提高巡检效率成为该领域较为迫切的需求。本文针对LNG接收站实际巡检业务，应用三维场景建模、视频融合和算法识别等技术。通过对现有巡检方法的分析，提出了一种基于智能视频巡检的LNG接收站巡检方案。

关键词　智能视频巡检；LNG接收站；三维场景建模；视频融合；算法识别

我国液化天然气（LNG）的发展前景持续向好，随着接收站数量的不断增加和规模的不断扩大，其自动化、智能化水平的要求也在提高。而对于建设期较早的接收站来说，大部分设备的运行状况还需人工巡检进行观测、记录，为了确保接收站平稳、安全运行。此研究针对接收站重点防控区域的管理需求，充分利用厂区原有加新增摄像机，融入视频智能识别技术，实现重点监控区域摄像机画面融合、多源数据的信息融合，达到视频智能巡检的效果。从而提高管理人员工作效率，强有力支撑接收站各项业务和管理需求。

LNG接收站的总体工艺包括LNG装卸船、LNG储存、LNG增压气化外输、LNG装车、BOG处理及火炬系统。本文针对LNG接收站的储罐区、装车区应用智能视频巡检技术进行研究，旨在提出一种基于智能视频巡检技术的LNG接收站巡检方案，以提高巡检效率、降低运行风险和维护成本。

1　现阶段巡检痛点问题

1.1　巡检环境差

LNG接收站多沿海分布，巡检环境条件恶劣，巡检质量难以保证。人员长期面临高温、低温、高风、高处作业等恶劣的环境难题，从而大大降低了巡检的质量。

1.2　巡检强度高

LNG接收站根据重点区域的划分多为2h一次、1h一次进行日常巡检，全厂上百个关键巡检点。人工巡检工作强度大，巡检项目多，容易产生疏漏，影响巡检数据的准确性。

1.3　人员风险

人工巡检不可避免的需要人员前往现场进行设备的检查、记录，因此会增加人员暴露在危险场所的频次。如储罐作为重大危险源，现行巡检方式为每1h进行一次人工巡检，在未安装电梯的情况下，人员仅靠爬梯的方式上罐巡检，不能为巡检人员提供充足的安全保障。

2　应用技术综述

为解决以上业务痛点问题，智能视频巡检结合了物联网、UE场景技术、视频融合、AI视频识别等多种先进技术，应用于接收站储罐区，槽车区两个较为关键的区域。

2.1　物联网技术

利用物联网技术，实现站内实时监控区域实时监控、跨镜头追踪，利用摄像头对目标设备进行实时监控和记录，调用摄像头播放实时监控画面。

2.2　UE场景技术

通过UE场景技术，结合站里的三维实景倾斜模型，结合重点建筑精细化建模，构建园区底图数据。在平台中实现拖动、飞行、定位、放大、缩小等功能。

2.3　视频融合技术

视频融合技术在平台中展现接收站重点防控区域所有的监控视频画面，形成真正意义上重点防控区域四维视频融合监控体系。通过对视频资源建设和优化，将离散的具有不同视角的传统监控视频与监控场景的三维模型进行视频融合，形成场景内不同视频画面之间的空间关联，实现四维视频融合的一体化监控体系，支持在单一画面中对整体区域的全局立体监控、分画面中监控细节展示、用户可自定义的视频自动巡逻监控和智能分析等功能。通过这种虚实融合技术，可以达到在接收站重点防控区域内实时融合不同位置的动态视频到一个虚拟三维现实环境，达到全景一体化，一目了然。

2.4 AI 视频算法识别技术

对厂区人的不安全行为、物的不安全状态进行实时检测，出现安全隐患及时进行报警弹窗提醒，对厂区设备(如仪表、阀门)的状态进行实时监测，出现异常情况进行及时报警。有效地解决了现场监控"不离人"的尴尬境况。

2.5 数据采集与处理

对接站内 DCS 系统、激光云台系统等，实时获取表计度读数、环境参数等数据，将识别感知信息作为系统数据分析的基础数据，与视频识别数据进行融合处理，实现设备状态判别、生产环境监控、报告自动生成等核心功能。

3 应用成效

为解决巡检岗位的工作难题，结合站上使用的《LNG 接收站巡回检查标准化手册》进行设计，以储罐、槽车为试点，通过上述技术支持，初步取得以下成效。

3.1 可视化程度提升

3.1.1 四维全景融合一张图

建立可视化平台，总览全局。目前仅对储罐区、槽车区进行可视化展示，采用超现实三维技术，达到 LNG 接收站的现场实况直观可视，图 1 为槽车装车区的可视化展示。

图 1　槽车装车区全景融合图

3.1.2 实时画面跨镜头追踪

人员在三维场景中点击一个坐标位置，可根据点位和球机位置自动测算附近摄像头并调用该实时监控画面，节省人员反复确认现场位置调取监控的时间，提高工作效率，图 2 为跨镜头追踪大门车辆出入实时监控画面。

图 2　北大门跨镜头追踪画面

3.1.3 多点视频挂屏显示

根据调取需求，将多个关键位置视频画面进行固定展示，实时同步，强化接收站可视化功能(图 3)。

图 3　视频挂屏展示

3.2 智能化水平提升

3.2.1 视频融合自动巡检

根据配置的巡检路线、巡检频次，定时或手动触发在场站各区域自动巡检。巡检根据配置进行漫游，所至区域加载此处融合实时视频(图 4)。后台搭载各类智能识别算法，对仪表、阀门等设备进行状态识别检测，并将结果进行同步展示，实现重点区域设备的智能视频巡检(图 5)。

3.2.2 智能识别人员行为

厂区摄像机除了对设备的自动视频巡检外，常态化对人员的不安全行为进行识别监测，发现人员 PPE 穿戴不整齐、吸烟、离岗、睡岗等问题及时进行报警信息弹窗提醒，并对报警画面进行记录、报警类型合并同类项统计，报警信息可追溯(图 6)。对人员的不安全行为进行约束，增强人员安全意识。

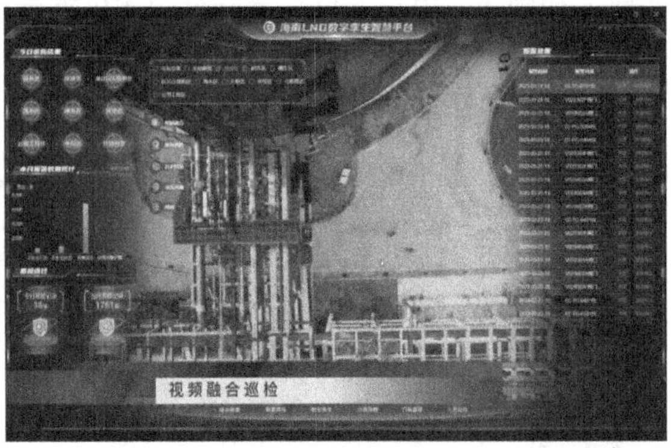

图 4　储罐底视频融合巡检

图 5　储罐顶仪表智能识别检测

安全服检测

安全帽检测

睡岗检测

离岗检测

图 6　智能算法识别

3.3　人工巡检强度降低

储罐区、槽车区作为重点管控区域，目前基本可实现人工巡检频次的缩减。储罐区实现罐顶仪表、阀门等关键设备的智能视频巡检，罐体液位、温度等监测仪器设备数据的自动采集、分析；槽车区装车状态的实时监控，装车撬压力、温度实时显示，装车流程智能化识别、可视化展示(图 7)。缩短人员暴露在危险场所的时长，为人员安全提供保障。

图 7　槽车装车实时监控

4　结论

本次的应用研究表明，智能视频巡检技术对于提高 LNG 接收站巡检的效率和准确性有较为显著的成效，能够有效解决传统人工巡检中的一些问题，如耗时、易出错等。且现阶段的技术较为成熟，针对大多数接收站实用性和可行性较高，能有效的提高巡检效率，降低人力成本，增强设备运行的安全性。但不同的接收站依旧存在差异，方案的适用性和可实施性需进行综合性评估。

参　考　文　献

[1] 郭红振，秦赛雷，周怀发. LNG 接收站巡检设计与优化[J]. 科技与创新，2022，(6)：55-56，60.

[2] 董红军，马云宾. 输油气站场智能巡检系统设计与实现[J]. 油气储运，2020，第 39 卷(5)：570-575.

[3] 王巨洪，张世斌，王新，等. 中俄东线智能管道数据可视化探索与实践[J]. 油气储运，2020，39

(2)：169-175.

[4] 张晓瑞，张洪磊. LNG 接收站的数字化管理研究[J]. 商品与质量，2021，(42)：73-74.

[5] 周守为，朱军龙，单彤文，等. 中国天然气及 LNG 产业的发展现状及展望[J]. 中国海上油气，2022，第 34 卷(1)：1-8.

[6] 完颜泽，张虎俊，王朗. 全球 LNG 贸易网络特征及中国 LNG 进口现状分析[J]. 中国矿业，2022，第 31 卷(7)：1-13.

[7] 张月平. 浅述我国 LNG 接收站建设[J]. 河南化工，2018，第 35 卷(2)：9-13.

[8] 房卓，张民辉，沈忱，等. 环渤海地区 LNG 码头布局关键问题和选址研究[J]. 水运工程，2022，(2)：46-50，57.

[9] 柴少强，王雪，朱星昊. 基于三维全景视频融合技术的全时空监控方法关键技术探讨[J]. 科技创新与应用，2022，第 12 卷(12)：19-23.

青海油田金属管道失效统计与分析

李春雨[1]　惠贤斌[2]　赵永平[1]　李　巍[2]　李春保[1]

（1. 中国石油青海油田钻采工艺研究院；2. 中国石油青海油田基建工程处）

摘　要　管道失效统计分析是定位关键失效因素、提升失效治理效果的基础。收集整理了近 3 年青海油田管道失效数据并开展统计分析，结果表明：管道失效主要发生在油田区块输送含水原油和污水的集输管道；金属管道失效主要原因为受结垢和含硫(SRB)因素影响产生的垢下局部腐蚀和防腐层破损位置外部土壤腐蚀。讨论和分析油田金属管道失效影响因素和主要失效防控措施，为油田金属管道失效控制打下基础。

关键词　集输管道；内腐蚀；管道失效；统计分析

1　前言

管道失效是影响油气田地面集输系统稳定运行的主要因素。失效管道的抢维修过程中，管道的停产和重新投运对油气产量带来不利影响，同时输送介质的泄漏也产生了较高的安全环保风险。截至 2023 年 6 月，油田共建有油气水集输管道 9600km 以上，其中金属管道总长度 8600km 以上，占比超过 90%。受采出液及污水高矿化度、高 Cl^- 和含硫等因素影响，油田区块集输管道内腐蚀穿孔失效等问题较为突出，导致了高昂的抢维修费用和较高的安全环保隐患。

管道失效的统计分析是定位管道失效主要原因与区域，指明失效控制重点的主要手段之一，对于管道失效分析和控制具有重要作用。本文收集整理了近三年油田管道和管道失效数据，并对失效原因进行复核确认，并进行了统计分析。

2　油田金属管道现状

截至 2023 年 6 月，油田共建有金属管道 8655. 33km，其中 Ⅰ 类管道 2278. 53km，主要为油气长输管道，Ⅱ 类管道 1144. 54km，主要为集输干支线管道和高压注水管道，Ⅲ 类管道 5232. 26km，主要为单井管道，管道类型统计详见表 1，各采油气生产单位管道统计见表 2。

金属管道材质主要包括 20#、20G、L245、L360、X52、X60、L415M 等材质，管道规格包含 *DN*50、*DN*60、*DN*80、*DN*100、*DN*150、*DN*200、*DN*250、*DN*300、*DN*600 等，输送介质净化原油、净化天然气、含水原油、湿气、净化污水、污水、淡水、减氧空气等，设计压力包括 1. 6MPa、2. 5MPa、10MPa、15MPa、25MPa、32MPa，呈现规格材质多样，输送介质复杂、设计压力范围广泛等特点。

表 1　青海油田金属管道类型统计

类别	Ⅰ类管道	Ⅱ类管道	Ⅲ类管道
油集输	0	152. 54	1218. 19
气集输	71. 84	114. 11	2602. 38
输油	538. 63	0. 5	0
输气	1664. 2	116. 88	326. 79
供注水	0	736. 69	545. 66
注气/其他	3. 87	23. 82	539. 24

表 2　青海油田各厂处金属管道统计

厂处	管道类别			合计
	Ⅰ类管道	Ⅱ类管道	Ⅲ类管道	
采油一厂	0. 00	364. 01	735. 54	1099. 55
采油二厂	7. 20	192. 11	538. 23	737. 54
采油三厂	14. 70	130. 38	350. 87	495. 95
采油四厂	77. 87	189. 79	180. 47	448. 13
采油五厂	31. 50	127. 32	120. 25	279. 07
采气一厂	79. 00	102. 78	2709. 43	2891. 21
采气二厂	40. 34	15. 89	419. 42	475. 65
采气三厂	128. 05	14. 00	281. 22	423. 27
管道处	1899. 91	8. 27	0. 00	1908. 18
合计	2278. 57	1144. 55	5335. 43	8758. 55

3　金属管道失效统计分析

3.1　管道失效分布

2020—2022 年各厂处金属管道失效次数如图 1 所示，管道失效主要发生在油田区块，特别是采油一厂、采油二厂和采油三厂，近三年金属管道失效分别占油田总失效次数的 77.4%、6.8%和 12.6%。2022 年油田各区块金属管道失效次数如图 2 所示，金属管道失效主要发生在尕斯、七个泉、花土沟、跃进、油砂山油田和扎哈泉油田，失效次数占比 92.6%。

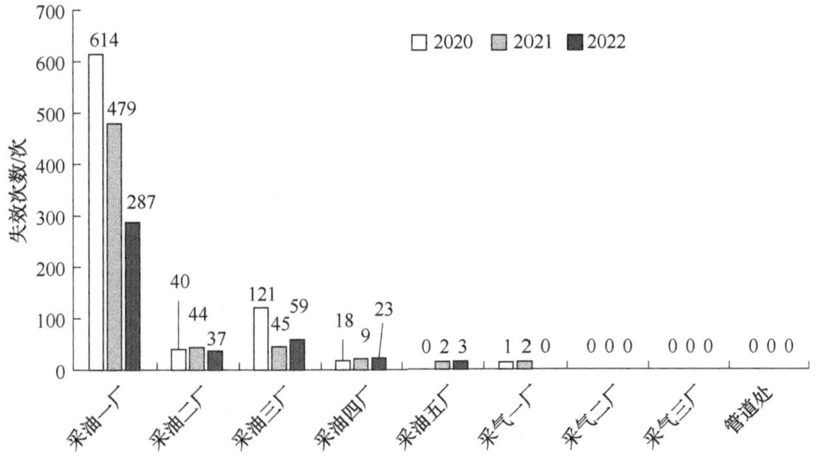

图 1　2020—2022 年各厂处金属管道失效次数

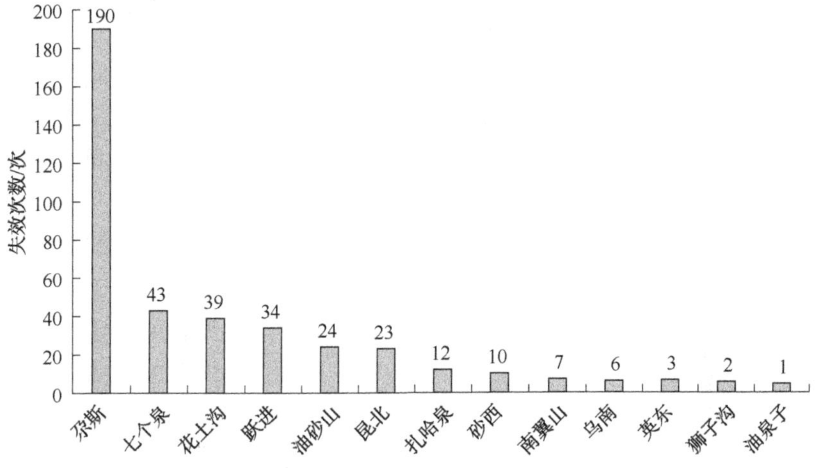

图 2　2022 年各区块管道失效次数统计

3.2　输送介质影响

2022 年油田失效管道输送介质情况如图 3 所示，发生失效的管道主要为污水和含水原油管道，失效次数占比 97.0%。输送干气、湿气和净化原油管道未发生失效事故。油田采出液及污水具有高矿化度、高氯离子、易结垢和含硫等特点，结垢、积砂和盐的析出导致管道内部出现沉积物，加之硫和氯的影响，金属管道极易产生垢下局部腐蚀，导致管道穿孔失效。

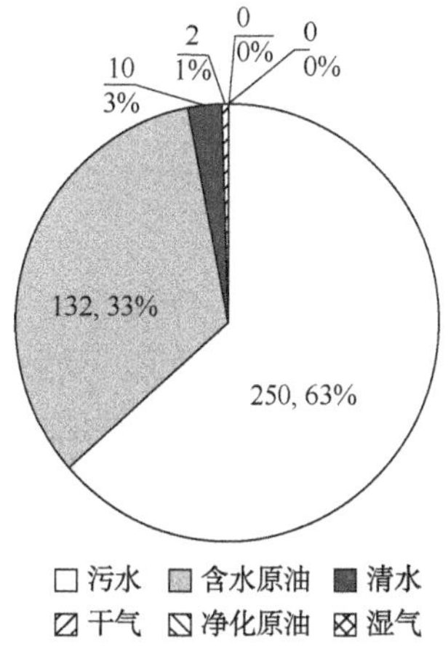

图 3　失效管道失效次数

3.3　失效原因

金属管道失效主要原因为内腐蚀、内外腐蚀和施工制造缺陷，主要包括垢下(电化学)腐蚀、土壤腐蚀、细菌腐蚀等具体原因。结垢、高氯离子和含硫(SRB)等因素导致的垢下局部电化学及细菌腐蚀和抢险后未做防腐导致的外部腐蚀叠加内腐蚀导致穿孔是油田金属管道失效主要原因，占比达 94.4%(图 4)。

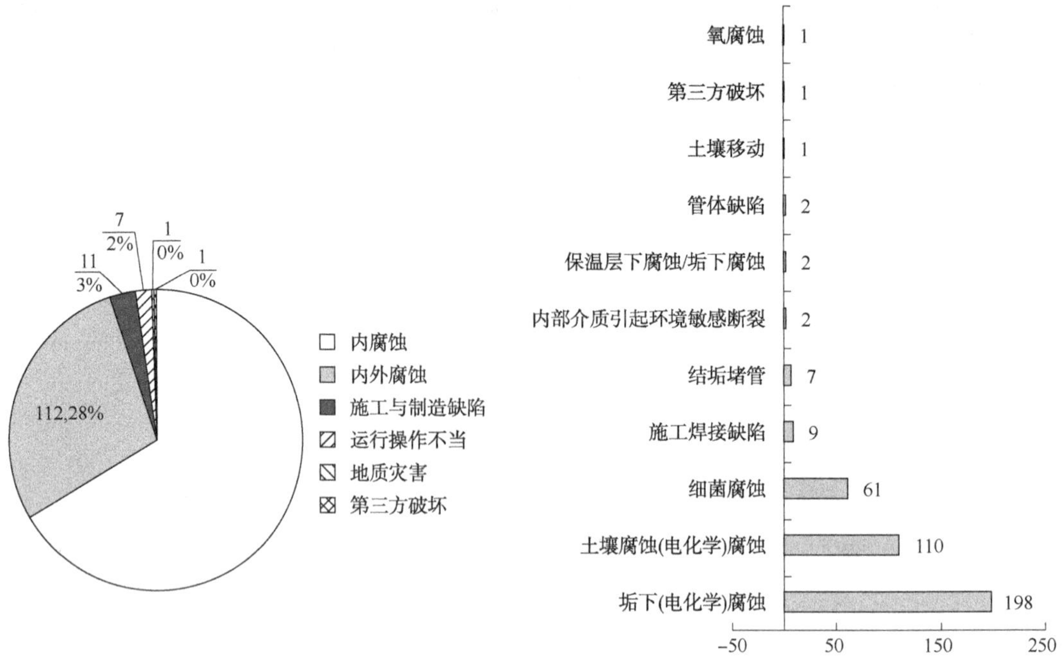

图 4　金属管道失效类别统计

3.4　失效管道管径

金属管道失效管径分布如图 5 所示，金属管道失效主要发生在管径小于 *DN*100 的集输管道，占比超过 85%。这主要与油田含水原油和注水管道主要为小管径管道有关。

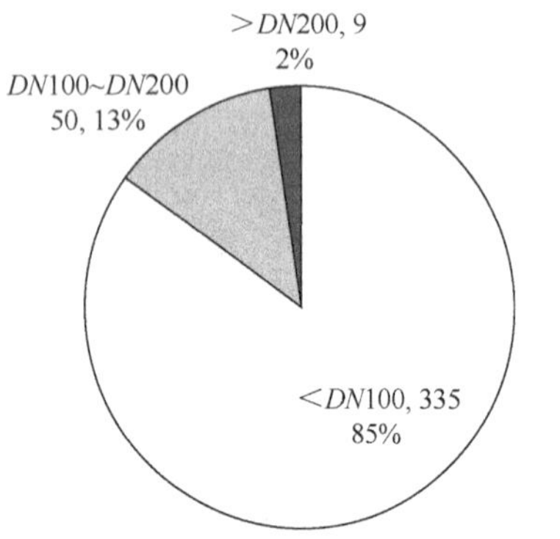

图 5　金属管道失效管径分布

4　讨论与分析

油田管道主要为金属管道，受敷设环境、输送介质和运行环境影响，金属管道失效次数和失效率均较高，特别是油田区块金属管道失效。

金属管道失效最主要因素为输送介质腐蚀性和外防腐完好性。净化油气含水量低，水分不易析出与管壁直接接触，腐蚀性弱，面临的主要失效风险在于第三方破坏和误操作等；气田区块天然气硫化氢和二氧化碳含量轻微，对管道腐蚀性不强；采出液矿化度高，但腐蚀性较弱，湿天然气输送管道主要的失效风险为积砂、结垢导致的堵管失效和第三方破坏；油田区块采出液普遍含水量高，且矿化度高，同时地面集输及处理系统普遍含有硫酸盐还原菌，细菌繁殖产生的硫化氢具有较高的腐蚀性。特别是结合结垢的影响，垢下局部腐蚀风险高。油田集输系统，特别是单井等小口径短距离管道，建设标准较低，防腐层完好性一般，且内腐蚀泄漏后抢维修中一般不做防腐层恢复，在土壤和潮湿等因素影响，导致局部位置产生土壤腐蚀，与内腐蚀一道大大加剧了管道壁厚减薄速率。

净化油气输送管道是油田生产的关键设施，一般具有管径大、距离长，失效后果严重等特点，面临的主要风险因素是第三方破坏和自然灾害。针对这类管道，应做好管道监测，通过内检测掌握管道整体安全状况，通过外检测和巡护确保管道防腐(保温层)和阴极保护系统完好。

湿气管道主要为气田内部生产管道，生产运行中应重点关注出砂、结垢导致的有效管径降低导致的集输系统效率下降的问题。在日常运行中做好清管、除砂等作业，降低管道输送摩阻，保证管道输送效率。

油田含水原油和污水输送管道是失效最集中的管道，具有管径小、距离短、数量多和失效频繁的特点。针对这些管道，应采取腐蚀控制措施。建议新建管道采用非金属管道或金属管道加内挤涂防腐；在役管道可采取内挤涂、内穿插等技术降低管道内部腐蚀。同时，应在干支线管道设置清管设置，定期清除管道内部固体杂质和积水，降低管道腐蚀速率。在抢维修后，做好保温(防腐层)恢复工作，避免留下外腐蚀隐患。

5 结论与建议

油田金属管道失效主要集中在油区含水原油和污水输送管道，主要原因为内部局部腐蚀和外部防腐破损位置土壤腐蚀。尕斯、七个泉、花土沟、跃进、油砂山油田和扎哈泉油田输送介质腐蚀性强，管道失效率远高于股份公司相关指标，需采取措施。

建议持续深入开展管道完整性管理工作，针对Ⅰ类管道做好内外检测和巡护工作，确保管道本体、外防腐(保温)层和阴极保护系统完好性，强化第三方破坏管理，降低管道失效风险；针对集输干支线等Ⅱ类管道，介质腐蚀性强管道应采取内腐蚀控制措施，完善清管设施和清管作业，在降低管道腐蚀速率的同时确保管道输送效率；针对失效率较高的油田单井管道等Ⅲ类管道，介质腐蚀性强、失效率高的区块应采取腐蚀控制措施，通过推广非金属管道、实施内挤涂、内穿插等手段降低管道失效率。

参 考 文 献

[1] 李春雨，冯昕媛，李本全，等. 青海油田原油集输管线失效原因及对策[J]. 石油化工腐蚀与防护，2016，33(4)：52-54.

[2] 李春雨，冯昕媛，李本全. 微含硫天然气管道内腐蚀分析与控制[J]. 油气储运，2019，38(2)：202-207.

[3] 李春雨，冯昕媛，昝英，等. 昆北油田Q12区块集输管道腐蚀穿孔分析[J]. 油气田地面工程，2017，36(5)：88-92.

[4] 李春雨，冯昕媛，乔柏翔，等. 花土沟地区土壤腐蚀性分析[J]. 石油化工腐蚀与防护，2018，35(5)：29-45.

[5] 李春雨，王杰，曹军峰，等. 柴达木盆地盐渍土环境管道防腐层质量及腐蚀分析[J]. 油气田地面工程，2019，38(06)：73-79.

低压输气管道内检测技术研究与应用

李纯军

（中国石油辽河油田油气集输公司）

摘　要　输气管道因其输送介质具有易燃、易爆特性，管道一旦发生泄漏，会造成火灾爆炸等事故，给人生命和财产带来严重损失，因此对于输气管道应当做好安全管理工作。对管道进行内检测是事先发现各种缺陷和损伤，了解管段的危险程度，有效预防和减少事故，保证管道安全的重要措施。但油田小曲率半径的低压力输气集输管道内检测因管道压力、检测器结构等问题，内检测存在较大难度。为满足油田低压输气管道的检测需求，针对不同管径的管道，采用不同的内检测技术路线。针对管径在 *DN*400 以下、曲率半径 1.5*D* 的输气管道，检测采用管道介质替换，通过模拟检测器上下游介质的流动状态和压力分布，识别了“水推”检测可能存在的风险，改进设计了检测器结构和检测工艺流程，规避了检测过程潜在的风险，检测器在 0.4m/s 速度左右稳定运行。针对管径在 *DN*400 以上、曲率半径 1.5*D* 的输气管道管道，对常规内检测器进行优化改造，通过减小检测器的永磁体体积、优化励磁节结构，减少检测器停滞蓄力启动压差，检测器在 95%检测里程控速在 5m/s 以下。通过以上两种技术路线，有效地控制了检测器运行速度，成功弥补了小曲率半径低压力输气集输管道内检测技术短板，有效提升油田集输管道本质安全水平，对保证管道安全运行具有积极作用。

关键词　天然气管道；内检测器；小曲率半径；低压力；本质安全

1　前言

管道作为能源主要运输方式之一，具有投资小、运营成本低、环保等特点，尤其是对于易燃易爆的天然气输送，安全优势明显。近年来随着人们对于天然气这类清洁能源的需求越来越大，管道运输天然气已成为天然气输送的主要方式。油田采出的天然气，通过集气管道进入联合站，在由联合站处理，加压输送至下游用户。但国内油田大部分开采时间较早，建设期要求标准不高，存在不少压力低（运行压力<1.0MPa）、小曲率半径（1.5*D* 弯头）的输气管线，且多数建成于 20 世纪 80 年代，管道运行时间长，安全系数较低。小曲率半径低压输气管道受城市发展影响，大多数存在于保护区和高后果区内，管道一旦泄漏发生爆炸，造成的人员伤亡和经济损失无法估量，社会影响恶劣。

近些年随着管道检测技术的成熟，管道内检测技术作为能够事先管道的各种缺陷和损伤，了解管道的危险程度，有效预防和减少事故发生的一种手段被广泛使用。输气管道漏磁检测器在管道内运行时，自身没有动力源，需要管道内传输的气体驱动其前进，检测出管道内外壁上的各种缺陷。

业界普遍认为小于 1.6MPa 的低压输气管道不可内检，主要是因为低压、小曲率输气管道内检测器较重，检测器通过弯头时，在弯头停球蓄能，产生“气爆”现象，将检测器以高速弹射出去，对检测器探头造成一定损坏，并且由于短时间无法将管壁磁化造成检测数据降级，甚至数据缺失，造成检测失败，甚至发生管道断裂、收球筒盲板撞击泄漏引发火灾爆炸等严重事故。此类管道检测评价一直是业界的瓶颈问题。

2　研究内容与技术原理

针对小口径（≤*DN*400）、小曲率半径（弯头曲率半径≤1.5*D*）低压输气管道进行“介质替换”内检测。

油田某天然气集输管道于 1995 年建成，管径 219mm，有多处 1.5*D* 弯头及连续三通、穿跨越，管道最大承受压力 0.5MPa。但是由于管道存在多处弯头，管道内存有一定量积液。采用以水为动力源进行漏磁检测，检测器前端为空气但检测器在通过 1.5*D* 弯头时，清管器在弯头蓄力停滞，此时采用增加背压的方式，增大背压后使检测器前后重新建立压差，通过弯头。但由于聚氨酯皮碗气密性问题，会有一部分水窜到检测器前端，与管道积液形成气液两相流，针对此工况，采用STAR-CMM+软件，基于检测器在管道内实际运行条件进行建模仿真，建模参数见表1。

表1　管道模拟边界条件

项　　目	参　　数	项　　目	数　　值
管道尺寸/mm	219	流体	水、空气
管道壁厚/mm	6	入口介质	水
管道长度/m	10	入口速度	1m/s
弯头	1.5D	湍流模型	标准 k-ε
出口压力/MPa	0.1	两相流模型	VOF 模型

基于上述参数建立数值计算模型，入口介质采用100%水，管道内初始状态为空气占比90%，管道内积液高度10%，在检测器与管壁设置间隙5mm条件下进行数值模拟，结果如图1、图2所示：

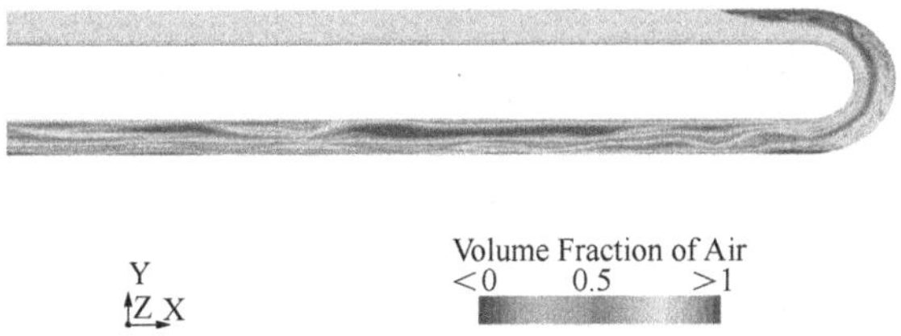

图1　通过1.5D弯头后管道内两相流流态

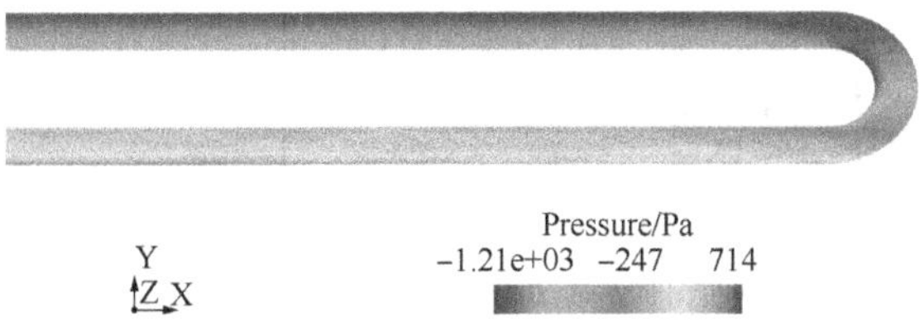

图2　通过1.5D弯头后管道内压力变化

由模拟结果可知，流量的增大造成管道的下游出现段塞流流型，且管道下游的压力激增，并使得在该流型下的油水两相流管道承受间歇应力冲击。同时离开管道末端的段塞流对引起下游设备的液位剧烈波动，造成喷溅并且损坏设备。因此需对清管器结构、水处理工艺进行改造，防止因段塞流形成给下游带来管线和设备带来安全隐患及事故。

2.1　"水推"检测器改造

选择合适的皮碗结构，增大皮碗与内壁的接触面积；使用硬度较小的皮碗，减小因皮碗与管壁的摩擦阻力造成的变形量。

改造后的皮碗性能指标见表2。

表2　检测器皮碗改造前后性能对比

名称	结构	邵氏硬度(A)
改造前检测器	直板	≥95
改造后检测器	蝶形	≤85

对检测结构进行改造，将原来的检测器的动力皮碗的间距缩短，增强通过性能；同时增加动力皮碗数量，由三个增加到五个，并将第一节驱动节皮碗过盈量设计为3%，其他检测节皮碗无过盈量，保证内检测器通过时有足够动力；解决检测器的防水性能问题，将原检测器的电路连接结构，全部升级改造成密封接插件，能够做到有效防水72h以上；管道内存在铁的氧化产物，该类黑粉较细且具有导磁性，在检测过程中容易进入检测器传感器边沿及内部，导致传感器失效，采用不良导体缠绕的方式，有效防止了黑粉的渗入；缩短检测器单节长度(检测器由两节组成)，使检测器能顺利通过1.5D弯头。

2.2　水推检测工艺流程改造

根据模拟结果，当管道内流量瞬时发生变化时，极易造成下游形成段塞流。为避免对现场设备造成损坏，在下游两相流进入水处理系统前，加装分离罐，管道内的两相流先进入分离罐，罐顶部有放空阀，气体从顶部排出，罐内安装过滤网，管道内存有的污泥和水可通过滤网进行分离，分离出水留在罐底部。然后在打开分离罐的阀门，启动离心泵抽取罐底部水，使水进入污水处理系统进行处理。

此外段塞流的形成，会造成管道下游的压力增大，会使检测器前后压差变小，造成检测器速度减小甚至停滞，在检测过程中应密切关注管内压差变化，适当对下游进行泄压，特别注意"水推"技术在操作过程中极易发生水击效应，为消除风险，采用调节排量及缓慢开关阀措施。

针对大口径(≥DN400)小曲率半径(弯头曲率半径≤1.5D)低压输气管道，研制新型内检测器。

油田某天然气管道管径为720mm×7mm，管道最大允许操作压力0.6MPa。

2.2.1　降低检测器磨阻

检测器在弯头处受力主要由需克服检测器自身重力产生的摩擦力和励磁节产生的对管道内壁的吸附力等作用组成。检测器自身重力主要由检测器的骨架和励磁检测节重量组成，可通过减少这两部分重量来实现减少所受重力。以 $D720\times7mm$ 钢制管道为例，运行速度不超过 5m/s 来对永磁体进行设计，通过不断缩小永磁体的体积，使其饱和磁化达到≥1.8T。最终确定由多个永磁体块组成的圆柱体结构，其外径为 350～400mm，内径为 150～200mm。优化后的永磁体较之前降低了 0.6t，总质量下降约 40%。

2.2.2　提高检测器磁化精度

“气爆”现象会造成检测器检测精度下降。将检测器的磁化探头改为交错式探头，同时增加涡流探头。可使检测器在通过 1.5*D* 弯头时，减少探头损坏，同时涡流可检测内部缺陷，提高检测数据分析精度。

3　现场应用

（1）小口径（≤*DN*400）、小曲率半径（弯头曲率半径≤1.5*D*）低压输气管道，采用“水推”技术，在管道进行实际运行检测后，检测器平均运行速度为 0.4m/s，启动压差 0.1MPa，运行压力在 0.1～0.2MPa（图 3）。

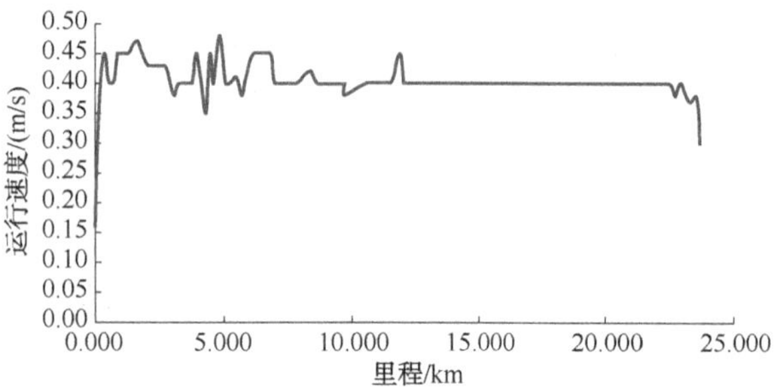

图 3　采用“水推”技术检测器运行速度

（2）大口径（≥*DN*400）小曲率半径（弯头曲率半径≤1.5*D*）低压输气管道，95%以上检测里程，内检测器运行速度控制在 5m/s 以下。启动压差 0.1MPa，运行压力在 0.2～0.3MPa（图 4）。

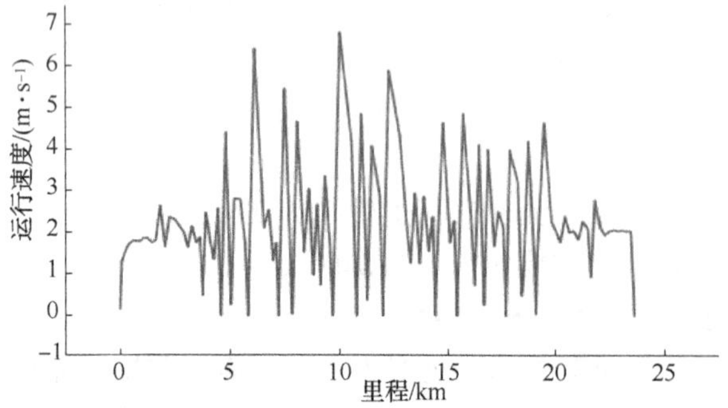

图 4　常规检测器改造后的运行速度

4　结论

低压输气管道内检测技术的研究与应用，不仅弥补了输气管道外检测检出率低，无法识别管道本体缺陷的技术短板，也将输气管道安全管理能力提升到了一个新高度，通过开展管道内检测作业可以全面了解管道现状，及时排除安全隐患，使管道风险由事后处理向事前预防转变，保证输气管道的安全平稳运行。

参　考　文　献

[1] 宋艾玲，梁光川，王文耀. 世界油气管道现状与发展趋势[J]. 油气储运，2006，25(10)：1-6.

[2] 戚爱华. “十二五”我国油气管道运输发展趋势分析[J]. 油气储运，2011，(4)：15-18.

[3] 王玉梅，郭书平，王子豪，等. 国外天然气管道事故分析[J]. 油气储运，2000，11(7)：5.

[4] 刘保余. 输气管道内检测器设计及理论研究[D]. 北京：中国石油大学，2010.

[5] 孙建宇. 输气管道完整性简介[J]. 石油库与加油站，2009(18)：14-17.

[6] 常景龙，李铁. 输气管道检测技术的选择和优化[J]. 油气储运，2000，19(5)：9-13.

[7] Wang B C，Al C S，Zhao H H. Pipeline manmade damage prevention monitoring and its locating system[C]. International Symposium on Instrumentation Science and Technology，2004，968-972.

[8] 潘家华. 普及和发展我国管道内检测技术[J]. 油气储运，1996，15(3)：1-4.

[9] 姜锦涛. 低压输气管道内检测技术研究应用[J]. 管道技术与设备，2020(1)：25-28.

[10] 黄松岭，赵伟. 天然气管道缺陷检测器涡流装置[J]清华大学学报：自然科学版，2008，48(1)：13-15.

[11] Mathews L. Kennard M. Velocity Control of Pigs in Gas Pipelines. Pipeline Pigging and Integrity Monitoring Conferece. Amsterdam，1997：35-47.

[12] F Wein GartenJs Chapman. An analysis of the motion of PIGS through gas pipelines. Journal of Fluids Engnieering，1984，106(12)：374-379.

[13] MathewsL. Kennard M. Velocity Control of PIGs in Gas Pipelines. Pipeline Pigging and Integrity Monitoring Conference. Ameterdam，1997：35-47.

基于风险的检测技术在增压集气站的应用

杨　艺　白国红　覃海燕　骆　涛　贺焕婷　李春雨

（中国石油青海油田分公司）

摘　要　通过基于风险的检测技术（RBI）对天然气增压集气站进行了风险评价，分析存在外部减薄、内部减薄、机械损伤、环境开裂4中损伤模式，采用挪威船级社 Synergi Plant RBI Onshore 5.4.1软件对工艺管道和压力设备的失效可能性和失效后果进行了定量计算，确定各设备的风险等级。评价结果表明10%的设备占据了站场90%的风险，中高风险设备均为管道，集中分布于加热炉区、自用气区和计量区。根据失效模式和风险等级，确定检验策略和检测比例，制定了优化检测计划，现场检测结果与RBI风险评价结果高度符合，达到了风险和成本双优化的目的。

关键词　RBI；风险评价；失效；检测

天然气增压集气站是天然气矿场集输系统的要害部位，具备分离、增压、计量、放空等多项功能。随着天然气中硫化氢、二氧化碳、水等含量的升高，设备和工艺管道因腐蚀泄露导致火灾爆炸的风险不断增大。为保障天然气站场安全稳定的运行，开展站内工艺管道基于风险的检测（RBI）工作是十分必要的。

RBI是20世纪末欧美地区发展起来的将风险评价技术与石化企业承压设备检测相结合的一种检验技术。通常一个装置或站场中10%～20%的高风险设备项占据了整个装置或站场总风险的80%～90%。通过RBI分析，可以识别这些高风险，从而制定有效的检验策略，达到风险和成本的优化。早在2002年，美国石油工程师协会先后颁布标准API BRD 581与API RP 580，规范该技术在企业中的应用。21世纪初，我国引进该项技术，国家能源局先后颁布了SY/T 6653《基于风险的检查（RBI）推荐作法》和SY/T 6714《油气管道基于风险的检测方法》。合肥通用机械研究院率先运用RBI定量技术对石化装置进行评价检测。本文以天然气增压集气站为评估对象，运行RBI技术进行评价，弥补定检检验范围过广，检验重点不突出，没有锁定实际隐患的缺点，取得了较好的实际应用效果。

1　天然气增压集气站及RBI工作范围

青海油田某增压集气站于2013年9月建成投产，经过2018年扩建低压天然气集输系统，天然气处理能力为$60\times10^4 m^3/d$，原油集输能力5$\times10^4 t/a$。具有中、低压天然气集输系统，由加热炉区、节流阀组区、分离器区、增压区、外输计量区、低压气处理区、自用气区、放空分离区等组成，处理后的天然气经管道外输，原油由罐车拉运。该站RBI评估包含站场所有区域的主要承压设备，共计11台容器、101条管道，基本涵盖了站场可能出现的大部分损伤模式。

2　RBI评价方法概述

RBI技术是一种追求系统安全性与经济性统一的方法。首先收集评价对象基础资料，不确定数据通过现场测量补充，根据物流介质，划分腐蚀回路，识别设备腐蚀机理及失效模式，从而确定失效可能性及失效后果，由两者乘积得到风险值，根据风险大小制定检测计划和维修策略，流程详如图1所示。

本次站场风险评价采用挪威船级社 Synergi Plant RBI Onshore 5.4.1软件，软件具有工业界有关风险和可靠性的数据库包括不同类型设备、不同泄漏尺寸的历史失效频率，如压力容器、压力管道、法兰等。同时有大量供失效后果计算用的化学品物性数据库，可用于设备的风险计算。

3　RBI风险评价

3.1　建立RBI数据库

RBI评价前要收集大量站场基础数据，数据的完整性和准确性直接影响评价结果。收集的数据资料包括：设计资料、工艺流程图（PFD）、管道与仪表流程图（PID）、各区管道走向图、管道材料、设备一览表及设备工艺数据表、保温和涂

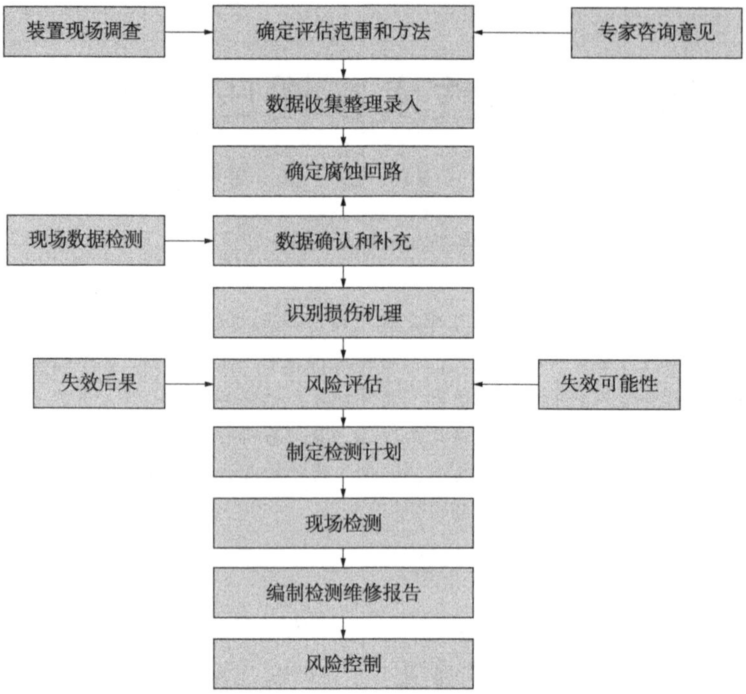

图 1　RBI 评价流程图

漆状况记录、介质组成及化学分析数据表、工艺操作资料、流程物料平衡数据、装置面积及现场人员密度、停产损失费用、装置更换费用等。通过资料核对，现场数据补测，改正其不正确部分，整合成 RBI 分析的专用数据库。包括站场压力容器基础数据、压力管道基础数据、介质参数、安全阀数据和财务数据。

3.2　腐蚀回路划分

按照输送介质、设备材质相同，操作温度、压力波动范围一致，即认为失效机理相同为原则，划分腐蚀回路，同一个腐蚀回路的失效可能性是相同或相近。根据该原则对增压集气站进行腐蚀回路划分。分为气相分离回路 C-1 天然气外输回路 C-2 排液系统回路 C-3 排污系统回路 C-4 放空系统回路 C-5。

3.3　损伤机理分析

根据基础数据、现场工艺流程分析，结合“水质分析报告”，依据 GB/T 30579—2014《承压设备损伤模式识别》预估站场内设备可能发生外部减薄、内部减薄、机械损伤、环境开裂 4 种损伤模式。

（1）外部减薄，主要包括大气腐蚀(无保温层)、保温层下腐蚀、土壤腐蚀。该站所在地区为典型的高原干旱寒冷气候，干旱、寒冷、缺氧、雨少风多，大气腐蚀性弱，层下腐蚀弱。由于地下水位很低，土壤干燥，土壤腐蚀性弱。

（2）内部减薄，主要包括冲蚀、垢下腐蚀。冲蚀易发生在流体方向发生变化的位置，如：弯头、三通、异径管、节流阀下游等。垢下腐蚀易发生的部位为流速较低的管道及设备底部。

（3）机械损伤，主要包括振动疲劳，易发生在与振动源相连的管道和设备，如泵、压缩机相连但固定不牢的设备焊缝、支撑失效的管道或焊缝和变形引起的应力集中部位。

（4）环境开裂，主要包括应力腐蚀开裂、焊后延迟开裂、制造裂纹缺陷、变形以及应力集中开裂。

3.4　失效可能性与失效后果的计算

参考标准 GB/T 26610—2014《承压设备系统基于风险的检验实施导则》计算失效可能性。用极限状态分析与可靠性指数法求得，具体流程如图 2 所示。

（1）失效概率的确定，在评价失效可能性时，需计算 1 倍、2 倍、4 倍腐蚀速率情况下的失效概率，将此三个失效概率加权后相加作为设备或管道腐蚀减薄的失效概率。

（2）检验有效性，根据大量站场现场检验试验和以往检测经验来确定不同检测手段的有效性。

（3）可能性系数，由评价软件综合腐蚀速

率、检验有效性、使用年限等因素得出。

(4) 失效可能性，由管理系数和可能性系数对通用失效率进行修正得到。软件将对识别出的每一种损伤模式的失效可能性进行计算。

失效后果主要由易燃易爆有毒介质泄漏引起火灾爆炸，造成的人员伤亡，环境清理、设备维修、停车时间 4 个方面的影响决定，将这些损失折算为人民币计算(图 2)。

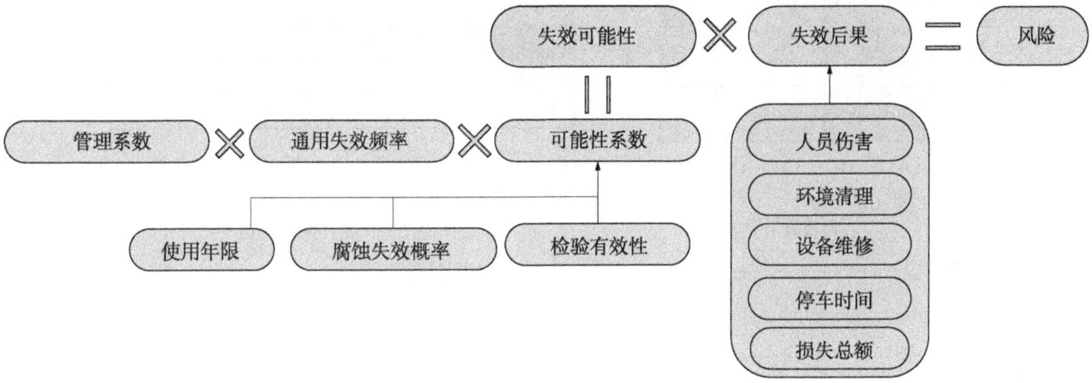

图 2　风险计算流程图

3.5　风险排序

运用 5×5 矩阵图的形式，如图 3 所示，纵向为失效可能性见表 1，划分 1、2、3、4、5 五个等级，1、2 级表示设备潜在损伤不严重，5 级表示设备存在严重损伤，为高风险设备，需立即采取有效手段进行检测。横向为失效后果见表 2，按失效后财产总损失、影响面积、潜在生命损失划分为 A、B、C、D、E 五个等级。A 到 E 后果逐步加重，在四种评估结果中选取最大值作为该设备的失效后果等级(图 3)。

表 1　可能性等级(种类)的划分

可能性等级	可能性系数
1	$Df \leq 2$
2	$2 < Df \leq 20$
3	$20 < Df \leq 100$
4	$100 < Df \leq 1000$
5	$Df > 1000$

表 2　后果等级的划分

后果种类	影响面积/m^2	潜在生命损失	总风险/RMB
A	0~9.29	0~0.01	≤700K
B	9.29~92.9	0.01~0.10	>700K~7M
C	92.9~929.03	0.10~1.0	>7M~70M
D	929.03~9290.3	1.0~10.0	>70M~700M
E	>9290.3	>10.0	>700M

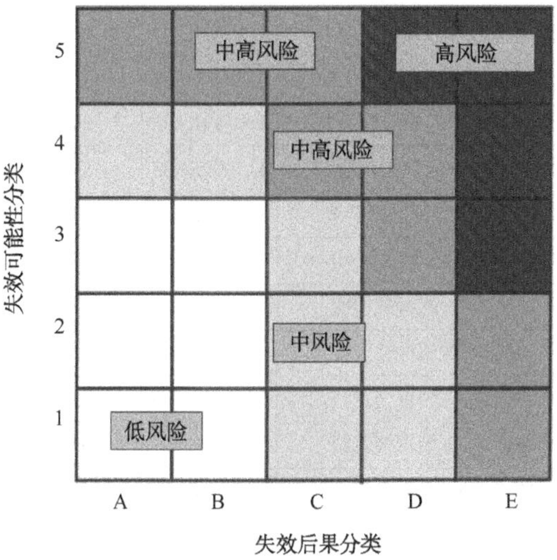

图 3　风险矩阵图

3.6　风险评估结果

本次对该增压集气站的 101 条管道，11 台压力容器进行 RBI 定量风险评价。结果显示为 0 项高风险设备，13 项中高风险设备；13 项中等风险的设备；86 项低风险设备。当前阶段的总体风险分布和占比如图 4 所示。中高风险主要集中在加热炉燃气管线、中压计量分离器进出口管线、自用气分离器进口管线、自用气分离器至加热炉管线、低压生产分离器进口管线和低压计量分离器排液管线，呈现出后果等级不高，但损伤等级高的趋势，详见表 3。中等风险主要集中在压力容器，中低压系统计量、生产分离器、自用分离器，与压缩机相连管线等，呈现出后果等级高，损失等级低的趋势。

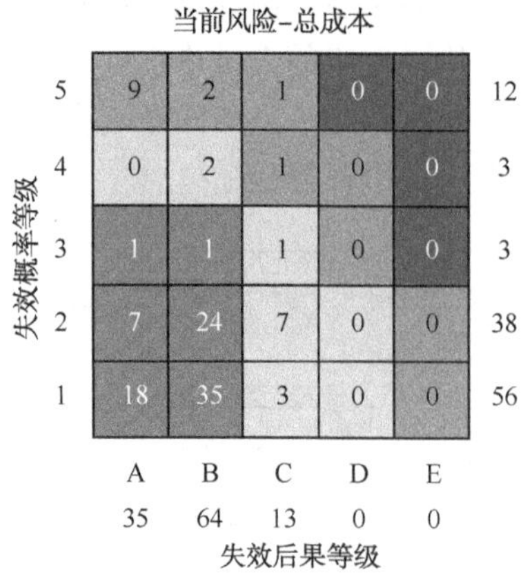

风险等级	总计	百分比/%
1.LOW	86	77
2.MEDIUM	13	12
3.MEDIUM HIGH	13	12
4.HIGH	0	0
未计算	0	0
总计	112	100

图 4　油气集输站当前总体风险矩阵图

表 3　设备风险等级

设备名称	当前可能性系数	当前损伤等级	当前后果等级	当前风险-设备损伤面积/(m^2/年)	当前风险-潜在死亡人数/(人/年)	当前风险-业务影响/(元/年)	当前风险等级
低压生产分离器进口管线	1.1084E+03	5	C	3.1052E+00	5.2565E-03	2.9647E+04	中高
后进分离器至加热炉-0管线	8.9928E+02	4	C	3.2409E+00	5.7606E-03	2.9946E+04	中高
中压计量分离器进口管线	1.2749E+03	5	B	2.1119E+00	3.8984E-03	1.9586E+04	中高
中压计量分离器出口管线	1.2902E+03	5	B	1.1691E+00	2.1508E-03	1.2983E+04	中高
自用气分离器进口管线	1.2308E+03	5	A	1.2320E-01	2.0429E-04	2.9972E+03	中高
自用气分离器至加热炉(0~6)	1.2663E+03	5	A	9.7230E-02	1.5665E-04	2.8804E+03	中高
加热炉-6燃料气管线	1.5701E+03	5	A	1.2056E-01	1.9424E-04	3.5716E+03	中高
加热炉-5燃料气管线	1.3134E+03	5	A	1.0085E-01	1.6247E-04	2.9876E+03	中高
加热炉-4燃料气管线	1.3015E+03	5	A	9.9933E-02	1.6100E-04	2.9605E+03	中高
加热炉-3燃料气管线	1.1574E+03	5	A	8.8868E-02	1.4317E-04	2.6327E+03	中高
加热炉-2燃料气管线	1.6236E+03	5	A	1.2467E-01	2.0085E-04	3.6933E+03	中高
加热炉-1燃料气管线	1.6802E+03	5	A	1.2902E-01	2.0786E-04	3.8221E+03	中高
低压计量分离器排液管线	1.1703E+03	5	A	0.0000E+00	0.0000E+00	1.8955E+03	中高

4　检测方案的制定

根据RBI评价，针对4种失效模式采取相应的检验策略，外部减薄重点检测操作温度较高的设备，土壤干湿交替部位的管线、防腐层破损管线、曾经外部减薄失效的设备等。内部减薄重点检测孔板阀、节流阀下游的设备，流向改变的位置，如弯头、三通、变径，原料气管线底部和水线部位，介质腐蚀性较强设备，如排液管线、排污管线，曾经发生过内部减薄设备等。机械损伤重点检测与压缩机相连接的管道，压缩机进出口第一道焊接接头或者相近的焊接接头，存在振动管线的焊接接头或者支管处焊接接头。环境开裂重点检测管道、焊接接头及热影响区。检测方式主要包括宏观检验、低频导波检测、超声波测厚和超声C扫描、超声相控阵检测、磁粉检测、射线检测。检测比例由风险等级确定，中高与中等风险设备检测方案详见表5。

表 5　中高与中等风险设备检测方案

管段名称	RBI评价结果	磁粉检测/处	超声相控阵/处	低频导波/处	测厚/点	超声C扫描/处
低压生产分离器进口管线	中高	2	2	1	60	2
低压计量分离器至压缩机管线	中	8	8	2	60	4

续表

管段名称	RBI 评价结果	磁粉检测/处	超声相控阵/处	低频导波/处	测厚/点	超声 C 扫描/处
后进分离器至加热炉-0 管线	中高	2	2	1	60	4
中压计量分离器进口管线	中高	4	4	1	60	2
中压生产分离器进口管线	中	4	4	1	60	2
中压计量分离器出口管线	中高	4	4	1	60	2
中压生产分离器出口管线	中	4	4	1	60	2
加热炉-0 出口管线	中	8	8	2	60	4
发球筒至外输管线	中	2	2	1	60	2
旁通管线	中	2	2	0	60	0
自用气分离器进口管线	中高	2	2	1	60	0
自用气分离器至加热炉(0~6)	中高	2	2	1	60	0
加热炉-6 燃料气管线	中高	2	0	0	60	2
加热炉-5 燃料气管线	中高	2	0	0	60	2
加热炉-4 燃料气管线	中高	2	0	0	60	2
加热炉-3 燃料气管线	中高	2	0	0	60	2
加热炉-2 燃料气管线	中高	2	0	0	60	2
加热炉-1 燃料气管线	中高	2	0	0	60	2
低压计量分离器排液管线	中高	2	2	0	60	1
中压立式计量分离器	中	3	3	6	80	2
低压卧式生产分离器	中	3	3	6	100	2
低压立式计量分离器	中	3	3	6	80	2
中压卧式生产分离器	中	3	3	6	100	2
自用气分离器	中	3	3	6	60	2
低压气分离器	中	3	3	6	100	2
后进气分离器	中	2	0	2	40	2

5　现场检验

按照检测计划对现场工艺、排液、排污、放空管线共计 101 条，压力容器 11 台，进行了现场检测，未发现外部减薄。31 条管线内部减薄率在(20%，40%]，主要集中在加热炉燃气管道、低压系统分离器区管线、中压分离器区管线；3 条管线内部减薄率在(40%，60%]，分别是后进分离器至加热炉-0 管线、自用气分离器进口管线和压缩机放空管线，其余 60 条管线内部减薄率在[0，20%]之间。对站内 89 条焊缝进行超声相控阵检测，抽选了 47 条进行了射线检测，参照 TSG D7005—2018《压力管道定期检验规则—工业管道》第 3. 2. 6 条的要求对 89 条焊缝超声相控阵和射线检测结果进行安全状况等级评定，11 条焊缝由于缺陷超标安全状况等级评定为 4 级，须维修后方可使用，主要集中在低压计量分离器至压缩机管线、后进分离器至加热炉-0 管线、中压生产分离器进口管线、自用气分离器进口管线。检测结果与 RBI 风险评价结果符合度较高。

6　结语

文本运行 RBI 定量风险评价方法对某增压集气站压力容器及管道进行了评价，依据场站内管道及压力容器 RBI 定量分析评价结果，按照风险低、中、中高、高四个级别确定静设备的检测方法以及相应的检测数量。通过宏观检测、管道壁厚检测、低频导波检测、超声 C 扫描检测、焊缝超声相控阵检测、焊缝射线检测等检测手段，对站场设备进行检测，检测结果与 RBI 风险评价结果高度符合，达到了风险控制与成本优化双赢的效果。

参 考 文 献

[1] 杜炘洁，郭霄雄，齐昌超. 基于风险的场站管道不停输检测技术及其应用[J]. 油气田地面工程. 2018，37，(03)：19-21.

[2] American Petroleum Institute：Risk－based Inspection Base Resource Document API 581[S]. First Edition，2000.

[3] American Petroleum Institute：Risk based Inspection[S]. API580，First Edition，2002.

[4] 陈学东，杨铁成，艾志斌. 基于风险的检测(RBI)在实践中若干问题讨论[J]. 压力容器. 2005，22，(07)：36-43.

[5] 张鹏，蒋健，颜东洲. 基于风险检测技术在某海上油气田装置腐蚀风险预测的应用[J]. 腐蚀与防护. 2013，34，(04)：346-347.

[6] 李洪. D气田天然气集气系统完整性评价研究[D]. 中国优秀硕士学位论文全文数据库. 2015.

[7] GB/T 30579—2014 承压设备损伤模式识别[S]. 北京：中国标准出版社，2014.

[8] 施林圆，郑洁，李晶. 四川输气站场风险评价研究[J]. 天然气工业. 2004，24，(11)：135-139.

[9] 马良军，RBI技术在制氢机组应用研究[D]. 中国优秀硕士学位论文全文数据库. 2009.

[10] 林海萍，杨磊杰，宋文明，等. 基于风险的检验(RBI)技术在天然气净化装置的应用[J]. 石油化工设备技术. 2018，39，(2)：60-66.

[11] TSG D7005—2018 压力管道定期检验规则—工业管道[S]. 北京：中国标准出版社，2018.

基于 ASME B31G 评价方法的钢制管道体积型缺陷自动合并算法研究

徐　派　姜锦涛

（辽河油田油气集输公司）

摘　要　管道相邻体积型缺陷在特定距离范围内应合并为一个缺陷后再进行评价，目前采用的人工方式进行识别和合并工作量较大，存在人为误差和漏判，给缺陷评估带来不可靠性。针对该问题，研究了以 ASME B31G 中的体积型缺陷的多点合并算法的程序实现方法，通过对管道体积型缺陷点的相对位置及距离进行判断和计算，实现了满足条件下缺陷点的自动合并，解决了缺陷点合并误差造成强度评价不可靠的问题。

关键词　体积型缺陷；缺陷合并；双向扫描；取模运算

1　引言

管道体积型缺陷产生于管道生产、施工、服役的各阶段，体积缺陷可大面积减薄管道的壁厚，降低管道的承压能力，导致管道穿孔、破裂，进一步引发火灾、爆炸和环境污染等严重事故。目前行业内针对管道上多缺陷的相互作用，多应用美国机械工程师协会颁布的 ASME B31G，它是各国研究腐蚀管道剩余强度评价最常用的标准，也是一些评价标准的基础，引用该标准对相邻的体积型缺陷在特定距离范围内合并为一个缺陷后再进行评价。我们知道漏磁内检测报告给出的缺陷数据通常是根据缺陷的实际形态给出长、宽、深外形尺寸，不会根据评价标准进行缺陷合并，目前采用的人工方式进行识别和合并工作量巨大，给缺陷剩余强度评估带来不可靠性，可能因人为疏忽造成合并缺失，低估缺陷的实际危害，造成缺陷的失修或漏修，给管道的安全平稳运行带来了风险。

研究并实现能够扫描和分析缺陷数据的计算机程序，在不破坏任何已检出的金属缺陷数据前提下，判断相邻缺陷之间的最小距离，若符合满足距离要求的，将自动计算合并后新缺陷的轴向、环向长度和缺陷深度。

2　程序实现方法

2.1　将三维的管道缺陷数据进行二维化处理

以实际的管道模型为例，为了将管道上的体积型缺陷进一步计算，需要将三维的缺陷数据与实际的管道关系进行降维处理。以管道正上方为 0 点钟方向，沿着介质流动方向，进行剪切，得到一个矩形，如图 1 所示。

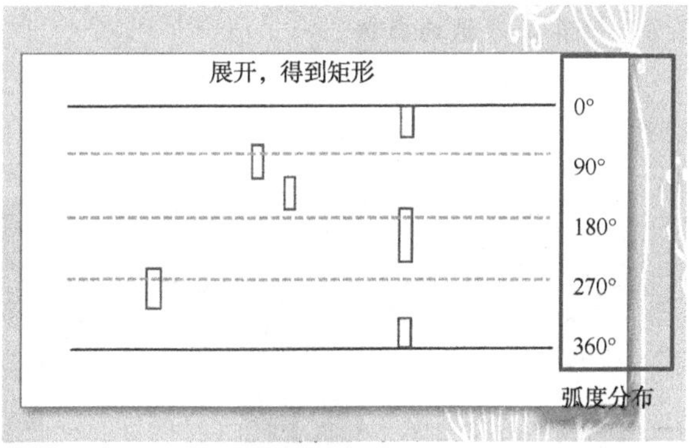

图 1　对三维缺陷进行降维处理第一步，转换成矩形俯视图

2.2　在平面直角坐标系下判断缺陷之间的相对位置关系

将矩形俯视图移植在平面直角坐标系下，将管道的轴向方向定义为 x 轴，即里程数值；将管道的环向方向定义为 y 轴，即环向长度，值的范围 $0 \sim \pi \cdot DN$（DN 为外径），如图 2 所示。同时，管道上附着的体积型缺陷将会以图 3 的四种形式出现：

① 两缺陷在 x 轴上的投影相交。

② 两缺陷在 y 轴上的投影相交。

③ 两缺陷在 x 轴 y 轴上的投影相交。

④ 两缺陷在 x 轴 y 轴上的投影不相交。

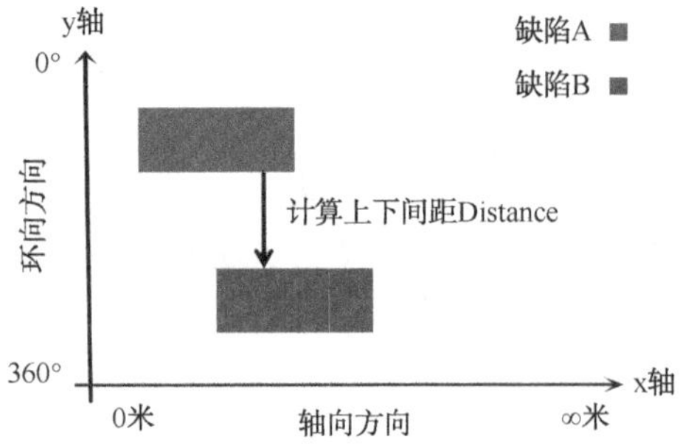

图 2　在平面直角坐标系下的缺陷示意

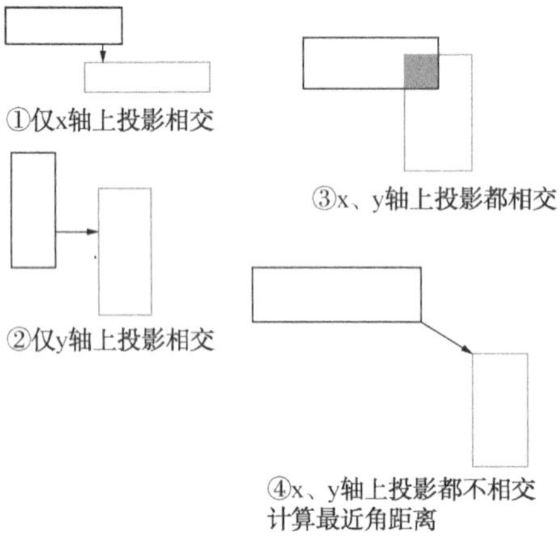

图 3　缺陷之间的相对位置四种情况

2.3　计算新缺陷的数据

按照 ASME B31G 规定，若缺陷能够合并，应在待合并缺陷中，取缺陷的最深处作为新缺陷的深度。轴向长度为所有待合并缺陷的轴向长度在 x 轴上的投影长度最大值。对于环向长度的计算，由于管道在横切面上是一个圆，鉴于圆的有限无界特性，在对环数据进行处理时，需要对弧度跨越 360°(或 0°)时，进行取模 mod360°处理。我们建立一种程序思维，开发一种指针，使其能够在环向上进行扫描，如图 4 所示根据指针扫描的结果来指导新的环向长度计算。

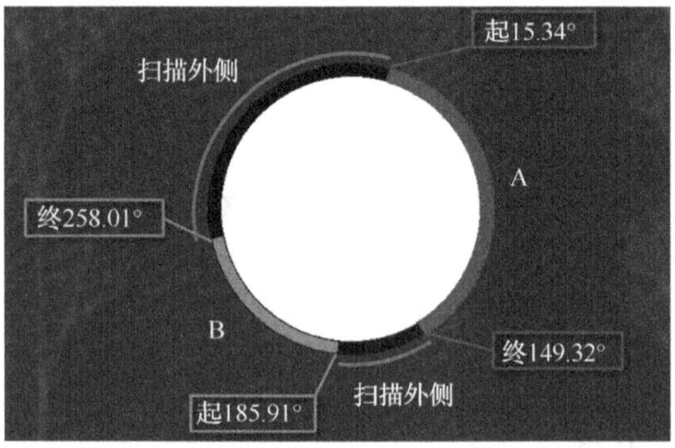

图 4　环的双向扫描算法简要示意

根据扫描的结果，按照环向缺陷的相对位置，总共可以分为四种情况，利用计算机程序对图 5 的四种情况进行识别，同时对弧度跨越 360°(或 0°)时进行取模运算，能够计算出新的环向长度。

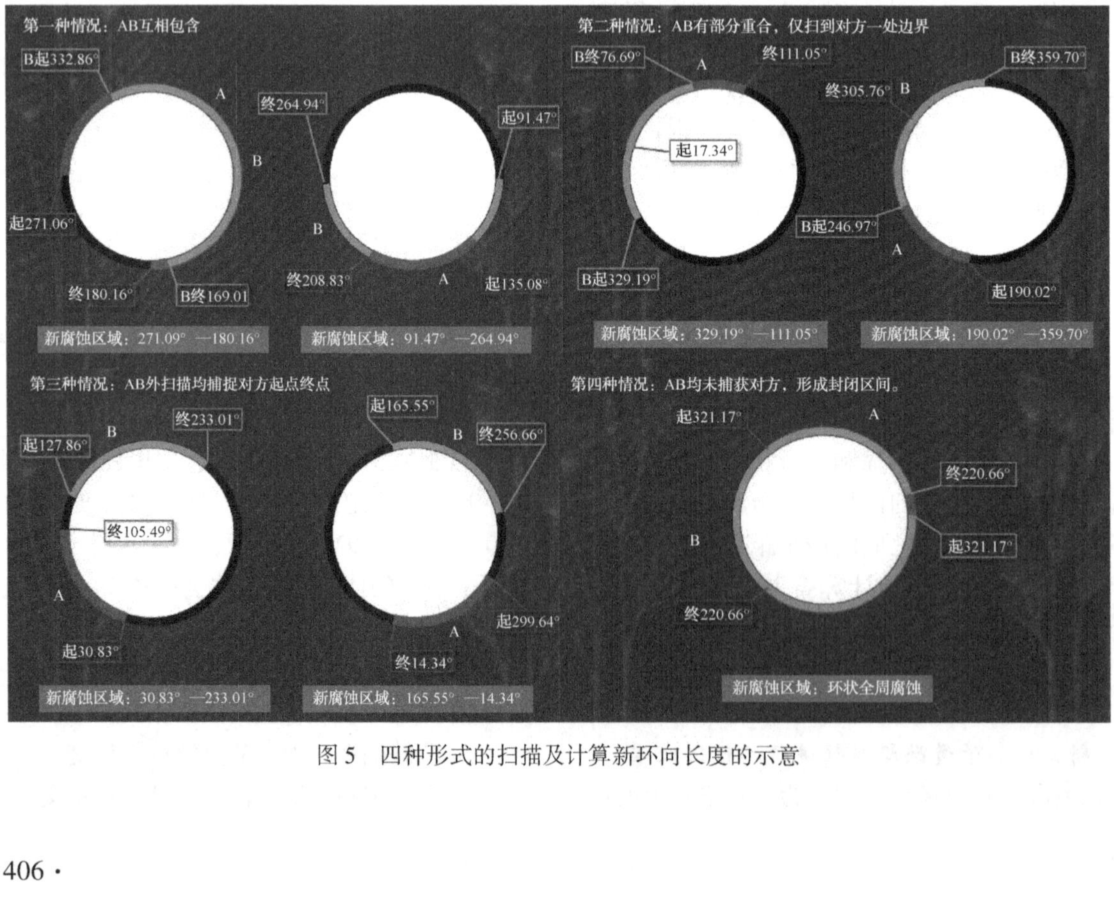

图 5　四种形式的扫描及计算新环向长度的示意

3　随机测试并检验

利用计算机程序建立任意多的连续体积型缺陷，使其强制满足合并要求，验证计算新缺陷数据的结果。我们随机建立 4 个环向缺陷的弧度数据，并对其强制合并，共需要进行 3 次合并计算。

四个随机的环向数据如下：①241.6～248.2；②272.68～37.58；③314.21～235.91；④320.57～119.06，按照算法的计算过程，首先对①和②进行重新计算环向长度，建立指针开始扫描，在捕捉到①和②的弧度边界时，记录指针所行走的距离和弧度起止边界位置。指针从①的终点出发扫描，顺时针方向捕获②的起点 272.68，扫描长度=24.48。从①的起点出发扫描，逆时针方向捕捉到②终点 37.58。行走长度=204.02，指针所扫描的总长度=228.50。

以此类推，经过三次合并后，最终的环向数据如图 6 中 4 号圈(241.6～235.91)所示，其中红色弧形区域代表第一缺陷的环向示意，绿色代表第二缺陷的环向示意，0 点钟方向为 0°。

经过对缺陷的环向数据进行验证后，开始对某条管道的部分真实体积型缺陷数据进行实测合并效果。如图 7 所示，原始数据中里程 6485.9m，

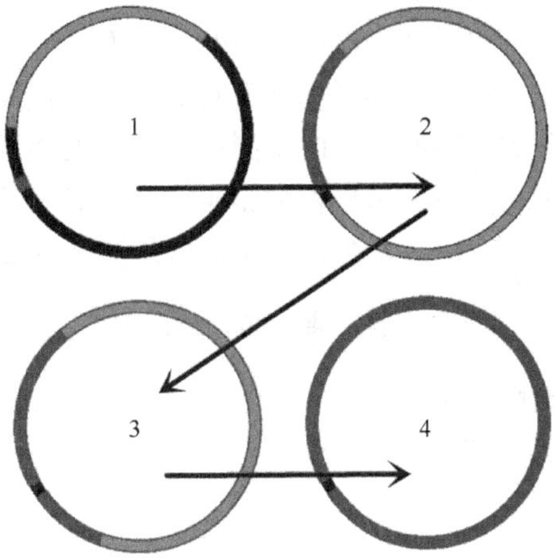

图 6　环向缺陷弧度数据合并

序号 658 (29mm×117mm，13% wt) 和序号 659 (36mm×63mm，29% wt)，通过算法判断两缺陷的环向位置在 y 轴上相交，因此进一步判断两缺陷在 x 轴上的最近距离，结果为 0，满足合并距离要求的 3t(程序中设定为 3×50mm)，能够合并为新缺陷。合并后的缺陷数据为 36mm×123.46mm，29% wt。利用计算机程序进行缺陷数据的扫描和计算，能够得出判断情况和求出相对位置的最短距离，在满足合并距离值以内的，进行合并计算新缺陷的数据(图 7)。

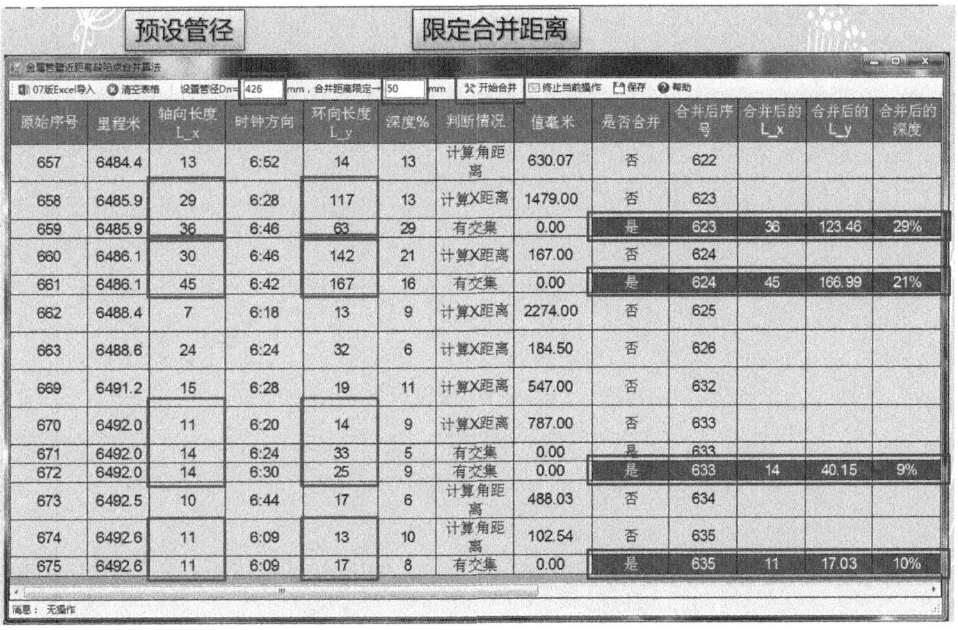

原始序号	里程米	轴向长度 L_x	时钟方向	环向长度 L_y	深度%	判断情况	值毫米	是否合并	合并后序号	合并后的 L_x	合并后的 L_y	合并后的深度
657	6484.4	13	6:52	14	13	计算角距离	630.07	否	622			
658	6485.9	29	6:28	117	13	计算X距离	1479.00	否	623			
659	6485.9	36	6:46	63	29	有交集	0.00	是	623	36	123.46	29%
660	6486.1	30	6:46	142	21	计算X距离	167.00	否	624			
661	6486.1	45	6:42	167	16	有交集	0.00	是	624	45	166.99	21%
662	6488.4	7	6:18	13	9	计算X距离	2274.00	否	625			
663	6488.6	24	6:24	32	6	计算X距离	184.50	否	626			
669	6491.2	15	6:28	19	11	计算X距离	547.00	否	632			
670	6492.0	11	6:20	14	9	计算X距离	787.00	否	633			
671	6492.0	14	6:24	33	5	有交集	0.00	是	633			
672	6492.0	14	6:30	25	9	有交集	0.00	是	633	14	40.15	9%
673	6492.5	10	6:44	17	6	计算角距离	488.03	否	634			
674	6492.6	11	6:09	13	10	计算角距离	102.54	否	635			
675	6492.6	11	6:09	17	8	有交集	0.00	是	635	11	17.03	10%

图 7　某管道的部分体积型缺陷的数据

4　结论

此方法能够对管道内检测金属腐蚀缺陷的数据进行扫描，自动识别出距离较近的缺陷，在满足合并要求之后，使其自动合并为新缺陷。能够杜绝由于人为疏忽造成了合并缺失，提高工作效率 95%以上，避免了缺陷的失修或漏修，保证了管道的安全平稳受控运行。

在利用计算机程序对管道体积型缺陷进行识别和处理时，还应根据不同的标准方法来进行合并操作，以满足不同标准下对缺陷剩余强度的计算和预测，同时管道内检测得到的管道体积型缺陷数据也受设备采集精度影响，并不能做到百分百精确，在后续的强度评价还应采取保守态度。

参 考 文 献

[1] 帅健. 管线力学[M]. 北京：科学出版社，2010.

[2] 帅健，张春娥，陈福来. 腐蚀管道剩余强度评价方法的对比研究[J]. 天然气工业，2006，26(11)：122-125.

[3] 青松铸，范小霞，等. ASME B31G-2012 标准在含体积型缺陷管道剩余强度评价中的应用研究[J]. 安全与管理，2016，36(5)：115.

[4] Manual for Determining the Remaining Strength of Corroded Pipelines，ASME B31G-2012.

数字化技术及其在油气管道行业应用研究进展

贾殿宇 温纪宏 李飞超 王广巍 张学锋

（国家石油天然气管网集团有限公司山东省公司）

摘 要 管道是原油、天然气和成品油最安全、最具成本效益的运输方式。作为当代能源基础设施的重要组成部分，数千公里的管道遍布全球，为不断发展的能源市场提供供应。随着工业4.0出现，石油和天然气行业正在发展一系列数字化技术，旨在提高其作业的生产率、效率和安全性的同时，最大限度地降低运营成本、健康和环境风险，以及管道项目生命周期的可变性。油气管道行业从早期开始采用基于性能的完整性管理，逐步向自动化、数据驱动和数字化方向发展，该领域的学术研究也通过转向数据驱动的方法和整合工业数据来适应行业需求。本文通过调研国内外数据库与油气钻完井装备、生产设施、加工设施或储存设施等石油和天然气领域新兴的数字化技术，如智能传感器、可穿戴或移动设备、大数据分析、云计算、扩展现实技术、机器人系统和无人机等，结合油气管道行业特点，分析数字化转型对企业影响，总结数字化技术在数据管理、设备运行及预防性维护、管道完整性管理方面的应用进展，并针对输气站及油气管道数字化发展提出相应举措，为创建数字管网提供思路：①提高数据直采率及准确率，重构数据资产价值；②依托数据管理，通过数字孪生技术为设备运维、管道完整性管理提供智能指导；③加强数字化转型顶层设计，明确实施计划，重视培养复合型数字化人才。

关键词 数字化；输气站；管道

油气管道是石油、天然气和成品油最安全、高效的运输方式。作为当代能源基础设施的重要组成部分，数千公里的管道遍布全球，为不断发展的能源市场提供供应。随着工业4.0出现，石油和天然气行业正在发展一系列数字化技术，旨在提高其作业的生产率、效率和安全性的同时，最大限度地降低运营成本、健康和环境风险，以及管道项目生命周期的可变性。随着科技的迅速发展，数字化技术已成为各行业创新发展的关键驱动力。特别是在油气管道行业，由于其运输的特性，对安全、效率和管理提出了更高的要求。

管理咨询公司埃森哲2017年发布的《数字化转型倡议：油气行业白皮书》指出，“早在20世纪80—90年代，数字技术就开始在油田得到应用，90年代以后，数字化油田技术更是几乎席卷了整个油气行业，只是绩效提升非常有限”。埃森哲分析师多次强调，“在数字化方面，油气行业非常不成熟”。2021年，国务院发布的《“十四五”数字经济发展规划》明确了数字化转型的总体要求、重点领域和保障措施，数字化转型上升至国家战略层面。数字化转型成为企业适应新环境、应对新挑战、抓住新机遇的必然选择，企业如何实现数字化转型的价值成为当前亟待解决的问题。《“十四五”信息化和工业化深度融合发展规划》对企业数字化提出目标：“到2025年，实现新模式新业态的广泛普及，企业经营管理数字化普及率达80%，企业形态加速向扁平化、平台化和生态化转变”。

目前，国内外企业都在采用数字化技术完善企业自身发展需求所需的管理技术。数据管理方面，中海油建立了覆盖整个油田开发阶段的知识数据库和分析决策模型可达到全面感知、自动操控和预测趋势的生产管理模式，实现了油气井工程数字化与智能化。以BP、Shell为代表的国外油公司，经过近20年的智能油气田研究与实践，基本形成了设计、作业和生产为一体的油气井工程数字化和智能化，增加了产能，降低了操作成本，提高了HSE管理水平。

智能运维方面，任何气体输送系统的主要动力单元都是气体压缩机组，在紧急情况下，维护人员可根据安全控制设备的命令自动停止运行。Kuzyakov采用智力决策支持系统（IDSS）对站内物体的现状进行估计和预测，并对维修人员的有效操作进行决策，以进行应急响应，以减少计划外停机次数和持续时间。该系统包括通过对维修人员的建议或指示来识别情况和决策，基于案例数据库推理的智能决策手段，目前已广泛应用于复杂生产过程的自动化领域，包括石油工业。物联网技术的应用提高了管网运营管理中数据采集的统一性，促进了数据的共享，避免了多次数据转换。可以将各种传感手段、方法和仪器的检测结果进行整合，保证风险评估和完整性评估的可靠性，实现有限的人力资源和设备的科学合理配置。

本文通过调研国内外数据库与油气钻完井装备、生产设施、加工设施或储存设施等石油和天然气领域新兴的数字化技术，结合油气管道行业特点，分析数字化转型对企业影响，总结数字化技术在数据管理、设备运行及预防性维护、管道完整性管理方面的应用进展，并针对输气站及油气管道数字化发展提出相应举措，为创建数字管网提供思路。

1 数字化技术

1.1 工业 4.0 与数字化技术

在两百多年的工业史中，先后经历了机械化、电气化、自动化是三个阶段，对应三次工业革命，现在正在朝着工业 4.0 智能化方向前进，而这整个过程，制造企业不变的本质追求是：高生产效率、高产品质量、低生产成本和客户高满意度，其演变过程如图 1 所示。工业 4.0 的核心理念在于实现智能化生产，通过物联网、大数据分析、人工智能等先进技术的应用，实现设备之间的互联互通，实现生产过程的自动化和智能化。这种高度数字化的生产模式不仅提高了生产效率，还能够更好地满足消费者个性化需求，实现定制化生产，提升产品质量和创新能力。

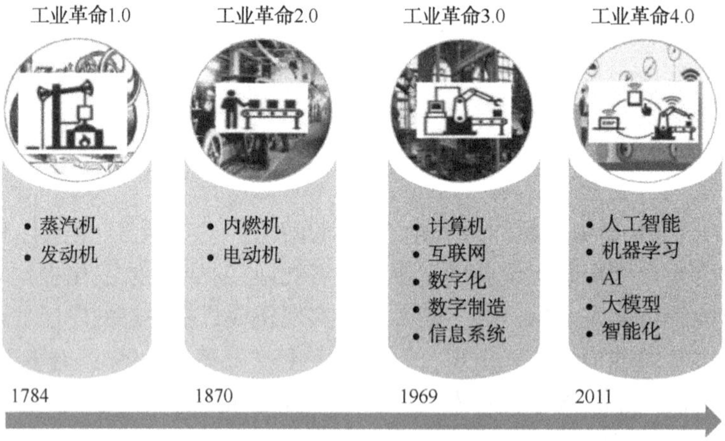

图 1　人工智能技术发展历程

数字化技术作为工业 4.0 的重要支撑，是指在计算机、互联网、大数据等技术支持下，将现实世界的信息转化为二进制代码，进行存储、处理和传输的过程。在油气管道行业中，数字化技术主要包括：地理信息系统(GIS)、遥感技术、全球定位系统(GPS)、数据采集与监视控制系统(SCADA)等。国际能源署(IEA)发布的《数字化与能源》显示，到 2025 年，油气+数字化技术市场规模将增至每年 300 亿美元。庞大的市场规模将势必推动油气资源产业的数字化进程，加速新生产技术的智能化发展，打造绿色环保的油气生产利用过程，推动我国能源产业结构优化升级。

1.2 数字化转型挑战

对于油气管道行业领域来讲，进入工业 4.0 时代，数字化转型对技术和工作实践都提出了挑战。

(1) 行业经历数据量和种类的爆炸式增长。数据应用程序和模型之间缺失链接，缺乏互操作性，即设备和数据源之间的大规模通信需要建立。

(2) 数据和接口的激增也增加了网络攻击的攻击面。系统和数据源的开放必须伴随着解决这些风险的网络安全措施。安全方面是数字化转型的重点，油气管道行业需要加强数据安全和网络安全，建立完善的安全管理体系，防范和化解各类安全风险。

(3) 数字化转型不是对工业 3.0 完全否定。数字化转型是进一步改进我们现有的工作，进一步实现核心流程的自动化，设备设施建立需纳入数字生态系统，同时杜绝在将要被淘汰的设备上浪费资金。

(4) 数字化转型仍处于验证阶段，单台套设备的数字化，需扩大到整个系统、场站、项目，才能取得成功，扩展实现存在挑战。

（5）数字化转型执行的最大障碍是人力和组织架构。从分层技术向网络化技术的转变，需要反映在企业技能和业务实践的变化上。先进的技术，如果不能支持员工的感知和实际生产力，将不会成功。数字化需要平衡地关注人、组织和技术。

1.3 数字化转型对企业影响

随着工业4.0的出现，数字化已被确定为解决这些挑战的可行工具。几乎所有的油气公司（运营商、油田服务公司、油田设备制造商和其业务相关者）都已制定了数字化转型技术路线，并开启数字化之旅。处于这些数字化转型举措前沿的数字技术包括大数据分析、物联网、移动设备、云和边缘计算、机器人和无人机、人工智能、可穿戴技术、区域链技术、扩展现实技术（虚拟现实、增强现实、混合现实）、数字孪生以及协作和社交工具。壳牌的智能油田、挪威国家石油公司的数字卓越中心、雪佛龙的iFields、英国石油公司的未来油田、巴西国家石油公司的GeDig、挪威国家石油公司的eOperations、哈里伯顿的实时作业和斯伦贝谢的智能井项目是目前油气行业数字化转型的典型实例。

数字技术对企业的商业模式和业务流程带来了颠覆性改变。根据咨询机构DNV-GL统计，落后的组织文化、制度和程序限制、文化限制等是影响很多石油企业数字化发展的重要因素。数字化转型影响从时间维度上来讲，对企业价值创造的正向显著影响主要集中于成长期企业，对于成熟期企业的影响作用不显著；对于处于成长期的企业而言，数字化转型有助于形成差异化战略，并通过差异化战略这一中介变量增强企业价值创造。数字化转型对企业价值创造的影响在规模较小的企业更强，并且随着时间推移，数字化转型对企业价值创造的影响逐渐减弱。

2 数字化在油气行业应用

2.1 数据管理

数据是公司的一项资产。有效的数据收集和处理是一个问题。需要求助于数据架构构造。数字采集传输技术推动运营能力提升，数字集成分析技术提高工程决策质量，数字控制技术提升运维自动化程度。数据体系结构允许组织收集和处理信息的过程，使经过处理和筛选的数据与企业现有的IT系统正确集成，成为企业生产管理决策的有效依据。常见的大数据分析是油气行业数字化的关键组成部分之一，其重点是管理和处理大量数据，以提高运营效率，增强决策能力，降低工作场所的风险。然而，大数据分析技术采用的缓慢速度可归因于各种原因，从与现有系统集成的障碍，到保护数据库系统免受网络攻击的网络安全。在一些使用可穿戴设备的应用中，生理和位置跟踪数据也引起了与工作场所隐私相关的担忧，这些缺点给在油气活动中应用钻井技术的实际效益和有效性带来了不确定性。

中海油基于数据湖海量数据（6000余口井、数据量超过500TB），开发了钻井数据分析与挖掘系统和深水钻井大数据在线分析软件，形成了钻井参数大数据分析系统，打破了静态数据与动态数据的壁垒，并可利用AI算法实现钻井参数优化推荐。数字时代的决策不再依赖于经验、直觉，而是以实时数据为基础。实时数据多角度、多层次的交叉复现，通过对更广泛的数据源展开更复杂的分析、可视化和数据挖掘，提供更深入的洞察，科学决策，支撑更高质量的发展。

2.2 设备运行及预防性维护

数字化及工业4.0的发展，催生了新一代的维护方法，将传统的预防性维保转变为智能预测性维护。智能预测性维护以三种不同的方式超越传统的预测性维护，例如：①能够监控连接设备资产的相关系统；②能够自动执行维护任务；③能够与其他维护管理系统协调。维保方式的演变如图2所示。Naranjo对工业4.0中智能预测性维护模型的方法和应用工具进行了综述，并介绍了与此类维护相关的模型：基于状态的维护（CBM）、预测和健康管理（PHM）以及剩余使用寿命（RUL），提出了一种新的预测性维护应用工业工作流程，其中包括决策支持阶段。

预测性维护是一种利用工具和状态监测技术以可持续的方式监测结构或设备在运行过程中的性能和健康状态的技术。然而，预测性维护应用大多集中在特定的机器或工业设备上。Achouch创建一个对用户友好的多功能平台，该平台集成不同类型的传感器，并能够实时在不同类型的设备上进行原位PdM，该平台基于获取的数据和开发的PdM模型，给出维护管理和决策支持，允许用户和维护团队，根据对平台的预定义访问级别，在维护计划过程的任何步骤随时操纵和修改建议的决策。该平台通过 VPN(专用虚拟网络)保护的用户身份验证提供远程访问。因此，提供了一个云基础设施，允许移动和网络连接，以便接收警报接收到的通知。除了远程连接外，该平台还将以仪表板的形式提供机器和设备收集的实时现场数据监控，该仪表板计算关键性能指标，并支持 API(应用程序编程接口)协议，用于数据定制和警报通知。这提供了从任何浏览器的远程工厂监控，并通过保持信息的完整性和机密性来确保高安全性，防止攻击。

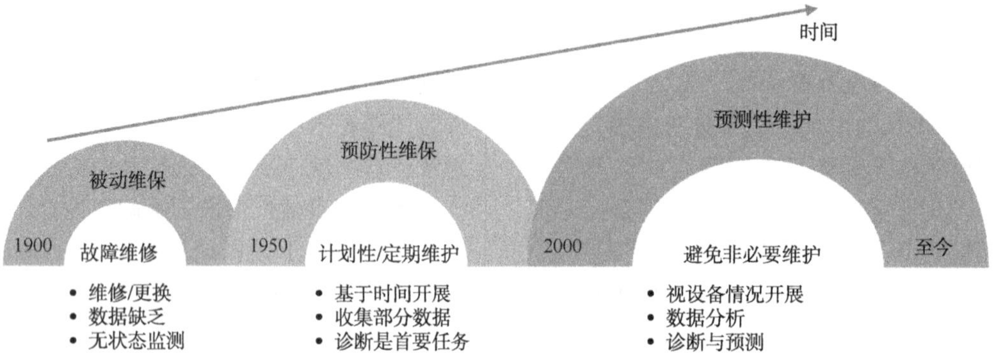

图 2　维保方式方法演变图

天然气长距离输送需要压缩机设备连续运行，压缩机非计划停机将改变输气管道的运行状态，将对管输经济产生影响。Pillon 给出了获取机器故障概率分布的方法，并建立了压缩机运行故障预测模型，该模型允许研究对规划、维护管理的影响，并评估不同的运行状态。王金江通过融合数字孪生理念，基于风险的检验技术和以可靠性为中心的维修方法，采用现代化数字测量技术建立压气站场数字化模型，以传感通信技术为纽带构建实时信息的数字孪生体，研发了适用于压气站场设备设施的可视化风险分析系统，其架构如图 3 所示，该架构与现场实际更加匹配(图 3)。

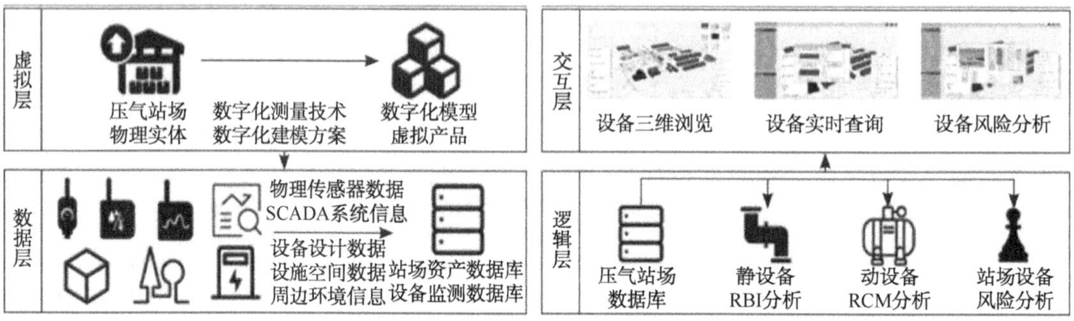

图 3　设备风险决策系统架构图

2.3　管道及场站完整性管理

管道在国内和国际天然气、石油产品和其他能源的运输中起着重要作用。ASME B31.8S、API 1160 和 DNVGL RP 116 等国际管道标准分别为天然气、液体和海上管道的管道完整性管理系统(PIMS)的组成要素提供了进行了描述，其关键要素包括：数据收集、验证和集成；风险评估；检查、监测和测试；完整性评估；缓解抑制和/或补救；完整性管理规划。

管道设置在不同的环境中，因此面临着各种各样的损伤挑战，如环境电化学反应、焊接缺陷、外力损伤等。金属损伤、点蚀和裂纹等缺陷破坏管道的完整性，造成严重的安全问题，这种情况应在发生之前加以预防，以保证管道的安全运行。近年来，各种无损检测(NDT)方法被开发用于管道在线检测，如漏磁检测(MFL)，超声波检测(UT)，电磁声学技术(EMAT)，涡流检测(EC)。单模态或不同类型的综合无损检测系统被称为管道检测仪或机器人检测系统。此外，数据管理与基于管道状态的维护的历史数据也变得非常重要。油气管道行业从早期就开始采用基于性能的完整性管理，并逐步向自动化、数据驱动方法和数字化方向发展。该领域的学术研究也通过转向数据驱动的方法和整合工业数据来适应行业需求。这意味着该研究正在不断发展，以适应必要的变化，将数据驱动的方法整合到其框架中，并采用工业 4.0 概念，以实现更高的安全水平。地理信息系统应用于分区和土地利用的管道风险分析和后果评估，其他应用包括使用机器学习方法处理数据、在线泄漏检测、减少仪器误差和持续可靠性评估。

场站完整性管理滞后的一个方面是基于风险的检查和维护计划的制定。众所周知，基于风险的检维问题归结为复杂的多变量数学优化问题，影响其发展的问题是缺乏进行优化问题所需的基本参数，可通过行业目标导向的数据收集政策来改善。压气站的完整性管理就是用科学的方法对压气站的风险进行识别和评价，采取有效措施消除或降低风险的影响，使风险控制在可接受的范围内。最后减少事故的发生，以经济合理的方式保证压气站的安全运行。RBI 是解决气体压气站压力容器和管道完整性问题的有效途径。通过对压力容器或管道的风险分析，可以确定压力容器或管道的失效机理和检测技术。进而优化检验计划和备件计划。为延长使用寿命、缩短维修周期提供科学决策支持。

3　数字化应用对场站及管道发展启示

数字化发展没有通用解决方案，应考虑自有资源和限制，以业务为导向，以解决问题为核心来设计适用的发展模式。数字化技术在压气站中的应用主要体现在数据采集、监控和分析方面。通过传感器等设备实时采集压气站运行的各项数据，再通过云计算等技术进行实时监控和分析，可以及时发现问题并进行处理，提高生产效率和设备的可靠性。通过分析国内外数据库在石油天然气领域数字化技术，结合目前基层输气站运维现状，通过采用整体规划模式，制定整体输气站数字化战略，针对现有运维流程，采用突击模式，有计划的利用数字化技术优化工作流程，提升智能化报表填报及同步程度，推动业务数字化转型，主要目标及流程如图 4 所示。

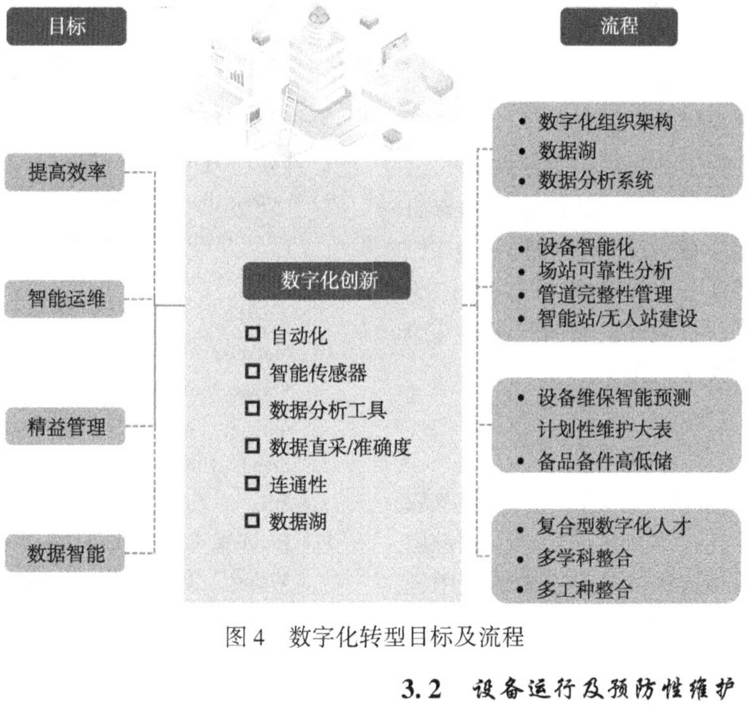

图 4　数字化转型目标及流程

3.1　数据管理

数据是企业的资产，该资产产值决定于数据的价值。作为油气管道场站及管道，通过数字化技术，可以实现对压气站各个环节的数据采集和分析，提高数据直采率及准确率，同时随着大量数据的采集、传输与存储，需加强数据管理，保障数据安全与隐私，重构数据资产价值。

3.2　设备运行及预防性维护

依托数据管理，通过数字孪生技术为设备运行提供智能决策。对于智能场站及无人站建设，需针对设备运行及预防性维保制定相应数字化建设方案。数字化技术可以实现远程监控和智能化运行，通过远程监控系统，工程师可以随时随地对压气站进行监控和调整，大大提高工作的便利性和效率。智能化运行则可以通过算法优化设备的运行参数，实现更加节能和高效的生产。数字化技术还可以实现对压气站生产过程的精细化控制。比如，通过智能控制系统实现对压气站的自动调节，可以更加精准地控制设备运行参数，提高生产效率，降低能耗。

3.3 管道完整性管理

数字化技术可实现对管道的远程监控和管理。通过云平台实时查看管道运行状态，及时响应异常情况，提高管理效率和安全性。依托数据管理，通过数字孪生技术为管道完整性管理提供智能指导。

3.4 加强数字化转型顶层设计，明确实施计划

从公司整体战略、产业链发展、竞争格局、商业模式等多视角，进行数字化转型顶层设计、技术选择、领优化，避免“一窝蜂”盲目上线系统，尝试新技术，防止出现新的“数字化孤岛”。此外，数字化转型并不是一次性过程，而是需要定期对已实施的数字化项目进行全面评估，并根据评估结果进行持续的优化与改进。

3.5 培养复合型数字化人才

引入多专业融合组织模式，重视培养复合型数字化人才。在数字化转型过程中，跨学科整合与创新，即将地理信息科学、遥感科学、计算机科学与工程进行深度整合；采用多专业融合的组织模式，即将人工智能、数学、软件工程师与油气专业工程密切组合，建立多专业协同工作组，使数字化技术与油田业务无缝对接。同时，广泛组织数字化技术培训，打造既精通油气业务又懂数字化技术的复合型人才队伍。

4 总结与展望

通过调研国内外数据库在石油天然气领域数字化技术，分析数字化技术在数据管理、设备运行及预防性维护、管道完整性管理方面的应用进展，针对输气站及油气管道数字化发展提出相应举措，为创建数字管网提供思路。①对基础设备设施进行升级改造，实现关键设备运行信息直采，提高数据直采率及准确率，重构数据资产价值。②依托数据管理，加强数据安全维护，通过大数据分析、数字孪生技术为设备运维、管道完整性管理提供智能指导。③加强数字化转型顶层设计建设，明确实施计划，重视培养既精通油气业务又懂数字化技术的复合型人才。

参考文献

[1] 郭长娥，王强，苏中锋. 企业数字化转型的价值实现：国际研究进展与展望[J]. 科学学与科学技术管理，2023，44(6)：32-49.

[2] 李中. 中国海油油气井工程数字化和智能化新进展与展望[J]. 石油钻探技术，2022，50(2)：1-8.

[3] 牛华伟，郑军，曾广东. 深水油气勘探开发-进展及启示[J]. 海洋石油，2012，32(4)：1-6.

[4] 闻林，周金应. 世界深水油气勘探新进展与南海北部深水油气勘探[J]. 石油勘探，2009，48(6)：601-605.

[5] 白云程，周晓惠，万群，等. 世界深水油气勘探现状及面临的挑战[J]. 特种油气藏，2008，15(2)：7-10.

[6] Kuzyakov O N，Gluhih I N，Andreeva M A. Case-Based Reasoning Approach for Automating Control of Gas-Compressor Unit Within Gas-Compressor Station[J]. IOP Conf Series：Journal of Physics：Conf Series，2018，1059：012023.

[7] Shaohua D，Zhongchen H，Yi Y. The application of Internet of Things technology in the integrity management of pipeline[J]. Oil & Gas Storage and Transportation，2012.

[8] 崔奕，汪海阁，丁燕，等. 碳中和愿景下油气钻井的数字化，智能化转型之路[J]. 石油钻采工艺，2022，44(6)：769-776.

[9] Wanasinghe T R，Trinh T，Nguyen T，et al. Human centric digital transformation and operator 4.0 for the oil and gas industry[J]. Ieee Access，2021，9：113270-113291.

[10] Madahar A，Mcintoch A，Mustafin I. Shell's Smart Fields—Sustaining and Accelerating Benefits From Intelligent Fields[C]. SPE Intelligent Energy International，Utrecht，The Netherlands. 2012，SPE-150424-MS.

[11] Reddick C E. Field Of The Future：Making BPs Vision A Reality[C]. Intelligent Energy Conference and Exhibition，Amsterdam，The Netherlands. 2006，SPE-99777-MS.

[12] Moises G V L，Rolim T A，Formigli J M. Gedig：Petrobras corporate program for digital integrated field management[C]. Intelligent energy conference and exhibition，Amsterdam，The Netherlands. 2008，SPE-112153-MS.

[13] Rydzak F，Breistrand L S，Sveen F O，et al. Exploring resilience towards risks in eOperations in the oil and gas industry[C]. Computer Safety，Reliability，

and Security, 2006, 57-70.

[14] Garcia A, Sankaran S, Mijares G, et al. Real time operations in asset performance workflows[C]. Intelligent Energy International Conference and Exhibition, Amsterdam, The Netherlands. 2008, SPE-111990-MS.

[15] Hussain A, Vega J C, Hassane M A, et al. Enhancing smart completion capabilities by integration with digital oil field real time monitoring system in a green field of ADMA-OPCO[C]. International Petroleum Exhibition and Conference, Abu Dhabi, UAE. 2016, SPE-183240-MS.

[16] 闫娜. 石油工程数字化发展现状与策略分析[J]. 石油科技论坛, 2019, 38(2): 64-70.

[17] Naranjo J E, Caiza G, Velastegui R, et al. A scoping review of pipeline maintenance methodologies based on industry 4.0[J]. Sustainability, 2022, 14(24): 16723.

[18] Achouch M, Dimitrova M, Ziane K, et al. On predictive maintenance in industry 4.0: Overview, models, and challenges[J]. Applied Sciences, 2022, 12(16): 8081.

[19] Pillon F J, Romano C D, Cocco F H. Natural Gas Compression Stations-Compressors Out of Service Distribution Function. Analysis And Evaluation[C]. PSIG Annual Meeting, San Antonio, Texas. 2005, PSIG-0506.

[20] 王金江, 王舒辉, 张来斌, 等. 基于数字孪生的压气站场设备风险智能决策系统[J]. 天然气工业, 2021, 41(7): 115-123.

[21] 马伟平、刘海鹏、赵炜、蔡亮、祁庆芳. 美国输气管道完整性管理标准 ASME B31.8S-2016 技术性变更解析[J]. 石油规划设计, 2020, 31(6): 48-51.

[22] 赵磊, 茹克建, 李光照, 马亮, 于方涌. 美国液体管道完整性标准 API Std 1160-2013 变更简析[J]. 油气田地面工程, 2019, 38(2): 91-95.

[23] Lichtenstein L. Dnv G L Standard Harmonization Recommended Practice on Corrosion Protection of Offshore Wind Farms[C]. ISOPE International Ocean and Polar Engineering Conference, Kona, Hawaii, USA. 2015, ISOPE-I-15-414.

[24] Khan F, Yarveisy R, Abbassi R. Risk-based pipeline integrity management: A road map for the resilient pipelines[J]. Journal of Pipeline Science and Engineering, 2021: 74-87.

[25] Zhang M, Liang W, Qiu Z, et al. Application of Risk-Based Inspection method for gas compressor station[C]. 12th International Conference on Damage Assessment of Structures Kitakyushu, Japan. 2017, 012064.

智能阴保系统在塔里木油田的应用与探索

郭　旭　邓玉发　马孝亮　商　龙　薛龙龙　孙金旺

（塔里木油田分公司油气运销事业部）

摘　要　阴极保护系统是油气输送管道及站场腐蚀与防护应用最广泛的技术。塔里木油田油气输送管道广泛分布在塔里木盆地，管道沿线人烟稀少、气候恶劣、管道巡护困难、测试难度大，故为推进管道阴极保护智能化，在轮库输油气管道应用了智能测试桩、智能恒电位仪及阴极保护监控系统，通过采用智能阴极保护系统，油田取得了显著的成果。首先，系统的智能化控制大大降低了维护和操作的成本。传统的阴极保护系统需要经常监测和维护，而智能系统能够自动调整电流输出，及时发现和修复问题，减少了运维费用和停机时间。其次，智能阴极保护系统提供了更可靠的保护性能。由于传感器和控制单元的即时反馈，系统能够自动调节阴极保护电流，以适应不同的腐蚀环境和程度。这保证了管道始终处于最佳的防护状态，延长了设施的使用寿命。最后，智能阴极保护系统还具备数据收集和分析的功能。通过统计和分析管道的腐蚀数据，工程师们可以更好地了解设施的状况，并制定相应的维护和预防措施。这些数据还可以用于优化阴极保护系统的设计和升级，提高其性能和效率。综上所述，智能阴极保护系统大大提升了油田完整性管理水平，通过提供智能化的控制、自动化调节和数据分析功能，该系统有效地保护了管道设施，降低了运营成本，并延长了设施的使用寿命。随着技术的进一步发展，智能阴极保护系统有望在油田更多的管道和设备中应用。

关键词　阴极保护；智能阴保系统；智能测试桩

管道阴极保护系统是一种重要的管道腐蚀防护技术，与管道外防腐一道保护管道，降低和避免管道外部腐蚀风险，在油气输送管道中广泛应用。目前塔里木油田已建的阴极保护系统均为常规阴极保护系统，阴极保护参数的获取、评价和调整只能依靠人工巡检时现场测试和调整。受管道线路距离长、分布散、管理部门不一的影响，管道阴极保护参数测试及时性、阴保系统有效性无法保证，同时也不便于统一集中管理。当前，管道智能化建设逐渐成为长输油气管道热点，逐步向着运行数字化、管理信息化、流程可视化的方向发展。管道阴极保护系统作为管道系统重要附属设施，其智能化是建设智慧管道的重要内容。以阴保参数定期自动采集、统一集中分析评价和远程控制调节为主要特点的智能管道系统，逐步成为管道阴极保护系统建设和改造方向。西南管道公司、长庆油田公司、西气东输工程等均已应用了智能阴保系统。智能阴保系统一般包含智能恒电位仪、智能阴保桩和阴极保护系统平台等设施。为验证和评估智能阴保系统在塔里木油田的适用性，在库尔勒 3 条输油气管道试验应用了管道阴极保护参数智能采集装置，搭建了监控系统，其目的是为智能阴保系统的建立和完善奠定基础。

1　管道及站场阴极保护现状

由于管道沿途地形变化大，地形起伏多变，地质条件多样，主要所经地区有沙漠、灌木丛、戈壁、农田、平原区、城市等不同土壤环境，土壤电阻率和腐蚀强度也不同，对管道影响较大，恒电位仪输出电流高，沿线管道电位调整费时费力，虽引入智能测试桩，但数量太少，无法满足现在需要，恒电位仪也不能实现远程控制和参数调整，对容易腐蚀环境也未能有效监测，整体阴极保护智能化较低，处于起步阶段。具体体现以下方面：

（1）管线阴极保护恒电位及沿线阴极保护效果管理采用人工管理，不能及时发现阴极保护问题，且调整恒电位仪需人工到现场调整，工作效率低，时效性差，不能满足智慧管道的管理需求。

（2）管线恒电位仪基本采用“恒电位”控制模式，即预置通电电位。根据相关标准规范，应采用断电电位值作为评价标准，采用通电电位控制恒电位仪输出不准确。

（3）管线阴保站保护距离长，上下游恒电位仪联调联控较为困难，导致各段管道阴极保护水平不均衡。

(4) 线路运行距离长，穿越铁路多，沿线易受到杂散电流干扰，导致管道保护电位出现异常，现有的线路恒电位仪运行方式无法根据沿线电位变化调整恒电位仪输出，降低杂散电流干扰影响。

(5) 阴极保护系统运行年限长，阴极保护设备老化，造成阴保阴保数据虚假、缺失。

(6) 实行通电电位管理准则，测得电位不是准确的保护电位，误导决策。

(7) 断电电位人工测量难度较大，技术要求高，设备设施不满足条件。

(8) 巡线测试时间间隔长，难以发现线路短期、瞬间、偶发干扰。

2　管道及站场建设智能阴保系统的优点

智能阴保系统可以通过实时监测、警报和远程控制等功能，能够收集和分析大量的数据，通过数据挖掘和分析算法，优化阴极保护策略和管理，更好地保护管道，并及时发现并处理管道及站场的异常情况，避免事故的发生，并优化设备的维护和管理，提供高效且安全的运行环境，有效降低了管道事故的风险，提高了阴极保护系统的可靠性和稳定性。同时这方面，国内同行已经取得相关经验，比如国家管网西部管道分公司四道班压气站实现站场智能阴极保护控制。

3　智能阴保系统在管道及站场应用及评价

目前，油气管道阴极保护系统的目标可以分为线路阴极保护系统和站场区域阴极保护系统两大类，且随着现代化社会的不断发展，所有的线路管道均安装有阴极保护系统，以便于更好地了解和反映，引起保护系统的运行状况。建设智能阴极保护系统为塔里木油田探索智慧管道和站场有着深远的意义。

3.1　阴极保护智能控制平台

管道阴极保护系统在线监控管理平台是一套面向阴极保护领域的信息管理系统，应具有管道阴极保护参数在线监控和辅助诊断分析等功能。为了实现智能阴保仪和智能阴保桩上传数据的分析、展示功能，还应具备阴保系统异常情况的分析、警示功能，在人员操控时，能够调整阴保仪模式、输出参数以及阴保桩测试参数的频率等。它的原理如下：

(1) 智慧控制架构：阴极保护智能电位采集仪每天定时自动采集管道保护电位、腐蚀电流、管道自然电位、阳极自然电位以及设备自身电池电压等数据，并通过 4G/NB-IoT 网络定时上传云服务器。云服务器上安装管道阴极保护智能监测管理系统软件，该软件以 B/S(浏览器/服务器)结构进行设计，以数据库对海量数据进行存储，提供了电子地图、数据展示、越限报警、数据查询和各种统计、分析功能，支持电脑和手机 APP 远程访问(图 1)。

(2) 智能控制模型：阴极保护智能控制模型实现的调控方法，与传统人工调整方法类似，采用“检测-分析-调整-再检测-再分析-再调整”的 PID 循环控制方法，由点到面、由局部到全局的控制策略，持续动态调整，均衡优化阴极保护效果(图 2)。

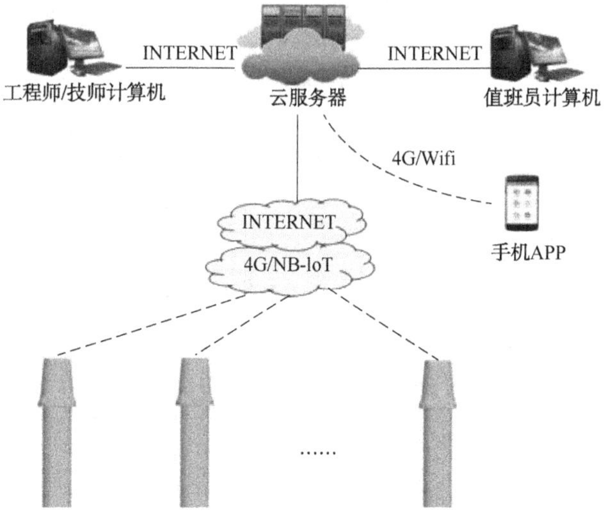

图 1　云服务器上传示意图

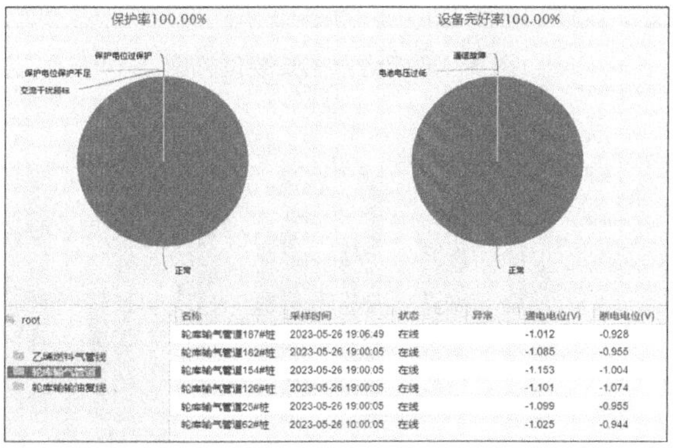

图 2　阴极保护智能控制平台

3.2　智能恒电位仪

目前油田恒电位仪用的是无法实现远程控制

的恒电位仪，目前引入带有远程控制的 IHF 智能数控高频开关恒电位仪，能够实现输出电位、输出电流、零位点电位等参数的测试和上传功能。同时实现阴保仪 A/B 机和阴保仪恒电位及恒电流模式的远程控制切换、输出电流、输出电位的远传调节功能，新增了“恒电断电电位”和“智能恒断电位”两种工作模式，恒断电电位控制模式，是给每路输出指定一个主控采样模块，并设定一个断电电位控制目标，既预置断电电位。每路输出的预置断电电位可以是不同的，运行时，首先检测断电电位，再将测量出来的断电电位与预置断电电位进行比较，根据两者之间的偏差，调整恒电位仪的输出。而智能恒断电电位控制原理先根据各输出通道对各采样通道电位的影响确定基本表，基本表确定后，设置各采样通道目标断电电位参数，而后开始运行，运行时，各采样通道采集对应监测点的断电电位，判断断电电位是否在标准范围之内，如果超过这一范围，则根据基本表调整相应输出通道的输出，如果监测点断电电位已经在标准范围之内，则判断与其最初设定的目标断电电位值是否存在偏差，如果存在偏差，则根据基本表调整相应输出通道的输出。通过测量→分析→调整→再测量→再分析→再调整，使得每个监测点的电位都达到-0.85～-1.20V，并逐步优化接近理想电位保护数值。

3.3 智能测试桩

目前，塔里木油田油气运销事业部对 3 条在用输油气管道共增设了 15 套智能阴保电位采集仪。采用的是 TA-TS-2 型太阳能智能测试桩，它能够实现自然电位、断电电位、通电电位、交流干扰电压、交流腐蚀试片交流电流、直流电流采样、阴极保护电位试片电流采样，能够实现远程控制，也能够具有数据自动存储功能(图 3、图 4)。

在试运行过程中，通过桌面系统查看相关数据，结果表明 15 支智能桩中有 13 支显示电位明显偏正，经与现场就地实测的数据比对，两者电位差从 30～820mV 不等，其他参数如交流电压等也存在偏移，起不到应有的阴保数据准确监控作用(图 5、图 6)。

管道名称	安装数量	安装位置
轮库输气管道	6	25#测试桩
		62#测试桩
		126#测试桩
		154#测试桩
		182#测试桩
		187#测试桩
轮库输油管道复线	7	8#测试桩
		29#测试桩
		65#测试桩
		107#测试桩
		126#测试桩
		149#测试桩
		164#测试桩
乙烯燃料气管道	2	2#测试桩
		33#测试桩
合计	15支	

图 3　智能测试桩安装位置图

图 4　智能测试桩现场图

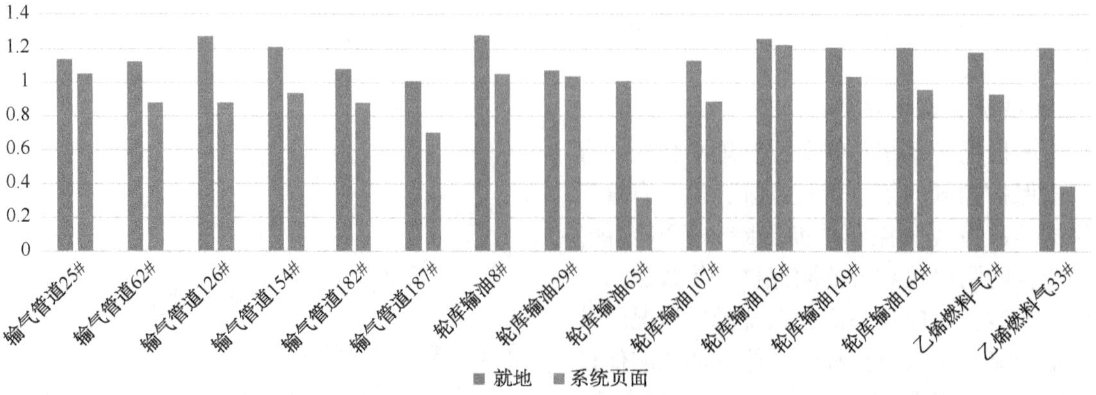

图 5　智能阴保桩就地与系统电位差

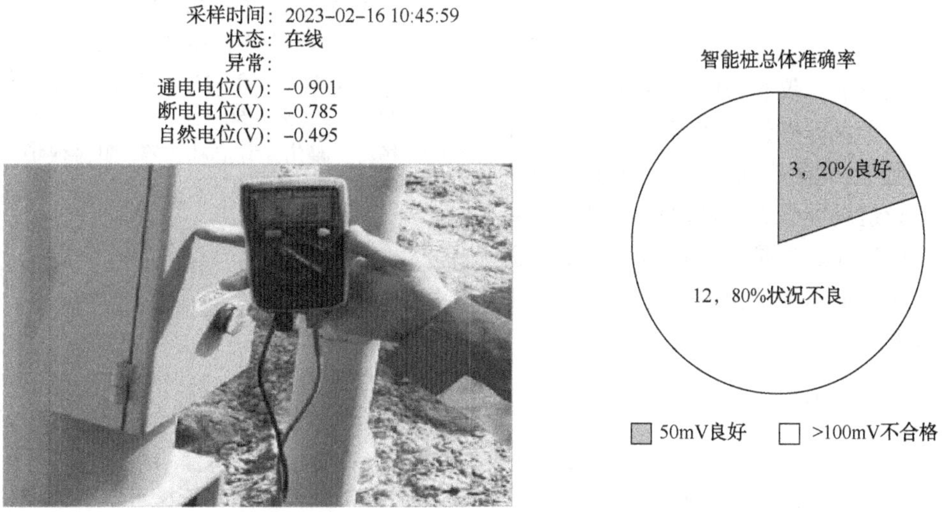

图 6　智能测试桩就地和系统电位对比图

通过排查通讯系统、参比电极系统、极化试片、集成电路，最后发现集成电路是造成阴极保护电位失真的主要原因，集成电路内部结构复杂，具体无法确认集成电路某个板块出问题，目前只能采取更换集成电路，从而使得智能阴保桩发挥作用。同时也反馈一些问题，譬如在安装过程中没有去有效监督，一是人员对智能阴保系统匮乏，二是没有国家标准去规范，可以与厂家联系，需加强这方面的培训，以便于后期维护。

目前一是智能测试桩数量太少，安装位置和数量还比较欠缺，以轮库输油复线电位图为例，可以看出智能测试桩安装位置有点偏差，无法检测管道最低和最高电位，可能影响对管道欠保护和过保护现象的判断，建议引入更多的测试桩，安装在管道穿越段、农田及杂散电流干扰强的特定环境中。二来是还没有安装腐蚀检测系统，国内已经研制出腐蚀速率监测仪，可以增设于智能测试桩中，通过精确测量 ER 探针厚度来判断腐蚀速率(图 7)。

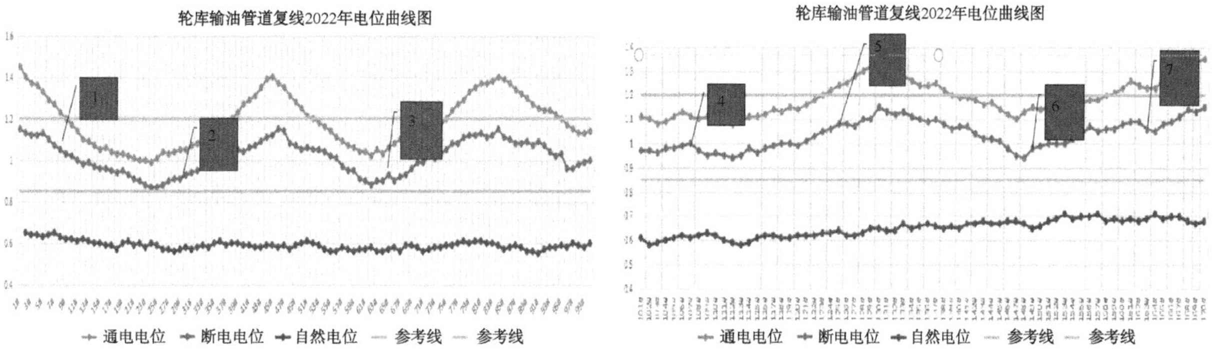

图 7　轮库复线智能测试桩安装位置示意图

3.4　智能阴保系统的挑战

(1) 数据安全和隐私保护

智能阴保系统涉及大量敏感数据，如管道状态、电位数据等，确保数据的安全和隐私保护是关键问题，避免数据泄露和不当使用，建议油田建立自己的安全的网络通信和存储机制，限制数据访问权限，遵守相关法律和隐私规定。

(2) 技术标准和规范的制定

智能阴保系统领域缺乏统一的技术标准和规范，导致系统设计和实施的不一致性。未来可以推动行业内的标准化工作，这样可以确保不同智能阴保系统的兼容性，以及数据的一致性和可靠性。

(3) 人才培养和知识传承

智能阴保系统需要专业的人才进行运维和维护，加强人才培养和知识传承，包括提供专业培训和资质认证机制。同时，建立知识共享和交流平台，促进技术人员之间的交流与学习。

4 结论

一是对智能恒电位仪和智能测试桩进行远程监控和控制，减少人为操作，使得阴极保护管理更便捷。二是通过采集数据，并进行分析和处理，及时了解管道腐蚀状态，提出优化建议，从而降低管道腐蚀风险。三是建设长输管道及站场智能阴极保护对于塔里木油田创建管道智能无泄漏区有着积极的意义。

参 考 文 献

[1] 薛致远，毕武喜，陈振华，等. 油气管道阴极保护技术现状与展望[J]. 油气储运，2014，33(9)：938.

[2] 钱建华，牛彻，杜威. 管道智能化管理的发展趋势及展望[J]. 油气储运，2021，40(2)：121.

[3] 王昆，李琳，李维校. 基于物联网技术的智慧长输管道[J]. 油气储运，2018，37(1)：15.

[4] 王爱玲，刘玉展，余东亮，等. 山区管道阴极保护智能采集监控管理系统应用[J]. 油气田地面工程，2019，38(A01)：149.

[5] 高宝元，高诗惠. 输油管线阴极保护远程监控系统研究与应用[J]. 石油化工自动化，2021，57(3)：84.

[6] 安龙虎，李振军，邓星露，等. 阴极保护在线监控系统在西气东输二线上的应用[J]. 石油工程建设，2013，39(5)：50.

[7] 杨涛，崔伟，方卫林，等. 阴极保护电位智能采集系统应用现状与展望[J]. 油气储运. 2021，40(2)：146.

[8] 李言涛，吴茂涛，姜信德，等. 管线阴极保护在线监测评价系统的研究进展[J]. 材料保护，2010，43(9)：50.

[9] 刘玲莉，陈洪源，刘明辉，等. 输油气站区阴极保护中的干扰与屏蔽[J]. 管道技术与设备，2005，(2)：31.

[10] 高桂飞，吕晓波，王增元，等. 站场区域阴极保护智能控制技术[J]. 材料保护，2022，55(07)：212-217. DOI:10.16577/j.issn.1001-1560.2022.0203.

[11] 李春雨，何鹏程，耿立娟，等. 智能阴极保护系统在青海油田的应用与评价[J]. 石油化工腐蚀与防护，2022，39(06)：60-64.

[12] 安龙生，王正伟，周家尧，等. 油气管道阴极保护技术现状[J]. 化工管理，2022(21)：60-63. DOI:10.19900/j.cnki.ISSN1008-4800.2022.21.018.

智慧无人机库在天然气管网巡检的应用

张　斌　张军胜　王海龙

（国家管网集团联合管道有限责任公司西气东输分公司银川管理处）

摘　要　根据《中长期油气管网规划》到2025年，全国油气管网规模将达24万km。我国油气管道建设年代跨度大、分布广、穿越地形复杂，管道安全巡护管理形式严峻，常规巡检方法无法满足要求，需采用更先进的技术手段。针对当下蓬勃发展的无人机巡检技术，分析了油气长输管道无人机巡检需求。无人机因其小巧灵活、安全可靠深受使用者的喜爱，但无人机需要专业的飞手亲临现场才可完成任务，培养无人机飞手或聘请无人机服务团队开展项目需要花费较大的成本。为了解决这一问题，市场上开始出现无人机自动化机场设备，设备配合其操作系统可替代无人机飞手获取工程现场数据，提高项目自动化、无人化的程度，本文以西气东输项目为依据阐述无人机自动化机场及系统在油气长输管网工程中的应用。

关键词　无人机；天然气管道；智能化；智能巡检；智能感知识别；智能分析

1　概况

当前，环保问题和资源问题等诸多问题愈演愈烈，天然气作为一种高效、优质的清洁能源和化工原料受到企业和国家越来越多的重视。作为能源，天然气可用于发电、工业燃料、城市居民用气、工商业用气、采暖等；作为化工原料，天然气可用来生产甲醇、乙炔、合成氨及其系列产品。随着碳中和及环境问题日益受到关注，天然气消费量所占比重不断上升，天然气开发和加工技术不断进步，天然气管网也不断延申扩展。

我国作为世界上天然气资源较为丰富的国家，我国的天然气资源主要分布于我国国土中西部的川渝、陕甘宁、青海、新疆四大陆上气区，以及南海和东海近海大陆架气区。据勘测评价，全国天然气总资源量为38万亿m^3，陆上四大气区总资源量为22.4万亿m^3，占陆上天然气资源量的75%。其中新疆塔里木盆地面积56万km^2，天然气资源量为8.39万亿m^3，占全国天然气资源总量的22%，是我国天然气资源最丰富的地区，到目前为止已累计探明天然气地质储量4190亿m^3。

随着国家基础建设的迅速发展，我国长输管道公里数不断增加，但由于长输管道大多暴露在野外环境运营，气象条件复杂、环境现场多变、管道距离长、分布范围广、穿越地形复杂、非法侵占及周边第三方施工频繁，其中部分管线已运行20余年，而且有些管道已出现锈蚀和变薄现象，这些管道面临严重的自然灾害威胁、非法打孔盗气以及地上建筑违章占压等问题时，存在巨大的安全隐患，一旦发生泄露就极易造成重大财产损失，安全隐患问题日益突出。

传统的管道巡检方法通常以人工巡检作为主要手段，巡检人员沿管道巡视，检查管道本体及其地表环境，工作量大且条件艰苦，特别是对山区和跨越大江大河等线路的巡查，以及在冰灾、水灾、地震、滑坡、夜间巡线检查，所花时间长、人力成本高、困难大，某些区域和某些巡检项目人工巡查方法目前还难以完成。依靠传统人工巡视的作业方法工作量大、复杂的地理环境给巡视人员带来未知的安全风险，巡检成本高、效率低，尤其对山区、河流、峡谷等地理环境以及暴雨、地震、滑坡等突发情况下的巡检存在很大局限性。

目前人工巡检的巡检人员需要配有相应的巡检设备检测油气管道。同时，巡检人员必须保持通信工具畅通，确保随时随地联系，在复杂地形区域或油气泄漏的情况下，巡检人员对管线进行巡视、检查时，也存在一定的安全隐患。

2　巡检应用概况

随着无人机技术迅猛发展，使用无人机对长输管道巡检已表现出巨大的优势。无人机巡检具有成本低、无人员伤亡风险、生存能力强、机动性高、使用方便、效率高、受地域影响小等优点。

但无人机同样具有受天气因素影响大、需要高水平操作人员、需要定期维护等缺点。无人机传统的“一人一机”或“多人一机”作业模式，受遥控信号和图传信号限制，飞机就位速度慢、定位问题较慢，且一事一飞，数据采集量少而单一，不能有效累积历史数据，只能发挥定位问题的基本功能。同时，传统的多旋翼无人机由于续航时间短、载重量轻的特点，导致无人机单机有效作业面积小，巡航距离短。

全自动充换电一体智慧机库解决了无人机充换电、起飞巡航操作需要靠人力操作的缺点，真正达到了全流程无人化作业，结合5G网络的大带宽、低时延技术特性，开展无人机辅助长输管线巡检作业，运用AI智能飞行、图像识别、红外识别等核心技术，基于预先设定的飞行航线和起飞时间，无人机可自动按时、按航迹起飞巡航，按姿态、拍摄参数自动巡飞，获取高质量巡检数据，对预定管线进行二维、三维建模，建立日常管线无人巡查防控体系，代替巡检维护人员对管线进行定期巡查，发现并报告管线异常情况；借助在线回传影像和图像，自动识别现场异常(温度异常、施工异常、气体异常等)，自动生成异常记录，其中可见光相机能全面呈现管线情况，分辨浓烟、火焰，热成像相机能穿透烟雾及遮挡，获取温度分布，协助巡查人员发现管线隐患；现场画面通过无线网络实时回传至后方指挥中心。让指挥人员掌握现场信息，科学指挥调度。无人机也可在人工控制的情况下，对特定部位巡检确认，结合现场维护人员共同作业，实现空地一体化管线联合巡检，确保管线全覆盖，提高巡检质量。

3　智慧无人机库组成

智能无人机巡检系统由智慧无人机机库、智能无人机、无人机云端控制系统三个核心部分组成。无人机云端控制系统是整个系统的指挥控制中心，专门用于对无人机的地面控制和管理。智能无人机是系统的主体，其核心组件是飞行控制系统(简称飞控)，飞控是无人机安全稳定飞行的保障。智慧无人机机库主要负责无人机的自动收放、充换电、数据传输、与云端系统之间的通讯，通过5G将无人机上的飞行数据实时传输到云端控制系统，并将云端系统发出的控制信号传给无人机，从而使得无人机按照既定指令飞行。

云端控制系统通过5G网络连接向无人机发出指令，预设和控制无人机的飞行路线，同时无人机会将摄像头拍摄的高清视频发送给云端控制系统，用户在与云端控制系统监控管线情况的同时，可随时调整无人机的飞行路线。无人机通过搭载高清与红外摄像头，飞行过程中随时悬停，提供任意位置的广角视频，为长输的运营维护提供了一种全新的技术手段。

飞控系统包括姿态、位置传感器、机载计算机和伺服作动机构三大部分；实现的功能主要有无人机姿态稳定和控制、无人机任务设备管理和应急控制三大类。其中机体大量装配的各种传感器(包括角速率、姿态、位置、加速度、高度和对地速度等)是飞控系统的基础，是保证无人机控制精度的关键。链路系统负责完成对无人机遥控、遥测、跟踪定位和传感器传输，上行数据链实现对无人机遥控、下行数据链执行遥测、数据传输功能。

4　智慧无人机库特性参数

4.1　智能无人机巡检系统整体通讯系统

包括智慧无人机机库、智能无人机以及无人机云端控制系统。

4.2　智慧无人机库

智慧无人机库系统由机库、射频气象地面站等固定设施和通过网络连接的服务器设备及配套软件组成，主要完成飞行器的释放、回收、遥控、导航、充换电和数据的传输、转储等功能。

4.3　无人机与机库管理系统

无人机与机库管理系统是空地一体无人机机场网络可视化云端管理系统，实现了“远程中控-机库-无人机”的长链闭环，能够在线规划任务路径，远程调度无人机，实时监控系统状态，协调无人机在智慧机库网络间的穿梭出勤，让独立的机库成为互联的节点，实现集群协同作业，规模化管理无人机运营，提高无人机作业效率，为无人机网络化运营奠定基础。

4.4　无人机、云台相机及其他传感器系统

基于新一代大疆经纬M300RTK高性能无人机及禅思H20T云台相机。M300RTK是大疆新一代高性能无人机，具有先进的飞控系统，六向双目视觉和红外感知系统、FPV摄像头，防护等级IP45，以及快拆式起落架、可折叠机臂等，

此外机身配备夜航灯、补光灯等。禅思 H20T 云台相机系统具有 2000 万像素变焦相机、1200 万像素广角相机和 1200m 激光测距仪以及热成像相机。

4.5 基于人工智能的自动识别处理系统

基于人工智能的自动识别技术，实现管线气体探测、温度识别测量、非常规施工等信息的自动采集、分析、在线监测预警、统一管控治理等功能。

其中，气体探测算法通过无人机携带的气体传感器，检测管道周边气体浓度。

温度识别算法通过无人机携带的温度传感器，实时测量飞行区域温度，通过事先设置的温度阈值，测量无人机探测范围内的温度，当检测温度超过阈值后，触发事件预警，无人机温度检测系统会把温度异常的位置、时间、事件、及照片回传至监控端。

非常规施工识别算法通过无人机定期对管道上方正射影像的图像测绘与自动拼接，将拼接后的管线周边环境进行图片展示并与上期拼接的图层对比，从而智能发现违章施工事件。

5 智慧无人机库应用方案

利用无人机进行长输管网巡检时，指挥中心同时显示实时画面。无人机可进入管沟，沿管沟飞行。飞行过程中，无人机能够进行实时高清视频录像，且自带的红外摄像机可以对长输管道保温层进行拍摄，通过红外摄像机的视频可以判断保温层的状况。无人机飞行过程中可以悬停，可以提供任意位置的广角视频，也可以抵近飞行、提供细节特写观测(图 1)。

智慧机库部署于具备供电和网络的管道阀室或场站中，无需额外建设安装点位，方便管理和维护，防止偷盗和破坏的发生，机库具备 IP54 工业防护等级，能够很好地适应野外环境以及恶劣气候(图 2)。

图 1　无人机巡检长输管网

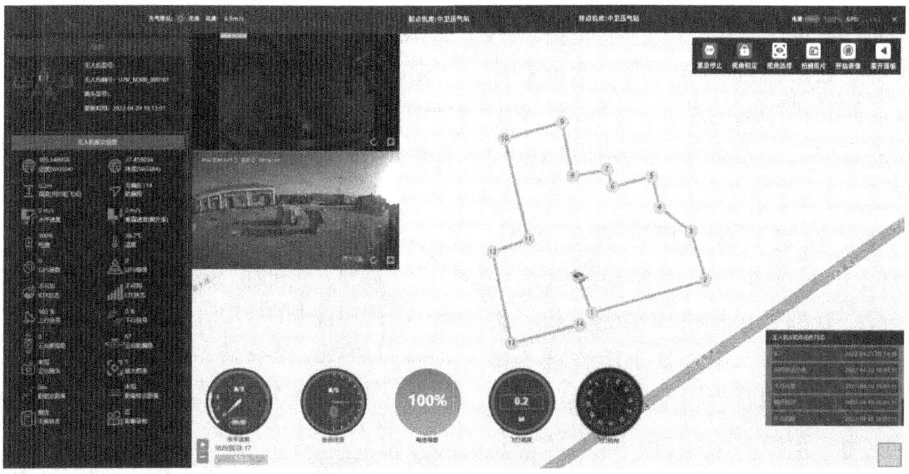

图 2　智慧机库的部署

以地面的黄标坐标作为飞行航线的规划依据，行程自动巡飞航线，优化处理后生成统一管理、反复调用、自动执行、排班触发的作业任务，自动循环往复飞行实现采集数据，提高作业效率。

沿长输管线设置全自动无人机机库，可满足长距离管线的常规巡检任务，在此基础上，利用多台无人机可协同规划巡检路线，巡检任务等，有效避免低影响区域的重复巡检，提高巡检效率，也可对高影响区域做从不同角度的重叠巡查，可交叉比对重要位置的影响数据，使识别结果准确率更高，减少误报率；同时，多台机库互为备用，在无人机或机库做维护保养时继续巡检任务，让巡检数据完整无断档。此外，多台无人机可协同联动作业，在一台无人机发现情况时，其他无人机可协同工作，如配合照明、语音喊话或告警；或当无人机电量耗尽时，其他无人机轮流作业，在故障位置持续工作。

沿长输管线全线布置机库与无人机可有效弥补在持续作业仲单台无人机续航较短的劣势，任务分配与执行更灵活，产生 1+1 大于 2 的效果。

6 智慧无人机库技术优势

机载运算模块携带人工智能算法实时识别管线问题，时效性高，无需后台处理，快速捕捉现场可疑故障，拍照取证，实时告警。高清图像实时回传，人在中控室，即可远程调度，实现多机管理。上帝视角，毫无遮拦，一览全局随时手动介入，不放过任何一个兴趣点；无缝衔接，介入之后，可恢复自动任务，可按任务排班，自动出勤；高频次飞行，每 40min 出勤一次；单台机库覆盖 10km 范围；30min 完成一次快速巡检；减少巡检人员投入。可疑目标实时打点，取证照片可以复看，取证照片携带时空信息，可以迅速定位问题时间及地点。飞行及采集记录均可集中管理，长期保存。

技术方面上，控制平台采用微服务架构，api 运行在网络上，只要在与机库共同的网络中即可登录、查看、管理、操作机库与无人机，没有场地、场景和人员限制，无论是集中管理大屏还是现场实施团队均可同时查看实时数据。系统具备弹性扩展能力，预留多个接口，可与监控运营管理与应急指挥、甚至城市与监控规划系统、城市综合管理大屏系统、城市综合指挥系统对接。

场景方面上，充分利用单台机库管理的最大覆盖范围，与其他机库无缝衔接，避免重复建设，既可拓展巡检路线，又可利用多台机库对重要点位比对分析，也可组网实现多任务巡线。同时利用微服务架构的 api，应用场景可模块化增减，针对不同场景使用对应的航线、算法及其他功能模块。利用全自动无人机机库、无人机组网，配合场景对应的算法组块，可轻松实现智慧巡检网格化、精确化、高效化治理。

7 总结展望

智慧机库和无人机在管网巡检的经验表明，无人机可以同步提供高清视频和红外视频两种视频信号，视频信号清楚，特别是通过红外影像可以清楚地观测到管道的保温层结构情况。无人机可以在管道上空飞行，也可以在空中悬停，使用效率高。利用无人机巡检长输管道，为天然气或其他管网的运营维护、新建管网验收提供一种全新的技术手段，有力促使管网巡检技术和管理水平的提高。

使用全自动智慧机库系统和无人机集群智能管控系统巡检长输管线，实现一对多的飞行控制，自动巡航和高精度着落，大大提高安全性，规避无人机操控风险。无需依赖飞手，出错率低效率高，节省人工、培训成本，解除使用单位对于责任归属的心理压力，将无人机真正作为一个辅助工具，提高工作效率。同时无人机智能机库可对无人机进行自动充、换电，无需手动更换电池，续航得以解决。并可根据需求使用数据传输模块，提升无人机工作效率。

无人机集群智能管理是不可逆转的趋势，当无人机数量较多时，系统的集中管理便成为重中之重，全自动化操作方式会完全取代传统操作所带来的种种弊端，提高无人机工作效率。全自动智慧机库将在油气田与管道站场得到大规模使用。

参 考 文 献

[1] 高坤，李昶君，杨金波，等. 无人机在高原山区线路巡检中的应用[J]. 电气技术，2015(04).

[2] 徐幸超，李文浩，薛九天. 无人机应用技术专业创新创业人才培养模式探究[J]. 无线互联科技，2021(21).

[3] 许家浩，王娇. 基于无人机的电力线路巡检多功能地面站设计与实现[J]. 集成电路应用，2022(03).

输气场站机械设备智能化完整性管理

魏博宇　姚　东　武　银　王　浩

（国家管网集团西北分公司银川输油气分公司中卫压气站）

摘　要　随着我国天然气消费量的增长，输气场站机械设备智能化完整性管理显得尤为重要。国家管网集团建立了一套场站完整性管理体系，利用大数据分析、人工智能等技术实现设备运行的实时监控、风险评估和科学决策。本文主要探讨了场站机械设备数据的智能化采集和管理策略，在机械设备数据的智能化采集方面，文章通过结合程序文件对机械设备分为关键设备、主要设备和一般设备，并对这三类设备分别列出生产运行需要的数据并建立数据库；对于机械设备数据的智能化采集，文章重点介绍了数据智能化采集系统各个层面的工作内容、智能采集系统的优势以及采集遵循的原则。在机械设备的智能化管理策略中，文章一方面提出了协助场站管理人员通过分析所收集的设备数据，识别设备的状态，并对机械设备情况分别进行处置而搭建的一套设备管理策略搭建智慧管理系统，并根据目前已有的研究建立了机械设备的智慧管理系统运行处置流程；另一方面为确保场站机械设备风险处于可控范围内，生产人员在使用设备风险评价智能化管理模块时，需针对各类型及具备不同功能的设备进行相应的风险评价，对于提高我国天然气输送效率和保障能源安全具有重要意义。未来，随着技术的不断发展，智能化管理水平将进一步提升，为我国天然气行业的发展提供有力支持，实际应用中需不断完善数据采集、传输、处理和分析技术，以满足场站机械设备管理的高效、安全、智能需求。

关键词　场站完整性管理；机械设备；智慧管理系统

近5年来双碳环保政策的大力推动下，我国天然气消费量稳步发展，天然气长输管道“全国一张网”的纵横格局正逐步完善成型。当下的输气场站作为这张“巨网”的各个节点，能够结结实实网住能源经济这条大鱼更是需要被重视的。

经过近十年来的研究，以及完整性管理在油气管道线路上的充分实践，国家管网集团也建立了一套将站场流程单元和关键设备的风险统一管控，保障生产与管理的紧密结合的场站完整性管理体系。机械完整性管理作为场站完整性体系的关键要素，旨在实现输气场站机械设备风险的智能化管理。为实现此目标，应充分利用诸如大数据分析、人工智能、物联网和云计算等先进技术。这些技术能够实时监控设备运行状态，评估设备风险，为决策者提供科学依据。借助这些技术，场站管理人员能够更精确地了解设备运行状况，及时发现并消除安全隐患，降低事故发生的风险。

1　场站机械设备数据采集智能化

场站运行人员应建立健全机械设备台帐和技术档案等资料，做好机械设备安装、使用、运行、维护保养、检修、交接等数据记录，这些被完整记录的数据应用于场站的完整性管理、企业资产管理以及设备设施的可靠性管理工作中来。集团各作业区（场站）依据各公司的程序文件或者各分公司的技术指导文件逐步完善数据的采集工作的标准化，以满足信息系统处理、存储以及交互的需求。

1.1　机械设备的分类及数据库的建立

输气场站的机械设备含阀门、非标机械设备、整体橇装设备等，国家管网集团西气东输公司的程序文件《机械设备管理程序》中指出，机械设备又可以根据生产运行情况分为关键设备、主要设备、一般设备三大类（图1）。

关键设备包括干线截断阀、进出站截断阀（含天然气分输切断阀）、越站截断阀、参与紧急停车系统（ESD）联锁的设备、调压设备，以及三类压力容器等。这些设备在生产运行过程中具有重要作用，安全风险和环保风险较高，维修专业性强，价值昂贵；相比之下场站的主要设备虽在安全环保风险程度、工艺要求上就稍逊色于关键设备，但对于生产管理人员而言，重视≥*DN*200以上的阀门、压缩机辅助系统、一二类压力容器等工艺区设备的稳定运行，以及站场消防系统和站场生活辅助系统的正常运作，同样至

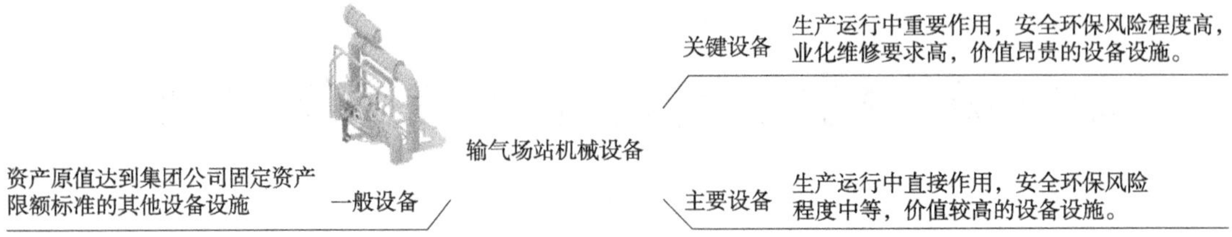

图 1　机械设备根据生产运行情况分类

关重要；最后是<*DN*200 的机械阀门及其他辅助场站生产的一般设备，同样在日常生产中不能忽视其存在的风险。

数据采集环节旨在定期系统地收集整理以上机械设备各个方面的数据，主要包括但不限于以下三类：

（1）机械设备技术数据、施工安装记录。

（2）机械设备运行、维护、检测、交接和维修记录。

（3）机械设备故障、失效和风险数据。

结合国内中国石油管道科技研究中心针对场站完整性管理建立的相关数据模型以及汪航、李振宇等人研究成果整理总结出采集机械设备数据内容见表 1～表 3。

表 1　采集机械设备数据内容（关键设备）

类别	机械设备名称	数据收集内容
阀门设备	进出站截断阀、分输切断阀、越站截断阀	1. 技术数据（设计压力、设计温度、尺寸、厂家） 2. 位置信息 3. 运行数据（运行状态下的输量、压力、温度、时间） 4. 故障数据（时间、原因、处理过程及结果） 5. 检修数据（春秋检修维护数据）
	调压设备 （安全切断阀、监控调压阀、工作调压阀）	1. 技术数据（设计压力、设计温度、尺寸、厂家） 2. 位置信息 3. 运行数据（运行状态下的输量、压力、温度、时间） 4. 故障数据（时间、原因、处理过程及结果） 5. 检修数据（春秋检修维护数据）
带压容器	旋风分离器、过滤分离器	1. 技术数据（设计压力、设计温度、尺寸、容积、厂家） 2. 位置信息 3. 运行数据（运行状态下的压力、温度、时间） 4. 故障数据（时间、原因、处理过程及结果） 5. 检修数据（春秋检修维护数据、定检数据）
	三级压力容器	1. 技术数据（设计压力、设计温度、尺寸、容积、厂家） 2. 位置信息 3. 运行数据（运行状态下的压力、温度、时间） 4. 故障数据（时间、原因、处理过程及结果） 5. 检修数据（春秋检修维护数据、定检数据）
压缩机本体	燃驱机组	1. 位置信息 2. 燃气发生器技术数据（压气机设计参数、动力涡设计参数） 3. 压缩机技术数据 4. 运行数据（运行状态进出口流量、压力、温度、时间、转速） 5. 故障数据（时间、原因、处理过程及结果） 6. 定期检修、改造提升数据
	电驱机组	1. 位置信息 2. 电机技术数据 3. 压缩机技术数据 4. 运行数据（运行状态进出口流量、压力、温度、时间、转速） 5. 故障数据（时间、原因、处理过程及结果） 6. 定期检修、改造提升数据

表 2　采集机械设备数据内容(主要设备)

类别	机械设备名称	数据收集内容
阀门设备	≥*DN*200 以上的阀门	1. 技术数据(设计压力、设计温度、尺寸、厂家) 2. 位置信息 3. 运行数据(运行状态下的压力、温度、时间) 4. 故障数据(时间、原因、处理过程及结果) 5. 检修数据(春秋检修维护数据)
带压容器	一二类压力容器	1. 技术数据(设计压力、设计温度、尺寸、容积、厂家) 2. 位置信息 3. 运行数据(运行状态下的压力、温度、时间) 4. 故障数据(时间、原因、处理过程及结果) 5. 检修数据
工艺消防设备	消防泵	1. 技术数据(设计压力、扬程、尺寸、输量、厂家) 2. 位置信息 3. 运行数据(运行状态下的压力、输量、时间) 4. 故障数据(时间、原因、处理过程及结果) 5. 检修数据
	消防类阀门	1. 技术数据(设计压力、设计温度、尺寸、厂家) 2. 位置信息 3. 运行数据(运行状态下的压力、温度、时间) 4. 故障数据(时间、原因、处理过程及结果) 5. 检修数据
	消防控制柜	1. 火灾报警系统数据 2. 检修数据
压缩机附属设备	燃驱机组	1. 机组支持系统由空气(燃烧和通风及压缩)系统技术数据、运行数据 2. GG 液压油启动系统技术数据、运行数据 3. GG 润滑油系统技术数据、运行数据 4. 燃料气系统技术数据、运行数据 5. 干气密封系统技术数据、运行数据 6. 故障数据(时间、原因、处理过程及结果) 7. 定期检修、改造提升数据
	电驱机组	1. 水冷系统技术数据、运行数据 2. 干气密封系统技术数据、运行数据 3. 润滑油系统技术数据、运行数据 4. 空气系统技术数据、运行数据 5. 干气密封系统技术数据、运行数据 6. 故障数据(时间、原因、处理过程及结果)

表 3　采集机械设备数据内容(一般设备)

类别	机械设备名称	数据收集内容
阀门设备	<*DN*200 以上的阀门	1. 技术数据(设计压力、设计温度、尺寸、厂家) 2. 位置信息 3. 运行数据(运行状态下的压力、温度、时间) 4. 故障数据(时间、原因、处理过程及结果) 5. 检修数据(春秋检修维护数据)
其他一般设备	辅助场站生产的一般设备	1. 技术数据(设计压力、设计温度、尺寸、厂家) 2. 位置信息 3. 运行数据 4. 故障数据(时间、原因、处理过程及结果) 5. 检修数据

场站 SCADA 系统以及运行人员录入将以上采集到的机械设备数据将进行整合、分类，建立统一的智能化场站机械完整性管理数据库，该数据库属于场站完整性管理系统数据库的一部分，应具备以下功能：

（1）数据存储：存储设备的各项技术数据、运行数据、故障数据、检修数据等，确保数据的安全性和完整性。

（2）数据查询：提供多维度、多条件的数据查询功能，运行人员可以快速找到所需的设备信息。

（3）数据分析：利用大数据分析技术，对设备数据进行深入挖掘，发现设备运行中的规律和问题。

（4）数据可视化：将设备数据以图表、报表等形式展示，便于管理人员直观了解设备的运行状况。

（5）系统集成：与其他相关系统（如生产管理系统、维修系统等）进行集成，实现数据共享和业务协同。

1.2　机械设备数据的智能化采集

数据的智能化采集通过数据标准化与完善的数据管理体系结合，实现电子化的数据采集与传输，能够提高完整性评估和维修数据的质量。标准化是做到全面的数据分析、交换的基础，目前国内工业智能化采集数据采用工业物联网、云计算等先进技术手段，通过整个行业的合作优化数据的采集过程。

结合我国输气场站监测监控及数据采集系统，场站机械设备数据的智能化采集模式基于数据层、应用层、表示层三个模块开展。机械设备实体的运行数据通过巡检机器人和仪电传感器进行数据链路建立，实现设备运行数据的收集，随后传输到智能数据库对收集到的数据进行初步集成，并将最终得到的数据持续传输至应用层设备进行处理和分析，实现设备数字模型信息优化更新以及对设备的智能控制，最终各种信息反映在交互界面上，指导运行人员做出处理（图 2）。

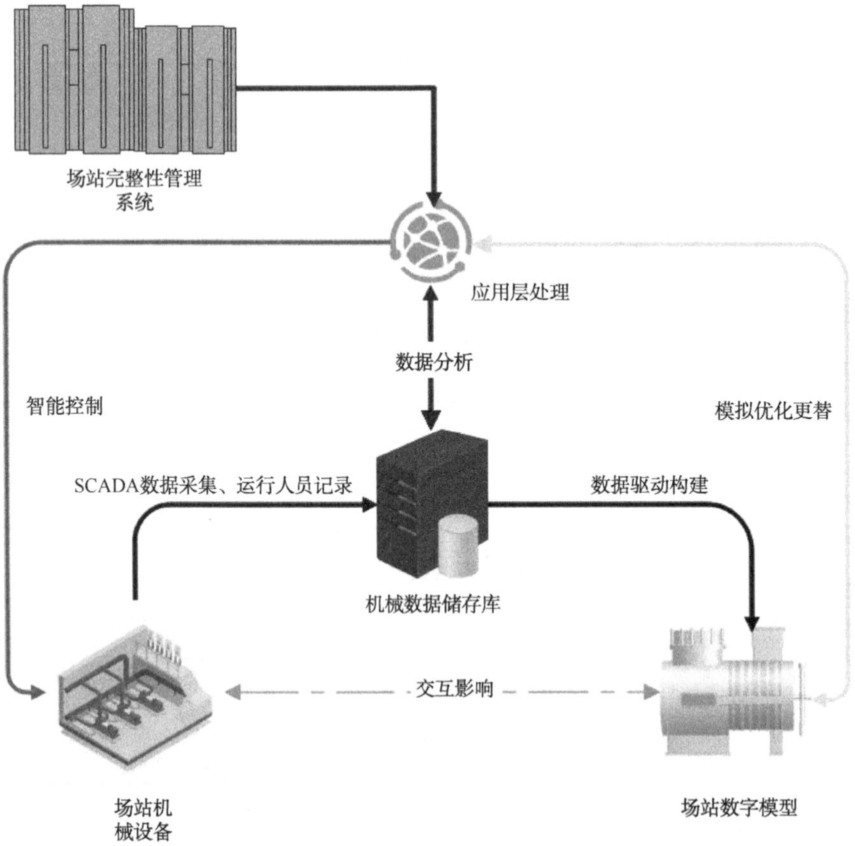

图 2　场站机械设备数据的智能化采集各模块关系

数据层是智能化采集的基础，主要包括各种设备的数据传感器、通信模块和数据存储模块。数据传感器实时采集机械设备运行状态，通过通信模块将数据传输至智能数据库。数据存储模块对采集到的原始数据进行处理、分析和存储，为后续应用层提供数据支持。

应用层主要负责数据处理、分析和决策。通过对数据层提供的场站机械设备数据进行挖掘、分析和建模，实现设备运行状态的监控、故障预测和性能优化。此外，应用层还提供数据可视化、报警通知等功能，以满足运行和管理人员的需求。

表示层是用户与智能化采集系统之间的交互界面。用户可以通过表示层查询设备数据、查看运行状态、接收报警信息等，实现对设备运行的实时监控和管理。

智能化采集场站机械设备数据具有以下优势：

(1) 提高数据准确性：通过采用先进的数据采集、传输和处理技术，降低数据误差，提高数据准确性。

(2) 实时监控：智能化采集系统可以实时监测设备的运行状态，及时发现异常情况，提高设备运行安全性。

(3) 故障预测：通过对历史数据的挖掘和分析，预测设备故障发生的可能性，实现预防性维护，降低维修成本。

(4) 性能优化：通过对设备数据的实时分析，找出设备运行中的瓶颈和问题，为运行优化提供依据。

(5) 数据共享：与其他相关系统进行集成，实现数据共享，提高数据利用率。

(6) 便捷管理：通过数据可视化和报警通知等功能，方便管理人员实时了解设备运行状况，提高管理效率。

另外根据输气站场管理经验以及结合相关文献，机械数据采集一般建议遵循以下原则：

(1) 应根据站场完整性管理所需数据要求，全面参考相关行业标准，制定站场完整性管理数据标准。针对特定站场的机械设备设施特点，制定数据采集作业文件，规范数据采集过程及数据保存格式。

(2) 应建立机械数据库及信息系统，统一管理完整性管理所需数据资料。

(3) 应针对机械设备历史失效事故，进行全面深入地收集分析，并借鉴各场站间的历史改造数据库和事故数据库，定期为设备管理和风险防范提供有力支持。

(4) 定期获取外部信息的方式并与气象、地质、水文、电力、交通、消防等相关部门建立稳定联系，参考这些专业信息来源的土壤资料、人口统计、水文资料所属单位的报告或数据库。

(5) 完整性管理实施过程中获得的检测数据、试验数据、评价数据以及效能测试方面的研究数据应重点收集和整理。

综上所述，场站机械设备数据的智能化采集在提高数据准确性、实时监控、故障预测、性能优化、数据共享和便捷管理等方面具有显著优势，有助于提升场站的机械完整性管理水平。在实际应用中，还需不断完善数据采集、传输、处理和分析技术，以满足场站机械设备管理的高效、安全、智能需求。

2 机械设备智能化管理策略

近年来，我国在一些大型输气场站不断尝试应用智能化管理技术。国家管网集团在天然气长输管道场站中引入了智能化管理系统，通过对设备运行数据的实时监测和分析，实现了设备风险的早期识别和有效控制。这些实践为我国输气场站机械设备智能化管理提供了宝贵的经验。

2.1 设备智慧管理系统建立

机械设备智能化管理的目标在于协助场站管理人员通过分析所收集的设备数据，识别设备的状态，并对机械设备情况分别进行处置。

搭建机械设备的智慧管理系统作为智慧油气场站管理系统的一部分，通过数字孪生智慧油气场站系统对场站设备的实际运行状态进行监控、分析，指导管理人员对设备进行处置。结合耿玥瑶对数字孪生智慧油气场站系统研究，当数字孪生场站系统运行时，通过对设备数据的处理和分析，实现可视化组件属性更新、数字模型信息更新和时间序列数据更新；另一方面集成数据通过网络模型训练、参数优化调用以及数据映射与更新数据和知识处置库中数据进行对比分析，最后给出机械设备状态并判断当下设备运行是否正常，若为异常状态，则根据设备的分类等级确定到底是需要紧急处置还是较缓处置(图3)。

当设备出现故障报警时，通过管理系统的交互界面对故障设备进行定位查看。结合国家管网西气东输《场站完整性管理程序》文件中对机械设备缺陷的描述，智慧管理系统的报警交互界面应可查询到以下五类设备缺陷：

(1) 检测到机械设备或部件的损坏造成设备的安全可靠性降低。

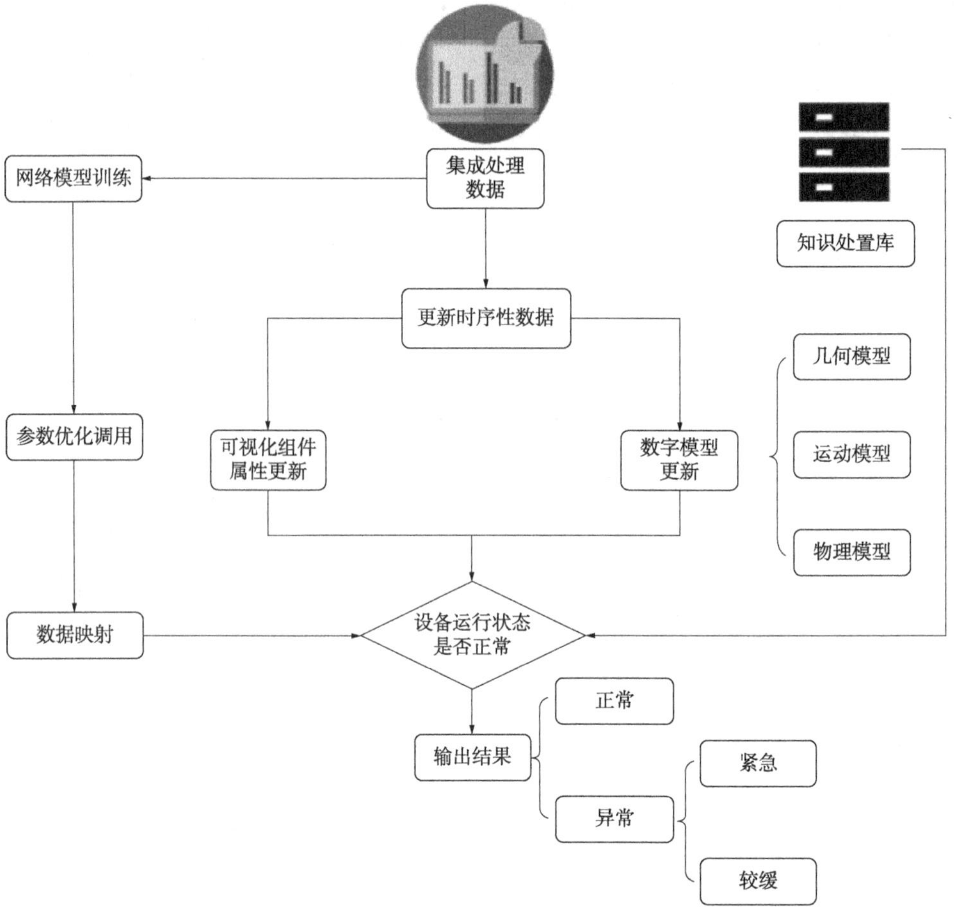

图3　机械设备的智慧管理系统运行处置流程

(2) 检测到机械设备的部件失效，造成渗漏(包括气、水、油等)。

(3) 检测到机械设备的部件失效，造成运行参数长期偏离正常值或接近报警值。

(4) 对机械设备进行检验性试验时，监视器发现反映设备整体或局部状态的指标超标。

(5) 对机械设备进行定期试验检测时，监测发现卡涩、设备反应时间较长、动作值偏离设定值。

运行人员结合从数据库调出的设备类型以及可以对报警信息有一个初步判断，后续组织及时检修，处置结束后，将处理过程录入数据库中。

2.2　机械设备风险评价智能化管理

为确保场站机械设备风险处于可控范围内，生产人员在使用设备风险评价智能化管理模块时，需针对各类型及具备不同功能的设备进行相应的风险评价。通过设置或者调用数据库相关设备作业过程中环境因子、设备负载、设备状态等参数，会对设备运行参数进行可视化分析。该主要数据采集、危害识别、风险分析以及防控措施四个环节构成了设备风险评价技术的基本框架(图4)。

根据识别出来的风险，选用不同的方法建立对应的数学模型，系统协助管理人员从定性、定量两个方面对机械设备失效频率以及失效后果进行分析。

综上所述，机械设备智能化管理策略通过实时监测和分析设备数据，实现了设备的智能化状态管理、维护管理和风险管理。这有助于提升了设备的运行效率，降低设备的故障率，延长设备的使用寿命，提高场站的机械完整性管理水平。在实际应用中，还需不断优化数据采集、传输、处理和分析技术，以满足场站机械设备管理的高效、安全、智能需求。

3　总结与展望

输气场站机械设备风险智能化管理是发展的必然趋势。随着相关技术的不断成熟，我国在智能化管理方面取得了一定的成果。然而，在实际应用过程中，仍需进一步完善管理策略，提高技术水平，以确保输气场站的机械设备安全稳定运行。在未来，随着智能化管理技术的不断发展和应用，我国天然气长输管道场站的运行效率和管理水平将得到进一步提升。

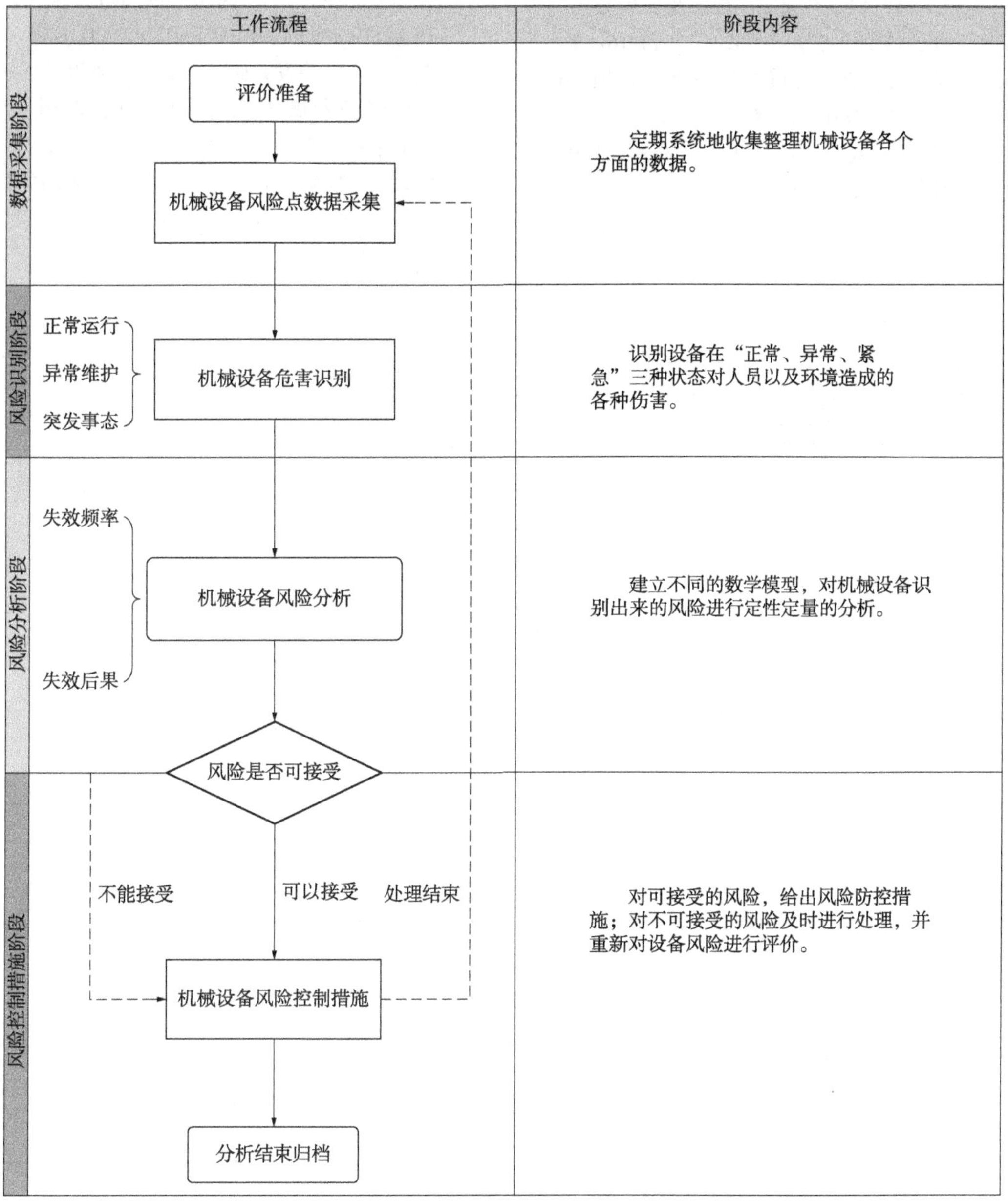

图4　机械设备风险评价技术的基本框架及内容

表4　机械设备需要使用到的风险技术评价方法

序号	方法	适用范围	定性或定量
1	安全检查表(SCL)	设备设施管理活动	定性、半定量
2	事故树分析(FTA)	已发生的和可能发生的事故、事件	定性、定量
3	事件树分析(ETA)	初始事件	定性、定量
4	故障类型影响分析(FMEA)	机械	定性
5	危险源辨识	识别潜在的职业健康、安保、自然环境和社会影响	定性
6	工作安全分析(JSA)	现有作业、新的作业、承包商作业、非常规性作业等	半定量
7	工作危害分析法(JHA)	人员作业活动(非常规作业活动)	半定量
8	作业前安全2min(TAKE2)	常规现场作业及危险作业	定性

参 考 文 献

[1] 黎园. 我国天然气化工产业发展现状及前景分析[J/OL]. 低碳化学与化工：1-8[2023-12-27 16：53].

[2] 郑洪龙，程万洲. 油气管道站场完整性管理[M]. 北京：石油工业出版社，2018(10)：39.

[3] 汪航. 油气管道站场设备可靠性数据采集与分析研究[D]. 中国石油大学(华东)，2014.

[4] 李振宇，黄保龙，周利剑，等. 油气管道站场完整性管理数据模型[J]. 油气储运，2014，33(06)：599-603.

[5] 梁根生，常小虎，马有龙，等. 智能化油田技术研究[J]. 山东化工，2020，49(09)：142-144. DOI：10.19319/j.cnki.issn.1008-021x.2020.09.057.

[6] 曹万岩，张德发，张丹丹，等. 油田站场智能化运维应用场景展望[J]. 油气与新能源，2021，33(04)：65-68.

[7] 耿玥瑶. 数字孪生与深度学习融合驱动的智慧油气场站系统研究与实现[D]. 中国石油大学(北京)，2022.

管道缺陷超高清漏磁和超声波检测数据的对比分析

王垒超　刘宇婷　蒋　毅　轩　恒　刘雪光

（国家管网集团西南管道有限责任公司）

摘　要　为了对比超高清漏磁和超声波技术检测管道缺陷的优缺点，以得出其对凹陷和金属损失的适用性，根据超声波和漏磁原理对2种检测技术的特点进行对比分析。基于某管道2年内的超高清漏磁和超声波检测数据，考虑凹陷和金属损失2种缺陷形式，提出一种有针对性的对比方法，即以环焊缝为参照，对2种检测结果的缺陷特征数据作差，对其轴向位置、环向位置、缺陷尺寸（缺陷的长度、宽度和深度）等数据进行对比分析。结果表明，2种检测方法各有优势，超声波方法在凹陷检测方面优于超高清漏磁方法，而超高清漏磁方法在金属损失缺陷检测方面优于超声波方法。

关键词　漏磁检测；超声波检测；内检测；凹陷；金属损失

随着我国油气管道总里程的快速增长和越来越多的管道步入老龄化阶段，带缺陷管道的泄漏和破裂事故频繁发生。人们越来越重视管道的安全高效运行。对油气管道进行内外检测，是保障在役管道安全运行的有效手段。与此同时，与管道检测相关的方法、仪器、数据分析等也在迅速发展。

国外油气管道内检测技术的数据比对工作起步较早。一些国外管道运行单位和检测承包商已对多条实施两轮及以上内检测的管道进行了数据比对工作。

DESJARDINS等对比了不同检测承包商的检测设备性能和检测成果；DANN等研究了以内检测数据自动对齐来代替人工对齐的方法，用于标识未能对齐的异常点和分析腐蚀增长情况；CHOQUETTE等研究了惯导检测的管线坐标和基础坐标的比对，提出了获取管线位移和弯曲应变的方法。

国内内检测数据比对的研究进展相对滞后，自2015年后才有公开发表的内检测数据比对的文章。随着国内内检测技术的进步和广泛应用，我国内检测数据比对技术及软件逐步得到应用，并编制了数据比对标准。

王瑞利等研究了漏磁和超声波的技术方法和应用特点，并开展对比分析。王良军提出应以识别新增缺陷和原有缺陷的增长率作为内检测数据比对的主要工作，从而提高数据的应用；林现喜等提出应加大对内检测数据的深度挖掘与应用，并指出管道的比对数据是管道大数据中极其重要的组成部分；姜晓红等给出了两轮内检测数据的比对方法，以及如何运用数据比对成果查找和处理完整性评价中的不足；王丹丹等研究了内检测数据在关键点对齐后的处理方法，并进行了案例应用；在王良军等编制的钢管道及储罐腐蚀评价标准第5部分油气管道腐蚀数据综合分析标准中，规范了数据比对分析的流程与方法；孙浩等分析了内检测数据在匹配关键点过程中可能存在的问题，总结了关键点比对的步骤和处理方法；季寿宏等提出了内检测数据关键点和缺陷比对及管道中心线位置变化等的计算方法；王波等运用软件和人工相结合的方式进行内检测数据的比对，开展了数据可靠度评估、腐蚀增长评价等工作；杨贺等针对管道多轮内检测数据对齐算法展开研究，建立了提高数据比对效率的模型；陈翠翠研究了通过漏磁内检测数据的比对，能够有效识别管道缺陷增长的情况。

因此，笔者将基于某管道2年内先后用超高清漏磁和超声波2种检测方法分别得到的管道凹陷、金属损失和环焊缝缺陷等缺陷形式的检测结果，进行符合性对比分析（即检测结果的一致性），以判断这2种方法对检测油气管道缺陷的适用性。

1　漏磁和超声波检测及其技术对比

1.1　漏磁检测原理

漏磁检测方法根据完整管壁和含缺陷管壁对磁场表现出来的差异性进行检测。检测时，磁化被测管道，若管材内部材质是均匀连续的，则磁感应线会被约束于材料中，磁通与管材表面平行，被测管材表面检测不到磁场；但若被磁化的管材存在缺陷，它的磁导率会很小且磁阻很大，从而使磁通发生畸变，磁感线也随之变化，部分磁通会从材料内部绕过缺陷，还有一部分磁通会泄漏出去，在材料表面形成漏磁场。借助磁感应传感器(如霍耳传感器)可以获得这个漏磁场信号，然后把该信号通过计算机分析处理，即可得到对应的缺陷特征(如宽度、深度等)。图1形象地描述了管道内外壁缺陷下的磁力线分布。

(a)外壁缺陷的磁力线分布图　　(b)内壁缺陷的磁力线分布图

图1　缺陷的漏磁检测原理图

1.2　超声波检测原理

超声波检测方法是依据管材与缺陷之间存在的声学性能差异进行检测，这种差异对超声波传播波形的反射情况和穿透时间等产生影响，利用这种影响带来的波的能量变化来检验材料内部缺陷。同一均匀介质中，脉冲波的传播时间与传播路程成正比。故可根据是否出现缺陷反射波信号来判断缺陷的有无，且可根据反射波信号出现的具体位置来计算缺陷至探测点的距离，进而确定缺陷的位置；还可以通过反射波的波形特征来判断缺陷尺寸。

1.3　漏磁与超声波检测技术对比

漏磁检测技术与超声波检测技术对比见表1。

2　管道基本信息及检测结果

2.1　管道基本信息

文中涉及管道是一条大口径、高压力的长输天然气管道，基本参数见表2。

表1　两轮次内检测设备对比表

特　征	漏磁内检测设备	超声波内检测设备	说　明
基本原理	材料不均匀和缺陷对磁场分布影响	材料和缺陷之间存在声学性能差异	—
最大壁厚/mm	20~30	45	与被检测管道直径有关
最小壁厚/mm	0	5	—
最小直径/mm	100	200	—
材料灵敏度	高	无	—
流体灵敏度	无	有	超声波检测需耦合剂
最小局部腐蚀值/mm	0.1T	0.1	T为管道公称壁厚
误差/mm	±0.2T	±0.5	95%置信度
区别内外腐蚀	是	是	
圆周覆盖率/%	100	100	—
弯头覆盖率/%	100	<100	—
对焊缝灵敏度	有	较高	漏磁取决于传感器尺寸
检测器速度	较快	较慢	
石蜡碎屑敏感度	低	高	如果大量存在
金属碎屑敏感度	高	低	如焊条
管道清洁度要求	低	高	—
检测方式	间接	直接	—
检测费用	较高	较低	—
适用于检测裂纹	否	否	—

表2　管道基本参数

管道材质	管道标称直径/mm	标称壁厚/mm	输送介质	管道类型	防腐保温形式	管道长度/km
X70	813	9.5，22.6	原油	螺旋焊缝管为主，局部直缝管	3层聚乙烯	128.9

2.2 检测结果

漏磁检测所用仪器为国产超高清漏磁检测设备，超声波检测包括先后进行的几何检测和超声波检测，其所用仪器分别为 CalScan 几何工具和 USWM 超声波工具，2 种检测方法发现的管道异常信息情况见表 3。由表 3 可知，内外部金属损失和凹陷是管道的主要缺陷形式，但 2 种方法检出的结果是不同的，漏磁方法检测出大量的金属损失缺陷，而超声波方法检测出大量的凹陷。表 4 为 2 种检测方法得到的金属损失特征及深度分布情况。

表 3　超声波和漏磁内检测结果中的管道特征信息表

特征类型	特征数量/个	
	漏磁内检测	超声波内检测
环焊缝	18937	18953
桩	198	0
凹陷	28	12
环焊缝缺陷	9269	6
金属腐蚀	6955	876
螺旋焊缝异常	110	1
外部金属物	41	0
制造缺陷	7265	0
阀门	14	14
管道附件	4	0
绝缘接头	2	2
套管	2	0
热弯弯头	1110	1110
冷弯弯头	1707	1697
围绕一周的附件	10	0
支撑	6	0
支管	45	42
制管焊缝类型变化点	2454	0

表 4　超声波和漏磁方法检测出的金属腐蚀特征-深度分布情况

缺陷深度占壁厚比例/%	内部金属损失数量/个		外部金属损失数量/个	
	漏磁内检测	超声内检测	漏磁内检测	超声内检测
≤5	12026	251	331	186
6~10	1109	229	447	196
11~15	100	8	150	6
16~20	22	0	26	0
21~30	4	0	3	0
≥31	0	0	0	0
合计	13261	488	957	388

3 分析方法对比

3.1 方法介绍

通过对两次检测所得管道综合列表的数据结果分析可知，两种检测方法(超高清漏磁和超声波)对焊缝都具有较高的灵敏度。但超声波检测中识别出的凹陷、环焊缝缺陷、金属损失和螺旋焊缝异常数量均少于漏磁检测(表 3)，故对上述缺陷进行对比时，以超声检测的特征数据为依据，在超高清漏磁检测中查找是否存在相应缺陷。

对比方法与步骤如图 2 所示，具体如下：

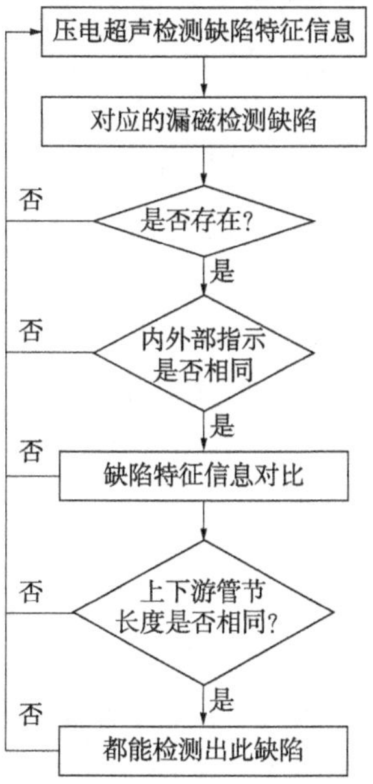

图 2　缺陷判断流程图

(1) 根据第 1 种检测方式(超声)所得管道缺陷(指金属损失和凹陷缺陷等)的信息：缺陷的编号、位置、时钟方位、尺寸(长度、深度和宽度)、内外部指示等，计算缺陷上下游相邻环焊缝的编号、缺陷距上游相邻环焊缝的距离、缺陷距弯头及阀门等参考点的距离，并同时计算出 2 个环焊缝之间的距离(环焊缝距离检测起点的绝对距离之差)。

(2) 在第 2 种检测方式(漏磁)的管道综合列表中找到对应编号的环焊缝，查找这 2 个环焊缝之间是否存在对应缺陷(金属损失和凹陷缺陷)，若存在，则计算缺陷与 2 个环焊缝之间的距离，并获取缺陷的编号、尺寸等数据。

(3) 对 2 种检测方式分别得到的 2 个缺陷数据进行对比计算：缺陷距上游环焊缝距离的差值、长度差值、宽度差值、深度(%壁厚)差值，以判断该2个缺陷是否为同一缺陷。

（4）若对应编号的环焊缝里不存在相应的缺陷，且2种检测方式分别得到的缺陷对应管节及其上下游5个管节的长度一致，则意味着第1种检测方法检测出的缺陷在第2种检测方法中未被检测出来；若2种检测方式分别得到的缺陷对应管节及其上下游5个管节的长度也不一致，则意味着2轮检测的环焊缝对齐数据可能有误，或第1种检测方法检测出的缺陷在第2种检测方法中未被检测出来。

3.2　2种检测方式的对比结果

3.2.1　凹陷

凹陷对比以超声波检测数据表中的12处凹陷为依据，核查漏磁检测数据表中是否存在这些凹陷，并判断其中哪些属同一凹陷。2次检测凹陷的比对结果是：相同2环焊缝内2次检测为同一凹陷的有2处，占总数的28.57%；凹陷无法对应的有10处，占总数的71.437%。2处能相互对应凹陷的时钟方位一致，但其长、宽数据存在一定差异，即超声检测对凹陷的检测结果具有一定的参考价值，只能作为凹陷缺陷识别的参考手段。

3.2.2　金属损失缺陷

超声波内检测共发现金属损失缺陷876处，漏磁内检测共发现金属损失缺陷14220处，其中金属损失缺陷6955处，制造缺陷7265处。超声内检测中缺陷深度占壁厚百分比范围为3%~15%，而漏磁内检测中缺陷深度占壁厚百分比范围为1%~34%。

对于内部金属损失缺陷，超声波内检测共发现缺陷488处，缺陷深度占壁厚百分比范围为3%~15%；漏磁内检测共发现缺陷579处，缺陷深度占壁厚百分比范围为1%~24%。

对于外部金属损失缺陷，超声波内检测共发现缺陷388处，缺陷深度占壁厚百分比范围为3%~10%；漏磁内检测共发现外部金属损失缺陷158处，缺陷深度占壁厚百分比范围为1%~34%。

下面按超声波内检测缺陷深度占壁厚百分比进行对比分析：相同2道环焊缝内超声波检测到的缺陷对应漏磁内检测缺陷数为665个，占超声波发现缺陷总数的75.91%，其中，2次检测为同一缺陷的有428个，占超声波发现缺陷总数的48.86%；可能是同一缺陷的为237个，占超声波发现缺陷总数的27.05%；不是同一缺陷的为212个，占超声波发现缺陷总数的24.09%。两轮次内检测中金属损失缺陷详细结果及对比的详细情况见表5。

将同一缺陷按两轮次内检测识别出缺陷的深度百分比值进行对比分析，如图3所示。从图中可以看出，漏磁内检测识别的缺陷深度分布于与之相对应的超声波内检测识别的缺陷深度周围，且内部缺陷的深度值更趋于一致。

3.3　讨论与建议

3.3.1　讨论

（1）目前国内外对采用不同检测方式对同一管道进行检测，并用来分析各检测方式的适用性的。但需要相关的研究成果以用于指导不同运营状况的管道选择适宜的检测方式。

（2）仅对凹陷和金属损失这2种缺陷进行对比分析，而对于管道的其他异常特征的检测，还有待进一步研究。

（3）不同的检测方式有不同的适用条件，也有各自的优缺点。所用的对比分析的数据仅仅是来自超声波和漏磁检测2种无损检测方法，尚未涉及其他的检测方式。

（4）检测仪器对特定缺陷的检测精度差异很大，因此，在进行检测数据结果的对比分析时，对缺陷对比结果的判断(是、可能是和不是同一缺陷)尺度还有待进一步验证。

（5）超声波与漏磁检测时间间隔长达近2年，在这2年中，管道缺陷的发展状况必然会随运行时间发生变化，从而给后期更深入的对比分析带来一定困难。因此，作为检测方法的适应性对比研究，应尽可能缩短2次检测的时间间隔，同时还应考虑前一次检测方式是否会对后一次检测方式产生影响。

3.3.2　建议

（1）对于检测方式，可根据待检管道的实际情况和检测目标来选择，若待检管道遭受外力冲击较多，例如经受滑坡、落石、泥石流等冲击或者经受地震荷载的作用，则可以选择在凹陷检测方面有优势的超声波方法；对于运行多年的管道、或是输送介质腐蚀性较强、或是管段所处的环境中存在较强外腐蚀性，则可以选择对金属损失缺陷检测有优势的漏磁检测方法。至于2种检测手段哪一种更为准确，还需要进行开挖验证。

（2）应进一步加大相关试验研究，以期获知对管道异常特征最为有效的检测方法，从而根据

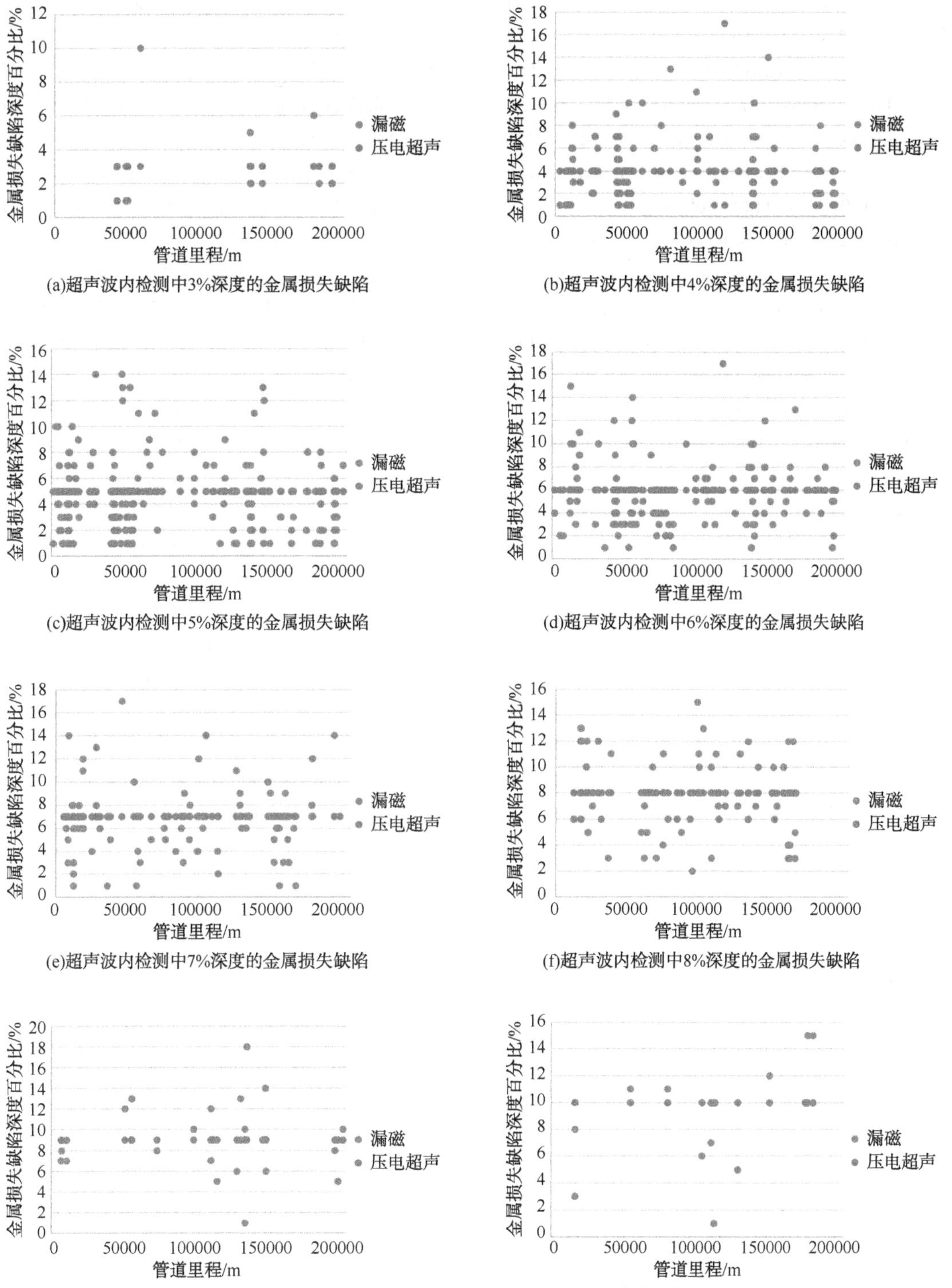

(a)超声波内检测中3%深度的金属损失缺陷

(b)超声波内检测中4%深度的金属损失缺陷

(c)超声波内检测中5%深度的金属损失缺陷

(d)超声波内检测中6%深度的金属损失缺陷

(e)超声波内检测中7%深度的金属损失缺陷

(f)超声波内检测中8%深度的金属损失缺陷

(g)超声波内检测中9%深度的金属损失缺陷

(h)超声波内检测中10%深度的金属损失缺陷

图 3　同一缺陷在超声波与漏磁检测中深度特征的分布图

待检管道的运行环境、输送介质、外部冲击、腐蚀特征等因素，确定更为适宜和高效的检测方法，为管段的安全运行提供理论支撑，避免盲目的维修和换管，节约维护成本。

参　考　文　献

[1] 陕西省子长县委宣传部. 陕西子长县一石油管道破裂，约 500 公斤原油泄漏[EB/OL]. [2014-03-12]. http://news.sina.com.cn/c/2013-10-01/144128347334.shtml.County committee propaganda department of Zichang, Shaanxi.A petroleum pipeline rupture in Zichang county of Shaanxi, about 500 kg of crude oil leakage[EB/OL]. [2014-03-12]. http://news.sina.com.cn/c/2013-10-01/144128347334.shtml.

[2] 中国石化. 青岛爆炸事故损失7. 5亿，中石化将承担赔偿责任[EB/OL]. [2014-03-12]. http://news. Xinhuanet.com/fortune/2014-01/13/c_118933965. htm. Sinopec.Qingdao explosion accident loss of 750 millions, Sinopec will bear the responsibility for compensation[EB/OL]. [2014-03-12]. http://news. Xinhuanet. com/fortune/2014-01/13/c_118933965.htm.

[3] Desjardins G, Nickle R, Skibinsk Y D, et al. Comparison of in line inspection service provider magnetic flux leakage (MFL) technology and analytical performance based on multiple runs on pipeline segments[c]//Proceedings of 2012 9th International Pipeline Conference. Calgary: [s. n.], 2013, 89-94.

[4] Dann M R, Dann C. Automated matching of pipeline corrosion features from in line inspection data J]. Reliability Engineering &. System Safety, 2017, 162: 40-50.

[5] Choquette J J, Cornu S, Elseify M, et al. Understanding pipeline strain conditions: case studies between ILI axial and IL. I bending measurement techniques[C]/ Proceedings of 2018 12th International Pipeline Conference. Calgary: [s. n.], 2018.

[6] 王瑞利，李斌，高强. 漏磁检测与超声波检测技术应用比较[J]. 管道技术与设备，2006(5): 15-17.

[7] 王良军，李强，梁菁姗. 长输管道内检测数据比对国内外现状及发展趋势[J]. 油气储运，2015，34(3): 233-236.

[8] 林现喜，李银喜，周信，等. 大数据环境下管道内检测数据管理[J]. 油气储运，2015，34(4): 349-353.

[9] 姜晓红，洪险峰，刘争，等. 管道内检测数据对比对完整性评价的影响[J]. 油气储运，2016，35(1): 28-31.

[10] 王丹丹，林晓，骆秀媛，等. 海底管道两轮漏磁内检测数据的比对方法[J]. 船海工程，2016，45(3): 122-126，130.

[11] 孙浩，帅健. 长输管道内检测数据比对方法[J]. 油气储运，2017，36(7): 775-780，794.

[12] 季寿宏，丁楠，张国民，等. 管道内检测数据比对分析软件开发及应用研究[J]. 石油化工自动化，2018，54(4): 47-51，60.

[13] 王波，吕超，明连勋，等. 基于不同内检测数据的对齐与分析研究[J]. 管道技术与设备，2019(5): 24-27.

[14] 杨贺，刘新凌，李强，等. 油气管道多轮内检测数据对齐算法研究及应用[J]. 管道技术与设备，2020(1): 21-24，28.

[15] 陈翠翠. 长输管道漏磁内检测数据的对比及综合应用[J]. 石油和化工设备，2020，23(3): 71-74.

[16] Wang Li-na, Wang Ji-an, Gao Xian-wen. Summary of detection and location for oil and gas pipeline leak [C]. The Conference Proceedings of the 25h Session of the Chinese Control and Decision., 2013: 821-826.

基于 RAMI4.0 模型的油气管道数字孪生技术路径思考

程劲松

(国家石油天然气管网集团公司西南管道有限责任公司)

摘 要 近年来，关于数字孪生的研究方兴未艾，管道数字孪生成为油气管输企业创新热点。数字孪生作为一个新的范式或者方法体现出了巨大的潜力，但这一概念的内涵和范围尚不确定。庆幸的是 DIN&DKE 在德国工业 4.0 标准化路线图中向世界推荐了 RAMI4.0(工业 4.0 参考结构架构模型)，不但明确数字生态需要建立统一描述方法的原则和理念，还系统性地描绘了数字空间的维度和深度，更进一步给出了数字孪生工业组件管理壳概念和方法的工程化路径。本文基于 RAMI4.0 框架，从数字孪生作为油气管道数字化转型的基础技术角度，分析如何理解 RAMI4.0 中的层(Layers)、流(Stream)、级(Levels)框架维度含义，试探性地提出油气管输工业 4.0 应用框架的维度内涵，以及如何将信息维(CPS/网络物理空间)、价值维(企业价值链)和功能维(行业新生态)赋能于油气管道数字孪生的实现，提出了国家级油气管输企业应该从数字孪生模型和标准的基础性工作入手，以管输工业 4.0 建设为抓手实现企业高质量发展的的政策建议。

关键词 管道运输；模型；工业革命；数字化转型；标准化；数字孪生

在当今数字化转型的社会大潮下，数字孪生管道与智慧管道一起都成为中国油气管输界的热词，在产业界实践中也取得了初步成果。以数字管道概念引导建设的冀宁联络线，从设计、施工、投产到运行的各个阶段都按数字管道建设的要求，收集、管理与管道相关的各类数据，且该过程将贯穿这条管道的全生命周期。同时，国内管输企业开发的管道生产管理信息系统，具有管道调度、运销管理、计量管理、能耗管理等功能，做到标准统一、关系清晰、数据一致、互联互通，在油气流、信息流一体化融合及油气管道运营管理的标准化、数字化、可视化取得进步。中俄东线天然气管道工程是智慧管道建设示范工程，其目标为全数字化移交、全智能化运营、全生命周期管理，主要手段包括：采用云技术及时采集、更新、集成设计数据与施工数据，采用互联网实现智能工地和远程可视化，采用现场感知实现焊接过程及检测信息采集，采用物联网实现供应链查询等。

1 油气管道数字孪生内涵

全球共识的"数字孪生(Digital Twin)"名词，来自于 NASA John Vickers 2010 年的报告用词。普遍理解为"物理对象或流程的历史和当前行为的不断发展的数字档案，有助于优化业务绩效。数字孪生基于多维度的大量、累积、实时的真实世界的数据测量。"

ISO/IEC 30173：2023 的定义：数字孪生是特定物理元素或具有数据连接过程的数字模型，能够以适当的同步速率在物理和虚拟状态之间进行融合。简而言之，数字孪生是物理对象在数字世界的一个镜像，包含了物理对象的特征信息，可以认为数字孪生是物理对象在数字世界的一个虚拟表示。

那么，对于油气管道数字孪生，本文尝试从空间、时间和人间等多个维度去试探实现的路径。即，空间维度是管道物理对象的数字特征，比如其尺寸，材质，温度等特性，或者说是物理对象的一个数学模型。时间维度是管道物理对象的各种状态，比如实时的压力，温度，频谱等，或者说是物理对象的一个动态数字仿真模型。从而以静态写实与动态仿真两种方式，实现管道物理对象的虚拟与现实的逐渐清晰镜像。在此基础上，从而将数字化油气管网融入到社会价值创造链之中，与劳动资料、劳动力、劳动对象及劳动关系建立紧密的数字映射和行业元宇宙空间，通过数字化转型实现社会生产革命。

2　油气管道数字孪生认知框架

目前国内规划的数字管道前期实施重点，是建立基于 GIS 的管道完整性管理信息平台，但是，如何将规划框架中计划、调度、仿真、优化等与管道运行管理实现工程级数字化孪生，则成为管输业界迫切需要思考的问题。

德国工业 4.0 平台成员们于 2015 年首次通过“DIN SPEC 91345 工业 4.0 参考结构架构模型”项目，创建了 RAMI4.0(工业 4.0 参考架构/Reference Architecture Model Industrie 4.0)，一个旨在智能制造全价值链中提供相关技术系统的构建、开发、集成和运行的一个指导性框架。目标是帮助工业企业系统性地认知，实现信息世界(IT)与物理世界(OT)融合的逻辑与路径。基础理念是从信息、价值和组织三个维度，将物理世界的资产(Asset)，采取赋予资产管理壳(Asset Administration Shell/AAS)手段，转化成虚拟现实接合的工业 4.0 组件(I4.0 component)。在工业 4.0 体系中资产管理壳就是资产的数字孪生(图 1)。

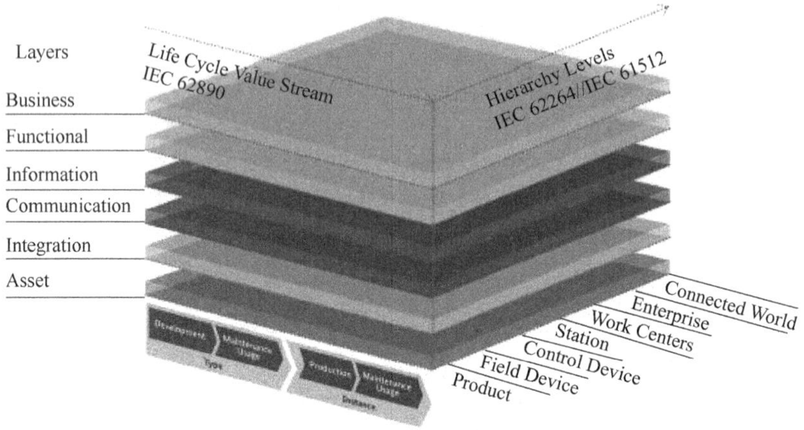

图 1　德国工业标准 DIN SPEC 91345 中定义的三维工业 4.0 参考结构架构模型(RAMI 4.0)

RAMI 4.0 以层(Layers)、流(Stream)、级(Levels)三个维度构建了一个立体框架模型，每个维度均被细分成一个个管理区块，当业务场景不一样时，均可以在对应的组合方式中找到适当的定位。三个维度分别代表企业智能制造信息空间全域坐标(Layers)、企业产品生命周期价值全域坐标(Stream)、产业链条功能定位全域坐标(Levels)。

Layers 代表的是分层结构，包括资产、集成、通信、信息、功能、商业等，从物理层到信息物理层，再到信息层，最后到管理层，将复杂的工程分组并形成容易操作的细小单元，该维度体现的是 CPS(赛博系统)核心功能。

Stream 代表的是产品生命周期以及业务价值链，将产品从需求、规划、开发、生产、上市、退市等过程及该过程中所产生的业务价值流进行综合管理，描述着整个价值链中不同数据间的相关性。呈现出以零部件、机器和工厂为典型代表的工业要素从虚拟原型到实物的具体过程。

Levels 代表的是不同功能、职能在产业链条的分布情况，包含产品、现场设备、控制设备、生产线、车间、企业、互联世界。该维度是基于 IEC 62264/IEC61512 企业系统层级架构上，增加了产品和工件的内容，并由单体工厂扩展至互联世界，更多体现出了协同的意味。

3　油气管道数字孪生技术要点

油气管道运输是用管道作为运输工具的一种长距离输送石油、天然气的运输方式，将石油、天然气从生产地向市场运输，是统一运输网中干线运输的特殊组成部分。在顺应国家天然气市场化改革，构建“管住中间”的“全国一张网”管道运输行业格局过程中，具有自然垄断属性的管道运输企业，既要高速建设全国性油气管网物理大平台，更应积极面对数字化转型革命挑战，在实现智慧互联管输工业 4.0 的高质量发展道路上努力作为，才能高效发挥连接上游供应和下游消费的关键环节作用，实现能源多元化和稳定供应，切实维护国家能源安全，实现能源高效利用和合理分配，促进能源结构优化和环境保护，实现地区资源互补和共享，促进地区间经济协同发展。

3.1 油气管道数字孪生整体观念

从社会功能角度来看，油气管道数字化的意义，不仅是为了实现管道物理个体的数字化，而应进一步提升认知格局，需要意识到，通过管道组件构成具有运输功能的管道、管网，已经成为现代工业的能源主动脉，是与整个社会经济价值创造体系不可分割的有机组成。而传统的油气管道规划建设运营，常以满足单独管道建设项目投资回报为决策标准，评估参数主要考虑仅管道项目本身的技术可行、资源可靠、市场有效等要素，而且受限于孤立管道项目的空间范围和延续期间。一旦，上、中、下游任一要素失效，项目本身的寿命即告终结，造成负残值率、甚至负投资回报率等不良社会价值。因此，要将“智慧互联大管网”战略落地，则应把单独的油气管道纳入管网整体考虑，将调运灵活、健康稳健的油气管网作为社会经济有机体的能源命脉来认识，才能充分践行服务国家、人民和行业的历史使命。

油气管输工业高质量发展，应从追求单独管道局部最优运行，向实现油气管网全局最优运营方向，换代升级。工业4.0，代表着第四次工业革命所跨越的产品生命周期整个价值链的组织与控制进入了一个崭新的阶段，为油气管输行业指明了产业革命的方向。参考RAMI4.0模型思维方式，掌握多维分析空间的科学方式，发现挖掘管输企业物流、信息流和资金流中存在的统一性、完整性和相互联系性，将油气运输行业中的油气流、信息流和价值流作为有机整体一并考虑，通过加深对流体流动规律的认知发现，夯实基于新业务模式的管道运输规划、建设、运营服务的数字化基础，突破单一性向多元化信息维度跃升的能力瓶颈，实现从单一管道资产全生命周期管理向全域管网资产全生命周期管理的跃进，从而提高油气管输企业服务社会的整体质量水平。

3.2 油气管道数字孪生框架维度

如何实现对单一管道向复杂管网的最优运营，其核心理论在于科学地建立符合认知逻辑的多维数字空间。常规数学空间概念是欧几里得空间，直观反映空间的平直性、均匀性、位置关系(距离)等初步认识，随着对物理空间认识的深入以及数学研究的发展，现代科学已经从代数、几何、拓扑方面推广各种数学上的空间观念，并用数字化技术落地实现，涵盖了虚拟现实、增强现实、元宇宙、虚拟社交媒体、在线平台等多个领域。在这个数字化的虚拟环境中，允许人们以数字形式互动、合作和创造。在数字空间中，用户可以创建虚拟身份、访问虚拟地点、与他人互动，并体验前所未有的数字化体验。这是人类从局部、粗浅的直观到更深刻地认识空间的各种属性的自然过程，从而使得对空间的维数、连续性、空间边界等都有了更深入、更本质的理解。

在构建油气管网数字空间过程中，RAMI4.0模型定义方式提供了这样一个空间维度的参考架构，对应油气管网数字空间来说，有三个维度需要梳理。一是信息数据层(Layers)，包括实物(资产)、数值(集成)、取值(通信)、集成(信息)、逻辑(功能)和应用(商业)，是一个从实到虚的过程。即，油气管网中的每一个物理实体都应该具备这个维度6个层级的数字特征。二是生命周期价值流(Stream)，包括油气管道从规划、建设、运营、维护和退出的整个资产价值循环。即生命周期必须与它所包含的增值过程一起看待，是一个从无到有的过程。即，油气管网中的每一个价值单元都具有数字量化的整体周期价值。三是功能逻辑级(Levels)，包括从管材、管件出发，建设管道、站场，构造联通上下游的油气管网，最终有机融入社会经济，均需要同构地考虑相互依赖关系，是一个从微观到宏观的过程。即，油气管输行业的每一个功能模块都具有逻辑耦合的数值勾稽关系。

在油气管网三个维度数字空间内容(数字信息)的逐步充盈过程中，应用工业4.0组件(数字孪生)技术手段，建立统一的信息通道和标准的数据格式，空间、时间迁移实现各类结构化数据富集，通过数据流动实现工业物体有机互动，利用大数据深度学习积累知识，为应用人工智能(AI)建立高效运营油气管网提供无限创新可能。

3.3 油气管道数字孪生迭代路径

数字孪生技术是将实际物体或系统的数字化副本与其现实世界的对应物相结合的技术。它通过建立和维护数字孪生模型来实现，这些模型可以在虚拟环境中进行实时仿真和测试。数字孪生技术的目标是以高度准确性和可靠性模拟物理系统的行为，从而帮助用户更好地理解、预测和优化实物对象的性能和行为。借鉴工业4.0理念及RAMI4.0模型，可以得出油气管道数字孪生是实现“信息在油气管网全生命周期的产业链参与者之间传递”基础技术的结论。

数字孪生技术工作过程可以分为三个关键步骤：感知、建模和优化。感知阶段：通过传感器、数据采集设备等获取实际物理系统的数据。这些数据可以包括温度、压力、振动等物理量，也可以是人员行为数据或其他相关信息。建模阶段：利用收集到的数据构建数字孪生模型。这些模型可以基于物理原理、统计学方法或机器学习算法等进行建立。模型的准确性和复杂度将直接影响到模拟结果的精确度。优化阶段：通过在数字孪生模型上进行仿真和测试来优化实际物理系统的性能。在虚拟环境中，可以对不同参数、策略或场景进行模拟，以找到最佳设计和操作方案。

与 RAMI4.0 配套的实施手段被称为工业 4.0 组件管理壳，油气管输行业应建立统一规范的接口技术标准，对每个管网构件应包含的信息不需要严格规定，而是根据需求设置不同的信息子模型。例如对于一个管道压缩机组装置，可以设立一个工况状态的信息子模型(Layers)，一个成本效益的信息子模型(Stream)，一个流量管控的信息子模型(Levels)等，每个信息子模型中包括必要的空间、时间特征参数。管网上任何一种设施装备其重要的部分原则上都由各类工业 4.0 基本单元组成，既可由外部构件供应商同步提供孪生数字体，也可由现场技术人员自定义，相互之间通过标准工业 4.0 通信连接起来。实现油气管网基础构件的网络化，与运输产品、服务策略也因此建立了相互连接，因而即使没有实际的电子接口的构件也具有同等的权利，解决了单一管道信息孤岛问题，为建立管网整体业务价值的深度表达提供了可行的技术路径。

在实现油气管道系统性数字孪生过程中，铺通统一和标准的产业链条信息交互道路，以满足不断提高的功能需求为动力，做到技术先进性与增值经济性的协同，立体推动数字孪生技术实践的迭代升级，促进虚拟与现实的深度融合，使基于数字孪生产生的工业大数据开发出新的商业模式成为可能，孕育管输行业生态跃迁再生。

4 结语

RAMI4.0 为德国工业 4.0 的智能制造专属服务，其内容要素和技术细节与管道运输行业不能完全契合，但其“在一个共同的模型里集合各种不同的观点”的理念和“与组件和互动一起共同组成一个重要技术系统的研发、构造和分布编排的框架”的方法，完全符合工业数字化转型的客观规律，极具借鉴意义。

作为国家级的管道运输企业，应站在国家工业 4.0 战略高度，从企业战略、组织保障、创新机制、人才开发和经费支持等方面，给予数字化转型相关理论框架与技术标准的基础研究做出专项超前安排，从而为行业数字生态、企业数字空间、专业数字孪生等全息数字化转型创新工作，提供科学理论与连贯、统一路径的指引。

参 考 文 献

[1] 吴长春，左丽丽. 关于中国智慧管道发展的认识与思考[J]. 油气储运，2020，20(4)：361-370，39.

[2] 陶飞，刘蔚然，张萌，等. 数字孪生五维模型及十大领域应用[J]. 计算机集成制造系统，2019，25(01)：1-18.

[3] 李太伟，朱海锋. 数字孪生的“工业未来”[J]. 数字经济，2023，12(06)：52-56.

[4] 张伟. 天然气产业链的协调发展及升级研究[D]. 中国地质大学(北京)，2013(09).

[5] 唐岩，于海潮，富影杰. 中俄原油管道生产运行管理发展回顾及展望[J]. 油气储运，2021，40(11).

[6] 齐治平. 德国工业 4.0：制造业的未来[J]. 决策，2013(09).

[7] 欧阳劲松，刘丹，汪烁，等. 德国工业 4.0 参考架构模型与我国智能制造技术体系的思考[J]. 自动化博览. 2016，033(3)：62-65，4.

[8] 方巍，伏宇翔. 元宇宙：概念、技术及应用研究综述[J]. 南京信息工程大学学报，2024，16(01).

[9] Thomas Schulz. 参考结构架构模型促进工业 4.0 的标准化[J]. 现代制造，2018，000(033)：40-43，4.

[10] 谢树联，李冬冬，张为民，等. 基于 RAMI4.0 的交钥匙工程的信息参考体系架构[J]. 计算机集成制造系统，2019，25(12).

[11] 杨林瑶，陈思远，王晓，等. 数字孪生与平行系统：发展现状、对比及展望[J]. 自动化学报，2019，45(11).

[12] 高天虹，张为民，谢树联. 基于 RAMI4.0 的交钥匙工程制造系统功能单元资产管理壳模型[J]. 机械制造，2021，59(06).

[13] 岳磊，刘丹，方毅芳. 工业 4.0 组件中的资产管理壳[J]. 中国仪器仪表，2017，12(12).

[14] 张飞霞，孔啸，李长生. 数字化制造中自动化标记语言的建模研究[J]. 机械制造，2019，12(11).

[15] 柳晓菁；王春喜. 一种通用工程数据交换格式——

自动化标记语言(AutomationML)介绍[J]. 仪器仪表标准化与计量, 2018, 12(01).

[16] 于万钦. 中国制造业如何对接工业 4.0—(工业 4.0 参考架构深入解读)[C]. 第十一届中国制造业产品创新数字化国际峰会. 2015.

[17] 初晓旭. 从功能对等理论看《全球化 4.0 在第四次工业革命时代塑造新的全球架构》(节选)英汉翻译报告[A]. 2020.

[18] DIN SPEC91345. "Referenzarchitekturmodell Industrie 4.0(RAMI4.0)"veroffentlicht[J]. DIN-Mitteilungen+Elektronorm. 2016, 12(4).

[19] Uslaender Thomas, Epple Ulrich. Reference model of Industrie 4.0 service architectures Basic concepts and approach [J]. Automatisierungs technik: Methoden und Anwendungen der Steuerungs-, Regelungs-und Informationstechnik. 2015, 10: 858-866, 9.

[20] Bill Lydon, RAMI4.0: Reference Architectural Model for Industrie 4.0[J]. InTech. 2019, 2: 30-33, 4.

融合信息量模型和SBAS-InSAR形变结果的山地管道沿线地质灾害易发性评价技术研究

蒋　毅[1]　王彦青[2]　杨　川[1]　王爱玲[1]　梁　栋[1]　刘　威[3]

(1. 国家管网集团西南管道公司技术中心；2. 国家管网集团西气东输公司浙江输油气分公司；3. 成都理工大学地质灾害防治与地质环境保护国家重点实验室)

摘　要　山地管道沿线常伴随高山深谷，特别是唯一穿越我国地势三级阶梯的西南管道，陡峭地形叠加丰沛降水，地质灾害发生频率较高。由于发育的微缓性，传统地形要素和宏观地质分析难以全面、准确发现早期地质灾害；卫星大面积雷达扫查技术能够发现较小地表形变，但单一判定地质灾害准确性不高。本文提出了一种针对山地管道沿线地质灾害易发性评价方法，通过构建“信息量模型评价结果×差分干涉测量短基线集时序分析(SBAS-InSAR)结果”的贡献矩阵，开展综合判别，可有效降低分类误差，提高评价结果准确性。采用“典型对象同步分析试验”的研究模式，选择中缅天然气管道贵州罗细河段沿线作为研究区域，划分为30m×30m的栅格单元；运用信息量评价模型开展地质灾害易发性等级分区；利用SBAS-InSAR技术获取地表形变速率，修正信息量评价模型结果的分类误差。研究结果表明2154个栅格单元(面积为1.94km^2)的易发性等级增加，9362个栅格单元(面积为8.43km^2)的易发性等级降低，即此方法成功纠正11516个分类单元的错误易发性等级。融合信息量模型和SBAS-InSAR形变结果的地质灾害易发性评价技术，可以更高效、准确地发现山地管道沿线早期地质灾害，为建管选线和防灾减灾决策提供有力支持。

关键词　地质灾害；山地管道；易发性评价；信息量模型；SBAS-InSAR

1　引言

我国是多山国家，由于路由条件限制、山区人口多等原因，山地油气管道占比较大，特别是西南地区的山地管道比例能达到70%以上，多以高山深谷的形式出现。同时，叠加丰沛的降雨，西南山地管道的地质灾害发生率较高。

地质灾害早期有形变微小、发育缓慢的特征，所以传统基于地形要素和宏观地质勘测等分析技术的发现能力有限，且准确性不高。由于国外油气管道在途径复杂地质条件的山地时，往往采取绕避的办法，所以20世纪70年代才开始采用地貌制图直接判定管道沿线较明显地质灾害；90年代后开始出现了基于专家经验的定性/半定量分析方法；新世纪以来，随着3S等技术的发展，区域地质灾害易发性评价模型的精度大幅提高，基于统计模型或更高级的机器学习模型的定量分析方法得到了较大发展。但是，上述方法的孕灾因子主要以内部地质条件、外部环境等静态因子为主，地质灾害易发性评价结果准确性受分类误差影响较大。

近年来，随着大范围、长时间、受天气影响较小的合成孔径雷达(SAR)卫星监测技术在多行业应用和发展，微小、蠕变等地表形变已经可以较准确获取。但由于判定阈值区间窄、独立栅格单元形变值精度有限等原因，单一使用地表形变值来判定地质灾害容易出现失真的情况。

因此，本文在充分分析各类地质灾害易发性评价方法的优劣势、实践每种方法后，选择典型山地特征的中缅天然气管道贵州罗细河段沿线作为研究区域，采用“典型对象同步分析试验”的研究模式，研究提出了一种针对山地管道沿线地质灾害易发性评价方法，通过构建“信息量模型评价结果×差分干涉测量短基线集时序分析(SBAS-InSAR)结果”的贡献矩阵，开展综合判别，有效降低分类误差，提高评价结果准确性。

2　典型山地管道研究区域概况

中缅天然气管道是我国四大油气进口通道之一，从云南瑞丽至广西南宁，国内干线段全长超过1700km，途径横断山脉、云贵高原、广西喀斯特地貌，山地管道特征突出，沿线山高谷深、地质条件复杂、季节性降雨丰沛、地质灾害多，被誉为我国管道建设史上难度最大的工程。中缅天然气管道罗细河跨越段研究区域的地理、地质情况如表1、图1所示。

表1 研究区域地理、地质情况

研究区域名称	中缅天然气管道罗细河跨越段
地理位置	贵州省西南部普安县和盘州市交界处
地理范围	北纬25°47′-25°49′；东经104°51′-105°0′
地理地势	呈长条状，云贵高原向黔中过渡的梯级状斜坡地带，地势中部高、四周低，东西长15km，南北宽2.5km，总面积37.5km^2
地貌及产层分析	黔西喀斯特中山地貌，山势陡峭，沟谷深切，流水侵蚀作用强烈，且地层岩性主要为灰岩、泥岩、砂岩等软岩及第四系松散堆积物，在降雨、风化等外界作用下易于形成发生地质灾害

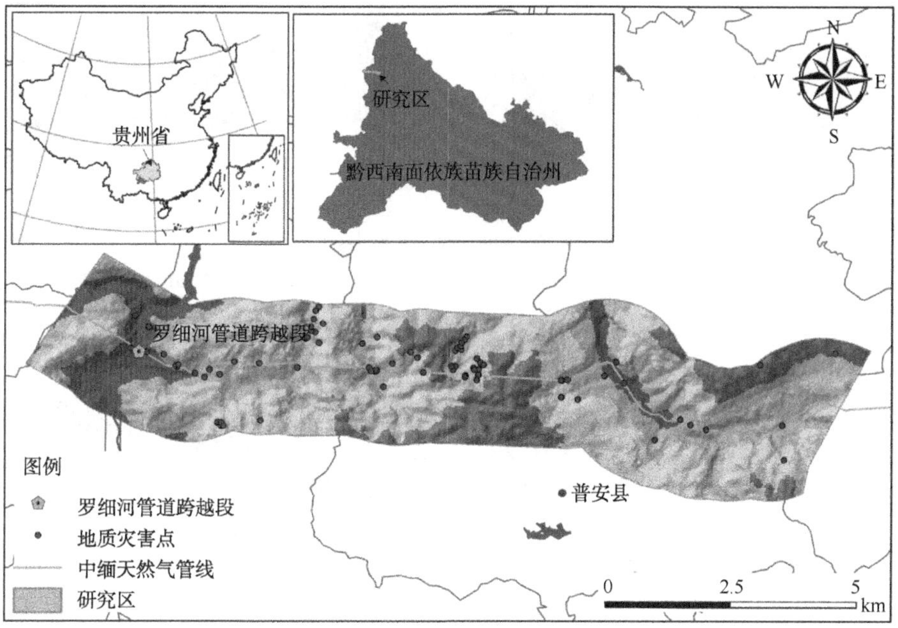

图1 研究区域地理位置图

3 融合信息量模型评价

融合信息量模型属于统计模型，在地质灾害易发性评价中应用是基于地质环境条件，通过对历史数据的统计分析建立评价模型，预测同类及周边地区未来可能发生地质灾害的概率，并进行易发程度分区。

3.1 影响因子

通过研究区域地质情况历史数据搜集和实地调查，识别出82个地质灾害点，涉及滑坡、崩塌、泥石流三种类型，将这些灾害点作为样本进行普适方法地质灾害易发性评价，对结果进行现场复核分析。结合复核结果(即准确概率)和山地特点，本文选择坡度、坡向、高程、地面起伏、距道路距离、地层岩性以及地表覆盖类型作为研究区域地质灾害的影响因子，并将各评价影响因子进行分级，如图2所示。

3.1.1 坡度

坡度对地质灾害的发生有重要影响，较陡的坡度增加了崩塌、泥石流和山体滑坡的风险。重力作用下，岩土体更容易失去平衡。因此，将坡度作为影响因子评估坡度对地质灾害的影响是必要的。本文从GDEMV3 30m数字高程数据中计算坡度因子，研究区域内坡度范围为0°~58°，将其分为8个等级，如图2(a)所示。

3.1.2 坡向

坡向指的是地表或地形倾斜的方向，是地质灾害发生的一个重要因素。其对地质灾害的影响主要是坡向不同所受到的阳光辐射程度不同，导致土壤水分、植被发育状况、岩石风化等在空间分布上存在差异，间接影响坡体的稳定性。坡向影响因子同样通过GDEMV3 30m数字高程数据提取，将其分为平面、北、东北、东、东南、南、西南、西、西北共9个方向，如图2(b)所示。

3.1.3 高程

高程是地质灾害发育的重要影响因素之一，斜坡的状况与地形高度密切相关。本文使用地理空间数据云提供的GDEMV3 30m数字高程数据

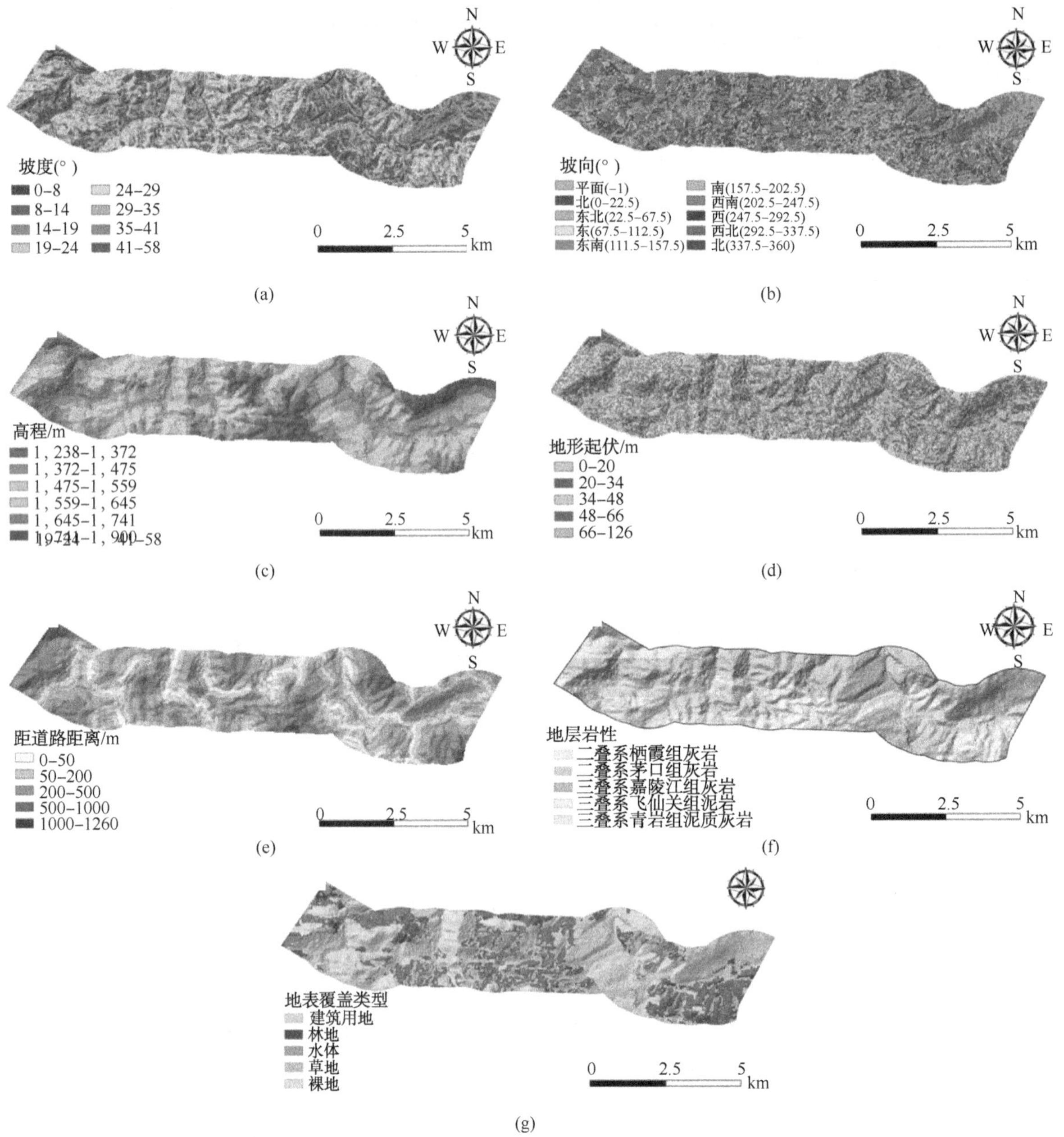

图 2　地质灾害影响因子分级

(a)坡度；(b)坡向；(c)高程；(d)地形起伏；(e)距道路距离；(f)地层岩性；(g)地表覆盖类型

提取高程值，研究区域海拔高度为 1238～1900m，将其分为 6 个等级，如图 2(c)所示。

3.1.4　地形起伏

地形起伏对地质灾害的发生具有重要影响。地势的高低变化使得斜坡的形态不同，不同形态的斜坡在地质力学和水文条件上有所差异，进而影响地质灾害的潜在风险。以高程为基础数据，计算研究区域地形起伏度为 0～126m，将其分为 5 个等级，如图 2(d)所示。

3.1.5　距道路距离

距离道路的远近对地质灾害的发生具有一定的影响。较近的道路通常会导致土地开发和人类活动的增加，会带来人为干扰和地质变化，增加地质灾害的潜在风险。此外，道路的存在会改变地表水和地下水的流动路径，可能导致水文条件变化，进而影响土壤稳定性。资料显示，研究区域地质灾害发育具有沿道路两侧分布的特征。根据距道路距离对研究区域进行分区，分别为(0, 50]、(50, 200]、(200, 500]、(500, 1000]以及>1000 共 5 个等级，如图 2(e)所示。

3.1.6　地层岩性

地层岩性是地质灾害发育的物质基础，不同

的地层岩性具有不同的物理和力学特性，如强度、稳定性和透水性等。岩性的变化会影响土壤和岩石的抗压能力、抗滑性和抗剪强度，进而影响地质灾害的潜在风险。研究区域地层岩性分为5个类型，分别为三叠系青岩组泥质灰岩、三叠系嘉陵江组灰岩、三叠系飞仙关组泥岩、二叠系栖霞组灰岩、二叠系茅口组灰岩，如图2(f)所示。

3.1.7　地表覆盖类型

用地类型对地质灾害的发生具有显著影响。不同的用地类型具有不同的特性和稳定性。例如，森林和草地等自然覆盖能够吸收降雨、减缓水流速度，并稳定土壤，降低滑坡和泥石流的潜在风险。相反，裸露的土壤、人工填埋物或建筑物覆盖等人为干扰会削弱土壤的稳定性，容易发生坡面侵蚀、崩塌和滑坡等灾害。根据研究区域的地表覆盖情况，将其分为5个类型，分别为水体、林地、建筑用地、草地以及耕地，如图2(g)所示。

3.2　评价模型

本文采用信息量模型作为地质灾害易发性评价模型，信息量模型最早是由Van Westen从信息论理论引用到地质灾害评价领域中的，其原理是通过计算不同影响因子提供的信息量来评估地质灾害的易发程度，即通过求解影响因子与地质灾害形变点之间的信息量值来确定它们之间的密切程度。各影响因子等级的信息量 I_i：

$$I_i = \ln \frac{N_i/S_i}{N/S} \tag{1}$$

式中，I_i为影响因子 x_i对地质灾害发生提供的信息量值；S_i为研究区域内影响因子 x_i所占单元数，S 为研究区域内的评价单元总数；N_i为研究区域内影响因子 x_i中包含地质灾害的单元数；N 为研究区域内分布地质灾害形变点的所有单元数。

3.3　评价结果

本文采用信息量法评价模型，选择30m×30m栅格单元作为评价单元，影响因子选取坡度、坡向、高程、地形起伏、距道路距离、地层岩性、地表覆盖类型，使用ArcGIS软件进行叠加分析和栅格计算，计算每个评价单元在各影响因子共同作用下的总信息量。

归一化处理总信息量，对地质灾害易发性进行分区，较高的信息量值表示地质灾害更容易发生。通过利用ArcGIS中的自然间断点分级法，将结果分为五个区间：极低、低、中、高、极高。最终得到研究区域的地质灾害易发性分区图，如图3所示。

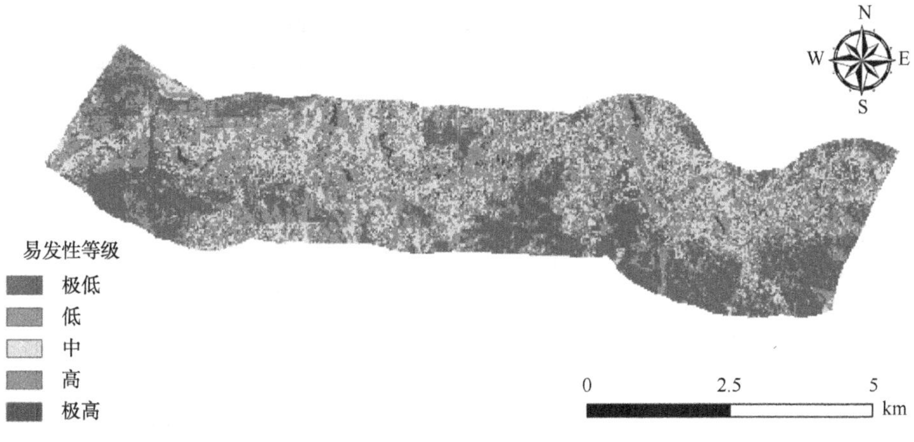

图3　基于信息量模型评价生成的地质灾害易发性等级图

4　SBAS-InSAR

4.1　数据获取

本文使用的SAR影像数据来自于欧空局中高分辨率卫星哨兵1号A星(Sentinel-1A)。Sentinel-1A卫星是一颗C波段合成孔径雷达卫星，采用TOPSAR成像模式，其距离向分离率为5m，方位向分离率为20m，具备12天的重返周期和250km×250km的大范围成像能力。研究获取覆盖整个研究区域范围的Sentinel-1A SAR影像，轨道128，重返周期为12天，如图4所示；选择2020年1月至2022年12月，共46个时刻SAR影像数据。

4.2　数据解译

在SAR影像数据解译中，本文使用ENVI软件平台的SARscape模块中的SBAS-InSAR进程处理。采用地理空间数据云提供的 GDEMV3 30m 数字高程数据作为外部 DEM 数据去除地形相位，时间基线阈值 72 天，空间基线阈值 340m，生成 129 对差分干涉对。同时，轨道误差和与地形相关的大气相位分别用多项式拟合和构建地形相关的模型去除。大范围监测往往包含多种形变类型，因此为避免 InSAR 形变解算中形变模型带来的解算误差，采用内外符合评估(残差、形变速率直方图、GNSS 位移数据)验证形变结果的准确程度，得到研究区域形变结果。

4.3 解译结果

经过 SAR 影像数据解译，研究区域的年平均形变速率如图 5 所示，共得到 196533 个形变点，形变速率范围为-66～59mm/a，其中正号表示沿雷达视线向靠近卫星方向移动，负号表示沿雷达视线向远离卫星方向移动。形变最显著的区域位于研究区域中部，此处山势陡峭，沟谷深切，流水侵蚀作用强烈。

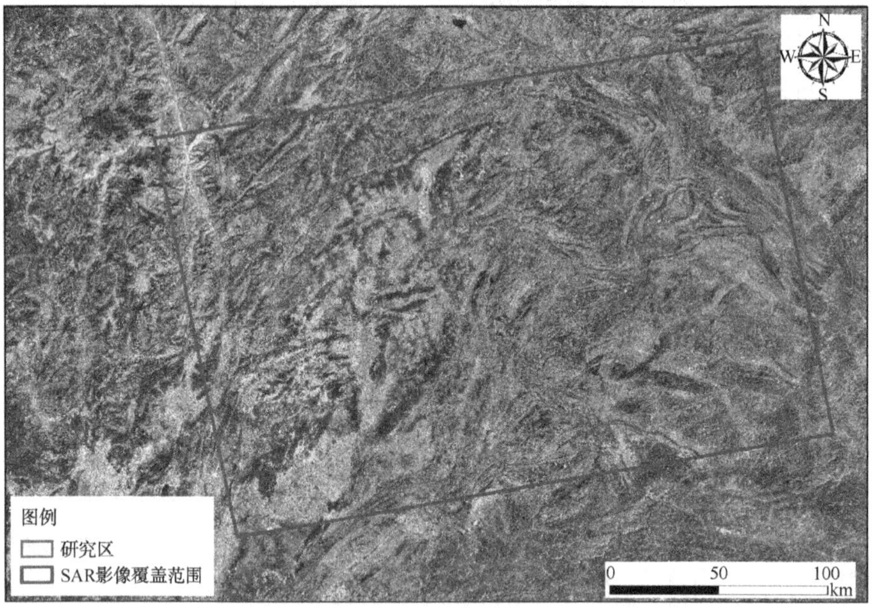

图 4　研究区域 SAR 影像数据覆盖情况

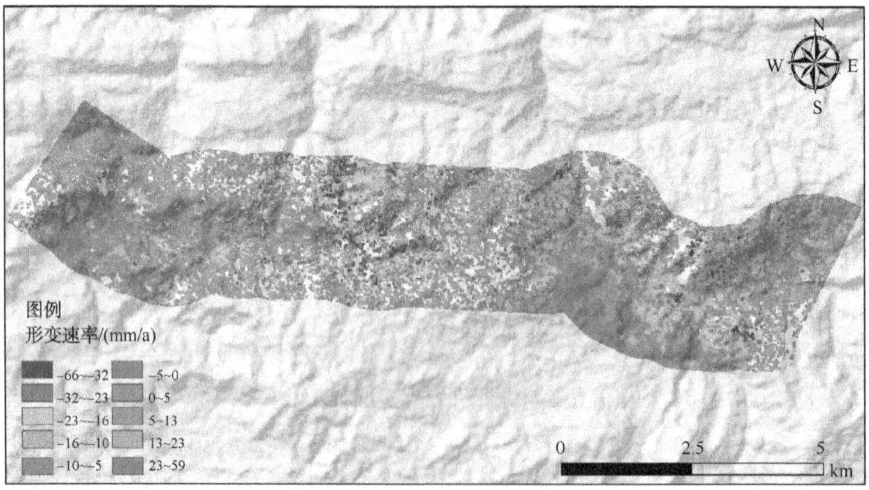

图 5　研究区域形变速率图

5　融合信息量模型和 SBAS-InSAR 形变结果的地质灾害易发性评价

本文运用贡献矩阵模型，利用 SBAS-InSAR 形变结果修正信息量模型评价的分类结果，减少分类误差，从而得到更准确的地质灾害易发性评价结果。

5.1 贡献矩阵修正模型

对信息量模型评价结果和 SBAS-InSAR 垂直变形率 V 值进行重新分类，构造贡献矩阵见表

2。融合信息量模型易发性评价结果设置：极低易发性=1，低易发性=2，中等易发性=3，高易发性=4，极高易发性=5。SBAS-InSAR垂直形变率使用标准偏差（σ=10mm/year）设置：极低形变率（-10～0mm/year）=1，低形变率（-20～10mm/year）=2，中等形变率（-30～20mm/year）=3，高形变率（-40～30mm/year）=4，极高形变率（<-40mm/year）=5；由于地质灾害引发的变形通常表现为下沉，所以排除V值超过0的正值部分。

表2　融合信息量模型评价结果和SBAS-InSAR垂直变形率V值贡献矩阵

信息量模型评价分级	贡献值	V/（mm/year）	贡献值
极低	1	-10～0	1
低	2	-20～-10	2
中	3	-30～-20	3
高	4	-40～-30	4
极高	5	<-40	5

修正的地质灾害易发性指数计算公式如下：

$$LSI = C_{LSM} \times C_V \quad (2)$$

式中：LSI为修正的地质灾害易发性指数，分级见表3；C_{LSM}为信息量模型评价贡献值；C_V为*SBAS-InSAR*垂直变形率V的贡献值。

表3　修正的地质灾害易发性指数分级表

指数区间	分级
1～3	极低
4～6	低
7～9	中
10～16	高
17～25	极高

5.2　修正结果及分析

对地质灾害易发性结果进行修正，修正结果如图6（a）所示。其表明在建筑设施密集区域，易发性等级有所降低；而在山势陡峭、沟谷深切的区域，易发性等级有所增加。

(a)

(b)

图6　修正的地质灾害易发性评价结果和差异图

（a）修正后的评价结果图；（b）修正前后差异图（1、2、3、4、5分别代表修正后的等级值）

为了直观地评估修正前后易发性评价结果的变化情况，本文计算变化幅度得到易发性等级差异图，如图6(b)、表4所示。发现共有2154个栅格单元(面积为1.94km^2)的易发性等级增加，其中2045个栅格单元(面积为1.84km^2)的易发性等级增加1级，109个栅格单元(面积为0.1km^2)的易发性等级增加2级；另外，9362个栅格单元(面积为8.43km^2)的易发性等级降低，其中4431个栅格单元(面积为3.99km^2)的易发性等级降低1级，4931个栅格单元(面积为4.44km^2)的易发性等级降低2级。结果表明，通过融合信息量模型和SBAS-InSAR形变结果的地质灾害易发性评价技术，成功纠正了11516个栅格单元的错误易发性等级，占原结果的29%。

表4　修正的地质灾害易发性评价结果变化统计情况

修正的结果			变化统计	
易发性等级	单元数量/个	占比/%	变化幅度	纠正单元数量/个
1	8878	22.13	-2	4931
2	12574	31.34	-1	4431
3	9601	23.93	0	28610
4	8656	21.56	1	2045
5	417	1.04	2	109

6　创新性结论

(1)通过对典型山地管道中缅天然气管道罗细河跨越段82个地质灾害点开展融合信息量模型易发性评价和现场勘查复核，筛选出针对山地管道的坡度、坡向、高程、地面起伏、距道路距离、地层岩性、地表覆盖类型等7项重要影响因子，并制定了各项的科学分级。

(2)采用“典型对象同步分析试验”的研究模式，研究提出了融合信息量模型和SBAS-InSAR形变结果的地质灾害易发性评价技术。

(3)新评价技术在中缅天然气管道罗细河跨越段地质灾害易发性评价应用，成功修正了11516个栅格单元的错误易发性等级，纠错率达到29%，有效降低了分类误差，提高评价结果准确性。推广应用后能够为山地管道规划选线和防灾减灾提供更精准的决策支持。

参考文献

[1] 王万金，钟响. 基于信息量模型的地质灾害易发性评价——以贵州省荔波县为例[J]. 中国煤炭地质，2023，35(07)：63-71.

[2] 江攀和，张明思，梁劲松，等. 信息量模型在山地斜坡地质灾害风险评价中的应用——以贵定县宝山盘江重点区为例[J]. 贵州地质，2022，39(02)：63-70.

[3] 陈立华，李立丰，吴福，等. 基于GIS与信息量法的北流市地质灾害易发性评价[J]. 地球与环境，2020，48(04)：70-78.

[4] 刘排英，贺少帅，王鹏生，等. 基于升降轨Sentinel-1A SBAS InSAR的西南山区滑坡隐患早期识别研究[J]. 大地测量与地球动力学，2022，42(09)：16-21.

[5] 刘渊钊. 贵州省武陵山区突发性地质灾害易发性研究[D]. 贵州大学，2022.

[6] 钟威，高剑锋. 油气管道典型地质灾害危险性评价[J]. 油气储运，2015，34(09)：934-938.

[7] W. Kent. Muhlbauer. 管道风险管理手册[M]. 中国石化出版社，2005.

[8] 张晓东. 基于遥感和GIS的宁夏盐池县地质灾害风险评价研究[D]. 中国地质大学(北京)，2018.

[9] Kumar R，Anbalagan R. Landslide susceptibility mapping using analytical hierarchy process (AHP) in Tehri reservoir rim region，Uttarakhand[J]. Journal of the Geological Society of India，2016，87(3)：271-286.

[10] Saaty T L. A scaling method for priorities in hierarchical structures[J]. Journal of Mathematical Psychology，1977. DOI:10.1016/0022-2496(77)90033-5

构，因其是生物神经元的简化和模拟，被命名为“神经元”。

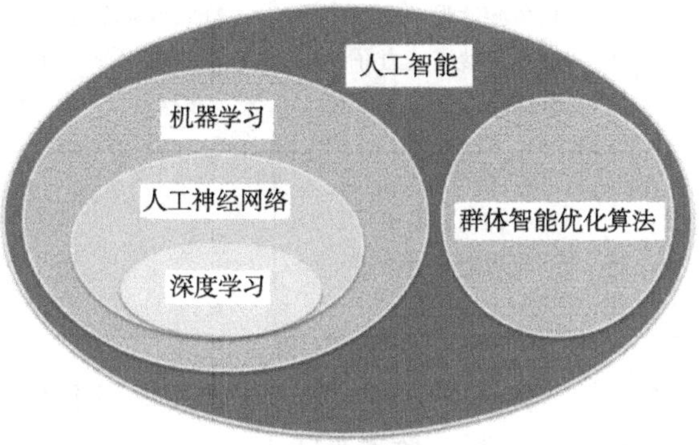

图2　人工智能方法间的关系图

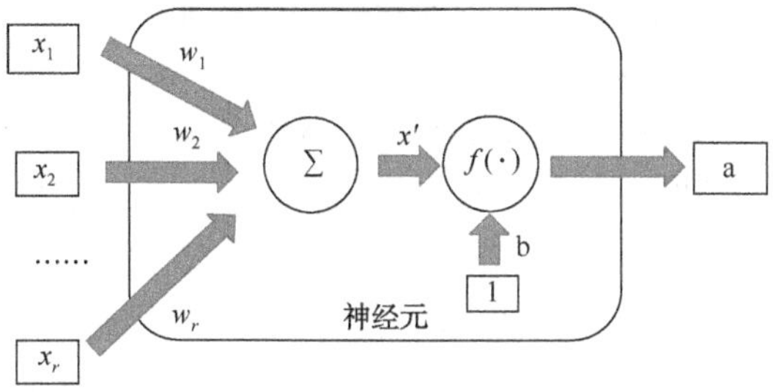

图3　ANN神经元结构

假设有 r 种数据信息输入到神经元中，神经元会对这几种输入信息分别设置权重整合成新的数据信息流，随后利用激活函数对原有的数据信息进行计算得到输出结果，在神经元里的活动可以用以下公式描述：

$$x' = \sum_{j=1}^{n} w \times x_j \tag{1}$$

$$A = f(w * x_j + b) \tag{2}$$

式中，x_j（$j=1,2,\cdots,r$）为输入信号；$f(\cdot)$为激活函数；A 为输出向量；B 为阈值或偏差，一般为 1；w_j（$j=1,2,\cdots,r$）为输入信号的权值。

1.2.2　群体智能法(Swarm Intelligence，SI)

对于一个由众多简单个体组成的群体，若其个体具有能通过彼此间的简单合作来完成一个整体任务的能力，则称该群体具有“群体智能”。而SI法正源于这种群体现象，属于仿生计算，具有自组织性、分布性和稳定性等优点。SI法在优化问题上面有着优异的表现，目前在移动机器人路径规划、旅游路线推荐、快递与外卖路径优化等解决实际问题方面有着优异的表现，对于处理非线性回归等数学问题，有着极高的效率，减少了人工重复劳动，并且提高了计算速度，大大提高了效率。表1总结了一些常用的SI算法的原理、优缺点。

表1　SI算法类型

序号	方法	原　理	优　点	缺　点
1	布谷鸟算法	模拟布谷鸟寻窝产卵的行为： ① 求解目标函数和约束条件下的解，解即鸟巢 ② 布谷鸟随机选择鸟巢产卵 ③ 用适应度函数计算每个鸟巢的适应值，保留最佳鸟巢，其余鸟巢继续进行迭代 ④ 鸟巢有被鸟主人发现的危险，一旦被发现就会被抛弃这个解	① 参数少 ② 鲁棒性强 ③ 简单高效实现工程优化问题	易陷入局部最优解，常以全局优化的算法(免疫进化)辅以解决
2	遗传算法	模拟达尔文遗传学规律： ① 随机生成个体 ② 初始化种群 ③ 适应度计算 ④ 选择算子 ⑤ 用适应度计算父代和子代个体关系，保留最好的个体，形成新的种群	① 搜索速度快 ② 过程简单灵 ③ 活性强随机性——强 ④ 鲁棒性强	局部最优问题
3	粒子群算法	模拟鸟类在捕食、飞行的群体过程行为： ① 该算法先建立目标种群 ② 通过解的优劣性评价对种群个体进行限制 ③ 最开始为个体设定初始化速度 ④ 在迭代过程中对个体极值和群体极值进行比较、更新，找到全局最优解	① 速度快 ② 应用广泛 ③ 简单。对比遗传算法可调参数少	① 对于离散型问题的解决不能起到很好的收敛效果 ② 容易陷入局部最优

续表

序号	方法	原　理	优　点	缺　点
4	蚁群算法	模拟蚂蚁在觅食路径寻找觅食最短路径行为： 蚂蚁个体通过释放信息素的多少与周围环境进行交互，信息素越多，吸引个体通过次数就越多，以信息素正反馈机制，不断迭代从而找到最短路径	① 鲁棒性强 ② 全局搜索能力好 ③ 应用广泛	① 收敛速度慢 ② 需确保蚁群有足够的多样性
5	蚱蜢算法	模拟蚱蜢群体捕食和迁移过程： 该算法引入蚱蜢个体之间的社会作用力将个体周围环境分为三部分，并根据每只蚱蜢之间距离大小的变化改变周围环境的范围从而寻求最优位置	① 结构相对简单 ② 收敛速度适中	暂无

2 人工智能在油气长输管道中的应用

为非技术读者提供一个基础的解释，说明当今油气行业中使用的人工智能方法，我们在WOS上进行了文献检索，寻找与油气长输管道研究中使用的人工智能方法的相关文章。最终，找到了27篇相关文献，对这类文献按照关键词进行归类得到7个标签类的文章，如图4所示，每类标签的数量分布在图中可见，进一步对7个标签总结，大致可以将人工智能算法在长输管道中的应用划分为管道监测、故障诊断和优化运行等三大类。

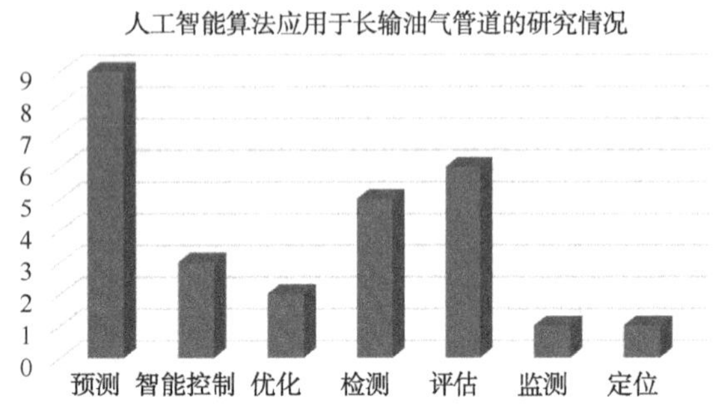

图4　人工智能算法应用于长输油气管道的研究情况

2.1 管道监测

管道监测是确保管道安全运行的关键环节。人工智能算法可以应用于实时监测管道状态，基于深度学习的算法如卷积或循环神经网络可以处理时序数据，实现对管道运行状态的动态监测和预警，这种状态包括压力、温度、流量等参数的变化。基于监测的数据，通过构建基于机器学习的预测模型，可以实现对管道运行状态的准确预测，如对油温的预测、管道能耗预测、管道故障预测、河流溢油轨迹预测、天然气负荷预测和大口径球阀泄漏率预测。

2.2 故障诊断

故障诊断是油气长输管道维护和管理的重要组成部分。传统的故障诊断方法往往依赖于人工巡检和经验判断，效率低下且易受人为因素影响。人工智能算法可以通过对管道运行数据的自动分析和处理，实现对故障的快速准确诊断。例如，基于深度学习的自动编码器(Autoencoder)可以学习管道正常运行时的数据特征，当管道出现故障时，通过比较实际运行数据与正常数据的差异，可以检测出故障并定位到故障点；Chen P等人利用卷积神经网络(CNN)检测处长输油气管道环焊缝缺陷；Yuan等人使用遗传算法求解参数辨识逆问题，用于识别正常运行条件下天然气管道延伸部分堵塞参数。

2.3 优化运行

优化运行是提高油气长输管道运输效率的重要手段。人工智能算法可以通过对管道运行数据的分析和处理，实现对管道运行状态的智能控制和优化。例如，基于SI的算法可以根据管道的实际运行状态和需求，自动调整管道上压缩机的运行参数和调度策略，以实现管道运行的能耗最低化。此外，基于深度学习的模型还可以实现对压缩机的防喘振智能控制，为管道的智能运营提供技术支持。

3 人工智能在油气长输管道中的优势与挑战

3.1 优势

人工智能算法在油气长输管道中的应用具有诸多优势。首先，人工智能算法可以实现对管道运行状态的实时监测和预警，提高管道的安全性和稳定性。其次，人工智能算法可以实现对故障的快速准确诊断，降低维护成本和提高运营效率。最后，人工智能算法可以实现对管道运行状态的智能调度和优化，提高管道的运输效率和经济效益。

3.2 挑战

尽管人工智能算法在油气长输管道中的应用具有广阔的前景和巨大的潜力，但也面临着一些挑战。首先，油气长输管道的运行环境复杂多变，数据的获取和处理难度较大。其次，人工智能算法的应用需要大量的数据和算力支持，对硬件和软件的要求较高。此外，人工智能算法的可靠性和稳定性也是需要考虑的问题。

4 结论与展望

人工智能算法在油气长输管道中的应用已经取得了一定的成果和进展。通过对管道运行数据的自动分析和处理，人工智能算法可以实现对管道运行状态的实时监测、故障诊断和优化运行等功能，提高管道的安全性和稳定性、降低维护成本和提高运营效率、实现管道运行的最优化。然而，人工智能算法在油气长输管道中的应用仍然面临着一些挑战和问题，需要进一步的研究和探讨。未来，随着人工智能技术的不断发展和完善以及油气长输管道领域对智能化需求的不断提高，人工智能算法在油气长输管道中的应用将会更加广泛和深入。

参 考 文 献

[1] Choi R Y, Coyner A S, Kalpathy-Cramer J, et al. Introduction to Machine Learning, Neural Networks, and Deep Learning[J]. Translational vision science & technology, 2020.

[2] Mc Carthy J, Minsky M, Rochester N, et al. A proposal for thedartmouth summer research project on artificial intelligence, August, 31, 1955. AI Magazine, 2006, 27(4): 12-14.

[3] 王丙吉. 道德图灵测试能证明机器人具有道德吗[J]. 江苏理工学院学报, 2023, 29(05): 17-24.

[4] Smith P, Husein S. Forecasting short term regional gas demand using an expert system. Expert Systems With Applications 10(2). 1996.

[5] Zedadra O, Guerrieri A, Jouandeau N, et al. Swarm intelligence-based algorithms within IoT-based systems: A review[J]. Journal of Parallel and Distributed Computing, 2018, 122: 173-187.

[6] 李琼琼, 布升强, 杨家富. 生物群体智能算法在移动机器人路径规划中的应用研究综述[J]. 世界科技研究与发展: 1-9.

[7] 张瑞姣, 陈崇成, 黄正睿, 等. 改进遗传算法求解文化旅游线路规划问题[J]. 贵州大学学报(自然科学版): 1-8.

[8] Alireza D. Evaluation of climate change impacts on the optimal operation of multipurpose reservoir systems using cuckoo search algorithm[J]. Environmental Earth Sciences, 2021, 80(19).

[9] Zhanzhou W, Lihua C, Heyong S. An improved genetic algorithm for determining the optimal operation strategy of thermal energy storage tank in combined heat and power units[J]. Journal of Energy Storage, 2021, 43.

[10] 郭浩琳. 基于用户侧环境友好的电力系统多目标调度优化[D]. 河南科技学院, 2021.

[11] Leila P, Mehrnaz H, Morteza R. Modified A * Algorithm integrated with ant colony optimization for multi-objective route-finding; case study: Yazd[J]. Applied Soft Computing Journal, 2021, 113(PA).

[12] Giro R A, Bernasconi G, Giunta G, et al. A data-driven pipeline pressure procedure for remote monitoring of centrifugal pumps[J]. Journal of Petroleum Science and Engineering, 2021, 205: 108845.

[13] Yu T, Dong P, Yu Y, et al. Oil Temperature Prediction of Long-Distance Hot-Crude-Oil Pipeline Based on GA-BP Optimization: 2020 13th International Pipeline Conference, Online, 2020[C].

[14] Lu H. An Effective Data-Driven Model for Predicting Energy Consumption of Long-Distance OilPipelines [J]. Journal of Pipeline Systems Engineering and Practice, 2022, 13(2): 1-11.

[15] Lee L H, Rajkumar R, Lo L H, et al. Oil and gas pipeline failure prediction system using long range ultrasonic transducers and Euclidean-Support Vector Machines classification approach[J]. Expert Systems with Applications, 2013, 40(6): 1925-1934.

[16] Zhang T, Bai H, Sun S. A self-adaptive deep learning algorithm for intelligent natural gas pipeline control[J]. Energy Reports, 2021, 7: 3488-3496.

[17] Du J, Zheng J, Liang Y, et al. A knowledge-enhanced graph-based temporal-spatial network for natural gas consumptionprediction[J]. Energy, 2023, 263: 125976.

[18] Wan J, Shi M, Liang Y, et al. Prediction Method of Large-Diameter Ball Valve Internal Leakage Rate Based on CNN-GA-DBN[J]. IEEE Sensors Journal, 2023, 23(17): 20321-20329.

[19] Jiang T, Xian M, Wang J, et al. Image rotation method foridentification of NPW signals in the localization of pipeline leakage[J]. Journal of Loss Prevention in the Process Industries, 2023, 83: 105075.

[20] Chen P, Li R, Fu K, et al. A cascaded deep learning

approach for detecting pipeline defects viapretrained YOLOv5 and ViT models based on MFL data [J]. Mechanical Systems and Signal Processing, 2024, 206: 110919.

[21] Yuan, Zongming, Deng, Zhibin, Jiang, Maoze, 2015b. Extended partial blockage detection in a gas pipeline based on Tikhonov regularization. J. Nat. Gas Sci. Eng. 27(1), 130-137.

[22] Zhang J, Li L, Zhang Q, et al. Optimization of Load Sharing in Compressor Station Based on Improved Salp Swarm Algorithm[J]. Energies, 2022, 15(15): 5720.

[23] He S, Xie M, Tontiwachwuthikul P, et al. Self-adapting anti-surge intelligence control and numerical simulation of centrifugal compressors based on RBF neural network[J]. Energy Reports, 2022, 8: 2434-2447.

[24] Amin AA, Maqsood M T, Mahmood-ul-Hasan K. Surge protection of centrifugal compressors using advanced anti-surge control system [J]. Measurement and Control, 2021, 54(5-6): 967-982.

油气运销场站管线标准化工作信息平台建设与应用研究

肖　楠[1]　陈　锐[1]　徐秋云[2]　冯　宇[1]　袁　骁[1]

（1. 中国石油塔里木油田分公司油气数智技术中心；2. 中国石油塔里木油田分公司勘探开发研究院）

摘　要　针对油气运销现场存在沙漠环境数据采集规范不统一，数据没有实现实体对象生命期内的共享和标准统一，导致基层数据采集工作量大、数据重复采集，报表多头上报、线上线下重复上报，工作标准、执行不到位提高现场生产安全风险等问题，基于工控+物联网系统为基础，搭建油气运销场站管线标准化工作信息平台。通过"自动+人工校正"方式将现场业务数据采集工作融入到储运生产操作过程中，将油气储运中心的生产和管理信息纳入统一平台中，减轻一线人员数据采集工作，利用数据采集与共享技术、管道智能巡线技术、人员定位技术、GIS 轨迹生成技术、实时数据自动生成报表技术，开发储运销售业务任务调度、巡回检查、现场操作、高危作业、问题处理等功能模块，落地"岗位定制、任务驱动"的新模式，固化基层管理手册、基层操作手册，实现巡检路线轨迹化、区域图形化、内容动态化、问题记录常态化，现场操作"步步提示、步步确认、步步受控"，基于运销物联网实现实时数据关联查询、实时数据的抽取、转换以及实时数据同步监控，实现实时数据的接入与应用，支撑报表自动生成与生产过程监控应用。实现储运管道生产数据采集全覆盖，提高工作效率，提升现安全受控能力。油气运销场站管线现场标准化信息工作平台为油气储运业务迈向智能化奠定坚实基础。

关键词　油气运销；数据采集；标准化

1　前言

相比其他行业，油气管道具有点多、线长等特点，生产和运行维护环节多、难度大，实施大数据挖掘和智能化研究的困难多在油田数字化转型智能化发展背景下，数据采集是基础，全方位感知的基础是数据自动采集，主要包括施工现场作业过程数据采集，站场工艺及关键设备运行数据采集、管道本体及周围环境监测、资源供给及市场需求数据的获取，最终形成信息的集成。全面标准化建设要求在基层站队执行"一套体系、一套数据、一个平台"，打通在用信息系统之间壁垒，从数据源头保证数据的唯一性、准确性、及时性。针对油气运销现场存在沙漠环境数据采集规范不统一，数据没有实现实体对象生命期内的共享和标准统一，导致基层数据采集工作量大、数据重复采集，报表多头上报、线上线下重复上报，工作标准、执行不到位提高现场生产安全风险等问题，以工控标准化，现场采集标准化为基础，构建油气运销场站管线标准化工作信息平台，实现油气运销现场数据采集全覆盖。

2　建设方案

基于油田数字化整体"3+3"顶层设计框架，通过"自动+人工校正"方式将现场业务数据采集工作融入到储运生产操作过程中，将油气储运中心的生产和管理信息纳入统一平台中，减轻一线人员数据采集工作，以业务组件方式实现油气储运现场数据采集全覆盖。为强化安全生产受控、提升效率和效益奠定基础，总体结构如图 1 所示。

依托梦想云平台整体技术应用，统一技术平台(PaaS)、以数据湖为核心建设统一、开放的数据生态，支撑多源数据接入、标准化一站式数据服务，以公共基础组件为基础进行业务应用开发，技术框架如图 2 所示。

油气运销现场业务数据通过物联网采集(视频采集)、标准化采集两种模式，通过生产网、办公网进入油气运销动态库。经过数据审核机制，储运生产金数据入数据银行进行统一存储，数据采集如图 3 所示。

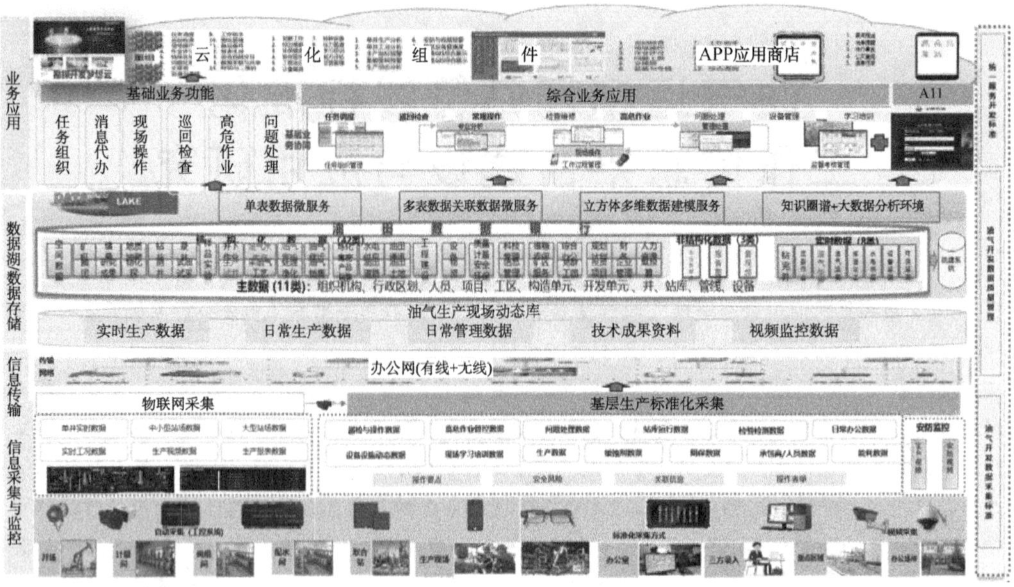

图 1　总体架构

图 2　油气运销场站管线现场工作标准化 PC 端技术框架图

以某油气区块试点功能为基础，将通用业务功能进行推广融合，以 5 个功能体系为核心，15 个功能模块（对应 8 类生产管理业务需求）为基础的标准化工作平台的标准化版本进行推广，新建 45 个功能模块如图 4 所示。

3　研究成果

完成储运销售业务任务调度、巡回检查、现场操作、高危作业、问题处理等功能模块，落地“岗位定制、任务驱动”的新模式，固化 136 册基层管理手册、基层操作手册，实现巡检路线轨迹化、区域图形化、内容动态化、问题记录常态化，现场操作“步步提示、步步确认、步步受控”，有效杜绝设备误操作，提升现安全受控能力。基于运销物联网实现实时数据关联查询、实时数据的抽取、转换以及实时数据同步监控，实现实时数据的接入与应用，支撑报表自动生成与生产过程监控应用。完成储运销售生产、QHSE、设备设施、综合管理四大类 18 小类数据采集。完成油气计量业务组件、现场作业动态业务组件、风险隐患分布业务组件、储运动态业务的分级应用，完成储运销售业务管道生产报表、储运站生产报表、油气储运报表、设备报表、安全报表等 46 张报表开发应用。完成业务管理查询、站队巡检定制、站队操作定制、高危作业定制储运销售业务移动端定制开发。

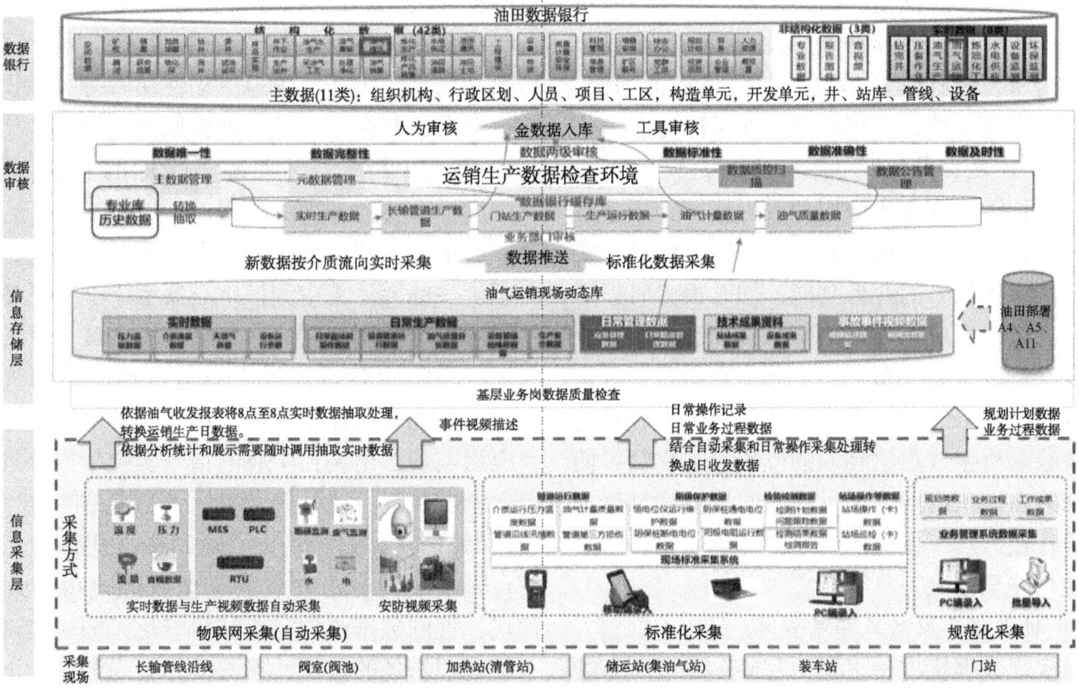

图 3　油气运销部油气储运数据采集架构图

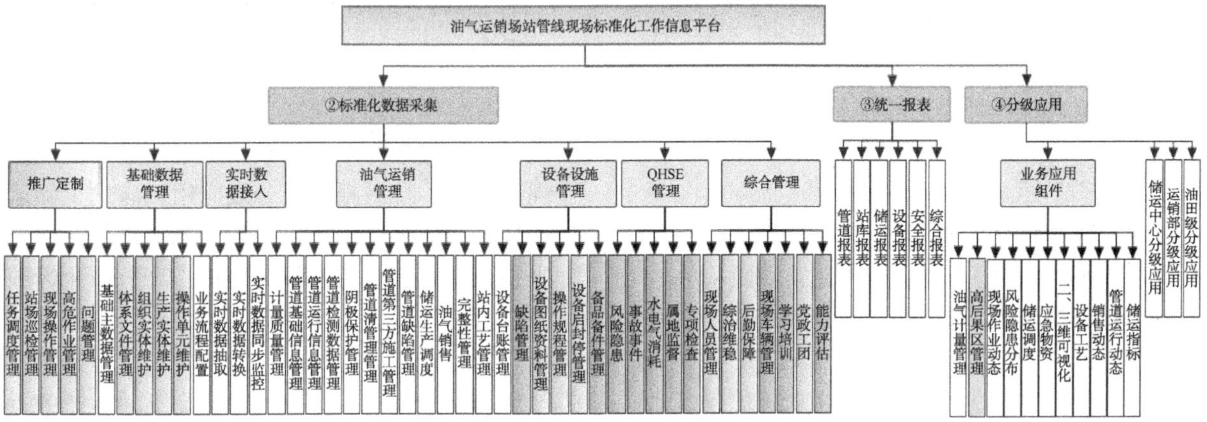

图 4　油气储运功能架构图

4　关键技术

4.1　数据采集与共享技术

在完善工控系统基础上，基于油气储运销售的空间数据采集、实时数据采集、油气生产业务数据采集，通过"自动+人工"方式将数据采集工作融入到生产操作过程中，将油气储运管道现场的生产和管理信息纳入统一平台中，减轻一线人员数据采集工作，做到数据的一次采集、多处应用，以业务组件方式实现运销管道和储运正常数据采集全覆盖。

4.2　长输管道智能巡线技术

通过手持终端及物联网、大数据等手段，以业务标准化工作成果为基础，构建油气运销生产全过程智能管控模式，将油气运销场站及管道现场生产业务与工作标准相结合，开发移动端巡检功能，固化基层管理手册、基层操作手册中巡检卡、检修卡，结合储运中心及管线阀室 RFID 标签实现移动终端在线开展巡检检修，做到"步步提示、步步确认、步步受控"，提高安全生产管控能力，实现从工作计划至工作结束的全业务链、全过程管理。

4.3　人员定位技术

以安全许可为主，将作业票，人员、数据、现场视频，气体检测等串联起来，通过人员定位，完成储运站场、管道现场审核、现场签批过程监管。结合实时视频，人脸识别，如发生人员跌倒、未戴安全帽等异常形为及时报警，提高作业安全监管，管控现场风险，形成完整证据链，避免人为责任事故，实现高危作业标准化。

4.4 GIS 轨迹生成技术

油气长输管线全生命周期数据繁多，用户既需要可视化的查看管道、站场、阀室等信息，实现全部三维场景下的业务功能，同时很多时候需要能以二维形式展示丰富的信息，如高后果区分布情况、行政区划分布、站场阀室平面布置等信息。基于二维 GIS 和三维模型开发储运中心及管道巡检故事机生成及追溯功能模块，工程师可使用该功能在油田内网环境远程随时检查现场巡检操作等作业人员工作履职情况，高危作业施工人员及现场安全情况。

4.5 实时数据自动生成报表技术

以实现数据标准化采集为基础、取消所有纸质报表为目标，依托自动采集、辅以必要的人工采集，按照报表模板由工作平台自动生成各类生产报表，将物联网实时数据与标准化采集数据自动充填，避免重复录入，按岗位自动推送进行审核发布，提高工作效率与数据质量。

5 应用效果

油气运销场站管线现场标准化工作信息平台上线以来平均每年用户在平台完成巡回检查 12 万次，现场操作及维修保养 9868 次，开具高危作业许可证 8435 张，提高了工作效率。平台梳理了所有储运销售生产报表的业务规则，对运销领域内全部报表清单的报表层级、产生频度、样式模版及每张报表需要的数据项进行了深度梳理，实现数据自动采集、站队报表自动汇总、报表审批流程简易快捷，对外数据智能自动交付。储运销售业务负责原油、天然气等 7 种油气产品的计量销售，工程师使用平台签订上下游供应油气贸易交接凭证，实现无纸化办公。运销综合展示信息应用集中了油气销售、站场运销、管道 GIS、工艺流程、综合报表等功能，平台既能反映出油田进销存、管理水平、经营效益，又能反映站场安全生产、管道流动性保障等关键设备运行动态，包括用气量、外输原油天然气合格率等 10 项 KPI 指标，并明确了指标的名称、层级、频度、需要数据项等要素。

平台按照扁平化管理和运维分离模式，集中了统一的储运集中调控中心展示，平台具备整体生产运行和调度功能。分级应用分区设置四个储运中心负责各自区域内储运生产、站场管道运行、高危作业监控和销售动态。各储运中心分级应用实现了由调控中心的指令实施生产计划、储运调度、运行监控等功能，油气运销领域“一调四储”的总体运行稳定。运销标准化信息工作平台基于油气运销领域数字化智能化设计逐步实现，管网数据更加完善和智能化，同时实现与上游处理站场的数据共享共联；实现油田上下游生产过程实时监控、预测预警、智能诊断、协同运行，提高工作质量和效率。

6 结论

油气运销场站管线现场标准化信息工作平台实现了油气储运生产现场数据采集覆盖、现场作业规范受控、统一报表及分级应用，满足了储运生产现场数据采集需求，提升油气运销部业务管理水平，实现巡检与操作标准化、高危作业标准化、学习培训以能力评估标准化、设备管理标准化、问题处理标准化的业务需求。油气运销场站管线现场标准化信息工作平台为油气储运业务迈向智能化奠定坚实基础。

参考文献

[1] 十涛. 长输油气管道大数据挖掘与应用[J]. 物联网学报，2020，3(9)：112-118.

[2] 岳铭亮. 智能管道与智慧管网建设分析[J]. 中国科技信息，2020，11(6)：72-75.

油气管道城区段高后果区定量风险评价应用及对策分析

刘宇婷　杨　达　王垒超　吴东容　苗雨锋

（国家管网集团西南管道有限责任公司）

摘　要　随着我国城镇化进程的加快，城区段管道周边人口密度增加或地区发展导致地区等级变化，给城区段管道高后果区的风险管控带来巨大挑战，为了加强城区段高后果区的安全管理，通过开展定量风险评价，对比分析了国内外风险可接受准则的适用性，采用 RISKCURVES/EFFECTS 软件进行计算，根据计算结果，从人防、物防、技防等方面提出有针对性的高后果区管控措施建议，从而消减高后果区安全风险，对加强高后果区安全管理具有指导作用。

关键词　油气管道；城区段高后果区；定量风险评价

1　城区段高后果区的风险

2017 年至 2021 年，油气管道里程稳步增长，从 11.93 万 km 增长到 16.5 万 km。2021 年管道建设里程比 2020 年增长了 23.0%。截至 2021 年底，全球油气管道总里程约 192 万 km，中国油气管道里程排名第三，其中天然气管道里程 10.2 万 km，居世界第三。随着油气管道不断发展，管道高后果区管理也成为管道安全管理的重难点。油气管道高后果区（High Consequence Areas，HCAs）指的是在管道运行过程中，一旦发生泄漏就会危及周边居民安全，对周边居民的财产安全、人身安全以及自然环境造成破坏的重点区域。油气管道高后果区一般分为这些区域可能包括人口密集区、基础设施区和环境敏感区。其中，输气管道高后果区一般分为人员密集型和易燃易爆场所型；而输油管道主要考虑人员密集型、交通设施型、易燃易爆场所型、环境敏感型。高后果区并不是一成不变的，会随着居民聚集点以及环境资源的变化而改变。随着我国城镇化进程的加快，城区段管道周边人口密度增加或地区发展导致地区等级变化，给城区段管道高后果区的风险管控带来巨大挑战。

输送原油、成品油、天然气的管道由于介质具有易燃、易爆等特性，一旦管道发生泄漏失效，容易引发火灾、爆炸等事故，并对周边环境造成污染。而城区段高后果区多属于人员密集型或环境敏感型，如果事故发生在城区段高后果区，极易造成周边人员伤亡，产生恶劣社会影响。近年来，我国发生了多起位于人员密集型高后果区的油气管道失效事故，如山东省青岛市“11·22”中石化东黄输油管道泄漏爆炸特别重大事故、贵州省黔西南州晴隆县“7·2”中石油输气管道燃烧爆炸事故、中石油中缅天然气管道黔西南州晴隆段“6·10”泄漏燃爆较大事故，均造成了严重社会影响，高后果区已成为我国油气管道安全管理的重点区域。随着我国城镇化进程的迅速发展，在役管道周边地区安全管理面临较大挑战，地区等级升级、高后果区数量大量增加，给管道安全运行和周边人员安全带来较高风险。

2　定量风险评价技术在城区段高后果区的应用

2.1　定量风险评价技术

定量风险评价（Quantitative Risk Assessment，简称“QRA”）是对某一设施或作业活动中发生事故的频率和后果进行表达的系统方法，也是一种对风险进行量化管理的技术手段。定量风险评估在分析过程中，不仅要求对事故的原因、过程、后果等进行定性分析，而且要求对事故发生的频率和后果进行量化计算，并将计算出的风险与风险标准相比较，判断风险的可接受性，提出降低风险的建议措施。

定量风险评价主要解决以下四个问题：

（1）可能出现什么意外事件。

（2）意外事件有多大可能性发生。

（3）意外事件的后果怎么样。

（4）这种意外事件的风险是否可以接受。

根据研究的目的，定量风险评价的结果可用于工业装置的规划、设计、风险管理等，从而证实有足够的安全措施用于预防、探测、控制和减缓重大灾害事故的发生。

在风险评估过程中，衡量风险通常主要考虑人员风险、环境风险、财产风险三个方面，其中以人员风险为重点。人员风险包括个人风险和社会风险。

个人风险（Individual Risk）代表一个人死于意外事故的频率，且假定该人没有采取保护措施，个人风险在地形图上以等值线的形式给出，如图1所示。

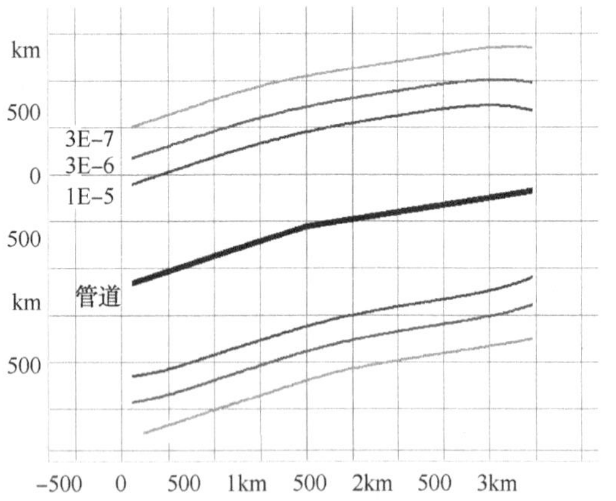

图1　个人风险等值线示意图

导致人员死亡的风险通过个人风险来衡量，但实际上，人们关心的往往是整个事故对社会造成的后果。因此，许多情况下需要求出对整个社会的风险总和，比如事故对整个社会的总影响，即为社会风险（Social Risk）。社会风险代表有N个或更多人同时死亡的事故发生的频率。社会风险一般通过F-N曲线表示（F为频率，N为伤亡人员数），如图2所示。F-N曲线表示可接受的风险水平——频率与事故引起的人员伤亡数目之间的关系。F-N曲线值的计算是累加的，比如与“N或更多”的死亡数相应的特定频率。

风险可接受标准表示在规定时间内或者某一行为阶段可接受的总体风险等级，它为风险分析以及制定减小风险的措施提供了参考依据，应该在风险评价前就预先给出。风险评价中，被广泛接受和采用的确定风险可接受水平的方法是最低合理可行原则（As Low As Reasonably Practical，简称“ALARP”）。ALARP原则要求尽可能降低风险，同时这样低的风险程度应该是能够实现的，如图3所示。

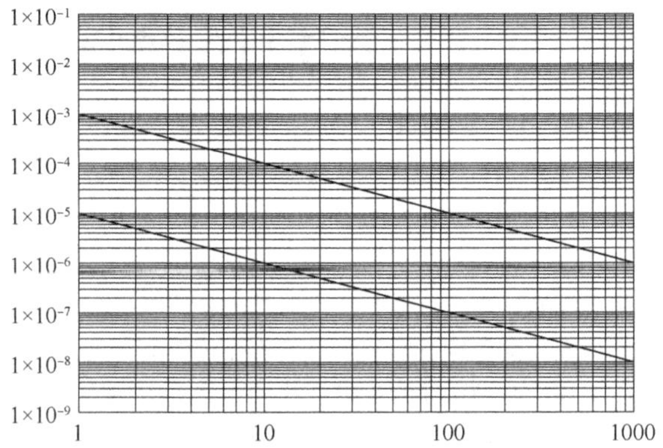

图2　F-N曲线示意图

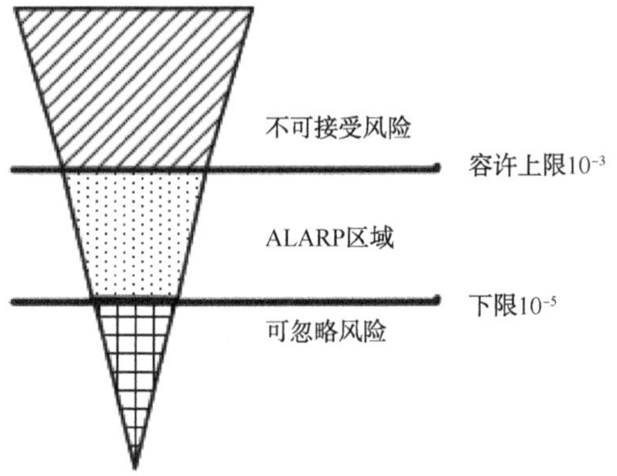

图3　ALARP原则划分的风险等级

按照ALARP原则，风险可以划分为3个等级水平：

（1）可以接受的风险，该风险低于容许下限，完全可以不加以考虑，无需采取安全改进措施。

（2）不可接受的风险，该风险超过容许上限，除非在特别情况下，否则该风险不能接受，必须采取措施降低以使其可容忍或可接受。

（3）处于两者之间的为可容忍的风险，即ALARP区域，应在经济、可行的前提下采取措施尽可能地降低这一区域的风险水平。当采取降低风险措施得到的收益低于所采用的风险措施本身的成本时，或者已经使用了普遍采用的标准来控制风险时，则该风险是可以容忍的。

2.2　定量风险评价流程

定量风险评价基本过程如图4所示。

在开始阶段，进行工作准备和数据收集。包括组织人员成立评价团队，成员包括安全工程师、工艺工程师、设备工程师、工艺操作工程师等；收集评估相关的技术资料。

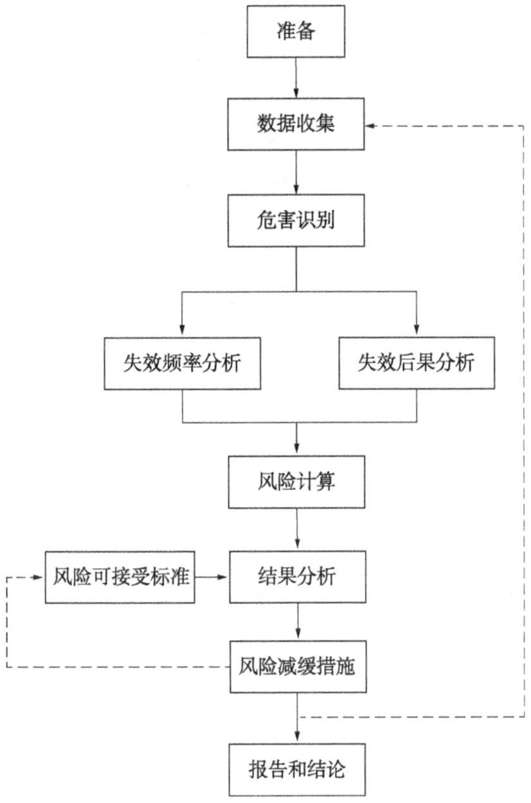

图 4　评价基本流程

危害识别是采用多种方法，从工业装置中辨识有可能影响站内工作人员和站外周边人员的危险，主要基于工业装置基本设计、规划布置和生产工艺。

估算频率主要依据企业或者行业历史数据统计得出结果。

后果计算是指预测事故的影响范围，使用的模型有泄漏源模型、蒸发模型、扩散模型、爆炸模型、热辐射模型、火灾模型、事故影响模型等。

在风险计算中计算出个人风险和社会风险，并以相应图表描述出来。

最后，根据已设定的风险可接受标准评价衡量现有的风险是否可以接受，并提出降低风险的建议措施。

为了推广量化风险评价方法，国外开发了不少量化风险分析软件，并得到广泛应用。这些软件为工业选址与设计、区域与土地使用决策、运输方案确定、危险源辨识与评价提供了有力的工具，主要有挪威船级社（DNV）开发的 Phast/Safeti、荷兰应用科学研究院（TNO）开发的 RISKCURVES/EFFECTS、荷兰赛为公司（SAVE）开发的 SAVE II 等。

本次评价采用的是 RISKCURVES/EFFECTS 软件，该软件是一款成熟可靠的定量风险分析软件，能考虑不同位置的设备、不同风况条件、不同事故类型，结合人口密度分布，量化有害物质泄漏扩散、火灾和爆炸等事故的风险，并识别最高风险场景，可用于评估高风险活动、城市规划等，使其符合法规和企业标准，软件界面如图 5 所示。

2.3　风险可接受标准适用性分析

通过调研一些国家政府和公司的风险可接受标准概况，对国内外有代表性的准则对比见表 1。

国内个人风险可接受标准适用范围及取值对比如表 2 所示。

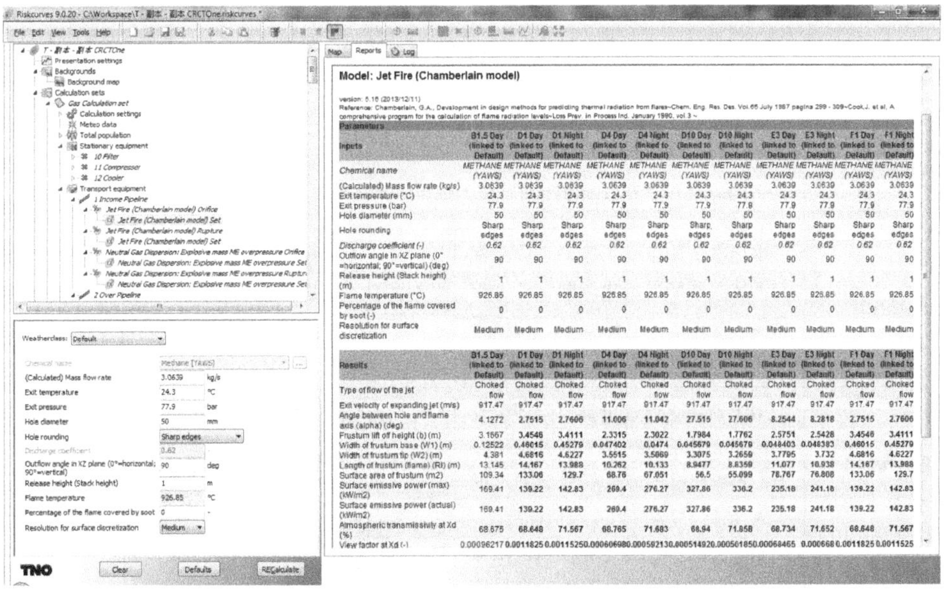

图 5　软件界面

表 1　国内外风险可接受准则对比

<table>
<tr><th>国家或机构</th><th colspan="2">适用范围</th><th>最大可接受年风险</th><th>广泛可接受年风险</th></tr>
<tr><td rowspan="5">英国</td><td colspan="2">区域内员工</td><td>1×10^{-3}</td><td>1×10^{-6}</td></tr>
<tr><td colspan="2">区域外公众</td><td>1×10^{-4}</td><td>1×10^{-6}</td></tr>
<tr><td colspan="2">管道(内部区域)</td><td>1×10^{-5}</td><td>—</td></tr>
<tr><td colspan="2">管道(中间区域)</td><td>1×10^{-6}</td><td>—</td></tr>
<tr><td colspan="2">管道(外部区域)</td><td>3×10^{-7}</td><td>—</td></tr>
<tr><td rowspan="4">荷兰</td><td colspan="2">新建设施</td><td>1×10^{-6}</td><td>—</td></tr>
<tr><td rowspan="2">已建设施</td><td>敏感场所</td><td>1×10^{-6}</td><td>—</td></tr>
<tr><td>非敏感场所</td><td>1×10^{-5}</td><td>—</td></tr>
<tr><td colspan="2">公众(危险品运输)</td><td>1×10^{-6}</td><td>—</td></tr>
<tr><td>SY/T 6859—2020</td><td colspan="2">—</td><td>1×10^{-4}</td><td>1×10^{-6}</td></tr>
<tr><td rowspan="3">Q/SY 1594—2013</td><td colspan="2">站场界内员工</td><td>1×10^{-3}</td><td>1×10^{-5}</td></tr>
<tr><td colspan="2">界外居住类场所及公众聚集类场所</td><td>1×10^{-4}</td><td>1×10^{-6}</td></tr>
<tr><td colspan="2">界外高敏感场所、重要目标及特殊场所</td><td>1×10^{-5}</td><td>3×10^{-7}</td></tr>
<tr><td rowspan="2">安监总局 2011 年 40 号令-重大危险源</td><td colspan="2">1. 居住类高密度场所；2. 公众聚集类高密度场所</td><td>1×10^{-6}</td><td>—</td></tr>
<tr><td colspan="2">1. 高敏感场所；2. 重要目标；3. 特殊高密度场所</td><td>3×10^{-7}</td><td>—</td></tr>
<tr><td rowspan="6">安监总局 2014 年 13 号令</td><td rowspan="2">低密度人员场所(人数<30 人)</td><td>新建设施</td><td>1×10^{-5}</td><td>—</td></tr>
<tr><td>已建设施</td><td>3×10^{-5}</td><td>—</td></tr>
<tr><td rowspan="2">居住类高密度场所(30 人≤人数<100 人)；公众聚集类高密度场所(30 人≤人数<100 人)</td><td>新建设施</td><td>3×10^{-6}</td><td>—</td></tr>
<tr><td>已建设施</td><td>1×10^{-5}</td><td>—</td></tr>
<tr><td rowspan="2">高敏感场所；重要目标；特殊高密度场所(人数≥100 人)</td><td>新建设施</td><td>3×10^{-7}</td><td>—</td></tr>
<tr><td>已建设施</td><td>3×10^{-6}</td><td>—</td></tr>
<tr><td rowspan="6">GB 36894</td><td rowspan="2">一般防护目标中的三类防护目标</td><td>新建设施</td><td>1×10^{-5}</td><td>—</td></tr>
<tr><td>已建设施</td><td>3×10^{-5}</td><td>—</td></tr>
<tr><td rowspan="2">一般防护目标中的二类防护目标</td><td>新建设施</td><td>3×10^{-6}</td><td>—</td></tr>
<tr><td>已建设施</td><td>1×10^{-5}</td><td>—</td></tr>
<tr><td rowspan="2">高敏感防护目标；重要敏感防护目标；一般防护目标中的一类防护目标</td><td>新建设施</td><td>3×10^{-7}</td><td>—</td></tr>
<tr><td>已建设施</td><td>3×10^{-6}</td><td>—</td></tr>
</table>

表 2　国内个人风险可接受标准对比

<table>
<tr><th>标准</th><th colspan="2">适用范围</th><th>最大可接受年风险</th><th>广泛可接受年风险</th></tr>
<tr><td>SY/T 6859—2020《油气管道风险评价导则》附录 B</td><td colspan="2">本标准适用于在役油气输送管道，也可用于新建管道的风险预评价</td><td>1×10^{-4}</td><td>1×10^{-6}</td></tr>
<tr><td rowspan="3">Q/SY 1594—2013</td><td rowspan="3">本标准适用于输送原油、成品油与天然气站场的量化风险评价，储气库、液化天然气接收站、高后果区管道的量化风险评价可参照执行</td><td>站场界内员工</td><td>1×10^{-3}</td><td>1×10^{-5}</td></tr>
<tr><td>界外居住类场所及公众聚集类场所</td><td>1×10^{-4}</td><td>1×10^{-6}</td></tr>
<tr><td>界外高敏感场所、重要目标及特殊场所</td><td>1×10^{-5}</td><td>3×10^{-7}</td></tr>
<tr><td rowspan="2">安监总局 2011 年 40 号令-《危险化学品重大危险源监督管理暂行规定(2015 年修订)》现行有效</td><td rowspan="2">第十四条　通过定量风险评价确定的重大危险源的个人和社会风险值，不得超过本规定附件 2 列示的个人和社会可容许风险限值标准。
超过个人和社会可容许风险限值标准的，危险化学品单位应当采取相应的降低风险措施</td><td>1. 居住类高密度场所；
2. 公众聚集类高密度场所</td><td>1×10^{-6}</td><td>—</td></tr>
<tr><td>1. 高敏感场所；
2. 重要目标；
3. 特殊高密度场所</td><td>3×10^{-7}</td><td>—</td></tr>
</table>

续表

标准	适用范围			最大可接受年风险	广泛可接受年风险
安监总局 2014 年 13 号令-《危险化学品生产、储存装置个人可接受风险标准和社会可接受风险标准（试行）》现行有效	用于确定陆上危险化学品企业新建、改建、扩建和在役生产、储存装置的外部安全防护距离	低密度人员场所（人数<30 人）	新建设施	1×10^{-5}	—
			已建设施	3×10^{-5}	—
		居住类高密度场所（30 人≤人数<100 人）；公众聚集类高密度场所（30 人≤人数<100 人）	新建设施	3×10^{-6}	—
			已建设施	1×10^{-5}	—
		高敏感场所；重要目标；特殊高密度场所（人数≥100 人）	新建设施	3×10^{-7}	—
			已建设施	3×10^{-6}	—
GB 36894—2018《危险化学品生产装置和储存设施风险基准》	适用于危险化学品生产装置和储存设施选址和周边土地使用规划时的风险判定	一般防护目标中的三类防护目标	新建设施	1×10^{-5}	—
			已建设施	3×10^{-5}	—
		一般防护目标中的二类防护目标	新建设施	3×10^{-6}	—
			已建设施	1×10^{-5}	—
		高敏感防护目标；重要敏感防护目标；一般防护目标中的一类防护目标	新建设施	3×10^{-7}	—
			已建设施	3×10^{-6}	—

国内社会风险可接受标准对比，如图 6 所示。

根据对国外标准调研得出：

（1）除巴西和中国香港外，大多数监管机构的风险可接受准则非强制性标准，仅作为指南。

（2）已建措施的可接受水平一般高于新建设施 0.5~1 个数量级。

（3）针对不同的建筑场所或敏感场所，一般适应不同的准则。

（4）国内没有针对管道行业出台风险可接受标准。

（5）国内风险可接受准则基本在安监总局发布的准则上演变而来。

综合以上分析，从标准内容的对比情况、适用面及标准的强制性方面考虑，本次评价风险可接受标准准则推荐选用国家强制性标准 GB 36894—2018《危险化学品生产装置和储存设施风险基准》，该标准是在比较借鉴国内外先进做法，综合考虑国内情况，从 2010 年开始开展了专题研究和大量试点验证的工作基础上提出并起草的，具有一定的权威性。

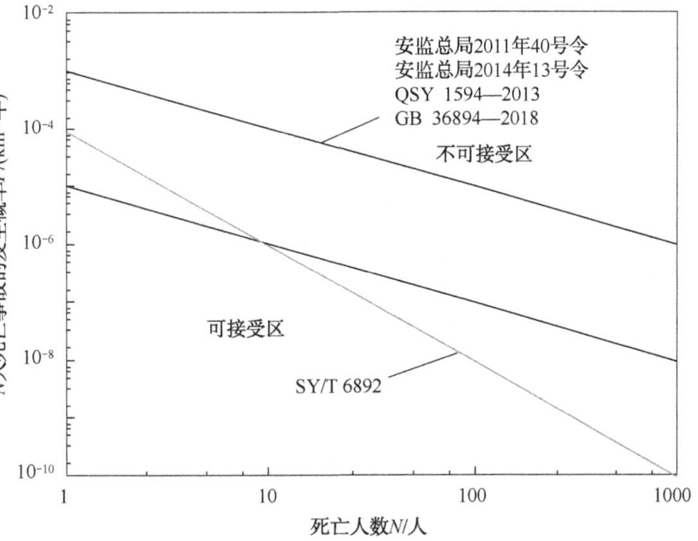

图 6　社会风险标准对比

3　城区段高后果区风险管控对策分析

选取某段成品油管道为例，该高后果区全长991m。高后果区上、下游阀室均为监控阀室。管道经过某居住区，管道200m范围内存在8栋7层楼高的居民区约1600人。最近建构筑物距离管道120m。管道周边流动人口约80人。计算得出该管段个人风险等值线如图7所示。

图7　评价管段个人风险等值线

评价管段社会风险FN曲线见图8所示。

从本次评价结果来看，社会风险FN曲线显示，评价管段的社会风险是可接受的，但大部分处在风险最低合理可行（ALARP）区域内。该风险还有进一步分析下降至低风险至可忽略的风险区域的可能。建议通过采取管控措施进一步使管道风险持续受控，包括：

（1）持续通过重点巡护，加强安全保护宣传，准确探查管道路由，提前介入规划建设，采用视频监控等技防手段严防第三方损坏。

（2）积极推进高后果区、第三方施工现场安装视频监控、应力监测、可燃气体预警等其他技防措施。

（3）对于无收发球筒，暂未开展管道内检测，根据现场条件及工作安排适时进行内检测适用性改造或采用临时收发球筒的方式推进内检测工作的实施，及时掌握管道本体情况。

（4）优先排查评价区域内环焊缝，并优先修复，对于已完成内检测的根据完整性报告，及时开展修复工作，对可能的存疑管体缺陷可不定期

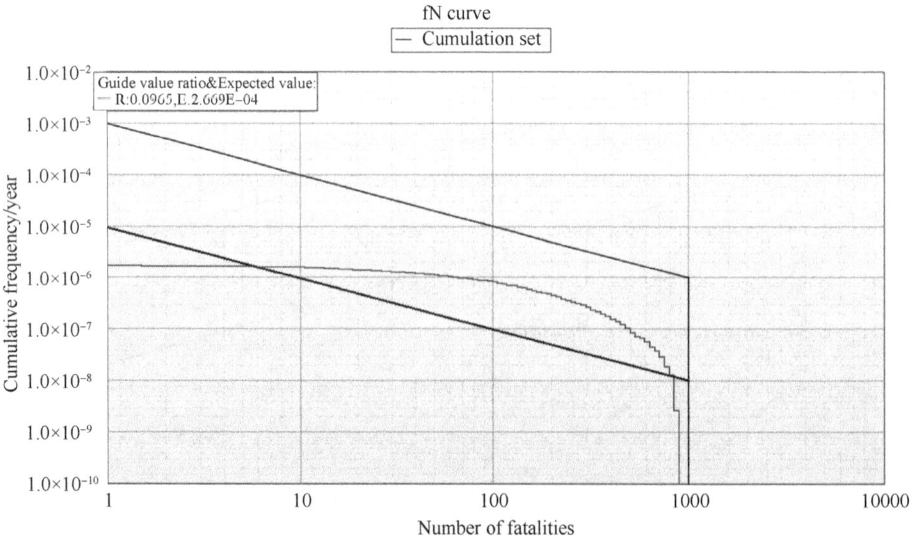

图8　评价管段3社会风险FN曲线

开挖检测，了解缺陷变化情况。

（5）优化输送任务，减少管道压力波动，确保管道尽可能平稳运行。

（6）在汛期，密切关注周边土体稳定性，发现土体滑移时及时采取稳管等工程治理措施，防止管道受到额外应力。

（7）评价管段附近人口密集，若管道发生泄漏，泄漏的油气有可能在周边聚集，同时管线周边点火源众多，极易引燃并发生事故，应定期开展宣传工作，提高居民的应急安全知识。

（8）落实应急方案的处置和维抢修资源的准备：掌握管道周边维抢修资源的分布，梳理并完善高后果区应急预案及现场初期处置，注重预案的培训与演练，确保预案的可执行性。

4　结论与建议

（1）本次评价完成了对评价管段的数据采集、危害分析、场景建模与风险计算，根据对各评价管段失效频率、失效后果的分析，结合周边气象数据、人口分布情况对各评价管段进行了风险计算。通过分析评价管段量化风险分析结果，周边居民密集，且与管道的距离近是造成个人风险及社会风险较高的主要因素。

（2）对于城区段高后果区，建议持续通过重点巡护，加强安全保护宣传；积极推进视频监控、应力监测；及时开展管道缺陷检测及修复工作；落实应急方案的处置和维抢修资源的准备等工作，持续加强人防、技防、物防等措施，进一步使管道风险持续受控。

（3）管道风险水平不是一成不变的，当管道运行压力或介质、工艺条件、周边人口分布等发生较大变化时，应再次进行评价。

参考文献

[1] 观研报告网. 中国油气输送管道行业现状深度研究与投资前景分析报告(2022-2029年)[R/OL]. 观研报告网，2022. https://www.chinabaogao.com/baogao/202205/596253.html.

[2] 兰现明，陈思彬. 输油管道高后果区识别与分级管理[J]. 化工管理，2020(06)：214-215.

[3] 国家安全生产监督管理总局. 山东省青岛市“11·22”中石化东黄输油管道泄漏爆炸特别重大事故调查报告[R/OL].（2014-01-10）. http://www.mem.gov.cn/gk/sgcc/tbzdsgdcbg/2013/201401/t20140110_245228.shtml.

[4] 国务院安全委员会. 国务院安委会办公室关于贵州省黔西南州晴隆县“7·2”中石油输气管道燃烧爆炸事故的通报[EB/OL].（2017-07-11）. https://www.mem.gov.cn/awhsy_3512/awhbgswj/201707/t20170711_247814.shtml.

[5] 贵州省应急管理厅. 中石油中缅天然气管道黔西南州晴隆段“6·10”泄漏燃爆较大事故调查报告[R/OL].（2019-05-07）. http://yjgl.guizhou.gov.cn/zwgk/zfxxgkml/dcbg/201911/t20191127_17279488.html.

[6] 张圣柱，冯晓东，王旭，等. 中国油气管道高后果区现状与全过程管理体系[J]. 油气储运，2021，40(5)：7.

[7] 周亚薇，张振永，田姗姗. 地区等级升级后的天然气管道定量风险评价技术[J]. 天然气工业，2018，38(2)：112-118.

[8] 帅义，帅健，苏丹丹，等. 基于DEA的输油管道高后果区管理效能评价[J]. 油气储运，2017，36(3)：255-261.

[9] 马新文. 天然气管道高后果区泄漏爆炸应急处置研究[J]. 安全、健康和环境，2019，19(9)：10-15.

[10] 杨光辉，宋汉成. 高后果区高压燃气管道事故后果影响因素研究[J]. 科技通报，2023(3)：89-95，102.

[11] 吕高峰，王晓霖，齐先志，等. 油气管道高后果区监管措施[J]. 化工管理，2023(18)：88-91.

[12] 王晓霖，帅健，宋红波，等. 输油管道高后果区识别与分级管理[J]. 中国安全科学学报，2015，25(6)：6.

[13] 王帅. 成品油管线高后果区风险评价与对策研究[D]. 西安石油大学，2016. DOI:10.7666/d.D836408.

[14] 徐树伟，陈丽娜，韩庆，等. 定量风险评价技术在油田集输管道的研究与应用[J]. 中国设备工程，2021(S01)：137-140.

[15] 刘硕，汤怡，杨玉锋，等. 浅析油气长输管道风险可接受准则现状[J]. 中国石油和化工标准与质量，2020(4)：2.

[16] 齐龙. 长输管道风险评价技术现状及改进探讨[J]. 石油和化工设备，2022，25(10)：5-7.

[17] 章跃平，赵嘉程，席有强. 管道建设期及运营期对高后果区的管控措施探讨[J]. 科技风，2019(22)：2.

[18] 张海涛. 长输油气管道故障树分析的定量风险评价方法研究[J]. 化工管理，2016(5)：1. DOI:CNKI:SUN:FGGL.0.2016-05-105.

输气站数据分析智慧看板设计及应用评价

李传钱 唐 超 艾力群 李 睿 闵文茜 石泽鹏

（国家管网集团西南管道有限责任公司贵阳输油气分公司）

摘 要 随着天然气管网数字化发展，输气站场海量数据对深入了解天然气用户用气需求、行为模式，辅助决策日常生产工作具有重大意义。本文基于零代码开发平台，综合考虑中贵线某分输压气站实际生产需求，设计了天然气管网输气站场数据分析智慧看板技术架构，充分挖掘了场站PPS系统、SCADA系统等“信息孤岛”系统中重要生产运行参数，打破了系统间信息壁垒，采用模块化方式，搭建了天然气分输、重要参数、压缩机运行、管道基本参数、三色预警和高后果区管理六模块，最后形成了中贵线某分输压气站生产数据分析看板。通过实际应用发现，站场日常生产过程中数据的处理效率从以往人均1~2天缩减到0.5天，管理人员及业务分析人员工作效率提高0.5倍以上。同时，通过该看板分析中贵线某分输阀室月度和年度分输量的变化规律，掌握了下游用户用气高峰及分输压力周期，提前预判下游管存天然气调峰能力，制定了下游各用户间错峰分输以及分输压力调整范围(分输前不低于6.3MPa，分输后压力为3~5.5MPa)的运行方式，有效助力业务人员生产决策。通过搭建数据看板，输气站数据分析智慧建立了“人和数据”高效连接的通道，简化了站场工作流程，有效掌握了用户用气规律，有针对性地对站场运行生产进行管理和辅助决策，提高了站场运营效率和设备设备安全性。

关键词 天然气管网；输气站；数据分析；管道管理；生产运行

天然气是一种清洁、高效的能源资源，在当今世界正逐渐转向可持续发展和低碳经济的大背景下，其在能源结构中的地位日益重要。天然气管网站场作为连接天然气生产、输送、储存和使用环节的关键基础设施，其运营与管理的效率、安全和可靠性直接关系到天然气行业的发展和国家能源安全。随着大数据与人工智能的快速发展，大数据技术被广泛应用于能源领域的管理与运营中。智慧看板作为智慧化管理的一种载体，通过集成传感器、大数据分析、人机交互等技术手段，能够实时监测、分析管网运行状态，提升运维效率、降低事故风险，为管网站场管理者提供决策支持和预警提示，实现管网运行的可视化与智能化。

本文借助大数据技术，基于零代码平台，搭建天然气管网输气站场数据分析智慧看板，建立了“人和数据”高效连接的通道，将人工与传感器采集得到的数据进行分析和挖掘，通过现场应用，深入了解站场的运行状况，针对性地对站场运行生产进行管理和辅助决策，提高了站场运营效率和设备设备安全性。

1 输气站生产运行问题与需求分析

本文选定中卫-贵阳天然气管线某分输压气站值班场景，作为输气站生产运行问题与需求分析的具体场景。

1.1 存在问题

目前，中贵线某分输压气站值班方式采取一人站控室值班，同时通过SCADA、视频监控等系统监控生产运行情况，该方式存在以下问题亟待提升。

1.1.1 存在“信息孤岛”，数据获取不畅

输气场站日常生产中，每日需要收集重要生产运行参数，用于填报各项报表或其他工作部署，该类数据主要集中在PPS、SCADA、IMS、生产智能管理等系统中，存在“信息孤岛”现象，获取数据的方式较为繁琐，重复性操作过多，造成不必要时间浪费。

1.1.2 数据来源分散，难以把握规律

目前，输气站生产所需数据来源的系统中，数据量庞大，多数未分级分类，数据变化衔接性不强，变化规律难以把握，叠加外部环境的复杂性，致使业务人员对生产数据应用性不足，辅助生产决策功能欠缺。

1.1.3 人机交互不友好，信息可视化不足

人机交互技术则是智慧看板的设计要素之一。人机交互设计合理，可以使运营人员更好地使用智慧看板，快速准确地掌握和分析管网站场

的运行状态，针对处理各种应急情况，避免一些因为人为操作失误或者理解误差而导致的管网站场提供不充分的安全保障的情况。目前该输气站的站控室值班员值班期间，需面对各类不同生产系统，且各系统间协同工作需通过值班员掌控，监控画面不友好，业务人员体验感差，有开发集成重要生产数据看板的应用需求。

1.2 需求分析

目前该站场有开发集成重要生产数据看板的应用需求，用于辅助生产决策，提高工作效率。该看板需要由业务人员筛选出各生产系统与管道日常管理中重要运行参数，建立一个动态数据看板，实时显示当日生产运行状况，数据看板还应该包括：工艺区重要参数、站场关键参数分析、管道三色预警与高后果区信息。

1.2.1 重要参数展示

实际生产中，数据分析看最重要的关键需求是站场实时显示的天然气进站压力、天然气出站压力、天然气进站温度、天然气出站温度、天然气实时流量、天然气累计流量、站场能耗等数据。

1.2.2 关键数据分析

作为压缩机天然气长输管线“动力心脏”，该分输压气站部署了2台电驱压缩机，年平均运行时间超过4000h，所以压缩机的运行情况分析、站场分输计量及站场能耗分析等关键数据分析也是数据分析看板中关键一环。

1.2.3 管道三色预警与高后果区

目前作业区所辖天然气管道的第三方施工动态分布图及分级情况、高后果区动态分布图等管道信息在生产运行管理中并未看板，每次查看内容需要进入其他系统，效率低，在看板中加入管道三色预警与高后果区信息后，可提高工作效率，辅助生产决策。

2 输气站数据分析智慧看板设计及开发

本次数据分析智慧看板设计选定了中卫-贵阳天然气管线某分输压气站值班场景，作为输气站数据分析智慧看板的开发与应用场景。

2.1 系统架构设计

基于分输压气站的实际工作场景，结合实际生产运行需求，本次设计的天然气管网输气站场数据分析智慧看板技术架构如图1所示，主要包含数据层、模块层、应用层、用户层的四个层级。

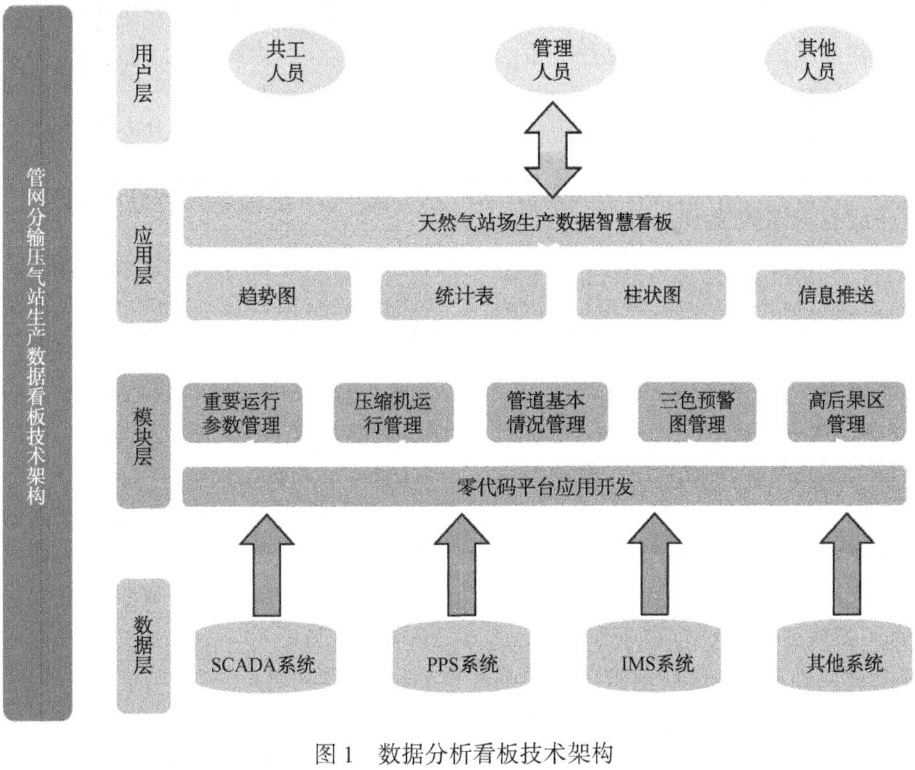

图1　数据分析看板技术架构

数据层主要包括了输气站SCADA系统、PPS系统、IMS系统等其他重要系统中的关键数据。模块层包括关键数据分析、压缩机运行、等六个重要的功能模块，实际应用中通过人工和自动收集数据的方式，将数据输入至各个模块中。应用层通过趋势图、统计表、柱状图等不同图表形式将数据及数据分析结果，进行展示。用户层主要通过人机交互界面，获取关键信息参数。

2.2 开发平台

本次数据分析智慧看板开发选择零代码平台，该平台通过可视化设计，让开发者通过简单的操作就能够创建出完善的小程序。与传统的开发方式相比，小程序低代码平台不仅极大的提高了开发效率，而且降低了开发成本。同时该平台支持多种第三方开发框架和插件集成，可以自由的进行配置和拓展，拓展性强。

2.3 模块化开发搭建

基于天然气管网输气站场数据分析智慧看板设计框架，并结合现场天然气管网输气站场实际的生产运行需求，本次数据分析智慧看板采用模块化进行搭建，最终通过低代码平台开发了六个模块：天然气分输情况管理、重要运行参数管理（进出站压力、温度、分输量、水露点等）、压缩机运行情况管理、管道基本情况管理、三色预警图和高后果区管理，最终形成了某输气站生产运行数据分析智慧看板。

2.3.1 天然气分输情况

天然气分输情况模块可以直观展示站场天然气日分输、月度分输、年都分输情况，分析各个用户用气规律，辅助制定输气相关的业务决策。

2.3.2 重要运行参数

重要运行参数模块可直观展示天然进出站压力、温度、流量等重要参数，可有效提高技术人员确定站场生产运行状态的效率。

2.3.3 压缩机运行情况

压缩机运行情况模块可以分析展示压缩机运行时间、运行状态等，合理规划压缩机启停，辅助其他生产方案决策。

2.3.4 管道基本情况

该模块可以清楚查看作业区所辖管道基本情况，包括管道走向、管道参数、阀室类型、阀室分布、管道穿跨越等等内容，可结合站场生产运行状况，辅助生产决策。

2.3.5 管道第三方施工“三色”预警管理

该模块可以直观查看作业区所辖管道周围第三方施工以及动态预警信息，同样该模块可结合站场生产运行状况，辅助生产决策。

2.3.6 管道高后果区管理

该模块可直观查看作业区所辖管道的高后果区示意与分布图，该模块主要用于结合站场生产运行状况，辅助生产决策。

2.4 输气站数据分析看板

本文基于现场实际需求与生产运行情况，建立的中贵线某分输压气站数据分析智慧看板如图2所示，智慧看板通过引入趋势图、统计表、柱状图等不同图表展示形式，选用需要突出的侧重点，最大程度满足数据可视化的呈现效果。趋势图、统计表、柱状图如图2所示，该界面展示和比较输气站场每日分输量的变化趋势。数据透视图如图2所示，通过数据透视图可查看压缩机运行状况，把控设备的运行状态，辅助生产决策。

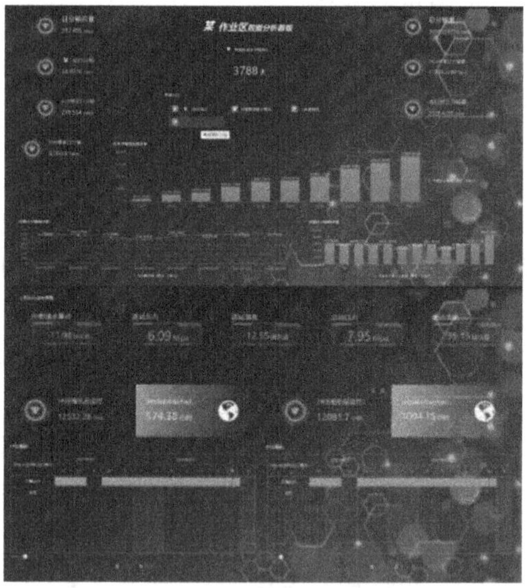

图2　数据分析看板展示

3 输气站场智慧看板应用评价

本文开发的数据分析智慧看板已实际应用于现场，该看板具有一定的创新性、实用性、交互性以及拓展性，简化实际工作流程，大幅提高了实际工作效率，有效辅助了实际生产决策。

3.1 技术特点

3.1.1 创新性

该看板有效完成了多源系统数据耦合，打破了系统间信息壁垒，简化了数据获取方式流程，提升了数据处理效率，聚焦数据变化规律，分析识别安全隐患。

3.1.2 实用性

该看板可完成关键生产运行数据识别，具备数据实时分析功能，预测数据变化规律，合理安排工作计划，尤其在压缩机运行管理、能耗分析、工艺调整等实际生产运行工作上实用性明显。

3.1.3 交互性

该看板人机交互界面友好，重要参数和分析结果可视化效果好，便于辅助生产决策，员工效率更高。

3.1.4 拓展性

智慧看板搭建了“人和数据”的交互界面，拥有可升级拓展多源化信息输入输出接口的功能，为进一步丰富数据库和拓展应用预留了升级空间。

3.2 应用效果

3.2.1 生产数据处理效率大幅提高

应用数据分析智慧看板后，站场人员数据处理效率明显提升，尤其在压缩机运行分析、能耗分析、分输量调整等场景，耗费时间从以往人均1~2天缩减到0.5天，让业务人员更多的可以将时间分配至其他更有价值工作任务中。

3.2.2 简化工作流程提升工作效率

该数据分析看板实现了实时数据分析，持续输出有价值的信息，且具有数据直观可视化特点，操作门槛低，业务人员不需再反复登录PPS系统、SCADA等系统既可直接查看关键数据及分析结果，提升管理人员及业务分析人员工作效率一半以上。

3.2.3 有效助力业务人员生产决策

利用数据看板定量分析数据变化规律，让拥有不同分析水平的业务人员均可以快速全面地了解业务相关的各类信息，辅助制定业务决策。如：根据中贵线某阀室月度和年度分输量的变化规律，掌握了下游用户用气高峰及分输压力周期性规律，提前预判下游管存天然气调峰能力，制定了下游各用户间错峰分输以及分输压力调整范围(分输前不低于6.3MPa，分输后不低于3MPa，不高于5.5MPa)的运行方式。

4 总结与展望

本文开发并应用的天然气管网输气站场数据分析智慧看板，建立了“人和数据”高效连接的通道，该看板实现了数据变化规律分析，辅助制定业务决策，提高生产工作效率。同时该看板还可探明潜在影响因素，预测在冬季保供、工艺优化、预防性维护等情景下，影响安全生产的风险隐患，提前部署，制定解决方案。该看板还顺应管网数字化转型要求，为基层作业区数字化拓展建设和应用打下坚实基础，同时也为其他输油气站场数字化建设提供了一定参考。

参考文献

[1] 税碧垣. 智慧管网总体架构与发展策略思考[J]. 油气储运，2020，39(11)：1201-1218.

[2] 田巧燕，王英萍，蒲玉洁. 数据自动化与交互式应用的研发[J]. 中国管理信息化，2023，26(23)：142-145.

[3] 李锴，李江，顾清林，等. 西气东输智慧管网建设实践[J]. 油气储运，2021，40(03)：241-248.

[4] 邹永胜，梁俊，高建章，等. 中缅原油管道智能化运行辅助决策系统建设方案[J]. 油气储运，2021，40(04)：377-385.

无人机技术在油气管输中的应用实践

蒋　宇

（中国石化中原油田油气储运中心）

摘　要　近几年来，无人机技术不仅在军事航空领域表现突出，在民用方面也多点开花，在不同的行业领域中都得到广泛应用。无人机集多种先进技术于一身，其中包含导航与定位技术、遥控与通信技术、传感器技术、人工智能与机器学习技术、动力与续航技术、多无人机协同技术等等。随着无人机的应用普及，由中国民用航空局发布的相关法律法规条例也随之出台，在国家民航局的规定下，无人机驾驶员资质及训练质量管理由中国航空器拥有者及驾驶员协会负责，这也是首次我国对无人机驾驶员的资质培训提出要求，同时也使中国无人机走向正规化管理。无人机技术在油气储运行业中同样也能大放光彩，随着中国油气管道里程数的逐年递增，管道安全也成为行业人士最关注的问题。传统的人力巡线既费时费力，又无法保证人身安全，并且因为地形、环境的制约，人力巡线又存在着一定的局限性。为了缓解人力巡线压力，并提高工作效率，通过引进无人机巡线与人力巡线相结合的方式，为此展开应用实践。

关键词　油气管道；无人机

油气管输相较于公路、铁路运输优势明显，其运量大、连续性强，适合大规模、长距离的运输。并且其耗能少、成本低、不需要人来参与运输过程，通常情况下只需监管首末、中间站及管线的日常巡护工作。截至2022年底，我国长输油气管网总里程约18万km。其中原油管道2.8万km，成品油管道3.2万km，天然气管道12万km。按照“双碳”目标下的需求预测，预计到2035年我国还将新增天然气管道建设总里程约6.5万km，其中新增干线管道2.95万km，省级管道3.53万km。新建原油管道约2000km，成品油管道约4000km。在油气管道如此发展趋势下，管道的巡护工作成为维系管道安全的重点，传统的人力巡线效率低、劳动强度大、存在安全隐患，并且人力巡检无法达到全天候、全覆盖式巡护，人的视野、能力以及责任心对巡护结果都有影响。因此，管道巡护需要科技的力量来改变现状，通过引用先进的管道巡护技术来解决这一重难点问题。

随着无人机技术的日益完善，越来越多的管道企业都在探索利用无人机技术进行管道巡护，为了促进管道技术向数字化、智能化发展，我们也在展开无人机技术应用实践。

1　无人机技术发展概况

1.1　无人机系统

无人机是无人驾驶飞机的简称，英文缩写“UAV”，是利用无线电遥控设备和自备的程序控制装置操纵的不载人飞机，或者由车载计算机完全地或间歇地自主地操作。无人机系统（Unmanned Aerial System）由无人机、相关的控制站、所需的指令与控制数据链路以及批准的型号设计规定的任何其他部件组成的系统，也称远程驾驶航空器系统。

无人机从技术角度定义可以分为：无人固定翼飞机、无人垂直起降飞机、无人飞艇、无人直升机、无人多旋翼飞行器、无人伞翼机等。与载人飞机相比，它具有体积小、造价低、使用方便、对作战环境要求低、战场生存能力较强等优点，在军事中应用广泛。

民用无人机分为微型、轻型、小型、中型、大型五个等级（表1）。

无人机的轻型化、小型化使其可以应用在多种场所，其搭载多种摄像头将空中拍摄的画面传至设备终端，使人们看到曾经不容易看见的美好。除了搭载普通摄像头，部分机型还可搭载红外、紫外仪器，在漆黑的夜晚也能照出明亮的效果。

1.2　行业应用

当前无人机技术被广泛应用于军警、城市管理、农业、地质、气象、电力、抢险救灾、视频拍摄等行业。

表 1　民用无人机分级

等级	质量/kg		最大飞行速度/(km/h)	备　注
	空载	满载		
微型	$m<0.25$	$m<0.25$	$v\leq 40$	具备高度保持或者位置保持飞行功能，无线电发射设备符合微功率短距离无线电发射设备技术要求
轻型	$0.25\leq m<4$	$0.25\leq m<7$	$40<v\leq 100$	具备符合空域管理要求的空域保持能力和可靠被监视能力
小型	$4\leq m<15$	$7\leq m<25$		
中型	$m>15$	$25\leq m<150$		
大型	$m>150$	$m>150$		

目前，已经有很多国家利用无人机技术开展油气管道巡线业务。国外 Clevercopter 公司研发出一型名为“Airmedic MINI”的无人机，该型无人机可以配备夜视摄像头，用来监控石油和天然气管道。据说这是一种配备了 30 倍变焦夜视摄像头的垂直起降无人机，该型无人机能够在一天中的任何时间监控管道和石油和天然气管道。该声明补充称，这款无人机的主要特点之一是配备了混合动力装置，该混合动力装置由 1 个汽油发动机和 8 个电动发动机组成，这使得它能飞行 200km，最大飞行速度为 100km/h。大疆行业应用中也提出针对石油与天然气行业中不同应用场景的应用方案。其方案有针对油气田巡检、场站与炼化以及管道完整性管理。在中国石油西南油气田公司，其下属某输气管理部门管理着 5000km 以上的川渝骨干管网，大疆公司通过与合作伙伴开发的第三方机场+经纬 M300 RTK、大疆机场等不同的无人机、设备对管道实行全场景覆盖。建立日常巡检、搭载激光甲烷泄漏检测云台，快速排查泄露隐患，开发“空地一体智能能巡检平台”。星逻驭光赋能西气东输管线巡检，传统的无人机执勤不仅受飞手手工操作、视线内飞行、人为飞行不稳定等因素的干扰，还受无人机日常保存养护与续航等问题的阻碍。星逻智能由此切入，专注于无人机赋能领域，为实现无人机的自动起飞、自动巡航、自动回巢充电、AI 智能分析等功能投入精力，以让无人机真正“无人化”。

2　无人机巡线实例

2.1　*无人机巡护实例*

在实际应用研究中，往往是由易到难的过程。中国石化中原油田分公司油气储运中心管辖着全长 78.7km 的原油管线，它们担负着 6 个中转站处理过后的原油至柳屯中心处理站的转运任务。途经 2 省 4 县 9 乡 116 个自然村，除了少部分需要进行架空敷设，大部分都是埋在地底。目前主要靠人工巡护方式，这种方式存在的缺点就是：用工数量大、人工成本高、劳动强度大、工作效率低。

2023 年，技术人员引进无人机技术来辅助人力巡线，达到提升工作效率，降低巡线安全隐患。此次实践机型是大疆 mini 3 pro。起飞重量 249 克，属于微型无人机类型，携带长续航电池理论能够达到约 50 分钟的飞行时间，在实际飞行测试中也就只能达到 30min 左右。测试人员在管道自然环境中进行里程、信号的极限测试，测试结果见表 2。

在进行实际巡护时，通过选择中间定点往两端飞的形式，效果良好，表 3 为飞行测试数据。

表 2　DJI mini 3 pro 里程、信号极限测试

	里程/km	高度/m	时长/min	安全飞行时长/min	默认报警提示(电)	信号减弱状态/km
长续航电池	13.8	127	31	30	20%	2km(3km 开始信号减弱明显，开始提示对准方向，图像始终正常)
普通电池	8.04	120	21	20		

表 3　测试数据

测试路段	管线长度/km	返航点	飞行里程/km	飞行最高高度/m	用时/min	飞行总里程/km
文二中转站——文一中转站	11.36	文留镇任庄村管跨	5.43	111	30	14.48
		刘庄岗	1.46	106	20	
		荆台	3.77	126	18	
		文留镇第三中学	3.82	127	14	
文一中转站——中心处理站	12.4	国家危险化学品应急救援濮阳基地	4.33	121	18	13.29
		文兴路和高速路交叉点	1.77	120	8	
		文北岗	1.81	111	21	
		碱刘庄村西	1.12	101	14	
		前白楼村南	3.2	140	13	
		王家什八郎东	1.06	69	7	
明一中转站——三马合输点	15.31	段村岗	3.31	126	9	34.6（包括返程）
		里固村公路	7.1	163	17	
		四公司路口	8.5	142	22	
		黄庙村南 150m	5.32	129	28	
		曲六店村村委会路	2.44	113	18	
		宗晁寨	2.69	101	31	
		黄河路	5.24	114	23	
胡状中转站——金堤河	17.47	濮阳县洪飞养殖农民专业合作社东北 300m	5.27	117	22	23.62
		老育才小学东北 500m	7.69	130	30	
		101 省道孟庄村路口	10.66	123	24	
濮三中转站——中心处理站	16.38	采油二厂西墙拐角	4.45	129	14	27.32（包括返程）
		大张管跨	5.64	113	14	
		户部寨岗楼北 50m	5.23	129	11	
		张郭老岗楼	5.27	128	14	
		柳屯饮水闸北 200m（铁板桥）	6.73	114	17	
马寨中转站——中心处理站	5.27	东没岸南路	6.93	151	16	9.6（包括返程）
		黄河路	2.67	102	7	

通过实际测试我们确定了无人机可以实现在我们管辖管道区域环境下的正常巡护能力，在测试过程中也总结了一些经验：①无人机的遥控距离需要严格管控。通过遥控器可以看到与飞行器的直线距离，测试过程中当距离超过 2km 后，图传信号衰减严重，显示效果逐渐模糊，影响巡护效果。在后期实际巡护中可以购买更加高端的无人机并辅以 5G 通信，增强连接信号，人机距离可以适当增加。②返航点尽量选择空旷、平原地带。方便起飞、返航降落对无人机姿态进行观察，出现问题可以及时调整，减少炸机风险。③遥控器始终正对无人机。通过手持遥控器不同方位对无人机，信号都有一定的衰减，只有正对才能保证信号最强。④定点飞行巡护优势明显。起初也尝试人追寻无人机同步保持图传距离在 2km 以内，但此方法不但没有降低劳动强度，反而因需要分心关注无人机状态而增加疲劳状态。管线延公路段敷设还没有影响，可以通过车辆进行追踪，但经过大面积、长距离无公路、田地、河流地带，就需要人员徒步追踪，与人力巡检无异。根据老巡检工的路线熟悉经验，分析定位返航点，对长距离管线进行多段分割，以达到全覆盖式巡检。⑤无人机巡护前需要关注天气状况。这也是限制这一技术应用的点，官方给出该测试机型最大抗风 5 级，在雨、雪等恶劣天气也不建议飞行，雾天也影响拍摄效果。不过在无人机技术

智能化下，当无人机在高空遇到风阻过大时，能够进行及时提醒飞控手返航。⑥飞行高度需根据巡护环境进行适当调整。既需要保证拍摄效果同时也需要关注周边障碍物高度。虽有雷达避障功能，但如在高速飞行环境下，也有可能会发生炸机风险。

在2023年一年的无人机巡线过程中，我们在实际操作中培养出一批优秀的飞控手，并在此之前邀请河南省航空运动协会进行飞行执照的培训，通过考试取得国家相关驾驶证书。我们开发出了"无人机+人工"巡线新模式，将无人机巡线与人力巡线相结合。充分利用无人机巡护高效性，对巡护管道进行重复飞行，尤其是高后果区，遇到周边环境变化或有施工现场时，及时通知综治人员进行跟进，无人机高空监视。当出现恶劣环境时，还是需要人力巡检。

2.2　优势与不足

无人机巡护作为管道日常巡护优势明显：①机动性能强劲。依靠其体积小、质量轻、方便携带的特性，往往只需要一名飞控手就能完成巡线任务。②飞行条件要求低。只需要寻找一片略微平整上空无遮掩物的平地，或者可以携带方便折叠停机坪，便能正常起飞降落。在飞行过程中也能飞往人力难及的山地、河流、沼泽等地，并且搭配夜间摄像头还能进行夜间巡护。③巡护效率高。无人机巡护的速度远远高于人力，并且在有限时间内可对同一管段进行反复巡护。

但无人机巡护工作也有一定的局限性及不足之处：①受环境影响明显。在大雾、阴天能见度差的环境下，无人机拍摄效果会受到一定的影响，可能会导致搜集的图像资料不那么清晰，导致此次巡护效果不佳甚至失败。无人机的抗风性也有一定的局限性，在有风环境下，其因需要抵抗风阻，会消耗部分电量，导致电池消耗迅速，无人机因大风不稳定飞行一方面对拍摄效果有影响，另一方面对无人机本身安全也有影响。②信号因素。油气管道除城市燃气输配管道外往往建立在荒无人烟之处，无人机通过卫星定位进行飞行拍摄，野外的信号环境往往不尽如人意，这也导致无人机在这些环境中飞行存在信号丢失而无法完成任务甚至飞行丢失的风险。③技术问题。石化企业并未开展无人机维修保养相关培训，导致出现损坏、技术问题时往往依赖外部解决。而且，有经验的巡线工人可以通过感官经验判断管道的一些影藏问题，无人机技术暂时无法做到这一点。

3　应用展望

通过运用行业级无人机搭配专业建模软件可对油气管道及周边地区进行区域化建模，前期工作通过飞行拍摄获得大量照片，导入软件进行自动化建模，在模型中根据管线走向绘制路线图。后期在模型中对每条管道进行敷设时间、管径、材质、发生腐蚀穿孔次数、穿孔具体位置进行标注，构建管道信息化平台。

4　结束语

无人机技术在油气管输中的应用实践上，只是一个起步，通过无人机巡护像无人机飞入高空向下看一样拓宽视野，在飞行中加强实操技术，在建模中学会技术应用。无人机技术及系统在石油石化行业上的应用还需要专业技术人员与市场成熟无人机技术厂家共同探索，促进无人机技术应用不断成熟，提高其在油气管道上的应用能力，降低人员劳动强度，促进管道企业向数字化、智能化推进。

参考文献

[1] 黄春雷. 无人机航摄技术现状及应用分析[J]. 江西测绘，2015，(04)：35-36.

[2] 爱搞笑的小光. 有了它，国外油气管道运输安全得到了保障. https://www.sohu.com/a/652615277_121297018.

[3] 大疆行业应用. 空地一体智能巡检丨大疆机场巡护油气长输管道. https://enterprise.dji.com/cn/news/fetail/dji-dock-patrols-oil-and-gas-pipelines.

[4] 星逻智能. 星逻驭光丨无人机赋能西气东输管线巡检. https://zhuanlan.zhihu.com/p/477502379.

油气田地面集输管道风险评价研究

焦亚龙　瞿定祥　章　浩

（中国石化中原油田公司）

摘　要　本文油气集输管道风险评价为研究对象，充分结合目前中原油田地面集输系统实际运转情况、管道服役时间、管道历史运行等数据，选择合适的半定量风险评价方法。通过建立失效可能性和失效后果的评价指标体系，研发了油气集输管道完整性管理平台及风险评价软件，实现了对油田地面集输管道风险的实时评价及反馈，打好油气管道事故预防基础。

关键词　失效可能性；完整性管理；失效后果

1　前言

随着油气田进入开发后期，原油产量在逐年下降，各管道陆续进入低输量运行阶段，内腐蚀穿孔比例呈加剧升高趋势，给管道安全运行带来巨大隐患。且受施工质量和人为破坏影响，因此有必要将其作为集输管道完整性评价的示范研究对象并在全油田推广，以有效降低事故发生的概率。

2　主要研究内容

2.1　建立集输管道风险评价方法

2.1.1　风险评估方法

风险评价的方法分为定性、定量、半定量三种。定性法主要依靠评价人员工作经验，主观性强，结果的准确度较低。定量评价计算结果准确，但过程复杂，需要有可靠的历史事故数据库作为支撑，国内在数据库方面还比较薄弱，无法有效支撑定量评价法推广。而半定量评价法是对事故可能性和事故后果进行组合计算，形成一个相对风险指标。2012 年，国家能源局发布 SY/T 6891.1—2012《油气管道风险评价》构建了半定量评价体系，此评分体系更适应于我国管道的现状，并将高风险管段定义为 $P<381$ 且 $C>66$、$P<409$ 且 $C>134$。

2.1.2　风险评价体系

根据中原油田地面集输管道运行的实际风险因素，我们在改进的肯特法基础上对腐蚀指数、第三方破坏指数、制造与施工缺陷指数进行了删减和扩项，并对相应的评价分值进行了调整，以使改进肯特法的评价结果更贴近现实。在此基础上，还增加了原油泄漏后分析，以预测原油泄漏可能造成的社会影响。具体评价过程如图 1 所示。

第一步，计算失效可能性评分。失效可能性指标包括第三方破坏指数、腐蚀指数、制造与施工缺陷指数、误操作和地质灾害指数，对每一项的各项数据进行评分，最后求和。评分和表示管道事故发生的相对风险性，指标评分越低，事故发生的概率越高，即安全程度越低。见表 1。

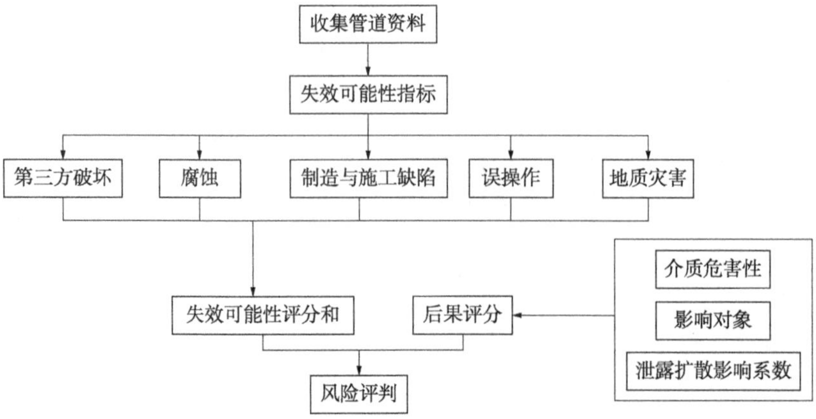

图 1　风险评价流程

表 1　评价指标体系

编号	属性名称	最大分值	编号	属性名称	最大分值
A	腐蚀				
A. 1	产品腐蚀	12	A. 8	防腐层质量	15
A. 2	内腐蚀防护	8	A. 9	防腐层检漏	4
A. 3	土壤腐蚀性	12	A. 10	保护工-人员	3
A. 4	阴保电位水平	8	A. 11	保护工-培训	2
A. 5	阴保电位检测	6	A. 12	外检测	10
A. 6	恒电位仪	5	A. 13	阴保电流	5
A. 7	杂散电流干扰	10	A. 14	管道内检测	100%
注 1：腐蚀得分=100-[100-(A. 1+A. 2+A. 3+A. 4+A. 5+A. 6+A. 7+A. 8+A. 9+A. 10+A. 11+A. 12+A. 13)]×A. 14					
B	第三方损坏				
B. 1	埋深得分	20	B. 6	管道上方活动水平	20
B. 2	巡线频率与巡线效果综合得分	15	B. 7	管道定位与开挖响应	12
B. 3	公众宣传	10	B. 8	管道地面设施	10
B. 4	管道通行带与标识	5	B. 9	公众保护态度	5
B. 5	打孔盗油(气)	10	B. 10	政府态度	5
注 2：第三方损坏得分=B. 1+B. 2+B. 3+B. 4+B. 5+B. 6+B. 7+B. 8+B. 9+B. 10					
C	地质灾害				
C. 1	已识别灾害点-灾害发生可能	10	C. 6	土体类型	20
C. 2	已识别灾害点-引起管道失效可能性	10	C. 7	管道敷设方式	25
C. 3	已识别灾害点-防治措施有效性	100%	C. 8	人类工程活动	15
C. 4	地形地貌	25	C. 9	管道保护状况	5
C. 5	降雨敏感性	10			
注 3：地址灾害得分=MIN[C. 1×C. 2×C. 3，(C. 4+C. 5+C. 6+C. 7+C. 8+C. 9)]；MIN(x1，x2，…，xn)表示取 x1，x2，…，xn 中的最小值					
D	制造与施工缺陷				
D. 1	设计系数	20	D. 5	轴向焊缝缺陷	20
D. 2	压力波动	15	D. 6	环向焊缝缺陷	20
D. 3	水击危害	15	D. 7	管体缺陷修复	10
D. 4	压力试验压力系数	10	D. 8	运行安全裕量	20
注 4：制造与施工缺陷得分=100-[100-(D. 1+D. 2+D. 3+D. 4+D. 5+D. 6+D. 7+D. 8)]×A. 14					
E	误操作				
E. 1	危害识别	6	E. 6	健康检查	2
E. 2	达到 MAOP 的可能性	15	E. 7	员工培训	12
E. 3	安全保护系统	10	E. 8	数据与资料管理	12
E. 4	规程与作业指导	15	E. 9	维护计划执行	10
E. 5	SCADA 通信与控制	5	E. 10	机械失误的防护	15
注 5：误操作得分=E. 1+E. 2+E. 3+E. 4+E. 5+E. 6+E. 7+E. 8+E. 9+E. 10					

第二步，计算失效后果评分。对管输介质危害性、影响对象(人口密度、环境污染、其他影响)、以及泄漏扩散影响系数进行评分，最后求积。它表示管道事故的损失，评分越高，损失越大。

(1) 介质危害性(0~10 分)

输油管道介质危害性得分为介质危害得分与介质危害修正得分之和，最大分值为 10。介质危害评分标准：天然气，9 分；汽油，9 分：原油，8 分；煤油，8 分：柴油，7 分。介质危害修正按评分标准：内压大于 7MPa，1 分；内压大于 0MPa 且小于 7MPa，0 分。

(2) 影响对象(0~10 分)

输油管道得分为以下三项评分之和。

人口密度评分原则：城市，5 分；特定场所，4.5 分；-城镇，4 分：-村屯，3 分；零星住户，2 分；其他 .1.5 分；荒芜人烟，1 分。

环境污染评分原则：饮用水源，5 分；常年有水河流，4 分；湿地，3 分；季节性河流，3 分；池塘、水渠，2.5 分；无，1 分。

其他影响评分原则：易燃易爆仓库，2 分；码头、机场，2 分；铁路、高速公路，2 分；军事设施，1.5 分；国家文物，1 分；其他，1 分；无，0 分。

(3) 泄露扩散影响系数(0~6 分)

计算液体介质泄漏值，并根据插值计算得到泄漏影响系数评分。液体泄漏值计算公式如下，式中 m 为最大泄漏量的液体介质，单位为 kg；T 为沸点(至少 50%的馏点时的沸点)，单位为℃。泄漏扩散影响系数评分依据见表 2。

$$液体泄漏分值 = \lg m \times 1.1023T \times 9/5 + 32 \times 20000$$

表 2　泄漏扩散影响系数评分表

泄漏值	分值	泄漏值	分值
24370	6	7762	3.2
13357	5.5	7057	2.9
12412	5.1	6756	2.8
12143	5	5431	2.2
11746	4.8	4789	2
11349	4.7	4481	1.8
10747	4.4	1288	0.5
10018	4.1	949	0.4
8966	3.7		

2.2　建立管道完整性管理平台

2.2.1　系统简介

系统基于风险评价实现管道的完整性管理，依据风险管理的特点和需要，参考国外风险管理模式，结合我国具体情况，为中原油田油气管道安全生产提供辅助支持。系统包含数据管理、高后果区管理、风险评价、完整性评价、文件体系和系统管理等模块，如图 2 所示。

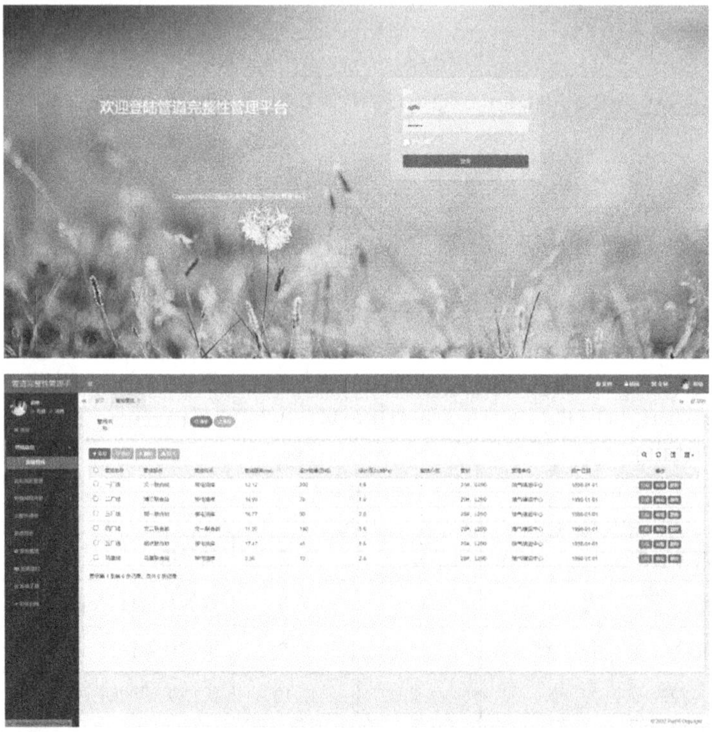

图 2　管道完整性管理平台

2.2.2 数据维护管理

管道完整性评价必须有充分的相关数据来源支撑，并按不同段集输管线进行分类，根据集输管线不同投产时间和管线规格进行划分，并按照管道不同区间的起止点进行细分，并完善其基础数据、管线设计数据、管道高后果区数据管线运行数据和外腐蚀直接评价。用户应根据实际情况的变化，可通过导入和手动录入的方式及时更改数据库中的数据，如图 3 所示。

2.2.3 高后果区管理

系统可以根据数据模块中，管道穿跨越中的穿跨越种类、居民户数以及地区等级自动筛选出符合高后果区判断标准的管道，并推送到管理员的页面中，并由管理员上报并完善整改措施，如图 4 所示。

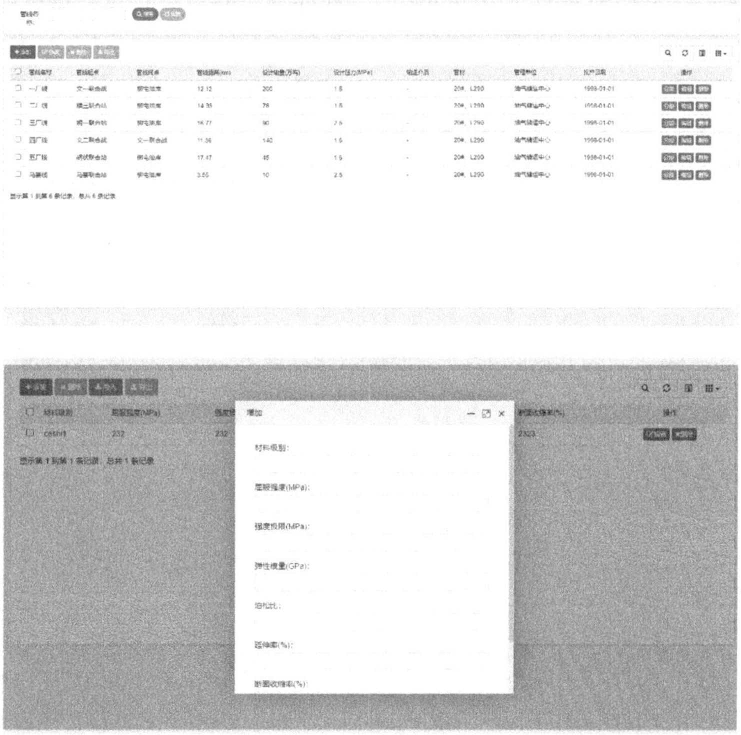

图 3　数据维护管理

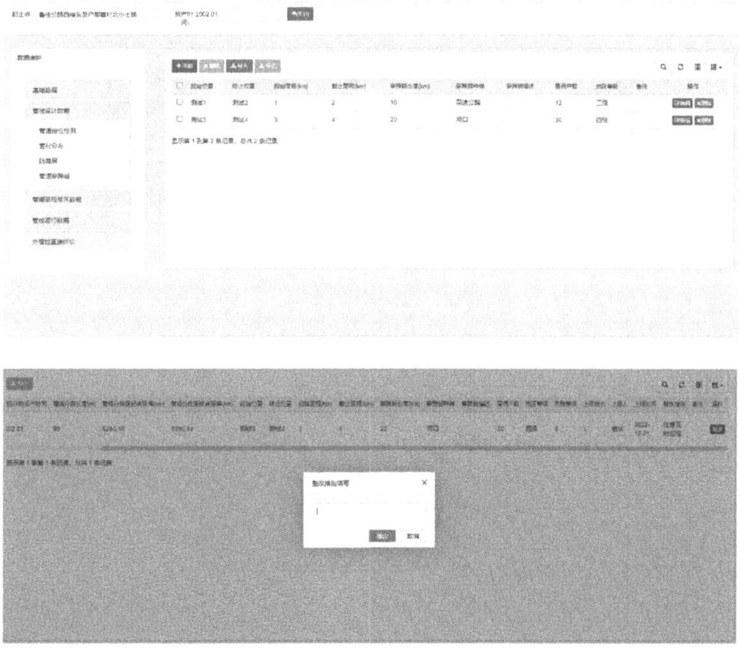

图 4　高后果区管理

2.2.4　管线风险评价

风险评价就是对管线或管段风险进行初始排序，以便找出高风险管线或管段。软件采用“评分系统”技术(即将可能增添管线风险的各种环境、条件等因素赋予分值，并最终形成管线的风险值)，运用详细风险评估模型进行管道的风险评价和分析。

管线的风险评价主要包括第三方损坏指标、腐蚀指标、制造与施工指标、误操作指标、自然灾害指标和失效后果指标，并计算出该管线的失效可能性、失效后果以及综合风险值，并通过统计图表的方式展示其风险情况。

高后果区评价模块主要通过输入该管线的泄漏数据，来计算其液体泄漏率、原油泄漏量、液池面积、液池半径以及预算剩余寿命，如图5所示。

2.2.5　完整性评价

完整性评价模块，针对不同的管道进行完整性评价，并将该管道数据模块，高后果区管理模块以及初级风险评价模块的数据、计算结果和统计图表生成word报告，如图6所示。

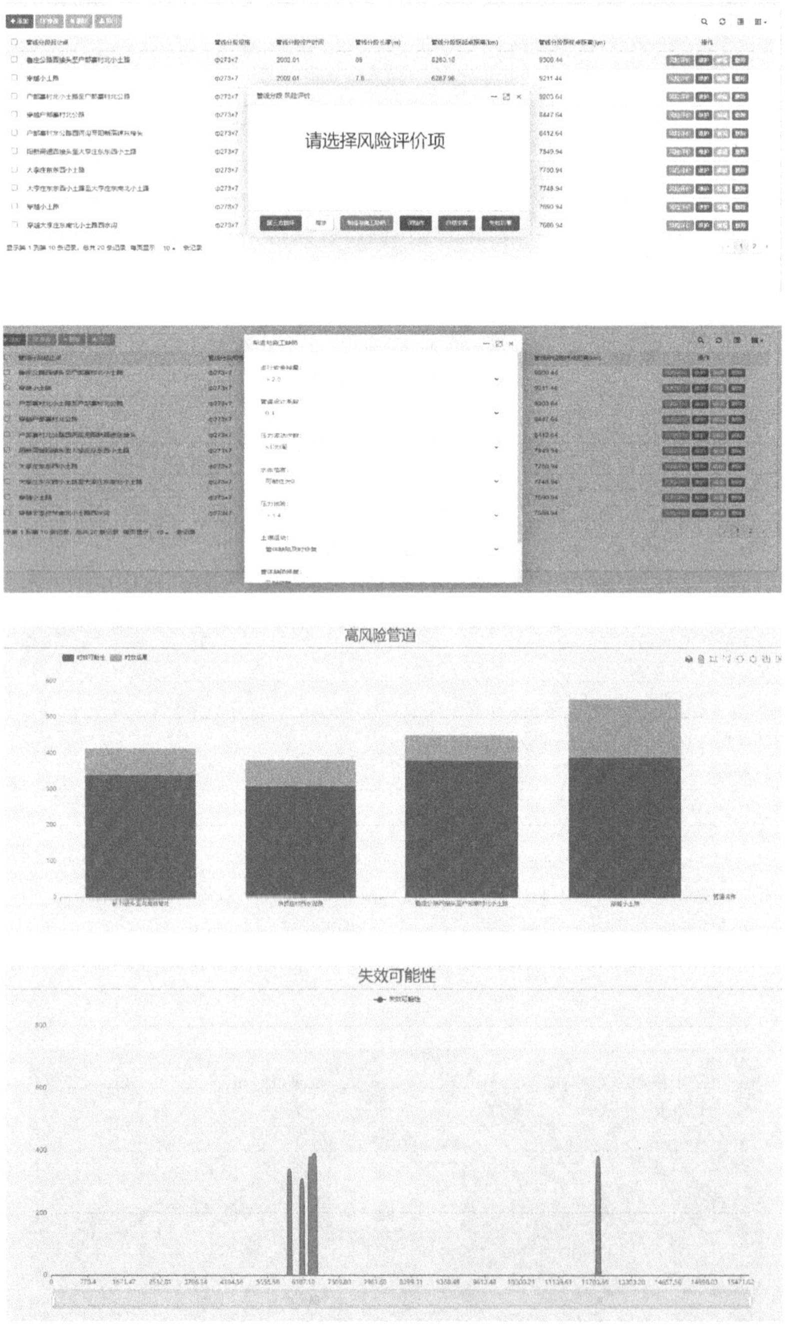

图5　管线风险评价

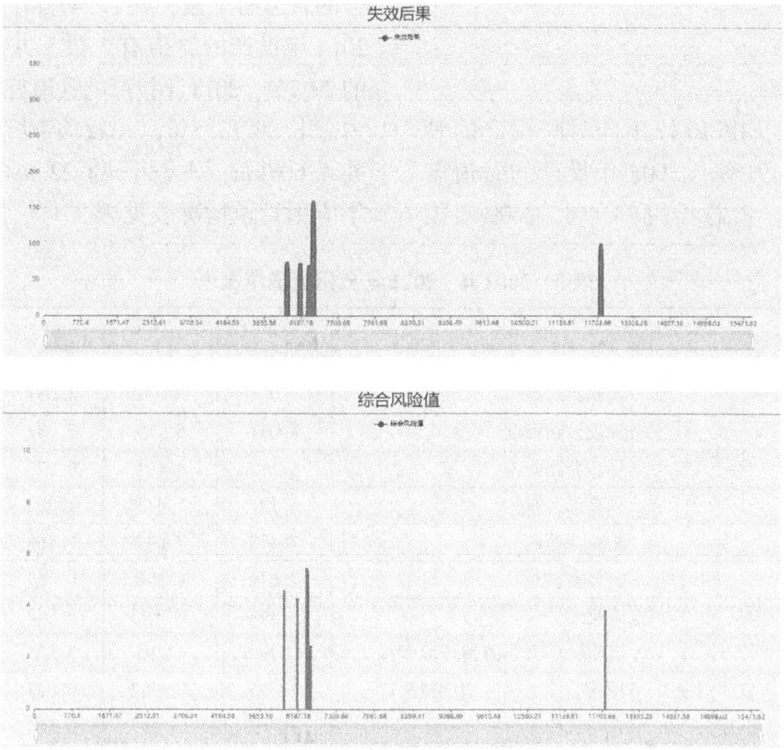

图 5　管线风险评价(续)

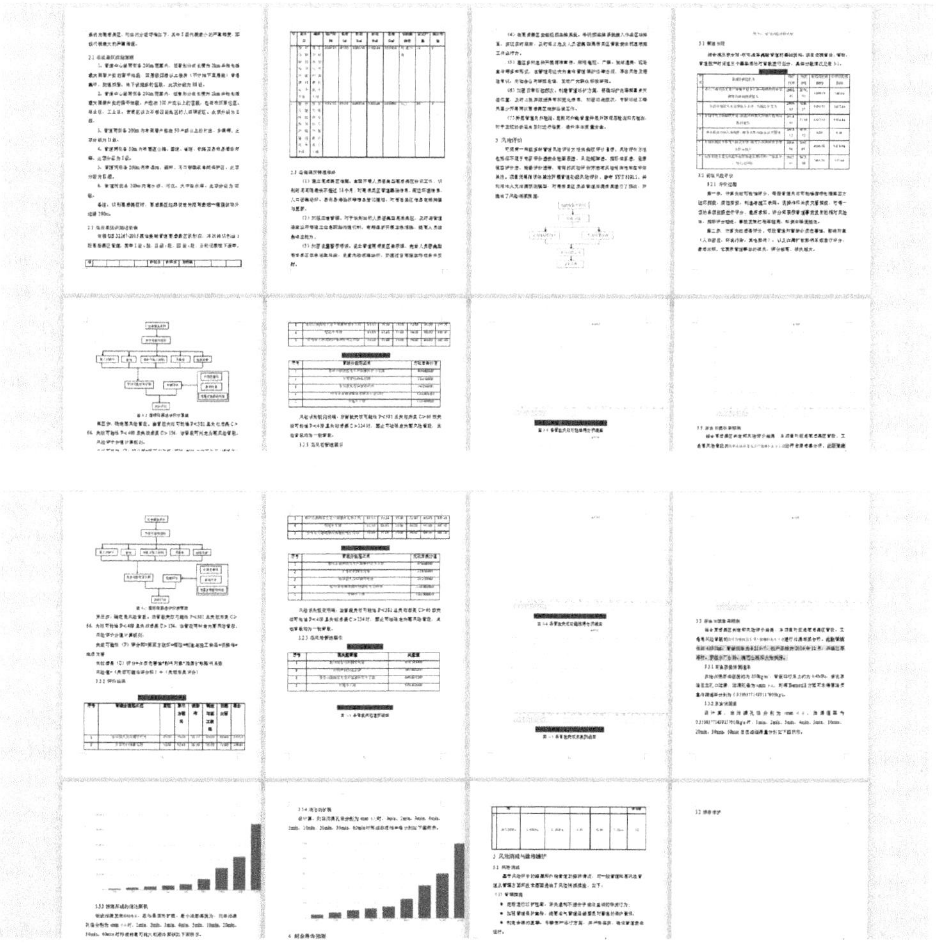

图 6　word 报告

3 应用效果

3.1 应用管道情况

管道情况复杂，由 10 段不同时间投产的管道组成，总长 15.491 米。2002 年投产的管道有 3 段，共 2.076km，占总长的 13.4%，2009 年投产的管道有 1 段，共 3.247km，占总长的 21.0%，2014 年投产的管道有 3 段，共 4.607km，占总长的 29.7%，2018 年投产的管道有 1 段，共 2.088km，占总长的 13.5%，2022 年投产的管道有 2 段，共 4.607km，占总长的 22.4%。2002 年～2022 年应用管道情况表见表 3。

表 3 2002 年～2022 年应用管道情况表

序号	起始点	终止点	起始里程/km	终止里程/km	长度/km	规格	管道投产时间
1	濮三联	大张拱跨西	0	4.031	4.031	ϕ219×7	2014.12
2	大张拱跨西	逯庄公路西北	4.031	6.119	2.088	ϕ219×7	2018.06
3	逯庄公路西北	逯庄公路西南	6.119	6.191	0.072	ϕ219×7	2014.05
4	逯庄公路西南	阳新高速东	6.191	7.473	1.282	ϕ273×7	2002.01
5	阳新高速东	阳新高速西	7.473	7.641	0.168	ϕ159×4.5	2022.01
6	阳新高速西	新老寨村东	7.641	8.398	0.757	ϕ273×7	2002.01
7	新老寨村东	大堤北	8.398	11.645	3.247	ϕ219×7	2009.05
8	大堤北	濮柳公路大拱跨南玻璃钢接头	11.645	14.95	3.305	ϕ159×4.5	2022.01
9	濮柳公路大拱跨南玻璃钢接头	濮柳公路大拱跨南钢接头	14.95	14.987	0.037	ϕ273×7	2002.01
10	濮柳公路大拱跨南钢接头	柳屯油库	14.987	15.491	0.504	ϕ219×10	2014.12

3.2 评价结果

此次评价综合考虑了管道管径、管材、管道投产时间、管道周边人口密度、管道穿跨越等情况，识别了管道沿线的高后果区，并进行了风险评价。

(1) 管道材质虽仅有 20#和玻璃钢两种，但各管道投产年限和管道规格存在差异，管道穿跨越情况也具有较大的复杂性。

(2) 识别出管道高后果区 10 处。其中 HCA1(高后果区 1)长 4.031km，途径后李海村、濮范公路(20m)、大张盐水厂柏油路，附近居民 1249 户，评为Ⅲ级；HCA4(高后果区 4)离后郭庄村较近，附近居民 356 户，评为Ⅱ级；HCA7(高后果区 7)离大李庄村较近，附近居民 325 户，并穿越濮范高速公路(12.8m)，评为Ⅱ级；HCA8(高后果区 8)有一处 154.3m 长金堤拱跨，附近距张果村和董老寨村较近，评为Ⅲ级；HCA9(高后果区 9)不仅穿越 70m 长濮清南河，还距安什八朗村、高韩村较近，附近居民约 780 户，评为Ⅲ级。

(3) 风险评价结果显示第 1 段、第 7 段、第 8 段、第 11 段第为高风险管段。这几条管段穿跨越情况复杂，人员密集，且地面活动水平和压力波动较大，因此管段发生的风险较高，因此应及时采取风险缓解措施。

(4) 当泄漏类型为孔口泄漏，泄漏以小孔(6mm)和中孔(25mm)发生时，质量泄漏速率分别为 0.353kg/s、6.126kg/s，10min 后原油泄漏量分别可达 635.0kg、11027.6kg。

4 结语

本文所介绍的完整性管理平台及风险评价软件，使用了半定量的风险评价方法，对于服役年限较长的地面集输系统应用性比较强，应用难度适中，充分契合了老旧地面集输系统的运行状况及管道安全运行需要。但随着科技进步，定量评价方法将成为油气集输管道风险评价的主流方式方法，但受限于目前国内管道失效数据库及专用软件的缺失、导致定量评价方法的应用难度较大，相信未来定量风险评价软件的开发、失效数据库的建立会成为未来油气管道风险评价领域的发展方向。

参 考 文 献

[1] 赵建平，缪春生，孙涛. 液化气埋地压力管道风险评价方法[J]. 南京工业大学学报(自然科学版)，2004，26(2)：18-23.

[2] 张宝良，姬宗江，张飞鹏，等. 大庆油田埋地管道完整性管理的应用[J]. 油气田地面工程，2019，38(10)：124-128.

[3] 王福众，帅健. 输油管道完整性管理体系及其应用[J]. 焊罐 2013(12)：60-65.

油田地面集输管道完整性管理技术探索与实践

张　珊　易慧君

（中国石化中原油田公司）

摘　要　本文针对油田地面集输管道输送介质相态不单一、管道输送环境较差、管道腐蚀问题严重等现状，积累集输管道完整性全生命周期数据、应用管道完整性管理系统平台、开展集输管道完整性管理技术科研攻关；分析《油气管道风险评价方法 第1部分：半定量评价法》内半定量评价方案，结合集输管道运行管理实际情况，开展影响集输管道风险因素的指标及其所占比重研究，建立了适用于集输管道"初级风险评价+高后果区后果定量评价"的风险评价方法。研发提供了一种不停产、不开挖管道在线检测技术，可有效检测管道内外腐蚀、应力变形等多种缺陷。根据检测到的轴向、法向、切向三个维度磁通量变化，通过积分计算得出管道缺陷危险等级系数，建立管道缺陷的定性指标及等级划分方法，并对不同等级的管道运行状况给出指导性的安全运行压力及周期。通过集输管道完整性管理技术探索与实践，逐步完善集输管道完整性管理体系。采用适合方法筛选出高风险级管道，作为重点管理对象，通过开展有针对性的内外检测、评价和修复工作，实施更换应用玻璃钢管道项目，强化日常管理及维护工作，降低失效率，降低更换和维护费用，降低技术人员管理难度，消减集输管道运行风险，提升集输管道运行管理水平，实现延长管道寿命、提升本质安全和降本增效。

关键词　集输管道；风险评价；无损检测；玻璃钢管道

1　前言

中原油田油气储运中心开展管道完整性管理技术研究已10余年，基于实施流程的界面设计研发了管道完整性管理系统平台，实现了管道完整性管理的统一化、模式化、数字化。为了最终达到持续改进、减少和预防管道事故发生、经济合理地保证管道安全运行的目的，近年来也一直在不断进行集输管道完整性管理技术探索与实践。

2　建立"初级风险评价+高后果区后果定量评价"风险评价方法

中原油田集输管道除部分跨越河流、道路地段采用架空铺设外其余均为埋地管段，由于管道地处横跨河南、山东两省，点多、面广、线长，管线腐蚀老化严重，更重要的是不法分子受经济利益驱动非法打孔窃油、造成穿孔事件经常发生。

风险评价的目的是对系统中的风险进行识别和排序，根据评价结果，管理者可以决定怎样、在哪里、什么时候分配用来降低风险的资源从而提高管道系统完整性。

2.1　初级风险评价

根据中原油田集输管道评估需求、可用资源以及评估者的专业能力和经验，分析《油气管道风险评价方法 第1部分：半定量评价法》内半定量评价方案，结合集输管道运行管理实际情况，研究影响集输管道风险因素的指标及其所占比重，开展中原油田集输管道风险评价，如图1所示。

管道风险评价：

首先，计算评价模块的"指数和"。这些评分项大致与管道事故报告的典型分类相对应，即每个项目大致反映了一种事故类型。根据它包括的指标，对每一项的各项数据进行评分，得到该项的指数，对每项指标通过泄漏历史的调整，求出每项指标的最后评估值，然后这些指标乘以各自的权重后求和，得到"指数和"。评分"指数和"表示管道事故发生的相对风险性，指标评分越低，事故发生的概率越高，即安全程度越低。通过对"指数和"做归一化处理，得到管段的相对失效概率（0~1之间），相对失效概率越大，事故发生的概率越高。

其次，对管输介质特性、管道运行状态、管道位置以及管道附近人口密度，环境敏感性、高

	二级	评价指标	评分依据				
腐蚀100分	环境腐蚀20分	管道暴露情况5	没有管道裸露在空气中，5分	土壤/空气交界面，3分	保护层，2分	套管，1分	水/空气交界面，0分
		空气类型10	没有暴露情况，10分	湿底低，8分	高湿度、高温，6分	含盐、CO_2等的空气，3分	
		管道防腐层5	高质量防腐层，5分	一般防腐层，3分	没有防腐层，0分		
	内腐蚀25分	介质腐蚀性12	输入平均腐蚀速率，确定介质腐蚀性等级。1级，12分；2级，8分；3级，4分；4级，2分；5级，0分。				
		内腐蚀防护8	多选，评分和：本质安全，8分；内涂层，4分；内腐蚀监测，3分；清管，2.5分；注入缓蚀剂，2分；无防护，0分				
		腐蚀穿孔次数5	0次，5分	1次，4分	2-5次，3分	6-10次，1分	10次以上，0分
	土壤腐蚀性12分	土壤电阻率12	>50Ω·m，12分	20~50Ω·m，8分	<20Ω·m，0分		<20Ω·m，0分
	外腐蚀防护43分	阴极保护电位8	-0.85-1.2V，8分	-1.2~-1.5V，6分	不在规定范围内，2分	无，0分	
		防腐层质量15	输入当量破损点个数(P)，个/千米。0，15分；0~5，10分；5~30，5分；30~6，0分。无阴极保护系统的管道：P=一级破损点个数+2*二级破损点个数+5*三级破损点个数。有阴极保护系统的管道：P=二级破损点个数+5*三级破损点个数。				
		外检测频率10	距今小于5年，10分	距今5至8年，6分	距今>8年，2分	未进行，0分	
		杂散电流干扰10	无干扰，10分	直流干扰已防护，8分	交流干扰未防护，4分	屏蔽，1分	直流干扰未防护，0分

图 1　腐蚀指标扩项评价指标

价值地区等因素评分，得出“泄漏冲击指数”。它表示管道事故的损失，评分越高，损失越大。

最后，将通过归一化处理得到的管段相对失效概率乘以泄漏冲击指数，得到管道的风险值，风险值越大，表示管段的危险程度越高。对管道的各段利用此技术进行评估，其最后结果(相对风险值)反映了管道相对风险程度，如图 2 所示。

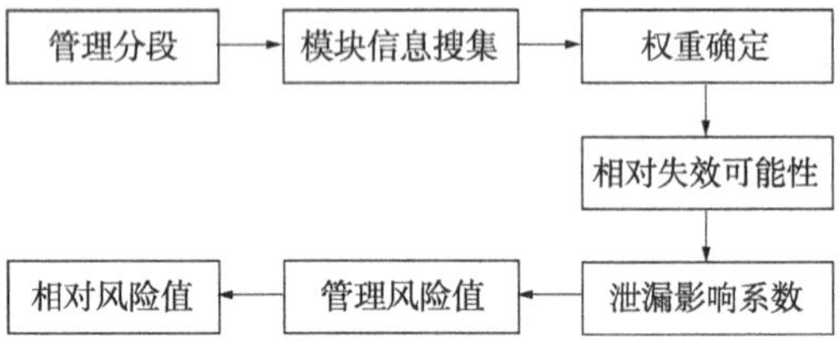

图 2　油气集输管道初级风险评价主要步骤

2.2　高后果区后果定量评价

对人口密集型高后果区管段进行分析评价。选择泄露类型(泄漏或者断裂，泄露点管道直径分别选取 100mm、275mm)，分别计算泄漏速率与泄漏量，液池面积、喷射火灾害。

例：计算泄露发生后，不同时间下的泄漏量。质量泄露速率 Q_0 和泄漏量 W 计算公式如下：

$$Q_0=\alpha C_0 A\rho\sqrt{\frac{2(p-p_0)}{\rho}+2gh}$$

$$W=Q_0\times t$$

式中，Q_0 为质量泄露速率；W 为泄漏量；α 为修正系数，一般取 0.85；C_0 为液体泄漏系数；A 为泄漏裂口的面积，m^2；ρ 为液体密度，kg/m^3；p、p_0 分别为管道压力和大气压力，Pa；h 为泄漏孔处的液位高度，m；g 为重力加速度，$g=9.7804m/s^2$；T 为沸点，℃；t 为泄露时间，s。

3　研发金属磁记忆无损检测技术

3.1　研发背景

原油集输管道在长期服役过程中，在各种环境载荷、工作载荷等外载荷作用下很容易产生腐蚀泄漏，进而可能造成事故发生和财产损失，因此对管道进行定期检测尤为重要。

油气储运中心管辖中原油田原油集输管道 76.7 公里，承担着分公司四个采油厂 85%原油的外输任务，其中 55.2 公里管道投用时间已经在 10 年以上。利用 PCM 机和 DM 机每年两次对全部管段进行外防腐层破损检测，先后发现百处外腐蚀缺陷点，逐一进行了补强处置，但是设备无法对管道内腐蚀缺陷进行检测。

需要一种不开挖检测技术进行缺陷检测，这种技术检测时管道不用开挖，避免发生大量的青苗及地面附着物费用，而且不破坏原有的防腐、保温层，准确率高、精度高、检测速度快，可以不用停产在线检测，彻底解决带保温层的金属管道内腐蚀缺陷无法检测问题。

3.2　检测原理

金属磁记忆检测技术的检测原理是在地磁环境中，铁磁材料受周期载荷作用，缺陷处的磁导率减小，缺陷处表面的漏磁场就会增大，卸掉载荷后工件依然保留这些特征，漏磁场“记忆”了铁磁构件的缺陷或应力集中的位置，这就是“磁记忆”效应。

当铁磁性材料表面发生损伤时，损伤周围的磁畴就会重新排列，损伤周围的磁场也就发生了变化这样我们就可以检测到这个变化，通过软件进行数据分析处理我们就可以得到该异常点的位置，异常等级等信息。

运行中的管道管体上会产生一定的应力分布，管道在地磁的作用下，在应力集中区磁场会发生畸变，我们通过检测管体上的磁场变化，定位应力集中区，就可以找到管体上因腐蚀缺陷、几何形变等原因造成的缺陷。

金属磁记忆检测技术是在不停产、不开挖管道以及不破坏原有的防腐、保温层的情况下，对管道进行缺陷检测。该检测技术准确率高、精度高、速度快，可彻底解决带保温层的金属管道内腐蚀缺陷无法检测问题，如图 3 所示。

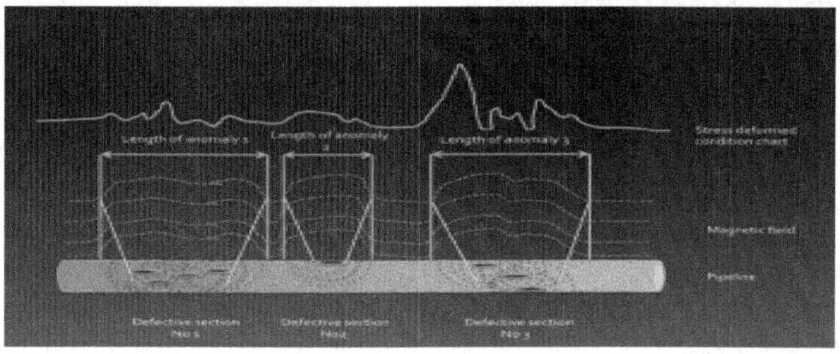

图 3　检测原理图

3.3　技术难点

难点 1—采集数据：数据采集是第一步，看似简单，实则不然。使用仪器采集数据的时候，需要匀速前进，步伐是否平稳、是否在管线的正上方、步伐速度的快慢都会对采集来的数据有影响。

难点 2—数据分析：应用金属磁记忆检测技术数据预处理软件对采集的埋地管道数据进行处理，分析检测数据的时候，有很多因素需要考虑，比如管线的运行状况、周围环境对磁场的干扰，筛选数据是最关键也是最复杂的一步。筛选数据的时候，删点的标准依据管线的不同状况需要针对性调整。

难点 3—确定开挖点：数据分析完成之后，需要在初步检测结果的基础上，筛除现场的干扰点，确定最后的探坑开挖点。如何准确筛除干扰点对检测准确性也是关键一步。

3.4　应用效果

金属磁记忆检测技术是对常规内检测技术的补充；功能模块设计合理，信号采集设备的检测精度和抗干扰能力强；研发了现场数据采集和完整性管理相结合的干扰因素筛除技术，缺陷点检测准确率提高到 60% 以上。通过对国内外无损检测评价定级方法的研究，建立新型的磁记忆检测技术评价定级方法，实现了缺陷严重程度的定量计算。

现在达到可以按管道实际需要在管道上的任意管段上进行分段检测。管道缺陷位置定位可达到亚米级，并根据缺陷严重程度进行缺陷分类，分级结果复核准确率达到 85%以上，如图 4 所示。

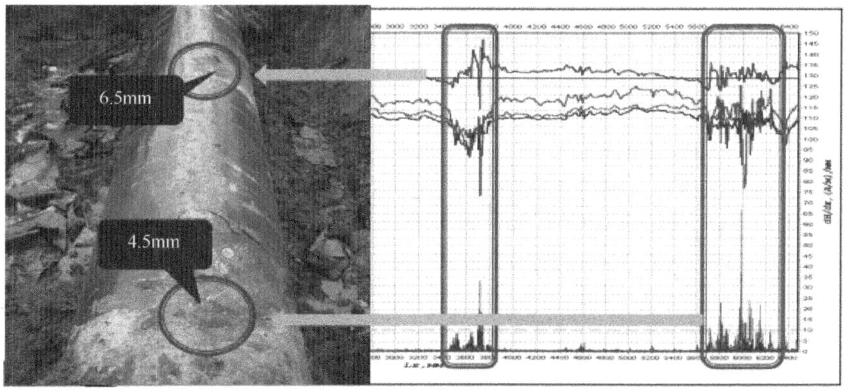

图 4　检测结果分析对照图

4 实施应用玻璃钢管道

4.1 应用背景

中原油田采用的玻璃钢管道规格型号为高压玻璃钢管，更换玻璃钢管道的原因如下：

一是由于管线投产运行时间长，部分管段腐蚀严重，多次发生内腐蚀穿孔情况，内腐蚀成为造成管道泄漏的主要原因，某段管线平均运行10年，运行时间久，内腐蚀严重，仅2018、2019年就排查出此管段16处防腐层破损裸露点和15处管道壁厚减薄点，使运行成本增加，存在环保隐患，影响安全生产。

二是随着原油集中稳定项目投产后，原油含水率进一步提高，对运行的钢质管道的腐蚀性会进一步加剧，对生产运行造成了极大的安全隐患。

三是输油量远远低于原设计规模，管线管径偏大，需要根据输油量重新选取合理管径。

四是长时间低输量运行导致管道沿程温降大，部分管道运行温度超过管道设计运行温度。高温运行会造成沥青防腐层的脱落，管线外壁长期暴露在腐蚀介质中，加速管线外腐蚀，缩短管线使用寿命，降低安全运行系数。

4.2 技术改进

由于玻璃钢管属于非金属管材，当路由标志桩丢失，田地重新耕种后巡护人员无法用雷迪DM再准确的探测玻璃钢管道定位路由的问题。同沟敷设示踪线，解决探测难题。用DM管道防腐层探测仪的发射器一头与裸漏出来的示踪线一头连接，发射器另一头连接钢钎插入大地；与接入大地的另一头示踪线形成一个回路，探测仪接收器会探测到闭合回路产生的磁场，从而间接判断玻璃钢管线的位置。

由于部分管线穿越河渠时，管线是直接裸漏在外的，如长期在太阳的照射下，玻璃钢管容易老化，产生脆性玻璃钢管防紫外线、抗静电能力差的问题。在生产过程中添加抗静电剂、抗紫外线吸收剂。

4.3 效益

通过更换玻璃钢管材，消除了内腐蚀穿孔带来泄露风险。同时把不同规格交叉敷设的两种大管径更换为换为同一种小管径，管线的最小安全输量由24m³/h降到了21m³/h，增加了管线的生产运行使用寿命。

由于玻璃钢管的热损耗率比钢管低，管道的温降相应降低，根据实际运行情况出站温度同比降低10℃，依然能满足进库温度。一条集输管线每年就可节约气量12万方，减少碳排放235吨，每年总计节省费用达83万元。

5 结束语

油田地面集输管道完整性管理技术综合利用了工程技术、管理技术和信息技术，初步实现了对管道系统全生命周期内的全面监测、评估和预测。未来，随着科技不断进步和创新，油田地面集输管道完整性管理技术将可以有更广泛的技术探索与实践，并为管道安全稳定运行做出更大的贡献。

参 考 文 献

[1] 汤林，付勇，徐英俊，等. 油气田管道完整性管理工作进展及展望[J]. 石油规划设计，2019，30(2)：1-4.

[2] 汤林，付勇. 油气田管道完整性管理研究与实践[J]. 油气田地面工程，2018，37(12)：1-5.

[3] 吴建军. 智能化管线建设技术难点与应用效果[J]. 当代石油石化，2018，26(11)：47-52.

[4] 徐长虹，朱宏斌，朱能发. 示踪导线法在非金属管线探测中的应用[J]. 城市勘测，2011(01)：159-163.

[5] 任悦，刘铠铭，杨舒迪，等. 油田管道风险及完整性评价体系构建与应用[J]. 吉林大学学报(信息科学版)，2020，38(2)：220-226.

长输管道干线互联对阴极保护完整性影响分析与建议

孙 涛 朱瑞华

（中油国际管道公司）

摘 要 中亚管道ABC线的建成运营后，为保证乌国铁路穿越管道施工期间不影响管道输气生产，需要临时换管并将B/C线管道进行互联。本文通过对中乌管道BC线互联前后阴保电位监测数据分析，整理互联点前后不同距离阴保电位变化特点，简要阐述并行敷设长输管道互联对独立阴保系统的影响，并初步探讨应采取的优化措施。根据运营需要并提高管输稳定性，中亚管道也在积极推动A/B/C线多处互联，本文的研究论述将为实施互联工程并确保互联前后管道的阴极保护系统的完整性和保护效能，提供参考和依据。

关键词 中亚管道；阴极保护；互联；影响

1 引言

中亚天然气管道是中国重要的能源战略通道，将产于中亚腹地土库曼斯坦的天然气，自西向东横跨乌兹别克斯坦、哈萨克斯坦输送到中国。管道起点位于土库曼斯坦与乌兹别克斯坦边境的格达伊姆，终点位于中国新疆的霍尔果斯，目前已建成A/B/C共三条输气管线，三条管线并行敷设。本文所述中乌天然气管道项目是中亚天然气管道项目的重要组成部分，管道西起土库曼斯坦与乌兹别克斯坦边境，东至乌兹别克斯坦与哈萨克斯坦哈边境，管道沿线设压缩机站、计量站和阀室。

中乌天然气管道A/B/C线在运行期内，因所在国政府规划建设的铁路穿越管道，需要在铁路穿越处进行换管施工。为有效完成在换管施工期间不影响天然气输送任务，需要从C线15#阀室预留管线接头处连接一条跨接管线至B线10#阀室上游管道，连接管道（以下简称“互联段”）无绝缘接头设置。

A/B线与C线建设时期不同，因此A/B线设置有独立的阴极保护系统，C线设置有独立的阴极保护系统。互联段将分别有独立阴极保护系统的3条管线连接起来，也使两套阴极保护系统连接起来，形成了综合阴极保护系统。上述情况对阴极保护系统的正常工作是否产生影响，产生什么样的影响，并没有成熟经验可以参考。本文通过现场实践测试及数据分析，浅析管道互联对阴极保护系统的影响，并尝试提出相关建议。

2 技术思路和研究方法

中乌天然气管道A/B/C线工程干线管道采用三层聚乙烯防腐、热煨弯管采用双层环氧粉末防腐形式，管道连接段采用配套的聚乙烯热收缩带补口；为了便于日常管理以及检查阴极保护系统的作用效果，管道沿线每公里设置有阴极保护测试桩。同时，各阴极保护站的阴保设备配置有阴极保护数据远传接口，以实现阴极保护电位数据的异地远传。

互联段前、后60km的中乌天然气管道A/B/C线为长距离并行输气管道，管径是ϕ1067mm，采用三层聚乙烯（3LPE）结构防腐，设计压力9.81MPa，输气管道采用顶钢套管穿越高等级公路、铁路多条，管道沿线地质条件复杂，包括平原、丘陵、沙地、盐（沼）地等多种地形地貌单元，土壤腐蚀性较强，给管道抗腐蚀损坏带来不利影响。

本文通过对距离管道互联段阴保站阴保设备记录参数及互联段上下游管道阴保电位的综合分析，结合相对设计保护电位的变化，判断管道互联对管道阴极保护的影响。

2.1 阴保站参数

互联前后测得的中乌管道A/B/C线阴保站相关参数见表1。

表 1　中乌管道 B/C 线互联处相关阴保站参数

A/B 线阴保站			C 线阴保站			
名称	自然电位	通电点电位	名称	自然电位	互联前通电点电位	互联后通电点电位
WKC2	-0.78	-1.1	BVS. 13	-0.46	-1.18	-1.1
BVS. 11	-0.7	-1.1	BVS. 17	-0.63	-1.1	-1.1

从数据上看，管道自然电位存在偏负的情况。管道自然电位偏负有多种可能的原因，如阴极保护系统停运时间短、管道未达到完全退极化、管段沿线临时保护的牺牲阳极未能彻底摘除、存在明显的外界直流干扰等；

2.2　管道阴保电位参数

测得的中乌管道 A/B/C 线管道保护电位检测数据见表 2。

表 2　中乌管道 B/C 线互连后管道上、下游 30 公里阴保电位

序号	管道里程	A/B 线区间	A 线(V)	B 线(V)	C 线区间	C 线(V)
1	291km	8 号阀室~9 号阀室	-0.91	-0.91	13 号阀室~14 号阀室	-1.10
2	292km		-0.91	-0.91		-1.11
3	293km		-0.91	-0.91		-1.10
4	294km		-1.06	-1.06		-1.10
5	295km		-1.06	-1.06	14 号阀室~15 号阀室	-0.90
6	296km		-1.06	-1.06		-0.91
7	297km	9 号阀室~10 号阀室	-1.07	-1.07		-0.89
8	298km		-1.07	-1.07		-0.90
9	299km		-1.07	-1.07		-0.87
10	300km		-1.09	-1.09		-1.10
11	301km		-1.10	-1.10		-1.10
12	302km		-1.11	-1.11		-1.12
13	303km		-1.12	-1.12		-0.99
14	304km		-1.12	-1.12		-0.98
15	305km		-1.13	-1.13		-0.98
16	306km		-1.14	-1.14		-0.98
17	307km		-1.08	-1.08		-1.11
18	308km		-1.08	-1.08		-1.12
19	309km		-1.08	-1.08		-1.12
20	310km		-1.08	-1.08		-0.95
21	311km		-1.07	-1.07		-1.12
22	312km		-1.07	-1.07		-1.10
23	313km		-1.07	-1.07		-1.10
24	314km		-1.07	-1.07		-0.99
25	315km		-1.08	-1.08		-0.98
26	316km		-1.07	-1.07		-0.98
27	317km		-1.07	-1.07		-1.00
28	318km		-1.06	-1.06		-0.98
29	319km		-1.07	-1.07		-0.91
30	320km		-1.03	-1.03		-1.02
31	321km		-1.02	-1.02		-1.02

续表

序号	管道里程	A/B 线区间	A 线(V)	B 线(V)	C 线区间	C 线(V)
32	322km	10 号阀室~11 号阀室	-1.02	-1.02	15 号阀室~16 号阀室	-1.02
33	323km		-1.02	-1.02		-1.02
34	324km		-1.02	-1.02		-1.03
35	325km		-1.03	-1.03		-1.04
36	326km		-1.05	-1.05		-1.04
37	327km		-1.06	-1.06		-1.04
38	328km		-1.06	-1.06		-1.08
39	329km		-1.06	-1.06		-1.08
40	330km		-1.06	-1.06		-1.08
41	331km		-1.08	-1.08		-1.08
42	332km		-1.08	-1.08		-1.04
43	333km		-1.08	-1.08		-1.04
44	334km		-1.08	-1.08		-1.06
45	335km		-1.08	-1.08		-1.07
46	336km		-1.08	-1.08		-1.06
47	337km		-1.07	-1.07		-1.07
48	338km		-1.08	-1.08		-1.07
49	339km		-1.03	-1.03		-1.08
50	340km		-1.08	-1.08		-1.08
51	341km		-1.05	-1.05		-1.09
52	342km		-1.06	-1.06		-1.08
53	343km		-1.08	-1.08		-1.08
54	344km		-1.08	-1.08		-1.09
55	345km		-1.08	-1.08		-1.08
56	346km		-1.09	-1.09		-1.08
57			-1.10	-1.10		-1.09
58			-1.10	-1.10		-1.08
59			-1.11	-1.11		-1.08
60			-1.10	-1.10	16 号阀室~17 号阀室	-1.11
61			-1.10	-1.10		-1.10

从表 2 检测数据可以判断，管道“干线”(站外管道)整体保护状况良好，管/地保护电位都达到了标准规范-0.85V(相对饱和 CU/CUSO4 参比电极)的最小保护电位要求，同时保护电位并未超出-0.85V~-1.15V 的保护范围。

3　结果和效果

依据国际欧盟的标准 BS EN 50162—2004《直流系统中杂散电流引起腐蚀的防护》相关规定，“遭受杂散电流干扰的阴极保护管道，在被检测出的保护电位满足标准规定的保护电位要求是可以被接收的。”

综合分析表 1 和表 2 的阴保数据，A/B/C 线互联前后干线管道和阴保站测得的阴保数据均在正常范围内，表明管道仍处于保护状态下。管道互联未发现对阴保系统产生不利影响。

管道互联既保证了管道正常输气生产，最大限度减少了第三方铁路穿越管道的影响，又保证管道仍处于阴极保护。上述措施经实践检验有效、可靠。

4 结论

中乌天然气管道在进入稳定运行期后，随着所在国经济发展，与管道沿线有冲突的设施建设会逐渐增多，对管道的安全稳定运行影响会逐步增加。本文阐述的管道互联对阴保系统的影响，通过实际检测数据分析，验证管道互联对阴保系统未产生负面影响，可以支持管道互联做为灵活处置第三方建设影响的一种应对措施。

考虑到 A/B/C 线建设期不同，管道防腐层材料和老化程度均不同，阴保系统的保护效果也有偏差。因此，管道互联做为短期处置措施对阴保系统影响不大，但长期运行需要进一步分析，并综合考虑对干线(站外)管道防腐层进行全面、系统的漏点检测，根据漏点检测的结果对管道防腐层的完整性进行评估，并对发现的防腐层较为严重的损坏点进行有计划的修复、完善；同时，也应当对沿线干扰源的类型、干扰影响规律、干扰影响程度及范围等做进一步的调查和必要的检测，并根据专项检测结果采取“拆除并移走干扰影响源”、或“对干扰区段(尤其是电位偏正区段)管道施加排流保护设施”等有效排流保护措施。

浅析在线含水分析仪在管输原油交接计量中的应用

杜　莎[1]　田国华[2]　刘战营[1]　张　红[1]　郑　冰[1]　高　涛[1]　宋　睿[1]　翟中杨[1]

（1. 中国石油华北油田公司第四采油厂；2. 河北储气库分公司）

摘　要　含水测量是管输原油交接计量中的重要一环，一般采用人工化验方式进行，普遍存在员工劳动强度大，所取油样代表性不强，人为影响因素多等问题。通过对射频、红外线两种类型在线含水分析仪的现场应用，配套完善工艺设备设施，搭建自动计量交接系统平台，实现了管输原油人工化验交接向在线计量交接的转变，对提升站场自动化程度、减少人力物力消耗、提高计量准确度及管理水平等方面具有重要意义。

关键词　原油含水率；原油交接；计量；射频；红外线

在油田企业中，管输原油含水检测主要依托人工化验“蒸馏法”的方式进行，这种方法化验时间长，取样间隔长，所取油样代表性不强，易造成原油交接纠纷，同时含水原油交接工作需多部门人员协同，过程复杂繁琐，近年来随着员工队伍老龄化，原油交接岗位人员紧张、劳动强度增大的问题日益凸显。华北油田公司第四采油厂于2019—2021年先后在泉古线、务古线两条输油管线上，采用射频和红外线两种原理的在线含水分析仪进行现场应用，取得较好效果，并通过自主编程及数据、界面组态，完成管输原油含水、液量、油量等交接数据集中显示，实现该厂由管输原油人工化验交接向自动交接计量的转变，达到了提高场站信息自动化程度，减员增效的目的。

1　概况

1.1　管线概况

华北油田第四采油厂在运2条厂级内部原油交接管线，分别为泉古线和务古线，主要负责汇集上游两个采油作业区的产液，经泉241站和务一站分别管输至古大站集中脱水处理并外输。受单井产液、卸油量不稳定、油量低等因素影响，2条管线运行方式均为油水交替轮输，所输原油含水波动在0-100%之间，其中原油输送段含水小于10%。管线情况见表1。

表1　输油管线基础概况

管线名称	输送介质	规格/mm	长度/km	实际输量/(m^3/h)	首末站温度/(℃/℃)	输送压力/MPa	管材	油水轮输方式
泉古线	含水原油	133×4.5	25.3	20-25	52/38	1.6-2.1	20#钢	输油14小时 输水34小时
务古线	含水原油	159×5 133×4.5	21.7	18-22	68/39	2.4-3.0	20#钢	输油10小时 输水38小时

1.2　管输原油交接计量概况

利用管线末端智能式在线自动取样器，结合人工化验原油含水值的方式，每日对2条管输原油交接油量进行算产。2台在线自动取样器设置为每30分钟一出样，每次出样时间15~20秒，每4小时人工取走综合油样桶，根据原油质量计量交接标准GB/T 17291原油动态计量一般原则内容，综合考虑温度、压力修正系数，人工化验含水并计算油量，24小时内6组纯油量求和，即为当天管输交接油量。

在管线末端站场古大站设置原油交接计量岗，6名员工采取四班三倒24小时值守方式开展工作，主要负责每4小时取样化验、流量计读数、进站温度、压力数据记录，每日油量算产上报等。日常维护包含自动取样器故障维修、原油交接仪器仪表送检、流量计过滤器清理等内容，员工劳动强度较大，此种方式耗费大量人力物力，原油交接受限于人为因素影响及计量人员技术能力，含水化验质量稳定性无法保证。

2　两种在线含水分析仪工作原理及构成

2.1　射频含水分析仪工作原理

原油中不同介质的介电常数值相差较大，其中油的介电常数为2.3，水的介电常数是80，因此所呈现的射频阻抗特性不同。当不同频率的射频信号通过同一介质，或同一频率的射频信号通过不同介质时，介质所吸收的电磁波能量不同，所产生的负载阻抗随混合液中不同的油水比例变化而变化，进而引起射频发射器内振荡源电流值的变化。

正是利用射频信号在不同介质(包括油水混合介质)中的传输特性，含水仪对信号频率、相位、功率的变化进行分析对比，将信号转换放大，最后通过独特数学模型处理，即可测得并输出标准的含水信号。由于传感器探头发射的是短波频率，具有很强的穿透能力，可获得精准的信号。

2.2　红外含水分析仪工作原理

近红外光(Near Infrared，NIR)是介于可见光(VIS)和中红外光(MIR)之间的电磁波，是指波长在780~2526nm范围内的电磁波，习惯上又将近红外区划分为近红外短波(780~1100nm)和近红外长波(1100~2526nm)两个区域。近红外区域属于非可见光区域。近红外光谱属于分子振动光谱的倍频和主频吸收光谱，主要是由于分子振动的非谐振性使分子振动从基态向高能级跃迁时产生的，具有较强的穿透能力。近红外光主要是对含氢基团X—H(X=C、N、O)振动的倍频和合频吸收，其中包含了大多数类型有机化合物的组成和分子结构的信息。由于不同的有机物含有不同的基团，不同的基团有不同的能级，不同的基团和同一基团在不同物理化学环境中对近红外光的吸收波长都有明显差别，且吸收系数小，发热少，因此近红外光谱可作为获取信息的一种有效的载体。当近红外光照射介质时，频率相同的光线和基团将发生共振现象，光的能量通过分子偶极矩的变化传递给分子，而近红外光的频率和样品的振动频率不相同，该频率的红外光就不会被吸收。因此，选用连续改变频率的近红外光照射某样本时，由于试样对不同频率近红外光的选择性吸收，通过试样后的近红外光线在某些波长范围内会变弱，透射出来的红外光线就携带有机物组分和结构的信息。通过检测器分析透射或反射光线的光密度，即可确定该组分的含量。典型的油水近红外吸收谱如图1所示。

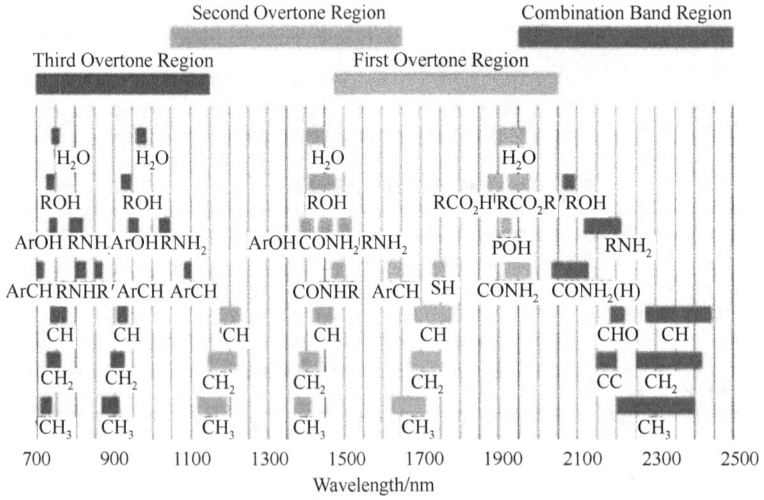

图1　典型近红外吸收谱图

原油、天然气、水在近红外频段，都有各自特定的吸收峰。从微观上看，是因为分子中的化学键如C—H、O—H在红外光子的作用下发生共振，从而强烈吸收光能。不同的化学键对应的共振波长不同，原油、天然气中主要成分是碳氢化合物，所以油、气的吸收峰就是C—H键吸收峰，水的吸收峰是O—H键对应的吸收峰，如图2所示。该含水仪利用近红外光谱吸收差异这一原理，可准确检测出管输原油输送中含水值的变化。

2.3 含水分析仪结构及技术参数对比

含水分析仪主要由三大部分组成，分别是传感器部分、延长管部分和数据显示部分(表头)，仪表具有脉冲或RS485通讯接口，可实现信号数据传输、分析，配套上位计算机，通过组态软件实现输油管线运行参数实时监控，支持按时间查询含水历史曲线，显示当前含水曲线，也可选定任意时间段，查询该段时间平均含水率。两种类型含水仪的探头有一定差异，射频含水仪探头为整体结构，红外含水仪探头中设置有红外发射凹槽，具体结构如图3所示，两种含水仪主要技术参数对比如表2。

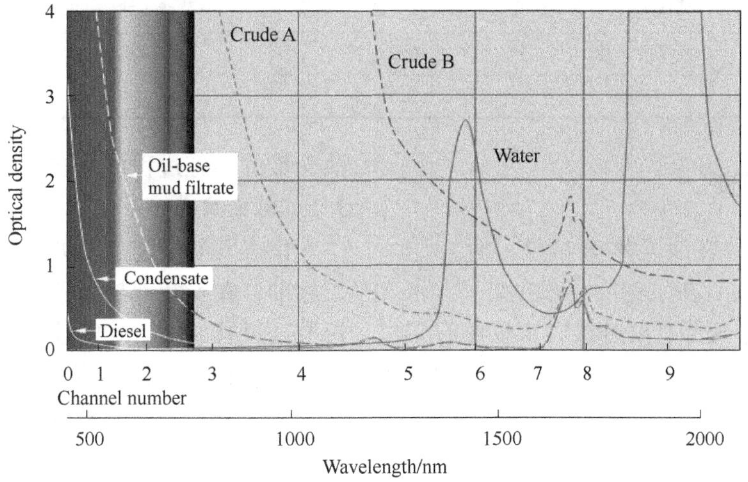

图2　原油和水的经红外吸收谱

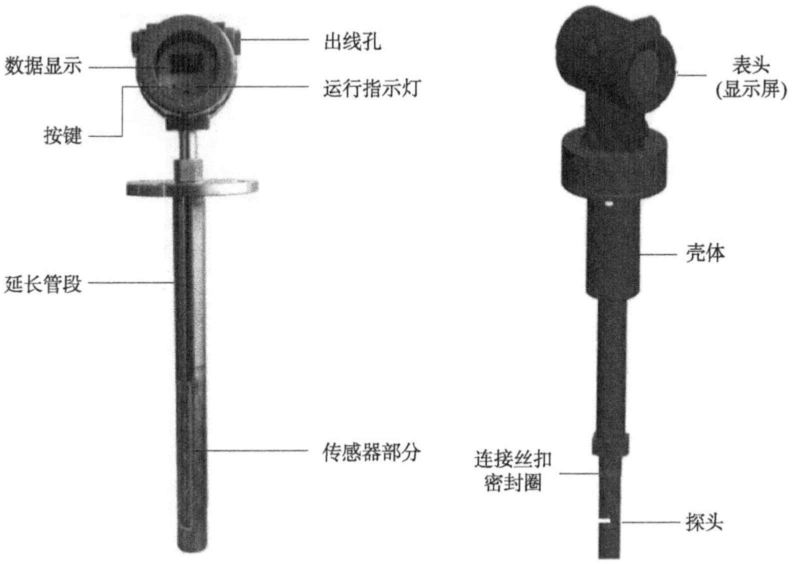

图3　射频、红外含水仪结构组成

表2　两种含水仪主要技术标准对比表

主要技术指标	射频含水仪		红外含水仪	
	低含水	高含水	低含水L型	高含水W型
含水测量范围	0-3%	0-100%	0-3%	0-100%
含水测量精度	≤±0.1%	≤±3%	≤±0.2%	≤±2%
工作温度范围	-45℃~+85℃	-45℃~+85℃	-35℃~+80℃	-35℃~+80℃
介质温度范围	0~60℃	0~60℃	0~80℃	0~80℃
工作压力范围	0~5MPa	0~5MPa	0~10MPa	0~10MPa
供电电压	12V~24VDC	12V~24V DC	10V~30V DC	10V~30V DC

续表

主要技术指标	射频含水仪		红外含水仪	
	低含水	高含水	低含水 L 型	高含水 W 型
防护等级	IP65	IP65	IP65	IP65
防爆等级	Exd IIB T4Gb	Exd IIB T4Gb	Exd IIB T4Gb	Exd IIB T4Gb
通信接口	4~20mA、RS485	4~20mA、RS485	4~20mA、RS232、RS485	4~20mA、RS232、RS485
安装方式	插入式	插入式	插入式	插入式
仪表调试	现场或远程	现场或远程	现场或远程	现场或远程
月平均对比误差%	—	0.53	—	0.22

3　现场应用及管理

射频、红外两台在线含水分析仪，分别于2019~2021年先后安装在泉古线、务古线，含水检测率平均误差水平相当，红外线含水仪综合误差率稍优于射频含水仪，且更稳定。在低含水段时两种仪表检测含水与人工化验点对点误差较小，输送油水过渡带时含水误差较大，且有含水数据延后情况，在输纯水时均存在无法显示100%含水的情况发生。现从仪表安装、含水对比、仪表调试、自动化配套、计量交接系统应用、日常维护等几方面，来介绍在线含水仪替代人工化验原油交接的实施过程以及取得的一些现场经验。

3.1　仪表安装

仪表安装需注意三方面：一是要符合各项施工标准，在安装前检查仪表尺寸，可在预制管线短节上打孔，插入式安装并法兰连接，站内无需动火操作；二是在仪表后面1米内加装取样口，便于人工取样对仪表进行校核检验；三是含水仪安装方式有水平管道式和竖管式两种，需注意仪表的安装方向，射频含水仪的传感器应面对流体来源方向，传感器中点应偏管道中线下方，红外含水仪因探头设置为凹槽结构，安装时需注意凹槽与原油流动方向平行，如图4、图5所示。

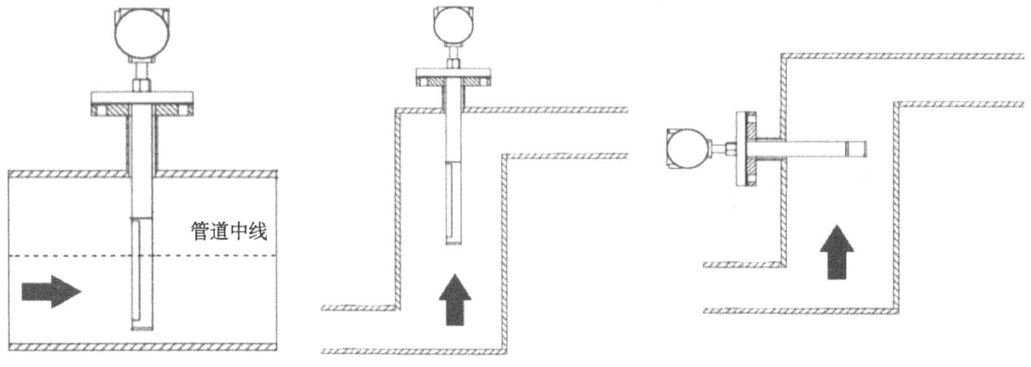

图4　水平管道式、竖式安装仪表示意图

图5　泉古线射频含水仪、务古线红外含水仪安装现场

3.2 仪表调试及投运

对两台含水分析仪开展人工化验与在线含水点对点数据对比，现场或远程调试仪表至含水率误差达标。在上下游作业区、原油交接计量岗员工共同监督下，设置专人全过程记录人工、在线含水值、抽样具体时间、管线末点温度、压力等数据，作为仪表调整依据。首先对2条输油管线开展一周的人工含水随机抽检化验(每日2~4个)，初步调整仪表达到与人工化验含水误差至3%以内，再开展48小时不间断人工取样对比含水值。管输纯油段和纯水段每2小时做一次取样化验、数据对比，输水稳定段延长4小时取样，在泉古线、务古线输送油水混合段时取样加密至1小时1次，有数据突变情况加密至半小时取样一次，对仪表进行二次调试至与人工含水综合误差小于±1%时，满足精度要求即可投用。见表3。

表3　泉古线、务古线含水仪与人工化验含水值对比表(48小时部分抽样)

序号	采样日期	采样时间	射频含水仪瞬时含水/%	人工含水/%	对比/%	采样日期	采样时间	红外含水仪瞬时含水值/%	人工含水/%	对比/%
1		10：20	100	99.5	0.5		10：01	5.42	4.7	0.72
2		14：00	100	100	0		14：05	4.78	4.2	0.58
3	2.8	17：59	99.3	100	-0.7	2.8	16：04	4.18	4.9	-0.72
4		21：42	8.2	7.47	0.73		17：20	97.7	98.6	-0.90
5		23：27	7.6	6.9	0.7		18：34	99.9	100	-0.10
6		2：03	6.8	6.4	0.4	2.9	12：00	99.9	98.51	1.39
7		4：09	6.4	6.6	-0.2		24：01	99.9	100	-0.10
8	2.9	8：02	6.3	6	0.3		6：24	5.8	5.9	-0.10
9		18：13	40.5	45.7	-5.2	2.10	7：06	4.81	4.95	-0.14
10		18：16	86.2	90.8	-4.6		7：33	5.39	5.61	-0.22
抽样平均值			46.13	46.94	-0.81	抽样平均值		42.78	42.74	0.04

3.3 建立管输原油自动计量交接系统

3.3.1　配套完善

为实现管输自动算产替代人工交油，对古大站管输原油交接工艺及自动化配套设施进行完善，包括更换机械表头流量计为双输出(脉冲、RS485)电子表头、新建PLC远程I/O站并入站内生产网、铺设信号线引入流量计、压变、温变数据、新增UPS为流量计、含水仪表应急供电等，实时采集算产数据，通过网络传输到区域管理中心进行管线运行参数集中监控、综合分析和自动算产。数据传输流程如图6。

3.3.2　系统平台搭建及应用

基于SCADA监控系统平台，通过自主编程、界面组态和调试，建立数据采集与监控子系统，即：管输原油自动计量交接系统，实现泉古线、务古线管输含水油交接数据在古大站集中

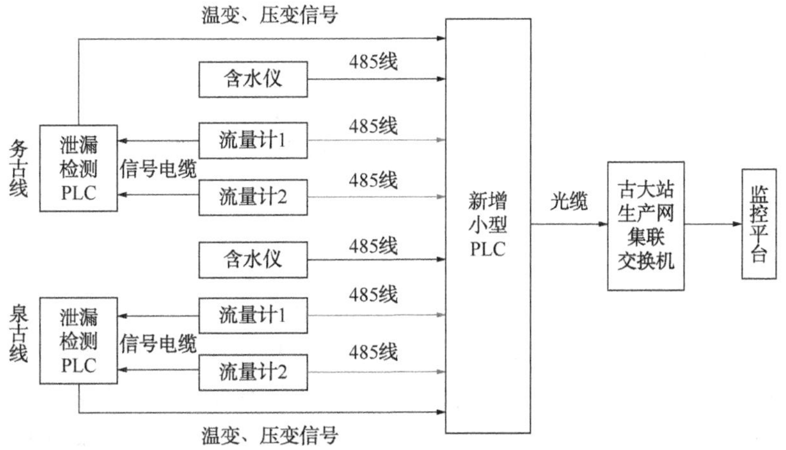

图6　古大站含水交接数据传输流程示意图

存储、显示、发布，上下游作业区以及厂调中心均可通过 WEB 方式查看。在实时监控管理方面，SCADA 监控平台对管输流量、含水、温度、压力数据进行采集，在平台上对 2 条管线运行参数进行统一展示如图 7 所示；在查询方面，可对管输瞬时含水、流量以及历史数据进行某时间段查询、导出；在自动算产方面，基于前期大量对每日人工交油量与在线交油量数据对比，确定并应用了误差最小的油量计算公式：

$$\sum M_i=\rho_{20}\times V_i\times(1-fw_i)\times c$$

式中，M_i 为输油管线每 4 小时交接油量，t；ρ_{20}为在 20℃时管输原油标准密度，g/cm^3；V_i 为每 4 小时累计体积流量，m^3；F_{wi}为每 4 小时分钟瞬时平均含水，%；C 为温度、压力修正系数，考虑综合系统误差，该系数默认为 1。

同时实现输油管线每日算产交油报表自动生成如图 8 所示，为基层减负、减少人为手写误差、提高数据准确性奠定基础。

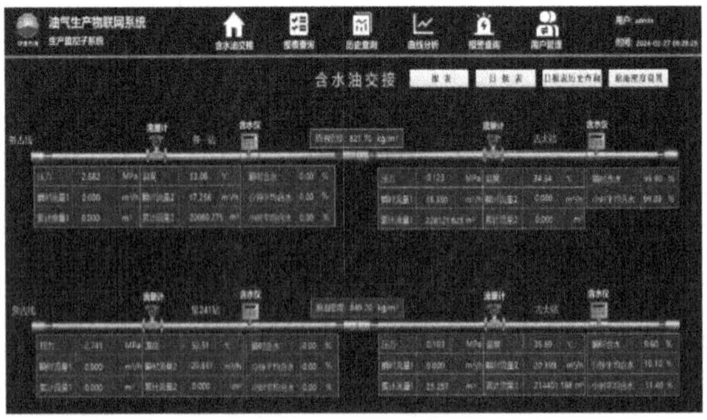

图 7　管线实时运行参数监控界面

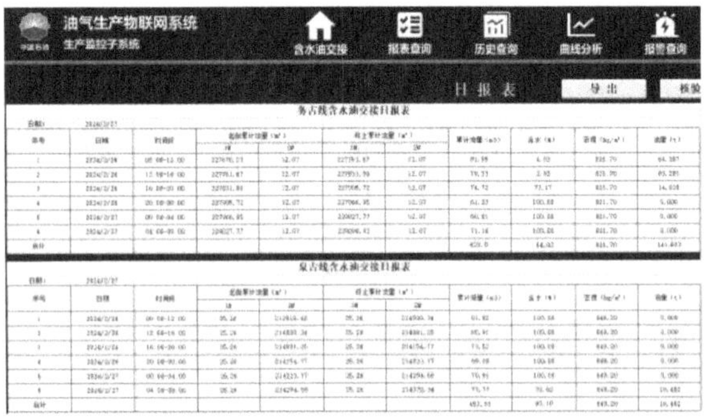

图 8　管线自动计量交接日报表

3.4　日常管理

为确保在线含水仪及自动计量交接系统平台顺利启用，最大限度减少关键节点产生交油矛盾、影响作业区之间绩效考核，设置站内 1 名员工白班兼职对交油仪表设施进行管理，同时每日对自动交油算产报表进行数据核实后上报。

日常管理主要包括：一是开展常态抽样对比。每日对 2 条管线随机各抽取 1 个油样化验含水，记录取样时间、在线含水值、人工化验含水值，形成含水值误差周报。综合误差大于 1% 时，组织仪表调试；二是每半年进行管输原油密度修正，每季度至少清理含水仪探头 1 次，当流量计过滤器、含水仪发生卡堵时及时进行清理，确保平稳使用；三是原油交接系统发生异常、平台数据错误等问题，及时上报专业部门进行处理恢复。四是对于仪表损坏等特殊情况，拆借备用仪表应急安装使用，或联系厂家进行修复或解决，在恢复正常前通过手工取样交接原油。

4　经济效益评价

在线含水分析仪及自动计量交接系统平台正式投运后，极大减轻了站内员工劳动强度，古大站撤销原油交接岗，直接减少用工人数 8 名，年减少人力成本 160 万元，同时按员工每天 6~8 个取样化验工作量计算，年可节约化验耗材和设备设施维修费用 30 万元。年创经济效益 190 万元。

5　结论及建议

（1）射频、红外线两种规格的在线含水仪，设计原理科学、技术可靠，在采油厂油水轮输的管线上均得到较好应用，人工抽样化验与在线检测点对点含水平均误差小于±1%，实现了管输原油含水率在线连续检测，降低劳动强度，提高经济效益，提升了原油交接计量精度及管理水平，具有良好的推广价值。

（2）搭建管输原油自动计量交接系统平台，实现管线运行参数实时监控、分析计算和历史数据查询，同时充分考虑重要仪表故障、停电等事故造成的影响，配套完善相关设备设施，可有效提升站场自动化程度，消除管输原油交接过程中人为因素的干扰，实现人工向智能化、信息化的转变。

（3）仪表信号采集建议选用 RS485 通讯接口连线，此种方式较脉冲信号平稳，更满足在线连续计量需求，同时在运行过程中，两种规格的含水仪均有针对纯水段检测无法显示 100% 的情况发生，建议在自动交接平台后端设置算法，例如每 4 小时平均在线含水值大于 98% 以上时显示 100%，减少交油矛盾发生。

（4）输油管线输送温度变化会影响含水仪计量精度，一般在其他参数不变的前提下，进站温度降低算产油量高，因此在日常管理中，要加强输油管线参数管理，确保控制在稳定范围内运行，参数长期变化时要及时对含水仪重新校核、调试，确保精准计量。

参 考 文 献

[1] 陈超，肖虎，姜国铭，等. 自动连续取样仪在管输原油交接中的应用[J]. 河北企业，2015 年 08 期：139-140.

[2] 张俊铭. 射频原油含水分析仪在大港油田的应用.[J]. 油田地面工程，1994，31(2)：40-41.

[3] 韩建，李雨昭，曹志明，等. SPA-PLS 的高含水原油近红外光谱含水率分析[J]. 光谱学与光谱分析，2019，39(11)：3452-3458.

[4] 贾炜镔，王秀影，李永红. 射频原油含水监控系统在原油交接计量站的应用[J]. 石油工业技术监督，2010 年 1 月：27-30.

[5] 南铃铃. 浅析原油管道实现在线分析计量[J]. 科技创新与应用，2014 年第 20 期：28.

多磁化单元管道外漏磁检测技术研究

何　莎[1,2]　王小梅[1,2]　喻建胜[1,2]　王仕强[1,2]　赵琪月[1,2]　骆吉庆[1,2]　郭萌梦[1,2]

（1. 中国石油川庆钻探公司安全环保质量监督检测研究院；2. 四川科特检测技术有限公司）

摘　要　石油石化行业管道受各种因素影响，非常容易发生腐蚀甚至穿孔泄漏。针对管道外漏磁检测技术，设计了由三组磁化单元组成的铰接可变径的磁化结构，该磁化结构可以适应159mm以上的管径，采用数值模拟方法研究了三磁化单元漏磁场的空间分布，分析了漏磁场分布规律以及磁化单元间的相互影响。并对三磁化单元结构进行改进设计。为减小三磁化单元中两侧磁化单元对中间磁化单元漏磁场的影响，试图采取调节磁化单元磁铁厚度的方法使管道周向漏磁信号趋于均匀，为减小管外壁曲面使提离值有所增加而进一步引起管道周向漏磁信号不均匀问题，试图采取调节极靴结构的方法来改进，并分析了结构改进前后漏磁场的空间分布特性。在实验室条件下进行了三磁化单元漏磁场强度均匀性实验，结果表明：三磁化单元下方管道周向的漏磁场分布并不均匀，中间磁化单元的漏磁场较两侧磁化单元的漏磁场要强很多，产生这一现象的原因在于两侧磁化单元对中间磁化单元的影响，使得中间磁化单元范围内的漏磁场径向分量幅值与两侧差距过大，同时由于管外壁曲面的影响，使提离值有所增加而进一步引起管道周向漏磁信号不均匀问题；通过对磁铁厚度与极靴结构的改进，能够提高漏磁场空间分布的均匀性，满足管道现场检测要求。

关键词　管道；漏磁检测；三磁化单元；漏磁场空间分布；实验研究

石油化工企业和储运站等存在大量地面管道，在运行过程中经常受到来自内外环境的影响，如空气湿度、输送介质、管内积液、压力波动等共同作用导致腐蚀，减小管道的使用寿命。同时由于其工作条件通常非常恶劣，介质大多是高温、高压、有毒、可燃性或者是腐蚀性的流体，一旦发生泄漏事故轻则造成工作介质流失和能源的浪费，污染环境，重则危及人身安全，引发重大的人身和设备事故。因此，能否准确发现管道母材腐蚀，从而针对性的维修解决，是延长管道使用寿命和降低安全风险的关键，也是检测技术发展的方向。漏磁检测特别适用于铁磁性材质，其相关研究已经相当深入，并已经投入工程使用，应用范围广、识别效率高。

本文着眼于管道外漏磁检测技术研究，设计了由三组磁化单元组成的铰接可变径的磁化结构，该磁化结构可以适应159mm以上的管径。通过理论分析和实验研究，分析了结构存在的问题并进行相应的改进，对管道外漏磁检测方法的发展和完善具有一定的意义。

1　管道外漏磁检测原理

漏磁检测是通过检测被励磁的金属表面溢出的漏磁通，来判断缺陷是否存在的一种检测技术。待测铁磁性材料连续性良好无缺陷时，通过励磁后，磁感线理论上全部通过该铁磁性材料构成闭合回路，如图1(a)所示。若存在缺陷，由于铁磁性材料与缺陷处材质的导磁率不同，缺陷处的磁阻大，阻碍磁感线正常通过，于是磁感线会在缺陷处畸变，一部分磁力线泄露出管道的外表面，形成漏磁场，如图1(b)所示，采用霍尔元件等传感器探测该磁场并得到漏磁信号，分析漏磁信号即可获得缺陷的相关特征。

2　三磁化单元漏磁场空间分布规律研究

采用实体建模方法建立管道三磁化单元外漏磁检测有限元模型，该模型由衔铁、磁铁、极靴、气隙和被测管道组成。通过软件计算求解，在软件的后处理中可以得到管道缺陷处漏磁场分布，包括磁通量密度、磁场强度的等值图、矢量图和沿某路径的曲线图等。本文在缺陷上方距离管壁1mm距离处建立直线路径，提取漏磁场径向分量，定量分析缺陷处漏磁场变化。

三磁化单元模型包含三个结构尺寸相同的磁化单元，其中中间单元位于局部管道的上方，其他两单元平行分布于中间单元两侧。选

取 $\phi300$ 管道，在外壁预制宽度为 4mm、深度为壁厚 80%的矩形槽缺陷。有限元求解计算得到的磁场强度与磁通密度云图分别如图 2、图 3 所示。

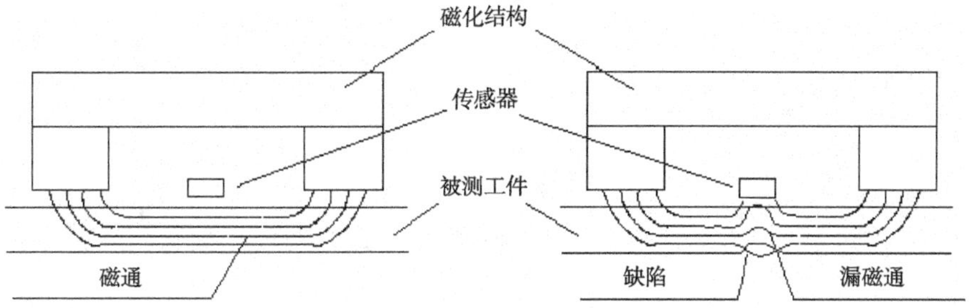

(a)无缺陷　　　　(b)有缺陷

图 1　漏磁检测原理图

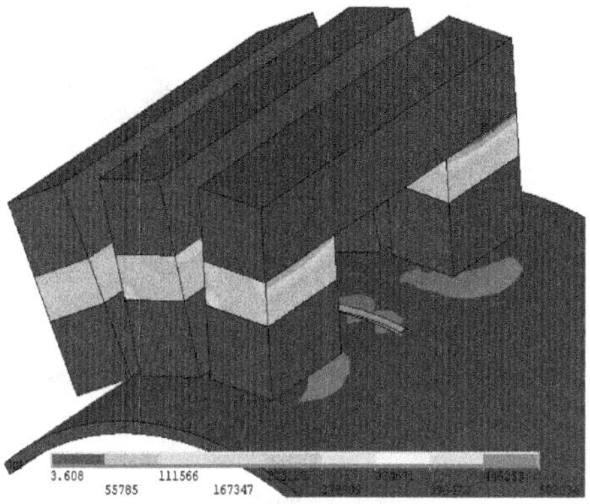

图 2　三磁化单元磁场强度云图

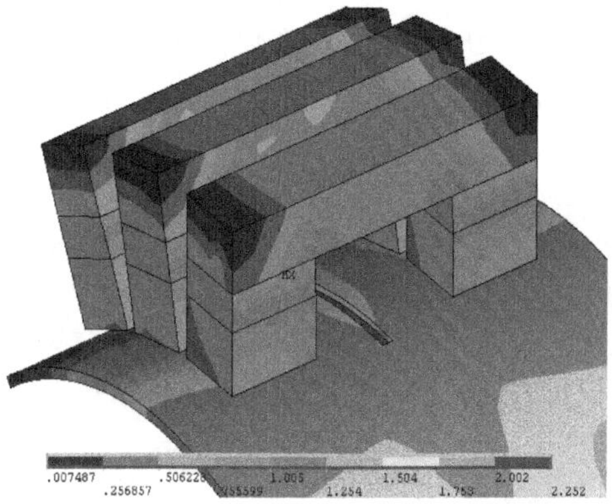

图 3　三磁化单元磁通密度云图

15 个传感器等间距依次布置于两极靴中间缺陷上方 1mm 处，沿着传感器位置定义路径，提取漏磁场径向分量的值，得到如图 4 所示的不同传感器漏磁场径向分量图，从图中清晰看出从三磁化单元中心传感器到边缘传感器的漏磁信号减小很多。

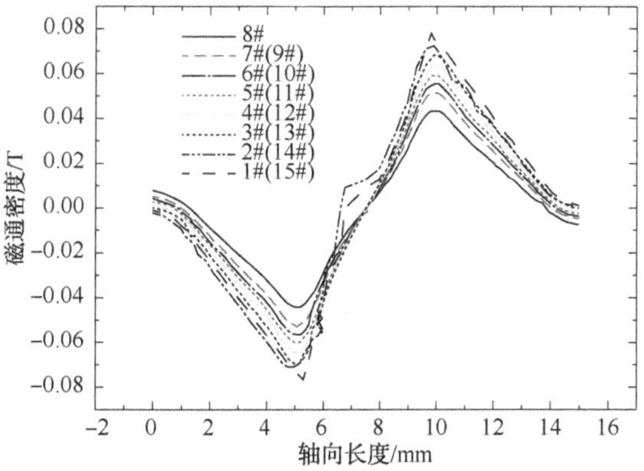

图 4　管道不同传感器漏磁场径向分量图

提取每个传感器信号的峰值，管道周向不同传感器漏磁场径向分量幅值变化曲线如图 5 所示改进前曲线，由图可以看出，三磁化单元下方管道周向的漏磁场分布并不均匀，中间磁化单元的漏磁场较两侧磁化单元的漏磁场要强很多，产生这一现象的原因在于两侧磁化单元对中间磁化单元的影响，使得中间磁化单元范围内的漏磁场径向分量幅值与两侧差距过大，同时由于管外壁曲面的影响，使提离值有所增加而进一步引起管道周向漏磁信号不均匀问题。

3　三磁化单元磁化结构改进设计

为减小三磁化单元中两侧磁化单元对中间磁化单元漏磁场的影响，试图采取调节磁化单元磁铁厚度的方法使管道周向漏磁信号趋于均匀，为减小管外壁曲面使提离值有所增加而进一步引起管道周向漏磁信号不均匀问题，试图采取调节极靴结构的方法来改进。为验证改进方法的合理性，开展了以下有限元分析。

3.1　调节磁化单元磁场强度

在前文有限元模型基础上，通过调节磁化单元的磁铁厚度来调节其磁场强度，在减薄中间磁化单元的磁铁厚度的同时提高两侧单元的磁铁厚度，使管道周向磁化程度趋于均匀。建立如图 6 所示的变磁铁磁化结构模型，按传感器布置位置

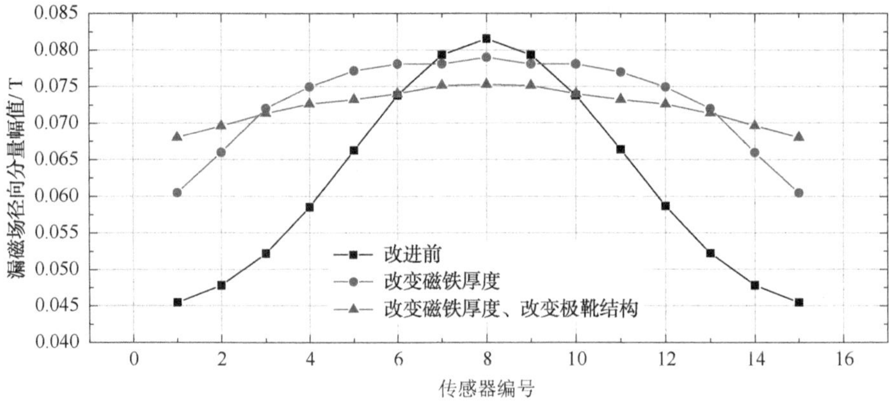

图 5　改进极靴结构后漏磁场径向分量幅值曲线

定义路径，提取漏磁场径向分量，管道周向不同传感器漏磁场径向分量幅值变化曲线如上图 5 中改进磁铁厚度曲线所示。

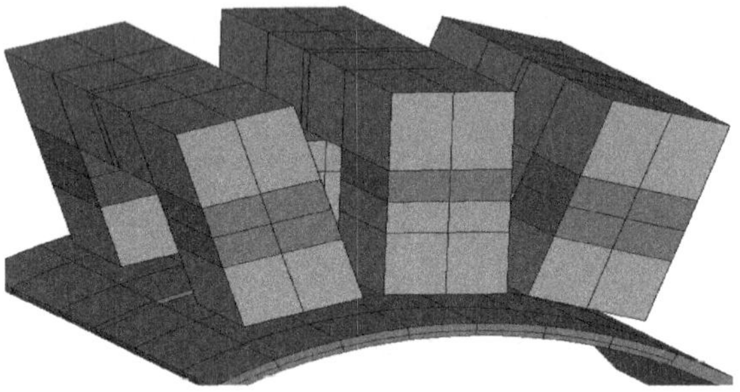

图 6　变磁铁磁化结构

由图可以看出，中间单元传感器信号比原来结构有所减小，两侧单元传感器信号有所加强，但是，两侧单元边缘处传感器信号相对其他传感器信号还是比较弱。

3.2　调节极靴结构

虽然减薄中间磁化单元磁铁厚度，增加边缘磁铁厚度，使管道周向各传感器的漏磁信号趋于均匀，但是，两侧单元边缘处传感器信号相对其他传感器信号还是比较弱，这是因为两侧单元边缘磁场发散，而且变径时实际传感器的提离值相对较大。针对这一现象，进一步对两侧单元边缘的极靴结构进行改进，使极靴近似线性增厚，尽量使管道周向的磁化程度均匀，使每个传感器接收到的信号趋于一致，改进的极靴结构如图 7 所示。

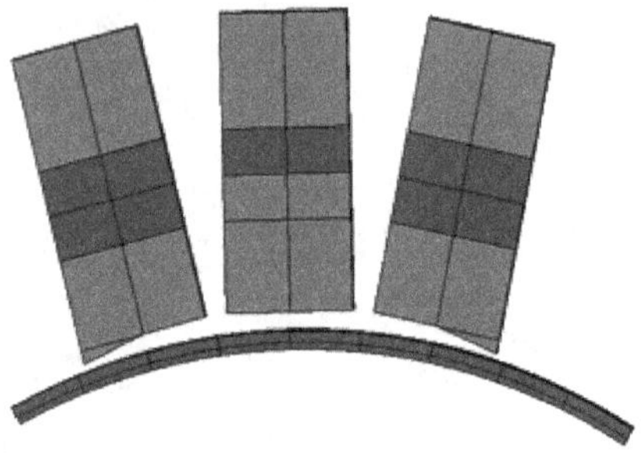

图 7　磁化结构边缘极靴的改进

提取每个传感器信号的峰值，管道周向不同传感器漏磁场径向分量幅值变化曲线如上图 5 中改变磁铁厚度、改变极靴结构曲线所示，由图可知，经过上述结构的改进，管道周向各传感器通道的漏磁信号已趋于均匀，漏磁信号最高 0.075T，边缘信号最低 0.068T，边缘信号最低值比信号最强处减小了 9.67%。

4　管道漏磁检测仪实验研究

选取 ϕ300 管道，对照有限元模型依次预制出宽度均为 4mm，深度分别为壁厚的 20%、40%、60% 和 80%，即 1.6mm、3.2mm、4.8mm 和 6.4mm 的矩形槽缺陷，缺陷沿管道轴向直线分布，间距 100mm，如图 8 所示。

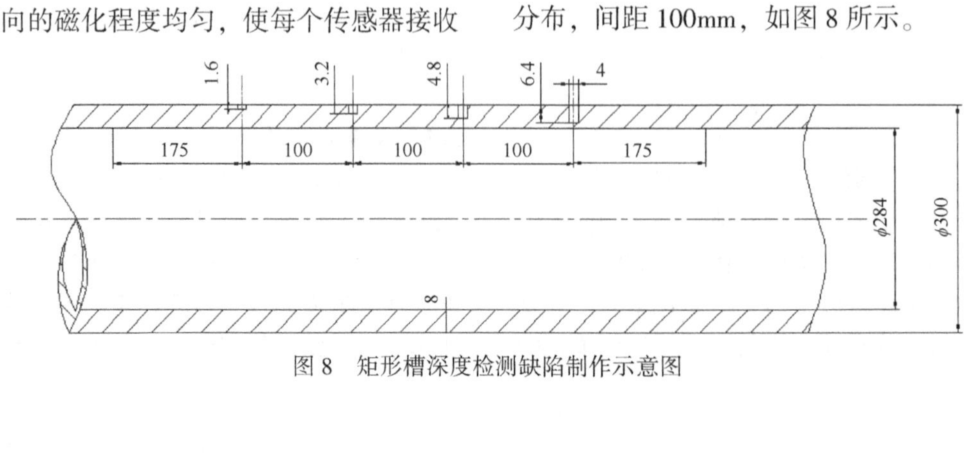

图 8　矩形槽深度检测缺陷制作示意图

在实验室条件下分别用磁化单元结构改进前与改进后的管道外可变径磁化结构进行检测实验。实验用钢管如图9所示。

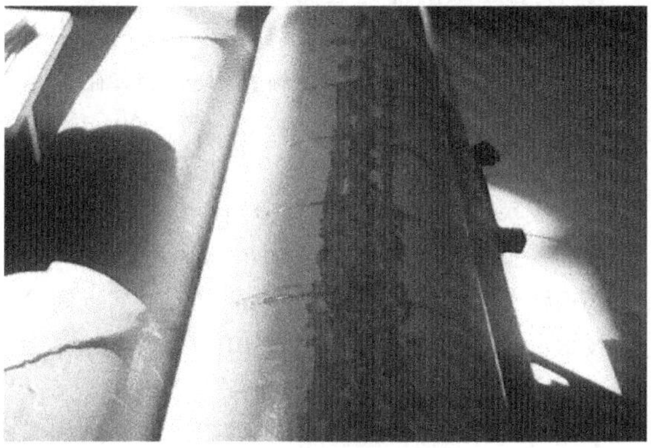

图9　实验用钢管

利用磁化单元结构改进前与改进后的漏磁检测仪对相同的矩形槽缺陷进行扫描检测，如图10所示为磁化结构改进前对矩形槽缺陷的扫描的波形图。由图可知，对于相同的缺陷，改进前的漏磁检测仪各通道的漏磁信号幅值存在明显差异，可以看出中间传感器漏磁信号的幅值明显大于磁化单元边缘传感器漏磁信号幅值。选取中间8#通道和边缘1#通道漏磁信号进行对比，以80%壁厚缺陷波形图为例，同一组缺陷，中间位置的传感器漏磁信号峰谷差值为0.49V，而边缘位置传感器相应值只有0.29V，相差40.8%，说明未经优化的检测仪中间与边缘传感器信号强度确实相差较大。

图11所示为磁化单元结构优化后的漏磁检测仪检测信号波形图，可以很明显的看出各通道传感器信号趋于平均。同样选取中间8#通道和边缘1#通道漏磁信号进行对比分析，中间位置传感器80%壁厚缺陷的检测信号峰谷差值为0.48V，而边缘传感器相应值为0.44V，相差缩小为8.4%。可知，通过结构优化设计，提高了边缘位置漏磁场强度，缩小了其与中间位置漏磁场强度的差距，与有限元分析结果吻合。

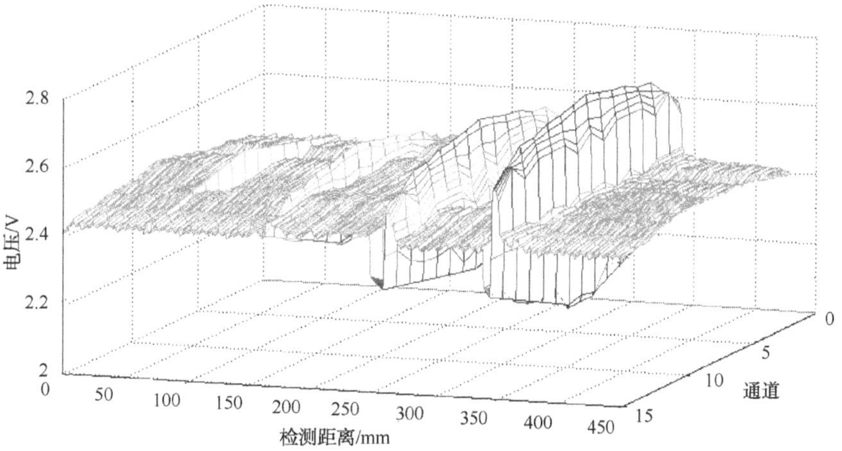

图10　磁化结构改进前对矩形槽缺陷的扫描波形图

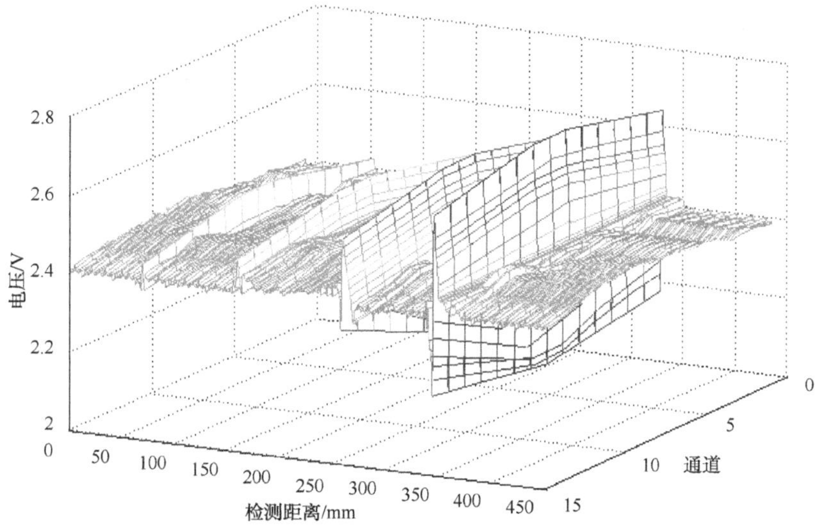

图11　磁化结构改进后矩形槽缺陷的扫描波形图

5 结论

（1）本文在漏磁检测理论基础上，综合考虑管道外壁漏磁检测的特点，设计了一种铰接的可变径三磁化单元漏磁检测结构。

（2）针对多磁化单元励磁场不均匀问题，对励磁结构进行改进，通过理论分析和实验室实验，改进后的励磁结构励磁场更均匀，每个传感器接收到漏磁信号强度偏差在10%以内，满足现场管道漏磁检测需要。

参 考 文 献

[1] 何仁洋，栾湘东，张庆春，等. 压力管道安全完整性技术法规与标准体系研究[J]. 压力容器，2012，29(7)：44-50.

[2] Ameet Joshi，Lalita Udpa，Satish Udpa，et al. Adaptive Wavelets for Characterizing Magnetic Flux Leakage Signals from Pipeline Inspection [J]. IEEE Tras. on Magnetics，2006，42(10)：3168-3170.

[3] 张新生，吕品品. 考虑随机效应的腐蚀管道贝叶斯退化分析[J]. 中国安全科学学报，2019，29(8)：73-80.

[4] 蒋奇. 管道缺陷漏磁检测量化技术及其应用研究[D]. 天津：天津大学，2002：37~107.

[5] 蒋奇，王太勇. 钢管缺陷漏磁场及影响漏磁信号因素的分析[J]. 钢铁研究，2002，(5)：20~24.

[6] 王秀芳，檀丽丽，高丙坤，等. 变分模态分解和相关系数联合算法在管道泄漏检测中的应用[J]. 压力容器，2016，33(12)：59-63+75.

[7] 杨理践，耿浩，高松巍. 长输油气管道漏磁内检测技术[J]. 仪器仪表学报，2016，37(8)：1736-1746.

[8] 李亚梅，唐东林，赖欣，等. 储罐罐壁缺陷的低速漏磁检测研究[J]. 科学技术与工程，2016，16(15)，154-158.

[9] Hwang K，Mandayam S，Udpa S S. Characterization of gas pipeline inspection signals using wavelet basis function neural networks [J]. NDT&E International，2000，33(5)：531-545.

基于信息化管理技术在输油泵站日常运行中的应用

余春雨 杨 放 余春浩 戴兴正 宋 航

（中油国际管道有限公司）

摘 要 随着信息技术的高速发展，信息自动化技术应用到各个领域其中也包括传统石油能源行业，管道行业也逐渐引入了信息化和智能化技术显著地提高了油气站场的运营管理水平。目前运用比较广泛的当属利用条码技术将油气站场的仓储管理和设备运行维护数据整合形成一个完整链条，包括从物资的入库、出库、调拨、配送、安装到运行整个过程，建成了“来源可查，去向可追”的追溯体系，加强了各个环节的有效管控，解决了仓储与运行维护的“两张皮”问题，实现了仓储备件管理与设备运行维护水平的相互促进提高，最终提高了整个输油气站场的智能化信息化水平，从而更好的保障输油管道的安全可靠平稳运行。

关键词 仓储；运行维护；信息化；条码技术

1 引言

随着我国经济的高速发展，对能源的需求也越来越旺盛，尤其“十五”以来我国石油的消费量与日俱增，现我国对外石油依存度将近60%，虽然我国海上进口石油贡献将近1/3，但是仍建有陆上石油天然气运输通道如大家所熟悉的中亚油气管道、中俄原油管道以及中缅油气管道等，来弥补国内日益增加的能源需求，而其中中亚和中缅这一北一南两条战略能源通道由2017年才成立的中油国际管道有限公司运营管理，面对海外复杂的地缘政治环境和地理环境问题下要做到能源保障供应万无一失，对公司提出了更高的要求，亟需思考如何借助信息化、自动化等新技术并运用互联网思维运用到生产运行、维护检修、改造大修、管理决策等各环节，以此来提升油气管道运营企业的运营效率、降低运营成本以及风险管控。

具体到中缅油气管道（缅甸段）项目已建成投产并成功运营6年，由建设期转为运营期，现阶段主要集中在运行维护和技改报废的阶段，面临的主要工作是对辖区内的设备的进行有效的巡检、维护以及维修，这就涉及到对维护维修、备品备件等进行“精细化”管理，而这就需要借助于当前快速发展信息技术手段包括物联网、大数据、移动应用、条码、视频监控等。

2 某输油站场主要设备管理情况简介

中缅油气管道项目位于经济发展水平相对落后的缅甸其社会依托差、电力基础设施相当薄弱，以某输油站场为例，其所在地就处于地处偏僻且无市电接入的地方，故设计之初就采用三台天然气发电机组为输油站场提供生产和生活用电和燃气发动机作为动力输出设备带动输油泵运转输油，因此对天然气发电机组和燃气发动机组的日常高效运行维护就变得尤其重要。

目前，虽然整个中缅油气管道项目有着统一且严格的设备维护保养规程，但项目所属各输油站场所处的自然环境不同，导致机组的零部件使用寿命也不尽相同且在其日常运行的时候又面临着具体又不同的问题，因此其运行维护保养和零备件的管理也必然不同，具体到某站已投产平稳运行多年得益于对核心设备（泵机组、发电机）的高效可靠运行维护，但目前核心设备的零备件的库存管理和运行维护管理还有待提升存在以下两方面的问题：第一，零备件的仓储管理存在信息化、智能化以及效率可靠性低的问题，根据公司仓储管理方面的规定会定期有来自项目中心库的物资入库其种类繁多且数量巨大，而目前对物资的出入库全靠人工登记录入导致工作量巨大且需要耗费大量时间，另外机组的易损件较多在日常的运行维护中需频繁出入库导致出现部分零备件的数量、存放位置或者型号等匹配错误给日常的生产运行工作带来了诸多不便；第二，机组设备运行维护后对其相关部件的可追溯化管理不够，存在着“该保养的部件可能没有及时保养，不该保养的部件又过度保养”的问题，造成大量人力和物力的浪费，甚至有时造成对生产的不利影响。因此有必要加强对智能移动终端、条码技术等信息化技术手段的运用完成零备件的仓储管理、运维人员管理以及零备件的全生命周期监护形成完整的链条实现对整个过程的可追溯使得机组运行得到最佳保障。

3　可追溯体系的建立过程

3.1　仓储管理系统的建立

统计梳理全站核心生产设备(天然气发电机、输油泵机组等)相关的备品备件及相关易损件的特点后进行分级分类管理以便建立基础信息，按照《石油天然气行业设备分类与编码》标准并结合实际情况，分为了工艺设备、电气设备、通信设备、仪表自控设备、计量设备五大类，同时对各类设备按照备件重要程度、供货周期、故障出现频次等因素进行分级分为一级设备、二级设备、三级设备，如表1所示进行分级分类，并设定各类设备所需备件的定额，根据备件定额的高线和低线进行预警。按照分类分级的规定对仓库货架进行功能区域化管理，并对货架张贴由专用的输出设备打印的包含备件存储位置、备件相关参数(制造商、型号、条形码、功能、指标)、负责人等信息的二维条码，此码作为该备件的唯一身份认证标识，使用移动终端设备将条码数据记录到物资数据库，对备品备件实施条码化管理，时时掌握备品备件库存数量，根据备件定额的高线和低线进行预警，并实现物资出入库、调拨、移库、统计分析等功能线上处理如图1所示。具体实施中如当有外来的备品备件需要办理入库的时便可手持移动终端设备(如手机、条形扫码枪等)对其自带的条形码扫描入库并对其相关参数及其存放位置进行录入后生成其唯一的身份认证标识-条码，这样就完成了入库操作；如需要办理出库同样使用移动终端对其条码进行扫描出库同时附上相关出库信息。整个过程避免了人工统计分类入库的繁杂工作，在实现出入库的管理的同时也形成了对台账的自动更新，既减少了人的工作量提升了工作效率同时也避免了人为造成的失误。

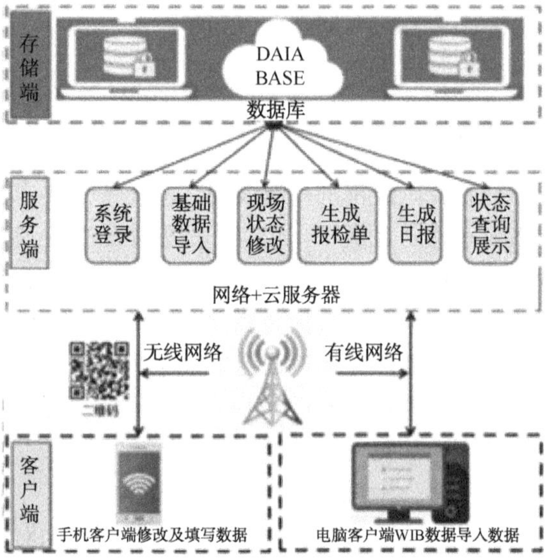

图1　系统原理示意图

表1　输油泵站站场设备分类分级表

设备分级 / 专业分类	一级设备	二级设备	三级设备
工艺设备	机油滤芯、空气滤芯、柴油滤芯、燃气滤芯	机油、润滑油、冷却液、高点排气阀	外输泵旋液分离器、过滤器差压开关、电磁阀
电气设备	断路器、MCC控制柜保险	MCC控制柜、照明配电柜	低压成套开关柜、
通信设备	路由器、ENBT模块、交换机	ABB、工业换器	ISCM模块、ECM、光模块
仪表自控设备	震动传感器、燃烧传感器、温度传感器、	LOC温度开关、燃料气压力传感器	水加热器压力表、燃气管线压力表、ICSM控制模块主线
机械设备	火花塞、风扇电机皮带、垫片	润滑油泵、水泵、气启动电磁阀	固定螺栓、缸头总成、空气执行器连接杆、风扇轴承

3.2 设备的运行维护管理

依据国家标准、行业标准、企业标准及设备的使用手册等资料等来确定站场设备的运行维护保养内容，并结合实际工况编制各专业设备设施运行维护计划，根据设备运行维护保养规程将设备的运行维护分为日常维护保养和周期性维护保养，日常运行维护在日常巡检的过程观察设备的运行参数和运行状态是否异常，而周期性运行维护保养则是定期的专业化维护需要更换大量的零备件，此时作业人员只需在手持移动终端平台扫描零备件的二维码或条形码便可如图1所示通过当地手机3G无线网络信号访问到云端的数据库平台查询到该零备件的库存位置、数量等相关库存信息，完成出库申请操作，库存管理员登录系统审核通过后便可出库并由专业打码机器生成唯一的条形码/二维码(包含出库人、出库时间、型号及参数相关信息)同时反馈上传至云端服务器进行数据更新，有效的避免传统的石油物资仓储管理需要人工登记物资出入库信息，由于物资出入频繁，造成的登记信息错误和效率低下问题，实现物资编制、存单、打印等“一条龙”式的管理，不仅降低了人力管理成本，而且物资管理的精确性大大提高。

运行维护作业完毕后扫描产品条码后在系统增加当前处置信息和时间信息包括但不限于作业人员、运行状态等内容，建立物资从仓储出库到使用报废的整个生命周期内的可追溯监控管理机制来规范其行为，明确各环节责任，形成一个闭环可为技术人员提供包括故障描述、处置过程、备件消耗、原因分析、改进措施、处理结果验收等方面资料，从而对整个机组设备的整个生命周期的运行维修过程进行全面管控。

此外，通过扫描相关备件的条码信息便可查询到该备件更换历史数据和维修更换记录，对这些累计的数据资料的深入挖掘可实现对当前设备的运行趋势的掌握，了解设备的运行状况和潜在问题，其积累的丰富维修作业记录可为日后的故障原因分析诊断提供数据支撑从而可以及时排除隐患，更进一步则能通过闭合链条查明问题根源进而采取改造预防措施从源头上避免或减少功能性故障问题和突发性故障问题发生，大大提高设备的运行管理水平。例如Wilson天然气发电机机组的发动机机油压力探头由于长期频繁需要更换引起了技术人员的注意通过扫描改型机油压力探头的条码信息发现导致其频繁更换的原因：一是探头的位置与机油滤芯的安装位置特别近如图2左图所示，在进行日常运行维护保养过程进行机油滤芯进行更换作业，难免会出现机油滤芯碰撞机油压力探头的情况，如此反复则机油压力探头容易出现故障；二是压力探头安装在发电机本体而本体在机器运行的过程中会一直振动导致探头也会随着一直振动而导致探头易损坏。至此追溯到机油压力探头故障源头可能是由于设计的不合理造成的，技术人员通过，通过延长油管及信号线将其使用减振材料包裹后固定到发动机撬座上如图2右图所示，使其远离机油滤芯杜绝相互影响，并减少随着发动机本体振动而引起的发电机运行中的压力探头长期振动，解决了机油压力频繁更换的问题。

图2　天然气发动机机油压力探头及机油滤芯改造前后安装位置

4 结论

近年来工业 4.0 和万物互联技术的兴起与应用，成功实现了许多工业设备终端使用者往“互联网+制造业”的大转型，油气管道行业也不例外借助于当下的互联网技术利用条码技术，将油气站场的仓储管理和设备运行维护数据整合形成一个完整链条，包括物资的入库、出库、调拨、配送、安装到运行整个过程，实现了“来源可查，去向可追”，对各个环节进行有效管控，在减少人力成本提高工作效率同时也可大大提升其行业的智能化信息化水平，从而来更好的保障输油管道的安全可靠平稳运行。实践证明油气站场引入当下信息智能化技术对提高站场管理的效率与质量尤其是仓储方面是显而易见的，虽然现阶段取得一定成果，但是还面临着诸多挑战需要完善的地方还很多，这也是下阶段需要重点突破的地方。

参 考 文 献

[1] 中国石油集团经济技术研究院. 国内外油气行业发展报告[R]. 中国石油报社，2010.

[2] 蔡永军，王继方等. 智能化管道建设关键技术研究进展. 油气储运，2018，(30)：33-35.

[3] 刘欢. 油气管道工程智能工地建设探讨. 中国智能化油气管道与智慧管网技术交流大会，2020，10：288-293.

[4] 刘程. 基于设备全生命周期维修管理模式的建立[J]. 装备制造技术，2013，(9)：113-1105.

[5] 刘晨，杨新，付立，等. 设备全生命周期管理的信息化探索与实践. 中国智能化油气管道与智慧管网技术交流大会，2020，10：794-795.

[6] 石油天然气行业设备分类与编码编委会. 石油天然气行业设备分类与编码[M]. 北京：石油工业出版社，2006，9.

[7] 郑海军. 石油企业仓储管理中存在的问题与方法分析[J]. 交通企业管理，2019，(5)62-63.：

[8] 陈瑜鹏. 信息条码技术在石油物资仓储管理中的应用实践研究[J]. 中国管理信息化，2018，21(10)：157-158.

[9] 王浩礼. 机械设备预防性维护及保养研究[J]. 河南科技，2014，(19)：96-98.

[10] 杨烈君，钱庆平，杨慧玲. 基于 QR 二维码技术的农产品溯源系统研究[J]. 赤峰学院学报(自然科学版)，2014，30(6)：45-46.

[11] 董绍华，张河苇. 基于大数据的全生命周期智能管网解决方案[J]. 油气储运，2017，36(1)：28-32.

[12] 宫敬，董旭，陈向新，等. 数字管道中的工艺与自动化系统设计[J]. 油气储运，2008，27(4)：1-4.

[13] 崔红升，魏政. 物联网技术在油气管道中的应用展望[J]. 油气储运，2011，30(08)：603-607.

基于油气管道的失效识别分析

徐　蕊　王雅琼　王冬冬　孙　茜

(华北石油通信有限公司)

摘　要　在油气田开采过程中，油气管道作为油气开采系统的重要组成部分，其运行状况直接关系到整个油气田的生产安全。而长期服役的油气田管道因外部环境、内部流体荷载作用发生腐蚀、断裂失效等，会造成影响严重的安全生产事故、人员伤亡及经济发展损失。因此对油气田管道进行失效识别分析、开发油气田失效分析算法、建立完善的管道管理系统对我国油气田绿色安全高效生产有着重要的意义。

本论文采用故障树分析方法(FTA)，分析了管道故障和管道故障断裂的基本原因。采用下降法(Fussel算法)得到了系统的52个最小割集，给出了故障树顶部事件失效概率的计算公式和底部事件重要性的分析表达式。从定性和定量两个方面分析了管道失效的基本原因。通过对故障树以及最小割集的分析，找出了管道失效的主要原因，并提出了相应的改进措施和应用方案。通过企业建立油气田管道风险发生故障树以及管道失效数据分析，进一步为油气田管道的风险评估及管道完整性管理提供量化数据支撑，为油气田勘探开发提供有力的安全保障。

本论文主要研究成果如下：

(1) 建立油气田管道风险故障树；

(2) 油气管道故障树分析算法。

关键词　油气田开发；管道失效；故障树

1　前言

1.1　研究的背景和意义

随着全球经济衰退和石油价格下跌，面对日益攀升的开采成本以及油价剧烈波动带来的挑战，国内外主要石油企业都把数字化转型作为未来发展的战略方向。在构建"数字中国石油"战略目标指引下，国内各个油气田企业主要围绕作业现场智能化、生产运营一体化、贸易销售平台化、研究设计协同化4个方向推动数字技术与生产经营管理深度融合。而油气田管道是建设数字化油气田的重要组成部分，把整个油气田生产紧密联接起来。目前，世界上油气管道总长度约为250万公里，承载了全球80%以上分析原油和100%天然气的输送，我国的油气管网可以达到20~25万千米，在此背景下，管道的平稳安全运行事关油气田上、中、下游全局的生产业务，日益受到油气企业的重视。

在油气管道继续延伸的同时，由油气管道故障引起的事故却在上升。2007年山东东营凿露海底石油管道造成特大海洋环境污染事故，经济损失4亿元。2010年4月英国石油公司钻井平台发生爆炸事故，漏油严重，造成11人死亡，英国石油公司要承担高达30亿美元罚款和120亿美元的清理费用。2010年7月，辽宁省大连市新港油库输油管道发生爆炸，原油泄漏超万吨，造成巨大的经济损失和严重的环境污染。2014年黄岛"1122"事故，以及2011年纪念天然气泄漏爆炸事故和墨西哥湾漏油事件等。由此可见，一旦油气管道发生事故，不仅给国家带来巨大的经济损失，其造成的污染、安全问题是不可逆的、灾难性的。

我国企业目前中国由于油气田开发的需求，有些油气管道已经达到和超过服役期限尚未全部替换，需要对这些管道进行安全测试和风险评估；还有一些油气管道在服役期间因管道腐蚀、自然灾害、人为破坏等造成不同程度的结构损伤，如何判断这些管道是否能继续安全服役，是否可以短期服役或者长期服役，都是急需解决的问题。为此，对油气管道进行了失效分析，找出了引起失效的主要因素，进一步为油气管道的安全运行保驾护航。

1.2　油气管道失效分析现状及存在问题

管管道风险评估最早是由美国学者肯特提出的。肯特风险评分法也称为专家评分法，是基于风险的定量指标。该方法根据重量分配管道事故概率和事故后果严重程度，逐项评分后两者合并，得到管段的相对风险系数。它是世界各国作为定量风险分析与定性风险分析方法的重要基础。肯特的专家评分方法从二十世纪九十年代开始在我国逐步发展并推广应用，已成为目前油气田管道风险管理评价的重要手段。目前我国管道风险评价与失效识别行业已将该方法作为油气田管道日常风险评估的主要方式。但由于该方法主观依赖性强，对人员经验性要求高，所以局限性大。在油气管道失效风险评估领域通过发展定量风险分析，更精准地反应管道实际状况成为目前主要的研究方向。

1.3　研究的基本思路

本论文研究应用系统故障树分析法(FTA)对管道失效的两种教学模式泄漏和断裂的基本问题原因可以进行数据分析，建立油气管道失效故障树。采用下降法(Fussel 算法)得到系统的 52 个最小割集，给出了故障树顶部事件失效概率的计算公式和底部事件重要性的分析表达式。从定性和定量两个方面分析了管道失效的基本原因。通过对系统故障树和最小割集的分析，找出了管道失效的主要原因，并提出了相应的改进措施和应用方案。

2　故障树的建立

2.1　故障树的概念

故障树分析是一种逻辑演绎分析工具，用于企业数据分析事故现象、原因和结果的管理以及组合，从而找到避免或减少交通事故发生的措施。故障树本身是一些故障的各种和联合顺序组合的图形模式，描述了故障树顶事件和基本事件的内部连接。故障树本身只是一个定性模型，但它能有效地表达风险生成的逻辑关系。在风险评估中，结合事故数据统计、模拟试验和专家意见，通过对故障树的分析得到风险的定性模型。

(1) 油气管道故障树分析分为三个发展阶段：

① 定性分析阶段(即故障树的准备阶段)；

② 根据管道设备故障率和操作人员事故发生率计算故障树的量化阶段，即管道发生事故的概率。

③ 当数据分析结果超过设定的目标值时，制定事故预防措施。

(2) 故障树分析的基本程序如下：

① 了解系统：熟知系统状态和各项参数，绘制工艺流程图。

② 收集事故：收集整理事故案例，进行事故数据统计，根据统计结果设定系统可能发生的事故。

③ 确定顶事件(要分析的对象是顶事件)：对调查的事故进行综合分析，找出后果严重、容易发生的事故为顶事件。

④ 确定目标值：根据工作经验总结教训和事故进行案例，经统计数据分析后，求解事故情况发生的概率，以此可以作为要控制的事故目标值。

⑤ 调查事件：调查所有原因事件及与事故相关的各种因素。

⑥ 绘制故障树：从顶部事件开始，逐步识别直接原因事件和各种因素。

2.2　故障树分析方法

数据山方法是一种图形推理方法。它将系统中未发生的事件作为故障树的顶层事件，自上而下运用规定的逻辑符号分析导致顶层事件的全部可能的直接因素以及逻辑关系，并逐步深入分析。直至找到故障树的底部事件，即事故的基本原因。

对系统进行故障树分析的过程也是对系统的认识更深的过程。采用不同故障树分析法的最终研究目的不完全是为了能够得到顶事件的发生风险概率，而是通过综合完整的故障树分析，发现管理缺陷，提高安全性和可靠性。

2.3　管道失效主要原因分析

采用故障树的方法进行现场管道的风险分析，首先，必须调查并统计整理出导致管道失效的主要原因，油气田管道失效的主要因素如下(表 1)：

表 1　油气田管道失效主要原因分析表

序号	失效类型	失效位置	失效特征
1	电偶腐蚀	两种不同金属相互接触(或焊接接头)、有内涂层和无内涂层涂覆的边线附近	一侧金属腐蚀严重，呈现沟槽状腐蚀特征
2	冲刷腐蚀	管道的弯头、三通、变径等特定的部位	带有方向性的槽、沟、波纹、圆孔和山谷形

续表

序号	失效类型	失效位置	失效特征
3	垢下腐蚀	管线内部各时钟位置，且均有垢形成，部分由于流型、流态和流速不同在管线底部出现垢层。	呈规则圆形蚀坑，与细菌腐蚀协调作用时的蚀坑呈规则圆锥形
4	水线腐蚀	管道内部有水的环境，通常分布于管线底部4点~7点油水界面处或水气界面处	沿某个时钟位置的局部腐蚀，其他时钟位置呈现均匀腐蚀或无显著腐蚀。
5	保温层下腐蚀	施加了保温层材料的管道或设备外表面	坑蚀或腐蚀减薄
6	补口腐蚀	管道有补口，且外部补口位置热熔胶与主体管道PE防腐层及管体粘结不良，补口处金属表环氧底漆脱落，通常发生在3PE道热收缩带补口位置，或防水帽接口位置	均匀腐蚀形貌，特殊情况下为环状
7	管体缺陷	位于母材、焊缝、阀门、三通、弯头等部件	管壁厚度不均，偏心，砂眼等常规管体缺陷
8	施工焊接缺陷	分为表面缺陷和内部缺陷	表面缺陷：咬边、弧坑裂纹、未焊透、表面夹渣、表面气孔、引弧烧伤等内部缺陷；焊缝内部裂纹或气泡引弧烧伤
9	第三方破坏	油气管道附近第三方施工、人口活动、采挖、耕种、偷盗等人为活动行为	直接导致管道破裂，引起介质泄漏、着火爆炸事故。管道通常表现为孔洞、凹陷致断裂等失效方式。
10	结垢堵管	注水管线内部	管道内部产生大量结垢产物，无腐蚀穿孔，但结垢产物致密并充满整个管体
11	误操作	管道基体、焊缝、阀门、法兰，以及密封性较差或承压能力较薄弱位置	电火花烧蚀产生的腐蚀穿孔，或管壁减薄时承压能力差导致的“先漏后破”的泄漏与断裂现象；阀门和法兰的失效；由于误操作导致的构件密封能力差而产生的泄漏
12	水文灾害	寒流：有季节性冻土环境下的冬季、初春或气温骤变的寒流天气	管道或构件变形而开裂
		雷电：雷电发生	管壁熔融，熔融处表现为规则圆形蚀坑，几乎无显著腐蚀产物；管壁由于承压不足而导致破裂。
		暴雨洪水：管道沿线穿跨越浅滩、河流、沟渠等水流活动地区，河床变化较为剧烈或遇洪水、水流冲刷造成管道裸露、漂浮、悬空、变形、断裂等	管道上敷土层松动脱离、河岸毁坏，管道半埋于河床或悬浮于水中，受(含沙土)水流的强大冲击作用发生变形、振动、甚至断裂
13	地质灾害	地震、滑坡、泥石流、地面沉降等	管道发生位移、开裂或折弯
14	非金属管失效	第三方破坏：附近存在第三方施工、人口活动、采挖、耕种、偷盗等人为活动；失效位置包括管体和接头	直接导致管道破裂，引起介质泄漏。管道通常表现为孔洞、凹陷致断裂等失效方式
		自然灾害：包括寒流、暴雨洪水、地震、滑坡、泥石流、地面沉降等	管道或构件变形而开裂；管道裸露、漂浮、悬空、变形、断裂等破坏现象；管道位移、开裂或折弯。
		误操作：失效位置包括管体和接头	管道承压能力不足而导致的破裂，或由于误操作导致的构件密封能力差而产生的泄漏
15	CO_2腐蚀	油管线容易发生在管道底部和水线位置，气管线容易发生在顶部(和底部)，有垢存在的注水管线容易发生在管线底部	呈现局部点蚀、癣状腐蚀和台地状腐蚀，其中台地状腐蚀是腐蚀过程中最严重的一种情况，腐蚀穿孔率很高
16	细菌腐蚀	很少发生在正常运行的凝析油管道、湿气管道、干气管道	多为高度的局部点蚀，去除表面腐蚀产物后，金属表面保护膜脱落，呈现光亮活性的表面极易发生腐蚀，蚀坑是开口的圆孔，纵切面呈锥形，孔内部是许多同心圆形或阶梯型的圆锥

续表

序号	失效类型	失效位置	失效特征
17	土壤腐蚀	通常处于土壤电阻率较低（小于 50Ω-m）的区域，管道未施加阴极保护和保温层，且周边无铁路、地铁、轻轨、高压交直流输电线路等干扰源	管道防腐层有破损，且表现为均匀腐蚀，打磨产物后表面粗糙，边缘不整齐
18	阴极保护失效导致的腐蚀	通常发生在施加了阴极保护的埋地钢质管道	管道外壁发生腐蚀泄露，其腐蚀形貌表现为均匀腐蚀
19	杂散电流腐蚀	交流杂散电流腐蚀：失效管道周边 1km 范围内存在高压交流输电线路、交流电气化铁路、高铁、交流电焊机等	外面为凸起的坚硬“瘤”状，里面为圆形点蚀坑，去除产物后光亮，边缘整齐
		直流杂散电流腐蚀：周边 10km 范围内有地铁、轻轨、（特）高压直流输电线路接地极、直流电气化铁路、矿厂、阳极地床以及直流电焊机等	圆形的点蚀坑，打磨后点蚀坑光滑

注：溶解氧腐蚀、H_2S 腐蚀、CO_2/H_2S 共同作用下腐蚀、CO2/CL 共同作用下腐蚀、内部介质引起的环境敏感断裂、外部介质引起的环境敏感断裂需要开展三级识别并进行对应的检测。

2.4 故障树的建立

对于油气田管道，首先依据确定故障树顶事件的原则，选择将“管道失效”作为顶事件，其次，作为引起管道失效的直接影响原因管道穿孔和断裂，这两种主要原因中的任意一个出现问题均会导致管道失效，因此，这两个原因被认为是次要的顶级事件。以此类推，继续逐步分析，直至分解为代表各种失效形式的基本事件。下图是油气田管道的故障树图（图 1、图 2），该故障树由经过简化的系统最小割集构成，共考虑了 40 个基本事件，X1，X2，…… Xn 为基本事件代号。

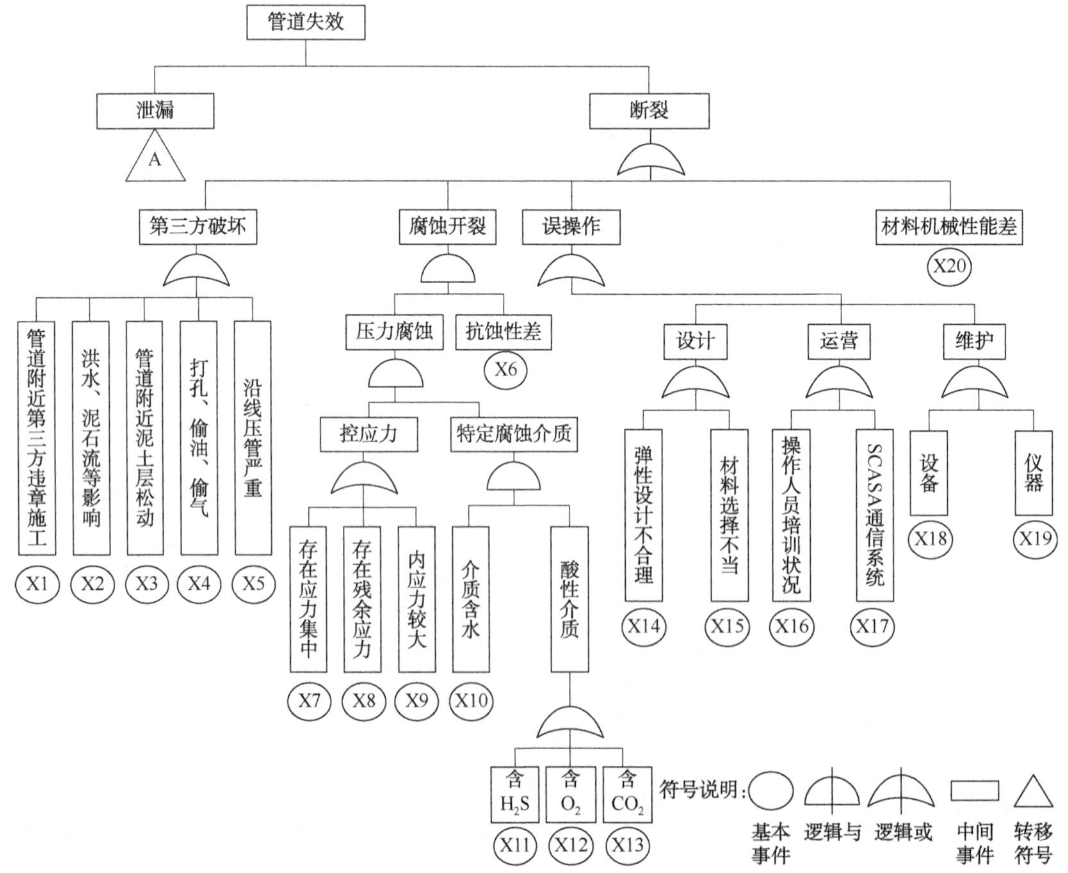

图 1　油气管道故障树示意图

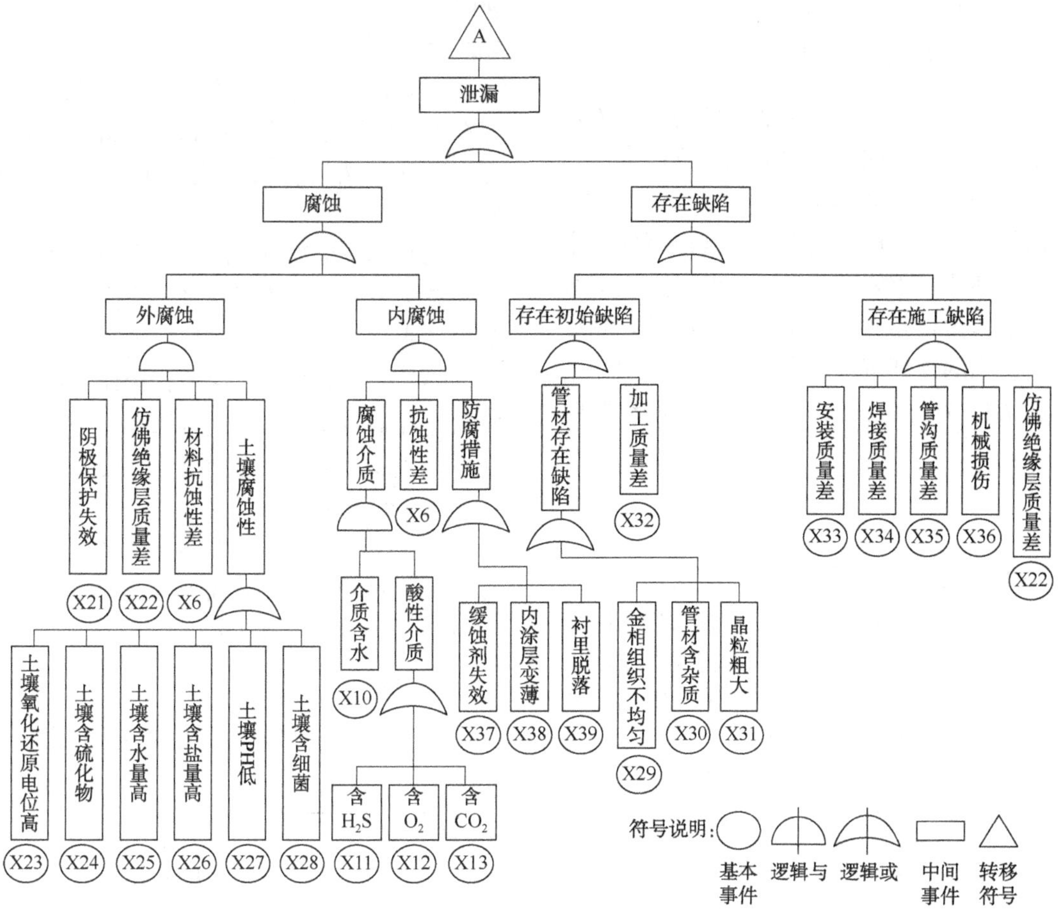

图 2　油气管道故障树示意图

3　油气管道故障树分析算法

3.1　定性分析

求出故障树的全部最小割集是故障树定性分析的任务。所谓最小割集，是指导致顶事件不断发生的所有学生可能的基本生活事件的最小最大限度的集合。顶部事件必须在集合中的所有基本事件都已发生时发生。下面使用下行方法(fl 算法)求解最小割集。基本原则是从最高层开始，从最高层开始，用 AND 门增加割集的容量，或者用 AND 门增加割集的数量。每一步按上述原则自上而下排列，直到全部的逻辑门都置换为一个基本生活事件，然后使用设置的操作规则来简化和吸收所有的最小切割集。全部最小割集为：

$$T=X_1+X_2+X_3+X_4+X_5+X_{14}+X_{15}+X_{16}+X_{17}+X_{18}+X_{19}+X_{20}+X_{22}+X_{29}+X_{30}+X_{31}+X_{32}+X_{33}+X_{34}+X_{35}+X_{36}+X_{37}+X_{38}+X_{39}+X_{40}+X_6X_{21}X_{23}+X_6X_{21}X_{24}+X_6X_{21}X_{25}+X_6X_{21}X_{26}+X_6X_{21}X_{27}+X_6X_{21}X_{28}+X_6X_7X_{10}X_{11}+X_6X_7X_{10}X_{12}+X_6X_7X_{10}X_{13}+X_6X_8X_{10}X_{11}+X_6X_8X_{10}X_{12}+X_6X_8X_{10}X_{13}+X_6X_9X_{10}X_{11}+X_6X_9X_{10}X_{12}+X_6X_9X_{10}X_{13}+X_6X_{10}X_{11}X_{37}+X_6X_{10}X_{11}X_{38}+X_6X_{10}X_{11}X_{39}+X_6X_{10}X_{11}X_{40}+X_6X_{10}X_{12}X_{37}+X_6X_{10}X_{12}X_{38}+X_6X_{10}X_{12}X_{39}+X_6X_{10}X_{12}X_{40}+X_6X_{10}X_{13}X_{37}+X_6X_{10}X_{13}X_{38}+X_6X_{10}X_{13}X_{39}+X_6X_{10}X_{13}X_{40}$$

根据上述公式，故障树是由 25 个一阶最小割集、6 个三阶最小割集和 21 个四阶最小割集组成。割集的阶越低，其发生的可能性越大，底事件在不同最小割集中重复的次数越多，其重要性越大。在分析系统的可靠性和安全性时，首先要考虑那些危害较大或概率相对较高的发生次数较多的底事件和一阶最小割集，如底事件 X6 以及 25 个一阶最小割集等。

3.2　定量分析

故障树的定量研究分析主要包括顶事件的发生风险概率的计算和底事件的重要度分析系统两部分。已知故障树的所有最小割集都是 K_1，K_2，……K_n，$n=52$，如果我们知道基本事件 x_i 的概率 $q_i=p(x_i)\ i=1$，2……40，则顶级事件 T 的概率公式如下：

$$P(T)=\sum_{i=1}^{n}P(K_i)-\sum_{i<j-2}^{M}P(K_iK_j)+\cdots$$

$$+(-1)^{n-1}P(K_1K_2\cdots K_n)$$

$$P(K_i)=\prod_{i\in K_j}Q_i$$

由于企业一般可以基本生活事件的发生风险概率很小，因此上式取第一项近似计算即可。

故障树分析的重要组成部分是重要性分析，当一个部件或系统的截集失败时对其顶事件概率的贡献。概率非常重要度是顶事件的发生概率对某个企业基本生活事件不断发生概率的偏导数。如果一个已知的顶部事件的发生概率为 $P(T)=g(Q)=g(Q1,\ Q2,\ q)$，基本事件的概率重要性为：

$$\Delta g_i=\frac{\partial g(Q)}{\partial Q_i}$$

概率重要度尽管是基本事件概率变化对顶事件慨率变化贡献的重要反映，但不能反映不同基本事件概率改进的难易程度。提高较高质量部件的可靠度对系统可靠性改进的贡献不如提高较低质量部件可靠度，对于此项研究意义可从关键重要度的定义看出：

$$I_i^{CR}=\lim_{\Delta Q_i\to o}\left[\frac{\Delta g/g(Q)}{\Delta Q_i/Q_i}\right]=\Delta g_i\cdot\frac{Q_i}{g(Q)}$$

公式中的上标 CR 表示临界度（criticality）。

为了计算系统顶层事件的概率，分析基础事件的重要性，需要预先知道基础事件的概率。基本事件发生的发生概率可以通过统计或专家主观判断方法来估计。

4　油气管道失效识别分析结果及对应措施

4.1　分析结果

通过对油气管道的故障树以及全部最小割集进行了分析，发现管道失效主要是由以下原因引起的：

（1）第三方损害，包括人为损害和自然灾害，都可能导致管道失效。

（2）腐蚀，包括内腐蚀、外腐蚀和应力腐蚀。土壤慨蚀性强，阴极进行保护系统失效和绝缘材料涂层结构老化等会导致管道外腐蚀，输送介质具有腐蚀性和缓剂失效等会造成内腐蚀，而施工，安装不当引起管道产生拉应力时导致应力腐蚀。

（3）误操作，包括设计误操作、施工误操作等。

（4）材料缺陷，包括管道初始缺陷和施工缺陷。

4.2　应对措施

（1）为了避免第三方破坏引起的管道失效，应在管道沿线竖立明显标志，在新管道选线时尽可能避开自然灾害较严重的地方，并定期进行检测。

（2）为减少管道因腐蚀而失效的情况，要加强阴极保护，确保涂层质量，提高清管效果，并要尽可能避免施工时产生拉应力。

（3）为了减少操作误差，操作人员应严格按照设计规定的技术要求进行操作，必须进行岗位培训，持证上岗。在选择设计，施工单位时应优先考虑有经验的公司。

（4）缺陷导致管道整体强度降低，直接影响管道运行的可靠性。应加强管材的质量检验，提高制造工艺水平，建立严格的施工质量检查制度。

5　油气管道失效分析及算法的应用

华北油田基于本论文关于油气管道的失效分析及算法，开发了油气田管道失效识别系统。该系统包括油气管道失效识别系统平台及移动终端APP（图3）。该系统具有对华北油田油气田管道现场失效数据的实时传输、统计及分析等功能，可实现油气田管道失效类别的识别、统计，以及失效原因的初步分析。该系统的落地实施不仅为华北油田的风险管理提供数据支撑，而且为管道的科学防护提供数据信息基础。根据该系统对于油气管道的识别分析数据，可及时采取有针对性的风险减缓措施，提高管道运行的安全性和平稳性。

6　结论

根据本论文进行分析问题研究，可以得出以下结论：

（1）故障树分析法简要明了、直观性好，是进行管道失效识别分析的有效工具。

（2）以“管道失效”为顶事件建立的油气田管道故障树，共考虑了40个基本事件，有52个最小割集，这些最小割集定性地描述了管道运行管理中的薄弱环节。

（3）利用最小割集计算顶事件的概率和基本事件的重要性。

（4）通过对故障树的分析，确定了油气田管

图 3　APP 端窗体图

道失效的主要原因，即第三方损坏、腐蚀、误操作和材料缺陷，并提出了相应的改进措施。故障树分析的结果可为油气管道失效管理工作提供相关理论研究指导。

参 考 文 献

[1] 秦炳军，张圣坤. 动态过程评估方法[J]. 上海交通大学学报，1998，123(11)：45-70.

[2] 程载斌，王志华，马宏伟. 管道应力波检测技术及研究进展[J]. 太原理工大学学报，2003，34(4)：425-430.

[3] 赵靖舟，戴金星. 库车油气系统油气成藏期与成藏史[J]. 沉积学报，2002，20(2)：314-319.

[4] 潘家华. 油气管道的风险分析[J]. 油气储运，1995，14：3-5.

[5] 陈利琼. 在役油气长输管线定量风险技术研究[D]. 成都：西南石油学院，2004.

[6] San Antonio. Texas. Long-range Guided-wave Pipe Inspection and Monitoring[M]. Washington：Southwest Research Institute，2005：1-27.

[7] MUHLBAUER W K. A Proactive Approach to Pipeline Risk Assessment[J]. Pipe Line Ind，1992，196-300.

[8] 王玉梅，郭书平. 国外天然气管道事故分析[J]. 油气储运，2000，19(7)：10-30.

[9] 郭生武. 输送管线完整性检测，评价及修复技术[M]. 北京：石油工业出版社，2006，32-40.

[10] Xie Y J：A theory on cracked pipe，Int. J. Pres. Vess. Piping，1998(75)：3-15.

[11] 侯福均，肖贵平，杨世平. 模糊事故树分析及其应用研究[J]. 河北师范大学学报(自然科学版)，2001，25(4)：49-55.

埋地天然气管道泄漏流致土壤振动特征辨识方法

麻宏强　钟　燕

（华东交通大学）

摘　要　为解决埋地天然气管道泄漏扰动复杂、辨识难度大的问题，本文基于小波变换方法和点对称(Symmetrized Dot Patten，SDP)算法，提出了一种埋地天然气管道泄漏流致土壤振动特征辨识方法。首先，以小波熵为评价指标确定小波函数，并结合指数阈值函数改进了小波阈值降噪方法；其次，基于角度放大因子为35°和时间间隔系数为2的SDP算法对管道信号进行处理，实现了复杂一维信号到二维图像的转变；最后，基于深度学习理论，构建了以卷积池化层、全连接层和softmax为结构的埋地天然气管道泄漏图像二分类辨识模型，对模型的卷积池化层数进行了优化，确定了四层卷积池化层、两层全连接层和softmax为最佳模型结构。结果表明，Db18为最佳小波函数，其小波熵和信噪比分别为13.539、9.235，且有效降噪后的管道泄漏振动信号有效频率在1000Hz以内；泄漏信号与非泄漏信号的SDP图像差异明显，泄漏信号图像的点集中分布在r=0.2~0.8区域，而非泄漏信号图像大多无明显形状且毛刺较多；以四层卷积池化层、两层全连接层和softmax为结构的模型准确率可达94.71%，且不同时间长度的SDP图像下，该模型的AUC值均大于0.95，准确率和F_1值的误差均在±1%以内，具有较强的鲁棒性。本文提出的方法可为埋地天然气管道泄漏监测系统的安全运行提供理论指导，进一步保障埋地天然气管道的安全。

关键词　天然气管道泄漏；泄漏辨识方法；振动信号；信号特征提取

1　引言

天然气管道泄漏不仅会导致巨大的经济损失，还可能引发严重的安全事故和环境污染。管道泄漏辨识是保障天然气管道安全运行的重要手段。然而，现有的管道泄漏辨识方法存在着泄漏扰动特征提取复杂、辨识难度大等问题。同时，不恰当的泄漏信号预处理可能会导致管道泄漏信号夹杂大量外部干扰噪声，进一步加大泄漏辨识的难度。因此，需要一种泄漏特征可视化、辨识精度高的方法来提高管道泄漏检测准确度。

目前，许多学者对管道泄漏检测方法进行了大量研究，这些研究主要集中在管道泄漏信号预处理以及泄漏辨识模型结构两方面。然而，管道泄漏辨识过程中存在着信号降噪困难、辨识难度大以及泄漏特征提取复杂等问题。在管道泄漏信号预处理方面，许多文献基于小波变换原理提升小波降噪效果，包括改进可调参数Q、WNN来自适应降噪以及改进阈值选择算法等。但小波降噪中仍然存在无法自适应选择小波函数的问题。例如，Ahadi Majid等人通过目视短时傅里叶变换的结果来选择与管道泄漏信号形状相似的小波函数。结果表明，人为干预选择小波函数不具有普适性。为解决上述问题，Xiao等人基于熵的自适应算法选择小波函数，对实际管道泄漏振动信号进行降噪，保留了信号的重要频率特征。但上述方法中采用的是软阈值函数，这可能导致信号重建时容易出现差异。从而，许多学者通过构建新的非线性阈值函数，提升信号的信噪比。例如，Tang等人提出了一种基于指数函数的改进的阈值函数。结果表明，该方法具有可调性和连续性，能适应不同层数的阈值函数，但其忽视了不同小波函数对小波降噪的重要影响。也就是说，在小波阈值降噪过程中，不仅需要灵活选择小波函数，还需要进一步改进阈值函数。由此可知，将自适应方法确定小波函数与改进阈值函数相结合能达到不错的降噪效果。

另外，在管道泄漏辨识模型方面，提取泄漏特征也十分重要。大量学者将管道泄漏的原始信号作为卷积神经网络输入，并构建恰当的模型对管道信号进行泄漏辨识。例如，Yao等人通过在1D-CNN模型中引入特征编码器(FAE)来提取管道泄漏的有效特征，泄漏准确率达到95.17%。然而，一维的原始信号不能直观地表示管道泄漏特征。一些学者尝试将一维的时域波形转换成二维图像，实现泄漏特征的可视化。Xie 等人采用集成经验模态分解(EEMD)和希尔伯特——黄变换(HHT)对信号进行时频分析，并将时频图像作为 CNN 的输入进行泄漏检测，能正确识别管道泄漏程度。Ning 等人将频谱增强(SE)算法和 CNN 相结合，有效提高了泄漏检测的准确率，平均准确率达到 94.3%。然而，上述方法都较为复杂，不利于及时诊断。不同于传统的图像表示，点对称图像处理(SDP)可将一维的时域波形转换成极坐标的雪花图像，能直观地反映不同状态下信号的幅度和频率变化。同时，采用 SDP 图像处理算法已广泛应用于振动领域。Xu 等人采用基于 SDP 的图像匹配诊断方法，成功分析了 13 种振动状态。Gu 等人采用 SDP 与深度卷积神经网络(DCNN)相结合的方法对振动信号进行诊断，且与其他六种诊断方法进行比较，该方法达到了最高准确率 96%。由此可知，在埋地天然气管道泄漏检测领域，基于点对称图像处理(SDP)的卷积神经网络提取泄漏振动信号特征具有巨大的潜力。综上所述，现有研究仍然存在降噪算法自适应性差、降噪可调参数非线性表达能力弱、泄漏特征不明显且提取复杂的问题，无法提高管道泄漏辨识准确度。

本文以小波熵为评价指标确定了小波函数，并结合指数阈值函数改进了小波阈值降噪方法，初步探究埋地天然气管道泄漏振动信号的特征。其次，基于 SDP 算法对管道信号进行处理，增大泄漏信号与非泄漏信号的特征差异。最后，基于深度学习理论，构建以卷积池化层、全连接层和 softmax 为结构的卷积神经网络模型，并对模型进行优化，实现埋地天然气管道泄漏图像的二分类识别。

2　泄漏流致振动特征与辨识策略研究

为了研究埋地天然气管道泄漏信号，本文基于埋地天然气管道泄漏实验，对管道振动信号进行监测，如图 1 所示。可以发现，管道泄漏孔位于水平方向的中心位置，其孔径大小为 5mm。同时，在泄漏孔正前方(A 点)、正上方(B 点)和正后方(C 点)50cm 处分别布置传感器，并获取其振动信号。

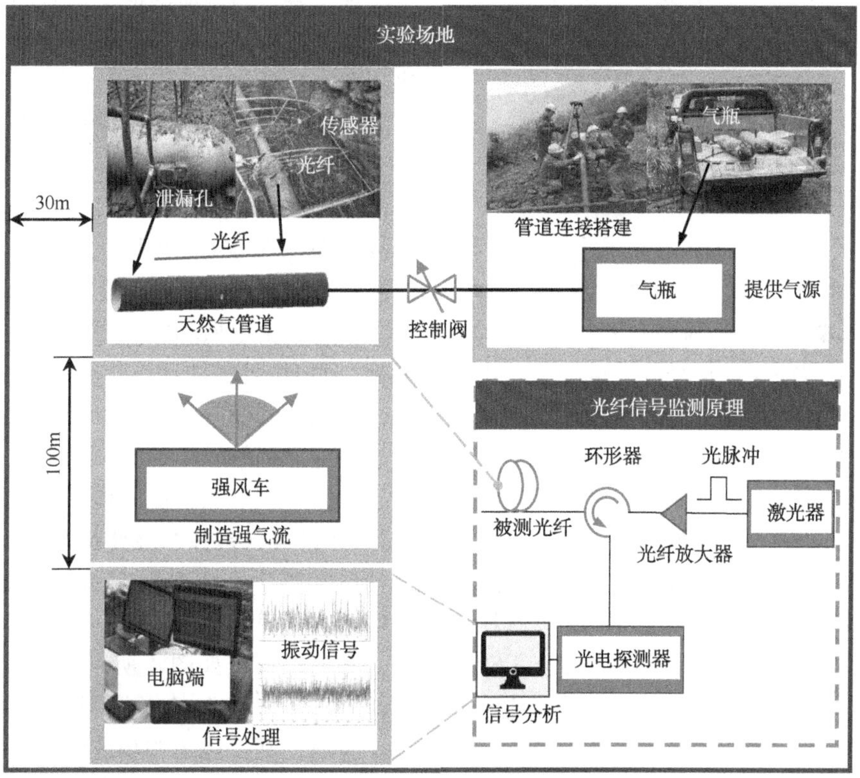

(a)埋地天然气管道泄漏实验

图 1　埋地天然气管道泄漏监测图

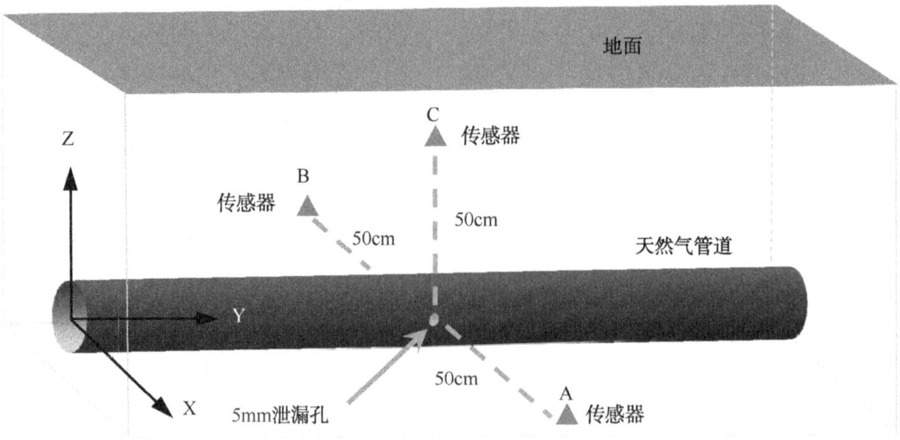

(b)传感器布置示意图

图 1　埋地天然气管道泄漏监测图(续)

为避免长时间的振动信号特征混淆，本文选择 6 组振动信号进行研究，具体数据如表 1 所示。从 A 处、B 处、C 处的传感器中，获取每个方位的 2 组振动信号，分别作为本研究的管道泄漏信号与环境噪声信号。

表 1　埋地天然气管道泄漏的实验数据

传感器布置方位	振动信号类别
A 泄漏孔正前方 50cm 处	A1 泄漏信号
	A2 环境噪声信号
B 泄漏孔正后方 50cm 处	B1 泄漏信号
	B2 环境噪声信号
C 泄漏孔正上方 50cm 处	C1 泄漏信号
	C2 环境噪声信号

2.1　泄漏流致土壤振动特征时频分析

为了获取管道泄漏振动信号的时域特征，本文采用时域方法对管道信号进行分析。如图 2 所示三个方位传感器的部分时域图。由图可知，A 处环境噪声的振幅明显大于泄漏信号的振幅，其他两个方位的振幅特性与之相似。这可能是因为气体泄漏致管道振动引起土壤振动的响度较小，则其振幅较小。同时，由图 2(a)、图 2(c) 和图 2(e) 可知，三个方位的泄漏信号的振幅中 A 处的振幅最大。这主要是因为泄漏气体的冲击力直接导致周围土壤振动，加大了外部干扰，进而导致 A 处振动信号的振幅较大。然而，从信号振幅的包络角度来看，三个不同方位的泄漏信号的振幅包络值无共性特征，继而无法进行特征提取。因此，需要采用时频分析方法对管道泄漏信号进行分析。这不仅适用于非平稳的泄漏振动信号，还可将信号的时间和频率特性可视化。

如图 3 所示振动信号中不同频率成分出现的时间及相对强度。结果表明，图中的频率颜色越鲜亮，则振动信号的能量集中在该频率处。同时，管道泄漏信号的频率大部分分布在 5000Hz 以下，而环境噪声频率在 8000Hz 以内均有分布。这主要是因为泄漏振动信号的有效频率为低频分量，而外部干扰易产生高频分量。此外，对比 A 处、B 处和 C 处的管道泄漏振动信号的时频图，图 3(a) 泄漏信号的频率大部分 5000Hz 以下，集中在 1000Hz、300Hz 左右。图 3(c) 的泄漏信号频率分布在 300Hz 左右。图 3(e) 频率大部分分布在 3000Hz 以下，集中在 1000Hz 左右。这主要是因为 A1 处振动信号夹杂着泄漏气体的冲击力导致土壤振动的噪声，加大了外部干扰的影响。而 B1 处气体冲击导致土壤振动的影响较小，则包含的噪声更少。也就是说，外部干扰会增加管道泄漏信号中的噪声。因此，后续的降噪处理对于管道泄漏特征的提取十分重要。

2.2　泄漏流致土壤振动特征辨识策略研究

本文基于小波变换方法和 SDP 算法提出了埋地天然气管道泄漏流致土壤振动特征辨识策略，其简化流程如图 4 所示。首先，基于时域、时频方法分析获取的管道泄漏原始振动信号特征。然后，基于优选的小波函数和改进的阈值函数，实现埋地天然气管道泄漏振动信号降噪。其次，基于 SDP 算法提取管道信号泄漏与非泄漏的特征。最后，搭建卷积神经网络算法进行埋地天然气管道泄漏识别。

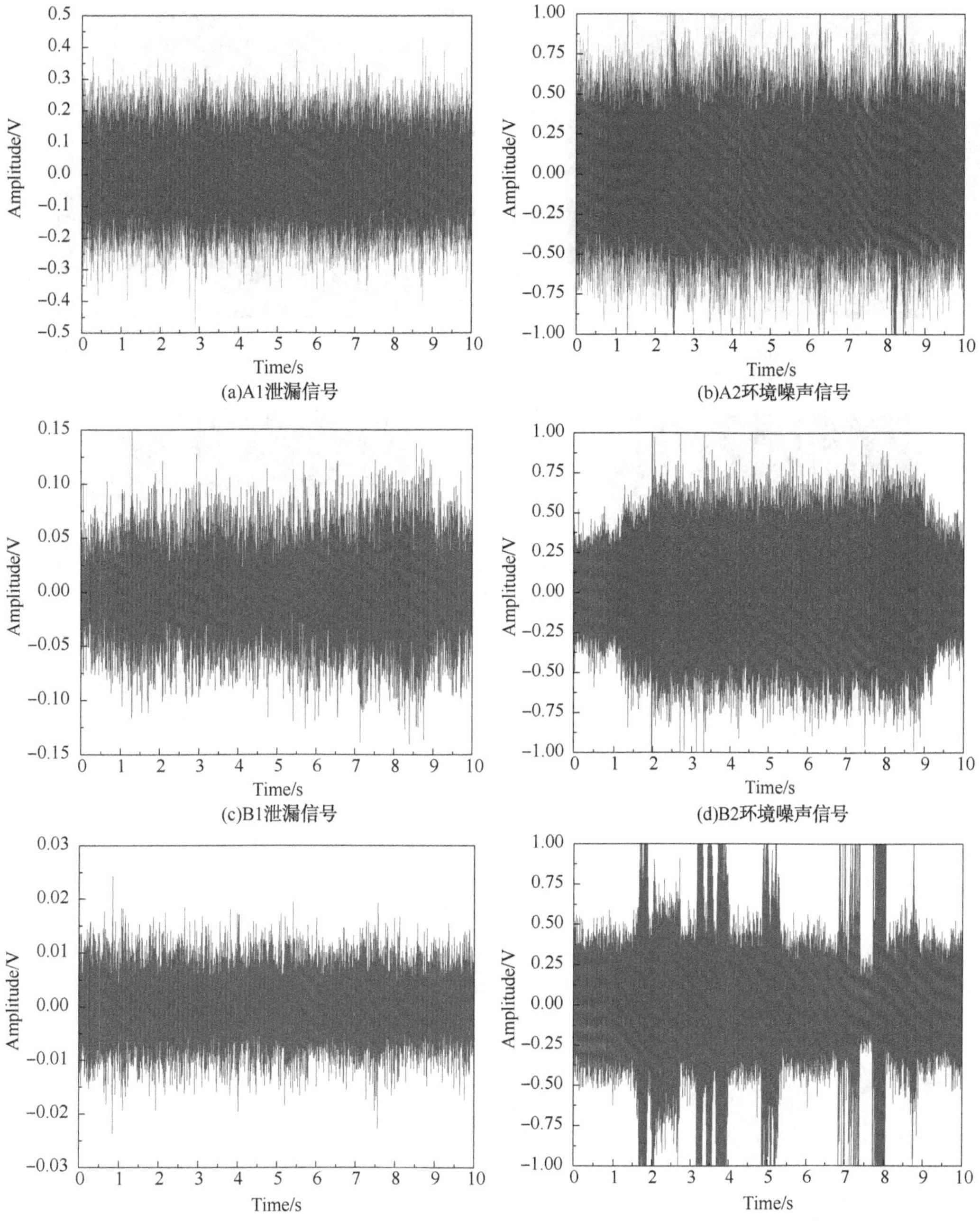

(a)A1泄漏信号　(b)A2环境噪声信号

(c)B1泄漏信号　(d)B2环境噪声信号

(e)C1泄漏信号　(f)C2环境噪声信号

图 2　三个方位的管道信号时域图

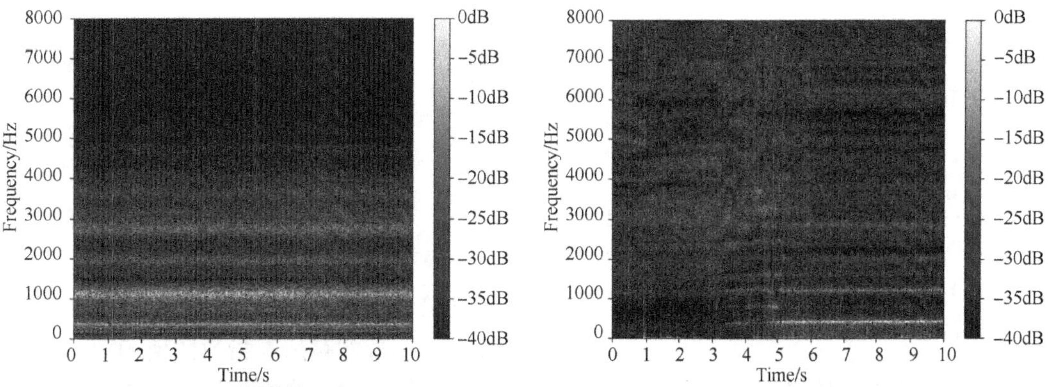

(a)A1泄漏信号　(b)A2环境噪声信号

图 3　三个方位的管道信号时频图

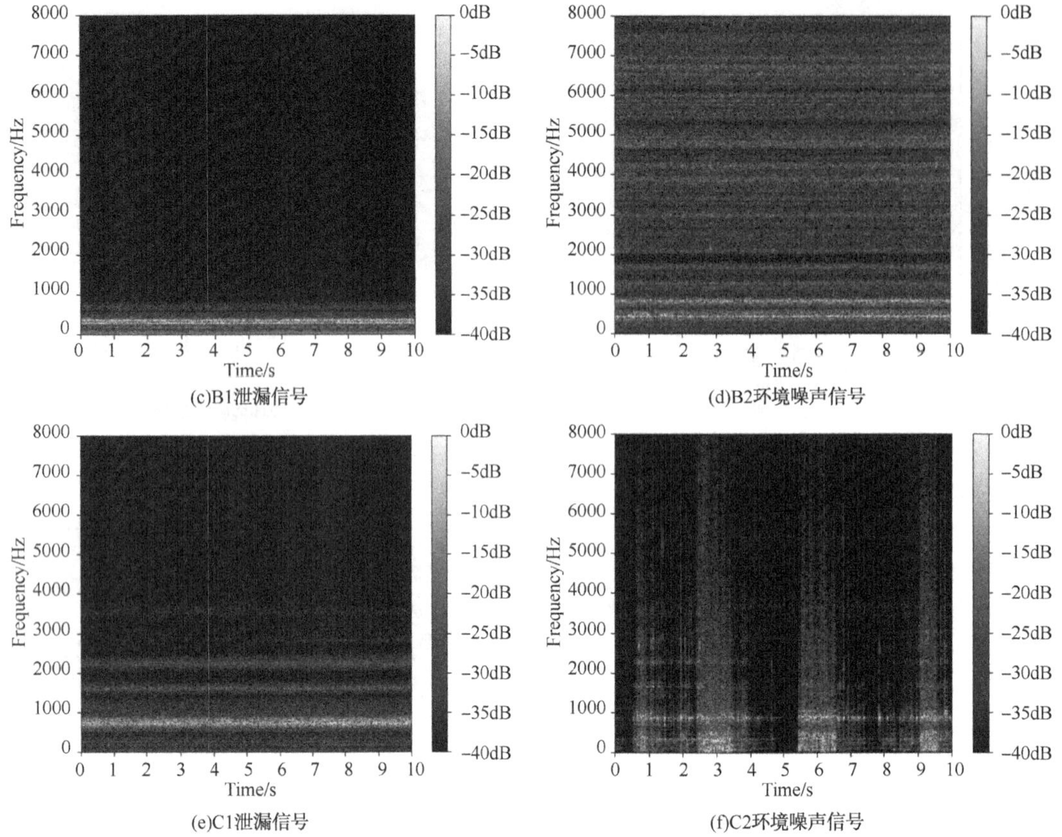

图 3　三个方位的管道信号时频图(续)

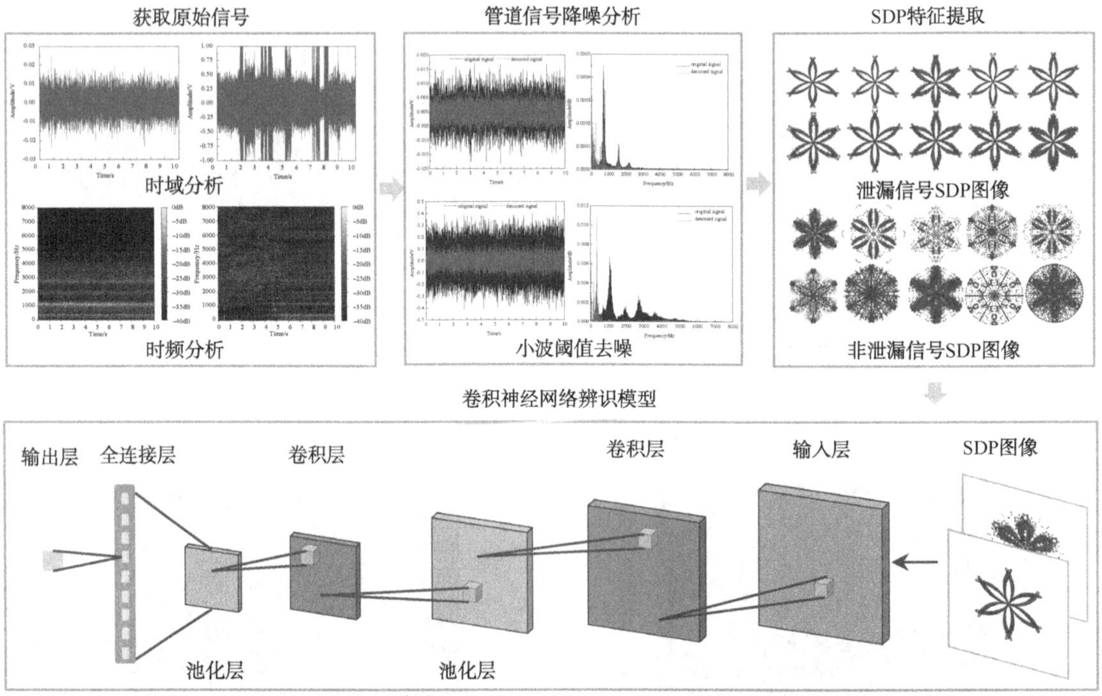

图 4　埋地天然气管道泄漏流致土壤振动特征辨识流程图

3　结果与讨论

3.1　小波阈值降噪方法研究

本小节采用改进的小波阈值降噪方法对管道振动信号进行去噪处理。该方法将基于小波熵选择小波函数的算法与指数阈值函数相结合，具有自适应性、多分辨率。根据 2.2 小节的结果，有效的低频分量大致分布在 1000Hz 以内。因此，对管道信号进行4层小波分解。然后，本文基于小波熵算法对Daubechies(Db)、Symlets(Sym)、Haar和Coiflets(Coif)四类小波基中降噪效果良好的小波函数进行分析。如图5所示四种不同小波函数的信噪比和小波熵。结果表明，Db18的小波熵最小13.539、信噪比最高9.235。这主要是因为小波熵越大，振动信号时间序列数据越复杂，混合噪声越多。反之，小波熵越小，小波函数与振动信号越相似。也就是说，Db18的小波熵最小，意味着它与泄漏信号最相似。同时，Db18的信噪比最大，则信号中包含的干扰噪声最少。综上所述，采用小波熵最小、信噪比最高的Db18作为小波函数，能提升管道信号降噪效果。

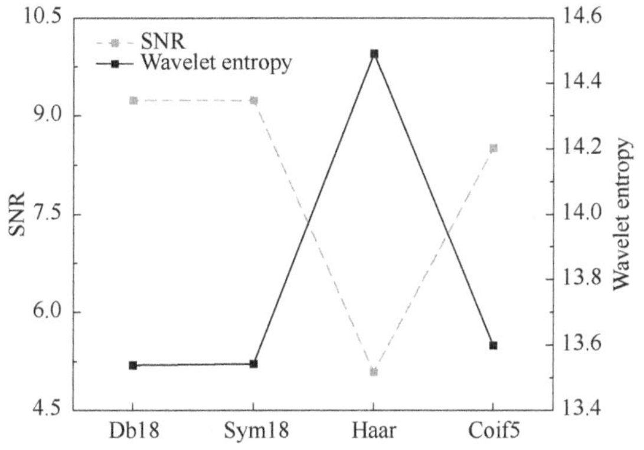

图5　四种小波函数的信噪比和小波熵

如图6所示三个方位泄漏振动信号降噪前后的时域、频域对比图。从图6(a)、图6(b)和图6(c)可看出，降噪后A1处和C1处的振幅明显减小，而B1处的波形几乎无变化。这主要是因为本文采用的改进小波阈值降噪对外部干扰的高频分量能有效降噪，且对管道泄漏的低频分量的影响较小。同时，由图6(b)、图6(d)和图6(f)可知，降噪后A1处的频率分布几乎小于1000Hz，且与B1处的频率分布相似。然而，C1处的频率集中分布在1000Hz内，小部分分布在1000Hz以上。这主要是因为管道泄漏引起土壤振动的有效频率为低频分量，小于1000Hz。同时，由于天然气密度较小，气体从管道中泄漏逸出引起上方土壤振动，导致C1处的部分频率分量高于1000Hz。综上所述，改进小波阈值降噪对埋地天然气管道泄漏振动信号的降噪效果良好。此外，由于管道泄漏振动的有效频率低于1000Hz，根据奈奎斯特采样定理，管道泄漏振动传感器选择2000Hz的型号，可提高检测的精确度。

3.2　基于点对称图像的泄漏特征提取研究

本节采用点对称图像(SDP)对管道振动信号进行特征提取处理。其中，相比其他时频图像方法，SDP能更直观地对噪声信号进行处理，更清晰地显示不同振动形式的特征。管道振动信号按照公式(1)进行SDP转换。如图7所示SDP的基本原理。管道信号的时域波形上每一个点映射到极坐标的径向分量，相邻的点映射为极角。

$$\begin{cases} r(i)=\dfrac{x_i-x_{\min}}{x_{\max}-x_{\min}} \\ \varphi(i)=\theta+\dfrac{x_{i+\tau}-x_{\min}}{x_{\max}-x_{\min}}\zeta \\ \Phi(i)=\theta-\dfrac{x_{i+\tau}-x_{\min}}{x_{\max}-x_{\min}}\zeta \end{cases} \tag{1}$$

式中，x_i为时域信号上第i个点处的幅值；$x_{\max}$、$x_{\min}$分别为时域信号上的最大值和最小值；τ为时间间隔因子($1\leqslant\tau\leqslant10$)；$\theta$为镜面对称角度(通常$\theta=60°$)；$\zeta$为角度增益($\zeta\leqslant\theta$)；$r(i)$为第$i$个点在极坐标上的半径；$\Phi(i)$与$\varphi(i)$分别为沿着极轴对应顺时针、逆时针的旋转角度。

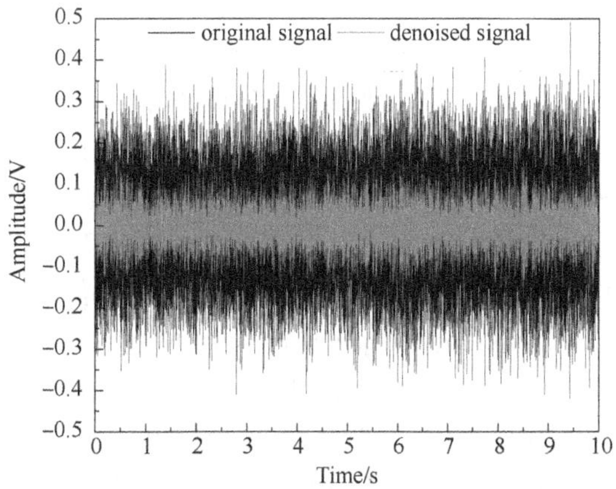

(a)A1泄漏信号时域图

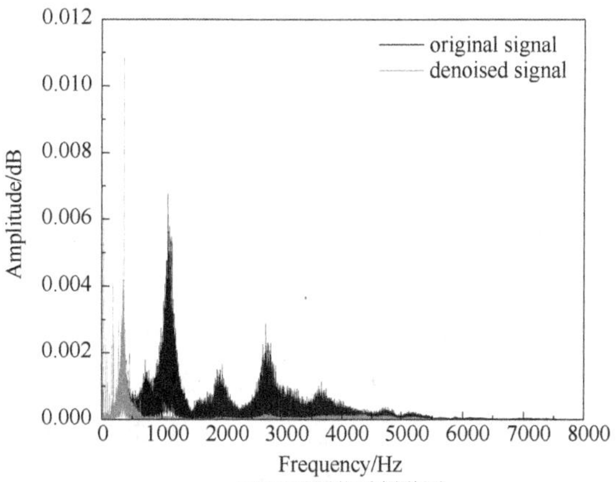

(b)A1泄漏信号频谱图

图6　三个方位的泄漏振动信号降噪前后的对比图

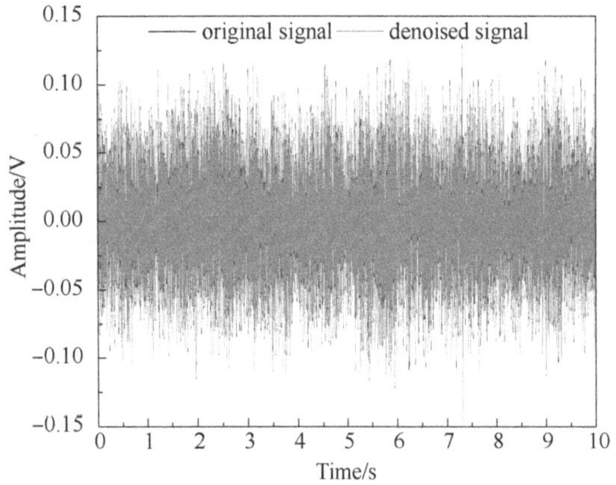

(c)B1泄漏信号时域图

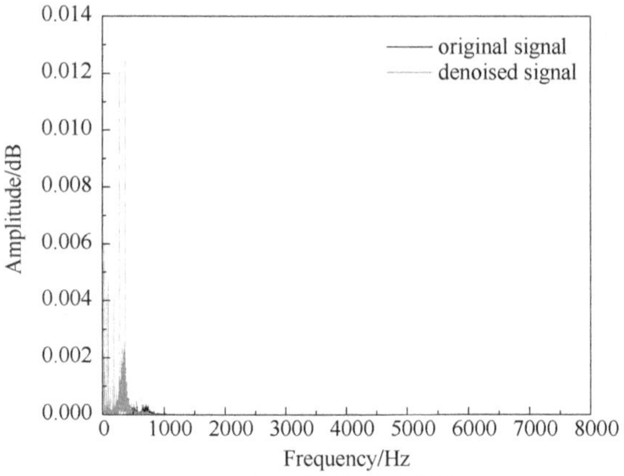

(d)B1泄漏信号频谱图

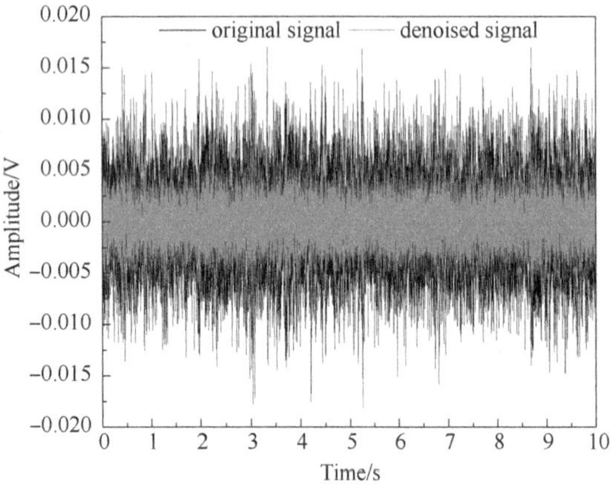

(e)C1泄漏信号时域图

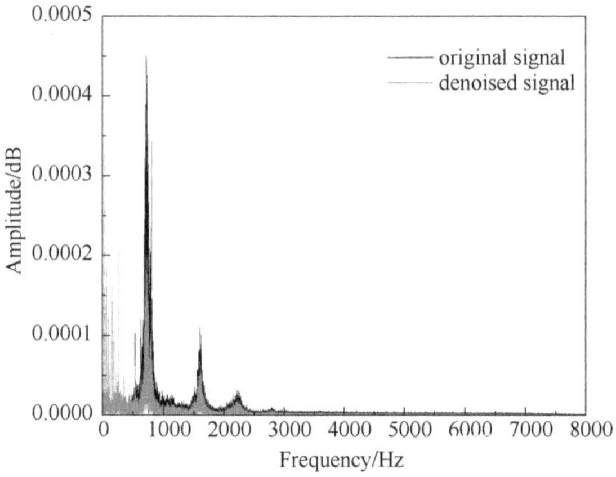

(f)C1泄漏信号频谱图

图 6　三个方位的泄漏振动信号降噪前后的对比图(续)

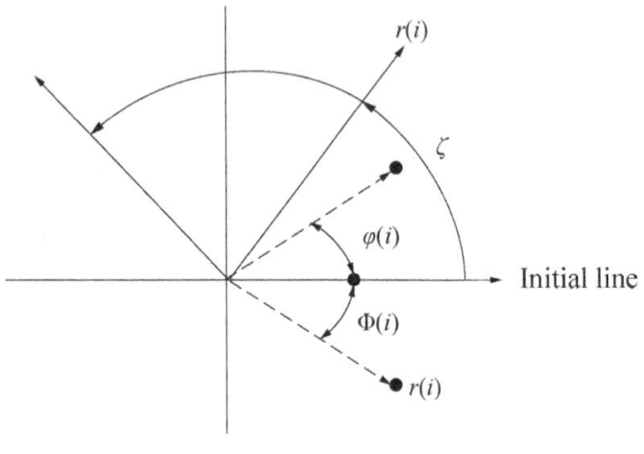

图 7　SDP 基本原理图

本文根据文献，选择 SDP 的角度放大因子 $\zeta=35°$，时间间隔系数 $\tau=2$，旋转角度 $\theta=60°$。如图 8 所示为三个方位的泄漏与非泄漏的 SDP 图像，图中采样点以及时间长度分别为 1600 和 0.1s。从图 8(a)、图 8(b) 和图 8(c) 可以看出，B1 处 SDP 的旋转臂曲率最小，C1 处的旋转臂曲率最大且旋转臂厚。这可能是因为降噪后的 B1 处含有的噪声最少、频率较低，而 C1 处含有的噪声最多、频率最高，这与 3.1 小节中降噪后的规律保持一致。同时，对比图 8 中泄漏信号与环境噪声信号的 SDP 图像可知，泄漏信号的 SDP 图像的旋转臂曲率较小、形状似细长叶、点集中分布在 $r=0.2\sim0.8$ 区域；而环境噪声信号的 SDP 图像的旋转臂的点大多数无明显形状、毛刺较多。这主要是因为泄漏信号频率为低频且呈周期性变化，而环境噪声为高频且变化不规律。综上所述，SDP 图像可直观、明显地表示泄漏信号与环境噪声的差异，为后续模型的精准辨识奠定基础。

3.3　基于卷积神经网络的辨识方法研究

本文采用三种简单的 CNN 模型(CNN-2、CNN-3 和 CNN-4)作为泄漏辨识的模型，对 SDP 图像进行训练。如图 9 所示三种卷积神经网络的结构示意图，其中 C1～C4 是卷积层，P1～P4 为最大池化层，最后输出为二分类结果。

三种模型将时间长度为 0.1s 的 SDP 图像作为输入，进行图像辨识训练。具体而言，14400 份 SDP 图像样本按照 8∶2 的比例分成训练集与测试集。模型采用 Adam 优化器进行参数更新，batchsize 为 32，学习率为 $1e^{-4}$，损失函数为交叉

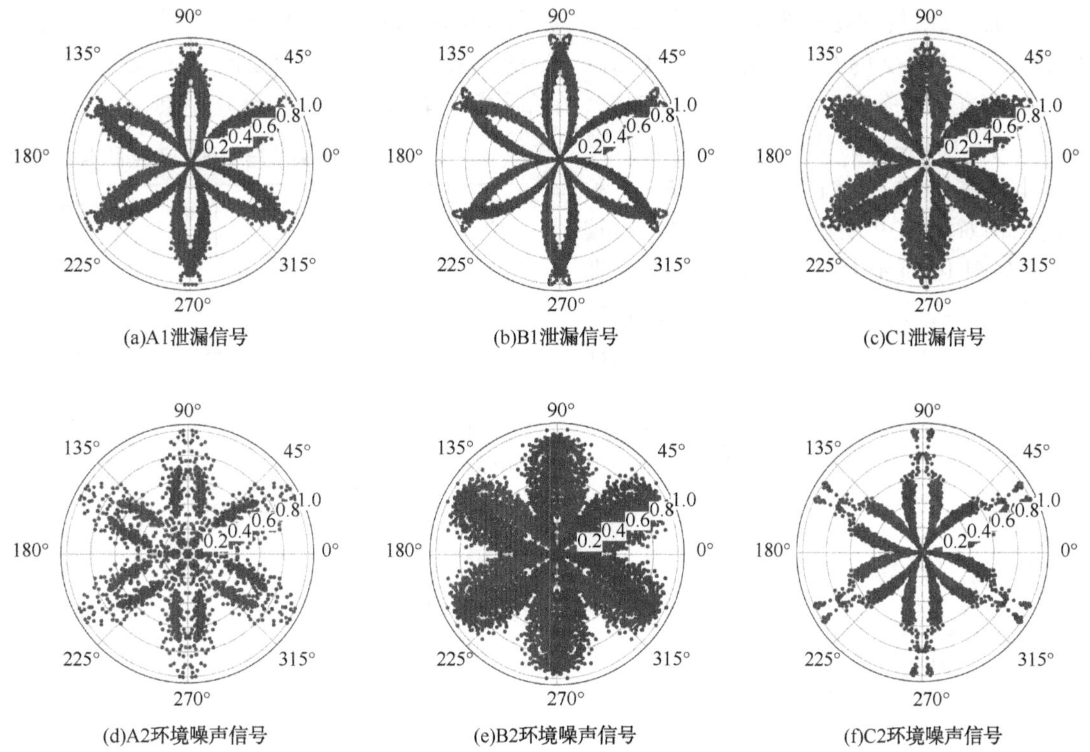

图 8　三个方位的 SDP 图像

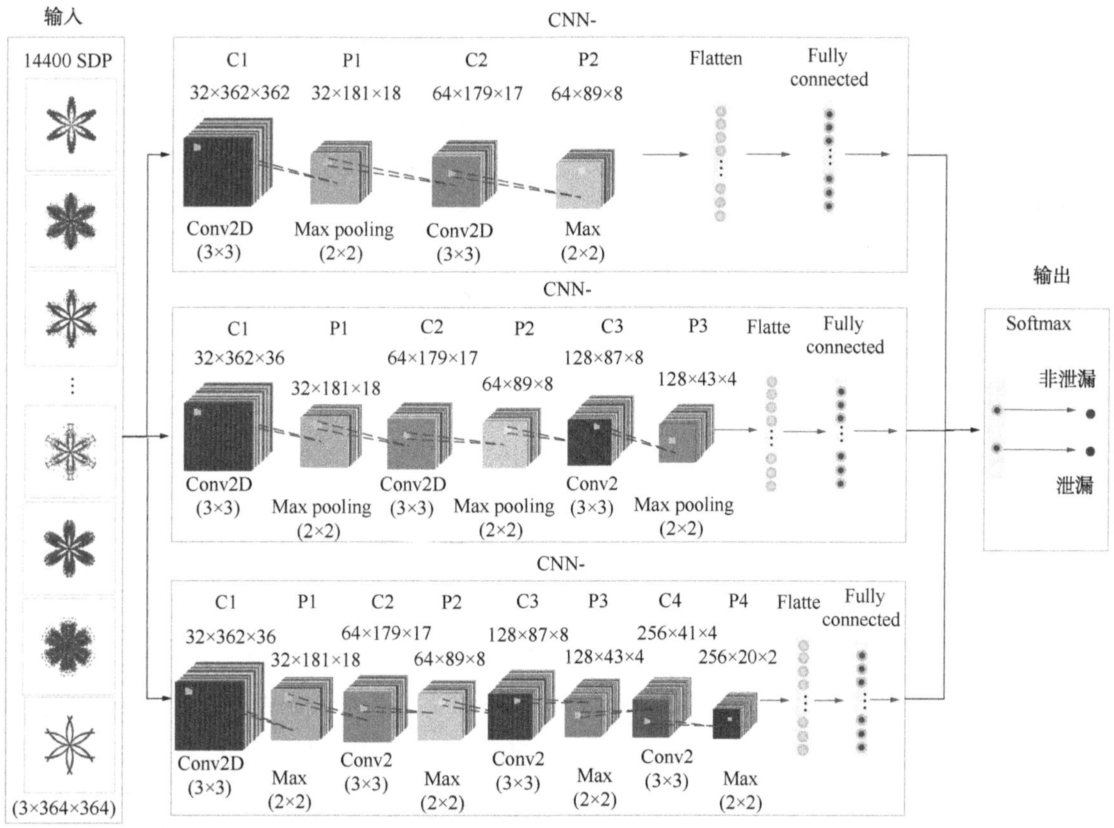

图 9　三种卷积神经网络的结构示意图

熵损失函数，训练迭代(epochs)次数为 80 次。如表 2 所示为三种结构的卷积神经网络的准确率值。可以看出，CNN-2 的准确率为 50%，CNN-3 和 CNN-4 的准确率分别为 93.94%、94.71%。这可能是因为，CNN-2 的结构过于简单无法提取泄漏与非泄漏 SDP 图像的特征；CNN-3 和 CNN-4 的结构对于 SDP 图像的特征提取能力较好。另外，如图 10 所示 CNN-3 与 CNN-4 的训练过程对比图。结果表明，当两模型训练到后 40 轮时，CNN-3 的验证集损失和准确度的波动较大，但 CNN-4 波动较小。这可能是因为，相比 CNN-4 的结构，CNN-3 中少了一层卷积层和池化层，导致特征提取能力不稳定。因此，本文后续选择 CNN-4 作为研究对象。

表 2　三种结构的卷积神经网络的准确率

Model	Accuracy
CNN-2	50%
CNN-3	93.94%
CNN-4	94.71%

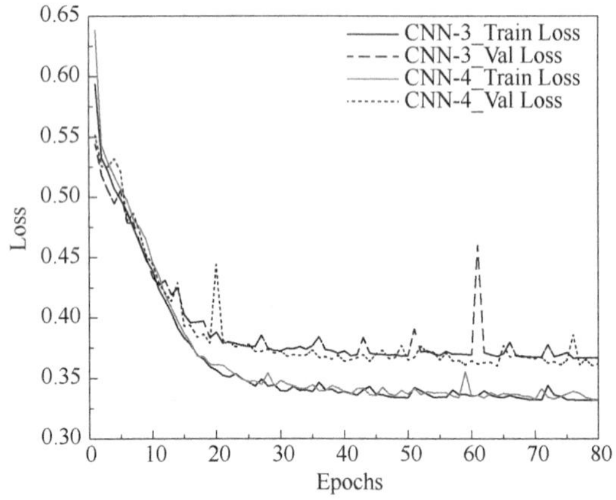

(a)两个模型的训练及验证损失

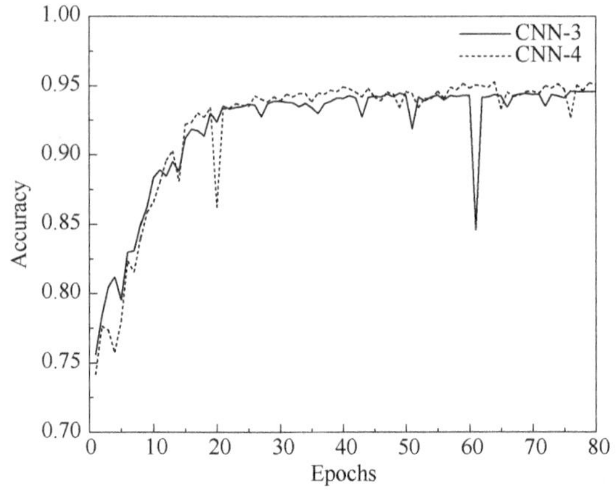

(b)两个模型的准确率曲线

图 10　模型 CNN-3 与 CNN-4 的训练过程对比图

为研究不同时间长度的 SDP 图像下 CNN-4 模型的鲁棒性，采用 ROC 曲线下的 AUC 值对 CNN-4 模型进行评价。如图 11 所示不同时间长度的 SDP 图像下 CNN-4 模型 AUC 值。结果表明，在不同时间长度的 SDP 图像下 CNN-4 模型 AUC 值均大于 0.95，说明该模型具有良好的鲁棒性。

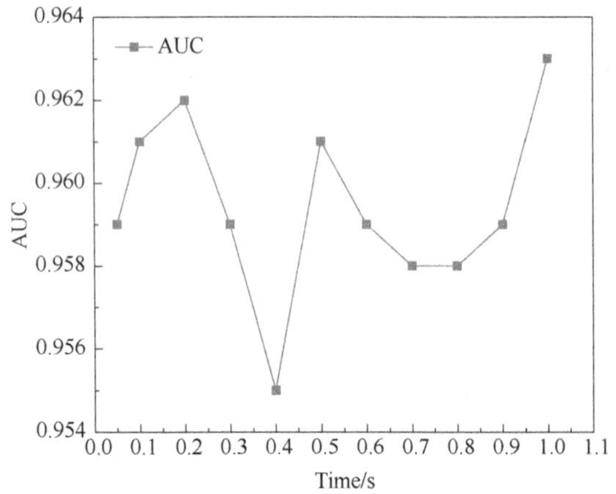

图 11　不同时间长度的 SDP 图像下的 AUC 值

为进一步探究不同时间长度的 SDP 图像与 CNN-4 模型辨识效果之间的关系，将模型 5 次训练效果的平均值作为关联值进行分析。如图 11 所示不同时间长度 SDP 图像的辨识效果关联值结果。由图 12(a)可知，5 次训练后准确度的关联值 R^2 为 0.598，呈较弱线性关系，但误差为 ±1%以内。同时，图 12(b)中 5 次训练后调和评估参数 F_1 的关联值亦有一样的趋势。这可能是因为，时间长度越长的 SDP 图像包含越多特征信息，越容易辨识，但 CNN-4 有着较强的鲁棒性，可以从不同时间长度的 SDP 图像中学习相似的特征进而精确辨识。综上所述，不同时间长度的 SDP 图像对 CNN-4 的模型的影响效果较小。

4　结论

本文提出了一种埋地天然气管道泄漏流致土壤振动特征辨识方法。首先，以小波熵为评价指标确定了小波函数，并结合指数阈值函数改进了小波阈值降噪方法，初步探究了埋地天然气管道泄漏流致土壤振动的信号频率特征。其次，基于角度放大因子为 35°和时间间隔系数为 2 的 SDP

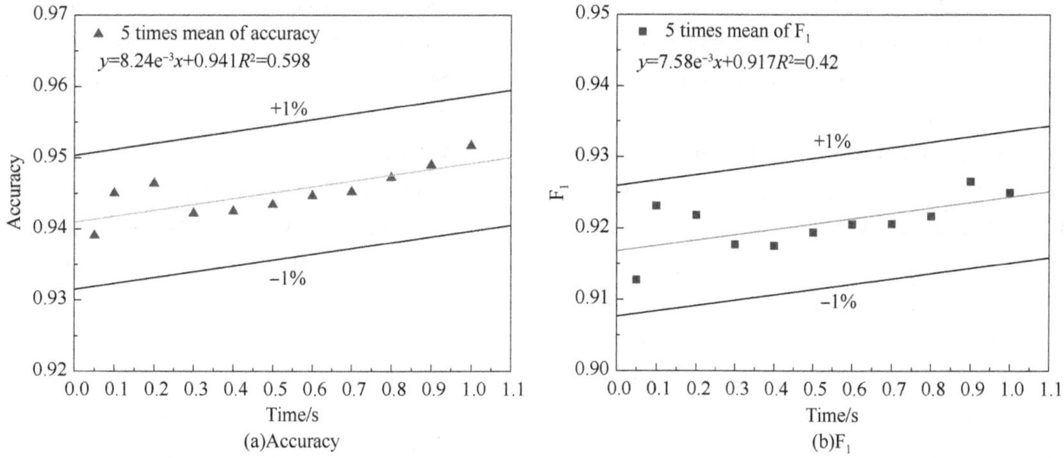

图 12　不同时间长度的 SDP 图像的辨识效果关联值结果图

算法对管道信号进行处理，实现了复杂一维信号到二维图像的转变。最后，基于深度学习理论，构建了以卷积池化层、全连接层和 softmax 为结构的卷积神经网络模型，优化了模型的卷积池化的层数，实现了埋地天然气管道泄漏图像二分类辨识。根据上述研究，可以得出以下结论：

（1）Db18 为最佳小波函数，其小波熵为 13.539，且降噪后的埋地天然气管道泄漏流致土壤振动的信号频率大致集中在 3000Hz 以内，有效频率分布为 1000Hz 以内。

（2）泄漏信号的 SDP 图像的点集中分布在 $r=0.2\sim0.8$ 区域，而非泄漏信号图像大多无明显形状且毛刺较多。

（3）以四层卷积池化层、两层全连接层和 softmax 为结构的最佳模型具有较强的鲁棒性，其准确率可达 94.71%。同时，在不同时间长度的 SDP 图像下，该模型的 AUC 值均大于 0.95，且准确率和 F_1 值的误差在±1%以内，对于开发实时泄漏检测监控系统具有潜在的应用价值。

参 考 文 献

[1] ULLAH N, AHMED Z, KIM J M. Pipeline Leakage Detection Using Acoustic Emission and Machine Learning Algorithms[J]. Sensors, 2023, 23(6): 3226.

[2] ZAMAN D, TIWARI M K, GUPTA A K, et al. A review of leakage detection strategies for pressurised pipeline in steady-state[J]. Engineering Failure Analysis, 2020, 109: 104264.

[3] XU C, DU S, GONG P, et al. An Improved Method for Pipeline Leakage Localization With a Single Sensor Based on Modal Acoustic Emission and Empirical Mode Decomposition With Hilbert Transform[J]. IEEE Sensors Journal, 2020, 20(10): 5480-5491.

[4] AHMAD S, AHMAD Z, KIM C H, et al. A Method for Pipeline Leak Detection Based on Acoustic Imaging and Deep Learning[J]. Sensors, 2022, 22(4): 1562.

[5] SIDDIQUE M F, AHMAD Z, ULLAH N, et al. A Hybrid Deep Learning Approach: Integrating Short-Time Fourier Transform and Continuous Wavelet Transform for Improved Pipeline Leak Detection[J]. Sensors, 2023, 23(19): 8079.

[6] LIU C, LI Y, FANG L, et al. Experimental study on a de-noising system for gas and oil pipelines based on an acoustic leak detection and location method[J]. International Journal of Pressure Vessels and Piping, 2017, 151: 20-34.

[7] PAN S, XU Z, LI D, et al. Research on Detection and Location of Fluid-Filled Pipeline Leakage Based on Acoustic Emission Technology[J]. Sensors, 2018, 18(11): 3628.

[8] ZHANG M, GUO Y B, ZHANG Z, et al. Extraction of pipeline defect feature based on variational mode and optimal singular value decomposition [J]. Petroleum Science, 2023, 20(2): 1200-1216.

[9] ZHOU M, YANG Y, XU Y, et al. A Pipeline Leak Detection and Localization Approach Based on Ensemble TL1DCNN [J]. IEEE Access, 2021, 9: 47565-47578.

[10] AN Y, MA X, WANG X, et al. Gas pipeline event classification based on one-dimensional convolutional neural network [J]. Structural Health Monitoring, 2022, 21(3): 826-834.

[11] MENG T, WANG D, JIAO J, et al. Tunable Q-factor wavelet transform of acoustic emission signals and its application on leak location in pipelines[J]. Computer Communications, 2020, 154: 398-409.

[12] WU L, LIANG W, SHA D. A novel adaptive noise reduction method for field natural gas pipeline defect detection signals[J]. International Journal of Pressure Vessels and Piping, 2022, 199: 104761.

[13] HASSAN F, RAHIM L Ab, MAHMOOD A K, et al. A Hybrid Particle Swarm Optimization-Based Wavelet Threshold Denoising Algorithm for Acoustic Emission Signals[J]. Symmetry, 2022, 14(6): 1253.

[14] AHADI M, BAKHTIAR M S. Leak detection in water-filled plastic pipes through the application of tuned wavelet transforms to Acoustic Emission signals[J]. Applied Acoustics, 2010, 71(7): 634-639.

[15] XIAO R, HU Q, LI J. Leak detection of gas pipelines using acoustic signals based on wavelet transform and Support Vector Machine[J]. Measurement, 2019, 146: 479-489.

[16] YI T H, LI H N, ZHAO X Y. Noise Smoothing for Structural Vibration Test Signals Using an Improved Wavelet Thresholding Technique[J]. Sensors, 2012, 12(8): 11205-11220.

[17] RAY P, MAITRA A K, BASURAY A. A new threshold function for de-noising partial discharge signal based on wavelet transform[C]//2013 International Conference on Signal Processing, Image Processing & Pattern Recognition. Coimbatore: IEEE, 2013: 185-189.

[18] Tang P. Speech Enhancement Based On Modified Wavelet Threshold Function[D]. Shenzhen University, 2017.

[19] KANG J, PARK Y J, LEE J, et al. Novel Leakage Detection by Ensemble CNN-SVM and Graph-Based Localization in Water Distribution Systems[J]. IEEE Transactions on Industrial Electronics, 2018, 65(5): 4279-4289.

[20] ZHOU M, PAN Z, LIU Y, et al. Leak Detection and Location Based on ISLMD and CNN in a Pipeline[J]. IEEE Access, 2019, 7: 30457-30464. https://doi.org/10.1109/ACCESS.2019.2902711.

[21] YAO L, ZHANG Y, HE T, et al. Natural gas pipeline leak detection based on acoustic signal analysis and feature reconstruction[J]. Applied Energy, 2023, 352: 121975.

[22] XIE Y, XIAO Y, LIU X, et al. Time-Frequency Distribution Map-Based Convolutional Neural Network (CNN) Model for Underwater Pipeline Leakage Detection Using Acoustic Signals[J]. Sensors, 2020, 20(18): 5040.

[23] NING F, CHENG Z, MENG D, et al. Enhanced spectrum convolutional neural architecture: An intelligent leak detection method for gas pipeline[J]. Process Safety and Environmental Protection, 2021, 146: 726-735.

[24] WANG H, XU J, YAN R, et al. A New Intelligent Bearing Fault Diagnosis Method Using SDP Representation and SE-CNN[J]. IEEE Transactions on Instrumentation and Measurement, 2020, 69(5): 2377-2389.

[25] PICKOVER C A. On the use of symmetrized dot patterns for the visual characterization of speech waveforms and other sampled data[J]. The Journal of the Acoustical Society of America, 1986, 80(3): 955-960.

[26] SHIBATA K, TAKAHASHI A, SHIRAI T. FAULT DIAGNOSIS OF ROTATING MACHINERY THROUGH VISUALISATION OF SOUND SIGNALS[J]. Mechanical Systems and Signal Processing, 2000, 14(2): 229-241.

[27] SUN Y, LI S, WANG X. Bearing fault diagnosis based on EMD and improved Chebyshev distance in SDP image[J]. Measurement, 2021, 176: 109100.

[28] TANG G, HU H, KONG J, et al. A Novel Fault Feature Selection and Diagnosis Method for Rotating Machinery With Symmetrized Dot Pattern Representation[J]. IEEE Sensors Journal, 2023, 23(2): 1447-1461.

[29] XU X, LIU H, ZHU H, et al. Fan fault diagnosis based on symmetrized dot pattern analysis and image matching[J]. Journal of Sound and Vibration, 2016, 374: 297-311.

[30] GU Y, ZENG L, QIU G. Bearing fault diagnosis with varying conditions using angular domain resampling technology, SDP and DCNN[J]. Measurement, 2020, 156: 107616.

[31] KHULIEF Y A, KHALIFA A, MANSOUR R B, et al. Acoustic Detection of Leaks in Water Pipelines Using Measurements inside Pipe[J]. Journal of Pipeline Systems Engineering and Practice, 2012, 3(2): 47-54.

[32] ZHANG Z, YE Y, LUO B, et al. Investigation of microseismic signal denoising using an improved wavelet adaptive thresholding method[J]. Scientific Reports, 2022, 12(1): 22186.

[33] ZHU X, ZHAO J, HOU D, et al. An SDP Characteristic Information Fusion-Based CNN Vibration Fault Diagnosis Method[J]. Shock and Vibration, 2019, 2019: 1-14.

地下油气管道互换性检测评估的必要性研究

杨　双[1]　周元杰[2]　袁厚明[2]

（1. 中国石油集团长城钻探工程有限公司钻井二公司；2. 襄阳震柏地下管线检测有限公司）

摘　要　本文分析了管道运输的重要性，分析了我国地下管道运营状况与安全形势，并与欧美发达国家管道安全事故发生概率进行了对比分析，文章认为部分原因是管道管理生产关系中的存在问题，强调了人的实践加大脑的抽象思维的重要性。重点分析类比了管道检测评估互换的必要性，尤其是对管道位置深度探测互换性，建立了数字直读深度的计算公式数学模型、管道防腐层检测方法互换中，建立了三种量化管道上防腐层缺陷点大小的数学模型，最后在对国内几家管道检测试验场地检测分析后，设计安装了满足不同材质、不同检测项目，不同管道检测仪器使用培训的比较全面的试验场地。

关键词　地下管道；安全管理；；检测评估；经济效益

1　我国地下油气管道运行状况与安全形势分析

作为国民经济五大运输部门之一的管道运输，近年来迅速发展，随着西气东输二线、俄气南供、陕京复线、忠武线、兰成渝成品油管线、西南成品油管线、甬沪宁成品油管线、冀鲁宁输油管线、仪长输油管线等重大工程的实施，我国油气管道干线联网的雏形已经形成。管道运输在国民经济运输中的比重，是衡量一个国家文明发达程度的重要标志。

早期兴建的东北输油管线、鲁宁线、环川天然气管线、以及各油田内部的集输管线、各城市的供水、供气、供热、排水、排污管线，已经到了运行寿命的中后期，不少管线因为腐蚀发生穿孔泄漏，随着汽车的增加，油气价格上升，部分不法分子打孔盗油、盗气的现象时有发生；随着非开挖定向穿越管道施工方法的普及，定向钻穿越顶管破坏管道的事故屡见不鲜。我国油气管道发生事故的概率远大于欧美发达国家。其概率比例如图1所示。

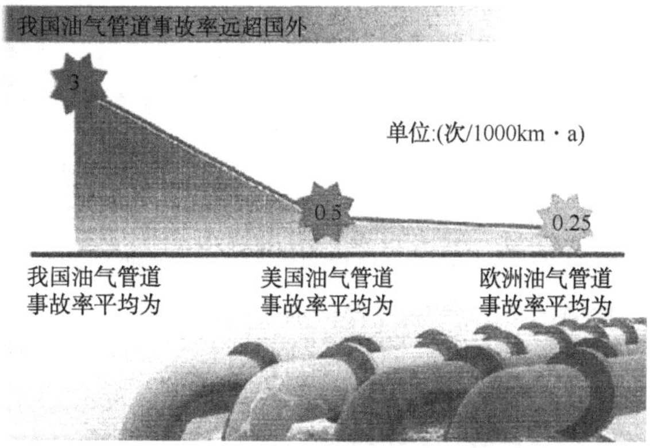

图1　我国油气管道事故率与美国、欧洲比较图

由图1分析，我国油气管道发生的事故概率是美国的6倍，是欧洲的12倍，远超欧美发达国家。说明在地下管道管理技术措施方面，远落后于欧、美发达国家。

2　我国油气管道失效原因分析

我国油气管道失效发生事故的原因分析如图2所示。

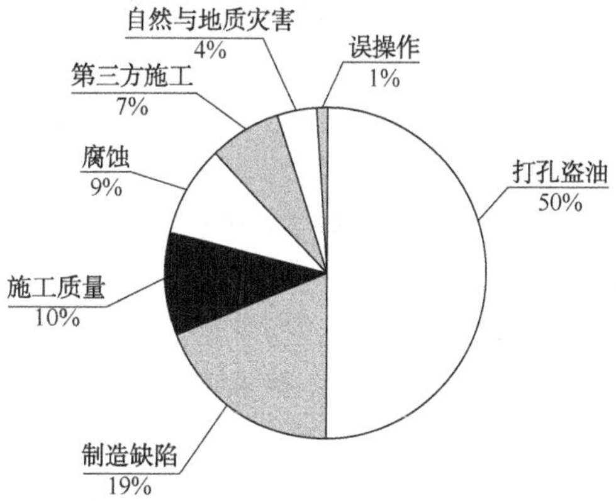

图2　中国油气管道失效原因统计分析饼状图

地下管道安全事故可以通过检测评估，事先预警改造等手段把事故消灭在发生之前。

除了打孔盗油气、管道材料制造缺陷、管道施工质量缺陷、管道腐蚀、管道被第三方施工破坏、管道环境地质灾害、管道误操作等原因以外，地下管道检测管理生产关系中的行政干预，条块分割，行业垄断，事故损失责任追究只是降职或者离职而无法由责任人赔偿，事故损失直接转嫁到国家、集体、最终是纳税人分摊，也是其事故频发的原因之一。

管道直径与施工安装时的管道埋深不足与发生事故之间的关系曲线变化分布图如图3所示。

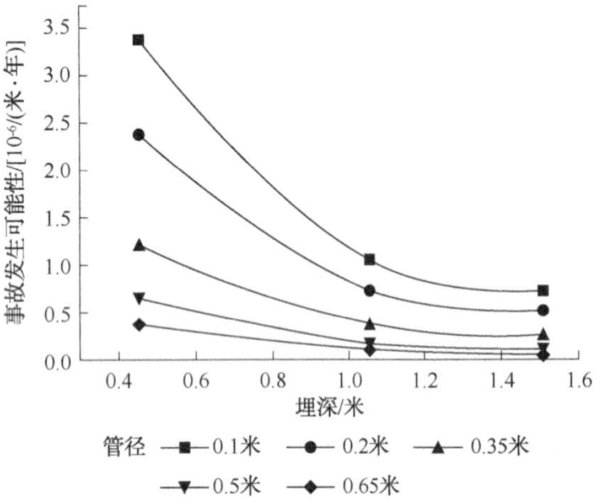

图3　管道事故发生的可能性与管径及埋深的关系图

按照目前的科技发展水平和已经成熟的技术手段，地下管道运输是可以做到无泄漏、长寿命安全运行的。限于编幅，以下仅讨论地下油气管道检测与安全评估互换的必要性。

3　我国油气管道检测与安全评估行业现状与互换的必要性

3.1　我国油气管道检测评估行业生产关系概况

信息检索表明：到目前为止，我国高等院校还没有开设地下管道检测评估专业课程，也没有既能够进行管道检测理论教学，又能够熟练使用管道检测仪器和具有丰富的管道检测现场实践经验的从事本专业教学的老师。直接接触物体的无损检测资格对已经埋土的地下管道检测行业不对口，石油系统与地质系统所学地球物理勘探专业也不完全对口，电化学阴极保护专业也不过是地下管道管理的一部分内容。按照严格要求分析，现在本行业所使用的纸质本子资格证书不能够代表这个行业的实际技术水平，没有单位与人员像体育比赛那样，来组织管道检测行业的考核比赛，选出领军拔尖人才，从事管道检测人员，分不出技术的高低，这已经对地下管道检测行业带来误导，相当多的安全事故是由于生产关系的原因造成的。

近十几年来，石油石化和一些管线企业纷纷组建自己的检测公司，学习国家质量监督检疫总局系统，通过诸多行政措施画地为牢，将一些本行业中早就研究管道检测设备与检测技术真正有实力、肯花气力、能够吃苦耐劳、研究解决管道故障问题的民营检测企业拒之门外。

结果是有资质的吃资质垄断饭，有入网证的吃行业或企业保护饭，有的管道检测工程多次转手，一包再包，就是没有几家上心研究管道检测理论与管道检测技术的。结果检测收费不少，疑难问题却发现不了，当然检测报告中没有体现，时间长了终将发生管道事故。

也有部分管道企业为了节省检测成本，不顾检测单位资质技术是否过硬，照顾本单位职工或者熟人就业，实现低价中标；也有的是名义上竞标，实际上让别人来陪标。

3.2　存在隐患问题关键人物互换角色是各行业的通行做法

在管道检测行业中，现场检测的实践经验与判断能力比别人发的纸质本子资质更重要，管道检测人员就类比于管道医生，当医生对病人病情没有绝对把握治好的情况下，病人有权重新选择其他医院的医生进行救治；电视剧神医喜来乐就是很好的实例。

一个国家、一个政党，一个单位的领导人，年老的换成年轻的，平庸的换成有能力的，就能够使国家富强、单位发展成功，经济效益好，事业兴旺发达。在中国革命的历史发展过程中，蒋介石、李德军事院校毕业，蒋介石还是黄埔军校的校长，他们都有指挥作战的本子资质，毛泽东虽然从未上过军事院校，他在井冈山等多次战争中总结了四次反围剿经验；通过遵义会议以后，李德与毛主席互换军事指挥，经过了四渡赤水河，红军转危为安。直到取得抗日战争与解放战争的胜利。人的因素总是第一位的。

一个人出生环境不同、个人经历与兴趣不同，遗传基因不同，经济条件不同，后天教育不同，社会实践不同，大脑思维不同，一个人的实际能力不通过考试、答辩、比赛与实践验证，仅仅凭别人发本子资格是不能说明技术水平，就能够解决管道隐患问题的。

4　管道检测评估互换的内容

4.1　管道检测评估队伍的互换

宇宙中95%以上为暗物质暗能量，明物质

的占比还不到5%；明物质与暗物质两者占比如图4所示。

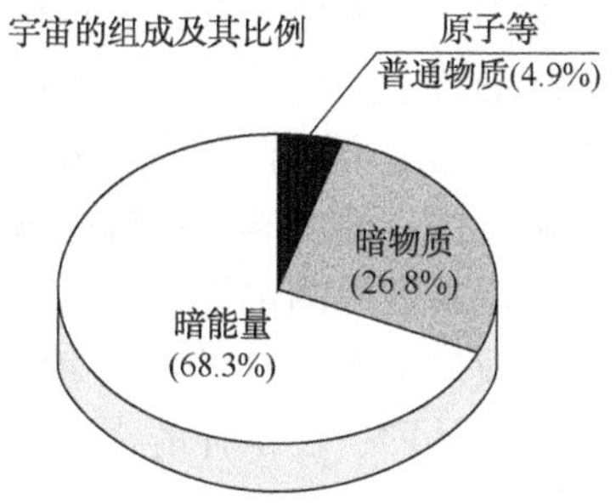

图4　宇宙的组成及其比例

暗物质、暗能量的存在状态信息要用波动信息理论来探测分析，本文不讨论暗物质信息探测问题。

管道属于明物质，管道埋在地表以下，属于暗藏的明物质，暗藏的明物质存在状态，也要用波动理论进行探测与分析。

地下管道检测，导电的金属管道需要用到电磁波动原理，不导电的非金属管道需要用到机械波动原理，管道材料检测中需要用到量子波动原理，管道防腐层检测与管道腐蚀检测中需要用到仪器设备使用原理与电化学阴极保护理论，管道内输送介质有油、气、水等气、液、固多相流，检测时用到流体力学多项流原理等多种理论；

在万有引力维度上分析，气体与液体单位体积质量相差上千倍，在管道内介质流向的动力能与管道周向压力能平衡的情况下，管道顶端与底部位置的孔洞是否泄漏，与动能、质能、压力、雷诺数等因素有关，管道检测人员大脑中需要有不同的物质状态分布与相对应的波动信息物理图像，波动场与波动力线的图像看不见，像等温线、等高线一样，随着物体形状的改变、管道内部故障状态分布不同而相应改变外围磁力线的场分布，呈时空弯曲状。

抽象物理可以绘制无数幅物理图像，检测人员通过实践，大脑中要有这种抽象的图像，能够从高维度分析问题的人，才是管道检测合格者。目前的信息检索表明，国内外还没有这方面的专业研究机构与公开出版的书籍。

地下平行与交叉管道、地下其他金属导电、导磁体以及管道拐弯、阀门井、地上部分的金属栏板、水泥建筑物中的钢筋网等金属体与发射的检测电磁信号都会产生耦合电磁场干扰，电磁场分布与管道中及耦合导电体中的电流方向有关，干扰电磁场在管道周围呈椭圆形分布，而不是单根管线周围呈圆形分布，这就关系到管道平面探测位置与管道埋土深度探测精度问题。

生产仪器的厂家的销售人员往往将自己的设备在理想条件下取得的效果大力宣传，各种制约因素避而不谈，会给用户带来误导；仪器使用说明书中是以圆柱形磁力线分布，以信号的大小强弱定位管道位置与走向，单探头接收机是利用三角函数关系来测量管道埋土深度的；在数字直读深度的仪器中，软件中的编程计算公式也是以圆柱形电磁场测取的读数来进行管道深度计算的。受到干扰的管道磁场，位置、深度探测是不准确的。

城市与交通要道的路边往往有多条地下管道电缆之类的金属导体，如果管道位置与深度探测不准，代表地下管道位置的地表标志桩不正不准，施工挖坏原有地下管线的原因就在于此。垂直反向电流磁场分布如图5所示，平行反向电流电磁场分布如图6所示。

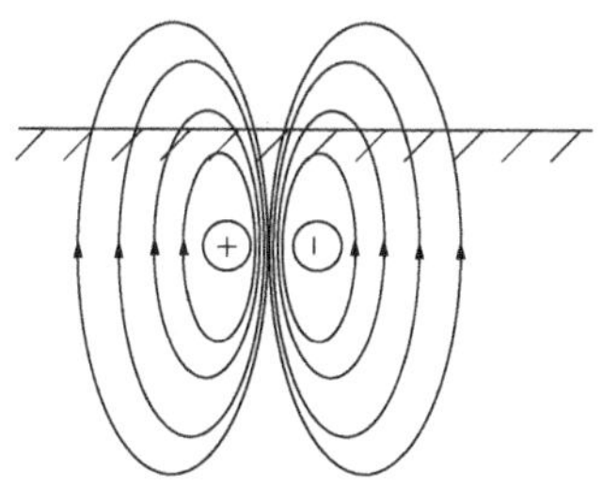

图5　垂直反向电流磁场分布

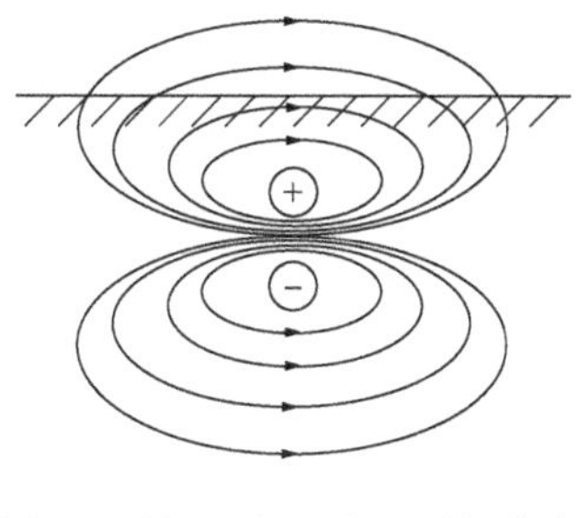

图6　平行反向电流电磁场分布

管道检测相关物理图像多达2千幅左右，笔者已经整理成培训教材，待机出版。配合另外多功能试验场地，学员可以看到演示效果，图像与试验场地愿与有兴趣的同行共享。未经过专业培训的管道现场检测人员，应换成经过培训后再上岗。

国内管道检测培训教材有袁厚明主编的《地下管线检测技术》1~3版，关于地下管线电磁场分布的培训教材可参阅《地下管道电磁无损检测与隐患故障诊断》一书；地下管道阴极保护培训教材可参阅《地下管道腐蚀与漏损控制》一书，问答式类试题库可参阅《管道检测技术问答》；石仁委、李晓松、王强、中国石化储运公司也编著了管道检测与安全的培训教材、为管道检测理论培训再上一个台阶添砖加瓦。

4.2　管道检测评估时间的互换

管道检测现场是在野外第一线，检测工作是现场人员受到各种天气影响较大的苦差事，夏天要有高温与太阳暴晒相随，冬天难免遇到低温雨雪等恶劣天气。

检测方法往往分为单位自己检测与分年度检测公司专业检测，管道业主自己检测，有能力的能人往往在工作几年十多年以后提干到领导岗位上，就可以坐在空调房里办公，外出坐汽车检查检测工作。管道检测现场需要有一辈子都不离职的老“中医”来把脉判断隐藏的地下的管体故障。

地下管道由专业检测公司检测，往往在管道检测的计划任务下达以后，总价与检测总长度固定，检测时间有限制要求，在规定的时间内，管道沿线地表状况影响沿线管道检测的精度，如雨季水稻田鱼塘、藕塘、大雨季节水流湍急的河流中地下管道，油菜开花与麦苗吐穗至收获以前的农田里的地下管道、城市里停车场下的地下管道、农贸市场摊位下的地下管道、特种军事单位或者管道沿线的钉子户围墙围栏内等位置下的管道，难以进入管道上方进行防腐层破损点腐蚀点等故障的精确定位。这就需要进行遥远检测，多数单位没有掌握遥远检测定位的技术的人才。

另外，专业检测公司往往从外地远道而来，出差补助、伙食补助、住宿补助、野外检测工程补助这几项是不小的开支，再加上开票上交税收，受经费效益限制，使得专业检测公司难以做到在下雨天停止工作，等待雨停地干后再来检测。为了单位效益与生存，公司只能够冒雨检测。有些设备在雨天工作会影响精度。

在检测杂散电流对管道的干扰腐蚀性时，可以检测土壤中的平行与垂直管道方向的电位梯度，变换成检测管道中的交直流电位波动范围，时间上 24 小时波动图像需要长时间等待，可以变换成火车运行与远去时的短期时点采集管道电位信息成图，如图 7 所示为一分钟管道电位波动曲线图，如图 8 所示一天 24 小时管道电位波动曲线图。

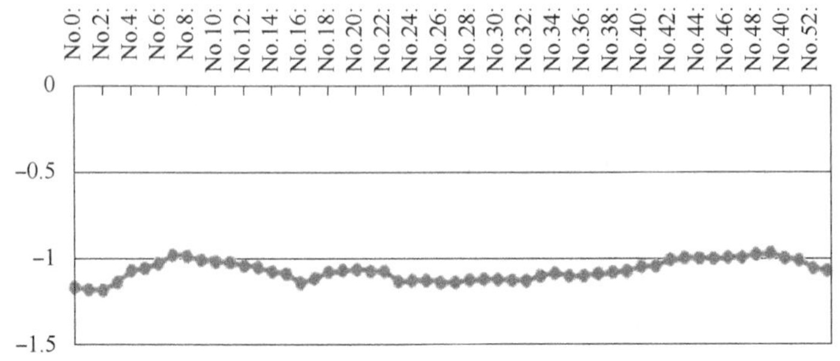

图 7　短期管道电位波动曲线图

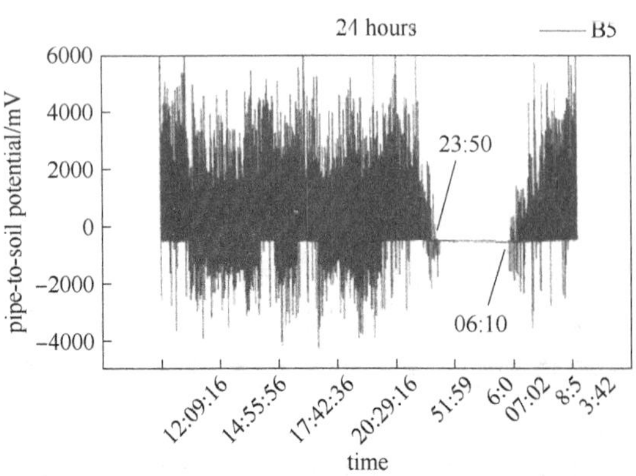

图 8　一天管道电位波动曲线图

4.3　管道检测评估设备的互换

管道全面检测与安全评估，关系到管道外环境腐蚀性检测与管道本体检测，需要检测的项目有 20 多个，专业的地下管道检测公司都配置了满足各个单位各种环境的地下管道检测设备，使用到多种进口或者国产检测设备，各种检查设备检测时需要满足一定的外部条件，才能够得到需要的检测精度。

例如埋地管道防腐层缺陷点的定位检测通常用人体电容法的地下管道防腐层探测捡漏仪与 PCM 电流测绘系统配 A 字架的接地探针进行防腐层缺陷点定位；当管道上方地表环境是泥土地

时，用 PCM 仪器配 A 字架的接地探针检测比较合适；当地表环境是水泥沥青路面时，用人体电容法的防腐层探测捡漏仪检测比较合适。因为管道仪器单价较高，电子产品使用寿命有限，市、县级较小的燃气公司钢制管道少，配置满足多种检测的仪器在经济上不可行。可以使用不同设备互换检测，满足不同环境检测要求。

4.4　管道检测评估方法的互换

管道检测评估方法同一个检测项目可以有多种方法进行互换验证，确保检测判断结果的准确。

4.4.1　探测管道位置方法互换

探测管道位置的互换有峰值法与谷值法互换，如图 9(a)所示为峰值法定位管道，如图 9(b)所示为谷值法定位管道。有干扰的磁场分布管道探测位置修正方法如图 10 所示。

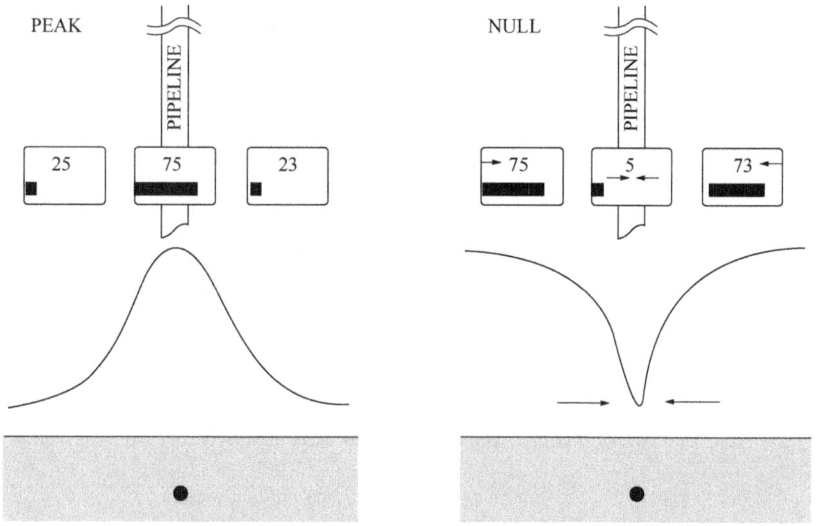

(a)峰值法　　(b)谷值法

图 9　地下管道定位方法示意图

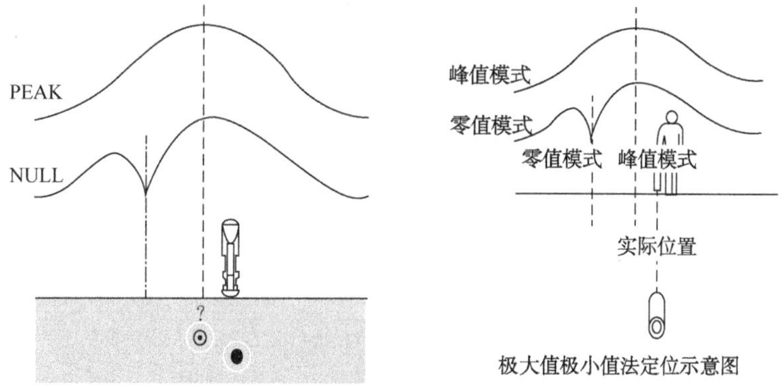

图 10　有干扰的情况下管道探测位置修正图

4.4.2　探测管道深度的方法互换

探测管道深度的互换方法有 70 测深法如图 11(a)所示，80% 测深法，50% 测深法如图 11(b)所示。管道深度的单探头三角函数关系法测深，如图 11(c)所示。数字直读法测量管道深度计算方法与计算公式如图 12 所示。

4.4.3　管道防腐层缺陷点定位方法互换

管道防腐层缺陷点定位方法互换有接地探针的 A 字架方法如图 13 所示。人体电容法互换具体接线与检测方法如图 14 所示。

4.4.4　管道防腐层缺陷点大小计算方法的互换

管道埋在地下，在地表检测电流或者电位，信号强度取样应参考土壤的电阻压降，按照防腐层缺陷点处施加的检测信号，电流从管道防腐层缺陷处呈点源球形发散泄漏状态，信号强度与距离远近呈平方反比规律衰耗，如图 15 左所示，检测仪器测点只能够在地表取样，形成三角函数　　关系，如图 15 右所示。

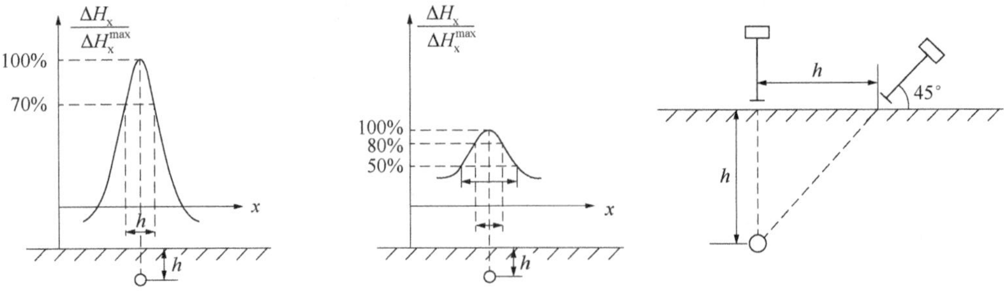

(a)70%测深　　(b)80%、50%测深　　(c)单探头45°测深

图 11　管道探测深度原理图

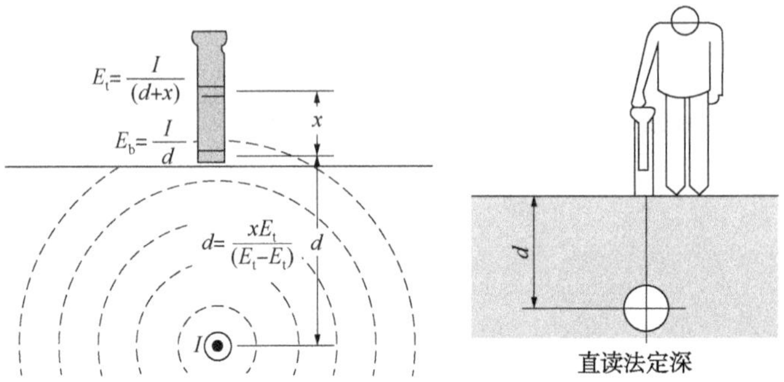

图 12　数字直读法测量与计算管道深度原理图

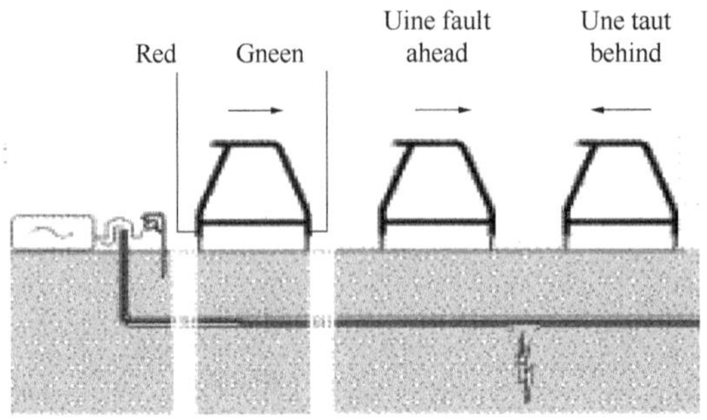

图 13　接地探针 A 字架检测定位防腐层缺陷点方法原理

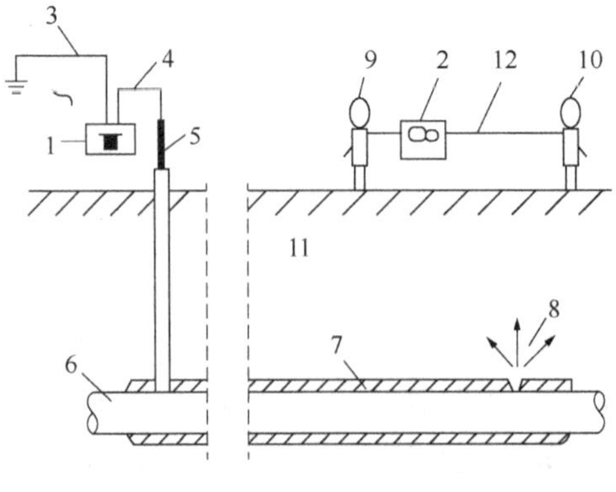

图 14　防腐层检测仪发射检测仪接收原理示意图

1—T 发射机；2—检漏仪接收机；3—接地线；4—发射输出线；5—管道检测桩；6—管道；7—管道防腐层；8—防腐层破损点；9，10—检测人员；11—大地地表；12—检漏线

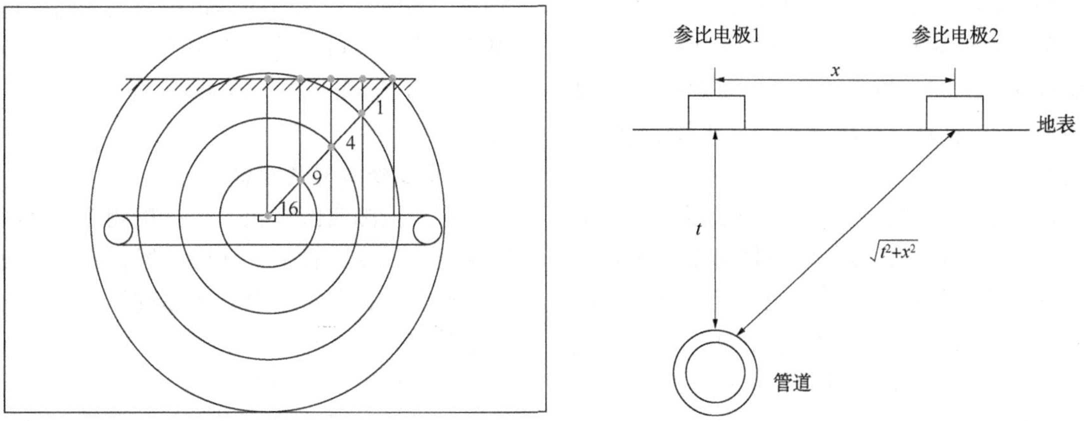

图 15　地下管道防腐层缺陷点在地表检测的信号衰耗原理图

（1）管道防腐层缺陷点大小分等的等效面积分的方法有电位法与电流法，需要用公式（数学模型）来进行计算修正。如图 16 所示使用 DCVD 计算防腐层破损的等效面积。用的是电位差法。

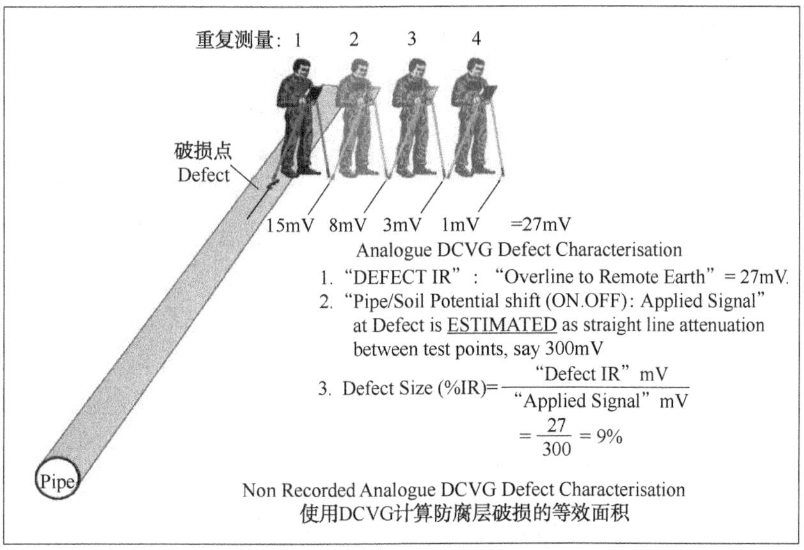

图 16　使用 DCVD 计算防腐层破损的等效面积

（2）电流法计算防腐层破损的大小，是按照防腐层破损点前的管道中电流减去防腐层破损点以后的管道中电流得到防腐层破损点处电流衰耗下降值与管道上电流在检测处的数值比较的百分比来确定防腐层破损点的大小。电流法公式修正缺陷点大小的数学模型如下：

$$\Delta mA\%(IR)=\frac{前\ \Delta mA-后\ \Delta mA}{\dfrac{前\ \Delta mA+后\ \Delta mA}{2}}\times 100\%$$

在防腐层破损点上方测电流与深度是受到管道中圆柱状与点状破损的圆球形发散电流相互干扰的，测取数据应选择在破损前后辐射范围以外没有干扰的位置。公式中分子为破损处的电流衰耗下降 mA 值，分母中管道破损点前后两处检测的管道总电流 ΔmA 数值相加除以 2 得到破损位置管道上电流平均 ΔmA 值。这用 RD8000 系列探管仪和 RD-PCM 仪器以及数字型国产仪器都有检测管道中电流的功能。

（3）用人体电容法判断防腐层破损点大小，也是用的电位差法，因为接收机检测数据的大小受到距发射机距离远近，管道防腐层破损处埋土深度，破损点处辐射距离大小、两检测者之间距离极距、土壤介电常数等因素影响，建立公式修正法的数学模型如下：

$$\Delta mV=\frac{\Delta mV'\cdot D\cdot L}{L'\cdot F\cdot J}$$

式中，ΔmV 为公式修正后的记录值，mV；$\Delta mV'$ 为检测时仪器数字表头显示值，mV；D 为管道埋土深度，m；L 为检测时漏点在地表辐射范围直径，m；L'为检漏时两极间取样距离，m；F为土壤介电常数修正系数，干旱土取0.5，一般土壤取1，湿润土壤取2；J为发射机至检测点的距离修正系数，近距离取2，中距离取1，远距离取0.5。

经过上述公式修正后的数值为现场的检测的记录值，检测人员根据现场的具体情况就可估算出漏点的大小，当场确定是否建议开挖修补，经公式修正后的破损点面积大小表述如下：

① 大漏点>900mV，面积大于铜板或手表壳，漏蚀面积大于$5cm^2$；

② 中漏点600~900mV之间，面积位于指甲或铜板两者之间，漏蚀面积在$1\sim5cm^2$；

③ 小漏点<600mV，面积小于指甲大小，漏蚀面积小于$1cm^2$。

5　业主互换管道检测单位的选择考核评价标准

选择管道检测评估单位，至少从四个方面进行考核。

5.1　检测纸质证书考核

考核单位管道检测资格证书，参加对口行业会员证书、营业执照，税务登记证、开户行、许可证；尤其是单位技术负责人的个人资质、能力、获得行业奖项等证书。

5.2　检测设备配套齐全考核

考核管道探测捡漏仪器是否齐全、包括管道防腐层探测捡漏仪器、PCM管道电流测绘系统、RTK测量测绘仪器、管道电火花捡漏仪器、超声波测厚仪、涂层测厚仪、万用表、参比电极、土壤电阻率检测仪、储存式杂散电流检测仪等是否满足业主管道检测工程的需要

5.3　检测理论考核

没有理论指导的管道检测是不全面、不完整、不系统的检测。管道检测业主对检测单位与检测人员理论考核的内容包括发表的与管道检测相关的论文数目，与管道相关获奖论文篇数，出版的管道检测书籍、获得与管道相关专利等资料。

5.4　管道检测实践考核

管道检测实践考核，包括检测单位已经检测的管道总长度，管道检测的内容，查阅单位的原始检测合同，单位检测管道名称清单，检测合同签订时间，连续从事管道检测工作年限。管道检测报告中检测内容与安全评估是否满足管道安全整改要求等。考核检测报告与检测信息图电子版与书面版报告。装订打印的报告图像黑白还是彩色，与现场验证是否一致。

6　管道检测周期成本与新技术学科明细

建设部行业标准CJJ95—2003《城镇燃气埋地钢质管道腐蚀控制技术规程》8.1.1条中的要求，在役管道防腐层应定期检测，检测周期为：高压、次高压管道三年进行一次；中压管道五年进行一次；低压管道八年进行一次；上述管道运行10年以后，检测周期分别为二年、三年、五年。

按照标准，老管道平均三年左右就需要检测一次，如果按照国家工程物探收费标准，带有强制性地方行政部门到企业来检测的，一般检测费用都比较贵，老是原来的人、原来的设备、原来人的资格与大脑思维，出具的检测报告没有发现什么新问题，管道上的故障仍然存在，管道企业增加了负担，却未能够保证安全，就失去了管道检测的意义。

见表1中的管道适用新技术已经成熟，建议中科大、中地大、石油大学资源环境学院等对口院校在经考核鉴定后，开设这门新学科，学员毕业后，到管道运营安全管理就业，都需要此类人才。

表2　管道新技术名称明细表

新技术名称	新技术手段	要求条件	达到效果
有内外防腐层无泄漏钢质复合管道	防腐层缺陷100%全检测	水饱和遥测	管道无防腐层缺陷点
	正负压输送自动调节	管道几何连续性	管内介质无湍流现象
	导电管体电子示踪检测	管道无悬空现象	修复后管壁无腐蚀孔
老年管道起死回生修复克隆	地下管道阴极保护技术	防腐层优良中	防止管道腐蚀发生
	防腐层与内翻衬修复	管道内有空间	修一次增加寿命一倍

续表

新技术名称	新技术手段	要求条件	达到效果
阳极延长寿命	阳极材料与电能消耗	电位在保护范围	阳极寿命延长达 3 倍
管道位置探准	管道探测位置偏离与修正	空间力线弯曲	防止第三方挖坏管道
管道超流技术	纳米材料内防腐喷涂	量子力学理论	增加管道内介质输量
管道遥测技术	管道电流回路与阻抗匹配	有检测桩相连	速度快降低检测费用
埋地免检技术	管道电流回路与阻抗匹配	末端有绝缘法兰	降低管道交叉费用
PE 管道位置探测技术	声波振动法探测 PE 管道	无示踪线 PE 管道	探清较浅 PE 管道位置
	施加交流的探测 PE 管道	有示踪线 PE 管道	检测费用与钢管相同
超深管道探测	管道电磁操控探测技术	电流回路足够大	探测 10~40 米深管道
涂层缺陷大小	电流法电位法比较	用数学模型修正	涂层缺陷大小分分等

参 考 文 献

[1] 袁厚明. 地下管线检测技术[M]. 第三版. 中国石化出版社，2016.
[2] 袁厚明. 地下管道电磁无损检测与隐患故障诊断[M]. 中国石化出版社，2013. 6.
[3] 袁厚明. PE 管道示踪线安装设计与检测评估[J]. 地下管线管理 2014. 2.
[4] 石仁委. 管道检测技术探索与实践[M]. 中国石化出版社，2010.
[5] 袁厚明. 延长老年管道使用寿命的方法技术[J]. 中国燃气运营与安全研讨会论文集，2012. 9.
[6] 袁厚明. 地下老年管道纳米克隆技术设计[J]. 防腐保温技术，2017. 3.

管道地质灾害遥感数据解译研究与应用

唐　雨[1]　吴文莉[2]　刘　畅[1]

（1. 中国石油天然气股份有限公司西南油气田分公司安全环保与技术监督研究院；
2. 中国石油天然气股份有限公司西南油气田分公司信息管理部）

摘　要　针对龙王庙区域2470km^{2}全域天然气管道，使用Sentinel-1A与ALOS-2的高分辨率合成孔径雷达SAR影像数据，采用短基线子集合成孔径雷达干涉测量(small baseline subset InSAR，SBAS-InSAR)、差分合成孔径雷达干涉测量(differential InSAR，D-InSAR)技术提取龙王庙区域全域2016-07~2021-21间的形变信息。结果表明InSAR技术作为管道地质灾害监测的新兴技术手段，能够在广域地表形变监测，为管道地质灾害防治提供重要的技术支撑。SBAS-InSAR可作为管道地灾的ALOS-2数据与Sentinel-1数据相对比，ALOS-2数据干涉图整体质量比Sentinel-1数据效果更好，特别在植被覆盖的区域也能保持很好的相干性，同时有着更高的分辨率。分析大区域内管道地质灾害时，推荐采用根据地形趋势同类型区块划分，同时配合重点区域小区块划分的思路开展。在InSAR数据分析时，采用SBAS-InSAR技术时可以适当拉长分析的时间序列；相干性较差且隐患点较小的区域，滤波应考虑小滤波处理，防止有效相干点被掩膜；而相干性强的区域，滤波应适当考虑增强，剔除误差噪点；相同区域内，划分小区块进行InSAR识别，比全区域一起识别结果准确度高，小区块划分面积最好在50~130平方千米之间。

关键词　管道；地灾；滑坡；形变；InSAR

油气管道分布面积广，管道线路长，沿线的地灾体分布离散、种类繁多、发育过程复杂。滑坡等地质灾害会造成管道过量位移、变形、断裂等失效。地质灾害往往经历“早期蠕动-加速变形-快速滑动”随时间而变化的复杂过程。现有的地灾识别技术和技术监测多针对“加速变形-快速滑动”阶段，灾害体已经形成并造成一定的破坏，存在治理难度大、治理风险高等问题。现阶段地灾识别手段各管道管理单位主要依靠巡线工日常巡检，部分委托专业机构采取野外调查来进行地质灾害排查工作。日常巡检仅能发现规模较小、变形显著的水毁类灾害；专业调查一般2~3年开展一次，周期长、实时性差，无法及时发现新增灾害，且费用较高。这两种识别方式均存在调查范围窄；受人员的水平因素限制，可能存在灾害识别不全、漏判的情况；且仅能提供局部小范围的监测资料、时效性低等弊端。目前技术监测主要针对已发现的滑坡迹象的管线，在地面安装传感器，进行单点监测，虽然测量精度高，但是测量点稀疏，监测范围较小，无法实现长距离、大规模的管道沿线土体位移监测。干涉雷达卫星遥感监测技术突破了传统单点形变测量的限制，通过干涉测量的方法获取区域形变，具有大范围、全天候、连续空间覆盖的特点，被广泛应用于火山、地震、沉降等形变监测中，为管道地质灾害监测预警提供了重要的技术支撑。

为了研究龙王庙区域管道地灾敏感点的形变特征，本文使用294景(154景升轨，140景降轨)Sentinel-1A、5景(升轨)ALOS-2卫星影像进行InSAR数据处理和分析，获取研究区2016-07~2022-02的形变信息，通过形变曲线分析研究区的形变阶段和特点，结合实地调查与评价判断灾害对管道的影响。

1　InSAR技术

1.1　InSAR技术的优势与特点

干涉雷达技术(InSAR)是一种将合成孔径雷达技术与干涉测量技术集成一体的大地测量技术，因其高测量精度、高空间分辨率、全自动化、连续空间覆盖等优点在变形监测领域应用广泛。合成孔径雷达是一种主动式微波遥感，用来记录地物的散射强度信息及相位信息，强度信息反映了地表属性(含水量、粗糙度、地物类型等)，相位信息则蕴含了传感器与目标物之间的距离信息。干涉的基本原理是同一区域两次或多次过境的雷达影像的复共轭相乘，来提取地物目标的形变信息。干涉雷达技术具有高空间分辨率、高测量精度、全自动化、连续空间覆盖等优势，适用于大范围地表变形监测。环境、国土、交通、测绘、市政、能源、电力、铁道、水利、住建、减灾等各领域都有应用。城市沉降监测、矿山形变监测、地震形变监测、火山活动监测、基础设施形变监测、冰川运动监测等都运用较广。但是滑坡地质灾害监测存在一定的难点，地形起伏引起的几何畸变和植被覆盖导致的低相干是 InSAR 滑坡监测的主要难题。

随着卫星遥感技术、卫星功能以及遥感图像分辨率不断提高，遥感技术在地质灾害预警与监测、实时调查、评估等方面的应用逐渐成熟。利用卫星遥感技术对管道地质灾害进行早期识别与监测，有助于弥补传统技术的不足，了解周边地质环境，掌握灾害活动迹象及活动特征，判断受影响范围的管道与灾害体的空间位置关系，从而对地质灾害进行准确的预报，进而提高管道地质灾害风险管理水平，为管道地质灾害监测预警提供技术支撑。

1.2 管道地灾 InSAR 处理作业流程

根据区域特性，选取 InSAR 数据及数据处理方法，通过 InSAR 地表形变速率结果与光学遥感影像，结合专业资料和地质灾害发育规律开展管道地质灾害隐患 InSAR 早期识别，并针对识别结果开展野外实地调查复核工作，最终实现对区域内的管道地质灾害隐患筛查识别的目的。利用 InSAR 技术开展管道地质灾害调查的作业流程包括：数据获取、干涉雷达数据处理、成果精度评估、质量控制、成果编制与提交，具体内容如图 1 所示。

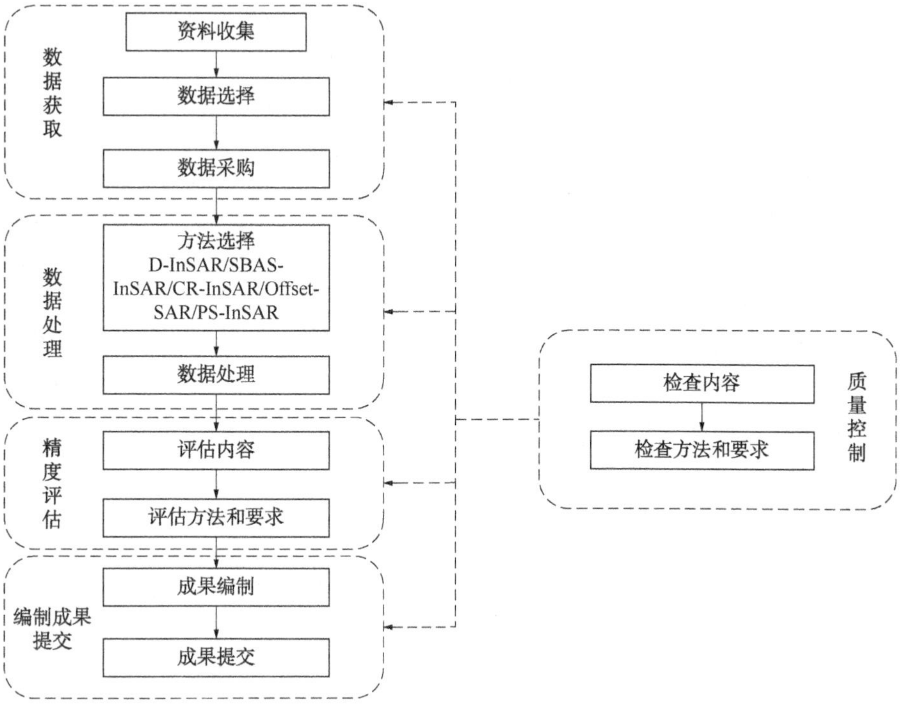

图 1　管道地质灾害 InSAR 处理作业流程图

2 数据与方法

2.1 研究区概况

研究区位于四川盆地中部，地处涪江中游，以红层丘陵构造剥蚀地貌为主，占研究区总面积的 52%。地形西北高东南低，呈波状缓倾。最高海拔 434.6m，最低海拔 296.6m，最大相对高差 138.0m，多数相对高差在 50m～100n 以内。区内地貌按成因和形态特征可分为：侵蚀堆积地貌和构造剥蚀地貌。侵蚀堆积地貌主要分布于涪江河谷，表现为河漫滩及 Ⅰ 至 Ⅴ 级阶地，即平坝区，占幅员面积的 48%；构造剥蚀地貌主要分布于涪江两岸丘陵区，以浅丘为主，占幅员面积的 52%。

遂宁市位于新华夏系第三沉降带川中褶皱带内。主要构造形迹为近东西向展布，未见大的断裂，褶皱宽阔平缓，且多表现为彼此排列有序的鼻状背斜和箕状向斜，如河边场向斜。地表所见构造均是始于印支期以后至喜山前的产物，构造形迹和展布方向。晚近时期表现为大面积间歇上升，仅形成了平缓的褶皱构造，地层倾角小于5°，第四纪大地构造运动呈大面积缓慢间歇性上升，形成涪江沿岸1~5级阶地。市境地质构造岩层倾角小，以侏罗系紫色岩石居多，多为中低丘地貌类型。

周边地区地震较频发，历史上5级以上破坏性地震时有发生，震中多分布于自贡、富顺、宜宾一带波及区内。总体稳定性尚好。

2.2 数据选择

本文采用的研究数据为欧空局 Sentinel-1A 卫星与日本航空航天局 ALOS-2 卫星的 SAR 影像数据。基于 InSAR 技术完成龙王庙全域地灾自动识别，本研究共采用154景升轨 Sentinel-1 影像数据和140景降轨 Sentinel-1 影像数据，时间跨度为2016-06—2022-02，时间间隔12天。同时引用了5景 ALOS-2 数据进行辅助识别，影像数据均为升轨，时间跨度为5个月，时间间隔为24天。根据识别结果分析 SAR 卫星分辨率、重访周期与波段等多个参数对识别地质灾害隐患结果的影响，选取两种卫星数据同时对研究区进行灾害监测，旨在对比不同数据之间的观测差异，提出实现研究区域内最优化监测数据并分析。本文采用的 Sentinel-1 影像数据参数见表1，ALOS-2 主要参数见表2。

表1　Sentinel-1 SAR 影像参数表

参数	描述
影像格式	Sentinel-1A TOPS SLC
波段	C
波长/cm	5.63cm
轨道方向	升轨/降轨
工作模式	IW
极化方式	VV
轨道号	升轨55/降轨164
分辨率/m	15

Sentinel-1A 于2014年4月发射的一颗雷达卫星，每隔12天对地重访飞行，可获取自2014年10月之后的卫星影像数据。Sentinel-1A 卫星配备的是新一代 C 波段合成孔径雷达系统，相较于 L 波段而言，波长更短。ALOS-2 卫星是由日本航空航天局于2014年5月发射的高级陆地观测卫星。其上搭载 PALASAR-2P 传感器，工作波段为 L 波段(1.2GHz 段)，最高分辨率为：3m(距离向)×1m(方位向)，能在复杂大气条件下全天候工作，最大观测范围为490km×350km。对于 SAR 卫星而言，雷达波段的选择决定了大气传输窗口、频率和极化对信息提取的影响，直接影响所获取的 SAR 影像质量。Sentinel-1 卫星搭载了 C 波段(5.6cm)传感器，所获取的影像受大气和地形的影响较小，适合识别没有植被覆盖的地质灾害隐患。但是，当地质灾害表面植被覆盖度较高时，C 波段无法穿透植被而导致识别精度降低。L 波段(23.0cm)为 ALOS-2 卫星所搭载的传感器，该波长较长，能够很好地去除植被在斜坡上的去相关效应，更加准确地对地表信息进行观察。

表2　ALOS-2 SAR 影像参数表

参数	描述
影像格式	ALOS-2 PALSAR-2
波段	L
波长/cm	23cm
轨道方向	升轨
工作模式	SM1
极化方式	HH
轨道号	降轨145
分辨率/m	3m

2.3 数据处理方法适用性分析

InSAR 测量技术主要分为星载/机载差分干涉(D-InSAR)技术和星载时间序列干涉(TS-InSAR)技术。D-InSAR(合成孔径雷达差分干涉技术)是 InSAR 应用成熟的技术之一，在地质灾害形变测量方面有广泛深入的应用。差分干涉测量技术(D-InSAR)利用两个不同时间对同一区域进行两次成像可以获取两幅单视复数影像，将这两幅影像配准重采样并共轭相乘形成一幅干涉图，干涉图中每个像元的干涉相位包含该点相对于参考位置的高程和形变信息。射体干涉测量(PS-InSAR)技术作为 D-InSAR 技术的延伸，其原理是选取 SAR 影像中在时间上散射特性相对稳定、回波信号较强的 PS 点作为观测对象，进行时间序列处理的方法。同时，选取的点通常包括人工建筑物、灯塔、裸露的岩石以及人工布设的角反射器(CR)等。小基线集干涉测量(SBAS-InSAR)技术能够应用于建筑物较少、永久散射点较少的山区，与 PS-InSAR 相比更能适应西南山区的地形特点。该技术以任意一景影像为主影像对其余影像进行配准，然后通过设置时间和空间基线阈值组合出差分干涉图，对得到的干涉图进行滤波、解缠处理，利用相干性信息在解缠结果中选择高相干像元，之后在去除差分图中的高程误差相位和大气延迟相位后再利用奇异值分解来求得平均形变速率，最终获取地表随时间发生缓慢形变的规律。其克服了 PS-InSAR 因选取一幅影像作为公共主影像而引起的部分干涉图相干性较差的不足，同时降低了对 SAR 数据的需求量，运算效率较高。CR-InSAR 就是基于角反射器作为辅助工具，以增加雷达反射强度为最终目的，提高 InSAR 技术的监测精度。该方法一般是在重点监测区域放置角反射器，提高 SAR 影像干涉之间的相干性，达到点到面覆盖的监测范围，实现全区域的 InSAR 技术监测。具体各 InSAR 处理方法适用性，见表 3。

表 3　InSAR 方法适用性分析

InSAR 方法	技术特点	最少 SAR 数据量	主要用途	精度	监测应用条件	适用监测变形严重程度分级
D-InSAR	D-InSAR 适用地震等形变较大的事件，其原理简单，处理快速。缺点：受时空失相干、大气等因素的影响，D-InSAR 监测精度低，且获取的形变信息没有时间尺度的覆盖。	2 景	滑坡、泥石流、地面沉降、地面塌陷	1~3cm	适用时间间隔短和天气/季节接近，以避免受到过多的时间去相干和大气的影响。主要事宜于沉降趋势调查。	中等以上
SBAS-InSAR	SBAS-InSAR 是一种基于多主影像的 InSAR 时间序列方法，只利用时空基线较短的干涉对来提取地表形变信息。其克服了 PS-InSAR 因选取一幅影像作为公共主影像而引起的部分干涉图相干性较差的不足，同时降低了对 SAR 数据的需求量，运算效率较高。	>8 景	滑坡、泥石流、地面沉降、地面塌陷、地裂缝	<1cm	短时间基线高相干、长时间基线低相干。通过较多的 SAR 干涉组合，获取地面沉降时间序列信息。	低~高等
PS-InSAR	PS-InSAR 由于是基于大量 PS 点的迭代回归或网平差计算，运算效率不高，因此不适合大范围地区高分辨率的地面沉降监测。PS-InSAR 依赖于相干性较强的 PS 点，对于相干性差的区域不适应。	>25 景	滑坡、泥石流、地面沉降、地面塌陷、地裂缝	5mm	适用于时间间隔长、天气状况差异大。一般要求 25 景影像。PS 点要求城镇地区平均有 10 点/km^2；非城镇地区有 1 点/km^2。可以获取 PS 点的变形时间序列，DEM 改正值和所有 SAR 影像的大气延迟量。	低~高等
CR-InSAR	CR-InSAR 实际就是人为放置角反射器增强雷达反射强度，一般是在重点监测区域放置 CR，为 PS-InSAR、Offset-tracking 等提供可靠的 PS 监测点，以此辅助 InSAR，但也只是以点的形式覆盖。	≥2 景	滑坡、崩塌、泥石流、地面沉降、地裂缝、地面塌陷	1~100mm	相干性低，CR 需要提前布设。	低~高等

续表

InSAR方法	技术特点	最少SAR数据量	主要用途	精度	监测应用条件	适用监测变形严重程度分级
Offset-SAR	Offset tracking 技术在 SAR 影像之间相干性较低的情况下，仍可以直接得到目标地物距离向和方位向的偏移量，适用于形变量较大的冰川、滑坡等的运动监测。	≥2 景	滑坡、泥石流、地面塌陷	1～100m	适用于 SAR 数据时间间隔长、监测区天气条件差异大、地质灾害体变形量大、变形梯度大的环境。	中～高等
Stacking-InSAR	Stacking-InSAR 基于多幅差分干涉相位图，对其进行线性叠加、加权平均处理，达到减少误差，获得更精确地地表形变信息为目的。由于监测过程存在大气误差等现象，使得监测精度也相应降低。	≥2 景	滑坡、泥石流、地面沉降、地面塌陷、地裂缝	<1cm	短时间基线高相干、长时间基线低相干。通过不断叠加干涉对，实现对监测区的大形变尺度监测。	低～高等

3　InSAR 形变监测和结果分析

本文采用 Sentinel-1 数据和 ALOS-2 数据，基于 SBAS-InSAR 技术来完成对龙王庙全域地灾自动识别。根据 SBAS-InSAR 方法，本文获取了升降轨道视线方向上的形变，两个轨道结果相干性好，几乎没有几何畸变区域，且结果互相对比较为吻合。引入高精度数字高程模型数据，得到研究区内的高程、坡度和坡向信息，其识别结果如图 2 所示。

从图 2(a)可以看出，形变速率图中存在多处空洞现象，导致空洞区域无法提取形变信息。由于研究区内植被生长茂盛，卫星影像难以透过植被照射到地表，使得卫星所发射的波束呈现漫反射状态，导致影像之间相干性较差。此外，速率结果图种有多处区域呈现形变速率高的现象，引入高程、坡度和坡向对比分析，发现主要形变区域内高程分布高，坡度相对较为陡峭，且坡面方向能够很好的被 Sentinel-1 影像所识别。为了进一步说明主要形变区域的监测结果，本研究选取两个主要形变区域进行详细说明。

小区域 01 隐患点位于四川省遂宁市安居区大坝井附近，地理坐标东经 105°23′06″，北纬 30°18′53″。所在坡体的年平均形变速率如图 3 所示，存在一处明显的形变区域。最大视线向沉降量可达 25mm 左右，显著形变面积约 506×974m^2。

如图 4 所示，该处为农田区域，对 SN-04-39 区域的 20210914～20210926 期间的沉降图进行剖面分析发现，A 点至 B 点方向，出现 2 个沉降漏斗，其中最大沉降量达 25mm。可以看出，该沉降区域沉降量级较大，存在 2 个沉降中心。

经现场调查，形变区北侧十字道路交汇处存在崩塌群，崩塌群包含了 BT12，BT13，BT14，其中中心地理坐标为东经 105°23′20.87″；北纬 30°18′48.21″，该处崩塌群远离管线，虽然整体处于欠稳定状态，但单个崩塌规模较小，危险性小，如图 5、图 6 所示。

崩塌群地层为侏罗系上统遂宁组砂泥岩互层(J3sn)，地层近水平。BT12 岩层产状为 320°∠3°，主崩方向为 130°，坡脚可见崩塌堆积，是一小型岩质崩塌，体积约 280m^3，如图 7、图 8所示。

形变隐患区域内崩塌 BT13 岩层产状为 310°∠3°，主崩方向为 125°，坡脚可见崩塌堆积，除了崩落块石外还包含原土层上的植被。整体为一小型岩质崩塌，体积约 200m^3，如图 9、图 10 所示。

形变隐患区域内崩塌 BT14 岩层产状为 305°∠4°，主崩方向为 130°，坡脚可见崩塌堆积，是一小型岩质崩塌，体积约 420m^3，如图 11、图 12所示。

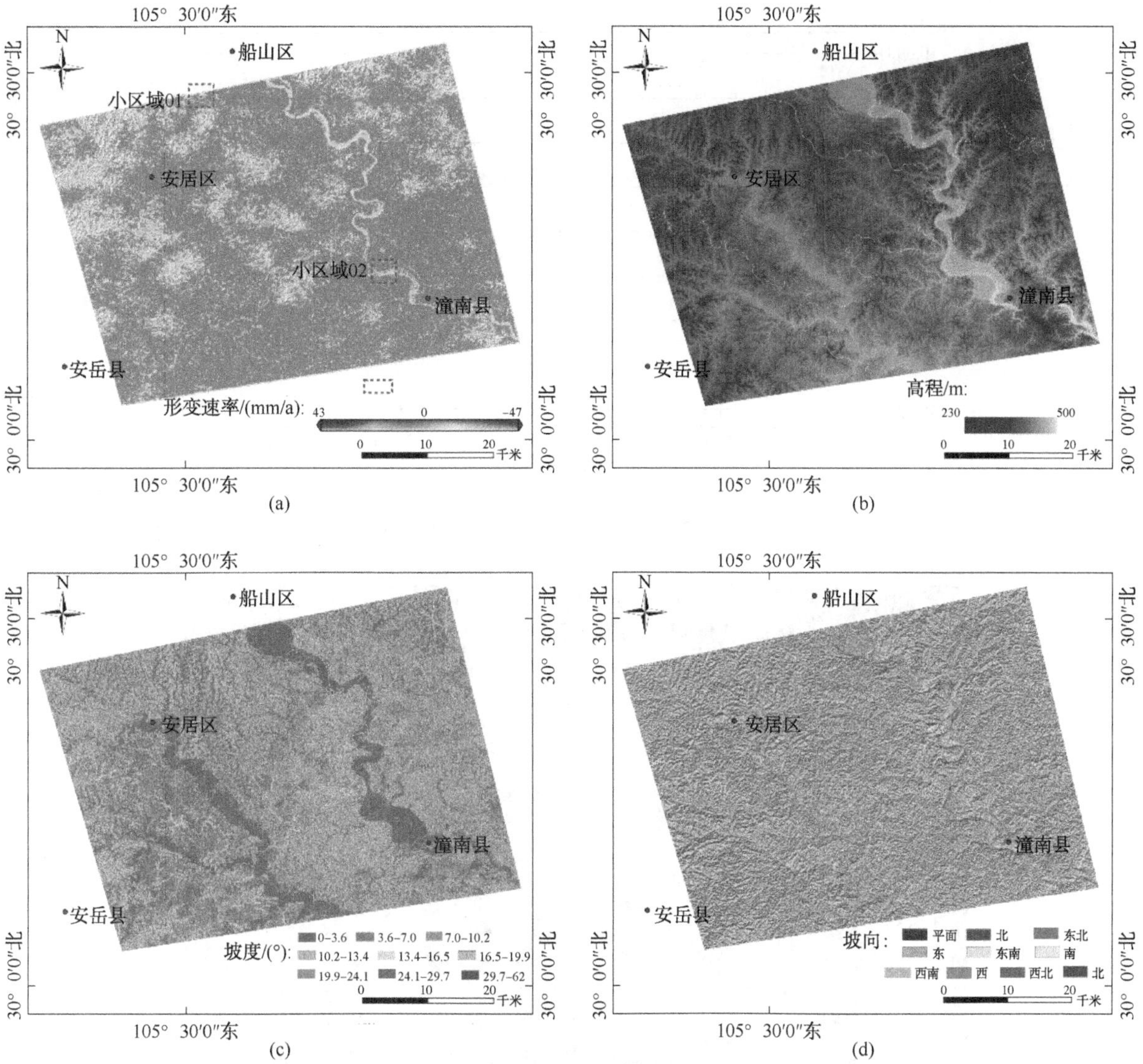

图 2　研究区监测结果及影响因素

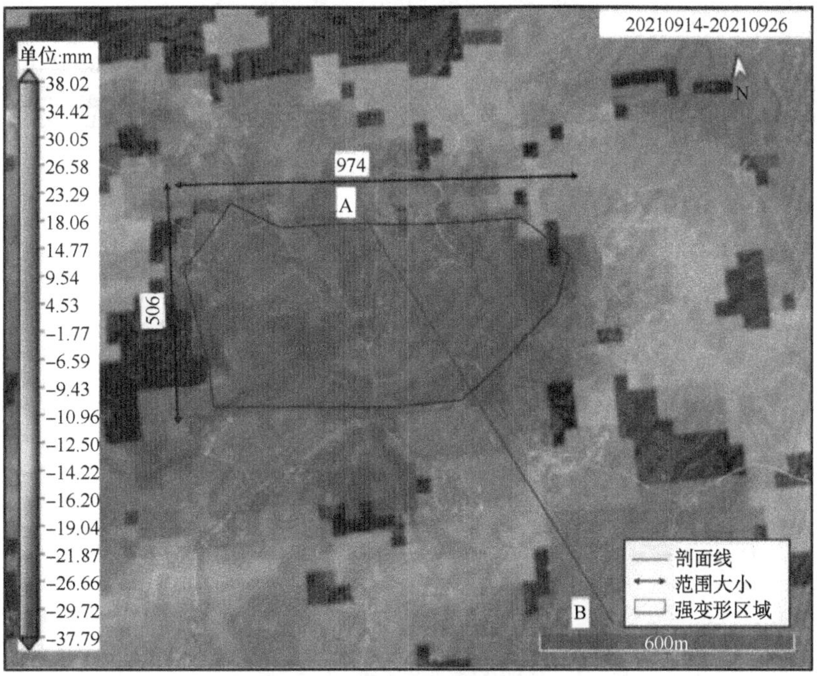

图 3　小区域 01 隐患区域范围

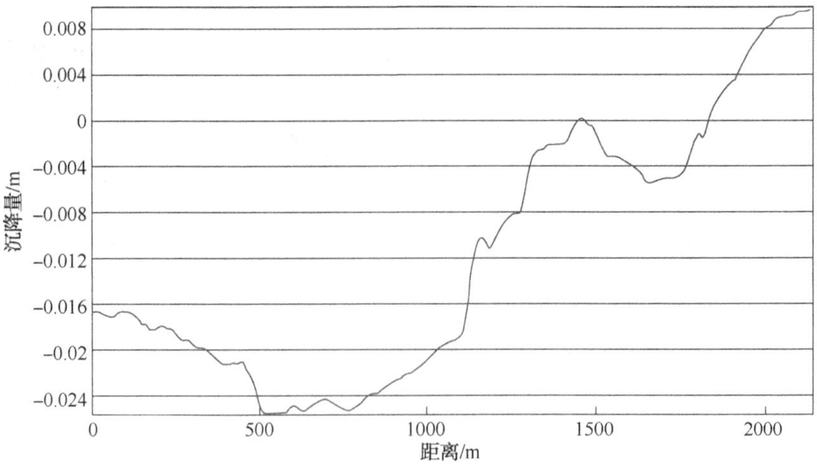

图 4　小区域 01 隐患区域沉降图剖面分析

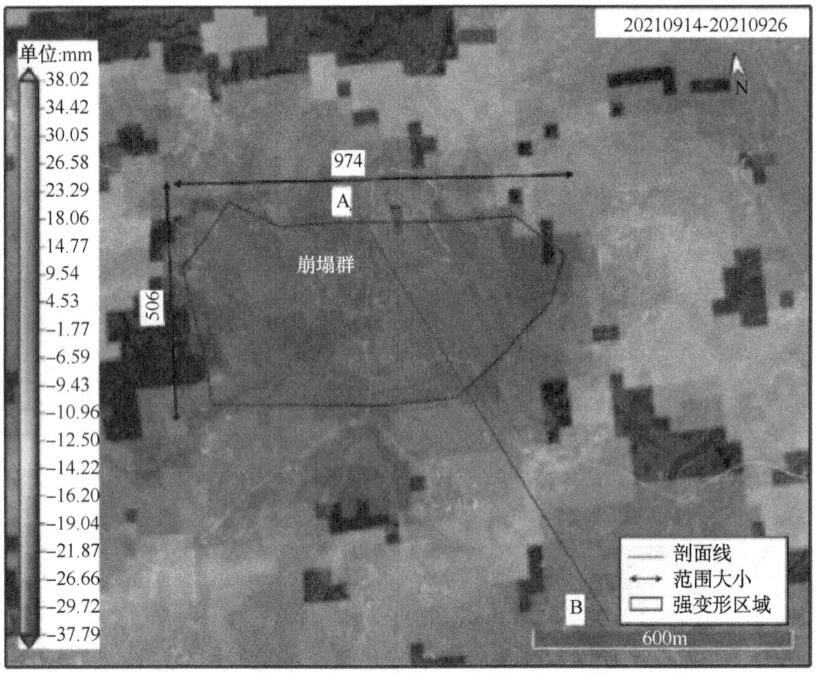

图 5　形变区与地灾相对位置

图 6　现场复核照片

图 7　崩塌局部影像

图 8　坡脚崩落碎石

图 9　崩塌源砂泥岩互层

图 10　坡脚崩落块石

图 11　崩塌局部影像

图 12　坡脚崩落块石

小区域 02 隐患点位于位于重庆市潼南区新房村附近，地理坐标东经 105°51′32″，北纬 30°05′03″。所在坡体的年平均形变速率如图 13 所示，存在一处明显的形变区域。最大视线向形变速率可达 28mm/year，显著形变面积约 $28×97m^2$。

如图 14 所示，该处为植被覆盖区，对隐患区域内年平均速率图进行剖面分析发现，A 点至 B 点方向，出现 2 个沉降漏斗，其中最大形变速率将近 30mm/year。可以看出，该沉降区域沉降量级较小，存在 2 个沉降中心。

为了研究其形变趋势，我们在主要沉降区域选取 3 个点作为研究对象，其形变速率图如图 15 所示。其中 P1 点为形变区域最为严重的地方，从 2020 年 5 月至 2021 年 5 月，1 年内沉降均已达到 28mm 左右；P2 点为形变区域一般形变的地方，从 2020 年 5 月至 2021 年 5 月，1 年内沉降均已达到 22mm 左右；P3 点为形变区域轻微形变的地方，从 2020 年 5 月至 2021 年 5 月，1 年内沉降均已达到 16mm 左右。

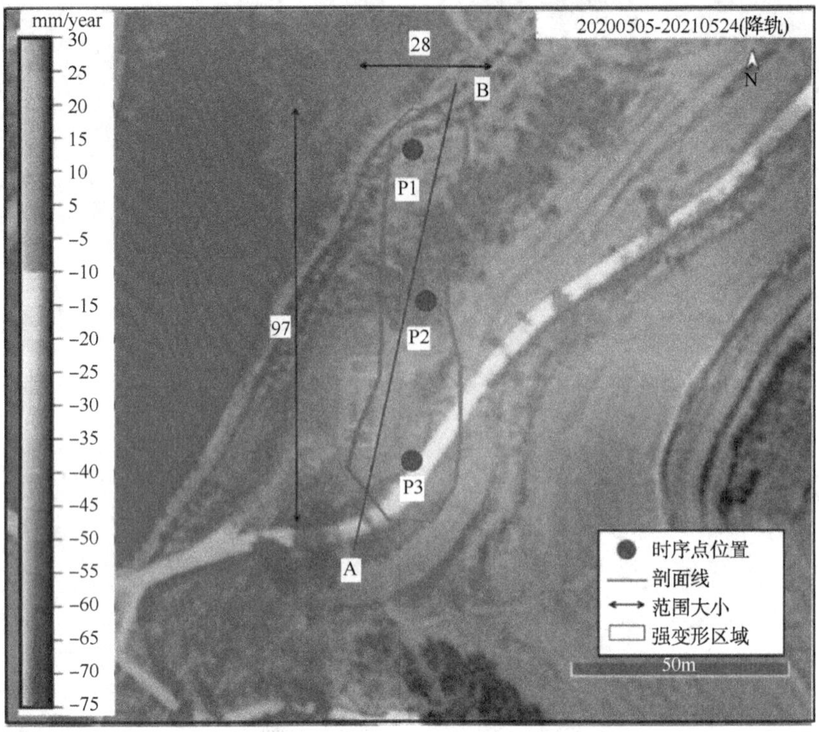

图 13　小区域 02 隐患区域范围

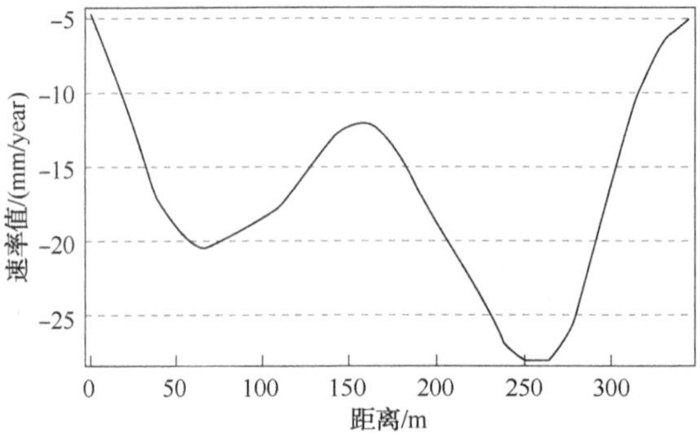

图 14　小区域隐患 02 区域五年形变速率剖面分析

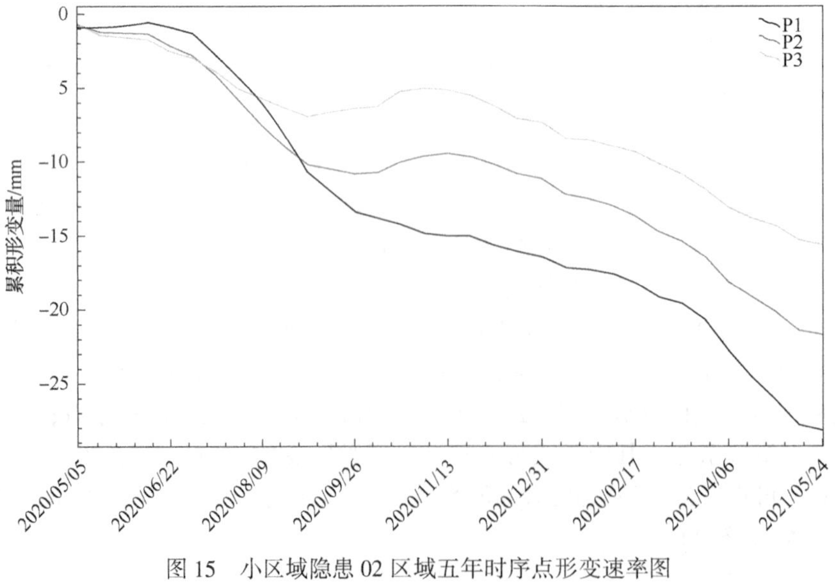

图 15　小区域隐患 02 区域五年时序点形变速率图

经现场调查，形变区主要是由于管道改线以及道路重建导致，滑坡形变位于形变区南侧，该滑坡发生后已进行后续处理，目前处于基本稳定状态。HP05 地理坐标为东经 105°51′45.61″；北纬 30°5′51.74″，如图 16、图 17 所示。

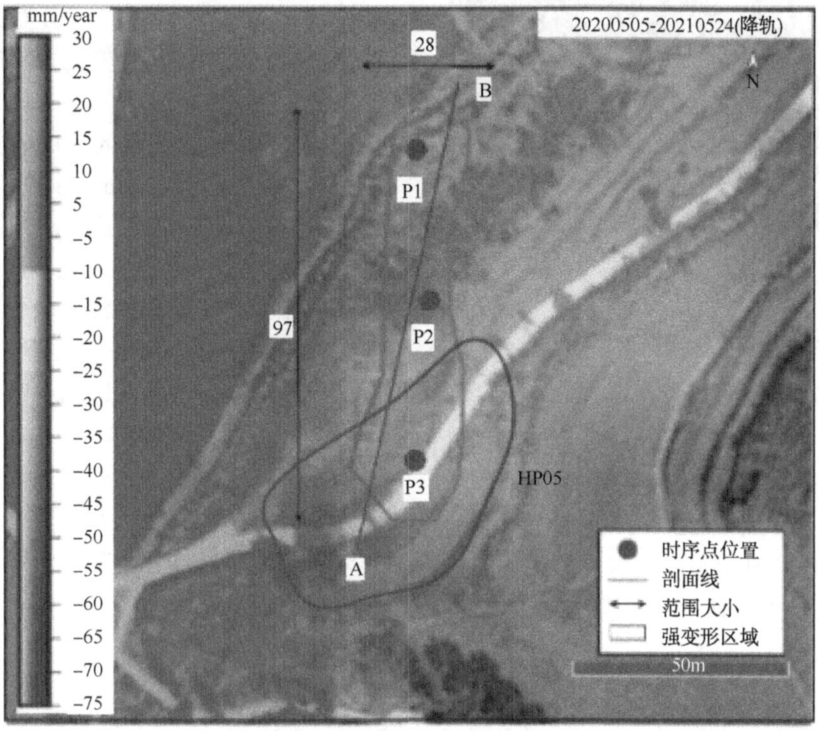

图 16　形变区与地灾相对位置

图 17　现场复核照片

对于滑坡隐患，现场调查发现滑坡前缘临近房屋，高程为 288m，后缘靠近坡体后部陡缓交界处，高程为 294m，相对高差为 6m，滑坡平面形态呈不规则形状，主滑方向 340°，滑坡剖面呈阶梯型，覆盖层为第四系坡积的粉质粘土，下覆地层为侏罗系上统遂宁组砂泥岩互层岩层（J3sn），产状为 4° ∠220°，滑坡面积约为 1200m^2，估计滑面深为 10m，体积约为 13500m^3，为一小型土质滑坡。滑坡中部有原有管道经过，后滑坡发生后挤压破坏管道，目前已改线，且已滑坡发生后已做相应的防护措施，整体评价危险性较小，如图 18~图 20 所示。

图 18　滑坡近景图

图 19　滑坡中部强变形区

图 20　滑坡后缘出露基岩

4　管道地质灾害识别结果与评价

4.1　地质灾害识别及野外验证

通过现场对 InSAR 识别的 120 处形变靶区开展了调查。针对研究区域共发现了 28 处地质灾害，其中滑坡 6 处，崩塌 22 处，灾害针对管线来说整体风险较小；其余形变靶区大多是由于人类工程活动影响产生。研究区地质构造活动较弱，以近水平层状岩层为主，断层和褶皱等构造现象微弱。区域人类工程活动较为强烈，主要以农田耕种，果树种植为主，城区的扩建和高速公路的修建是重要的工程活动之一；同时该区域存在充沛的地表降水，广泛分布，反应到 InSAR 监测上，即城区外山林区域的地表土体沉降变形。

如图 21 所示研究区地层岩性为全新统 Q_h，更新统 Q_p，遂宁组 J_3sn，沙溪庙组 J_2s，千佛崖组 J_2p。崩塌主要集中于 J_3sn 地层，地层以鲜红色的泥岩为主，研究区以土质崩塌为主，常见推移式崩塌，由于研究区灌木较为发育，植物生长产生的植物根劈作用加快了裂隙的发育速度，降低了岩体的稳定性，为降雨入渗促使崩塌发育提供了有利条件；滑坡主要集中于 J_2s 地层，地层以砂泥互层岩层为主，研究区降雨量较大，且区内分布多条河流，地下水位较高，滑坡上岩性较弱的泥岩遇水易软化形成利于滑动的软弱面，从而导致滑坡产生。

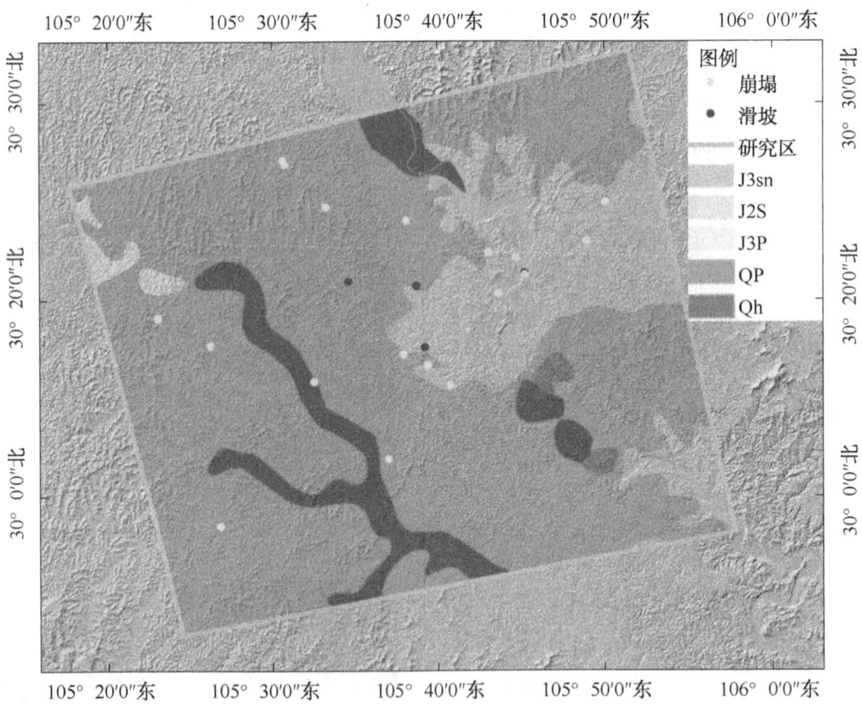

图 21　研究区地灾分布示意图

4.2　地质灾害风险评价

经综合评价，研究区 28 处管线地质灾害中，低风险地质灾害 8 处，占比 28.57%；较低风险地质灾害 18 处，占比 64.28%；中风险地质灾害 2 处，占比 7.14%，见表 4。

5　结语

本文基于监测区 2016-07～2022-02 的 294 景（154 景升轨，140 景降轨）Sentinel-1A、5 景（升轨）ALOS-2 卫星影像进行 InSAR 数据处理和

分析，分别采用SBAS-InSAR、D-InSAR、Stacking-InSAR、小区块SBAS-InSAR技术提取了形变信息，分析了其时空变化特征。研究区共发现了28处地质灾害，其中滑坡6处，崩塌22处，灾害针对管线来说整体风险较小，降雨和广泛分布的水系是研究区地质灾害发育的主要因素。

表4　研究区单体管线地质灾害风险综合评价表

序号	编号	灾害类型	灾害风险等级	半定量评价等级	综合评价
1	HP01	滑坡	低	低	低
2	HP02	滑坡	低	低	低
3	HP03	滑坡	低	较低	较低
4	HP04	滑坡	低	较低	较低
5	HP05	滑坡	低	较低	较低
6	HP06	滑坡	低	低	低
7	BT01	崩塌	低	较低	较低
8	BT02	崩塌	低	较低	较低
9	BT03	崩塌	低	较低	较低
10	BT04	崩塌	低	低	低
11	BT05	崩塌	低	低	低
12	BT06	崩塌	低	低	低
13	BT07	崩塌	低	低	低
14	BT08	崩塌	低	较低	较低
15	BT09	崩塌	低	较低	较低
16	BT10	崩塌	低	低	低
17	BT11	崩塌	低	较低	较低
18	BT12	崩塌	低	较低	较低
19	BT13	崩塌	低	较低	较低
20	BT14	崩塌	低	较低	较低
21	BT15	崩塌	较低	较低	较低
22	BT16	崩塌	较低	较低	较低
23	BT17	崩塌	较低	较低	较低
24	BT18	崩塌	较低	较低	较低
25	BT19	崩塌	较低	较低	较低
26	BT20	崩塌	较低	中	中
27	BT21	崩塌	中	中	中
28	BT22	崩塌	较低	较低	较低

InSAR技术作为管道地质灾害监测的新兴技术手段，能够在广域地表形变监测，为管道地质灾害防治提供重要的技术支撑。通过研究表明，ALOS-2数据与Sentinel-1数据相对比，ALOS-2数据干涉图整体质量比Sentinel-1数据效果更好，特别在植被覆盖的区域也能保持很好的相干性，同时有着更高的分辨率。分析大区域内管道地质灾害时，推荐采用根据地形趋势同类型区块划分，同时配合重点区域小区块划分的思路开展。在InSAR数据分析时，采用SBAS-InSAR技术时可以适当拉长分析的时间序列；相干性较差且隐患点较小的区域，滤波应考虑小滤波处理，防止有效相干点被掩膜；而相干性强的区域，滤波应适当考虑增强，剔除误差噪点；相同区域内，划分小区块进行InSAR识别，比全区域一起识别结果准确度高，小区块划分面积最好在50~130平方千米之间。

气田管道完整性管理效能评价关键技术研究

谢雳雳[1]　罗嘉慧[2]　杨　浩[3]

（1. 中国石油西南油气田公司安全环保与技术监督研究院；2. 中国石油西南油气田公司重庆气矿；
3. 中国石油西南油气田公司川西北气矿）

摘　要　管道完整性管理是管道运营商评估与消减管道内外部风险的常规做法，如何持续改进完整性管理工作是管道运营商面临的共同难题。效能评价作为管道完整性管理最后一个工作环节，可以帮助企业分析完整性管理过程中存在的不足、不断改进完善完整性管理体系、持续提高管道完整性管理水平，目前仍是管道完整管理工作的薄弱环节。本文深入调研效能评价国内外文献，追溯效能评价的本质，指出明确管道完整性管理目标在效能评价指标体系构建过程中的重要性，提出一套管道完整性管理效能评价指标体系框架。

关键词　管道；完整性管理；效能评价；指标体系

长输天然气管道是天然气资源最重要的运输方式之一，世界天然气长输管道总长度达到135万公里。在中国，天然气长输管道总长度达到11.8万公里。天然气管道系统面临破裂和泄漏的风险，主要威胁来自第三方损坏、误确操作、腐蚀、自然灾害、设备故障和制造异常。管道系统运营商希望持续向客户提供安全可靠的天然气输送，而不会对员工、公众、客户或环境产生不利影响。无事故运行一直是并将继续是天然气管道行业的目标。

经过二十多年的发展，管道完整性管理系统已成为天然气输送管道运营商评估与降低风险的常用做法，其核心思想通常由五步闭环工作流程表示，包括：(1)收集、审查和整合数据；(2)评估风险；(3)完整性评估；(4)缓解(修复和预防)；(5)效能评价。企业可通过开展效能评价，掌握管道完整性管理工作的效果与效率，分析完整性管理过程中存在的不足、不断改进完善完整性管理体系、持续提高管道完整性管理水平、保障管道安全可靠运行、促进资源高效利用，并形成管理闭环。

1　国内外天然气管道完整性管理效能评价发展过程及现状

2001年，美国机械工程师协会发布ASME B31.8S—2001《天然气管道系统完整性管理》，是国内外最早关于天然气管道完整性管理的技术规范，其中明确提出至少应每年开展一次效能评价，保持对完整性管理方案的有效性进行持续评估，且评估需同时考虑具体危害因素控制效果的评价与完整性整体提升的评价。效能评价和趋势分析还能识别未预见和未曾识别的危害。所有效能测试应简单、可测定、可实现、具有相关性，能及时进行评价。效能评价的方法应既能用于短期效能评价又能用于长期效能评价。

美国将完整性管理效能评价作为一项法律法规要求。从2004年起，美国运输部管道和危险品安全管理局(PHMSA)就要求受其监管的管道运营商提交完整性管理方案所涵盖的危险液体和气体传输管道基础设施的效能评价报告。PHMSA使用这些报告中的数据来监控和报告行业在满足危险液体和气体输送完整性管理规则要求方面的进展，作为后期选择运营商进行机构检查的参考，并回应公众有关PHMSA监督计划的询问。完整性管理规则要求中明确了需要评价、跟踪和(在某些情况下)向PHMSA报告的效能评价指标。2004年以来的效能评价数据，均在PHMSA网站上公开发布。

在欧洲，管道完整性管理效能评价没有硬性要求，且均与HSE审核结合实施，审核其选择的若干要素，判断并审核其结果。完整性管理服务提供商(DNV等)对完整性管理效能评价也以HSE审核为主，对不同服务对象的考核侧重点不同，考核内容亦存在偏差。

国内从国家部委文件到输气管道行业标准都明确要求定期开展完整性管理效能评价：国家部

委文件《关于贯彻落实国务院安委会工作要求全面推行油气输送管道完整性管理的通知》中要求："通过定期开展效能评价评估完整性管理的有效性，不断发现和改进存在的不足"；《油气输送管道完整性管理规范》(GB 32167—2015)中要求："应定期开展效能评价，确定完整性管理的有效性，可采用管理审核、指标评价和对标等方法"；《输气管道系统完整性管理规范》(SY/T 6621—2016)中要求："至少应每年进行一次效能评价，以确保完整性管理程序的有效性"但是在国内公开文献数据库中不能检索到管道运营商实际开展效能评价工作的相关文献，更多是关于管道完整性管理效能评价指标体系、评价方法的研究，以及在个别天然气输送管道应用验证的文献资料。

郑洪龙深入调研了国外法律法规和标准规范的相关要求，从管道企业或运营商的管理对象和完整性管理工作内容两个维度综合考虑，针对每项具体工作设定效能度量指标，构建管道完整性管理效能评价指标体系。吴志平将管道完整性管理视为多投入、多产出的复杂系统，按照具体业务将其划分为数据管理、高后果区识别等 9 个业务模块和 1 个综合管理模块，并针对各模块综合考虑其不同方面、不同属性的各项因素，建立评价指标体系。冯庆善结合目前管道完整性管理方案在管道完整性管理过程的作用，建立以完整性管理方案规定内容与运营单位实际工作内容之间的符合度为评价基础的指标体系。杨静综合考虑管道完整性管理三方面的需求与作用，建立过程评价、效果评价、效益效率评价综合指标体系。俞树荣以 GB32167 为依托，基于管道自身完整性状态和完整性管理工作的全流程，建立完整性管理效能评价的双指标体系。张卫朋基于国内外行业标准和中国石油企业标准，建立了包含工作流程、实施方案、风险层面、管理层面、经济层面等 5 个维度的指标体系。

通过调研，国内主要管道系统运营商都认为效能评价是管道完整性管理工作流程中的薄弱环节。与管道完整性管理前四个工作环节相比，管道工程师对效能评价的理解与实践相对较少，这可能是因为效能评价被认为是管理科学的一个子学科，管道工程师在该领域接受的培训较少，相关知识与经验积累较少。

以上针对管道完整性管理效能评价指标体系的研究仅局限在管道完整性管理技术领域，目前国内外管道完整性效能评价均源自《输气管道完整性管理体系规范》(ASME B31.8S—2001)，但效能评价并不只是用在管道完整性管理业务领域，它是管理学中的一项通用质量管理工具，2000 年就已包含在国际标准 ISO 9004—2000《质量管理体系：绩效改进指南》中，几乎所有管理体系都包含效能评价方面的要求。

为更加深入认识效能评价本质与内涵，指导管道完整性管理效能评价工作开展，本文将文献调研范围从管道完整性管理领域扩展到管理学领域，溯源效能评价作为管理工具本身的起源与发展，研究效能评价相关工具的开发与使用。

2　效能评价本质与目的

绩效测量在近年来成为如此重要的话题，至少有以下七点重要原因：①工作性质的变化；②日益激励的竞争；③对具体的改善措施的需求；④国内和国际奖项评选需要；⑤组织规则的变化；⑥外部需求的改变；⑦信息技术的力量。

效能评价来源于 Performance Measurement 一词，也常译为绩效评价、绩效评估、绩效测量。其确切起源尚不清楚，这种做法可以追溯到公元三世纪，当时魏朝(公元 221~265 年)的皇帝对官方家庭成员的表现进行评级。随着工业革命与新技术的出现，对提高生产力和效率的需求也随之而来。弗雷德里克·泰勒认为提高效率和降低成本是管理的主要目标。率先测量工人的产出量。戴明提出，应该对业务工作流程的效果进行测量与分析，来识别导致偏离客户要求源头。戴明还建议管理人员应使用闭环控制系统来持续监控业务和制造工作流程的效果以识别和更改业务和制造工作流程中的需要改进部分。如图 1 所示对戴明的用于持续改进的 PDCA 循环及其效能指标起到的作用进行了说明。可以看出，定义绩效指标并对其关系进行建模是对持续改进产生重大影响的关键活动之一。戴明提出的 PDCA 循环，为靠直觉与经验来发现业务的关键改进领域的做法，增加了一种系统的、可操作的、闭环的管理工具。

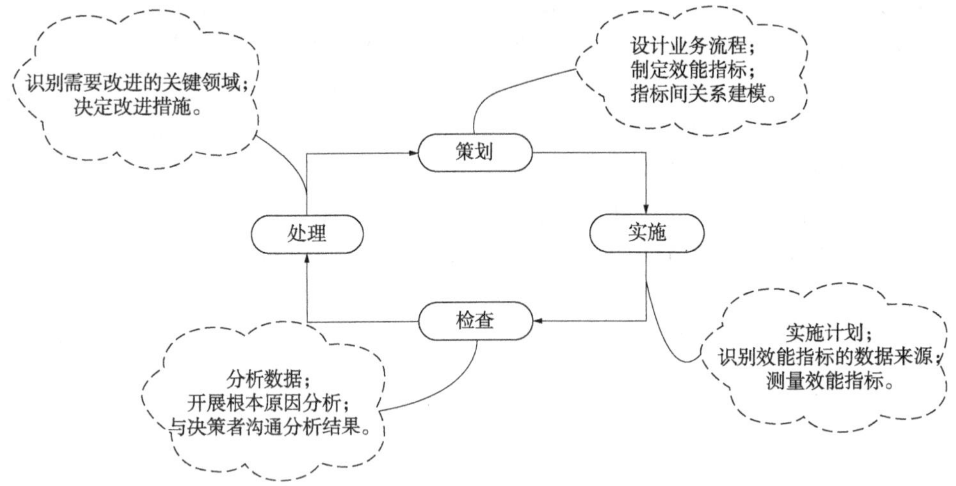

图 1　戴明 PDCA 循环

Kagioglou 等人将绩效管理定义为一个闭环的控制系统，它实施战略和政策，并接受来自各个层面的反馈，以控制系统的绩效。绩效衡量系统是一个信息系统，是绩效管理过程的核心，对于绩效衡量系统的有效和高效运作至关重要，如图 2 所示。绩效衡量是确定组织或个人如何成功实现其目标或策略。

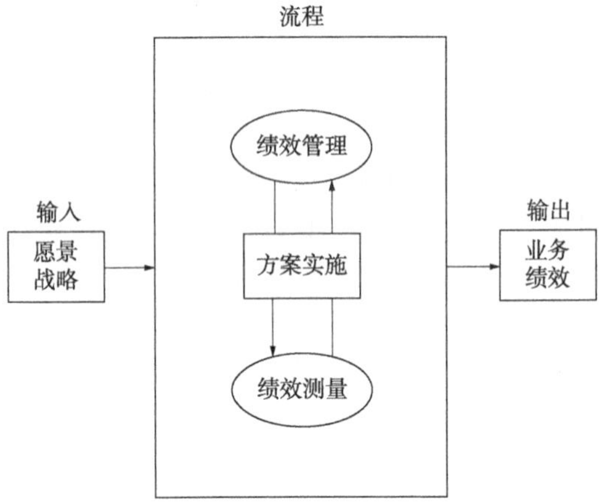

图 2　绩效管理-测量流程

效能评价应有助于组织实现以下目标：(1)识别需要改进的关键领域；(2)诊断和分析低效能背后的原因；(3)规划和实施必要的改进，以用可量化或可测量的方式提高效能；(4)监测改进措施的结果，以确定它们是否达到了预期的效果；(5)开发闭环控制系统以促进持续改进；(6)资源的优化配置。

3　效能评价指标体系研究

建立适应组织愿景与战略的效能评价指标体系，是保证组织目标能实现的关键，也是效能评价工作的关键。Globerson 提出一套建立效能评价指标的准则：(1)效能指标必须从公司的目标中选择；(2)效能指标必须能够对从事同一业务的组织间进行比较；(3)每一个效能指标设置的目的必须清晰、直观；(4)数据收集和计算效能指标的方法必须是明确定义；(5)基于比率的效能指标优于基于绝对数字的效能指标；(6)用于评价某个组织单元的效能指标需在在这个组织单元的职责、能力范围内；(7)效能指标的选择需和相关人员讨论产生；(8)客观效能指标优于主观效能指标。

Maskell 提出了建立效能评价指标体系的七个原则：(1)效能指标应与公司的战略直接相关；(2)应包括非财务方面的效能指标；(3)应该明确效能评价指标体系会随着内外部情况的变化而变化；(4)针对不同的部门应设置不同的效能指标；(5)效能指标需简单且易于使用；(6)效能指标评价的结果反馈需具有时效性；(7)效能评价指标体系设计需围绕促进持续改进的目标，而不只是进行简单的监控过程与结果。

剑桥效能指标设计流程是 Neely. A 等人改进效能指标设计而开发的系统如图 3 所示，这个设计流程展示了如何将所有内部、外部、财务和非财务要素与战略相结合，以创建一个连贯的绩效衡量系统。该框架可以帮助识别相互冲突的绩效衡量标准，同时保持外部和内部衡量标准之间的平衡。

《输气管道完整性管理体系规范》(SY/T 6621—2016)提出，效能评价结果应能帮助管道运营商回答两个问题：(a)是否实现了所有完整性管理方案的目标？(b)通过实施管道完整性管理方案，管道的完整性与安全性是否有效持续提升？并针对效能评价指标的选择提出以下要求与准则：

(1) 效能指标应重点关注能说明管道完整性方案提高了管道的安全性的相关结果；

(2) 所有效能指标准应简单、可衡量、可实现、具有相关性与时效性；

(3) 应仔细选择效能指标，以确保它们是合理能反映方案有效性的指标；

(4) 在选择效能指标时，还应考虑获得足够数据进行分析所需的时间；

(5) 效能指标应允许实施短期和长期效能评价；

(6) 针对完整性管理方案的更改或改进建议应基于对效能评价指标分析。

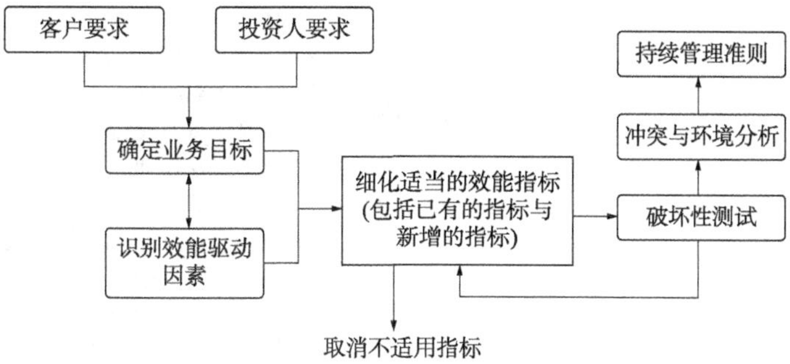

图 3　剑桥效能指标设计流程

通过以上文献调研结果可以得出，效能评价本质上一项用于组织持续改进的工具，同时也是帮助企业实现管理目标的过程管理工具，效能评价指标体系建立是效能评价工作的核心环节。效能评价指标体系的建立必须与组织的战略与目标、以及为实现目标而制定的各种工作流程保持高度统一。就管道完整性管理效能评价工作而言，管道运营商首先应明确管道完整性管理工作的具体目标，并据此制定合理的管道完整性管理方案。然后根据各个工作环节制定包含过程指标、结果指标与投入指标的效能评价指标体系。过程指标是反映管道完整性管理方案各项工作的执行率，结果指标是反映管道完整性管理方案各项工作执行后与管道完整性相关的各项数据的结果，投入指标是反映为执行管道完整性管理方案所投入的资源多少，以反映管道完整性管理工作的效益与效率。

根据国标《油气输送管道完整性管理规范》(GB 32167—2015)中管道完整性管理的定义："管道完整性管理是对管道面临的风险因素不断进行识别和评价，持续消除识别道的不利影响因素，采取各种风险消减措施，将风险控制在合理、可接受的范围内，最终实现安全、可靠、经济的运行管道的目的。"可知，管道完整性管理的目的是实线安全、可靠、经济的运行管道的目的。为实现这个目标，管道完整性管理体系设置的工作流程有数据采集与整合、风险识别与评价、完整性检测与评价、风险消减与维修维护、效能评价。由此，提出一套管道完整性管理效能评价指标体系框架，并以完整性检测与评价环节为例展示细化的效能评价指标，如图 4 所示。

4　结论

经过二十多年的发展，管道完整性管理系统已成为天然气输送管道运营商评估与降低风险的常用做法，管道失效率大幅度降低，如何持续改进完整性管理工作是管道运营商面临的共同难题。效能评价作为管道完整性管理最后一个工作环节，可以帮助企业分析完整性管理过程中存在的不足、不断改进完善完整性管理体系、持续提高管道完整性管理水平。

针对当下效能评价结果对管道完整性管理方案的决策支撑较弱等问题，提出效能评价指标体系建立是效能评价工作的核心环节。效能评价指标体系的建立必须与组织的战略与目标、以及为实现目标而制定的各种工作流程保持高度统一。管道运营商首先应明确管道完整性管理工作的具体目标，并据此制定合理的管道完整性管理方案。然后根据各个工作环节制定包含过程指标、结果指标与投入指标的效能评价指标体系。只有建立与管道完整性管理目标高度统一的效能评价指标，效能评价结果才能有力支撑完整性管理方案的持续优化，促进管道完整性管理从基于规定策略的管道完整性方案向基于效能的管道完整性管理方案转型，更加高效、精准地开展管道完整性管理工作。

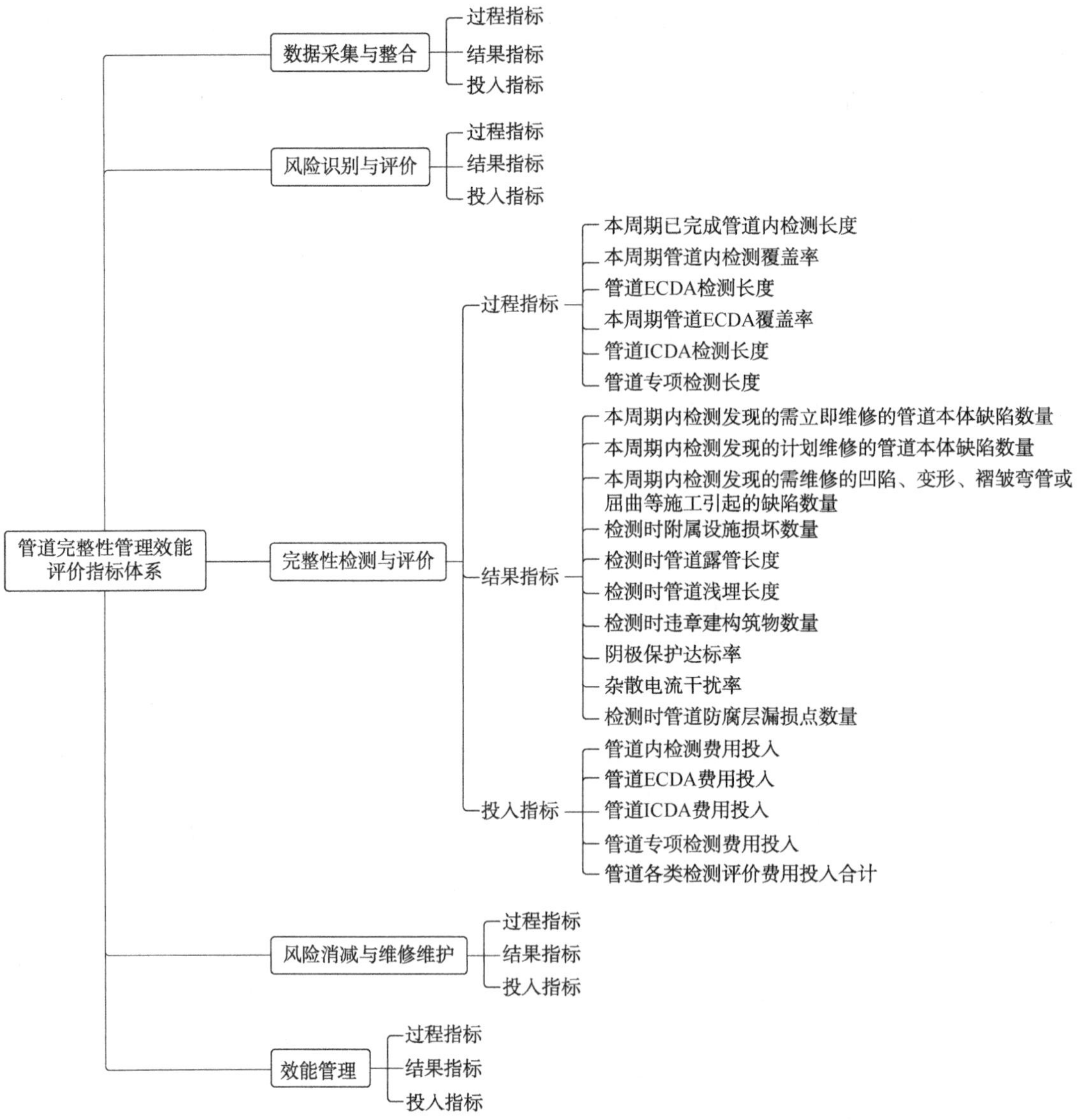

图 4　管道完整性管理效能评价指标体系框架

参 考 文 献

[1] 国家能源局. 中国天然气发展报告[R]. 北京：石油工业出版社，2023.

[2] 张卫朋，梅海粟，喻友均，等. 油气田集输管道完整性管理效能评价指标体系建立与应用[J]. 油气与新能源，2021，第 33 卷(5)：32-38.

[3] 郑洪龙，许立伟，谷雨雷，等. 管道完整性管理效能评价指标体系[J]. 油气储运，2012，第 31 卷(1)：8-19.

[4] 国家发展和改革委员会，等. 关于贯彻落实国务院安委会工作要求全面推行油气输送管道完整性管理的通知. 北京：国家发展和改革委员会，2016.

[5] 国家质量监督检验检验总局. 油气输送管道完整性管理规范：GB/T 32167—2015[S]. 北京：中国标准出版社，2015.

[6] 国家能源局. 输气管道系统完整性管理规范：SY/T 6621—2016[S]. 北京：石油工业出版社，2016.

[7] 吴志平，蒋宏业，李又绿，等. 油气管道完整性管理效能评价技术研究[J]. 天然气工业，2013，第 33 卷(12)：131-137.

[8] 冯庆善，李保吉，钱昆，等. 基于完整性管理方案的管道完整性效能评价方法[J]. 油气储运，2013，第 34 卷(4)：360-364.

[9] 杨静. 油气管道完整性管理效能评价[J]. 油气地面

工程, 2015,, 第 34 卷(11): 3-5.

[10] 俞树荣, 张义远. 管道完整性管理效能评价双指标体系的建立与应用[J]. 兰州理工大学学报, 2018, 第 44 卷(4): 66-70.

[11] Umit S.. Bititci. Overview of Popular Performance Measurement Models and Frameworks [M]. John Wiley & Sons, Ltd, 2015, 254-262.

[12] Umit S. Bititci, Sai S. Nudurupati. Using Performance Measurement to drive Continuous Improvement [J]. Business, Engineering, 2005.

[13] Andy Neely, JohnMills, Ken Platts, Huw Richards. Performance measurement system design: Developing and testing a process-based approach[J]. 2000, International Journal of Operations & Production Management 20(10): 1119-1145.

输油泵机械密封失效预警技术研究

李素杰

（国家管网集团东部原油储运有限公司）

摘　要　针对接触式机械密封在运行过程中端面磨损引起的性能退化目前缺乏有效监测和评价方法以支持预测性维修问题，本研究在不破坏设备原有机械密封强度的前提下，设计在机械密封静环中嵌入性能监测用的振动和温度微型防爆传感器，以实现实时性能数据采集。并通过搭建泵机械密封实验台持续采集密封端面振动和温度信号，基于数据研究端面振动特性参数，筛选了时域、频域和时频域振动敏感特征，对端面退化过程进行表征研究，阐明了端面性能退化随实测闭合力周向的变化规律。构建数据驱动的机械密封早期故障预警模型，利用 T^2 指标实现性能退化预警。研究结果表明，密封端面振动信号的均值、模糊熵、排列熵和小波包第二频带能量可以表征机械密封性能退化程度；实测闭合力周向变化规律可以表征机械密封的性能退化程度，随着端面磨损的加剧，密封端面之间发生扭转振动，端面由规律性角度摆动变为随机摆动，机械密封性能追随性下降。该成果在某站输油泵现场应用，可成功捕捉到现场工况变化引起的特征变化，表明了早期预警模型的可靠性。

关键词　机械密封；端面振动；性能退化；敏感特征

目前输油管道主要使用离心式输油泵，而离心泵的密封多采用机械密封，是设备安全平稳运行的关键部件之一。根据近年来机泵异常事件统计分析显示，当前机泵异常主要由于机械密封温度异常、轴承温度异常、机械密封泄漏量超标、轴承振动超标等原因引起，其中，机械密封温度异常和泄漏超标占比机泵类故障70%以上，轴承温度异常和振动超标占比机泵类故障原因37%。机械密封故障已经成为泵机组故障的主要原因，分析机械密封失效原因，采用先进的技术手段进行监测及预警，可以更好的保障泵机组运行安全。

1　失效原因分析

机械密封系统由动环、静环、弹簧、辅助密封件等若干零部件组成，使用过程中，动、静环之间不断发生磨损、老化、裂纹、疲劳等原因导致机械密封失效。如图1至图5所示，机械密封性能退化或故障主要表现为端面磨损、热裂、变形、破损、疱疤、腐蚀等；其中，密封液介质气化导致端面气蚀、局部温升造成端面疱疤、热应力引起结构变形进而造成端面过接触破损或热裂、端面承受轴向力和振动冲击导致端面磨损或密封环断裂等。机械密封运行在高温、高压、高转速等高参数情形下，密封端面间的工作介质很容易汽化，导致密封环发生热力变形、磨损等现象，伴随着热冲击和热裂，加上轴的窜动和安装误差以及轴承失效导致的振动，最终会使密封过早失效。李凤成等研究了机械密封运行过程中失效机理，把端面密封泄漏主要原因概括为端面温度高、密封环破损、端面闭合力不足以及主机运行不平稳造成静环、动环旋转不同心、摩擦副端面不能完全贴合等。根据现有研究，机械密封故障主要可以分为三类：第一类是由于端面振动引起的密封环裂纹、破损、疲劳等故障；第二类是由于端面温度分布不均造成的热裂、磨损、老化、变形等故障；第三类是由于安装时闭合力不足造成的泄漏问题。对机械密封端面振动、温度参数进行采集，分析构建机械密封端面状态模型，在一定程度上可对机械密封状态进行预警，减少泄漏事件。

图1　疱疤

图 2　破损

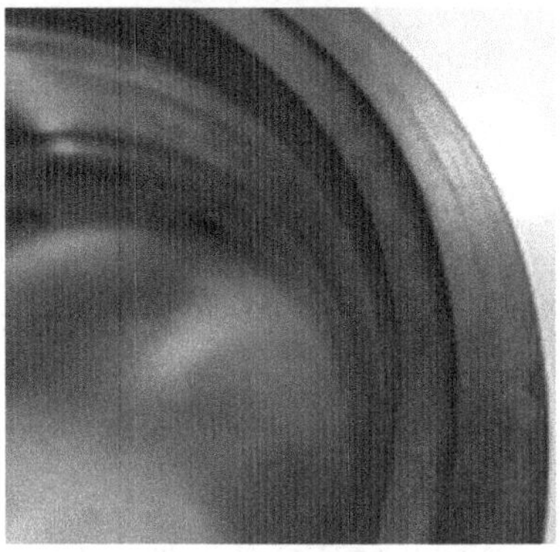

图 3　磨损

图 4　变形

图 5　热裂

2　预警技术研究

2.1　数据监测传感器嵌入方式设计

根据离心输油泵站场机械密封，绘制机械密封以及相关测试组件的加工图纸(测绘图如图 6 所示)，在不破坏机械密封原有强度和使用寿命的前提下，设计在机械密封静环中嵌入监测振动和温度的微型防爆传感器，以达到性能监测的目的。

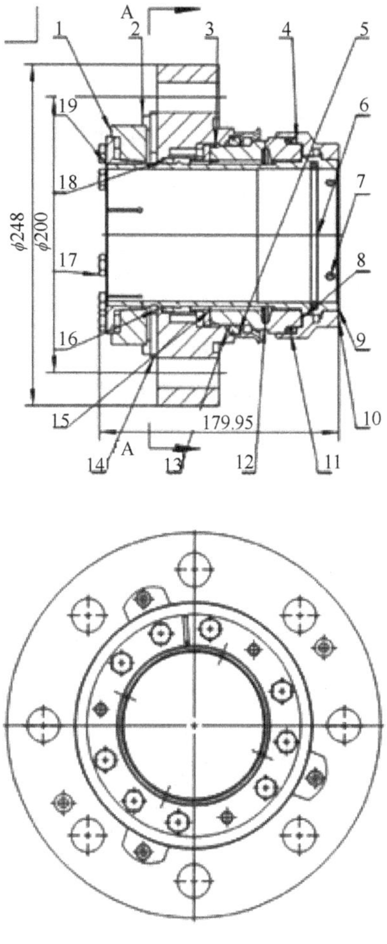

图 6　机械密封传感器安装测绘图

2.2　建立机械密封预警模型

通过实验台对机械密封多元状态监测器的数据进行连续采集，采用信号处理方式对采集到的数据进行处理分析，并基于这些数据对机械密封的性能进行预测，在机械密封泄漏前及时发出预警。

2.2.1　机械密封振动信号处理

(1) 基频幅值

利用快速傅里叶变换方法对振动信号进行频域分析，将机械密封端面振动信号的基频幅值作为衡量机械密封退化过程的监测参数。将机械密封退化过程中的各个时间点的基频幅值计算出，并绘制基频幅值随着退化而变化的曲线，形成机械密封性能退化曲线。随着机械密封端面性能退化，振动信号基频幅值逐渐增大，基频幅值在退化时间点发生突变，通过振动监测的方法可以实现机械密封的状态监测。

振动信号基频幅值在密封环轴向、径向、切向的退化曲线如图 7~图 9 所示。

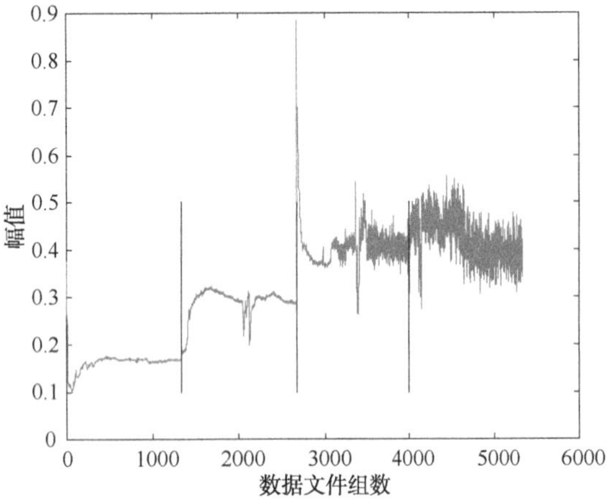

图 7　轴向基频幅值退化曲线

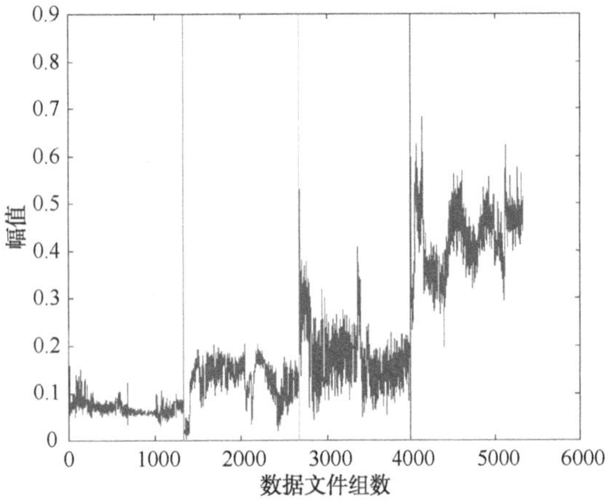

图 8　径向基频幅值退化曲线

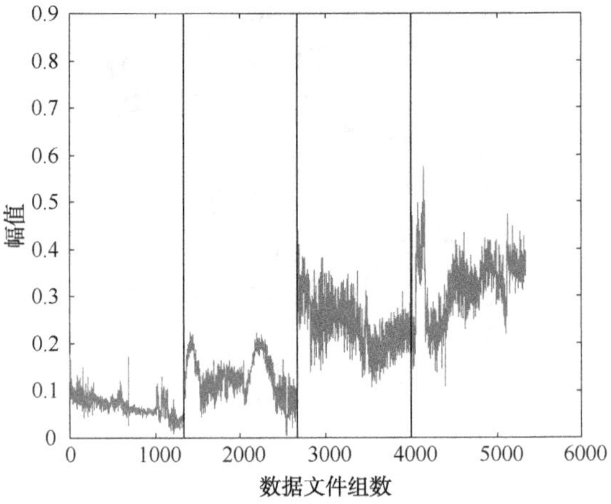

图 9　切向基频幅值退化曲线

（2）小波包能量

利用小波包能量分析方法对机械密封振动退化信号进行分析，筛选敏感频率区间。小波包分析以不同的尺度来观察信号，将信号分解到不同频带中，能看到信号的整体特征及局部特征。小波包对信号时频分解时，其尺度是二进制，每次的低频逼近信号的带宽和高频细节信号的带宽相等，都是平分所分解信号的频带。小波包采用正交分解，各频带的信号相互独立，它们无冗余，无遗漏，对频带进行多层划分，提高了时-频分辨率。采用 db1 小波对退化的振动信号进行处理，进行三层小波包分解，共八个频率段，对每段信号进行小波包分解，计算小波包能量，如图 10 所示。

随着机械密封性能退化，小波包能量随着在相应时间点发生突变且逐步增加。随着退化程度的增加，各频率段小波包能量波动较大，验证了小波包能量作为机械密封早期预警模型特征值的有效性。

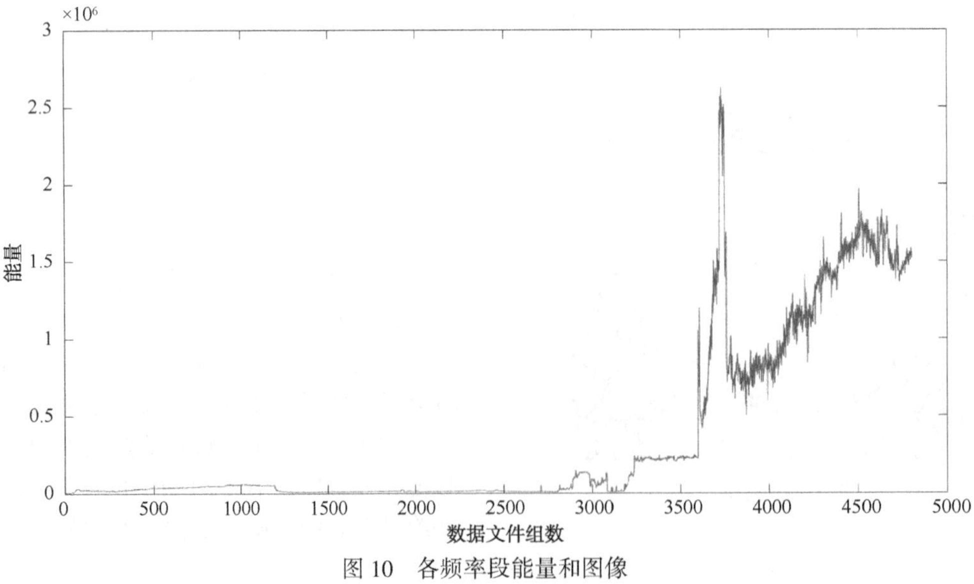

图 10　各频率段能量和图像

振动信号的基频代表自由振荡系统的最低振荡频率，其幅度是评估设备性能的重要指标，随着机械密封端面性能退化，基频幅值会逐渐升高，因此可用基频幅值作为监测机械密封性能退化的指标。小波包分解引入了最优基选择的概念，将频带经过多层次的划分之后，根据被分析信号的特征，能够自适应地选取最佳基函数，使之与分析信号相匹配，以提高信号的分析能力。小波包分解对信号的高频区域和低频区域同时分解，更完整的表达了信号的真实信息，因此被广泛应用于故障诊断领域，适合分析瞬变的、非平稳的信号或时变信号。

2.2.2　预警模型测试

端面振动特征的刻画主要基于振动信号。提取时域、频域及时频域故障敏感特征参数作为机械密封性能退化监测参数，本研究基于先验知识初选9种归一化的无量纲指标，分别为：T^2统计量、SPE统计量、分形维数、小波信息熵、互相关系数、谱距离指标、相对整流平均值、相对有效值、相对峭度值，再通过单调性分析优选健康指数。

设备性能退化一般具有单调不可逆性，因此单调性常作为健康指数与设备性能退化一致性的评价标准。在设备性能退化过程中，当某健康指数随时间单调增加或减少时，其单调性为1；当健康指数不随时间变化或随机变化时，其单调性为0。单调性计算公式如下：

$$mon(X)=\frac{\left|\sum_{i=1}^{n}\varepsilon(x_i-x_{i-1})-\sum_{i=1}^{n}\varepsilon(x_{i-1}-x_i)\right|}{n-1}$$

式中，$X=(x_1, x_2, \cdots, x_n)$是健康指数时间序列，$\varepsilon(x)=\begin{cases}0, & x<0\\1, & x\geqslant 0\end{cases}$为单位阶跃函数，$n$为健康指数总样本数。

使用以上单调性计算公式得到T^2指标的单调性最大，即随着性能退化，T^2指标单调上升趋势较为明显，因此本研究选用T^2指标进行性能退化预警。

将采集的机械密封端面振动原始波形数据作为测试数据，输入早期预警模型。测试数据共3200组数据文件，其中前1200组数据文件为正常数据，1201~2400组数据文件为动环轻微磨损后但是符合正常运行条件的数据，2401~3600组数据文件为动环磨损至临界粗糙度值时的数据，3601~4800组数据文件为磨损严重不满足正常运行条件的数据。将测试数据输入早期预警模型后，该模型输出结果如图11到图13所示。

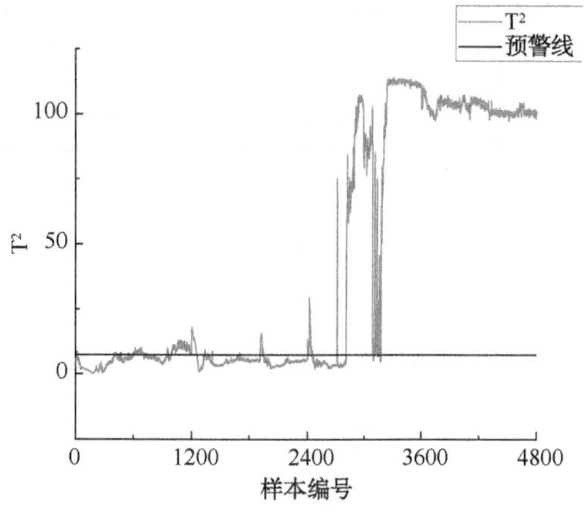

图11　X方向T^2统计量预警

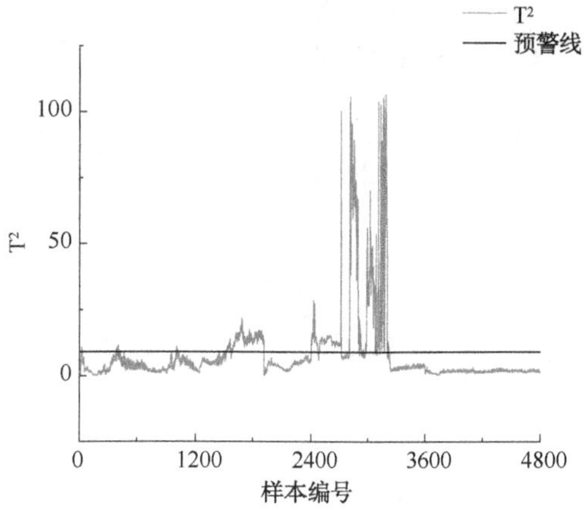

图12　Y方向T^2统计量预警

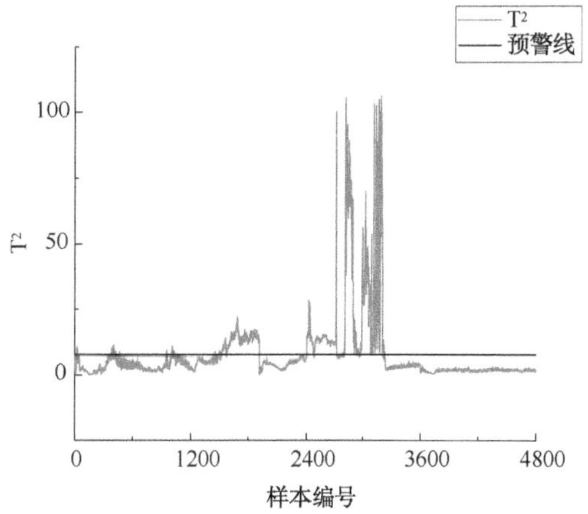

图13　Z方向T^2统计量预警

T^2统计量的预警值如表1所示：

T^2统计量的轴向早期预警报警点为第2400组数据文件，径向早期预警报警点为第2400组数据文件，切向早期预警报警点为第2400组数据文件。该早期预警结果与密封环磨损程度增加导致密封性能下降的时刻相同甚至早于早期故障时间。早期预警模型在轴向、径向、切向所采集的数据文件中，均准确地识别出了机械密封的早期故障时间。

表 1　机械密封早期预警阈值线

测点	T^2
轴向	7.3636
径向	9.0139
切向	7.7429

3　现场应用

机械密封监测传感器和预警模型在输油管道某站输油泵进行安装调试，如图 14 所示为机泵机械密封的安装位置，传感器导线需要由此引出，连接至机泵附近的防爆箱，距离小于 1.5m。在防爆箱经过转换，由导线连接至无线泵站无线网管传输至状态监测系统上位机进行数据的存储及处理。

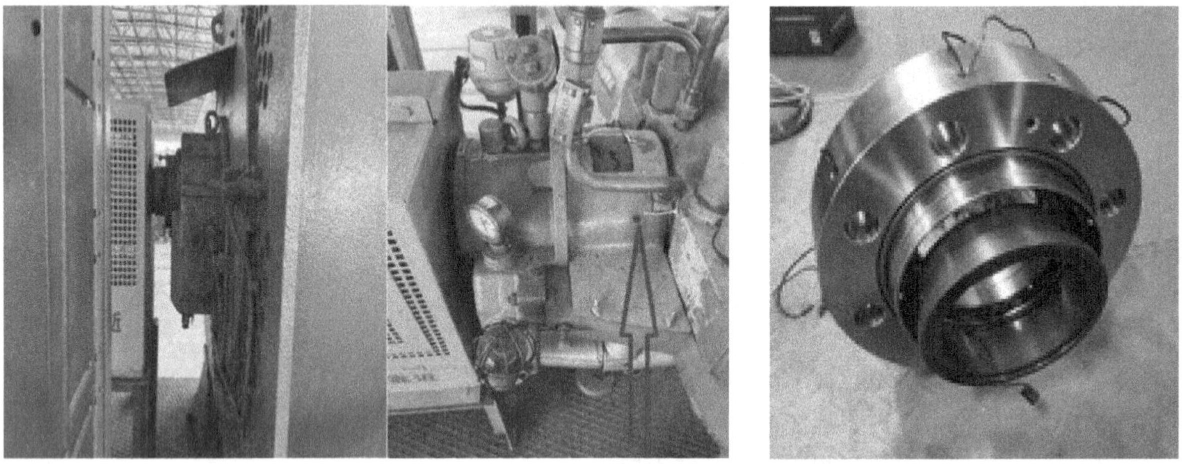

图 14　机泵机械密封位置示意图

将现场数据输入到机械密封早期预警模型得到图 15、图 16、图 17 三个方向的 T^2 趋势图，由现场监测的机械密封的 T^2 波形图可以看出，该段时间内此设备的 T^2 趋势存在波动，1-1178 组数据趋势稳定，不存在波动现象，属于正常数据；由于现场工况发生了改变，1778-1905、3302-3683、4064-4445 组数据的 T^2 趋势出现明显变化，但都在预警模型计算出的报警线之下，该设备处于正常运行状态。与现场的反馈一致，设备未发生异常，验证了早期预警模型的可靠性。

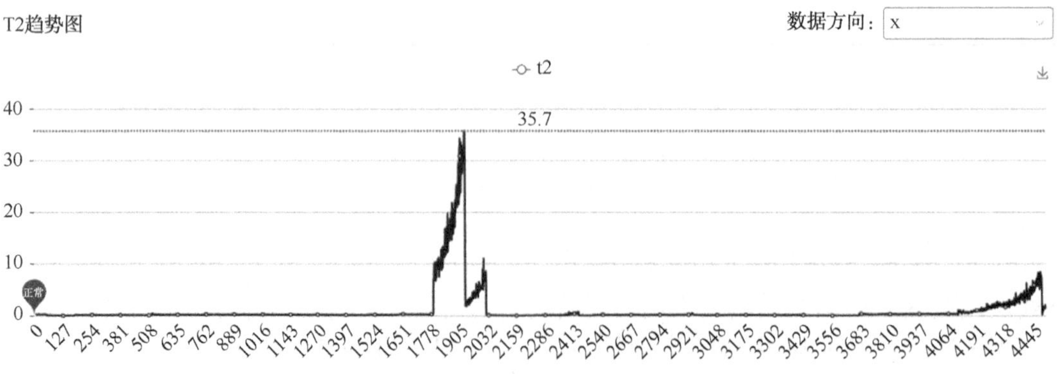

图 15　现场某台设备机械密封 x 方向 T^2 波形图

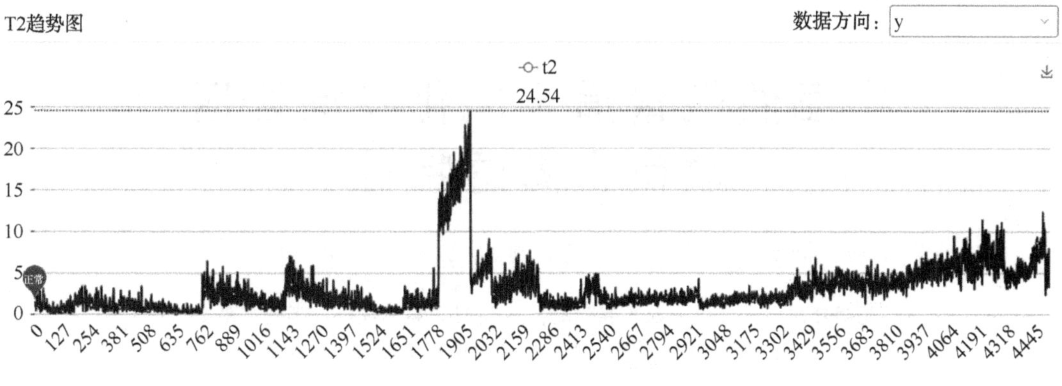

图 16 现场某台设备机械密封 y 方向 T^2 波形图

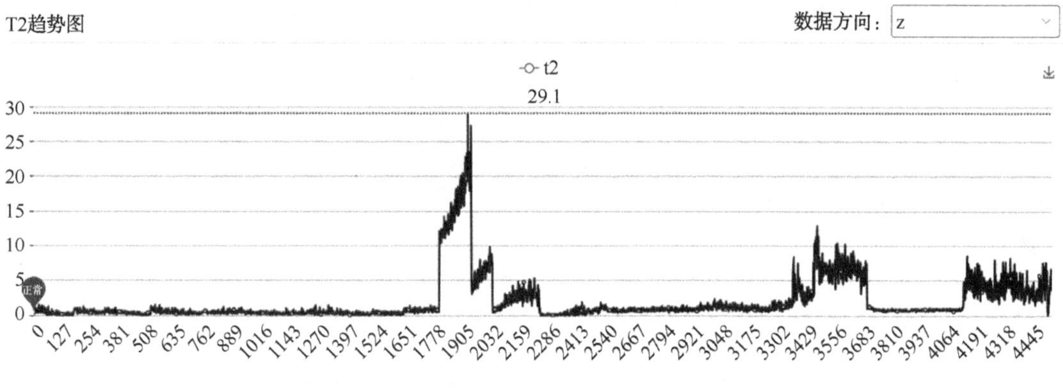

图 17 现场某台设备机械密封 z 方向 T^2 波形图

参 考 文 献

[1] 金良，孙见君，冯飞，等. 机械密封实验装置研究进展[J]. 液压气动与密封，2021，41(07)：90-96.

[2] 张尔卿，傅攀，陈侃，等. 机械密封端面接触状态的声发射监测方法[J]. 润滑与密封，2014，39(08)：8-13+34.

[3] 王永乐，谢星，李凤成，等. 双浮动端面密封关键参数对密封性能的影响[J]. 润滑与密封，2023，48(03)：83-89.

中缅油气管道全风化花岗岩区改良土渗透特性

廖永艳[1]　叶　苏[2]　孔志岗[1]　方迎潮[3]　李　华[4]

（1. 昆明理工大学国土资源工程学院；2. 昆明文环环境地质调查有限公司；
3. 国家管网集团西南管道公司；4. 昆明煤炭设计研究院有限公司）

摘　要　针对中缅油气管道龙陵全风化花岗岩回填土区域所面临的严重坡面侵蚀问题，本研究致力于深入探究土体特性，并为治理措施提供科学支撑。通过系统开展全风化花岗岩回填土渗透系数受颗粒级配影响的实验研究，本研究详细剖析了黏粒与砂粒含量在渗透系数变化中的关键作用，并进一步探讨了不均匀系数C_u和曲率系数C_C与渗透系数的内在关联。实验选取了红黏土、及砂粒作为回填土改良材料，将其以不同质量比例掺入全风化花岗岩回填土中。通过激光粒度试验和颗粒级配分析试验，精确获得了改良土的不均匀系数和曲率系数。基于激光粒度试验结果，针对性地选择了常水头渗透试验和变水头渗透试验，对不同级配指标的改良土进行了全面渗透测试，从而准确揭示了C_u、C_C与渗透系数之间的变化规律。研究结果显示，掺入红黏土的改良土其C_u和C_C随掺入比例增大而减小，表明红黏土的掺入使得改良土颗粒趋于均匀。改良土渗透系数则随着红黏土掺入量增多而增大，另外C_u和C_C也与渗透系数呈现一定的正相关性；掺入砂粒的改良土其C_u和C_C随掺入比例增大而增大，表明砂粒的掺入造成改良土颗粒均匀程度下降，其渗透系数也随掺入量的增多而增大，C_u和C_C则与渗透系数呈现正相关性。深入分析发现，黏粒的掺入能有效填充全风化花岗岩回填土颗粒间的孔隙，进而显著降低渗透系数，增强土体的抗渗性能。因此，黏土相较于砂粒更适合作为全风化花岗岩的改良材料。当黏土掺量达到12%时，渗透系数趋于稳定，表明此配比为最佳选择。本研究成果为全风化花岗岩回填土边坡工程的实践提供了宝贵的科学依据和实用指导。

关键词　全风化花岗岩回填土；颗粒级配；渗透系数；曲率系数；不均匀系数

中缅油气管道对于保障我国能源安全和促进区域经济发展具有重要意义，其龙陵段广泛分布全风化花岗岩，施工时由于管沟的开挖，地表植被遭受破坏，斜坡表层的红土层遭受破坏，下部的全风化层裸露。全风化花岗岩及回填土结构松散，物理力学性质差，易引发浅表层滑坡和坡面侵蚀灾害，由此管道安全运营存在较大安全隐患。

土的渗透性是工程地质和岩土工程评价的重要内容，而渗透系数是测量土壤渗透性的重要物理量机械指数。渗透系数的大小主要反映土体中孔隙的大小、数量及孔隙的连通性等。砂土的渗透系数受土体类型、级配、孔隙比等因素影响。有研究表明颗粒级配是砂土渗透性的主要影响因素，李学良等分析了碎石含量、孔隙比、特征粒径、曲率系数、不均匀系数与渗透系数之间的相关程度及滑坡不同位置各样本之间关联关系，建立了支持向量机的回归模型；许建聪等通过对碎石土渗透特性分析，发现碎石土的渗透系数随土中碎块砾石粒组含量的增加而呈自然指数增大，随土中小于粒径的细粒土粒组含量的增加而呈自然指数降低；张国栋等利用大型渗透仪试验研究了碎石含量、孔隙比和颗粒级配对碎石土渗透系数的影响规律；王俊杰等研究了颗粒形状、颗粒级配和试样密实度对碎石土渗透系数的影响；周中等通过正交试验研究了碎石含量、孔隙比和颗粒形状对渗透系数的影响；朱崇辉等研究了颗粒级配和颗粒形状对渗透系数的影响；徐杨等开展了渗透性现场试坑试验研究，发现渗透系数随平均粒径与非均匀度的增大而增大的规律；杨靖等根据分形几何理论并结合颗粒级配和达西定律，对渗透试验和颗粒级配数据进行分析，得到砂性土颗粒级配分维值与不均匀系数、渗透系数的关系；孔令伟等研究结果表明，砂土及碎石土的渗透系数总体上随细粒的增加而减小。诸多研究表明，砂土级配特征、孔隙比、颗粒形状等因素对砂土渗透系数有强烈影响，尤其砂土级配特征对其渗透系数影响较大。

全风化花岗岩底层具有松散和结构强度较高等特点，而由于其颗粒不均一、孔隙率较大的特点在工程方面也一直是防渗处理中的难点。因此，本文拟对中缅油气管道龙陵段全风化花岗岩回填土开展室内颗粒级配和渗透实验，针对不同掺量的全风化花岗岩改良土进行一系列室内试验，研究颗粒级配对全风化花岗岩改良土渗透性的影响，并分析改良土不均匀系数C_u、曲率系数C_C与渗透系数的关系，为龙陵地区全风化花岗岩回填土边坡的水土保持与水工保护相关研究提供一定的理论基础，为工程实践提供理论指导。

1　研究区概况

本文研究区为云南省保山市龙陵区内中缅输油气管道龙陵段，区内全风化花岗岩广泛分布。全风化花岗岩具有结构松散、物理力学性质差的特点，易受外力作用而发生变形和破坏。由于管沟的开挖，且开挖之后进行回填不能压实土体，这导致回填土体的密实度不足，抗剪强度降低，易在雨水冲刷和管道运营产生的动荷载作用下发生变形和破坏。此外，回填过程中还可能引入新的杂质和水分，进一步降低土体的物理力学性质。此外回填土在流水作用下，极易发生坡面侵蚀，导致管沟作业边坡坡面滑塌、地表水土流失以及冲蚀沟剧烈发育等地质灾害，不仅破坏了地表的稳定性，还可能对管道的安全运营造成严重影响，见图1。

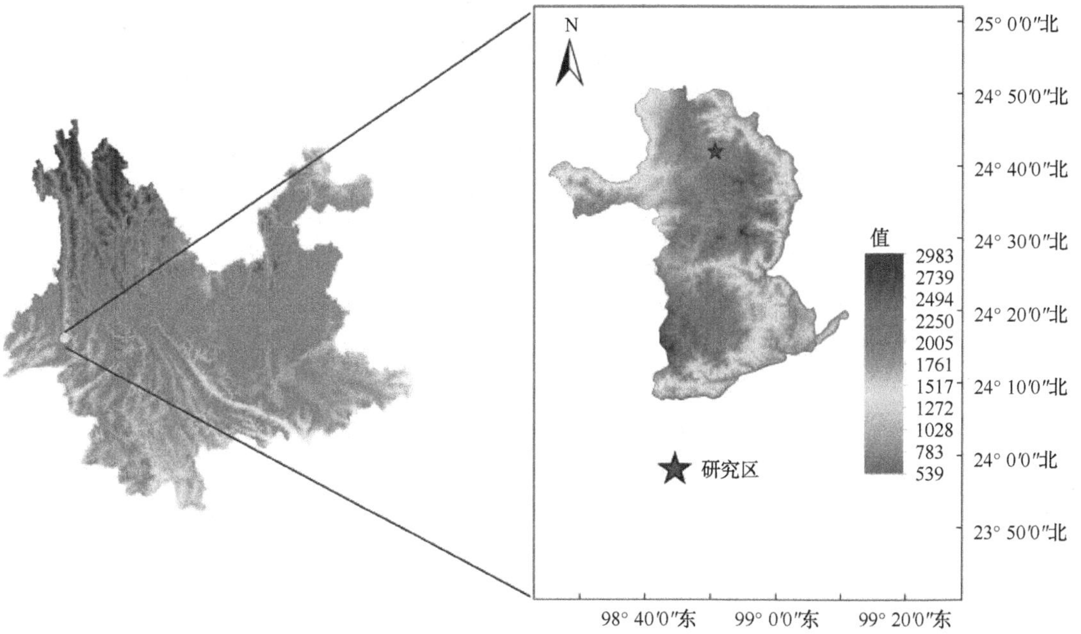

图1　研究区位置

2　实验材料及方法

2.1　实验土性质

本试验所用全风化花岗岩回填土均取自云南省保山市龙陵区内中缅输油气管道龙陵段，在现场选取具有代表性的边坡开挖，取出回填土新鲜土体运输至试验室备用。试验所用砂粒为购买的指定粒径样品，其粒径大小0.5~2cm。试验前对回填土土样进行烘干并测定其含水率，对烘干后的土样分别进行基本物理指标测试，结果见表1。采用筛分法对烘干后的试验土壤进行颗粒组成测定，其粒径级配见图2。

表1　全风化花岗岩回填土的物理性质指标

土体名称	天然密度/(g/cm³)	天然含水率/%	比重	天然孔隙比	渗透系数/(cm/s)
全风化花岗岩回填土	1.83	14.7	2.67	0.733	5.36×10^{-3}
砂粒	1.75	5.8	2.62	0.462	2.15×10^{-3}
红黏土	1.45	37.2	2.33	0.963	1.65×10^{-6}

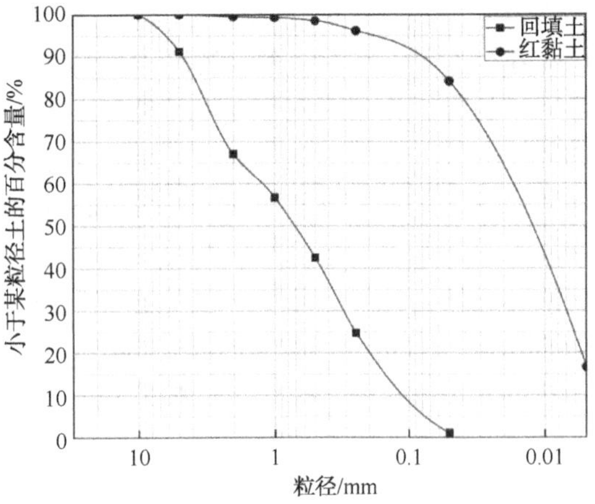

图 2　红黏土和全风化花岗岩回填土的颗粒级配曲线

2.2　试样制备

取一定量的砂土、红黏土和全风化花岗岩回填土分别置于 105±5℃ 的烘干箱内进行烘干，此后在全风化花岗岩回填土中分别掺加 0%、6%、12%、18%、24%、30%、36%、42%、48% 的砂土、红黏土，将混合后的土样充分搅拌均匀备用。每组试样共取改良土 5kg，不同掺量改良土分别标记为砂土 SL－0% ~ SL－48%、红黏土 HNT-0% ~ HNT-48%，对 18 组混合土样按 GB/T 50123—2019《土工试验方法标准》进行标准筛分试验，测得得各混合土样粒径分布，颗粒级配曲线图，见图 3。

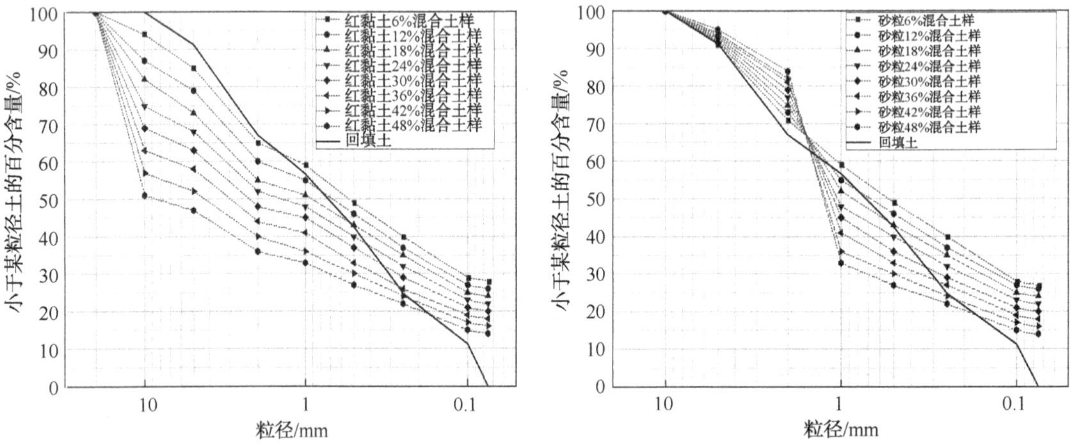

图 3　掺入红黏土、砂粒混合土样级配曲线

相比于原状土，随着红黏土掺入量的增加，曲线趋势大致相同，但曲线前端逐渐趋于陡峭，说明红黏土的掺入使粗粒相对减少，细粒相对增多，混合土体的均匀程度越好；随着砂粒掺量的增加，粒径小于 1 的含量逐渐减少，粒径大于 1 的含量逐渐增多，说明砂粒的掺入使粗粒相对增多，细粒相对减少，混合土体的均匀程度较差。

颗粒级配中的不均匀系数 C_C 和曲率系数 C_u 的计算公式如下，通过计算所得结果见表 2、表 3。

$$C_C=\frac{d_{60}}{d_{10}} \tag{1}$$

$$C_u=\frac{{d_{30}}^2}{d_{60}d_{10}} \tag{2}$$

式中，C_C 为不均匀系数，C_u 为曲率系数，d_{10} 为小于该粒径的土颗粒的质量占土颗粒总质量的 10%，d_{30} 为小于该粒径的土颗粒的质量占土颗粒总质量的 30%，d_{60} 为小于该粒径的土颗粒的质量占土颗粒总质量的 60%。

表 2　红黏土混合土样级配情况

编号	d_{10}	d_{30}	d_{60}	不均匀度系数 C_u	曲率系数 C_C
HNT-6%	0.007	0.036	0.08	11.4	2.25
HNT-12%	0.01	0.045	0.11	11.0	1.84
HNT-18%	0.024	0.05	0.25	10.4	0.438
HNT-24%	0.03	0.051	0.3	10.0	0.281

续表

编号	d_{10}	d_{30}	d_{60}	不均匀度系数C_u	曲率系数C_C
HNT-30%	0.043	0.059	0.4	9.3	0.21
HNT-36%	0.053	0.06	0.48	9.1	0.141
HNT-42%	0.059	0.064	0.53	9.0	0.132
HNT-48%	0.069	0.072	0.57	8.3	0.136

表 3　砂粒混合土样级配情况

编号	d_{10}	d_{30}	d_{60}	不均匀度系数C_u	曲率系数C_C
SL-6%	0.063	0.16	1.1	17.5	0.369
SL-12%	0.062	0.18	1.2	19.4	0.435
SL-18%	0.065	0.2	1.4	21.5	0.440
SL-24%	0.066	0.22	1.6	24.2	0.458
SL-30%	0.067	0.23	1.7	25.4	0.464
SL-36%	0.069	0.24	1.75	25.4	0.477
SL-42%	0.070	0.25	1.8	25.7	0.496
SL-48%	0.070	0.26	1.84	26.3	0.525

2.3　渗透试验

室内渗透试验主要包含常水头渗透试验和变水头渗透试验。常水头渗透试验适用于粗粒土，变水头渗透试验适用于细粒土。而在本试验的改良土中，细粒土将随着全风化花岗岩内掺入土样的不同而发生变化，故试验将根据改良土的分类进而选择渗透试验方法。将掺入红黏土和砂粒的改良土分别取样用 BT-9300S 激光粒度分布仪器进行激光粒度分析，所得结果见表 4，确定不同掺入量改良土属粗粒土或细粒土后即可进行相应渗透试验。常水头渗透试验采用符合现行国家标准《岩土工程仪器基本参数及通用技术条件》GB/T 15406 规定的 TST-70 渗透仪，其圆筒高约为 40cm，直径 10cm；变水头渗透试验采用 TST-55 型渗透仪。具体试验步骤按 GB/T 50123—2019《土工试验方法标准》中渗透实验方法进行。

渗透性试验结果见表 5，显而易见，红黏土的掺入使得改良土渗透系数呈现减小趋势，尤其掺入量为 18%相比不掺入和掺入量为 6%的样品变化巨大，掺入量超过 12%后渗透系数变化程度减小；砂粒的掺入则使得改良土渗透系数变大，表明掺入砂粒越多，改良土渗透性越强。

表 4　激光粒度分析结果

<table>
<tr><th rowspan="2">掺土质量比</th><th colspan="3">掺入红黏土</th><th colspan="3">掺入砂粒</th></tr>
<tr><th>细粒比/%</th><th>土体种类</th><th>试验方案</th><th>细粒比/%</th><th>土体种类</th><th>试验方案</th></tr>
<tr><td>6%</td><td>32.78</td><td rowspan="5">粗粒土</td><td rowspan="5">常水头试验</td><td>27.26</td><td rowspan="8">粗粒土</td><td rowspan="8">常水头试验</td></tr>
<tr><td>12%</td><td>36.56</td><td>25.52</td></tr>
<tr><td>18%</td><td>40.34</td><td>23.78</td></tr>
<tr><td>24%</td><td>44.12</td><td>22.04</td></tr>
<tr><td>30%</td><td>47.90</td><td>20.31</td></tr>
<tr><td>36%</td><td>51.68</td><td rowspan="3">细粒土</td><td rowspan="3">变水头试验</td><td>18.56</td></tr>
<tr><td>42%</td><td>55.46</td><td>16.82</td></tr>
<tr><td>48%</td><td>59.24</td><td>15.08</td></tr>
</table>

表5　不同掺入量改良土渗透系数($\times 10^{-5}$)

掺土	掺入比	0%	6%	12%	18%	24%	30%	36%	42%	48%
红黏土	渗透系数/(cm/s)	58.1	42.0	18.1	9.71	8.60	5.82	1.33	0.459	0.0687
砂粒		58.1	54.7	157	137	104	225	364	388	782

3　结果与分析

3.1　曲率系数C_C对渗透性的影响

颗粒级配指标曲率系数C_C主要是反映土体颗粒组成中粒径大小的数值是否连续。由表2可见在掺入红黏土的全风化花岗岩回填土中，随着掺入黏粒的增多，曲率系数减小，含红黏土的全风化花岗岩回填土颗粒间孔隙减小，渗透系数减小，渗透性减弱；由表三可见在掺有砂粒的全风化花岗岩回填土中，随着砂粒含量的增多，曲率系数增大，两种颗粒组成的级配曲线连续性较差，使含砂粒的全风化花岗岩回填土颗粒间的孔隙增大，致使全风化花岗岩改良土的渗透系数增大，渗透性增大。

分别为掺入砂粒、红黏土后全风化花岗岩改良土渗透系数与曲率系数C_C变化曲线见图4。由图可知掺有红黏土的全风化花岗岩改良土，渗透系数随曲率系数的增大而增大，先陡峭后平缓，$C_C=0.46$为渗透系数的界限变化点。随着曲率系数的增大，掺有砂粒的全风化花岗岩改良土渗透系数逐渐增大，趋势先平缓后陡峭。曲率系数$C_C=0.46$为渗透系数的界限变化点，C_C在(0, 0.46)区间内，曲率系数对渗透系数的影响不明显，C_C从0.46增大到0.53，渗透系数增大了约6倍。

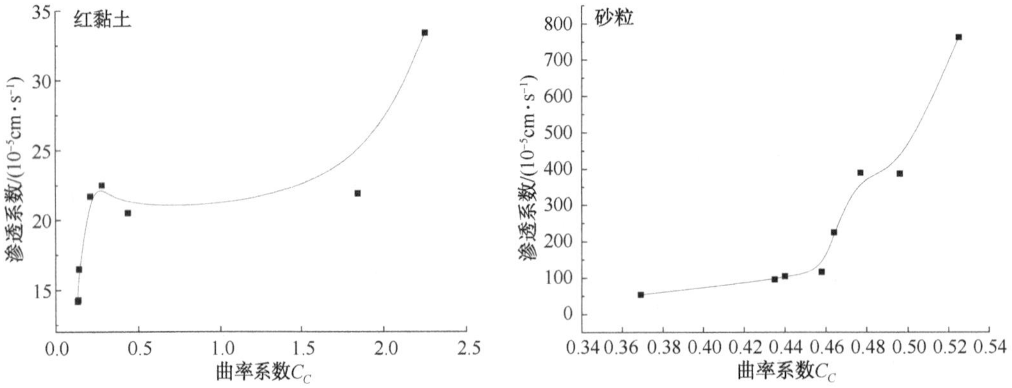

图4　渗透系数随曲率系数C_C变化曲线

3.2　不均匀系数C_u对渗透性的影响

图5为含砂粒、红黏土全风化花岗岩改良土渗透系数与不均匀系数C_u的变化曲线。见图5随着不均匀系数的增大，掺有红黏土的全风化花岗岩改良土渗透系数逐渐增大，并且先缓慢增大，后增大幅度较大。掺有砂粒的全风化花岗岩改良土，渗透系数也随不均匀系数的增大而增大。$C_u=25.4$为渗透系数界限变化点，小于25.4，对渗透系数的影响不明显。

究其原因，颗粒级配中不均匀系数C_u主要反映的是土体颗粒的离散程度。当砂粒的掺量越来越多，由于砂粒的粒径较大，导致土体中限定粒径与有效粒径的比值增大，含砂粒改良土的不均匀系数就越大。在这种情况下，全风化花岗岩回填土颗粒之间的孔隙并没有被很好的填充，致使孔隙增大，渗透性增大。相反，掺入粒径较小的红黏土后，含黏粒改良土的不均匀系数减小。全风化花岗岩回填土颗粒之间的孔隙被很好的填充，致使孔隙减小，渗透性减小。

3.3　不同掺量下全风化花岗岩改良土渗透性影响分析

通过室内渗透性试验，测得不同掺量下混合土样的渗透系数，其渗透性变化曲线见图6。

由图6(a)可见随着红黏土的掺量增加，渗透系数逐渐减小，曲线先陡峭后平缓。可以发现当掺入12%黏土后，渗透系数逐渐趋于稳定，当掺入量达到48%时，混合土基本不透水；由图6(b)可见随着砂粒含量从0%~48%增加，渗透系数逐渐增大，渗透系数曲线先趋于平缓后陡峭。在掺入量为30%时，渗透系数急剧上升。对掺量占比与改良土渗透系数进行二项式拟合，拟合结果见表6，R^2分别为0.9707、0.918、，拟合效果较好，故可知砂粒、红黏土的掺量与改良土渗透系数具有较好的线性关系。

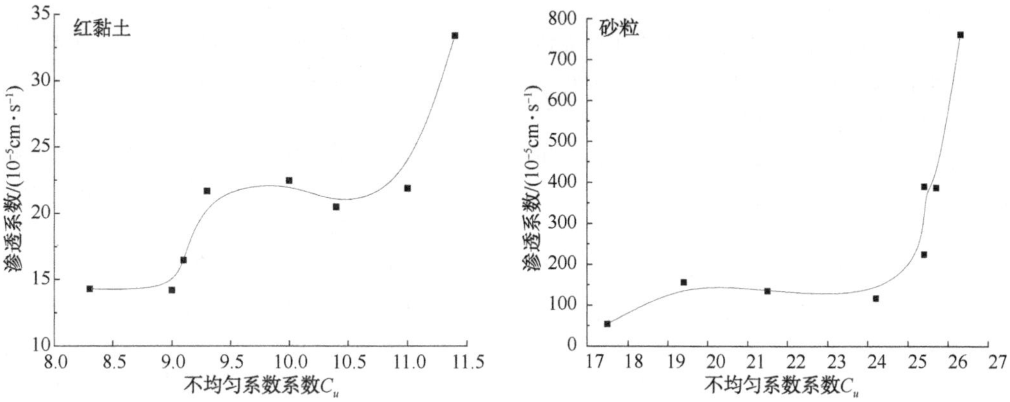

图5　渗透系数随不均匀系数C_u变化曲线

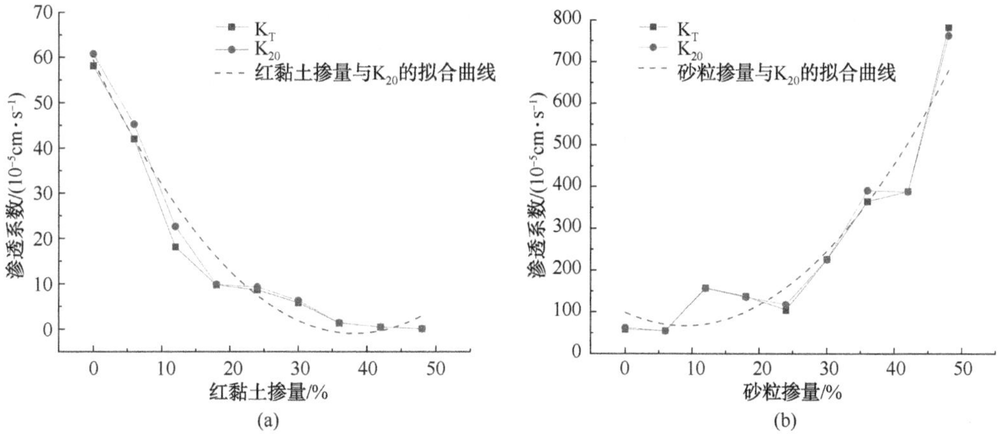

图6　渗透性变化曲线

表6　掺量与渗透系数的关系

编号	拟合关系式
滇中红黏土	$y=0.0412x^2-3.1523x+59.334$，$R^2=0.9707$
砂粒	$y=0.4005x^2-7.1203x+98.252$，$R^2=0.918$

注：x代表砂粒或黏土的掺量占比，y代表渗透系数K_{20}。

4　结论

以全风化花岗岩回填土为基础，分别按6%、12%、18%、24%、30%、36%、42%、48%的质量比添加红黏土、砂土进行改良。通过颗粒分析和渗透实验，测定各混合土体的渗透系数，并对级配曲线中曲率系数C_C和不均匀系数C_u进行分析，得出以下主要结论：

（1）对于掺入黏土或者砂粒的改良土，曲率系数C_C、不均匀系数C_u均对渗透系数有一定影响，两个因素与渗透系数都呈正相关，即C_C、C_u越大，渗透系数越大。

（2）全风化花岗岩改良土是通过改变土体的粒径组成，从而改变颗粒之间孔隙的充填，进一步改变渗透系数。通过对比加入不同比例红黏土和砂粒混合土样的渗透系数变化结果可知，含砂粒改良土的渗透系数随掺入量增多呈现增大趋势，渗透性加强；含红黏土的改良土渗透系数随掺入量增多呈现减小趋势，渗透性减弱，并且在掺量为12%时，渗透系数趋于稳定，为最佳配比，据此可判断掺入红黏土对全风化花岗岩回填土进行改良的方案更合适。但实际应用中，应根据需求在红黏土掺入量为12%～30%范围内进行选择。

参 考 文 献

[1] 朱崇辉，刘俊民，王增红. 粗粒土的颗粒级配对渗透系数的影响规律研究[J]. 人民黄河，2005，(12)：79-81.

[2] 赵贵章，孔令莹，徐远志，等. 银川平原典型介质的颗粒级配对渗透系数的影响研究[J]. 中国农村水利水电，2023，(04)：203-207.

[3] 包孟碟，朱俊高，吴二鲁，等. 基于级配方程的粗粒土渗透系数经验公式及其验证[J]. 岩土工程学报，2020，42(08)：1571-1576.

[4] 王俊杰，卢孝志，邱珍锋，等. 粗粒土渗透系数影响因素试验研究[J]. 水利水运工程学报，2013(6)：16-20.

[5] 邱珍锋，卢孝志，伍应华. 考虑颗粒形状的粗粒土渗透特性试验研究[J]. 南水北调与水利科技，2014，12(4)：102-106.

[6] 李学良，卢书强，张国栋，等. 滑坡碎石土原位渗透试验及渗透系数预测研究[J]. 人民长江，2016，47(10)：41-44，53.

[7] 许建聪，尚岳全. 碎石土渗透特性对滑坡稳定性的影响[J]. 岩石力学与工程学报，2006，(11)：2264-2271.

[8] 张国栋，廖爱明，李泯蒂，等. 碎石土渗透特性试验研究[J]. 水利水运工程学报，2016(5)：91-95.

[9] 王俊杰. 卢孝志，邱珍锋，等. 粗粒土渗透系数影响因素试验研究[J]. 水利水运工程学报. 2013(6)：16-20.

[10] 周中，傅鹤林，刘宝琛，等. 土石混合体渗透性能的正交试验研究[J]. 岩土工程学报，2006，28(9)：1134-1138.

[11] 朱崇辉，刘俊民，王增红. 粗粒土的颗粒级配对渗透系数的影响规律研究[J]. 人民黄河，2005，27(t2)：79-81.

[12] 徐扬，高谦，李欣，等. 土石混合体渗透性现场试坑试验研究[J]. 岩土力学，2009，30(3)：855-858.

[13] 杨靖，江吉林. 砂性土渗流的分形特征研究[J]. 煤田地质与勘探.

[14] 孔令伟，李新明，田湖南. 砂土渗透系数的细粒效应与其状态参数关联性[J]. 岩土力学，2011，32(增刊2)：21-26.

[15] 徐扬，王旭斌，郑洪，等. 全风化花岗岩防渗关键技术研究与应用[J]. 水利规划与设计，2019(04)：149-153.

腐蚀导电介质绝缘接头密封面防腐技术探究

李　秋　赵　龙　侯丽娜　顾　柯

（中油管道机械制造有限责任公司）

摘　要　通过对双相不锈钢S22053、堆焊材料E309Nb与E309L的性能等方面的比选，确定一种适用于卤水、海水以及酸性等导电腐蚀介质的绝缘接头密封面适用材料，并结合密封面的涂覆防腐研究，以应对海水淡化项目、卤水输送管道建设以及储气库项目等现阶段应用广泛的绝缘接头抗腐蚀能力，是以能够提高管道的阴极保护性能，使输送腐蚀导电介质的管道防腐体系能够更加高效的运行。

关键词　介质腐蚀；双相不锈钢；堆焊；E309L；防腐技术

1　研究背景

绝缘接头是油气管道建设的重要组成部分，其作用是用来切断埋地钢质管道的纵向电流，把有阴极保护的管段和无阴极保护的管段隔离开，使站内设备得以保护的关键元件。近些年来，海水淡化项目、卤水输送管道建设以及储气库项目的投入使用与日剧增，绝缘接头的使用也成为了管道建设重要的一环。而海水管道、卤水管道输送介质中均含有大量电解质，其具有严重的腐蚀性和导电性，而储气库项目介质一般为采出水，其中水与CO_2含量较高，其酸性极易对设备造成腐蚀损坏。上述复杂介质管道用绝缘接头一旦因腐蚀泄露将造成严重的后果，轻则管道停输造成经济损失，重则因介质泄露严重影响环境安全。而绝缘接头密封面的耐腐蚀性能对其整体性能乃至管道阴极保护都起到至关重要的作用。

为了扩展绝缘接头在酸性、卤水等复杂介质环境的应用范围，旨在寻找一种最优化方法得以提高绝缘接头密封面的防腐蚀性能来使管道防腐体系能够更加高效的运行。

2　技术方案对比

通过广泛调研，目前国内外绝缘接头主体材料一般为碳钢，其耐电化学腐蚀与酸性溶液性能较差，而密封面的材料即为法兰主体材料，因而需选用不锈钢材料作为绝缘接头主体材料以应对电化学腐蚀与酸性介质腐蚀。然而传统的奥氏体不锈钢在晶间腐蚀、应力腐蚀、点腐蚀和缝隙腐蚀等局部腐蚀方面的抗力不足，尤其是应力腐蚀引起的断裂，危害性极大。因此，需选用奥氏体不锈钢以外的材料作为本次研究的技术方案。

2.1　双相不锈钢S22053

双相不锈钢S22053，其材料牌号为022Cr23Ni5Mo3N，通过控制合金元素比例和热处理工艺使其固溶组织中奥氏体与铁素体各约占50%，抗拉强度达到450MPa、良好的低温冲击韧性以及良好的整体和局部的抗应力腐蚀能力。由于两项组织的特点，通过正确控制化学成分和热处理工艺，使双相不锈钢兼有铁素体不锈钢和奥氏体不锈钢的优点，其将奥氏体不锈钢所具有的优良韧性和焊接性与铁素体不锈钢所具有的较高强度和耐氯化物应力腐蚀性能结合在一起，使其性能与不锈钢与碳素钢相比较为优越。因此，双相不锈钢S22053可以选作为绝缘接头法兰主体材料，如图1、图2所示。

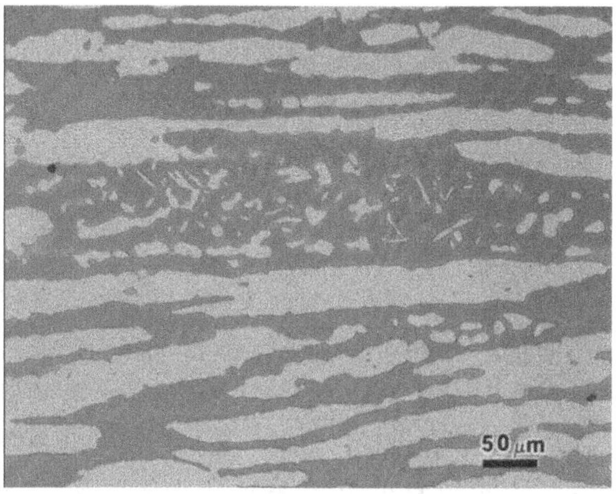

图1　22053双相不锈钢在固溶退火条件下的组织，白色为奥氏体

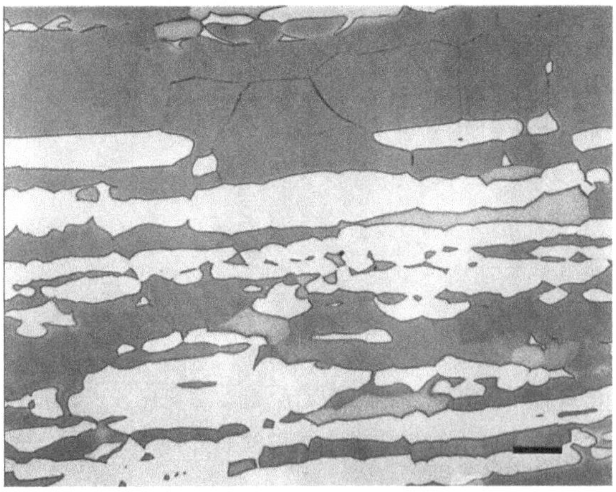

图 2　在 1200℃退火的 22053 溶液中着色的铁素体

2.2　密封面不锈钢堆焊

针对高压含导电或酸性腐蚀介质的特性对绝缘接头密封面采用耐蚀性材料进行堆焊，按《压力容器内部单层堆焊技术条件》要求，复层堆焊的焊接材料为 E309Nb，且堆焊厚度不小于 4mm。经调研，该焊条在容器设备制造中很少使用，且因该材料中添加了合金元素 Nb，价格较为昂贵，经讨论，将对比常用堆焊材料 E309L-16 与 E309Nb 的化学成分、力学性能及抗晶间腐蚀能力等几个方面来确定最终采用的堆焊材料。

a. 化学成分和力学性能比较

根据 GB/T 983—2012《不锈钢焊条》，E309L、E309Nb 熔敷金属的化学成分见表 1，力学性能见表 2。

表 1　E309L 和 E309Nb 熔敷金属化学成分/%

焊条牌号	C	Mn	Si	P	S	Ni	Cr	Mo	Cu	Nb
E309L	0.04	0.5~2.5	1.00	0.04	0.03	12.0~14.0	22.0~25.0	0.75	0.75	/
E309Nb	0.12	0.5~2.5	0.9	0.04	0.03	12.0~14.0	22.0~25.0	0.75	0.75	0.70~1.0

表 2　E309L 和 E309Nb 熔敷金属力学性能

焊条牌号	抗拉强度/MPa	伸长率/%
E309L	510	25
E309Nb	550	25

从上表看出，在化学成分方面，E309L 为超低碳不锈钢焊条，*C* 含量≤0.04%；E309Nb 的 C 含量≤0.12%，Nb 含量为 0.70%~1.0%。力学性能方面，E309Nb 的抗拉强度高于 E309L，抗拉强度的不同是因熔敷金属中合金元素含量不同造成的。因此，焊条 E309L 和 E309Nb 的区别，主要是熔敷金属化学成分中 C 和 Nb 的含量不同。C 是强奥氏体形成元素，Nb 是铁素体形成元素。焊条 E309Nb 中添加了合金元素 Nb，主要目的是为了提高抗晶间腐蚀、抗热裂纹性能，增加高温强度和细化晶粒。

b. 抗晶间腐蚀能力比较

防止焊缝金属发生晶间腐蚀的措施有：选择合适的超低碳焊接材料，保证焊缝金属为超低碳的奥氏体；选用含有 Ti 或 Nb 等稳定化元素的奥氏体焊接材料；选择合适的焊接材料使焊缝金属中含有一定数量的 δ 铁素体。如图 3 所示为 Cr18-Ni8 钢晶间腐蚀的敏感温度—时间曲线，从图中看出，当 *C* 含量为 0.1%左右时，很容易发生晶间腐蚀。虽然 E309Nb 的 *C* 含量≤0.12%，但由于添加了 Nb 元素，因此 E309Nb 可以防止晶间腐蚀。由于 E309L 的含碳量很低，即使由于熔合比的作用使堆焊层焊缝增碳，其熔敷金属碳含量也仅为 0.03%，因此产生晶间腐蚀的可能性很小。

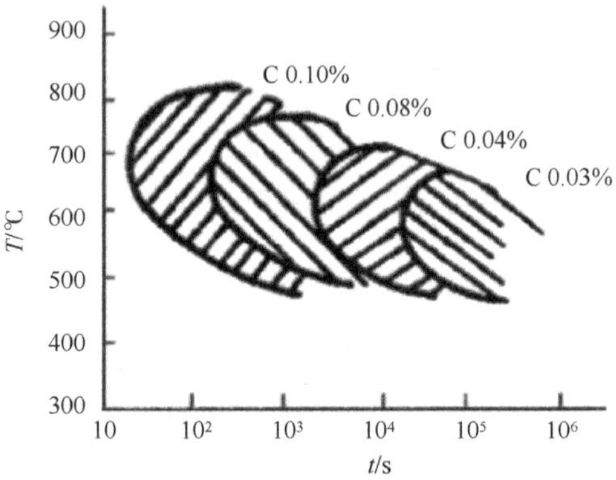

图 3　Cr18-Ni8 钢晶间腐蚀的敏感温度-时间曲线

2.3　技术方案选定

上述方案均可对绝缘接头密封面提供很好的抗腐蚀效果，法兰材料整体采用双相不锈钢耐蚀性能最好，然而价格昂贵且采购周期长是最大的缺点，且与之连接的钢管也同样要采用双相不锈钢，整体价格最高；不锈钢焊条 E309L 和

E309Nb 都有良好的抗晶间腐蚀，而 E309Nb 不仅价格较高，且采购周期较长，经济性和制造周期均不如常用焊材 E309L，经讨论，最终采用 E309L-16 作为密封面堆焊的焊接材料，见表 3。

表 3　技术方案对比表

技术方案	耐蚀性能	采购(加工)周期	价格	是否采用
E309L 堆焊	好	中	低	是
E309Nb 堆焊	好	长	中	否
S22053 双相钢	好	长	高	否

3　防腐方案实施

3.1　密封面堆焊技术研究

E309L-16 焊接方法及工艺参数焊接时采用的焊接方法为半自动药芯焊丝气体保护焊(FCAW)，焊前对堆焊表面采用砂轮及丙酮等方法去除氧化皮、油污等污物。为了达到不小于 4mm 的堆焊厚度要求需要堆焊两层。试验的焊接参数、预热温度如表 4 所示。焊接时采用小的焊接电流，大的焊接电压及快速焊接，这样一方面可以控制堆焊层的厚度，另一方面小的焊接热输入可以减少熔合比，降低堆焊层铁素体含量，如图 4 所示。

根据焊接工艺参数，制定了焊接工艺评定卡，如图 5 所示。

焊接完成后用肉眼观察，堆焊层表面无裂纹、气孔、夹渣、咬边缺陷。根据 NB/T 47013 对堆焊层表面进行 100%PT+100%UT 检测，检测结果为 I 级合格。不锈钢堆焊层高度试验焊后采用高度尺对堆焊高度进行测量，首层堆焊的高度为 2.3～2.7mm，4 层堆焊后的最终厚度为 5.5～6.0mm，考虑产品中接管内壁堆焊后需要机加并精加工密封水线的因素，堆焊层的厚度是满足要求的，如图 6 所示。

表 4　E309L-16 焊接工艺参数

层数	焊接方法	焊材	规格	电流/A	电压/V	速度/(cm/min)	线能量/(kJ/cm)	气体流量/(L/min)	预热温度/℃
1	SMAW	E309L-16	Φ4.0	130～150	22～24	≥30	7.2	/	100～120
2～4	SMAW	E309L-16	φ4.0	130～150	22～24	≥30	7.2	/	/

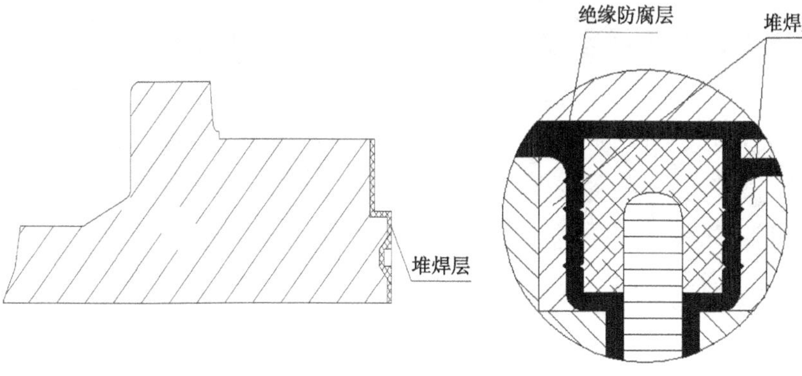

图 4　法兰堆焊结构示意图

3.2　密封面防腐层施工研究

在输送导电介质的管道上，由于管道内壁涂层破损，绝缘接头两端的管道通过导电介质电连通，这时阴极保护电流会进入非保护侧管道，并通过管道内涂层破损点流出进入导电介质，再经过导电介质流向被保护侧，从而形成电流回路，此时非保护侧管道的电流流出点会发生严重的电化学腐蚀。绝缘接头内管壁在出厂前一般表面涂刷 300μm 无溶剂液体型环氧涂料进行防腐，而针对导电介质，还需对密封面进行防腐层施工，以保证在输送导电介质时绝缘性能可靠。

无溶剂非导电环氧树脂涂料为复合型涂料体系，适用于保护管道免受磨损、严酷的环境条件及外部腐蚀，可适用于酸性介质，海水污水等导电介质绝缘接头密封面加强防腐。绝缘接头密封面因加工密封水线，防腐层无法很好地附着于密封面上，经测量，当涂覆 50μm 无溶剂非导电环氧树脂涂料时既有良好的附着力，又可达到防腐蚀效果，如表 5 所示。

电弧焊堆焊绝缘接头法兰工序卡　　　　档案号：JT-GY-DH(316)-SMAW

产品名称	绝缘接头法兰Ⅰ、法兰Ⅱ	基材材质	锻件：16Mn	焊接方法	SMAW	焊接工艺评定	PQR2013-20
				焊接部位	法兰密封面		

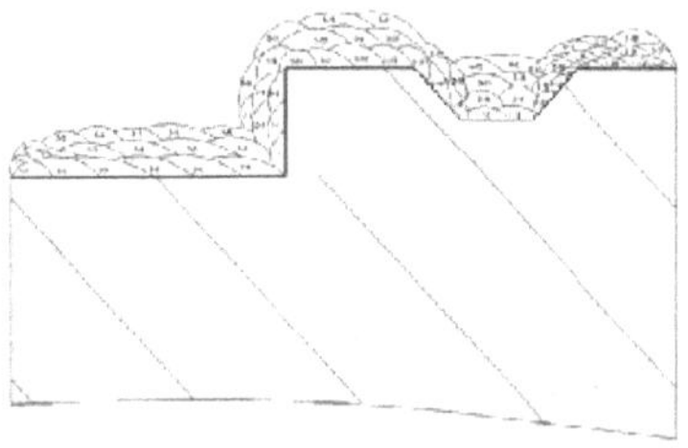

焊接规范参数	层/道	焊接方法	填充材料：牌号	填充材料：直径/ϕ	焊接电流：极性	焊接电流：电流/A	电弧电压/V	焊接速度/(cm/min)	保护气体种类及流量/(L/min)	最大线能量/(kJ/cm)
	1	SMAW	E309L-16	ϕ4.0	DCEP	130–150	22–24	≥30	/	7.2
	2–4	SMAW	E316L-16	ϕ4.0	DCEP	130–150	22–24	≥30	/	7.2

项目	内容		
焊工持证项目	SMAW (N12) -FeII-1G-Fef4J		
预热温度(℃)	第一层：100~120℃，其余各层：不预热(注：如果第一层未能一次性焊完，再焊接时应预热)		
预热方法	火焰	测温方式	测温仪(笔)
层间温度(℃)	第一层：100~120℃，其余各层/道≤80℃		
烘焙温度	E309L-16	按厂家要求	
	E316L-16		
焊后热处理	/		

技术要求

3、待堆焊面应是清洁、无氧化皮、铁锈、油类、脂类、熔渣、有害的氧化物或其他有害杂质。
4、堆焊的过渡层应覆盖整个待堆焊面；过渡层堆焊厚度不得高于2.5mm；
3、过渡层堆焊应尽量一次性连续完成，堆焊时后道焊缝应压盖前道焊缝1/2宽。每焊完一道或一层应认真清渣、飞溅物等杂物，发现缺陷及时清除；每层堆焊完后表面应平整，无凸、凹不平等现象，若有，应修磨或补焊；
4、过渡层(E309L-16)和面层堆焊完成后都应按照《承压设备无损检测》NB/T47013.5-2015的规定进行100%渗透检测，Ⅰ级合格。
5、车间根据接头法兰端面堆焊实际情况，进行施焊的层数道数的记录。

编制		校对		审核		第1页	共1页

图 5　堆焊焊接工艺评定卡

图 6　堆焊后水线加工完成的密封面

表 5　涂覆材料技术指标

序号	项目		性能指标	试验方法
1	细度/μm		≤100	GB/T 1724
2	固体含量/%		≥98	SY/T 0457
3	干燥时间/h	表干	≤2	GB/T 1728
		实干	≤6	

3.3　性能测试

对经过 E309L-16 堆焊与密封面防腐后组装完成的绝缘接头进行了电性能测试，在采用 1000V 兆欧表按 GB/T 21246 要求进行绝缘电阻测试，绝缘接头的绝缘电阻值为 500MΩ，满足大于 20MΩ 的技术要求。

绝缘电阻测试合格的绝缘接头，逐个进行电绝缘强度试验。对绝缘接头施加频率 50Hz 的正弦波交流电 3.0kV，电压从初始值不大于 1.2kV 逐步上升，30 秒内达到 3.0kV，保持 60 秒，在整个测试过程中无绝缘损坏和表面电弧，试验合格。

4 总结

通过对双相不锈钢 S22053、堆焊材料 E309L-16 和 E309Nb 进行可行性进行研究的对比，最终选定了超低碳焊接材料 E309L-16 作为绝缘接头法兰密封面的堆焊材料，制定了焊接工艺评定，焊接完成后，对密封面加工 0.8mm 的密封水线，从而使得密封可靠、耐高压、耐腐蚀；对绝缘接头法兰密封面进行防腐层施工，保证输送导电介质时绝缘性能良好。

通过上述研究，从而扩展了绝缘接头在酸性、卤水等复杂介质环境的应用范围，得以使管道防腐体系能够更加高效的运行。

参 考 文 献

[1] 胡炜，李奋昆. 不锈钢焊条 E309L 和 E309Nb 的对比[J]. 石油工程建设，2005，031(005)：38-40.
[2] 曹红霞. 2205 双相不锈钢管 TIG 和 MMA 焊接接头组织与性能研究[D]. 哈尔滨工业大学，2016.
[3] 李健，王玉山. 不同焊接工艺对双相钢(SAF2205)金相组织的影响[J]. 压力容器，2016(02)：7-11+31.

第三篇　智慧生产与调控

国家管网输油管道智能调控关键技术进展与展望

宋进舟　沈　亮　吕　杨　孙法峰　赵洪洋

（国家石油天然气管网集团油气调控中心）

摘　要　随着输油管道向“全国一张网”、“X+1+X”模式转化和人工智能领域的日益发展，输油管道智能调控也将迎来更加广阔的发展空间，输油管道调控技术也在其中探索着数字化、智能化的发展道路。本文系统地梳理了易凝高黏原油输送技术、原油管道优化运行技术、原油管道沿线摩阻预测技术、成品油管道批次计划编制方法、成品油管道批次界面跟踪技术、成品油管道混油切割与控制技术、输油管道泄漏检测技术以及输油管道工况识别技术等研究成果在油气调控中心的研发和应用情况，并总结了现阶段各项输油管道智能调控关键技术的研究成果。展望了输油管道智能调控关键技术未来向数字化、智能化的发展愿景，并提出了针对输油管道智能调控领域中未来发展的研究方向和建议。建议在现有SCADA系统的基础上提升数字化、智能化水平，以智慧管道和智能站场为基础构建输油管道数字孪生体，实现输油管道全方位智能感知；集成目前的输油管道智能调控关键技术，建立数据机理融合模型和专业数据库，开发输油管道生产运行大模型，实现运行参数的在线实时预测预警；提升输油管道工况识别和泄漏监测的智能化水平，实现工况间的平滑过渡和泄漏的快速响应。以期为输油管道智能调控关键技术的发展提供合理化建议和指导，并为输油管道高阶智能化调控技术的发展奠定基础。

关键词　输油管道；智能调控；智能化；数字化；关键技术

自中国第一条长距离、大口径原油管道大庆-铁岭原油管道（“八三”管道工程）建成以来中国输油管道已经走过了50余年的发展历程。在上世纪80年代之前，中国输油管道的主要工艺技术为“旁接油罐”的开式流程为主。随着输送工艺技术的不断提升，对部分输油管道进行了升级改造，逐步从“旁接油罐”的开式流程转变为从泵到泵的“密闭输送”工艺流程。至此，在上世纪90年代至本世纪初期，中国形成了以库鄯线原油管道和兰成渝成品油管道为代表的“密闭输送”输油管道。此后，联通中国西北、东北、华北和华东的输油管道相继建成。截至2022年底，中国输油管道总里程已达到6.3×10^{4}km，其中原油管道约为3.1×10^{4}km，成品油管道约为3.2×10^{4}km，分别占中国油气长输管道总里程的17.1%和17.7%。

为贯彻落实习近平总书记“四个革命、一个合作”能源安全新战略的重大举措，全面深化油气体制改革和管网运营机制改革，在总书记亲自谋划、亲自部署、亲自批准下，国家石油天然气管网集团有限公司（下简称国家管网）于2019年12月9日正式挂牌成立，标志着中国油气主干管网资产整合全面完成，油气体制改革取得重大成果。截至2022年底，国家管网管理运营的输油管道为4.17×10^{4}km，其中原油管道为1.68×10^{4}km，成品油管道为2.49×10^{4}km，分别占国家管网管理运营油气长输管道总里程的16.6%和24.6%。总体来看，中国原油成品油管道已经逐步形成了“西北南下、东北南下、沿海内送”的走向格局。

在上世纪80年代之前，中国输油管道基本采用常规仪表进行监测和就地控制的模式。80年代末期，东营-黄岛输油管道复线开展了SCADA系统的应用改造，成为了中国第一条应用SCADA技术的输油管道，实现了设备级监控、站场级集中监控和全线级集中监控的三级监控模式。上世纪90年代，中国通过开发和引进相关技术，已经全面掌握了SCADA系统，并对在役的原油成品油管道进行了改造。截至二十一世纪初期，已经形成了以库鄯线原油管道、兰成渝成品油管道、西南管道和轮南-库尔勒管道为代表的SCADA系统监控长输管道，实现了“中心控制”取代“站场控制”。目前，中国原油成品油管道已经基本实现了SCADA系统和自动化控制的全面应用，也加快了集中调控进程的发展。随着人工智能的发展，在“全国一张网”和“X+

1+X”的新模式下，智能调控成为了中国输油管道未来发展的新方向，本文就国家石油天然气管网集团有限公司油气调控中心(简称调控中心)在智能调控关键技术研究的相关进展作了综述，并提出了未来发展的展望。

1 输油管道智能调控关键技术

中国在役原油管道主要围绕原油进口通道而建立，总体来看基本布局已经实现了“西北南下、东北南下、沿海内送”的走向和四大进口通道加三大区域的原油管网架构。同时调控中心将“提升标准化、智能化水平”作为未来输油管道调控发展的重点方向，主要是从易凝高黏原油输送技术、原油管道运行优化技术以及原油管道沿线摩阻预测技术等三方面的关键技术入手开展高阶智能化研究的基础工作。

1.1 原油管道智能调控关键技术

1.1.1 易凝高黏原油输送技术

中国“盛产”易凝高黏原油，其占全国原油产量的80%。原油物性参数的逐渐恶化是目前的基本情况也是未来的发展趋势。同时，页岩油和凝析油也具备高含蜡高凝点的特性。因此，易凝高黏原油由于其较差的流动性和较高的凝点，给长输原油管道的运行带来了安全和经济效益等方面的问题。早期中国的原油管道主要采用加热输送的工艺技术，并实现了“泵站”和“热站”的联合建设。同时，也在加热方式上有所提升，实现了直接加热到间接加热，再到相变加热的新型加热方式。但受“双碳”背景的影响，石油消费达峰后，原油管道低输量运行或间歇输送运行将会是未来的常态化生产模式。因此，化学降凝剂改性、高压电场改性以及磁场改性输送的研究逐步成为研究热点，同时中国在易凝高黏原油输送技术方面的研究也达到了国际领先水平。相关的原油管道流动保障评价方法和安全运行管理体系也成功应用于实际管道中。

1.1.2 原油管道运行优化技术

在原油管道优化运行的研究中，核心问题是原油管道运行中的“节能问题”。目前已经形成了统一的原油管道能耗标准，即把原油管道运行中产生的耗油量、耗气量和耗电量统一折合成标准煤消耗量，并将标准煤消耗量作为管道运行优化的目标。作为全球调度运行管线最多、输送介质最全、运行环境最复杂的长输油气管道控制中枢，调控中心对原油管道冬季、夏季优化运行方案作出了基础研究。发现在管道运行中，不同油源的油品输送由于其物性参数不同会带来一定的安全风险，需要着重关注高黏度油品的进线情况、不同油品的掺混比例、过泵剪切后的凝点变化以及沿线温度变化等四个方面。以西部原油管道为例，为不同纬度地区的原油管道进一步实现常温输送提供借鉴。在前期研究的基础上，结合SCADA系统采集数据调控中心探究了泵机组的综合效率，并根据不同排量下泵机组综合效率和压能建立了漠大原油管道全线能耗量的定量表征方法，提出了原油管道清管的合理化建议，为进一步实现原油管道的智能决策提供了方法基础。

在前期原油管道优化运行研究的基础上，调控中心结合数据挖掘和神经网络开展了一系列输油管道智能化、数字化关键技术的研究。于涛等人根据SCADA系统的生产数据，在管道的热力系统上，建立了BP-ARMA融合优化的稳态油温和seq2seq非稳态油温预测模型，实现了对原油管道上下游启停炉、冷热油交替运行的沿线油温变化的预测，初步达到了工程应用水平；在管道的水力系统上，建立了基于BP神经网络的管道标准摩阻预测模型和摩阻数据库，可有效监控原油管道摩阻的周期性变化。构建出了原油管道闭环安全生产体系，为管道智能化调控奠定了基础(图1)。

1.1.3 原油管道沿线摩阻预测技术

目前，调控中心原油成品油调控部管理运行15条一级输油管道，调度台人均监控2000公里以上的管道和上千个运行参数状态。由于输送油品种类多，管道起伏落差大，油品自身物性变化等因素影响，原油管道即使在正常的准稳态运行中也会存在不同程度的水力系统参数变化，这些变化与异常工况交错叠加给调度员运行分析带来难题。如原油管道存在管壁结蜡沿线摩阻增大需及时清管等问题。因此，面对原油管道复杂的水力系统变化，开展原油管道沿线摩阻预测技术的相关研究是十分必要的。调控中心在前期《长庆热油管道历史数据分析与运行特征规律研究》和《长庆热油管道工艺调整与异常工况智能识别研究》两个项目研究的基础上开展了原油管道沿线摩阻技术的研究，建立了历史运行数据库，研发了原油稳态摩阻异常检测模型和原油标准摩阻预测模型。摸清了不同工况下原油管道的沿线摩阻分布规律，实现了对原油管道清管前后摩阻变化趋势的预测(图2)。

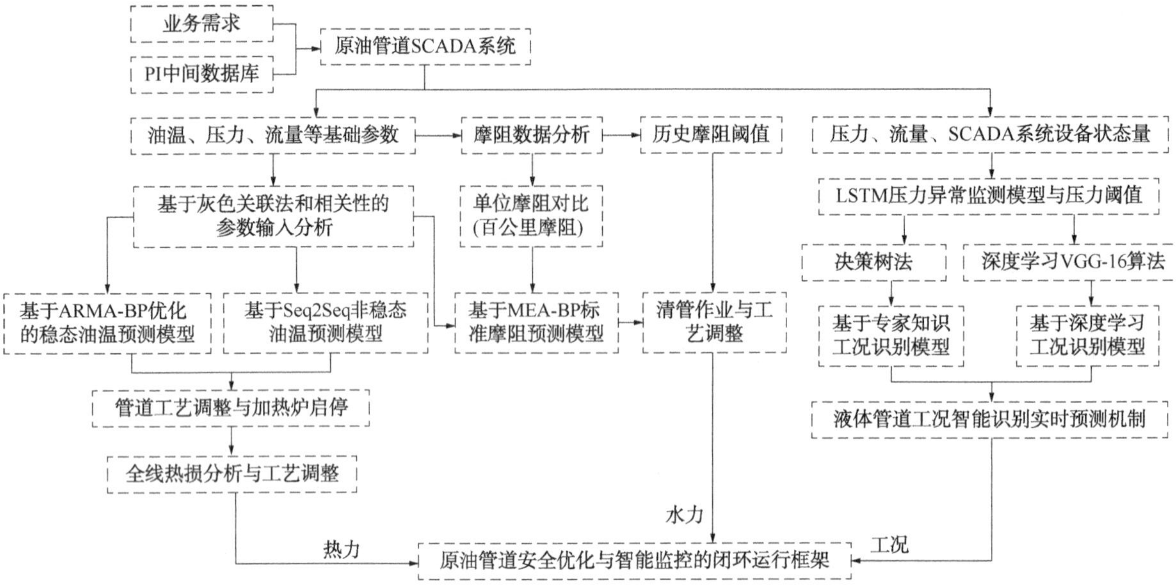

图1　原油管道闭环安全生产体系

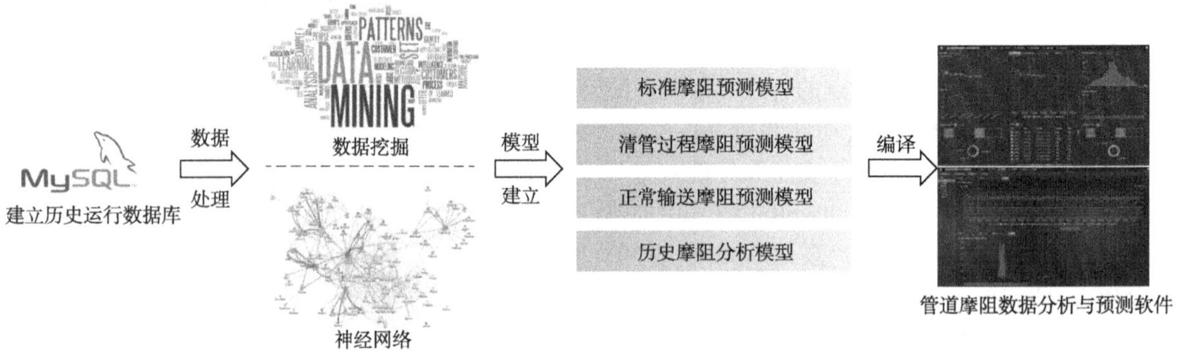

图2　原油管道沿线摩阻预测技术技术路线

含蜡原油管道在实际运行过程中，管道蜡沉积现象对摩阻的影响主要表现在以下两点。一方面是管道蜡沉积会导致管道有效流通面积减小，沿线摩阻将会增大；另一方面是蜡沉积层起到一定的保温效应，如果管道在环境温度不变的情况下运行，沿程油温升高，黏度减小，摩阻将会减小。两方面影响相比较而言，蜡沉积层引起的摩阻增加是主要的影响因素。因此，对蜡沉积层厚度的预测可以转化为对摩阻的预测，在此基础上建立了基于长短时记忆神经网络(Long Short-term Memory Networks，LSTM)的原油管道正常输送摩阻多步预测模型，并对兰成原油管道5个站间进行了摩阻预测，且模型预测值与真实值之间的误差在0.2MPa以内。针对原油管道清管前后摩阻变化的现象，建立了清管过程摩阻预测模型，模型的建立思想和正常输送摩阻多步预测模型一致，只是学习样本不同。以兰成原油管道兰州-临洮管段为例，该管段在2022年4月22日10：45：00开始发球清管，除清管开始阶段个别时刻绝对误差较大外，整个清管过程模型预测值与真实值平均误差小于0.2MPa。

原油管道的沿线摩阻对输油管道工艺优化运行有着至关重要的作用。百公里摩阻是由调控中心所提出的，又称标准摩阻，其主要受到管道输量、油品物性和油温等因素的影响。该技术目前已经成功应用于调控中心所调控的原油管道中，具备良好的工程应用效果。原油管道标准摩阻预测模型可以实现不同输量台阶下沿线摩阻的归一化处理，可分析对比不同站间的摩阻变化规律。以兰成原油管道兰州-临洮管段为例，标准摩阻平均预测值为3.123，真实平均摩阻为3.164，误差为1.30%。现阶段，调控中心的沿线摩阻预测技术已经作为重要参数纳入SCADA系统画面，实现趋势查询、跟踪、预警功能，设定报警阈值等功能。通过摩阻的长期变化趋势，动态调整清管周期，有效降低清管杂质卡堵风险，在保障安全的同时，达到了节能降耗，减少碳排放的目的。目前，该项技术已在油气调控中心，华东分控中心、华中分控中心、东北分控中心推广使用，主要在长庆原油管网、魏荆管道、钟荆原油等13条易凝高粘原油管道上在线应用。

1.2 成品油管道智能调控关键技术

中国在役成品油管道建设布局主要受到原油产地、成品油消费集中地区及地方炼厂企业发展影响。总体来看基本布局已经实现了"西北南下、东北南下、沿海内送"的走向和"三纵三横"的成品油管网架构。随着人工智能技术的发展，成品油管网对智能化调控的需求与日俱增。调控中心也将成品油管网的高阶智能化调控确立为未来的发展方向，主要从批次计划编制、批次界面跟踪、混油切割与控制以及优化运行等四个方面的关键技术入手开展智能、智慧调控技术的研究。

1.2.1 批次计划编制

中国的成品油管道随着规模逐渐增大，呈现出多源多汇、多支线、多注入和多分输的顺序输送(图3)，直接提升了批次计划编制的难度，使得批次计划编制工作朝复杂化、精细化和多元化的维度发展。目前，成品油管道批次计划编制方法主要有三种，分别是基于库存型、供给型和需求型的批次计划编制方法。中国的成品油管道批次计划编制方法一直以来沿用的都是基于供给型的批次计划编制方法，随着国家管网的成立，基于"供给型"的批次计划编制方法逐渐向"需求型"转变。

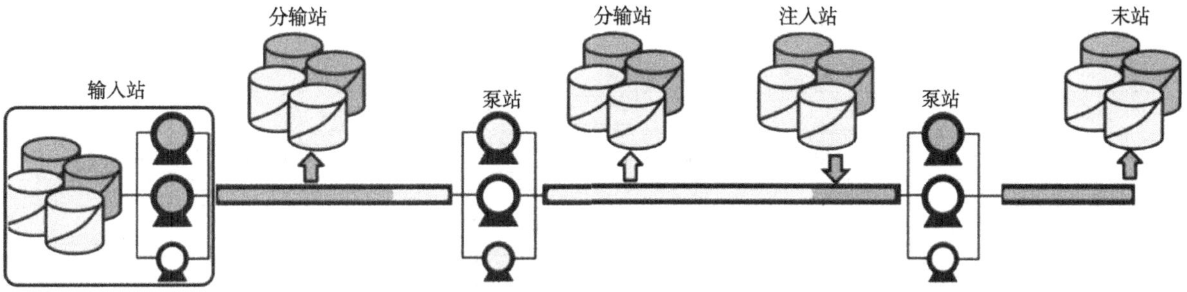

图3　成品油管道顺序输送模式

成品油批次计划包含首站、分输站、注入站以及末站的批次计划总量、计划流量、实际流量、开始时间、结束时间和批次顺序等计划指标，且批次计划需能保障管道安全、平稳、高效运行。国外的批次计划编制方法中考虑的相关约束较为全面，大部分以泵的运行费用、注入分输计划优化和管输摩擦阻力等方面为目标函数。国内的批次计划编制方法中，多数按照批次内体积偏差最小为目标函数，并考虑注入分输量、泵站的水力热力条件等约束。目前，调控中心已经形成了基于批次运移图及数据表信息关联的成品油管道批次计划编制方法，通过人机交互实现管道批次计划模拟或已有计划的调整。以站场下载满意度最大为目标，建立了成品油管道批次计划优化的通用数学模型。以站场下载满意度最大为目标，建立了成品油管道批次计划优化的通用数学模型与软件。在港枣线、长郴管道和鲁皖一期管道对界面跟踪技术的准确度进行了验证。

1.2.2 批次界面跟踪

在国家管网成立之前，成品油管道的批次界面跟踪技术主要是采用离线跟踪软件为主。由于管道资产大多属于中石油和中石化两家公司，使用的批次界面跟踪技术和SCADA系统均不一致，这就给批次界面跟踪预测的准确度和精度带来了较大的差异，提升了成品油批次界面和混油体积量的预测难度。成品油管道批次跟踪的关键技术主要包含标准化批次代码、批次界面监测技术、在线批次界面跟踪软件的研发以及软件使用的普适性。按照关键技术层面解决成品油管道油品批次界面跟踪的关键问题，可以大幅度提升成品油管道的调控管理水平。

在"全国一张网""X+1+X"模式下，国家管网作为能源基础设施运行商，允许上下游客户异地购油，并实现跨管网收油。这就需要建立标准化的批次代码，用统一批次信息与行业术语来规范成品油管网的调控体系。因此，调控中心建立了包含油品牌号、批次序号、年份、油品来源和进入管道站场名称等信息的标准化批次代码，进而准确的表征成品油管道顺序输送中多油源、多注入、多分输和变工况的批次运移情况。同时，批次到站的监测设备也至关重要，成品油管道目前均采用在线密度计、油品界面检测仪（Oil Interface Detector，OID）和超声波流量计声速监测等三种手段，并与 SCADA 系统相连接，实现了油品批次在线显示和采集。单一的确定成品油批次信息是不足以应对复杂多变的输送工况的，需开发可在线实时监测、预测的批次界面跟踪技术。调控中心在 SCADA 系统国产化方面作出了大量工作，牵头开发了国产 PCS 系统，为成品油批次跟踪技术融入 SCADA 系统创造了有利条件。在批次跟踪技术方面，主流技术是以流体输送理论为基础，以成品油上下游需求为目标建立约束条件，结合大数据人工智能计算方法，建立预测模型。目前，调控中心进行相关数据信息收集和数据清洗工作，形成油品质量分析数据库。根据典型成品油管道工艺流程建立油品批次跟踪模型，结合油品质量分析数据库进行出线油品质量溯源分析与批次跟踪。调控中心已经建立了成品油管道 LMS 在线批次跟踪系统和批次界面跟踪离线软件，已完成兰成渝成品油管道 LMS 批次跟踪系统搭建和测试，可实现批次运移跟踪，误差控制在较小范围内，可有效降低批次运移导致的水力变化造成的异常工况的误判和延判；离线批次界面软件也已经实现了兰郑长、乌兰双线、北疆管网的全面覆盖。出于对成品油批次界面跟踪精确度需求的不断提升，调控中心未来将会在 SCADA 系统国产化开发的机遇中搭建融合 SCADA 系统的在线批次界面监测系统（图 4），以此取代目前使用的离线批次跟踪软件。已实现全方位感知、全过程预测和智能化调控的成品油批次跟踪技术。

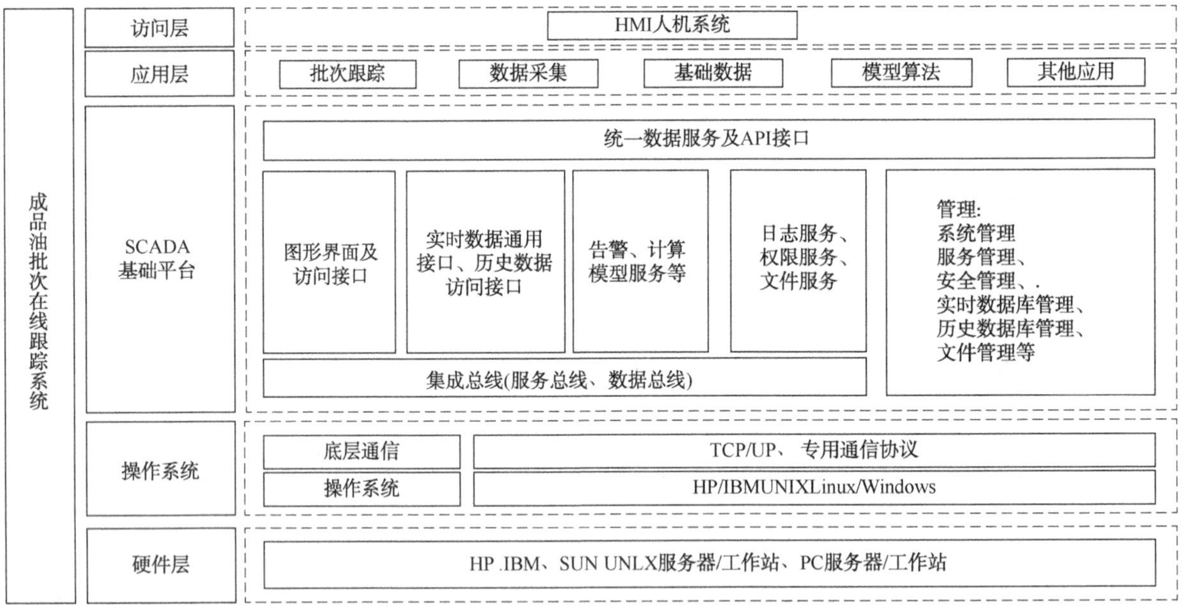

图 4　融合 SCADA 系统的成品油批次跟踪系统思维导图

1.2.3　混油切割与控制

成品油管道按照批次计划进行顺序输送，不可避免的会产生混油问题。混油形成的主要机理是在顺序输送过程中，由于高程差、密度差、紊流扩散以及不均匀的径向速度分布所产生的批次间油品掺混现象，这种现象严重影响了成品油管道的油品质量。目前，常用的混油监测方法与批次界面跟踪方法类似，主要包含密度计、光学见面检测仪、超声波流量计以其他监测方法，使用最普遍的仍是密度计、光学见面检测仪和超声波流量计等三种方法，各种方法存在的优缺点如表 1所示。

表 1　混油界面监测方法优缺点对比

混油界面监测方法		存在的优点	存在的缺点
密度计		密度计法是最常用、最直接的混油监测方法，具备温度控制精确、粘度自动校准的优点	存在检测精度和智能化水平低的缺点
光学界面监测仪		光学界面监测仪可适用于较为相似油品间的界面检测	设备造价高，维护成本高
超声波流量计		超声波流量计检测灵敏度高，检测过程稳定，识别精度高	安装难度大，运维成本高，测量过程易受干扰
其他监测方法	放射性检测法	放射性检测法造价低，检测精度高	检测过程中存在放射性物质对人体存在危害
	荧光剂检测法	荧光剂检测法可通过浓度变化对混油界面进行连续追踪	荧光剂对油品存在污染，且运行成本较高
	电容法	电容法操作方法简单，成本较低	测量过程易受环境温度影响，检测精度较低，工程应用受限

受制于混油检测方法的局限性，并为加强混油监测的准确性，通过搭建混油实验环道开展混油机理的研究，建立了考虑多种沿线地形和工况的混油计算模型，以便于提高混油监测的准确性。目前常见的理论模型有 Taylor 公式和 Austin-Palfrey 混油计算公式，但计算结果通常都与实际值存在较大偏差。因此，在 Austin-Palfrey 混油计算公式的基础上，引入局部建模算法并利用机理与数据相融合的方法建立了成品油混油长度预测模型，使得混油长度预测误差降低了至少 30%。

截至 2023 年底，调控中心已经完成混油种类混油模型库、混油模型样品以及确定混油界面切割指导的最佳混油比例变化范围等研究工作，尽量在最小样品量下建立准确测量混油比例以及混油物性。同时，采用分子光谱及其定量理论（Lanmbert-Beer 定律），提出有关汽油和柴油定标解决办法以及解决多组分光谱特征峰重叠影响的理论，开发了成品油管道输送成品油及混油指标的快速定标和预测软件。针对混油所造成的油品质量衰减规律方面，调控中心开展了成品油管输过程混油（拖尾油）形成机理和发展规律研究，结合智能算法和现场试验数据形成了典型成品油管道受拖尾油影响的油头指标衰减规律计算模型，为不同质量潜力同种油品进线排序提供技术支持。在混油形成机理和发展规律研究基础上，结合现场运行数据分析混油作为隔离液在成品油管道上的适用性，以及中间站下载混油对混油总量的影响。相关研究成果也已经应用在长郴、西部成、兰成渝、港枣线、鲁皖一期等 5 条成品油管道。这些研究成果可进一步推广于国家管网所辖成品油管道，能够为油品质量监测与跟踪、管输油品质量管控及进线指标要求提供有力的技术支持，并为管道多品种、多批次、小批量增输提供技术保障，可有效提高成品油管道运行效益，满足市场日益增长的油品多样化需求。

1.3　输油管道泄漏检测关键技术

2023 年全年，国家管网所辖输油管道发生管道泄漏相关事件共计 12 起，其中一级管道 3 起，二级管道 9 起；发生打孔盗油相关事件共计 29 起，其中一级管道 1 起，二级管道 28 起。管道泄漏和打孔盗油事件主要发生主控中心、华北分控、华中分控中心和华东分控中心，涉及管道长呼原油、兰郑长、鲁宁线、洪荆线、魏荆线、港枣线、西南管道、九赣管道等输油管道，隶属于河北、山东、湖北和云南等省份，管道泄漏和打孔盗油事件分别占 2023 年全年异常事件的 6% 和 16.3%。完善的输油管道泄漏监测技术和高效的在线测漏技术是应对该类异常事件的有效办法。输油管道泄漏监测技术是管道完整性的关键环节，主要针对管道异常泄漏和打孔盗油现象的监测与防治。目前关于输油管道泄漏监测技术的研究热点主要集中在泄漏检测系统的开发、算法优化模型的建立以及软硬件技术相结合等三个方面。

在泄漏监测系统方面主要按照不同作用机理划分成了四个方面，分别是泄漏监测系统、光纤预警系统、内检测技术和外检测技术。管道泄漏监测系统主要为负压波法、音波法、流量平衡法以及三种以上的复合方法。其中的技术原理是采集管道沿线各站场和阀室的压力、流量等管道运行参数，通过监测管道泄漏所产生的音波、负压波和流量输差进行管道泄漏事件的识别和定位；管道光纤预警系统是近几年发展起来的一种技术，其技术原理是利用与管道同沟敷设的通信光缆中的光纤作为分布式振动传感器，监测管道伴行光缆沿线的振动信号，实现对第三方施工或人为破坏等管道安全的威胁事件的识别和定位；管道内检测技术主要有漏磁检测、超声测厚检测、超声裂纹检测、几何检测和中心线检测等；管道内检测技术识别泄漏的原理是通过内检测器检测安装盗油阀门时在管壁上形成的孔洞或者外接支管情况来识别的；常用的管道外检测技术有皮尔逊测试法、多频管中电流法、直流电位梯度法、标准管地电位测试技术、密间隔电位测试法等。管道外检测技术的原理是采用管道防腐层检漏设备检测出管道上的外接金属物的位置及方向，结合开挖验证，找出泄漏点。由于数字化转型工作的进一步开展，输油管道泄漏监测技术正向多元化复合技术的方向发展，通过遥感卫星实现对输油管道的全面感知，使用无人机巡线技术实现对输油管道的无人化感知，利用分布式光纤和智能测试桩实现对输油管道的精确感知，最终通过复合型技术手段实现“天空地”一体化输油管道全生命周期监测感知系统(图5)。

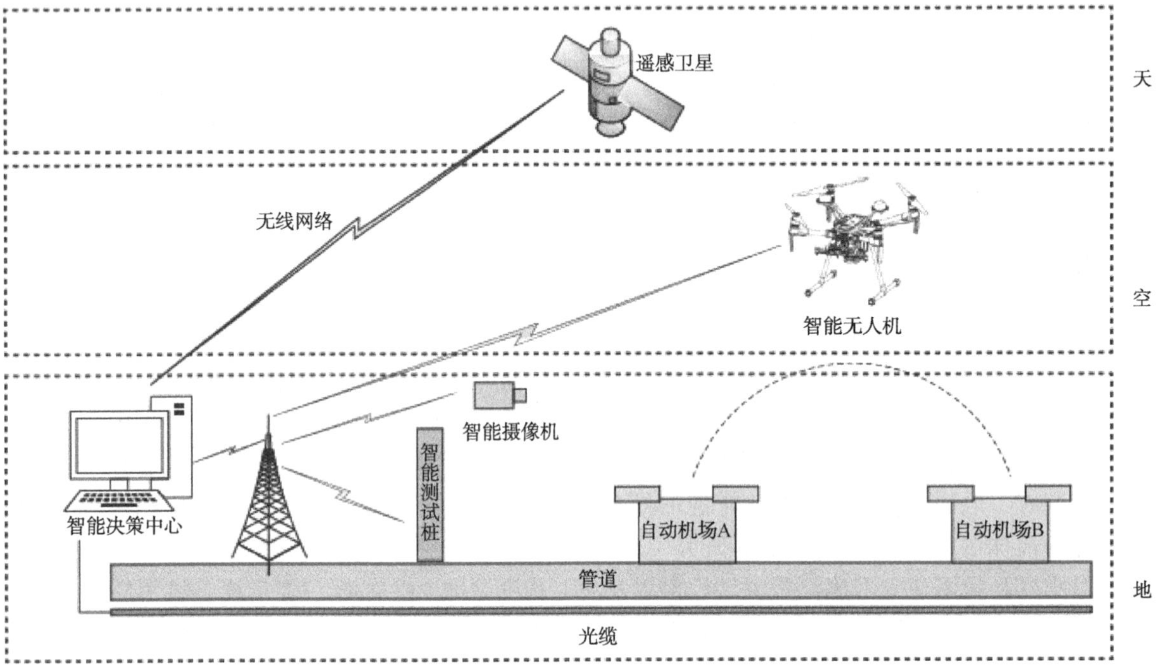

图5 “天空地”一体化输油管道全生命周期监测感知系统

调控中心针对输油管道泄漏监测技术面临的瓶颈问题，以管道内部流体力学模型和SCADA系统采集数据为基础，通过高频数据采集及传输、实时数据模拟、负压波技术改进、工况判断与特征提取、泄漏监测系统开发、数据交互等技术，最终形成了融合SCADA系统数据的输油管道综合泄漏监测软件。融合SCADA系统数据的输油管道综合泄漏监测软件在港枣线和兰成线进行了工程应用，结果表明可检测出泄漏量大于瞬时输量1%的突发性泄漏，定位精度可达到单位管段的1%，响应时间是泄漏发生后2min内完成泄漏监测报警和定位。

1.4 输油管道工况识别关键技术

输油管道在长期运行状态下，由于受到市场供需关系以及输送条件的影响会形成诸多不同的输送工况。从而引起管道运行状态的改变，如输送温度、压力、输量和油品质量等变化。目前，启停泵、切泵、调节阀变动、下载混油、切罐、启停输、增减量、甩泵、调节阀突变、泄压阀误动作、泄漏、堵塞、高点拉空等工况的识别工作主要依赖于调度员的运行经验和操作水平，并且不能实现工况间的平滑控制，缺少工况自动识别技术和自动分输技术，难以实现高阶智能化调控。因此，建立精准、快捷的输油管道工况识别方法是实现管道全方位感知需要攻克的重要难题。

调控中心基于输油管道的SCADA系统，按照一定的采样间隔收集工况数据，收集的参数类型主要包括各站的进出口压力、流量、油品密度，泵和阀门的进出口压力等参数，并对基础数据进行预处理进而建立输油管道基础数据库。采集的历史工况主要包括启停泵、切泵、甩泵、增减量、调节阀变动、调节阀突变、泄压阀误动作、下载量、切罐、启停输等工况，并对工况数据进行预处理进而建立输油管道运行工况数据库。并且建立了输油管道运行工况变化点识别方法，并形成了对应标注关系。进而开发基础数据和工况变化之间的信号自动标注技术。结合输油管道自动标注技术和工况数据库，建立了输油管道运行工况识别机理模型。小样本工况(泄露、甩泵、调节阀突变、泄压阀误动作、堵塞和高点拉空)和大样本工况(启停泵、切泵、调节阀变动、下载燃料油、切罐、启停输和增减量)采用决策树、卷积神经网络(CNN)与长短期记忆(LSTM)等算法进行融合判断。对于极特殊的工况可利用工况识别机理模型进行计算校验，提升其判断准确性。在此基础上，建立输油管道运行工况识别数据模型。最终，综合考虑“机理模型”和“数据模型”建立输油管道运行工况识别模型。目前，已在兰成渝成品油管道设计了一套自主开发的工况标注工具，实现了工况标注、结果自动储存和异常数据波动提醒标识等功能，实现了历史数据的回溯和重放，为进一步开展自动分输技术打下坚实的基础。

2 结束语

未来油气调控中心将继续以输油管道智能调控关键技术为出发点，构建输油管道数字化孪生体，建成结合AI智能的大模型智慧管网调控技术。本文对原油成品油管道的关键技术、输油管道泄漏监测技术、输油管道工况识别关键技术进行了综述并对未来发展的方向给出了如下的几点建议。

(1) 随着数字化和智能化的发展，高阶智能化调控离不开灵敏的仪表设备、完备的标准操作库以及快捷的通信系统。应进一步提升上述三大核心软硬件的智能化表现能力，保障输油管道向高阶智能化调控稳步发展。

(2) 提升国产化SCADA系统推广应用程度和数字化、智能化水平，将现有已经研发的输油管道关键技术成果嵌入到SCADA系统中，建成可智能决策、在线预测预警、数据储存与回溯的高阶智能化输油管道调控系统。

(3) 建立输油管道数字孪生体，由此形成输油管道数字资产。构建“数据模型”和“机理模型”相融合的工况识别和在线预测预警模型，实现在线仿真、预测预警、智能决策、自动分输、优化运行、故障诊断和应急处置等功能。达成数字孪生体与管道物理模型协同运行的管道运营机制。

(4) 建立标准化、模块化、数字化的智能站场和智慧管道，建立统一的智能调控分级管理标准和智能调控分阶段进阶实施技术路线和实现目标。

(5) 针对输油管道关键软硬件设备开展现状梳理工作，定位所处调控层级，根据智能调控需求开展提升进阶；打造智能调控典型输油管道，选取管道基础条件较好、技术应用成熟度较高的管道进行高阶智能化应用推广。

(6) 应尽快建立输油管道智慧语言数据库，应包含物性参数、运行参数、工况条件、输送计划、事故事件、操作原理、操作规程、行业标准、法律法规、安全环保、水文地质、气候气象和市场销售等基础资料库，实现对输油管道运行专业术语的全方位收录，为建立输油管道生产运行管理大模型提供数据基础。

(7) 研发输油管道生产运行大模型技术，进一步为调度员通过智能文稿生成的方式推送状态分析结果、生产操作方案、运行管理方法、生产运行溯源、未来情景预测，提高输油管道生产运行数字化、智能化水平。

(8) 在现有泄漏监测系统和预测模型的基础上，依照目前的管线设备设施情况，开发泄漏监测和打孔盗油实时监测识别的新兴技术。

(9) 应探究输油管道运行参数预测模型和运行工况识别模型的融合建模方法，建立输油管道运行参数在线预测和工况识别模型，实现实时、准确和可靠地定量描述输油管道不同运行工况下的水力热力特性变化规律，进而对输油管道的运行进行在线预测预警。

参 考 文 献

[1] 宫敬. 从旁接油罐到管网联运再到智能调控——中国输油管道工艺技术 50 年发展回顾与展望[J]. 油气储运，2020，39(08)：841-850.

[2] 李保国. 东黄复线 SCADA 系统应用状况分析[J]. 油气储运，1996，(02)：41-44.

[3] 中国石油学会. 2016—2017 油气储运工程学科发展报告[C]. 北京：中国科学技术出版社，2018：72-120.

[4] Yao B，Li C，Yang F，et al. Advances in and Perspectives on Strategies for Improving the Flowability of Waxy Oils[J]. Energy & Fuels，2022，36(15)：7987-8025.

[5] Huang Q，Li H，Xie Y，et al. Electrorheological behaviors of waxy crude oil gel[J]. Journal of Rheology，2021，65(2)：103-112.

[6] 张劲军. 易凝高黏原油流变学及输送技术研究与应用：回顾与展望[J]. 油气储运，2022，41(06)：682-693.

[7] 吕政，吴海辰，邓忠华，等. 西部原油管道冬季安全输送工艺研究[J]. 石油工程建设，2020，46(04)：39-42.

[8] 于涛，殷炳纲，林永刚，等. 长呼原油管道优化运行分析[J]. 油气储运，2014，33(06)：665-668.

[9] 康正凌，宫敬，严大凡. 成品油管道输送高差混油模型研究[J]. 石油大学学报(自然科学版)，2003，27(6)：65-67.

[10] 孙法峰，邓忠华，王颜全，等. 基于大数据的漠大原油管道优化运行及建议[J]. 天然气与石油，2020，38(04)：1-8.

[11] 于涛. 基于大数据挖掘的长输原油管道智能化研究[D]. 山东：中国石油大学(华东)，2020.

[12] 于涛，李传宪，刘丽君，等. 基于大数据挖掘的热油管道闭环安全生产体系[J]. 西安石油大学学报(自然科学版)，2021，36(1)：85-91.

[13] 闫亚敏. 多源多汇成品油管网调度运行优化研究[D]. 中国石油大学(北京)，2022.

[14] 邵奇，闫亚敏，黄晓茵，等. 国内外成品油管道调度研究进展[J]. 油气储运，2018，37(05)：481-485.

[15] 郭祎，于达，宋进舟，等. 国家管网体制下成品油管道批次界面跟踪技术[J]. 油气储运，2023，42(06)：601-611.

[16] 陈海宏，左丽丽，王大鹏，等. 成品油管网双罐区中转油库油罐收发油计划编制[J]. 油气储运，2019，38(08)：892-898.

[17] 黄河，陈曦，祁国成，等. 油气管道 SCADA 软件工业试验测试评价方法[J]. 天然气工业，2017，37(08)：80-86.

[18] 于阳，沈亮，李君，等. 成品油管道批次跟踪软件的开发与应用[J]. 石油工业技术监督，2020，36(1)：49-54.

[19] 史清刚，丁仕兵，邹雯雯，等. 玻璃浮式密度计和 U 形振动管测定油品密度的对比[J]. 石油化工应用，2022，41(10)：106-111.

[20] 黄维和，刘刚，陈雷，等. 中国成品油管道顺序输送混油研究现状与展望[J]. 中国石油大学学报(自然科学版)，2023，47(05)：122-129.

[21] 李朝伟. 基于 SCADA 的成品油界面检测方法探讨[J]. 石油化工自动化，2019，55(3)：98-100.

[22] ROSHANI G H，ALI P J M，MOHAMMED S，et al. Simulation study of utilizing X-ray tube in monitoring systems of liquid petroleum products[J]. Processes，2021，9(5)：828.

[23] 于涛，于瑶，魏亮. 成品油管道界面检测及混油量控制研究[J]. 天然气与石油，2013，31(5)：5-8.

[24] 吴烨. 成品油管道输送中混油界面的检测方法探讨[J]. 石化技术，2018，25(11)：308.

[25] TAYLOR G. The dispersion of matter in turbulent flow through a pipe[J]. Proceedings of the Royal Society of London，1954，223(1155)：446-468.

[26] AUSTIN J E，PALFREY J R. Mixing of miscible but dissimilar liquids in serial flow in a pipeline[J]. Proceedings of the Institution of Mechanical Engineers，1963，178(1)：377-389.

[27] CHEN L，YUAN Z Y，LIU G，et al. A novel predictive model of mixed oil length of products pipeline driven by traditional model and data[J]. Journal of Petroleum Science and Engineering，2021，205：108787.

[28] 吴同，邓忠华，沈亮，等. 长距离输油管道泄漏监测技术研究进展[J]. 油气储运，2023，42(3)：259-275.

[29] LANG X M. Leak localization method for pipeline based on fusion signal[J]. IEEE Sensors Journal，2021，21(3)：3271-3277.

[30] 纪健，李玉星，纪杰，等. 基于光纤传感的管道泄漏检测技术对比[J]. 油气储运，2018，37(4)：368-377.

[31] 李睿. 油气管道内检测技术及数据分析方法现状及展望[J/OL]. 油气储运. https：//link. cnki. net/urlid/13. 1093. TE. 20240112. 1723. 004.

[32] 祝明，姜晓红，李晓晖，等. 管道内外检测数据对齐方法及实例应用[J]. 油气储运，2022，41(02)：153-158.

[33] 马云宾，董红军，孙万磊，等. 新冠肺炎疫情下管道线路智能感知技术的思考与探索[J]. 油气储运，2020，39(04)：389-394+424.

管道风险监测智能管控一体化平台建设与应用

姚广玉　张振军　王　磊　杭光强

[陕西延长石油(集团)管道运输公司]

摘　要　基于吴延管道主要外部风险特征，融合振动光纤预警、AI视频监控、无人机巡检和智能感知终端等管道巡护新技术，搭建风险监测智能管控一体化平台，实现各系统数据信息共享、设备联动，有效提升了公司管道外部风险管控水平。

关键词　风险管控；一体化平台；振动光纤；AI视频监控；无人机巡检

传统的以人巡为主的管道巡护方式在时间、空间、质量和效率上已难以应对当前油气管道不断增加的外部安全风险。陕西延长石油集团管道运输公司采用大数据、物联网、云计算和人工智能等先进技术和设备弥补人工巡检的短板，为油气管道保护提供了新的解决方案。

1　管道安全管控现状

吴起-延炼输油管道(以下简称吴延管道)全长322.77公里，途经陕北黄土高原，多次穿越河流、水源地和自然保护区，地形地貌复杂多变。沿途设有阀室16座，跨越明管29处，穿越大型河流77处。现有高后果区51处，约115.1公里，占全线35.66%。风险管段34处，易打孔盗油点67处，与道路交叉399处、并行92段，并行里程111.14公里，与油气管道交叉207处，并行135段，并行里程77.049公里。

随着两轮漏磁内检测和缺陷修复工作，管道本体风险基本得到了控制，但是第三方施工损坏、违章占压、打孔盗油和自然与地质灾害等管道外部风险呈上升趋势。传统的管道巡护方式难以做到全时空覆盖，存在不到位、效率低、管理难度大等问题，无法做到事前预警。近年来虽然采取GPS、振动光纤、视频监控、无人机等技术手段弥补人工巡线的不足，但是由于各系统之间存在壁垒，影响信息共享、业务交互和应急联动，亟须建立多源、多维度的空地协同管道智能平台，加强统一管理，以提升资源的有效利用。

2　监测智能管控一体化平台

2.1　系统构成

(1) 振动光纤预警：能够准确识别和预警管道周边人工挖掘、机械挖掘、车辆行驶等第三方损坏行为(图1)。

图1　振动光纤预警避免第三方损坏事故

（2）AI 视频监控系统：安装在管道高后果区、风险管段、易打孔盗油等管道重要部位的AI 视频监控，可实现对油气管道的全天时、全天候“慧眼巡查”，对闯入电子围栏的可疑人员、车辆和机械进行智能识别、抓拍、告警和录像，特别是对打孔盗油不法分子起到了一定程度的震慑作用。同时也弥补了雨雪等特殊天气人工无法巡护和人工巡护具有时段性的短板，保证了巡护质量和效率(图 2)。

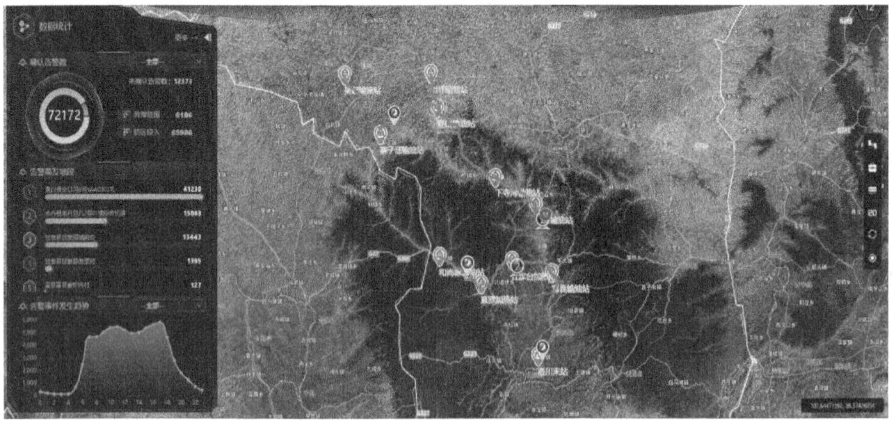

图 2　AI 视频监控数据统计

（3）无人机场：无人机自动巡检具有速度快，覆盖面广，不受地形影响，环境适应能力强，可实现全方位、高视角、宽视野巡检，弥补了人工巡检视野窄小，效率低等短板。但是无人机自动巡检也受续航里程、天气、供电、机场位置和成本等因素制约。

（4）管道风险智能监测一体化管控平台逻辑程序：预警信息确认、协同和联动。为了快速确认和反馈预警信息，实现人防、物防、技防的紧密结合，系统建设中拓展了视频与无人机联动模块。当单一报警信息无法明确事件的准确性时，平台会自动触发协同分析模型，实现不同监测手段之间的协同分析，用于进一步确认报警事件的准确性。例如当发生光纤振动报警时，协同分析模块可快速匹配相应位置的摄像头查看实时监控视频，附近无摄像头时匹配无人机快速前往报警现场查看，确认是何原因造成光纤振动报警，是否需要派遣巡护人员进行现场处置。

（5）远程喊话：在光纤振动和 AI 视频监控预警且巡护人员无法立即到达现场的情况下，可通过 AI 视频监控杆上或无人机挂载的远程喊话器进行远程喊话警告和驱离，及时制止危害管道的行为，防范第三方损坏事件的事故发生。

（6）视频存储：通过系统平台可以实时查看每一个 AI 视频监控摄像头视频画面和无人机巡检视频画面。通过云存储可实现各项历史数据的存储的调阅，包括统计分析数据和各项原始数据，为安全生产、运维、管理和决策提供数据支撑。

2.2　系统架构

平台采用 B/S 架构搭建(图 3)，基于统一平台底座，建立时空基准框架，采用高可靠、高性能和弹性可伸缩地理空间数据计算和存储技术，实现地面传感器监测、光纤振动预警、AI 视频监控和空中无人机巡检、人工巡检等多源异构数据的统一管理、存储、分析、对齐、共享、分发及检索等功能。通过多维度变换、多模态综合、多尺度空间数据整合、数据集成，实现各类监测数据的统一集成、汇聚、分析和共享应用。

2.3　关键技术选择

（1）智能感知终端。在管道沿线安装地质灾害位移监测器(图 4)，在各阀室与场站安装压力变送器和温度变送器等感知终端并接入系统，及时获取真实、可靠的管道运行数据。

（2）振动光纤预警。振动光纤预警由预警主机、传感光纤和预警管理终端组成。预警主机安装在站场或阀室。传感光纤利用管道原有伴行光缆中的一芯光纤作为传感器，实时采集监测沿线振动信号并加以处理通过网络上传至管理系统。管理终端为监控管理软件，安装在有人值守场站或调控中心电脑，用于接收预警主机上传数据及预警信息，可对预警、显示、权限、查询等进行集中管理(图5)。

(3) AI视频监控。自建高度10m监控杆(接入电源或风光互补)和利用中国铁塔挂载的方式，在沿线高后果区、风险管段和其它管道重要位置分批次安装了41台200万像素53倍变焦激光云台摄像机，以及远程喊话器。摄像机支持水平360°连续旋转，垂直旋转范围为40°~90°，水平旋转速度为0.1°~120°/s，垂直旋转速度为0.1°~50°/s，激光照射距离为1000m；可设置预置位300个。

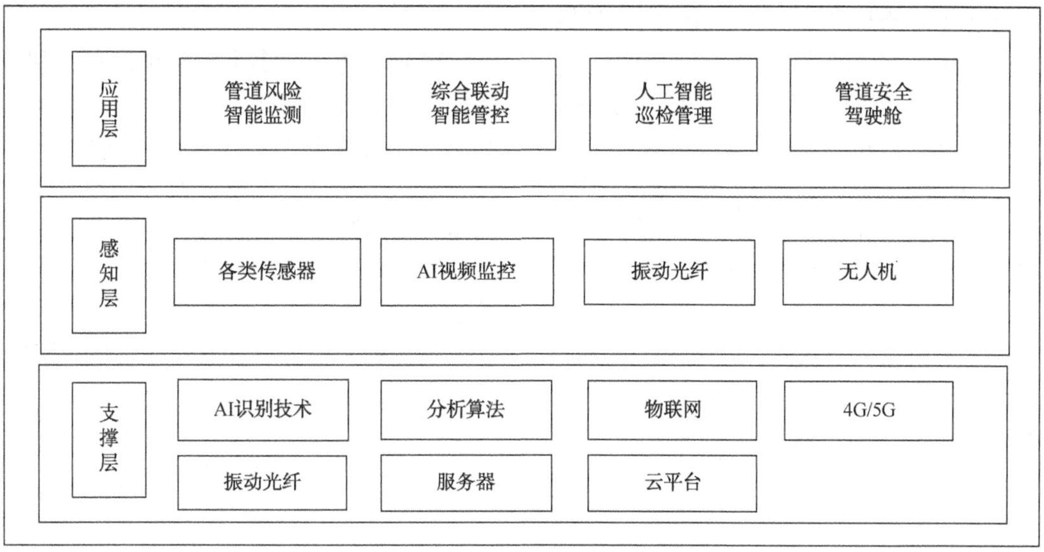

图3　系统架构图

图4　地质灾害位移检测器

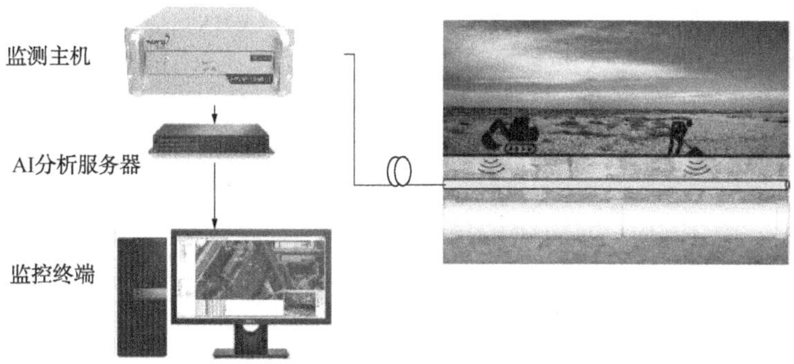

图5　振动光纤预警设备构成

因管道所经区域地形地貌复杂，采用了多种组网方式进行传输，对可视通地段采用 IP 数字微波设备搭建链路，建立网络传输通道；对不可视通地段考虑中转或租用运营商网络，传输至云服务软件平台。通过大数据算法对人工智能解析之后的数据进行实时分析，对危害管道安全的各种场景进行智能监测和告警，最后由调度人员做出是否出警和应急响应的决策。

(4) 无人机自动巡检。采用大疆自动起降多旋翼无人机及机场，并将飞控系统融入延长石油吴-延管道风险监测智能管控一体化平台，实现无人机自动起降、存放、充电、远程控制、远程通信、巡检、数据存储、智能分析和应急联动等功能。

(5) 基于大数据、物联网、云计算、人工智能等技术，底层搭建智能管控一体化平台架构，打通各类智能感知终端、振动光纤预警、AI 视频监控和无人机场等系统平台接口，利用数据仓库技术，对各类异构数据源进行有效集成。通过 AI 自动识别和自动分析，设计感知触发事件逻辑程序，实现各系统之间的有效融合，最终实现多方位感知、综合性预判、自适应优化、一体化管控的管道智能管控一体化系统平台。

3　应用效果

通过管道风险监测智能管控一体化平台，对管道周边第三方破坏、打孔盗油、地质灾害等管道风险进行实时有效监测和管控。自 2023 年 5 月试用至今，振动光纤预警 431 次，其中一级预警(最轻)247 次，二级预警 140 次(包括 6 次自主验证)，三级预警(最重)44 次，系统平台自动触发 AI 视频监控 23 次，有效确认管道周边大型机械施工 3 次，启用远程驱离喊话 3 次，自动触发无人机巡线 2 次。另外，AI 视频监控自动识别管道周边风险 46 次，启用远程驱离喊话 8 次，自动触发无人机巡线 5 次，无人机常规巡线 13 次。有效制止了管道周边第三方大型机械施工作业等对管道造成威胁，通过管道风险监测管控一体化平台，使管道各类风险多方位实时监测，并进行自动分析和触发响应，实现管道风险智能一体化管控。

4　结语

吴延管道途经多个高后果区和高风险管段，传统人巡方式效率低、质量不高，原有 GPS、振动光纤、视频监控、无人机等巡检系统独立运行，无法实现信息共享、业务交互和应急联动。通过搭建风险监测智能管控一体化平台，实现了对振动光纤预警、AI 视频监控、无人机巡检和智能感知终端等系统数据的整合，各系统联防联动，有效提升了吴延管道外部风险管控能力。

参 考 文 献

[1] 聂鹏程，钱程，覃锐苗，等. 天空地一体化信息感知与融合技术发展现状与趋势[J]. 智能化农业装备学报，2023，4(2)：1-11.

[2] 吴巍. 天地一体化信息网络发展综述[J]. 天地一体化信息网络，2020，1(1)：1-16.

[3] 刘锐，翟传森，谢涛，等. “空地一体化”环境应急监测与管理系统设计[J]. 环境保护科学，2014，40(3)：74-77.

[4] 白明明，袁振江，周家梁. 一种基于振动光纤和视频分析技术的高速铁路周界防护系统[J]. 信息技术与信息化方案与应用，2019，2(19)：72-73.

[5] 郑学召，童鑫，郭军，等. 煤矿智能监测与预警技术研究现状与发展趋势[J]. 工矿自动化，2020，46(6)：35-40.

[6] 张铎，吴佩利，郑学召，等. 矿井侦测无人机研究现状与发展趋势[J]. 工矿自动化，2020，46(7)：76-81.

[7] 仲晓星，王建涛，周昆. 矿井煤自燃监测预警技术研究现状及智能化发展趋势[J]. 工矿自动化，2021，47(9)：7-17.

输油泵机组离线振动分析研究与实践

王　猛　刘保侠　赵洪亮　杨　阳　刘白杨　江新星　薛一冰

（国家管网集团储运技术发展有限公司）

摘　要　目前长距离原油、成品油管道输送业务中所使用的输油泵机组面临着振动分析手段不足的问题，使得输油泵机组的早期异常和隐患不能被及时发现，加之设备老化日趋严重，给原油、成品油输送业务的平稳运行带来了不利影响。本文在理论上分析了离线振动监测技术能够发现不平衡、不对中、滚动轴承故障、叶片通过频率过高等问题的可行性，阐明了各类早期异常在趋势、频谱、波形上的表现形式，并进一步说明了输油泵机组离线振动检测在测点选择、振动评价等方面的作业规范，为相关技术人员开展检测和分析提供了依据，最后通过实际案例，验证了分析方法和作业规范的实用性和有效性。通过对输油泵机组离线振动检测的研究和验证，使得早期机械异常和隐患能够及时被发现，为设备的平稳运行提供信息支持和技术保障，为设备的维修和保养提供依据和建议。

关键词　输油泵机组；振动分析；不平衡；不对中；滚动轴承故障；叶片通过频率

随着长距离原油、成品油管道输送业务的发展，输油泵机组越来越多的投入到生产运行之中。截止至2024年1月，国家石油天然气管网集团有限公司已投产1657套输油泵机组，总装机功率超过1644MW。按照功能划分，共有给油泵机组331套，输油主泵机组1326套；按照输送介质划分，共有原油泵机组868套，成品油泵机组789套。其中服役10年以上输油泵机组1135套，服役20年以上输油泵机组167套，随着服役时间的增加，设备发生故障的概率也逐步上升。

为保障输油泵机组平稳运行，各输油泵机组均配置了在线振动保护系统，在机组振动超过限值时触发报警或停机信号，但目前极少数输油泵机组配备了振动分析系统，从而给输油泵机组的振动分析、隐患排查带来了一定困难。为解决这一问题，在输油站场开展输油泵机组离线振动检测，通过深入分析输油泵机组的振动趋势和频率成分，及时发现隐患，避免故障恶化，并制定有针对性的排查和处理措施，及时消除异常状态，保障输油站场关键设备平稳运行。

1　输油泵机组常见故障类型

1.1　不平衡

当转子转速高于1阶临界转速且振动以1倍频为主时，转子的振动矢量可表示为：

$$Ae^{j\alpha}=\frac{mr\Omega^2e^{j\delta}}{K-M\Omega^2} \tag{1}$$

式中，A为转子振动矢量的振幅，离线振动检测常用单位为μm；j是虚数的单位，也可表示为$\sqrt{-1}$，在矢量计算中表示角度领先90°；m为不平衡量的质量，kg；r为不平衡量同转子中心的距离，m；Ω为转子转动的角速度，rad/s；M为转子质量，kg；K为转子弹簧刚度，N/m。

由式(1)可知，输油泵机组转子不平衡量的质量与不平衡量同转子中心的距离乘积过大时，转子将由于不平衡产生过高的振动，振动的频率成分与转子转动的频率相同，即1倍频。

1.2　不对中

不对中包括轴承不对中和轴系不对中两种情况。

轴承不对中是指轴颈在轴承中偏斜，轴颈与轴承孔轴线相互不平行。它主要会影响轴承的承载状况和油膜压力，严重时会出现局部摩擦。引起轴承不对中的原因，除了轴承安装误差以外，轴弯曲、轴系不对中、悬臂转子外伸段振动大等其它故障也都会引起轴承的不对中。

轴系不对中是指转子联结后各转子的轴线不在同一条线上，轴系不对中又有三种情况，分别为平行不对中(图1a)、角度不对中(图1b)、组合不对中(图1c)。

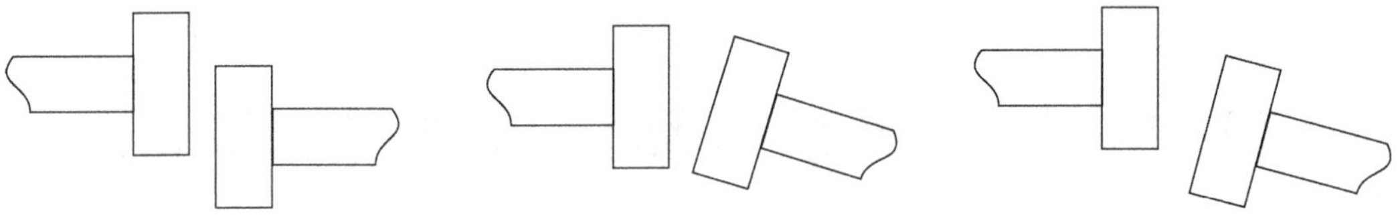

图 1　不对中形式

输油泵机组的转动设备主要包括电机和输油泵，二者通过联轴器相连，在工程实践中轴承不对中和周曦不对中均有可能发生，主要的异常特征有以下五个方面：①通频时域波形图为周期性的畸变正弦波，即在工频的正弦波上存在二倍频次峰，波峰翻倍，重复性好；②频谱图上，以工频、二倍频成分为主，不对中越严重、二倍频比例越大、甚至超过工频，较严重时还会出现 1/2 倍频、1/3 倍频、3 倍频等调制成分；③轴心轨迹图呈月牙形、香蕉形，严重时呈“8”字形，但都稳定；④转子的涡动方向为同步正进动；⑤趋势图上，冷态不对中一开车二倍频的幅值就高，热态不对中是在开车或运行的过程中逐步形成的，而不对中形成后的二倍频幅值和相位都较为稳定。

1.3　滚动轴承故障

输油泵机组的电机和输油泵的轴承以滚动轴承为主，滚动轴承是将运转的轴与轴承座之间的滑动摩擦变为滚动摩擦，从而减少摩擦的一种机械元件，一般由内圈、外圈、滚动体和保持架四部分组成。内圈的作用是与轴相配合，并与轴一起旋转；外圈作用是与轴承座相配合，起支撑作用；滚动体借助保持架均匀地分布在内圈和外圈之间，其形状、大小和数量直接影响着滚动轴承的使用性能和寿命；保持架能使滚动体均匀分布，引导滚动体旋转。

当滚动轴承发生故障时，轴承将随着转子的旋转产生故障特征频率，轴承外圈故障特征频率 *BPFO* 计算方式为

$$BPFO=0.4*n*P \tag{2}$$

轴承内圈故障特征频率 *BPFI* 计算方式为

$$BPFI=0.6*n*P \tag{3}$$

滚动体故障特征频率 *BSF* 计算方式为

$$BSF=\begin{cases}0.23*n*P & (n<10)\\ 0.18*n*P & (n\geqslant 10)\end{cases} \tag{4}$$

保持架故障特征 *FTFO* 计算方式为

$$FTFO=0.4*P \tag{5}$$

式(2)~式(5)中，n 为滚动体个数；P 为转子转动频率，Hz。一般情况下可使用轴承故障特征频率与转子转动频率的比值表示轴承故障特征和转子转动频率的相对关系。

1.4　叶片通过频率过高

叶片通过频率振动是流体机械的流道内产生压力脉动所诱发的高频振动。叶片通过频率的振动故障主要出现在泵或风机上，但更常见于泵类，这主要是由于传送介质的差别，泵输送的介质为液体，属于不可压缩流体，因此作用在结构上的压力脉动相对较大，容易激发叶片通过频率振动。

现场出现叶片通过频率的振动故障，主要有两方面原因：一是动刚度不足，在压力脉动作用下，出现较大振动；二是运行环境恶化，增加流体压力脉动对叶轮的冲击，激发了较大的叶片通过频率。其计算方式为：

$$\text{叶片通过频率}=n*P \tag{6}$$

式中，n 单个叶轮叶片个数；P 为转子转动频率，Hz。如果流道有多个突变或不连续处，则可能产生叶片通过频率的多倍频振动。一般情况下可使用叶片通过频率与转子转动频率的比值表示叶片通过频率和转子转动频率的相对关系。

2　输油泵机组离线振动检测作业规范

2.1　测点选择

在输油泵机组非旋转部件进行振动检测应在基础、轴承箱(轴承座)或靠近轴承处进行。将每套输油泵机组的一处或几处关键部位选为测点，测点应选择在振动能量向基础或系统其他部件传递的部位。轴承座处和靠近轴承处的测点为主要测点；地脚、基础的测点为辅助测点。卧式输油泵机组测点位置(图 2)与立式输油泵机组推荐测点位置(图 3)需有差别。

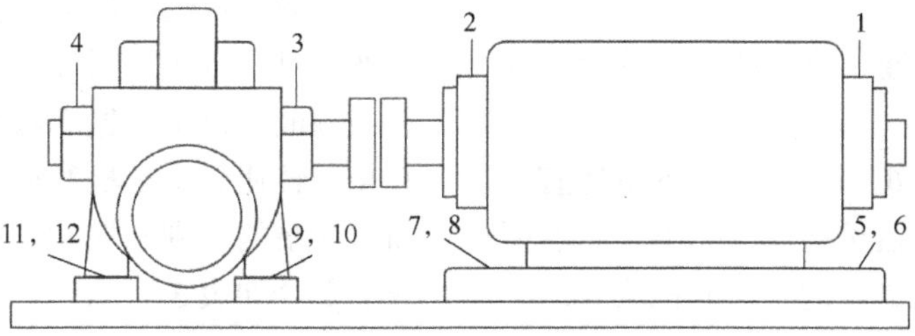

图 2　卧式输油泵机组推荐测点位置

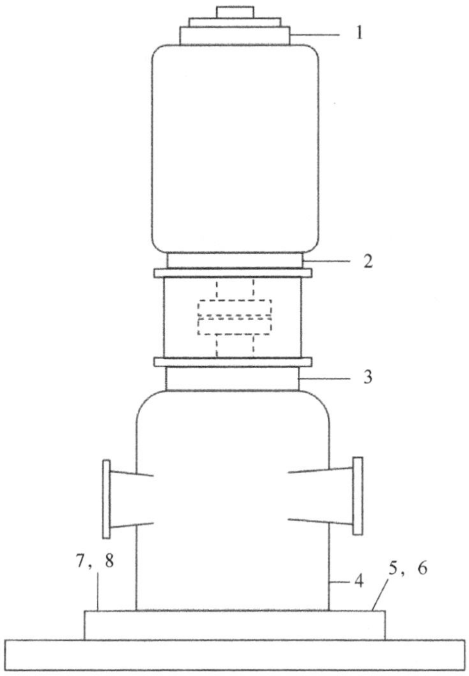

图 3　立式输油泵机组推荐测点位置

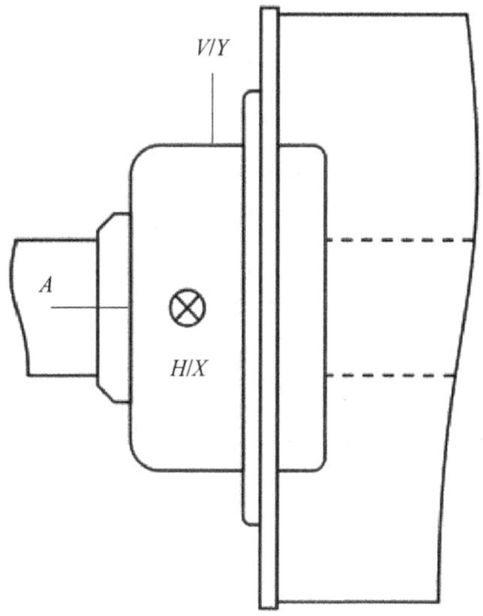

图 4　轴承座处和靠近轴承处振动测点方向

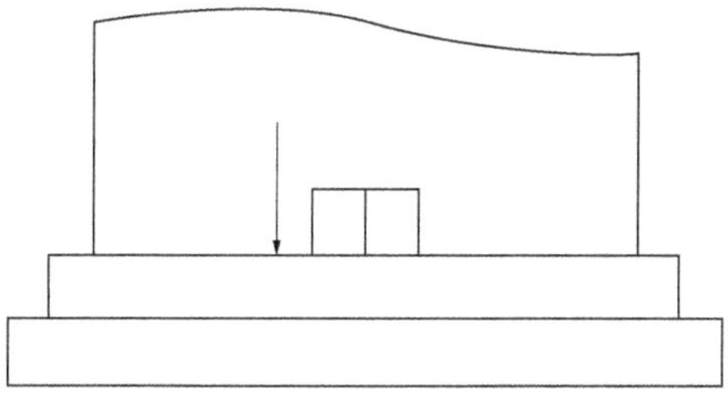

图 5　基础振动测点方向

轴承座处和靠近轴承处的测点要在三个相互垂直的方向(水平 *H/X*、垂直 *V/Y*、轴向 *A*)进行振动测量。卧式输油泵机组测点应优先选择水平、垂直方向和轴向。立式输油泵机组测定应选择指向最大挠性并且与其垂直的方向，保证最大读数(图 4)。基础振动测点的方向应与地脚螺栓安装方向相同(图 5)。

2.2　振动评价规范

2.2.1　设备的分类

评价输油泵机组中电机的振动级别，按电机的中心高将电机分为二类：

a. 第一类电机：轴心高度≥315mm 的电机；

b. 第二类电机：160mm≤轴心高度<315mm 的电机；

卧式输油泵机组的电机中心高规定为由电机的轴线到电机底座平面间的距离。立式输油泵机组的电机没有中心高，为了评价振动级别，可将电机轴线到输油泵入口法兰密封面的投影距离作为中心高。

评价输油泵振动级别，按输油泵的中心高和转速将其分为四类，见表 2：

卧式输油泵的中心高规定为由输油泵的轴线到输油泵底座平面间的距离。立式输油泵没有中心高，为了评价振动级别，可将立式泵的入口法兰密封面到输油泵轴线间的投影距离作为中心高。

2.2.2　输油泵机组振动级别划分

为充分覆盖输油泵机组的频谱，振动测量应选宽带，其频率范围通常为 10Hz—1kHz，在该频率范围内测得的输油泵机组振动烈度，可依据下列标准对振动作定性的评价，并对可能采取的措施提供依据：

区域 A：新交付的机器的振动通常落在该

区域。

区域 B：机器振动处在该区域通常认为可无限制长期运行。

区域 C：机器振动处在该区域一般不适宜长时间连续运行，通常机器可在此状态下运行有限时间，直到有采取补救措施的合适时机为止。

区域 D：机器振动处在该区域通常认为其振动烈度可导致机器损坏。

输油泵机组的振动级别评价方法是先根据中心高和转速确定电机和输油泵的类别，再按电机和输油泵的类别和振动烈度确定振动级别，振动级别划分如表 3 所示。

表 2　输油泵的分类

类别	中心高(mm)及转速(r/min)		
	≤225mm	225mm~550mm	>550mm
第一类	≤1800r/min	≤1000r/min	—
第二类	1800r/min~4500r/min	1000r/min~1800r/min	600r/min~150r/min
第三类	4500r/min~12000r/min	1800r/min~4500r/min	1500r/min~3600r/min
第四类	—	4500r/min~12000r/min	3600r/min~12000r/min

表 3　输油泵振动级别评价表

振动烈度范围		评价输油泵的振动级别			
振动烈度(mm/s)	分级界限(mm/s)	第一类	第二类	第三类	第四类
0.28		A	A	A	A
0.45	0.28	A	A	A	A
0.71	0.45	A	A	A	A
1.12	0.71	B	A	A	A
1.80	1.12	B	B	A	A
2.80	1.80	C	B	B	A
4.50	2.80	D	C	B	B
7.10	4.50	D	D	C	B
11.20	7.10	D	D	D	C
18.00	11.20	D	D	D	D
28.00	18.00	D	D	D	D
45.00	28.00	D	D	D	D

2.2.3　输油泵机组基础振动评价

输油泵机组基础振动一般不应超过 2.0mm/s。同一输油泵机组中电机基础振动，若单个测点振动烈度超期其他测点振动烈度均值的 50%，则判定为该测点振动状态欠佳。同一输油泵机组中输油泵基础振动，若单个测点振动烈度超期其他测点振动烈度均值的 50%，则判定为该测点振动状态欠佳。同一现场的不同机组基础振动，若某一机组振动烈度均值超期其他机组振动烈度均值的 50%，则判定为该机组基础振动状态欠佳。

2.2.4　高频振动评价

对于叶片通过频率、轴承故障等异常情况，振动分析涉及高频成分，检测频率范围需扩展为为 10Hz~4kHz。电机或输油泵振动级别为 B 及以下，且异常高频成分的振幅超过 1 倍频振幅，则判定存在异常。电机或输油泵振动级别为 C 及以下，且存在异常高频成分，则判定存在异常。

3　典型案例

3.1　*滚动轴承故障*

某输油泵机组中输油泵厂家为 RUHR-PUMPEN，型号为 SMI375/03X4，轴承类型为滚动轴承，额定转速为 2980r/min。

该输油泵非驱动端垂直测点振动幅值较高，达到 7.28mm/s，频谱显示存在 5 倍频成分(约 248Hz)，5 倍频振幅约为 7.11mm/s(图 6)。

该输油泵非驱动端轴承型号为 7319 BECBM SCF，其外圈故障特征频率为 4.96X，该频率成分与 5 倍频十分接近，经分析判断该输油泵非驱动端轴承外圈发生故障，引起振动过高。

3.2 叶片通过频率过高

某输油泵机组中输油泵厂家为德国鲁尔，型号为 DSHS300-250-390L，叶轮级数为 2 级，首级叶轮叶片数为 4 个，次级叶轮叶片数为 6 个，额定转速为 2980r/min，设计排量为 $1000m^3/h$。

该输油泵运行期间各个位置振动均高于 4.50mm/s，其中输油泵非驱动端水平方面振幅最高可达到 6.39mm/s，频谱中存在明显的 4 倍频和 6 倍频成分(图 7)。

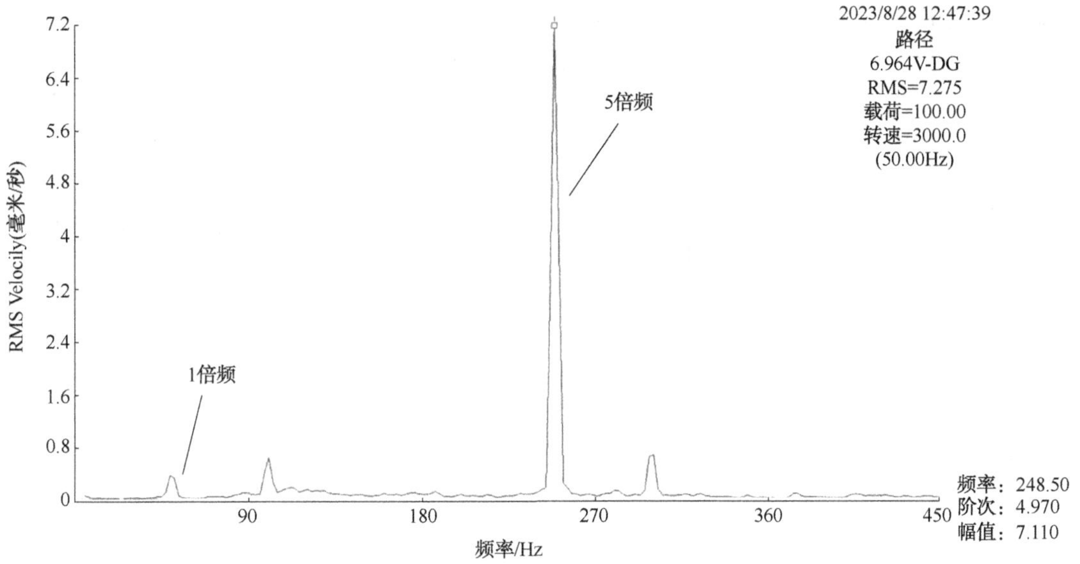

图 6 泵非驱动端垂直振动频谱图

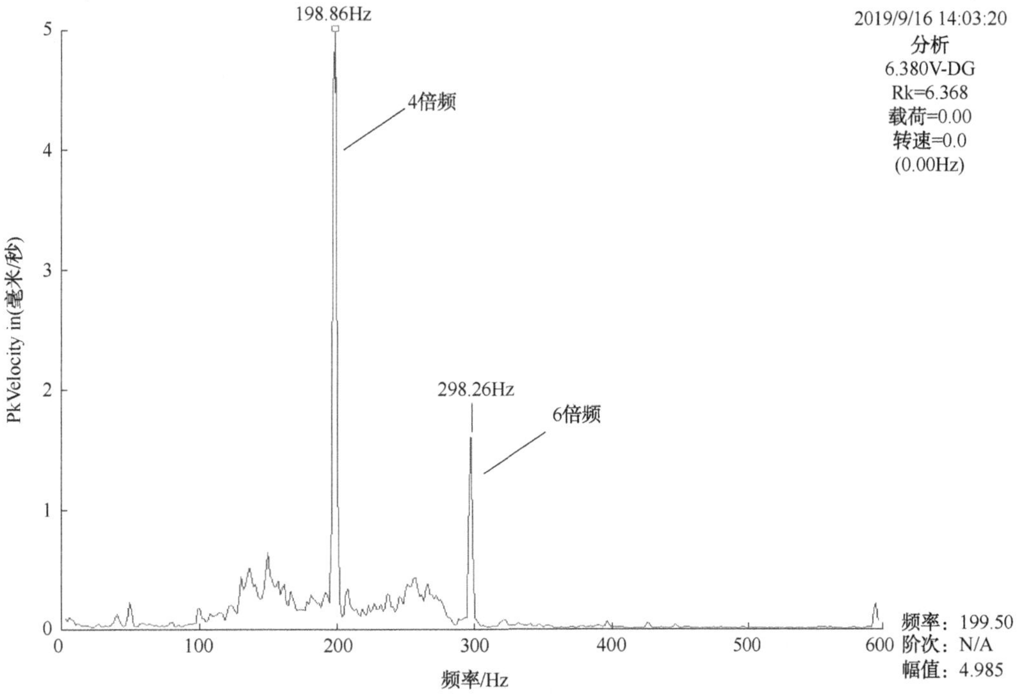

图 7 泵非驱动端水平振动频谱图

经进一步排查，发现该输油泵运行期间实际排量为 635m^3/h 左右，由此判断工况欠佳使得输送介质对叶轮形成明显的冲击，从而导致振动过高。

3.3　热态不平衡

某输油泵机组中电机厂家为佳木斯电机，型号为 YB2 315S－2，功率为 110kW，转速为 2000r/min～2975r/min 变频可调。

当电机运行时，振动值随机组转速升高而升高，电机转速为 2756r/min 时，电机驱动端水平方向振幅可达到 8.37mm/s，振动频率成分以 1 倍频为主(图 8)。

判断电机转速调整期间由于转动部件发热改变了电机的平衡状态，从而引发 1 倍频为主的振动过高。

3.4　复合故障

某输油泵机组中电机厂家为西门子，型号为 IMS4 404-2AN60-Z，功率为 710kW，额定转速为 2980r/min，轴承为滚动轴承。

该电机在运行时各位置振幅均在 2.00mm/s 以下，但电机非驱动端振动频谱中存在明显 2 倍转频与 4.6 倍转频成分(图 9)。

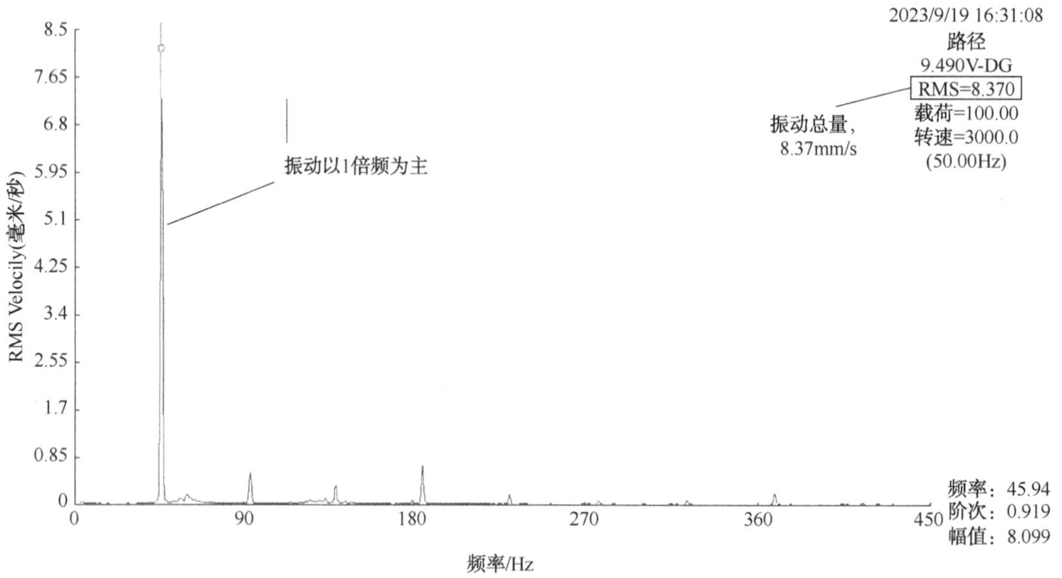

图 8　电机驱动端水平振动频谱图

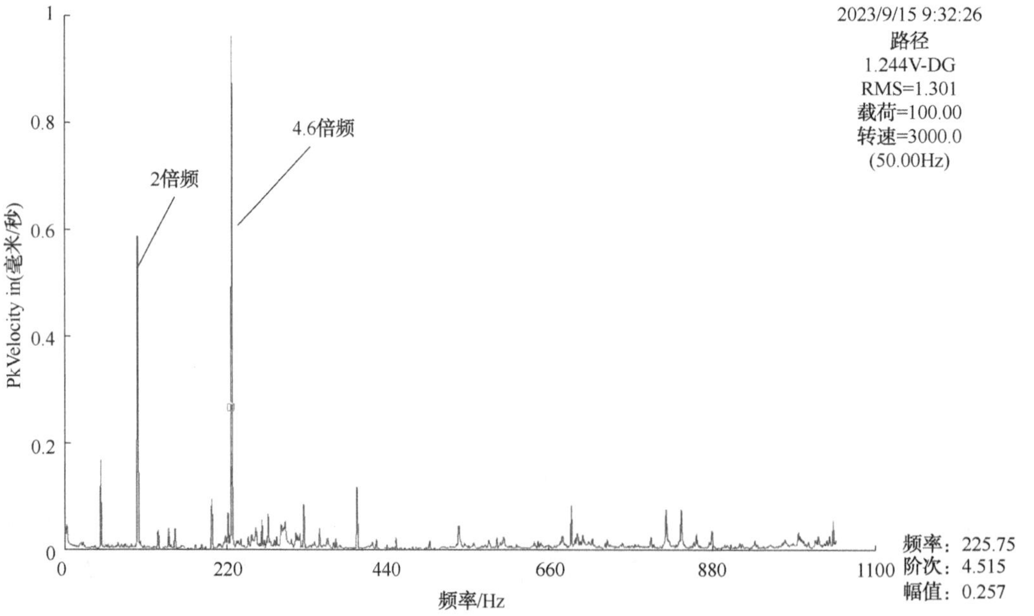

图 9　电机非驱动端振动频谱图

现场检测过程中发现电机运行时存在异响，在电机两端加注润滑脂可消除异响，且电机两端轴承型号 6218-C3 SKF，该轴承外圈故障特征频率为 4.56 倍频，与检测发现的异常频率十分接近。根据上述现象判断电机存在本身不对中及轴承外圈损伤的复合故障。

4 结论

离线振动分析是为保障原油、成品油管道长输业务中输油泵机组稳定运行，针对其点多线长、振动监测手段不足的特点进行的必要补充。有助于评价输油泵机组中电机、输油泵的健康状态，及时发现不平衡、不对中、滚动轴承故障、叶片通过频率过高等常见早期故障及其他隐患。通过剖析故障机理及规定振动分析规范，保障输油泵机组离线振动检测能够有效实施，指导现场技术人员开展输油泵机组振动检测和分析工作，提高设备运行的可靠性。在此基础之上，通过实际案例中发现的异常现象，进一步验证了研究成果的有效性和实用性。在未来工作中，可在输油泵机组关键位置补充部署有线、无线振动传感器，实时采集振动数据，开展趋势、波形、频谱等分析工作，及时发现早期异常，同时结合大数据和人工智能技术，开展设备健康评价和预知性维修，保障长输管道中原油、成品油站场关键设备的安全、平稳、高效运行。

参 考 文 献

[1] 高振宇，张慧宇，高鹏. 2022 年中国油气管道建设新进展[J]. 国际石油经济，2023，31(03)：16-23.

[2] 蔡永军，蒋红艳，王继方，等. 智慧管道总体架构设计及关键技术[J]. 油气储运，2019，38(02)：121-129.

[3] 李柏松，王学力，徐波，等. 国内外油气管道运行管理现状与智能化趋势[J]. 油气储运，2019，38(03)：241-250.

[4] 黄永科，王庭栋，周晨坚. 压缩机组本特利振动保护系统回路及信号优化[J]. 中国石油和化工标准与质量，2023，43(16)：158-159+162.

[5] 陈长和，林逢春，郭勇，等. 汽轮机轴承振动保护策略的优化探讨[J]. 仪器仪表用户，2021，28(11)：89-92+50.

[6] 刘保侠，王猛，马玉雷. 离心式压缩机组转子系统故障判定方法[J]. 油气储运，2023，42(06)：685-693.

[7] 王猛，张雪琴，牛亚琨，等. 离心式压缩机组转子径向摩擦热弯曲振动响应分析[J]. 油气储运，2022，41(04)：444-450.

[8] 宋建秀，李秀珍，刘斌斌. 风电机组高速轴不对中动态测试分析与研究[J]. 风能，2023，(12)：94-101.

[9] 赵天，苏长青，王裕琳. 基于实验数据的不对中故障特性分析[J]. 科技与创新，2024，(01)：61-65.

[10] 杨仁志，王风涛，崔兆良. 不对中工况下双列角接触球轴承刚度特性分析[J]. 淮阴工学院学报，2023，32(05)：15-21.

[11] 安国平. 基于 IVMD 算法的动车组滚动轴承故障特征提取方法研究[J]. 智慧轨道交通，2024，61(01)：10-14+60.

[12] 吴振雄，王林军，邹腾枭，等. 基于 IEWT-MOMEDA-FSC 的滚动轴承故障诊断[J]. 三峡大学学报(自然科学版)，2024，46(01)：92-98.

[13] 刘思桥，左学谦. 旋转机械设备滚动轴承故障诊断技术研究[J]. 设备管理与维修，2023，(21)：172-176.

[14] 段学友，周菁，贾斌，等. 汽轮机低压转子叶片频率评价方法及测量实例分析[J]. 电站系统工程，2023，39(03)：7-10+14.

[15] GB/T 10068—2020，轴中心高为 56mm 及以上电机的机械振动　振动的测量、评定及限值[S].

[16] GB/T 6075. 1—2012，机械振动　在非旋转部件上测量评价机器的振动　第 1 部分：总则[S].

[17] GB/T 29531—2013，泵的振动测量与评价方法[S].

[18] GB/T 6075. 3—2011，机械振动　在非旋转部件上测量评价机器的振动　第 3 部分：额定功率大于 15kW 额定转速在 120r/min 至 15000r/min 之间的在现场测量的工业机器[S].

吉木萨尔页岩油生产数据监控平台系统优化与应用

马德忠　刘建忠　张一凡　陈　宇　靳　博　雷雨轩

（新疆油田公司吉庆油田作业区）

摘　要　在探索油田数字化开发建设过程中，随着勘探生产规模的不断扩大，页岩油单井不断增多，日常巡井工作量不断增加，造成油田开发过程中管理效率低。结合目前页岩油数字化技术现状，分析了智能油田开发技术相结合的可能性及技术瓶颈，开展了吉木萨尔页岩油示范区智能化生产数据监控平台系统优化。确保了油田开发大数据的“齐、全、准”，为后台的生产数据智能分析提供了保障，智能化系统的应用有效提升了作业区智能调度能力，利用信息数字化建设手段解决生产管理难题，实现减人增效。对于偏远井、单井等无人值守的站、厂具有非常好的应用和推广价值，该项目是作业区在探索新型油田作业区模式的实践项目。

同时，作为公司新型油气田作业区试点建设单位，将推行可视化、自动化、数字化、智能化管理，推动生产管理方式变革，提高人均劳动效率，减少现场生产用工，实现生产全面感知、设备自动管控、决策智能优化的新型油田作业区。

关键词　页岩油；生产数据监控平台；数据采集；新型油田

1　项目背景

吉庆油田作业区目前生产监控系统内容主要包含2座联合站，1座混输泵站，以及1017口油水井、40座计量站、42座配水间、32座掺水撬。吉庆油田作业区先后在不同背景及需求下建设了5套生产数据监控系统，4套系统存在相同功能，但是数据接入量不同。存在很多问题；由于吉七片区平台较多，同时从现场控制器、PLC或网关等直接采集数据，造成平台抢数据现象，导致部分报表数据不全、报警无法提供有效信息，已经影响到了正常的生产；系统在不同时期、厂家、软件完成建设，过于繁琐，并且相互不兼容，造成操作人员查询需要在不同的系统上，浪费了大量时间；五套系统独立运行，占用了大量服务器与计算机，造成资源的浪费；同时作业区暂无统一的实时历史库，无法给DMS系统及油田公司数据接入提供统一的数据源接口。因此需要使用采集与存储性能更加强大的平台软件完成系统的整合与应用开发。

2　建设目标

本次系统建设目标是整合优化目前在用的5套生产数据监控系统，提炼在用系统可用功能模块，收集对目前在用系统提出的优化意见。

生产数据监控系统完全采集吉庆油田作业区油井、注水井、掺水、配水、计量站、吉祥联合站和页岩油联合站、1号混输泵站的生产数据。以生产实时/历史数据为基础，开发系统首页（综合可视化大屏）、生产监控、数据汇总、历史查询、生产告警、生产报表、生产分析、系统管理8项主要功能。系统及数据库容量应具备余量和扩容能力，满足吉庆油田作业区后续新建油井及其它工艺数据（例如压裂数据）。

系统在满足生产监控人员、计量管理人员、报表班组人员、生产管理领导的应用需求的同时，减轻操作员工日常的工作量，优化操作员工岗位，提高工作效率、降低管理成本。

3　系统架构设计

生产数据监控系统整个系统物理结构分为四层：设备层、数据层、平台层、应用层。如图1所示生产数据监控系统架构。

3.1　设备层

是系统的数据源，包括：仪表、PLC/RTU、自控系统。具体由以下内容组成：油水井、计量站自控系统、配水间、掺水撬、拉油点、站内数据等数据资源。

3.2　数据层

是生产数据采集/存储部分，生产过程实时

数据的采集、存储在此层完成，起承上启下的作用，由数据采集服务器、实时历史数据库服务器、Smartworx 流程可视化 web 服务器组成。pSpace 实时历史数据库需完成为上层应用平台提供实时历史数据，与上层应用系统断开时，Smartworx 流程可视化 web 服务器提供临时数据监控功能。在吉祥联合站和页岩油联合站分别部署，以页岩油联合站为主，进行双机热备冗余部署。任何一个站点都可采集并向上层应用系统提供两个井区的生产数据和生产工艺流程图。

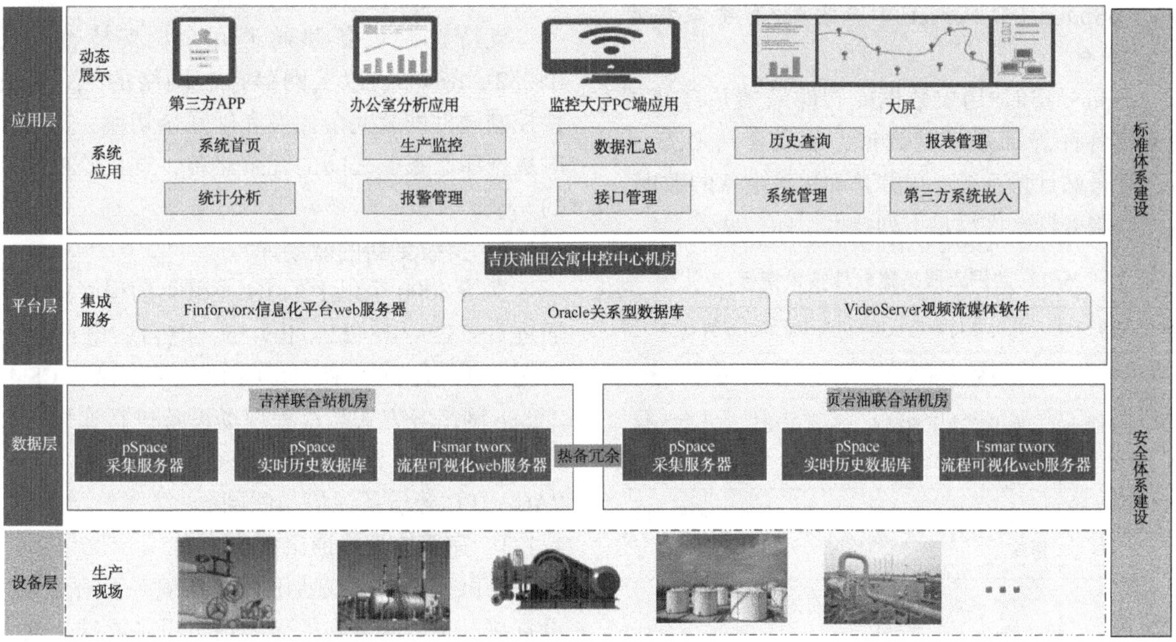

图 1　生产数据监控平台系统架构

3.3　平台层

是系统的核心部分，部署 Finforworx 信息化平台服务器软件、Oracle 关系型数据库、VideoServer 视频流媒体软件。由 Finforworx 信息化平台服务器软件完成对 pSpace 实时历史数据库、Smartworx 流程可视化服务器、VideoServer 视频流媒体软件的集成，以此为基础，开发生产数据监控系统的各项应用功能。

3.4　应用层

是系统的应用层，系统用户可以通过浏览器访问监控系统，使用系统开发的各个功能模块。

4　系统软件部署

4.1　Finforworx 信息化 web 服务器软件

Finforworx WEB 服务器软件将作为整个平台的核心平台软件，进行整体的应用功能开发，平台需集成其它所有软件的数据及子功能模块，后续员工应用，管理，配置工作也将在此平台开展。它是一个智能生产信息门户集成平台，是基于 J2EE 开发规范，面向 SOA 架构集成的一个基础的开发和运行平台，它负责提供应用系统开发过程中的所需的各项基础技术组件，并在应用系统的运行期提供安全、稳定的运行支持。

FInfoWorx 平台包含构架门户系统的基本的管理功能，包括用户管理、资源角色管理、数据角色管理、资源管理、组织机构、菜单管理、模块管理、元数据管理等管理功能。

FinforWorx 平台可以根据用户或工作角色、系统权限配置、系统风格配置和工具集，配置来自定义门户。使系统建模、页面、曲线分析、生产报表可进行配置生成，避免了采用高级语言在项目中客制化而导致升级与维护的不便。

4.2　SmartWrox 流程可视化 web 服务器软件

Fsmartworx 流程可视化平台主要应用于流程类页面的开发，搭配 Finforworx 的业务功能了，形成流程加业务的综合应用平台。

FSmartWorx 是一款基于软件即服务的(SAAS)理念，以模块化、服务化为基础，以微前端模式为框架，可依托公有云、私有云、本地化等手段部署，具备自由开发，灵活扩展，开放式软件协作平台，拥有数据采集、远程控制、实时监控、数据分析、策略优化等核心功能。

平台采用 Javascript 方式使其具备强大的扩展性，灵活性同时为了降低使用难度，提高易用性，采用拖拽式(WYSIWYG)设计，只需通过简单配置，就可轻松实现个性化应用，与此同时引进响应式设计，也可保证用户应用轻松适配各种终端，加之混合应用打包。

4.3　pSpace DB Server 工业实时/历史数据库软件

pSpace 实时/历史数据库软件采集并存储所有来自各种外部系统的数据，如联合站 DCS 系统、计量站计量系统、单井自动化等设备的数据。数据库服务器软件满足下列技术指标，见表 1。

表 1　数据库服务器软件技术指标

数据库容量	单机支持的最大测点规模为 300 万测点
数据吞吐量	支持数据写入 30 万条/秒，读取 30 万条/秒
压缩性能指标	采用二次压缩技术，一次逻辑压缩，二次物理压缩，数据压缩率最大达 40：1 至 50：1。
压缩方式	死区压缩、变化压缩、LKT(优化的旋转门)压缩
断线缓存	支持采集器断线缓存，可对缓存路径及缓存大小配置
冗余支持	多级冗余机制，支持群集冗余、多服务器、双接口机、双网、双通道冗余技术
安全机制	通讯加密机制，数据库安全认证机制，用户、角色权限机制
支持数据类型	浮点型、双精度浮点型、整型 8/16/32/64 位、布尔型、字符串、时间戳、质量戳、结构体、复合对象
数据精度	毫秒级
开发接口支持能力	COM SDK、IO SDK、ODBC、OLE DB、C API、.Net API、Java API 接口；支持 C、C++、C#、VB 等开发语言
故障恢复能力	支持故障检测、支持数据容错和服务器故障恢复
采集接口支持能力	分布式数据采集结构、集中式数据管理方式，支持主流的 OPC、Modbus 等通信方式，包含同关系数据库的通信组件
稳定性指标	确保连续无故障运行时间≥10000 小时。
并发访问指标	最大支持 1000 客户端并发访问
计算机负荷指标	内存>4G，4 核 CPU2.0 以上，CPU 平均负荷<15%

4.4　pSpace I/O Server 数据采集服务器软件

数据采集服务器软件使用 2 台服务器进行冗余部署，采集现场生产数据后再通过软件私有协议将数据传给 pSpace 实时/历史数据库软件。数据采集软件具备以下技术特点；

4.4.1　高可靠的冗余与容错技术

支持控制设备和通道冗余，支持普通的 RS232、RS485、以太网等控制网络的冗余，支持控制硬件的软冗余切换和硬冗余切换，支持实时数据库服务器之间的冗余热备，支持监控网络的冗余。

4.4.2　持续更新的驱动库

支持 3000 个以上的 IO 通讯驱动程序，支持通过 RS232 \ RS422 \ RS485、电台、电话轮巡拨号、以太网、移动 GPRS、CDMA、GSM、Zigbee 网络等方式与远程现场设备进行通讯，支持与国内外主流的 PLC、SCADA 软件、DCS、PAC、IPC 等设备通信与联网。

4.4.3　完整的无线通讯解决方案

提供完整的无线通讯解决方案。无论是移动设备端、是广泛分布的无线通讯设备终端、或者是无线监控子站系统，都有完善、可靠的解决方案。消除了将 GPRS 网络绑定虚拟串口以查询方式访问造成数据传输不稳定的隐患，突破了这种方式下的设备数量限制。有效的流量控制机制保证了远程应用中节省通讯费用。所有设备的驱动程序支持通过移动 GPRS、CDMA 网络与控制设备进行通讯。支持设备主动通过 GPRS 上传数据的方式进行数据传输。支持移动 APN 专网固定 IP 等方式进行数据传输，如图 2 所示。

4.4.4　优化的 IO 调度机制

IO 调度组件对采集数据包的间隔时间控制进行了优化。把数据采集间隔时间的精度提高到 10 毫秒以内，大大缩短了数据采集的间隔，提高了采集效率。这样在与设备进行大数据量的数据交互时，通讯性能有明显提高。使用时支持 IO 设备通讯的离线诊断、支持不同协议的设备在同一条通讯链路里通讯。通讯故障后具备自动恢复功能。可以采集带时间戳数据，实现历史数据向实时数据库回插功能。IO 调度的接口部分源代码完全公开，用户可以自行开发驱动程序。

4.5　Oracle 关系型数据库

在本次系统优化建设中，Oracle 作为 Finforworx 的核心业务数据库，用以存储所有与平台相关的数据内容，例如生产数据，报警数据、静态信息，用户管理，系统配置数据等信息。历史数据将在 pSpace DB Server 进行存储。

Oracle 数据库是目前世界上使用最为广泛的数据库管理系统，作为一个通用的数据库系统，它具有完整的数据管理功能；作为一个关系数据库，它是一个完备关系的产品；作为分布式数据库它实现了分布式处理功能。

5 系统功能设计

5.1 系统导航流程设计

系统登录成功后将进入引导页，引导页包含“吉 7 井区生产监控系统”“页岩油井区生产监控系统”“智能分注系统”等系统，如图 3 所示系统导航流程，通过引导页选择即可进入单系统页面。

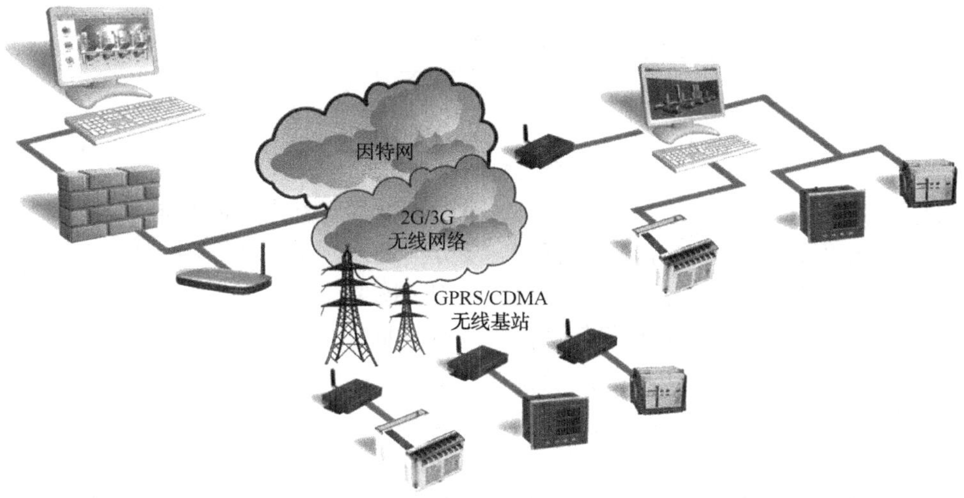

图 2 完整的无线通讯

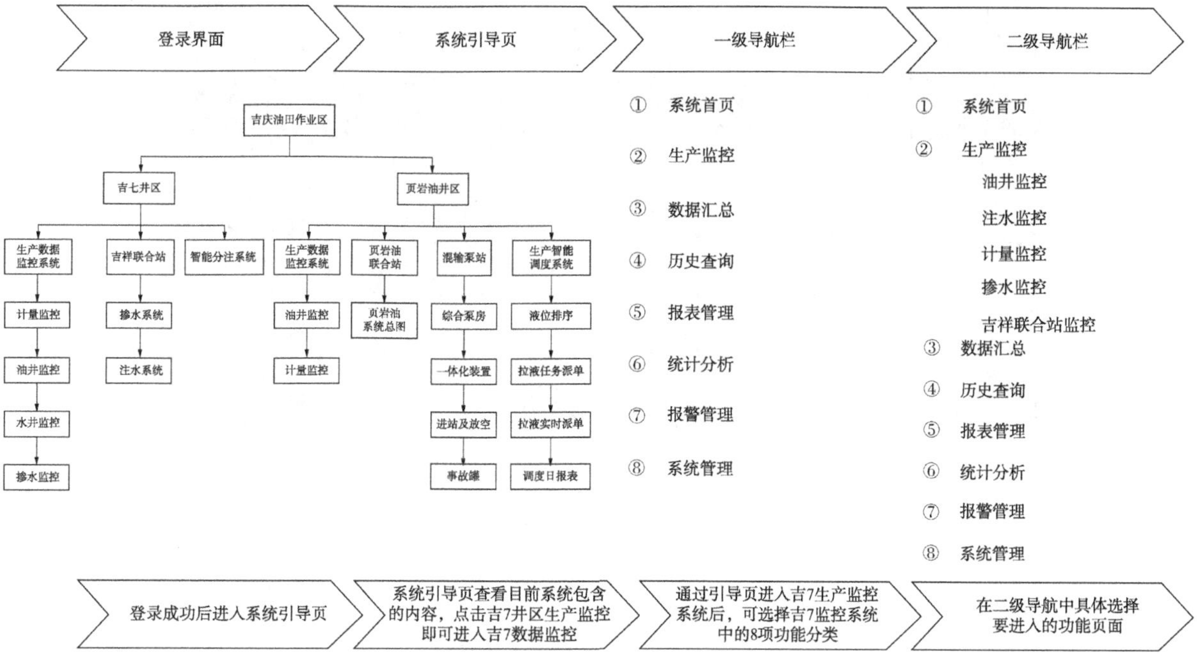

图 3 生产数据监控平台系统导航流程

5.2 系统首页

将油田核心业务系统的各项关键数据通过大屏幕进行综合可视化展现，支持油田从安全生产、运营目标、节能降耗、管理 KPI 等多个维度进行日常运行监测与管理。

本次首页设计三个页面，分别为“宏观流程

可视化”“油田重要指标可视化”“网络拓扑状态可视化”。

5.2.1　吉庆油田作业区宏观流程可视化

绘制吉庆油田作业区宏观生产流程图，主要功能是为参观者展示吉庆油田作业区生产管理内容及重要数据。绘制矢量地图和重要流程及参照物，各环节重点监控数据、各环节统计分析类数据展示，通过点击区域进入对应数据监控页面，如图4所示。

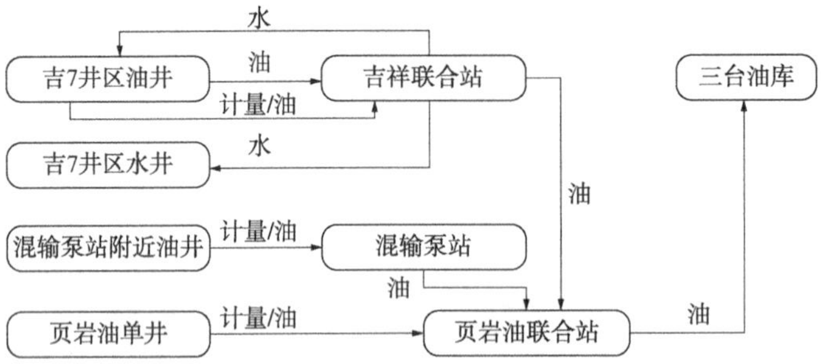

图4　吉庆油田作业区宏观生产流程图

5.2.2　油田重要指标可视化

收集油田生产调度管理过程中的重点数据与任务指标，通过大屏进行综合展示，通过实时数据与任务指标进行对比，为管理人员提供管理依据，具体可以展示产量波动统计、单井产量排名、分类报警触发次数排名、油井状态统计、实时报警类型统计、油井类型统计、本月历史报警分类统计、开井数趋势统计、吉庆油田作业区管理区域矢量地图、吉7井区与页岩油井区大屏切换。如图5所示吉庆油田作业区生产数据大屏展示效果，可以看出全油田实时信息。

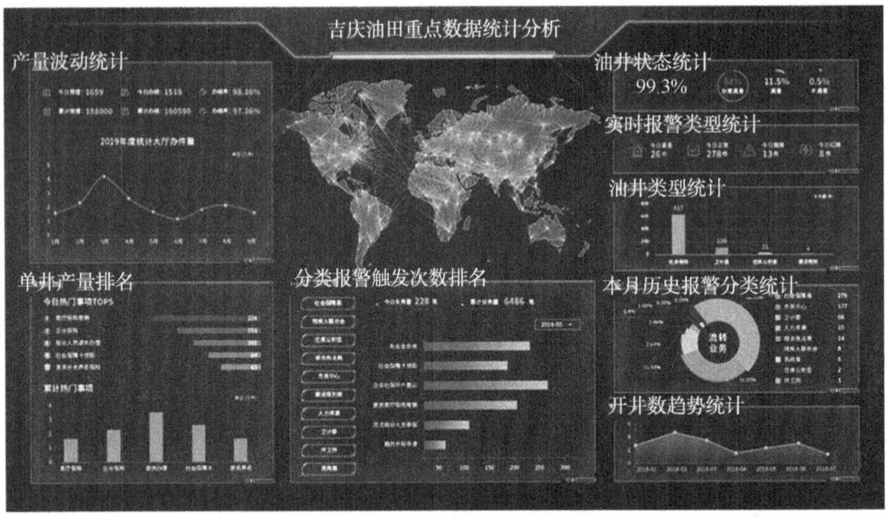

图5　吉庆油田作业区生产数据大屏展示

5.2.3　网络拓扑状态可视化

网络拓扑状态可视化：绘制网络拓扑图，对油田网络关键节点的状态进行综合展示，如图6所示。

6　生产数据监控页面

6.1　油井监控

油井监控页面中需包含3D仿真流程图及重点实时数据，非重点数据通过切换到汇总页面进行查询，单井页面尽量包含围绕单井产生的功能，例如远程控制、报警设置等。增加油井远程控制，启动/停机控制，输出转速设定，传动比设定，掺水流量设定。使平台管理者和具体操作人员无需实时巡视现场也可清晰准确获知现场工况信息，如图7所示。

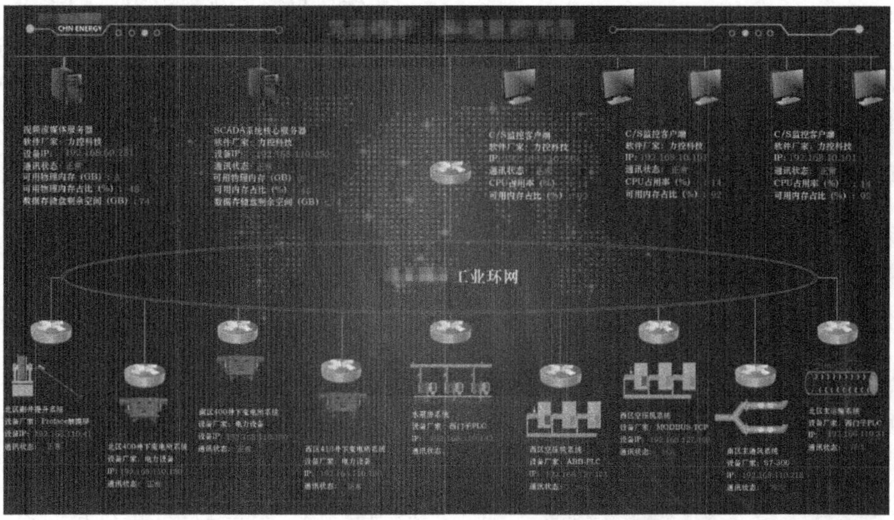

图 6　网络拓扑状态图

图 7　油井数据参数监控

6.2　油井备注信息

按照 A2 备注标准进行标准化备注功能开发，备注结果将通过 DMS 系统进入其它需要标准备注信息的系统。对备注设置开始时间、持续时间，当到达设定持续事件后，系统将会弹出询问窗口，用户需确定备注事件是否在预计时间内完成，是否需要再次延时。用户可在设置备注时，选择备注时间段内实时报警与计量排程功能等功能开关，默认在备注状态下，禁用单井实时报警及计量排程等功能。如图 8 所示为油井添加备注信息图。

6.3　实时数据总览

单井监控页面提供跳转按钮，单井总览页面将采集到的所有单井实时数据进行汇总展示。单井监控页面提供跳转按钮，单井历史查询页面可提供历史趋势、历史数据查询功能。通过数据汇总表的形式展示全部单井数据，用户可对要展示的重点数据进行个性化配置，此功能主要为用户提供全部井重点数据展示，并对异常井、异常数据进行突出显示，便于监控人员快速定位存在异常的单井。

6.4　掺水监控

掺水监控功能本次建设以继承原系统功能为主，本次系统建设主要恢复原系统功能，进行页面优化，并将掺水相关的油井压力展示在掺水页面；用户可在设置备注时，选择备注时间段内实时报警及掺水流量设定的功能开关，默认在备注状态下，禁用掺水实时报警(不包含油井压力报警开关)及流量设定功能。监控数据触发报警时，变色显示(颜色分为低报、正常、高报三

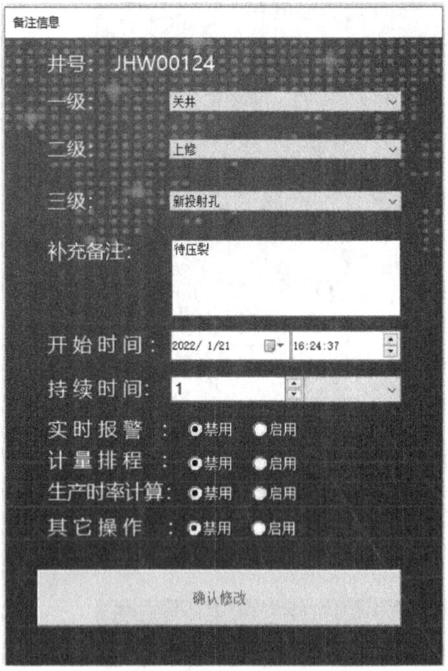

图 8　油井添加备注信息

种）。掺水按站进行展示，提供站选择功能，提供上下翻页选择站功能。

6.5　注水监控

本次建设主要将原系统注水井与配水间进行整合，将两个页面整合为注水监控页面进行综合展示。

水井页面，配水页面合并：本次系统建设将原水井页面的 2 个压力数据与配水间数据进行整合，根据站属关系进行页面开发，在同一页面综合展示配水间下属的所有水井数据。

优化报警，排除误报：配水管理工作的重点在于处理异常报警，并进行调压调流，本次需对报警的准确性以及远程控制的便捷性进行优化。

6.6　计量监控

具备计量相关的所有控制功能，操作人员需对今日需要计量的进行排序，不计量的井排序为 0，然后为每口井设置计量方式及计量参数，配置完成后点击启动计量，计量页面中设置的参数全部写入现场 PLC 中，上位系统完成数据展示、远程设置、记录计量结果即可。当出现异常时，计量任务暂停，并产生报警提示，当监控人员接触故障后，选择跳过故障井或重新计量，系统将根据选择，继续进行计量排程。实现系统自动计量，计量管理人员完成计量工作。

6.7　站库监控

以目前监控系统的功能为基础，站库在本次建设的监控系统中较为简单，实现基本的流程图监控、数据展示、实时报警等常规功能。

站库部分本次建设对主要流程进行三维仿真流程图绘制，同时保留 2D 流程图，提供风格切换按钮，如图 9 所示。

6.8　实时数据汇总

数据汇总是监控人员使用时间最长的页面，通过汇总展示各类生产设备的实时数据及状态，实现快速巡检功能。监控人员在此页面发现问题后，进入其它详细数据页面进行具体分析，如图 10所示。

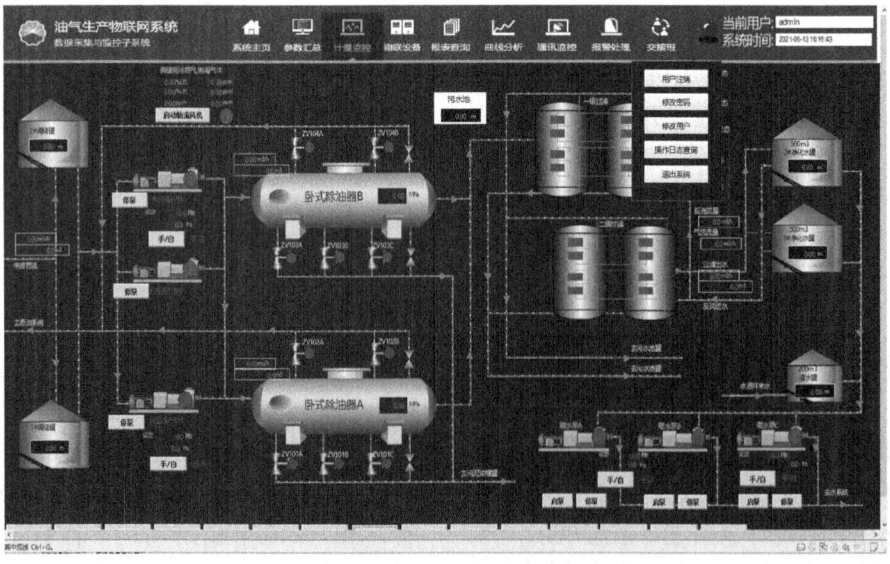

图 9　联合站监控流程图

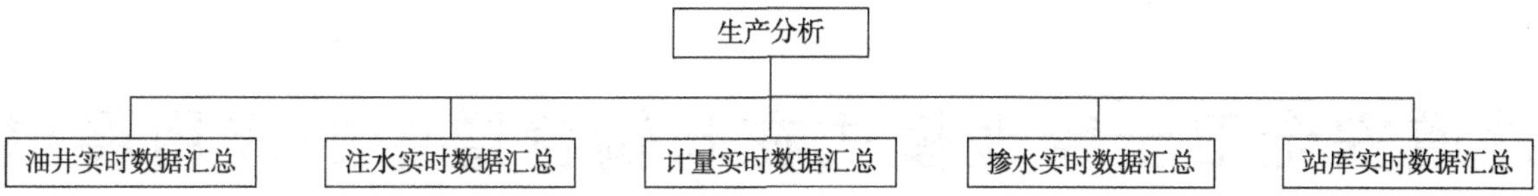

图10　实时数据汇总

通过点击油井/水井/计量站名称进入其单系统监控页面，展示通讯状态、运行状态、实时数据、备注信息，数据触发报警时，数据变色(报警类型不同，颜色不同)，突出显示异常信息，提供站名、井名、井类型搜索方式，提供自定义查看变量分组，及分组查询功能，提供数据导出功能，提供批量备注、批量停井功能。通过常规高低限设定、多条件组合报警设定、同A2日报标准值变化率报警设定三种方式，实现全面监控油田生产过程，通过平台预设逻辑判断，帮助运维管理人员精准定位故障原因及故障环节，快速解决问题。

7　结论

系统平台的优化解决系统独立运行、计量监控操作不便的问题，大大减少了指挥大厅工作量。通过详尽的指标体系，实时反映吉木萨尔页岩油生产的运行状态，将采集的数据形象化、直观化、具体化。将吉木萨尔页岩油管理决策提升到一个新的高度，为管理层提供的“一站式”决策支持的管理信息中心系统。优化管理模式，推进作业区管理体系和管理能力职能化，打造“新型油田作业区”，建成精干、高效的智能化油田，实现“节人、节能、节约运行成本，提高经济效益”的目标。

参 考 文 献

[1] 彭元文，万骏，田晓岚. 智慧油田数据采集与远程监控分析[J]. 中国管理信息化，2022，25(18)：130-132.

[2] 汤姆，赵金龙，杨帆. 天行实时数据云平台在油田生产状况报警中的应用——以石西油田生产监控系统分析为例[J]. 信息系统工程，2020(06)：107-109.

[3] 程嘉欣. 油田生产数据监控系统的应用与实现分析[J]. 中国管理信息化，2017，20(06)：57.

[4] 关鑫. 基于ZABBIX和GRAFANA的油田数据中心监控系统部署与优化[J]. 中国管理信息化，2022，25(18)：191-193.

管道安全卫士管理模式在长输管道中的应用展望

王忠辉　郑　伟

（中国石油化工股份有限公司东北油气分公司）

摘　要　针对长距离天然气输送管道的运行安全问题，本次研究引入了管道安全卫士管理模式，首先对该种类型的管理模式进行理论介绍，对长距离天然气输送管道的现状进行分析，开展管道安全卫士管理模式在长距离天然气输送管道中的应用研究，并对该种管理模式的管理效益和经济效益进行探讨，为提高长距离天然气输送管道的安全性奠定基础。研究表明：管道安全卫士管理模式由运营管理中心、分布式光纤声波监测系统、无人机巡检系统和专用车辆共同构成；针对长距离天然气输送管道运行的实际情况，在引入管道安全卫士管理模式以后，利用与管道同沟铺设的光缆作为传感介质，采用分布式光纤声波检测系统和无人机、专用车辆联动，可实现管道全天全程入侵防护、泄漏监测和定期无人机地面巡视功能；同时，自动化的无人机巡检+云数据处理构成了一套高效智能的输气管道“云”巡检系统，完成全线巡检仅需1小时；在引入该种管理模式以后，技防取代人防，降低了劳动强度，减少了巡线人员，降低了管道管理风险。结论认为管道安全卫士管理模式的引入，可以大幅提升长距离天然气输送管道运行的安全性。

关键词　管道安全卫士；输气管道；分布式光纤声波监测系统

随着社会经济的快速发展和能源需求的不断增长，管道输送系统已成为能源行业不可或缺的重要组成部分。但是管道安全问题一直是能源行业面临的重大挑战之一，管道泄漏、第三方入侵等意外事件不仅可能对环境造成严重破坏，还可能对人员生命和财产安全造成威胁，因此，如何有效地保障管道安全已成为迫切需要解决的问题。在这样的背景下，“管道卫士”作为一种创新的管道安防服务平台和管理模式应运而生。该平台利用分布式光纤声波检测系统与管道同沟铺设的光缆作为传感介质，结合无人机、专用车辆等高科技手段，实现了对管道全天候、全程的入侵防护、泄漏监测和定期巡视等功能。一旦发生管道泄漏或非法入侵等异常事件，系统将立即发出警报，并准确传送报警位置给无人机与地面车辆，实现了快速响应与处置。

本研究针对长距离天然气输送管道运行中的实际情况，探讨“管道卫士”管理模式在长距离天然气输送管道中的应用展望。通过对该管理模式的原理、技术特点以及在实际应用中的效果进行深入研究与分析，旨在为我国能源行业的管道安全提供可行的解决方案和技术支持，进一步提升管道输送系统的安全性、稳定性和可靠性，为保障国家能源安全做出积极贡献。本研究将结合理论分析和实证研究方法，深入挖掘“管道卫士”管理模式在长距离天然气输送管道中的应用效果，为相关决策部门提供科学依据和决策支持，同时，为我国管道安全领域的技术创新和产业发展提供有益参考。

1　管道安全卫士管理模式概述

1.1　管道安全卫士概述

管道安全卫士是一种综合的管道安全服务系统，其主要由分布式光纤声波监测系统、无人机、专用车辆及运营管理中心共同组成。分布式光纤声波检测系统将输气管道沿线同沟敷设的光纤作为传感器和传感介质，实时监测管道周围的声波变化，以便检测可能的异常情况。无人机用于提供空中监视和图像传输，能够快速响应管道异常事件，实施现场巡视和监测，同时无人机搭载甲烷传感器，可以对管道的泄漏浓度进行监测，在有必要的前提下，无人机还可以实现远程点火的功能。专用车辆配备了必要的设备和工具，能够迅速抵达现场，执行巡视、维修、处理泄漏等任务。运营管理中心负责对传感器系统和无人机的监控和管理，接收并处理来自管道安全卫士系统的警报和数据。同时，自动化的无人机巡检+云数据处理构成了一套高效智能的输气管道“云”巡检系统，完成全线巡检仅需1小时，“云”巡检系统的运行机理如图1所示。

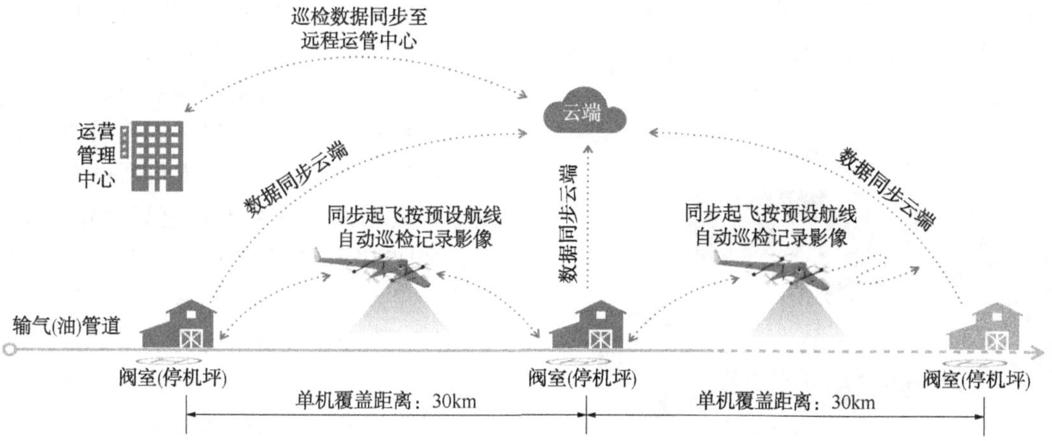

图 1 “云”巡检系统运行机理图

1.2 模式原理

分布式光纤声波监测系统如图 2 所示，其是一种基于光纤传感技术的监测系统，利用光纤的特性对声波信号进行监测和分析。对于我国部分输气管道而言，管道沿线同沟敷设有光缆，其主要用于视频及中控信号传输，部分“芯”处于闲置状态，分布式光纤声波监测系统与管道沿线同沟敷设光缆的一芯或两芯连接，当管道周围发生声波振动或声压变化时，这些声波将通过管道周围的介质传播，其中包括土壤、水、空气等，这些声波会引起介质中的微小应变或位移。光纤传感器的工作原理基于光纤的干涉效应。当光纤受到外界应变或位移时，其长度或折射率发生微小变化，从而导致光信号的相位和强度发生变化，这些变化会通过光纤传感器传回系统，系统通过分析这些变化来检测管道周围的声波信号。光缆将采集到的光信号传回监测系统，并将其转换为数字信号进行处理和分析，监测系统通过比较传感器处的光信号与基准状态下的信号，可以确定是否有声波信号发生，并分析声波信号的频率、振幅等特征，从而判断管道周围是否存在异常情况，如泄漏或非法入侵。监测系统可以实时监测管道周围的声波信号，并根据预设的阈值进行报警，一旦检测到异常情况，系统将立即发出警报，并通知相关的监控中心或操作人员，以便及时采取应急措施。

无人机系统如图 3 所示，其搭载有摄像头及甲烷传感器，高清晰度的摄像头处于可旋转和倾斜状态，以提供多角度、全景的图像监测。摄像头工作时，通过光学镜头将周围景物成像在摄像传感器上，然后将成像的光信号转换为电信号。这些电信号经过处理后被传输至无人机控制系统，最终转换为数字图像。这样的图像采集系统可以提供实时的视觉信息，帮助操作员监测管道周围的情况，例如发现泄漏点、监测周边环境等。甲烷传感器采用红外吸收技术，红外吸收技术利用甲烷气体吸收特定波长的红外辐射的原理，通过测量光的吸收程度来确定气体浓度。传感器将检测到的甲烷气体浓度转换为电信号，并传输至无人机控制系统。如果甲烷浓度超过预设阈值，系统将发出警报信号，提醒操作员可能存在的甲烷泄漏风险。

图 2 分布式光纤声波监测系统

图 3 无人机系统

专用车辆如图 4 所示，其配备了应急救援设备和人员，能够在管道发生泄漏、第三方入侵或非法施工等紧急情况时，迅速赶往现场提供应急救援支持。一旦接到管道异常的报警信息，专用车辆会立即出发，赶往事发现场，救援人员会采取相应的措施，对异常情况进行处置和处理，最大程度地减少事故损失。

图 4　专用车辆

管道安全卫士管理模式中各组成部分的协同机理如图 5 所示，当分布式光纤声波监测系统检测到管道异常或无人机巡检系统发现管道表面异常时，系统会与紧急救援车进行联动。紧急救援车会迅速赶往现场，救援人员通过无人机传输的图像和数据，获取关于管道异常情况的详细信息，采取相应的应急措施。分布式光纤声波监测系统、无人机巡检系统和紧急救援车之间通过统一的管理平台实现信息的共享和交流，保障各个系统之间的协同作业，这样就能够快速、准确地发现管道异常，并及时采取应急措施，最大程度地保障管道运输过程中的安全。

图 5　协同保障机理

2　天然气长输管道现状分析

2.1　管道概况

公司负责运行管理 5 条天然气长输管道，在引入管道安全卫士管理模式的过程中，其中 1 条管道因建设年限早，未敷设伴行光缆，可以采用整体租赁专线方式部署在线监测系统，剩余 4 条管道在用光缆随管道同步建设，使用年限均已超过十年，部分光缆断点多，光衰较大，需要进行修复更换。

2.2　安全挑战

第三方入侵造成管道泄漏事故逐渐增多，常规的巡检措施无法做到全路线不间断实时监控。近年来，未经授权、缺乏监督的工程施工、盗窃、蓄意破坏等第三方入侵是管道泄漏事故的主要原因，第三方入侵是指非管道工作人员或未经授权的第三方人员对长输管道系统的非法侵入和破坏。这种行为可能会对长输管道造成严重的危害，需要采取有效的措施进行预防和管理。例如加强管道巡检、完善安保措施、加强法律法规宣传等，以保障长输管道的安全和稳定运行。

常规的巡检方法无法做到全路线不间断实时监控，常规巡检存在以下缺点和不足：①巡检效率低，传统的巡检方式通常依靠人工巡检，需要耗费大量时间和人力，而且巡检人员的专业素质和经验水平也会影响巡检结果；②无法实时监控，传统的巡检方式无法实时监控管道运行状态，很难及时发现和解决问题；③存在安全隐患，人工巡检过程中可能存在安全隐患，如遭遇恶劣天气或地质灾害等，对巡检人员的生命安全构成威胁；④巡检数据难以管理，传统的巡检方式通常依靠手工记录巡检数据，难以实现数据的集中管理和分析；⑤无法实现智能化管理，传统的巡检方式无法实现智能化管理，无法对管道运行状态进行预测和预防性维护。

随着第三方施工逐年增加，所辖天然气长输管道在日常全线监护方面仅靠现有人员力量无法应对，需依靠 24 小时在线监测手段对管道运行情况进行掌控。长输管道同沟敷设通讯光缆可以克服这些缺点和不足，实现高效、实时、安全、智能的管道巡检和管理。

3 管道安全卫士管理模式在长距离天然气输送管道中的应用

3.1 分布式光纤声波监测系统的应用

针对输气管道场站的实际情况及分布式光纤声波监测系统的性能指标，在引入管道安全卫士管理模式以后，在输气末站分别安装一台单通道分布式光纤声波监测系统主机及解析软件，实现天然气长输管道安全监测的目标。其中，分布式光纤声波监测系统的性能指标如表 1 所示。

表 1　分布式光纤声波监测系统的性能指标

序号	内容	参数
1	主机测量距离	单通道 40km
2	测量原理	声波
3	光功率损耗预算	≥12. 5db
4	采样分辨率	0. 67m
5	采样频率	1～20KHZ
6	更新速率	<1S
7	响应时间	2 分钟
8	通讯接口	100M 以太网接口/RJ45
9	主机工作电压	AC220V，50Hz
10	定位精度	±10m
11	光学接口	E-2000
12	探测范围	人工作业/破坏性事件，可监测半径 $R\geq5$m
13		机械作业事件，可监测半径 $R\geq10$m
14		管道泄漏事件，可监测半径 $R\geq3$m
15	多目标探测功能	具备
16	断纤报警功能	具备
17	事件识别准确率	准确率≥95%
18	漏报率	全周期：漏报率≤2%
19	误报率	全周期：≤2 次/天
20	报警推送	短信、系统平台
21	设备功率	700 瓦，最大峰值 1500 瓦
22	供电	AC220V±10%，50Hz±5%；

在完成整个系统部署、安装、调试、地理位置标定之后，根据管道埋深不同、环境不同，在易出现人工挖掘、气体泄漏、机械挖掘、顶管穿线的地段，选取多个地点进行振动数据采集及标定。在人工挖掘模式标定方面，准备铁锹、镐等挖掘工具在选取的地点进行人工挖掘，采集分析振动及声波信号，通过设置振动范围、时间、能量、频率等初步设置人工挖掘报警事件阈值。在机械挖掘模式标定方面，使用挖掘机在选取的地点进行机械挖掘，采集分析振动及声波信号，通过设置振动范围、时间、能量、频率等初步设置机械挖掘报警事件阈值。在气体泄漏模式标定方面，使用氮气瓶、阀门、模拟气体泄漏钢管等，在选取的地点将钢管插入输气管道附近 1～3m 处，释放氮气模拟管道气体泄漏，进行采集分析振动及声波信号，通过设置振动范围、时间、能量、频率等初步设置气体泄漏报警事件阈值。模式识别初步标定完成后将采集到的振动及声波信号进行模型封装及测试并植入系统平台，此时系统完成所有部署及测试工作，并具有模式识别二次滤波功能。

3.2 无人机巡检系统的应用

针对长距离输气管道沿线场站的分布情况，在首末站设置小型停机坪，实现无人机巡检及异常处置的功能。其中，无人机的性能指标如表 2 所示。

表 2　无人机系统性能指标

性能指标	描述
飞行时间	最长飞行时间：120 分钟
飞行距离	单次飞行最远覆盖范围：30 公里
载荷能力	最大有效载荷重量：10 千克
航程	单次飞行航程：60 平方公里
飞行高度	最大飞行高度：500 米
摄像头性能	-高清晰度摄像头-支持最大 4K 分辨率-光学变焦范围：30 倍
传感器性能	-甲烷传感器具有高灵敏度-可检测范围：0～100%LEL-响应时间：<2 秒
实时数据传输	支持实时数据传输功能，可即时传输摄像头和传感器采集的数据至地面站或监控中心
抗风能力	最大风速等级：5 级
自动化程度	配备智能飞行控制系统，支持自动起降、航线规划、自动避障等功能
易用性	操作简易，配备遥控器和地面站，操作人员可轻松掌握

3.3 专用车辆的应用

根据长输管道沿线场站的分布情况及管道长度，在引入管道卫士管理模式以后，需要在首末站分别设置一辆专用车辆。专用车辆内物资设备的配备情况如表3所示，专用车辆配备了相关的救援设备和工具，一旦管道事故发生，可以迅速响应并抵达事故现场。在管道事故中，可能存在人员受伤或被困的情况，专用车辆可以用于将伤员转移至安全地点，以便及时救治。专用车辆携带了各种救援设备，例如紧急切割工具、防爆器材等，可以为现场救援提供必要的支持和保障。在管道泄漏事故中，专用车辆携带的泄漏控制装备可以用于快速封堵泄漏口，减少泄漏量，降低事故影响范围。专用车辆在事故现场设置安全警戒线，阻止非救援人员进入，确保救援工作的安全进行。专用车辆配备了通信设备，可以与运营管理中心和其他救援人员进行实时通讯，协调救援行动。在事故现场，专用车辆的指挥人员可以负责现场救援工作的协调和指挥，确保救援行动有序进行。

表3　专用车辆物资配备情况

设备/工具	描述
泄漏控制装备	泄漏封堵材料(各类密封胶、填充物等)
	泄漏控制带(用于封堵管道漏点)
紧急切割工具	电动切割机
	紧急切割锯
防爆器材	防爆衣物
	防爆头盔
	防爆手套
人员转移设备	抬担架
	安全绳索
通信设备	无线对讲机
	移动通讯终端
现场指挥设备	指挥手持电台
	作战板
安全警戒设备	警戒锥
	警戒带

3.4 运管管理中心的应用

运管管理中心负责对整个管道安全卫士系统进行监控和调度，监测各个子系统的运行状态，及时发现问题并做出响应，负责对分布式光纤声波监测系统、无人机和专用车辆等设备采集的数据进行分析和处理，利用数据分析技术进行异常检测和预警，及时发现管道安全隐患和异常情况。在管道事故发生时，运管管理中心负责启动应急预案，组织无人机和专用车辆等救援资源，进行现场救援和事故处置工作，并协调相关部门的配合和支持，运管管理中心作为信息中心，负责与现场指挥人员、应急救援队伍、相关部门和单位之间的通信和联络，确保信息的及时传递和沟通畅通。运管管理中心负责管道安全卫士系统采集的各类数据的存储和管理工作，包括监测数据、巡检图像、应急救援记录等，为后续的分析和报告提供支持，负责对管道安全卫士系统的操作人员进行培训和演练，提高其应急救援和系统操作的能力，确保系统能够有效运行。

4 效益分析

4.1 管理效益

通过管道安全卫士模式的应用，相当于给管道装上“眼睛和大脑”，实现对管线的实时监控和远程操控，实现管道运行异常早发现，故障早排除。应急处置由被动响应转变为主动响应，助推管网运行管理模式的转变，同时也为智慧管网建设打下良好基础。在引入管道安全卫士管理模式以后，可以实现了24小时无死角整体管道的防护与泄漏检测，解决了安全担忧的问题。通过标准化的服务，实现管道安全运营的标准化、规范化，提升了管道的整体安全管理水平和经济效益。技防取代人防，降低了劳动强度，减少了巡线人员，降低了管道的管理风险。通过日报、月报和年度分析报告等基础数据的分析，为管道生命周期的安全管理提供依据。

4.2 经济效益

在引入管道卫士管理模式以后，以百公里管道每年的运营管理成本为例，管道卫士模式及常规巡检模式的经济对比情况如表4所示，通过对经济效益进行分析可以发现，管道在安全方面的运营管理成本每年可以节省208万元。同时，系统能够实时监测管道周围的环境变化，及时发现潜在的危险源，有效减少管道安全事故的发生，避免因此每次产生的经济损失平均约200万元。

表 4　管道卫士管理模式与传统管理模式对比表

对比项目	管道卫士模式	常规检查
预警	能够实现预警和事后检测	事后检测
24 小时	整条管线 24 小时实时监测	有时间差，且无法同时监测整条管线
异常响应时间	实时检测、及时报警	取决于现场状况
人力	每百公里约 12 人(人员可监管其他设备)	每百公里约 36 人
车辆	每百公里 2 辆车	每百公里 6 辆车
天气影响	较小	较大
应急指挥	可为应急指挥服务，网络连接及视频传输等，效果好	无
漏报率	有效距离内<=5%	随机
车辆费(万元)	24(2 辆车)	72(6 辆车)
人工费(万元)(15 万/人/年)	180(12 人)	540(36 人)
监控设备折旧费(万元)	300	100

5　结论

本次研究针对长距离天然气输送管道的安全运行问题，提出了管道安全卫士的管理模式，首先对该种管理模式的构成及作用出发，对其进行了简单介绍，根据现场实际情况，开展了管道安全卫士管理模式在长距离天然气输送管道中的应用研究，并对其社会效益及经济效益进行了分析。通过本次研究主要可以得出以下三条结论：

(1) 管道安全卫士主要由分布式光纤声波监测系统、无人机、专用车辆及运营管理中心共同组成，分布式光纤声波监测系统主要用于管道泄漏监测及第三方入侵监测等，无人机主要由于巡检及应急处置，专用车辆用于应急处置，运营管理中心主要承担调度及指挥的功能；

(2) 管道安全卫士模式能够实现油气管道非法入侵、泄漏情况的全方位监测、及时预报警和准确定位，能够实现对企业管线的远程监控和实时监测，变人工巡视为在线监控，实现管道突发事故由被动响应向主动反应模式转变，助推企业管网管理模式的转变，提高管道安全防范能力；

(3) 在引入该种管理模式以后，在管道安全管理方面，公司每百公里管道每年可以节省 208 万元，可以提高快速反应和安全防控能力，有效降低管道运营损失，大大提高管网管理效率，可以产生不可估量的安全效益。

参 考 文 献

[1] 刘鹏，李玉星，杨昊，等. 输气管道泄漏事故衍生灾害后果定量评价方法[J]. 油气储运，2021，40(06)：664-672.

[2] 臧付冲. 关于对天然气管道安全运行保障措施[J]. 当代化工研究，2020，(20)：87-88.

[3] 黄雪松，张佳，周兆明，等. 输气管道第三方破坏数值分析及安全评价方法[J]. 科学技术与工程，2020，20(01)：320-326.

[4] 王婉青，吕淑然，张宇栋. 改进的层次分析法在高压输气管道泄漏风险分析中的应用[J]. 重庆理工大学学报(自然科学)，2019，33(07)：81-88.

[5] 蔡昌新，易康，廖锐全. 长输油管道泄漏检测与定位技术研究进展[J]. 科学技术与工程，2023，23(24)：10177-10189.

[6] 王子恒，景洪. 分布式光纤声波传感的管道泄漏监测指标分析[J]. 中国仪器仪表，2021，(08)：61-65.

[7] 张丽，周巍. 集输管道分布式光纤声波泄漏监测系统的设计与试验[J]. 油气田地面工程，2021，40(08)：57-64.

[8] 张钧，熊隆友. 无人机库自动巡检系统行业应用现状[J]. 中国科技信息，2023，(24)：135-137.

[9] 王菱扬. 基于无人机的管线巡检方案[J]. 数字通信世界，2023，(07)：86-88.

[10] 张庆锋. 基于成品油管道泄漏应急抢修的救险车设备配置研究[J]. 中国战略新兴产业，2017，(20)：163.

[11] 夏文鹤，茹黎南，李明，等. 基于卫星物联网技术的油气管道远程监控[J]. 油气储运，2012，31(12)：898-902+968-969.

基于系统目标可靠度确定的天然气管网智能决策技术研究

杨　凯[1]　李秋娟[1]　马云宾[1]　郑洪龙[1]　闪向营[2]

[1. 国家管网科学技术研究总院分公司；2. 中国石油大学(北京)机械与储运工程学院]

摘　要　天然气管网作为连接天然气资源和下游市场的纽带，其安全高效运行直接关系到天然气的安全平稳供应，快速科学的决策是保障其安全高效运行的前提。基于系统可靠性的天然气管网科学决策技术是智慧管网建设需要迫切解决的生产问题，管网系统目标可靠度可作为智慧管网综合决策的重要依据之一。本文针对运行阶段天然气管网特征，考虑改变管网系统可靠性水平的投资成本和经济效益；引入费用函数表征系统可靠度变化量与投资成本的函数关系；模拟不同系统可靠性水平下的经济效益水平，提出系统可靠度变化量与经济效益的计算模型；建立以效益最优为目标函数的优化模型，最终确定管网系统目标可靠度，通过对陕京输气管网进行算例计算，陕京四线现阶段气量维度和时间维度的供气目标可靠度分别为 0.99909 和 0.99703。结果认为，管网系统的目标可靠度能够实现兼顾管网系统运行的安全性与可靠性，通过对上中下游的海量数据分析，结合在线仿真计算，通过智能化优化算法量化天然管网系统可靠性的管理目标，以可靠性指标为决策依据，实时精准识别管网系统运行过程中的薄弱环节，将人工智能技术与天然气管道系统可靠性有效结合，实现了天然气管网系统运行状态动态监测与决策分析，为天然气管网的安全平稳高效运行提供管理依据；所提出的方法在实际天然气管道系统中已经得到了应用和验证，为后续天然气管网系统可靠性的智能化研究提供了探索参考思路。

关键词　智能决策；目标可靠度；管网可靠性；天然气管网；投资效益准则

随着我国低碳经济的快速发展，天然气作为清洁高效的化石能源，其需求呈现高速增长的趋势。天然气管网作为连接天然气资源和下游市场的纽带，其安全高效运行直接关系到天然气的安全平稳供应，快速科学的决策是保障其安全高效运行的前提。当前油气管道行业开展的“智能管道、智慧管网”的建设将进一步提升油气管道安全高效运行水平，但对科学决策提出了更高的要求。然而，当前天然气管网各项生产经营仍主要由人来完成，受决策者经验和主观认识等影响较大，缺乏系统全面的知识支持和依据，现有的知识无法有效利用，需要系统的知识库为各项决策提供全面的知识依据；随着智慧管网的建设和发展，已有的生产经营决策的模式和过程已经无法满足智慧管网对科学高效决策的需求。管网系统目标可靠度作为智慧管网综合决策的重要依据之一，基于系统可靠性的天然气管网科学决策技术是智慧管网建设需要迫切解决的生产问题。

制约基于供气可靠性的天然气管网科学决策制定的因素主要有三个方面：第一，市场需求认识不足，已有研究多集中于提高市场需求预测的准确性，但对需求不确定性考虑较少，即“不知彼”；第二、管网保供能力不能准确衡量，对于给定的市场需求，不能准确定量评价管网保障市场需求的水平，即“不知己”；第三，目标供气可靠度研究滞后，较难衡量管网供气可靠性水平以及明确供气可靠性差距，缺少管网科学决策制定的依据，即“缺少参照”。因此，有必要且亟需开展管网目标可靠度确定方法的研究，并做到“知己知彼”，即通过人工智能方法准确预测市场需求水平，在数据驱动的基础的基础上考虑需求的不确定性来评价管网保供能力，从而提出经济合理的可靠性增强措施与方案。

天然气管网目标可靠度是提升管网安全高效运行水平的前提和基础。自 2013 年黄维和院士提出大型天然气管网系统可靠性以后，目前国内外油气管道行业可靠性评价工作成果多集中于系统可靠度计算，形成了以高校为主，企业与机构为辅的研究现状，并取得了一系列成果。然而，由于目标可靠度如何设定的研究较少，天然气管网系统可靠性研究尚不能为实际现场所应用，缺乏一套合理的系统目标可靠度水平作为管网智能决策判断的依据。

目前国内外油气管道行业可靠性评价工作成果多集中于系统可靠度计算，目标可靠度如何设定的研究较少。而关于目标可靠度的研究当前较为集中于结构可靠度领域，其主要是基于两个原则：一是以安全为目标，以经济为约束；另一种则是以经济为目标，以安全为约束。管网系统不同于普通的结构性，更加强调的其功能性，即保障下游供气的能力，因此，需结合天然气管网系统过程中特征和可靠运行需求，对管网系统目标可靠性展开研究。

天然气管道系统的运行时间增加，受天管道腐蚀、压缩机叶轮磨损等因素影响，天然气管段和压缩机单元的可靠性降低，系统无法完成规定输送任务的风险增加，进而导致系统可靠性降低。为了保证天然气管道系统安全、高效和经济的运行，天然气管道系统运营商需要制定各个单元的维检修策略，提高单元可靠性以提高系统可靠性；当系统可靠性提升之后，天然气管道系统完成规定输送任务的能力增加，盈利水平提升，同时降低了天然气管道系统单元出现失效的次数。基于投资效益准则，天然气管道系统的投资成本为各个单元维检修的总成本，即可靠性提升成本；投资带来的收益包括了天然气管道系统管输费增加、违约赔付成本的降低以及失效成本的降低。当效益成本比率大于1，则说明收益大于投资，系统总体经济效益提高。从可靠性角度出发，单元可靠性越高，可靠性提升难度越大，成本越高；但收益增加也越困难。因此，随着投资成本的增加，效益成本比率可能小于1，系统总体经济效益降低。从经济效益角度出发，定义系统目标可靠性为天然气管道经济效益最大时的系统可靠性。

基于投资效益准则方法确定目标可靠度的需要工程实践中大量的经济数据。方法中构建的成本函数包括：可靠性提升成本以及可靠性提升后的失效降低成本函数。可靠性提升成本需要不同可靠性提升措施的投资成本，包括人员成本、动工成本、设备成本等。此外，不同可靠性提升措施对单元可靠性的影响也需要大量的可靠性分析实验才能获得。由于数据限制，本方法采用成熟的虚拟寿命模型来考虑不同可靠性提升措施对于单元可靠性的影响，模型参数采用假设值。

可靠性提升后的失效降低成本包括管输费的损失、合同赔付以及单元期望损失。单元期望损失采用失效成本的平均值进行考虑，以考虑到算法的耗时情况。本方法通过建立管网可靠性投资效益函数，比较不同可靠性水平所需要的投入成本和由此带来的效益收益，选择总费用最低的方案，确定天然气管网的最优目标可靠度。

1　系统供气可靠度计算指标及方法

在单元可靠性计算、资源侧影响和市场需求大数据分析的研究基础上，提出考虑资源侧不确定性、需求侧波动和水力计算的大型、复杂天然气管网供气可靠性评价方法。整体研究思路如图1所示。

在单元可靠性研究的基础上，采用时序蒙特卡洛模拟，对系统状态转移过程进行模拟，从而确定任务时间内天然气管网的时序状态转移序列；再结合资源侧、需求侧不确定性和各类约束条件的天然气管网供气量计算模型，计算任务时间内天然气管网供给各个需求点的气量。并基于市场需求预测的结果以及已建的天然气管网供气可靠性指标，实现对天然气管网供气可靠性的评价。该方法综合考虑天然气管网运行状态不确定性和时序性、市场需求波动性、用户重要性以及管网管输能力、气源不确定性、节点流量平衡和水力约束条件。详细步骤如下：

（1）天然气上游供气能力计算：收集天然气气源历史供气数据，假设每个气源的供气能力服从随机过程，根据每个气源特征，采用多状态连续时间半马尔科夫过程来表征气源的供气过程；为了体现每个状态供气的随机性，采用非参数检验方法确定每个状态供气能力的概率密度函数。每个气源的状态转移矩阵作为系统状态转移的输入，进行管网的状态模拟。

（2）管段单元与压缩机单元可靠度计算：基于管道历史失效数据库，采用统计方法统计得到管道单元历史平均失效率，单位为次每公里每年；统计得到压缩机单元的压缩机单元历史平均失效率，单位为次每年。管道单元和压缩机单元的失效率作为系统状态转移的输入，进行管网的状态模拟。

（3）用户需求预测：通过收集用户历史用气数据，针对用户的类型、用气习惯、影响用气的因素，对用户进行需求侧大数据分析，考虑用户不确定性，建立用户需求预测模型，用于预测用户的需求量。

（4）天然气管网系统状态转移：基于（1）～（2）的结果，构建管网的状态转移矩阵，采用序贯蒙特卡洛方法进行管网的状态模拟，获得任务时间内管网各个单元的状态以及对应持续的时间。

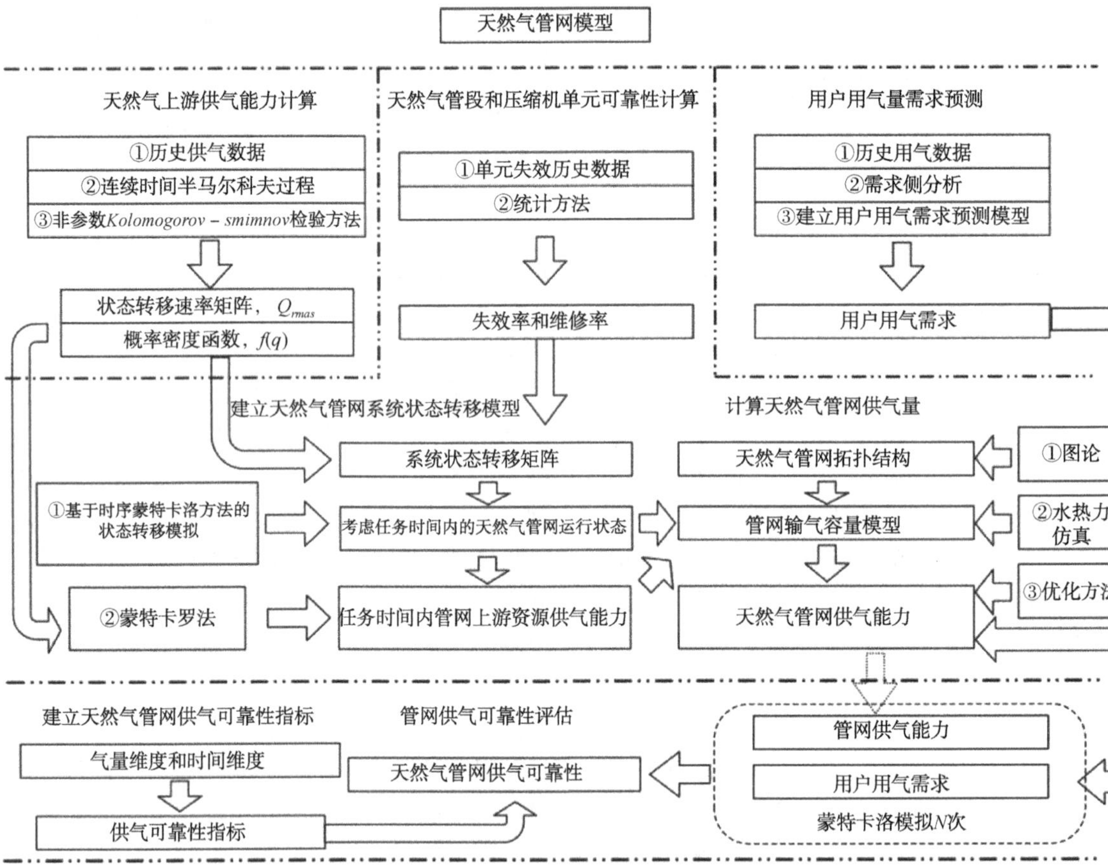

图 1　系统供气可靠性整体思路

（5）天然气管网供气量计算：根据管网的拓扑结构，采用图论的思想进行构建管网有向图；此外基于优化思想，构建以下游用户用气量最大为目标的优化模型，考虑天然气管网各个单元的状态以及对应的输气能力约束，以及管网的水力约束、管存约束、压力约束等，优化得到下游用户的用气量。

（6）供气可靠性计算：基于提出的系统供气可靠性指标，根据预测的用户用气需求和供气量评价供气可靠性；考虑天然气管网上中下游的不确定性，采用蒙特卡洛方法，重复（1）～（5）步骤 N 次，计算得到平均的供气可靠性。

供气可靠性考虑了资源不确定性和用户需求不确定性的影响，同时考虑了天然气管道系统水力特性。天然气管道系统可靠性定义为规定时间和规定条件下系统完成规定输气任务的能力。本文建立天然气管道系统供气可靠性指标如式（14～15）所示：

$$R_{\text{system}}=\frac{\sum_{t=1}^{T_{mission}} C_t}{T_{mission}},\quad C_t=\begin{cases}1, & \sum_{k=1}^{K} X_{t,k} \geqslant \sum_{k=1}^{K} D_{t,k}\\ \dfrac{\sum_{k=1}^{K} X_{t,k}}{\sum_{k=1}^{K} D_{t,k}}, & \text{else}\end{cases} \tag{14}$$

$$R_k=\frac{\sum_{t=1}^{T_{mission}} C_t}{T_{mission}},\quad C_t=\begin{cases}1, & X_{t,k} \geqslant D_{t,k}\\ \dfrac{X_{t,k}}{D_{t,k}}, & \text{else}\end{cases} \tag{15}$$

其中，T_{mission}为任务时间，天或小时；C_t表示第 t 个时段的满足需求情况；$X_{t,k}$—第 t 天第 k 个用户的系统供气量，万方；$D_{t,k}$—是第 i 天第 k 个用户的天然气需求量，万方；K—需求用户的个数。

2 目标可靠度决策方法

2.1 目标函数

根据投资-效益准则，应用经济风险理论，根据能够提升管网系统完成输气任务能力的增强方案，计算可靠性增强投入成本，结合管网系统未完成输气任务的损失成本，在可靠性与经济性之间进行权衡，利用总费用最低优化决策出目标可靠度，管网系统目标可靠度确定如图2所示。

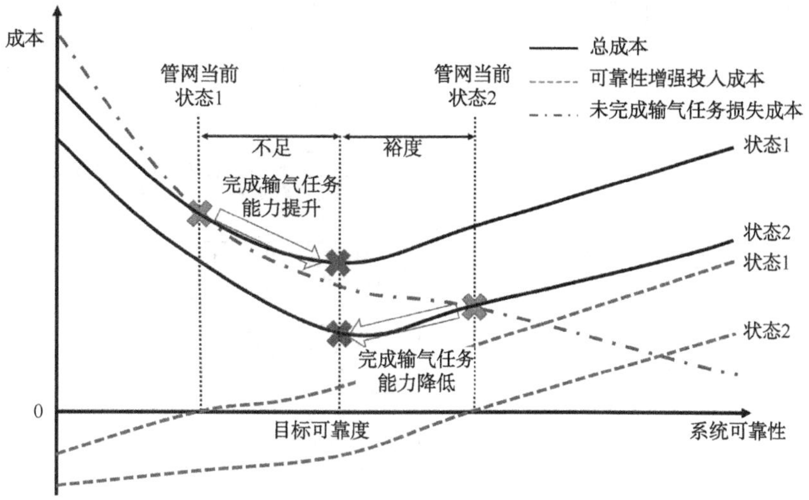

图2 管网系统目标可靠度确定示意图

采用运筹学的方法，将天然气管网系统目标可靠性的确定转化为成本与可靠性约束下的最优经济效益的求解，以天然气管道系统运维成本最小化为目标，构造如下所示的优化模型目标函数：

以规定评价周期内，天然气管道系统运维成本最小为目标函数，具体如下：

$$\min C=C_R+(C_F^0-C_F) \tag{1}$$

式中，C 为天然气管道系统运维成本，万元；C_R为天然气管道系统可靠性提升成本，即为天然气管网由初始可靠度 R_0调整至 R 的提升完成输气任务能力的投资成本，万元；C_F为天然气管道系统可靠性提升之后的天然气管道系统失效成本，万元；C_F^0 为初始天然气管道系统失效成本，万元；$C_F^0-C_F$表示天然气管网由初始可靠度 R_0调整至 R 导致的未输气任务的损失成本，包括管网未输气任务造成的直接经济损失和给托运商的赔付损失。

C、C_F、C_R均与评价周期内管网系统的生产运行方案和该方案下的管网系统可靠度相关。

技术路线如图3所示。首先初选管网运行方案，计算该方案下管网系统可靠性，分别建立提升完成输气任务能力的投资成本与系统可靠性的函数关系式和未完成输气任务的损失成本与系统可靠性的函数关系式，再结合运筹学方法，以总成本最低为目标函数，计算对应的系统可靠度，从而获取以管网系统完成输气任务为目标的目标可靠度。

2.2 系统目标可靠度优化模型费用函数

天然气管道系统可靠性提升成本包括管段以及压缩机单元的维修成本，其中管段维修类型包括加壁套、换管两种类型，压缩机单元维修类型包括小修、大修两种类型。

$$C_R=C_R^p+C_R^c \tag{2}$$

$$C_R^c=\begin{cases}\sum_i^I C_i^c n_i^c+C_o, & \sum_i^I n_i^c>0\\ 0, & \sum_i^I n_i^c=0\end{cases} \tag{3}$$

$$C_R^p=\begin{cases}\sum_i^I C_i^p n_i^p+C_o, & \sum_i^I n_i^p>0\\ 0, & \sum_i^I n_i^p=0\end{cases} \tag{4}$$

式中，C 为天然气管道系统运维成本，万元；C_R^c 为天然气管道系统压缩机单元维修成本，万元；C_R^p 为天然气管道系统管道单元维修成本，万元；I 为模型中涉及的维护方法类型的数量；n_i 为压缩机单元/管道单元需要第 i 类维护方法的单元数量；C_o 为动员成本，万元。

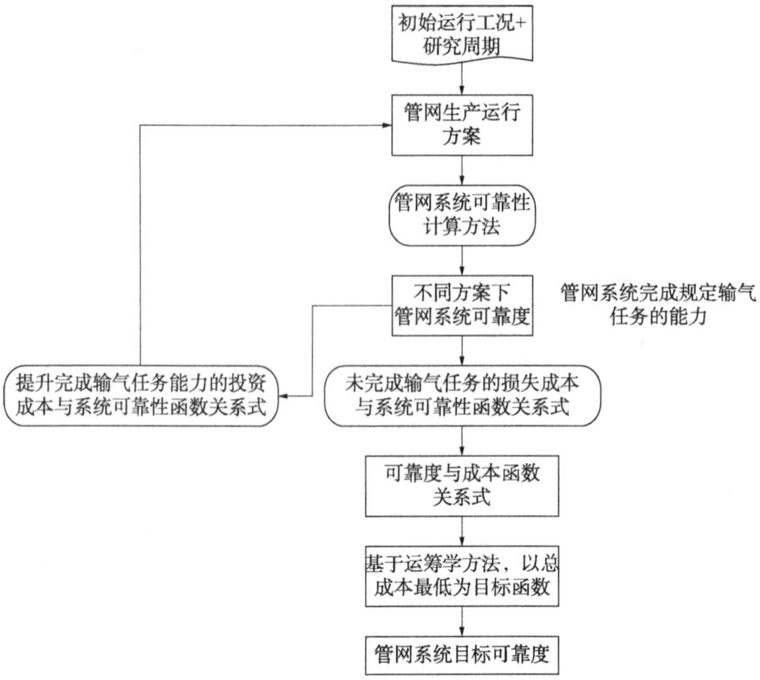

图 3 基于投资效益准则的系统目标可靠度确定技术路线

失效损失成本包括天然气管道系统无法完成输气任务造成的管输费用损失、用户赔付成本以及发生事故的期望损失。天然气管道失效成本与单元可靠性和系统可靠性相关，构建天然气管道系统失效降低总成本函数如下：

$$C_F = C_A + C_L + C_B \tag{5}$$

$$C_L = (1 - R_{system}) \times T_{mission} \times Q \times (C_{price} \times L) \tag{6}$$

天然气管道系统的服务对象是天然气托运商，当天然气管道系统无法完成合同要求的输送任务，则将导致下游消费者能源短缺，则需要更换其他能源来替换，假设消费者更换成本根据合同由管道系统运营商承担，则合同赔付成本计算如下式：

$$C_B = \sum_{k}^{K} (1 - R_k) \times T_{mission} \times Q_k \times C_{replace} \tag{7}$$

$$C_A = \sum_{n=1}^{N_p} C_f^p PoF_n^p + \sum_{n=1}^{N_c} C_f^c PoF_n^c \tag{8}$$

若天然气管道单元和压缩机单元失效过程服从泊松过程，则天然气管道单元和压缩机单元的失效概率可采用下式进行计算得到：

$$\begin{aligned} PoF_n^c &= P(t < T + T_{mission} >| t > T) \\ &= \int_{T}^{T+T_{mission}} \lambda_n^c(t)\,dt = \lambda_n^c T_{mission} \end{aligned} \tag{9}$$

$$\begin{aligned} PoF_n^p &= P(t < T + T_{mission} >| t > T) \\ &= \int_{T}^{T+T_{mission}} \lambda_n^p(t)\,dtL_i = \lambda_n^p T_{mission} L_i \end{aligned} \tag{10}$$

式中，C_A 为单元发生事故的损失期望万元；C_L 为天然气管道系统利润损失成本，万元；C_B 为天然气管道系统合同赔偿费用，万元；R_{system} 为天然气管道系统供气可靠性；$T_{mission}$ 为天然气管道系统任务时间，天；Q 为天然气管道系统总输气量，m^3/天；C_{price} 为管道运输费，元/km/m^3；L 为管道系统长度，km；R_k 为天然气管道系统第 k 个用户的供气可靠性；Q_k 为天然气管道系统第 k 个用户的输气量，m^3/天；$C_{replace}$ 为单位天然气的能源替换成本，元/m^3；C_f^p 为天然气管道单元发生失效的事故损失，万元；C_f^c 为压缩机单元发生失效的事故损失，万元；PoF_n^p 为第 n 个天然气管道单元的失效概率；PoF_n^c 为第 n 个压缩机单元的失效概率；N 为天然气管道系统单元数量；N^p 为天然气管道系统管道单元数量；N^c 为天然气管道系统压缩机单元数量；λ^p 为天然气管道失效率，1/公里/天；λ^c 为天然气管道失效率，1/天。

2.3 天然气管网成本与单元可靠性的函数关系

当天然气管网可靠性提升成本提高，则天然气管网系统可靠性提高，根据式可知，系统失效成本降低，天然气管道系统总经济效益提高；相反，天然气管网可靠性提升成本降低，则天然气管网系统可靠性降低，失效成本提高，天然气管道系统总经济效益降低。

天然气管道系统运营商通过增加或减少可靠性提升的投入来提升/降低天然气管网系统可靠性。由于可靠性提升成本直接影响的是天然气管道系统单元，而且天然气管道系统是一个大型复杂非线性系统，单元可靠性与系统可靠性是非线性关系，难以构建成本与系统可靠性的显式函数关系。因此，本文需要构建单元修复模型来描述可靠性提升措施对天然气管道单元可靠性的影响（见本节），同时需要构建基于单元系统可靠性的天然气管道系统可靠性评估模型（见下节）。本节主要确定不同维修方法对单元可靠性的影响。

基于经典可靠性理论，天然气管道单元和压缩机单元的可靠性指标可采用失效率，$\lambda(t)$，表示，单元失效率的大小代表了单元在下一时刻失效的强度。天然气管道单元与压缩机单元的可靠性分布函数常服从威布尔分布，且失效率随着单元运行时间的增加而增加，公式如下：

$$\lambda(t)=\frac{m}{\eta^{m}}(t-\gamma)^{m-1} \tag{11}$$

式中，t 为单元已运行时间，年；m 为为形状参数；γ 为位置参数；η 为特征寿命参数；

根据上节内容，可知天然气管网系统可靠性提升有两种方案，其一是对单元进行小修、其二是对单元进行大修。对于管段来说，小修是指加壁套，大修指换管。对于压缩机来说，小修代表零件换新，大修表示大检修。为了分析天然气管网系统的投资与效益，需要明确可靠性提升投资如何影响天然气管网系统可靠性，由于投资直接影响的是天然气管网单元可靠性，因此提出单元可靠性与维修方式的联系。

为了评估预防性维护和纠正性维护对产品/系统的可靠性、失效率、平均故障时间的影响学者们构建了可修复系统的可靠性广义模型，包括增强系数模型、虚拟寿命模型等其他模型，可靠性提升示意图如图4所示。

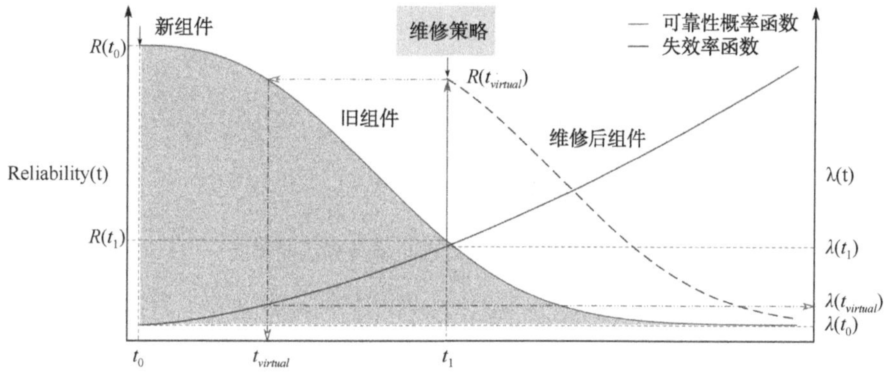

图4　单元可靠性提升示意图

本文采用虚拟寿命模型来评估天然气管网可靠性增强投资对于天然气管网单元可靠性的影响。

Model I：

$$v(t_i)=v(t_{i-1})+(1-\delta_i)x_i \tag{12}$$

Model II：

$$v(t_i)=(1-\delta_i)(v(t_{i-1})+x_i) \tag{13}$$

其中：$v(t_i)$代表第 t_i 时刻的虚拟年龄，年；x_i 表示 t_i 时刻和 t_{i+1}时刻的时间间隔，δ_i 表示第 i 次修复的系数，取值范围为[0，1]，本文中管道与压缩机小修取0.6；管道大修取1，压缩机大修取0.8。

在运行阶段，当天然气管道系统已运行时间为 v，某天然气管道单元对应失效率为 $\lambda(v)$，且该单元从未失效，即 t_{i-1} 为0，此时，对天然气管道进行小修的可靠性提升措施，采用式(12)或(13)可以得到维修之后的天然气管道虚拟年龄 v'，可知 $v'<v$，因此 $\lambda(v')<\lambda(v)$，单元可靠性得到提升，可靠性提升示意图如下图所示。本文采用式(13)构建优化模型。

2.4　基于遗传算法的优化模型求解

对于具有多约束的多层次最优化模型，使用枚举方法很难直接解决这个问题。遗传算法可以提供多种优于传统的维护策略，同时有效地减少了决策过程中不可避免的主观性。该方法通过模拟自然进化过程来找到最优解，包括种群生成、适应度评估、选择性繁殖、交叉和突变。遗传算法已被证明可以实现全局优化，是一种优秀的算法。本文采用遗传算法来构建优化模型并进行求解。

一般来说，遗传算法包括以下步骤：选择合适的编码生成多个初始解，计算每个解的适应度，选择适应度较高的个体，将好的解配对，生成下一代解。在这个过程中，个体突变也参与其中。该循环将持续下去，直到达到终止条件为止。在本研究中，考虑到管道系统，维护策略优化算法的重构过程如图 5 所示。

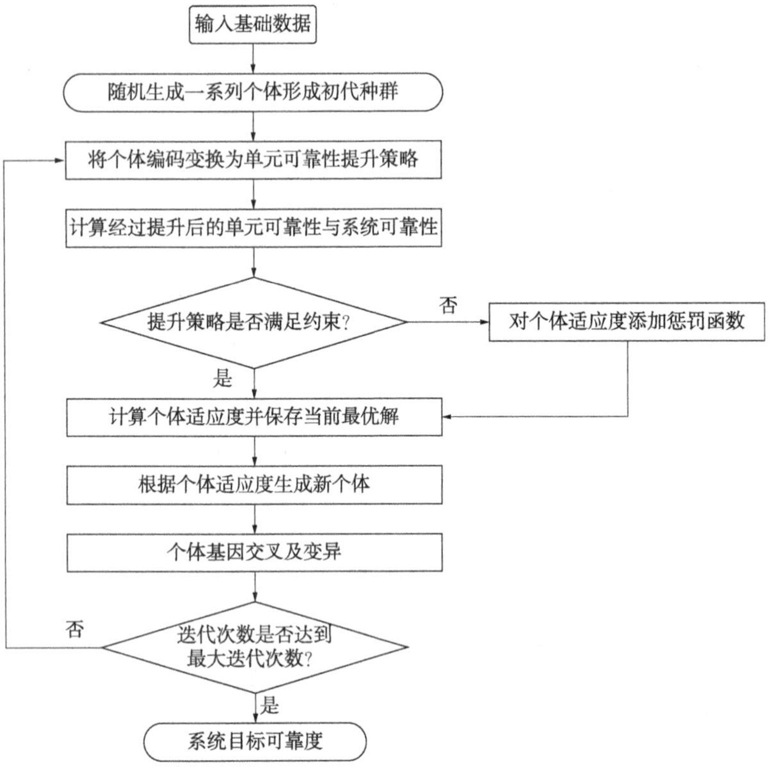

图 5　系统目标可靠度优化求解算法流程图

3　应用算例与计算结果

本文对象为陕京管网，陕京天然气管道系统作为天然气“全国一张网”的重要组成部分，陕京管网结构包括陕京一线干线、陕京二线干线、陕京三线干线、陕京四线干线、琉璃河-永清支线、采育-通州东支线、港清线、永京线、港清复线、港清三线、小卞庄-汪庄子支线、高丽营-西沙屯支线、大唐煤制气管道、宝香西管道、密马香管线等支干线和联络线。系统总里程超过 5300 公里，设计管输能力为每年 800 亿立方米，包含 259 个管段、13 座压气站，5 个储气库，6 个气源，1 个 LNG 站，66 个需求点。供气范围覆盖陕西、内蒙古、山西、河北、北京、天津共计三省两市一自治区。陕京管网示意图如图 6 所示。

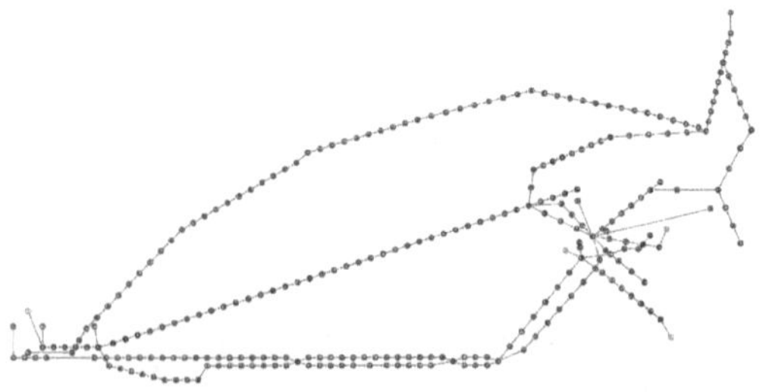

图 6　陕京管网拓扑结构图

但是，本方法是遗传算法迭代与基于蒙特卡洛方法的系统可靠性评估方法的耦合算法。系统蒙特卡洛方法模拟次数最少为 1 万次，同时，为了保证遗传算法的收敛，需要选择数十个个体迭代数十次。由于计算机硬件资源有限，本算例以陕京四线为例进行分析。陕京四线管道示意图如图7所示，包括6个压气站、46个截断阀室、2个分输站和1个末站；包含1个气源，11个分输用户。其中气源、压气站和分输点相关参数见表1-表3；系统管道相关基础参数见表4，基于投资效益准则费用模型相关参数见表5。

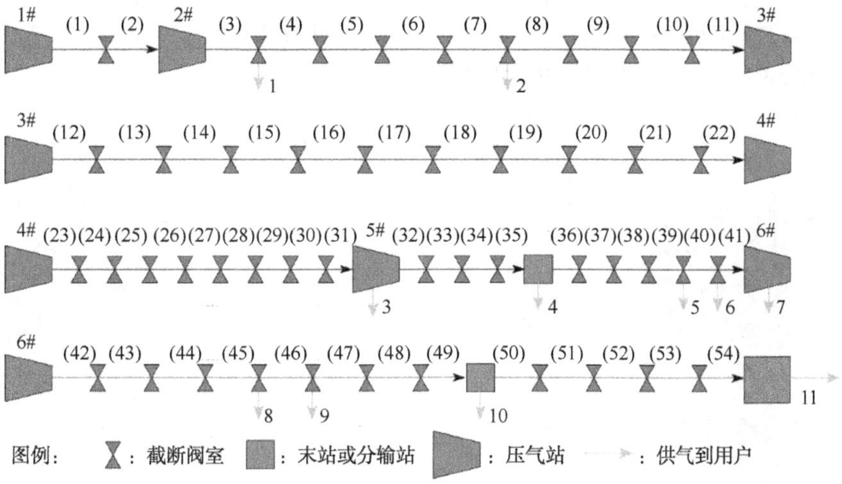

图7 陕京四线管线示意图

表1 气源供气能力参数

气源	位置/km	最大供气能力/(Nm^3/h)
1	0	6849

表2 各压气站配置

压缩机站	位置/km	配置信息
1	0	1+1
2	33	3+1
3	261	3+1
4	474	3+1
5	665	3+1
6	847	2+1

表3 各分输点需求量及压力约束

消费用户	位置/km	需求流量/(10^4Nm^3/day)	最低压力边界/MPa
1	57	53.6	4
2	162	251.4	4
3	665	164.3	4
4	734	6.7	4
5	819	20.1	4
6	839	23.5	4
7	847	154.2	4
8	914	23.5	4
9	928	20.1	4

续表

消费用户	位置/km	需求流量/(10^4Nm^3/day)	最低压力边界/MPa
10	975	502.9	4
11	1063	5628.7	4
System	—	6849	—

表4 管段基本参数

参数	值
直径	1219mm
壁厚	22mm
设计压力	12
设计输量	6849 10^8m^3/day

表5 经济参数

措施	费用
加壁套(万元)	50
换管(万元)	100
压缩机小修(万元)	50
压缩机大修(万元)	250
管输费(元/公里/千方)	0.2805
单位天然气能源替换费用(元/立方米)	2.7
天然气单价(元/立方米)	3.0
管道单元失效损失(万元)	>100
压缩机单元失效损失(万元)	>50

基于投资效益准则的目标可靠度确定方法，以陕京四线为研究对象，对天然气管道系统单元可靠性提升策略进行基因编码，设定初始种群数量为 30 个，遗传代数为 40 代，个体适应度为系统运行成本，采用遗传算法求解得到最优个体，最优可靠性提升策略对应的系统可靠性为目标可靠度。优化结果如图 8 所示。最优个体的基因编码是无需对单元进行可靠性提升。

根据优化结果，目标可靠度即现阶段供气可靠度，气量维度和时间维度陕京四线目标可靠度分别为：0.99909 和 0.99703，系统及各用户节点当前供气可靠度与目标可靠度决策结果如图 9、图 10 所示。

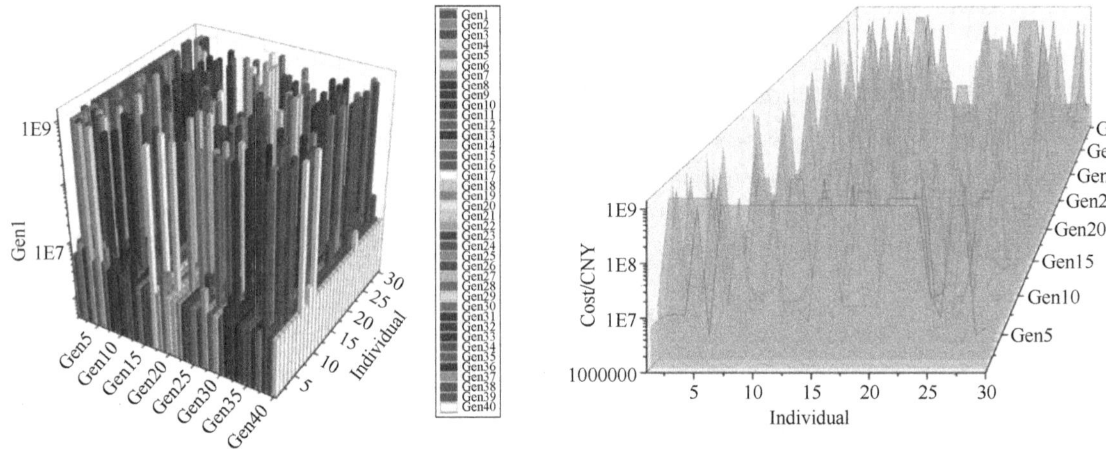

图 8　基于投资效益准则的优化结果

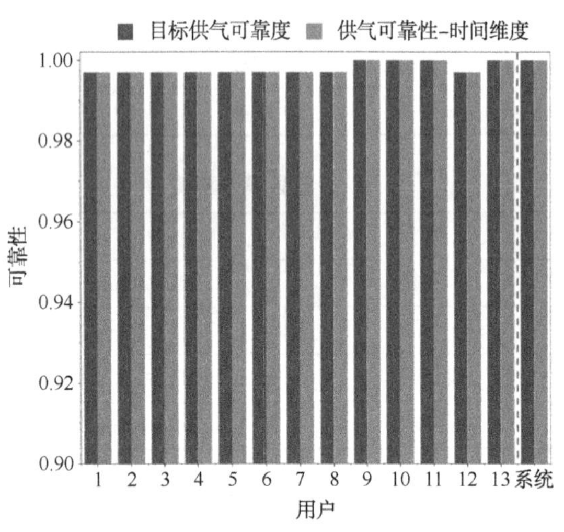

图 9　系统气量维度目标可靠度

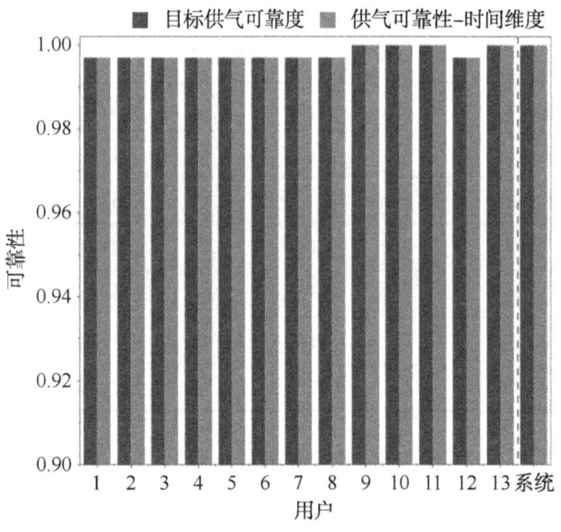

图 10　系统时间维度目标可靠度

4　结论

智能决策技术在管网系统可靠性管理中的应用呈现迅速增长的趋势。通过整合大数据分析、机器学习和实时监测技术，智能决策系统能够实现对管网运行状态的智能感知、故障预测和实时响应，从而优化维护策略、提高系统抗故障能力，降低停机时间，全面提升管网系统的可靠性。虽然在数据安全性、算法优化和实际操作方面仍存在挑战，但随着技术的不断演进和应用经验的积累，智能决策在管网系统可靠性管理方面的应用前景广阔。

通过本文研究得到以下结论：

（1）随着管网系统 X+1+X 体系的不断深化，天然气管网智能化也将不断发展，对于一个开放式的大型复杂系统，面对复杂多变的外部运行环境，资源-管网-市场的不确定性给管网管理带来了诸多挑战，需要借助人工智能、大数据分析等技术实时决策管网系统可靠性及管理目标，实时分析系统可靠性并对不满足可靠性目标的单元采取相应的可靠性增强措施，为管网系统的决策管理提供科学依据。

（2）在天然气管网系统的可靠性研究中，必须综合考虑技术、管理、政策和市场等多方面因素。通过持续的研究和创新，不仅可以提升管网系统的效率和安全性，还能增强对未来挑战的适应能力，满足用户需求，促进能源行业的可持续发展。

（3）本文所提出的天然气管网目标可靠度决策方法，在数据分析与失效机理分析的基础上，将上中下游的不确定性与管网在线仿真工艺相结合，综合管网运行的经济性、安全性与可靠性，确定管网系统安全约束下的智能决策判定依据。该方法在管网运行状态精准研判，安全指标量化监测等方面具有重要应用价值，为管网行业最终实现智能化运行提供技术支持及保障。

参 考 文 献

[1] 李洪兵，张吉军. 中国能源消费结构及天然气需求预测[J]. 生态经济，2021，37(8)：8.

[2] AWAD R, BARAKAT S, LEBLOUBA M, et al. Reliability-based design of fiber reinforced concrete slabs-on-ground in flexure as per ACI 360[J]. Structures, 2022, 39: 207-17.

[3] 聂中文，黄晶，于永志，等. 智慧管网建设进展及存在问题[J]. 油气储运，2020.

[4] 税碧垣，张栋，李莉，等. 智慧管网主要特征与建设构想[J]. 油气储运，2020，39(5)：6.

[5] CHENG J, LI C. Fatigue reliability assessment of a three - tower four - span suspension bridge under stochastic traffic loads[J]. Struct Eng Mech, 2021, 80(2): 221-9.

[6] CINAR S, SZIDAROVSZKY F, YILDIRIM M B. Enhancing reliability/availability in asset management with retrofitting: A wind turbine case study[J]. Int J Oper Res, 2021, 42(3): 400-21.

[7] THAMBOO J, ZAHRA T, ASAD M, et al. Improved design provisions for reinforced concrete block masonry walls under axial compression[J]. Constr Build Mater, 2021, 310.

[8] THART C M P, PETERS D J, MORALES-NáPOLES O, et al. Target reliability for submerged floating tunnels; proceedings of the 10th International Conference on Bridge Maintenance, Safety and Management, IABMAS 2020, F, 2021[C]. CRC Press/Balkema.

[9] TIAN P, QIU H, LIANG Z, et al. Reliability analysis of the improved four-level assessment standardization for bearing capacity of timber components[J]. Structures, 2021, 33: 318-29.

[10] YANG Y J, LI D Q, CAO Z J, et al. Geotechnical reliability-based design using generalized subset simulation with a design response vector[J]. Comput Geotech, 2021, 139.

[11] HUAI S. Research on assessment method of supply reliability of natural gas pipeline networks[D]; China University of Petroleum, Beijing, 2018.

[12] HUANG Y, WU C, CHEN Q, et al. A computation model for gas supply reliability analysis in a gas pipeline network based upon the uncertainty of gas consumption[J]. 2018.

[13] PAVLOVIC D, BANOVAC E, VISTICA N. Defining a composite index for measuring natural gas supply security - The Croatian gas market case[J]. Energy Policy, 2018, 114: 30-8.

[14] YU W C, HUANG W H, WEN Y H, et al. An integrated gas supply reliability evaluation method of the large-scale and complex natural gas pipeline network based on demand-side analysis[J]. Reliability Engineering & System Safety, 2021, 212.

[15] YU W, SONG S, LI Y, et al. Gas supply reliability assessment of natural gas transmission pipeline systems[J]. Energy, 2018, 162: 853-70.

[16] YU W, WEN K, MIN Y, et al. A methodology to quantify the gas supply capacity of natural gas transmission pipeline system using reliability theory[J]. Reliability Engineering & System Safety, 2018, 175: 128-41.

[17] GONG J, KANG Q, WU H, et al. Application and prospects of multi-phase pipeline simulation technology in empowering the intelligent oil and gas fields[J]. Journal of Pipeline Science and Engineering, 2023, 3(3).

[18] YUAN Y G, HUANG P M, HAN W S, et al. Reliability based research on truck-load limitation of medium-small-span bridges[J]. Gongcheng Lixue, 2017, 34(8): 161-70.

[19] FAN MUWEI G J, WU YANG. Sensitivity analysis on the gas supply reliability of Shaanxi-Beijing natural gas pipeline network system[J]. Oil & Gas Storage and Transportation, 2018, 37(04): 378-84.

[20] HASHEMI S B, MALJAARS J, SNIJDER H H. Partial factors for fatigue loads in the eurocode system

for road bridge design; proceedings of the 28th International European Safety and Reliability Conference, ESREL 2018, F, 2018[C]. CRC Press/Balkema.

[21] NEMETH A, HASSANIEN S, LEBLANC L. Updates on pipeline integrity reliability targets; proceedings of the 2018 12th International Pipeline Conference, IPC 2018, F, 2018[C]. American Society of Mechanical Engineers(ASME).

[22] SINGH B, TIRKKONEN O, LI Z, et al. Contention-Based Access for Ultra-Reliable Low Latency Uplink Transmissions [J]. IEEE Wireless Commun Lett, 2018, 7(2): 182-5.

[23] 李陈峰，任慧龙，赵学谦，et al. 船舶结构与疲劳寿命虚拟测试系统设计; proceedings of the 2010 年中国造船工程学会 MIS/S&A 学术交流会议，F，2010[C].

[24] XIE X, XU X, LIU Z, et al. On the optimization design method for subway vehicle seat skeleton; proceedings of the 8th International Symposium on Project Management, ISPM 2020, F, 2020 [C]. Aussino Academic Publishing House.

[25] ZHANG Y, YANG L, ZHANG J. Research on limit-state design parameters of grounding wire and fitting in transmission line[J]. J Hohai Univ, 2020, 48(1): 79-86.

基于案例推理技术的油气管输设备数智化运维管理

康　彪

（国家管网西部管道甘肃输油气分公司）

摘　要　对油气管输设备开展数智化健康运维管理对我国推进智慧管道建设具有重要促进意义。针对企业设备管理中未能有效管理及利用设备历史数据的现状，开发出基于案例推理技术的管输动力设备数智化管理系统。该系统由设备历史故障案例库、案例管理及维护模块、案例推理模块组成，能实现将压缩机组及输油泵系统的历史故障数据转化为知识存入案例库，在设备出现故障时，通过案例推理技术实现故障快速诊断及健康维护，本系统在设计案例推理技术的基础上兼顾设备数据管理功能，助力企业实现设备健康管理由智能化向数智化变革。

关键词　设备运维；健康管理；案例推理；智慧管网；泵和压缩机

油气管网是我国实施“一带一路”、能源革命等国家战略的重要基础设施，是我国现代能源输送体系和现代综合交通运输体系的重要组成部分，截至2022年底，我国长输油气管网总里程约18万公里，预计到2030年，我国油气管道的总里程将到达25~30万公里，基本建成现代化的油气管网体系。在油气集输系统中，输油和输气场站是长输管道工程的调节和控制中心，而泵和压缩机作为油气运输的动力设备，保证其安全、可靠的工作是站场顺利完成正常活动的必要物质基础，对其进行必要的运维管理，保障设备的安全运行乃至整个输气工作的安全运行是油气运输作业迫切需要解决的问题。

国内外著名石化企业十分重视生产设备的运维管理，并以此为目标，开发及应用了大量与设备管理相关的智慧化运维系统，如SCADA（Supervisory Control and Data Acquisition）系统，即数据采集与监视控制系统、大型旋转机械状态监测系统、EHM（Remote Monitoring and Diagnostic）系统、设备点巡检系统等。这些智慧化运维系统实现的技术，大致可以分为以下三类：基于经验模型的技术、基于物理模型的技术和基于数据驱动的技术。

基于经验模型的技术：

基于经验模型的技术是凭借专家知识及实践工程经验建立数学分析模型，根据采集到的数据或观测到的状况，预测设备的故障情况及剩余寿命。例如，天津理工大学的高强团队开发的基于循环冷却水腐蚀结垢的预测模型的石化工业冷却水循环专家系统，为冷却水系统安全运行提供了最大程度的保证。浙江理工大学叶伊莎等人为解决炼油设备因频繁变工况而导致的失效问题，开发了基于.NET模型的流动腐蚀实时专家监测诊断系统。

基于经验模型的技术能够模拟相关论域专家解决实际问题，然而，随着时间和设备工况改变，由于依赖领域内专家知识，该种技术难以进行及时的更新和调整，导致其适用性降低，可靠性和准确性也得不到保证。

基于物理模型的技术：

基于物理模型的方法是利用设备或产品的生命周期和失效机理知识，对目标设备或产品进行故障预测和诊断及剩余寿命预测。Climente-Alarcon等人将非线性失效模型结合在粒子滤波算法中，实现对早期故障异步电机转子轴的检测及剩余使用寿命预测。田文德等人应用物料衡算、动量衡算、热量衡算和相平衡方程构建解析模型，设计了石化设备的状态监测系统，提出了设计和运行模式下状态监测的具体构建方法。

基于物理模型的技术对设备的建模要求较高。多数情况下，随着对设备物理特性和失效机理的深入理解，物理模型建立和验证的难度复杂性也大大提升。这使得这种技术在实际操作起来具有较大难度，在面对如大型压缩机组这类复杂集成设备时，往往无法寻找到一套适用的物理模型。

基于数据驱动的技术：

基于数据驱动的技术是通过对设备大量的历史运行数据进行统计分析，从中发现设备运行状态的信息，从而生成设备运维知识，预测设备运行趋势，诊断设备工作状态。基于数据驱动的方法不需要研究对象的先验知识，因此该方法在设备智慧运维中得到广泛应用。例如，袁壮提出的一种基于小样本不均衡数据集的石化设备故障智能诊断方法，能在没有故障先例的情况下实现对石化设备异常状态的辨识和甄别。顾梧楠在机器学习框架下提出的石化设备事故预警指导系统的构建理论，将风险分析与机器学习算法相结合，实现事故预警知识挖掘。

基于数据驱动的技术需要大量的设备历史数据，但在过去石化企业设备信息管理中，由于缺乏对设备数据的专业化管理，存在新的设备数据直接覆盖以往的数据的情况，导致设备数据的追溯和采集无法实现，此外，由于石化设备复杂性的特点，对该项技术中数据清洗和特征提取技术的实现有较高的要求。

由于每种技术存在各自的特点，其中也包含了自身难以突破的技术瓶颈。因此，国内外学者尝试将不同技术相互结合达到互相弥补缺陷，已实现技术间互通有无的突破。例如，张晨等人提出基于数据资产架构的石化设备预防预测性检修技术，搭建了基于数据模型和经验知识结合的石化设备预防性维护平台，大大的提高了石化设备的监测效率，及时识别并消除了故障隐患。赵远飞等人根据 OREDA 数据库作为先验信息，通过石化设备的实际可靠性数据为抽样信息，通过泊松分布模型模拟了设备的失效过程，提出一种石化设备失效概率计算的新方法。刘金玲等人调研了通用设备的各大可靠性数据库，基于应用可靠性数据分析待采集的设备数据类型及其标准化的逻辑结构，提出了适用于石化行业复杂运行环境的设备失效率分析技术，为石化设备的可靠性数据评估提供理论支撑。

通过石化企业的设备运维方式的调研，石化企业对生产设备的运维方式多是采用 SCADA 系统对压缩机和泵等设备进行日常监控，并配合管理人员日常运维监管，运维人员的宝贵经验得不到系统有效的传承。此外，对于设备运行数据的管理意识较为薄弱，大量的设备历史数据蕴含着设备的运行信息，对设备的故障诊断及预测具有较大价值，采用合适的方法利用这部分数据，对实现企业智慧化设备运维具有重要作用。

针对上述现状，开发基于案例推理技术(Case Based Reasoning，CBR)框架的压缩机组及泵等设备的智慧化运维管理系统，通过结合专家经验知识与数据驱动技术的思路搭建智慧化运维系统，实现压缩机及泵等设备的故障数据智慧化管理、设备历史数据向知识的转化、设备异常状态的智能诊断等功能。

1　案例推理技术

案例推理技术(CBR)是一种重要的机器学习方法，它启发于人们对学习和认知过程的理解，通过模拟人类学习知识，理解知识和记忆知识的过程，将储存的知识用于解决当前面临的新问题。自从耶鲁大学的 Schank 教授提出 CBR 的概念以来，该技术已经广泛地使用于包括人工智能、专家系统、设备诊断、工程设计、医疗领域、风险评估等领域。

案例推理技术是一种融合数据挖掘、多源融合、特征工程、模式识别、规则推理等多种人工智能领域方法来实现案例的检索、重用、修改和保留等四个步骤的现代智能方法。这四个步骤也被众多相关领域学者称为“4R”。如图 1 所示为案例推理技术的基本流程。基于案例推理技术的机械设备的健康管理方法，首先要收集相关设备曾出现的故障案例和它们的解决方法加以整理成案例库，把这些案例被称为历史案例，把设备出现新的故障或突发状况称为目标案例，通过传感器及检测系统上传的检测信息称为目标案例的特征属性及特征值，其次，目标案例与案例库中的历史案例进行相似度测算，通过相似度比较，得到与目标案例最为相似的数个案例，这一过程为称为案例检索。在检索出相似度最高的历史案例后，评价这些输出的相似案例及其解决方案用于解决目标案例是否是准确合适的，当相似案例可以用于解决目标案例则重用这些案例，当输出的相似案例与目标案例间的相关性不高，无法解决目标的问题时，对历史相似案例修改，在目标案例解决后，将目标案例添加入案例库中用于解决未来的类似问题。

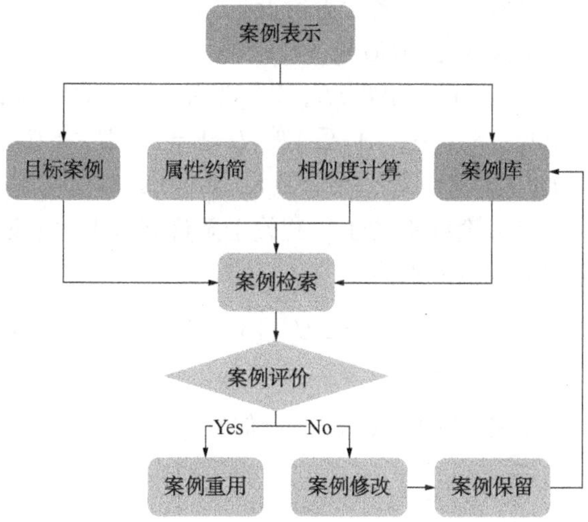

图 1　案例推理技术路线

2　具体技术实现

2.1　案例库搭建

采用四元组的形式构建待提取案例信息框架：*Case*=<*B*，*A*，*E*，*S*>。其中，*B* 为案例基本信息，包括单位名称、停机时间、场站名称、停机设备、设备型号规格、报告编号等信息。*A* 为案例故障征兆，包括设备发生故障时由监测系统及维护人员记录的故障信息。*E* 为故障设备的应急处理措施及故障排查流程信息。*S* 为设备的故障结论及后续维护措施。将提取的故障设备信息以四元组的形式存入 SQL 数据库中以便后续的调取和使用，并将案例按照压缩机组的各大功能系统及泵的各大功能系统进行分类，如图 2 和图 3 所示。

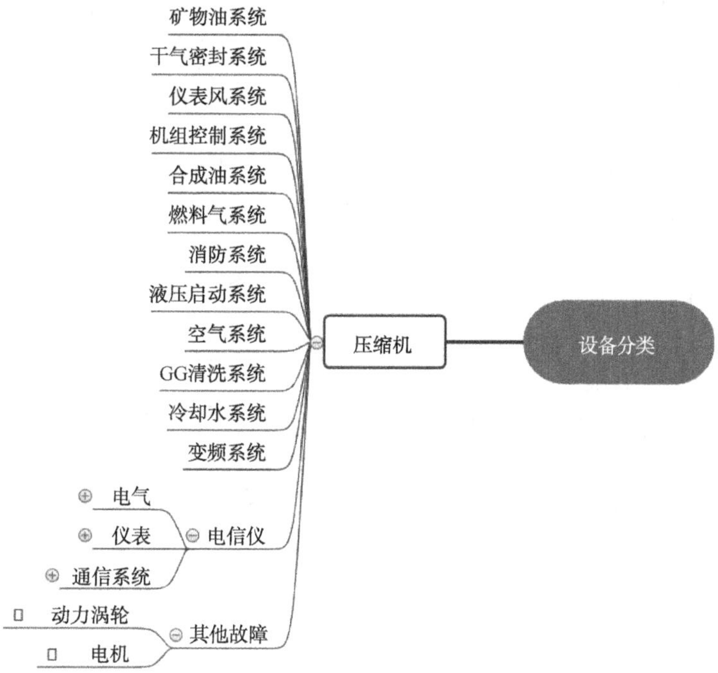

图 2　压缩机组故障案例分类

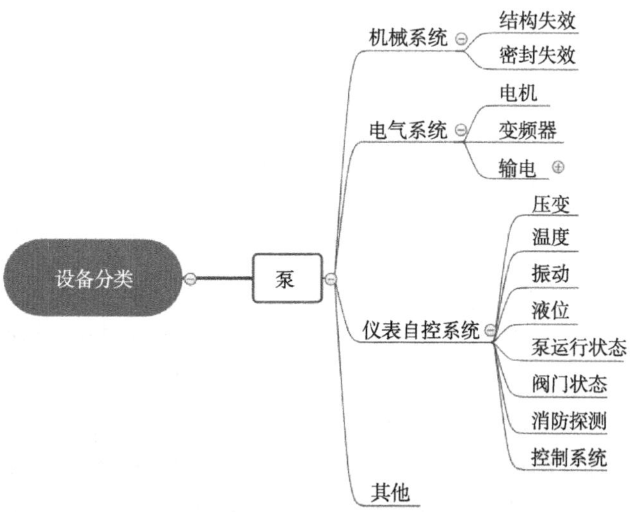

图 3　泵及其附属系统故障案例分类

2.2　属性约简算法设计

采用多粒度粗糙集模型(MGRS)作为约简算法的核心模型，MGRS 源于粒计算理论中的粗糙集理论(RS)。作为粒计算理论的核心成员，RS 理论在 CBR 的不确定性度量中发挥着重要作用。

MGRS 是 RS 理论的重大创新，从粒计算理论的角度来看，RS 理论本质上是在单一粒度空间下进行定义的，RS 模型通过重组信息粒获得较好的近似效果，但重组信息粒的过程破坏了原粒度空间，使得原信息粒失效，进而导致特征属性的重要度计算无效，但是 MGRS 模型通过并行多个粒度空间达到共同决策的目的，既没有破坏每个粒度空间的特殊性，同时也能突出不同粒度空间对目标的决策效果，更加合理的衡量信息系统中不同属性的贡献程度。将 MGRS 理论引入到设备故障征兆属性的约简中，能很好的衡量特征属性集对不同故障种类的影响程度，准确度量出每个特征属性的重要程度。下面为采用的两种 MGRS 模型，即乐观多粒度粗糙集模型(OMGRS)和悲观多粒度粗糙集模型(PMGRS)[25]。

定义 1(信息系统)　设四元组 $M=(U, AT\cup D, V, f)$ 为一个信息系统，U 为论域，即所要研究的元素 x_i 组成的非空有限集合，$\forall x_i\in U$。其中 AT 是信息系统中的条件属性集，A_1, A_2, …, $A_m\subseteq AT$ 为条件属性集中的子条件属性集。D 为信息系统的决策条件属性。V 为所有属性取值构成的集合。f 称为 $U\times A\rightarrow V$ 的一个信息函数。

定义 2(不可分辨关系)　在信息系统 $M=(U, AT\cup D, V, f)$ 中，存在 $A_i\subseteq AT$，A_i 可以生成下面的对象间的关系：

$$IND(A_i)=\{(x, y)\in U\times U \mid f(x, a)=f(y, a),\ \forall a\in A_i\} \tag{1}$$

$IND(A_i)$ 称为属性 A_i 的不可分辨关系。它满足自反性，传递性以及对称性，因此不可分辨关系是一种等价关系。

定义 3(等价类)　设存在论域 U 上的等价关系 $IND(A)$，以下简写为 A，对于 $\forall x\in U$ 相对于 A 的等价类定义为：

$$[x]_A=\{y\in U \mid (x, y)\in A\} \tag{2}$$

等价关系 A 在论域 U 上确定出的所有等价类可以写作 U/A，它在论域上形成了一个划分，在这个划分下，论域中的元素被划分为几个部分，这些部分称之为等价类。

定义 4(上近似与下近似)

设 $M=(U, AT\cup D, V, f)$ 为一个信息系统，其中 A_1, A_2, …, $A_m\subseteq AT$, $U/A_i=\{\ \mid \forall x\in U\}$, $Y=U/D=\{Y_1, Y_2, \cdots, Y_n\}$, $Y_i\subseteq Y\subseteq U$。

定义论域中的子集 Y_i 关于条件属性 A_i 的上近似和下近似分别为：

$$\overline{A_i}(Y_i)=\{\forall x\in U \mid [x]_{A_i}\cap Y_i\neq\phi\} \tag{3}$$

$$\underline{A_i}(Y_i)=\{\forall x\in U \mid [x]_{A_i}\subseteq Y_i\} \tag{4}$$

定义 4(PMGRS 的上近似)

$$\overline{\sum_{i=1}^{m} A_i^p(Y_i)}=\{\forall x\in U \mid [x]_{A_1}\cap Y_i\neq\phi\vee[x]_{A_2}\cap Y_i\neq\phi\vee\cdots\vee[x]_{A_m}\cap Y_i\neq\phi\} \tag{5}$$

定义 5(PMGRS 的下近似)

$$\underline{\sum_{i=1}^{m} A_i^p(Y_i)}=\{\forall x\in U \mid [x]_{A_1}\subseteq Y_i\wedge[x]_{A_2}\subseteq Y_i\wedge\cdots\wedge[x]_{A_m}\subseteq Y_i\} \tag{6}$$

定义 6(PMGRS 的边界域)

$$BN^{pm}_{\sum_{i=1} A_i}(Y_i)=\overline{\sum_{i=1}^{m} A_i^p(Y_i)}-\underline{\sum_{i=1}^{m} A_i^p(Y_i)} \tag{7}$$

定义 7(OMGRS 的上近似)

$$\overline{\sum_{i=1}^{m} A_i^o(Y_i)}=\{\forall x\in U \mid [x]_{A_1}\cap Y_i\neq\phi\wedge[x]_{A_2}\cap Y_i\neq\phi\wedge\cdots\wedge[x]_{A_m}\cap Y_i\neq\phi \tag{8}$$

定义 8(OMGRS 的下近似)

$$\underline{\sum_{i=1}^{m} A_i^o(Y_i)}=\{\forall x\in U \mid [x]_{A_1}\subseteq Y_i\vee[x]_{A_2}\subseteq Y_i\vee\cdots\vee[x]_{A_m}\subseteq Y_i\} \tag{9}$$

定义 9(OMGRS 的边界域)

$$BN^{om}_{\sum_{i=1} A_i}(Y_i)=\overline{\sum_{i=1}^{m} A_i^o(Y_i)}-\underline{\sum_{i=1}^{m} A_i^o(Y_i)} \tag{10}$$

通过上式构建属性约简算法，计算每个条件属性对设备不同种类故障的影响程度，即属性重要度，并以 0 为约简阈值，对条件属性构成的信息系统表进行约简以实现系统的属性约简步骤。

2.3　相似度计算算法设计

CBR 系统的相似度计算是通过算法度量出

案例间共性程度的过程，通过相似度计算可以从案例库中筛选出与目标案例最为相似的历史案例，并通过调用相似案例中设备管理知识实现当前设备的故障运维。本系统采用加权欧式测距的相似度计算策略，并通过加权 K 近邻算法实现案例检索过程，下式为欧式测距公式(11)和加权欧式测距公式(12)的比较，欧式测距通过引入权值能够更好的体现不同特征属性的重要程度，使得相似度计算结果更加准确，更的符合实际。

$$d(x_i,\ x_j) = \sqrt{\sum_{r=1}^{n} (a_r(x_i) - a_r(x_j))^2} \quad (11)$$

$$d(x_i,\ x_j) = \sqrt{\sum_{r=1}^{n} W_i(a_r(x_i) - a_r(x_j))^2} \quad (12)$$

3　系统实现与案例分析

3.1　系统实现

针对油气场站的压缩机组和输油泵系统开发智慧化运维管理系统。系统根据设备种类不同，将案例库分为两个部分，一部分是针对输气场站压缩机组的相关设备，另一部分是针对输油场站的油泵及其附属设备，如图 4 所示。本系统具备设备故障案例的导入和整理功能，案例库的维护和更新功能以及基于 CBR 技术的故障设备智能诊断和运维指导功能，如图 5~图 7 所示。

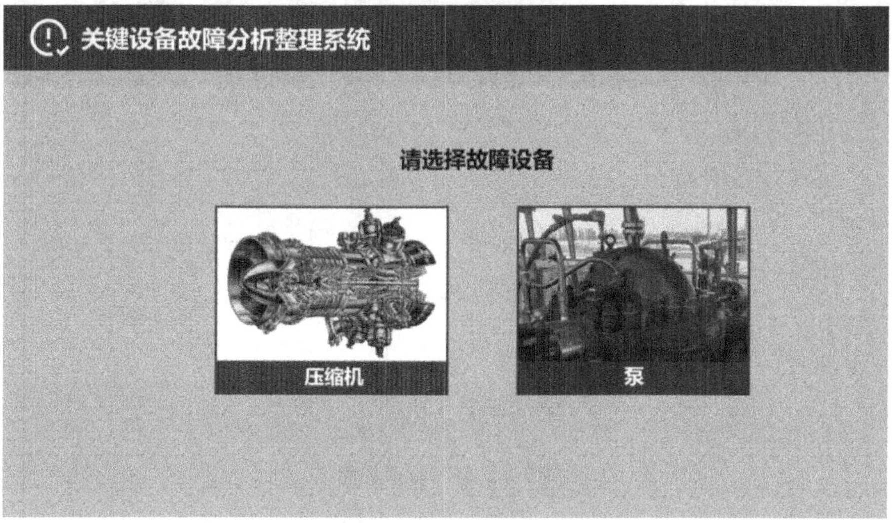

图 4　关键设备智慧化运维管理系统界面

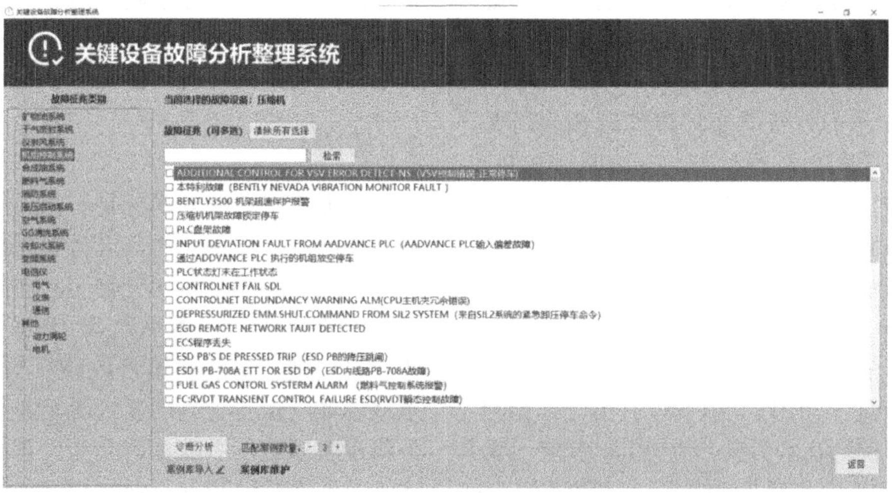

图 5　故障征兆选择界面

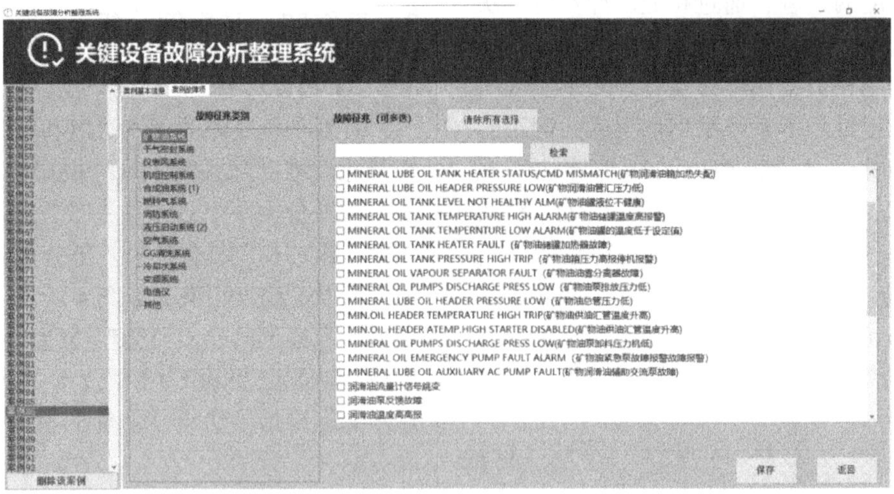

图 6　案例维护界面

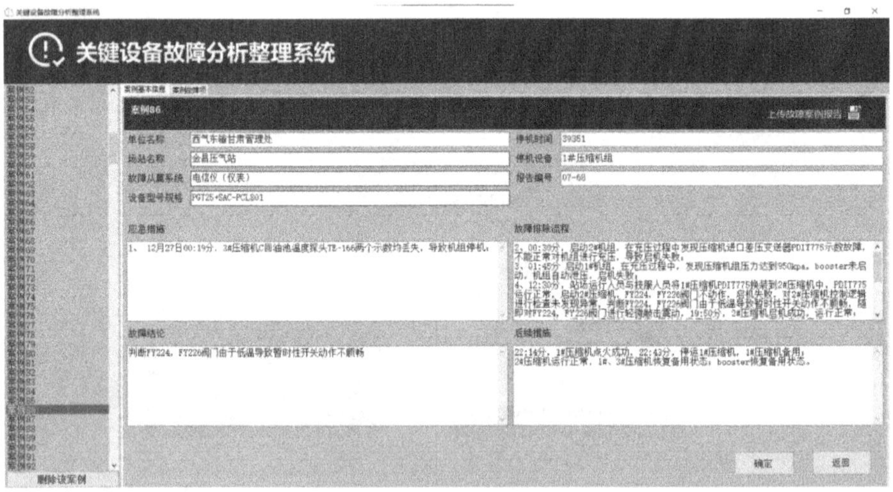

图 7　案例库整理界面

3.2　案例分析

为验证本系统智能案例诊断模块的推理准确性和适用性，采用案例库收录外的其他石化企业设备故障案例进行准确性和适用性验证。

压缩机案例验证：根据设备故障时，SCADA 系统给出的设备状态信息勾选相应的故障征兆，如图 8 和图 9 所示，点击诊断分析后，系统开始案例推理，推理结果如图 10 所示，推理结果展示界面中展示出与目标案例最相似的历史案例编号以及计算相似度，通过改变匹配案例数量可以改变输出的最相似案例的个数。

通过点击最相似案例查看按钮可查看最相似案例的详细信息，如图 11～图 13。在详细信息界面显示了案例的基本信息，应急处理措施，故障排查流程以及故障结论和后续处理措施。经查，最相似案例#301 与目标案例具有相同故障原因及结论，同为变频器中的 IEGT 模块被击穿引发的变频系统故障，体现系统诊断的准确性。此外，最相似案例#399、#425 具有详细的故障排查流程和后续处理措施，能够有效的帮助设备管理人员高效，迅速的锁定故障根源，及时解决设备故障引发的停机问题，保证企业生产效率。

4　结语

压缩机组和油泵系统是石油天然气运输过程中重要的动力设备，对其进行智能化的数据管理和健康状况运维是石化管输企业保障生产，提质增效的重要手段。本系统以 CBR 技术为框架，集成案例推理功能和设备故障数据管理等功能，承载着油气设备管理的新理念及新技术，其有效的将设备闲置历史数据转化为设备运维知识的特点，能够有效的帮助企业实现油气设备的智慧化运维管理，助力企业实现设备健康管理向“数智化”方向发展。

单位名称	乌鲁木齐作业区（站场）
停机时间	2020 年 01 月 01 日 10 时 14 分
压气站名称	西三线乌鲁木齐压气站
停机设备号	3#压缩机组
停机设备型号规格	哈电+PCL804

一、 **停机报警**（简要停机报警信息、现象及图像(小于 200k)）

2020 年 01 月 01 日 10 时 14 分，西三线乌鲁木齐压气站 3#压缩机组在运行中故障停机，HMI 界面显示报警描述为：来自变频系统重故障/停机（来自 VFD），机组保压紧急停车发生；

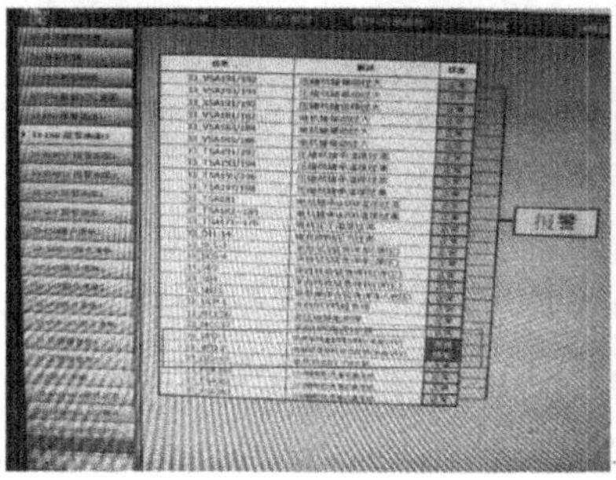

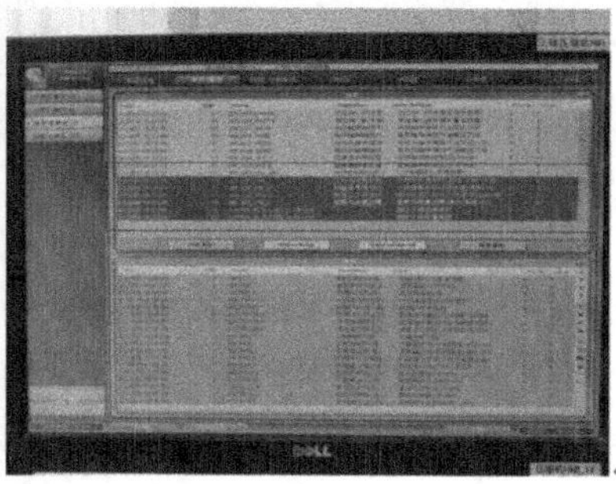

图 8　设备故障信息

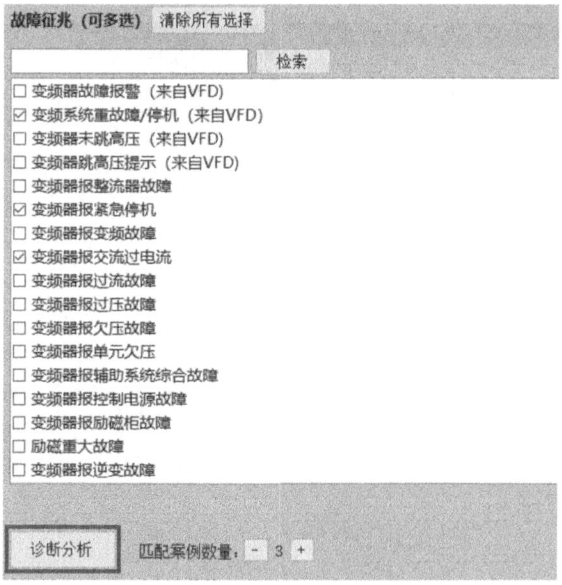

图 9　故障征兆选择

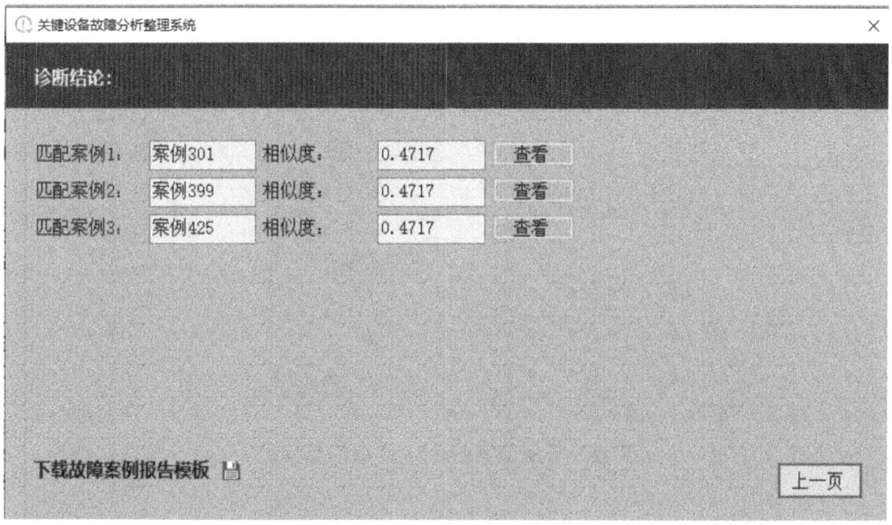

图 10　推理结果展示

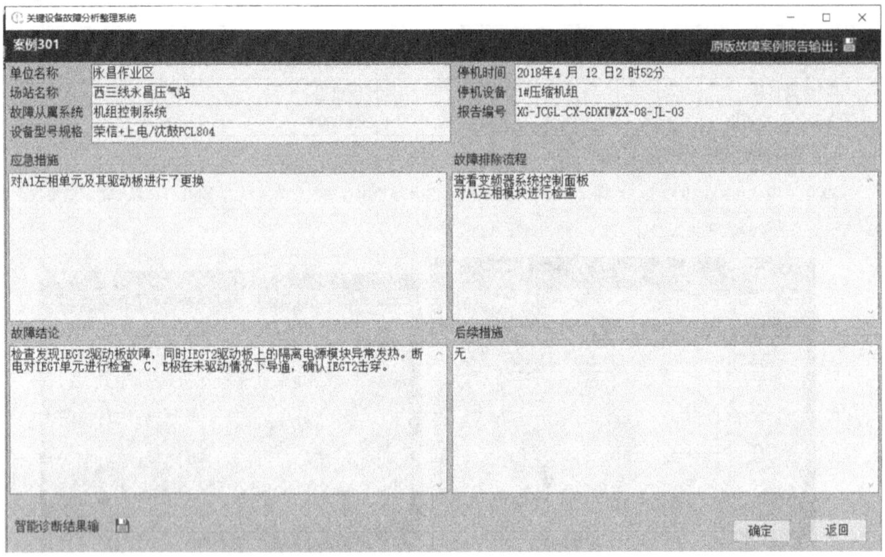

图 11　最相似案例#301 详细信息界面

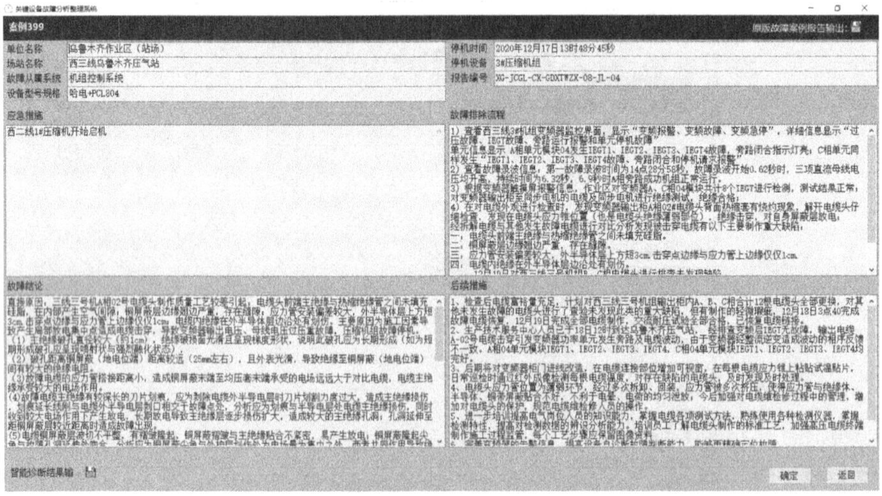

图 12　最相似案例#399 详细信息界面

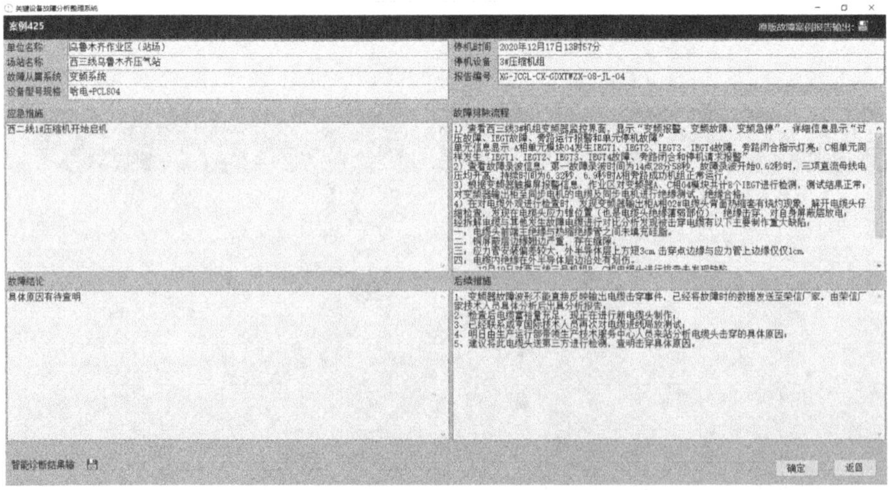

图 12　最相似案例#425 详细信息界面

参 考 文 献

[1] 吉宁，王景贵，李保收，等. 设备健康管理技术在燃气透平压缩机上的应用[J]. 新技术新工艺，2016，(08)：78-81.

[2] 陆剑峰，徐煜昊，夏路遥，等. 数字孪生支持下的设备故障预测与健康管理方法综述[J]. 自动化仪表，2022，43(06)：1-7+12.

[3] 王铁强. 石化工业循环冷却水预测模型的研究及专家系统的开发[D]，2017.

[4] 叶伊莎. 基于. NET 的流动腐蚀实时专家诊断监管系统开发及参数建模[D]，2017.

[5] 王玘，何正友，林圣，等. 高铁牵引供电系统 PHM 与主动维护研究[J]. 西南交通大学学报，2015，50(05)：942-52.

[6] CLIMENTE ALARCON V，ANTONINO-DAVIU J A，STRANGAS E，et al. Rotor-Bar Breakage Mechanism and Prognosis in an Induction Motor[J]. IEEE Trans Ind Electron，2015，62：1814-25.

[7] 田文德，胡明刚，王春利，等. 基于解析模型的石化装置状态监测系统研究[J]. 计算机与应用化学，2010，27(08)：1005-8.

[8] 袁壮. 一种应用于不均衡小样本集的石化设备故障智能诊断方法[J]. 安全、健康和环境，2021，21(01)：58-65.

[9] 顾梧楠. 基于机器学习的石化装置事故预警指导系统构建方法[D]，2023.

[10] 张晨，黄国杰，金艳. 基于数据资产架构的设备预防预测性检修技术在石化企业中的应用[J]. 石油化工自动化，2022，58(04)：58-63.

[11] 赵远飞，张宏骋，袁奈惠. 我国石化设备失效概率计算新方法[J]. 石油化工设备，2022，51(02)：29-33.

[12] 刘金玲，张杰东，葛春涛，等. 石化设备复杂运行环境可靠性数据评估[J]. 安全、健康和环境，2021，21(08)：37-41.

[13] SCHANK R C. Dynamic memory - a theory of reminding and learning in computers and people，F，1983[C].

[14] HOMEM T P D，SANTOS P E，COSTA A H R，et al. Qualitative case-based reasoning and learning[J]. Artif Intell，2020，283.

[15] CHEN M Q，QU R，FANG W G. Case-based reasoning system for fault diagnosis of aero-engines[J]. Expert Syst Appl，2022，202.

[16] KHOSRAVANI M R，NASIRI S. Injection molding manufacturing process：review of case-based reasoning applications[J]. J Intell Manuf，2020，31(4)：847-64.

[17] SARTORI F，MAZZUCCHELLI A，DI GREGORIO A. Bankruptcy forecasting using case - based reasoning：The CRePERIE approach[J]. Expert Syst Appl，2016，64：400-11.

[18] LOPEZ DE MANTARAS R，MCSHERRY D，BRIDGE D，et al. Retrieval，reuse，revision and retention in case-based reasoning[J]. Knowl Eng Rev，2006，20(3)：215-40.

[19] QIAN Y H，LIANG J Y. Rough Set Method Based on Multi-Granulations；proceedings of the 2006 5th IEEE International Conference on Cognitive Informatics，F 17-19 July 2006，2006[C].

[20] PAWLAK Z. Rough Sets：Theoretical Aspects of Reasoning about Data，F，1991[C].

[21] ZADEH L A. Toward a theory of fuzzy information granulation and its centrality in human reasoning and fuzzy logic[J]. Fuzzy Set Syst，1997，90(2)：111-27.

[22] CHOI S，KIM D Y，HAN S H，et al. Conceptual Cost-Prediction Model for Public Road Planning via Rough Set Theory and Case-Based Reasoning[J]. J Constr Eng M，2014，140(1).

[23] LI H，ADELI H，SUN J，et al. Hybridizing principles of TOPSIS with case-based reasoning for business failure prediction[J]. Comput Oper Res，2011，38(2)：409-19.

[24] SALAMO M，LOPEZ-SANCHEZ M. Rough set based approaches to feature selection for Case-Based Reasoning classifiers[J]. Pattern Recogn Lett，2011，32(2)：280-92.

[25] QIAN Y H，LIANG J Y，PEDRYCZ W，et al. Positive approximation：An accelerator for attribute reduction in rough set theory[J]. Artif Intell，2010，174(9-10)：597-618.

闭式循环冷却水系统能耗优化及智能化提升

王祺来　程显闻　王世玺　张　倩　陈子婧

（中海油研究总院有限责任公司）

摘　要　循环冷却水系统在工业中大量采用且长期运行，作为工业用能大户，由于系统设计不合理、设备选型不配套、缺乏对运行状态的评估和维护等原因，近几年来有关循环冷却水系统节能降耗的呼声越来越高。因此当下亟需通过已有海上平台冷却水系统的现状基础，梳理目前闭式循环冷却水和海水冷却系统优化方向，提出系统节能改造优化建议和措施，实现系统吨水节电率降低，达到节能降耗和减少碳排放的目的。论文以南海某气田的闭式循环冷却水系统作为典型研究对象，梳理了闭式循环冷却水系统的运行方式，通过理论计算公式和软件模拟结果进行对比分析，利用 HYSYS 及 K-spice 模拟软件实现各用户热负荷变化和环境条件变化条件下的闭式循环冷却水系统最佳运行参数的模拟，即最优冷却水循环量及海水用量，并且对冷却水循环量及海水用量随海水温度和用户进气量的变化进行了分析，另外模拟了定频泵和变频泵两个系统下的能耗差别，明确了将系统内定频泵替换为变频泵的必要性。论文针对闭式循环冷却水系统的运行控制和趋势规律进行深入分析，给出了该系统的优化建议与方向，研究成果可最大程度为用户节约水耗、电耗，实现闭式循环冷却水系统运行最优化的目的，并且通过现场数据和模拟结果有效地指导系统设计精细化。

关键词　闭式循环冷却水系统；节能优化；模拟仿真；智能化提升

1　前言

循环冷却水系统（circulating cooling water system）是一种水作为冷却介质的给水系统，其由水泵、管道、换热器、冷却器以及各类阀门组成，旨在为不同系统及用户提供冷却用水。水在工业企业中的应用范围广泛，其中循环冷却水用量占据整个工业用水量的70%左右，另外超过20%的工业能耗来自于对水的冷却与加热。由于当下水资源和能源的短缺问题逐渐成为全人类面对的重大难题，因此，就缓解水资源短缺以及促进工业企业的降本增效而言，开展循环冷却水系统的节水、节能优化设计研究具有十分重要的意义。

循环冷却水系统是冷却水在水泵的驱动下被输送至换热器，吸收热量后温度升高，再经冷却器/塔冷却降温后循环使用的给水系统设备。按照冷却水传输密闭性可将系统分为敞开式和密闭式两种类型。在敞开式系统中，冷却水会直接和外界接触，外界杂质会进入到系统中而使水质发生改变从而影响冷却水系统的运行。因此，该系统对水质处理有一定要求，需要有效控制内部的沉积物和微生物。封闭式系统采用封闭式的冷却设备与外界进行间接的热交换，因此这类系统内改变水质的因素很少。另外，较差的水质也使敞开式循环冷却水系统需要更加频繁地补水和加药，而且系统污水的处理量也会大大增加，这会导致系统的运行成本大幅提高。而密闭式循环冷却水系统中的水不与大气接触，在密闭的回路中循环实现热量交换，这有效地避免了水质波动和污染，从根本上解决了传统敞开式系统运行存在的耗能、耗水问题。考虑到海上平台设备集中、空间有限，不具备设置冷却塔这类大型冷却设备的条件，且水处理也较为不便，因此海上平台大多采用封闭式循环冷却水系统。

海上平台的封闭式循环冷却水系统由海水冷却系统和冷却水循环系统两部分组成，其中的海水提升泵和闭式循环泵不仅是两个系统的关键设备，也是能耗大头。海水提升泵将海水抽送至平台，经过海水滤器过滤杂质后与循环淡水在冷却水换热器中交换热量，随后携带热量的海水排回大海；经过与海水换热后温度降低的淡水，经由闭式循环泵增压至设定的压力后进入冷却器与冷却用户进行换热，温度升高后的淡水通过闭式环路管线回流至冷却水换热器进行降温，以此实现闭式循环冷却的目的。针对当下的能耗问题，在循环冷却水系统的泵组运行时，要充分考虑泵的运行数量和变频调整问题，特别是在水泵并联运行时，要使泵组的输出功率和运行效率分别达到极小化和极大化，这样才能达到节能的效果。在油气田智能化和自动化的趋势下，对循环水系统流程实施远程检测控制和智能诊断是当下热门的研究内容。

循环冷却水系统在海上油气田平台中大量采用且长期运行。系统能耗占生产总能耗相当大的比例，然而系统却常常因设计不合理，设备选型不配套，运行中缺乏对状态及时的评估维护等原因致使系统能效降低。对于海上油气开采平台，天然气增压和处理时存在大量循环冷却水系统运行能耗高的情况，因此需要对系统配置和运行工况进行关键参数模拟分析，寻找实际运行与设计规模的差异，制定并实施节能降耗的相关措施。

2　设计现状及存在问题

闭式循环冷却水系统在石油化工等领域是不可或缺的基本环节，循环水系统的优化不仅可以节省工业用水，而且可以降低泵功，达到节能的目的。和传统循环水系统相比，海水闭式循环主要有以下几个特征：

（1）从一个供水循环变为两个供水循环，两循环间存在最优匹配；

（2）没有空冷器和水冷器的协同；

（3）海水温度的日变化较低，更多考虑海水季节性温度变化和加工物流的流量变化。

目前海上平台循环冷却水系统均根据最恶劣工况，即夏季海水最高温和冷却负荷最大值来设置运行工况。然而在实际生产过程中，海水温度会随着季节发生变化，冷却负荷也会在不同的生产周期下发生改变。比如在冬季，海水温度相较夏季会有一定幅度的降低，由于目前海上平台的海水提升泵均不能自主调节减少海水用量，此时如果向循环水系统供应与夏季运行工况相同流量的海水，那么很有可能出现换热器出口处淡水过冷的问题，从而造成不必要的用电量和用水量浪费。目前闭式循环冷却水系统在设计上的控制逻辑如下：

（1）冷却用户系统通过用户出口温度控制冷却淡水管路阀门，联动循环泵出口管线压力变化；

（2）目前冷却水循环泵未设变频并且未设置海水管路调节措施，闭式循环冷却水系统通过泵出口管线压力变化控制回流管线阀门，即控制回流水量。冷却负荷变小或海水温度变低时，循环淡水会被过度冷却；

（3）海水系统海水泵未设变频，通过泵出口管线压力变化控制排海管线阀门，即多余水排海。

因此，梳理目前闭式循环冷却水和海水冷却系统优化方向，评估将恒定流量的海水提升泵和冷却水循环泵替换为变频泵这一方案的必要性，提出系统节能改造优化建议和措施，实现系统吨水节电率降低，达到节能降耗和减少碳排放的目的，这对指导海上平台的节能生产具有重要的指导意义。

3　系统参数计算与模型搭建

论文以南海某气田的闭式循环冷却水系统作为典型研究对象，进行系统参数计算并通过HYSYS及K-Spice软件进行模型搭建和模拟计算。

3.1　系统参数计算

根据系统运行需求，海水提升泵的配置为三用一备，冷却水循环泵、板式换热器以及各用户冷却器皆为一用一备。冷却用户系统分为压缩机系统和气体脱水系统。从低压生产分离器分离出的气体依次经过低压压缩机和中压压缩机逐级进行压缩，途中经过低压进口冷却器、低压出口冷却器和中压出口冷却器与淡水进行换热；而从中压生产分离器分离出的气体直接进入中压压缩机进行压缩，并在中压出口冷却器与淡水进行换热。另外来自高压分离器的气体进入气体脱水系统，在该系统的气体进口换热器被冷却后的淡水降温，随后进入中压压缩机系统。为此根据系统流程绘制出如图1所示的闭式循环冷却水系统示意图，其中绿色线条为海水管线，蓝色线条为冷却水管线，黄色线条为用户气体管线，虚线部分为将在未来搭建的流程。

一般来说，计算冷热流体之间需要交换的热量Q的方法如式1所示。

$$Q=GC(t_1-t_2) \tag{1}$$

式中，Q为冷（热）流体通过换热器后增加（减少）的热量，kcal/h；G为冷（热）流体通过换热器的流量，kg/h；C为冷（热）流体的质量热容，kcal/(kg·℃)；t_1，t_2为冷（热）流体进、出换热器的温度，℃。

将用户气体系统负荷最大典型年份冷却器进出口的物流参数带入式1中即可计算得到压缩机系统和气体脱水系统中各换热器的热负荷。若不考虑热量损失，认为气体和冷却水在冷却器中的换热量相等，则利用换热量即可计算得到循环淡水在各支路和总路中的流量，进而根据海水和淡水在板式换热器进出口的温差计算得到板式换热器的热负荷和海水流量。冷却器的热负荷计算结果如表1所示。

不考虑图1中的虚线部分，则循环淡水管线的支路一共有四条，计算得到淡水各支路和总路以及海水管线的流量如表2所示。

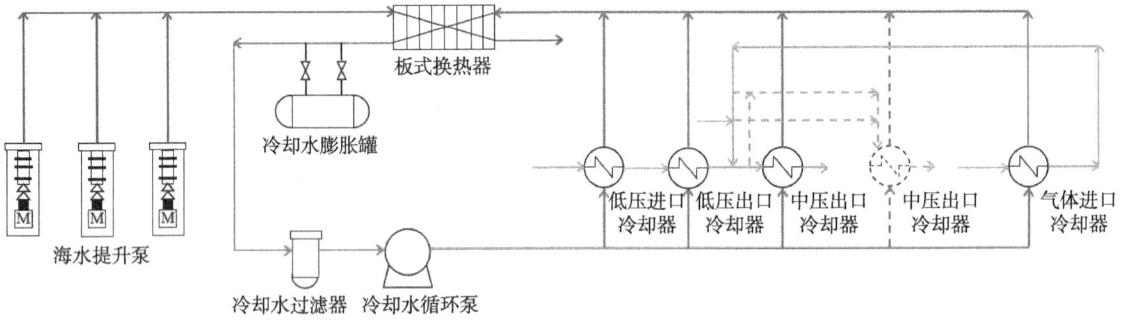

图1　闭式循环冷却水系统示意图

表1　冷却器热负荷

	低压进口冷却器	低压出口冷却器	中压出口冷却器	气体进口冷却器	板式换热器
换热量/kJ·h^{-1}	238786.42	1438570.11	2659071.16	5778406.30	10114833.98
功率/kW	66.33	399.60	738.63	1605.11	2809.68

表2　各管线流量

淡水流量/kg·s^{-1}					海水流量/kg·s^{-1}
低压进口冷却器	低压出口冷却器	中压出口冷却器	气体进口冷却器	总路	
2.26	13.59	25.12	54.60	95.57	97.99

泵的功率通常指原动机传到泵轴上的轴功率，是单位时间内从泵中输送出去的液体在泵中获得的有效能量，计算公式如式2所示。

$$N=\frac{g\rho q_V H}{1000\eta} \tag{2}$$

式中，N为泵的功率，kW；g为重力加速度，N/kg；ρ为流体密度，kg/m^3；q_V为流体体积流量，m^3/s；H为泵的扬程，m；η为泵的效率，无量纲。

通过查阅项目设计参数，确定海水提升泵和冷却水循环泵前后的压差分别为700kPa和540kPa，效率均为0.75，因此结合流量数据计算得到海水提升泵和冷却水循环泵的功率分别为89.63kW和67.43kW。

3.2　模型搭建

首先通过HYSYS软件搭建工艺流程进行不同工况的模拟分析。以南海某气田循环冷却水系统为例，利用软件搭建的模型结果如图2所示。考虑到系统的完整流程较为复杂，模型省略了低压出口和中压出口这两条循环水支路。

随后利用K-Spice软件，同样参照南海某气田循环冷却水系统搭建了海水提升泵分别为定频泵和变频泵时的模型，与HYSYS模型相同，K-Spice模型也对整个系统进行了一定的简化处理。模型搭建结果如图3和图4所示。

K-Spice模型的整个闭式循环冷却水系统分为三部分：海水系统（绿色部分）、冷却水循环系统（蓝色部分）和用户系统（黄色部分）。模型中内置三个仪控逻辑：（1）利用“冷却水在板式换热器出口侧温度为33℃”这一条件控制海水提升泵的流量；（2）利用“冷却水循环泵出口侧压力不超过700kPag”这一条件控制冷却水循环泵的流量；（3）利用“用户气体在换热器出口侧温度为40℃”这一条件控制冷却循环水支路控制阀的阀门开度。

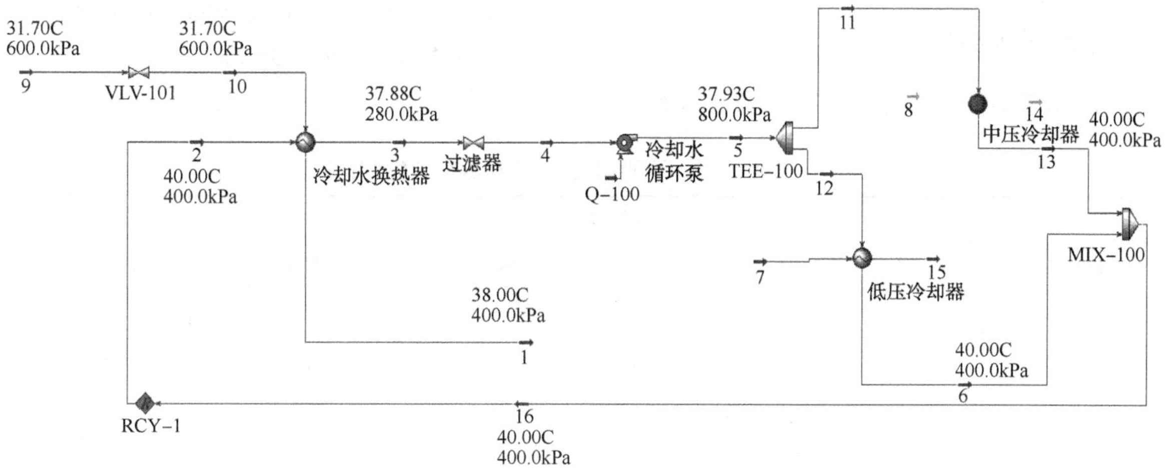

图 2　南海某气田循环冷却水系统 HYSYS 模拟

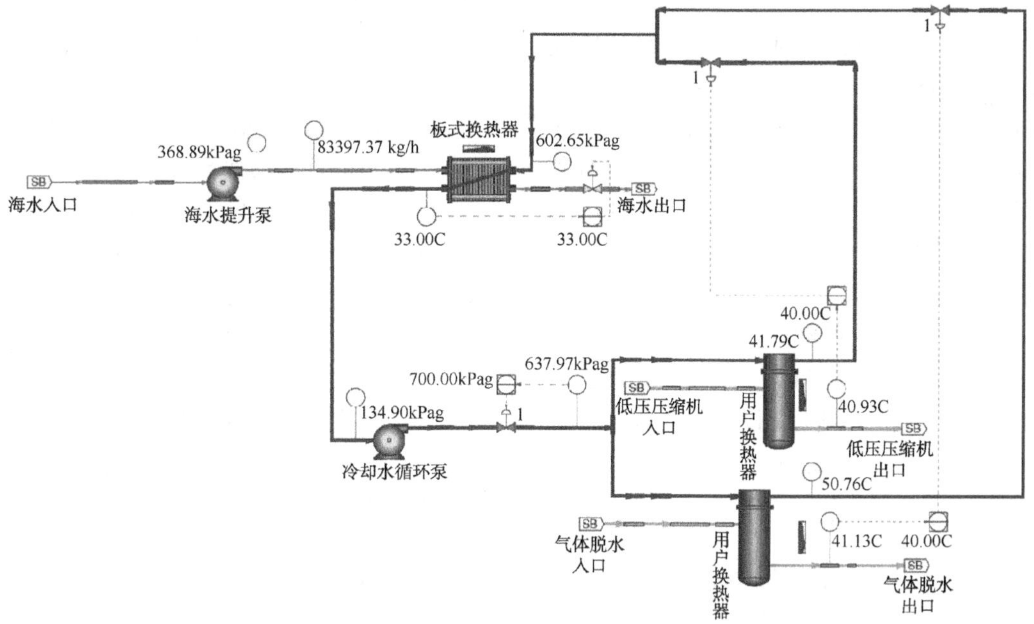

图 3　闭式循环冷却水系统 K-Spice 模型(定频泵系统)

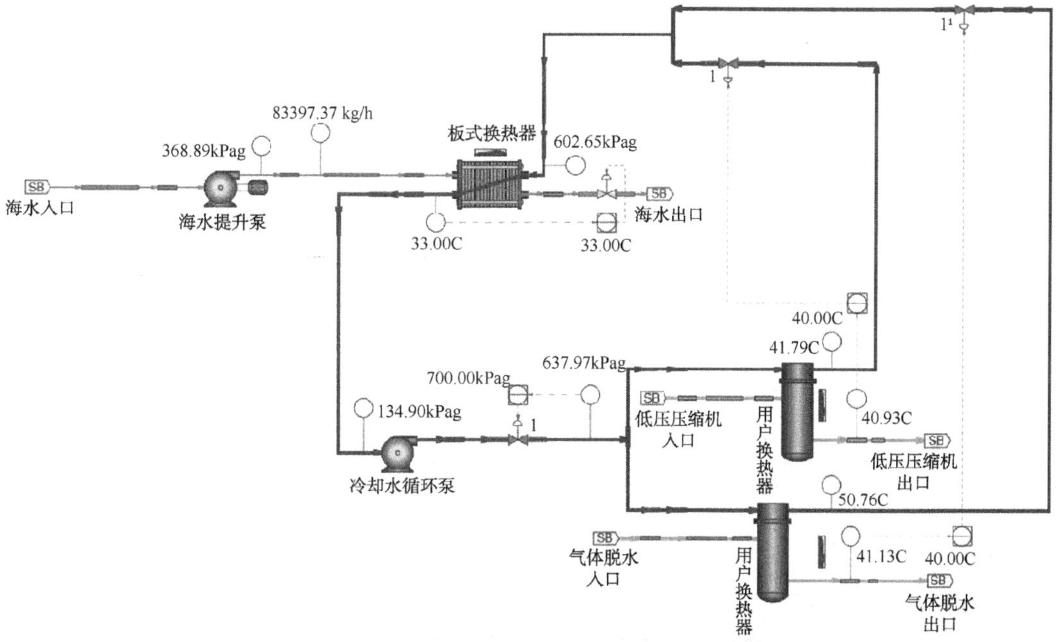

图 4　闭式循环冷却水系统 K-Spice 模型(变频泵系统)

4 模拟结果及分析

以2026年夏季海水最高温的运行工况作为设计工况，根据HYSYS对不同年份循环冷却水系统进行模拟，结果如表3所示。

表3　南海某气田不同年份循环冷却水系统模拟结果

夏季(海水温度31.7℃)				
典型年份	气体进口流量(STD)/$m^3\cdot h^{-1}$	气体进口温度/℃	淡水流量/$m^3\cdot h^{-1}$	海水流量/$m^3\cdot h^{-1}$
2024	683.33	46	1.375	1.46
2025	1058.33	53.7	4.755	5.06
2027	4466.67	56.9	24.87	26.44
2028	2945.83	57.9	8.066	8.58
2026(设计工况)	5029.17	56.5	27.31	29.04

由上表可以看出闭式循环冷却水系统进口气量随时间先增加后减少，循环冷却水系统中淡水流量和海水流量也随进口气量先增加后减少，这说明当气体产量增加时，循环冷却水系统负荷增加，所需淡水流量和海水流量增加。与设计工况相比，在产量较低的年份海水和淡水流量比设计工况下的海水与淡水流量小3到15倍，流量相差较大，将导致产生的耗能损失也较多。由此可见，若根据最恶劣工况，即2026年夏季海水最高温下的工况进行系统的工况设计，会造成不必要的资源浪费，应采取相关措施避免此类问题的出现。

K-Spice模拟分析的过程及结果如下：

（1）节能降耗必要性分析

首先将K-Spice模型进一步进行简化，在淡水于板式换热器进水侧温度恒定为40℃以及海水、淡水流量一定的前提下，通过改变海水在板式换热器进水侧的温度(31℃降低至21℃)，观察淡水在板式换热器出水侧的温度变化。简化模型和模拟结果分别如图5和表4所示。

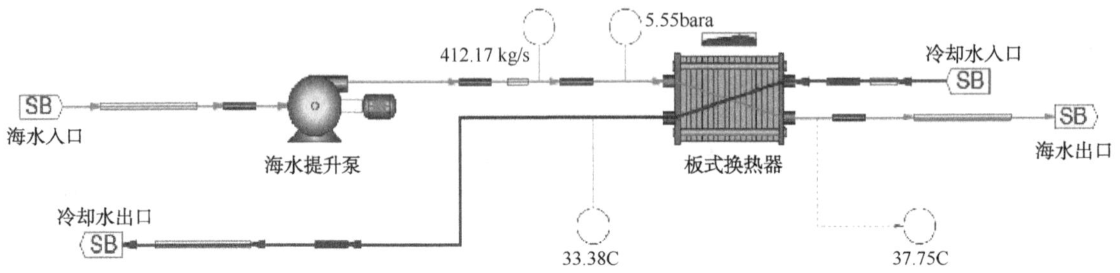

图5　闭式循环冷却水系统K-Spice简化模型

表4　海水及淡水于板式换热器进出口处的温度和流量

温度/℃			
海水进口	海水出口	淡水进口	淡水出口
31	37.35	40	33
30	37.04	40	32.21
29	36.74	40	31.42
28	36.43	40	30.63
27	36.12	40	29.84
26	35.81	40	29.05
25	35.50	40	28.26

续表

温度/℃			
海水进口	海水出口	淡水进口	淡水出口
24	35.18	40	27.46
23	34.87	40	26.66
22	34.55	40	25.86
21	34.23	40	25.07

按照系统运行需求，淡水在板式换热器出水侧的温度要求为33℃，然而随着海水在板式换热器进水侧温度的降低，由表中结果可知淡水出水侧温度降低至25.07℃，明显小于目标温度，

说明该工况下海水泵给予的流量过大导致淡水过冷。因此有必要对整个系统进行节能优化，力求使能耗达到最小，在追求收益最大化的同时节能减排，减小环境污染。

(2) 不同工况下流量、能耗分析

为了模拟不同海水温度和用户气体流量范围下的流量和能耗变化，将海水温度设置为31℃和21℃，用户气体流量设置为最大值和最大值的0.75、0.5、0.25倍进行模拟，且将经过低压压缩机系统和气体脱水系统的淡水管线分别命名为支路1和支路2。其中定频泵系统的流量模拟结果如表5所示。

表5 不同工况下海水及淡水流量(定频泵系统)

海水温度/℃	气体流量/$m^3 \cdot h^{-1}$		水流量/$m^3 \cdot h^{-1}$			
	低压压缩机	气体脱水	海水	淡水支路1	淡水支路2	淡水总路
31	232.57	746.10	86.58	7.74	86.26	94.00
31	175.47	559.39	68.36	4.79	71.03	75.85
31	116.98	373.05	42.71	2.05	46.69	48.74
31	58.49	186.35	21.81	0.72	24.77	25.49
21	232.57	746.10	36.18	7.70	85.97	93.67
21	175.47	559.39	27.92	4.79	71.03	75.82
21	116.98	373.05	16.87	2.05	46.69	48.74
21	58.49	186.35	7.98	0.72	24.77	25.49

由表中数据可知，在海水温度一定的前提下，随着用户进气量的减小，海水及循环淡水的流量均有所降低。根据换热公式可知，流体通过换热器后变化的热量与流体的流量、热容和进出换热器的温差有关，由于用户气体的流量减小、进出换热器的温差不变，导致换热量降低，循环冷却水系统负荷减小，使得海水及淡水流量减小；还可以发现在用户进气量一定的前提下，随着海水温度的降低，淡水流量没有变化，而海水流量有所减小。这是由于在该条件下板式换热器和用户换热器的热负荷没有变化，因此淡水流量不变，而海水温度的降低导致海水进出板式换热器的温差增大，为使换热量保持不变，温度控制器会减小海水管线控制阀的阀门开度，使得海水流量降低。

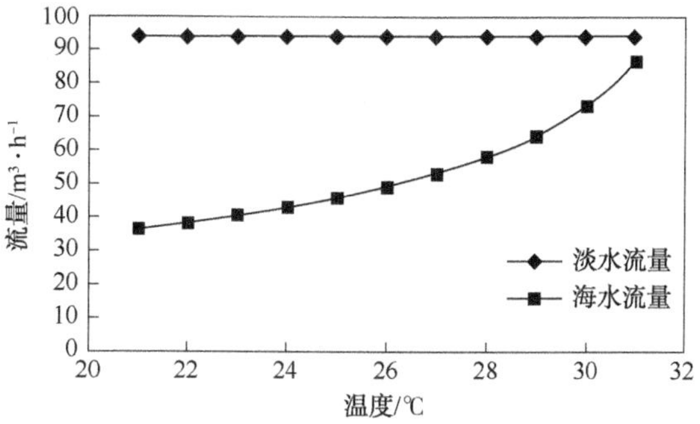

图6 海水及淡水流量随海水温度的变化

如图6所示在最大用户进气量条件下，海水及淡水总路流量随海水温度的变化情况，曲线图也表明了随着海水温度的降低，淡水流量几乎无变化，而海水流量基本呈指数式减小。

表6为不同工况下各类泵和换热器的功率，可以看出除21℃下海水提升泵的功率相较于31℃下略有减小外，冷却水循环泵和各换热器的功率与海水温度基本无关，另外海水提升泵和各换热器的功率均随气体流量的减小而降低，而冷却水循环泵的功率随气体流量的减小而增大。

变频泵系统在不同工况下的流量、功率等参数模拟结果如表7和表8所示。可以看到流量、功率等参数随海水温度和气体流量的变化规律跟定频泵系统是一致的。

通过对比定频泵系统和变频泵系统的功率变化情况，可以发现将海水提升泵改为变频后其能耗有了一定幅度的降低，这说明海水提升泵设置变频后有利于整个循环冷却水系统的节能降耗。另外需要说明的是，由于利用模拟软件搭建的模型进行了一定程度的简化处理，且很多设备及管道参数均为自行给定，与实际系统存在差别，因此模拟得到的数值与3.1中的计算结果存在较大不同。这也表示当利用K-Spice软件开展模拟时，需要输入相当多的设备及管道参数，才能模拟获得与现场运行结果相近的数据，因此通常只建议利用该软件进行系统的定性分析或动态模拟。

表 6　不同工况下泵和换热器功率(定频泵系统)

海水温度/℃	气体流量/m³·h⁻¹		泵功率/kW		换热器功率/kW					
	低压压缩机	气体脱水	海水提升泵	冷却水循环泵	板式(海水)	板式(淡水)	低压压缩机(淡水)	低压压缩机(气体)	气体脱水(淡水)	气体脱水(气体)
31	232.57	746.10	11.54	110.29	1399.18	1830.19	70.07	74.37	1672.95	1677.63
31	175.47	559.39	10.62	113.23	1097.56	1465.13	54.47	58.71	1320.56	1325.11
31	116.98	373.05	9.31	115.80	722.10	1007.25	34.52	38.81	880.41	884.95
31	58.49	186.35	8.62	118.97	375.64	547.11	14.57	18.91	437.41	441.87
21	232.57	746.10	9.18	110.12	1090.16	1827.65	69.98	74.28	1670.65	1675.33
21	175.47	559.39	8.91	113.05	834.22	1464.97	54.47	58.71	1320.56	1325.11
21	116.98	373.05	8.68	115.73	518.15	1007.17	34.52	38.81	880.41	884.95
21	58.49	186.35	8.60	118.98	245.46	547.11	14.57	18.91	437.41	441.87

表 7　不同工况下海水及冷却水流量(变频泵系统)

海水温度/℃	气体流量/m³·h⁻¹		水流量/m³·h⁻¹			
	低压压缩机	气体脱水	海水	淡水支路 1	淡水支路 2	淡水总路
31	232.57	746.10	86.44	7.74	86.40	94.10
31	175.47	559.39	67.94	4.82	71.06	75.85
31	116.98	373.05	42.14	2.05	46.73	48.78
31	58.49	186.35	21.07	0.72	24.80	25.52
21	232.57	746.10	36.11	7.70	86.08	93.78
21	175.47	559.39	27.78	4.79	71.03	75.85
21	116.98	373.05	16.69	2.05	46.73	48.78
21	58.49	186.35	7.80	0.72	24.80	25.52

表 8　不同工况下泵和换热器功率(变频泵系统)

海水温度/℃	气体流量/m³·h⁻¹		泵功率/kW		换热器功率/kW					
	低压压缩机	气体脱水	海水提升泵	冷却水循环泵	板式(海水)	板式(淡水)	低压压缩机(淡水)	低压压缩机(气体)	气体脱水(淡水)	气体脱水(气体)
31	232.57	746.10	8.67	110.45	1399.17	1831.99	70.13	74.43	1674.43	1679.10
31	175.47	559.39	7.27	113.43	1095.37	1465.45	54.47	58.71	1320.56	1325.11
31	116.98	373.05	5.74	115.98	718.37	1007.51	34.52	38.81	880.41	884.95
31	58.49	186.35	4.92	119.15	369.70	547.38	14.57	18.91	437.41	441.87
21	232.57	746.10	5.39	110.27	1090.80	1829.28	70.03	74.33	1672.00	1676.68
21	175.47	559.39	5.06	113.24	833.46	1465.27	54.47	58.71	1320.56	1325.11
21	116.98	373.05	4.78	115.90	516.99	1007.44	34.52	38.81	880.41	884.95
21	58.49	186.35	4.65	119.14	243.80	547.37	14.57	18.91	437.41	441.87

5 结论和优化建议和方向

本文依托南海某气田闭式循环冷却水系统的基础数据，基于 HYSYS、K-Spice 软件进行模型建立并对模拟结果进行对比研究。形成相关研究结论及建议如下：

（1）冷却器负荷与海水温度均会影响循环冷却水系统的海水流量，表现为冷却器负荷对循环冷却水系统中海水流量影响较大，而海水温度对循环冷却水系统中海水流量影响的程度相对较小；

（2）根据冷却器负荷变化规律使用不同模式的海水提升泵可以起到节能优化的目的。

经过分析，认为海上平台闭式循环冷却系统可考虑的优化建议及方向如下：

5.1 海水系统

（1）海水系统设计上根据用户类型不同进行区分设计，可考虑设置两组海水泵组：公用海水泵组及冷却海水泵组。冷却海水泵组用于冷却换热的压力需求低，通过降低冷却海水泵压力，达到节能降耗目的；

（2）海水提升泵设置变频，在海水温度下降和下游用户冷却需求下降等工况下，可根据实际海水所需用量进行取水量调整，防止大量海水直接排海或冷却介质过冷。研究表明变频海水泵节能效果良好，节约电力成本支出，也有利于减少碳排放。

5.2 闭式循环冷却水系统

（1）参考海水提升泵，冷却水循环泵同样可考虑设置变频，根据实际冷却水用量需求进行循环水量调整，防止大量淡水旁通循环，实现节能减排的目的；

（2）冷却器海水侧设置温度控制阀，结合海水提升泵设置变频，共同实现海水泵能耗降低目标。

参 考 文 献

[1] 中国天辰工程有限公司，中国石油和化工勘察设计协会给排水设计专业委员会. 化学工业循环冷却水系统设计规范：GB 50648—2011[S]. 北京：中国计划出版社，2011.

[2] 陈令. 工业循环水系统中的节能与减排技术[D]. 合肥：安徽建筑大学，2017.

[3] 陈皓. 以海水为冷源的闭式循环冷却水系统的设计[J]. 石油化工设计，2021，38(2)：13-16.

[4] 于邦廷，刘维滨，秦小刚，等. 高压注气压缩机在海上凝析气田循环注气开发中的应用[J]. 石油和化工设备. 2020，(23)：73-76.

[5] 侯辰光，王伟铭，吴磊，等. 渤海某凝析气田平台集中式循环冷却水系统设计及应用[J]. 天津科技，2023，50(2)：38-41.

[6] 魏治海，娄秀清. 面向钢厂的工业循环冷却水系统初探[J]. 科技风，2010，(5)：110.

[7] 王晓龙. 工业循环水节能演示装置设计与研究[D]. 东北大学，2015.

[8] 王晓龙，陈池，唐永东，等. 工业循环水节能演示装置设计与冷却性能分析[J]. 机械设计与制造，2015(11)：148-151.

浅谈油田长输管道无人值守站建设应用及智慧化运行

任利萍　王建平　陈慧萍　郑倩茹　李　妍

（中国石油新疆油田公司油气储运公司）

摘　要　在互联网、大数据、人工智能和实体经济深度融合，数字化、智慧化高速发展大环境下，面对能源革命和能源转型的趋势，在中国石油“智慧管道”理念的驱动下，在长输管道运行方面，新疆油田前瞻布局化发展赛道，深耕“智能管网、智慧储运”建设，以价值创造为关键抓手，坚持最大程度自主设计、自主研发、自主运维，坚持业务主导、信息统筹、需求引领，加速推进生产模式变革、促进技术进步，把数智技术赋能落实到新疆油田长输管道生产经营各个环节。新疆油田以价值为导向，坚持“低成本、安全、有效益”的原则，在优化简化的基础上，与新疆油田油气生产物联网建设和站场整体数字化改造同步进行，根据生产需要先易后难逐步推进无人值守站适应性改造，充分利用已有设备设施及应用系统控制成本。充分发挥信息化创新价值，通过自主研发实现站场数据自动采集及共享共用。将无人值守站建设与运营管理相结合，保证投资效益。本文基于中国石油“智慧管道”目标，运用无人值守站技术、大数据分析、智能控制和辅助决策，实现新疆油气管道生产运行模式和劳动组织模式的全面转型，管道运行智慧化程度显著提高，“智慧储运”发展蓝图逐步转变成实实在在的油气管道生产力，对先进的油气管道企业实现跨越式追赶。

关键词　长输管道；无人值守站；智慧管道；；智慧化；生产运行模式；劳动组模式

1　引言

新疆油田长输管道主要负责新疆油田原油储存、中转、输送及销售和天然气输送及销售，这些管道和站库大都建于2011年前，与现行颁布管道建设规范之间存在较大差距；传统的管道生产组织模式和劳动组织结构无法满足生产过程自动化数字化、管理决策智能化的要求；所辖油气站场分布点多线长面广，油气集输处理工艺复杂，安全生产和环保风险压力大，同时，新疆油田不断扩大的油气生产规模和员工不断减少的矛盾日益突出。

在互联网、大数据、人工智能和实体经济深度融合，数字化、智慧化高速发展的大环境下，面对能源革命和能源转型的趋势，新疆油田前瞻布局数智发展赛道，在长输管道运行方面，深耕“智能管网、智慧储运”建设目标，持续对标国内、外先进油气管道企业，通过油气管道无人值守站建设，全面实现油气管道站场信息的“全面感知、一体化管控”，将无人值守站建设与运营管理模式应用相结合，保证投资效益，全面推动油气管道运行从传统生产组织模式向“集中调控、远程操控、现场综合巡检”新型模式转变，油气管道智慧化建设成效显著。形成了新疆油田大规模无人值守站场应用示范。管道运行模式上，梳理、分析、评价近年来油气管道技术发展历程中的相关技术成果，因地制宜，探索适合自身特点的智能运行策略，为新疆油田长输管道无人值守站场运行提供安全保障、为确定新疆油田“智慧储运”的发展方向提供实践依据。

2　新疆油田长输管道无人值守站建设应用

无人值守站建设是新疆油田实现“智能管网、智慧储运”战略目标的基本需要；是适应数字化转型和创新发展战略的需要；是提升管道站场本质安全的需要；是解决新疆油田长输管道点多线长面广，一线员工生产生活条件恶劣的需要；是解决不断扩大的油气生产规模和员工不断减少矛盾的需要，更是提升油气管道生产运营效益的需要。

遵从新疆油田无人值站建设思路，结合新疆油田现役长输管道站场建成年代久远的状况，在优化简化的基础上，与新疆油田油气生产物联网建设和站场整体数字化改造同步进行，根据生产需要采用"先易后难、典型示范、分类推进"的原则逐步推进无人值守站适应性改造，为新疆油田油气管道智慧化建设探索出一条符合自身发展的"智慧路径"。

2.1 老旧管道站场适应性改造

新疆油田现役长输管道站场建设之初均按照有人值守模式进行设计，建站年代久远，各站场监测情况，自控水平、设备设施完善程度、整体安全可靠性均与无人值守站建设要求存在很大差距，无人值守站场自动化适应性改造意义重大。

改造思路

（1）以站场无人值守管理模式下为前提，开展危险及可操作性分析（HAZOP）的分析/评估、安全完整性等级（SIL）评估、和火灾风险分析（FRA）和控制系统可靠性分析，根据分析出的风险，采取相应的改造措施，将风险控制在可接收的范围内。

（2）对照标准和先进企业对标，全面梳理、优化各类型站场控制逻辑，对检测仪表、控制系统和执行设备进行配套改造，实现站场主要设备及辅助系统的全面自动化控制联锁功能。提升站场总体的自控水平，满足站场无人值守条件，安全、平稳、可靠运行的需求。

（3）梳理消防和安防法律法规及标准要求，针对具体条款，采取相应的措施、增加相应的监测设备，满足无人值守模式下的消防及安防的管理要求。

2020年至2022年，经过两年时间，先后对长输管道所辖站队、油气站场各类设备适应性改造，实现站控系统全面自动化：通过完善、扩容、升级、改造新疆油田现役油气长输管道所有站场的PLC站控系统，以站场一键启停、控制逻辑标准化为基础，全面梳理、优化各类型站场控制逻辑，实现站场设备及辅助系统的全面自动化控制功能；储罐自控水平升级：重大危险源储罐均实现高低液位连锁保护功能；输油泵机组数据采集及远程控制改造：实现所有在用输油机泵重要参数自动采集，远程一键启停和连锁保护停机；加热炉系统连锁保护改造：加热炉全部实现数据远传、参数报警和保护参数连锁停炉、以及调控中心远程停炉功能。长输管道、油气站场连锁保护功能全面完善。

2.2 长输管道站场生产数据动采集

坚持"低成本、安全、有效益"的原则，充分利用已有设备设施及应用系统控制成本。充分调动信息自动化人才内驱力，组织新疆油田信息自动化工程师自主研发长输管道站场生产数据动采集系统，利用数字交换存储技术，实现数据自动分析录入。通过搭建DSS数字交换服务器，使用Redis远程字典对OASYS实时数据处理并写入Orcale数据库，使管道生产运行过程中多套系统实现依靠SCADA系统实时数据支撑运行，实现生产数据自动采集、共享共用。目前每小时生产数据自动采集站场数千条，准确率已达100%，如图1、图所示。

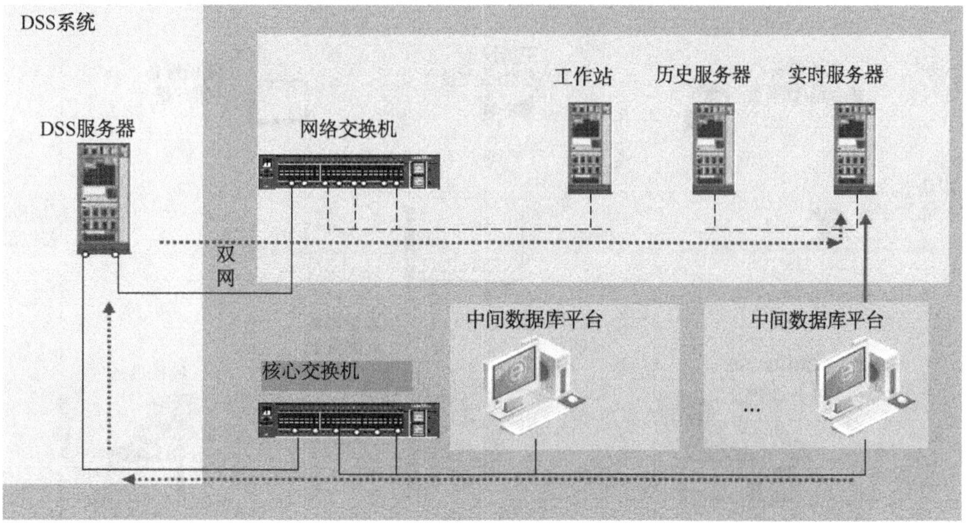

图1　数字交换技术拓扑图

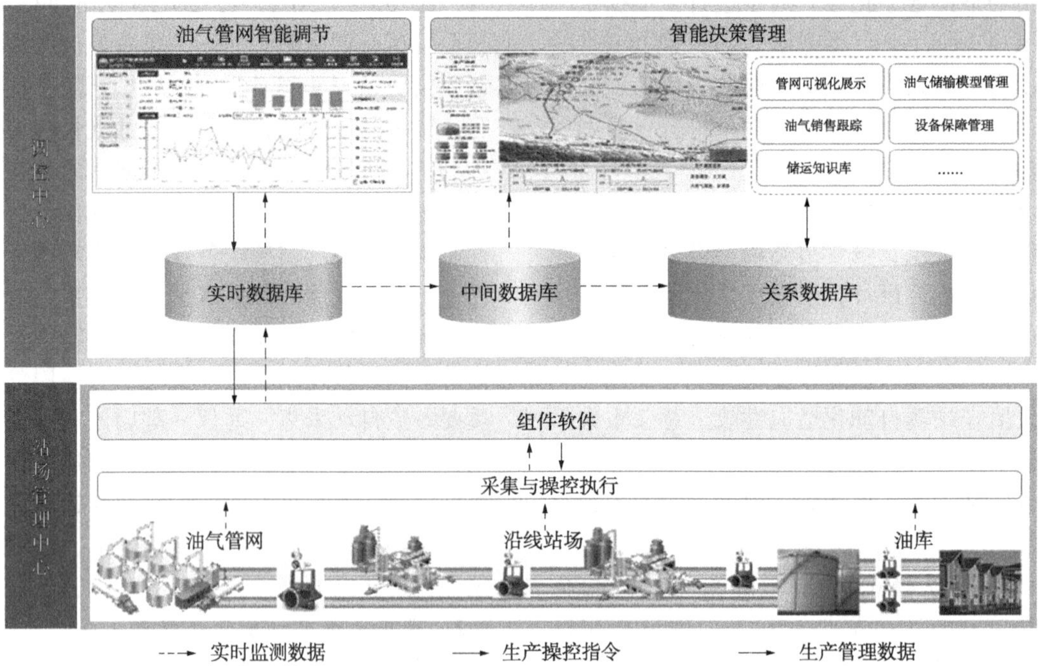

图 2　站场生产数据自动采集数据流示意图

2.3　通过 OASYS 实时优化控制，建立三级控制管理模式，实现设备远程控制

通过昌吉调控中心内 SCADA 系统升级改造及油气储输智能管理系统优化，对现场数据采集子系统进行完善，实现生产数据自动采集、重点环节自动(远程)控制、生产状态报警预警等功能。

利用 TCP/IP、EIP 及 MODBUS 协议使 OASYS 组态实时连接各站场 PLC 控制系统，实现管网调控中心与各站场控制系统互联互通。通过调控中心对外输泵、加热炉、压缩机的远程启停及自控阀的远程开关，形成“调控中心<=>生产现场”的管理模式，确保管道集中指挥和统一管理，提高调度速度，优化资源配置。

全面实现新疆油田长输管道油气站场外输泵、自控阀等设备三级控制功能：管网运行中心控制、站控系统控制、现场就地操作。通过管网中心 SCADA 系统与站场控系统通讯，全面采集现场工艺参数，实现管网运行中心对现场设备的远程控制、流程切换、参数调节、报警及连锁保护功能，达到“全面感知、远程操控”，保障管网高效、安全运行，如图 3 所示。

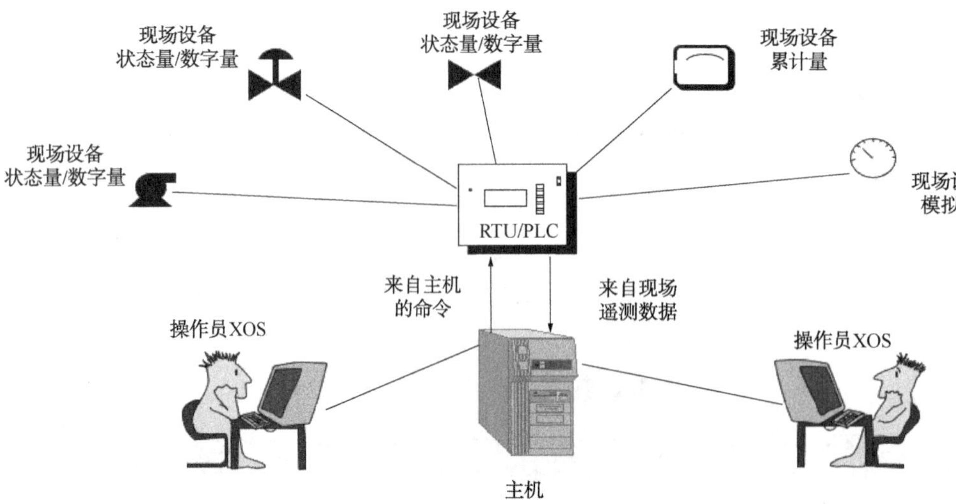

图 3　远程控制拓扑图

本着可行和有效原则，由于以前在产能建设和后期技改中不同程度进行了一些站场信息化建设，为了充分利用已有投入，长输管道无人值守站场建设在集成已有信息化建设基础上，通过在油气管网沿线站场、油库等现场升级改造数据自动采集监控装置及自动化控制设备，实时采集各项生产数据、状态参数和工业视频信号，通过网络将这些数据和信号传输到后方的昌吉调控中心进行集中管控，应用油气储输实时数据和历史数据进行汇总对比、综合分析与处理，模拟分析管网运行情况、优化运行方案、远程智能调节、业务协同处理等，为管道油气生产提供决策支持，达到优化油气储输生产管理的目的。

长输管道无人值守站场建成，全面实现油气管道站场信息的"全面感知、一体化管控"，推动了油气管道运行从传统生产组织模式向"集中调控、远程操控、现场综合巡检"新型模式转变，加速了油气管道智慧化建设进程。

2.4 打造HSE智慧化监督防控体系，助力"集中调控、远程操控、区域管理、无人值守、现场综合巡检"生产运行模式转型

新疆油田长输管道坚持以信息化赋能安全生产监督防控，着力推进先进监控技术应用，建立HSE智慧监督防控体系，为新疆油田长输管道安全发展、绿色发展、高质量发展提供了有力支撑。针对重大危险源、高风险作业、承包商施工、环境敏感区域、生产要害部位等重点领域和关键环节，加大技防应用力度，提升风险管控水平，确保"全过程、全天候、无死角"要求落实到位。

（1）固定视频监控：大力应用视频监控技术，建立了视频监控中心，在生产站场内外关键点设置固定摄像头，实施全天候、全时段监控，消除人工现场监管时间盲区。

（2）移动视频监控：4移动视频监控已接入油田公司视频监控平台，负责施工现场的监控。移动视频摆放在可以监控到所有施工行为的位置，对施工作业过程进行监控。

（3）人脸识别：重点油气站库安装人脸识别系统，通过人脸识别结合实名信息，强化人员进站过程受控及监督，提高出入口管理效率。

（4）视频智能分析：运用智能视频分析系统，运用在重点站库，系统可识别站场火灾、爆炸、烟雾、原油管线跑冒滴漏等现象，提高调度对现场突发事件的及时反应能力。

2.5 长输管道无人值守站建成后的长输管道站场运营

2.5.1 构建新疆油田长输管道大调度运行机制

由管网运行中心、综合指挥中心与基层站队构成大调度运行机制，管网运行中心负责对生产现场的生产运行指挥、设备启停、流程切换以及自动化监控；综合指挥中心利用视频系统负责对基层维稳安保的监督检查、工程施工安全监督及应急指挥。各基层站队负责生产现场综合巡检，故障处理及应急处置。

2.5.2 实现长输管道大规模无人值守站场劳动组织模式转型

实行基层站队的区域化管理模式，新疆油田长输管道所有油气站场合并成由少而精的有人值守站分区域进行管理的模式，一线生产单位进一步简化，区域管理职责更加聚焦安全生产，提高各类资源协同共享；管理部门对一线生产单位管理更加直接、更有力度，与一线生产单位上下协同，共同保障无人值守站的平稳运行。劳动组织模式将呈现集约化、扁平化、专业化三大特征，劳动组织模式的转型，促使劳动生产率大幅提高。逐步取消泵工岗、加热炉岗、输气压缩等岗位，统一整合成综合巡检岗，负责配合二级协调调度完成相关生产运行工作。

3 长输管道智慧化运行

在推进长输管道智慧化建设过程中，新疆油田合理继承、充分应用能满足目前长输管道智能运行需求的成熟技术，滚动发展、持续改进，在现用管道管理系统上不断增加或完善功能、提升性能，避免不必要的重复研究、重复建设。新疆油田通过梳理、分析、评价、近年来油气管道技术发展历程中的相关技术成果，因地制宜，探索适合自身特点的智慧运行策略，为长输管道无人值守站场运行提供安全保障、为确定新疆油田智慧管道的发展方向提供依据。

3.1 基于智慧油储一体化管控平台，集成应急管理、管道运行监测等智能应用，构建智慧管道风险防控体系

建立基于物联网技术、光纤预警、管道泄露监测等技术的智能化管道巡检系统，对油气管网各环节进行全面感知，通过管道失效预警以提高管道本质安全，极大提升风险管控能力，大幅降

低管道失效影响面。通过头盔摄像机实现管道现场与综合指挥中心的互联互通，以保障应急管理。

采用神经网络检测识别算法，提高预警精准度，实现高后果区精准防控，通过管线矢量图与监控画面叠加生成预警边界，实现新疆油田长输管道高后果区全天候、无死角的直观监控，油气管线全覆盖监控和预警。采用深度学习的神经网络检测算法，建立5种类别18套模型，有效识别重型车停压管线和农田施工等第三方施工行为，通过精准预警避免发生管道危害事件，如图4所示。

采用外部与内部结合的管道泄露监测手段，构建管网多重防护体系，保障管道安全运行，采用基于负压波+流量平衡互补的管道泄漏监测，并结合光纤预警系统，实时掌握管道的生产运行状况，及时发现管道第三方破坏及泄漏事件，为管道运行增添保障，如图5、图6所示。

采用物联网4G无线传输技术，构建基于物联网的智能阴极保护系统，实现阴保数据采集功能。使用高效可靠的长寿命极化探头，利用低功耗节电技术，克服了复杂环境下阴保数据检测困难的痛点。依托GIS地理信息系统，构建智能阴极保护数据采集系统，实现阴保数据实时监测和管理，如图7、图8所示。

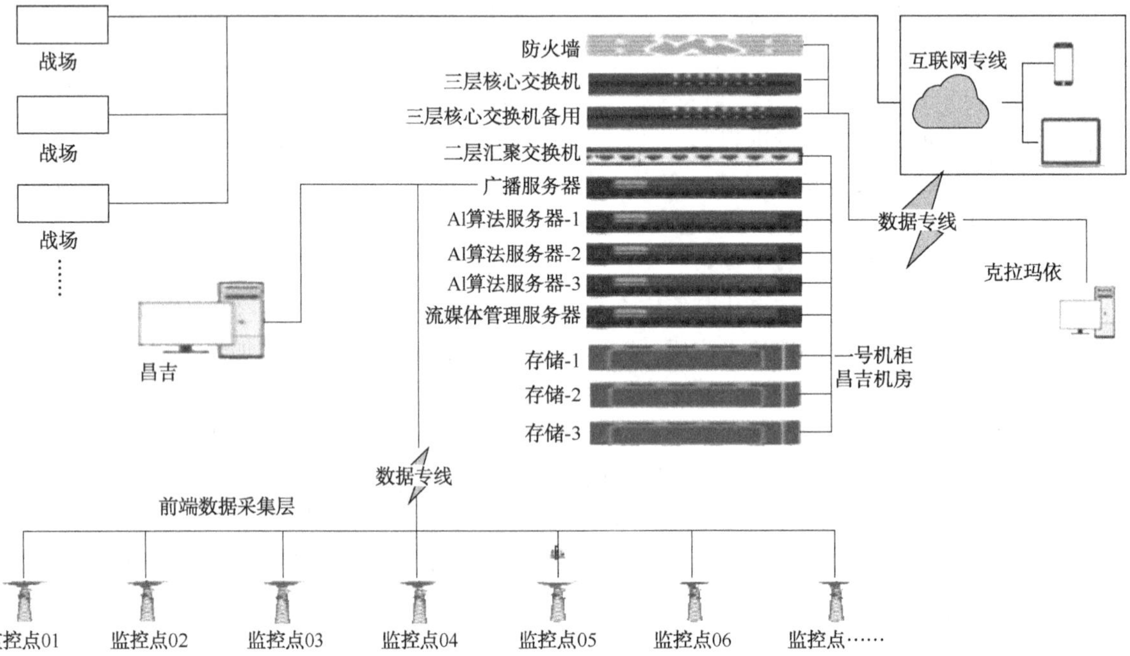

图4　高后果区监控架构拓扑图

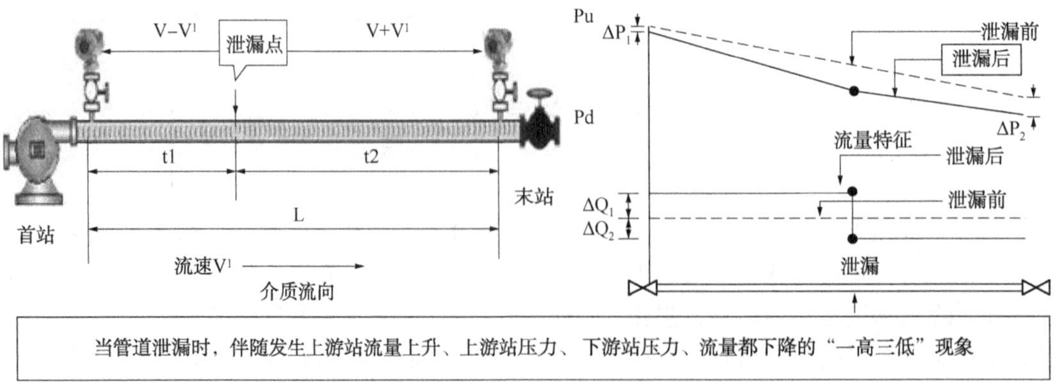

图5　管道泄漏监测系统原理图

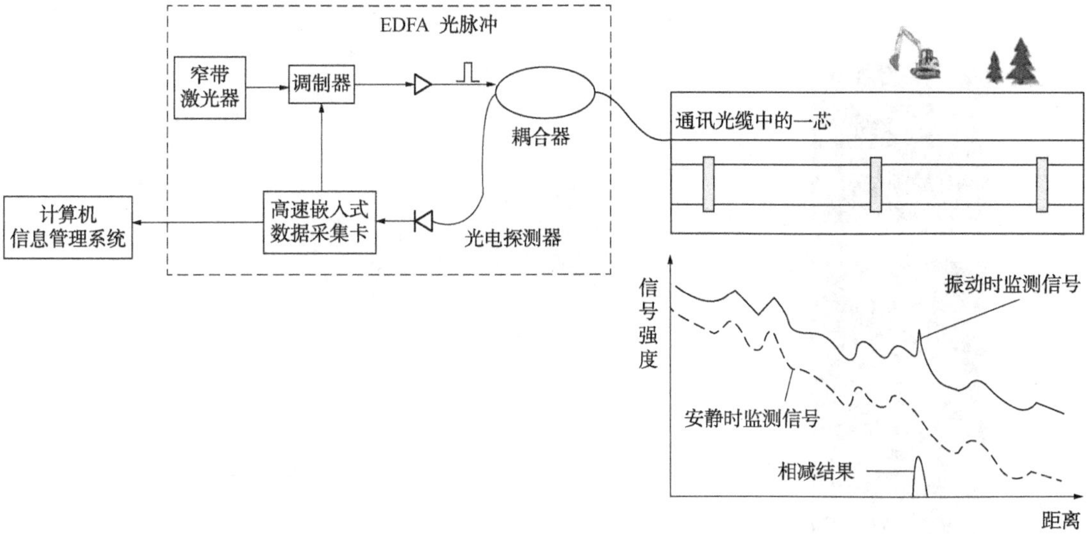

图 6　光纤预警原理图

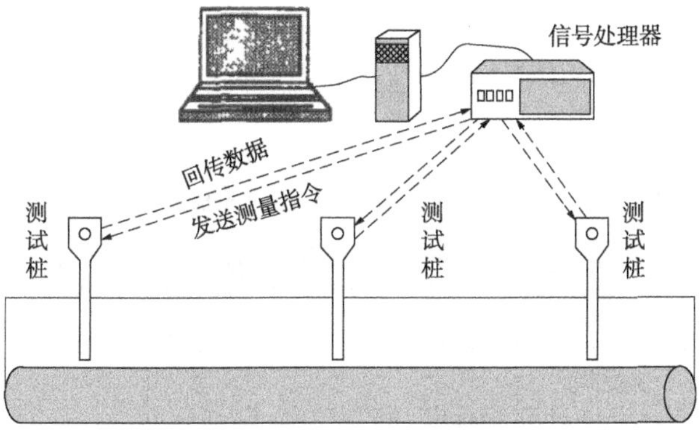

图 7　阴保智能监测原理图

图 8　阴保智能监测现场

3.2　建立多维度的故障诊断分析方法，实现站场工艺、设备的故障预警预测

通过智能预警技术在油气站场安全、设备故障预警系统中应用，实现生产现场智能监控、智能诊断、自动预警，构建生产全过程智能联动与实时优化的模式，实现油气站场高效管理、精益生产，保障安全运行。搭建设备健康评估模型，建立机泵故障诊断系统基于数据驱动的离心泵转速识别模型，使用传感加速度算法，实现设备的故障预警分析和趋势预测，及时有效制定控制措施，减少故障停机现象。2023 年对机泵故障预测分析的准确率，达到 87%，如图 9 所示。

3.3　以业务需求为导向，实现智能化管理

充分利用信息智能化手段，辅助建立规范巡检制度；同时构建设备安全的闭环管理模式，新疆油田自主研发管道站场智能移动巡检系统，在无人值守站运营模式下，实现站场综合巡检工作的信息化、标准化、智能化管理，最大限度的避免漏检、错检等人为因素问题，显著提高巡检工作质量和管理效率，切实保证无人值守运行模式下综合巡检管理制度能够落地执行(图 10)。

4　效益预评价

经济效益：

(1) 优化人员效益。优化调整生产组织架构、劳动用工方式以及管理模式：基层站队调度岗核减 18 人，一线岗位员工核减 112 人，共计 130 人，大幅减少人员费用。

(2) 减少站场设备维修。按 1.2 万/台机泵维修价测算，每年减少维修费用数十万元。

(3) 减少管道失效维修。按管道失效后抢修、含油污泥处理等费用测算，每年可节约因管道失效维修费用数百万元。

综上，长输管道无人值守站建成并投入运营，具有较好的经济效益。

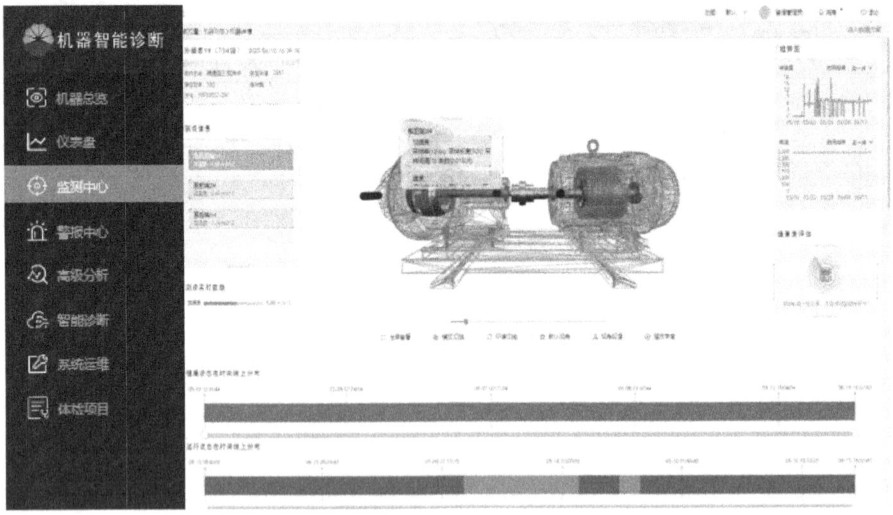

图 9　输油泵智能诊断系统某站 9#外输泵样本模型

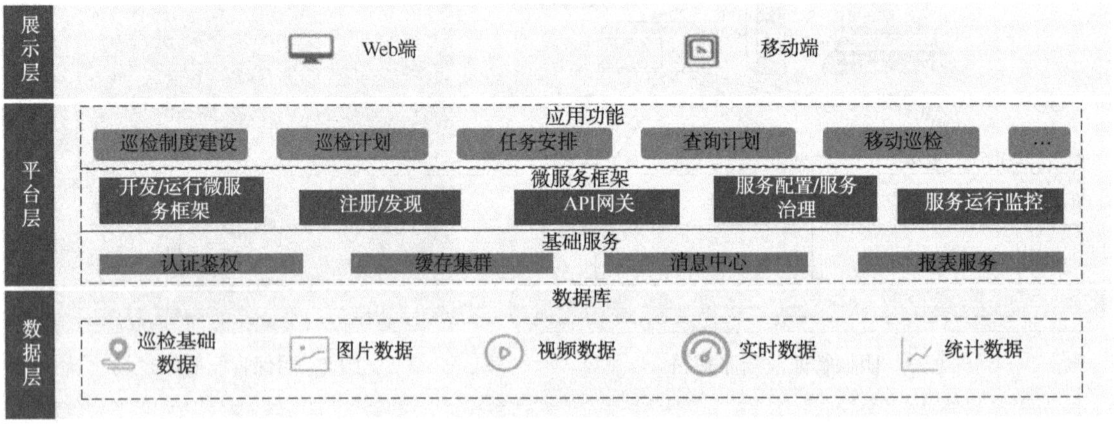

图 10　管道站场智能移动巡检系统

社会效益：

安全保障：管道风险预警、水击超前保护等功能，保障管道安全运行，降低管道失效风险，有效避免油气泄漏引发的各类事故发生。

环境保护：多种方式预防管线泄漏，管道安全得到有效保障，避免了重大环境污染事故发生，保护自然环境。

企业责任：长输管道无人值站建设使一线员工脱离危化品生产环境，降低一线劳动强度、减轻工作压力，缩短油气生产区域工作时间。智慧化运行技术应用实践，推动长输管道智慧化建设进程，为新疆油田公司全面建设世界一流两千万吨综合性能源公司做出积极贡献。

5　结论

新疆油田长输管道无人值守站的建成，实现生产过程实时监测、生产现场视频监视、生产报表自动管理、站场设备的集中调控远程操控、生产状况及设备智能分析诊断等，根据以上方面给出油气集输的调整方案，辅助业务管理人员进行快速科学决策，保障原油、天然气存储、输送和销售之间的平衡，极大提升管道生产管控水平，增强管网运行的安全性和可靠性，提高生产现场突发事件的及时响应能力，实现长输管道油气生产最优化和经济效益最大化。

新疆油田长输管道无人值守站场的建成和管道智慧化运行实践，是对传统油气管道生产的一次深刻革命，是“智慧储运”战略目标实现的坚实基础。无人值守站场全面推广运营，实现了油气管道生产智能化管理，是节省投资、降低成本、优化用工、提高劳动生产率和提质增效的有效手段。

新疆油田通过不断提升创新油气管道智慧化建设理念，在智慧油田顶层设计框架下，根据油田内部管道运营特点，研究、探索出符合自身发展的智慧路径，不仅在油气站场无人值守技术应用方面起到了引领示范作用，还在管道智慧化建设中取得显著成绩，大步向迈向国内、国际先进油气管道行业水平。

参 考 文 献

[1] 李海润.《智慧管道技术发展现状及趋势》天然气与石油[J]. 2018，36(2).

[2] 马贵利.《长输油气管道智慧化管理的应用及发展趋势》天然气技术与经济[J]. 2022，16(5).

基于知识图谱的国产燃驱压缩机组故障诊断智能问答系统研发

伍星光　吴锡合　马玉宝　潘慧洁　李章青　廖小花

（国家管网集团广西公司）

摘　要　国产30MW级燃驱压缩机组已在国家管网西气东输二线全面推广应用，成功填补了该领域的国内空白，也是全国天然气管线上的“国产超强心脏”。然而，由于燃驱压缩机组故障的参考文献和书籍非常有限，领域知识积累不多，为压气站的高效运营和安全管理带来了诸多挑战。近年来，知识图谱技术因其表达能力强、拓展性好、基于知识进行推理等优势得到了学术界与产业界的高度关注，已在医疗健康、金融、社交媒体等领域得到了初步应用。当前，在油气管道燃驱压缩机领域，尚未建立系统的燃驱压缩机组故障知识库，尚未实现基于知识图谱的燃驱压缩机组故障智能诊断。本研究以构建国产燃驱压缩机组故障诊断智能问答系统为目标，在全面总结梳理SCADA系统和UCP系统报警信息、收集整理燃驱压缩机组及其附属设备设施技术文档、已有专家知识和已积累的现场处置经验等相关信息资料的基础上，通过明确所需建立的实体关系类别，规范核心概念和术语，建立燃驱压缩机组故障知识库。基于Py2neo对故障知识库进行实体及其关联关系抽取，基于Neo4j图数据库创建和储存知识图谱，实现故障信息的智能检索查询和可视化展示。综合应用Cypher、Aho-Corasick等算法实现问句分析、关键词匹配和答案抽取，采用HTML和CSS技术开发Web前端展示界面，并通过Django框架实现快速搭建，实现实体关系查询、问答交互及知识图谱可视化展示。目前，本研究成果已在国家管网集团广南支干线某燃驱压气站投入使用，辅助压气站技术及管理人员决策，有效提升了站场运维人员故障排查处置能力和压气站安全管理效能。

关键词　燃驱压缩机；知识图谱；故障诊断；智能问答系统

压缩机组作为压气站的关键设备，其运行正常与否对整个生产线的输送能力和安全状况具有重要影响。从运营管理角度，压缩机组故障停机直接影响下游用气和企业经济效益，从安全管理角度，压缩机组发生故障可能引起喘振、火灾爆炸等安全事故，对人员生命、周边环境和企业声誉造成不可挽回的损失。压缩机组，尤其是燃气轮机驱动方式的压缩机组，系统精密、结构复杂，故障原因多样，故障类型和故障征兆对应关系复杂，为故障排查和隐患治理带来了诸多困难。近年来，由于发达国家对中国的技术封锁和市场垄断，高端制造业国产化研发和设备国产化替代进程逐步加快，30MW级燃驱压缩机组已实现国产化并已在西气东输二线全面推广应用，由于高端设备国产化起步较晚，设备性能和可靠性与发达国家仍有较大差距，无形中为压气站的高效运营和安全管理带来诸多挑战。

当前燃驱压气站在安全运维管理方面主要存在三大问题。第一，国家管网集团目前只有三座燃驱压气站，且关于燃驱压缩机组故障的参考文献和书籍非常有限，领域知识积累不多，对于燃驱压缩机组可靠运行目前尚处于探索中。第二，各压气站真正理解掌握压缩机运维技术的人员不多，且对压缩机的认识更多基于现场经验，多数故障排查和维修维护仍需要依托领域专家和厂家工程师，存在技术壁垒；第三，站场员工队伍整体能力欠缺，对压缩机运行模式和联锁逻辑缺乏深刻理解，在压缩机工况异常和出现故障时很难及时作出准确有效判断，存在能力壁垒。因此，有必要对燃驱压缩机组故障类型、故障原因及故障处置方式进行全面梳理，形成故障诊断知识图谱，通过规范数据标准和入库规则，引入自然语言处理技术，研发国产燃驱压缩机组故障诊断智能问答系统，辅助压气站技术及管理人员决策，实现故障源快速准确定位及潜在故障点精准管控，达到故障前有效预防、故障后及时维修的目的，有效提升站场人员自主维修维护效率和能力，降低维修维护成本，提升压缩机无故障运行时间，实现降本增效和安全提升。

1　知识图谱研究应用现状

知识图谱于2012年5月17日被Google正式提出，其初衷是为了提高搜索引擎的能力，增强用户的搜索质量以及搜索体验。知识图谱是一种揭示实体之间关系的语义网络，用于对现实世界的事物及其相互关系进行形式化地描述。随着智能信息服务应用的不断发展，知识图谱已被广泛应用于智能搜索、智能问答、个性化推荐等领域。由于数据来源丰富、数据量大、领域知识通用性及易获得性等特点，知识图谱技术应用主要集中于医疗健康、金融、社交媒体等领域，为其他领域知识图谱研究提供了技术参考。由于知识图谱本质是结构化的语义知识库，具有推理性和可视性，该技术逐步被应用于工业领域设备故障诊断。王岩等将知识图谱技术引入采煤机故障检修知识的动态建模、形式化存储及智能交互过程，构建了基于知识图谱的采煤机智能维护知识库。刘昌锋等采用基于本体的知识表示方法，提出了一种适用于汽轮发电机组故障诊断领域的本体构建方法和知识表示模型，并论证了模型的可靠性和有效性。韩旭东和王仲以专家知识为基础，基于Java EE平台开发了火电机组智能辅助诊断系统，并验证了基于知识图谱的智能诊断推理模型的有效性和火电机组智能辅助诊断系统的优越性。由于燃气轮机机械结构复杂性、系统精密耦合性和知识术语复杂性，知识图谱在燃气轮机领域的应用尚处于起步阶段，目前仅在电力行业中得到了初步应用，在油气管道燃气轮机故障领域尚鲜有相关的知识图谱构建研究，且尚未实现管道燃驱压缩机组故障智能诊断系统的集成和研发。本文以国家管网集团广南支干线某燃驱压气站为研究对象，基于专家知识和已积累的故障处置经验，建立国产30MW级燃驱压缩机组故障知识库，引入知识图谱技术，构建燃驱压缩机组故障知识模型，基于Neo4j图数据库进行可视化分析展示，通过搭建智能问答系统，实现燃驱压缩机组故障智能诊断，为压气站技术及管理人员提供决策支持。

2　燃驱压缩机组故障诊断智能问答系统构建方法

燃驱压缩机组故障诊断智能问答系统构建实现过程如图1所示，主要包含5个步骤：(1)总结梳理SCADA系统和UCP系统报警信息、收集整理燃驱压缩机组及其辅助设备设施技术文档、已有专家知识和积累的现场处置经验等相关信息资料，明确故障信息的类别、产生原因、后果影响和故障处置方法；(2)分析燃驱压缩机组各类典型故障特征，明确所需建立的实体关系类别，规范核心概念和术语，整理形成线下结构化知识库；(3)根据已构建的线下结构化知识库，定义并抽取实体类型、属性及实体间的关联关系；(4)基于Neo4j图数据库创建知识图谱，实现故障信息的智能检索查询和可视化展示；(5)采用Django框架，结合HTML和CSS技术，设计开发Web前端，提供简单直观的用户界面，实现智能问答和图谱可视化展示。

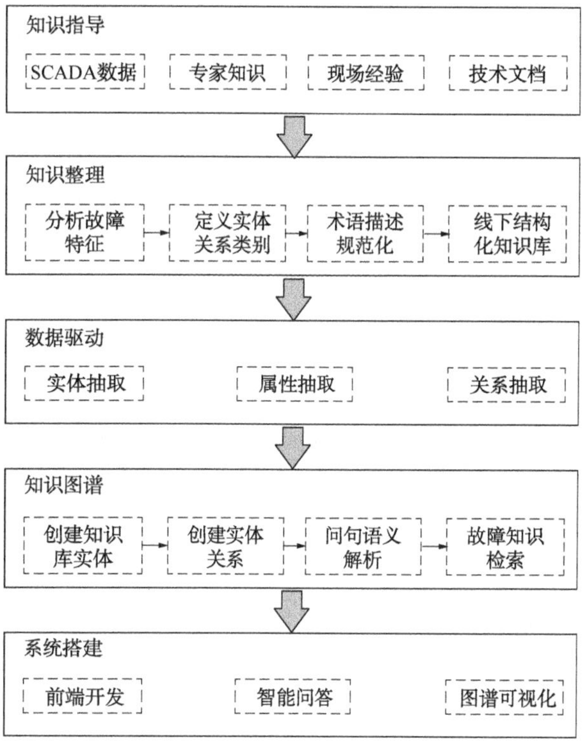

图1　燃驱压缩机组故障诊断智能问答系统方法

3　结构化知识库构建

要构建故障诊断知识图谱，首先要建立结构化知识库以便于知识抽取。燃驱压气站日常故障排查处置部分基于SCADA系统和UCP系统报警信息，部分故障信息由日常巡检和定期维保排查发现。报警信息和故障信息蕴含复杂的隶属关系和因果关系，一个报警信息和故障信息可能蕴含多种原因，又对应不同的故障处理方式。针对复杂的故障场景和知识维度，经验欠缺的值班人员往往束手无策，只能告知具备故障处理能力的人进行处理，由此延缓了故障处理的时间，增加了事故突发的风险；而有经验的值班人员也只能应对处理以前出现过的故障，对未出现过的故障也无能为力。因此，本研究对 SCADA 系统和 UCP 系统有关燃驱压缩机组的故障报警进行全面梳理，结合日常故障信息积累，建立了 Excel 知识库，如表 1 所示知识库部分示例，知识库主要元素包括故障类型、现象，现象描述、原因、后果和处置措施，其中故障类型列是对故障现象的归类，便于进行本体故障构建；现象列是上位机收到的报警信息或者现场巡检维护发现的故障现象；现象描述列是对现象的解释，上位机收到的部分报警信息存在不直观且难以理解的问题，需要进行相应解释以便于值班人员理解，如果现象比较直观易懂，则现象描述内容与现象内容保持一致；原因列是对故障现象发生原因的分析；后果列是故障现象可能导致的后果分析；处置措施列是描述该故障现象应该如何处置。通过故障知识的预先结构化，有助于后续应用知识图谱技术对实体和关系进行抽取和表示，避免知识非结构化造成图谱构建错误以及检索识别困难问题。

表 1　燃驱压缩机组故障知识库

序号	故障类型	现象	现象描述	原因	后果	处置措施
1	堵塞类故障	燃料气撬出口压力低	燃料气撬出口压力低	滤芯堵塞	燃料气供气不足导致停机	降低压缩机转速，切换备用路，更换滤芯
2	泄漏类故障	燃机箱装体油雾分离器漏油	燃机箱装体油雾分离器漏油	接头未紧固	介质泄漏	重新紧固
3	电气类故障	机旁燃料撬电加热器正压通风柜控制主板故障	机旁燃料撬电加热器正压通风柜控制主板故障	频繁断电导致主板损坏	无法对燃料气进行加热	更换正压通风柜控制主板
4	磨损锈蚀类故障	LS030 高压压气机后机匣排滑油有金属屑预警	高压压气机回油管路有金属屑报警	金属屑探测器上细铁丝搭接	影响机组正常运行	停机清理搭接铁丝
5	机械类故障	P2 达到一定工况时可转导叶未离开负位置	可转导叶误动作	作动筒故障	超温停机	更换可转导叶主副作动筒
6	远传仪表类故障	高压压气机回油温度高	高压压气机回油温度高	高压压气机回油温度热电阻传感器故障，数据发生突变，超过跳机值	压缩机异常停机	更换热电阻传感器
7	阀门状态类故障	高压压气机放气阀在高压压气机后排气压力超过 0.4MPa 未正常打开	高压压气机放气阀在高压压气机后排气压力超过 0.4MPa 未正常打开	控制电磁阀未动作	放气阀无法正常工作	调节电磁阀接触开关

4　关键技术

4.1　知识图谱构建

燃驱压缩机组故障诊断的目的是通过模式匹配得到从故障现象到现象描述的解释，进而发现产生故障的原因以及可能导致的后果，最后提出处置措施，因此需要建立故障现象与现象描述、故障原因、后果影响以及处置措施之间的关系。

如图 2 所示，故障现象是核心实体，与现象描述、故障原因、后果影响以及处置措施 4 个实体之间都有包含和从属两种关系，意味着已知核心实体可以查询其他实体，也可以通过已知其他实体反向推断核心实体，通过建立（“现象”，“关系”，“现象描述/原因/后果/处置措施”）三元组形式，引入知识图谱技术进行实体融合。本研究基于 Python 进行底层编程，基于 Neo4j 图数据库进行知识存储，通过 Py2neo 执行节点和关系的创建，并实现对 Neo4j 图数据库的连接与操作。本研究基于知识库和知识图谱一共构建有实体 1481 个、关系 1729 条。

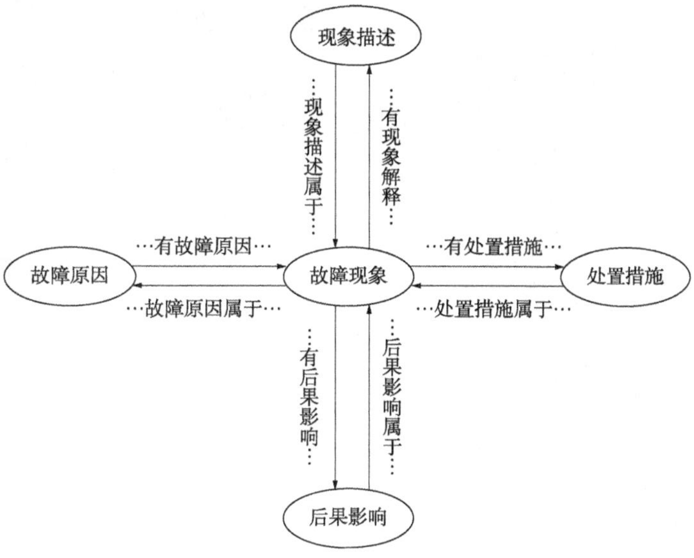

图 2　燃驱压缩机组故障类别实体关系

4.2　问题匹配技术

知识图谱完成构建后，只能在 Neo4j 图数据库中实现查询，尚无法对用户的问题进行匹配和搜索。本研究基于 Aho-Corasick 多模式匹配算法实现问题匹配和分类。Aho-Corasick 算法起源于贝尔实验室，利用多个字符串构建一个树型的模式匹配自动机，把所有的字符串合并使其在同一个集合中，根据实体词典对问题进行实体匹配和抽取，完成问题的关键词分类，通过求解输入语句词组与实体特征词间的相似度实现问答系统问题准确分类和正确回答。

5　燃驱压缩机组故障诊断智能问答系统实现

燃驱压缩机组故障诊断智能问答系统架构包括五个部分：基础技术层、数据层、模型层、业务层、展示层，如图 3 所示。

（1）基础技术层。本层为问答系统提供基础技术，为上层系统开发奠定基础，基于 Python 进行底层代码开发，基于 Neo4j 图数据库进行知识存储，基于 Python 第三方包 Py2neo 实现 Python 对 Neo4j 的连接与操作。

（2）数据层。本层为问答系统提供了数据支撑基础，包括数据获取、本体构建、知识抽取、知识存储。通过命名实体识别获取知识实体并构建知识三元组，然后将三元组存储到 Neo4j 图数据库中，通过 Python+Cypher 实现节点和关系的匹配查询。

（3）模型层。本层包含问句意图识别模型和问句命名实体识别模型，通过问句意图识别对用户问句进行理解释义从而获取问句意图，通过问句命名实体识别对用户问句中有关燃驱压缩机组故障知识实体进行抽取从而提供回答。

（4）业务层。本层基于知识图谱基础功能和用户需求分析实现系统问答功能。获取模型层识别到的实体和意图组成问句三元组，基于 Cypher 在知识图谱中进行查询检索并返回用户所需答案。

（5）展示层。本层采用 HTML 和 CSS 技术开发 Web 前端展示界面，并通过 Django 框架实现快速搭建，实现实体关系查询、问答交互及知识图谱可视化展示。

本研究基于图 3 的架构原理搭建完成燃驱压缩机组故障诊断智能问答系统，如图 4 所示。界面最左侧罗列了系统 4 个主要功能，分别是实体检索、关系检索、自动问答和知识图谱全貌展示，点击相应功能，输入需要检索的内容即可实现问题匹配和智能问答。界面右侧循环浮动一些常见问题，用户点击相应浮动文字即可快速实现问答。下面以具体案例分别介绍相应功能。

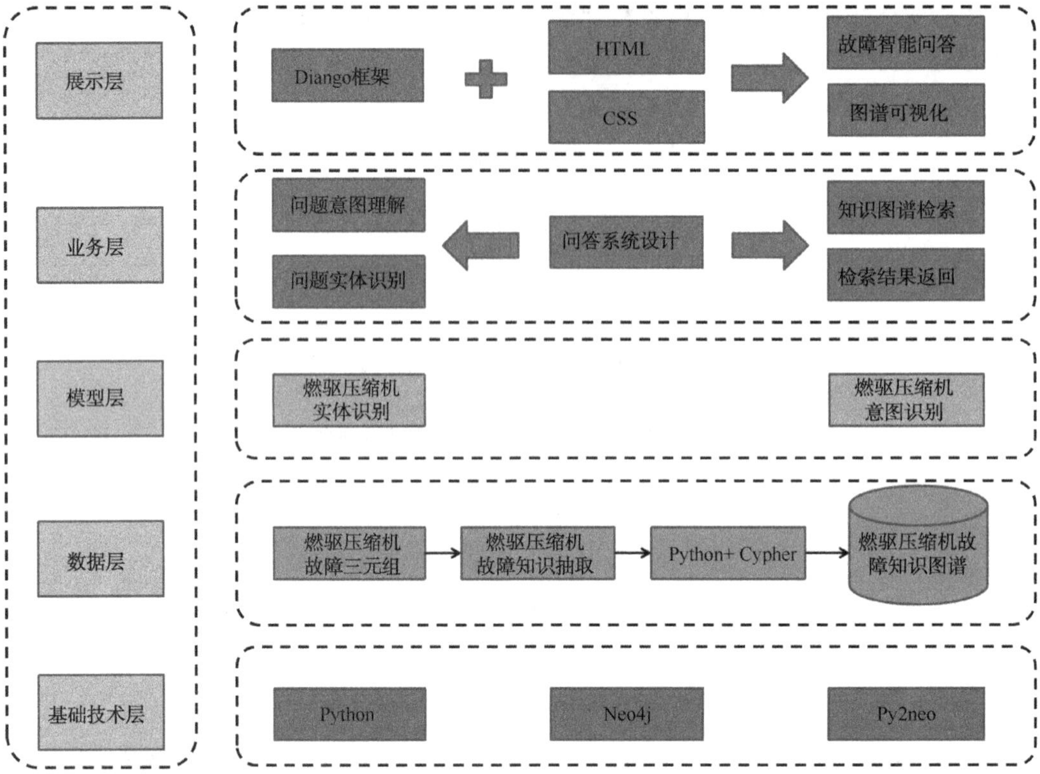

图 3　智能问答系统架构原理

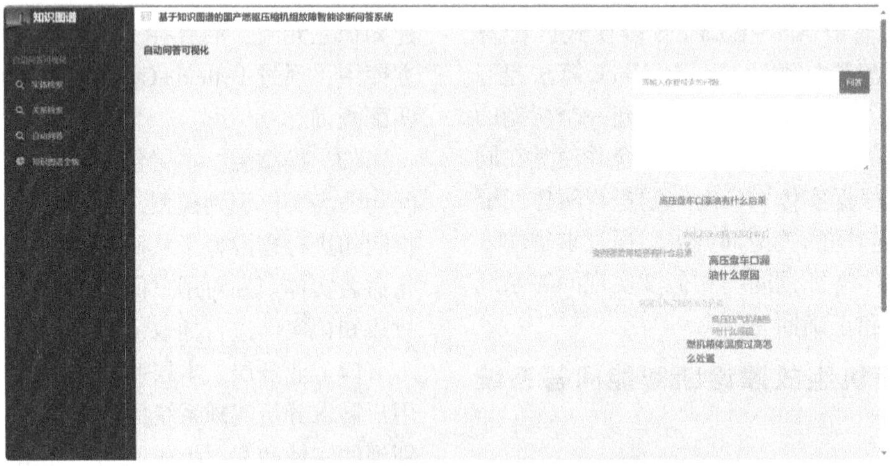

图 4　燃驱压缩机组故障诊断智能问答系统界面

5.1　图谱可视化展示

通过点击界面左侧“知识图谱全貌”，即可实现知识图谱的前端可视化展示，如图 5(b) 所示，为保证系统运行的流畅性，本系统将展示节点数设置为 100，如果需要获取所有节点及关系的可视化展示，可登录后台查看 Neo4j 图数据库，如图 5(a) 所示。前端图谱可视化展示功能流程如图 6 所示。

5.2　实体及关系检索

通过点击界面左侧“实体检索”和“关系检索”，即可实现燃驱压缩机组故障实体和关系可视化展示。如图 7 所示，在实体检索搜索框内输入“进气滤网压差高报警”，结果可视化展示了该实体节点以及与该实体节点具有相关关系的所有节点信息。如图 8 所示，在关系检索搜索框内输入“原因”，结果可视化展示了所有具有“原因”关系的节点。同样地，可以通过点击界面右端浮动文字实现快速搜索。实体及关系检索可视化展示功能流程如图 9 所示。

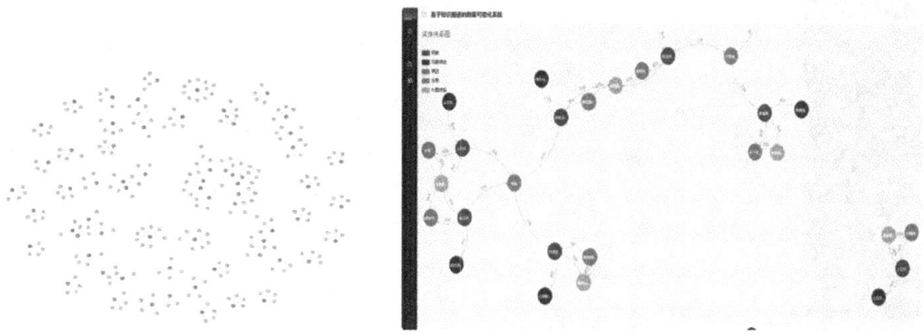

(a)后台Neo4j图数据库可视化展示　　(b)前端可视化展示

图 5　知识图谱可视化展示

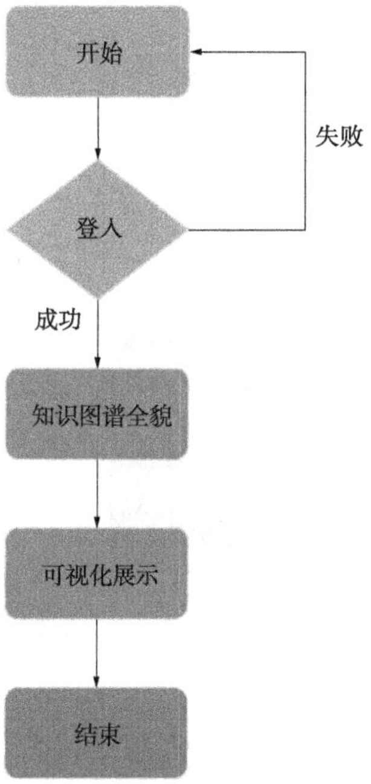

图 6　知识图谱可视化展示功能流程

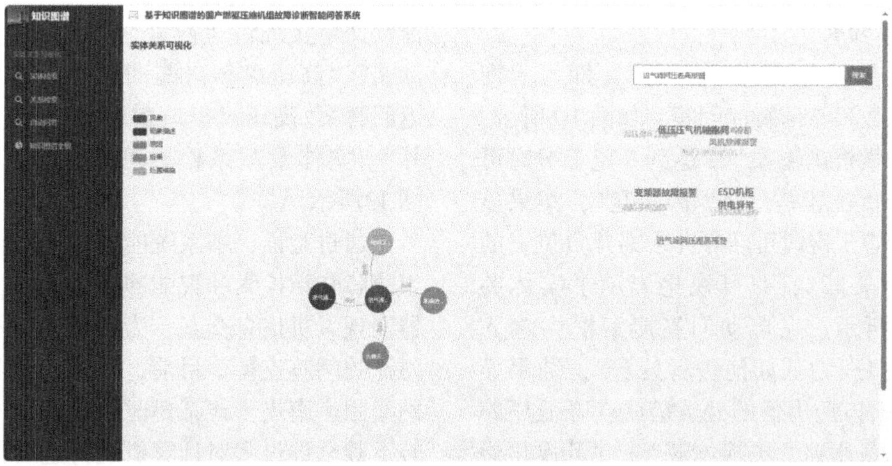

图 7　实体检索

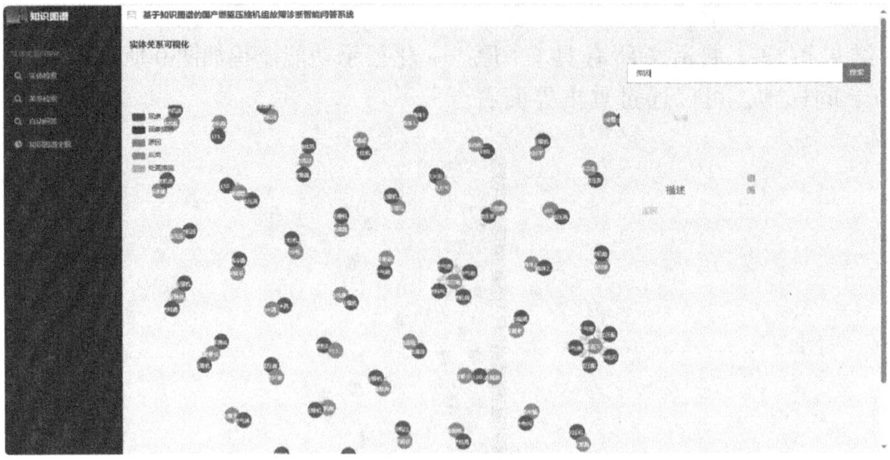

图 8　关系检索

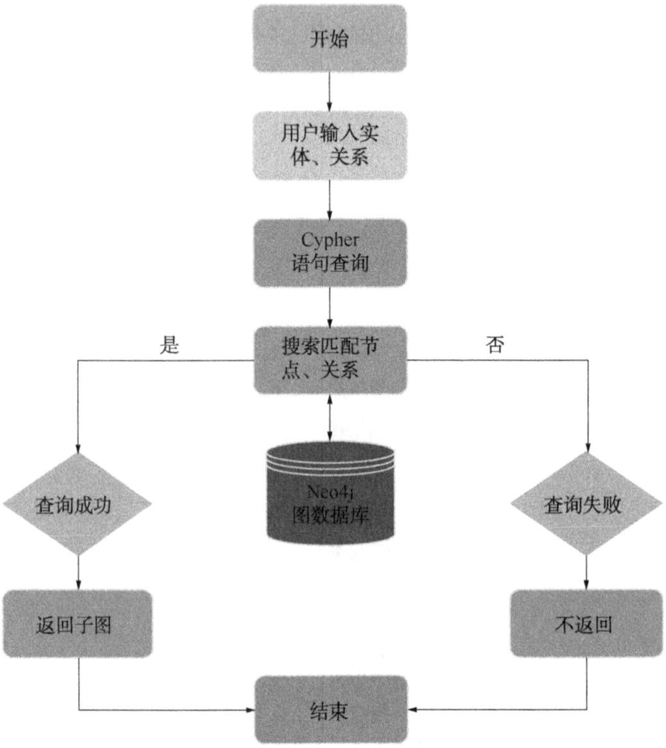

图 9　实体及关系检索功能流程

5.3　自动问答功能

通过点击界面左侧“自动问答”，即可实现燃驱压缩机组故障诊断智能问答。如图 10 所示，在自动问答搜索框内输入“P2 达到一定工况时可转导叶未离开负位置是什么原因引起”，结果显示“P2 达到一定工况时可转导叶未离开负位置的原因：作动筒故障”，并可视化展示了实体关系。如图 11 所示，在自动问答搜索框内输入“燃料气撬出口压力低如何进行处置”，结果显示“燃料气撬出口压力低的处置措施：降低压缩机转速，切换备用路，更换滤芯”，并可视化展示了实体关系。同样地，可以通过点击界面右端浮动文字实现快速搜索，如图 12 所示，点击浮动文字“高压盘车口漏油怎么处置”，回答框内返回答案“高压盘车口漏油的处置措施：更换垫片”。实体及关系检索可视化展示功能流程如图 13所示。

通过验证，本系统能很好地完成燃驱压缩机组故障知识检索和智能问答任务，通过前端浏览器实现人机信息交互，为站场运维人员提供高效便捷的问答支持。目前，本研究成果已在国家管网集团广南支干线某燃驱压气站投入使用，为减轻下载软件过多对计算机运行造成影响，避免在内网环境运行影响网络安全，同时提高便携性和可使用性，程序在压气站工程师笔记本上运行，通过在工程师笔记本上建立开放端口，生成带有本电脑 IP 地址的网页链接，压气站局域网内的人员只要点击网页链接即可正常查询使用，实现了知识图谱覆盖全员使用，从根本上提升了站场运维人员故障排查处置能力和压气站安全管理效能。

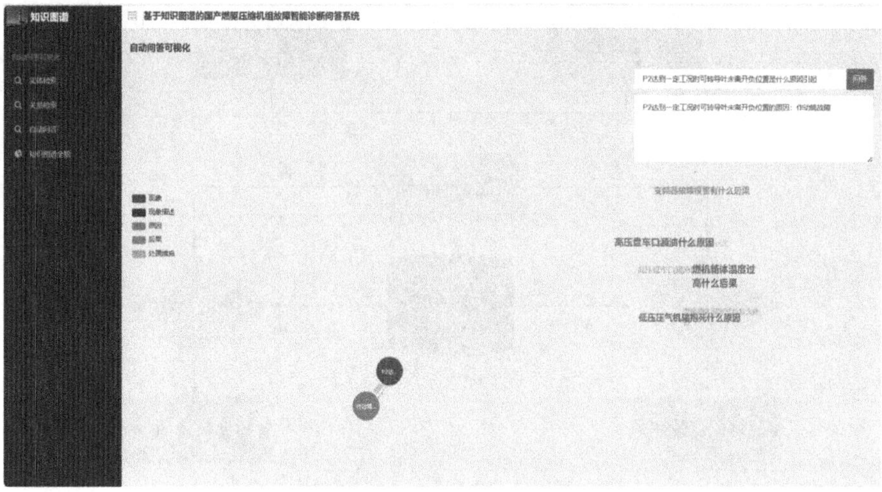

图 10　原因查询示例

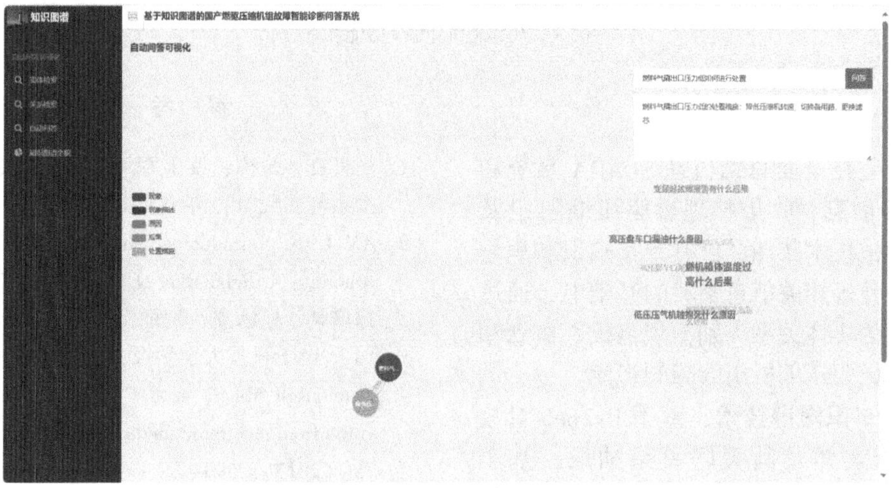

图 11　处置措施查询示例

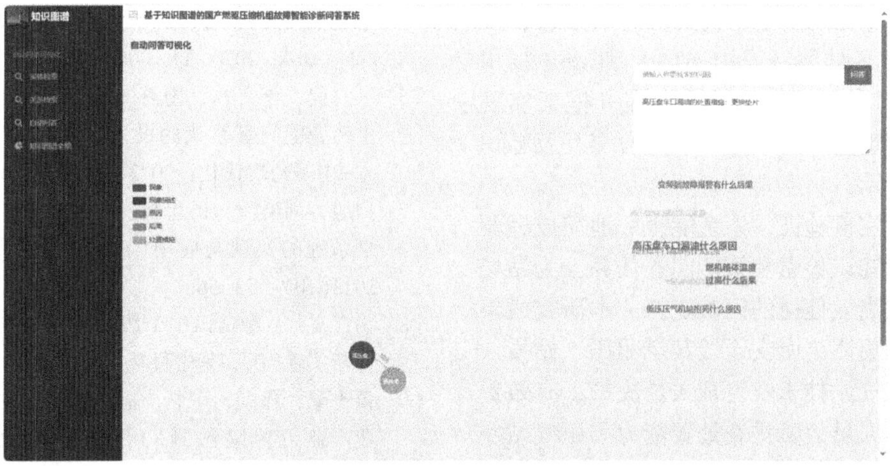

图 12　高压盘车口漏油处置措施查询

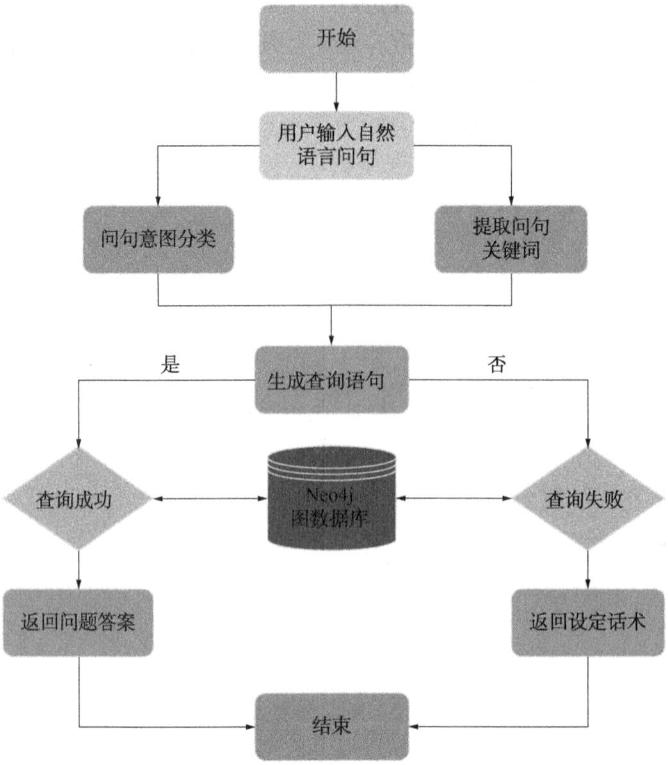

图 13　知识智能问答功能流程

6　结论

（1）本研究在全面总结梳理 SCADA 系统和 UCP 系统报警信息、收集整理燃驱压缩机组及其附属设备设施技术文档、已有专家知识和积累的现场处置经验等相关信息资料的基础上，通过明确所需建立的实体关系类别，规范核心概念和术语，建立了燃驱压缩机组故障知识库。

（2）引入知识图谱技术，基于 Py2neo 对故障知识库进行实体及其关联关系抽取，基于 Neo4j 图数据库创建和储存知识图谱，实现故障信息的智能检索查询和可视化展示，综合应用 Cypher、Aho-Corasick 等算法实现问句分析、关键词匹配和答案抽取，采用 HTML 和 CSS 技术开发 Web 前端展示界面，通过 Django 框架实现快速搭建，实现实体关系查询、问答交互及知识图谱可视化展示。

（3）通过实例验证，系统能很好地完成燃驱压缩机组故障知识检索和智能问答任务，为站场运维人员提供高效便捷的问答支持。本研究成果已在国家管网集团广南支干线某燃驱压气站投入应用，辅助压气站技术及管理人员决策，有效提升了站场运维人员故障排查处置能力和压气站安全管理效能。

参 考 文 献

[1] 杨喜良，张栋，蔡永军. 油气管道关键设备国产化探索与实践[J]. 油气储运，2021，40(01)：7-14.

[2] AMIT S. Introducing the knowledge graph [R]. America：Official Blog of Google，2012.

[3] 徐增林，盛泳潘，贺丽荣，等. 知识图谱技术综述[J]. 电子科技大学学报，2016，45(04)：589-606.

[4] Rotmensch, Maya，et al. “Learning a health knowledge graph from electronic medical records.” Scientific reports 7. 1(2017)：5994.

[5] 林燕榕，张怡，刘迪，等. 基于肾病专科电子病历构建肾病医学知识图谱[J]. 西南大学学报(自然科学版)，2020，42(11)：52-58. DOI：10. 13718/j. cnki. xdzk. 2020. 11. 006.

[6] 洪海蓝，李文林，杨涛，等. 基于知识图谱的海洋中药智能问答系统的设计与实现[J]. 世界科学技术-中医药现代化，2023，25(06)：1935-1941.

[7] 白旭，周琳娜，杨忠良，等. 金融嵌套命名实体识别系统的实现与应用[J]. 网络安全技术与应用，2023(10)：52-56.

[8] 马江夏. 金融资讯中个股实体挖掘与识别系统的设计与实现[D]. 华中科技大学，2018.

[9] 董士豪，郑朗，王特. 基于知识图谱技术的上市企业产业链风险预测[J]. 网络安全与数据治理，2023，42(09)：21-28. DOI：10. 19358/j. issn.

2097-1788. 2023. 09. 004.
[10] 朱弘毅，李荣臻，刘万里，等. 基于知识图谱的恶意用户筛选算法研究[J]. 计算机与数字工程，2023，51(10)：2334-2338.
[11] Lingam,Greeshma，Rashmi Ranjan Rout，and Durvasula VLN Somayajulu. "Detection of social botnet using a trust model based on spam content in Twitter network." 2018 IEEE 13th International Conference on Industrial and Information Systems (ICIIS). IEEE，2018.
[12] Djaballah,Kamel Ahsene，et al. "A new approach for the detection and analysis of phishing in social networks：the case of Twitter." 2020 Seventh International Conference on Social Networks Analysis，Management and Security(SNAMS). IEEE，2020.
[13] 王岩，曹现刚，张旭辉，等. 基于知识图谱的采煤机智能维护知识库构建[J]. 工矿自动化，2021，47(07)：29-36. DOI：10. 13272/j. issn. 1671-251x. 17786.
[14] 刿昌锋，栗宇，王慧滨，等. 基于本体的汽轮发电机组故障诊断知识建模[J]. 兰州理工大学学报，2020，46(05)：41-48.
[15] 韩旭东，王仲. 火电机组智能辅助诊断系统研究[J]. 热力发电，2021，50(07)：8-14. DOI：10. 19666/j. rlfd. 202012285.
[16] 曾旻冬，李宁，李红仁，等. 基于知识图谱的燃气轮机故障诊断知识库构建方法及维护[J]. 电力大数据，2023，26(04)：44-55. DOI：10. 19317/j. cnki. 1008-083x. 2023. 04. 006.
[17] 卢禹. 基于本体理论的燃气轮机故障诊断研究[D]. 华北电力大学(北京)，2022. DOI：10. 27140/d. cnki. ghbbu. 2022. 001038.
[18] 韩旭东. 重型燃气轮机故障知识管理与智能诊断系统研究[D]. 华北电力大学(北京)，2020. DOI：10. 27140/d. cnki. ghbbu. 2020. 000652.
[19] 王明达，吴志生，朱光辉，等. 燃气轮机故障知识图谱构建方法与应用研究[J]. 中国安全生产科学技术，2023，19(11)：121-128.

基于水力系统的天然气管网流向流量分析优化建模及求解

周美领[1] 赵仕浩[1] 赵 洋[1] 李月文[2]

[1. 国家管网集团工程技术创新有限公司；2. 杉数科技(北京)有限公司]

摘 要 流向流量分析是天然气管网规划和可行性研究的基础。随着“全国一张网”、“X+1+X”油气市场体系的构建，天然气行业逐渐形成上游资源多主体多渠道供应，下游市场良性充分竞争，中间管输高效配置的局面，流量流向分析是管输高效配置的直接手段。在天然气“全国一张网”的建设背景下，传统的流向流量分析方法难以满足大规模复杂天然气管网的规划需求。在管网系统简化的基础上，本文考虑资源市场量平衡、管段水热力特性、物性参数变化、管道沿线高程和压气站运行特性等约束条件，以负荷率最优、能耗最低、周转量最小和社会效益最大等为评价目标，构建可解释、可控和通用性的多目标非线性规划模型。数学优化不能直接求解多目标规划模型，因此通过配比权重将多个目标进行加权，转化为单目标，进行归一化处理。针对数学模型规模大、非线性和目标函数与可行域非凸的特点，选用国产数学规划求解器COPT，结合序列线性规划和信赖域算法进行求解。以全国天然气骨干管网为例，应用构建的模型与算法进行求解，验证改模型和算法的可行性，为后续软件国产化部署打下基础。进一步应用PIPESIM软件对优化流量流向方案进行稳态仿真，验证改模型和算法的有效性。本文构建的数学模型与算法对任意拓扑结构发天然气管网均适用，可为“全国一张网”的规划建设提供有力的决策工具。

关键词 流向流量分析；天然气管网；优化技术；国产求解器

在“双碳”背景下，天然气发展面临新机遇与新挑战。作为高效清洁低碳的化石能源，中国天然气工业得到迅速发展。图1展示了我国2010年至2040年的天然气表观消费量和年增长率的变化。其中，2023年全国天然气的表观消费量3945.3亿方，同比增长7.6%。据预测，我国天然气消费将于2040年达峰，表观消费量增加至6663.2亿方。从图1看出，在天然气消费达峰之前，我国天然气表观消费量将逐年增加，年增长率逐步降低。

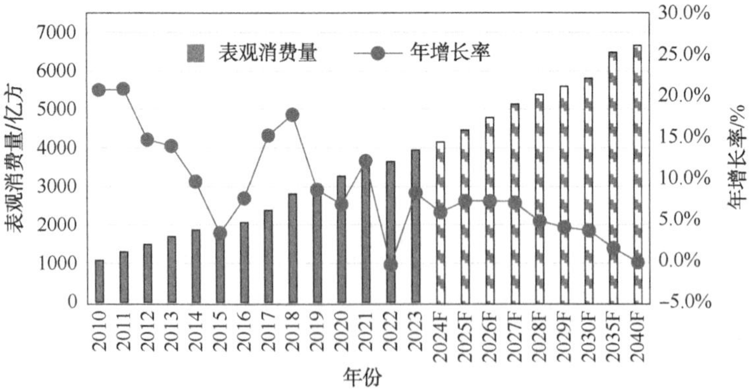

图1 2010—2040年中国天然气表观消费量(2024年以后为预测量)

管道运输是天然气长距离、大规模输送的有效方式。国家管网成立以后，基于“全国一张网”建设需求，积极推进天然气管网的规划建设。截至2022年，我国天然气管道总里程11.8万公里，新建3000公里以上，管道大规模互联互通，相互影响。单条管道的规划、建设、运营和退役都可能会影响到全国管网系统的流量流向分析，传统的流向流量分析方法难以满足大规模复杂天然气管网的规划建设需求，亟待开展适用于“全国一张网”的流向流量分析研究。

经调研，中国石油规划总院在考虑管网运行特性和用户用气需求的基础上，以用户重要度作为配置天然气供应量的依据，提出基于重要用户优先服务策略的天然气管网资源优化分配模型。英国 IHSENERGY 公司以效益最大化为优化目标，建立涉及产运销三方面的优化数学模型。刘定智、张云涛等人以天然气供应和管输总成本最低为优化目标，构建可优化多年的天然气管网输量规划优化数学模型。陈志华在区域配气管网模型的基础上，考虑长输管道的压气站能耗，以系统社会福利最大化为目标函数，构建了天然气管网流量优化配置模型。综上所述，针对全国天然气管网规划和流量流向分析的研究相对较少，相关研究没考虑管网系统的水热力特征、物性变化、沿线高程和压气站运行特性等物理特征，缺乏水力系统的支撑与验证。

1 数学模型

1.1 系统简化

天然气管网系统由多条长输管道及其配套储气调峰设施构成，是上游天然气资源和下游市场的连接纽带。天然气管网的设施元件包括管段、压气站、阀室、输气站、接收站，结构复杂。在构建天然气管网流向流量分析优化数学模型之前，需要依据模型的功能需求，简化管网系统，进行数学抽象。简化后的管网系统由管段、站场两部分组成，站场包括压气站、普通站等两类。根据是否具有上下载天然气的功能，节点分为上载点、下载点和联络点，上载点指具有上载天然气功能的节点；下载点指具有下载天然气功能的节点；联络点指相连管段数目多余两条的节点。

1.2 决策变量

管道的流量、流向和压气站出站压力相互关联，影响管网系统的能耗、负荷率、周转量和社会效益等指标。因此，天然气管网流量流向分析优化数学模型的决策变量有管段流向、管段流量、压气站出站压力等三种，如下所示：

$$X=[f_{(i,j),n},\ f^{abs}_{(i,j),n},\ p_{out,i,n}]$$

式中，$f_{(i,j),n}$为 n 管道$(i,\ j)$管段的流量；$f^{abs}_{(i,j),n}$为 n 管道$(i,\ j)$管段的流量绝对值；$p_{out,i,n}$为 n 管道 i 压气站的出站压力。

1.3 优化目标

天然气管网流向流量分析的主要目的是优化配置管道的流量和流向，合理规划建设天然气管网系统。因此，本文从多个方面评价管网流量流向分析方案，数学模型的优化目标包括管网社会效益最大、管网能耗最低、管网周转量最小和管段负荷率最优等。由上述四个优化目标得到多目标函数。

$$Min\ \omega_1\cdot obj_1+\omega_2\cdot obj_2+\omega_3\cdot obj_3+\omega_4\cdot obj_4$$

$$\omega_1+\omega_2+\omega_3+\omega_4=1$$

其中

$$obj_1=\sum_{(i,\ j)\in A}\ \sum_{n\in N_{ij}} C^{TRAN}_{(i,\ j),\ n}\cdot L_{(i,\ j),\ n}\cdot f^{abs}_{(i,\ j),\ n}+\sum_r C^{TYPE}_r\phi q_r$$

$$obj_2=\sum_{i\in I_C}\ \sum_{n\in N_{ij}} C^{ENERGY}_i\cdot\sigma\cdot w_{i,\ n}$$

$$obj_3=\sum_{(i,\ j)\in A}\ \sum_{n\in N_{ij}} L_{(i,\ j),\ n}\cdot f^{abs}_{(i,\ j),\ n}$$

$$obj_4=\sum_{(i,\ j)\in A}\ \sum_{n\in N_{ij}}(relax\_\ load\_\ pos_{(i,\ j),\ n}+relax\_\ load\_\ neg_{(i,\ j),\ n})$$

式中，ω_1、ω_2、ω_3和ω_4分别为四个目标的归一化权重；obj_1表示管网社会效益；obj_2表示管网能耗；obj_3表示管网周转量；obj_4表示管网负荷率；$C^{TRAN}_{(i,j),n}$为管道 n 管段$(i,\ j)$的管输运价率；C^{TYPE}_r为气源 r 的资源单价；C^{ENERGY}_i为压气站 i 的能耗单价；σ 为压气站功率与能耗单位转换常数；q_r为气源 r 的供应量；$w_{i,n}$为节点 i 针对第 n 条管线压缩机功率；$L_{(i,j),n}$为管道 n 管段$(i,\ j)$的长度；$(relax_load_pos_{(i,j),n}$为管线 n 管段$(i,\ j)$的负荷率松弛正变量；$relax_load_neg_{(i,j),n}$为管线 n 管段$(i,\ j)$的负荷率松弛负变量。

1.4 约束条件

约束条件是数学模型表征业务问题的关键。本文研究的问题主要考虑流量流向分析过程中资源市场量平衡、管网系统物理特征和实际业务需求等。

（1）流量平衡约束。根据质量守恒原理，节点的进出流量与上下载量需要平衡，即节点的上载量与流入节点的量之和等于下载量与流出节点的量和。

$$s_i+\sum_{(j,\ i)\in A}\ \sum_{n\in N_{ij}} f_{(j,\ i),\ n}=\sum_{(i,\ j)\in A}\ \sum_{n\in N_{ij}} f_{(i,\ j),\ n}+u_i,\ i\in I.\quad (\text{II}-1)$$

$$f^{abs}_{(i,j),n}\geqslant f_{(i,j),n},\ \forall n\in N_{ij},\ (i,\ j)\in A.\quad (\text{II}-2)$$

$$f^{abs}_{(i,j),n} \geqslant f_{(j,i),n},\quad \forall n \in N_{ij},\ (i,\ j) \in A. \quad (\text{II}-3)$$

$$f_{(i,j),n} + f_{(j,i),n} = 0,\quad \forall n \in N_{ij},\ (i,\ j) \in A. \quad (\text{II}-4)$$

式中，s_i为节点i资源上载量；u_i为节点i用户下载量。

（2）管段水热力约束。基于气体管流方程，用约束（III-1～III-4）描述管段流量与两端压力之间的关系。其中，约束III-1.1、III-1.2、III-1.3分别为压降系数、水力摩阻系数、雷诺数计算公式。

$$p^2_{out,i,n} - p^2_{in,j,n} = \delta_{(i,j),n} |f_{(i,j),n}| f_{(i,j),n},\quad \forall n \in N_{ij},\ (i,\ j) \in A \& \Theta_{i,j}(i) \& \Theta_{i,j}(j). \quad (\text{III}-1)$$

$$p^2_{out,i,n} - p^2_{j,n} = \delta_{(i,j),n} |f_{(i,j),n}| f_{(i,j),n},\quad \forall n \in N_{ij},\ (i,\ j) \in A \& \Theta_{i,j}(i). \quad (\text{III}-2)$$

$$p^2_{i,n} - p^2_{in,j,n} = \delta_{(i,j),n} |f_{(i,j),n}| f_{(i,j),n},\quad \forall n \in N_{ij},\ (i,\ j) \in A \& \Theta_{i,j}(j). \quad (\text{III}-3)$$

$$p^2_{i,n} - p^2_{j,n} = \delta_{(i,j),n} |f_{(i,j),n}| f_{(i,j),n},\quad \forall n \in N_{ij},\ (i,\ j) \in A. \quad (\text{III}-4)$$

$$\delta_{(i,j),n} = \frac{\pi^2}{16} \cdot \frac{R_a \cdot T_0^2}{P_0} \cdot \frac{D^5_{(i,j),n}}{\lambda_{(i,j),n} \cdot Z \cdot \Delta_* \cdot T \cdot L_{(i,j),n}} \quad (\text{III}-1.1)*$$

$$\frac{1}{\sqrt{\lambda_{(i,j),n}}} = -2\lg\left(\frac{E_{(i,j),n}}{3.7 \cdot D_{(i,j),n}} + \frac{2.51}{Re_{(i,j),n} \cdot \sqrt{\lambda_{(i,j),n}}}\right) \quad (\text{III}-1.2)*$$

$$Re_{(i,j),n} = 1.536 \cdot \frac{\Delta_* \cdot f_{(i,j),n}}{D_{(i,j),n} \cdot \mu} \quad (\text{III}-1.3)*$$

式中，$p_{in,i,a}$为管线a节点i的进口压力（压气站节点）；$\delta_{(i,j),n}$为管道n管段$(i,\ j)$的降压系数；$p_{i,a}$管线a节点i的气体压力（非压气站节点）；$Re_{(i,j),n}$为管道n管段$(i,\ j)$的雷诺数；$\lambda_{(i,j),n}$为管道n管段$(i,\ j)$的水力摩阻系数；Z为气体压缩因子；Δ_*为气体相对密度；$D_{(i,j),n}$为管道n管段$(i,\ j)$的内径；$E_{(i,j),n}$为管道n管段$(i,\ j)$的粗糙度；μ为气体的动力粘度；T_0标准工况下的温度；P_0为标准工况下的压力；$\Theta_{(i,j)}$为管段$(i,\ j)$的节点是否包含压缩机，0-1变量。

（3）管段负荷率约束。根据天然气管道运输价格管理办法，国家管网集团各价区管道负荷率低于75%时，按75%负荷率对应的气量确定周转量。因此，在管网运行过程中，管道负荷率应尽可能为75%。约束（II-4～II-7）用于表征管段负荷率的业务约束。

$$f_{(i,j),n} \geqslant -0.75 * \frac{\Psi^{REF}_{(i,j)}}{3.5} - relax\_load\_pos_{(i,j),n} \quad (\text{II}-4)$$

$$f_{(i,j),n} \leqslant 0.75 * \frac{\Psi^{REF}_{(i,j)}}{3.5} + relax\_load\_neg_{(i,j),n} \quad (\text{II}-5)$$

$$f_{(j,i),n} \geqslant -0.75 * \frac{\Psi^{REF}_{(i,j)}}{3.5} - relax\_load\_neg_{(i,j),n} \quad (\text{II}-6)$$

$$f_{(j,i),n} \leqslant 0.75 * \frac{\Psi^{REF}_{(i,j)}}{3.5} + relax\_load\_pos_{(i,j),n} \quad (\text{II}-7)$$

式中，$\Psi^{REF}_{(i,j)}$为管段$(i,\ j)$的流量参考值。

（4）压气站约束。约束III-2用于表征压气站功率约束，III-2.1、III-2.2分别为压气站功率计算约束中常数计算公式。

$$w_{i,n} = \gamma_1 \cdot q_{i,n} \cdot \left(\left(\frac{p_{out,i,n}}{p_{in,i,n}}\right)^{\gamma_2} - 1\right),\quad \forall n \in N_i,\ i \in I_C. \quad (\text{III}-2)$$

$$\gamma_1 = \frac{Z \cdot T \cdot K}{K-1} \cdot \frac{8.3145}{3600 \cdot \eta_i \cdot M} \quad (\text{III}-2.1)*$$

$$\gamma_2 = \frac{K-1}{K} \quad (\text{III}-2.2)*$$

压气站出口的气量为最终增压的量。

$$q_{i,n} = \sum_{i \in I_C} \sum_{(i,j) \in A} \sum_{n \in N_j} (f_{(i,j),n} \cdot ||f_{(i,j),n}|| + f_{(j,i),n} \cdot ||f_{(j,i),n}||). \quad (\text{II}-5)$$

$$||f_{(i,j),n}|| = \begin{cases} 1,\ f_{(i,j),n} \geqslant 0 \\ 0,\ f_{(i,j),n} < 0 \end{cases}$$

$$||f_{(j,i),n}|| = \begin{cases} 1,\ f_{(j,i),n} \leqslant 0 \\ 0,\ f_{(j,i),n} > 0 \end{cases}$$

式中，T为温度；γ_1为压气站i功率计算系数；γ_2为压气站i功率计算指数；M为气体的相对分子量。

（5）站场压力约束。当有多条管线同时流入站场时，相同设计压力管线进入站场的压力需要相等，流出站场的压力也需要相等。改逻辑由约束 II-6 描述。

$$p_{in,j,,n1}=p_{in,j,n2}, \ \forall n_1, \ n_2 \in N_j j \in I. \quad (\text{II-6})$$

$$p_{out,j,,n1}=p_{out,j,n2}, \ \forall n_1, \ n_2 \in N_j j \in I. \quad (\text{II-7})$$

（6）全局约束。全局约束（V-1～V-4）主要是实现对某些目标值的硬限制。V-1 约束限制了接气成本的上下限，限制值由系统给出。

$$\underline{OBJ_1} \leqslant obj_1 \leqslant \overline{OBJ_1} \quad (\text{V-1})$$

V-2 约束限制了压气站能耗的上下限，限制值由系统给出。

$$\underline{OBJ_2} \leqslant obj_2 \leqslant \overline{OBJ_2} \quad (\text{V-2})$$

V-3 约束限制了总周转量的上下限，限制值由系统给出。

$$\underline{OBJ_3} \leqslant obj_3 \leqslant \overline{OBJ_3} \quad (\text{V-3})$$

V-4 约束限制了负荷率的上下限，限制值由系统给出。

$$\underline{OBJ_4} \leqslant obj_4 \leqslant \overline{OBJ_4} \quad (\text{V-4})$$

式中，$\underline{OBJ_1}$ 为接气成本下限值；$\overline{OBJ_1}$ 为接气成本上限值；$\underline{OBJ_2}$ 为能耗下限值；$\overline{OBJ_2}$ 为能耗上限值；$\underline{OBJ_3}$ 为总周转量下限值；$\overline{OBJ_3}$ 为总周转量上限值；$\underline{OBJ_4}$ 为管段负荷率下限值；$\overline{OBJ_4}$ 为管段负荷率上限值。

（7）变量的范围约束。约束（IV-1～IV-10）限制变量的变化范围，分别对节点下载量、下载量、压力，压气站的压力、压比、压缩机功率，以及管段的流量、负荷率进行限制。

$$\underline{S_i} \leqslant s_i \leqslant \overline{S_i}, \ i \in I_S. \quad (\text{IV-1})$$

$$\underline{U_i} \leqslant u_i \leqslant \overline{U_i}, \ i \in I_U. \quad (\text{IV-2})$$

$$\underline{F}_{(i,j),n} \leqslant f^{abs}_{(i,j),n} \leqslant \overline{F}_{(i,j),n}, \ n \in N_{ij}, \ (i, j) \in A_n. \quad (\text{IV-3})$$

$$\underline{P_i} \leqslant p_{i,n} \leqslant \overline{P_i}, \ n \in N_i, \ i \in I. \quad (\text{IV-4})$$

$$\underline{\varepsilon_i} \leqslant \frac{p_{out,i,n}}{p_{in,i,n}} \leqslant \overline{\varepsilon_i}, \ n \in N_i, \ i \in I_C. \quad (\text{IV-5})$$

$$\underline{P_i} \leqslant p_{out,i,n} \leqslant \overline{P_i}, \ n \in N_i, \ i \in I_C. \quad (\text{IV-6})$$

$$\underline{P_i} \leqslant p_{in,i,n} \leqslant \overline{P_i}, \ n \in N_i, \ i \in I_C. \quad (\text{IV-7})$$

$$p_{in,i,n} = p_{i,n}, \ n \in N_i, \ i \in I_C. \quad (\text{IV-8})$$

$$w_{i,n} \leqslant \overline{W_i}, \ n \in N_i, \ i \in I_C. \quad (\text{IV-9})$$

$$\underline{\vartheta}_{(i,j),n} \leqslant \frac{f^{abs}_{(i,j),n}}{\Psi^{REF}_{(i,j),n}} \leqslant \overline{\vartheta}_{(i,j),n} \quad (\text{IV-10})$$

在模型中，$f_{(i,j),n}$ 为实数，其余变量为正实数。

$$p_{i,n}, \ p_{in,i,n}, \ p_{out,i,n}, \ f^{abs}_{(i,j),n}, \ s_i,$$
$$u_i, \ q_{i,n}, \ w_{i,n} \in \mathbb{R}^+. \quad (\text{VI-1})$$

$$f_{(i,j),n} \in \mathbb{R}. \quad (\text{VI-2})$$

式中，$\underline{P_i}$ 为节点 i 的压力下限；$\overline{P_i}$ 为节点 i 的压力上限；$\vartheta_{(i,j)}$ 为管段(i, j)的负荷率参考值；$\underline{F}_{(i,j)}$ 为管段(i, j)的流量下限；$\overline{F}_{(i,j)}$ 为管段(i, j)的流量上限；$\underline{S_i}$ 为节点 i 资源上载量下限；$\overline{S_i}$ 为节点 i 资源上载量上限；$\underline{\varepsilon_i}$ 为压气站 i 压比下限；$\overline{\varepsilon_i}$ 为压气站 i 压比上限；$\underline{U_i}$ 为节点 i 下载量下限；$\overline{U_i}$ 为节点 i 下载量上限。

2 优化算法

本文所构建的优化数学模型是一种多目标的非线性优化模型，该模型具有多个冲突的目标函数、管网拓扑规模大、包含水力计算和功率计算的非线性方程、可行域为非凸集合，难以求解。针对上述困难，使用归一化的加权目标值进行优化，将多目标优化转化为单目标的优化。此外，针对模型其它特点，改进序列线性规划算法（Successive linear programming，SLP）解决大规模的非凸非线性求解难题。SLP 求解过程基于一个初始解（初始流量流向和压力方案），将非凸非线性模型转换为一系列线性规划子模型进行迭代求解，无需直接求解模型中的非线性和非凸表达式。

2.1 目标函数归一化

数学优化无法直接对多个目标进行求解，因此通过配比权重将多个目标进行加权，转化为单个目标。但是由于不同目标值的量级存在差异，需要对各目标函数进行归一化处理，使得目标倾向直接反映在权重数值上，对于第 x 个目标指标，归一化的统一公式为：

$$\overline{obj_x} = \frac{obj_x - obj_x^{min}}{obj_x^{max} - obj_x^{min}}$$

从公式可以看出，归一化时，需要求得每个指标的最小值和最大值，这两个值无法直接获取，需要进行计算。针对这上述指标，归一化的总体步骤如下：

步骤 1：不使用权重，直接对多个目标函数相加进行求解，记录迭代过程中的各个目标值；

步骤2：根据步骤1记录的最大值和最小值，使用公式对加权目标函数进行归一化，并重新求解，记录每次迭代中的目标值；

步骤3：根据各目标的最大值和最小值，得出目标归一化的相关参数；

步骤4：应用归一化公式，得到模型的归一化加权目标函数式。

2.2 改进序列线性规划

改进序列线性规划的主要理论为微积分和信赖域方法。一阶泰勒展开将模型中非凸非线性约束进行线性化的表征，而信赖域方法则是帮助算法实现迭代机制。基于初始值，通过求解线性化后的线性化子模型进行移动，信赖域限制其移动范围，并且评价移动的好坏，每次初始点的更新均视为一次迭代。收敛的准则为，某次迭代后，在新的初始点，原问题模型与子模型完全重合，并且满足原问题的所有约束，目标函数的相对变化小于一定值。

2.2.1 约束线性化

将非线性约束则需要进行一阶泰勒展开。将非线性约束线性化后，在初始点或后续点上与原问题的非线性约束有一定的偏差，不一定收敛，因此需要在新的线性化约束中增加松弛变量。

(1) 使用 $h(f_{i,j},\ p_i,\ p_j)$ 表示水力约束函数，在初始解基础上进行展开。

$$h(f_{i,j},\ p_i,\ p_j)=p_i^2-p_j^2-\delta_{i,j}\cdot|f_{i,j}|\cdot f_{i,j}$$

在初始解 $(f^0_{i,j},\ p_i^0,\ p_j^0)$，得到展开式：

$$h(f^0_{i,j},\ p_i^0,\ p_j^0)+\frac{\partial h(f^0_{i,j},\ p_i^0,\ p_j^0)}{\partial p_i}\cdot(p_i-p_i^0)-\frac{\partial h(f^0_{i,j},\ p_i^0,\ p_j^0)}{\partial p_j}\cdot(p_j-p_j^0)-\frac{\partial h(f^0_{i,j},\ p_i^0,\ p_j^0)}{\partial f_{i,j}}\cdot(f_{i,j}-f^0_{i,j})$$

线性化后的水力约束为：

$$h(f^0_{i,j},\ p_i^0,\ p_j^0)+2\cdot p_i^0\cdot(p_i-p_i^0)-2\cdot p_j^0\cdot(p_j-p_j^0)-2\cdot\delta_{i,j}\cdot|f^0_{i,j}|\cdot(f_{i,j}-f^0_{i,j})+seg\_rela\ x^+_{i,j}-seg\_rela\ x^-_{i,j}=0$$

式中，$seg\_relax^+_{i,j,n}$ 为水力约束的松弛变量，表明正偏差；$seg\_relax^-_{i,j,n}$ 为水力约束的松弛变量，表明负偏差；

(2) 对于压缩机功率计算约束，使用 $h(w_i,\ q_i,\ p_{in,i},\ p_{out,i})$ 表示压缩机功率计算约束函数，进行展开。

$$h(w_i,\ q_i,\ p_{in,i},\ p_{out,i})=w_i-\gamma_1\cdot q_i\cdot\left(\left(\frac{p_{out,i}}{p_{in,i}}\right)^{\gamma_2}-1\right)$$

在初始解 $(w_i^0,\ q_i^0,\ p^0_{in,i},\ p^0_{out,i})$，得到展开式：

$$h(w_i^0,\ q_i^0,\ p^0_{in,i},\ p^0_{out,i})+\frac{\partial h(w_i^0,\ q_i^0,\ p^0_{in,i},\ p^0_{out,i})}{\partial w_i}\cdot(w_i-w_i^0)+\frac{\partial h(w_i^0,\ q_i^0,\ p^0_{in,i},\ p^0_{out,i})}{\partial q_i}\cdot(q_i-q_i^0)-\frac{\partial h(w_i^0,\ q_i^0,\ p^0_{in,i},\ p^0_{out,i})}{\partial p_{in,i}}\cdot(p_{in,i}-p^0_{in,i})-\frac{\partial W(w_i^0,\ q_i^0,\ p^0_{in,i},\ p^0_{out,i})}{\partial p_{out,i}}\cdot(p_{out,i}-p^0_{out,i})$$

线性化后的约束形式为：

$$h(q_i^0,\ p^0_{in,i},\ p^0_{out,i})+(w_i-w_i^0)-\gamma_1\cdot\left(\left(\frac{p^0_{out,i}}{p^0_{in,i}}\right)^{\gamma_2}-1\right)\cdot(q_i-q_i^0)-\gamma_1\cdot q_i\cdot\gamma_2\cdot\left(\frac{p^0_{out,i}}{p^0_{in,i}}\right)^{\gamma_2-1}\cdot(-p^0_{out,i})\cdot\frac{1}{(p^0_{in,i})^2}\cdot(p_{in,i}-p^0_{in,i})-\gamma_1\cdot q_i\cdot\gamma_2\left(\frac{p^0_{out,i}}{p^0_{in,i}}\right)^{\gamma_2-1}\cdot\frac{1}{p^0_{in,i}}\cdot(p_{out,i}-p^0_{out,i})+pow\_rela\ x^+_{i,j}-pow\_rela\ x^-_{i,j}=0$$

式中，$pow\_relax^+_{t,i}$ 为压缩机计算约束的松弛变量，表明正偏差；$pow\_relax^-_{t,i}$ 为压缩机计算约束的松弛变量，表明负偏差。

线性化的非线性约束，结合其它线性约束，近似表征原始非线性模型。针对线性化约束中的松弛变量，在目标函数中增加惩罚系数，提高算法寻优能力。

除此之外，计算管段的水力约束时需要确定起点和终点压力，不同流向下起终点压力使用不同变量。模型使用迭代求解的流量正负，判断水力约束中的压力变量，以此动态更新模型，实现对水力约束的求解。非线性约束的违反需要在目标函数进行惩罚，对违反程度实现最小化。

$$h_0(x)=\omega_1\cdot obj_1+\omega_2\cdot obj_2+\omega_3\cdot obj_3+\omega_4\cdot obj_4+\lambda_{pipe}\sum_{n\in N}\sum_{(i,\ j)\in A_n}(seg\_\ rela\ x^+_{n,\ i,\ j}+seg\_\ rela\ x^-_{n,\ i,\ j})+\lambda_{power}\sum_{i\in I_C}(pow\_\ rela\ x_i^++pow\_\ rela\ x_i^-)$$

2.2.2 获取初始值

初始流量流向模型使用所有的线性约束，以单个目标或多个目标的组合，求解线性规划模型，得到流量的可行解。根据该可行解，构建一个新的线性规划模型，用于求解初始压力。

$$min\sum_{(i,j)\in A}(penalty^{+}_{(i,j)}+penalty^{-}_{(i,j)})$$

$$\text{s.t. } |\bar{f}_{(i,j)}|\cdot\bar{f}_{(i,j)}+penalty^{+}_{(i,j)}-penalty^{-}_{(i,j)}=\delta^{2}_{(i,j)}\cdot(w_i-w_j),\ \forall(i,j)$$

$$(p_i^{\min})^2\leqslant w_i\leqslant(p_i^{max})^2,\ \forall i\in I$$

$penalty^{+}_{(i,j)}$和$penalty^{-}_{(i,j)}$为水力约束的违反值，$\bar{f}_{(i,j)}$为初始流量流向模型求出的流量，w_i为压力平方，通过$p_i=\sqrt{w_i}$即可求得初始节点压力。在SLP求解初，压缩机的初始进压力与初始出压力赋值为初始节点压力，压缩机初始功率通过流经压缩机的初始流量、初始进压力与初始出压力计算得出。

2.2.3　更新信赖域

在SLP迭代过程中，每次迭代求解都需要视情况更新信赖域与子模型信息，更新信赖域需要计算实际下降与预计下降。实际下降的含义为，两次迭代原问题的(目标函数值+非线性约束违反值×惩罚系数)之差，代表移动初始点后的实际改善情况；预计下降为，移动点后的(子问题目标函数+线性化后的非线性约束松弛变量×惩罚系数)与移动前(原问题目标函数+非线性约束违反×惩罚系数)之差，代表子问题预期相对上一次迭代结果的改进。

计算前需要先定义两个表达式，假定惩罚权重λ_i已经给出，则：$p(x)=h_0(x)+\sum_{i=1}^{k}\lambda_i\cdot|h_i(x)|$，假定在点$x_0$处展开，则$pl(x,x_0)=[h_0(x_0)+\nabla h_0(x_0)\cdot(x-x_0)]+\sum_{i=1}^{k}w_i\cdot|h_i(x_0)+\nabla h_i(x)\cdot(x-x_0)|$。两个表达式的第一部分为目标函数，第二部分为模型中的等式非线性约束违反值。

实际下降：

$$\Delta p_k=p(x^k)-p(x^{k+1})$$

预计下降：

$$\Delta p\,l_k=p(x^k)-pl(x^{k+1},x^k)$$

其中x^k为第k次迭代的初始点。二者之比为$r_k=\Delta p_k/\Delta pl_k$，当$r_k<ratio_update$时，表示在当前点，子问题与原问题差距较大，因此不移动初始点，并且要缩小信赖域，$\Delta_{k+1}=\Delta_k\cdot \text{radius\_dec}$；否则，移动初始点，按照如下规则更新信赖域

$$\Delta_{k+1}=\begin{cases}\Delta_k\cdot\text{radius\_dec}, & r_k<\text{ratio\_dec}\\ \Delta_k\cdot\text{radius\_inc}, & r_k>\text{ratio\_inc}\\ \Delta_k, & \text{otherwise}\end{cases}$$

同时，信赖域不能超过自身上下限，即$\Delta_k=min(radius_max,\ \Delta_k)$，$\Delta_k=max(radius_min,\ \Delta_k)$。因为，泰勒展开只有在距离初始点较近的时候，近似效果才比较好。信赖域用于限制变量的移动范围，使得一阶泰勒展开能够较好的近似非线性约束。

2.3　算法流程

步骤0：输入参数，迭代次数$k=0$；

步骤1：求解初始流量流向模型；

步骤2：根据初始流量流向模型的解，构建线性规划求解初始压强；

步骤3：计算初始解的约束违反情况；

步骤4：在初始解x^k处取一阶泰勒展开式，添加约束，限制信赖域范围；

步骤5：求解模型，获取本次迭代的最优解x^*；

步骤6：计算该最优解的约束违反情况以及error；

步骤7：计算实际下降Δp_k、预计下降$\Delta p\,l_k$以及比例r_k；

$$\Delta p_k=p(x^k)-p(x^*)$$

$$\Delta p\,l_k=p(x^k)-pl(x^*,\ x^k)$$

$$r_k=\Delta p_k/\Delta p\,l_k$$

若r_k<ratio_update时，不更新解，缩小信赖域$\Delta_{k+1}=\Delta_k\cdot r\text{radius_dec}$；否则，更新解，使$x^{k+1}=x^*$，且按照如下规则更新信赖域；

$$\Delta_{k+1}=\begin{cases}\Delta_k\cdot\text{radius\_dec}, & r_k<\text{ratio\_dec}\\ \Delta_k\cdot\text{radius\_inc}, & r_k>\text{ratio\_inc}\\ \Delta_k, & \text{otherwise}\end{cases}$$

步骤8：信赖域不能超过自身范围，令$\Delta_{k+1}=min(radius_max,\ \Delta_{k+1})$，$\Delta_{k+1}=max(radius_min,\ \Delta_{k+1})$；

步骤9：$k=k+1$，若error均小于$1e-6$，或k大于最大迭代次数，则停止算法，输出结果；否则算法继续，回到步骤4。

3　应用实例

3.1　基础参数

选取的骨干管网模型由天然气干线管道和主干管道构成，共计483条管道、9万公里，包括

1274条管段、1053个站场和124个压气站。其中，共有326个下载点、48个下载点、374个联络点，资源量和市场量均为105591万方/天。各条管道互联互通，相互调气，构成天然气“全国一张网”。输入数据包括站场数据、管段数据和供需数据等3部分(表1)，站场数据包括站场编号、站场名称、站场类型和站场状态等参数；管段数据包括管段编号、管段名称、所属管线和设计压力等参数；供需数据包括上载量、气源编码、气源价格和下载量等参数。

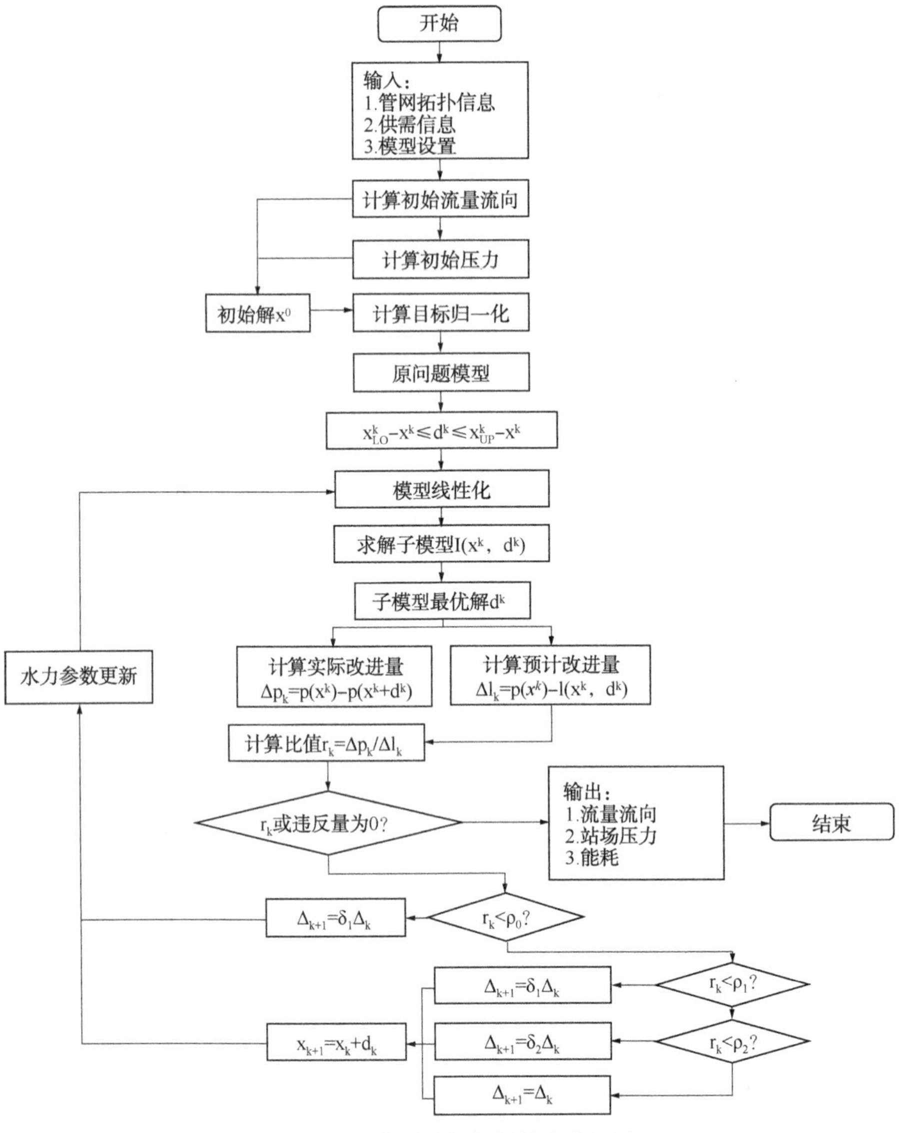

图2　改进序列线性规划算法流程图

表1　物理组件的输入参数

序号	物理组件	信息参数	配置参数
1	站场	站场编码、站场名称、经度、维度、建设状态、建设时间等	上载量上限、上载量下限、下载量上限、压力上限、站场状态等
2	管段	管段编码、管段名称、设计压力、设计输量、长度、外径等	管段类型、所属层级、压力上限、流量上限、管输运价率等
3	供需	站场编码、站场名称、用户编码、气源编码、供气公司等	上载量、上载时间、下载时间、下载量、气源价格等

3.2 计算结果

如表2和表3所示，以管网社会效益最大、管网能耗最低、管网周转量最小和管段负荷率最优各自权重为25%为优化目标，计算得到骨干管网模型的流向流量方案。

表2 流向流量优化方案(节点)

序号	站场编号	上载量/(万方/天)	下载量/(万方/天)	进压力/兆帕	出压力/兆帕	压比	压缩机功率/兆帕
1	BH_RQZ_1070	507.8	203.0	6.8	6.8	1	0
2	BH_RQZ_1070	507.8	203.0	6.8	6.8	1	0
3	BH_RQZ_1070	507.8	203.0	6.8	6.8	1	0
4	PG_RQZ_0371	4562.6	724.9	10.0	10.0	1	0
5	PG_RQZ_0371	4562.6	724.9	10.0	10.0	1	0
6	PJ_RQZ_0015	46.2	1084.4	8.0	8.0	1	0
7	PJ_RQZ_0015	46.2	1084.4	8.0	8.0	1	0
8	SB_RQZ_0166	779.4	228.0	6.4	6.4	1	0
9	SB_RQZ_0166	779.4	228.0	6.4	6.4	1	0
10	SB_RQZ_0166	779.4	228.0	6.4	6.4	1	0
…	…	…	…	…	…	…	…
1556	YL_RQZ_0182	4588.6	207.0	6.3	10.0	1.6	65.4
1557	YL_RQZ_0182	4588.6	207.0	6.3	10.0	1.6	65.4
1558	YL_RQZ_0182	4588.6	207.0	6.3	10.0	1.6	65.4
1559	YL_RQZ_0182	4588.6	207.0	6.3	10.0	1.6	65.4

表3 流向流量优化方案(管段)

序号	管段	起点压力/兆帕	终点压力/兆帕	日周转量/万方·千米	流量/(万方/天)	负荷率
1	GD_1697	6.241	5.6	407484	3398	62.9%
2	GD_1754	6.5074	6.2	182009	1655	56.2%
3	GD_1773	6.3	6.2	25963	742	64.9%
4	GD_1814	6.2068	6.0	21318	667	68.7%
5	GD_1815	6.2068	6.1	20773	659	69.9%
6	GD_1854	9.9956	9.0	762327	5049	58.9%
7	GD_1860	4.6178	4.5	11101	591	59.1%
8	GD_2126	6.0284	5.5	70701	1004	73.2%
9	GD_2158	8.4698	7.8	449043	4935	57.6%
10	GD_2177	7.8374	7.6	272004	5682	77.1%
…	…	…	…	…	…	…
1271	GD_2865	6.1685	6.1	28720	912	45.6%
1272	GD_2866	6.5954	6.2	80762	1607	80.3%
1273	GD_2867	6.7323	6.6	24796	1766	88.3%
1274	GD_2871	5.8141	5.8	9546	810	94.5%

根据表2和表3可见，骨干管网的整体流向为“自西向东，由北向南”。骨干管网模型对应的优化数学模型，决策变量数为8482个，约束条件数11103个。在MacBook Pro（13 – inch，M1，2020）电脑配置下，采用本文构建的方案计算单个情景约耗时40秒，极大程度地缩短了流向流量分析的时间，能较好地适应大规模复杂输气管网多情景、多方案的流量流向分析要求。

3.3　方案可行性验证

以模型中西气东输一线管段输气量、压气站压比和分输站分输量为边界条件，应用PIPESIM软件对流向流量优化方案进行建模仿真。将优化数学模型的计算结果与PIPESIM软件模拟结果进行对比，对比结果如表4和图3所示：

表4　骨干管网模型流向流量优化方案与PIPESIM仿真结果对比表

序号	管段	起点压力/兆帕	终点压力/兆帕	仿真结果/兆帕	绝对偏差/兆帕	相对偏差
1	GD_0179	10.0	9.4	9.4	0.0	0.34%
2	GD_0180	10.0	7.8	7.6	0.2	2.28%
3	GD_0181	10.0	7.5	7.2	0.2	2.99%
4	GD_0182	10.0	7.1	6.9	0.2	3.30%
5	GD_0183	10.0	7.9	7.7	0.2	2.21%
6	GD_0266	10.0	7.9	7.8	0.2	2.06%
7	GD_0482	7.9	7.5	7.5	0.0	0.38%
8	GD_0284	10.0	7.6	7.4	0.2	2.93%
9	GD_0285	10.0	7.9	7.7	0.2	2.19%
10	GD_0286	10.0	8.8	8.7	0.1	1.41%
…	…	…	…	…	…	…
27	GD_0390	4.5	4.5	4.5	0.0	0.06%
28	GD_0391	4.6	4.5	4.6	0.0	0.01%
29	GD_0392	4.6	4.5	4.6	0.0	0.03%
30	GD_0347	4.5	4.5	4.5	0.0	0.00%

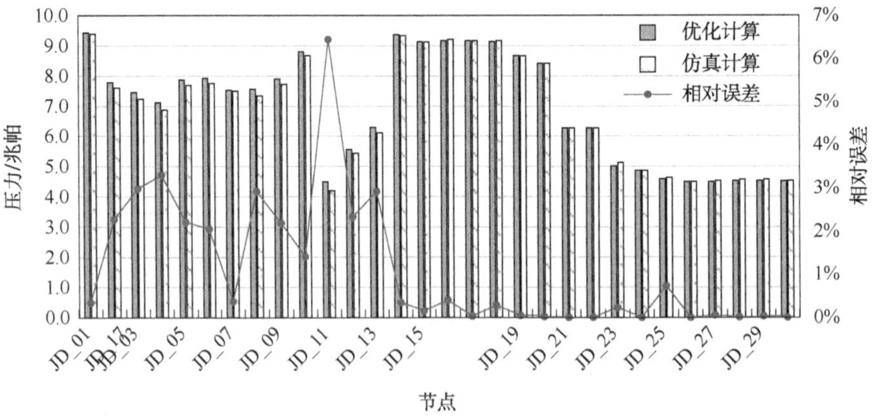

图3　2010—2040年中国天然气表观消费量(2024年以后为预测量)

有表4和图3可见，西气东输一线各节点的平均相对误差为1.14%，最大相对误差为6.44%，表明所建的流量流向方案优化数学模型合理，符合管网的水力特性，计算得到的流量流向分析方案具有较高的可行性和有效性，对全国天然气管网的规划建设具有较大的指导意义。

4　结论

本文探究了流量流向分析方案的优化问题，实现了大规模复杂的全国骨干管网秒级运算。应用 PIPESIM 软件构建方案的仿真模型，对比优化计算的结果，平均相对误差为 1.14%，最大相对误差为 6.44%，验证了本文构建的模型和算法的可行性。模型已实现多目标优化、基础流量流向分析和气源追踪等功能，基本实现全国天然气骨干管网秒级运算，为后续软件国产化部署打下坚实基础。模型将结合人工智能技术和优化技术，完善建设方案比选、建设时序分析、气源价格平衡分析等功能，打造天然气管网规划和可行性研究的智能决策模型。

参 考 文 献

[1] 邹才能，林敏捷，马锋，等. 碳中和目标下中国天然气工业进展、挑战及对策[J]. 石油勘探与开发：1-18.

[2] 中国天然气发展报告(2023)[EB/OL]. [2024-02-28]. https：//d. wanfangdata. com. cn/claw/Cg9MYXdOZXdTMjAyMzA5MDQSCkcwMDEwMDg3NjYaCHE2NDJpcmFy.

[3] 刘定智，张元涛，梁严，等. 基于"全国一张网"的天然气管输优化模型构建及应用[J]. 油气与新能源，2021，33(5)：64-70.

[4] 虞维超，黄维和，宫敬，等. 天然气管网系统可靠性评价指标研究[J]. 石油科学通报，2019，4(2)：184-191.

[5] 叶恒，高振宇，张轶，等. 复杂网络理论的应用进展及对天然气管网的启示[J]. 油气储运，2022，41(5)：515-524.

[6] 刘恩斌，彭勇，杨毅，等. 大型并联天然气管网系统运行优化技术研究[J]. 油气田地面工程，2024，43(1)：1-7.

[7] 左丽丽，戴材炜，赵思睿，等. 分枝定界法与内点法耦合的含环路输气管网运行优化[J]. 油气储运，2023，42(3)：343-351.

[8] 陈传胜，周军. 基于用户满意度的天然气购销决策优化[J]. 油气储运，2022，41(10)：1225-1234.

[9] 徐育斌，冷绪林，安云朋，等. 基于优化运行数据库的干线天然气管网优化研究[J]. 油气田地面工程，2019，38(9)：65-68+75.

[10] 发展改革委关于印发《天然气管道运输价格管理办法(暂行)》和《天然气管道运输定价成本监审办法(暂行)》的通知[J]. 中华人民共和国国务院公报，2021(23)：40-48.

[11] 黎健玲，杨振平，简金宝. 非线性半定规划若干算法介绍[J/OL]. 运筹学学报，2016，20(2)：1-22. DOI：10.15960/j.cnki.issn.1007-6093.2016.02.001.

[12] 唐江花. 求解非线性方程组的信赖域算法[J/OL]. 吉林化工学院学报，2021，38(5)：85-89. DOI：10.16039/j.cnki.cn22-1249.2021.05.018.

基于分布式光纤监测的油气管道安全智能预警技术

林晓晖[1]　曾科宏[1]　高欢欢[2]　王付勇[2]　王　飞[1]　杨文明[1]　李　刚[1]

(1. 中国石油天然气管道通信电力工程有限公司；2. 北京科技大学土木与资源工程学院)

摘　要　近年来，油气管道作为经济发展和民生保障的不可或缺的能源生命线，其安全性对于人民的生命财产安全至关重要。尤其是天然气在输送过程中采用的高压、大管径方式，一旦发生泄漏，可能引发火灾和爆炸，导致巨大的人民财产和人身安全损失。虽然传统的管道安全技术取得了一些成果，但在识别威胁事件的准确性、定位精度以及误报、漏报等方面仍存在一定问题。在当前油气科技发展的大趋势下，人工智能(AI)技术的应用日益成为解决这些问题的有效手段。AI在管道安全监测中的应用有助于提高监测效率、降低风险、增强安全性和可靠性，从而减少潜在损失，确保管道系统的正常运行。本研究基于分布式光纤传感技术，利用同沟敷设的光缆作为连续分布式传感器，通过监测管道沿线土壤振动情况，实现对管道周围破坏性事件的预警，迅速采取应对措施以防范潜在威胁，从而保护管道免受外力破坏。通过对实时振动信号数据的全面提取和结合机器学习方法，研究实现了对多种威胁管道安全事件的高精度识别，最高准确度达到了97%。考虑到不同横向距离对管道威胁程度的差异，在现场收集了不同横向距离的信号数据，并利用机器学习方法实现了对距离的回归，平均误差控制在4.56。该研究为油气管道安全监测提供了一种创新的技术方案，具有广泛的应用前景。通过结合光纤传感技术和人工智能，不仅能够及时准确地识别潜在威胁，而且能够根据不同距离情况实施有针对性的防范措施，为管道安全保驾护航。这一技术的成功应用，对于提升油气管道运行的安全性和稳定性具有重要意义。

关键词　油气管道安全；分布式光纤；机器学习；智能识别；横向定位

1　前言

近年来，油气管道已成为经济发展和民生保障的重要能源生命线，管道安全关系到人民群众的生命财产安全和生态环境的保护李波(2023)。油气管道属于没有厂界的开放系统，安全隐患具有时空随机性、分布广域性、发生隐蔽性、后果灾难性等特点，安全预警与风险防控是系统性技术难题王梦娇(2019)。在管线安全领域，差异化威胁事件对管线系统的潜在危险性存在显著差异，因此需要开展智能识别以精确评估威胁事件对管线的危害程度，当管道安全遭到威胁时，我们要尽早的发现并快速做出反应，以此来降低事故的发生率龙鲸凤(2021)、师丽雪(2020)。为解决这一挑战，我们考虑了威胁事件相对于管线系统的横向位置，并打算利用此位置信息来设定距离阈值杨玥等(2020)。当事件发生的位置距离管线系统超过此预定的距离阈值时，系统将立即触发报警，以便快速采取适当的应对措施。

张景川等张景川等(2010)利用小波能谱来区分泄露和挖掘事件，距离光纤较远处的振动信号分布在低频区，来自较近的振动信号落在高频区，可以用小波能谱区分。对于挖掘模式的识别，用小波信息熵的最大值作为管道监测过程中挖掘模式的识别特征量，识别准确率达98.5%；赵利强等赵利强等(2013)用改进的EMD方法对低采样率的管道泄漏信号进行分解。将分解出来的IMF分量能量的标准差作为单一特征值，直接利用阈值法；王超群等王超群(2021)将信号的人工特征和深度学习提取的特征混合使用，形成高维特征向量并输入Google提出的Wide and Deep模型进行分类，既考虑了人工特征的稳定，发挥了专家经验的优势，也考虑了深度学习特征提取的深层次的特征，利用F值特征选择和最大互信息系数的加权融合指标，对所有的特征进行排序，得到特征的排序后，将重要的特征通过分类器进行预测输出。阳思琦等阳思琦(2021)提出了基于改进后的多尺度卷积神经网络-隐马尔可夫模型的复合算法，多尺度卷积神经网络(mCNN)可对DAS传感信号进行更丰富的多尺度结构特征提取，多尺度特征提取，通过小尺度的卷积核我们可能获得更详细的时域细节和高频特点，通过大尺度的卷积核我们可能获得时域和高频特征的轮廓特点。隐马尔可夫模型（HMM）进一步挖掘事件演化的时序关系，实现了结构特征和时序特征的同步提取与 DAS 传感信号的振动源识别。杨明儒等杨明儒（2020）提出基于深度学习的 CNN-BiLSTM 时空信号处理模型，解决了 DAS 识别没有考虑信号空间信息的缺陷，得出二维时空信号模型性能要优于一维时间信号模型。利用 DAS 系统在现场采集各类典型事件信号，并建立了一维时间信号数据集和二维时空信号数据集。根据现场数据集，按照先设计 1D-CNNs 时间特征提取模块，然后设计 BiLSTM 空间分布特征提取模块，最后设计全连接层识别模块的流程，具体实现了 CNN-BiLSTM 模型。干登轲等干登轲（2022）提出一种基于无监督学习机制的 SNN 网络，并证明当使用少样本数据集或不均衡数据集进行训练时，该网络比主流有监督 CNN 网络更稳定。为了改善 SNN 的时效性，通过将 SNN 的运行机制与 CNN 的卷积和池化操作结合，提出了脉冲卷积神经网络（SCNN）。通过短时傅里叶变换将原始 DAS 信号转换为时频频谱图，然后将频谱图重新组织为一维数据向量，作为后续网络的输入。SNN 包括输入层，以及兴奋层和抑制层的处理模块，利用各个兴奋型神经元的输出的脉冲强度比例对 DAS 信号进行分类。孙磊峰等孙磊峰等（2022）基于曲线拟合的振源横向距离估算方法，对每次激励信号图块进行提取，获得离散序列时间 t 和空间距离 $d-d0$ 以及振动波到探测点最短时间 $t0$ 作为被拟合数据，将公式作为自定义拟合公式，将波速 v、振源距离 H 作为拟合参数进行自定义参数拟合，可达到估算误差均值<±5m。胡泽安等胡泽安等（一种基于声波频移反演的燃气管道泄漏点定位方法，通过接收排列检测燃气管道泄漏点产生的直达波信号，然后分别对各个检波器所接收到的直达波信号进行频谱分析，并求取各个直达波信号的质心频率得到质心频率-距离拟合曲线。采用遗传算法进行模型反演，该算法采用变异、交叉、选择的遗传操作，使数据优胜劣汰、重复迭代，最终找出最优解，确定燃气管道泄漏点的深度位置。

油气管道威胁事件智能识别目前的方法很多，但对事件的特征提取不充分，也无法找到更准确的特征来表征，模型过于复杂，不适用情况复杂的现场环境中，事件的识别率低。我们将多角度全面提取特征，优化简化模型提高事件的识别率。而管道的横向定位的案例很少，利用分布式光纤技术来定位也很少，目前存在的分布式光纤技术定位方法为以波速差计算的横向距离，误差较高。我们在分布式光纤的基础上，收集不同距离的 DAS 数据，利用机器学习的方法智能预测距离，减少横向定位的误差。

2　方法

2.1　特征值筛选方法

2.1.1　最大互信息系数法

方差分析需要假设变量符合正态分布，也可以从相关的角度进行分析，最大互信息系数（MIC）可以用来衡量两个变量之间的关联程度，互信息描述了两个变量之间的关系，互信息越大，特征与结果的相关性越大，互信息（MI）的公式如 1 所示：

$$I(x,\ y)=\sum_{y\in Y}\sum_{x\in X}p(x,\ y)\log\left(\frac{p(x,\ y)}{p(x)p(y)}\right) \tag{1}$$

其中 $p(x)$ 和 $p(y)$ 是 x 和 y 的边缘分布函数，$p(x,\ y)$ 为 x 和 y 的联合概率分布函数。$I(x,\ y)$ 表示互信息，互信息是非负的，表示了 x 和 y 的相关联程度，但互信息没有办法归一化，结果无法比较，且对于连续变量的计算不够方便，最大互信息相对于互信息具有更高的准确度，它的主要原理是：对需要判断的两个变量，两个变量的数据分布在一个二维空间中，对网络空间进行划分，找到划分后的某一个网格，使得落在这个网格的点数除以总的点数的概率最大，网格的划分形式多种多样，找到使互信息最大的网格划分方式，对结果进行正则化，找出最大值即为最大互信息系数 2023a），最大互信息系数的计算公式如 2 所示：

$$MIC[x;\ y]=\max_{|x||y|<B}\frac{I[X;\ Y]}{\log_2(min(|X|,\ |Y|))} \tag{2}$$

式中，$I[X;\ Y]$ 代表了互信息，$\log_2(min(X,\ Y))$ 作为分母用于求归一化，B 作为网格分辨率的上限，与数据量有关 $B=n^{0.6}$。

2.1.2 皮尔森相关系数法

皮尔森相关系数也称皮尔森积矩相关系数，是一种线性相关系数，是最常用的一种相关系数。用来反映两个变量 X 和 Y 的线性相关程度，系数值介于-1 到 1 之间，绝对值越大表明相关性越强 2023b)，相关系数计算公式如 3 所示：

$$\rho_{X,Y}=\frac{cov(X,Y)}{\sigma_X\sigma_Y}=\frac{E((X-\mu_X)(Y-\mu_Y))}{\sigma_X\sigma_Y}=\frac{E(XY)-E(X)E(Y)}{\sqrt{E(X^2)-E^2(X)}\sqrt{E(Y^2)-E^2(Y)}} \quad (3)$$

2.2 机器学习模型

2.2.1 逻辑回归模型

Logistic 回归 2024)虽然名字里带"回归"，但是它实际上是一种分类方法，主要用于两分类问题，多分类时替换激活函数即可。回归模型中，y 是一个定性变量，比如 $y=0$ 或 1，logistic 方法主要应用于研究某些事件发生的概率。逻辑回归就是这样的一个过程：面对一个回归或者分类问题，建立代价函数，然后通过优化方法迭代求解出最优的模型参数，然后测试验证我们这个求解的模型的好坏。

构造预测函数如 4 所示，其中 x 为输入向量，激活函数为 sigmoid 函数：

$$h_\theta(x)=g(\theta^Tx)=\frac{1}{1+e^{-\theta^Tx}} \quad (4)$$

构造损失函数 J 如 5 所示，它是基于最大似然估计推导而来的。其中函数 $h(x)$ 的值有特殊的含义，它表示结果取 1 的概率。模型的训练过程如图 6~图 8 所示：

$$J(\theta)=-\frac{1}{m}\left[\sum_{i=1}^{m}(y_i\log h_\theta(x_i)+(1-y_i)\log(1-h_\theta(x_i)))\right] \quad (5)$$

$$A=x\cdot\theta=\begin{bmatrix}x_{10} & \cdots & x_{1n}\\ \vdots & \ddots & \vdots\\ x_{m1} & \cdots & x_{mn}\end{bmatrix}\cdot\begin{bmatrix}\theta_0\\ \cdots\\ \theta_n\end{bmatrix}=\begin{bmatrix}\theta_0x_{10}+\theta_1x_{11}+\cdots+\theta_0x_{1n}\\ \cdots\\ \theta_0x_{m0}+\theta_1x_{m1}+\cdots+\theta_0x_{mn}\end{bmatrix} \quad (6)$$

$$E=h_\theta(x)-y=\begin{bmatrix}g(A_1)-y_1\\ \cdots\\ g(A_m)-y_m\end{bmatrix}=\begin{bmatrix}e_1\\ \cdots\\ e_m\end{bmatrix}=g(A)-y \quad (7)$$

$$\theta_j:=\theta_j-\alpha\frac{1}{m}\sum_{i=1}^{m}(h_\theta(x_i)-y_i)x_i^j=\theta_j-\alpha\frac{1}{m}x^TE \quad (8)$$

2.2.2 K-means 模型

K-means 算法 2023c)又名 k 均值算法，其中 k 表示的是聚类 k 簇，means 代表取每一个聚类中数据的均值作为该簇的中心，或者称为质心，即用每一个的类的质心对该簇进行描述。其算法思想大致为：先从样本集中随机选取 k 样本作为簇中心，并计算所有样本与这 k 个"簇中心"的距离，对于每一个样本，将其划分到与其距离最近的"簇中心"所在的簇中，对于新的簇计算各个簇的新的"簇中心"。将对象点分到距离聚类中心最近的那个簇中需要最近邻的度量策略，在欧式空间中采用的是欧式距离如 9 所示，在处理文档中采用的是余弦相似度函数如 10 所示，不同的情况实用的度量公式是不同的。

$$d(x,y):=\sqrt{(x_1-y_1)^2+(x_2-y_2)^2+\cdots+(x_n-y_n)^2} \quad (9)$$

$$cos\theta=\frac{A\cdot B}{\|A\|*\|B\|} \quad (10)$$

2.2.3 随机森林模型

随机森林 2023d)就是通过集成学习的思想将多棵树集成的一种算法，是 bagging 方法的典型模型，它的基本单元是决策树，随机森林即由多个决策树并行组成，每个决策树并不相同，在构建决策树时，我们从训练数据中有放回的随机选取一部分样本，并且也不会使用数据的全部特征，而是随机选取部分特征进行训练。集成学习通过训练学习出多个估计器，当需要预测时通过结合器将多个估计器的结果整合起来当作最后的结果输出。结构如图 1 所示。

决策数的结点利用信息增益的方法分裂，信息增益为未分裂前的基尼系数值和分裂后结点基尼系数的差值，差值越大，表示分裂效果越好。

基尼系数和信息熵类似，基尼系数越高，数据随机性越强，不确定性越强。基尼系数公式如 11 所示：其中 Pi 为对应类别占总体的概率。

$$G = 1 - \sum_{i=1}^{k} p_i^2 \quad (11)$$

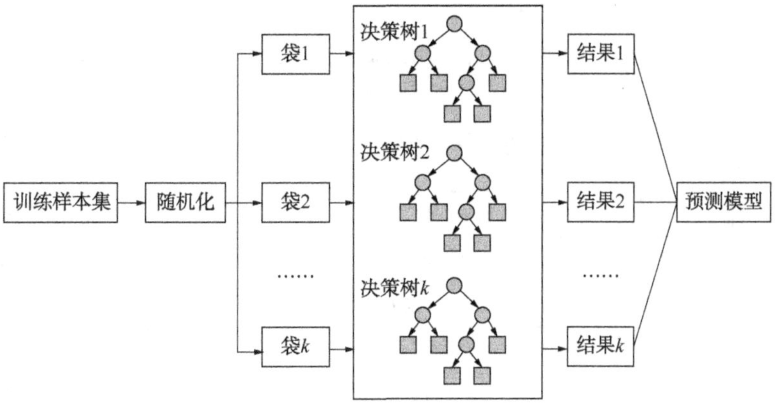

图 1　随机森林结构图 2023(d)

2.2.4　XGBoost 模型

XGBoost 模型 2023e) 力争将训练速度和效率发挥到极致，但本质上还是 GBDT，是另一种 boosting 方法，将各分类器串联起来，相互存在依赖关系，每一次计算都是为了减少上一次计算的残差，进而在负梯度的方向上建立新的模型。XGBoost 也是将多课决策树的得分累加起来得到最终的预测值，每一次迭代，都是在已有的树上增加一棵树来拟合真实值与预测值之间的残差，当残差达到最小值时，模型效果达到最好。模型最主要的还是目标函数如公式 12 所示，其中 L 为损失函数，如均方误差，constant 为常数项，目标函数中会加入 $L1$、$L2$ 正则化，以此来减少模型的过拟合。

$$Obj^{(t)} = \sum_{i=1}^{n} l(y_i, \hat{y}_i^{t-1} + f_t(x_i)) + \Omega(f_t) \quad (12)$$

3　油气管道威胁事件智能识别

3.1　特征工程

利用机器学习算法对光纤传感信号进行分类，在分类之前首先要做的是提取光纤传感信号的特征。原始信号数据类别有四种，分别是车辆、机械、农耕和人工，车辆数据 28000 条，机械数据 8780 条，农耕数据 4980 条，人工数据 3870 条，每条数据是 1.024s 的数据。为了能够获得信号的全面的特征，利用了专业知识提取了信号的时域特征、频域特征的信息，构成特征数据库，从特征数据库中选取特征进行训练，特征选定的好坏决定了模型识别率的上限。特征指标体系如表 1 所示。

表 1　特征指标体系

序号	特征名称	特征释义	计算公式
1	最大值	时域信号最大振幅值	$C_{max} = max(x_i)$
2	峰度	峰值在波形的极端程度	$C_{ku} = \frac{1}{N}\sum_{i=1}^{N}\left[\frac{(x_i - \hat{x})^4}{\sigma}\right] - 3$
3	偏度	分布偏斜方向和程度的度量	$C_{sk} = \frac{1}{n}\sum_{i=1}^{n}\left[\frac{(x_i - \hat{x})^3}{\sigma}\right]$
4	方差	时域信号幅值的偏差	$X_{var} = \frac{1}{n}\sum_{i=1}^{n}(X_i - \mu)^2$
5	极差	时域信号幅值的极差	$X_{range} = C_{max} - C_{min}$

续表

序号	特征名称	特征释义	计算公式
6	整流均值	信号经过全波整流后的平均值	$X_{abs} = \frac{1}{N}\sum_{i}^{N} \mid x_i \mid$
7	方根幅值	时域信号幅值的方根幅值	$X_r = \left(\frac{1}{n}\cdot\sum_{i=1}^{n} \mid x_i \mid^{\frac{1}{2}}\right)^2$
8	峭度	反应信号分布特性	$C_k = \frac{1}{n}\sum_{i=1}^{n} x_i^4$
9	峭度因子	反应波形平缓程度	$C_{kf} = C_k / x_{rms}^4$
10	波形因子	反应信号波动情况	$C_s = X_{rms} / X_{abs}$
11	脉冲因子	反应振动信号有无冲击的特性	$C_{if} = X_{range} / X_{abs}$
12	峰值因子	反应振动信号有无冲击的特性	$C_{fz} = X_{range} / X_{rms}$
13	裕度因子	反应检测机械设备的磨损状况	$C_{yd} = X_{range} / X_r$
14	重心频率	频域信号的重心频率	$C_{fc} = \frac{\int_0^{+\infty} xP(x)dx}{\int_0^{+\infty} P(x)dx}$
15	标准差	频域信号振幅值的标准差	$X_{std} = \sqrt{\frac{1}{n}\cdot\sum_{i=1}^{n}(x_i - \overline{X})^2}$
16	信息熵	信息熵定义为信息的不确定性程度，信息熵越大，不确定性越高	$H = -\sum_{i=1}^{10} p_i \log_2 p_i$ $p_i = \frac{E_i}{\sum_{i=1}^{10} E_i}$

时域特征是得到信号后最直观的特征，通过对比不同类别信号的观察，可以很容易的看出背景噪声和机械挖掘在幅度上有很大的不同，因此时域特征虽然比较简单，但却必不可少，本文从信号的形态出发，选取了最大值、峰度、偏度、方差、极差、整流均值、方根幅值、峭度、峭度因子、波形因子、脉冲因子、峰值因子和裕度因子等13个特征。

因为时域特性不够稳定，考虑到信号可能隐含周期性，所以考虑了频域特征，频域特征是对光纤传感信号进行快速傅里叶变换，谱估计考虑到更稳定的频域特征，能有效地提取信号的隐式周期特征，快速傅里叶变换式如13所示，其中$X(i)$代表了信号，$X(k)$为频谱，N取1024，得到了信号的频谱，由于频域不是很严格，本文使用光纤传感信号的功率谱，功率谱舍弃了相位信息保留了频谱的幅度信息。

$$X(k) = \sum_{n=0}^{N-1} x(i) \times e^{-j\left(\frac{2\pi}{N}\right)n} \tag{13}$$

功率谱的形态特征与时域的形态特征类似，描述了光纤传感信号的功率谱的形态特征，借鉴了时域提取特征的思想，提取了信号的功率谱的峰度、偏度、重心频率、标准差、信息熵以及频域十个频段的占比。

3.2 特征筛选

特征的数量对于随机森林、XGBoost等机器学习模型呈正相关，种类越多，模型往往能训练的越好，并且不会使算法的复杂度变得很高，因为算法会自动选取特征中重要性高的特征进行训练，并不会牺牲时间去提高算法的精度。但是特征值的计算时间会很长，在工程实际环境中，会占用大量的时间，模型的效率和适用性会大大减小，因此在训练之前，筛选出最优的特征是必要的。

在特征筛选的工作中，利用最大互信息系数法、皮尔森相关系数法以及随机森林和 XGBoost 模型中的特征重要性来综合筛选出表现优秀的特征，如图 2 所示。

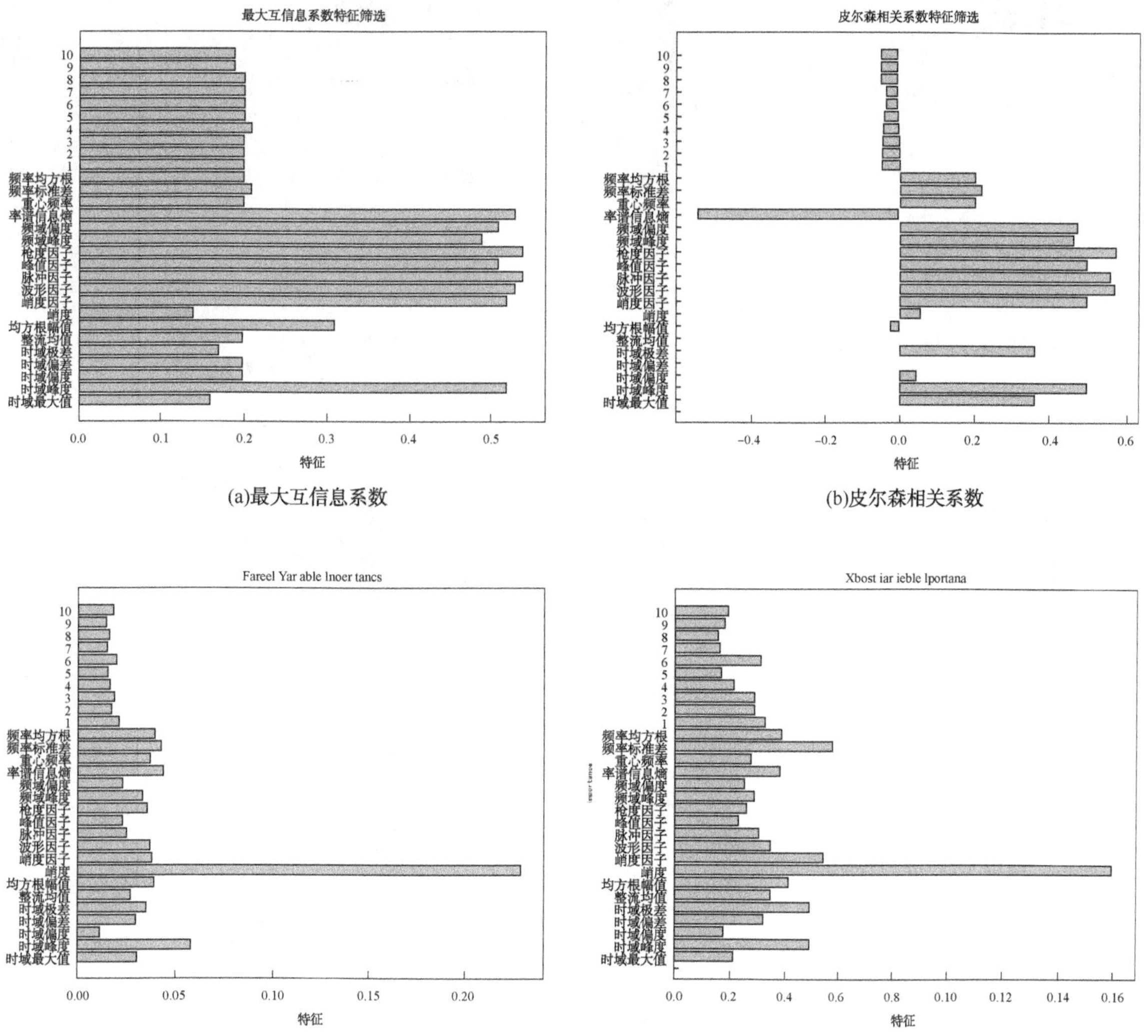

(a)最大互信息系数　(b)皮尔森相关系数

(c)随机森林特征重要性　(d)XGBoost特征重要性

图 2　特征相关性对比图

根据特征的相关性对比，从诸多的特征中，以随机森林和 XGBoost 重要性为主要因素，综合选出时域峭度、方根幅值、峭度、峭度因子、波形因子、脉冲因子、峰值因子、裕度因子、频域峰度、频域偏度、频域信息熵和频域标准差等 12 个特征。这样做大大减少了特征计算时间，使模型更有实际意义。

3.3　测试结果与分析

筛选后的特征输入到学习器中进行学习，发现模型基本上可以对四类事件进行有效的分类。随机森林和 XGBoost 可以更好的适用于不均衡的样本数据，随机森林测试集准确率达到 95%，袋外数据验证准确率达到 95%，XGBoost 测试集准确率达到 97%，逻辑回归测试集准确率达到 75%，K-means 测试集准确率达到 90%。可以发现 XGBoost 的准确率相对较高，为了进一步观察事件的分类效果，四种学习器的分类混淆矩阵如图 3 所示。

为了更好地对比模型的好坏，对每类的精准度、召回率、F1-score 进行比较，结果如表 2 所示，模型的 ROC 曲线如图 4 所示，曲线越靠近左上，越好。Area Under Curve(AUC)，也就是曲线下方面积，面积越大，分类器性能越好。由表数据、ROC 曲线和模型所用时间综合可得，XGBoost 模型的性能最好，逻辑回归模型的最差。

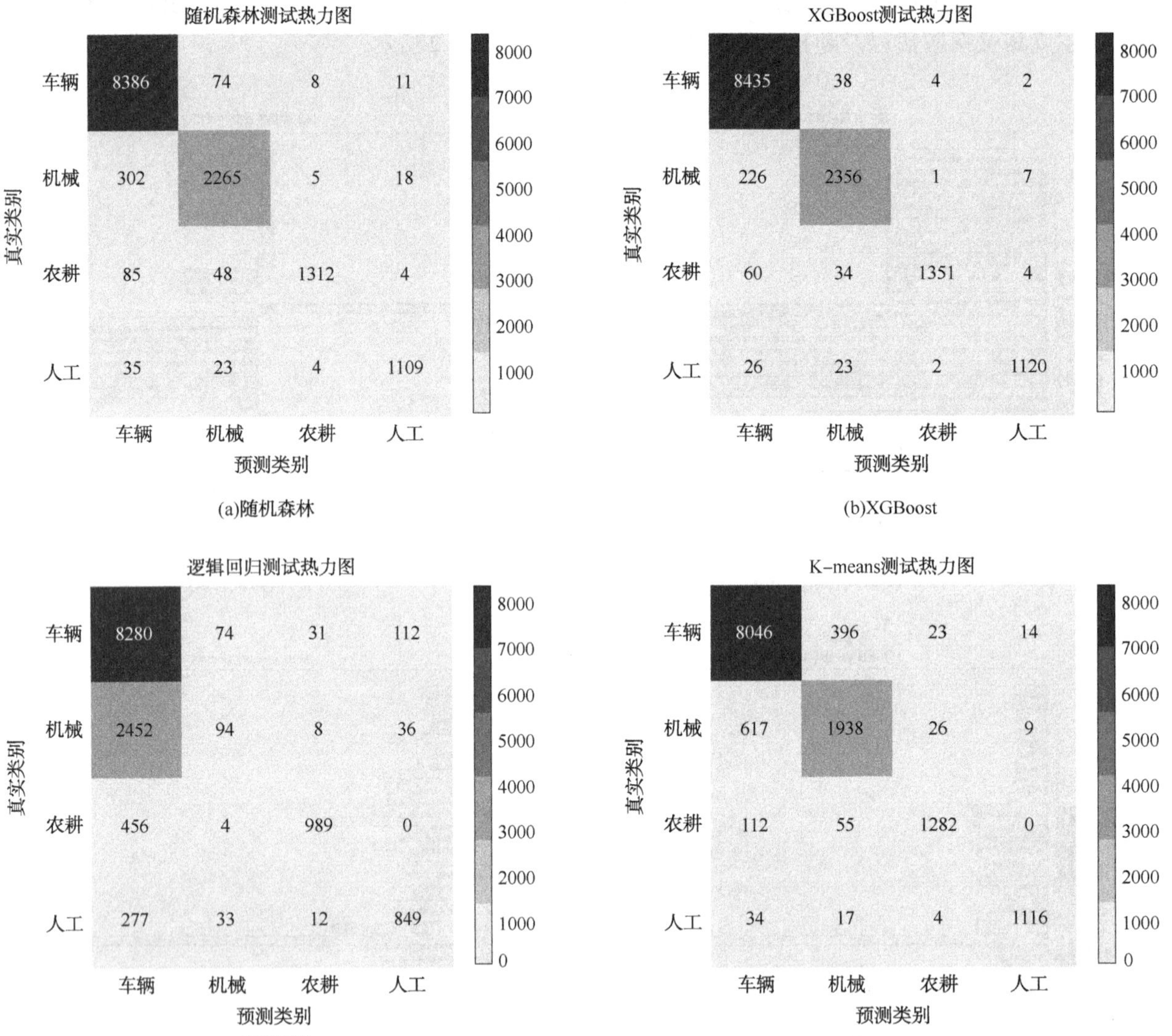

(a)随机森林　(b)XGBoost　(c)逻辑回归　(d)K-means

图 3　模型混淆矩阵

表 2　四种模型最终结果比较

模型	预警类别	精准度	召回率	F1-score
随机森林	车辆	95%	99%	97%
	机械	94%	87%	91%
	农耕	99%	91%	94%
	人工	97%	95%	96%
XGBoost	车辆	96%	99%	98%
	机械	96%	91%	93%
	农耕	99%	93%	96%
	人工	99%	96%	97%
K-means	车辆	91%	95%	93%
	机械	81%	75%	78%
	农耕	96%	88%	92%
	人工	98%	95%	97%

续表

模型	预警类别	精准度	召回率	F1-score
逻辑回归	车辆	72%	98%	83%
	机械	50%	4%	7%
	农耕	95%	68%	79%
	人工	85%	73%	78%

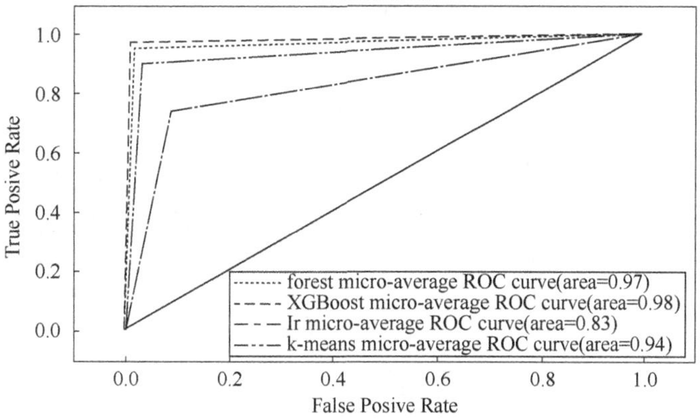

图 4 模型 ROC 曲线

其中，横坐标：False Positive Rate(FPR)，表示实际负例中，被错误地分为正例的比例；纵坐标：True Positive Rate(TPR)，表示实际正例中，被正确分为正例的比例。

4 油气管道威胁事件横向定位

4.1 现场挖掘事件数据解析与打标

在本研究中，挖掘机实验在距离管道不同位置进行，包括 5 米、10 米、15 米和 20 米。在每个位置，我们详细记录了挖掘机引发的振动信号图。通过对差分效果图的深入分析，我们能够精确识别并区分出三种主要特征类别，即车辆引发的振动信号、挖掘机的挖掘活动，以及环境中存在的背景噪音。然而，本研究的主要关注点是对挖掘机挖掘信号的详细分析和研究，旨在实现挖掘事件的横向定位。本研究的目标在于发展一种精确的识别和定位挖掘机挖掘活动的方法，以确保管道横向位置的准确监测。这一方法的实施可帮助及早发现潜在的管道威胁，从而采取及时的预防和干预措施，以维护管道系统的完整性和可靠性。透过对挖掘机挖掘信号的深入分析，本研究致力于实现对挖掘活动的智能识别，从而增强对管道系统的监测、安全管理和维护。这一研究对于管道安全和设施管理领域具有重要的理论和实际意义，如图 5、图 6 所示。

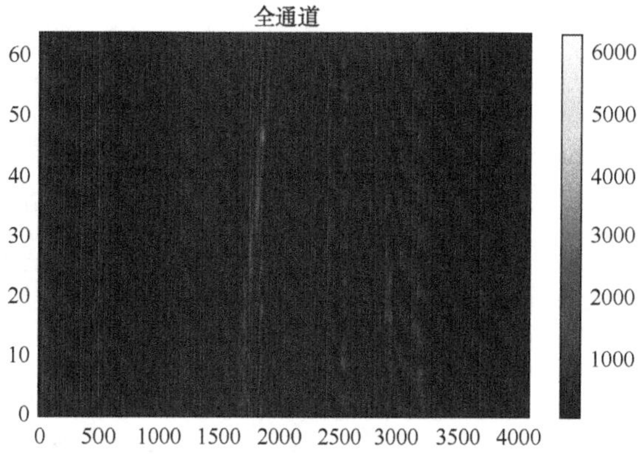

图 5 5 米差分效果图

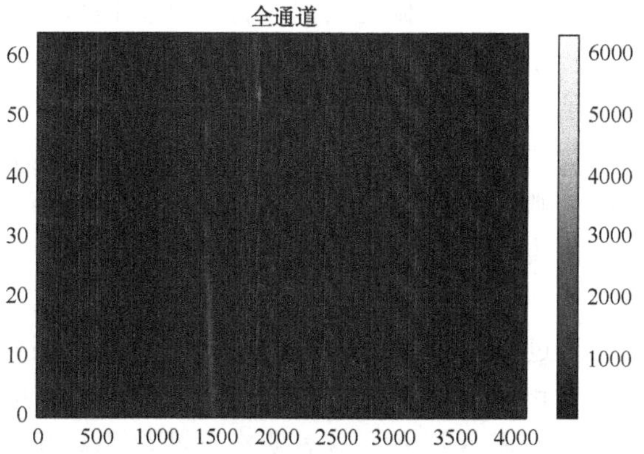

图 6 15 米差分效果图

基于差分效果图的分析，我们对距离分别为 5 米、10 米、15 米和 20 米的原始信号进行了标注，以创建全面的挖掘信号数据集。在标注过程中，随着距离的增加，挖掘信号的强度逐渐减弱。由于20米距离的信号数据相对较难获取，数据量非常有限，因此我们最终选择了5米、10米和15米距离的挖掘信号数据，原始信号如图7所示，用于构建横向定位的数据集。这一数据集的构建过程旨在为后续的挖掘事件定位研究提供可靠的数据基础，同时考虑了信号强度和可用性的因素。选择合适的数据集使得研究更具可操作性和可靠性，有助于实现对挖掘事件的准确横向定位。

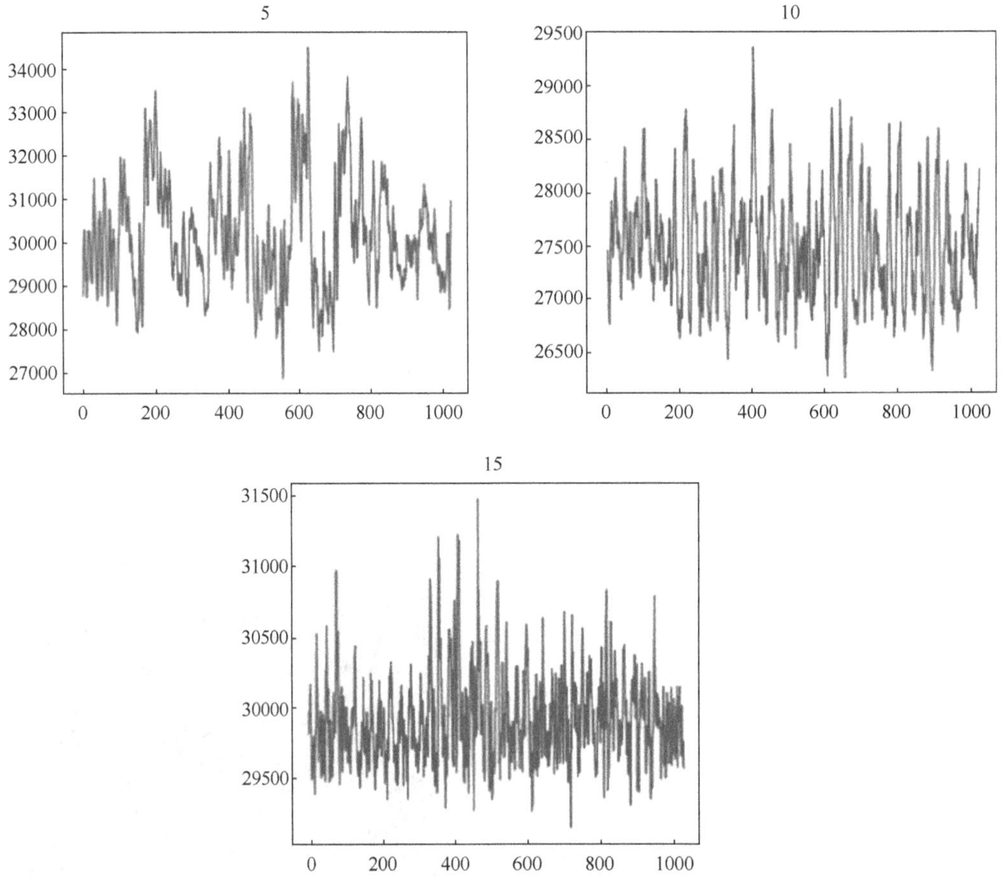

图7　原始信号图

4.2　特征提取与分析

我们对DAS振动数据进行了特征提取，从时域、频域和小波域三个不同的角度入手。我们提取了一系列特征，包括但不限于最大值、峰度、偏度、方差、极差、整流均值、方根幅值、峭度、峭度因子、波形因子、脉冲因子、峰值因子、裕度因子、重心频率、标准差以及信息熵等。

通过对比多个特征提取的效果图，我们发现在5米和15米的位置，特征提取效果最为显著，效果图如图8所示。这表明在这两个距离位置上，我们能够更准确地区分不同挖掘事件的特征，从而为横向定位提供更可靠的特征数据支持。这些特征的提取和对比分析有助于进一步研究和识别挖掘事件，提高横向定位的准确性和效率。

4.3　模型训练与结果

在距离反演任务中采用了两经典的机器学习模型，即XGBoost和支持向量机，以完成任务。我们经过特征选择过程，选定了三个具有良好区分效果的特征，它们分别是时域极差、时域差分最大值以及小波域均方根。这些特征组成了我们的模型数据集。

在模型训练过程中，我们运用交叉验证技术来确定最佳的超参数，以确保我们得到了效果最佳的模型。最终的测试结果表明，XGBoost模型的均方误差为4.56，而支持向量机的均方误差为5.01。这表明XGBoost模型在距离反演任务中表现出更好的性能。预测效果如图 9 所示。

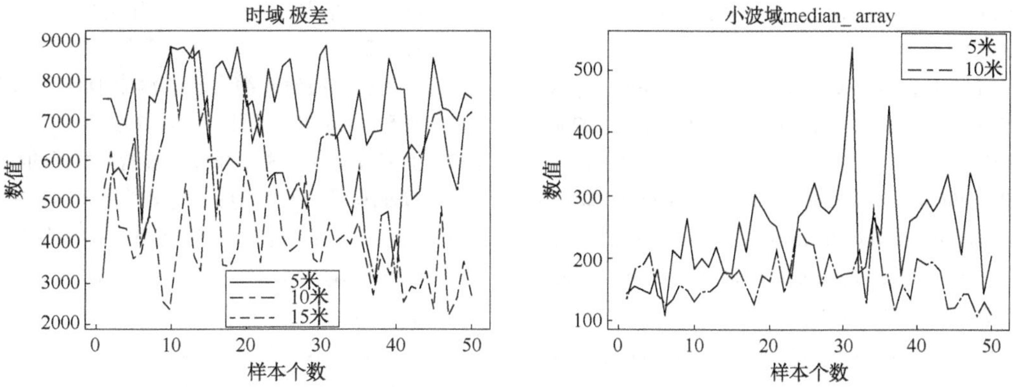

图 8　特征效果图

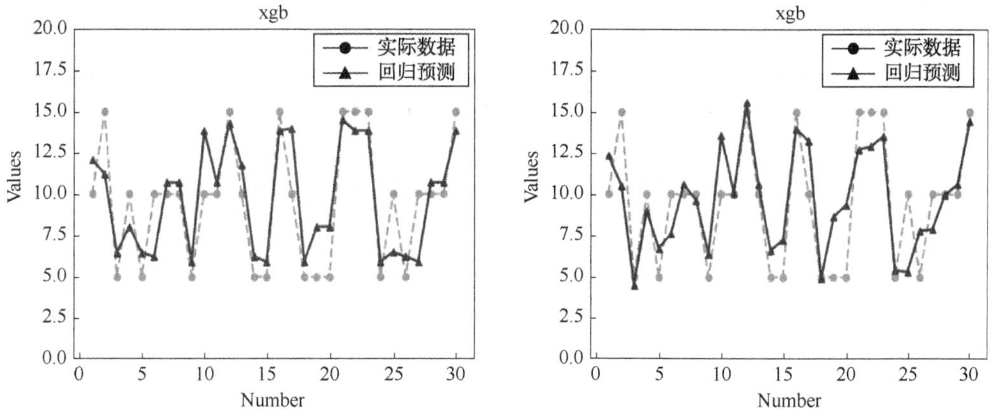

图 9　模型回归预测效果

5　结论

随着光纤传感技术的飞速发展，对通信光缆安全进行合理有效的监测成为了研究的热点，通信光缆作为光纤传感技术重要的传输载体，关系到国家的发展，社会的进步，更快的信息传输使人民群众的生活更加便捷，所以对于通信光缆安全监测十分有必要，通信光缆的意外破坏会造成巨大的的经济损失。本文基于此，对光纤传感信号进行研究，努力对光纤传感信号作更深入的了解。

通过对比智能识别模型的准确度、精准度、召回率、F1-score、ROC 曲线和模型训练测试所用时间，综合得出 XGBoost 的性能更好，准确率达到 97%，召回率达到 96%；其次是随机森林，准确率达到 95%，召回率达到 95%，它采用并行的机制，会大大减少训练时间。

在对比横向定位效果时，我们发现 XGBoost 模型表现出更为出色的预测效果，其平均误差为 4.56。由于数据量样本较少，这限制了模型的训练和泛化能力。其次，数据标记工作具有挑战性，因为挖掘信号的准确捕捉需要复杂的处理和标记。此外，存在多种信号混合的情况，这会增加定位的难度。未来的研究方向包括进一步深入研究，以提高横向定位的准确性。这可能涉及增加数据样本量，改进数据标记方法，以及研究更复杂的特征工程和模型改进技术。这些努力将有助于更好地解决 10 米位置预测误差问题，从而提高挖掘事件横向位置的预测准确性，增强管线安全管理的效果。

参　考　文　献

[1] The application of integrating comprehensive evaluation and clustering algorithms weighted by maximal information coefficient for urban flood susceptibility. [J]. Journal of environmental management, 2023a, 344: 118846.

[2] Image encoding selection based on pearson correlation coefficient for time series anomaly detection[J]. Alex-

andria Engineering Journal, 2023b, 82: 304-322.
[3] Correlated differential privacy based logistic regression for supplier data protection[J]. Computers & Security, 2024, 136.
[4] Discriminative projection fuzzy k-means with adaptive neighbors [J]. Pattern Recognition Letters, 2023c, 176: 21-27.
[5] Modelling the impact of disease outbreaks on the international crude oil supply chain using random forest regression[J]. International Journal of Energy Sector Management, 2023d, 17(6): 1187-1209.
[6] Optimization of parameters of the owc wave energy converter device using mlp and xgboost models[J]. Results in Physics, 2023e, 55.
[7] 十登轲. 基于无监督脉冲神经网络的分布式光纤传感信号识别方法[D]: 电子科技大学, 2022.
[8] 李波. 分布式光纤泄漏检测与安全预警系统在天然气管道中的应用[J]. 石油化工自动化, 2023(05): 60-63.
[9] 龙鲸凤. 基于模型融合的通信光缆 DAS 信号高精度识别方法[D]: 电子科技大学, 2021.
[10] 师丽雪. 光纤管道安全预警在草洲输油流程中的应用[J]. 化工设计通讯, 2020(03): 33-35.
[11] 孙磊峰, 魏庆东, 韦正鑫. 油气管道外破事件横向定位估算方法分析[J]. 石化技术, 2022(11): 71-72.
[12] 王超群. 通信光缆安全监测中 DAS 信号识别方法研究[D]: 电子科技大学, 2021.
[13] 王梦娇. 分布式光纤传感监测大数据的存储、管理与处理系统研究[D]: 电子科技大学, 2019.
[14] 阳思琦. 基于多尺度结构特征提取与时序挖掘的 DAS 振动源识别方法研究[D]: 电子科技大学, 2021.
[15] 杨明儒. 基于 DAS 的通信光缆安全监测事件识别方法研究[D]: 电子科技大学, 2020.
[16] 杨玥, 董雷, 明昌朋. 基于分布式光纤传感的振源距离估测方法[J]. 电子技术与软件工程, 2020(18): 94-95.
[17] 张景川. 基于小波能谱和小波信息熵的管道异常振动事件识别方法[J]. 振动与冲击, 2010(05): 1-4.
[18] 赵利强, 王建林, 于涛. 基于改进 EMD 的输油管道泄漏信号特征提取方法研究[J]. 仪器仪表学报, 2013(12): 2696-2702.

基于分布光纤声波传感的天然气管道清管器实时追踪研究

陈　钻[1] 李志勇[2] 闫　杰[1] 陈玉亮[1] 荣玉杰[3] 薛鲁宁[1]

（1. 国家管网集团浙江省天然气管网有限公司；2. 国家管网集团公司工程部；3. 重庆科技学院）

摘　要　天然气管道的安全运行对国家的经济发展和人民的生命财产健康具有重要意义。在管道的日常运维过程中，清管作业可以准确检测管道的各种缺陷和特征，为管道的完整性评价和维护提供依据，从而有效保障管道的安全运行，实时追踪清管器位置对提高清管作业的效率和准确性，进一步保障管道的安全运行具有重要研究意义。近年来，分布式光纤传感技术的发展，融合了最新的智能感知识别技术，可以实现对长输油气管道全线状态的实时监控。本文基于自主研发的分布式光纤声波传感系统，研究了清管器运行过程中管壁摩擦产生的声波信号时频域特征和动态特性，对滑动窗口内的信号进行局部分析，捕捉清管器信号的动态变化。为了实现对清管器位置的实时追踪与轨迹连续监测，本文提出了自适应尺度滑窗追踪算法(ASSW-tracking)。该算法主要运用信号降噪与特征提取技术，能够根据清管器信号的动态变化自适应调整滑动窗口的尺度。通过追踪清管器信号的时域和频域特征，可以实时准确地确定清管器的位置。通过在浙江省天然气管道金华站—履坦阀室段共33.3km共667个防区的天然气管段进行清管器追踪测实验验证，证明了自适应尺度滑窗追踪算法的有效性。该方法能够实时动态追踪清管器的位置，定位精度达到50米。研究结果在管道清管作业的安全运行和维护中具有重要的应用价值。

关键词　天然气管道；光纤传感；CEEMDAN；清管器；实时追踪

天然气作为一种重要的能源资源，天然气管道的运营和维护对能源供应的稳定性至关重要。然而长期运行后，管道内部会积累沉淀物、污垢、腐蚀物导致管道性能下降、安全隐患增加和能源损耗，并可能引发管道安全事故，故定期通过清管器对天然气管道进行定期清理与维护是有必要的。实时追踪清管器的位置与轨迹，提供实时的管道状态反馈，有助于及时发现管道存在的问题与异常，实现管道运行的持续监测与管理，从而提高清管效率和清洁质量。

针对清管器追踪问题，目前主流的方法包括压差法、磁学法和声学法。压差法是测量管道中的压力差来实现清管器的追踪和定位，通过比较上游和下游压力传感器的压力差，结合管道的几何特征和流体动力学模型，计算清管器相对于传感器位置的位置和方向。王雪莉等研究者通过分析清管过程中采集的压力信号，采用小波奇异性检测和相关性分析来定位清管器位置。曹让富、王少平、高丁等学者则通过在清管器上安装定时发射压力波的装置，利用管道外部接收站检测该压力信号，实现了清管器的在线定位。张红兵等提出了一种基于压降方程和温降方程定位清管器的模拟算法，并通过现场试验证明，模拟计算与现场试验的定位结果误差为1.17%。磁学法是通过在清管器上安装电磁信号发射机，在管道外通过接收天线接收信号，之后将电磁脉冲信号通过电子仪器或者示波器显示出来，通过波形的变化来判断清管器的位置。李博等人设计了一款基于GPS和GMS的清管器跟踪系统，利用全球定位系统和地面移动站来实现清管器的定位。田野通过次声波检测技术采集清管器在管道运行中产生的次声波信号差，以监控清管器的实时位置。然而，这些方法各自存在一些局限性。磁学法在信号覆盖较弱的地方(如森林和山地)可能受到限制。声学法具有广泛的检测范围和较高的定位精度，但在穿越土壤和其他隔离物时，声波信号衰减严重，无法用于埋地管道的清管器定位。压差法必须在管道系统中安装至少两个压力传感器，传感器布置会受限与管道的几何形状以及复杂的管道网络。

随着科学技术的飞速发展，分布式光纤传感逐渐运用于长输天然气管道的监控，光纤作为“连续分布式的传感器”，可以对管道全线的状态进行监测，在清管器的追踪定位中具有天然的优势。采用分布式光纤传感的方法实现对清管器的追踪也成为了目前的研究热点，田孝忠、孙巍等对光纤振动信号的时频域特征进行分析，采用上下包络线做差的方法增强信号的信噪比实现对清管器的在线定位跟踪。庞洪辰，崔记芳对清管器产生振动信号的 V 字形顶点变化特征确定清管器的位置。

本文基于分布式光纤声波传感创新性的提出了一种高效、准确的清管器实时追踪的方法，实现了对清管器位置信息的实时监测和追踪。与其他清管器追踪方法相比具有更好的环境适应能力以及实时性和精准度，同时该方法的工程实施成本更低，在工程实际应用中更具经济性。

1　分布式光纤传感原理

1.1　Φ-OTDR 振动传感原理

由于光纤在微观上存在不均匀分布，光在光纤中传播时会发生散射效用，其中一部分光会沿着入射光相反的方向传播，这种现象被称为后向散射。光纤的后向散射根据散射因素的不同可分为瑞利散射、布里渊散射和拉曼散射，分布式光纤振动传感器主要应用光纤的后向瑞利散射。

Φ-OTDR 振动传感原理图如图 1 所示，向光纤中入射具有高相干度的光脉冲，检测光纤的后向瑞利散射信号。

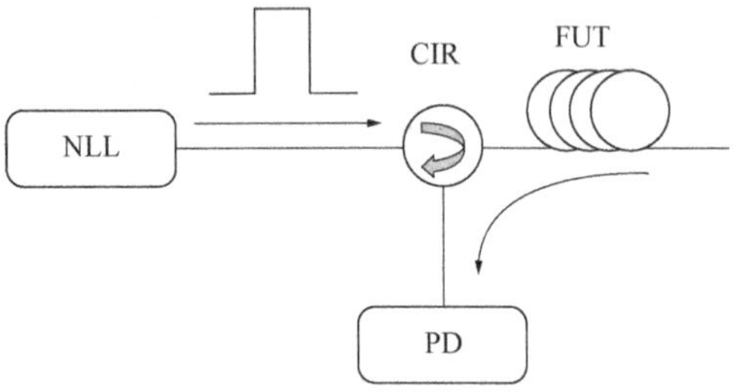

图 1　Φ-OTDR 振动传感原理图

NLL—超窄线宽激光器；AOM—声光调制器；CIR—环行器；FUT—待测光纤

高相干脉冲光的光场可表示为为：

$$E_p(t)=E_0U(t)e^{j[2\pi ft]} \tag{1}$$

式中，E_0 是光场幅度，$U(t)$是脉冲包络，f 是脉冲频率。当这个光脉冲入射到光纤中时，单个瑞利散射点的散射信号可表示为：

$$E_{RS}(t)=E_p(t)\cdot r(l)e^{j(\pi c/nz)} \tag{2}$$

式中，z 为该反射点距离，$r(l)$为该点反射率，c 为光速，n 为光纤等效折射率。假定入射光脉冲具有矩形的包络，那么任意时刻接收到的光纤的瑞利后向散射光的光场即可表示为：

$$E_R(t)=\int_{c(t-\Delta t)/2n}^{ct/2n} r(z)e^{-j[2\pi fnz/c]}dz\cdot E_0e^{j2\pi ft} \tag{3}$$

式中，Δt 为脉冲宽度。通常而言，外界振动事件对光纤的影响的最主要表现是光纤轴向的形变如图 2 所示。

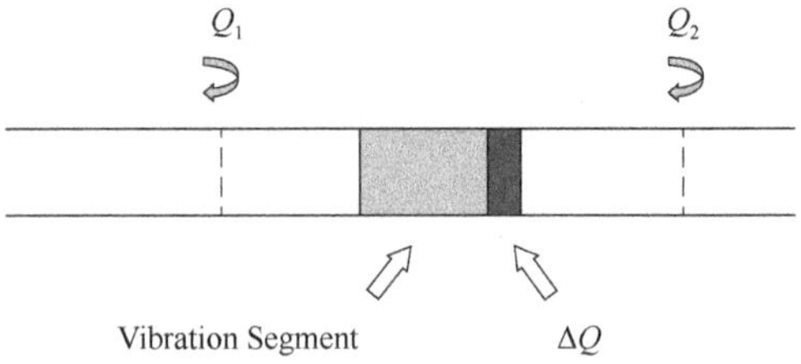

图 2　光纤轴向应变示意图

受外界振动影响，光纤某段的长度会发生改变，记其改变量为 ΔQ。在改变点之前位置如 $Z1$ 的瑞利后向散射光不会受到任何影响，但在改变点之后位置如 $Z2$ 的后向散射光会受到影响，其光场改变为：

$$\begin{aligned}E'_R(t)&=\int_{c(t-\Delta t)/2n}^{ct/2n} r(z)e^{-j[2\pi fn(z+\Delta z)/c]}dz\cdot E_0e^{j2\pi ft}\\&=e^{-j2\pi fn\Delta z/c}\cdot E_R(t)\end{aligned} \tag{4}$$

由于振动的影响，瑞利后向散射光的相位发生了变化。根据光纤的弹光效应，光纤受到的横向振动的幅值与光纤轴向应变的大小成正比。另一方面，在振动点处，由于光纤发生了轴向应变，不同散射点之间位置的相互关系会发生变化。由于不同散射点的散射光通过干涉的方式相互叠加，因此，散射点位置发生变化时，其干涉叠加的光强也会改变，改变幅度是随机的，与外界振动并没有直接的关联。因此，通过检测瑞利后向散射光相位或者强度的变化，可以直接获知外界振动事件的信息。

1.2　相干接收实现相位解调振动传感原理

基于相干接收装置的 Φ-OTDR 系统如图 3 所示。

激光器发出的高相干度激光的光场可表示为：

$$E_P(t)=E_0e^{j[2\pi ft+\theta(t)]} \tag{5}$$

其中，$\theta(t)$为激光器的相位噪声。该激光被分为两路，一路作为探测光注入到光纤中，另一路作为本振光以实现相干接收。我们使用一个声光调制器调制探测光，产生一系列中心频率被上移了 fb 的光脉冲。这些光脉冲被注入到光纤中后，产生的后向散射光可表示为：

$$E_R(t)=R(z)e^{j\theta_R(t)}\cdot E_0e^{j2\pi(f+f_b)t} \tag{6}$$

其中

$$R(z)e^{j\theta_R(t)}=\int_{c(t-\Delta t)/2n}^{ct/2n}r(z)e^{-j[2\pi fnz/c]}dz \tag{7}$$

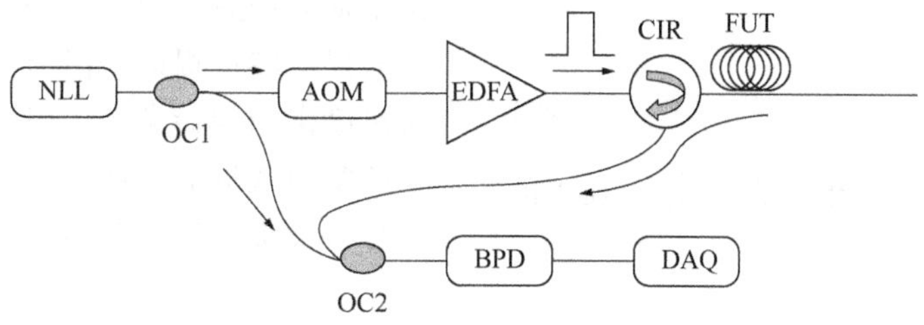

图 3 Φ-OTDR 系统原理图

NLL—超窄线宽激光器；AOM—声光调制器；CIR—环行器；
FUT—待测光纤；BPD—平衡光电探测器；DAQ—数据采集卡

瑞利后向散射光与本振光相互混频，经由平衡光电探测器接收。光电探测器输出信号可表示为：

$$I(t)\propto R(t)\cos[2\pi f_bt+\theta_R(t)-\theta(t)] \tag{8}$$

由于 fb 通常具有较高的频率与较窄的频宽，我们可以简单地利用希尔伯特变换解调相位信号：

$$\begin{cases}I(t)\propto R(t)\cos[2\pi f_bt+\theta_R(t)-\theta(t)]\\H[I(t)]\propto R(t)\sin[2\pi f_bt+\theta_R(t)-\theta(t)]\end{cases} \tag{9}$$

其中，H[·]表示希尔伯特变换。后向瑞利散射光的强度与相位即可通过反三角函数与希尔伯特变换求得：

$$\begin{cases}R(t)\propto\sqrt{I(t)^2+H[I(t)]^2}\\\varphi(t)=\arctan\left[\dfrac{H[I(t)]}{I(t)}\right]-2\pi f_bt=\theta_R(t)-\theta(t)\end{cases} \tag{10}$$

2 基于 CEEMDAN 信号降噪

分布式光纤传感系统在实际应用中采集的信号往往具有冲击性和突变性，信号在时域上的波形变化剧烈，信号中的频率成分复杂，呈现出非平稳性的特点。此方法采用 CEEMDAN 算法实现对分布式光纤信号的降噪优化。CEEMDAN 是对经验模态分解(EMD)算法进行改进。引入白噪声，在每次迭代中扩展信号空间增加信号的维度，从而减少 IMFs 之间的相互干扰，解决模态混叠问题；引入反向处理步骤，将分解得到的 IMFs 重新组合成原始信号，更准确地重建原始信号，提高分解结果的准确性。算法具体步骤如下：

（1）设原始信号为 $x(n)$，在原始信号中加入标准差为 ε 的高斯白噪声 $W(n)$，添加噪声后的信号为 $x_i(n)$：

$$x_i(n)=x(n)+\varepsilon_0W_i(n),\ i=1,2,3,\cdots,k \tag{11}$$

其中 k 为添加噪声的次数，在本文实现的算法中 k 取 20。

（2）分别对信号 $x_i(n)$进行 EMD 经验模态分解得到一阶模态分量 imf_1^i，然后对其求值得到一阶本征模态函数 IMF_1：

$$IMF_1=\frac{1}{k}\sum_{i=1}^{k}imf_1^i \tag{12}$$

然后计算一阶残余分量 $r_1(n)$：

$$r_1(n)=x(n)-IMF_1 \tag{13}$$

（3）对求得的一阶残余分量再次添加对应高斯白噪声 $r_1(n)+\varepsilon_2E_1W_i(n)$，重复步骤 2，然后求均值可得二阶本征模态函数：

$$IMF_2=\frac{1}{k}\sum_{i=1}^{k}E_1[r_1(n)+\varepsilon_1E_1W_i(n)] \tag{14}$$

其中 E_j 为进行 EMD 分解后的第 j 阶本征模态分量。

（4）设 $z=1, 2, 3, \cdots, Z$，则第 z 阶残余分量为：

$$r_k(n)=r_{k-1}(n)-IMF_k \tag{15}$$

第 z+1 阶模态函数：

$$IMF_{z+1}=\frac{1}{k}\sum_{i=1}^{k}E_1[r_z(n)+\varepsilon_zE_kW_i(n)] \tag{16}$$

（5）重复上述步骤四，直至残余分量 $r(n)$ 为单调函数，则算法停止分解。经过算法分解后，信号被分解为：

$$x(n) = \sum_{z=1}^{Z} IMF_Z + r(n) \tag{17}$$

利用皮尔逊(pearson)相关系数对信号的各个 IMF 分量与原始信号对比，选择保留 IMF 分量。

$$\rho = \frac{cov(X(n),\ IMF_i)}{\sigma_{X(n)} \cdot \sigma_{IMF_i}} \tag{18}$$

其中 σ 为方差，保留相关系数大于 0.3 的模态分量重构信号。

3 自适应尺度滑窗追踪算法(ASSW-tracking)

自适应尺度滑窗追踪(adaptive scale sliding window tracking，ASSW-tracking)算法主要由自适应尺度特征提取和滑窗追踪两部分组成。自适应尺度滑窗追踪算法如图 4 所示通过读取 DAS 系统实时数据流，通过动态滑窗以及清管器声音信号特征提取实现对清管器的实时在线追踪。

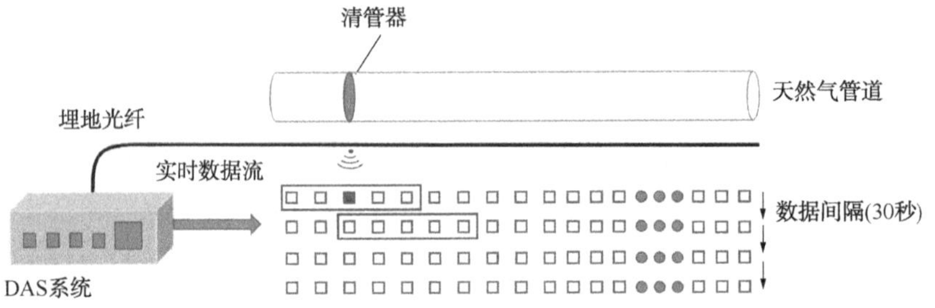

图 4　自适应尺度滑窗追踪算法示意图

窗口滑动步长为 30s；窗口分割间隔为 50 米(即单个防区跨度为 50 米)；单个窗口内的数据表示为 E_{ij}，i 表示窗口滑动的次数，j 为该窗口所在的防区号。

3.1 清管器滑窗追踪方法设计

从清管器起始位置沿清管器运行方向读取五个相邻防区 30s 的实时数据 $E_{signal1}=[E_{11}, E_{12}, E_{13}, E_{14}, E_{15}]$，对五个防区内的信号特征提取 $E_{feature}=[E'_{11}, E'_{12}, E'_{13}, E'_{14}, E'_{15}]$ 根据计算的特征值 MAX 确定清管器所在防区位置，以图 4 为例，当 $i=1$ 时，检测到清管器位于第三个防区，则 $i+1$ 时以第三个防区为基准继续读取五个相邻防区 30s 的实时数据 $E_{signal2}=[E_{23}, E_{24}, E_{25}, E_{26}, E_{27}]$，重复以上步骤，进行清管器位置判断，直至清管结束。

由于分布式光纤传感系统应用环境的复杂性，个别防区由于特殊环境(高速公路、工厂)会出现持续高噪声，故该算法结合清管器运行的动态特性，加强了对清管器特征抓取。即当我们的算法连续长时间(在该算法中设置为 120s)判断清管器未发生移动位于防区 X，且清管器信号特征依次出现在防区 $X+1$，$X+2$，$X+3$ 中，则判断清管器当前防区为 $X+3$，将 X 判定为高噪声防区略过。滑窗追踪设计流程图如图 5 所示。

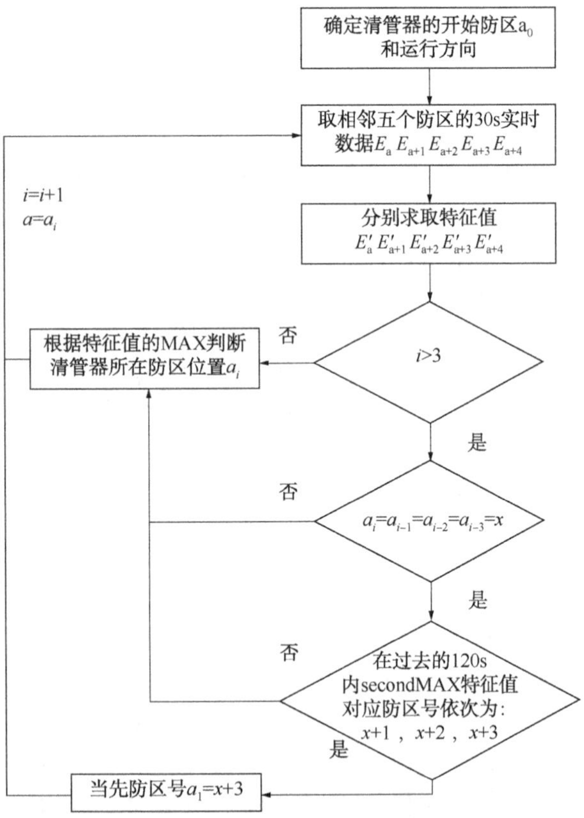

图 5　滑窗追踪设计流程图

3.2 自适应尺度特征提取

分布式光纤传感系统在光纤中末端时往往感知能力较弱、信噪比较差，我们直接对滑窗内的清管器的时频特征提取并不明显，自适应尺度特征提取对清管器信号进行降噪重构，对采样窗口长度进行自适应调整，降低底噪信号干扰。自适应尺度特征提取的具体步骤如图 6 所示：

步骤 1：对滑窗内的数据 E_{ij} 进行 CEEMDAN 分解，然后计算各个模态分量与原始信号的 pearson 相关系数，选取相关系数大于 0.3 的模态分量重构信号，得到信号 E'_{ij}。

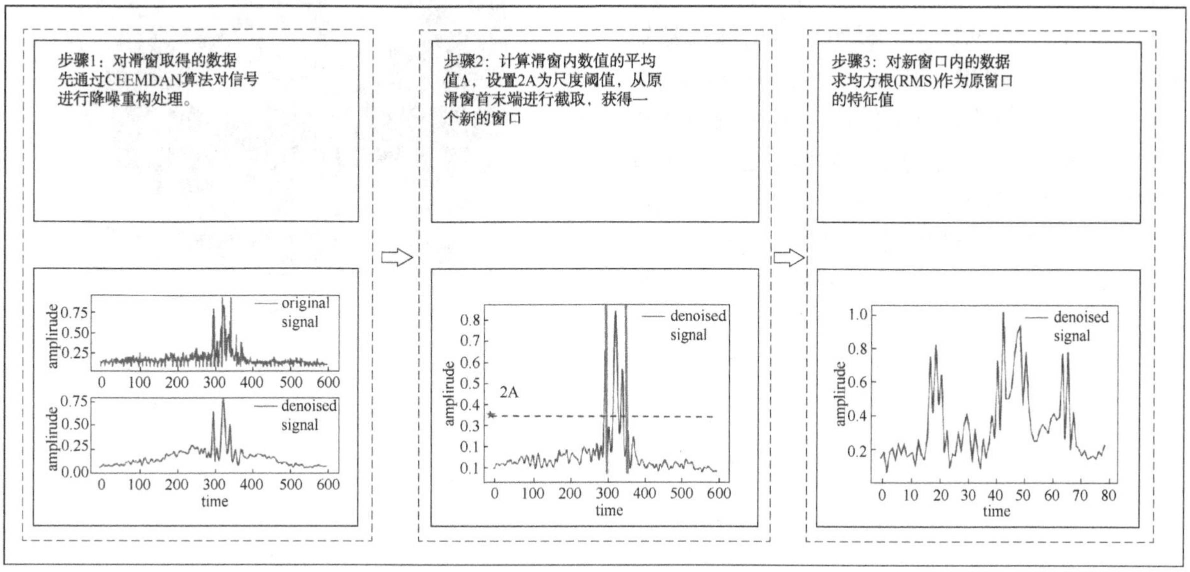

图 6　自适应尺度特征提取流程图

步骤 2：对重构后的信号 E'_{ij} 求取平均值 A，设置 2A 为尺度阈值。然后分别从 E'_{ij} 的首段和末端向中间检索第一个大于 2A 的数值，对 E'_{ij} 进行截取，获取数据中段强特征段信号 E''_{ij}。

步骤 3：对步骤 2 处理后的信号 E''_{ij} 计算均方根(RMS)作为原窗口内数据的特征值

$$RMS = \sqrt{\frac{\sum_{i=1}^{N} X_i^2}{N}} \tag{19}$$

该算法的核心是通过滑动窗口对信号进行局部分析，以捕捉目标位置的动态变化。通过自适应特征提取的方式进一步凸显出清管器摩擦管壁产生信号特征。同时分析了清管器运行过程中的动态特性，在清管器经过时，相邻防区之间信号时频特征的强度与顺序变化规律，可以准确地捕捉清管器位置，提高清管作业的效率和准确性。

4　实验分析

在国家管网浙江省网天然气管道金华站—履坦阀室段共 33.3km 共 667 个防区的天然气管段进行清管器追踪测试，实验滑窗的步长设置 30s 约 114 个数据点，窗口分割距离为 50m。实验采用磁力清管器进行清管测试，在测试管段按照一定间距离隔布置点式传感器检测清管器到达时间来验证本方法的准确性。搭建的清管器追踪系统如图 7 所示，通过自主搭建的 DAS 对目标管段的声波信号进行实时采集传输到 PC 机中，然后利用自适应尺度滑窗追踪算法对清管器位置实时追踪，联合 GIS 技术在网页端实现清管器位置在地图上的呈现。

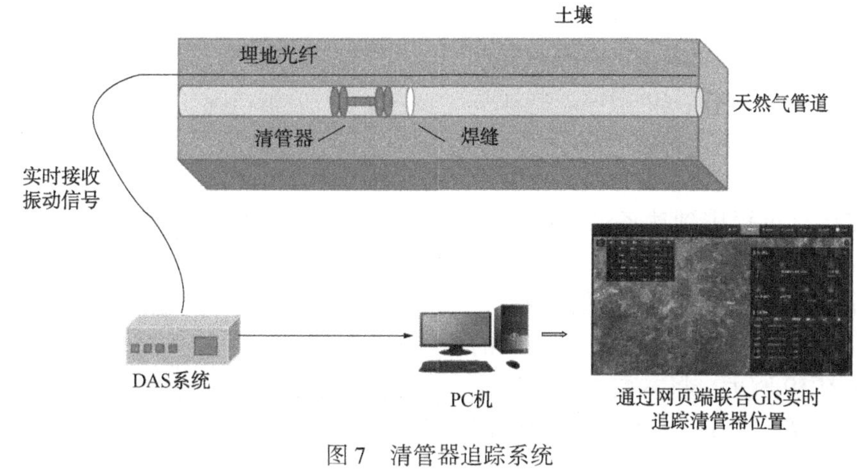

图 7　清管器追踪系统

4.1 DAS分布式光纤声波传感系统搭建

本文基于相干接收 Φ-OTDR 技术搭建了一套分布式光纤声波传感(DAS)硬件系统实物图与原理图如图8、图9所示。极窄线宽的激光器输出的具有大于10dBm功率、小于1kHz线宽、1550nm中心波长的连续光波由一个保偏3dB耦合器分为两路。一路作为本地振荡光送入偏振分集接收机以实现相干探测。另外一路送入声光调制器以实现脉冲调制与频率调制。声光调制器由一个信号发生器和一个功率放大器驱动。由信号发生器产生的具有一系列不同。

图8　DAS实物图

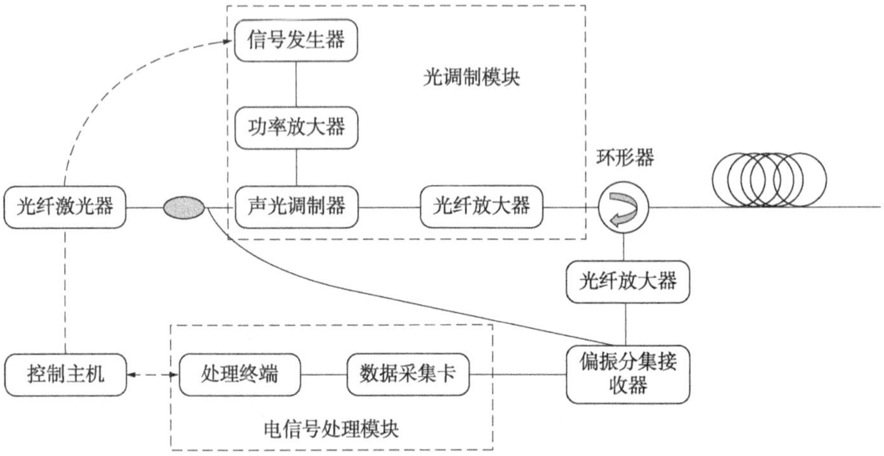

图9　DAS系统原理图

频率的射频脉冲被放大后输入至声光调制器，以产生一系列具有不同中心频率的光脉冲。这些光脉冲在时域上等间隔分布，经由光纤放大器放大至非线性阈值后送入待测光纤，光纤的瑞利后向散射光经由环行器使用光纤放大器补偿损耗后，输入至偏振分集接收机完成探测。电信号经由数据采集卡采集后，输入至处理模块，进行解调。

4.2 实验结果与评估

通过在待测天然气管道上方一定间隔布置点式传感器记录清管器到达该位置的时间，验证本文提出方法的有效性。如表1所示在金华站-履坦阀室天然气管段通过点式传感器以及人工辅助确定的清管器在运行过程中到达各个监听点的时间。

基于本文所提出的清管器追踪方法监测清管器实时位置的追踪结果与点式传感器定位得到的追踪结果对比如图10所示。将本文所提出算法每30s更新一次的实时位置进行连接得到(图10)中蓝色折线，即为清管器追踪结果。红色散点图为基于人工辅助的点式传感器定位结果。由图中结果可以看出，本文提出的方法不仅可以准确定位清管器的位置，与点式传感器验证结果一致，并且能够进行连续实时追踪，具有更细粒度的追踪能力和可视化效果。

表1　点式传感器确定的清管器实时位置

监听点	位置	管线里程/米	到达时间
1	金华站	0	2023/4/19 8：28
2	出站一公里	1650	2023/4/19 8：36
3	东孝阀室	8854	2023/4/19 9：23
4	动火1	10110	2023/4/19 9：27
5	动火2	12617	2023/4/19 9：39
6	澧浦阀室	16550	2023/4/19 9：52
7	履坦阀室	33352	2023/4/19 11：05

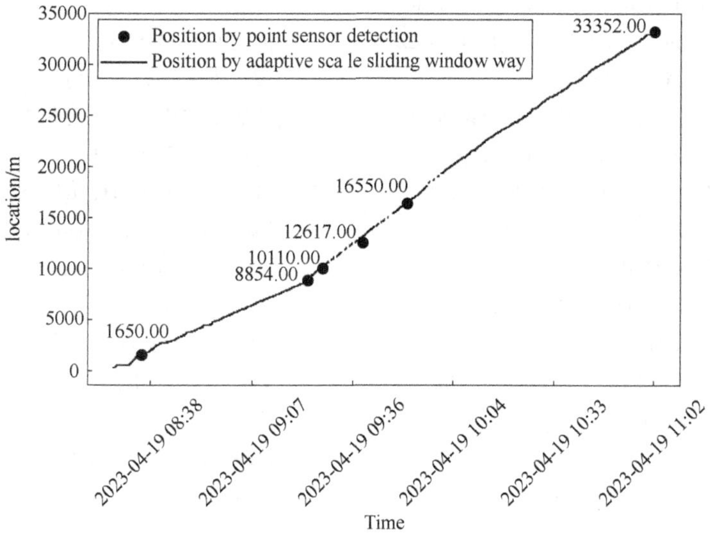

图 10 清管器追踪实验结果图

5 结论

本文提出了一种新的基于分布式光纤声波传感的天然气管道清管器实时追踪方法，即自适应尺度滑窗算法(ASSW-tracking)。通过该方法能够对清管器位置进行实时监测和追踪，算法通过CEEMDAN降噪以及自适应尺度的方法缩小窗口长度实现对清管器产生的声波信号进行降噪与局部特征增强。通过动态滑动窗口对信号进行局部分析捕捉清管器的位置变化信息，有效的实现了对清管器运行的全管线追踪。该方法在实验验证中证明了其有效性，可以实现对清管器的实时动态追踪，定位精度达到50米。

参 考 文 献

[1] C. ZHU, T. ZHANG, "A review on the realization methods of dynamic fault tree," Qual. Reliab. Eng. Int., vol. 38, 2022, doi: 10.1002/qre.3139.

[2] X. XIANG, J. SHEN, K. YANG, G. ZHANG, J. QIAN, AND C. ZHU, "Daily natural gas load forecasting based on sequence autocorrelation," in 37*th* *YAC*, Beijing, China, 2022, pp. 1452 - 1459, doi: 10.1109/YAC57282.2022.10023872.

[3] Y. YANG, Y. LI, H. ZHANG, "Pipeline Safety Early Warning Method for Distributed Signal using Bilinear CNN andLightGBM," in ICASSP 2021, Toronto, Canada, 2021.

[4] J. SHEN, K. YANG, C. ZHU et al, "Third-party construction intrusion detection of natural gas pipelines based on improved YOLOv5," in CAC2022, Xiamen, China, 2022, pp. 1844 - 1849, doi: 10.1109/CAC57257.2022.10054804.

[5] Y. YANG, H. ZHANG, Y. LI, "Pipeline Safety Early Warning by Multi-feature-fusion CNN and LightGBM Analysis of Signals from Distributed Optical Fiber Sensors," *IEEE T INSTRUM MEAS*, vol. 70, pp. 1 - 3, Sept. 2021, Art no. 2514213, doi: 10.1109/TIM.2021.3092518.

[6] 蔡永军，杨士梅，李妍，等．基于光纤传感的管道线路复杂状态监测技术[J]．油气储运，2020，39(04)：

[7] C. ZHU, S. TANG, Z. LI, X. FANG, "Dynamic study of critical factors of explosion accident in laboratory based on FTA," *Safety Sci.*, vol. 130, 2020.

[8] 王雪莉，党瑞，周琰，等．基于压力波的清管器在线定位算法[J]．油气储运，2017，36(03)：290-296.

[9] 曹让富．基于压力波与GPS长输管线内检测器实时定位模型[D]．西南石油大学，2015.

[10] C. ZHU, K. YANG, Q. YANG, ET AL. "A comprehensive bibliometric analysis of signal processing and pattern recognition based on distributed optical fiber," Measurement, vol. 206, 2022, Art. no. 112340, doi: 10.1016/j.measurement.2022.112340.

[11] J. TEJEDOR ET AL., "Real Field Deployment ofaSmart Fiber-Optic Surveillance System for Pipeline Integrity Threat Detection: Architectural Issues and Blind Field Test Results," Journal of Lightwave Technology, vol. 36, no. 4, pp. 1052-1062, 2018, doi: 10.1109/jlt.2017.2780126.

[12] J. TEJEDOR, J. MACIAS-GUARASA, H. F. MARTINS, S. MARTIN-LOPEZ, AND M. GONZALEZ-HERRAEZ, "A Contextual GMM - HMM Smart Fiber Optic

Surveillance System for Pipeline Integrity Threat Detection," J. Lightwave Technol., vol. 37, pp. 4514-4522, 2019, doi: 10.1109/jlt.2019.2908816.

[13] 田野. 基于次声波的清管器在线跟踪定位系统[J]. 油气田地面工程, 2018, 37(05): 70-73.

[14] H. MENG, S. WANG, C. GAO, AND F. LIU, "Research on Recognition Method of Railway Perimeter Intrusions Based on Φ-OTDR Optical Fiber Sensing Technology," IEEE SENS J, vol. 21, no. 8, pp. 9852-9859, Apr. 2021.

[15] Y. YANG, H. ZHANG, Y. LI, "Long-Distance Pipeline Safety Early Warning: A Distributed Optical Fiber Sensing Semi-Supervised Learning Method," IEEE SENS J, vol. 21, no. 17, pp. 19453-19461, Sept. 2021, doi: 10.1109/JSEN.2021.3087537.

[16] H. WU, J. WANG, X. WU, AND Y. WU, "Real Intrusion Detection for Distributed Fiber Fence in Practical Strong Fluctuated Noisy Backgrounds," Sens. Lett., Article; Proceedings Paper vol. 10, no. 7, pp. 1559-1563, Jul 2012, doi: 10.1166/sl.2012.2485.

[17] Y. YANG, Y. LI, T. ZHANG, Y. ZHOU, AND H. ZHANG, "Early Safety Warnings for Long-Distance Pipelines: A Distributed Optical Fiber Sensor Machine Learning Approach," in 35th AAAI, 2021, pp. 14991-14999.

[18] 田孝忠, 孙巍, 王海明, 等. 基于分布式光纤振动传感的清管器跟踪定位方法[J]. 油气储运, 2017, 36(03): 310-313.

[19] SHA Z, FENG H, RUI X, ET AL. PIG tracking utilizing fiber-optic distributed vibration sensor andyolo [J]. Journal of Lightwave Technology, 2021, 39(13): 4535-4541.

[20] 赵亚丽, 沙洲, 路泽永, 等. 基于 φ-OTDR 和 YOLO 实现 PIG 跟踪策略的研究[J]. 光电子·激光, 2022, 33(07): 739-745. DOI: 10.16136/j.joel.2022.07.0020.

[21] PATRICIO R A C, BAPTISTA R M, DE FREITAS RACHID F B, et al. Numerical simulation of PIG motion in gas and liquid pipelines using the Flux-Corrected Transport method[J]. Journal of Petroleum Science and Engineering, 2020, 189: 106970.

[22] 娄华生, 行鸿彦, 李瑾, 等. 基于改进 CEEMDAN 和小波阈值的雨声信号去噪算法研究[J]. 电子测量技术, 2023, 46(07): 103-109.

[23] 黄刚, 潘李克, 何成章, 等. 基于 S-G 和 CEEMDAN 技术的光纤光栅传感信号降噪方法研究[J/OL]. 电测与仪表: 1-8[2023-10-08].

基于天然气管网流量流向分析模型的数据治理研究

郭 旭[1] 赵仕浩[1] 王彦新[1] 孟 飞[2]

[1. 国家管网集团工程技术创新有限公司；2. 杉数科技(北京)有限公司]

摘 要 随着信息化技术的不断发展以及全国一张网时代的到来，智能化、数字化正逐渐成为引领管网发展的核心动力。在此背景下，数据作为管网信息化的基石，更是推动其数字化转型的先决条件和核心要素，确保数据的准确性、完整性和权威性显得尤为重要。数据治理以提高数据质量、实现数据共享、发挥数据价值为主要目标，通过对数据的有效管理和控制，形成科学高效的数据治理流程及治理方法。本文以天然气管网流量流向分析模型中的数据治理为研究对象，在目前数据治理现状及已有数据处理方法的基础上，通过制定元数据、主数据标准确保数据的唯一性、准确性、可管理性，从而更高效的辅助分析和决策；而数据清洗原则的制定可以明确数据清洗的流程和方法，通过数据纠错、去重、补全等手段，进一步提升数据质量。基于上述工作，构建了适用于管网流量流向分析的数据治理体系，形成了包含供需、站场、管段等十余个实体集的模型数据 ER 图，完成包含 408 条供需数据、1053 条站场数据、1265 条管段数据的骨干管网数据治理工作，从而为天然气管网流量流向分析模型提供数据支撑。同时以该数据治理体系为基础，搭建了流量流向分析模型数据库，完成了骨干管网数据的集成，相关数据成果已应用于全国及区域天然气管网的流量流向分析中，并取得初步成效。

关键词 数字化转型；流量流向分析；数据治理体系；数据管理平台

近年来我国天然气行业飞速发展，管道建设里程不断增加，同时各管道建设主体各异、管道之间的联通关系十分复杂，作为记载管道基础设施信息的载体，管道数据的量级也随之呈指数增加。数据规模扩大的同时，也出现了数据差异化、数据缺失等数据质量问题，从而导致管网数据管理和数据应用困难，大大限制了其使用价值和使用效率。为此，需要针对天然气管网的基础数据开展治理工作，形成标准化、智能化的数据治理体系。

流量流向分析作为天然气管网前期工作中承上启下的重要环节，主要是在已建及规划管网模型的基础上，结合供需及基础设施等数据，输出满足水力平衡方程的流量流向分配方案，进而识别管网瓶颈，优化管网布局。但目前流量流向分析主要依靠人工经验判断，往往需要投入大量的人力和时间且不能保证分析方案最优性，而随着管网数据量级的飞速增加，已远非人力所能及，因此亟需构建天然气管网流量流向分析模型，支撑业务决策、助力天然气一张网的建设。

数据在模型开发过程中具有至关重要的作用，它不仅是模型构建的基础，而且直接影响模型稳定性、准确性及适用性。数据对模型开发的影响主要体现在模型训练优化、特征提取、评估验证、推广应用等方面，可以说数据的质量直接决定了模型最终的性能。本文以流量流向分析模型开发过程中的数据需求为导向，开展模型数据治理研究，分析当前存在的数据问题，结合目前大数据治理趋势，提出新的数据治理思路及流程，并以实例应用作为验证，形成了适用于天然气管网流量流向分析模型的数据治理体系。

1 天然气管网流量流向分析数据治理现状

1.1 流量流向分析模型数据需求

根据前期业务需求调研，流量流向分析模型主要包含七大业务情景，分别为基础流量流向分析、管网瓶颈分析、去瓶颈分析、建设方案分析、建设时序分析、N-1 供气分析、气源价格平衡分析情景。其中，基础流量流向分析作为最底层的分析情景，支撑其余六大业务情景的建立，基础流量流向分析中涉及到的数据主要包括供需数据及基础设施数据，供需数据又包含上下载、气源及用户等信息，基础设施数据包含站场、管段、压缩机等信息。在此基础上，为开展建设方案分析、建设时序分析、气源价格平衡分析又引入了建设成本及运行成本等经济参数，综上所述，流量流向分析模型所需数据主要分为三大类，供需数据、基础设施数据及经济评价参数，如图1所示。

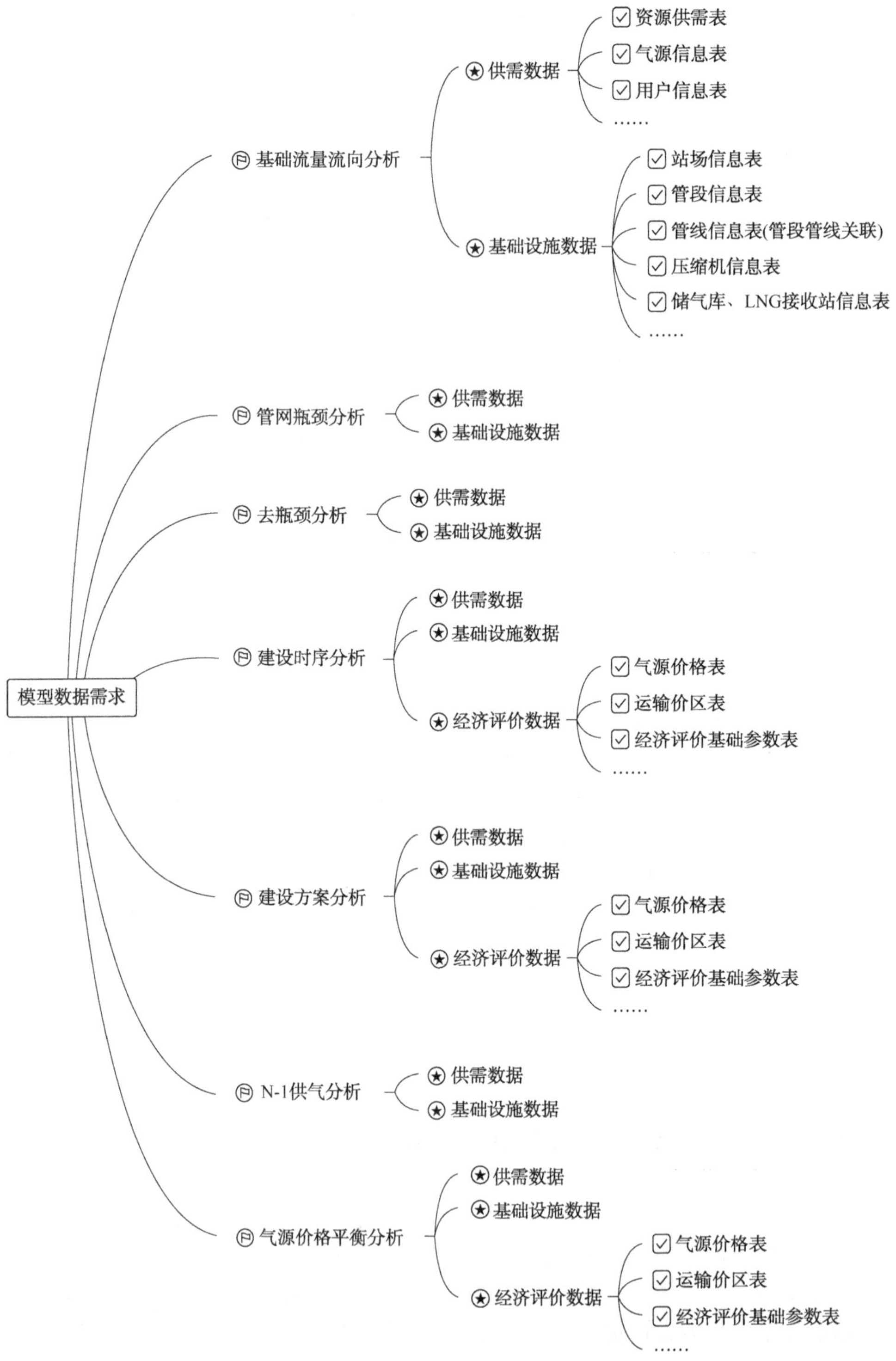

图1　流量流向分析模型数据需求

1.2　流量流向分析数据问题分析

根据早期发布的《中国天然气发展报告(2023)》显示，2022年全国天然气长输管道总里程约12万公里，预计到2035年我国将新增天然气管道建设里程约7万公里。且各管道建设主体不同、管道规格各异，导致管网数据规模庞大、关系复杂，从而使得管网流量流向分析较为困难，因此，针对管网流量流向分析中出现的数据问题进行梳理，主要包括：

（1）数据统一性不足：管网数据量大、数据维度广、数据复杂性高、数据来源各异，目前暂未形成公认的数据标准及统一、权威、完整的管网数据，从而影响流量流向分析结果的准确性；

（2）数据共享性不足：各项目、各主体之间联系不足，存在数据孤岛、业务割据等问题，使得流量流向分析过程中前期数据收集、准备的难度及工作量较大；

（3）数据全局性不足：管道早期建设过程中，为满足特定的业务需求，分析范围局限于点到点，而忽略了全局的设计，导致同一区域在不同项目中流量流向分析的结果不同，甚至出现重复建设等问题；

（4）数据智能性不足：目前流量流向分析过程中的数据收集、数据分析、数据治理、数据更新依旧是以表格为载体、手动填充为主要方法，数据使用效率及智能化程度较低，针对大规模数据处理往往需要耗费较多人力及精力，且无法保证效率及准确度；

（5）数据方法性不足：目前天然气管道规划及前期项目中尚未形成统一、标准的流量流向分析数据治理方法，但在项目推进过程中，根据实际需求及人工经验，通常分为数据收集、数据清洗及数据应用等几个环节进行。这种数据治理方法具有较强的针对性，只适用于特定项目或特定区域，且不同项目治理完成后的数据标准不一、规格各异，仍需进行二次处理才能供模型使用。

针对上述问题，亟需构建管网流量流向分析数据治理体系，制定流量流向分析数据标准、提升数据管理能力，通过数据清洗，补全缺失数据、去除重复数据、增加需求数据，同时通过数据标记及数据专题化等途径，提高管网数据在流量流向分析中使用的便捷性、高效性。此外，数据治理体系的构建能为流量流向分析模型提供系统性、规范性的数据处理流程及处理方法，从而提高模型数据质量及数据治理效率，进而提升数据价值，推动管网数字化转型。

2　天然气管网流量流向分析模型数据治理体系的构建

2.1　数据治理体系

从治理流程分析，天然气管网流量流向分析数据治理体系主要包括数据标准、数据清洗、数据标记、数据集成、数据应用环节。而从底层构成来看，数据治理又包含数据元、元数据、主数据等。其中，数据元是数据治理的基础，通过定义、标识、表示以及允许值等一系列属性描述的数据单元；元数据为描述数据的数据，主要是描述数据属性的信息，具备描述、定位、搜寻、评估及选择作用；主数据管理则是数据治理的关键环节，通过确保主数据的准确性、一致性和完整性，可以支持业务决策和运营活动，主数据通常是由多个数据元组成的复杂数据结构。数据元、元数据、主数据等组成及数据标准、数据清洗、数据标记等环节密不可分，共同构成了数据治理的完整框架。

2.2　数据标准

数据治理的对象为不同主体、不同系统的海量数据，这些数据由于来源不同，往往存在数据类型、数据格式等差异，因此需要建立统一的数据标准，使得差异化数据标准化。

2.2.1　元数据标准

元数据标准的主要目的是确保不同数据元素的定义和描述方式保持一致，避免歧义和混淆。同时，元数据标准也应该包含完整的数据描述信息，包括数据的定义、结构、属性、关系等。此外，为了满足不同领域和应用的需求，元数据标准应该具备可扩展性。以站场元数据为例，如表1所示。

表1　站场元数据表

字段名称	数据类型	约束性	值域	计量单位	…
序号	varchar(36)	非必填	>0	/	
站场编号	varchar(36)	必填	自由文本	/	
站场名称	varchar(255)	必填	自由文本	/	
所属省份	varchar(255)	非必填	自由文本	/	

续表

字段名称	数据类型	约束性	值域	计量单位	…
站场类型	varchar(255)	必填	压气站，联络站，普通站，…	/	
站场状态	int(2)	必填	[0，1]	/	
建设状态	int(2)	必填	[0，1，2，…]	/	
省界	int(2)	非必填	[0，1]	/	
高程	decimal(12，6)	必填	/	m	
经度	decimal(12，6)	必填	/	°	
纬度	decimal(12，6)	必填	/	°	
压缩机状态	int(2)	必填	[0，1]	/	
压缩机功率上限	decimal(12，6)	非必填	>0	MW	
压缩机效率	decimal(12，6)	非必填	[0，100]	%	
气体绝热指数	decimal(12，6)	非必填	/	/	
气体温度	decimal(12，6)	非必填	/	K	
管输价格	decimal(12，3)	非必填	>0	¥/m^3	
电/气单价	decimal(12，6)	非必填	>0	¥/kW·h	
压力上限	decimal(12，6)	非必填	≥0	MPa	
压力下限	decimal(12，6)	非必填	≥0	MPa	
投产时间	datetime	非必填	YYYY	/	
版本号	varchar(100)	非必填	/	/	
压比上限	decimal(12，6)	非必填	/	/	
压比下限	decimal(12，6)	非必填	/	/	
压缩机型号	varchar(255)	非必填	自由文本	/	
上载量上限	decimal(40，30)	非必填	≥0	$10^4m^3/d$	
上载量下限	decimal(40，30)	非必填	≥0	$10^4m^3/d$	
下载量上限	decimal(40，30)	非必填	≥0	$10^4m^3/d$	
下载量下限	decimal(40，30)	非必填	≥0	$10^4m^3/d$	
所属主体	varchar(255)	非必填	自由文本	/	

2.2.2　主数据标准

主数据标准是指定义和管理主数据的规则和准则，以确保主数据在整个企业内的准确性、一致性、完整性和可用性。主数据标准为主数据提供了统一的定义和分类方法，使得不同部门和系统之间的主数据可以相互交换和共享。其次，在数据清洗和整合过程中，也需要依据数据标准对数据进行校验和转换，以确保主数据的准确性和一致性。流量流向分析中的主数据管理以站场和管段为核心，针对其中相关数据进行提取分析，如图2所示。

2.3　数据清洗

管网流量流向分析环节中需要提前进行数据收集工作，但由于数据量较大、数据来源较多，不可避免会出现数据缺失、数据错误以及数据重复等问题。因此，针对上述问题，制定流量流向分析数据清洗原则，以指导后续数据清洗工作。数据清洗原则应尽量以智能化的自动填充、编辑为主，从而减少人工投入。

2.3.1　属性错误清洗原则

属性错误清洗一方面是清洗数据中不遵循上述数据标准的数据，并将该部分数据标准化，比如已标准化的元数据，出现数据长度超出、数据类型错误、值域超出等问题，应按照已制定的数据标准进行自动修改；另一方面是清洗数据中异常值，若数据实体虽然遵循数据标准，但与实际情况有较大偏差，则可通过限制值域范围或通过人为判断进行修改，若不同来源相同数据偏差过大，可参考关联数据或通过人为判断进行修改。

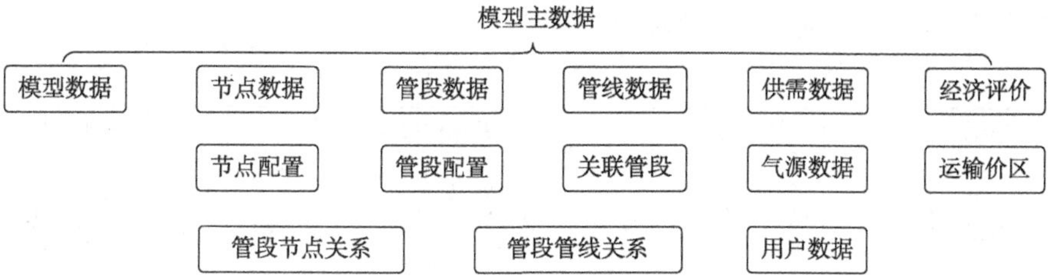

图 2　流量流向分析主数据

2.3.2　缺失数据清洗原则

针对清洗过程中出现的缺失数据(空值)，同样先判断是否为数据标准中规定的必填项，若为非必填项且不影响流量流向分析计算，则可暂时跳过该属性值，后续有对应数据源时再进行填充。若为必填数据，可通过以下几种方式进行补充：

(1) 常量填充，用统一的常量(如 0 等)补全缺失值，但该方法适用性较低；

(2) 统计量填充，用相同字段下的均值、中值或众数补全缺失值，该方法只适用于数据变化小的属性字段，比如设计流向等；

(3) 人工填写，通过人工经验判断或针对性的查找补充缺失值，但这种方法需要较大的人力和时间，且不适用于大规模的数据缺失情景。

除上述几种方法外，还可通过扩大数据源、数值预测等进行缺失数据填充。

2.3.3　重复数据清洗原则

重复数据可以通过排序或模糊搜索的方式快速识别，重复数据一般分为两类，即完全重复和部分重复数据。针对完全重复数据仅保留一条，其余应删除。针对不完全重复数据，若唯一标识字段(如编码、名称)相同，数值属性字段(长度、压力等)不同，则根据数据标准及实际情况判断；若唯一标识字段不同，则判断是否为不同表述形式，如西一线及西气东输一线实际为同一管道，否则作为不同数据分别进行保留。

2.4　数据标记

流量流向分析相关数据完成数据清洗后，可按照已有数据字段或新增数据字段进行数据标记，如所属省份(区域)、管道层级、建设状态等标记，完成数据标记后可以根据同一标记值形成时间、空间等数据专题，如不同层级管网专题数据可用于主干层、干线层、支线层及其组合层级的流量流向分析，不同区域管网专题数据可用于八大区域、各省或任意组合区域的流量流向分析，不同规划专题数据可用于五年规划、中期规划、长期规划的流量流向分析，如图 3 所示。

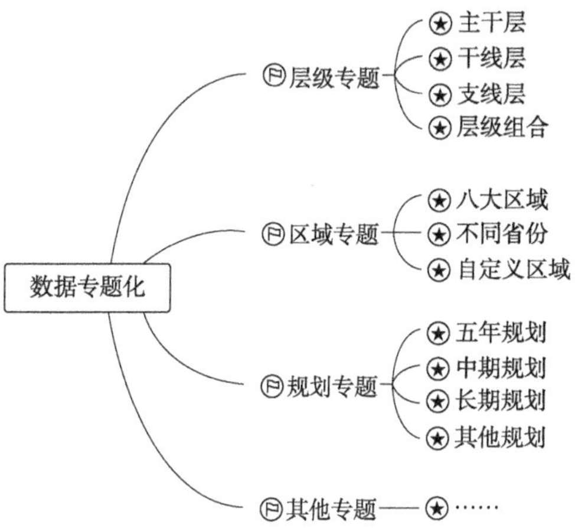

图 3　数据专题化

3　天然气管网流量流向分析模型数据治理成果

3.1　数据集成成果

基于全国天然气管网流量流向分析模型的数据需求，构建了包含数据标准、数据清洗、数据标记、数据应用环节的数据治理体系，如图 4 所示。

基于上述数据治理体系，依托全国天然气管网决策支持平台，构建流量流向分析模型数据库。模型数据主要分为供需数据及基础设施数据，基础设施数据又分为站场、管段数据。借助该模型可实现数据的导入导出、批量编辑、排序筛选、供需平衡校验等功能，具体如图5、图6所示。

3.2 数据治理成果

截止目前已完成全国天然气骨干管网供需及基础设施数据的初步治理，并将治理后的全部数据录入全国天然气管网流量流向分析模型，共包含供需数据408条、站场数据1053条、管段数据1274条，已形成主干+干线层级专题库、八大区域专题库等。模型数据应用于全国流量流向分析及东北区域流量流向分析，输出结果基本满足实际需求，如图7所示。

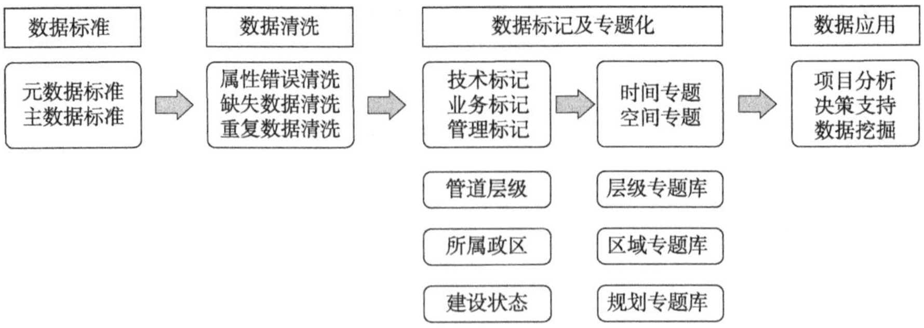

图4　数据治理体系

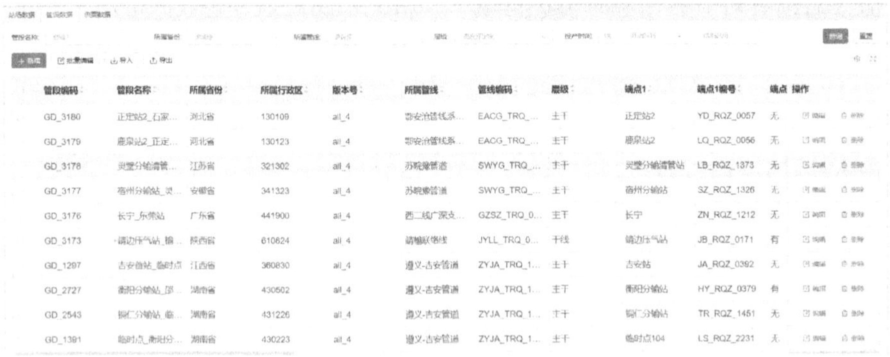

图5　流量流向分析模型数据管理界面

图6　流量流向分析模型数据编辑功能

4 结语

在智慧管网及大数据技术的趋势下，数据治理体系及数据管理平台的构建无疑是未来发展的主要趋势。本文以支撑管网数字化转型为目标，以天然气管网流量流向分析模型数据需求为导向，开展了模型数据治理研究，形成了包含数据标准、数据清洗及数据标记的数据治理体系，在此基础上完成骨干管网的数据治理，并搭建流量流向分析模型数据管理平台。相较于传统方法，流量流向分析模型数据治理体系及数据管理平台的搭建具有更好的统一性、标准性、权威性、扩展性，同时大大减少了数据治理中人力的投入。

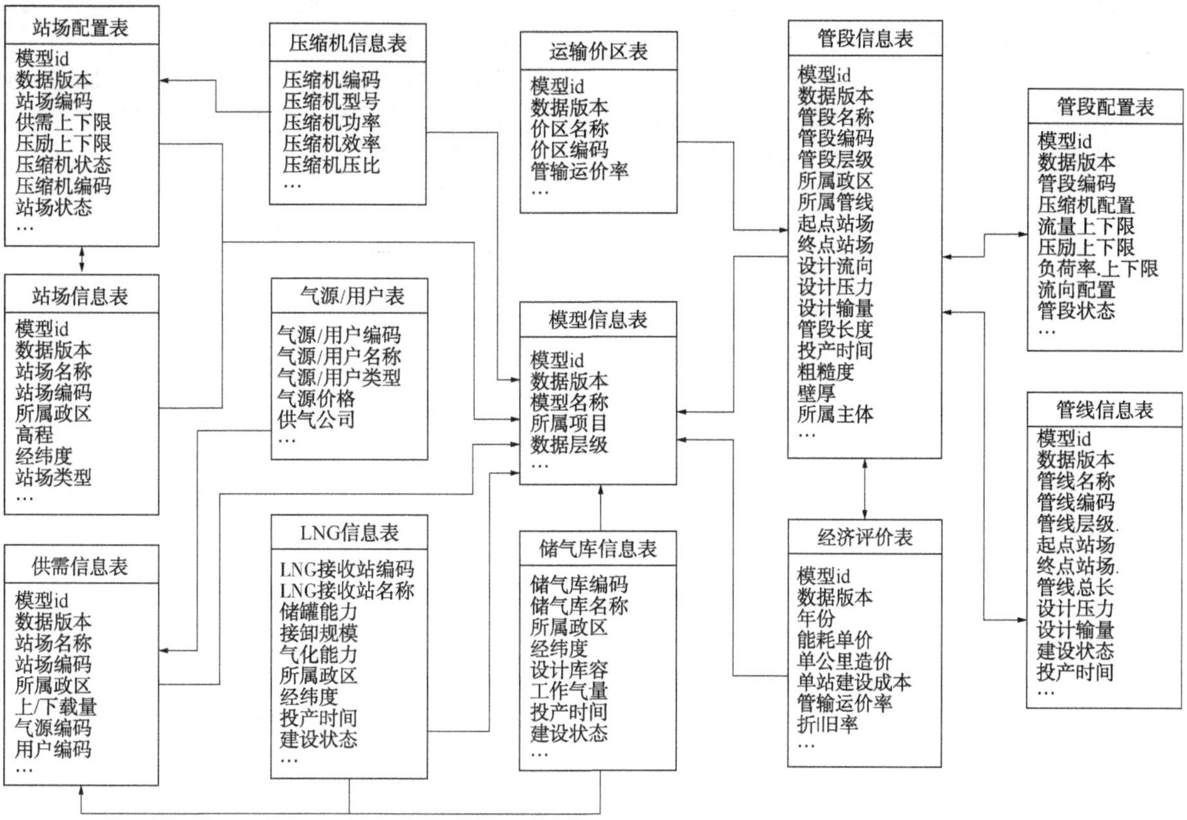

图 7　流量流向分析模型数据 ER 图

未来数据治理的方向应主要为人工经验向数据模型及结构化数据的转化，以及数据工程应用情景向数学模型的转化，同时还需要进一步集成数据管理平台，打通各数据系统间的壁垒，扩大数据来源，增强数据治理体系的适用性，从而提升数据管理能力、消除数据孤岛、挖掘数据潜力，充分发挥管网数据潜力，助力管网数字化转型。

参 考 文 献

[1] 苏怀，张劲军．天然气管网大数据分析方法及发展建议[J]．油气储运，2020，39(10)：1081-1095.

[2] 王兴军，王瑞林．探讨天然气管网大数据分析方法及发展建议[J]．石油化工建设，2022，44(1)：3.

[3] 陈志华．中国天然气管网流量配置与优化研究[D]．中国地质大学(北京)，2020.

[4] 吴信东，董丙冰，堵新政，等．数据治理技术[J]．软件学报，2019，30(09)：2830-2856.

[5] 杨玉春．构建数据治理体系建设助力国有企业数字化转型[J]．数字经济，2023，(07)：62-65.

[6] 黄建伟，陈玲玲．国内数字治理研究进展与未来展望[J]．理论与改革，2019，(01)：86-95.

[7] 叶恒，高振宇，张轶，等．复杂网络理论的应用进展及对天然气管网的启示[J]．油气储运，2022，41(05)：515-524.

[8] 唐善华，杨金辉，徐春野，等．工业数据驱动技术在大型复杂天然气管网运行中的应用[J]．天然气工业，2021，41(09)：135-141.

[9] 杨琳，万骏，邱庆媛．智能油田的数据治理工程及应用技术研究[J]．信息系统工程，2022(05)：149-152.

[10] 王颖，顾娟，杨勇．大型油田数据治理工程实践[J]．中国管理信息化，2023，26(03)：162-167.

[11] 岳铭亮，王天宇，杨旭东，等．智能管道与智慧管网建设分析[J]．中国科技信息，2020，(11)：72-75.

[12] 赵舒阳．石化企业数据治理体系的研究[J]．广州化工，2022，50(03)：200-201+211.

[13] 李珏，陈雅莉，邹冰玉．面向水文数字化转型的数据治理研究[J/OL]．水文，2023：1-14.

[14] 朱红卫，陈国明．管道信息化过程中的数据标准化

研究[J]. 石油工业技术监督，2009，25(02)：5-8.
[15] 铁路基础设施元数据标准(1.0版)[J]. 铁路技术创新，2020(03)：9-17.
[16] 严红，穆志勇，李明哲，等. 元数据标准化发展研究[J]. 信息技术与标准化，2023(09)：25-29+53.
[17] 蒋岳，王冰怀，张建东，等. 数据标准及管控体系建设研究[J]. 石油工程建设，2018，44(S1)：168-172.
[18] 李赍，王闯胜. 能源大数据挖掘过程中数据清洗的作用与方法[J]. 今日制造与升级，2022(03)：39-42.
[19] 杜亦航. 大数据中的数据清洗技术分析[J]. 电子技术，2023，52(12)：44-45.
[20] 郭磊，许芳霞，周利剑，等. 管道完整性系统数据集成与应用[J]. 油气储运，2014，33(06)：593-598.

天然气管网流量流向分析业务流程数字化探索

于润泽[1]　赵仕浩[1]　郭　旭[1]　周美领[1]　杨志军[2]

[1. 国家管网集团工程技术创新有限公司；2. 杉数科技(北京)有限公司]

摘　要　随着天然气管网拓扑结构日益复杂，从对管道的分析逐步转变为对管网的分析，人工手动开展天然气管网流量流向分析的缺点也逐渐显现，耗时耗力效率低下且精确度不足，在进行多个场景、多套数据分析时，极易因为庞大的数据量导致手动分析出现纰漏，同时难以回溯问题症结所在之处，很容易对项目工期与进度造成严重影响。现将一线业务人员开展天然气管网流量流向分析工作时的实际操作进行梳理、优化和固化，并将水力计算自动求解模块与数学优化分析模块内嵌其中，拉通资源供应、市场需求、油气基础设施、气源信息、经济评价指标等关键数据，构建为基础流量流向分析、瓶颈分析、去瓶颈分析、建设方案分析、建设时序分析、N-1情景分析、气源价格平衡分析等7大业务流程，共涉及117项详细活动，可充分满足流量流向分析业务的要求。流程中还对关键流程节点进行业务人员的岗位角色匹配，为不同数据的流转设置对应的负责人，将单人作业转变为多人协同作业，对关键数据在流程中的运转作解耦处理，助力流程运转结果更加稳定和精准。目前已初步完成天然气管网流量流向分析业务流程的数字化探索，可将研究成果推广应用在一线工作中，辅助业务人员更好的开展流量流向分析工作，提升工作效率与成果质量，推动工作模式由人工向自动化、智能化方向的转变，为天然气“全国一张网”的建设提供了数字化技术支撑。

关键词　天然气管网；流量流向分析；流程数字化；业务转型

2019年国家管网集团在京挂牌成立，随着上游和下游的第三方用户逐渐增加，天然气管网的建设逐步推进，对于天然气管道的流量流向分析业务逐渐由“点对点”向“多对多”变化。然而，当前天然气管网流量流向分析业务多基于人工计算，常采用Excel表格的方式，随着天然气管网规划项目的增多，该方式的弊端也逐渐显现出来。区域天然气管网的拓扑结构通常比较复杂，采用人工Excel进行流量流向分析时耗时多、效率低。在前期规划阶段，需要进行多场景分析，形成多套方案，当基础设施数据发生变动时，需要对数据重新进行平衡调整，重复工作量极大。

流量流向分析业务是开展天然气管网前期规划的基础，进行流量流向分析业务流程数字化探索，旨在高效开展相关分析工作，助力天然气管网规划业务向智能化、自动化方向转型，加快天然气“全国一张网”的建设。

1　流量流向分析业务流程实现基础

将传统流量流向分析方法的各个操作步骤梳理总结，形成标准化业务操作流程，同时引入传统方法无法执行的操作步骤，对流量流向分析业务流程进行优化和固化。

1.1　数据读取与调用

业务流程的流程更多是数据的流转，在流量流向分析业务流程方面更是如此。为使得流量流向分析业务流程合理运转，首先要保证基础数据的读取与调用，主要包括资源供应、市场需求、油气基础设施、气源信息、经济评价指标等关键数据，需根据流量流向分析平台构建对应数据库，满足业务流程运转的基本要求。

1.2　水力计算公式IT化

传统流量流向分析方法是以天然气管网拓扑结构为基础，基本不在分析的同时进行水力计算，可能出现区域管网流量流向平衡，但仿真模拟无法验证通过的情况。针对分析过程中可能出现不符合天然气流动规律的情况，引入水力计算模块，将流体力学的连续性、动量、能量三大方程作为流量流向分析业务流程中的约束限制条件，自动对水力公式进行求解，降低分析结果与仿真模拟的误差，更加符合天然气在管道中的真实流动规律。

1.3　调用高性能求解器

优化后的流量流向分析业务流程除了提升了

效率，还增加了数学优化和水力计算验证部分，无法通过普通的数字化手段实现，因此在将业务问题转化为数学模型后，需调用高性能求解器进行计算，提升求解效率。为充分支撑业务分析流程的数字化转型，需要调用包括高性能求解器在内的硬件资源。

2　业务流程数字化探索方案

以运筹学思想为指导，构建数学模型，结合计算机技术，对原始业务流程进行数字化方面的优化，提升效率、提高精度、降低成本，形成了新的优化业务流程，囊括了流量流向分析的所有子流程，共包括基础流量流向分析、瓶颈分析、去瓶颈分析、建设方案分析、建设时序分析、N-1 情景分析、气源价格平衡分析等 7 大子业务流程，如图 1 所示。

2.1　基础流量流向分析业务流程

基础流量流向分析是天然气管网流量流向分析的最核心要求和功能，这是进行天然气管网规划布局的先决条件，是开展前期项目工作的基础要求。优化变革传统流量流向分析业务流程，并将优化后的业务流程进行 IT 固化，结合计算机技术，可使天然气管网流量流向分析业务更加合理、高效。

基础流量流向分析业务流程由业务总负责人发起，资源市场、基础设施与流量流向分析负责人参与到流程中。此业务流程中主要包括资源市场数据与供需平衡数据调用、构建数学分析模型、构建水力计算方程、调用求解器迭代求解，最终在可行域内获得最优解，如图 2 所示。

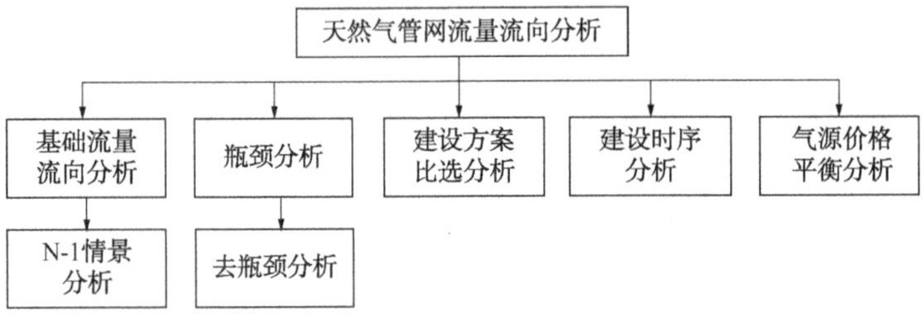

图 1　流量流向分析总体业务流程示意图

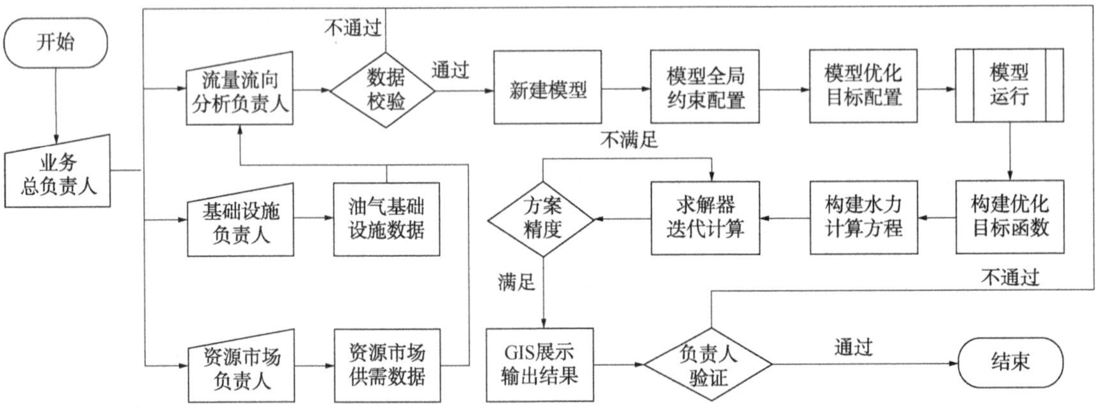

图 2　基础流量流向分析业务流程示意图

2.2　瓶颈分析业务流程

天然气管网瓶颈分析的结果，是目前进行全国或者区域天然气管网流量流向分析的重要成果之一。在实际业务中，完成基础天然气管网流量流向分析流程后，根据各条管道负荷率情况，即可进行管网的瓶颈识别。在业务开展过程中，需要手动计算区域内所有管道的负荷率情况，计算结果无法实时在管网拓扑图上展示。

在业务流程上，与基础流量流向分析业务流程基本一致，主要差异在于最终的结果呈现方式。瓶颈分析业务流程可基于 GIS，自动计算并展示管道负荷率情况，减少了大量人工计算步骤。尤其在多场景分析过程中，避免了由于数据量过大导致人工计算出现纰漏的问题，并且更能提高工作效率，如图 3 所示。

2.3　去瓶颈分析业务流程

天然气管网去瓶颈分析业务是在对瓶颈识别结果继承的基础上，开展的进一步工作，目的是通过对现有的管网结构进行反复调整和优化，解决当前分析场景中管网中存在的瓶颈问题。

去瓶颈分析业务流程开始的前提，是在瓶颈分析业务流程运行结束后识别到瓶颈，对瓶颈分析结果的继承。流程中主要参与的业务人员为流量流向分析负责人，流程中主要进行基础设施参数编辑活动，对管网结构和部分数据进行手动调整和优化，直至流程运转提示无瓶颈，满足业务要求，达到此流程的目的，如图 4 所示。

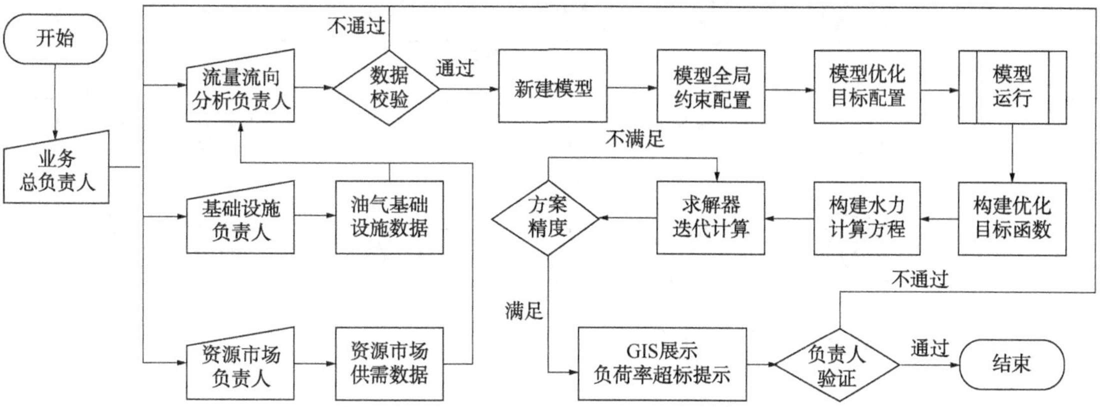

图 3　瓶颈分析业务流程示意图

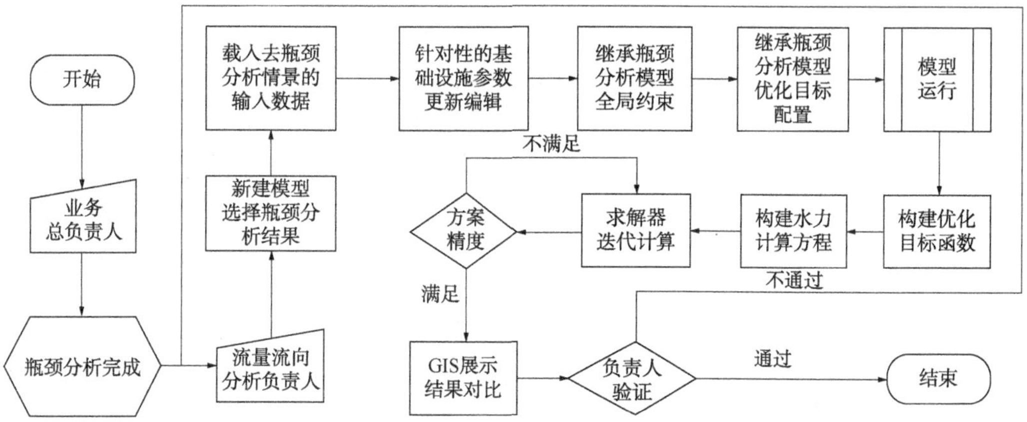

图 4　去瓶颈分析业务流程示意图

2.4　建设方案比选分析业务流程

天然气管网建设方案比选分析是对业务人员提供的路由进行优化分析。通过对建设方案的费用现值、单位周转量能耗等指标进行分析，输出整体建设方案的关键指标，进行多方案比选，供业务人员筛选确定最优规划方案。

建设方案比选分析流程运转与基础流量流向分析业务流程类似，但这一流程中需要调用经济评价基础数据，通过对经济指标进行计算以完成对建设方案的比选。相较于基础流量流向分析业务流程，增加了经济评价负责人的用户角色，用以提供和修改经济评价指标数据；在流程结果输出前后，分别增加了计算经济指标和结果对比的活动，如图 5 所示。

2.5　建设时序分析业务流程

天然气管网建设时序分析是根据资源供给与市场需求随年份的变化，规划数条管道，结合经济指标进行多方案分析，得出最优的建设时序方案。对规划天然气管网做建设时序分析，可以提高后续建设管道的利用率，防止在一定时期出现资源闲置的情况。

在建设时序分析业务流程中，提出了两种流程运行的方案，其一是通过算法自动运行计算，其二是需要业务人员手动逐年切换分析。两种方案各有所长，自动计算效率更高，速度更快，可根据内部算法计算逻辑自动生成；手动计算则侧重增加人机交互的功能，将流程数字化与人工经验充分融合，可以随时更新修改路由信息，得出的方案更加符合对于结果的预期。

与基础流量流向分析业务流程相比，建设时序分析的两个业务流程方案都涉及到四项业务负责人参与，增加了按年份选择数据并配置参数的活动，输出结果是分析出更加合理的管道建设时序方案，如图6、图7所示。

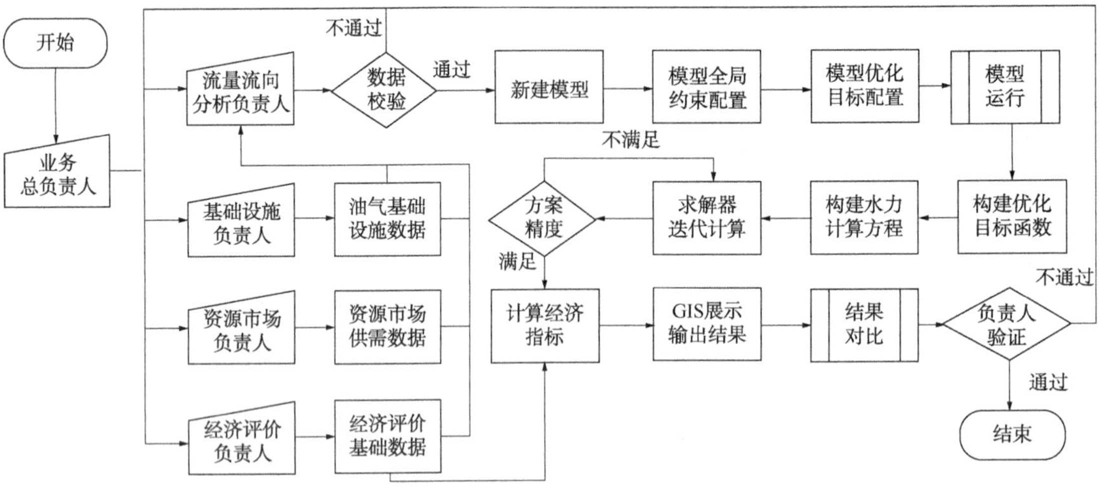

图5　建设方案比选分析业务流程示意图

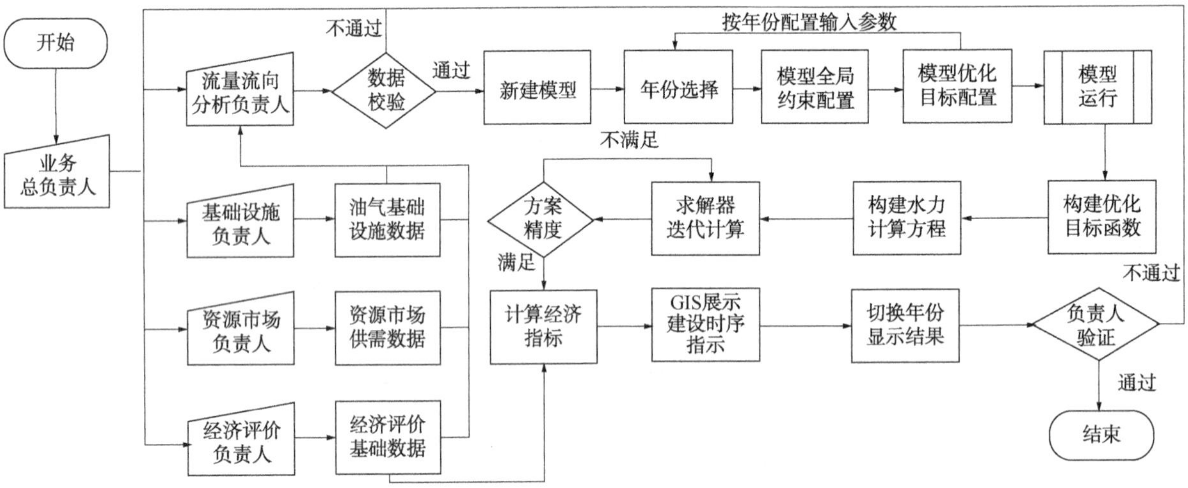

图6　建设时序算法自动分析业务流程

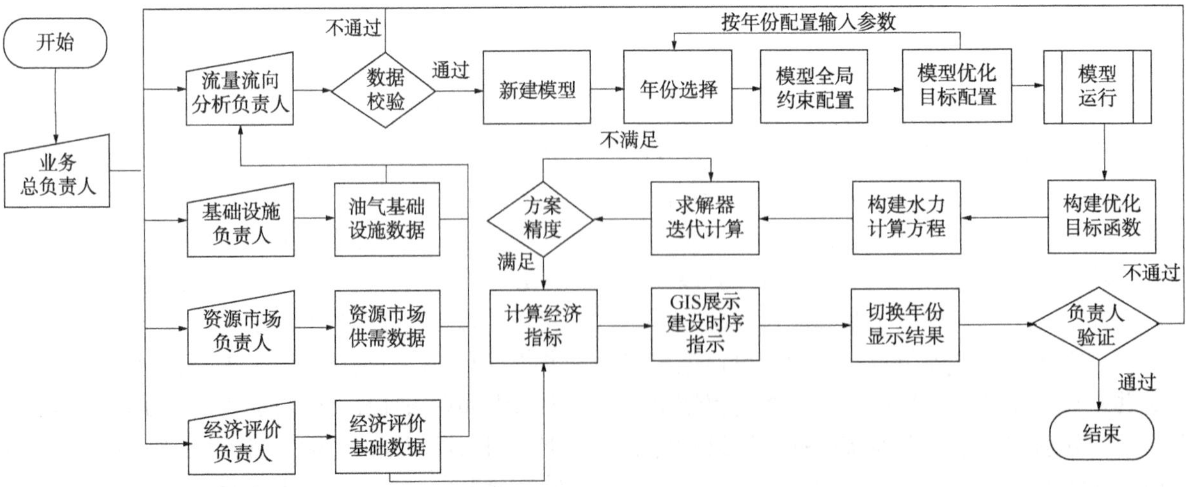

图7　建设时序逐年手动分析业务流程

2.6 N-1情景分析业务流程

N-1情景分析是在完成基础流量流向分析之后进行，考虑到区域内任一段管道或站场发生故障，再进行流量流向分析，可判断某一条管道或者站场对于区域管网的重要程度。N-1情景分析这一功能更侧重于支持业务人员在应急供气、备用管线等问题方面作出合理决策，可保障重点和关键目标在出现意外的情况不中断供应。

N-1情景分析业务流程主要包括继承基础分析流程配置数据、设置失效管道结构数据、迭代计算负荷率情况、输出分析结果与评价指标等主要活动。其中，在进行管道失效情况配置时，需要业务人员对拟分析的管道或者站场节点进行确认和设置，使流程能作用在拟分析的管道上，如图8所示。

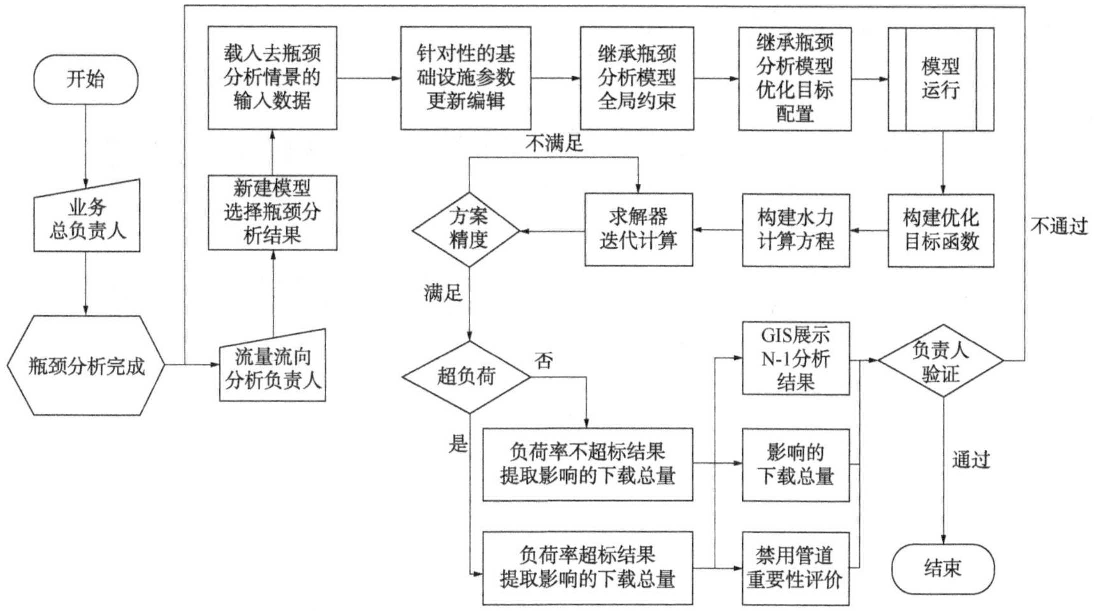

图8 N-1场景分析业务流程

2.7 气源价格平衡分析业务流程

气源价格平衡分析是根据接气成本，确定各气源供气的价格区域，分析出各气源的接气价格优势区域，以对不同下载站场选择具有价格优势的气源。与前文所述其他的业务流程相比，气源价格平衡分析业务流程的运转并不涉及优化算法与水力计算的活动，更多是基于拓扑结构和管输成本进行自动流转和计算，最终可基于GIS及报表展示下载站场的优势气源。

气源价格分析业务流程重点包括气源与下载点配对枚举、输出最小供气成本路由、得到下载点的优势气源或气源的优势接气站场等活动，最终可基于GIS或者表格展示下载点的不同气源接气成本排序结果，如图9所示。

3 业务流程数字化的成效与展望

3.1 成效

3.1.1 辅助业务提升

优化的业务流程是以传统流量流向分析方法为基础开展的，所有子流程均是对业务人员在实际规划业务中的操作步骤进行固化，实现了流量流向分析涉及的7大子业务流程数字化，充分满足规划业务要求。除了满足流量流向分析业务的基本要求，还将数学优化算法、水力计算等内嵌其中，可利用优化后的业务流程生成更具指导意义的分析结果，实现从人工手算可行解到自动化生成最优解的转变，辅助作业流程的提质增效。

3.1.2 支撑集成平台开发

对于生产业务流程，只有完成IT固化才能将传统业务做到数字化转型，而IT开发需要细化的业务流程作为支撑。通过与规划项目一线的业务人员调研，对前章所述7大业务流程的基础中进行全面细化，最终固化形成涉及117项功能点的详细的流量流向分析业务流程，逐步推动流程固化的集成平台开发工作，为最终的数字化产品落地提供了指引。

3.1.3 作业模式优化

将流量流向分析工作进行数字化转型，固化

到具体业务流程上，实际是在流程上完成了数据的周转，即从供需数据与基础设施数据的输入到流量流向分析结果的输出。在完成业务流程梳理的同时，也制定出相应的输入输出数据格式与标准，拉通了基础设施数据库、资源市场数据库、经济评估标准库等关键模块，规避了由于数据标准不统一带来的流程无法畅通流转的问题，推动传统作业模式的数字化转型。

3.1.4　关键节点岗位匹配

现阶段梳理设计的业务流程已对重要节点设置用户角色，针对不同业务人员开放不同功能与权限，匹配到具体岗位职责。对于一项具体的天然气管网规划任务，通常不是由一个业务人员从头至尾完成，在业务流程中设定不同角色职责，虽然可能会影响到流程运转效率，但是这对于实际业务来说十分必要，能够显著增强具体规划业务的可靠性，如图 10 所示。

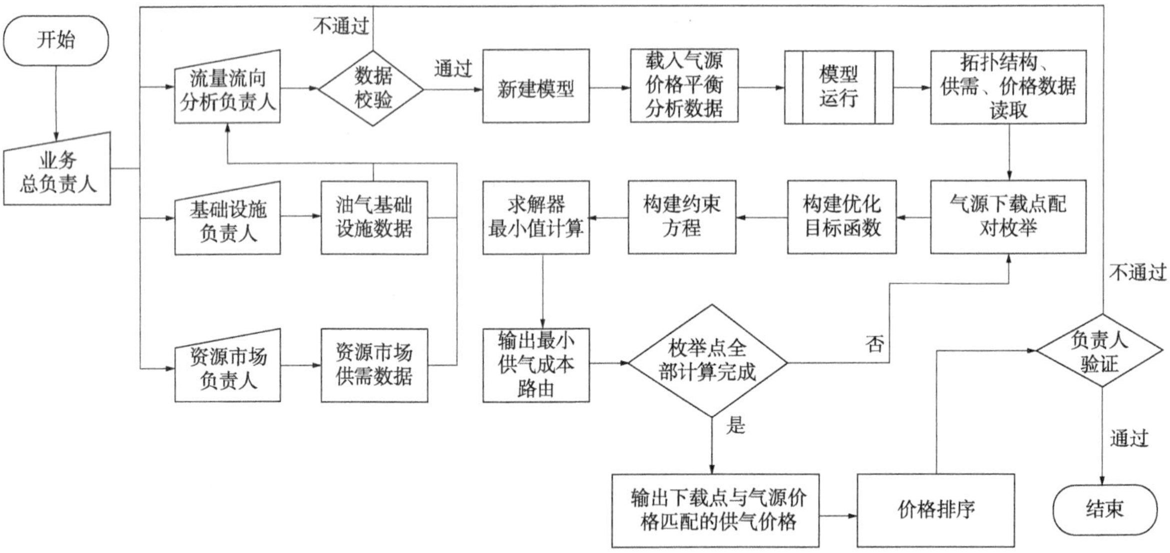

图 9　气源价格平衡分析业务流程

图 10　流量流向分析业务流程数字化开发成果图

3.2　展望

从传统的流量流向分析到数字化业务流程的转换，是一个渐进的过程，先将流程固化并进行 IT 实现，再根据实际应用情况对流程进行优化，而可靠的数据是保障流程正常运转的关键。在梳理业务流程的过程中，虽然制定了输入数据标准，但是对于全国天然气管网的流量流向分析业务，仍缺少其他主体的基础数据，未来应加强数据的收集与清洗工作，推动业务数据的数字化转型，统一清洗入湖，为流量流向分析业务流程提供支撑。未来还应继续反复迭代优化，虽然目前的业务流程已经得到了一线业务人员的实践验证，但在完成 IT 开发后需要尽快开展试运行工作，以点带面逐步施行，只有在持续的优化过程中，才能将业务流程做到更加高效、合理、易用。

参 考 文 献

[1] 刘定智，张元涛，梁严，等．基于“全国一张网”的天然气管输优化模型构建及应用[J]．油气与新能源，2021，33(05)：64-70.

[2] 郭忠金．业务流程的内涵及业务流程变革模型综述[J]．现代管理科学，2010(3)：111-113. DOI：10.3969/j.issn.1007-368X.2010.03.041

[3] 冯庆善，王春明，何嘉欢，等．油气储运企业生产运维流程开发探索与实践[J]．油气储运，2023，42(1)：9-15. DOI：10.6047/j.issn.1000-8241.2023.01.002

[4] 王鹏，童睿康，蒋若兰，等．天然气管道瞬态仿真研究综述[J]．科学技术与工程，2021，21(17)：6959-6970. DOI：10.3969/j.issn.1671-1815.2021.17.001

[5] 张晴．基于天然气管网的混合整数规划建模及其优化算法研究[D]．北京邮电大学，2022.

[6] 周鹏，魏琪．天然气长输管网优化建模及求解研究进展[J]．油气储运，2023，42(09)：968-977.

[7] 吴海梅，吴晓波．影响业务流程变革彻底性的 IT 因素研究[J]．科技管理研究，2009，29(09)：390-393.

[8] 薛敏蕾．求解约束多目标优化问题的进化算法研究[D]．西安电子科技大学，2022.

[9] 代小华，王彦，李安，等．中东地区某国天然气管网去瓶颈分析[J]．油气田地面工程，2022，41(1)：31-36，42. DOI：10.3969/j.issn.1006-6896.2022.01.007

[10] 付一方．区域路网建设时序关键问题研究[J]．综合运输，2023，45(02)：38-42.

[11] 张桂凤，赵涵，李禹呈，等．开发生产管理业务数字化变革[J]．中国管理信息化，2023(5)：99-107.

[12] 彭渤，张郁颀，周思淼．基于 RPA 的国网客户服务业务流程自动化方法[J]．控制工程，2023.

[13] 史乃彬．油气田企业数字化业务管理研究[J]．中国管理信息化，2021，24(18)：107-108.

天然气长输管道阀门内漏信号特征选择及内漏流量研究

敖　锐　刘家畅　邱天友　李祎璞　马成功

（国家管网集团川气东送天然气管道有限公司）

摘　要　随着我国天然气管道的迅速建设和天然气消费需求的增加，阀门作为管道系统的关键组成部分，其内漏问题成为影响管道系统安全和效率的重大隐患。目前，越来越多的引用人工智能模型与阀门内漏诊断相结合，实现了较好的阀门内漏诊断识别及内漏速率量化分析。由于阀门内漏声信号的时域特征及频域特征较多，且包含较多重要程度较小的特征，在模型训练时会造成过拟合、影响训练效率并降低模型精度。因此，提出一种基于XGBoost模型的阀门内漏信号特征选择方法，根据各特征值的重要性指标进行排序，去除重要性较低的特征值，并对剩余重要性较高的特征值进行选取，选取出综合评价指标最优的特征数量，并采用基于支持向量回归（Support Vector Regression，SVR）方法对选取出的特征数量进行阀门内漏速率量化预测分析。结果表明：基于XGBoost模型的特征选择对19个特征值的重要性进行排序，去除掉重要性较低的特征值，并选择出当特征数量为13个时，相关系数为0.861。通过XGBoost模型选取出的特征数量进行阀门内漏流量回归预测分析，构建了径向基函数支持向量回归（Radial Basis Function Support Vector Regression，RBF-SVR）模型，并于最小二乘支持向量回归模型以及Nu-支持向量回归模型进行比较分析研究，其中RBF-SVR模型平均绝对百分比误差为0.231，优于其他模型，展现出较好的内漏流量预测能力以及较好的泛化能力。

关键词　阀门内漏信号；特征选择；XGBoost；支持向量回归；内漏速率量化

“十四五”期间，我国规划新建管道2万公里以上。三年来，国家管网集团累计开工建设项目超170个，新建项目焊接里程超1万公里，建成具备投产条件管道里程11300公里，天然气管道里程增长21%，互联互通转供能力增长57%。2023年以来，我国天然气产量快速增长。根据国家统计局数据显示，2023年1～11月份，天然气累计产量2095.9亿立方米，2022年1～11月份为1974.0亿立方米，同比上涨6.18%。中国天然气市场发展总体平稳。2024年中国经济有望在提质增量中稳步前行，初步预计2024年全国天然气消费量3850亿～3900亿立方米。

随着国内天然气管道的快速建设、天然气消费需求不断提升，天然气管道系统作为全球能源供应链的关键组成部分，承担着大量天然气的安全、高效输送任务。在这个系统中，阀门作为控制和调节气流的重要装置，确保了系统的可操作性和灵活性。然而，阀门的内漏问题，即在关闭状态下不应存在的气体流动，是影响管道系统安全和效率的重大隐患。阀门的内漏相较于阀门外漏更加隐蔽且识别更为复杂，内漏不仅可能导致能源损失，增加运营成本，还可能引发安全事故，对环境造成损害。因此，对于天然气管道阀门内漏信号特征值分析以及量化识别是确保能源安全、环境保护和经济效益的必要措施。

1　国内外研究现状

曹国梁指出阀门内漏状态下，通过声发射检测技术可以有效地识别并量化阀门的泄漏情况，其声发射信号特征与泄漏速率、阀门尺寸、工作压力等因素有关，可用于指导阀门的维护和修理。张海峰等针对天然气管道阀门内漏声发射检测中存在的复杂环境和严重噪声干扰问题，提出了一种基于背景噪声的小波包软阈值降噪处理方法，并结合支持向量回归（SVR）技术，有效提高了管道阀门内漏流量量化检测的准确性。朱亮利用声发射检测技术和三层BP神经网络建立的模型，用于快速在线识别阀门内漏的方法，实验证明其识别准确率超过90%。吴文凯等应用支持向量机（SVM）分类方法对阀门内部液体泄漏进行声发射信号检测的分类建模，实验结果显示模型的识别准确率超过93%。朱沈宾等利用卷积神经网络(CNN)和深度信念网络(DBN)建立的阀门内漏识别及量化模型，能够在复杂背景噪声下准确诊断阀门内漏并有效量化内漏速率，为输气站场阀门的安全运行提供了技术支持。

2 理论研究

2.1 XGBoost 理论

XGBoost(eXtreme Gradient Boosting)是一个高效的机器学习算法，用于回归、分类、排序等问题，它是梯度提升决策树(Gradient Boosting Decision Tree，GBDT)算法的一种实现。它被广泛使用因为其灵活性、可扩展性和高效率。在优化过程中，XGBoost 不仅考虑了一阶梯度信息，还利用了二阶导数来更准确地指导模型学习。它通过在损失函数中添加正则化项来控制模型的复杂度，从而有效地防止过拟合。此外，XGBoost引入了行抽样和列抽样技术，增强了模型的泛化能力，并通过并行处理和分布式计算来加快训练速度。它还能够自动处理缺失值，并采用预剪枝策略来优化树的生长过程。这些特性使得XGBoost 在处理各种回归、分类和排序问题时都表现出色。

2.2 支持向量回归理论

支持向量回归(Support Vector Regression，SVR)是支持向量机(Support Vector Machine，SVM)用于回归问题的一个变体。它的目的是找到一个函数，这个函数在给定数据集的限定误差范围内尽可能地拟合数据点，并且同时尽量保持模型的平滑性，避免过度复杂带来的过拟合问题。构建 SVR 模型，确定核函数和相应参数，包括权重向量(w)和偏置(b)。定义损失函数，SVR 采用 epsilon-insensitive loss，考虑了预测误差和松弛变量，目标是最小化该损失函数。设定约束条件，引入松弛变量和容忍度参数 ε，确保训练样本点在一定范围内的预测误差。进行数学优化，通过求解二次规划问题，最小化损失函数并满足约束条件。确定支持向量，这些是训练过程中落在间隔边界上的样本点。应用模型，使用训练得到的权重和偏置进行新数据的预测，用于回归任务。

3 阀门内漏声信号特征值选择及内漏速率量化结果

3.1 阀门内漏信号特征值选择

3.1.1 实验数据处理

XGBoost 模型样本数据均来源于阀门内漏检测实验平台，包括 500 组内漏信号，内漏速率范围为 0.5～25L/Min，工作压力范围为 0.2～5MPa，阀门类型为球阀。为了充分反映阀门内漏信号的数据信息，时域特征主要关注阀门内漏信号在时间轴上的统计性质，而频域特征则关注阀门内漏信号在频率域上的性质，这两种类型的特征可以为信号提供全面的描述。本文提取了内漏信号的 19 个时频域特征，包括 14 个时域特征和 5 个频域特征，提取的时频域特征参数见表 1。

表 1　时频域特征参数

时域特征			频域特征
均值	均方根值	脉冲因子	主频率
绝对均值	波形因子	边际因子	频谱质心
标准差	峭度因子	形状因子	频带能量
方差	偏度	峰谷因子	频谱展宽
峰值	峰值因子		谐波能量

3.1.2 XGBoost 模型特征值选择

本文利用 XGBoost 模型进行阀门内漏声信号特征值选择，确定各特征值的重要性，通过分析每个特征在模型中的贡献，可以识别出对阀门内漏量影响最大的特征值；特征值选择可以帮助减少噪声和冗余特征，从而提高模型的泛化性能，过多的特征可能导致过拟合，而选择关键特征可以提高模型的效率和精度；模型训练和预测的计算成本与特征数量成正比，通过去除不重要的特征，可以降低计算资源的需求，提高模型的训练和预测效率。

基于 XGBoost 模型进行特征值筛选，具体步骤如下：

(1) 根据时域频域信号计算公式，分别计算出各阀门内漏声信号的 14 个时域信号值和 5 个频域信号值带入模型中进行训练，根据各特征值的重要性指标 F-score 进行排序，F-score 是一种用于衡量二分类模型性能的指标，结合了模型的精确度(Precision)和召回率(Recall)，F-score 是 Precision 和 Recall 的加权调和平均，数值越高表示特征值越重要如图 1 所示。根据特征的重要性数值进行排序，其中峰值的重要性数值最高，峰值作为特征在模型中的权重较大，对模型输出的影响较为显著；并剔除重要性数值小于 0.01 的特征，即形状因子、波形因子、峰谷因子和边际因子。

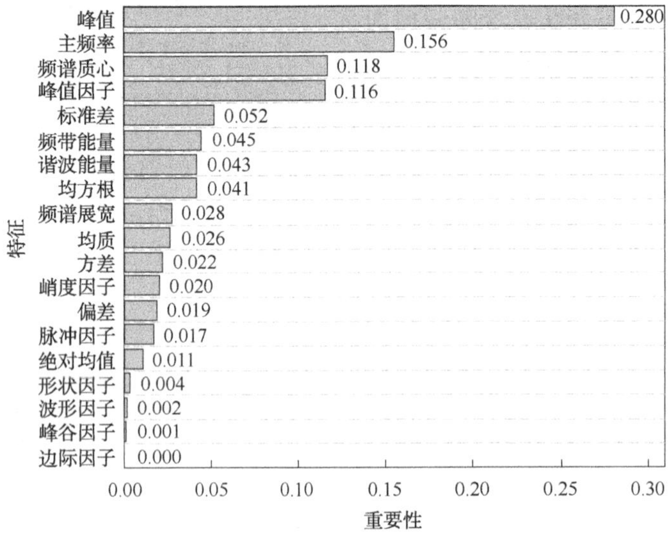

图 1　XGBoost 模型特征重要性排序

(2) 对于剩余的 15 个特征采用逐渐减少特征数量的方式，以均方误差、均方根误差、R 平方作为衡量标准，确定模型精准度最高的特征数量。其中，MSE 是预测值与真实值差异的平方的均值，数值越小越好，表示模型的预测与实际观测值的差异越小；RMSE 是 MSE 的平方根，数值越小越好，表示模型的预测误差越小；R-squared 是模型解释目标变量方差的比例，取值范围在 0 到 1 之间，越接近 1 表示模型能够更好地解释目标变量的方差，见表 2 和图 2。

表 2　特征数量及 R-squared 值

特征数量	R-squared 值	特征数量	R-squared 值
15	0.822	7	0.788
14	0.790	6	0.736
13	0.861	5	0.734
12	0.781	4	0.711
11	0.745	3	0.745
10	0.821	2	0.416
9	0.832	1	-0.069
8	0.783		

(3) 由表 2 可以看出，当特征数量为 13 个时，R-squared 值(0.861)为最大值；由图 2 可以看出，当特征数量为 13 时，MSE 值(4.18)、RMSE 值(2.04)为最小值。结合三个评价指标确定，当特征数量为 13 时，整个 XGBoost 模型的性能指标最优、准确率最高。因此，在后续的阀门内漏流量预测模型训练时，采用 13 特征作为模型样本数据输入，分别是峰值、主频率、频谱质心、峰值因子、标准差、频带能量、谐波能量、均方根、频谱展宽、均值、方差、峭度因子以及偏度。

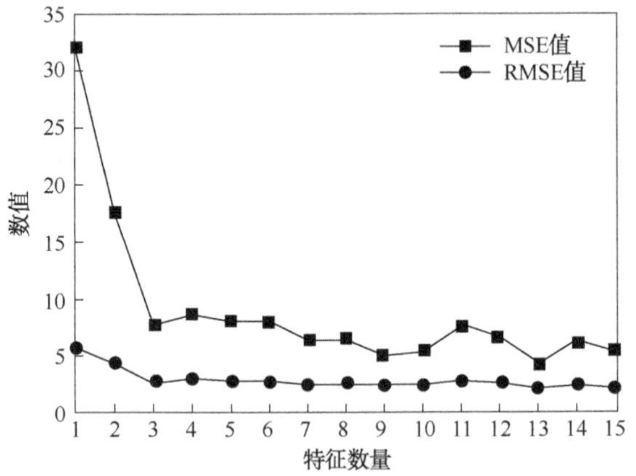

图 2　特征数量及 MSE 值、RMSE 值

3.2　阀门内漏速率量化模型

为了对阀门内漏速率进行量化分析，对进行选择后的特征值采用基于支持向量回归(Support Vector Regression，SVR)方法进行阀门内漏速率量化的回归预测分析。支持向量机回归的目标是找到一个函数，该函数在最大容忍误差范围内尽可能接近所有训练样本，同时保持尽可能平坦，

以确保模型的泛化能力。为了更好的进行阀门内漏速率预测，本文选择了几种基于支持向量机回归的模型，分别是：径向基函数支持向量回归（Radial Basis Function Support Vector Regression，RBF-SVR）、最小二乘支持向量回归（Least Squares Support Vector Regression，LS-SVR）以及Nu-支持向量回归（Nu-Support Vector Regression，NU-SVR）。其中，RBF-SVR在高维空间中找到最佳超平面，适用于多种非线性关系；LS-SVR训练速度快、泛化性能好和拟合非线性函数能力强；NU-SVR使用一个参数来控制模型中支持向量的比例，使得模型的选择更加灵活，尤其是在对支持向量的数量有特定要求时。以上的三种SVR模型，均适合用于阀门内漏速率的量化分析，对三种模型进行性能对比，选取最优量化模型。

在支持向量机模型中，惩罚因子C和核参数gamma是两个非常重要的超参数，它们在模型训练中起着至关重要的作用，共同控制着SVR模型的复杂度和泛化能力。计算得到RBF-SVR、LS-SVR以及NU-SVR的最佳惩罚因子C分别为：229.79、26.42、290.75；最佳参数gamma分别为：0.162、0.109、0.289。同时采用均方误差（Mean Squared Error，MSE）、平均绝对百分比误差（Mean Absolute Percentage Error，MAPE）和相关系数$R^2$3个指标评估模型的泛化性能。

3种模型对阀门内漏量的预测结果，如图3所示。可以看出3种模型的预测值在实际内漏流量曲线上下波动，表明每种模型均具有一定的预测能力，RBF-SVR模型的预测曲线更贴近于实际内漏流量曲线。3种模型的评价指数得分如表3所示，可以看出RBF-SVR模型在MSE、MAPE以及R^2这3个评价指标的数值分别是：2.773、0.231、0.818，均优于其他两个模型的评价指标，表明RBF-SVR模型对内漏流量预测更准确、模型泛化能力更高。

表3　RBF-SVR、LS-SVR、NU-SVR模型评价指标得分

模型名称	MSE	MAPE	R^2
RBF-SVR	2.773	0.231	0.818
LS-SVR	3.121	0.269	0.788
NU-SVR	4.185	0.290	0.741

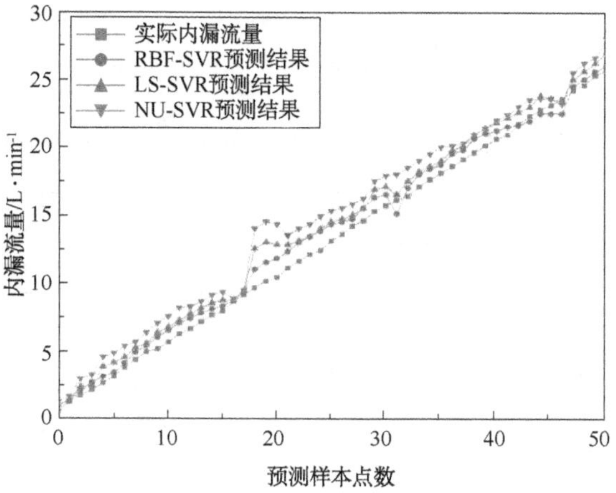

图3　RBF-SVR、LS-SVR、NU-SVR模型预测结果

4　阀门内漏现场测试应用

本文中所使用的阀门内漏信号采集设备，均是由本实验室自主研发的检测设备，检测系统设计为双通道形式，系统主要分为检测传感器：主要由声发射传感器、前置放大器、供电分离器、升压模块构成；信号采集系统：主要由A/D转换器、多通道数据采集器、数据传输器构成；以及信号处理系统：主要由计算机及检测分析软件构成，实现信号处理、内漏识别、生成报表、数据存储等三大部分。内置训练好的阀门内漏检测模型及内漏速率量化模型，可实现实时的内漏诊断及内漏量预测。

川气东送管道途经四川、重庆、湖北、江西、安徽、江苏、浙江、上海8省（市），全长2263公里，包括1条干线、1条专线、4条支线，1座调控中心，35座站场、103座阀室。本次样机测试了5座站场，对14个天然气管道阀门进行了检测，包括11个球阀和3个旋塞阀，详细信息见表4。

阀门内漏检测仪器可检出最小内漏流量为$0.08m^3/hr*in$（或$1.32L/Min*in$），可检阀门尺寸DN50-DN500，可检测压差范围0~10MPa，对站场内符合检测工况的阀门进行检测及内漏量化。检测的14个阀门中，有3个阀门（2个球阀和1个旋塞阀）存在内漏情况，实时预测的内漏量分别为：18.69L/Min、10.68L/Min、1.69L/Min，其余的11个阀门未检测到内漏情况，检测结果与现场实际情况相符。

表 4　现场测试情况

站场名称	阀门信息				检测结论	
	阀门编号	阀门种类	阀门尺寸	压力差/MPa	是否内漏	内漏流量/(L/Min)
武乙烯输气站	ROV302	球阀	DN400	2.23	是	18.69
	BV392	球阀	DN50	0.71	否	
潜江压气站	BV219C	球阀	DN100	7.21	否	
仙桃输气站	ROV101A	球阀	DN200	7.4	否	
	BV107A	球阀	DN50	7.4	否	
	BV108A	球阀	DN50	7.4	否	
	BV109A	球阀	DN50	7.4	否	
	ROV201B	球阀	DN200	3.8	否	
	CV102	旋塞阀	DN300	7.5	否	
宜昌压气站	BV121E	球阀	DN100	6.2	否	
	ROV102	旋塞阀	DN500	8.68	否	
	BV101	球阀	DN300	6.23	否	
利川压气站	ROV102	旋塞阀	DN500	7.09	是	10.68
	CV203B	球阀	DN50	7.06	是	1.69

图 4　管道球阀及旋塞阀

5　结论

本文建立的阀门内漏特征选择模型及阀门内漏速率量化模型均展现出较高精度和良好的预测性能，可为实际的阀门内漏检测工作及阀门内漏流量评估预测提供技术帮助，主要结论如下：

（1）建立的阀门内漏信号特征值选择 XGBoost 模型，根据各特征值的重要性指标对阀门内漏声信号 14 个时域信号值和 5 个频域信号值进行排序，去除重要性较小的特征值，并选择最优的特征值个数进行后续训练，得出当特征数量为 13 个(峰值、主频率、频谱质心、峰值因子、标准差、频带能量、谐波能量、均方根、频谱展宽、均值、方差、峭度因子以及偏度)时与内漏流量关联度最高，整体的训练时间最短，性能效率最优，各项评价指标最好。

（2）基于支持向量机回归建立阀门内漏速率量化模型，选择了 3 种适用于阀门内漏速率量化工况及信号特征的模型，分别为 RBF-SVR、LS-SVR 以及 NU-SVR。其中，RBF-SVR 模型的 MSE 值为 2.773、MAPE 值为 0.231，均优于 LS-SVR 模型和 NU-SVR 模型，展现出了较好的内漏流量预测能力以及较好的泛化能力。

（3）开发的阀门内漏检测仪器及阀门内漏量化模型可以很好的应用于现场阀门内漏诊断，具有较高的检测精度，具备一定的抗干扰能力，符合现场的大多数工况，为天然气管道安全运行及阀门故障分析提供技术支持。

参 考 文 献

[1] 曹国梁. 阀门内漏状态识别与量化分析的声发射技术研究[D]. 中国石油大学(华东), 2016.

[2] 张海峰, 谭东杰, 李柏松, 等. 基于背景噪声降噪的管道阀门内漏量化检测[J]. 油气储运, 2017, 36(2): 214-219.

[3] 朱亮. 2019 基于声发射特征参数的阀门内漏神经网络识别[J]. 工业安全与环保, 2019, 45(4): 39-42.

[4] 吴文凯, 徐科军, 叶国阳. 面向阀门内漏声发射检测的支持向量机分类建模[J]. 计量学报, 2021, 42(8): 1018-1025.

[5] 朱沈宾, 李振林, 王西明, 等. 阀门内漏识别及内漏速率量化技术研究[J]. 振动与冲击, 2022, 41(4): 167-175.

[6] 李想, 庄毅. 利用 XGBoost 的路由算法关键故障点识别方法[J]. 计算机与现代化, 2023(11): 75-81+88.

[7] 沈晨昱. XGBoost 原理及其应用[J]. 计算机产品与流通, 2019(3): 90.

[8] 黄东远, 陈晓云. 一种新的支持向量回归机的模型选择方法[J]. 福州大学学报(自然科学版), 2011, 39(4): 527-532+538.

[9] 饶姗姗, 冷小鹏. 基于组合特征选择的随机森林信用评估[J]. 计算机系统应用, 2022, 31(3): 345-350.

[10] 韩国星. 阀门内漏声发射智能检测技术及系统研发[D]. 中国石油大学(华东), 2018.

海上智能油田油井集输系统规模化并行虚拟计量技术研究与应用

康 琦[1,2] 安创峰[3] 任宏伟[3] 张时佳[4] 吴海浩[5] 宫 敬[5] 黄德先[1] 李 亚[2]

[1. 清华大学自动化系；2. 深圳清华大学研究院；3. 中海石油(中国)有限公司天津分公司；
4. 海油发展装备技术设计研发中心；5. 中国石油大学(北京)机械与储运工程学院]

摘 要 随着新一代信息技术的快速发展，智能油田建设正在快速推动传统能源行业的转型升级落实国家发展战略。虚拟计量技术通过利用模型与数据，结合智能油田“云大物移智”的标准化架构体系，对工业物理系统生产管理中的重要信息进行智能化感知。针对当前海上油田开发力度的不断加大，以油井规模化实时生产计量需求场景出发，构建油井虚拟计量模型，在线获取数据湖实时基础采集参数，利用云平台进行服务化部署，大幅降低传统油井实体计量的投资及运维成本，为生产管理、油藏管理及工艺设备管理等提供更及时准确的产量数据，促进生产管理模式精益化提升，发展海上油田智能化新质生产力。

关键词 智能油田；虚拟计量；油井；海洋；物理信息技术

1 前言

数字技术赋能油田是未来石油行业发展的大趋势。目前，国内外 BP、壳牌、中国石油、中国石化、中国海油等公司均在探索符合自身特点的智能油田建设。以中国海油为例，其海上智能油田建设以勘探、开发、生产、钻井、工程和研究等核心业务智能化为重点。在油气生产中，单井产量数据是进行油气藏动态预测与生产管理的关键信息，也是实现生产井生产参数动态优化、高效生产管理不可或缺的重要信息。常规油气田生产中的单井计量多是通过安装井口多相流量计或使用计量分离器轮询计量等方式实现。前者需要为每口生产井单独安装一台多相流量计，随着井的数量增加其建造运维成本巨大，尤其对于水下等部分环境，相关产品目前还被国外技术垄断，而后者各井不得不进行“排队”等待，产量信息不能及时获取，且流程相对复杂，占用宝贵的生产空间。此外，多相流量计对油气田的油品物性、多相流的流型、流态适应性都有一定的要求。其测试、校准及安装维护也都存在一定问题，随着油气田精细化智能化的改造，传统的生产管理模式存在技术和经济等多方面的挑战。

虚拟计量系统(Virtual Metering System，以下简称 VMS)是一种基于油气田现有仪表和数据采集系统，应用多相流模拟技术而设计的流量计算系统。该系统充分利用多相流水力和热力模拟等技术，无需新增仪器仪表，可实现普通流量测量仪表的主要功能以及一些在普通仪表上无法实现的特殊功能。由于其成本低，安装方便、功能上满足油气田生产需求，已成为一种可部分替代实体多相流量计的技术。该系统也可与多相流量计配合使用，在多相计量装置失效时作为后备设备。

Multiphase Solutions(MSi)公司于 20 世纪 90 年代末在北海南部首次部署了 VMS，该技术已经发展成为一种强大的高可用性产品，可以应对部分数据缺失，参数不确定性等现实的安装问题，并能提供较为准确的产量结果。如 TechnipFMC、GE、ROXAR、Schlumberger 及 BP 等均研制成功了虚拟计量系统，并依托该技术发展了流动保障系统。目前虚拟计量技术在亚太、墨西哥湾以及西非等多处水下油气田生产中得到应用，整体性能稳定可靠，该项技术在国外石油公司海洋油气井监测系统中得到认可。该项技术在我国的应用相对较晚，2012 年南海某气田首次采用了基于 OLGA-online 技术的虚拟计量系统。运行表明，在适当的调校下，VMS 可以满足日常生产计量的需求。此后我国自主研制的 VMS 逐渐在部分海上及陆上油气田得到初步试点应用。

2 虚拟计量技术

2.1 原理

VMS是以通用计算环境为基础，以油气生产的实时参数为依据，以油气相态物性计算、多相流动水力和热力模拟技术、数据分析技术等为核心，并结合数字通信技术的一种虚拟仪表技术。VMS实质上是一种基于软件的流量测量系统，利用实时获取的流动过程中关键节点处的参数(如：井口的压力、温度，油嘴的开度等)来计算生产井的流量。作为基于软件的测量系统，不需要安装传感器直接接触流体，也不需要特殊定制的硬件设备。VMS能够通过各种通信协议(如OPC、Modbus、数据库等)与任何类型的过程控制系统进行通信来获得所需的工艺参数。VMS可提供各生产井的实时分相产量，作为油气田生产流动管理的核心模块之一，为其它模块的工作提供重要基础信息，如图1所示。

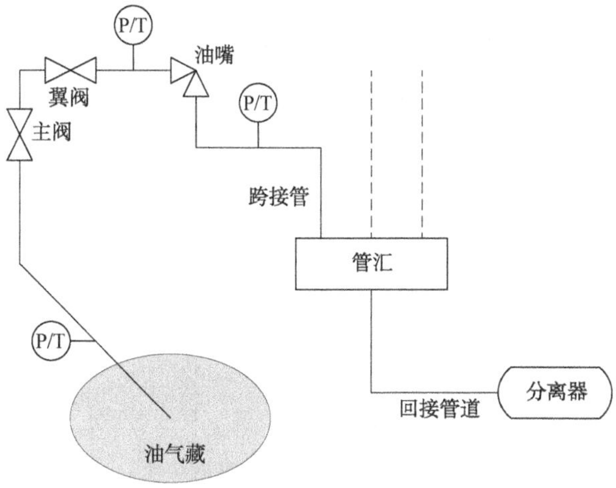

图1 VMS工作原理图

目前的VMS技术主要分为两类，一是基于数据分析的计算方法，通过收集历史生产数据和已知流量建立数据学习和分析模型(如ANN)，来获得具体工况下的井口流量。这种方式建模过程较为简单，但严重依赖于可靠充足的生产数据，模型的外延性较差，在遇到没有分析过的工况或是生产条件发生明显变化时效果普遍不理想，需要经常对模型进行训练和调试。第二类是基于物理模型的计算方法，该方法需要获得较准确的流体物性参数以得到不同条件下准确的流体物性，并对流动系统建立严格的流动和传热物理模型进行模拟，其计算过程较为复杂。该方法在经过一定的校准后可以获得较好的准确性，对于工况条件变化的适应性也较好。但因为计算过程复杂，相关的影响参数多，调校的难度相对较大。随着人工智能等技术的逐渐发展，综合以上两种方法的混合模型有望获得更好的应用效果。

2.2 特点

相较于实体的多相流量计，VMS有许多明显的优势。

费用低：VMS的采购成本低于实体流量计，因为几乎没有制造过程，其采购周期也短。

易于安装部署：VMS只需安装在一台计算机上，几乎不增加额外设备也不占用工艺设备空间，维护简单。对于海上油气田可省去海上安装作业的高昂费用并节省安装时间。

可支持多井，易于扩展：一套VMS系统可同时支持多口井的测量，而不需增加过多的费用。随着油气田的开发，后期只需加入新井的计算模型即可完成扩展。

易于维护和技术升级：VMS的软件属性使其可通过软件的升级进行功能的扩充和性能的提升。随着数据和经验的积累，其计算准确性也有可能逐步提升。VMS的维护只限于计算参数的调校，省去了实体流量计拆装的作业费用，维护时也不会影响正常的生产。

当然，VMS其本身的特点也决定了在使用中有一定的局限性和适用范围。其一是适用性，因为是依赖常规仪表作为计算的依据，因此生产井中是否配置了满足有效测量的传感器是VMS能否采用的基础。其二是计算的准确性，因为其原理是通过数据分析和流动过程的模拟为依据的，因此所引用的测量信号的准确性以及计算或分析模型的可靠性是其计算准确性的重要源头。另外，油气田开发过程中井流物组分的变化(如气油比和含水率等)也直接影响VMS的准确性。因此VMS在工作中，需要持续跟踪流体组分的变化和过程参数的质量，并进行必要的校核以保证其计算的准确性。

3 虚拟计量系统的实现

VMS的核心技术是多相流模拟技术，计算的依据是从生产井中实时采集的工况参数，因此只要生产井中配置了所需的传感器即可应用该项技术。对于新老油田以及不同生产方式的油气井中所配置的仪表完善可能不一，以某海上智能油田为例，一般包括了井下电子温压信号、井口温压信号、油嘴开度信号、油嘴后的温压信号、主阀及翼阀状态信号等。

根据油井的井口流量测量的需求，VMS 可根据实际情况选择云端或边缘端部署，亦可混合部署，边缘端部署的 VMS 可与平台 DCS 或 OPC Server 进行通信，获取必要的实时生产数据。VMS 系统的构成和工作过程如图 2 所示。

3.1 智能油田架构

目前，智能油田正在向跨界合作的建设模式，一体化的运营模式，平台化的 IT 服务模式转变。因此平台化、数据湖化成为应用系统的基本条件。其中，中国海油提出了“一个平台，一湖数据，两套体系，三级组织，四类应用”的建设思路。通过管理转变和流程优化，在基础服务、全面感知、整体协同、科学决策、自主优化 5 个方面打造新型海上油气开采运行模式，如图 3所示。

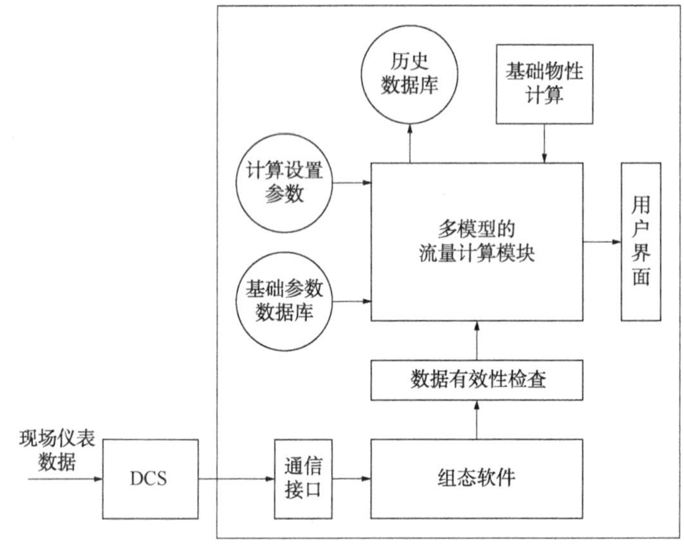

图 2　VMS 的构成和工作过程

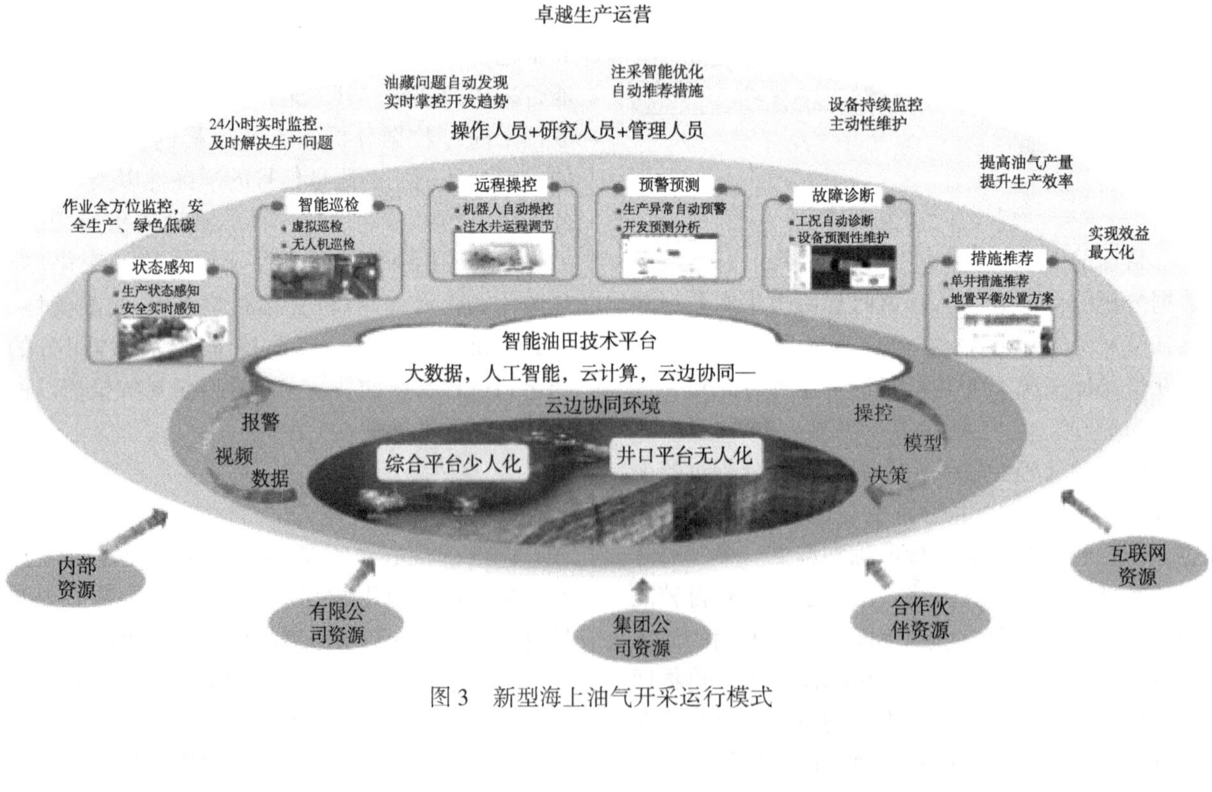

图 3　新型海上油气开采运行模式

3.2 VMS 架构

对于典型的油气井生产系统，VMS 的计算模型以从井底到地面管汇的流动过程为对象建立流动计算模型，通常包括 IPR 模型、井筒模型和油嘴模型等。此外，VMS 还需完成数据预处理、物性计算和流量计算等功能。

为了保证 VMS 提供的流量数据准确性，并提高系统工作的稳定性和冗余性，设计采用多种流量计算方式进行数据融合，这种设计可以使用生产井获得的各种仪表参数，结合油井的物理参数，对井内流体流动的不同阶段构建流动模型分别计算流量。将获得的若干个流量通过一定的方式合成为一个更准确的流量数值，这样当物理系统中个别仪表失效时，VMS 仍可继续工作。

针对智能油田的新型信创架构，VMS 的实数数据和基础数据均从数据湖通过标准化的数据接口进行获取，如图 4 所示。基于功能维度将 VMS 的数据获取、数据预处理、内核计算、结果处理等模块进行微服务化构建，针对性的采用并行化、池化、异步化等计算机技术，并由注册中心集中管理，利用云平台进行部署，使其具备了在各类环境运行进行规模化计算并与其他功能服务交互，实现业务联动的能力。

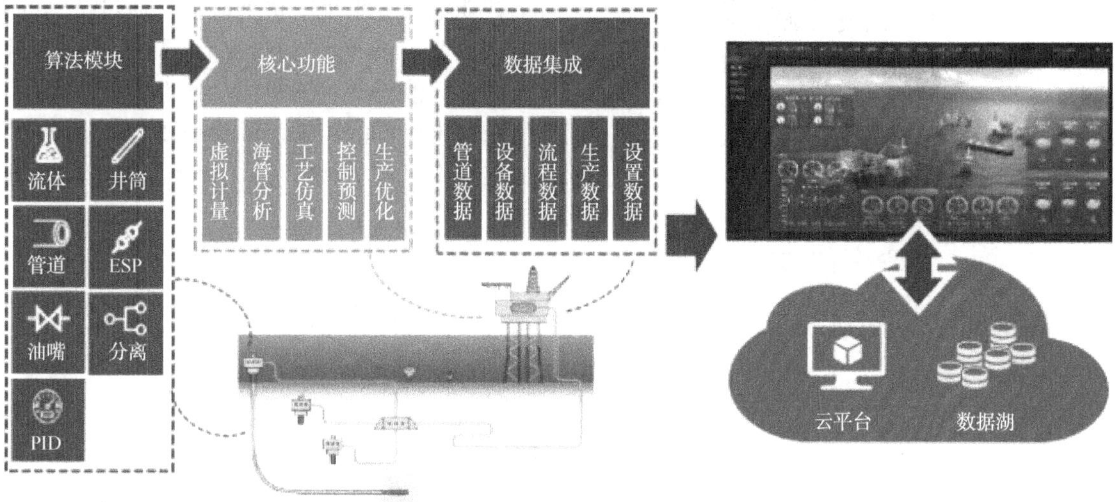

图 4　海上智能油田油井虚拟计量技术架构

3.2.1　IPR 模型

IPR 模型即油气井流入动态，一般为二项式或者指数形式。该模型形式简单，可通过前期的油气藏分析或试井过程的数据获得，但其准确性不高。可采用该模型提供油气井产量的估计范围值。

3.2.2　井筒模型

井筒模型即描述井筒内流动的水热力模型，利用该模型可实现单井的时均混合质量流量计算。采用该模型的数据需求为：井筒井深结构（长度、内径、倾角、筒壁粗糙度、井筒路由等），沿井筒的地层温度分布，井筒的各层的传热系数、流体组分及含水信息及井底和井口的实时温度压力值。

目前选择的用于井筒流量计算的方法均是在多相管流计算中得到广泛应用和认可的水力计算模型，如 Beggs & Brill 模型、Mukherjee & Brill 模型、Ansari 模型等。利用以上计算模型结合基础的井筒结构数据及流体物性数据可建立分段式的井筒稳态流动计算方程，采用数值迭代方法求解得到井筒中的总质量流量。

3.2.3　油嘴模型

油嘴模型的原理是根据流体经过一个稳定的节流元件时，其压力和温度将会发生一定的变化，利用该模型可实现单井的混合质量流量计算。采用该模型的数据需求为：油嘴上下游的压力、温度信号，油嘴上下游直径，油嘴开度与 Cv 值的函数关系，流体组分及含水信息，油嘴开度信号。常见的计算模型有 Perkins 模型、Sachdeva 模型、Hydro 模型等。由于油嘴的结构形式不同，其流动特性也有差别，因此其模型在使用中需要根据生产数据对部分参数进行修正。

VMS 的物性计算模块用于根据油气组分进行流体物性的计算，由于油气混合物由多组分构成，其物性受工况条件影响较大，因此其计算的准确性直接影响流量计算的准确性。物性计算可通过组分模型和黑油模型进行实时计算。此外，VMS 的工作需要实时采集的现场生产数据，考虑到现场条件存在的不确定性，增加了数据有效性检查和异常值处理的功能，预先对输入的数据进行筛选过滤以免异常的错误数据影响后续的计算。

3.3　人机界面

VMS 通过提供 REST 服务接口的方式，供前端界面给生产人员提供信息，在界面上可以实时显示各个井的产量信息以及系统的工作状态。界面如图 5 所示。VMS 的核心计算功能通常情况下不需要操作人员干预。它也有一个人机界面可以显示计算模型的设置参数，在 VMS 需要校核或修改参数时才需要操作。

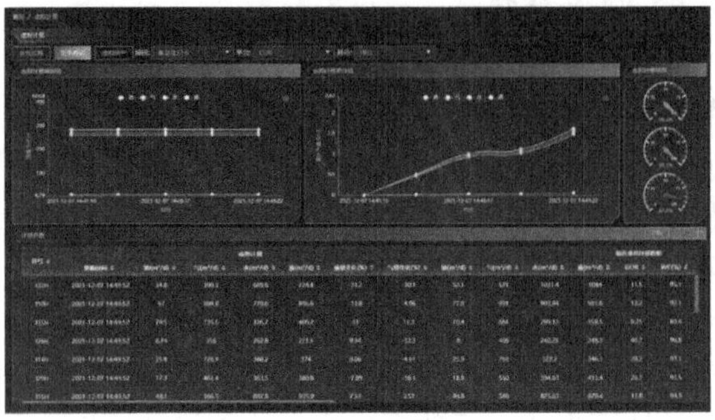

图 5　VMS 操作界面

4　虚拟计量的应用效果

基于以上技术开发的 VMS 已经在我国的海上智能油田等工程中得到应用，通过持续的生产测试表明 VMS 整体系统工作可靠，经过校核后流量计算值与平台测量值一致性较好，可以满足气田日常生产的需求。图 6 和图 7 展示应用 VMS 的某海上区块 70 余口井 2 个多月的测试数据。

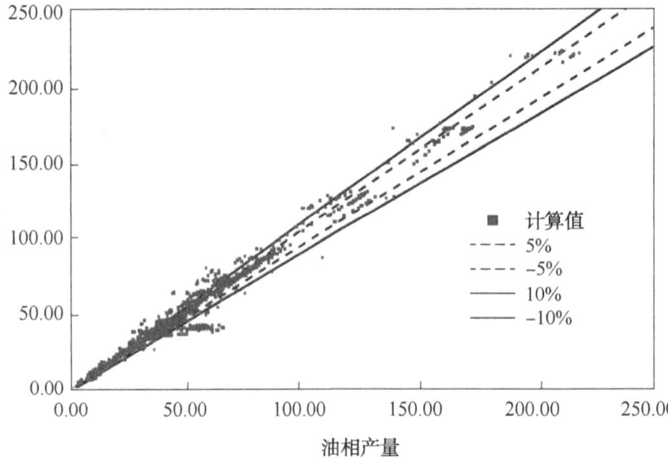

图 6　油相产量对比

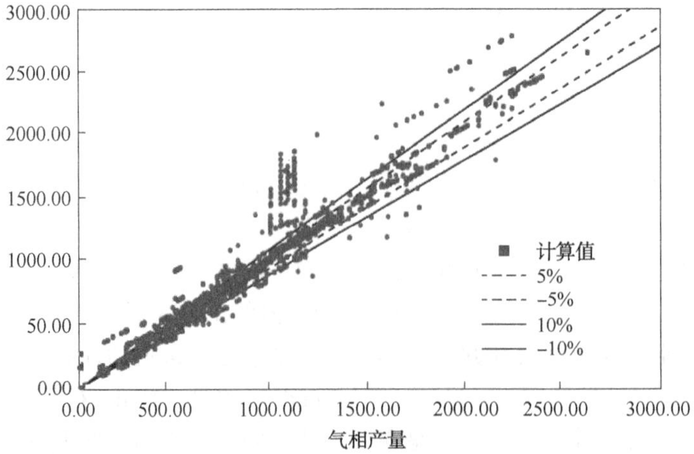

图 7　液相产量对比

如图6所示为VMS气相产量计算值与平台上的气相流量计测量值的对比，由图可见，VMS的计算结果与实际测量值吻合较好，测试期间的各种产量调整过程所产生的产量波动都基本可以很好地体现，关停井等的短时间产量显著变化过程并不影响VMS的正常工作。计算结果与测量值吻合较好，分析显示91.3%计算结果的相对误差在±5%以内。

如图7所示为VMS液相产量计算值与平台液相流量计测量值的对比，由图可见，VMS的计算结果与实际测量值也基本吻合。由于实际生产过程中，计量分离器的液量受上下游压力及排液的影响，因此液相流量计测量值的波动幅度比较大。而VMS是根据井口处的仪表参数进行计算，当产量没有变化时，计算得到的结果是稳定的。根据统计，82.8%的计算结果的相对误差小于±10%。

5 结论

（1）虚拟流量计技术目前已是一种较为成熟的软测量技术，相对于实体的多相流量计，其成本低、配置灵活，安装维护简单的特点使其被越来越多的油气田所采用，成为可以起到部分代替实体多相流量计或作为其补充的可靠方案。

（2）虚拟流量计技术在我国已经得到了初步的应用，通过在海上不同类型及规模的油气田使用经验的积累以及相关基础研究的推进，虚拟流量计技术已经得到了进一步完善，此外针对陆上油气田的虚拟流量计技术也将逐步得到应用。

（3）从技术的发展来看，虚拟流量计技术也是油气田流动安全保障系统的重要组成部分，依托该技术可以逐步将水合物预测和抑制、严重段塞流预测及控制、管道蜡沉积预测等技术结合起来，构建出可用于油气田流动系统的在线智能监测系统，在辅助海上油气田开发生产管理决策的同时，也为油气田智慧化提供分析与利用油气数据的重要方式。

参 考 文 献

[1] 陈溯，安鹏，吴刚，等. 海上智能油田建设研究[J]. 石油科技论坛，2020，39(05)：16-23.

[2] 林杨. 非数字原生企业数字化转型实践与认识——以中海石油智能油田建设示范项目为例[J]. 石油钻采工艺，2021，043(004)：552-558.

[3] 李金蔓，周守为，孙金声，等. 数字技术赋能海上油田开发渤海智能油田建设探索[J]. 石油钻采工艺，2022，44(3)：7.

[4] 吴海浩，王智，李清平，等. 虚拟计量系统的研制及应用[J]. 中国海上油气田，2015，27(3)：154-158.

[5] 王智，宫敬，吴海浩，等. 天然气井井口油嘴的流动特性及流量预测[J]. 油气田地面工程，2013，32(12)：1-3.

[6] A. Amin. Evaluation of Commercially Available Virtual Flow Meters[C]. OTC，2015.

[7] G. G. Lunde，K. Vannes etc.，A dvanced Flow Assurance System for the Ormen Lange Subsea Gas Development[C]. OTC，2009.

[8] Qi Kang，Wei Wang，Haihao Wu，Jing Gong. Research on Flow Forecasting Technology of Underwater Production System Based on Multi-Sensor Data Fusion. 2018 ASME Pressure Vessels & Piping Conference. Prague，Czech Republic，July 15-20，2018.

[9] Wang Dan，Gong Jing，Kang Qi，Fan Di，Yang Juheng. Soft Sensing for Gas Condensate Field Production Using Parallel-Genetic Algorithm-Based Data Reconciliation. Journal of Computing and Information Science in Engineering. 2019，Vol 19(4)：1-14.

[10] 康琦，吴海浩，张若晨，等. 面向智能油田的集输管网工艺模拟软件研制. 油气储运. 2021，40(03)：277-286.

[11] 王丹，康琦，杨居衡，等. 基于UKF的海上天然气井数据驱动软测量方法[J]. 天然气工业，2022，42(9)：84-92.

基于粒子群优化算法在储气库用往复式压缩机热力计算及性能研究

范丽林[1]　余国平[1]　倪志良[1]　刘玉刚[1]　齐得山[1]　钱　苏[1]　柳　凯[1]
柴勇齐[1]　常　程[2]

[1. 国家管网集团储能技术有限公司江苏储气库分公司；2. 中国石油大学(北京)]

摘　要　金坛盐穴储气库是我国国内第一座盐穴储气库，可满足我国长三角地区800多万户家庭冬季调峰期燃气需求。往复式压缩机作为储气库注气工艺的核心设备，占站场注气总能耗96%以上，针对往复式压缩机的节能降耗研究能够显著降低储气库的整体能耗。本文以金坛储气库某注气站两台进口天然气往复式压缩机为例，使用CoolProp接口准确获取了储气库工艺气在各工况下的热物性参数，然后使用粒子群优化算法编写了双作用压缩机的热力计算程序。使用粒子群优化算法得到的计算结果与真实流量相比，平均相对误差为1.6%，决定系数R^2为0.99，表明粒子群优化算法能够显著提高往复式压缩机热力计算的准确度，为传统的压缩机热力计算方法提供了新的思路。然后使用算法分别研究了压缩机工艺气组分、进口压力、进口温度等关键参数对往复式压缩机的性能影响。计算结果表明。天然气组分变化导致密度变化剧烈，甲烷摩尔组分从90%增加到94%可使压缩机的日处理量减少106万方。进气压力对排气量的影响最大，压缩比越低，容积流量越高，进气压力从4.5增加至6MPa相应容积流量从170万方/天增加到240万方/天。相较于进气压力，进气温度对压缩机日处理量影响较小，降低压缩机进气温度可减少能源消耗。计算结果可指导运营部门重新制定压缩机的运行方案，从而使得储气库运行更加科学和节能。

关键词　天然气往复式压缩机；热力计算；粒子群优化算法；性能分析

随着我国对天然气能源的需求量不断增长，未来10年，中国天然气的消费能力将突破5000×10^8m^3，天然气对外依存度将超过50%。储气库是天然气管网的重要配套设施，在天然气应急调峰和战略储备中发挥着重要作用，我国储气库经过了20多年的发展，目前建设了27座储气库，具备了100×10^8m^3的调峰能力，未来我国储气库发展前景巨大。大型双作用往复式压缩机排气压力稳定，进排气压力适用范围广，处理气量大，技术成熟，投资成本低且运行稳定因此广泛用于储气库注气工艺。作为储气库注气工艺的核心设备，压缩机总能耗占比达储气库全站能耗的90%以上，因此针对往复式压缩机机组的节能优化运行研究对储气库运行降耗具有十分重要的意义。孙建华等人针对文23储气库建立往复式压缩机性能模拟计算程序，开展了相同工况下各厂家压缩机性能对比模拟计算和工况参数变化对压缩机性能影响模拟计算。刘子晓等以国内某天然气储气库燃气往复式压缩机组为研究对象，开展了气体参数对压缩机组工作效率影响程度的定量分析和预测工作。张静等人针对天然气压缩机不能满足现有工况提出了五种提效节能方案，经过优化计算和可行性分析，将两级压缩改为单级压缩，二级双作用改为单作用并关闭中间冷却器，使得月耗电量降低了25%~28%，经济效益提升明显。Belman-Flores J M等人使用神经网络的建模的方法构建了往复式压缩机的热力计算模型，通过输入压缩机的已知参数来预测压缩机的质量流量、排出温度和能耗。模拟表明，物理模型的平均相对误差低于±10%，使用人工神经网络时的平均相对误差低于±1%。

然而传统的往复式压缩机热力计算过程中存在未知量过多，例如往复式压缩机的压力系数、温度系数和泄漏系数等参数系数与气阀和结构设计等有关，无法准确量化，通常计算时采用固定值并不能很好反映在不同工况下的各参数的变化。此外，压缩比变化较大时天然气等物性参数按照理想气体计算或者基于经验公式存在较大误差。因此，本文以我国金坛盐穴储气库某站往复式压缩机的基本结构数据和现场DCS数据为基础，使用Python语言调用NIST数据库并使用粒子群优化算法进行热力性能计算，分析了在使用粒子群优化算法计算的各参数对天然气往复式压缩机性能的影响，以指导现场压缩机节能优化运行。

1 储气库往复式压缩机组概况

1.1 往复式压缩机基本参数

金坛盐穴储气库某注气站配备了两台美国Ariel JGD-6型双作用往复式压缩机，它们并联运行以提高注气量。每台压缩机在进口压力5.0MPa和出口压力17.0MPa的条件下设计排量为200×10^{4}m^3/d(标准状态下：20℃，1atm)，如表1所示往复式压缩机的基本参数。JGD-6压缩机在一级气缸的缸头端(HE端)配置了可调余隙容积阀VVCP，最小余隙为0.42%，最大余隙容积为123.5%，每旋转一圈，余隙容积增加1.2%。在曲轴端(CE端)则为固定余隙余隙容积。

表1 JGD-6往复式压缩机基本参数

转速/rpm	996
行程/mm	165
一级气缸缸径 mm	222.25
二级气缸缸径 mm	158.75
活塞杆直径/mm	63.5
一级固定余隙-HE	47.78%
一级固定余隙-CE	63.45%
二级固定余隙-HE	24.96%
二级固定余隙-CE	32.78%

1.2 天然气的组分

当地大气压力：0.101MPa，温度为10摄氏度时，对上游管路来气检测得到天然气组分如下：

表2 现场检测天然气组分

组分	摩尔百分数(%)
甲烷(Methane)	96.1
乙烷(Ethane)	1.74
丙烷(propane)	0.58
异丁烷(Isobutane)	0.28
异戊烷(Isopentane)	0.03
正己烷(n-hexane)	0.09
氮气(Nitrogen)	0.56
二氧化碳(carbon dioxide)	0.62

2 往复压缩机热力计算模型

2.1 往复压缩机计算模型

(1) 名义压缩比。

$$\varepsilon=\frac{P_{\mathrm{out}}}{P_{\mathrm{in}}}$$

(2) 双作用气缸工作容积。

$$V_{\mathrm{s}}=n\,\frac{1}{4}\pi(2D^2-d^2)S$$

(3) 容积效率。

$$\eta_{\mathrm{v}}=\frac{V_{\mathrm{ds}}}{V_{\mathrm{s}}}=\lambda_{\mathrm{v}}\lambda_{\mathrm{P}}\lambda_{\mathrm{T}}\lambda_{L}\lambda_{\varphi}$$

其中λ_{v}为容积系数：

$$\lambda_{\mathrm{v}}=1-\alpha\left(\frac{Z_3}{Z_1}\varepsilon^{\frac{1}{k_{\mathrm{T}}}}-1\right)$$

式中，Z_3表示排气终了的天然气压缩因子，Z_1表示进气开始状态的天然气压缩因子。k_{T}为实际温度等熵指数。λ_{P}为压力系数，对于设计优良的压缩机，压力系数在0.95至0.98范围内。λ_{T}为温度系数，主要影响因素为工作气缸周围的温度，而该温度主要取决于压力比及冷却条件，参阅，温度系数在0.93至0.97范围内。λ_L为泄漏系数，可由公式$\lambda_L=1\backslash(1+\sum v_{\mathrm{i}})$计算得到。$\lambda_{\varphi}$为析水系数，因为工艺气气体质量良好，压缩机未设置级间冷却器，没有析出水，故$\lambda_{\varphi}=1$。$\lambda_{\mathrm{v}}\lambda_{\mathrm{P}}\lambda_{\mathrm{T}}$总称为进气系数。

(4) 排气量计算。

$$q_{\mathrm{v}}=V_{\mathrm{hj}}\frac{\lambda_{\mathrm{vj}}\lambda_{\mathrm{pj}}\lambda_{\mathrm{tj}}\lambda_{\mathrm{Lj}}}{\lambda_{\varphi j}\lambda_{\mathrm{cj}}}\frac{p_{\mathrm{sj}}}{p_{\mathrm{s1}}}\frac{T_{\mathrm{s1}}}{T_{\mathrm{sj}}}\frac{Z_{\mathrm{s1}}}{Z_{\mathrm{sj}}}n$$

(5) 多变指数。

$$n=\frac{1}{1-\dfrac{\ln(T_2/T_1)}{\ln(P_2/P_1)}}$$

(6) 实际指示功率。

$$W_i=\sum\frac{n}{60}(1-\delta_{\mathrm{s}})p_1\lambda_{\mathrm{v}}V_{\mathrm{s}}\frac{n}{n-1}$$

$$\{[\varepsilon(1+\delta_0)]^{\frac{n-1}{n}}-1\}\frac{Z_1+Z_2}{2Z_1}$$

式中，P_1为实际进气压力，δ_{s}为进气压力损失，δ_0为总相对压力损失，Z_1为进气是的压缩因子，Z_2为排气时的压缩因子，n为多变指数。

2.2 粒子群算法计算方法

1995年美国学者James Kennedy和Russell

Eherhart 提出了粒子群优化算法，是一种群智能算法。其基本思想是模仿自然界鸟群、鱼群搜索食物的行为方式。传统的迭代法在计算级间压力和温度的时候对初始值的选取具有盲目性，而粒子群优化算法因为记忆性，粒子和群体的历史最好位置可以记忆并传递给其他粒子，使得计算收敛速度更快，在迭代进化中只有最优的粒子把信息传递给其他粒子。

粒子群优化算法的主要步骤：

（1）初始化粒子。本算法共设置 7 个未知量，每个粒子分别代表流量方程的一个解，粒子分别为级间压力，取 6 至 11MPa，一级 HE 端进气系数、一级 CE 端进气系数的约束范围均为(0.91，0.96)，而二级 HE 端进气系数和二级 CE 端进气系数较一级更高，因此将约束范围设为(0.93，0.98)，一级和二级多变指数的范围为(1.32，1.38)，多变指数约接近 1 代表热力过程越接近等温压缩过程，越大则代表越接近绝热压缩过程。

（2）计算目标函数。使用往复压缩机计算模型分别计算指示功率和容积流量等。

（3）评估。计算每一个粒子的适应度；

（4）更新各粒子的历史最佳位置和全局最佳位置，按速度更新公式和位置更新公式计算，其中速度更新公式中的 c1 和 c2 均为 0.4。

（5）终止条件判断，当两级流量的差的平方和小于 0.01 时，计算完成。否则重复步骤 2～5 直到满足终止条件。

终止条件判断公式：

$$n\left(V_{hj}\frac{\lambda_{vj}\lambda_{pj}\lambda_{tj}\lambda_{1j}}{\lambda_{\varphi j}\lambda_{cj}}\frac{p_{sj}}{p_{s1}}\frac{T_{s1}}{T_{sj}}\frac{Z_{s1}}{Z_{sj}}-V_{hj+1}\frac{\lambda_{vj+1}\lambda_{pj+1}\lambda_{tj+1}\lambda_{1j+1}}{\lambda_{\varphi j+1}\lambda_{cj+1}}\frac{p_{sj+1}}{p_{s1}}\frac{T_{s1}}{T_{sj+1}}\frac{Z_{s1}}{Z_{sj+1}}\right)^2<0.01$$

粒子速度更新公式：

$$v_{i,t+1}=v_{i,t}+c_1\times rand_{1i}\times(Pbest_i-x_{i,t})$$
$$c_2\times rand_{2i}\times(Gbest_i-x_{i,t})$$

粒子位置更新公式：

$$x_{i,t+1}=x_{i,t}+v_{i,t+1}$$

3 计算结果

3.1 方法可靠性验证

粒子群算法参数设置：经过不断调优得到当粒子种群设置为 30，学习因子 0.4，全局权重 0.5，最大迭代次数 40 次，目标评分小于 0.01 时，算法能够保证在计算较快的基础上有较好的计算结果。图 2 为粒子群优化算法的计算过程，当平均迭代次数到第 7 次的时候，可以满足计算精准度。

图 1 表示了压缩机入口温度分别为 5.4MPa 等 58 种不同进排气压力和温度下使用粒子群优化算法计算的流量与真实流量的对比，计算结果表明，计算流量与真实流量的平均相对误差为 1.6%，决定系数 R^2 为 0.99，使用粒子群算法能够很好的反映压缩机的实际情况。

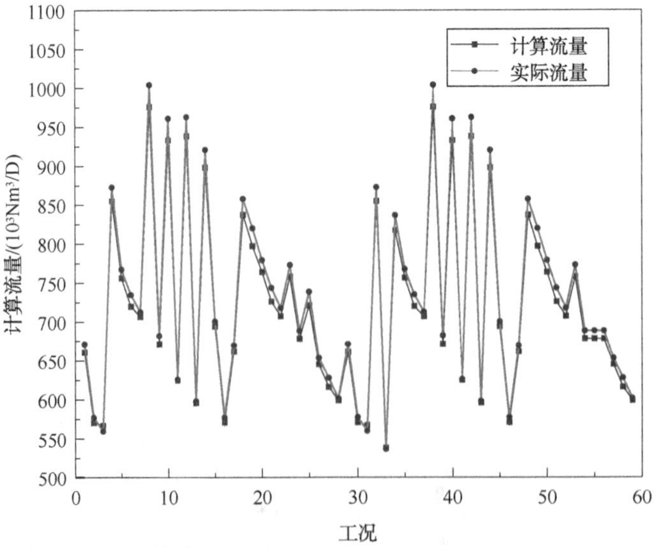

图 1　粒子群优化算法计算流量与真实值流量对比

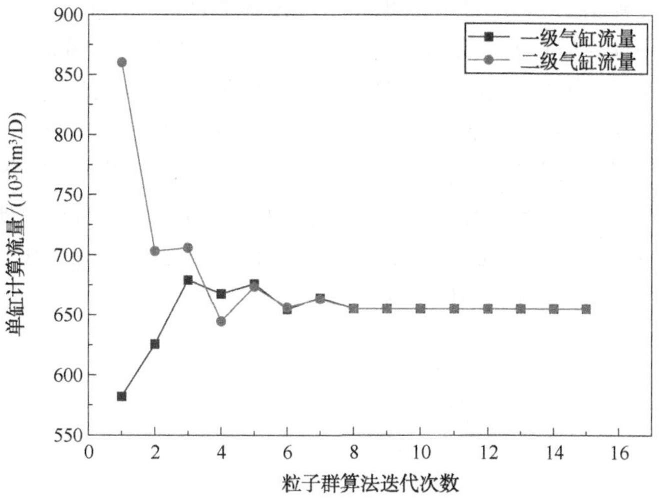

图 2　粒子群优化算法迭代次数的两级气缸计算流量

3.2　天然气气体组分对往复式压缩机的影响

分析天然气气体组分对往复式压缩机的影响，天然气组分设置的方法是在现场测量组分(的基础上，调整甲烷的比例，然后其他组分的相对比例调整其他组分的占比，确保摩尔组分总和为 1。设定 3 组不同的甲烷比例，如表 3 所示，相应的计算结果如图 4 所示。

表 3　不同组分天然气摩尔组分物性表

天然气	甲烷	乙烷	丙烷	异丁烷	异戊烷	正己烷	氮气	二氧化碳
组分一	90.00	4.46	1.49	0.72	0.08	0.23	1.44	1.59
组分二	92.00	3.57	1.19	0.57	0.06	0.18	1.15	1.27
组分三	94.00	2.68	0.89	0.43	0.05	0.14	0.86	0.95

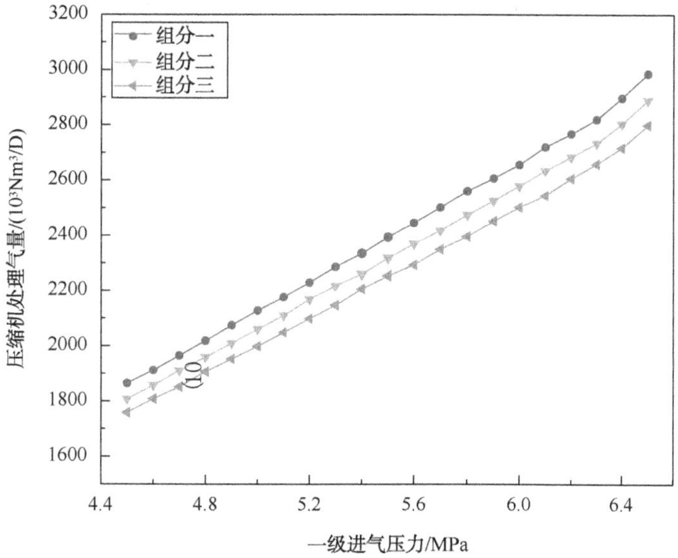

图 4　天然气组分对压缩机处理气量的影响

图 4 展示了天然气组分对压缩机性能的影响。结果表明甲烷的含量越低，压缩机的处理气量则越高，甲烷含量在 90% 和 94% 每日处理气量折合成标况相差约 $106\times10^4m^3$。这是因为天然气的组分的含量影响天然气的密度。甲烷的含量越小，则相应密度越大，所占的空间越小，进入

压缩机的气体则更多，折算值标况下的流量越大。例如组分 1 在 4.5MPa，20℃时的密度为 38.869kg/m^3，此时相应的组分 8 的密度则为 35.018kg/m^3。与此同时，天然气的密度随压力和温度的变化影响也较大，例如现场组分标况下的密度为 0.732kg/m^3，而在二级排气出口压力 15MPa，排气温度为 124℃则为 80.4kg/m^3，密度增加了约 100 倍。这些均使压缩机在不同组分的情况下性能变化较大。

3.3 一级进气压力对压缩机性能影响模拟计算

设定压缩机的进气压力为 4.5～6MPa(压力每次增加 0.1MPa)，排气压力为 15MPa，一级 HE 端的余隙容积为 47.78%，分别计算进气温度 10，15 和 20℃下的压缩机处理气量和单位能耗，计算机结果如图 5 和图 6 所示。

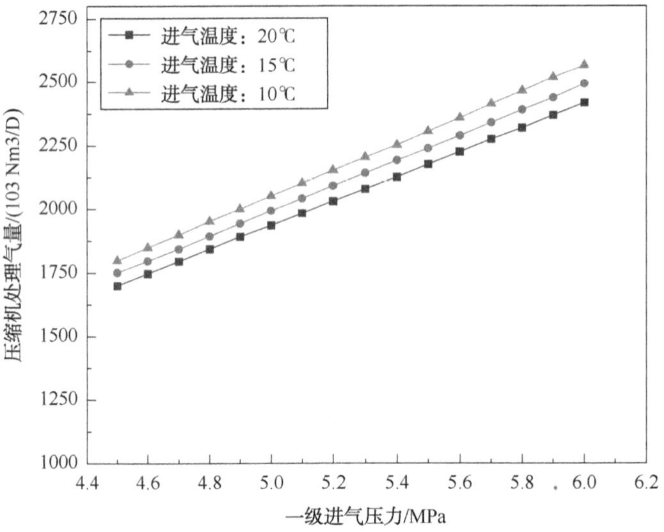

图 5　一级进气压力对压缩机处理气量的影响

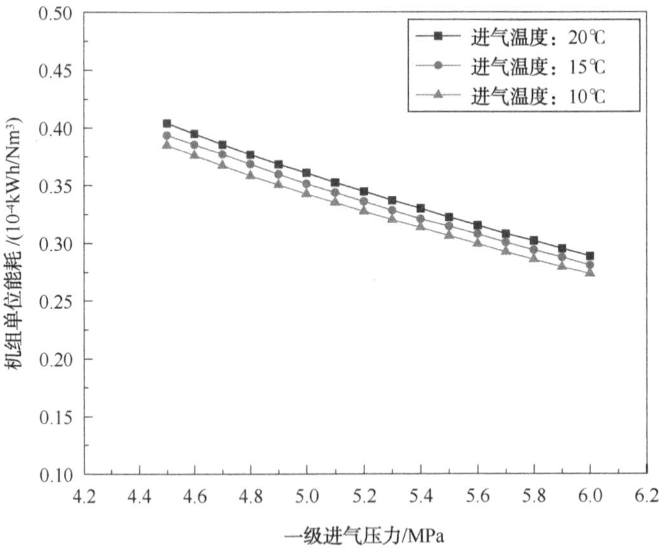

图 6　不同进气压力对压缩机单位能耗的影响

图 5 展示了压缩机容积流量随着一级进气压力的变化情况。进气压力对压缩机的容积流量有着显著的影响，在压缩机二级排气压力保持不变的情况下，一级压力的增大意味着压缩机的总压缩比减小，使得容积流量从 $170\times10^4m^3/d$ 增加到 $240\times10^4m^3/d$(此时进气温度为 10℃)。此外，从图 5 中可以看出，当压缩机的进气温度较低时，压缩机的处理气量相较于进气温度高的时候更多，这是因为进气温度较低使得压缩机的进气密度更高，使得更多的气体进入气缸。图 6 展示

随着压缩机一级进气压力的不断增加，压缩机的单位能耗不断降低，当进气压力从 4.5MPa 增加到 6MPa 时，单位能耗增加了约 1.4 倍。

3.4　一级进气温度对压缩机性能影响模拟计算

分析压缩机的一级进气温度对压缩机性能的影响。使用粒子群优化算法分别计算当进气压力为 4.5MPa、5.0MPa 和 5.5MPa，排气压力为 15MPa 时，进气温度由 5℃依次增大到 22℃的压缩机处理气量和单位能耗。此时一级 HE 端余隙容积为 47.78%。计算结果如图 7 和图 8 所示。

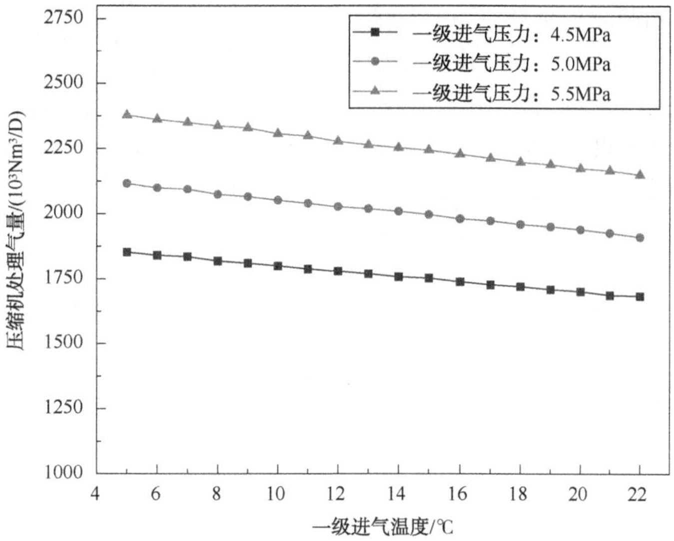

图 7　一级进气温度对压缩机处理气量的影响

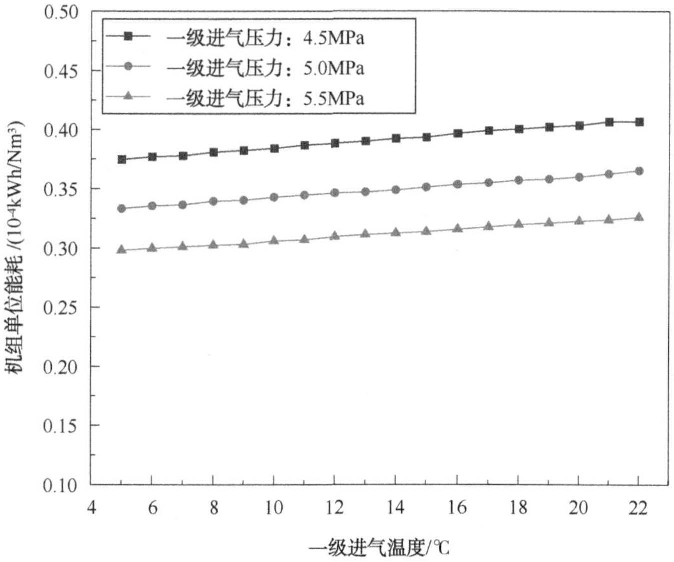

图 8　不同进气温度对压缩机单位能耗的影响

相较于进气压力对压缩机的性能影响，进气温度对压缩机的影响相对较小。图 7 展示了压缩机容积流量随着一级进气温度的变化情况。当进气压力为 5MPa 时，随着进气温度的增加，压缩机的处理气量由 $211\times10^4m^3/d$ 减小到 $191\times10^4m^3/d$，相应的机组单位能耗 0.3331×10^{-4} kWh/Nm³增加到 0.3652×10^{-4}kWh/Nm³，进气温度升高不但使得压缩机处理气量减少，同时也使得压缩机单位能耗上升，因此降低压缩机的进气温度对往复式压缩机的节能有十分重要的意义。

4　结论

（1）基于往复式压缩机的计算特点，成功开发了 python 语言的基于例子群优化算法来计算往复式压缩机热力计算程序，计算流量与真实流量的平均相对误差为 1.6%，粒子群优化算法能很好的解决往复式压缩机热力计算过程中间压力和温度的计算不准问题。

(2) 工艺气组分对压缩机的气量影响主要原因是密度的变化，甲烷的含量越低，压缩机的处理气量则越高，相同的进排气压力和温度不同的情况下，甲烷含量在90%和94%每日处理气量折合成标况相差约$106\times10^4m^3$。进气压力对压缩机的处理气量影响最大，排气压力从10MPa增加到17Mpa，压缩机处理气量可$170\times10^4m^3/d$增加到$240\times10^4m^3/d$。进气温度升高不但使得压缩机处理气量减少，同时也使得压缩机单位能耗上升，降低进气温度可改善压缩机的进气条件，可降低压缩机的单位能耗。

(3) 储气库增压系统性能计算结果和可为储气库压缩机实际表现性能一致，可指导运营部门重新设计压缩机的注气运行方案和日常操作提供一定的指导意义，从而使得储气库注气工艺水平更加高效和经济。

参 考 文 献

[1] 丁国生，魏欢．中国地下储气库建设20年回顾与展望[J]．油气储运，2020，39(1)：25-31.

[2] 杨颖，李世兵，陈子玮，等．电驱式压缩机在地下储气库注气期经济运行的优化方案[J]．天然气勘探与开发，2017，40(3)：102-106.

[3] 曾大乾，张俊法，张广权，等．中石化地下储气库建库关键技术研究进展[J]．天然气工业，2020，40(6)：115-123.

[4] 孙建华，周军，彭井宏，等．文23储气库增压系统性能模拟及优化研究[J]．西南石油大学学报(自然科学版)，2022，44(2)：123-134.

[5] 刘子晓，梁伟．气体参数对燃驱压缩机效率影响的对比分析与预测[J]．北京石油化工学院学报，2017，25(4)：59-64.

[6] 张静，李楠，宋渊娟，等．长庆油田某增压站天然气增压机组提效节能技术研究[J]．流体机械，2023，51(5)：97-104.

[7] BELMAN-FLORES J M，LEDESMA S，BARROSO-MALDONADO J M，等．A comparison between the modeling of a reciprocating compressor using artificial neural network and physical model [J/OL]. International Journal of Refrigeration，2015，59：144-156. DOI：10.1016/j.ijrefrig.2015.07.017.

[8] 李锦龙，冯乐军，宫兰华，等．基于复算性热，动力计算的往复式压缩机参数分析[J]．石油化工设备，2012，41(5)：81-85.

[9] 杨颖，李世兵，陈子玮，等．电驱式压缩机在地下储气库注气期经济运行的优化方案[J]．天然气勘探与开发，2017，40(3)：5.

[10] 刘佳宁，刘得军，钱步仁，等．基于NSGA_Ⅱ的地下储气库注气节能优化运营研究[J]．天然气工业，2017，37(1)：7.

[11] Wang D，Tan D，Liu L. Particle swarm optimization algorithm：an overview[J]. Soft computing，2018，22：387-408.

[12] Marini F，Walczak B. Particle swarm optimization (PSO). A tutorial[J]. Chemometrics and Intelligent Laboratory Systems，2015，149：153-165.

[13] Wang L，Liu G B，Zhao Y Y，et al. Performance comparison of capacity control methods for reciprocating compressors[C]//IOP Conference Series：Materials Science and Engineering. IOP Publishing，2015，90(1)：012029.

[14] Belman-Flores J M，Ledesma S，Barroso-Maldonado J M，et al. A comparison between the modeling of a reciprocating compressor using artificial neural network and physical model[J]. International Journal of Refrigeration，2015，59：144-156.

[15] 屈宗长．往复式压缩机原理[M]．西安交通大学出版社，2019.

[16] 郁永章，孙嗣莹．压缩机工程手册[M]．中国石化出版社，2012.

[17] 王凌寒，车强．往复式天然气压缩机现场应用的优化浅析[J]．石油石化节能，2018，8(9)：6. DOI：10.3969/j.issn.2095-1493.2018.09.013.

[18] 钟铮，何睿，何鹏，等．天然气压缩机流量调控系统执行机构参数分析及设计[J]．流体机械，2021(049-009). DOI：10.3969/j.issn.1005-0329.2021.09.010.

原油管道生产运行多源数据分析应用系统建设实践探索

田　娜[1]　郁振华[2]　徐俊平[2]　柳建军[1]　李新俊[1]　王思远[1]　刘　刚[3]

（1. 昆仑数智科技有限责任公司；2. 国家管网集团东部原油储运有限公司；3. 中油国际管道有限公司）

摘　要　我国所产原油80%为含蜡原油，普遍具有凝点高、黏度大、低温流动性差的特点，为管道输送带来诸多挑战，生产运行风险高、调度管控难度大。为提升生产调度工作效率、降低调度人员工作量，利用机理模型和人工智能算法构建生产运行多源数据分析模型，进行原油管道基础类、化验类、监控类、业务类数据对齐整合及分析挖掘，探索建设具有工况监视、界面实时跟踪、安全出站参数预测预警、管道运行摩阻预测、管道工况智能识别、系统参数配置功能的生产运行多源数据应用管理系统，实现运行安全预测、预警分析，提高原油管道整体运行效率和风险管控水平。

关键词　原油管道；生产运行；机理模型；人工智能；生产运行多源数据分析

1　概况

截至2022年底，中国大陆建成油气长输管道里程累计达到15.5万千米，其中原油管道里程约3.2万公里，根据国家能源局发布的《中长期油气管网规划》中的数据，2025年我国原油管道总里程将增长至3.7万公里。伴随着管道总里程的不断增加，管道运输的安全保障成为了越来越不可忽视的研究内容。我国所产原油80%为含蜡原油，普遍具有凝点高、黏度大、低温流动性差的特点，为管道输送带来诸多挑战。此外，管道数字化程度不足，难以有效全面监控运行情况，生产运行数据未充分挖掘分析，不能对潜在风险进行及时预警，这进一步增大了管道运行风险。

近年来，随着长输原油管道信息化建设不断发展，已经实现管线生产运行业务域的信息化管理模式，实现管线生产运行进出站温度、压力、输量等参数全天候、全时段监测，积累了大量结构化、非结构化及实时性数据资产。但是，这些数据资产并未得到有效融合应用，数据分散、标准不一，数据价值未充分挖掘。鉴于“工业互联网+安全生产”行动计划，为提升管道安全运行管理水平，亟需集成原油物性、土壤温度、SCADA运行等多源数据，融合应用新一代信息技术与原油管道机理模型，进行运行安全预测、预警分析，辅助生产调度决策。

2　原油管道生产运行数据现状

目前，原油管道已经积累了大量建设期和生产运营期的数据，可划分为基础类数据、化验类数据、监测类数据、业务类数据四大类数据。

2.1　基础类数据

管道基础数据涵盖设计数据、施工数据、竣工数据、改造数据，主要是管线在设计、建设、更新改造及大修理过程中产生的数据，涉及管道、泵、加热炉、储罐等实体数据，具体内容如下。

2.1.1　管线数据包括：设计输量、设计压力、管长、管径、壁厚、防腐层厚度、保温层厚度、里层、高程、站间管容等。

2.1.2　泵数据包括：站名、泵机组编号、输油泵型号、额定流量、额定扬程、轴功率、NPSHr、电机功率、额定转速等。

2.1.3　加热炉数据包括：站名、型号、热负荷、额定流量、最低流量等。

2.1.4　储罐数据包括：站名、罐类、罐号、罐直径、罐高、罐容等。

2.2　化验类数据

由于原油管道内所输油品来源不同，以鲁宁

原油管道为例，2021 年自黄岛上岸进口原油种类不少于 20 种，即使同一品种原油物性也存在较大波动，需定期对所输原油物性及流变性进行检测，检测数据包括：密度、凝点、水含量、硫含量、蜡含量、机械杂质、析蜡特性、反常点、全黏温关系(凝点以上 2℃ ~ 60℃)、屈服应力、平衡剪切应力、热值、比热容、胶质含量、沥青质含量等。

此外，国内某些原油管道上加装油品物性在线监测系统，可实现油品物性数据的实时监测与采集，采集数据包括黏度、温度等。

2.3 监测类数据

原油管道监测数据主要包括 SCADA 系统采集数据、土壤温度监测数据、泄漏监测数据、设备运行监测数据等。

2.3.1 SCADA 系统采集数据

SCADA(Supervisory Control And Data Acquisition)系统，即数据采集与监视控制系统。对于输油管道系统而言，SCADA 系统主要由中控系统、站控系统、RTU 系统、自动化仪表和执行机构组成。原油管道 SCADA 系统采集数据包括：进站温度、出站温度、进站压力、出站压力、罐液位、输量、阀前压力、阀后压力等。

2.3.2 土壤温度监测数据

国内大部分原油输送管道，采用加热输送。对于加热输送管道，运行参数除受到管内油品物性影响外，还受到管道周围土壤温度场、土壤自然温度场等的影响。只有掌握管道周围土壤温度场、土壤自然温度场，才能准确确定管内油品运行参数。目前，进行管外土壤温度监测的方法有探针监测系统和光纤监测系统。土壤温度探针监测系统可实现管道横截面温度监测，可实现管道周围土壤温度、土壤自然温度数据实时采集；光纤监测系统利用管线沿线现有光缆可实现管道沿线土壤温度监测，二者测量结果互为补充。

2.4 业务类数据

原油管道生产运行业务数据主要包括计划、调度运行、运销计量、能耗等数据，具体内容如下。

2.4.1　计划数据包括：年度计划数据、月度计划数据。

2.4.2　调度运行数据包括：调度日报、调度令、运行记录、作业计划及完成情况数据。

2.4.3　运销计量数据包括：运销日报、运销月报、原油化验单、计量交接凭证等。

2.4.4　能耗数据：能耗日报、能耗月报、能耗年报等。

3 原油管道生产运行多源数据挖掘分析关键技术

目前原油管道生产运行业务仍以设备监控与人工分析为主，决策、执行等环节需业务人员参与主导，更多依赖业务人员经验分析，导致生产运行工作量居高不下。有必要积极探索综合运用人工智能技术及理论知识，将生产运行数据、知识及经验进行有效管理和应用的方法，提升原油管网调控水平。经总结归纳，涉及关键技术包括生产运行多源数据库建设、生产运行多源数据对齐整合、生产运行多源数据分析模型构建三个方面。

3.1 生产运行多源数据库建设

针对目前生产运行数据分散、标准不统一等问题，搭建生产运行多源数据库，按照统一的标准，汇聚已有的基础类数据、化验类数据、监测类数据、业务类数据，打通多个数据系统间连接关系，供生产运行多源数据挖掘分析使用，为各类生产应用提供数据支持。

在生产运行多源数据库建设中，经历了需求分析阶段、概念结构设计阶段、逻辑设计阶段、物理设计阶段及数据库实施维护阶段，形成了概念数据模型、逻辑数据模型、物理数据模型。(图 1)

3.2 生产运行多源数据对齐整合

生产运行多源数据对齐整合是进行数据挖掘分析应用中的关键一环。原油管道生产运行数据既涉及设计、施工、竣工、改造方面的基础数据，又涉及运行阶段的物性化验数据、运行监控及业务数据；既涉及静态数据，又涉及实时动态数据。由于数据时间跨度大、数据结构复杂导致数据呈现杂乱无序、繁琐冗余、孤立分散等现象。数据对齐整合处理就是将杂乱无序、繁琐冗余、孤立分散的管道生产运行数据实现按时间维度、空间维度、业务维度“三维一体”的有序、去重、关联、集中管理，对齐整合示意图。（图2）。

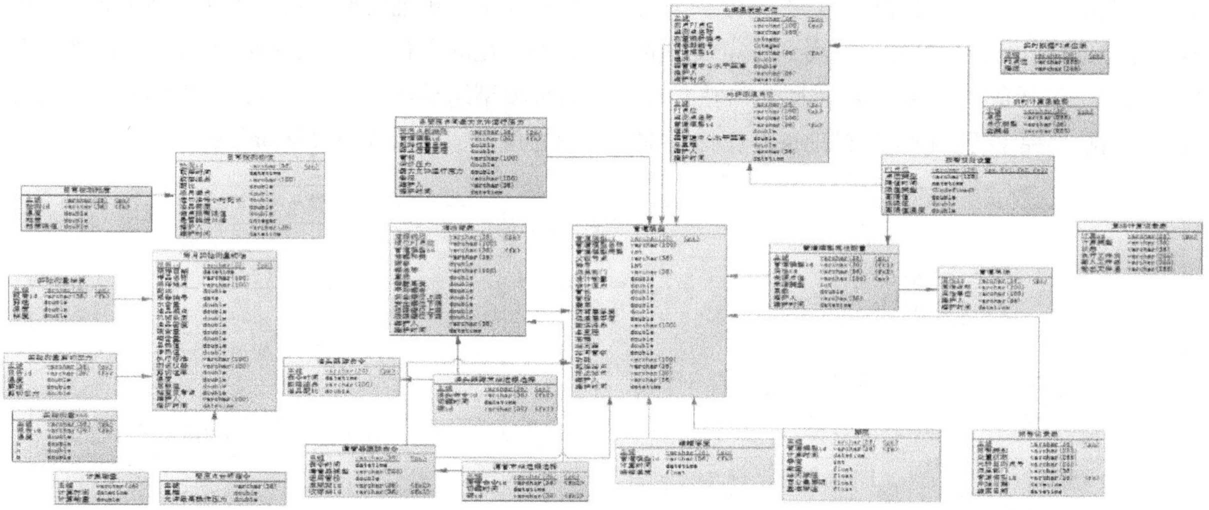

图 1　逻辑数据模型示意图

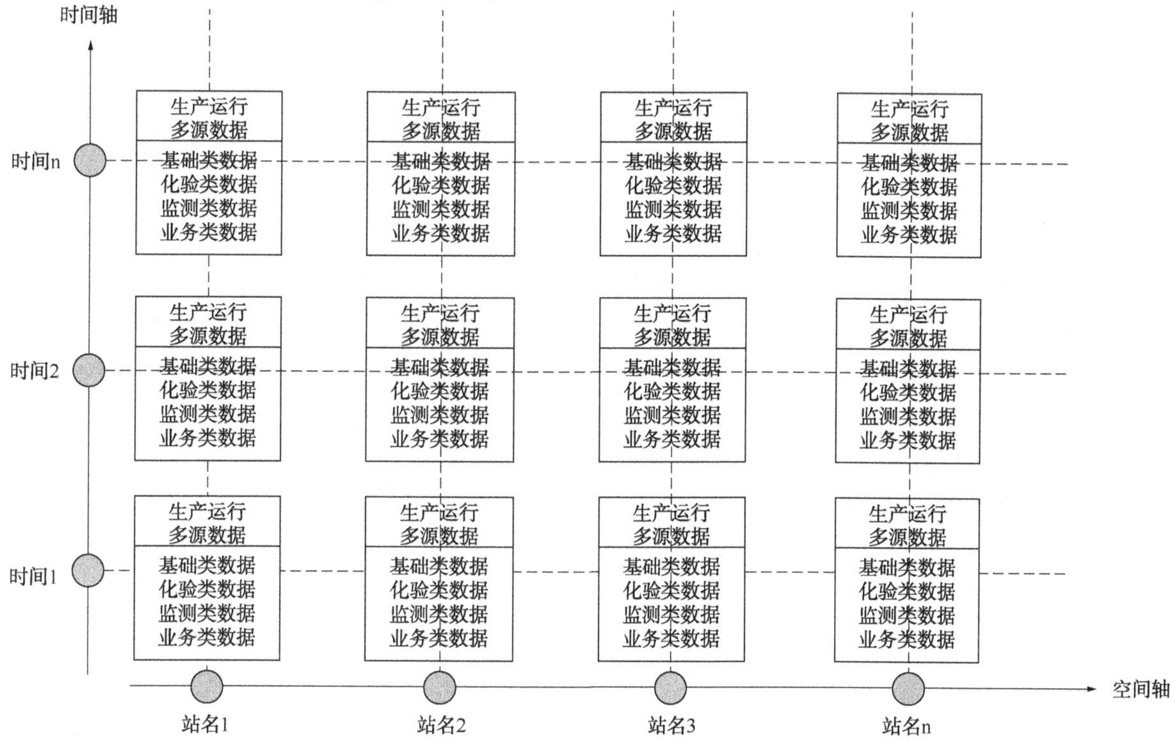

图 2　生产运行多源数据对齐整合示意图

3.3　生产运行多源数据分析模型构建

生产运行多源数据分析模型涉包括机理模型和人工智能算法模型。机理模型的优点是参数具有非常明确的物理意义，不足：一是影响因素多，二是需理想化的简化处理进而影响准确性，并不能完全和实际结果吻合，有时甚至相差甚远。人工智能算法模型的优点是预测结果准确，不足：一是需要大量的数据，二是数据的分布必须合理，三是分析方法得恰当，否则存在于数据之上的模型可能和事实并不吻合。系统分析模型构建过程的指导原则为，依据解决的业务问题，选择合适的算法模型，寻求机理模型与人工智能算法模型互补融合之道。

3.3.1　机理模型

原油管道机理模型分为稳态模型和动态模型。根据质量守恒、能量守恒等基本方程，按照不同边界条件进行推导处理，可得到特定设备的算法模型，包括管道模型、泵模型、加热炉模型、油品物性模型等。(图3)机理模型支持正常工况、异常工况(异常或事故工况)分析计算。由于原油长输管道具有点多、线长、面广的特点，属于埋藏于地下的隐蔽工程，生产运行影响因素众多，机理模型复杂，机理模型推导过程进行理想化的简化处理，影响模型计算准确性。但机理模型结果可为生产运行决策提供支持，从机理的角度辅助业务因果推断分析。

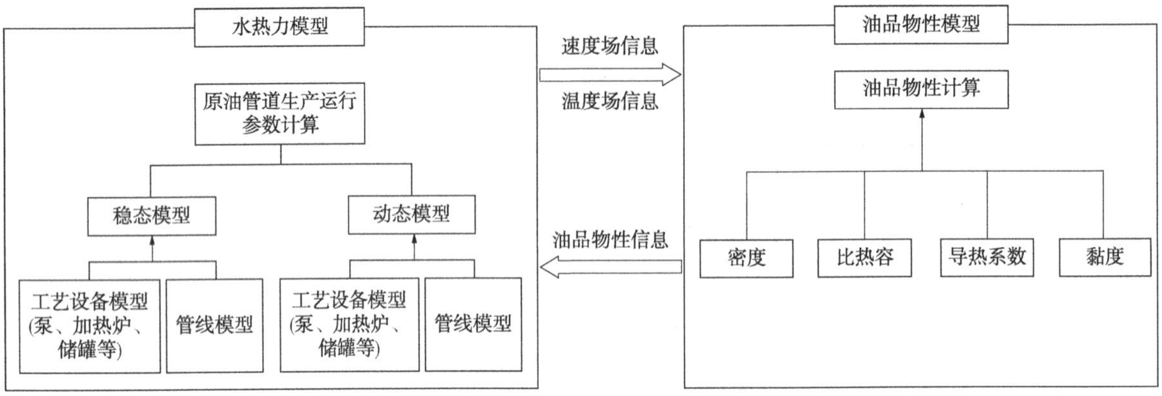

图3　原油管道机理模型计算逻辑示意图

3.3.2　工智能算法模型

人工智能诞生于1956年达特茅斯会议，会上，麦卡锡首次提出了“人工智能”这个概念。人工智能主要通过机器学习实现，机器学习算法分为监督学习、无监督学习、半监督学习、强化学习。监督学习，输入数据既有特征值，又有目标值；无监督学习，输入数据仅有特征值；半监督学习，输入数据有特征值，但一部分数据有目标值，一部数据没有目标值；强化学习，是一个动态过程，上一步数据的输出是下一步数据的输入。机器学习流程包括数据基本处理、特征工程、机器学习模型训练、模型评估等。(图4)进行机器学习，影响预测结果准确性的关键在于数据处理和特征工程的实施。

(1) 监督学习算法包括：k-近邻算法、贝叶斯分类、决策树、随机森林、逻辑回归、神经网络等。

(2) 无监督学习算法包括：聚类k-means、降维等。

(3) 半监督学习算法包括：生成模型算法、自训练算法等。

(4) 强化学习算法包括：马尔科夫决策、动态规划等。

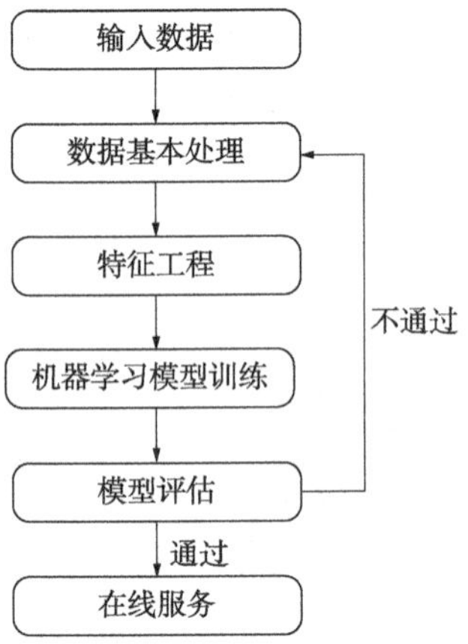

图4　人工智能算法计算逻辑示意图

4　生产运行多源数据分析应用建设实践

当前，国内原油管道存在生产运行问题主要包括：一、管道步入老龄化阶段，存在管线安全输送余量不足、工艺参数监测种类不全的问题；二、管道生产运行数据分散、标准不统一；三、管内所输油品80%为含蜡原油，普遍具有凝点高、黏度大、低温流动性差的特点，易发生凝管、泄漏等事故，生产运行管控难度大。充分调研国内外生产运行智能分析研究现状，建设具有工况监视、界面实时跟踪、安全出站参数预测预警、管道运行摩阻预测、管道工况智能识别、系统参数配置功能的生产运行多源数据分析应用系统，基于机理模型和人工智能算法模型，利用基础类、化验类、监测类、业务类多源数据，实现运行安全预测、预警分析，提高原油管道整体运行效率和风险管控水平。

4.1 实现安全出站参数实时预测预警

基于时间轴、空间轴，调取油品物性检测数据、运行工艺监测数据、土壤温度监测数据、大气环境监测数据、顺序输送油品批次数据等多源数据(对于非实时采集数据，无同时段数据则取邻近时段的数据)，利用稳态机理模型，以最低进站温度、压力为限制条件，实现各站出站温度安全值、出站压力安全值的实时预测预警，避免凝管事故发生。

4.2 实现原油管道运行摩阻实时预测

基于时间轴、空间轴，调取 SCADA 监测的进出站压力、温度、输量、储罐液位、大气环境监测数据、油品物性、批次数据等多源数据，选取 SVM、KNN、决策树、LSTM 机器监督学习 4 个算法分别建立摩阻预测模型，经比较发现采用长短期记忆人工神经网络(LSTM)方法建立的摩阻预测模型效果较好，并将训练和评估好的模型用于原油管道运行摩阻实时预测模块开发。

4.3 实现油品界面及清管器实时跟踪

基于时间轴、空间轴，调取原油顺序输送批次数据、储罐液位数据、基础数据(管道、储罐)等多源数据(若进行清管器跟踪，需加入清管器收球筒、发球筒、投入管道时间等相关数据)，基于进入管道的油品体积，分别构建相应的油品界面实时跟踪、清管器实时跟踪算法模型，实现油品界面及清管器运行位置的实时跟踪，并实现界面距到站 2 小时提前进行预警，为站场调度人员接收油品操作提供业务决策支持。

4.4 实现原油管道工况智能识别

基于时间轴、空间轴，调取 SCADA 系统各个站场的进出站压力、流量、设备状态量(泵、阀门等)、报警数据等参数，结合业务专家的工况判断规则，利用决策树算法建立原油管道工况智能识别模型，实现正常工况、异常工况、紧急工况智能识别，对于提升生产应急处置效率、降低调度人员工作量具有重要意义。

5 未来展望

原油管道生产运行多源数据分析应用系统建设，利用机理模型、人工智能算法，已经实现了生产运行跟踪监视、参数预测预警、工况智能识别等智能化应用探索实践，标志着国内原油管道生产运行已经迈入智能化阶段。但是，目前的应用建设仍处于试点阶段，并未实现全部原油管道或者原油管网整体推广实施建设，距离在管网资源统一调配的基础上实现管输智能调度、应急智能决策、站场无人值守等智能化应用还有差距。

未来，基于生产运行计划、调度、应急等业务实际，借助云计算、物联网、大数据、移动应用、人工智能、自动化控制等信息技术及算法模型，不断进行深化研究及实践探索，无人控制的、安全高效的、绿色低碳的智能化管网建设终极目标必将实现。

参 考 文 献

[1] 国家发展改革委．国家能源局．关于印发《中长期油气管网规划》的通知：发改基础[2017]965[EB/OL](2017-05-19)．https://www.ndrc.gov.cn/xxgk/zcfb/ghwb/201707/t20170712_962238_ext.html.

[2] 李涛，孙延吉，王会军等．大数据在油气长输管道应用的现状及未来发展方向[J]．石油化工自动化，2020，(6)：10-14，18.

[3] 工业和信息化部应急管理部．“工业互联网+安全生产”行动计划(2021-2023 年).

[4] Q/DBCY 0127—2022. 鲁宁原油管道工艺运行规程[s]．2022.

[5]《．输油管道调控运行技术》编委会．输油管道调控运行技术[M]．北京：石油工业出版社，2018：3.

[6] 牛殿国，李兴涛，禹胜阳等．含蜡原油管道含蜡量计算及加剂油头跟踪方法[J]油气储运，2014，33(6)：619-628.

[7] 高新楼，况明．含蜡原油管道最低允许进站温度的确定[J]．油气储运，2002，21(11)：17-21.

[8] 郭祎，于达，宋进舟等．国家管网体制下成品油管道批次界面跟踪技术[J]油气储运，2023，42(6)：601-611.

[9] 柳建军，孙法峰，沈亮等．输油管道运行摩阻预测数据模型与应用[C]．2023年中国油气田与长输管道无人值守站建设技术交流会，2023：212-219.

[10] 于涛，刘丽君，陈泓君等．长输油气管道大数据挖掘与应用[J]．物联网学报，2020，4(3)：112-119.

[11] 柳建军，黄龙，薄叶会等．基于LSTM方法的用气负荷预测的燃气管网运行方案预测[C]．2023年中国油气田与长输管道无人值守站建设技术交流会，2023：212-219.

[12] Hochreiter，S.，& Schmidhuber，J.（1997）. Long short - term memory. Neural computation，9（8），1735-1780.

管网在线仿真模拟技术在胜利油田海洋采油厂的应用实践

郝明辉　张希余　王元胜

（中国石化胜利油田分公司海洋采油厂）

摘　要　随着胜利海洋采油厂开发规模的不断扩大，油田集输管网越来越复杂，目前的监控系统只能实现本站库监控，各自为战，生产系统相互关联互相影响，管理难度越来越高。通过利用管网仿真模拟技术，结合胜利海洋采油厂数字化自动化建设成果，以油田生产井、阀组、处理站、联合站及其管网系统基础物理属性、云端化采集的实时生产参数开发生产工艺智能化仿真技术，实现对生产系统温度、压力、流速及水合物生成条件等参数的实时在线分析预警和离线一键智能化工况仿真优化生产运行方案。为油田集输管网系统安全、高效的生产管理提供智能化的应用技术。

关键词　集输管网；仿真；智能化

1　引言

胜利海洋采油厂数字化及自动化的建设基本实现了井口、站场及管线主要工艺节点参数的采集，但对于管线的状态、环境、介质、工艺等相关信息的智能化获取和可视化展示能力仍较为不足，目前的监控系统只能监控并指导本站库的运行，无法做到上下游站库间的系统问题后的提前预警及统筹运行，后台缺少对集输管网模型管线流速、压降、温降等参数进行核算分析计算能力，难以对工艺运行参数的趋势进行进一步分析预测，尚无对集输工艺的运行状态及整体优化调控的分析工具，随着集输系统规模及复杂程度的不断增长，亟需针对各环节的优化及措施建议开发智能化的应用技术手段。

结合胜利海洋采油厂数字化自动化建设成果及生产管理智能化需求，进行了集输管网 WEB 端建模（混输管线）、管网模拟及运行方案优化一系列应用技术开发及建设，完成了海四采油管理区中心三号平台 CB4A-CB4E 支线 9 个平台、78 口井、10 条混输管线的管网仿真模型和海五联至气站输气管线仿真模型的建立，实现 30 多公里管线的在线模拟分析，监测管网工况，进行异常数据分析诊断，优选管网运行方案，推送异常信息并判断天然气水合物生成条件降低集输管线安全风险，形成海陆原油一体化管控的智能化决策分析工具，实现各站库的整体运行，保障整个海陆原油系统稳定运行。

2　集输管网仿真技术

2.1　WEB 端管网拓扑建模技术

基于数智化新技术发展趋势，采用 B/S 架构，前端采用 HTML5、SVG、CSS3 等最新网页技术，后端根据落地技术选型，灵活适配 JAVA/.NET/PHP 等开发技术。JavaScript 采用 jQuery 库及 ES6 最新标准（基于面向对象思想）进行编程开发，加强代码的可读性及后期可维护性。SVG 绘图部分调用 D3.js 强大的绘图基础工具库。（图 1）

组件化构建设备元件：元件包含点、线、核三大部分，对应 Element、Node、Line、Core 4 个类，基于组件化封装实现快速构建图元。

系统支持元件在面板上进行绘制添加、删除、连接、节点捕捉、属性赋值等基本操作，以及画布平移缩放等画布基本操作。（图 2）

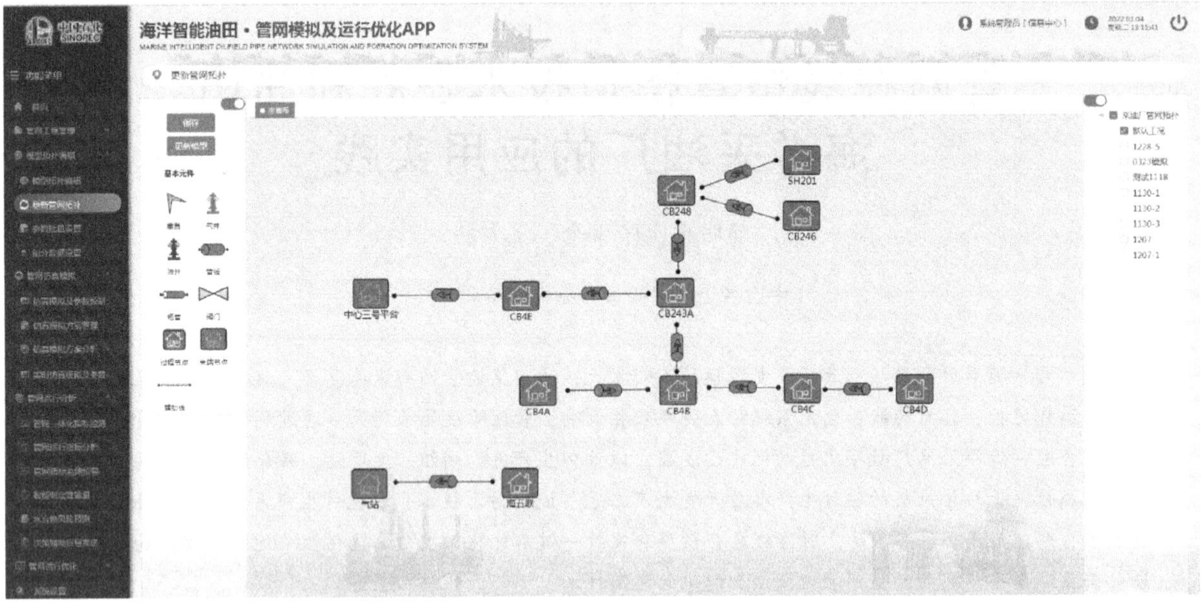

图 1　管网拓扑建模

编号	操作名称
1	画布平移
2	画布缩放
3	元件绘制
4	元件选择
5	元件框选
6	元件删除
7	元件移动
8	元件拖动
9	元件变形
10	元件连接
11	元件断开
12	元件复制
13	元件剪切
14	元件粘贴
15	查看属性
16	属性赋值
17	保存
18	打开
19	拓扑分析

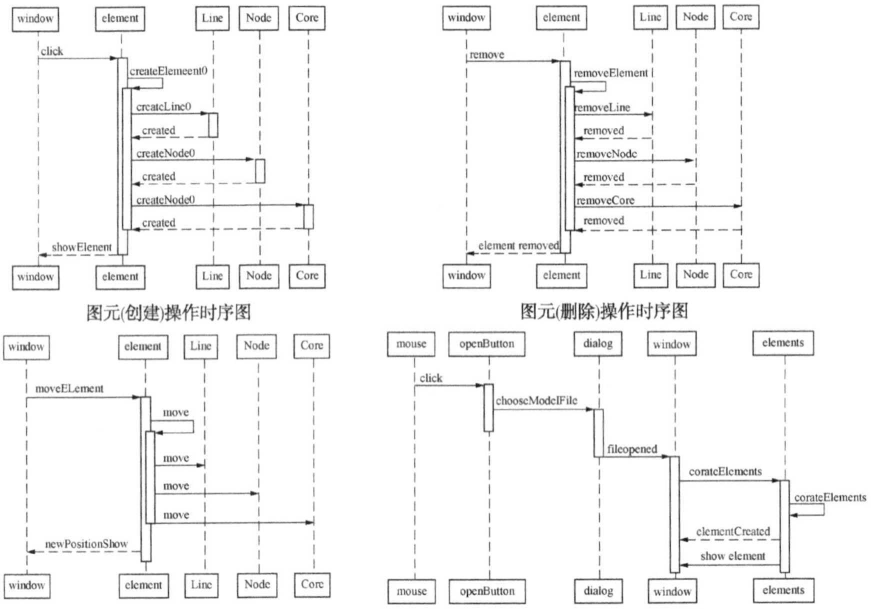

图 2　图元(移动)操作对序图

2.2　商业仿真模拟器集成

该商业仿真模拟器是一款行业领先的多相流稳态流动模拟软件，提供了众多经过严格论证的流体物性及多相流计算方法，包含了目前行业公认的多相管流计算模型，同时提供了行业标准的黑油相关式和组分模型进行流体物性预测，可以模拟计算从轻油到重油的所有范围原油物性，可以表征粘度高达数万厘泊的稠油油藏。对于组分模型可以进行水合物生成模拟和预防分析、结蜡和沥青质生成计算等功能。

基于模拟器接口与生产数据相结合，实现管网运行与开发生产的动态匹配。减少人工收集、处理计算管网运行相关参数的时间，利用系统参数处理计算模型，提高参数准确性及仿真模拟精度，提高工作效率、减少重复工作量。实现数据共享，减少仿真模拟专业软件的依赖。(图 3)

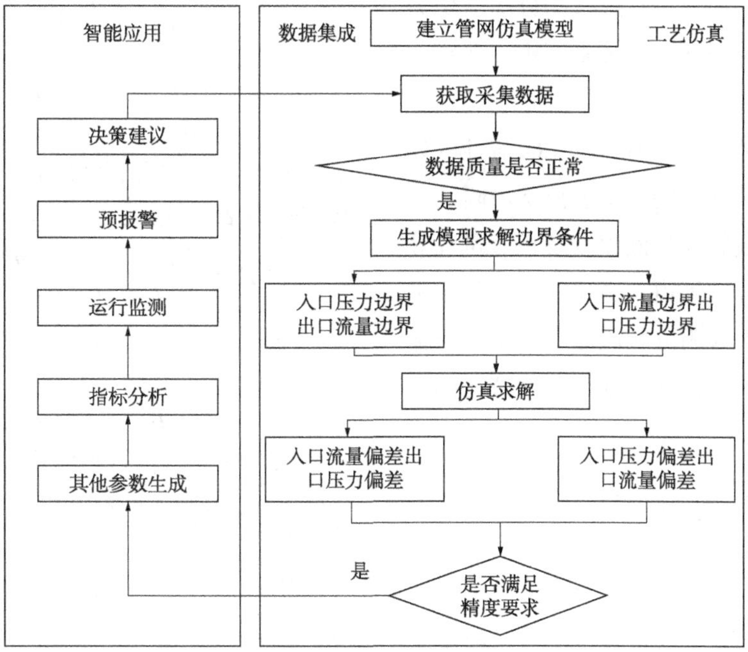

图 3 仿真模拟技术路线

3 集输管线水合物在线预测

管线积液问题和水合物预防是集输管网输送需要关注的两个重要问题。管线中的积液来源主要包括天然气进入两相区而产生的凝析液，当气液流动滑差较大时，受气相的携液能力及管道倾角等影响，管线内不同位置液相所占据的管道流通面积不同，液相的存在不仅使管道内输送气体的通道减小，同时也是管道内腐蚀的重要因素之一，同时也是管内生成水合物的必要条件之一。此外，气液两相流动较为复杂的压降和温降规律也会导致生产管理的难度增加，因此及时准确的掌握集输管线内积液和水合物生成风险，对于油田生产与管理的安全、高效运行具有重要意义。

随着多相流动研究的深入与计算机技术的发展，以集输管线气液混输问题为代表的通过数值模拟手段，及时准确再现或预测管内流动及进行流动分析已成为集输管网运行管理的重要技术之一。集输管线积液及水合物风险预测是通过对集输管网进行模拟获得管内气液相分布及流动参数计算得到管线内温压分布、相含率、水合物生成条件及液相含量，从而为生产管理提供必要信息。气液两相输送管道流动模型基本可分为均相模型、漂移流模型和流型模型，目前流型模型应用最为广泛，其以气液相各自的连续性方程、动量方程、混合能量方程及状态方程等封闭关系构成非线性偏微分方程组，由于在数值求解方面的非线性问题理论分析的困难，对于分相流流型模型方程组的求解还在不断发展，目前主要有有限差分法、有限体积法等。国际上已有部分工艺模拟软件可以进行集输管线或管网的模拟，如 HYSYS、OLGA、PIPEPHASE、PIPESIM 等，软件的预测结果与输入条件十分相关，而各软件对于多相流动的预测并不完全相同，使用实际数据进行检验与校核对于预测的准确性也十分重要。

目前，本研究项目涉及海五联至气站输气管线。在集输过程中，随着运行压力和温度的变化，存在冷凝水及液烃析出的可能，此外，随着油田不断开发，地层边底水将陆续采出，进入地面集输管线，对于油田部分敷设环境及管输介质复杂的集输管道，液体如聚积在管线的低点，可能会引起如下问题：

（1）降低管道的有效输送截面积，导致管输效率降低；

（2）减小管线过流面积，导致输送阻力增加，能耗增加；

（3）在一定压力、温度条件下存在水合物生成风险；

（4）产生地形段塞流，导致末端分离器压力和液位剧烈波动，给正常生产带来困难，严重时会导致停产；

（5）当输送气体为高含 H_2S 和 CO_2 酸性气体时，还会导致管线腐蚀加剧，增加泄漏风险。

流动模拟是集输管线积液预测及积液量计算的前提，对于油田集输管道，其流动特性与水平管路存在显著差异。采用分相流流型模型对集输管道内的流动进行一维描述，则管内气液相的连续性方程分别为：

$$\frac{\partial}{\partial t}(\rho_g \varphi A)+\frac{\partial}{\partial x}(\rho_g v_g \varphi A)=\Delta m_g$$

$$\frac{\partial}{\partial t}(\rho_l H_l A)+\frac{\partial}{\partial x}(\rho_l v_l H_l A)=\Delta m_l$$

其中，$\Delta m_g=-\Delta m_l$，相间质量传递一般可采用相平衡计算得到。

气液两相的动量守恒方程分别为：

$$\frac{\partial}{\partial t}(\rho_g \varphi A v_g)+\frac{\partial}{\partial x}(\rho_g v_g^{22} \varphi A^2)+\frac{\partial}{\partial^2 x^2}(P\varphi A)$$

$$=\Delta m_g v_{gi}-\Gamma_{gw}-\Gamma_{gi}-\rho_g g\varphi A\sin\theta$$

$$\frac{\partial}{\partial t}(\rho_l H_l A v_l)+\frac{\partial}{\partial x}(\rho_l v_l^2 H_l A)+\frac{\partial}{\partial x}(PH_l A)$$

$$=\Delta m_l v_{li}-\Gamma_{lw}-\Gamma_{li}-\rho_l g H_l A\sin\theta$$

气液相的混合能量方程为：

$$\frac{\partial T}{\partial t}+v_m\frac{\partial T}{\partial x}=\frac{U\pi D_0(T^e-T)}{\rho_m c_{pm} A}+\frac{(1+\alpha_{hm}c_{pm}\rho_m)}{\rho_m c_{pm}}\frac{dP}{dt}$$

其中，

$$\rho_m=\alpha_g\rho_g+\alpha_l\rho_l$$

$$c_{pm}=\beta_g c_{pg}+(1-\beta_g)c_{pl}$$

$$\rho_m v_m=\alpha_g\rho_g v_g+\alpha_l\rho_l v_l$$

$$\alpha_{hm}=\beta_g\alpha_{hg}+(1-\beta_g)\alpha_{hl}$$

$$v_m=\alpha_g v_g+\alpha_l v_l$$

对于气液相的流体物性，采用如下的状态方程进行计算。当管内气、液两相处于平衡状态，各相具有相同的温度、压力，同一组分 i 的逸度相等，即：

$$f_i^V=f_i^L$$

或：

$$\varphi_i^V y_i P=\varphi_i^L x_i P$$

以气相混合物总体积 V 和温度 T 为独立变量可得气相混合物中 i 组分的逸度系数 φ_i 计算式：

$$RT\ln\left(\frac{f_i}{y_i P}\right)=RT\ln\varphi_i$$

$$=\int_V^{\infty}\left[\left(\frac{\partial P}{\partial n_i}\right)_{T,V,n_j}-\frac{RT}{V}\right]dV-RT\ln Z$$

对于状态方程，PR 计算量小，适用于轻烃体系，其表达式为：

$$P=\frac{RT}{v-b}-\frac{a(T)}{v(v+b)+b(v-b)}$$

或：

$$Z^3-(1-B^*)Z^2+(A^*-2B^*-3B^{*2})Z-(A^*B^*-B^{*2}-B^{*3})=0$$

其中 Z 代表压缩因子，v 代表体积，$A^*=\frac{aP}{R^2T^2}$，$B^*=\frac{bP}{RT}$，$v=\frac{ZRT}{P}$。

则可得到计算气相或液相混合物中 i 组分逸度 f_i 的公式：

$$\ln\frac{f_i}{Px_i}=\frac{b_i}{b}(Z-1)-\ln(Z-B^*)-\frac{A^*}{2\sqrt{2}B^*}\left(\frac{2\sum_{j=1}^{c}x_j a_{ij}}{a}-\frac{b_i}{b}\right)\ln\left(\frac{Z+2.414B^*}{Z-0.414B^*}\right)$$

给定某节点的总摩尔为 F_m，组分数为 c，并假定其中的气、液相处于平衡状态。可以通过闪蒸来计算气相摩尔数 V、液相摩尔数 L。

根据物料平衡方程：

$$F_m=V+L$$

$$F_m z_i=Vy_i+Lx_i \quad 1\leqslant i\leqslant c$$

通过迭代求解：

$$\sum_{i=1}^{c}\frac{z_i(K_i-1)}{(K_i-1)e+1}=0$$

即可得到气液各相的组成。

在气液两相流流动模拟中持液率的计算具有重要的地位，同样也是积液预测的重要前提。气液两相不同的流动型态对应着不同的持液率计算方法，如下表所示，气液两相的流型常规会被分为泡状流、封层流、环状流和段塞流四种。通过流型界面的几何关系求解可求得界面参数，从而计算持液率。

对于分层流，气液相流动被一层光滑的分界面隔开，气相在上部液相在下部流动，这只有在液相和气相速度很低时才出现。

当气相以分离的离散气泡散布在连续的液相中，气泡趋向于沿管道上半部流动，这种流型即为泡状流，泡状流在含气率低时出现。

当气体流速更高时，分界面处的波浪被激起与管道上部管壁接触，并形成以高速沿管道向前推进的弹状块，随着气相速度的进一步增大，变形气泡发展为段塞流。

当气体流速继续再升高时，就形成气核和环绕管周的一层液膜，液膜不一定连续地环绕整个管周，受重力的影响，管子下部的液膜较厚，在气芯中也夹带有液滴。

表 1　流型截面几何关系

	泡状流	分层流	环状流	段塞流
	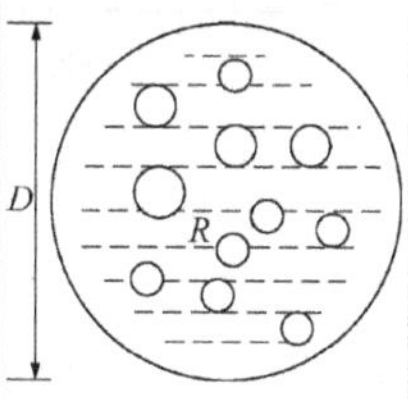	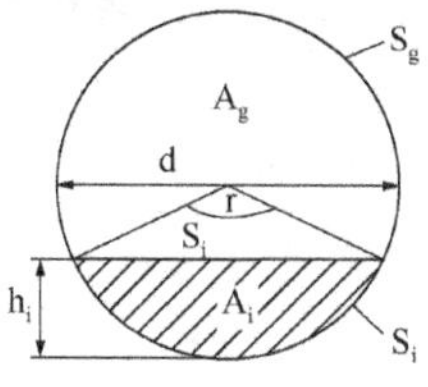	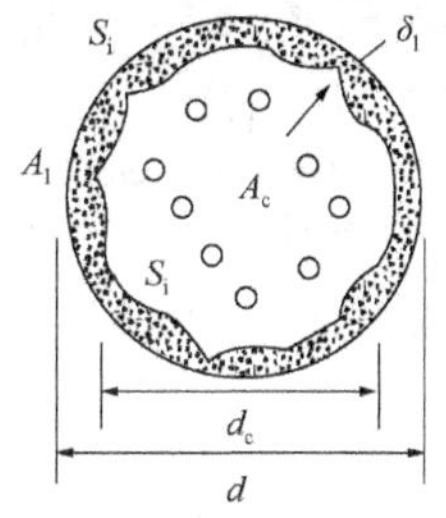	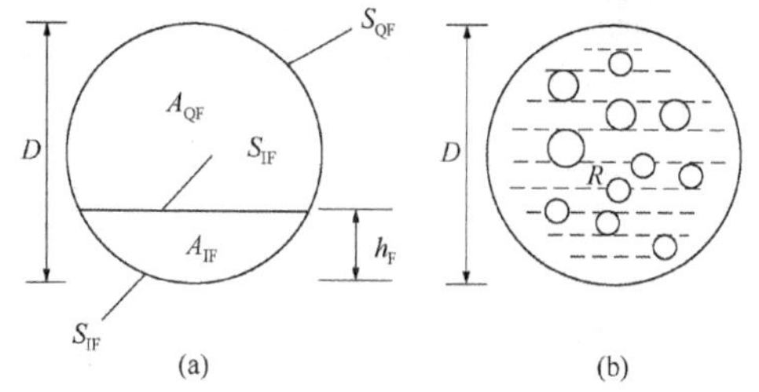
S_g	0	$d\left(\pi-\frac{\gamma}{2}\right)$	0	$d\left(\pi-\frac{\gamma}{2}\right)\frac{L_f}{L_u}$
S_l	πd	$d\frac{\gamma}{2}$	πd	$\frac{\pi d L_s+d\frac{\gamma}{2}L_f}{L_u}$
S_i	0	$d\sin\frac{\gamma}{2}$	πd_c	$d\sin\left(\frac{\gamma}{2}\right)\frac{L_f}{L_u}$

气液管流持液率表示在流通截面上液相所占的面积比例，用于描述管线内液体的分布规律，通过对管线进行积分则可进一步计算得到管内积液量。由于式中均为离散变量，可采用 Simpson 法进行数值积分。

$$\int_{x_1}^{x_2} H_l \rho_l A dx = m_l^t$$

以某集输管线为例，其计算模拟结果如图 4~8 所示，如图 4 该管线输送流体的水露点线及水合物生成曲线，图 5~图 7 管线沿线的压力、温度和持液率分布，基于此可计算得到该管线内总积液量为 1030.7m³，图 8 管线内温压状态与水合物生成条件的对比，从图中可以看出管线当前运行状态位于水合物生成曲线右侧，所以该管线虽有凝液析出但该运行条件下不会生成水合物。

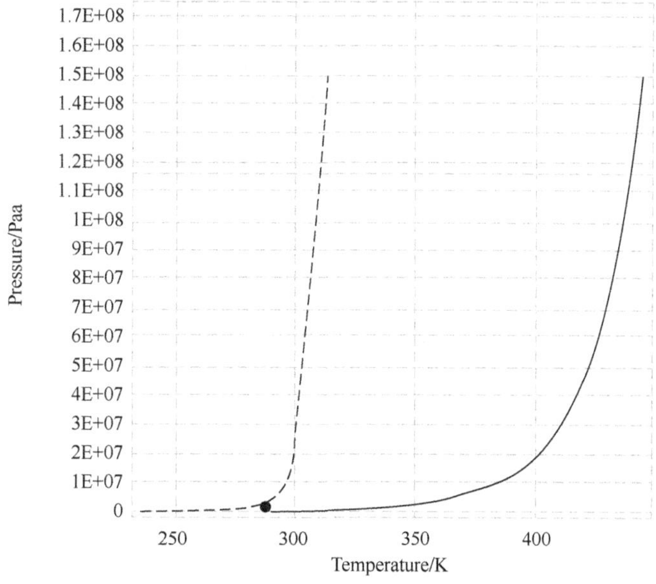

图 4　某井天然气产物水露点线及水合物生成曲线计算结果

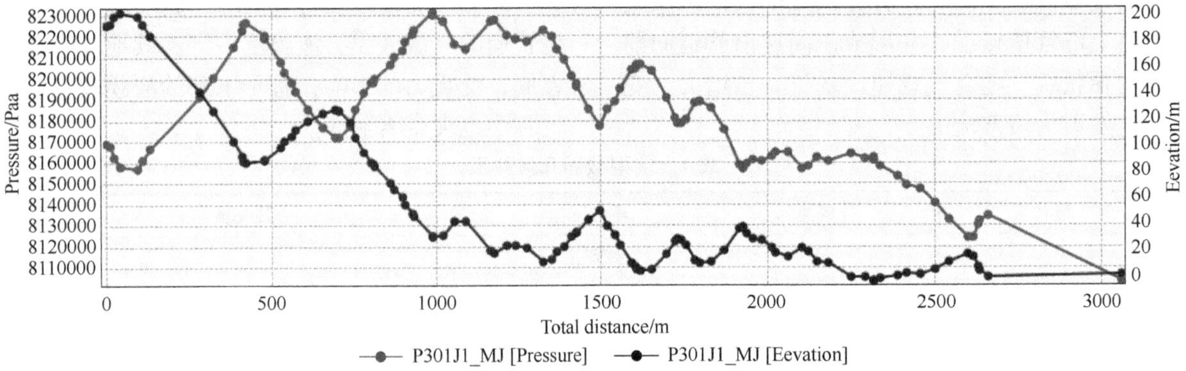

图 5　某集输管线沿线压力分布计算结果

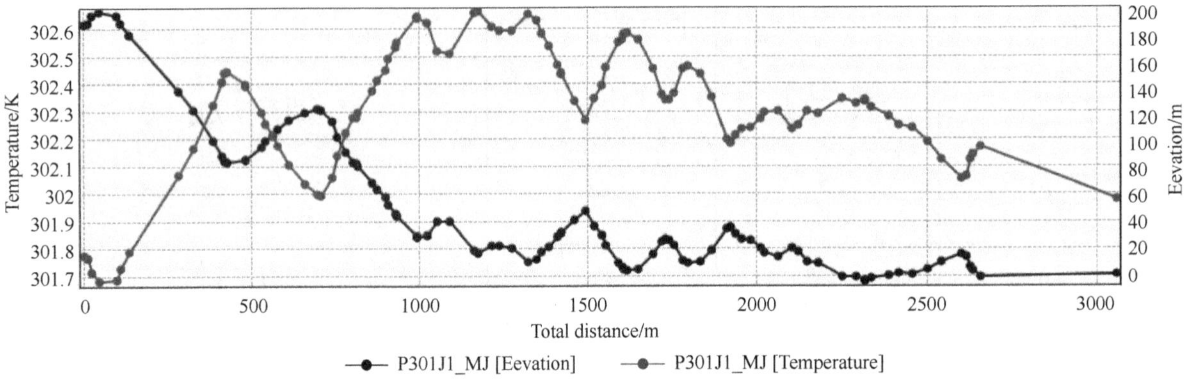

图 6　某集输管线沿线温度分布计算结果

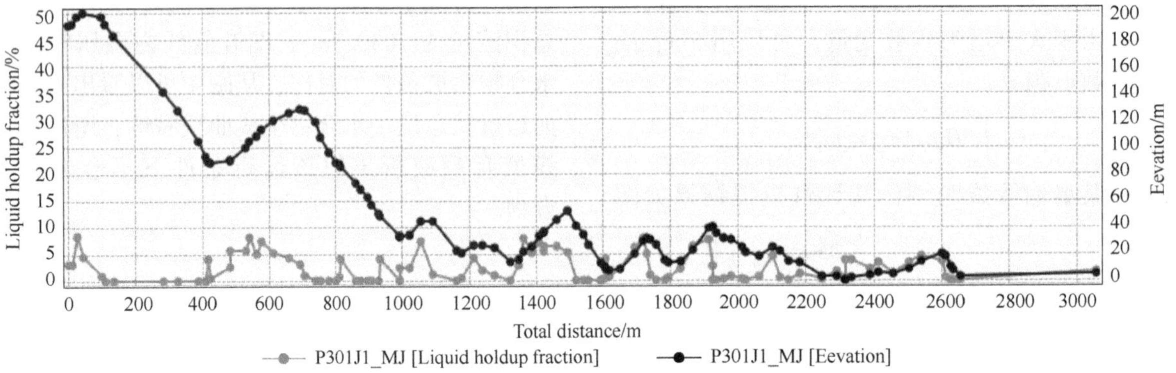

图 7　某集输管线沿线持液率分布计算结果

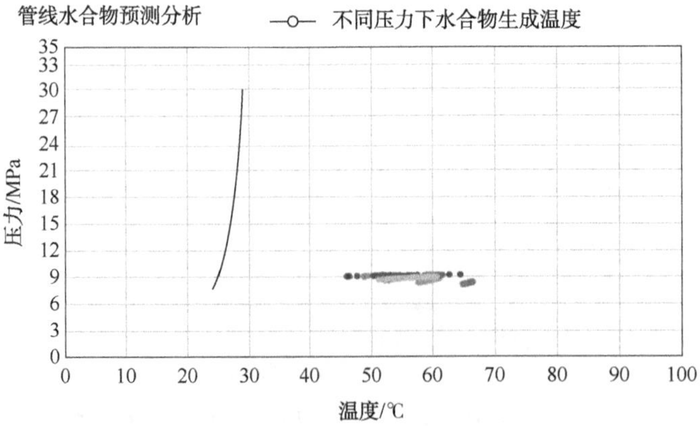

图 8　某集输管线运行状态与水合物生成状态计算结果

4 管网运行方案优化

针对管网运行方案，利用仿真模拟引擎进行基础水热力计算，通过层次分析法，以运行安全性、管输量、运行效率等单目标或多目标建立层次指标体系，以标度方法构造判断矩阵，耦合指标权重计算关联系数矩阵，获得综合关联度进行单线或整体管网运行方案优选，充分考虑各个方案管网压力、输量等分布情况，从管输量最大、管道运营压降最小、管网压力安全指数最小、管网运营温度与运营压力下水露点温度之差最大、管网调峰储气量最大进行考虑进行综合评价。

建立运用仿真技术确定多套管网运行方案(仿真模拟方案)-建立综合评价指标体系-通过方案决策技术优选最佳方案的管网运行优化模式。管网运行优化方案多目标决策系统的架构主要包括3个层次的内容：

(1) 对于管网系统，根据其工艺和模拟得出的多套运行方案的特点，针对性地建立综合指标评价体系。

(2) 设立综合评价系统，运用多种评价方法对模拟得出的多套运行方案进行评价，以避免单一评价方法对管网系统的不适应性。

(3) 对综合评价方法进行筛选，甄别出最合理的评价方法，依据该评价方法获取最优方案。

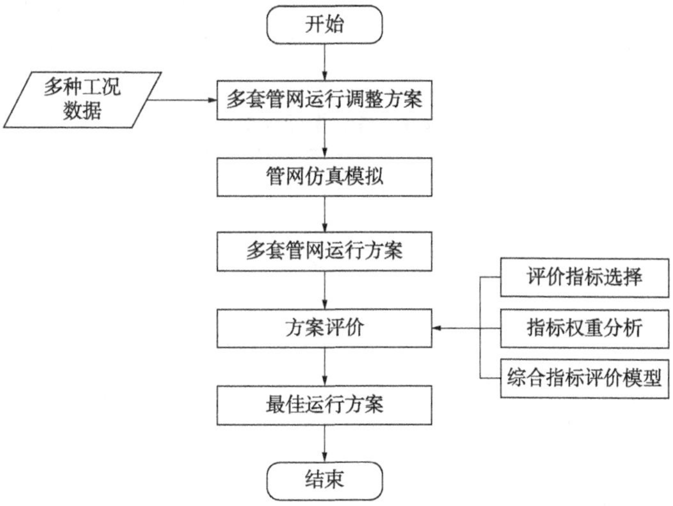

图9 管网运行优化技术路线

层次结构模型一般包括目标层、准则层和方案层等几个基本层次。在递阶层次模型中，通过两两比较判断的方式确定每个层次中元素的相对重要性，并用定量的方法表示，进而建立判断矩阵。然后利用数学方法计算每个层次的判断矩阵中各指标的相对重要性权数。最后通过从最底层依次往上层递阶的方法，得到全部指标相对于目标的重要程度权数。天然气管网评价指标有如下三个：

(1) 管道运营输量指标

管道运营输量指标指在设计压力范围内，管网能够供给的最大气量。

(2) 管网运营安全指标

压力波动是影响管网安全运营的重要因素之一。

(3) 管网资源供给的可持续性

管网资源供给的可持续性指管网的调峰储气量指标，可以使用对管网的调峰储气量进行计算获得。

4.1 应用层次分析法计算综合评价指标权重

评价指标体系的建立是以最优的运行方案为目标，构建了输气管道调度方案评价指标体系。(图10)

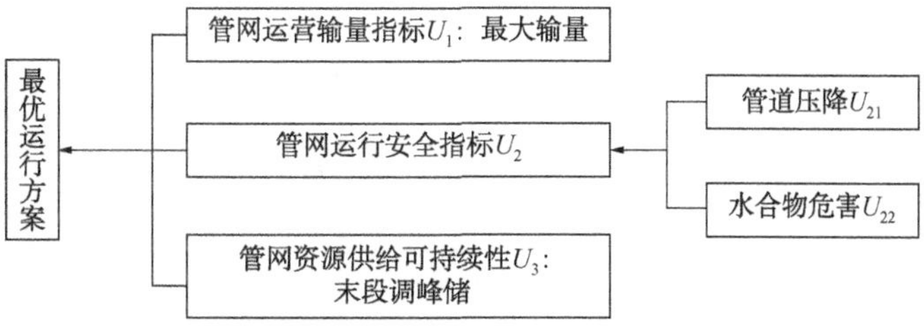

图10 最优的运行方案

采用 1~5 标度方法，准则层及各指标层的比较判断矩阵用如下：

（1）确定两两判断比较矩阵：

$$A=\begin{bmatrix}1 & 1/3 & 1/2\\ 3 & 1 & 3\\ 2 & 1/3 & 1\end{bmatrix}\ (U_1,U_2,U_3)\quad A_1=\begin{bmatrix}1 & 2\\ 1/2 & 1\end{bmatrix}\ (U_{21},U_{22})$$

（2）求判断矩阵的反对称矩阵按照《1》式求解反对称矩阵 B：

$$B=\begin{bmatrix}0 & -0.4771 & -0.3010\\ 0.4771 & 0 & 0.4771\\ 0.3010 & -0.4771 & 0\end{bmatrix}\ (U_1,U_2,U_3)$$

$$B_1=\begin{bmatrix}0 & 0.3010\\ -0.3010 & 0\end{bmatrix}\ (U_{21},U_{22})$$

（3）求解对应万的最优传递矩阵按照《2》式求解最优传递矩阵 C：

$$C=\begin{bmatrix}0 & -0.5774 & -0.2007\\ 0.5774 & 0 & 0.3768\\ 0.2007 & -0.3768 & 0\end{bmatrix}\ (U_1,U_2,U_3)$$

$$C_1=\begin{bmatrix}0 & 0.3010\\ -0.3010 & 0\end{bmatrix}\ (U_{21},U_{22})$$

（4）导出的拟优一致矩阵按照《3》式求解拟优一致矩阵 V：

$$V=\begin{bmatrix}1 & 0.2647 & 0.6300\\ 3.7795 & 1 & 2.3810\\ 1.5873 & 0.4200 & 1\end{bmatrix}\ (U_1,U_2,U_3)\quad V_1=\begin{bmatrix}0 & 2\\ 1/2 & 0\end{bmatrix}\ (U_{21},U_{22})$$

（5）计算权重，根据下表可计算得到得各级指标的权重如表 2 所示：

表 2 各级指标权重

目标层	准则层	权重	一级指标	权重
输气管道调度方案	管道运营输量指标 U_1	0.1571		
	管网运营安全指标 U_2	0.5936	管道压降 U_{21}	0.6667
			水合物危害 U_{22}	0.3333
	管网资源供给的可持续性 U_3	0.2439		

4.2 灰色关联评价算法应用

依据多层次灰色关联评价能够针对评价对象的多层次结构的特点，首先利用层次分析法计算出各层指标相对于上层目标的权重，然后从最底层开始，在充分考虑各指标相对权重的基础上，利用关联系数与权重的乘积对该层进行综合评价，并将评价结果作为上一层次的原始指标值，构造综合关联度进行评价。这种方法能充分体现多个评价指标之间的关联关系。步骤如下：

（1）建立多层次指标结构体系。

（2）选择合适的标度方法，构造两两比较判断矩阵。

（3）采用改进的层次分析法求得各指标权重。

（4）建立各级指标的调度方案数据集，确定最优指标序列，并对各级指标数据集进行归一化处理，得到若干个关联系数矩阵。

（5）对指标进行单层次评价：

$$R_{ik}=W_{ik}\delta_{ik}^{T}=[W_{ik1}\quad W_{ik2}\quad \cdots \quad n]\begin{bmatrix}\delta_{1ik1} & \delta_{1ik2} & \cdots & \delta_{1ikn}\\ \delta_{2ik1} & \delta_{2ik2} & \cdots & \delta_{2ikn}\\ & \cdots & \cdots & \\ \delta_{mik1} & \delta_{mik2} & \cdots & \delta_{mikn}\end{bmatrix}$$

式中：$\delta_{ik}=\begin{bmatrix}\delta_{1ik1} & \delta_{1ik2} & \cdots & \delta_{1ikn}\\ \delta_{2ik1} & \delta_{2ik2} & \cdots & \delta_{2ikn}\\ & \cdots & \cdots & \\ \delta_{mik1} & \delta_{mik2} & \cdots & \delta_{mikn}\end{bmatrix}$为指标相对各最优指标值得关系系数矩阵；$\delta_{1ik1}$为第一个方案的第 $ik1$ 个指标的关联系数；M 为方案数；n 为指标个数；W_{ik}为第 i 种方案第 k 个指标与第 k 个最优指标的关联度；R_{ik}为 m 个方案的单层次评价结果矩阵。

6）计算综合关联度。把 R_i（$1=1, 2, \cdots, p$）作为指标体系准则层的原始指标，对最后一层计算综合关联度：

$$R=WR_i=\begin{bmatrix}R_1\\ R_2\\ \cdots\\ R_p\end{bmatrix}=[W_1\quad W_2\quad \cdots \quad W_p]$$

$$\begin{bmatrix}r_{11} & r_{21} & \cdots & \delta_{m1}\\ r_{12} & r_{22} & \cdots & \delta_{m2}\\ & \cdots & \cdots & \\ r_{1h} & r_{2h} & \cdots & \delta_{mh}\end{bmatrix}=[r_1\quad r_2\quad \cdots \quad r_p]$$

式中，p 为准则层的指标个数；W 为权重；R_i 为单层次评价结果矩阵。

最后以多层次综合关联度[r_1　r_2　…　r_p]的大小为依据，对多个调度方案的优劣做出评判。关联度越大，方案越优。

4.3 最优管网运行方案评价

综合考虑管网运营最大输量指标、管网压降指标、水合物危害、管网末段调峰储气量，建立综合评价模型。根据综合评价模型结果得出调度方案各指标的相对优劣和总体优劣程度。评价结果所得到总流量值，风险值，调峰储气量为各个准则层评价指标值的归一化结果，取值范围为，值越大表明该方案的该指标越优，反之表明该指标越差。综合关联度为各个方案所有准则层指标的加权求和值，取值范围也在之间，值越大，表明该方案总体越优；反之，方案越差。以综合关联度大小为依据，对方案优劣进行排序，从中可以直观的看出各方案的优劣。(图 11)

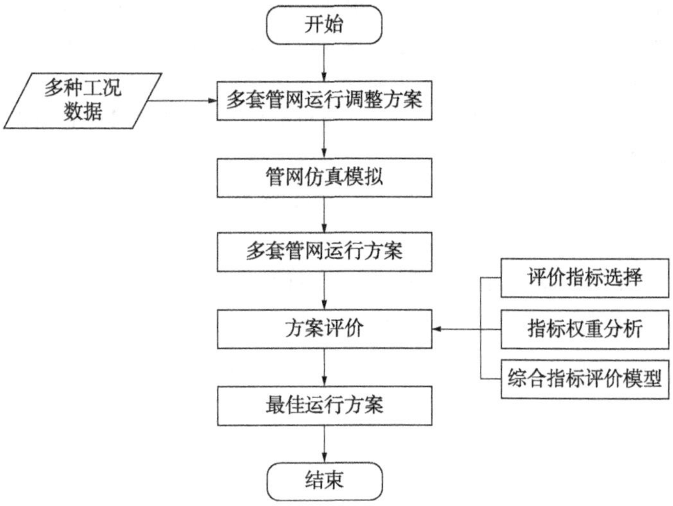

图 11　评价结果

5 结论

对于油田集输管网系统的生产运行管理，利用强大的后台计算引擎不仅可以模拟与优化提升油气田生产管理安全与效率，同时也是油气田数字化建设成果服务于实际开发生产工艺与运行管理智能化发展需求国内外各大油田的典型应用，更是数据落地、科学赋能和技术创造效益的一个重要举措。安全生产和提质增效是油气行业数字化智能化建设的根本需求，通过集输系统在线模拟与运行优化技术的开发应用为胜利海洋采油厂集输管网的运行优化、安全预警等提供必要功能，提升油田精细化生产管理和保障决策能力。

参 考 文 献

[1] 张宁宁，李清方，郑峰等．大牛地气田管网系统仿真模拟及优化[J]．油气储运，2014，33(3)：5.

[2] 梁建斌．基于 GIS 管网仿真模拟系统的开发及应用[D]．太原理工大学，2006.

[3] 沈孝风．输气干线管网瞬态模拟仿真与优化技术研究[D]．中国石油大学，2010.

[4] 黎洪珍．天然气集输管网稳动态仿真模拟基本原理及应用探索[J]．天然气与石油，2001，019(003)：3-7.

[5] 苏欣，张琳，袁宗明等．某气田集输管网水合物防治工艺分析[J]．天然气技术，2007，1(4)：3.

[6] 赵悦．某油田气举管网水合物形成分析及防治研究[D]．中国石油大学(北京).

[7] 孙啸．渤海油田某天然气管网水合物预测与防治技术研究[D]．西南石油大学．

[8] 樊栓狮，陈玉娟，郑惠平等．利用管网压力能制备天然气水合物的调峰新技术[J]．天然气工业，2010(10)：4.

缓蚀剂在储气库采气系统中的分布预测

黄剑华　魏晓峰　丰先艳

［辽河油田(盘锦)储气库有限公司］

摘　要　STZ 储气库为枯竭油气藏型储气库，存在 CO_2 腐蚀风险，采用加注缓蚀剂来控制腐蚀。为确定采气系统缓蚀剂的经济加注量及工况变化对缓蚀剂分布的影响，本文采用 Fluent 研究了不同加注量与工况条件下缓蚀剂在水平管道中的分布情况，通过数据拟合得到了管道末端缓蚀剂的浓度预测模型。结果表明，随着缓蚀剂加注量的增加，缓蚀剂在管道内的浓度变化规律为先上升后下降，超过 $0.48L/10^4m^3$ 加注量时缓蚀剂在管道内有效浓度会有所减少；随着输气量的增加，缓蚀剂在管道内的分布会更加均匀，延长缓蚀剂在管道内的保护距离。

关键词　储气库；天然气；缓蚀剂加注；Fluent 模拟；分布预测

STZ 储气库为枯竭油气藏型储气库，对采气系统进行气质检测时发现 CO_2 分压超过 0.021MPa，存在一定腐蚀风险。近年来，缓蚀剂得益于其性价比在石油和天然气行业中应用最为普遍，决定采取缓蚀剂加注方案降低采气系统腐蚀风险。

曲国建、卓柯、Liu 和杨露等学者借助 Fluent 软件研究了缓蚀剂的弯头倾角、加注量、管道斜率、气体流速、管内积液、缓蚀剂喷入速度、管道直径、缓蚀剂体积分数、黏度及液滴直径对缓蚀剂分布规律的影响。李延渊等同样借助数值模拟方法探究了缓蚀剂在管壁上的流动规律。史春建、Moor 分别借助显微镜与水敏纸并使用统计方法与图像分析法得到了缓蚀剂雾滴的分布规律。扈俊颖等基于流体动力学理论，利用 ANSYS-FLUENT 建立不同角度弯头模型进行数值模拟并得到连续加注缓蚀剂在管道中的分布情况。高雪琦等人对管段内缓蚀剂预膜情况及气体流动对缓蚀剂膜造成的影响进行了研究；裴秀丽通过研究缓蚀剂在 90°弯管集输管道的分布规律后发现缓蚀剂在弯管处受到二次回流后其分布会变得更加均匀。罗翀在研究带有下倾管道的管道时发现增大天然气输量有助于缓蚀剂的均匀分布。

现阶段对缓蚀剂分布影响因素进行研究时多从单因素变量着手，尚未同时对缓蚀剂加注量及天然气输量对缓蚀剂分布的影响进行过深入的研究。本文基于 Fluent 研究了不同缓蚀剂加注量与工况条件下缓蚀剂在水平管道中的分布情况，通过数据拟合得到了管道末端缓蚀剂的浓度预测模型，为现场生产提供一定参考。

1　数值模型建立

1.1　几何模型

以采气系统工艺区干线管线为研究对象，内径为 666.6mm 的，研究长度为 10m，缓蚀剂加注口位于管道中部。其中，将管道截面以水平线按照内径三等分，分为管道顶部、中部与底部。具体模型尺寸与模型网格划分如图 1 所示。

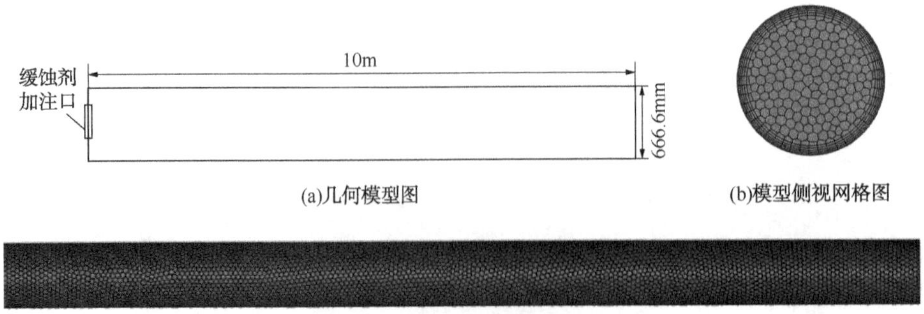

(a)几何模型图　(b)模型侧视网格图

(c)模型俯视网格图

图 1　模型图与模型网格图

1.2 模拟模型

1.2.1 模型

模型选择组分输运模型(Species Transport)，加注后的缓蚀剂为液滴雾状，因此采用拉格朗日粒子追踪模型(DPM)。综合考虑选择模拟选用组分输运(Species Transport)-拉格朗日(DPM)法耦合计算，湍流模型采用 Realizable ε-k 模型。

1.2.2 壁面作用方式

壁面与液滴的作用方式设置为壁面液膜(wall-film)，在模拟中液滴会直接与壁面相互作用，因此近壁面区域采用增强壁面处理法。

1.2.3 边界条件

采用速度入口和压力出口的边界条件，进出口粒子类型为逃逸，流动状态糙度系数设为零，壁面采用无滑移边界条件，类型为壁面液膜(wall-film)。

1.2.4 入口条件

气相进口速度由输气量决定，缓蚀剂加注量为 0.18～0.54L/10^4 m^3，梯度为 0.09L/10^4 m^3，缓蚀剂密度为 900kg/m^3，缓蚀剂入口速度为 4.5m/s，湍流强度 $I=5\%$，水力直径 $D=0.666$m，缓蚀剂最小液滴直径 5～45μm。

1.2.5 出口条件

自然出流(Outflow)，直管段长度达到管径的 10 倍以上，满足充分发展条件。

1.2.6 网格无关性验证

通过网格无关性验证，如图 2 所示，得其网格大于 120×10^4时，模拟结果变化不大，网格数量增大到一定程度后计算结果趋于稳定。可以认为 120 万网格满足网格数量的无关性要求。

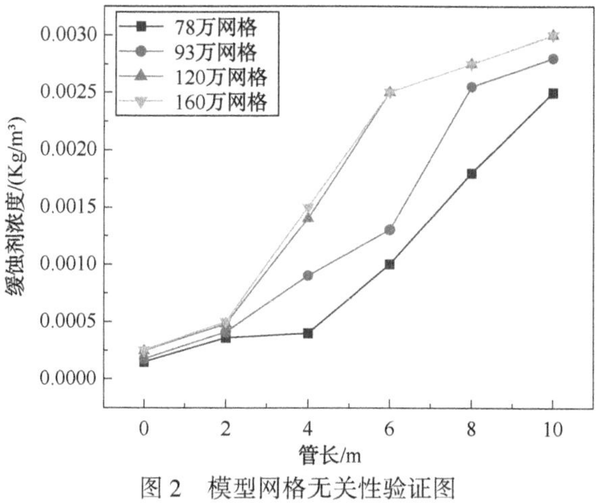

图 2　模型网格无关性验证图

1.3 壁面捕获分析

本文选用拉格朗日粒子追踪模型(DPM)进行颗粒的运动模拟。该模型考虑了流体和颗粒之间的相互作用，可通过配置颗粒追踪的相关参数由求解器求解管道不同位置的缓蚀剂液滴捕获情况，粒子捕获情况可反映缓蚀剂在管道顶部、中部与底部壁面上的分布。

2 结果与讨论

2.1 模拟可靠性验证

为验证模拟结果的可靠性，天然气在 800×10^4 m^3/d、10MPa 和 35℃ 的工况下流速为 2.31m/s，缓蚀剂加注量为 0.18L/$10^4$$m^3$ 时，缓蚀剂体积分数为 2.25×10^{-5}；卓柯等人对缓蚀剂在 U 形管内的分布进行研究时选择工况条件为水平管道长 20m、内径 0.66m，进口流速 2.35m/s、缓蚀剂体积分数为 9.5×10^{-7}。研究结果对比发现缓蚀剂在管道底部、中部与顶部的分布规律一致，认为模拟结果是可被接受的。

2.2 缓蚀剂加注量对缓蚀剂分布的影响

基于模拟计算结果完成加注量对缓蚀剂浓度分布规律影响研究。加注量范围：0.18L/$10^4$$m^3$～0.54L/$10^4$$m^3$，梯度为 0.09L/$10^4$$m^3$。以 340×$10^4$ m^3/d 的天然气输量，0.18L/$10^4$$m^3$ 的缓蚀剂加注量为例。设管道轴向为 X 轴，选取 $X=0\sim10$m，梯度 1m 及 $Z=0$ 的截面，研究缓蚀剂在这些截面上的分布，分析缓蚀剂在管道中的分布规律。

不同截面上缓蚀剂浓度分布云图如图 3(a)所示。

由图 3(a)可看出，缓蚀剂由喷嘴喷入管道后即 $X=0$ 时，缓蚀剂在管道周向上分布比较均匀，缓蚀剂浓度分布规律为管道底部>管道中部>管道顶部，在管道 5m 前，缓蚀剂在底部大量集聚，造成后面管道缓蚀剂整体浓度有明显下降。

保持其他条件不变，增加缓蚀剂的加注量，缓蚀剂在管道内的浓度分布如图 3(b)、(c)、(d)、(e)与(f)所示，缓蚀剂刚喷入管道内时，管道底部、中部与顶部的缓蚀剂浓度差不明显，约为 0.002kg/m^3，与图 3(a)中 $X=0$m 时的浓度分布云图一致。以缓蚀剂加注量为 0.18L/$10^4$$m^3$ 时为例，缓蚀剂在管道底部入口浓度为 0.0024kg/m^3，在 3m 处，浓度达到最大值 0.0064kg/m^3，在 3～7m 间下降，7～10m 内基本稳定，浓度为 0.0036kg/m^3。缓蚀剂在管道中部浓度 0.0015kg/m^3，之后逐渐下降，但浓度变化范围较小，最终稳定在 0.00065kg/m^3。缓蚀剂在管道顶部入口浓度为 0.0021kg/m^3，随后逐渐下降，在 3m 后缓蚀剂浓度几乎为 0。

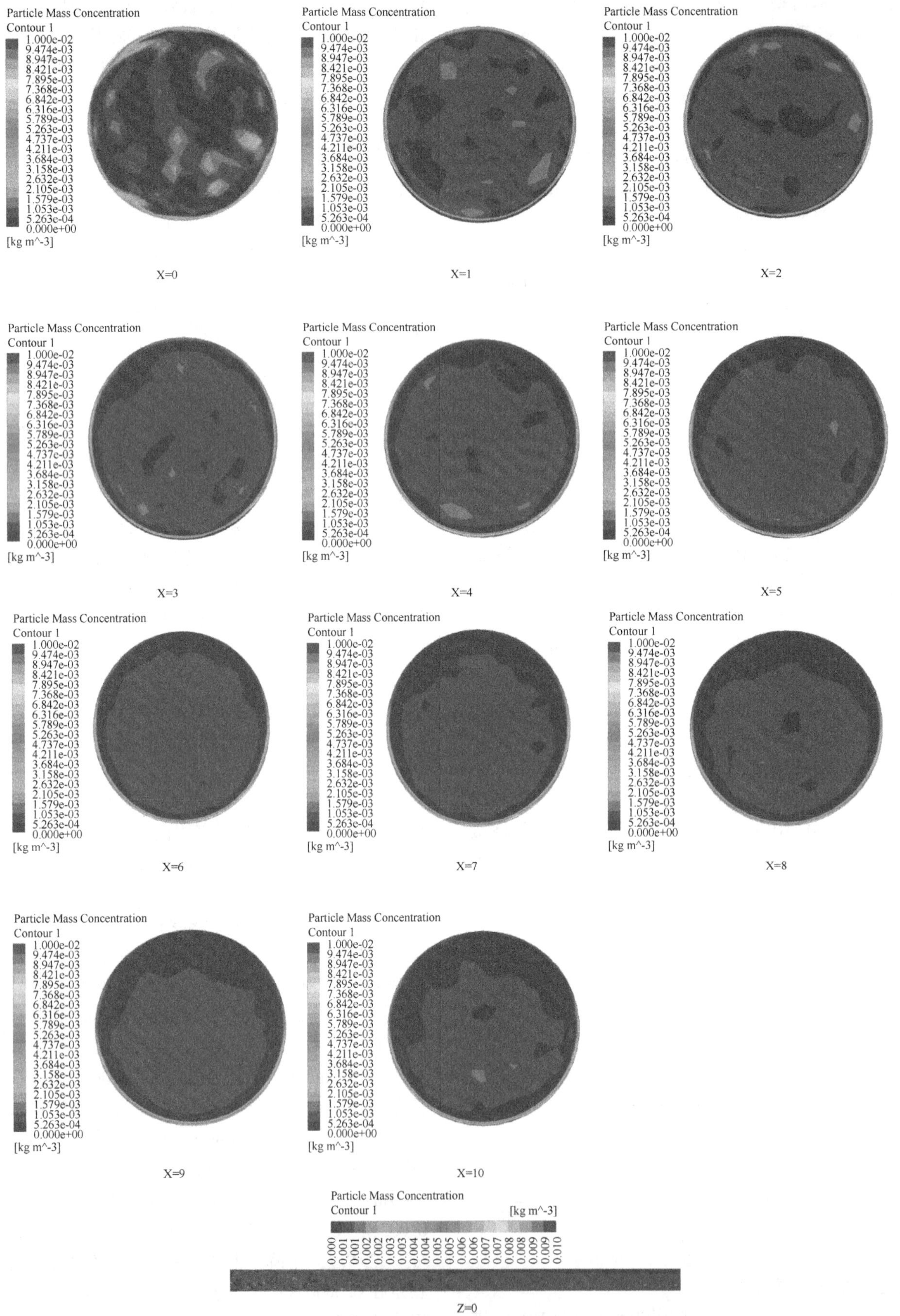

(a)缓蚀剂加注量为0.18L/10^4m^3在水平管道上的浓度分布云图

图 3　采气量为 $340\times10^4m^3/d$ 时不同缓蚀剂加注量下水平管道内的缓蚀剂浓度分布

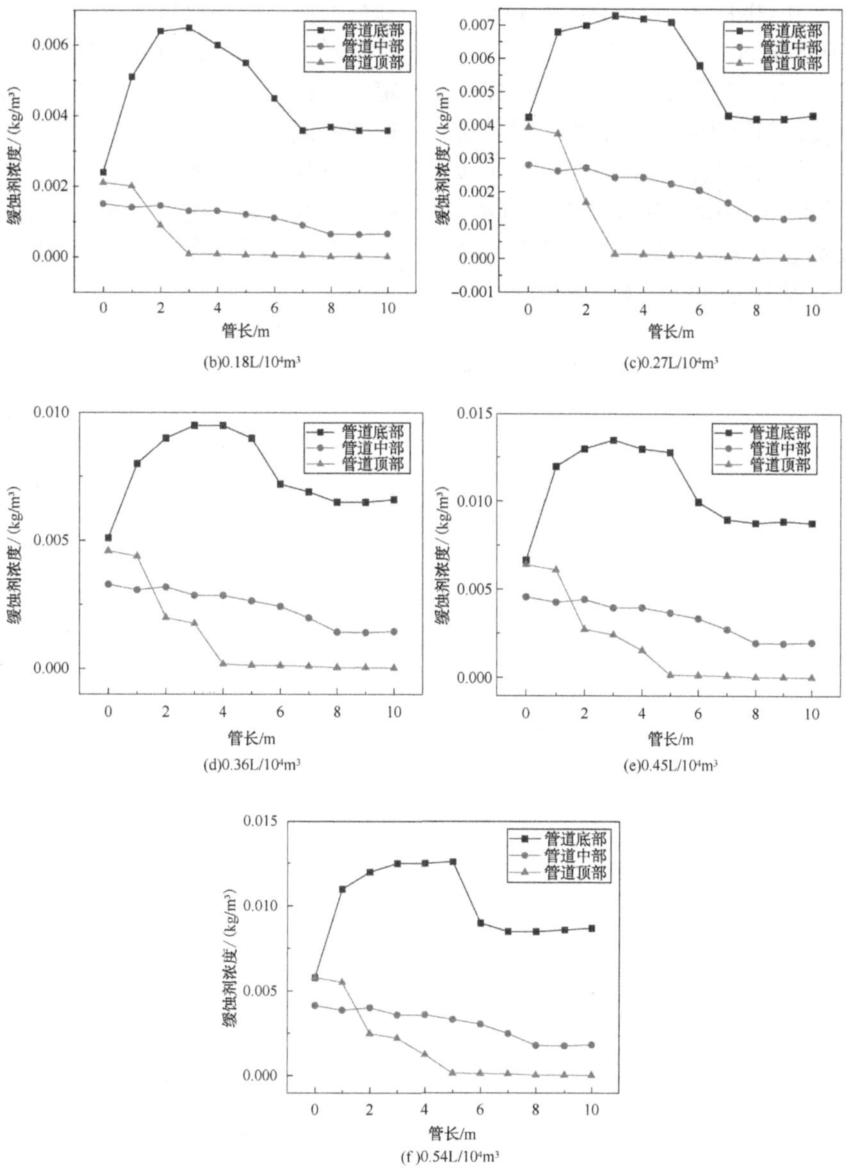

图 3 采气量为 $340\times10^4m^3/d$ 时不同缓蚀剂加注量下水平管道内的缓蚀剂浓度分布(续)

管道底部缓蚀剂浓度会缓慢上升，峰值在5m之前出现，后开始逐渐降低并保持相对稳定。管道顶部与中部缓蚀剂浓度则会持续下降，当管道顶部的浓度降到最低并基本保持不变时，管道底部的缓蚀剂浓度达到最大值，图 3(a) 中 $X=1$、2、3、4 和 5m 的云图印证了缓蚀剂的变化规律，缓蚀剂的浓度变化与参考文献、和的研究规律性一致。

2.3 天然气输量对缓蚀剂分布的影响

不同管输气量下，管道内天然气流速不同，会对缓蚀剂在管道中浓度分布造成影响。本节选取储气库常见的管输工况 $340\times10^4m^3/d$、$800\times10^4m^3/d$、$930\times10^4m^3/d$、$1350\times10^4m^3/d$、$1500\times10^4m^3/d$ 进行不同管输气量下的数值模拟。保持其他条件不变，改变输气量，研究缓蚀剂在管道内分布情况，模拟结果如图 4 所示。

2.3.1 不同输气量、不同缓蚀剂加注量下管道底部缓蚀剂浓度分布

由图 4 可知，缓蚀剂由喷嘴喷入管道后，缓蚀剂迅速在管道内分散开，缓蚀剂在底部的浓度迅速上升并保持相对稳定，在 6m 至 9m 的范围内浓度开始下降，二次稳定后的缓蚀剂浓度在不同条件下会有不同。但其分布规律基本一致，均呈现“先升后稳终降”的趋势。

天然气输量的变化对管道底部缓蚀剂浓度的影响较小，随缓蚀剂加注量的降低其浓度也会发生变化，底部浓度基本为 0.014、0.013、0.008、0.0075 与 $0.0063kg/m^3$，降低并稳定后

的底部浓度为 0.009kg/m³、0.00875kg/m³、0.006kg/m³、0.005kg/m³ 和 0.00375kg/m³。

缓蚀剂浓度“先升后稳”的原因是管道顶部、中部体积较大的缓蚀剂液滴既受到重力作用又受到天然气气流冲击作用使缓蚀剂沉降的同时还随气流向前移动，体积大的缓蚀剂液滴率先沉积，较小的缓蚀剂液滴在移动过程中也开始沉积，导致管道底部一定范围内缓蚀剂液滴浓度较高。缓蚀剂液滴沉降完成后，缓蚀剂整体浓度较之前有所下降，造成了管道底部缓蚀剂浓度的下降并稳定。管输气量变大后天然气流速增加，可裹挟缓蚀剂液滴运动得更远，浓度下降转折点有所延后，下降后浓度基本保持不变，管道底部缓蚀剂高浓度区间随着天然气输量的增加而增大，说明随着输气量的增加管道底部缓蚀剂分布更加均匀。

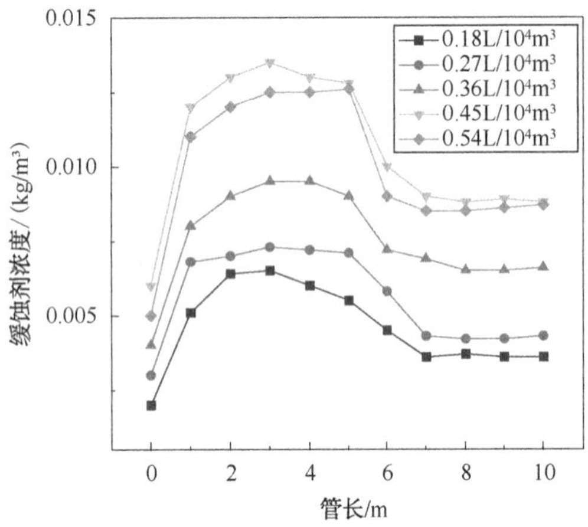

(a) 340×10⁴m³/d

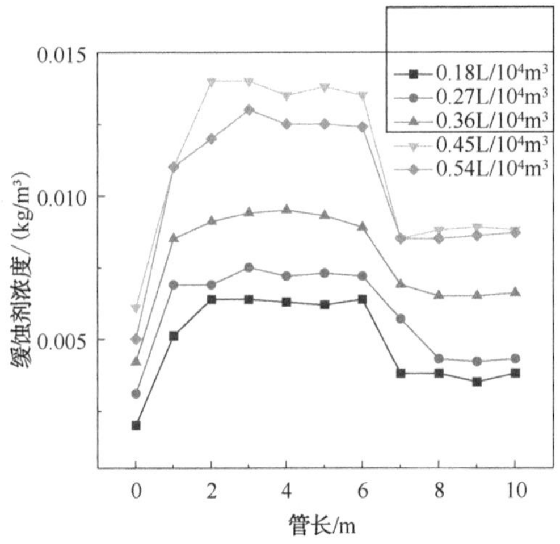

(b) 800×10⁴m³/d

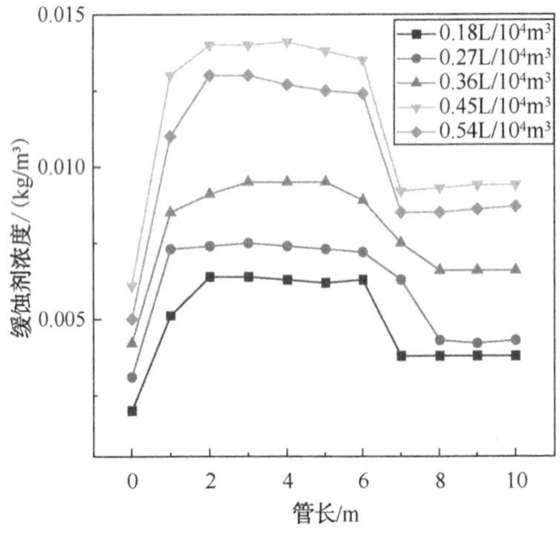

(c) 930×10⁴m³/d

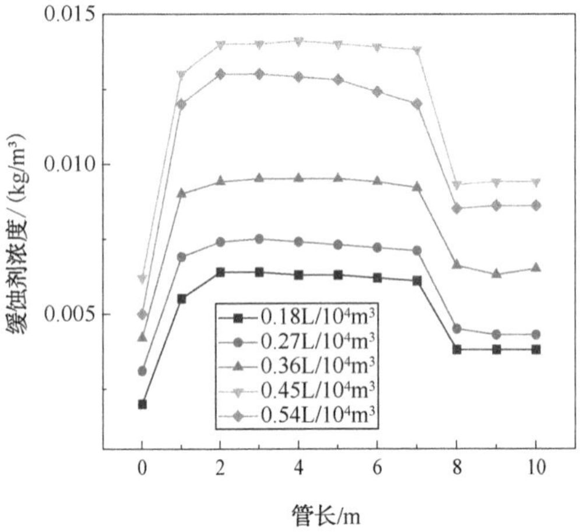

(d) 1350×10⁴m³/d

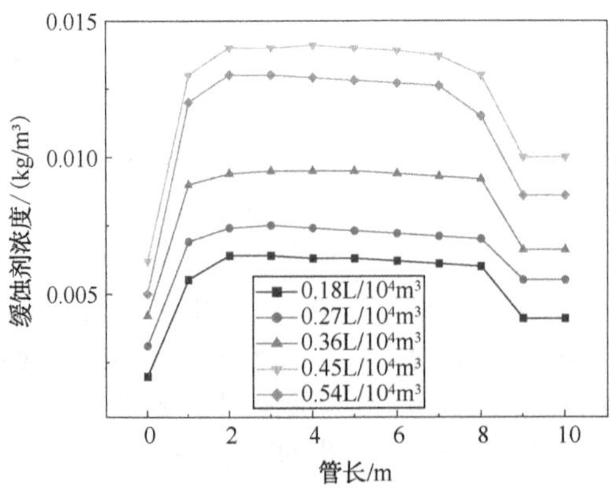

(e) 1500×10⁴m³/d

图 4　不同缓蚀剂加注量、不同输气量时水平管道内的底部缓蚀剂浓度分布

2.3.2 不同输气量、不同缓蚀剂加注量下管道中部缓蚀剂浓度分布

如图5所示整体来看，缓蚀剂在管道中部的浓度变化的整体趋势是下降，在5~6m范围内下降明显，然后保持相对稳定，稳定后的缓蚀剂浓度在不同输气量和缓蚀剂加注量的影响下会有所不同，但其分布规律基本一致，浓度变化呈现“先降后稳”的趋势。

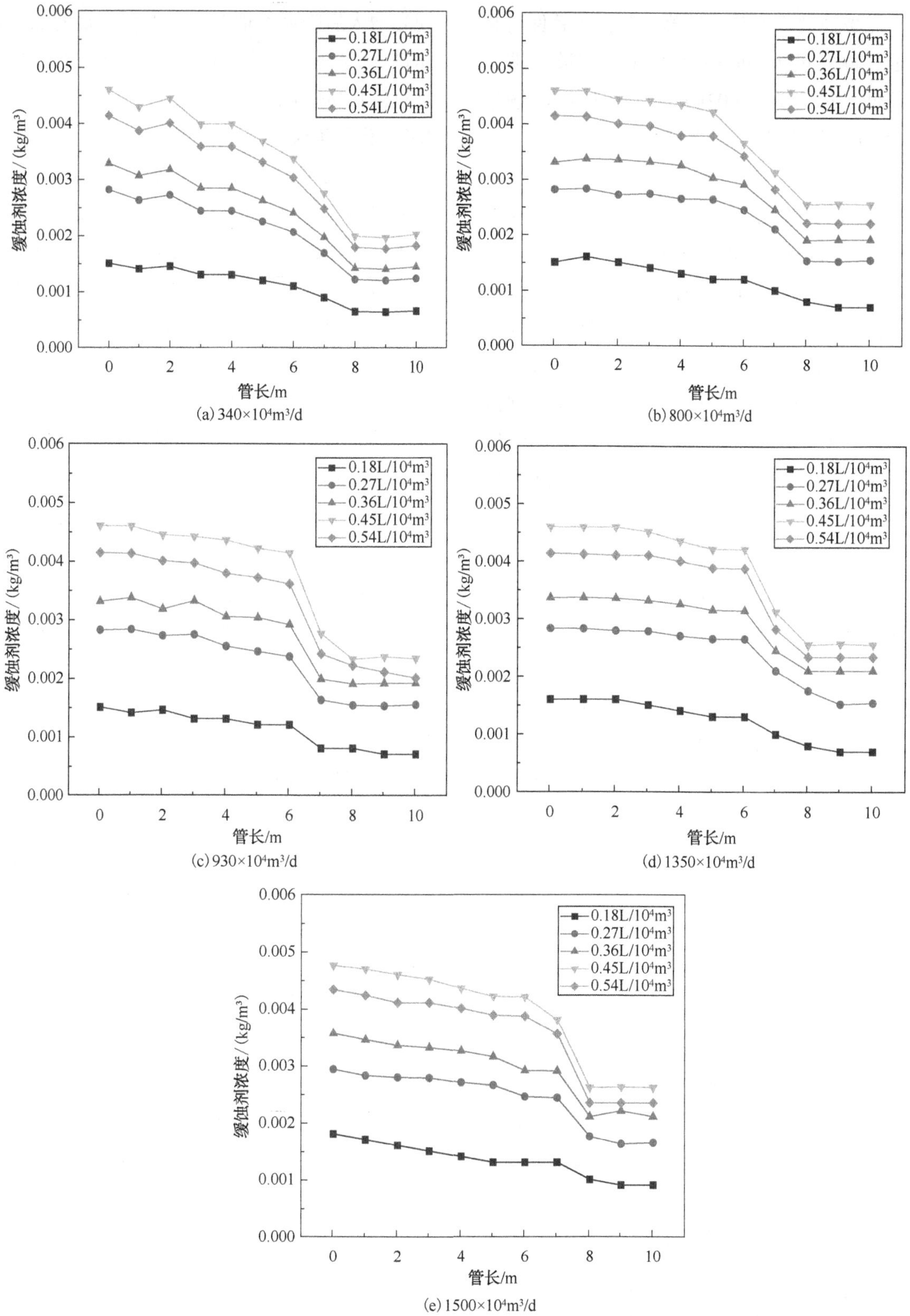

图5　不同缓蚀剂加注量、不同输气量时水平管道内的中部缓蚀剂浓度分布

输气量为 $340\times10^4m^3/d$ 时，缓蚀剂浓度下降较为明显，其他条件下管道浓度降低相对缓慢，基本可以保持在 0.0045、0.004、0.0035、0.003 与 $0.0015kg/m^3$，浓度转折点在 5~8m 出现，自此缓蚀剂浓度开始显著降低，然后保持相对稳定。输气量为 $340\times10^4m^3/d$ 时管道末端缓蚀剂较低，最大为 $0.002kg/m^3$，其他不同输气量的管道浓度下降后基本保持一致，浓度最大为 $0.0025kg/m^3$。

缓蚀剂浓度"先降"的原因是缓蚀剂的喷嘴位于管道中部，缓蚀剂从喷嘴喷出后，即可在管道中部充分分布，缓蚀剂随气流向前持续运动同时又受到重力作用，在运动过程中持续沉降，导致管道中部缓蚀剂浓度会出现降低，管道顶部缓蚀剂液滴也会发生沉降，当缓蚀剂液滴沉降经过管道中部时，相当于管道中部缓蚀剂得到了补充，所以管道中部缓蚀剂浓度缓慢下降。

2.3.3 不同输气量、不同缓蚀剂加注量下管道顶部缓蚀剂浓度分布

如图 6 所示，缓蚀剂由喷嘴喷入管道后，缓蚀剂受气流影响充分扩散，此时管道顶部的缓蚀剂浓度与管道中部和底部相比差距不大，之后逐渐降低，最终缓蚀剂浓度趋近于零。在不同加注量、天然气输量的条件下，其分布规律基本一致，均呈现下降的趋势。

天然气输量的变化对管道顶部缓蚀剂浓度的影响较小，缓蚀剂浓度基本为 0.0065、0.0058、0.0052、0.0042 与 $0.0025kg/m^3$，在不同条件下，管道顶部的缓蚀剂浓度在 3~9m 范围内趋近于零。

从输量的角度看，输量一定时，缓蚀剂在管道顶部的浓度转折点会随着加注量的增加而延后，但超过 $0.45L/10^4m^3$ 后又会提前；当缓蚀剂加注量一定时，缓蚀剂在管道顶部的浓度转折点会随着输量的增加而增加。缓蚀剂液滴受重力作用而发生沉降是造成管道顶部缓蚀剂浓度持续下降的原因，管道顶部与管道中部不同，顶部上方并无沉降下来的缓蚀剂液滴作为补充，由此导致浓度沿管道轴向持续下降。

通过对管道底部、中部与顶部的缓蚀剂浓度进行分析发现，缓蚀剂在管道内的分布受输气量变化和缓蚀剂加注量的影响。输气量的增加使缓蚀剂分布更均匀；浓度随缓蚀剂加注量的增大呈现先增大后降低的情况，说明缓蚀剂的加注量并非越大越好，经济加注量在 $0.45L/10^4m^3$ ~ $0.54L/10^4m^3$ 范围内。

2.4 壁面捕获

缓蚀剂液滴在管道壁面上有 Escape、Trap 和 Reflect 三种状态，Trap 为终止轨道计算，统计 Trap 的液滴数可以反映缓蚀剂在管道壁面的吸附情况。可反映不同加注量时缓蚀剂在管道内的分布情况，图 6 为不同工况下的缓蚀剂 DPM 粒子在壁面的捕获情况。

如图 7 所示可知在缓蚀剂一定量的情况下，随着输气量的增大，管壁捕获的颗粒数逐渐减少。这是由于输量增加造成管内天然气流速变大，在相同时间内流速大时缓蚀剂液滴沿管道轴向方向会有更大的移动距离，天然气带动更多的缓蚀剂液滴向前流动，使得其在整个管壁的沉积量小，从而延长了缓蚀剂的保护距离，与管道缓蚀剂的浓度分布相对应。随着缓蚀剂加注量的增大，管道壁面捕获数增加，当缓蚀剂的注入量为 $0.54L/10^4m^3$ 时，管道捕获数减少，表明缓蚀剂在管壁上的附着情况是先随加注量的增加而先增加后减少；在输气量处于 $800\times10^4m^3/d$ ~ $930\times10^4m^3/d$ 时，壁面对缓蚀剂的捕获有明显的下降，在输气量超过 $930\times10^4m^3/d$ 时捕获情况保持相对平稳。捕获分析的结果与 2.2、2.3 节内容分析一致。

2.5 管道末端缓蚀剂浓度预测

对管道末端浓度进行预测分析可直观表示出缓蚀剂在管道中的分布均匀性，为缓蚀剂加注浓度的选择提供一定参考。完成不同缓蚀剂加注量、不同工况条件下的模拟后，对缓蚀剂分布规律进行拟合，得出管道末端浓度分布云图。

管道末端顶部、中部与底部缓蚀剂浓度拟合通式：

$$f(x,\ y)=p_0+p_1+p_2y+p_3x^2+$$

$p_4xy+p_5y^2+p_6x^3+p_7x^2y+p_8xy^2+p_9y^3$

当研究对象为管道顶部时，

$p_0=1.095e-05$，$p_1=8.36e-23$，$p_2=-8.901e-05$，$p_3=-5.403e-27$，$p_4=-1.943e-22$

$p_5=0.0006052$，$p_6=1.41e-31$，$p_7=3.747e-27$，$p_8=1.496e-22$，$p_9=-0.0007073$

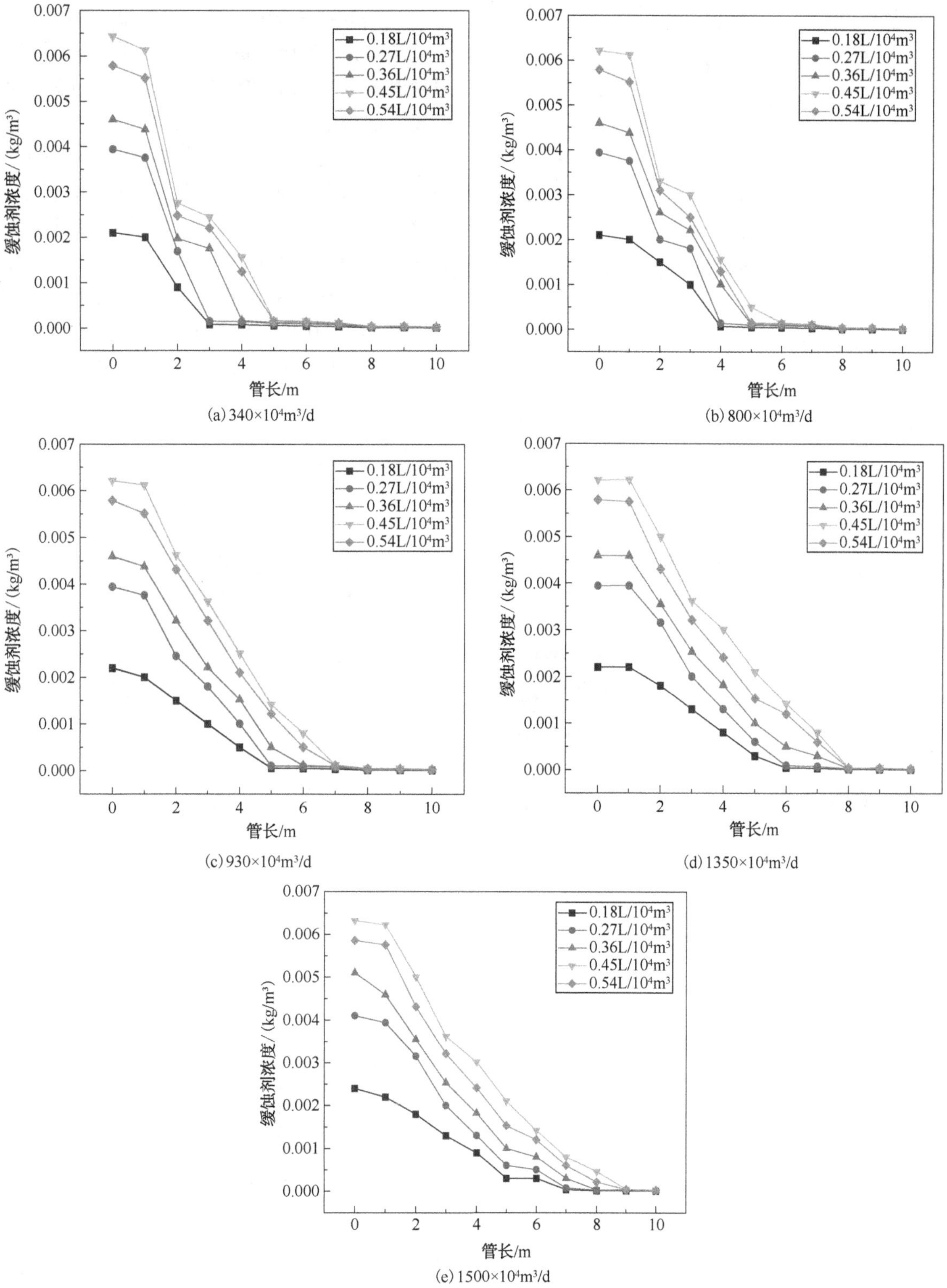

图6　不同缓蚀剂加注量、不同输气量时水平管道内的顶部缓蚀剂浓度分布

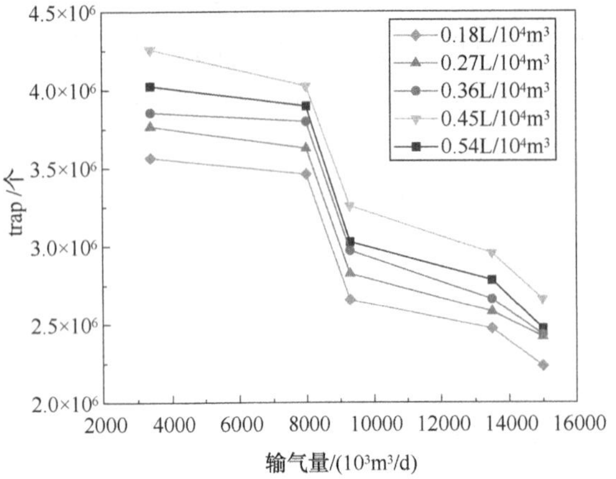

图 7　不同工况下的颗粒捕获分析

当研究对象为管道中部时，

$p_0=0.0004628$，$p_1=1.684e-08$，

$p_2=-0.0061$，$p_3=-1.035e-11$，$p_4=6.613e-07$

$p_5=0.03955$，$p_6=4.097e-16$，$p_7=-9.228e-12$，

当研究对象为管道底部时，

$p0=0.0181$，$p1=3.973e-07$，

$p2=-0.1702$，$p3=-7.027e-11$，$p4=9.338e-07$，

$p5=0.5648$，$p6=2.969e-15$，$p7=-1.552e-11$，

$p8=-9.956e-07$，$p9=-0.5304$

其中，x 为输气量，y 为缓蚀剂添加浓度，z 为管道末端缓蚀剂浓度分布，$f(x, y)$ 为管道末端缓蚀剂浓度。

置信区间取 95%，拟合结果如图 8 所示。其中，管道末端底部缓蚀剂的浓度预测的和方差为 2.073×10^{-6}，R^2 为 0.9826；管道中端底部缓蚀剂的浓度预测的和方差为 2.285×10^{-7}，R^2 为 0.9757；管道末端顶部缓蚀剂的浓度预测的和方差为 5.878×10^{-11}，R^2 为 0.9547。和方差与标准差均小于 10^{-5}，R^2 均大于 0.95，说明拟合结果较好。

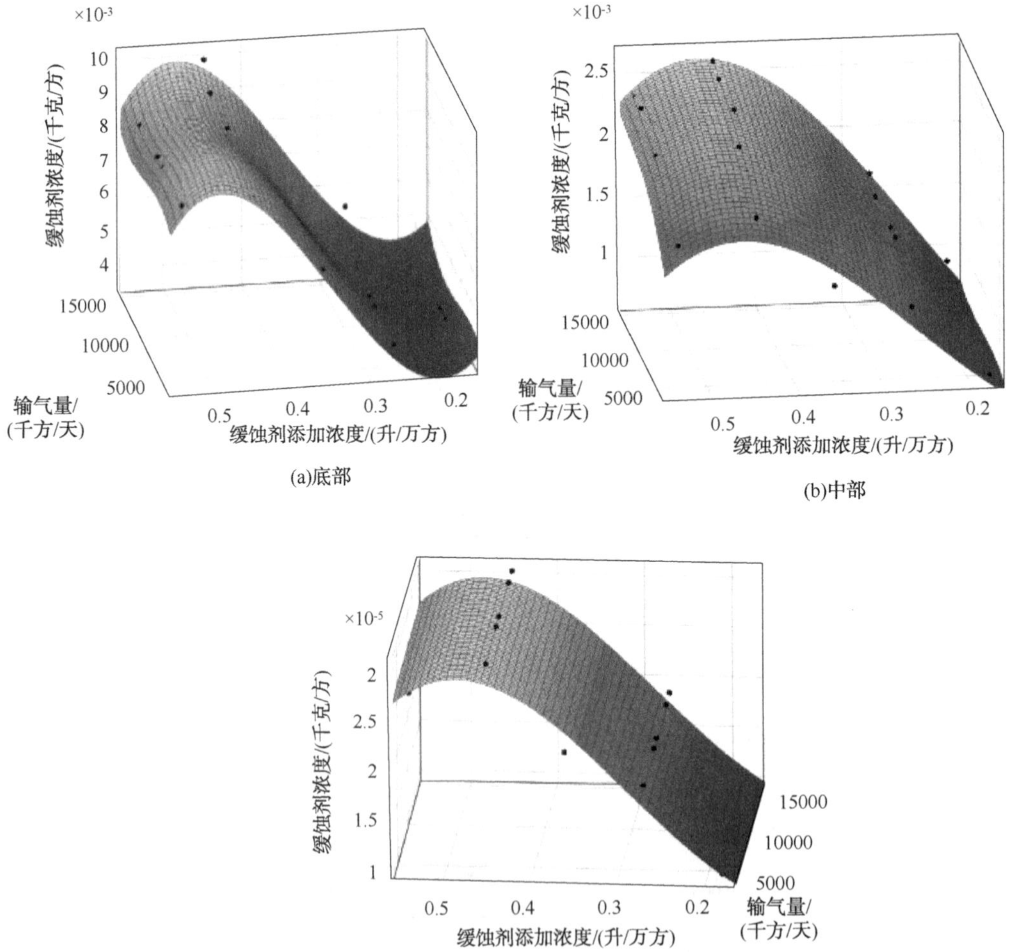

(a)底部

(b)中部

(c)顶部

图 8　不同输气量与缓蚀剂加注量的管道末端缓蚀剂浓度预测

其整体规律与 2.2、2.3 节研究规律一致，结合图 8，发现在本文模拟条件前提下最优加注量处于 $0.45L/10^4m^3 \sim 0.54L/10^4m^3$ 之间，且加注量为 $0.48L/10^4m^3$ 时，缓蚀剂在管道内的分布

情况最好；且天然气输量增加会延长缓蚀剂在管道内的分布距离。

3 结论

3.1 研究发现，管道内缓蚀剂浓度底部>中部>顶部，缓蚀剂容易沉积在管道底部，可能是由于天然气为稳定层流状态导致。

3.2 随着采气量的增加，天然气流速增大，管道底部、中部与顶部的缓蚀剂浓度保持较好，有助于缓蚀剂更好的分布，延长缓蚀剂在管道内的保护距离。缓蚀剂加注量的增加，整体上有利于增加缓蚀剂的浓度，但并非加注越多越好，加注量在一定范围内最优值为 $0.48L/10^4m^3$，既可以满足防腐要求，又具有经济性。

参 考 文 献

[1] 侯保山．新型高效嘧啶类缓蚀剂的开发、缓蚀性能及理论计算[D]．华中科技大学，2021.

[2] 曲国健．M 集输管道内缓蚀剂浓度分布规律研究[D]．西南石油大学，2019.

[3] 卓柯，邱伊婕，张引弟，等．缓蚀剂在输气管道中分布规律的数值模拟研究[J]．石油化工，2020，49(6)：576-581.

[4] En-BinLiu, HaoTang, YinHuiZhang, et al. Experiment and numerical simula-tion of distribution law of water-based corrosion inhibitor in natural gas g-athering and transportation pipeline[J]. Petroleum Science，2023，Vol. 20(3)：1857-1873.

[5] 杨露．龙岗气田低流速管线流动特征及缓蚀剂分布规律研究[D]．西南石油大学，2014.

[6] 李延渊，谭慧敏，王建军，等．湿天然气集输管线缓蚀剂分布的数值模拟[J]．油气田地面工程，2012，(1)：15-17.

[7] 史春建．植保机械雾化性能的图像检测方法研究[D]．江苏大学，2005.

[8] Moor A D E，Langenakens J，Vereecke E. Image processingfor water sensit-ive paper as a tool for the evaluation of spraydistribution of orchard sprayers[J]. Asp Appl Biology，2000，18(2)：179-182.

[9] 刘宁，扈俊颖，钟显康，等．连续加注工艺下缓蚀剂在输气管道内的分布规律研究[A]．第二十二届全国缓蚀剂与水处理学术讨论会[C]．2022.

[10] 罗嵩男，扈俊颖，钟显康．连续加注缓蚀剂在输气管道内的分布规律研究[A]．第十二届全国腐蚀与防护大会[C]，2023.

[11] 高雪琦，张笑笑，王建军．缓蚀剂液膜分布规律的数值模拟[J]．排灌机械工程学报，2017，35(1)：50-55.

[12] 裴秀丽，谭慧敏，王建军，等．正常加注工艺中缓蚀剂液滴在湿天然气集输管道内流动分布的数值研究[J]．化学工程与装备，2011，(4)：1-8.

[13] 罗翀．M 集输管线缓蚀剂分布数值模拟研究[D]．西南石油大学，2018.

天然气压缩机组负荷分配技术及能耗优化控制研究

温纪宏　马传孟　让淑坤　李飞超　贾殿宇

(国家石油天然气管网集团有限公司山东省公司)

摘　要　天然气压缩机组作为天然气输送系统的关键设备，在天然气网络中发挥着至关重要的作用。压缩机组为天然气输送提供动力，用于保持输送天然气所需的压力水平，因此，压缩机系统的高效稳定运行是提高管网性能的必要条件。压气站通常由多台互通的压缩机单元组成，以确保所需的操作灵活性。负荷分配优化的目的是在满足不同需求的同时，以一种节能的方式运行多台压缩机组。目前，国内外针对压缩机负荷分配进行了系列研究，并提出了多种控制算法，但对于基层理解较为困难，且未针对不同功率机组及工况节能角度出发去分析。本文首先从喘振控制、性能控制与启停机连锁保护三个方面研究压缩机负荷分配技术，采用两步法，首先确定单台压缩机组的性能，然后在给定最新性能模型的情况下优化运行机组之间的负载分配，分析相同机组(中俄东线17MW陕鼓压缩机组)、不同机组(中俄东线17MW陕鼓压缩机组，冀宁线7.1MW西门子压缩机组)间复合分配方案。进一步，以泰安压气站为例，在四台压缩机负荷分配基础上，基于电能对机组运行组合优化，建立不同负荷下的运行方案，实现节能目的。结果表明：负荷分配技术能够自动实现压缩机组之间的性能优化运行，提高机组间并网操作的可靠性，基于电能的机组运行优化，能够实现节能目的。

关键词　压缩机；负荷分配；能耗优化；喘振控制

天然气通常以长输管道运输为主，运输中所需的能量主要通过压气站中的压缩机组提供。压气站是天然气长输管道构成中投资较大、配套系统最复杂、配置方案设计难度最大的部分，是长输管道的核心和灵魂。良好的压气站设计不仅可以降低管道的投资，更可以降低运行阶段的能耗水平，创造长期的经济效益。压气站主要目的是增加管道之间的天然气压力，以满足特定的天然气要求。根据工艺要求，通过并联、串联或混合配置的压缩机组来实现气体增压。

作为压气站最关键的设备，压缩机全生命周期总成本分析表明，其能耗占总成本的70%。为了降低运行成本，机器设计的改进伴随着对机器操作改进的优化，主要是更先进的控制系统和控制方案，同时，负荷分配控制是机器控制体系的一部分，仍存有很大的提升优化空间。早在19世纪中后期的文献中就可以找到各种优化并行压缩网络的方法，Nguyen考虑了天然气管道运行中主动压缩机的选择问题，Abbaspour导出了压缩机网络的详细数学模型，以压缩机稳态速度作为决策变量来定义和解决非线性规划(NLP)问题。Cortinovis提出了一种利用热力学模型和历史运行数据跟踪气体压缩机性能特征的新方法，给出了该算法的具体实现，并以某电站10台燃气轮机驱动压缩机组为例进行了分析。马亮提出一种以可编程逻辑控制器PLC(Programmable Logic Controller)为核心的负荷分配控制系统。分析了负荷分配控制原理，完成了控制系统构成及实现方式的设计，编制了工作点与喘振区距离的算法逻辑、防喘解耦逻辑和主控制逻辑。已有研究大都针对同类型机组进行负荷分配，且未考虑电能效益。

本文首先从喘振控制、性能控制与启停机连锁保护三个方面研究压缩机负荷分配技术，采用两步法，首先确定单台压缩机组的性能，然后在给定最新性能模型的情况下优化运行机组之间的负载分配，分析相同机组(中俄东线17MW陕鼓压缩机组)、不同机组(中俄东线17MW陕鼓压缩机组，冀宁线7.1MW西门子压缩机组)间复合分配方案。进一步，以泰安压气站为例，在四台压缩机负荷分配基础上，基于电能对机组运行组合优化，建立不同负荷下的运行方案。结果表明：负荷分配技术能够自动实现压缩机组之间的性能优化运行，提高机组间并网操作的可靠性，基于电能的机组运行优化，能够实现节能目的。

1 压缩机及其性能曲线

离心压缩机性能曲线是以入口流量为横坐标、性能参数为纵坐标绘制的曲线簇，其中性能参数包括出口压力、压比、出口温度、轴功率。性能曲线生成的方法有很多，如最小二乘法、BP神经网络算法、相似变换法、深度学习网络算法、CFD等商业软件仿真方法，基于ANFIS的自适应性能曲线生成方法等，所以不同压缩机厂家给出的压缩机性能曲线形式不同。不同的压缩机有不同的机械性能曲线，即使同一台压缩机，在经过解体检修后，它的机械特性也会改变。因此，一台压缩机的性能曲线的校验和正常操作点的确定必须在现场设备安装结束，具备条件后实际在线测试。泰安压气站陕鼓压缩机性能曲线如图1所示。

输气管道系统的运行是一个动态变化的过程，压缩机的运行工况会随管道输气量、压力及输气方向的变化而改变，且压缩机性能会随着运行时间的增加而劣化，或因不定时的维修而改善。因此，压缩机性能曲线具有时变性，基于此，压缩机性能控制方式包括出口压力调节、入口压力调节及出口流量调节三种。

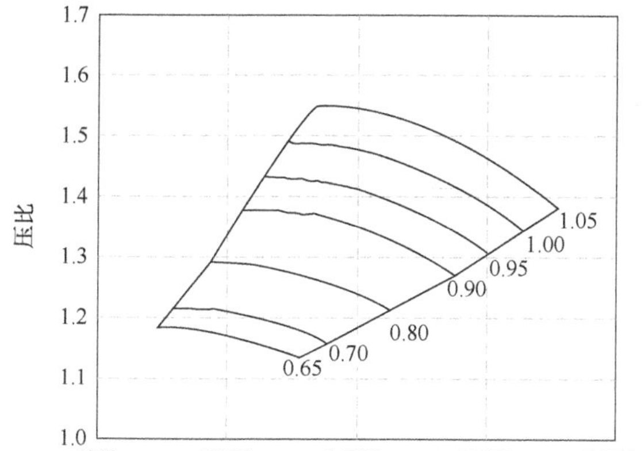

图1 压缩机性能曲线

2 压缩机负荷分配控制研究

离心式气体压缩机是压缩机站中最关键、耗能最大的部件。多台设备通常以并联，串联或混合方式连接，以满足压气站的要求(流量、压力)。电驱离心压缩机增加了压缩机调控的的灵活性和能源效率，但也需要更先进的控制和优化方案来实现。负荷分配优化解决的是在压气站的可用机器之间分配给定负荷需求的问题。负荷分配控制是根据工况目标，将负荷分配到一起运行的压缩机上，高效运行，最常见的做法是基于等操作模式，如相同的流量，相同的速度或与防喘保护线的相同距离，上述模式虽然能有效进行负荷分配，但没有考虑压气站的整体性能，了解每台机器的实际性能特征可以用于负荷共享控制，根据一些特定的目标来调整负载平衡，例如找到使机器组效率最大化的重新分区。压缩机性能曲线在工厂和现场调试结束时进行测试，新的性能测试通常在工作期间每5~10年执行一次。由于测试的不频繁性，通过压缩机性能曲线获取信息存在不准确的可能。同时，压缩机的性能曲线会受到外部未知因素的影响而发生较大的变化。由于原厂家提供的性能曲线可靠度较低，往往与机器的操作条件相差甚远，更先进的负荷分配方法的发展受到了限制，这种信息的缺乏使得优化负载共享的压缩系统变得特别困难。

2.1 喘振控制

喘振为离心式压缩机不能输出足够压力克服下游阻力时发生的流量不稳定的现象，即压缩机出口压力小于下游系统压力，这会导致工艺气从压缩机出口反向流入压缩机，具有较大的危害，当压缩机的工作流量大于该工况下最小流量就不会发生喘振。离心式压缩机组在进行增压外输期间，当多台机组联合运行时，需要对机组的处理气量进行分配，在气量分配中，经常会遇到压缩机的工作点向喘振点移动，当机组的进口流量降低，工况点会进入压缩机喘振区域，压缩机就会出现喘振现象。

防喘振控制系统在保障压缩机安全运行中发挥着重要作用。当喘振发生，进入喘振状态时，出口压力会下降，入口流量也会下降；控制器内设置了流量和出口压力变化的限制值；当流量和压力变化率超过限制值时(如快速的流量下降、快速的压力下降、快速的温度上升、快速的流量和压力下降)，控制器就判定喘振发生。防喘振控制是离心式压缩机控制技术中的核心，防喘振控制程序是控制系统厂家根据机组厂家提供的实验数据开发的具有防喘振控制功能的标准功能模块，它能够确保压缩机安全运行并提高机组运行效率，但是如果应用不当将导致使机组发生喘振、损坏设备甚至造成停产等事故。压缩机喘振控制曲线如图2所示。

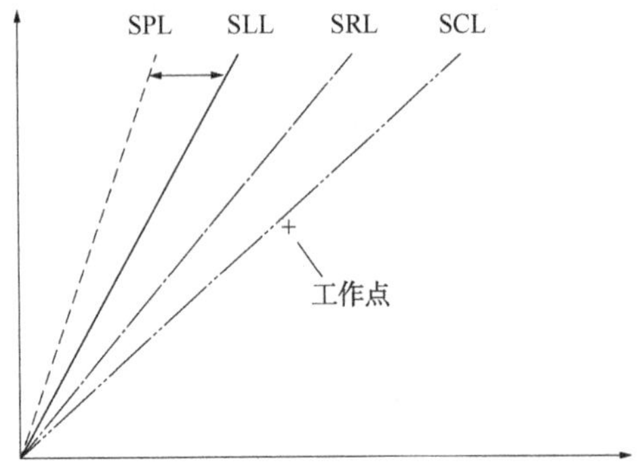

图2　压缩机喘振曲线

备注：喘振线-SLL(Surge Limit Line)；
阶跃响应线-SRL(Surge Recycle Line)；
喘振控制线-SCL(Surge Control Line)；
喘振保护线-SPL(Surge Protect Line)

如图2所示，喘振曲线共有四条控制线。其中喘振线SLL是防喘振控制计算的基准线其附近是不稳定区域，运行在喘振极限线SLL上将引发喘振。将喘振极限线SLL右移一定的安全距离，作为喘振控制线SCL，运行点越过喘振控制线SCL左侧，防喘振阀自动缓慢打开。阶跃线SRL由喘振控制线SCL左移一定的距离，运行点碰触阶跃线SRL，阀门阶梯快开一个阶跃开度，阀门阶跃响应SR用于快速保护机组远离喘振。喘振极限线SPL在喘振线SLL左边一定的距离，运行点碰触喘振极限线SPL，阀门阶跃开，同时使得喘振控制线SCL增加右移的一个安全偏置量。

2.2　负荷分配

多机并联运行负荷分配控制由两部分组成：负荷控制和平衡控制。负荷控制是以调节每台压缩机组负荷的方式确保压气站进出站压力和流量满足设定要求。平衡控制是指对每台压缩机组能力进行平衡分配。目前已有的负荷分配方案有：(1)基本负荷分配方案，是将运行机组分为基本负荷机组和调节机组。根据压气站负荷的变化规律将1台或多台机组完全加载至无回流运行，使机组工作点远离喘振控制线，并固定机组负荷，将其作为基本负荷机组；压气站负荷变化时通过调节机组的负荷变化来满足站场的供气要求。该方案虽然可以满足站场负荷要求，但由于调节机组独自承担了整个管网的扰动，容易经常在靠近喘振线的工况下运行，增加了机组喘振的风险能耗。(2)等流量负荷分配方案，是通过控制并联运行机组的流量相等以实现负荷分配的目的。该方案仅要求各机组的出口流量相同，但由于各机组型号差异导致其性能曲线不同，往往较低流量的机组会首先触发防喘振的控制响应，造成该机组进入到回流状态。此外，各机组还需在出口管路上安装流量计装置，导致机组出口压力的永久损失，增加了不必要的能耗。针对以上负荷分配弊端，以泰安压气站四台不同的压缩机组为例，中俄东线17MW陕鼓压缩机组两台，冀宁线7.1MW西门子压缩机组两台，使用通过设立统一的防喘裕度(DEV)进行负荷分配的控制方案。如图3所示，该控制方案的负荷分配控制可以将并联的每台压缩机工作点自动控制在与SCL线近似等距的位置上，实现出口流量系数相同，喘振控制器的偏差相等。通过负荷分配，回流只在不同压缩机组都到喘振控制线时发生；不同压缩机组都运行在相等负荷百分比下，效率更高；多台机组都参与调节气量，响应更快。

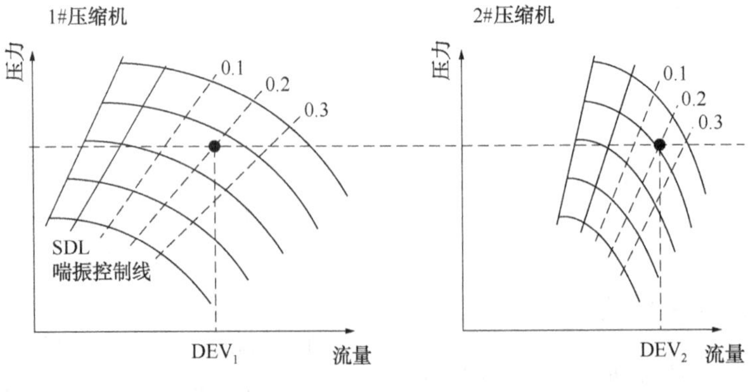

图3　并联压缩机负荷分配控制示意图

2.3　压缩机一键启停机

为实现天然气场站一键启停站功能，从软件功能上分为一键启站和一键停站两部分，一键启站由状态反馈与报警检测、站内工艺流程自动导通、压缩空气系统自动启停、压缩机厂房风机自动分配、压缩机组一键启动、防喘控制与负荷分配的自动投用与退出6个部分组成；结合压缩机组的3种停机模式及其工艺需求，一键停站包括正常停站、多机停止、多机保压停机、全站ESD、多机泄压停机5种自动停站方式。为实现上述功能，以泰安压气站中俄陕鼓压缩机控制为例，需具备如下自动控制功能。

2.3.1　一键加卸载功能

压缩机启机到达最小控制转速(3120r/m)后，并达到表1、2加载条件后，则喘振控制自动投入自动，出口压力控制器投入自动。防喘振阀按一定斜率自动关闭，同时性能控制器根据设置速度提升压缩机转速，直到出口压力能够克服管网阻力，单向阀打开，压缩机并入管网。或者是压缩机运行点到达喘振控制线，此时防喘阀由喘振控制器控制调节，使运行点保持在喘振控制线上，直到出口压力足以克服管网阻力打开单向阀，压缩气体进入管网。当机组并网结束后，性能控制器指挥变频电机继续升速至进出口(站)压力达到设定值要求。

2.3.2　转速自动调节

当单台压缩机运行时，1#(或2#)压缩机可根据压缩机压力，也可根据进出站压力负荷控制自动调节压缩机转速，直接进入控制界面可直接选择单机进出口压力模式或进出站压力模式，同时可直接设定压力参数，实现单台压缩机转速自动调节。

2.3.3　多机自动并网和负荷分配调试功能

启动未运行机组，已运行机组保持转速出站压力自动调节模式不变，备用机组一键启机加载、并网后与在运行机组进行等距负荷分配控制。并联压缩机组的负荷分配控制过程分为2部分：负荷分配控制，即调节各台压缩机组的总负荷，满足站场进出口压力或流量满足设置要求；平衡控制，即在满足出口压力的基础上，根据各台机组的能力进行平衡分配。这2部分控制进行叠加，将并联运行的压缩机组的运行点自动控制在与喘振控制线SCL等距的位置上，使各机组的喘振控制器的偏差DEV相等。

2.3.4　一键启停机

压缩机一键启停系统包括一键启停单元、正压通风及火气系统自检单元、外部辅助系统自检单元、机组内部电仪系统自检单元、保护层状态自检及确认单元、压缩机启动单元、压缩机负荷调整单元共七个单元(如图1)，每个单元之间将控制参数及判决调节写入控制程序内，根据顺控逻辑完成启机操作。

3　压缩机节能运行控制方案研究

压缩机作为天然气输送管道的动力设备，其运行方案直接影响管道的整体调控与运营效率。随着天然气输送量的增加，输气管道运营成本也迅速增加，而管道运营成本的主要组成部分为压缩机运行能耗，压缩机运行能耗的高低取决于运行方案，运行方案的制定则主要依据压缩机性能曲线。在长输天然气管道能耗中，天然气压缩机组能耗占比超过95%，其能耗高低对天然气企业运行成本影响最大。

3.1　案例介绍

泰安压气站于2011年3月投产运行，作为山东省内唯一一座压气站，是环渤海地区天然气枢纽站，肩负着保障北京、上海、南京以及山东境内天然气供应的艰巨使命。泰安压气站具有1座110kV变电所、2台17MW陕鼓压缩机组，2台7.1MW西门子电驱压缩机组，均配套4台上海电机，2套能科变频装置，2套荣信变频装置，4套干式变压器。泰安压气站采用双回路供电方式，上游均接五凤变电所，经凤气Ⅰ线和凤气Ⅱ线到泰安压气站变电所，110kV经2台4000kVA主变压器变压为10kV。凤气Ⅰ线带中俄东线2#压缩机组(B)以及冀宁线2#压缩机组(D)，凤气Ⅱ线带中俄东线1#压缩机组(A)以及冀宁线1#压缩机组(C)。泰安压气站压缩机组运行组合方式如表1所示。

表1　泰安压气站压缩机组运行组合方式

编号	1	2	3	4
压缩机组运行组合	A/B	A/B+C/D	A+B	A/B+C+D

3.2　基于电能的机组运行组合优化

泰安压气站每月电费由上网电费、输配电量电费、输配容(需)量电费、目录电费、功率因数调整电费、政府性基金及附加、上网环节线损费用、系统运行费及其它组成，由于每条线用电费用单独统计，可通过合理搭配压缩机运行机组和制定适宜的暖机计划有效降低各线最大需量电费，有效节省用电费用。详细暖机计划如图 4 所示。

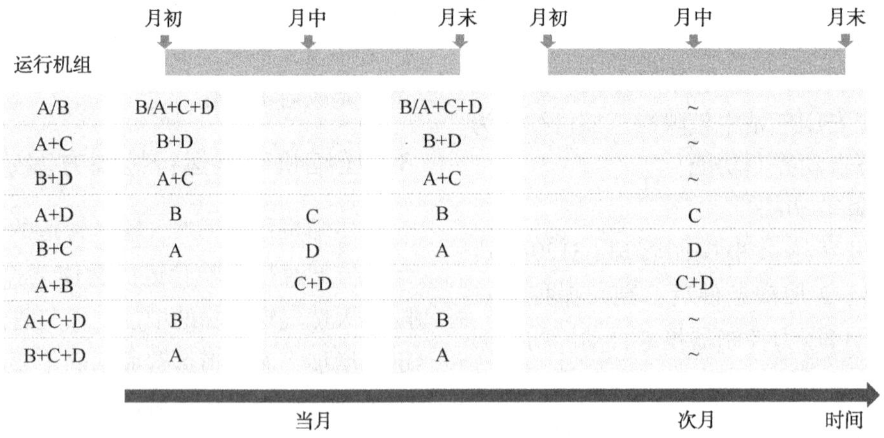

图 4　压缩机暖机计划

备注：

（1）A–中俄东线 1#压缩机组；B–中俄东线 2#压缩机组；C–冀宁线 1#压缩机组；D–冀宁线 2#压缩机组；

（2）红色字体表示暖机计划不受时间限制，依据每 30 天暖机计划执行。

3.3　实施效果

根据天然气调峰情况及机组负荷变化情况，积极与国家管网油气调控中心协调，及时优化机组运行方式，将中俄东线陕鼓压缩机组由原来单一追求机组性能的自动控制模式变为性能调控与能耗控制相结合的手动运行方式，根据工况需求合理升、降转速，在保质保量完成输气增压任务的同时，大大降低了日耗电量，使能耗管理更加精细。经近几个月的测算，此举每月可节约电费 30~100 万元不等。

4　结论与展望

本文首先从喘振控制、性能控制与启停机连锁保护三个方面研究压缩机负荷分配技术，并基于电能对机组运行组合优化，实现节能目的。

4.1　采用两步法，首先确定单台压缩机组的性能，然后在给定最新性能模型的情况下优化运行机组之间的负载分配，分析相同机组(中俄东线 17MW 陕鼓压缩机组)、不同机组(中俄东线 17MW 陕鼓压缩机组，冀宁线 7.1MW 西门子压缩机组)间复合分配方案。

4.2　以泰安压气站为例，在四台压缩机负荷分配基础上，基于电能对机组运行组合优化，建立不同负荷下的运行方案，实现节能目的。结果表明：负荷分配技术能够自动实现压缩机组之间的性能优化运行，提高机组间并网操作的可靠性，基于电能的机组运行优化，能够实现节能目的。

参　考　文　献

[1] 李广群，孙立刚，毛平平等. 天然气长输管道压缩机站设计新技术[J]. 油气储运，2012，31(12)：884-886+894+967.

[2] KURZ R，LUBOMIRSKY M，BRUN K. Gas compressor station economic optimization[J]. International Journal of Rotating Machinery，2012：715017.

[3] PAPARELLA F，DOMíNGUEZ L，CORTINOVIS A，MERCANGöZ M，PARESCHI D，BITTANTI S. Load sharing optimization of parallel compressors[C]. 2013 European Control Conference (ECC)，Zurich，Switzerland. 2013，4059.

[4] KUMAR S，CORTINOVIS A. Load sharing optimization for parallel and serial compressor stations[C]. 2017 IEEE Conference on Control Technology and Applications (CCTA)，Kohala Coast，Hawai ´ i，USA. 2017，499.

[5] NGUYEN H H，URAIKUL V，CHAN C W，TONTIWACHWUTHIKUL P. A comparison of automation techniques for optimization of compressor scheduling[J]. Advances in Engineering Software，2008，39(3)：178-188.

[6] ABBASPOUR M，CHAPMAN K，KRISHNASWAMI P. Nonisothermal compressor station optimization[J]. Journal of energy resources technology，2005，127

(2): 131-141.
[7] CORTINOVIS A, MERCANGöZ M, ZOVADELLI M, PARESCHI D, DE MARCO A, BITTANTI S. Online performance tracking and load sharing optimization for parallel operation of gas compressors[J]. Computers & Chemical Engineering, 2016, 88: 145-156.
[8] 马亮，张嘉，许铁岩等．首台国产天然气长输管线压缩机组负荷分配控制系统研究[J]. 热能动力工程，2021，36(3)：130-137.
[9] 熊浩云，吴长春，玉德俊．适用于输气管道运行方案优化的压缩机功率拟合函数[J]. 油气储运，2017，36(6)：734-738.
[10] 张轩，姜进田，王华青等．基于回归分析法的离心式压缩机性能模型[J]. 油气储运，2018，37(2)：197-203.
[11] 刘航铭，易先中，刘欢等．基于 BP 神经网络算法的压缩机组运行优化模型[J]. 油气储运，2017，36(9)：1053-1058.
[12] 谢英，麻秀芬，谢婷等．基于相似原理的长输管道压缩机能耗分析[J]. 油气储运，2018，37(4)：421-427.
[13] JOMDE A, ANDERSON A, BHOJWANI V. Performance predictions and parametric analysis of a valved linear compressor using a mathematical model [J]. International Journal of Ambient Energy, 2018, 39(5): 456-461.
[14] 王茀玺，李晓平，陈新果等．压缩机实际能头特性的深度学习网络预测方法[J]. 油气储运，2020，39(4)：459-466.
[15] 郝开元，王维民．基于 CFD 的离心压缩机整级性能优化设计[J]. 风机技术，2012，(2)：36-41.
[16] 陈利琼，高茂萍，田龙等．离心式天然气压缩机自适应性能曲线生成方法[J]. 油气储运，2023，42(4)：430-437.
[17] SAXENA M. Optimize gas turbine-driven centrifugal compressors[J]. Hydrocarbon processing, 2000, 79(11): 61-63.
[18] PARESCHI D, CORTINOVIS A, MERCANGOEZ M. Production Optimization and Emissions Reduction by Adaptive Load Sharing of Turbo-Compressors[C]. Offshore Mediterranean Conference and Exhibition, Ravenna, Italy. 2015, OMC-2015-485.
[19] 蒲斌，李星星，杨福超等．变频器低电压穿越引起压缩机喘振分析及改进措施[J]. 油气储运，2024：1-13.
[20] 蒋安荔，甘捷，朱治鹏等．离心式压缩机防喘振控制系统的研究与稳定性分析[J]. 压缩机技术，2023，(03)：32-35.
[21] 曹开华，邢通．压气站压缩机组负荷分配方案分析与实现[J]. 仪器仪表用户，2019，26(5)：44-47.
[22] 杨明成，程宝清，张汝峰等．管线压缩机组负荷分配控制方案的仿真与实现[J]. Journal of Engineering for Thermal Energy & Power/Reneng Dongli Gongcheng, 2023, 38(1): 191-201.
[23] 王振声，董红军，张世斌等．天然气管道压气站一键启停站控制技术[J]. 油气储运，2019，38(9)：1029-1034.
[24] 刘国豪，侯磊，潘腾等．天然气压缩机组现场性能测试计算方法对标研究[J]. 石油科学通报，2021，6(4)：657-664.

基于精细复合多尺度q复杂度和自适应鲸鱼优化算法改进极限学习机的滚动轴承智能故障诊断

董　伟[1]　冯　斌[2]

(1. 潍坊学院机械与自动化学院；2. 国家管网集团山东省分公司)

摘　要　为更准确地对滚动轴承进行故障诊断，提出一种基于精细复合多尺度q复杂度和自适应鲸鱼优化算法改进极限学习机(Refined Composite Multi-Scale q-Complexity and Adaptive Whale Optimization Algorithm-Extreme Learning Machine，RCMSQC&AWOA-ELM)的智能故障诊断方法。在特征提取方面，提出精细复合多尺度q复杂度(RCMSQC)的非线性动力分析方法用于滚动轴承的故障特征提取，具有较强的特征提取能力和稳定性。在状态识别方面，为进一步提高极限学习机(ELM)算法的整体性能，采用自适应鲸鱼优化算法(AWOA)辅助选择ELM的输入权重和隐性层偏置，优化后的ELM表现出更好的识别能力。采用帕德博恩大学的实验滚动轴承数据进一步评估了所提方法的性能，实验结果表明，所提故障诊断方法能够识别滚动轴承故障的类型和严重程度，准确率达99.1%。

关键词　智能故障诊断；滚动轴承；精细复合多尺度q复杂度；自适应鲸鱼优化算法；极限学习机；特征提取

1　滚动轴承的机械故障诊断

在石化行业中，旋转机械设备的状态监测是非常重要的，可以确保设备的可靠运行并预防潜在的故障。滚动轴承是旋转机械设备的关键部件，随着设备的长期运行，腐蚀、摩擦或过载往往会造成滚动轴承的部分损坏甚至完全失效，一旦发生故障，将直接影响工业过程，造成不必要的经济损失。因此，通过实时识别轴承状态，可以有效避免此类事故的发生。在滚动轴承的故障诊断中，特征提取和状态识别是最重要的两项任务。

对于特征提取而言，在时频域中执行的传统线性分析方法在处理此类振动信号时具有局限性。为了克服这些缺点，人们提出了许多基于熵的偏线性动力学方法用于滚动轴承诊断，如模糊熵、置换熵和样本熵等。然而，上述方法都是基于时间串行的单尺度分析方法，而单尺度熵算法无法有效量化时间串行的复杂度。为了克服单尺度方法的缺点，学者们提出了复合多尺度熵：通过细化时间串行，可以获得更加准确、客观的熵值。复合多尺度熵提高了多尺度熵估计的准确性，但并没有完全消除熵的不确定性。由于这一限制，业界提出了细化复合多尺度熵的概念，旨在提高熵估计的准确性并降低引入熵不确定性的概率。然而，上述算法仅基于熵特征来扩展时间尺度，并没有提取除熵之外的其他特征。结果，提取的特征不够全面，并且丢失了一些信息。因此，有必要重新开发基于熵的算法来提取多维特征。Yeh等提出了q复杂度熵曲线理论，可以从一维时间串行中提取二维特征曲线，更好地表征时间串行中包含的信息。本文首先结合模糊色散熵(Fuzzy dispersion entropy，FDE)和q复杂度熵曲线方法提取两个一维特征。然后，应用精细复合多尺度粗粒度算法将这两个特征扩展到多个时间尺度。

对于状态识别而言，高斯算法、贝叶斯算法、支持向量机、人工神经网络等是常用的故障特征智能识别算法。极限学习机(Extreme Learning Machine，ELM)是一种新型的快速学习算法，它是一种单隐层前馈神经网络，通过随机初始化输入权重和偏置并获得相应的输出权重。ELM的主要优点是分类精度高和计算时间效率高，缺点是算法需要添加足够的隐藏层节点来保证较高的预测精度，并且初始权重和偏置也会影响预测性能。初始权重和偏置可以通过智能优化算法来优化，而鲸鱼优化算法（Whale Optimization Algorithm，WOA）是一种全局收敛性强、参数调整量少的新型群体智能算法，近年来在工程中得到广泛应用。然而，WOA在搜索范围缩小时无法自适应地改变位置，导致全局搜索能力下降并陷入局部极小值。因此，本文将自适应位置更新权重的思想与WOA算法相结合，提出了自适应鲸鱼优化算法（AWOA），不仅缩短了搜索时间，而且提高了搜索精度。

综上所述，本文提出了一种基于精细复合多尺度q复杂度（RCMSQC）和AWOA-ELM的轴承故障诊断新方法：利用精细复合多尺度模糊色散熵（RCMSFDE）和q复杂度熵曲线方法，可以在多尺度上提取旋转机械振动信号的故障特征；随后，将选定的特征作为AWOA-ELM的输入，以识别旋转机械的不同故障类型。

2 基于RCMSQC和AWOA-ELM的求解方法

2.1 精细复合多尺度q-复杂性（RCMSQC）

本文在故障特征提取方面提出一种将精细复合多尺度模糊色散熵理论与q复杂度熵曲线相结合的新方法，称为精细复合多尺度q复杂度（RCMSQC）。换言之，本研究利用精细复合多尺度模糊色散熵理论生成具有$k(k \leq c^m)$类的色散模式，与经典的熵算法相比，可以从原始时间串行中提取更多的信息。然后基于精细复合多尺度模糊色散熵理论计算了时间序列的q复杂度。具体算法如下：

Step 1：根据精细复合多尺度理论，将原始时间序列$\{x_j\}$分解为s个离散时间序列$x_s(t)$。

Step 2：通过使用模糊色散熵将离散时间序列$x_s(t)$转换为K个有限模式序列π_s^k。

Step 3：根据精细的复合多尺度理论计算离散时间序列$x_s(t)$中有限模式序列π_s^k的平均概率P_s^k。

Step 4：利用q-复杂度熵曲线的过程，得到了H_q、C_q、H_q^*和C_q^*。

Step 5：将H_q^*和C_q^*的值作为特征数据集并用于随后的特征识别。使用H_q和C_q构造一个二维平面，其中色散q-复杂度C_q作为纵坐标，H_q作为横坐标。复杂度熵平面$(H_q,\ C_q)$可用来解释序列，称为RCMSQC曲线。从RCMSQC曲线中，可以得到H_q^*和C_q^*。

2.2 自适应鲸鱼优化算法改进极限学习机（AWOA-ELM）

极限学习机（ELM）是一种先进的算法，其快速学习结构基于单个隐层神经网络，具有较强的非线性拟合能力。与反向传播等其他前馈神经网络相比，ELM具有训练速度快、精度高、泛化性能好等优点。然而，ELM的输入权重和偏置是随机产生的，可能导致复杂的共线性问题。这表现为条件不良的隐藏输出矩阵，以及求解输出权重时的随机波动。上述因素将导致预测结果的不稳定，预测值与实际值差异较大。不仅单个预测的可靠性降低，而且模型的预测准确性也受到影响。为了解决上述问题，本文引入了自适应鲸鱼优化算法（AWOA）以找到ELM网络的最佳输入权重和偏置。

鲸鱼优化算法（WOA）是一种新型的元启发式优化算法，它模拟了座头鲸泡网捕食方法，利用大量的搜索代理来解决全局优化问题。其优点是操作简单，参数调整少，避免局部最优的能力强。此外，该算法中的搜索过程包括合作猎物搜索、联合目标围捕和冒泡网攻击。然而，当鲸鱼根据最佳位置调整其位置时，搜索范围是固定的，导致在搜索接近最优值时无法执行有效的精细局部搜索。因此，本文提出一种改进的自适应加权方案，其中权重越大，搜索范围越宽。另一方面，当权重较小时，搜索可以限制在局部区域。当鲸鱼接近目标时，使用较小的重量来改变最佳鲸鱼的位置，从而提高局部优化能力，有利于快速的全局搜索和精细的局部搜索。

本文在状态识别方面提出的AWAO-ELM方法的架构如图1所示。

2.3 基于RCMSQC和AWOA-ELM的滚动轴承故障诊断方法

本节采用RCMSQC方法从振动信号中提取多维非线性故障特征。在获得并用于滚动轴承后，构建智能分类器诊断系统。为了克服ELM运行过程中随机输入权重和偏置的缺点，本文引入AWOA算法来优化ELM中权重和偏置的选择过程。因此，使用AWOA-ELM方法构建多故障分类器。基于以上分析，本文提出的滚动轴承故障诊断方法的详细流程如下：

（1）原始轴承振动信号是从安装在轴承周围的加速度传感器获得的。

（2）假设存在K个滚动轴承状态，每个状

态分为 L 个样本。以这种方式获得的样本集的数据结构为 $K×L$，该数据集用作 RCMSQC 特征提取的输入。

(3) 计算 $K×L$ 样本的 H_q^* 和 C_q^* 值，选取一定数量的多尺度特征($s=20$)作为故障特征进行分析。详细计算流程如下：

a. 为了提取数据集的 H_q^* 和 C_q^*，需要确定四个参数，即嵌入维数 m、类别参数 c、数据长度 N、比例因子 s 和时滞 λ。

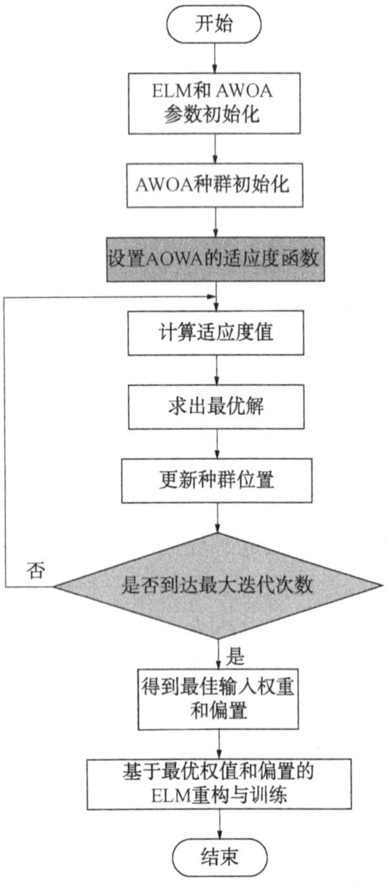

图 1　AWAO-ELM 方法的流程图

b. 参数 m、c、N、s 和 λ 的值是通过对得到的原始轴承振动信号数据集 $K×L$ 进行详细的实验分析来确定的。下一节将介绍分析过程。

c. 在确定参数 m、c、N、s 和 λ 后，可以通过 RCMSQC 获得特征集 $K×(L/N×s)$。在原始数据长度 L 的基础上，计算每个数据间隔 N 的 H_q^* 和 C_q^* 的值，数据集的长度变为 L/N。

(3) 采用十折交叉验证法对特征集 $K×(L/N×s)$ 进行处理，然后将特征集分成 10 个部分。

a. 10 个特征集中的 9 个用作训练数据集，其余 1 个用作测试数据集。每个特征集将产生相应的识别准确率。这 10 个结果的平均准确率用作算法精度的估计。

b. 每个训练数据集都输入到 AWOA-ELM 智能分类器中进行训练。将测试数据集作为识别精度的验证，并通过 AWOA 迭代自适应搜索最优输入权重和偏置。

(4) 通过 AWOA 算法找到最优权重和偏置并分配给 ELM，然后使用测试数据集验证 AWOA-ELM 分类器的准确性。最后，将 10 次运行计算出的分类精度的平均值作为算法精度的估计值。

(5) AWOA-ELM 智能分类器可以有效判断滚动轴承失效的类型和程度。

如图 2 所示是智能故障诊断方法的流程图。

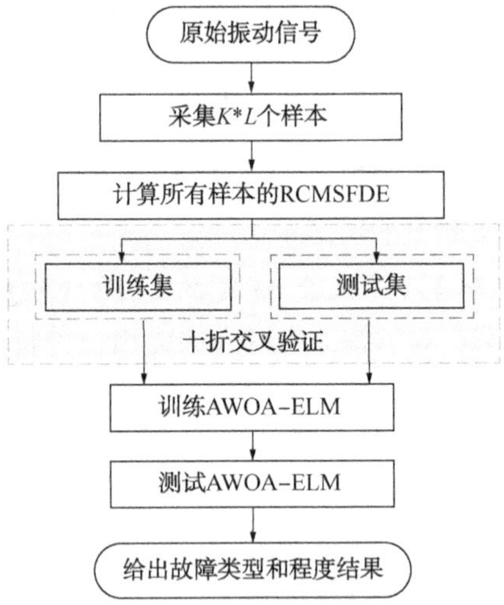

图 2　智能故障诊断方法的流程图。

3　实验测试与对比分析

3.1　实验数据采集

为验证所提出的智能诊断方法的有效性和鲁棒性，使用了德国帕德博恩大学机械工程构造与驱动技术研究数据中心的实验轴承数据集。该试验台如图 3(a) 所示，包含五个测试模块：(1)电动机、(2)扭矩测量轴、(3)滚动轴承测试模块、(4)飞轮和(5)负载电机。被测滚动轴承为 6203 FAG、MTK、IBU/IBB 单列向心球轴承，有 8 个滚动体，几何尺寸几乎相同，因此特征运动频率相差不超过 1~2%。该数据集中的轴承可以根据其健康状态分为四组：健康轴承、有内圈故障的轴承、有外圈故障的轴承和有多重损坏的轴承。通过改变转速、负载扭矩和径向力创建了四种不同的操作条件，如表 1 所示。轴承损坏包含实际损坏情况和人为损坏情况。人为损坏包括由放电加工、钻孔和手工电雕刻造成的内圈或外圈故障。另一方面，实际损坏包括点蚀或塑性变形。使用加速寿命测试设备引入了实际故障（如图3(b)所示）。以64kHz的采样率测量每个轴承承受一定载荷的振动信号约4s，总共得到约256000个数据点。

(a)滚动轴承试验台

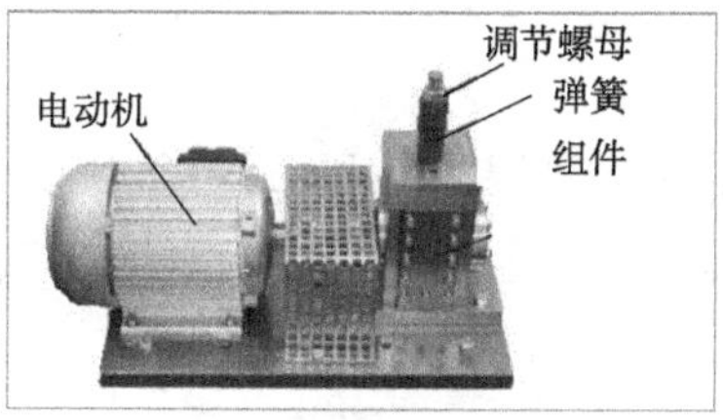

(b)加速寿命实验装置

图3 帕德博恩大学轴承测试平台

表1 操作条件

序号	转速 [rpm]	转矩负载 [Nm]	径向力 [N]
1	1500	0.7	1000
2	900	0.7	1000
3	1500	0.1	1000
4	1500	0.7	400

表2 完整的特性集定义

标签	特征集中的元素	q_H^*	q_C^*
		提取后的特征集	
Norm	409600×1	200×20	200×20
OR1	409600×1	200×20	200×20
OR2	409600×1	200×20	200×20
IR1	409600×1	200×20	200×20
IR2	409600×1	200×20	200×20
IR2+OR2	409600×1	200×20	200×20
总计	2457600×1	1200×20	1200×20

文献[12]详细描述了该数据集，并研究了驱动电机的电流信号和滚动轴承的振动信号。结果表明，虽然电流信号易于获取，但根据电流信号识别轴承状态的准确率较低。在识别三类故障时，最高准确率仅为93.3%。另一方面，当利用振动信号识别三类故障时，最高准确率达到98.5%。然而，该研究没有考虑轴承的混合失效。可以预见，当混合故障和单一故障一起研究时，它们的识别更加困难。因此，本文将研究各种损伤类型和严重程度的单一和混合故障。本研究采用的数据集为表1中的第二组，轴承转速为900rpm，扭矩载荷0.7Nm，径向力1000N。轴承的内外圈及混合故障全部为点蚀损伤。根据损伤表面的长度，将损伤严重程度分为1级至3级。本次试验研究了1级和2级损伤。实验振动信号分为正常(Norm)、内环(IR)故障、外环(OR)故障以及内环和外环(IR+OR)混合故障。然后又将它们分为$K=6$种滚动轴承状态：(a)正常轴承(Norm)，(b)严重程度为1级的内圈点腐蚀，(c)严重程度为2级的内圈点腐蚀，(d)外圈点蚀，严重程度为1级，(e)外圈点蚀，严重程度为2级，(f)内外圈点蚀，严重程度为2级。每个状态包含$L=1024000$个样本。通过以上分析，可以得到一个完整的函数集，如表2所示，共有6个滚动轴承状态，从长度为1024000的每个状态信号中取409600个连续样本点，然后每2048个采样点计算一次，因此每个尺度下得到的样本数为200个。如图4所示特征提取的过程。

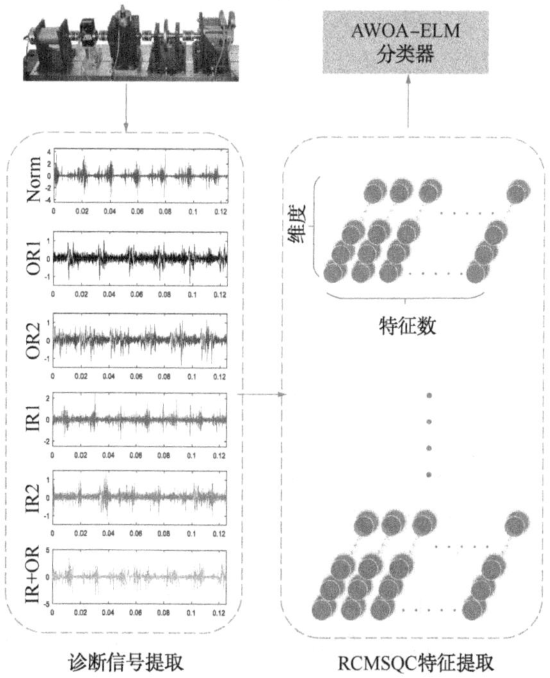

图4 振动信号特征提取过程

3.2　算法性能测试与对比分析

首先，根据表 2 中的数据集，计算了 6 个轴承状态的参数值，然后用 200 个样本计算了平均值。如图 5 所示显示了六种轴承状态的 RCMSQC 曲线。可以看出，所有 RCMSQC 曲线都有自己的特征，例如范围和运动轨迹。图 5(b)～(f)中的 RCMSQC 曲线均为闭合曲线，表明当轴承失效时，信号中不再包含混沌模式。

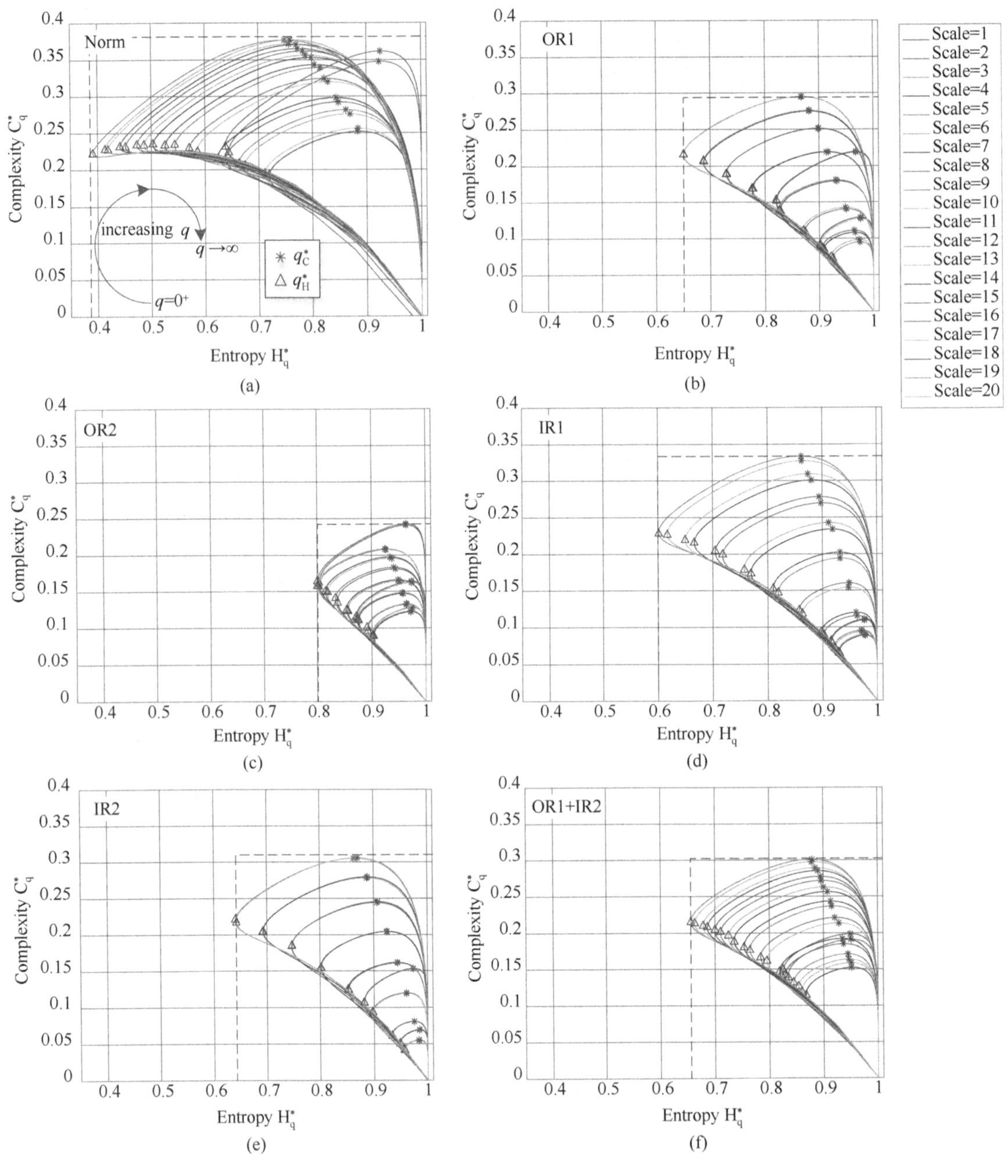

图 5　RCMSQC 曲线：(a)健康信号，(b)外圈故障 1 信号，(c)外圈故障 2 信号，(d)内圈故障 1 信号，(e)外圈故障 2 信号，(f)外圈故障 2 和内圈故障 2 信号 .

从图 5(b)～(f)的曲线可以看出，当故障发生时，曲线环的范围明显变小。此外，故障越严重，曲线范围越小，分别比较图 5(b)和(c)以及图 5(d)和(e)可以看出这一点。这与传统的研究结果相同，即当故障发生时，信号的复杂度会降低。图 5(f)中曲线的特征更为明显。它与图 5(e)中曲线轨道的循环范围相似，但在所有尺度上都更密集。

为了进行比较分析，将本文 RCMSQC 方法与 CMSWPE 和 CMSPE 特征提取进行性能对比。计算轴承实验数据的 CMSWPE 和 CMSPE，如图 6(a)和(b)所示显示了 CMSWPE 和 CMSPE

的平均值及其标准差。首先，从图6可以得出结论，实验中所有故障类别的CMSWPE和CMSPE曲线的趋势是相同的。同时，不同故障类别的CMSWPE和CMSPE值存在显着重叠，难以区分不同的故障类别。例如，图6(a)中信号IR2和Norm的CMSPPE值大多重叠，图6(b)中信号IR1、IR2和Norm的CMSPE曲线几乎相同。这表明仅靠熵获得的辨别特征信息并不明显。因此可以得出结论，本文的RCMSQC方法具有较强的故障特征提取能力，对后续的轴承状态识别非常有利。

为了进一步挖掘RCMSQC的特征提取能力，通过构建AWOA-ELM智能分类器实现智能故障诊断。首先，根据本文提出的方法，使用每个类别的200个样本，总共获得1200个样本。每个样本都有20个时间尺度因子作为基于AWOA-ELM的多分类器的故障特征。为了简化分析过程，Norm、OR1、OR2、IR1、IR2和IR2+OR2分别标记为1到6类。然后，使用六种预处理类型的样本(表2)作为基于AWOA-ELM的智能分类器的功能集。

激活函数和隐藏层节点的数量对于ELM的性能非常重要。本节进行了详细的研究，其结果如图7所示。

图7(a)显示了不同激活函数对ELM分类精度的影响。从图7(a)可以看出，当隐藏层数保持不变时，sigmoid函数实现了最高的分类精度。同时，随着隐藏层数的增加，不同激活函数对应的精度曲线先呈上升趋势，但随后趋于稳定，这为确定最佳隐藏层数奠定了基础。从图7(b)可以看出，当隐藏层数设置为30层时，可以保证ELM的精度和适当的时间损失。基于上述分析，采用sigmoid函数作为ELM的激活函数，并将隐藏层数设置为30层。

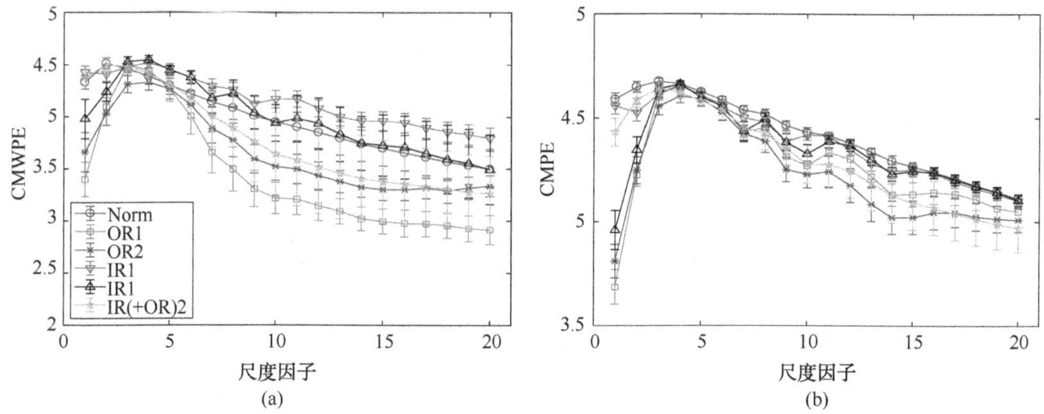

图6　六种轴承信号误差条形图：(a)CMSWPE，(b)CMSPE

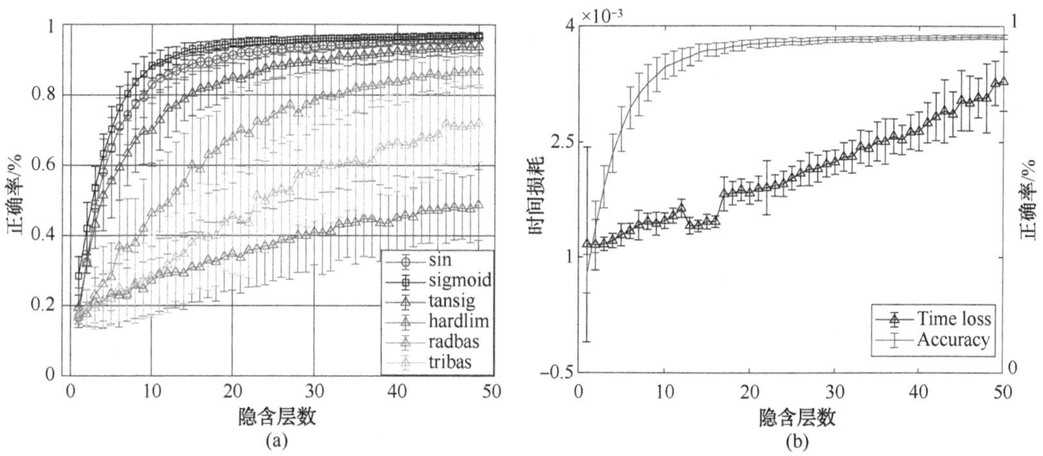

图7　ELM参数：(a)激活函数的选择；(b)隐藏层数的选择

AWOA-ELM智能分类器的混淆矩阵如图8所示。采用十折交叉验证方法减少数据过拟合。从图8可以看出，测试样本的分类与实际样本基本一致，整体识别准确率达到99.1%。只有故障2的正确识别率低于99%。随后，用CMSPE和CMSWPE代替RCMSQC方法，然后计算了6

个轴承振动信号的 CMSPE 和 CMSWPE。最后，将得到的 CMSPE 和 MWPE 作为基于 AWOA-ELM 的多故障分类器的功能集。AWOA-ELM 智能分类器的参数与之前相同。使用 CMSWPE 和 CMSPE 方法的分类混淆矩阵如图 9 所示。从图 9 可以看出，使用 CMSWPE 和 CMSPE 故障特征的识别准确率分别为 97.1% 和 96.3%，而故障 1 的识别准确率仅为 90.5%。结果表明，与 CMSWPE 和 CMSPE 相比，采用 RCMSQC 的故障诊断方法能够有效识别故障位置和严重程度，并实现更高的识别率。因此，所提出的 RCMSQC 特征提取方法能够有效地表征滚动轴承的运行状态和故障信息。

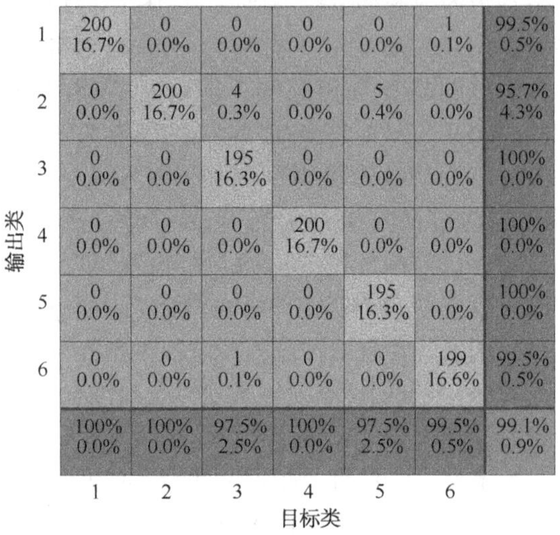

图 8　RCMSQC 特征下 AWOA-ELM 的混淆矩阵

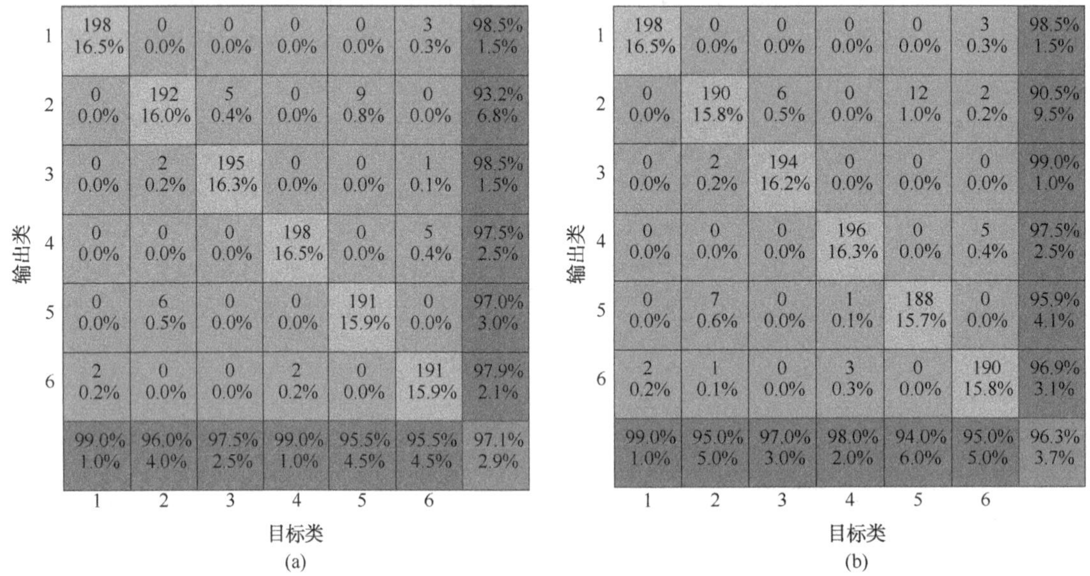

图 9　混淆矩阵：(a)CMSWPE 特征下 AWOA-ELM 分类结果；(b)CMSPE 特征下 AWOA-ELM 分类结果

为验证所提出的 AWOA-ELM 智能分类器的优越性，将 AWOA-ELM 与 ELM、WOA-ELM、PSO-ELM 和 GA-ELM 进行了比较。在仿真实验中，激活函数为 sigmoid(sig)，隐藏节点数和迭代次数分别为 30 和 100。所采用算法的其他主要参数如表 2 所示，使用的数据是 1200 个样本，考虑了六个轴承状态。在实验中，所有智能分类器均采用十折交叉验证方法进行特征集训练过程。

如图 10 所示显示了优化后 ELM 算法的收敛曲线。从图中可以看出，经 AWOA 优化的 ELM 具有最快的收敛速度和最高的精度。此外，见表 3 和表 4 中可以得出结论，与本节研究的其他分类器相比，AWOA-ELM 分类器在识别准确性和稳定性方面优于其他分类器。

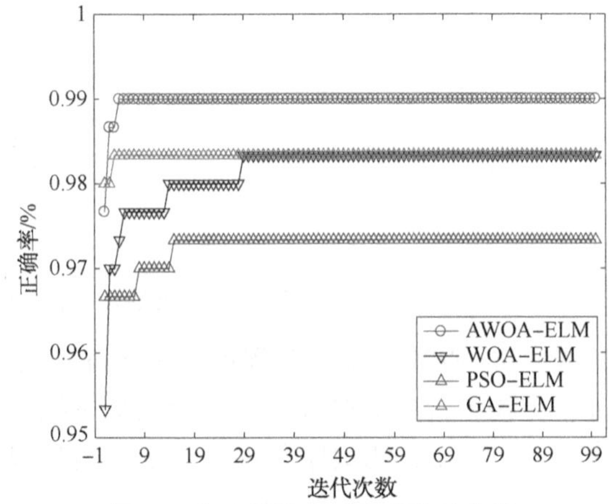

图 10　各个算法的正确率收敛曲线

4 结论

本文介绍了一种基于精细复合多尺度q复杂度和自适应鲸鱼优化算法改进极限学习机(RCMSQC&AWOA-ELM)的新型滚动轴承智能故障诊断方法。RCMSQC用来测量时间序列的复杂度并提取其非线性动力学特征。通过对滚动轴承进行特征提取实验并将RCMSQC与CMSWPE和CMSPE的特征提取能力进行对比，实验结果表明，本文的RCMSQC具有更好的特征提取能力和稳定性。设计的AWOA-ELM智能分类器用来实现故障识别，在对比试验中，采用AWOA-ELM算法的智能分类器准确率为99.1%，取得了最高的识别精度。上述实验证明了本文提出的RCMSQC&AWOA-ELM的智能分类器适用于滚动轴承的故障分类，可以对旋转设备进行全面监测和诊断，通过实时监测设备的状态，可以采取及时的维护和修复措施，提高石化行业设备的可靠性和生产效率。

表3 不同特征下各个智能分类器的分类正确率

通过十折交叉验证处理的特征集							
算法	轴承故障状态等级及其正确识别率/%						总体精度
	1	2	3	4	5	6	
AWOA-ELM	99.5	95.7	100	100	100	99.5	99.1
WOA-ELM	99	92	98	95.7	98.9	98.4	96.9
PSO-ELM	98.5	89.8	97.5	97.9	97.4	97.9	96.5
GA-ELM	99	93.3	99.5	97.1	97.9	99	97.6
ELM	98	90.6	99	96.1	95.4	97.9	96.1

表4 实验数据集的均值和标准差

算法	训练集		测试集		训练时间/s	
	均值	标准差	均值	标准差	均值	标准差
AWOA-ELM	98.9%	0.011	99.1%	0.004	3.91	0.078
WOA-ELM	97.1%	0.012	96.9%	0.009	4.12	0.073
PSO-ELM	96.9%	0.011	96.5%	0.010	4.10	0.079
GA-ELM	97.7%	0.009	97.6%	0.007	4.79	0.107
ELM	96.5%	0.015	96.1%	0.008	8.92×10^{-2}	6.1×10^{-3}

参考文献

[1] Jiao J, Zhao M, Lin J, et al. Hierarchical discriminating sparse coding for weak fault feature extraction of rolling bearings[J]. Reliability Engineering & System Safety, 2019, 184: 41-54.

[2] Shao H, Jiang H, Lin Y, et al. A novel method for intelligent fault diagnosis of rolling bearings using ensemble deep auto-encoders[J]. Mechanical Systems and Signal Processing, 2018, 102: 278-297.

[3] Song L, Wang H, Chen P. Step-by-step fuzzy diagnosis method for equipment based on symptom extraction and trivalent logic fuzzy diagnosis theory[J]. IEEE Transactions on Fuzzy Systems, 2018, 26(6): 3467-3478.

[4] Zheng J, Pan H, Yang S, et al. Adaptive parameterless empirical wavelet transform based time-frequency analysis method and its application to rotor rubbing fault diagnosis[J]. Signal Processing, 2017, 130: 305-314.

[5] Si L, Wang Z, Tan C, et al. A Feature Extraction Method Based on Composite Multi-scale Permutation Entropy and Laplacian Score for Shearer Cutting State Recognition[J]. Measurement, 2019, 145, 84-93.

[6] Wu S D, Wu C W, Lin S G, et al. Analysis of complex time series using refined composite multiscale entropy[J]. Physics Letters A, 2014, 378(20): 1369-1374.

[7] Yeh C H, Fang Y, Shi W, et al. A novel method of visualizing q-complexity-entropy curve in the multiscale

fashion [J]. Nonlinear Dynamics, 2019, 97 (4): 2813-2828.

[8] Singh P, Dwivedi P. Integration of new evolutionary approach with artificial neural network for solving short term load forecast problem[J]. Applied energy, 2018, 217: 537-549.

[9] Mehne H H, Mirjalili S. A parallel numerical method for solving optimal control problems based on whale optimization algorithm [J]. Knowledge - Based Systems, 2018, 151: 114-123.

[10] Li L L, Sun J, Tseng M L, et al. Extreme learning machine optimized by whale optimization algorithm using insulated gate bipolar transistor module aging degree evaluation[J]. Expert Systems with Applications, 2019, 127: 58-67.

[11] Mirjalili S, Lewis A. The whale optimization algorithm [J]. Advances in engineering software, 2016, 95: 51-67.

[12] Lessmeier C, Kimotho J K, Zimmer D, et al. Condition monitoring of bearing damage in electromechanical drive systems by using motor current signals of electric motors: A benchmark data set for data-driven classification[C]//Proceedings of the European conference of the prognostics and health management society. 2016: 05-08.

输气站自动分输技术探讨

吴有更

（国家管网集团山东省分公司）

摘　要　随着天然气行业的快速发展，国内管道企业逐步实现区域化管理和无人值守的智能站建设，自动分输技术做为智能站建设的关键一环，将逐步取代传统的人工输气模式。为全面推进输气场站自动分输进程，为无人值守的智能站的建设打下坚实基础，以某输气场站自动分输改造为例，对自动分输系统的原理进行阐述，分析恒压控制法、剩余平均法、不均匀系数法、到量停输等控制逻辑的适用范围；结合该输气场站自动分输系统的运行实践，识别运行过程中常见的故障及问题，从老旧管道升级改造、设备维保、PID程序优化、建立用户沟通协调机制、冰堵防范等方面提出了优化控制措施：①针对老旧管道应及时进行必要的升级改造，以适应自动分输要求；②在调压阀选型时注重设备稳定性，加强调节阀等关键设备的维护保养，对PID控制程序进行优化，设置调节阀步长及最大开度，避免出现超压、超流现象；引入剩余平均时间、剩余平均百分比逻辑，提高设备可靠性。③建立用户沟通协调机制，用户方采取错峰启压缩机、缓冲罐等措施；输气站提前采取压力、流量的超前控制，优化设置安全切断阀、监控调压阀、压力超限控制值，确保自动分输系统的稳定性；④做好极寒天气防冰堵措施，引入低温保护逻辑，杜绝异常工况导致自动分输失效；⑤设置两级调压或将上一级电动球阀纳入分输逻辑，应对压差过大导致电动球阀无法开启问题。

关键词　天然气；无人值守；智能站；自动分输；控制逻辑

随着国家大力推进清洁能源战略，天然气行业得到了迅速发展，天然气管网日趋庞大，输气量日益增多，天然气站场管理难度增大，用工成本增加。手动为用户分输需要耗费大量人力且分输控制准确性不高，采用自动分输技术，可提升精细化管理水平、降本增效，使管道安全高效运行，提高能源的利用率，因此推广自动分输技术已迫在眉睫。

1　自动分输系统概述

1.1　自动分输原理

自动分输主要是根据分输用户的供气特点，制定不同的自动分输控制逻辑，自动完成用户分输的各项操作。通过自动分输系统可减少现场操作人员工作负荷，提高气量分输的准确性，为无人值守的智能站建设打下坚实基础。自动分输系统的实现主要由站控系统接受调控中心下发的日指定量设定值，并根预先设置的压力限值、流量限值，按照既定的控制逻辑，对分输调节阀进行PID调节，以实现安全高效的日指定分输精准控制的目的。一套完善的自动分输系统应具备较高的自动分输控制功能及故障保护功能。目前比较常见的分输控制逻辑主要包括：恒压控制法、剩余平均法、不均匀系数法、到量停输控制逻辑以及辅助控制逻辑。

1.1.1　恒压控制法，即压力PID控制，适用于稳定供气的不可中断用户。恒压控制法中控制阀门均保持常开，当在用支路故障关断，出口压力低于控制压力低限值时，备用支路启输，保持控制压力低限恒压输气，以满足用户供气的连续性和最低压力要求。恒压控制法压力设定值采用分输压力设定值，正常输气时采用设定值恒压供气，考虑到超声波流量计最小流量的要求，应设定低流量保护功能。

1.1.2　不均匀系数法采用流量控制为主、压力控制为辅方式，适用于不可中断且有配气压力需求用户。由系统采集用户过去7天每个时段的用气量，计算各时段所占日总输量的比值做为不均匀系数，则设定当前时段的输气量为“日指定分输量×当前时段的不均匀系数”，从而得出该时段瞬时流量设定值。每一时段输送完毕后重新计算剩余供气量及下一时段瞬时流量设定值，直至完成当日分输后，保持当前输气状况不变，等待第二天的自动分输。考虑到用户安全压力、是否允许停输、最低流量、实际用气与日指定偏差较大等情况，需要采取相应的压力超限控制、到量停输、低流量保护、偏差调校等辅助控制。

1.1.3　剩余平均法适用于用户各时段用气分布比较均匀，且无压力限制的用户。剩余平均法即剩余供气量按照剩余小时平均分配，计算每个时段的流量设定值。剩余平均法属于不均匀系数法中的一个特例，其辅助控制逻辑与不均匀系数法相一致。

1.1.4　到量停输法适用于可中断分输用户。正常情况下采用恒压供气，当瞬时流量连续小于流量低限时，自动关闭电动球阀及调节阀，当用户压力低于设置的压力低限且未到日指定量时，重新打开电动球阀及调节阀，继续进行供气。当完成日指定量的100%时，发出输气完成报警，并根据“允许停输”标志位，确定是否停输。

1.2　常见用户类型

自动分输系统的可靠性，受用户供气需求的影响。根据我国用气性质及用户的用气习惯，主要将用户分为以下六类：

(1) 一般居民用户：受冬季采暖、居民做饭、洗漱等因素影响，用气量不高但波动较大；

(2) 一般工业用户：用气量相对稳定；

(3) 综合用户(民用+工业)，有一定的基础用气，同样受居民用气习惯的影响。

(4) 不可中断工业用户：用气压力要求较高，产生压力波动可能会造成严重后果，如炼化厂、电厂、玻璃厂等；

(5) 间断性供气用户：管存容量大，或有他方气源，以间断方式进行供气；

(6) CNG用户，无可利用管存，压力要求平稳，用气波动范围较大，受客户需求影响。

根据用户的用气规律及供气要求，针对不同的用户应选择相适配的分输逻辑。针对一般居民用户、CNG用户为可中断用户，可采用到量停输的控制逻辑；一般工业用户、综合用户、不可中断工业用户，做为不可中断用户，可根据其用气否平稳采用不均匀系数法、剩余平均法其中的一种；对压力有严格要求工业用户可采用恒压控制法，确保用户压力的稳定性。考虑到用户的多样性、用户用气规律受季节变化影响、调压阀的稳定性等因素，输气场站应结合自身实际，选用合适的自动分输逻辑，在保障给用户安全供气的前提下，确保日指定计划完成率。

2　自动分输改造实践

齐河输气站为榆济输气管道末站于2010年投产，设计年输气量$18.5\times10^8m^3$，干线进站管线设计压力8.0MPa，可接收济青二线、榆济线来气，经分离、过滤、计量、调压后外输至济华港润、昆仑燃气、中石化宣章站三家用户。该输气场站由于建设时间较早，采用手动分输控制，为实现国家管网集团油气调控中心对站场远控控制和分输用户日指定自动分输等功能，2023年对该输气场站通过设备改造、控制逻辑优化和优化数据上传方式等手段，进行齐河输气站自动分输改造。

2.1　输气站用户概况

齐河输气站共有三家用户济华港润、昆仑燃气、中石化宣章站，三家用户具体情况如下：

济华用户全称为山东济华港润燃气有限公司，由山东济华燃气有限公司、中石油昆仑燃气有限公司和齐河县城市经营建设投资有限公司共同投资设立，全年累计输送气量约800万标方，其中90%为居民用气，以居民用气习惯为主导，是可间断分输用户。

昆仑燃气全称为齐河中石油昆仑燃气有限公司，隶属中石油昆仑能源有限公司，全年累计输送气量约8000万标方，为永锋钢铁集团、旺旺集团、和乐门业等80余家工商用户及3万居民用户进行供气，为不可中断的工业用户。

中石化宣章站隶属于为中石化榆济管道分公司，汇聚安济线、榆济线、中济线、宣宁线多方气源，为中石化的枢纽站，为不可中断的用户。

2.2　输气站设备概况

齐河输气站分输支路均通过计量、调压后向下游进行供气，济华支路、昆仑支路满足自动分输改造条件，中石化宣章站由安济支路供气，无可远控调节压力、流量的调节阀，在不进行工艺改造的前提下，不满足自动分输改造条件，具体设备情况如下：

(1) 济华支路计量调压撬给下游用户供气，计量调压撬具有SSV(安全切断阀)+PCV(监控调压阀)+PV(工作调压阀)调压装置，计量调压撬上游设有电动球阀，下游设有手动球阀，可通过调压控制器远程控制PV电动调节阀开度，但调压控制器没有实现流量/压力PID调节，需进行改造以实现压力、流量的远程控制，达到自动分输的要求。

(2) 昆仑支路采用计量撬、SSV(安全切断阀)+PCV(监控调压阀)+PV(工作调压阀)调压撬串联给下游用户供气，计量撬上游设有手动球阀，下游设有电动球阀；调压撬上游设有电动球阀，下游设有手动球阀，可通过调压控制器远程控制 PV 电动调节阀开度，但调压控制器没有实现流量/压力 PID 调节，需进行改造以实现压力、流量的远程控制，达到自动分输的要求。

(3) 安济支路采用计量撬、SSV(安全切断阀)+PCV(监控调压阀)调压撬串联给下游用户供气。计量撬上游设有手动球阀，下游设有电动球阀；调压撬上游设有电动球阀，下游设有手动球阀，但无可远控调节压力、流量的调节阀，再不增加调节阀的前提下，不满足自动分输的要求，无法实现自动分输功能。

2.3 自动分输改造实践

经现场调研，在不进行工艺调整的情况下，济华、昆仑用户满足自动分输改造条件，可进行以下改造：

(1) 将济华、昆仑用户流量计算机信号接入到站控 PLC，实现流量信号数据的采集，以实现流量数据的 PID 控制、调节；

(2) 针对现有调压控制器没有实现流量/压力 PID 调节问题，将独立调压控制器拆除，将调节阀信号调整为接入站控 PLC 系统，由站控 PLC 实现原有调压控制器的功能，由站控 PLC 检测压力信号，通过 PID 控制程序实现对压力信号的控制、调节；

(3) 增加自动分输逻辑，为满足用户用气规律变化的要求，两家用户均设定了恒压控制法、剩余平均法、不均匀系数法、到量停输控制逻辑供输气站选用，为确保安全供气，均设置了压力超限控制、低流量保护、偏差调校等辅助控制逻辑。考虑到计划完成率的要求、恒压空控制法的稳定性及用户压力限值要求，引入了剩余平均时间、剩余平均百分比控制逻辑。剩余平均时间是指在设定时间前执行恒压控制法，达到设定时间后执行剩余平均法；剩余平均百分比是指当完成“日指定分输量”的百分比达到设定值之前执行恒压控制法，在达到后执行剩余平均法。

(4) 考虑目前用户的需求，针对济华用户目前选用恒压控制法、到量停输法相结合的控制逻辑，昆仑用户选用不均匀系数法控制逻辑，同时为保障设备运行中的安全，均采用了压力超限控制、低流量保护、偏差调校等辅助控制逻辑。

自动分输改造完成后，齐河输气站输气工由最初的 11 人降为 5 人，极大的提高了工作效率，用户日指定量完成率更加精准。

3 存在问题及改进措施

随着自动分输系统的投入应用，对自动分输改造及应用中，仍存在一些问题，针对存在的问题制定优化控制措施：

3.1 部分老旧场站不满足自动分输改造要求。进行自动分输改造，输气站场需具备远传功能的流量计，可远程控制调节开度的调节阀，且调节阀前端应设置可远程控制的电动球阀。针对部分老旧站场工艺和控制系统不具备条件的，应进行相应的升级改造，确保设备满足自动分输要求。

3.2 站场调节阀稳定性有待提高。自动分输系统中的调节阀是核心设备，调节阀的控制水平将直接影响分输系统稳定性，天然气在输送过程中随着压力、流量变化，会导致阀门出现非线性特性，影响调压阀的稳定性[12]；在 PID 控制调节阀开度程序中，因存在超调和回调现象，会导致压力、流量的大幅变化；输气站采用剩余平均法、不均匀系数法调节时，调节阀开关频繁，压力波动较大，稳定性较差；同时调压阀失灵也会导致下游压力的急剧变化。因此输气场站在调节阀选型时应考虑调节阀的稳定性，运行中应加强调节阀的维护保养，确保阀门的可靠性；对 PID 控制程序进行优化，设置调节阀步长及最大开度，确保调压阀缓开、缓关，避免出现超压、超流现象；优化控制逻辑，采用恒压控制法和剩余平均法相结合的剩余平均时间或剩余平均百分比逻辑，在保证自动分输系统稳定的前提下，完成日指定计划。

3.3 下游用户压力波动大，导致无法自动分输。受下游用户用气量的影响，如 CNG 用户压缩机组启停，下游用户流程操作、误操作等原因，会导致压力、流量大幅波动，严重也会导致安全切断阀切断。针对此现象，输气场站应与下游用户建立沟通协调机制，当用户压力出现异常变化时及时与输气站进行沟通，输气站提前做好应对措施，如切换控制逻辑、手动控制等措施；当用户启用多台压缩机组时，应尽量采用错峰启用，避免同时启用，有条件的用户可建立具备缓存功能的储气罐；优化设置安全切断阀、监控调压阀、自动分输系统压力超限控制值，避免较小的压力波动导致安全切断阀切断。

3.4　冰堵现象导致无法自动分输。由于大部分分输用户用气压力较干线压力低，在调压撬处会产生大的压降，在冬季极寒天气，当调压后的天然气温度低于水露点时，监控调压阀容易产生冰堵现象，导致调压失灵，甚至引起安全切断阀切断，自动分输检测到小流量信号，从而关闭自动分输系统，导致自动分输无法正常运行。针对此现象，输气站应密切关注天然气水露点，当出现极寒天气天然气温度接近水露点时，应及时调整运行工况，采取降低压差、添加甲醇等抑制剂、打开电伴热等措施；在自动分输系统中增设低温保护逻辑，当调压后天然气温度不高于水露点5℃时，执行低温保护逻辑，控制调压阀前后压差，严防冰堵现象发生。

3.5　上游电动阀门开关异常导致无法自动分输。自动分输的实现还依靠上游的电动球阀的可靠性，若阀门开关异常，将导致无法自动分输。因此应加强此电动球阀的保养，设置合理的限位、力矩值，确保阀门开关灵活；同时若上下游压差过大导致阀门无法开启，此情况主要见于干线压力与分输压力压差过大的情况，可考虑设置两级调压或通过改变分输逻辑，将此电动阀的上一道电动阀纳入分输逻辑，关阀时首先关闭此阀门，解决因压差过大导致阀门无法开启的问题。

4　结论

通过对自动分输控制系统原理进行分析，结合齐河输气站自动分输改造实践，提出了各类型用户适配的分输逻辑。结合自动分输运行实践中存在的问题，提出了优化控制措施：针对老旧管道应及时进行必要的升级改造，以适应自动分输要求，精简现场操作，提高用户分输控制水平；优化设备选型，加强调节阀、电动球阀等关键设备的保养，优化PID控制程序，提高设备可靠性；建立用户沟通协调机制，提前采取压力、流量的超前控制，合理设置压力超限控制值，确保自动分输系统的稳定性；做好极寒天气防冰堵措施，引入低温保护逻辑，杜绝异常工况导致自动分输失效；设置两级调压或将上一级电动球阀纳入分输逻辑，应对压差过大导致电动球阀无法开启问题。

为进一步提高自动分输的可靠性，可探索对压力、流量进行综合控制的控制逻辑，满足对压力、流量均有较高要求的分输用户，自动分输系统的建立是无人化智能站建设的先决条件，随着天然气行业的快速发展，无人值守的智能站建设将成为新的发展趋势。

参考文献

[1] 姜子昂，杨再勇，邹晓琴等．对加快建设我国现代化天然气市场体系的战略思考[J]．天然气工业，2018，38(10)：120-127.

[2] 王小强，王保群，王博等．我国长输天然气管道现状及发展趋势[J]．石油规划设计，2018，

[3] 祝悫智，吴超，李秋扬等．全球油气管道发展现状及未来趋势[J]．油气储运，2017，36(4)：375-380.

[4] 刘勇，赵忠德，周淑慧等．中国燃气行业天然气利用状况及发展趋势[J]．国际石油经济，2016，24(6)：52-60.

[5] 张伟．天燃气产业链的协调发展及升级研究[D]．北京：中国地质大学，2013.

[6] 孔江浩．采用GPS同步的油气管道检测及安全评估系统设计[D]．天津：河北工业大学，2018.

[7] 梁怿，彭太翀，李明耀．输气站场无人化自动分输技术在西气东输工程的实现[J]．天然气工业，2019，39 (11)：112-116.

[8] 葛云鹏，闫楠，寇睫敏等．天然气长输管道自动分输技术现状及发展方向探讨[J]．当代化工研究，2023，(10)：6-8.

[9] 孙晓波．天然气管道自动分输模式及应用[J]．天然气技术与经济，2019，13(04)：69-73.

[10] 牛化昶，李彦苹，于洋等．基于异常工况识别的天然气自动分输逻辑 [J]．化工自动化及仪表，2023，50(03)：323-330.

[11] 彭宁．天然气管道工程自动分输控制技术应用[J]．中国仪器仪表，2022，(10)：50-53+63.

[12] 艾力群，张鹏，艾威等．天然气省级管网自动分输技术改造研究 [J]．石油工程建设，2023，49(03)：76-81.

[13] 翟家方．天然气管道自动分输系统的控制与应用研究[D]．沈阳化工大学，2021.

无人机智能监控中基于索引调制和正交时频空间调制的多维度调制传输方案设计

杨颖超

（国家石油天然气管网集团有限公司山东省分公司）

摘　要　对输油气管道进行实时监控，可有效评估输油气管道的状态和功能，是保障石油天然气安全生产的必要措施。随着无人机技术的不断发展，无人机以其高效便捷、灵活机动及易部署等特点，在管道智能视频监控中引起广泛关注，具有较大的应用潜力。高清视频监控对无人机无线通信的有效性和可靠性有很高的要求。然而，无人机在高速飞行过程，其与基站之间的无线通信会受到多普勒频移影响，进而造成载波间干扰，使通信可靠性下降。其次，考虑到传统通信技术传输信息维度的单一性，无人机高清视频监控的通信有效性要求也逐渐无法满足。为实现通过无人机对输油气管道进行高效可靠智能视频监控的目的，本文设计提出了一种基于索引调制(IM)和正交时频空间(OTFS)调制的多维度调制传输方案。所提方案通过OTFS调制技术将信息在时延-多普勒域中进行调制传输，可以获得全部时间、频率分集，从而提升通信可靠性。同时，所提方案基于IM将信息传输维度扩展到空间域和时延-多普勒域，通过空间域中的发射天线索引和时延-多普勒域中的时延索引与多普勒索引来传输额外信息，以实现通信有效性提升的目的。本文首先介绍了用于无人机智能视频管道监控的基于IM和OTFS调制的多维度调制传输方案的系统模型，并对其信号处理过程进行了描述。其次，本文对所提方案的平均误比特率(ABER)和分集性能进行了分析，基于时延-多普勒域输入输出关系，推导了所提方案的ABER上限闭合表达式，并计算了所提方案的可实现分集阶数。最后，本文通过仿真实验结果显示了在高速移动条件下所提方案相比其他传统方案的有效性，同时也证明了对所提方案性能分析和理论推导的准确性。

关键词　无人机智能监控；IM；OTFS调制；方案设计；性能分析

为保障石油天然气日常安全生产，需要对输油气管道执行有效巡检和监控，以有效评估输油气管道的实时状态，对预防相关生产安全事故的发生具有重要意义。由于输油气管道一般敷设在野外，对其实施巡检和监控的方式主要是以传统的人力巡检和定点视频监控方式。以上传统巡检和监控方法在实际应用过程中会面临野外地形地貌复杂、气候因素不可控等问题，恶劣的工作环境会耗费大量资源，同时导致巡检和监控效率较低。

随着当前无人机等物联网技术的迅猛发展，无人机凭借其高效便捷、灵活机动和易部署等特点，在输油气管道视频监控领域逐渐崭露头角，引起广泛关注。利用无人机对输油气管道进行智能视频监控，能够有效避免地形限制，节约人力物力成本，提高监控效率，同时，可以顺应当前“智慧管道”的发展需求，实现石油天然气生产的可持续发展，保证石油天然气的生产安全。

通过无人机对输油气管道进行智能视频监控需要高效可靠的无线通信技术作为支撑。无人机在高速飞行过程中的无线通信会受到多普勒频移的影响，多普勒频移会在传统正交频分复用(OFDM)技术中引入子载波间干扰，使无人机与基站之间的传输可靠性降低。同时，无人机在高速移动时，无人机和基站之间的信道会经历频率和时间选择性衰落，导致信道表现出时间、频率双弥散特性，同样会对通信可靠性产生不利影响。作为第四代和第五代无线通信的核心技术，多输入多输出(MIMO)方案能够通过获得发送分集增益和空间分集增益，从而实现通信可靠性的提升。新兴的正交时频空间(OTFS)调制技术可以把调制符号在时延-多普勒域上进行复用，获得全部时间、频率分集。OTFS调制还能够把时域上的时变信道转化为时延-多普勒域中的恒定、可分离且正交的信道交互，消除时域信道快速时变特性，同时削弱时域信道频率和时间双选择性衰落，提升无线通信在高移动性条件下的可靠性。索引调制（IM）作为高频谱效率且原理简单的数字调制技术，可以利用不同域中的无线通信系统构成要素的索引来传输额外的信息，对提升无线通信有效性具有重要意义。比如：空间域中的IM技术又被称为空间调制，其通过激活发射天线的索引来传输额外信息，同时能够避免传统MIMO中固有的天线间同步和信道间干扰问题，提升无线通信的有效性和可靠性。凭借以上优势，IM和OTFS技术均可应用于无人机监控中，来实现对输油气管道进行高效可靠智能监控的目的。

本文基于IM和OTFS调制技术，在物理层中设计了一种多维度调制传输方案，以实现无人机智能高清实时管道监控。该方案通过OTFS调制来获取全部时间、频率分集，并通过IM利用空间域中的发射天线索引和时延-多普勒域中的时延索引与多普勒索引来传输额外信息，来提升通信可靠性和有效性。本文首先对基于IM和OTFS调制的多维度调制传输方案系统模型及其信号处理过程进行介绍。随后，对所提方案的主要系统性能进行分析研究。基于时延-多普勒域输入输出关系，对所提方案的平均误比特率（ABER）上限闭合表达式进行推导，并计算了所提方案的可实现分集阶数。最后，本文通过仿真实验结果来显示所提方案相比其他传统方案在无人机视频监控场景下的有效性，同时证明所提方案在性能分析和理论推导方面的准确性。

系统模型：

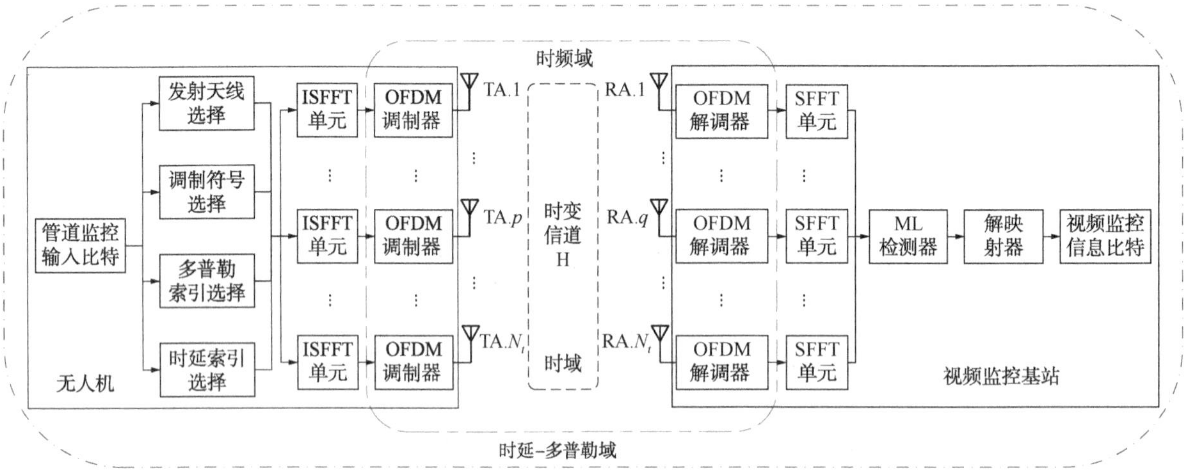

图1　基于IM和OTFS调制的多维度调制传输系统模型

本文提出的用于无人机智能视频管道监控的基于IM和OTFS调制的多维度调制传输系统主要由一个无人机和一个视频监控基站组成，其系统模型如图1所示。在该无线通信系统中，无人机作为信号发射端配备N_t根发射天线，其中：N_t的取值需要满足2的正整数次幂的要求。同时，无人机还具有发射天线选择单元、调制符号选择单元、时延索引选择单元和多普勒索引选择单元，以上模块主要完成视频监控信息由比特到符号的调制映射过程。此外，无人机的每根发射天线上还独立配备由ISFFT单元和OFDM调制器组成的OTFS调制器，完成发射信号由时延-多普勒域到时域的转换。作为信号接收端的视频监控基站配备N_r根接收天线，N_r可以为任意正整数。基站中的每根接收天线中也配备能够将信号由时域转换为时延-多普勒域的OTFS解调器。OTFS解调器由OFDM解调器和SFFT单元组成。另外，视频监控基站中同样具有最大似然（ML）检测器和解映射器，来完成接收信号到信息比特的检测和解调功能。

接下来，我们对所提基于IM和OTFS调制的多维度调制传输方案的信号处理具体过程进行介绍。针对所提方案的一个信号发送帧，无人机将发送一个b位的时延-多普勒域比特序列，该比特序列由无人机获取的视频图像信息转换而来，且$b=\log_2(N_tMNM_{mod})$，其中：M和N分别表示时延-多普勒域中时延索引和多普勒索引的数量。这里，假设M和N的取值同样满足2的正整数次幂的限制。而M_{mod}则代表系统所采用的调制阶数。

无人机首先将该比特序列划分为四部分。第一部分的子序列包括 $\log_2 N_t$ 个比特，用于选择信号发送帧中激活的发射天线。这里，我们假设激活的发射天线为无人机的第 p 根天线，且 $p \in \{1, \cdots, N_t\}$。第二部的分子序列包含 $\log_2 M$ 个比特，第三部分的子序列包含 $\log_2 N$ 个比特，以上两个子序列共同确定调制符号在激活发射天线上的时延-多普勒域中的时延索引 l 和多普勒索引 k，且 l 和 k 分别满足 $l \in \{0, \cdots, M-1\}$ 与 $k \in \{0, \cdots, N-1\}$。最后一个部分的子序列包括剩余的 $\log_2 M_{mod}$ 个比特，主要完成从相移键控（PSK）或正交幅度调制（QAM）符号集中确定发送的调制符号的功能。综上，基于 IM 和 OTFS 调制的多维度调制传输方案所能达到的系统传输速率为 $R = \log_2(N_t MNM_{mod})$，其计量单位是每通道比特数（bpcu）。

在一个信号发送帧中，无人机传输的时延-多普勒域发送信号矩阵能够表示成

$$X = [\underbrace{0^T \quad \cdots \quad X_p^T \quad \cdots \quad 0^T}_{N_t}]^T \tag{1}$$

其维度为 $N_t M \times N$，$[\cdot]^T$ 表示转置操作，X_p 表示第 p 根发射天线上 $M \times N$ 维的时延-多普勒域发送信号矩阵，0 表示维度是 $M \times N$ 的零矩阵。同时，X_p 的具体表达式为

$$X_p = \begin{bmatrix} 0 & \cdots & 0 & \cdots & 0 \\ \vdots & \ddots & \vdots & \ddots & \vdots \\ 0 & \cdots & X_{k,p}^l & \cdots & 0 \\ \vdots & \ddots & \vdots & \ddots & \vdots \\ 0 & \cdots & 0 & \cdots & 0 \end{bmatrix} \tag{2}$$

其中：$X_{k,p}^l$ 为在第 p 发射天线上时延-多普勒域中第 k 个多普勒索引和第 l 个延时索引上的调制符号，且其在 X_p 的第 $(k+1)$ 行和第 $(l+1)$ 列上。经过 OTFS 调制器处理，在无人机的第 p 根发射天线上的时域信号向量表示为

$$s_p = vec(F_M^H(F_M X_p F_N^H)) = (F_N^H \otimes I_M) x_p \tag{3}$$

其中：s_p 为第 p 根发射天线上维度为 $MN \times 1$ 的列向量，$vec(\cdot)$ 表示按列向量化算子，F_M 表示 M 点离散傅里叶变换矩阵，F_N^H 表示 N 点逆离散傅里叶变换矩阵，$\otimes$ 代表克罗内克乘积，I_M 表示维度为的单位矩阵，$x_p = vec(X_p)$。

然后，无人机将 s_p 通过无线信道发送给视频监控基站。假设该无线信道服从多径信道模型。在视频监控基站的第 q 根天线上，接收到的来自无人机第 p 根发射天线上的时域信号可以表示为

$$r_q = H_{qp} s_p + n_q \tag{4}$$

其中：H_{qp} 是无人机中第 p 根天线和视频监控基站第 q 根天线之间具有 P 个可分辨多径的无线信道矩阵，其维度为 $MN \times MN$。n_q 表示 $MN \times 1$ 维的加性高斯白噪声向量，其元素均服从均值为 0 和方差为 N_0 的复高斯分布。同时，H_{qp} 在矩形脉冲条件下可以进一步表示为

$$H_{qp} = \sum_{i=1}^{P} h_{qp}^i \Pi l_i \Delta k_i \tag{5}$$

其中：h_{qp}^i 表示第 p 根发射天线和第 q 根接收天线之间第 i 个可分辨多径的信道系数，其服从均值为 0 和方差为 $1/P$ 的复高斯分布。$\Pi = \begin{bmatrix} 0 & \cdots & 0 & 1 \\ 1 & \cdots & 0 & 0 \\ \vdots & \ddots & \vdots & \vdots \\ 0 & \cdots & 1 & 0 \end{bmatrix}$ 是前向循环位移置换矩阵，其维度为 $MN \times MN$。$\Delta = diag[z^0 \quad z^1 \quad \cdots \quad z^{MN-1}]$ 是 $MN \times MN$ 维的对角矩阵，同时，$z = e^{\frac{2\pi j}{MN}}$。$l_i = \tau_i M \Delta f$ 和 $k_i = \nu_i NT$ 分别表示和第 i 个可分辨多径有关的时延索引与多普勒索引，其中 τ_i 和 ν_i 分别代表第 i 个可分辨多径的时延和多普勒频移，$M\Delta f$ 为无人机视频监控系统的总带宽，NT 表示一个方案发送帧的持续时间。

视频监控基站的接收天线通过配备的 OTFS 解调器将接收到的时域信号转换为时延-多普勒与信号。则在视频监控基站的第 q 根接收天线上接收到的时延-多普勒域信号表示为

$$y_q = H_{q1}^{eff} x_1 + \cdots + H_{qp}^{eff} x_p + \cdots + H_{qN_t}^{eff} x_{N_t} + n_q^{eff} \tag{6}$$

其中：$H_{qp}^{eff} = (F_N \otimes I_M) H_{qp} (F_N^H \otimes I_M)$ 且 $n_q^{eff} = (F_N \otimes I_M) n_q$。综合考虑无人机及视频监控基站的所有天线，该基于 IM 和 OTFS 调制的多维度调制传输方案的时延-多普勒域总体接收信号表示为

$$Y_{MIMO} = H_{MIMO}^{eff} X_{MIMO} + N_{MIMO}^{eff} \tag{7}$$

其中：$Y_{MIMO} = [y_1^T \quad \cdots \quad y_{N_r}^T]^T \in \mathbb{C}^{N_r MN \times 1}$，$X_{MIMO} = [x_1^T \quad \cdots \quad x_{N_t}^T]^T \in \mathbb{C}^{N_t MN \times 1}$，$N_{MIMO}^{eff} = [(n_1^{eff})^T \quad \cdots \quad (n_{N_r}^{eff})^T]^T \in \mathbb{C}^{N_r MN \times 1}$，$H_{MIMO}^{eff} = \begin{bmatrix} H_{11}^{eff} & \cdots & H_{1N_t}^{eff} \\ \vdots & \ddots & \vdots \\ H_{N_r 1}^{eff} & \cdots & H_{N_r N_t}^{eff} \end{bmatrix} \in \mathbb{C}^{N_r MN \times N_t MN}$。

视频监控基站通过 ML 检测器单元对发射天

线索引、时延索引、多普勒索引和调制符号进行联合检测。根据(7)，ML 检测具体过程可以表示为

$$(\hat{p},\hat{k},\hat{l},\hat{x})=\arg\min\|Y_{\mathrm{MIMO}}-H_{\mathrm{MIMO}}^{\mathrm{eff}}X_{\mathrm{MIMO}}\|_{\mathrm{F}}^{2} \tag{8}$$

其中：$\hat{p}$，$\hat{k}$ 与 $\hat{l}$ 分别表示发射天线、多普勒和时延的估计索引，$\hat{x}$ 表示估计的调制符号，此外，$\|\cdot\|_F$ 表示 Frobenius 范数算子。

随后，视频监控基站在解映射器的帮助能够根据估计出的激活发射天线索引、时延索引、多普勒索引及调制符号恢复出时延-多普勒域中的信息比特，最终获得有无人机获取的输油气管道监控视频图像。以上即为整个基于 IM 和 OTFS 调制的多维度调制传输方案的信号处理过程。

性能分析：

在本节中，我们对基于 IM 和 OTFS 调制的多维度调制传输方案的主要系统性能进行了分析，包括：ABER 和分集。本文基于联合边界理论对所提方案的 ABER 上限进行了推导。同时，本文也对所提方案能够达到的可实现分集阶数进行了研究。

基于联合边界理论，基于 IM 和 OTFS 调制的多维度调制传输方案的 ABER 上限表达式可以写为

$$ABER\leqslant\frac{1}{b2^{\mathrm{b}}}\sum_{g=1}^{2^{\mathrm{b}}}\sum_{j=1,\,j\neq g}^{2^{b}}P(X_{\mathrm{MIMO}}^{\mathrm{g}}\rightarrow X_{\mathrm{MIMO}}^{\mathrm{j}})\,d(X_{\mathrm{MIMO}}^{\mathrm{g}},X_{\mathrm{MIMO}}^{\mathrm{j}}) \tag{9}$$

其中：b 定义为所提方案的系统传输速率，$P(X_{\mathrm{MIMO}}^{\mathrm{g}}\rightarrow X_{\mathrm{MIMO}}^{\mathrm{j}})$ 表示当时延-多普勒域中发送信号矩阵 $X_{\mathrm{MIMO}}^{\mathrm{g}}$ 被错误检测为 $X_{\mathrm{MIMO}}^{\mathrm{j}}$ 时所提方案的成对错误概率(PEP)，是 $X_{\mathrm{MIMO}}^{\mathrm{g}}$ 和 $X_{\mathrm{MIMO}}^{\mathrm{j}}$ 之间的汉明距离。

通过观察(9)，我们可以知道获得所提方案 ABER 上限的关键就是对方案 PEP 进行推导。因此，为了给推导方案 PEP 提供便利，我们为所提方案提供了一种时延-多普勒域总体接收信号的替代形式。

当方案考虑矩形脉冲时，视频监控基站第 q 根天线上获取的来自无人机第 p 根天线的时延-多普勒域接收信号可以表示为

$$y_{\mathrm{q}}=H_{\mathrm{qp}}^{\mathrm{eff}}x_{\mathrm{p}}+n_{\mathrm{q}}^{\mathrm{eff}} \tag{10}$$

其中：$H_{\mathrm{qp}}^{\mathrm{eff}}=(F_{\mathrm{N}}\otimes I_{\mathrm{M}})H_{\mathrm{qp}}(F_{\mathrm{N}}^{\mathrm{H}}\otimes I_{\mathrm{M}})$。进一步，将(5)代入，我们可以将表示成

$$y_{\mathrm{q}}=\Phi_{\mathrm{qp}}(x_{\mathrm{p}})h_{\mathrm{qp}}+n_{\mathrm{q}}^{\mathrm{eff}} \tag{11}$$

其中：$\Phi_{\mathrm{qp}}(x_{\mathrm{p}})=[\Phi_{\mathrm{qp}}^{1}(x_{\mathrm{p}})\ \cdots\ \Phi_{\mathrm{qp}}^{\mathrm{i}}(x_{\mathrm{p}})\ \cdots\ \Phi_{\mathrm{qp}}^{\mathrm{P}}(x_{\mathrm{p}})]$ 表示级联矩阵，其维度是 $MN\times P$，且 $\Phi_{\mathrm{qp}}^{\mathrm{i}}(x_{\mathrm{p}})=(F_{\mathrm{N}}\otimes I_{\mathrm{M}})\Pi^{l_i}\Delta^{k_i}(F_{\mathrm{N}}^{\mathrm{H}}\otimes I_{\mathrm{M}})x_{\mathrm{p}}$。同时，$h_{\mathrm{qp}}$ 是 $P\times1$ 维的列向量，其第 i 个元素记为 $h_{\mathrm{qp}}^{\mathrm{i}}$。

基于上述分析和推导，我们可以给出所提方案时延-多普勒域总体接收信号的替代形式为

$$Y_{\mathrm{MIMO}}=\Phi_{\mathrm{MIMO}}(X_{\mathrm{MIMO}})h_{\mathrm{MIMO}}+N_{\mathrm{MIMO}}^{\mathrm{eff}} \tag{12}$$

其中：$h_{\mathrm{MIMO}}=[h_1^{\mathrm{T}}\ \cdots\ h_{\mathrm{q}}^{\mathrm{T}}\ \cdots\ h_{N_{\mathrm{r}}}^{\mathrm{T}}]^{\mathrm{T}}\in\mathbb{C}^{N_{\mathrm{r}}N_{\mathrm{t}}P\times1}$，$h_{\mathrm{q}}=[h_{\mathrm{q1}}^{\mathrm{T}}\ \cdots\ h_{\mathrm{qp}}^{\mathrm{T}}\ \cdots\ h_{qN_{\mathrm{t}}}^{\mathrm{T}}]^{\mathrm{T}}$。同时，$\Phi_{\mathrm{MIMO}}(X_{\mathrm{MIMO}})$ 是 $N_{\mathrm{r}}MN\times N_{\mathrm{r}}N_{\mathrm{t}}P$ 维的级联矩阵，其可以具体表示为

$$\Phi_{\mathrm{MIMO}}(X_{\mathrm{MIMO}})=\begin{bmatrix}\Phi_1 & 0 & \cdots & 0 & \cdots & 0\\ 0 & \Phi_2 & \cdots & 0 & \cdots & 0\\ \vdots & \vdots & \ddots & \vdots & \ddots & \vdots\\ 0 & 0 & \cdots & \Phi_{\mathrm{q}} & \cdots & 0\\ \vdots & \vdots & \ddots & \vdots & \ddots & \vdots\\ 0 & 0 & \cdots & 0 & \cdots & \Phi_{N_{\mathrm{r}}}\end{bmatrix} \tag{13}$$

其中：$\Phi_{\mathrm{q}}=[\Phi_{\mathrm{q1}}(x_1)\ \cdots\ \Phi_{\mathrm{qp}}(x_{\mathrm{p}})\ \cdots\ \Phi_{qN_{\mathrm{t}}}(x_{N_{\mathrm{t}}})]$，且 0 表示维度是 $MN\times N_{\mathrm{t}}P$ 的零矩阵。

根据(12)，我们可以将所提方案的 PEP 计算为

$$P(X_{\mathrm{MIMO}}^{\mathrm{g}}\rightarrow X_{\mathrm{MIMO}}^{\mathrm{j}})=E\left[Q\left(\sqrt{\frac{\|(\Phi_{\mathrm{MIMO}}(X_{\mathrm{MIMO}}^{\mathrm{g}})-\Phi_{\mathrm{MIMO}}(X_{\mathrm{MIMO}}^{\mathrm{j}}))h_{\mathrm{MIMO}}\|_{\mathrm{F}}^{2}}{2N_0}}\right)\right] \tag{14}$$

其中：$E[\cdot]$ 表示期望算子，且 $Q(w)=\int_{w}^{+\infty}\frac{1}{\sqrt{2\pi}}e^{-\frac{t^2}{2}}\mathrm{d}t$ 表示变量 w 的 Q 函数。

进一步，基于矩生成函数(MGF)相关定义，所提方案 PEP 可以表示为

$$P(X_{\mathrm{MIMO}}^{\mathrm{g}}\rightarrow X_{\mathrm{MIMO}}^{\mathrm{j}})=\frac{1}{\pi}\int_0^{\frac{\pi}{2}}\phi\left(-\frac{1}{4N_0\sin^2\theta}\right)\mathrm{d}\theta \tag{15}$$

其中：$\phi(w)$ 定义为 $\|(\Phi_{\mathrm{MIMO}}(X_{\mathrm{MIMO}}^{\mathrm{g}})-\Phi_{\mathrm{MIMO}}(X_{\mathrm{MIMO}}^{\mathrm{j}}))h_{\mathrm{MIMO}}\|_{\mathrm{F}}^{2}$ 的 MGF。同时，我们将 $\|(\Phi_{\mathrm{MIMO}}(X_{\mathrm{MIMO}}^{\mathrm{g}})-\Phi_{\mathrm{MIMO}}(X_{\mathrm{MIMO}}^{\mathrm{j}}))h_{\mathrm{MIMO}}\|_{\mathrm{F}}^{2}$ 化简为

$$\| (\Phi_{MIMO}(X_{MIMO}^{g}) - \Phi_{MIMO}(X_{MIMO}^{j})) h_{MIMO} \|_F^2 = h_{MIMO}^{H} \Theta h_{MIMO} \quad (16)$$

其中：$\Theta = (\Phi_{MIMO}(X_{MIMO}^{g}) - \Phi_{MIMO}(X_{MIMO}^{j}))^H (\Phi_{MIMO}(X_{MIMO}^{g}) - \Phi_{MIMO}(X_{MIMO}^{j}))$为差异矩阵，且$(\cdot)^H$表示共轭转置。

由于h_{MIMO}中的元素为服从均值为0和方差为1/P的复高斯分布的独立同分布随机变量，且Θ是$N_rN_tP \times N_rN_tP$维的厄米特矩阵，在此基础上，可将$\| (\Phi_{MIMO}(X_{MIMO}^{g}) - \Phi_{MIMO}(X_{MIMO}^{j})) h_{MIMO} \|_F^2$的MGF进一步推导为

$$\phi(w) = | I_{N_rN_tP} - w\Theta |^{-1} = \prod_{t=1}^{r} \left(1 - w\frac{\kappa_t}{P}\right)^{-1} \quad (17)$$

其中：$|\cdot|$表示矩阵行列式计算算子，r定义为矩阵Θ的秩，κ_t表示矩阵Θ的第t个特征值。

随后，将(17)代入(15)，并对(15)进行进一步的代数运算和化简，能够获得$P(X_{MIMO}^{g} \to X_{MIMO}^{j})$的闭合表达式为

$$P(X_{MIMO}^{g} \to X_{MIMO}^{j}) = \left(\prod_{t=1}^{r} \kappa_t\right)^{-1} \left(\frac{1}{4N_0P}\right)^{-r} \quad (18)$$

最后，将(18)代入(9)后，即可获得所提方案的ABER上限闭合表达式为

$$ABER \leqslant \frac{1}{b2^b} \sum_{g=1}^{2^b} \sum_{j=1, j\neq g}^{2^b} \left(\prod_{t=1}^{r} \kappa_t\right)^{-1} \left(\frac{1}{4N_0P}\right)^{-r} d(X_{MIMO}^{g}, X_{MIMO}^{j}) \quad (19)$$

接下来，我们对基于IM和OTFS调制的多维度调制传输方案的分集性能进行研究。在矩形脉冲条件下，基于分集的定义，所提方案的可实现分集增益可以表示为

$$Diversity = \min_{g,j,g\neq j} rank(\Theta) \quad (20)$$

我们知道，Θ由级联矩阵$\Phi_{MIMO}(X_{MIMO}^{g})$和$\Phi_{MIMO}(X_{MIMO}^{j})$确定，$\Phi_{MIMO}(X_{MIMO}^{g})$和$\Phi_{MIMO}(X_{MIMO}^{j})$分别包括不同的发送信号矩阵$X_{MIMO}^{g}$和$X_{MIMO}^{j}$及其对应的时延-多普勒域有效信道信息。同时，由于所提方案中无人机在进行信号发送时只随机激活一根发射天线，并且基于时延-多普勒域有效信道矩阵的稀疏特性，H_{MIMO}^{eff}的每一行和每一列中分别只有N_tP和N_rP个非零元素，所以，Θ为秩不足矩阵，且Θ秩的最小值为N_rP。在矩形脉冲条件下，所提方案的可实现分集与系统接收天线数和信道可分辨多径数有关，其可实现分集阶数为N_rP。

仿真与分析：

本节给出了用于无人机智能监控的基于IM和OTFS调制的多维度调制传输方案的相关实验仿真和分析。首先，给出了所提方案ABER仿真结果和理论结果的对比。同时，比较了所提基于IM和OTFS调制的所提方案与基于MIMO和OTFS调制的传统方案在ABER性能方面的差异。我们还对比了所提基于IM和OTFS调制的所提方案与基于IM和OFDM的传统方案的关键性能，如系统传输速率、高移动性条件下的ABER。此外，对所提方案的分集性能进行了进一步验证。见表1展示了基于IM和OTFS调制的多维度调制传输方案性能仿真所采用的主要系统参数。

表1 基于IM和OTFS调制的多维度调制传输方案主要系统参数

物理意义	数值
子载波间隔(KHz)	1.5
载波频率(GHz)	4
MIMO设置（$N_r \times N_t$）	2×2，4×2，2×4，4×4
可分辨多径数量P	1，2，4
P=1时时延与多普勒索引(l_i，k_i)	(0，0)
P=2时时延与多普勒索引(l_i，k_i)	(0，0)，(1，1)
P=4时时延与多普勒索引(l_i，k_i)	(0，0)，(1，1)，(2，2)，(3，3)
多普勒数量N	2，4
时延数量M	2，4
调制方式	BPSK，4QAM，8QAM，16QAM
无人机最大飞行速度(Kmph)	120

如图2所示基于IM和OTFS调制的所提方案在单个可分辨多径无线信道下ABER的仿真结果和理论结果。可以看到在低信噪比(SNR)区间，所提方案ABER的仿真值和理论值之间存在较小的性能差距，这是因为(14)中Q函数的上限在低SNR区间是比较松散的，而在中、高SNR区间，Q函数的上限则是非常紧致的。从图2中还可以注意到，随着SNR的不断增加，所提方案ABER的理论值和仿真值逐渐吻合，并在中、高SNR区间保持一致，这同样验证了我们

对于所提方案的 ABER 性能分析和推导的正确性。

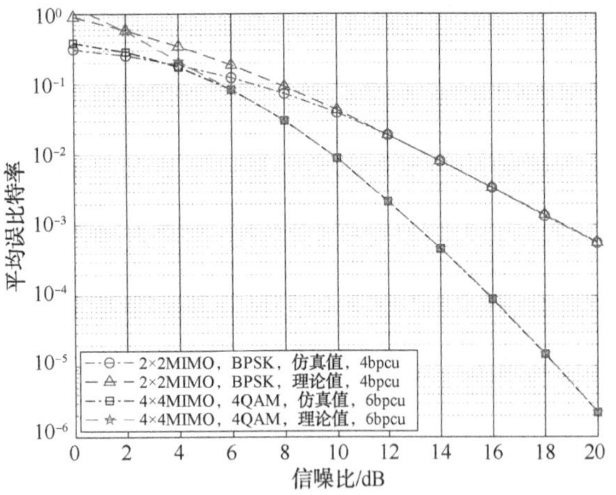

图 2　基于 IM 和 OTFS 调制的所提方案 ABER 仿真结果和理论结果对比

基于 IM 和 OTFS 调制的所提方案和基于 MIMO 和 OTFS 调制的传统方案在单个可分辨多径无线信道条件下的 ABER 性能对比如图 3 所示。在相同系统传输速率下，传统方案的 ABER 性能在低、中 SNR 区间里面要优于所提方案。这是由于传统方案不进行发射天线检测相关操作，并能够获得发射分集增益，可以降低错误检测的概率，使方案的 ABER 性能获得提升。然而，在 SNR 比较高的区间，所提方案可以实现比传统方案更好的 ABER 性能，因为所提方案在 SNR 较高的条件下几乎不会发生天线检测错误。同时，在相同系统传输速率下，与传统方案相比，所提方案检测的调制符号数量更少，调制符号检测数量的降低能够明显减少错误检测的发生，从而使所提方案获得更好的 ABER 性能。

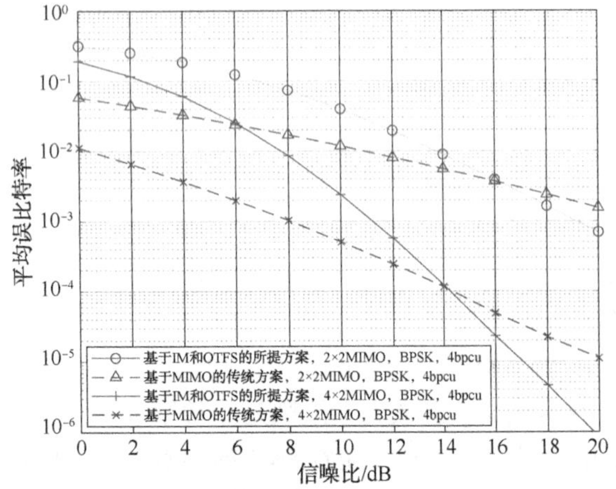

图 3　基于 IM 和 OTFS 调制的所提方案与基于 MIMO 和 OTFS 调制的传统方案 ABER 性能对比

如图 4 所示在相同系统配置下，随着时延索引数量的增加，基于 IM 和 OTFS 调制的所提方案和基于 IM 和 OFDM 的传统方案的系统传输速率的对比。从图中可以观察到，所提方案可以获得比传统方案更高的系统传输速率。此外，还可以注意到，随着时延索引数量的增加，所提方案系统传输速率的提升要优于传统方案系统传输速率的提升。因为所提方案可以同时使用时延索引和多普勒索引资源来进行额外信息传输，而传统方案只能使用时延索引资源，所以导致了在相同系统配置下，所提方案比传统方案具有更高的系统传输速率。

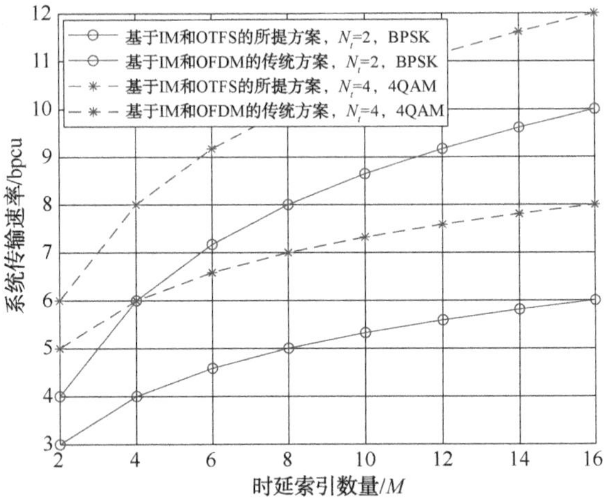

图 4　基于 IM 和 OTFS 调制的所提方案和基于 IM 和 OFDM 的传统方案系统传输速率对比

图 5 中给出了基于 IM 和 OTFS 调制的所提方案和基于 IM 和 OFDM 的传统方案在单个可分辨多径无线信道条件下的 ABER 性能。如图 5 所示结果表明，无论系统传输速率是多少，所提方案在 ABER 性能方面均比传统方案表现优异。所提方案在 ABER 性能方面比传统方案表现好的原因是所提方案工作在时延-多普勒域，其可获得全部时间、频率分集，从而使所提方案获得比传统方案更低的 ABER。

如图 6 所示给出了不同系统天线设置和可分辨多径数的无线信道条件下的所提方案的可实现分集阶数。从图 6 中观察到，天线设置为 2×2 的所提方案在信道可分辨多径数量 $P=4$ 的条件下，其可实现分集阶数为 8。同时，所提方案在天线设置为 4×2 和信道可分辨多径数量 $P=2$ 时，也能够达到 8 的可实现分集阶数。由于所提方案在进行信号传输时只激活一根发射天线，且能够获取全部时延-多普勒分集，因此，所提方案的分集性能主要由系统中配备的接收天线数量和信道中可分辨多径的数量决定。图 6 同样证明了本文对所提方案分集性能分析的正确性。

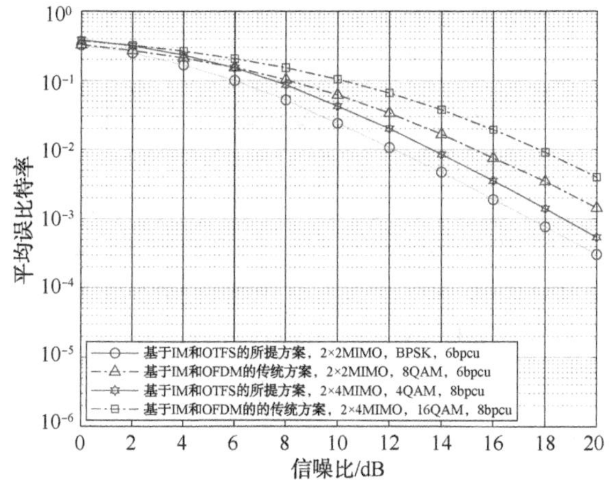

图 5 基于 IM 和 OTFS 调制的所提方案和基于 IM 和 OFDM 的传统方案 ABER 性能

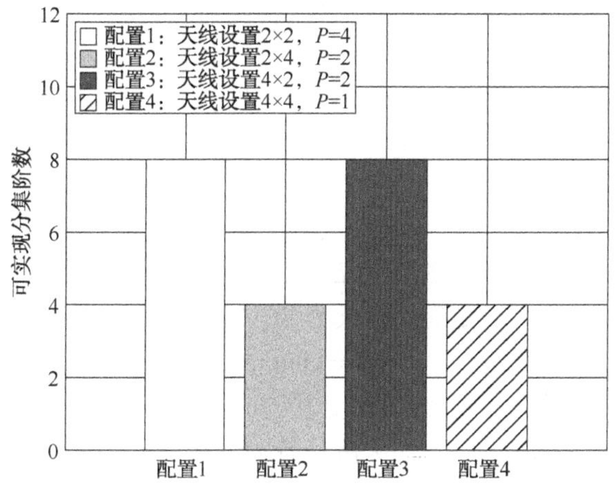

图 6 不同天线设置和信道可分辨多径数量条件下所提方案的可实现分集阶数

结论

为实现对输油气管道的无人机智能视频监控，保障输油气管道的生产安全，本文基于 IM 和 OTFS 调制技术，提出了一种多维度调制传输方案，以实现无人机智能视频监控无线通信的有效性和可靠性。本文设计了基于 IM 和 OTFS 调制的多维度调制传输系统模型，并叙述了相应的信号处理过程，推导了所提方案的 ABER 上限闭合表达式，并分析了所提方案的可实现分集阶数。本文中给出的实验仿真结果验证了对所提方案性能理论分析和推导的准确性，也表明了无人机智能视频监控场景中基于 IM 和 OTFS 调制的所提方案相比于其他传统方案的优越性。

参 考 文 献

[1] 顾诚. 基于长输油气管道巡检作业中无人机系统应用及发展[J]. 现代工业经济和信息化，2023，13(02)：137-139.

[2] 李晶晶. 无人机遥感技术在长输油气管道管理中的主要应用[J]. 化工管理，2018，(18)：129.

[3] Wu J, Fan P. A survey on high mobility wireless communications: Challenges, opportunities and solutions [J]. IEEE Access, 2016, 4: 450-476.

[4] Hwang T, Yang C, Wu G, et al. OFDM and its wireless applications: A survey[J]. IEEE Transactions on Vehicular Technology, 2008, 58(4): 1673-1694.

[5] Larsson E G, Edfors O, Tufvesson F, et al. Massive MIMO for next generation wireless systems[J]. IEEE Communications Magazine, 2014, 52(2): 186-195.

[6] Hadani R, Rakib S, Tsatsanis M, et al. Orthogonal time frequency space modulation [C]//2017 IEEE Wireless Communications and Networking Conference (WCNC). IEEE, 2017: 1-6.

[7] Hadani R, Monk A. OTFS: A new generation of modulation addressing the challenges of 5G [J]. arXiv preprint arXiv: 1802.02623, 2018.

[8] Basar E. Index modulation techniques for 5G wireless networks[J]. IEEE Communications Magazine, 2016, 54(7): 168-175.

[9] Basar E, Wen M, Mesleh R, et al. Index modulation techniques for next-generation wireless networks[J]. IEEE Access, 2017, 5: 16693-16746.

[10] Simon M K, Alouini M S. Digital communication over fading channels[M]. New York: Wiley, 2001.

基于粒子滤波的科氏流量计信号处理方法研究

裴全斌[1,2]　韩　涛[1,2]　徐　明[1,2]　侯　阳[1,2]　青　青[1,2]　陈正文[1,2]

（1. 国家石油天然气管网集团有限公司西气东输分公司；2. 国家石油天然气大流量计量站武汉分站）

摘　要　科氏流量计应用广泛，可以直接测得流体的质量流量，针对科氏流量计的高精度测量需求，提出一种基于粒子滤波的相位差算法。首先根据科氏流量计信号的特点建立系统的状态方程和观测方程，接下来使用粒子滤波算法对信号幅值、频率和相位参数进行跟踪，使用最终的状态估计值计算出相位差。给出了方法的实现过程，并通过仿真和实际测试证明整套算法是可行有效的。

关键词　科氏流量计；粒子滤波；相位差算法；算法测试

流量计量是计量科学的重要组成部分，与我们的生活息息相关，科氏流量计测量精度很高，能直接得到流体的质量流量，广泛应用于工业、军事等领域，有着巨大的发展前景。相位差算法是科氏流量计实现准确测量的关键，目前主要的相位差算法有离散时间傅里叶变换(DTFT)法、相关法、正交解调、希尔伯特变换法等。DTFT法考虑负频率的影响，计算出各采样点处的傅里叶系数，测量精度高，但需要知道信号频率，且存在迭代步骤，实时性不好。相关法利用噪声与噪声，噪声与信号互不相关的特性计算相位差，抗干扰能力强，但在非整周期采样时会引入较大误差。正交解调法通过构造同频正余弦信号与测量信号进行解调，再用低通滤波后的分量计算出相位差，对低通滤波器的设计要求很高。希尔伯特变换法没有迭代步骤，计算量小，适用于时变信号的相位差估计，不过希尔伯特变换本身存在端点效应，降低了相位差估计精度。本文根据科氏流量计输出信号的非线性特征，提出一种基于粒子滤波的科氏流量计信号处理方法。

1　科氏流量计测量原理

目前科氏流量计种类很多，它们的原理都是科里奥利效应，主要区别在于测量管型状不同，以常见的U形管科氏流量计来说明其测量原理。

如图1所示，在激振线圈作用下，U形管绕OO轴上下振动(角频率为ω)，当没有流体通过时，测量管输出两路信号的频率和相位相同。当有流体通过时，流体在直管段运动时不断碰撞管壁，管壁受到流体的反作用力，U形管产生扭曲。这个反作用力就是科氏力。在测量管两侧，

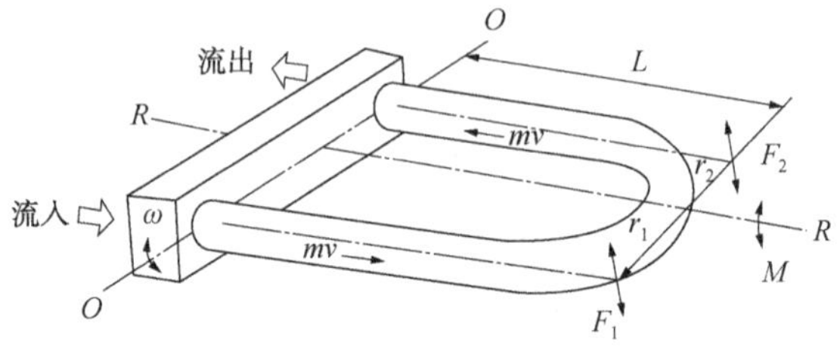

图1　传感器力学分析图

它们大小相等，方向相反。有：

$$F_1=F_2=F_c=2mV\omega \tag{1}$$

设测量管长度为L，则测量管直管段任一单位长度？L受到的科氏力为：

$$\Delta F_c=2\omega q_m\Delta L \tag{2}$$

式中，q_m为质量流量，$q_m=\rho VS$；ρ、V是流体密度和流速；S为测量管截面积。

单位长度扭矩为：

$$dM=2rdF_c=4\omega rq_m dL \tag{3}$$

对dM积分，得到整个测量管直管段受到扭矩M为：

$$M=\int dM=4\omega rq_m L \tag{4}$$

在扭矩作用下，U形管产生扭转角θ，测量管的角弹性模量为K_s，则：

$$M=K_s\theta \tag{5}$$

由式(4)和式(5)可得：

$$q_m=\frac{K_s\theta}{4\omega rL} \tag{6}$$

若V_1是流量管在振动方向上的线速度；在形成扭转角θ的时间Δt内，近似有：

$$\theta=\frac{wL}{2r}\Delta t \tag{7}$$

由公式(6)和(7)联立计算出质量流量：

$$q_m = \frac{K_s}{8r^2}\Delta t \tag{8}$$

式中，K_s 和 r 是常量，所以质量流量与时间差成正比。

2 粒子滤波相位差算法

2.1 模型建立

粒子滤波适用于强非线性系统，广泛应用于目标定位、视觉跟踪等领域。与卡尔曼滤波一样，粒子滤波使用状态空间模型描述待测系统：

$$X_k = f(X_{k-1},\ W_{k-1}) \tag{9}$$

$$Z_k = h(X_k,\ V_k) \tag{10}$$

式中 X_k 是 k 时刻的状态估计，Z_k 是 k 时刻的测量值。W_{k-1} 和 V_k 分别为测量系统的过程噪声和量测噪声。

根据科氏流量计的信号特点，建立科氏流量计测量系统的状态空间模型，其状态矢量、状态转移方程和量测方程如下：

$$X_k = \begin{bmatrix} X_{1|k} \\ X_{2|k} \\ X_{3|k} \end{bmatrix} = \begin{bmatrix} A_k \\ kw_k + \theta_k \\ f_k \end{bmatrix} \tag{11}$$

$$X_k = Fx_{k-1} + W_k \tag{12}$$

$$z_k = X_{1|k}\sin(X_{2|k}) + V_k \tag{13}$$

$$F = \begin{bmatrix} 1 & 0 & 0 \\ 0 & 1 & 2\pi/f_s \\ 0 & 0 & 1 \end{bmatrix} \tag{14}$$

式中 z_k 是传感器测量值，A_k、θ_k 是信号幅值和相位。$w_k = 2\pi f_k/f_s$ 是数字角频率，F 是系统的状态转移矩阵。

2.2 系统重采样策略

粒子滤波是一种基于蒙特卡洛仿真的近似贝叶斯滤波算法。其核心思想是用一些离散随机采样点来近似系统随机变量的概率密度函数，以样本均值代替积分运算，从而获得状态的最小方差估计。重采样是粒子滤波的关键环节，在保证粒子数量不变的情况下，通过抛弃权重低的粒子，多复制权重高的粒子，来防止粒子退化，提高算法的估计精度。

系统重采样算法由 Doucet 提出，它与分层采样算法相似，算法步骤如下：

(1) 将(0，1]划分为 N 个连续的互补区间，即：

$(0,\ 1] = (0,\ 1/N] \cup \cdots \cup ((N-1)/N,\ 1]$。

(2) 对每个子区间独立同分布采样得到 Uis：

$$U^i = \frac{i-1}{N} + U\left(\left(0,\ \frac{1}{N}\right]\right) \tag{15}$$

式中，$U([a,\ b])$ 是区间 $[a,\ b]$ 上的均匀分布。

(3) 令 $I^i = \mathrm{cdf}(u_i)$，其中 cfd 是权值集合 $\{w_i\}_{i=1}^{N}$ 的累积分布函数。即对于 $u \in \left(\sum_{j=1}^{i-1} w^j,\ \sum_{j=1}^{i} w^j\right]$，$\mathrm{cfd}(u) = i$。

设 $\gamma(i) = \gamma^i$ 满足函数映射，γ：$\{1,\ 2,\ \cdots m\} \to X$，则 γ^i 可以表示为 $\gamma^\circ \mathrm{cfd}(u_i)$。

(4) 初始化权值 $w^j = 1/N$。记 $\{v^i\}_{i=1}^{N}$ 为重采样后对应粒子复制数目的集合，其中 v^i 表示重采样前的第 i 个粒子在重采样后被复制的数目，$0 < v^i \leqslant m$。

2.3 粒子滤波实现步骤

粒子滤波的具体步骤如下：

(1) 根据设定的先验分布 $P(x_0)$ 得到 N 个粒子：

$$x_0^{(i)} \sim P(x_0) \tag{16}$$

(2) 粒子经状态转移方程传递，计算出它们的一步预测值：

$$x_k^{(i)} \sim P(x_k \mid x_{k-1}^{(i)}) \tag{17}$$

(3) 由量测方程得到粒子量测预测值 $z_k^{(i)}$，进而计算每个粒子的权重：

$$w_k^{(i)} = g(z_k^{(i)} - z_k) \tag{18}$$

式中，z_k 是传感器 k 时刻的观测值，$g(x)$ 是粒子的权重计算函数。

(4) 归一化权重：

$$\widetilde{w}_k^{(i)} = \frac{w_k^{(i)}}{\sum_{j=1}^{N} w_k^{(i)}} \tag{19}$$

(5) 根据权重对粒子重采样，权重大的粒子多得到后代。

(6) 得到 k 时刻的后验状态估计 $\hat{x}_k$：

$$E(\hat{x}_k) = \sum_{i=1}^{N} x_k^{(i)} \widetilde{w}_k^{(i)} \tag{20}$$

3 仿真分析

在真实情况下，科氏流量计输出信号的幅值、频率和相位会发生微小的变化。在 Matlab 使用如下的随机游动模型进行相位差算法的仿真：

$$y(n)=A(n)\sin[w(n)+\varphi(n)]+\sigma_e * e(n) \tag{21}$$

$$A(n)=A(n-1)+\sigma_A * e_A(n) \tag{22}$$

$$w(n)=w(n-1)+\sigma_w * e_w(n) \tag{23}$$

$$\varphi(n)=\varphi(n-1)+\sigma_\varphi * e_\varphi(n) \tag{24}$$

式中 $e(n)$、$e_A(n)$、$e_w(n)$、$e_\varphi(n)$ 是均值为 0，方差为 1 的高斯白噪声。σ_A、σ_w、σ_φ 是调节系数，用来改变相应参数的游动幅度。

随机游动模型的仿真参数设置为：$A(0)=10V$，$w(0)=0.3142$，$f_s=2000Hz$，$\sigma_A=10^{-3}$，$\sigma_w=10^{-5}$，$\sigma_\varphi=10^{-5}$。使用希尔伯特变换算法作为本文方法的对照，两种方法的相位差估计曲线如图 2 所示。粒子滤波算法算法经过短时间的收敛过程后，追踪到了真实的相位差值，能较好的反映相位差的变化情况。而希尔伯特变换法的估计曲线波动较大，在端点效应的影响下，相位差估计结果在两端发散。如图 3 所示是两种方法采样点处相位差的相对误差，可以看出，粒子滤波算法相对误差更小一点，估计结果更接近真值。

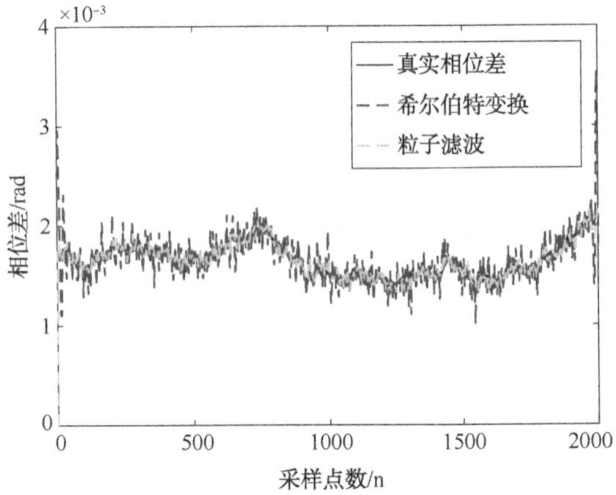

图 2　相位差跟踪结果

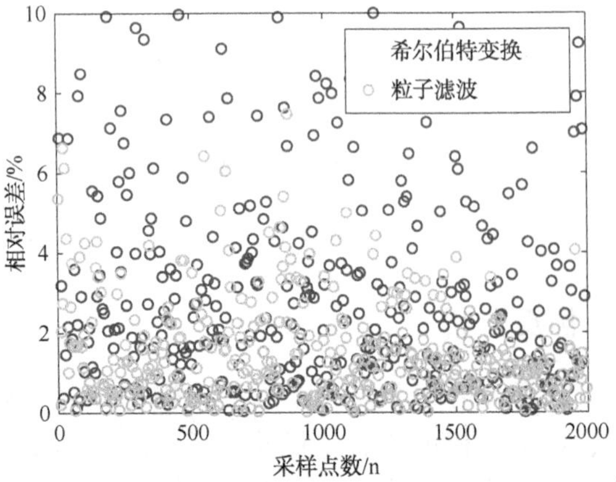

图 3　采样点处相位差的相对误差

在不同初始相位差下，使用相对误差均值和均方误差（MSE）来比较两种方法的性能。其中均方误差按下式计算：

$$MSE=\frac{1}{1950}\sum_{i=51}^{2000}[\theta(i)-\theta(i)]^2 \tag{25}$$

式中，$\theta(i)$ 是相位差估计值，$\theta(i)$ 是相位差真实值。由于粒子滤波存在一定的收敛过程取 50 点以后的数据计算。

如表 1 所示是不同初始条件下相位差算法的测量误差。由表中数据可知，粒子滤波算法的相对误差均值小于希尔伯特变换法，均方误差也降低了一个数量级，说明粒子滤波算法相位差估计精度更高。

表 1　不同初始条件下相位差测量误差

相位差 $\Delta\theta(0)$	相对误差（$\times10^{-3}$）		均方误差（$\times10^{-8}$）	
	希尔伯特变换	粒子滤波	希尔伯特变换	粒子滤波
0.01	8.346	2.700	1.067	0.281
0.10	2.817	0.413	2.799	0.275
0.50	0.654	0.104	1.421	0.298
1.00	0.314	0.041	1.314	0.253

4　实际测试

为了检验文中方法在实际条件下的应用效果，在水流量检测实验室实时采集某型科氏流量计输出信号数据，采样频率为 20KHz，该流量计在稳定状态下的振动信号频率由自适应格型陷波器法得出，约为 203Hz。受当前技术条件的限制，无法得到真实的质量流量，根据科氏流量计的测量原理将流量测量值换算为相应的参考时间差，并与希尔伯特变换和粒子滤波方法计算出时间差值进行比较。计算结果如表 2 所示，可以看出与希尔伯特变换法相比，粒子滤波算法得到的时间差更接近理论值，从而验证了本文方法实际条件下的有效性。

表 2　多次实验中的时间差测量值

质量流量/（$kg\cdot min^{-1}$）	理论时间差/us	希尔伯特变换	粒子滤波
9.86	3.4707	3.4564	3.4791
15.33	5.3350	5.3149	5.3440
21.55	7.5642	7.5233	7.5491
26.46	9.2610	9.3023	9.2802
32.71	11.4301	11.3982	11.4138

5 结束语

本文提出了基于粒子滤波的科氏流量计相位差算法。首先根据科氏流量计输出信号特点，建立测量系统的状态方程，再使用粒子滤波算法对状态值迭代更新，得到每个采样点处的实时相位差。在 Matlab 中和希尔伯特变换算法进行对照分析，说明了粒子滤波方法的可行性和优越性。最后通过实际测试证明本文方法在实际环境中仍是可靠有效的。

参考文献

[1] 王剑，黄震威，许鹏等．科氏力质量流量计传感器的流固耦合分析及结构优化设计[J]．中国测试，2023，49(03)：120-127.

[2] 涂亚庆，沈廷鳌，张海涛．基于重叠短汉宁窗 DTFT 算法的科氏流量计信号处理方法[J]．数据采集与处理，2013，28(01)：22-27.

[3] 沈廷鳌，黄思宇，陈鹏等．基于陷波器和相关法的科氏流量计信号处理方法[J]．电子测量技术，2022，45(14)：140-144.

[4] 张伦，徐科军，徐浩然等．面向批料流测量的科氏质量流量计正交解调方法实现[J]．计量学报，2020，41(07)：808-815.

[5] 张建国，徐科军，董帅等．基于希尔伯特变换的科氏质量流量计信号处理方法研究与实现[J]．计量学报，2017，38(03)：309-314.

[6] 张建国，徐科军，方正余等．数字信号处理技术在科氏质量流量计中的应用[J]．仪器仪表学报，2017，38(09)：2087-2102.

[7] 丁显，徐进，黎曦琳等．融合维纳过程和粒子滤波的风力发电机轴承剩余寿命预测[J]．太阳能学报，2022，43(12)：248-255.

[8] Chen N，Fan S，Zheng D．A Phase Difference Measurement Method Based on the Extended Kalman Filter for Coriolis Mass Flowmeters[J]．Measurement Science Review，2019，19(2)：48-52.

[9] Chen N，Fan S，Zheng D．A phase difference measurement method based on strong tracking filter for Coriolis mass flowmeter [J]．Review of entific Instruments，2019，90(7)：075003.

[10] 刘海涛，林艳明，陈永华等．基于遗传算法的智能粒子滤波重采样策略研究[J]．电子与信息学报，2021，43(12)：3459-3466.

[11] 邹承明，明成龙，李成龙．融合相关粒子滤波目标跟踪算法[J]．计算机工程与应用，2020，56(07)：184-192.

[12] 沈廷鳌，李明，罗媛媛等．高精度的科氏流量计频率估计方法及应用[J]．仪表技术与传感器，2019，(11)：37-40+44.

多信宿链型无线传感器网络中最大化网络寿命的高效路由算法

严　密　李洪烈　王开来

（国家管网集团公司西气东输分公司）

摘　要　数据采集是无线传感器网络(WSN)的一个重要研究领域，网络寿命是影响无线传感器网络数据采集的一个重要因素。近年来，为了监测绵延数百公里的天然气管道基础设施，出现了一种具有与传统无线传感器网络本质区别的特殊结构的无线传感器网络，因为这种网络中的传感器节点部署在狭窄的地理区域，从而形成了一种称为链式无线传感器网络的网络。为了最大限度地延长具有多个汇聚节点的链式无线传感器网络的使用寿命，本文提出了两种路由算法：MMRE_ EN 算法和 Chains_ search 算法。在传感器节点的选择中考虑到在没有数据聚合的情况下进行数据收集的情况，本文提出了现有 MMRE 算法的改进版本：MMRE_ EN 算法。同时，本文提出了具有线性计算复杂度的 Chains_ search 算法，其核心思想是将全局路由优化问题转化为多链路的路由无关优化问题。大量仿真结果表明，与现有的 MMRE 算法相比，本文提出的两种算法可以分别将具有多个汇聚节点的链式无线传感器网络的寿命延长 18.5%和 12%，而具有线性计算复杂度的 Chains_ search 算法的运行时间仅为 MMRE 算法的 1/200。

关键词　链式无线传感器网络；网络寿命；路由算法；多汇聚节点

1　引言

无线传感器网络(WSN)通常用于军事、农业和其他领域的监测，这些领域通常位于人类难以到达的户外环境中，因此人们通常希望传感器节点可以用于连续部署使用。无线传感器网络的网络寿命通常定义为网络中出现第一个能量耗尽的传感器节点的时间。由于传感器节点在无线传感器网络中部署后很难补充电能，因此如何最大限度地延长网络寿命是无线传感器网络领域广泛关注的问题。

近年来，为了监测长距离管道和高速公路等场景，传感器节点通常被部署在极窄的区域，从而形成了链式网络结构[2]。在这种链式无线传感器网络中，根据传感器节点是否进行数据聚合，可将数据收集分为两类：有数据聚合[4][5]和无数据聚合。如图 1 所示，本文关注的是具有多个汇聚节点而不进行数据聚合的链式 WSN，其中簇头传感器节点(简称为 CH)与汇聚节点建立单跳通信，实线和虚线分别表示已识别和可能的数据传输方向。在没有数据聚合的链式无线传感器网络中，传感器节点之间的能量消耗是不均衡的，因此最大限度地延长该网络的寿命是研究的重点。

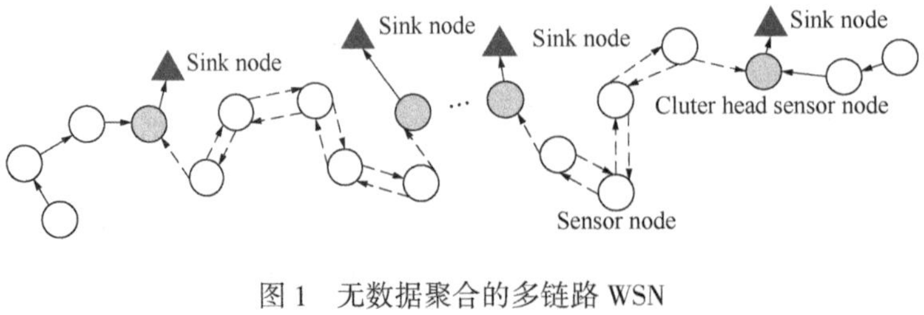

图 1　无数据聚合的多链路 WSN

为了在不进行数据聚合的情况下最大限度地延长无线传感器网络的寿命，现有的研究工作可分为两类：节点部署算法和路由算法。节点部署算法通过调整传感器节点和汇聚节点的部署方案来延长网络寿命，但特定的部署方案并不适用于所有实际应用场景。另一方面，路由算法可以通过合理选择传输路径来平衡传感器节点之间的能量消耗，从而最大限度地延长链式无线传感器网络的寿命。尽管路由算法更实用，但现有的路由算法大多适用于树状结构的无线传感器网络，在特殊的链式无线传感器网络中并不有效。例如，Liang 等人创新性地提出了 MMRE 算法，该算法从汇聚节点开始，每次选择一个剩余能量最大的传感器节点作为下一跳节点，最终形成的路由可以有效地延长网络寿命。然而，该算法没有考虑在链式网络中的应用。同时，由于网络规模较大，全局采用 MMRE 算法进行路由规划会导致计算复杂度过高。因此，为了解决上述问题，我们将研究在具有多个汇聚节点的链式无线传感器网络中最大化网络寿命的路由算法。

在本文中，为了最大限度地延长具有多个汇聚节点的链式 WSN 的寿命，我们将设计两种路由算法：MMRE_ EN 算法和 Chains_ search 算法。MMRE_ EN 算法是用于无数据聚合的链式无线传感器网络的 MMRE 算法的改进版本，该算法从多个汇聚节点开始，每次选择一个满足以下条件的传感器节点：从该传感器节点到汇聚节点的路径上的所有传感器节点的剩余能量的最小值被最大化。此外，本文还提出了具有线性时间计算复杂度的 Chains_ search 算法。如果将链式 WSN 中每两个汇聚节点之间的传感器节点集定义为链路，则该链式 WSN 可以分解为有限数量的链路。将本文提出的算法与现有的 MMRE 算法进行了比较。大量仿真结果表明，本文提出的两种路由算法可以更有效地延长链式无线传感器网络的寿命，而 Chains_ search 算法的运行时间仅为 MMRE 算法的 1/200。

接下来在第 2 节中，我们回顾了相关工作。第 3 节描述介绍了网络结构模型，并给出了必要的定义和假设。第 4 节介绍了 MMRE_ EN 算法和 Chains_ search 算法。第 5 节进行了广泛的模拟实验，最后论文在第 6 节中总结。

2 相关工作

无线传感器网络（WSN）通常用于环境监测领域，在环境监测领域中，传感器节点部署后往往很难补充能量，因此如何最大限度地延长 WSN 的使用寿命是人们普遍关注的问题。近年来，为了监测延伸数百公里的区域，如河流、公路、管道等，无线传感器网络中的传感器节点需要分布在极窄的区域内，因此产生了一种具有特殊结构的无线传感器网络：具有多个汇聚节点的链式无线传感器网络。基于传感器节点是否对接收到的数据进行数据聚合，具有多个汇聚节点的链式无线传感器网络中的数据聚合可分为两类，其中数据聚合的研究工作较多，但在实际应用中存在大量没有数据聚合的场景。同时，由于对不进行数据聚合的数据采集的研究相对较少，因此本文将重点放在不进行数据聚集的数据采集上。

针对链式无线传感器网络的特殊结构，现有的研究工作可分为两类：节点部署算法和路由算法。钱等人提出了一种新的传感器节点部署策略，通过合理部署传感器节点的位置和旋转传感器节点工作的机制，有效地平衡了传感器节点的能量消耗，延长了链式传感器网络的寿命。研究提出了一种异构的三层无线传感器网络架构，包括汇聚节点、簇头节点和传感器节点。在普通传感器节点不执行数据聚合以将数据传输到簇头节点的情况下，与普通传感器节点相比，簇头节点具有更大的功率和更强的传输能力，并且簇头节点在一跳传输中执行数据聚合并将数据传输给汇聚节点。这类研究工作在特定条件下取得了良好的效果，但实际应用场景中节点的部署往往是不可控的，这些研究缺乏一定的可移植性。第二类研究工作，即路由算法不需要节点的部署策略，而是传感器节点根据一定的路由算法选择合理的数据传输路径，使传感器节点的能量消耗在整个网络中保持平衡，以达到最大化无线传感器网络寿命的目的。研究提出了一种基于聚类的链式无线传感器网络路由算法，将传感器节点聚类为多个簇，每个簇中的所有传感器节点向簇头节点传输数据，簇头节点进行数据聚合并向下一个簇头节点传输数据，最后某个簇头以单跳方式向汇聚节点传输数据。然而，本研究中的无线传感器网络只有一个汇聚节点，这与本文关注的具有多个汇聚节点的链式无线传感器网络不同，因此本文将为具有特殊结构的具有多汇聚节点的链型无线传感器网络设计能够最大化该网络寿命的路由算法。

3 系统模型与问题定义

本文研究的具有多个汇聚节点的链式无线传感器网络中的所有节点都随机部署在一个狭窄的区域中(该区域的长度远大于该区域的宽度),形成一个连通的无向图 G(V, E),其中 V 是节点集,E 是边集。如果两个节点 v_i 和 v_j 在彼此的通信范围内,则边$(v_i, v_j)\in E$。

3.1 系统模型

如图 1 所示,具有多个汇聚节点的链式无线传感器网络由同构传感器节点和 $\alpha*(0<\alpha<1)$ 汇聚节点(也称为基站、非传感器节点)组成,该无线传感器网络满足以下特征:

(1) 汇聚节点只能与附近的一个传感器节点(簇头传感器节点)固定通信一跳,其余传感器节点只能以多跳中继的方式向一个汇聚节点传输数据。

(2) 传感器节点(包括簇头传感器节点)都具有相同的有限能量,而汇聚节点都具有无限的能量。

(3) 数据收集类型是不进行数据聚合的数据收集。

3.2 问题定义

在给出问题陈述之前,下面给出了一些基本的定义和符号。

定义 1:无线传感器网络中的所有传感器节点都将自己的数据传输到汇聚节点,这一过程称为“循环”,每一轮数据传输的路由结果不同。当无线传感器网络具有耗尽能量的传感器节点时,累积回合数被定义为无线传感器网络的寿命。

定义 2:在链式 WSN 中,传感器节点 vi 的后代传感器节点的数量为 $S(v_i)$。传感器节点 v_j 是 v_i 的下一跳节点,它们之间的距离是 $d(v_i, v_j)$。每个传感器节点收集长度为 K bit 的数据,则节点 v_i 在传输数据时消耗的能量为:

$$[<S(v_i)+1>*K]*d^2(v_i, v_j \qquad (1)$$

基于上述定义,我们将本文要解决的问题表述如下:

给定:一个具有多个汇聚节点的链式无线传感器网络,其中包含 N 个传感器节点和 $\alpha*N$ 个汇聚节点。

假设:具有多个汇聚节点的链式 WSN 满足 3.1 小节中的三个特性。

目的:在每一轮数据传输之前,路由算法根据所有传感器节点的剩余能量 $re(v_i)$ 为其生成路由结果,从而最大化所有传感器节点在本轮数据传输完成后的能量值最小:

$$\max\ \min\{re(v_i)-S[((v_i))+1)*K]*d^2(v_i, v_j)\} \qquad (2)$$

接下来,我们将在上述无线传感器网络结构和问题定义的基础上,对本文提出的两种路由算法进行详细描述。

4 提出的算法

4.1 拟定 MMRE_ EN

MMRE 算法旨在通过最大化网络中节点的最小剩余能量(MMRE)来延长网络寿命,这在论文中给出。

该算法有一个缺点:它只适用于每个传感器节点存在数据聚合的情况。MMRE 算法在没有传感器节点处的数据聚合的情况下进行了改进,并且每次选择传感器节点加入已经选择的节点的集合时,不再考虑从特定传感器节点进行数据传输之后的剩余能量,而是考虑从该传感器节点到汇点节点的路径上的所有传感器节点进行的数据传输后的剩余能量。

MMRE_ EN 算法流程描述如下:

算法 1:所提出的 MMRE_ EN 算法

输入:点集 VT 包括所有簇头节点,点集 V 包括所有传感器节点。

1:当 $V-VT\neq\phi$

2:$VI=v_i\{\mid\ \exists\,\mathrm{edge}(v_i, u_{j)\in E, vi}\notin VT, u_j\in VT\}$, min_ $v=\phi$

3:对于 VT 中的 vi

4:将从节点 vi 到 CHj 的路径上所有节点的剩余能量的最小值相加

min_ v

5:结束

6:将 V_k 添加到 VT,K_k= arg max(min_ v)

7:结束 while

输出:本轮数据传输的路由选择结果。

如图 2 所示通过 MMRE_ EN 算法进行路由的过程:

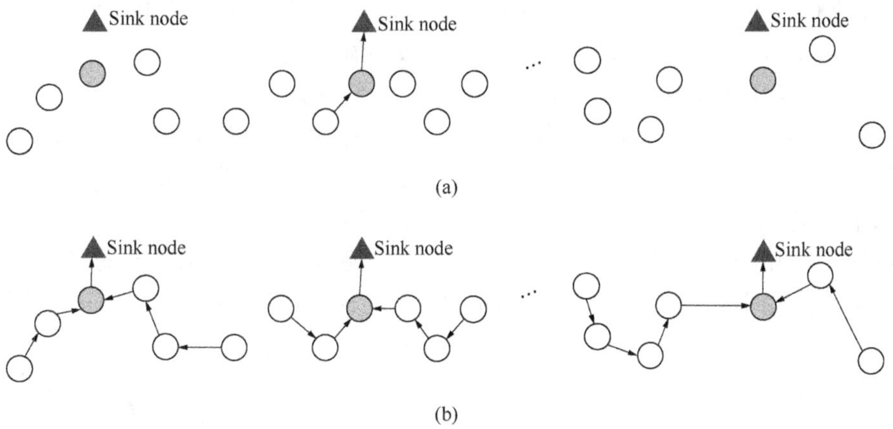

图 2　MMRE_ EN 算法实现过程：(a)从簇头传感器节点向外增长，(b)最终结果

4.2　建议的 Chains_ search

如图 1 所示，由于链式 WSN 的特殊结构，每个传感器节点最多只存在两个路由结果。因此，对于具有 N 个传感器节点的链式 WSN，在每一轮数据传输之前可以选择总共 2^N 个路由结果。但在实践中，为了最大限度地延长网络的寿命，在理想的路由结果中，传感器节点之间的路由结果并不相互独立。

以下论文将举例说明两个链式 WSN，其中链路上传感器节点之间的每两个汇聚节点在选择路由时并不相互独立。如图 3(a)所示，sink1 和 sink2 之间的传感器节点路由彼此独立，它们可以选择向上游或下游节点发送数据，因此存在“交叉”现象，即传感器节点 c 向 sink1 发送数据，而传感器节点 b 向 sink2 发送数据。传感器节点 c 将数据发送到 sink1 节点，而传感器节点 b 将数据发送给 sink2 节点，这导致发送数据的浪费。在图 3(b)中，选择节点 b 和 c 来切断链路，形成两个子链并传输数据。通过选择节点 b 和 c 来切断链路，形成两个子链并传输数据，可以避免上述问题，如图第 3(b)段所示。因此，本文得出结论，图 3(b)中的路由结果比图 3(a)中的更合理，可以最大限度地延长网络寿命。

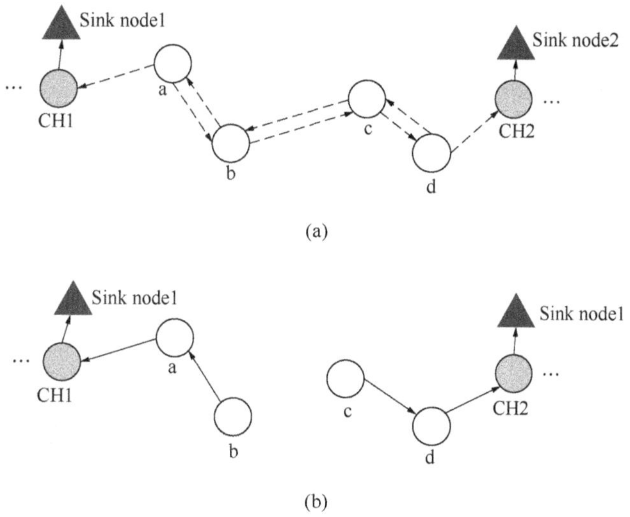

图 3　路由算法结果：(a)有交叉(b)没有交叉

基于以上讨论，以下是对本文提出的 Chains_ search 算法的详细描述：

(1) 使用多个汇聚节点作为拆分点，将整个链类型的 WSN 划分为多个链路。

(2) 在单个链路上的每两个传感器节点之间可以进行单个链路“切割”，以获得该链路上所有传感器节点的路由结果，从而找出链路上传感器节点剩余能量最小值最大的节点，作为该链路上的最终路由结果。

(3) 对于通过在(1)中进行分割而获得的多

个链路，独立地执行(2)的操作。因此，Chains_ search 算法的步骤如算法 2 中所示。

算法二：Chains_ search 算法

输入使用多个汇聚节点作为拆分点来分离链型 WSN 以获得多个链接

1：对于每个链接_ i

2：对于链接_ i 中的 V_i、V_j

3：在边缘 V_i、V_j 处剪切(link_ i)，得到两个子链

4：找到两个子链上所有节点的剩余能量的最小值 min_ E

5：结束

6：找到最大化 min_ E 的 V_m，V_n，并在边缘 V_m，V_n 处剪切(link_ i)

7：结束

输出：本轮数据传输的路由选择结果。

如图 4 所示 Chains_ search 算法的路线选择过程：

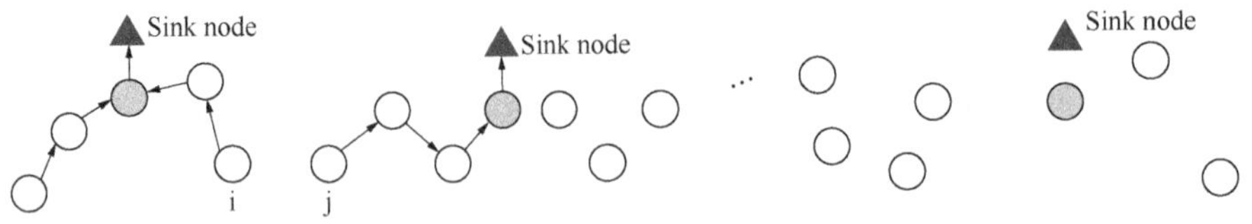

(a)

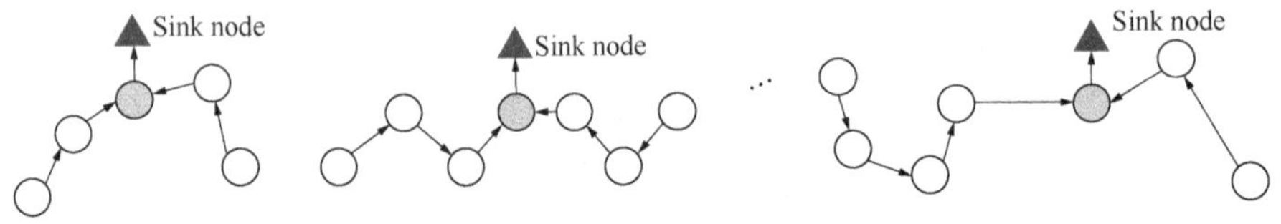

(b)

图 4　Chains_ search 算法实现过程：(a)传感器节点 i、j 之间的第二个链路被"切断"，(b)最终结果

5　模拟

在本节中，我们将通过实验模拟，与现有的 MMRE 算法和 SPT 算法相比，评估本文提出的两种算法的性能。假设传感器节点的最大通信距离 R = 10，传感器节点的初始能量 $E0$ = 1000J。为了保证结果的可靠性，我们进行了 20 次实验，并将平均值作为最终评价指标。

首先，为了比较四种路由算法在不同长度网络中的网络寿命，我们固定了汇聚节点的规模因子，同时将网络中的传感器节点数量从 50 个增加到 400 个。此外，为了比规模因子 α 从 0.05 增加到 0.25。最后，为了比较四种算法完成实验所需的运行时间，我们取固定的 N = 200 和规模因子 α=0.2。

图 5 显示了 WSN 的寿命如何随着网络节点数量的增加而变化。从图中可以看出，网络的寿命随着网络长度的增加而减少。与现有算法中更有效的 MMRE 算法相比，本文提出的 MMRE_ EN 算法和 Chains_ search 算法可以在不同的网络长度下更大程度地延长网络寿命，两种算法的性能分别提高了 18.5%和 12%。

如图 6 所示，WSN 的寿命随着汇聚节点的增加而增加，可以看出在相同网络长度条件下，

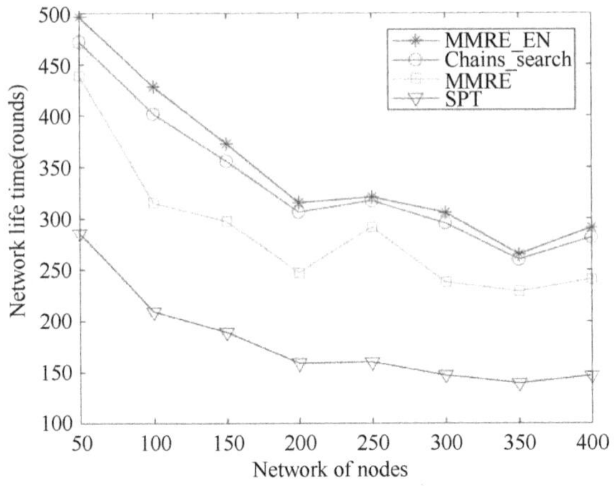

图 5　不同网络长度下的寿命

汇聚节点的比例越大，本文提出的两种算法在延长网络寿命方面比 MMRE 算法和 SPT 算法的优势就越明显。当汇聚节点的规模因子 a = 0.25 时，与现有算法中更有效的 MMRE 算法相比，本文提出的两种算法可以分别延长 32.5%和 23.5%的网络寿命。

如图 7 所示，当网络长度增加时，四种路由算法的运行时间相应增加。值得注意的是，图 7 中的纵坐标代表算法运行时间的常用对数。图 7 表明，当网络长度增加时，四种路由算法的运行时间也相应增加。从图 7 中可以看出，本文提出

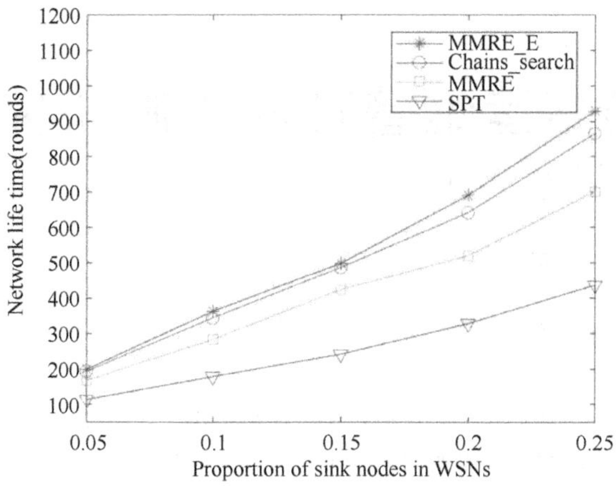

图 6 不同汇聚节点比率下的寿命

的 MMRE_ EN 算法与现有的 MMRE 算法相比在运行时间上差异较小，但可以更好地延长网络寿命。更重要的是，与这两种算法相比，本文提出的 Chain_ search 算法的平均运行时间仅为 MMRE_ EN 算法和现有 MMRE 算法的 1/200。

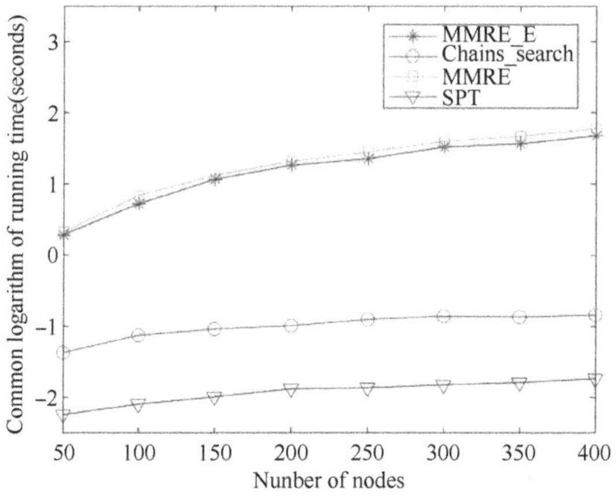

图 7 算法运行时间的常用对数

6 结论

针对传感器节点分布在狭窄地理区域的情况，提出了一种具有多个汇聚节点的链式无线传感器网络。仿真结果表明，与现有算法相比，本文提出的 MMRE_ EN 和 Chains_ search 算法有效地延长了具有多个汇聚节点的链式无线传感器网络的寿命。

此外，与现有的 MMRE 算法相比，本文提出的 Chains_ search 算法在运算速度方面具有更大的优势。

参 考 文 献

[1] V. Shah Mansouri 和 V. W. S. Wong. (2007) 无线传感器网络中具有多个信宿的寿命最大化的界限．载：IEEE 环太平洋通信、计算机和信号处理会议，加拿大不列颠哥伦比亚省维多利亚市，第 82-85 页，doi：10. 109/PACRIM. 2007. 4313182.

[2] 陈、孟、张．链式无线传感器网络节点调度策略．系统工程与电子杂志 [J]. 2014. 25 (2), 203-210.

[3] S. Kwon, J. -g. 金和 C. 金．(2008) 一种用于无线传感器网络中的延迟敏感数据收集的有效树结构．载：第 22 届高级信息网络和应用国际会议-讲习班 (2008 年国际信息网络研讨会)，日本吉野湾，第 738-743 页，doi：10. 1009/WINA. 2008. 268.

[4] R. Cristescu、B. Beferul - Lozano、M. Vetterli 和 R. Wattenhofer. 载于：IEEE/ACM 网络汇刊，第 14 卷，第 1 期，第 41-54 页，doi：10. 109/TNET. 2005. 863711.

[5] Sharanya Eswaran、James Edwards、Archan Misra 和 Thomas F. La Porta. (2012) 带宽和能量受限的面向任务的多跳无线网络的自适应网络内处理．IEEE 移动计算汇刊 11, 9 (2012 年 9 月), 1484-1498. https://doi. org/10. 1109/TMC. 2011. 169

[6] C. V. Mahamuni 和 Z. M. Jalauddin. (2021) 使用具有深度学习的无线传感器网络 (WSN) 进行多目标检测和跟踪的军事监视应用中的入侵监测．在：2021 控制、自动化、电力和信号处理国际会议 (CAPS)，印度贾巴尔普尔，第 1-6 页，doi：10. 1009/CAPS52117. 2021. 9730647.

[7] 钱、郭和江．(2012) 一种新型的链式无线传感器网络寿命增强部署策略．在：2012 年 IEEE 国际通信会议 (ICC)，渥太华，安大略省，加拿大，pp. 513-517, doi：10. 10109/ICC. 2012. 6363853.

[8] 陈昌文和王．(2008) 用于监测远程基础设施的链式 WSN：体系结构和协议．国际 J. Distrib. 参议员 Netw. 4, 4 (2008 年 10 月), 287 - 314. https://doi. org/10. 1080/15501320701260261

[9] M. Hadjila、H. Guyennet 和 M. Feham. (2013) 一种基于链的路由协议，最大限度地延长无线传感器网络的使用寿命．无线传感器网络，第 5 卷第 5 期，2013 年，第 116-120 页．doi：10. 4236/wsn. 2013. 55014.

[10] 梁和刘．(2007) 传感器网络中最大化网络寿命的在线数据收集．IEEE 移动计算汇刊，第 6 卷，第 1 期，第 2-11 页，2007 年 1 月，doi：10. 1009/TMC. 2007. 250667.

[11] 梁，王，曹，陈，陆．(2010) 无线传感器网络中无聚合数据采集最大生存期树的高效算法．在：2010 年 IEEE INFOCOM 会议记录，美国加利福尼亚州圣地亚哥，第 1-5 页，doi：10. 109/INFOCOM. 2010. 5462181.

数字化转型实践对天然气场站运维管理的影响研究
——以泰安压气站为例

程中海　温纪宏　刘秀重　贾殿宇　张学锋

(国家石油天然气管网集团有限公司山东省公司)

摘　要　随着工业4.0进程的开展，企业数字化转型是一种必然，石油和天然气行业正在发展一系列数字化技术，旨在提高其作业的生产率、效率和安全性。与数字原生企业相比，油气行业实施数字化转型具有数据基础薄弱、技术路线适应性差、保障能力不足的特点。本文通过调研数字化技术在油气行业内的应用，分析天然气行业基层场站数字化转型所面临的挑战，制定可复制的数字化转型技术路线，并以天然气管道枢纽(中俄东线、冀宁线、泰青威、平泰线联络站)泰安压气站为例，从场站设备控制系统改造升级，高效协同数字化办公，场站数据湖与关键设备状态实时预警管理，数字孪生与大数据分析技术助推智能运维四个方面，制定基层场站数字化转型技术路线与实施方案，数字规划与业务规划紧密结合，围绕全业务域进行数字化布局，强化变革管理，最大限度获取数字技术的价值，打造数字化时代运营优势。从组织架构、管理模式、设备运维三个方面分析数字化转型对天然气场站运维带来的影响，组织架构更灵活，人员能力稳步提升，基层员工幸福感加强；管理模式更智能，分级阶梯优化，实现精益管理；设备运维有依有据，可靠性、智能化同步实现。本文所计划制定实施的相关方案举措可为同类型基层场站数字化转型提供参考。

关键词　数字化；运维管理；组织架构；管理模式

数字经济，在国家政府工作报告中，从2017年的“促进数字经济加快成长”到2019年的“壮大数字经济”，到2020年的“全面推进‘互联网+’”，到2021年的“加快数字化发展，打造数字经济新优势”，到2022年的“完善数字经济治理，释放数据要素潜力”，再到2023年的“大力发展数字经济，提升常态化监管水平，支持平台经济发展”，“数字经济”已连续6年在政府工作报告中被提及，足以见其重要性。国家《中国制造2025》宏伟战略的推出，加速了智能化工厂的不断发展，越来越多的石油化工企业开始向数字化转型。石油石化行业与数字技术融合发展是新时代推动我国能源产业基础高级化、产业链现代化的重要引擎，是落实“四个革命、一个合作”能源安全新战略和建设新型能源体系的有效措施。

目前，国内外油气行业已通过各种举措，在推进数字化转型，俞进提出安全管理数字化转型的核心是以通信环境和传感系统为基础的各业务领域功能需求的实现过程，在这个设计思路指引下，海上作业安全管理数字化转型可以通过综合业务需求与安全生产责任制的双领域驱动，构架实施方案。黄元和对高含硫气田集输管道数字化安全管控技术探讨与研究，针对腐蚀问题，提出了综合防腐工艺技术和腐蚀监测技术；针对泄漏问题，建立了分布式光纤安全预警系统；针对地质灾害问题，建立了地质灾害评价体系和监测系统；同时，还借助无人机技术实现了应急联动和巡检。通过这些技术，实现了泄漏和突发事件的及时管控和预警，提升管道安全稳定运行能力。姜昌亮以油气管道建设期质量提升为基础，聚焦管道全生命周期质量管控，梳理了中国油气管道质量管理发展历程和技术变革。以综合“工业互联网+”和数字化技术应用，展望了油气管道质量控制与安全管理的技术方向。

本文通过调研数字化技术在油气行业内的应用，分析天然气行业基层场站数字化转型所面临的挑战，设计基层场站数字化转型架构，以天然气管道枢纽泰安压气站为例，从场站设备控制系统改造升级，高效协同数字化办公，场站数据湖与关键设备状态实时预警管理，数字孪生与大数据分析技术助推智能运维等方面，制定基层场站数字化转型技术路线与实施方案，旨在为同类型基层场站数字化转型提供参考。

1　数字化转型架构设计

天然气管道行业数字化转型的目标是通过利用数字技术，提高其效率和运维保障能力，降低成本，加强安全和环境保护，为企业提供更好的决策支持。具体来说，天然气管道行业数字化转型的目标包括以下几个方面：（1）生产效率的提高：通过数字化技术，提高生产设备的效率和可靠性，减少停机时间和生产线的维护成本，实现更高的生产效率和更快的生产周期。（2）成本降低：通过数字化技术，优化供应链、采购和物流管理，降低原材料和能源的成本，提高物资配件保障供应。（3）安全和环境保护：通过数字化技术，实现更加智能化和自动化的设备状态监测，智能管控，降低安全事故和环境污染的风险。（4）决策支持的提高：通过数字化技术，实现更加精准和实时的数据采集和分析，提高管理层的决策效率和准确性，从而优化战略和运维管理。为实现上述目标，搭建基层数字化转型框架如图1所示。其中包括设备层、控制层、设备管理层、综合管理层五个层级，数字化智能设备、数字化智能控制及数字化智能管理三个方面。

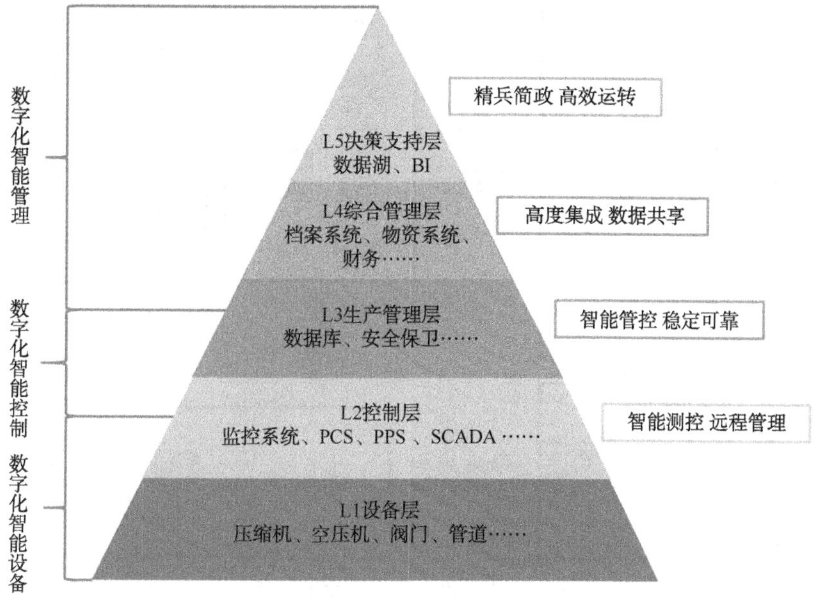

图1　基层场站数字化转型层级架构

2　基层场站数字化转型实施方案

数字化转型实施方案应从现场需求出发，锚定基层场站数字化转型的功能需求，解决现场急需急用的核心功能。首先统计基层场站人员岗位责任及其工作清单分析，确认需花费大量时间去完成或效率较低、存在信息孤岛的作业。以泰安作业区筹备组（泰安压气站为中心场站）为例，分析其数字化转型痛点。

（1）数据基础薄弱。关键设备部分参数未实现直采，无法实时观察其参数变化规律；关键设备维保历史数据匮乏；集团公司统建系统利用不足，自建系统与统建系统脱钩现象严重；技术采用速度缓慢，与现有系统集成障碍；纸质化办公消耗人员大量精力。

（2）保障能力不足。基层场站无中台数据湖管理权限，无法实现定制管理；数字化人员数量有限；数字化数据安全无法完全保障。

（3）数据价值未利用，未实现数据指导作业。对集采数据利用率低，单纯的利用直采数据作为展示或报警，数据的价值并未真正体现。未通过数字孪生，大数据分析等技术，为设备维保、工艺运行等提供智能引导。

针对以上痛点问题，分别从设备管理，数字化办公，现场数据实时看板，数据管理为智能运维提供支持、无人站智能站建设等方面，制定基层场站数字化转型实施方案。

2.1　设备控制系统改造升级，数据管理分析技术为智能运维提供智能支持

推进“数字化、智能化、智慧化”进程，需要广泛应用新产品、新技术，打破传统管理模式束缚。通过梳理天然气场站设备，调查并分析场站设备相关工作清单，从智能运维的场景出发，明确设备数字化运维技术路线，如图2所示。对

关键设备通过线上个人终端、可穿戴检测设备、智能传感器(温度、压力、流量、液位)、监控设备等对生产和操作过程中的各种参数进行实时监控和数据采集；所采集到的数据存储于本地存储器及线上数据中心，形成数据湖；利用云计算、大数据、人工智能等技术对数据湖中的数据进行分析和处理，实现数据挖掘和预测，为生产和操作提供决策支持；根据云计算原理，关联设备风险管控点与基层场站管理流程，设计可有效提升设备运维管理的云计算与边缘计算相协同的网络通信架构，通过可视变量(报警信息、分析趋势、图像)等进行可视化展示；最后，利用机器学习和深度学习等技术对运维过程进行数据驱动建模和预测，实现智能化决策和优化控制，从领域驱动原理出发提出微服务设计与智能设备运维相结合的方式，为动力设备、阀门等提供智能指令，确保设备安全运行的同时，让现场人员能够根据现场实际调整信息化流程，进而提升数字化的柔性。

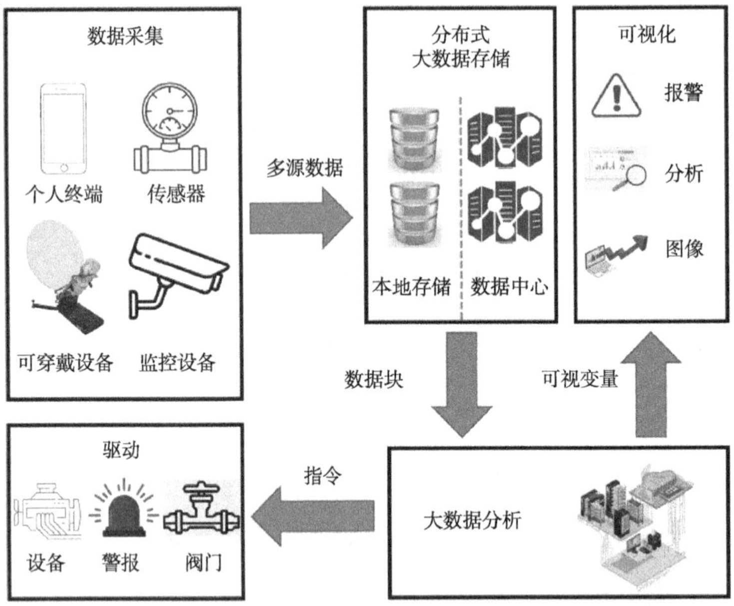

图 2　设备数字化运维技术路线

2.2　统建系统+自建个性系统，高效协同办公数字化

泰安作业区将坚决贯彻落实集团党组数字化转型决策部署，持续推进统建系统的实施与应用，加速自建系统想统建系统融合，为集团公司从立企到强企贡献力量。泰安作业区成立数字化小组，以流程之道，积极推进数字化建设，统建系统外，通过 Weact 云文档与多维表格联动，自建个性系统，编制“泰安作业区生产智慧管理档案”，如图 3 所示，涵盖七大模块，18 个多维表格应用，通过在线文档编辑及联动功能，提升办公效率，通过提升站场运维精益管理。

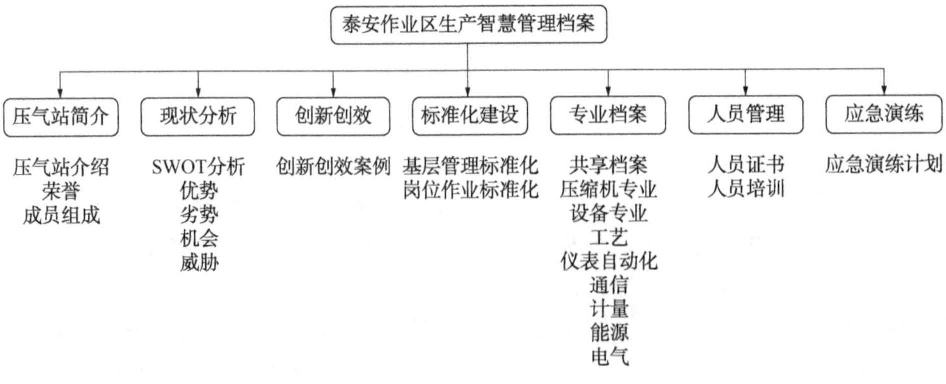

图 3　泰安作业区生产智慧管理档案架构

2.3 数据湖+BI看板，场站状态实时掌控

大数据分析、数字孪生技术是油气行业数字化的关键组成部分之一。它的重点是管理和处理大量数据，以提高运营效率，增强决策能力，降低工作场所的风险。

（1）完善数据湖，实现数据直采。设备关键运行参数实现直采，与PCS系统，SCADA系统一并入集团公司数据湖、设置高低位提醒，值班实现智能报警；人员动态信息依托统建系统实现小时精度的更新与跟踪，并入数据湖管理；管道经纬度，导入电子导航系统，实现管道精就位。通过BI展示数据湖关键数据，用于分析设备状态及作业管理，如图4所示。

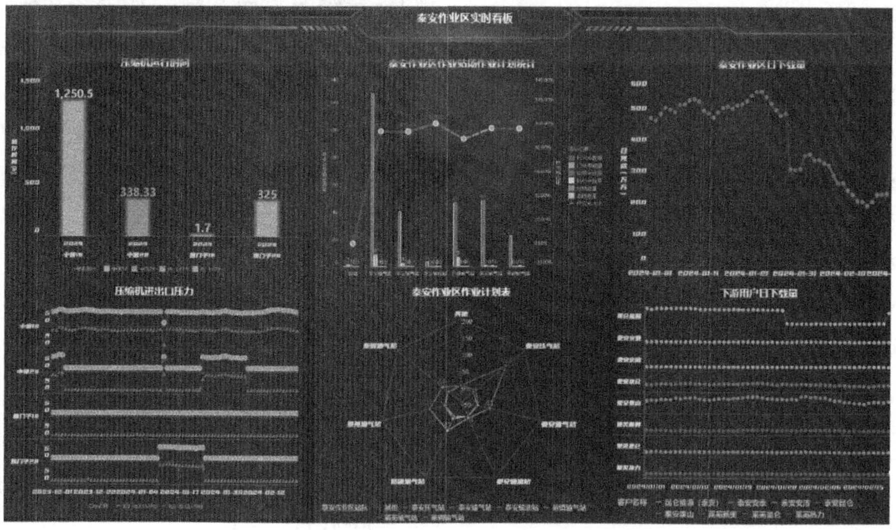

图4　泰安作业区实时看板

（2）数据治理。基层作业区须获得数据湖作业区级数据的管理授权，在工作目标和工作思路上与集团公司达成共识，确保工作不走样、不变形；建立信息与业务联合的数据管理组织，数据本质代表业务，服务于业务管理，业务部门是数据管理的责任主体；尊重科学，采用成熟的方法论和工具，运用相应的数字孪生、大数据分析技术，管理数据；建立绩效考核体系，通过量化考核结果提高治理效率，最终实现数据治理的目标。

2.4 智能站，无人站建设

（1）智能巡检。基于深度学习的设备故障问题智能巡检，通过智能机器人采集巡检点动画图像，根据深度学习算法自动识别检测目标区域故障警报。(1)智能机器人检测路线图像采集，基于机器人巡检点位置进行路线规划，利用自适应调整相机采集目标点位数据、扫描目标对象。(2)智能机器人采集影像特征提取，分割机器人采集影像，进行像素选择、标记警报数据。(3)样本数据训练以及测试，通过强化训练更精准地检测与识别采样帧，从而对机器人采集的设备设施仪表视频图像进行故障报警特征提取、分类和量化。(4)设备故障报警自动检测结果展示，通过计算机视觉分析算法提取和量化故障报警特征，获得具有实际管理价值的检测结果，同比分析不同周期的检测结果，得到各故障报警异常变化趋势，为设备运维管理提供准确数据。

（2）随着油田数字化进程不断推进，建设无人值守站能够极大改善人员结构、调整运行模式、降低运营成本。借鉴国内外无人值守站建设模式及管理理念，针对可能存在的主要风险进行系统性分析，针对泰安作业区中心站场(泰安压气站)运维采用“有人值守、无人操作”模式，此类站场通常配备专门的值班人员，其工作职责主要为站场岗位巡检，发现异常情况上报调控中心，再由专业维护人员到站操作，正常运行时主要由调控中心远程控制。对于距离中心站场一定距离内的分输站、阀室采用“无人值守、无人操作”模式，此类站场采用全站无人值守模式，平时不设值守人员和维护人员，全部由调控中心远程控制，以集中待班、周期巡检的方式维护保养和应急处理。此模式对站场建设数字化水平要求较高，新建及改造成本高。

2.5 建立数字化转型保障体系

复杂的国内外形势，给独立成网的公司网络

安全带来巨大挑战，实现网络安全任务艰巨，作为基础场站，需持续开展常态化网络安全运营，筑牢网络安全防线，投入更多力量和精力，保护数据安全。加快网络安全态势感知布设在各个关键节点布设网络安全设备，接入公司网络态势感知系统、天眼系统，建立起完善的网络安全预警体系。

3　数字化转型对基层场站运维影响分析

作为国家管网山东省公司两级管理首推试点，泰安作业区以泰安压气站为中心站场，经过数字化转型运维，组织架构日趋合理，管理模式更加智能，设备运维更加高效。

3.1　组织架构

组织架构更灵活，人员能力稳步提升。天然气行业要实现数字化转型升级，必须重视技能人才队伍建设，以满足数字经济时代的发展需求。自数字化转型以来，泰安作业区人才培训体制逐渐完善，员工数字素养稳步提升，人才队伍建设日趋完善。

3.2　管理模式

管理模式更智能，分级阶梯优化，实现精益管理。结合 IT、物联网、大数据等新技术和智能化设备的应用，搭建一体化管控平台，实现了各类生产信息资源的整合和共享、智能化分析和科学管控，提升站场智能化水平，实现安全、智能、降本增效总体目标。

3.3　设备运维

设备运维有依有据，可靠性、智能化同步实现。以统一平台、多系统融合、数据共享、协同操作为目标，实现生产设备的远程监控，海量数据的有效利用，多部门的业务协同，从多角度、多维度、多目标对全流程进行协调优化和控制，能够实现场站设备智能运维。

4　结论与展望

天然气管道行业数字化转型是一种必然，通过调研数字化技术在油气行业内的应用，分析天然气行业基层场站数字化转型所面临的挑战，从 5 个层级（设备层、控制层、设备管理层、综合管理层）设计基层场站数字化转型架构。以泰安压气站为例，从场站设备控制系统改造升级，高效协同数字化办公，场站数据湖与关键设备状态实时预警管理，数字孪生与大数据分析技术助推智能运维等方面，制定基层场站数字化转型技术路线与实施方案，当然，数字化转型随着技术的进步逐步迭代更新，建议应用新产品、新技术，打破传统管理模式束缚，实现基层站场真正意义上的数字化转型，打造世界数字化战场样板。

参考文献

[1] 张恒硕，李绍萍．数字基础设施与能源产业高级化：效应与机制[J]．产业经济研究，2022，(05)：15-27.

[2] 吴卫红，杨帆，张爱美等．数字化技术转型，数字化治理能力与制造业企业绿色转型升级-基于数字化赋能理论的作用机制研究[J]．科技进步与对策，40(12)：32-41.

[3] 杨剑锋，杜金虎，杨勇等．油气行业数字化转型研究与实践[J]．石油学报，2021，42(2)：248-258.

[4] 俞进．海上作业安全管理数字化实施方案[J]．中国安全科学学报，2023，33(12)：16-22.

[5] 黄元和，张爱鸿，张小龙．高含硫气田集输管道数字化安全管控技术探讨与研究[J]．石油化工自动化，2023，59(S1)：11-13.

[6] 姜昌亮．油气管道全生命周期质量管控与安全管理探讨[J]．油气储运，2022，42(10)：1081-1091.

[7] 郑成明，刘向阳，石咏衡等．某海上气田智能化建设探索[J]．油气田地面工程，2022，41(4)：59-62.

[8] 孙文剑，张莹，孙伟伟等．数字油田仪表运维与检测工作探讨[J]．油气田地面工程，2021，40(11)：71-76.

无线物联网技术在原油储油罐智能监测中探索应用

朱彦祥　袁　黎

（国家石油天然气管网集团有限公司云南分公司）

摘　要　随着无线物联网技术的迅速发展，依托无线物联网技术发展起来的无线传感器应用也越来越广泛。近年来，无线传感器投入使用到石油化工领域的例子也越来越多，无线传感器作为数据监测采集的工具，对在线设备的压力、温度、振动、倾角、泄漏量、气体浓度等参数能进行有效的数据监测和采集，采集的数据通过4G/NB/LORA等通讯技术传输至物联网平台，物联网平台可以进行查看和数据变化趋势分析且具备预警功能，对维护在线设备的稳定性、可靠性、保护性具有促进作用。

无线传感器除了能进行对在线设备本体参数的有效监测采集外，相较于有线传感器可以大大节约投入成本且使用起来十分便捷，对企业倡导降本增效具有导向作用。本文主要从无线传感对原油外浮顶储油罐的浮盘、浮舱、一二次密封装置三个主要附属设备的数据监测采集及在外浮顶储罐大修理中作业区域可燃气体、有毒气体浓度检测中的投入使用两方面应用进行研究分析。通过实际应用与论证研究分析表明，无线传感器的投入使用，弥补了对外浮顶储油罐浮盘运动倾角变化的实时监测和浮舱、一二次密封装置内可燃气体浓度的变化的实时监测，优化了对外浮顶储油罐大修理中业区域可燃气体、有毒气体实时检测，确保了外浮顶储油罐大修理过程种安全可控性。

关键词　无线物联网；传感器；监测；外浮顶储油罐；探索应用

随着无线物联网技术的发展进步，无线传感器的种类越来越多，运用越来越广、技术越来越成熟。通过市场调研，无线温度传感器、无线压力传感器、无线振动传感器、无线泄漏监测传感器、无线可燃气体检测传感器等在石油天然气行业已经被应用广泛。主要应用于设备本体的温度检测，设备系统内介质压力检测，设备本体振动量检测，设备是否有泄漏等情况，通过检测相关参数数值，来判断设备运行的稳定性。笔者所在单位为石油天然气管道运输企业，输油气站场设备参数监测高度自动化，自动化系统能有效的进行预警、联锁、促发保护等，但主要为有线监测传感器和系统。对于当初建站时，因技术或资金原因未能建立设备参数监测的，随着无线物联网技术发展，这些问题都可以也低成本方式解决。本文重点从已经应用于外浮顶储油罐附属设备的无线监测进行研究分析，为石油企业外浮顶储油罐的安全平稳运行提供参考。

1　外浮顶原油储罐数据监测现状分析

中缅油气管道是国家四大能源通道之一，肩负国家西南地区油气运输的使命。其中中缅原油管道起点为缅甸马德岛，从云南瑞丽入境，终点为云南昆明。瑞丽输油气站作为中缅原油管道入境第一站，具有3座5万方外浮顶储油罐，对入境来油进行收发。外浮顶储油罐是否安全平稳运行也决定了中缅原油管道能否正常输送，所以对于外浮顶储油罐的参数监测显得尤为重要。目前，对于外浮顶储油罐的监测有本体泄漏监测、液位监测、温度监测、火焰监测、沉降监测等，这些监测均为有线传感器的监测，能实时监测采集数据，数据异常能产生预警及联锁保护作用，对外浮顶储油罐的平稳运行起了重要作用。但是，仍然缺少监测盲区，例如：浮盘运动倾角、浮舱泄漏、一二次密封装置可燃气体浓度超标监测等。

2　无线传感器在外浮顶储油罐附属设备中的探索应用法

外浮顶储油罐的浮盘运动倾角、浮舱泄漏、一二次密封装置可燃气体浓度超标监测目前也能通过安装有线传感器的方式进行监测，但是投入费用较大。目前，瑞丽输油气站从探索试验应用和降本增效的角度出发，采用了无线倾角传感器来监测浮盘运动的角度变化，采用了无线可燃气体传感器来监测浮舱是否有泄漏，采用了无线可燃气体传感器来监测一二次密封装置可燃气体浓度是否超标，无线倾角传感器和无线可燃气体传感器现场监测采集数据，然后通过 NB-IOT 无线通讯传输技术，将采集的数据传输至物联网云平台，云平台能实时查看数据变化情况，若数据异常会发生预警通知，值班人员收到预警通知后，进行故障处理。

2.1　无线倾角传感器探索应用

2.1.1　无线倾角传感器应用背景

瑞丽输油气站 3 座外浮顶储油罐，针对外浮顶储油罐附属设备浮盘运动角度变化的监测停留在人工巡检，缺少智能化的监测。浮盘在外浮顶储油罐进出油过程中因油位变化上下移动，外浮顶储油罐在收发油过程中或暴雨天浮盘上有大量积水时，可能造成浮盘不平衡，而这种不平衡造成的浮盘运动角度变化是很难通过观察看出来的，一旦浮盘倾斜角度过大可能造成导向柱、量油管等被破坏或直接发生浮盘倾覆，将造成巨大经济损失。再者，某管道公司曾经在暴雨天因浮盘上积水过多导致浮盘发生倾覆，造成巨大经济损失。所以，对外浮顶储油罐浮盘水平平衡的智能监测是必要的，浮盘运动倾角值就是重要监测指标。

2.1.2　无线倾角传感器应用实例

基于外浮顶储油罐浮盘水平平衡智能监测的必要性，瑞丽输油气站运维人员提出了浮盘智能监测的解决办法并成功予以应用。通过市场调研，某物联网公司所产的 SD123-DA01-NB 无线倾角传感器能满足外浮顶储油罐浮盘平衡监测条件(监测区域为防爆区域，该设备适用于 1 区爆炸性气体混合物场所)，该传感器具备无线上传功能，使用内部电池供电，采用优质陀螺芯片、卡尔曼滤波算法、双轴倾角测量方式，通过当地已有的蜂窝通信网络，以定时或报警方式将采集的倾角信息通过 NB-IOT 通讯传输技术传至云平台，云平台可实时查看数据和数据历时变化趋势图，性能可靠，抗外界干扰能力强，具备超限值报警功能，报警信息同步推送至手机端。

将该无线倾角传感器安装于三座外浮顶储油罐浮盘上并工作，能同时监测浮盘上下运动时浮盘水平面东西方向(X)和南北方向(Y)两个方向的角度变化。一旦有超限制报警，经核实后，将采取处置措施，避免浮盘的破坏。

通过 SD123-DA01-NB 无线倾角传感器长时间应用监测发现，浮盘在原油进出罐过程中东西(X)方向有角度变化，正方向最大倾角 0.8°，负方向最大倾角 1.4°，南北(Y)方向也有角度变化，正方向最大倾角 2.1°，负方向最大倾角 0.4°。平稳运行的浮盘，东西(X)方向和南北(Y)方向角度变化数值历时趋势图呈现一定的规律，且能够在历时趋势图中分析出外浮顶储油罐何时在进出油。基于浮盘东西(X)方向和南北(Y)方向运动角度变化数据监测值分析出，外浮顶储油罐在平稳进出油过程中运动最大倾角变化在 2°左右，因此，将浮盘东西(X)方向和南北(Y)方向运动倾角限值设定在 5°，当运动倾角超过 5°时，将分析查找原因，确保浮盘的安全稳定性。(图 1)

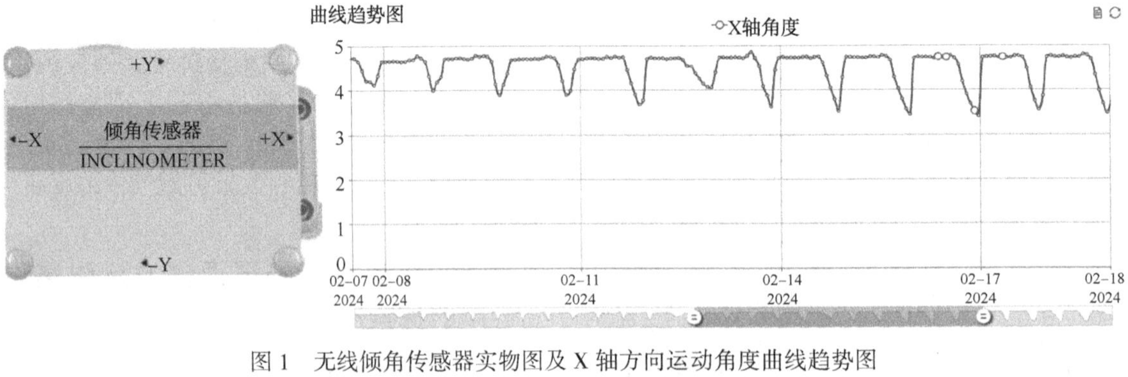

图 1　无线倾角传感器实物图及 X 轴方向运动角度曲线趋势图

2.2　无线可燃气体传感器探索应用

2.2.1　无线可燃气体传感器应用背景

瑞丽输油气站具有 3 座 5 万方外浮顶储油罐，针对外浮顶储油罐附属设备浮舱和一二次密封装置内可燃气体的监测也停留在人工巡检与检测，缺少智能化的监测。浮舱作用在外浮顶储油罐顶部原油表面，直接接触原油，浮舱下表面钢板与钢板之间通过焊接连接，而连接处的焊缝可能因为焊接技术、压力、温度等因素的影响，造成有原油渗入焊缝，从而进入浮舱，造成浮舱内形成可燃气体密闭空间，当浓度达到一定程度时，当人工检查浮舱时，可能造成人员窒息中毒，甚至造成火灾爆炸。再者，在浮舱日常检查中也确实发现过有原油渗漏的情况，原油在浮舱内挥发形成可燃气体密闭空间，对浮舱稳定性和人员巡检造成影响。所以，对外浮顶储油罐浮舱内可燃气体浓度的智能监测是必要的。

外浮顶储油罐另外一处易形成可燃气体密闭空间的是一二次密封装置，一二次密封装置位于浮盘与罐壁之间，随浮盘上下移动，将罐内原油与大气隔绝，防止油气挥发。然而，在一二次密封装置上下移动过程中，会受到摩擦、原油腐蚀、自然老化等因素的影响，造成损坏，一旦损坏，原油将会进入一二次密封装置，挥发形成可燃气体空间，若遭到严重损坏将会导致原油直接溢出，对外浮顶储油罐的正常生产运行造成影响。根据国标标准外浮顶储罐一二次密封装置可燃气浓度大于存储介质爆炸下限的50%时，要进行安全评审。所以，一二次密封装置内可燃气体浓度值具有重要意义，对一二次密封装置内可燃气体浓度的智能监测也十分必要。

2.2.2 无线可燃气体传感器应用实例

基于浮舱与一二次密封装置内可燃气体浓度智能监测的必要性，瑞丽输油气站运维人员提出了浮舱可燃气体浓度智能监测的解决办法并成功予以应用。通过市场调研，某电子传感公司所产的BT-S370无线可燃气体传感器能满足外浮顶储油罐浮舱与一二次密封装置内可燃气体监测条件(监测区域为防爆区域，该设备适用于1区爆炸性气体混合物场所)。该传感器具备无线上传功能，使用内部电池供电，采用高性能低功耗催化方式，通过当地已有的蜂窝通信网络，以定时或报警方式将采集的气体浓度信息通过NB-IOT通讯传输技术传至云平台，云平台可实时查看数据和数据历时变化趋势图，设备保护等级较高，具备超限值报警功能，报警信息同步推送至手机端，适用于密闭空间内气体浓度检测。

由于外浮顶储油罐浮舱数量较多，目前只在个别的浮舱内安装无线可燃气体传感器做试点，将无线可燃气体传感器安装于浮舱内并工作，将无线可燃气体传感器通过软管与一二次密封装置外置检测口相连，置于装置外侧并工作。若检测到浮舱内有可燃气体浓度超限，现场会产生声光报警信号，同时报警信息也会推送至站场综合值班人员处，经值班人员核实后，将采取处置措施，对浮舱渗透点进行修复，避免持续性的裂纹点扩大。若检测到一二次密封装置内可燃气体浓度超限制，需要进一步对其安全性进行评估。

通过目前监测数据显示，试点的浮舱内无可燃气体，进而表明试点浮舱无渗漏情况。一二次密封装置内具有低浓度的可燃气体，但在标准内，需进行持续性的监测。(图2、3)

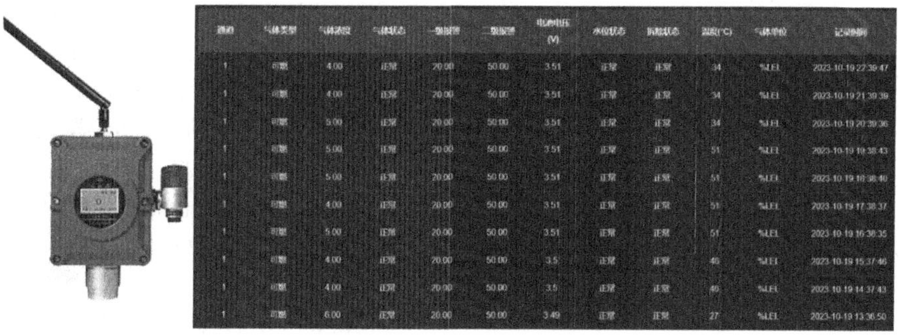

图2 无线可燃气体传感器实物图及物联网平台监测记录一二次密封装置可燃气体浓度表

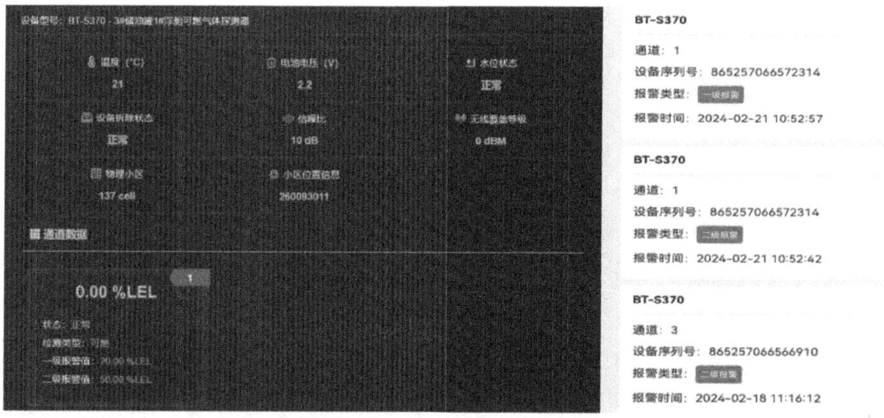

图3 物联网平台报警值设置及可燃气体浓度测试时手机端接收报警信息

3 无线传感器在外浮顶储油罐大修理中的探索应用

通过无线可燃气体传感器在浮舱与一二次密封装置上智能监测可燃气体浓度的启发，瑞丽输油气站在外浮顶储油罐大修理过程中也应用无线传感器来实时监测作业区域中的可燃气体、硫化氢、一氧化碳、氧气浓度。根据作业要求，作业人员需要每隔半小时对作业区域多点进行可燃气体、硫化氢、一氧化碳、氧气浓度进行检测，这种方法虽然具有一定可靠性，但缺少持续性，同时也可以避免因作业人员疏忽造成的漏检测或误检测。某电子传感公司根据提出的需求，在原BT-S370无线可燃气体传感器基础上研制了具备硫化氢、一氧化碳、氧气浓度检测功能的“四合一”无线传感器，若现场可燃气体、硫化氢、一氧化碳、氧气浓度未在限值范围，现场会产生声光报警信号，同时报警信息也会推送至站场综合值班人员处，综合值班人员收到报警信息后会进行现场确认，双重监测管理机制，确保了储罐大修的顺利进行和完工。(图 4)

通道	气体类型	气体浓度	气体状态	一级报警	二级报警	电池电压(V)	水位状态	拆栓状态	温度(℃)	气体单位	记录时间
4	硫化氢	0.00	正常	6.00	10.00	3.66	正常	正常	22	PPM	2024-02-25 14:59:10
3	一氧化碳	0.00	正常	20.00	40.00	3.66	正常	正常	22	PPM	2024-02-25 14:59:10
2	氧气	20.90	正常	19.50	23.50	3.66	正常	正常	22	%VOL	2024-02-25 14:59:10
1	可燃	0.00	正常	20.00	50.00	3.66	正常	正常	22	%LEL	2024-02-25 14:59:10
4	硫化氢	0.00	正常	6.00	10.00	3.66	正常	正常	22	PPM	2024-02-25 13:59:05
3	一氧化碳	0.00	正常	20.00	40.00	3.66	正常	正常	22	PPM	2024-02-25 13:59:05
2	氧气	20.90	正常	19.50	23.50	3.66	正常	正常	22	%VOL	2024-02-25 13:59:05
1	可燃	0.00	正常	20.00	50.00	3.66	正常	正常	22	%LEL	2024-02-25 13:59:05
4	硫化氢	0.00	正常	6.00	10.00	3.66	正常	正常	21	PPM	2024-02-25 12:59:44
3	一氧化碳	0.00	正常	20.00	40.00	3.66	正常	正常	21	PPM	2024-02-25 12:59:44

图 4 “四合一”在储油罐大修理作业现场气体浓度监测记录表

4 结束语

通过无线物联网技术对外浮顶储油罐附属设备的优化监测，除了能加强设备运行的可靠性和节省大量的资金成本，还提升了企业运维人员的创新能力，为企业数字化、智能化转型添砖加瓦，也为其他兄弟单位外浮顶储油罐附属设备智能监测提供应用参考。

参 考 文 献

[1] 岳丽颖，王璐．基于物联网技术的智能家居系统设计[J]．信息与电脑，2020，32(06)：127-129.
[2] 常季成．双探头传感器可燃气体报警器的设计[J]．云南化工，2020，47(02)：144-146.
[3] 赵正平．MEMS智能传感器技术的新进展[J]．微纳电子技术，2019，56(01)：1-7.
[4] 袁沛沛．机电自动化中传感器技术的应用[J]．南方农机，2020，51(07)：235.
[5] 白胜玉．新型光电传感器检测方法的设计与实现[J]．电子世界，2020(06)：137-140.
[6] 侯秀丽，姚小芳．光电传感器在物联网系统中的应用研究[J]．科技创新，2020，17(05)：125-126.

塔里木油田天然气乙烷回收智能化工厂数字孪生体应用实践

陈　锐[1]　冯　宇[1]　肖　楠[1]　杨　铎[2]　刘治鑫[2]

(1. 中国石油塔里木油田公司；2. 昆仑数智科技有限责任公司)

摘　要　数字化转型、智能化发展是油气田高质量发展的必由之路，而"数字化地面工程建设"是数字化油气田顶层框架的重要组成部分，其中，油气田地面工程数字化交付为油气田工程项目数字化建设、智慧化运营奠定了基础。数字化交付是以实体对象为核心，对工程全生命周期的实体数字信息进行传递的行为，数字化交付与工程建设保持同步，并贯穿运行、维护和改造的全过程。数字化交付按照统一交付标准进行数据采集、数据存储、数字孪生体构建、数据资产管理和数据应用，其中交付的核心是构建数字孪生体。油气田数字孪生体是油气田地面工程物理实体及其状态的数字副本，通过实测、仿真和分析来实现感知、诊断、预测物理实体的状态，优化工程建设和生产运营。文章对数字化交付工作进行了概要描述，介绍了油气田数字孪生体的构建思路，以塔里木油田天然气乙烷回收智能化工厂为例，详细描述了基于数字孪生体的多场景应用，包括利用数字孪生体进行施工图审查、物理实体采购阶段信息智能化应用、4D 施工进展跟踪、施工质量可视化管控、智能运维等。这些基于数字孪生体的应用成果不仅盘活了油气田数据资产，为地面工程全生命周期管理提供权威数据源，也为智能工厂的建设提供数据基座，提高管理部门业务管理效率，为打造智慧油气田奠定基础。

关键词　油气田数字化交付；数字孪生体；智能化应用实践

由于油气田地面工程建设的业务复杂，工作量繁重，管理难度大，一直以来业务管理模式缺乏可视化管控手段，管理部门难以及时、全面掌握项目整体现状，因此，有必要开展数字化交付工作，对源头数据进行标准化采集，构建数字孪生体，作为工程建设期的数据资产，为"智能站场"、"智能管网"、"智能工厂"等智能化应用场景提供数据基座，助力油气田数字化管理、生产、运行维护智能化水平持续提升和创新发展。

1　数字化交付实施路径

数字化交付需要结合油气田地面工程建设及运营需求，形成一套完整的数字化交付规范，以此为依据搭建统一的数字化交付平台，实现以实体对象为核心进行数字化采集，构建完整的数字孪生体，形成工程建设数据资产。

1.1　建设标准规范体系

基于中石油《油气田地面工程数字化交付规范(Q/SY 01015—2022)》，结合塔里木油气田工程项目实际情况，制定塔里木油田地面工程建设领域数字化交付管理手册和实施细则，明确各参建单位的实施要求和各方职责，固化数字化交付流程，保证数据交付的及时性、准确性以及数据的完整性。

1.2　构建数字化交付平台

以业务需求为出发点，搭建统一的数字化交付平台，涵盖数字化交付采集、工程资料管理、移动 APP、数字孪生体构建及可视化管理等模块，实现建设期数字化采集、数据传输、数据存储、数据交付、数据管控、孪生体可视化展示等功能。

1.3　实施标准化采集

基于统一的数字化交付规范实施标准化采集，采集方式主要有伴随式移动端采集、模板导入、手工录入三种方式。采集范围覆盖项目前期、设计、采购、施工、试运投产、工程验收六个阶段，采集内容包括结构化数据、非结构化数据和半结构化数据。

1.4　构建油气田数字孪生体

以设计三维模型为载体，工程实体对象为核心，整合工程建设过程中的图纸、模型、数据、文档等信息载体，进行标准化采集并规范化入库。例如将设备的设计参数、采购参数、厂商资料、施工安装记录等信息与轻量化三维模型、智能 P&ID 关联整合，构建油气生产设施的数字孪生基座。

2　油气田数字孪生体构建方案

近年来，数字孪生体在油气行业工程建设领域得到广泛的应用。数字孪生体是油气田各类生产设施的虚拟表达，是油气田所有物理实体在整个生命周期中应用的数据、模型和分析工具的集成系统。按照中石油《油气田地面工程数字化交付规范(Q/SY 01015—2022)》要求，基于轻量化三维模型、智能 P&ID，以工程实体为核心，关联设计、采购、施工、试运投产、工程验收等各阶段数据，完成油气田数字孪生体的构建。

2.1　模型轻量化处理

将不同格式三维模型进行轻量化解析处理，统一数据格式与存储路径，满足多类型终端展示和多系统数据共享的应用需求。模型轻量化处理不仅保留工程实体核心数据信息，如三维模型的目录结构和属性信息，同时能够通过 PC 端系统或者移动 APP 进行快速漫游和浏览。

2.2　智能 P&ID 活化

通过智能 P&ID 图纸数据解析处理，对工艺流程图中的管线、阀门、仪表、储罐等设备实体对象进行活化并上传数字化交付平台，完成 P&ID 文件与交付平台中工程三维模型的关联，实现三维模型与智能 P&ID 相互联动。

2.3　构建数字孪生体

对各类实体对象的设计、采购、施工、试运行、竣工验收数据进行整合，形成数字孪生关联关系，将结构化属性数据、文档数据与三维模型对齐，构建规范完整的特定工程(如场站、联合站、化工厂等)数字孪生体。

3　天然气乙烷回收智能化工厂数字孪生体应用实践

按照中石油集团公司要求，塔里木油田公司已经搭建相对成熟的数字化交付平台，目前已有 60 多个工程项目开展在线数字化交付工作，实现了地面工程建设各阶段数据的标准化采集、可视化呈现、在线式归档等，为“智能管网”、“智能站场”、“智能工厂”的数字化生产运营提供权威的数据源，提升上游交付成果的应用价值。

以塔里木油田天然气乙烷回收智能化工厂项目(以下简称乙烷回收工厂)为例，开展地面工程全链条、全过程数字化交付工作，共采集 58 类 107237 个工程实体对象，搭建 37 个轻量化三维模型，形成 192 张智能 P&ID 图，实现 63004 份各阶段文档资料在线采集、归档，通过工程对象全要素信息化关联，为乙烷回收工厂构建了一套规范完整的数字孪生基座(图 1)。基于轻量化三维可视化引擎，支持整个工厂的可视化呈现，展示工艺装置数字孪生模型和关联的设计、采购、施工信息，同时提供模型浏览、实体关联信息查看、模型漫游、模型量算、模型检索等功能应用。

图 1　乙烷回收工厂数字孪生体展示

3.1　建设期智能化应用实践

3.1.1　数字孪生体在施工图审查中的应用

乙烷回收工厂项目基于工厂三维轻量化引擎工具，可以在 PC 端网页、移动端 APP 实现模型快速漫游浏览、二三维联动、设计审查在线批注，利用设计阶段乙烷回收工厂初始数字孪生体

(三维模型)快速定位和协同更新设计进展，使工厂设计审查更加便利直观。各专业评审专家、管理单位、建设单位、设计单位对乙烷回收工厂施工图设计资料进行线上协同审查(图2)，对各类设计审查意见进行在线汇总分析，及时进行方案调整和设计优化，提高工程设计审查效率，提高施工图设计准确性，控制工程造价，全面提升工程施工建设的质量与效率。

图2　数字孪生体在设计审查中的应用

3.1.2　数字孪生体采购信息智能化应用

乙烷回收工厂建设过程中，采购阶段的各类工艺图纸、文档、制造信息、检验记录等不同数据按照交付标准进行采集、录入，并将三维模型与物资采购数据相关联，形成的数字孪生体，实现三维可视化的方式呈现，可以对设备信息全程追溯，为设备检维修和人员操作培训提供数据支持。

3.1.3　数字孪生体施工过程可视化应用

基于三维数字工地可视化场景，乙烷回收工厂实现施工进度、质量、安全、物资、人员、机具等信息要素的综合呈现、“数字工地”与“建设现场”的同步关联，可及时掌握工程建设现状。

(1) 4D施工进展跟踪：施工进度管理是工程建设管理的关键内容，直接影响到工程是否按时完工和投资效益的发挥，传统进度管理的方式大多基于二维图纸和进度报表，管理流程复杂，数据查询困难，导致管理实施难度较大。乙烷回收工厂依据“数字孪生”基座，通过施工数据源头采集，按照施工进展更新实体进度状态，结合三维应用场景，直观展示施工建设状态(图3)。通过工程建设时间轴回溯施工建设进度，实现4D施工进展跟踪，提升施工建设数据和信息传递的及时性、准确性和完整性，有效确保工程施工的高质量管控。

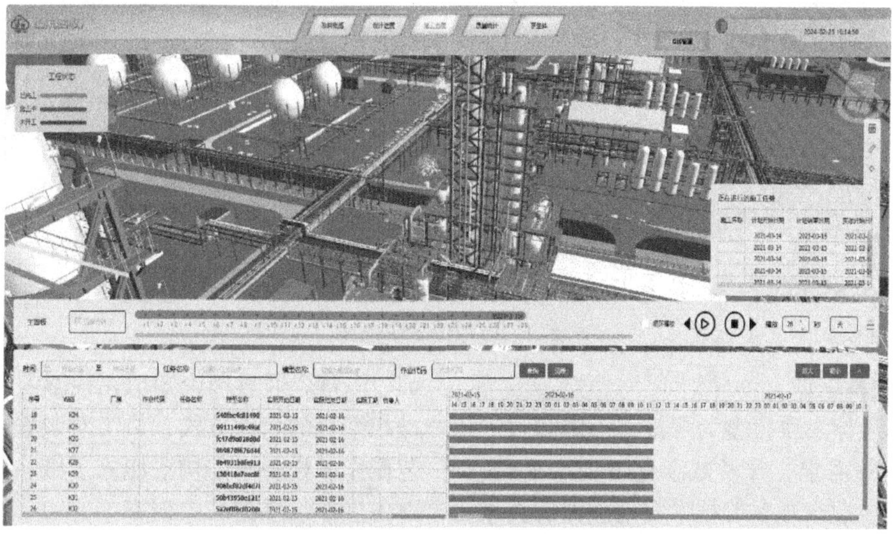

图3　乙烷回收工厂4D施工进展跟踪

（2）施工质量可视化管控：数字化交付平台为工程建设现场构建统一的数字化协同工作环境，现场实体动态数据实时与三维模型对象挂接，实现油气设施数字孪生体与工程建设进程伴随式生长，通过数字孪生体在线查看实体对象设计属性、P&ID 图、制造说明书、施工安装信息、试运投产记录等，实现施工质量的可视化管控，例如对乙烷回收工厂中重点管道的焊缝进行可视化管理，实时掌握和管控焊接进度和质量，有效减少施工过程质量问题，促进工程建设提质增效。

3.2 运营期智能化应用实践

3.2.1 智能运维

基于 3D 数字孪生建模、IoT 物联网等技术建设的乙烷回收工厂数字孪生系统，展示智能化工厂静态、动态报警、人员位置、车辆位置、作业等信息内容。结合智能可穿戴设备、固定监控设备实现对现场作业人员状态、作业内容、关键巡检点状态、生产管控报警点位的全面全过程监控，确保员工作业状态安全、作业过程规范、关键巡检点状态正常。

（1）智能巡检：基于三维数字孪生模型，掌握巡检员的状态，查看巡检员实时位置和巡检信息，自动生成巡检记录，支持动态回放巡检历史轨迹。

（2）人员定位：基于三维数字孪生模型，实时显示人员全厂分布情况，对区域人数进行统计，实现人员轨迹路径可追溯、地图区域权限可管控，紧急情况下，联动应急指挥系统，实现人员快速疏散。

（3）电子围栏：基于三维数字孪生模型，显示重点区域的电子围栏，对重点区域的进出权限进行管控，对进入电子围栏人员发送警告，并通知相关责任人进行监控处理。

（4）预测预警：基于 GIS 平台和三维平台，实现突发事件点信息、周边应急资源信息及现场应急处置“一张图”指挥决策，直观呈现安全风险区域布局，实现危险源三维显示及异常报警展示，使工厂能够及时、有针对性的采取控制措施，提升预测预警能力。

3.2.2 设备全生命周期管理

数字孪生体为乙烷回收工厂实体设备建立了对应的虚拟设备模型，在模型中可直观查看设备编码、位置、材质、管径、厂家以及设备维修记录等，将获取的温度、压力、流量等实时生产运行数据挂接到数字孪生体，构建设备监测预警机制，实现设备故障智能诊断分析、检维修和寿命科学预测，提高设备管理的规范化和精细化程度，保障设备长周期稳定运行（图 4）。

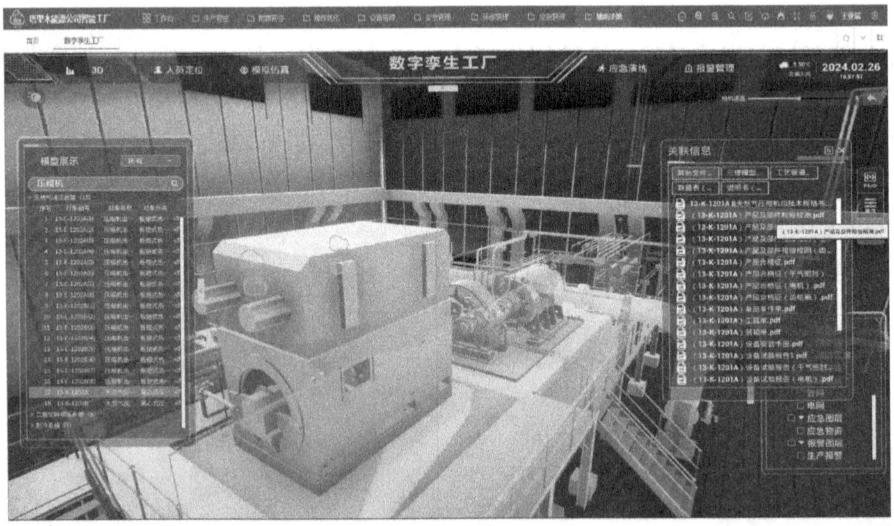

图 4　虚拟设备孪生体

3.2.3 虚拟仿真培训

以数字孪生体三维模型为背景，乙烷回收工厂结合实际业务需求，开发数字化培训云平台，利用虚拟现实、混合现实等技术实现虚拟仿真培训（图 5）。通过理论知识在线学习及虚拟仿真实操相结合的培训方式，员工对装置运行机理、工艺操作、设备内部构成深入了解，可以有效降低设备操作、维护的失误率。

图 5　虚拟仿真培训

4　结束语

综上所述，数字孪生体在塔里木油气田地面工程全生命周期管理中发挥了重要的作用。数字孪生体作为乙烷回收工厂的伴随式虚拟数字工厂，为实现工程项目的全方位信息化管理，为提高数据运维和工程管控的质量和效率，为油田实现提质、增效、降本目标等方面发挥了重要的作用。

参 考 文 献

[1] 油气田地面工程数字化交付规范：Q/SY 01015—2022[S]

[2] 胡耀义. 智能油气田数字孪生体建设关键技术研究[J]. 工程技术研究，2020，5(4)：2. DOI：CNKI：SUN：YJCO.0.2020-04-003.

[3] 李牧松，金雪平. 解析智能油气田数字孪生体建设关键技术[J]. 化学工程与装备，2021，9：101-102.

亚洲首座基于数字孪生体结构的全生命周期管理应用实践

张占立　阳连丰

（海洋石油工程股份有限公司）

摘　要　随着国内海油行业呈现集成化、标准化、全周期化、运维化及交互化的趋势，数字孪生或数字化转型必将实现突破，实现高效和规范的管理、信息化质量的提升，效率与安全生产的结合，通过应用场景的丰富和行业领域的拓展，无限接近“孪生”发展效应与“闭环”融合目标。亚洲首座水深达286米的钻采平台于2022年成功投产，该项目是首座中深水钻采平台应用数字孪生系统，基于项目建设阶段工程的数据实现数字化基础模型构建，通过结构数字孪生体监控工程设施运行状态，为该深水导管架平台结构的安全风险管控和全生命周期完整性管理提供支撑。目前，运行效果良好，经历了多次台风并获得数据，通过大数据存储技术利用科学算法制定预警标准，提升应急响应能力。为构建海洋平台的数字孪生模型，实现平台的数据集成和全方位监测，提高海上平台的安全管理和智能决策水平，降低全生命周期成本提供较大价值，已获取较大的经济和社会效益。

关键词　数字孪生；固定式采油平台；中深水；健康管理系统

近些年，包括BP公司、壳牌石油等均陆续推出数字化转型实施方案。数字化转型已成为全球油气领先公司的重要战略举措，为满足海洋油气行业业务密集、产业链升级、可持续转型的目标，各大著名石油公司陆续启用跨界合作模式开展数字化转型工作。作为海洋平台建设的先驱者，应率先实现数字化孪生体结构的全生命周期管理系统，是在物理工程建设、交付的同时实现数字化平台的建设及交付，保证每一个物理资产对应一个数字资产，为运营阶段的智能化平台提供数据基础，实现数据传递及保值增值。但在国内，尚无相关施工和应用业绩，且技术成熟度低，工程经验少。无论是在建导管架的监测系统还是数字孪生技术，都是国内首次开展相关工作，没有成熟的工程经验可以参考。亚洲首个中深水固定式导管架平台作为第一个数字孪生技术试验项目，成功完成了数字孪生平台的搭建，构建“一虚一实”两个平台，实现水下结构全面感知、安全管理远程可控、风险智能预警，是中国海油基于多年前沿技术的研究打造出全球首个基于数字孪生技术导管架健康管理系统，解决深水导管架运维痛点，提升运维管理，优化设计方法，是我国海洋油气数智化转型示范工程之一，实现传统工程降本增效和运营效益最优，助力我国海洋油气从传统模式向数字化和智能化跨越发展，为建设数智海油贡献价值。

1　海洋采油平台的健康管理系统设计

深水导管架平台在国外油气开采应用广泛。2022年中国陆丰海域的陆丰15-1深水导管架平台（图1）是国内首个300M级的深水导管架平台，该导管架平台为4腿12裙桩结构，顶部水平层尺寸为42.0M×18.0M，底部水平层尺寸为95.0M×95.0M，导管架长度为305M，装船重量为30200T。由于体积巨大且服役于环境恶劣的南海陆丰海域，导致导管架结构质量较大、自振周期较长、波浪动力响应和结构疲劳问题突出，在导管架上设计一套健康管理系统，可对平台的安全运营提供数据支撑。数字孪生（digitaltwin）是以数字化方式创建物理实体的虚拟模型，借助数据模拟物理实体在现实环境中的行为，通过虚实交互反馈、数据融合分析、决策迭代优化等手段，为物理实体增加或扩展新的能力。作为一种充分利用模型、数据、智能并集成多学科的技术，数字孪生面向产品全生命周期过程，发挥连接物理世界和信息世界的桥梁和纽带作用，提供更加实时、高效、智能的服务。

作为亚洲首座水深 300 米级的固定式平台，为了监测导管架结构节点疲劳状态和导管架结构安全，该项目首次应用了数字孪生系统。通过监测系统实现风、波浪和流等环境数据实时监测；水下若干关键节点应力/应变监测；平台位移监测；导管架倾角监测；导管架动力特性监测；高耸结构智能对比视频监测；基于以上监测的数据进行结构风险预警，完成对导管架全生命周期的健康管理监测。该项目开发一套基于数字孪生技术导管架健康管理系统，健康管理平台包括两个子系统：导管架综合检测子系统(平台端)，设计开发适用于大管家的综合检测系统，通过在导管架各节点安装检测模块，实现导管架结构状态在线试试监测和安全预警，为导管架的数字化和智能化提供技术和数据支撑。数字孪生子系统(陆地端)：在陆地建设一套数字孪生系统，通过海缆光纤与海上导管架系统连接，实现数字化模型构建，利用监测系统所获数据，衍生和三维展示导管架结构响应，实现结构数字孪生(图 1)。

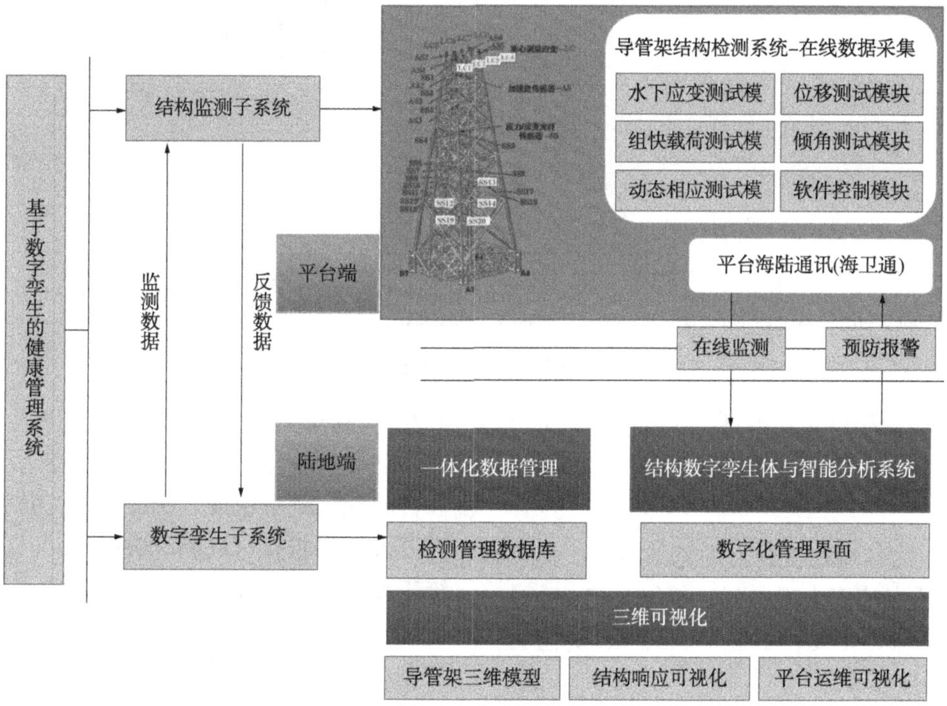

图 1　数字孪生的健康管理系统

2　海洋采油平台端结构监测系统设计

在海洋工程结构物的设计、施工过程中，涉及到的波浪运动主要是由风作用产生的。波浪运动机理主要包括由于最初发生的湍流引起的压力场和造成的波面变形之间的共振、由于波浪引起风场的变化导致能量传递、波浪与波浪之间的相互作用、由短波到长波的能量变换以及波浪的破碎几个方面。深水导管架除对波浪进行检测，还需要对内波流、杆件应力应变监测、重量(上部组块荷载)监测、动力特性监测、位移监测、倾角监测、环境数据监测(风、浪、温度)、支持数字孪生系统、安全预警与完整性诊断等。导管架在水深 300 米处的四腿结构自振周期大、动力效应和疲劳问题显著，适合于通过监测手段获取真实动力特性，进而修正动力放大系数、优化疲劳计算等，进而充分挖掘结构潜力，为安全运维提供客观依据。(图 2)

2.1　深水内波流载荷

波浪力是海上导管架最主要的外载荷，而在台风频发的中国南海，波浪载荷对平台的健康影响更为显著。海洋工程结构物均采用圆筒形作为桩基支撑，计算导管架腿受力以及大 X 撑框架结构所受的波浪力，是以绕流理论为基础进行分析。目前计算这一类波浪力的公式，应用最为广泛的是 1956 年由 MORISON J. R. 、O´BRIEN M,

P. 以及 JOHNSON J. W 等人提出的 MORISON 公式。

MORISON 公式是以绕流理论为基础的半理论半经验公式，将波浪力认为是由水流经物体时引起的拖拽力和水体加速度引起的惯性力的线性叠加，其中拖拽力是绕流时水质点运动速度突然变化而造成的，与速度平方及阻水面积成正比，而惯性力使水质点原有轨迹运动的加速度及被物体排开水体的质量成正比。根据 MORISON 公式，作用在桩柱单位长度上的总波浪力 DF 可以由式(1)计算得到。

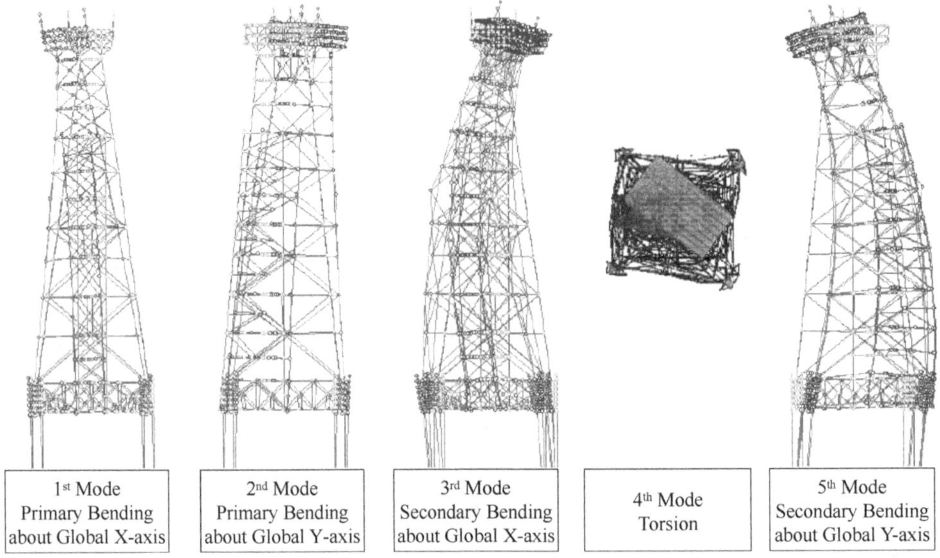

图 2　导管架在位状态模拟分析

$$dF=1/2C_{D}\rho DU|U|\,dz+C_{M}\rho A\,du/dt\,dz \quad (1)$$

则，整个桩柱的水平波浪力为：$F=\int_{-d}^{\eta}dF$

式中，F 为作用在桩柱上的总波浪力，单位 kN；U 是水质点速度水平分量，单位 M/S；η 是瞬时水位；P 流体密度，单位 T/M3；CD 为阻力系数；CM 为质量系数。

2.2 导管架监测系统主要设计

导管架结构安全监测系统，所研发的监测系统具有以下特点：一是监测参量多样性，不但监测结构响应参数，而且还监测海洋环境参数；二是开发了独立远程监控系统，该系统包括北斗通信和应急电源设备，可实现数据实时回传陆地，而且能获得极端海况下的环境和结构响应数据。该系统的安装运行可实现结构健康监测并得到较准确的预测结果，具有一定的推广价值[5]。监测方案主要包括结构动态响应监测、应力应变监测、倾角监测和位移监测，其中动态响应监测通过对一些关键节点加速度传感器动态响应进行监测，利用环境激励响应识别模态参数达到修正模型、识别损伤以及实现基于监测数据进行评估目的。

2.2.1　动态响应监测子系统

动态响应监测子系统由测振单元、控制单元和传输线三部分组成。测振单位为加速度传感器需要分布布置，可以临时数据存储。每个监测系统工作需要一个控制单元，控制单元采用移动式设计，工作时布设，平时可以回收保养。测点和控制单元之间通过传输及供电线连接。

布置 9 个测点。其中水下布置 3 个，分别位于 A1 腿的-55 米、-31 米、-11 米三个水平层。蜘蛛甲板(导管架顶)布置在四个角布置 4 个，组块下甲板 A1 和 B4 腿位置各布设 1 个。每个测点布置一个三份量加速度传感器，对三个方向的加速度响应进行测量。测点跟主结构直接连接，通过预留接口连接传输线跟控制单元连接。下甲板以下的传输线需要进行需要专用护管保护(类似阴极监测护管)，下甲板传输线直接走电缆架不需要护管。控制单元布置在中控，需要用平台供电和网络，通过控制单元给各测点供电。(图 3)

2.2.2　倾角监测子系统

倾角监测系统可以跟应力应变监测子系统合并，也可以单独开发，具体开发模式类似应力应变监测子系统。测点布置在8个腿导管架顶部位置。该测点为水上布置相关较简单，此为初步方案会根据实际需求进行数量和位置调整。(图4)

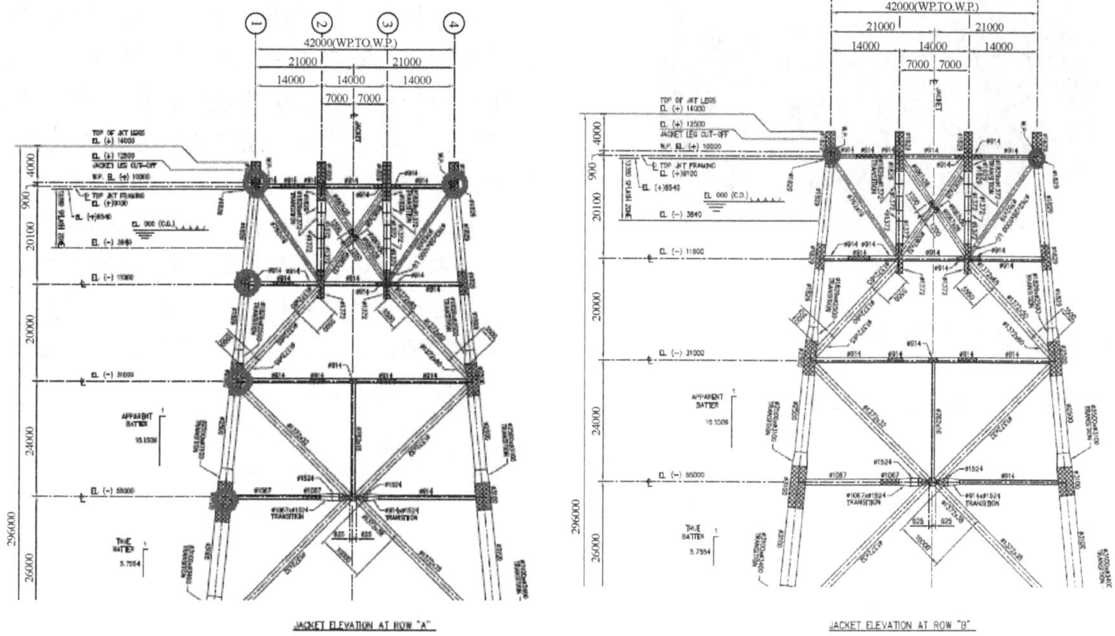

图3　动态响应监测在导管架上布置点

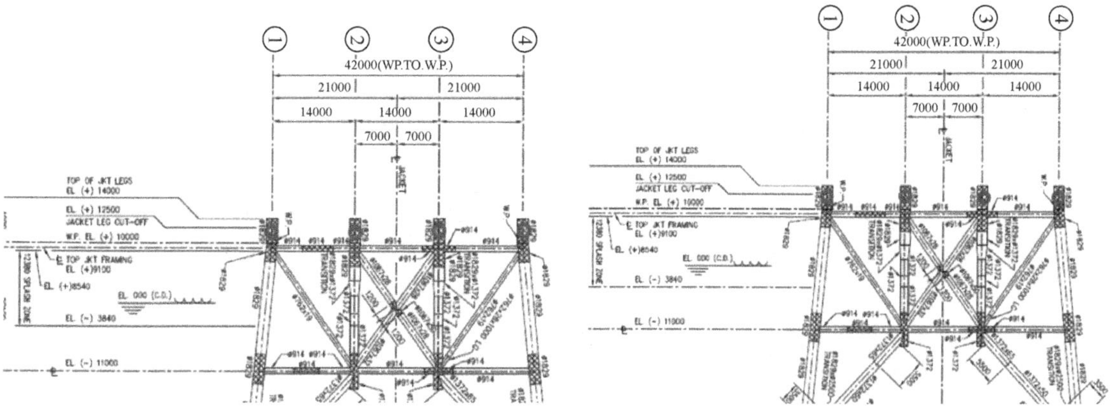

图4　倾角监测在导管架上监测点

2.2.3　光纤光栅传感器

工程上主要的传感器包括力平衡加速度传感器、基于MEMS的加速度传感器、光纤光栅

传感器。本项目使用的是光纤光栅应变传感器，将其安装在各桩腿的轴向应变情况，传感器在桩腿表面间隔45°均匀布置，在每个桩腿上形成8个应变传感器阵列，从而有效区分桩腿上承受的轴向应变和弯曲应变。光纤光栅传感器封装前需完成性能测试，对同一支光纤光栅传感器带封装结构与不带封装结构进行拉伸对比试验测试，并比较光纤光栅传感器的应变灵敏度、应变重复性、线性度等性能。(图5、6)

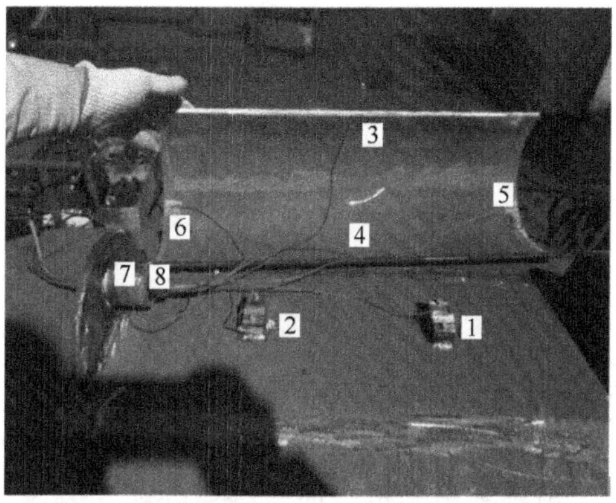

图5　光纤光栅应变传感器安装后进行测试

图 6　光纤主护管

3　数字孪生方案设计

数字孪生技术是实现物理与数值模型高度融合的重要手段，2002 年由 GRIEVES 等提出，近年来在各个领域引发了极大的关注。数字孪生是真实实体结构的数值模型，它不仅反映了实体结构的实际状态，同时还记录了实体结构随时间变化的数字线。陆丰 15-1 深水导管架平台的数字孪生实现是一个各层级递进的过程，分三级实现其功能，一级孪生体的实现方式是建立更接近实际的计算模型，主要目的是用于支持评估和后续数据的产生。二级孪生体的实现方式是通过计算建立基本数据库，再根据监测修正形成应用数据库，主要用于预警和仿真。三级孪生体是二级孪生体在大数据积累条件下不断训练的智能模型，是智能应用的主要载体。(图 7)

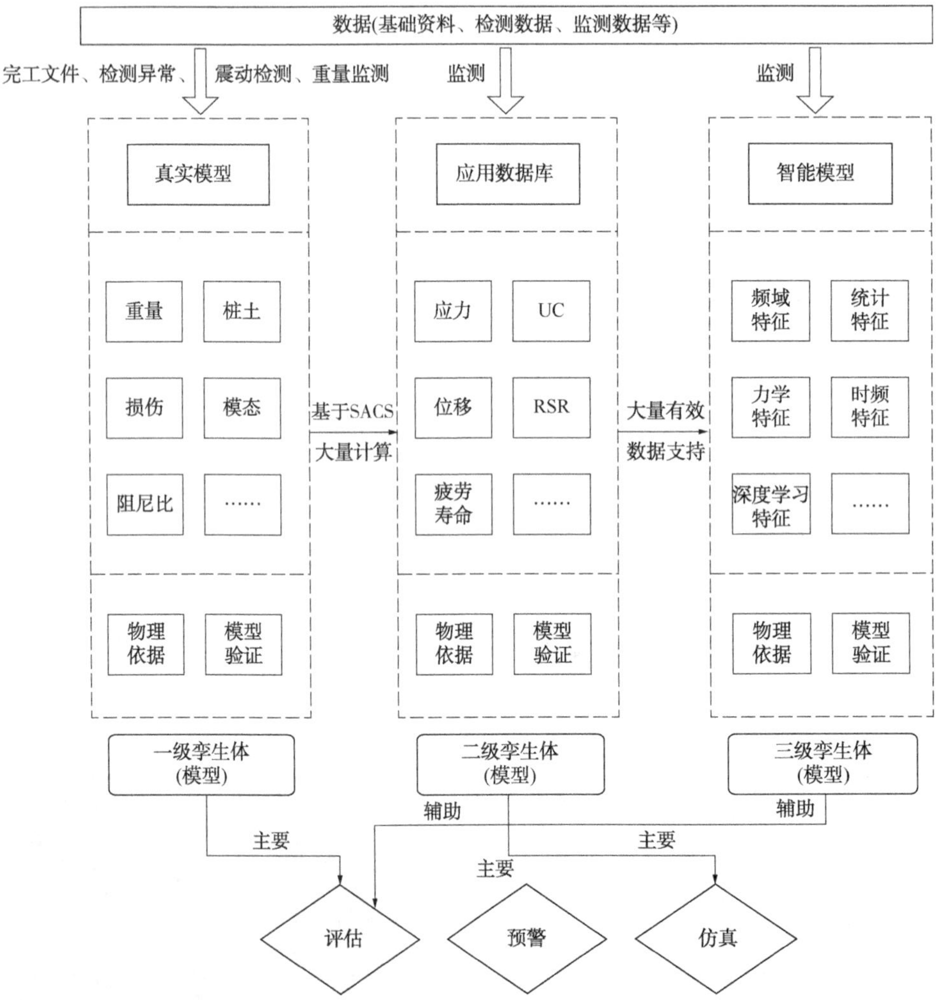

图 7　孪生系统方案设计

3.1　孪生实现方法研究-二级孪生算法

SACS 分析中将海洋环境荷载转化为拟静态载荷，得到静力结果，而实际导管架在海洋环境作用下为动力响应，需要结合实测海况确定二者之间的孪生反演因子(一个随海况等级、水深、方向等变化的系数)。利用陆丰 13-1 平台的风、浪实测数据和陆丰 15-1 场址实测海流数据组合工况进行大规模仿真计算，形成原始仿真数据库，在获得陆丰 15-1 实测数据之后利用孪生反演因子形成孪生数据库。

3.2 孪生实现方法研究-三级孪生算法

根据数据累计情况，实现从仿真模型—数值模型—智能模型的递进。智能模型创建，通过神经网络构建海洋环境载荷与导管架平台水平力、姿态等整体性能和关注杆件应力应变的智能映射关系模型。延寿分析和状态预警，通过长期积累数据的深度学习模型，结合实测海况预测结构受力状态、整体性能指标变化，用于杆件延寿分析和检修指导，用于平台整体性能指标变化预警。

4 结束语

依托陆丰 15-1 深水导管架平台建立了国内首套数字孪生健康管理平台，通过该数据管理平台实现了三大功能，设计计算关键结果数据结构化管理，为运维期间的状态评估、追踪管理提供支持。导管架结构杆件材质信息的追踪、管理，以三维模型为基础驱动管理关键杆件的材质证书为后期精细化评估提供支持。导管架关键节点焊接、检验数据与设计信息的链接、统一，为运维期间的局部节点焊缝跟踪管理提供数据支撑。数字化、智能化是海洋工程未来发展的方向。海洋工程数字化技术将以数据为主线，数字化应用为基础，立足已建成的海洋工程设计数据库，融合工业大数据和数字双胞胎技术，实现工程设计和管理、工程移交、生产运维数字化，为信息化、智能化油气田建设提供基础。

参考文献

[1] 张晓兰，浅谈化工工程项目数字化交付设计，家园-电力与科技，[J]. 2022(1).

[2] 张艳芳，程丛志等，基于数字孪生的深水导管架杆件轴力反演方法，科技导报，2023. 41(15)

[3] 陶飞，刘蔚然，刘检华等．数字孪生及其应用探索[J]. 计算机集成制造系统，2018，24(1)：1-18

[4] 修宗祥，深水导管架海洋平台安全可靠性分析及优化设计[D]. 东营：中国石油大学(华东)，2010.

[5] 王火平等．海上导管架平台结构健康监测技术研究及应用[J]. 石油与天然气化工，2022(2).

[6] GRIEVES M，VICKERSJ. Digital Twin：Mitigatin-gunpre - dictable，Undesirable Emergent Behavior in Complex Systems [M] // Flumerfelt S. Transdisci - plinary Perspectives on Complex Systems：New - Findings，Andapproaches. Cham，Switzerland：Springer，International，Publishing，2017：85-113

[7] TUEGELEI，INGRAFFFFEA A R，EASON TG，et al，Reengineering Aircraftstructural Life Prediction Usinga Digital TwinLJ]. Int. J. AerospaceEng.，2011，3：1-14.

[8] SUBRATA B，Digital Twin of Subsea Pipelines：Conceptual Design Integrating loT，Machine Learning and Data Analytics[C]//Proceedings of the Annual Offshore Technology Conference. Houston：OTC，2019：1-9

[9] LIU Zhansheng，BAl Wenyan，DU Xiu-li. DigitalTwinbased Safety Evaluation of Prestressed SteelStructure [J]. Advances in Civil Engineering，2020，ID8888876：1-10

[10] 闫天红等，现役导管架平台结构监测系统开发与数字孪生技术，中国机械工程，2021. 10(2).

油气集输管网云仿真技术研究及应用

王金山[1]　尹峰峰[2]　赵　迎[2,3]　杜永红[1]　陈　鑫[1]　袁　骁[1]　康宇航[1]　宫　敬[2]

[1. 中国石油塔里木油田公司油气数智技术中心；
2. 中国石油大学(北京)机械与储运工程学院・油气管道输送安全国家工程研究中心・
城市燃气输配技术北京市重点实验室・石油工程教育部重点实验室；
3. 昆仑数智科技有限责任公司智慧油田事业部]

摘　要　油气集输管网仿真可服务于集输管道规划设计、安全运行，有利于智能油田建设，提高生产效率、降低生产成本。云仿真于开发者，有利于功能模块解耦、服务化构建、扩展性高；于应用者，有利于数据共享、工作协同。同时，鉴于油气行业云平台建立、各类数据入"湖"，软件云化、服务化构建成为新趋势，以集输管网仿真云化为目标，基于国内油气行业最大的工业互联网平台-中国石油勘探开发梦想云平台，服务化构建油气物性计算、集输管路模拟、管网仿真算法、模型搭建及结果展示等功能模块，形成油气集输管网云仿真模拟软件。对于多种黑油物性计算方法、组分状态方程、集输管路压降及温降计算方法提供了良好的兼容性、通用性和扩展性。以塔里木博孜某气田集输管网为例，基于梦想云平台的云仿真模拟软件对接塔里木数据银行、油气生产物联网系统(A11)中的数据，结合实时数据实现集输管网模拟，可进行现场管网工况监测，评估蜡及水合物生成风险，确保现场生产安全。模拟结果相较于Pipesim软件，压力相对误差在9%之内，温度绝对偏差在3℃内，压力、温度分布结果与Pipesim保持良好的一致性。集输管网云仿真可快速对接现场数据，随时随地搭建算例、进行模拟及模拟结果共享，有利于提高仿真效率、降低仿真成本。进行集输管网水热力分析，可为集输管网中析出液量、水合物生成、蜡沉积、段塞、腐蚀等流动保障问题提供决策依据。

关键词　集输管网；云仿真；梦想云；多功能模块；仿真效率；安全生产

进行油气集输管网仿真，掌握管道运行中流量、压力及温度分布等参数，可为管道积液、蜡、水合物生成、管道内腐蚀、段塞等流动保障问题提供分析依据，服务于管道规划设计及安全运行。伴随智能油田建设，集输管网仿真技术在提高生产效率、降低生产成本、节能减排等方面发挥着越来越重要的作用。

国内在油气集输仿真研究中，所开发的技术方案和软件都是针对某具体工程项目，软件功能的完整性、扩展性、通用性与国外软件仍存在差距，且国内软件存在小而散、技术成熟度低且没有形成产业生态的发展性问题。国外油气集输管网仿真研究起步早，形成了功能较为成熟且具有一定垄断趋势的商业软件，如适用于稳态多相模拟的PIPESIM、PIPEPHASE，动态多相模拟的OLGA、Ledaflow，能够实现油气藏到地面处理设施一体化的稳态、动态仿真。这些国外软件凭借先进的求解方法、丰富的工程经验、不间断的迭代开发在全球油气集输中广泛应用，服务于集输工艺的设计、运营及管理。而对于这些国外软件的依赖却伴随着软件产品售后支持困难、信息安全风险等问题。

油气行业数字化、智能化建设，油田各类数据入"数据湖"，各类专业软件云化、服务化构建，仿真也需适应新的资源使用方式和仿真需求。仿真技术云化，对于开发者，有利于各功能模块解耦，实现国内软件资源整合，轻量化和跨平台优势；对于应用者，有利于实现仿真资源的高效分配、数据共享及工作协同。因此，结合油气集输工艺仿真专业知识，以集输管网仿真云化为目标，基于梦想云平台服务化构建了油气物性计算、集输管路模拟、管网仿真算法、模型搭建及结果展示等功能模块，形成了基于梦想云的油气集输管网云仿真软件，希望为我国油气集输行业工业软件国产化提供一定参考。

1 模型原理

油气集输物流未经处理，组成复杂、性质各异，由于温度、压力及流体物性的相互影响，多为油气水共存的多相流动状态。为进行油气集输管网水热力模拟，得到管道中的压力、温度等参数，首先需对流体物性进行计算。流体物性决定了不同温压条件下气液各相占比、黏度等，从而影响多相流动中流型转变，带来不同的压降特性。

对于多相流动压降模型，经历了从纯实验手段到结合理论的机理模型、从适用于水平与垂直到适用于全倾角管路的发展，形成了多种多样的压降计算方法，包括洛克哈特-马蒂内利模型、Beggs-Brill 模型、Mukherjee-Brill 模型、Xiao 模型与 Zhang 通用模型等。多相流动压降模型基于研究方法的不同可分为均相流模型、漂移流模型和分相流模型。对于多相流温降模型，通常将气液两相看作均相，忽略相变带来的潜热，由流动过程中焓平衡方程直接求解或推导得温降的显式计算式来求解。Alves 等提出了一种适用于黑油及组分流体、井筒和管道的统一多相流温降计算式；喻西崇等考虑流体摩擦生热，进行了多相流管道温降理论公式的推导。多种不同的压降、温降计算方法，要求软件具有一定的通用性及扩展性，需对流体物性、管道压降及温降、管网求解算法分别进行模块化及相应的接口设计。如图 1 所示。

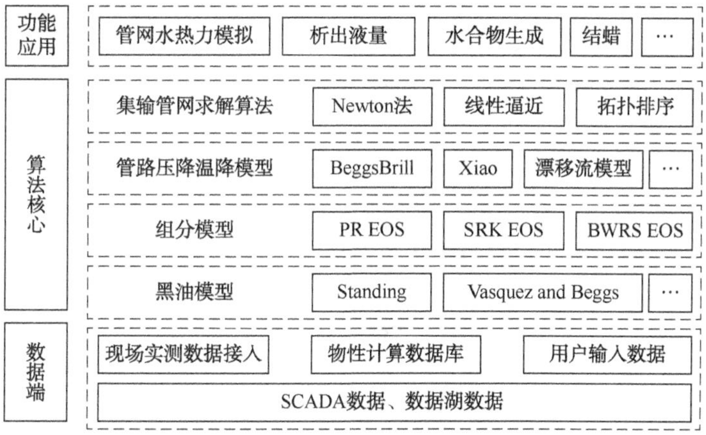

图 1　云仿真模块及功能架构

将油气集输仿真软件基于国内油气行业最大的工业互联网平台-中国石油勘探开发梦想云平台，进行云端布署，接入油田数据湖，使得数据随时调用、自由存储，用户可随时随地在浏览器上构建仿真算例，实现算例结果的快速计算及结果共享；同时，基于云平台采用微服务架构，实现数据存取、模型计算、结果展示及模型相应算法之间解耦，充分提高了软件的扩展性、灵活性。

1.1 流体物性计算模块

流体物性计算是进行油气集输管网仿真的基础，可分为黑油模型及组分流体模型。黑油模型建立在相关学者通过相关物性实验数据所拟合的经验式之上，对于油气两相，忽略其组成变化，通过不同的经验式来计算溶解气油比、密度、黏度等物性，溶解气油比来确定流动过程中油相、气相的体积变化。对于其中可能存在的水相，需考虑液体水蒸发或凝析带来水相、水蒸汽的体积变化，对于油水混合物，其所形成的乳状液因油水比不同而具有不同的黏度，这对于压降计算的准确性同样存在较大影响。组分模型由状态方程描述，多相流动中假设气液两相处于平衡状态，基于流体组成及相应的纯物质组分基础数据，进行流动中气液闪蒸计算、焓值、密度、焦汤系数等参数计算。对于烃类混合物，形成了 PR、SRK、BWRS 等状态方程，对于水相的加入，采用改进的 SRK_ HuroVidal 状态方程。对于出现的水合物、蜡，物性模块支持气、液、固各类相态流体的闪蒸计算及假组分的拆分，结合管道温压分布，可进行水合物生成、结蜡风险评估，如图 2 所示。

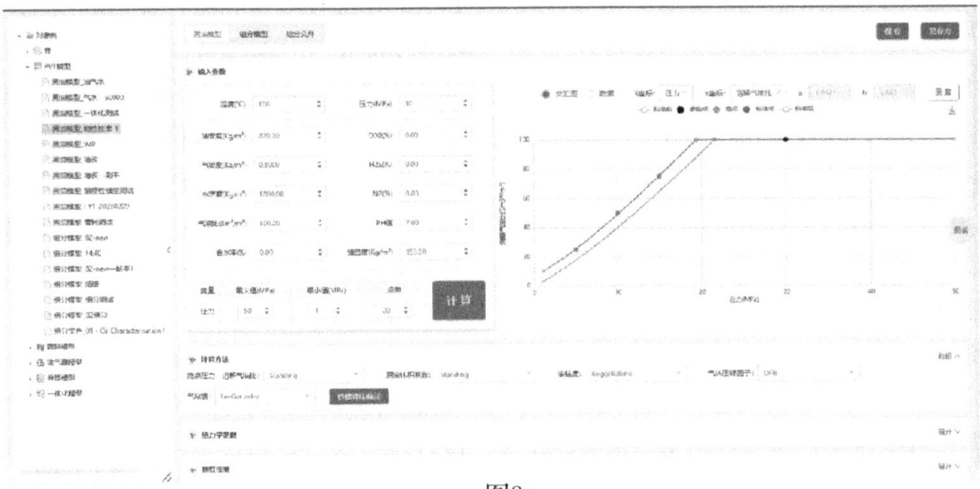

图2a

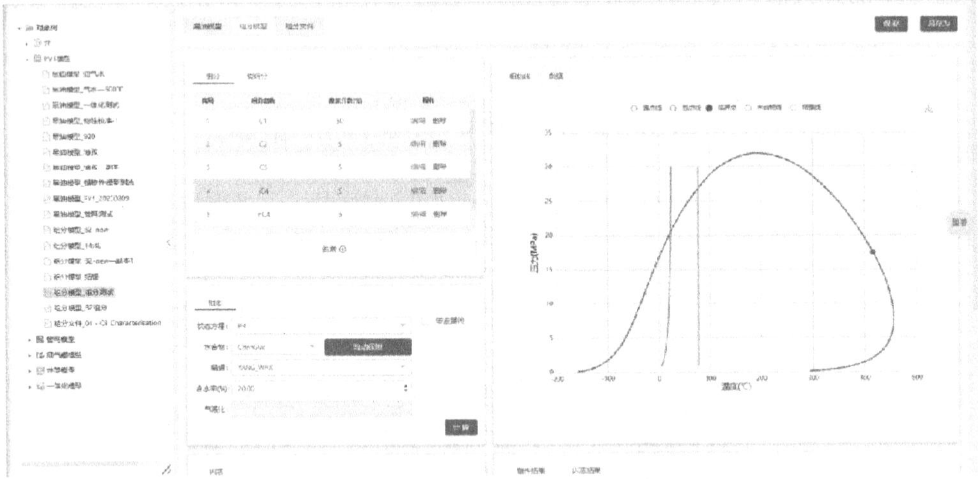

图 2b　黑油模型、组分模型物性计算页面

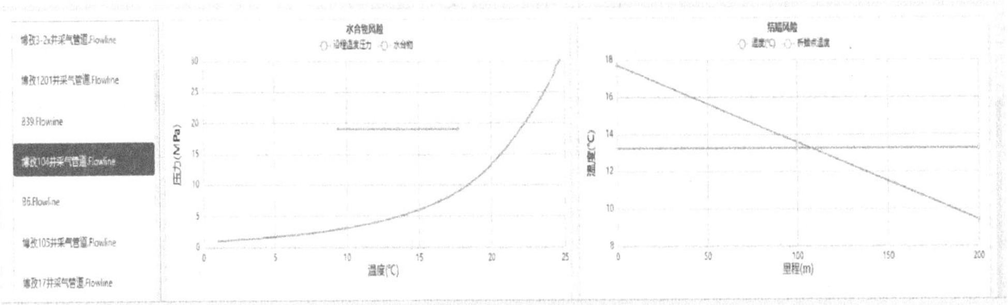

图 2c　管道水合物生成、结蜡风险评估

组分模型在结合压降计算中，物性数据通过基于状态方程生成的物性表插值计算或实时闪蒸计算获取，相较于黑油模型，其对于流体的性质描述更加细致，考虑了流动中气液组成变化对于物性参数的影响。为兼容第三方软件流体物性计算结果，预留了组分流体物性表导入接口；为提高流体物性参数计算结果准确性，提供结合实验测定值的参数校正。

1.2　集输管路模拟模块

1.2.1　压降模型

油气混合物在管道中流动中压降均由重力压差、摩阻压差、加速压差组成，如下式(1)所示。

$$\frac{\mathrm{d}P}{\mathrm{d}L}=-\rho_{\mathrm{m}}g\sin\theta-\frac{\lambda\rho_{\mathrm{f}}v_{\mathrm{t}}^{2}}{2d}-\rho_{\mathrm{m}}v_{\mathrm{t}}\frac{\mathrm{d}v_{\mathrm{t}}}{\mathrm{d}L} \tag{1}$$

$$\rho_{\mathrm{m}}=H_{\mathrm{l}}\rho_{\mathrm{L}}+(1-H_{\mathrm{L}})\rho_{\mathrm{G}} \tag{2}$$

$$\rho_{\mathrm{f}}=R_{\mathrm{l}}\rho_{\mathrm{L}}+(1-R_{\mathrm{L}})\rho_{\mathrm{G}} \tag{3}$$

式中，$(-dP/dL)$ 为气液相流动压力梯度，Pa/m；ρ_m，ρ_f 分别为气液混合物的真实密度、流动密度，kg/m³；ρ_G，ρ_L 分别为气相、液相密度，kg/m³；λ 为气液两相混输管道的水力摩阻系数，无因次；θ 为管道倾角，弧度；v_t 为气液混合物流速，m/s；H_L，R_L 分别为管道的持液率、体积含液率，无量纲；d 为管道内径，m；g 为重力加速度，9.8m/s²。

在进行管道压降计算中，需要对管道进行分段，将微分方程变为差分方程，得到下式：

$$\Delta P=-\rho_m g\sin\theta\cdot\Delta L-\frac{\lambda\rho_f v_t^2}{2d}\Delta L-\rho_m\Delta\left(\frac{\bar{v}_t^2}{2}\right) \tag{4}$$

式中，ΔP 为管段单元压降，Pa；ΔL 为管段单元长度，m；$\bar{v}_t$ 为管段单元混合物平均流速，m/s。通过进行流体物性计算，可确定管段单元的体积含液率、流动密度；通过不同的压降计算方法，如 BeggsBrill、Xiao 等，可确定持液率、真实密度等参数，从而结合式(4)进行各管段单元的压降计算，管道压降为各管段单元压降之和。

1.2.2 温降模型

对于多相混输管路温降计算，考虑势能、管道对外换热、动能变化对于温降的影响，得到能量方程如下：

$$\frac{dh_m}{dx}=-\frac{dq}{dx}-g\sin\theta-v_t\frac{dv_t}{dx} \tag{5}$$

$$dh_m=\left(\frac{\partial h_m}{\partial T}\right)_p dT+\left(\frac{\partial h_m}{\partial p}\right)_T dp=c_{pm}dT-\alpha_m c_{pm}dp \tag{6}$$

$$\frac{dq}{dx}=\frac{K\pi d_o(T-T_e)}{G} \tag{7}$$

式中，h_m 为单位质量气液混合物的焓，J/kg；x 为管道距起点长度，m；g 为重力加速度，9.8m/s²；θ 为管道倾角，弧度；v_t 为气液混合物流速，m/s；q 为单位质量流体向周围环境的散热量，J/kg；α_m 为气液混合物的 J-T 系数，1/Pa；c_{pm}为混合物定压质量比热，J/kg；K 为管道总传热系数，W/(m²·K)；d_o 为管道外径，m；T 为管内气液混合物温度，K；T_e 为环境温度，K；G 为管道质量流量，kg/s。

将式(6)、式(7)代入式(5)并对 dT、dx 积分可得温度的显示计算式如式(8)所示，其对于黑油、组分流体，单相或多相流流动均适用，黑油流体 J-T 系数的计算可参考 Alves。

$$T_i=T_e+(T_{i-1}-T_e)\exp(-\Delta x_i/L_r)+\frac{L_r}{c_{pm}}\left(\alpha_m c_{pm}\frac{dp}{dx}-g\sin\theta-v_t\frac{dv_t}{dx}\right)[1-\exp(-\Delta x_i/L_r)] \tag{8}$$

$$L_r=\frac{Gc_{pm}}{K\pi d} \tag{9}$$

式中，T_{i-1} 为分段管段单元起点温度，K；T_i 为分段管段单元终点温度，K；Δx_i 为分段管道长度，m。

2 油气集输管网仿真模拟方法

集输管网由元件及节点组成。元件包括管道、阀门等设备，其起点与终点压力、温度通过元件的压降、温降模型连接；节点包括各元件起终点及相互之间的连接点，满足质量守恒及热量守恒、压力相等条件。元件和节点分别对应了有向图中的边和节点，形成集输管网的拓扑结构。为实现集输管网仿真，需结合图结构的关联矩阵、邻接矩阵、元件中温降及压降特性、节点处守恒条件来进行方程组构建。对于水力非线性方程组，根据求解变量的不同，可分为节点压力法、管段流量法及环方程法。在温度求解过程中，由于节点处存在不同来源流体混合，故一个节点温度包括元件终点及流体掺混后温度，不止一个值。考虑温度、压力及流体物性之间的相互影响，压降计算式也会随之变化，求解中需要进行反复迭代。

2.1 水力计算

各元件的连接关系可通过拓扑结构的节点-元件关联矩阵 A 来描述。基于节点处流入流出的质量总和为零、同一节点处压力相同，对于一个具有 n 个节点和 m 个元件的集输系统，可得：

$$\begin{cases}A_{n\times m}G_{m\times 1}=m_{n\times 1}\\ \Delta P_{m\times 1}=(A^T P_{n\times 1}\\ \Delta P_{m\times 1}=f(G_{m\times 1})\end{cases} \tag{10}$$

式中，$A_{n\times m}$为节点-元件关联矩阵；$\Delta P_{m\times 1}$为流过元件的压力差向量；$P_{n\times 1}$为节点的压力向量；$G_{m\times 1}$为流过元件的质量流量向量；$w_{n\times 1}$为节点的质量载荷向量(流入点代表着管网的供应点，符号为负；流出代表着管网的消耗点，符号为正)。

将上式(10)联立，可得：

$$A_{n\times m}f^{-1}(\Delta P_{m\times 1}) = A_{n\times m}f^{-1}(A^{T}_{m\times n}P_{n\times 1}) = m_{n\times 1} \tag{11}$$

式(11)便是通过节点压力法进行管网中水力计算所需求解的方程组，其中 $P_{n\times 1}$ 和 $w_{n\times 1}$ 可为未知数，对于式(11)的 n 个方程来说，可求解 n 个未知数。求解中对于非注入、非分输的内部节点，其默认质量载荷值为 0；且至少一个节点压力已知才可求解。

2.2 热力计算

对于管道元件中温度分布采用温降模型进行计算，对于多股流体混合带来的温度变化，采用在该节点处热量平衡进行计算：

$$\sum_{i=1}^{N_{in}} c_{pi}G_iT_i = \sum_{i=1}^{N_{out}} c_{pi}G_iT_i \tag{12}$$

式中，c_{pi} 为节点流入或流出流体定压比热容，J/kg；G_i 为节点流入或流出流体质量流量，kg/s；T_i 为节点流入或流出流体温度，K。

上式左侧代表流入节点的热量，右侧表示流出节点的热量。假设流出节点流体温度相同，则可得节点温度：

$$T_{mix} = \sum_{i=1}^{N_{in}} c_{pi}G_iT_i / \sum_{i=1}^{N_{out}} c_{pi}G_i \tag{13}$$

在进行集输管网中温度计算时，需给定起点温度，后对管网中各管道沿线温度依次计算。

2.3 求解方法

鉴于压降、温降及流体物性变化之间的相互影响，采用先求解水力方程后求解热力方程的解耦求解方法。对于水力方程组的求解方法有 Newton - Raphson 法、线性逼近法。Newton - Raphson 法对初值选取要求较高，较差的初值很容易导致计算不收敛，采用自适应阻尼系数来降低算法对初值的依赖。但由于 Newton-Raphson 法求解过程中还需要进行 Jacobi 矩阵的构建，导致其无法适用于复杂的压降计算式，同时增加计算量，降低计算速度。线性逼近法将流量与压力的关系线性化，最终求解的是线性方程组，故不需要求解偏导数矩阵，对各水力压降模型具有较好的通用性。对于集输系统中热力计算采用顺序计算方法，即集输系统中各元件按一定顺序进行求解，在给定起点温度下进行终点温度的计算，其所遵循的求解顺序即为拓扑排序所得顺序，该方法避免了建立方程组，可进行管网中温度快速计算。

求解过程中，首先需进行管道分段，对于分段管道高程数据进行插值计算，对其未知的起终点压力、温度进行初值假设，而后在管段平均压力、温度下进行流体物性计算，确定气液相占比、黏度、比热容、密度等参数。此处，可通过黑油或组分模型分别进行计算，同时提供第三方物性表导入计算。在求解水力非线性方程组式收敛后，进行管网中温度分布计算，鉴于温度对于流体物性的影响，得到各节点温度后需重新进行水力非线性方程组的构建及求解，直至最终压力、温度最终都达到收敛。求解流程如图 3 所示，具体求解方法不再详述，可参考文献等。

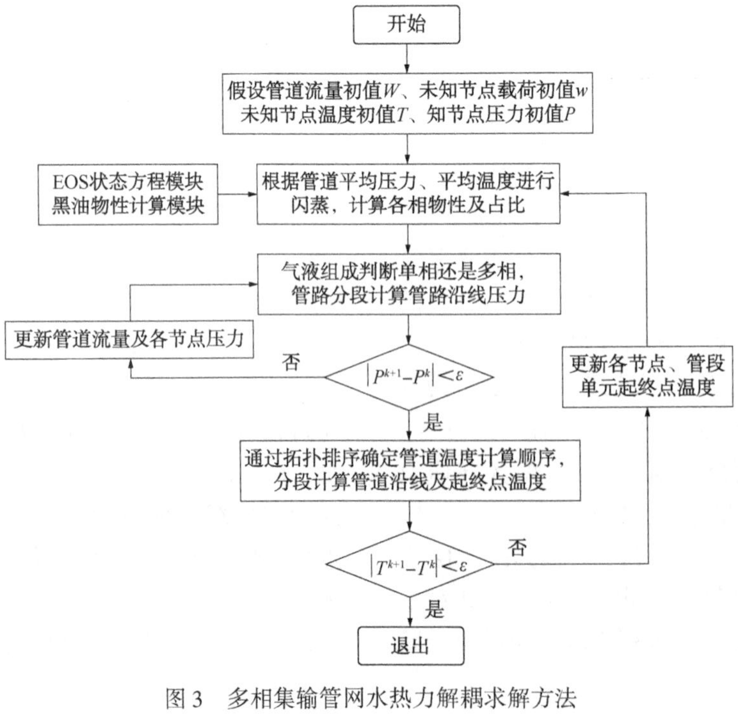

图 3　多相集输管网水热力解耦求解方法

3 应用案例

为推广软件落地应用，将昆仑数智科技有限责任公司与中国石油大学(北京)所开发的油气集输管网云仿真模拟软件，与塔里木数据银行、油气生产物联网系统(A11)进行数据对接，开展集输管网工艺模拟。以博孜气田某集输管网为例，包括43口井，70条管道，流体采用黑油模型，标况水密度1000kg/m^3，标况油密度800kg/m^3，标况天然气密度0.66kg/m^3，含水率0.1，气液比6000。所搭建集输管网模型及管网中压力、温度计算结果分布图如图4所示。

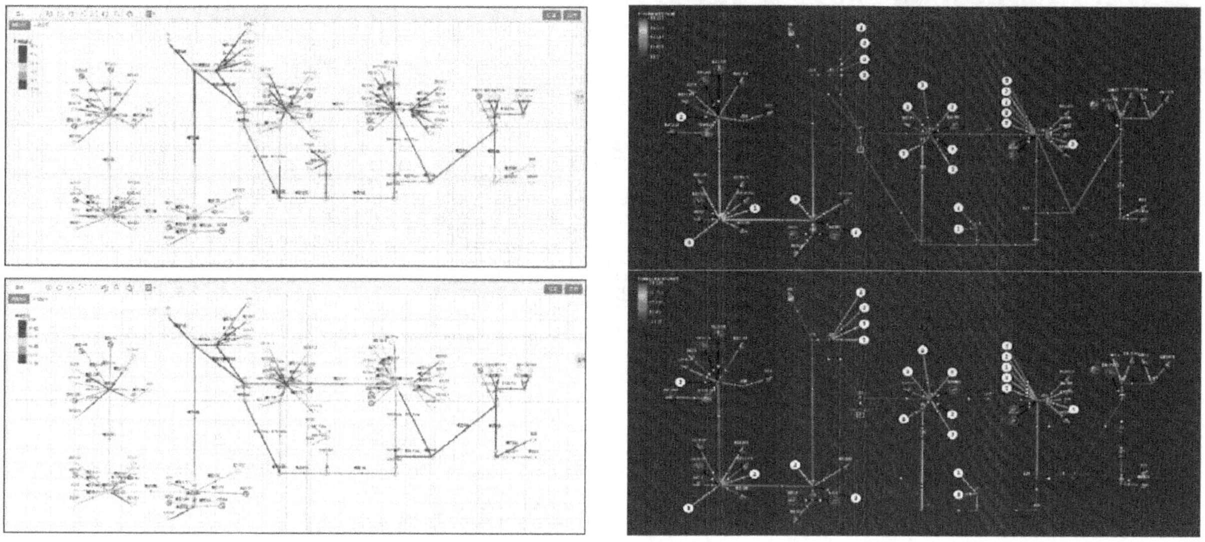

图4　自研软件及Pipesim集输管网模型及其压力、温度分布计算结果
(左：自研软件，右：Pipesim；上：压力，下：温度)

为验证管网云仿真模拟结果的正确性，将集输管网中各节点温压结果与Pipesim结果进行对比，详细对比结果如图5、图6所示。

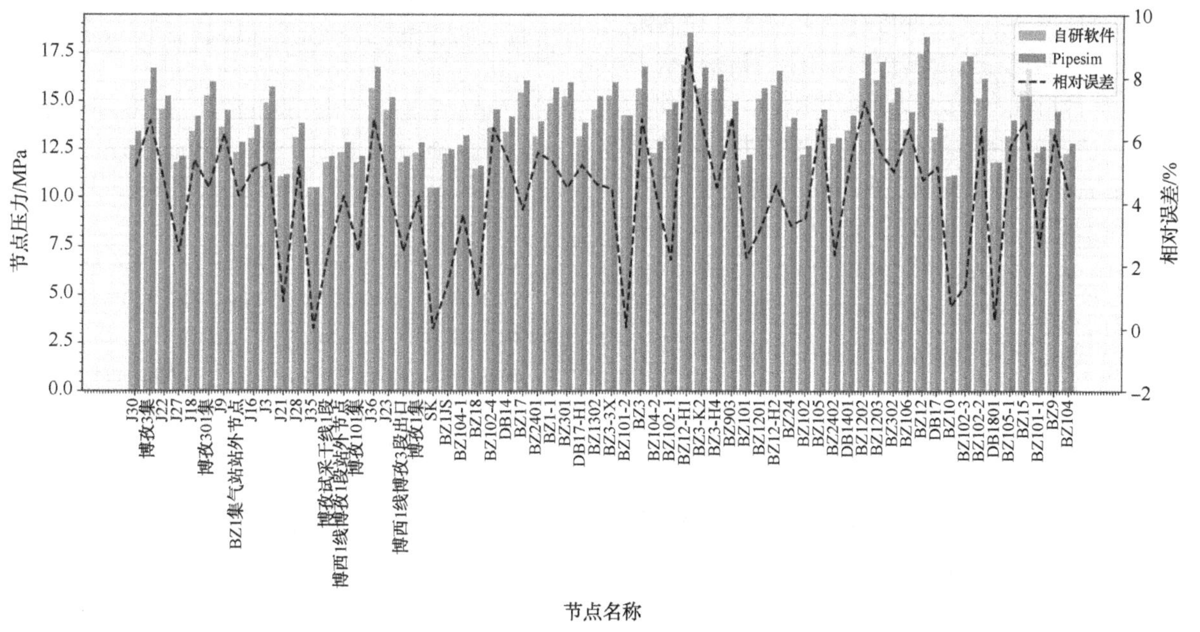

图5　计算各节点压力对比及相对误差

相较于Pipesim结果，自研云仿真软件模拟结果与之保持一致，压力相对误差在9%之内，温度绝对偏差在3℃内，其主要原因在于管段压降模型及温降模型上的差异。这说明自研云仿真

软件能够对集输管网进行水热力模拟计算，进行管网工况分析，为析出液量、水合物生成、蜡沉积等流动保障问题提供决策依据。同时，云仿真的优势可快速构建算例、共享模拟结果，从而提高现场工作人员的仿真效率。

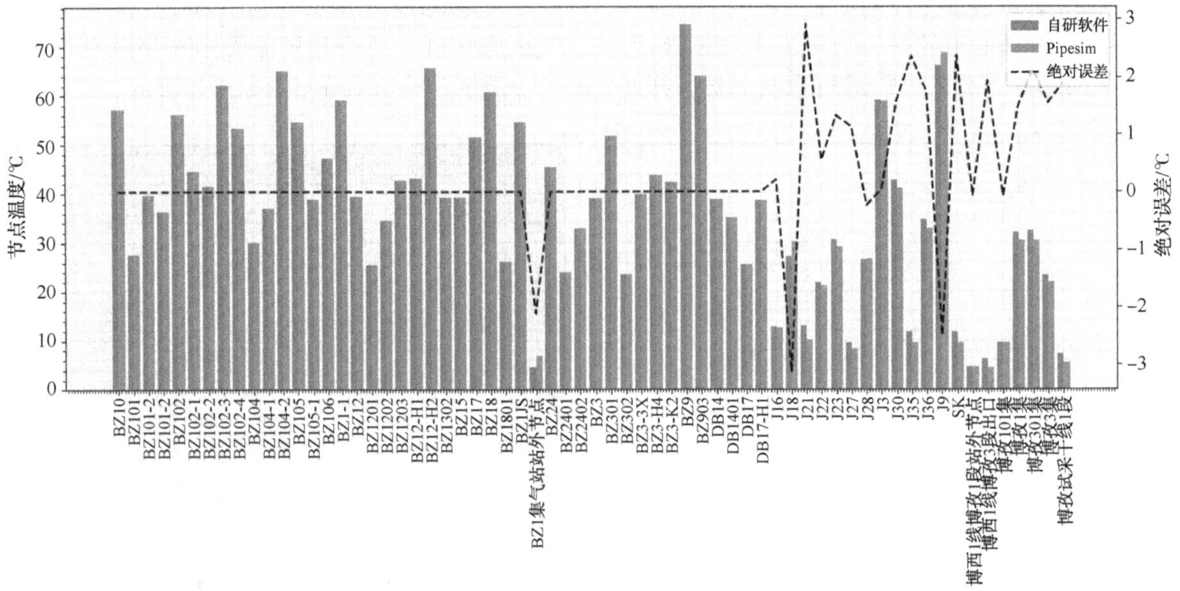

图 6　计算各节点温度对比及绝对误差

4　总结

集输管网仿真云化有利于其开发及应用。对于开发者，服务化构建各功能模块，提高了软件的可扩展性；对于应用者，可快速对接现场数据、搭建数据模型，实现仿真结果共享，提高协作效率。以油气集输管网仿真云化为目标，基于梦想云平台形成自研云仿真模拟软件，以博孜气田某集气管网应用实例，将云仿真软件模拟结果与 Pipesim 模拟结果对比，得出压力相对误差在 9%之内，温度绝对偏差在 3℃内，模拟结果具有较好的一致性。其可作为集输管网工况分析良好工具，为析出液量、水合物生成、蜡沉积等流动保障问题提供决策依据，服务于集输管网规划设计、安全运行。

参　考　文　献

[1] 宫敬，史博会，李晓平等．油气管网仿真技术在智能管网建设中的应用及展望[J]．油气储运，2023，42(9)：988-997.

[2] 李清，瞿盟津，于超．面向新型工业化的国产工业软件架构[J]．新型工业化，2023，13(9)：31-38.

[3] 王军防，宇波，李亚平等．国产化液体管道云仿真软件 CloudLPS 的研发[J]．油气储运，2023(11)：1275-1290.

[4] 郑建国，宋飞，陈国群等．大型天然气管道仿真软件 RealPipe-Gas 研发[J]．油气储运，2011，30(9)：659-662+634.

[5] 康琦．长距离混输管道系统流动过程跟踪预测研究[D/OL]．中国石油大学(北京)，2023.

[6] BEGGS D H，BRILL J P. A Study of Two-Phase Flow in Inclined Pipes[J/OL]. Journal of Petroleum Technology，1973，25(05)：607-617.

[7] MUKHERJEE H，BRILL J P. Liquid Holdup Correlations for Inclined Two-Phase Flow[J/OL]. Journal of Petroleum Technology，1983，35(05)：1003-1008.

[8] XIAO J J，SHOHAM O，BRILL J P. A Comprehensive Mechanistic Model for Two-Phase Flow in Pipelines[J].

[9] ZHANG H Q，WANG Q，SARICA C，etal. A unified mechanistic model for slug liquid holdup and transition between slug and dispersed bubble flows[J]. International Journal of Multiphase Flow，2003，29(1)：97-107.

[10] 陈家琅．石油气液两相管流[M]．北京：中国石油出版社，2010：136-137.

[11] ALVES I N，ALHANATI F J S，SHOHAM O. A Unified Model for Predicting Flowing Temperature Distribution in Wellbores and Pipelines[J/OL]. SPE Production Engineering，1992，7(04)：363-367.

[12] 喻西崇，冯叔初，李玉星．多相流管道温降公式的推导[J]．油气储运，2000(4)：22-25+58-5.

[13] 郭天民．多元气-液平衡和精馏[M]．北京：中国石油出版社，2002：40-43.
[14] HURON M J，VIDAL J. New mixing rules in simple equations of state for representing vapour - liquid equilibria of strongly non - ideal mixtures [J/OL]. Fluid Phase Equilibria，1979，3(4)：255-271.
[15] 康琦，吴海浩，张若晨等．面向智能油田的集输管网工艺模拟软件研制[J]．油气储运，2021，40(03)：277-286.
[16] 左丽丽．输配气管网运行仿真研究[J]．中国石油大学(北京)，2005.
[17] 康琦，吴海浩，张若晨等．面向智能油田的集输管网工艺模拟软件研制[J]．油气储运，2021，40(3)：277-286.
[18] 刘鹏，宫敬，李晓平等．机场加油系统水力瞬变分析[J]．中国石油大学学报(自然科学版)，2023，47(3)：157-163.
[19] 高杰，梁永图，何国玺等．地形起伏条件下的煤层气管网稳态计算模型[J]．石油化工高等学校学报，2017，30(3)：84-88+94.
[20] 周军，李晓平，李娜等．煤层气地面集输系统管流分析[J]．石油矿场机械，2013，42(06)：6-10.
[21] 张若晨．海底油气混输管网计算与软件开发[D]．中国石油大学(北京)，2019.
[22] GOULD T L. Compositional Two-Phase Flow In Pipelines [J]. JOURNAL OF PETROLEUM TECHNOLOGY，1979.
[23] WANG J，ZHOU Z，ZHAO J. A method for the steady-state thermal simulation of district heating systems and model parameters calibration[J/OL]. Energy Conversion and Management，2016，120：294-305.

基于大数据的漠大原油管道优化运行及建议

孙法峰　邓忠华　王颜全　郭　鹏　刘　杨　闻　峰

(国家管网集团油气调控中心)

摘　要　漠大原油管道为“双线双模式”运行方式，为了有效解决双线的运行输量和生产能耗匹配问题，实现管道节能降耗目的。基于SCADA系统大数据的分析统计研究，包括油温、压力、小时输量、泵机组小时耗电量、油品物性、库存等数据，通过对生产数据的深度分析挖掘，结合管道运行输量台阶和境外来油量变化等，总结出了双线摩阻随油温的变化规律、非泵机组耗电量变化规律，泵机组综合效率等，给出了双线清管的合理化建议、合理化匹配了双线运行输量，给出了双线运行输量台阶，有效缓解了管道的运行压力，大幅降低了管道的运行能耗，为漠大原油管道优化运行提供可靠的依据和技术支持。

关键词　阶梯输量；输量匹配；综合效率；沿程摩阻；优化运行

中俄原油管道国内段(简称“漠大”)是我国重要的能源战略通道之一，填补了我国东北地区石油资源供应缺口，优化了国内油品供输格局，对保证国家能源安全具有重要作用。漠大原油管道为“双线双模式”运行，“双线”为漠大一线和漠大二线，“双模式”为两条管线可在两种模式状态下相互切换输油泵机组运行，是目前唯一双线同时运行并双模式切换的输油管道。全线采用常温密闭输送工艺，双线5座站场和34座RTU阀室合建，共28台泵机组，一线的额定排量$3120m^3/h$，最小连续排量为1600和$1200m^3/h$，二线额定排量$2130m^3/h$，最小连续排量为$950m^3/h$。受上下游库存及吞吐量的影响，漠大双线的运行输量随境外输量不断调整，给管道的安全经济运行带来极大的挑战，为解决输量与运行能耗匹配问题，依托大数据研究平台，对漠大一、二线运行参数和能耗等数据进行分析研究，给出运行输量的合理化匹配，提供合理的优化运行方案和建议，为漠大原油管道优化运行提供可靠的依据和技术支持。

1　阶梯输量优化

根据SCADA系统实时采集的相关压力、流量、温度、库存等数据，站场输油泵机组单体计量系统采集的小时耗电量等，结合实际运行工况，对相关数据进行统计分析，得出双线配泵优化方案。

阶梯输量优化的影响因素较多，包括油品的物性、油温、泵机组参数等。

1.1　沿程摩阻分析

其中，沿线摩阻对配泵方案的影响较大，而影响沿线摩阻的不外乎管道输量、油品物性和油温等因素。

漠大原油管道外输油源主要来自俄东西伯利亚-太平洋原油管道。近期以西西伯利亚原油为主，远期以东西伯利亚原油为主，均为为含蜡原油，含蜡率为6.4%左右，胶沥含量8.72%析蜡点为13℃，在某一温度范围内存在析蜡高峰区(见表1)。

表1　俄油物性参数表

序号	项　目	单位	数　值	序号	项　目	单位	数　值
1	凝点	℃	<-35	5	蜡含量	%	6.4
2	密度(20℃)	kg/m^3	845.3	6	硫含量	%	0.554
3	析蜡点	℃	13	7	酸值	mgKOH/g	0.084
4	胶沥含量	%	8.72	8	机械杂质	%	0.1

备注：上述俄油数据摘自管道技术中心实验测试技术所《俄罗斯原油检测报告》(Y11032302)

自二线投产后，境外来油输量大幅上升，漠河来油温度比同期增加7~10℃，平均升高56%，约33%~160%左右，尤其是进入冬季大幅增加(图1)。漠大一、二线油温变化趋势基本一致(见图2和图3)。

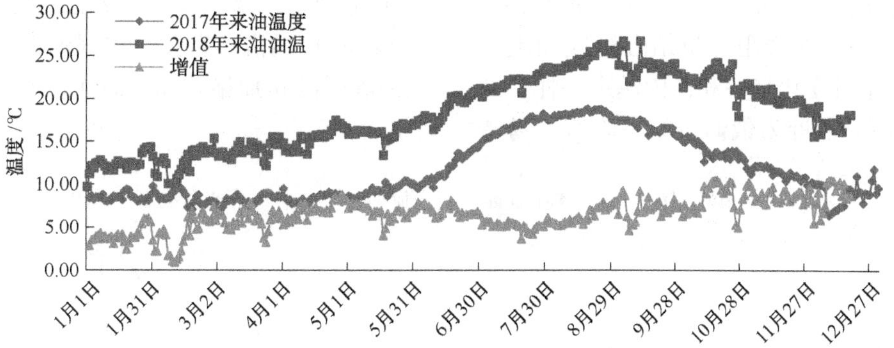

图 1 漠河进站油温近 2 年变化趋势

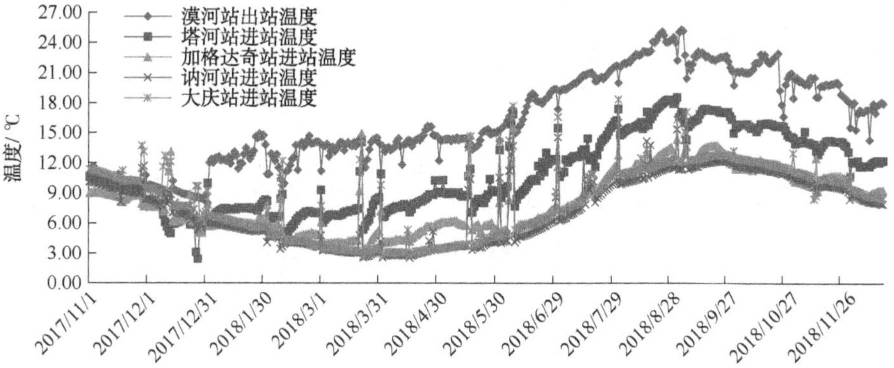

图 2 漠大一线 2017~2018 年油温变化趋势

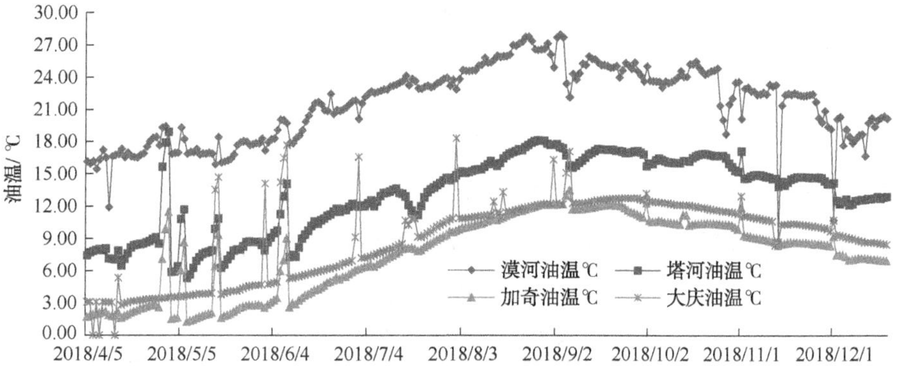

图 3 漠大二线 2018 年油温变化趋势

利用 SCADA 系统采集的进出站压力和输量数据，绘制出双线各站间基准摩阻变化趋势图（基准摩阻，即同一输量下百公里摩阻，见图 4 和图 5），结合油温变化及清管统计情况，分析得出：

1）双线摩阻随输量的变化而变化，输量越大，摩阻越大，其中漠河-塔河站、塔河-加格达奇站摩阻变化较其他站间较大，一线在 1.2~2.6 MPa/100km，二线在 0.58~2.1MPa/100km；

2）结合油温及油品物性可发现，01~05 月份一线漠河-塔河站摩阻最高，且在相同输量下不断升高，对比油温，此时该管段油温在 6~18℃（漠河站油温均高于 13℃，该管段温差较大），可判断在此温度区间存在蜡沉积高峰区，07~12 月份该管段摩阻大幅度下降，原因为该管段油温大幅度上升，均维持在 14℃以上，管线蜡沉积减弱或管壁蜡融状态；

3）随着油温的升高或外输量增加，蜡沉积高峰区向下游偏移，尤其是塔河站-加格达奇站站间区，此管段摩阻大幅上升，而站间油温维持在 6~15℃（05-08 月份）和 8~15℃（09-12 月份）两个区间，尤其在 8~10℃附近，蜡沉积较为严重；

4）其他管段摩阻未出现升高迹象，站间油品温度均维持在 12℃以下（以 9℃以下为主），且站间油温差在 1℃内，可见不存在析蜡高峰；

5）漠大二线为新投产管线，运行前期各站间管段摩阻基本一致，相差不大，随着时间的推移和油温的变化，也出现2)和3)一样的情况；

6) 通过对一二线摩阻分析结合管线油温变化，两条管线摩阻变化趋势和诱因基本一样，站间油温在6~13℃附近为俄油析蜡高峰区，易造成管道结蜡，摩阻升高(黏度影响较小)。着重清理塔河-加格达奇段，根据油温变化可对漠河站-塔河段和加格达奇-讷河段进行清管(见表2)。

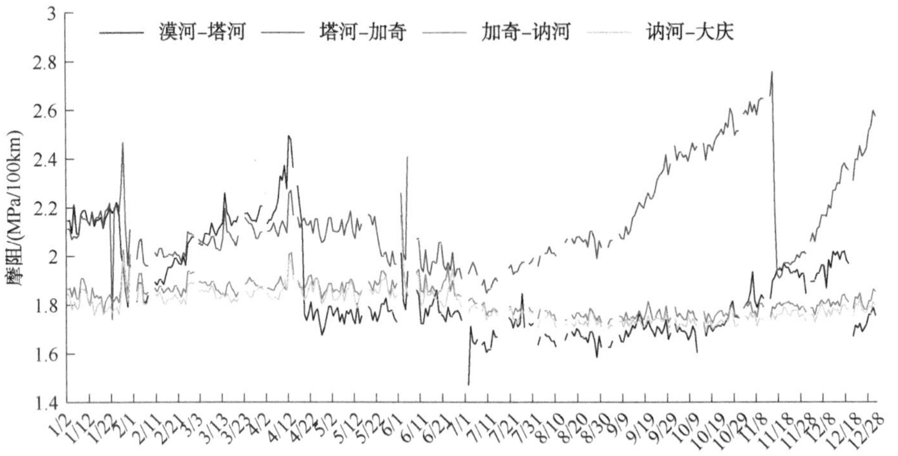

图4　漠大一线各站间基准摩阻变化趋势

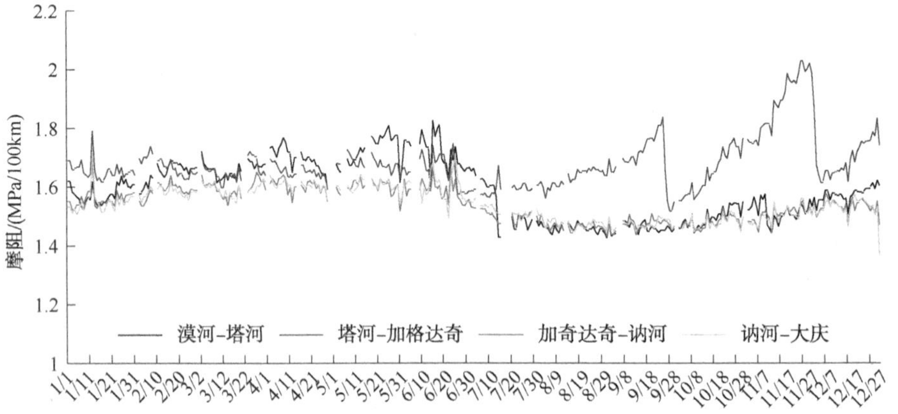

图5　漠大二线各站间基准摩阻变化趋势

表2　漠大双线2018年清管统计分析

管线	管段	月份	杂质/kg	清管次数	备注
一线	漠河站-塔河站	01~05月	1076	7	1月份1次、4月3次、5月3次
		06~12月	20	2	7月份1次、12月份1次
	塔河站-加奇站	01~05月	490	3	1月份1次、5月份2次
		06月~12月	1355	4	6月2次、7月份1次、12月份1次
	加奇站-讷河站	01月~12月	41.5	4	3月4月7月12月份各1次
	讷河站-大庆站	01月~12月	0.5	4	3月4月7月12月份各1次
二线	漠河站-塔河站	07月~11月	500	3	7月9月11月份各1次
	塔河站-加奇站	06月~12月	240	3	6月9月12月份各1次
	加奇站-讷河站	06月~12月	30	3	6月9月12月份各1次
	讷河站-大庆站	05月~12月	100	3	5月10月12月份各1次

1.2　站场能耗分析

受地理位置影响，漠大原油管道全线无燃料消耗，均为电能消耗。主要能量消耗是克服沿线摩阻和地形高差所需要的动能(电能)、工艺管线保温伴热所需的电能、储罐保温消耗的电能、站场采暖所需电能、自动化仪表以及通信设备等终端用电设备所需电能等。

其中非泵机组耗电占比较低，其耗电量随着环境温度规律变化，冬季运行非泵机组电耗占比上升，均在20%~30%，各站的比例变化趋势基本一致(图6)。

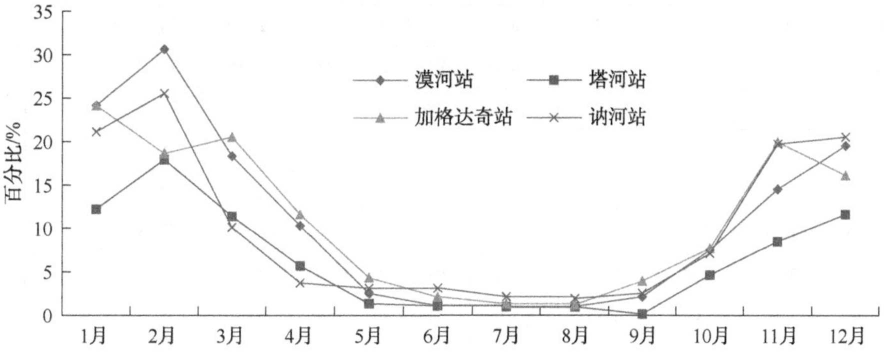

图6　漠大原油管道站场非泵机组电耗比例趋势

泵机组是管道输送的主要耗电设备，约占总耗能的80%以上，根据采集的相关数据，得出泵机组的综合效率及压能匹配，不同输量下泵机组的综合效率。

不同输量下泵机组综合效率及压能变化(见图7和表3)：

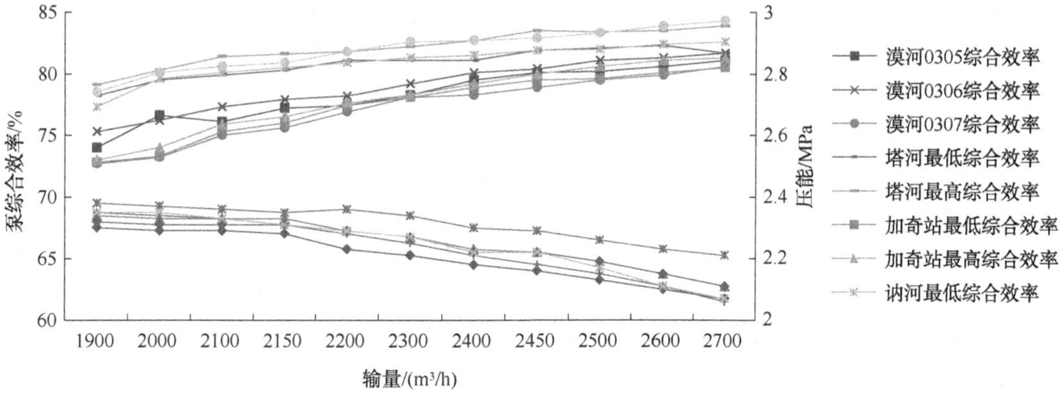

图7　漠大原油管道一线各站泵机组(定速泵)综合效率及压能随输量的变化趋势

表3　漠大一线几种输量工况下各站变频泵提供的压能和综合效率

输量/$m^3 \cdot h^{-1}$	漠河 0308#			塔河 0405#			加格达奇站 0303#			讷河站 0405#		
	压力/MPa	转速/rpm	效率	压力/MPa	转速/rpm	效率	压力/MPa	转速/rpm	效率	压力/MPa	转速/rpm	效率
2000~2050	1.29	2281	74.9	1.17	2220	80.5	1.82	2587	76.4	2.1	2775	77.9
	1	2079	74.3	1.75	2618	80.5	1.6	2436	77.6			
	1.3	2330	72.9	2.08	2816	80.4	1.51	2367	77.3			
							1.98	2664	76.8			
							1.3	2218	79			
							1.36	2264	79.5			
2050~2100	2.01	2758	73.8	2.07	2816	79.7	2.21	2830	74.7	2.07	2765	77.4
	1	2076	74.5	1.89	2714	80.1	2.14	2768	76.9	2.23	2857	77.1
	1.11	2180	73.4	1.58	2514	80.7	1.98	2664	76.8			
				2.32	2967	79.7	1.35	2263	78.9			
				2.24	2915	80	1.8	2562	78.8			
							2.44	2960	74.6			

续表

输量/m³·h⁻¹	漠河 0308#			塔河 0405#			加格达奇站 0303#			讷河站 0405#		
	压力/MPa	转速/rpm	效率	压力/MPa	转速/rpm	效率	压力/MPa	转速/rpm	效率	压力/MPa	转速/rpm	效率
2180~2250	1.69	2605	75.1	1.33	2366	81.3	2.4	2940	74.9	2.19	2853	78.1
				1.61	2566	81.8	1.23	2238	77.7			
				2.33	2986	80	0.97	2045	77.5			
							1.38	2334	78.1			
							1.6	2485	79.9			
2350~2400	1.60	2578	75.3	0.8	2023	77.1	2.22	2879	78.3			
	1.74	2678	75	1.79	2713	81.6	1.7	2560	78.9			
	1.94	2800	75.8	2.11	2912	81.5	2.38	2960	78.2			
	2.19	2931	76	1.48	2515	81.4						
				1.77	2715	81.4						
				1.63	2619	81.9						

1）泵机组(定速泵)的综合效率随输量的增加而增加，压能则反之。因一线增输改造，漠河首站和加格达奇泵站部分输油泵叶轮切割改造，泵机组的综合效率远低于其他站场。相同输量下漠河站0307#泵提供的压能最高，电耗最高，效率最低，0305#泵提供的压能最小，但综合效率接近塔河站和讷河站。塔河站和讷河站泵机组的综合效率最高，均在80%以上；

2）相同转速下，泵机组(变频泵)的综合效率随输量的增加而增加，压能则反之，其变化规律遵循其流量特性曲线。漠河首站和加格达奇泵站变频泵叶轮切割改造，综合效率远低于其他站场。泵机组(变频泵)的提供的压能(转速>2800rpm时)≥泵机组(定速泵)时，其电耗大幅度增加，效率降低，反之则效率最好，电耗较小；

3）二线其提供的压能和效率基本一样，到达额定排量时电耗最高，效率最高。

1.3 阶梯输量配泵方案

根据摩阻变化规律及遵循优选最优能效泵机组原则，通过SCADA系统自动采集的压力、流量等数据和泵机组单体计量系统采集的24h电耗筛选，与同等条件下离线仿真结果对比，总结出双线不同情况下的阶梯输量优化配泵方案。

表4　漠大原油管道双线阶梯输量优化配泵方案(清管前后)

	输量/(m³·h⁻¹)	漠河站	塔河站	加奇站	讷河站	输量	漠河站	塔河站	加奇站	讷河站
一线	1900	10	10	0	0	2250	10	110	10	0
	1950	11	10	1	_		10	11	10	1
	2000	11	10	10	_	2300	11	110	10	1
		10	10	10/0	_ /1	2350	11	110	10	1
	2050	11	10	0	0		10	110	10	1
		10	10	10/0	_ /1	2400	11	110	11	1
	2100	11	10	0/1	1		11	110	10	11
		10	11	0	1	2450	10	110	10	1
	2150	11	11	0	1	2500	11	110	10	11
		10	11	0	1		10	110	10	11
	2200	10	110	10	0	2600	11	110	10	11
		11	10	10	0	2700	110	110	10	110

续表

	输量/($m^3 \cdot h^{-1}$)	漠河站	塔河站	加奇站	讷河站	输量	漠河站	塔河站	加奇站	讷河站
二线	1200	11	–			2050	1110	10		
	1650	110	0				1110	10		
	1800	110	0			2100	1110	10		
	1900	111	1				1110	10		
	2000	1110	10			2150	1110	10		

备注：1)“1”代表一台定速泵，“0”代表1台变频泵，“_ ”代表无泵运行；2)不同输量下，各站变频泵转速不同，3)同一输量，前排为清管前，后排为清管后。

根据配泵方案(表4)统计出双线阶梯输量能耗变化(图8和图9，图中输量后“-”表示清管前)，可知：

1）随着输量的增加，泵机组耗电量和提供的总压能持续增加，且耗电量与输量及压能变化呈正比；

2）相同输量下，清管前后全线总电耗和总压能明显下降，总电耗降低 $0.7\times10^4\sim4.0\times10^4$ kw·h，总压能降低0.4~2.0MPa不等；

3）相同输量下，二线总耗电量和总压能均小于一线，且每提量100m^3/h，二线的变化幅度均低于一线(二线1900→2000m^3/h除外，见图10)，即：根据双线能耗增幅，合理安排双线增减量工作。

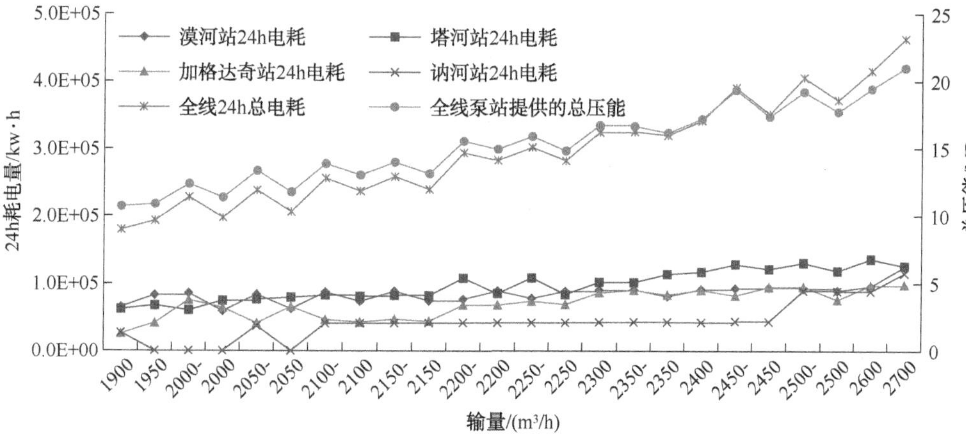

图8 漠大一线清管前后不同阶梯输量配泵全线电耗和总压能变化趋势

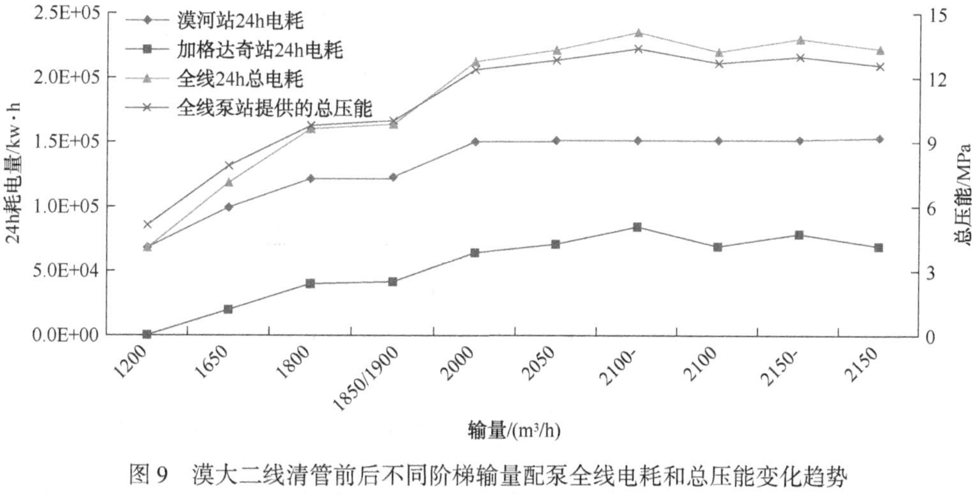

图9 漠大二线清管前后不同阶梯输量配泵全线电耗和总压能变化趋势

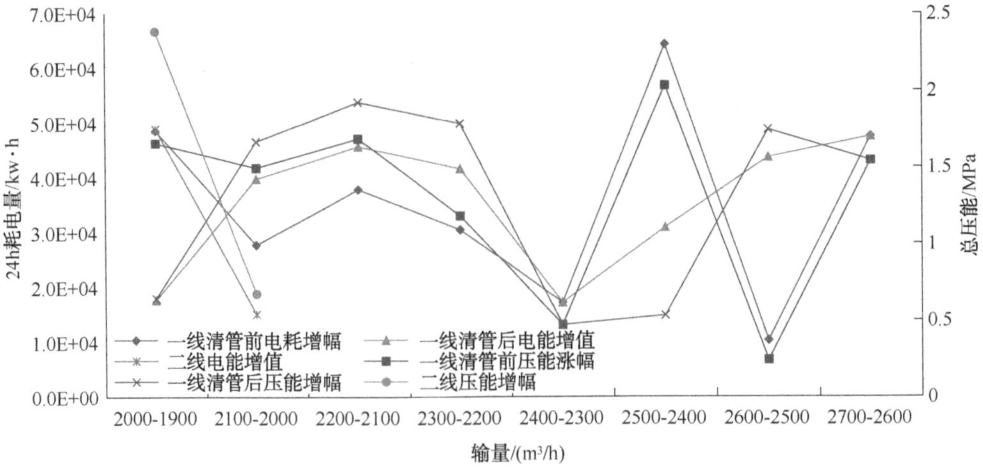

图 10　漠大原油管道双线能耗增幅变化趋势

2　阶梯输量优化匹配

由于受上下游库容情况(库容均为 60×10^4 m^3)、境外来油和末站转油小时输量等条件的限制，为顺利完成输油任务，双线采用连续输送方式，根据双线能耗增幅情况，优化匹配输量(图 11 和图 12，其中输量组合为一线升二线降)：

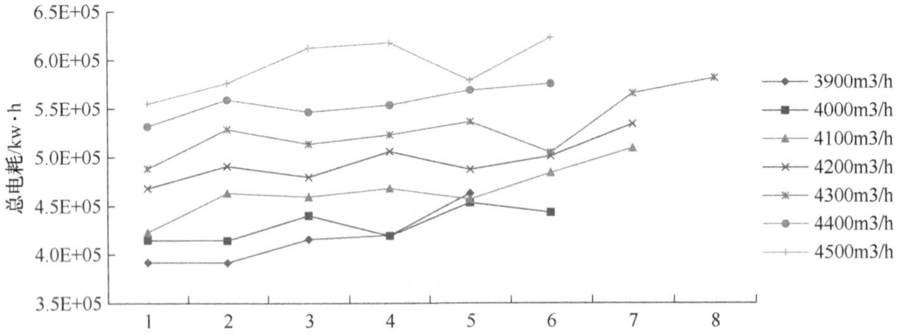

图 11　双线清管前不同输量组合下 24h 总电耗变化趋势

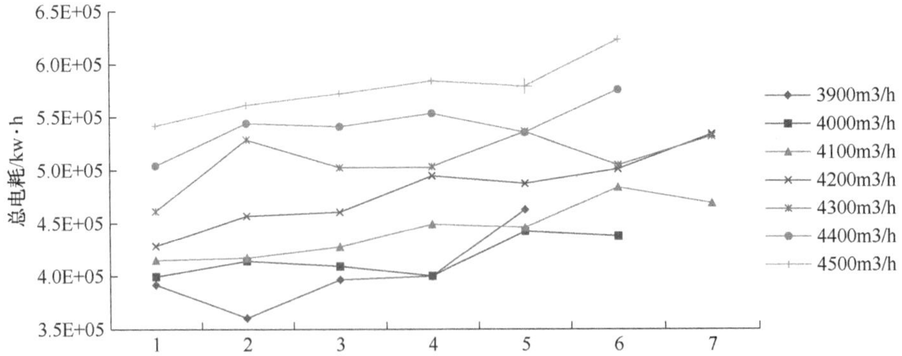

图 12　双线清管后不同输量组合下 24h 总电耗变化趋势

1）同一境外输量下，双线输量差的越大，总电耗和总压能也越大；

2）境外 $3900m^3/h$ 时，采用平均输量相邻的两个阶梯输量组合(优先启运变频泵)，二线运行输量较低，为 $1900\ m^3/h$；

3）境外在 $4000m^3/h$ 时，采用平均输量相邻的两个阶梯输量组合(优先启运变频泵)，清管前，一线运行输量较低，为 $1950m^3/h$；清管后，二线运行输量较低，为 $1900m^3/h$

4）境外在 $4100m^3/h$ 及以上时采用平均输量相邻的两个阶梯输量组合(优先启运变频泵)，二线维持在 $2150m^3/h$；

5）结合2018年月度运行情况，运行能耗大幅度降低，单耗同比降低21%左右。

3 结论及建议

（1）提出基准摩阻概念，降低了管输量对其影响。通过对一二线摩阻分析结合管线油温变化和油品物性，两条管线摩阻变化趋势和诱因基本一样，存在析蜡高峰区(随着输量的增加，时间会前移)，根据近两年数据分析，初步判断析蜡高峰区为6~13℃。建议着重清管塔河-加格达奇站，随着油温的推移变化可对漠河-塔河段和加格达奇-讷河站清管；

（2）通过SCADA系统采集的相关数据，反算出下泵机组综合效率，指出增输改造对部分泵性能的影响，建议相同条件下优先启运各站变频泵和效率较高泵机组，避开输油泵低效区运行区；总结出不同输量下泵机组的综合效率，可根据泵机组的压能，反算泵机组的耗电量，可粗略估计全线总耗能；

（3）根据一二线的最优化配泵组合，总结出了在不同境外输量下的双线运行最佳输量，有效降低了全年能耗，2018年单耗同比降低21%，2019年年输量增加6%时，单耗只增加3%；

（4）鉴于不同阶梯输量(清管前后)的优化组合，具体工作：

a. 根据清管前后计算总电耗和清管费用，核算具体清管周期或何时清管；在SCADA系统参数表上添加站间基准摩阻数据，进行实施监控，设定摩阻标准值，对清管周期进行设定。基准摩阻试验的同时，做好相关推广工作；

b. 从最优单耗角度，根据月计划，匹配输量和电耗；从阶梯输送角度，考虑管输能耗(包括单耗)和输量匹配。

参考文献

[1] 陈朋超．漠大管道安全运行经验总结与思考[J]．油气储运，2014，33(5)：462-468.

[2] 中国石油北京油气调控中心专业标准化技术委员会．漠大原油管道工艺运行规程：Q/SY BD45-2017[S]．北京：石油工业出版社，2017：13.

[3] 中国石油北京油气调控中心专业标准化技术委员会．漠大原油管道二线工程工艺运行规程：Q/SY BD97-2017[S]．北京：石油工业出版社，2017：9.

[4] 张海峰，蔡永军，李柏松，等．智慧管道站场设备状态监测关键技术[J]．油气储运，2018，37(8)：841-849.

[5] 王维斌．长输油气管道大数据管理架构及应用[J]．油气储运，2015，34(3)：229-232.

[6] 董绍华，安宇．基于大数据的管道系统数据分析模型及应用[J]．油气储运，2015，34(10)：1027-1032.

[7] 支激扬，朱长春，李永强，等．东黄复线输油泵运行的合理匹配[J]．油气储运，2002，21(12)：48-50.

[8] 韩善鹏，陆争光，马晨波，等．乌鄯支干线乌首站泵管匹配操作谱图[J]．油气储运，2015，34(11)：1177-1180.

[9] 朱培明，陈志华，邹斌，等．克乌成品油管道复线泵机组的优化运行方案[J]．油气储运，2012，31(3)：221-224.

[10] 杨筱蘅．输油管道设计与管理[M]．东营：中国石油大学出版社，2006.

[11] 全青，吴海浩，高歌，等．不同温度下单相含蜡原油的蜡沉积规律[J]．油气储运，2014，33(8)：852.

[12] 刘国豪，张志军，黄晓真，等．输油泵机组运行效率的测试与分析[J]．油气储运，2008，27(6)：31-33.

[13] 刘国豪，孙家勇，许彦博，等．输油泵效率的不确定度分析[J]．油气储运，2009，28(5)：44-47.

[14] 孙法峰．西部原油管道节能减排实践[J]．油气储运，2015，34(12)：1295-1299.

[15] 孙胜戈，唐愚，姜永涛，等．库鄯输油管道运行方案的优化[J]．油气储运，2004，23(3)：13-14.

[16] 赵睿，王岳，翁蕾．原油储运站泵机组运行优化[J]．油气储运，2010，29(8)：582-584.

[17] 魏安河，石建辰，刘巧云，等．降低泵站油电消耗的可行性分析[J]．油气储运，2001，20(10)：49-50，59.

[18] 马立新，申龙涉，孟祥谦，等．长输管道泵机组优化数学模型[J]．油气储运，2010，29(4)：272-273.

[19] 谢萍，王玉柱．石西-克拉玛依输油管道双管输送经济分析[J]．油气储运，2011，30(01)：60-062.

[20] 孙建刚，谢萍，梁党国，等．克独管道不等管径双管并联交替输送工艺[J]．油气储运，2006，25(4)：11-14.

基于管道系统能耗计算的运行优化分析

余春浩　袁运栋　张　宇　杨　放　戴兴正　周　伟　宋　航

（中油国际管道有限公司）

摘　要　为了降低管道自身在输送油气时的能耗，提高管道本体的能源输送效率。针对这一问题，本文通过将利用数值计算和仿真软件等方式对不同工况下的输油管道所需能耗进行计算结果与实际产生的数据进行比对分析，发现影响管道能耗的主要影响因素为管道输量，且经过多种工况下的对比找到该管道的最经济节约的运输方式为输量在 1000~1600m^3/h 时能总耗值较低。进一步研究发现其管道月度输量任务在 100 万吨时，其生产综合单耗最低。研究结果认为，当该条管道的运输方案为月度输油任务安排为 100 万吨、输量安排 1500m^3/h 时，管道的能耗达到最优。该研究结果不仅可为该管道进行借鉴也可为其他类似管道提供参考依据。

关键词　原油管道；能耗；输油泵；流量；降耗

随着中国经济的持续快速发展，对能源的需求尤其是石油也越来越旺盛，当前石油进口依存度持续攀升，2019 年我国进口依存度已高达 72.3%。在国家提出“双碳”政策后更是摆脱以煤炭为主的能源消费模式，逐步转为油气并举。据国际能源署预测，中国需求将在 2030 年前

后达峰，为 7.05 亿吨。目前我国已建成有四大战略能源通道，其中约有 1/3 的石油来自于海上运输，剩余的则通过陆路建有的油气管道如中亚油气管道、中俄原油管道以及中缅油气管道等长距离跨境管道进行运输，这是因为管道运输不但具有较强的输送能力，能够实现连续运输，极大地提高了运输效率，而且具有较高的可靠性以及安全性，使用寿命比较长，后期的管理维护相对简单，因此得到了广泛的应用。在石油天然气管道的运行中，由于受石油天然气的性质特征以及输送方式等客观条件的影响，运输过程中存在耗能较大与当前倡导节能降耗的大背景带来些许不和谐，有着较大的优化空间。因此为尽可能的减少管道运输带来的不必要的能耗，需加强对管道能耗的管理工作，采用先进的节能降耗技术以达到减少能源消耗以及保护环境的目的，从而为我国经济的可持续性发展奠定良好的基础。目前，国内外对管道能耗优化的研究由来已久，早在 20 世纪 80 年代美国学者 Hooker 就对美国原油管道能耗采用统计学的方法进行了分析得到了管道的整体能耗情况，而后国外大的能源公司如 BP 等通过外包形式开发出相应的能效分析软件来进行管道能耗计算。国内则有如侯磊、李晓宇、王永红等一批专家学者采用神经网络算法、最小二乘支持向量机法、数据包络法等方式建立能耗预测模型均取得不错的结果，也有左丽丽、薛向东、张威、刘冰等从能耗管理的角度提出了能耗管理的评价指标体系来达到节能的目的。总体来说，国内外的这些方法在管道能耗管理方面均发挥了较好的作用，但外他们都是基于当前的能耗数据采用先进的算法开发出一种软件对当前的能耗进行预测，并采用相应的指标来进行评价进而选出一种较为节能的运行方案。这种方式特点是需要耗费较多人力、物力且开发出的软件往往是基于特定管道的，并不具有通行的做法的可能性。而本文所采用的方法是基于管道企业大多采用的仿真模拟优化软件开发出成熟的运行方案以及 SCADA 系统实时监测提供的大量数据的基础上，采用成熟的工艺计算方法并结合工程理论计算来预测出管道的能耗数值，并在其中找出最优的方案，因此相比更具有一般适应性的特点。

1　管道基本情况介绍

管道起点为缅甸西海岸的马德岛，终点为云南瑞丽，中途设有四座输油泵站（A、B、C、D）和 1 座计量站。缅甸境内原油管道全长 771km，管径 813mm，设计年输油量 1300 万吨，采用常温密闭输送工艺。该管道来油均为外来油轮运送主要来自中东的油品，其油品种类及物性参数见下表 1。根据设计之处，水力工艺模拟计算结果

决定采用两型德国鲁尔泵，SM 和 ZLM 系列，并用美国卡特彼勒 G3616 型天然气发动机组进行驱动，其主要数据参数见表 2。

表 1　输送油品原油主要物性参数表

原油名称		科威特原油	沙轻原油	沙中原油
20℃密度/(g/cm^3)		0.8665	0.8565	0.8664
运动黏度/(mm^2/s)	20℃			15.15
	50℃	6.965	6.964	6.935
	80℃	4.525	3.199	

表 2　泵机组主要参数

规格型号	额定流量/(m^3/h)	额定扬程/m	额定功率/kW
SM 8X5X15	1060	1050	3182
ZLM IP 530/07	1800	480	2447

2　原油管道能耗情况

一般原油管道系统在管道输送油品中，需要输油泵机组这一动力设备提供动能以克服沿程流动摩阻损失和高程压头损失完成油品输送任务，同时还需要加热炉为输送高凝、高粘进行加热而提供热能。因此原油管道的能耗一般分为运行能耗、辅助能耗和损耗三部分组成，而损耗是指原油中含有的部分轻组分在经过长距离、大输量的过程中易挥发而造成损耗主要包括包括蒸发损耗、泄露损耗(正常泄露和意外泄露)以及油品进出管道的计量误差等，这部分较前面两者能耗相比可忽略不计。具体针对本文中提到的管道由于采用的是常温密闭输送工艺且由表 1 可知输送的油品流动性较好不需要进行额外的加热加剂等手段，因此在该管道输送中，主要的能源消耗来自于给输油泵机组等动力设备提供动能以克服沿程流动摩阻损失和高程压头损失。

(1) 运行能耗

运行能耗指的是跟管道输送油品有直接关系所产生的能耗，如包含输油泵机组提供动力的能耗和加热炉提供热能的能耗及加热炉配套系统的能耗等直接为管输服务的能耗称为运行能耗也叫直接能耗。而该管道输送工艺为常温输送不加热，因此运行能耗即指输油泵机组的耗气量以及直接所需提供的电能等形式的能量。

(2) 辅助能耗

辅助能耗是指站场除直接生产能耗外，用于维持其它非直接为管道输油提供能量的这部分生产设施和运行管理人员的能耗量，主要用以维持管道运行安全稳定。如生产部分的 SCADA 系统、电动阀、计量系统、冷却系统、安全设施等辅助生产设备设施以及维持这些生产设备设备的必要的在管道站场工作的相关工作人员包括运行管理人员、操作人员、维修人员及其他人员的正常办公和生活所消耗的能源量等。辅助能耗根据其作用主要是用以辅助生产，且相对于运行能耗来说占比较小，因此可以视作一个定值。

2.1　能耗计算

由于该管道所辖沿线各个站场均位于社会依托较差的环境，大部分站场的生产生活用电均依赖于站场的天然气发电机组，小部分站场可依托于当地并不稳定的外电，而其输油泵机组则采用的是天然气发动机进行驱动。通过分析可知，该管道存在多种能源交叉提供模式，主要包括自耗气、外电等两种形式，易造成管道能量来源统计数据过于复杂而导致统计的准确度下降，考虑将所有的站场能耗数据包括来自于站场的天然气发电机组的辅助能耗以及部分生产能耗和来自于天然气发动机组的直接生产能耗均来自于站内天然气管道，简化为只需计算出整个站场的耗气量数据便可得知该站场的所有能耗数据，而对于部分站场使用外电的情况其数据则由第三方供电公司提供即可。

2.1.1　输油泵的能耗计算

管道的运行能耗是克服管道高差和摩阻的损失，这部分能量主要由天然气发动机组驱动的输油泵提供，由流体力学公式可知单位质量的原油在输送过程中由泵提供的能量可由下式计算：

$$H = \sum_{i=1}^{n}(Z_Z - Z_Q) + \sum_{i=1}^{n} h_f + \sum_{i=1}^{n} h_\xi \quad (2-1)$$

式中，$\sum_{i=1}^{n}(Z_Z - Z_Q)$ 为各站之间的高程差，m；$\sum_{i=1}^{n} h_f$ 为各站之间的沿程摩阻，m；$\sum_{i=1}^{n} h_\xi$ 为各站站内摩阻，m。

注：若有翻越点的存在，则：

$\sum_{i=1}^{n}(Z_Z - Z_Q)$ 为各站与翻阅点之间的高程差，m；$\sum_{i=1}^{n} h_f$ 为各站与翻阅点之间的沿程摩阻，m；$\sum_{i=1}^{n} h_\xi$ 为各站站内摩阻，m。

而沿程摩阻损失 h_f 计算则根据达西公式：

$$h_f=\lambda\frac{L}{D}\frac{V^2}{2g} \tag{2-2}$$

经文献调研以及站场具体能耗分析，取沿程摩阻的5%作为管线的沿程摩阻。

泵的有效功率为：

$$N_{有效}=\frac{\rho gHQ}{1000} \tag{2-3}$$

式中：$N_{有效}$ 为泵的有效功率，kW；ρ 为原油密度，kg/m^3；H 为扬程，m；Q 为泵排量，m^3/s。

考虑泵和燃气机的效率时：

$$N_{燃气}=\frac{\rho gHQ}{1000\eta_1\eta_2} \tag{2-4}$$

式中：$N_{燃气}$ 为燃气机输入功率，kW；η_1 为泵效率，%；η_2 为燃气机效率，%。

t 小时由燃气发动机驱动的输油泵机组所消耗的燃气量：

$$S_P=\frac{\rho gHQ}{1000\eta_1\eta_2}t \tag{2-5}$$

通过上述计算便可得到一定工作时间内管道输油所需的能耗总量，而当前用以衡量评价长输原油管道能耗时国内各管道企业主要采用单耗这一指标，而根据油气管道能耗测算方法（Q/SY 1209—2009）中规定，单耗指的是生产消耗的总能量与周转量的比值。因此该原油管道的生产综合单耗为

$$s=r_q\frac{S_p}{Q\rho Lt}\times1000 \tag{2-6}$$

式中，S_p 是流量为 Q 下输油泵所需的耗气量，10^{4}m^3；ρ 为该油品的密度 kg/m^3；t 为输送油品的时间，h；L 为管道长度，km。

r_q 为天然气折标准煤系数，tce/10^{4}m^3；

通过以上计算公式可以看出流量对生产单耗的影响较大，因此在其他条件一定的情况下，单耗则是流量的函数。且在实际输油工作中其输油量还会受上游来油量及下游炼厂的加工能力的影响而产生变化，该管道针对这一情况管道在投产初期通过采用 SPS 等数值模拟软件综合模拟分析制定了不同流量下的的输送方案（配泵方案），称之为输量台阶，具体见表3。

表3　不同输量下的配泵方案

输量/（m^3/h）	泵运行数量			
	A站	B站	C站	D站
1100	1	1	—	1
1200	1	1	—	1
1300	1	1	—	1
1400	1	1	—	1
1500	2	2	—	1
1600	2	2	—	1
1800	2	2	1	1
1850	2	2	1	1

通过输油泵机组耗气量计算公式（2-5）可得管道在不同输量下的耗气量见表4并做出不同输量下的耗气量与流量曲线图1，而管道的输油泵站实际能源消耗包括泵机组、天然气发电机、采暖锅炉以及生活用气等在设计之初都通过加设计量装置如流量计、电度表等设备后通过 SCADA 系统采集至油气调控中心，最终在 PPS（pipeline product system）系统展示，具体数据见表5，以2022年度为例统计出实际生产中所产生的能耗数据其中包括其他辅助能耗数据等。

表4　输油泵机组在不同输量下的耗气量计算结果

月数量/10^{4}t	不同输量（m^3/h）下的输油泵机组耗气量/（10^4 m^3）								
	1000	1100	1200	1300	1400	1500	1600	1700	1800
69.08	154.13	158.18	162.51	167.09	171.93	177.11	182.46	245.78	248.62
70.42	157.12	161.25	165.66	170.33	175.26	180.55	186.00	250.55	253.44
100.18	223.52	229.40	235.67	242.31	249.33	256.85	264.60	356.43	360.55
89.3	199.25	204.49	210.07	216.00	222.25	228.95	235.86	317.72	321.39
77.03	171.87	176.39	181.21	186.32	191.72	197.49	203.45	274.06	277.23
84.59	188.74	193.70	198.99	204.60	210.53	216.87	223.42	300.96	304.44
90.87	202.75	208.08	213.76	219.79	226.16	232.98	240.01	323.31	327.04

续表

不同输量(m^3/h)下的输油泵机组耗气量/(10^4 m^3)									
月数量/10^4t	1000	1100	1200	1300	1400	1500	1600	1700	1800
79.49	177.36	182.02	186.99	192.27	197.84	203.80	209.95	282.82	286.09
83.82	187.02	191.94	197.18	202.74	208.61	214.90	221.39	298.22	301.67
94.7	211.30	216.85	222.77	229.06	235.69	242.80	250.12	336.93	340.83
81.49	181.82	186.60	191.70	197.11	202.82	208.93	215.23	289.93	293.28
77.26	172.38	176.92	181.75	186.87	192.29	198.08	204.06	274.88	278.06

表 5　2022 年度月度能源消耗情况表

月份	输量/(10^4t)	发动机实际耗气/(10^4m^3)	发动机计算耗气/(10^4m^3)	外电合计/(Kw·h)	总能耗折标煤/tce	生产单耗/(10^4t·km/kgce)
1	69.08	166.56	162.51	8.4	2225.58	41.78654873
2	70.42	170.19	165.66	8.63	2274.1419	41.88583342
3	100.18	255.92	235.67	11.52	3417.9056	44.25115984
4	89.3	225.79	210.07	67.71	3086.2903	44.82609807
5	77.03	202.10	181.21	77.38	2783.1074	46.86144651
6	84.59	215.81	198.99	75.27	2962.8551	45.4294009
7	90.87	234.85	213.76	74.92	3215.6566	45.89810532
8	79.49	205.23	186.99	80.45	2828.5125	46.15207453
9	83.82	213.12	197.18	75.79	2927.7177	45.30302102
10	94.7	241.09	222.77	98.24	3327.3322	45.57134072
11	81.49	210.44	191.70	77.68	2894.3984	46.06802709
12	77.26	197.10	181.75	74.14	2712.6222	45.53865819

由表 4、表 5 数据可知，能耗的确是流量的函数，且随着流量的增加总体也是增加的，这也符合上述公式表述的能耗耗是流量的函数。同时也通过计算数据与实际消耗数据的对比发现理论计算虽然存在误差，但总体在可控在范围 5%，实际的耗气量数据基本在流量 $1200m^3/h$ ~ $1300m^3/h$ 之间，从而间接验证了该计算结果的准确性，从而验证了该计算方法的正确性。

2.2　优化分析

为进一步挖掘表 4、表 5 中的能耗数据，分析出能耗的优化空间，根据表 4、表 4 分别做出图 1 和图 2 的数据曲线。通过表 4、表 5 数据以及图 1、图 2 的曲线对比得出结论：一是实际的耗气量数据基本在流量 $1200m^3/h$ ~ $1300m^3/h$ 之间，从而间接验证了该计算结果的准确性；二是随着输量的增加其耗气量整体也是增加的，这也符合上述公式表述的能耗耗是流量的函数；三是图 1 中显示的是在当前实际的输量任务下，通过计算得到流量在 1000 ~ $1800m^3/h$ 的理论耗气量也验证了能耗总体是跟流量呈现出正相关性，且在不同输油任务下体积流量 1000 ~ $1500m^3/h$ 区间时能耗是比较低的，呈现出一种近似为线性的关系，其中当选择流量在 $1550m^3/h$ 左右耗气量是最低的，当流量突破 $1600m^3/h$ 时能耗增长的关系呈现为指数增长，在流量为 $1550m^3/h$ 时出现了明显的下降，而当流量突破 $1600m^3/h$ 时其能耗与流量呈指数关系增加且在 $1750m^3/h$ 左右达到峰值虽后续略有下降，但总体能耗已明显增加；四是从图 2 可知单耗的增变化与输油量的关系并不是简单的线性关系，而是输油量的增加并不一定会导致单耗的增加，如当月度输油量约为 76 万吨时单耗却表现的很高约为 51.7 10^4t · km/kgce，而当月度输油为 100 万吨时其单耗也是相对来说较低为 44.25t · km/kgce。

综上，可以总结得到该管道常温密闭输送条件下，影响其能耗的主要因素是流量，当流量 1000 ~ $1600m^3/h$ 区间时能耗是比较低的，高于 $1600m^3/h$ 时会出现一个明显的上升趋势，同时从其月度生产综合单耗变化趋势也看出，当月度输油为 100 万吨时其单耗也是相对来说较低的。考虑到该管道年度输油任务比较确定一般在 1000 ~ 1200 万吨，因此建议管道输送时优先安排

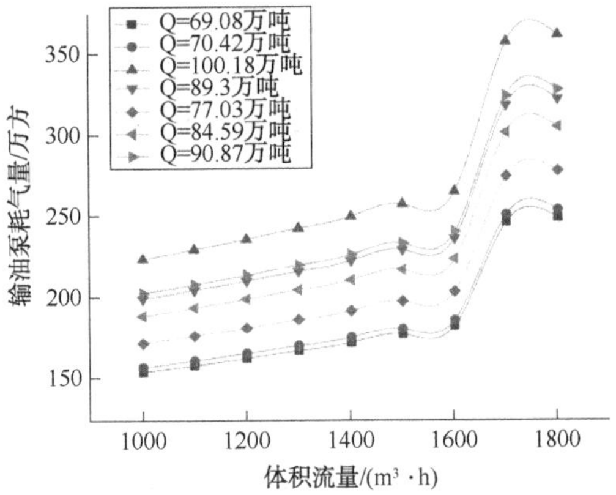

图1　在不同输油任务的情况下计算出的不同流量的管道总耗气量

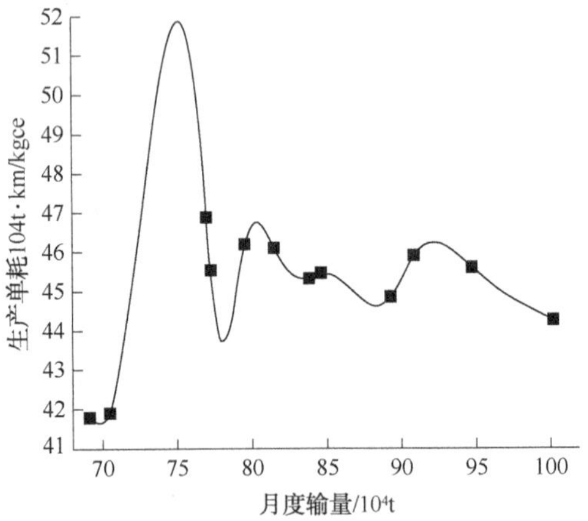

图2　2022年度实际输油量的情况下的月度生产综合单耗

月度输量在100万吨左右，同时在月度输油中采用采用流量在1500m^3/h的运行方案来实现管道的输油单耗相对较低来实现降低管道运行成本，从而到达能效最优的结果。

3　结论

在当前"双碳"政策的大背景下，石油天然气管输行业也不例外，需在自身做好能源安全保障的前提下，做好管道企业的节能降耗工作。虽然管道的降耗可在提高设备能效以及运行优化两个方向努力，但在当前技术没有实现突破进展的情况下，管道主要耗能设备输油泵机组的效率已然最高(其中电驱机组的效率约为70%~85%，燃驱机组的25%~40%)，其降耗只能依靠管将能源管理工作与调度方案、现场操作及管道运行计划安排等有机融合，通过对历时数据进行统计分析后进行有效反馈来指导后期进行运行优化来更好的实现节能降耗工作。为了更好的精准的了解及预测管道能耗水平，可利用仿真软件件TG-NET、SPS、PSN等对工艺进行相应的模拟，在最大化的模拟现场实际情况下得出优化的结果。将输油气管道的设备设施包括但不限于输油泵、阀门以及管道本体等和工艺操作要求进行数值模拟，建立相应的管道仿真模型来精准的模拟管道在不同的工况下的能耗水平，同时利用仿真技术在运行参数确定的条件下，通过仿真技术对工艺运行进行合理优化，在保证安全稳定运行的条件下达到能耗最优的目的。同时，将优化的结果与SCADA系统实时采集的数据进行匹配来及时调整运行方案来保证管输能耗最优。

参 考 文 献

[1] 武强，涂坤，曾一凡."双碳"目标愿景下我国能源战略形势若干问题思考[J].科学通报，2023，68(15)：1884-1898.

[2] 国际能源署.世界能源展望中国特别报告[M].北京：石油工业出版社，2018.

[3] 张轩诚，王国梁.中国海上石油进口的安全风险及对策[J].山西师范大学学报(自然科学版)，2020，34(1)：105-106.

[4] 白晓航.长输原油管道节能降耗技术及经济性分析[J].中国石油和化工标准与质量，2019，39(5)：253-254.

[5] 李晶晶.浅析原油管道节能降耗技术[J].化工管理，2018(12)：39.

[6] 李金鑫，闫轩，胡睿博，等.原油管道集输节能降耗对策[J].内蒙古石油化工，2020，46(10)：64-66.

[7] J. N，Hooker. Oil Pipeline Energy Consumption and Efficiency，1981.

[8] 侯磊，许新裕，崔金山等.基于BP神经网络的输油管道耗能预测方法[J].节能技术，2009，27(5)：401-406.

[9] 李晓宇，于树青，高爱茹，贾荣鹏等.原油管输能耗预测方法的研究[J].油气储运，2009，28(6)：64-68.

[10] 王永红，刘冰，张帆等.基于DEA方法的成品油管道能耗水平评价[J].节能技术，2010，28(1)：43-46.

[11] 左丽丽，刘冰，吴长春.水力马力能耗指标在管道能耗分析中的应用[J].油气储运，2012，31(4)：301-303.

[12] 薛向东，冯伟，康阳等.油气管道能耗计算与评价方法[J].油气储运，2011，30(10)：743-745.

[13] 张威，周建.川渝环状天然气管网运行能效评价

[J]. 油气储运, 2013, 32(10): 1112-1117.
[14] 刘冰. 原油管道能效指标体系研究[J]. 石油石化节能, 2011, (8): 1-5.
[15] 王华忠. 监控与数据采集(SCADA)系统及其应用[M]. 北京: 电子工业出版社, 2012: 56-88.
[16] 李浩宇. 西部原油管道输量与能耗分析[J]. 管道技术与设备, 2017, 5(3): 53-54.
[17] 王剑梅, 卜文平, 张劲军. 管输原油损耗原因与改进措施[J]. 油气储运, 2006, 25(6): 41~4.
[18] 杨乐. 长输管道原油损耗原因与改进措施[J]. 化工管理, 2018. 5(32): 224-225.
[19] 赵洪洋, 魏立新, 刘书孟, 等. 油田污水管道水力计算修正研究[J]. 当代化工, 2020, 49(02): 441~445.
[20] 张信荣, 李铁林. 油田老原油管道的节能技术[J]. 油气储运, 1999, 18(9): 57-59.
[21] 魏安河, 时建辰, 刘巧云, 等. 降低泵站油电消耗的可行性分析[J]. 油气储运, 2001, 20(10): 49-50.
[22] 孟振虎, 陈毅忠, 马平. 输油管道运行优化实用分析[J]. 油气储运, 2002, 21(4): 9-13.
[23] 张东. 输油管线能耗优化分析与应用研究[J]. 当代化工, 2019, 48(12): 2840~2843.
[24] Bundy A, Wallen L. Depth - First Search [M]. Catalogue of Artificial Intelligence Tools. Springer Berlin Heidelberg, 1984.
[25] 杨筱蘅. 输油管道设计与管理[M]. 东营: 中国石油大学出版社, 2006.
[26] 李建良, 张鹏, 许铁, 等. SY/T 6637-2005 输气管道系统能耗测试和计算方法[S]. 北京: 石油工业节能节水专业标准化技术委员会, 2005.
[27] 乞孟迪, 柯晓明, 程一步, 等. 中国石油峰值与石化行业低碳转型发展[J]. 石油石化绿色低碳, 2021, 6(05): 1~6+43.
[28] 孙海萍, 张胜军, 徐立昊, 等. "双碳"目标下中国油气行业低碳发展措施与路径探讨[J]. 油气与新能源, 2021, 33(06): 27~31+45.
[29] 刘银春, 杨光, 常志波, 等. 天然气长输管道的节能降耗[J]. 天然气技术, 2007, 1(6): 57-59.
[30] 王永红, 李晓平, 宫敬. 成品油管道能源管理系统的研究[J]. 节能技术, 2010, 5(28): 466-467.
[31] 张科, 王丹, 张研, 等. 天然气长输管道能效分析与探究[J]. 石油工业技术监督, 2017, 3(33): 41-42.

输油管道数智化调控技术进展与展望

郭　祎　于　阳　吕永伟　颜　辉

（国家石油天然气管网集团油气调控中心）

摘　要　随着计算机信息技术的发展，人工智能技术在油气管道调控运行中的重要作用日益彰显。从数智化调度业务需求出发，以问题为导向，研究并解决了全面远控、信息化决策和辅助决策等三项领域多项调控生产难题。具体地，从控制体系标准化、设备设施远远控功能提升、逻辑保护程序完善、远控智能化实践等四方面提出了全面远控技术；通过建立并完善管道信息管理系统、成品油管网批次制定系统、批次跟踪系统、在线仿真系统、综合数据监视系统，基本实现信息化支撑技术；通过研究调控运行数据分析和利用、运行参数预测、工况智能识别、运行优化分析、报警分析及优化和断管泄漏评价，建立了辅助决策支撑技术。由全面远控技术、信息化决策技术和辅助决策技术构成的三项输油管道智能调控技术，对于优化资源配置、提高管输效率、保障生产安全、降低劳动强度、促进智能化升级具有积极作用。基于输油管道智能调控技术发展现状，结合大数据、云计算、机器学习、人工智能技术蓬勃发展，从生产协调管理、调控组织和运行控制和信息数据支撑等三个层面，对输油管道智能调控技术的未来进行了展望预测。

关键词　输油管道；智能调控；调控中心；人工智能

1　概述

国家管网集团践行国家“四个革命、一个合作”能源安全新战略，推动能源供应革命，建立多元化供应体系，推动能源技术革命，促进产业升级。作为国家石油天然气管网系统的“决策大脑”，油气调控中心是集成大量生产运行数据、管道运行规程以及专家经验规则为一体的控制决策中枢，发挥着集团油气管网运行指挥中枢、安全状态监视、管道应急前哨、运行技术支撑、生产信息枢纽“五大功能”作用，在油气资源长距离运输产业链中发挥着重要龙头和纽带作用。近年来，国家管网管线原油成品油管道将逐渐形成“全国一张网”，实现管道资源的共享，既可避免重复建设造成的投资、资源等浪费，又可提高能源运输效率并降低运输成本。截至 2022 年底，国家管网油气调控中心调控管辖输油管道共计 93 条、4.4 万公里，其中原油管道 57 条，1.7 万公里，年输油能力 6.88 亿吨，承担我国四大能源战略通道的原油进口和国内 10 余座油田的原油外输任务；成品油管道共 36 条，2.7 万公里，年输油能力 1.93 亿吨，向西北、西南、华北、华中、华东、华南等 40 多个地区供应多种牌号的汽柴油和航空煤油。

SCADA 系统是管道智能调控的“鼻祖”，80 年代中期以来我国在铁岭–大连输油管线和东营–黄岛输油管道复线上引进国外 SCADA 系统实现管道远程监控；90 年代 SCADA 系统在轮鄯管道深化应用。进入 21 世纪后，兰成渝等大落差、高压力输油管道陆续投产，输油管道自动化控制程度和远控能力不断提高，新投产管道基本达到了 SCADA 系统应用率 100%，可远控场站比例为 100%，自动化与通信的保障能力达到 99.98%。

随着计算机信息技术的发展，人工智能技术在油气管道调控运行中的重要作用日益彰显。国家管网油气调控中心深度剖析国内外油气行业及电力调度行业的智能化建设发展现状，从智能调度业务需求出发，以问题为导向，研究并解决了全面远控、信息化决策和辅助决策等三项领域多项调控生产难题，并提出了全面远控技术、信息化支撑技术和辅助决策支撑技术三项输油管道智能调控技术，对于优化资源配置、提高管输效率、保障生产安全、降低劳动强度、促进智能化升级做出积极贡献，促进调控技术水平向世界先进梯队迈进，有力夯实了智能调控基础。

2　全面远控技术

全面远控的提升是油气调控中心稳固油气管道安全平稳运行的一项重要举措。就具体举措而言，包括：控制体系标准化、设备设施远控功能提升、逻辑保护程序完善、远控智能化实践。以上四个方面是相辅相成，具有逐步递进的关系。其中，控制体系标准化是全面远控的基础、设备设施远控功能提升是全面远控的关键、逻辑保护程序完善是全面远控的保障、远控智能化实践是全面远控的最终落脚点。这四方面举措各自均包含了多项实施要点，见图1。下面将对控制体系标准化、设备设施远控功能提升、逻辑保护程序完善、远控智能化实践进行逐一介绍。

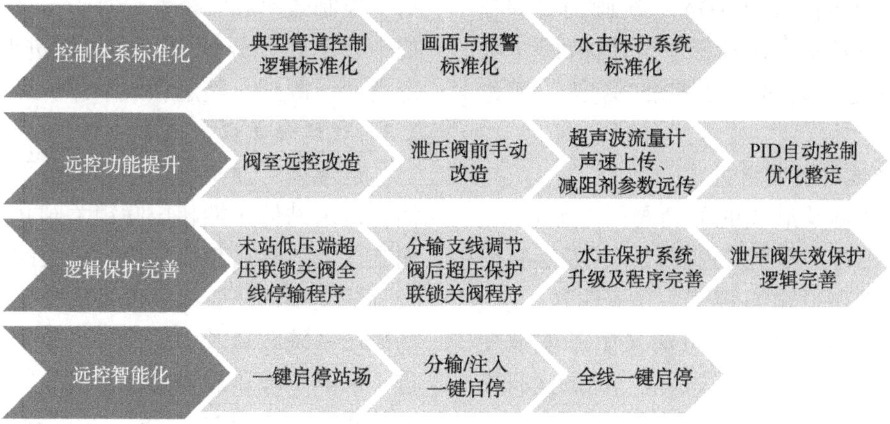

图1 全面远控技术体系

2.1 控制体系标准化

随着原油成品油管道规模的逐年增大，“一线一策”个性化突出的管道控制逻辑难以适应新形势，无法满足管网一体化控制及优化需求，为实现智能控制带来阻碍。主要体现在三个方面：(1)设计没有统一标准、控制逻辑要求忽高忽低，调控人员理解和适应性难度大；(2)集成厂家编程实现方式不一致，逻辑差异大，各层级逻辑不完整或错误，增大运行风险；(3)管道后期自动化提升适应性改造难度大，现场和中心工作量大增，管理效能低下。

为此，对所辖一级管道20余个典型站场(阀室)开展逻辑差异对比分析，梳理了7大类36种站场控制逻辑以及全线水击保护程序；将控制逻辑进行重新归类整合，最终形成单体设备、站场联锁、管道保护等3大类共34个控制逻辑，见图2；充分考虑调度运行控制需求，从工艺、自控、电力等多角度，研究每条控制逻辑的每一个触发条件和具体执行步骤的必要性，完成了逻辑的优化，详细规定了典型远控设备、检测仪表设置、控制逻辑命令输入、输出以及信号传输、报警、显示等实现过程等。

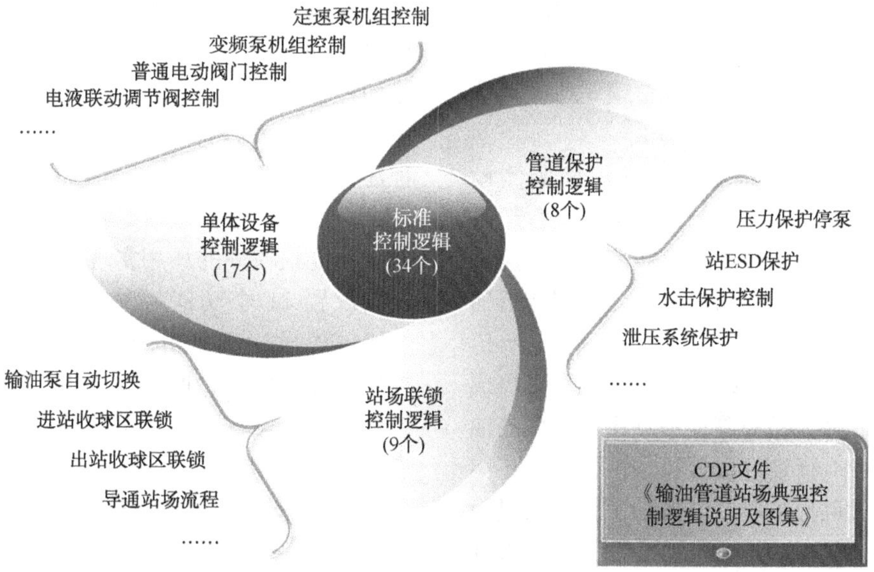

图2 输油管道站场典型控制逻辑

通过将逻辑标准化控制技术应用于新建投产管道、与国外先进油气公司对标、通过工程立项和 SCADA 变更申请相结合的方式持续对画面和报警进行优化，在实践中探索、在探索中总结，最终归纳形成了《液体管道 SCADA 系统报警管理技术规定》《液体管道 SCADA 系统画面管理技术规定》《液体管道水击保护程序设计标准》三项标准化管理规定，为全面远控的奠定了理论基础。

2.2 设备设施远控功能提升

输油管道站场及沿线的关键阀门、流量计、油品界面监测设备是影响管道高效调控及运行安全的关键。对于在役输油管道，管道输送工艺、沿线地理环境等较设计之初可能发生了明显变化，最初的设计理念可能无法适应当前的运行控制需求。

针对管道沿线愈发重要的关键阀室，油气调控中心积极推动手动阀室改远控阀室，从中石油划转的管道阀室远控率为 50%，近年来先后完成 7 条管道 26 个手动阀室改远控的联调和水击保护同步完善。从中石化划转的五家地区公司管道共有线路阀室 719 座，其中远控阀室 121 座，整体远控率为 17%，油气调控中心正联合分控中心逐步推进手动阀室改远控的联调和水击保护同步。

针对站内的泄压阀及上下游配套阀门，部分管道设计之初并未考虑泄压阀误动作时的主动保护措施，而这与当前中控调度的全局控制理念存在出入。油气调控中心推动 117 个泄压阀前手动截断阀改远控，为泄压阀误动作时，调度员人工干预创造条件，有效预防泄压罐冒罐等二次事件发生。

针对顺序输送成品油管道油品界面监测设备，油气调控中心联合地区公司，挖掘现有超声波流量计的检测手段，研究超声波流量计声速检测油品批次界面、光学界面检测设备检测相近油品界面，推动声速、光学界面检测信号上传 SCADA 系统，并在西部成品油管道、兰郑长成品油管道、兰成渝成品油管道等顺序输送成品油管道运行管理中取得良好成效。

此外，油气调控中心同时推动了输油泵机组保护参数，PLC 通讯综合判断状态量，新增计量、减阻、回掺等设备运行参数上传。

针对输油管道支干线调节阀采用 PID 压力控制时阀位控制稳定性、精准性不佳的状况，自 2019 年开始，油气调控中心联合地区公司对一级管道 160 余座调节阀展开优化整定工作。目前，一级管道干线 PID 压力控制全面投用，成品油分输支线 PID 流量控制全面实现，极大提高了控制效率和安全性。对于二级管道，油气调控中心正联合分控中心逐步推进调节阀 PID 整定培训、测试、整定和效果评价等工作。

2.3 逻辑保护程序完善

近年来，油气调控中心推进了一级原油成品油管道末站低压端超压联锁关阀并全线停输、分输支线调节阀后超压保护联锁关阀，保障了末站及分输支线低压管线及设备的安全运行；推动站场泄压系统改造及中控泄压失效全线停输程序改进，保障了泄压罐及管道全线的安全运行；不断完善水击超前保护等逻辑保护程序，2017 年至 2021 年期间长呼线、惠宁线、双兰线、兰郑长管道、港枣管道新版水击保护系统相继投用运行，为进一步部署全面远控智能化提供了安全保护屏障。

2.4 远控智能化实践

由油气调控中心牵头实施的西部成品油管道一键启停输试点改造项目是远控智能化的一项生动实践。一键启停输，指操作员下发单个启输或停输指令后，中控 SCADA 系统内置程序根据操作员选定的目标工况，按照相应的程序指令依次调用管道沿线各站场的逻辑模块，最终实现管道一键自动启输或停输的目的。一键启停输程序以逻辑模块为基本单元，通过模块之间的灵活调用，实现不同目标工况下的启输和停输。在程序运行过程中，管道原有的保护程序仍然发挥保护作用，且不与一键启停输程序发生逻辑冲突。

一键启停输系统通过建立多个功能模块，并通过功能模块间的调用实现系统的主体功能。系统共设置 21 个功能模块、三个级别，见图 3。一级模块设置在水击 PLC，包括基础输量启输模块、停输模块、增量模块 3 个模块；二级模块设置在各站站控，包括单站导通流程模块、单站启站模块、单站停站模块、单站增量模块、自动启分输模块、自动停分输模块、自动启注入模块、自动停注入模块 8 个模块；三级模块设置在站控，包括过滤系统导通模块、调节系统导通模块、主泵导通模块、其他阀门导通模块、联锁启泵模块、联锁停泵模块、启输调节阀设定模块、启输变频泵设定模块、顺序启泵模块、顺序停泵模块共10个模块。其中，一级模块按内置逻辑向二级模块下发指令，二级模块按内置逻辑向三级模块下发指令，最终完成中控下发的启停输任务。

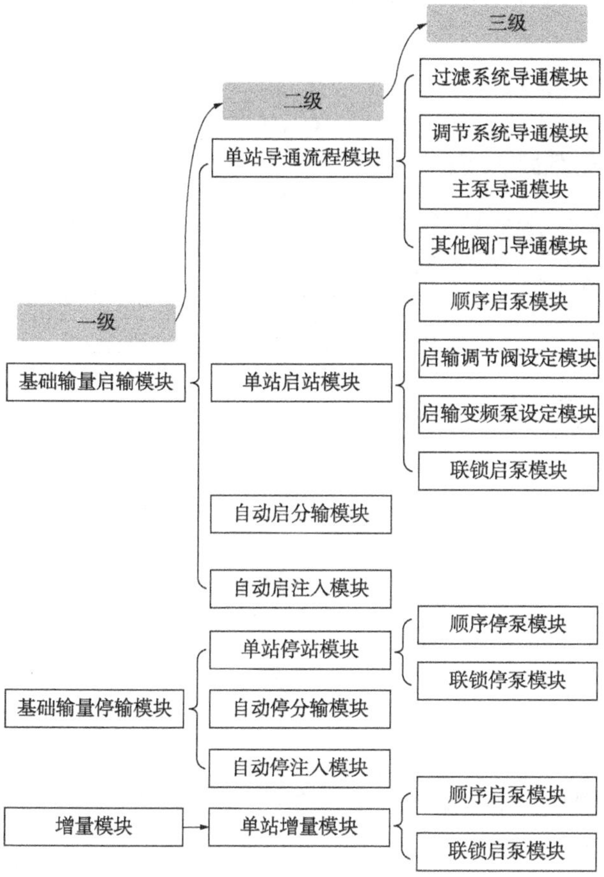

图3　一键启停输三级功能模块

中控调度员仅需点击“一键启输”1个按钮，或者2~3个命令，程序即可调用各站、各模块的内置逻辑，自动完成全线设备预选、流程导通；流程自检程序能做到启停输前的智能检测、启停输过程的智能化、故障和异常的判断和自动安全防护等目的；实现管道的安全平稳高效运行，为输油管道远控智能化实践奠定了坚实基础。

3　信息化支撑技术

通过信息化建设，生产信息管理系统、成品油管网批次制定与优化系统、顺序输送批次界面跟踪系统、原油成品油管道在线仿真系统、综合数据监视与分析系统，五大应用系统初步实现对生产调控组织业务的覆盖。

3.1　管道生产信息管理系统

管道生产信息管理系统集工作助理、计划管理、调度运行、专业计算、统计分析、运维管理等多重功能为一体，实现了管网生产运行信息发布、运行计划发布、场站作业计划申报与审批、调度令发布与接收、调度日报填报与管理、生产运行参数上传与查询、月度/年度生产台账上报与查询等多重功能，成为了油气调控中心与各地区公司生产信息传递的交互枢纽。国家管网成立以来，油气调控中心原油成品油调控部与相关部室、PPS项目组持续沟通配合，完成二级管道数据采集汇总和信息交互功能，目前二级管道日报、方案备案、运行分析备案等均通过PPS完成。

3.2　成品油管网批次制定系统

成品油管网批次制定系统旨在对成品油管网调运计划决策过程进行系统分析，通过梳理调运计划的逻辑结构及计划决策过程涉及的具体问题，分析确定决策优化的目标体系、约束条件、初始条件和边界条件，通过建立基于人工经验的数学模型和配套求解算法，得到同时满足上游炼厂外销油品计划、下游销售需求、管道运行平稳的最优批次计划方案。

2016年，油气调控中心完成成品油管网调运优化研究项目并开发成品油管网调运优化软件，实现兰州为节点的管网批次计划编制的自动化支撑，目前已应用于月度西部成、兰成渝的一级成品油管网月度计划编制。2021年，为适应国家管网1+6+1调控体系改革，建立主控中心与六家分控中心相对统一的运行管理系统，油气调控中心联合中国石油大学(北京)，选取9条典型成品油管道作为研究对象，建立了通用型成品油管道批次计划及工艺运行方案数学模型及配套求解算法，开发了通用型成品油管网在线批次计划制定系统，为国家管网成品油资源调控业务提供了标准化、规范化、高效化的批次计划制定平台。

3.3　批次跟踪系统

长输成品油管道采取顺序输送工艺，输送不同牌号柴油、汽油等油品，不同油品批次首尾相接，质量控制要求严格。精确掌握管道中批次界面的位置和运移预测对于分输/注入工况的调度指令下发、混油切割操作，管道运行调节控制，工况分析等至关重要。10余年来，调度团队持续对输油管道批次跟踪离线跟踪、在线模拟进行不断的开发迭代，满足了不断提升的调控精细控制要求，实现了离线在线同步并进，互促互进的局面，为成品油管道的安全调控运行提供了有效支撑。为适应调控体系改革，在研发通用型成品油管网在线批次制定系统的同期，油气调控中心联合北京科东电力公司，选取3条典型成品油管道为研究对象，提出了成品油管道运行模式识别技术、批次界面过站识别技术等，建立了通用型成品油管道批次跟踪数学模型及求解算法，开发了通用型成品油管道在线批次跟踪系统，为国家管网成品油管道调控运行提供了规范化、可视化、高效化的批次界面追踪平台。见图4。

批次名称	站间起点	-->终点	界面过起点站时间	计算数据所决站场	过起点站累积量m³	计算时刻累积量m³	流量m³/h	距离下站km	到站时长h	界面里程km	界面描述	是否考虑分输	考虑量m³
LXD0018004(VI)	—咸—	—阳—	2018/12/19 20:41	咸阳进						616.78	界面已到	否	0
XZD0019025	咸阳	渭南	2019/07/09 05:47	渭南	23485537	23514510	810	14.8	5.89	706.59	出咸阳89.8km 到渭南2019/07/10 21:53	否	0
XZGE9219024	三门峡	洛阳	2019/07/08 20:13	洛阳	30822380	30858504	810	37.0	14.72	986.75	出三门峡112.0km 到洛阳2019/07/11 06:43	否	0
XZD0019023	洛阳	郑州	2019/07/09 13:20	郑州进	31792460	31812768	810	96.6	38.48	1086.65	出洛阳63.0km 到郑州2019/07/12 06:28	否	0
XZGE9219022	—郑—	—州—	2019/06/23 23:50	郑州进						1183.26	界面已到	否	0
ZCGE9219013	西平	信阳	2019/06/19 21:37	孝感	9851357	9884924	730	15.0	5.62	1474.96	出西平134.0km 到信阳2019/07/10 21:37	潢川	-3099
ZCD0019012	孝感	62阀室	2019/07/10 06:00	孝感	9877993	9884924	730	68.0	25.47	1667.79	出孝感25.3km 到62阀2019/07/11 17:28	否	0
ZCGE9219011	62阀室	武汉	2019/06/08 20:33	咸宁	3289716	3290552	0	8.5	+∞	1738.81	出62阀3.1km 本段停输	否	0
ZCD0019010	武汉	咸宁	2019/05/29 08:00	咸宁	3277005	3290552	0	18.8	+∞	1819.39	出武汉72.1km 本段停输	否	0
ZCM0019009	武汉	咸宁	2019/05/29 06:51	咸宁	3276218	3290552	0	14.6	+∞	1823.58	出武汉76.3km 本段停输	否	0
ZCD0019008	72阀室	长沙	2019/05/29 13:20	长沙	3322633	3331183	0	58.9	+∞	2027.89	出72阀45.5km 本段停输	否	0
ZCM0019007	72阀室	长沙	2019/05/29 10:30	长沙	3320588	3331183	0	48.0	+∞	2038.77	出72阀56.4km 本段停输	否	0
ZCD0019006	—长—	—沙—	2019/05/29 08:00	长沙						2086.82	界面已到	否	0

图4　成品油管道批次跟踪系统

3.4　在线仿真系统

2011年起，油气调控中心联合英国ATMOS公司建设双兰线在线仿真系统，次年竣工投用。该系统以实时SCADA数据为基础进行动态水力模拟计算，具备水力系统模拟、管线运行趋势预测、油品界面跟踪、管道现状分析等功能。由于系统建设年代较早，随着ATOMS后续版本不断升级改动，质保期后厂家维护困难，加上、系统硬件老化，中间数据库升级已经管道现场工艺变化，仿真准确性和整体功能受到较大影响，2020年列入中心搬迁升级改造项目，软硬件升级并重新组态并进行调试，使在线仿真系统重新实现较为精准的批次跟踪、趋势预测、管道水力模拟等功能。

2021年底完成升级改造，优化了实时模拟、批次跟踪、趋势预测三种功能。其中实时模拟在剔除误差较大仪表后，压力表误差控制在0.2MPa以内，流量误差控制在$20m^3/h$以内；批次跟踪引入首站油品切换阀、过站密度自动修正功能，精度误差在30min以内；在当前工况下进行趋势预测，8h沿线运行压力的误差可以控制在0.25MPa内，在综合工况下进行趋势预测，8h沿线运行压力的误差可以控制在0.4MPa以内，运行趋势基本可以满足工程需求。

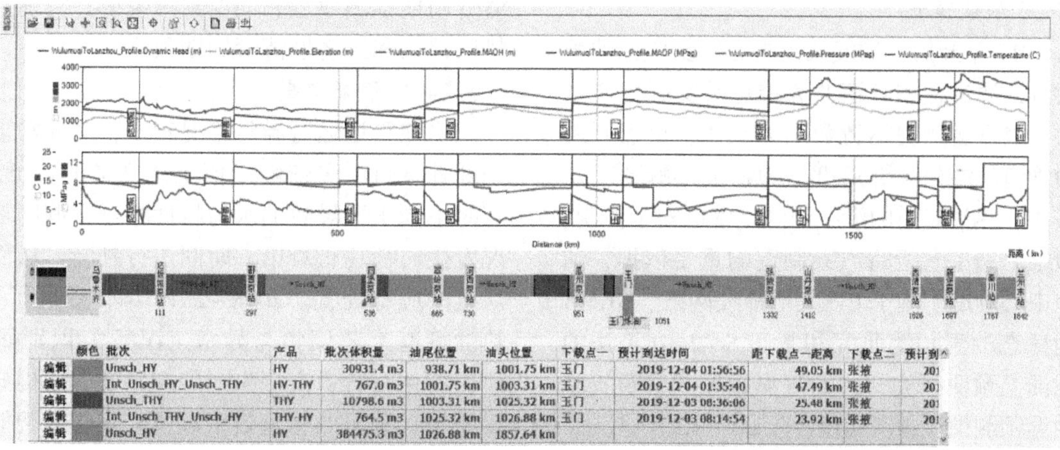

图 5　基于 Atmos 的在线仿真系统

3.5　综合数据监视系统

2012 年开始搭建综合数据应用监视系统，满足中心油气管网生产调控各层级运行管理人员的需要，目前已经完成了二期开发，利用中间数据库，汇集了 17 条一级管道的实时生产数据信息。综合数据监视系统(二期)实现了管道输送状态显示，包括管线启停、输油瞬时量、注入及分输量、库区状态等；实现了管道站场运行参数和设备运行状态的显示；实现了管道 ESD 及水击触发、启停泵、压力节流、通讯状态等汇聚显示；能够方便快捷的进行图形化的数据分析、包括数据趋势单点查询或多点对比查询、相关记录追溯查询等；实现了水力坡降图实时显示、摩阻实时显示。

4　辅助决策支撑技术

2012 年开始，油气调控中心以数据分析利用与研究为起点，结合数据挖掘、人工智能等方面的新技术，在调控运行数据分析和利用研究、参数预测与工况识别、运行优化分析、报警分析及优化、断管泄漏评价等方面不断探索技术创新，奠定了液体管道运行分析领域的优势，并不断向决策分析的智能化触及，为推进建设“调控大脑”做好了一定的技术储备。

4.1　调控运行数据分析和利用

调控运行数据分析和利用是以中间数据库、SCADA 操作日志和 PPS 数据作为数据来源，基于大数据分析技术，以及建立的规则分析引擎，对管道复杂度、调度员操作水平进行分析评价。

其中，管道复杂度评价模型将管道静态及动态数据均列入考察评价的范围内，减少动态评价分类中主观性评价项目，新增调度员操作、管道工况数量、混油切割、运行负荷等方面的可量化评价因子，确定各项评价因子的数据统计规则及分值区间，以更加真实的反映管道复杂程度，实现了模型由侧重主观评价转向侧重客观评价的整体优化过程；调度员操作评价模型设计的核心思想是通过工况操作客观数据反向了解操作实际情况，通过研究调度员操作评价模型从工作量、标准化、安全运行和优化运行四个维度进行分析，结合管道工况自动判断结果和多维度分析数据，建立七项评价因子。见图 6。

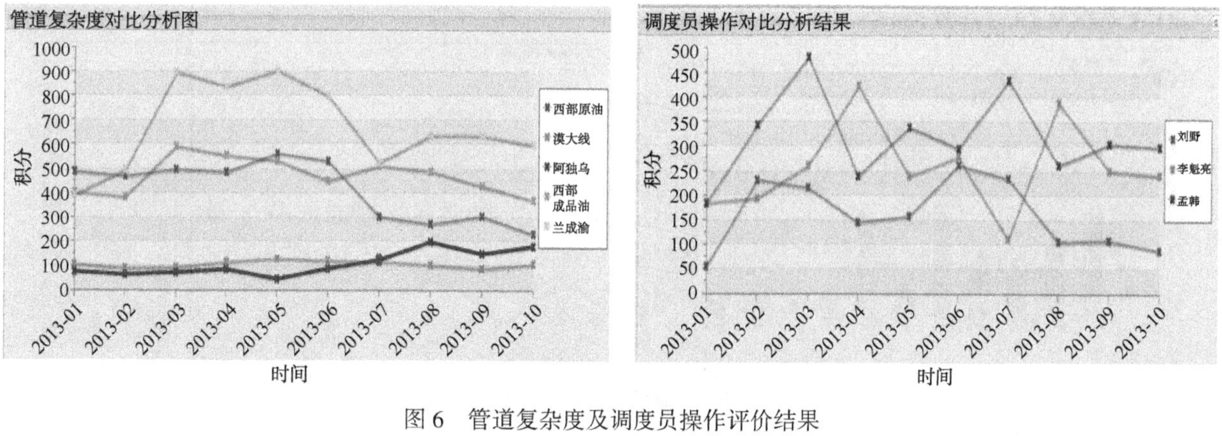

图 6　管道复杂度及调度员操作评价结果

4.2　运行参数预测

从 2017 年开始，油气调控中心以长庆原油管道为试点，通过梳理管道业务难点及实际生产业务瓶颈，以管道历史运行数据为载体，重点开展了热油管道油温预测研究和沿程摩阻预测研究。

其中，热油管道的沿线油温是管道安全控制、管道检维修、工艺运行方案制定的重要依据，油气调控中心开展了基于 BP 人工神经网络、ARMA 算法的稳态油温预测研究和基于 Seq2seq 算法的非稳态油温预测研究，并通过惠银原油管道，验证了油温预测模型预测精度小于±0.5℃。

热油管道沿线各个管段的摩阻是长周期变化数据，运行时往往难以定量评价其变化规律，很难有效指导热洗、清管、工艺调整等工作。管道清管后单位距离摩阻数据（MPa/100km）基本相同，选取管道清管后 7 天的沿线摩阻及油温数据作为样本集，通过训练验证建立惠银原油管道三个管段的标准摩阻预测模型，结合摩阻数据库、清管周期预测模型和油温预测模型，实现管道结蜡层评估和经济性清管周期预测。

4.3　工况智能识别

输油管道运行异常工况较多，对异常工况的判断处置目前多依赖于值班调度员的运行经验。有时不同工况导致的水力特性相近，调度员在工况发生时往往很难第一时间进行判断，从而制约后续的应急处置。2018～2019 年，开展了“长庆热油管道工艺调整与异常工况智能识别研究”，研究成果对管道安全生产的应急处置，提升日常操作统计分析的管理效率以及未来管道智能化控制具有重要意义。

采用基于业务专家知识的决策树模型和深度学习模型，建立液体管道工况智能识别模型。利用研究开发的工况标注工具，筛选预处理 622 条工况数据应用于模型训练测试，经验证测试工况样本 136 条，准确预测 125 条，模型准确率 91.9%。见图 7。

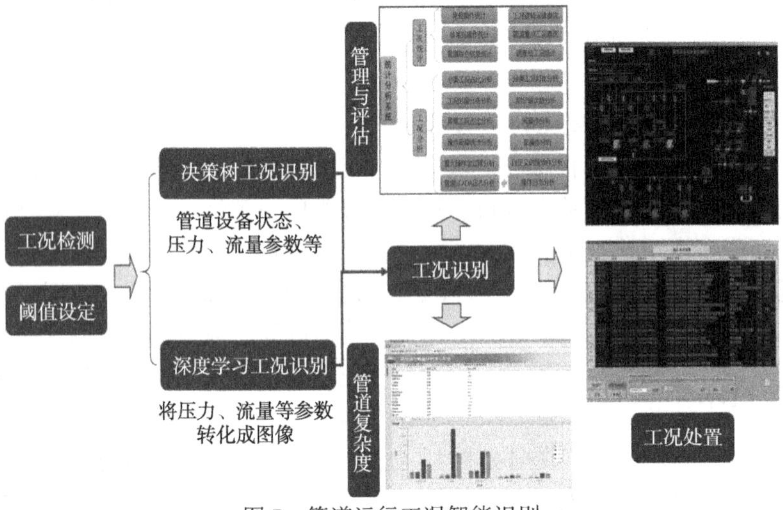

图 7　管道运行工况智能识别

4.4　运行优化分析

以能耗最优化为目标，油气调控中心原油成品油调控部基于数据挖掘方式，从 PPS 报表和 SCADA 系统选择能耗数据进行提取分析，完成典型管线能耗变化规律及泵机组综合效率分析，开发典型工况最优能耗优化软件，指导原油成品油管道调控运行优化工作。见图 8。

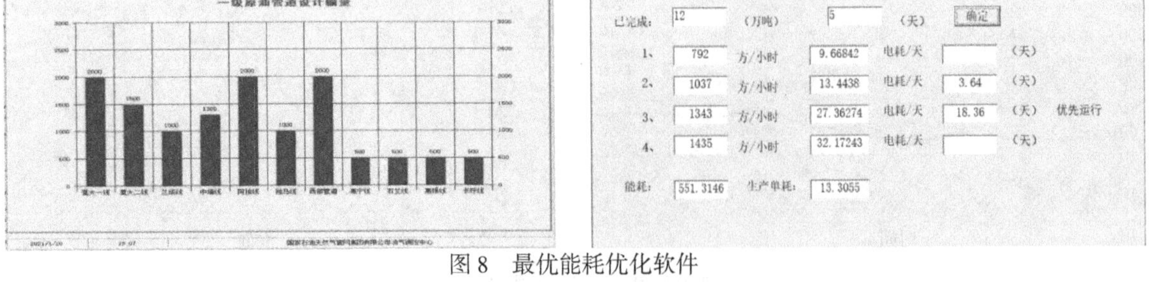

图 8　最优能耗优化软件

4.5 报警分析及优化

管道SCADA系统报警信息的精准性是未来管道智能调控的基础。自2020年起，油气调控中心开始结合业务需求，开展了对泵和阀门报警点的分类优化工作。将从SCADA系统获取的报警点表与中控远程调控的需求结合，对报警类型、等级、描述等进行划分归纳，并根据研究成果修订完善了《液体管道SCADA系统报警管理技术规定》。

利用Python编程解析日志分析，可以发现2021年液体管道的自设报警数目约为19万次，相比报警优化前2020年的23万次，下降了17%。

对于PCS国产化SCADA系统，扎实开展港枣线PCS系统报警分类及优化工程项目，按最新报警标准对SCADA报警点分级优化，增加报警KPI管理功能模块，并成功应用于调控生产，大幅提升了调度员监控管道运行的工作效率。

4.6 断管泄漏评价

2019年开始，结合大落差管道运行风险，针对中缅、兰成、兰成渝三条管道陆续开展了管道断管泄漏量分析研究，包括：编制断管泄漏计算模型及程序；收集管道精细纵断面数据，并分段逐点带入计算断管后最大泄漏量；计算分析了输油管道自由泄漏阶段泄漏量的沿管道地形的分布规律；对泄漏量分级评估，量化高危后果段，对手动阀提出改造远控建议；通过挖掘各工况下站场、阀室压力值并计算得到压降速率和压力低值，结合仿真模拟结果给出风险点的压降速率报警值和压力极低值，为断管泄漏识别和自动保护提供了依据。

断管泄漏评价研究对于汛期等自然灾害事故风险评估具有重要意义，西南管道公司根据评估开展了阀室远控改造立项工作，同时油气调控中心开展了断管泄漏自动保护试点改造立项。

5 总结与展望

近10年来，随着原油成品油管道自动化控制水平持续巩固提升，油气调控中心推动实现了主干管线、站场、关键设备系统化、标准化的全面控制逻辑改造和应用，全面远控价值得到有效发挥；充分融合新的业务需求和新技术发展，运行管理与决策辅助系统不断迭代升级，数字智能化支撑能力大幅提升，培养了一批善业务、爱钻研、勇创新的青年技术人才，踏上了智能化发展的领跑梯队，实现了典型管道在线仿真优化、批次跟踪、全线一键启停、参数预测及工况识别等技术应用典范，也积累了一定的科研创新和工程应用的实践经验。

同时也要看到，在大数据、云计算、机器学习、人工智能技术蓬勃发展的新时代，目前的发力点还主要偏向与“控”的底层夯实与系统化完善，在调控分析与决策的智能化支撑方面还有很大的技术提升空间，随着调控模式优化和业务规范化，需要进一步明确液体管道智能调控顶层设计，从软、硬件两方面着手，统筹考虑调控管理与运行监控的智能化实现路径，抓住核心领域个个击破。

（1）在生产协调管理层面，通过研发智能交互式语音系统实现调度电话AI应答；优化PPS系统，实现同源数据高效填报、展示，作业规范化流转审批等；研发调控应急支撑系统，基于典型案例库于管道基础资料库，与GIS技术相融合，使得联动相应程序更加规范化、高效化。

（2）在调控组织和运行控制层面，通过推广应用并不断完善通用型管网批次组织制定及优化软件、通用型管道运行方案制定及优化软件，提升批次计划和工艺运行方案制定的高效性和经济性；通过开发运行状态监测及预测预警系统，辅助提升调控运行的可靠性；基于标准逻辑、调控运行经验建立专家系统，辅助判断管道正常运行及异常时的状态诊断。

（3）在信息数据支撑方面，通过推广应用并不断完善通用型基于国产化PCS系统的管网批次跟踪软件，提升批次界面跟踪的准确性、标准性；通过推广应用并完善提升汽柴油关键技术指标在线监测系统，提升界面监测的准确性，并为合理控制油品进线指标提供依据；通过研发仿真及泄漏检测系统，为提升管道运行的安全性保驾护航。

总而言之，借助国家管网PPS系统建设、数字化流程建设契机，油气调控中心将深度参与需求对接和建设参与，推动建立液体调控业务标准化并向数字化和信息化转型，提高调控运行业务管理的效率和质量，减少调度系统人员在信息填报、信息查询、数据统计和运行分析等方面的工作强度，建立业务与管理数据的可视化展示，提升信息应用的智能化水平。

参 考 文 献

[1] 吴长春，左丽丽．关于中国智慧管道发展的认识与思考[J]．油气储运，2020，39(04)：361-370.

[2] 宫敬．从旁接油罐到管网联运再到智能调控——中国输油管道工艺技术50年发展回顾与展望[J]．油气储运，2020，39(08)：841-850.

[3] 陈海宏，左丽丽，吴长春．成品油管道批次计划优化方法研究进展[J]．油气储运，2020，39(10)：1103-1108.

[4] 廖绮，梁永图，张浩然等．基于深度搜索法的成品油管道调度计划自动编制[J]．油气储运，2017，36(12)：1391-1400.

[5] 廖绮，梁永图，沈允等．基于用户需求时间窗的成品油管道调度优化[J]．石油科学通报，2018，3(02)：205-214.

[6] 于阳，沈亮，李君等．成品油管道批次跟踪软件的开发与应用[J]．石油工业技术监督，2020，36(01)：49-54.

[7] 郭祎，于达，宋进舟等．国家管网体制下成品油管道批次界面跟踪技术[J]．油气储运，2023，42(06)：601-611.

[8] 于涛，展明达，张文瑄等．长输热油管道非稳态油温预测[J]．石油化工高等学校学报，2020，33(06)：71-78.

[9] 于涛，孙法峰，沈亮等．高含蜡原油管道沿线摩阻分析[J]．石油规划设计，2015，26(02)：7-10.

长输天然气管道燃驱压缩机站场远程一键启站研究与应用

刘松林 邱昌胜 叶建军 康 勇

（中油国际管道公司）

摘 要 结合中亚天然气管道哈萨克斯坦境内管道SCADA控制系统、燃气发电机组控制系统、压缩机组控制系统控制模式，从技术层面详细描述了长输天然气管道燃驱压缩机站场远程一键启站技术方案的制定和实际实施过程，实现长输天然气管道调控中心远程一键启站，包含实现远程控制压缩机启停、压缩机组负荷自动分配、输气流程自动导通等功能。实施远程一键启站主要从压缩机组负载分配逻辑优化、输气流程自动导通、压缩机按需顺序启动、压缩机组关键参数远传等四个方面进行技术方案研究和制定。一键启站有效地将输气流程自动导通、过滤器区自动判堵切换、空冷器区根据温度自动启停散热风机、燃气发电机组预功率设定、燃气发电机组假负载自动增减、燃气发电机组自动增退机及轻故障预判自动切机、压缩机组防喘曲线在远程HMI绘制显示、压缩机组报警信息远传、压缩机组启机流程远程跟踪、压缩机组远程启停、压缩机组负荷分配等功能结合起来，实现各相关流程有效衔接。通过优化后的控制逻辑实现一键启站并按需自动加压输送天然气，使压缩机机组根据进出站压力设定值进行转速自动调节及自动进行负载分配，提高了压缩机组工作效率、优化压缩机组性能、减少自耗气消耗、减少人工干预、增强设备容错能力、提高设备稳定性保证了全线输气的平稳性。

关键词 天然气管道；燃驱压缩机组；负载分配；防喘曲线；远程调控；一键启站

长输天然气管道的特点是运行距离长，管道敷设的地理条件复杂，站点也比较分散。目前中哈气项目AB/C线共有13座压气站(7座RR站场，6座GE站场)，站场设备长期处于就地手动控制模式。比如压缩机组的控制方式为就地手动控制，站场根据调控中心电话指令对压缩机组手动调整转速；站场工艺阀门处于手动控制模式，未投用自动连锁控制功能；站场燃气发电机组处于单体控制模式，不能根据轻故障预判自动切机等。随着站场控制水平提升的大趋势，需要将站场各设备自动功能进行优化并投用；基于远程调控需求，要将站场关键设备参数上传到远程调控中心供监控；远程一键启站需将站场具备自动控制功能的设备有效衔接起来并通过远程终端进行有效监控。

1 远程一键启站方案论证

长输天然气管道的调控中心远程控制首先需要实现管道各运行站点设备进行远程控制，能够实现在调控中心对压缩机组的启停、阀门的开关、风扇的开启等进行远程操作，同时还需要能够及时的获得工艺和设备运行参数以及报警信息，以便保证生产的安全平稳运行，并可以及时优化调整管道运行模式，提高管道的运行效率。调控中心负责全线设备和工艺运行参数的数据收集，并对现场运行设备进行远程操作，实现对整个管道运行的监控。在设备远控基础上，通过逻辑优化使各设备自动运行、各设备根据流程设定步骤顺序自动进行开关及启停动作、调控中心有效监控站场设备参数。

1.1 压缩机组负载分配逻辑优化方案

打通压缩机组本体之间及压缩机组与SCADA系统之间通讯连接，一些机组重要运行参数必须上传到SCADA系统中，对于压缩机组的控制信号，比如压缩机启停命令、转速升降命令、出入口压力设定值、机组负载值等，必须用硬接线的方式实现SCADA系统与机组控制系统的接口。采用压缩机组负荷等距原理进行负荷分配，采用进出站压力设定值参数进行PID体自动调整控制；对于压缩机组手自动切换实现无饶切换，保证机组转速平稳；对于出站压力PID调节模式，PID调节时要平缓，压力传导有滞后情况，防止出现压力调整过快造成出站压力高高报连锁停机；对于压力调整及负荷分配受控值要设定合理死区区间，防止压缩机频繁调整转速；压缩机组压力模式和负载调整模式之间要有效隔离，防止出现作用不受控叠加情况；根据工艺需求，采取优先调整进出站压力再调整负荷的方案，解决机组进出站压力调节缓慢问题，实现机组按照压力调节要求快速反应、平稳优化运行。

1.2　输气流程自动导通方案

采取顺序控制流程方式进行流程导通。主要从越站流程转到正输流程。执行过程的前提是站场无火气、ESD 及影响站场安全报警信号。燃气发电机组根据设定启机预功率自动调整功率并根据轻故障预判自动切机，从电力供应方面提供保障。流程导通方面主要是站内越站阀打开、站内管线充压、过滤器区自动判堵功能投用、空冷器根据温度自动投用冬季或夏季模式、站内平压后自动关闭越站阀等。执行过程中每步根据实际操作经验设定超时时间，保证控制逻辑严谨性及设备本体安全。

1.3　压缩机组按需顺序自动启动方案

正输流程导通后自动进行加压流程。加压流程是输气站场的关键流程，需要压缩机组自动顺序启动并加载，根据进出站压力设定值在 PLC 控制系统自动运算，取输出值低的 PID 体对压缩机组转速自动调整并在压力调整到位后自动进行压缩机组负荷分配。

远程调度人员应根据机组性能工况、累积运行时间及机组错峰保养需求等情况设定启动优先级，压缩机组优先级可设定 1，2，3…，其中 1 为最高优先级，该机组优先启动。根据输量及仿真系统计算结果设定总启机台数。例如设定总启机台数为 1 时，优先级为 1 的压缩机组启动，启机成功则逻辑执行完毕，否则继续启动优先级为 2 的压缩机组，直到启机成功，在尝试启动所有优先级设定的机组后，启机均失败，则提示启站失败，逻辑执行完毕。

1.4　压缩机组关键参数远传方案

远程调控中心在远程控制时需全面了解掌握压缩机组的工作状态。压缩机组有 OPC 服务器，SCADA 系统可以直接通过 OPC 服务器读取压缩机数据。需要在远程监控平台 HMI 上进行画面开发，如压缩机组工况点位置、防喘曲线、压缩机组启机前条件准备情况、压缩机启机过程及步骤时间等画面。在 HMI 新增显示界面能保证远程调度人员对压缩机组工况状态可视化掌握，更加有效远程调控全线压缩机组，使压缩机组可靠高效运行，提高全线输气效率。

2　远程一键启站方案的应用

中亚天然气管道哈萨克斯坦国境内单管长 1300 多公里，有 AB 线和 C 线三条管道组成，总共有 13 座压缩机站、2 座计量站和 184 座截断阀室组成，调控中心位于阿拉木图市，负责全线管道的生产运行监控。由于哈国的管道运行环境，在运行初期，调控中心只负责管道全线的运行数据采集和监视，站场负责生产运行控制和临近阀室的监控。为了实现世界一流水平管道建设要求，管道运行实现“站控”转“中控”模式，完成中亚天然气管道哈萨克斯坦境内远程控制要求和“远程控制，无人操作，有人值守”的先进管理模式，中亚天然气管道哈国项目结合国内外天然气管道远程一键启站的先进技术和运行经验，制定了一套科学可行的方案并在试点站得到了实际应用。

2.1　压缩机组负载分配逻辑优化

中哈天然气管道项目在 AB/C 线管道建设期间，OEM 厂家未对机组负载分配逻辑进行调试。机组不具备远程启停功能，原有负载分配逻辑在测试时出现手自动切换有扰动导致压缩机转速不可控、负载分配和压力调节模式叠加干扰机组转速不可控及受控参数死区区间设定不合理造成机组频繁调整转速等情况。

基于以上问题，自主优化控制逻辑程序，在 2023 年 1 月份完成了全线 AB/C 线 13 个压气站场压缩机组负载分配逻辑的优化工作，完成验收。同时选取 CS6 站做为压缩机组负载分配功能投用试点站场，截至目前压缩机组根据远程调控中心设定的进出站压力设定值自动调整转速，使压缩机组在最佳工作区间运行。减少了人工手动干预，使压缩机组可靠高效运行，提高全线输气效率，达到预期目标。计划今年将全线站场转至远程控制模式，实现全线压缩机组统一调配。

2.2　输气流程自动导通

根据输气流程导通原理，选取 CCS3 站为试点站进行远程一键启站功能开发。主要在 PLC 下位机进行编程，利用顺控 SFC 编程语言进行编程(如图 1)，实现按照工艺需求及流程规范在远程按下一键启站后，由越站流程转为正输流程、过滤器投用判堵自动切换支路功能、空冷器根据季节自动选择冬夏季模式自动支路导通、发电机组预功率自动投用等。相关顺序逻辑如图 2 所示，在图二基础上有效与工艺管线流程图结合起来(如图 3)，将全站工艺设备在一个 HMI 界面上进行显示及操作，并用箭头指示闪烁方式提示当前一键启站流程节点步骤。

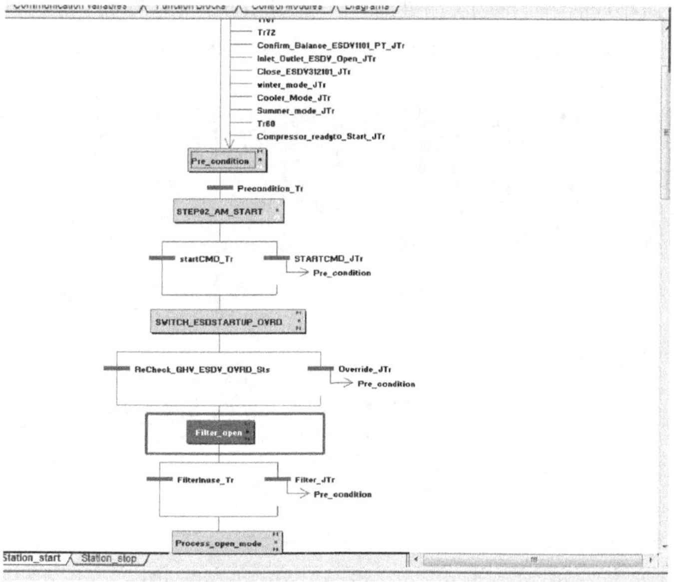

图 1　一键启站 PLC 系统 SFC 顺序控制语言编程

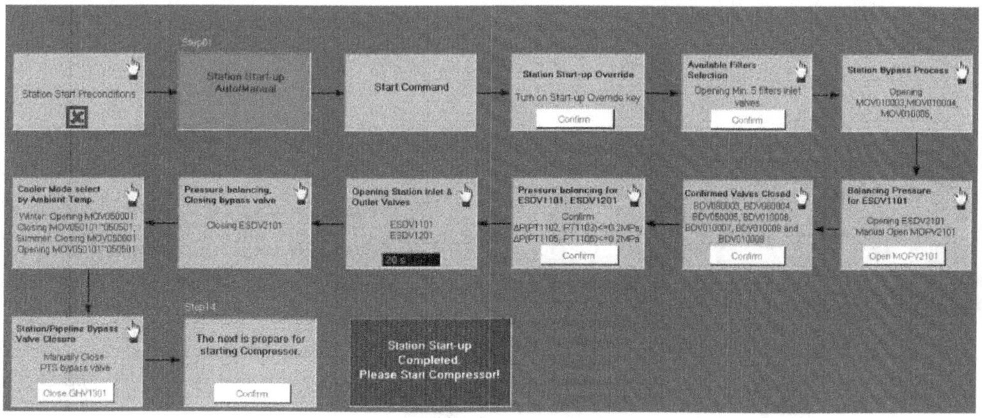

图 2　一键启站流程导通

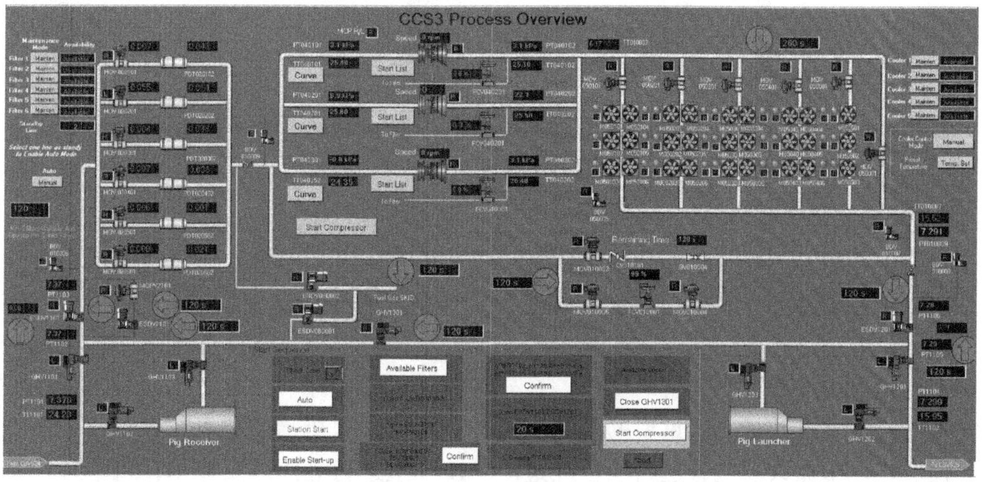

图 3　一键启站流程总览图

2.3 压缩机组按需顺序自动启动

压缩机组根据设定优先级及总启机台数顺序启动直到按需完成机组总台数启动，否则提示启动失败，程序逻辑跳转到顺序控制开头以备处理完设备故障后顺序启动流程再次激活。图 4 是压缩机组优先级及总启动台数设定界面。压缩机组启动成功后，根据设备的进出站压力设定值进行压力调节和负载分配调节。图 5 是远程 HMI 设定进出站压力界面，该界面亦可对压缩机组手动转速调整，手动启停、参数监视等。

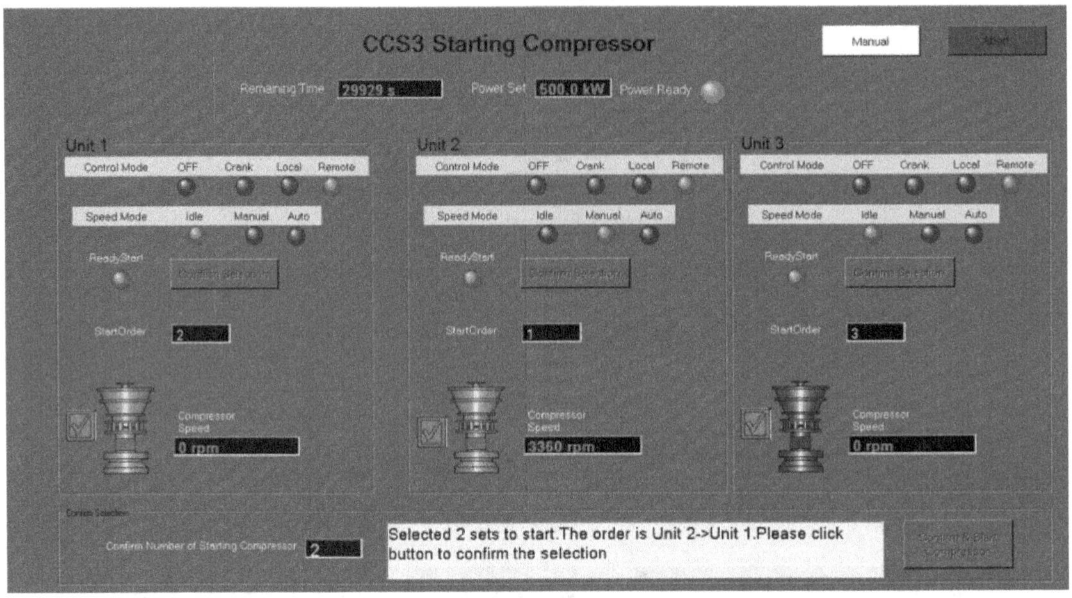

图 4　压缩机组优先级及总启动台数设定界面

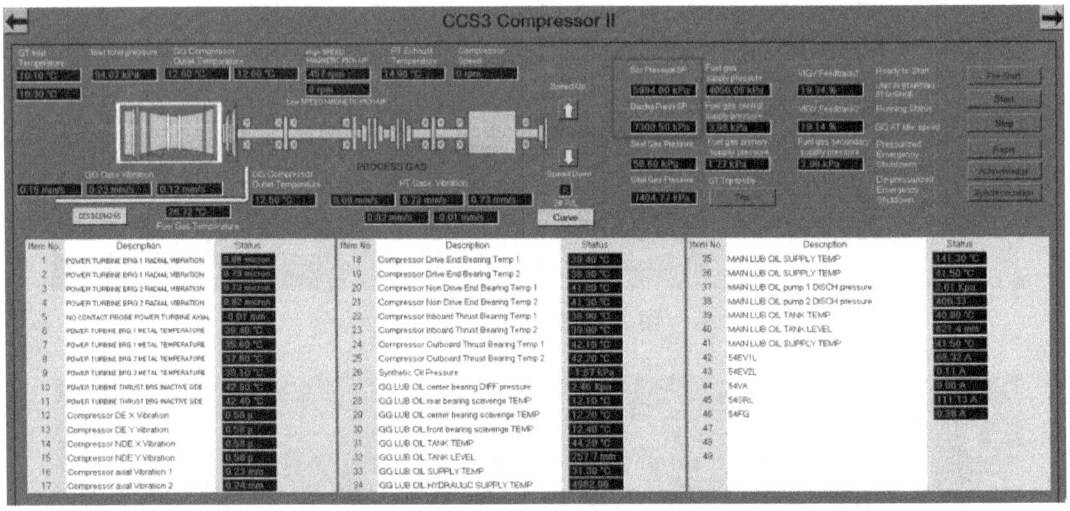

图 5　远程 HMI 设定进出站压力界面

2.4 压缩机组关键参数远传

为了在调控中心能够更好的监控现场设备的运行状态，需要对各设备本身的控制系统的数据和通信接口进行扩展，如果无法实现重要数据的上传，调控中心就无法实现远程设备的操作。在长输天然气管道的压缩机站场，最重要的就是压缩机组的远程操作。中亚天然气管道哈项目经过技术攻关，完成了压缩机组综合监控平台，实现了压缩机组全部参数上传到调控中心。例如通过 C#编程语言将压缩机组防喘曲线及工况点在远程 HMI 上进行绘制(如图 6)并将全线机组防喘曲线集中显示(如图 7)，方便调度人员集中查看；将压缩机启机流程节点及所用时间在远程 HMI 上进行界面开发显示(如图 8)。

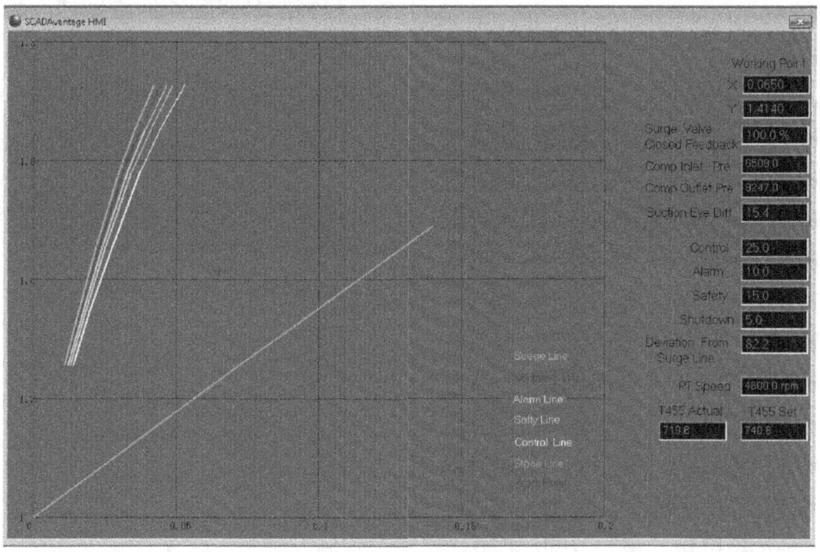

图 6　远程 HMI 开发的压缩机组单机防喘曲线

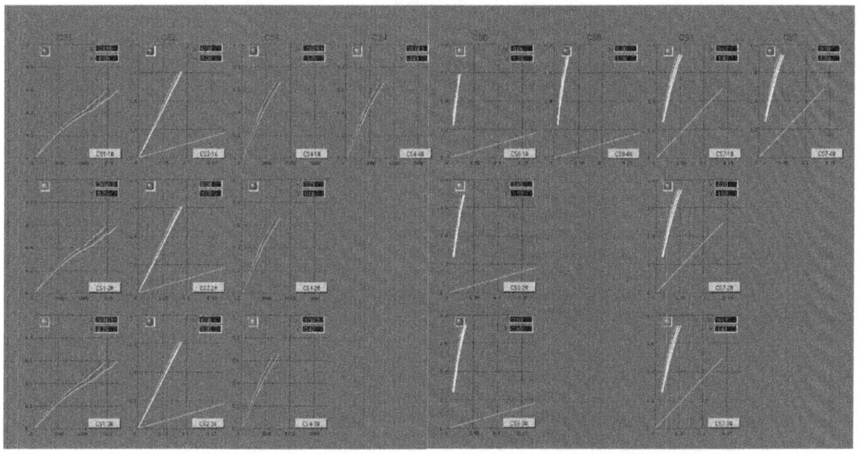

图 7　远程 HMI 开发的全线压缩机组防喘曲线总览图

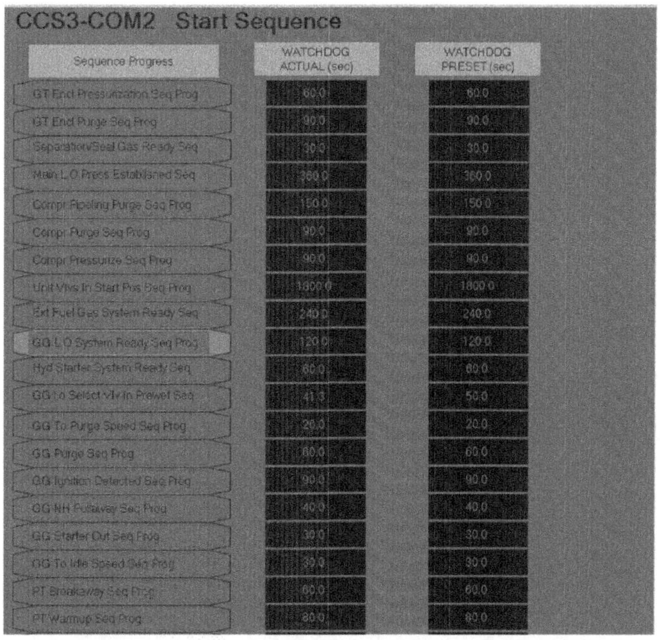

图 8　远程 HMI 开发的压缩机组启机流程节点图

3　结束语

长输天然气管道实现远程一键启站是一种先进的管理模式，借助于当前的信息化技术等技术方案，是完全可以实现的长输天然气管道的一种运行管理方式，也是强化管道建设运行管理水平提升，从专业化能力上保障按期建成世界一流水平国际化管道的要求。

中亚天然气管道哈萨克斯坦项目经过前期的技术方案研究和技术改造，已经实现了部分站场的远程中心控制，实现试点站场 CCS3 站一键启站测试。在实施中的一些技术方案和经验也值得其他项目借鉴。如果要实现远程一键启站控制，SCADA 系统、现场压缩机组、燃气发电机组等设备必须满足远程自动控制技术要求，现场工艺信息传达必须能够准确及时，其次对于人员素质也有一定的要求，调控中心人员必须能够掌握压缩机组等运行特性和操作流程。

参 考 文 献

[1] 王振声 董红军 张世斌 等．天然气管道压气站一键启停站控制技术[J]．油气储运，2019，38(09)：1029-1034.[doi：10.6047/j.issn.1000-8241.2019.09.010]

[2] 张世斌 赵国辉 张舒．盖州压气站站控系统与压缩机组控制系统的融合[J]．油气储运，2020，39(09)：1026 - 1030.[doi：10.6047/j.issn.1000 - 8241.2020.09.009]

[3] 王怀义，杨喜良．长输天然气管道压缩机组远程控制系统设计[J]．油气储运，2016，35(12)：1360-1364.

双碳目标下陕京管网系统节能减排优化实践

王泽鑫[1] 虞维超[1] 杜世勇[2] 林聿明[1] 石峰[1] 郈军[1] 侯本权[1]

(1. 国家石油天然气管网集团有限公司油气调控中心；2. 国家石油天然气管网集团有限公司北京管道有限公司)

摘　要　实现“双碳”目标，既涉及能源结构的优化调整，又涉及能源利用效率的提升与化石能源使用规模的减量，还与节能等减碳技术的发展应用密切相关。通过节能减排降耗持续提高能效、降低碳排放量，是实现“双碳”目标的一个重要抓手。油气长输管道是国家管网集团节能降耗减排的主战场。陕京管网系统作为国家管网集团“全国一张网”的重要组成成分，2022年能耗占比国家管网全管网能耗约8.1%。开展陕京管网系统节能减排优化研究，加强生产运行用能管理，降低能耗成本，对夯实国家管网集团高质量内涵式发展根基具有重要意义。本文首先分析影响陕京管网系统能耗的主要因素和关键控制点，确定陕京管网系统节能降耗方向和生产运行约束，以管输能耗最小为目标函数，构建陕京管网系统运行优化模型，采用动态规划算法对优化模型进行求解。进一步将优化模型应用于陕京管网系统实际生产中，从优化机组运行和工艺流程两个维度开展节能优化实践，从优化动火作业放空和机组停机放空开展减排优化实践，2023年陕京管网系统节省能耗费用约7000万元，减少天然气放空约220万方，显著降低了陕京管网系统能耗成本并减少了天然气放空量。

关键词　陕京管网；节能；减排；运行优化；甲烷排放

1　前言

《中共中央、国务院关于完整准确全面贯彻新发展理念做好碳达峰碳中和工作的意见》指出，要加快构建清洁低碳安全高效能源体系，强化能源消费强度和总量双控，加强甲烷等非二氧化碳温室气体管控，大幅提升能源利用效率，严格控制化石能源消费，积极发展非化石能源，深化能源体制机制改革。“双碳”发展战略为国家石油天然气管网集团有限公司(以下简称国家管网集团)的价值创造指明新方向。

节能、减排、降本增效既是响应国家及有关部委总体要求，实现“十四五”时期中央企业节能、降碳、环保总体目标，又是关系到厚植集团公司高质量发展和打造世界一流企业和经营创效发展的根基和基础。2023年国家管网集团面临着用能总量增加、电价上涨成本上升、碳减排压力增大等诸多挑战。油气长输管道是国家管网集团节能、减排、降耗的主战场，重点节能减排降耗工作要从油气管网及设施优化运行、重点用能设备设施节能管理、用能成本控制策略优化、生产过程管控降低损耗、深化节能技措和能源综合利用等17项管控措施着手，最大程度节能减排、降耗减损、挖潜增效。

陕京天然气管网系统(以下简称陕京管网系统)是国家管网集团“全国一张网”的重要组成成分，位置特殊，责任重大，北京市超过95%的天然气由陕京管网系统输送。随着北京市及周边地区用气需求的持续增加，陕京管网系统不断扩建，从最初的单管线、单气源已发展为包括四条主干管线、多条支干管线和多气源的天然气输送管网系统。据统计，2022年度陕京管网系统能耗占比国家管网全管网能耗约8.1%。陕京管网系统位于管输中间环节，承担着为北京地区、华北地区输气的重任，机组数量多、运行负荷高、启机时间长，其能耗高、天然气放空量大，节能降耗减排潜力大。

基于此，有必要针对陕京管网系统生产运行现状，分析现阶段影响能耗的主要因素，开展陕京管网系统节能减排优化研究，降低陕京管网系统能耗成本并减少甲烷排放，实现陕京管网系统生产运行用能管理高效管理，助力国家管网集团高质量内涵式发展。

2　陕京管网系统运行优化模型

2.1　陕京管网系统各管道运行情况

陕京管网系统由陕京一线、二线、三线、四线、永唐秦管道5条输气干线管道和储气库配套管道组成，如图 1 所示。

陕京一线包括一条干线(陕京一线干线)和一条支线(琉璃河-永清支线管道)。陕京一线管道于 1997 年 9 月 10 日投产，起点是陕西省靖边站，终点是北京市石景山站。管道全长 928km，设计输量 33 亿方/年(2003 年增压扩容改造)，设计压力 6.4MPa，管径 660mm。

陕京二线包括一条干线(陕京二线干线)，连接两座储气库(陕 224 储气库和苏桥储气库)。陕京二线管道于 2005 年 7 月 20 日投产，起点是陕西榆林站，终点是北京通州东站。管道全长 992km，设计输量 170 亿方/年(2009 年增输改造)，设计压力 10MPa，管径 1016mm。

陕京三线于 2010 年 12 月 8 日投产，起点是陕西榆林站，终点是北京西沙屯站。管道全长 982km，设计输量 150 亿方/年，设计压力 10MPa，管径 1016 毫米。陕京二线和三线管道在 13#阀室以东并列铺设，有四座合建站(阳曲、石家庄、安平、永清)，以及四座跨接阀室(二、三线 13#、二线 20#和三线 21#、二、三线 24#、二线任丘站和三线 34#)。

陕京四线包括三条管道(陕京四线干线、大唐煤制气管道和宝香西管道)。陕京四线管道干线于 2017 年 10 月 30 日投产，起点是陕西靖边站，终点是北京高丽营站。管道全长 1302 千米，靖边-延庆段设计压力 12MPa，延庆-高丽营段设计压力 10MPa，管径 1219mm，设计输量 298 亿方/年。

永唐秦管道包括一条干线(永唐秦管道干线)和一条支线(压缩机维检修中心配套管道)。永唐秦管道干线于 2009 年 6 月 6 日投产，起点是河北永清站，终点是河北秦皇岛站。管道全长 308km，设计输量 90 亿方/年，设计压力 10MPa，管径 1016mm。

储气库配套管道包括六条管道(港清线、港清复线、港清三线、永京线、小卞庄-汪庄子支线、永清-京 58 支线)，并连接三座储气库(大港储气库、华北储气库、板南储气库)。如图 1 所示。

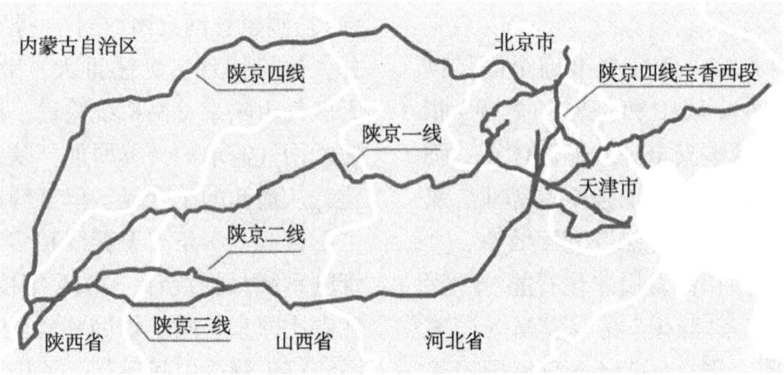

图 1　陕京管网系统示意图

2.2　影响陕京管网能耗的主要因素

本文通过分析 2021~2022 年陕京管网系统各月输量、管存、首站进气压力、生产单耗等数据，确定可能影响陕京管网系统的因素有管存、输量、首站进站压力等，从而明确陕京管网系统节能降耗方向和运行优化模型的决策变量。

(1) 管存对单耗影响分析

如图 2 所示，陕京管网系统各月管存的增减与单耗的增减成反比关系。当管存处于高位时，单耗相对较低，当管存处于低位时，单耗相对较高。图 3 是选取了管存变化较大的一个月份进行单独分析。由图 3 可知，管存与单耗的关系更为明显，单耗与管存的峰谷值几乎一一对应。因此通过调整陕京管网系统管存使其处于相对高位管存运行，可以有效降低陕京管网系统的单耗。

(2) 输量对单耗影响分析

现阶段陕京管网系统主要输送气量构成为长庆气田进气、大唐煤制气进气、转供陕京系统的西二三线来气、唐山 LNG 进气、通过永唐秦管道与中俄东线转供陕京系统的俄气。如图 4 所示的陕京管网系统单耗与输量关系图可知，陕京管网系统输量季节性的变化较为明显，冬季输量高，夏季输量低。陕京管网系统的单耗整体上随着输量的增长而增加，随着输量的下降而降低。

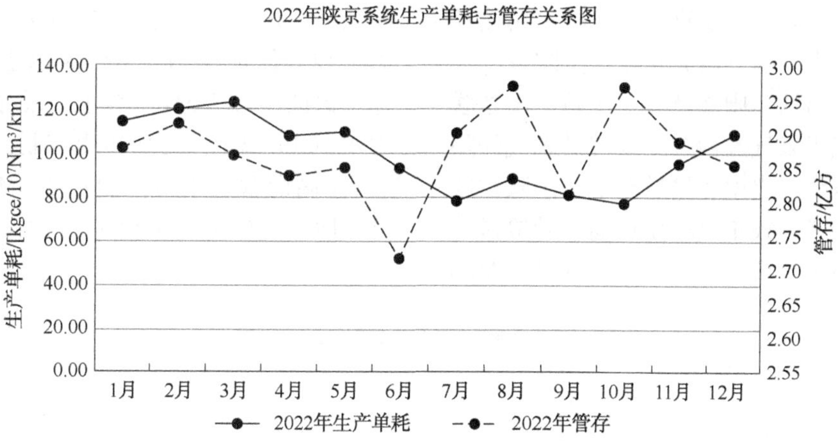

图 2　2022 年度陕京管网系统单耗与管存关系图

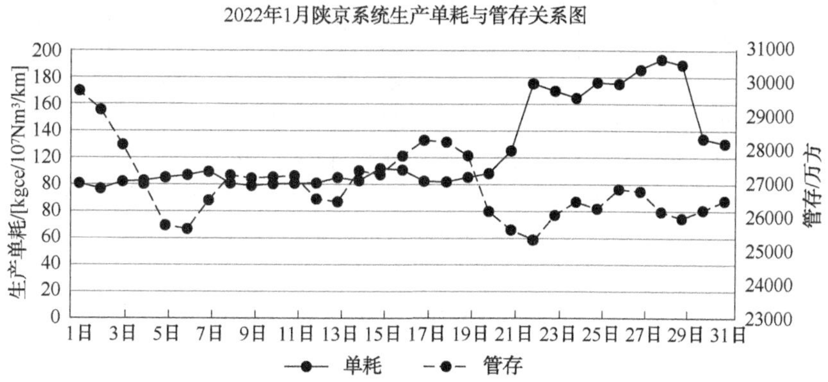

图 3　2022 年 1 月陕京管网系统单耗与管存关系图

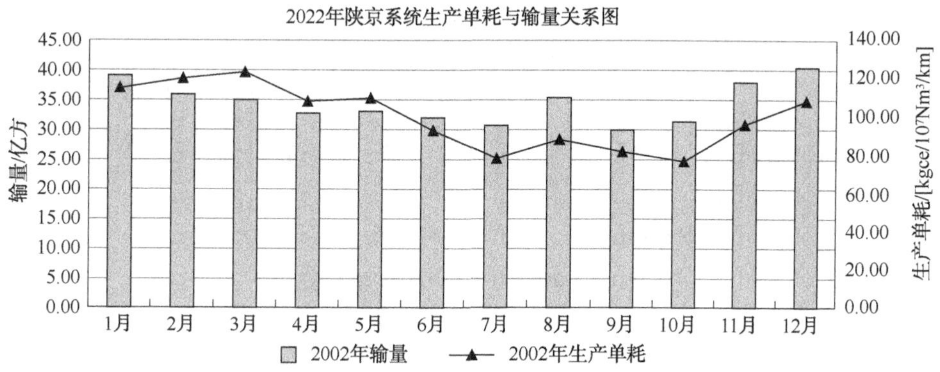

图 4　2022 年度陕京管网系统单耗与输量关系图

（3）首站进站压力对单耗影响分析

首站一般指的是主力气源接气站场，陕京管网系统的首站有两个，分别为陕京二三线首站榆林站与陕京四线首站红墩界站。如图 5 和图 6 所示，首站进站压力与单耗成反比关系。但是在陕京管网系统管道实际运行过程中，榆林首站运行压力一般控制在 3.9MPa 至 4.2MPa 之间，波动区间窄。陕京二线 A 阀室与陕京四线流程的导通会导致红墩界不定期启机，进站压力频繁变化。故在实际运行中，在不影响输量的前提下，榆林站压力按照不低于 4.1MPa 控制，红墩界站压力应尽可能提高。

2.3　生产运行工况及关键控制点分析

通过分析陕京管网系统常规生产运行工况和关键控制点，可以明确陕京管网系统的生产运行约束，从而构建陕京管网系统运行优化模型的约束条件。

常规生产运行工况为陕京一线榆林出站接长庆或西二三转供来气向下游光管输送。陕京二线和三线在榆林站出站、阳曲及石家庄站进出站联通运行，长庆气田来气及西二三线转供来气经陕京二三线榆林压缩机组增压输送至下游。陕京四线接西三线中靖联络线来气增压后向下游输送。

关键控制点为长庆进气压力控制在 4.2 MPa 以下。唐山 LNG 外输压力控制在 5.5~8.4MPa。陕京一线压力控制在 4.5 MPa 以下。安平转供冀宁线，保证压力 7.8MPa 以上，安平转鄂安沧，保证压力 7.5MPa 以上。北京各门站保证压力 4.5MPa 以上。延庆压力控制在 9.2MPa 以下。大唐-高丽营段压力控制在 6.9MPa 以下。苏桥储气库压力控制在 8.5MPa 以下。

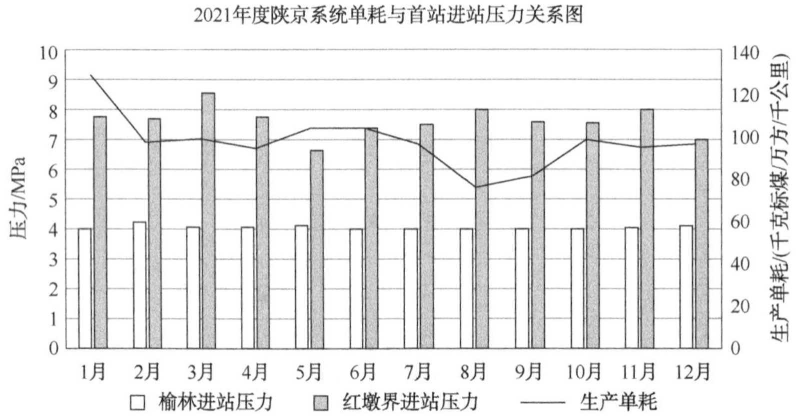

图 5　2021 年度陕京系统单耗与输量关系图

图 6　2022 年度陕京系统单耗与输量关系图

2.4　陕京管网系统运行优化模型构建

基于陕京管网系统能耗的主要因素和生产运行工况及关键控制点分析结果，本文确定了陕京管网系统运行优化模型的决策变量和约束条件，从而构造如下式所示的陕京管网稳态运行优化模型。本文将天然气管网视为图论中的有向加权图，$G=(V, E)$，其中 V 代表图中节点，E 代表图中弧，每条弧$(u, v)\in E$ 均有一非负的管输能力。天然气管网系统中气源、储气库、LNG 接收站视为源节点，各需求点视为汇节点，压缩机站视为一般节点，天然气管道则视为包含管输能力约束的网络弧。

(1) 目标函数

通常以陕京管网系统总能耗最小作为优化目标，数学模型如下式所示：

$$\min F = \sum_{i=1}^{n_g} Q_{\mathrm{self,\ i}} \cdot P^{\mathrm{gas}} + \sum_{j=1}^{n_e} I_{\mathrm{self,\ j}} \cdot P^{\mathrm{e}} \quad (1)$$

式中，$Q_{\mathrm{self,i}}$为第 i 个燃驱压气站的耗气量，m^3；P_{gas} 为天然气价格，元/m^3；n_g 为燃驱压气站数目；$I_{\mathrm{self,j}}$ 为第 j 个电驱压气站的耗气量，kWh；P^{e} 为电价，元/kWh；n_e 为燃驱压气站数目。

（2）约束条件

管道运行需要满足管网流量约束、管网压力约束和水热力约束，具体如下所示。

① 管道水力约束

对于任意管段，各管段起点和终点压力与管段流量关系如下式所示：

$$q=\sqrt{\frac{C_0^2D^5(P_q^2-P_z^2)}{\lambda Z\Delta\cdot TL}} \quad (2)$$

式中，q 为管道输量，$10^6m^3/d$；P_q 和 P_z 分别为管道起点和终点压力，MPa；λ 为水力摩阻系数、Z 为天然气在管输条件下的压缩因子，Δ_* 天然气的相对密度，T 为输气温度，K；L 输气管道计算段长度，km；D 为输气管内径，m；C_0 为常数，其值随各参数单位而定。

② 管道压力约束：

对于管道第 i 个节点，其压力满足如下约束。

$$P_{i,\min}\leqslant P_i\leqslant P_{i,\max} \quad (3)$$

式中，P_i 为第 i 个节点的压力，$P_{i,\min}$ 和 $P_{i,\max}$ 分别为第 i 个节点压力的上下限，MPa。

需要指出的是，压缩机站和调节阀站上下游节点除需满足上式所示节点压力约束外，还需要满足其上下游压力约束。

第 i 个压缩机站上下游压力约束如下所示。

$$P_{c_i,\text{lower}}\leqslant P_{c_i,1}\leqslant P_{c_i,2}\leqslant P_{c_i,\text{upper}} \quad (4)$$

式中 $P_{c_i,1}$、$P_{c_i,2}$、$P_{c_i,\text{lower}}$、$P_{c_i,\text{upper}}$ 分别是第 i 个压缩机站上游压力、下游压力、上游压力限制和下游压力限制。

第 i 个压缩机站的压比如下所示。

$$\varepsilon_i=\frac{P_{c_i,2}}{P_{c_i,1}} \quad (5)$$

式中，ε_i 分别是第 i 个压缩机站的压比。

第 i 个调节阀上下游压力约束如下所示。

$$P_{r_i,1}\geqslant P_{r_i,2} \quad (6)$$

$$P_{r_i,\text{lower}}\leqslant P_{r_i,2}\leqslant P_{r_i,\text{upper}} \quad (7)$$

式中，$P_{r_i,1}$、$P_{r_i,2}$、$P_{r_i,\text{lower}}$、$P_{r_i,\text{upper}}$ 分别为第 i 个调节阀上游压力、下游压力、下游压力下限和下游压力上限。

③ 管道流量约束：

进入节点的流量之和等于离开的流量之和。

$$\sum_{(i,\ j)\in E}q_{ij}-\sum_{(j,\ l)\in E}q_{jl}=0\quad \forall i,\ j\in V \quad (8)$$

式中，q_{ij} 表示第 i 节点到第 j 节点的流量；$(i,\ j)$ 和 $(j,\ l)$ 分别表示节点 i 到节点 j 之间的管道和节点 j 到节点 l 之间的管道；V 为节点集合，E 为管道集合。

④ 压缩机站耗能约束

对于第 i 座任意燃驱压缩机站，离心式压缩机压缩天然气所需能耗如下所示：

$$H_o=\frac{k}{k-1}\frac{Z_1+Z_2}{2}RT_1Q\rho(\varepsilon_p^{\frac{m-1}{m}}-1) \quad (9)$$

式中，H_o 为压缩机能头，J；k 为比热比；Z_1 和 Z_2 分别是吸入侧和排出侧的压缩因子；R 是气体常数；T_1 是吸入侧气体温度，K；Q 是压缩机站体积流量，m^3/day，ρ 是气体密度，kg/m^3，ε_i 是压比；P_2 和 P_1 分别是吸入侧和排出侧的压力，Pa，m 是等熵指数。

对于燃驱压缩机组，其自耗气量为：

$$Q_{\text{self},i}=\frac{H_o}{eff_1\cdot M} \quad (10)$$

式中，eff_1 为燃驱压缩机的效率，M 为天然气热值，一般取 35.6MJ/m^3。

对于电驱压缩机组，其耗电量为：

$$I_{\text{self},i}=\frac{H_o}{eff_2} \quad (11)$$

需要指出的是，上式中量纲需要换算。

（3）决策变量

基于2.2节所述，优化变量可简化成压气站的出站压力和各管道输量。

（4）求解算法

长输管道运行优化数学模型中约束条件既含有等式约束又含有不等式约束、既含线性约束又含有高度非线性约束，而且都包含整数约束。约束条件组成的可行域都为非凸集，属于混合整数非线性规划问题，具有较高的求解难度。各国学者均在深入研究快速、高效的求解方案，并取得了一些成果。本文采用动态规划算法对优化模型进行求解，其具有能够快速、有效解决稳态运行优化数学模型的特点。该算法主要包括4个阶段："确定状态空间"、"站间递推"、"站内递推"、"算法回溯"四部分。

3　陕京管网系统节能减排优化实践

3.1　节能优化实践

（1）机组配置优化

根据仿真模拟测算结果，结合陕京系统多年实际运行经验，陕京系统现有机组在运行配置上已经过多次优化研究，现有的输量台阶及启机方案几近最优。

本研究进一步应用陕京管网系统运行优化模型对陕京管网系统机组配置进行优化。当陕京四线输量低于4000万方/天时，可以只启红墩界1台机组运行，通过控制管存和末端压力，保持四线最优输量，延迟下游机组启机时间，进而减少陕京四线能耗；当陕京四线输量在4300~4700万方/天时，可以通过启鄂尔多斯单站2台机组，替代红墩界、托克托站机组配置，降低陕京四线整体能耗；当榆林压气站进气量超过6000万方/天时，需启5台机组，但可根据压缩机入口压力变化情况，结合运行需要动态调整机组配置，在满足输量的情况下减少机组运行台次进而节省系统能耗。

（2）工艺流程优化

本研究进一步应用陕京管网系统运行优化模型对陕京管网系统工艺流程进行优化。具体包括：1）持续开启陕京二线转陕京四线流程，当中卫转供陕京系统气量在5000~8000万方/天区间内，将部分气量通过西二线中靖联络线（光管输送能力3000万方/天）靖边站向陕京二线转供，再通过陕京二线A阀室转入陕京四线红墩界站。该操作可以避免启西三线中靖联络线盐池站机组，从而降低系统总能耗。当西二三线来气通过西二线中靖联络线向陕京系统榆林站供气，且转供气量在600~1200万方/天时，榆林站需要增启一台电驱机组，将该部分气量通过A阀室转入陕京四线红墩界站，可以不用增启榆林站机组节省能耗。2）通过截断陕京二三线局部区域降低系统能耗。在导通陕京二线A阀室与陕京四线红墩界站流程的前提下，调整永清站内陕京二三线来气只转供港清线、港清复线，同时保证安平压力不低于7.8MPa，满足转供冀宁线和鄂安沧管道的要求。进行该流程调整后，陕京系统机组运行配置较原运行方式，石家庄站可少启2台电驱机组，兴县压气站可停站运行，在保证陕京系统输量的前提下降低了系统能耗。

3.2 减排优化实践

根据陕京管网系统的运行特点，从优化动火作业放空和机组停机放空开展减排优化实践。在优化作业计划管理中，通过合理安排作业时间窗口，精细编制作业调整方案，利用集中动火作业，多项作业同步开展，可以最大程度减少天然气放空。机组停机放空优化措施如表1所示。

表1　陕京管网系统停机作业放空优化实践

站场	停机作业放空优化措施
榆林站	全站备用机组均处于热备保压状态。与机组厂家进行技术对接，将该站RR机组程序中“程序设定停机后保压时长”修改设定为长期
兴县站	全站备用机组均处于热备保压状态
临县站	机组一用一备，运行时间短，站场机组不运行时，机组放空
阳曲站	全站备用机组均处于热备保压状态
石家庄站、红墩界站	停机放空根据“影响机组停机保压因素的4个方面”综合考虑
鄂尔多斯站、托克托站、乌兰察布站、张家口站	结合增压泵的寿命、价格与近几年的实际运行情况，与机组厂家进行技术对接，将站内沈鼓、陕鼓机组程序中“程序设定停机后保压时长”统一修改设定为1小时

3.3 节能减排优化成果

通过应用陕京管网运行优化模型，取得以下经济效益。

（1）通过持续开启陕京二线转陕京四线流程，均衡负荷率，减少陕京二三线启机台数。2023年累计开启二转四流程210天，转供气量近20亿方，减少电力消耗超6000万千瓦时，节约能耗费用3727万元，折合标煤1.37万吨。

（2）通过持续优化西二线进气压力（6MPa提至8MPa），西二线来气在榆林站越站输往陕京二三线下游，无需启机组增压，期间累计输送西二气量近15亿方，减少电力消耗约近3700万千瓦时，节约能耗费用2263万元，折合标煤0.83万吨。

（3）通过优化陕京四线机组配置，进气量在4300~4700万方/天时，启鄂尔多斯单站2台机组，替代红墩界、托克托站机组配置，降低陕京四线整体能耗，2023年共启用鄂尔多斯54天，按每天节省10万度估算，降低电力消耗约540万千瓦时，节约能耗费用330万元，折合标煤0.12万吨。

（4）充分利用陕京一线光管输送能力，非冬供期间(4-11 月)将陕京一线下游琉璃河站三线转一线调压控制在 3.4MPa，榆林站向陕京一线下游供气量提升至 300 万方/日，较原工况增加 150 万方/日，陕京一线累计增输 2 亿方，按降低陕京二三线机组负荷估算，减少电力消耗约 1125 万千瓦时，节约能耗费用 689 万元，折合标煤 0.25 万吨。

(5) 通过优化作业计划管理，截止 2023 年 12 月 31 日，累计减少天然气放空约 210 万方；通过优化停机放空，2023 年相比 2022 年减少天然气放空近 10 万方。

4 结论

(1) 分析 2021～2022 年陕京管网系统各月输量、管存、首站进气压力、生产单耗等数据，确定可能影响陕京系统的因素有管存、输量、首站进站压力等。其中陕京管网系统单耗与管存呈反比、与输量呈正比、与首站进站压力呈反比。

(2) 基于陕京管网系统能耗影响因素和关键控制点分析结果，明确了陕京管网系统生产运行约束和节能降耗方向，并以管输能耗最小为目标函数，构建了陕京管网系统运行优化模型，采用动态规划算法对优化模型进行求解。

(3) 通过将陕京管网系统运行优化模型应用于实际生产中，从优化机组配置和工艺流程两个维度开展节能优化实践，从优化动火作业放空和机组停机放空两个维度开展减排优化实践，2023 年陕京管网系统节省能耗费用约 7000 万元，减少天然气放空约 220 万方，显著降低了陕京管网系统能耗成本并减少了天然气放空量，实现了陕京管网系统生产运行用能管理高效管理，助力国家管网集团高质量内涵式发展。

参 考 文 献

[1] 丁建林，西昕，张对红．能源安全战略下中国管道输送技术发展与展望[J]．油气储运，2022，41(06)：632-639.

[2] 蒋方美，张鹏，张利亚．陕京输气管道系统优化运行分析[J]．油气储运，2005(11)：24-25+4+68.

[3] 王志伟．陕京天然气管网运行状态分析及输气能力评估[D]．中国石油大学(华东)，2019.

[4] 虞维超．基于需求侧分析的天然气管网供气可靠性研究[D]．中国石油大学(北京)，2019.

[5] 虞维超，李熠辰，王珩宇，et al. 考虑需求侧影响的天然气管网事故工况流量分配方法[J]．油气储运，2023，42(02)：223-230.

[6] 周鹏，魏琪．天然气长输管网优化建模及求解研究进展[J]．油气储运，2023，42(09)：968-977.

[7] Bu Y，Wu C，Zuo L，et al. The calculation and optimal allocation of transmission capacity in natural gas networks with MINLP models[J]. Chinese Journal of Chemical Engineering，2023，59：251-261.

[8] Wang G，Zhao W，Qiu R，et al. Operational optimization of large-scale thermal constrained natural gas pipeline networks：A novel iterative decomposition approach[J]. Energy，2023，282：128856.

[9] Mikolajková M，Saxén H，Pettersson F. Linearization of an MINLP model and its application to gas distribution optimization[J]. Energy，2018，146：156-168.

[10] 杨毅，刁洪涛，向敏，et al. 基于动态规划和黄金分割法的环状天然气管网运行优化[J]．天然气工业，2020，40(02)：129-134.

[11] 张瀚轩．天然气管网输气路径优化方法研究[D]．中国石油大学(北京)，2021.

[12] Sanaye S，Mahmoudimehr J. Minimization of fuel consumption in cyclic and non-cyclic natural gas transmission networks：Assessment of genetic algorithm optimization method as an alternative to non-sequential dynamic programing[J]. Journal of the Taiwan Institute of Chemical Engineers，2012，43(6)：904-917.

长输天然气管道压气站自控系统国产化需求探讨

刘 刚　谭钥豪　刘 锐　秦 阳　杨 放

（中油国际管道公司）

摘　要　目前国内天然气管道压气站的自控系统广泛使用进口品牌产品，这种依赖外国技术的做法存在潜在安全威胁。由于进口品牌产品的关键技术受外国制造商控制，管道公司无法有效应对安全漏洞带来的潜在安全攻击，迫切需要推广国产化替代以提升自控系统安全防护等级。本文针对管道企业自控系统现状进行调研分析，对设备国产化需求和技术发展方向进行探讨。

关键词　长输天然气管道压气站；自控系统；国产化改造；安全漏洞

1　引言

目前，国内天然气长输管道压气站自控系统普遍使用进口品牌。以某国内公司所辖跨国管道为例，其压气站自控系统上位软硬件和下位软硬件设备全部使用的是 AB、Honeywell、Emerson、Schneider 等进口品牌产品，对我国的能源供应及关键基础信息设施的安全造成一定潜在威胁。这些产品或多或少都存在安全漏洞，并且关键技术掌握在国外厂商手里，我们无法知晓其技术细节，面对各种安全威胁我们也无力抵御。

随着 2018 年美国制裁中兴事件开始，欧美国家不断地通过各种方式限制中国科技和经济的进步和发展，这也给我们敲响了警钟，告诉我们核心技术受制于人不仅会给我们造成巨大的经济损失，同时给我们的行业发展和信息安全造成巨大的隐患。如果 SCADA 系统仍由国外企业垄断，一旦遇到战争、外交或是其他不可抗拒的紧急情况，中国将面临油气管道瘫痪危险。

2　国产化背景和意义

2.1　典型压气站自控系统情况

目前，某跨国天然气管道工程 SCADA 系统上位软硬件和下位软硬件设备全部使用的是 AB、Honeywell、Emerson、Schneider 等进口品牌产品，对我国的能源供应及关键基础信息设施的安全造成一定潜在威胁。这些产品或多或少都存在安全漏洞，并且关键技术掌握在国外厂商手里，我们无法知晓其技术细节，面对各种安全威胁我们无力抵御。

现以某跨国天然气管道工程为依托，结合国内压气站运行经验及国产化产品使用暴露的问题，对国产控制系统所含设备进行系统梳理，用过技术比较、实验验证等方法，在可靠性和可用性提出设计要求，确保国产化控制系统在满足工程要求的同时，也符合智能管道建设的需求。如图 1 所示。

2.2　压气站自控系统国产化意义

油气管道 SCADA 系统是国家关键基础设施之一，如果遭受网络攻击，将对国家的政治、经济、科技和人民的财产和生命带来重大损失。目前，该系统主要使用国外软件，导致国内工程人员无法完全掌握系统的后台情况，存在安全风险。

为了维护国家能源安全，实现自主可控成为必要。在国际形势严峻的背景下，自主可控的核心技术具有重要性，国家对信息基础设施自主可控的重视达到了前所未有的高度。推动能源行业信息基础设施自主研发，取得主导权，提高核心竞争力，对于保障油气管道安全和实现国产化替代至关重要。

油气管道行业作为国家能源行业的重要组成

部分，对国家经济内循环发展具有重要责任。推动国内工业控制系统的发展和技术进步，补短板、锻长板，为实现内循环发展做出贡献。国产化工业控制系统的应用将促进相关产业的发展，改善产业外部环境，并加速产业技术的进步。这将为油气管道行业提供提高自动化控制水平的机会，推动关键产业快速发展，并助力国产化替代进程

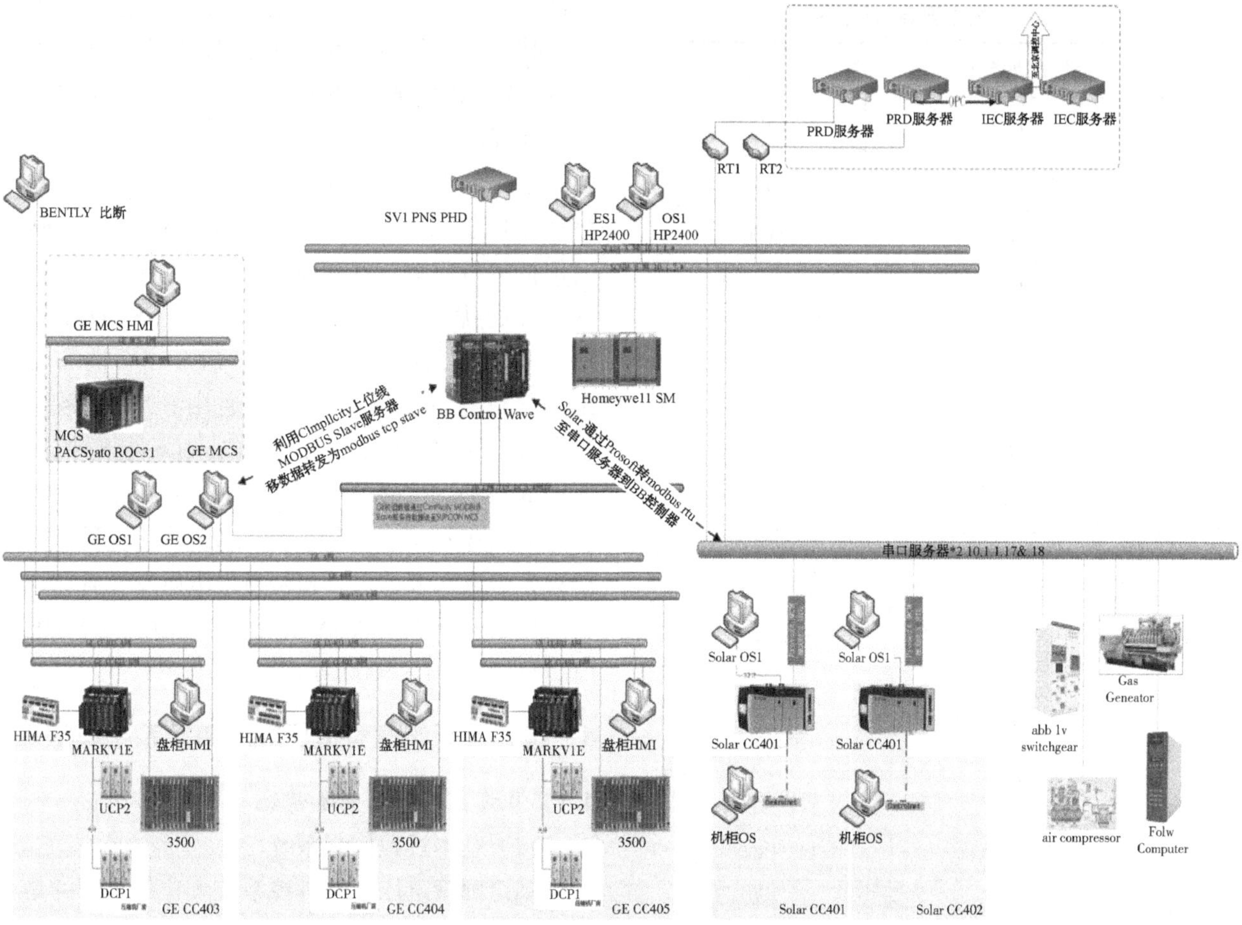

图 1　某站 SCADA 系统示例

3　国内外现有技术比较

3.1　自控系统硬件技术比较

美国、日本、德国等发达国家自 20 世纪 70 年代开始对 PLC/RTU 控制系统和压缩机控制系统进行研发。经过几十年的发展，国外 PLC/RTU 控制系统和压缩机控制系统无论是在功能、稳定性、可靠性、系统规模、模块种类等方面都达到比较成熟和领先的水平。

20 世纪 80 年代开始，我国对 PLC/RTU 进行研究与应用。尽管在发展初期，受限于当时电子和计算机技术的落后等方面，国产 PLC/RTU 在硬件质量、抗干扰能力、模块自保护、系统可靠性、稳定性和安全性等方面比国外产品稍逊一筹，然而，近年来，国产 PLC/RTU 技术飞速迭代，不仅在功能、规模、稳定性和可靠性等方面缩小了与国外产品的差距，而且在微处理器和存储技术等方面已经与国外产品不相上下。在通讯接口、灵活应用和贴近国内用户需求等方面，有些产品甚至超越了国外产品。国内主要 PLC/RTU 和压缩机控制系统厂商包括浙江中控(SUPCON)、北京和利时(HollySys)、安控科技、北京龙鼎源和北京康吉森等。国产 PLC/RTU 已广泛应用于电力、化工、石油等领域，高端中大型 PLC 的市场份额也逐年提高。经过技术引进和经验积累，国内压缩机组控制系统自主品牌快速发展，技术逐渐接近国际先进水平。国家管网公司在管道压缩机组控制系统国产化应用中已取得一定成功，目前电驱压缩机组控制系统已具备国产化改造能力。中俄东线新投产电

驱压缩机组均使用国产控制系统，其一键启站技术和压缩机组控制系统与站控系统的深度融合，甚至领先世界同类产品，在技术方面达到了世界先进水平。如表1、表2所示。

表1　安控主要自动化产品

序号	产品类型	产品
1	DCS	PlantE5000
2	模块化 RTU	SueprE50
3	一体化 RTU	Super32
4	PLC	UTC1000
5	功能安全 RTU	RockE50
6	物联网 RTU	SuperX300
7	无线传感器	SZ 系列

表2　龙鼎源主要的控制系统产品

序号	产品类型	产品名称\ 型号
1	大型 SCADA 监控软件	DRESS21C
2	云平台	龙鼎云
3	一体化设备	DRAC-200/DRAC-100
4	过程控制系统	UHC-5000
5	安全仪表系统	USC-8000
6	智能语音机器人	
7	一体化远传监控站	I-House

3.2　SCADA 软件技术比较

目前，主流的国外 SCADA 软件主要有 Wonderware 公司的 Intouch、GE 公司的 Fanuc iFix、Siemens 公司的 WINCC、Honeywell 公司的 PKS、Telvent 公司的 OASyS、Actemium 公司的 ViewStar、Schneider 公司的 VijeoCitect 以及 Rockwell 公司的 RSView 等。这些经过多年的经验积累和发展，具有软件功能强大、软件模块众多、系统稳定性和可靠性较高等特点，在国内长输管道领域得到了广泛认可和应用。然而，近年来，国外 SCADA 软件在应用过程中，逐渐暴露出了许多问题，如价格昂贵，软件技术服务支持不及时，维修周期长，对于用户的要求响应慢，系统扩容、升级和维护费用过高，这些问题已对国内油气管道的运营管理造成了较大的影响。

国产 SCADA 系统软件在研发和应用方面起步较晚，初期在软件功能、稳定性和可靠性方面与国外软件有一定差距。然而，随着我国信息技术、计算机技术和软件技术的发展，国产 SCADA 软件通过借鉴国际同类产品的先进技术和经验，在许多方面现已赶上或接近国外的先进工控组态软件的水平，甚至有超越的趋势。在价格方面，国内 SCADA 软件具有较强的价格竞争优势。在可靠性和稳定性方面，国外产品的优势正在逐渐丧失，国产 SCADA 软件越来越广泛地应用于电力、冶金、石油和化工等各行各业。国内主流的通用 SCADA 系统软件包括三维力控公司的 EForceCon、亚控公司的 KingView、昆仑通态的 MCGS 以及杰控公司的 FameView 等。国家电网、航天科技等特大型央企也投入大量人力和物力组织研发具有所在行业特色的专用 SCADA 系统软件，例如 D5000、CC2000、OPEN-3000 等。

4　某跨国天然气管道压气站自控系统现状

4.1　自控系统硬件配备情况

（1）基本过程控制系统

某跨国管道压气站自控系统上位机采用的是 ABB 的 SCADA Vantage 软件，设有冗余的通信服务器、操作员工作站和工程师站。站控 PLC 采用 ABB 公司的 ABB ACM800 PM866 冗余控制器，I/O 为冗余设置。

站控制系统设置 2 台操作员工作站和 1 台工程师工作站，均为双屏。操作员工作站均采用 LP2065 Z400，操作系统为 Windows XP professional。工程师工作站均采用 LP2065 Z400，操作系统为 Windows XP professional。操作员工作站 HMI 软件和工程师工作站 HMI 软件采用 ABB SCADAVANTAGE 组态软件。思科 2960 工业以太网交换机作为局域网交换机，广域网路由器为思科 2811 路由器。模拟量 IO 模块每块为 8 通道设置，数字量 IO 模块每块为 16 通道设置。配置 2 套串口服务器，型号为 MOXA Nport 5630。哈萨克斯坦境内站控制系统配置如表 3 所示。

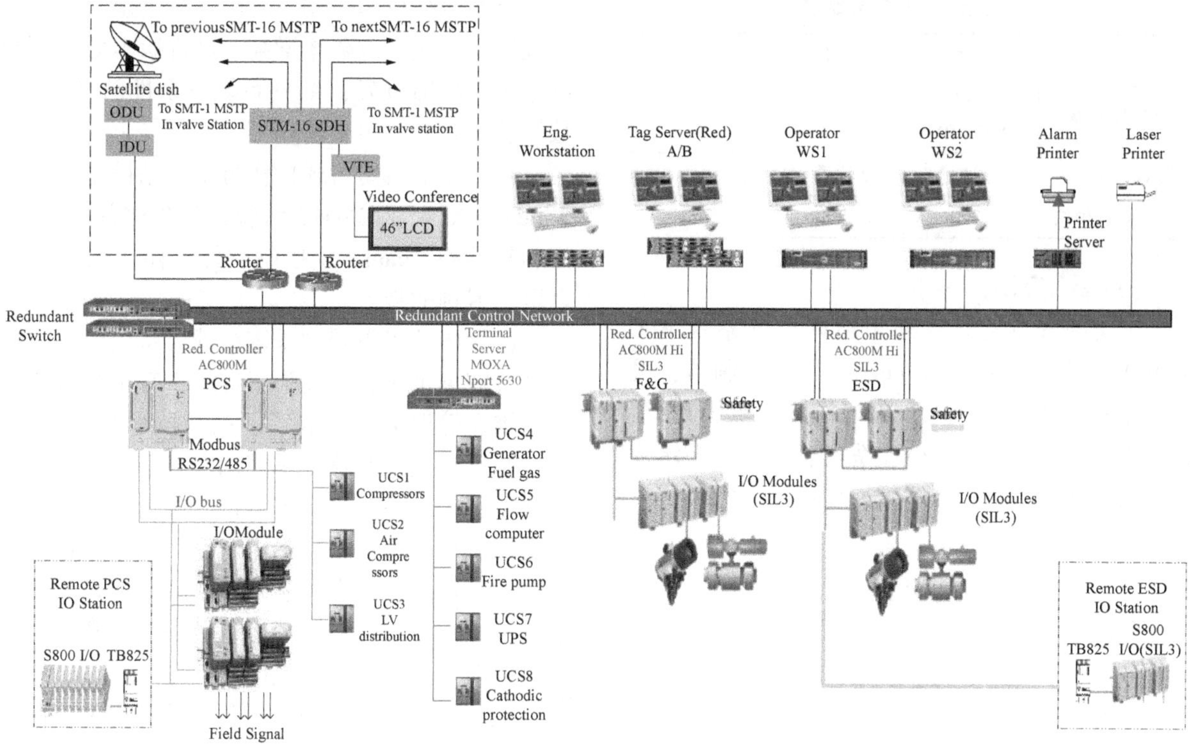

表 3 站控制系统配置表

名称	型号	具体参数	软件
上位机			ABB SCADA Vantage
PLC	ABB ACM800 PM866		
操作员工作站	LP2065 Z400	双核英特尔至强 W-2123 3.6 2666MHz CPU，8G DDR4，NVIDIA P400 2GB，1 TB 7200 RPM SATA，Windows XP 专业版	ABB SCADA Vantage
工程师工作站	LP2065 Z400	双核英特尔至强 W-2123 3.6 2666MHz CPU，8G DDR4，NVIDIA P400 2GB，1 TB 7200 RPM SATA，2 个端口，Windows XP 专业版	ABB SCADA Vantage
工业以太网交换机	CISCO 2960	16 口工业交换机主板	
路由器	CISCO 2811		
模拟量 IO 模块		8 通道	
数字量 IO 模块		16 通道	
串口服务器	MOXA Nport 5630		

（2）安全仪表系统

某跨国管道境内安全仪表系统 PLC 采用 ABB 的 ABB ACM800 PM865，符合 IEC61508 要求，使用 SIL2 安全等级认证的设备。该系统应按故障安全型设计，即在正常状态下控制回路应是励磁的。ESD 系统完成本站的紧急停车，同时接受控制中心下达的 ESD 命令。紧急停车（ESD）系统是保证管道及沿线站场安全的逻辑控制系统。哈萨克斯坦境内安全仪表系统配置如表 4 所示。

表4 安全仪表系统配置表

名称	型号	具体参数	备注
ESD 控制器	ABB ACM800 PM865		
模拟量 IO 模块		8 通道(AI)	
数字量 IO 模块		16 通道(DI)	

(3) 火气系统

某跨国管道哈萨克斯坦境内火气系统 PLC 采用 ABB 的 800XaHighIntegrity 冗余控制器，可燃气体检测及报警系统、火焰检测及报警系统、建筑物火灾报警系统、CO_2 系统、消防水系统作为子系统接入 FGS。哈萨克斯坦境内火气系统配置如表所示。

火气系统配置表

名称	型号	具体参数	备注
火气系统制器	ABB AC800M(PM865)		
模拟量 IO 模块		8 通道	
数字量 IO 模块		16 通道	

4.2 进口自控系统软硬件存在的问题

(1) 站控制系统大部分长期不更新，存在安全风险较多，更新换代难度大而且由于 Controlwave、AB ControlLogix 5000、SafetyManager 和 ACM800PM865、800XaHighIntegrity 系列产品更新换代，厂家已不再批量生产，备件采购需厂家特殊定制，采购成本高，维护困难。

(2) 操作员工作站和工程师工作站操作系统为 Windows XP professional 系列，目前微软公司已不再提供 Windows XP professional 系统更新和任何服务，一旦操作系统软件出现故障则较难进行恢复，对站场安全平稳运行造成较大安全隐患。

(3) 操作员工作站和工程师工作站 HMI 软件采用 Honeywell 公司的 honeywell pks R311 和 ABB 公司的 SCADAVANTAGE 等系列早期组态软件，由于软件版本较早且使用多年，工作站经常出现运行速度缓慢、无法设置预报警值、报警查询易出错、数据包丢失及工作站死机等情况，且工作站报警设置不合理，造成现场运行、监控不便，已经不能满足目前使用要求。

(4) 站控制系统的交换机、路由器等通讯设备使用年限较长且为国外产品，在网络安全方面存在一定的风险。

(5) 压缩机组控制系统已运行十余年，控制系统设备老化、故障率增高，硬件版本低，元器件老化，故障频发，部分系统冗余性已经失效，数据总线频繁通讯中断。

(6) 压缩机组台式操作员工作站操作系统为 Windows XP/ Windows7 系统，软件采用 Intouch 控制软件和 Cimplicity 控制软件，存在操作响应迟缓、卡顿的现象。

(7) 压缩机组控制系统搭载设备厂商压缩机组进行捆绑销售，厂商为了继续占有机组后期运行的维保等业务，采取了一系列技术壁垒措施：将控制逻辑及核心算法采用加密，不对运行维护方开放；硬件与软件绑定运行、逻辑设计程序互相交叉、核心变量多处更换名称引用等方式，使用户难于理解；并在控制系统故障处理流程中设置技术壁垒，造成机组的运行维护以及升级改造等工作严重依赖压缩机组原厂商。

(8) 控制系统均为国外各个系统公司，在国内同类行业中处于垄断地位、同类厂家竞争环境小，技术服务响应速度慢、效率低下等问题长期存在。

(9) 国外控制系统的垄断限制了运营单位对机组的独立运维，而且原厂家为了实现利益最大化，控制系统硬件质量欠佳、子系统过多、通讯信号混乱繁杂，造成控制系统稳定性不高、硬件更新迭代率高、备品备件种类繁多且不易购买，运营单位需要投入大量的成本购买控制系统备品备件、依托厂家进行控制系统升级改造。

5 自控系统国产化需求分析

(1) 国产化应用需求

国内发展规划：根据国家管网集团自动化业务“十四五”发展规划，十四五期间将强化国产化软硬件推广和应用工作，加快推进工控网络安全战略的实施，打造自主可控的 SCADA 系统。

新建和改扩建系统 100%采用国产化系统软件和设备。在“十四五”内，完成对现已建系统国产化改造，100%采用国产化系统软件和设备，实现本质安全。

(2) 性能需求

所采用的系统应具有较高的性能价格比。系统的硬件、软件和网络应具有世界先进技术水平，并且经过实践考验证明其是安全、实用的产品。严禁选用淘汰产品和效率低下的非节能产品。

系统满负荷应用条件下服务器 CPU 使用率除系统或程序启动外不应大于 40%；内存使用率不应大于 50%；网络占用率不应大于 50%。

系统对服务器、局域网、路由器、交换机等采用冗余配置，当发生故障时，能自动进行故障无扰切换，为运行管理提供可靠的保障。

系统的硬件、网络和软件最少应具有 100% 的扩展能力，并应允许将来数据库、存贮器、磁盘容量和通信信道等可扩展。

系统的软件应是模块化的，以便于组态时增加、删除和定位。

硬件应在性能上是模块化的，允许将来在容量和功能上的扩展。

系统硬件设计满足可利用率（可用性）应达到 99.99%，优先选用国产品牌设备。

系统应具有强大的人机对话能力。系统的服务器应采用 UNIX 或 Linux 实时多任务操作系统。

（3）智能化调控应用需求

实时处理、历史处理和模型处理功能是 SCADA 系统数据管理的基础，在此基础上，通过功能扩展实现的油气管道智能化调控业务，包括天然气管道管存监测、压缩机工况监测、调峰控制等业务功能；通过完善高级报警分析功能对实时报警提供控制、分析和管理的功能；把实时、历史和模型数据关联分析，可扩展专用服务功能以实现事故追忆和故障分析等业务需求；通过在画面组态功能中提供可灵活扩展的能力，增加视频互联、语音报警、画面联动等功能。

6　总结

本论文旨在研究和探讨提高中国天然气管道压气站自控技术自主可控能力的重要性，并提出相应的国产化替代方案。通过分析安全问题和国家能源安全的关切，指出了依赖国外软件对自控系统带来的风险和技术封锁问题。在当前严峻的国际形势下，实现自主可控是确保能源安全的必要措施。

通过文献综述和实证分析，本研究总结了以下几个重要观点：

首先，天然气管道压气站自控技术的自主可控能力对国家能源安全具有重要意义。管道系统作为关键基础设施，其安全运营对于国家政治、经济、科技以及人民财产和生命具有重大影响。因此，提高自控技术的自主可控能力是确保管道系统安全稳定运行的关键一环。

其次，站控制系统长期未更新，存在较多安全风险。由于 Controlwave、AB ControlLogix 5000、SafetyManager 和 ACM800PM865、800XaHighIntegrity 系列产品的更新换代困难，厂家已停止批量生产，备件采购需要进行特殊定制，导致采购成本高且维护困难。国产化替代迫在眉睫。

最后，结合企业需求，国产自控系统应满足以下需求，系统满负荷应用条件下服务器 CPU 使用率除系统或程序启动外不应大于 40%；内存使用率不应大于 50%；网络占用率不应大于 50%。当发生故障时，能自动进行故障无扰切换。系统软硬件都应模块化以方便企业维护升级。要具有智能化调控的能力。

参考文献

[1] 邱昌胜．中哈天然气管道 SCADA 中心控制技术的实现[J]．化工自动化及仪表，2022，49(04)：516-521. DOI：10.20030/j.cnki.1000-3932.202204018.

[2] 张世斌，赵国辉，张舒．盖州压气站站控系统与压缩机组控制系统的融合[J]．油气储运，2020，39(09)：1026-1030.

[3] 冼智锦．中缅天然气管道桂林支线输气场站 SCADA 系统的研究与实现[D]．广西大学，2020. DOI：10.27034/d.cnki.ggxiu.2020.001940.

[4] 张世斌，贾立东，魏义昕等．输气管道 SCADA 系统网络安全策略探索与实现——以中俄东线天然气管道工程为例[J]．油气储运，2020，39(06)：685-691.

[5] 黄泽俊，高顺华，王世君．我国天然气管道核心装备国产化进程及应用展望[J]．天然气工业，2014，34(07)：1-6.

[6] 许洁．天然气管道压缩机组国产化的现状与展望[J]．中国石油大学胜利学院学报，2020，34(04)：32-35.

[7] 王佳玥．突破“卡脖子”技术实现国产化替代[N]．西安日报，2023-06-17(003).

[8] 王昶，何琪，周依芳．高端装备国产化替代应用的主要障碍与突破路径[J]．科技导报，2023，41(06)：13-20.

[9] 周雄伟，肖咏龙，杨鑫浩．工业软件国产化替代创新突破路径与激励机制[J]．科技导报，2023，41(06)：34-46.

天然气管道盐堵处理措施的研究

钟　磊　姚广玉　刘兴瑞　江　鹏　曹金明

［陕西延长石油(集团)管道运输公司］

摘　要　天然气管道在生产运行过程中，因上游净化厂设备原因，往往会携带地层液体进入长输管道，而且部分液体会长期滞留管道内，粘附于管壁形成一层固态化合物，造成管道盐堵。管道盐堵会影响介质正常输送，降低输送效率，甚至影响清管器、内检测器发送作业，本文以公司某天然气管道为研究对象，管道发生盐堵后通过反推、断管、注水等研究措施，最终解决了清管器卡堵问题，为天然气管道处理盐堵提供有效的解决方法，确保了管道常规清管及内检测作业顺利进行，管道安全高效运行。

关键词　天然气；管道；清管器；盐堵；注水溶盐

1　研究背景

公司某天然气管道起点位于延安市延长县延长输气站(以下简称“首站”)，终点位于延安市宝塔区姚店输气站(以下简称“末站”)，线路总长50.99km，管径DN350mm，设计输气量5×10^8 Nm^3/a，于2020年10月建成投产。11月下旬，因上游净化厂脱水装置故障，输送天然气夹杂废液进入管道，但当时输气首末站收发球筒部分阀门内漏，不具备清管作业条件。直至2022年8月，借上游净化厂停产检修间隙，对该管道问题阀门进行了更换处理。

2022年9月27日13：44，首站发送泡沫清管器，根据输量计算，预计5h清管器到达末站，但泡沫清管器未按预定时间到达，直至次日9：38到达末站收球筒，运行时间19小时24分钟，清出污物约5kg，泡沫清管器破损。

28日11：34，首站发送皮碗清管器，出站8min后首站压力持续上升、流量下降，当压力上涨至5.4MPa(上涨0.7MPa)，瞬时流量降为$0m^3/h$。在上游无法继续升压的情况下，下游第一个阀室关闭线路截断阀进行放空，清管器前后压差建立至5.2MPa，仍未被推动。最后，管道上游停输、首站放空，反推压差达3.10MPa时，将卡堵清管器反推至首站发球筒，随后恢复了正常生产，但清管器的卡堵问题未得到彻底解决。

2　卡堵原因分析

2.1　卡堵点定位、开挖、检查管道几何状态

① 清管器发生卡堵后，根据首站输气量、运行压力和时间初步计算清管器的卡堵位置：

$$L=\frac{2Qt}{5\pi pD^2}$$

其中：L为清管器卡堵点距首站距离，m；Q为输气量，m^3/h；t为清管器运行时间，h；p为平均压力，MPa；D为管道内径，m。

② 根据运行参数趋势图分析计算，初步确定出清管器卡堵点位置，再利用清管器信号接收器对卡堵点进行追踪定位，找出清管器的具体卡堵位置，对管道进行开挖验证，确定管道几何完好程度。如图1所示。

2.2　卡堵物化验分析

卡堵清管器反推至首站发球筒后，带出黑色块状结晶体(内部为乳白色)及豆粒大小黑色颗粒约20Kg，对块状物成份进行了化验分析，化验质量占比：氯化钙45.3%、脂肪胺(醇、酸)20.1%、碳酸钙(锶)13.5%、二乙二醇5.1%、铁的氧化物4.9%、氯化钠(钾)2.3%、二氧化硅0.1%、水分8.7%，同时进行了水、甲醇、乙二醇的溶解实验比对，结果发现该物质均可溶解于三种液体，而且水中的溶解速率相对甲醇和乙二醇较快。

结合试验和化验分析情况，积极与国内相关专家咨询，并邀请管道公司生产、安全、技术部门及外部安工智能检测(深圳)有限公司、河南啄木鸟地下管线检测有限公司、北京中盈盘古智能技术有限公司、太原刚玉国际贸易有限责任公司、天津迈平管道智能检测技术有限公司等多家单位讨论、研究分析，初步排除管道几何变形因素，判断清管器卡堵原因为：2020年11月下

旬，上游交付天然气夹杂的废液为盐溶液，进入管道低洼处因重力作用未能越过制高点，经过长期高压输送运行，废液水份随天然气进入下游，盐溶液逐步沉淀、结晶并附着于管壁，形成干燥的堆积物和盐结晶附着物。

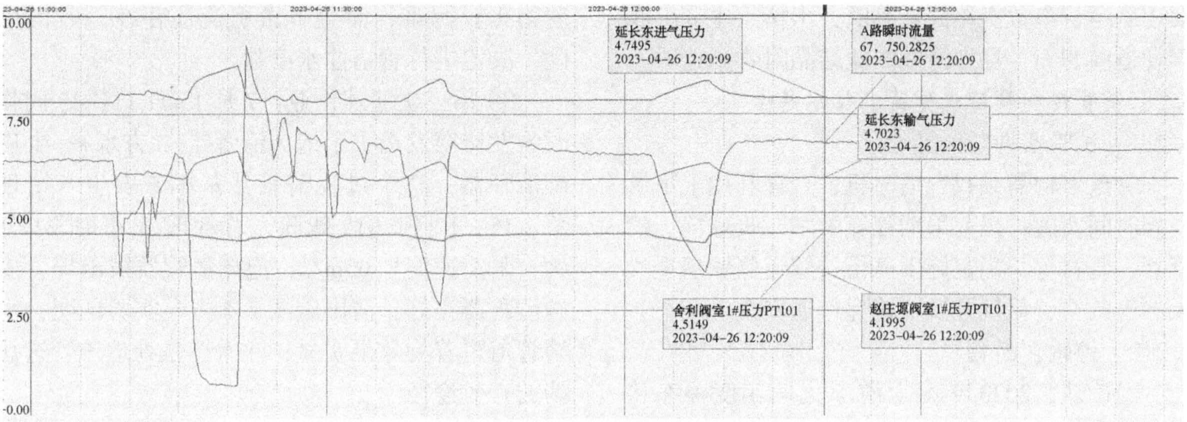

图 1　清管过程生产运行参数曲线图

3　实验步骤

3.1　试图通过发送清管器逐步推出管道污物

因管道上游承担净化厂天然气外输，下游承担民生和工业供气，结合实际生产和化验分析，确定多次发送泡沫钢刷清管器、高密测径板泡沫清管器逐步清理管壁附着物和污物，即使清管器发生卡堵通过升压可将泡沫清管器击碎(图 2)，仍可保障下游民生和工业供气的稳定。其具体实验过程如下：

① 冬春天然气保供结束后，于 2023 年 4 月 25 日 10：09 首站发送泡沫钢刷清管器，13：55 到达末站，运行时间 3 小时 46 分钟，清出污物约 10.0kg，最低瞬时流量下降 3.50 方/时，首站最高出站压力上升 0.30MPa，线路截断阀室压力 4.50MPa，清管器前后最大压差为 0.40MPa，清出污物 20kg，清管器有破损现象。

② 4 月 26 日 11：21 首站发送高密泡沫清管器，15：08 到达，运行时间 3 小时 47 分钟，清出污物约 10.25kg，对应最低流量 4775 方/时，首站最高出站压力 5.26MPa，线路截断阀室压力 4.29MPa，最大压差为 0.97MPa，清出污物 15kg，高密度清管器虽有轻微卡堵现象，但卡堵时间不长，且到达末站后清管器未产生严重破损，故决定第三次发送泡沫清管器(带测径板发射器)，试图通过测径板变形情况进一步判断管道污物附着情况。

③ 6 月 1 日 10：26 首站发送泡沫清管器(带测径板和发射器)，19：26 到达，运行时间 9h，最长卡堵时间为 5min，对应最低流量 4775 方/时，首站最高出站压力 5.26MPa，线路截断阀室压力 4.29MPa，最大压差为 0.97MPa，清出污物约 30kg，清管器变形，多次卡堵、停顿。

④ 6 月 13 日 11：31 首站发送泡沫清管器(带测径板和发射器)，15：40 到达，运行时间 3 小时 49 分钟，清出污物约 10kg，测径板变形，最大压差 0.93MPa。

⑤ 6 月 15 日 10：20 首站发送高密泡沫清管器(带测径板和发射器)，14：29 到达，运行时间 4 小时 9 分钟，清出污物约 3kg，测径板变形，最大压差 0.81MPa。

图 2　清管器、测径板变形情况

4 至 6 月份，先后对该天然气管道发送泡沫、泡沫钢刷、泡沫测径板清管器 5 个，测径板均变形，且变形程度几乎无改善，但根据清管器发送后运行参数变化分析判断，卡堵点主要分布于管道前 8km，且为管壁的盐结晶附着物造成。

3.2　断管增加临时收球筒、注水解卡

3.2.1　试验条件

管道停输需寻找合适时机，合理利用上下游检修时间实施；提前采购液氮、临时收球筒、清管器、管材等，确定施工队伍；管道停输后全线天然气放空，氮气置换，确保作业安全。

3.2.2　停输、断管

经确认，2023 年度上游净化厂年度停车检修计划时间为 7 月中下旬，净化厂设备停车后，对该段天然气管道进行放空、氮气置换，在距首站约 8 公里的桁架后进行了断管、加装临时收球筒，对断管前的 8 公里管道通过发送直板清管器、注水等系列作业，试图解决该段管道的盐堵问题。

3.2.3　断管后通球作业

① 第一次通球作业：7 月 12 日 15：16 首站向临时收发球筒发送一个直板钢刷清管器，15：25 清管器压差达 1.38MPa 后停止升压，跟踪定位到清管器卡堵在延长东输气站出站 5 号桩(延河护坡下)。18：01 清管器前后压差升至 1.42MPa 后，清管器发生了移动；20：51 线路监听人员定位到清管器卡堵在 37 号桩后 5m 处，氮气升压至 0.58MPa 清管器仍为发生移动，且清管器发生窜气，现场开挖后管道完好无变形。

经现场讨论，决定首站继续发送两个泡沫清管器+一个皮碗清管器，推动第一个直板钢刷清管器移动。

② 第二次通球作业：7 月 13 日 12：01 向临时收发球筒发送两个泡沫清管器+一个皮碗清管器；14：11 线路监听人员定位到清管器同样卡堵在 37 号桩后 5m 处，氮气升压至 0.73MPa，清管器开始移动；17：59 定位到三个清管器卡堵 96 号桩后 8m 处，当压力升至 2.0MPa 时，清管器又一次发生窜气，现场开挖后管道完好无变形。

经讨论，决定临时收球筒关闭排气阀门，继续升压，全线压力升至 5.0MPa 时，临时收球筒排气阀门全开，通过引流的方式推动清管器。

7 月 14 日 05：50 首站压力升至 5.11MPa，临时收球筒阀门全开，清管器移动并于 3min 后到达收球筒，共清出废渣约 300kg，第二次通球作业结束。实验证明，直板清管器直接刮管壁附着物比较困难，而且下游引流还存在一定的风险，决定进行管道注水溶盐。

③ 第三次通球作业：7 月 15 日 11：48 向临时收发球筒发送一个泡沫清管器+3 方水+一个皮碗清管器，整个过程清管器基本未发生卡堵现象，15：12 到达收球筒，总耗时 3 小时 24 分钟，平均速度 0.65m/s，泡沫清管器被击碎，皮碗清管器完好，清出废液 2.5 方。实验证明，水溶管道附着物效果明显，注水应是处理该管道盐堵的有效途径。

④ 第四次通球作业：7 月 15 日 19：23 向临时收发球筒发送一个皮碗测径板清管器，21：00 到达收球筒，总耗时 1 小时 37 分钟，平均速度 1.37m/s，清管器完好，测径板两处轻微变形，清出废液 0.1 方，清管器未发生卡堵。

⑤ 第五次通球作业：7 月 16 日 07：47 向临时收发球筒发送一个泡沫清管器+两方水+一个皮碗清管器，09：50 到达收球筒，总耗时 2 小时 3 分钟，平均速度 1.08m/s，泡沫清管器完好，皮碗清管器完好正常磨损，清出粘稠废液 1.8 方。

⑥ 第六次通球作业：7 月 16 日 12：10 向临时收发球筒发送一个直板清管器，14：11 到达收球筒，总耗时 2 小时 1 分钟，平均速度 1.10m/s，清管器完好皮碗正常磨损，清出黏稠废液 80L。

⑦ 第七次通球作业：7 月 16 日 16：32 向临时收发球筒发送一个直板清管器，18：07 到达收球筒，总耗时 1 小时 35 分钟，平均速度 1.40m/s，清管器完好，清出废液约 30L。

⑧ 第八次通球作业：7 月 17 日 06：59 向临时收发球筒发送一个磁力钢刷清管器(带测径板)，利用磁力钢刷对管道内金属杂质进行进一步清理，08：43 到达收球筒，总耗时 1 小时 44 分钟，平均速度 1.28m/s，清管器完好，清出废液约 10L。

通过注水、溶盐、直板清管器推水等措施，首站至断管处 8km 管道盐堵问题得到了有效的解决。接着，又发送海绵清管器对管道进行了干燥。如图 2 所示。

图2　注水后清管器、测径板情况

3.2.4　恢复管道、全线发送清管器

经过八次清管器发送，首站至断管处8公里管壁附着物全部溶解，管道污物和污水得到清理，接着对断管处进行了焊接恢复，开始管道全线通球作业。

① 全线第一次通球作业：7月18日12：20首站发送一个泡沫清管器(带测径板和发射器)+一个海绵清管器，15：45卡堵至175号桩前处，15：55压力升至0.20MPa开始移动，20：30到达末站，运行时间8小时10分钟，清出污物约3Kg，清管器破损，测径板变形。

② 全线第二次通球作业：7月19日7：22首站发送第一个泡沫清管器(带测径板)，8：33再发送一个海绵清管器+一个泡沫清管器(带测径板和发射器)，16：45左右卡堵至175号桩处，18：30压力升至0.50MPa球开始移动，22：37末站接收到泡沫清管器(带测径板)与海绵清管器，泡沫清管器(带测径板和发射器)未到达，运行时间15小时11分钟，清理出污物10Kg。末站恢复收球流程，首站继续升压，于18日0：36压力升至0.42MPa时，最后一个清管器开始移动，7月20日00：54泡沫清管器(带测径板和发射器)到达，运行时间16小时21分钟。

两次全线通球实验表明，管道堆积的污物发生了移动，断管处后方管段还存在一定量盐结晶堆积物，决定发送一个高密泡沫清管器+3方水+一个皮碗清管器(带测径板和发射器)，进行全线注水溶盐。

③ 全线第三次通球作业：7月21日6：40首站发送第一个高密泡沫清管器+3方水，7：23再发送一个皮碗清管器(带测径板和发射器)，14：41泡沫清管器到达，14：48皮碗清管器到达，运行时间8小时8分钟，清出污物约5Kg，测径板轻微变形。

④ 全线第四次通球作业：7月21日18：10首站发送2方水+一个两直板加两皮碗清管器(带测径板和发射器)，22：36清管器停顿至离583号桩8m处，次日1：26清管器前后压差达0.33MPa过卡堵点，1：58清管器到达末站，运行时间7小时48分钟，清出污物约5kg，清管器运行期间虽有停顿，但推动压差均在正常范围之内，皮碗磨损正常，测径板也无变形，至此，管道的盐堵问题得到有效解决，天然气管道断管、注水、溶盐实验全部结束。

天然气管道恢复正常生产后，组织对该段管道进行了几何和漏磁检测作业，检测结果显示几何状态正常、金属管壁完好无损。同时，对管道清出的废渣和废液进行了取样化验，化验结果显示氯化物、铁的氧化物为废渣的主要成份；管道注水溶盐后废液主要为：氯化物9.52×10^4mg/L、化学需氧量(COD)3.90×10^5mg/L、五日生化需氧量(BOD_5)5.26×10^4mg/L、悬浮物(SS)204mg/L、氨氮827mg/L、硫化物0.1111mg/L、总磷(以P计)0.059mg/L，进一步证明了清管器在管道中卡堵原因为盐堵。

4　结论

4.1　通过现场实际研究分析，确定该天然气管道清管器卡堵主要原因为盐溶液结晶造成，并通过实验解决了该段管道清管器卡堵和盐堵问题。

4.2　天然气管道清管作业过程中，如遇清管器卡堵，首先可根据生产运行参数计算分析，确定清管器的大致位置，再利用清管器信号接收仪进行准确定位、人工开挖，排除管道因几何变形导致清管器卡堵。

4.3　在管道几何形态完好的情况下，需进一步对管道污物化验分析，如卡堵物为盐结晶，可直接进行管道注水溶盐，发送直板、皮碗清管器推出盐溶液，有效解决管道盐堵问题。

4.4　本实验以解决天然气管道清管过程中发生实际问题为导向，在天然气长输管道进行，结果安全可靠，可为行业内同类事件处理提供参考依据和指导意义。

4.5　在天然气长输管道运行过程中，输气首站要严密监控天然气各项气质指标，严禁明水进入输气管道；即使发现明水进入，应第一时间组织清管作业清出管道废液，防止管道盐结晶发生。

参 考 文 献

[1] 孙天淦，周拾庆，张霞等．清管器在小口径注水管线清洗中的应用-清洗世界，2006，22(4)：10-14.

[2] 张伟，蔡青青，张勇等．钢制管道清管经验及清管器卡堵的应急处理[J]．天然气与石油，2010，28(6)：14-16.

[3] 陈文华，赵云，刘岩．“二次收球”方法在管道内检测中的应用[J]．油气储运，2012，31(3)：219-220.

[4] 王志方，李波，吴岩．天然气管道冰堵发生原因及解堵指施[J]．天然气与石油，2014，32(1)：43-46.

[5] 黄春芳．天然气管道输送技术，北京：中国石化出版社，2009.

天然气长输管网生产调度运行数字化分析

张　科　闫小军　梁小龙　白　鑫　范　豆

（陕西省天然气股份有限公司）

摘　要　基于陕西省内天然气长输管网的基础数据，生产调度人员应用大数据与智能分析手段，通过搭架数字化平台，提升生产运行数字化的广泛应用和转型，为企业高速发展增添活力。通过数据采集和监控系统，辅助调度人员全面掌控和分析实时数据科学调度，遇到突发事故能够第一时间快速处理，防止事态扩大，确保管道安全运行；投运计量仪表在线监测与智能分析系统，实现对公司计量仪表运行状态的动态监控分析，指导辅助现场人员进行操作，提高输差管控水平，保障贸易计量精准公正；基于数字化管道地理信息数据搭建的管道智能巡检系统，实现对线路沿线第三方施工、水毁等可能影响管道安全运行的作业的管控，确保长输管网安全运行；采用场站自动分输技术，通过四种不同的控制方法实现对用户供气的精准控制，减少场站值班人员操作及劳动负荷，兼具操作性和安全性；采用机器人巡检技术，实现对场站气体泄漏的实时监测、精准报警和实时处置的三维消缺，将事故消除于萌芽之中；采用无人机巡检技术，通过“卫星+无人机+人工”作为变化检测与信息共享的技术手段，快速准确提取长输管网隐患点信息，从而对天然气管线沿线的环境变化、违章占压、第三方施工、关键点进行监测，保障输气管道安全平稳的运行，大幅度提高管道安全生产水平；探索区域化管理新模式，对天然气场站实行“有人值守、远程操作”模式，让作业过程更安全、集约资源更高效，实现安全生产标准化、精细化、智能化监管的目标；搭建数字孪生管理平台，围绕“数据+平台+服务”的信息化建设总体思路，实现多系统融合，建成专属数据云，让资源更集约、响应更及时、运行更安全、管理更高效。

关键词　天然气；长输管网；生产调度；数字化；安全运行

1　前言

天然气作为最清洁低碳的化石能源，是我国新型能源体系建设中不可或缺的重要组成部分，当前及未来较长时间内仍将保持稳步增长；天然气具有灵活高效的特性可与多种能源协同发展，在碳达峰乃至碳中和阶段持续发挥积极作用。在面对国内外异常复杂的国际形势，中国天然气行业主动应对，加快产供储销体系建设，提升供应保障能力，完善市场体系建设，激发科技创新活力，实现行业高质量发展，推动天然气在新型能源体系建设中发挥更大作用。

截止 2022 年，我国天然气长输干线总长度约 11.8×10^4km（含地方及区域管道），其中主要包括中俄东线（河北安平—江苏泰兴段）、西气东输管道、榆济线管道、川气东送管道、中贵线管道、陕京线管道等输气干线等等。目前，我国天然气输气管道相互连通，气源相互补充，“全国一张网”建设持续推进，极大的增加了资源输送调配的灵活性，有效的保障了我国各地区的用气需求。据不完全统计，每年我国天然气年消费量中约有 90% 是通过输气管道运送的，极大的增加了天然气输气管网系统的运行管理难度，而以前的经验式管理运行模式也就无法满足实际需要，无法准确判断并合理解决实际问题，管网系统的安全运行无法完全保证，经济、高效的运行就更加无法实现。

习近平总书记指出：“发展数字经济是把握新一轮科技革命和产业变革新机遇的战略选择。”实现“双碳”目标，能源领域是主战场、主阵地，能源行业低碳转型是重要实现路径和战略选择。数字基础设施是保证能源数字化转型过程中数据要素安全存储和安全运行的重要基础和前提。

对于天然气输气管网运行系统而言，保证管网系统经济、安全、平稳地运行，降低管网系统能耗、提高管网系统运行综合能效水平，已经成为我国天然气长输管网运行系统在设计、敷设、运行、管理全生命周期过程中要重点考虑的指标因素，也将是较长一段时间内管网系统建设与发展的重要方向。长输管网生产调度运行数字化转型，可实现以下主要功能：

(1) 智能监控和数据分析，为生产运行提供可靠依据；

(2) 降本增效，提升管网输送效率，提高经济效益；

(3) 提升管网数字系统经济性和安全性，完成供气任务；

(4) 服务客户，保障能源安全供应，提升发展空间；

(5) 响应国家政策，降低碳排放，助力双碳目标；

(6) 创新智慧管网，强化数字化管理，提升管理水平。

2 长输管网及生产调度运行现状

2.1 管网概况

陕西省天然气股份有限公司是以天然气长输管网建设运营为核心，集下游分销业务于一体的国有上市企业，主要负责陕西全省天然气管网的规划、建设、运营管理和下游燃气输配、销售。公司坚持以气惠民生为己任，依托陕西丰富的天然气资源，经过三十余年的不懈努力和长足发展，已取得上游资源单位供气点 15 个，形成了分布陕北、关中、陕南多资源供给格局，实现了全省绝大部分地区双管供给、关中区域环网运行，形成了纵贯陕西南北、延伸关中东西两翼、全省“一张网”的绿色资源输配网络，截止目前，公司已建成不同压力等级的多条干支专线共计 4000 余公里，场站 88 座，阀室 122 座，压缩机组 34 台，管输能力达 170 亿方/年的国内优质的省属大型综合天然气供应商。在配套设施建设方面，公司建成投运了 8 个 CNG 配送中心，还配套建设了 3 座应急抢险救援中心，2 座调控指挥中心和 2 座应急抢险器材储备中心。

2.2 生产调度运行现状及难点

2.2.1 生产调度运行现状

调控指挥中心是天然气长输管网生产运行的控制和指挥枢纽，也是天然气管道的应急指挥中心，承担着保障我省天然气输送管网安全、经济、高效、持续供应的重要使命。调度人员通过 SCADA 系统集中监控全省天然气长输管网生产运行的压力、温度、气量、气体组分、压缩机运行状态等工艺参数，向陕西省内 11 个地市和甘肃康县等 85 家用户提供优质的燃气输配服务。生产调度人员是以 SCADA 系统(即监控与数据采集系统)、视频监控系统和移动视频系统为基础平台，将天然气管网的运行情况及时地反映出来，提供最准确的科学数据进行分析和处理。

西安主控中心通过先进的计算机系统、卫星通信和数字链路、远程控制终端所构成的监控与数据采集(SCADA)系统，对全省长输干线及输气场站和阀室的关键重要设备的运行进行实时的数据采集和监控。调度人员通过计算机统计、分析、处理后的各种数据、图形、曲线以及管道仿真模型来科学、高效地控制管道安全运行。系统具备与省政府应急指挥中心、省公安厅指挥系统联网的条件，应急情况下，获取政府支持及社会资源，以确保全省天然气长输管网安全、平稳运行。

汉中备控中心属于调度指挥、生产运行管理的第二中枢，正常情况下由西安主控中心对管道全线生产运行状况进行监控、调度和管理，在西安主控中心控制系统、通信系统故障的情况下或出现不可抵御的灾难时，启用汉中备控中心对管道全线生产运行状况进行监控、调度和管理，直至故障或险情排除。汉中备控中心的投入试运行，增强了公司管网调控运行的可靠性，提高了应对突发事件的应急处置能力，为公司安全生产应急管理提供了重要保障。

2.2.2 生产调度运行难点

(1) 目前生产调度运行通过 SCADA 系统对长距离输气管道进行数字监控，但随着管线距离的增长和输气场站的数量增多，监控范围更为广泛等特点，对于场站和阀室数据的监控尤为重要，已经无法通过单一画面进行有效分析，无法及时判断管网运行的异常状态，必须提高系统的全面采集、智能化分析和报警数据的提炼，才能迅速做出判断并及时处理。

(2) 公司已先后建成长输管道及支专线 43 条，总里程超过 4000km，错综复杂的管道铺设，互联互通站点达十余处之多。全年随着上游供气点变化及管线作业等特点，管网运行复杂多变，安全运行成为重中之重。

(3) 目前生产调度的应用系统硬件设施更新较慢，人员配备不足，无法满足精准化监控和分析，调度人员主要以经验式调度为主导，数字化和智能化水平急需提高，才能达到科学化调度，做到精准化服务。

3 生产调度运行数字化分析

为了解决全省天然气长输管网的运行安全，充分实现对生产业务领域的精细化、数字化和智能化管理，旨在进一步加强上游资源供给，优化管网输气工况，提升管输效率，在生产运行管理方面做出如下探索。

3.1 数据采集与监控系统

天然气管道工程的自动化控制与管理是通过SCADA（数据采集与监控）系统实现的，它由位于西安调控中心的计算机系统和分布在管线各个场站的站控PLC系统及现场仪表等组成，各站与调控中心之间由卫星通信系统及广电网络数字链路提供话音及数据主通信通道。SCADA系统覆盖管道距离长、自动化水平高、控制功能全，是后期各系统建设运行的基础系统。

2019年9月26日在某管道12至13号阀室之间管道，由于山体滑坡外力作用引起该段管道断裂漏气，通过上游临近站店头站压降曲线如图1所示，通过SCADA系统检测实现快速截断阀自动关断后报警，准确判断分析泄漏发生时间为16：35，为后续工艺调整争取时间，防止事态扩大。

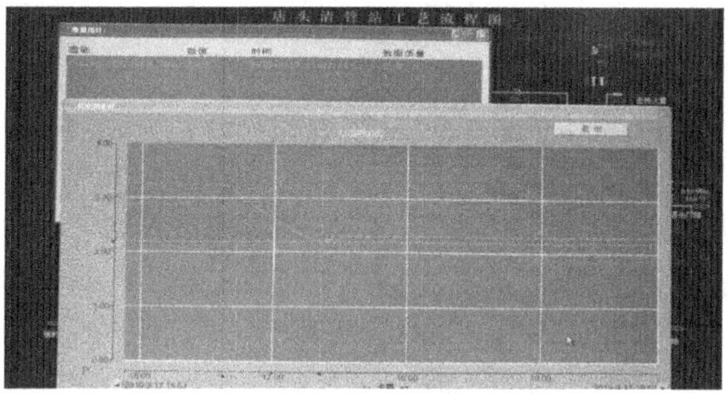

图1 SCADA系统压降曲线图

SCADA系统能够历史地记录因突发外力事件而导致的阀门关断时间，需要值班人员通过报警信息，人为的分析和判断压降曲线才能确定关断阀门所在的位置，并需要现场人员确认后才能采取措施。处理事件快慢程度，更多的来自监控人员对数据的敏感度和经验进行判断，越靠近首站造成的损失越大，甚至在冬季高峰时段会造成压缩机跳车，甚至引起放空等操作才能确保设备安全。

3.2 集中监控系统

利用现代网络通信技术、图像压缩编码技术和安防监控技术建设而成的一套集图像、控制为一体的多媒体监控系统，通过广电MSTP（多业务传输平台）专用链路可以对下属所有场站的出入口、工艺区及重要部位进行实时地监控并录像，方便调度指挥人员实时了解各监控区域的情况，及时对可能发生的意外情况进行干预，并提供意外情况发生后的审核资料及依据。如图2所示。

图2 监控场站工艺区画面

3.3 油气管线智慧监控系统

目前公司选取8处Ⅲ级高后果区安装12个铁塔视频监控设备，利用铁塔在燃气管线周边既有的站址资源，通过在基站铁塔高位安装远距离高清摄像机建立监控点，结合智慧监控系统智能化手段对超20类监测目标物体的自动识别，帮助预防或发现油气管线高后果区入侵与驻留、第三方造成管线破坏事件，从而实现对燃气管线的循环监控，提升了管线安全保护能力。

如图3所示，黄色区域为布防区，蓝色线条为我们的天然气管道走向指示，当大型机械进入布防区后，系统会发出异常驻留报警，以提醒线路管理人员现场核实并快速处置，确保管道安全运行。高后果区视频监控平台可有效提升协同工作能力、减少巡线人员增加监控效率，促进有效合理地分配监察、巡查资源，提高企业监管效率和效能，降低行政管理成本。

图3 高后果区视频监控系统画面

在2022年10月10日到2023年10月9日系统服务期间，运行稳定可靠，发现管道异常告警16495次，共发现115条违法施工(派警)，告警准确率98%以上，识别的告警目标为铲车、挖掘机及罐车，识别能力强，有效降低了分公司对所监控高后果区的工作强度，得到基层公司的一直好评。

3.4 无人机巡检技术

空天地一体化管道巡检系统结合遥感影像数据处理等技术对管道沿线的违章占压、第三方施工、水文地质、植被覆盖情况、土地利用等进行定期的动态监测，获取管道监测影像数据，并通过图像处理技术提取专题图，结合地理信息系统进行空间信息的管理与分析，实现管道动态变化监测。系统从数据采集、处理、管理以及隐患分析、预警处置等方面形成闭环管理，对隐患的识别准确率达90%以上，如图4、图5所示。该系统由一网、一平台、二三维展示系统以及手持终端组成，具备无人机数据采集服务、空天遥感数据处理服务、空天大数据承载平台及可视化展示系统等功能，在常规巡检和应急抢险作业中可发挥重要作业。

图4　无人机巡检画面

图5　巡检监控画面

3.5 计量分析系统

通过大数据整合分析及内网通信技术手段，对公司辖区378台(套)计量仪表的运行状态进行实时的分析和判断，给计量管理人员提供了一个可俯瞰辖区计量设施运行状态，指导优化现场操作的技术平台。系统主要包括综合地图包括站点地图和站点配置、运行监测数据总览、实时曲线、历史曲线和损耗管理、报警监控包括报警详情和限值日志、智能分析包括分析配置、曲线分析、压力分析、温度分析、选型分析、日用量分析、月用量分析、设备信息和设备检定、场站三维展示及报警控制等丰富的功能，如图6所示。

图6　在线监测与智能分析三维图形展示

3.6 自动分输系统

站控系统智能化分输改造涉及西安未央分输站等试点分输站七个共计十个用户，目前各场站均具备自动分输功能，相关数据接入调控中心，方便数据监控与分析。自动分输功能采用的控制方法包括恒压控制法、剩余平均法、不均匀系数法、恒流模式4种，辅以“到量停输”功能。另外，还可采用“恒压控制法+剩余平均法”的组合控制方式，如图7所示。系统运行中发现仍存在偶发故障，目前系统正在进一步升级改造，以满足多变的现场工况需要。

3.7 报表系统的管理

“天然气生产报表管理系统”主要目标是：以站场、管线、气源、用气用户的档案为基础，以每日的生产数据、工业瞬时数据为主线，利用人工录入和自动化监控接口，及时采集并传输至综合数据库中，生成各种统计报表，如图8所示，辅助管理人员进行生产分析，最终不断提高生产、管理、决策的效率和水平。系统主要包括用户平台管理、报警管理、报表管理、移动终端应用、短信平台等功能。辅助调度人员直观地进行查询、核实、调整、优化，系统稳定性高、数据处理能力强，可满足个性化需求的数据的统计和分析功能。

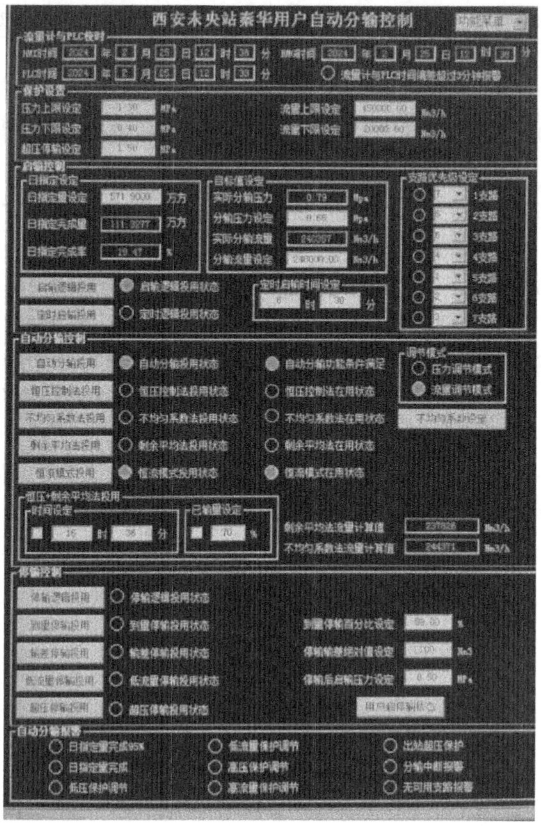

图 7　自动分输控制显示界面

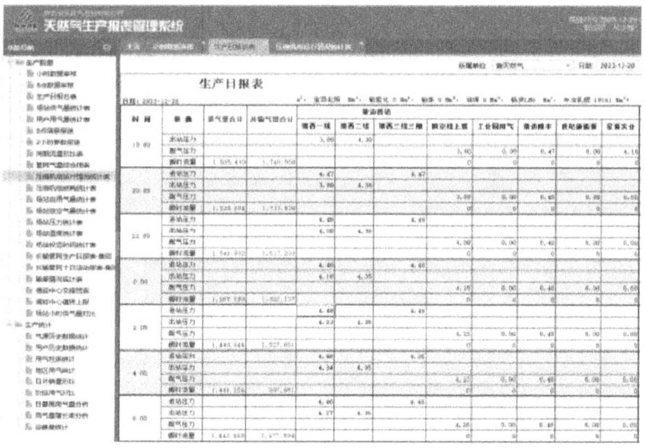

图 8　天然气生产报表管理系统

3.8　机器人巡检系统

以搭载 AI 视频分析摄像机、AI 红外分析摄像机、激光甲烷探测器、噪音频谱分析仪等多种任务载荷集成的防爆轮式智能巡检机器人，对天然气场站的高危作业环境进行高频次、多维度的综合性无人化巡检项目试点，实现对场站仪表读数、阀门状态、设备温度、气体泄漏、噪音水平的全方位立体监测，如图 9 所示：

图 9　机器人巡检画面

通过机器人巡检技术，实现对场站气体泄漏的实时监测、精准报警和实时处置的三维消缺，将事故消除于萌芽之中。不但节省了大量的人力物力，而且还能为公司生产运行管理走向信息化奠定基础，为提高设备运行安全管控水平，建设本质型安全场站的提供高技术含量的信息化保障。

3.9　区域化管理

区域化管理的总体目标为“有人值守、远程操作、区域管理、集中监控”，实现天然气输气场站运检维一体化的生产运行模式。将原来的场站的运营、维护和维修工作进行整合，形成一体化的生产体系，实现生产、管理和维护工作的协同运作。结合公司所辖管道呈廊带及管网相结合的分布特点，在完成管道资产区域化的基础上，全面探索站场运检维一体化管理模式，提高管道运行效率，践行优化运行、以人为本的核心管理理念，有序推进“机械化换人、自动化减人、智能化无人”，实现安全生产标准化、精细化、智能化监管的目标。

3.10　数字孪生平台

以“数据+平台+服务”的信息化建设总体思路，结合当前公司关注的业务要点，以实现“燃气管网一张图、生产调度一张图、安全监管一张图、业务管控一张图”的总体可视化目标，同时借助数据可视化平台的分析能力，实现业务数据的综合分析。将数字技术融入到天然气全产业链中，推动公司生产数字化、运营管理数字化等方面的变革，打造智能化生产、网络化协同的新能力，推进数据驱动的业务决策。

4　结论及建议

对于天然气长输管道安全输气，要充分利用

生产调度的集中监控和处理优势，不断提升系统的数字化和智能化转型，才能确保管道安全平稳运行，从而为上下游用户提供高质量的供气服务，减少输气过程中的损失，最大限度延长管道的使用寿命，提高企业运营效益。

通过实现对生产业务领域的精细化、数字化和智能化管理，要统一规划、顶层设计，避免出现数据孤岛、技术屏障，后期改造投入大、耗时费力，逐步建立企标或行标，规范化生产建设、运行和管理。既能节约生产运营成本，还能以此为依托进一步实现企业生产运营信息化，向企业数治化发展为保驾护航，不但具有广阔的应用前景，而且还蕴涵着巨大的经济效益以及社会价值。

参　考　文　献

[1] 曹闯明．油气长输管道巡检中的智能视频监控技术．《油气储运》. 2018 年 10 月第 37 卷第 10 期．

[2] 李睿 田士君等．能源电力数字化转型关键问题探讨《中国国情国力》. 2021 年第 12 期

[3] 吴沈括，黄诗亮．美国政府数字化转型的路径框架研究．《信息安全研究》. 第 7 卷第 2 期 2021 年 2 月．

[4] 张科，牛生辉，朱建平．天然气长输管道阀室工艺流程的优化．油气储运．2015，34(3)：284-287.

[5] 华为发布《全球能源转型及零碳发展白皮书》助力能源数字化转型．《电气时代》. 2021 年第 10 期．

[6] 郭晓瑛等．国内外长输管道 SCADA 系统标准现状．油气储运，2011，30(2)：156-159.

[7] 王莉，邵建恩，闫小军．利用 SCADA 系统检测实现快速截断阀关断报警．《石油化工应用》. CAS2009 年第 2 期 73-75.

[8] 国家能源局。国家能源局关于加快推进能源数字化智能化发展的若干意见．2023 年 3 月 28 日．

油气管道调控运维技术智能化研究及应用

杨　鹏[1]　颜　辉[1]　辛若家[2]　程　楠[2]　郝　帅[2]　宋雷宁[2]

（1. 国家石油天然气管网集团有限公司油气调控中心；2. 昆仑数智科技有限责任公司）

摘　要　针对传统人工运维过程中存在的故障判定周期长、运维工作跟进不到位、运维绩效考核难等问题，基于采集的海量历史数据、实时的设备状态数据，以及运维过程中形成的维护维修数据，提出设备故障跟踪溯源算法和运维绩效考核评级模型，开发资源原理、状态监测、认证管理三位一体的智能运维管理系统，有效提升故障发现诊断效率。

基于统一实时数据源构建综合诊断与多样化报警显示，面向油气管网调控应用中运维的需求，探索智能运维的关键技术，基于采集到的海量历史数据、实时的设备状态数据，以及维护维修数据，研究设计相关算法，有效提升故障发现诊断效率。从局部单点应用的探索到单点能力完善，再到形成解决某个局部问题的一个过程，最终将各个智能运维场景相融合，形成一体化智能运维能力并构建智能运维管理系统。能够有效保障油气管网安全长效运行、有力提高企业运营管理效率，全面提高我国油气管网调控水平。

关键词　油气管网；智能运维；跟踪溯源；故障关联算法；评价模型

1　油气管网智能运维概述

数智化是基于大数据的智能化，是数字化转型的发展方向。我国在从工业大国向工业强国转型的过程中，很多工业控制系统满足了基本的功能性要求，但是系统性能指标，如可靠性、稳定性、精度等指标与工业生产流程的特征需求还存在明显差距，需要通过引入数智化技术来提升企业生产管理、运行维护水平。企业可根据需求和生产流程运行状况，有针对性地进行生产管理，将整个生产与多种数字化技术和智能化技术相结合，以提升生产效率并推动技术创新。

1.1　油气管网运维应用现状

近年来，油气管网运行维护已经从人工运维进入到自动化运维阶段。目前油气管网自动化运维，主要涉及自动化运维系统和运维管理流程。

（1）自动化运维系统

自动化运维系统：运行监测部分、数据存储部分和远程运维部分。

运行监测部分在自动化运维中是必不可少的基础功能，采用扫描方式查询现场输入装置的各种信号状态或数据，按指令规定的任务产生相应的控制信号，并提供各种接口供设备之间的通讯和程序的上下载。

（2）运维管理流程

油气管网的运维系统主要包括事件管理、变更管理和配置管理三部分。

事件管理：事件指所有可能影响服务达成既定服务效果要求的不确定因素。

变更管理：事件多数对的是面向业务端进行的服务，而变更则更多是对内部团队进行的服务。

配置管理：是指基础设施投入生产运营环境后，为了设备能正常投入使用并适配其他系统和设备功能。

1.2　油气管网调控运维存在的问题

目前油气管网调控已经基本实现从人工运维+自动化运维结合的运维模式，但大多数所谓的自动化运维管理还只是处在“半自动化”的运维状态。这些传统的被动式、半自动式的运维管理模式存在以下三个问题：

（1）运维人员被动且效率低

在运维过程中，只有当事件已经发生并已造成业务影响时才能发现和着手处理，这种被动“救火”不但使运维人员终日忙碌，也使运维本身质量很难提高，导致各业务部门对运维的服务满意度都不高。

（2）缺乏高效的运维机制

目前许多企业在运维管理过程中缺少智慧化的运维管理模式，也没有明确的角色定义和责任划分，使到问题出现后很难快速、准确地找到根本原因，无法及时地找到相应的人员进行修复和处理，或者是在问题找到后缺乏流程化的故障处理机制，而在处理问题时不但欠缺规范化的解决方案，也缺乏全面的跟踪记录。

（3）缺乏智慧化的运维技术

随着信息化建设的深入，油气管网调控系统日趋复杂，复杂的网络设备、服务器、中间件、业务系统等让运维人员难以从容应对，即使加班加点地维护、部署、管理也经常会因设备出现故障而导致业务的中断，严重影响企业的正常运转。

1.3 研究内容

油气管网调控业务系统作为保障国计民生的重要系统，目前在运维中存在两大技术难点：

（1）多源多类型数据融合的难点。油气管网调控对技术系统的安全稳定运行要求高，而目前业务功能一般涉及多个系统与应用，系统和设备的数据类型和数据源分散而复杂，无法有效融合并进行标准化应用。

（2）人力紧缺与智能化远程运维难点。运维需求与人力资源紧缺的矛盾，已经成为技术系统发展中无法避免的矛盾，如何基于采集到的海量历史数据、实时的设备状态数据等实现智能化远程运维来解决人力紧缺和人工运维存在的问题迫在眉睫。

2 研究方案选择和实现

2.1 研究方案选择

为了确保所要求研究开发内容能够在油气管网调控系统中进行实际集成应用，针对传统人工运维过程中存在的故障判定周期长、运维工作跟进不到位、运维绩效考核难等问题，基于采集到的海量历史数据、实时的设备状态数据，以及运维过程中形成的维护维修数据，提出设备故障跟踪溯源算法和运维绩效考核评级模型，并开发智能运维管理系统实现资源原理、状态监测、认证管理三位一体，有效提升故障发现诊断效率，提高运维单位及人员的责任心及积极性，提高运维考核的科学性实用性。

2.2 研究方案实现

2.2.1 油气管网智能运维关键模型及算法设计

针对传统人工运维过程中存在的故障判定周期长、运维绩效考核难、系统设备选型不科学等问题，基于海量历史数据、实时设备状态数据，以及运维过程中形成的维护维修数据，研究并设计相关算法，有效提升故障诊断效率，提高运维考核的科学性实用性。

（1）设备故障跟踪溯源技术算法设计

运维系统按照事件类型，可以分为原始事件、基础事件、根源事件。

① 原始事件——被管对象代理层主动上传的事件信息，通过 SNMP 协议的 TRAP 事件，设备已经为整理好的事件基础信息，供上层应用进一步进行事件的深入根源分析提供基础。

② 基础事件——根据状态数据和报警规则生成的单源的事件信息，采集到了内外场的设备状态，状态需要通过一系列的判断规则，转换成为一个基础的事件。

③ 根源事件——在基础事件之上，经过事件压缩、时间关联处理、事件抖动处理、事件根源分析之后等事件的相关联性分析后，最终提交出有用的事件信息，提供给用户。

1）设备故障阈值预警指标设计

设备故障阈值预警指标包括：

① 通信成功率指标；

② 数据完整性指标；

③ 数据有效性指标。

2）设备故障关联概率矩阵

对于事件的故障，建立起来关联的概率矩阵，建立起故障的概率模型，将相关联的事件，辅助以事件压缩、事件抖动处理技术，完成对于原始事件的筛选过程。故障关联概率矩阵如图 1 所示。

故障关联概率矩阵

$$
\xrightarrow{\quad y \quad}
$$

$$
= \begin{bmatrix} P(y_1|x_1) & P(y_2|x_1) & \cdots & P(y_n|x_1) \\ P(y_1|x_2) & P(y_2|x_2) & \cdots & P(y_n|x_2) \\ \cdots & \cdots & \cdots & \\ P(y_1|x_m) & P(y_2|x_m) & \cdots & P(y_n|x_m) \end{bmatrix}
$$

$\downarrow x$

图 1　故障关联概率矩阵

① 事件压缩

事件进入系统，面临数量越来越多的情况，用户往往面对如此众多的事件感到不知所措，从而对于真正发生的事件放松了警惕。

② 事件抖动处理

有时事件告警的数据是偶尔发生的，例如一个传感器的突然发出了故障，可能这个故障值只是超过了一点的范围，管理人员往往发现受到了大量的故障告警，但其中大多数都是没有意义的数据告警，长久以往，在真正发生故障时候，用户确忽视了，没有人理会故障。如图 2 所示。

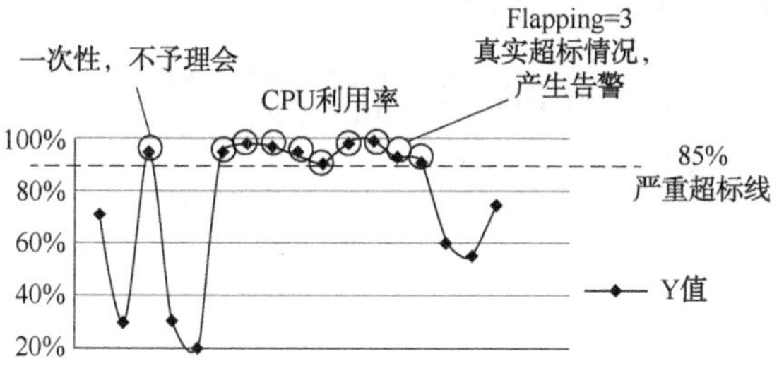

图 2　事件抖动图

3）关联性故障根源追朔算法设计

关联性故障根源追朔算法主要包括：

① 过滤——同设备不同接口事件的屏蔽；

② 压缩——一段时间内事件的压缩；

③ 关联——关联故障压缩；

④ 事件类型关联树：表示事件类型之间的依赖关系；

⑤ 被管对象位置树：表示被管对象位置信息的关联关系；

⑥ 设重复报警：将原始事件和基础事件作为输入，根据事件类型关联树和被管对象位置树，依次递归查找根源事件。

事件生成流程如图 3 所示。

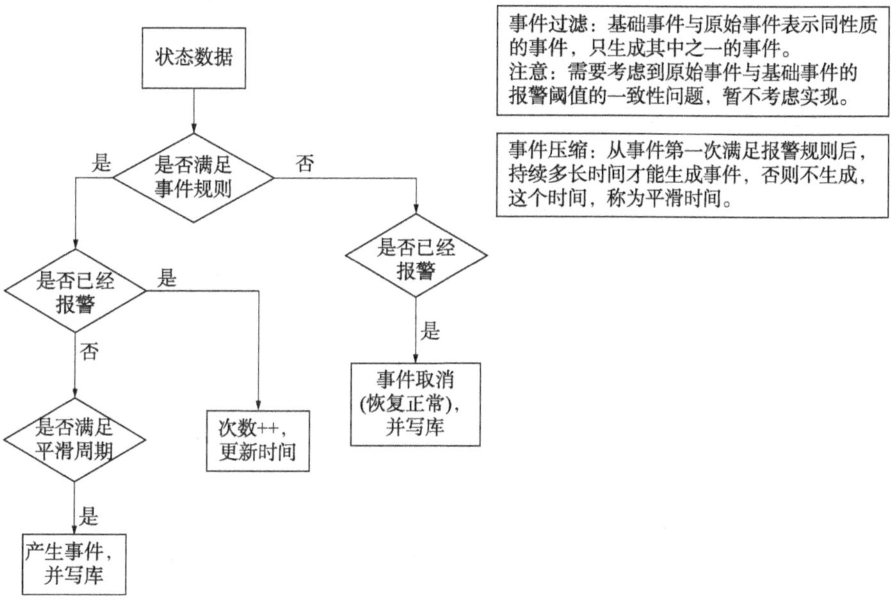

图 3　事件生成流程图

（2）运维绩效考核评级模型设计

1）设备角度的运行管理评价模型

为能够结合时间与空间的维度进行，客观对设备的运行管理进行评价，采用以下方法：

① 按照故障率统计；

② 按照部件返修率统计；

③ 按照维修周期统计。

2）系统角度的运行管理评价模型

因油气管网系统由多种不同的设备组成，如能从系统的角度对其进行考察，将有效提高对系统该模型以设备的统计角度为基础，对系统的完好率指标进行统计分析，进而实现对系统可用性的评价。

① 系统完好率统计；

② 系统维护情况统计。

3）运维管理角度的运行管理评价模型

评价指标中提炼出三个方面的指标：运维成本指标、服务评价指标、设备运行状态水平指标。在设施运维模型研究中，也针对运维内部流程进行提炼优化，为后续的平台搭建奠定基础。

面向于不同的业务角度，人员，需要对于各自的业务特点进行梳理，给予合适的评价模型体系进行操作。

① 运维绩效考核评价技术

采用绩效积分评价模型，通过分析各类设施设备故障频率、修复时间、维修费用等指数并形成综合积分，实现对设施设备产品、维护人员、维护公司的量化考核。

② 运维绩效评价准则

绩效评价需要能对被评价对象实现客观的评

价，因此，绩效评价系统必须具有具象化、数量化、可操作性、现实性以及时效性等原则。

③ 运维绩效评价方法

建立基于时间和评价对象的二维评价方法，通过此方法，将运维部门和其所维护的设备进行对应及关联，如图4所示。

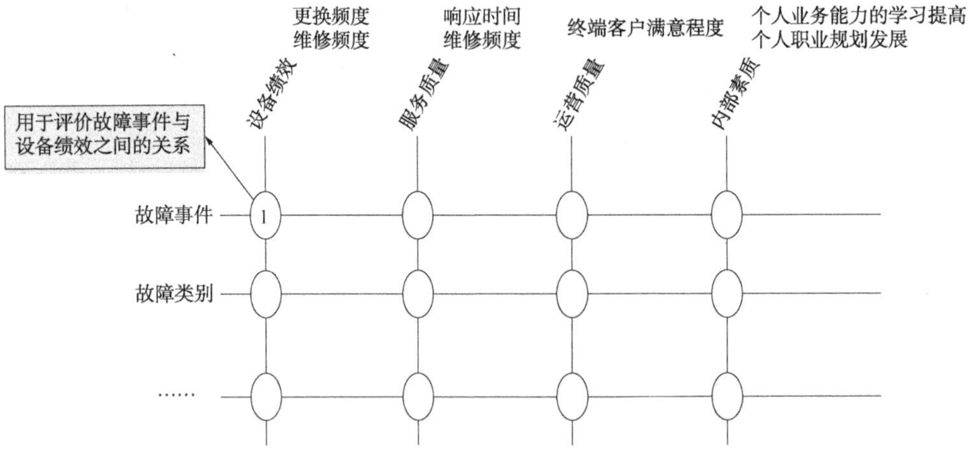

图4　运维评价方法图

2.2.2　油气管网智能运维系统

智能运维系统主要实现资源管理、状态监测、认证管理三大类功能，技术及架构如图5所示。

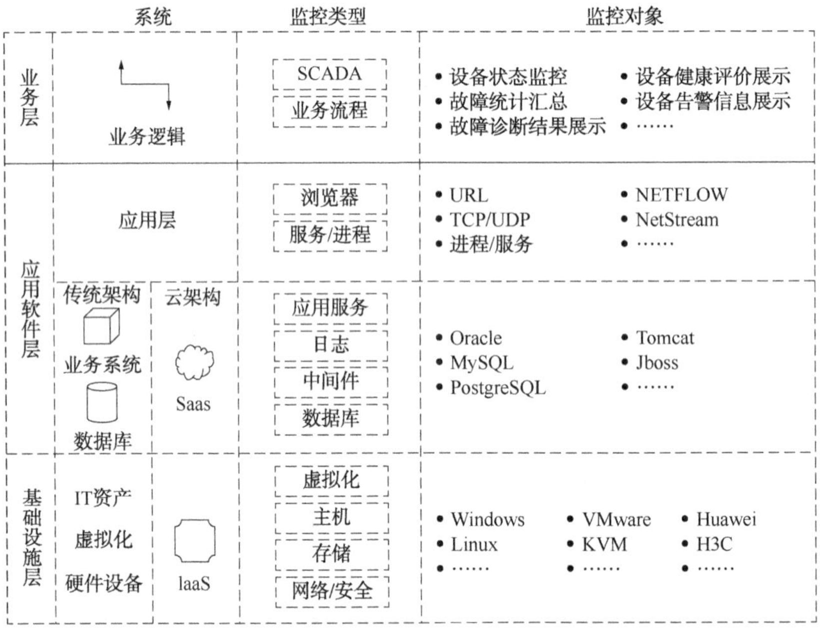

图5　技术架构

（1）智慧运维系统资源管理

智能运维可提供设备的详细信息，包括设备地址、运行时间、设备型号、版本、接口数量、接入方式、路径拓扑、会话连接数、CPU利用率、内存利用率、端口流量速率、告警信息等监控。

1）网络设备管理及自动发现

管理设备类型：除了传统的路由器、交换机外，更能对网络中的安全、存储、虚拟化、服务器、UPS等设备进行管理，实现设备资源的集中化管理。

2）网络拓扑管理

拓扑管理包括如下几个方面内容。

① 拓扑自动发现；

② 支持自定义拓扑；

③ 自动识别各种网络设备和主机的类型；

④ 设备状态、连接状态、告警状态等信息在拓扑图上的直观显示。

3）清晰网络资源管理

清晰的网络设备资产管理，在系统中管理的设备增加到网络资产管理的同时，系统还会自动发现该设备上可以管理的配件信息，并将这些配件加入到网络资产中进行管理，管理员可以对网络资产信息进行修改，还可以查看该资产的子模块信息、接口信息以及变更审计历史信息。

4）虚拟网络管理

虚拟化管理支持 VMWare，Hyper-V 和 KVM 等虚拟化环境。其特性包括虚拟资源监视和虚拟网络配置两部分。虚拟资源监视可以实时感知 ESX、Hyper-V 和 KVM 的最新变化，将 vCenter，SCVMM 和 KVM 上的操作结果实时反馈到 VNM 中。

（2）智慧运维系统状态监测

1）服务器硬件监测

可对多个品牌 X86 架构服务器硬件状态的自动巡检功能，可以有效的替代传统的通过查看服务器状态灯的人工巡检模式。

2）操作系统监控

系统支持对多种主机操作系统的管理，提供业务主机整体负载情况的监测。

3）日志管理

具有对受管服务器日志的带外监测功能，特别是服务器硬件错误日志。系统自身内置操作日志记录，用于安全审计。

4）智能巡检

当管理对象被纳入到系统后，系统自行启用符合其管理预案的管理规则，涉及后台采集、海量存储和智能分析。

5）故障维护经验

可对所有预定义告警均提供“修复建议”，管理员可以参考修复建议对故障进行处理。

（3）智慧运维系统认证管理

1）远维授权管理

多用户管理和设备的分组管理功能，允许管理员设置用户和用户组，并为单独的用户和组分配权限和角色，并创建独立的 VPN 隧道。现场的智能网关依据用户的权限和设备连接创建独立的远维通道。

2）运行监控

① 可以连续检测设备通信连接、用户登录、创建的 VPN 连接状态；

② 可以连续检测站场发生的报警和事件，并通过在线提示或微信通知；

③ 运行日志和操作审计等安全规则；

④ VPN 虚拟通道的通讯信息监控。

3）安全技术

① 系统与客户端的 VPN 隧道基于 SSL/TLS 加密算法；

② 系统与 PC 客户端之间基于 HTTPS 安全通讯标准；

③ 访问鉴权密码和身份识别；

④ 设备和用户管理：具有多级用户的角色、设备和组的权限管理功能；

⑤ 身份认证与登录：采用用户名和口令验证用户的合法权限。

2.3　传统运维与智能运维技术对比分析

表 1 给出了国内外传统运维方式与本系统采用的智能运维方式在运维效率、系统可用性、可靠性、学习成本、建设成本、应用范围作了全面的比较。

表 1　国内外运维方式对比分析

指标	国内	国外	本系统
运维效率	受限于人为因素，运维效率较低	部分操作自动化后，运维效率较高	自动分析处理事件，将多种自动化工具实现联动，运维效率高
系统可用性	手工运维时处理异常效率低，系统可用性相对较低	得益于自动化工具，异常处理与恢复速度较快，系统可用性较高	采用智能分析、预警、决策等手段，异常处理效率高，甚至可规避异常，系统可用性高
系统可靠性	手工运维时系统的可靠性较低	将重复性操作实现为自动化工具，采用自动化运维时系统可靠性较高	结合自动化工具，并采用多种策略使用工具，可靠性高
学习成本	需掌握多个系统的运维知识和操作指令，学习难度高，成本高	需对自动化工具有一定掌握，学习难度较高、成本较高	故障分析、预警及异常处理可由智能运维自动实现，学习难度低、成本低

续表

指标	国内	国外	本系统
建设与使用成本	建设运维的工具成本低，可采用系统自带的运维命令。但对复杂系统的运维需投入大量的人力，人力成本高	建设自动化运维的成本较高，投入运维的人力成本则相对较低	建设智能运维的成本较高，投入运维的人力成本低
应用范围	运维基础手段，应用广泛，但不适用于分布式、大规模系统运维	适用于集群系统、运维规模一般的分布式系统运维	新技术、适用于大规模分布式系统运维

3　实现目标

以油气管网生产装置高效、稳定运行为核心，推进管道数据由零散分布向统一共享、风险管控模式由被动向主动、运行管理由人为主导向系统智能、资源调配由局部优化向整体优化、管道信息系统由孤立分散向融合互联发展。油气管网将全面实现“全数字化移交、全智能化运营、全生命周期管理”，完成数字管道向数智管网的演进。

主要实现目标如下：

（1）全面感知：基础设施标准化

① 管道的自动化软、硬件升级换代，提升自动化水平；

② 控制逻辑标准化和规范化；

③ 系统一键启停、自动分输、原油自动计量等技术，为智能化奠定基础；

④ 站控系统工程标准化，远程装载、远程升级和运维。

（2）全面集成：集中调控

① 调控模式：调控中心集中调控；

② 数据集成、控制逻辑统一建模、集中管理、远程下装、高效运维；

③ 实时数据库实现对数据的采集、存储、传输与管理，为智能控制、分析提供数据支撑。

（3）智能管控：价值体现

① 专业软件：在仿真模拟（离线、在线）、泄漏监测、培训（仿真、设备等）软件系统等统一选型，便于运维和升级；

② 一体化集中调控、安全综合预警、一体化应急指挥，提升生产运行效率；

③ 综合运用大数据，挖掘数据价值，提升生产运行智能化，降低调控人员工作强度。

4　应用效果

油气管道调控运维技术智能化研究及应用，着力解决了系统在应用中的设备运维、智能巡检等问题，主要应用效果如下：

（1）提升终端运维效率：随着油气管网系统日常运维的工作量日益增加，维护流程复杂，这些问题越来越成为阻碍终端系统发展的一大束缚。在日常运维过程中遇到的各项操作常常需要在各组件管理界面间跳转，且故障点的筛选、诊断需要较多步骤。而智能运维系统恰恰能解决上述问题，通过集约多组件管理功能，由统一的人机交互界面进行对接，避免了运维操作需要在多界面间进行，同时系统增设智能监测、自动巡检等功能，为运维人员故障检测和故障分析提供有力辅助，极大地降低了维护耗时，大大提升运维管理能力。

（2）规范虚拟资源管控流程：智能运维系统主要提供了虚拟桌面、虚拟存储、虚拟应用等服务，从用户发起资源申请至审批通过，最终分发资源的整个流程缺乏一套符合油气管网自身特点的全过程规范化流程。通过优化运维操作流程，合理划分、整合相关功能操作，可以协助虚拟资源管理控制标准程序的制定和实施，在管理上推动公司办公的规范性、标准性建设。

（3）划分系统使用管理权限：智能运维管理系统在终端系统原有管理模块之上重新封装管理层，细分管理权限，且加入部分自定义功能，为权限的划分提供技术保障，提升系统运维效率和系统安全性。

5　结论

基于多源多类型数据融合技术的油气管网调控智能运维系统，以海量历史数据、实时设备状态数据和维护维修数据为基础，从局部单点应用的探索到单点能力完善，再到形成解决某个局部问题的一个过程，最终将各个智能运维场景相融合，形成一体化智能运维能力，实现了油气管网调控中的智能化运维。

该研究重点解决传统人工运维过程中存在的故障判定周期长、运维绩效考核难、设备产品选型不科学等问题，基于采集到的海量历史数据、实时的设备状态数据，以及运维过程中形成的维护维修数据，设计设备故障跟踪溯源算法和运维绩效考核评级模型，将有效提升故障发现诊断效率，提升运维的准确性和时效性，提高运维考核的科学性实用性。所研发的一体化智能运维系统是针对设施维护各个环节的管理需求，结合流程引擎技术，系统涵盖设备安装、设备维护、设备报废一系列环节在内的设备全生命周期管理体系，实现跨部门、跨网络的运维规范化管理。

参 考 文 献

[1] 董秀娟，曹海军，徐宝昌，程楠等，油气管道运维中心智能模拟仿真平台[J]. 技术纵横，2022(05)，P62-66.

[2] 闫峰，郭长滨，祁国成，李国栋，刘品杰，油气管道 SCADA 系统调控业务应用接入方法[J]. 信息技术，2014(05)，P183-191.

[3] 宫敬，史博会，李晓，虞维超，吴海浩等，油气管网仿真技术在智能管网建设中的应用及展望[J]. 前沿与综述，2023，42(09)，P988-997.

[4] 张东明，田光．陕西省天然气供需平衡分析及对策[J]. 油气储运，2017，36(2)：132-137.

[5] 梁永图，张浩然，邵奇．成品油管网调度优化研究进展[J]. 油气储运，2015，34(7)：685-688.

[6] 朱祁，李聪，谢向阳，设备运维管理系统与信号故障诊断系统的通信[J]. 工业仪表与自动化装置，2019(05)：P91-98.

[7] 朱东升，张浩，张昆等．基于综合监控的设备状态方案研究[J]. 计算机测量与控制，2017，25(06)：PP64-67.

[8] 邓晓华，余超，徐瑾等．基于制造物联技术的智能远程服务平台的设计及实现[J]. 自动化与仪器仪表，2015(08)：P125-128+130.

[9] 曲振华．基于物联互联的设备管理应用平台研究[J]. 中国设备工程，2019(21)：P35-37.

数字化技术赋能国家管网生产运行与管理系统建设

颜　辉[1]　王小果[1]　高照敏[2]　赵伟楠[2]　裴雅茹[2]　韦书龙[3]　李宏君[3]

（1. 国家石油天然气管网集团有限公司油气调控中心；2. 昆仑数智科技有限责任公司；
3. 国家石油天然气管网集团西南管道有限责任公司）

摘　要　为落实国家管网生产运行业务域数字化建设要求，国家管网结合自身需求及业务特点，基于数字化统一平台，梳理4.0生产运维业务流程，研发了一套具有国家管网自主产权的新国家管网生产运行管理系统（简称“新PPS”系统）。相比于原系统，新系统的优点是：采用先进的微服务框架实现应用设计和开发，支持业务流程落地。该系统以4.0生产运维业务流程为基础划分主要业务模块，与自控系统、经营系统集成，实现管控一体化、生产经营一体化。“新PPS”系统与集团数字化转型成果充分融合，采用4A架构以提高适配性，通过数字化设计、标准化建设、一体化实施及定制化服务，实现区域资源与全网资源灵活调配。

关键词　国家管网；生产运行；数字化技术；系统建设；技术赋能

国家管网成立后，为了保障资产交割后国家管网油气储运设施运行平稳，国家管网临时迁移了原中国石油管道生产管理系统，从而初步实现了集团生产运行过程中的调度、计量及能耗等生产数据的上报和统计功能。然而随着集团生产经营管理体系的健全，“过渡期PPS”系统已无法满足集团生产经营的相关需求，主要体现在：（1）系统架构单一、功能集成度较低，不能支撑对生产管理紧密联系及有机统一的深入分析；（2）信息化管理制度尚未形成，未有专业化的内部服务机构，不能很好的整合内外部人才和技术资源；（3）“过渡期PPS”系统管理模式和业务流程不能满足新商业模式应用的需求，不能灵活适应业务变化；（4）系统版权属于中石油，服务器、网络、安全等与三大石油公司公用物理环境，存在安全隐患。

为深入贯彻国家“能源革命”以及“数字经济赋能传统产业升级”发展理念，提升产品创新力、提高管网的输送率，研发一套具有国家管网自主产权的、支持生产经营一体化的生产运行管理系统，替换“过渡期PPS”系统已迫在眉睫。新系统需要按照集团公司信息化“统一规划、统一技术、统一标准、统一基础设施和运维”的原则，在集团数字平台上实现统一建设与应用，降低建维成本，提高工作效率。同时，新系统不仅需要满足集团公司“建运维研”大业务数字化建设，还要保障“两大一新”（即“打造智慧互联大管网、构建公平开放大平台、培育创新成长新生态”）战略目标的实现。

1　国家管网生产运行管理系统建设方案

根据“十四五”信息化规划，生产运行管理系统是支持“建运维研”4大业务核心系统之一（如图1所示），与开放服务及交易平台一同支持生产经营业务开展。基于云平台和基础设施支持打造可靠数字平台、便捷连接物联终端，确保管网生产安稳、可靠、绿色、和谐地运行。

整体而言，新系统的设计遵循七大原则，即自主可控、适应性、先进性、简单性、自治性、安全可靠性、实用性和可操作性进行总体架构的设计。同时，新系统在遵循信息技术网络安全标准的基础上，形成了统一的数字化管控策略，以及包含业务架构、数据架构、应用架构和技术架构在内的一体化4A架构，从而为项目整体的实施保驾护航。

1.1　支持国家管网4.0生产运维流程落地

使用平台工作流组件通过“设计与开发”、“模拟验证”、“部署与执行”、“监控与分析”、“运维与优化”完成从需求到系统功能的落地实现。系统支持4.0生产运维流程，涉及生产业务中的 5 个二级流程，包括 4.1 管理投产、4.2 管理生产运行方案、4.3 管理生产运行实施、4.5 管理油气质量与计量、4.6 管理能源等流程（如图 2 所示）。进一步地，按照涉及的生产业务架构进一步细分，“新 PPS”系统共支持 10 个三级流程，14 个四级流程，涵盖了生产业务的各个方面。

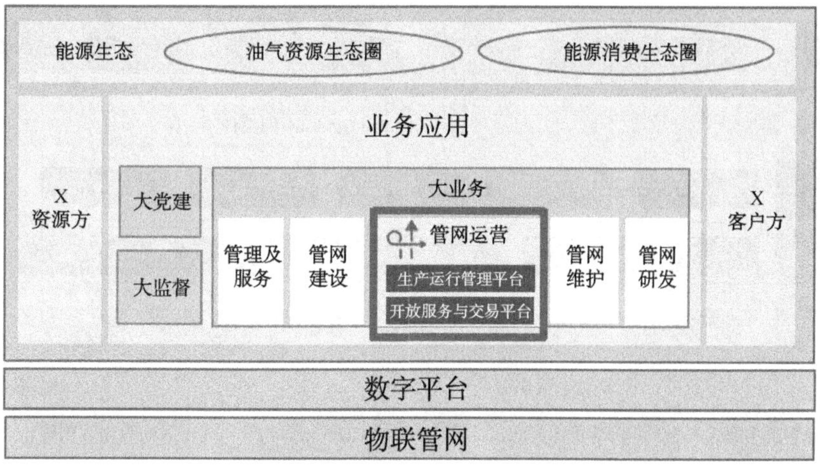

图 1　“建运维研”4 大业务示意图

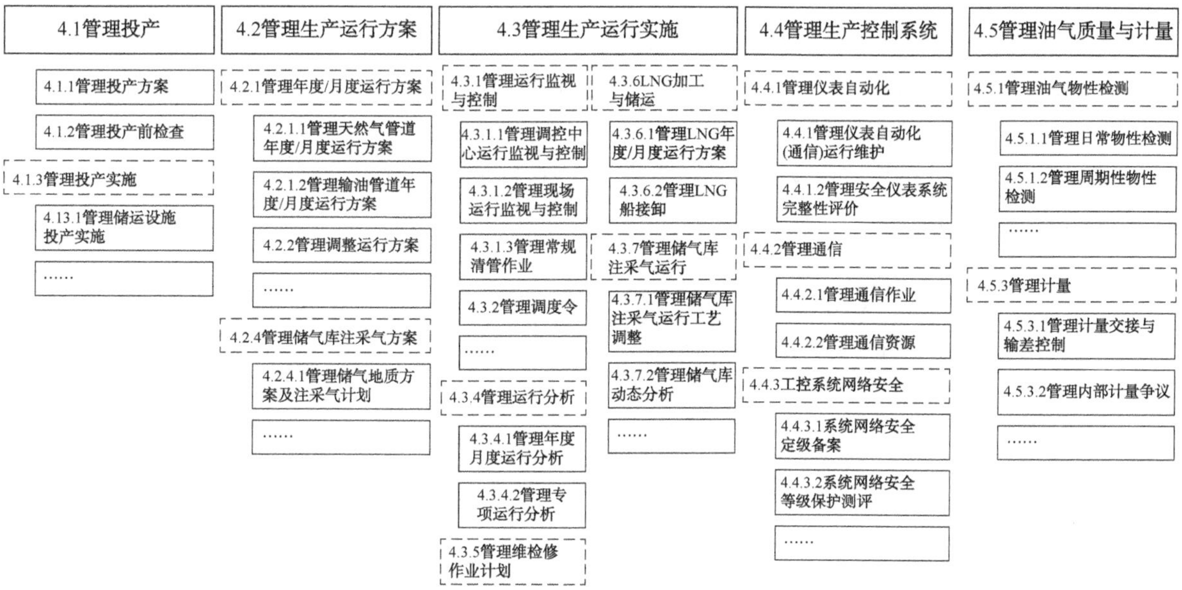

图 2　新系统 4.0 生产运维主要二级流程

1.2　数字化 4A 架构为系统推广适配提供基础

“新 PPS”系统依据国家管网数字化转型 IT 建设要求，采用 4A 架构进行设计。其主要目标是基于国家管网数字平台提供的服务和定义的标准规范，实现以安全为底线、保障业务连续性为基础、以全面云化服务化为特征、适度超前的技术架构，并确保其在随后的开发部署中正确实施和落地。

该系统为总部一级部署，采用先进的微服务框架实现应用设计和开发，底层的容器环境使用华为微服务引擎，选择 Spring Cloud 框架；底层的容器环境使用华为 CSE 管理集群、资源和应用部署。为保证项目的可扩展性、容错性、高并发等能力根据业务场景进行微服务拆分，从接口服务、数据库层面都实现拆分，总共拆分十一个服务。服务根据业务线清晰的划分后，后续某些业务调整发布不会对其他业务有影响，开发、测试、发布等动作都只针对需求变更的服务。

充分考虑系统业务和应用特点，采用多种安全机制和技术手段保障系统安全稳定运行。针对网络攻击风险，由集团统一提供防火墙和入侵检测系统进行安全防护，具备高安全可靠性，满足国家管网集团对网络和信息系统安全运行的要求。系统等级保护为三级，部署在总部数据中心。在未来5年，该系统的架构及技术仍具有先进性，支持灵活扩展，为后续在其他企业进行复用、推广奠定技术基础(如图3所示)。

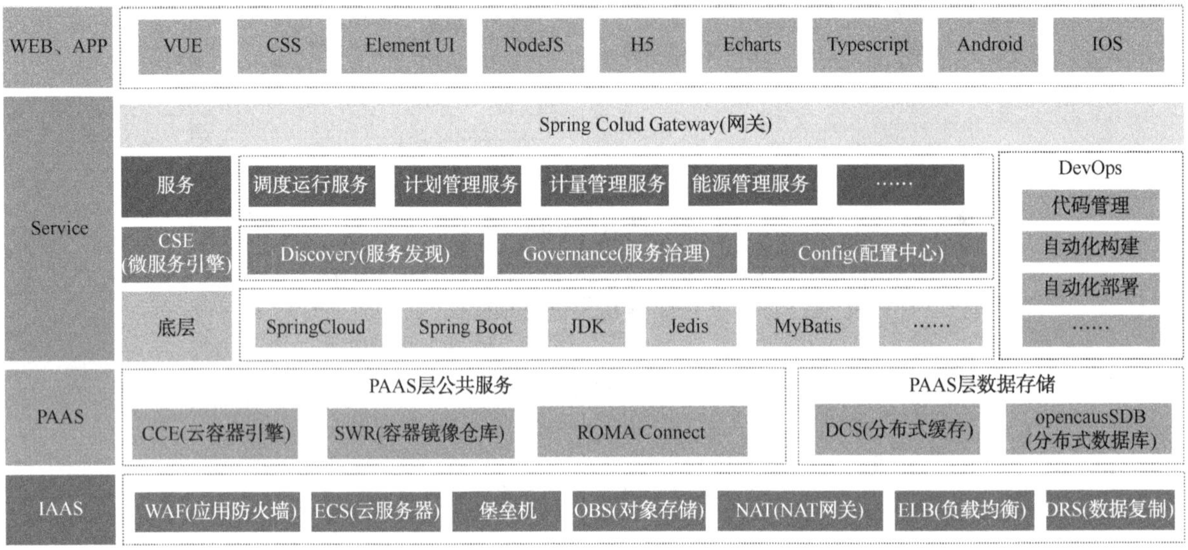

图3　新系统技术架构图

1.3　新系统主要业务模块

“新PPS”系统基于管网企业生产运行管理主要业务，开展数字化研发应用及部署。业务功能包括调控运行、运销计量、能源管理、投产管理、统计分析、移动应用、自动化与通信系统运维管理、系统管理等9大业务功能模块，涉及73项功能(如图4所示)。

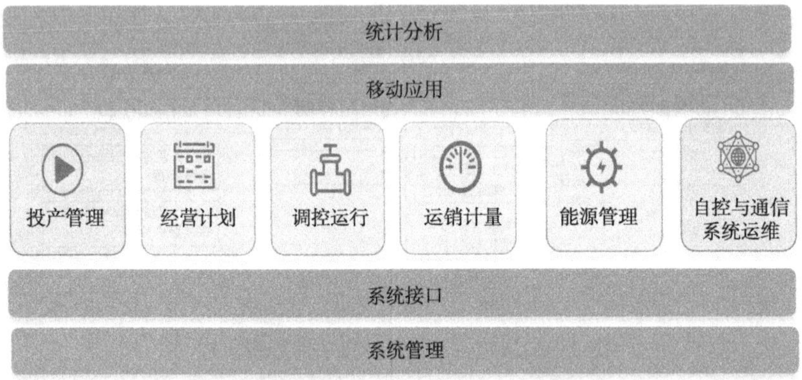

图4　新系统业务功能模块

1.4　融合自控系统实现业务纵向拉通

“新PPS”系统扩充了所属企业中间数据库和自建系统的采集，通过与管道生产实时控制系统和中间数据库安全集成，实现数据自动采集和提取，对天然气用户分输精准有效自动化控制，充分利用“两化融合”手段提高输配效率，降低场站员工劳动强度。如图5所示。

1.5　集成专业应用系统，实现业务横向拉通

“新PPS”系统与15个系统进行集成，包括IAM系统、电信运营商短信平台、MDM系统、资产完整性管理系统、工程项目管理系统、自控系统、开放服务及交易平台等系统。集成类型包含基础能力集成、交互集成和数据集成，基础能力集成与新PPS系统业务紧密相连，实现“新PPS”系统主要核心业务横向拉通。如图6所示。

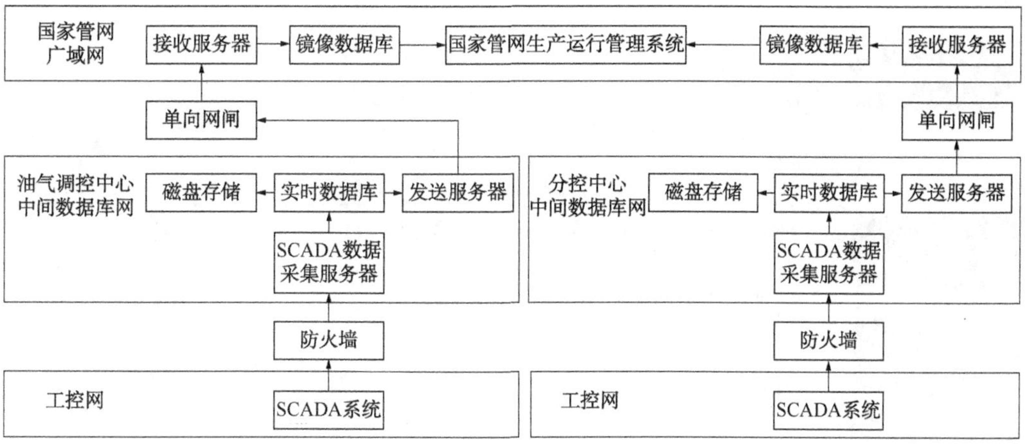

图5　一体化生产管控

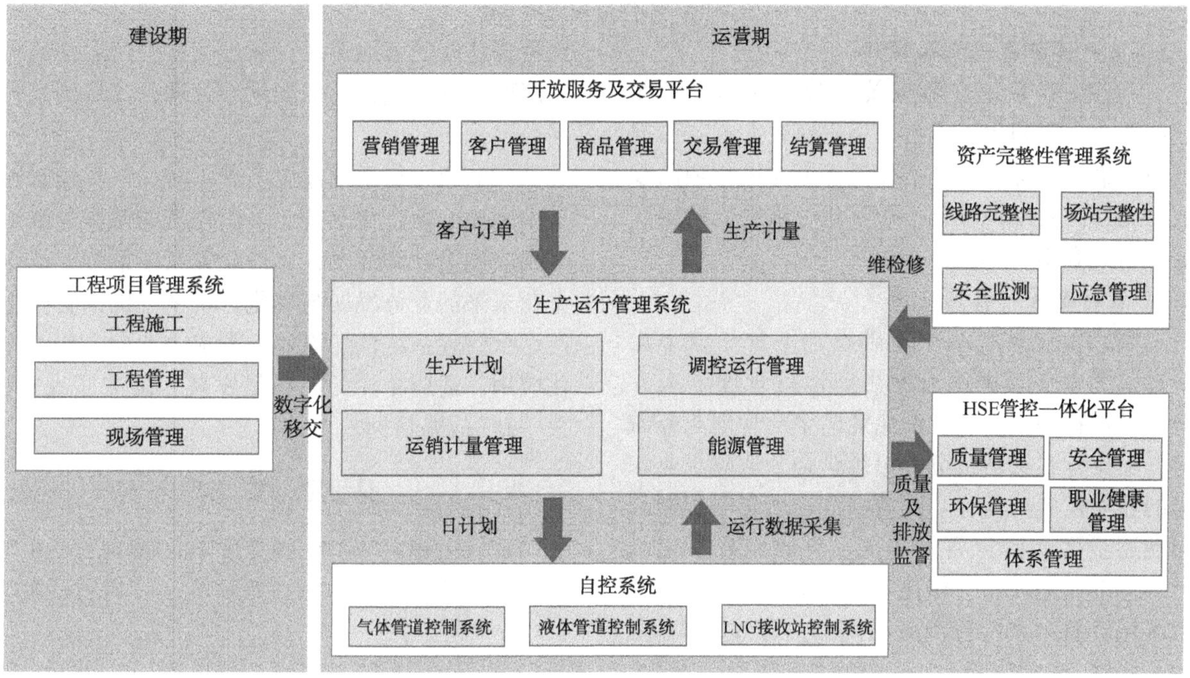

图6　集成架构设计

2　数字化技术赋能信息化系统建设

2.1　打造生产运行管理专属的敏捷开发通用平台

“新 PPS”系统实施范围包含国家管网生产运行管理的深度、应用方式、算法逻辑统一性和差异化的综合管理学。为了保障企业灵活多变的业务场景，通过自主研发表单引擎、集成数字平台统一的工作流中间件，通过界面配置、拖拉拽等方式来实现界面搭建、数据存储、流程线上实现等工作。后续业务流程调整、新组织实施、新增数据资产等变更只需运行维护人员进行实施即可完成，横向实现业务数据化和数据业务化、纵向实现后端业务资源到前端业务应用的敏捷转化和高效支撑。

2.2　实现生产运行流程基层穿透和流程优化

“新 PPS”系统研发团队结合 4.0 生产运维流程开发成果，对流程进一步细化，实现了生产运行流程基层穿透、流程优化和成果落地的目标。同时，4.0 生产运维流程中对于大党建，大监督以及 KCP 的管理在系统完成嵌入使用。如图 7 所示。

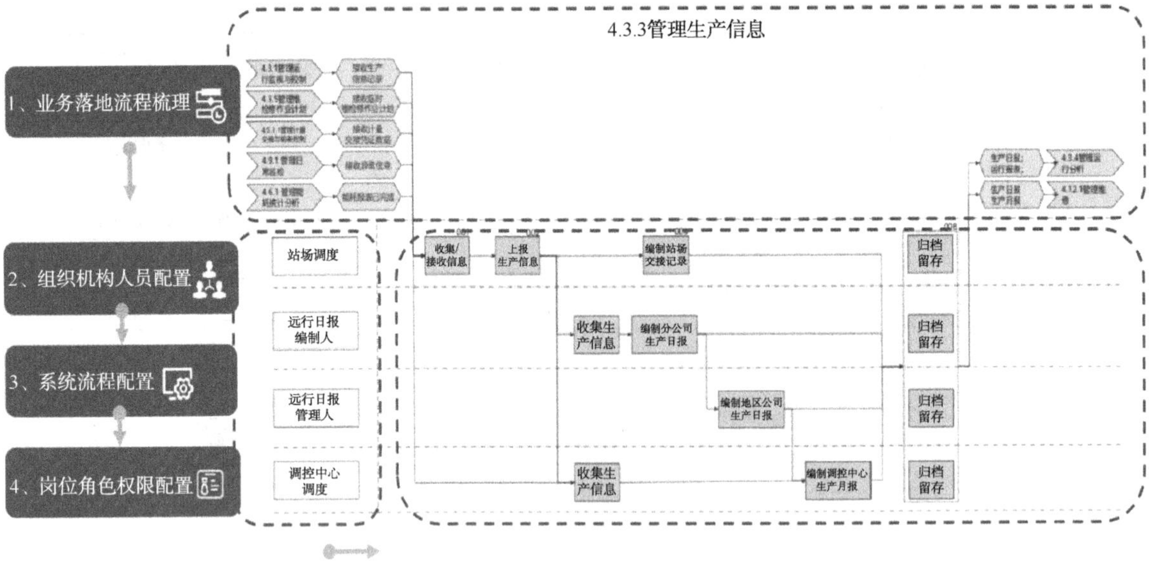

图7　生产流程穿透基层

2.3　用户体验实现飞跃提升

“新PPS”系统在数据统计分析能力、专业计算能力、定制化工作台、用户登录方式、数据自动采集、动态表单灵活配置等方面进行全面改造和提升，实现标准化、数字化、敏捷化的生产业务高效应用。

2.4　支持全国一张网落实

“新PPS”系统基于基础设施平台和数字化平台，形成一套国家管网生产运行管理解决方案，满足管网企业、省网企业的生产管理业务需求，支持方案灵活拆分、可维护强，适应企业未来的业务发展与变化。随着浙江、山东等省网公司在逐步融入国家管网集团，可通过数字化设计、标准化建设、一体化实施，定制化服务，实现区域资源与全网资源灵活调配，有效发挥“全国一张网”运营优势。

3　结论

（1）本文总结了国家管网集团统一数字化平台建设经验，自主研发国家管网生产运行管理系统，与集团数字化转型成果充分融合，采用4A架构以提高适配性。实现管网生产运行调度、能耗、计量等业务管理，以及相关的业务分析查询、专业计算等方面，提供了足总部、所属企业及所属企业的二级单位、基层场站统一平台应用。

（2）基于4.0生产运维流程成果，结合调研整理确认的业务管理需求，使用平台工作流组件通过“设计与开发”、“模拟验证”、“部署与执行”、“监控与分析”、“运维与优化”完成从需求到系统功能的落地实现。通过4.0生产运维流程的落地实现规范化、标准化的管理，支持国家管网数字化转型。

（3）通过新系统建设实现了对油气长输管网集中调控的信息化支持。采用先进的微服务框架实现应用设计和开发，支持业务灵活拆分，适应企业未来的业务发展与变化。未来，国家管网生产运行管理系统依然以业务需求为导向，持续深化应用，适应企业的高质量发展，助力实现“两大一新”战略目标。

参　考　文　献

[1] 周淑慧．国家管网集团全面接管油气管网资产 中国油气管网运行机制开启新时代[J]．国际石油经济．2021(1).

[2] 段宝成，刘忠付，王德宁．深化油气管网运营机制改革 开创我国油气行业发展新篇章[J]．石油科技论坛．2021(2).

[3] 田明磊．国家管网公司成立后天然气下游企业面临的挑战与对策[J]中国管理信息化，2023(3).

[4] 陈蕊，孙文宇，吴珉颉．国家管网公司成立对中国天然气市场竞争格局的影响[J]．天然气工业，2020(3)：138-139.

[5] 刘倩，阎君，武松等．构建石油公司与国家管网集团运营协调机制建议[J]．国际石油经济，2021(9)：24-27.

[6] 安栋平．关键技术自主可控 保障国家能源安全，中国电力报[N]，2021(7).

[7] 杨建功，刘文祥，于兴国等．基于微服务架构的天然气长输管道数字化平台研究与应用[J]，中国矿业，2023(6).

运用统计学原理预测天然气外销气量发展趋势

闫小军

（陕西省天然气股份有限公司）

摘　要　统计学的应用，可以帮助企业和政府更好地了解市场需求、消费者行为、产业结构等信息提供可靠依据。随着数字化的进程不断加快，人们越来越多地希望能够从大量的数据中总结出一些经验规律为未来的决策提供一些依据。

天然气作为最清洁低碳的化石能源，具有灵活高效的特性可与多种能源协同发展，在碳达峰乃至碳中和阶段持续发挥积极作用。随着“国家管网”的成立，“全国一张网”的有序推进，在气源及基础设施供应能力均充分保障，天然气产业链各环节将互联互通，未来天然气行业要进一步深化改革和加快市场体系建设，坚持产业链互利共赢的基本原则，共同维护好天然气市场发展良好形势。

对于我省天然气长距离输气管网系统而言，如果能利用大数据和统计学原理和方法结合起来，加强对未来五至十年我省天然气外销气量发展进行准确预测，分析发展规律，进一步通过加强上游资源供给，合理规划管道建设，有序开发下游用户市场，不但要保证管网系统经济、安全、平稳地运行，而且以降低管网系统能耗、提高管网系统运行综合能效水平，已经成为天然气长输管网运行系统在设计、敷设、运行、管理全生命周期过程中要重点考虑的指标因素，也将是较长一段时间内管网系统建设与发展的重要方向。

关键词　天然气；统计学；预测；发展趋势

1　前言

数字经济时代，数据成为了最重要的生产要素，而统计学正是对数据进行收集、整理、分析和解释的学科。统计学的发展，为数字经济提供了强有力的支撑。统计学的方法和技术，可以帮助企业和政府更好地了解市场需求、消费者行为、产业结构等信息提供可靠依据。随着数字化的进程不断加快，人们越来越多地希望能够从大量的数据中总结出一些经验规律为未来的决策提供一些依据。

天然气作为最清洁低碳的化石能源，是我国新型能源体系建设中不可或缺的重要组成部分，当前及未来较长时间内仍将保持稳步增长；天然气具有灵活高效的特性可与多种能源协同发展，在碳达峰乃至碳中和阶段持续发挥积极作用。目前，我国天然气输气管道相互连通，气源相互补充，“全国一张网”建设持续推进，极大的增加了资源输送调配的灵活性，有效的保障了我国各地区的用气需求。

基于陕西省内天然气长输管网的基础数据，对近十年全省天然气外销气量进行统计分析和总结，并对未来几年气量进行预测，分析研究规律，目的是进一步通过加强上游资源供给，合理规划管道建设，优化管网输气工况，提升管输效率，同时为未来公司发展规划提出可行性建议。

2　公司管网及生产运行现状

2.1　公司管网概况

陕西省天然气股份有限公司是以天然气长输管网建设运营为核心，集下游分销业务于一体的国有上市企业，主要负责陕西全省天然气管网的规划、建设、运营管理和下游燃气输配、销售。公司坚持以气惠民生为己任，依托陕西丰富的天然气资源，经过三十余年的不懈努力和长足发展，已取得上游资源单位供气点 14 个，形成了分布陕北、关中、陕南多资源供给格局，实现了全省绝大部分地区双管供给、关中区域环网运行，形成了纵贯陕西南北、延伸关中东西两翼、全省“一张网”的绿色资源输配网络，是国内优质的省属大型综合天然气供应商。

在配套设施建设方面，公司建成投运了 8 个 CNG 配送中心，还配套建设了 3 座应急抢险救援中心，2 座调控指挥中心和 2 座应急抢险器材储备中心。

截至 2023 年 10 月底，陕西省天然气公司已投资建成靖边到西安一线、二线、三线，南北联络线、咸阳到宝鸡、西安到渭南、宝鸡到汉中、关中环线(泾阳-乾县-眉县段)、西安到商洛、汉中到安康、义和到阎良、关中环线控制性工程、眉县到陇县、康县到汉中等多条输气干线，总里程达 4030km，年输气能力达到 $170\times10^8m^3$，管道沿线输气场站 88 座、阀室 122 座，已基本形成了纵贯陕西南北，延伸关中东西两翼，范围涉及 11 个市区的管网，如图 1 所示。

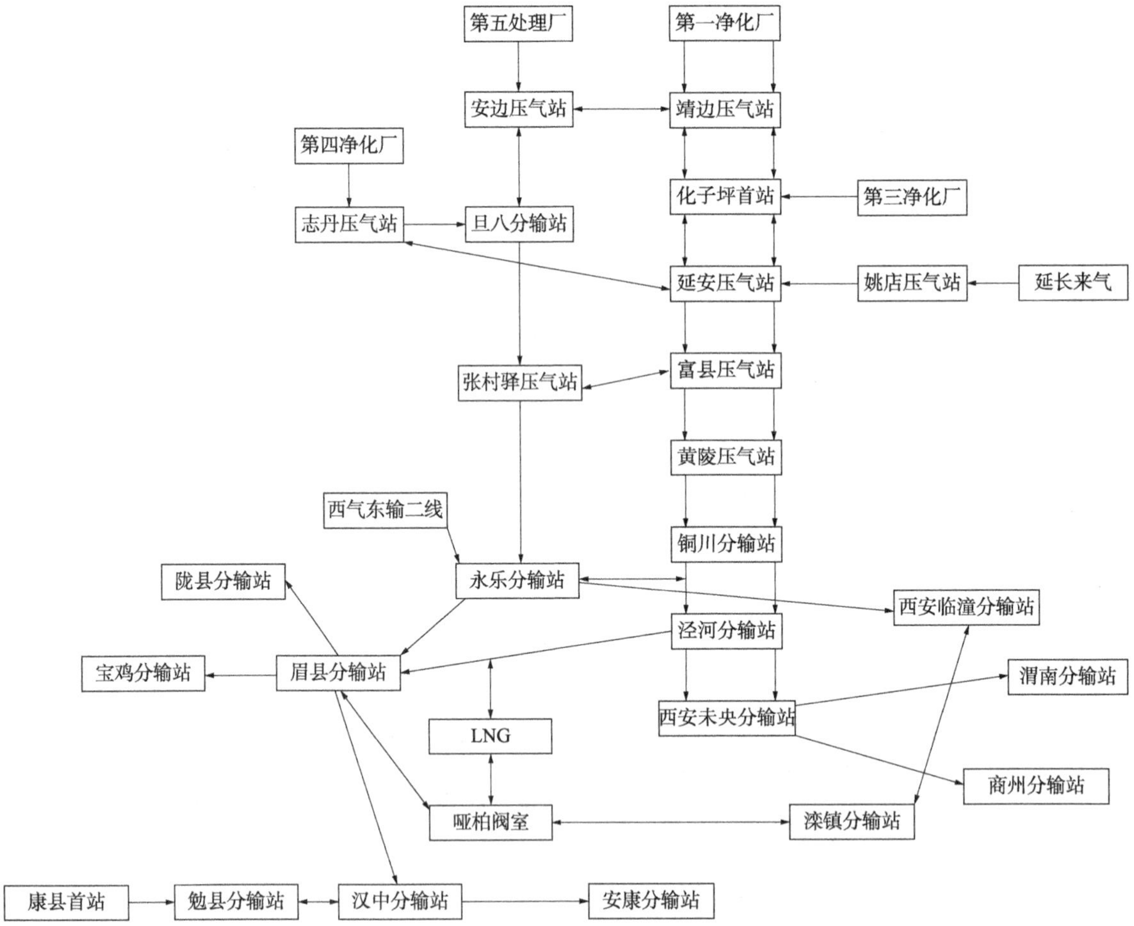

图 1　公司管网走向图

2.2　生产运行现状

2.2.1　上游资源供应情况

公司现有天然气资源点 14 处，其中中石油 5 处、国家管网集团 3 处、延长集团 5 处、杨凌 LNG 应急资源 1 处。以 2022 年上游资源点全年进气量情况统计分析，公司仍以中石油、延长集团进气为主，其他气源点为补充，有效地解决了全年尤其是冬季高峰用气时段的紧张局面，确保了全省人民安全平稳过冬。具体气量分配情况，如图 2 所示。

2.2.2　管网储运能力

公司现有管网已形成“多气源、多用户、一张网”的复杂输配气格局，综合考虑资源供应、管网运行及下游用气三者间的系统性与局部性关系、匹配性与可行性关系，在役长输管网主干线设计输气能力约 170 亿方/年(4850 万方/日)，若考虑杨凌 LNG 工厂现有 31.5 亿方/年(900 万方/日)的应急储备调峰能力，则管网设计输气能力将进一步提升至约 200 亿方/年(5750 万方/日)。

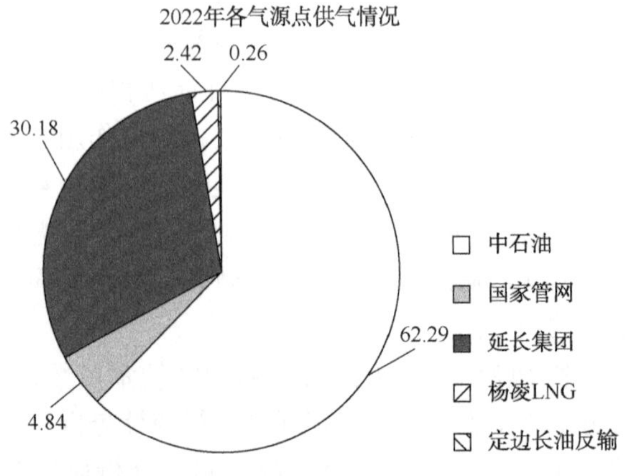

图 2　公司上游资源供气点供气情况分布

随着公司管网与延长集团管道及资源点的互联互通，靖西一二三线管道间资源调运方式更为灵活，结合管道沿线用户实际用气情况，靖西线实际输气能力存在一定提升空间。结合《管网运行分析报告》及 Pipeline Studio 模拟验证分析，在上游资源单位匹配供应的前提下，现阶段在役长输管网实际最高输气能力约 4865 万方/日，若含杨凌 LNG 工厂现有 900 万方/日气化反输能力，则管网最高输气能力可达 5765 万方/日。

受全省气温变化及上下游单位供用气量波动影响，历年来冬季高峰期间长输管网管存最高达到 5444 万方。根据历年生产运行管理经验，在当前管网覆盖率趋于完备、工艺调节手段日渐丰富的背景下，可认为陕北地区用户用气量基本不占用靖西线向关中地区输气能力。因此针对目前公司管网输气能力而言，剔除首站周边区域分输气量之后的“净输气能力”是分析管网保供能力的关键，在充分考虑就地分输的情况下，管网各区域的保供能力将进一步提升。

2.2.3 场站运行情况

目前公司已建设场站 88 座，阀室 122 座，具有分输功能且已向用户供气的场站 79 座，各场站要做好设备设施的维护保养工作，做好冬运前管道及场站设备检修，重点做好在役 34 台(套)压缩机组的维护保养工作，确保设备状态良好，备品备件充足。全年严格按照供气计划向下游用户供气，尤其是冬季高峰期间，在役场站供气能力能够满足下游用户日最高用气量，确保用户安全平稳用气。

2.2.4 压缩机运行情况

目前公司已建成投运压气站 11 座，干线压缩机组 34 台，结合气源实际供应情况及压缩机工况，在保证管网运行安全及输气规模的情况下优先利用靖西三线管道输气。冬季高峰期间适时启用靖西三线沿线压缩机场站，如靖边、安边、志丹压缩机组，在供用气高峰时段间断启用张村驿、富县、眉县、灞桥压缩机组，保障管网运行压力总体稳定、下游用户用气有序，通过工艺匹配优化运行。

压缩机组是公司长输管网高效运行、冬季高峰输气保供的关键核心设备，要求各相关单位加强沟通协调及有关工作的推进与落实，确保冬高期间压缩机组设备性能稳定可靠、备机状态良好。

2.2.5 下游用户用气情况

按照《天然气基础设施建设与运营管理办法》(国家发改委 8 号令〔2014〕)、《印发<关于加快储气调峰设施建设和完善储气调峰辅助服务市场机制的意见>的通知》(发改能源规〔2018〕637 号)、《国务院关于促进天然气协调稳定发展的若干意见》(国发〔2018〕31 号)等有关文件要求，在合同中明确城市燃气用户的储气调峰责任，督促下游用户加快储气调峰设施建设，要求充分利用现有储气调峰设施、城网储气能力及 LNG 应急气源进行削峰填谷，主动承担日小时调峰责任，确保长输管道运行安全平稳，保障长输管网的应急能力。

通过对近几年全省主要下游用户用气规律分析，下游地区用气主要以西安市、延安市、铜川市、咸阳市、宝鸡市为主，以 2022 年全省各地区用气量统计情况分析，上述地区约占全省总外销气量 92.65%，如图 3 所示。

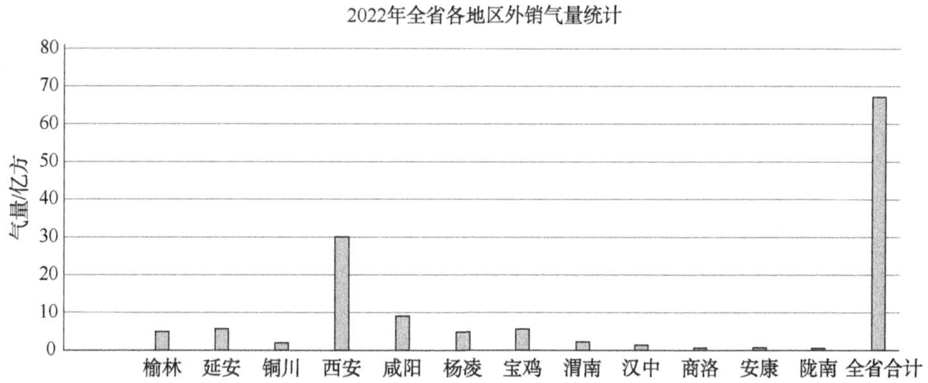

图 3 2022 年全省各地区全年用气量统计

3　统计学理论和模型

3.1　时间数列的相关理论

3.1.1　时间数列的概念

时间数列就是反映某一现象数量特征的某一统计指标在不同时间上的取值按时间的先后顺序排列所形成的数列，又称动态数列。

时间数列由两个基本要素组成：现象所属时间(t)和各个时间所对应的统计指标值(Y)。

3.1.2　时间数列的作用

(1) 时间数列可以表明社会经济现象的发展变化趋势及规律性。

(2) 可以根据时间数列，计算各种时间动态指标数值，以便具体深入地揭示现象发展变化的数量特征。

(3) 通过时间数列可以反映工作进度，帮助各级领导及时掌握情况，以便更好地指导今后的工作。

(4) 运用时间数列可以预测现象的发展方向和发展速度，为宏观调控和科学决策提供数列依据。

3.1.3　时间数列的种类

根据编制时间数列所采用的统计指标性质不同，可以分为总量指标时间数列、相对指标时间数列和平均指标时间数列三大类。总量指标时间数列，又称绝对数时间数列，是指一系列同类的总量指标数值按照时间的先后顺序排列而成的时间数列。根据反映的现象时间性不同，又分为时期数列和时点数列。

3.2　时间数列变动趋势分析

3.2.1　时间数列的变动因素

影响时间数列变动的具体因素是多种多样的，但归纳起来分为几种主要因素：长期趋势、季节变动、循环变动和不规则变动。

时间数列主要用于预测。时间数列的变动趋势分析，分为没有趋势的时间数列如预测食品和饮料的销售量等，和有趋势的时间数列，如按季度农业生产资料零销售数据，及全省天然气外销气量数据等。

3.2.2　有趋势的时间数列分析

(1) 以公司近十年的原始数据为例，全年每个季度的外销气量情况进行统计分析，各项数据都是反映了当年每个季度全省天然气的外销量情况，属于时期数量，不但可以累加而且相互之间有一定的联系。2011~2023 年全省天然气外销气量为原始数据，如表 1 所示。

表 1　2011~2020 年全省外销气量统计表　　单位：万方

年份	第一季度	第二季度	第三季度	第四季度
2011	83549	45412	44182	78041
2012	99833	47209	46928	90301
2013	98462	53524	53595	95896
2014	122357	61402	70903	134748
2015	162145	83198	81655	152569
2016	181575	95929	87463	163724
2017	198562	102835	97761	158357
2018	207059	100137	107836	187273
2019	227044	98619	104484	189156
2020	219766	98934	93851	204889

根据原始数据趋势图和变化曲线分析，具有一定的规律性和周期性，如图 4、图 5 所示。

(2) 利用四项平均法，精确地对原始数据进行消除趋势，如图 6 所示。

(3) 对原始数据进行季节性分析，求出每个季度的季节指数，如表 2 所示。

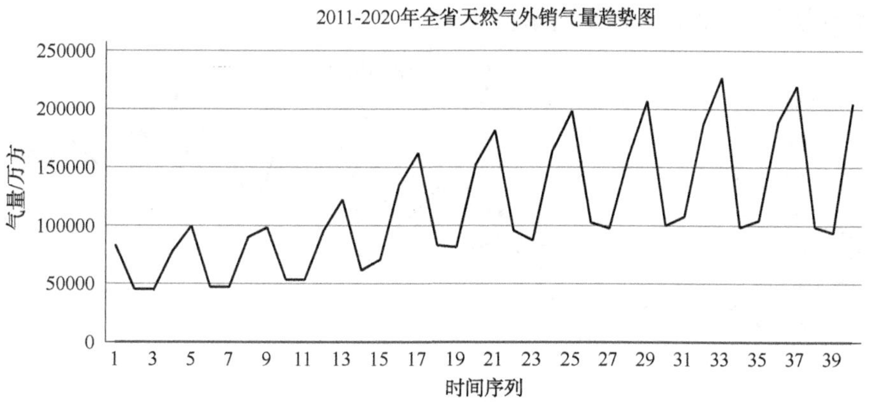

图 4　2011～2020 年全省天然气外销气量趋势曲线

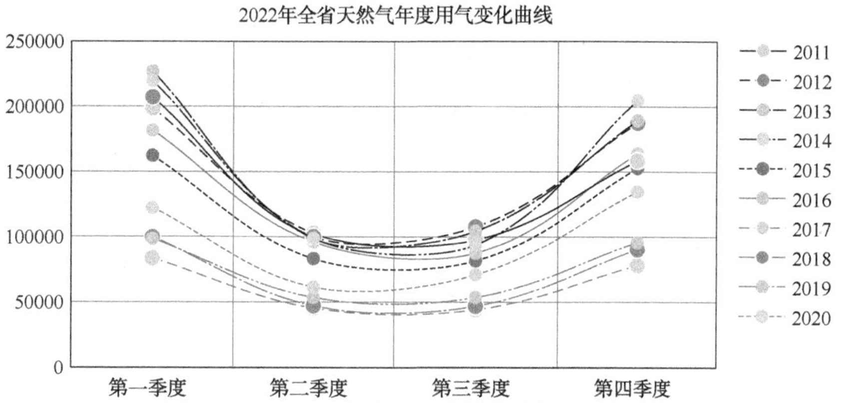

图 5　2011～2020 年全省天然气外销气量周期曲线

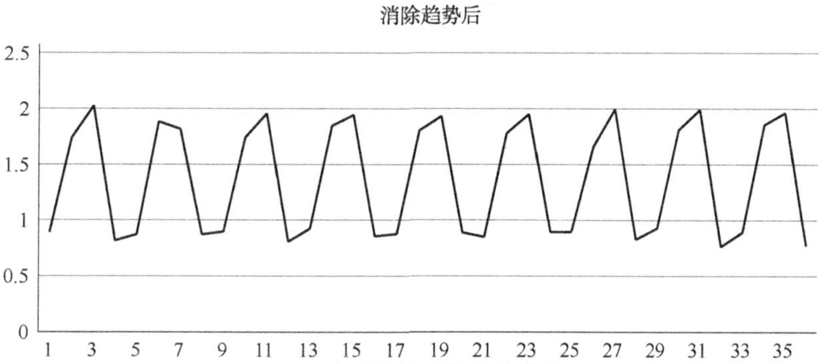

图 6　消除趋势后的变化曲线

表 2　原数据进行季节分析

消除趋势后的序列					
年份	一季度	二季度	三季度	四季度	备注
2011 年	–	–	89. 15997568	173. 9758512	
2012 年	202. 5862812	81. 72153761	87. 31968498	188. 4450844	
2013 年	181. 8693129	87. 34334204	89. 81938084	174. 2103586	
2014 年	195. 7520618	80. 83665355	92. 53921205	184. 8078163	
2015 年	194. 3612168	85. 72035355	87. 76096945	180. 3999817	
2016 年	193. 2265617	88. 94307718	84. 99991496	177. 9666728	
2017 年	195. 1303882	89. 44111732	90. 16377453	165. 8382966	
2018 年	199. 6934848	82. 78148646	92. 81349623	180. 7777512	
2019 年	199. 0459933	76. 32894114	89. 14177301	185. 5737311	总量和：
2020 年	196. 362751	77. 11431249	–	–	4923. 972599
合计：	1758. 028052	750. 2308213	803. 7181817	1611. 995544	平均合计：
每季度平均	195. 3364502	83. 35898015	89. 30202019	179. 110616	136. 7770166
季节指数/%	142. 8137965	60. 94516623	65. 29022375	130. 9508135	400

（4）利用季节分离法，做出如图 7 所示。

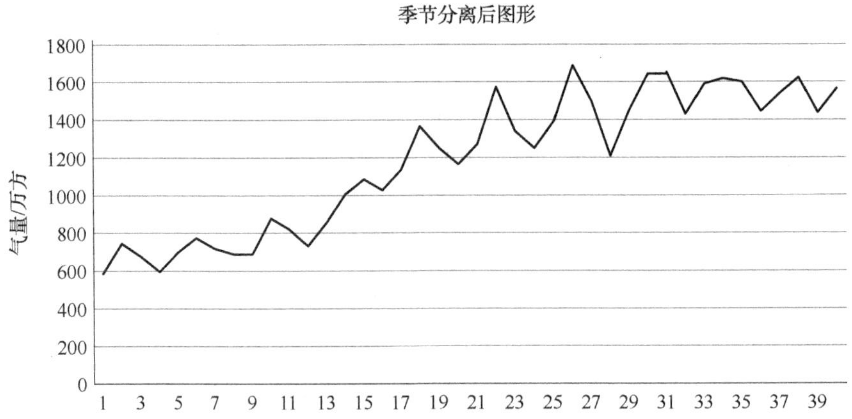

图 7　季节分离后趋势图

（5）利用软件 Execl 的函数 LINEST，得出回归方程式：

$Y=2873.193581\ X+59380.33779$。

（6）再利用回归方程，解出回归函数值，并结合做出图形如图 8 所示。

（6）预测出未来 2021～2025 年外销气量数据，如图 9 所示。

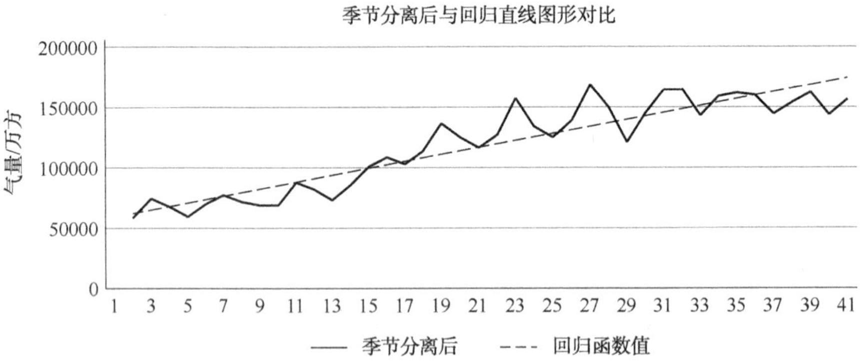

图 8　季节分离后与回归函数值对比图形

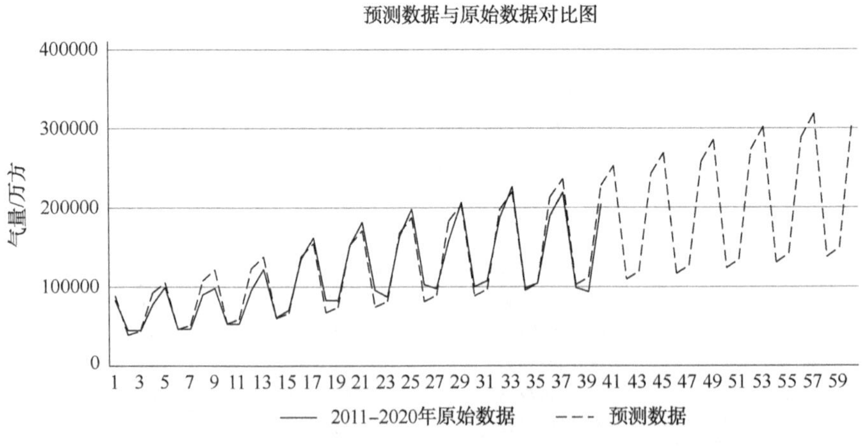

图 9　预测 2021-2025 年数据与原始数据进行对比图形

可以判断出，预测数据与原始数据在 2011-2020 年期间趋势非常吻合，并预测出公司未来 5 年全省天然气外销气量的变化趋势，为公司发展提供了可靠的依据。

3.3　利用多元回归模型分析

3.3.1　多元回归概念

研究一个因变量、与两个或两个以上自变量的回归，称为多元线性回归，是反映一种现象或事物的数量依多种现象或事物的数量的变动而相应地变动的规律，也是建立多个变量之间线性或非线性数学模型数量关系式的统计方法。

3.3.2　建立模型

相关变量之间的关系可以是线性的，也可以是非线性的。这里只讨论多元线性回归。设 x_1，x_2，$\cdots x_p$ 是 p 个可以精确测量或可控制的变量。如果变量 y 与 x_1，x_2，$\cdots x_p$ 之间的内在联系是线性的，那么进行 n 次试验，则可得 n 组数据：y_1，x_{i1}，x_{i2}，$\cdots x_{ip}$，$i=1$，2，$\cdots$，n

它们之间的关系可表示为：

$$y_1=b_0+b_1x_{11}+b_2x_{12}+\cdots+b_px_{1p}+\varepsilon_1$$

$$y_2=b_0+b_1x_{21}+b_2x_{22}+\cdots+b_px_{2p}+\varepsilon_2$$

………………

$$y_n=b_0+b_1x_{n1}+b_2x_{n2}+\cdots+b_px_{np}+\varepsilon_n$$

其中，b_0，b_1，b_2，$\cdots b_p$ 是 p+l 个待估参数，ε_i 表示第 i 次试验中的随机因素对 y_i 的影响。为简便起见，将此 n 个方程表示成矩阵形式：

$$Y=XB+\varepsilon$$

其中

$$Y=(y_1,\ y_2,\ \cdots,\ y_n)'$$

$$B=(b_0,\ b_1,\ \cdots,\ y_p)'$$

$$\varepsilon=(\varepsilon_1,\ \varepsilon_2,\ \cdots,\ \varepsilon_n)'$$

上式便是 p 元线性回归的数学模型

3.3.3　主要应用

（1）确定几个特定的变量之间是否存在相关关系，如果存在的话，找出它们之间合适的数学表达式；

（2）根据一个或几个变量的值，预测或控制另一个变量的取值，并且可以知道这种预测或控制能达到什么样的精确度；

（3）进行因素分析。例如在对于共同影响一个变量的许多变量（因素）之间，找出哪些是重要因素，哪些是次要因素，这些因素之间又有什么关系等等。

3.3.4　结合原始数据进行建模分析

（1）对 2011～2020 年我省外销气量的原始数据进行建模分析，原始数据如表 1 所示。

季节性多元回归预测，是用虚拟变量来表示季节的多元回归预测方法，如果时间序列数据按季度记录，引入 4 个虚拟变量；如果时间序列数据按月记录，引入 11 个虚拟变量。

以季度时间序列数据，设置时间变量 t，引入虚拟变量为 $Q1$、$Q2$、$Q3$、$Q4$。

（2）利用 Execl 函数 LINEST，求出季节性多元回归方程的各项系数。得出回归方程式：$Y=81336.15+2916.329\ t+23288.8\ Q1-60942.9\ Q2-63713.2\ Q3$

（3）通过回归方程式，预测未来 5 年的外销气量变化趋势，如图 10 所示：

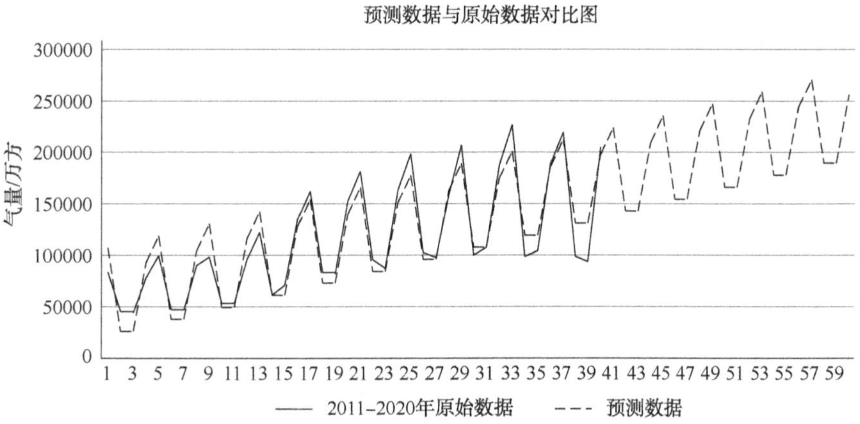

图 10　预测数据与原始数据对比趋势

从图中可以看出，2011～2017 年预测数据与原始数据较为吻合，但 2018～2020 年峰值和低谷差异较大，但对未来几年的全省外销气量变化趋势分析有一定的参考价值。

3.4　用预测数据与实际数据进行验证

以 2021～2023 年全省天然气外销气量为实际数据，如表 4 所示。

对采用两种统计方法取得的预测数据进行验证，分析两种曲线的吻合程度，判断其合理性和实用性。

表 4　2021~2023 年全省实际外销气量

2021~2023 年全省天然气外销气量					
年份	外销气量(万方)				
	第一季度	第二季度	第三季度	第四季度	合计
2021	237990	114210	107984	211388	671572
2022	252871	118016	119202	225754	715843
2023	277052	132638	131808	233835	775333

(1) 将 2021~2023 年实际数据与季节分离法建立模型预测数据进行对比，如图 11 所示。

(2) 将 2021~2023 年实际数据与多元回归建立模型后预测数据进行对比，如图 12 所示。

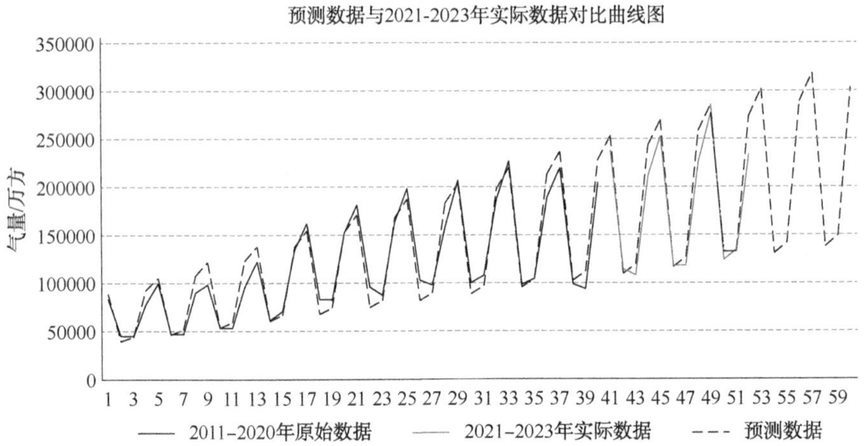

图 11　预测数据与 2011~2020 年原始数据和 2021~2023 年实际数据对比曲线

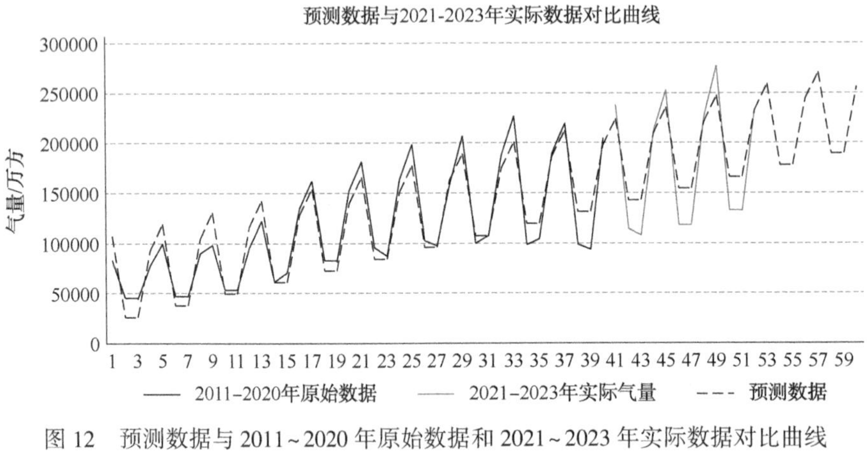

图 12　预测数据与 2011~2020 年原始数据和 2021~2023 年实际数据对比曲线

(3) 从图 11、图 12 中对比分析，利用 2021~2023 年的实际外销气量与季节分离法所预测数据更加吻合，参考价值更为准确；与采用多元回归模型的预测数据效果较差，误差稍大，但方法简单，易用使用。总之，采用这两种统计方法各有利弊，但趋势分析对企业未来一定时期的提供可靠依据。

预测的方法有很多，没有一种预测方法会绝对有效，对一个企业在一种环境下最好的预测方法，对另外一个企业其甚至可能完全不适应。无论使用何种方法进行预测，预测的方法都是有限的，并不是完美无缺的，但是，几乎没有一家企业不进行预测而是等着事情发生后再采取行动。只有掌握更多的统计方法应用于实践中，才能在今后的工作中受益无穷。

4　总结

统计学的应用在我们日常生活中非常广泛，

如商品价格的变化，人口普查等方面，一些统计指数已被广泛用于社会经济各个方面，已成为社会经济的晴雨表，如居民消费价格指数、工业生产指数、股票价格指数等应用。虽然在应用统计学知识的过程中存在一些误差，但是统计学对我们的帮助很大，更需要加强对统计理论和方法的认知和运用，不但要在管理方面运用统计思想进行分析，而且在实际工作中要善于利用科学的数据统计工作能够为现代企业管理找到切入点，更加高效提升管理思想和工作方式。

对于全省天然气长输管道安全输气，合理利用统计分析解决实际问题。通过利用 2011～2020 年全省天然气外销气量原始数据为基础，进行时间数列的变动趋势分析，仅采用两种方法建立模型，预测出 2021～2025 年外销气量数据。为了更加确切地说明预测数据的准确性，将 2021～2023 年的实际外销气量数据进行验证，吻合程度非常高，更加说明预测数据的真实性为公司未来发展提供更加实际的参考价值。实现对生产业务领域的精细化、数字化和智能化管理，不仅能节约生产运营成本，还能以此为依托进一步实现企业生产运营信息化，为企业发展保驾护航。

参 考 文 献

[1] 林家祥，张志霞，刁玉平．可维修天然气管道系统可靠性增长的数学预测模型．《油气储运》. 2016 年第 5 期 478-481.

[2] 胡小夫，易梓仪，肖克勤．我国天然气市场消费量预测与发展趋势研究．《天然气技术与经济》. 2016 年第 2 期 57-60.

[3] 国家能源局发布《中国天然气发展报告(2023)》.《天然气勘探与开发》2023 年第 3 期 32-32.

[4] 闫小军，牛生辉，马少峰．调控系统在长输管线输气中的作用．《辽宁化工》CAS2014 年第 3 期 324-325.

[5] 尚长印，李波，张东明．靖西天然气管道冬季高峰运行的工艺优化.《油气储运》北大核心 2005 年第 3 期 17-20.

空天地一体化无人机智能巡检在长输管道中的应用

殷　朋　孙牧驹　甘　宇

（中国石油天然气股份有限公司西南油气田分公司输气管理处）

摘　要　近年以来，无人机技术在我国飞速发展，该项技术已经广泛运用于测绘、巡检、安防等众多领域。目前已渐渐应用于油气管道巡检，随着无人机技术和法律法规的完善，无人机安全性与稳定性已大大提升，制造成本也在不断下降，可以弥补油气行业常规巡线的不足，有效地提高长输管道的安全性。这一技术对长输管道巡护是一项巨大而又持久的创新，也将会是未来发展的趋势。随着数字化的建设，建立无人机监控网络，将实时影像传递到调控中心也会成为可能。可以预见，在未来的长输管道管理中，无论是管道巡护或是应急处置，无人机将发挥越来越重要的作用。

基于"一项整体规划+两个转型"，以及在西南油气田分公司的"十四五"整体规划与数字化、油公司模式转型的整体背景下，在西南油气田某作业区进行试点。结合目前依托于人工管道巡护的管道管理模式与数字化转型以及地方经济建设发展与管道安全矛盾日益突出的不匹配的问题，经前期的技术调研与实践，通过对无人机、数字化管道等技术及信息化技术的革新，以及对专业化外委的进一步拓展，打造基于无人机巡检+人工处置维护的管道管理新模式，进一步提升管道安全管控水平，为油气行业下一步在数字化变革中力争为行业引领打下实践基础。

关键词　无人机；油气长输管道；巡护；巡检；无人机巡检管理平台

1　项目背景

本项目主要涉及作业区三条长输天然气管道共计513.88km管道，辖有6座站场和23个阀室，资产分布在南充、绵阳、达州、巴中等4市11县。管道位置大多位于四川大山深处，非常多的管道都位于陡崖峭壁，传统的人工巡检+局部视频监控的巡护模式存在极大的巡检盲区。作业区所辖管网与其余多条中国石油、中国石化等管道互联互通，构成互为补充、互为保障的供气通道，担负着向巴中地区的供气任务，是满足着川渝地区用户用气增长的需求重要通道。如何保障管道安全高效的运营显得尤为重要。

项目管道公布图1所示。

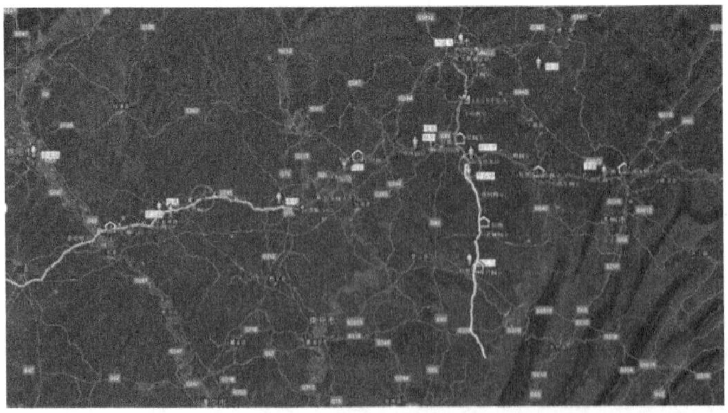

图1　管道分布图

2　项目情况分析

2.1　传统人工巡检

传统的人工巡线中间存在间歇空挡期，无人巡查，对管线两侧远距离情况也观察不到，且工作量大。对山区、河流、悬崖峭壁和植被茂盛覆盖区、滑坡地段等区域的管道的巡检非常困难；在遇到冰雪水灾、暴雨、高温和严寒天气等自然严酷天气时，巡线工作无法正常开展，极寒天气管道保护工巡线时很容易出现体温过低、缺氧、诱发疾病等危险，夏季酷暑天气管道保护工巡线时很容易出现中暑、缺水等危险。

人工步行巡线速度非常缓慢，也难以大幅度提高巡线效率。此外管线分布在人烟稀少的荒野和崎岖险峻的山区，山区巡线具有高风险性，且存在安全隐患。山区林区存在毒蛇等有毒动物，一旦被咬将危及性命，还有一些不可预料的、意外的风险也对巡线人员的身体健康和安全造成威胁。

管道巡检管理中，人工巡线暴露出受地形条件、恶劣天气等影响缺点，难以及时发现和掌握管道沿线建设活动、第三方施工以及地质灾害等影响管道安全的因素；在人烟稀少的荒野和崎岖险峻的山区巡线人身安全存在风险。因此急需要无人机这种新型巡检技术来弥补传统巡检方式的不足。

管道巡检过程中恶劣的巡线环境如图 2 所示。

图2　恶劣的巡线环境

2.2　无人机机型选择

无人机是一种由无线电遥控设备或自身程序控制装置操纵的无人驾驶飞行器。用于巡线的无人机主要包括 4 类：固定翼无人机，小型旋翼机，复合翼无人机和直升机。首先排除油动直升机，维护难度大，噪音大，操作繁琐，从使用和保管上均容易产生安全隐患，一旦坠落造成的事故也难以估量。因此以下选型均基于电动无人机。常规无人机选型对比表见表 1。

表 1　选型对比表

无人机类型	先进性	安全性	适用场景	使用、携带便捷性	可靠性
固定翼	载重量大、航时长	安全	仅适用于平原地区，简单地形	一般	可靠
多旋翼	机动灵活、可以悬停	较安全	特别适用于山区复杂地形	优秀	可靠
复合翼无人机	固定翼的升级版，解决了起降难以选择场地的问题	较安全	仅适用于平原地区，但起飞地点不限	较差	较可靠
直升机	性能好，载重大	结构复杂	需要大量负载的情况	较差 操作困难	较可靠

选型结论：

综合考虑，项目管道所处位置大多位于四川大山深处，非常多的管道都位于陡崖峭壁，而固定翼的飞行仰角决定了该种飞行原理的无人机只能采用相对平飞的方式，无法适应川渝地区大高差的地势起伏。为了保证巡检的效果，必须采用多旋翼，进行地形跟随飞行的方式，特别是在高陡坡地段的巡检效果与固定翼方式的无人机有巨大的差距(图 3)。在某些特殊情况下的巡检作业可能需要近距离悬停巡查，甚至携带特殊特备悬停作业，固定翼根本无法完成。因此考虑以上，在本项目中依然采用旋翼无人机进行巡检作业，才是安全、合理的选择。

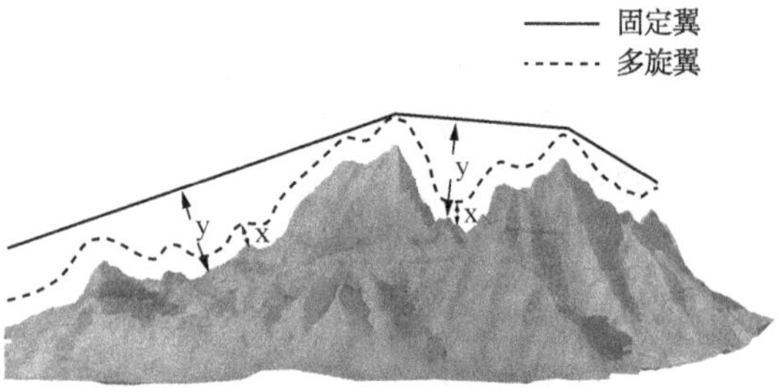

图 3　山区环境下多旋翼和固定飞行轨迹的区别

2.3　巡检方式选择

项目地点和管道位于四川东北部，主要为山区和丘陵地带，部分区域人口较少，植被茂密。为了最大程度减少人员投入，和保障巡检单兵小组安全，在沿线满足用电用网条件的地方，部署无人机自动机库。自动机库适合部署在管道集中、交通不便利、人员难以到达区域，在固定的作业半径内发挥出最大的作用。因此本项目部署了 7 套自动机库，分别部署于管道沿线的输气站场和附近的民房顶楼。单个机库覆盖约 7km 半径的管道。

其余不满足自动机库部署条件的管段，部署无人机单兵小组进行巡检覆盖。单兵小组适合部署在管道附近有车行道路、交通较为良好的情况。每个单兵小组配备了无人机设备、车辆、单兵分析系统等设备，单兵 AI 分析系统配合无人机操作员人工视频风险审核的多层预警设计，最大化保障了风险预警的准确性和及时性。单个无人机单兵小组单日最大巡检里程约 50km，在道路条件较好，交通条件良好地区，巡检里程会更长。

传统人工巡检通过巡线员口述或纸质文件来保存记录巡线数据，这样的方式难以让领导层面全面了解管道巡检情况和保留巡检数据，因此急需一个完整性的巡检数字化平台。本项目投入使用的无人机智能巡检平台和智能巡检 APP 解决了此问题。巡检平台汇聚和收集所有无人机和巡检人员数据，并自动可视化巡检成果数据、视频资料等。巡检 APP 能够帮助巡线员通过上传照片、地理位置、文字描述的形式进行预警推送，以及日常巡检和突发情况下的任务指派。

3　技术路线

整体项目主要采用分层架构设计(图 4)，共分为 3 层，分别是第一层：无人机机库+及单兵系统+人工巡检进行管道巡护数据采集；第二层：无人机云平台(风险管控中心)；第三层：终端用户。

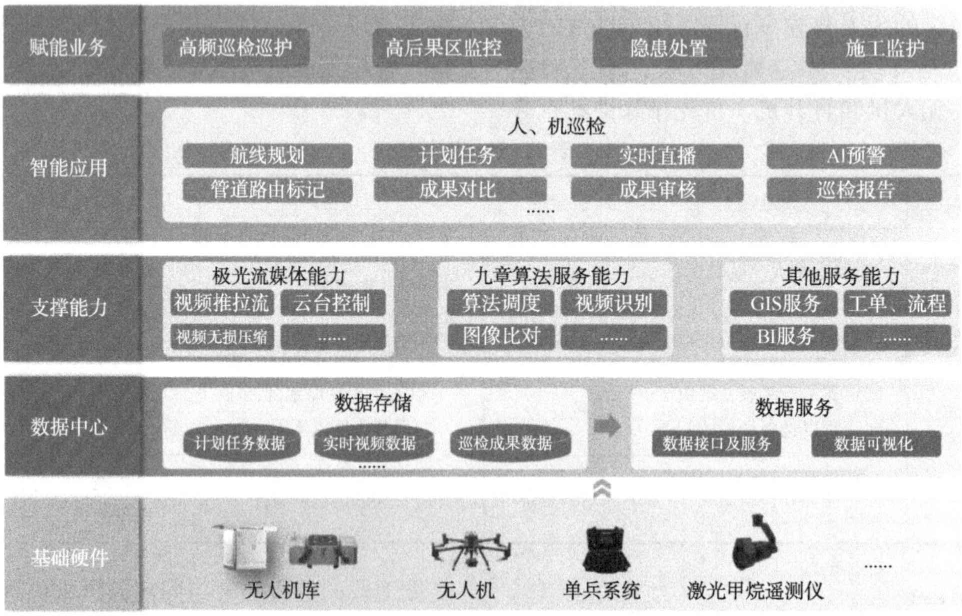

图 4　分层架构设计

无人机机库+单兵系统+人工巡检：通过无人机机库+单兵系统每日对管道进行可见光视频数据采集。由于空域限制，部分管线需要对其进行人工巡检，由人工每日对其进行巡视，通过手持 GPS 采集巡护数据，并通过手持终端系统上传巡护数据。最终建立对无人机巡检调度、数据传输及记录，数据处理等功能的系统平台。系统数据接口可通过 DMZ 区实现管道管理平台的数据连接。

无人机云平台：依托于无人机生态，基于飞行控制、远传通讯、图像识别、影像及热成像等高科技手段打造的无人机云平台，能够一体化整合组织中的人员、任务、设备等资源，通过无人机飞行高效采集数据，实现对管道、阀室、场站和井场的快速巡线、快速摄像和故障分析监测。

终端用户：提供巡护数据信息管理功能，将智能终端采集的业务数据和人工智能分析的结果进行展示；同时，实现航迹信息管理将飞行轨迹可视化，用于可了解当前无人机实时飞行航迹和状态，直观了解无人机的巡检地域和作业情况。通过实现飞行报告录入功能，用户可实时调取历史的飞行数据报告，平台数据可与处管道管理平台实现数据介入及应用。

无人机巡检组成如图 5 所示。

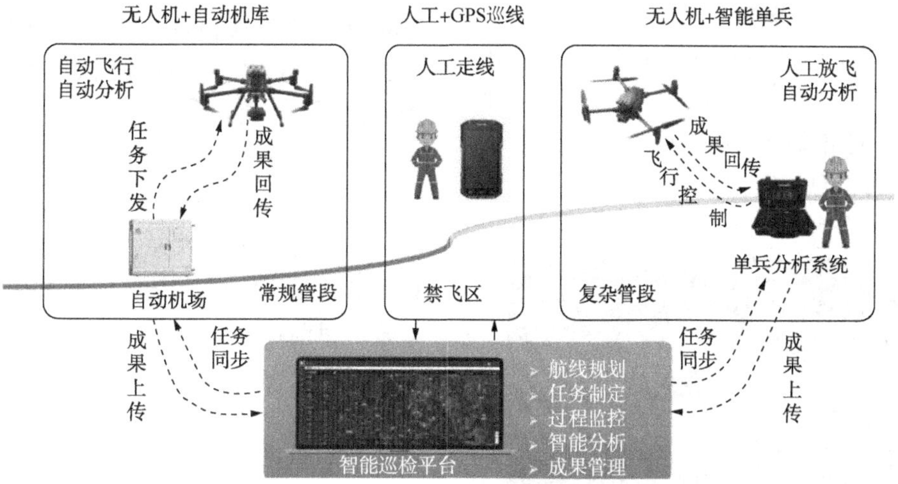

图 5　巡检组成

4　实际作业流程

4.1　无人机机库部署选址和巡检流程

无人机自动机库(图 6)应部署在高处无遮挡地段，可提供稳定的电源和网络。部署选址相对灵活，可选择部署在输气站场内外非防爆区域，或是附近的民房楼顶。根据当地社会环境和需求，安装围栏和额外的监控设备，保障巡检设备和周边人员安全。

图 6　无人机自动机库

通过放置无人机机库对无人机可代替工作人员进入危险区域作业，保障人员安全。结合多角度可见光、热成像对设备进行检测诊断，信息全面精准。免停工巡检大大提高生产效率。无人机管线巡检已实现高度自动化，与传统人工作业相比效率大幅提升，硬件可靠，数据安全。利用无人机云平台直接下发巡检任务至自动机场，使无人机全自主进行巡检作业。

巡检流程：任务设计→任务到时自动下发作业指令→起飞作业→实时直播且 AI 识别→降落关仓→上传巡检视频→人工查看视频录像并进行隐患截图→审查 AI 识别隐患→推送巡检报告→相关人员到现场进行隐患确认。

4.2　单兵系统工作流程

无人机设备和终端数据处理计算机通过 LTE 网络接入云平台。下载航线数据，上传预警数据和成果数据，实现平台和单兵系统进行巡检数据交换与共享。

单兵系统，平均分布在全线。针对未进行机场部署的管段，由无人机驾驶员配备无人机及按照了单兵软件的笔记本电脑形成单兵巡检组。

巡检流程：任务设计→各组每日选择对应任务→起飞作业→实时直播且 AI 识别→落地后连接单兵系统进行 AI 识别→飞手查看视频录像并进行隐患截图→审查 AI 识别隐患→推送至巡检平台→推送巡检报告至手机端 APP→相关人员到现场进行隐患确认→到驻地后上传原始视频。

4.3　人工地面巡检流程

人工地面巡检分为因法律法规空域限制(如无人机禁飞区)因素，沿用传统地面巡检。其余管道为了保证无人机风险发现准确性，配备管道管理员地面巡检，对管道的巡检频次为一月一巡，跟随单兵小组，风险管段及高后果区管段一日两巡。并对无人机发现的风险进行持续跟踪，并在系统中完成过程处置及风险销项的填报工作。

4.4　无人机巡检平台部署

本项目为了全面的发挥无人机云平台的功能，将云平台部署在互联网内，并通过中国石油集团公司DMZ网络安全隔离区向中国石油办公网内中推送预警信息和巡检结果报告。

无人机巡检平台如图7所示。

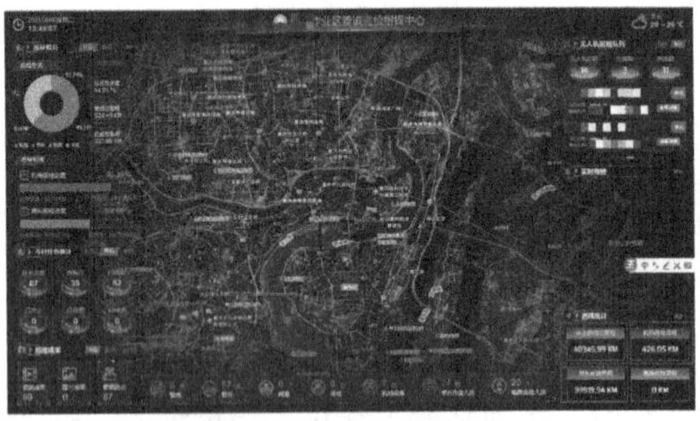

图7　无人机巡检平台

5　巡检作业效果

在过去一年的无人机巡检作业中，无人机自动机库和单兵小组巡检累计作业次数高达28000余次，累计飞行里程17万7千余公里，人工审核+AI智能风险识别有效管道威胁隐患800余起。

摘取前三月数据为例，无人机风险预警1189次，删除误报预警、重复预警其中有效信息533次，传统人工巡检同期风险信息278条，无人机巡检发现风险信息数量是人工巡检发现风险信息的1.9倍。从发现风险信息的数量对比，无人机巡检效果明显优于人工巡检。

无人机巡护模式总人数实现缩减了84人，在人员数量上实现了大幅度缩减，人员优化效果显著。目前正处于传统人工模式和新型无人机巡检模式转换期，随着后期管理和模式的成熟，人员还具有较大的优化空间。极大的降低了管道巡护人工成本，减少了因野外环境对巡线员带来的安全风险和隐患。

不同巡护模式下的人员数量对比如图8所示。

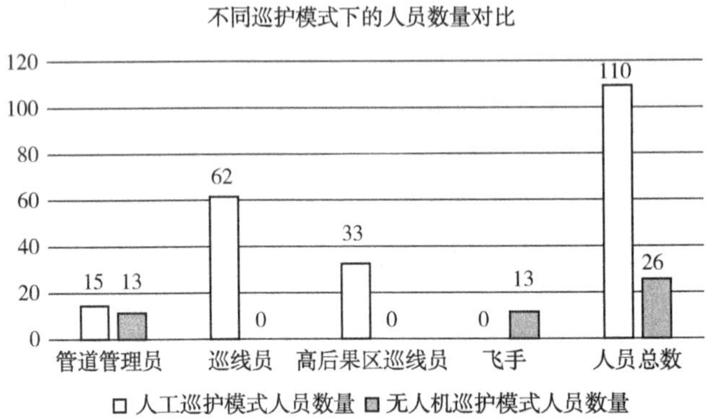

图8　巡护人员数量对比表

新模式下无人机机库和单兵小组相互配合，厂家第一代无人机机库运行情况良好，在高温夏季空调能够快速给电池降温，保障充电效率正常，能够做到高频巡检。在冬季低温雨雪天气下，任然保障机库正常运行，做到全天候管段巡检。最新的AI风险识别技术，能够有效的识别管段上方第三方风险、管道裸露、自然灾害等。此技术有效的减少了人工审核工作量，提高了风险预警推送的准确性。

单兵小组对长输管线的巡检效率明显高于无人机机库，由无人机操作员配备无人机、AI分析系统、巡检车辆等。使无人机做到半自动飞行巡检和AI识别，一个单兵小组可满足原有5~10名地面巡线员工作量。

无人机智能巡检平台作为整个巡检方案的中枢，依托于无人机产品以及生态，基于飞行控制、远传通讯、图像识别等技术，一体化整合组织中的软硬件设备、人力资源，可进行数据的精准采集、高效汇聚、智能分析，实现对管道、站场等生产设施的全面巡检和监测，对隐患的精准发现和及时处置，对巡检成果的自动生成和全面呈现，为油气巡护行业数智化转型奠定良好基础。

6　应急响应测试

项目现场模拟单兵作业中发现紧急施工、应急情况等需要取证的应用场景，现场起飞点距离施工点直线距离 5km，在拿到点位置坐标后准备时长 15min 迅速响应，无人机飞往施工点悬停通过手动操作进行悬停取证拍照，并将现场实时影像资料传回后端平台。测试结果显示在 4G 网络通畅情况下无人机航线飞行遇到突发情况可进行航线飞行转手动悬停下降等操作进行应急取证拍摄，本次测试展现了无人机在应急场景的特定优势。

使用的巡检无人机具备开放式第三方接口，还可外接探照灯、喊话器等设备，更大的拓展了无人机在应急情况下的优势(图 9)。

图 9　无人机挂载喊话器探照灯

7　无人机管道巡检优势

在接近一年的项目实施，在过程发现了许多无人机巡检优势，与传统人工巡检相比，主要优势如下：

(1) 巡护忠诚优势

无人机在管道巡检过程中，通过搭载的导航系统，将完全遵照给定的路径飞行。不会出现偷懒、出现巡护绕行、巡护漏巡等情况。同时无人机巡检轨迹会保留和实时上传至云平台，便于随时查阅。

(2) 巡护效率优势

无人机管道巡检速度在 36～54km/h，经过验证单个无人机每日最大巡检里程达到 60km，通常人工巡检单人每日仅能完成 5km 左右的管道巡检。

(3) 管理便捷优势

通过无人机云平台，可以从云端管理多个无人机巡检设备，随时查看设备状态，任务下达等。如已投入部署的自动无人机机库，全天 24h 自动巡检，做到完全无人工干预，进一步提升效率。依靠无人机极高的飞行和管理效率，无人机能够做到每日一巡，甚至是每日多巡，做到全线管道每日巡检覆盖。

(4) 精细程度优势

无人机配备先进的传感器和摄像设备，可以实时采集高清图片和影像，可以固定现场环境和状态，反复会看，便于观察和分析细节。相比人眼，能够对管道的状况进行精细化监测和分析，确保巡检结果的准确性和可靠性，帮助领导层更准确的判断和决策。

融合目前 AI 自动分析辅助功能，提前标注风险区域，重点回看。相比于传统人工巡检，人有较强的主观思维，在消息传达和风险描述上，可能会有失误，描述不准确，影响对管道现场真实情况判断。

(5) 视角和视野优势

一是可以全局俯瞰，可以从人无法到达的角度进行观察。西南片区部分管道地势环境复杂，起伏较大，人工地面巡检会受到地理环境遮挡，不能全面的观察管道上方和两旁情况。而无人机的飞行优势，从天空中俯视管道，提供了“上帝视角”。

二是视野范围比地面巡护人员宽广。通常无人机巡检在 160m 左右的高度，在这个高度飞行时，无人机配备的广角摄像头能够看到管道左右两边共 200m 的范围，更大的巡视范围，能够提早发现管道周边风险。并且提供多种拍摄角度，包括 90°垂直正下方和 45°斜下视拍摄，多角度全方位的巡视管道上方情况。

无人机巡检视角如图 10 所示。

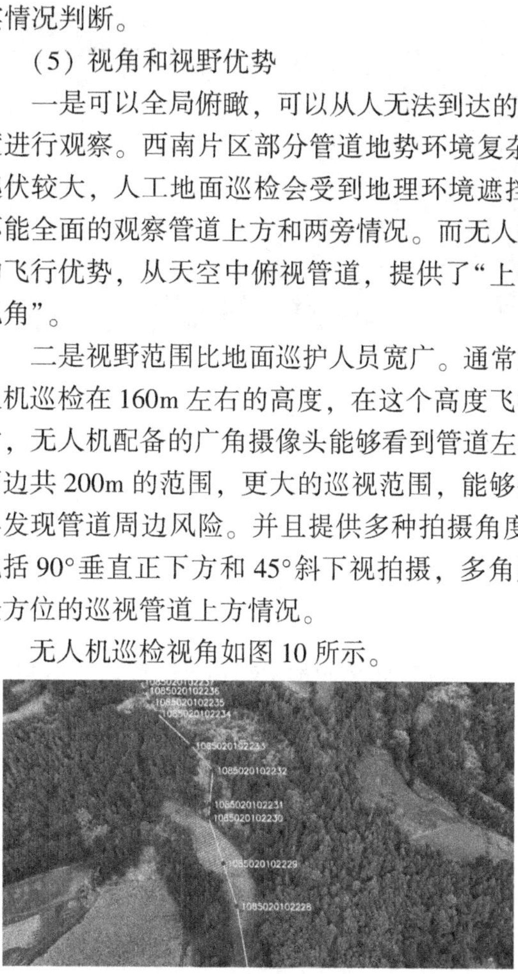

图 10　无人机巡检视角

8　目前的不足和今后发展方向

无人机在管道巡护中的应用相比其他行业起步较晚，在过程中发现了许多不足和困难，还需要在技术领域和今后的实际应用中，继续创新，使无人机在油气行业有更全面的应用。川渝地区地势复杂，部分区域在特定季节雨雾天气较多，对无人机可见光传感器会有遮挡，和机身防水带来挑战；由于目前电池行业技术限制，多旋翼无人机的续航时间与其他类型相比较短。但是通过其他技术手段，这些困难和缺点正在被克服。如新型号无人机具备防尘防水功能；组合式传感器不仅具备广角和长焦相机，还具备了热成像功能（图11）。因此在雨雾环境下无人机可以正常飞行，通过热成像相机透过雨雾巡检管道地面情况等。新型材料例如碳纤维、3D打印材料等被利用制造无人机结构和机身，大幅度减少了自身的重量，在同等电池容量情况下，有效的延长了多旋翼无人机的续航时间，最大续航时间接近1h。

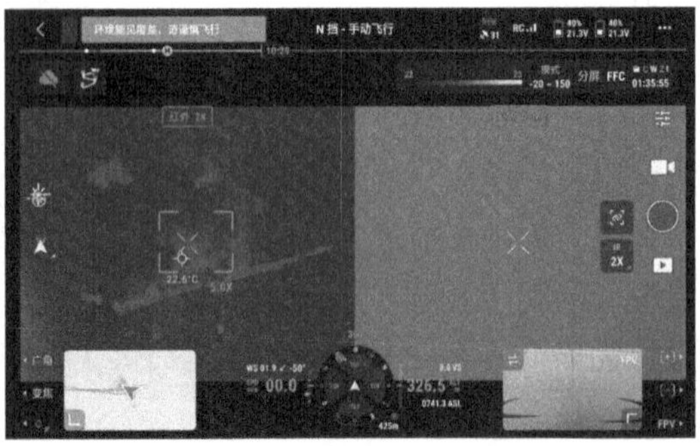

图11　可见光和热成像画面对比

随着实时通讯技术的发展，今后还需要加强无人机实时通信远传技术研究，结合目前的5G技术，现今已经有5G应用于无人机技术，提升图像传输速度，来达到更好的实时反馈、实时处理的效果，但是过度依赖信号覆盖范围，目前5G覆盖率在城市以外地区仍不足。因无人机接收到必要信息（例如采集到相关图像，获取到气体信息等），确认后传输到平台的整个过程，因为信息延迟和可能发生的中断状况，往往无法避免会出现信息来不及及时处理，造成成本浪费的问题。

目前运用在无人机图像和视频AI识别技术大部分依赖于数据传输至后台，过度依靠无人机通讯。可以继续往人工智能的无人机自识别算法发展，将发现的风险直接进行标定处理，减少后续工作程序的繁冗以及后续的人为所需的工作。

9　总结

无人机在长输管道巡检中的成果应用，对油气行业数字化转型起到了巨大的提升作用，解决了传统人工巡检效率低下，整体覆盖率低，人员安全风险较大等缺点。无人机巡检平台将管道巡检整合，全面应用于巡检全周期管理，包含巡检前期的航线规划、人员安排、巡检周期设定；到巡检中期的无人机巡检画面直播、AI风险识别、预警推送等；以及巡检完成后的巡检报告自动生成、成果自动归类等。在今后无人机油气和巡护巡检领域应用有着重要的指导与借鉴价值，对提升我国在国际市场中的技术竞争力，特别是无人机和巡护技术，具有十分重要的意义。

参　考　文　献

[1] 麦智鹏，曹怿男，洪郭彬，等．一种长航时航拍多旋翼无人机总体方案的设计[J]．现代工业经济和信息化，2022，12(02)：96-99. DOI：10.16525/j.cnki.14-1362/n.2022.02.036.

[2] 马晓涛．无人机油气管道巡线系统发展和应用策略研究[J]．石化技术，2023，30(11)：230-232.

[3] 李凯．无人机在油气管道巡检管理中的应用前景分析[J]．科技资讯，2023，21(08)：126-129. DOI：10.16661/j.cnki.1672-3791.2206-5042-3867.